Chemie, Physik und Technologie der Kunststoffe
in Einzeldarstellungen

6

Kunststoffe

Struktur, physikalisches Verhalten und Prüfung

In zwei Bänden

Herausgegeben von

Rudolf Nitsche † und Karl A. Wolf

Erster Band

Struktur und physikalisches Verhalten der Kunststoffe

Springer-Verlag

Berlin / Göttingen / Heidelberg

1962

Struktur und physikalisches Verhalten der Kunststoffe

Unter Mitarbeit zahlreicher Fachleute

herausgegeben von

Karl A. Wolf

Mit 582 Abbildungen

Springer-Verlag

Berlin / Göttingen / Heidelberg

1962

ISBN-13: 978-3-642-45972-6   e-ISBN-13: 978-3-642-45971-9
DOI: 10.1007/978-3-642-45971-9

Vorwort

Der Plan zu dem vorliegenden Buch entstand aus der Überlegung, daß es nützlich sei und einem Bedürfnis entspräche, das derzeitige Fachwissen über die anwendungstechnisch wichtigen Kunststoffeigenschaften möglichst vollständig darzustellen. Hierzu gehört die ausführliche Behandlung des gegenwärtigen Standes der technologischen Kunststoffprüfung, wie er im zweiten Band geschildert ist, aber auch eine umfassende Darstellung des physikalischen Verhaltens der Kunststoffe im Zusammenhang mit ihrem strukturellen Aufbau und den molekularen Vorgängen in den betrachteten Stoffen, wie dies im ersten Band versucht wird. Dabei sind auch die der Strukturforschung dienenden physikalischen Untersuchungsmethoden und deren Ergebnisse zu behandeln. Die chemischen Grundlagen können in diesem Zusammenhang knapp zusammengefaßt und auf das Notwendigste beschränkt werden.

Es muß naturgemäß in einer solchen Darstellung die Diskrepanz in Erscheinung treten, die zur Zeit noch zwischen dem Stand der Kenntnis von Struktur und physikalischem Verhalten einerseits und deren Anwendung beispielsweise in der praktischen Kunststoffprüfung andererseits besteht. Es soll nicht zuletzt Aufgabe dieses Buches sein, dem Techniker das notwendige Wissen zu vermitteln, um diese Diskrepanz vermindern zu helfen.

Die Bedeutung der Ergebnisse der Strukturforschung für Anwendung und Prüfung der Kunststoffe wird in sehr allgemeiner Form im ersten Kapitel herausgestellt, das den eigentlichen Sachkapiteln dieses ersten Bandes vorangestellt wurde. Die nächsten beiden Kapitel behandeln die strukturellen Grundlagen. Neben den chemischen Grundtatsachen und der Polymolekularität kommt dabei der Darstellung der Zustände (der Begriff wurde weit gefaßt und auch Orientierungszustände und Überstrukturen dazugerechnet) und der Übergangserscheinungen besondere Bedeutung zu. Der Schwerpunkt des Bandes liegt in der ausführlichen Behandlung des physikalischen Verhaltens, der Methoden zu seiner Erforschung und seiner Modifizierung bei Mehrstoffsystemen sowie bei besonderen Strukturen und Einflüssen (Kap. 4 bis 6).

Es wurde angestrebt, durch eine starke Unterteilung des Bandes in Einzelbeiträge einer größeren Zahl von Fachleuten, und zwar sowohl solchen der klassischen Forschungsrichtung als auch Vertretern eigenwilliger Auffassungen Gelegenheit zu geben, ihre Betrachtungsweisen zur Geltung zu bringen. Außerdem sollten sowohl namhafte Forscher auf dem Polymerengebiet zu Wort kommen als auch Fachleute aus der jüngeren Generation, die noch keine Möglichkeit hatten, ihre Anschauungen zusammenfassend darzulegen. Die Gefahr, daß bei einem derartigen Programm die Einheitlichkeit des Buches leidet und Überschneidungen auftreten, wurde in Kauf genommen. Allerdings blieben dabei auch einige

Wünsche auf Vollständigkeit unerfüllt (z. B. hinsichtlich der Behandlung der kalorischen Phänomene oder der Elektronenresonanz), sei es, weil Teilfragen eines Themas in verschiedenen Artikeln angeschnitten wurden und daher eine geschlossene Darstellung unterblieb, oder weil bestimmte Ergebnisse zu spät bekannt wurden, um noch ihrer Bedeutung entsprechend berücksichtigt werden zu können.

Es ist naturgemäß kaum möglich, daß eine große Zahl in der Forschung tätiger Autoren (es sind im ersten Band insgesamt 50) ihre Beiträge auch nur annähernd zur gleichen Zeit zu Ende bringen. Dabei ist es besonders dankenswert, daß die Autoren früh abgeschlossener Artikel diese später überarbeiteten, ergänzten und auf den neuesten Stand brachten. Auch diejenigen, die für einen Kollegen einsprangen, der seinen Beitrag selbst nicht zu Ende führen konnte, haben sich ein großes Verdienst um das Zustandekommen des Buches erworben. Dr. Julius Springer und seine Mitarbeiter haben in großzügiger Weise den Änderungen, Ergänzungen und Schwerpunktsverlagerungen, die im Verlauf der Arbeit notwendig wurden, ihre Zustimmung gegeben.

Der Tod meines Mitherausgebers Rudolf Nitsche noch vor der Vollendung des Buches, dem er mit soviel Liebe einen großen Teil der Arbeitskraft seiner letzten Jahre gewidmet hatte, erschwerte und verzögerte den Abschluß der Arbeiten. Paul Nowak, der nach Nitsches Tod die Aufgaben zur Herausgabe des zweiten Bandes übernahm, hat in verständnisvoller Zusammenarbeit die Fertigstellung des Buches gefördert. Eine besonders wertvolle Hilfe hat Otto Fuchs durch genaue und fachkundige Durchsicht der Umbruchkorrektur des ersten Bandes und zahlreiche Verbesserungsvorschläge geleistet. Für tatkräftige Unterstützung bei den abschließenden Arbeiten, insbesondere bei der Koordinierung der Korrekturen und der Abfassung des Namen- und Sachverzeichnisses sei meinen Mitarbeitern Elisabeth Ullmer und Wolfgang Azone herzlich gedankt.

Außer Rudolf Nitsche haben Ernst Jenckel und Adolf Smekal, die an diesem ersten Band mitgearbeitet haben, ebenso wie Erwin Motzkus und Walter Toeldte, beide Mitarbeiter am zweiten Band, das Erscheinen des Buches nicht mehr erlebt. Es sei ihrer hier in dankbarer Verehrung gedacht.

Heidelberg, Juli 1961

K. A. Wolf

Mitarbeiterverzeichnis

Adam, Gerold, Dr., Institut für Polymere der Universität Marburg a. d. Lahn

van Amerongen, Gerrit J., Dr., Haarlem, Niederlande

Becker, Gerhard W., Dr., Physikalisch-Technische Bundesanstalt, Braunschweig

Charlesby, Arthur, D. Sc., Ph. Dr., Professor, Royal Military College of Science, Shrivenham, England

Dexheimer, Hans, Dr., Farbwerke Hoechst AG., Frankfurt a. Main-Höchst

Fuchs, Otto, Dr., Farbwerke Hoechst AG., Frankfurt a. Main-Höchst

Gäth, Rudolf, Dr., Direktor, Badische Anilin- & Soda-Fabrik AG., Ludwigshafen a. Rhein

Gast, Theodor, Dr., Professor, Göttingen

Grace, Charles S., M. Sc., Royal Military College of Science, Shrivenham, England

Heijboer, Johannis, Ir., Centraal Laboratorium T. N. O., Delft, Niederlande

Heinze, H. Dieter, Dr., Badische Anilin- & Soda-Fabrik AG., Ludwigshafen a. Rhein

Hendus, Hans, Dr., Badische Anilin- & Soda-Fabrik AG., Ludwigshafen a. Rhein

Hengstenberg, Josef, Dr., Direktor, Badische Anilin- & Soda-Fabrik AG., Ludwigshafen a. Rhein

Höchtlen, August, Dr., Direktor, Farbenfabriken Bayer AG., Leverkusen-Bayerwerk

Illers, Karl-Heinz, Dr., Badische Anilin- & Soda-Fabrik AG., Ludwigshafen a. Rhein

Jenckel, Ernst †, Dr., Professor, Institut für physikalische Chemie der Rheinisch-Westfälischen Technischen Hochschule, Aachen

Käsbauer, Friedrich, Dr., Badische Anilin- & Soda-Fabrik AG., Ludwigshafen a. Rhein

Kast, Wilhelm, Dr., Professor, Universität Freiburg/Br.

Kerkhof, Frank, Dr., Ernst-Mach-Institut, Freiburg/Br.

Kollek, Leo, Dr., Dr. h. c., Direktor, Badische Anilin- & Soda-Fabrik AG., Ludwigshafen a. Rhein

Kosfeld, Robert, Dr., Institut für physikalische Chemie der Rheinisch-Westfälischen Technischen Hochschule, Aachen

Kratky, Otto, Dr., Professor, Institut für physikalische Chemie der Universität Graz, Österreich

Kuhn, Werner, Dr., Dr. h. c., Professor, Physikalisch-chemisches Institut der Universität Basel, Schweiz

Leugering, Hans-Joachim, Dr., Farbwerke Hoechst AG., Frankfurt a. Main-Höchst

Magat, Michel, Dr., Professor, Laboratoire de Chimie Physique de la Faculté des Sciences de Paris, Orsay (S. & O.), Frankreich

Mark, Hermann, Dr., Dr. h. c., Professor, Polymer Research Institute, Polytechnic Institute of Brooklyn, Brooklyn N. Y., USA

Müller, F. Horst, Dr., Professor, Institut für Polymere der Universität Marburg a. d. Lahn

Oberst, Hermann, Dr., Farbwerke Hoechst AG., Frankfurt a. Main-Höchst

Peterlin, Anton, Dr., Professor, Camille Dreyfus Laboratory, Research Triangle Institute, Durham, N. C., USA

Rehage, Günther, Dr., Dozent, Institut für physikalische Chemie der Rheinisch-West-fälischen Technischen Hochschule, Aachen

Reinisch, Lydia, Dr., Laboratoire de Chimie Physique de la Faculté des Sciences de Paris, Orsay (S. & O.), Frankreich

Richter, Manfred, Dr.-Ing. habil. Professor, Oberreg.-Rat in der Bundesanstalt für Materialprüfung, Berlin

Schäfer, Karl, Dr., Badische Anilin- & Soda-Fabrik AG., Ludwigshafen a. Rhein

Schardin, Hubert, Dr., Professor, Weil a. Rhein

Scheurlen, Hans, Dr., Farbenfabriken Bayer AG., Leverkusen-Bayerwerk

Schmieder, Karl, Dr., Badische Anilin- & Soda-Fabrik AG., Ludwigshafen a. Rhein

Schneider, Paul, Dr., Farbenfabriken Bayer AG., Leverkusen-Bayerwerk

Schnell, Georg, Dr., Badische Anilin- & Soda-Fabrik AG., Ludwigshafen a. Rhein

Schreuer, Eduard, Dr., Physikalisch-Technische Bundesanstalt, Braunschweig

Schuch, Erich, Dr., Badische Anilin- & Soda-Fabrik AG., Ludwigshafen a. Rhein

Schuhmann, Hans, Dr., Köln-Sülz

Schultze, Werner, Dr., Badische Anilin- & Soda-Fabrik AG., Ludwigshafen a. Rhein

Schwarzl, Friedrich R., Dr., Centraal Laboratorium T. N. O., Delft, Niederlande

Sliwka, Wolfgang, Dr., Badische Anilin- & Soda-Fabrik AG., Ludwigshafen a. Rhein

Stuart, Herbert A., Dr., Professor, Laboratorium für Physik der Hochpolymeren am Institut für physikalische Chemie der Universität Mainz

Thurn, Helmut, Dr., Badische Anilin- & Soda-Fabrik AG, Ludwigshafen a. Rhein

Ueberreiter, Kurt, Dr., Professor, Fritz-Haber-Institut der Max-Planck-Gesellschaft, Berlin

Vieweg, Richard, Dr., Dr-Ing. E. h., Professor, Darmstadt

van Wijk, Dirk J., Ir., s'Gravenhage, Niederlande

Wolf, Karl A., Dr., Professor, Badische Anilin- & Soda-Fabrik AG, Ludwigshafen a. Rhein

Würstlin, Franz, Dr., Badische Anilin- & Soda-Fabrik AG., Ludwigshafen a. Rhein

Inhaltsverzeichnis

3 Zustände und Übergänge

4 Das physikalische Verhalten Polymerer und seine experimentelle Untersuchung

6 Eigenschaftsänderungen durch strukturbeeinflussende Einwirkungen

1 Einleitende Bemerkungen zur Bedeutung der physikalischen Strukturforschung für Anwendung und Prüfung der Kunststoffe

1.1 Der Beitrag physikalischer Untersuchungsmethoden

Von **R. Vieweg**, Darmstadt

Wenn man die Entwicklungslinien der physikalischen Kunststoffuntersuchung aufzeigen will, so heißt dies, sich von einem Stück der Geschichte unserer Werkstoffe Rechenschaft geben. Dabei sind wir in der glücklichen Lage, die ganze in Frage kommende Zeit noch überblicken zu können. Gewiß hat es bekanntlich schon vor mehr als 100 Jahren Stoffe gegeben, die man heute dem weiteren Begriff der Kunststoffe zurechnet, und doch ist der eigentliche Beginn der jetzt als Kunststoffe im engeren Sinn bezeichneten, d. h. der synthetisch aus niedermolekularen Produkten gewonnenen makromolekularen Werkstoffe, klar angebbar. Das berühmte Druck- und Hitze-Patent LEO HENDRIK BAEKELANDS, in Deutschland vom Jahre 1908 datierend, kann als das markante Ereignis angesehen werden. Schon bei dieser Erfindung eines Verarbeitungsverfahrens waren es physikalisch-technische Bedingungen, die den Fortschritt begründeten.

Die Anforderungen, die man in der ersten Zeit an die physikalischen Eigenschaften von Kunststoffen stellte, waren, verglichen mit heutigen Bewertungslisten, spärlich. Vor allem waren sie mangels Erfahrungen in den Zahlenwerten und den Methoden noch recht unbestimmt. Man verlangte: genügende Durchschlagfestigkeit, möglichst geringe Hygroskopizität, Feuersicherheit, möglichst hohe Lebensdauer und mechanische Festigkeit. Das ist die Aufzählung der Bewertungsgruppen aus einem Buch von WERNICKE, „Die Isoliermittel der Elektrotechnik“, Braunschweig 1908. Die Ausweitung dieses knappen Programms zur Vielfalt heutiger Ansprüche hat sich in reizvollem Wechselspiel zwischen Forschung und Entwicklung, Fertigung, Anwendung und Prüfung allmählich vollzogen. Als überragend stellte sich der Einfluß der elektrischen Bewertungen heraus. Die Pionierdienste, welche die Elektrotechnik mit ihren Isolierstoffen unzweifelhaft der ganzen modernen Werkstoffkunde geleistet hat, beruhen ebenso auf der Schärfe der elektrischen Bedingungen wie auf der Unbestechlichkeit und Feinheit elektrischer Meßverfahren. Großen Erfolg brachte die 1920 von H. SCHERING angegebene Meßbrücke, mit der man in handlicher Weise auch bei hohen und höchsten Spannungen die dielektrischen Verluste und die Dielektrizitätskonstante bestimmt. Um die gleiche Zeit wurde erstmalig in geschlossener, auf die praktisch-elektrotechnische Seite abgestimmter Form eine physikalische Theorie der technischen Dielektrika vorgelegt. K. W. WAGNER hat der Technik diesen Dienst geleistet, der sich in der Folge sowohl für die physikalische Isolierstoff-Forschung als auch für die technologisch-chemische Weiterbildung, insbesondere der Kunststoffe, als höchst wichtig erwies. Wenn auch die Vorstellung von Dielektrikum als Mehrschichtenkondensator mit Einschlüssen unterschiedlicher Leitfähigkeit unzulänglich war, so hatte man doch ein der Messung und der Rechnung zugängliches und in manchen Fällen sogar zutreffendes Anschauungsbild.

Theoretische und experimentelle Untersuchungen zahlreicher Gelehrter über das Phänomen des Durchschlags vertieften bald die Kenntnisse; den nächsten großen Schritt vorwärts brachte aber erst P. DEBYES Buch „Polare Molekeln", Leipzig 1929. Hier wurde durch Einführung der Begriffe Dipolmoment und dielektrische Polarisation die Ursache der dielektrischen Erscheinungen unmittelbar ins Molekülinnere verlegt[1]. Auf Grund dieser Auffassungen konnten viele Strukturfragen der Kunststoffe verstanden und sogar Probleme wie die Weichmachung angegangen werden. Die dielektrische Meßtechnik wurde weiter verfeinert, Verlustfaktoren der Größenordnung $\tan \delta = 10^{-6}$ sind heute der selbsttätigen Registrierung zugänglich. Chemisch wurde der Begriff des Makromoleküls immer deutlicher, zentral gefördert durch STAUDINGERs Arbeiten. Der chemischen Denkweise half die physikalische Methodik der Viskosimetrie. Auch die Ultrazentrifuge und die Lichtstreuungsmethode zur Molekulargewichtsbestimmung kommen aus der physikalischen Richtung, während man das Osmometer als physikalisch-chemisch ansehen kann. Erst recht haben die statistischen Verfahren W. KUHNs, durch die das Fadenmolekül und seine Häufungserscheinung, der Knäuel, exakter Behandlung erschlossen wurden, physikalischen Charakter. Eine wesentliche Verbreiterung der Auffassungen gelang durch Vergleich der elektrischen mit der mechanischen und chemischen Betrachtungsweise. Zwischen dielektrischem Verhalten und mechanischen Eigenschaften ergeben sich fruchtbare Analogien, die u. a. von F. H. MÜLLER, E. JENCKEL, K. A. WOLF aufgezeigt wurden. Daß statt der Frequenzabhängigkeit elektrischer Größen bei Kunststoffen auch die Wärmeeinflüsse weitgehende Einsichten vermitteln, ging aus Forschungen von F. WÜRSTLIN überzeugend hervor. Der klassische MAXWELLsche Begriff der Relaxation erfuhr eine Neubelebung und gewann auch experimentell Bedeutung. So wurde im Zusammenklang zwischen chemischer Reaktionskunst und physikalischer Meßpräparation der Traum Wirklichkeit, daß Kunststoffe mit vorgegebenen, einstellbaren Eigenschaften entstanden; der „Werkstoff nach Maß" (A. HÖCHTLEN) ist geschaffen.

Es wäre nun freilich falsch, das mit wenigen Strichen skizzierte Bild der Entwicklung für vollständig zu halten oder den Schluß zu ziehen, daß alles vollkommen wäre. Zum physikalischen Dienst haben alle Gruppen der Physik beigetragen, nicht nur die wenigen bisher erwähnten. Wer wollte die Bedeutung unterschätzen, die für unser Gebiet die Röntgenanalyse (KRATKY, KAST) erlangt hat? Und wie interessant war die Ermittlung der spannungsoptischen Konstanten! Erst dienten Harze dem Maschinenbau als Modellsubstanzen, dann fand man, daß der innere Spannungszustand auch für den Kunststoff in der gereckten Folie, im Halbzeug und Fertigteil analytisch wertvoll sei. Auch die Elektroakustik ist mit den Kunststoffen in einen nutzbringenden Austausch getreten. Man

---

[1] Vgl. P. DEBYE: Phys. Z. 13 (1912) S. 97.

zieht innere Dämpfung zur Beherrschung der Eigenschwingungen von Übertragern, Tonabnehmern und Lautsprechern heran. Als Schallschlucker finden wir Kunststoffe in der Raum- und Bauakustik, als Trägerstoffe in der Schallplatte und dem modernen Magnetophonband. Für uns aber ist das Wichtigste der Beitrag, den die elektroakustische Untersuchung der elastischen Konstanten von Kunststoffen zur Aufhellung der Zusammenhänge zwischen mechanischen und elektrischen Eigenschaften der Werkstoffe überhaupt beigesteuert hat (H. OBERST). Wohl gibt es auch heute noch Prüfeinrichtungen ad hoc, als deren Typus mehr im Scherz die „Knopfloch-Einreißsicherheits-Meßmaschine" genannt wird, aber die Erkenntnis ist doch stark im Vordringen, daß auf die Dauer nur wohldefinierte physikalische Kenngrößen, nur die Ergründung der Gesetzmäßigkeiten weiterhelfen. Diffusion und Permeation sind weitere Beispiele für Meßgrößen, die von der Physik her prüftechnisch ausgestaltet wurden, insbesondere durch feine Wägungen (VIEWEG, GAST). Der außerordentlich weite Bereich von ziemlich grober Durchlässigkeit bei manchen Folien und den Stoffen der Schuhtechnik bis zur möglichst hohen Undurchlässigkeit beim Wettbewerb mit Metallen etwa in der Kabelhülle bedingt eine ganze Skala physikalischer Meßprinzipien.

Seitdem sich Kunststoffe auch als elektrostatisch isolierende Werkstoffe bewährt haben, sind Meßmethoden statischer Art wie die Bestimmung sehr hoher Widerstände für die Sicherung der Gleichmäßigkeit bedeutsam geworden. Und wieder haben wir einen Fall von Wechselwirkung zwischen Fortschritt in der Messung und Verbesserung der technischen Werkstoffe. Man benutzt die elektrostatische Kraftwirkung auf feine Partikel zur „Entstaubung", d. h. zur Reinigung, auch analytisch zur Wägung von Stäuben. Aber man macht sie sich auch anwendungstechnisch, z. B. zum Spritzen von Lacken und zum Niederschlagen feiner Beläge beim sog. „Beflocken", zunutze.

Als neueste Beziehung zwischen Physik und Kunststoffen ist die Anwendung in der Kernphysik zu nennen. Es ist selbstverständlich, daß in den modernen Anlagen zur Teilchenbeschleunigung und in den Reaktoren Kunststoffe gebraucht werden. Daher ist sehr bald die Frage aufgetaucht, ob hochpolymere Stoffe durch starke Strahlungen hoher Energie beeinflußt werden, insbesondere Schaden nehmen. Das Ergebnis von Versuchen war, daß offenbar die Möglichkeit besteht, Hochpolymere – beliebter Experimentierstoff ist das Polyäthylen – zur Vernetzung und damit zum gummiartigen Verhalten in der Wärme zu bringen. Schon werden phantastische Zukunftsbilder entworfen, wie die physikalische Kerntechnik hochfeste und thermisch resistente Werkstoffe zu erzeugen und den unterschiedlichsten Bedürfnissen anzupassen gestattet. Dazu wird es freilich noch manchen Fortschritts auch in der Meßtechnik bedürfen. Sicher aber ist, daß auch in Zukunft die physikalische Entwicklung der synthetischen Werkstoffe für deren gesamtes Gedeihen unerläßlich sein wird.

1.2 Die Entwicklung der Strukturforschung

Von **H. Mark**, Brooklyn N.Y./USA

Die Untersuchung organischer makromolekularer Stoffe auf ihre anwendungstechnisch wichtigen Eigenschaften ist so alt wie die technische Verwendung von

Holz, Leder, Leinen, Baumwolle, Seide und Lack, mußte aber naturgemäß eine rein empirische und zum Teil sogar recht qualitative Werkstoffbeschreibung bleiben, da die Struktur der aufgezählten Substanzen im wesentlichen unbekannt war und selbst die genaue Reproduktion eines gegebenen Materialstückes außerhalb des Bereiches der Möglichkeit lag. Trotzdem hat sich doch im Laufe der Jahrhunderte für jede der obengenannten Substanzen eine recht genaue Qualitätsskala entwickelt, deren höchstwertige Produkte bald gewisse optimale Grenzeigenschaften erreichten, die dann während langer Zeit – bis etwa zum Beginn unseres Jahrhunderts – keine erhebliche Verbesserung erfuhren. Die empirische Behandlung eines Gebietes erreicht eben Grenzwerte, die nur das Auffinden eines neuen Werkstoffes, wie z. B. Hickory oder Kautschuk, zu erweitern vermag.

Wenn aber systematische quantitative Forschung sich eines Gebietes bemächtigt und zu der Frage nach dem „WIE" auch die nach dem „WARUM" tritt, dann ergibt sich ein unaufhörlicher Strom neuer Tatsachen, neuer Fragestellungen und neuer Ideen, die immer wieder neue und bessere Werkstoffe schaffen, wenn immer neue Kombinationen von Eigenschaften erforderlich werden.

Dieser Umschwung trat auf dem hier zur Diskussion stehenden Gebiet im wesentlichen in den ersten zwei Jahrzehnten des gegenwärtigen Jahrhunderts ein und erhielt seinen stärksten Anstoß aus der Entwicklung der synthetischen organischen Chemie. EMIL FISCHER und bedeutende, seinem Kreise entstammende Forscher haben die Grundlage für die tiefere Kenntnis des chemischen Aufbaus der wichtigsten Klassen organisch chemischer Werkstoffe – Zellulose, Lignin, Eiweiß und Kautschuk – geschaffen, und CAROTHERS, MEYER und STAUDINGER haben die Brücke zu den synthetischen Hochpolymeren geschlagen und ein ungeheures Gebiet der Forscher- und Entwicklertätigkeit für eine immer steigende Zahl von Chemikern, Physikern und Ingenieuren eröffnet.

Eine wichtige Folgeerscheinung des besseren Verständnisses vom Aufbau organischer Hochpolymerer war zunächst eine erhebliche Verfeinerung in der Herstellung solcher natürlicher Werkstoffe wie Baumwolle, Kautschuk oder Zellstoffe, die teils durch Züchtung, teils durch verbesserte Trennungs- und Reinigungsmethoden heute in bedeutend besserer und einheitlicherer Qualität auf den Markt gebracht werden als früher. Von noch größerer Bedeutung aber war die fast unübersehbare Zahl synthetischer Werkstoffe, deren Herstellung mit durchaus reproduzierbaren einfachen organischen Substanzen beginnt und aus einer Reihe wohldefinierter und im wesentlichen kontrollierbarer Schritte besteht, die eine ununterbrochene Einsicht in die vor sich gehenden chemischen und physikalischen Veränderungen der in Frage kommenden Substanzen gestatten.

Das Vorhandensein einer so viel besseren Kenntnis von der chemischen Zusammensetzung und physikalischen Beschaffenheit hochpolymerer Werkstoffe hat begreiflicherweise bald auch den Wunsch erweckt, die technisch wertvollen und wichtigen Eigenschaften dieser Substanzen nicht nur messend zu registrieren, sondern sie auch auf Grund des Aufbaues ihrer Träger zu verstehen und wenn möglich sogar durch rechtzeitige geeignete Eingriffe während der fabrikatorischen Herstellung in gewollter Weise vorher zu bestimmen. Hierzu ist in erster Linie eine quantitative Verknüpfung von Struktur und Eigenschaften nötig und diese kann wohl als das wichtigste heuristische Ziel der modernen wissenschaftlichen Stoffuntersuchung angesehen werden.

Daß der chemische Charakter eines Werkstoffes, Kohlenwasserstoff, Kohlehydrat, Eiweiß, Polyester usw., seine technischen Eigenschaften in vielfacher Weise beeinflußt, ist leicht einzusehen und war seit langem wenigstens qualitativ wohlbekannt; auch die Bedeutung des Molekulargewichtes für das mechanische Verhalten von Fasern und Kunststoffen wurde schon früh richtig eingeschätzt. In neuerer Zeit wurde aber nun gefunden, daß andere, viel feinere Unterschiede, wie z. B. die Molekulargewichtsverteilung, die cis-trans-Isomerie, das Vorhandensein von Verzweigungen und Querverbindungen, der Kristallisationsgrad oder die Orientierung der Makromoleküle in einer Probe, deren technische Eigenschaften in sehr bedeutsamer Weise mitbestimmen.

Damit erwächst offenbar für die wissenschaftliche Stoffuntersuchung auf dem Kunststoffgebiet die Aufgabe, zunächst die *grundlegenden* Faktoren der chemischen und physikalischen Struktur und Textur durch geeignete Methoden in zuverlässiger Weise zu bestimmen, dann die *einfachsten* und *bestdefinierten* physikalischen Eigenschaften messend zu erfassen und schließlich zwischen diesen beiden Reihen von Zahlenwerten oder Funktionen einen plausiblen ursächlichen Zusammenhang herzustellen.

Wenn auch im gegenwärtigen Augenblick eine vollständige Verknüpfung dieser Art noch nicht möglich ist, so darf doch mit gutem Recht behauptet werden, daß es bereits gelungen ist, eine Reihe experimentell wohlbegründeter Zusammenhänge dieser Art aufzudecken, die als ein sehr aussichtsreicher Schritt in der gewünschten Richtung angesehen werden können und geeignet erscheinen, zu weiteren Bemühungen dieser Art anzuspornen.

Dabei war es naturgemäß das Gegebene, sich an die bestehenden Erfahrungen und Kenntnisse von Struktur und Materialeigenschaften bereits besser bekannter Festkörper, wie Metalle, Zement und Glas, anzulehnen und jene experimentellen Methoden und theoretischen Gedankengänge zu übernehmen, die den makromolekularen Stoffen besonders angepaßt sind. Aus diesem Grunde haben schon sehr früh die Streuung von Röntgenstrahlen, die Lichtzerstreuung, die optische Doppelbrechung, das elastische Verhalten und die dielektrische Polarisation eine wichtige Rolle in der Strukturaufklärung dieser Substanzen gespielt. Im Laufe der Zeit wurde es immer klarer, daß das mechanische Verhalten organischer Hochpolymerer grundsätzlich nur durch ein Zusammenwirken der Eigenschaften typischer Festkörper und typischer Flüssigkeiten verstanden werden kann, und es traten daher Messungen der Viskosität, der Strömungsdoppelbrechung sowie eine allgemeine dynamische Analyse der mechanischen Eigenschaften in den Vordergrund.

All diese Bemühungen haben zu einer großen Zahl neuer experimenteller Daten geführt, deren Vervollständigung und theoretische Durcharbeitung gegenwärtig im Vordergrund des Interesses stehen, einen wesentlichen Teil der vorliegenden Darstellung ausmachen und in der nahen Zukunft zu einem abgerundeten Stand unserer Materialkenntnis auf dem Gebiet der organischen hochpolymeren Werkstoffe zu führen geeignet erscheinen.

1.3 Die Darstellung der Eigenschaften durch physikalische Meßgrößen

Von **K. A. Wolf,** Ludwigshafen a. Rh./Heidelberg

Bei der physikalischen Untersuchung von Stoffeigenschaften im allgemeinen und insbesondere beim Studium des physikalischen Verhaltens der Kunststoffe kommt eine besondere Bedeutung der Frage zu, inwieweit eine bestimmte Eigenschaft charakteristisch für ein bestimmtes Produkt oder aber einen bestimmten Zustand eines Produktes ist, der z. B. durch eine bestimmte Vorgeschichte oder eine spezielle Verarbeitungsart (6.2, 6.3) entstanden ist.

Um eine Antwort auf eine solche Frage zu erhalten, ist es zunächst notwendig, eine oder besser mehrere physikalisch einwandfrei definierte Meßgrößen auszuwählen, die tatsächlich für die zu untersuchende „Eigenschaft" charakteristisch sind (1.3.1). Liegen Meßgrößen und die zu ihrer Ermittlung geeigneten Untersuchungsmethoden fest, so ist es notwendig zu klären, von welchen stoff- und umweltbedingten Faktoren diese Eigenschaft bzw. die sie repräsentierenden Meßgrößen abhängen und welchen Charakter diese Abhängigkeit im einzelnen besitzt (1.3.2).

1.3.1 Auswahl geeigneter Meßgrößen und Untersuchungsmethoden

Bei der Auswertung der Ergebnisse einer Untersuchung zur Ermittlung von Stoffeigenschaften wird meist vorausgesetzt, daß die interessierenden Eigenschaften klar definiert sind und eindeutig gemessen werden können. Tatsächlich werden bei der Auswahl der zu bestimmenden Meßgrößen nicht selten schwerwiegende Fehler gemacht. Der sorgfältigen Analyse des Eigenschaftsbegriffes kommt daher eine nicht unerhebliche Bedeutung zu.

Bei mechanischen Untersuchungen am Festkörper beispielsweise besteht ein wesentlicher Unterschied zwischen dem Stoffverhalten bei geringen Beanspruchungsspannungen, entsprechenden geringen Deformationen [die in erster Näherung als elastische Verformungen betrachtet werden können (4.2)] und demjenigen bei solchen Beanspruchungen, die von erheblichen Fließerscheinungen begleitet sind (4.1, 4.2, 4.5), sowie bei so starken Beanspruchungen, daß Brüche bewirkt werden (4.6). Eine besondere Bedeutung kommt bei allen mechanischen Verformungen der Frage zu, wie groß die Verformungsgeschwindigkeit ist, da alle Ergebnisse stark von ihr beeinflußt werden (4.2, 4.3, 4.4, 4.7). Ebenso ist es wesentlich, zu unterscheiden, ob bei der Verformung Wärme entwickelt oder verbraucht wird und ob diese Wärmetönung in Verbindung mit der Wärmezu- oder -ableitung Temperaturveränderungen bedingt (4.5). Man wird dabei jeweils zu entscheiden haben, ob man das mechanische Verhalten z. B. besser durch einen elastischen Modul, eine Schwingungsdämpfung, durch die bei einer Verformung entwickelte Wärme oder durch die Laufgeschwindigkeit eines Bruches oder eine andere Größe charakterisieren will.

Ähnliche Überlegungen, wie sie der Verformung eines Kunststoffes im festen Zustand zugrunde liegen, bestehen auch bei der Beurteilung des Fließens (4.1), wobei nicht-Newtonsches Verhalten in der Meßmethode und den zu wählenden Meßbedingungen besondere Aufmerksamkeit verlangt. Hier wird man häufig darauf verzichten müssen, das Fließverhalten durch eine Viskositätskonstante zu kennzeichnen und wird nach anderen Charakterisierungen des Fließverhaltens suchen müssen.

1.3.2 Untersuchungen in Abhängigkeit
von stoff- und umweltbedingten Variablen

Um solche Untersuchungen weiterhin sachgemäß ansetzen zu können, ist es sinnvoll, wenn die Grundlagen des chemischen Aufbaus und des physikalischen Verhaltens der Kunststoffe bekannt sind, wenn also eine zusammenfassende Darstellung dieser Grundlagen (wie die vorliegende) zur Verfügung steht.

Da ein hochpolymerer Stoff z. B. mit verschiedenem Molekulargewicht und darüber hinaus mit verschiedener Molekulargewichtsverteilung vorliegen kann (vgl. 2.2), ist es zweckmäßig, zu überprüfen, ob und wie die interessierende Eigenschaft molekulargewichtsabhängig ist. Ähnliches gilt in bestimmten Fällen für den Vernetzungs- oder Verzweigungsgrad (2.1, 2.3, 6.5) oder die chemische Uneinheitlichkeit (2.4).

Es erscheint ferner unter diesem Aspekt nicht angebracht, Untersuchungen zum Vergleich zweier Kunststoffe bei einer festgelegten Temperatur durchzuführen, wenn beide Stoffe sich bei dieser Temperatur in verschiedenen Zuständen befinden (3). Unter die Zustände rechnet man bei den Kunststoffen vernünftigerweise auch die Orientierungszustände (3.5, 3.6) und die verschiedenen morphologischen Formen bzw. Überstrukturen (3.7). Schwierig wird beispielsweise eine Messung, wenn sie in Gebieten besonders starker Abhängigkeit der Eigenschaften von bestimmten Bedingungen erfolgen soll, z. B. in Bereichen starker Temperaturabhängigkeit des Zustandes, etwa im Einfrierbereich (3.1, 4.3) oder im Schmelzbereich (3.2, 4.3) oder auch bei unterkühlten kristallisierbaren Hochpolymeren in einem Temperaturbereich, in dem diese im Begriff sind, nachzukristallisieren (4.3). Um in solchen Fällen einen sicheren Schluß auf das Stoffverhalten ziehen zu können, ist es zweckmäßig, die betreffende Eigenschaft in erster Linie in Abhängigkeit von der Temperatur zu messen und die Temperaturkurve zur Charakterisierung des Stoffverhaltens zu betrachten. Es ist verhältnismäßig leicht, an Hand solcher Temperaturkurven festzustellen, in welchen Bereichen verschiedene Zustände vorliegen bzw. wo sich Übergangsbereiche befinden. Auch können solche Temperaturkurven gegebenenfalls dazu dienen, den Nachkristallisationsvorgang bei verschiedenen Temperzeiten bzw. -temperaturen zu verfolgen.

Alles in allem wird es sich meist lohnen, das Stoffverhalten auf breiterer Basis zu studieren, indem man alle diejenigen Bedingungen (außer der Temperatur auch die Zeit, die Beanspruchungsgeschwindigkeit, die Feuchtigkeit, den Deformationsgrad, die Temperatur-Zeit-Vorgeschichte usw.) variiert, von denen man auf Grund einer Kenntnis der Grundlagen des chemischen Aufbaus (2, 5.1, 6) und des physikalischen Verhaltens (4) sowie der Verarbeitungsart (6) einen Einfluß auf die zu untersuchenden Eigenschaften vermuten kann. Die bei solchen Untersuchungen gesammelten Erfahrungen werden spätere Messungen in der Regel erleichtern und abkürzen.

1.3.3 Anwendung mehrerer Untersuchungsmethoden auf das gleiche Strukturproblem

Bei Untersuchungen komplizierter Art wird es zur Erzielung sicherer Resultate von besonderem Nutzen sein, mehrere Untersuchungsverfahren mit unterschiedlichen Meßgrößen auf das gleiche Problem anzuwenden und ihre Ergebnisse untereinander zu vergleichen. Dies gilt insbesondere für Untersuchungen, die direkt der Klärung von Fragen des molekularen Aufbaues dienen sollen. So kann man zur Messung der Orientierung (3.5, 3.6) sowohl die Doppelbrechung (4.11) als auch die Röntgenstreuung (3.6, 4.14) und die Absorption polarisierter Ultrarotstrahlung (4.13) anwenden. Auch für die Prüfung des Kristallisationsgrades eignen sich vorwiegend Röntgen- (4.14) und Ultrarotmethoden (4.13), während zur Untersuchung von Überstrukturen (3.7) sich ein Zusammenwirken von Röntgenkleinwinkelstreuung (4.14), Doppelbrechung (4.11) und Elektronenmikroskopie (4.16) bewährt hat. Zur Feststellung von Übergangserscheinungen hinwiederum wird man sich neben der Röntgenstrukturanalyse (4.14) der calorimetrischen Methoden, der mechanischen (4.2, 4.3, 4.4) und dielektrischen Relaxationsuntersuchungen (4.8) sowie der Kernresonanzmethode (4.17) bedienen. Die mechanischen (4.3) und dielektrischen Methoden (4.8) werden mit Erfolg zur Untersuchung der Weichmacherwirkung (5.6) herangezogen.

Die vorstehenden Hinweise mögen genügen, um darzulegen, daß die Kenntnis der spezifischen Gesetzmäßigkeiten hochpolymerer Stoffe nach ihrem chemischen und strukturellen Aufbau (2, 3), ihrem physikalischen Verhalten (4) und dessen Beeinflussung durch Mischsysteme (5), durch Verarbeitungsverfahren (6.2, 6.3) und sonstige strukturändernde Einflüsse (6) ebenso eine wesentliche Voraussetzung einer erfolgreichen Anwendung der Kunststoffe darstellt, wie die sorgfältige Auswahl der anzuwendenden Untersuchungsmethoden, ihre sinnvolle Kombination, die Auswahl der zu gewinnenden Meßgrößen und die Beachtung ihrer charakteristischen Abhängigkeit von den sie beeinflussenden Variablen.

1.4 Die wirtschaftliche und technische Bedeutung einer wissenschaftlich fundierten Prüfung

Von **L. Kollek**, Ludwigshafen a. Rh.

In allen Kreisen der Wirtschaft ist die Erkenntnis über die zwingende Notwendigkeit der Forschungsförderung heute unbestritten. Dabei sind alle sachkundigen Stellen in Technik und Wirtschaft der vollen Überzeugung, daß die Forschung eine der wichtigsten Voraussetzungen für den Fortschritt einer gesunden wirtschaftlichen Entwicklung ist. Immer mehr zeigt sich, daß auf vielen Gebieten der Technik das Ausmaß der technischen und wirtschaftlichen Entwicklung vom Umfang der aufgewandten Forschung bestimmt wird. Mögen die Meinungen auch bei manchen Sparten, insbesondere auch auf dem Gebiet der Kunststoffe, darüber auseinandergehen, ob die Grundlagen- oder die Zweckforschung mehr zu fördern sei, so stimmen sie doch alle in der Auffassung überein, daß Prüfen und Messen zum unentbehrlichen Rüstzeug gehören, um die technische Entwicklung planvoll zu gestalten. Für das seit wenigen Jahrzehnten sich stürmisch entwickelnde Gebiet der Kunststoffe mit der außerordentlichen Vielfalt seiner Produkte und ihrem Eindringen in die Verwendungsgebiete fast aller Industriezweige sucht man nach zuverlässigen, wissenschaftlich begründeten Methoden für das Prüfen und Messen. Welche außerordentlich große Bedeutung dem Prüfwesen auf dem Kunststoffgebiet zukommt, kann man erkennen, wenn man sich vergegenwärtigt, daß eine laufende Überwachung in allen Herstellungs- und Verarbeitungsstufen notwendig ist, und zwar

a) bei der Herstellung der hochmolekularen Stoffe aus den niedermolekularen,

b) bei der Ermittlung der Eigenschaften und Einsatzmöglichkeiten der fertigen Kunststoffrohstoffe,

c) bei ihrer Verarbeitung zu Halb- und Fertigfabrikaten,

d) bei der Festlegung der Eigenschaften und Verwendungsmöglichkeiten der Halb- und Fertigfabrikate,

e) bei der Ermittlung des Gebrauchswertes in Abhängigkeit von den Beanspruchungsbedingungen.

Die Eigenschaften eines Kunststoffes hängen bekanntlich in hohem Maße von den Bedingungen ab, unter denen er synthetisiert wurde. Die Molekulargröße, die polymer-homologe Verteilung, die Höhe der kristallinen und der amorphen Anteile, die Vernetzung, die Verzweigung der Ketten im Molekül und andere Eigenschaften des hochmolekularen Stoffes können bei der Herstellung durch Temperatureinflüsse, mechanische und photochemische Behandlung, Zusatzstoffe u. a. in weiten Grenzen abgewandelt werden. Um ein in seinen Eigenschaften stets gleichartiges Endprodukt zu erhalten, ist eine laufende Kontrolle während des Fabrikationsprozesses erforderlich. Zahlreiche Prüf- und Meßmethoden sind schon in den letzten Jahren entwickelt worden. Trotzdem besteht die Notwendigkeit, weitere neue Prüfverfahren auszuarbeiten, um noch zuverlässiger, noch umfassender und noch schneller die Kennzahlen des hochmolekularen Stoffes während seiner Herstellung erfassen und definieren zu können. In noch weitergehendem Maße ist es erforderlich, den fertigen hochmolekularen Stoff, den Kunststoffrohstoff, durch Festlegung von Kennzahlen der verschiedensten Art in seinen Eigenschaften zu definieren und damit auch wichtige Angaben für seine Verarbeitungsmöglichkeit zu erhalten. Ob es sich darum handelt, das mechanische und thermische Verhalten, die Löslichkeit, Weichmachung, Permeation, Feinstruktur, elektrische und dielektrische Eigenschaften, Wasseraufnahme, Licht- und Wetterbeständigkeit usw. unter den verschiedensten Versuchsbedingungen zu ermitteln, immer sind Prüfungen einzuschalten, an deren Verbesserung und Verfeinerung laufend gearbeitet wird.

In ähnlicher Weise muß die Verarbeitung der Kunststoffrohstoffe zu Halb- und Fertigfabrikaten überwacht werden, da die Art der Verarbeitung, die Auswahl der Verarbeitungsmaschinen u. dgl. einen sehr erheblichen Einfluß auf die Eigenschaften bzw. Eigenschaftsänderungen der Erzeugnisse haben können. Die Erfassung der Gesetzmäßigkeiten der Rheologie der zu verarbeitenden Stoffe in den durch die Verarbeitungsmethoden gegebenen Bedingungen von Temperatur, Druck, Fließgeschwindigkeit usw. ist hier von besonderer Wichtigkeit, weil dadurch die Voraussetzungen für die Beherrschung der Verarbeitungsprozesse geschaffen werden. In vielen Fällen werden wichtige Neuentwicklungen bei den Verarbeitungsmaschinen erst durch die beim Prüfen und Messen während der Weiterverarbeitung ermittelten Zahlenunterlagen eingeleitet.

Von entscheidender Bedeutung für den technischen Einsatz und damit die wirtschaftliche Entwicklung eines Kunststoffes ist schließlich die Feststellung der Eigenschaften des Fertigartikels sowohl in seinem Endzustand wie auch in Abhängigkeit von den Bedingungen, denen er beim Gebrauch unterliegt.

Zusätzliche neue Aufgaben bringt dabei die von der Wirtschaft verständlicherweise angestrebte Normung und Typisierung der Kunststoffe sowie die Standardisierung der Prüfmethoden.

Die für das Kunststoffgebiet herangezogenen Prüfverfahren stützen sich zwangsläufig bis in die neueste Zeit auf die bei anderen Werkstoffen, z. B. Metallen, Holz, Gummi, Leder usw., angewandten Methoden. Die wissenschaftliche Bearbeitung der Kunststoffprüfung läßt in zunehmendem Maße erkennen, daß es in mancherlei Hinsicht, insbesondere auf Grund der Erkenntnisse über die Beziehungen des spezifischen Verhaltens von Kunststoffen zu ihrer Struktur, notwendig ist, sich von Eigenschaftsbegriffen und Prüfmethoden, wie sie für andere Werkstoffe üblich sind, zu lösen, und sie durch spezifische, auf die Kunststoffe abgestellte Begriffe und Methoden zu ersetzen. Im Verlaufe dieser wissenschaftlichen Entwicklung wird der von der Metallkunde übernommene Begriff der „Kennzahl" immer stärker durch den der „Kennfunktion" ersetzt, wobei eine wissenschaftlich einwandfrei definierte Stoffeigenschaft nicht unter willkürlich fixierten Umweltbedingungen gemessen wird, sondern als Funktion in Abhängigkeit von den sie beeinflussenden Variablen der Umwelt, wie Temperatur, Zeit, Feuchtigkeit, Frequenz usw.

Diese Entwicklung der Prüfmethoden hat ihren besonderen Wert darin, daß man mit ihren Ergebnissen die Prüfung selbst und damit auch die Produktions- und Verarbeitungsprozesse rationeller gestalten und das Probieren immer mehr ausschalten kann.

Diese kurze Betrachtung zeigt deutlich, wie außerordentlich wichtig eine wissenschaftlich begründete Kunststoffprüfung für die wirtschaftliche und technische Entwicklung des gesamten Kunststoffgebietes ist. Dieser Gesichtspunkt muß bei allen Überlegungen, vor allem auch bei der Förderung der Forschung und der Ausbildung des Nachwuchses besonders beachtet werden.

1.5 Die Berücksichtigung wissenschaftlicher Grundlagen bei der Prüfung

Von **D. J. van Wijk**, Delft/Niederlande

Bei der Besprechung dieses Themas soll vorausgesetzt werden, daß hier als „praktische Durchführung der Kunststoffprüfung" dasjenige gewertet werden soll, was zu diesem Thema in Veröffentlichungen oder in Normblättern bekanntgegeben wurde.

Wenn man den Inhalt des Bandes I dieses Werkes nachschlägt und sich die Frage stellt, welche von den dort angegebenen wissenschaftlichen Grundlagen jetzt schon in der praktischen Kunststoffprüfung berücksichtigt werden, so ist die Antwort anscheinend enttäuschend.

Entsinnt man sich jedoch, daß man, mit Ausnahme der Röntgenspektroskopie, der Viskositätsbestimmung und der dielektrischen Messungen, sich erst nach 1945 eingehend mit diesen Grundlagen beschäftigt hat, so kann man nicht unzufrieden sein, wenn 16 Jahre nachher immerhin einige der errungenen Ergebnisse ihren Platz in der praktischen Prüfung gefunden haben.

Dabei ist auch zu berücksichtigen, daß die Kunststoffprüfung anfangs in erster Linie als Grundlage für technische Lieferbedingungen genützt wurde. Ferner ist zu berücksichtigen, daß verständlicherweise neue Erkenntnisse nur nach sehr gründlicher zeitraubender Überprüfung Eingang in die praktische Prüftechnik finden können.

1.5.1 Die Viskositätsmessung
(vgl. 2.3, 4.1)

Die Messung der Viskosität war der erste Schritt auf dem Gebiet der Rheologie und gehört zu den ältesten praktisch durchgeführten Messungen mit wissenschaftlicher Grundlage, weil schon früh erkannt wurde (STAUDINGER), daß sie geeignet ist, Polymerisationsgrad und Molekulargewicht zu schätzen.

1.5.2 Die Deformationsmechanik
(vgl. 4.2, 4.3)

Ihre Anwendung war bei harten Kunststoffen anfangs beschränkt auf den Biege- und Schlagbiegeversuch und auf „Härte"-Bestimmungen, während der Zugversuch vorzugsweise bei weichen Kunststoffen Anwendung fand. Beim Zug-, Biege- und Schlagbiegeversuch begnügte man sich meist mit Kenndaten beim Bruch.

Die Abhängigkeit solcher Kennwerte von der Zeit ist schon sehr frühzeitig erkannt worden. Bereits bei den ersten, 1912 veröffentlichten, grundlegenden Untersuchungen des Materialprüfungsamtes Berlin-Dahlem [1] ist z. B. bei Kugeleindruckversuchen der Zeiteinfluß festgestellt und in den deutschen VDE-Bestimmungen für feste Isolierstoffe VDE 0302 [2] berücksichtigt worden.

Als einer der ersten berichtete 1933 auch W. W. C. EVERTS [3] über die Abhängigkeit der Werte von der Belastungszeit bei statischer Belastung makromolekularer Stoffe und besonders über den Einfluß der Zeit bei der Dehnung von Weichgummi unter konstanter Belastung.

In 1939 bzw. 1940 erschienenen Arbeiten haben W. KUNTZE, R. NITSCHE und H. v. MARTENS das Verhalten duro- und thermoplastischer Kunststoffe bei Schlagbeanspruchung in Abhängigkeit von der Schlaggeschwindigkeit untersucht und die Grundlagen für ein sinngemäßes Prüfverfahren geschaffen [4, 5].

Später hat W. BUCHMANN [6] diesen Einfluß bei hartem Polyvinylchlorid untersucht, und erst nachher wurde weiteren Kreisen bekannt, daß diese Werte mit ansteigender Belastungsdauer sinken zufolge einer Kombination von Kriechen, Spannungsrelaxation und Einflüssen von Lockerstellen.

ERNST JENCKEL [7] hat in einer gründlichen Abhandlung den Entspannungsversuch (Relaxation), den Verformungsversuch (Kriechen), den periodischen Versuch und das Zeitgesetz beschrieben und rechnerisch erklärt, und zahlreiche Abhandlungen von anderen Untersuchern über Relaxation und Kriechen haben die Einsicht in die Zeitabhängigkeit vertieft.

Erst geraume Zeit nachher erschien der ASTM-Entwurf D 674–51 T (Bestimmung des Kriechens und der Spannungsrelaxation), die niederländischen Normblatt-Entwürfe V 3033 (1955) (Prüfung von Folien aus weichgemachtem Polyvinylchlorid) und V 2175 (1955) (Verhalten der Kunststoffe unter Zugbelastung) und DIN-Vornorm 55371 (Prüfung von Kunststoff-Folien, Zug-versuch), bei denen die Zeitabhängigkeit beim Zugversuch berücksichtigt wird.

Zur Untersuchung der Kunststoffe *bei periodischer Belastung* hat man bei der praktischen Prüfung hauptsächlich die Torsionsschwingungen angewandt, weil diese sich mit ziemlich einfacher Apparatur durchführen lassen. Diese Methode gestattet es, in einfacher Weise die Dämpfung zu bestimmen, den Schubmodul G zu berechnen und dadurch das plastisch-elastische Verhalten der Kunststoffe zu charakterisieren. Prüfungen mit *freien Torsionsschwingungen* haben W. KUHN und O. KÜNZLE [8] (an Gummi), E. JENCKEL [9] (an PVC und Polystyrol) und L. E. NIELSEN, R. BUCHDAHL und R. LEVREAULT [10] (an PVC mit Weichmachern) durchgeführt.

K. A. WOLF [11] gab eine Beschreibung eines einfachen Torsionsapparates; er vergleicht die Ergebnisse mit denjenigen von dielektrischen Messungen und kommt zu der Schlußfolgerung, daß eine große Ähnlichkeit zwischen den beiden besteht. Seitdem werden freie Torsionsschwingungen in verschiedenen Labo-ratorien genutzt zur Charakterisierung der Materialeigenschaften in Abhängig-keit von Zeit und Temperatur zur Aufklärung der Molekularstruktur. L. E. NIEL-SEN [12] und L. E. NIELSEN und R. BUCHDAHL [13] haben ebenfalls Vorschläge gemacht für einfache Torsionsapparate und haben Messungen an verschiedenen Polymeren durchgeführt.

K. SCHMIEDER und K. A. WOLF [14] berichteten über mechanische Schwin-gungsversuche, bei denen das elastische Verhalten und die Relaxation einiger Hochpolymerer durch Variation von Versuchszeit und Temperatur studiert wurden. Nachher haben diese Forscher [15] mittels einer verbesserten Apparatur den Einfluß von Molekulargewicht, Mischungsverhältnis, Dipolwirkung und Kettenbeweglichkeit, Vernetzung und Kristallinität auf die Ergebnisse der Tor-sionsprüfung studiert in einem Temperaturbereich von -160 bis $250\,°C$.

Bei dem Zentral Laboratorium TNO in Delft werden Torsionsschwingungen regelmäßig gebraucht zur Charakterisierung verschiedener Kunststoffe, z. B. Polymethylmethacrylat und verwandter Stoffe [16, 17].

Mit *erzwungenen Schwingungen* kann man im Prinzip dasselbe bestimmen wie mit freien Schwingungen, jedoch in einem größeren Frequenzbereich (un-gefähr zwischen 10^{-3} und 10^6 Hz). Obwohl die Apparatur und das Verfahren komplizierter sind, wird dieses Verfahren schon häufig angewandt.

H. ROELIG [18] hat diese Schwingungen schon früh benutzt zur Charakte-risierung der Weichgummis und später haben H. ROELIG und W. HEIDEMANN [19] auf die Ähnlichkeit zwischen den Ergebnissen der Schwingungsprüfungen und denjenigen der elektrischen Prüfungen gewiesen.

H. S. SACK, J. MOTZ, H. L. RAUB und R. N. WORK [20] untersuchten weich-gemachtes Polyvinylchlorid, Butadien-Styrol-Kopolymere und Naturgummi bei verschiedenen Temperaturen und Frequenzen.

F. H. MÜLLER [21] berichtete über mechanische periodische Verformung (Doppelbiegung) zur Messung der elastischen Dispersion, womit das mechanische Verhalten im elastisch-plastischen Bereich erfaßt werden kann. Er wies auf die enge Beziehung zu der dielektrischen Dispersion hin.

Zahlreich sind die Veröffentlichungen über erzwungene Schwingungen bei höheren Frequenzen, wobei die Schwingungen elektromagnetisch erzeugt werden.

1.5.3 Die Vorgänge beim Bruch

Diese wurden in den Prüflaboratorien hauptsächlich empirisch, z. B. zur gegenseitigen Vergleichung von Kunststoffen verschiedener Art oder zur Bestimmung der Sprödigkeitstemperaturen, benutzt.

Die gründlichen Untersuchungen von SMEKAL und Mitarbeitern [22] haben die wissenschaftlichen Grundlagen für weitere Untersuchungen geschaffen.

F. SCHWARZL und A. J. STAVERMAN [23] haben eine wertvolle Übersicht über die phänomenologische Bruchtheorie, die statistischen Aspekte des Bruchproblems und die Morphologie der Brucherscheinungen gegeben. Auch H. SCHARDIN (vgl. 4.7) und F. KERKHOF (vgl. 4.6) haben sich eingehend mit dem Studium der Brucherscheinungen u. a. an Kunststoffen beschäftigt.

1.5.4 Dielektrische Messungen

Messungen des dielektrischen Verlustfaktors sind schon seit langem durchgeführt worden an vielen Stoffen, ohne daß man genau wußte, welche Beziehungen der Ergebnisse zur Molekularstruktur bestehen und welche Erscheinungen hierbei zu erfassen waren.

Aus den schon genannten engen Beziehungen zu mechanischen periodischen Verformungen ist es klar, daß man es auch hier mit Relaxationserscheinungen von Dipolschwingungen im elektrischen Wechselfeld zu tun hat (vgl. 4.8).

Verschiedene Forscher [24] haben solche Messungen durchgeführt zur besseren Aufklärung der Weichmacherwirkung (vgl. 5.5).

F. WÜRSTLIN [25] berichtete z. B. 1949 über dielektrische Bestimmungen der Solvathülle von weichgemachtem Polyvinylchlorid bei konstanter Frequenz in Abhängigkeit von der Temperatur und in späteren Arbeiten [26] über die Deutung der äußeren Weichmachung, der Einfriertemperatur und der Kristallinität mit Hilfe dieser Bestimmungen.

Untersucht man in Abhängigkeit von der Frequenz, so ist es nach REDDISH [27] möglich, räumliche Darstellungen der dielektrischen Analysen zu geben.

W. G. OAKES und D. W. ROBINSON [28] haben in ähnlicher Weise Polyäthylen dielektrisch und mechanisch untersucht.

1.5.5 Die Grundlagen des optischen Verhaltens
(vgl. 4.10, 4.11)

Optische Untersuchungsmethoden werden benutzt bei der Bestimmung der Ultrarot- (UR-) und Ultraviolett- (UV-) Absorptionsspektra z. B. zur Analyse von Polymeren, Copolymeren und von Mischungen [29, 30] und – mittels polarisierten Lichtes – zum Nachweis innerer Spannungen in lichtdurchlässigen Kunststoffen.

W. BRÜGEL [29] und W. WEST [30] haben wertvolle Übersichten über die UR-Spektroskopie von Polymeren und die chemische Anwendung der Spektroskopie geschrieben. G. SALOMON und A. CHR. VAN DER SCHEE [31] haben über die UR-Spektra von Kautschuk und dessen Derivaten berichtet.

N. E. M. HAGETHORN und J. P. I. VAN KESTEREN [32] und viele andere haben UR- und UV-Absorptionsspektra angewandt zur Analyse von Polyvinylchlorid-Weichmachermischungen. Der Einfluß der Kristallinität auf das UR-Spektrum von Polychlortrifluoräthylen wurde u. a. von H. Matsuo [*33*] untersucht (vgl. auch 4.13).

Der Nachweis innerer Spannungen in Formstücken gibt eine willkommene qualitative Kontrolle der Zweckmäßigkeit des angewandten Verfahrens und der Werkzeugkonstruktion. Dieser Nachweis wird auch angewandt zur Untersuchung der Spannungen, hervorgerufen durch bestimmte Belastungen von Konstruktionsmodellen aus durchsichtigen Kunststoffen.

Eine besondere Anwendung, Bruchvorgang mit Hilfe der Hochfrequenz-Kinematographie zu verfolgen, ist von H. Schardin [*34*] beschrieben worden.

Zusammenfassend kann gesagt werden, daß die wissenschaftlichen Grundlagen in der praktischen Kunststoffprüfung bereits in bemerkenswertem Maße berücksichtigt werden, und zwar vor allem auf den Gebieten der Viskositätsmessung, der Prüfung auf mechanisches Verhalten bei statischer und bei dynamischer Beanspruchung, bei dielektrischen und optischen Messungen und bis zu einem gewissen Grad auch bei der Untersuchung der Brucherscheinungen. Insgesamt handelt es sich um eine Entwicklung, die in rasch zunehmendem Maße fortschreitet.

Literatur

[*1*] Passavant: ETZ (1912) H. 18, S. 540.

[*2*] VDE 0302/1924, A 3.

[*3*] Everts, W. W. C.: Der Einfluß der Zeit bei der Dehnung von Weichgummi unter konstanter Belastung. Kautschuk 9 (1933) S. 56.

[*4*] Kuntze, W., u. R. Nitsche: Kunststoffe 29 (1939) S. 33—41.

[*5*] Kuntze, W., R. Nitsche u. H. v. Martens: Kunststoffe 30 (1940) S. 193.

[*6*] Buchmann, W.: Z. VDI 84 (1940) S. 425 — Eigenschaften von Polyvinylchlorid-Kunststoff. München/Berlin: J. F. Lehmann 1944. — W. Krannich: Kunststoffe im technischen Korrosions-Schutz. Handbuch für Vinidur und Oppanol. München: Hanser 1953.

[*7*] Jenckel, E.: Kautschuk als plastisch-elastisches System. Kautschuk 19 (1943) S. 25.

[*8*] Kuhn, W., u. O. Künzle: Experimentelle Bestimmung der dynamischen Viskosität und Elastizität sowie des Relaxationsspektrums von Kautschuk. Helv. chim. Acta 30 (1947) S. 839.

[*9*] Jenckel, E.: Plastisch-elastisches Verhalten und chemische Struktur hochmolekularer Stoffe. Kunststoffe 40 (1950) S. 98.

[*10*] Nielsen, L. E., R. Buchdahl u. R. Levreault: Mechanical and electrical properties of plasticized vinylchloride compositions. J. appl. Phys. 21 (1950) S. 607.

[*11*] Wolf, K.: Beziehungen zwischen mechanischem und elektrischem Verhalten von Hochpolymeren. Kunststoffe 41 (1951) S. 89.

[*12*] Nielsen, L. E.: Methoden zur Bestimmung des dynamisch-mechanischen Verhaltens von Hochpolymeren. ASTM Bull. (April 1950) S. 48; Rev. sci. Instrum. 22 (1951) S. 690.

[*13*] Nielsen, L. E., u. R. Buchdahl: Dynamic mechanical properties of plastic materials SPE-J. 9 (May 1953) S. 16.

[*14*] Schmieder, K., u. K. Wolf: Über die Temperatur- und Frequenzabhängigkeit des mechanischen Verhaltens einiger hochpolymerer Stoffe. Kolloid-Z. 127 (1952) S. 65.

[*15*] Schmieder, K., u. K. Wolf: Mechanische Relaxationserscheinungen an Hochpolymeren. Kolloid-Z. 134 (1953) S. 149.

[*16*] Heyboer, J.: Einfluß chemischer Variationen auf sekundären Erweichungsbereich beim Polymethacrylsäuremethylester. Phys. Verh. 4 (1953) S. 129.

[*17*] Wijk, D. J. van: Bewertung der üblichen Verfahren zur mechanischen Prüfung der Kunststoffe. Plastica 8 (1955) S. 188 u. 242.

[*18*] Roelig, H.: Neue Prüfmethoden an Weichgummi. Kautschuk 13 (1937) S. 154.

[19] ROELIG, H., u. W. HEIDEMANN: Über die Ähnlichkeit der elastischen und dielektrischen Eigenschaften von Kautschukpolymerisaten. Kunststoffe 38 (1948) S. 125.

[20] SACK, H. S., J. MOTZ, H. L. RAUB u. R. N. WORK: Electric losses in some high polymers as a function of frequency and temperature. J. appl. Phys. 18 (1947) S. 450.

[21] MÜLLER, F. H.: Ergebnisse und Zusammenhänge mit Struktur und Wirkungsmechanismen bei periodischen Verformungen. Kolloid-Z. 114 (1949) S. 2.

[22] SMEKAL, A.: Z. Phys. 103 (1936) S. 495 — Glastechn. Ber. 23 (1950) S. 37 u. 186 — Österr. Ing.-Arch. 7 (1953) S. 49. — A. SMEKAL u. W. KLEMM: Mh. Chemie 82 (1951) S. 411.

[23] SCHWARZL, F., u. A. J. STAVERMAN: Die Physik der Hochpolymeren, hrsg. von H. A. STUART, Bd. IV, S. 165. Berlin/Göttingen/Heidelberg: Springer 1956.

[24] FUOSS, R. M.: J. Amer. Chem. Soc. 63 (1941) S. 378. — J. M. DAVIES, R. F. MÜLLER u. W. F. BUSSE: J. Amer. Chem. Soc. 63 (1941) S. 361. — F. WÜRSTLIN: Kolloid-Z. 105 (1943) S. 9. — R. F. BOYER u. R. S. SPENCER: J. Polymer. Sci. 2 (1947) S. 157.

[25] WÜRSTLIN, F.: Dielektrische Bestimmung der Solvathülle von weichgemachtem Polyvinylchlorid. Kolloid-Z. 113 (1949) S. 18.

[26] WÜRSTLIN, F.: Dielektrische Erscheinungen. Kolloid-Z. 120 (1951) S. 84 — Dielektrische Dispersion an Hochmolekularen. Kolloid-Z. 134 (1953) S. 135.

[27] REDDISH, W.: The dielectric properties of polyethylene terephtalate (terylene). Trans. Faraday Soc. 46 (1950) S. 459.

[28] OAKES, W. G., u. D. W. ROBINSON: Dynamic electrical and mechanical properties of polythene over a wide temperature range. J. Polymer Sci. 14 (1954) S. 505.

[29] BRÜGEL, W.: Ultrarotspektroskopie von Polymeren in Chemie und Technologie der Kunststoffe, Teil I, hrsg. von R. HOUWINK, Leipzig 1955.

[30] WEST, W.: Chemical applications of spectroscopy. Technique of Org. Chem. A. Weissberger, editor Vol. IX. New York: Interscience Publ. 1956.

[31] SALOMON, G., u. A. CHR. V. D. SCHEE: J. Polymer Sci. 14 (1954) S. 181 u. 287.

[32] HAGETHORN, N. E. M., u. J. P. I. VAN KESTEREN: Infrarot-Spektralanalyse von PVC-Weichmachermischungen. Plastica 9 (1956) S. 448.

[33] MATSUO, H.: Effect of crystallinity on the infrared band of polychlortrifluoraethylene at 490 cm^{-1}. J. Polymer Sci. 21 (1956) S. 331.

[34] SCHARDIN, H.: Untersuchung von Zerreißvorgängen bei Kunststoffen. Kunststoffe 44 (1954) S. 48.

2 Der molekulare Aufbau

2.1 Der chemische Aufbau

Von **R. Gäth**, Ludwigshafen a. Rh.

2.1.1 Was sind Kunststoffe?

Es ist üblich, Kunststoffe in 2 Klassen zu unterteilen, nämlich:

1. Abgewandelte Naturprodukte

2. Synthetische Kunststoffe

Zu 1: Unter „abgewandelten Naturprodukten" versteht man Kunststoffe, die dadurch hergestellt werden, daß hochmolekulare Produkte, die in der lebenden Natur entstanden sind, durch chemische Umsetzungen unter Erhaltung ihres hochmolekularen Charakters in Stoffe mit anderen Eigenschaften umgewandelt werden. Zu derartigen Produkten zählen z. B. die Umwandlungsprodukte der Cellulose, wie Nitrocellulose, Acetylcellulose, Äthylcellulose u. a., ferner Abwandlungsprodukte des Naturkautschuks, wie Hydrochlorkautschuk, Chlorkautschuk usw.

Diese Einteilung wird jedoch nicht konsequent durchgeführt. So zählt man z. B. weder Leder noch Gummi zu den Kunststoffen.

Zu 2: Hochmolekulare Produkte können durch Synthese aus niedrigmolekularen Bausteinen aufgebaut werden, so z. B. die Polymerisationsprodukte des Äthylens und des Vinylchlorids, die Phenolharze, die Polyurethane u. a. Auch diese Einteilung ist nicht konsequent. Zum Beispiel zählt man die synthetischen Kautschuke, wie Copolymere aus Butadien und Styrol, Butadien/Akryl-Säurenitril-Copolymere, sowie solche aus Isobutylen und Dienen, in den meisten Fällen nicht zu den Kunststoffen. Außerdem ist der Begriff Kunststoffe beschränkt auf Stoffe, die überwiegend organischen Charakter haben, so daß z. B. Glas und Porzellan als rein anorganische Produkte trotz ähnlicher Bauprinzipien nicht unter den Begriff Kunststoffe fallen, während die Silicone, die in ihrer Hauptmolekülkette aus Silicium und Sauerstoff aufgebaut sind und nur an den Seitenketten kohlenstoffhaltige Gruppen tragen, zu den Kunststoffen gezählt werden.

Im Entwurf DIN 7708, Bl. 1, vom April 1954 waren die Kunststoffe wie folgt definiert:

„Kunststoffe sind Materialien, deren wesentliche Bestandteile aus solchen makromolekularen organischen Verbindungen bestehen, die synthetisch oder durch Umwandlung von Naturprodukten entstehen; sie sind in der Regel bei der Verarbeitung unter bestimmten Bedingungen plastisch formbar oder sind plastisch geformt worden."

Da diese Definition nicht recht befriedigt, wird sie nochmals überarbeitet.

2.1.2 Aufbauprinzipien und Molekülformen

Bei der Umsetzung monofunktioneller organischer Verbindungen, wie z. B. monofunktioneller Alkohole mit monofunktionellen Säuren, die zu Estern führt, ist die Reaktion beendet, wenn die Gesamtmenge der vorhandenen Moleküle sich in Estermoleküle durch Veresterung umgebildet hat. Die so entstandenen Ester haben ihrerseits keine reaktionsfähigen Hydroxyl- oder Carboxylgruppen mehr, die einer weiteren Reaktion unter den gegebenen Reaktionsbedingungen zugänglich wären.

$$RCH_2OH + HOOCCH_2R' \rightarrow RCH_2OOCCH_2R' + H_2O$$

Anders liegen die Verhältnisse, wenn nicht monofunktionelle Verbindungen, sondern bifunktionelle Verbindungen, also z. B. ein Dialkohol mit einer Dicarbonsäure umgesetzt wird. Auch in diesem Falle ist der erste Reaktionsschritt eine Veresterungsreaktion wie im oben beschriebenen Fall, die jedoch im Gegensatz zu dieser zu einem Ester führt, der noch freie Hydroxyl- bzw. Carboxylgruppen hat, die unter den gegebenen Reaktionsbedingungen wieder miteinander reagieren können. Dadurch entstehen u. a. bei einem solchen System langgestreckte fadenförmige Moleküle, deren Molekulargewicht bzw. Moleküllänge von den Reaktionsbedingungen abhängig ist. Dabei ist das Molekulargewicht der einzelnen Fadenmoleküle nicht von Molekül zu Molekül gleich, weil es nicht möglich ist, die Wachstumsreaktion für alle sich bildenden Makromoleküle [1] im Reaktionsgemisch identisch zu gestalten. Infolgedessen schwankt die Länge und damit das Molekulargewicht der einzelnen Makromoleküle um einen Mittelwert. Es bildet sich nicht ein einheitlicher Stoff, sondern ein Stoffgemisch, bei dem aber das Aufbauprinzip der einzelnen Makromoleküle identisch ist (vgl. 2.2).

$$HOH_2CRCH_2OH + HOOCCH_2R'CH_2COOH \rightarrow HOH_2CRCH_2OOCCH_2R'CH_2COOH + H_2O$$

weitere Kondensation ergibt

$$HOH_2CRCH_2O[OCCH_2R'CH_2COOH_2CRCH_2O]_nOCCH_2R'CH_2COOH$$

Benutzt man nun bei derartigen Umsetzungen Ausgangsstoffe, die nicht nur zwei, sondern mehr als zwei funktionelle Gruppen besitzen, also z. B. einen trifunktionellen Alkohol und eine bifunktionelle Säure, dann erweitert sich die Variation in der Art des Wachstums der einzelnen Makromoleküle, weil die entstehenden Moleküle ihrerseits die dritte funktionelle Gruppe des Alkohols als freie OH-Gruppen tragen, die sich ebenfalls unter den Reaktionsbedingungen umsetzen können. Dadurch wird neben der Verlängerung der Fadenmoleküle gleichzeitig eine seitliche Verzweigung möglich.

Bei einem solchen Molekül ist das Verhältnis von Länge zu Durchmesser bei weitem nicht mehr so eindeutig zugunsten der einen Dimension vorhanden, wie dies bei rein linearen Makromolekülen der Fall ist. Es ist möglich, die Reaktion so zu führen, daß voneinander getrennte, verzweigte Moleküle entstehen.

Läßt man jedoch die Reaktion weiterlaufen, so daß Umsetzungen zwischen den primär gebildeten verzweigten Molekülen untereinander möglich werden, dann treten Vernetzungsbrücken auf, und man kommt zu Makromolekülen, die in ihrem Aufbau einem Raumnetz ähneln.

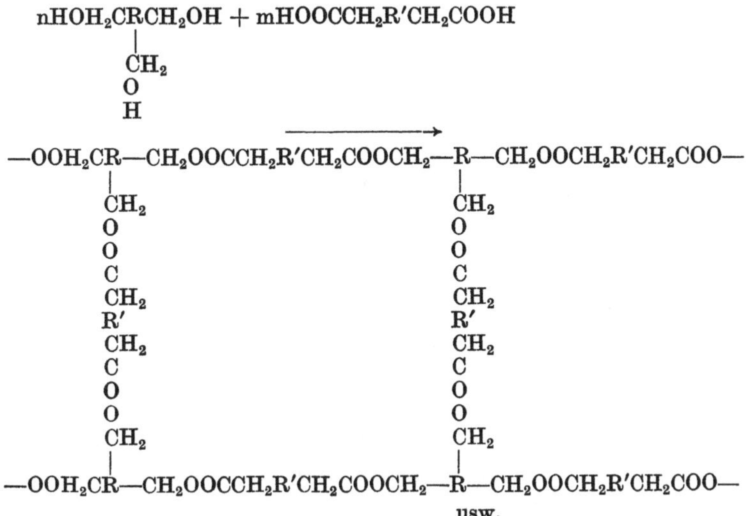

Damit sind an dem Beispiel der Umsetzung organischer Säuren mit Alkoholen die grundsätzlichen Bauprinzipien hochmolekularer Stoffe beschrieben worden. Es lassen sich demnach

    a) fadenförmige Makromoleküle,

    b) verzweigte Makromoleküle,

    c) Makromoleküle mit der Struktur eines Raumnetzes

herstellen.

Diese 3 Bauformen werden noch dadurch ergänzt, daß symmetrisch gebaute Moleküle, wie z. B. die Moleküle des Polyäthylens, des Polytetrafluoräthylens, des Polykondensationsproduktes aus Glykol und Terephthalsäure u.a., sich einander so weit nähern können, daß die zwischenmolekularen Kräfte groß genug werden, um Bereiche höherer Zusammenhaltsenergie hervorzurufen. Derartige Stoffe zeigen infolge dieses „Ordnungszustandes" Erscheinungen, die eine starke Ähnlichkeit mit der Kristallisation niedrigmolekularer Stoffe haben. Es bilden sich neben amorphen Bereichen kristalline Bereiche, die jedoch nicht so wie bei den niedrigmolekularen Stoffen die gesamte Substanz ordnen. Man spricht von teilkristallinen Makromolekularen (vgl. 3.2).

Auf Grund dieser Möglichkeiten zur Kristallisation kann man die hochmolekularen Stoffe weiterhin in folgende Untergruppen unterteilen:

1. Lineare Moleküle	2. Verzweigte Moleküle	3. Vernetzte Moleküle
a) amorph	a) amorph	a) amorph
b) teilkristallin	b) teilkristallin	b) teilkristallin

2.1.3 Chemischer Aufbau und Herstellungsmethoden

1. Abgewandelte Naturprodukte

Hochmolekulare Naturprodukte, wie Zellulose, Eiweißstoffe u. a., sind in ihren funktionellen Gruppen den bekannten Umsetzungen der organischen Chemie zugänglich. So lassen sich z. B. OH-Gruppen veräthern und verestern, Doppelbindungen halogenieren, Aminogruppen mit Aldehyden umsetzen u. a. m. Durch diese Umsetzungen gelingt es, die Eigenschaften der natürlich vorkommenden hochmolekularen Substanzen zu verändern. Nach diesem Prinzip werden eine Reihe bekannter Kunststoffe, wie Acetylcellulose, Celluloseacetobutyrat, Celluloseäther, Nitrocellulose, Hydrochlorkautschuk, u. a., hergestellt. Man nennt sie abgewandelte Naturprodukte.

2. Synthetische Kunststoffe

a) Polykondensate [2, 3]. Bei der Polykondensationsreaktion werden neben der Bildung hochmolekularer Produkte niedrigmolekulare Verbindungen, wie z. B. Wasser, Salzsäure u. a., abgespalten. Außerdem ist es ein wichtiges Kennzeichen dieses Reaktionstyps, daß die Bildungsreaktion der hochmolekularen Stoffe durch Veränderung der Reaktionsbedingungen unterbrochen werden kann, die gebildeten Vorkondensate ihrerseits aber reaktionsfähig bleiben und bei geeigneten Bedingungen weiterkondensieren können. Die eingangs diskutierte Umsetzung von mehrwertigen Alkoholen mit mehrwertigen Säuren ist ein typisches Beispiel für eine Polykondensation. Zu diesem Reaktionstyp gehören ferner u. a. die Umsetzung von Phenol mit Formaldehyd, von Harnstoff oder Melamin mit Formaldehyd, von Diaminen mit zweibasischen Säuren usw.

Die Tatsache, daß die Reaktion bei der Polykondensation unterbrochen werden kann, ist technisch von großer Bedeutung. Sie ist z. B. im Falle der Phenol-Formaldehyd-, Harnstoff-Formaldehyd- und Melamin-Formaldehyd-Produkte entscheidend für die Art der Verarbeitungstechnik. Man geht dabei meistens so vor, daß die Reaktion nach der Bildung von verhältnismäßig niedrigmolekularen Vorkondensaten unterbrochen wird. Die Vorkondensate liegen bei den genannten Beispielen in Form verzweigter Moleküle vor, die noch nicht durchgehend miteinander vernetzt sind. Infolgedessen lassen sie sich noch thermoplastisch verformen und sind löslich. Die Weiterführung der Kondensation bis zur vollständigen Vernetzung erfolgt dann nach der Formgebung (vgl. 6.3).

b) Polyaddukte. Die Anlagerungsreaktion von mehrwertigen Alkoholen an mehrwertige Isocyanate ist eine Polyadditionsreaktion.

$$n\,O{=}C{=}N{-}R{-}N{=}C{=}O + n\,HOCH_2R'CH_2OH$$

$$HOCH_2R'CH_2OOCNHRNHCO[OCH_2R'{-}CH_2OOCNHRNHCO]_nOCH_2R'{-}CH_2OH$$

Im Gegensatz zur Polykondensation treten bei dieser Reaktion keine niedrigmolekularen Produkte bei der Entstehung der Polymeren auf. Es ist jedoch genau wie bei der Polykondensation möglich, die Reaktion stufenweise durchzuführen, so daß auch die Verarbeitungstechnik derartiger Produkte meistens von der Möglichkeit Gebrauch macht, zunächst relativ niedrigmolekulare Produkte zu verformen und in einer nachfolgenden Reaktion das gewünschte Endprodukt herzustellen.

c) Polymerisate [*4* bis *10*]. Bei der Polymerisation sind die auf dem Kunststoffgebiet technisch wichtigsten Ausgangsprodukte monomere Vinylverbindungen, wie z. B. Äthylen, Vinylchlorid, Vinylbenzol[1], Vinylester, Acrylsäureester, Vinyläther u. a. Die Bildungsreaktion der Polymeren beruht darauf, daß die Doppelbindung der monomeren Ausgangsstoffe „aktiviert" und damit die Voraussetzung zur Bildung von Makromolekülen geschaffen wird. Bei der Polymerisation werden keine niedrigmolekularen Stoffe abgespalten. Die nach dem Abbruch der Kettenwachstumsreaktion vorliegenden Moleküle sind nicht mehr in der Lage, nach dem gleichen Reaktionsmechanismus, nach dem sie aufgebaut wurden, weiter zu wachsen. Es ist also in diesem Falle die bei den beiden vorher genannten Reaktionstypen mögliche Unterbrechung der Wachstumsreaktion nicht vorhanden[2]. Bei der Polymerisation von Verbindungen, die mehr als eine Doppelbindung im Ausgangsmolekül enthalten, bilden sich Polymere, bei denen in den Makromolekülen noch Doppelbindungen entweder in der Kette oder aber in Seitengruppen vorhanden sind. Diese sind ihrerseits noch zu Polymerisations- und Mischpolymerisationsreaktionen befähigt.

Bei der Polymerisation unterscheidet man zwei verschiedene Reaktionsmechanismen:

α) *Radikalpolymerisation.* Die Vinylverbindung wird durch Einwirkung von Licht, Wärme sowie geeigneter Katalysatoren in einen Radikalzustand übergeführt. An das so entstandene „aktivierte" Molekül gliedern sich weitere monomere Moleküle an, wobei während dieser Wachstumsreaktion der radikalartige Zustand an den reaktionsfähigen Stellen der wachsenden Molekülkette erhalten bleibt.

$$
\begin{matrix}
\text{H} & \text{H} \\
| & | \\
\text{C} = \text{C} \\
| & | \\
\text{R} & \text{H}
\end{matrix}
\rightarrow
\begin{matrix}
\text{H} & \text{H} \\
| & | \\
-\text{C}-\text{C}- \\
| & | \\
\text{R} & \text{H}
\end{matrix}
\quad \xrightarrow{\; n \cdot \text{C}=\text{C}\;}
-\left(
\begin{matrix}
\text{H} & \text{H} \\
| & | \\
\text{C}-\text{C} \\
| & | \\
\text{R} & \text{H}
\end{matrix}
\right)_n
\begin{matrix}
\text{H} & \text{H} \\
| & | \\
-\text{C}-\text{C}- \\
| & | \\
\text{R} & \text{H}
\end{matrix}
$$

Die Beendigung der Wachstumsreaktion, die man Abbruchreaktion nennt, kann verschiedenartige Gründe haben. So können sich z. B. zwei wachsende Ketten miteinander vereinen oder das wachsende Makromolekül verliert durch Anlagerung eines Atoms, das einem benachbarten Molekül entrissen wird, den Radikalzustand, wobei das das Atom abgebende Molekül seinerseits Radikalcharakter annimmt. Außerdem können Ringschlüsse innerhalb der wachsenden

---

[1] Styrol.

[2] Besondere Verhältnisse liegen bei einer Polymerisationsart vor, die zu Produkten sehr gleichmäßiger Kettenlänge führt, z. B. der Polymerisation von Styrol mit Naphthalin-Natrium. Hier bilden sich die sog. „living polymers" (s. hierzu M. Szwarc, M. Levy und R. Milkovich: J. Amer. chem. Soc. 78 (1956) S. 2656 und M. Szwarc: Nature 178 (1956) S. 1168 und H. F. Mark: Polymer Rev. (1959) S. 464).

Kette zum Kettenabbruch führen. Von besonderer Bedeutung ist auch die Anlagerung fremder Moleküle an die aktivierte Stelle des wachsenden Makromoleküls. Derartige anlagerungsfähige fremde Moleküle werden häufig bei Polymerisationsprozessen zugesetzt, um das Molekulargewicht der entstehenden Produkte zu steuern.

Der Abbruch des Wachstumsprozesses bei der Polymerisation durch Fremdmoleküle ist auch der Grund, warum die monomeren Vinylverbindungen zur Herstellung sehr hochmolekularer Polymerer einen hohen Grad von Reinheit besitzen müssen, um einen vorzeitigen Kettenabbruch zu verhindern.

β) *Ionenkettenpolymerisation* [*11* bis *14*]. Eine Reihe von monomeren Vinylverbindungen, wie z. B. Vinyläther und Isobutylen, polymerisieren unter dem Einfluß von Säuren, FRIEDEL-GRAFTs-Katalysatoren, wie Borfluorid, Aluminiumchlorid u. a. Die Aktivierung der Monomeren erfolgt dabei durch eine Polarisation der Doppelbindung in Richtung auf ein Kation. Dieser Reaktionsschritt läßt sich folgendermaßen beschreiben:

$$
CH_2{=}\underset{\underset{CH_3}{|}}{\overset{\overset{CH_3}{|}}{C}}
\;\longleftrightarrow\;
{}^{(-)}\!|\;CH_2{-}\underset{\underset{CH_3}{|}}{\overset{\overset{CH_3}{|}}{C}}{}^{(+)}
\;\xrightarrow{\;K^+\;}\;
K{-}CH_2{-}\underset{\underset{CH_3}{|}}{\overset{\overset{CH_3}{|}}{C}}{}^{(+)}
$$

$$
\xrightarrow{\; n\cdot{}^{(-)}\!|\;CH_2{-}\overset{\overset{CH_3}{|}}{\underset{\underset{CH_3}{|}}{C}}{}^{(+)}\;}\;
K{-}CH_2{-}\underset{\underset{CH_3}{|}}{\overset{\overset{CH_3}{|}}{C}}{-}
\left(CH_2{-}\underset{\underset{CH_3}{|}}{\overset{\overset{CH_3}{|}}{C}}\right)_{n-1}
{-}CH_2{-}\underset{\underset{CH_3}{|}}{\overset{\overset{CH_3}{|}}{C}}{}^{(+)}
$$

Eine derartige Polarisation der Doppelbindung ist auch durch basische Katalysatoren bekannt, die eine Polarisation der Doppelbindung in Richtung eines Anions hervorrufen. Die formelmäßige Darstellung bei Verwendung von Natriumamid ist im folgenden dargestellt:

$$
CH_2{=}\underset{\underset{CN}{|}}{\overset{\overset{H}{|}}{C}}
\;\longleftrightarrow\;
{}^{(+)}CH_2{-}\underset{\underset{CN}{|}}{\overset{\overset{H}{|}}{C}}|^{(-)}
\;\xrightarrow{\;NaNH_2\;}\;
H_2N{-}CH_2{-}\underset{\underset{CN}{|}}{\overset{\overset{H}{|}}{C}}{}^{(-)}\;+\;Na^+
$$

$$
\xrightarrow{\; m\cdot{}^{(+)}CH_2{-}\overset{\overset{H}{|}}{\underset{\underset{CN}{|}}{C}}|^{(-)}\;}\;
H_2N{-}CH_2{-}\underset{\underset{CN}{|}}{\overset{\overset{H}{|}}{C}}{-}
\left(CH_2{-}\underset{\underset{CN}{|}}{\overset{\overset{H}{|}}{C}}\right)_{m-1}
{-}CH_2{-}\underset{\underset{CN}{|}}{\overset{\overset{H}{|}}{C}}|^{(-)}
$$

Die Beendigung der Wachstumsreaktion bei ionischen Polymerisationen tritt dadurch ein, daß nach Verbrauch aller vorhandenen monomeren Moleküle das Wachstum zum Stillstand kommt. Der ionische Charakter, der die Voraussetzung für das Kettenwachstum ist, kann dabei noch sehr lang erhalten bleiben, so daß man im Gegensatz zur Radikalpolymerisation bei einer ganzen Reihe von Systemen nachträglich wieder Monomeres zugeben und dadurch das Kettenwachstum weiterführen kann (s. hierzu auch S. 19, Fußnote 1). Die Aufhebung des aktiven

Zustandes der Ketten erfolgt durch Reaktionen mit anderen Verbindungen, z. B.
Wasser oder Alkohol.

Großtechnisch werden zur Zeit nach dem Prinzip des Radikalkettenwachstums
vor allem folgende Monomere polymerisiert: Äthylen, Styrol, Vinylester, Vinyl-
halogenide, Acrylsäure-/Methacrylsäure-Derivate, Vinylcarbazol u. a.; nach dem
Prinzip der Ionenkettenpolymerisation zur Zeit in erster Linie Isobutylen und
Vinyläther, aber auch Äthylen, Propylen u. a.

Bei der Radikalkettenpolymerisation von Vinylverbindungen kommt der
Radikalcharakter rein formelmäßig jeweils dem Ende der wachsenden Kette zu.
Es sei aber darauf hingewiesen, daß z. B. durch Wasserstoffübertragung innerhalb der wachsenden Kette diese reaktionsfähige Stelle verschoben werden kann.
Dadurch entstehen bei der Radikalkettenpolymerisation relativ leicht auch dann
verzweigte Produkte, wenn man von Monomeren ausgeht, die nur eine Doppelbindung enthalten.

So erhält man selbst bei der Polymerisation des Äthylens, des einfachsten
Monomeren, je nach Reaktionsbedingungen, mehr oder weniger stark verzweigte
Produkte.

Formelbeispiel für verzweigtes und nicht verzweigtes Polyäthylen:

$$-CH_2-CH_2-CH_2-CH_2-CH_2-CH_2-CH_2-$$

unverzweigtes (lineares) Polyäthylen

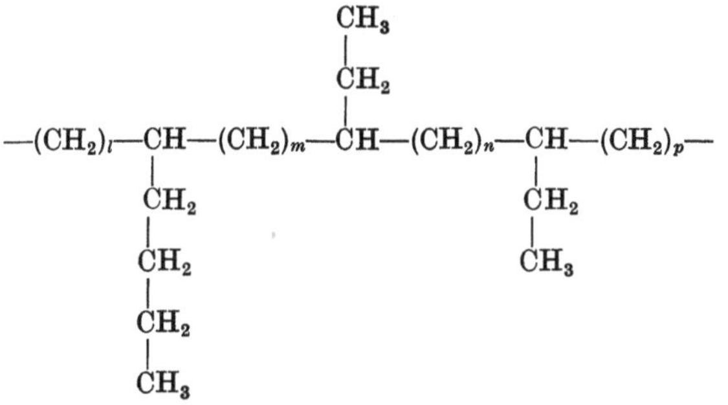

$$CH_3$$
$$|$$
$$CH_2$$
$$|$$
$$-(CH_2)_l-CH-(CH_2)_m-CH-(CH_2)_n-CH-(CH_2)_p-$$

verzweigtes Polyäthylen

Es liegen auch Beobachtungen vor, die darauf hindeuten, daß bei der Verwendung sehr reiner Monomerer durch große Annäherung der sich bildenden
Makromoleküle der Radikalcharakter von einer wachsenden Kette auf die andere
übertragen werden kann. Dadurch entstehen in Bildung begriffene Makromoleküle,
die an mehr als 2 Stellen reaktionsfähig sind. Dann ist die Voraussetzung dafür
gegeben, daß nicht nur stark verzweigte, sondern sogar vernetzte Produkte entstehen.

Für alle 3 Bildungsreaktionen vollsynthetischer, hochmolekularer Produkte
gilt das gleiche, nämlich:

1. daß lineare Ketten entstehen, wenn das wachsende Makromolekül nur an
einem oder an zwei Enden zur Wachstumsreaktion befähigt ist.

2. daß verzweigte Produkte entstehen, wenn entweder das reaktionsfähige
Endglied der wachsenden Kette innerhalb des wachsenden Moleküls wandern
kann, wie z. B. bei der Radikalkettenpolymerisation, oder aber wenn durch die
Wahl der Ausgangsstoffe mehr als zwei reaktionsfähige Stellen im Kettenmolekül

vorhanden sind und dann die Reaktion nicht so weit abläuft, daß Umsetzungen zwischen den einzelnen wachsenden Kettenmolekülen möglich sind,

3. daß vernetzte hochmolekulare Produkte entstehen, wenn mehr als zwei reaktionsfähige Stellen im wachsenden Molekül vorhanden sind und dabei die Reaktionsbedingungen so gestaltet werden, daß Reaktionen zwischen den einzelnen Makromolekülen möglich werden.

d) Isotaktische und syndiotaktische Polymere. In letzter Zeit sind nun eine Reihe von Polymeren beschrieben worden, die trotz scheinbar gleichen Aufbaues wesentliche Unterschiede im Verhalten zeigen, die nicht mehr durch die Unterschiede in den bisher behandelten Bauprinzipien zu erklären sind. Für diese Polymere ist die Bezeichnung ,,isotaktische'' Polymere bzw. ,,syndiotaktische'' Polymere vorgeschlagen worden [*15* bis *17*]. Diese isotaktischen bzw. syndiotaktischen Polymeren zeichnen sich gegenüber den scheinbar gleichartig aufgebauten amorphen (ataktischen) Polymeren gleicher Zusammensetzung durch eine besondere Ordnung ihrer funktionellen Gruppen im Hinblick auf ihre räumliche Anordnung zur Molekülkette aus. In den Strukturformeln lassen sich diese Unterschiede wie folgt zeigen:

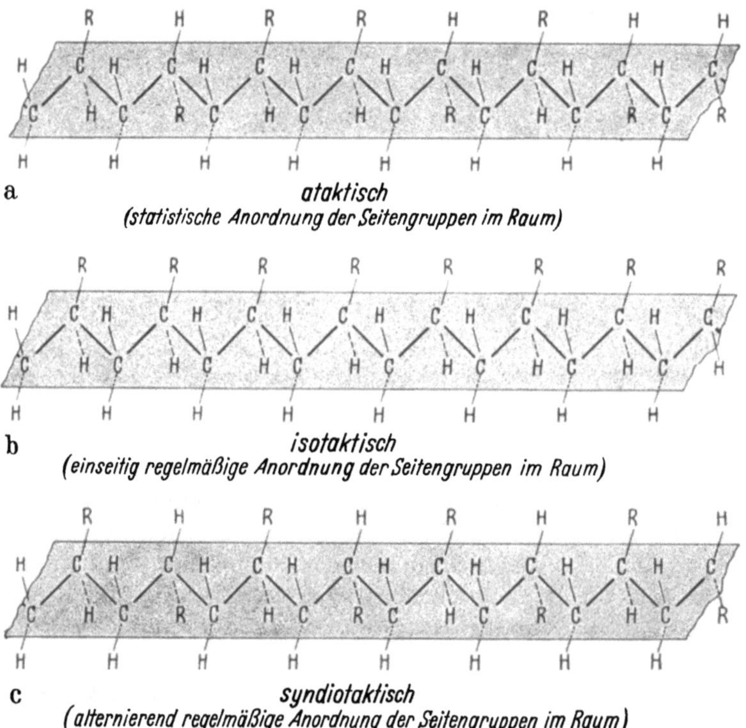

Infolge des regelmäßigeren Aufbaues der isotaktischen und syndiotaktischen Polymeren sind diese in der Regel zum Kristallisieren befähigt, während die entsprechenden ataktischen Polymeren im allgemeinen amorph bleiben. In der folgenden Tabelle sind die Übergangstemperaturen vom flüssigen zum festen Zustand [Einfrier- (ET) bzw. Schmelztemperaturen (ST)] für vergleichbare amorphe (ataktische) und höhergeordnete Polymere des Propylens, des α-Butylens und des Polystyrols zusammengestellt[1].

	Dichte	Übergangstemperatur °C
Polystyrol, ataktisch	1,05	85 (ET)
Polystyrol, isotaktisch	1,08	230 (ST)
Polypropylen, ataktisch	0,83	− 35 (ET)
Polypropylen, isotaktisch	0,92	160 bis 170 (ST)
Poly-α-Butylen, ataktisch	0,87	− 45 (ET)
Poly-α-Butylen, isotaktisch	0,91	125 bis 127 (ST)

Die Herstellung derartiger Polymerer erfolgt mit Katalysatorsystemen, die nicht nur die übliche Aktivierung der monomeren Moleküle und deren Kettenwachstum ermöglichen, sondern die gleichzeitig die Wachstumsreaktion an Oberflächen ablaufen lassen. Bei einer Polymerisation in Gegenwart solcher Oberflächen besitzt das Monomere an der Grenzfläche eine höhere Konzentration. Außerdem können an diesen Grenzflächen Ausrichtungserscheinungen der monomeren Moleküle auftreten. Es ist verständlich, daß bei Ablauf des Kettenwachstums im Gebiet dieser höheren Grenzflächenkonzentration und eventuell der höheren Ordnung der Monomeren zur Grenzfläche hin regelmäßiger aufgebaute Makromoleküle entstehen, als dies bei einer normalen Polymerisation der Fall ist, bei der die Richtung der einzelnen monomeren Moleküle einer statistischen Verteilung im Raum entspricht und deshalb das Kettenwachstum gleichmäßig bevorzugt in allen 3 Dimensionen ablaufen kann.

   e) **Copolymere** [*18* bis *21*] (vgl. 5.1). α) *Statistische*[2] *Copolymere*. Die aus den Grundbausteinen aufgebauten hochmolekularen Produkte haben, je nach Struktur – linear, vernetzt, verzweigt, ataktisch, isotaktisch und syndiotaktisch – und ihrem Molekulargewicht bestimmte Eigenschaften, die für ihre praktische Verwendbarkeit maßgebend sind. Die Zahl der synthetisch herstellbaren Hochpolymeren wird dadurch in außergewöhnlichem Maße erweitert, daß es innerhalb gewisser Grenzen möglich ist, die monomeren Ausgangsstoffe miteinander zu kombinieren. Diese „Mischung" der Ausgangsstoffe zur gemeinsamen Aufbaureaktion hat vor allem auf dem Gebiet der Polymerisation eine besonders große Bedeutung. Sie wird jedoch auch bei den anderen Bildungsreaktionen in erheblichem Umfang benutzt. Das Prinzip sei am Fall der Radikalpolymerisation geschildert.

   Bei der gemeinsamen Polymerisation von 2 Vinylverbindungen ist das Verhältnis der monomeren Ausgangsstoffe zueinander und das Molekulargewicht

---

[1] Die unter Umwandlungspunkt von NATTA genannten Temperaturen geben den Beginn des Erweichens eines aus den jeweiligen Stoffen hergestellten Körpers an. Bei ataktischen (amorphen) Produkten entsprechen diese Temperaturen dem Erweichungsintervall der amorphen Anteile (Umwandlung zweiter Ordnung). Bei den isotaktischen Polymeren ist diese Temperatur der Schmelzpunkt der Kristallite (Umwandlung erster Ordnung).

[2] Es sei darauf hingewiesen, daß es einige Copolymere gibt, die im Hinblick auf die verwendeten Aufbaustoffe vollkommen regelmäßig aufgebaut sind, z. B. Copolymere des Styrols mit Maleinsäureanhydrid oder solche aus Acrylsäureestern und Maleinsäureestern. In diesen Copolymeren folgen die monomeren Bausteine einander in der Kette des Polymeren alternierend.

der entstehenden Polymeren variabel. Das entstehende Makromolekül baut sich dabei aus den beiden verwendeten Komponenten auf. Dieser Aufbau erfolgt jedoch bei den üblichen Polymerisationsmethoden nicht mit absoluter Gleichmäßigkeit. Bringt man z. B. 9 Mol Vinylchlorid und 1 Mol Vinylacetat zur Copolymerisation, so ist nicht mit Sicherheit jedes 10. Kettenelement jedes gebildeten Makromoleküls ein Vinylacetatbaustein. Je nach Reaktionsbedingungen kann am Anfang der Polymerisation das eine oder andere Monomere schneller polymerisieren und infolgedessen in höherer Konzentration in die zuerst aufgebauten Polymerketten eintreten. Das angegebene Molverhältnis 9:1 stimmt infolgedessen nur als Mittelwert für das Gesamt-Polymere. Auch dies gilt nur unter der Voraussetzung, daß die beiden verwendeten Monomeren bis zum gleichen Prozentsatz auspolymerisieren.

Derartige Copolymere liegen in einer Zahl von Fällen in ihren Eigenschaften zwischen den Reinpolymerisaten der beiden Ausgangsstoffe. Dies gilt jedoch nur dann,

a) wenn man sich dabei der gleichmäßigen Verteilung der monomeren Komponenten im Polymeren schon weitgehend genähert hat,

b) wenn man Monomere nimmt, die das gleiche Grundbauprinzip haben, also z. B. 2 Monomere zur Copolymerisation bringt, die beide eine polare Gruppe tragen, wie dies bei Vinylchlorid und Vinylacetat der Fall ist oder bei der Copolymerisation von Monomeren mit stark raumerfüllenden Gruppen, wie z. B. bei der Copolymerisation von Styrol mit kernalkylierten Styrolen.

Bereits bei der Copolymerisation von einem Monomeren, das eine polare Gruppe trägt, mit einem anderen Monomeren, das sterisch gehindert ist, also z. B. bei der Copolymerisation von Styrol mit Akrylsäurenitril, erhält man Abweichungen von dieser Regel.

Diese Abweichungen sind dann besonders groß, wenn ein Monomeres, das eine amorphes Polymeres ergibt, mit einem Monomeren copolymerisiert wird, dessen reines Polymeres teilkristallinen Charakter besitzt. In diesem Falle erhält man schon bei geringen Prozentsätzen desjenigen Monomeren, das für sich allein amorphe Polymere ergibt, keine teilkristallinen Mischpolymerisate mehr. Ähnliche Einflüsse ergeben sich bei zwei kristallisierenden Komponenten.

β) Block- und Pfropf- (Graft-) Copolymere [22 bis 27]. Im Gegensatz zu den bisher beschriebenen Copolymeren ist es auch möglich, aus verschiedenen monomeren Bausteinen aufgebaute Makromoleküle so herzustellen, daß Teile der Hauptkette nur aus dem einen Baustein und anschließend andere Teile aus dem anderen Baustein gebildet werden. Außerdem kann die Hauptkette des Polymeren nur aus einem Ausgangsstoff gebildet sein, während die Seitenketten aus einem zweiten Baustein aufgebaut worden sind. Demnach hat man formelmäßig folgende 3 Fälle zu unterscheiden:

Copolymeres mit statistischer Verteilung der Bausteine

—A—A—B—A—B—B—B—A—B—A—A—A—B—A—

Block-Copolymeres

—A—A—A—A—A— · · · —B—B—B—B—B—

Pfropf- bzw. GRAFT-Copolymeres

$$-A-A-A-A-A-A-A-A-A-A-$$

Ein Block-Copolymeres kann man z. B. dadurch herstellen, daß man zunächst aus Äthylenoxyd einerseits und Propylenoxyd andererseits Vorprodukte eines mittleren Molekulargewichtes bildet und diese dann in einem zweiten Reaktionsschritt zusammenfügt. Ein derartiges Polymeres hat folgende Strukturformel:

$$-CH_2-CH_2-O-(CH_2-CH_2-O)_n-CH_2-CH_2-O-(CH-CH_2-O)_m-CH-CH_2-O-$$

Ein Propf- (GRAFT-) Copolymeres, bei dem die Hauptkette aus einem Grundmolekül und die Seitenketten aus einem anderen Grundmolekül aufgebaut worden sind, läßt sich z. B. dadurch herstellen, daß ein Polymeres, das an der Hauptkette reaktionsfähige Gruppen, wie z. B. OH-Gruppen, trägt, mit einem Monomeren oder Polymeren reagiert, das sich seinerseits mit den OH-Gruppen entweder nach dem Mechanismus einer Polykondensations- oder Polyadditionsreaktion umsetzen kann, also z. B. dadurch, daß man diese OH-Gruppen mit Äthylenoxyd zur Reaktion bringt. Ein derartiges Polymeres würde dann folgendem Formelbild entsprechen:

$$-CH_2-CH-CH_2-CH-CH_2-CH-CH_2-CH-CH_2-CH-$$

γ) Aufbau und Eigenschaften. Die innerhalb eines Makromoleküls wirksamen Zusammenhaltskräfte sowie die Kraftwirkungen der einzelnen Molekülketten aufeinander sind maßgebend für das allgemeine physikalische Verhalten des polymeren Stoffes. Diese Zusammenhänge werden in den folgenden Kapiteln im einzelnen aufgezeigt. Dabei ist es überraschend, in wie hohem Maße das physikalische Verhalten nicht so sehr von der chemischen Natur des Polymeren abhängt als vielmehr von dem Bauprinzip, nach dem die Makromoleküle konstruiert sind. Die Beweglichkeit der Molekülketten, das Verhältnis ihrer Länge zu ihrem Durchmesser, die Unterschiede zwischen linear-amorph, linear-kristallin, verzweigt-amorph, verzweigt-kristallin, vernetzt-amorph und vernetzt-kristallin sind maßgebend vor allem für das mechanische Verhalten dieser Stoffe. Harzartige, ölartige, thermoplastische, faktisähnliche, gummiartige Stoffe u. a. lassen sich, ausgehend von den verschiedensten Monomeren, unter Benutzung der verschiedenen Bildungsreaktionen herstellen.

Anders verhält es sich mit den chemischen Eigenschaften der Polymeren, wie z. B. ihrer Beständigkeit gegen oxydierende Agenzien, Halogene, Alkalien, Säuren u. a. m, d. h. also für alle Beanspruchungen, bei denen das Polymere einer chemischen Reaktion unterworfen wird. Für dieses Gebiet gelten auch für Polymere die gleichen Gesetzmäßigkeiten, die aus der niedrigmolekularen Chemie her bekannt sind. So ist ein polymerer Ester verseifbar, ein polymerer Alkohol läßt sich verestern und veräthern, ein hochmolekulares Paraffin reagiert mit Halogen, Doppelbindungen in Polymeren behalten die typischen Eigenschaften von Doppelbindungen u. a. m.

Diese Reaktionsmöglichkeiten der Polymeren begrenzen einerseits ihre praktische Anwendung, andererseits werden aber auch solche Reaktionen zur Darstellung von Polymeren benutzt. So gelangt man z. B. durch die Verseifung von Polyvinylestern zum Polyvinylalkohol, durch die Umsetzung des Polyvinylalkohols mit Aldehyden zu Polyvinylacetalen, durch die Chlorierung von Polyvinylchlorid zum nachchlorierten Polyvinylchlorid usw.

Das Ziel jeder physikalischen Messung besteht darin, die gewonnenen Meßdaten in Zusammenhang mit dem inneren Aufbau des gemessenen Objektes zu bringen. Bei der Untersuchung neuer Substanzen steht infolgedessen am Anfang immer die Fragestellung nach der Konstitution. Bei den niedermolekularen Verbindungen gelingt diese Konstitutionsaufklärung meistens unter vorwiegend chemischen Gesichtspunkten. Der Weg besteht in der Feststellung der Elemente, die die Verbindung zusammensetzen, ihrem prozentualen Verhältnis, der Ermittlung der funktionellen Gruppen, der Aufstellung der wahrscheinlichen Formel des Moleküls und dem Beweis dieser Formel durch Herstellung des untersuchten Produktes durch verschiedene übersehbare Synthesen.

Eine solche Substanz, die aus einheitlich aufgebauten Molekülen besteht, besitzt aus diesem Grunde genau festlegbare physikalische Eigenschaften. Unabhängig von dem Syntheseweg, auf dem eine solche Substanz gewonnen worden ist, zeigt sie z. B. den gleichen Siedepunkt, das gleiche optische und elektrische Verhalten usw. Infolgedessen ist es bei derartigen Substanzen auch sinnvoll und richtig, von *dem* Schmelzpunkt, *der* Dichte und *dem* Molekulargewicht und anderen Eigenschaftszahlen in dem Sinne zu sprechen, daß man eine möglichst genaue Zahl ermittelt, deren Genauigkeit von den Grenzen der Meßmethodik abhängt.

Die Kunststoffe unterscheiden sich von den Stoffen der niedrigmolekularen organischen Chemie nicht nur durch die Größe des Molekulargewichtes, sondern u. a. vor allem dadurch, daß sie nicht aus genau gleichen Einzelmolekülen aufgebaut sind. An ihnen durchgeführte Messungen sind deshalb tatsächlich nicht Messungen an einem definierten Stoff, sondern an einem Stoffgemisch. Aus diesem Grunde ist die Konstitutionsaufklärung von Kunststoffen und anderen Polymeren erheblich schwieriger als die niedrigmolekularer Stoffe.

Literatur

[1] STAUDINGER, H., u. J. FRITSCHI: Helv. chim. Acta 5 (1922) S. 785.

[2] KORŠAK, V. V.: Schriftenreihe des Verlags Technik 96 (1953) Beiheft 4 zu Chem. Techn.

[3] KORŠAK, V. V.: Faserforschung 5 (1954) S. 308—311.

[4] WINDING, C. C., u. H. T. WIEGANDT: Industr. Engng. Chem. 45 (1953) S. 2011—2022.

[5] WIEGANDT, H. T., u. R. G. THORPE: Industr. Engng. Chem. 46 (1954) S. 1870—1881.

[6] ROCHE, A. F.: Industr. Engng. Chem. 47 (1955) S. 1903—1910.

[7] AMOS, J. L., u. A. F. ROCHE: Industr. Engng. Chem. 47 (1955) S. 2441—2444.

[8] BARTLETT, D.: Angew. Chem. 67 (1955) S. 42—52.

[9] MAGAT, M.: Bl. 1956, S. 535—541.

[10] BURNETT, G. M.: Mechanism of Polymer Reaction. New York/London: Interscience Publ. 1954.

[11] HAMANN, K.: Angew. Chem. 63 (1951) S. 231—240.

[12] PLESCH, P. H.: J. appl. Chem. 1 (1951) S. 269—272.

[13] PLESCH, P. H.: Z. Elektrochem. 60 (1956) S. 325—333.

[14] HAMANN, K.: Z. Elektrochem. 60 (1956) S. 317—325.

[15] NATTA, G.: Chim. et Ind. 37 (1955) S. 888—900.

[16] NATTA, G.: Makromolekulare Chem. 16 (1955) S. 213—237.

[17] Polymer Rev. (1959) S. 482—513.

[18] MAYS, F. R., u. C. WALLING: Chem. Rev. 46 (1950) S. 191—287.

[19] PINNER, S. H.: Brit. Plastics 24 (1951) S. 152—162.

[20] MARK, H.: Angew. Chem. 61 (1949) S. 313—318.

[21] MARK, H.: Angew. Chem. 63 (1951) S. 341—345.

[22] MARK, H. F.: Textile Res. J. 23 (1953) S. 294—298.

[23] MELVILLE, H. W.: Chim. et Ind. 36 (1954) S. 187—194.

[24] SMETS, G., u. A. E. WOODWARD: J. Polymer Sci. 14 (1954) S. 126/27.

[25] MARK, H.: Angew. Chem. 67 (1955) S. 53—56.

[26] WOODWARD, A. E., u. G. SMETS: J. Polymer Sci. 17 (1955) S. 51—64.

[27] IMMERGUT, E. H., u. H. MARK: Makromolekulare Chem. 18/19 (1956) S. 322—341.

2.2 Molekulargewicht und Polymolekularität

Von O. Fuchs, Frankfurt a. M.-Höchst

Neben dem im vorigen Abschn. 2.1 behandelten chemischen Aufbau der Makromoleküle und den daraus resultierenden zwischenmolekularen Kräften (2.6) bestimmen Molekulargewicht und Polymolekularität (d. h. die Molekülgrößenverteilung) die physikalischen Eigenschaften der hochmolekularen Stoffe und sind daher für deren Verhalten beim Einsatz in der Praxis von erheblicher Bedeutung. Der vorliegende Abschnitt bringt eine Übersicht über die grundlegenden Erscheinungen; zahlreiche Beispiele zeigen die Zusammenhänge mit den makroskopischen Eigenschaften.

2.2.1 Molekulargewicht

Zwischen nieder- und hochmolekularen Stoffen[1] läßt sich hinsichtlich des Molekulargewichtes M keine scharfe Grenze ziehen. Wenn der M-Bereich der Hochmolekularen von rd. 10000 bis zu einigen Millionen angegeben wird, so ist diese Festsetzung der M-Grenzen zwar an sich willkürlich, entspricht aber den Erfahrungen, die beim Umgang mit solchen Substanzen gewonnen wurden:

---

[1] Statt „hochmolekular" ist auch die Bezeichnung „makromolekular" in gleicher Weise gebräuchlich.

Nicht nur die natürlichen Stoffe, wie Naturkautschuk, Stärke, Cellulose, Naturseide, Eiweiß und andere fallen ihrem M-Wert nach in diesen Bereich, sondern auch die Vielzahl der synthetischen Kunststoffe besitzen meist nur dann eine praktische Bedeutung, wenn ihr M-Wert größer als 10000 ist. Die Einteilung der Stoffe in solche mit kleinem und andere mit sehr großem M entspringt also reinen Zweckmäßigkeitsgründen. Zwischen den Eigenschaften beider Stoffarten besteht ein kontinuierlicher Übergang, was auch auf Grund ihres gleichen Bauprinzips (vgl. 2.1) zu erwarten ist.

Die Höhe des M-Wertes der Hochmolekularen bedingt eine Reihe von Eigenschaften, die bei den niedermolekularen Verbindungen nicht anzutreffen sind. Das gilt in gleicher Weise für die Herstellung, die Reinigung, das Verhalten gegen chemische und physikalische Einflüsse, die Prüfung, das Verarbeiten und die Verwendung; Beispiele hierzu sind in den folgenden Abschnitten zu finden. Zu diesen mannigfaltigen Unterschieden kommt ein weiterer, der mehr prinzipieller Natur ist: Niedermolekulare Verbindungen besitzen ein genau definiertes Molekulargewicht, das aus der Formelangabe eindeutig zu berechnen ist. Das gilt aber nicht mehr für die hochmolekularen Verbindungen. Zum Beispiel beträgt das Molekulargewicht des monomeren Styrols 104. ,,Polystyrol'' dagegen stellt einen Sammelbegriff dar, dem ein eindeutiges Molekulargewicht nicht ohne weiteres zukommt. Es gibt Polystyrole mit $M = 10000$ andere mit $M = 100000$, ja sogar Polystyrole mit $M = 10^7$ sind bekannt. Schließlich ist auch der Unterschied in der Zahl der Isomeriemöglichkeiten bei den Nieder- und den Hochmolekularen zu nennen: Zum Beispiel gibt es für den niedermolekularen Kohlenwasserstoff $C_{10}H_{22}$ 75 verschiedene Isomere, für den hochmolekularen Kohlenwasserstoff $C_{1000}H_{2002}$ aber mehr als 10^{20}. Wenn auch die wirkliche Isomerenzahl gemäß der Art der Bildung der Makromoleküle weit geringer ist, so ist sie trotzdem so groß, daß eine Zerlegung einer Substanz in Individuen mit eindeutiger Struktur völlig aussichtslos ist. In der Chemie der Niedermolekularen bietet eine derartige Trennung keine prinzipielle Schwierigkeit.

Bei wachsendem Molekulargewicht ändern sich viele Eigenschaften der Hochpolymeren stetig. So kommen alle möglichen Übergänge vom flüssigen zum zähflüssigen bis zum wachsartigen und festen Zustand vor. Einige Eigenschaften nähern sich, wie weiter unten angeführte Beispiele zeigen, mit wachsendem M einem Grenzwert, während für andere Eigenschaften keine derartige Grenze besteht (vgl. hierzu auch 4.3). Im Gegensatz zu den Niedermolekularen ist daher bei den Hochmolekularen die Angabe des Molekulargewichtes (oder einer von M in eindeutiger Weise abhängigen Größe, z. B. der spezifischen Viskosität) zur Charakterisierung des Materials unerläßlich.

Die grundlegende Bedeutung des Molekulargewichtes der Hochpolymeren für deren Eigenschaften erfordert entsprechende Methoden zur Bestimmung von M. Sie werden in 2.3 ausführlich behandelt. Wegen der folgenden Ausführungen seien die wichtigsten schon hier genannt: Kryoskopie, Ebullioskopie, Osmometrie, Endgruppenbestimmung, Messung der Lichtzerstreuung, Messung der Sedimentation in der Ultrazentrifuge. Dazu kommt noch die Viskosimetrie; sie stellt zwar wegen der bequemen Art der Ausführung der Messungen die häufigst angewandte Methode dar, bedarf aber zu ihrer Verwendung der Eichung nach einer der vorgenannten Methoden.

2.2.2 Polymolekularität und mittleres Molekulargewicht

In 2.2.1 wurde gezeigt, daß zwischen dem Verhalten der nieder- und hochmolekularen Verbindungen wesentliche Unterschiede bestehen, die alle letzten Endes durch die Größe des Molekulargewichtes M bedingt sind. Ein weiterer charakteristischer Unterschied kommt hinzu: Die Molekulargewichte der makromolekularen Stoffe sind, wie zuerst STAUDINGER [414] gezeigt hat, im allgemeinen[1] nicht von einheitlicher Größe (was in 2.2.1 stillschweigend vorausgesetzt wurde), sondern die Stoffe enthalten stets gleichzeitig Anteile verschiedenen Molekulargewichtes. Diese Mannigfaltigkeit von M wird nach SCHULZ [416] kurz als „Polymolekularität" bezeichnet. Die nach einer der üblichen Methoden der Molekulargewichtsbestimmung erhaltenen M-Werte stellen somit nur Mittelwerte dar. Dabei ist zu beachten, daß die einzelnen Meßmethoden für M verschiedene Arten von Mittelwerten liefern, so daß dasselbe Produkt durch die Angabe zwar unterschiedlicher, unter sich aber gleichberechtigter M-Mittelwerte beschrieben werden kann.

Da eine ähnliche Erscheinung bei den niedermolekularen Substanzen nicht auftritt, möge sie an Hand eines einfachen Zahlenbeispieles kurz erläutert werden. Es liege eine Mischung aus polymerhomologen Makromolekülen vor, d. h., die Makromoleküle sollen sich nur durch ihr Molekulargewicht unterscheiden, nicht aber durch ihren chemischen Aufbau[2]. 100 g des Produktes mögen 30 g Makromoleküle mit dem Molekulargewicht 50000, 60 g mit $M = 100000$ und 10 g mit $M = 200000$ enthalten. Zur Berechnung des Mittelwertes M sind im einfachsten Falle folgende 2 Möglichkeiten gegeben:

a) Mittelwertsbildung über die *Gewichts*-Mengen, also

$$100 \cdot \overline{M} = 30 \cdot 50000 + 60 \cdot 100000 + 10 \cdot 200000;$$

daraus folgt $\overline{M} = 95000$. Dieser Mittelwert wird das „Gewichtsmittel" des Molekulargewichtes genannt; er wird zur Unterscheidung von anderen Mittelwerten meist mit M_w bezeichnet (der Index w bedeutet „weight"), seltener mit M_G.

b) Mittelwertsbildung über die Mol*zahlen*, also

$$100/\overline{M} = 30/50000 + 60/100000 + 10/200000;$$

daraus folgt $\overline{M} = 80000$. Dieser Mittelwert wird das „Zahlenmittel" genannt und mit M_n bezeichnet (der Index n bedeutet „number", dagegen darf die naheliegende Bezeichnung M_Z für das Zahlenmittel nicht verwendet werden, da unter M_Z ein anderer Mittelwert[3] verstanden wird).

Beide Mittelwerte M_w und M_n sind also deutlich voneinander verschieden. Der Unterschied verschwindet, wenn nur Moleküle mit gleichem M vorliegen; dann ist $M_w = M_n$. Andererseits wird die Differenz (oder der Quotient) zwischen M_w und M_n um so größer, je uneinheitlicher das Produkt hinsichtlich der M-Werte zusammengesetzt ist.

Aus der Art der Berechnung der Mittelwerte ergibt sich unmittelbar, daß bei M_w die größeren Moleküle und bei M_n die kleineren stärker im Mittelwert

---

[1] Abgesehen von einigen makromolekularen Naturprodukten; vgl. z. B. [415].

[2] Abgesehen von den obengenannten Isomeriemöglichkeiten.

[3] Siehe unten Gl. (3).

zum Ausdruck kommen. Das zeigt sich besonders deutlich beim Vergleich des obengenannten Zahlenbeispieles mit dem folgenden: Das Gemisch enthalte jetzt 20 g mit $M = 10000$, 60 g mit $M = 100000$ und 20 g mit $M = 500000$, es sei also wesentlich uneinheitlicher als das erstgenannte; M_w bzw. M_n berechnen sich nun wie oben zu 162000 bzw. 38000. Die Makromoleküle mit dem kleinsten M, die hier gewichtsmäßig zu 20% im Gemisch vorhanden sind, tragen zum M_w-Wert nur zu 1,2% bei, zum M_n-Wert aber zu 76%. Entsprechend machen die ebenfalls zu 20% gewichtsmäßig vorliegenden größten Moleküle mit $M = 500000$ 62% bei M_w, aber nur 1,5% bei M_n aus.

Wegen der in diesen Werten zum Ausdruck kommenden starken Abhängigkeit der M-Mittelwerte von der Uneinheitlichkeit der Produkte ist es stets notwendig, anzugeben, welcher Mittelwert gemeint ist. Nicht näher gekennzeichnete Mittelwerte sind nur bei Fraktionen, für die M_w etwa gleich M_n ist, von Interesse, sonst aber sind sie praktisch wertlos und besitzen höchstens relativen Charakter, wenn es sich um den Vergleich verschiedener Proben mit auf gleiche Weise ermitteltem mittlerem M handelt. Auch bei der Diskussion des Zusammenhanges zwischen M und irgendwelchen Eigenschaften eines hochmolekularen Stoffes, z. B. mit dem Fließverhalten oder der Zugfestigkeit, ist zu beachten, daß je nach der Art des M-Mittelwertes ganz verschiedene Beziehungen gelten können. Leider werden diese an sich selbstverständlichen Forderungen oft nicht beachtet.

Aus der obigen Berechnungsart für M_w und M_n ergeben sich folgende allgemeinen Beziehungen[1]:

$$M_w = \frac{\Sigma\, w_i\, M_i}{\Sigma\, w_i} = \frac{\Sigma\, n_i\, M_i^2}{\Sigma\, n_i\, M_i} \tag{1}$$

und

$$M_n = \frac{\Sigma\, w_i}{\Sigma\, n_i} = \frac{\Sigma\, n_i\, M_i}{\Sigma\, n_i}\ ; \tag{2}$$

darin bedeuten w_i die Gewichtsmengen, n_i die Molzahlen und M_i die Molekulargewichte der Molekülsorte i.

M_w und M_n stellen die einfachsten Mittelwerte dar. M_w wird z. B. durch Messen der Lichtzerstreuung an den Lösungen der Hochpolymeren erhalten. Zur Messung von M_n stehen die osmotischen, kryoskopischen und ebullioskopischen Methoden sowie die Endgruppenmethode zur Verfügung.

Daneben kann man beliebige andere Mittelwerte definieren[2], von denen die wichtigsten das „Z-Mittel" M_Z und das „Viskositätsmittel" M_v sind. M_Z ist definiert durch

$$M_Z = \frac{\Sigma\, w_i\, M_i^2}{\Sigma\, w_i\, M_i} = \frac{\Sigma\, n_i\, M_i^3}{\Sigma\, n_i\, M_i^2}. \tag{3}$$

Die Molekulargewichtsbestimmung mit der Gleichgewichts-Ultrazentrifuge[3] liefert M_Z. Das Viskositätsmittel ist gegeben durch

$$M_v = \left(\frac{\Sigma\, w_i\, M_i^a}{\Sigma\, w_i}\right)^{1/a} = \left(\frac{\Sigma\, n_i\, M_i^{a+1}}{\Sigma\, n_i\, M_i}\right)^{1/a}, \tag{4}$$

---

[1] Vgl. auch [417].

[2] Näheres s. 2.3, ferner z. B. in [334 und 418]; H. A. STUART: Physik der Hochpolymeren, Bd. II. Berlin: Springer 1953; vgl. auch die allgemeinen theoretischen Betrachtungen von [417, 419 und 420].

[3] Mit der Geschwindigkeits-Ultrazentrifuge dagegen werden andere Mittelwerte erhalten, vgl. z. B. [421].

wobei der Exponent a identisch ist mit dem Exponenten a der Viskositäts-Molekulargewichts-Beziehung

$$[\eta] = K M^a. \tag{5}$$

Die Gl. (5) gilt nur dann, wenn die Produkte so einheitlich sind, daß M_w und M_n innerhalb der Meßgenauigkeit identisch sind; sie ist also nicht auf stärker uneinheitliche Produkte anwendbar. In der Gl. (5) bedeutet ferner die Größe $[\eta]$ die durch

$$[\eta] = \lim_{c \to 0} \frac{\eta - \eta_0}{\eta_0\, c} = \lim_{c \to 0} \frac{\eta_{sp}}{c} \tag{6}$$

definierte „Grenzviskosität" (auch „Intrinsicviskosität" genannt)[1]. c gibt die Konzentration der gelösten Substanz in g/100 ml an[2]; die Dimension von $[\eta]$ ist somit ml/g. η ist die Viskosität der Lösung, η_0 die des Lösungsmittels und η_{sp} die spezifische Viskosität. Die Größe $[\eta] = 1$ wird neuerdings ein „Staudinger" genannt[3]. Die Definition in Gl. (4) gilt natürlich nur dann, wenn der Exponent a in Gl. (5) innerhalb einer polymerhomologen Reihe konstant ist, eine Forderung, die für nicht zu weite M-Bereiche im allgemeinen erfüllt ist[4, 5]. Die Größe K in Gl. (5) ist unabhängig von M, aber ebenso wie der Exponent a abhängig von der Natur des gelösten Stoffes, von der Art des Lösungsmittels und von der Temperatur, bei der die Viskositätsmessung ausgeführt wird.

Zur anschaulichen Erläuterung der Unterschiede zwischen den Mittelwerten M_n, M_w, M_Z und M_v und der Abhängigkeit dieser Werte von der Zu-

Tabelle 1

M_i	w_i	M_n	M_w	M_Z	M_v	M_w/M_n	M_Z/M_n	U [6]
50 000	100	50 000	50 000	50 000	50 000	1	1	0
50 000 100 000	25 75	80 000	87 500	93 000	86 000	1,09	1,16	0,09
50 000 100 000 200 000	30 60 10	80 000	95 000	113 000	93 500	1,18	1,41	0,18
10 000 100 000 500 000	20 60 20	38 000	162 000	345 000	141 000	4,26	9,07	3,26

sammensetzung des Produktes sind für die obengenannten beiden Zahlenbeispiele sowie für ein völlig einheitliches und für ein fast einheitliches Produkt in der Tab. 1 die Mittelwerte der Molekulargewichte angegeben; dabei wurde zur Berechnung von M_v der Wert $a = 0,7$ eingesetzt.

---

[1] Zum Unterschied von der „Grenzviskosität" werden für die „Viskositätszahl" auch andere c-Einheiten verwendet; vgl. hierzu [422].

[2] In der Literatur ist häufig auch die c-Angabe in g/ml gebräuchlich; in diesem Falle sind die $[\eta]$-Werte um den Faktor 100 größer als für c in g/100 ml.

[3] Laut Vorschlag der Internationalen Makromolekularen Kommission in der IUPAC, Zürich 1955.

[4] Zahlenwerte s. z. B. bei [334].

[5] Bei zwei von H. STAUDINGER u. M. HÄBERLE [423] untersuchten Polyvinylchloridproben trifft das aber z. B. nicht zu.

[6] Die Größe U bedeutet die „Uneinheitlichkeit"; über die Definition von U s. Gl. (7).

Aus der Tabelle sind folgende Tatsachen abzulesen:

a) Bei Stoffen mit einheitlichem Molekulargewicht sind alle Mittelwerte gleich groß.

b) Bei uneinheitlichen Stoffen nehmen die M-Werte in der Reihenfolge M_Z, M_w, M_v, M_n ab; dieser Gang ist nicht auf die genannten Beispiele beschränkt, sondern gilt allgemein.

c) Der oben bereits genannte starke Einfluß des Anteiles der Makromoleküle mit größerem M auf M_w kommt in M_Z noch stärker zum Ausdruck; das Umgekehrte gilt für die Makromoleküle mit niedrigem M.

d) Je uneinheitlicher das Material, um so größer ist das Verhältnis von M_w/M_n und erst recht das von M_Z/M_n.

Schließlich ist noch darauf hinzuweisen, daß im Falle $a = 1$ die Größe M_v und M_w identisch werden. Wie STAUDINGER [424] früher zeigte, kommt der Fall $a = 1$, d. h. nach Gl. (5) Proportionalität zwischen der Grenzviskosität und dem Molekulargewicht, besonders bei Cellulosederivaten relativ häufig vor. Es liegt hier aber nur ein Spezialfall vor, während a im allgemeinen verschieden von dem Wert 1 und kleiner als dieser ist.

2.2.3 Molekülgrößenverteilung und Uneinheitlichkeit

Bei der Zerlegung[1] eines chemisch einheitlichen Stoffes[2] in seine Komponenten mit verschiedenem Molekulargewicht erhält man ein Bild von den Mengen,

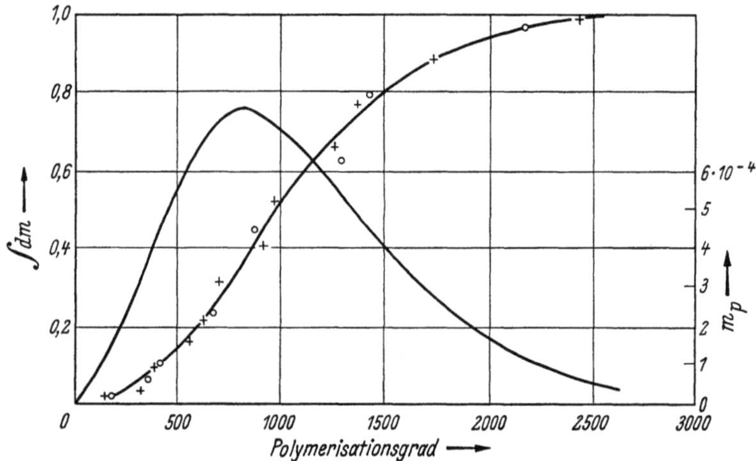

Abb. 1. Integrale (Ordinatenwerte links) und differentielle (Ordinatenwerte rechts) Verteilungskurven von Polystyrol (nach [426]). Über die Ordinatenbezeichnungen vgl. 2.3

in denen die einzelnen Komponenten vorhanden sind. Die graphische Darstellung dieser Fraktionierung liefert die Verteilungsfunktion. Dabei ist zu unterscheiden zwischen der integralen und der differentiellen Verteilungsfunktion, wobei die letztere aus der ersteren durch (graphisches) Differenzieren erhalten wird. Die

---

[1] Näheres s. unter 5.4; ausführlicher von G. V. SCHULZ in [334].

[2] Bei der Fraktionierung einer chemisch uneinheitlichen makromolekularen Substanz findet neben der Zerlegung nach M stets auch eine Zerlegung nach der chemischen Struktur der Makromoleküle statt; [425] und 2.5.

integrale Verteilungsfunktion stellt die Abhängigkeit des Mengenanteiles aller Moleküle unterhalb eines bestimmten M-Wertes von M dar, die differentielle entsprechend die Abhängigkeit des zwischen M und $M + \Delta M$ liegenden relativen Mengenanteiles von M. In Abb. 1 sind beide Verteilungsfunktionen für ein Polystyrol dargestellt, wobei sich die linke Ordinate auf die integrale und die

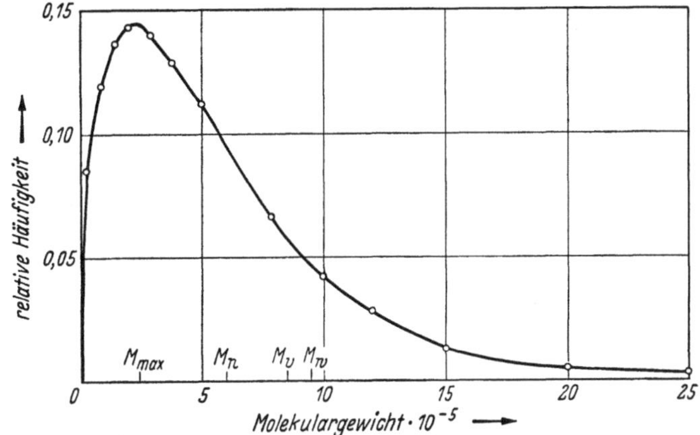

Abb. 2. Lage der verschiedenen Molekulargewichtsmittelwerte auf der Verteilungskurve (nach [67])

rechte auf die differentielle Verteilungskurve beziehen (nach [426]); auf der Abszisse sind die M-Werte der Fraktionen aufgetragen. Abb. 2 stellt eine weitere differentielle Verteilungskurve dar, in die außer M_n, M_w und M_v noch das am häufigsten vorkommende Molekulargewicht $M_{\max}$ eingetragen sind (nach [67]).

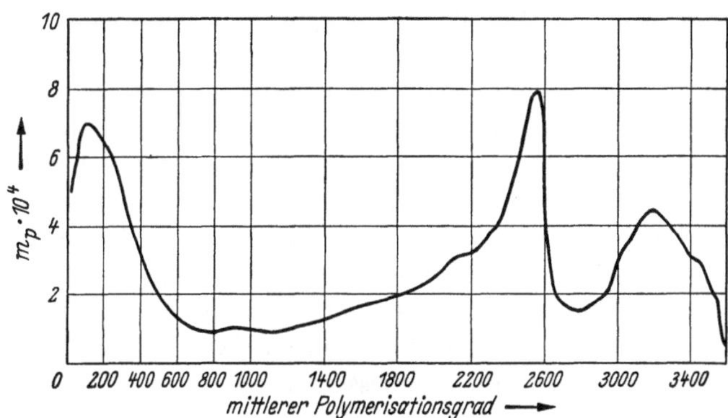

Abb. 3. Differentielle Verteilungskurve von Buchenzellstoff mit mehreren Maxima (nach [427])

In vielen Fällen liegt kein so einheitlicher Kurvenverlauf vor, sondern es können auch zwei oder gar mehrere Maxima in der differentiellen Verteilungsfunktion vorhanden sein. Ein Beispiel hierfür zeigt Abb. 3 (Buchenzellstoff) [427].

Zur Charakterisierung des Grades der Polymolekularität eines Stoffes hat Schulz [428] den Ausdruck

$$U = \frac{M_w}{M_n} - 1, \tag{7}$$

wo $U = $ „Uneinheitlichkeit", vorgeschlagen. Nach den Daten der Tab. 1 ist U um so größer, je mehr sich die Molekulargewichte der Komponenten voneinander unterscheiden. Die Größe U kann naturgemäß nur ein grobes Maß für die wirkliche Uneinheitlichkeit darstellen und besitzt bei komplizierterem Verlauf der Verteilungskurve wie in Abb. 3 nur noch begrenzten Wert. Exakte Beziehungen zwischen der Polymolekularität und den physikalischen Eigenschaften sind daher nur aus dem Gesamtbild der Verteilungsfunktion zu erkennen.

2.2.4 Beispiele

Die folgenden Tab. 4 und 5 geben eine Übersicht über die für den Einfluß des Molekulargewichtes und der Molekulargewichtsverteilung auf die verschiedensten Eigenschaften zahlreicher Hochpolymerer vorliegenden experimentellen Daten. Wie stark dieses Gebiet zur Zeit bearbeitet wird, zeigt allein die Tatsache, daß in den letzten beiden Jahren weit über hundert Arbeiten hierüber erschienen sind. Aber trotz dieser eingehenden Erforschung der für Wissenschaft und Technik gleich bedeutungsvollen Zusammenhänge ist eine einheitliche Deutung der Resultate – von einigen speziellen Fällen abgesehen – noch nicht möglich; dazu kommt, daß sich die bisher bekannten Ergebnisse mitunter widersprechen. Wir beschränken uns daher im folgenden auf eine Sichtung des Materials. Dabei wurde besonders die neuere Literatur (bis Herbst 1960) berücksichtigt; frühere kürzere zusammenfassende Darstellungen der Erscheinungen sind in den Tabellen an entsprechenden Stellen vermerkt.

Bei der Zusammenstellung der vorhandenen Daten kam es uns vor allem darauf an, dem Benützer der Tabellen einen raschen Überblick über den derzeitigen Stand zu ermöglichen. Wir bringen in den Tab. 4 und 5 daher bewußt nur eine stichwortartige Darstellung, die möglichst frei von störendem Ballast sein soll. Wegen weiterer Einzelheiten muß auf die Originalarbeiten verwiesen werden.

Die Beispiele in den Tabellen sind durchnummeriert (1. Spalte). Die 2. Spalte gibt die untersuchte Substanz, die 3. Spalte die gemessene Eigenschaft und die 4. Spalte die Abhängigkeit dieser Eigenschaft vom Molekulargewicht (Tab. 4, Produkt Nr. 1 bis 497 und 647 bis 798) bzw. von der Uneinheitlichkeit (Tab. 5, Produkt-Nr. 498 bis 646 und 799 bis 854) an. Die 5. Spalte enthält die Zitate. Die 5. Spalte verweist auch auf andere Literaturstellen (gekennzeichnet durch „Zitat…"), die sich mit der gleichen Erscheinung befassen bzw. auf andere Beispiele in den Tabellen (gekennzeichnet durch „Nr. …"), in denen ein anderes Ergebnis für das gleiche Produkt gemessen wurde.

Die Beispiele sind nach Eigenschaften geordnet (s. Tab. 2). Innerhalb eines jeden Abschnittes sind die Substanzen nach einem einheitlichen Schema (jeweils beginnend bei den Kohlenwasserstoffen und endend bei den Eiweißkörpern) angeführt. Mitunter war eine klare chemische Bezeichnung des untersuchten Produktes mangels entsprechender Angaben im Original nicht möglich. Die in den Tab. 4 und 5 genannten makromolekularen Stoffe sind zur Erleichterung des Gebrauches der Tabellen in einer besonderen Tab. 3 alphabetisch zusammengefaßt, in der sich die genannten Zahlen je auf die Nummer der Substanz in den ersten Spalten der Tab. 4 und 5 beziehen. Insgesamt wurden so rd. 200 verschiedene Eigenschaften von etwa 120 Hochpolymeren erfaßt.

Tabelle 2. *Anordnung der Eigenschaften in den Tab. 4 und 5*

1. Struktur, Ordnungszustand
2. Mechanische Eigenschaften
   a) Fließverhalten
   b) Festigkeitseigenschaften
   c) Elastische Eigenschaften
   d) Monomolekulare Filme
   e) Sonstige Eigenschaften
3. Thermische Eigenschaften
   a) Charakteristische Temperaturen
   b) Diffusion, Adsorption, Haftvermögen, Lösen
   c) Wärmetönungen, Ausdehnungskoeffizient, spezifische Wärme, Wärmeleitfähigkeit
   d) Thermische Beständigkeit
   e) Dichte
   f) Sonstige Eigenschaften
4. Akustische, elektrische und optische Eigenschaften
5. Sonstige Eigenschaften
6. Lösungen von Hochpolymeren
   a) Löslichkeit
   b) Fließverhalten
   c) Adsorption, Diffusion, Grenzflächen
   d) Thermische Eigenschaften
   e) Akustische, elektrische und optische Eigenschaften
   f) Sehr verdünnte Lösungen
   g) Sonstige Eigenschaften

Tabelle 3. *Verzeichnis der in den Tab. 4 und 5 angeführten Hochpolymeren*

(Alphabetisch geordnet; die Zahlen beziehen sich auf die fortlaufenden Nummern in den ersten Spalten der Tabellen)

Äthylcellulose 442, 443, 444, 466, 695, 732

Antikörper 344

Agar 772

β-Amylase 720

Benzylcellulose 741, 839

Blockpolymeres Polyäthylenoxyd-Polyoxypropylen 405

Butadienkautschuk 81, 148

Butadienstyrolkautschuk 86, 88, 154, 155, 157, 158, 304, 608, 673a, 673b, 674, 751, 752

Butylkautschuk 79, 80, 525, 526

Carboxymethylcellulose 372, 629, 757a, 770

Cellulose 120, 207, 340, 357, 534, 535, 536, 580, 706, 733, 747, 820, 821

Celluloseacetat 121, 122, 179, 180, 189, 445, 484, 537 bis 541, 586, 587, 696, 707

Cellulosediacetatmonophthalat 446

Celluloseester 257

Cellulosetriacetat 784, 798, 854

Cellulosetributyrat 373

Cellulosetricaproat 467, 468

Cellulosetrinitrat 469

Copolymeres Vinylacetat-Maleinsäureanhydrid 479

Copolymeres Vinylchlorid-Acrylnitril 259, 260, 306, 307, 330, 331, 332, 464, 755

Copolymeres Vinylchlorid-Vinylacetat 59, 106 bis 109, 171, 172, 255, 308, 325, 513, 532, 533, 577, 578, 579, 618

Copolymeres Vinylchlorid-Vinylidenchlorid 261

Copolymeres Vinylidenchlorid-Acrylnitril 739

Desoxyribonucleat 611

3*

Polyester aus Äthylenglykol und Adipinsäure 233, 234, 722
Polyester aus Dicarbonsäuren und Diolen 615
Polyisobutylen 26 bis 30, 78, 143 bis 147, 193, 214, 239 bis 242, 263, 280, 281, 309, 351,
    358, 421, 506 bis 508, 521, 522, 559, 560, 661, 662, 687, 728, 766
Polyisopren 359, 375, 376, 622
Polykondensat aus 11-Aminoundekansäure 58
Polymethacrylester 791
Polymethacrylnitril 288
Polymethacrylsäure 397, 398, 435
Polymethylacrylat 754
Polymethylmethacrylat 104, 105, 169, 225, 274, 286, 287, 322, 355, 356, 367 bis 369, 416,
    436 bis 438, 458 bis 461, 465, 477, 610, 626, 627, 639, 640, 676, 713, 776, 783, 797, 837,
    845, 851
Polymethylstyrol 782
Polyoxymethylen 160, 221, 222
Poly-ω-oxydekanat 110, 178, 202, 327
Poly-p-chlorstyrol 312
Poly-d,l-phenylalanin 787
Polypropylen 7, 25, 75 bis 77, 142, 213, 505, 520, 588, 683 bis 686, 700 bis 702, 710, 737, 743,
    759, 812 bis 815, 822, 823, 824, 832, 840
Polypropylenoxyd 413
Polystyrol 33 bis 40, 82 bis 85, 149 bis 153, 194, 215 bis 226, 244, 245, 264 bis 270, 282 293,
    294, 303, 310, 311, 337, 338, 352, 353, 362 bis 366, 377 bis 384, 409 bis 412, 422 bis 425,
    452, 453, 465, 471, 472, 480, 509, 523, 524, 565 bis 568, 597, 598, 606, 613, 616, 623,
    634, 635, 636, 664 bis 667, 669 bis 672, 688 bis 691, 703, 704, 711, 734, 760 bis 763, 773,
    774, 781, 805 bis 810, 816, 817, 825 bis 827, 836, 849, 852
Polystyrolsulfonsäure 259, 260, 306, 307, 330 bis 332
Polytrifluorchloräthylen 9, 48, 49, 510
Polyvinylacetal 480
Polyvinylacetat 44, 89 bis 92, 161, 162, 183, 184, 197, 223, 224, 247 bis 251, 295, 318 bis 321,
    339, 387 bis 390, 415, 427, 456, 474, 484, 497, 528, 529, 569, 570, 571, 592, 604, 621,
    630, 637, 638, 708, 789, 790, 850
Polyvinylalkohol 8, 93, 305, 391 bis 396, 428, 429, 475, 476, 642, 692, 731, 768, 769, 819,
    828, 829
Polyvinylalkohol-Borsäurekomplex 719
Polyvinyläthyläther 426
Polyvinylbromid 431, 432, 457
Polyvinylbutyral 198
Polyvinylchlorid 45, 46, 47, 94 bis 99, 163 bis 166, 227, 228, 229, 253, 254, 271, 272, 273,
    283, 284, 285, 296, 323, 324, 430, 599, 609, 614, 617, 693, 694, 705, 721, 746
Polyvinylester 252
Polyvinylidenchlorid 100
Polyvinylisobutyläther 182
Polyvinylisopropyläther 196
Poly-2-vinylpyridin 186, 328
Poly-4-vinylpyridin 187, 329
Polyvinylpyrrolidon 401 bis 404, 481, 631, 641, 756, 765a
Proteine 343, 489
Quarternierte Polystyrole 775
Rohkautschuk 195
Siliconpolymere 653
Stärke 408
Tanninkondensat 407
Thymonucleohiston 335, 451
Viskose 371
Zein 190

Tabelle 4. *Beispiele zum Einfluß des Molukulargewichtes auf die Eigenschaften von Hochpolymeren*

Lfd. Nr.	Untersuchtes Hochpolymeres	Gemessene Eigenschaft	Änderung der Eigenschaft bei steigendem Molekulargewicht	Zitat
	1. Struktur, Ordnungszustand, vgl. auch Zitate [*45* und *392*]			
1	Polyäthylen	Kristalliner Anteil	Abnahme, dann Grenzwert	[*149*] [*248*] [*382*]
2	Polyäthylen	Kristallisationsgeschwindigkeit	Abnahme	[*43, 374*]
3	Polyäthylen	Wachstumsgeschwindigkeit der Sphärolithe	Abnahme	[*272, 579*]
4	Polyäthylen	Verzweigungsgrad (pro 100 C-Atome)	Abnahme	[*146, 266*] [*308, 317*] [*324, 327*] [*348, 362*]
5	Polyäthylen	Zahl der Doppelbindungen pro 100 C-Atome	Abnahme	[*308, 317*] [*348*] [*362*]
6	Polyäthylen	Orientierung von Polyäthylenschichten auf NaCl	unabhängig	[*108*]
7	Polypropylen	Kristallisationsgeschwindigkeit bei konstanter Temperatur	Abnahme	[*290*]
8	Polyvinylalkohol	Kristalliner Anteil	Zunahme	[*314*]
9	Polytrifluorchloräthylen	Wachstumsgeschwindigkeit der Sphärolithe	Abnahme	[*289*]
10	Polyäthylensuccinat	Reziproke Halbwertszeit der Kristallisation bei gleicher Temperatur	Abnahme, dann Grenzwert	[*380*]
11	Monosubstituierte Polyäthylenoxydderivate	Kristallstrukturbestimmung	für Polymerisationsgrad $P < 10$ Zickzackstruktur, für $P > 10$ Mäanderstruktur	[*199*]
12	6,6-Nylon	Wachstumsgeschwindigkeit der Sphärolithe	Abnahme	[*47*]
	2. Mechanische Eigenschaften, vgl. auch Zitate [*8, 45, 242, 243, 277, 316* und *393*] a) Fließverhalten			
13	Polyäthylenöle	Schmelzviskosität	$\log \eta = a \log M + b$	[*130*]
14	Polyäthylenöle	Aktivierungsenergie des viskosen Fließens	Zunahme	[*130*]
15	Polyäthylen	Viskosität am Schmelzpunkt	$\log \eta = a + b \sqrt{M_n}$	[*366*]
16	Polyäthylen	Schmelzviskosität	$\eta = K M_w^{3,4}$	[*116, 284*]
17	Polyäthylen	Schmelzviskosität bei 130 °C	$\log \eta = a \sqrt{M_n} - b$	[*381*]
18	Polyäthylen	Schmelzviskosität bei 190 °C	$\log \eta = a \sqrt{M_n} + b$	[*329*]
19	Polyäthylen	Schmelzviskosität (N = Verzweigungszahl, Definition) s. Zitat [*38*]	$\eta = a M_w^{3,4} e^{-bN}$	[*283*]
20	Polyäthylen	Schmelzindex i	$\log i = a - b \log \eta_{red}$	[*139*]
21	Polyäthylen	Schmelzindex i [η_{red} gemessen in Bis-(2-Äthylhexyl) adipat bei 145 °C]	$\log i = -a \eta_{red}$	[*258*] vgl. auch [*403*]
22	Polyäthylen	Aktivierungsenergie des viskosen Fließens	Abnahme, dann Grenzwert	[*151, 152*]
23	Polyäthylen	NST-Wert (über die Definition vgl. Zitat [*323*])	Zunahme	[*196*]

Tabelle 4 (Fortsetzung)

Lfd. Nr.	Untersuchtes Hochpolymeres	Gemessene Eigenschaft	Änderung der Eigenschaft bei steigendem Molukulargewicht	Zitat
24	Polyäthylen	Fließfestigkeit	Abnahme	[375]
25	Polypropylen	Schmelzindex i	$\log i = a - b\,[\eta]$	[402, 403]
26	Polyisobutylen	Schmelzviskosität	$\log \eta = 3,14 \log M_w + b/T^2 - c$	[154]
27	Polyisobutylen	Schmelzviskosität bei 217 °C	$\eta = a\,M^{3,2} + b$	[30, 112]
28	Polyisobutylen	Schmelzviskosität bei 30 °C	$\eta = a\,M_v^{3,3}$	[9]
29	Polyisobutylen	Temperaturabhängigkeit der Schmelzviskosität, Unstetigkeit im (η, t)-Verlauf bei t_u	Zunahme von t_u, dann Grenzwert	[26]
30	Polyisobutylen	Temperaturabhängigkeit der Schmelzviskosität $$\frac{\eta + \delta\eta}{\eta} = \left(\frac{T + \delta T}{T}\right)^a$$	a unabhängig	[10]
31	Polybutadien	Verarbeitbarkeit	Maximum	[180]
32	Polybutadien	Innere Reibung nach Vulkanisation	Abnahme mit steigendem M vor Vulkanisation	[180]
33	Polystyrol	Schmelzviskosität	oberhalb 100 °C Zunahme mit M_w, ab $M_w = 10^6$ Grenzwert; zwischen 90 u. 100 °C unabhängig von M_w	[41, 42]
34	Polystyrol	Schmelzviskosität bei 217 °C	$\log \eta = 1,65 \log M_n - b$	[115] vgl. auch [75]
35	Polystyrol	Schmelzviskosität	$\eta = K\,M_w^{2,15}$	[227] vgl. aber Nr. 36
36	Polystyrol	Schmelzviskosität	$\eta = K\,M_w^{3,14}$	[116] vgl. aber Nr. 35
37	Polystyrol	Temperaturabhängigkeit der Schmelzviskosität $$\frac{\eta + \delta\eta}{\eta} = \left(\frac{T + \delta T}{T}\right)^a$$	a starke Zunahme	[10]
38	Polystyrol	Verhältnis der Fließviskositäten bei verschiedenen Temperaturen (T in °K)	$\log (\eta_T/\eta_{490})$ $= a\,(1/T^6 - 1/490^6)$ exp. $(-b/M_v)$	[113]
39	Polystyrol	Reibungskoeffizent f in der Schmelze	$\log f = a \log (M/b)$	[75]
40	Polystyrol	Verhältnis f/f_0 der Koeffizienten der inneren Reibung in der Schmelze	$\log (f/f_0)$ $= 3,3 \log (M/38000)$	[75, 115]
41	Polyäthylenoxyd	Schmelzviskosität	starke Zunahme, oberhalb $[\eta] = 4$ fast konstant	[325]
42	Polyäthylenoxytallat	Schmelzviskosität	Zunahme	[78]
43	Polyäthylenoxydmono-alkyläther	Aktivierungsenergie des viskosen Fließens	Zunahme	[137]
44	Polyvinylacetat	Schmelzviskosität bei 75 °C	$\eta = K\,M^{3,4}$	[268]
45	Polyvinylchlorid	Fließdruck	Zunahme, dann Grenzwert	[400]

Tabelle 4 (Fortsetzung)

Lfd. Nr.	Untersuchtes Hochpolymeres	Gemessene Eigenschaft	Änderung der Eigenschaft bei steigendem Molekulargewicht	Zitat
46	Polyvinylchlorid	Extrusionsgeschwindigkeit	starke Zunahme	[278]
47	Polyvinylchlorid	kalter Fluß	Abnahme	[278]
48	Polytrifluorchloräthylen	NST-Wert (Definition s. [323])	Zunahme	[194]
49	Polytrifluorchloräthylen	ZST-Wert (Definition s. [195])	Zunahme	[195]
50	Polyester	Schmelzviskosität	$\log \eta = a + b\sqrt{M_w} + c/T$	[109, 110] vgl. aber Nr. 51
51	Polyester	Schmelzviskosität	$\eta = a\,M_w^{3,4}$	[116] vgl. aber Nr. 50
52	Polydimethylsiloxan	Schmelzviskosität	$\log \eta = a + b\sqrt{M_n}$	[18] vgl. aber Nr. 53 u. 54
53	Polydimethylsiloxan	Schmelzviskosität	$\eta = a\,M_w^{3,4}$	[116] vgl. auch [450, 451] vgl. aber Nr. 52 u. 54
54	Polydimethylsiloxan	Schmelzviskosität	$\eta = a\,M^{3,64}$	[395] vgl. auch [450, 451] vgl. aber Nr. 52 u. 53
55	Polyamide	Schmelzviskosität	$\log \eta = a + b\sqrt{M_w} + c/T$	[109, 110]
56	Polycaprolactam	Schmelzviskosität	$\eta = a\,M_w^{3,4}$	[116] vgl. aber Nr. 57
57	Polycaprolactam	Schmelzviskosität	$\sim M$	[261] vgl. aber Nr. 56
58	Polykondensat aus 11-Aminoundecansäure	Schmelzviskosität	Zunahme mit $\sqrt{M}$	[390]
59	Copolymeres Vinylchlorid-Vinylacetat 86:14	Wärmefestigkeit	praktisch unabhängig	[90]

b) Festigkeitseigenschaften,
vgl. auch Zitate [58, 242 und 243], textile Eigenschaften von Hochpolymeren

Lfd. Nr.	Untersuchtes Hochpolymeres	Gemessene Eigenschaft	Änderung der Eigenschaft bei steigendem Molekulargewicht	Zitat
60	Polyäthylen	Reißfestigkeit R	$R = a\sqrt{M_n} - b$	[329] vgl. auch [373]
61	Polyäthylen	Reißfestigkeit R	$R = a \log M + b$	[69] vgl. aber Nr. 60
62	Polyäthylen	Reißfestigkeit	Zunahme, dann Grenzwert	[242, 243, 375]
63	Polyäthylen	Zugfestigkeit („yield point")	unabhängig	[15, 329] vgl. aber Nr. 64
64	Polyäthylen, unbestrahlt	Zugfestigkeit	Zunahme	[197, 220] vgl. aber Nr. 63
65	Polyäthylen, bestrahlt	Zugfestigkeit	unabhängig	[220]

Tabelle 4 (Fortsetzung)

Lfd. Nr.	Untersuchtes Hochpolymeres	Gemessene Eigenschaft	Änderung der Eigenschaft bei steigendem Molekulargewicht	Zitat
66	Polyäthylen, bestrahlt	Reißfestigkeit	Maximum bei Messungen zwischen 30 und 90 °C, ab 105 °C nur schwacher Anstieg	[220]
67	Polyäthylen	Biegefestigkeit	unabhängig	[15, 329]
68	Polyäthylen	Kerbschlagzähigkeit	Zunahme	[373, 375]
69	Polyäthylen	Kerbschlagzähigkeit	Zunahme, dann Grenzwert	[201, 281]
70	Polyäthylen	Schlagfestigkeit (bei gleicher Sphärolithgröße)	Abnahme	[272, 579]
71	Polyäthylen	Rißbildung durch polyaxiale Spannungen	Abnahme	[73] vgl. auch [329]
72	Polyäthylen	Spannungsrißkorrosion in Netzmittellösungen	starke Abnahme	[293]
73	Polyäthylen	Spannungsrißbildung	Abnahme, dann Grenzwert	[389] vgl. auch [512, 533]
74	Polyäthylen	Kältefestigkeit	Zunahme	[197]
75	Polypropylen	Zugfestigkeit	Zunahme	[402]
76	Polypropylen	Sprödigkeit	Abnahme	[403]
77	Polypropylen	Sprödigkeit, Einfluß des Kristallisationsgrades α	oberhalb $[\eta] = 1$ für $\alpha = 25\%$ bzw. oberhalb $[\eta] = 2$ für $\alpha = 40\%$ und oberhalb $[\eta] = 2,5$ für $\alpha = 65\%$ keine Sprödigkeit	[402]
78	Polyisobutylen	Verhältnis Reißfestigkeit/Schmelzviskosität	Maximum	[30]
79	Butylkautschuk	Verhältnis Reißfestigkeit/Schmelzviskosität	Maximum	[30]
80	Butylkautschuk	Zugfestigkeit	Zunahme, dann Grenzwert	[252]
81	Butadienkautschuk	Reißfestigkeit	Zunahme, dann Grenzwert	[285] vgl. aber Nr. 493
82	Polystyrol	Zugfestigkeit	Zunahme, dann Grenzwert	[24, 30]
83	Polystyrol	Zugfestigkeit Z	$Z = a - b/M_n$, für $M_n > 20000$ unabhängig	[252]
84	Polystyrol	Reißfestigkeit R	$R = a - b/M_n$	[242, 243, 244] vgl. auch [100]
85	Polystyrol	Sprödigkeit	Abnahme	[176]
86	Butadienstyrolkautschuk	Reißfestigkeit	Zunahme, dann Grenzwert	[285]
87	Kautschukvulkanisat	Reißfestigkeit	starke Zunahme (bei gleichem S-Gehalt)	[19] vgl. auch [366]
88	GR-S-Kautschuk	Bruchdehnung nach Vulkanisation	Zunahme mit M_n vor Vulkanisation	[411] vgl. auch [366]

Tabelle 4 (Fortsetzung)

Lfd. Nr.	Untersuchtes Hochpolymeres	Gemessene Eigenschaft	Änderung der Eigenschaft bei steigendem Molekulargewicht	Zitat
89	Polyvinylacetat	Reißfestigkeit	Zunahme	[260]
90	Polyvinylacetat	Reißfestigkeit	zuerst starke, dann schwache Zunahme	[340]
91	Polyvinylacetat	Sprödigkeit	Zunahme	[260]
92	Polyvinylacetat	Falzfestigkeit	zuerst starke, dann schwache Zunahme	[340]
93	Polyvinylalkohol	Reißfestigkeit R	$R = a - b/M_n$	[244] vgl. auch [100]
94	Polyvinylchlorid	Zugfestigkeit	schwache Zunahme	[278] vgl. aber Nr. 95 u. 96
95	Polyvinylchlorid	Zugfestigkeit	Zunahme, dann Grenzwert	[252] vgl. aber Nr. 94 u. 96
96	Polyvinylchlorid	Zugfestigkeit	lineare Zunahme mit M_v	[68] vgl. aber Nr. 94 u. 95
97	Polyvinylchlorid	Reißfestigkeit (Fasern)	Zunahme	[413]
98	Polyvinylchlorid	Schlagzähigkeit	linearer Anstieg mit η_{red}	[400]
99	Polyvinylchlorid	Weichmacherkonzentration beim Auftreten des Versprö- dungseffektes	Zunahme	[122]
100	Polyvinylidenchlorid	Reißfestigkeit R	$R = a - b/M_n$	[244] vgl. auch [100]
101	Perchlorvinyl	Reißlänge	Zunahme	[131]
102	Polyacrylnitril	Reißfestigkeit R	$R = a - b/M_n$	[244] vgl. auch [100]
103	Polyacrylnitril	Festigkeit	Zunahme	[161]
104	Polymethylmethacrylat	Bildung konzentrierter Ringe beim Reißen	Abnahme der Ringzahl	[265]
105	Polymethylmethacrylat	Spannungsrißbildung in Lösungsmitteln	Abnahme	[207]
106	Copolymeres Vinyl- chlorid-Vinylacetat 86:14	Reißfestigkeit	für $M < 8000$ starke, für $M > 8000$ schwache Zunahme	[90]
107	Copolymeres Vinyl- chlorid-Vinylacetat 86:14	Schlagzähigkeit	für $M < 8000$ starke, für $M > 8000$ schwache Zunahme	[90]
108	Copolymeres Vinyl- chlorid-Vinylacetat 86:14	Reißmodul	für $M < 8000$ starke, für $M > 8000$ schwache Zunahme	[90]
109	Copolymeres Vinyl- chlorid-Vinylacetat 86:14	Brinellhärte	praktisch unabhängig	[90]
110	Poly-ω-oxydecanat	Reißfestigkeit	Maximum	[54]
111	Polyäthylentere- phthalat	Festigkeit Z	$Z = a - b/M_n$	[244] vgl. auch [100]
112	Polycaprolactam	Zugfestigkeit	Zunahme	[145] vgl. aber Nr. 114

Tabelle 4 (Fortsetzung)

Lfd. Nr.	Untersuchtes Hochpolymeres	Gemessene Eigenschaft	Änderung der Eigenschaft bei steigendem Molekulargewicht	Zitat
113	Polycaprolactam	Festigkeit Z	$Z = a - b/M_n$	[244] vgl. auch [100]
114	Polycaprolactam	Zugfestigkeit	unabhängig	[128] vgl. aber Nr. 112
115	Polycaprolactam	Druckfestigkeit	unabhängig	[128]
116	Polycaprolactam	Oberflächenhärte	unabhängig	[128]
117	Polycaprolactam	Schlagbiegefestigkeit	Zunahme	[128]
118	Polycaprolactam	Wechselbiegefestigkeit	Zunahme	[128]
119	6,6-Nylon	Festigkeit Z	$Z = a - b/M_n$	[244] vgl. auch [100]
120	Cellulose	Reißfestigkeit R	$R = a - b/M_n$	[244] vgl. auch [100, 465]
121	Celluloseacetat	Zugfestigkeit	Zunahme, dann Grenzwert	[327, 328]
122	Celluloseacetat	Biegefestigkeit	Zunahme, dann Grenzwert	[328]
123	Nitrocellulose	Reißfestigkeit R von Filmen	$R = a - b/[\eta]$	[250]
124	Nitrocellulose	Reißfestigkeit	starke Zunahme, dann Grenzwert	[339]
125	Nitrocellulose	Reißfestigkeit	Zunahme	[81]
126	Nitrocellulose	Berstfestigkeit	starke Zunahme, dann Grenzwert	[339]
127	Nitrocellulose	Falzfestigkeit	starke Zunahme, dann Grenzwert	[339]

c) Elastische Eigenschaften

Lfd. Nr.	Untersuchtes Hochpolymeres	Gemessene Eigenschaft	Änderung der Eigenschaft bei steigendem Molekulargewicht	Zitat
128	Polyäthylen	Dehnungsmodul	unabhängig	[373, 375]
129	Polyäthylen	Gesamtdehnung	Zunahme	[373, 375]
130	Polyäthylen	Dehnung	geringe Zunahme	[197]
131	Polyäthylen	Elastizitätsmodul	lineare Zunahme mit $\log M$	[69]
132	Polyäthylen	Elastizitätsmodul	unterhalb $-60\,°\mathrm{C}$ geringe Abhängigkeit, bei höherer Temperatur Zunahme mit M	[53]
133	Polyäthylen	Steifigkeit	Zunahme	[291]
134	Polyäthylen	Streckgrenze	unabhängig	[197, 373]
135	Polyäthylen	Kompressibilität	schwaches Maximum bei $M = 20\,000$	[399]
136	Polyäthylen	Kalter Fluß	Zunahme	[567]
137	Polyäthylen	Aktivierungsenergie der Elastizität	Abnahme, ab $M_n = 60\,000$ Grenzwert	[151, 152]
138	Polyäthylen	Reißdehnung	Zunahme	[186]
139	Polyäthylen (Niederdruck)	Bruchdehnung	Zunahme, für $M_v = 60\,000$ spröde	[331]
140	Polyäthylen	Shorehärte H (d = Dichte)	$H = a\,d + b\sqrt{M_n} - c$	[329]
141	Polyäthylen	Standfestigkeit bei 50 °C	Zunahme	[90]
142	Polypropylen	Elastizitätsmodul	Zunahme	[402]

Tabelle 4 (Fortsetzung)

Lfd. Nr.	Untersuchtes Hochpolymeres	Gemessene Eigenschaft	Änderung der Eigenschaft bei steigendem Molekulargewicht	Zitat
143	Polyisobutylen	Temperatur des Erweichungsbereiches aus mechanischer Dämpfung	unabhängig	[346, 370]
144	Polyisobutylen	Spannungsrelaxation unterhalb -55 °C	für $M_v > 700\,000$ unabhängig	[35] vgl. auch [292]
145	Polyisobutylen	Spannungsrelaxation zwischen 30 und 100 °C, Gestalt der Relaxations-Zeitkurven	Gestalt unabhängig von M_v, Verschiebung der Kurve auf der Zeitachse mit M_v	[8]
146	Polyisobutylen	Spannungsrelaxation	im Glaszustand und im Übergangsbereich unabhängig; im Gummizustand fällt Spannung zeitlich um so steiler ab, je kleiner M	[35]
147	Polyisobutylen	Dehnungseigenschaften	Optimum bei mittlerem M	[180]
148	Butadienkautschuk	Stoßelastizität	Zunahme, dann Grenzwert	[285] vgl. aber Nr. 494–496
149	Polystyrol	Mechanische Dämpfung, δ_m = logarithmisches Dekrement am Minimum der (δ, Temp.)-Kurve	$M_n = a\, \delta_m^{-1,9}$	[76]
150	Polystyrol	Dehnung D	$D = a - b/M_n$	[252, 507]
151	Polystyrol	Dynamischer Modul	für $M_n > 50\,000$ unabhängig	[252]
152	Polystyrol	Dynamische Wärmebeständigkeit W	$W = a - b/M_n$, für $M_n > 30\,000$ unabhängig	[252]
153	Polystyrol	Bruchdehnung	Zunahme, ab $500\,000$ Grenzwert	[24]
154	Butadienstyrol-kautschuk	Stoßelastizität	Zunahme, dann Grenzwert	[285]
155	Butadienstyrol-kautschuk	Dynamischer Elastizitätsmodul	unabhängig	[212]
156	Kautschukvulkanisat	Dauerbeständigkeit (Dehnungsversuche)	bei hohem M fast unabhängig	[19] vgl. auch [366]
157	GR-S-Kautschuk	Shorehärte nach Vulkanisation	geringe Abnahme mit M_n vor Vulkanisation	[411] vgl. auch [366]
158	GR-S-Kautschuk	Rückprallelastizität nach Vulkanisation	Zunahme mit M_n vor Vulkansation	[411] vgl. auch [366]
159	Polybutadien	Dynamischer Modul nach Vulkanisation	Zunahme mit M vor Vulkanisation	[180] vgl. auch [366]
160	Polyoxymethylen	Bruchdehnung	geringe Zunahme	[226]
161	Polyvinylacetat	Dehnung	Maximum	[340]
162	Polyvinylacetat	Verteilungsbreite der Relaxationszeiten im Glaszustand	fast unabhängig	[268] vgl. aber Nr. 497

Tabelle 4 (Fortsetzung)

Lfd. Nr.	Untersuchtes Hochpolymeres	Gemessene Eigenschaft	Änderung der Eigenschaft bei steigendem Molekulargewicht	Zitat
163	Polyvinylchlorid	Rockwell-Härte	schwache Zunahme	[169, 278]
164	Polyvinylchlorid	Elastizitätsmodul und Streckgrenze	unabhängig	[169]
165	Polyvinylchlorid	Dehnung	Zunahme	[413]
166	Polyvinychlorid	Bruchdehnung	schwache Zunahme	[278]
167	Perchlorvinyl	Dauerbiegefestigkeit	Zunahme	[131]
168	Perchlorvinyl	Bruchdehnung	Zunahme	[131]
169	Polymethylmethacrylat	Spannungsrelaxation	im Glaszustand und im Übergangsbereich unabhängig; im Gummizustand fällt Spannung zeitlich um so steiler ab, je kleiner M	[236, 372]
170	Polyäthylmethacrylat	Elastische Nachgiebigkeit	praktisch unabhängig	[107]
171	Copolymeres Vinylchlorid-Vinylacetat 86:14	Dauerstandsfestigkeit	für $M < 8000$ starke, für $M > 8000$ schwache Zunahme	[90]
172	Copolymeres Vinylchlorid-Vinylacetat 86:14	Elastizitätsmodul	für $M < 8000$ starke, für $M > 8000$ schwache Zunahme	[90]
173	Polycaprolactam	Bruchdehnung	Abnahme	[145] vgl. auch [332]
174	Polycaprolactam	Dehnung	unabhängig	[128]
175	Polycaprolactam	Elastizitätsmodul	unabhängig	[128]
176	Polycaprolactam	Kriechverhalten	unabhängig	[128]
177	Polyamide	Reißdehnung	Zunahme	[186]
178	Poly-ω-oxydecanat	Verstreckbarkeit	Maximum	[54]
179	Celluloseacetat	Reißdehnung	Zunahme, dann Grenzwert	[328]
180	Celluloseacetat	Rückprallelastizität	Abnahme mit steigendem M_n, dann Grenzwert	[337]
181	Nitrocellulose	Dehnung	starke Zunahme, dann Grenzwert	[339]

d) Monomolekulare Filme

Lfd. Nr.	Untersuchtes Hochpolymeres	Gemessene Eigenschaft	Änderung der Eigenschaft bei steigendem Molekulargewicht	Zitat
182	Polyvinylisobutyläther	Oberflächenspannung von Wasser in Gegenwart eines monomolekularen Filmes des Polymeren bei verschiedenem Schub π, F = vom Monomeren eingenommene Fläche	Verschiebung der (π, F)-Kurve nach höherem π	[338]
183	Polyvinylacetat	Oberflächenviskosität von Monoschichten	$\log \eta = a\sqrt{\overline{M}} + b/T + c$	[168] vgl. aber Nr. 184
184	Polyvinylacetat	Oberflächenviskosität von Monoschichten	$\eta = K\, M^a$	[172] vgl. aber Nr. 183
185	Polyacrylsäure	Oberflächenviskosität von Monoschichten	$\eta = K\, M^a$	[172]

Tabelle 4 (Fortsetzung)

Lfd. Nr.	Untersuchtes Hochpolymeres	Gemessene Eigenschaft	Änderung der Eigenschaft bei steigendem Molekulargewicht	Zitat
186	Poly-2-vinylpyridin auf Wasser	Oberflächenspannung	unabhängig	[254]
187	Poly-4-vinylpyridin auf Wasser	Oberflächenspannung	unabhängig	[254]
188	Polycaprolactam	Oberflächenviskosität von Monoschichten	$\log\eta = a\sqrt{M} + b/T + c$	[167]
189	Celluloseacetat	Oberflächenviskosität von Monoschichten	$\eta = K\,M^a$	[172]
190	Zein	Oberflächendruck p von Monoschichten, Bestimmung von $\beta = 1/C_s$, C_s = Oberflächenkonzentration bei $C/(p = 0)$	Proportionalität zwischen β und M	[171]
191	Gliadin	Oberflächendruck p von Monoschichten, Bestimmung von $\beta = 1/C_s$, C_s = Oberflächenkonzentration bei $C/(p = 0)$	Proportionalität zwischen β und M	[171]

e) Sonstige Eigenschaften

Lfd. Nr.	Untersuchtes Hochpolymeres	Gemessene Eigenschaft	Änderung der Eigenschaft bei steigendem Molekulargewicht	Zitat
192	Polyäthylen	Spinnbarkeit	Zunahme	[565]
193	Polyisobutylen	Temperatur des mechanischen Verlusthauptmaximums	Zunahme, Grenzwert	[149]
194	Polystyrol	Filmbildungsvermögen	für $M_w > 130\,000$ unabhängig	[252]
195	Rohkautschuk	Klebrigkeit	schwache Zunahme	[366]
196	Polyvinylisopropyläther	Einfluß von Polyvinylisopropylätherzusatz auf das Haftvermögen von GR-S-Kautschuk	Zunahme	[401]
197	Polyvinylacetat	Temperatur des mechanischen Verlusthauptmaximums	Zunahme, Grenzwert	[149]
198	Polyvinylbutyral	Einfluß von M von Polyvinylbutyral auf innere Spannung von Kresol-Formaldehydharz	Abnahme	[191]
199	Polydimethylsiloxan	Oberflächenspannung	Zunahme, dann Grenzwert	[365]
200	Polyester	Faserbildungsvermögen	Zunahme	[20, 22]
201	Polyäthylenterephthalat	Spinnbarkeit	Optimum für $M_n = 16\,000$ bis $20\,000$	[142]
202	Poly-ω-oxydecanat	Spinnbarkeit	Maximum	[54]
203	6,6-Nylon	Reibungszahl zwischen Polyamid und Stahl	unabhängig	[170]
204	6,6-Nylon	Radiale Verformung von Polyamidlagerschalen	unabhängig	[170]
205	Polycaprolactam	Spinnbarkeit	Optimum für $M_n = 10\,000$	[142]
206	Polycaprolactam	Textile Eigenschaften	Zunahme, dann Grenzwert	[136]
207	Cellulose	„quality ratio“ und „coefficient of variation“	unabhängig	[60]

Tabelle 4 (Fortsetzung)

Lfd. Nr.	Untersuchtes Hochpolymeres	Gemessene Eigenschaft	Änderung der Eigenschaft bei steigendem Molekulargewicht	Zitat

3. Thermische Eigenschaften

a) Charakteristische Temperaturen

Lfd. Nr.	Untersuchtes Hochpolymeres	Gemessene Eigenschaft	Änderung der Eigenschaft bei steigendem Molekulargewicht	Zitat
208	Polyäthylen	Schmelzpunkt	$F = a - b/M$	[382]
209	Polyäthylen	Breite des Schmelzbereiches	Zunahme, dann Grenzwert	[383]
210	Polyäthylen	VICAT-Temperatur T_v	$T_v = a\sqrt{M_n} + b\,D - c$ (D = Dichte)	[329]
211	Polyäthylen	Erweichungspunkt	lineare Zunahme mit $\log M$	[69]
212	Polyäthylen	Versprödungstemperatur T_{sp}	$T_{sp} = a/M$	[65,70,512]
213	Polypropylen	Schmelztemperatur	Zunahme	[290]
214	Polyisobutylen	Einfriertemperatur	Zunahme, dann Grenzwert	[113, 176] 316]
215	Polystyrol	Einfriertemperatur	Zunahme, dann Grenzwert	[176]
216	Polystyrol	Einfriertemperatur	$T_E = a - b/M_v$	[113] vgl. aber Nr. 219
217	Polystyrol	Umwandlungstemperatur	unabhängig	[252] vgl. aber Nr. 218
218	Polystyrol	Glasumwandlungstemperatur T_g	$T_g = a - b/M_n$	[115]
219	Polystyrol	Einfriertemperatur T_E	$1/T_E = a + b/M$	[377, 378] vgl. aber Nr. 216
220	Polystyrol	Umwandlungstemperatur T_g in Gegenwart von Styrol der Konzentration c	unabhängig, nur abhängig von c	[3] vgl. auch [378]
221	Polyoxymethylen	Schmelzpunkt	starke Zunahme, oberhalb $M_n = 1000$ konstant	[226]
222	Polyoxymethylen	Glasumwandlungstemperatur	starker Abfall, ab $M_n = 40000$ Grenzwert	[226]
223	Polyvinylacetat	Einfriertemperatur T_E	$T_E = a - b/\sqrt{M_v}$	[405]
224	Polyvinylacetat	Umwandlungstemperatur	Zunahme	[300]
225	Polymethylmethacrylat	Umwandlungstemperatur T_g in Gegenwart von Methylmethacrylat der Konzentration c	unabhängig, nur abhängig von c	[3] vgl. auch [378]
226	Polyäthylacrylat	Einfriertemperatur	starke Zunahme, dann Grenzwert	[404]
227	Polyvinylchlorid	Umwandlungstemperatur	Zunahme	[206]
228	Polyvinylchlorid	Erweichungspunkt	starke Zunahme, dann Grenzwert	[400]
229	Polyvinylchlorid	Glasumwandlungstemperatur T_g	$T_g = a - b/M$ für $M < 50000$, aber $T_g = 89\,°C$ für $M > 50000$	[207]
230	Polyäthylensuccinat	Schmelzpunkt	$T_f = a + b/M_n$	[380]
231	Polyäthylensuccinat	Schmelzbereich	unabhängig	[380]

Tabelle 4 (Fortsetzung)

Lfd. Nr.	Untersuchtes Hochpolymeres	Gemessene Eigenschaft	Änderung der Eigenschaft bei steigendem Molekulargewicht	Zitat
232	Polyäthylenoxytallat	Schmelzpunkt	Zunahme	[78]
233	Polyester aus Äthylenglykol und Adipinsäure	Schmelzpunkt	Zunahme	[299]
234	Polyester aus Äthylenglykol und Adipinsäure	Breite des Schmelzbereiches	Zunahme	[299]
235	Polycaprolactam	Schmelzpunkt	unabhängig	[128]

b) Diffusion, Adsorption, Haftvermögen, Lösen

Lfd. Nr.	Untersuchtes Hochpolymeres	Gemessene Eigenschaft	Änderung der Eigenschaft bei steigendem Molekulargewicht	Zitat
236	Polyäthylen (niedermolekular)	Selbstdiffusionskoeffizient in der Schmelze	$D = k\,n^{-5/3}$ ($n =$ C-Zahl)	[228]
237	Polyäthylen	Durchlässigkeit für H_2 und CO_2	unabhängig	[36] vgl. auch [17, 294]
238	Polyäthylen	Adsorptionsverhalten	unabhängig von M_n	[329] vgl. auch [15]
239	Polyisobutylen	Adhäsionskraft an Cellophan	Abnahme, dann Grenzwert	[409]
240	Polyisobutylen	Verklebegeschwindigkeit von Baumwolle	Abnahme	[407, 408]
241	Polyisobutylen	Kraft zum Trennen von verklebten Baumwollstreifen	Zunahme mit M von Polyisobutylen	[407, 408]
242	Polyisobutylen	Wasserdampfdurchlässigkeit P	$P = a\,M_v^{-0,57}$	[127, 472]
243	Naturgummi	Diffusionskoeffizient D von Oktadekan	$D = a/[\eta]$	[13]
244	Polystyrol	Absorption von Äthylbenzoldampf	Beginn der Absorption bei um so kleinerem Dampfdruck, je höher M	[189]
245	Polystyrol	Lösungsgeschwindigkeit in Amylacetat	$V = V_0$ exp. $(-2,13/RT)/M^{0,52}$	[386]
246	Kautschuk	Adsorptionsisotherme für Hexan	unabhängig	[188]
247	Polyvinylacetat	Haftfestigkeit der Filme an Stahl	Zunahme, dann Grenzwert	[159, 219]
248	Polyvinylacetat	Temperaturkoeffizient der Haftfestigkeit an Stahl	Zunahme	[219]
249	Polyvinylacetat	Haftfestigkeit an Al	Zunahme, dann Grenzwert	[159, 231, 232]
250	Polyvinylacetat	Haftvermögen an regenerierter Cellulose	Zunahme, dann Grenzwert	[159, 231, 232]
251	Polyvinylacetat	Haftvermögen an Holz und Papier	Abnahme	[260]
252	Polyvinylester	Haftvermögen (Holz, Metall, Glas)	Abnahme	[96]
253	Polyvinylchlorid	Lösungsgeschwindigkeit in Dibutylphthalat	unabhängig	[310]
254	Polyvinylchlorid	Permeabilität für Wasserdampf	Abnahme	[396, 491]
255	Copolymeres Vinylchlorid-Vinylacetat 86:14	Wasserabsorption	praktisch unabhängig	[90]

Tabelle 4 (Fortsetzung)

Lfd. Nr.	Untersuchtes Hochpolymeres	Gemessene Eigenschaft	Änderung der Eigenschaft bei steigendem Molekulargewicht	Zitat
256	Polycaprolactam	Hygroskopizität	unabhängig	[128]
257	Celluloseester	Haftvermögen (Holz, Metall, Glas)	Abnahme	[96] vgl. auch Nr. 718
258	Hydratcellulose	Absorption von Wasserdampf	Beginn der Absorption bei um so kleinerem Dampfdruck, je höher M	[189]
259	Polystyrolsulfonsäure und Copolymerisat aus Vinylchlorid und Acrylnitril	Durchlässigkeit der Membranen	unabhängig von M des Ausgangspolystyrols	[141]
260	Polystyrolsulfonsäure und Copolymerisat aus Vinylchlorid und Acrylnitril	Diffusion aus dem Film	Abnahme mit steigendem M des Ausgangspolystyrols	[141]
261	Copolymerisat aus Vinylchlorid und Vinylidenchlorid	Permeabilität für Wasserdampf	Abnahme	[396]

c) Wärmetönung, Ausdehnungskoeffizient, spezifische Wärme, Wärmeleitfähigkeit

Lfd. Nr.	Untersuchtes Hochpolymeres	Gemessene Eigenschaft	Änderung der Eigenschaft bei steigendem Molekulargewicht	Zitat
262	Polyäthylen	Ausdehnungskoeffizient	$\beta = a + b/M_n$	[382]
263	Polyisobutylen	Aktivierungsenergie der Verklebung	unabhängig	[407, 408]
264	Polystyrol	Ausdehnungskoeffizient	unabhängig	[113]
265	Polystyrol	Temperaturabhängigkeit des spezifischen Volumens	$v = (a + b/M)T + c$	[377, 378]
266	Polystyrol	Spezifische Wärme	Zunahme oberhalb Einfriertemperatur	[384]
267	Polystyrol	Wärmeleitfähigkeit	unabhängig bei Einfriertemperatur	[384]
268	Polystyrol	Lösungswärme in Toluol (1 g pro 100 cm³)	Zunahme	[352]
269	Polystyrol	Lösungswärme in Benzol (1 g pro 100 cm³)	Zunahme	[148]
270	Polystyrol	Lösungswärme in Äthylbenzol (1 g/100cm³)	Zunahme	[129]
271	Polyvinylchlorid	Negative Wärme beim Lösen in Dichloräthan	Abnahme unter 50 °C, Zunahme über 50 °C	[1]
272	Polyvinylchlorid (fest)	Thermischer Ausdehnungskoeffizient	$\beta = a + b/M$	[207]
273	Polyvinylchlorid (geschmolzen)	Thermischer Ausdehnungskoeffizient	$\beta = c + d/M$	[207]
274	Polymethylmethacrylat	Lösungswärme pro 1 g in Dichloräthan	Abnahme	[190]
275	Fluorlon	Temperaturkoeffizient der Lösungswärme beim Lösen in Aceton	Zunahme	[1]
276	Polyäthylensuccinat	Temperaturabhängigkeit des spezifischen Volumens	$v = (a + b/M)T + c$	[380]
277	Polyäthylensuccinat	Ausdehnungskoeffizient fest und flüssig	unabhängig	[380]

Tabelle 4 (Fortsetzung)

Lfd. Nr.	Untersuchtes Hochpolymeres	Gemessene Eigenschaft	Änderung der Eigenschaft bei steigendem Molekulargewicht	Zitat
		d) Thermische Beständigkeit		
278	Polyäthylen	Thermischer Abbau (ohne O_2)	Zunahme	[572]
279	Polyäthylen	Bewitterungsbeständigkeit	Zunahme	[393]
280	Polyisobutylen	Versprödungstemperatur	Abnahme, dann Grenzwert	[113, 176, 316]
281	Polyisobutylen	Differenz: Versprödungstemperatur—Einfriertemperatur	Abnahme	[113, 176]
282	Polystyrol	Pyrolyse bei 340 bis 390 °C	unabhängig	[392] vgl. auch [40]
283	Polyvinylchlorid	Wärmestandfestigkeit	sehr geringe Zunahme	[278] vgl. aber Nr. 284
284	Polyvinylchlorid	Thermische Beständigkeit bei 180 °C	starke Zunahme, dann Grenzwert	[400] vgl. aber Nr. 283
285	Polyvinylchlorid	Thermischer Abbau unter N_2 (200 bis 220 °C), Anfangsgeschwindigkeit v_0	$v_0 = a/M$	[11, 364]
286	Polymethylmethacrylat	Gesamtaktivierungsenergie der thermischen Zersetzung	bis $M = 50000$ unabhängig, dann starke Abnahme, oberhalb $7 \cdot 10^6$ unabhängig	[48]
287	Polymethylmethacrylat	Aktivierungsenergie des thermischen Abbaues	bis $M = 60000$ unabhängig, dann Abfall, ab $M = 10^6$ Grenzwert	[48]
288	Polymethacrylnitril	Geschwindigkeit der thermischen Zersetzung	Abnahme	[140]
289	Polydimethylsiloxan	Pyrolysegeschwindigkeit (400 bis 500 °C)	unabhängig	[225]
290	Polyäthylenterephthalat	Depolymerisationsgeschwindigkeit bei 280 °C	Abnahme	[376]
		e) Dichte		
291	Polyäthylen (Hochdruck)	Dichte	Abnahme, dann Grenzwert	[298]
292	Polyäthylen (Niederdruck)	Dichte	Abnahme	[373, 375]
293	Polystyrol	Spezifisches Volumen bei 217 °C	$v = 1{,}04 + 72/M_v$ bzw. $v = 1{,}04 + 46/M_n$	[113] [115]
294	Polystyrol	Packungsdichte	Abnahme	[189]
295	Polyvinylacetat	Dichte bei 23 °C	$1/\varrho = a + b/M$	[268]
296	Polyvinylchlorid	Spezifisches Volumen	$v = a + b/M$	[207]
297	Polyamide	Packungsdichte	Abnahme	[187]
298	Polyäthylenoxytallat	Dichte	Zunahme	[78]
299	Polyäthylensuccinat	Spezifisches Volumen im festen Zustand	$v = a + b/M$	[380]
300	Polyäthylensuccinat	Spezifisches Volumen im flüssigen Zustand	proportional $1/M_n$	[380]
301	Hydratcellulose	Packungsdichte	Abnahme	[119, 189]

Tabelle 4 (Fortsetzung)

Lfd. Nr.	Untersuchtes Hochpolymeres	Gemessene Eigenschaft	Änderung der Eigenschaft bei steigendem Molekulargewicht	Zitat
		f) Sonstige Eigenschaften		
302	Polyäthylen	Quellbarkeit	Abnahme	[297]
303	Polystyrol	Quellungsfaktor in Benzol	Zunahme	[305]
304	GR-S-Kautschuk	Gelbildung beim Trocknen im Vakuum	Zunahme	[411]
305	Polyvinylalkohol	Quellungsgrad in Wasser bei gleichem Kristallisationsgrad	unabhängig	[314, 315]
306	Polystyrolsulfonsäure und Copolymerisat aus Vinylchlorid und Acrylnitril	Austauschkapazität von Membranen	unabhängig von M des Ausgangspolystyrols	[141]
307	Polystyrolsulfonsäure und Copolymerisat aus Vinylchlorid und Acrylnitril	Schrumpfung von Membranen	unabhängig von M des Ausgangspolystyrols	[141]
308	Copolymerisat Vinylchlorid und Vinylacetat	Wasseraufnahmefähigkeit	unabhängig	[89]

4. Akustische, elektrische und optische Eigenschaften
Zu den elektrischen Eigenschaften vgl. auch Zitat [384]

Lfd. Nr.	Untersuchtes Hochpolymeres	Gemessene Eigenschaft	Änderung der Eigenschaft bei steigendem Molekulargewicht	Zitat
309	Polyisobutylen	Temperatur des dielektrischen Verlusthauptmaximums	Zunahme, dann Grenzwert	[149]
310	Polystyrol	Optische Dichte	unabhängig	[252]
311	Polystyrol	Spezifische Refraktion r (t = Temperatur)	$r = a + b\,t + c/M_n$	[379]
312	Poly-p-chlorstyrol	Dipolmoment	Zunahme mit $\sqrt{M}$	[326]
313	Polyäthylenoxyd der Formel $HO-(CH_2-CH_2-O)_p-H$	μ/n (μ = Dipolmoment, n = Gesamtzahl der vorhandenen Alkohol- und Ätherdipole/Molekül)	Abnahme mit wachsendem p, dann Grenzwert	[237]
314	Polyäthylenoxydmonooleyläther	Dielektrizitätskonstante	Zunahme	[204]
315	Polyäthylenoxydmonolauryläther	Dielektrizitätskonstante	Zunahme	[204]
316	Polyäthylenoxydmonocetyläther	Dielektrizitätskonstante	Zunahme	[204]
317	Polyäthylenoxytallat	Brechungsindex	Abnahme	[78]
318	Polyvinylacetat	Dielektrische Einfriertemperatur	Zunahme, dann Grenzwert	[125, 410]
319	Polyvinylacetat	Temperatur des dielektrischen Verlustwinkelmaximums	Zunahme, dann Grenzwert	[125, 149, 410]
320	Polyvinylacetat	Aktivierungsenergie der Orientierungspolarisation	Zunahme, dann Grenzwert	[125, 410]
321	Polyvinylacetat	Dipolmoment	Zunahme mit $\sqrt{M}$	[34]
322	Polymethylmethacrylat	Dipolmoment	Zunahme mit $\sqrt{M}$	[33, 238, 240]

Tabelle 4 (Fortsetzung)

Lfd. Nr.	Untersuchtes Hochpolymeres	Gemessene Eigenschaft	Änderung der Eigenschaft bei steigendem Molekulargewicht	Zitat
323	Polyvinylchlorid	Dielektrische Verluste, Maximum bei der Frequenz f_m	$1/f_m = a[\eta]$	[126]
324	Polyvinylchlorid	Dipolmoment	Zunahme mit $\sqrt{M}$	[326]
325	Copolymeres Vinylchlorid-Vinylacetat 86:14	Brechungsindex	praktisch unabhängig	[90]
326	Polydimethylsiloxan	Ultraschallgeschwindigkeit	Zunahme, ab $M = 10000$ unabhängig	[286]
327	Polyester aus ω-Oxydecansäure	Dipolmoment	Zunahme	[31]
328	Poly-2-vinylpyridin	Oberflächenpotential der Filme auf Wasser	unabhängig	[254]
329	Poly-4-vinylpyridin	Oberflächenpotential der Filme auf Wasser	unabhängig	[254]
330	Mischungen aus Polystyrolsulfonsäure und einem Copolymerisat aus Vinylchlorid und Acrylnitril	Elektrischer Widerstand der Membranen	unabhängig von M des Ausgangspolystyrols	[141]
331	Mischungen aus Polystyrolsulfonsäure und einem Copolymerisat aus Vinylchlorid und Acrylnitril	Konzentrationspotential der Membranen	unabhängig von M des Ausgangspolystyrols	[141]
332	Mischungen aus Polystyrolsulfonsäure und einem Copolymerisat aus Vinylchlorid und Acrylnitril	Biionenpotential der Membranen	unabhängig von M des Ausgangspolystyrols	[141]
333	Gelatine	Isoelektrischer Punkt	unabhängig	[288]
334	Na-Thymonucleat	Dipolmoment	proportional M	[182]
335	Thymonucleohiston	Dipolmoment	proportional M	[5]
336	Gelatinegel	Optische Drehung	Zunahme	[106, 108]

5. Sonstige Eigenschaften

Lfd. Nr.	Untersuchtes Hochpolymeres	Gemessene Eigenschaft	Änderung der Eigenschaft bei steigendem Molekulargewicht	Zitat
337	Polystyrol	Halbwertsbreite der Protonenresonanz	Zunahme	[155]
338	Polystyrol	Molekülabbau bei der plastischen Deformation	Zunahme	[218]
339	Polyvinylacetat	Uneinheitlichkeit	Zunahme	[158]
340	Cellulose	Ausbeute von Lävoglucosan bei saurem Abbau	unabhängig	[133]
341	Gelatine	Stickstoffgehalt	unabhängig	[288]
342	Gelatine	Äquivalentgewicht	schwache Zunahme	[288]
343	Proteine	Denaturierung durch UV-, Röntgen- und γ-Strahlen, Quantenausbeute Φ	$\Phi = a\,M^{-2/3}$	[233, 234, 235]
344	Antikörper	Serologische Reaktivität	Zunahme	[135]

Tabelle 4 (Fortsetzung)

Lfd. Nr.	Untersuchtes Hochpolymeres	Gemessene Eigenschaft	Änderung der Eigenschaft bei steigendem Molekulargewicht	Zitat
		6. Lösungen von Hochpolymeren		
		a) Löslichkeit		
345	Alle Polymere	Löslichkeit	Abnahme	
346	Alle Polymere	Menge Fällmittel bis zum Auftreten einer Trübung	Abnahme	
347	Polymere mit positiven Temperaturkoeffizienten der Löslichkeit	Trübungstemperatur beim Abkühlen	Abnahme	
348	Polymere mit negativen Temperaturkoeffizienten der Löslichkeit	Trübungstemperatur beim Abkühlen	Zunahme	
349	Polyäthylen	Löslichkeit in mehreren Lösungsmitteln	Abnahme	[256]
350	Polyäthylen	Löslichkeit in Xylol	Abnahme	[297]
351	Polyisobutylen in Diisobutylketon	Trübungstemperatur T_c	$1/T_c = (1 + a/\sqrt{M})/\Theta$ (Θ = „FLORY-Temperatur")	[351]
352	Polystyrol	Abhängigkeit der Entmischungstemperatur von der Konzentration, Maximum bei t_{Kr}	geringe Zunahme von t_{Kr}	[177]
353	Polystyrol in Cyclohexan	Trübungstemperatur T_c	$1/T_c = (1 + a/\sqrt{M})/\Theta$ (Θ = „FLORY-Temperatur")	[351]
354	Polyäthylenoxyd	Trübungstemperatur beim Erwärmen der wäßrigen Lösung	Zunahme für $M > 50000$ schwach	[14]
355	Polymethylmethacrylat	Abhängigkeit der Entmischungstemperatur von der Konzentration, Maximum bei t_{Kr}	$t_{Kr} = a + b\,M$	[178]
356	Polymethylmethacrylat	Abhängigkeit der Entmischungstemperatur von der Konzentration c, Maximum bei c_{Kr}	Zunahme von c_{Kr}	[178]
357	Cellulose	Alkalilöslichkeit	$\sim 1/M$	[345]
		b) Fließverhalten		
358	Polyisobutylen	Viskosität der konzentrierten Lösung	$\log \eta = 3{,}4 \log M_w + b$	[116, 502 531]
359	Polyisopren	Reduzierte Viskosität für den Geschwindigkeitsgradienten 0 ($= \eta_0$) bzw. ∞ ($= \eta_\infty$)	$\eta_0 - \eta_\infty = a[\eta]^2$	[56, 134]
360	Kautschuk	Steilheit der Viskositäts-Geschwindigkeitsgradienten-Kurve von konzentrierten Lösungen	Abnahme	[44]

Tabelle 4 (Fortsetzung)

Lfd. Nr.	Untersuchtes Hochpolymeres	Gemessene Eigenschaft	Änderung der Eigenschaft bei steigendem Molekulargewicht	Zitat
361	Naturkautschuk in Toluol	(η, D)-Kurve $(\eta = $ Viskosität, $D = $ Geschwindigkeitsgefälle), D-Wert am Wendepunkt $= D_w$	$D_w = a\,M^{-b}$	[282, 357, 358, 388, 551]
362	Polystyrol in Hexachlordiphenyl	Fließtemperatur	Zunahme	[385]
363	Polystyrol	Viskosität der konzentrierten Lösung	$\log \eta = 3{,}4 \log M_w + b$	[116]
364	Polystyrol	(η, D)-Kurve $(\eta = $ Viskosität, $D = $ Geschwindigkeitsgefälle), D-Wert am Wendepunkt $= D_w$	$D_w = a\,M^{-b}$	[361, 551]
365	Polystyrol in Toluol	Strömungsmessungen, $P = $ treibender Druck, $t = $ Ausflußzeit	Abnahme der Steilheit der (Pt, P)-Kurven	[211]
366	Polystyrol	Steilheit der Viskositäts-Geschwindigkeitsgradienten-Kurve von konzentrierten Lösungen	Abnahme	[44]
367	Polymethylmethacrylat in Dibutylphthalat	Spannungsrelaxation	Mittelwert der Relaxationszeiten proportional M_w	[398]
368	Polymethylmethacrylat	Viskosität der konzentrierten Lösung	$\log \eta = 3{,}4 \log M_w + b$	[116]
369	Polymethylmethacrylat	Steilheit der Viskositäts-Geschwindigkeitsgradienten-Kurve von konzentrierten Lösungen	Abnahme	[44]
370	Polyacrylnitril in Dimethylformamid	(η, D)-Kurve $(\eta = $ Viskosität, $D = $ Geschwindigkeitsgefälle), D-Wert am Wendepunkt $= D_w$	$D_w = a\,M^{-b}$	[282, 357, 358, 388, 551]
371	Viskose in wäßriger NaOH	(η, D)-Kurve $(\eta = $ Viskosität, $D = $ Geschwindigkeitsgefälle), D-Wert am Wendepunkt $= D_w$	$D_w = a\,M^{-b}$	[215, 282, 357, 358, 388, 551]
372	Carboxylmethylcellulose in wäßriger NaOH	(η, D)-Kurve $(\eta = $ Viskosität, $D = $ Geschwindigkeitsgefälle), D-Wert am Wendepunkt $= D_w$	$D_w = a\,M^{-b}$	[282, 358, 388, 551]
373	Cellulosetributyrat	Viskosität bei verschiedenem c und M	$\eta_{\mathrm{red}} = K\,c^5\,M^{3{,}4}$	[213]
374	Nitrocellulose in Butylacetat	(η, D)-Kurve $(\eta = $ Viskosität, $D = $ Geschwindigkeitsgefälle), D-Wert am Wendepunkt $= D_w$	$D_w = a\,M^{-b}$	[282, 357, 358, 388, 551]

c) Adsorption, Diffusion, Grenzflächen

Lfd. Nr.	Untersuchtes Hochpolymeres	Gemessene Eigenschaft	Änderung der Eigenschaft bei steigendem Molekulargewicht	Zitat
375	Polyisopren in Benzol	Adsorptionsgeschwindigkeit an Ruß	Abnahme	[183, 184]
376	Polyisopren in Benzol	Zeit bis zur vollständigen Adsorption an Ruß	lineare Zunahme mit $[\eta]^2$	[183, 184]

Tabelle 4 (Fortsetzung)

Lfd. Nr.	Untersuchtes Hochpolymeres	Gemessene Eigenschaft	Änderung der Eigenschaft bei steigendem Molekulargewicht	Zitat
377	Polystyrol in Tetralin	Oberflächenspannung Lösung – Oberflächenspannung Lösungsmittel	Abnahme	[119]
378	Polystyrol	Diffusionskonstante in Toluol und Butylacetat	Zunahme	[82, 153]
379	Polystyrol	Diffusionskonstante in Benzol	$D = a\,M^{-0,62}$	[336]
380	Polystyrol in Toluol	Koeffizient des SORET-Effektes (Entmischung durch Thermodiffusion)	Zunahme, dann Grenzwert	[216, 217]
381	Polystyrol	Adsorption an aktivierter Kohle auf Cellit in verschiedenen Lösungsmitteln	Zunahme	[412] vgl. auch [475]
382	Polystyrol in Benzol	Adsorptionsgeschwindigkeit an Ruß	Abnahme	[183, 184, 493]
383	Polystyrol in Benzol	Zeit bis zur vollständigen Adsorption an Ruß	lineare Zunahme mit $[\eta]^2$	[183, 184, 185]
384	Polystyrol in Methyläthylketon	an Aktivkohle adsorbierte Polystyrolmenge a im Gleichgewicht	$a = b/[\eta] + c$	[150, 175]
385	Polyäthylenoxyd in Wasser	Solubilisation von Yellow OB	Zunahme	[312]
386	Polyäthylenoxyd in Wasser	Stabilität von Au-Solen	Zunahme	[147]
387	Polyvinylacetat	Adsorption an verschiedenen Adsorptionsmitteln	Abnahme	[63, 64, 179, 214]
388	Polyvinylacetat in Butanon	Adsorption an Cellophan; Belegungsfaktor (über die Definition s. Zitat [179])	Zunahme	[280]
389	Polyvinylacetat	Diffusionskonstante	$D = a\,M^{-b}$	[157]
390	Polyvinylacetat	Adsorption an Fe, Sn und Al_2O_3	bei Fe und Sn Zunahme, bei Al_2O_3 Abnahme	[205]
391	Polyvinylalkohol in Wasser	Oberflächenspannung Lösung – Oberflächenspannung Lösungsmittel	Abnahme	[119]
392	Polyvinylalkohol in Wasser	Schaumbildungsvermögen	unabhängig	[49, 50, 51, 52]
393	Polyvinylalkohol in Wasser	Emulgiervermögen (Wasser und Vinylacetat)	unabhängig	[49, 50, 51, 52]
394	Polyvinylalkohol in Wasser	Schutzkolloidwirkung	sehr starke Abnahme	[49, 50, 51, 52]
395	Polyvinylalkohol in Wasser	Oberflächenspannung	Abnahme	[49, 50, 51, 52]
396	Polyvinylalkohol in Wasser	Grenzflächenspannung zwischen Wasser und Vinylacetat in Gegenwart von Polyvinylalkohol	starke Abnahme	[49, 50, 51, 52]
397	Polymethacrylsäure	Diffusionskonstante D bei verschiedenen Dissoziationsgraden α	bei kleinem α ist D umgekehrt proportional $\sqrt{M_w}$, bei hohem α unabhängig	[198]

Tabelle 4 (Fortsetzung)

Lfd. Nr.	Untersuchtes Hochpolymeres	Gemessene Eigenschaft	Änderung der Eigenschaft bei steigendem Molekulargewicht	Zitat
398	Polymethacrylsäure	Adsorptions-Desorptions-Gleichgewicht gegen flüssiges Hg, Einstellgeschwindigkeit	Abnahme, ab $M = 2000$ unabhängig	[255]
399	Polyacrylate	Zeit bis zur vollständigen Adsorption an Ruß	lineare Zunahme mit $[\eta]^2$	[185]
400	Polyacrylnitril in Dimethylformamid	Diffusionskonstante $D_c = D_0 (1 - Kc)$ (c = Konzentration)	$D_0 = a\,M^{-0,56}$, $K = b\,M^{-\gamma}$	[203, 498]
401	Polyvinylpyrrolidon in Wasser	Koeffizient des Soret-Effektes (Entmischung durch Thermodiffusion)	lineare Zunahme	[216, 217]
402	Polyvinylpyrrolidon in Wasser	D_w = Diffusionskonstante von Rohrzucker in Wasser, D_L = Diffusionskonstante von Rohrzucker in der Polyvinylpyrrolidonlösung; Konzentration beim Anstieg von D_w/D_L	Abnahme	[270]
403	Polyvinylpyrrolidon in Wasser	Solubilisation von Yellow OB	Zunahme	[313]
404	Polyvinylpyrrolidon in Wasser	Adsorption von Farbstoffen	Zunahme, dann Grenzwert	[349]
405	Blockpolymeres aus Polyäthylenoxyd und Polyoxypropylen	Oberflächenspannung Lösung – Oberflächenspannung Lösungsmittel	Abnahme	[6]
406	Harnstoff-Formaldehydharz in Wasser	Affinität für anionische Farbstoffe	Proportionalität	[274]
407	Tanninkondensate	Adsorptionsvermögen aus Lösungen an Kollagen	Zunahme	[306, 307]
408	Stärke in Wasser	Adsorption von Kongorot	Zunahme	[55]

d) Thermische Eigenschaften

Lfd. Nr.	Untersuchtes Hochpolymeres	Gemessene Eigenschaft	Änderung der Eigenschaft bei steigendem Molekulargewicht	Zitat
409	Polystyrol	Scheinbares spezifisches Volumen v in verschiedenen Lösungsmitteln	$v = v_\infty + a/M$	[353]
410	Polystyrol in Hexachlordiphenyl	Temperaturleitfähigkeit bei der Fließtemperatur	Zunahme	[385]
411	Polystyrol und Cyclohexan	Θ-Temperatur	Abnahme, dann Grenzwert	[230]
412	Polystyrol und Toluol	Wechselwirkungsaffinität	Abnahme	[80]
413	Polypropylenoxyd	Mischungswärme in Methanol	Zunahme	[71]
414	Polyäthylenoxydalkyläther in Wasser	Hydratationstemperatur	Zunahme	[200]
415	Polyvinylacetat	Konzentration, bei der die Mischungswärme in Methanol bzw. in Tetrachloräthan unabhängig von der Polymerkonzentration wird	Abnahme	[276]
416	Polymethylmethacrylat	Scheinbares spezifisches Volumen v in verschiedenen Lösungsmitteln	$v = v_\infty + a/M$	[353]

Tabelle 4 (Fortsetzung)

Lfd. Nr.	Untersuchtes Hochpolymeres	Gemessene Eigenschaft	Änderung der Eigenschaft bei steigendem Molekulargewicht	Zitat
417	Polyacrylnitril in Dimethylformamid	Aktivierungsenergie des viskosen Fließens	Zunahme	[192]
418	Nitrocellulose	Verdünnungsentropie in Aceton	Abnahme	[86]
419	Gelatinegel	Gel-Sol-Umwandlung	unabhängig	[28]
420	Gelatinegel	Schmelzpunkt	Zunahme	[98]

e) Akustische, elektrische und optische Eigenschaften, zu Strömungsdoppelbrechung vgl. auch Zitate [57 und 334]

Lfd. Nr.	Untersuchtes Hochpolymeres	Gemessene Eigenschaft	Änderung der Eigenschaft bei steigendem Molekulargewicht	Zitat
421	Polyisobutylen	Ultraschallgeschwindigkeit	für $M_n > 10000$ unabhängig	[286]
422	Polystyrol	Ultraschallgeschwindigkeit	für $M > 10000$ unabhängig	[286]
423	Polystyrol	Strömungsdoppelbrechung Δn	$\Delta n = a M^2$	[72] vgl. auch [323, 476]
424	Polystyrol	Strömungsdoppelbrechung	Zunahme	[120]
425	Polystyrol	Strömungsdoppelbrechung	$\sim M$	[318] vgl. aber Nr. 423
426	Polyvinyläthyläther	Ultraschallgeschwindigkeit	für $M > 10000$ unabhängig	[286]
427	Polyvinylacetat	Ultraschallgeschwindigkeit	für $M > 10000$ unabhängig	[286]
428	Polyvinylalkohol	Ultraschallgeschwindigkeit	für $M > 10000$ unabhängig	[286]
429	Polyvinylalkohol in Wasser	Konzentration c', bei der der Brechungsindex bei wachsender Konzentration c unabhängig von c ist	$c' = K/\sqrt{M}$	[247]
430	Polyvinylchlorid	Ultraschallgeschwindigkeit	für $M > 10000$ unabhängig	[286]
431	Polyvinylbromid	Aktivierungsenergie der dielektrischen Dispersion	unabhängig	[210]
432	Polyvinylbromid	Relaxationszeit der dielektrischen Dispersion	unabhängig	[210]
433	Polyacrylnitril	Ultraschallgeschwindigkeit	für $M > 10000$ unabhängig	[286]
434	Polyacrylsäure in Wasser	Dielektrisches Inkrement	unabhängig	[32]
435	Polymethacrylsäure in Wasser	Elektrische Leitfähigkeit	zwischen Polymerisationsgrad $P = 1500$ und 5400 unabhängig, für $P = 200$ höher	[87]
436	Polymethylmethacrylat in Dioxan	Strömungsdoppelbrechung Δn	Δn nimmt mit $[\eta]$ stärker als proportional zu	[304]
437	Polymethylmethacrylat in Toluol	Dielektrizitätskonstante	unabhängig	[33]
438	Polymethylmethacrylat in Toluol	Frequenzlage des Maximums der dielektrischen Verluste	unabhängig	[33]

Tabelle 4 (Fortsetzung)

Lfd. Nr.	Untersuchtes Hochpolymeres	Gemessene Eigenschaft	Änderung der Eigenschaft bei steigendem Molekulargewicht	Zitat
439	Polydimethylsiloxan	Ultraschallgeschwindigkeit	für $M > 10000$ unabhängig	[286]
440	Na-Polyvinylalkoholsulfat	Aktivitätskoeffizient von Na^+	unabhängig	[263]
441	Methylcellulose	Maxwell-Konstante der Strömungsdoppelbrechung	$\sim M$	[406]
442	Äthylcellulose in Butylacetat	Dielektrische Dispersion, f_c = Frequenz bei der Dispersion = 0,5	$a \log f_c = b - \log[\eta]$	[344]
443	Äthylcellulose in Dioxan	Dielektrische Verluste; kritische Frequenz f_c	$[\eta] = a - b \log f_c$	[239, 547]
444	Äthylcellulose	Frequenz f_c, bei der die elektrische Dispersion = 0,5 ist (in mehreren Lösungsmitteln)	$\log M_w = a - b \log f_c$	[342, 343]
445	Celluloseacetat in Dioxan	Dielektrische Verluste; kritische Frequenz f_c	$\log M = a - b \log(f_c - 1)$	[341]
446	Cellulosediacetatmonophthalat	Höhe des Maximums bei Polarographie	Abnahme, dann Grenzwert	[309]
447	Nitrocellulose	Ultraschallgeschwindigkeit	für $M > 10000$ unabhängig	[286]
448	Polycaprolactam	Ultraschallgeschwindigkeit	für $M > 10000$ unabhängig	[286]
449	Desoxyribonucleinsäure in Wasser	Molekulare Gesamtladungsdichte	Zunahme	[245]
450	Na-Thymonucleat	Dielektrisches Inkrement pro 1 g in Wasser	proportional M	[182]
451	Thymonucleohiston	Dielektrisches Inkrement pro 1 g in Wasser	proportional M	[5]

f) Sehr verdünnte Lösungen

Lfd. Nr.	Untersuchtes Hochpolymeres	Gemessene Eigenschaft	Änderung der Eigenschaft bei steigendem Molekulargewicht	Zitat
452	Polystyrol in Benzol	2. Virialkoeffizient des osmotischen Druckes	Abnahme	[354, 355]
453	Polystyrol in Benzol	Steilheit des Anstieges von η_{sp}/c bei sehr kleinem c	Zunahme	[144]
454	Polyäthylenoxyd	Intrinsic-Viskosität in mehreren Lösungsmitteln	$[\eta] = a + b\, M^c$	[311]
455	Polyäthylenoxyddialkyläther	Intrinsic-Viskosität in mehreren Lösungsmitteln	$[\eta] = a + b/M + c\, M^d$	[311]
456	Polyvinylacetat in Benzol	Hugginssche Konstante	Zunahme	[74]
457	Polyvinylbromid in Tetrahydrofuran	2. Virialkoeffizient B der Lichtstreuung	$B = a - b \log M$	[62]
458	Polymethylmethacrylat	2. Virialkoeffizient des osmotischen Druckes	Abnahme	[354]
459	Polymethylmethacrylat	$\eta_{sp}/c = [\eta] + K'[\eta]\,\eta_{sp}$	Zunahme von K' mit M bei etwas höherem Geschwindigkeitsgefälle	[27]

Tabelle 4 (Fortsetzung)

Lfd. Nr.	Untersuchtes Hochpolymeres	Gemessene Eigenschaft	Änderung der Eigenschaft bei steigendem Molekulargewicht	Zitat
460	Polymethylmeth-acrylat	$\log \eta_{sp}/c = \log[\eta] + K_m[\eta]\,c$	Zunahme von K_m mit M bei etwas höherem Geschwindigkeitsgefälle	[27]
461	Polymethylmeth-acrylat in Benzol	Steilheit des Anstieges von η_{sp}/c bei sehr kleinem c	Zunahme	[144]
462	Polybutylmethacrylat	$\eta_{sp}/c = [\eta] + K'[\eta]\,\eta_{sp}$	Zunahme von K' mit M bei etwas höherem Geschwindigkeitsgefälle	[27]
463	Polybutylmethacrylat	$\log \eta_{sp}/c = \log[\eta] + K_m[\eta]\,c$	Zunahme von K_m mit M bei etwas höherem Geschwindigkeitsgefälle	[27]
464	Copolymeres aus Vinylchlorid und Acrylnitril	2. Virialkoeffizient des osmotischen Druckes	Abnahme, für $M_n < 30\,000$ unabhängig	[360]
465	Polystyrol und Polymethylmethacrylat in m-Xylol	Bei steigender Konzentration c von Polymethylmethacrylat geht $[\eta]$ bei $c_{\text{krit.}}$ durch Minimum	Abnahme von $c_{\text{krit.}}$	[77]
466	Äthylcellulose	Temperaturabhängigkeit der Intrinsic-Viskosität	lineare Zunahme von $-d[\eta]/dT$ mit M_n	[259]
467	Cellulosetricaproat	Hydrodynamischer Parameter von Flory	Zunahme	[209]
468	Cellulosetricaproat	$\overline{s_0^2}/N$ (s_0 = Krümmungsradius, N = Polymerisationsgrad)	Abnahme	[209]
469	Cellulosetrinitrat	Hydrodynamischer Parameter von Flory	Zunahme	[160] vgl. auch [165]
470	Nitrocellulose in Aceton	2. Virialkoeffizient des osmotischen Druckes	schwache Abnahme	[262, 355]

g) Sonstige Eigenschaften

Lfd. Nr.	Untersuchtes Hochpolymeres	Gemessene Eigenschaft	Änderung der Eigenschaft bei steigendem Molekulargewicht	Zitat
471	Polystyrol in Benzol	Geschwindigkeitskonstante des Ultraschallabbaues	Zunahme	[174]
472	Polystyrol in Benzol	Größe des nichtbesetzbaren Volumens	Zunahme	[16]
473	Polyäthylenoxyd	Inklusion bei der Bildung von Einschlußverbindungen mit Harnstoff	Zunahme	[279]
474	Polyvinylacetat in Chlorbenzol	Konzentration c_w des Wendepunktes der Dichte-Konzentrationskurve	Abnahme	[156]
475	Polyvinylalkohol in Wasser	Vernetzung durch γ-Strahlen, Vernetzungsgrad bei gleicher Dosis	Zunahme	[85]
476	Polyvinylalkohol in Wasser	Gelierungsgeschwindigkeit $\eta_t = \eta_0(1 + \alpha\,t)$	α unabhängig	[246]

Tabelle 4 (Fortsetzung)

Lfd. Nr.	Untersuchtes Hochpolymeres	Gemessene Eigenschaft	Änderung der Eigenschaft bei steigendem Molekulargewicht	Zitat
477	Polymethylmethacrylat	UV-Abbau in Lösung nach der Zeit t	$1/M_t = K\,t + 1/M_0$	[257] vgl. auch [173]
478	Polyacrylnitril in Dimethylformamid	Gelatinierungsgeschwindigkeit	Abnahme	[181]
479	Copolymeres aus Vinylacetat und Maleinsäureanhydrid	Hydrolysegeschwindigkeit in Aceton und Wasser	unabhängig	[321]
480	Polystyrol und Polyvinylacetal	Verträglichkeit in Chloroform	Abnahme	[87]
481	Polyvinylpyrrolidon	Verträglichkeit im Organismus	Abnahme, für $M > 30000$ Schockwirkung	[288]
482	Polycaprolactam	Hydrolysierbarkeit	Zunahme	[128]
483	Methylcellulose	Nierenschädigung	Abnahme	[193]
484	Celluloseacetat und Polyvinylacetat	Verträglichkeit in Aceton	Abnahme	[87]
485	Dextran	Einfluß auf Blutdruck	Maximum	[320]
486	Dextran	Dauer der Speicherung in der Leber	$\sim M$	[101]
487	Dextran	Verträglichkeit im Organismus	Abnahme, für $M > 200000$ Schockwirkung	[143]
488	Dextran-H_2SO_4-Ester	Toxische Wirkung im Organismus	für $M > 35000$ stark	[394]
489	Proteine in Wasser	Verteilungskoeffizient der Proteine zwischen Dextran und Methylcellulose	Abnahme	[2]
490	Gelatine	Festigkeit des Gels	starke Zunahme	[104, 106]
491	Gelatine	Steifheit des Gels	unabhängig	[28]
492	Gelatine	Schmelzpunkt des Gels	Zunahme, dann Grenzwert	[28, 287, 288] vgl. auch [105]

Nachtrag:

Lfd. Nr.	Untersuchtes Hochpolymeres	Gemessene Eigenschaft	Änderung der Eigenschaft bei steigendem Molekulargewicht	Zitat
493	Polybutadien nach Vulkanisation	Reißfestigkeit	Maximum mit Zunahme von M vor Vulkanisation	[92]
494	Polybutadien nach Vulkanisation	Dehnung	Zunahme, dann Grenzwert mit Zunahme von M vor Vulkanisation	[92]
495	Polybutadien nach Vulkanisation	Elastizitätsmodul	wie Nr. 493	[92]
496	Polybutadien nach Vulkanisation	Rückprallelastizität	Zunahme mit M vor Vulkanisation	[92]
497	Polyvinylacetat	Verteilungsbreite Φ der Relaxationszeiten τ im gummielastischen Zustand	Abfall von Φ bei um so höherem τ, je größer M	[268]

Fortsetzung von Tabelle 4 lfd. Nr. 647 ff., S. 68

Tabelle 5

Beispiele zum Einfluß der Molekulargewichtsverteilung auf die Eigenschaften von Hochpolymeren

Lfd. Nr.	Untersuchtes Hochpolymeres	Gemessene Eigenschaft	Änderung der Eigenschaft bei steigender Uneinheitlichkeit	Zitat
		1. Struktur, Ordnungszustand		
498	Polyäthylen	Kristallisationsgrad	Zunahme	[45, 46]
499	Polyäthylen	Kristallisationsgeschwindigkeit	Zunahme	[43]
500	Polyäthylen	Sphärolithbildung	Zunahme	[350]
		2. Mechanische Eigenschaften a) Fließverhalten		
501	Polyäthylen	Schmelzindex	Zunahme	[281, 497]
502	Polyäthylen	Schmelzviskosität $\eta = a\,M_w^{3,4}\,e^{-bN}$ (vgl. hierzu Nr. 19)	a und b unabhängig	[12, 283]
503	Polyäthylen	Verarbeitbarkeit	Zunahme	[166, 229, 512]
504	Polyäthylen	Zähigkeit	Abnahme	[229]
505	Polypropylen	Schmelzindex i, $\log i = a - b\log\eta_r/c$	unabhängig	[402]
506	Polyisobutylen	Schmelzviskosität bei 30 °C	unabhängig	[222]
507	Polyisobutylen	Schmelzviskosität	unabhängig	[154]
508	Polyisobutylen	Schmelzviskosität η bei 30 °C	$\eta = 1{,}3\cdot10^{-10}\cdot M_v^{3,3}$ für Fraktionen bzw. $\eta = 9{,}0\cdot10^{-11}\cdot M_v^{3,3}$ für nichtfraktionierte Produkte	[9]
509	Polystyrol	Temperaturkoeffizient der Schmelzviskosität	unabhängig, wenn auf M_n bezogen	[113]
510	Polytrifluorchloräthylen	NST-Wert (über die Definition vgl. Zitat [323])	Abnahme durch niedermolekulare Anteile	[273]
511	Polyester	Schmelzviskosität, $\log\eta = a + b\sqrt{M_w} + c/T$	a, b und c unabhängig	[109, 110]
512	Polyamide	Schmelzviskosität, $\log\eta = a + b\sqrt{M_w} + c/T$	a, b und c unabhängig	[109, 110]
513	Copolymeres Vinylchlorid/Vinylacetat	Wärmefestigkeit	Abnahme	[90]

b) Festigkeitseigenschaften; vgl. auch Zitat [242], über Mischungsregeln für Festigkeitseigenschaften vgl. Zitate [250 und 328]

Lfd. Nr.	Untersuchtes Hochpolymeres	Gemessene Eigenschaft	Änderung der Eigenschaft bei steigender Uneinheitlichkeit	Zitat
514	Polyäthylen	Zugfestigkeit	unabhängig	[45]
515	Polyäthylen	Reißfestigkeit	Abnahme	[373]
516	Polyäthylen	Kerbschlagzähigkeit	Abnahme	[46, 373, 375, 512] vgl. aber Nr. 517
517	Polyäthylen	Kerbschlagzähigkeit	Zunahme	[281] vgl. aber Nr. 516
518	Polyäthylen	Härte	Zunahme	[25, 46]
519	Polyäthylen	Spannungsrißbildung	Zunahme, dann Grenzwert	[7, 389, 512]

Tabelle 5 (Fortsetzung)

Lfd. Nr.	Untersuchtes Hochpolymeres	Gemessene Eigenschaft	Änderung der Eigenschaft bei steigender Uneinheitlichkeit	Zitat
520	Polypropylen	Versprödungsneigung	Zunahme	[402]
521	Polyisobutylen	Verhältnis Reißfestigkeit/ Schmelzviskosität, Lage des Maximums (s. Nr. 78)	unabhängig	[30]
522	Polyisobutylen	Verhältnis Reißfestigkeit/ Schmelzviskosität, Höhe des Maximums (s. Nr. 78)	Abnahme	[30]
523	Polystyrol	Verhältnis Reißfestigkeit/ Schmelzviskosität, Lage des Maximums	unabhängig	[30]
524	Polystyrol	Verhältnis Reißfestigkeit/ Schmelzviskosität, Höhe des Maximums	Abnahme	[30]
525	Butylkautschuk	Verhältnis Reißfestigkeit/ Schmelzviskosität, Lage des Maximums (s. Nr. 79)	unabhängig	[30]
526	Butylkautschuk	Verhältnis Reißfestigkeit/ Schmelzviskosität, Höhe des Maximums (s. Nr. 79)	Abnahme	[30]
527	Polybutadien	Reißfestigkeit nach Vulkanisation	Abnahme mit steigender Uneinheitlichkeit vor Vulkanisation	[92]
528	Polyvinylacetat	Reißfestigkeit; Einfluß des „Gestaltfaktors" S, der die Verteilungskurve durch die Molekulargewichte für die Mengen $< 25\%$ und $> 75\%$ und durch die Höhe des Maximums der Kurve charakterisiert	Zunahme mit S	[340]
529	Polyvinylacetat	Falzfestigkeit; sonst wie vorher	Zunahme mit S	[340]
530	Polyacrylnitril	Reißfestigkeit	zuerst geringe, dann starke Abnahme	[161] vgl. aber Nr. 531
531	Polyacrylnitril	Faserfestigkeit	geringe Abnahme	[164] vgl. aber Nr. 530
532	Copolymeres Vinylchlorid/Vinylacetat	Reißmodul	unabhängig	[90]
533	Copolymeres Vinylchlorid/Vinylacetat	Zugfestigkeit	unabhängig	[90]
534	Cellulose	Reißfestigkeit der Fasern	praktisch unabhängig, höhere Anteile mit Polymerisationsgrad < 150 sind nachteilig	[242]
535	Cellulose	Festigkeit der Fasern	Abnahme	[91, 535, 567] vgl. aber Nr. 536
536	Cellulose	Festigkeit der Fasern	praktisch unabhängig	[345] vgl. aber Nr. 535

Tabelle 5 (Fortsetzung)

Lfd. Nr.	Untersuchtes Hochpolymeres	Gemessene Eigenschaft	Änderung der Eigenschaft bei steigender Uneinheitlichkeit	Zitat
537	Celluloseacetat	Reißfestigkeit	unabhängig, wenn auf M_n bezogen	[328]
538	Celluloseacetat	Reißfestigkeit von Fasern	praktisch unabhängig, höhere Anteile mit Polymerisationsgrad < 150 sind nachteilig	[242]
539	Celluloseacetat	Zugfestigkeit von Filmen	Zunahme	[301]
540	Celluloseacetat	Zugfestigkeit von Fäden	Zunahme	[271]
541	Celluloseacetat	Knickfestigkeit	unabhängig, wenn auf M_n bezogen	[328]
542	Nitrocellulose	Zugfestigkeit von Filmen	praktisch unabhängig	[302]
543	Nitrocellulose	Falzfestigkeit von Filmen	Abnahme	[302, 330]
544	Nitrocellulose	Falzfestigkeit; Einfluß des „Gestaltfaktors" $S = P_m/\log H$ ($P_m =$ Höhe des Maximums der Verteilungskurve, $H =$ mittlere Breite der Verteilungskurve/P_m)	starke Zunahme mit S, dann Grenzwert	[339]
545	Nitrocellulose	Reißfestigkeit, sonst wie vorher	starke Zunahme mit S, dann Grenzwert	[339]
546	Nitrocellulose	Reißfestigkeit von Filmen	Abnahme	[250]
547	Nitrocellulose	Zugfestigkeit von Filmen	praktisch unabhängig	[330]
548	Nitrocellulose	Berstfestigkeit; Einfluß des „Gestaltfaktors" $S = P_m/\log H$ ($P_m =$ Höhe des Maximums der Verteilungskurve, $H =$ mittlere Breite der Verteilungskurve/P_m)	starke Zunahme mit S, dann Grenzwert	[339]
549	Nitrocellulose	Festigkeit von Fäden	Abnahme	[241]

c) Elastische Eigenschaften

Lfd. Nr.	Untersuchtes Hochpolymeres	Gemessene Eigenschaft	Änderung der Eigenschaft bei steigender Uneinheitlichkeit	Zitat
550	Polyäthylen	Dehnungsmodul	unabhängig	[45, 373, 375] vgl. aber Nr. 552
551	Polyäthylen	Gesamtdehnung	Abnahme	[46, 373]
552	Polyäthylen	Dehnungsmodul	Zunahme	[46] vgl. aber Nr. 550
553	Polyäthylen	Reißdehnung	unabhängig	[166]
554	Polyäthylen	Standfestigkeit	Zunahme	[25]
555	Polyäthylen	Biegesteifigkeit	unabhängig	[45] vgl. aber Nr. 556
556	Polyäthylen	Biegesteifigkeit	Zunahme	[46, 495] vgl. aber Nr. 555
557	Polyäthylen	Torsionssteifigkeit	Abnahme	[46]
558	Polyäthylen	Streckgrenze	unabhängig	[373]
559	Polyisobutylen	Elastische Nachgiebigkeit	Zunahme	[154, 221, 222]

Tabelle 5 (Fortsetzung)

Lfd. Nr.	Untersuchtes Hochpolymeres	Gemessene Eigenschaft	Änderung der Eigenschaft bei steigender Uneinheitlichkeit	Zitat
560	Polyisobutylen	Statischer reziproker Elastizitätsmodul J	$J = a(M_z/M_w - 1) + b$	[154]
561	Naturkautschuk	Dehnung	Maximum	[180]
562	Polybutadien	Dehnung	Maximum	[180]
563	Polybutadien	Elastizitätsmodul nach Vulkanisation	unabhängig von Uneinheitlichkeit vor Vulkanisation	[92]
564	Polybutadien	Dehnung nach Vulkanisation	Abnahme mit steigender Uneinheitlichkeit vor Vulkanisation	[92]
565	Polystyrol	Viskoelastische Deformation	unabhängig	[41]
566	Polystyrol	Zusammenhang zwischen Verteilungsbreite Φ (der Relaxationszeiten τ) und der Molekulargewichtsverteilung φ im gummielastischen Bereich	$\Phi(\log\tau) = \int_0^\infty \Phi_M(\log\tau)\,\Phi(M)\,dM$ ($\Phi_M = \Phi$ einer Fraktion)	[124]
567	Polystyrol	Mechanische Dämpfung	Zunahme durch Oligomere	[346]
568	Polystyrol	Mechanische Dämpfung, δ_m = logarithmisches Dekrement am Minimum der (δ-Temperatur)-Kurve, δ_{m-20} = δ-Wert 20 °C tiefer	$\log(\delta_{m-20}/\delta_m) = a - b\,M_v/M_n$	[76]
569	Polyvinylacetat	Verteilungsbreite Φ der Relaxationszeiten τ im Glaszustand	fast unabhängig	[268]
570	Polyvinylacetat	Verteilungsbreite Φ der Relaxationszeiten τ im gummielastischen Bereich	Zunahme des Abfalls der Φ, τ-Kurve bei hohem τ	[268]
571	Polyvinylacetat	Dehnung, sonst wie Nr. 528	sehr schwache Zunahme mit S	[340]
572	Polyacrylnitril	Dehnung	Zunahme	[163]
573	Polyacrylnitril	Schrumpfung	Zunahme	[163]
574	Perchlorvinyl (Fasern)	Reißlänge	Abnahme	[131]
575	Perchlorvinyl (Fasern)	Bruchdehnung	Abnahme	[131]
576	Perchlorvinyl (Fasern)	Dauerbiegefestigkeit	Abnahme	[131]
577	Copolymeres Vinylchlorid/Vinylacetat	Dauerstandsfestigkeit	Abnahme	[90]
578	Copolymeres Vinylchlorid/Vinylacetat	Elastizitätsmodul	unabhängig	[90]
579	Copolymeres Vinylchlorid/Vinylacetat	Ermüdungserscheinungen	Zunahme	[90]
580	Cellulose	Biegsamkeit von Fäden	praktisch unabhängig	[345]
581	Nitrocellulose	Reißdehnung von Filmen	praktisch unabhängig	[302]
582	Nitrocellulose	Kraft zur Erzielung einer bestimmten Dehnung von Filmen	Zunahme	[249]
583	Nitrocellulose	Reißdehnung	praktisch unabhängig	[330]

Tabelle 5 (Fortsetzung)

Lfd. Nr.	Untersuchtes Hochpolymeres	Gemessene Eigenschaft	Änderung der Eigenschaft bei steigender Uneinheitlichkeit	Zitat
584	Nitrocellulose	Dehnung, sonst wie Nr. 544	starke Zunahme mit S, dann Grenzwert	[339]
585	Nitrocellulose	Dauerstandsfestigkeit	Abnahme	[81]
586	Celluloseacetat	Rückprallelastizität	unabhängig	[337]
587	Celluloseacetat	Maximale Dehnung	unabhängig, wenn auf M_n bezogen	[328]
		e) Sonstige Eigenschaften		
588	Polypropylen	Verhältnis von Sprödigkeit zu Verarbeitbarkeit	Abnahme	[403]
589	Polybutadien	Verarbeitbarkeit	Zunahme	[180]
590	Naturkautschuk	Abrieb von Reifen	Zunahme	[180]
591	Naturkautschuk	Verarbeitbarkeit	Zunahme	[180]
592	Polyvinylacetat	Differenz zwischen gemessenen und additiv berechneten Relaxationsmoduln von Mischungen zwischen 45 und 160 °C	Zunahme	[269]
593	Polyacrylnitril	Spinnbarkeit	unabhängig	[163]
594	Polycaprolactam	Textile Eigenschaften	praktisch unabhängig von Uneinheitlichkeit, vor allem abhängig von $\overline{M}$	[136]
		3. Thermische Eigenschaften **a) Charakteristische Temperaturen**		
595	Polyäthylen	Erweichungspunkt	unabhängig	[166]
596	Polyäthylen	Schmelzintervall	unabhängig	[383] vgl. auch [111, 277, 296]
597	Polystyrol	Schärfe des Knickpunktes bei der Bestimmung der Einfriertemperatur aus der Temperaturabhängigkeit der Dichte	Abnahme	[176]
598	Polystyrol	Einfriertemperatur	unabhängig, wenn auf M_n bezogen	[113]
599	Polyvinylchlorid	Glasumwandlungstemperatur (s. Nr. 229)	unabhängig, wenn auf M_n bezogen	[207]
600	Polyäthylacrylat	Umwandlungstemperatur	geringe Abnahme	[404]
		b) Diffusion, Adsorption, Haftvermögen, Lösen		
601	Polyäthylen	Dampfdichtigkeit	Zunahme	[25]
602	Polyäthylen	Durchlässigkeit für Gase und Aromastoffe	Abnahme	[25]
603	Kautschuk	Adsorptionsisotherme für Hexan	unabhängig	[188]
604	Polyvinylacetat	Haftfestigkeit der Filme an Stahl	Abnahme	[219]

Tabelle 5 (Fortsetzung)

Lfd. Nr.	Untersuchtes Hochpolymeres	Gemessene Eigenschaft	Änderung der Eigenschaft bei steigender Uneinheitlichkeit	Zitat
	c) Wärmetönungen, Ausdehnungskoeffizient, spezifische Wärme, Wärmeleitfähigkeit			
605	Polyäthylen	Ausdehnungskoeffizient, Temperaturabhängigkeit	unabhängig	[383]
606	Polystyrol	Ausdehnungskoeffizient	unabhängig, wenn auf M_n bezogen	[113]
	d) Thermische Beständigkeit			
607	Polyäthylen	Versprödungstemperatur	Zunahme	[70]
608	GR-S-Kautschuk	Schwefelmenge zur Erzielung eines Vulkanisats mit bestimmten mechanischen Eigenschaften	Abnahme	[411]
609	Polyvinylchlorid	Stabilität	Abnahme	[84]
610	Polymethylmethacrylat	Geschwindigkeit der thermischen Zersetzung	Zunahme	[48, 363]
611	Desoxyribonucleat	Denaturierung	Zunahme der Uneinheitlichkeit	[245]
	e) Dichte			
612	Polyäthylen	Dichte	Abnahme	[298]
613	Polystyrol	Spezifisches Volumen	unabhängig, wenn auf M_n bezogen	[113]
614	Polyvinylchlorid	Spezifisches Volumen $v = a + b/M$	unabhängig, wenn auf M_n bezogen	[207]
615	Polyester aus Dicarbonsäure und Diolen	Molekulargewicht, ab dem Faserbildungsvermögen auftritt	Abnahme	[20]
	4. Akustische, elektrische und optische Eigenschaften			
616	Polystyrol	Optische Doppelbrechung Δn; Verhältnis Δn/einwirkende Spannung	unabhängig	[267]
617	Polyvinylchlorid	Dielektrische Verluste, Maximum bei der Frequenz $f_m = 1/a[\eta]$	unabhängig	[126]
618	Copolymeres Vinylchlorid/Vinylacetat 86:14	Wasserabsorption	starke Zunahme	[90]
	5. Sonstige Eigenschaften			
619	Polyäthylen	Ausmaß der Vernetzung durch Bestrahlung	Abhängigkeit von der Verteilungskurve des Ausgangsproduktes wird formelmäßig angegeben	[59]

Tabelle 5 (Fortsetzung)

Lfd. Nr.	Untersuchtes Hochpolymeres	Gemessene Eigenschaft	Änderung der Eigenschaft bei steigender Uneinheitlichkeit	Zitat
		6. Lösungen von Hochpolymeren		
		a) Löslichkeit		
620	Polyäthylen	Löslichkeit in Xylol	Zunahme	[297]
621	Polyvinylacetat in n-Propanol	Trübungstemperatur beim Abkühlen der Lösung	unabhängig	[123]
		b) Fließverhalten		
622	Polyisopren	Reduzierte Viskosität für den Geschwindigkeitsgradienten $0 \ (= \eta_0)$ bzw. $\infty \ (= \eta_\infty)$	$\eta_0 - \eta_\infty$ unabhängig	[134]
623	Polystyrol in Toluol	Strömungsmessungen, $P=$ treibender Druck, $t =$ Ausflußzeit	Zunahme der Steilheit der (Pt, P)-Kurve	[211]
624	Polyacrylnitril	Viskosität von konzentrierten Lösungen	Abnahme	[181]
625	Polyacrylnitril in Dimethylformamid	Strukturviskosität, Neigung der Geraden, die die Abhängigkeit von $\log(\eta/\eta_\infty)/\log(\eta_0/\eta_\infty)$ von $\log\sigma$ ($\sigma =$ Geschwindigkeitsgefälle) angibt	Zunahme	[94]
626	Polymethylmethacrylat in Dibutylphthalat	Spannungsrelaxation, Breite des Spektrums der Relaxationszeiten	Zunahme	[398]
627	Polymethylmethacrylat	Lösungen in Dibutylphthalat, elastische Nachgiebigkeit	Zunahme	[397]
628	Hydratcellulose	Änderung der Viskosität der Lösungen mit dem Geschwindigkeitsgefälle	Abnahme	[93, 95] vgl. aber [359, 387]
629	Carboxymethylcellulose	Alkalische Lösung, Fließkurve, Geschwindigkeitsgefälle am Wendepunkt D_w	$D_w = 2{,}83 \cdot 10^{21} \, M^{-3,5}$	[356]
		c) Adsorption, Diffusion, Grenzflächen		
630	Polyvinylacetat	Adsorption an Fe, Sn und Al_2O_3	geringe Abnahme	[205]
631	Polyvinylpyrrolidon	Soret-Koeffizient in Wasser	geringe Abnahme	[216]
		d) Thermische Eigenschaften		
632	Gelatinegel	Gel-Sol-Umwandlung	unabhängig	[28]
		e) Akustische, optische und elektrische Eigenschaften		
633	Nitrocellulose	Strömungsdoppelbrechung, Abhängigkeit des Orientierungswinkels vom Strömungsgradienten	Zusammenhang um so komplizierter, je größer die Uneinheitlichkeit	[319]

Tabelle 5 (Fortsetzung)

Lfd. Nr.	Untersuchtes Hochpolymeres	Gemessene Eigenschaft	Änderung der Eigenschaft bei steigender Uneinheitlichkeit	Zitat
		f) Sehr verdünnte Lösungen		
634	Polystyrol in Benzol	Knäulungsgrad der Makromoleküle aus Intrinsic-Viskosität	Zunahme	[66]
635	Polystyrol in Benzol	$[\eta] = K\,M^a$	Zunahme von K	[23]
636	Polystyrol	$[\eta] = K\,M^a$	starke Zunahme von K, a unabhängig	[118]
637	Polyvinylacetat in Aceton	$[\eta] = K\,M^a$	Zunahme von K, Abnahme von a	[391]
638	Polyvinylacetat	Virialkoeffizient B (osmotisch, Lichtstreuung, Sedimentation und Diffusion)	B (osmotisch) unabhängig; B (Lichtstreuung) Abnahme; B (Sedimentation und Diffusion) Zunahme	[99, 471]
639	Polymethylmethacrylat in Chloroform	$[\eta] = K\,M^a$	Zunahme von K	[23] vgl. auch [253]
640	Polymethylmethacrylat	2. Virialkoeffizient A_2' der Lichtstreuung; 2. Virialkoeffizient A_2 des osmotischen Druckes	A_2' unabhängig von Anteilen mit kleinerem M, aber abhängig von großem M; A_2 geht durch Maximum	[61]
641	Polyvinylpyrrolidon	Wäßrige Lösung, $\eta = K\,M^a$	a unabhängig, Abnahme von K	[224]
		g) Sonstige Eigenschaften		
642	Polyvinylalkohol	Wäßrige Lösung, Viskositätsanstieg $\eta_t = \eta_0(1 + \alpha\,t)$	α unabhängig	[246]
643	Polyacrylnitril	Gelatinierungsgeschwindigkeit	Zunahme	[181]
644	Methylcellulose	Hydrolysegeschwindigkeit in saurer Lösung	Zunahme	[132]
645	Nitrocellulose	Ultraschallabbau	Abnahme	[368, 369]
646	Dextran	Einfluß auf Blutdruck	Abnahme	[320]

Fortsetzung von Tabelle 5, lfd. Nr. 799ff., S. 76

Ergänzung zu Tabelle 4

Lfd. Nr.	Untersuchtes Hochpolymeres	Gemessene Eigenschaft	Änderung der Eigenschaft bei steigendem Molekulargewicht	Zitat
		1. Struktur, Ordnungszustand		
647	Polyäthylen	Sphärolithgröße	Abnahme	[533]
648	Polyäthylen	Grad der Langkettenverzweigung	Zunahme	[561]
649	Polystyrol (isotaktisch)	Sphärolithwachstumsgeschwindigkeit G $\log G/T =$ $K - A/T - 229\,B/T\,(229 - T)$	A = schwache Abnahme, B = starke Abnahme	[496]

Ergänzung zu Tabelle 4 (Fortsetzung)

Lfd. Nr.	Untersuchtes Hochpolymeres	Gemessene Eigenschaft	Änderung der Eigenschaft bei steigendem Molekulargewicht	Zitat
650	Polyäthylenglykol	UR-Spektrum, Intensität der Bande der Transstruktur	Abnahme	[571]
651	Polyäthylenterephthalat (Fasern)	Krist. Grad der gestreckten Fasern	Abnahme	[537]
652	Poly-l-glutaminsäure-γ-benzylester	Beständigkeit der Schraubenkonfiguration	geht durch Maximum	[470]
653	Verzweigte Silikonpolymere (Fraktionen)	Verzweigungsgrad	unabhängig	[555]

2. Mechanische Eigenschaften

a) Fließverhalten

Lfd. Nr.	Untersuchtes Hochpolymeres	Gemessene Eigenschaft	Änderung der Eigenschaft bei steigendem Molekulargewicht	Zitat
654	Polyäthylen (Fraktionen)	Schmelzviskosität	$\eta = k[\eta]^a$; a steigt mit M an	[446, 532]
655a	Polyäthylen hoher Dichte	Schmelzviskosität	$\log \eta = 3,4 M_w + 3,77 \cdot 10^3/T - 20,4$	[563]
655b	Polyäthylen hoher Dichte	Schmelzviskosität	$\eta = a M_n^{3,8}$	[449]
656a	Polyäthylen niedriger Dichte	Schmelzviskosität	$\log \eta = 3,4 M_w + 7,39 \cdot 10^3/T - 20,4$	[563]
656b	Polyäthylen niedriger Dichte	Schmelzviskosität	$\eta = b M_n^{3,2}$	[449]
657	Polyäthylen (Fraktionen)	Aktivierungsenergie des Fließens	Zunahme	[446]
658	Polyäthylen	kritische Schubspannung des viskosen Fließens	Abnahme	[516] vgl. auch [545]
659	Polyäthylenschmelze	nicht Newtonsches Fließen	beginnt ab $M = 3300$	[532]
660	Polyäthylen	Verarbeitbarkeit	unabhängig	[512]
661	Polyisobutylen	Schmelzviskosität η	$\eta = a M$ für $M < M_c$, aber $b M^{3,5}$ für $M > M_c$	[462]
662	Polyisobutylen	Halbwertszeit der Fließdeformation bei konstanter Temperatur und Deformation	$\log t_{50} = A \log M + B$	[500]
663	Polybutadien	Halbwertszeit der Fließdeformation bei konstanter Temperatur und Deformation	$\log t_{50} = A \log M + B$	[501]
664	Polystyrol	Schmelzviskosität η	$\eta = a M$ für $M < M_c$, aber $b M^{3,5}$ für $M > M_c$	[462]
665	Polystyrol	$\eta_0 =$ Schmelzviskosität für Schubspannung $\tau = 0$	$\log \eta_0 = 3,14 \log M_w - 12,67$	[534] vgl. auch [507]
666	Polystyrol	Schmelzviskosität für Schubspannung $\tau = 700\,000$ dyn/cm^2	$\log \eta_\tau = 2,54 \log M_w - 9,82$	[534] vgl. auch [507]
667	Polystyrol	Aktivierungsenergie des viskosen Fließens	unabhängig	[534]
668	Polystyrol (isotaktisch)	Aktivierungsenergie für viskoses Fließen	praktisch unabhängig	[496]

Ergänzung zu Tabelle 4 (Fortsetzung)

Lfd. Nr.	Untersuchtes Hochpolymeres	Gemessene Eigenschaft	Änderung der Eigenschaft bei steigendem Molekulargewicht	Zitat
669	Polystyrol	nicht Newtonsche Konstante k_7	$k_7 = a\,M_w$	[534]
670	Polystyrol	nicht Newtonsches Fließen	Begünstigung	[507]
671	Polystyrol	Wärmebeständigkeit	unabhängig	[507]
672	Polystyrol	Fließtemperatur	$1/T_f = a + b \log M$	[564]
673 a	Butadien-Styrol-Polymerisat (Polymerisationstemperatur 5°)	Viskosität bei 82°	$\eta = 6{,}9 \log M - 26{,}7$	[526]
673 b	Butadien-Styrol-Polymerisat (Polymerisationstemperatur 50°)	Viskosität bei 82°	$\eta = 4 \log M - 13{,}2$	[526]
674	Butadien-Styrol-kautschuk	Halbwertszeit der Fließdeformation bei konstanter Temperatur und Deformation	$\log t_{50} = A \log M + B$	[501]
675	Naturkautschuk	Halbwertszeit der Fließdeformation bei konstanter Temperatur und Deformation	$\log t_{50} = A \log M + B$	[501]
676	Polymethylmethacrylat	Fließtemperatur	$1/T_f = a + b \log M$	[564]
677	Polychloropren	Halbwertszeit der Fließdeformation bei konstanter Temperatur und Deformation	$\log t_{50} = A{,}\log M + B$	[501]
678	Polyester (ungesättigt)	Schmelzviskosität	$\log \eta = a \log M$	[460]
679	Polykondensat aus Formaldehyd und p-tert.-Butylphenol	Schmelzviskosität	$\log \eta = a\,M$	[460]

b) Festigkeitseigenschaften

Lfd. Nr.	Untersuchtes Hochpolymeres	Gemessene Eigenschaft	Änderung der Eigenschaft bei steigendem Molekulargewicht	Zitat
680	Polyäthylen	mechanische Eigenschaften	Zunahme (Haarrißbildung bei kleinem M)	[491]
681	Polyäthylen	Zugfestigkeit T	$T = T_m - A/M_n$	[449, 554]
682	Polyäthylen	Schlagzähigkeit	Zunahme	[512]
683	Polypropylen	Härte	Abnahme	[541]
684	Polypropylen	Streckgrenze	Zunahme bei Spritzlingen, Abnahme bei Preßlingen	[541]
685	Polypropylen	Bruchdehnung	Zunahme bei Spritzlingen, Abnahme bei Preßlingen	[541]
686	Polypropylen	Schlagzähigkeit	Zunahme	[541]
687	Polyisobutylen	mechanische Eigenschaften	Zunahme (Haarrißbildung mit kleinem M)	[491]

Ergänzung zu Tabelle 4 (Fortsetzung)

Lfd. Nr.	Untersuchtes Hochpolymeres	Gemessene Eigenschaft	Änderung der Eigenschaft bei steigendem Molekulargewicht	Zitat
688	Polystyrol (Spritz-linge)	Zugfestigkeit	Zunahme, Grenzwert	[507]
689	Polystyrol (Spritz-linge)	Zug-Schlagfestigkeit	Zunahme, Grenzwert	[507] vgl. aber Nr. 691
690	Polystyrol (Preßlinge)	Zugfestigkeit	Zunahme	[507]
691	Polystyrol (Preßlinge)	Zug-Schlagfestigkeit	unabhängig	[507] vgl. aber Nr. 689
692	Polyvinylalkohol	Festigkeit F der Fäden	$F = A - U\,B/M$ ($U =$ Uneinheitlichkeit)	[522]
693	Polyvinylchlorid	mechanische Eigenschaften	Zunahme (Haarriß-bildung mit kleinem M)	[491]
694	Polyvinylchlorid (Fasern)	Zugfestigkeit	Zunahme	[536]
695	Äthylcellulose	mechanische Eigenschaften	Zunahme (Haarriß-bildung mit kleinem M)	[491]
696	Celluloseacetat (Fäden)	Reißfestigkeit	Zunahme	[466]
697	Polyamide	Reißfestigkeit	Abnahme	[487]
698	Epoxydharze (gehärtet)	Schubfestigkeit	Abnahme	[505]
699	Epoxydharze (gehärtet)	Abriebfestigkeit	Abnahme	[505]

c) Elastische Eigenschaften

Lfd. Nr.	Untersuchtes Hochpolymeres	Gemessene Eigenschaft	Änderung	Zitat
700	Polypropylen	Dehnungsmodul	unabhängig	[541]
701	Polypropylen	Dehnung	Maximum	[541]
702	Polypropylen	Steifheit	unabhängig	[541]
703	Polystyrol	Dehnungsmodul	unabhängig	[507]
704	Polystyrol	Biegemodul	unabhängig	[507]
705	Polyvinylchlorid (Fasern)	maximales Verstreckungs-verhältnis	Zunahme	[536]
706	Cellulose (Fraktionen)	Bruchdehnung der Fäden	Anstieg, dann schwaches Maximum	[465]
707	Celluloseacetat (Fäden)	Bruchdehnung	Zunahme	[466]

d) Monomolekulare Filme

Lfd. Nr.	Untersuchtes Hochpolymeres	Gemessene Eigenschaft	Änderung	Zitat
708	Polyvinylacetat auf Wasser	Oberflächenspannung	unabhängig	[490]

e) Sonstige Eigenschaften

Lfd. Nr.	Untersuchtes Hochpolymeres	Gemessene Eigenschaft	Änderung	Zitat
709	Polyäthylen	Spinnbarkeit	proportional $\eta^{0,68}$ ($\eta =$ Schmelzviskosität)	[566]
710	Polypropylen	Hitzeverformung	unabhängig	[541]
711	Polystyrol	mechanischer Abbau	Zunahme	[464]
712	Naturkautschuk	Klebefestigkeit	unabhängig	[473]

Ergänzung zu Tabelle 4 (Fortsetzung)

Lfd. Nr.	Untersuchtes Hochpolymeres	Gemessene Eigenschaft	Änderung der Eigenschaft bei steigendem Molekulargewicht	Zitat
713	Polymethylmeth-acrylat	mechanischer Abbau	Zunahme	[464]
714	Na-Polyacrylat (wäßrige Lösungen)	Spinnbarkeit	Zunahme	[556]
715	Polyacrylnitril	Eignung zur Fadenherstellung	Abnahme	[546]
716	Poly-ε-capronamid	Oberflächenspannung der Schmelze	$\log\gamma = a\,M + b$	[528]
717	Poly-ε-capronamid	Spinnbarkeit	proportional $\eta^{0,5}$ (η = Schmelzviskosität)	[528]
718	Nitrocellulose	Haftfestigkeit	$F = A\,e^{-BM}$	[494, 513]
719	Polyvinylalkohol-Borsäurekomplex (wäßrige Lösungen)	Spinnbarkeit	Zunahme	[556]
720	β-Amylase	Bindefestigkeit mit Polysaccharid	Zunahme	[488]

3. Thermische Eigenschaften

a) Charakteristische Temperaturen

Lfd. Nr.	Untersuchtes Hochpolymeres	Gemessene Eigenschaft	Änderung der Eigenschaft bei steigendem Molekulargewicht	Zitat
721	Polyvinylchlorid (Fasern)	Erweichungstemperatur	unabhängig	[536]
722	Polyäthylenadipat	Einfriertemperatur	lineare Zunahme mit fallendem $1/M_n$	[484]
723	Poly-ε-Caprolactam	Schmelzpunkt	Zunahme, dann Grenzwert	[456] vgl. auch [448]
724	Polycaprolactam	Umwandlungstemperatur	für $M > 5000$ unabhängig	[477]
725	6,6-Nylon	Schmelzpunkt	Anstieg, dann Grenzwert	[456] vgl. auch [448]

b) Diffusion, Adsorption, Haftvermögen, Lösen

Lfd. Nr.	Untersuchtes Hochpolymeres	Gemessene Eigenschaft	Änderung der Eigenschaft bei steigendem Molekulargewicht	Zitat
726	Polyäthylen	Permeabilität (N_2, CO_2, H_2O-Dampf)	schwache Abnahme	[491]
727	Polyäthylen	Diffusionskoeffizient von Äthan	wenig abhängig	[461]
728	Polyisobutylen	Permeabilität (N_2, CO_2, H_2O-Dampf)	schwache Abnahme	[491]
729	Kautschukvulkanisat (Butadien und Styrol)	Quellungszahl	Zunahme, Grenzwert (bezogen auf M des Ausgangsproduktes)	[527]
730	Kautschukvulkanisat	Diffusionskoeffizient für Kohlenwasserstoffe	Anstieg mit M vor Vulkanisation	[447]
731	Polyvinylalkohol + Wasser	Diffusionskoeffizient	Abnahme	[538]
732	Äthylcellulose	Permeabilität (N_2, CO_2, H_2O-Dampf)	schwache Abnahme	[491]
733	Cellulose	absorbierte Glycerinmenge	unabhängig	[520]

Ergänzung zu Tabelle 4 (Fortsetzung)

Lfd. Nr.	Untersuchtes Hochpolymeres	Gemessene Eigenschaft	Änderung der Eigenschaft bei steigendem Molekulargewicht	Zitat
c) Wärmetönung, Ausdehnungskoeffizient, spezifische Wärme, Wärmeleitfähigkeit				
734	Polystyrol (abgeschreckt)	Volumenrelaxation	Zunahme	[552]
735	Kautschukvulkanisat	freie Energie der Lösung	schwache Zunahme mit M vor Vulkanisation	[447]
736	Kautschukvulkanisat	freie Energie der Verdünnung	schwache Zunahme mit M vor Vulkanisation	[447]
d) Thermische Beständigkeit				
737	Polypropylen	thermischer Abbau (ohne O_2)	unabhängig	[572]
738	Polyarylvinylen	thermische Stabilität	Zunahme	[457]
739	Copolymeres aus Acrylonitril und Vinylidenchlorid 1:1	thermische Stabilität	Zunahme	[523]
740	Cellulosenitrat (Lösungen)	Aktivierungsenergie der Alterung	schwache Zunahme	[557]
741	Benzylcellulose	Stabilität	Abnahme	[558]
742	Polycaprolactam	Depolymerisationsgeschwindigkeit	Abnahme	[543]
e) Dichte				
743	Polypropylen	Dichte	unabhängig	[541]
f) Sonstige Eigenschaften				
744	Kautschukvulkanisat (Butadien und Styrol)	thermoplastische Eigenschaften	Zunahme, dann Grenzwert (bezogen auf M des Ausgangsproduktes)	[527]
4. Akustische, elektrische und optische Eigenschaften				
745	Polyarylvinylen	Farbtiefe	Zunahme	[457]
746	Polyvinylchlorid (Fasern)	Doppelbrechung	Zunahme	[536]
747	Cellulose (Fraktionen)	Doppelbrechung der Fäden	Anstieg, dann Grenzwert	[465]
748	Poly-γ-benzyl-l-glutamat	Dipolmoment	proportional M	[570] vgl. auch [569]
5. Sonstige Eigenschaften				
749	Polyäthylen	Relaxationszeit T_1 der kernmagnetischen Resonanz	Abnahme unterhalb 160°, aber Minimum oberhalb 160°	[506]
750	Polyäthylen	Relaxationszeit T_2 der kernmagnetischen Resonanz	Abnahme	[506]
751	Butadien-Styrol-Kautschuk	Reaktionsgeschwindigkeit mit Schwefel	unabhängig	[525]

Ergänzung zu Tabelle 4 (Fortsetzung)

Lfd. Nr.	Untersuchtes Hochpolymeres	Gemessene Eigenschaft	Änderung der Eigenschaft bei steigendem Molekulargewicht	Zitat
752	Butadien-Styrol-Kautschuk	S-Menge zur Bildung eines Raumnetzes	Abnahme	[525]
753	Kautschukvulkanisat (Butadien und Styrol)	Bindefestigkeit mit Ruß	Zunahme (bezogen auf M des Ausgangsproduktes)	[527]
754	Polymethylacrylat	Verseifungsgeschwindigkeit	unabhängig	[539]
755	Vinylchlorid-Acrylnitril-Copolymere	Biegsamkeit der Makromoleküle	Zunahme	[540]
756	Polyvinylpyrrolidon	prolongierende Wirkung	Optimum bei $M = 50000$	[548, 549] vgl. auch [348]
757	Polyäthylenterephthalat	Gleichgewichtskonstante der Polykondensationsreaktion	unabhängig	[499]
757 a	Carboxymethylcellulose	Druckfarbenaufnahme von Papier, mit Carboxymethylcellulose verleimt	unabhängig	[554]
758	Heparin	Aktivität	proportional M	[530]

6. Lösungen von Hochpolymeren

a) Löslichkeit

Lfd. Nr.	Untersuchtes Hochpolymeres	Gemessene Eigenschaft	Änderung der Eigenschaft bei steigendem Molekulargewicht	Zitat
759	Polypropylen	untere kritische Lösungstemperatur in n-Pentan	Abnahme	[474]
760	Polystyrol	Θ-Temperatur	Abnahme	[508]
761	Polystyrol	Quellungskoeffizient in Benzol und Methanol	Zunahme	[459]
762	Polystyrol	Wechselwirkungskonstante mit Lösungsmitteln	Abnahme	[483]
763	Polystyrol	Kohäsionsenergiedichte	unabhängig	[483]
764	Polypropylenätherglykol	Verhältnis β der Koeffizienten der Verteilung zwischen Hexan und Wasser	$\beta = \exp(a\,M - b)$	[563]
765	Polypropylenätherglykol	Differenz der freien Energien der Lösung der End-OH-Gruppen in Wasser bzw. Hexan	Abnahme	[563]
765 a	Polyvinylpyrrolidon	Fällbarkeit γ_0 aus der wäßrigen Lösung mit Na_2SO_4-Lösung	$\gamma_0 = a + b/M^{0,8}$	[347]

b) Fließverhalten

Lfd. Nr.	Untersuchtes Hochpolymeres	Gemessene Eigenschaft	Änderung der Eigenschaft bei steigendem Molekulargewicht	Zitat
766	Polyisobutylen in Ceten	Aktivierungsenergie des Fließens	unabhängig	[531]
767	Naturkautschuk	Viskosität von Lösungen	$\log \eta = A \log M + B$	[502]
768	Polyvinylalkohollösungen (konz.)	Viskosität bei Schergefälle 0	proprotional $M^{3,4}$	[509]
769	Polyvinylalkohol (Lösungen in Wasser)	Frequenz bei Beginn des nicht Newtonschen Fließens	Abnahme	[529]
770	Na-Carboxymethylcellulose	Strukturviskosität in Lösung	Zunahme	[489]

Ergänzung zu Tabelle 4 (Fortsetzung)

Lfd. Nr.	Untersuchtes Hochpolymeres	Gemessene Eigenschaft	Änderung der Eigenschaft bei steigendem Molekulargewicht	Zitat
771	Poly-γ-benzyl-l-glutamat in m-Cresol	Schubspannung bei Beginn des nicht Newtonschen Fließens	Abnahme	[570]
772	Agar in Wasser	Tendenz der Gelbildung	Zunahme	[482]

c) Adsorption, Diffusion, Grenzflächen

Lfd. Nr.	Untersuchtes Hochpolymeres	Gemessene Eigenschaft	Änderung der Eigenschaft bei steigendem Molekulargewicht	Zitat
773	Polystyrol	Adsorptionswärme von Benzol	Abnahme	[455]
774	Polystyrol	Adsorption von Benzol	Zunahme	[455]
775	Quarternierte Polystyrole	Flockungswert für As_2S_3-Sol	unabhängig	[480]
776	Polymethylmethacrylat	Adsorption aus Lösung an Glas und Eisen	Zunahme	[578]
777	Polybutylmethacrylat in Isopropanol und Chloroform	Diffusionskonstante	$D = k_1 M^{-0,50}$ bzw. $k_2 M^{-0,59}$	[574]
778	Na-Polystyrolsulfonat	Flockungswert für Fe_2O_3-Sol	unabhängig	[479]
779	Polydimethylsiloxan	Adsorption aus Lösung an Glas und Eisen, spezifische Adsorption	lineare Zunahme mit $[\eta]$	[577]
780	Dextran	Schutzkolloidwirkung	unabhängig	[485]

d) Thermische Eigenschaften

Lfd. Nr.	Untersuchtes Hochpolymeres	Gemessene Eigenschaft	Änderung der Eigenschaft bei steigendem Molekulargewicht	Zitat
781	Polystyrol	Lösungswärme	Zunahme	[553]
782	Poly-α-methylstyrol	Depolymerisationsgeschwindigkeit in Lösung	proportional M	[580]
783	Polymethylmethacrylat	Lösungswärme	Zunahme	[553]
784	Triacetylcellulose	Lösungswärme	Zunahme	[553]

e) Akustische, elektrische und optische Eigenschaften

Lfd. Nr.	Untersuchtes Hochpolymeres	Gemessene Eigenschaft	Änderung der Eigenschaft bei steigendem Molekulargewicht	Zitat
785	Na-Polyvinylsulfat in Wasser	Anionenleitfähigkeit	unabhängig	[472, 524]
786	Na-Polyvinylsulfat	elektrophoretische Beweglichkeit in NaCl-Lösung	unabhängig	[472, 524]
787	Poly-d,l-phenylalanin	Dielektrizitätskonstante ε von Lösungen	$d\varepsilon/dc$ Abnahme	[511]
788	Poly-l,γ-phenyl-glutamat	Dielektrizitätskonstante ε von Lösungen	$d\varepsilon/dc$ Abnahme	[511]

f) Sehr verdünnte Lösungen

Lfd. Nr.	Untersuchtes Hochpolymeres	Gemessene Eigenschaft	Änderung der Eigenschaft bei steigendem Molekulargewicht	Zitat
789	Polyvinylacetat (unverzweigt)	Hugginssche Konstante in Benzol	unabhängig	[486]
790	Polyvinylacetat (verzweigt)	Hugginssche Konstante in Benzol	Zunahme	[486]
791	Polymethacrylester	statistisches Fadenelement A_m	Zunahme	[550]
792	Polyacrylnitril in Dimethylformamid	2. Virialkoeffizient	$A_2 = k M^{-0,24}$	[498]

Ergänzung zu Tabelle 4 (Fortsetzung)

Lfd. Nr.	Untersuchtes Hochpolymeres	Gemessene Eigenschaft	Änderung der Eigenschaft bei steigendem Molekulargewicht	Zitat
793	Cellulosenitrat in Aceton	Abschirmfaktor σ	unabhängig	[515]
794	Cellulosenitrat in Aceton	Florysche Konstante Φ	unabhängig	[515]
795	Cellulosenitrat in Aceton	statistisches Fadenelement A_m	Zunahme	[515]
796	Kondensationsprodukt aus Polypropylenglykol und 2,4-Toluoldiisocyanat	Hugginssche Konstante k' in Methanol bzw. Benzol	unabhängig	[517]

g) Sonstige Eigenschaften

797	Polymethacrylsäuremethylester	Abweichung der Knäuel von der Kugelgestalt	schwache Zunahme	[568]
798	Cellulosetriacetatlösungen	Stabilität	Abnahme	[559]

Ergänzung zu Tabelle 5

Lfd. Nr.	Untersuchtes Hochpolymeres	Gemessene Eigenschaft	Änderung der Eigenschaft bei steigender Uneinheitlichkeit	Zitat

2. Mechanische Eigenschaften

a) Fließverhalten

799	Polyäthylen	Schmelzviskosität	Zunahme	[449, 516]
800	Polyäthylen	Fließvermögen bei Wachszusatz	Zunahme	[495]
801	Polyäthylen	Aktivierungsenergie des Fließens	Zunahme	[516]
802	Polyäthylen	kritische Schubspannung des viskosen Fließens	Zunahme	[516]
803	Polyäthylen	Kältebeständigkeit bei Wachszusatz	Abnahme	[495]
804	Polyäthylen	Fließindex/Schmelzindex (Fließindex = Ausflußmenge für einen Druck von 1500 psi)	lineare Zunahme	[512]
805	Polystyrol	Schmelzviskosität für Schubspannung $\tau = 0$	unabhängig	[507, 534]
806	Polystyrol	Schmelzviskosität für Schubspannung 700000 dyn/cm²	Abnahme	[507, 534]
807	Polystyrol	Aktivierungsenergie des viskosen Fließens	unabhängig für $M_w > 50000$	[534]
808	Polystyrol	nicht Newtonsches Fließen	Begünstigung	[507]
809	Polystyrol	nicht Newtonsche Konstante	unabhängig	[534]
810	Polystyrol	Wärmebeständigkeit	unabhängig	[507]

Ergänzung zu Tabelle 5 (Fortsetzung)

Lfd. Nr.	Untersuchtes Hochpolymeres	Gemessene Eigenschaft	Änderung der Eigenschaft bei steigender Uneinheitlichkeit	Zitat
		b) Festigkeitseigenschaften		
811	Polyäthylen	Zugfestigkeit	Abnahme	[449]
812	Polypropylen	Schlagzähigkeit	Abnahme	[541]
813	Polypropylen	Bruchdehnung	Abnahme	[541]
814	Polypropylen	Streckgrenze	Abnahme	[541]
815	Polypropylen	Härte	Abnahme	[541]
816	Polystyrol	Zugfestigkeit	Zunahme	[507]
817	Polystyrol	Zug-Schlagfestigkeit	unabhängig	[507]
818	Polyvinylalkohol	Festigkeit der Fäden F	$F = UB/M$ ($M = $ Molekulargewicht)	[522]
819	Cellulose	Festigkeit	Abnahme	[535]
820	Cellulose (Fasern)	Festigkeit	kein Zusammenhang erkennbar	[510]
821	Cellulose	Falzfestigkeit	Abnahme	[492]
		c) Elastische Eigenschaften		
822	Polypropylen	Dehnung	Abnahme	[541]
823	Polypropylen	Steifheit	Abnahme	[541]
824	Polypropylen	Dehnungsmodul	Abnahme	[541]
825	Polystyrol	Dehnungsmodul	unabhängig	[507]
826	Polystyrol	Biegemodul	unabhängig	[507]
827	Polystyrol	Verteilungsbreite der Relaxationszeiten	Zunahme	[560]
828	Polyvinylalkohol	Dehnungselastizität	Zunahme	[522]
829	Polyvinylalkohol	Young-Modul	Zunahme	[522]
		e) Sonstige Eigenschaften		
830	Polyäthylen	Versprödungstemperatur	unabhängig	[512]
831	Polyäthylen	Mischbarkeit bei Wachszusatz	Abnahme	[495]
832	Polypropylen	Hitzeverformung	Abnahme	[541]
833	Naturkautschuk	Klebefestigkeit	unabhängig	[473]
834	Polyacrylnitril	Eignung zur Fadenherstellung	Zunahme	[546]
835	Nitrocellulose	Haftfestigkeit auf Glas	Abnahme	[513]
		3. Thermische Eigenschaften		
		a) Charakteristische Temperaturen		
836	Polystyrol	$T_f - T_g$ ($T_f = $ Fließtemperatur, $T_g = $ Umwandlungstemperatur)	Zunahme	[564]
837	Polymethylmethacrylat	$T_f - T_g$ ($T_f = $ Fließtemperatur, $T_g = $ Umwandlungstemperatur)	Zunahme	[564]

Ergänzung zu Tabelle 5 (Fortsetzung)

Lfd. Nr.	Untersuchtes Hochpolymeres	Gemessene Eigenschaft	Änderung der Eigenschaft bei steigender Uneinheitlichkeit	Zitat
	b) Diffusion, Adsorption, Haftvermögen, Lösen			
838	Kautschukvulkanisat (Butadien und Styrol)	Quellungszahl	Abnahme (bezogen auf U des Ausgangsproduktes)	[527]
	d) Thermische Beständigkeit			
839	Benzylcellulose	Stabilität	Abnahme	[558]
	e) Dichte			
840	Polypropylen	Dichte	Abnahme	[541]
	f) Sonstige Eigenschaften			
841	Polyäthylen (geschmolzen)	O_2-Aufnahme	Zunahme	[514]
842	Kautschukvulkanisat (Butadien und Styrol)	thermoplastische Eigenschaften	Abnahme (bezogen auf U des Ausgangsproduktes)	[527]
	5. Sonstige Eigenschaften			
843	Polyäthylen	Anfärbbarkeit bei Wachszusatz	Verbesserung	[495]
	6. Lösungen von Hochpolymeren			
	b) Fließverhalten			
844	Poly-γ-benzyl-l-glutamat in m-Cresol	Breite des nicht Newtonschen Bereiches	Zunahme	[573]
	c) Adsorption, Diffusion, Grenzflächen			
845	Polymethylmethacrylat	Verhältnis D_1/D_2 der Konstanten der Translationsdiffusion	proportional U	[468]
846	Dextran	Schutzkolloidwirkung	unabhängig	[485]
	d) Thermische Eigenschaften			
847	Cellulosenitratlösungen	Abbaugeschwindigkeit	unabhängig	[557]
848	Cellulosenitratlösungen	Viskositätszahl bei gleichem M	Zunahme	[557]
	e) Akustische, elektrische und optische Eigenschaften			
849	Polystyrol in Benzol	Grad der Unregelmäßigkeit in der Frequenz- und Konzentrationsabhängigkeit der US-Geschwindigkeit	Abnahme	[458]

Ergänzung zu Tabelle 5 (Fortsetzung)

Lfd. Nr.	Untersuchtes Hochpolymeres	Gemessene Eigenschaft	Änderung der Eigenschaft bei steigender Uneinheitlichkeit	Zitat
850	Polyvinylacetat in Benzol	Grad der Unregelmäßigkeit in der Frequenz- und Konzentrationsabhängigkeit der US-Geschwindigkeit	Abnahme	[*458*]
851	Polymethylmethacrylat in Benzol	Grad der Unregelmäßigkeit in der Frequenz- und Konzentrationsabhängigkeit der US-Geschwindigkeit	Abnahme	[*458*]
		f) Sehr verdünnte Lösungen		
852	Polystyrol in Toluol	2. Virialkoeffizient A_2	Abnahme	[*562*]
853	Kondensationsprodukt aus Polypropylenglykol und 2,4-Toluoldiisocyanat	Hugginssche Konstante k' in Methanol bzw. Benzol	unabhängig	[*517*]
		g) Sonstige Eigenschaften		
854	Cellulosetriacetatlösungen	Stabilität	Zunahme	[*559*]

2.2.5 Überschneidung des Molekulargewichtseinflusses mit dem Einfluß weiterer Strukturelemente auf die Eigenschaften

Die Eigenschaften eines makromolekularen Stoffes hängen stets gleichzeitig von einer Reihe von Faktoren ab. Erst deren Gesamtheit bestimmt die Eigenschaften des Stoffes. Dabei sind die relativen Beiträge der einzelnen Faktoren für die verschiedenen Eigenschaften unterschiedlich groß; im einen Falle wirkt sich ein bestimmter Faktor günstig auf die gewünschte Eigenschaft aus, im anderen Falle aber ungünstig.

Diese Tatsache muß man sich bei der Diskussion des Einflusses von Molekulargewicht und Uneinheitlichkeit stets vor Augen halten, da deren Wirkung oft von anderen Einflüssen völlig überdeckt wird. Das gilt besonders für die zum Teil kristallinen Hochpolymeren. Wegen der Bedeutung der Zusammenhänge sei im folgenden ganz kurz darauf eingegangen.

Für den relativen Einfluß des Molekulargewichtes und des (von der Art und dem Ausmaß der Verzweigung der Hauptkette abhängenden) Kristallisationsgrades α machte RICHARDS [*298*] folgende Angaben: Eigenschaften, die nur mit einer kleinen Deformation bei der Untersuchung des Prüfkörpers verknüpft sind, hängen in erster Linie von α ab, während für größere Deformationen die Größe des Molekulargewichtes maßgebender ist. Diese Zusammenhänge sind wiederholt bestätigt worden [*46, 229, 298, 329, 368, 373, 429, 430, 431, 432, 519, 521*] und gelten nicht nur für das am meisten untersuchte Polyäthylen, sondern auch z. B. für Polypropylen [*403*] und andere Hochpolymere [*264, 433, 445, 466*]. Für den speziellen Fall des Polyäthylens gibt die Tab. 6 eine Übersicht, in welcher Weise sich der Kristallisationsgrad α bzw. das Molekulargewicht M auf die Eigen-

Tabelle 6

Eigenschaft	Eigenschaft besonders abhängig von		Änderungen der Eigenschaft bei Zunahme von		Änderungen der Eigenschaft bei Zunahme der Uneinheitlichkeit
	α	M	α	M	
Schmelzviskosität	—	+	—	Zunahme	
Ziehbarkeit der Schmelze (melt extensibility)	—	+	—	Abnahme	
Reißfestigkeit	—	+	—	Zunahme	Abnahme
Reibungskoeffizient des Filmes	—	+	—	Abnahme	
Widerstand gegen Oberflächenspannungsbruch[1]	—	+	—	Zunahme	Abnahme
Steifheit	+	—	Zunahme	—	
Elastizitätsgrenze	+	—	Zunahme	—	unabhängig
Elastizitätsmodul	+	—	Zunahme	—	
Zugfestigkeit	+	—	Zunahme	—	unabhängig
Kerbzähigkeit[2]	+	—	Zunahme	—	
Dauerbiegefestigkeit	+	—	Abnahme	—	Abnahme
Kriechfestigkeit	+	—	Zunahme	—	
Filmsprödigkeit	+	—	Zunahme	—	Zunahme
Versprödungstemperatur	+	—	Abnahme	—	Zunahme
Schmelzpunkt	+	—	Zunahme	—	
Adsorptionsvermögen	+	—	Abnahme	—	
Durchlässigkeit von Flüssigkeiten und Gasen	+	—	Abnahme	—	unabhängig
Trübungstemperatur der 1%igen Lösung	+	—	Zunahme	—	
Abriebfestigkeit	+	—	Zunahme	—	
Einreißfestigkeit	+	+	Abnahme	Zunahme	unabhängig
Reißdehnung	+	+	Abnahme[3]	Zunahme	
Härte	+	+	Zunahme	Zunahme	
VICAT-Temperatur	+	+	Zunahme	Zunahme	Abnahme
Verarbeitbarkeit bei hoher Scherbeanspruchung					Zunahme

schaften auswirkt[4,5]. Darin bedeuten „—" bzw. „+", daß der Einfluß von α bzw. M auf die betreffende Eigenschaft geringer bzw. vorherrschend ist. Die Änderung der Eigenschaft mit der Zunahme von α bzw. M ist in den Spalten 4 und 5 der Tabelle angegeben. Bei einigen Eigenschaften ist der Einfluß von α und M von gleicher Größenordnung; in den Spalten 2 und 3 steht dann beide Male das Zeichen „+". In der letzten Spalte der Tab. 6 ist die Änderung der Eigenschaft des Polyäthylens bei der Zunahme der Uneinheitlichkeit U beschrieben.

Zieht man daneben auch die Einflüsse der Struktur, von Zusätzen, der Polymerisationsart u. a. in Betracht, so ergibt sich insgesamt folgendes Bild für die

---

[1] Vergleiche aber [7].

[2] Nach [373] unabhängig von α, aber Zunahme mit M; nach [229] kein klarer Zusammenhang.

[3] Besonders Einfluß der Langkettenverzweigung.

[4] Die angeführten Daten sind den oben genannten Arbeiten bzw. Büchern entnommen.

[5] Weitere Hinweise über den Einfluß des Verzweigungsgrades bzw. des Kristallisationsvermögens makromolekularer Stoffe bringen die Artikel 3.2, 4.3.4, 4.13.

die physikalischen und zum Teil auch chemischen Eigenschaften der makromolekularen Stoffe bestimmenden Faktoren:

a) Natur der Grundeinheit der Makromoleküle (unpolare bzw. polare Natur, Grad der Polarität und der Abschirmung der polaren Gruppen durch unpolare Gruppen, sterische Einflüsse zwischen den Molekülteilen und die dadurch bedingten inneren Bewegungsmöglichkeiten).

b) Art und Ausmaß der Verzweigungen der Hauptkette (z. B. Kurz- oder Langkettenverzweigung, Zahl der Verzweigungsstellen).

c) Vorliegen spezieller stereoisomerer Formen (z. B. Kopf-Schwanz- oder Kopf-Kopf-Anordnung, ataktische, isotaktische und syndiotaktische Formen).

d) Grad der Vernetzung der Makromoleküle miteinander (z. B. durch Verwendung von Monomeren mit mehr als einer polymerisationsfähigen Gruppe, Vernetzung durch Bestrahlen oder Oxydation u. a.), mittlere Größe der Netzmaschen und ihre Verteilung.

e) Kristallisationsgrad, Größe, Größenverteilung und Lage der Kristallite (abhängig von den vorgenannten Einflüssen, Abmessungen der Kristallite, Packungsdichte).

f) Thermische und mechanische Vorgeschichte (z. B. Verstrecken, Dehnen, Tempern, Abschrecken, gilt besonders für kristallisierende Hochpolymere[1]).

g) Größe des mittleren Molekulargewichtes.

h) Art der Molekulargewichtsverteilung (Einfluß der niedrigst- und höchstmolekularen Anteile und des Grades der Polymolekularität, Vorliegen mehrerer Verteilungsmaxima).

i) Art und Menge von Zusätzen (Verunreinigungen wie Monomer- und Katalysatorreste, Emulgatoren, Dispersionsmittel, Lösungs-, Quell- und Weichmachungsmittel, Zumischung anderer Hochpolymerer, feste Zusätze wie Ruß, Mattierungsmittel oder Pigmente, Stabilisierungsmittel).

j) Vorgeschichte bezüglich der Verarbeitung der Makromoleküle über die Lösung (gilt aber nicht nur für den gelösten Zustand, sondern auch für feste Körper, die über die Lösung des Polymeren hergestellt wurden[2]).

k) Polymerisations- und Aufarbeitungsverfahren (Substanz-, Lösungs-, Suspensions- und Emulsionspolymerisate, umgefällte Produkte, Trocknungsverfahren, Porosität, Teilchengrößenverteilung und Härte von pulverförmigem Material usw.).

l) Chemische Inhomogenität (gilt für Co-, Block- und Pfropfpolymere und für Makromoleküle, die durch nachträgliche chemische Veränderung, z. B. durch Nitrierung, Veresterung, Verseifung, Chlorierung u. a., eines ursprünglich chemisch homogenen Hochpolymeren hergestellt wurden[3]).

2.2.6 Stoffkonstanten als Durchschnittswerte und ihre Gültigkeitsgrenzen

Aus den vorgenannten Tatsachen folgt, daß die an einem Haufwerk von Makromolekülen gemessenen Stoffwerte stets Durchschnittswerte darstellen, im

---

[1] Eine kurze Zusammenfassung der neueren Literatur gaben [*149, 371, 403, 434, 435* und *436*], vgl. auch [*504, 518, 542* und *544*].

[2] Bezüglich des Einflusses des Lösungsmittels und der Konzentration der Lösung auf die Eigenschaften der über die Lösung hergestellten festen lösungsmittelfreien Körper vgl. [*437, 438, 439, 440, 441, 442, 452, 453, 469* und *503*].

[3] Siehe 2.4 („Chemische Uneinheitlichkeit").

festen Zustand gemittelt über Molekulargewicht, Uneinheitlichkeit, Verzweigungs-, Kristallisations- und Orientierungsgrad, im geschmolzenen Zustand besonders gemittelt über Molekulargewicht und Uneinheitlichkeit und im gelösten Zustand gemittelt über Molekulargewicht, Uneinheitlichkeit und die von der Struktur des Gelösten und des Lösungsmittels abhängigen zwischenmolekularen Kräfte. Die verschiedenen Einflüsse wirken stets gleichzeitig und sind näherungsweise nur dann voneinander zu trennen, wenn die Parameter in ausreichenden Grenzen variiert werden.

Es wäre von größtem wissenschaftlichem und praktischem Interesse, zu wissen, wie sich die ermittelten Stoffmittelwerte aus den entsprechenden Daten einzelner einheitlicher Individuen zusammensetzen. Hier liegt aber eine große Lücke in unseren derzeitigen Kenntnissen vor: Wir kennen für fast keinen Stoffwert einer hochmolekularen Substanz die „Mischungsregel". Zwar kann man analog den Gl. (1), (2) und (3) Eigenschaftsmittelwerte E der Art

$$E_w = \frac{\Sigma\, w_i E_i}{\Sigma\, w_i} \quad \text{bzw.} \quad E_n = \frac{\Sigma\, n_i E_i}{\Sigma\, n_i} \quad \text{bzw.} \quad E_Z = \frac{\Sigma\, w_i E_i^2}{\Sigma\, w_i E_i}$$

definieren; darin bedeutet E_i die Eigenschaft der einheitlichen Molekülsorte i. Es ist aber noch unklar, welche Art von E-Mittelwert bei den verschiedenen Eigenschaften tatsächlich gemessen wird. Für feste Hochpolymere wurde lediglich[1] bei Celluloseacetat [328] (Reißfestigkeit, Knickfestigkeit und Dehnung) und Nitrocellulose [250] (Reißfestigkeit) an Hand von Messungen an Fraktionen und Fraktionsmischungen gezeigt, daß die Eigenschaft der Mischung in erster Näherung durch das erstgenannte Gewichts-Eigenschafts-Mittel dargestellt werden kann.

Diese Lücke in unserem Wissen hat seine Ursache vor allem in experimentellen Schwierigkeiten. Es ist nämlich zur Aufstellung einer Mischungsregel notwendig, von mehreren Fraktionen so viel Material zur Verfügung zu haben, daß von den Einzelkomponenten und von möglichst vielen Mischungen daraus die Stoffwerte gemessen werden können. Die Herstellung der hierzu benötigten Materialmengen erfordert aber einen um so größeren technischen und zeitlichen Aufwand, je einheitlicher die Fraktionen sind.

Bei der Aufstellung von Mischungsregeln auf Grund von Messungen an Fraktionen und Fraktionsmischungen muß man, um überhaupt einmal zu einem Ergebnis zu kommen, die oben in Ziffer 2.2.5 unter c) genannten Einflüsse in erster Näherung außer acht lassen. Ein so aufgestelltes Mischungsgesetz ist aber nur für Substanzen etwa gleicher Struktur gültig. Wurde es z. B. für ein stärker verzweigtes Polyäthylen gewonnen, so gilt es nur für ein solches Produkt, nicht aber für ein praktisch unverzweigtes Polymethylen vom gleichen Molekulargewicht, obwohl beide Produkte der Summenformel nach identisch sind. Die Unterschiede werden naturgemäß noch größer, wenn es sich um den Vergleich chemisch verschiedener Substanzen handelt. Eine Übertragung der an dem einen Material für eine bestimmte Eigenschaft erhaltenen Mischungsregel auf ein anderes, chemisch davon verschiedenes ist daher völlig unmöglich.

Es ist notwendig, auf diese Grenzen hinzuweisen. Denn dadurch wird nicht nur die Gefahr, daß aus den Messungen falsche Schlüsse gezogen werden, ver-

---

[1] Die für weichmacherhaltige Hochmolekulare bisher gefundenen Mischungsregeln wurden in [443] zusammengestellt; vgl. auch [275, 444, 575 und 576].

mindert, sondern es ergeben sich daraus auch Anhaltspunkte dafür, an welchen Stellen die weitere Forschung, die in erster Linie experimenteller Art sein muß, zum Schließen der Lücken einzusetzen hat.

Literatur

[1] ACHMEDOW, K. S., u. S. M. LIPATOW: Koll. J. (russ.) 19 (1957) S. 257, Ref. in Chem. Zbl. 1959, S. 9594.
[2] ALBERTSSON, P. A.: Nature 182 (1958) S. 709.
[3] ALEXANDROV, A. P., u. J. S. LAZURKIN: C. R. Acad. sci. USSR 43 (1944) S. 376.
[4] ALFREY, T.: Mechanical Behavior of High Polymers. New York: Interscience Publ. 1948.
[5] ALLGÉN, L.: Acta physiol. scand. 22 (1950) Suppl. 76, S. 1.
[6] AL-MADFAI, S., u. H. L. FRISCH: J. Amer. chem. Soc. 80 (1958) S. 5613.
[7] ANDERSON, R. J.: 14. ATC 1958, S. 940 (Ref. in Kunststoff-Rdsch. 5 [1958] S. 440).
[8] ANDREWS, R. D., N. HOFMAN-BANG u. A. V. TOBOLSKY: J. Polymer Sci. 3 (1948) S. 669.
[9] ANDREWS, R. D., u. A. V. TOBOLSKY: J. Polymer Sci. 7 (1951) S. 221.
[10] ANDRUSSOW, L.: Iupac, Kunststofftagung Wiesbaden 1959.
[11] ARLMAN, E. J.: J. Polymer Sci. 12 (1954) S. 543 u. 547.
[12] ASHBY, C. E., J. S. REITENOUR u. C. F. HAMMER: Dallas Meeting 16 (April 1956) Nr. 1, S. 203.
[13] AUERBACH, I., W. R. MILLER, W. C. KURYLA u. S. D. GEHMAN: J. Polymer Sci. 28 (1958) S. 129.
[14] BAILEY jr., F. E., u. R. W. CALLARD: J. appl. Polymer Sci. 1 (1959) S. 56.
[15] Bakelite Comp.: Polyäthylenbroschüre 1951.
[16] BANDERET, A.: Ind. plast. Mod. 8 (1956) S. 53.
[17] BARRER, R. M.: Diffusion in and through Solids. London 1941.
[18] BARRY, A. J.: High Polymer Physic. Brooklyn: Remsen Press Div. 1948.
[19] BARTENEW, G. M., A. S. NOWIKOW u. F. A. GALIL-OGLY: Koll. J. (russ.) 18 (1956) S. 7, Ref. in Chem. Zbl. 1958, S. 13514.
[20] BATZER, H.: Makromolekulare Chem. 10 (1953) S. 13.
[21] BATZER, H.: Angew. Chem. 67 (1955) S. 556.
[22] BATZER, H., u. H. LANG: Makromolekulare Chem. 15 (1955) S. 211.
[23] BAYSAL, B., u. A. V. TOBOLSKY: J. Polymer Sci. 9 (1952) S. 171.
[24] BECK, H.: Kunststoffe 49 (1959) S. 209.
[25] BENTHIN, G.: Kunststoffe 46 (1956) S. P 23.
[26] BESTUL, A. B., u. C. B. BRYANT: J. Polymer Sci. 19 (1956) S. 255.
[27] BOHDANECKY, M., u. J. EXNER: Chem. Listy 51 (1957) S. 1029.
[28] BOURGOIN, D., u. M. JOLY: Kolloid-Z. 136 (1954) S. 25.
[29] BOYER, R. F., u. R. S. SPENCER: J. Polymer Sci. 3 (1948) S. 97.
[30] BOYER, R. F.: J. Polymer Sci. 9 (1952) S. 289.
[31] BRIDGMAN, W. B.: J. Amer. chem. Soc. 60 (1938) S. 530.
[32] BROUCKÈRE, L. DE, u. G. VOS: Bull. Soc. chim. belge 64 (1955) S. 24.
[33] BROUCKÈRE, L. DE, D. BUESS, J. DE BOCK u. J. VERSLUYS: Bull. Soc. chim. belge 64 (1955) S. 669.
[34] BROUCKÈRE, L. DE, D. BUESS u. L. K. H. VAN BEEK: J. Polymer Sci. 23 (1957) S. 233.
[35] BROWN, G. M., u. A. V. TOBOLSKY: J. Polymer Sci. 6 (1951) S. 165.
[36] BRUBAKER, D. W., u. K. KAMMERMEYER: Industr. Engng. Chem. 45 (1953) S. 1148.
[37] BRÖGEL, W., J. HENGSTENBERG u. E. SCHUCH: in der von HOUWINK herausgegebenen Chemie und Technologie der Kunststoffe, 3. Aufl., Bd. I. 1954.
[38] BRYANT, W. M. D.: J. Polymer Sci. 2 (1947) S. 547.
[39] BRYANT, W. M. D., u. R. C. VOTER: J. Amer. chem. Soc. 75 (1953) S. 6113.
[40] BRYCE, W. A. J., u. C. T. GREENWOOD: J. Polymer Sci. 25 (1957) S. 480.
[41] BUCHDAHL, R., L. E. NIELSEN u. E. H. MERZ: J. Polymer Sci. 6 (1951) S. 403.
[42] BUCHDAHL, R., L. E. NIELSEN u. E. H. MERZ: Industr. Engng. Chem. 43 (1951) S. 1396.
[43] BUCKSER, S., u. L. H. TUNG: J. Phys. Chem. 63 (1959) S. 763.
[44] BUECHE, F., u. S. W. HARDING: J. Polymer Sci. 32 (1958) S. 177.

[45] BURCH, G. N. B., G. B. FEILD, F. H. McTIGUE u. H. M. SPURLIN: 13. Ann. Nat. Techn. Conference, St. Louis, Jan. 1957, Techn. Papers III, S. 488.

[46] BURCH, G. N. B., G. B. FEILD, F. M. McTIGUE u. H. M. SPURLIN: SPE-J. 13 (Mai 1957) S. 34.

[47] BURNETT, B. B., u. W. F. McDEVIT: J. appl. Phys. 28 (1957) S. 1101.

[48] BYWATER, S.: J. phys. Chem. 57 (1953) S. 879.

[49] CAPITANI, C., u. G. RIGHI: Ind. chim. belge 20 (1955) S. 691.

[50] CAPITANI, C., u. G. RIGHI: Ind. chim. belge 20 (1955) S. 695.

[51] CAPITANI, C., u. G. PIRRONE: Ind. chim. belge 20 (1955) S. 685.

[52] CAPITANI, C., u. G. PIRRONE: Ind. chim. belge 20 (1955) S. 688.

[53] CAREY, R. H., E. F. SCHULZ u. G. J. DIENES: Industr. Engng. Chem. 42 (1950) S. 842.

[54] CAROTHERS, W. H., u. F. J. VAN NATTA: J. Amer. chem. Soc. 55 (1953) S. 4714.

[55] CARROLL, B., u. J. W. VAN DYK: J. Amer. chem. Soc. 76 (1954) S. 2506.

[56] CERF, R.: Nature 181 (1958) S. 558.

[57] CERF, R., u. H. A. SCHERAGA: Chem. Rev. 51 (1952) S. 185.

[58] CHAMPETIER, G.: Teintex 21 (1956) S. 955.

[59] CHARLESBY, A.: J. Polymer Sci. 14 (1954) S. 547 — Proc. roy. Soc. (A) 231 (1955) S. 521.

[60] CHATTERJEE, H., u. K. B. PAL: J. sci. Ind. Res., Sect. B 15 (1956) S. 670.

[61] CHIEN, J. Y., L. H. SHIH u. S. C. YU: J. Polymer Sci. 29 (1958) S. 117.

[62] CIFERRI, A., M. KRYSZEWSKI u. G. WEILL: J. Polymer Sci. 27 (1958) S. 167.

[63] CLAESSON, I., u. S. CLAESSON: Ark. Kem., Mineralog. Geol. 19 (1945) Nr. 5.

[64] CLAESSON, S.: Ark. Kem., Mineralog. Geol. 26 A (1949) Nr. 24.

[65] CLARKE, W. J.: Trans. AJEE 64 (1945) S. 919.

[66] CLEVERDON, D.: Nature 167 (1951) S. 196.

[67] CLEVERDON, D., u. J. J. MILLANE: Brit. Plastics 27 (1954) S. 56.

[68] COEN, A.: Simposio internazionale di chimica macromoleculare, Milano-Torino, 1954, S. 571.

[69] COLOMBO, E.: Materie plast. 20 (1954) S. 842.

[70] COLOMBO, G.: Materie plast. 20 (1954) S. 982.

[71] CONWAY, B. E., u. M. LAKHANPAL: Iupac, Kunststofftagung Wiesbaden 1959.

[72] COPIC, M.: J. chem. Physics 26 (1957) S. 1382.

[73] COSTE, J. B. DE, F. S. MALM u. V. T. WALLDER: Industr. Engng. Chem. 43 (1951) S. 117.

[74] COTTEN, G. R., A. F. SIRIANNI u. I. E. PUDDINGTON: J. Polymer Sci. 32 (1958) S. 115.

[75] COX, W. P., L. E. NIELSEN u. R. KEENEY: J. Polymer Sci. 26 (1957) S. 365.

[76] COX, W. P., R. A. ISAKSEN u. E. H. MERZ: Iupac, Kunststofftagung Wiesbaden 1959.

[77] CRAGG, L. H., u. C. C. BIGELOW: J. Polymer Sci. 24 (1957) S. 429.

[78] CRONIN, V., B. KRUSINSKI, D. KUTKAITE, M. J. PREISING, G. E. KAPELLA, M. METZIGER u. J. V. KARABINOS: Trans. Illinois State Acad. Sci. 47 (1955) S. 196.

[79] CURME, G. O., u. S. D. DOUGLAS: Industr. Engng. Chem. 28 (1936) S. 1123.

[80] DANUSSO, F., u. G. MORAGLIO: J. Polymer Sci. 24 (1957) S. 161.

[81] DAVIS, W. E.: Industr. Engng. Chem. 43 (1951) S. 516.

[82] DEBYE, P., u. A. M. BUECHE: High Polymer Phys., S. 497. New York: Remsen Press Division 1948.

[83] DEBYE, P., u. F. BUECHE: J. chem. Physics 19 (1951) S. 589.

[84] Deutsche Celluloidfabrik A.G.: DRP 679896.

[85] DIEU, H. A., u. V. DESREUX: Iupac, Kunststofftagung Wiesbaden 1959.

[86] DIENER, H., u. A. MÜNSTER: Z. phys. Chem. Ff. Ausg. 13 (1957) S. 202.

[87] DOBRY, A., u. F. BOYER-KAWENOKI: J. Polymer Sci. 2 (1947) S. 90.

[88] DOTY, P., u. H. S. ZABLE: J. Polymer Sci. 1 (1946) S. 90.

[89] DOUGLAS, S. D., u. W. N. STOOPS: Kunststoffe 26 (1936) S. 247.

[90] DOUGLAS, S. D., u. W. N. STOOPS: Industr. Engng. Chem. 28 (1936) S. 1152.

[91] DRISCH, N., u. L. SOEP: Text. Res. J. 23 (1953) S. 513.

[92] EBERLY, K. C., u. B. L. JOHNSON: J. Polymer Sci. 3 (1948) S. 283.

[93] EDELMANN, K.: Faserforsch. u. Textiltechn. 5 (1954) S. 59.

[94] EDELMANN, K.: Abh. dtsch. Akad. Wiss., Kl. Chem., Geol. u. Biol. 1955, S. 93 — Kolloid-Z. 145 (1956) S. 92.

[95] EDELMANN, K., u. E. HORN: Plaste u. Kautschuk 4 (1957) S. 84.

[96] EICH, T.: Kunststoff-Rdsch. 3 (1956) S. 5.

[97] EISENBERG, H.: J. Polymer Sci. 30 (1958) S. 47.

[98] ELDRIDGE, J. E., u. J. D. FERRY: J. phys. Chem. 58 (1954) S. 992.

[99] ELIAS, H. G.: J. Polymer Sci. 29 (1958) S. 124.

[100] FATOU, J. M. G.: Rev. Plasticos 7 (1956) S. 278.

[101] FEKETE, G., L. GYERMEK u. I. LAZAR: Acta physiol. Acad. Sci. Ung. 8 (1955) S. 147.

[102] FENDLER, H. G., H. ROHLEDER u. H. A. STUART: Makromolekulare Chem. 18/19 (1956) S. 383.

[103] FENDLER, H. G., u. H. A. STUART: Makromolekulare Chem. 21 (1956) S. 193.

[104] FERRY, J. D.: Advances Protein Chem. 4 (1948) S. 1.

[105] FERRY, J. D.: J. Amer. chem. Soc. 70 (1948) S. 2244.

[106] FERRY, J. D., u. J. E. ELDRIDGE: J. physic. Colloid Chem. 53 (1949) S. 184.

[107] FERRY, J. D., W. C. CHILD jr., R. ZAND, D. M. STERN, M. L. WILLIAMS u. R. F. LANDEL: J. Colloid Sci. 12 (1957) S. 53.

[108] FISCHER, E. W.: Kolloid-Z. 159 (1958) S. 108.

[109] FLORY, P. J.: J. Amer. chem. Soc. 62 (1940) S. 1057.

[110] FLORY, P. J., u. P. B. STICKNEY: J. Amer. chem. Soc. 62 (1940) S. 3032.

[111] FLORY, P. J.: J. chem. Phys. 17 (1949) S. 223.

[112] FOX, T. G., u. P. J. FLORY: J. Amer. chem. Soc. 70 (1948) S. 2384.

[113] FOX, T. G., u. P. J. FLORY: J. appl. Phys. 21 (1950) S. 581.

[114] FOX, T. G., u. P. J. FLORY: J. physic. Colloid Chem. 55 (1951) S. 221.

[115] FOX, T. G., u. P. J. FLORY: J. Polymer Sci. 14 (1954) S. 315.

[116] FOX, T. G., u. S. LOSHAEK: J. appl. Phys. 26 (1955) S. 1080.

[117] FOX, T. G., u. S. LOSHAEK: J. Polymer Sci. 15 (1955) S. 371.

[118] FRANK, H. P., u. J. W. BREITENBACH: J. Polymer Sci. 6 (1951) S. 609.

[119] FRISCH, H. L., u. S. AL-MADFAI: J. Amer. chem. Soc. 80 (1958) S. 3561.

[120] FRISMAN, E. V., u. V. N. TSVETKOV: J. Polymer Sci. 30 (1958) S. 297.

[121] FUCHS, O.: Makromolekulare Chem. 18/19 (1956) S. 166.

[122] FUCHS, O., u. H. H. FREY: Kunststoffe 49 (1959) S. 213.

[123] FUCHS, O.: unveröffentlicht.

[124] FUJITA, H., u. K. NINOMIYA: J. Polymer Sci. 24 (1957) S. 233.

[125] FUNT, B. L., u. S. G. MASON: Canad. J. Res. (B) 28 (1958) S. 182.

[126] FUOSS, R. M.: J. Amer. chem. Soc. 63 (1941) S. 2401.

[127] FURUYA, S.: J. Polymer Sci. 17 (1955) S. 145.

[128] GABLER, R., u. W. ZEHNDER: Iupac, Kunststofftagung Wiesbaden 1959.

[129] GATOWSKAJA, T. W., W. A. KARGIN u. A. A. TAGER: J. phys. Chem. (russ.) 29 (1955) S. 883; Ref. in Chem. Zbl. 1957, S. 6766.

[130] GEISELER, G.: Z. phys. Chem. 208 (1957) S. 64.

[131] GELLER, B. E.: Textil-Ind. (russ.) 16 (1956) S. 14; Ref. in Chem. Zbl. 1957, S. 7206.

[132] GIBBONS, G. C.: J. Text. Inst. Trans. 43, T 38 (1952).

[133] GOLOWA, O. P., A. M. PACHOMOW u. I. I. NIKOLAJEWA: Nachr. Akad. Wiss. UdSSR, Abt. chem. Wiss. 1957, S. 519.

[134] GOLUP, M. A.: J. phys. Chem. 60 (1956) S. 431.

[135] GOODMAN, H. S.: Nature 182 (1958) S. 1100.

[136] GORDIJENKO, A., W. GRIEHL u. H. SIEBER: Faserforsch. u. Textiltechn. 6 (1955) S. 105.

[137] GOTO, R., N. KOIZUMI u. T. SUGANO: Bull. Inst. chem. Res. Kyoto Univ. 26 (1951) S. 81.

[138] GOTO, R., N. KOIZUMI u. T. SUGANO: Bull. Inst. chem. Res. Kyoto Univ. 26 (1951) S. 82.

[139] GRAMS, E., u. E. GAUBE: Angew. Chem. 67 (1955) S. 548.

[140] GRASSIE, N., u. I. C. McNEILL: J. Polymer Sci. 30 (1958) S. 37.

[141] GREGOR, H. P., H. JACOBSON, R. C. SHAIR u. D. M. WETSTONE: J. phys. Chem. 61 (1957) S. 141.

[142] GRIEHL, W.: Abh. dtsch. Akad. Wiss., Kl. Chem., Geol. u. Biol. 1955, S. 93.

[143] GRÖNWALL, A.: Dextran. New York: Acad. Press 1957.

[144] GUNDIAH, S., u. S. L. KAPUR: Iupac, Kunststofftagung Wiesbaden 1959.

[145] HÄHNEL, H. R., H. STEFFENS u. F. SAUERWALD: Z. phys. Chem. 211 (1959) S. 52.

[146] HAWKINS, S. W., u. H. SMITH: J. Polymer Sci. 28 (1958) S. 341.

[147] HELLER, W., u. T. L. PUGH: J. chem. Physics 22 (1954) S. 1778.

[148] HELLFRITZ, H.: Makromolekulare Chem. 7 (1951) S. 191.

[149] HENDUS, H., G. SCHNELL, H. THURN u. K. WOLF: Ergebn. exakt. Naturw. 31 (1959) S. 221.

[150] HOBDEN, J. F., u. H. H. G. JELLINEK: J. Polymer Sci. 11 (1953) S. 365.

[151] HOFF, E. A. W.: Kunststoffe 41 (1951) S. 413.

[152] HOFF, E. A. W.: J. Polymer Sci. 9 (1952) S. 41.

[153] HOFFMAN, J. D., u. B. H. ZIMM: J. Polymer Sci. 15 (1955) S. 405.

[154] HOLDE, K. E. VAN, u. J. W. WILLIAMS: J. Polymer Sci. 11 (1953) S. 243.

[155] HOLROYD, L. V., R. S. CODRINGTON, B. A. MROWCA u. E. GUTH: J. appl. Phys. 22 (1951) S. 696.

[156] HORTH, A., u. M. RINFRET: J. Amer. chem. Soc. 77 (1955) S. 503.

[157] HOSONO, M., u. I. SAKURADA: Chem. High Polymers (Tokyo) 10 (1953) S. 76.

[158] HOSONO, M., u. I. SAKURADA: Chem. High Polymers (Tokyo) 12 (1955) S. 469.

[159] HOUWINK, R.: Kolloid-Z. 151 (1957) S. 143.

[160] HUNT, M. L., S. NEWMAN, H. A. SCHERAGA u. P. J. FLORY: J. phys. Chem. 60 (1956) S. 1278.

[161] HUNYAR, A.: Faserforsch. u. Textiltechn. 6 (1955) S. 300.

[162] HUNYAR, A., u. W. MÖLLER: Faserforsch. u. Textiltechn. 6 (1955) S. 442.

[163] HUNYAR, A.: Angew. Chem. 67 (1955) S. 628.

[164] HUNYAR, A.: Abh. dtsch. Akad. Wiss., Kl. Chem., Geol. u. Biol. 1955, S. 141.

[165] HUQUE, M. M., D. A. I. GORING u. S. G. MASON: Canad. J. Chem. 36 (1958) S. 952.

[166] Imp. Chem. Ind., Ltd. London, E. P. 762592 = DAS 1026954.

[167] INOKUCHI, K.: Bull. chem. Soc. Japan 28 (1955) S. 453.

[168] ISEMURA, T., u. K. FUKUZUKA: Mem. Inst. sci. ind. Res. Osaka Univ. 13 (1956) S. 137; 14 (1957) S. 169.

[169] ITO, K.: Mod. Plastics 35 (1957) Novemberheft, S. 167.

[170] JACOBI, H. R.: Kunststoffe 47 (1957) S. 234.

[171] JAFFE, J., u. R DE COENE: J. Polymer Sci. 23 (1957) S. 665.

[172] JAFFE, J., u. J. M. LOUTZ: J. Polymer Sci. 29 (1958) S. 381.

[173] JELLINEK, H. H. G.: J. Polymer Sci. 5 (1950) S. 264.

[174] JELLINEK, H. H. G., u. G. WHITE: J. Polymer Sci. 7 (1951) S. 21.

[175] JELLINEK, H. H. G., u. H. L. NORTHEY: J. Polymer Sci. 14 (1954) S. 583.

[176] JENCKEL, E., u. K. UEBERREITER: Z. phys. Chem. (A) 182 (1938) S. 361.

[177] JENCKEL, E., u. G. KELLER: Z. Naturforschung 5a (1950) S. 317.

[178] JENCKEL, E., u. K. GORKE: Z. Naturforschung 5a (1950) S. 556.

[179] JENCKEL, E., u. B. RUMBACH: Z. Elektrochem. 55 (1951) S. 612.

[180] JOHNSON, B. L.: Industr. Engng. Chem. 40 (1948) S. 351.

[181] JOST, K.: Reyon, Zellw., Chemief. 9 (1959) S. 29.

[182] JUNGNER, G.: Acta Physiol. Scand. 20 (1950) Suppl. 69.

[183] JURSHENKO, A. I., u. I. I. MALEJEW: Ber. Akad. Wiss. UdSSR 103 (1955) S. 1057; Ref. in Chem. Zbl. 1957, S. 1689.

[184] JURSHENKO, A. I., u. I. I. MALEJEW: Rubber Chem. Techn. 29 (1956) S. 1300.

[185] JURSHENKO, A. I., u. I. I. MALEJEW: J. Polymer Sci. 31 (1958) S. 301.

[186] KARGIN, W. A., u. T. I. SSOGOLOWA: J. phys. Chemie (russ.) 29 (1955) S. 469; Ref. in Chem. Zbl. 1956, S. 4168.

[187] KARGIN, W. A., u. T. W. GATOWSKAJA: J. physic. Chem. (russ.) 29 (1955) S. 889; Ref. in Chem. Zbl. 1957, S. 6768.

[188] KARGIN, W. A., u. T. W. GATOWSKAJA: J. physic. Chem. (russ.) 30 (1956) S. 1852.

[189] KARGIN, W. A.: J. Polymer Sci. 23 (1957) S. 47.

[190] KARGIN, W. A., u. J. S. LIPATOW: J. physic. Chem. (russ.) 32 (1958) S. 326.

[191] KARJAKINA, M. I., W. A. KARGIN u. T. I. SSOGOLOWA: Chim. Promyschlennosst 5 (1957) S. 268.

[192] KATAYAMA, M., u. K. SAKABA: Chem. High Polymers (Tokyo) 13 (1956) S. 152.

[193] KATZENSTEIN, R., M. C. WINTERNITZ u. J. MENEELY: J. Biol. Met. 16 (1944) S. 561.

[194] KAUFMAN, H. S., u. M. S. MUTHANA: J. Polymer Sci. 6 (1951) S. 251.

[195] KAUFMAN, H. S., C. O. KRONCKE u. C. R. GIANNOTTA: Mod. Plastics 32 (1954) Oktober-heft, S. 146.

[196] KAUFMAN, H. S., u. C. O. KRONCKE: Mod. Plastics 33 (1956) Märzheft, S. 167.

[197] KAUFMANN, K., u. C. S. IMIG: Ind. plast. Mod. 11 (1959) H. 5, S. 28.

[198] KEDEM, O., u. A. KATCHALSKY: J. Polymer Sci. 15 (1955) S. 321.

[199] KEHREN, M., u. M. RÖSCH: Melliand Textilber. 37 (1956) S. 434.

[200] KEHREN, M., u. M. RÖSCH: Z. ges. Textilind. 59 (1957) S. 13 u. 90.

[201] KLENCK, J. v., u. E. GRAMS: Plast. Inst. Trans. 25 (1957) S. 250.

[202] KLINE, G. M., I. WOLOCK, B. M. AXILROD, A. SHERMAN, D. A. GEORGE u. V. COHEN: Nat. Advisory Comm. Aeronaut. Rep. 1956, S. 1; Ref. in Chem. Zbl. 1958, S. 4334.

[203] KOBAYASHI, H.: Chem. High Polymers (Tokyo) 12 (1955) S. 147.

[204] KOIZUMI, N.: Bull. Inst. chem. Res. Kyoto Univ. 26 (1951) S. 83.

[205] KORAL, J., R. ULLMAN u. F. R. EIRICH: J. phys. Chem. 62 (1958) S. 541.

[206] KOVACS, A. J.: J. Polymer Sci. 30 (1958) S. 131.

[207] KRASOVEC, F., u. A. PETERLIN: Slowen. Acad. Sci. Arts „J. Stefan" Inst. Physics, Rep. 3 (1956) S. 213.

[208] KRAUS, G., J. N. SHORT u. V. THORNTON: Rubber Plastics Age 38 (1957) S. 880.

[209] KRIGBAUM, W. R., u. L. H. SPERLING: Iupac, Kunststofftagung Wiesbaden 1959.

[210] KRYSZEWSKI, M., u. J. MARCHAL: J. Polymer Sci. 29 (1958) S. 103.

[211] KUROIWA, T.: Bull. Chem. Soc. Japan 29 (1956) S. 962.

[212] KUWSCHINSKI, J. W., u. M. M. FOMITSCHEWA: J. Techn. Phys. (russ.) 27 (1957) S. 1019; Ref. in Chem. Zbl. 1959, S. 11924.

[213] LANDEL, R. F., J. W. BERGE u. J. D. FERRY: J. Colloid Sci. 12 (1957) S. 400.

[214] LANDLER, I.: C. R. 225 (1947) S. 234.

[215] LANG, W.: Rheologica Acta 1, (1958) S. 248.

[216] LANGHAMMER, H. G.: Svensk kem. Tidskr. 69 (1957) S. 328.

[217] LANGHAMMER, H. G.: Bunsentagung Würzburg 1958.

[218] LARSEN, H. A., u. H. G. DRICKAMER: J. phys. Chem. 61 (1957) S. 1643.

[219] LASOSKI jr., S. W., u. G. KRAUS: J. Polymer Sci. 18 (1955) S. 359.

[220] LAWTON, E. J., J. S. BALWIT u. A. M. BUECHE: Industr. Engng. Chem. 46 (1954) S. 1703.

[221] LEADERMAN, H., u. H. WALES: Michigan Meeting American Phys. Soc. 1954.

[222] LEADERMAN, H., R. G. SMITH u. L. C. WILLIAMS: J. Polymer Sci. 36 (1959) S. 233.

[223] LERAY, J.: C. R. 241 (1955) S. 1741.

[224] LEVY, G. B., u. H. P. FRANK: J. Polymer. Sci. 17 (1955) S. 247.

[225] LEWIS, C. W.: J. Polymer Sci. 37 (1959) S. 425.

[226] LINTON, W. H., u. H. H. GOODMAN: J. appl. Polymer Sci. 1 (1959) S. 179.

[227] LONGWORTH, R., u. H. MORAWETZ: J. Polymer Sci. 29 (1958) S. 307.

[228] MCCALL, D. W., D. C. DOUGLAS u. E. W. ANDERSON: J. chem. Physics 30 (1959) S. 771.

[229] MCGREW, F. C.: Mod. Plastics 35 (1958) Märzheft, S. 125.

[230] MCINTYRE, D.: 132. Meeting Amer. Chem. Soc., 8. 9. 1957, S. 22 T.

[231] MCLAREN, A. D., u. C. J. SEILER: J. Polymer Sci. 4 (1949) S. 63.

[232] MCLAREN, A. D., u. C. J. SEILER: J. Polymer Sci. 4 (1949) S. 408.

[233] MCLAREN, A. D.: Acta chem. scand. 4 (1950) S. 386.

[234] MCLAREN, A. D.: Science (Washington) 113 (1951) S. 716.

[235] MCLAREN, A. D.: Biochim., biophys. Acta (Amsterdam) 18 (1955) S. 601.

[236] MCLOUGHLIN, J. R., u. A. V. TOBOLSKY: J. Colloid Sci. 7 (1952) S. 555.

[237] MARCHAL, J., u. H. BENOIT: J. chim. Physique 52 (1955) S. 818.

[238] MARCHAL, J., u. H. BENOIT: J. Polymer Sci. 23 (1957) S. 223.

[239] SCHERER, P. C., M. C. HAWKINS u. D. W. LEWI: J. Polymer Sci. 27 (1958) S. 129.

[240] MARCHAL, J., u. C. LAPP: J. Polymer Sci. 27 (1958) S. 571.

[241] MARK, H.: Paper Trade J. 113 (1941) Nr. 3, S. 34.

[242] MARK, H.: Industr. Engng. Chem. 34 (1942) S. 1343.

[243] MARK, H.: Industr. Engng. Chem. 44 (1952) S. 2110.

[244] MARK, H.: in der von STUART herausgegebenen Physik der Hochpolymeren, IV, § 86. Berlin/Göttingen/Heidelberg: Springer 1956.

[245] Mathieson, A. R., u. M. R. Porter: J. chem. Soc. 1958, S. 1301.

[246] Matsumoto, M., u. Y. Ohyanagi: J. Polymer Sci. 26 (1957) S. 389.

[247] Matsumoto, M., u. Y. Ohyanagi: J. Polymer Sci. 31 (1958) S. 225.

[248] Matthews, J. L., H. S. Peiser u. R. B. Richards: Acta crystallogr. 2 (1949) S. 85.

[249] Medwedew, A. J.: Kunststoffe 23 (1933) S. 249.

[250] Meffroy-Biget, A. M.: J. Chim. physique 55 (1958) S. 493.

[251] Merz, E. H., L. E. Nielsen u. R. Buchdahl: J. Polymer Sci. 4 (1949) S. 605.

[252] Merz, E. H., L. E. Nielsen u. R. Buchdahl: Industr. Engng. Chem. 43 (1951) S. 1396.

[253] Meyerhoff, G.: Makromolekulare Chem. 12 (1954) S. 45.

[254] Miller, I. R.: J. Colloid Sci. 9 (1954) S. 579.

[255] Miller, I. R., u. D. C. Grahame: J. Amer. chem. Soc. 78 (1956) S. 3577.

[256] Myers, C. S.: J. Polymer Sci. 13 (1954) S. 549.

[257] Mönig, H.: Naturwiss. 45 (1958) S. 12.

[258] Moore jr., L. D.: 132. Meeting Amer. Chem. Soc., 8. bis 13. 9. 1957, S. 8 T.

[259] Moore, W. R., u. A. M. Brown: J. Colloid Sci. 14 (1959) S. 343.

[260] Mühlstehp, W.: Chem. Techn. 9 (1957) S. 120.

[261] Mukouyama, E., u. A. Takegawa: Chem. High Polymers Tokyo 13 (1956) S. 323.

[262] Münster, A., u. H. Diener: Iupac, Kunststofftagung Wiesbaden 1959.

[263] Nagasawa, M., u. I. Kagawa: J. Polymer Sci. 25 (1957) S. 61.

[264] Newman, S. B., u. W. P. Cox: J. Polymer Sci. 46 (1960) S. 29.

[265] Newman, S. B., u. I. Wolock: J. appl. Phys. 29 (1958) S. 49.

[266] Nicolas, L.: Makromolekulare Chem. 24 (1957) S. 173.

[267] Nielsen, L. E., u. R. Buchdahl: J. chem. Phys. 17 (1949) S. 839.

[268] Ninomiya, K., u. H. Fujita: J. Colloid Sci. 12 (1957) S. 204.

[269] Ninomiya, K.: J. Colloid Sci. 14 (1959) S. 49.

[270] Nishijima, Y., u. G. Oster: J. Polymer Sci. 19 (1956) S. 337.

[271] Ohl, F.: Kunstseide 12 (1930) S. 468.

[272] Ohlberg, S. M., J. Roth u. R. A. V. Raff: J. appl. Polymer Sci. 1 (1959) S. 114.

[273] Okamoto, H.: J. Polymer Sci. 37 (1959) S. 173.

[274] Oster, G.: J. Polymer Sci. 16 (1955) S. 235.

[275] Ott, E., u. a.: Cellulose and Cellulose Derivatives, 2. Aufl. New York: Interscience Publ. 1955.

[276] Parent, M., u. M. Rinfret: Canad. J. Chem. 33 (1955) S. 971.

[277] Parks, W., u. R. B. Richards: Trans. Faraday Soc. 45 (1949) S. 203.

[278] Parrini, P.: Materie plast. 24 (1958) S. 347.

[279] Parrod, J., u. A. Kohler: C. R. 246 (1958) S. 1046.

[280] Patat, F., u. C. Schliebener: Angew. Chem. 70 (1958) S. 26.

[281] Paul, H., u. H. König: Plastics Progress (London) 1957, S. 129.

[282] Peterlin, A., u. M. Copic: J. appl. Phys. 27 (1956) S. 434.

[283] Peticolas, W. L., u. J. M. Watkins: Dallas-Meeting, April 1956, Vol. 16, Nr. 1, S. 196.

[284] Peticolas, W. L., u. J. M. Watkins: J. Amer. chem. Soc. 79 (1957) S. 5083.

[285] Poddubny, I. J., W. N. Reich, J. I. Starowoitowa u. W. G. Nasarow: Kautschuk u. Gummi (russ.) 17 (1958) S. 6.

[286] Pohl, E.: Plaste u. Kautschuk 6 (1959) S. 19.

[287] Pouradier, J., u. A. M. Venet: J. Chim. physique 47 (1950) S. 391.

[288] Pouradier, J., u. A. M. Venet: J. Chim. physique 47 (1950) S. 887.

[289] Price, F. P.: J. Amer. chem. Soc. 74 (1952) S. 311.

[290] Griffith, J. H. u. B. G. Ranby, J. Polymer Sci. 38 (1959) S. 107.

[291] Reding, F. P.: J. Polymer Sci. 32 (1958) S. 487.

[292] Rehner jr., J.: J. Polymer Sci. 1 (1946) S. 225.

[293] Reid, J. A., J. E. Pritchard u. W. B. Reynolds: Plastics Progress (London) 1957, S. 59.

[294] Reitlinger, S. A.: Rubber Chem. Techn. 19 (1946) S. 385.

[295] Reppe, W.: „Polyvinylpyrrolidon“. Weinheim: Verlag Chemie 1954.

[296] Richards, R. B.: Trans Faraday Soc. 41 (1945) S. 127.

[297] Richards, R. B.: Trans. Faraday Soc. 42 (1946) S. 10.

[298] Richards, R. B.: J. appl. Chem. 1 (1951) S. 370.

[*299*] RINKENS, H.: Dipl.-Arbeit, Aachen 1955.

[*300*] ROBERTSON, R. E., R. MCINTROSH u. W. E. GRUMMITT: Canad. J. Res., 24 B. (1946) S. 150.

[*301*] ROCHA, H. J.: Kolloid-Beih. 30 (1930) S. 230.

[*302*] ROGOVIN, Z., u. S. GLAZMAN: J. appl. Chem. UdSSR 8 (1935) S. 1237.

[*303*] ROSEN, B.: J. Polymer Sci. 17 (1955) S. 559.

[*304*] ROSSET, A. J. DE: J. chem. Physics 9 (1941) S. 766.

[*305*] ROSSI, C., U. BIANCHI u. V. MAGNASCO: J. Polymer Sci. 30 (1958) S. 175.

[*306*] ROUX, D. G.: Nature 181 (1958) S. 1793.

[*307*] ROUX, D. G., u. S. R. EVELYN: Biochem. J. 69 (1958) S. 530.

[*308*] RUGG, F. M., J. J. SMITH u. L. H. WARTMAN: J. Polymer Sci. 11 (1953) S. 1.

[*309*] RUSZNAK, I., K. FUKKER u. I. KRALLIK: Z. phys. Chem. 17 (1958) S. 61.

[*310*] RYSAVY, D.: Kunststoffe 47 (1957) S. 683.

[*311*] SADRON, C., u. P. REMPP: J. Polymer Sci. 29 (1958) S. 127.

[*312*] SAITO, S.: Kolloid-Z. 154 (1957) S. 19.

[*313*] SAITO, S.: Kolloid-Z. 158 (1958) S. 120.

[*314*] SAKURADA, J., Y. NUKUSHINA u. Y. SONE: Ricerca sci., Suppl. A 25 (1955) S. 715.

[*315*] SAKURADA, J., Y. NUKUSHINA u. Y. SONE: Chem. High Polymers (Tokyo) 12 (1955) S. 506.

[*316*] SELKER, M. L., G. G. WINSPEAR u. A. R. KEMP: Industr. Engng. Chem. 34 (1942) S. 157.

[*317*] SELLA, C.: Iupac, Kunststofftagung Wiesbaden 1959.

[*318*] SIGNER, R., u. H. GROSS: Z. phys. Chem. A 165 (1933) S. 161.

[*319*] SIGNER, R., u. H. W. LIECHTI: Makromolekulare Chem. 2 (1948) S. 267.

[*320*] SIMON, S., u. B. KASSZAN: Acta physiol. Acad. Sci. Hung. 8 (1955) S. 155.

[*321*] SIRCAR, A. K., u. S. R. PALIT: J. sci. ind. Res. New Delhi 13 (1954) B, S. 470.

[*322*] SIRIANNI, A. F., R. TREMBLAY u. I. E. PUDDINGTON: Canad. J. Chem. 36 (1958) S. 543.

[*323*] SLESSER, C., u. S. R. SCHRAM: Preparation Properties and Technology of Fluorine and Organic Fluoro Compounds. New York: Longmans 1951.

[*324*] SLOWINSKI, E. J., H. WALTER u. R. L. MILLER: J. Polymer Sci. 19 (1956) S. 353.

[*325*] SMITH, K. L., u. R. VAN CLEVE: Industr. Engng. Chem. 50 (1958) S. 12.

[*326*] SMYTH, C. P.: Dielectric Behavior and Structure. London: McGraw-Hill 1955.

[*327*] SOOKNE, A. M., M. HARRIS, H. A. RUTHERFORD u. H. MARK: J. Res. Nat. Bur. Stand. 29 (1942) S. 123.

[*328*] SOOKNE, A. M., u. M. HARRIS: Industr. Engng. Chem. 37 (1945) S. 478.

[*329*] SPERATI, C. A., W. A. FRANTA u. H. W. STARKWEATHER jr.: J. Amer. Chem. Soc. 75 (1953) S. 6127.

[*330*] SPURLIN, H. M.: Industr. Engng. Chem. 30 (1938) S. 538.

[*331*] SSOLOWJEW, W. A.: Nachr. Leningrader Univ. 13, Nr. 4, Serie Physik Chem., Nr. 1 (1958) S. 30; Ref. in Chem. Zbl. 1959, S. 11273.

[*332*] STAUDINGER, H., H. SCHNELL u. H. STOCK: Beih. Z. Ver. dtsch. Chemiker 47 (1943) S. 1.

[*333*] STAUDINGER, H., u. H. HELLFRITZ: Makromolekulare Chem. 7 (1951) S. 274.

[*334*] STUART, H. A.: Physik der Hochpolymeren, Bd. II. Berlin/Göttingen/Heidelberg: Springer 1953.

[*335*] STUART, H. A.: Physik der Hochpolymeren, Bd. III (1955) u. Bd. IV (1956). Berlin/Göttingen/Heidelberg: Springer.

[*336*] SUGAI, S., u. J. FURNICHI: J. phys. Soc. Japan 12 (1957) S. 369.

[*337*] SWANSON, D. L., u. J. W. WILLIAMS: J. appl. Phys. 26 (1955) S. 810.

[*338*] SCHACHT, L., G. SCHEIBE u. H. SCHULLER: Z. Elektrochem. 59 (1955) S. 863.

[*339*] SCHERER, P. C., u. J. E. JOHNSON: Mod. Text. Mag. 34 (1953) Juniheft, S. 51 u. Augustheft, S. 63.

[*340*] SCHERER, P. C., u. S. N. CHINAI: Mod. Text. Mag. 36 (1955) Januarheft, S. 74 u. Februarheft, S. 48.

[*341*] SCHERER, P. C., D. W. LEVI u. M. C. HAWKINS: J. Polymer Sci. 24 (1957) S. 19.

[*342*] SCHERER, P. C., M. C. HAWKINS u. D. W. LEVI: J. Polymer Sci. 27 (1958) S. 129.

[*343*] SCHERER, P. C., M. C. HAWKINS u. D. W. LEVI: J. Polymer Sci. 31 (1958) S. 105.

[*344*] SCHERER, P. C., M. C. HAWKINS u. D. W. LEVI: J. Polymer Sci. 37 (1959) S. 369.

[*345*] Schieber, W.: Angew. Chem. 52 (1939) S. 487 u. 561 — Papierfabrikant, Techn.-wiss. Teil 37 (1939) S. 245.

[*346*] Schmieder, K., u. K. Wolf: Kolloid-Z. 134 (1953) S. 149.

[*347*] Scholtan, W.: Makromolekulare Chem. 24 (1957) S. 107.

[*348*] Scholtan, W.: Z. ges. exp. Med. 130 (1959) S. 556.

[*349*] Scholtan, W.: Makromolekulare Chem. 11 (1953) S. 131.

[*350*] Schram, A.: Kolloid-Z. 151 (1957) S. 18.

[*351*] Schultz, A. R., u. P. J. Flory: J. Amer. chem. Soc. 74 (1952) S. 4760.

[*352*] Schulz, G. V., K. V. Günner u. H. Gerrens: Z. phys. Chem. 4 (1955) S. 192.

[*353*] Schulz, G. V., u. M. Hoffmann: Makromolekulare Chem. 23 (1957) S. 220.

[*354*] Schulz, G. V., u. H. Craubner: J. Polymer Sci. 28 (1958) S. 462.

[*355*] Schulz, G. V., u. A. Münster: Iupac, Kunststofftagung Wiesbaden 1959.

[*356*] Schurz, J., u. H. Streitzig: Mh. Chemie 87 (1956) S. 632.

[*357*] Schurz, J.: Kolloid-Z. 147 (1956) S. 57.

[*358*] Schurz, J.: Kolloid-Z. 155 (1957) S. 45.

[*359*] Schurz, J.: Kolloid-Z. 155 (1957) S. 55.

[*360*] Schurz, J., T. Steiner u. H. Streitzig: Makromolekulare Chem. 23 (1957) S. 141.

[*361*] Schurz, J., u. K. H. Schäfer: Rheologica Acta 1 (1958) S. 264.

[*362*] Schwarzl, F.: Kunststofftagung Bad Nauheim 1958.

[*363*] Schwarz, A.: Kunststoffe 48 (1958) S. 292.

[*364*] Talamini, G., u. G. Pezzin: Iupac, Kunststofftagung Wiesbaden 1959.

[*365*] Tarkow, H.: J. Polymer Sci. 28 (1958) S. 35.

[*366*] Taylor, G. R., u. S. R. Darin: J. Polymer Sci. 17 (1955) S. 511.

[*367*] Thirion, P.: Rev. gén. Caoutchouc 35 (1958) S. 441.

[*368*] Thomas, B. B., u. W. J. Alexander: J. Polymer Sci. 15 (1955) S. 361.

[*369*] Thomas, B. B., u. W. J. Alexander: J. Polymer Sci. 25 (1957) S. 285.

[*370*] Thurn, H.: Kunststofftagung Bad Nauheim 1958.

[*371*] Thurn, H.: Kolloid-Z. 165 (1959) S. 57.

[*372*] Tobolsky, A. V., u. J. R. McLoughlin: J. Polymer Sci. 8 (1952) S. 543.

[*373*] Tung, L. H.: SPE-J. 14 (1958) Juliheft, S. 25.

[*374*] Tung, L. H., u. S. Buckser: J. Phys. Chem. 62 (1958) S. 1530.

[*375*] Tung, L. H.: 14. ATC 1958, S. 959; Ref. in Kunststoff-Rdsch. (1958) S. 438.

[*376*] Turska, E., u. T. Swarski: Iupac, Kunststofftagung Wiesbaden 1959.

[*377*] Ueberreiter, K., u. G. Kanig: Z. Naturforschung 6a (1951) S. 551.

[*378*] Ueberreiter, K., u. G. Kanig: J. Colloid Sci. 7 (1952) S. 569.

[*379*] Ueberreiter, K., u. C. Kanig: Kolloid-Z. 129 (1952) S. 132.

[*380*] Ueberreiter, K., G. Kanig u. A. S. Brenner: J. Polymer Sci. 16 (1955) S. 53.

[*381*] Ueberreiter, K., u. H. J. Orthmann: Kolloid-Z. 126 (1952) S. 140.

[*382*] Ueberreiter, K., u. H. J. Orthmann: Kolloid-Z. 128 (1952) S. 125.

[*383*] Ueberreiter, K., u. H. J. Orthmann: Kolloid-Z. 132 (1953) S. 61.

[*384*] Ueberreiter, K., u. E. Otto-Laupenmühlen: Z. Naturforschung 8a (1953) S. 664.

[*385*] Ueberreiter, K., u. S. Purucker: Kolloid-Z. 144 (1955) S. 120.

[*386*] Ueberreiter, K., u. F. Asmussen: J. Polymer Sci. 23 (1957) S. 75.

[*387*] Umstätter, H.: Kautschuk u. Gummi 5 (1952) S. 120.

[*388*] Umstätter, H.: Kolloid-Z. 139 (1954) S. 120.

[*389*] U. S. Industrial Chemicals Comp.: Mod. Plastics (1957) Dezemberheft, S. 263.

[*390*] Vergoz, R.: Ann. Chimie 8 (1953) S. 101.

[*391*] Wagner, R. H.: J. Polymer Sci. 2 (1947) S. 21.

[*392*] Wall, L. A., D. W. Brown u. V. E. Hart: J. Polymer Sci. 15 (1955) S. 157.

[*393*] Wallder, V. T., W. J. Clarke, J. B. de Coste u. J. B. Howard: Industr. Engng. Chem. 42 (1950) S. 2320.

[*394*] Walton, K.: Proc. roy. Soc. Med. 44 (1951) S. 563.

[*395*] Warrick, E. L., W. A. Piccoli u. F. O. Stark: J. Amer. chem. Soc. 77 (1955) S. 5017.

[*396*] Watanabe, H., u. K. Shinoda: J. chem. Soc. Japan, Ind. Chem. Sect. 60 (1957) S. 753.

[*397*] Watkins, J. M.: J. appl. Phys. 27 (1956) S. 419.

[*398*] Watkins, J. M., R. D. Spangler u. E. C. McKannan: J. appl. Phys. 27 (1956) S. 685.

[*399*] Weir, C. E.: J. Res. Nat. Bur. Stand. 46 (1951) S. 207.

[400] Weldon, L. H. P.: Plast Inst. Trans. 24 (1956) S. 303.

[401] Wiegand, W. B., u. H. A. Braendle: Industr. Engng. Chem. 36 (1944) S. 699.

[402] Wijga, P. W. O.: Symposium Soc. Chem. Ind., London, April 1958.

[403] Wijga, P. W. O.: The Physical Properties of Polymers. London, Soc. Chem. Ind. 1959, S. 35.

[404] Wiley, R. H., u. G. M. Brauer: J. Polymer Sci. 3 (1948) S. 647.

[405] Wiley, R. H., u. G. M. Brauer: J. Polymer Sci. 11 (1953) S. 221.

[406] Wissler, A.: Diss. Bonn 1940.

[407] Wojutzki, S. S., u. B. W. Schtarch: Koll. J. (russ.) 16 (1954) S. 3; Ref. in Chem. Zbl. 1950/54, S. 268.

[408] Wojutzki, S. S., u. B. W. Schtarch: Rubber Chem. Techn. 30 (1957) S. 548.

[409] Wojutzki, S. S., A. I. Schapowalowa u. A. P. Pissarenko: Koll. J. (russ.) 19 (1957) S. 274.

[410] Würstlin, F.: Kolloid-Z. 134 (1953) S. 145.

[411] Yanko, J. A.: J. Polymer Sci. 3 (1948) S. 576.

[412] Yeh, S. J., u. H. L. Frisch: J. Polymer Sci. 27 (1958) S. 149.

[413] Yoshioka, T.: J. Soc. Text. Cell. Ind. Japan 12 (1956) S. 693.

[414] Staudinger, H.: Z. angew. Chem. 42 (1929) S. 37 u. 67.

[415] Staudinger, H.: Makromolekulare Chem. 1 (1947) S. 7.

[416] Schulz, G. V.: Z. Elektrochem. 44 (1936) S. 102.

[417] Meyerhoff, G.: Makromolekulare Chem. 12 (1954) S. 61.

[418] Hill, R.: Fibres from Synthetic Polymers, Kap. 8. New York/Amsterdam/London/ Brüssel: Elsevier Publ. Comp. Inc. 1953.

[419] Valentine, L.: J. Polymer Sci. 17 (1955) S. 253.

[420] Ward, W. H.: J. Polymer Sci. 24 (1957) S. 11.

[421] Singer, S.: J. Polymer Sci. 1 (1946) S. 445.

[422] Huggins, M. L., u. O. Kratky: Makromolekulare Chem. 9 (1953) S. 195.

[423] Staudinger, H., u. M. Häberle: Makromolekulare Chem. 9 (1953) S. 35.

[424] Staudinger, H.: Die hochmolekularen organischen Verbindungen. Berlin: Springer 1932.

[425] Fuchs, O.: Verh.-Ber. Kolloid-Ges. 18 (1958) S. 75.

[426] Schulz, G. V., u. A. Dinglinger: Z. phys. Chem. Abt. B 43 (1939) S. 47.

[427] Haas, H., u. D. Tewes: Makromolekulare Chem. 6 (1951) S. 174.

[428] Schulz, G. V.: Z. phys. Chem. Abt. B 43 (1939) S. 25.

[429] Raff, R. A. V, u. J. B. Allison: Polyethylene. New York: Interscience Publ. 1956.

[430] Aggarwal, S. L.: Chem. Rev. 57 (1957) S. 665.

[431] Schlegel, H.: Kunststoffe, Plastics 4, (1957) S. 7.

[432] Hagen, H.: Polyäthylen. Hamburg: Verlag Garrels 1958.

[433] Rugg, F. M., J. G. Smith u. L. H. Wartman: Ann. N. Y. Acad. Sci. 57 (1957) S. 398.

[434] Willbourn, A. H.: Intern. High-Polymer-Conference, Nottingham Juli 1958.

[435] Imig, C. S.: 14. Tagung der Soc. of Plastics Engineers, Detroit Januar 1958.

[436] Horsley, R. A., D. J. A. Lee u. P. B. Wright: The Physical Properties of Polymers. London: Soc. Chem. Ind. 1959.

[437] Hermans, P. H.: Physics and Chemistry of Cellulose Fibres. New York/Amsterdam/ London/Brüssel: Elsevier Publ. Comp. Inc. 1949.

[438] Novikow, A. S., T. W. Dorochina u. P. I. Subow: Ber. Akad. Wiss. UdSSR 105 (1955) S. 514 u. Rubber Chem. Techn. 31 (1958) S. 27.

[439] Merrett, F. M.: J. Polymer Sci. 24 (1957) S. 467.

[440] Toms, B. A.: Rheologica Acta 1 (1958) S. 137.

[441] Jenckel, E., u. H. Huhn: Kolloid-Z. 159 (1958) S. 118.

[442] Yang, J. T.: J. Amer. chem. Soc. 80 (1958) S. 1783.

[443] Fuchs, O.: in „Die Lösungsmittel und Weichmachungsmittel" von H. Gnamm und W. Sommer. Stuttgart: Wiss. Verlagsges. 1958.

[444] Jenckel, E.: in „Physik der Hochpolymeren", Bd. IV, von H. A. Stuart. Berlin/ Göttingen/Heidelberg: Springer 1956.

[445] Achwal, W. B., E. H. Darnwalla, G. M. Nabar u. P. Subramaniami: J. Polymer Sci. 35 (1959) S. 93.

[446] AGGARWAL, S. L., L. MARKER u. M. J. CARRANO: J. appl. Polymer Sci. 3 (1960) S. 77.

[447] AITKEN, A., u. R. M. BARRER: Trans. Faraday Soc. 51 (1955) S. 116.

[448] ANDRUSSOW, L.: Kolloid-Z. 166 (1959) S. 135.

[449] Aries Associates Incorp., New York: DAS 1068891.

[450] BAGLEY, E. B.: J. appl. Phys. 30 (1959) S. 597.

[451] BAGLEY, E. B., u. D. C. WEST: J. appl. Phys. 29 (1958) S. 1511.

[452] BARRER, R. M., J. A. BARRIE u. I. SLATER: J. Polymer Sci. 23 (1957) S. 315 u. 331; 27 (1957) S. 177; 28 (1958) S. 377.

[453] BAMFORD, C. H.: Textile Manufacturer 82 (1956) S. 184.

[454] BARBER, E. J., u. H. O. WARE: Tappi 40 (1957) S. 365.

[455] BARTON, S. S., u. S. G. MASON: Canad. J. Chem. 36 (1958) S. 1126.

[456] BATZER, H., u. A. MÖSCHLE: Makromolekulare Chem. 22 (1957) S. 195.

[457] BERLIN, A. A., L. A. BLYUMENFELD, N. I. CHERKASHIN, A. E. KALMANSON u. O. G. SEL'SKAYA: High Mol. Weight Compounds 1 (1959) S. 1361; Ref. in J. Polymer Sci. 43 (1960) S. 285.

[458] BHAGAVANTAM, S.: Current Sci. 26 (1957) S. 341.

[459] BIANCHI, U., V. MAGNASCO u. C. ROSSI: Ricerca sci. 28 (1958) S. 1412.

[460] BOHDANECKY, M., J. TAMCHYNA u. V. ZVONAR: Chem. Průmysl 8 (1958) S. 382.

[461] BRANDT, W. W.: J. Polymer Sci. 41 (1959) S. 403.

[462] BUECHE, F., u. F. N. KELLEY: J. Polymer Sci. 45 (1960) S. 267.

[463] CASE, L. C.: Makromolekulare Chem. 41 (1960) S. 61.

[464] CERESA, R. J., u. W. F. WATSON: J. appl. Polymer Sci. 1 (1959) S. 101.

[465] CUMBERBIRCH, R. J. E., u. W. G. HARLAND: J. Text. Inst. 50 (1959) S. T 311.

[466] CUMBERBIRCH, R. J. E., u. W. G. HARLAND: Shirley Inst. Chem. 31 (1958) S. 239.

[467] CUMBERBIRCH, R. J. E.: J. Text. Inst. 50 (1959) S. T 528.

[468] DAUNE, M., u. L. FREUND: Ind. plast. Mod. 11 (1959) Nr. 4, S. 39.

[469] DOROKHINA, T. V., A. S. NOVIKOV u. P. I. ZUBOV: High Mol. Weight Compounds 1 (1959) S. 21; Ref. in J. Polymer Sci. 38 (1959) S. 281; vgl. auch Plaste u. Kautschuk 6 (1959) S. 494.

[470] DOTY, P., J. H. BRADBURY u. A. M. HOLZER: J. Amer. Chem. Soc. 78 (1956) S. 947.

[471] ELIAS, H. G., u. F. PATAT: Makromolekulare Chem. 25 (1957) S. 13.

[472] FITZGERALD, E. B., u. R. M. FUOSS: J. Polymer Sci. 14 (1954) S. 329.

[473] FORBES, M. G., u. L. A. McLEOD: Trans. Instn. Rubber Ind. 34 (1958) S. 154 — Rubber Chem. Technol. 32 (1959) S. 48.

[474] FREEMAN, P. I., u. J. S. ROWLINSON: Polymer 1 (1960) S. 20.

[475] FRISCH, H. L., M. Y. HELLMAN u. J. L. LUNDBERG: J. Polymer Sci. 38 (1959) S. 441.

[476] FRISMAN, E. V.: Plaste u. Kautschuk 6 (1959) S. 492.

[477] FUJINO, K., H. KAWAI u. I. NAKANO: Chem. High Polymer Tokyo 12 (1955) S. 497.

[478] FURNYA, S.: J. Polymer Sci. 17 (1955) S. 145.

[479] GÄRTNER, K., u. K. EFER: Makromolekulare Chem. 36 (1960) S. 133.

[480] GÄRTNER, K., u. H. KÜHN: Makromolekulare Chem. 36 (1960) S. 140.

[481] GILLILAND, E. R., u. E. B. GUTOFF: J. appl. Polymer Sci. 3 (1960) S. 26.

[482] GLIKMAN, S. A., u. I. G. SCHUBZOWA: Kolloid. J. (russisch) 21 (1959) S. 25.

[483] GREEN, J. H. S.: Nature 183 (1959) S. 818.

[484] GRIEVESON, B. M.: Polymer 1 (1960) S. 499.

[485] HAMDY, M. K., E. GARDNER, Q. VAN WINKLE u. G. L. STAHLY: Ohio J. Sci. 58 (1958) S. 177.

[486] HOBBS, L. M., S. C. KOTHARI, V. C. LONG u. G. C. SUTARIA: J. Polymer Sci. 22 (1956) S. 123.

[487] HIMMELREICH, W.: Dtsch. Textiltechn. 9 (1959) S. 96 u. 153.

[488] HUSEMANN, E.: Makromolekulare Chem. 35 (1960) S. 239.

[489] INONE, T.: J. Chem. Soc., Japan, Pure Chem. Sect. 77 (1956) S. 441.

[490] ISEMURA, T., H. HOTTA u. T. MIWA: Bull. Chem. Soc. Japan 26 (1953) S. 380.

[491] ITO, Y.: Polymer Report Inst. Polymer Ind. Tokyo Nr. 22 (Februar 1960).

[492] IWANOW, W. I., B. A. SACHAROW, N. J. TRUCHTENKOWA u. G. A. KRYLOWA: Nachr. Akad. Wiss. UdSSR, Abt. chem. Wiss. 1959, S. 949.

[493] JURSHENKO, A. I., u. I. I. MALEJEW: Kolloid. J. (russisch) 18 (1956) S. 245.

[494] KANAMURA, K., u. K. YOSHINO: J. Soc. Chem. Ind. Japan 47 (1944) S. 720.

[495] KAUFMANN, K. A., u. C. S. IMIG: Mod. Plastics 36 (1959) Nr. 2, S. 137.

[496] KENYON, A. S., R. C. GROSS u. A. L. WURSTER: J. Polymer Sci. 40 (1959) S. 159.

[497] KENYON, A. S., u. I. O. SALYER: J. Polymer Sci. 43 (1960) S. 427.

[498] KOBAYASHI, H.: J. Polymer Sci. 39 (1959) S. 369.

[499] KOEPP, H. M., u. H. WERNER: Makromolekulare Chem. 32 (1959) S. 79.

[500] KOROL, I. P.: J. techn. Physik (russisch) 29 (1959) S. 471.

[501] KOROL, I. P.: J. techn. Physik (russisch) 29 (1959) S. 480.

[502] KOROL, I. P.: J. techn. Physik (russisch) 29 (1959) S. 487.

[503] KOSLOW, P. W., u. B. N. KOROSSTYLEW: J. Phys. Chem. (russisch) 31 (1957) S. 653.

[504] KRAHNSTÖRER, M. J., u. F. SAUERWALD: Z. Elektrochem. 63 (1959) S. 1006.

[505] LIDARIK, M.: Chem. Průmysl 8 (1958) S. 601.

[506] McCALL, D. W., D. C. DOUGLASS u. E. W. ANDERSON: J. chem. Physics 30 (1959) S. 1272.

[507] McCORMICK, H. W., F. M. BROWER u. L. KIN: J. Polymer Sci. 39 (1959) S. 87.

[508] McINTYRE, D., J. H. O'MARA u. B. C. KONOUCK: J. Amer. Chem. Soc. 81 (1959) S. 3498.

[509] MAEDA, H., T. KAWAI u. Y. SAITO: J. Chem. Soc. Japan, Pure Chem. Sect. 80 (1959) S. 243.

[510] MANDELBAUM, D. I., A. A. KONKIN u. N. W. SCHULJATIKOWA: Chemiefasern (russisch) 1959, Nr. 2, S. 35.

[511] MARCHAL, J., C. LAPP u. G. SPACH: Arch. des Sci., Sonderh. 11 (1958) S. 96.

[512] MARTINOVICH, R. J., P. I. BOEKE u. R. A. McCORD: Soc. Plastics Engng. Techn. Papers 6 (1960) H. 1, S. 30.

[513] MEFFROY-BIGET, A. M., u. A. NICCO: J. Chim. physique 57 (1960) S. 393.

[514] MELTZER, T. H., J. J. KELLEY u. R. N. GOLDEY: J. appl. Polymer Sci. 3 (1960) S. 84.

[515] MEYERHOFF, G.: J. Polymer Sci. 29 (1958) S. 399.

[516] MILLS, D. R., G. E. MOORE u. D. W. PUGH: Soc. Plastics Engng. Techn. Papers 6 (1960) H. 1, S. 4.

[517] MOACANIN, J.: J. appl. Polymer Sci. 1 (1959) S. 272.

[518] MÜLLER, F. H., u. C. SCHMELZER: Ergebn. exakt. Naturwiss. 25 (1951) S. 359.

[519] MYERS, A. W., C. E. ROGERS, V. STANNETT u. M. SZWARC: Tappi 41 (1958) S. 716.

[520] MYKOLAJEWYCZ, R., E. WELLISCH, R. N. LEWIS u. O. I. SWEETING: J. appl. Polymer Sci. 2 (1959) S. 236.

[521] NAGAMATSU, K., T. TAKEMURA, T. YOSHITOMI u. T. TAKEMOTO: J. Polymer Sci. 33 (1958) S. 515.

[522] NAGANO, M., K. TAKESHIMA ü. T. OTSUBO: J. Soc. Text. Cell. Ind. Japan 11 (1955) S. 534.

[523] NAGAO, H., M. UCHIDA u. T. YAMAGUCHI: J. Chem. Soc. Japan, Ind. Chem. Sect. 59 (1956) S. 471.

[524] NAGASAWA, M., A. SODA u. I. KAGAWA: J. Polymer Sci. 31 (1958) S. 439.

[525] NOWIKOW, A. S., G. M. BARTENEW u. F. A. GALIL-OGLY: Ber. Akad. Wiss. UdSSR 94 (1954) S. 253.

[526] NOWIKOW, A. S., u. F. S. TOLSTUCHINA: Ber. Akad. Wiss. UdSSR 109 (1956) S. 576.

[527] NOWIKOW, A. S., M. B. CHAIKINA, T. W. DOROCHINA u. M. I. ARCHANGELSKAJA: Kolloid. J. (russisch) 15 (1953) S. 51.

[528] OGATA, N.: Bull. Chem. Soc. Japan 33 (1960) S. 212.

[529] ONOGI, S., I. HAMANA u. H. HIRAI: J. appl. Phys. 29 (1958) S. 1503.

[530] PATAT, F., u. H. G. ELIAS: Naturwiss. 46 (1959) S. 322.

[531] PORTER, R. S., u. I. F. JOHNSON: J. appl. Polymer Sci. 3 (1960) S. 107.

[532] PORTER, R. S., u. I. F. JOHNSON: J. appl. Polymer Sci. 3 (1960) S. 194.

[533] REDING, F. P., u. E. R. WALTER: J. Polymer Sci. 38 (1959) S. 141.

[534] RUDD, J. F.: J. Polymer Sci. 44 (1960) S. 459.

[535] SACHAROW, B. A., W. I. IWANOW u. G. A. KRYLOWA: Chemiefaser (russisch) 1959, Nr. 3, S. 32.

[536] SAKAJIRI, S., I. FUJIMOTO u. I. OKAMURA: J. Soc. Text. Cell. Ind. Japan 14 (1958) S. 452.

[537] SAKAJIRI, S.: J. Soc. Text. Cell. Ind. Japan 14 (1958) S. 822.

[538] SAKURADA, I., A. NAKAJIMA u. H. FUJIWARA: J. Polymer Sci. 35 (1959) S. 497.

[539] SAKURADA, I., Y. SAKAGUCHI u. S. FUKUI: Chem. High Polymers Tokyo 13 (1956) S. 408.

[540] SELIKMAN, S. G., u. N. W. MICHAILOW: Kolloid. J. (russisch) 19 (1957) S. 35.

[541] SHEARER, N. H., J. E. GUILLET u. H. W. COOVER: Soc. Plastics Engng. Techn. Papers 6 (1960) H. 1, S. 5.

[542] SMITH, F. R., u. I. A. LAIRD: Brit. Plastics 31 (1958) S. 477.

[543] SMITH, S.: J. Polymer Sci. 30 (1958) S. 459.

[544] SOMMER, W.: Kolloid-Z. 167 (1959) S. 97.

[545] SPENCER, R. S., u. R. E. DILLON: J. Colloid Sci. 4 (1949) S. 241.

[546] STEPHANI, R., M. CHEVRETON, J. FERRIER u. C. EYRAUD: C. R. 248 (1959) S. 2006.

[547] SCHERER, P. C., A. TANENBAUM u. D. W. LEWI: J. Polymer Sci. 43 (1960) S. 531.

[548] SCHOSSTAKOWSKI, M. F.: Nachr. Akad. Wiss. UdSSR, Abt. Chem. Wiss. 1959, S. 896.

[549] SCHOSSTAKOWSKI, M. F., F. P. SSIDELKOWSKAJA u. M. G. SELENSKAJA: Nachr. Akad. Wiss. UdSSR, Abt. Chem. Wiss. 1957, S. 1406.

[550] SCHULZ, G. V., u. G. MEYERHOFF: Z. Elektrochem. 56 (1952) S. 545.

[551] SCHURZ, J.: J. Colloid Sci. 14 (1959) S. 492.

[552] TAGER, A. A., M. W. ZILIPOTKINA u. A. I. SSUWOROWA: Ber. Akad. Wiss. UdSSR 124 (1959) S. 133.

[553] TAGER, A. A.: High Mol. Weight Compounds 1 (1959) S. 21; Ref. in J. Polymer Sci. 38 (1959) S. 281.

[554] TAKAHASHI, M.: J. Soc. Text. Cell. Ind. Japan 15 (1959) S. 254.

[555] TAKEDA, M. u. A. YAMADA: Polymer Report Inst. Polymer. Ind., Tokyo Nr. 27, Juli 1960.

[556] THIELE, H., u. H. LAMP: Kolloid-Z. 173 (1960) S. 63.

[557] THINIUS, K., u. W. REICHERDT: Plaste u. Kautschuk 6 (1959) S. 588.

[558] THINIUS, K., u. H. FROMMELT: Plaste u. Kautschuk 6 (1959) S. 543.

[559] THINIUS, K., u. L. DIMTER: Plaste u. Kautschuk 6 (1959) S. 547.

[560] TOBOLSKY, A. V., A. MERCURIO u. K. MURAKAMI: J. Colloid Sci. 13 (1958) S. 196.

[561] TREMENTOZZI, Q. A.: J. Polymer Sci. 23 (1957) S. 887.

[562] TROSSARELLI, L., E. CAMPI u. G. SAINI: J. Polymer Sci. 35 (1959) S. 205.

[563] TUNG, L. H.: ACS Meeting Cleveland, April 1960.

[564] ÜBERREITER, K.: Rheolog. Kolloquium Berlin, Mai 1960.

[565] UEDA, S., u. T. KATAOKA: Makromolekulare Chem. 41 (1960) S. 245.

[566] UEDA, S., u. T. KATAOKA: Polymer Report Inst. Polymer Ind. Tokyo Nr. 31 (1960).

[567] VINCENT, P. I.: Polymer 1 (1960) S. 7.

[568] VOLLMERT, B.: Angew. Chem. 71 (1959) S. 119.

[569] WADA, A.: J. chem. Physics 31 (1959) S. 495.

[570] WADA, A.: J. chem. Physics 30 (1959) S. 328.

[571] WHITE, H. F., u. C. M. LOVELL: J. Polymer Sci. 41 (1959) S. 369.

[572] WISSEROTH, K.: Angew. Chem. 72 (1960) S. 866.

[573] YANG, J. T.: J. Amer. chem. Soc. 81 (1959) S. 3902.

[574] ZWETKOW, W. N., u. S. I. KLENIN: J. techn. Physik (russisch) 29 (1959) S. 1393.

[575] DANON, J., M. JOBARD, M. LANTONT, M. MAGAT, M. MICHEL, M. RION u. C. WIPPLER: J. Polymer Sci. 34 (1959) S. 517.

[576] MARK, H.: Angew. Chem. 67 (1955) S. 53.

[577] PERKEL, R., u. R. ULLMAN: Polytechn. Inst. of Brooklyn, Bericht vom 10. 5. 1960.

[578] ELLERSTEIN, E., u. R. ULLMAN: Polytechn. Inst. of Brooklyn, Bericht vom 1. 8. 1960.

[579] OHLBERG, S. M., J. ROTH u. R. A. V. RAFF: J. appl. Polymer Sci. 1 (1959) S. 114.

[580] GRANT, D. H., E. VANCE u. S. BYWATER: Trans. Faraday Soc. 56 (1960) S. 1697.

2.3 Bestimmung des Molekulargewichtes, seiner Verteilung und der Molekülform

Von A. Peterlin, Durham, N.C./USA

2.3.1 Einführung

Es wurde schon in den vorangehenden Abschnitten dieses Kapitels darauf hingewiesen, daß die Eigenschaften hochmolekularer Substanzen innerhalb einer hochpolymeren Reihe, z. B. von Polyvinylchlorid, ganz wesentlich vom Molekulargewicht und von der Gestalt der Moleküle beeinflußt werden. Feste niedermolekulare Glieder der Reihe haben eine pulverförmige Konsistenz, während mit steigendem Molekulargewicht immer mehr die faden- und filmbildenden Fähigkeiten zum Vorschein kommen. Es besteht ein ganz beträchtlicher Unterschied in der Kristallisationsfähigkeit zwischen den unverzweigten und den stark verzweigten Präparaten: die ersteren neigen stark zur Kristallbildung, während bei den zweiten durch die vielen Seitenketten, die als weitreichende Störstellen wirken, die Kristallisation ganz erheblich verhindert wird.

Zur Bestimmung des *Molekulargewichtes* kann man jeden Effekt heranziehen, dessen Abhängigkeit vom Molekulargewicht genügend ausgeprägt ist. Besonders einfach sind die Verhältnisse in verdünnten Lösungen, wo man durch lineare Extrapolation auf unendliche Verdünnung für das gelöste Einzelmolekül spezifische Größen ermitteln kann, die sich vorzüglich zur Bestimmung nicht nur des Molekulargewichtes, sondern auch anderer molekularer Parameter eignen. Treten neben dem Molekulargewicht nur noch universelle Konstanten und einfach meßbare Größen, wie z. B. Temperatur, Konzentration, Dichte, Brechungsindex usw., auf, so kann aus den Messungen der Absolutwert des Molekulargewichtes ermittelt werden (*absolute Meßmethoden*). Die wichtigsten physikalischen Methoden dieser Art sind die Messung des osmotischen Druckes (Siedepunkterhöhung, Gefrierpunkterniedrigung), der Lichtzerstreuung, des Sedimentationsgleichgewichtes und die Kombination der Diffusion und Sedimentationskonstante. Als rein chemische Methode ist die Endgruppenbestimmung zu erwähnen. *Relative Meßmethoden*, bei denen noch weitere molekulare Parameter auftreten, wie z. B. Reibungswiderstand, Anisotropie der Polarisierbarkeit, die spezifische Konstanten der polymeren Reihe im gegebenen Lösungsmittel sind, verlangen jedoch eine Eichung durch Präparate bekannten Molekulargewichtes, ehe man sie zur Bestimmung von M verwendet. In diese Klasse fallen gerade die besonders einfache Messung der Viskositätszahl verdünnter Lösungen, ferner die Messung der Diffusionskonstante, der Sedimentationskonstante, der Strömungsdoppelbrechung (alles in verdünnten Lösungen) und der Viskosität von Schmelzen. Auch die Lichtzerstreuung und die beiden indirekten Methoden des osmotischen Druckes (Siedepunkterhöhung und Gefrierpunkterniedrigung) werden meistens durch Verwendung von geeichten Präparaten in einer Form ausgewertet, die ihnen den Charakter relativer Methode erteilt.

Die *Form* des Makromoleküls ist viel schwieriger zu bestimmen. Schon die Unterscheidung zwischen unverzweigt und verzweigt stößt auf fast unüberwindliche Schwierigkeiten und ist nur in ganz speziellen Fällen (große Zahl von Seitenketten, große charakteristische und deshalb leicht meßbare Änderung an den Verzweigungspunkten) durch Ausmessung der Zahl der Endgruppen bzw. der Verzweigungsstellen einigermaßen sicher durchzuführen. Man kann aber das Problem auch durch Bestimmung der Abmessungen des statistisch geknäuelten Moleküls in verdünnter Lösung in Angriff nehmen. Die Abmessungen eines verzweigten Moleküls müssen bei sonst gleichen Bedingungen, insbesondere bei gleichem Molekulargewicht, im gleichen Lösungsmittel und bei gleicher Temperatur kleiner sein als bei einem unverzweigten Molekül. Die sehr qualitative Aussage setzt allerdings voraus, daß man ein sicher unverzweigtes Molekül als

Bezugspunkt zur Verfügung hat. Die Molekülabmessungen können besonders voraussetzungsfrei aus der Winkelabhängigkeit der Lichtzerstreuung, aber auch aus Viskosität, Sedimentation und Diffusion von verdünnten Lösungen ermittelt werden.

Eine weitere Eigentümlichkeit der hochpolymeren Substanzen ist, wie in 2.2 ausgeführt wurde, ihre *Polymolekularität*, d. h., jedes Präparat enthält Moleküle verschiedener Größe (verschiedener Polymerisationsgrad P) und auch verschiedener Gestalt[1] (verschiedener Verzweigungsgrad). Diese Tatsache erschwert die Deutung der experimentell ermittelten charakteristischen molekularen Größen, da man es immer nur mit Mittelwerten zu tun hat, die je nach der gewählten Meßmethode ganz verschiedene Anteile der hochpolymeren Probe bevorzugen. Weil das gleiche auch für die technisch wichtigen Eigenschaften der Hochpolymeren gilt, hat man zur genauen Charakterisierung einer hochpolymeren Substanz auch noch die Angabe über die Polymolekularität, d. h. über die Verteilung der Moleküle auf die verschiedenen Molekulargewichte und Formen, nötig. Nur in den seltensten Fällen wird eine Analyse wirklich so weit getrieben, da man meistens für jeden besonderen Zweck eine oder einige charakteristische Kenngrößen gefunden hat, die die gewünschten Eigenschaften des Materials verbürgen. Es sind das in der Regel Kombinationen von geeignet gewählten und verhältnismäßig leicht meßbaren Mittelwerten des Molekulargewichtes und der Molekülabmessungen. Gelegentlich auftretende Abweichungen sind, bei sonst identischer chemischer Struktur, gerade auf Unterschiede in der Polymolekularität (Molekulargewicht und Form) zurückzuführen.

2.3.2 Gestalt des unverzweigten Fadenmoleküls

Das unverzweigte lineare Makromolekül besitzt keine feste Form. Wegen der mehr oder minder freien Drehbarkeit um die Valenzbindungen und eines von 180° abweichenden Valenzwinkels β gibt es eine sehr große Mannigfaltigkeit von verschiedenen Konfigurationen, derer das Molekül fähig ist. Für die Gesamtheit aller möglichen Formen hat man die Bezeichnung „statistischer Knäuel" eingeführt, die recht deutlich die Unregelmäßigkeit und Zufälligkeit der Form betont. Neben der Länge L des gestreckten Fadens

$$L = P\, l_0 \sin \frac{\beta}{2} \tag{1}$$

mit P = Polymerisationsgrad, l_0 = Länge des Monomeren, ist der mittlere Durchmesser R des Knäuels die wichtigste Größe, die die Gestalt des Fadenmoleküls charakterisiert. Es gilt

$$R^2 = \langle r^2 \rangle, \tag{2}$$

---

[1] Im Falle von ganz besonders komplizierten Substanzen, wie z. B. der Thymonucleinsäure, deren kinetische Einheit aus zwei durch Wasserstoffbrücken zu einer Spirale verbundenen Molekülen besteht, kann auch der Grad der inneren Ordnung und des Zusammenhaltes in den einzelnen Molekülen variieren, was zu einer zusätzlichen Dispersion der Molekülform (gut und schlecht ausgebildete Spiralen) führen kann [1]. Ähnliche Probleme treten bei Copolymeren und Pfropfpolymeren auf, wo sowohl der Anteil der einzelnen Komponenten wie auch ihre räumliche Anordnung vom Molekül zum Molekül in weiten Grenzen schwanken kann.

wo r den Abstand des Anfangs- und Endpunktes des Makromoleküls bedeutet und der Mittelwert über alle möglichen Konfigurationen zu nehmen ist. Bei völlig ungehinderter Drehbarkeit um die Valenzbindung hat man für ein genügend großes Molekül nach Abb. 1 (Paraffinkette) die Grenzformel [2]

$$R^2 = l_0^2 \frac{1 + \cos\beta}{1 - \cos\beta}\, P, \tag{3}$$

die bei der Drehbehinderung durch [3]

$$R^2 = l_0^2 \frac{1 + \cos\beta}{1 - \cos\beta}\,\frac{1 + \mu}{1 - \mu}\, P \tag{4}$$

zu ersetzen ist. Der Parameter μ mißt den Grad der Drehbehinderung: $\mu = 0$ bei freier Drehbarkeit, $\mu = 1$ bei völliger Steifheit[1].

Beide Gl. (3) und (4) lassen sich in der Form

$$R^2 = l^2\, P \tag{5}$$

schreiben, wo l die effektive Länge des Monomeren darstellt. Der mittlere Durchmesser des statistisch geknäuelten Fadenmoleküls wächst mit der Quadratwurzel aus dem Polymerisationsgrad bzw. der Moleküllänge. Man darf jedoch nie vergessen, daß Gln. (3), (4) und (5) nur für großes P einen Sinn haben[2].

Der mittlere Durchmesser R kann aus der Winkelabhängigkeit der Lichtzerstreuung (2.3.6), aus Viskositätszahl (5.4.5) und Sedimentations- bzw. Diffusionskonstante (2.3.7) bestimmt werden[3]. Dabei ergibt sich Proportionalität mit der Wurzel aus dem Polymerisationsgrad nur im Falle präzipitierender Lösungen, z. B. Polystyrol in Cyclohexan [4], d. h. in so

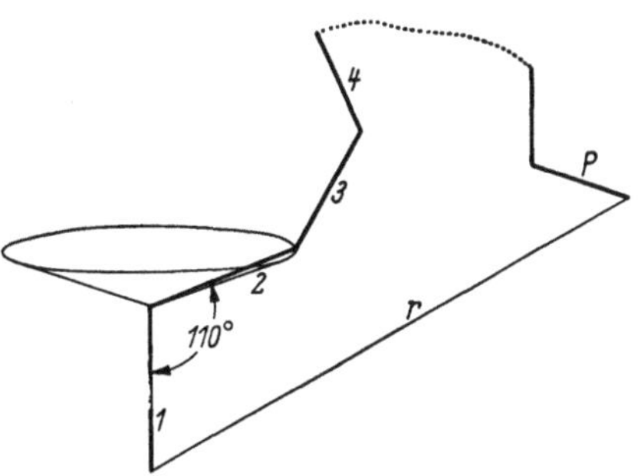

Abb. 1. Eine Konfiguration der Paraffinkette mit P Kettengliedern. $\beta = 110° =$ Valenzwinkel; $l_0 = 1{,}543$ Å; $r =$ Endpunktabstand

schlechten Lösungsmitteln bzw. Lösungsmittelgemischen, daß das hochmolekulare Gelöste gerade vor der Ausfällung steht[4]. Die präzipitierende Lösung ist durch das Verschwinden des zweiten Virialkoeffizienten B gekennzeichnet (*„indifferentes"* Lösungsmittel, vgl. 5.4). Der effektive Durchmesser des Makromoleküls nimmt in diesem Falle einen von der speziellen Natur des Lösungsmittels und von der Temperatur fast unabhängigen recht kleinen Wert (effektiver Durchmesser des *ungestörten* Moleküls) an, der nur in Lösungen mit negativem B ganz unerheblich unterschritten wird [5]. In allen anderen Fällen wächst jedoch R schneller an.

$$R^2 = l^2\, P^{1+\varepsilon} \tag{6}$$

---

[1] In diesem Falle sind die Vorbedingungen zum Grenzübergang, die die Gl. (4) darstellt, nicht erfüllt und man hat Gl. (4) durch die vollständige Formel zu ersetzen.

[2] Für $P = 1$ z. B. erhält man das unsinnige Ergebnis $R_1 = l$, anstatt $R_1 = l_0$. Mit Ausnahme des speziellen Falles $\beta = 90°$ und $\mu = 0$ gilt immer $l > l_0$.

[3] Genaugenommen ergibt das Experiment nur den Trägheitsradius ϱ, Gl. (30), der sich im Falle eines genügend langen Moleküls und GAUSSscher Abstandsverteilung der Kettenelemente auf den mittleren Durchmesser nach der Beziehung $R^2 = 6\,\varrho^2$ umrechnen läßt.

[4] Für $M = \infty$ tritt sie entweder bei einer kleinen Temperaturerniedrigung oder bei kleinster Zugabe des Fällungsmittels auf. Bei endlichem M dagegen kann man die Lösung noch merklich unterkühlen, ohne daß das Ausfällen einsetzt.

Der Zusatzexponent ε verhält sich ähnlich wie der zweite Virialkoeffizient B. Er wird um so größer, je besser das Lösungsmittel, erreicht Werte bis zu $^1/_3$ (Cellulosen in guten Lösungsmitteln) und verschwindet in präzipitierenden Lösungen. Ein von Null verschiedenes ε deutet auf eine nicht-GAUSSsche Wahrscheinlichkeitsverteilung der Abstände von Kettenelementen im Knäuel als Folge der Raumbeanspruchung der Kettenglieder und der Wechselwirkung mit dem Lösungsmittel. Beide Einflüsse werden gerade durch den zweiten Virialkoeffizienten B gemessen.

Theoretisch ist ein Anwachsen von R^2 mit einer größeren als der ersten Potenz des Polymerisationsgrades mit ziemlichen Vereinfachungen von PETERLIN [6] abgeleitet worden, wobei sich der Exponent ε als proportional dem zweiten Virialkoeffizienten B ergeben hat, was gut der Erfahrung entspricht. Genauere statistische Betrachtungen des Volumeneffektes und der energetischen Wechselwirkung zwischen dem Lösungsmittel und dem Gelösten ergaben neuerdings [7]

$$R^2 = l^2 P \left(1 + A_1 P^{1/2} + A_2 P + \ldots\right) \tag{7}$$

mit A_1 proportional zu B.

2.3.3 Das verzweigte Makromolekül [8]

Den einfachsten Fall der Verzweigung stellt eine lange Kette mit angesetzten Seitenketten dar. Einen anderen typischen Fall hat man in der baumartigen Verzweigung (Abb. 2a u. b). Zwischen der Zahl der Endpunkte z_e, der Verzweigungspunkte z_v und der Zahl der Kettenabschnitte und Zweige z_k besteht die einfache Beziehung

$$z_e + z_v = z_k + 1, \tag{8}$$

wenn man die Bildung von geschlossenen Ringen von der Betrachtung ausschließt. Die Zahl der Kettenabschnitte und der Zweige zusammen ist um 1 kleiner als die Summe der Endpunkte und der Verzweigungspunkte. Man kann als mittleres Molekulargewicht eines Abschnittes die Größe

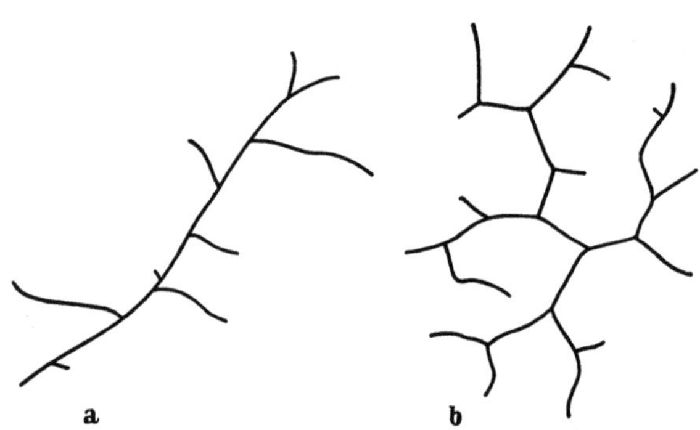

Abb. 2. Fadenmolekül mit trifunktionellen Verzweigungspunkten ohne Ringbildung.
a) Hauptkette mit angehängten Seitenketten; b) baumartige Verzweigung

$$M_k = \frac{M}{z_k} \tag{9}$$

einführen. Im Mittel enthält jeder Abschnitt $P_k = M_k/M_{\mathrm{gr}}$ Grundmoleküle.

Bei bekanntem Molekulargewicht kann man aus der Messung der Endgruppen und der Verzweigungsstellen, was unter günstigen Umständen mit Hilfe der Infrarotspektroskopie [9] und bisweilen auch mit rein chemischen Methoden geschehen kann, die Zahl der Kettenabschnitte und ihre mittlere Länge nach Gl. 8 und 9 berechnen.

Als Verzweigungsgrad V^* führt man nach KUHN und KUHN die Größe [10]

$$V^* = \frac{z_e - 2}{P} \tag{10}$$

ein. Sie verschwindet für ein unverzweigtes Molekül mit $z_e = 2$ und erreicht beim maximal verzweigten Molekül (trifunktionelle Verzweigung) mit $z_e = P/2$ den Grenzwert 0,5. Der Verzweigungsgrad kann bei bekanntem Molekulargewicht M_n aus der Endgruppenbestimmung einfach abgeleitet werden (2.3.4).

Weder die Zahl der Abschnitte noch die der Verzweigungen oder der Verzweigungsgrad gibt eine genaue Beschreibung des verzweigten Moleküls, das noch immer eine große Auswahl von Konfigurationen zwischen den beiden in Abbildung 2a, b dargestellten Extremfällen zur Verfügung hat.

Wegen der begrenzten Genauigkeit der Bestimmung der Endgruppen und noch mehr der Verzweigungsstellen kann man auf diese Weise nur ziemlich große Verzweigungsgrade mit verhältnismäßig kurzen Kettenabschnitten (P_k unterhalb 50) erfassen. Man hat auf die oben angegebene Art praktisch keine Möglichkeit, eine kleine Anzahl von Verzweigungen an sehr großen Molekülen zu messen, z. B. eine Verzweigungsstelle beim Polymerisationsgrad 1000, die 3 Zweigen mit $P_k = 333$ entsprechen würde.

Verzweigte Moleküle haben eine kleinere mittlere räumliche Ausdehnung R bzw. einen kleineren Trägheitsradius ϱ als unverzweigte mit dem gleichen Polymerisationsgrad. Der Unterschied im effektiven Durchmesser R und noch besser im Trägheitsradius ϱ, den man aus der Winkelabhängigkeit der Lichtstreuung abliest, gestattet deshalb Verzweigungen festzustellen, wenn man ein entsprechendes, sicher nicht verzweigtes Molekül aus der gleichen polymeren Reihe mit gleichem Molekulargewicht als Vergleichsobjekt zur Verfügung hat. Die Aussage ist zwar nur qualitativ, da man insbesondere die dem zweiten Virialkoeffizienten proportionale Aufweitung nicht genügend kennt, doch kann man auch sehr niedrige Verzweigungsgrade feststellen, wenn nur die Zweige recht lang sind. Für viele Zwecke ergibt die Einführung einer Verzweigungszahl [10]

$$V_\varrho = \frac{\varrho_0^2}{\varrho^2} - 1 \tag{11}$$

mit ϱ und ϱ_0 als Trägheitsradius des verzweigten und des unverzweigten Makromoleküls mit dem gleichen Molekulargewicht, eine genügende Charakterisierung des Verzweigungszustandes, obwohl V_ϱ nicht in V^* umgerechnet werden kann. Es mißt V^* vorwiegend die vielen kurzen und V_ϱ die langen Seitenketten.

Unter der Voraussetzung der FLORYschen Theorie der Viskosität kann man R^2 aus der Viskositätszahl berechnen [Gl. (17), 5.2]. Man erhält damit eine viskosimetrische Verzweigungszahl [11]

$$V_\eta = \frac{\varrho_0^2}{\varrho^2} - 1 = \left(\frac{[\eta]_0}{[\eta]}\right)^{2/3} - 1, \tag{11a}$$

die unter Umständen nahezu identisch mit V_ϱ werden kann. Nach neueren Berechnungen von ZIMM [11a], die auch mit Experimenten gut übereinzustimmen scheinen, soll der Exponent 2/3 durch 2 ersetzt werden. Analog erhält man eine Verzweigungszahl V_s aus Messungen der Sedimentationskonstanten

$$V_s = \frac{\varrho_0^2}{\varrho^2} - 1 = \left(\frac{s}{s_0}\right)^4 - 1, \tag{11b}$$

die auf der Abhängigkeit des Translationswiderstandes W vom Trägheitsradius ϱ beruht [*11b*].

Man hat nur selten alle Meßgrößen zur Verfügung, die eine Verzweigung einwandfrei festzustellen oder sie sogar durch V^*, V_ϱ, V_η oder z_k zu charakterisieren erlauben würden. Das ist um so bedauerlicher, als die Verzweigungen sehr stark die makroskopischen und insbesondere die technisch wichtigen Eigenschaften des hochpolymeren Feststoffes, z. B. die Kristallinität, Festigkeit, Sprödigkeit, Löslichkeit, Spinnbarkeit, Fließvermögen usw. beeinflussen.

2.3.4 Endgruppenbestimmung

Die Gruppen am Ende des Makromoleküls unterscheiden sich von den Gruppen innerhalb der Kette. Beim Polyäthylen z. B. hat man in der Kette nur CH_2-, an den Verzweigungspunkten CH- und C-, während an den Enden CH_3-Gruppen sitzen. Bei den Polyestern hat man an den Enden freie Säure- bzw. Hydroxylgruppen. Die CH_3-Gruppen haben nun eine andere charakteristische Schwingungsfrequenz im infraroten Spektrum als die CH_2- und CH-Gruppen. Hat man nun Präparate mit bekannter Zusammensetzung aus CH_3-, CH_2- CH- und C-Gruppen – man nimmt dazu reine niedermolekulare Substanzen –, so kann man die Abhängigkeit der Intensität der entsprechenden Spektrallinien von der Anzahl der vorhandenen Gruppen bestimmen und so die Eichung für die Endgruppenbestimmung der hochmolekularen Probe, die meistens in Form eines gepreßten dünnen Plättchens zur Untersuchung gelangt, durchführen [*8*]. Beim Vorliegen von chemisch genügend aktiven Endgruppen, wie das bei den Polyestern der Fall ist, kann man ihre Zahl nach wohlbekannten chemischen Methoden bestimmen. Kann man unverzweigte Moleküle annehmen, wie z. B. bei Polyestern oder bei Polyäthylen ohne CH- und C-Gruppen, dann hat man je Molekül 2 Endgruppen, d. h., die Zahl x der Mole des Polymeren je m Gramm der Probe ist gleich der halben Molzahl x_e der Endgruppen. Das Molekulargewicht, es handelt sich offensichtlich um den Zahlenmittelwert, wird dann

$$M_n = \frac{m}{x} = \frac{2\,m}{x_e}. \tag{12}$$

Im Falle von Verzweigungen ist eine Bestimmung des Molekulargewichtes aus x_e unmöglich. Man bekommt mit wachsender Endgruppenzahl z_e im Molekül ein im Verhältnis $2/z_e$ zu kleines Molekulargewicht. Bei bekanntem Zahlenwert des Molekulargewichtes kann jedoch aus x_e der Verzweigungsgrad V^* als

$$V^* = \frac{x_e - 2\,x}{x_{\mathrm{gr}}} \tag{13}$$

mit x_{gr} = Zahl der Grundmole in der Probe, berechnet werden. Ist ferner noch die Zahl der Verzweigungspunkte bzw. ihre Molzahl x_v in der Probe bekannt, so kann man mit Hilfe der Gln. (8) und (9) die Zahl der Kettenabschnitte

$$z_k = \frac{x_e + x_v}{x} - 1 \tag{14}$$

und den Mittelwert des Molekulargewichtes eines Zweiges

$$M_k = \frac{M}{z_k} = \frac{m}{x\,z_k} = \frac{m}{x_e + x_v - x} \tag{15}$$

bestimmen. Die Beziehung gilt auch für unverzweigte Moleküle mit $x_v = 0$ und $x_e = 2x$. Leider ist es nur in den seltensten Fällen möglich, die Molaritäten der End- und Verzweigungsgruppen mit genügender Genauigkeit zu bestimmen, doch hat man dann die zuverlässigste Information über die Verzweigung des Makromoleküls. Die Art der Verzweigung kann dabei noch sehr verschieden sein, von einer langen Kette mit vielen Seitenzweigen bis zur gedrängten baumähnlichen Struktur (Abb. 2a u. b).

Die Genauigkeitsgrenze der chemischen und spektroskopischen Endgruppenbestimmung liegt bei einigen Prozenten, man kann deshalb Polymerisationsgrade bis ungefähr 100 auf diese Art bestimmen. Die Methode bewährt sich also besonders bei kleinen Molekulargewichten, bei den ersten Gliedern der hochpolymeren Reihen, wo die osmotische Methode gerade versagt. Aus dem gleichen Grunde lassen sich mit ihr Verzweigungen nur dann feststellen, wenn die mittlere Zweiglänge weniger als etwa 50 Kettenglieder enthält.

2.3.5 Osmotischer Druck [12]

Eine der wichtigsten Methoden zur Bestimmung des Molekulargewichtes ist die Methode des osmotischen Druckes Π. Bei genügender Verdünnung hat man die Beziehung

$$\Pi = \frac{RT}{M} c + B c^2 + C c^3 + \cdots \tag{16}$$

mit R absolute Gaskonstante, T absolute Temperatur, c Gewichtskonzentration (Gramm des Gelösten in cm³ der Lösung), B zweiter, C dritter Virialkoeffizient. Das erste Glied gibt die VAN 'T HOFFsche Beziehung für ideale Lösungen. Hochmolekulare Lösungen sind im Gegensatz zu den niedermolekularen in der Regel alles eher als ideal, so daß insbesondere das Glied mit B praktisch nie zu vernachlässigen ist. Wegen der zwei unbekannten Größen, M und B, kann man aus einer Messung nicht das Molekulargewicht ermitteln. Vielmehr trägt man die Werte

$$\frac{\Pi}{c} = \frac{RT}{M} + B c + C c^2 + \cdots \tag{17}$$

über c auf und bestimmt durch lineare Extrapolation den Abschnitt auf der Ordinatenachse, der dem Molekulargewicht umgekehrt proportional ist. Bei großem Wert des dritten Virialkoeffizienten C liegen die Meßpunkte bei der Auftragung auf merklich gekrümmten Kurven, was die Extrapolation zur unendlichen Verdünnung wesentlich erschwert. Dem kann man nur teilweise durch Messungen bei recht kleinen Konzentrationen ausweichen, denn es treten in diesem Falle neben der sinkenden Meßgenauigkeit wegen der kleineren Absolutwerte des Druckes auch noch Störungen durch Oberflächenadsorptionen auf, die leicht allerhand Anomalien der Probe vortäuschen können.

Bei einer polymolekularen Probe wird der osmotische Druck proportional der Summe der Beiträge aller Bestandteile

$$\Pi = RT \sum \frac{c_i}{M_i} = RT \frac{c}{\langle M \rangle}, \tag{18}$$

woraus sich der Mittelwert

$$\langle M \rangle = \frac{c}{\sum \frac{c_i}{M_i}} = \frac{\sum m_i}{\sum \frac{m_i}{M_i}} = M_n \tag{19}$$

als gerade gleich dem Zahlenmittelwert M_n herausstellt.

Trägt man auf dem gleichen Diagramm Meßwerte in verschiedenen Lösungsmitteln auf, so unterscheiden sich die entsprechenden Kurven in der Neigung und Krümmung wegen der Verschiedenheit der Koeffizienten B, C, ... in verschiedenen Lösungsmitteln, doch schneiden sich alle im Punkt $R\,T/M$ auf der Ordinatenachse, der unabhängig vom Lösungsmittel eine Konstante des Gelösten ist [13] (Abb. 3).

Die Wahl eines „idealen" Lösungsmittels mit $B = 0$ bringt wegen der erleichterten Extrapolation auf unendliche Verdünnung nicht zu unterschätzende Vorteile, wenn man nur mit Gewißheit unvollständige Auflösung und Assoziation

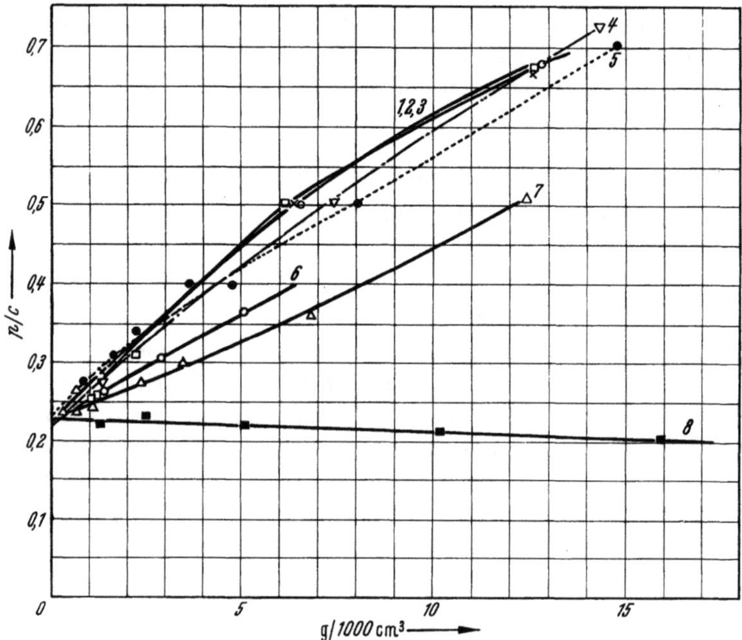

Abb. 3. Osmotischer Druck einer Nitrocellulose in verschiedenen Lösungsmitteln nach DOBRY, [13]: J. Chim. physique 32 (1935) S. 51:
1 Äthylbenzoat + 11% Äthanol; 2 Methylsalicilat + 20% Methanol; 3 Acetophenon + 3% Äthanol; 4 Cyclohexan + 5,8% Äthanol; 5 Aceton; 6 Eisessig; 7 Methanol; 8 Nitrobenzol

in dem schlechten Lösungsmittel ausschließen kann. Unter Umständen kann sogar diese Fehlerquelle ziemlich weitgehend zugelassen werden, da der Zahlenmittelwert M_n gegenüber zu großen Teilchen recht unempfindlich ist.

Viel unangenehmer ist die teilweise Durchlässigkeit der Membran für niedermolekulare Komponenten der gelösten Hochpolymere. Für normale Membranen, z. B. „Ultracellafilter" der Membranfiltergesellschaft, verschieden präparierte Kollodiummembranen, usw., ergibt sich deshalb eine untere Grenze für das osmotisch noch bestimmbare M bei etwa 30000. Mit speziellen Polyvinylalkohol-Membranen, die noch ziemlich viel Feuchtigkeit enthielten und dementsprechend auch für Benzol und Butanon als Lösungsmittel wenig durchlässig waren, was sich in einer sehr langsamen Einstellung des Gleichgewichtes bemerkbar machte, konnten HOOKWAY und TOWNSEND [14] bis zu $M = 2000$ messen, ohne daß eine meßbare Diffusion des Gelösten durch die Membran stören würde.

Eine obere Grenze bei etwa $M = 500\,000$ bildet die Kleinheit des Effektes mit wachsendem Molekulargewicht. Durch besondere Konstruktion (Wägeosmometer [15], interferometrische Ablesung des Niveauunterschiedes [16]) kann man diese Grenze noch etwas nach oben verschieben.

Osmometer. Für genaue Messung ist eine ziemliche Temperaturkonstanz (bis 0,01 °C) und, um die Meßzeit zu verkürzen, ein großes Verhältnis des Membranquerschnittes zum Steigrohrquerschnitt und zum raschen Konzentrationsausgleich in der Zelle eine recht geringe Dicke derselben notwendig. Eine genaue Ablesung der Niveauunterschiede verlangt kleine Fehler durch Kapillardepression, d. h. gute, gleichmäßige Benetzung und großen Durchmesser des Steigrohres. Viel Sorgfalt ist auf absolute Dichtigkeit der Apparatur anzuwenden, weil schon kleine Flüssigkeitsverluste die Messung völlig vereiteln.

Von den vielen Typen, die für die verschiedensten Anforderungen gebaut und beschrieben wurden, seien die von WEBER und PORTZEHL [17] mit sehr breiter

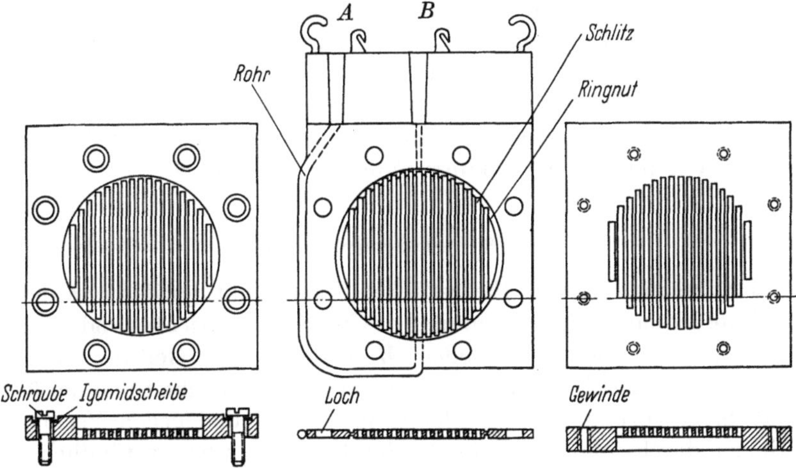

Abb. 4. Osmometerzelle nach HELLFRITZ aus drei vernickelten Messingplatten, zwischen denen zwei Membranen ausgespannt werden. Bei A wird das Osmometer gefüllt (6,8 cm³ Lösung) und nachher der Konus bei A mit einem Glasschliffstopfen verschlossen. Der Konus bei B nimmt die Kapillare auf, in der sich der osmotische Druck einstellt. Das gefüllte Osmometer wird in eine rechteckige mit Lösungsmittel gefüllte thermostatische Küvette gestellt

Steigröhre, von FUOSS und MEAD [18] mit vertikaler Membran und rascher Einstellung (3 bis 5 Std.), von HELLFRITZ [19] (Abb. 4) und von PINNER und STABIN [20] (für höhere Temperaturen), die sich beide durch einfache Konstruktion auszeichnen, dann die von JULLANDER [15] und CLAESSON [16] erwähnt.

Man mißt die stationäre Einstellung des Flüssigkeitsniveaus in der Steigröhre, indem man abwechselnd von oben und von unten zum Gleichgewicht kommt und die Konstanz desselben ungefähr so lange beobachtet, wie die Einstellung selbst gedauert hat. Der osmotische Druck berechnet sich als

$$\Pi = h\varrho + h'(\varrho - \varrho_0),\tag{19a}$$

wo h den Niveauunterschied zwischen dem Steigrohr und dem Vergleichsrohr, h' die Höhe des letzteren Niveaus über der Membranmitte, ϱ und ϱ_0 das spezifische Gewicht der Lösung und des Lösungsmittels bedeuten.

Indirekte Messung des osmotischen Druckes [21]. Im Gebiete der niedrigen Molekulargewichte kann man die dem osmotischen Drucke proportionale Gefrierpunkterniedrigung [22] (kryoskopische Methode)

$$\left(\frac{\Delta T}{c}\right)_{c=0} = -\frac{C_1}{M_n} = -\frac{R\,T_{12}^2}{H_{12}}\frac{1}{M_n}, \tag{20}$$

T_{12} Schmelzpunkt und H_{12} Schmelzenthalpie des Lösungsmittels, bzw. Siedepunkterhöhung [23] (ebullioskopische Methode)

$$\left(\frac{\Delta T}{c}\right)_{c=0} = +\frac{C_2}{M_n} = +\frac{R\,T_{23}^2}{H_{23}}\frac{1}{M_n}, \tag{21}$$

T_{23} Siedepunkt und H_{23} Verdampfungsenthalpie des Lösungsmittels, mit Nutzen anwenden. Die Konstanten C_1 und C_2 bestimmt man entweder durch Eichung mit Substanzen bekannten Molekulargewichtes, oder man berechnet sie aus molekularen Daten der benützten Lösungsmittel. Eine Extrapolation zu unendlicher Verdünnung ist unerläßlich und verlangt sehr genaue Messungen von sehr kleinen Temperaturdifferenzen (einige tausendstel Grad). Auf dem gleichen Prinzip beruht die *isopiestische* Methode, wobei die Dampfdruckerniedrigung der Lösung gegenüber dem Lösungsmittel entweder direkt (absolute Messung [23a], dynamische Messung [23b], Taupunktmessung [32c]) bzw. durch isopiestische Destillation im Vakuum [23d] gemessen wird.

2.3.6 Lichtstreuung [24]

Die Lichtstreuung ist vom theoretischen Standpunkt gewiß die sauberste und zuverlässigste Methode zur Bestimmung des Molekulargewichtes und der Moleküldimensionen, die besonders bei großem M zu ihrer vollen Geltung kommt. Meßtechnisch ist sie wegen der großen Konzentrationsabhängigkeit und der äußersten Empfindlichkeit gegenüber molekularer Assoziation und gegen Verunreinigung der Lösungen durch submikroskopische Staubteilchen sehr umständlich und zeitraubend und versagt in Systemen, die zur Assoziation und Gelbildung neigen.

Die Apparatur [25]. Ein enges Bündel einfarbigen Lichtes von einer Lichtquelle möglichst hoher Leuchtdichte, vorwiegend einer Quecksilberhochdrucklampe mit Filtern für die grüne Linie bei 5461 Å bzw. die blaue Linie bei 4358 Å, fällt auf die Meßzelle mit der Probe (Abb. 5) und wird nach dem Austritt aus der Zelle in der Lichtfalle absorbiert. Das unter ϑ gestreute Licht wird von der Photozelle bzw. einem Photovervielfacher aufgefangen und der resultierende elektrische Strom $i^*(\vartheta)$, der im linearen Bereich der Charakteristik der Photozelle der gestreuten Lichtintensität proportional ist, gemessen. Wegen der unvermeidlichen Intensitätsschwankungen der Lichtquelle zweigt man einen festen Bruchteil des Primärstrahles ab, mißt ihn mit einer besonderen Photozelle (i_0^*) und bezieht darauf die Messungen des Streulichtes. Die Relativwerte $i(\vartheta) = i^*(\vartheta)/i_0^*$ sind unabhängig von Intensitätsschwankungen des Primärstrahles.

Da bei fester Ausblendung des auf die Photozelle fallenden Streulichtes ein dem $\sin\vartheta$ umgekehrt proportionales Volumen in die Richtung ϑ streut, hat man den gemessenen Wert mit $\sin\vartheta$ zu multiplizieren, um eine über den ganzen Winkelbereich dem wirklichen Streuvermögen der Volumeinheit der Probe proportionale Meßgröße zu erhalten. Der Proportionalitätsfaktor $1/A$ hängt noch

von der Stärke der Ausblendung des Primär- und Sekundärstrahlenganges (die
Blenden und das eventuell vorhandene Abbildungssystem bestimmen das streuende Volumen und den bei einer Messung erfaßten Winkelbereich) und von der
Schwächung der Strahlen, z. B. beim Durchgang durch die Fenster der Meß-
und der Photozelle, ab. Nur bei einer Absolutmessung hat es Sinn, diesen Faktor
aus der Meßanordnung zu berechnen oder aus stufenweiser Abschwächung des
Primärlichtes absolut zu messen [27]. In allen praktischen Anwendungen der
Lichtstreuung bestimmt man jedoch die Apparatekonstante A durch Messung
einer Substanz mit genau bekanntem Streuvermögen (z. B. ein genau bekanntes

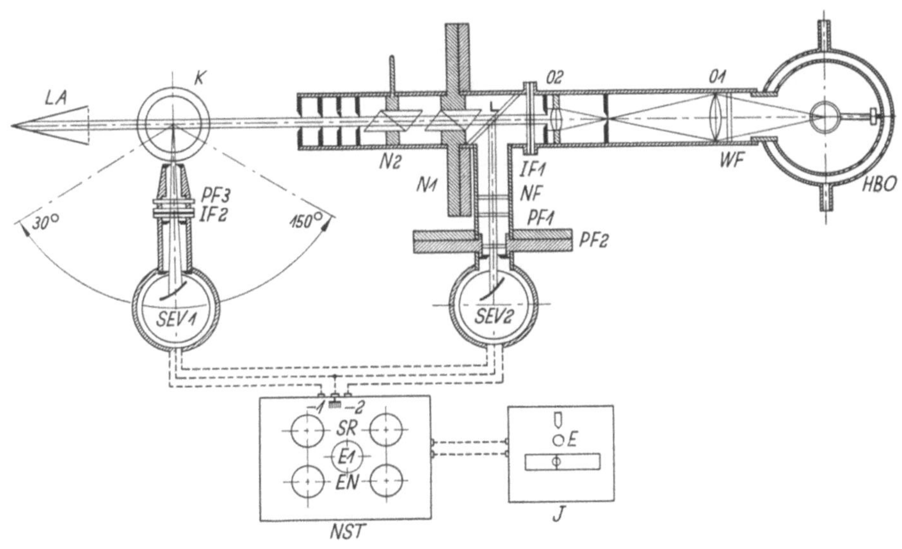

Abb. 5

Schema der Streulichtapparatur nach CANTOW und SCHULZ [26]: Z. phys. Chem. (N. F.) 1 (1954) S. 365.
HBO Lichtquelle (Quecksilberhöchstdrucklampe); *WF* Wärmefilter; *O 1* und *O 2* Linsen; *IF 1* und
IF 2 Interferenzfilter; *NF* Graufilter zur Abschwächung des abgezweigten Primärstrahles; *SEV 1* und
SEV 2 Photozellen; *N 1* und *N 2* Nicols zur Polarisation und meßbaren Abschwächung des Primär-
strahles, *K* Küvette mit der Meßflüssigkeit; *LA* Auffänger für den durchgehenden Primärstrahl; *NST* und
J Netzanschlußgerät und Brücke zur Messung der Intensität des Streulichtes, *PF 1, 2, 3* Polarisationsfilter

Polystyrolpräparat von der Cornell University [28], Ludox-Präparat [29], Lucit-
Block [26]) bzw. eines Systems mit genau bekanntem Molekulargewicht (s. weiter
unten).

Bei allen Bestimmungen des Molekulargewichtes und der Molekülabmessungen
aus der Lichtstreuung arbeitet man mit sehr stark verdünnten Lösungen und
hat allein die Kenntnis des dem gelösten Makromolekül zuzuschreibenden Anteiles des Streuvermögens nötig. Man bekommt ihn, wenn man von den Meß-
werten $i(\vartheta)$ den Beitrag des reinen Lösungsmittels $i_0(\vartheta)$ abzieht. Ist der Primärstrahl unpolarisiert[1], so hat man durch Division mit $(1 + \cos^2\vartheta)/2$ noch den
Polarisationsfaktor[2] zu kompensieren und erhält dann die zur Bestimmung der

---

[1] Bei vertikal polarisiertem Licht ist der Polarisationsfaktor 1, bei horizontaler Polarisation $\cos^2\vartheta$, wenn man in der horizontalen Ebene beobachtet.

[2] Der Polarisationsfaktor hängt noch ein wenig von der Anisotropie der optischen Polarisierbarkeit des Monomeren ab. Doch ist die resultierende Korrektur bei den üblichen Polymeri-
sationsgraden so gering (1 % oder noch weniger), daß man sie ruhig vernachlässigen darf [30].

Molekulargrößen benötigte Größe $I_c(\vartheta)$

$$I_c(\vartheta) = 2A \, \frac{i(\vartheta) - i_0(\vartheta)}{1 + \cos^2 \vartheta} \, \sin \vartheta, \tag{22}$$

die eine Funktion der Konzentration c und des Streuwinkels ϑ ist.

Auswertung der Messungen. Man trägt $I_c(\vartheta)/c$ oder noch besser $c/I_c(\vartheta)$ über $\sin^2(\vartheta/2) + k\,c$ mit passend gewähltem k auf und extrapoliert auf Konzentration 0 und Streuwinkel 0 (ZIMMS Diagramm [31], Abb. 6). Der Wert $I(0)/c_{c=0}$ gibt das Molekulargewicht

$$M_w = \frac{1}{K} \left(\frac{I_c(0)}{c} \right)_{c=0} \tag{23}$$

mit

$$K = \frac{4\pi^2 n^2}{N_L \lambda_0^4} \left(\frac{dn}{dc} \right)^2, \tag{24}$$

λ_0 Lichtwellenlänge im Vakuum, n Brechungsindex der Lösung [33]. Aus der Struktur der Gl. (23) erkennt man sogleich, daß bei der Lichtstreuung der

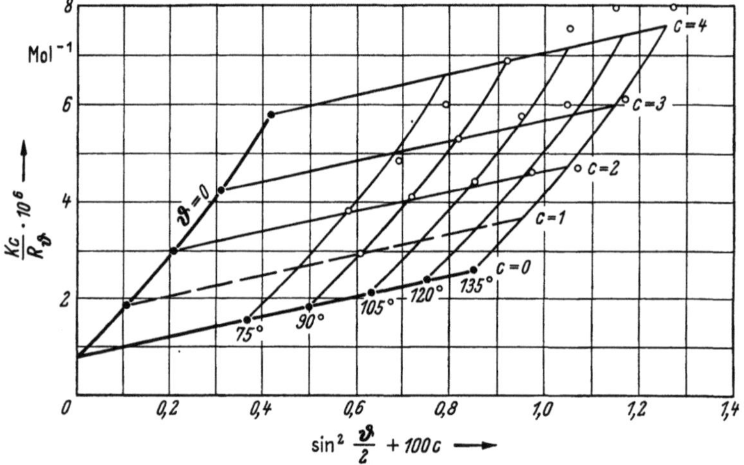

Abb. 6. ZIMM-Diagramm von Kautschuk in Cyclohexan bei 27°C für die Wellenlänge $\lambda_0 = 5461$ Å. Nach SCHULZ, ALTGELT, CANTOW [32]: Makromolekulare Chem. 21 (1956) S. 13

Massenmittelwert des Molekulargewichtes gemessen wird. Man kann umgekehrt bei bekanntem M aus der Messung die Apparatekonstante A

$$A = K M \left(\frac{c}{i(0) - i_0(0)} \right)_{c=0} \tag{25}$$

bestimmen.

Das auf den Streuwinkel Null extrapolierte spezifische Streuvermögen $I_0(0)/c$ der hochpolymeren Lösungen ist stark konzentrationsabhängig. Man hat die Beziehung [34]

$$\frac{K c}{I_c(0)} = \frac{1}{M_w} + 2 B c + \cdots \tag{26}$$

B zweiter Virialkoeffizient. Ein großer Wert von B, d. h. große Neigung der $\vartheta = 0$-Kurve in ZIMMS Diagramm, bedeutet ein gutes, eine geringe Neigung ein schlechtes Lösungsmittel. Im ersten Falle wächst das Streuvermögen viel weniger als proportional der Konzentration an, wie das aus der Darstellung

$$I_c(0) = K M c (1 - 2 B M c + \cdots) \tag{27}$$

leicht abzulesen ist.

Besondere Verhältnisse treten bei *Lösungsmittelgemischen* und bei *Polyelektrolyten* auf [*35*].

Beim *binären* Lösungsmittel, dessen einzelne Komponenten das Hochmolekulare verschieden gut lösen, wird das bessere Lösungsmittel am gelösten Makromolekül selektiv adsorbiert, d. h. das binäre Lösungsmittel hat auf der Makromoleküloberfläche eine andere Zusammensetzung als in großer Entfernung und demzufolge auch einen verschiedenen Brechungsindex. Man trägt dem Rechnung, indem man für dn/dc in Gl. (24) den allgemeineren Ausdruck $\partial n/\partial c + \alpha\, \partial n/\partial \varphi$ einführt

$$M = \frac{N_L\, \lambda_0^4}{4\,\pi^2\, n^2} \left(\frac{I_c(0)}{c}\right)_{c=0} \bigg/ \left(\frac{\partial n}{\partial c} + \alpha\, \frac{\partial n}{\partial \varphi}\right)^2 . \tag{28}$$

Dabei bedeutet $\partial n/\partial \varphi$ die Änderung des Brechungsindex des Lösungsmittels bei Veränderung des Anteiles φ der gut lösenden Komponente. Der Koeffizient α mißt den Grad der selektiven Adsorption. Im System Benzol–Methanol–Polystyrol hat man z. B. $\partial n/\partial c = 0{,}108 + 0{,}1447(1 - \varphi)$ und $\partial n/\partial \varphi = 0{,}16$. Die Experimente, die eine scheinbare Erhöhung des Molekulargewichtes vortäuschen, ergeben ein konstantes Molekulargewicht mit $\alpha = 1$.

Bei *Polyelektrolyten* [*36*] werden die Verhältnisse wegen der starken elektrischen Wechselwirkung zwischen den geladenen Makromolekülen äußerst kompliziert. Insbesondere ist eine Extrapolation auf unendliche Verdünnung schwer durchzuführen, da sich wegen der gleichzeitigen Änderung der Ionendichte die Wechselwirkung zwischen den Molekülen und die Gestalt des Einzelmoleküls verändern. Nach EISENBERG und CASASSA [*36a*] kann man diesen Effekten aus dem Wege gehen, wenn man bei der Verdünnung durch Dialyse für die Konstanz der Ionen-Aktivität der Lösung sorgt. Durch genügend großen Zusatz von niedermolekularen Salzen und durch Unterdrückung der Ionisation kann man ferner die Dimensionen des Einzelmoleküls und damit die Wechselwirkung so weit herabsetzen, daß man die Lichtstreuung in der gleichen Weise wie bei ungeladenen Polymeren behandeln kann. Für Molekulargewichtsbestimmung empfiehlt es sich allerdings, unpolare Lösungsmittel zu nehmen, die die Ionisation ganz unterdrücken.

Die *Winkelverteilung* des Streuvermögens

$$P(\vartheta) = \left[\frac{I(\vartheta)}{I(0)}\right]_{c=0} = \left(\frac{I_c(\vartheta)}{c}\right)_{c=0} \bigg/ \left(\frac{I_c(0)}{c}\right)_{c=0} \tag{29}$$

gibt Aufschluß über die Form des Makromoleküls. Trägt man $1/P$ über $\sin^2(\vartheta/2)$ auf, so gibt die Anfangsneigung $\tan\beta$ das Quadrat des sog. Trägheitsradius[1] des Einzelmoleküls [*37*]

$$\varrho^2 = \frac{1}{V}\int (x^2 + y^2 + z^2)\, dV = \frac{3\,\lambda_0^2\,\tan\beta}{16\,\pi^2\, n^2} \tag{30}$$

ohne Rücksicht auf die eigentliche Gestalt des Moleküls. Im Falle eines statistischen GAUSSschen Knäuels mit R^2 proportional zum Polymerisationsgrad

---

[1] Der wahre Trägheitsradius hängt noch von der Wahl der Rotationsachse durch den Schwerpunkt ab. Das bei der Lichtstreuung an unorientierten Lösungen auftretende „Trägheitsquadrat" ist von der Richtung unabhängig und gleich der Hälfte der Summe der 3 Hauptträgheitsradienquadrate.

gilt die Beziehung

$$R = 2{,}45\varrho = \frac{3\lambda_0}{2\pi n}\sqrt{\frac{\tan\beta}{2}}, \tag{31}$$

die jedoch bei einem kurzen Faden oder beim Knäuel mit $R^2 \sim M^{1+\varepsilon}$ durch etwas komplizertere Ausdrücke zu ersetzen ist. Kann man z. B. die letzte Beziehung für alle intramolekularen Abstände annehmen, dann hat man [38]

$$R = 2{,}45\varrho\left(1 + \frac{5\varepsilon}{12} + \cdots\right) \tag{32}$$

Die Korrektur beträgt ungefähr 10% im Falle von Polymethylmethacrylat in Aceton mit $\varepsilon = 0{,}25$.

Schreibt man die Reihenentwicklung für das Streuvermögen nach Gl. (23) und (30) auf

$$\frac{1}{K}\left(\frac{I_0(\vartheta)}{c}\right)_{c=0} = M - \frac{1}{3}\left(\frac{4\pi n}{\lambda_0}\right)^2 M\varrho^2\sin^2\frac{\vartheta}{2} + \cdots, \tag{33}$$

so sieht man, daß man im Falle eines polymolekularen Gemisches den sog.

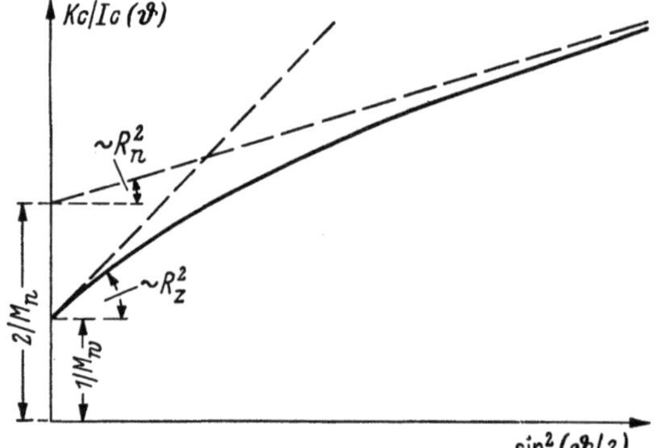

Abb. 7. Schematische Darstellung der Molekulargewichtsmittelwerte, die man aus der Winkelabhängigkeit der Streustrahlung einer verdünnten Lösung von statistisch geknäulten Fadenmolekülen ableiten kann. Nach BENOIT, HOLTZER, DOTY [40]: J. phys. Chem. 58 (1954) S. 635

Z-Mittelwert des Trägheitsradius

$$\varrho_z^2 = \int \varrho^2 M\, dc \Big/ \int M\, dc \tag{34}$$

mißt. Bei diesem werden die großen Moleküle noch weit mehr bevorzugt als bei dem Massenmittelwert.

Hat man es mit rein statistischem Knäuel ohne beachtlichem Volum- und Steifheitseffekt zu tun, dann lautet die Winkelfunktion [39]

$$P = \frac{2}{x^2}(x - 1 + z^{-x})$$

$$= 1 - \frac{x}{3} + \frac{x^2}{12} - \cdots \tag{35}$$

$$\text{mit}\quad x = \frac{8\pi^2 n^2 R^2}{3\lambda_0^2}\sin^2\frac{\vartheta}{2}. \tag{36}$$

Man bekommt aus der hingeschriebenen Reihenentwicklung für kleine x die schon in Gl. (31) erwähnte Beziehung für R

$$R^2 = \frac{9\lambda_0^2}{8\pi^2 n^2}\tan\beta. \tag{37}$$

Bei großem x, d. h. sehr großen Molekülen, hat man die asymptotische Entwicklung

$$P_{x\to\infty} = \frac{2}{x}, \tag{38}$$

die aus dem Abschnitt der Asymptote auf der Ordinatenachse im $[I(0)/I(\vartheta)]_{c=0}$, $\sin^2\vartheta/2$-Diagramm den Zahlenmittelwert des Molekulargewichtes zu bestimmen gestattet (Abb. 7) [40]. Das Verfahren ist nur bei extrem großen Molekülen, wo der mittlere Radius R größer als $\lambda = \lambda_0/n$ wird, gut anwendbar.

Während die Molekulargewichtsbestimmung aus $I(0)$ auch bei ziemlich niedrigen Molekulargewichten bis ungefähr $M = 10000$ noch zuverlässige Werte liefert und mit steigendem M immer günstiger wird, ist man bei der Bestimmung des mittleren Radius oder des Trägheitsradius auf wesentlich größere Moleküle beschränkt, bei denen R größer als 300 Å ist. Bei kleineren Molekülen werden die Neigungen von $1/P$, d. h. die Abweichungen des Streuvermögens vom Werte bei $\vartheta = 0$, zu gering für eine einigermaßen genaue Messung.

Neben der Messung der ganzen Winkelverteilung haben sich besonders die Methode der *Asymmetriemessung* und der *Dispersion* in der Praxis gut bewährt. Im ersten Falle mißt man die Intensitäten bei den 2 Winkeln $90° - \alpha$ und $90° + \alpha$ und bestimmt die Moleküldimensionen aus dem Verhältnis q

$$q = \frac{I_e(90° - \alpha)}{I_e(90° + \alpha)} = \frac{(i - i_0)_{90°-\alpha}}{(i - i_0)_{90°+\alpha}} \quad (39)$$

Die Methode hat den Vorteil, daß man keine Polarisationskorrekturen anzubringen hat, man hat nur die Beiträge der Lösungsmittelstreuung bei

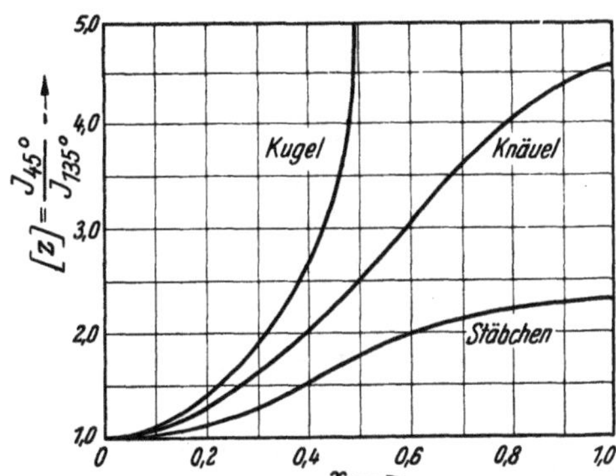

Abb. 8. Dissymmetrie $z = q_{45} = J_e(45°)/J_e(145°)$ des gestreuten Lichtes als Funktion von nL/λ_0 für die Kugel (L Durchmesser $2R$), den statistischen Knäuel (L effektiver Durchmesser R und Stäbchen (L Länge), deren Brechungsindex nur sehr wenig von dem des Lösungsmittels abweicht [41]

beiden Messungen in Abzug zu bringen und auf Konzentration Null zu extrapolieren. Andererseits hat man ein ganz bestimmtes, im voraus bekanntes Modell für das Molekül nötig, um aus der gemessenen Asymmetrie eine charakteristische Dimension des Moleküls abzulesen. Das sieht man sehr gut aus der Abb. 8, wo die q-Werte für ein geknäueltes Fadenmolekül, ein Stäbchen und eine Kugel als Funktion des Radius, der Länge bzw. des Durchmessers aufgetragen sind [41]. – Bei der *Dispersionsmessung* beobachtet man die Streuintensität bei $\vartheta = 90°$ und zwei verschiedenen Wellenlängen λ_1 und $\lambda_2 < \lambda_1$. Der Quotient Q

$$Q = \frac{I_e(\lambda_1)}{I_e(\lambda_2)}\left(\frac{\lambda_2}{\lambda_1}\right)^4 = \frac{(i - i_0)_1}{(i - i_0)_2}\left(\frac{\lambda_2}{\lambda_1}\right)^4 \quad (40)$$

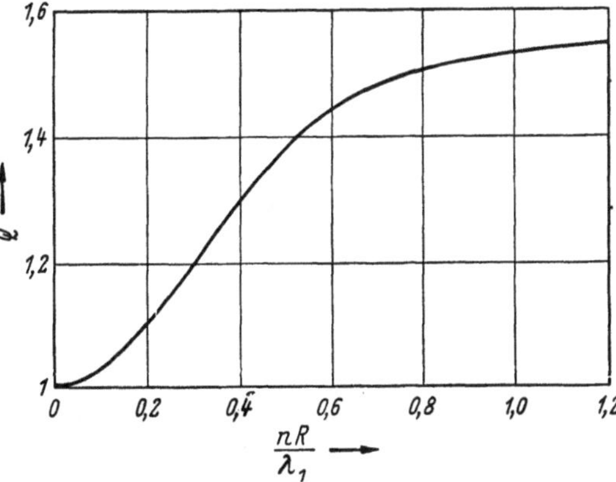

Abb. 9. Dispersion der Lichtstreuung [41]: $Q_{90°} = \lambda_2^4 J_e$ $(90°, \lambda_1)/\lambda_1^4 J_e(90°, \lambda_2)$ für statistisch geknäulte Makromoleküle als Funktion von nR/λ_1; $\lambda_1 = 5461$ Å; $\lambda_2 = 4358$ Å

erlaubt mit den gleichen Einschränkungen wie q die Bestimmung einer Molekülabmessung (Abb. 9) [41].

Trübungsmessung. An Stelle der Lichtstreuung bei verschiedenen Winkeln kann man auch die durch die Streuung bedingte Lichtextinktion messen. Die Lichtschwächung beim Durchgang durch eine Schichtdicke x wird bestimmt durch den Ausdruck

$$I(x)/I(0) = e^{-x\tau}, \quad (41)$$

wo τ die Trübung der Lösung bedeutet. Diese setzt sich aus der sehr kleinen Trübung des Lösungsmittels (τ_0) und dem wesentlich größeren Anteil der gelösten

Makromoleküle (τ_c) zusammen. Für diesen letzteren Anteil hat man bei genügender Verdünnung und für nicht absorbierende Makromoleküle die einfache Beziehung

$$\tau_c = \tau - \tau_0 = H\,c\,M \tag{42}$$

mit

$$H = \frac{8\pi}{3}\,K = \frac{32\pi^3 n^2}{3\,N_L\,\lambda_0^4}\left(\frac{dn}{dc}\right)^2. \tag{43}$$

Der Ausdruck in Gl. (43) gilt nur so lange, wie die Streuung des Makromoleküls winkelunabhängig ist, d. h. bei kleinen Molekülen. Sobald jedoch die in Gl. (29) definierte Winkelfunktion P nicht mehr im ganzen Winkelbereich von $\vartheta = 0$ bis 180° konstant ist, hat man einen Korrektionsfaktor anzubringen

$$H = \frac{8\pi}{3}\,f\,K = \pi K \int_0^\pi P(\vartheta)\,(1 + \cos^2\vartheta)\,\sin\vartheta\,d\vartheta, \tag{44}$$

der aus der gemessenen Winkelverteilung des Streulichtes berechnet wird. Doch verliert dann die Trübungsmessung ihren Hauptvorteil der Einfachheit, da man sie durch die umständlichere Streulichtmessung bei verschiedenen Winkeln, die schon allein das Molekulargewicht wie auch die mittlere Gestalt liefert, ergänzen muß.

2.3.7 Diffusion und Sedimentation [42]

Diffusion. Wird die hochmolekulare Lösung mit einer Lösung geringerer Konzentration oder mit dem Lösungsmittel überschichtet, so erfolgt ein Ausgleich der Konzentration durch Wanderung der gelösten Moleküle in der Richtung des Konzentrationsgefälles. Diese Erscheinung, die auf der ungeordneten Temperaturbewegung der Moleküle beruht, nennt man *Translationsdiffusion*.

Für den Fall, daß zur Zeit $t = 0$ das ganze unendliche Gebiet mit negativem x die Konzentration c_0 und das mit positivem x reines Lösungsmittel ($c = 0$) enthält, erhält man die Konzentration als Funktion der Zeit t und des Abstandes x von

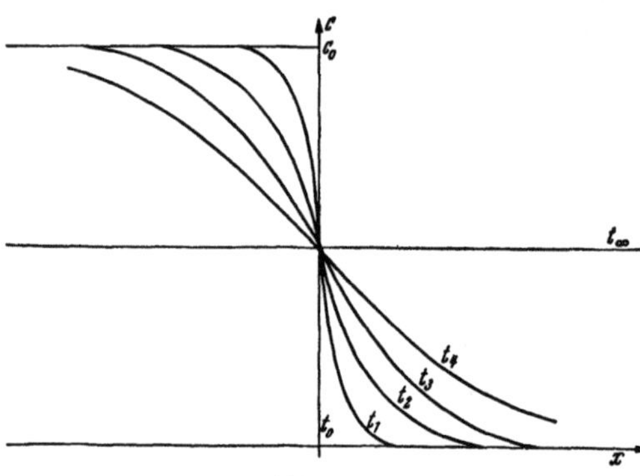
Abb. 10a
Konzentrationsverlauf und Konzentrationsgradient

der ursprünglichen Trennfläche [43]

$$c(x,\,t) = \frac{c_0}{2}\left(1 - \sqrt{\frac{2}{\pi}}\int_0^y e^{-u^2/2}\,du\right) = \frac{c_0}{2}\left(1 - 2\Phi(y)\right) \tag{45}$$

mit $y = \sqrt{x/2Dt}$, $D = $ Translationsdiffusionskonstante (in cm²/Sek.) und $\Phi = $ Gausssches Fehlerintegral (Abb. 10a und b). Der zeitliche und räumliche Verlauf des Konzentrationsgefälles ergibt sich daraus durch Differentiation nach x

$$\frac{\partial c(x,\,t)}{\partial x} = -\frac{c_0}{4\sqrt{\pi Dt}}\,e^{-x^2/4Dt}. \tag{46}$$

Beide Ausdrücke gelten mit genügender Genauigkeit auch in endlich langen Zellen, wenn man nahe der ursprünglichen Trennfläche (kleine Werte von x) und bei nicht zu großen Zeiten mißt.

Bei der Absorptions- [44] und Interferenzmethode [45] bestimmt man D aus der zeitlichen Änderung der Konzentration an der Stelle x, bei der LAMM-schen Skalenmethode [46] und bei der PHILPOT-SWENSONschen Methode [47] des geneigten Spaltes aus dem Konzentrationsgefälle in der unmittelbaren Umgebung der Stelle $x = 0$. Die Absorptionsmethode nimmt an, daß die Absorptionszahl a direkt proportional der Konzentration ist, was bei sehr verdünnten Lösungen weitgehend zutrifft. Alle anderen Methoden beruhen auf der Proportionalität zwischen der Konzentration und dem Brechungsindexüberschuß $\Delta n = n - n_l$ der Lösung (n) über dem des reinen

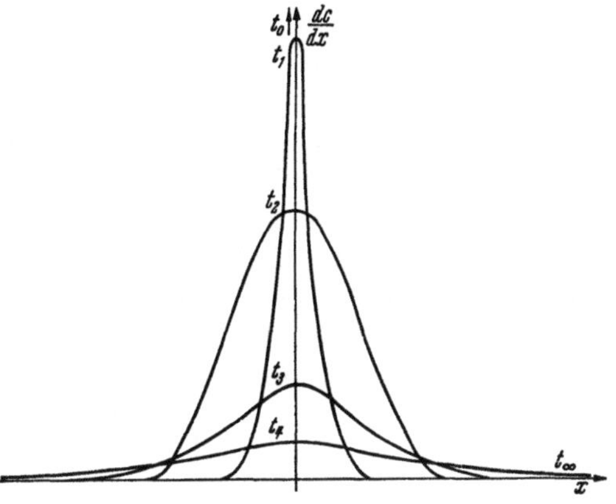

Abb. 10b. Konzentrationsverlauf bei der Diffusion mit wachsender Zeit von $t_0 = 0$ bis t_4 bzw. t_∞.

Lösungsmittels (n_l). Man hat also bei der Auswertung der Messungen nur in den Gln. (45) und (46) die Konzentration durch a bzw. Δn auszudrücken.

Die Diffusionskonstante ist gleich

$$D = \frac{k\,T}{\eta\,W}, \tag{47}$$

$k = $ BOLTZMANNsche Konstante, $W = $ Widerstandskoeffizient des Moleküls für Translation, der für statistisch geknäuelte Fadenmoleküle durch [48]

$$W = 3\pi\,R\,\Psi(\sigma) \tag{48}$$

gegeben ist. Das entspricht dem Widerstand einer Kugel mit dem Durchmesser R^1 und der Undurchlässigkeit σ. Es ist $\sigma = 0$ für völlig durchlässige und ∞ für eine undurchlässige Kugel. Die Funktion Ψ (Abb. 11) ist Null für $\sigma = 0$ und Eins für $\sigma = \infty$.

Experimente ergeben [49]

$$W = \frac{k\,T}{\eta\,D} = K_D\,M^b \tag{49}$$

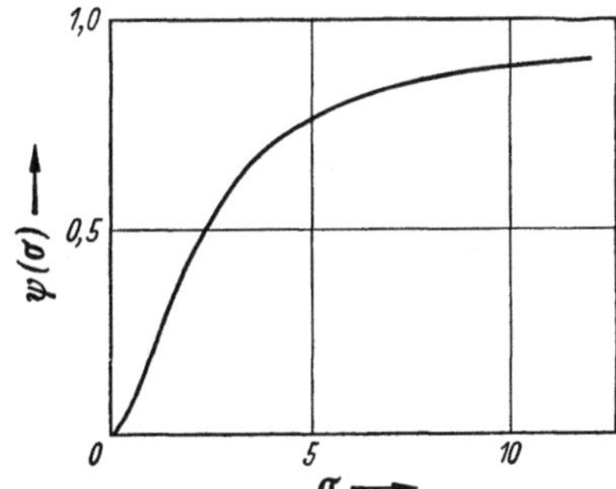

Abb. 11. Durchlässigkeitsfunktion $\Psi(\sigma)$ bei der Translation. Nach DEBYE, BUECHE, J. chem. Physics 16 (1948) S. 573

mit b zwischen 0,5 und 0,7 und einen ziemlich konstanten Wert für $\Psi(\sigma)$. FLORY [50] setzt einfach $3\pi\,\Psi = \Psi_0 = 5,1$ und erhält

$$.\ W = \Psi_0\,R, \tag{50}$$

was dann umgekehrt zur Bestimmung des effektiven Moleküldurchmessers

$$R = W/\Psi_0 \tag{51}$$

---

[1] Die Funktion $\Psi(\sigma)$ ist berechnet für Kugeln mit einem Durchmesser gleich $1,054\,R$.

dienen kann. Genaugenommen ändert sich Ψ_0 mit M und insbesondere mit B, und es muß erst durch Kombination mit der Viskosität der genaue Wert von σ und Ψ ermittelt werden, ehe man daraus die Moleküldimensionen bestimmen kann.

Sedimentation. Im Zentrifugalfeld mit der Beschleunigung $\omega^2 r$ wandern die Makromoleküle, wenn sie eine größere Dichte $1/\bar{v}$ ($\bar{v}$ = spezifisches Volumen der hochmolekularen Substanz) als das Lösungsmittel (ϱ) haben, in Richtung des Zentrifugalfeldes. Die dadurch bedingten Konzentrationsänderungen verursachen eine Diffusionsbewegung, die eine gleichmäßige Molekülverteilung erstrebt. Unter dem Einfluß beider Bewegungen wandert das Maximum des Konzentrationsgradienten zum Zellboden und wird dabei immer flacher und niedriger [51] (Abb. 12). Gleichzeitig steigt die Konzentration am Boden stetig an und nähert sich der Gleichgewichtsverteilung [Gl. (59)]. Die Wanderungsgeschwindigkeit $s' = dr/dt$ des Maximums ist proportional der Zentrifugalbeschleunigung. Man bildet aus ihr die von den speziellen Versuchsbedingungen unabhängige Sedimentationsgeschwindigkeit

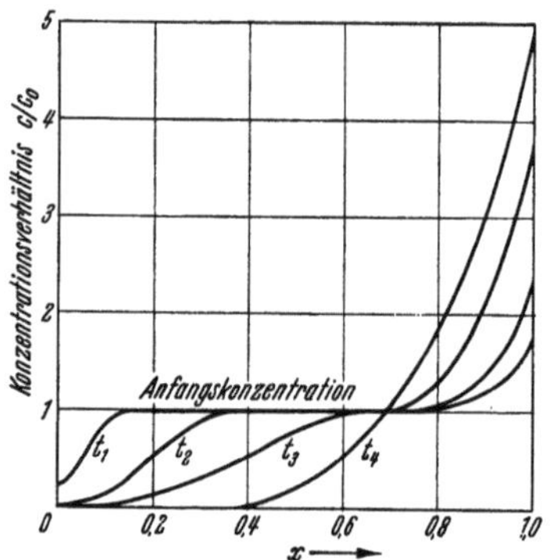

Abb. 12. Wanderung des maximalen Konzentrationsgradienten bei der Sedimentation [51]

$$s = \frac{s'}{\omega^2 r} = \frac{dr/dt}{\omega^2 r} = \frac{\ln(r_2/r_1)}{\omega^2 (t_2 - t_1)}, \qquad (52)$$

wobei r_1 und r_2 die Achsenabstände bedeuten, bei denen sich das Maximum zur Zeit t_1 bzw. t_2 befindet. Mit Hilfe des empirischen Ansatzes [52]

$$s(0) = s(c)(1 + k_s c) = s(0)(1{,}66\,\eta/\eta_0 - 0{,}66) \qquad (53)$$

wird die Sedimentationsgeschwindigkeit auf Konzentration Null extrapoliert. Aus molekularen Größen errechnet man andererseits

$$s(0) = M(1 - \bar{v}\varrho)/N_L \eta W \qquad (54)$$

Eine reine Molekülgröße, die *Sedimentationszahl* (intrinsic sedimentation constant), die eng mit der Diffusionskonstante verknüpft ist, erhält man durch Abtrennen des Faktors $(1 - \bar{v}\varrho)/\eta$

$$[s] = \frac{s\,\eta}{1 - \bar{v}\varrho} = \frac{M}{N_L W}. \qquad (55)$$

Der Translationswiderstandskoeffizient des Moleküls berechnet sich daraus zu

$$W = M/N_L [s]. \qquad (55\,\text{a})$$

Man hat durch Vergleich mit Gl. (47) die wichtige Beziehung

$$[s] = \frac{M D \eta}{N_L k T} \qquad (56)$$

und daraus das Molekulargewicht

$$M = N_L [s] W = \frac{[s] N_L k T}{D \eta}, \qquad (57)$$

unabhängig von irgendwelchen Annahmen über die Form des Moleküls. Die Art der Mittelwerte des auf diese Art gewonnenen Molekulargewichtes hängt von den Auswertungsmethoden bei der Bestimmung von D und $[s]$ ab. Eine ausführliche Analyse siehe bei JULANDER [52a].

Experimentell erhält man bei den meisten hochmolekularen Systemen die
einfache Beziehung [53]

$$[s] = K_s M^{1-b},\tag{58}$$

wo b mit dem Exponenten in der Diffusionskonstante, Gl. (49), identisch ist.

Dem *Gleichgewichtszustand*, der unter Umständen erst nach einigen Tagen
oder Wochen erreicht wird, entspricht die Konzentrationsverteilung

$$c = c^* e^{ar^2}.\tag{59}$$

Die Konstante c^* ist proportional der Anfangskonzentration. Der Verteilungs-
koeffizient a wird aus der Messung der Konzentration an den Stellen r_1 und r_2

$$a = \frac{\ln(c_2/c_1)}{r_2^2 - r_1^2}\tag{60}$$

ermittelt. Er hängt mit molekularen Größen wie folgt zusammen

$$a = \omega^2 \frac{M(1 - \bar{v}\varrho)}{N_L k T}.\tag{61}$$

Man bestimmt daraus das Molekulargewicht zu

$$M = \frac{2 N_L k T \ln(c_2/c_1)}{\omega^2 (1 - \bar{v}\varrho)(r_2^2 - r_1^2)}.\tag{62}$$

Bei Anwendung der LAMMschen Skalenmethode ist das so berechnete Molekulargewicht gerade der Z-Mittelwert (M_Z). Unter Heranziehung der Korrektur
wegen des nichtidealen Verhaltens kon-
zentrierterer Lösungen, das gerade durch
den zweiten Virialkoeffizienten B charakterisiert wird, erhält man die Extra-
polationsformel

$$M = \frac{N_L k T}{\omega^2 (1 - \bar{v}\varrho)\dfrac{r_2^2 - r_1^2}{\ln(c_2/c_1)} - Bc}.\tag{63}$$

Beim Auftragen des Nenners über c ergibt sich das Molekulargewicht aus dem
Abschnitt $N_L k T/M$ auf der Ordinatenachse.

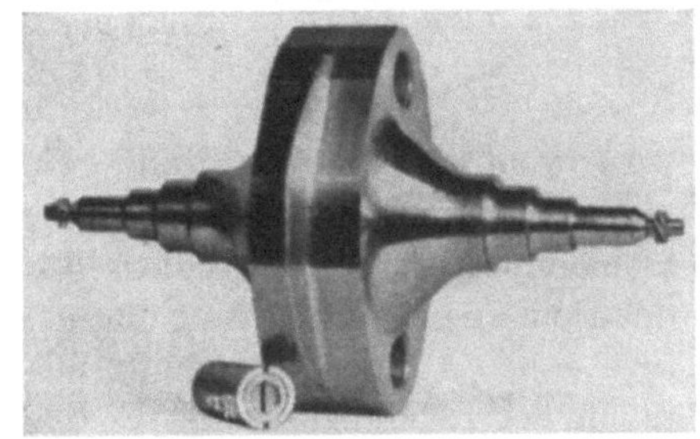

Abb. 13. Rotor und Zelle der Ölturbinenzentrifuge

Die Apparatur. Von den modernen hochtourigen Ultrazentrifugen seien die
besonders bekannten Konstruktionen von Svedberg (LKB, Schweden, Ölantrieb),
Phywe (Druckluftantrieb) und Spinco (Specialized Instruments Corporation, elektrischer Antrieb) erwähnt. Der Rotor aus weichem Chrom-Nickel-Stahl bzw. besonderer Aluminiumlegierung (Abb. 13) läuft mit 50000 bis 60000 Umdrehungen
in der Minute in einer evakuierbaren thermostatierten Kammer, in der eine
Füllung mit 5 bis 10 mm Wasserstoff für den Wärmeausgleich sorgt. Bei einem
mittleren Abstand von 6,5 cm der Zelle von der Rotorachse wird eine Beschleunigung von etwa 200000 Erdbeschleunigungen $(2 \cdot 10^8 \text{ cm/Sek.}^2)$ erreicht. Die
Meßzelle hat 2 Fenster aus kristallinem Quarz, die für Wasser mit Cellophan
oder Kautschuk, für organische Flüssigkeiten mit Polyäthylen oder noch besser
mit Teflon abgedichtet werden.

Die Konzentrationsverteilung in der Zelle wird auf genau die gleiche Art
gemessen, wie das bei der Diffusion der Fall war, d. h. durch Messung der Ab-

sorption bzw. der Brechungsindexänderungen. Nur die Interferenzmethode ist nicht gut anwendbar, da für diese die optischen Verhältnisse bei der Ultrazentrifuge zu unexakt sind.

2.3.8 Viskosität

Zur Messung werden vorwiegend Kapillarviskosimeter, z. B. das von OSTWALD, wo ein konstantes Volumen der Meßflüssigkeit genau eingehalten werden muß, oder das von UBBELOHDE mit hängendem Niveau, das von der oben erwähnten Einschränkung des OSTWALDschen Viskosimeters frei ist, und nur in Ausnahmefällen Zylinderviskosimeter angewandt. Im ersten Falle ist die Durchflußzeit t, im zweiten das Drehmoment E direkt proportional der Viskosität.

$$\eta = A \varrho\, t + B \varrho / t,$$
$$\eta = C\, E / \omega. \tag{64}$$

$B \varrho / t =$ HAGENBACHsche Korrektur wegen der kinetischen Energie und der endlichen Anlaufstrecke, ehe die parabolische Geschwindigkeitsverteilung in der Kapillare erreicht wird, $\varrho =$ Dichte der Lösung, $\omega =$ Winkelgeschwindigkeit des rotierenden Zylinders. Die Konstanten A, B, C werden durch Messung von Flüssigkeiten mit bekannten η und ϱ bestimmt. Die Gleichung für das Kapillarviskosimeter ist durch ein Zusatzglied $E\, t\, p$ zu erweitern, wenn neben dem Eigengewicht der Lösung noch ein äußerer Druckunterschied p zum Durchfließen der Kapillare angewandt wird.

Die Viskositätszahl ergibt sich als Grenzwert des Verhältnisses

$$[\eta] = \lim \frac{\eta - \eta_0}{c\, \eta_0}, \tag{65}$$

wo sowohl die Konzentration c wie der Gradient q zu Null geht. Das letztere ist nur bei extrem hohem Molekulargewicht ($M > 500\,000$) zu beachten, da bei kleinerem M der Effekt praktisch immer vernachlässigt werden kann. Die Extrapolation zu $c = 0$ ist nur dann einfach durchzuführen, wenn die Meßwerte $(\eta - \eta_0)/c\, \eta_0$ über einen genügend großen Konzentrationsbereich auf einer Geraden liegen. Manchmal ist es deshalb günstiger, von der folgenden Definition

$$[\eta] = \lim \frac{\ln \eta / \eta_0}{c} \tag{66}$$

auszugehen, die den gleichen Grenzwert, doch eine andere Neigung bei kleinem c ergibt.

Adsorptionseffekte an der Kapillarenwand können den Kapillarenradius verkleinern und so eine Anomalie der Viskositätszahl bei extrem kleinen Konzentrationen vortäuschen. Nach ÖHRN [54] kann man durch Extrapolation auf unendlichen Kapillarenradius dieser Fehlerquelle entgehen. Man mißt bei verschiedenen Radien und gleichem Randgradienten, trägt die berechnete η_{sp}/c über $1/r$ und bestimmt den wahren Wert $(\eta_{sp}/c)_{r=\infty}$ aus dem Schnittpunkt mit der Ordinatenachse. Durch Auftragen dieser Grenzwerte über c bekommt man bei kleinsten Konzentrationen eine Gerade, die dann einwandfrei die Viskositätszahl zu bestimmen erlaubt.

Beim Zylinderviskosimeter ist die Viskosität dem Quotient aus Drehmoment und Drehgeschwindigkeit direkt proportional. Die Effekte am Rande, d. h. an der Zylinderbasis, eliminiert man durch eine Eichmessung.

Bei bekannter Beziehung $[\eta] = K\,M^a$ kann man das Molekulargewicht recht einfach aus der gemessenen Viskositätszahl bestimmen. Die Konstanten K und a, die noch vom Lösungsmittel und von der Temperatur abhängen, müssen allerdings vorher durch Eichmessungen an Präparaten mit bekanntem M ermittelt werden. Besonders vorteilhaft sind Messungen in präzipitierenden Lösungen, wo $a = 0{,}5$ und K fast unabhängig von der Temperatur und der speziellen Natur des Lösungsmittels wird.

Nach der in erster Näherung gut bewährten FLORYschen Beziehung [55]

$$[\eta] = \Phi_0\,R^3/M \tag{67}$$

mit $\Phi_0 = 2{,}1 \cdot 10^{23}$ kann man sehr gut den effektiven Durchmesser des gelösten Makromoleküls abschätzen

$$R = \left(\frac{M[\eta]}{\Phi_0}\right)^{1/3}. \tag{68}$$

Nun nimmt die „Konstante" Φ_0 z. B. mit wachsendem zweiten Virialkoeffizienten etwas ab [56], was durch die bei der Aufweitung des Knäuels erhöhte Durchlässigkeit desselben hervorgerufen wird. Man hat deshalb Gl. (67) durch den genaueren Ansatz [48] [s. Gl. (16) in 5.4]

$$[\eta] = 2{,}5\,\frac{\pi\,N_L\,R^3}{6\,M}\,\Phi(\sigma) \tag{69}$$

zu ersetzen. Durch Kombination mit dem Widerstandskoeffizienten W [Gl. (48)], der den gleichen Parameter σ enthält, erhält man den Ausdruck

$$\frac{W}{([\eta]M)^{1/3}} = \frac{\Psi(\sigma)}{\Phi^{1/3}(\sigma)} = F(\sigma). \tag{70}$$

Nun kann man σ aus dem experimentell bestimmten Wert F ermitteln [57] (Abbildung 14). Durch Einsetzen in $\Phi(\sigma)$ und $\Psi(\sigma)$ erhält man dann den Durchmesser entweder aus der Viskositätszahl

$$R = 0{,}948\,(6[\eta]\,M/\pi\,N_L\,\Phi)^{1/3} \tag{71}$$

oder aus dem Widerstandskoeffizienten

$$R = W/3\pi\,\Psi. \tag{72}$$

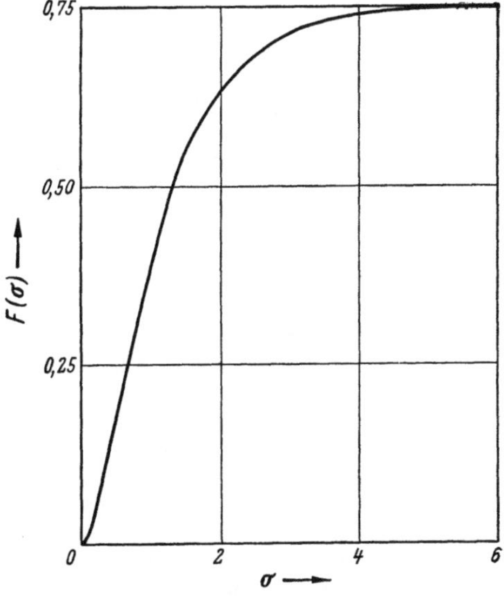

Abb. 14. Verlauf der Funktion $F(\sigma)$

Dieses Verfahren hat z. B. im Falle des Polymethylmethacrylates und Nitrocellulose im Aceton Werte ergeben, die vorzüglich mit denen aus der Lichtzerstreuung übereinstimmen, während aus Gl. (68) ungefähr um 20% zu kleine Durchmesser folgen.

Auch die Schmelzviskositäten, die sehr stark mit dem Molekulargewicht ansteigen, können zur Bestimmung desselben ausgenützt werden (vgl. 5.4). Störend macht sich dabei die sehr große Temperaturabhängigkeit und die Empfindlichkeit gegen Verunreinigung durch Weichmacher bemerkbar.

Literatur

[1] REICHMANN, M. E., B. H. BUNCE u. P. DOTY: J. Polymer Sci. 10 (1953) S. 109. — S. A. RICE: Thesis, Harvard Univ. 1955. — M. E. REICHMANN, S. RICE, C. A. THOMAS u. P. DOTY: J. Amer. chem. Soc. 76 (1954) S. 3047.

[2] Eyring, H.: Phys. Rev. 39 (1932) S. 746; genauere Analysen verschiedener Modelle: M. M. James u. E. Guth: J. chem. Physics 11 (1943) S. 455 u. 531; kurze Ketten: L. R. G. Treloar: Proc. phys. Soc. 4 (1943) S. 345.

[3] Benoit, H.: J. Chim. physique 44 (1947) S. 18 — J. Polymer Sci. 3 (1948) S. 326. — P. Debye: Rep. Office Rubber Reserve 1948. — H. Kuhn: J. chem. Physics 15 (1947) S. 843. — Ch. Sadron: J. Chim. physique 43 (1946) S. 145 — J. Polymer Sci. 3 (1948) S. 813. — W. J. Taylor: J. chem. Physics 15 (1947) S. 412; 16 (1948) S. 257.

[4] Outer, P., C. Carr u. B. Zimm: J. chem. Physics 18 (1950) S. 830.

[5] Flory, P. J.: Principles of Polymer Chem. Ithaca: Cornell Univ. Press 1953.

[6] Peterlin, A.: Internationales Kolloquium „Les grosses molécules en solution", Paris 1948, S. 70.

[7] Teramoto, E., M. Yamamoto u. H. Matsuda: Busseiron-Kenkyu 39—51 (1951, 1952), englische Zusammenfassung bei P. J. Flory: J. Polymer Sci. 14 (1954) S. 1. — B. Grimley: J. chem. Physics 21 (1953) S. 185. — F. Bueche: J. chem. Physics 21 (1953) S. 205. — H. M. James: J. chem. Physics 21 (1953) S. 1628. — B. H. Zimm, W. H. Stockmayer u. M. Fixman: J. chem. Physics 21 (1953) S. 1716.

[8] Siehe z. B. H. A. Stuart: Physik der Hochpolymeren, Bd. 2, S. 665. Berlin/Göttingen/ Heidelberg: Springer 1953, ferner Branched Molecules, Ann. New York Acad. Sci. 57 (1953) Art. 4, S. 325—450.

[9] Fox, J. J., u. A. E. Martin: Proc. roy. Soc. (London) A 175 (1940) S. 208. — G. B. M. Sutherland u. D. M. Simpson: J. chem. Physics 15 (1947) S. 153. — W. M. D. Bryant: J. Polymer Sci. 2 (1947) S. 547. — L. H. Cross, R. B. Richards u. H. A. Willis: Discuss. Faraday Soc. No. 9 (1950) S. 235. — W. M. D. Bryant, J. P. Tordella u. R. H. H. Pierce jr.: Chicago Meeting. Amer. Chem. Soc. (September 1950). — W. M. D. Bryant u. R. C. Voter: J. Amer. chem. Soc. 75 (1953) S. 6113. — E. J. Slovinski jr., H. Walter u. R. L. Miller: J. Polymer Sci. 19 (1956) S. 353. — Siehe auch § 68 und 70 in H. A. Stuart: Physik der Hochpolymeren, Bd. 1. Berlin/Göttingen/Heidelberg: Springer 1952.

[10] Kuhn, W., u. H. Kuhn: Helv. chim. Acta 30 (1947) S. 1233. — B. H. Zimm u. W. H. Stockmayer: J. chem. Physics 17 (1949) S. 130. — C. D. Thurmond u. B. H. Zimm: J. Polymer Sci. 8 (1952) S. 477.

[11] Gegen diese Schreibweise sprechen neuere Untersuchungen von B. H. Zimm u. R. W. Kilb: J. Polymer Sci. 37 (1959) S. 19. die eher einen Exponenten 2 anstatt $^2/_3$ erwarten ließen.

[11a] Zimm, B. H., u. R. W. Kilb: J. Polymer Sci. 37 (1959) S. 19. — J. R. Schaefgen u. P. J. Flory: J. Am. chem. Soc. 70 (1948) S. 2709. — C. D. Thurmond u. B. H. Zimm: J. Polymer Sci. 8 (1952) S. 477.

[11b] Stockmayer, W. H., u. M. Fixman: Ann. New York Acad. Sci. 57 (1933) S. 334.

[12] Siehe z. B. den Artikel „Osmotischer Druck" von G. V. Schulz in H. A. Stuart: Physik der Hochpolymeren, Bd. 2. Berlin/Göttingen/Heidelberg: 1953.

[13] Dobry, A.: J. Chim. physique 32 (1935) S. 51.

[14] Hookway, H. T., u. R. Townsend: J. chem. Soc. (London) (1952) S. 3190.

[15] Jullander, I.: Ark. Kemi, A 21 (1945) Nr. 8.

[16] Claesson, S., u. U. Lohmander: Makromolekulare Chem. 18/19 (1956) S. 310.

[17] Weber, H. H., u. H. Portzehl: Makromolekulare Chem. 3 (1949) S. 132.

[18] Fuoss, R. M., u. D. J. Mead: J. phys. Chem. 47 (1943) S. 59.

[19] Hellfritz, H.: Makromolekulare Chem. 7 (1951) S. 184.

[20] Pinner, S. H., u. J. V. Stabin: J. Polymer Sci. 9 (1952) S. 575.

[21] Siehe die ausgezeichnete Zusammenstellung in R. V. Bonnar, M. Dimbat u. F. M. Stross: Number-Average Molecular Weight. New York: Interscience Publ. 1958.

[22] Siehe z. B. H. Marzolph u. G. V. Schulz: Makromolekulare Chem. 13 (1954) S. 120 — Z. Elektrochem. 58 (1954) S. 211. Messungen bis $M_n = 50000$.

[23] Siehe z. B. K. G. Schön u. G. V. Schulz: Z. phys. Chem. 2 (1954) S. 197. Messungen bis $M_n = 20000$. — N. H. Ray: Trans. Faraday Soc. 48 (1952) S. 809. — H. Smith: Trans. Faraday Soc. 52 (1956) S. 402.

[23a] Chandler, R. C.: J. phys. Chem. 44 (1940) S. 574.

[23b] Pierce, J. N., u. R. D. Snow: J. phys. Chem. 31 (1927) S. 231.

[23c] Hepburn, K. R. J.: J. Colloid Sci. 32 (1927) S. 550.

[23d] Signer, R.: Liebig Am. Chem. 478 (1930) S. 246. — G. Scatchard, W. J. Hammer u. S. E. Wood; J. Am. chem. Soc. 60 (1938) S. 3061. — C. M. Mason, J. Am. chem. Soc. 60 (1938) 1638. — S. Claesson: Ark. Chem. 1, Nr. 11 (1949) S. 81.

[24] Siehe z. B. J. T. Edsall u. W. B. Dandliker: Light Scattering in Solutions of Proteins and other Large Molecules. Fortschr. chem. Forschg. 2 (1951) S. 1. — H. A. Stuart: Physik der Hochpolymeren, Bd. 1, 6. Kap.; Bd. 2, 6. u. 9. Kap. Berlin/Göttingen/Heidelberg: Springer 1952 und 1953. — A. Peterlin: Determination of Molecular Dimensions from Light Scattering Data, Progress in Biophysics and Biophysical Chemistry 9 (1959) S. 175.

[25] Siehe z. B. R. Speiser u. B. A. Brice: J. opt. Soc. Amer. 36 (1946) S. 364. — B. A. Brice, M. Halwer u. R. Speiser: J. opt. Soc. Amer. 40 (1950) S. 768. — B. H. Zimm: J. chem. Physics 16 (1948) S. 1099. — C. Carr u. B. H. Zimm: J. chem. Physics 18 (1950) S. 1616. — J. Hengstenberg: Makromolekulare Chem. B 6 (1951) S. 127. — C. Wippler u. G. Scheibling: J. Chim. physique 51 (1954) S. 201. — H. J. Cantow u. G. V. Schulz: Z. phys. Chem. (N.F.) 1 (1954) S. 365.

[26] Vergleiche z. B. H. J. Cantow u. G. V. Schulz: Z. phys. Chem. (N.F.) 1 (1954) S. 365.

[27] Vergleiche z. B. A. Rousset u. R. Lochet: J. Polymer Sci. 10 (1953) S. 319. — B. H. Zimm: J. Polymer Sci. 10 (1953) S. 351.

[28] Siehe z. B. B. A. Brice, M. Halver u. R. Speiser: J. opt. Soc. Amer. 40 (1950) S. 768.

[29] Silica-Suspension von Du Pont de Nemours Co.; siehe z. B. Mommaerts: J. Colloid Sci. 7 (1952) S. 71. — G. Oster: J. Polymer Sci. 9 (1952) S. 525.

[30] So findet z. B. W. Lotmar: Helv. chim. Acta 21 (1938) S. 953, daß bei Nitrocellulose der Depolarisationsgrad ungefähr wie $1/M$ abfällt. Bei $M = 65000$ beträgt er 0,6% für polarisierten und 2% für unpolarisierten Primärstrahl. — P. Doty u. S. J. Stein: J. Polymer Sci. 3 (1948) S. 763, finden ähnliche Verhältnisse bei Polystyrol, Polyvinylchlorid, Polyvinylacetat und Polydichlorstyrol.

[31] Zimm, B. H.: J. chem. Physics 16 (1948) S. 1093 u. 1099.

[32] Schulz, G. V., K. Altgelt u. H. J. Cantow: Makromolekulare Chem. 21 (1956) S. 13.

[33] Über die Messung der kleinen Unterschiede im Brechungsindex der Lösung und des Lösungsmittels s. z. B. G. V. Schulz, O. Bodmann u. H. J. Cantow: J. Polymer Sci. 10 (1953) S. 73. — B. A. Brice u. M. Halwer: J. opt. Soc. Amer. 41 (1951) S. 1033.

[34] Debye, P.: J. appl. Phys. 15 (1944) S. 338. — B. H. Zimm: J. chem. Physics 14 (1946) S. 164; 16 (1948) S. 1093.

[35] Ewart, R. H., C. P. Roe, P. Debye u. J. R. McCartney: J. chem. Physics 14 (1946) S. 687. — S. R. Palit, G. Colombo u. H. Mark: J. Polymer Sci. 6 (1951) S. 295.

[36] Siehe z. B. J. T. Edsall u. W. B. Dandliker: Zit. (24). — A. Katchalsky u. H. Eisenberg: J. Polymer Sci. 6 (1951) S. 145. — P. Doty u. R. F. Steiner: J. chem. Physics 20 (1952) S. 85. — A. Oth u. P. Doty: J. phys. Chem. 56 (1952) S. 43. — P. Alexander u. K. A. Stacey: Trans. Faraday Soc. 51 (1955) S. 299. — H. Terayama: J. Polymer Sci. 18 (1956) S. 181.

[36a] Eisenberg, H., u. E. F. Casassa: J. Polymer Sci. 47 (1960) S. 29.

[37] Debye, P.: zit. bei B. H. Zimm: J. chem. Physics 16 (1948) S. 1099.

[38] Peterlin, A.: J. chem. Physics 23 (1955) S. 2464.

[39] Debye, P.: J. appl. Phys. 15 (1944) S. 338.

[40] Benoit, H.: J. Polymer Sci. 11 (1957) S. 507. — H. Benoit, A. M. Holtzer u. P. Doty: J. phys. Chem. 58 (1954) S. 635.

[41] Doty, P., u. R. F. Steiner: J. chem. Physics 20 (1952) S. 85.

[42] Siehe z. B. den Artikel „Sedimentation und Diffusion von Makromolekülen" von J. Hengstenberg in H. A. Stuart: Physik der Hochpolymeren, Bd. 2. Berlin/Göttingen/Heidelberg: Springer 1953.

[43] Tabellen des Gaußschen Fehlerintegrals findet man z. B. in J. d'Ans u. E. Lax: Taschenbuch für Chemiker und Physiker. Berlin/Göttingen/Heidelberg: Springer 1949.

[44] Svedberg, T., u. H. Rinde: J. Amer. chem. Soc. 46 (1924) S. 2677.

[45] Gorey, G. L.: C. R. Acad. Sci. (Paris) 90 (1880) S. 307. — L. G. Longsworth: J. Amer. chem. Soc. 69 (1947) S. 2510.

[46] LAMM, O.: Nova Acta Reg. Soc. Sci. Upsala 10 (1937) S. 6 — Z. phys. Chem. A 138 (1928) S. 313; A 143 (1929) S. 177. — H. J. ANTWEILER: Kolloid-Z. 115 (1949) S. 1—3 u. 132 — Mikrochem. verein. Mikrochim. Acta 36/37 (1951) S. 561. — G. SCHEIBLING: J. Chim. physique 47 (1950) S. 688.

[47] PHILPOT, J. ST.: Nature (London) 141 (1938) S. 283. — H. SVENSON: Kolloid-Z. 90 (1940) S. 141.

[48] DEBYE, P., u. A. M. BUECHE: J. chem. Physics 16 (1948) S. 573.

[49] SCHULZ, G. V., u. G. MEYERHOFF: J. Polymer Sci. 10 (1953) S. 79 — Z. Elektrochem. 56 (1952) S. 545 — Makromolekulare Chem. 7 (1952) S. 294. Polymethylmethacrylate im Bereich $M = 30000$ bis 7000000.

[50] MANDELKERN, L., u. P. J. FLORY: J. chem. Physics 20 (1952) S. 212.

[51] STUART, H. A.: Physik der Hochpolymeren, Bd. 2, S. 420, Abb. VIII. 4. Berlin/Göttingen/ Heidelberg: Springer 1953.

[52] WALES, M., u. K. E. VAN HOLDE: J. Polymer Sci. 14 (1954) S. 81.

[52a] JULLANDER, I.: Ark. Kemi 21 A (1945) S. 8.

[53] SCHULZ, G. V.: Z. phys. Chem. 193 (1944) S. 168. — M. WALES: J. phys. Colloid Chem. 52 (1948) S. 235.

[54] ÖHRN, O. E.: Ark. Kemi 12 (1958) S. 397 — Acta Chem. Scand. 8 (1954) S. 1303 — J. Polymer Sci. 17 (1955) S. 137; 19 (1956) S. 199.

[55] FLORY, P. J.: J. chem. Physics 17 (1949) S. 303.

[56] KRIGBAUM, W. R., u. D. K. CARPENTER: J. phys. Chem. 59 (1955) S. 1166.

[57] PETERLIN, A.: Makromolekulare Chem. 18/19 (1956) S. 254 — J. Colloid Sci. 10 (1955) S. 587.

[63] HENGSTENBERG, J.: Z. Elektrochem. 60 (1956) S. 236. — S. CLAESSON: J. Polymer Sci. 16 (1955) S. 193.

2.4 Chemische Uneinheitlichkeit

Von O. Fuchs und H. J. Leugering, Frankfurt/M.-Höchst

2.4.1 Uneinheitlichkeit hinsichtlich Molekulargewicht und chemischer Zusammensetzung

Bei Copolymeren aus zwei oder mehreren Komponenten, bei Pfropf- und Blockpolymeren, bei Hochpolymeren, die nachträglich zum Teil chemisch verändert wurden (z. B. bei teilweise chloriertem Polyolefin oder Polyvinylchlorid, bei anoxydierten Polymeren, bei partiell verseiften Polyvinyl- oder Polyacrylestern, bei partiell acetalisiertem Polyvinylalkohol, bei den Cellulosederivaten u. a.) und bei hochmolekularen Naturstoffen (z. B. bei Eiweißstoffen) ist stets sowohl mit einer Uneinheitlichkeit hinsichtlich des Molekulargewichtes als auch mit der Möglichkeit des Vorliegens einer Uneinheitlichkeit der chemischen Zusammensetzung der einzelnen im Produkt enthaltenen Makromoleküle zu rechnen; hierzu zählen auch makromolekulare Stoffe, die bei gleicher chemischer Bruttozusammensetzung Anteile mit verschiedener Struktur der Ketten (z. B. Verzweigungen oder relative Lage der Monomeren zueinander) enthalten. Allgemein ist zu erwarten, daß bei Stoffen, die durch Umsetzung im festen Zustand erhalten wurden, die chemische Uneinheitlichkeit größer ist als bei den in homogener Lösung hergestellten (vgl. z. B. [1], weitere Daten in [2], vgl. auch 5.7).

In 2.2 wurde an Hand zahlreicher Beispiele gezeigt, in welcher Weise Eigenschaften der Hochpolymeren von der Größe des Molekulargewichtes und des Grades der Molekulargewichtsuneinheitlichkeit abhängen. Diese Zusammenhänge gelten aber nur für Makromoleküle mit gleichem chemischem Aufbau. Bei chemisch inhomogenen Stoffen der obengenannten Art kommt der Einfluß des Ausmaßes der chemischen Ungleichartigkeit der Makromoleküle hinzu. Zum Unterschied von der Uneinheitlichkeit des Molekulargewichtes werde die chemische Uneinheitlichkeit kurz mit U_c bezeichnet.

Systematische Untersuchungen über den Einfluß von U_c auf die verschiedenen Eigenschaften liegen fast nicht vor. Einige Beispiele werden im letzten Abschnitt gebracht. Zuvor sollen im folgenden Abschnitt die Methoden zur Bestimmung von U_c kurz behandelt werden. In 2.4.3 wird kurz auf die Darstellung der Meßergebnisse eingegangen. 2.4.4 bringt mehrere weitere Beispiele für Hochpolymere, für die eine chemische Uneinheitlichkeit mit Sicherheit festgestellt werden konnte.

2.4.2 Bestimmung der chemischen Uneinheitlichkeit

Die Lücke in unserem Wissen über den U_c-Einfluß auf die Eigenschaften ist vor allem dadurch bedingt, daß das Ausgangsprodukt bei den üblichen Fraktioniermethoden stets sowohl nach der Molekülgröße als auch nach der chemischen Ungleichartigkeit zerlegt wird. Beide Einflüsse überlagern sich zwangsweise; nur wenn sie wenigstens teilweise getrennt erfaßt werden können, läßt sich eine gewisse Aussage über den Grad von U_c machen. Offenbar sind aber gerade die bei dieser Trennung auftretenden experimentellen Schwierigkeiten die Ursache für die bisher weitgehend vernachlässigte systematische Untersuchung des U_c-Einflusses.

Nach neueren Ergebnissen läßt sich trotz der Überlagerung der Wirkungen des Molekulargewichtes und von U_c bei der Fraktionierung eine Aussage über den wahrscheinlichen Grad der chemische Inhomogenität auf Grund folgender Überlegungen gewinnen: Bei der Fraktionierung spricht ein gegebenes System aus Lösungsmittel und Nichtlöser für den zu untersuchenden Stoff auf die Molekulargewichtsuneinheitlichkeit U in anderer Weise an als auf die chemische Zusammensetzung. Wird die Lösungs-Fällmittel-Kombination geändert, so ändert sich zwangsweise auch der relative Einfluß dieser Mischung auf U und U_c. Es ist daher grundsätzlich zu erwarten, daß bei chemisch uneinheitlichen Produkten je nach der Wahl des bei der Fraktionierung verwendeten Systems aus Lösungs- und Fällmittel ein verschiedenes Ergebnis der chemischen Inhomogenität erhalten wird. Je stärker sich die einzelnen Fraktionen in ihrer chemischen Zusammensetzung voneinander unterscheiden, um so besser ist die hierbei verwendete Mischung zur Bestimmung von U_c. Damit ist zwar noch keine Aussage über den wirklichen Grad der chemischen Inhomogenität erhalten worden. Wird aber bei der Fraktionierung des gleichen Hochpolymeren mit verschiedenen Systemen das gleiche Ergebnis für U_c erhalten, so stellt dieses mit großer Wahrscheinlichkeit den tatsächlichen Grad der chemischen Uneinheitlichkeit dar. Man darf sich daher bei der Bestimmung von U_c nicht mit der Verwendung einer einzigen (meist zufällig gewählten) Kombination aus Lösungs- und Fällmittel begnügen, sondern muß möglichst viele Systeme wechselnder Zusammensetzung auf ihre Fähigkeit, Fraktionen mit extremen chemischen Eigenschaften zu gewinnen, untersuchen. Eventuell kann auch die Temperatur bei der Fraktionierung variiert werden, da auch diese einen spezifischen Einfluß auf die für die Fraktionierung maßgebenden Löslichkeitseigenschaften der zu trennenden Molekülarten hat.

Diese Erscheinung der Abhängigkeit der gefundenen chemischen Uneinheitlichkeit von der Wahl der Fraktionierbedingungen ist bei Cellulosederivaten schon seit einiger Zeit bekannt (vgl. z. B. [3, 4, 5]); die dabei gefundenen Unterschiede in den Fraktionierergebnissen waren offenbar wegen der geringen chemischen Inhomogenität der untersuchten Produkte relativ klein. Größere Differenzen wurden bei einem Copolymeren aus Vinylchlorid und Vinylacetat gefunden [6]; sie bestätigen voll den aus den vorgenannten Überlegungen zu erwartenden Effekt. Wird das Copolymere z. B. unter Verwendung von Aceton und Petroläther fraktioniert, so werden Fraktionen erhalten, deren Cl-Gehalt zwischen 29 und 33% liegt (s. Kurve *1* in Abb. 1); das Produkt ist also als relativ chemisch einheitlich zu bezeichnen. Wird das gleiche Copolymere aber mit Aceton und Methanol fraktioniert, so liegt der Cl-Gehalt der Fraktionen zwischen 18 und 40% (s. Kurve *2* in Abb. 1). Das in Kurve *1* der Abb. 1 dargestellte

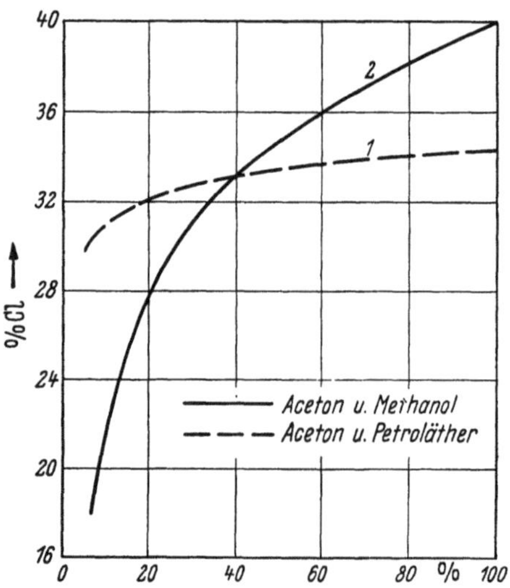

Abb. 1. Fraktionierung eines chemisch uneinheitlichen Copolymeren aus Vinylchlorid und Vinylacetat mit verschiedenen Systemen

Ergebnis gibt also ein ganz falsches Bild für die wahre chemische Uneinheitlichkeit, und eventuell daraus gezogene Schlüsse sind somit fehlerhaft. Auch das in Kurve *2* wiedergegebene Fraktionierresultat ist unsicher, wenn nicht weitere Befunde mit anderen Systemen zum Vergleich vorliegen. Aus der Tatsache aber, daß im vorliegenden Falle die letztgenannte starke chemische Inhomogenität, die sich von 18 bis 40% Cl erstreckt, auch mit den Mischungen aus Aceton + Benzol + Wasser bzw. aus Aceton + Wasser bzw. aus Methylacetat + Methanol bzw. aus Methylenchlorid + Methanol bzw. aus Methylenchlorid + Petroläther bei der Fraktionierung gewonnen wurde, kann geschlossen werden, daß die Kurve *2* der Abb. 1 die wirkliche chemische Uneinheitlichkeit des Produktes beschreibt[1]. Ähnliche, wenn auch nicht so krasse Unterschiede, treten auch bei der Fraktionierung eines partiell chlorierten Polyäthylens auf [6].

Insgesamt zeigen diese Ergebnisse erstens die zu erwartende Abhängigkeit des für chemisch inhomogene makromolekulare Stoffe erhaltenen Fraktionierresultates von den Fraktionierbedingungen und zweitens die daraus resultierende Notwendigkeit einer möglichst weitgehenden Variation der Fraktionierbedingungen, um präzisere Angaben über die Größe von U_c machen zu können.

Zur Charakterisierung der Proben, die bei der nach dem vorgenannten Prinzip vorgenommenen Fraktionierung isoliert wurden, gibt es mehrere Möglichkeiten. Den größten Aussagewert besitzt natürlich die chemische Analyse. Wo diese aber unmöglich oder nur mit einem größeren Arbeitsaufwand durchführbar

---

[1] Ob eine noch stärkere chemische Uneinheitlichkeit im Cl-armen und Cl-reichen Teil der Kurve *2* der Abb. 1 vorliegt, läßt sich leicht durch eine noch schärfere Fraktionierung an den Kurvenenden feststellen.

ist, können physikalische Messungen vorgenommen werden. Vor allem kommt hierfür die Spektralanalyse im Ultravioletten und Ultraroten in Betracht. Zu nennen ist aber auch die Bestimmung folgender Eigenschaften: Brechungsindex, optische Drehung (bei Gegenwart optisch aktiver Komponenten), Dielektrizitätskonstante, mechanische und dielektrische Verluste, Dichte, Schmelzpunkt, Einfriertemperatur, Oberflächenspannung, Löslichkeit und andere; dazu kommen bei kristallisierenden Stoffen auch die Bestimmung des Kristallisationsgrades und bei Polyelektrolyten die Messung der elektrischen Leitfähigkeit der z. B. wäßrigen Lösung. Welche dieser einzelnen Möglichkeiten angewandt wird, ist von Fall zu Fall verschieden und hängt von der Natur des speziell zu bearbeitenden Problems ab.

Speziell bei Co-, Pfropf- und Blockpolymeren müßte eine Markierung der einen Komponente mit z. B. ^{14}C oder ^{18}O die Auswertung erleichtern; entsprechende Untersuchungen konnten wir in der Literatur aber nicht finden.

Bei Cellulosederivaten kann die Analyse durch vorherige Spaltung der Hauptkette der Fraktionen und anschließende Untersuchung der dabei entstandenen niedermolekularen Spaltprodukte erleichtert werden.

Nach neueren Untersuchungen kann auch die Messung der Lichtstreuung an den Lösungen des makromolekularen Stoffes Anhaltspunkte für den Grad der chemischen Uneinheitlichkeit liefern (vgl. [7, 8 und 66]).

2.4.3 Darstellung der Meßergebnisse

Zur zahlenmäßigen Beschreibung des Grades der chemischen Uneinheitlichkeit eines Produktes wäre es wünschenswert, eine aus den Fraktionier- und Analysendaten berechenbare Größe, etwa analog der in 2.2 durch Gl. (7) definierten Uneinheitlichkeit hinsichtlich des Molekulargewichtes, zu verwenden. In der Literatur wurde eine solche Kenngröße noch nicht beschrieben. Auch Bemühungen der Verfasser, eine eindeutige mathematische Definition für U_c aufzustellen, führten zu keiner brauchbaren, allgemein anwendbaren Beziehung. Es gibt daher zunächst nur die Möglichkeit, das Fraktionierergebnis tabellarisch oder noch besser graphisch darzustellen. Dabei ist es zweckmäßig, die Analysenergebnisse der einzelnen Fraktionen zuerst nach steigenden Werten zu ordnen und die Gewichtsmengen der Fraktionen ähnlich wie bei der Aufstellung der integralen Verteilungskurve des Molekulargewichtes zu addieren. Auf diese Weise erhält man eine stetig ansteigende Kurve, wobei als Abszisse die jeweilige Summe $\sum g_i$ der Gewichtsmengen g bis zur Fraktion i und als Ordinate der für die Fraktion i gemessene Eigenschaftswert E_i aufgetragen sind. Die Daten in Abb. 1 sind in dieser Form dargestellt.

Bei dieser Art der Auswertung der Fraktionierdaten bleibt der Einfluß des Molekulargewichtes ganz außer acht. Natürlich ist zur genauen Beschreibung eines Produktes auch die Molekulargewichtsverteilung bzw. die durch Gl. (7) in 2.2 definierte Uneinheitlichkeit U anzugeben.

2.4.4 Weitere Beispiele

Im folgenden werden mehrere typische Beispiele[1] für die experimentell bestimmte chemische Inhomogenität einer Reihe von makromolekularen Stoffen

---

[1] In den unten zitierten Arbeiten finden sich zum Teil weitere Hinweise auf frühere Arbeiten.

gebracht. Aus den eingangs genannten Gründen ist das bis jetzt vorliegende Material noch recht gering. Am eingehendsten wurden Cellulosederivate untersucht; da hierüber an anderer Stelle [2, 9] Näheres zu finden ist, beschränken wir uns auf die Anführung einiger neuerer Arbeiten.

Bei der Fraktionierung von Copolymeren aus Butadien und Methacrylsäure mit Benzol + Äthylalkohol wurden Fraktionen mit verschiedenem COOH-Gehalt erhalten [10]. Auch für die Copolymeren Vinylchlorid und Acrylnitril wurde eine ungleiche Verteilung der Komponenten gefunden [11 und 70]. Die chemische Uneinheitlichkeit von Copolymeren aus Styrol und Butadien [7] bzw. aus Styrol und Methylmethacrylat [8] wurde durch Messung der Lichtstreuung nachgewiesen. Die chemische Uneinheitlichkeit eines Copolymeren aus Vinylchlorid und Vinylacetat wurde oben bereits behandelt [6]. Auch Copolymere aus Styrol und Acrylsäureestern bzw. aus Vinylchlorid und Acrylsäureestern ([12], s. auch [56]), sowie Copolymere aus Äthylen und Propylen [60] sind heterogen aufgebaut.

Werden Pfropfpolymere aus Vinylacetat auf Polyvinylalkohol mit Aceton + Wasser fraktioniert, so werden Anteile mit verschiedenem Acetylgehalt erhalten [13]. Auch für folgende Pfropfpolymere wurde eine stärkere chemische Uneinheitlichkeit nachgewiesen [14]: Vinylchlorid auf Polymethylmethacrylat (Fraktionierung mit Dioxan + Methanol), Methylmethacrylat auf Polyvinylchlorid (Dioxan + Methanol), Vinylacetat auf Polystyrol (Butanon + Methanol), Methylmethacrylat auf Polystyrol (Butanon + Methanol-Wasser-Gemisch) und Styrol auf Polymethylmethacrylat (Butanon + Methanol-Wasser-Gemisch). Bei der Fraktionierung von Pfropfpolymeren aus Polystyrol und GR-S-Kautschuk mit Benzol + Methyläthylketon als Lösungsmittel und Methanol als Nichtlöser wurden Proben verschiedener chemischer Zusammensetzung erhalten [15]. Die chemische Inhomogenität der Pfropfpolymeren von Styrol auf Polyäthylen konnte durch Erhitzen der Proben und Beobachten unter dem Polarisationsmikroskop festgestellt werden [16]; U_c ist abhängig von den Herstellungsbedingungen. Theoretische Betrachtungen über die Fraktionierung von Pfropfpolymeren stellten KILB und BUECHE [17] und KRAUSE [18] an. Blockpolymere aus Polystyrol und Polymethylmethacrylat enthalten Anteile mit verschiedenem Polystyrolgehalt [19]. Zur Darstellung chemisch einheitlicher Blockpolymerer aus Methylmethacrylat und Acrylnitril vgl. [20]. Blockpolymere von Vinylacetat-Polymethylmethacrylat enthalten Anteile aus reinem Polyvinylacetat und Blockpolymeren [71].

Wird Polyäthylen unter Verwendung von p-Xylol und n-Amylalkohol fraktioniert, so findet nicht nur eine Zerlegung nach der Molekülgröße, sondern auch nach dem Verzweigungsgrad statt [21], vgl. auch [59]. Die gleiche Erscheinung wurde für Polyvinylchlorid (Fraktionierung mit Tetrahydrofuran + Wasser [62], vgl. auch [63]), Polystyrol (Fraktionierung mit Butanon + Methanol, [22]), Polyvinylacetat (Franktionierung mit Butanon + Methanol [23, 24] bzw. Fraktionierung mit Methylacetat + Petroläther und mit Aceton + Wasser [60]) und Polyglucose (Fraktionierung mit Wasser + Äthylalkohol [25, 26]) gefunden. Kristallisierbare mit Hilfe von stereospezifischen Katalysatoren hergestellte Hochpolymere (z. B. Polypropylen, Polystyrol u. a.) enthalten gleichzeitig ataktische, isotaktische und syndiotaktische Makromoleküle [27, 28, 29]. Durch Abbauversuche mit Perjodsäure konnte im Polyvinylalkohol die Anwesenheit geringer Mengen an Kopf-Kopf-Anordnung der Monomereneinheiten (neben der normalen Kopf-Schwanz-Struktur) nachgewiesen werden [39]. Die Polymerisation von Acetaldehyd mit $Al_2O_3 + Zn(C_2H_5)_2$ liefert Mischungen aus amorphem und kristallinem Polyacetaldehyd und aus Stereoblockpolymeren aus amorphen und kristallinen Bereichen [69].

Die Fraktionierung von Methylcellulose, die durch heterogene Methylierung von Cellulose erhalten wurde, ergab erwartungsgemäß eine ungleichförmige Verteilung der Äthergruppen [31]. Für den OC_2H_5-Gehalt der Fraktionen von Äthylcellulose wurden Werte zwischen 44 und 49% gefunden [32].

Bei der Fraktionierung von Celluloseacetat mit Aceton + Heptan hatte die höchstmolekulare Fraktion den niedrigsten Acetylgehalt, während bei der Verwendung von Aceton + Wasser ein hoher Acetylgehalt mit hohem Molekulargewicht verknüpft ist ([3]; vgl. auch [33 und 34]). Eine chemische Uneinheitlichkeit konnte besonders für technisch hergestellte Acetylcellulose nachgewiesen werden [35]. Mit Aceton + Äthylalkohol konnten aus Celluloseacetat Anteile mit verschiedenem Pentosangehalt isoliert werden [36].

Die Zerlegung von Nitrocellulose mit Aceton + Wasser lieferte Fraktionen mit verschiedenem N-Gehalt ([37 und 67], vgl. hierzu auch [38 und 65]).

Der Verätherungsgrad von Carboxymethylcellulose nimmt mit steigendem Molekulargewicht der Fraktionen ab (Fraktionierung mit Wasser + Aceton bzw. mit Wasser + Methanol [4]). Zum gleichen Ergebnis kam Timell ([39], vgl. auch [40]); die Hauptmenge der von ihm untersuchten Ausgangsprobe ist jedoch weitgehend chemisch einheitlich. Aus den Daten der Fraktionierung von Carboxymethylcellulose konnte die Reaktionsfähigkeit der einzelnen OH-Gruppen der zur Herstellung verwendeten Cellulose berechnet werden [41].

Diäthylacetamidcellulosexanthat wurde mit Dimethylsulfoxyd + Wasser fraktioniert [5]. Der Substitutionsgrad der dabei zuerst anfallenden Fraktionen ist höher als der der späteren. Das umgekehrte Verhalten wurde bei Verwendung von Aceton an Stelle von Wasser erhalten.

Partiell verseiftes Polyvinylacetat ist chemisch inhomogen ([42], vgl. auch [43, 44 und 61]), während durch partielle Acetylierung von Polyvinylalkohol erhaltenes Produkt eine gleichmäßigere Zusammensetzung besitzt [42]. Fraktionen von Agar unterscheiden sich im Gehalt an Schwefelsäureestergruppen und an Kationen [45]. Die chemische Inhomogenität von chloriertem Polyäthylen wurde durch chemische und durch Ultrarotanalyse der Fraktionen bestimmt [6, 46]. Der Gehalt an Methylolgruppen in den Fraktionen von Phenolformaldehydharzen (Verwendung von Benzol + Petroläther bei der Fraktionierung) ist verschieden groß [47]. Für ein Alkydharz aus Ricinusöl und Phthalsäureanhydrid wurde durch Fraktionieren mit Alkohol und Wasser eine besonders starke chemische Inhomogenität nachgewiesen [48]. Die Fraktionen von Seidenfibrin unterscheiden sich etwas in ihrem chemischen Aufbau aus den Aminosäuren [49]. Auch Hämoglobin [64] und Pepsin [68] sind chemisch heterogen aufgebaut.

2.4.5 Einfluß auf die mechanischen Eigenschaften

Es wurde bereits im Abschn. 2.4.2 darauf hingewiesen, daß eine quantitative Bestimmung der chemischen Uneinheitlichkeit (U_c) mit grundsätzlichen experimentellen Schwierigkeiten verbunden ist und nur durch systematische

Variation des Systems Fällungsmittel–Lösungsmittel angenähert erreicht werden kann.

Es ist daher nicht verwunderlich, daß nur sehr vereinzelte Arbeiten in der Literatur bekannt sind, in denen ein Zusammenhang zwischen der chemischen Uneinheitlichkeit und den physikalischen Eigenschaften nachgewiesen wird.

Daß ein derartiger Zusammenhang grundsätzlich angenommen werden muß, folgt allein schon aus den unterschiedlichen Löslichkeitseigenschaften verschieden uneinheitlicher Produkte; hierauf beruht ja gerade die experimentelle Möglichkeit der Unterscheidung derartiger Substanzen.

Einigermaßen übersichtliche Verhältnisse sind bei Copolymeren zu erwarten. Da die Reaktionsgeschwindigkeiten der einzelnen Monomeren im allgemeinen unterschiedlich sind, tritt, wenn man von einer Mischung der Monomeren ausgeht, je nach den gewählten Reaktionsbedingungen im Laufe der Polymerisation eine mehr oder weniger stark ausgeprägte Veränderung des Mischungsverhältnisses in der Monomerenphase ein. Die in der Zeiteinheit gebildeten Polymerisatmoleküle weisen daher vom Beginn der Reaktion bis zum Ende eine stetige Änderung der chemischen Zusammensetzung auf [*50, 55*]. Andererseits kann man durch Nachschleusen der reaktionsfähigeren Komponente dafür Sorge tragen, daß die Zusammensetzung der Monomerenphase über den ganzen Reaktionsverlauf konstant bleibt; die so erhaltenen Polymerisate müssen chemisch einheitlicher sein.

Eine ausführliche Untersuchung über den Einfluß der chemischen Uneinheitlichkeit von Copolymeren auf die dynamisch-elastischen Eigenschaften wurde von NIELSEN [*12*] (vgl. auch [*56*]) durchgeführt. Die einzelnen Typen der Copolymeren, sowie deren Herstellungsbedingungen sind aus Tab. 1 zu ersehen.

Tabelle 1 [12]

Copolymere	Zusammensetzung %	Einheitlichkeit	Herstellung
Styrol-Methylacrylat	55% Styrol	sehr homogen	1
Styrol-Methylacrylat	55% Styrol	sehr heterogen	2
Vinylchlorid-Methylacrylat	59% VC	homogen	3
Vinylchlorid-Methylacrylat	59% VC	sehr heterogen	4
Vinylchlorid-β-Cyanoäthoxyäthyl-acrylat	50% VC	homogen	3
Vinylchlorid-β-Cyanoäthoxyäthyl-acrylat	49% VC	sehr heterogen	4

Herstellung

1) Blockpolymerisation mit Benzoylperoxyd als Katalysator, Umsatz 7%,
2) wie 1), aber vollständiger Umsatz,
3) Emulsionspolymerisation. Persulfat als Katalysator. Nachschleusen der reaktionsfähigeren Komponente, Temperatur 40 °C,
4) wie 3) aber von einem entsprechenden Monomerengemisch ausgehend, ohne Nachschleusen.

Aus Fraktionierungsversuchen geht eindeutig hervor, daß die in Tab. 1 als homogen bezeichneten Substanzen wesentlich einheitlicher sind als die zum Vergleich herangezogenen inhomogenen.

Abb. 2 zeigt den aus Torsionsschwingungen berechneten Schubmodul sowie das logarithmische Dämpfungsdecrement als Funktion der Temperatur, und zwar für das „homogene" sowie das „inhomogene" VC-Methylacrylat-Co-polymere. Während der Schubmodul bei dem einheitlich aufgebauten Produkt zwischen 40 und 60 °C steil abfällt und die Dämpfung bei 50 °C ein scharfes Maximum aufweist, erfolgt der Abfall des Moduls bei dem uneinheitlichen Produkt innerhalb eines wesentlich größeren Temperaturintervalls; das Maximum der Dämpfung ist erheblich verbreitert. Bei den anderen untersuchten Copolymeren wird ebenfalls der gleiche Einfluß der chemischen Uneinheitlichkeit beobachtet. Für die im Kurzzeitversuch bestimmten mechanischen Festigkeitseigenschaften sind die Unterschiede im dynamisch-elastischen Verhalten von großer Bedeutung; eine gewisse chemische Uneinheitlichkeit kann beispielsweise eine Verbesserung

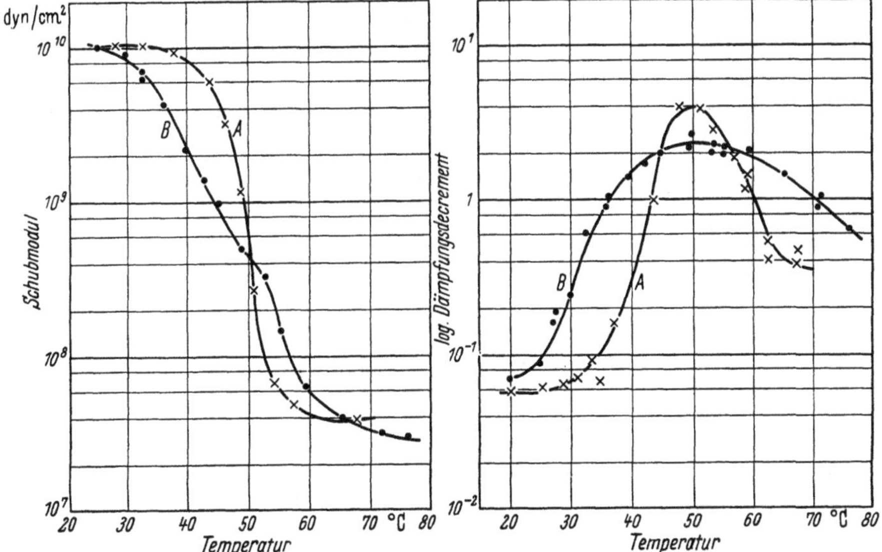

Abb. 2. Dynamisch-mechanische Eigenschaften von Vinylchlorid-Methylacrylat-Copolymeren
A chemisch einheitlich, *B* chemisch uneinheitlich

der Schlagfestigkeit bei Temperaturen unterhalb der Einfriertemperatur be-wirken, da einzelne Bewegungsmechanismen bereits bei tieferen Temperaturen auftauen (Verbreiterung des Maximums der Dämpfung). Eine zu stark ausgeprägte chemische Uneinheitlichkeit kann allerdings im Grenzfall zu einer unverträglichen Mischung führen, die unzureichende mechanische Festigkeitseigenschaften auf-weist.

Daß eine in bestimmten Grenzen gehaltene, systematisch gesteuerte chemische Uneinheitlichkeit für die Verbesserung der mechanischen Eigenschaften von Mischpolymerisaten von großer Bedeutung sein kann, ergibt sich aus einigen Beispielen der Patentliteratur [58].

Diese Vorstellungen werden auch durch einige Angaben in einer neueren Untersuchung von EBERSBACH und MICHL [51, 57] über innerlich weichgemachtes Polyvinylchlorid gestützt: Bei Mischpolymerisaten auf Basis Vinylchlorid-Äthy-len-1,2-dicarbonsäureester ist die weichmachende Wirkung des letzteren nicht allein von der Länge und der Verzweigung der Seitenkette, sondern vor allem von dessen Verteilung innerhalb der Polymerkette abhängig. Die Wirkung der Seitenkette ist um so geringer, je gleichmäßiger das Monomere in die Kette eingebaut ist. Allerdings weisen inhomogen aufgebaute Produkte schlechte Verarbeitungseigenschaften auf.

Bei heterogenen Umsetzungsprodukten makromolekularer Substanzen ist, wie bereits oben erwähnt, stets mit chemisch uneinheitlichem Aufbau zu rechnen. Die Kinetik derartiger Reaktionen ist jedoch von Fall zu Fall sehr unterschiedlich. Verhältnismäßig gut untersucht sind die Umsetzungen von Alkalicellulose mit den verschiedensten Reaktionspartnern [9]. Bei der Cellulose werden die Verhältnisse vielfach dadurch kompliziert, daß auch die botanische Struktur des in Form von pflanzlichen Fasern vorliegenden Materials eine Rolle spielt. Ein gutes Beispiel hierfür bietet die Benzylierung von Alkalicellulose, die von LORAND und GEORGI [52] untersucht wurde. Systematische Untersuchungen über den Einfluß der chemischen Uneinheitlichkeit auf die Festigkeitseigenschaften liegen hier jedoch unseres Wissens nicht vor.

Polyäthylen kann sowohl in Lösung als auch in wäßriger Suspension chloriert werden [46]. Im letzteren Falle erhält man chemisch uneinheitlichere Produkte, die sich in den mechanischen Eigenschaften deutlich von homogen chlorierten unterscheiden.

In Tab. 2 sind die Erweichungstemperaturen nach VICAT (II, 3.5) bei verschiedenen Chlorgehalten für in Lösung bzw. nach dem Suspensionsverfahren chloriertes Polyäthylen angegeben [53, 54]. Man erkennt, daß das chemisch uneinheitliche, suspensionschlorierte Produkt durchweg wesentlich höhere Erweichungspunkte aufweist.

Suspensionschloriertes Polyäthylen hat bei gleichem Chlorgehalt wie ein in Lösung chloriertes Produkt einerseits einen höheren Gehalt an kristallisierbaren Anteilen, andererseits einen höheren Anteil an hochchlorierten Molekülen. Beide Anteile wirken im gleichen Sinne erhöhend auf die Steifigkeit, die Härte und die VICAT-Erweichungstemperatur.

Tabelle 2

% Chlor	VICAT-Erweichungstemperatur °C	
	in Lösung chloriert	in Suspension chloriert
0	90	90
8	69	79
28	<20	65
40	<20	69
50	40	77

Interessant ist ferner, daß in Lösung chloriertes Polyäthylen erst bei einem Chlorgehalt von etwa 40% nichtentflammbar wird, während bei dem inhomogen chlorierten (Suspensions-) Produkt bereits 25% Chlor hierzu ausreichen [46].

Die wenigen hier besprochenen Beispiele zeigen, daß bei der Entwicklung von Kunststoffen mit optimalen Eigenschaften der chemischen Uneinheitlichkeit eine erhebliche Bedeutung zukommt, obgleich wir noch weit davon entfernt sind, allgemeingültige Regeln und Gesetzmäßigkeiten formulieren zu können.

Literatur

[1] MAHONEY, J. F., u. C. B. PURVES: J. Amer. chem. Soc. 64 (1942) S. 9.
[2] OTT, E., H. M. SPURLIN u. M. W. GRAFFLIN: Cellulose and Cellulose Derivatives, Part II. New York/London: Interscience Publ. 1954.

[3] ROSENTHAL, A. J., u. B. B. WHITE: Industr. Engng. Chem. 44 (1952) S. 2693.

[4] SHIGATSCH, K. F., M. S. FINKELSTEIN, I. M. TIMOCHIN u. I. A. MALININA: Ber. Akad. Wiss. UdSSR 123 (1958) S. 289.

[5] YAMADA, K., u. S. MUKOYAMA: Kolloid-Z. 163 (1959) S. 98.

[6] FUCHS, O.: Verh.-Ber. Kolloid-Ges. 18 (1958) S. 75.

[7] TREMBLAY, R., u. M. RINFRET: J. chem. Physics 20 (1952) S. 523.

[8] BUSCHUK, W., u. H. BENOIT: C. R. 246 (1958) S. 3167.

[9] TIMELL, T.: Studies on Cellulose Reactions. Stockholm: Ingeniörsvetenskapsakademieus 1950.

[10] COOPER, W.: J. Polymer Sci. 28 (1958) S. 195.

[11] SELIKMAN, S. G., u. N. W. MICHAILOW: Koll. J. (russisch) 19 (1957) S. 35.

[12] NIELSEN, L. E.: J. Amer. chem. Soc. 75 (1953) S. 1435.

[13] HARTLEY, F. D.: J. Polymer Sci. 34 (1959) S. 397.

[14] SMETS, G., u. M. CLAESEN: J. Polymer Sci. 8 (1952) S. 289.

[15] BLANCHETTE, I. A., u. L. E. NIELSEN: J. Polymer Sci. 20 (1956) S. 371.

[16] BALLANTINE, D., D. J. METZ, J. GARD u. G. ADLER: J. appl. Polymer Sci. 1 (1959) S. 371.

[17] KILB, R. W., u. A. M. BUECHE: J. Polymer Sci. 28 (1958) S. 285.

[18] KRAUSE, S.: J. Polymer Sci. 35 (1959) S. 558.

[19] ALLEN, P. E. M., J. M. DOWNER, G. W. HASTINGS, H. W. MELVILLE, P. MOLYNEUX u. J. R. URWIN: Nature 177 (1956) S. 910.

[20] BAMFORD, C. H., u. E. F. T. WHITE: Trans. Faraday Soc. 54 (1958) S. 278.

[21] TREMENTOZZI, Q. A.: J. Polymer Sci. 23 (1957) S. 887.

[22] MEYERHOFF, G., u. M. CANTOW: J. Polymer Sci. 34 (1959) S. 503.

[23] MELVILLE, H. W., F. W. PEAKER u. R. L. VALE: Makromolekulare Chem. 28 (1958) S. 140.

[24] BOSWORTH, P., C. R. MASSON, H. W. MELVILLE u. F. W. PEAKER: J. Polymer Sci. 9 (1952) S. 565.

[25] MORA, P. T.: J. Polymer Sci. 23 (1957) S. 345.

[26] MORA, P. T., J. W. WOOD, P. MAURY u. B. G. YOUNG: J. Amer. chem. Soc. 80 (1958) S. 693.

[27] NATTA, G.: Makromolekulare Chem. 16 (1955) S. 213.

[28] NATTA, G.: Angew. Chem. 68 (1956) S. 393.

[29] NATTA, G., M. PEGORARO u. M. PERALDO: Ricerca sci. 28 (1958) S. 1473.

[30] FLORY, P. J., u. F. S. LEUTNER: J. Polymer Sci. 3 (1948) S. 880; 5 (1950) S. 267.

[31] ABE, T., K. MATSUZAKI, A. HATANO u. H. SOBUE: Text. Res. J. 25 (1955) S. 254.

[32] SCHERER, P. S., u. J. G. IACOVIELLO: Rayon synthet. Textiles 32 (1951) S. 47.

[33] HOWLETT, F., u. A. R. URQUHART: J. Text. Inst. 37 (1946) S. T 89.

[34] MOREY, D. R., u. I. W. TAMBLYNER: J. phys. Chem. 50 (1946) S. 12.

[35] WENEDIKTOW, S. P., W. A. LANDYSCHEWA u. S. A. ROGOVIN: Chem. Ind. (russisch) 1958, S. 470.

[36] MATSUZAKI, K., S. FURUKARA, A. HATANO u. H. SOBUE: Bull. chem. Soc. (Japan) 25 (1952) S. 407.

[37] AEJMELAEUS, K., u. H. SIHTOLA: Paper and Timber 40 (1958) S. 437.

[38] BENNETT, C. F., u. T. TIMELL: Svensk Papp. Tidn. 59 (1956) S. 73.

[39] TIMELL, T.: Svensk Papp. Tidn. 56 (1953) S. 311.

[40] TIMELL, T., u. H. M. SPURLIN: Svensk Papp. Tidn. 55 (1952) S. 700.

[41] TIMELL, T.: Svensk Papp. Tidn. 56 (1953) S. 483.

[42] SAKURADA, I., Y. SAKAGNEHI u. S. SHIMA: Chem. High Polymer. (Tokyo) 13 (1956) S. 348.

[43] BERESNIEWICZ, A.: J. Polymer Sci. 39 (1959) S. 63.

[44] BIEHN, G. F., u. M. L. ERNSBERGER: Industr. Engng. Chem. 40 (1948) S. 1449.

[45] GLIKMAN, S. A., u. I. G. SCHULZOWA: Koll. J. (russisch) 19 (1957) S. 281.

[46] RENFREW, A., u. P. MORGAN: Polythene. London: Iliffe & Sons, Ltd. 1957. Beitrag von M. A. SMOOK, W. J. REMINGTON u. D. E. STRAIN.

[47] KERN, W., G. DALL'ASTA und H. KÄMMERER: Makromolekulare Chem. 8 (1952) S. 252.

[48] MITRA, A., u. A. N. SAHA: Sci. and Cult. 22 (1957) S. 510.

[49] LUCAS, F., J. T. B. SHAW u. S. G. SMITH: Advences in Protein Chem., XIII. New York: Academic Press Inc., Publ. 1958.

[50] WALL, F. T., R. W. POWERS, G. D. SANDS u. G. S. STENT: J. Amer. chem. Soc. 70 (1948) S. 1031.

[51] EBERSBACH, H. W., u. K. H. MICHL: Kunststoffe 49 (1959) S. 513.

[52] LORAND, E. J., u. E. A. GEORGI: J. Amer. chem. Soc. 59 (1937) S. 116.

[53] TAYLOR, R. S.: US.-Pat. 2592763 (1952).

[54] BROOKS, R. E., D. E. STRAIN u. A. McALEVY: Indian Rubber World 127 (1953) S. 791.

[55] Vergleiche H. FIKENTSCHER u. J. HENGSTENBERG: DRP 629220.

[56] Vergleiche PH. SBROLLI u. L. LUCCHETTI: Materie plast. 25 (1959) Nr. 2, S. 95.

[57] Vergleiche Belg. Pat. 579155 vom 29. 5. 55.

[58] F. P. 1150812 vom 19. 8. 57, vgl. auch Belg. Pat. 557725 vom 22. 5. 57.

[59] HAWKINS, S. W., u. H. SMITH: J. Polymer Sci. 28 (1958) S. 341.

[60] FUCHS, O.: Erscheint in Kürze, mitgeteilt bei einem Kolloquium des Polytechn. Inst. of Brooklyn (N. Y.) am 31. 10. 1960.

[61] NAITO, R.: Polymer Report Nr. 27, Juli 1960 vom Inst. of Polymer Industry, Tokyo, S. P. 56.

[62] BIER, G., u. H. KRÄMER: Makromol. Chem. 18/19, 151 (1956).

[63] BIER, G., u. H. KRÄMER: Kunststoffe 46 (1956) S. 498.

[64] HUISMAN, T. H., J. VAN DE BRANDE u. C. A. MEYERING: Clin. Chim. Acta 5 (1960) S. 375.

[65] PETRAPAWLOWSKI, G. A., u. N. I. NIKITIN: J. angew. Chem. (russ.) 31 (1958) S. 1862.

[66] BENOIT, H., u. M. LANG: Ind. Plast. Mod. 12, Nr. 9 (1960) S. 25.

[67] AEJMELAEUS, K.: Ann. Acad. Sci. fennicae Ser. A. II. 1956, Nr. 75, S. 1.

[68] KOTKA, V., B. KEIL u. F. SORM: Collect. czechoslov. chem. Commun. 24 (1959) S. 2768.

[69] FUJII, H., J. FURUKAWA, T. SAEGUSA u. A. KAWASAKI: Makromol. Chem. 40 (1960) S. 226.

[70] CENTOLA, G. u. G. PRATI: Ricerca sci. 23 (1953) S. 1975.

[71] HARDY, R., u. P. E. M. ALLEN: Makromol. Chem. 42 (1960) S. 33.

2.5 Molekularkräfte und Bewegungsmechanismen

Von F. H. Müller, Marburg/L.

2.5.1 Hochpolymere im kompakten Zustand

Während viele Eigenschaften der Makromoleküle, wie Molekulargewicht, Form, Polydispersität usw. *aus Experimenten* an hochpolymeren Stoffen *im gelösten Zustand* gewonnen werden, erfolgt die *technische Anwendung* der Kunststoffe *im kompakten Zustand*[1].

Für das Verhalten im kompakten Zustand treten Eigenschaften, die das Einzelmolekül charakterisieren, in den Hintergrund, während Betrachtungen für das Verhalten von Gesamtheiten der Moleküle wesentlich werden. Wenn also in der Lösung das möglichst frei schwimmende einzelne Makromolekül als gequollener Knäuel nur schwach mit seinesgleichen in Wechselwirkung steht, wird diese Wechselwirkung schon bei höheren Konzentrationen, vollends aber bei reinem Hochpolymeren als gegenseitige Durchdringung der Knäuel und in der assoziativen Beeinflussung der verschiedenen Molekülteile ausschlaggebend.

Für die Zusammenhänge zwischen makromolekularem Bau und physikalischen Eigenschaften spielen somit vor allem die Molekularkräfte eine Rolle. Von diesen Kräften, wirksam zwischen den Grundbausteinen verschiedener Ketten- bzw.

---

[1] Kompakter Zustand, englisch „bulk state", ist die Bezeichnung für die reine, hochpolymere Substanz einschließlich weichgemachter Massen.

Makromoleküle, sowie auch zwischen den Grundbausteinen innerhalb einer Molekülkette, soll im weiteren die Rede sein[1].

a) Zustände [1]. Hochpolymere Substanzen können sich mechanisch sehr unterschiedlich verhalten. Als Festkörper können sie *spröd* (Glaszustand, 3.1) oder *mechanisch zäh* sein, d. h. unempfindlich gegen Schlagbeanspruchung. Im letzteren Zustand ist bei geeigneter Probenform, als Borste oder als Folie, zumeist eine auch bei großer Verformung noch *reversible* Biegsamkeit festzustellen (Hornzustand). Diese Biegsamkeit ist eine andere als die bei Metallen ebenfalls große, aber nicht vollkommen reversible Deformierbarkeit; denn bei Metallen beruht sie auf der als Duktilität bezeichneten Eigenschaft, d. h. sie ist mit irreversiblen Gittergleitungen im kleinen verbunden[2].

Die „Biegsamkeit" Hochpolymerer kann sogar so ausgeprägt sein, daß ein Material gegenüber Biegebeanspruchung praktisch keinen Widerstand leistet. Das heißt, es ist weich, lappig, obwohl es einer Dehnbeanspruchung einen erheblichen Widerstand entgegensetzt (*lederartiges* Verhalten).

Die bekannteste Sonderheit hochpolymerer Stoffe ist das *gummielastische Verhalten* (3.3): Obwohl formbeständig, läßt sich das Material sehr stark durch vergleichsweise geringe Kräfte deformieren, so ein Band aus Kautschuk um mehrere hundert Prozent seiner Ausgangslänge dehnen. Bei Freigabe erfolgt nach einer solchen Deformation die Rückkehr in die Ausgangsform momentan, d. h. praktisch innerhalb von Bruchteilen einer Sekunde, und sie erfolgt vollständig.

Viele ebenfalls elastisch hochdeformierbare Kunststoffe zeigen nun dieses dem gewöhnlichen Sprachgebrauch nach als Gummielastizität bezeichnete Verhalten nicht. Zwar lassen sie sich mit verhältnismäßig geringen Kräften extrem stark verformen und kehren auch in die Ausgangsgestalt vollständig zurück. Nur erfolgt die Rückkehr langsam, innerhalb von Sekunden und Minuten, und die zur Deformation notwendigen Kräfte steigen mit der Verformungsgeschwindigkeit stark an. Es sind dies *träge Gummis*. Für sehr große Deformationsgeschwindigkeiten geht das Verhalten schließlich in sprödes oder hornartiges über (Relaxationsverfestigung, s. 4.2, 4.3) [2].

Endlich können Hochpolymere auch gummielastisch oder trägeelastisch sein, ohne vollständig in die Ausgangsgestalt zurückzukehren. Die bleibende Deformation, der *plastische Anteil*, steigt mit dem Betrag der Deformation und mit der Dauer der Aufrechterhaltung des deformierten Zustandes an. Weiter kann das *plastische Verhalten* gegenüber dem elastischen vorherrschend werden, die Substanzen können sogar unter dem eigenen Gewicht fließen. Derartige „Flüssigkeiten" aber sind keine Flüssigkeiten mehr im gewöhnlichen Sinn; sie zeigen Fließanomalien, zumindest Strukturviskosität (Nicht-NEWTONsche Flüssigkeiten, 4.1).

Wesentlich ist die Feststellung, daß ein bestimmtes Hochpolymeres, z. B. ein Kautschuk oder ein Polystyrol, nicht nur eine dieser Verhaltensweisen

---

[1] Sofern die Zahl der Weichmachermoleküle oder der Moleküle des Quellungsmittels kleiner oder größenordnungsmäßig vergleichbar der Zahl der Grundbausteine der Makromoleküle bleibt und das Molekulargewicht der makromolekularen Substanz ausreichend hoch ist, sind die Gemische noch dem kompakten Zustand zuzurechnen. Die Eigenschaften des isolierten Makromoleküls treten erst bei sehr stark verdünnten Lösungen in den Vordergrund, bei um so geringeren Konzentrationen, je höher das Molekulargewicht der hochpolymeren Komponente ist.

[2] So halten Polyamidborsten über 10^6 Biegungen aus, während ein Metalldraht schon nach einer viel geringeren Zahl bricht (Wechselbiegefestigkeit).

zeigt. Je nach Temperatur kann man glasartig sprödes, träge gummielastisches bis gummielastisches und schließlich elasto-viskoses Verhalten finden. Die genannten Verhaltensarten entsprechen damit also *Zuständen*, ganz analog den bekannten Aggregatzuständen bei Niedermolekularen: fest, flüssig und gasförmig.

Der Übergang von einem Zustand zum anderen erfolgt bei Änderung der Temperatur. Er kann auch durch Quellung oder Weichmachung erfolgen. Dabei entspricht die Weichmachung einer Quellung oder Gelatinierung mit einer Klasse von niedermolekularen Substanzen, deren wichtigste Eigenschaft u. a. schwere Verdampfbarkeit ist (vgl. 5.5.3). Weiter kann der Temperaturbereich eines Zustandes, insbesondere die Übergangstemperatur zwischen zwei hochpolymeren Zuständen, noch in Abhängigkeit von Geschwindigkeit (mechanische Relaxation), von Deformationskräften (Fließgrenzen) sowie von inneren Spannungen variieren. Das letztere ist analog der bei niedermolekularen Substanzen zu beobachtenden Abhängigkeit von Schmelz- oder Siedepunkt vom Druck.

b) Ordnungsgrad. Untersuchungen an gewöhnlichen kristallinen Substanzen mit Röntgenstrahlen oder Elektronenbeugungen ergeben bekanntlich detaillierte Interferenzdiagramme. Sie deuten damit auf die ausgeprägt hohe Ordnung der Bausteine hin. Diese Diagramme verwandeln sich beim Schmelzen zu Flüssigkeiten in verwaschene Ringe: Nur eine auf die nächste Nachbarschaft begrenzte, mehr oder weniger statistische Ordnung, eine Nahordnung, bleibt in der Flüssigkeit, in der Schmelze bestehen[1].

Analoge Untersuchungen an Hochpolymeren zeigen vielfach nur verwaschene (Flüssigkeits-) Interferenzen. Der Vergleich derartiger Diagramme polymerisierter Substanzen mit denjenigen zugehöriger Monomerer, etwa von Polystyrol mit dem von Styrol, ergibt allerdings vielfach, daß ein amorpher Ring zusätzlich auftritt. Dieser hängt offensichtlich eng mit der Aufreihung benachbarter Grundbausteine der Kette zusammen (s. 4.14.2).

Außer solchen röntgenamorphen Hochpolymeren existieren jedoch andere Hochpolymere, die *einige scharfe* Interferenzringe ergeben. Die Ringe, gleichgültig, ob verwaschen oder scharf, gehen bei Streckung über Zwischenzustände der Sichel- oder Halobildung in Punktdiagramme über, die in besonderen Fällen sogar ebenso differenziert sein können – z. B. bei gewissen nativen Cellulosen und bei hochverstrecktem Polyisobutylen – wie bei den echten Kristallen. Fast immer aber bleibt in dem Interferenzbild ein relativ stark auftretender amorpher Untergrund der Streuung bestehen.

Diese Beobachtungen zeigen, daß innerhalb des hochpolymeren Materials hinsichtlich der Anordnung der Grundbausteine sowohl die flüssigkeitsähnliche Unordnung wie auch die kristallähnliche Ordnung gleichzeitig möglich ist, wobei im letzteren Fall der eben erwähnte stets erheblich starke Untergrund darauf hindeutet, daß die Kristallisation von Hochpolymeren nicht hundertprozentig vollkommen sein kann[2] (vgl. 3.1 bis 3.7).

---

[1] Fernordnung beim Kristall, Nahordnung in Flüssigkeit und im amorphen Festkörper (Glas).

[2] Das heißt, es ist der Zustand des ungestörten Kristalls oder des unvollkommen kristallinen Haufwerkes meist nicht möglich. Die größere Unschärfe der Interferenzen rührt entweder davon her, daß ungeordnete Bereiche existieren oder daß die kristallinen Bereiche selbst stärker fehlgeordnet sind als im niedermolekularen Kristall (Parakristallinität) [2a].

c) Folgerung. Ziehen wir aus der Existenz von Zustandsgebieten für Hochpolymere in Abhängigkeit von Temperatur, Druck, Quellungsgrad *und* von *unterschiedlicher Ordnung*, von flüssigkeitsähnlicher Nahordnung bis zu teilweise kristalliner Fernordnung die Folgerung: Es sind offensichtlich im Prinzip dieselben Ursachen für das Verhalten Hochpolymerer im kompakten Zustand maßgebend, welche die Eigenschaften der niedermolekularen Materie verstehen lassen, d. h., es kann sich auch hier nur um die energetische Verkopplung handeln, die vom *Kraftfeld und der Gestalt* – hier weniger des einzelnen Makromoleküls, sondern vielmehr *des einzelnen Grundbausteines* der Makromoleküle – abhängt. Die valenzmäßige Bindung der Grundbausteine zu Ketten, verzweigten Ketten und Netzen modifiziert allerdings die Wechselwirkung der Grundbausteine und damit die resultierenden Eigenschaften. So wird durch die Valenzverkopplung das Makroverhalten im passenden Fall so verändert, daß statt des normalen flüssigen Zustandes ein solcher mit anomalem Fließverhalten oder auch die „Flüssigkeit mit fixierter Struktur" [3], der Kautschukzustand, auftritt oder daß statt des vollkristallinen Haufwerkes, wie es etwa im festen Metall vorliegt, das nur teilweise kristalline Hochpolymere mit hornartigem Charakter [4] vorliegt.

2.5.2 Molekulares Kraftfeld und Wechselwirkung zwischen kleinen Molekülen [5]

Betrachten wir zunächst Gestalt und Kraftfeld der normalen kleinen Moleküle.

a) Der Aufbau des einzelnen kleinen Moleküls. Kleine Moleküle bestehen aus einer bestimmten Zahl von Atomen (bei einfachen Molekülen in der Regel aus weniger als etwa 20) gleicher oder verschiedener Art, die durch chemische Valenz-

Tabelle 1. *Einige der wichtigsten Kernabstände und Valenzwinkel in Moleküle*[1]

H—H	0,75 Å	C—N	1,48 Å
		C=N	1,34 Å
N—H	1,02 bis 1,06 Å	C≡N	1,16 Å
C—H	1,08 Å	C—O	1,43 Å
O—H	0,957 Å		
C_{al}—C_{al}	1,54 Å	C=O	1,17 bis 1,24 Å
		N=N	1,24 Å
		N≡N	1,10 Å
C_{ar}—C_{ar}	1,40 Å	C—F	1,43 Å
C=C	1,32 Å	C_{al}—Cl	1,80 Å
		C_{ar}—Cl	1,65 Å
C≡C	1,20 Å	C_{al}—Br	2,03 Å
		C_{ar}—Br	1,86 Å

Tetraederwinkel am C-Atom .... 109° 28′
Winkel am Sauerstoff von Wasser .... 105° 3′
Äthersauerstoff .... 111° ± 4°
Winkel am Schwefel .... zwischen 92 und 105°
Winkel am Stickstoff .... zwischen 106 und 113°

Die Winkel variieren. Abstoßung zwischen den Liganden kann sie aufweiten (beim Wasser theoretischer Winkel 90°).

[1] Nach STUART [5], daselbst ausführliche Tabelle mit Fehlerangaben. Die Werte der Kernabstände lassen sich im allgemeinen auf ± 0,03 Å angeben, hängen aber von den weiteren an die fraglichen Atome angreifenden Bindungen ab (Schwankung bis zu 0,3 Å).

kräfte fest miteinander verkoppelt sind. Die Abstände zwischen den Atomen und die Winkel zwischen den am gleichen Atom angreifenden Bindungen sind gegenüber Deformationen relativ starr. Sie sind auch weitgehend unabhängig von den sonst am Bau beteiligten weiteren Atomen. Man kann daher Tabellen aufstellen (Tab. 1), mit deren Hilfe sich Gerüststrukturen von Molekülen modellmäßig nachbilden lassen. Berücksichtigt man hierbei noch die Wirkungsradien der Atome (Tab. 2, Näheres s. später), so gelangt man zu den Kalottenmodellen, die nicht nur das Atomgerüst, sondern auch die Raumerfüllung eines Moleküls gut wiederzugeben vermögen (Abb. 1) [6].

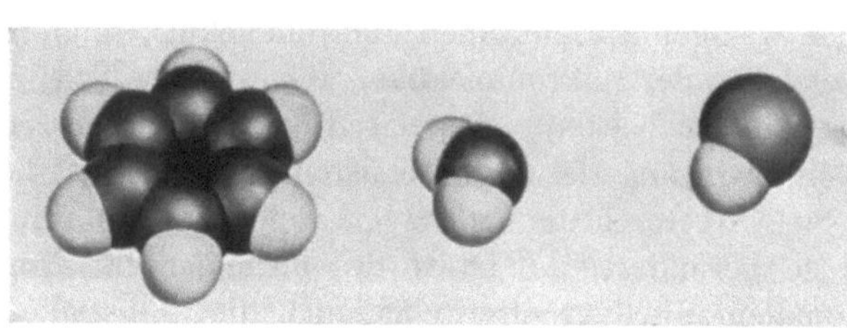

Abb. 1. Kalottenmodell von Benzol, Wasser und HCl

Die chemische Bindung der Atome im Molekül beruht auf Austauschwechselwirkung (Überlappung der Eigenfunktionen der sog. Bindungselektronen), wobei die Symmetrieeigenschaft der Eigenfunktionen maßgebend mitspielt. Man kann zeigen, daß es letzten Endes infolge der Verzerrung der Elektronenkonfiguration auftretende elektrische Coulombanziehung ist, die die chemische Bindung bedingt [7][1].

Da bei chemischer Bindung beträchtliche Änderungen der Elektronenzustände der Atome stattfinden, sind die chemischen Bindungsenergien groß im Vergleich z. B. zu den Verdampfungs- und Schmelzwärmen oder zur thermischen Energie

Tabelle 2. *Experimentelle Wirkungsgradien gebundener Atome aus Abständen in Kristallen*

Wasserstoff	1,50 bis 1,20 Å	Schwefel	1,65 bis 1,75 Å
Kohlenstoff	1,65 bis 1,85 Å	Chlor	1,85 Å
Stickstoff	1,5 bis 1,6 Å	Brom	1,9 Å
Sauerstoff	1,4 Å	Jod	2,0 Å
Fluor	(1,4) Å	CH_3	~2,0 Å

Nach STUART [5].

pro Freiheitsgrad bei Zimmertemperatur (s. Tab. 3). Aus den gleichen Gründen erfordern sowohl Abstandsänderungen der Atome wie auch Winkeländerungen der Valenzen relativ große Beträge im Vergleich zu kT: Eine zehnprozentige Abstandsänderung zweier C-Atome beispielsweise wird erst mit etwa 5 kcal/Mol, eine zehnprozentige Winkeländerung mit 1 bis 2 kcal/Mol erreicht; diese Werte sind mit $RT = 0,5$ kcal/Mol bei Zimmertemperatur zu vergleichen. Die Steifigkeit der Abstände ist also größer als die der Winkel[2].

---

[1] Magnetische Wechselwirkung bringt keine merklichen Beiträge zu den Bindungsenergien, wie auch magnetische und erst recht Gravitationskräfte für die Anziehung zwischen Molekülen neben den elektrisch bedingten Kräften keine Rolle spielen. Magnetische Wechselwirkungen als magnetische und Spinquantenzahl beeinflussen jedoch maßgebend die Symmetrie der Eigenfunktionen.

[2] Eine Abschätzung dieser Beiträge ist aus den Ultrarot-Schwingungsfrequenzen des Molekülgerüstes möglich (H. MARK).

Trotz dieser starren Abstände und Winkel sind Moleküle nicht notwendig in sich völlig starr: Um Einfachbindungen besteht Rotationsmöglichkeit unter Beibehaltung des Valenzwinkels (Abb. 2a). Diese „Drehbarkeit" ist zwar meist nicht völlig „frei", doch vermag die aus sterischen Gründen oder durch eine energetische Wechselwirkung von Gruppen (s. weiter unten) resultierende Reduktion der Drehbarkeit die Beweglichkeit solcher Molekülgerüste selten vollkommen aufzuheben. Wirkliche Starrheit wird dagegen durch Doppel- oder Dreifachbindungen erreicht (Abb. 2b, c).

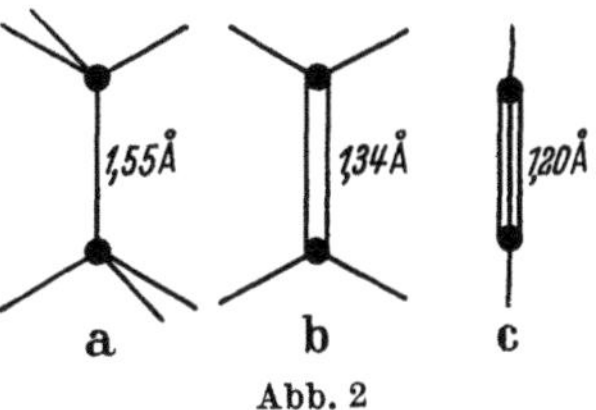

Abb. 2
a) Einfachbindung; b) Doppelbindung; c) Dreifachbindung

Während also der Sechs-Ring des Benzols als starr anzusehen ist, kann ein Cyclohexanmolekül sowohl als Sessel- wie als Wannenform vorliegen, und beide Formen können ineinander umklappen (Abb. 3), z. B. durch Stoß. Besonders stark beweglich ist die Paraffinkette (Abb. 4). Bei Annahme völlig freier Drehbarkeit – wie sie bei Zimmertemperatur für Äthan angenommen werden muß – und dem Tetraederwinkel am C-Atom läßt sich abschätzen, daß jeweils die fünfte C—C-Bindung wegen der freien Drehbarkeiten statistisch völlig unabhängig von der ersten in bezug auf die Richtung im Raume wird.

Abb. 3. Cyklohexan
a) Sesselform; b) Wannenform

Tabelle 3a

Bindungsenergie H—H	103 kcal/Mol
Verdampfungswärme von H_2	0,220 kcal/Mol
Schmelzwärme H_2	0,028 kcal/Mol
Schmelzwärme von C_6H_6	2,35 kcal/Mol

Nach STAUDE: Physikalisches Taschenbuch. 1949.

Tabelle 3b. *Unterschied im Energieinhalt zwischen primären und sekundären Bindungen bei Molekülen*

	Primär		Sekundär		
Bindung	Abstand in Å	Energie-äquivalent in kcal/Mol	Gruppe	Abstand zwischen benachbarten Gruppen in Å	Molare Kohäsionszunahme in kcal pro Mol Gruppen
C—H	—	93	—CH_3 —CH_2—	3 bis 4	1,78
C—C (aliphatisch)	1,51 bis 1,55	71	=CH_2 =CH—	3 bis 4	0,99
C—C (aromatisch)	1,39 bis 1,45	96	—OH	2 bis 4	7,25[1]
C=C	1,31 bis 1,35	125	=CO	3 bis 4	4,27[1]
C=O	1,05 bis 1,25	164 (Aldehyd) 167 (Keton)			

Nach R. HOUWINK: Elastizität, Plastizität und Struktur der Materie. Dresden: Steinkopff 1938; ergänzt nach STAUDE: Physikalisches Taschenbuch. 1949 und STUART [5] S. 66.

[1] Typische Nebenvalenzen!

Diese Beweglichkeit durch frei drehbare Valenzen spielt eine um so größere Rolle, je länger Kettenmoleküle sind. Aus diesem Grunde kann bei linearen Makromolekülen von einer starren Molekülgestalt nicht mehr die Rede sein, selbst dann nicht, wenn relativ starke Rotationsbehinderungen (s. später) bei

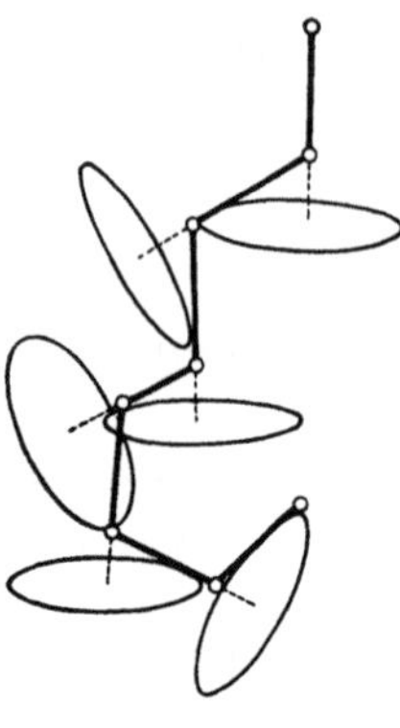

den einzelnen Bindungen vorliegen oder die drehbaren Valenzen längs der Kette in ihrer Aufeinanderfolge durch starre Stücke weiter auseinander liegen. Im ersteren Fall wird die Zahl der für statistische Richtungsunabhängigkeit notwendigen zwischenliegenden drehbaren Bindungen größer als 5, im letzten Fall gleich der Kettenlänge des Kettenstückes mit je fünf drehbaren Valenzen. In beiden Fällen wird die Kette zwar steifer, aber nicht starr. Man erfaßt dies rechnerisch durch die Einführung des Begriffes „statistisches Fadenelement" (s. 3.3.2).

Moleküle besitzen einen gewissen Raumbedarf, d. h., den einzelnen Atomen kommen Wirkungsradien (Tab. 2) derart zu, daß sie sich einander nur bis zur Berührung

a

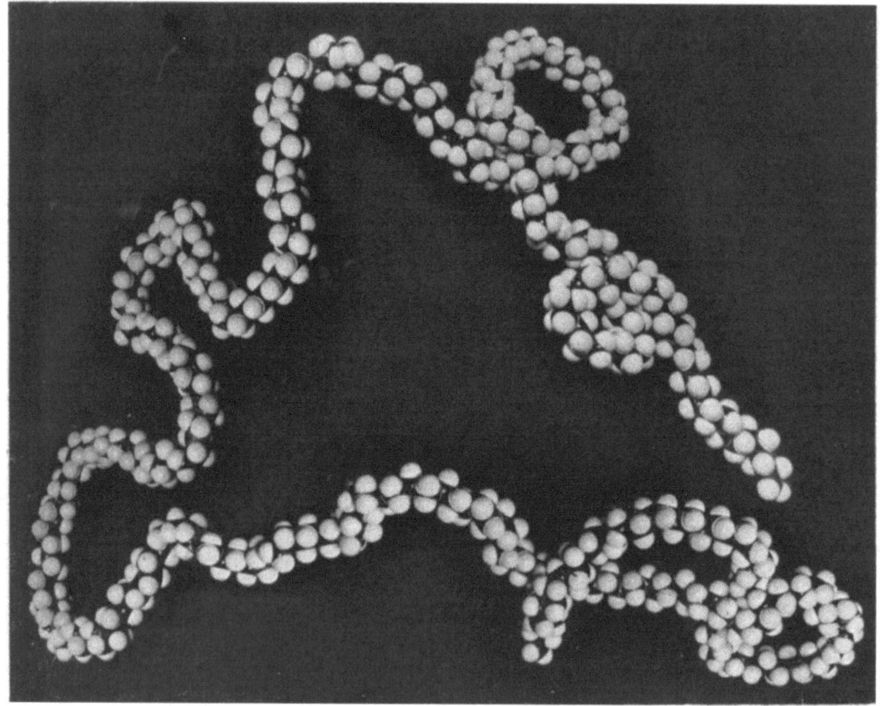

b

Abb. 4. a) Kettenstück mit frei drehbaren Valenzen; b) Polyäthylen (nach W. KUHN) Kalottenmodell

dieser Radien nähern können. Bei weiterer Annäherung treten außerordentlich steil anwachsende Abstoßungskräfte auf. Diese steigen mit sinkendem Abstand der Atommittelpunkte rascher an, als es sich aus einer angenommenen Durchdringung der Elektronenhüllen rein elektrostatisch errechnen würde [8]. Die

Tatsache, daß dem einzelnen Atom und damit auch den Molekülen ein so scharf definierter Raumbedarf zuzuschreiben ist, beruht – ebenso wie die Größe der Bindungsenergie und die Starrheit chemischer Bindungen – auf einer Auswirkung quantenmechanischer Prinzipien: Das PAULI-Prinzip verbietet bekanntlich eine mehr als 2fache Besetzung des gleichen Quantenzustandes; eine merkliche Durchdringung der Elektronenhüllen der Atome ohne valenzmäßige Bindung käme aber auf eine solche heraus.

Molekülmodelle aus starren Kalotten, deren Radien den experimentell festgestellten Wirkungsradien der Atome entsprechen, während die beim Zusammenfügen entstehenden Abstände und Winkel der Kalottenmittelpunkte den Atomabständen und Valenzwinkeln gleich werden, sind deshalb eine nicht nur anschauliche Darstellung der Moleküle, sondern zugleich eine sehr gute Approximation auch hinsichtlich der Raumerfüllung (Abb. 1)[1].

b) Die Kraftfelder der Moleküle. Die Raumerfüllung oder das Eigenvolumen der Atome bzw. Moleküle, dargestellt durch die Wirkungsradien, ist durch *Abstoßungskräfte*[2] bedingt. Moleküle üben aber auch *Anziehungskräfte* aufeinander aus.

Dipolwechselwirkung. Wenn man ionisierte Zustände zunächst aus der Betrachtung ausläßt, so ist jedes Molekül für sich allein als elektrisch neutral anzusehen. Die Ladungsverteilung innerhalb des Moleküls jedoch kann mehr oder weniger ungleichmäßig sein [9]. Fällt der Schwerpunkt der positiven Ladungen der Atomkerne mit dem der negativen Ladungen aller Elektronen im statistischen Zeitmittel zusammen, so spricht man von einem unpolaren Molekül, ist dies nicht der Fall, von einem Molekül mit einem permanenten Dipolmoment. Ein solches verhält sich in einem elektrischen Feld wie ein permanenter Magnet in einem

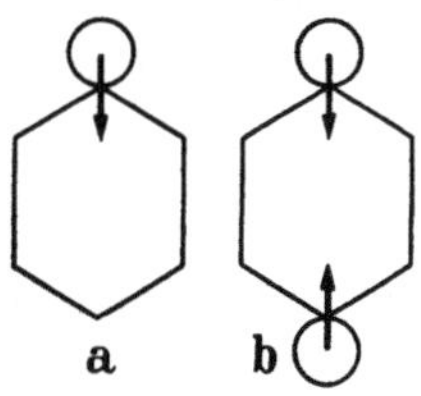

Abb. 5
a) Chlorbenzol als Beispiel für ein Dipolmolekül; b) p-Dichlorbenzol als Beispiel für ein unpolares Molekül mit zwei starken Partialmomenten (Quadrupolmolekül)

Magnetfeld (Abb. 5 a). Es orientiert sich im homogenen Feld und es wandert im inhomogenen. Die Energie eines Dipols μ im Feld $\mathfrak{F}$ (Betrag F) beträgt:

$$u = -\mu F \cos\vartheta \quad (\vartheta = \text{Winkel zwischen Feld und Dipol}) \qquad (1)$$

Das Drehmoment ist demgemäß

$$\mathfrak{M} = \frac{\partial u}{\partial \vartheta} = \mu \mathfrak{F} \sin\vartheta. \qquad (2)$$

---

[1] Baut man gemäß der chemischen Strukturformel das Kalottenmodell eines Moleküls auf, so kann man an diesem die räumlichen Anordnungsmöglichkeiten der Molekülteile ablesen. Derartige Modelle erlauben somit eine anschauliche Entscheidung vieler sonst schwer zu übersehender Strukturfragen. Sie stellen heute eine häufig angewandte Hilfe bei der Entscheidung von Fragen des Molekülbaues dar.

[2] Die Annahme starrer Kugelkalotten entspricht einem Abstoßungspotential, das bis zur Berührung der Kugel gleich Null ist und bei Berührung unstetig auf Unendlich ansteigt. Tatsächlich steigen die Abstoßungspotentiale *sehr* steil, doch nicht unstetig, an (vgl. Text). Gerade diese Steilheit des Anstieges ($\sim r^{-12}$ bis r^{-14} bzw. $e^{-r/s}$) für das Potential der Abstoßungskräfte erlaubt es, statt von Kräften von Raumerfüllung bzw. Eigenvolumen zu sprechen. Man muß sich darüber klar sein, daß die Darstellung des Molekülverhaltens mittels Raumerfüllung (Gestalt) plus Kraftfeld gleichwertig einer Darstellung mit Abstoßungs- und Anziehungskräften zwischen den Molekülen ist.

Die ponderomotorische Kraft $\mathfrak{K}$ auf einen Dipol, der parallel zu einem Feld liegt, das seine Stärke von Ort zu Ort ändert, beträgt.

$$\mathfrak{K} = \frac{\partial u}{\partial x} = -\mu \frac{\partial \mathfrak{F}}{\partial x}\,. \tag{3}$$

Angewendet auf die Wechselwirkung im kompakten Zustand heißt das also, ein Dipolmoment wird im Lokalfeld, herrührend von der Umgebung, nicht nur ausgerichtet, sondern auch, da ein solches Feld sicher starke Gradienten hat, nach Stellen höherer Feldstärke hingedrückt, soweit es seine Beweglichkeit zuläßt.

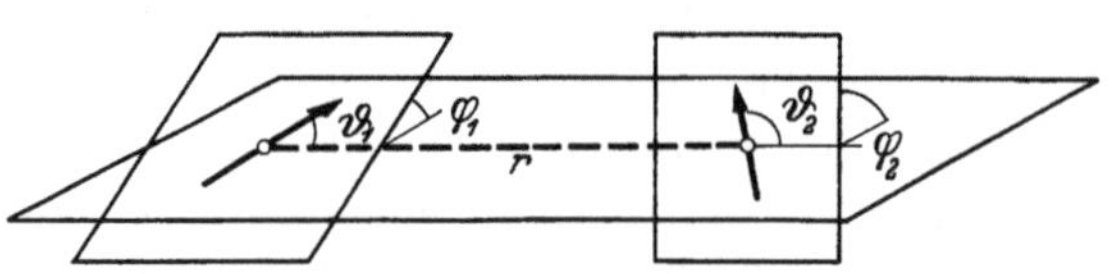

Abb. 6. Zur Definition der Winkel in Formel 4 (ϑ_1, ϑ_2 Winkel der Dipole *1* und *2* gegen die Verbindungslinie, φ_1 und φ_2 Azimute um die Verbindungslinie)

Jeder Dipol beeinflußt durch sein Feld die Nachbardipole. Es bestehen starke Wechselwirkungen. Die Wechselwirkungsenergie U_{dip} zwischen den Dipolen μ_1 und μ_2 hängt außer vom Abstand r noch von der gegenseitigen Orientierung ab (Erklärung der Winkel s. Abb. 6).

$$\overline{u}_{\text{dip}} = -\frac{\mu_1 \mu_2}{r^3}\left[2\cos\vartheta_1\cos\vartheta_2 - \sin\vartheta_1\sin\vartheta_2\cos(\varphi_1 - \varphi_2)\right]. \tag{4}$$

Ein Molekül kann insgesamt unpolar sein, obwohl es in sich mehrere ausgeprägte *Teilmomente* trägt, die sich vektoriell kompensieren. Man spricht dann von Multipolen.

Die einfachste Art eines Multipols ist der Quadrupol (Abb. 5b). Ein Quadrupolmolekül wird durch seine Quadrupolmomente, auch elektrische Trägheitsmomente genannt, charakterisiert. Im homogenen Feld erfährt ein Quadrupolmolekül keinerlei Kräfte. Im inhomogenen Feld treten Drehmomente auf [*10*]. Die Wechselwirkung zwischen Feld und Quadrupol wird durch das skalare tensorielle Produkt von Feldinhomogenität und elektrischem Trägheitstensor beschrieben.

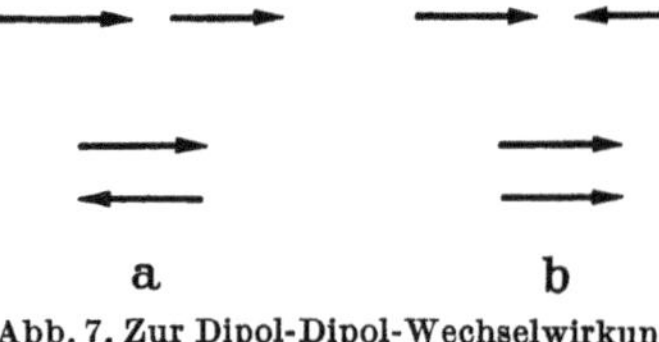

a   b

Abb. 7. Zur Dipol-Dipol-Wechselwirkung a) Dipole in gegenseitiger Orientierung mit Anziehung; b) Dipole in abstoßender Lage

Quadrupole üben in gleicher Weise wie Dipole aufeinander Kräfte aus, nur nimmt die Wechselwirkung rascher als die bei den Dipolen mit der Entfernung ab (siehe Tab. 5). Auf eine explizite Formel muß hier verzichtet werden. Natürlich beeinflussen sich auch Quadrupole und Dipole gegenseitig. So kommt es, daß ein Quadrupolmolekül von einem Dipol bevorzugt an die Stelle größerer Feldstärke gezogen wird. Diese Nahordnungseffekte in Flüssigkeiten sind zuweilen nachweisbar. Immer aber machen sie sich bemerkbar in den thermodynamischen Potentialen bei entsprechenden Mischungen, z. B. in den sog. Exzeßgrößen (SCATCHARD)[1]. Wie bei der Wechselwirkung zwischen Dipolen beruht die Anziehung darauf, daß die Quadrupolmoleküle sich zunächst gegenseitig orientieren – in Konkurrenz zur BROWNschen Bewegung –, so daß im Mittel die Anziehungskraft überwiegt (Abb. 7)[2].

Sind alle gegenseitigen Orientierungen der Dipole gleich wahrscheinlich, so ist die Wechselwirkungsenergie u_{dip} gemäß Gl. (4), die positiv wie negativ sein

---

[1] erwähnt in [*10a*].

[2] Die hier wiedergegebenen Betrachtungen sind zunächst auf *starre* Dipole und Multipole beschränkt. Für „polarisierbare" Moleküle treten zusätzliche Kräfte auf (s. weiter unten).

kann, im Mittel Null. Das ist der Fall bei sehr hohen Temperaturen. Bei sehr tiefen Temperaturen (für $\mu_1 \mu_2/r^3 \gg k\,T$) ist die Anziehungslage bevorzugt, $\bar{u}$ wird proportional $-\mu_1 \mu_2/r^3$.

Für mittlere Temperaturen ($\mu_1 \mu_2/r^3 \ll k\,T$) ist die Störung der anziehenden Orientierungslagen durch die BROWNsche Bewegung schon groß. Die Dipolwechselwirkung ist

$$\bar{u} = -\frac{2}{3}\,\frac{\mu_1^2 \mu_2^2}{r^6}\,\frac{1}{k\,T}\,. \tag{4 a}$$

Anziehungskräfte, deren Größe von Orientierungen abhängt, zeichnen sich demnach sämtlich durch eine beträchtliche Temperaturabhängigkeit aus. Tatsächlich ist die Temperaturabhängigkeit der Kraftkorrektur im Gaszustand (1. Virialkoeffizient) ein Mittel, um die Dipol- und Quadrupolwechselwirkungen wenigstens qualitativ von den weiter unten zu besprechenden kaum temperaturabhängigen Wechselwirkungen der Induktions- und Dispersionswechselwirkungen abzutrennen.

Moleküle mit mehreren sich kompensierenden Partialmomenten, z. B. Quadrupole, verhalten sich jedoch erst bei größeren Abständen wie die entsprechenden Multipole. Bei kleinen Abständen werden die einzelnen Partialmomente jedes für sich wirksam. Der hohe Schmelzpunkt des unpolaren p-Dichlorbenzols im Vergleich etwa zum Xylol oder Benzol ist auf eine derartige Auswirkung der Partialdipole auf kurze Entfernung zurückzuführen [11].

In Molekülen mit drehbaren Valenzen zwischen den Partialmomenten kompensieren

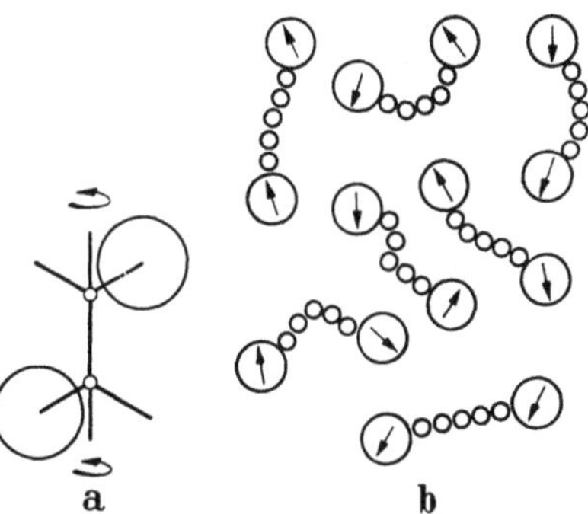

Abb. 8. a) Behinderung der Drehbarkeit durch Dipolwechselwirkung bei Dichloräthan; b) Moleküle eines endständig dihalogenierten Normalkohlenwasserstoffes als Beispiel für unabhängige Einstellung der Partialdipole bei ausreichend beweglicher Bindung

sich diese nicht. Solche Moleküle besitzen ein mittleres Gesamtmoment, das noch von der Anregung der Rotation abhängt. Als Beispiel sei das 1-2-Dichloräthan genannt (Abb. 8a): Bei tiefen Temperaturen ist die antiparallele Stellung der CCl-Dipole bevorzugt, so daß das Gesamtmoment bei hohen Temperaturen und damit geringer Anregung der Rotation niedriger als bei tiefen Temperaturen ausfällt [12]. Sehr bewegliche Moleküle, z. B. endständige dihalogenierte Pentane, verhalten sich schließlich derart, als ob jeder Partialdipol ein freies Dipolmolekül für sich darstellt (Abb. 8b) [13].

Anziehungskräfte zwischen Molekülen sind jedoch eine sehr allgemeine Eigenschaft. Sie bestehen auch zwischen solchen Molekülen, denen man keinen Multipolcharakter und erst recht kein Dipolmoment zusprechen darf, z. B. bei gesättigten Kohlenwasserstoffen[1], bei Gasen wie Stickstoff, sogar bei Edelgasen;

---

[1] Für die Apolarität eines Moleküls kommt es auf die *elektrische* Symmetrie an. In einem Kohlenwasserstoff z. B. muß man der CH-Bindung ein Partialmoment zuordnen, das dem der CH_3-Gruppe gleich ist ($H-CH_3$, d. h. CH_4 ist unpolar!). Infolge der tetraedrischen Struktur um jedes C-Atom kommt es bei der Vektoraddition der Momente für jeden beliebigen gesättigten Kohlenwasserstoff zu einem Gesamtmoment vom Betrag Null. Alle diese Kohlenwasserstoffe, auch alle Polyäthylene, sind also in jeder mit der freien Drehbarkeit verträglichen Gestalt unpolar. Aus gleichem Grunde ist übrigens auch Polytetrafluoräthylen (Teflon) unpolar, obwohl jede CF-Bindung allein ein starkes Moment besitzt.

denn alle diese Substanzen lassen sich verflüssigen. Es muß also weitere und sehr allgemeine Ursachen für die Attraktion zwischen Molekülen geben.

Polarisierbarkeit. In der Tat wurde in den *bisherigen Betrachtungen* das *Molekülgerüst* als vollkommen *starr* betrachtet. In Wirklichkeit ist dies nicht der Fall. Unter der Einwirkung eines elektrischen Feldes verschieben sich das positive Kerngerüst und die negativen Elektronenhüllen etwas gegeneinander: Jedes Molekül (bzw. Atom) ist *polarisierbar*[1].

---

[1] Die Polarisierbarkeit der Atome und Moleküle ist die Ursache für die Lichtbrechung. Das elektrische Feld des Lichtes induziert in den Atomen schwingende Dipole, deren Sekundärstrahlung sich mit der Primärwelle überlagert und die veränderte Lichtgeschwindigkeit in der Materie bedingt.

Tabelle 4a. *Beispiele für Dipolmomente und Polarisierbarkeiten [nach* H. A. STUART [5] *und* L. S. WESSON, *Tables of Electric Dipolmoments (1948)]*

	Dipolment μ	mittlere Polarisierbarkeit α
Benzol	0	$103 \cdot 10^{-25}$ cm³
Nitrobenzol	3,8 bis 4,4 D	$130 \cdot 10^{-25}$ cm³
Chlorbenzol	1,55 bis 1,65 D	$122 \cdot 10^{-25}$ cm³
Äthyläther	1,1 bis 1,3 D	$87 \cdot 10^{-25}$ cm³
Aceton	2,7 bis 2,9 D	$63 \cdot 10^{-25}$ cm³
Wasser	1,8 bis 1,9 D	$14,7 \cdot 10^{-25}$ cm³

Die Einheit 1 D = 1 Debye = 10^{-18} e. s. E.

Tabelle 4b. *Gruppen- oder Partialmomente in D (10^{-18} e. s. E)* *jeweils in den Molekülen C_6H_5—X, CH_3—X, C_2H_5—X*

Gruppe X	C_6H_5—	CH_3—	C_2H_5—	Dipolwinkel C $\lessgtr$ X
—CH_3	0,37	0	0	180°
—OCH_3	1,35	1,30	1,22	55°
—SCH_3	(1,27)	(1,40)	—	57°
—NH_2	1,48	1,23	1,2	100° (aliph.) 142° (arom.)
—I	1,7	1,64	1,87	0°
—Br	1,73	1,80	2,01	0°
—Cl	1,70	1,87	2,05	0°
—F	1,59	1,81	1,92	0°
—OH	1,4	1,69	1,69	62°
—COOH...............	(1,64)	1,73	1,73	74°
—$COOCH_3$	(1,83)	1,67	1,76	70°
—CHO	(2,76)	2,72	2,73	55°
—$COCH_3$	3,00	2,84	2,78	57°
—NO_2	4,21	3,50	3,68	0°
—CN	4,39	3,94	4,00	0°

Nach C. P. SMYTH: Dielectric Behavior and Structure. New York: McGraw-Hill 1955, S. 253 (eingeklammerte Werte in Lösung, die übrigen im Gas- bzw. Dampf-Zustand gemessen).

Die beiden Größen: Dipolmoment μ und Polarisierbarkeit α (Tab. 4) lassen sich leicht aus elektrischen und optischen Messungen gewinnen. Nach der folgenden Gleichung für die Temperaturabhängigkeit der Dielektrizitätskonstante ε für Gase sind α und μ aus Ordi-

Weiter aber ist zu beachten, daß die Elektronen um die Atomkerne kreisen.

Das bedeutet, daß unabhängig von einem permanenten Dipol- oder Multipolmoment stets zeitlich fluktuierende Dipolfelder auftreten.

Diese beiden Tatsachen, Polarisierbarkeit und fluktuierende Felder, führen zu Molekularattraktionen, die weitgehend temperaturunabhängig sind, zu den Induktions- und Dispersionskräften.

Induktionskräfte. Ein Molekül mit der Polarisierbarkeit α (α ist das induzierte Moment, welches das Molekül im Feld 1 e. s. E. annimmt) erhält im Feld $\mathfrak{F}$ eines Dipolmoleküls ein induziertes Moment $m = \alpha\,\mathfrak{F}$ von solcher Orientierung, daß Anziehung entsteht. Der Effekt ist der gleiche wie bei der Anziehung eines Stückes unmagnetischen Eisens durch einen Magneten. Die Wechselwirkungsenergie auf Grund dieses Induktionseffektes erhält die Form

$$u_{\text{ind}} = -\frac{\alpha}{2}\,\mathfrak{F}^2 \,. \tag{7}$$

Für die Kräfte zwischen Dipol und polarisierbarem Molekül ist das Feld $\mathfrak{F}$ als Funktion des Abstandes r und des Winkels ϑ von Dipolrichtung und Verbindungslinie der Mittelpunkte beider Moleküle einzusetzen:

$$|\mathfrak{F}| = \frac{\mu}{r^3}\,\sqrt{3\cos^2\vartheta + 1} \,. \tag{8}$$

Der Induktionseffekt klingt also, wie aus den Gl. (7) und (8) folgt, mit der sechsten Potenz des Abstandes ab. Es gilt im Mittel für zwei rotierende Dipolmoleküle mit gleichem Moment

$$\bar{u}_{\text{ind}} = -\frac{2\,\alpha\,\mu^2}{r^6} \,. \tag{9}$$

---

natenabschnitt und Neigung berechenbar:

$$\frac{\varepsilon - 1}{\varepsilon + 2} = \frac{4\,\pi}{3}\,n\left(\alpha + \frac{\mu^2}{3\,k\,T}\right) \tag{5}$$

α allein ergibt sich auch aus dem Brechungsindex r:

$$\frac{r^2 - 1}{r^2 + 2} = \frac{4\,\pi}{3}\,n\,\alpha \tag{6}$$

$n = $ Zahl der Moleküle pro cm^3, $k = $ BOLTZMANN-Konstante, $T = $ absolute Temperatur).

Dipole liegen in der Größenordnung von einigen 10^{-18} e. s. E., α liegt in der Größenordnung 10^{-23} e. s. E. und ist etwa dem Molekülvolumen gleich. ($\mu^2/3\,k\,T$ erhält (μ in e. s. E. und alles im CGS-System eingesetzt) dieselbe Dimension wie α, nämlich cm^3. Und der Wert pro Molekül wird etwa 2- bis 20mal größer als α für Werte $\mu = 0{,}6$ bis 8 DEBYE-Einheiten.) In einem Feld von 300 V/cm = 1 e. s. E. werden die Schwerpunkte von Kern und Elektronenhülle um den 1000sten Teil des Kerndurchmessers gegeneinander verschoben, was die Starrheit der Moleküle und zugleich die starke makroskopische Auswirkung derart geringer Ladungsverschiebungen (Brechungsindex) veranschaulicht.

Andererseits sind die in der Nachbarschaft eines Dipolmoleküls entstehenden Feldstärken sehr groß, in 3 Å Entfernung von einem Dipol der Stärke $\mu = 2 \cdot 10^{-18}$ e. s. E. beträgt die elektrische Feldstärke $20 \cdot 10^6$ V/cm.

In derart starken Feldern spielen Sättigungseffekte der Dipolorientierung schon eine Rolle; denn die DK einer Substanz zeigt in Feldern von 10^6 V/cm Andeutungen einer Änderung mit der Feldstärke.

In ähnlicher Weise können Multipole auf unpolare Moleküle wirken. Die Formel lautet:

$$\overline{u}_{\text{ind}} = -\frac{3}{2}\frac{\alpha\,\tau^2}{r^8}.\tag{10}$$

$\tau = $ Quadrupolmoment

Da auch jedes Dipolmolekül seinerseits eine Polarisierbarkeit besitzt, treten somit außer der statistischen Dipol-Dipol-Wechselwirkung stets zusätzlich Induktionswechselwirkungen auf.

Es ziehen Dipolmoleküle unpolare und andere Dipolmoleküle mit zusätzlicher Kraft an. Unpolare Moleküle untereinander aber üben keine auf Induktionskräften beruhende Wechselwirkung aufeinander aus. Für die Wechselwirkung zwischen unpolaren Molekülen untereinander muß also eine andersartige Kraft, die sog. „Dispersionskraft" (s. unten), allein verantwortlich sein.

Die Polarisierbarkeit eines Moleküls ist wie der Quadrupolcharakter in erster Näherung eine Tensoreigenschaft (Abb. 9). Der Benzolring z. B. ist durch ein Feld parallel zur Ringebene wesentlich leichter polarisierbar als durch ein Feld senkrecht zur Ringebene. Diese Tatsache hat wiederum Orientierungseffekte zur Folge: ein polarisierbares Molekül sucht sich im homogenen Feld – im Gleichgewicht mit der Wärmebewegung – mit der Achse größter Polarisierbarkeit parallel zur Feldrichtung zu stellen.. Der Vorgang entspricht der Orientierung eines Ellipsoids aus magnetisierbarem Material im Magnetfeld[1].

Aus diesem Grunde übt ein Dipolmolekül auf anisotrop polarisierbare Nachbarn, Dipole oder unpolare Moleküle, zusätzlich Ordnungskräfte aus (weiteres hierzu s. S. 144).

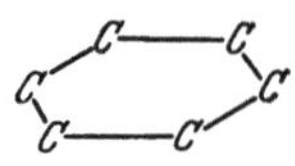
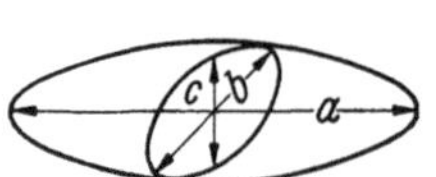

Abb. 9. Polarisierbarkeitstensor des Benzols

Dispersionskräfte. Wie oben schon erwähnt, können Induktionskräfte nur Moleküle, die ein permanentes elektrisches Feld (Dipole, Multipole mit großen Partialmomenten) besitzen, auf andere polare oder auch unpolare, ausüben. Jedoch besteht Anziehung bekanntlich auch zwischen *völlig unpolaren* Molekülen untereinander.

Diese Kräfte beruhen auf gegenseitiger Beeinflussung der Elektronenhüllen und wurden von London mit quantenmechanischen Methoden berechnet [15]. Die Wechselwirkungsenergie u_{disp} auf Grund dieser „London-Attraktion" – oder heute allgemeiner: „die Dispersionswechselwirkung" – läßt sich näherungsweise folgendermaßen [15a] formulieren:

$$u_{\text{disp}} = -\frac{3}{4}\frac{h\,\nu_0\,\alpha^2}{r^6}.\tag{11}$$

Hierbei stellt $h\,\nu_0$ die Ionisierungsenergie und α die Polarisierbarkeit der beteiligten Moleküle dar. Die Reichweite dieser Dispersionskräfte ist sehr kurz. In anderer genäherter Formulierung für kleine Abstände stellt sich das Abstandsgesetz als Exponentialfunktion $\sim \exp(-a\,r)$ dar, was noch charakteristischer das steile Abklingen der Kraftwirkung mit der Entfernung andeutet[2].

---

[1] Aus dem Brechungsindex ergibt sich nur das arithmetische Mittel der 3 Hauptpolarisierbarkeiten. Die Anisotropie der Polarisierbarkeit spielt für die Depolarisation des Lichtes bei Streuung und für den Kerr-Effekt eine Rolle [14].

[2] Eine Ableitung der Formeln kann hier nicht gegeben werden. Rasches Abklingen mit der Entfernung besagt aber nicht, daß der Beitrag dieser Dispersionskräfte zur Kohäsion niedriger sein muß als etwa der der Dipole (s. später).

Dispersionswechselwirkungen zwischen Molekülen lassen sich additiv aus den Wechselwirkungen zwischen den Molekülteilen zusammensetzen. Eine Richtungsabhängigkeit besteht ebensowenig wie eine Temperaturabhängigkeit. Diese Art Wechselwirkung führt praktisch dazu, daß sich die Moleküle mit möglichst viel Fläche miteinander „in Berührung" zu bringen suchen[1].

P. Debye [16] konnte mit rein klassischer Betrachtung ohne quantenmechanische Rechnung zeigen, daß für unstarre Dipole (also für Dipolmoleküle mit einer Polarisierbarkeit, wie es immer der Fall ist) anders als für starre Dipole auch dann im Mittel eine Attraktion übrigbleibt, wenn die Moleküle keine Zeit zur gegenseitigen Ausrichtung (gemäß Abb. 7a) finden. Die Dispersionskräfte, die als quantenmechanische Erscheinung prinzipiell für unanschaulich angesehen werden, lassen sich nun mit Hilfe dieses klassischen Bildes bis zum gewissen Grad anschaulich verstehen: die umlaufenden Elektronen in den Atomhüllen eines Moleküls stellen „fluktuierende" Dipole dar, sie rotieren in bezug auf die Richtung mit der Umlaufsfrequenz der Elektronen. Deren Felder induzieren im Nachbarmolekül Dipole, und zwar im Mittel so, daß, obwohl in den kurzen Zeiten keine Orientierung stattfinden kann, im Mittel Anziehung resultiert. Daher spielen Polarisierbarkeit und Dispersionsfrequenzen in der Formel (11) eine Rolle. Die quantitative Formulierung muß natürlich auf Basis quantenmechanischer Rechnung erfolgen.

Die Gründe für die Wechselwirkung zwischen den Molekülen sind also mannigfaltiger Art. Einen Überblick gibt die Zusammenstellung in Tab. 5, in der zugleich die Abstandsgesetze für die Wechselwirkungsenergien eingetragen sind.

Tabelle 5. *Überblick über die zwischenmolekularen Wechselwirkungsenergien*[2]

1. Ion-Ion-Wechselwirkung,
   (Debye, Hückel: $\sim 1/r$) Elektrolyte, Ampholyte.
2. Ion-Dipol-Wechselwirkung,
   $\sim 1/r^2$ (Solvatation von Ionen und von polaren Molekeln in ionenhaltigen Lösungsmitteln).
3. Dipol-Wechselwirkungen,
   (Dipol-Dipolorientierung) Debye: $\sim 1/r^3$ (Dipolflüssigkeit).
4. Multipolwechselwirkung,
   (Quadrupole usw.) Keesom: $\sim 1/r^n$ mit $n > 5$.
5. Induktionswechselwirkung[3],
   (Wirkung zwischen Dipolen und polarisierbaren Systemen) $\sim 1/r^6$.
6. Dispersionswechselwirkung,
   (Austauschwechselwirkung) London, Slater: $\sim 1/r^6$ bzw. $\sim e^{-ar}$ (z. B. flüssige Kohlenwasserstoffe).

---

[1] Benzolmoleküle z. B. versuchen, die Ringebene aufeinanderzulegen, Paraffinmoleküle tendieren zu paralleler gestreckter Lagerung nebeneinander. Ein freies Paraffinmolekül, etwa ein n-Octan in der Gasphase, rollt sich infolge der Dispersionskräfte zwischen seinen Molekülteilen kugelähnlich auf. Bei Hochpolymeren ist der Zusammenhalt im Polyäthylen ausschließlich der Wirkung von Dispersionskräften zuzuschreiben.

[2] Die metallische Bindung wurde nicht aufgenommen. Angegeben ist jeweils das Abstandsgesetz für die potentielle Energie, das jedoch teilweise noch von der relativen Richtung abhängt (z. B. für Dipole).

[3] Vornehmlich diese Bindungen sind sehr häufig am Molekül lokalisiert (Oberflächenlage von starken Dipolen wie $-OH$ und $=NH$) und führen dann zu den als Nebenvalenzen im engeren Sinne bezeichneten Wechselwirkungen.

Kräfte addieren sich als Vektoren, Energien aber skalar. Es ist daher zweckmäßig, die Beiträge der einzelnen Wechselwirkungen als Energien auszudrücken
und für die Kohäsionsenergie pro cm³ (oder g oder Mol) in Gestalt der *Kohäsionsenergiedichte* das geeignete Maß für viele Betrachtungen zu suchen [*17*]. Große
Kohäsionsenergiedichte bedeutet hohe Schmelz- und Siedepunkte.

Der Beitrag der Dispersionskräfte zur Molekülattraktion erweist sich in vielen
Fällen als der weitaus größte. Er ist oft größer als die Summe der Beiträge von
Dipol- und Induktionseffekt (s. Tab. 6).

Die Art der Abnahme der Kohäsionsenergiedichte, z. B. bei Zugbeanspruchung,
hängt mit gewissen mechanischen Eigenschaften (Spaltbarkeit, Festigkeitsgrenze usw.) zusammen.

Ionenkräfte. Tab. 5 enthält auch Angaben über Wechselwirkungen zwischen
Ionen untereinander und zwischen Ionen und Dipolen. Diese Beiträge zeichnen
sich durch sehr große Reichweiten aus. Vor allem die *inter-
ionischen* Kräfte sind in bezug auf ihre Wirkung in großen
Distanzen das extreme Gegenteil zu den steil abklingenden
Dispersionskräften.

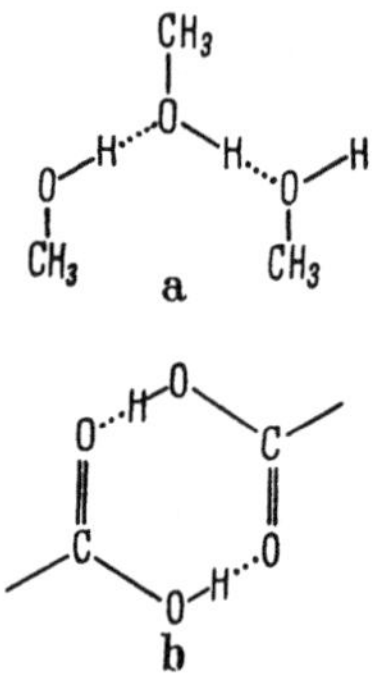

Wasserstoffbrücke. Eine Sonderstellung nimmt die *Wasserstoffbrückenbindung* ein, meist als Nebenvalenz im engeren
Sinne bezeichnet.

Sie tritt z. B. zwischen einer OH-Gruppe und einem benachbarten Sauerstoff, der einer OH-Gruppe oder einer CO-
Gruppe angehören oder ein Äthersauerstoffatom sein kann,
auf (Abb. 10). An sich liegt der wirksame Dipol oder die OH-
Gruppe sehr nahe an der „Oberfläche" eines Moleküls. Damit
ist Anlaß gegeben, daß in der Nähe der betreffenden Stelle
der Moleküloberfläche besonders hohe Feldstärken und damit
lokalisierte Wechselwirkung mit einem anderen polaren Molekül auftreten [*18, 19*][1]. Die Lokalisierung ist aber charakteristisch für Bindung in mehr chemischem Sinne, im Gegensatz zur einfachen allgemeinen Wechselwirkung[2].

Abb. 10. Beispiele für Wasserstoffbrücken a) Kettenbildung bei Alkohol; b) Zweifach-molekülbildung bei organischen Säuren

Wasserstoffbrücken bilden sich aber nicht nur an OH-Gruppen, sondern auch
in anderen Fällen, wie bei NH-Gruppen. Sie spielen für die Struktur von Hochmolekularen häufig eine wichtige Rolle: bei den Polyamiden (Abb. 11), bei der

---

[1] Während z. B. die Feldstärke des Dipols eines Methylchloridmoleküls im von anderen
Molekülen erreichbaren Raumgebieten etwa $20 \cdot 10^6$ V/cm beträgt, liegt sie in der Nähe
der OH-Gruppe eines Methylalkoholmoleküls bei Werten von $300—500 \cdot 10^6$ V/cm, und hierauf
beruht hauptsächlich der hohe Beitrag zur Bindungsenergie.

[2] Aus verschiedenen Gründen nimmt man jedoch an, daß die Wasserstoffbrückenbindung
neben dieser lokalisiert wirkenden Dipolanziehung noch einen gewissen Anteil an sog. Aus-
tauschenergie enthält, die aus der Resonanz zwischen den Zuständen O . . . HO und
OH⁺ . . . O⁻ resultiert. Dieser Bindungsanteil entspricht Beiträgen, wie sie bei echten Valenzbindungen von der Isomerisation herrühren. Aus diesem Grunde stellt die Wasserstoffbrückenbindung auch energetisch und nicht nur wegen der Lokalisierung am Molekül einen
Zwischentyp zwischen gewöhnlicher Molekülattraktion und echter Valenzbildung dar, eine
Nebenvalenz. Die extrem hohen lokalen Felder entsprechen Wechselwirkungsenergien,
vergleichbar mit den chemischen Bindungsenergien und können daher die Quantenzustände
der beteiligten Atomgruppen verändern. Sie können „isomerisieren".

Tabelle 6. *Die drei Beiträge zum Potential der molekularen Anziehungskräfte (Kohäsions-energiedichten). Nach London, Trans. Faraday Sci. 33 (1937) S. 19, s. auch* HILDEBRAND *und* SCOTT *[17] S. 51*

Molekül	Moment D	Polarisier-barkeit in 10^{-25} cm⁵	Ionisierungs-energie in Volt	Orientierungs-effekt [1] $\dfrac{2\mu^4}{3kT}\cdot 10^{60}$ erg cm² $[T=293°\,K]$	Induktions-effekt [1] $2\mu^2\alpha\cdot 10^{60}$ erg cm⁶	Dispersions-effekt [1] $\frac{3}{4}\alpha^2 h\nu_0\cdot 10^6$ erg cm⁶
CO	0,12	19,9	14,3	0,0034	0,057	67,5
HBr	0,78	38,5	13,3	6,2	4,05	176
HCl	1,03	26,3	13,7	18,6	5,4	105
NH₃	1,50	22,1	16	84	10	93
H₂O	1,84	14,8	18	190	10	47

Cellulose[2]. Das Verhalten der Proteine und deren Eigenschaften im gelösten und gequollenen Zustand in Abhängigkeit von p_H und Ionenstärke beruht unter anderem auf einer Beeinflussung der Wasserstoffbrücken.

Es gibt viele Übergänge von rein statistischer bis zu sehr spezifischer Wechselwirkung zwischen Molekülen. Neben Assoziation im Sinne von statistischer Wechselwirkung und Ausbildung von Nahordnung sind eine große Zahl Beispiele von mehr oder weniger stabilen räumlich spezifischen Zusammenlagerungen im stöchiometrischen Verhältnis bekannt. Hierhin gehört auch die Mesomeriebeeinflussung [21]. Man spricht von einer Molekülverbindungsbildung [22]. Eine solche spielt meistens mit, wenn man bei Hochpolymeren von gerichteter oder von chemischer Adsorption spricht[4].

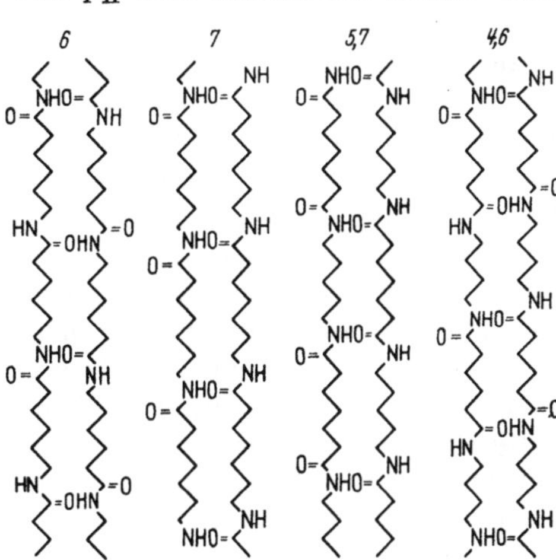

Abb. 11. Wasserstoffbrücken in Polyamidgitter[3]

---

[1] Berechnet für den Abstand 1 Å.

[2] E. SCHIEBOLD [20] konnte zeigen, daß die für Cellulose auftretenden Gittertypen so aufgebaut sind, daß zwischen den OH-Gruppen und den Ring- bzw. glucosidischen Sauerstoffatomen Wasserstoffbrücken entstehen, die dem Gitter seine extrem hohe Stabilität geben.

[3] Einzelzahlen (6 bzw. 7) bedeuten Zahl der zusammenhängenden C-Atome in der Aminocarbonsäure. Bei Doppelzahlen (5,7 oder 4,6) bedeutet die erste Zahl das Entsprechende für die Diamin-, die zweite für die Dicarbonsäure-Komponente. In allen genügend langsam aus der Schmelze abgekühlten Polyamiden liegt eine fast vollständige Absättigung der C=O···HN-Gruppen durch H-Brücken vor, und zwar unabhängig von Kettenkonfiguration und Ordnungszustand (kristallin, α, wie in Abb. 11, oder pseudokristallin, γ) [54, 55]

[4] Adsorption von Farbstoffen an Hochpolymeren, von einem Teil des Wassers an Cellulose, von gewissen Weichmachern an Hochpolymeren. Hierher gehört auch die Solubilisierbarkeit von Hochpolymeren, etwa durch Detergentien (s. später [48]).

Die Probleme dieser spezifischen Wechselwirkungen sind sehr mannigfaltig [23]. Trotz zahlreicher Arbeiten hierüber ist eine quantitative Erklärung bisher nur teilweise erzielt worden[1].

c) Zusammenlagerung der Moleküle zur kompakten Substanz. Die Kenntnis von Gestalt und Kraftfeld des Einzelmoleküls sollte prinzipiell ausreichen, das Verhalten von Molekülgesamtheiten, d. h. die physikalischen Materialeigenschaften, zu berechnen. Quantitativ gelingt dies aber nur für den Gaszustand.

Besondere Schwierigkeiten und viele ungelöste Probleme bestehen noch für Flüssigkeiten [26, 27]. Der Gummizustand als Zustand einer Flüssigkeit mit fixierter Struktur, der Glaszustand als Zustand einer eingefrorenen Flüssigkeit unterliegen naturgemäß den gleichen Schwierigkeiten wie die Flüssigkeit. Etwas einfacher zu behandeln ist wiederum der kristalline Zustand. Dies trifft aber nicht mehr für den partiell-kristallinen Zustand zu.

Warum liegen die Verhältnisse nun für den flüssigen und den Gaszustand verschieden? Die prinzipiellen Schwierigkeiten liegen in der quantitativen Erfassung der Wechselwirkung *jedes* Moleküls mit *jedem* anderen. Für den Gaszustand berechnet sich die Wechselwirkung, die die Abweichung vom idealen Gaszustand hervorruft, praktisch aus der Wechselwirkung zwischen nur je 2 Molekülen (Dreierstöße sind selten). Dieses Problem ist auf Grund der Kenntnis molekularer Kraftfelder mathematisch weitgehend lösbar. Im kompakten Zustand jedoch steht das einzelne Molekül mit sämtlichen Nachbarmolekülen in Wechselwirkung, wobei diese sich untereinander ebenso stark beeinflussen.

Betrachten wir als Beispiel die Dipolverkopplung in einer polaren Flüssigkeit. Jeder einzelne Dipol versucht die Umgebung in seinem Feld auszurichten. Eine vollkommene Ausrichtung wird einmal durch die thermische Bewegung gestört. Andererseits wirken auf einen Dipol der Umgebung eines herausgegriffenen Zentraldipols nicht nur die Richtkräfte dieses Zentraldipols, sondern auch die Richtkräfte aller in der Umgebung liegenden Dipole, die von gleicher Größenordnung sind und den Richtkräften des Zentraldipols teilweise widersprechen. So kommt es zu komplizierten Zwischenstrukturen, den Dipol-Orientierungssphären [28].

Versuche zur rechnerischen Erfassung dieser Dipolstruktur liegen verschiedentlich vor. Eine exakt quantitative Lösung ist nicht erreichbar, eine praktisch ausreichende Näherung jedenfalls noch schwieriger als die Durchrechnung der bekannten Struktur in starken Elektrolyten bei kleinen Konzentrationen (Ionenwolke) [29][2].

---

[1] So ist der Anlagerungskomplex, den Jod mit Stärke bildet und der zum bekannten Stärkenachweis dient, in den Einzelheiten noch keineswegs geklärt. Im niedermolekularen Fall [24] dagegen weiß man, daß Jod sich an Benzol anlagert; die Lösung hat rote Farbe. Mit Cyclohexan ergibt Jod eine violette Lösung. Die Jodmoleküle sind frei und unbeeinflußt wie im Dampf. Besitzen aber die Lösungsmittelmoleküle Doppelbindungen, so verursacht Jod bekanntlich sofort chemische Umsetzung. Hier liegen sozusagen sämtliche Übergänge von der allgemeinen VAN DER WAALSschen Wechselwirkung bis zur chemischen Reaktion vor (s. auch Solvatochromie, z. B. [25]).

[2] Die statistische Dipol-Dipol-Kopplung ist aber – ebenso wie bei Elektrolyten die Ionenwolkenstruktur – nur ein Anteil an der (Nahe-) Ordnung, die in Flüssigkeiten herrscht. Allein die nichtsphärische Form der Moleküle, z. B. vom Benzol und Dekalin usw., muß zu gewissen räumlich bevorzugten Packungen führen, zur Schwarmbildung, Cybotaxis usw. In Alkoholen „polymerisieren" – aber zeitlich fluktuierend – die OH-Dipole zu Ketten (Abb. 10a), während die aliphatischen Molekülschwänze sich einander mit Dispersionskräften absättigen.

In Mischungen zweier Stoffe zeigt der Gang von Energie und Entropie als Funktion des Mischungsverhältnisses, ebenso auch die Abweichung der Dichte von der Additivität spezifische Ordnungen an. Man hat zunächst die Begriffe Assoziation und Solvatation geschaffen, aber das sind zu allgemeine, vieldeutige Begriffe. In jedem einzelnen Fall bleibt zu klären, welche Anordnung im Mittel auf Grund der Molekülformen, der innermolekularen Beweglichkeit und der gegenseitigen Wechselwirkungskräfte unter Berücksichtigung der Störung und Änderung durch die übrigen in der Umgebung liegenden Moleküle sich im Gleichgewicht mit der thermischen Bewegung einstellt. Ein geschlossenes Bild läßt sich nicht geben. (Einige Möglichkeiten der Anwendung auf Hochpolymere seien am Schluß dieses Kapitels angedeutet.)

So hängt im Grunde die bessere Beherrschung der gegenseitigen Wechselwirkung, Anordnung und damit der inneren Energie, eventuell Entropie (soweit definierbar) von dem quantitativen Stand der Erkenntnis bei Flüssigkeiten ab. Und dieser ist noch nicht sehr groß[1].

d) Aggregatzustände. Es ist jedoch möglich, sich über den Zusammenhang der physikalischen Eigenschaften von derartigen Molekülgesamtheiten auf andere Art hinsichtlich der allgemeinen Züge wenigstens ein gewisses Bild zu schaffen [30].

Bei tiefen Temperaturen ist für niedermolekulare Substanzen der kristalline Zustand der thermodynamisch stabile. Mit steigender Temperatur schmelzen die Kristallite und bei weiterem Temperaturanstieg erfolgt am Siedepunkt der Übergang in den Gaszustand.

Die Aufeinanderfolge der Zustände ist derart, daß bei tiefster Temperatur maximale Ordnung und mit Temperatursteigerung schließlich eine immer steigende Unordnung vorliegt, wenigstens für das thermodynamische Gleichgewicht (vgl. hierzu weiter unten: Glaszustand S. 147).

Der durch die Anziehung der Moleküle wohlgeordnete Zustand wird also mit Zunahme der Wärmebewegung aufgelockert. Die Schwingung der Moleküle im Gitter wird intensiver. Das Kristallgitter, die Fernordnung, bricht schließlich bei Erreichen einer bestimmten Temperatur zusammen, die Substanz schmilzt. Noch reicht jedoch die Intensität der Wärmebewegung nicht aus, die Anziehung der Moleküle vollständig zu überwinden. Die Moleküle sind zwar nicht mehr gegeneinander räumlich fixiert, sie schwingen in ihren momentanen Anordnungen, der Nahordnung, um im Mittel nach jeweils v Schwingungen (s. weiter unten) den Platz mit einem Nachbarmolekül zu vertauschen. Die Moleküle diffundieren also innerhalb der Molekülgesamtheit durch dauernden Platzwechsel. Steigt die Wärmebewegung jedoch durch Erhöhung der Temperatur noch weiter an, so erlangen einzelne Moleküle so viel Energie, daß sie den Verband ihrer Nachbarn zu verlassen vermögen und aus der Oberfläche verdampfen[2].

---

[1] Die BORN-GREENsche Methode [27] der Berechnung mit Hilfe von CLUSTER-Integralen führt zwar zu allg. Ansätzen, erfordert aber starke Vereinfachungen zur Auswertung.

[2] Bei ausreichend hohen Temperaturen schließlich fliegen alle Moleküle frei im Raum umher, es ergibt sich das geläufige Bild der kinetisch-statistischen Theorie der Gase, in der die Anziehungskräfte zwischen den Molekülen nur noch Korrekturen am idealen Gasgesetz $p \cdot v = R T$ verursachen, die merkbar nur im komprimierten Zustand als Volumenkorrektur b (Abstoßungskräfte, Eigenvolumen) und Kraftkonstante a (Anziehungskräfte) z. B. in der von VAN DER WAALS gegebenen Gleichung in Erscheinung treten: $\left(p + \dfrac{a}{v^2}\right)(v - b) = R T$.

In der Kristallisation wirkt sich die Tendenz der Natur aus, durch Absättigung der gegenseitigen Kräfte Anordnungen niedrigster potentieller Energie einzunehmen. Diese Tendenz entspricht der Minimalisierung der inneren Energie U. Andererseits strebt die Natur stets Zustände größtmöglicher Unordnung an, größter thermodynamischer Wahrscheinlichkeit W. Sie sucht Zustände mit der größten Entropie $S = R \ln W$ zu realisieren. Beides ist jedoch nicht voneinander unabhängig. Daher wird die Größe $F = U - TS$, die freie Energie, im thermodynamischen Gleichgewicht zum Minimum[1]. Das heißt, eine Molekülgesamtheit verhält sich so, daß sie für jede Temperatur dasjenige Verhalten anstrebt, bei dem mit möglichst günstiger Absättigung der Wechselwirkung zugleich die gemäß obiger Gleichung verträgliche größtmöglichste Unordnung verwirklicht ist.

So ergibt sich für das ideale Gas aus den statistisch-kinetischen Betrachtungen das Bild der frei herumliegenden Moleküle, im Ideal: Massenpunkte ohne Eigenvolumen und Wechselwirkung, nur mit kinetischer Energie behaftet. Für den Kristall ergibt sich die regelmäßige Anordnung der Moleküle in einem Gitter, wobei die einzelnen Moleküle mehr oder weniger intensiv um die Ruhelage schwingen. Die ideale Flüssigkeit aber entspricht in dieser Näherung einem ungeordneten Kugelhaufwerk. Das einzelne Molekül (die einzelne Kugel) schwingt dabei ebenfalls um Momentanlagen mit relativ hoher Frequenz ν_0, und sie tauscht mit den Nachbarkugeln häufiger den Platz, im Mittel mit einer Frequenz

$$\nu = \nu_0 \, e^{\frac{-\Delta F^*}{kT}}$$ mit ΔF^* als sog. freie Aktivierungsenergie für Platzwechsel [31].

In realen Flüssigkeiten ist die Unordnung des Kugelhaufwerkes nicht vollkommen statistisch. Es überlagert sich noch eine gewisse Ordnungsstruktur im kleinen Bereich, z. B. besteht eine solche in der oben schon erwähnten Dipolstruktur infolge der gegenseitigen Orientierungswirkungen oder für andere Fälle, wie etwa für Benzol, in einer bevorzugten plättchenähnlichen Parallellagerung der Ringebenen für benachbarte Moleküle als Folge der Gestalt. Man spricht von Assoziationstypen [32], von cybotaktischen Zuständen [33], von quasikristallinen Strukturen [34], also in Begriffen, die oben schon von anderer Seite her diskutiert wurden.

Derartige Nahordnungen sind um so ausgeprägter, je geringer die thermische Bewegung, je näher die Temperatur am Schmelzpunkt liegt.

Der flüssige Zustand ist also nicht allein charakterisiert durch die dichte Lagerung seiner Moleküle infolge der Anziehungskräfte, durch die dauernde relative thermische Verschiebung der Moleküle gegeneinander[2], die starke innere Kinetik, sondern auch durch eine mehr oder weniger stark ausgeprägte Nahordnung, er ist ungeordnete Ordnung oder geordnete Unordnung!

Sinkende Temperatur bringt jede Flüssigkeit zum Erstarren. Die Amplituden der Molekularbewegungen werden kleiner, die Molekülmittelpunkte rücken im Mittel näher zusammen und der Platzaustausch zwischen benachbarten Molekülen wird seltener. Auf diese Art ist es möglich, daß die Flüssigkeit ihre charak-

---

[1] Bei konstanten Volumen. Bei konstantem Druck wird $G = U - TS + PV$ ein Minimum.

[2] Tatsächlich besitzen Sand oder Pulver, denen man durch intensives Schütteln eine Pseudowärmebewegung gibt, in verblüffender Weise Fließeigenschaften einer Flüssigkeit.

teristischste Eigenschaft, nämlich die Fließfähigkeit, verliert. Sie erstarrt zum Festkörper, sie geht jedoch auf diese Art nicht über in den festen Kristallzustand, sondern in den *Glaszustand*. Dieser Glaszustand weist also die gleiche ungeordnete, nur noch etwas dichtere Lage der Moleküle wie im flüssigen Zustand auf[1], aber der Platzwechselmechanismus ist eingefroren (vgl. 3.1).

Bei den meisten niedermolekularen Substanzen aber erfolgt mit sinkender Temperatur, und zwar bei einem charakteristischen Temperaturwert oberhalb der Einfriertemperatur[1] zum glasigen Zustand, ein anderer und abrupter Übergang zum festen Zustand, nämlich in den kristallinen. Die gegenseitige Wechselwirkung der Teilchen bei Molekülen, vor allem auch die Tendenz zur Nahordnung, verursacht, daß die Bausteine in eine regelmäßige Gitteranordnung einspringen, in einen Zustand mit einer Fernordnung übergehen (Abb. 12). (Hierbei spielt „kooperative Zusammenwirkung" eine wesentliche Rolle [*35a*]).

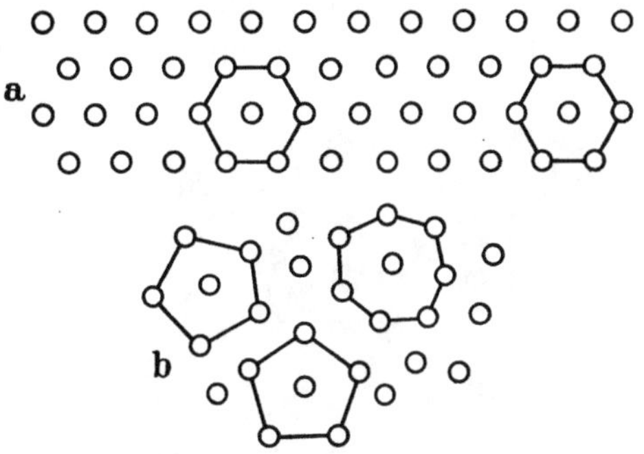

Eine symmetrische Gestalt der Moleküle begünstigt diesen Übergang. Aus diesem Grund sind Metalle mit ihren Kugelatomen (bis auf Oberflächenschichten und Korngrenzen) stets kristallin, ebenso wie die aus Ionen aufgebauten Salze. Substanzen mit symmetrisch gebauten Molekülen (z. B. Benzol, Naphthalin) kristallisieren sehr leicht. Substanzen mit weniger symmetrischen Molekülen aber kristallisieren ebenfalls, vorausgesetzt, daß sie sehr rein sind und nicht zu rasch abgekühlt werden. Sie brauchen Zeit, um die Moleküle „richtig" in das etwas kompliziertere Gitter einzuordnen[2].

Die Schwierigkeit in der quantitativen Behandlung des Glaszustandes bzw. des amorphen Zustandes (im Gegensatz zu kristallin), besteht nun leider nicht nur in

Abb. 12. Schematische Darstellung
a) Fernordnung; b) Nahordnung

---

[1] Dieses Bild ist vereinfacht. Der Einfrierbereich ist ja an sich charakterisiert durch eine Änderung z. B. in der thermischen Ausdehnung, auch durch ein zwar nicht sprunghaftes, aber doch viel steileres Ansteigen der Viskosität mit sinkender Temperatur. Das Zusammenwirken der Moleküle führt mit sinkender Temperatur zu einem Zustand so dichter Lagerung, daß innerhalb eines relativ schmalen Temperaturbereiches ein Platzwechsel, eine Umordnung von molekularen Gruppierungen sehr rasch eine Mitwirkung der ganzen Umgebung erfordert, nicht nur der betreffenden Gruppe [*35*]. Die freie Aktivierungsenergie steigt steil an, die mittlere Zahl der Platzwechsel pro Sekunde nimmt bei Erreichen der Einfriertemperatur extrem rasch ab. Die Fließfähigkeit sinkt innerhalb weniger Grade um Zehnerpotenzen, die Substanz erscheint fest, obwohl sie ungeordnet, d. h. glasig, amorph geblieben ist (s. 3.1).

[2] Aus diesem Grund gibt es viele Flüssigkeiten, die sich gut in den glasartigen Zustand unterkühlen lassen (Äthylalkohol, Glycerin). In sehr reinem, insbesondere wasserfreiem Zustand und bei langsamer Abkühlung kristallisieren auch diese Substanzen [*36*]. Die glasige Erstarrung wird stark begünstigt durch Beimengung von zum Gitter nicht passenden Molekülen.

Permitol oder Chlophen, statistisch chlorierte Diphenyle, also Gemische, sind weitere Beispiele für derartige glasige Erstarrungen. Polymerisation, insbesondere Mischpolymerisation, ataktische Verkettung, Verzweigung wirkt sich genauso wie eine Beimengung einer anderen Komponente aus. Gerade darum ist die glasige Erstarrung für Hochpolymere bei Abkühlung sehr häufig zu finden. Sie ist oft durch Abschrecken selbst dann noch erzwingbar, wenn an sich eine starke Tendenz zur Kristallisation vorliegt.

der Analogie zur Flüssigkeit. Es kommt hinzu, daß der Glaszustand kein thermodynamisches Gleichgewicht mehr ist, daß er je nach der Art, wie er erzeugt wurde, unterschiedliche Eigenschaften haben kann und die Methoden der statistischen Thermodynamik nicht ohne weiteres zu seiner Behandlung angewendet werden können.

2.5.3 Makromolekulare Aggregatzustände

Diese Vorstellungen über Aggregatzustände lassen sich nun auf die hochpolymeren Substanzen übertragen.

Man geht vom Bild des flüssigen Zustandes, von der statistischen Kugelanordnung aus [37]. Denkt man sich jede Kugel mit je 2 Nachbarkugeln verkoppelt (Abb. 13) – verkoppeln heißt im Sinne der chemischen Bindung die Bedingung einführen, daß diese Kugel mit den angekoppelten Nachbarn bei allen thermischen Bewegungen in Nachbarlage bleiben muß – so ergibt dies eine modellmäßige Darstellung des Vorganges der Polymerisation. Die Hinzunahme einiger nur einseitig bzw. einiger dreiseitig verkoppelter Moleküle erlaubt im Rahmen dieses Bildes, auch endliche Kettenlängen, verzweigte Moleküle und Netzwerke darzustellen. Es gestattet also Analoga für alle chemisch vorkommenden Variationen zu formulieren.

In welcher Weise verändert nun die Verkopplung das Bild, das für die Aggregatzustände der niedermolekularen Materie folgte?

Zunächst bedeutet die Verkopplung der Moleküle zu Ketten und Netzen eine starke Behinderung der Platzwechselkinetik. Dies kann sogar für eine Temperatur, bei der das Monomere noch flüssig ist, schon zu vollkommener Festlegung, zu einem glasartigen Zustand des Polymeren führen, wie etwa für Polystyrol bei Zimmertemperatur. Geht die Reduktion der Platzwechselkinetik nicht so weit, so kann der einzelne Grundbaustein einer Kette nicht mehr so frei wie das Monomere im Gesamtbereich der Flüssigkeit diffundieren (Abb. 14a). Vielmehr schränkt die Kettenverkopplung die Diffusion auf kleine Umgebungen ein, es ist nur noch eine „gebundene" Diffusion möglich (Abb. 14b) [37]. So führt die Verkopplung, insbesondere zu einem Netz, aber auch schon zu sehr langen Ketten, in den Fällen, in denen sie nicht eine Erstarrung bedingt, zu einem Zustand, der anders als der einer gewöhnlichen Flüssigkeit ist und durch den Begriff „Flüssigkeit mit fixierter Struktur" treffend charakterisiert wird. Im kleinen besteht Fließfähigkeit einer allerdings relativ zähen Flüssigkeit, im großen wird ein Zusammenhang über weite Entfernungen durch die Kettenbögen geschaffen und dadurch eine Gestaltfestigkeit hergestellt [38].

Die Einführung der Verkopplung in ein Kugelhaufwerk ist in verschiedener Art möglich, vor allem bei Berücksichtigung, daß sie im Raum, nicht wie in der

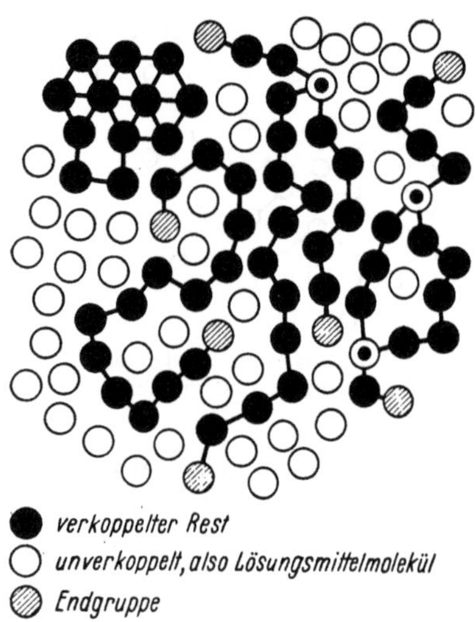

Abb. 13. Die Verkopplung eines Kugelhaufens zu Ketten mit und ohne Verzweigung, Netzen usw.

Abb. 13 in der Ebene, erfolgt. Die Kette von Kugeln, die jeweils entsteht, kann bei gleichem Molekulargewicht sehr viele „statistische Gestalten" haben, auch bei gleicher Zahl jeweils verkoppelter Kugeln. Meist wird ein irgendwie sta-

tistisch räumlich gebrochener Linienzug entstehen[1].

Man kann sich aber auch vorstellen, daß die Verkopplung speziell so vorgenommen wird, daß gestreckte und weitgehend untereinander statistisch parallelisierte Kettenzüge entstehen. Es ist für das Endergebnis unwesentlich,

Abb. 14. Weg eines platzwechselnden Moleküls
a) bei freier Diffusion; b) bei gebundener Diffusion für einen Grundbaustein

ob dies von vornherein bei der „modellhaften Polymerisation" zustande kommt oder etwa dadurch, daß man ein zunächst „statistisch verkoppeltes" Haufwerk durch nachträgliche Verformung mit einer mittleren Ausrichtung der Ketten versieht[2].

Immerhin scheint auch diesem Modell einer Gitterbildung durch Verkopplung ein Mechanismus in der Natur zu entsprechen. Man nimmt an, daß die Grundbausteine der nativen Cellulose beim Wachstum mit dem Zellsaft herantransportiert werden und sich einzeln und nacheinander an das schon vorhandene Polymerisat gitterartig einbauen. Aus diesem Grunde auch existiert die hohe Textur in den Naturfasern, die man in technischen Prozessen, beim Umfällen zur Kunstfaser, nie wieder erreicht. Das natürliche Wachstum erfolgt langsam. Der technische Prozeß verläuft vergleichsweise außerordentlich rasch.

Auf jeden Fall ist ein solches „Polymerisat mit Parallelisierung" ein Gebilde, das einen höheren Ordnungszustand und damit eine geringere Entropie besitzt. Wenn ein derartiges Netzwerk noch durch innere Platzwechselkinetik die Freiheit zur Umlagerung hat, dann werden die Platzwechsel bevorzugt so ablaufen, daß sich die Entropie des Systems erhöht. Das heißt aber, daß sich die Parallelisierung der Ketten, die mittlere statistische Orientierung, zu einem Zustand größtmöglicher Unordnung umzuwandeln sucht.

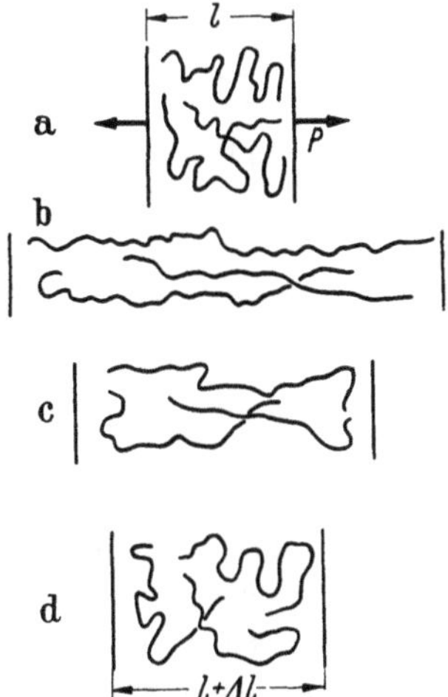

Abb. 15. Verformung eines Filzes aus Kettenmolekülen mit endlichen Ketten bei Aufhören der Spannung nach erfolgter Verformung

a) Ausgangszustand; b) gedehnt; c) teilweise rückverformt; d) Endzustand (Vorgang des Kriechens, dargestellt mit einer bleibenden Verformung)

Sind die Ketten nicht allzu lang, so erfolgt diese Umwandlung durch Entschlaufen und gegenseitiges Abgleiten bis zur völligen Unordnung (Abb. 15).

---

[1] So kommt es zu der statistischen Knäuelgestalt der Kettenmoleküle, gemäß Abb. 4b, nur sind die Knäuel hier ineinander geschachtelt, verschlungen.

[2] Wenn diese Modellverkopplung so geschieht, daß sofort ein strenges Gitter entsteht, dann hat man kristalline Bereiche vorliegen (s. später). Anscheinend gibt es aber einen allgemeinen Grund dafür, daß derartige strenge Gitterordnungen nicht beliebig groß werden können.

Sind die Ketten aber sehr lang, oder miteinander (durch Dreifachkopplung) vernetzt, so erfolgt unter Veränderung der äußeren Form eine Kontraktion des gesamten Materials (Abb. 16). Im ersten Fall hat man das Bild eines unvernetzten hochmolekularen Stoffes, der bei Deformation Spannungsrelaxation (und zwar vollständige) zeigt oder plastisch-elastisch fließt. Im zweiten Fall hat man das Bild eines gummielastischen Stoffes, dessen Form nur durch entsprechende Verformungskräfte aufrechterhalten werden kann und der bei deren Wegfall sich gummielastisch zusammenzieht. Hiermit ist ein anschauliches Bild für den gummielastischen Zustand gewonnen worden. Es beruht auf der Tatsache, daß statistisch geknäuelte Kettenbögen durch jede Deformation entknäuelt werden und die Tendenz besitzen, in ihre geknäuelte, wahrscheinlichste Gestalt zurückzukehren [39]. Erforderlich ist außer der Netzstruktur ein noch ausreichend angeregter Platzwechselmechanismus [40], damit die Netzbögen durch diese „innere Kinetik" ihre wahrscheinliche Gestalt anzunehmen und in dauernder gebundener Diffusion abzutasten vermögen. Ist die Platzwechselkinetik eingefroren, so liegt das Modell einer hochpolymeren Substanz mit „eingefrorener innerer Spannung" vor [41],

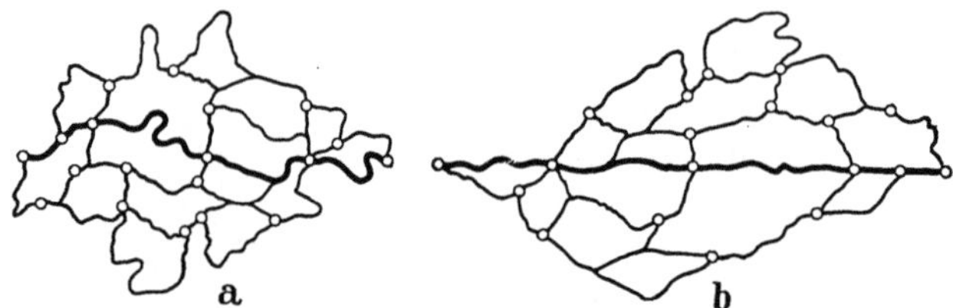

Abb. 16. Zugverformung eines Netzes
a) ungedehnt; b) gedehnt

ist sie gering, so liegt ein träger Gummi (Kriechen), ist sie hoch, ein echter Gummi (Kautschuk) vor.

Die Intensität des Platzwechsels hängt bei gegebener Temperatur von den Kräften ab, die benachbarte Kettenteile aufeinander ausüben. Aus diesem Grunde erhält man bei normaler Temperatur echte Gummis nur in solchen Fällen, in denen der Grundbaustein möglichst schwache Wechselwirkungen mit anderen Grundbausteinen besitzt. Im wesentlichen sollte er unpolar sein. Eine Beimengung einiger polarer Gruppen, wie der Nitrilgruppen bei Perbunan, führt zu „strammerem" Verhalten. Auch eine Zufügung von Styrol, wie bei Buna S, führt infolge der starken Dispersionskräfte der Benzolringe und der sterischen Effekte zu etwas anderem Verhalten, als es beispielsweise ein reines Butadienpolymerisat zeigt[1].

Sind die Kohäsionsenergien höher, wie z. B. bei Styrolresten untereinander, so wird der gummi-elastische Zustand erst bei höheren Temperaturen erreicht. Bei normaler Zimmertemperatur liegt ein derartiges Material im glasartigamorphen Zustand vor. Polare Grundbausteine führen aus gleichen Gründen bei Zimmertemperatur zu festen Hochpolymeren oder zumindest zu trägen Gummis. Entsprechend der schwächeren Abnahme der Attraktionskräfte mit dem Abstand ist ihr Verhalten außerdem im festen Zustand weniger spröde, außer bei sehr großem Wert des Dipolmomentes der polaren Gruppe. Das mag also damit zusammenhängen, daß Dipolkräfte weitreichende Kräfte im Vergleich mit der Dispersionskraft sind.

---

[1] Eine andere wesentliche Auswirkung der unregelmäßig eingebauten Benzolringe, die ja sehr sperrig sind, besteht in der Herabsetzung oder Unterdrückung der Kristallisation (s. später).

Wichtig bei dieser Betrachtungsweise über die Auswirkung der molekularen Zusammenhaltskräfte auf die Eigenschaften von Hochpolymeren ist die Tatsache, daß neben der Verkopplung zu Ketten und Netzen das Kraftfeld des einzelnen Grundbausteines für die Temperaturbereiche des Glas- und Gummizustandes eine wesentliche Rolle spielt. Die Verkopplung zu Ketten und Netzen ermöglicht also prinzipiell das Auftreten der für Hochpolymere charakteristischen Zwischenzustände (Glaszustand, Kautschukzustand und plastisch-elastischer Zustand). Die Wechselwirkung der Ketten, die molekulare Kraftwirkung, bestimmt die Lage der Übergangstemperatur zwischen den möglichen Zuständen.

Genau wie bei kleinen Molekülen hohe Symmetrie des einzelnen Moleküls die Ausbildung von Ordnungen über große Entfernungen, das Auftreten von Kristallisation begünstigt, wirkt sich als weiterer wesentlicher Parameter des Grundbausteines dessen mehr oder weniger regelmäßige Gestalt aus. Substanzen mit sehr symmetrisch gebauten Grundbausteinen zeigen eine starke Tendenz zur Entstehung gitterähnlicher Ordnungen auch in den hochpolymer verkoppelten Systemen. Die Ketten werden dabei vollkommen parallelisiert und auch lateral zueinander geordnet. Bei Polyamid z. B. liegen die aliphatischen Bereiche ebenso wie die polaren Gruppen in Ebenen, die unter bestimmten Winkeln gegeneinander geneigt sind.

Diese Ordnung erfaßt aber nie das gesamte Material, es bleiben ungeordnete Bereiche. Die Frage, ob in partiell-kristallinen Hochpolymeren die amorphen Bezirke völlig ungeordnet wie die Ketten im Kautschuk liegen oder ob eine gewisse „Vorordnung" besteht, bleibt offen. Es mag sogar so sein, daß an sich alles Material kristallin, jedoch teilweise sehr unvollkommen und örtlich schwankend kristallin ist. Man bezeichnet dies als Parakristallinität. Diese partielle Kristallisation ist für viele Eigenschaften sehr ausschlaggebend, wenngleich im größeren gesehen noch kompliziertere Überordnungen entstehen können[1], die die Eigenschaften weiter modifizieren (vgl. 3.7).

In manchen Fällen tritt andererseits eine stärkere Tendenz zur Kristallitbildung erst nach Verstreckung als Folge einer Vororientierung in Erscheinung (Kautschuk, Polyisobutylen).

Kristallisation bewirkt (im Vergleich zu ungeordneter Lagerung bei gleicher Temperatur) stets eine Verfestigung (s. später), und aus diesem Grunde muß in einem guten Kautschuk die Tendenz zur Kristallitbildung weitgehend unterdrückt werden.

Wenn man deshalb gummi-elastische Substanzen durchmustert, so findet man neben der oben schon genannten Bedingung einer schwachen Kohäsion somit als weitere wichtige Bedingung die, daß Kristallisationstendenzen möglichst unterdrückt sind[2].

---

[1] Zu diesen komplizierten Überordnungsstrukturen gehört u. a. die Sphärolithbildung [42]. Hierzu gehören auch die Strukturen, wie sie als Blättcheneffekt in Fasern, als Spiralstruktur in Naturfasern auftreten [43] oder als Langperioden in fast allen Fasern und Borsten [44].

[2] Bei Polyesterharzen und Polyisocyanaten spielt die systematische Unterdrückung der Kristallisation bei Erzeugung gummi-elastischer Zustände eine wichtige Rolle. Derartige Substanzen kristallisieren nämlich unter Umständen erst im Laufe von Tagen und verstrammen dabei (hochpolymere Thixotropie) [45]. Sehr lang lagernder Naturkautschuk zeigt übrigens diese Verstrammung durch Kristallisation ebenfalls.

Substanzen, die eine Doppelbindung in cis-Anordnung tragen, wie die Butadiene, Isoprene, haben geringere Kristallisationstendenz als die trans-Formen und sind daher als Kautschuk geeignet (Naturkautschuk ist cis-, Guttapercha trans-Form!). Auch unsymmetrische seitständige Gruppen, wie die CH_3-Gruppen beim Isopren, sowie der statistische Einbau anderer Mischkomponenten, wie Styrol oder Acrylnitril, stören die Kristallisation.

Das bei starker Verstreckung gut kristallisierende Polyisobutylen verhält sich unverstreckt gummi-elastisch, weil die Kristallisationswärme sehr niedrig ist und die seitständigen CH_3-Gruppen die Struktur auflockern. Aus gleichem Grunde ist das ataktische Polypropylen ein weiches Material im Vergleich zu dem relativ stark kristallisierenden Polyäthylen, einem hochpolymeren Paraffin ohne oder mit nur wenig Seitengruppen bzw. Verzweigungen. Und es kristallisiert das wenig verzweigte, wenig seitständige C_2H_5-und CH_3-Gruppen besitzende Niederdruckpolyäthylen viel stärker als das stärker verzweigte Hochdruckpolyäthylen. Dagegen kristallisiert isotaktisches Polypropylen, das sehr regelmäßig hinsichtlich der Aufeinanderfolge der CH_3-Gruppen längs der Kette gebaut ist, wiederum sehr gut, ebenso wie das isotaktische Polystyrol.

Wenn sich dank der symmetrischen Konstitution des Grundbausteines kristalline Bereiche ausbilden, besteht die Frage, ob dieselbe Kette nacheinander verschiedene Kristallite durchläuft, um in Zwischengebieten verschlauft mehr oder weniger stark amorphe Bereiche mit anderen Ketten zu bilden (Abb. 17a). Parallel zu diesem älteren von ABITZ, GERNGROSS, HERRMANN stammenden Bild diskutiert man neuerdings die Faltungsstrukturen (STUART, KELLER) (Abb. 17b). Nach dem alten Bild entsteht ein System aus steifen Kristallitbereichen, die durch gelenkartige amorphe, gegebenenfalls etwas vororientierte Gebiete miteinander verkoppelt sind. Letztere sind reversibel deformierbar; denn ihre Beweglichkeit beruht auf den gleichen Mechanismen wie das kautschuk-elastische Verhalten, nämlich auf der Möglichkeit zu Platzwechsel. Je nach Menge, Verteilung und Vorordnung in diesen amorphen Bereichen ergibt sich demgemäß ein gewisser Anteil am entropie-elastischen Verhalten, das sich in der reversiblen Dehnbarkeit von einigen Prozenten der Ausgangslänge bei diesen Materialien kundtut, vor allem dann, wenn die Kristallite durch Verstreckung statistisch orientiert sind (Fasern, Borsten, gereckte Folien). Hierfür wird wohl die Vorstellung der Gelenke weiterhin maßgebend bleiben. Wie sie sich im neuen Bild von STUART modifiziert, muß noch geklärt werden.

Die partiell kristallisierten Zustände bei Hochpolymeren geben so eine bequeme Grundlage für eine Erklärung des hornartigen Verhaltens: Die „Gelenke"

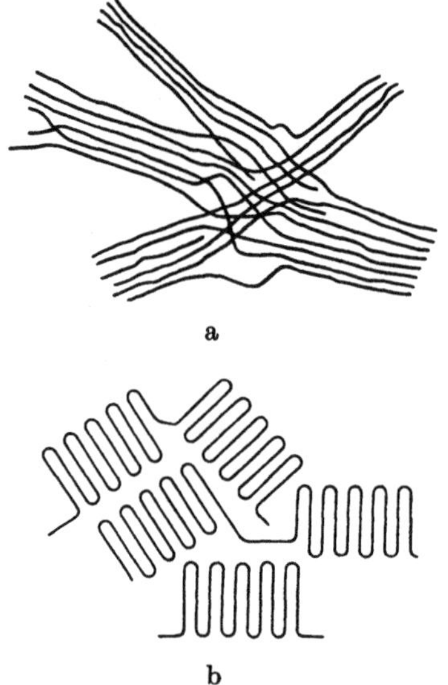

Abb. 17. Schematische Darstellung des Hornzustandes (partiell kristalliner Zustand)

a) vernetzte Kristallite (GERNGROSS);
b) Faltungskristallisation (KELLER, STUART)

erlauben große reversible Biegung[1], die kristallinen Bereiche sorgen für hohe Zugfestigkeit. Mit steigender Temperatur geht der Hornzustand [*46*] unter Aufschmelzen der Kristallbereiche in das träge-elastische oder kautschuk-elastische Verhalten über, bei sinkender Temperatur unter Einfrieren der Platzwechselmechanismen in den Gelenken in einen spröden Glaszustand; existiert eine bevorzugte Ausrichtung der Kristallite, wie in Folien, Borsten, Fasern, so wird die Biegsamkeit bei gleichzeitig hervorragender Zugfestigkeit besonders ausgeprägt.

Abschließend seien noch 2 Tabellen einander gegenübergestellt, in denen zwei grundsätzliche Möglichkeiten zur schematischen Einteilung der Hochpolymeren wiedergegeben sind [*47*]: Nach der aus der Chemie vorliegenden Erkenntnis über die verschiedenen Verkopplungsmöglichkeiten kleiner Moleküle zu Makromolekülen wird man die Hochpolymeren gemäß ihrem Valenzbindungstyp einteilen (Tab. 7). Man unterscheidet Kettenpolymere, weite und enge Netze.

Tabelle 7[1]

Einteilungsschema für Hochpolymere gemäß ihrer makromolekularen Valenzstruktur

Kettenpolymere	weite Netze	enge Netze
Polyisobutylen	vulkanisierter Kautschuk	Phenol-Formaldehyd- Kondensate
Kautschuk	Polyisocyanate	
Polyäthylen	vernetzte Cellulose	Glycerin-Phthalsäure- Harze
Polyamide	leicht gehärtete	
Thiokole	Eiweiße	Kresolharze
Cellulose- und -Derivate	Polystyrol-Divinylbenzol- Körper	globulare Eiweiße
		Glykogen
Fasereiweiße	usw.	Kaseinharze
Polystyrol		
Polyacrylate und -methyl- acrylate	(Dosis ca. 5—100 Mr)	
Polyvinylchlorid	lose vernetzte Polyester	
Polyterephthalsäureäthylester		
Tetrafluoräthylen		
Polyvinylaketat		
Löslich in geeignetem Lösungsmittel, Lösungen hochviskos	nur begrenzt quellbar	unlöslich im Endzustand.

[1] Tabelle entnommen F. H. MÜLLER: Kunststoffe 41 (1951) S. 45, ergänzt.

Die Einordnung verschiedener Kunststoffe in ein solches Schema ergibt Substanzgruppen, die in chemischer Hinsicht sich ähnlich verhalten. So sind Kettenpolymere prinzipiell stets löslich und geben hochviskose Lösungen. Weite Netze sind stark, aber immer nur begrenzt quellbar. Vollkommene, enge Vernetzung aber führt zur Unlöslichkeit und praktisch zur Nichtquellbarkeit. Bei nur gebiets-

[1] Es ist wesentlich, daß die Beweglichkeit der Gelenke auf reversiblen Umlagerungsmechanismen beruht und nicht wie bei der Duktilität der Metalle auf irreversiblen Gittergleitungen. Letztere müssen bei dauernder Wiederholung notwendig zu bleibenden Veränderungen, zur Verfestigung und Zerstörung führen. Erstere führen ebensowenig zu bleibenden Veränderungen wie die beliebig wiederholte mäßige Beanspruchung ein Stück Kautschuk zerstört. Es darf nur ein gewisses Maß der Verformung nicht überschritten werden.

weiser enger Vernetzung kann noch Löslichkeit auftreten, die Lösungen aber sind niedrigviskos.

Man findet in der gleichen Kolonne sowohl Kautschuke wie auch glasartige oder hornartige Substanzen.

Legt man der Einteilung entsprechend den Ausführungen in den letzten Abschnitten ein anderes Prinzip zugrunde, das auf der Art der Wechselwirkungskräfte zwischen den monomeren Bausteinen beruht und dabei noch jeweils zwischen symmetrischer und asymmetrischer Struktur des monomeren Restes unterscheidet, so ordnen sich die hochpolymeren Substanzen in anderer Weise an (Tab. 8). Man findet nun Kautschuke und einige spröde Gläser in einer Kolonne

Tabelle 8[1]. *Einteilungsschema für Hochpolymere gemäß Gestalt und Kraftfeld der Grundsteine (Schema der Assoziationstypen)*

Dispersionstyp		polarer Typ		nebenvalenter Typ	
symmetrisch	unsymmetrisch	symmetrisch	unsymmetrisch	symmetrisch	unsymmetrisch
Polyäthylen unverzweigt	Polyäthylen verzweigt	Cellulose-derivate	Polyacrylate u. -methacrylate	Cellulose	Phenolform-aldehyd-harze
Guttapercha	Kautschuk	Polyvinyli-denchlorid	Polyvinyl-chlorid	Polyamide	Eiweiße
	ataktisches Polystyrol				
isotaktisches Polypropylen	Polybuta-dien	Polyoxy-methylen	Thiokole, Polytrifluor-monochlor-äthylen	Faser-eiweiße, z. B. Fibroin	
	Copolymere	Polyäthy-lentere-phthalat	Polyvinyl-pyrrolidon		Anilinharze
	Polystyrol-divinyl-benzol	Polycarbo-nate			
		Tetrafluor-äthylen	Polyvinyläther		
			Polyvinyl-acetate Polyvinyl-ketone		
Polyisobutylen		Halogenierte Kautschuke			
Spröde amorphe Gläser (Thermoplaste) und kautschuk-elastische Substanzen oder weiche Hornsubstanzen		Filmbildende, teils gut faserbildende, teils träge-elastische, mechanische zähe Thermoplaste, hohes Erweichungsintervall, ausgesprochene Horne, stramme „Gummis"		Ausgesprochen gute Faserbildner oder unlös-liche, teils sehr spröde Harze, oft härtbarer Typ	

Man beachte, daß das hier gegebene Schema nur *sehr grob* sein kann. Copolymere, wie Buna *N* oder *S*, sind z. B. ausgesprochene Zwischentypen (die polaren Gruppen bewirken Verstrammung!).

---

[1] Tabelle entnommen F. H. MÜLLER: Kunststoffe 41 (1951) S. 46, ergänzt.

bzw. weich-hornartige Substanzen in der Nachbarkolonne. In der zweiten Gruppe, entsprechend stärkerer Wechselwirkung, erscheinen die filmbildenden Substanzen und die träge-elastischen Gummis. Die dritte Gruppe, die Gruppe mit nebenvalenten Bindungen, enthält insbesondere die ausgesprochen guten Faserbildner, aber auch die Duroplaste. Die Anordnung entspricht damit stärker dem physikalischen Verhalten.

Beide Einteilungen können jedoch nur als grob-schematisch aufgefaßt werden, da es alle Übergänge im Verhalten gibt. Immerhin zeigen diese Zusammenstellungen, daß neben dem chemischen Gesichtspunkt der Valenzverkopplung kleiner Moleküle zu den Makromolekülen wesentlich auch Kraftfeld und Gestalt des einzelnen Grundbausteines die Eigenschaften Hochpolymerer wesentlich beeinflussen.

2.5.4 Abschließende Bemerkungen

Wie die eben besprochene schematische Unterteilung zeigt, läßt sich die Auswirkung des Molekülbaues und damit der molekularen Wechselwirkung zwischen den Molekülen auf das physikalische Verhalten nur in sehr groben Zügen in ein geschlossenes Schema bringen. Wenn man auch über den Bau des Einzelmoleküls, seine Raumerfüllung und sein Kraftfeld heute sehr viel weiß, so wird doch das Verhalten der Molekülgesamtheiten sehr stark durch die Ordnungszustände modifiziert, die sich ausbilden. Und bei diesen Ordnungszuständen handelt es sich im niedermolekularen Bereich um die Ausbalancierung von Gleichgewichten zwischen den Wechselwirkungsenergien und der BROWNschen Bewegung.

Es genügt aber nicht, dieses Gleichgewicht als eine Überlagerung des Zusammenwirkens von Molekülpaaren zu berechnen (vergebliche derartige Versuche für den relativ einfachen Fall der Dipolassoziation in Flüssigkeiten finden sich in der Literatur der zwanziger Jahre), vielmehr sind die Störungen der übrigen Nachbarmoleküle sehr ausschlaggebend. Erst im sog. kooperativen Zusammenwirken zeigt sich, wie durch dieses Zusammenwirken der ordnenden Kräfte innerhalb enger Temperaturintervalle das Umklappen aus dem praktisch kaumgeordneten Zustand (Nahordnung) in den praktisch absolut geordneten Zustand (Fernordnung), d. h. die Überführung des flüssigen in den kristallinen Zustand, zustande kommt.

Schon für die niedermolekularen Substanzen existiert daher hinsichtlich der Eigenschaften im flüssigen Zustand, der Assoziation und Solvatation, der Molekülverbindung zwar ein sehr großes Erfahrungsmaterial, eine Kenntnis auch gewisser allgemeiner Faustregeln, aber keine abgeschlossene Theorie.

Aus diesem Grunde kann erst recht kein solches abgeschlossenes Bild für die Hochpolymeren in Übertragung der niedermolekularen Gesetzmäßigkeiten gegeben werden.

Es wurde deshalb im vorangehenden Abschnitt einiges an Beispielen eingestreut. Die vorgebrachten Überlegungen können jedoch noch keine absolute Schlüssigkeit beanspruchen. Wichtig ist,

1. daß man nicht vergißt, wie stark selbst bei Vorhandensein von relativ weitreichenden Dipolwechselwirkungen stets die Dispersionskräfte für die Kohäsion mitwirken. Nur die sehr langsam mit der Entfernung abklingenden Coulombkräfte von Ionengruppen verursachen so ausgeprägte Sondererschei-

nungen, Zusatzterme zu den thermodynamischen Funktionen und besondere Erscheinungen bei irreversiblen Prozessen (Leitfähigkeitsanomalien z. B.), daß man die normalen Wechselwirkungen in erster Näherung vernachlässigen kann und daß man das Verhalten der Polyelektrolyte besonders diskutieren kann.

2. aber wird meist unterschätzt, daß die sich ausbildenden Konfigurationen zeitlich nicht stabil sind. Selbst bei hohen spezifischen Bindungen, wie z. B. dem Anhaften eines Wassermoleküls an der Cellulosekette auf Grund einer Wasserstoffbrücke, dürfte nach sehr kurzer Zeit ein Austausch dieses Wassermoleküls durch ein anderes oder ein Übergang dieses Wassermoleküls an eine benachbarte ebenfalls zur Wasserstoffbrückenbildung befähigte Stelle der Cellulosekette oder auch der Nachbarkette erfolgt sein[1].

Wenn man dies nochmals auf einige Beispiele in Hochpolymeren anwendet, so folgt, daß etwa in einem Kunststoff mit Weichmacher Konfigurationen zwischen Weichmacher und den Ketten auf Grund des chemischen Aufbaues ebenfalls nicht zeitlich unveränderlich sein können. Die Solvatation mag zwar eine bevorzugte Anlagerungsstruktur und eine gewisse Besetzung der energetisch begünstigten Anlagerungszentren in Abhängigkeit vom Verhältnis Weichmacher zu Hochpolymerem hervorrufen. Scharfe stöchiometrische Verhältnisse aber und zeitlich unveränderliche Zusammenlagerungen, wie bei echter chemischer Bindung, sind nicht möglich. Es ist wohl denkbar, daß gewisse Konzentrationen etwas bevorzugt, aber keineswegs scharf ausgezeichnet sind.

Nur wenn ein Kristallverband vorliegt und z. B. Wasser im Kristallgitter eingebaut ist, dürfte die „Ortsfluktuation" stark herabgesetzt sein. Und hier gibt es Fälle, in denen das Lösungsmittel sogar rein sterisch festgehalten wird (Einschlußverbindungen).

Daß trotzdem die Kenntnis der molekularen Kraftfelder von den Bausteinen der Hochpolymeren uns zusätzliche Einblicke gibt, zeigen u. a. Arbeiten von SAITO [48], der ziemlich detaillierte Vorstellungen über die sich wahrscheinlich ausbildenden Konfigurationen bei der Solubilisierung Hochpolymerer in Nichtlösungsmitteln durch dritte Substanzen begründen kann. Gerade diese Arbeiten aber zeigen, wie empfindlich sich mit Konstitutionsänderungen der Komponenten die Zusammenlagerungsstrukturen verändern[2].

Bekannt ist weiter: Schon beim Niedermolekularen, sogar in Fällen, bei denen sehr einfache und starke Kraftfelder den Hauptteil der Kohäsionsenergie liefern, nämlich bei den Ionenkristallen, lassen sich viele physikalische Eigen-

---

[1] Wenn auch diese statistische Veränderung durch Wärmebewegung im kompakten Hochpolymeren, insbesondere im festen Zustand, um Zehnerpotenzen gegenüber den Verhältnissen in einer Flüssigkeit verringert ist, so sollte man nicht vergessen, daß die Konfiguration in einem Flüssigkeitsvolumen nach einigen 10^{-12} Sek. in bezug auf den Platz und nach noch kürzerer Zeit in bezug auf die gegenseitige Richtung völlig verändert ist. Man weiß, daß die Moleküle einer Flüssigkeitsoberfläche nach 10^{-11} bis 10^{-12} Sek. sämtlich gegen Nachbarmoleküle aus Flüssigkeit oder Gasraum ausgetauscht sind.

[2] Ein von DEBYE [49] gegebenes Bild der Dipolassoziation wurde aus diesem Grund von ihm absichtlich nicht im Detail weitergeführt. Das spätere Aufgreifen dieses Bildes durch K. L. WOLF [50] zeigt, daß jede nur geringe Verlagerung des Dipols im Molekülrumpf die Assoziationsverhältnisse vollkommen ändern kann, vom Ketten- zum Netztyp. Mit anderen Worten: man kann schwer etwas voraussagen. Man kann aber nachträglich das Experiment verstehen. Und man darf auf keinen Fall, wie es häufig geschieht, ein Modell überfordern.

schaften nicht sicher aus Molekulardaten errechnen. Man erhält den E-Modul für kleine Deformationen, nicht aber die Zerreißfestigkeit. Für letztere genügt zu einer wesentlichen Herabsetzung das Vorhandensein weniger Fehlbaustellen.

Ein Hochpolymeres aber ist immer, sogar im partiell-kristallinen Zustand, ein Material mit außerordentlich viel Fehlbaustellen. Hier läßt sich deshalb nicht einmal der E-Modul aus den Molekularkräften sicher errechnen.

Hinzu kommt, daß jede Vorbehandlung den Fehlbau verändert, die Nah-ordnung ändert, so daß viele Eigenschaften zwangsläufig merklich mit der Vorbehandlung variieren [51], d. h.: erschwerend ist die Tatsache, daß man praktisch immer thermodynamische Ungleichgewichtszustände zu diskutieren hat.

Es ist also durchaus verständlich, daß man über gewisse generelle Schlüsse, wie sie in den Tab. 7 und 8 zusammengestellt sind, nicht leicht hinauskommt. Substanzen mit hoher Dipolkonzentration, noch mehr solche mit spezifischer Brückenbildung (wie die Polyamide) liegen wohl in der Erweichungstemperatur höher. Um welchen Betrag eine bestimmte Konzentration an Dipolen von ge-gebenem Wert aber die Erweichungstemperatur heraufsetzt, hängt von der Dipol-Dipol-Ordnung ab. Da nun die Dipole an das polymere Gerüst gekoppelt sind, kann die Ordnungsstruktur sehr unterschiedlich ausfallen.

Eine Kopplung über eine bewegliche Seitenkette wirkt anders als ein starrer Anbau des Dipols unmittelbar an die Hauptkette. Die Besetzung einander benachbarter C-Atome mit Partialdipolen verursacht eine völlig unübersichtliche Verkopplung der Dipole, die ja dann nur noch gewisse Stellungen zueinander einnehmen können. Die C—Cl-Dipole an chlorierten Paraffinketten können z. B. bei hoher Konzentration nicht mehr den Ordnungstyp einnehmen, wie er in einer niedermolekularen Dipolflüssigkeit (Chlorbenzol z. B.) ausgebildet wird und wie er sich in der ONSAGERschen Formulierung des inneren Feldes ausdrückt. Daher versagt auch der ONSAGERsche Ansatz für das innere Feld notwendig bei Errech-nung der Partialmomente [52]. Das Entsprechende gilt für die Kohäsion.

Bei der Vernetzung von Ketten verursachen kurze Brücken wie die Methylen-brücke bei höherer Konzentration leicht Versprödung. Vernetzung über längere Zwischenketten bleiben dagegen noch flexibel. Auch das kann man sich erklären. Und man kann auf dieser Basis verstehen, daß Weichmacher mit Kette und zwei endständigen spezifischen Gruppen anders wirken als Weichmacher starrer Form mit nur einer spezifischen Gruppe oder solche mit spezifischer Gruppe und aliphatischem Schwanz.

Wenn man auf Grund der vorausgehenden Ausführungen über Kettensym-metrie und über Molekularkräfte vergleichende Betrachtungen über die Lage der Erweichungsintervalle und über die Tendenz zur Kristallisation anstellt, dann kann man durchaus Erklärungen z. B. dafür geben, daß ein Niederdruckpoly-äthylen besser als ein Hochdruckpolyäthylen kristallisiert, daß isotaktische Poly-mere gut kristallisieren und dann höher aufschmelzen, während das symmetrischer gebaute Polyisobutylen erst bei Verstreckung, dann allerdings sehr hoch ge-ordnet kristallisiert. Man kann auch verstehen, daß man bei Polyamid einen Teil des Zusammenhaltes der Kristallite VAN DER WAALS-Kräften, einen anderen Teil den Wasserstoffbrücken zuschreiben muß [53]. Man kann ferner verstehen, daß bei Polyäthylenen die Kristallgüte empfindlich gegen eine thermische Be-handlung ist.

Cellulose besitzt infolge der starken Wechselwirkung der Ketten eine sehr starke Kristallisationstendenz. Sie kristallisiert daher stets bis zu einem Wert von etwa 65 bis 70% kristallinen Anteil (röntgenographisch bestimmt). Eine Veränderung, insbesondere Erhöhung dieses Kristallinitätsgrades, ist nur schwer und mit besonderem Verfahren erreichbar[1].

Alle diese Anwendungen des Vorhergehenden aber können sich noch mit weiteren experimentellen Ergebnissen mindestens modifizieren. Aus diesem Grunde sei hier nur darauf hingewiesen.

Fassen wir nochmals zusammen:

Die Kenntnis von Gestalt, Kraftfeld und innerer Beweglichkeit der monomeren Bausteine der Hochpolymeren erweist sich als sehr wertvoll bei der Schaffung von Vorstellungen über die Zusammenlagerung von Molekülgesamtheiten zum kompakten Material und bei der Erklärung des physikalischen Verhaltens.

Der Zusammenhang von Lagerung und physikalischen Eigenschaften ist jedoch schon bei kleinen Molekülen ein Gebiet, das heute noch nicht in einer geschlossenen Theorie behandelt werden kann. Vor allem der (amorphe) Flüssigkeitszustand bereitet große Schwierigkeiten.

Die Mannigfaltigkeit der möglichen Anordnungstypen vervielfacht sich weiter für Hochpolymere. Außerdem verlieren eine Reihe wichtiger Begriffsbildungen die gesicherte Grundlage, weil die Hochpolymeren nie im echten thermodynamischen Gleichgewicht vorliegen.

So konnte also notwendigerweise in diesem Kapitel nicht mehr als die Grundlage der Probleme behandelt werden, ergänzt durch einige Anwendungsbeispiele.

Literatur

[1] Vergleiche hierzu F. H. MÜLLER: Phys. Blätter 9 (1953) S. 154 u. 199.

[2] 2. Marburger Diskussionstagung: Das Relaxationsverhalten der Materie. Kolloid-Z. 134 (1953).

[2a] 1. Marburger Diskussionstagung: Fester Zustand der hochpolymeren Substanzen. Kolloid-Z. 120 (1951).

[3] UEBERREITER, K.: Kunststoffe 30 (1940) S. 170.

[4] WOLF, K.: Angew. Chem. A 59 (1947) Nr. 5/6.

[5] STUART, H. A.: Die Struktur des freien Moleküls. Berlin/Göttingen/Heidelberg: Springer 1952. Allgemein hierzu.

[6] Näheres über Kalottenmodelle s. Zit. [5] S. 98ff.

[7] HARTMANN, H.: Theorie der chemischen Bindung. Berlin/Göttingen/Heidelberg: Springer 1954.

[8] EUCKEN, A.: Lehrbuch der chemischen Physik, S. 951ff. Leipzig 1932. — UNSÖLD: Z. Physik 43 (1927) S. 563. Siehe auch K. F. HERZFELD: Handbuch der Physik 2. Aufl., Bd. XXII, S. 174ff. Berlin 1933.

[9] DEBYE, P.: Polare Molekeln. Leipzig 1929. Insbesondere S. 19ff.

[10] MÜLLER, F. H.: Dielektrisches Verhalten im inhomogenen Feld. Wiss. Veröff. Siemens-Werk 17 (1938) S. 20. Siehe auch Zit. [9] und P. DEBYE: Phys. Z. 21 (1920) S. 178; 22 (1921) S. 302.

[10a] HAASE, R.: Z. phys. Chem. 194 (1950) S. 217—219. — J. H. HILDEBRAND u. R. L. SCOTT: Solubility of Nonelektrolytes. New York 1950.

[11] ARKEL, A. E. VAN: Rec. Trav. chim. Pays-Bas 51 (1932) S. 1081.

[12] Zum Beispiel O. FUCHS u. K. L. WOLF: Hand- und Jahrbuch der chemischen Physik, Bd. 6. Leipzig 1935. — C. P. SMYTH: Dielectric Behavior. New York: MacGraw-Hill 1955.

---

[1] Viele Beispiele zu diesen zuletzt gegebenen verschiedenen Anwendungen bei HENDUS, SCHNELL, THURN, WOLF in Ergebn. exakt. Naturw. XXXI (1959) S. 220ff.

[13] RIEDINGER, A.: Phys. Z. 39 (1938) S. 380. Siehe auch F. H. MÜLLER und Chr. SCHMELZER: Ergebn. exakt. Naturwiss., Bd. 25. Berlin/Göttingen/Heidelberg: Springer 1951.

[14] PETERLIN, A., u. H. A. STUART: Hand- und Jahrbuch der chemischen Physik, Bd. 8, Abschn. 1b. Leipzig 1943.

[15] LONDON, F.: Z. phys. Chem. 11 (1930) S. 222 — Z. Phys. 63 (1930) S. 245.

[15a] SLATER, J., u. J. G. KIRKWOOD: Phys. Rev. 37 (1931) S. 682.

[16] DEBYE, P.: Phys. Z. 21 (1920) S. 178; 22 (1921) S. 302.

[17] HILDEBRAND, J. H., u. R. L. SCOTT: The Solubility of Nonelectrolytes, 3. Aufl., S. 124 u. 424. New York 1950.

[18] MÜLLER, F. H., u. F. MORTIER: Phys. Z. 36 (1935) S. 371.

[19] HOYER, H.: Z. Elektrochem. 54 (1950) S. 413.

[20] SCHIEBOLD, E.: Kolloid-Z. 120 (1951) S. 54.

[21] Vergleiche dazu Vortrag von G. BRIEGLEB in: Zwischenmolekulare Kräfte. Hrsg. von RAJEWSKI. Karlsruhe 1949.

[22] PFEIFFER, P.: Organische Molekülverbindungen, 2. Aufl. 1927.

[23] BRIEGLEB, G.: Zwischenmolekulare Kräfte und Molekülstruktur. Stuttgart 1937.

[24] MÜLLER, F. H., u. H. SACK: Phys. Z. 31 (1930) S. 821.

[25] DIMROTH, K.: Marburger Sitzungsber. 76, Heft 3, 3 (1953), s. auch W. STAAB: Einführung in die theoret. organ. Chemie. Weinheim 1959.

[26] Faraday Discussion, Liquid State 1937.

[27] GREEN, H. S.: Molecular Theory of Fluids. Amsterdam 1952.

[28] MÜLLER, F. H.: Z. Elektrochem. 43 (1937) S. 863.

[29] HARTMANN, H.: Z. phys. Chem. 53 (1942) S. 49 u. 54.

[30] MÜLLER, F. H., in R. HOUWINK: Chemie und Technologie der Kunststoffe, Bd. I, 3. Aufl., S. 101ff.

[31] GLASSTONE, S., K. J. LAIDLER u. H. EYRING: The Theory of Rate Processes. New York/London 1941.

[32] Siehe [18].

[33] STEWART, G. W.: Trans. Far. Soc. 29 (1933) S. 985.

[34] DEBYE, P.: Phys. Z. 36 (1935) S. 100 u. 193.

[35] JENCKEL, E.: Z. Phys. Chem. A 184 (1939) S. 309 (Käfigeffekt), s. auch F. H. MÜLLER, Kolloid-Z. 95 (1941) S. 399ff.

[35a] EUCKEN, A.: Lehrb. d. chem. Physik, 3. Aufl. II, 2., S. 638ff., Leipzig: Akad. Verlags-Ges. 1949.

[36] KAST, W., u. K. PRIETZCHK: Z. Elektrochem. 47 (1941) S. 112.

[37] Siehe Zit. [1].

[38] Siehe Zit. [3].

[39] Ausführlich bei L. R. G. TRELOAR: The Physics of Rubber Elasticity. Oxford 1949.

[40] Siehe Zit. [1].

[41] MÜLLER, F. H.: Kolloid-Z. 95 (1941) S. 138 u. 306.

[42] W. BRENSCHEDE in: „Physik der Hochpolymeren" (H. A. STUART) Bd. III, § 45. Berlin/Göttingen/Heidelberg, Springer 1955.

[43] E. FRANZ, F. H. MÜLLER u. E. SCHIEBOLD: Kolloid-Z. 108 (1944) S. 233.

[44] HESS, K., u. H. KIESSIG: Z. phys. Chem. A 193 (1944) S. 196.

[45] MÜLLER, F. H.: Kolloid-Z. 112 (1949) S. 1.

[46] Siehe Zit. [4].

[47] MÜLLER, F. H.: Kolloid-Z. 108 (1944) S. 66.

[48] SAITO, S.: Kolloid-Z. 154 (1957) S. 19; 158 (1958) S. 120; 168 (1960) S. 128.

[49] Siehe Zit. [9].

[50] WOLF, K. L.: z. B. Z. phys. Chem. (B) 27 (1934) S. 58. — FUCHS u. WOLF: Zit. [12].

[51] Marburger 3. Diskussionstagung 1958, Kolloid-Z. 165 (1959) Heft 1.

[52] BROENS, O., u. F. H. MÜLLER: Kolloid-Z. 140 (1955) S. 121, 141 (1955) S. 20. — F. H. MÜLLER u. K. HUFF: Kolloid-Z. 166 (1959) S. 47.

[53] KILIAN, H. G., u. E. JENCKEL: Z. Elektrochem. 63 (1959) S. 951.

[54] KINOSHITA, Y. Makromol. Chemie 33 (1959) S 1 u. 21

[55] CANNON, C. G.: Spectrochim. Acta 16 (1960) S. 302

3 Zustände und Übergänge

3.1 Glaszustand und Einfriervorgang

Von **E. Jenckel** †, Aachen

Überarbeitet und ergänzt
von **G. Adam, K. H. Illers, R. Kosfeld** und **G. Rehage**, Aachen

3.1.1 Aggregatzustände

Ebenso wie die niedermolekularen Stoffe können die hochmolekularen Stoffe in verschiedenen (kondensierten) Aggregatzuständen existieren, die sich in ihren physikalischen Eigenschaften, z. B. rein äußerlich schon in ihrem mechanischen Verhalten, deutlich voneinander unterscheiden.

Der Übergang von einem Aggregatzustand in den anderen läßt sich schärfer als am mechanischen Verhalten am Volumen V und dem Wärmeinhalt (Enthalpie) H erfassen. In Abb. 1 ist schematisch das Volumen oder gleichwertig die Enthalpie gegen die Temperatur T aufgetragen. Bei hinreichend hoher Temperatur, in Abb. 1 oberhalb T_s, liegt das Material im Zustande der Schmelze vor. Beim Abkühlen nehmen nach Unterschreiten von T_s Volumen und Enthalpie unter Kristallisation ab; das Material liegt bei weiterer Abkühlung im Kristallzustand vor. Volumen und Enthalpie nehmen in niedermolekularen, chemisch einheitlichen Stoffen sprunghaft, dagegen bei Hochmolekularen im allgemeinen innerhalb eines Temperaturintervalls ab (unscharfes Schmelzen und Kristallisieren), was durch die gestrichelte Kurve angedeutet sei[1].

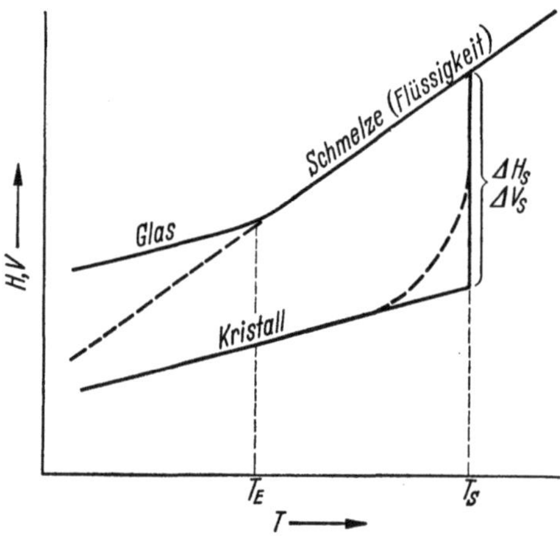

Abb. 1. Schematische Darstellung der Enthalpie bzw. des Volumens gegen die Temperatur im flüssigen, kristallinen und glasigen Zustand
T_s Schmelztemperatur; T_E Einfriertemperatur; ΔH_s Schmelzwärme; ΔV_s Volumenunterschied zwischen Kristall und Schmelze

(Im einzelnen wird die Kristallisation der hochpolymeren Stoffe ausführlich in 3.2 behandelt). Die Kristallisation kann beim Unterschreiten des Schmelzpunktes unterdrückt werden, gleichgültig ob der Stoff nieder- oder hochmolekular ist, wenn die Geschwindigkeit der Kristallisation (Kristallisationstendenz), die von Stoff zu Stoff außerordentlich variiert, hinreichend gering ist. In diesem Fall liegt das Material zwischen der Temperatur T_s und einer weiteren Temperatur T_E als unterkühlte Schmelze vor. Die Bezeichnung „unterkühlt" bezieht sich ausschließlich auf die unterbliebene Kristallisation. Wenn ein hochmolekularer Stoff im Zustand der unterkühlten Schmelze durch Hauptvalenzen, durch Molekülverschlingung bei sehr langen Ketten oder durch wenige kristalline Bereiche weit-

---

[1] Bei den hier zu besprechenden Übergängen von einem Zustand in den anderen sollen keine chemischen Änderungen auftreten; es sollen also Cracken und andere Zersetzungserscheinungen oder chemische Umlagerungen ausdrücklich ausgeschlossen sein.

maschig vernetzt ist, so zeigt er in diesem Temperaturbereich gummi-elastisches Verhalten. (Eine ausführliche Besprechung findet sich in 3.3). Bei weiterer Abkühlung zeigt die Kurve bei T_E in idealisierter Darstellung einen Knick, d. h., unterhalb dieser Temperatur ändern sich das Volumen und die Enthalpie nicht, wie man erwarten würde, mit gleichem Temperaturkoeffizienten, also auf der gestrichelten Geraden in Abb. 1, sondern entsprechend der schwächeren Neigung der ausgezogenen Geraden. Das Material befindet sich jetzt, also unterhalb der Einfriertemperatur T_E, im Glaszustand. Der Glaszustand zeichnet sich durch größeres Volumen und größeren Wärmeinhalt, jedoch durch kleineren Temperaturkoeffizienten gegenüber der Schmelze aus. Die Beziehung zur Kristallkurve wird hier nicht weiter betrachtet.

3.1.2 Übergang der Schmelze in den Glaszustand; Einfriervorgang

Im folgenden soll zunächst auf den Übergang der Schmelze in den Glaszustand eingegangen werden, da nur aus seiner Entstehung die Eigenschaften und das Wesen des Glaszustandes verstanden werden können.

a) Die Entropie von Schmelze, Glas und Kristall. Wir gehen aus von den Wärmekapazitäten $C_p = \left(\dfrac{\partial H}{\partial T}\right)_p$, die auch experimentell verhältnismäßig leicht zugänglich sind[1]. Durch Integration erhält man die Enthalpie $H = \int C_p \, dT +$ const. Die Lage der so erhaltenen Enthalpiekurven von Glas bzw. Flüssigkeit einerseits und Kristall andererseits gegeneinander ist durch die Schmelzwärme (Umwandlung Schmelze $\rightleftharpoons$ Kristall) festgelegt; um die Schmelzwärme ΔH_s müssen die beiden Kurven voneinander entfernt liegen. Man erhält so das bereits schematisch in Abb. 1 wiedergegebene Diagramm.

Die Wärmekapazitäten führen jedoch noch zu einer weiteren Aussage, nämlich zur Angabe der Entropie, einer thermodynamischen Größe, mit der wir eine unmittelbare Anschauung über den molekularen Ordnungszustand verbinden können. Man erhält die Entropie S als Integral der reduzierten Wärmekapazität: $S = \int \dfrac{C_p}{T} \, dT +$ const. Wiederum müssen die beiden Kurven beim Schmelzpunkt den Abstand der Schmelzentropie voneinander haben. Man erhält so ein Diagramm wie das in Abb. 2 abgebildete. Vgl. hierzu SIMON [69]. Hierbei haben wir die Entropie des Kristalls nach NERNST [55] und PLANCK [61] für $T = 0$ zu $S = 0$ angesetzt, weil alle Moleküle gittermäßig geordnet sind und nur noch Nullpunktsschwingungen ausführen. Beim Erwärmen wird die strenge Ordnung durch Schwingungen um die Gitterpunkte gestört. Die

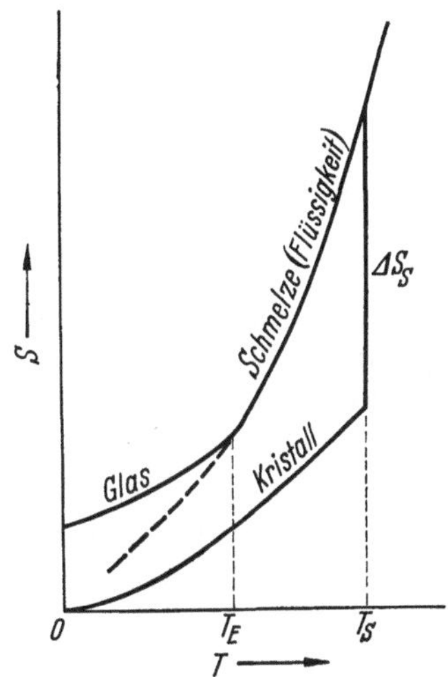

Abb. 2. Schematische Darstellung der Entropie gegen die Temperatur im flüssigen, kristallinen und glasigen Zustand. ΔS_s Entropieunterschied am Schmelzpunkt

---

[1] Die spezifische Wärme ist die auf 1 Gramm bezogene und die Molwärme die auf ein Mol bezogene Wärmekapazität. Wir betrachten hier nur Wärmekapazitäten bei konstantem Druck, wie bei Festkörpern üblich.

Entropie des Kristalls nimmt zu, obwohl das Gitter erhalten bleibt. Im Glaszustand besitzen die Moleküle keine gittermäßige Ordnung. Das Glas besitzt bei $T = 0$ eine endliche Entropie. Mit steigender Temperatur nimmt die Entropie des Glases um (fast) den gleichen Betrag zu wie die des Kristalls. Diese Zunahme wird sicherlich die gleiche Ursache haben wie beim Kristall, also nur durch Schwingungen um die Ruhelage bedingt sein. In der Schmelze nimmt die Entropie viel stärker mit der Temperatur zu als im Kristall. Es muß daher außer den Schwingungen ein weiterer Vorgang existieren, der die Entropie erhöht. Dieser ist in einer Verschiebung der Moleküle gegeneinander zu einer immer ungeordneteren Lagerung zu erblicken (Konfigurationsentropie). Hierfür spricht insbesondere, worauf SIMON [70, 72] zuerst hingewiesen hat, daß die Entropie der Schmelze im Einklang mit dem dritten Hauptsatz sich zwanglos auf $S = 0$ bei $T = 0$ extrapolieren läßt (gestrichelte Kurve in Abb. 2).

Oder umgekehrt: Mit sinkender Temperatur sucht die Schmelze kontinuierlich ihre Ordnung zu verbessern, bis am absoluten Nullpunkt die vollkommene Ordnung erreicht sein würde. Damit die Ordnung verbessert werden kann, sind Verschiebungen der Moleküle gegeneinander notwendig. Diese Verschiebungen benötigen eine gewisse Zeit, die mit sinkender Temperatur größer wird. Oberhalb T_E folgt die Molekülanordnung der Temperatur ohne zeitliche Verzögerung. Bei T_E wird die zugehörige Molekülanordnung bei der gewöhnlichen Abkühlgeschwindigkeit von einigen Grad pro Minute nur noch teilweise erreicht. Unterhalb T_E (im Glaszustand) genügen normale Versuchszeiten nicht, um die Verschiebung der Moleküle zu erreichen. Die Moleküle behalten also im Glaszustand die gleiche Lage wie in der Schmelze bei T_E, und daher die gleiche Entropie, soweit sie von der Molekülanordnung herrührt. Es handelt sich also um einen Einfriervorgang. Oberhalb T_E, im Zustand der Schmelze, befindet sich das Material im inneren Gleichgewicht, unterhalb T_E, im Glaszustand, in einem „eingefrorenen" Zustand[1].

b) Umwandlung zweiter Ordnung und Einfriervorgang. Man hat auch versucht, die glasige Erstarrung als Umwandlung zweiter Ordnung aufzufassen, wie dies in der Bezeichnung „second order transition" zum Ausdruck kommt. Die wohlbekannte Umwandlung unter Ausbildung eines Phasensprunges [Beispiel: Eis $(')\to$ Wasser $('')$] bezeichnet man als Umwandlung erster Ordnung. Es gilt:

$$\Delta H = H'' - H' \neq 0; \qquad \Delta V = V'' - V' \neq 0$$

und weiter

$$\Delta \frac{\partial H}{\partial T} = \Delta Cp \neq 0; \qquad \Delta \frac{1}{V}\frac{\partial V}{\partial T} = \Delta \alpha \neq 0. \tag{1}$$

($V = $ Volumen, $\alpha = $ Ausdehnungskoeffizient.)

Bei einer Umwandlung zweiter Ordnung (nach EHRENFEST [11]) tritt keine Änderung des Volumens oder der Enthalpie ein: $\Delta H = 0$, $\Delta V = 0$, wohl aber ein Sprung in den ersten Ableitungen dieser Funktionen nach der Temperatur. Die bisher bekannten Umwandlungen zweiter Ordnung zeigen sämtlich einen Verlauf, wie er in Abb. 3 angegeben ist. Es ist offensichtlich, daß die glasige Erstarrung

---

[1] Die Einfriertemperatur T_E ist also durch eine ganz bestimmte Geschwindigkeit der Molekülverschiebung gekennzeichnet. Dementsprechend nimmt die Viskosität bei T_E bei allen Stoffen etwa den gleichen Wert $\eta_E = 10^{13}$ an (vgl. auch weiter unten, S. 180).

diesem Typ einer Umwandlung nicht gehorcht; denn mit steigender Temperatur fällt der Temperaturkoeffizient nicht von seinem hohen Wert fast sprunghaft wieder ab, sondern er bleibt im Gegenteil hoch. Vielmehr müßte man, um die glasige Erstarrung als Umwandlung zweiter Ordnung wiedergeben zu können, einen Kurvenverlauf nach Abb. 4 annehmen, der zwar der Bedingung

$$\Delta H = 0 \quad \text{und} \quad \Delta V = 0 \qquad (2)$$

genügt, aber sonst bei Umwandlungen nie beobachtet wurde. Schon aus diesem Grunde erscheint die Auffassung der glasigen Erstarrung als Umwandlung zweiter Ordnung sehr zweifelhaft.

Eine weitere Prüfung kann auf experimentellem Wege gegeben werden. Wir kühlen die Schmelze schneller oder langsamer, beispielsweise von der Temperatur T_2 auf die Temperatur T_1 ab; die letztere Temperatur halten wir dann konstant (Tempern) und verfolgen die Änderung des Volumens oder der Enthalpie mit der Zeit (Abb. 4).

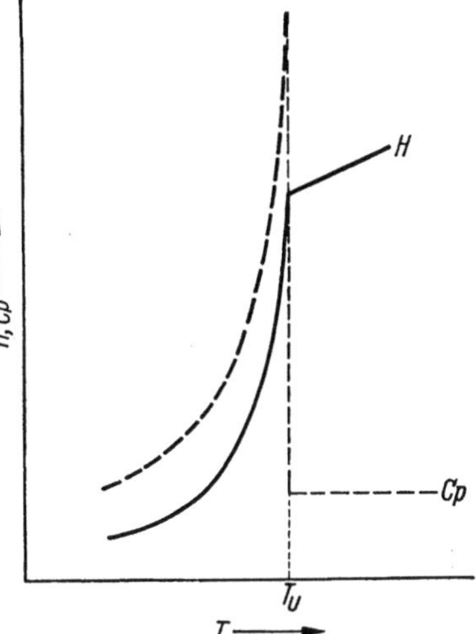

Abb. 3. Temperaturverlauf der Enthalpie und der Wärmekapazität bei konstantem Druck bei einer Umwandlung 2. Ordnung (schematisch). T_u Umwandlungstemperatur

Wenn es sich um eine Umwandlung zweiter Ordnung und damit um eine Gleichgewichtslage bei der Temperatur T_E handeln würde, so sollte bei hinreichend schnellem Abkühlen die Temperatur T_E mehr oder weniger tief zu unterschreiten sein; es sollte also erst nach einer gewissen Unterkühlung, wie wir sie bei Umwandlungen erster und auch zweiter Ordnung oft beobachten, der Glaszustand erreicht werden. Wenn also die Umwandlung infolge Unterkühlung zunächst ausgeblieben ist, sollte bei konstanter Temperatur T_1 das Volumen oder die Enthalpie nur im Falle der Abb. 3, den wir jedoch bereits ausgeschlossen haben, nicht jedoch im Falle der Abb. 4 abnehmen; im letzteren Falle sollte man dagegen eine Zunahme erwarten.

Wenn es sich umgekehrt um einen Einfriervorgang handelt (Abb. 5), so sollte der Knick auf der Volumen- oder Enthalpiekurve bei raschem Abkühlen bei höherer Temperatur (T_{E2}) beobachtet werden, bei langsamem Abkühlen dagegen bei tieferer Temperatur (T_{E1}). Beim Tempern sollten Volumen und Enthalpie stets abnehmen (Abb. 5).

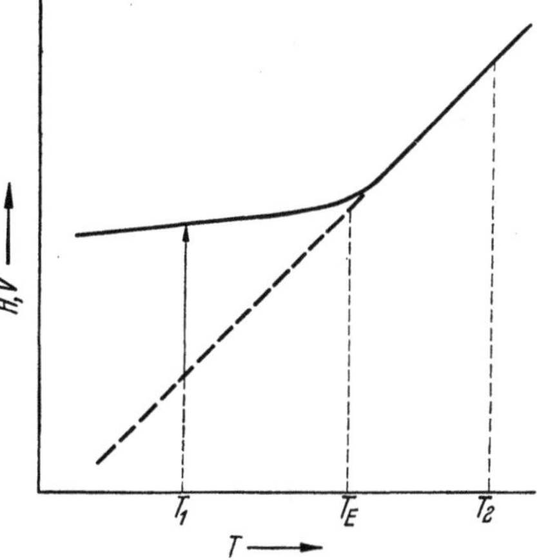

Abb. 4. Schematische Darstellung der Enthalpie bzw. des Volumens gegen die Temperatur bei einer glasig erstarrenden Substanz

Die Beobachtungen sprechen nun ganz eindeutig für einen Einfriervorgang und nicht für eine Umwandlung zweiter Ordnung: Es wurde immer eine Erhöhung des Knicks der sog. Einfriertemperatur beim raschen Abkühlen beobachtet, und ebenfalls stets eine Abnahme von Volumen und Enthalpie beim Tempern (Nachwirkung).

Zu dem gleichen Ergebnis führte die thermodynamische Auswertung der gemessenen spezifischen Wärmen [68][1]. Die freie Enthalpie $G = H - T\,S$ ist im Glaszustand größer als im Zustand der Flüssigkeit. Das Glas muß daher von selbst schneller oder langsamer in den Zustand der Schmelze übergehen, während der umgekehrte Vorgang niemals eintreten kann. Diese thermodynamische Folgerung verträgt sich nur mit der Vorstellung der glasigen Erstarrung als Einfriervorgang, nicht mit der einer Umwandlung.

c) Nachwirkungserscheinungen. Die Eigenschaften eines Glases ändern sich mit der Zeit, weil es in den Zustand der im inneren Gleichgewicht befindlichen Schmelze überzugehen bestrebt ist. Die Geschwindigkeit dieser Zustandsänderungen ist je nach der Versuchstemperatur verschieden. Zur quantitativen Untersuchung der Nachwirkungsvorgänge schreckt man meist die Probe von einem Gleichgewichtszustand auf eine Temperatur unterhalb der Einfriertemperatur ab und verfolgt die isotherme, zeitliche Änderung einer extensiven Zustandsvariablen. In der Regel wird die Änderung des Volumens mit der Zeit (Volumennachwirkung) untersucht. Die ersten Messungen dieser Art wurden von Jenckel [34] an glasigem Selen und Kolophonium ausgeführt. Neuere, ausführliche Untersuchungen über die Volumenrelaxation bei glasigen Hochpolymeren sind von Kovacs [50, 51] durchgeführt worden. Auch wurden Nachwirkungen der Enthalpie [16, 18] und der Viskosität [34, 52] im statischen und dynamischen Versuch nachgewiesen.

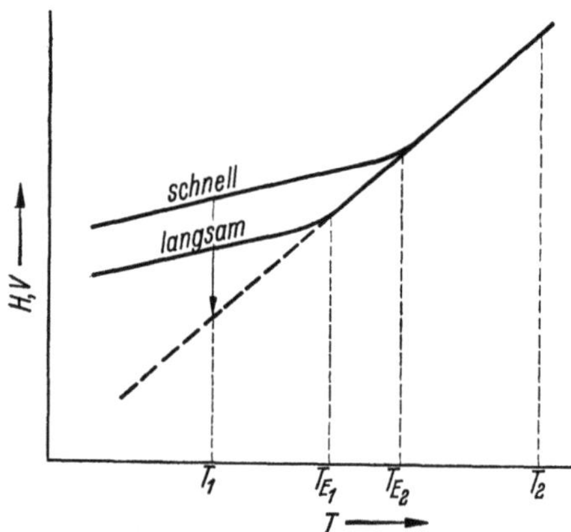

Abb. 5. Temperaturverlauf der Enthalpie bzw. des Volumens einer glasig erstarrenden Substanz bei verschiedenen Abkühlungsgeschwindigkeiten (schematisch)

Besonders bequem lassen sich die Nachwirkungserscheinungen mit Hilfe von Brechungsindexmessungen untersuchen. Rehage und Jenckel [66] haben solche Messungen an glasigem Polystyrol durchgeführt.

Das Volumen oder der Brechungsindex ändern sich mit der Zeit anfangs schnell, später aber sehr langsam. Verständlicherweise ist aber die Geschwindigkeit der Nachwirkung bei höheren Temperaturen groß, bei tieferen klein. Es überrascht jedoch der außerordentlich hohe Temperaturkoeffizient der Nachwirkungsgeschwindigkeit.

Die Thermodynamik der irreversiblen Prozesse ergibt für die Beschreibung der Nachwirkungsvorgänge folgende lineare Beziehung für eine isotherm-isobare Versuchsdurchführung bei nur einer diskreten Relaxationszeit τ:

$$\frac{dv}{dt} = -\frac{1}{\tau}(v - v_\infty). \tag{3}$$

---

[1] Der hier vertretenen Auffassung einer Umwandlung dritter Ordnung können wir uns nicht anschließen.

Durch Integration folgt mit der Anfangsbedingung $t = 0$; $v = v_0$:

$$\frac{v - v_\infty}{v_0 - v_\infty} = e^{-t/\tau}. \tag{4}$$

v ist das spezifische Volumen zur Zeit t und v_∞ das spezifische Volumen zur Zeit $t = \infty$, das dem Zustand des inneren Gleichgewichtes entspricht. τ ist die Relaxationszeit.

Aus der LORENTZ-LORENZ-Gleichung läßt sich die Näherung herleiten:

$$\frac{v - v_\infty}{v_0 - v_\infty} = \frac{n - n_\infty}{n_0 - n_\infty}. \tag{5}$$

n ist der Brechungsindex; Indizierung wie oben.

Man kann also versuchen, die Gln. (3) und (4) auch zur Beschreibung von Brechungsindexmessungen anzuwenden.

Die Beziehungen (3) und (4) gaben jedoch die Beobachtungen von KOVACS [*50, 51*], REHAGE und JENCKEL [*66*] und anderen nicht richtig wieder. Wollte man nun eine genauere Beschreibung im Rahmen der Thermodynamik der irreversiblen Prozesse versuchen, so müßte man das Vorliegen einer Verteilung von Relaxationszeiten in Rechnung ziehen. Dieser Weg ist bisher nicht beschritten worden. Vielmehr wurden mehrparametrige Ansätze versucht, die auch von allgemeineren molekularen Vorstellungen aus plausibel erscheinen. Zugrunde liegt der Gedanke, daß die Nachwirkungsgeschwindigkeit gemäß Gl. (3) zwar als proportional zur Abweichung vom Gleichgewicht anzunehmen ist; jedoch ist nicht zu erwarten daß der Faktor $\frac{1}{\tau}$ im Verlaufe des Nachwirkungsprozesses konstant bleibt. Der Zustand des Materials ändert sich ja vom Zustand des Glases auf den des inneren Gleichgewichtes hin. Es wird daher τ nicht als Konstante, sondern als Funktion des zur Zeit t vorliegenden Zustandes eingesetzt.

So haben REHAGE und JENCKEL [*66*] den Ansatz

$$\tau = b + a\,t \tag{6}$$

versucht. Man trägt so dem Umstand Rechnung, daß die Nachwirkung anfangs mit großer Geschwindigkeit einsetzt, aber später sehr langsam wird.

An Stelle von Gl. (4) erhalten wir aus den Gln. (3) und (6):

$$\ln\frac{v - v_\infty}{v_0 - v_\infty} = -\frac{1}{a}\ln(1 + c\,t)\,; \quad c = \frac{a}{b}. \tag{7}$$

Abb. 6 zeigt am Beispiel des Polystyrols, daß Gl. (7) die Messungen des Brechungsindex von REHAGE und JENCKEL gut wiedergibt. Es ist dabei die Substitution Gl. (5) eingeführt worden. Zu beachten ist, daß meist nicht der Gleichgewichtswert des Brechungsindex erreicht wurde. Bei den tieferen Temperaturen konnte höchstens ein Drittel der Nachwirkung in vernünftigen Zeiten wirklich beobachtet werden.

Die Konstanten a und b ändern sich mit der Temperatur wie folgt:

$$\ln\left(\frac{b}{b_0}\right) = \frac{A_b}{R\,T} \tag{8}$$

$$a = a_0 + \frac{A_a}{R\,T}. \tag{9}$$

Im Falle des Polystyrols hatten die Konstanten folgende Zahlenwerte:

$$A_a = 240 \;\; [\text{Kcal/mol}]; \quad A_b = 22 \;\; [\text{Kcal/mol}]:$$
$$b_0 = 9{,}55 \cdot 10^{-14} \;\; [\text{h}]; \quad a_0 = -3{,}33 \cdot 10^2.$$

Mit ihnen kann man nach Gl. (7) die Zeit $t_{1/e}$ ausrechnen, in der die Abweichung des Brechungsindex vom Gleichgewichtswert auf $1/e$ der Anfangsabweichung abgefallen ist[1].

In Tab. 1 sind diese Werte für $t_{1/e}$ zusammengestellt. Sie geben eine Vorstellung, in welcher Zeit die Brechungsindexnachwirkung zum größeren Teil abgelaufen ist. Zwischen 90 °C und 80 °C, also innerhalb 10°, steigt $t_{1/e}$ von etwa 1 Min. bis zu etwa 1 Monat an. Zur Einfriertemperatur (bestimmt mit der normalen Abkühlungsgeschwin-

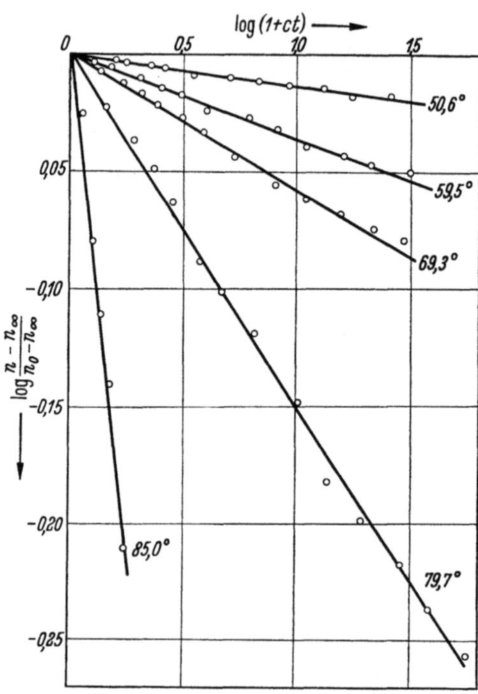

Abb. 6. Brechungsindexnachwirkung bei glasigem Polystyrol nach Gln. (5) und (7) für verschiedene Temperaturen (nach Rehage u. Jenckel)

Tabelle 1
Relaxationszeit der Brechungsindex-(Volumen-) Nachwirkung

T in °C	$t_{1/e}$
100	10^{-2} Sek.
95	1 Sek.
91	40 Sek.
90	2 Min.
$T_E = 89$	5 Min.
88	18 Min.
86,5	1 Std.
85	5 Std.
82	50 Std.
79	60 Tage
77	1 Jahr
50	10^{12} Jahre
20	10^{34} Jahre

digkeit von einigen Grad pro Minute) gehört eine Zeit $t_{1/e} = 5$ Min.

Für sehr kurze Zeiten ($b \gg a\,t$) geht Gl. (7) in Gl. (4) über. Nach Kovacs [51] werden auch seine Messungen der Volumennachwirkung an Polystyrol und Polyvinylacetat durch Gl. (7) beschrieben. Dabei ist die Übereinstimmung bei tieferen Temperaturen besser als in der Nähe der Einfriertemperatur.

Eine andere Beziehung für die Zeitabhängigkeit des Volumens ist von Ptizyn [60] auf der Basis einer allgemeinen kinetischen Theorie von Wolkenstein und Ptizyn [76] hergeleitet worden. Sie hat im wesentlichen die folgende Form:

$$\frac{dv}{dt} = a\,(v - v_\infty)\,e^{b\,(v - v_\infty)}. \tag{10}$$

Die Konstanten a und b sind temperaturabhängig.

---

[1] $t_{1/e}$ ist hier keine Relaxationszeit, sondern nur ein konventionelles Mittel, den Zeitverlauf der Nachwirkung abzuschätzen.

Mit den von Kovacs [51] gemessenen Nachwirkungsisothermen in der Nähe der Einfriertemperatur stimmt Gl. (10) nach Adam und Jenckel [1] überein (vgl. Abb. 7). Die Parameter a und b sind einer molekularen Interpretation zugänglich [1]. Auf weitere empirische Beziehungen zur Beschreibung der Nachwirkungsvorgänge sei hier nur kurz hingewiesen:

Kovacs [51] verwendet einen dreiparametrigen Ansatz

$$v_0 - v = \beta\left[\log\left(\frac{t}{t_0} + 1\right) - \log\left(\frac{t}{t_m} + 1\right)\right]. \tag{11}$$

β, t_0 und t_m sind die frei verfügbaren Parameter.

Jenckel fand an Kolophonium und Selenglas

$$\frac{dv}{dt} = -\frac{\alpha}{\sqrt{t}}(v - v_\infty); \tag{12}$$

α ist frei wählbar.

Boyer und Spencer [3, 4] haben eine dreikonstantige Gleichung aus der Theorie von Eyring und Tobolsky [12] hergeleitet:

$$\tanh[k_1(v - v_\infty)] = k_2\, e^{-k_3 t}. \tag{13}$$

Der Bereich mittlerer Zeiten, sowohl bei den Messungen von Kovacs [50] wie auch bei denen von Rehage und Jenckel [66] kann durch eine Beziehung in der Form

$$\frac{v_0 - v}{v_0} = k \ln ct \tag{14}$$

beschrieben werden. Den gleichen Ausdruck liefert eine kinetische Theorie der Volumenviskosität in Flüssigkeiten von Hirai und Eyring [27]. Sie erklärt die Volumenänderung bei der Nachwirkung durch das Entstehen und Verschwinden von Löchern in der polymeren Struktur. Es wird dabei angenommen, daß die elastischen Wellen des Quasigitters der Flüssigkeit mit den Löchern der Gitterstruktur im Gleichgewicht stehen.

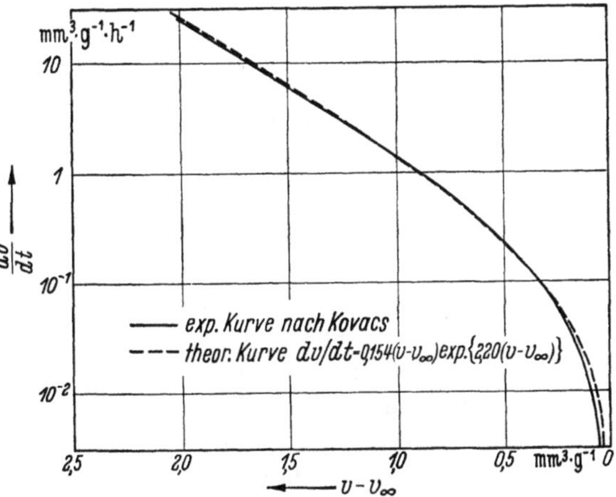

Abb. 7. Darstellung der Nachwirkungsgeschwindigkeit nach Gl. (10) bei 82,6 °C

Bei dem Prozeß des Verschwindens eines Loches wird die mit diesem Loch verbundene zusätzliche Energie der Gitterenergie der flüssigen Struktur zugeführt. Somit soll zum Verschwinden eines Loches im Gegensatz zu bisherigen Vorstellungen [2] keine Diffusion des Loches an die Oberfläche der Substanz notwendig sein.

Nach Kovacs [51] kann man die Isothermen der Volumennachwirkung im Einfrierbereich durch Verschieben auf der logarithmischen Zeitachse ineinander überführen. Bezeichnet man die zu den Temperaturen T_1 und T_2 gehörigen Volumina mit v_1, $v_{1\infty}$ bzw. v_2, $v_{2\infty}$, dann kann man diese Verschiebung wie folgt wiedergeben:

$$v_1(t) - v_{1\infty} = v_2(a_{1,2}\, t) - v_{2\infty}. \tag{15}$$

Der Faktor $a_{1,2}$ gibt die im logarithmischen Maßstab zur Superposition der beiden Isothermen notwendige lineare Verschiebung an. Ein derartiges Verfahren der Konstruktion einer „mastercurve" ist für viskoelastische Messungen schon länger

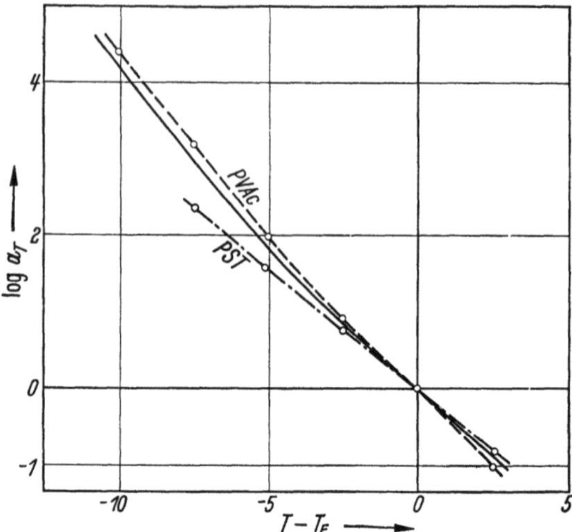

bekannt [53] und häufig zur Erweiterung der experimentellen Zeitskala angewandt worden. Nach WILLIAMS, LANDEL und FERRY [74] gilt für die Temperaturabhängigkeit der Verschiebungsfaktoren a_T nach viskoelastischen Messungen an verschiedenen amorphen Hochpolymeren folgende universelle Beziehung (WLF-Gleichung):

$$\log a_T = -\frac{17{,}44\,(T - T_E)}{51{,}6 + (T - T_E)} \cdot \quad (16)$$

T_E bezeichnet die Einfriertemperatur.

Abb. 8. Abhängigkeit des Verschiebungsfaktors a_T als Funktion von $(T - T_E)$ im Einfrierbereich. Die ausgezogene Kurve gibt die WLF-Gleichung wieder; PST: Meßkurve für Polystyrol und PVAc: Meßkurve für Polyvinylacetat (nach KOVACS)

In Abb. 8 ist nach KOVACS [51] $\log a_T$ gegen $(T - T_E)$ für die Volumenrelaxation an Polystyrol und Polyvinylacetat aufgetragen. Außerdem ist der Verlauf nach Gl. (16) angegeben. Wie man sieht, befolgt Polyvinylacetat recht gut die WLF-Gleichung. Für Polystyrol ist die Übereinstimmung etwas weniger gut.

3.1.3 Auflösung eines Glases; Einfrierwärme

Wir wollen ein Glas, z. B. Polystyrol, mit einer Einfriertemperatur von beispielsweise 85 °C in einer Flüssigkeit, z. B. Äthylbenzol auflösen. Es soll so viel Lösungsmittel verwandt werden, daß sich die entstehende Lösung ebenfalls im flüssigen Zustand (Schmelze) befindet, d. h. also, daß die Einfriertemperatur dieser Lösung tiefer als die Temperatur T_L liegt, bei der wir den Versuch durchführen (Abb. 9). Obwohl das Äthylbenzol dem Grundmolekül des Polystyrols so ähnlich ist, daß keine echte Lösungswärme, die auf Wechselwirkung zwischen den Molekülen beruht, erwartet werden kann, ergibt sich im Experiment doch eine deutlich exotherme Lösungswärme, die wir als *Einfrierwärme* bezeichnen [38, 40]. Sie ist darauf zurückzuführen, daß durch den Lösungsvorgang das Polystyrol aus dem glasigen Zustand in den Zustand der Schmelze übergegangen ist. Abb. 9 bringt eine nähere Erläuterung der Einfrierwärme. Die ausgezogene Gerade möge die Enthalpie des reinen Polystyrols in der Schmelze bzw. im Glaszustand wiedergeben. Die gestrichelte Linie kennzeichne die Enthalpie des Polymeren in der Mischung[1].

Durch Zusatz des Lösungsmittels wird die Einfriertemperatur von T_{E0} auf T_E vermindert und die Moleküle des Polystyrols werden beweglich, so daß ihre

---

[1] Der Einfachheit halber ist in der Abbildung vorausgesetzt, daß die Enthalpien der reinen Komponenten im Zustand der Schmelze gleich groß sind und daß für die Mischungen Additivität besteht.

Enthalpie auf den Wert der Schmelze sinkt. Der Differenzbetrag zwischen der Enthalpie im Glaszustand und im Zustand der Schmelze (AB in Abb. 9) wird als Einfrierwärme abgegeben. Je größer der Abstand der Lösungstemperatur T_L von der Einfriertemperatur T_{E0} ist, desto größer wird bei ein und demselben System die Einfrierwärme.

Für eine etwas genauere Darstellung verweisen wir auf das räumliche Diagramm in Abb. 10. Hier ist für ein Zweistoffsystem (Komponente 1 = Lösungsmittel, Komponente 2 = Polymerisat) die Enthalpie H über der Temperatur T und der Zusammensetzung in Grundmolenbrüchen des Polymerisats x wiedergegeben. Bei der Vermischung der beiden Komponenten im Zustande der Schmelze soll keine echte Lösungswärme auftreten. Man erhält so für die Lösungen im Zustande der Schmelze eine Ebene $EFGH$, die oberhalb der Einfriertemperatur

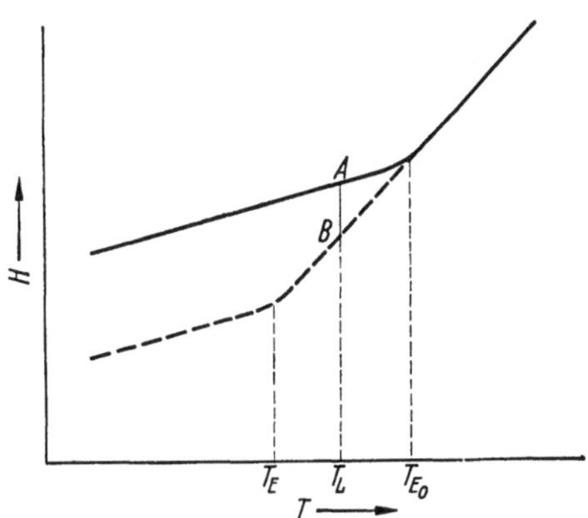

Abb. 9. Temperaturverlauf der Enthalpie bei einem reinen und einem weichgemachten Polymerisat (schematisch) (nach GORKE u. JENCKEL.)

T_{E0} Einfriertemperatur des reinen Polymerisats; T_E diejenige des weichgemachten Polymerisats; T_L Lösungstemperatur. Die Strecke AB entspricht der Einfrierwärme bei der Temperatur T_L

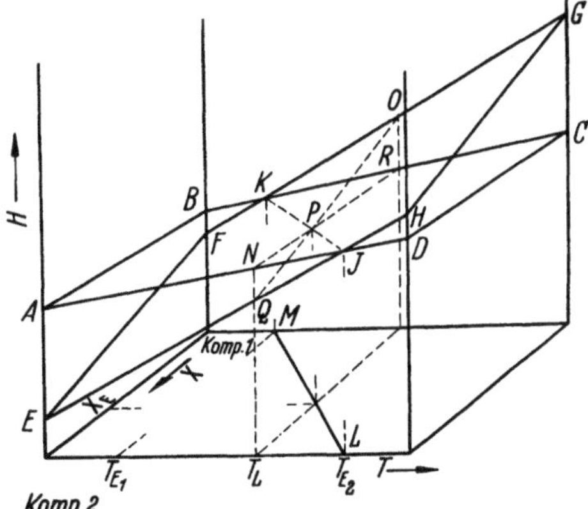

Abb. 10. Räumliches Diagramm der Enthalpie H von Gleichgewichtsschmelze und Glas über Temperatur und Zusammensetzung (schematisch) (nach GORKE u. JENCKEL)

T_{E1}, T_{E2} Einfriertemperaturen des reinen Lösungsmittels bzw. Polymerisats; T_L Temperatur der Auflösung eines Glases in dem Lösungsmittel (Komp. 1); x Grundmolenbruch des Polymerisats

wirklich gemessen werden kann, unterhalb dieser Temperatur extrapoliert ist. Die Schnitte bei konstanter Temperatur (H, x-Diagramme) ergeben dann Geraden. Wir wollen uns weiter denken, daß man die beiden Komponenten, wenn sie sich beide im Glaszustand befinden, ineinander lösen kann, und daß hierbei ebenfalls keine Lösungswärme auftritt. Man erhält dann die Ebene $ABCD$, die unterhalb der Einfriertemperatur sich aus den Enthalpiewerten der reinen Komponenten ergibt und oberhalb der Einfriertemperatur extrapoliert ist. Die beiden Flächen schneiden sich in einer Geraden JK, die den Wert von H bei der jeweiligen Einfriertemperatur T_E angibt; ihre Projektion ML auf die T, x-Ebene liefert die Änderung der Einfriertemperatur in Abhängigkeit von der Zusammensetzung. Die Lösetemperatur T_L (etwa Zimmertemperatur) liege zwischen der Einfriertemperatur T_{E2} des reinen Polymeren und der des Lösungsmittels T_{E1}. Wir legen jetzt durch das räumliche Diagramm (Abb. 10) einen Schnitt bei der Lösetemperatur T_L, der in Abb. 11 herausgezeichnet ist. Hierin bedeutet die Gerade NO die Enthalpie von 1 Grundmol des heterogenen Gemenges

aus reinem glasigem Polymerem und reinem flüssigem Lösungsmittel, d. h. die
Enthalpie vor dem Auflösungsversuch. Die Gerade OQ gibt die Enthalpie der
Lösungen im Zustande der Schmelze wieder und die Gerade NR die Enthalpie
der Lösungen im Zustand des Glases. Der Schnittpunkt P bestimmt die Zusammensetzung x_E derjenigen Lösung, deren Einfriertemperatur $= T_L$ ist. Beim Auflösen
des heterogenen Gemenges zu einer Lösung im Zustande der Schmelze bzw. des
Glases vermindert sich die Enthalpie des Systems, je nach dem Mischungsverhältnis, z. B. um die Beträge XY oder WP oder VU, die als integrale Mischungs-
wärmen ΔH abgegeben werden. ΔH läßt sich in die differentiellen Werte ΔH_1
und ΔH_2 aufspalten nach

$$\Delta H = x_1 \Delta H_1 + x_2 \Delta H_2. \tag{17}$$

Für alle Lösungen im Zustand der Schmelze ($0 < x < x_E$) kann man aus Abb. 11
$\Delta H_1 = 0$ und ΔH_2 zu NQ angeben[1]. Das ist aber der Enthalpieunterschied
zwischen reinem Polymeren im geschmolzenen und glasigen Zustand, den wir
als die Einfrierwärme bezeichnet haben. Für alle Lösungen im Zustand des
Glases ($x_E < x < 1$) kann man ΔH_1 zu OR und $\Delta H_2 = 0$ angeben. Die Strecke OR
stellt die Einfrierwärme des Lösungsmittels dar. Im ersteren Fall ist also die

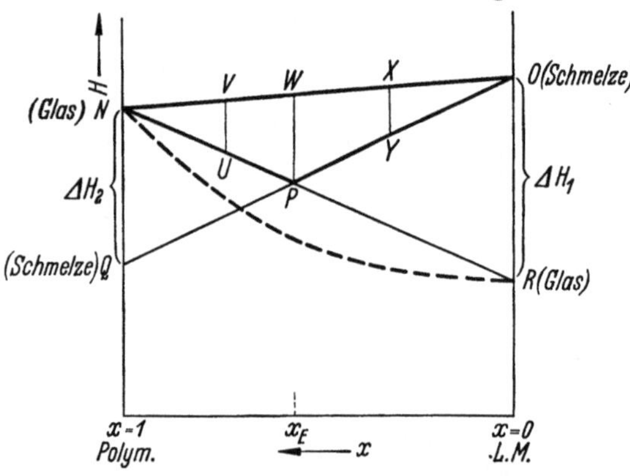

Abb. 11. Die Enthalpie der Gleichgewichtsschmelzen und
glasigen Mischphasen in Abhängigkeit vom Grundmolenbruch
des Polymerisats (Schnitt durch Abb. 10 bei der Lösungstemperatur T_L) (nach GORKE u. JENCKEL)
Vorausgesetzt ist athermisches Verhalten der Gleichgewichtsschmelzen untereinander und der glasigen Lösungen untereinander. ΔH_1 und ΔH_2 Einfrierwärmen des reinen Lösungsmittels bzw. Polymerisats, x Grundmolenbruch des Polymerisats

Lösungswärme ΔH so groß, als ob man nur das Polymere aus dem Glaszustand in den Zustand der Schmelze brächte; im zweiten Fall ist ΔH so groß, als wenn man nur das Lösungsmittel aus dem Zustand der Schmelze (Flüssigkeit) in den Glaszustand überführte; bei x_E kann man die beobachtete Lösungswärme sowohl als Einfrierwärme des Polymeren als auch des Lösungsmittels ansehen.

Sehr wahrscheinlich muß man in den glasigen Lösungen eine unteradditive Enthalpie annehmen, auch wenn in den Lösungen im Zustand der Schmelze die Enthalpie additiv ist. Das bedeutet,
daß in Abb. 10 die Enthalpie der Gläser nicht durch eine Ebene, sondern durch
eine nach unten durchgebogene Fläche darzustellen ist und in Abb. 11 nicht
durch die Gerade NR, sondern durch die punktierte Kurve NR. Nur so ergibt
sich für die Schnittkurve aus der Glasfläche und der Fläche der Schmelze in
Abb. 10 eine Kurve, derart, daß die ersten Anteile an niedermolekularem Lösungsmittel (Weichmacher) die Einfriertemperatur stark herabsetzen, die späteren Anteile weniger, wie es häufig beobachtet wird.

---

[1] Der differentielle Wert $\Delta H_2 = NQ$ läßt sich aus der an die „Kurve" der Schmelze
gelegten Tangente und deren Abschnitt auf der Achse der Komponente 2 angeben; entsprechend erhält man $\Delta H_1 = OR$ durch Anlegen der Tangente an die Kurve des Glases als
Achsenabschnitt auf der Ordinate der Komponente 1.

Die Betrachtungen können leicht weitergeführt werden, wenn man berücksichtigt, daß außer der Einfrierwärme, die immer mit dem Übergang vom Glaszustand in den Zustand der Schmelze und umgekehrt verbunden ist, auch eine „echte" Lösungswärme auftritt, hervorgerufen durch die Wechselwirkungskräfte zwischen den Molekülen. Die echten Lösungswärmen können bekanntlich sowohl endotherm als auch exotherm sein. Sie überlagern sich bei der Auflösung eines Glases der Einfrierwärme und vermehren oder vermindern sie.

In Tab. 2 sind einige integrale Verdünnungswärmen für Polystyrol angeführt [40].

Unter der integralen Verdünnungswärme versteht man diejenige Wärmemenge, die pro Grundmol Polymerisat frei oder verbraucht wird, wenn man eine Lösung vorgegebener Konzentration auf unendliche Verdünnung bringt. Diejenige integrale Verdünnungswärme, die auftritt, wenn man reines Polymerisat zu einer unendlich verdünnten Lösung auflöst, ist in athermischen Systemen gleich der Einfrierwärme des Polymerisats. Äthylbenzol und Toluol bilden mit Polystyrol nahezu athermische Systeme. Die Einfrierwärme des reinen Polystyrols beträgt demnach — 850 cal/Grundmol bei 20 °C. In Chlorbenzol und Cyclohexan überlagern sich dagegen der exothermen Einfrierwärme noch „echte" Lösungswärmen.

Tabelle 2

Lösungsmittel	Integrale Verdünnungswärme in cal pro Grundmol Polystyrol bei 20 °C[1]
	Grundmolenbruch in der zu verdünnenden Lösung = 1
Äthylbenzol	— 850
Toluol	—855
Chlorbenzol	— 980
Cyclohexan.............	— 350

[1] Nach JENCKEL und GORKE.

Die hier für hochmolekulare Lösungen gemachte Aussage gilt auch für vernetzte gequollene Systeme, wenn die reine vernetzte hochmolekulare Substanz bei der Meßtemperatur eingefroren ist [63]. Die bei Quellungsvorgängen häufig beobachtete Wärmeentwicklung beruht daher zumindest zum Teil auf dem Freiwerden der Einfrierwärme.

Ähnliche Überlegungen wurden von REHAGE über das Volumen hochmolekularer Lösungen angestellt [62]. Man braucht in den Abb. 9, 10 und 11 nur die Enthalpie H durch das Volumen V zu ersetzen. Den exothermen Einfrierwärmen ΔH_1 und ΔH_2 entsprechen Volumenkontraktionen (Einfriervolumina), die durch den Übergang des reinen glasigen Polymerisats in den Zustand der Schmelze bzw. den Übergang des flüssigen Lösungsmittels in den Glaszustand, hervorgerufen werden.

3.1.4 Koexistenz eines Glases mit anderen Phasen

Die Frage, ob ein Glas mit einer anderen Phase, die sich im inneren Gleichgewicht befindet, koexistieren kann, wurde neuerdings von REHAGE untersucht [64]. Es zeigt sich, daß eine glasige Phase mit einer anderen Phase immer dann koexistieren kann, wenn sich das heterogene Gleichgewicht zwischen den beiden Phasen schneller einstellt als das innere Gleichgewicht in der Glasphase. Die Situation ist einem eingefrorenen chemischen Gleichgewicht ähnlich. Eine flüssige Wasserstoff-Sauerstoff-Mischung befindet sich bei hinreichend tiefer Temperatur im allgemeinen nicht im chemischen Gleichgewicht. Trotzdem kann sich über der flüssigen Phase der Gleichgewichtsdampf ausbilden. Das heterogene Gleichgewicht zwischen den beiden Phasen kann sich also einstellen, unabhängig davon, ob das chemische Gleichgewicht erreicht ist oder nicht. Gleiches Verhalten findet man bei glasigen Phasen. Eine Glasphase kann mit ihrem Dampf im Gleichgewicht stehen, obwohl das innere Gleichgewicht – da es sich ja um ein Glas handelt – nicht erreicht ist. Da sich die physikalischen Eigenschaften eines Glases mit der Zeit ändern, wird sich auch der Dampfdruck mit der Zeit ändern. Das berührt aber die Tatsache nicht, daß sich zu jedem Zeitpunkt der Gleichgewichtsdampfdruck ausbilden kann, wenn die Relaxationsprozesse im Material, die Veränderungen in Richtung auf den Zustand des inneren Gleichgewichtes bewirken, nur genügend langsam erfolgen.

Für jedes spezielle Gleichgewicht kann man sich überlegen, wie die Koexistenzkurve verlaufen muß, wenn bei genügend tiefer Temperatur eine der beiden Phasen einfriert. Messungen sind bisher nur für den Fall des *Quellungsgleichgewichtes* ausgeführt worden, so daß wir dieses hier näher betrachten wollen. Hauptvalenzmäßig vernetzte hochmolekulare Stoffe quellen unter Aufnahme von Lösungsmittel und bilden Gele. Im Quellungsgleichgewicht koexistiert eine gequollene, vernetzte Phase mit dem reinen Quellungsmittel. Die Kurve, die die Abhängigkeit der Temperatur von der Sättigungskonzentration in der gequollenen Phase beschreibt, bezeichnet man als Quellungskurve. Für die Steigung der Quellungskurve gilt die Beziehung [*63*]

$$\left(\frac{\partial T}{\partial x_1}\right)_{P,s} = \frac{T\left(\frac{\partial \mu_1}{\partial x_1}\right)_{T,P}}{\Delta H_{1s}}. \tag{18}$$

x_1 ist der Grundmolenbruch und μ_1 das chemische Potential des Lösungsmittels. ΔH_{1s} ist die letzte Verdünnungswärme, d. i. die differentielle Verdünnungswärme im Quellungsmaximum. Es gilt:

$$\Delta H_{1s} = \left(\frac{\partial \Delta H}{\partial n_1}\right)_{T,P,s} \tag{19}$$

Der Index s bezieht sich auf die Sättigungskonzentration. In stabilen Phasen ist $\frac{\partial \mu_1}{\partial x_1}$ stets positiv [*22*]. Das Vorzeichen der letzten Verdünnungswärme bestimmt daher das Vorzeichen der Steigung der Quellungskurve. Ist ΔH_{1s} negativ (exotherm), so ist auch $\frac{\partial T}{\partial x_1}$ negativ, d. h. mit steigender Temperatur erfolgt Entquellung. Ist ΔH_{1s} positiv (endotherm), so ist $\frac{\partial T}{\partial x_1}$ ebenfalls positiv, d. h. mit zunehmender Temperatur quillt das Material stärker. Ist $\Delta H_{1s} = 0$ (athermischer Fall), so ist $\frac{\partial T}{\partial x_1} = \infty$, und damit ist die Sättigungskonzentration unabhängig von der Temperatur. Geht bei genügend tiefen Temperaturen der gelartige gequollene Körper in den Glaszustand über, so weist die Quellungskurve einen Knick auf. Dies erkennt man am einfachsten, wenn man ein System betrachtet, das oberhalb des Einfrierpunktes, also im Zustand des inneren Gleichgewichtes, athermisch ist. In diesem System ist $\Delta H_{1s} = 0$. Geht das System in den Glaszustand über, so wird die Einfrierwärme des Lösungsmittels frei. Diese ist aber bei athermischem Verhalten, wie man Abb. 11 entnimmt, identisch mit der differentiellen Verdünnungswärme. Im Glaszustand ist somit ΔH_{1s} und damit auch $\dfrac{\partial T}{\partial x_1}$ negativ. (Vgl. Abb. 12.) Die Quellungskurve besitzt daher am Einfrierpunkt, wie oben behauptet wurde, einen Knick. Das Abknicken erfolgt so, daß im Glaszustand mehr Lösungsmittel im Quellungsmaximum aufgenommen wird, als es im Zustand des inneren Gleichgewichtes bei der gleichen Temperatur der Fall wäre[1]. Dieses, durch rein thermodynamische Überlegung gewonnene Ergebnis ist leicht einzusehen, wenn man bedenkt, daß ein Glas im Vergleich zu einer Schmelze eine löcherige, sperrige Struktur hat und daher mehr Lösungsmittel aufnehmen kann als die Schmelze. Die Überlegung läßt sich leicht verallgemeinern für den Fall, daß echte Lösungswärmen auftreten. Am prinzipiellen Bild ändert sich dabei nichts. Die Quellungskurve knickt am Einfrierpunkt stets so ab, daß im Glaszustand mehr Lösungsmittel aufgenommen wird, als es der Fall wäre, wenn das System bei der gegebenen Temperatur das innere Gleichgewicht erreicht hätte. Da ΔH_{1s} wegen der exothermen Einfrierwärme, die sich der echten Lösungswärme überlagert, im allgemeinen negativ ist, wird man im Glasbereich nicht nur bei athermischem Verhalten, sondern auch beim Auftreten echter Lösungswärmen, bei Temperaturerhöhung in den meisten Fällen Entquellung beobachten. Dieses zunächst rein theoretische Ergebnis wurde inzwischen von REHAGE [65] experimentell bestätigt. Bei Messungen über die Gleichgewichtsquellung chemisch vernetzter Polystyrole in geeigneten

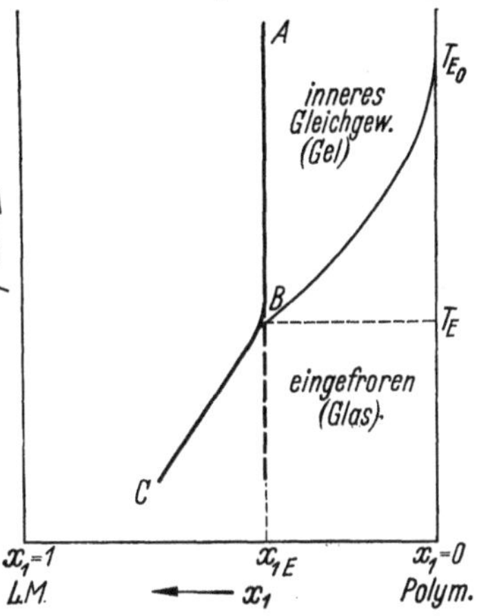

Abb. 12. Schematische Darstellung der Quellungskurve im Zustand des inneren Gleichgewichtes (Gel) und im eingefrorenen Zustand (Glas) bei einem hauptvalenzmäßig vernetzten Polymerisat (nach REHAGE) T_{E_0} Einfriertemperatur des reinen und T_E diejenige des maximal gequollenen Polymerisats; x_{1E} Sättigungsgrundmolenbruch am Einfrierpunkt B; Kurve ABC Quellungskurve; Kurve $T_{E_0}B$ gibt die Erniedrigung der Einfriertemperatur durch Zusatz von Lösungsmittel an. Zwischen A und B ist $\Delta H_{1s} = 0$ (athermisches Verhalten). Zwischen B und C ist ΔH_{1s} negativ und gleich der Einfrierwärme des reinen Lösungsmittels

Lösungsmitteln trat in allen Fällen am Einfrierpunkt ein deutlicher Knick auf und im Glasbereich war die Steigung der Quellungskurve negativ, während sie oberhalb des Einfrierpunktes positiv war[2]. Gleichzeitig ist damit für den Spezialfall des Quellungsgleichgewichtes gezeigt worden, daß eine glasige Phase mit einer anderen Phase, die sich im inneren Gleichgewicht befindet, koexistieren kann.

Über den Verlauf der Entmischungskurve bei löslichen Polymerisaten im eingefrorenen Gebiet lassen sich ähnliche Aussagen machen wie über den Verlauf der Quellungskurve. Es ist daher nicht nötig, das Entmischungsgleichgewicht gesondert zu behandeln.

---

[1] Würde sich der gequollene Körper auch unterhalb des Einfrierpunktes im inneren Gleichgewicht befinden, so würde die Quellungskurve in Abb. 12 durch den gestrichelten Kurventeil wiedergegeben, der durch Extrapolation der Quellungskurve oberhalb des Einfrierpunktes zu tieferen Temperaturen erhalten wird.

[2] Die „echte" Quellungswärme im Zustand des inneren Gleichgewichtes (Gelzustand) ist in diesen Systemen somit endotherm.

3.1.5 Zur Struktur der Gläser

a) Glasige Erstarrung und chemische Konstitution. Beim Abkühlen einer Schmelze kann der Glaszustand nur dann erreicht werden, wenn die Kristallisation infolge zu geringer Kristallisationsgeschwindigkeit unterbleibt. Es ist nicht immer möglich, aus der chemischen Konstitution mit Sicherheit herzuleiten, ob ein Stoff langsam oder schnell kristallisiert. Immerhin scheint es, als ob an langgestreckten Molekülen die Kristallisation leichter zu unterdrücken und demnach der Glaszustand leichter zu erreichen ist als an kugeligen Molekülen[1]. Das gilt insbesondere für alle linearen Hochpolymeren; selbst bei einem so regelmäßig gebauten und gut kristallisierenden Molekül wie dem Polytetrafluoräthylen läßt sich ein glasiger Anteil und eine Einfriertemperatur bei etwa 100 °C deutlich nachweisen [46]. Unter den niedermolekularen Stoffen sind es häufig die Alkohole,

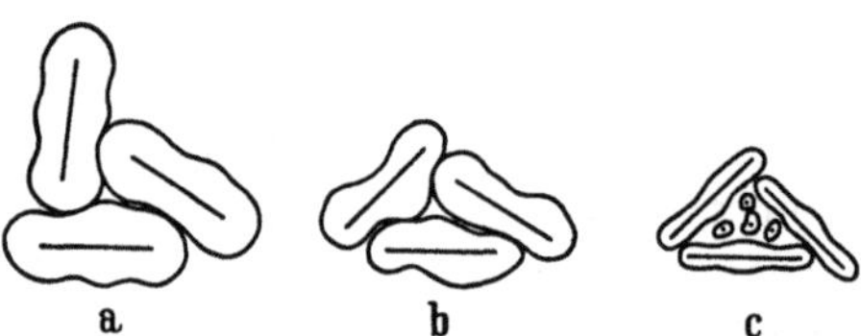

Abb. 13. Schematische Darstellung des Einfriervorganges und der Struktur des Glases (nach JENCKEL u. HEUSCH). Die Dicke der stäbchenförmigen Moleküle bzw. Segmente soll die Weite der Schwingungen andeuten
a) $T > T_E$. Struktur der Gleichgewichtsschmelze; vollständige Raumerfüllung;
b) $T = T_E$. Veränderte Lage der Moleküle, noch vollständige Raumerfüllung;
c) $T < T_E$. Lage der Moleküle wie bei T_E, keine vollständige Raumerfüllung mehr. Entstehung einer sperrigen, „löcherigen" Struktur im Glase. In den Hohlräumen, die durch die starr gelagerten, stäbchenförmigen Moleküle bzw. Segmente des reinen Glases gebildet werden, befinden sich mehr oder weniger frei beweglich die Weichmachermoleküle

die als Glas zu erhalten sind. Man kann sich vorstellen, daß hier über Wasserstoffbrücken langkettige Assoziate entstehen. Demgegenüber kristallisieren die Carbonsäuren im allgemeinen schnell und sind daher nicht in den Glaszustand zu bringen. Die Carbonsäuren assoziieren ebenfalls, aber nur zu ringförmigen Dimeren, so daß keine langgestreckten Moleküle entstehen. Das gleiche gilt für andere kugelförmig gebaute Moleküle, z. B. Kampfer und erst recht für sehr kleine und deshalb nahezu kugelförmige Moleküle wie etwa Tetrachlorkohlenstoff. Diese Betrachtung soll nur eine grobe Regel wiedergeben.

b) Ein Modell der glasigen Erstarrung und der Glasstruktur. Es liegt nahe, als wesentliches Element der Struktur eines glasig erstarrenden Stoffes langgestreckte oder sehr unsymmetrische Moleküle anzunehmen[2].

Man kann sich die Struktur der Schmelze so vorstellen, wie es schematisch in Abb. 13a angegeben ist. Der freie Raum um die Moleküle wird sowohl von den Schwingungen wie von den Translationen der Moleküle erfüllt. Der mittlere Abstand ist groß, die Potentialberge, die der Translation entgegenstehen, daher klein; die Moleküle können sich leicht nach den Seiten verschieben. Mit sinkender Temperatur nimmt der Abstand ab, die Potentialberge werden größer, die Translation wird schwieriger. Bei der Einfriertemperatur berühren sich sozusagen die Moleküle an einzelnen Stellen, d. h., an den „Berührungs"stellen sind die Potential-

---

[1] Auch in den anorganischen Gläsern, speziell in den Boraten und Silicaten, nimmt man ausgedehnte Netzwerke an.

[2] Um das Verhalten eines hochpolymeren linearen Kettenmoleküls beschreiben zu können, das etwa einem längeren Stück Bindfaden vergleichbar ist und an allen Stellen eine gewisse, aber beschränkte Biegsamkeit besitzt, führt man ein Modell ein, das aus einer Reihe von starren Segmenten besteht, die – etwa in Kugelgelenken – an ihren Verbindungsstellen unbeschränkt beweglich sind.

berge sehr hoch, die Verschiebbarkeit des ganzen Moleküls ist sehr gering. Damit ist der Glaszustand erreicht. Bei weiterer Abkühlung im Glaszustand bleibt die bei T_E vorhandene Anordnung der Moleküle erhalten, die Schwingungsamplituden werden jedoch geringer, so daß Hohlräume im Glas entstehen. Das Schema der Abb. 13 macht auch verständlich, daß kugelförmige Moleküle, im Extrem z. B. die Metalle, wie es scheint, kein Glas bilden können. Es wird sehr schwer sein, in einem Kugelaggregat die Translation zu verhindern. In den Lösungen mit niedermolekularen Lösungsmitteln (weichgemachte Polymerisate) wird ein Teil des Lösungsmittels dazu verwandt, die polymeren Ketten voneinander zu trennen. Dadurch wird die Translation erleichtert, weil sich *gleichzeitig* nur die Segmente eines einzigen Kettenmoleküls zu verschieben brauchen: Die Einfriertemperatur sinkt. Ein anderer Teil des Lösungsmittels befindet sich in den Hohlräumen in einem Zustand, der dem der Schmelze jedenfalls recht nahe ist (Abb. 13 c) (vgl. auch weiter unten). Das gilt für Polymerisate mit wenig Weichmacher. In Lösungen mit viel Weichmacher kann man nicht mehr gut von Hohlräumen, die durch die langen Segmente des Polymeren gebildet werden, sprechen.

Diese Ausführungen sollen jedoch nicht zu der Auffassung führen, als ob es nur eine ganz bestimmte Struktur des Glases gäbe. Das ist nicht der Fall – im Gegensatz zu dem Zustand der Schmelze – weil das mit der Entstehung eines Glases während des Einfriervorganges nicht verträglich ist. Das Einfrieren kann auf recht verschiedene Weise erfolgen und führt

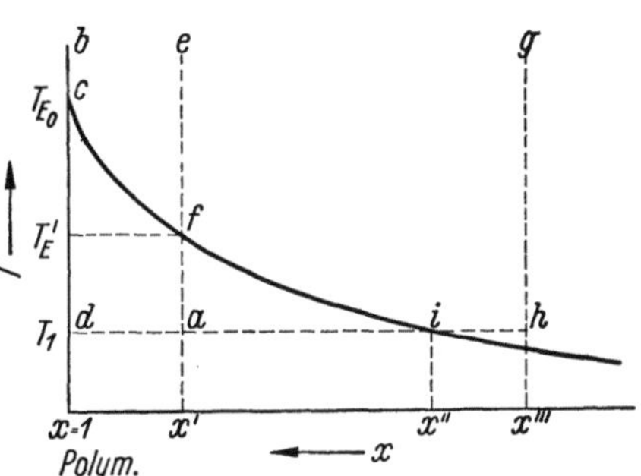

Abb. 14. Entstehung einer glasigen Mischung. Die Kurve c—f—i gibt die Einfriertemperatur als Funktion der Konzentration an. Je nach dem Wege der Entstehung (vgl. Text) wird die Struktur des Glases der Zusammensetzung x' bei der Temperatur T_1 durch die Koordinaten des Einfrierpunktes $c(x = 1, T_{E_0})$ oder $f(x', T_{E'})$ oder $i(x'', T_1)$ beschrieben

dann zu Gläsern mit verschiedener Struktur. Dafür können mancherlei Einflüsse maßgebend sein. Auf den Einfluß erhöhter Abkühlungsgeschwindigkeit wurde oben bereits eingegangen. Weitere Möglichkeiten ergeben sich für lösungsmittelhaltige (weichgemachte) Polymerisate. In Abb. 14 bedeute die ausgezogene Kurve die Einfriertemperatur in Abhängigkeit vom Lösungsmittelgehalt. Ein Glas von der Zusammensetzung und Temperatur des Punktes a z. B. kann erhalten werden u. a.:

1. Durch Abkühlen der Schmelze des reinen Polymeren, Einfrierenlassen bei T_{E_0}, Abkühlen auf T_1 und Aufnahme von Lösungsmittel (Weg b–c–d–a, Glasstruktur gekennzeichnet durch $T = T_{E_0}$; $x = 1$).

2. Durch Abkühlen einer lösungsmittelhaltigen Schmelze ($x = x'$), Einfrierenlassen bei $T = T_{E'}$ und Abkühlen auf T_1 (Weg e–f–a, Glasstruktur gekennzeichnet durch $T = T_{E'}$, $x = x'$).

3. Durch Abkühlen einer Schmelze mit zuviel Lösungsmittel $x = x'''$ auf T_1, Entfernen des Lösungsmittels bis auf $x = x''$, Einfrierenlassen, weiteres Entfernen des Lösungsmittels bis auf x' (Weg g–h–i–a, Glasstruktur gekennzeichnet durch $T = T_1$, $x = x''$).

Diese Gläser verschiedener Struktur werden sich in ihren Eigenschaften unterscheiden, z. B. im Volumen und im Diffusionskoeffizienten (vgl. weiter unten). Systematische Untersuchungen liegen bisher nicht vor.

c) Vergleich mit den Beobachtungen. Wir vergleichen das hier gegebene Modell der glasigen Erstarrung und der Struktur des Glases mit den Beobachtungen.

α) *Volumen und Enthalpie.* Das Volumen des Glases ist größer als dasjenige der Schmelze, weil in der Glasstruktur Hohlräume enthalten sind. Der Ausdehnungskoeffizient des Glases ist kleiner als der Ausdehnungskoeffizient in der Schmelze, weil die feste Berührung im Glaszustand die Kontraktion verhindert.

Eine ähnliche Betrachtung gilt für die Enthalpie; bei der Abkühlung der Schmelze leisten Anziehungskräfte der Moleküle Arbeit, so daß die Enthalpie abnimmt; im Glas ist das nicht der Fall, so daß die Enthalpie konstant bleibt, wenigstens bezüglich desjenigen Anteils, der auf einer Verschiebung der Moleküle beruht.

β) *Röntgenographische Untersuchungen.* Der in Abb. 13 herausgestellte Unterschied in der Struktur von Glas und Schmelze läßt sich auch röntgenographisch zeigen (vgl. auch 4.14). Bei Gläsern beobachtet man im Röntgendiagramm wie bei Flüssigkeiten eine (oder mehrere) „diffuse" Interferenz(en). Die zugrunde liegende Verteilung der Streuelemente ist flüssigkeitsstatistisch. Es besteht infolgedessen nur eine Nahordnung, deren Abstandsverteilung durch eine Fourieranalyse zu ermitteln ist.

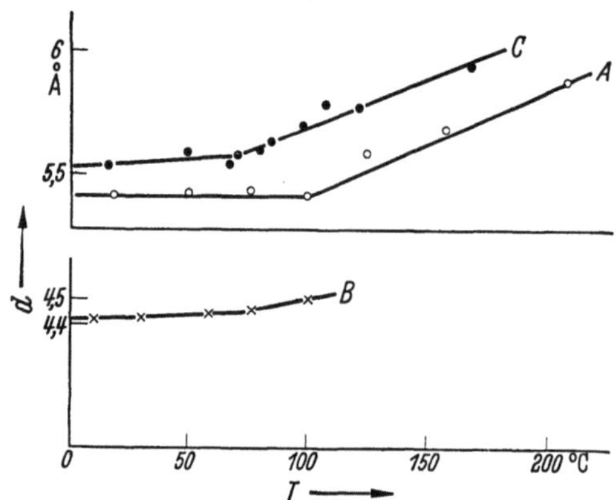

Abb. 15. Aus der BRAGGschen Formel $\lambda = 2d \sin \vartheta$ errechnete Netzebenenabstände $\bar{d} = \bar{d}\,(I_{max})$ der Flüssigkeitsinterferenz (des „amorphen Buckels") von dem hochmolekularen Teflon (A) und Hostaflon (C) und dem niedrigmolekularen Phenolphthalein (B) als Funktion der Temperatur. Der „Sprung" im Ausdehnungskoeffizienten gibt die Einfriertemperatur an (Volumeffekt) (nach KILIAN u. JENCKEL)

Näherungsweise kann man einen mittleren seitlichen Abstand der Kettenmoleküle nach BRAGG [5] errechnen. Dieser mittlere Abstand nimmt mit der Temperatur auf zwei sich schneidenden Geraden zu. Der Schnittpunkt gibt die Einfriertemperatur an. Wie zu erwarten, ist der (lineare) Ausdehnungskoeffizient im Glaszustand kleiner als im Zustand der Schmelze. Insoweit stellt die röntgenographische Messung nur eine Modifizierung der Volumenmessung zur Bestimmung der Einfriertemperatur dar; besonders geeignet ist sie zur Untersuchung teilweise kristallisierter hochpolymerer Stoffe, da es hier möglich ist, das Verhalten nur der „amorphen" Anteile zu beobachten [44]. Die „Flüssigkeitsinterferenz" verbreitert sich bei Polytetrafluor- und -trifluorchloräthylen und (Beispiel einer niedrigmolekularen Substanz), des Phenolphthaleins, beim Übergang vom Zustand des Glases in den der Schmelze, wie aus Abb. 15 und 16 zu entnehmen ist. Die höhere Beweglichkeit der Molekülsegmente oberhalb der Einfriertemperatur verursacht wahrscheinlich eine zusätzliche Verschlechterung der Nahordnung.

γ) *Das Volumen der Lösungen.* In den glasigen Lösungen aus 2 Komponenten (Beispiel: Polymeres und Weichmacher) wird die Länge des Moleküls bzw. die

Segmentlänge nicht für beide Komponenten denselben Wert haben. Dadurch ergeben sich besondere Volumeneffekte in glasigen Lösungen [*37*]. In den Lösungen des Polystyrols mit β-Naphthol-Salicylsäure-Ester, Phenyl-Salicylsäure-Ester und Trikresylphosphat, die sämtlich im gesamten Konzentrationsbereich untersucht

werden können, findet man bei jeweils konstanter Temperatur im Zustand der Schmelze Volumenadditivität, dagegen im Glaszustand eine für diesen Zustand charakteristische Volumenkontraktion (Abb. 17). Der Effekt kann dahingehend gedeutet werden, daß ein Teil[1] der kleinen Weichmachermoleküle in den verhältnismäßig großen Hohlräumen des Polymeren sozusagen verschwindet, ohne

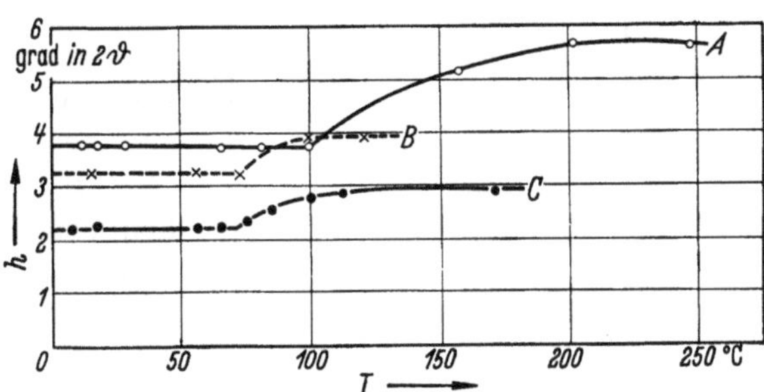

Abb. 16. Die Halbwertsbreiten $h = h\,(I_{max}/2)$ der Flüssigkeitsinterferenz (des „amorphen Buckels") von dem hochmolekularen Teflon (*A*) und Hostaflon (*C*) und dem niedrigmolekularen Phenolphthalein (*B*) als Funktion der Temperatur. Der „Sprung" in der Halbwertsbreite gibt die Einfriertemperatur an (Struktureffekt) (nach KILIAN u. JENCKEL)

einen besonderen Raum zu beanspruchen (vgl. Abb. 13). Das wirkt sich rechnungsmäßig so aus, daß das Volumen der Lösung kleiner ist als das Volumen des heterogenen Gemenges, daß also eine zusätzliche Volumenkontraktion in der glasigen Lösung stattgefunden hat. In den Versuchen wurde an Stelle des Volumens

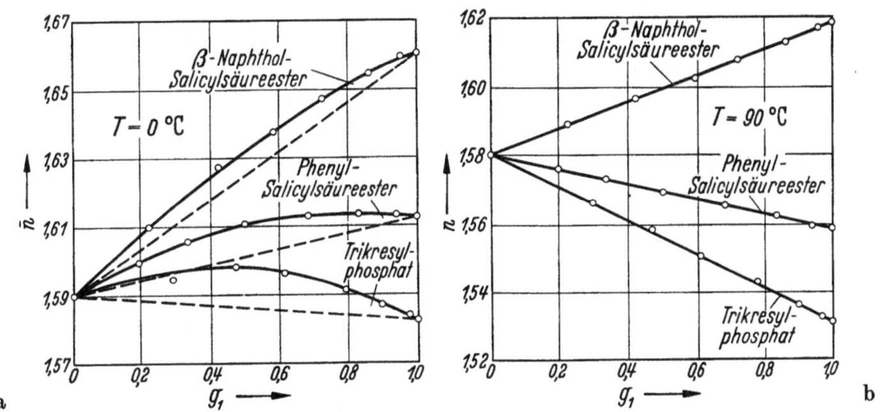

Abb. 17. Der Brechungsindex der Gleichgewichtsschmelzen und glasigen Lösungen des Polystyrols in Abhängigkeit vom Lösungsmittel- (Weichmacher-) Gehalt im gesamten Konzentrationsbereich (nach JENCKEL u. HEUSCH)

n Brechungsindex der Mischschmelzen bei 90 °C und $\bar{n}$ derjenige der Mischgläser bei 0 °C, g_1 Gewichtsanteil des Weichmachers

der Brechungsindex beobachtet, der der Dichte fast proportional ist. Einer Volumenkontraktion entspricht eine Brechungsindexdilatation und umgekehrt.

In Abb. 18 ist ein räumliches Diagramm des Volumens über Zusammensetzung und Temperatur wiedergegeben. Die Volumina der Schmelzen bilden eine Ebene,

---

[1] Die beobachtete Volumenkontraktion ist viel kleiner als diejenige, die man nach dem Modell der Abb. 13 errechnen würde, wenn *alle* Weichmachermoleküle in den Hohlräumen verschwinden würden.

die der Gläser eine nach unten durchgebogene Fläche. Beide Flächen schneiden sich in einer Schnittkurve, die die Volumina bei der jeweiligen Einfriertemperatur angibt. Die Projektion der Schnittkurve auf die g_1 T-Ebene liefert die Änderung der Einfriertemperatur mit der Zusammensetzung. Im Einklang mit der un-

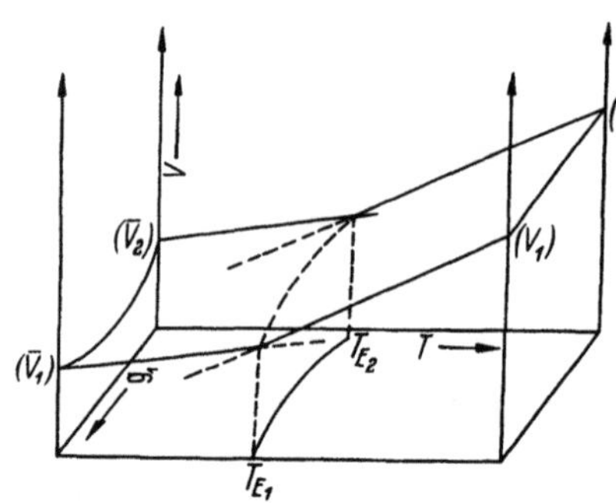

Abb. 18

Schematische Darstellung des Volumens in Abhängigkeit von Temperatur und Zusammensetzung für Gleichgewichtsschmelzen und Gläser (nach JENCKEL u. HEUSCH)

V Volumen der Mischschmelzen und $\bar{V}$ dasjenige der Mischgläser; g_1 Gewichtsanteil des Lösungsmittels (Weichmachers)
Die Schnittkurve der beiden Volumenflächen ergibt in die T, g_1-Ebene projiziert die Kurve der Einfriertemperatur als Funktion der Konzentration g_1

mittelbaren Bestimmung von T_E setzen die ersten Anteile an Weichmacher die Einfriertemperatur verhältnismäßig stark, die späteren Anteile nur geringer herab.

d) Kerninduktionsuntersuchungen im einheitlichen Polymeren und in der Lösung [47]. Das stark vereinfachte Modell der Glasstruktur nach Abb. 13 wird auch grundsätzlich durch das paramagnetische Kernresonanzexperiment bestätigt. Diese Meßmethode, die ausführlich in 4.17 besprochen wird, erlaubt, den Vorgang der glasigen Erstarrung, vor allem organischer Substanzen, zu erfassen.

Die Änderung der Wechselwirkung der magnetischen Momente benachbarter Atomkerne bewirkt, daß sich die Resonanzabsorption des Gesamtsystems über einen

mehr oder weniger breiten Frequenzbereich erstreckt. Im Festkörper – z. B. im Glas – ist die Wechselwirkung der magnetischen Kerndipole über längere Zeit örtlich konstant und durch Platzwechsel nur geringfügig gestört. Aber in einer Flüssigkeit wird die Wechselwirkung durch die starke Molekularbewegung

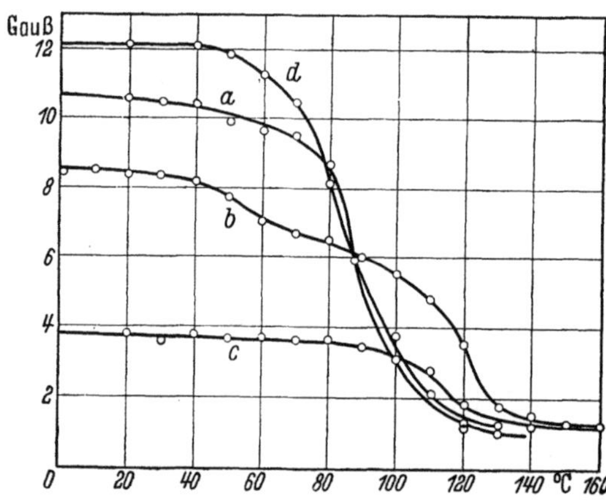

Abb. 19. Linienbreite als Funktion der Temperatur bei
a PVC Polyvinylchlorid; *b* PST Polystyrol;
c PMME Polymethacrylsäuremethylester; *d* PVAC Polyvinylacetat (nach KOSFELD u. JENCKEL)

geschwächt, da zwei Dipole nur kurze Zeit benachbart sind.

Es ist zu verstehen, daß die Molekularbewegung eine Ursache für den großen Unterschied zwischen Festkörper und Flüssigkeit im magnetischen Kernresonanzexperiment ist. Aus dem Schärferwerden der Resonanzkurve ist auf eine Erhöhung der molekularen Platzwechselfolge zu schließen.

Durch verschiedene Experimente [*26, 57, 58, 71*] konnte gezeigt werden, daß die Halbwertsbreite der Absorptionskurve etwa 30° oberhalb der wie

üblich bestimmten Einfriertemperatur anzusteigen beginnt und etwa bei der Einfriertemperatur einen Wert von mehreren Gauß erreicht, der zu tieferen Temperaturen hin nur noch wenig zunimmt. Abb. 19 zeigt diesen Befund an verschiedenen amorphen Polymeren. Diese Beobachtung bestätigt, daß im Glaszustand die Moleküle festgelegt sind und beim Erhitzen – beginnend etwas unterhalb der Einfriertemperatur – beweglich werden.

Zu einem überraschenden Ergebnis führte die Untersuchung von weichgemachten Polystyrolen [*33, 34*]. Man beobachtet bei weichgemachten Proben (Lösungen), in denen protonenfreies Lösungsmittel, z. B. Tetrachlorkohlenstoff,

verwendet wurde, den gleichen Kurventyp wie beim reinen Polystyrol (Abb. 19, *b*). Abgesehen von einer Verschiebung zu niedrigeren Temperaturen entsprechend der Erniedrigung der Einfriertemperatur tritt keine Besonderheit auf (Abb. 20). Da das protonenfreie Lösungsmittel Tetrachlorkohlenstoff kein Absorptionssignal bei diesem Experiment liefert, kann die Absorptionskurve nur von Protonen des Polystyrols herrühren.

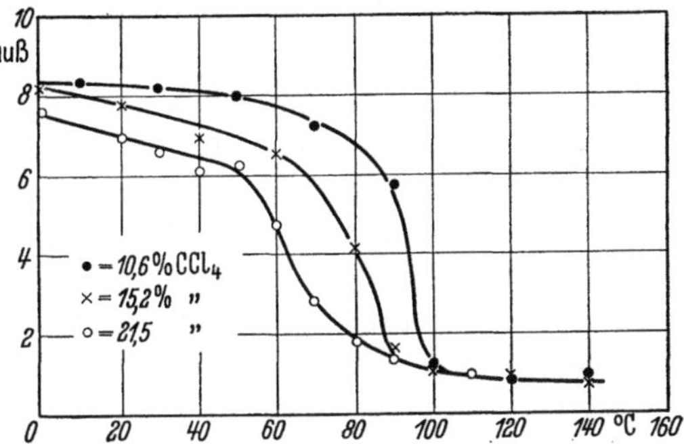

Abb. 20. Linienbreite als Funktion der Temperatur im System PST-Tetrachlorkohlenstoff (CCl₄)
● = 10,6 % CCl₄;   × = 15,2 % CCl₄;   ○ = 21,5 % CCl₄
(nach KOSFELD u. JENCKEL)

Untersucht man jedoch Proben, die mit wasserstoffhaltigem Lösungsmittel weich gemacht wurden – z. B. Methylenchlorid, Benzol u. a. –, so beobachtet man etwa 20 bis 30 ° oberhalb der Einfriertemperatur das Auftreten einer Absorptionskurve, wie sie in Abb. 21 wiedergegeben ist. Dieser Kurventyp bleibt bis weit unterhalb der Einfriertemperatur erhalten. Man beobachtet aber, daß die schmale Komponente der Kurve, die nur dem Weichmacher zugeschrieben werden kann, mit sinkender Temperatur immer mehr an Intensität

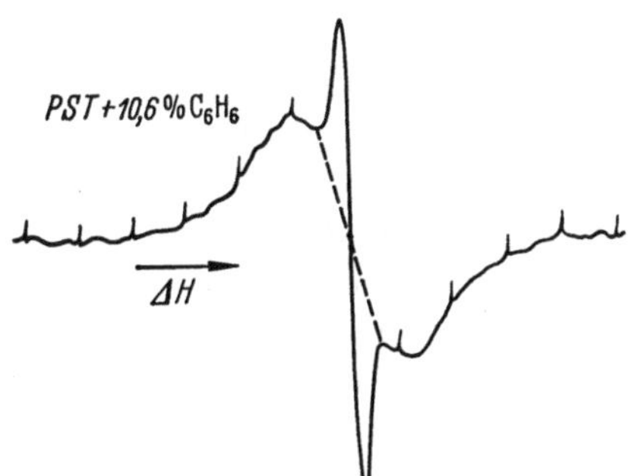

Abb. 21
Differenzierte Kernresonanz-Absorptionskurven für PST (20 °C) und PST + 10,6 % C₆H₆ (30 °C)
(nach KOSFELD u. JENCKEL)

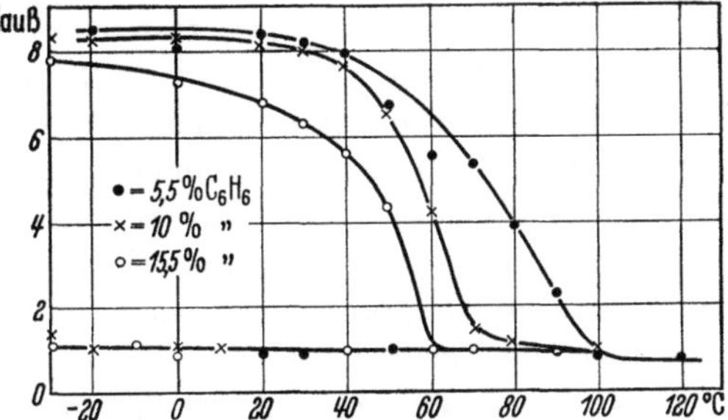

Abb. 22. Linienbreite als Funktion der Temperatur im System PST-Benzol (C₆H₆)
● = 5,5 % C₆H₆;   × = 10 % C₆H₆;   ○ = 15,5 % C₆H₆
(nach KOSFELD u. JENCKEL)

verliert und etwa 60 ° unterhalb der Einfriertemperatur in der breiten Komponente verschwindet (Abb. 22). Man muß daraus schließen, daß bei der Einfriertemperatur und auch wesentlich darunter noch ein Teil der Weichmachermoleküle beweglich ist oder jedenfalls sich in einem „flüssigkeitsähnlichen" Zustand befindet. Wir möchten diesen Effekt nach dem Schema der Abb. 13 deuten, nach dem wir auch die zusätzliche Volumenkontraktion verstanden haben. Wenn sich bereits Segmente der Kettenmoleküle berühren, also der Glaszustand erreicht ist, so hat in dem entstandenen großen Hohlraum doch noch ein Teil der kleinen Weichmachermoleküle Gelegenheit, sich so zu bewegen wie in einer Flüssigkeit. Erst mit weiter sinkender Temperatur werden mehr und mehr Weichmachermoleküle gegeneinander und gegen das Kettenmolekül festgelegt, bis schließlich sämtliche Moleküle unbeweglich geworden sind. Die glasige Erstarrung in einem Zweistoffsystem aus einer Komponente mit hoher Einfriertemperatur (lange Moleküle bzw. lange Segmente) und einer Komponente mit niedriger Einfriertemperatur (kurze Moleküle) erfolgt daher nach diesem Bilde nicht bei der etwa aus Volumenmessungen zu bestimmenden Einfriertemperatur, sondern in einem größeren Temperaturbereich. Das läßt sich allerdings nur mit einer Methode beobachten, die auf das Verhalten einzelner Moleküle anspricht, wie etwa das Kerninduktionsexperiment.

3.1.6 Viskosität und Diffusion

a) Über die Viskosität in Glas und Schmelze. Die Viskosität steigt mit sinkender Temperatur bei Annäherung an die Einfriertemperatur viel stärker als exponentiell an. Man kann diese Beobachtung auch so beschreiben, daß man in der zu erwartenden Formel $\eta = \eta_0\, e^{A/RT}$ die Aktivierungsenergie A als temperaturabhängig annimmt. Eine solche starke Zunahme der Aktivierungsenergie bei Annäherung an die Einfriertemperatur von hohen Temperaturen findet man auch aus Messungen der Spannungsrelaxation [6] und der dynamisch-mechanischen Eigenschaften [14] (vgl. auch 4.2 und 4.3). Bei der Einfriertemperatur erreicht die Viskosität bei allen Stoffen einen Wert von ungefähr 10^{13} in absoluten Einheiten, so auch bei Polyisobutylen [13] und Polystyrol [36]. Bei Temperaturen wesentlich unterhalb der Einfriertemperatur, also im Glaszustand, wird die Viskositätsmessung sehr problematisch. Man beobachtet nämlich beim Anlegen einer Kraft nicht sofort eine konstante Fließgeschwindigkeit, welche einen Viskositätskoeffizienten zu berechnen gestatten würde, sondern zunächst einen meist sehr langsam abklingenden Anlaufvorgang. Bei Temperaturen wesentlich unterhalb der Einfriertemperatur erfaßt man in allen Versuchen, die Viskosität des Glases zu messen, nur diesen Anlaufvorgang. Immerhin gestatten Messungen des mechanischen (und dielektrischen) Verlustfaktors auch im Glaszustand eine gewisse Aussage. Man beobachtet bei konstanter Frequenz für jedes Material bei bestimmten Temperaturen Dämpfungsmaxima. Ändert man jetzt die Frequenz, so ändert sich auch die Temperatur der Maxima.

Aus dieser Verschiebung kann man eine Aktivierungsenergie herleiten, die für die im Glaszustand auftretenden Maxima etwa 5 bis 50 kcal/Mol ausmacht [78] (vgl. 3.1.7 und 4.3.3). Demgegenüber verschiebt sich das Hauptmaximum kurz oberhalb der Einfriertemperatur, also beim Übergang in die Schmelze, mit einer Aktivierungsenergie von 100 bis 200 kcal/Mol in Übereinstimmung mit der direkten Viskositätsmessung. Man erkennt also, daß in der Schmelze, jedenfalls unmittelbar oberhalb der Einfriertemperatur, der Temperaturkoeffizient sehr viel größer ist als im Glaszustand. Dieses Ergebnis entspricht der Erwartung insofern, als im eingefrorenen Zustand des Glases die

Änderungen mit der Temperatur geringer sein müssen als im Zustand der Schmelze.

b) Die Diffusion in Glas und Schmelze, anomale Diffusion. Das unterschiedliche Verhalten des Glases gegenüber der Schmelze kommt auch in Diffusionsvorgängen zum Ausdruck.

Wir behandeln im folgenden nur die Geschwindigkeit der Aufnahme (Sorption) und Abgabe (Desorption) organischer Lösungsmittel durch ein Polymeres. Dabei sollen an dieser Stelle nur die Besonderheiten des Glaszustandes hervorgehoben werden; wegen einer allgemeinen Behandlung der Diffusion verweisen wir auf Kap. 5.4. Wenn bei der Sorption oder Desorption der Stoff ausschließlich im Glaszustand vorliegt, so beobachtet man normale Diffusion, d. h., die pro Flächeneinheit aufgenommene bzw. abgegebene Lösungsmittelmenge Q_t steigt proportional mit $\sqrt{t}$ an (t = Zeit). Es gilt dann für die zeitliche Änderung der Volumenkonzentration des Lösungsmittels c bei festgehaltener Ortskoordinate z die Beziehung:

$$\frac{\partial c}{\partial t} = D \frac{\partial^2 c}{\partial z^2}. \qquad (20)$$

Darin ist vorausgesetzt, daß der Diffusionskoeffizient D konstant ist[1].

Für Sorptions- und Desorptionsversuche folgt aus der Gl. (20)

$$Q_t = 2 \frac{c_1}{\sqrt{\pi}} \sqrt{Dt}, \qquad (21)$$

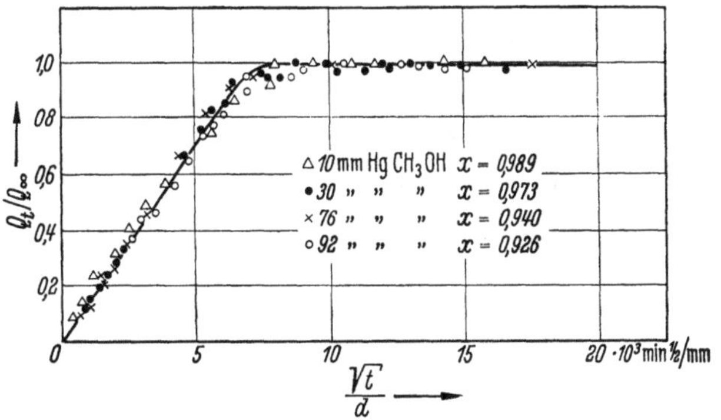

Abb. 23. Normale Diffusion von Methanol in Polymethacrylsäuremethylester (nach NOGAJ u. JENCKEL).
Versuchstemperatur 30° C. Q_t bedeutet die zur Zeit t aufgenommene Lösungsmittelmenge, Q_∞ die bei Sättigung aufgenommene Menge, d bezeichnet die Dicke der Folie. Die Einfriertemperatur für $x = 0,926$ liegt bei 52 °C, x = Grundmolenbruch des Polymeren

worin c_1 bei Sorption die Endkonzentration, bei Desorption die Anfangskonzentration bedeutet. Sorptions- und Desorptionskurve fallen aufeinander. Als Beispiel sei in Abb. 23 die Sorption von Methanol in Polymethacrylsäuremethylester gebracht, bei der nur bis zu 7,4% Methanol aufgenommen wird, so daß der Glaszustand erhalten bleibt.

Das gleiche gilt, wenn der Stoff sich während der ganzen Dauer des Diffusionsversuches ausschließlich im Zustand der Schmelze befindet. Als Beispiel sei in Abb. 24 die weitere Sorption von Toluol in ein bereits toluolhaltiges, im Zustand der Schmelze befindliches Polystyrol und die entsprechende Desorption aufgeführt.

Wenn jedoch im Laufe der Sorption oder Desorption der Stoff aus dem Glaszustand in den Zustand der Schmelze übergeht bzw. umgekehrt, so beobachten

---

[1] Im allgemeinen ist D eine Funktion von c. In diesem Fall lautet die Differentialgleichung für den eindimensionalen Diffusionsprozeß $\dfrac{\partial c}{\partial t} = \dfrac{\partial}{\partial z} \left(D \dfrac{\partial c}{\partial z} \right)$. Sorptions- und Desorptionskurve fallen dann *nicht* aufeinander. Der Diffusionsprozeß läßt sich in diesem Falle mit Hilfe eines mittleren Diffusionskoeffizienten D beschreiben.

wir die sog. „anomale Diffusion". Als Beispiel sei in Abb. 25 die reichliche Sorption von Toluol durch eine glasige Polystyrolfolie (und die entsprechende Desorption) gebracht; es wird so viel Toluol aufgenommen, daß die Folie sich am Ende im Zustand der Schmelze befindet ($c > c_E$). Bei anomaler Diffusion werden keine Geraden im $\sqrt{t}$-Diagramm erhalten, sondern Kurven, die bei Sorption nach oben, bei Desorption nach unten von der Geraden abweichen[1].

Dieser Vorgang kann daher nicht mehr mit Gl. (21) beschrieben werden.

Nogaj und Jenckel [56] haben die anomale Diffusion mit dem langsamen Übergang der Substanz aus dem Glaszustand in den Zustand der Schmelze in Verbindung gebracht.

Bei der Sorption bildet sich auf der Oberfläche der Folie eine gesättigte Schicht, die sich im Zustand der Schmelze befindet. (Umgekehrt erhält man bei

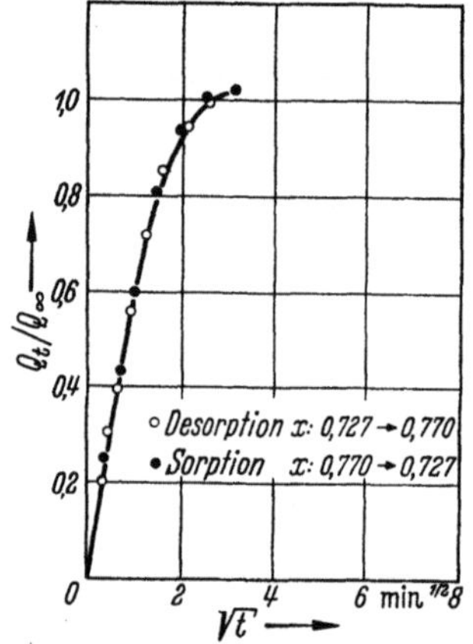

Abb. 24. Normale Intervallsorption und Desorption von Toluol in Polystyrol (nach Nogaj u. Jenckel). Versuchstemperatur 20 °C, Q_t und Q_∞ vgl. Abb. 23. Die Einfrierkonzentration für 20 °C ist $x_E = 0,85$ (x = Grundmolenbruch des Polymeren)

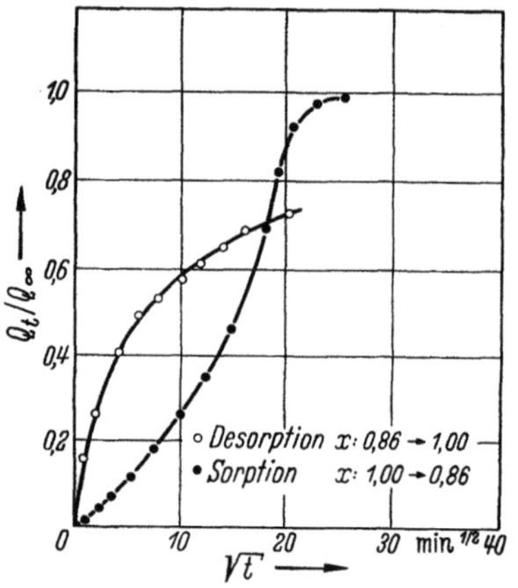

Abb. 25. Anomale Sorption und Desorption von Toluol in Polystyrol (nach Nogaj u. Jenckel). Versuchstemperatur 40 °C, Q_t und Q_∞ vgl. Abb. 23. Die Einfrierkonzentration für 40 °C ist $x_E = 0,88$

Desorption an der Oberfläche ein Glas, während das Innere sich noch im Zustand der Schmelze befindet.) Der Kern der Folie ist bei der Sorption zunächst noch lösungsmittelfrei und befindet sich im Glaszustand. Dazwischen liegt eine Zone mit einer Konzentration, die etwa c_E entspricht; sie verschiebt sich ständig weiter ins Innere der Folie[2]. In dieser Zone werden die für den Übergang in den Zustand der Schmelze benötigten Zeiten vergleichbar mit den Diffusionszeiten, so daß der Übergang Glas → Schmelze sich bemerkbar machen kann. Nun löst sich in der Schmelze – unter sonst gleichen Bedingungen – weniger Lösungsmittel auf als im Glas; bei dem Übergang Glas → Schmelze wird Lösungsmittel abgegeben [63]. In einem Volumenelement findet daher nicht nur eine Konzentrationsänderung infolge Diffusion statt, wie sie das Ficksche Gesetz beschreibt, sondern außerdem

---

[1] Die Gl. (21) gilt für den halbunendlichen Körper und erfaßt daher nicht das Abbiegen der Kurve in den Sättigungswert.

[2] Bei der Einfrierkonzentration c_E hat die Konzentrations-Abstandskurve einen Wendepunkt und das Konzentrationsgefälle demnach ein Maximum. Vergleiche G. Rehage: Internationales Symposium über Makromoleküle in Wiesbaden 1959, Bd. II A 15, Verlag Chemie GmbH, Weinheim/Bergstr.

eine Abnahme der Konzentration wegen der Zustandsänderung Glas → Schmelze. Es wurde versucht, die Zustandsänderung zu berücksichtigen, indem man Gl. (20) ein negatives Glied hinzufügt und zwar – lediglich aus mathematischen Gründen – den einfachen Ausdruck $-kc$. Dann erhält man die Differentialgleichung

$$\frac{\partial c}{\partial t} = D \frac{\partial^2 c}{\partial z^2} - kc. \tag{22}$$

Die Lösung lautet[1]:

$$Q_t = c_1 \sqrt{\frac{D}{k}} \left[\left(kt + \frac{1}{2}\right) \mathrm{erf}\,(\sqrt{kt}) + \sqrt{\frac{kt}{\pi}}\, e^{-kt} \right] \tag{23}$$

Die Gl. (23) geht, wie sich zeigen läßt, für $kt \ll 1$ über in $Q_t = 2c_1\left(1 + \frac{1}{2}kt\right)\sqrt{\frac{Dt}{\pi}}$; d. h., die Diffusion ist anfangs normal [vgl. Gl. (21)], so daß sich aus der Anfangssteigung der Sorption (oder Desorption) im $\sqrt{t}$-Diagramm ein mittlerer Diffusionskoeffizient ermitteln läßt. Erst im Laufe der Zeit wird die Anomalität in einer Abweichung der Sorptions- (oder Desorptions-) Kurve nach oben (oder unten) bemerkbar.

Mit Gl. (23) werden die Sorptionsversuche von Toluol durch eine Polystyrolfolie teils recht gut, teils nur näherungsweise wiedergegeben, was nicht zu verwundern braucht, da das Glied $(-kc)$ eine Vereinfachung darstellt. Experimentelle Desorptionskurven gehorchen der Gl. (23) nicht, da sie nach unten von der Geraden im $\sqrt{t}$-Diagramm abweichen. Es erscheint plausibel, daß auch hierfür die unzureichende Form des Gliedes $(-kc)$ verantwortlich zu machen ist.

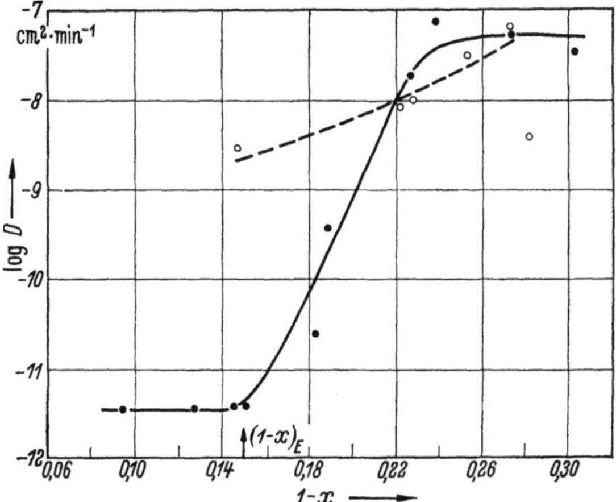

Abb 26
Konzentrationsabhängigkeit des Diffusionskoeffizienten von Toluol in Polystyrol bei 20 °C (nach NOGAJ u. JENCKEL) $x_E = 0{,}85$. Die ausgezogene Kurve verbindet $\bar{D}$-Werte aus Sorption (●); die gestrichelte Kurve $\bar{D}$-Werte aus Desorption (○)

Wir vergleichen nun in Abb. 26 die (mittleren) Diffusionskoeffizienten im System Polystyrol–Toluol bei 20 °C miteinander, wie sie sich aus der Anfangssteigung ergeben. Bei getemperten Folien[2] beobachtet man in *Sorptions*versuchen den gleichen konstanten Diffusionskoeffizienten ($T = $ const), unabhängig von der Endkonzentration, solange die Folie im Glaszustand verbleibt. Der Diffusionskoeffizient ist nur durch die Glasstruktur bedingt, die ihrerseits durch die

---

[1] Lösung der Differentialgleichung (22) ist hergeleitet für den halbunendlichen Raum. Die Sättigungskonzentration c_1 ist die Randbedingung.

$\mathrm{erf}\,(\sqrt{kt})$ ist die Fehlerfunktion: $\dfrac{2}{\sqrt{\pi}} \displaystyle\int_0^{\sqrt{kt}} e^{-x^2}\, dx$ (s. auch [9]).

[2] Alle Folien wurden aus einer verdünnten Lösung durch vollständiges Abdampfen des Lösungsmittels hergestellt. „Getemperte" Folien wurden dann auf eine Temperatur oberhalb T_{E_0} erwärmt und langsam abgekühlt; bei „ungetemperten" Folien unterblieb diese Wärmevorbehandlung.

Angabe ($T = T_{E_0}$, $x = 1$) gekennzeichnet ist, vgl. S. 175. Erst mit dem Übergang in den Zustand der Schmelze nehmen die Diffusionskoeffizienten beträchtlich zu.

Die Diffusionskoeffizienten aus *Desorptions*versuchen stimmen, wie zu erwarten, mit denen aus Sorptionsexperimenten etwa überein, wenn man von Folien im Zustand der Schmelze ausgeht; sie liegen dagegen viel höher, wenn man von Folien im Glaszustand ausgeht. Das letztere erscheint verständlich, wenn man bedenkt, daß beim Abdampfen aus der Lösung und durch Desorption eine Glasstruktur ($T = T_1$, $x = x''$, vgl. S. 175) erhalten wird, die lockerer und sperriger ist als die der getemperten Folien. Andere Autoren haben versucht, die anomale Diffusion in Zusammenhang zu bringen mit der Spannung und Orientierung, die durch das unterschiedliche Volumen von gequollener und nicht gequollener Substanz entsteht [8] oder mit der zeitlichen Änderung der Oberflächenkonzentration.

Weitere Experimente müssen zeigen, welcher Einfluß entscheidend ist für das anomale Diffusionsverhalten.

3.1.7 Weitere Einfriertemperaturen und mechanische Relaxationserscheinungen unterhalb der Glastemperatur (vgl. 4.3)

Wie wir in 3.1.2 gesehen haben, finden in der Schmelze bei Temperaturerniedrigung Bewegungen der Moleküle oder Segmente gegeneinander in Richtung auf eine höhere Ordnung statt. Gleiche oder ähnliche Platzwechselvorgänge finden auch unter einer mechanischen Spannung statt. In beiden Fällen handelt es sich um eine Störung des inneren Gleichgewichtes, sei es durch eine Temperaturänderung, sei es durch eine von außen angelegte Spannung. Diese Gleichgewichtsstörungen werden auf dem Wege über Molekülumlagerungen (Platzwechsel) abgebaut. Die Geschwindigkeit, mit der das zu der neuen Temperatur bzw. zum neuen Spannungszustand gehörende Gleichgewicht angestrebt wird, läßt sich durch eine Relaxationszeit kennzeichnen[1]. Wie schon in 3.1.2c gezeigt ist, hängt es vom Verhältnis der Versuchszeit zur Relaxationszeit ab, ob sich bei gegebener Temperatur die Gleichgewichtsannäherung experimentell verfolgen läßt. Weiter wurde gezeigt, daß die Einfriertemperatur von der Versuchszeit abhängt. Unter Versuchszeit soll dabei die Zeit verstanden werden, die dem Material zwischen einer momentanen Gleichgewichtsstörung (hier Temperaturänderung) und dem Zeitpunkt der Volumen- (bzw. Enthalpie-, Entropie- usw.) Messung zur Verfügung steht. Für kurze Versuchszeiten erhält man hohe Einfriertemperaturen und umgekehrt.

Diesem Einfrierphänomen wollen wir nun gewisse Temperaturen gegenüberstellen, die für das mechanische Verhalten eines Hochpolymeren charakteristisch sind. Solche Temperaturen sind z. B. die Temperaturen, bei denen in einem Schwingungsexperiment[2] die mechanische Dämpfung (Energiedissipation) ein Maximum annimmt und bei welchen der Elastizitätsmodul sich stark ändert. Ein solches Verhalten findet man bei allen Polymeren etwas oberhalb der Einfriertemperatur. Diese charakteristischen Temperaturen zeigen das gleiche Verhalten wie

---

[1] In Wirklichkeit benötigt man zur Beschreibung der Gleichgewichtsannäherung nicht eine diskrete Relaxationszeit, sondern ein Relaxationsspektrum.

[2] Im einzelnen und einschließlich des experimentellen Materials vgl. hierzu 4.3.3.

die Einfriertemperatur, denn sie werden erhöht, wenn die Versuchszeit (hier die Schwingungsdauer) verringert wird. Im mechanischen Experiment kann die Versuchszeit allerdings in weiteren Grenzen variiert werden als im thermischen Experiment, wo der Größe der Temperatursprünge durch die schlechte Wärmeleitung der Polymeren natürliche Grenzen gesetzt sind. Wir sind geneigt, Einfriertemperatur, Temperatur des Dämpfungsmaximums und Temperatur des Modulabfalls als (durch das Experiment bedingt) verschiedene Erscheinungsformen ein und derselben molekularen Ursache anzusehen, daß nämlich in einer vorgegebenen Zeit bei diesen Temperaturen das irgendwie gestörte Gleichgewicht über gleichartige Platzwechsel gerade noch erreicht wird. Der Unterschied zwischen dem thermischen und mechanischen Experiment liegt in der verschiedenen Beanspruchungsart und der meist unterschiedlichen Versuchszeit.

Die Dämpfungsmessung liefert oberhalb der Temperatur, bei der das Glas in die Gleichgewichtsschmelze übergeht, ein Dämpfungsmaximum (α) und einen Abfall des Elastizitätsmoduls mit steigender Temperatur. Der Modulabfall beträgt bei amorphen Polymeren, die sehr hochmolekular oder schwach vernetzt sind, etwa 3 bis 4 Zehnerpotenzen, bei stark kristallinen meist nur etwa 1 Zehnerpotenz [67, 75]. Es werden aber bei vielen Polymeren bei wesentlich tieferen Temperaturen, also im Glaszustand, weitere Dämpfungsmaxima gefunden, die man als β- und γ-Maxima bezeichnet [77]. Ihre Intensität ist in Einheiten des Verlustmoduls E'' ($\sim$ der je Zyklus pro Volumeneinheit dissipierten Arbeit) (vgl. 4.2.3 und 4.4.2) manchmal größer als die der α-Maxima, während sie in der Darstellung als log. Dekrement meist kleiner sind. Der zu ihnen gehörende Modulabfall ist häufig größer als derjenige des α-Mechanismus. Als molekulare Ursache der β-Maxima nimmt man lokale Beweglichkeiten der Seitengruppen an, etwa gehinderte Rotationen, die noch bei Temperaturen möglich sind, bei denen die mikro-Brownsche Bewegung des Makromoleküls eingefroren ist. Zu diesem Schluß gelangt man durch die Untersuchung systematisch chemisch variierter Polymerer [20, 24, 25]. Intensität und Lage dieser β-Maxima sind stark abhängig von der Art und Konzentration der Seitengruppen und von der Flexibilität des Kettengerüstes. Sie liegen manchmal dicht unterhalb der α-Maxima und lassen sich von diesen in vielen Fällen nur dann richtig auflösen, falls man die Messung mit sehr langen Versuchszeiten ($>$ 1 Sek.) durchführt. Bei Polymeren, die keine Seitengruppe besitzen, fehlt dieses β-Maximum (z. B. Polyurethane, Polyamide, Polycarbonate, Polyester) [30, 31, 33]. Bei sehr vielen Polymeren tritt bei Temperaturen zwischen -100 und $-150\,°C$ und Versuchszeiten von etwa 1 Sek. ein weiteres (γ-) Energie-Dissipationsgebiet auf. Bei diesen Temperaturen sind also Platzwechsel möglich, die eine von außen aufgebrachte Gleichgewichtsstörung in Zeiten der Größenordnung von Sekunden abzubauen vermögen. Aus Untersuchungen an systematisch chemisch variierten Polymeren, insbesondere den verschieden substituierten Polymethacrylsäureestern [25], Polyolefinen [73, 75, 75a], Polyamiden [75, 75a, 73, 43], wird geschlossen, daß es sich bei dem γ-Prozeß um lokale Platzwechsel in den aliphatischen Teilen der Makromoleküle handelt. WILLBOURN [73] kommt zu dem Schluß, daß mindestens drei benachbarte CH_2-Gruppen zum Zustandekommen dieses Relaxationsprozesses notwendig sind. Diese CH_2-Gruppen können entweder in der Hauptkette oder auch in der Seitengruppe liegen. Es gibt aber Andeutungen dafür, daß bereits zwei solcher benachbarter Gruppen einen, wenn auch schwachen γ-Prozeß verursachen [32, 29]. Auch Polytetrafluoräthylen weist bei etwa $-100\,°C$ und Versuchszeiten von etwa 1 Sek. ein entsprechendes Dämpfungsmaximum auf [75, 28]. In [75a] wird gezeigt, daß auch viele andere Molekülgruppen solche Maxima verursachen können. Damit wird die Unterscheidung in β- oder γ-Prozesse gegenstandslos.

Zusammenfassend läßt sich also feststellen, daß auch bei Unterschreitung der Temperatur, bei welcher aus der Gleichgewichtsschmelze ein Glas entsteht, noch lokale Beweglichkeiten gewisser Teile eines Makromoleküls möglich sind. Aus Untersuchungen mit variierter Versuchszeit erkennt man, daß auch diese Beweglichkeiten bei um so höherer Temperatur zum Abbau der Gleichgewichtsstörung führen, je kleiner die Versuchszeit ist. Man beobachtet so das gleiche Verhalten wie beim Einfrieren der Schmelze zum Glas. Wir möchten daher annehmen, daß allen diesen Relaxationsvorgängen auch weitere Einfriertemperaturen zuzuordnen sind. Sobald nämlich irgendeine molekulare Anordnungsmöglichkeit sich in einer vorgegebenen Zeit nach einer Störung des Gleichgewichtes nicht wieder einstellen kann, handelt es sich um einen Einfriervorgang. Bei den Tieftemperaturprozessen handelt es sich eben um das Einfrieren der Umlagerungsmöglichkeiten kleinerer Molekülteile. Entsprechend dem Verhalten beim Übergang vom Glas zur Schmelze sollten auch hier bei gewissen Temperaturen Unstetigkeiten in den Temperaturkoeffizienten von Enthalpie, Volumen usw. auftreten und unterhalb dieser Temperaturen isotherme Nachwirkungserscheinungen zu beobachten sein. Dabei ist aber zu bedenken, daß die Effekte u. U. so klein sein können, daß sie sich der Beobachtung in diesen Experimenten entziehen. Immerhin konnte man in einigen Fällen die zu den β- bzw. γ-Prozessen gehörenden Einfriertemperaturen bestimmen (s. Tab. 3).

Über isotherme Nachwirkungserscheinungen unterhalb dieser Einfriertemperaturen wurde bisher nur von Furukawa [17] an Polytetrafluoräthylen berichtet. Sie sind wegen der Kleinheit der Effekte nur äußerst schwer zu erfassen.

Tabelle 3. $T_{E,\beta,\gamma} = $ *Einfriertemperatur des β- bzw. γ-Prozesses*

Einige Polymere, bei denen man Einfriervorgänge im Bereich des glasigen Zustandes sowohl durch das thermische als auch das mechanische Experiment festgestellt hat. ($T_{mech.} = $ Temperatur des mechanischen Dämpfungsmaximums, $t = $ Versuchszeit im mechanischen Experiment, Temperaturangaben in °C.)

	$T_{E_{\beta,\gamma}}$	$T_{mech.}$	t Sek.
Polymethacrylsäuremethylester (Volumenausdehnung)	etwa 0[65]	+ 25[39]	1
Polybutadien (lineare Ausdehnung)	− 108[10]	− 100[67]	1
Hochdruck-Polyäthylen (lineare Ausdehnung)	− 125[10]	− 133[23]	1
Poly-1-buten (lineare Ausdehnung)	− 80[10]	etwa − 120[76]	10^{-3}
Poly-1-penten (lineare Ausdehnung)	etwa − 120[10]	etwa − 120[73]	10^{-3}
Poly-1-hexen (lineare Ausdehnung)	− 110[10]		
Poly-1-octen (lineare Ausdehnung)	− 105[10]		
Polytetrafluoräthylen (Enthalpie)	etwa − 100[17]	etwa − 100[28]	1
Boratglas (33 % K_2O, lineare Ausdehnung)..	etwa + 70[7]	etwa + 90[7]	1

Es muß also wohl allen diesen Tieftemperatur-Relaxationsprozessen eine Einfriertemperatur im oben definierten Sinne zugeordnet werden, und es müßten sich im Prinzip auch Nachwirkungserscheinungen unterhalb dieser Einfriertemperaturen abspielen. Von allen bei einem Polymeren vorkommenden Einfriertemperaturen ist die höchste aber noch dadurch ausgezeichnet, daß sie den Übergang der Gleichgewichtsschmelze zum Glas kennzeichnet. Für sie ist daher der in der ausländischen Literatur meist benutzte Ausdruck „Glastemperatur" Tg als Kennzeichnung des makroskopischen Materialzustandes zutreffend, während der Begriff des „Einfrierens" auf die molekularen Vorgänge anzuwenden ist.

Es können allerdings auch Gleichgewichtsumwandlungen zur Ausbildung eines Maximums in der Temperaturabhängigkeit der mechanischen Dämpfung führen, wie es am Beispiel des Polytetrafluoräthylens [28] zu sehen ist. Umwandlung erster oder höherer Ordnung kann man jedoch aus dynamisch-mechanischen Experimenten leicht von einem Einfriervorgang unterscheiden. Während sich letzterer bei Variation der Versuchszeit entsprechend seiner „Aktivierungsenergie" zu anderen Temperaturen verlagern kann, ist die Gleichgewichtsumwandlung an die Umwandlungstemperatur gebunden. Eine Variation der Versuchszeit kann das eventuell auftretende Dämpfungsmaximum bzw. den Modulsprung nur in seiner Intensität oder Form, nicht aber in seiner Temperaturlage beeinflussen.

Literatur

[1] ADAM, G., u. E. JENCKEL: Unveröffentlicht.

[2] ALFREY, T., G. GOLDFINGER u. H. MARK: J. appl. Phys. 14 (1943) S. 700.

[3] BOYER, R. F., u. R. F. SPENCER: J. appl. Phys. 16 (1945) S. 594.

[4] BOYER, R. F., u. R. F. SPENCER: J. appl. Phys. 17 (1946) S. 398.

[5] BRAGG, W. H.: Proc. roy. Soc. (London) A 89 (1914) S. 246.

[6] CATSIFF, E., u. A. V. TOBOLSKY: J. Colloid Sci. 10 (1955) S. 375.

[7] COENEN, M.: Dissertation Aachen 1956.

[8] CRANK, J.: J. Polymer Sci. 11 (1953) S. 151.

[9] DANCKWARTS, P. V.: Trans. Faraday Soc. 47 (1951) S. 1014.

[10] DANNIES, M. L.: J. appl. Polymer Sci. 1 (1959) S. 121.

[11] EHRENFEST, P.: Commun. Kamerlingh Onnes Lab. Univ. Leyden (1933) Suppl. 75 b.

[12] EYRING, H., u. A. V. TOBOLSKY: J. chem. Physics 11 (1943) S. 125.

[13] FERRY, J. D., u. G. S. PARKS: Physics 6 (1935) S. 356.

[14] FERRY, J. D., u. E. R. FITZGERALD: J. Colloid Sci. 8 (1953) S. 224.

[15] FITZGERALD, E. R.: J. chem. Physics 27 (1957) S. 1180.

[16] FLORY, P. J., u. G. S. PARKS: J. chem. Physics 4 (1936) S. 70.

[17] FURUKAWA, G. T., R. E. McCOSKEY u. G. J. KING: J. Res. Nat. Bur. Stand. 49 (1952) S. 273.

[18] GIBSON, G. E., G. S. PARKS u. W. M. LATIMER: J. Amer. chem. Soc. 42 (1920) S. 1537.

[19] HÄHNLEIN u. THOMAS: Glastechn. Ber. 12 (1934) S. 109.

[20] HEIJBOER, J.: Kolloid-Z. 148 (1956) S. 36.

[21] HEIJBOER, J.: Persönliche Mitteilung.

[22] HAASE, R.: Thermodynamik der Mischphasen, S. 148. Berlin/Göttingen/Heidelberg: Springer 1956.

[23] HELLWEGE, K. H., R. KAISER u. K. KUPHAL: Kolloid-Z. 147 (1956) S. 155.

[24] HOFF, E. A. W., K. DEUTSCH u. W. REDDISH: J. Polymer Sci. 13 (1954) S. 565.

[25] HOFF, E. A. W., D. W. ROBINSON u. A. H. WILLBOURN: J. Polymer Sci. 18 (1955) S. 161.

[26] HOLROYD, V. L., R. S. CODRINGTON, B. A. MROWKA u. B. A. GUTH: J. appl. Phys. 22 (1951) S. 696.

[27] HIRAI, N., u. H. EYRING: J. Polymer Sci. 37 (1959) S. 51.

[28] ILLERS, K. H., u. E. JENCKEL: Kolloid-Z. 160 (1958) S. 97.

[29] ILLERS, K. H., u. E. JENCKEL: Forschungsberichte des Landes Nordrhein-Westfalen, Nr. 753. Köln/Opladen: Westdtsch. Verlag 1959.

[29a] ILLERS, K. H.: Z. Elektrochem. 65 (1961) Heft 7/8.

[30] ILLERS, K. H.: Makromolekulare Chem. 38 (1960) S. 168.

[31] ILLERS, K. H., u. H. BREUER: Kolloid-Z. 176 (1961) S. 110.

[32] ILLERS, K. H., u. E. JENCKEL: J. Polymer Sci. 41 (1959) S. 528.

[33] JACOBS, H.: Dissertation Aachen 1960.

[34] JENCKEL, E.: Z. Elektrochem. 43 (1937) S. 796.

[35] JENCKEL, E.: Naturwiss. 25 (1937) S. 497.

[36] JENCKEL, E., u. K. ÜBERREITER: Z. phys. Chem. A 182 (1938) S. 361.

[37] JENCKEL, E., u. G. HEUSCH: Kolloid-Z. 130 (1953) S. 89.

[38] JENCKEL, E., u. K. GORKE: Z. Naturforschung 7a (1952) S. 630.

[39] JENCKEL, E., u. K. H. ILLERS: Z. Naturforschung 9a (1954) S. 440.

[40] JENCKEL, E., u. K. GORKE: Z. Elektrochemie 60 (1956) S. 579.

[41] JENCKEL, E.: Kunststoffe – Plastics 5 (1958) S. 1.

[42] JENCKEL, E.: in H. A. STUART: Die Physik der Hochpolymeren, Bd. III, S. 625ff. Berlin/Göttingen/Heidelberg: Springer 1955.

[43] KAWAGUCHI, T.: J. appl. Polymer Sci. 2 (1959) S. 56.

[44] KILIAN, H. G.: Dissertation Aachen 1958.

[45] KILIAN, H. G., u. E. JENCKEL: Z. Elektrochem. 63 (1959) S. 308.

[46] KILIAN, H. G., u. E. JENCKEL: Unveröffentlicht.

[47] KOSFELD, R.: Dissertation Aachen 1958.

[48] KOSFELD, R., u. E. JENCKEL: Kolloid-Z. 165 (1959) S. 136.

[49] KOSFELD, R., u. E. JENCKEL: Z. Elektrochem. 63 (1959) S. 1009.

[50] KOVACS, A. J.: C. R. 235 (1952) S. 1127.

[51] KÒVACS, A. J.: J. Polymer Sci. 30 (1958) S. 131.

[52] LILLIE, H. R.: J. Amer. ceramic Soc. 16 (1933) S. 619.

[53] LEADERMAN, H.: Elastic and Creep Properties of Filamentous Materials, S. 175. Washington, D. G.: Textil Foundation 1943.

[54] MANDELKERN, L.: SPE-J. 15 (1959) S. 63.

[55] NERNST, W.: Nachr. Kgl. Ges. Wiss. Göttingen; Math.-phys. Klasse 1906 S. 1 — S.-B. Kgl. Preuß. Akad. Wiss. Berlin (1906) S. 933.

[56] NOGAJ, A., u. E. JENCKEL: Kolloid-Z. demnächst.

[57] ODAJIMA, A., J. SOHMA u. M. KOIKE: J. phys. Soc. (Japan) 12 (1957) S. 272.

[58] POWLES, J. G.: J. Polymer Sci. 22 (1956) S. 79.

[59] POWLES, J. G.: Proc. phys. Soc. B 69 (1956) S. 281.

[60] PTIZYN, O. B.: Doklady Akademie Nauk 103 (1955) S. 1045.

[61] PLANCK, M.: Thermodynamik, 3. Aufl. (1911) S. 268.

[62] REHAGE, G.: Dissertation Aachen 1955.

[63] REHAGE, G.: Verhandlungsberichte der Kolloid-Ges. 18 (1958) S. 47.

[64] REHAGE, G.: Z. Elektrochem. 63 (1959) S. 987.

[65] REHAGE, G.: Unveröffentlicht.

[66] REHAGE, G., u. E. JENCKEL: Unveröffentlichte Messungen.

[67] SCHMIEDER, K., u. K. WOLF: Kolloid-Z. 134 (1953) S. 157.

[68] SCHULTZ, G. V., K. v. GUNNER u. H. GERRENS: Z. phys. Chem. 4 (1955) S. 192.

[69] SIMON, F.: Z. anorg. allg. Chem. 233 (1931) S. 219 (dort weitere Literatur).

[70] SIMON, F.: Ergebn. exakt. Naturwiss. 9 (1930) S. 222.

[71] SLICHTER, W. P.: Fortschr. Hochpolym. Forschg. 1 (1958) S. 35.

[72] SMEKAL, A.: Ergebn. exakt. Naturwiss. 15 (1936) S. 174.

[73] WILLBOURN, A. H.: Trans. Faraday Soc. 54 (1958) S. 425.

[74] WILLIAMS, M. L., R. F. LANDEL u. J. D. FERRY: J. Amer. chem. Soc. 77 (1955) S. 3701.

[75] WOLF, K., u. K. SCHMIEDER: Simpos. Int. Chim. Macromol. Suppl. La Ric. Sci. 1955.

[75a] WOLF, K. A.: Z. Elektrochem. 65 (1961) Heft 7/8.

[76] WOLKENSTEIN, M. W., u. O. B. PTIZYN: J. techn. Phys. USSR 26 (1956) S. 2204.

[77] WOODWARD, A. E., J. A. SAUER u. R. A. WALL: J. chem. Phys. 30 (1959) S. 854.

[78] WOODWARD, E. A., u. J. A. SAUER: Fortschr. Hochpolym. Forschg. 1 (1958) S. 114.

3.2 Kristallisieren, Kristallzustand und Schmelzen

Von **K. Ueberreiter**, Berlin

3.2.1 Kristallisation

a) Voraussetzungen zur Kristallisation. Kristalle sind regelmäßige dreidimensionale Anordnungen von Atomen oder Molekülen. Alle mikromolekularen Flüssigkeiten haben nun gemeinsam, daß die Einheiten, welche einen Kristall aufbauen, während des Kristallisationsprozesses ihre Plätze wechseln können. Das ist bei Makromolekülen nicht der Fall, denn hier sind die kristallisationsfähigen Einheiten im Falle des Polyäthylens beispielsweise die CH_2-Gruppen im Makromolekül festgelegt. Man kann deshalb sofort annehmen, daß ein Kettenpolymeres nur kristallisieren kann, wenn seine Struktur chemisch und sterisch regelmäßig ist. Das trifft in hohem Maße zu. Polyäthylen, Polyester und Polyamide sind regelmäßig und es gibt keine Möglichkeit zu einer stereochemischen Unregelmäßigkeit. Diese Stoffe kristallisieren deshalb sehr bereitwillig. Sogar die Verzweigungen des Polyäthylens hindern nicht die zahlreichen regelmäßigen Zwischenstücke an der Kristallisation. Dasselbe gilt von eingebauten fremden Kettengliedern, wenn diese nicht zu zahlreich sind und ihre Verteilung so geartet ist, daß noch längere normale Zwischenstücke auftreten. Sind die Mischpolymerisate allerdings so aufgebaut, daß eine statistische Verteilung auf der Kette vorliegt, so wird ihre Kristallisation verhindert.

Damit ein Makromolekül die geforderte regelmäßige Anordnung seiner Kettenglieder besitzt, muß beim Aufbau bereits auf die richtige Reihenfolge der Glieder geachtet werden. Die Voraussetzung dafür ist an sich bei Polykondensationen schon gegeben. Bifunktionelle Monomere sorgen für lineares geordnetes Wachstum, und die Kristallisation ist ermöglicht, wenn die Zwischenstücke einen regelmäßigen Aufbau haben. Anders ist es bei Polymerisationsreaktionen. Hier ist nur bei Monomeren mit einer Atomart an den C-Atomen, wie im Falle des Polyäthylens etwa, die Reihenfolge der Addition beim Wachstum der Kette gleichgültig. Bei verschieden substituierten C-Atomen hingegen müssen zur Erzielung von Regelmäßigkeit die Wachstumsschritte gelenkt werden; NATTA (1956) [71] nennt das stereospezifische Polymerisation. Diese ist durch die Erfindung von ZIEGLER (ZIEGLER u. a. 1955, 1956) [106, 107], der jetzt meist nach ihm benannten ZIEGLER-Katalysatoren, ermöglicht worden. Je nach der Lage der Substituenten an der Kette erhalten wir isotaktische oder syndiotaktische Polymere, die im Gegensatz zu den ungeordneten, ataktischen, polymerisieren können.

Die Kristallisation kann manchmal sterisch durch große Substituenten sehr erschwert oder sogar unmöglich werden, wie etwa das Beispiel der Polyester aus Äthylenglykol und Naphthalindicarbonsäuren beweist (REYNOLDS 1956) [76]. Die 1,4- und 2,7-Dicarbonsäuren ergeben nichtkristalline Polymere, während Polymere aus 1,5- und 2,6-Dicarbonsäuren vorzüglich kristallisieren. Das kann man wohl nur auf sterische Gründe zurückführen, da der taktische Aufbau bei allen gleichartig gegeben ist.

b) Keimbildung. Die Kristallisation ist einerseits ein thermodynamisches Problem, indem man untersuchen muß, ob eine Transformation möglich ist und wie die neue Phase entsteht, andererseits ein kinetisches, da die Geschwindigkeiten der Vorgänge behandelt werden. Sie unterscheidet sich von einer gewöhnlichen, zumeist homogenen Reaktion (z. B. der Neutralisation einer Säure) dadurch, daß Grenzflächen im Spiel sind, sie ist also heterogen. Außerdem ist sie nicht von Anfang an heterogen, denn die wirksamen Grenzflächen müssen im Gegensatz beispielsweise zum Schmelzvorgang erst geschaffen werden. Das bewirkt eine Spaltung in 2 Vorgänge (TAMMANN 1903) [90], die Schaffung der Grenzfläche und ihre Vergrößerung. Wir unterscheiden deshalb

1. die Keimbildung

als die Bildung kleinster Teilchen der neuen Phase, die im Kontakt mit der alten stabil sind und

2. das Wachstum,

also die Größenzunahme der stabilen Phase auf Kosten der alten Umgebung.

Arten von Keimen. Für die weitere Besprechung wollen wir die Benennung der Keime nach verschiedenen Gesichtspunkten kennenlernen. Es werden die Keime nicht nur zur Bildung der neuen Phase benötigt, sondern auch zu ihrem Wachstum (STRANSKI und KAISCHEW 1935) [84]. Wir unterscheiden deshalb *Starterkeime* von *Wachstumskeimen*. Die ersteren sind dreidimensionale Gebilde, deren Bildung schwieriger ist als die der letzteren, da sie keine feste Unterlage haben. Die Bildung von dreidimensionalen Keimen in Anlegung an eine bereits vorhandene feste aber fremde Grenzfläche ist deshalb ebenfalls erleichtert, wenn sie leicht benetzbar ist. Die Starterkeimbildung findet deswegen vorzugsweise an fremden Grenzflächen statt, wir werden sie als *heterogene* Keimbildung im Gegensatz zur *homogenen* ohne Substrat behandeln.

Bei den homogenen Keimen unterscheiden FISHER, HOLLOMON und TURNBULL (1948) [26] noch *thermische* und *athermische*. Thermische Keime bilden sich homogen bei der Kristallisationstemperatur, athermische Keime hingegen sind aus der Schmelze in den unterkühlten Bereich verschleppt worden. Dazu gehören auch Keime, die durch unvollständiges Aufschmelzen (MORGAN 1955) [65] infolge des fixiertflüssigen Zustandes der Polymerenschmelze gleichen Ortes reproduziert werden.

Schließlich unterscheiden sich die Keime der Polymeren noch in ihrem Aufbau, wir unterscheiden *Falten-* von *Fransenkeimen*.

Thermodynamische Überlegungen. Zum thermodynamischen Verständnis der Phasenumwandlung nimmt man den Ausgang von GIBBS Kriterium der Stabilität von Zuständen; dieses versucht die Abb. 1 anschaulich zu machen. Aufgezeichnet ist die Freie Enthalpie $G = H - T S$. Ihr Unterschied wirkt als „treibende Kraft", wenn er negativ ($-$) ist, $\Delta G = 0$ kennzeichnet ein Reaktionsgleichgewicht und positive ($+$) Werte einen Reaktionsablauf in umgekehrter Richtung, so daß ΔG wieder negativ wird. Zur Erleichterung der Beschreibung ist die potentielle Energie des Schwerpunktes eines Quaders im Bilde darüber gezeichnet. Der zwischen den Minimallagen von G befindliche Berg muß als „Hindernis" übersprungen werden, weshalb die Reaktion eine Aktivierungsenergie ΔG_D nötig hat. Kristallisation erfolgt also spontan, wenn $\Delta G < 0$ ist, also bei einer Temperatur T unterhalb des Schmelzpunktes ($T < T_0$), d. h. bei Unterkühlung.

Zum weiteren Verständnis müssen wir das vorhin Gesagte bedenken, daß die Kristallisation eine heterogene Reaktion ohne bereits vorhandene Grenzfläche ist. Die Vorgänge bei der Bildung von Ansätzen der festen Phase sind also insofern entscheidend, als die Schaffung einer Grenzfläche nicht so einfach ist, da die Gitterplätze von niedrigerer Freier Enthalpie erst geschaffen werden müssen.

Die Kristallisation kann deshalb trotz $\Delta G < 0$ nicht spontan erfolgen, auch wenn $T < T_0$ ist, da sie durch Zustände gehen muß, wo die neue Phase aus kleinsten Partikeln, *Embryonen* genannt, besteht. Diese sind aber trotz des $\Delta G_V < 0$ eines großen Kristalls nicht stabiler als die flüssige Phase, weil die „treibende Bildungskraft" ΔG_i des Embryos aus i Molekülen oder Seg-

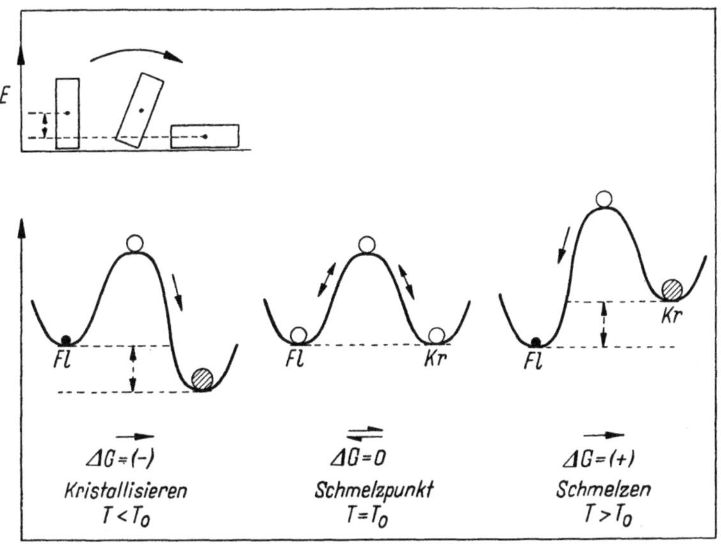

Abb. 1. Stabilitätsbedingungen eines mechanischen und thermodynamischen Systems

menten von Makromolekülen die Resultante aus der treibenden Kraft der Kristallisation $\Delta G_V(-)$ und der opponierenden Kraft $\Delta G_O(+)$ der zu bildenden Oberfläche besteht:

$$\Delta G_i = \Delta G_O + \Delta G_V$$

ΔG_O kann bei großen Kristallen vernachlässigt werden, bei sehr kleinen kann sie aber die treibende Größe $\Delta G_V(-)$ kompensieren, so daß die Teilchen wieder schmelzen. Ein Partikel einer neuen Phase nennt man einen Keim, wenn er „lebensfähig" wird, d. h. wenn er eine kritische Größe überschreitet und wachsen kann. Die kritische Größe des Keimes nimmt mit der Unterkühlung ΔT ab, denn die treibende Kraft der Kristallisation verstärkt sich mit ΔT nach

$$\Delta G_V = L \frac{\Delta T}{T}$$

(L = Schmelzwärme bei Vernachlässigung ihrer Temperaturabhängigkeit).

Die opponierende Oberflächenarbeit hingegen ist vernachlässigbar temperaturabhängig, deshalb wird der die Keimbildung treibende Term ΔG_V mit zunehmender Unterkühlung immer stärker.

Schwankungen. Zur Erzeugung von Embryonen oder Keimen führen Dichteschwankungen. Es treten in der alten Phase cybotaktische Cluster von Molekülen in quasikristalliner Ordnung und Dichte auf, die in schnellem Wechsel entstehen und zerfallen. Es gibt eine statistische Verteilung ihrer Größe bei jeder Temperatur, ihre durchschnittliche Größe nimmt mit sinkender Temperatur zu. Keimbildung erfolgt, wenn die Embryos die kritische Größe erreichen und wahrscheinlicher wachsen als vergehen. VOLMER und WEBER (1926) [*100*] wiesen daraufhin, daß wir uns die Bildung eines Keimes aus 100 oder mehr Molekülen nicht etwa durch gleichzeitigen Zusammenstoß einer großen Zahl vorstellen dürfen. Der Aufbau erfolgt vielmehr bimolekular schrittweise. Das gilt natürlich besonders für Makromoleküle, deren Keime nach Anlage des Startergliedes kettengliedweise aufgebaut werden müssen. Die Zahl $n(i)$ der Starterkeime aus i-Molekülen oder Kettengliedern beträgt bei der Temperatur T

$$n(i) = n \exp(-\Delta G_i/k\,T)$$

(n = Gesamtzahl der Kettenglieder).

Berechnung der kritischen Keimgröße. Die Keimbildungsarbeit ΔG_i ist für kugelförmige Keime nach GIBBS (1878) [*34*], VOLMER und WEBER (1926) [*100*]:

$$\Delta G_i(r) = 4\pi r^2 \sigma + \frac{4}{3}\pi r^3 \Delta G_V = \alpha r^2 + \beta r^3.$$

Keimbildungsarbeit = Oberflächenarbeit +
\+ gewonnene Kristallisationsenergie.

An Stelle des Radius der Kugel r kann man bei beliebiger Form des Keimes die Zahl der Moleküle oder Kettenglieder als Variable wählen und schreibt dann

$$\Delta G_i(i) = A\,\sigma\,i^{2/3} + B\,i\,\Delta G_V.$$

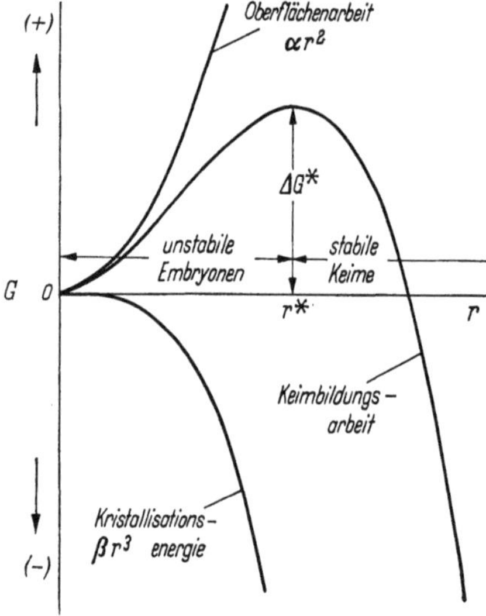

Abb. 2. Abhängigkeit der Keimbildungsarbeit vom Radius des Teilchens

Die Keimbildungsarbeit ist als Funktion von r in Abb. 2 aufgezeichnet. αr^2 ist stets positiv, da α stets positiv ist. βr^3 ist oberhalb T_0 positiv, und deshalb liegt auch die Summenkurve ΔG_i stets oberhalb der Abszisse. Unterhalb des Schmelzpunktes ist β jedoch negativ. Da r^3 anfänglich kleiner ist als r^2 aber später stärker abfällt, geht die Summenkurve durch ein Maximum. Die Abszisse des Maximums r^* ergibt den kritischen Radius des Keimes, die Embryonen mit $r < r^*$ zerfallen wieder, die Keime mit $r > r^*$ sind Starterkeime, denn eine Zufügung von weiteren Molekülen oder Kettengliedern ist mit einer Abnahme der freien Enthalpie verbunden. Der Radius des kritischen Keimes minimaler wachstumsfähiger Größe berechnet sich aus der Maximalbedingung $\partial \Delta G_i/\partial r = 0$ zu

$$r^* = \frac{2\sigma}{\Delta G_V}.$$

Damit ergibt sich die Keimbildungsarbeit

$$\Delta G_i^* = \tfrac{1}{3}\ \text{Oberflächenarbeit}.$$

Diese interessante Beziehung wurde schon von GIBBS (1878) [*34*] gefunden, sie gilt auch für Würfel oder Körper beliebiger Gestalt, wenn man die Kantenenergien vernachlässigt (BRADLEY 1951) [*4*].

Mit $\Delta G_V = L\,\Delta T/T$ erhält man die Temperaturabhängigkeit von r^*:

$$r^* = \frac{2T_0}{L}\frac{1}{\Delta T} = \frac{c}{\Delta T}\,.$$

Die kritische Keimgröße nimmt also monoton von der Schmelztemperatur T_0 zu immer kleineren Werten mit zunehmender Unterkühlung ΔT ab.

Die Gleichgewichtsverteilung von Keimen aller Größen ist damit nach VOLMER und WEBER (1926) [*100*] $n_{i*} = n\exp(-\Delta G^*/kT)\,,$

eine Beziehung, die von BECKER und DÖRING (1935) [*2*] durch Berücksichtigung der Wiederauflösung verbessert wurde.

Keimarten bei Polymeren. Nach dem heutigen Stand der Forschung kommt zu dem bislang als allein möglich angesehenen *Fransenkeim* (GERNGROSS, HERRMANN und ABITZ 1930 [*33*]) der *Faltenkeim* (KELLER 1957 [*48*]) wie Abb. 3 zeigt. Die Keimbildungsarbeiten für diese Keime wären dann

Fransenkeim: $\Delta G_{Fr} = O_F\sigma_F + O_K\sigma_K + V\Delta G_V$ (Fransen vernachlässigt),

Faltenkeim: $\Delta G_{Fa} = O_F\sigma_F + O_K\sigma_K + O_S\sigma_S + V\Delta G_V\,,$

$O_{F,K,S}$; $\sigma_{F,K,S}$ = Oberflächen und Oberflächenspannungen der Faltenfläche (F), Kettenfläche (K) und Schlaufenfläche (S) des Keimes. Das Verhältnis der Oberflächenspannungen $\sigma_F : \sigma_K : \sigma_S$ entscheidet somit über die Art der Keimbildung nach dem Prinzip von GIBBS:

$$\sum \sigma_i O_i = \text{Minimum}\,!$$

Die Faltenbildung ist vielleicht schon durch die Form der Makromoleküle in Schmelze oder Lösung vorgebildet. Zur Erklärung der thermischen Bewegung von Makromolekülen müssen wir eine Wellenbewegung auf den Polymeren annehmen (UEBERREITER und NENS 1951 [*96*], UEBERREITER 1953 [*98*]). Makromoleküle führen danach ther-

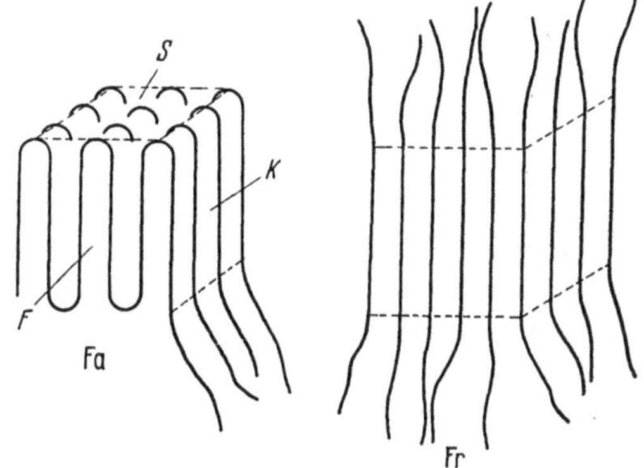

Abb. 3. Schematisiertes Bild eines Falten- (*Fa*) und Fransenkeimes (*Fr*), Faltenfläche (*F*), Kettenfläche (*K*), Schlaufenfläche (*S*)

mische Bewegungen aus, die denen einer schwimmenden Schlange ähneln, nur kommen noch die dieser fehlenden Drehbewegungen dazu. Damit sind im Prinzip bei jeder Temperatur die Falten präformiert. Von diesem Gesichtspunkt aus betrachtet ist eigentlich die Bildung der Fransenkeime der schwierigere Vorgang, weil hierzu eine Streckung der Makromoleküle vonnöten ist. Vielleicht tritt deshalb die Bildung von Fransenkeimen gegen Ende des Kristallisationsprozesses ein, wenn die faltbaren Makromolekülteile verbraucht und nur noch die zwischen ihnen verspannten Teile übriggeblieben sind.

Heterogene Keimbildung. Eine Bildung von Keimen, welche durch feste Grenzflächen, also Gefäßwände, feste Verunreinigungen, kolloidale Einschlüsse usw. katalysiert wird, nennt man *heterogen*. Die Bedingung für ihr Auftreten ist die Benetzungsfähigkeit der katalytischen Fläche durch die sich neu bildende Phase in Gegenwart der alten. VOLMER (1939) [*102*] hat die heterogene Keimbildung an flachen Oberflächen behandelt. Das Ergebnis läuft darauf hinaus, den alten Wert der Grenzflächenspannung σ durch einen neuen in den Ausdrücken für ΔG_i zu ersetzen. Der neue Wert ergibt sich als Funktion des Benetzungswinkels θ, welchen der aufsitzende Keim mit der Unterlage bildet. VOLMER erhält für die heterogene Keimarbeit

$$\Delta G^* \text{(heterogen)} = \Delta G^* \text{(homogen)} f(\theta) \quad \text{mit} \quad 0 < f(\theta) < 1 .$$

Die Zahl der heterogen gebildeten Keime ergibt sich damit zu

$$n_{\text{het}} = n_{\text{adsorb}} \exp\left(- \Delta G^* f(\Theta)/k\,T\right).$$

Infolge der herabgesetzten Keimbildungsarbeit ist diese Art der Keimbildung vom System sehr bevorzugt. Sorgfältige Filtrationen der Schmelze oder Lösung setzen fast stets die Kristallisationsgeschwindigkeit herab.

Kinetische Überlegungen. Da wir jetzt die Zahl der Keime kennen, sind wir in der Lage, die Geschwindigkeit der Bildung von stabilen, wachstumsfähigen Keimen zu berechnen. Wir müssen nur aufsuchen, wie oft die bereits festliegenden Moleküle oder Kettenglieder ein zusätzliches zu sich heranziehen. BECKER und DÖRING (1935) [*2*] und TURNBULL und FISHER (1949) [*94*] erhalten so für die Keimbildungsgeschwindigkeit I

$$I = \nu \exp\left(- \Delta G_D/k\,T\right).$$

Hierin ist ΔG_D eine Freie Enthalpieschwelle, welche die Grenzfläche bedingt (Abb. 1). Unter Zusammenfassung aller Konstanten zu k_s erhält man

$$I_s = k_s \exp\left[- (\Delta G_D + \Delta G^*)/k\,T\right].$$

MANDELKERN (1956) [*57*] hat nach FLORYS (1949) [*28*] statistischer Theorie ΔG^* für Makromoleküle berechnet und erhält eine qualitativ richtige Wiedergabe des bekannten Maximums von I_s in Abhängigkeit von T.

    c) Kristallwachstum. *Kristallformen.* Mikromolekulare Substanzen erscheinen in Abhängigkeit von den Kristallisationsbedingungen in zahlreichen Kristallformen, so daß ein intensives Studium nötig wurde, um ihre Gleichgewichtsformen zu finden. Schon GIBBS und WULFF stellten die Grundregeln auf, die dann besonders von STRANSKI entwickelt wurden. Eine zusammenfassende Darstellung bringt HONIGMANN (1958) [*43*]. Auch Makromoleküle kristallisieren in verschiedenen Kristallformen, wenngleich die Erschwerungen durch den Zusammenhang der kristallisierenden kinetischen Einheiten im Makromolekül eine sehr starke Herabsetzung der kristallinen Mannigfaltigkeit bedingen. Das zeigt sich besonders im Habitus der Einkristalle. Schon SAUTER (1932) [*78*] entdeckte sie beim Polyoxymethylen, später fand man sie beim Guttapercha (SCHLESINGER und LEEPER 1953 [*80*], KELLER und WARING 1955 [*47*]), die schönsten Aufnahmen entstanden aber am Polyäthylen (TILL 1957 [*93*], KELLER 1957 [*48*], FISCHER 1957 [*24*]), bei dem sie eine Rhombusform annehmen, die auch abgestumpft sein kann (NIEGISCH 1959 [*72*]). Ein schöner Einkristall eines Oligomeren des Polyäthylens n-$C_{100}H_{202}$ aufgenommen von DAWSON (1952) [*17*] ist in Abb. 4 zu sehen. Neuerdings erscheinen in großer Zahl Aufnahmen von Einkristallen isotaktischer Polymerer, so daß auf weitere Zitate verzichtet werden muß. Der Einkristallhabitus ist aber im Vergleich zu Mikromolekülen äußerst formenarm.

Aufnahmen von Sphärolithen, die in polymeren Substanzen gewachsen sind, wurden wohl zuerst von BUNN und ALCOCK (1945) [9] am Polyäthylen gezeigt. Später wurden sie in vielen Polymeren gefunden wie STUART (1959) [88] und KELLER (1959) [50] zusammenfassend berichten. Sie sind die charakteristischen Wachstumsformen schnellen, tangentialen Aufwachsens der Kettenglieder und entstehen unter besonderen Wachstumsbedingungen, wie wir gleich hören werden.

Sind die Kristallisationsbedingungen weder der Einkristall- noch der Sphärolithbildung günstig, so erstarrt die polymere Substanz in einem mikrokristallinen Gefüge. Dieses tritt auch besonders zwischen den dendritischen Bändern der Sphärolithe auf und bei der sekundären Kristallisation.

Bei niedermolekularen Stoffen sind viele Fälle von gerichtetem Aufwachsen bei heterogener Keimbildung bekannt, was auch als *Epitaxie* bezeichnet wird. WILLEMS (1957) [103] und FISCHER (1958) [25] ließen Polyäthylen auf Steinsalz aufwachsen. Es entstehen feine, nadelförmige Gebilde, die in zwei aufeinander senkrecht stehenden Richtungen orientiert sind, die Kristallite sind lamellenförmig. Eine weitere durch gerichtetes Wachsen erzeugte Wachstumsform entdeckten JENCKEL, TEEGE und HINRICHS (1952) [44], welche sie *Transkristallisation* nannten. Dünne Schichten einer Polymerschmelze wurden dabei zwischen Alu-

Abb. 4. Elmiskoopaufnahme eines Einkristalls von $C_{100}H_{202}$, Spiralwachstum (DAWSON 1952)

miniumfolien abgekühlt und dadurch eine Kristallisation in ebener Front in die Schmelze erzielt.

Arten des Wachstums. Nach den beim Kristallisieren von Makromolekülen erhaltenen Wachstumsformen können wir etwa 3 Arten des Wachstums unterscheiden:

1. Fazettenwachstum,
2. Dendritisches Wachstum,
3. Mikrokristallines Erstarren.

Das Fazettenwachstum führt wie der Name ausdrücken soll, zu Kristallen mit gut ausgebildeten Grenzflächen wie das Beispiel des $C_{100}H_{202}$ in Abb. 4 zeigt. Im Vergleich zu den Kristallformen von mikromolekularen Stoffen sind diese flachen Rhomben äußerst grenzflächenarm, es sind *Zwillinge*, mit den kristallographischen a- und b-Achsen als Diagonalen. Diese Flächenarmut bei Makromolekülen erklärt sich wohl daraus, daß Wachstum bei ihnen praktisch nur an den Faltenflächen (*F*, Abb. 3) erfolgen kann, in denen die Ketten gefaltet liegen, da die Keimbildungsarbeit an den Kettenebenen (*K*) und Schlaufenebenen (*S*) enorm groß ist. Dort ist nicht nur die Ausrichtung der Kettenglieder eines Makromoleküls, sondern gleich deren mehrerer erforderlich. Fazettenwachstum erfordert eine größere Beweglichkeit der Makromoleküle und die Möglichkeit von zweidimensionaler Wachstumskeimbildung, wie gleich besprochen werden wird.

Sphärolithe hingegen werden durch dendritisches Wachstum erzeugt, wie es am Beispiel des Polypropylens (PADDEN und KEITH 1959 [74]) in Abb. 5 gezeigt ist. Dendritisches Wachstum tritt meistens auf, wenn die Kristalle in eine unterkühlte Schmelze in Richtung starken Temperaturgefälles hineinwachsen können, besonders aber durch die stark erniedrigte Keimbildungsarbeit oder ihre Umgehung in einer bestimmten, kristallographischen Richtung. Es ist gewissermaßen ein ungehemmtes Wachstum, da es nicht durch den Aufbau glatter Grenzflächen, der langsam geschieht, gebremst wird. Es ist außerdem das Resultat der Konkurrenz zwischen dem Abführen der Kristallisationswärme und dem Heranführen kristallisationsfähiger Kettenteile. Dendritisches Wachstum entwickelt bestimmte Kristallformen (STRANSKI und andere 1958 [86]). Bei Polymeren sind es zumeist Bänder (KELLER 1959 [50]) welche in die unterkühlte Schmelze hineinwachsen.

Abb. 5. Dendritisches Wachstum in einem Sphärolithen von Polypropylen. Probe bei 125 bis 130°C kristallisiert, dann abgeschreckt (PADDEN und KEITH 1959)

Mikrokristallines Erstarren erfolgt, wie der Name besagen soll, schließlich erst dann, wenn die beiden soeben beschriebenen Wachstumsarten nicht mehr möglich sind, also etwa im Verlauf der sog. sekundären Kristallisation, oder als kristallines Festlegen der restlichen von den hervorschießenden Dendriten noch nicht erfaßten flüssigen Phase. Möglicherweise ist dann die Fransenkeimbildung bevorzugt, wenn Teile des Makromoleküls in verschiedenen Faltenkeimen festliegen und das Dazwischenliegende verspannen. Diese Dinge sind aber noch weniger erforscht, es handelt sich mehr um Vermutungen, die des strengen Beweises bedürfen.

Wachstumsmechanismen. Zum Verständnis der Wachstumsformen dient besonders die Diskussion der möglichen Mechanismen. Wir unterscheiden 2 Mechanismen des Wachstums:

1. mit Wachstumskeimen,
2. ohne Keime durch Fehlstellen.

Wachstumskeime sind zweidimensional, scheibenförmig; sie legen sich auf bereits ausgewachsene Kristallflächen auf. Über ihre Bildung gilt das über dreidimensionale Starterkeime bereits Gesagte. Die Keimbildungsarbeit ist bei Wachstumskeimen

Faltenkeim: $\Delta G_W = O_K \sigma_K + O_S \sigma_S + V \Delta G_V,$

Fransenkeim: $\Delta G_W = O_K \sigma_K + V \Delta G_V,$

also eine Fläche weniger, da nun die Bildung der Auflagefläche durch ihre Reproduktion in Wegfall kommt. Die Geschwindigkeit der Wachstumskeimbildung ist damit

$$I_W = k_W \exp[-(\Delta G_D + \Delta G_W^*)/kT]$$

wobei ΔG_W^* die Keimbildungsarbeit ist. An sich ist eine Bildung von Wachstumskeimen auf der Schlaufenfläche, auf der Faltenfläche und der Kettenfläche möglich (Abb. 3). Jedoch nur auf der Faltenfläche ist die Keimbildungsarbeit ganz wesentlich geringer, da sie nur die koordinierte Bewegung eines Makromoleküls erfordert, während in den übrigen Flächenarten nicht nur die Kettenglieder eines Makromoleküls unter sich, sondern auch noch zusätzlich die von benachbarten bewegungskoordiniert werden müssen. Das erhöht die Keimbildungsarbeit wohl bis zur Unwahrscheinlichkeit der Keimbildung auf Schlaufen- und Kettenflächen. Schon die Wachstumske mbildung auf Faltenflächen erfordert eine große Kooperation, da der Keim zweidimensional ist, eine größere Unterkühlung ist deshalb zum Aufbringen dieser Arbeit erforderlich. Deshalb haben Wachstumsmechanismen, die nur eindimensionale Keime benötigen, also ein einfaches Anlagern an einer Stufe oder Spirale, eine größere Möglichkeit.

Das kann einmal durch *Schraubenversetzungen* geschehen (FRANK 1949 [*31*]), die einen Wachstumsmechanismus erzeugen, nach welchem auch der Kristall in Abb. 4 gewachsen ist. Schraubenversetzungen garantieren die Wiedererzeugung von Wachstumsstufen auf der Fläche, aus welcher die Stufe auftaucht. Beispielsweise ist die Stufe AB in Abb. 6 eine solche Wachstumskante, sie rotiert während des Wachstums um den festen Punkt A und erzeugt eine „Wendeltreppe" wie auch Abb. 4 zeigt; sie selbst bleibt stets erhalten.

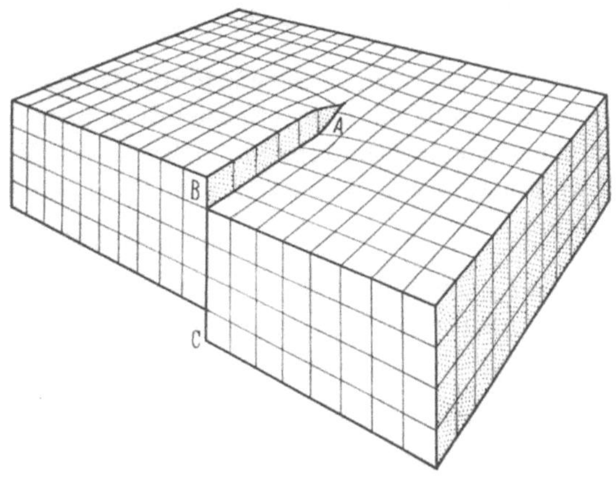

Abb. 6. Schraubenversetzung (READ 1953)

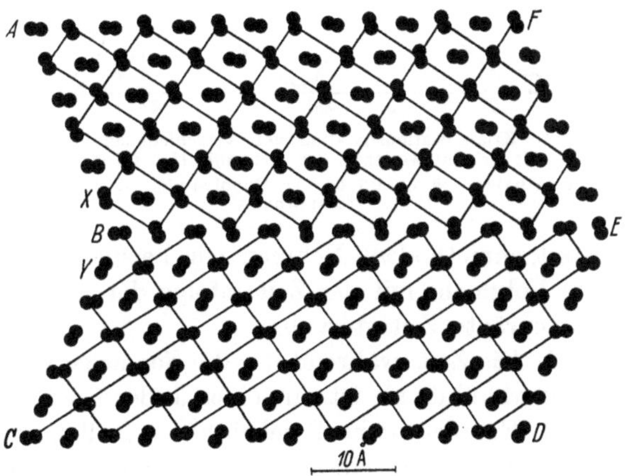

Abb. 7. Orthorhombischer Zwilling $ABCDEF$. Schnelles Wachstum entlang ABC, Wachstumsstufe bei X oder Y (DAWSON 1952)

Ein weiterer Mechanismus zur Umgehung der zweidimensionalen Keimbildung benützt die *Kantenversetzungen*. Auch hier entsteht eine sich ständig erneuernde Wachstumskante stark herabgesetzter Keimbildungsarbeit. Einen Querschnitt durch einen dendritischen Fortsatz des $C_{100}H_{202}$ zeigt schematisch Abb. 7 (DAWSON 1952 [*17*]), die schnell wachsende Fläche des Dendriten ist ABC. Es wächst auf diese Weise ein Zwilling; die Zwillingsgrenzfläche ist kohärent und deshalb von minimaler Grenzflächenenergie, die sich stetig wiederholenden Wachstumskanten sind bei X und Y. Der Dendrit wird bandförmig.

Wachstumskinetik. Beobachtet man einzelne Sphärolithe, so stellt man eine lineare Wachstumsgeschwindigkeit des Einzelindividuums durch tangentiale Anlagerung der Ketten fest. Dann können wir mit VOLMER (1939) [*102*] annehmen, das Wachstum ist durch den Transport der Kettenglieder an die Oberfläche bestimmt. Das lineare Wachstum W_L also der Molekül- oder Kettengliedstrom zwischen kristalliner Phase und Schmelze, resultierend aus dem Gegenspiel Wachstum (W_W) und Auflösung (W_A) ist

$$W_L = W_W - W_A = W_W\left(1 - \frac{W_A}{W_W}\right) = W_0 \exp(-E_D/kT)\,[1 - \exp(-\Delta G_V/RT)]$$

wobei E_D eine Energieschwelle für die Diffusion ist. Das Wachstum vieler Polymerkristalle geschieht aber offensichtlich über Wachstumskeime auch bei dendritischem Sphärolithwachstum. (Zitate bei MANDELKERN 1956, S. 948 [*57*]). Zur Kombination von Wachstum und Keimbildung macht MANDELKERN (1956) den Ansatz:

$$W_{3L} = k_S(W_L)^3\,I_W,$$

worin I_W die Keimbildungsgeschwindigkeit der Wachstumskeime ist. Die bislang vorliegenden experimentellen Ergebnisse scheinen diesen Ansatz mindestens als Ausgangsbasis für weitere Untersuchungen zu rechtfertigen.

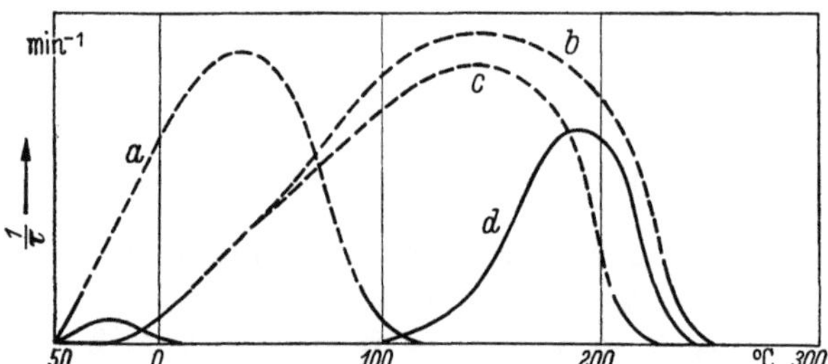

Abb. 8. Kristallisationsmaxima von verschiedenen Polymeren $1/\tau - T$; τ Halbwertszeit der Kristallisation (MORGAN 1954) *a* P.-Äthylen; *b* NYLON 66; *c* Copolyamid; *d* P.-Äthylenterephthalat

Gesamtkristallisation.

α) **Kurvenverlauf.** Das Wachstum der kristallinen Bereiche kann auf verschiedene Weise experimentell bestimmt werden. Hauptsächlich verwendet werden Volumenmessungen, Dichtemessungen nach der Schwebemethode und der Röntgenmethoden. Nehmen wir beispielsweise ein Kurve, welche die Abnahme des Volumens mit der Zeit infolge der Kristallisation darstellt, so zeigt sie drei ausgeprägte Zeitintervalle:

1. Die Zeit, während der die Schmelze sich bis auf die Kristallisationstemperatur abkühlt; sie ist mit einer äußerst schnellen Volumenabnahme verbunden.

2. Ein Zeitintervall scheinbaren Stillstandes des Volumens, während dessen die Keimbildung einsetzt. Sie wird als *Induktionsperiode* bezeichnet.

3. Die S-förmige Wachstumskurve, welche weitere Keimbildung und Wachstum aus diesen Zentren heraus wiedergibt. Sie wird für die quantitative Auswertung herangezogen, wobei als Beginn der Kristallisation das Ende der Induktionsperiode gilt.

Nach einem Vorschlag von WOOD und BEKKEDAHL (1946) [*105*] kann auch die Halbwertszeit zur Beschreibung der Geschwindigkeit benutzt werden. In Abb. 8 hat MORGAN (1954) [*64*] eine Reihe von Ergebnissen verschiedener Forscher zusammengestellt. Es sind dabei die reziproken Halbwertszeiten gegen die Temperatur aufgetragen. Alle Kurven zeigen flache Maxima, wie es bereits die Kristallisationstheorien für niedrigmolekulare Stoffe verlangen, die von TAMMANN (1903) [*90*] und VOLMER (1939) [*102*] aufgestellt wurden. Danach durchlaufen, sowohl die Keimbildungsgeschwindigkeit als auch die lineare Wachstumsgeschwindigkeit als Funktion der Temperatur ein Maximum. Die Maxima beider Funktionen liegen dabei mehr oder weniger zusammen, weshalb die Kurve der Gesamtkristallisationsgeschwindigkeit, welche beide zusammenfaßt, ein etwas abgeflachtes Maximum aufweist, wie besonders auch die Abb. 9 zeigt. Die Temperaturen maximaler reziproker Halbwertszeiten und damit optimaler Gesamtkristallisation sind natürlich eine Funktion der chemischen Konstitution, wie die einzelnen Kurven in Abb. 8 beweisen. UEBERREITER, KANIG und BRENNER (1955) [99] haben die Kristallisationsgeschwindigkeit von Poly-Bernsteinsäure-Glykol-Estern gemessen; die reziproken Halbwertszeiten sind in Abb. 9 gegen die Temperatur aufgetragen. Die Maxima der Kurven verschiedener Kettenlänge

liegen alle bei der gleichen Temperatur, wobei das Maximum abnimmt und bei hohen Kettenlängen einem Grenzwert zustrebt, was wohl mit der Molekulargewichtsabhängigkeit der Diffusionsenergie E_D zusammenhängt (TAKAYANAGI 1956 [89]).

β) Auswertung. Aus den anfangs geschilderten Prozessen – Keimbildung und Kristallwachstum – hat AVRAMI (1939, 1941) [1] theoretisch die Geschwindigkeit der Gesamtkristallisation berechnet. EVANS (1945) [20] benutzte eine direkte Methode, welche auf der Theorie sich ausdehnender Kreise und Kugeln beruht, welche von MORGAN (1954) [64] auf zylindrisches Wachstum ausgedehnt wurde. Die Gedankengänge sollen

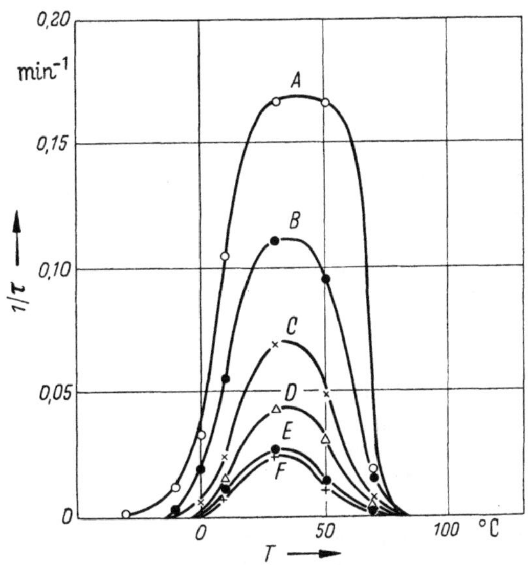

Abb. 9. Kristallisationsmaxima von Polyäthylensuccinat
$1/\tau - T$;   Molekulargewichte: $A = 855$; $B = 1286$:
$C = 1805$; $D = 2427$; $E = 3575$; $F = 4096$
(UEBERREITER, KANIG, BRENNER 1955)

kurz angedeutet werden. Beobachten wir eine Wasserfläche, auf welche Regentropfen fallen, die Wellenkreise erzeugen. Wir fassen einen Punkt der Fläche ins Auge und fragen nach der Wahrscheinlichkeit, daß gerade n von Tropfen erzeugte Kreise unseren Punkt überrollen. Für nicht zu große Werte von n gilt angenähert nach POISSON, daß die Wahrscheinlichkeit $e^{-E}(E^n/n!)$ ist. Die Wahrscheinlichkeit, daß unser Punkt nicht überrollt wird, im Kristallisationsvorgang also amorph bleibt, ist demnach e^{-E}, denn jetzt ist $n = 0$ und $E^0 = n! = 1$. Der Bruchteil nicht von Kreisen überrrollter Fläche oder der amorph gebliebene Anteil ist damit $A = e^{-E}$. Die Größe E ist die erwartete Zahl von Überrollungen, welche leicht berechnet werden kann, da die Erwartung eine additive Größe ist. Wir schauen wieder unseren Punkt auf der Fläche an und ziehen um ihn einen Kreisring im Abstand $r = v\,t$ und $r + dr = v(t + dt)$ (v = Kristallisationsgeschwindigkeit, t = Zeit) des Inhaltes $d\tau$, indem wir bei dem Beispiel scheibenförmigen Wachstums bleiben. Wenn die Zahl der Keime pro Flächeneinheit ω (athermisch) oder Ω (thermisch) ist, so ist die Zahl der

Kreise, die unseren Punkt in der Zeit dt gerade überrollen können, $dE = \omega$ (oder Ω) $d\tau$. Durch Integration von Null bis t erhalten wir schließlich die Erwartung E. Diese Überlegung wird nun für verschieden wachsende Flächen angestellt, unterscheidet sich aber stets nur durch den Ausdruck $d\tau$, welcher entweder ein Kreisring bei scheibenförmigem Wachstum, eine Kugelschale bei kugelförmigem oder ein Hohlzylinder bei fadenförmigem Wachstum ist. MORGAN (1955) hat alle vorkommenden Fälle zusammengestellt; sie sind in Tab. 1 enthalten. Bei Volumenmessungen lassen sich Keimbildung und lineares Wachstum nicht trennen, man faßt deshalb die Ausdrücke für E in der Tab. 1 zusammen und schreibt für den Kristallisationsverlauf $A = \exp(-k\,t^n)$. Der Exponent n gibt dann nach der Tab. 1 Auskunft über die Art der Kristallisation. Volumenmessungen wertet man danach durch Auftragung von $\ln(\ln - A)$ gegen $\ln t$ aus.

Tabelle 1 [nach MORGAN (1955)]

Kristallwachstum	Kernbildung	Kristallisationsverlauf $A = e^{-E}$
Fadenförmig	athermisch	$E = \tfrac{1}{2}\,\pi\,d^2\,v\,\omega\,t = k\,t^n$
	thermisch	$E = \tfrac{1}{4}\,\pi\,d^2\,\Omega\,v\,t^2$
Fadenförmig sphärolithisch	athermisch	$E = \tfrac{4}{3}\,\pi\,\omega\,v^3\,t^3$
	thermisch	$E = \tfrac{1}{3}\,\pi\,\Omega\,v^3\,t^4$
Sphärolithisch in Schichten	athermisch	$E = h\,m\,\omega\,t$
	thermisch	$E = \tfrac{1}{2}\,h\,m\,\Omega\,t^2$
Bündelförmig	athermisch	$E = K'\,t^5$
	thermisch	$E = K''\,t^6$

$k,\ K',\ K''$ Konstante
$\quad\quad d$ Durchmesser,
$\quad\quad h$ Schichtdicke,
$\quad\quad m$ Flächenwachstumsgeschwindigkeit ($\mathrm{cm^2\ sec^{-1}}$)

Die Steigung dieser Kurve n und ihr Achsenabschnitt $\ln k$ können noch durch Auszählungskurven ergänzt werden. Mikroskopische Betrachtungen ermöglichen es, Keimzahl und lineares Wachstum direkt zu messen und den k-Wert unabhängig zu kontrollieren. HARTLEY, LORD und MORGAN (1955) [36] finden bei Polyäthylenterephthalat eine erstaunliche Übereinstimmung beider Werteserien. Das Wachstum geschieht bei diesem Stoff mit $n = 4$ über 240° unter thermischer Keimbildung fadenförmig sphärolithisch, bei 240 bis 180° mit $n = 4$ bis 3 mit überwiegend athermischer Keimbildung, um schließlich bei noch tieferen Temperaturen mit $n = 2$ bei thermischer Keimbildung fadenförmig zu verlaufen. v. FALKAI und STUART (1958) [23] finden die AVRAMI-Gleichung ebenfalls beim isotaktischen Polypropylen bestätigt, die Keimbildung ist athermisch und $n = 3$.

Die Anwendung der Gleichungen von AVRAMI zur Beschreibung des Verlaufes der Gesamtkristallisation setzt eine vollständig verlaufende Reaktion, ein Aufhören des Wachstums bei Berührung der kristallinen Gebiete und keine gegenseitige Behinderung beim Kristallisieren voraus. Während die letzteren Voraussetzungen übernommen werden, kann man versuchen, das Ausmaß der Kristallisation zu berücksichtigen. MANDELKERN, QUINN und FLORY (1954) [55] haben die Kristallisation von Guttapercha, Polyäthylen usw. gemessen und durch Auftragung des Volumenverhältnisses v/v_0 ($v_0 =$ spezifisches Volumen zur Zeit Null, v zur Zeit t) gegen den Logarithmus der Zeit die wichtige Feststellung gemacht,

daß alle Kristallisationsisothermen durch Verschiebung entlang der Zeitachse
zur Deckung gebracht werden können, wie Beispiel Abb. 10 für die an Polyäthylen
gemessenen Isothermen beweist. Da die Überlagerungsfähigkeit solcher Kurven
für den gesamten Ablauf zutrifft, ist die Temperaturabhängigkeit der Kristallisation unabhängig vom Anteil bereits auskristallisierter Phase. MANDELKERN,
QUINN und FLORY (1954) haben überdies einen die unvollständige Kristallisation
berücksichtigenden Korrekturfaktor in die AVRAMI-Gleichung eingeführt. Sein
Einfluß ist aber nur bei sehr viel amorph bleibender Phase merklich. Die meisten
der synthetischen Polymeren kristallisieren zu über 50%, wo eine Korrektur
vernachlässigt werden kann. Kautschuk allerdings kristallisiert ungedehnt nur
wenig, weshalb dieser Effekt berücksichtigt werden muß.

c) Äußerlich weichgemachte Polymere. MANDELKERN (1955) [*56*] hat die Kristallisation von Polyäthylenoxyd-Diphenyläther-Lösungen und Polydekamethy-

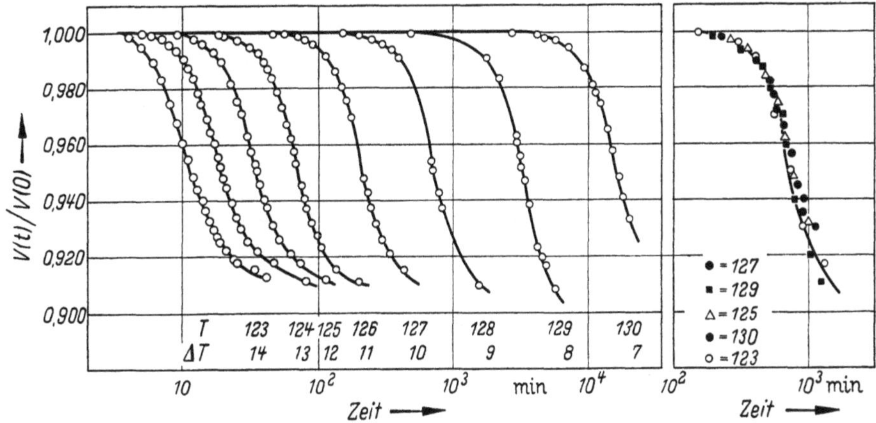

Abb. 10. Kristallisationskurven von Polyäthylen, v/v_0 — log t (MANDELKERN, QUINN, FLORY 1954)

len-adipat-Dimethylformamid-Lösungen untersucht. Die Geschwindigkeitskonstanten haben bis zu 50 Volumenprozent Weichmacher die gleichen Werte wie
beim reinen Polymeren, auch die Kristallisationskurven gleichen einander. Bei
höheren Zusätzen werden die Unterschiede merklich größer, sie sind qualitativ von der Natur des Lösungsmittels unabhängig. Man sollte annehmen, daß
durch die äußere Weichmachung die Viskosität erniedrigt und deshalb die Kristallisationsgeschwindigkeit erhöht wird. Gleichzeitig nimmt aber die Geschwindigkeit der Keimbildung ab. Diese beiden einander entgegenwirkenden Prozesse
kompensieren sich in einem weiten Konzentrationsgebiet. Bei hohem Weichmachergehalt nimmt die Keimbildung stärker ab und verursacht eine Abnahme
der Kristallisationsgeschwindigkeit.

3.2.2 Kristalliner Zustand

a) Anisotropie. Ein Kristall oder ein Bruchstück davon zeigt eine für alle
Kristalle mit Ausnahme der des kubischen Systems charakteristische Eigenschaft,
die *Anisotropie*. Sie ist dem Kristallzustand eigen und unabhängig von äußeren
geometrischen Formen, würde also beispielsweise auch in einem zur Kugel geschliffenen Kristall vorhanden sein. Die typischen äußeren geometrischen Formen

sind vielmehr ein Resultat dieser Anisotropie. So sind bei den Kristallen zahlreiche Eigenschaften richtungsabhängig, wie z. B. die Wachstums- oder Auflösungsgeschwindigkeit. Als bekannte Erscheinung seien die sog. Ätzfiguren genannt, die eine bestimmte Symmetrie aufweisen. Ferner sind die mechanischen Eigenschaften anisotrop, die Elastizität, das thermische Ausdehnungsvermögen, die Kompressibilität, die Härte und das plastische Fließen entlang gewisser Gleitebenen. Natürlich gilt die Richtungsabhängigkeit auch für die elektrischen Eigenschaften, elektrisches Leitvermögen, Dielektrizitätskonstante usw. und besonders augenfällig für optische, wie Lichtbrechung u. a.

b) Nah- und Fernordnung von Kristallen. Die Anisotropie, welche den kristallinen Zustand von anderen unterscheidet, legt die Vermutung nahe, daß die Teilchen im Kristallzustand geordnet, in isotropen Phasen hingegen ungeordnet liegen. Hierbei handelt es sich um die Ordnung über größere Bereiche hinweg, um eine *Fernordnung*, welche der Kristall im Gegensatz zur Flüssigkeit aufweist. Der vollkommene Kristallzustand muß also vorgestellt werden als eine Vereinigung von Teilchen, bei denen jedes in einem bestimmten räumlichen Bild festgelegt ist; dieses Raumbild, unendlich an Ausdehnung, wird als *Raumgitter* bezeichnet. Das Ausmaß und auch die Qualität der Fernordnung beeinflussen die Eigenschaften der Kristalle, weshalb diese in gewissen Grenzen von ihrer Geschichte abhängen. Die Teilchen mögen beim Wachstum in Lagen festgehalten werden, die nicht in das Gitter passen, sog. Fehlordnungsstellen, und sie werden durch Spannungen in solchen Lagen festgehalten. Auch können Versetzungen beim Wachstum den Aufbau eines Idealkristalls verhindern. Bei polykristallinem, beispielsweise sphärolithischem, Material werden die Eigenschaften stark von der Kristallitgröße abhängig. Alle Betrachtungen müssen daher diese Unvollkommenheiten ausschließen und mit dem Idealkristall beginnen.

Das Studium der Kristalle hat zwei Seiten: die Systematik der äußeren Form und die Erforschung der inneren Struktur. Weil die Kenntnis der ersteren für die zweite nötig ist, soll damit begonnen werden.

c) Kristallform. *α) Flächenwinkel.* Läßt man die Kristalle wachsen, so sind sie je nach Gunst oder Ungunst der Verhältnisse in ihrem freien Wachstum behindert. Die einzelnen Flächen werden in ihrem Wachstum gefördert oder gehemmt, so daß das Wachstumsprodukt eine veränderte Gestalt hat, die einem Idealkristall ganz unähnlich ist. Man nennt diese Erscheinung *Verzerrung.* Trotz aller dieser Unterschiede bleiben die Neigungswinkel entsprechender Flächen konstant, ein Gesetz, das schon NICOLAUS STENO 1666 erkannte.

β) Symmetrie. Ein weiteres, das Wesen der Kristalle kennzeichnendes Merkmal ist die Symmetrie. Darunter verstehen wir die gesetzmäßige Wiederholung von Begrenzungselementen (Flächen, Kanten und Ecken). Durch eine einfache geometrische Operation, z. B. Drehung um eine Achse oder Spiegelung an einer Ebene, ist die Kristallgestalt mit der Ausgangsstellung völlig in Deckung zu bringen. Infolge seines Gitterbaues kommen einem Kristall 3 Symmetrieelemente zu: Ein Körper hat eine *Symmetrieebene,* wenn er durch eine gedachte Ebene in 2 Teile geteilt werden kann, die zueinander Spiegelbilder sind. Unter *Symmetrieachse* verstehen wir eine durch die Mitte des Kristalls gehende Linie, so daß der Körper nach Drehung um bestimmte Winkelbeträge wieder mit der Ausgangsstellung sich deckt. Die Anzahl der sich bietenden Deckstellungen bezeichnet man als *Zähligkeit*. Schließlich nennen wir noch das Symmetriezentrum. Eine Gerade, durch diesen Punkt gezogen, schneidet einander gegenüberliegende Flächen in gleichen Abständen.

Die Abb. 11 soll an einem Würfel die Bedeutung der einzelnen Symmetrieelemente zeigen. a) zeigt eine rechtwinklige Symmetrieebene, von der drei vorkommen, die beiden anderen sind rechtwinklig zu der gezeigten; b) ist eine diagonale Symmetrieebene, deren es sechs gibt, welche diagonal durch den Würfel gehen; c) deutet eine der drei vierzähligen Symmetrieachsen an, die aufeinander senkrecht stehen; d) stellt eine dreizählige Symmetrieachse durch gegenüberliegende Ecken dar, von denen es vier gibt; e) ist eine der sechs zweizähligen Achsen und f) schließlich ist das eine Symmetriezentrum.

d) Kristallsysteme. α) *Achsenkreuz und Parametergesetz.* Die äußere Gestalt der Kristalle läßt sich, da es dreidimensionale Gebilde sind, am besten mit Hilfe eines Dreikoordinatensystems beschreiben. Die Wahl der Koordinatenachsen muß mit dem Bauplan des betreffenden Kristalls zusammenstimmen, weshalb man zwar meistens rechtwinklige, aber auch manchmal schiefwinklige Achsenwinkel wählt. Einige Achsenkreuze und ihre Beziehung zur Geometrie des Kristalls zeigt Abb. 12.

Wenn das Achsenkreuz festliegt, wählt man eine bestimmte Kristallfläche als Einheitsfläche. Die Wahl ist beliebig, aber eine Voraussetzung muß erfüllt sein, daß sie alle 3 Achsen schneidet. Sie möge dabei die Achsenabschnitte a, b, c – Parameter genannt – haben. Das Verhältnis dieser Werte, das Parameterverhältnis $a:b:c$, ist meistens irrational. Man setzt $b = 1$ und erhält so beispielsweise für Kaliumsulfat 0,5727:1:0,7418. Ist diese Metrik, das Achsenkreuz und das Parameterverhältnis für die Einheitsfläche festgelegt, dann wird man finden, daß die Parameterverhältnisse aller übrigen vorkommenden Kristallflächen durch das Verhältnis $m\,a:n\,b:p\,c$ ausgedrückt werden können. Dabei sind die Zahlen m, n, p entweder einfache ganze Zahlen oder rationale Brüche, wie bereits R. J. Haüy 1784 entdeckte. Dieses Gesetz liegt im Feinbau der Kristalle begründet, wie später erörtert wird.

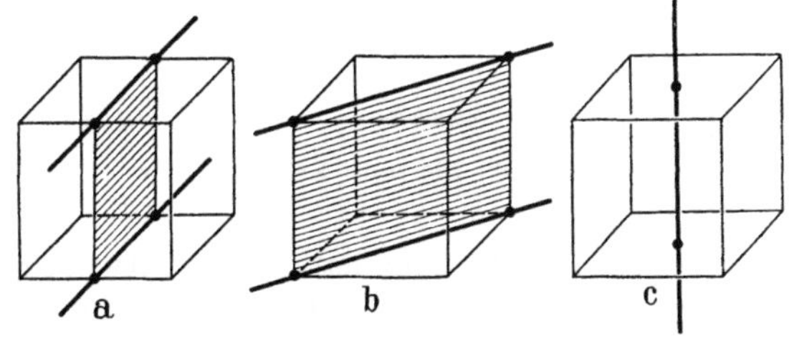

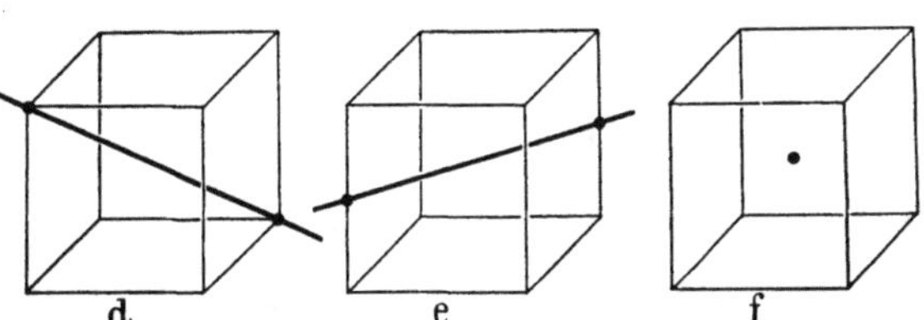

Abb. 11. Symmetrieelemente eines Würfels (Erklärung im Text)

β) *Indizierungsmethoden.* Für die Beschreibung von Kristallen hat sich eine von W. H. Miller 1839 eingeführte Indizierung durchgesetzt. Diese wählt an Stelle der Parameterkoeffizienten das ganzzahlige Verhältnis der reziproken Werte dieser Parameter. Beispielsweise hat die Fläche $2a:1b:3c$ das Verhältnis der reziproken Werte $^1/_2:^1/_1:^1/_3$, oder ganzzahlig gemacht durch Erweitern 3:6:2. Das Millersche Symbol ist also (3 6 2).

γ) *Kristallsysteme.* Durch mannigfaltige Operationen mit den Symmetrieelementen – könnte man annehmen – sei eine ungeheure Zahl von Formbildungen der Kristalle möglich. Es zeigt sich aber, daß sich bei Beachtung der Grundgesetze der Kristallographie nur 32 Kombinationsmöglichkeiten ergeben. Diese nennt man die Klassen der Symmetrie. Diese 32 Kristallklassen lassen sich nach dem Typus ihres Achsensystems in sechs oder sieben Abteilungen – die *Kristallsysteme* – gruppieren, je nachdem, ob man das trigonale System als Unterklasse des hexagonalen auffaßt oder nicht. Die Grundsysteme sind in Abb. 12 aufgezeichnet.

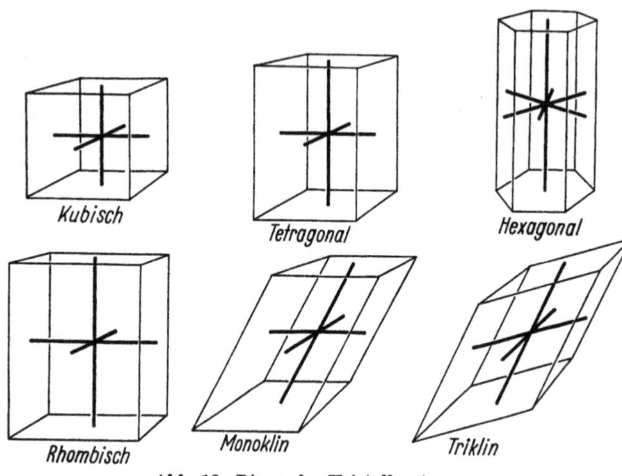

Abb. 12. Die sechs Kristallsysteme

Das *kubische* System hat drei rechtwinklige Achsen gleicher Länge.

Das *tetragonale* System hat drei rechtwinklige Achsen mit zwei gleichen Achsenlängen und einer kürzeren oder längeren[1].

Im *hexagonalen* System liegen 3 Achsen gleicher Länge in einer Ebene und schneiden sich unter einem Winkel von 60°. Eine vierte, die länger oder kürzer ist, steht senkrecht auf der Ebene der drei anderen[1].

Im *rhombischen* System stehen 3 Achsen unterschiedlicher Länge senkrecht aufeinander.

Das *monokline* System hat ebenfalls 3 Achsen verschiedener Länge, zwei stehen aufeinander senkrecht, während die dritte nur auf der einen, aber nicht auf der anderen Achse senkrecht steht.

Im *triklinen* System schließlich sind alle Winkel und Längen verschieden.

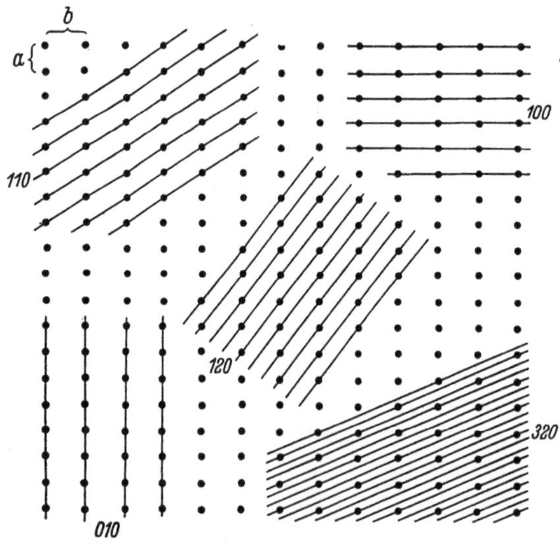

Abb. 13
Verschiedene Netzebenen in einem Kristall (BUNN)

e) Kristallfeinbau. α) *Elementarzelle.* Nach der Besprechung des äußeren Aufbaues führt die Spaltbarkeit der Kristalle zu Gedanken über ihren inneren Aufbau. Durch fortgesetztes Spalten muß man schließlich zu einem Körper kommen, welcher

---

[1] Die Symmetrie der Kristalle dieser Klassen wird durch ihre Hauptachse bestimmt. Man nennt sie deshalb in Analogie zur Verzweigung von Pflanzenstengeln: *Wirtelsymmetrie.*

der kleinste elementare Baustein ist. Aus diesen Betrachtungen heraus hat sich die Vorstellung eines räumlichen Gitters entwickelt, welches sich aus der inneren atomaren oder molekularen Ordnung heraus verstehen läßt. Ein ebenes Muster, beispielsweise kariertes Papier, läßt sich bei Verbindung der Eckpunkte durch parallele Linien in eine Reihe von Zellen auflösen. Ganz gleich, welche Zelle zum Baustein erklärt wird, es läßt sich aus ihr stets das ganze Muster aufbauen. Ein Kristall ist ein räumliches Netzwerk von Elementarzellen. Besteht er aus Atomen wie bei Metallen, so gibt es nur ein Raumgitter, ist er aus

Molekülen aufgebaut, dann kommen mehrere vor, die einander gleich oder verschieden sein können. Wie im makroskopischen Aufbau gibt es auch sieben verschiedene Elementarzellen.

β) Netzebene. Durch ein ebenes Gitter können Netzebenen gelegt werden, die im Beispiel der Abb. 13 Parallelen sind, welche sich durch verschiedene Punktdichte auszeichnen. Das gleiche gilt für ein Raumgitter, alle möglichen Netzebenen kommen jedoch am Realkristall nicht vor. Es treten bevorzugt diejenigen mit der größten Besetzungsdichte auf, wenn der Kristall normal gewachsen ist. Die Netzebenen werden wie die Begrenzungsflächen der Kristalle durch Millersche Indizes bezeichnet.

γ) Bravais-Gitter. Die Aufgabe, alle geometrisch möglichen Arten von Raumgittern aufzufinden, löste BRAVAIS, indem er bewies, daß es nur 14 Arten von Raumgittern gibt. Die Symmetrie dieser Gitter entspricht den 7 Kristallsystemen. Abb. 14 gibt diese Raumgitter wieder. Die Zellen *a, b, d, h, k, l* und *m* enthalten nur 1 Baustein je Zelle ($^1/_8$ in den 8 Ecken), man nennt sie *primitive Zellen.* Daneben gibt es basisflächenzentrierte *c* und *e*, allseitig flächenzentrierte *g* und *o* und raumzentrierte Zellen *f, i* und *n*, die aus zwei oder mehreren ineinandergestellten primitiven Gittern entstehen. Alle diese Gitter entstehen durch die Operation der *Translation* (Translationsgruppen).

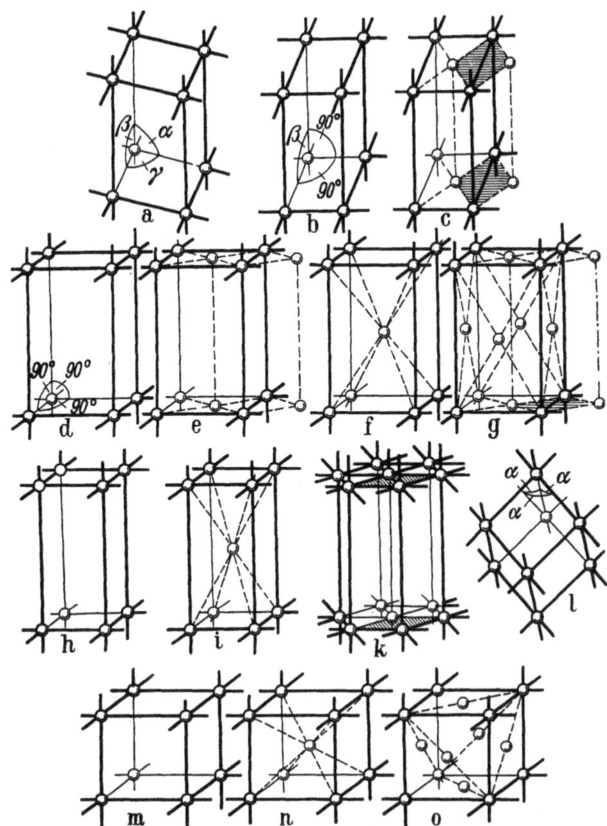

Abb. 14. BRAVAIS-Gitter

a) triklin; b) und c) monoklin; d) bis g) rhombisch; h) und i) tetragonal; k) hexagonal; l) rhombisch; m) bis o) kubisch

δ) Raumgruppen. Im makroskopischen Kristallbau existieren nur die Symmetrieoperationen Drehung, Spiegelung, Inversion und Drehspiegelung. Dadurch ergaben sich 32 Kristallklassen. Zwei dem Feinbau weiterhin eigene, durch Kombination von Deckoperationen entstehende neue Operationen, sind die

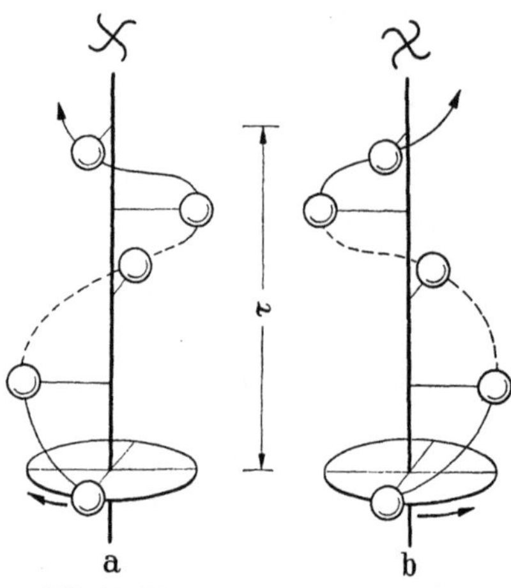

Schraubung und die *Gleitspiegelung*. Man nennt die Schraube Links- oder Rechtsschraube, je nach dem Drehungssinn. Abb. 15 zeigt eine vierzählige Schraubenachse und Abb. 16 die dreizählige des Polystyrols.

Bei der *Gleitspiegelung* (Abb. 17) wird das Atom um $\tau/2$ der Translation verschoben und dann gespiegelt. Nach Wiederholung der Operation entsteht ein um τ verschobener identischer Punkt.

Mit Hilfe dieser neuen Deckoperation ergeben sich 230 Möglichkeiten, die Symmetrieelemente zu kombinieren, die sog. *Raumgruppen*. Durch Weglassung dieser nur im Feinbau sich auswirkenden Operationen erhält man die Symmetrie der entsprechenden Kristallklasse.

Abb. 15. Vierzählige Schraubenachsen
a) Links-; b) Rechtsschraubenachse

Durch die bedeutende Entdeckung MAX VON LAUES über die Interferenz der Röntgenstrahlen am Kristallgitter, die zu einer umfangreichen Forschungsarbeit über den Feinbau führte, wissen wir über den kristallinen Zustand vieler Substanzen gut Bescheid. Es sollen jetzt nur die Gitter von solchen mikrokristallinen Substanzen besprochen werden, die als Oligomere von wichtigen Polymeren bekannt sind; das sind vor allem die Paraffine.

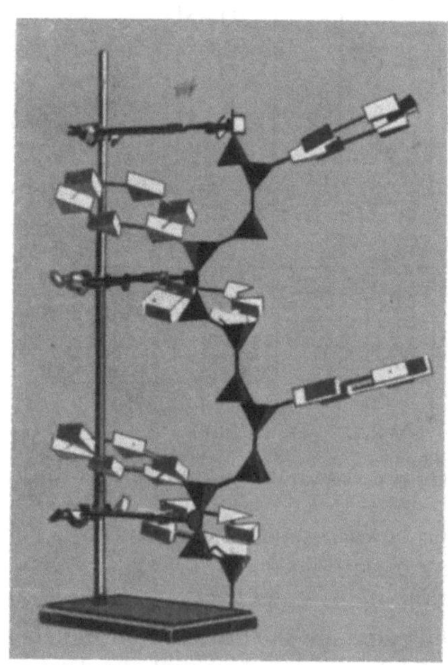

f) Einige Kristallgitter. α) *Gitter der Paraffine.* Das kleinste Glied der Reihe, Methan, kristallisiert in kubisch dichtester Packung mit einer Kantenlänge $a = 6{,}35$ Å, das nächste Homologe, Äthan, in hexagonal dichtester Packung mit den Elementarzellenabmessungen $a = b = 4{,}46$ Å und $c = 8{,}19$ Å. Von den weiteren Gliedern der Paraffinreihe sind besonders Verbindungen von 15 bis 35 C-Atomen genauer untersucht worden. Man findet eine besonders große Identitätsperiode c in Richtung der Kettenachse; diese Abmessung c der Zelle wächst innerhalb der homologen Reihe um einen

Abb. 16. Isotaktisches Polystyrol (NATTA 1956)

konstanten Betrag Δc, entsprechend der Längenzunahme des Moleküls um eine CH$_2$-Gruppe. Bei Paraffinen beträgt das Δc pro CH$_2$-Gruppe 1,27 Å (MÜLLER 1928) [*67*]. Die Verhältnisse liegen bei anderen homologen Reihen

genauso, wie eine Reihe von Beispielen von HENDRICKS (1930) [*37*] in Abb. 18
zeigt.

Die Elementarzelle eines Paraffins ist nach MÜLLER (1928) in Abb. 19 in
Projektion auf die a, b-Ebene und im Aufriß zu sehen. Die Zelle ist fast genau
hexagonal. Die Dimensionen ergeben,
daß die Paraffinkette eine Zickzackkette ist. Die Abmessungen der Zelle
$a = 7{,}45$ Å und $b = 4{,}97$ Å ändern
sich in der Reihe kaum, während die
Kettenperiode c direkt als Maß für
die Moleküllänge genommen werden
kann. Sie beträgt beispielsweise nach
HENGSTENBERG (1928) [*38*] beim
$C_{60}H_{122}$ $c = 78{,}2$ Å. Die Zelle der
Paraffine enthält 2 Moleküle. Der Abstand zwischen 2 Ketten ist 3,6 bis
3,9 Å, also so groß, daß er sich bei
Substitution durch etwas größere
Gruppen kaum ändert. Wie erwartet

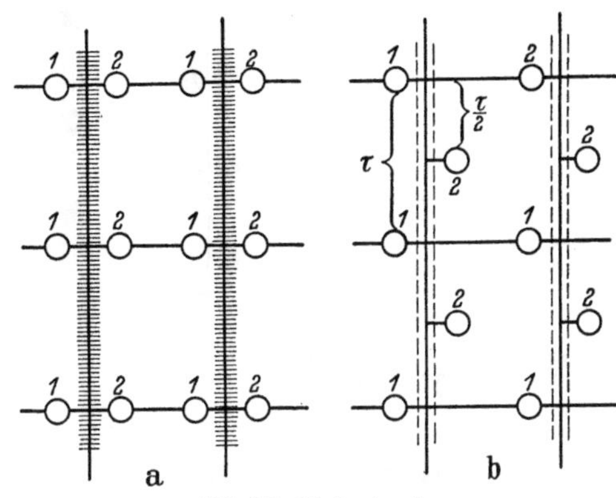

Abb. 17. Gleitspiegelung
a) echte Spiegelebenen in einer Raumgruppe;
b) Gleitspiegelebenen

liegen die aus CH_3-Endgruppen gebildeten 001-Ebenen bei noch nicht gefalteten Oligomeren in der Blättchenebene. Andererseits kann man auch
001-Ebenen geringerer Ordnung durch die CH_2-Gruppen legen, dementsprechend

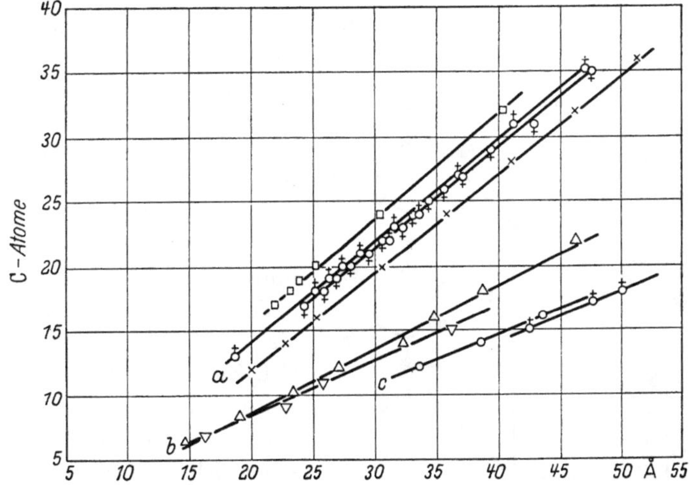

Abb. 18. Länge der Kettenperiode von einigen aliphatischen Oligomeren (HENDRICKS 1930)
□ Ester, $C_NH_{2N}O_2$; ○̇ Ketone $C_NH_{2N}O_2$; ♀ KW-Stoffe C_NH_{2N}; × Bleisalze $PbC_NH_{2N-2}O_4$;
△ Säuren, gerade $C_NH_{2N}O_2$; ▽ Säuren, ungerade $C_NH_{2N}O_2$; ○ Na-Salze $NaC_NH_{2N-1}O_2$

treten ihre Linien im Röntgendiagramm auf, die CH_2-Molekülschichten streuen
also tatsächlich wie ein CH_2-Kristall. Die Abmessungen der kleinstmöglichen
Elementarzelle beträgt bei C_{60} nach HENGSTENBERG (1928) $a = 7{,}41$ Å, $b = 4{,}95$ Å,
$c = 2{,}54$ Å mit 4 CH_2-Gruppen pro Zelle. Es wird sich herausstellen, daß diese
Zelle auch bei langen Ketten erhalten bleibt.

β) *Cellulose.* Die Auswahl der im folgenden zusammengestellten Ergebnisse geschieht nach rein praktischen Gesichtspunkten und kann im Rahmen dieses Kapitels nur als Überblick gewertet werden.

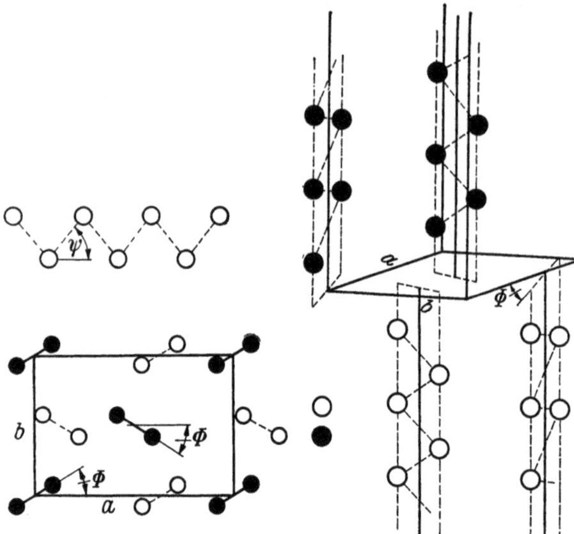

Abb. 19. Gitter des $H_{29}H_{60}$ (MÜLLER 1928)

Beginnen wir mit dem wichtigen Naturprodukt Cellulose. Ein Schema der Gitterstruktur nativer Cellulose, aufgestellt von MEYER und MISCH (1937) [*63*], zeigt Abb. 20. Die Makromoleküle der Cellulose haben Glucosereste als Kettenglieder. Wie man sieht, laufen die Ketten längs der Kanten und Mitte der Elementarzelle. Die Cellulosekette weist eine zweizählige Schraubenachse auf, benachbarte Glucoseglieder sind also um 180° gegeneinander verdreht. Bemerkenswert an diesem Modell ist die alternierende Richtung der Ketten, d. h., wenn die Kette in der Längskante nach oben läuft, so zeigt diejenige in der Mitte nach unten. Auflösung der Cellulose und nachfolgende Regeneration scheint

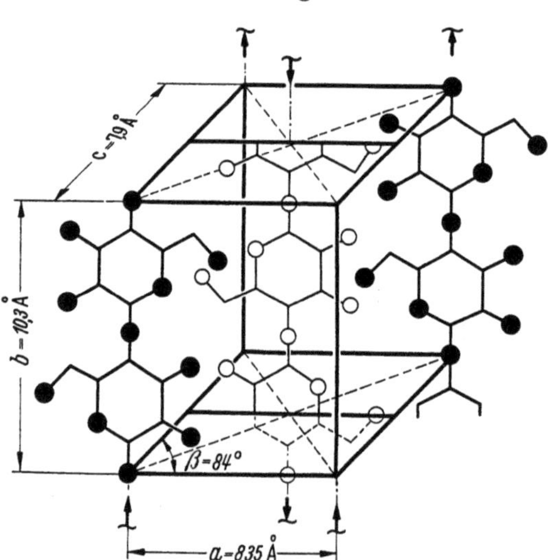

Abb. 20
Gitter von nativer Cellulose (MEYER und MISCH 1937)

Cellulosen zu liefern, bei denen die Kettenebenen nicht mehr parallel zur a-Achse verlaufen, sondern gegen diese verdreht sind. Doch liegt nach KRATKY (1955)[*52*] diese Feststellung schon im Fehlerbereich der Methode.

γ) *Polyvinylderivate.* Die Bestimmung der Struktur der Paraffinmakromoleküle ist insofern wichtig, als sie das Vorliegen einer ebenen CH_2-Zickzackkette ergeben. Nach Untersuchungen von BUNN (1939)[*7*] liegen die Ketten in einer rhombischen Elementarzelle

$$a = 7{,}40\,\text{Å}, \quad b = 4{,}93\,\text{Å},$$

$$c \ (\text{Kettenachse}) = 2{,}534\,\text{Å}.$$

Die Lage der Ketten und ihre Zelle ist in Abb. 21 zu sehen. Es ist interessant, den Einfluß der Substitution eines H-Atoms der Kette durch eine Gruppe R zu studieren, da es deren Größe bedingt, ob eine Verdrillung der Kettenebene eintritt. Trotz der geringen Daten, die über Polyvinylchlorid bekannt sind (FULLER 1940 [*32*]), scheint das Cl-Atom keine Verdrehung hervorzurufen, es bleibt die Zickzackkette eben. Die Einführung eines weiteren Cl-Atoms im Polyvinylidenchlorid scheint allerdings bereits eine sehr leichte Verbiegung der Ketten zu bewirken (FULLER 1940). Beim Polyvinylalkohol liegt sicher noch eine planare Kette vor. Eine zuverlässige Analyse führte BUNN (1948) [11] durch. Er findet für die Abmessungen der monoklinen Elementarzelle

$$a = 7,81 \text{ Å}, \quad b \text{ (Kettenachse)} = 2,52 \text{ Å},$$
$$c = 5,51 \text{ Å}, \quad \beta = 91,7°.$$

BUNN (1954) [12] vertritt die Auffassung, daß die OH-Gruppen in der Kette statistisch verteilt sind. Er belegt diese Meinung, welche in Abb. 22 angedeutet ist, unter anderem mit dem chemischen Befund, daß Polyvinylacetat, aus welchem der Alkohol durch Verseifen gewonnen

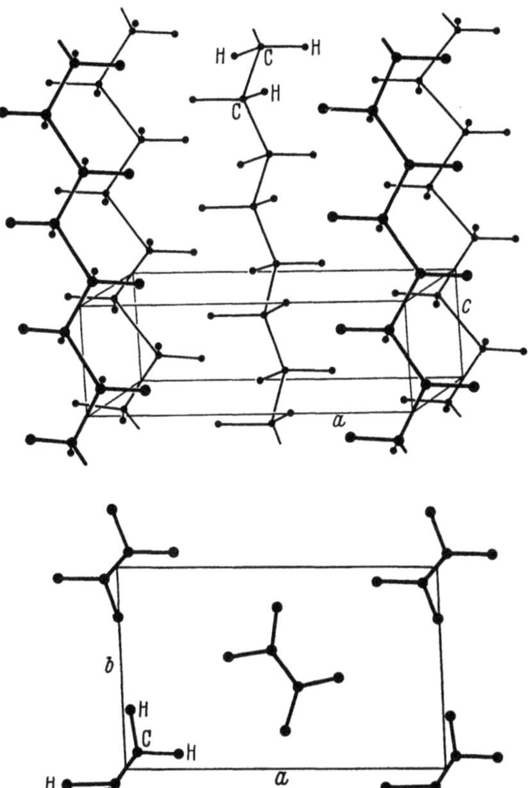

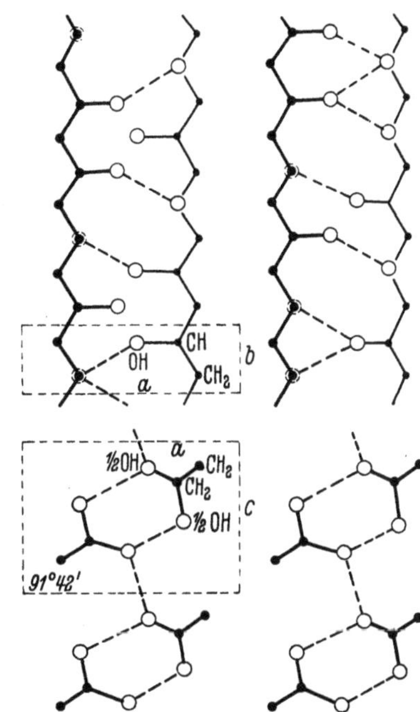

Abb. 21. Gitter des Polyäthylens (BUNN 1939)

Abb. 22
Gitter des Polyvinylalkohols (BUNN 1954)

wird, nicht kristallisieren kann. Dessen viel größere Acetatgruppen verhindern durch ihre ataktische Struktur die Kristallisation, während im Alkohol die H- und OH-Gruppen im Gitter austauschbar sind. Es handelt sich hier um den Fall eines polymeren Mischkristalls.

Polystyrol besitzt einen so großen Substituenten R, daß er die planaren Zickzackketten verdrillt. Es entsteht nach NATTA und CORRADINI (1955) [69] eine dreizählige Schraubenachse, die in Abb. 16 und 24 aufgezeichnet ist. Die Elementarzelle ist rhomboedrisch

$$a = b = 21,9 \text{ Å}, \quad c = 6,65 \text{ Å}, \quad \gamma = 120°.$$

Eine Projektion des Gitters auf eine Ebene senkrecht zur c-Achse ist in Abb. 23 zu sehen. Auch Polybutylen hat die gleiche Elementarzelle mit

$$a = b = 17,69 \text{ Å},$$

$$c = 6,5 \text{ Å} \quad \text{und} \quad \gamma = 120°.$$

Polypropylen hat nach Natta (1956) [71] eine monokline oder trikline Zelle. Die Projektion der Kantenlänge a', b' und des eingeschlossenen Winkels γ' auf eine Ebene normal zu c sind

$$a' = 6,56 \text{ Å}, \quad b' = 5,46 \text{ Å},$$

$$c = 6,50 \text{ Å}, \quad \gamma' = 106° \, 30'.$$

Die Kettenebene ist in der gleichen Weise gewendelt wie die des Polystyrols, wie Abb. 24 zeigt. Weitere Ketten mit umfangreichen Substituenten R ergeben

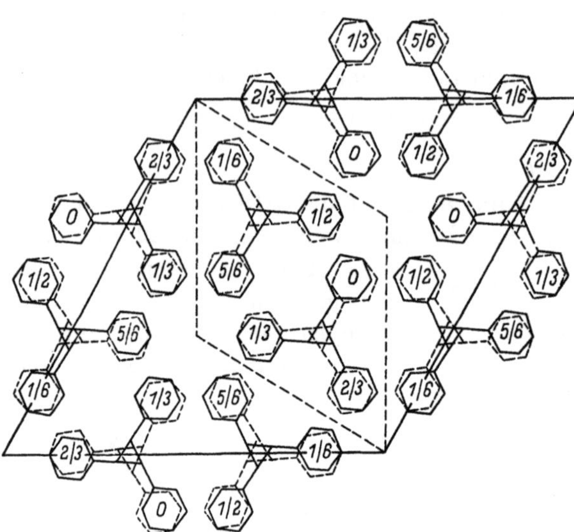

Abb. 23. Gitter des Polystyrols. Projektion auf eine Ebene normal zur Kettenperiode (Natta 1956)

vier- und sechszählige Schraubenachsen, wie einige Beispiele in Abb. 24 zeigen.

δ) *Polyäther.* Polypropylenoxyd hat nach Natta (1956) [71] wieder eine planare Kette mit alternierenden Methylgruppen. Man kann die Kette als zweizählige Schraubenachse mit einem Gang von 2 Monomereneinheiten auffassen.

ε) *Diolefine.* Die Kettenform des syndiotaktischen 1,2-Polybutadiens untersuchte Natta (1955) [70]. Die Elementarzelle hat die Abmessungen

$$a = 10,98 \text{ Å}, \quad b = 6,60 \text{ Å}$$

$$\text{und} \quad c = 5,14 \text{ Å}.$$

Das isotaktische hingegen hat eine stärker gedrillte Kettenebene, da die Substituenten R alle auf der gleichen Seite liegen. Deshalb zeigt die Kette eine dreizählige Schraubenachse, wie der Vergleich beider Ketten in Abb. 24 beweist.

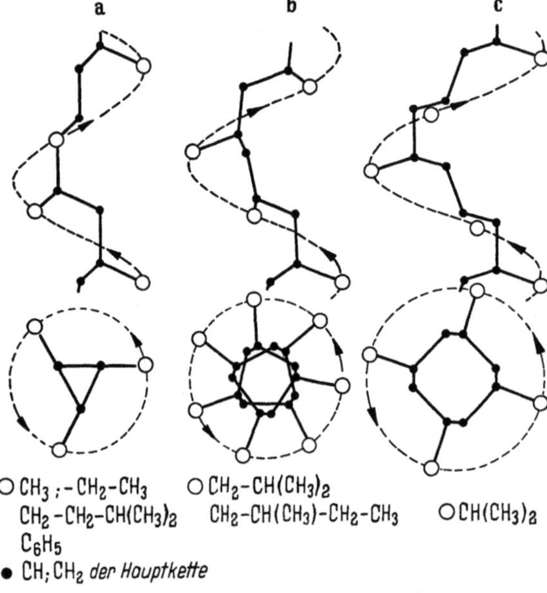

Abb. 24. Schraubenachsen einiger Ketten mit verschiedenen Seitengruppen (Natta 1956)

ζ) *Polyester und Polyamide.* Es seien zum Schluß noch die Gitter des technisch wichtigen Terylens in Abb. 25 gezeigt, dessen trikline Elementarzelle Daubeny,

BUNN und BROWN (1953) [16] bestimmen,

$$a = 4,56\,\text{Å}, \quad b = 5,94\,\text{Å}, \quad c = 10,75\,\text{Å},$$
$$\alpha = 98,5°, \quad \beta = 118°, \quad \gamma = 112°$$

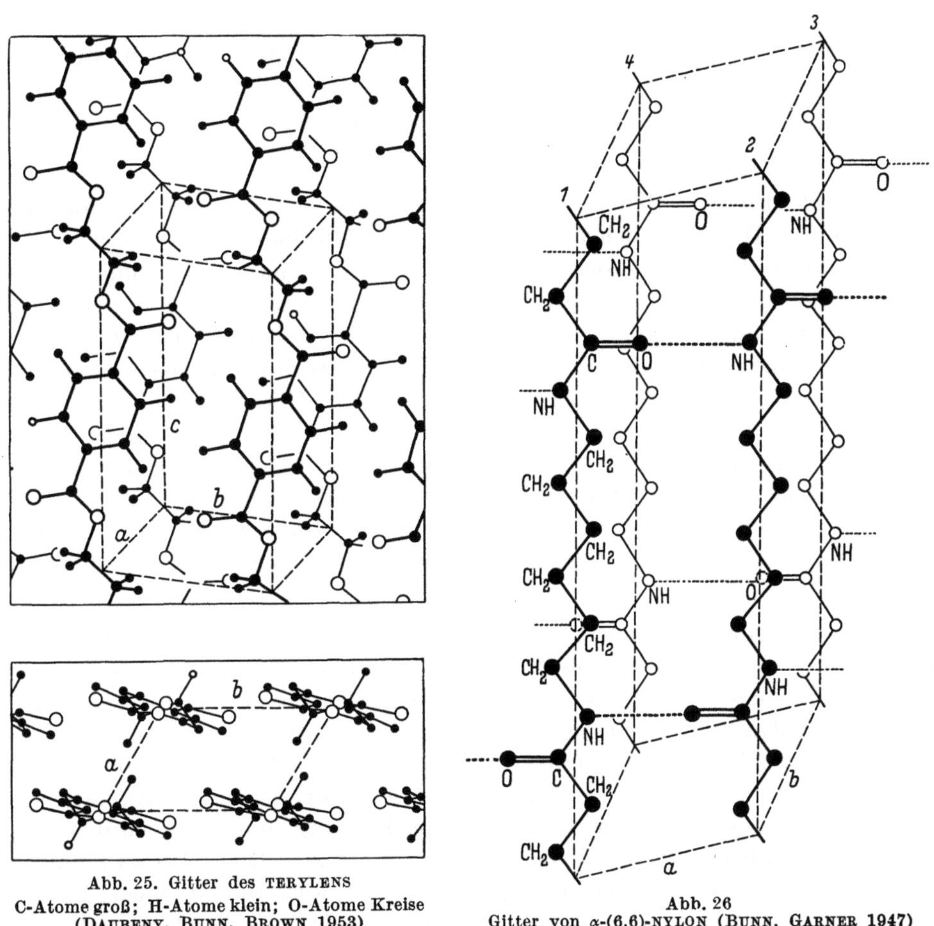

Abb. 25. Gitter des TERYLENS
C-Atome groß; H-Atome klein; O-Atome Kreise
(DAUBENY, BUNN, BROWN 1953)

Abb. 26
Gitter von α-(6,6)-NYLON (BUNN, GARNER 1947)

und außerdem die Kristallstruktur von α-(6,6)-NYLON nach BUNN und GARNER (1947) [10] mit der Elementarzelle

$$a = 4,9\,\text{Å}, \quad b = 5,4\,\text{Å}, \quad c = 17,2\,\text{Å},$$
$$\alpha = 48,5°, \quad \beta = 77°, \quad \gamma = 63,5°$$

in Abb. 26.

3.2.3 Umwandlungen

Nach dem Studium des Entstehens der kristallinen Phase und ihres Aufbaues können wir uns der Betrachtung ihres Vergehens durch Aufschmelzen zuwenden. Diese Zerstörung ihres festen, kristallinen Gefüges durch die Wärmebewegung ihrer kinetischen Einheiten versuchen die Stoffe möglichst weit aufzuschieben und das gelingt einigen durch die sog. Umwandlungen. Wenn nämlich die Erhöhung der Schwingungsenergie der kinetischen Einheiten allein zur Erhöhung der inneren Energie nicht ausreichend ist, weil die Bindungen der Moleküle oder Kettenglieder zu stark sind, versuchen diese, Lagen höherer Energie einzunehmen, wo die Bindungen schwächer sind. Das wäre natürlich beim Übergang in den flüssigen Zustand der Fall. Dieser letzte Ausweg aber wird solange wie möglich vermieden. Die Schwächung der Bindungen läßt sich aber auch im kristallinen Zustand noch auf zweierlei Weise bewerkstelligen:

1. durch eine Herabsetzung der Bindungsstärke,
2. durch einen Wechsel der Art der Bindung.

Es wird also eine Reduktion der Wechselwirkung benachbarter Moleküle herbeigeführt. Die Zahl nächster Nachbarn eines Moleküls ist bekanntlich seine Koordinationszahl, ändert sich diese, so haben wir eine Umwandlung erster Koordination (BUERGER 1951 [5]) – nennen wir sie *Nahordnungsumwandlung* – bleibt sie erhalten und ändert sich die Struktur der weiteren Umgebung, so ist es eine Umwandlung zweiter Koordination, was wir auch *Fernordnungsumwandlung* nennen können. Die Änderung der Ordnung bei der Umwandlung kann hauptsächlich durch 2 Mechanismen erfolgen, eine *Versetzung* der Moleküle oder eine *Neokristallisation*. Infolge der herabgesetzten Beweglichkeit der Kettenglieder. der Makromoleküle sind bei ihnen die Umwandlungserscheinungen wenig mannigfaltig. Wir können uns deshalb auf eine kurze Beschreibung beschränken, besonders, da unsere Kenntnis dieser Mechanismen bei Polymeren noch sehr lückenhaft ist.

a) Rotationsumwandlungen. Da zum Studium der Polymeren eigentlich auch die Kenntnis der Oligomeren einer polymerhomologen Reihe gehört, wollen wir die Rotationsumwandlungen kurz besprechen, welche besonders bei den Oligomeren des Polyäthylens, den Paraffinen, durch die röntgenographischen Untersuchungen von MÜLLER (1932) [68] gut bekannt sind. Er konnte zeigen, daß sich mit steigender Temperatur das orthorhombische Gitter dem hexagonalen angleicht, welches Zylindermoleküle in dichtester Packung einnehmen würden. Das ist gewissermaßen auch ein Versetzungsmechanismus. Diese Umwandlungen finden nur im Kettenlängenbereich C_{18} bis C_{36} statt, kürzere und längere Ketten schmelzen vor der Umwandlung aus verschiedenen Gründen. Im Umwandlungsbereich steigen die Umwandlungstemperaturen linear mit der Kettenlänge (HOFFMANN 1952 [41]). Zerlegt man die Umwandlungsentropie in eine Volumen- und Konfigurationsentropie, so ergeben die Messungen (HOFFMANN und DECKER 1953 [42]) einen Wert von

$$\Delta S \cong R \ln \Omega = 5{,}3 \pm 1{,}2 \text{ cal/mol Grad.}$$

Daraus ergibt sich die Vorstellung, welcher sich STUART (1955) [87] angeschlossen hat, daß starre Rotatoren vorliegen. Das Molekül vibriert in einer der Ω „Rasterlagen", während es von Zeit zu Zeit in eine neue Lage einrastet. Diese Art der Umwandlung erfordert stark unterschiedliche Bindungen. Unterhalb von 20 C-Atomen ist die Kohäsion entlang der Kettenachse noch zu wenig unterschieden von derjenigen senkrecht dazu. Die zur Rotation im Gitter nötige Lagestabilisierung ist damit nicht gegeben, die Stoffe schmelzen bei eintretender Rotation. Oberhalb einer bestimmten Kettenlänge ist die Kettenkohäsion zu groß, besonders

aber bei Faltung der Ketten wird die Rotation der Kettenteile nicht mehr möglich. Die spezifische Wärme steigt im Bereich der Rotationsumwandlung stark
an und fällt ebenso stark, was auch
als λ-Umwandlung bezeichnet wird.
Ein besonders typisches Beispiel ist
in Abb. 27 zu sehen (McCullough
und andere 1957 [62]).

b) Versetzungsumwandlungen.
Schon bei den kürzeren Ketten der
Paraffine, Alkohole, Säuren und
Ester überrascht die Vielfalt an
Gittern mit verschieden geneigten
Ketten (Fuller 1940 [32]). Schoon
(1938) [81] hat eine Reihe von
möglichen Versetzungsformen berechnet. Zwei Beispiele am Nylon
sind in Abb. 28 zu sehen, sie sind
von Bunn und Garner (1947) [10]
α- und β-Formen genannt worden, sie
entstehen in Abhängigkeit von den
Kristallisationsbedingungen.

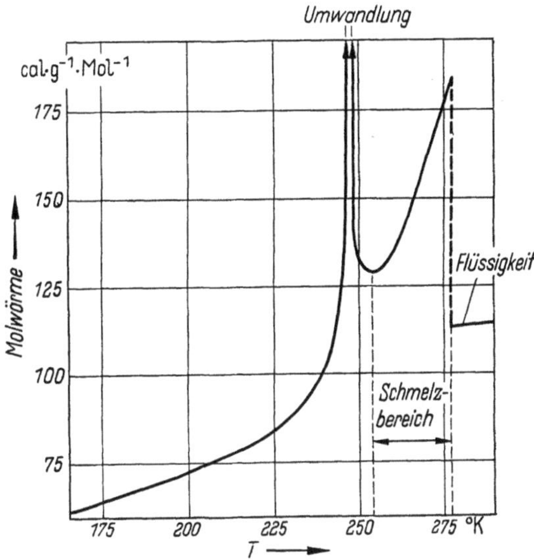

Abb. 27. λ-Umwandlung und Schmelzpunkt von Hexa-
decan $c_p - T$ (McCullough u. a. 1957)

c) Neokristallisation. Verschiedene
Kristallgitter, an denen man die Umwandlung durch Neokristallisation beob-
achten kann, wurden am Guttapercha von vielen Forschern aufgefunden.
Mandelkern, Quinn und Roberts (1956) [58] haben Guttapercha aus der

Schmelze schnell auf 0 °C abgekühlt
und kristallisieren lassen. Es entsteht
eine Form mit orthorhombischer Elementarzelle (Fisher 1953). Schmilzt
man diese Substanz wieder auf, so ergibt die Volumenkurve in Abb. 29, daß
die β-Form bei 64° schmilzt, aber sofort
wieder zur monoklinen α-Form kristallisiert, wie der starke Volumenabfall
andeutet. Bei 74° schmilzt dann auch
die α-Form. Die Umorientierung der
Kettenglieder ist also dermaßen stark,
daß eine Bildung von neuartigen
Keimen mit nachfolgender Kristallisation erforderlich ist. Nimmt man
die Schmelze zum Standardzustand,
dann muß diejenige Modifikation die
stabilere sein, welche die größere freie

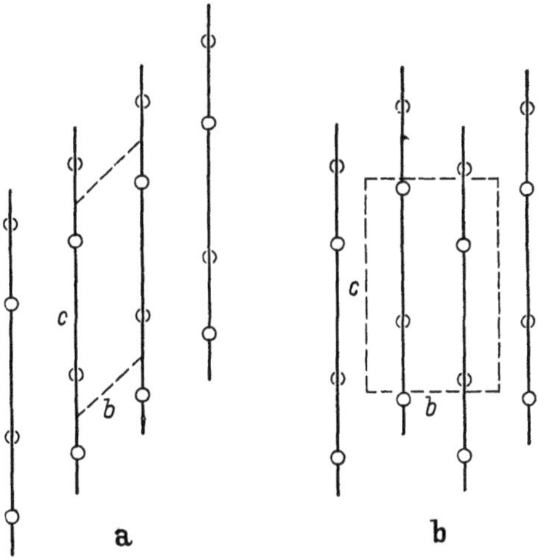

Abb. 28. α- und β-Formen von Nylon
Linien Ketten, Kreise O-Atome (Bunn, Garner 1947)

Kristallisationsenthalpie hat. Bei einer Temperatur unterhalb ihres Schmelzpunktes sollte also die niedriger schmelzende Form stabiler sein

$$\Delta G^\beta > \Delta G^\gamma,$$

wobei ΔG die Freie Enthalpie der Kristallisation pro Struktureinheit bedeutet.

Da
$$\Delta G = L(1 - T/T_0)$$
ist, lautet die Stabilitätsbedingung
$$L^\beta > L^\gamma [(1 - T/T_0^\gamma)/(1 - T/T_0^\beta)].$$
Wegen
$$T_0^\gamma > T_0^\beta$$
lautet die Mindestforderung für die Stabilität der β-Form $L^\beta > L^\gamma$. MANDEL-KERN, QUINN und ROBERTS (1956) finden aber experimentell das Gegenteil, deshalb ist die β-Form in dem untersuchten Temperaturbereich metastabil. Die von BUNN (1942) [8] vorhergesagte α-Form erscheint nur beim Dehnen der Proben. FISHER (1953) [27] konnte aus röntgenographischen Untersuchungen die Identitätsperiode von 8,76 Å in Richtung der Rotationsachse im Rotationsdiagramm feststellen. Dieses Beispiel zeigt besonders gut den Einfluß der Kettenkonfiguration im Gitter auf den Schmelzpunkt, weil jedes Mal das gleiche Molekül vorliegt, während zumeist verschiedene miteinander verglichen werden müssen.

d) Umwandlungen und Überstruktur. Verschiedene Gitter ändern auch die Struktur der Sphärolithe wie die Untersuchungen von KEITH, PADDEN und anderen (1959) [46] am Polypropylen beweisen. Wahrscheinlich entstehen diese durch Überwachsen kleinster Einkristalle der verschiedenen Gittertypen nach einem dendritischen Überwachsungstypus, wie ihn NIEGISCH (1959) [72] bei Polyäthylen gefunden hat. Überhaupt wird es vielleicht dem Leser aufgefallen sein, daß außer im Falle der Neokristallisation des Guttaperchas, die ursprüngliche Deutung der Umwandlung als eines Ausweichens vor dem endgültigen Schmelzen nicht

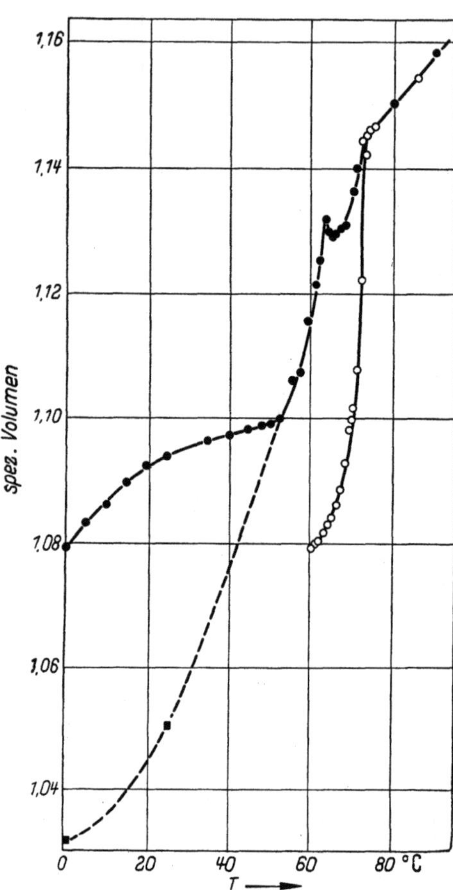

Abb. 29. Schmelzkurven von Guttapercha $V_{spez.} - T$. Punkte Kristallisation bei 0°, Kreise Kristallisation bei 60° (MANDELKERN, QUINN, ROBERTS 1956)

sehr klar zum Ausdruck kommt. Meistens werden die verschiedenen Gitterarten als bereits durch die Kristallisationsbedingungen vorgebildet beschrieben mit einziger Ausnahme der Umwandlungen bei Dehnung. Das ist nun einfach mit der außerordentlich hohen Aktivierungsenergie zu deuten, welche die Umwandlung bei Polymeren verhindert, weil diese thermisch von den Kettengliedern nicht zu erzielen ist. Deshalb entstehen die verschiedenen Formen beispielsweise vom NYLON durch Auswachsen zufällig strukturverschiedener Keime, was auch vom Polypropylen gelten wird.

3.2.4 Schmelzen

a) Ein thermodynamisches Modell. Zur Betrachtung der Schmelzvorgänge erinnern wir uns vorerst noch einmal der thermodynamischen Gleichgewichtsbedingungen (Abb. 1). Bei der Temperatur des Schmelzpunktes existieren 2 Minima gleicher freier Energie, die durch eine Freie Energieschwelle getrennt sind. Bei höheren Temperaturen ist das Minimum der weniger geordneten, also der flüssigen Phase tiefer und bei Temperaturen unter dem Schmelzpunkt das der geordneteren, kristallinen. Im ersteren Falle würde bei Schwankungen das System spontan und irreversibel unter Abnahme der Freien Energie schmelzen, im letzteren Falle kristallisieren. Nur beim Schmelzpunkt liegt ein Gleichgewicht vor. Das Auftreten einer Freien Energieschwelle beim Phasenübergang verhindert, daß dieser allmählich stattfindet, sondern im Gegenteil lawinenartig sich beschleunigt, was als kooperativer Effekt bezeichnet wird. Außerdem verhindert das Auftreten von Freier Oberflächenenergie bei der Keimbildung, daß ganz kleine Keime der neuen Phase auftreten, weshalb auch unterkühlte Flüssigkeiten lange Zeit hindurch stabil bleiben können.

Suchen wir nach Theorien über den Schmelzvorgang, so bieten sich scheinbar nur die Vorstellungen von LINDEMANN (1910) [54] und von LENNARD-JONES und DEVONSHIRE (1937) [53] an. Man muß aber bedenken, daß es derer noch viel mehr gibt, die implizit in Beschreibungsversuchen des festen und flüssigen Zustandes enthalten sind. Wählt nämlich eine Theorie ein bestimmtes Modell für den flüssigen und den kristallinen Zustand, so ist damit zwangsläufig ein Schmelzvorgang festgelegt; andererseits bedeutet eine A-priori-Annahme über den Schmelzvorgang bei den obengenannten Theorien eine Festlegung auf ein Modell für die beiden Phasen. Frei von dieser Zwangslage sind eigentlich nur Theorien auf statistisch-mechanischer Grundlage, welche auf molekularen Verteilungsfunktionen aufbauen, wie es beispielsweise KIRKWOOD und MONROE (1941) [51] versuchen. Diese Theorien ergeben automatisch bei hohen Dichten Phasenübergänge. Jedoch ist die mathematische Weiterführung schwierig, so daß man heute noch nicht in der Lage ist, Schmelztheorien auf diese Weise voraussetzungslos abzuleiten. Da also zur Zeit keine Theorie sich als die allein richtige ausweist, müssen wir, da für eine sogar kurze Beschreibung aller vorhandenen der Platz in diesem Kapitel nicht ausreicht, eine Auswahl treffen. Wir nehmen eine Theorie, welche für Flüssigkeit und Kristall Modelle wählt, die an die Überlegungen erinnern, welche wir bei der Keimbildung anstellten. Sie liefert bei großer Einfachheit verblüffend gute Resultate. Es ist die Schmelztheorie von MOTT und GURNEY (1938, 1939) [66], bei deren Beschreibung wir uns an TEMPERLEY (1956) [92] anschließen wollen. Danach soll die Flüssigkeit aus so kleinen Kristallembryonen bestehen, daß man nicht mehr zwischen Embryonen und ihren nicht aneinanderpassenden Oberflächen unterscheiden kann, eine Vorstellung, die schon auf STEWART und BENZ (1934) [83] zurückgeht. Natürlich beruht die Berechnung nicht auf einer Annahme einer tatsächlichen Mischung von Embryonen, obwohl sie dieses Bild einschließt, sie sagt nur aus, daß die Zustandssumme einer Flüssigkeit durch Mittelung über die Zustandssumme von Embryonen aller Größen gebildet werden kann. Dieses Bild ähnelt also der Cluster-Theorie von MAYER (1948) [60], daß ein Molekül einige Zeit in starker Wechselwirkung mit wenigen Molekülen steht und nur gering mit der Hauptmasse der übrigen. Es gestattet eine einfache Abschätzung der Entropie der Flüssigkeit, indem wir uns einen Idealkristall schrittweise in eine polykristalline Masse zerbrochen denken, in welcher die individuellen Unterschiede aufgehört haben. Dieses Modell dient aber, wie gesagt, nur zur Berechnung der Entropie und es soll keineswegs damit gesagt werden, daß die Flüssigkeit aus kleinsten Kriställchen besteht. Nehmen wir an, die mittlere Zahl der Moleküle in den Embryonen sei n, der Energiezuwachs der Flüssigkeit durch das Nichtaneinanderpassen der Embryonen ist der Gesamtfläche des Nichtpassens proportional und damit bei einer Gesamtheit von N Molekülen proportional der Anzahl der Embryonen und ihrer mittleren Oberfläche, d. h.,

$$U \sim (N/n)\, n^{2/3} = A\, n^{-1/3}.$$

Zur Berechnung der Entropie, müssen wir die Anzahl der möglichen Fälle berechnen, mit welchen eine polykristalline Masse der Energie $A\, n^{-1/3}$ zusammengefügt werden kann. Die Entropie ist dann grob gerechnet proportional dem Logarithmus der Anzahl von unterschiedlichen Möglichkeiten, mit welchen der Embryo um eine oder mehr Achsen rotiert werden kann, so daß er physikalisch unterscheidbare Konfigurationen ergibt. Diese Anzahl ist in grober Annäherung proportional dem größten Durchmesser, also $n^{1/3}$, so daß die Entropie der N/n-Embryonen zu

$$S \approx (N\, n)\, k \ln(n^{1/3})$$

geschätzt werden darf. Diese Abschätzung trifft für große Werte von n zu, während für kleine Zahlen von n die Entropie S sich dem Grenzwert $N\, k$ nähert, wohingegen U für alle Werte gültig bleibt. Die Freie Energie als Funktion der Embryogröße n wird deshalb angenähert durch

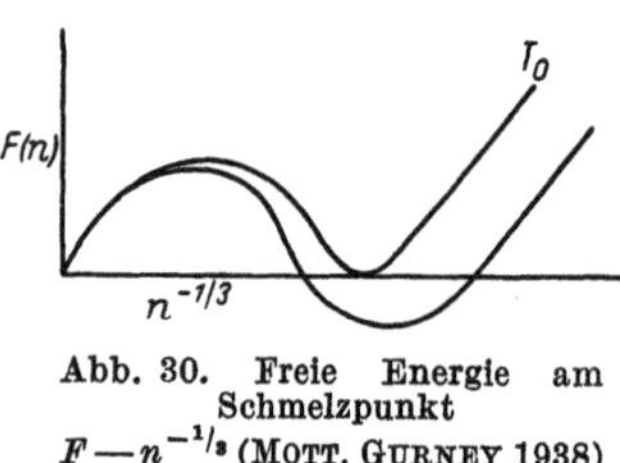

Abb. 30. Freie Energie am Schmelzpunkt $F - n^{-1/3}$ (MOTT, GURNEY 1938)

$$F(n) = A\, n^{-1/3} - \beta\, T\, n^{-1} \qquad (n \text{ groß}),$$
$$= A\, n^{-1/3} - N\, k\, T \qquad (n \text{ klein}).$$

Das Bild der Freien Energie als Funktion von $n^{-1/3}$ ist in Abb. 30 aufgezeichnet. Es ergibt sich, daß bei einer bestimmten Temperatur, eben dem Schmelzpunkt T_0, ein Zustand mit großem n, der feste Körper, sich mit einem Zustand mit sehr kleinem n, der Flüssigkeit, im Gleichgewicht befindet, womit eine Schmelztheorie begründet ist. KAUZMANN (1948) [45] hat noch unter Annahme einer kubischen Struktur der Embryonen eine Berechnung der Konstanten durchgeführt, die Übereinstimmung mit den Meßergebnissen ist aber nicht sehr gut. Andererseits schließt sich dieses primitive Bild etwas an die Vorstellung über die Keimbildung bei der Kristallisation an, was der Grund für seine Herausstellung war.

b) Auflöseschmelzen. Vom Standpunkt des Platzbedarfes aus betrachtet ist das Schmelzen nur an Phasengrenzflächen oder Fehlstellen möglich. Tritt doch dabei mit wenigen Ausnahmen ein positiver Volumensprung mit einer Zunahme der Koordinationszahl ein. Dadurch würde im Inneren des Kristalls eine solche Druckzunahme erzeugt, daß weiteres isothermes Schmelzen unmöglich wäre. Wir sind schon deshalb genötigt, den Vorgang an eine Oberfläche zu verlegen. TAMMANN (1903) [90] schon spricht vom Schmelzen durch Auflösen mit besonderer Betonung, daß man auf nur diese Weise Schmelzen und Kristallisieren aus einem gemeinsamen Mechanismus erfassen könne. Schmelzen ist also ein Auflöseschmelzen, was uns ganz besonders im Falle eines eutektischen Gemisches klar wird. Die Grenzflächenschichten eines scharf isotherm schmelzenden Eutektikums bei Mikromolekülen beispielsweise müssen sich außerdem schon weit unterhalb des Schmelzpunktes der reinen Kristalle ihres Gemisches beeinflussen, eine Vorstellung, welche STRANSKI (1942) [85] auch für den reinen Kristall allein fordert mit dem Hinweis darauf, daß man keine Änderung des Schmelzmechanismus annehmen kann, wenn die Kristalle des einen Stoffes für sich allein sind. Entsprechend einer von VOLMER und SCHMIDT (1937)[101] gebrachten Vorstellung macht STRANSKI (1942) folgende Annahme: Mit Annäherung an den Schmelzpunkt sollen die am schwächsten gebundenen Kristallbausteine eine dem Schmelzvorgang entsprechende Umwandlung noch unterhalb des Schmelzpunktes erfahren. Als solche Bausteine ergeben sich beispielsweise die an den Ecken und in Halbkristallagen bei reinen Kristallen. Einige der Kristallflächen sind nach VOLMER und SCHMIDT (1937) nur wenig von der eigenen Schmelze benetzbar, weshalb STRANSKI (1942) die gut benetzbaren als schmelzbildende Flächen bezeichnet. Die umgewandelte, flüssige die schmelzbildenden Flächen benetzende Molekülschicht löst dann den Kristall durch Verschiebung der Grenzfläche Kristall–Schmelze auf.

Für Makromoleküle trifft die Vorstellung des Auflöseschmelzens natürlich in verstärktem Maße zu, weil wir uns bei ihnen nicht mehr um die ersten, schwerer erklärbaren Schritte der Schmelzebildung zu kümmern brauchen. Sie sind fast stets teilkristallin, zwischen den dendritischen Kristallitbändern der Sphärolithe beispielsweise ist glasige Restsubstanz vorhanden, die nur bei tieferen Temperaturen glasig ist, oberhalb der stets weit unterhalb des Schmelzpunktes liegenden Glastemperatur aber in den flüssigen Zustand übergeht. So liegen die kristallinen Gebiete bereits weit unterhalb des Schmelzpunktes in flüssigen Bereichen, welche ihre Grenzflächen benetzen und das Schmelzen einleiten können.

Fragen wir uns nach der Änderung der Wärmeschwingungen der Kettenglieder bei der Umwandlung fest–flüssig, so können wir mit UEBERREITER (1951, 1953) [96, 98] annehmen, daß infolge der Vereinigung der Kettenglieder in einem Makromolekül deren Bewegung sich vom jeweiligen Nachbarn nur differentiell unterscheiden kann, d. h., das Makromolekül führt schlängelnde Bewegungen aus. Im festen Zustand werden diese Wellenbewegungen in einer Ebene liegen, weil dann die erforderliche Kontraktion der Kette minimal ist, im flüssigen Zustand sind aber Torsionsschwingungen senkrecht dazu möglich. Diese verdrillen die Kette und ändern dabei die Koordinationszahl, was als Umwandlung bezeichnet wird. Dabei ändert sich natürlich die Zustandssumme und damit die Freie Energie, weil die Zahl der verfügbaren Energieniveaus stark zugenommen hat.

3.2.5 Schmelzpunkt

a) Schmelzintervall. Makromoleküle schmelzen entweder isotherm oder in einem mehr oder weniger breiten Schmelzintervall. Zunächst wollen wir den Begriff isotherm einmal schärfer untersuchen. Dazu helfen sehr schön die Aufnahmen des Schmelzvorganges von reinstem Gallium, welche wir CORDES und DITTMAR (1959) [15] verdanken; ihre Ergebnisse sind in Abb. 31 zu sehen.

Die Autoren weisen mit Recht darauf hin, daß man den Schmelzprozeß als kontinuierlich ansehen muß, wie es auch die Vorstellung vom Auflöseschmelzen mit
seiner Bereitstellung bereits umgewandelter Moleküle unterhalb des Schmelzpunktes fordert. CORDES und DITTMAR (1959) schlagen deshalb, um den Begriff
des Schmelz„punktes" zu retten, vor, den Wendepunkt der Enthalpiekurve (oder
das Maximum der c_p-Kurve) zur Definition des Schmelzpunktes zu verwenden.
Oftmals wird irrtümlicherweise die in Abb. 31 gezeigte c_p-Kurve bei Makromolekülen zur Definition einer λ-Umwandlung herangezogen. Es ist daher lehr-
reich, nochmals die Abb. 27 zu studieren, welche eine c_p-Kurve des Paraffins
Hexadekan zeigt, auf welcher sowohl eine λ-Umwandlung als auch eine Schmelz-
punktspitze auftreten. Die äußere Form beider Kurvenmaxima ist natürlich
ähnlich, ihre innere Ursache jedoch unterschiedlich.

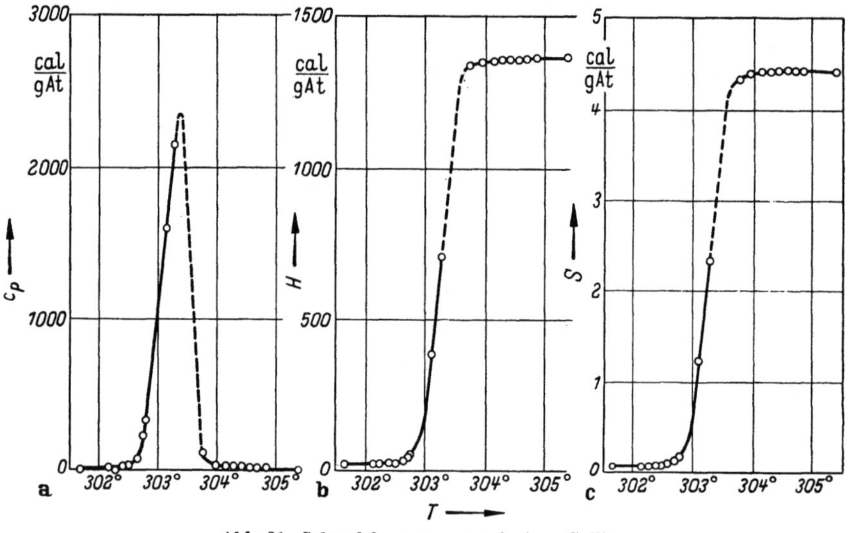

Abb. 31. Schmelzkurven von reinstem Gallium
a) $c_p - T$; b) $H - T$; c) $S - T$ (CORDES, DITTMAR 1959)

Die Verbreiterung des stets vorhandenen Schmelzintervalls besonders bei
makromolekularen Stoffen ist kaum verwunderlich. Einmal ist bei ihnen zumeist
noch ein Anteil an amorpher Phase vorhanden, welcher die Kristallite vorzeitig
anschmilzt. Weiterhin bilden ihre Endgruppen Störstellen, an denen eine vor-
zeitige Umwandlung stattfinden kann, beides Einflüsse, die man zwar durch
thermische Vorbehandlung geringer machen, aber niemals ganz beseitigen kann,
im günstigsten Falle wären Zustände erhältlich, die Kurven ähnlich denen des
Galliums in Abb. 31 ergäben.

b) Schmelzpunkt und Kettenlänge. Die Endgruppen von Makromolekülen
bilden Stellen veränderter Koordinationszahl und damit zumeist kristallographisch
gesehen Störbezirke aus gitterfremder Substanz. Wir können deshalb kristallisierende makromolekulare Stoffe als Zweistoffsysteme aus End- und Mittelgruppen auffassen und definieren als Schmelzpunkt die Temperatur des obersten
rechten Eckpunktes des Schmelzintervalls, bei welchem also die Kristallisation
gerade beginnt und deshalb ein Gleichgewicht sich einstellen kann. Die thermodynamische Gleichgewichtsbedingung ist wieder aus Abb. 1 zu entnehmen,

es müssen die thermodynamischen Potentiale G von Flüssigkeit und Festkörper gleich sein ($\Delta G = 0$). Da wir ein Zweistoffsystem betrachten, handelt es sich um die Gleichheit der partiellen Potentiale, die auch chemische Potentiale μ_i genannt werden. Kennzeichnen wir mit den Indizes E die Endgruppen und M die Mittelgruppenstoffe sowie mit ' die feste und ohne Index die flüssige Phase. Zur Anwendung dieser Betrachtung ist es nicht notwendig, daß nach der klassischen Definition von GIBBS Phasen und Komponenten durch Grenzflächen getrennt und mechanisch trennbar sind (was auch gedanklich möglich wäre, wenn wir eine „Atomschere" besäßen). Es genügt, wenn die chemischen Potentiale innerhalb der Phasengebiete gleich und nur temperatur- und druckabhängig sind. Das ist beim äußersten, oberen Eckpunkt gerade auftretender Kristallisation der Fall. Ändern wir die Variablen T und p, so bleibt das Gleichgewicht erhalten ($\Delta G = 0$), wenn die Änderungen der chemischen Potentiale sich kompensieren. Die Gleichgewichtsbedingung am oberen Schmelzeckpunkt ist also:

$$d\mu'_M = d\mu_M.$$

Die Änderung des chemischen Potentials des Stoffes i in einer Mischung lautet allgemein

$$d\mu_i = -S_i\,dT + V_i\,dp + RT\,d\ln a_i,$$

wobei S_i die partielle Entropie, V_i das partielle Molvolumen und a_i die Aktivität des Stoffes i in der Mischung bedeuten. Damit erhalten wir bei einer Lösung von End- in Mittelgruppen

$$-S'_M\,dT + V'_M\,dp = -S_M\,dT + V_M\,dp + RT\,d\ln a_M,$$

wobei auf der linken Seite das Mischungsglied $RT\,d\ln a_i$ wegfällt, da nur die Mittelgruppen kristallisieren können. Durch Umformung ergibt sich

$$-(S_M - S'_M)\,dT = -RT\,d\ln a_M.$$

Wegen $S_M - S'_M = L_M/T_0$, wobei L_M die Schmelzwärme eines Moles Mittelgruppen bedeutet, schreiben wir

$$(L_M/T_0)\,dT = RT\,d\ln a_M.$$

Im Falle der Lösung von End- in Mittelgruppen können wir, wenn nicht fremde Endgruppen vorhanden sind, annehmen, daß es sich um eine ideale Lösung handelt. Dann wird $a_M = x_M$ dem Molenbruch der Mittelgruppen. Wegen $x_M = 1 - x_E$ erhalten wir schließlich bei Berücksichtigung von $\ln(1 - x) = -x \ldots$ und $dT/T^2 = -d(1/T)$

$$d(1/T) = -(R/L_M)\,dx_E.$$

Daraus erhalten wir durch Integration unter Vernachlässigung der Temperaturabhängigkeit von L_M

$$1/T - 1/T_0 = -(R/L_M)\,x_E,$$

wobei T_0 der Schmelzpunkt des „reinen Mittelgruppenstoffes" ist, also der Schmelzpunkt des unendlich langen Makromoleküls am Ende seiner homologen Reihe.

Für Polymere mit einer wahrscheinlichsten Kettenlängenverteilung ist $x_E = 2/\bar{P}$, wobei $\bar{P}$ das Zahlenmittel des Polymerisationsgrades bedeutet. Damit ergibt sich die Beziehung

$$1/T - 1/T_0 = -(R/L_M)\,(2/\bar{P}),$$

die von FLORY (1949, 1953) [*28, 29*] auf anderem Wege - statistisch - aufgestellt und experimentell von EVANS, MIGHTON und FLORY (1950) [21] geprüft wurde, wie Abb. 32 a—c zeigt. L_M ist aus der Steigung der Kurve *1* zu 10600 cal und aus Kurve *2* zu 11300 cal zu entnehmen, was mit dem Wert von 10700 cal aus Kurve *3* bei OH- und COOH-Endgruppen gut übereinstimmt. Eine Reihe von weiteren Werten von L_M ist in Tab. 2 von FLORY (1953) [29] zusammengestellt. Es ist bei dem unterschiedlichen chemischen Bau der Mittelglieder nicht verwunderlich, daß die Werte für L_M und $\Delta S_M = S_M - S'_M$ sich stark unterscheiden. Beachtenswert ist aber die letzte Spalte der Tab. 2, welche den Wert der Schmelzentropie pro Kettenglied zeigt, das bei Drillschwingungen als kinetische Einheit zu behandeln ist. Die meisten dieser Werte liegen in einem Bereich von 1,5 bis 2,0 cal Grad^{-1} Glied^{-1}.

c) Schmelzpunkt von Makromolekül-Mikromolekül-Mischungen. Außer den Endgruppen kann man auch fremde Mikromoleküle in den Mittelgruppen auflösen. Bei großen Kettenlängen wird ohnehin der Molenbruch der Endgruppen sehr klein, so daß er neben dem der zugefügten mikromolekularen Stoffe vernachlässigt werden kann. Wenn die Zusätze sich zu den Mittelgruppen, also den kristallisierenden Polymeren, ideal verhalten, d. h. keine Mischungswärme auftritt, läßt sich wieder die einfache GIBBS-Beziehung anwenden, wobei an Stelle des Molenbruchs der Endgruppen derjenige des Zusatzes zu nehmen ist. Nach FLORY (1953) gilt nun

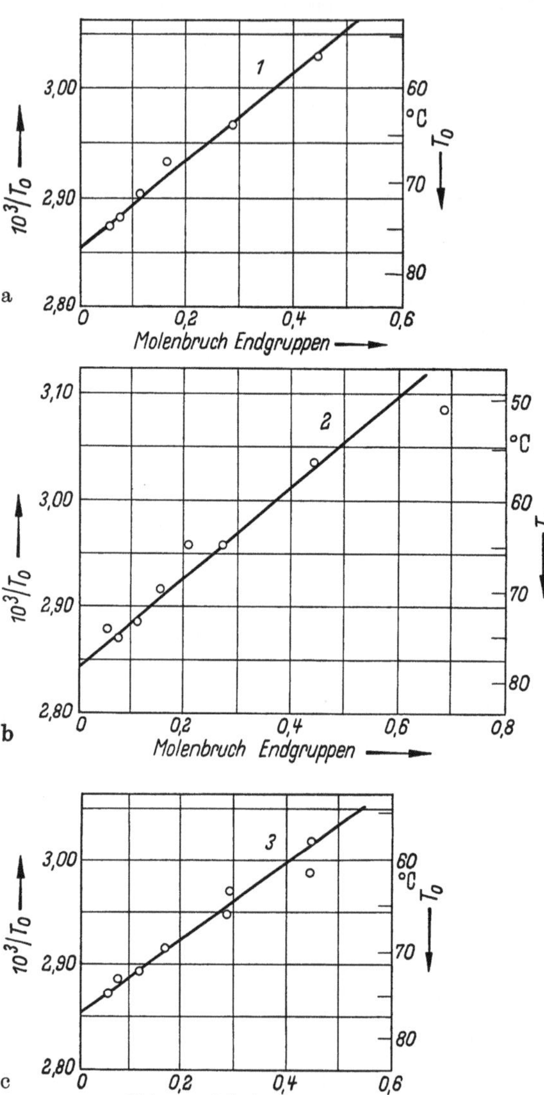

Abb. 32 a—c

a) Dekamethylenadipat mit Benzoat-Endgruppen (1). $1/T_0 - 1/\bar{P}$; b) Dekamethylenadipat mit α-Naphthoat-Endgruppen (2). $1/T_0 - 1/\bar{P}$; c) Dekamethylenadipat mit Cyclohexyl-Endgruppen (3). $1/T_0 - 1/\bar{P}$

$$-x_{LM} \cong (v_{LM}/V_{LM})/(1 - v_{LM})/V_P \cong v_{LM} V_P/V_{LM}$$

v_{LM} Volumenanteil des Lösungsmittels LM,
V_{LM} Molvolumen des LM,
V_P Molvolumen des Polymeren P.

Tabelle 2. *Schmelzwärme und Entropie von Polymeren (Flory 1953)*

Polymeres	Kettenglied	T_0 (°C)	L cal/Glied	ΔS cal/Grad/Glied	ΔS pro Bindung cal/Glied
P.-Äthylen	$-CH_2-$	etwa 140	785	1,90	1,90
P.-Äthylenoxyd	$-CH_2-CH_2-O-$	66	1980	5,85	1,95
P.-Chlortrifluoräthylen..	$-CF_2-CFCl-$	210	1200	2,50	1,25
P.-Dekamethylenadipat	$-O(CH_2)_{10}O-CO(CH_2)_4CO-$	79,5	10200	29	1,60
P.-Dekamethylensebacat	$-O(CH_2)_{10}O-CO(CH_2)_8CO-$	80	12000	34	1,55
P.-NN'-Sebacoyl-piperazin	$-N\big(CH_2-CH_2\big)_2N-CO(CH_2)_8CO-$	180	6200	13,7	1,25
Cellulosetributyrat	$-(C_6H_7O_2)(OCOC_3H_7)_3-$	207	3000	6,2	3,1
P.-Chloropren	$-CH_2-\overset{\text{Cl}}{C}=CH-CH_2-$ (trans.)	80	2000	5,7	1,9

Im Falle einer idealen Lösung ergibt sich damit

$$1/T - 1/T_0 = (R/L_P)\,(V_P/V_{LM})\,v_{LM}.$$

Meßwerte von EVANS, MIGHTON und FLORY (1950) [*21*] der Mischungen von Polydecamethylensebacat mit Diäthylsuccinat, Diäthylsebacat und Benzophenon bestätigen die Gültigkeit der Gleichung.

FLORY (1953) [*29*] hat die Aktivität der realen Lösung von Hochpolymeren nach dem Gittermodell berechnet. Es ergibt sich

$$1/T - 1/T_0 = (R/L_P)\,(V_P/V_{LM})\,(v_{LM} - \chi_P\,v^2_{LM}).$$

Der χ_P-Wert ist aber in Größe und Vorzeichen ein Maß für die Wechselwirkung zwischen Polymerem und Lösungsmittel.

ORTHMANN und UEBERREITER (1957) [*73*] haben als mikromolekulares Lösungsmittel ein kristallisierfähiges benützt. Sie verfolgten das Aufschmelzen der Makro- und Mikromoleküle mit Volumenmessungen und fanden zwei getrennte Aufschmelzbereiche. Diese kennzeichnen das Aufschmelzen der reinen makro- und mikromolekularen Substanz. Der Schmelzpunkt des Polymeren, in diesem Falle Polyäthylen, läßt sich mit der Beziehung von FLORY (1953) beschreiben.

d) Schmelzpunkte von Mischpolymerisaten. Copolymere aus zwei für sich kristallisationsfähigen Komponenten bilden wie bei mikromolekularen Systemen entweder Mischkristalle oder sie zeigen ein Eutektikum. Mischkristalle können, wie wir sahen, leicht bei Polyäthylenderivaten auftreten, wenn der Substituent R die Größe eines Wasserstoffatoms nicht stark überschreitet. Als Beispiele wurden Polyvinylalkohol und Polytetrafluoräthylen genannt. Es gelingt aber auch, ganze Teile der planaren CH_2-Zickzackkette durch andere zu ersetzen, wie das interessante Beispiel von Copolymeren aus Hexamethylendiamin und Adipinsäure oder Terephthalsäure zeigt. Das von EDGAR und HILL (1952) [*19*] aufgenommene Schmelzdiagramm ist in Abb. 33 zu sehen. Die Mischkondensate mit Adipinsäure bilden echte Mischkristalle, während diejenigen mit Sebacinsäure ein Eutektikum aufweisen, wie das Fehlen und Auftreten eines Minimums im Schmelzdiagramm zeigt. EDGAR und HILL erklären die Möglichkeit der Mischkristallbildung durch die zur Isomorphie befähigenden ähnlichen Größenverhältnisse

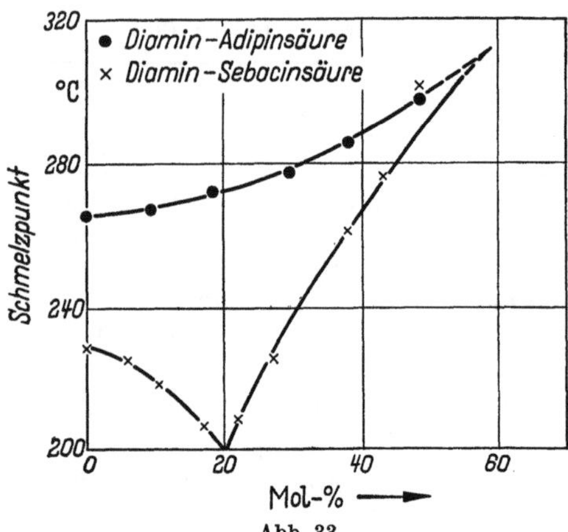

Abb. 33
Schmelzpunkt von Copolyamiden aus Hexamethylendiamin mit Terepht al- und Sebacinsäure oder Adipinsäure T_0-Mol.-% (EDGAR, HILL 1952)

beider Bausteine in Richtung der Kette wie die Formel

andeutet. Zum zweiten Falle ist noch zu bemerken, daß dort offensichtlich die beiden Komponenten in ihren Gittern getrennt kristallisieren. Das führt zu dem Schluß einer nicht statistischen Verteilung der Komponenten in der Mischkette. Beim Fehlen von Isomorphie und statistischer Verteilung in der Kette müßte das Copolymere glasig erstarren, weil der Platzwechsel der Kettenglieder innerhalb der Kette natürlich nicht möglich ist. Ein Eutektikum beweist daher das Auftreten von längeren Folgen gleicher Kettenglieder in der Mischkette. In einem weiteren, interessanten Beispiel – Mischkondensate von Caprolactam mit adipinsaurem Hexamethylendiamin – zeigen WOLF und SCHMIEDER (1955) [104] die Lage des Eutektikums, welche mit der des Minimums der Erweichungstemperatur des amorphen Anteiles übereinstimmt, wie Abb. 34 beweist. Anders als die Copolyamide bilden die Copolyester keine Mischkristalle. Das Terephthalatglied liegt nämlich im Gegensatz zu den Polyestergliedern nicht in Richtung der Kette. Bei den Polyamiden liegen natürlich die gleichen Verhältnisse hinsichtlich der Kettenrichtung vor, die starken Wasserstoffbrücken der Amide jedoch drehen die Terephthalatglieder wieder in die Kettenrichtung zurück. Auch die Schmelzpunkte von Copolymeren lassen sich nach der FLORY-Theorie (1955) [30] behandeln. Es ergibt sich die Beziehung

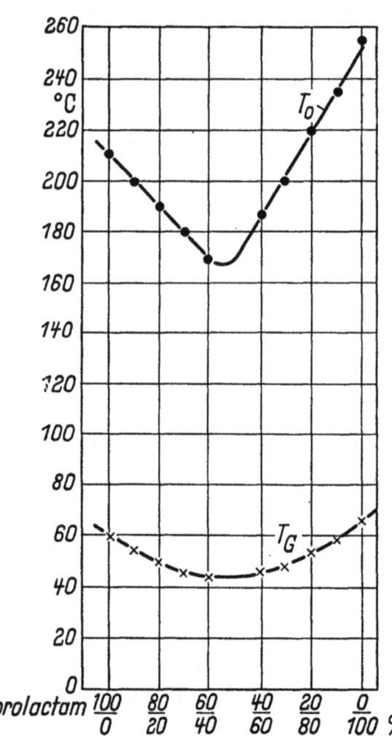

Abb. 34. Schmelzpunkte T_0 und Glastemperaturen T_G
der Copolyamide aus Caprolactam und adipinsaurem
Hexamethylendiamin (WOLF, SCHMIEDER 1955)

$$1/T - 1/T_0 = -(R/L_A) \ln p_A,$$

wobei p_A die Wahrscheinlichkeit ist, daß auf eine A-Gruppe wieder eine A-Gruppe (bei Copolymeren aus A und B) folgt. Diese Formel erfaßt auch eine zusätzliche Schmelzpunktsdepression, die durch kurze Sequenzen kristallisierfähiger Glieder in Copolymeren verursacht wird.

e) Schmelzpunkt und Schmelzentropie. Es ist

$$T_0 = L/\Delta S.$$

Der Schmelzpunkt T_0 liegt also um so höher, je größer die Schmelzwärme L, und um so niedriger, je größer der Entropieunterschied ΔS zwischen Kristall und Schmelze ist. Die Entropie ist der Zahl der Anordnungsmöglichkeiten des betreffenden Zustandes proportional, weshalb die Differenz dieser Größe beim Schmelzen einen Einblick über die Änderung des Ordnungszustandes beim Übergang in die flüssige Phase am Schmelzpunkt gibt. Es liegen bisher nur sehr wenige Daten zur Überprüfung dieser Frage vor, einige sind in Tab. 2 enthalten. Die letzte Spalte zeigt den Entropiesprung beim Schmelzen eines Kettengliedes, die vorletzte den der Struktureinheit. Während die Werte von ΔS für die Struktureinheit natürlich je nach Größe und Bauart verschieden sind, gleichen sich die Schmelzentropien für ein Glied der Kette ganz beachtlich. Die Werte liegen zwischen 1,5 bis 2,0 cal/Grad/Kettenglied. Nur Cellulosetributyrat hat einen höheren Wert von 3,1, dessen Struktureinheiten haben jedoch nur 2 Kettenglieder, um die sie rotieren könnten und außerdem die großen Seitenketten, welche durch viele Konfigurationsmöglichkeiten zu dem großen Betrag beisteuern können. Bei dieser Betrachtung wird stillschweigend angenommen, daß die größere Konfigurationsmöglichkeit im flüssigen Zustand der alleinige Beitrag zu ΔS ist. Immerhin muß man bedenken, daß auch durch den Volumensprung ΔV beim Schmelzen ein Entropiesprung entsteht, der $\Delta S_V = -(\alpha/\gamma)\,\Delta V$ beträgt, wobei α der Ausdehnungs- und γ der Kompressibilitätskoeffizient ist. Beim Kautschuk beispielsweise ist nach BEKKEDAHL (1934) [3] $\alpha = 7,42 \cdot 10^{-4}\ \mathrm{cm^3\,g^{-1}\,grad^{-1}}$ und $\gamma = 60 \cdot 10^{-6}\ \mathrm{cm^3\,g^{-1}\,bar^{-1}}$ nach SCOTT (1935) [82] und $\Delta V = 0,098\ \mathrm{cm^3\,g^{-1}}$ nach ROBERTS und MANDELKERN (1955) [77] und BUNN (1942) [8], so daß $\Delta S_V = 1,8\ \mathrm{cal\,grad^{-1}\,mol^{-1}}$ beträgt. Demgegenüber ist der rein konfigurative Anteil $\Delta S_S = 1,8\ \mathrm{cal\,grad^{-1}\,mol^{-1}}$. Der Volumenbeitrag ist also ganz beträchtlich. Deshalb wollen wir bei Betrachtungen über die konstitutionelle Abhängigkeit der Lage des Schmelzpunktes uns nicht auf Entropiebetrachtungen stützen, die wegen des fast völlig fehlenden Zahlenmaterials allzu spekulativ ausfallen müßten.

f) Chemische Konstitution und Schmelzpunkt. Torsionsschwingungen und Kohäsion. Wie bereits ausgeführt, geschieht das Schmelzen der kristallinen Bereiche von Makromolekülen durch die Anregung von Drillschwingungen senkrecht zur Kettenebene oder Kettenachse (UEBERREITER und ORTHMANN 1953 [97]). Diese Schwingungen sind die thermisch schwerer anregbaren, da sie eine Verkürzung der Kette bewirken; sie werden in Wellenform das Makromolekül durchlaufen, da die Bewegung jedes Kettengliedes sich nur ganz wenig von der seines Nachbarn unterscheiden kann. Zur empirischen Beurteilung eines Einflusses der chemischen Konstitution können 3 Faktoren beurteilt werden, welche auf die Drillschwingungen kontrollierend wirken, die *Kohäsion* der drillschwingenden Kettenglieder mit den Gliedern in der benachbarten und eigenen Kette, die *Beweglichkeit* der eigenen Kette, welche durch das Drillen verkürzt werden muß, und die *äußere Form* der Kette. BUNN (1955) führt ebenfalls das Schmelzen auf Drillschwingungen zurück und hat deshalb diese beiden Hauptfaktoren näher untersucht.

α) *Mikromoleküle.* Zuerst führt BUNN (1955) eine Schätzung der Kohäsionsenergie durch, als deren Maß er die Verdampfungswärme L, vermindert um die

Volumenarbeit RT, wählt. In Abb. 35 sind die Schmelzpunkte einer großen
Zahl mikromolekularer Substanzen gegen ihre aus der Verdampfungswärme berechneten oder der Troutonschen Regel geschätzten Kohäsionsenergien auf-
getragen. Die Schmelzpunkte aller starren Moleküle (einige Hunderte) liegen in
dem Streifen $ABCD$. Beim Versuch einer empirischen Deutung stellt sich die
Symmetrie der *allgemeinen äußeren Form* (nicht die Molekülsymmetrie im streng
geometrischen Sinne) als entscheidender Faktor heraus. Alle nahezu kugeligen
Moleküle (Edelgase, SF, Kampferderivate usw.) liegen auf der Kurve AB mit
Schmelzpunkten nahe an den Siedepunkten. In Streifen I liegen zylindrische
Moleküle, in II flache symmetrische Moleküle, unsymmetrische in III und asym-
metrische in IV. Bunn (1955) [*13*] nimmt an, daß die Schmelzpunkte von un-
symmetrisch gebauten Molekülen so niedrig liegen, weil bei ihnen die thermische
Energie eines angeregten Moleküls durch dessen Rotation sich „zahnradähnlich"

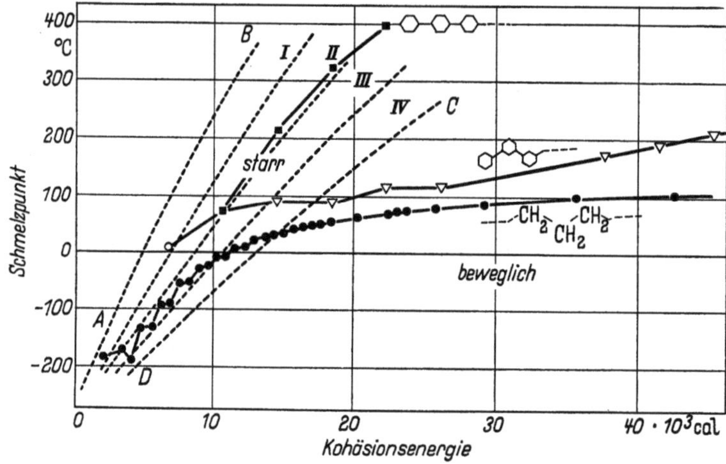

Abb. 35. Abhängigkeit des Schmelzpunktes von der Kohäsionsenergie bei Mikromolekülen (Bunn 1955)
T_0-cal.

auf andere überträgt. Durch seine unregelmäßige Form ist gewissermaßen die
Kopplung zu seinen Nachbarn in allen Richtungen ausgezeichnet, weshalb die
Fortpflanzung einer thermischen Welle um so besser geht, je unregelmäßiger
das Molekül gebaut ist. Die Abb. 35 beweist auch die Erwartung, daß biegsame
Moleküle niedriger schmelzen als starre. Ein besonderer Beweis dafür sind die
Polyphenyle mit para- und meta-Bindung. Para-Pentaphenyl schmilzt bei 395° und
die meta-Verbindung bei 112°. Das wird durch die große Konfigurationsänderung
bei der Drillschwingung der meta-Verbindung bewirkt, während die para-Stoffe
stets zylindersymmetrisch bleiben, selbst, wenn die Benzolringe rotieren sollten.

β) *Makromoleküle.* Da Makromoleküle durch Drillschwingungen der Kettenglieder schmelzen, wendet man die Überlegungen auf diese an. Dabei ergeben sich
naturgemäß Schwierigkeiten, wenn nicht alle Kettenglieder gleich sind, man
bezieht dann am zweckmäßigsten die Kohäsionsenergie auf eine Struktureinheit,
wohingegen die Beurteilung der Kettenbeweglichkeit schwieriger ist, da im
allgemeinen sehr leicht bewegliche Kettenglieder eine gewisse Unterteilung der
Struktureinheit durch *innere Weichmachung* (Ueberreiter 1940 [*95*]) bewirken.
Dunkel (1928) [*18*] und Mark (1942) [*59*] haben schon früher die Kohäsionsenergie

berechnet, der erstere für niedrigmolekulare Verbindungen aus Dampfdruckmessungen, der letztere für Polymere unter Berücksichtigung der Koordinationszahl. BUNN (1955) gibt eine neuere Zusammenstellung für Kettenglieder und Seitengruppen, die aus $(L - R\,T)$-Daten aufgebaut wurden; die Werte sind in Tab. 3 aufgezeichnet. Zur quantitativen Erfassung der Kettenbeweglichkeit müßte man außerdem eine Tabelle der Drehpotentiale der einzelnen Gruppen gegeneinander besitzen; McCOUBREY und UBBELOHDE (1951) [61] haben eine Reihe von Energieschwellen für die Torsion von Atomgruppen bei kleinen Molekülen zusammengestellt. Die wohl wichtigste Erkenntnis ist dabei die, daß die Werte

Tabelle 3. *Kohäsion einiger Hauptkettenglieder und Seitengruppen in cal · Mol⁻¹*
(nach BUNN 1955)

$-CH_2-$	680	$-I$	4200
$-CH_3$	1700	$-CO-$	2660
$-C_6H_4-$	3900	$-O-$	1000
$-C_6H_5$	5400	$-CO-O-$ (Ester)	2900
$-CH=CH-$	1700	$-CO-O-CO-$ (Anhydrid)	3900
$-C(CH_3)=CH-$	2400	$-OH$ (Alkohol)	5800
$-CH=CH_2$	2700	$-COOH$	5600
$-C\equiv CH$	2750	$-CHOH-$	5100
$-CH(CH_3)-$	1360	$-CH(CO \cdot OCH_3)-$	3500
$-C(CH_3)_2-$	1900	$-CH(O \cdot CO \cdot CH_3)-$	3500
$-CH(C_6H_5)$	4300	$-S-$	2200
$-CF_2-$	760	$-SH$	3380
$-CF_3$	1800	$-NH_2$ (Amin)	3100
$-CCl_2-$	3100	$-NH-$ (Amin)	1500
$-CHCl-$	2360	$-CO \cdot NH-$	8500
$-Cl$	2800	$-CO \cdot NH_2$	8500
$-Br$	3100	$-O \cdot CO \cdot NH-$	8740

größenordnungsmäßig mit denen der Kohäsionsenergie zusammenfallen. Sie sind deshalb für die Beurteilung des Schmelzpunktes von gleicher Bedeutung wie die Kohäsionsenergie, aber leider so wenig vorhanden, daß nur eine empirische Betrachtung möglich ist.

K e t t e n   o h n e   S e i t e n g r u p p e n. α) *Gleiche Hauptkettenglieder.* Betrachten wir Polytetrafluoräthylen im Vergleich zu Polyäthylen. Die Schmelzpunkte sind extrem verschieden, der des Tetrafluoräthylens liegt ganz besonders hoch. Die äußere Molekülsymmetrie ist unterschiedlich, das Fluorderivat ist mehr zylindrisch gebaut im Gegensatz zum planaren Polyäthylen. Das ergibt jedoch keine so starke Schmelzpunkterhöhung. Die Kohäsionsenergie ist nach Tab. 3 auch nicht so verschieden, daß sie zu einer Erklärung herangezogen werden kann. Der Vergleich der Drehpotentiale von Hexafluoräthan mit Äthan ergibt, daß sie sich wie die Schmelzpunkte verhalten. Vielleicht ist dieses Zusammentreffen nur zufällig, trotzdem scheint der Schluß, daß die $-CF_2-$-Glieder starrer sind als $-CH_2-$-Glieder, durchaus vernünftig, wenn auch unerklärt.

β) *Verschiedene Kettenglieder.* Die Beurteilung der Schmelzpunkte von Makromolekülen aus verschiedenen Gliedern in der Kette ist dadurch bedeutend erschwert, daß wir keine Vergleichsmöglichkeiten mit Makromolekülen haben, die nur jeweils aus der einen Kettengliedart zusammengesetzt sind. Das betrifft besonders den Faktor *Kettenbeweglichkeit*, welcher neben der Kohäsion und der

Molekülform im Gitter von ausschlaggebender Bedeutung ist. Trotzdem erlauben die bislang vorliegenden Ergebnisse schon einige wertvolle Hinweise. In Abb. 36 sind nach HILL und WALKER (1948)[39] die Schmelzpunkte einiger Polyester, Polyurethane, Polyamide und Polyharnstoffe gegen die Struktureinheit aufgetragen, was bei der Konstitution dieser Makromoleküle, die aus der Tab. 4 zu entnehmen

Tabelle 4. *Schmelzpunkte von Polyestern, Polyurethanen, Polyamiden und Polyharnstoffen* (nach HILL und WALKER 1948)

Stoff	Grundmolekül
Polyester	$-O \cdot (CH_2)_n \cdot O \cdot CO \cdot CH \cdot (CH_2)_{n'} \cdot CH_2 \cdot CO-$
Polyurethan	$-NH \cdot (CH_2)_n \cdot NH \cdot CO \cdot O \cdot (CH_2)_{n'} \cdot O \cdot CO-$
Polyamid	$-NH \cdot (CH_2)_n \cdot NH \cdot CO \cdot CH_2 \cdot (CH_2)_{n'} \cdot CH_2 \cdot CO-$
Polyharnstoffe	$-NH \cdot (CH_2)_n \cdot NH \cdot CO \cdot NH \cdot (CH_2)_{n'} \cdot NH \cdot CO-$

Schmelzpunkte in °C für:

n / n'	4 / 4	6 / 4	6 / 6	10 / 6	8 / 8	10 / 10
Polyester	56	58	67	73	73	—
Polyurethan...............	193	180	140 bis 150	154	—	138 bis 145
Polyamid	250	235	215	194	194	—
Polyharnstoffe............	—	—	>300 (Zersetzung)	—	260	210

ist, eine Auftragung gegen zunehmende Zahlen von $-CH_2-$-Hauptkettengliedern bedeutet. Die Kettenlänge muß natürlich so groß sein, daß die Endgruppen keine Rolle mehr spielen. Wie zu erwarten, konvergieren alle Schmelzpunkte mit zunehmender $-CH_2-$-Zahl in der Kette gegen den Grenzwert der Paraffine. Die relative Lage der Kurven zueinander folgt – mit Ausnahme der Polyester – auch den Kohäsionswerten, die Ureidgruppe kohäriert stärker als die Amidgruppe. Jedoch wird die einseitige Betrachtung dieses Faktors kritisch, und man trägt besser die Schmelzpunkte gegen die Kohäsion auf, wie es in Abb. 37 geschehen ist. Aus dieser Auftragung ergeben sich interessante Aufschlüsse über die Kettengliedbeweglichkeit. Polyamide mit gerader $-CH_2-$-Gliedzahl haben Schmelzpunkte, die fast linear mit der Kohäsion ansteigen. Die Gerade mündet aber nicht im Grenzwert für $-CH_2-$,

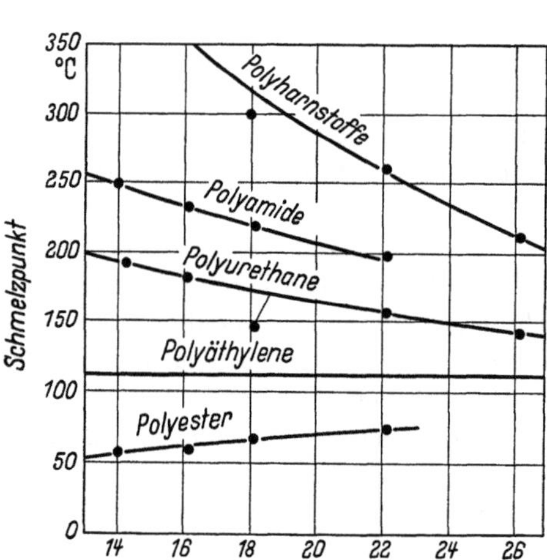

Abb. 36. Abhängigkeit des Schmelzpunktes von der Zahl der C-Atome in der Kettenperiode T_0-Zahl der C-Atome (HILL, WALKER 1948)

sondern bei $-50°$, was auf ein Kettenglied leichterer Beweglichkeit in der Struktureinheit schließen läßt. Die Vergleiche mit den anderen Stoffen deuten auf eine leichtere Beweglichkeit der $-CO-CH_2-$-Kombination hin. Besonders auffallend sind die tiefen Minima der Polyester, die sogar noch eine höhere Kohäsion haben als die Paraffine. Das kann am besten durch den Gehalt an leicht beweglichen Gliedern in der Kette erklärt werden. Als solcher erweisen sich die Gruppierungen $-CH_2-CO-$, auch $-CH_2-O-$ und $-CO-O-$, worauf schon

GUTH, JAMES und MARK (1946) [35] hinweisen. Besonders starre Kettenglieder sind Benzolringe, wie Tab. 5 überzeugend darlegt. Die Starrheit wird noch erhöht, wenn Benzolringe von $-CO-$-Gruppen eingefaßt sind. Allerdings müssen zur Erzielung einer endlichen Kristallisationsgeschwindigkeit die Benzolringe symmetrisch in der Kette liegen, ortho- und meta-Stellungen hängen zu sehr aus der Kette heraus und blockieren die zur Kristallisation nötige Orientierung. Der Ersatz einer CH_2-Gruppe durch Schwefel scheint nach HILL und WALKER (1948) [39] ohne großen Einfluß zu sein.

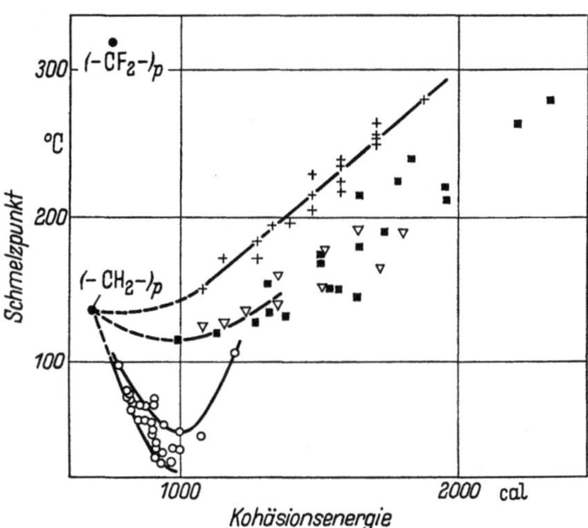

Abb. 37. Abhängigkeit der Schmelzpunkte von den Kohäsionsenergien der Kettenglieder bei polymerhomologen Reihen T_0-cal. (BUNN 1955)

γ) *Alternierender Schmelzpunkt.* Bei Polyamiden, Polyestern, Polyurethanen und vielen anderen Stoffen treten alternierende Schmelzpunkte auf, wie die Abb. 38 und 39 zeigen, je nachdem die $-CH_2-$-Folge in der Hauptkette gerad- oder ungeradzahlig ist. Vermutungen, daß dabei eine verschiedene Zahl möglicher

Wasserstoffbrücken eine Rolle spielen könnten, haben sich nicht bestätigt. Diese Erscheinung muß deshalb eine ganz allgemeine Ursache haben. Sie ist wieder im Schmelzmechanismus zu suchen. Dieser beruht auf der Anregung von Drill-

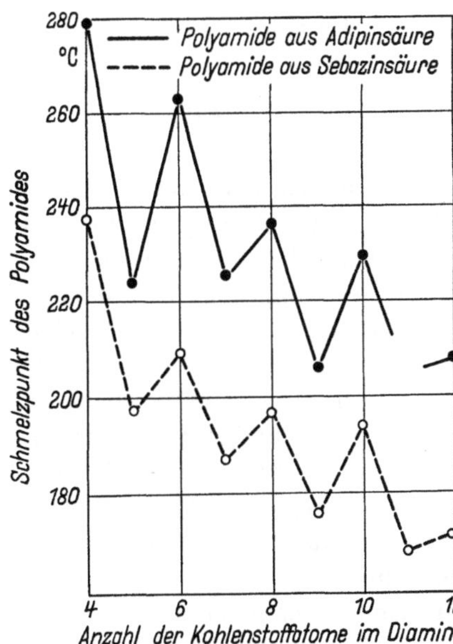

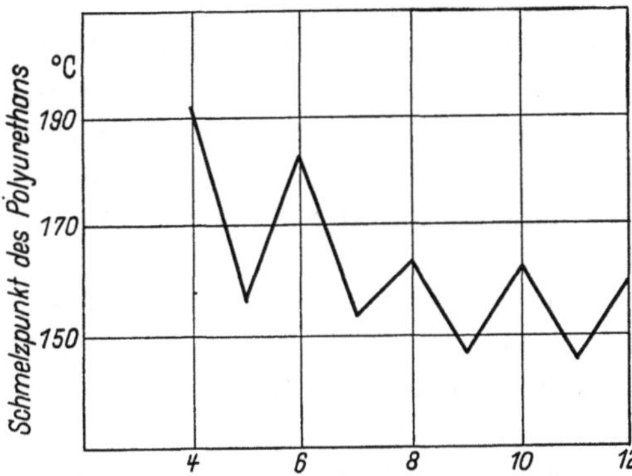

Abb. 38. Schmelzpunkte von Polyurethanen aus 1,4-Butandiol und aliphatischen Diisocyanaten T_0-C-Atome (HILL, WALKER 1948)

Abb. 39. Schmelzpunkte von Polyamiden aus aliphatischen Diaminen T_0-C-Atome (COFFMANN u. a. 1947)

Tabelle 5. *Einfluß starrer Benzolkettenglieder auf die Schmelzpunkte von Polyestern, Polyamiden und Polyurethanen* (nach BUNN und HILL 1956)

	Schmelzpunkt
$-\mathrm{O(CH_2)_2O \cdot CO(CH_2)_6CO}-$	45°
$-\mathrm{O(CH_2)_2O \cdot CO}$⟨⬡⟩$\mathrm{CO}-$	264°
$-\mathrm{O(CH_2)_8O \cdot CO(CH_2)_8CO}-$	75° geschätzt
$-\mathrm{O \cdot CH_2}$⟨⬡⟩$\mathrm{CH_2 \cdot O \cdot CO \cdot CH_2}$⟨⬡⟩$\mathrm{CH_2 \cdot CO}-$	146°
$-\mathrm{O(CH_2)_6O \cdot CO(CH_2)_2CO}-$	57°
$-\mathrm{O}$⟨⬡⟩$\mathrm{O \cdot CO(CH_2)_2CO}-$	etwa 300°
$-\mathrm{NH(CH_2)_6NH \cdot CO(CH_2)_6CO}-$	235°
$-\mathrm{NH(CH_2)_6NH \cdot CO}$⟨⬡⟩$\mathrm{CO}-$	350° Zersetzung
$-\mathrm{NH(CH_2)_{10}NH \cdot CO(CH_2)_8CO}-$	194°
$-\mathrm{NH(CH_2)_{10}NH \cdot CO \cdot CH_2}$⟨⬡⟩$\mathrm{CH_2 \cdot CO}-$	242°
$-\mathrm{NH(CH_2)_8NH \cdot CO(CH_2)_8CO}-$	197°
$-\mathrm{NH \cdot CH_2}$⟨⬡⟩$\mathrm{CH_2 \cdot NH \cdot CO(CH_2)_8CO}-$	268°
$-\mathrm{O(CH_2)_{10}O \cdot CO \cdot NH(CH_2)_8NH \cdot CO}-$	136°
$-\mathrm{O(CH_2)_2}$⟨⬡⟩$\mathrm{(CH_2)_2O \cdot CO \cdot NH(CH_2)_8NH \cdot CO}-$	210°
$-\mathrm{O(CH_2)_2O \cdot CO(CH_2)_{12}CO}-$	etwa 80° geschätzt
$-\mathrm{O(CH_2)_2O \cdot CO}$⟨⬡⟩$-$⟨⬡⟩$\mathrm{CO}-$	346°
$-\mathrm{O(CH_2)_6O \cdot CO(CH_2)_2CO}-$	76° geschätzt
$-\mathrm{O(CH_2)_6O \cdot CO}$⟨⬡⟩$-$⟨⬡⟩$\mathrm{CO}-$	214°
$-\mathrm{CH_2}-$	130°
$-\mathrm{CH_2}$⟨⬡⟩$\mathrm{CH_2}-$	380°

schwingungen der Kettenglieder, die eine Verkürzung der Kette bewirken. BUNN (1955) [13] zeigt am Beispiel des Kautschuks und Guttaperchas, daß in der cis-Bauart des ersteren die den Doppelbindungen unmittelbar benachbarten $-\mathrm{CH_2}-$-Gruppen zueinander um 76° geneigt sind, während sie bei der trans-Verbindung des Guttas parallel liegen. Eine beim Erwärmen einsetzende Drillschwingung verkürzt die trans-$\mathrm{CH_2}$-Folge nur wenig, die cis-Sequenz jedoch beträchtlich. Dementsprechend ist die Verschiebungskraft groß oder klein, der Kautschuk schmilzt tiefer als das Guttapercha.

Dieselbe Erklärung trifft für alle Makromoleküle zu, deren Struktureinheit leichter bewegliche $-\mathrm{CH_2}-$-Folgen enthält, die durch stark kohärierende „Anker"-Kettenglieder begrenzt werden. Die Enden der ungeraden $-\mathrm{CH_2}-$-Folgen liegen bei Amiden, Estern und anderen zur Kette unter einem Winkel von 112° geneigt, die Enden der geraden Folgen hingegen liegen parallel, wie bei trans- und cis-Doppelbindungen. Weil Torsionsschwingungen der $-\mathrm{CH_2}-$-Folgen eine Verkürzung der Folgenlänge bewirken wollen, werden ungerade $-\mathrm{CH_2}-$-Sequenzen auf das Ankerglied eine stärkere Verschiebungskraft ausüben als gerade und sie deshalb besser aus ihrer kristallin orientierten Position „ausreißen" können. Dementsprechend liegen die Schmelzpunkte der geradzahligen Folgen mit parallelen Enden höher als die der ungeraden mit geneigten.

δ) *Kettenform im Gitter und Schmelzpunkt.* Wir haben bereits bei der Besprechung der Umwandlungserscheinungen auf den Einfluß der Kettenform im Gitter hingewiesen. Daß dieser Faktor bei der Beurteilung der Schmelzpunktlage nicht zu gering zu veranschlagen ist, möge noch ein weiteres Beispiel demonstrieren. Vergleichen wir das von SAUTER (1933) [*79*] gut untersuchte Polymethylen- und -äthylenoxyd mit Polyäthylen. Diese Ketten haben den Vorteil des Fehlens stark polarer Gruppen, Wasserstoffbrücken und Seitenketten. Die Form der Kette im Gitter, ihr Schmelzpunkt, die Lösungseigenschaften, Schmelzentropie, Kohäsion und Kettenquerschnitt sind in Tab. 6 zusammengestellt. Die Kohäsionen sind für 6 Kettenglieder, eine für alle Stoffe zutreffende Identitätsperiode nach BUNN (1955)[*13*] berechnet. Ein Vergleich der Schmelzpunkte mit den (unabhängig bestimmten) Schmelzentropien beweist, daß die Unterschiede energetischer Natur sein müssen oder aber in der Kettenbeweglichkeit begründet liegen. Ein Vergleich der Kohäsionswerte ergibt keine Unterschiede, die sehr nennenswert sind, noch dazu liegt der Schmelzpunkt des Polyäthylenoxyds abnormal tief. Die Kettenbeweglichkeit kann diesen tiefen Schmelzpunkt auch nicht erklären, denn dann müßte das Polymethylenoxyd mit relativ zahlreicheren beweglichen —O— -Gruppen noch tiefer schmelzen. Die Kettenform im Gitter jedoch weist auf die Lösung des Rätsels hin: Polyäthylenoxyd ist, wie der Kettenquerschnitt und die Formel angeben, äußerst sperrig gebaut und enthält große Löcher im Kettenstreifen, weshalb die Wechselwirkung der Ketten stark vermindert wird, damit wird auch der Schmelzpunkt herabgesetzt und die Löslichkeit erheblich erleichtert. Die Form der Kette im Gitter müßte also mehr noch als bisher geschehen, in den Kreis der Betrachtung gezogen werden.

Seitengruppen und Schmelzpunkt. Der Begriff der Seitengruppe muß vor Beginn der Besprechung etwas näher angesehen werden. Substituiert man H-Atome der aliphatischen —CH_2— -Kette durch —OH, so können diese Ketten wie

Tabelle 6

Strukturbild	Schmelz-punkt °C	Schmelz-entropie cal/grad⁻¹ Ketten-glied⁻¹ nach FLORY	Kohäsion pro 6 Glieder nach BUNN	Querschnitt der Kette nach SAUTER	Löslich-keit
Polyäthylen	140	1,90	4080	18,5 Å²	schwer löslich
Polyoxymethylen	160	—	4980	17,2 Å²	sehr schwer löslich
Polyoxyäthylen	66	1,95	4720	27,7 Å²	leicht löslich

in 3.2.2fγ näher besprochen, noch im Gitter der Paraffine kristallisieren, also gewissermaßen Mischkristalle bilden. Die OH-Gruppe ist deshalb keine Seitengruppe, wie sie im folgenden verstanden werden soll. Auch Substitutionen der H-Atome durch Cl oder andere Halogene rechnen nicht dazu, sondern nur Atomgruppierungen, die an den Hauptkettengliedern hängen und denen eine gewisse Selbständigkeit zuzuordnen ist, also CH_3-, CH_3-CH_2-, NH_2- usw.

Die Kohäsionen solcher selbständiger Seitengruppen sind ebenfalls in Tab. 3 aufgeführt. Ein Vergleich ergibt, daß die Kohäsionswerte aller Gruppen größer sind als die der $-CH_2$-Hauptkettenglieder. Viele der Gruppen haben allerdings eine kleinere Kohäsion als die stark polaren oder wasserstoffbrückenbildenden Hauptkettenglieder $-CO-NH-$ usw. Die Wirkung der Seitengruppen unterscheidet sich daher prinzipiell dadurch, ob ihre Kohäsion kleiner oder größer als die der Hauptkettenglieder ist.

Tabelle 7. *Kohäsion der Seitengruppen kleiner als die der Hauptkettenglieder: Schmelzpunkte von methylierten Polyamiden und Polyestern (nach* HILL *und* WALKER *1948)*

Grundeinheit	Schmelz- punkt °C	Kristallinität
$-CO\cdot CH_2\cdot CH_2\cdot CH_2\cdot CH_2\cdot CO\cdot NH\cdot CH_2\cdot CH_2\cdot CH_2\cdot CH_2\cdot CH_2\cdot CH_2\cdot NH-$	265	kristallin
$-CO\cdot CH_2\cdot CH_2\cdot CH_2\cdot CH_2\cdot CO\cdot NH\cdot CH_2\cdot CH_2\cdot \underset{CH_3}{CH}\cdot CH_2\cdot CH_2\cdot CH_2\cdot NH-$	180	—
$-CO\cdot CH_2\cdot \underset{CH_3}{CH}\cdot CH_2\cdot CH_2\cdot CO\cdot NH\cdot CH_2\cdot CH_2\cdot CH_2\cdot CH_2\cdot CH_2\cdot CH_2\cdot CH_2\cdot NH-$	216	—
$-CO\cdot CH_2\cdot CH_2\cdot CH_2\cdot CH_2\cdot CO\cdot \underset{CH_3}{N}\cdot CH_2\cdot CH_2\cdot CH_2\cdot CH_2\cdot CH_2\cdot CH_2\cdot \underset{CH_3}{N}-$	−75	wird hier glasartig spröde
$-CO\cdot CH_2\cdot CH_2\cdot CH_2\cdot CH_2\cdot CO\cdot NH\cdot CH_2\cdot CH_2\cdot CH_2\cdot CH_2\cdot CH_2\cdot CH_2\cdot \underset{CH_3}{N}-$	etwa 145	kristallin
$-CO\cdot CH_2\cdot CH_2\cdot CH_2\cdot CH_2\cdot CO\cdot O\cdot CH_2\cdot CH_2\cdot O-$	52 bis 54	kristallin
$-CO\cdot CH_2\cdot CH_2\cdot CH_2\cdot CH_2\cdot CO\cdot O\cdot \underset{CH_3}{CH}\cdot CH_2\cdot O-$	—	zähflüssig bis kautschukartig
$-CO\cdot C_6H_4\cdot CO\cdot O\cdot CH_2\cdot CH_2\cdot O-$	256	kristallin
$-CO\cdot C_6H_4\cdot CO\cdot O\cdot \underset{CH_3}{CH}\cdot CH_2\cdot O-$	(122)	glasig
$-CO\cdot C_6H_4\cdot CO\cdot O\cdot CH_2\cdot CH_2\cdot CH_2\cdot O-$	221	kristallin
$-CO\cdot C_6H_4\cdot CO\cdot O\cdot \underset{CH_3}{CH}\cdot CH_2\cdot CH_2\cdot O-$	etwa 80	glasig
$-CO\cdot C_6H_4\cdot CO\cdot O\cdot CH_2\cdot \overset{CH_3}{\underset{CH_3}{C}}\cdot CH_2\cdot O-$	110	kristallin

α) *Kohäsion der Seitengruppen kleiner als die der Hauptkettenglieder.* Eigentlich ist der Einfluß von Seitengruppen, deren Kohäsion kleiner als die der Hauptkettenglieder ist, leicht vorauszusagen: Sie werden die zwischenmakromolekularen Abstände und damit die Wechselwirkung der stärkere Kohäsion aufweisenden Hauptkettenglieder herabsetzen. Das beweisen die Schmelzpunkte von Polyamiden und Polyestern mit aromatischen Hauptkettengliedern, welche mit einer CH_3-Gruppe geringerer Kohäsion versehen werden. Tab. 7 beweist, daß die innere Weichmachung besonders stark ist, wenn die Wasserstoffbrücken durch Substitution des H-Atoms an dem —NH—-Hauptkettenglied zerstört werden. Die Polymeren verlieren dann sogar ihre Kristallisationsfähigkeit. Das gleiche gilt bei den aromatischen Polyestern, wenn die CH_3-Gruppe zu nahe an dem Benzolring-Hauptkettenglied liegt. Dieses kann seine volle Wirksamkeit nur behalten, wenn die planare Anordnung der Hauptkette nicht zu sehr verlorengeht. Interessant ist es, daß die weichmachende Wirkung einer CH_3-Gruppe durch symmetrischen Einbau einer zweiten am gleichen Hauptkettenglied wieder aufgehoben werden kann. Die Symmetrie des Moleküls wird dadurch wieder hergestellt.

Tabelle 8. *Hauptkette mit Seitengruppen größerer Kohäsion* (nach NATTA 1956)

Struktureinheit	Schmelzpunkt	Struktureinheit	Schmelzpunkt
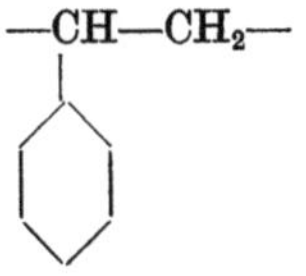	230°		
—CH—CH$_2$— | CH$_2$ | CH$_3$	128°	—CH—CH$_2$— | CH—CH$_3$ | CH$_3$	205°
—CH—CH$_2$— | CH$_2$ | CH$_2$ | CH$_3$	80°	—CH—CH$_2$— | CH$_2$ | HC—CH$_3$ | CH$_3$	205°
—CH—CH$_2$— | (CH$_2$)$_2$ | CH$_2$ | CH$_3$	25°	—CH—CH$_2$— | (CH$_2$)$_2$ | HC—CH$_3$ | CH$_3$	130°

β) *Kohäsion der Seitengruppen größer als die der Hauptkettenglieder.* Besonders interessant sind einige —CH_2—-Hauptketten, deren Wasserstoffatome durch Gruppen größerer Kohäsion ersetzt werden, zu denen in diesem Falle auch die Methylgruppe gehört. In Tab. 8 sind die Schmelzpunkte einiger isotaktischer Polymerer mit Benzolringen als Seitenketten, die natürlich einen sehr großen Schmelzpunkt verursachen und mit Methylgruppen aufgeführt. Der Schmelzpunkt der Polymeren ist am höchsten, wenn die Methylgruppe unmittelbar an der Hauptkette sitzt. Mit wachsender Entfernung von dieser durch Zwischensetzung von weniger kohärierenden —CH_2—-Gruppen und dadurch erhöhter Rotationsmöglichkeit wird der Schmelzpunkt herabgesetzt. Eine zweite Methylgruppe am Ende der Seitenkette hilft den Schmelzpunkt noch stärker heraufsetzen, doch wird er auch wieder durch eine zunehmende Zahl von —CH_2—-Gliedern in der Seitengruppe vermindert.

Literatur

[1] AVRAMI, M.: J. chem. Physics 7 (1939) S. 1103; 8 (1940) S. 212; 9 (1941) S. 177.

[2] BECKER, R., u. W. DÖRING: Ann. Phys. [5] 24 (1935) S. 719.

[3] BEKKEDAHL, N.: J. Res. Nat. Bur. Stand. 13 (1943) S. 411.

[4] BRADLEY, R. S.: Quart. Rev. 5 (1951) S. 315.

[5] BUERGER, M. J.: „Crystallographic Aspects in Phase Transformations" in: Phase Transformation in Solids. New York: J. Wiley 1951.

[6] BUNN, C. W.: Chemical Crystallography. Oxford.

[7] —: Trans. Faraday Soc. 35 (1939) S. 482.

[8] —: Proc. roy. Soc. (London) A 180 (1942) S. 40.

[9] —, u. T. C. ALCOCK: Trans. Faraday Soc. 41 (1945) S. 317.

[10] —, u. E. V. GARNER: Proc. roy. Soc. (London) A 189 (1947) S. 39.

[11] —: Nature 161 (1948) S. 929.

[12] —: J. appl. Phys. 25 (1954) S. 820.

[13] —: J. Polymer Sci. 16 (1955) S. 324.

[14] COFFMANN, D. D., C. J. BERCHET, W. R. PETERSON u. E. W. SPANAGEL: J. Polymer Sci. 2 (1947) S. 306.

[15] CORDES, H., u. A. DITTMAR: Z. phys. Chem. (Frankfurt) 22 (1959) S. 158.

[16] DAUBENY, R. DE P., C. W. BUNN u. C. J. BROWN: in HILL (London) (1953).

[17] DAWSON, I. M.: Proc. roy. Soc. 214 A (1952) S. 72.

[18] DUNKEL, M.: Z. phys. Chem. 138 (1928) S. 42.

[19] EDGAR, O. B., u. R. HILL: J. Polymer Sci. 8 (1952) S. 1.

[20] EVANS, U. R.: Trans. Faraday Soc. 41 (1945) S. 365.

[21] EVANS, R. D., H. R. MIGHTON, u. P. J. FLORY: J. Amer. chem. Soc. 72 (1950) S. 2026.

[22] GLASSTONE, S., K. J. LAIDLER u. H. EYRING: The Theory of Rate Processes. New York: McGraw-Hill 1941.

[23] FALKAI, B. V., u. H. A. STUART: Kolloid-Z. 162 (1959) S. 138.

[24] FISCHER, E. W.: Z. Naturforschung 12a (1957) S. 753.

[25] —: Kolloid-Z. 159 (1958) S. 108.

[26] FISHER, J. C., J. H. HOLLOMON u. D. TURNBULL: J. appl. Phys. 19 (1948) S. 775.

[27] FISHER, D.: Proc. phys. Soc. B 66 (1953) S. 7.

[28] FLORY, P. J.: J. chem. Physics 17 (1949) S. 223.

[29] —: Principles of Polymer Chemistry. Ithaca, N. Y.: Cornell University Press 1953.

[30] —: Trans. Faraday Soc. 51 (1955) S. 848.

[31] FRANK, F. C.: Discuss. Faraday Soc. 5 (1949) S. 48.

[32] FULLER, C. S.: Chem. Rev. 26 (1940) S. 143.

[33] GERNGROSS, O., K. HERRMANN u. W. ABITZ: Z. phys. Chem. B 10 (1930) S. 371.

[34] GIBBS, W.: Collected Works. New York: Longmans, Green u. Co. (1878) s. S. 192.

[35] GUTH, E., H. M. JAMES u. H. MARK: in: Advances in Colloid Science, Vol. II. New York: 1946.

[36] HARTLEY, F. D., F. W. LORD u. L. B. MORGAN: Phil. Trans. roy. Soc. A 247 (1955) S. 23.

[37] HENDRICKS, ST. B.: Chem. Rev. 7 (1930) S. 452.

[38] HENGSTENBERG, J.: Z. Kristallographie 67 (1928) S. 583.

[39] HILL, R., u. E. E. WALKER: J. Polymer Sci. 3 (1948) S. 609.

[40] —: Fasern aus synthetischen Polymeren. Stuttgart 1956.

[41] HOFFMANN, J. D.: J. chem. Physics 20 (1952) S. 541.

[42] —, u. B. F. DECKER: J. phys. Chem. 57 (1953) S. 520.

[43] HONIGMANN, B.: Gleichgewichts- und Wachstumsformen von Kristallen. D. Steinkopff 1958.

[44] JENCKEL, E., E. TEEGE u. W. HINRICHS: Kolloid-Z. 129 (1952) S. 19.

[45] KAUZMANN, W.: Chem. Rev. 43 (1948) S. 219.

[46] KEITH, H. D., u. F. J. PADDEN, N. M. WALTER u. H. W. WYCKOFF: J. appl. Phys. 30 (1959) S. 1485.

[47] KELLER, A., u. J. R. S. WARING: J. Polymer Sci. 17 (1955) S. 447.

[48] —: Phil. Mag. 2 (1957) S. 1171.

[49] —, u. A. O'CONNOR: Discuss. Faraday Soc. 25 (1958) S. 114.

[50] KELLER: Makromolekulare Chem. 34 (1959) S. 1.

[51] KIRKWOOD, J. E., u. E. MONROE: J. chem. Physics 9 (1941) S. 514.

[52] KRATKY, O. u. Mitarb.: in STUART, Die Physik der Hochpolymeren, Berlin/Göttingen/ Heidelberg: Springer Band II (1953) und Band III (1955).

[53] LENNARD JONES, J. E., u. A. F. DEVONSHIRE: Proc. roy. Soc. A 163 (1937) S. 53.

[54] LINDEMANN, A. F.: Phys. Z. 11 (1910) S. 609.

[55] MANDELKERN, L., F. A. QUINN JR. u. P. J. FLORY: J. appl. Phys. 25 (1954) S. 830.

[56] —: J. appl. Phys. 26 (1955) S. 443.

[57] —: Chem. Rev. 56 (1956) S. 903.

[58] —, F. A. QUINN JR. u. D. E. ROBERTS: J. Amer. chem. Soc. 78 (1956) S. 926.

[59] MARK, H.: Industr. Engng. Chem. 34 (1942) S. 1943.

[60] MAYER, I. E., u. M. GOEPPERT-MAYER: Statistical Mechanics. London: J. Wiley 1948.

[61] McCOUBREY, J. C., u. A. R. UBBELOHDE: Quart. Rev. chem. Soc. 5 (1951) S. 346.

[62] McCULLOUGH, J. P., H. C. FINKE, M. W. GROSS, J. P. MESSERLEY u. G. WADDINGTON: J. phys. Chem. 61 (1957) S. 289.

[63] MEYER, K. H., u. L. MISCH: Helv. chim. Acta 20 (1937) S. 232.

[64] MORGAN, L. B.: J. appl. Chem. 4 (1954) S. 160.

[65] —: Phil. Trans. roy. Soc. A 247 (1955) S. 16.

[66] MOTT, F., u. R. W. GURNEY: Rep. Progr. Physics 5 (1938) S. 46. — Trans. Faraday Soc. 35 (1939) S. 364.

[67] MÜLLER, A.: Proc. roy. Soc. 120 A (1928) S. 43.

[68] —: Proc. roy. Soc. (London) A 138 (1932) S. 514.

[69] NATTA, G., u. P. CORRADINI: Makromolekulare Chem. 16 (1955) S. 77.

[70] —: Makromolekulare Chem. 16 (1955) S. 213.

[71] —: Angew. Chem. 68 (1956) S. 393.

[72] NIEGISCH, W. D.: J. Polymer Sci. 40 (1959) S. 263.

[73] ORTHMANN, H. J., u. K. UEBERREITER: Z. Elektrochem. 61 (1957) S. 106.

[74] PADDEN, F. J., u. H. D. KEITH: J. appl. Phys. 30 (1959) S. 1479.

[75] READ jr., W. T.: Dislocations in Crystals. New York: 1953.

[76] REYNOLDS, R. J. W.: in HILL, R. (1956).

[77] ROBERTS, D. E., u. L. MANDELKERN: J. Amer. chem. Soc. 77 (1955) S. 78.

[78] SAUTER, E.: Z. phys. Chem. B 18 (1932) S. 417.

[79] —: Z. phys. Chem. B 21 (1933) S. 186.

[80] SCHLESINGER, W., u. H. M. LEEPER: J. Polymer Sci. 11 (1953) S. 203.

[81] SCHOON, TH.: Z. phys. Chem. B 39 (1938) S. 385.

[82] SCOTT, A. M.: J. Res. Nat. Bur. Stand. 14 (1935) S. 99.

[83] STEWART, G. W., u. C. A. BENZ: Phys. Rev. 46 (1934) S. 703.

[84] STRANSKI, I. N., u. R. KAISCHEW: Phys. Z. 36 (1935) S. 393.

[85] —: Naturwiss. 30 (1942) S. 425.

[86] —, HILLE, M., H. RAU u. F. SCHLIPF: Growth and Perfection of Crystals. New York: 1958.

[87] STUART, H. A.: Die Physik der Hochpolymeren, Bd. III, S. 450. Berlin/Göttingen/ Heidelberg: Springer 1955.

[88] —: Kolloid-Z. 165 (1959) S. 3.

[89] TAKAYANAGI, M.: J. Polymer Sci. 19 (1956) S. 200.

[90] TAMMANN, G.: Kristallisieren und Schmelzen. Leipzig: 1903.

[91] —: Z. phys. Chem. 68 (1910) S. 257.

[92] TEMPERLEY, H. N. V.: Changes of State. London: Cleaver-Hume Press Ltd. 1956.

[93] TILL, P. H.: J. Polymer Sci. 17 (1957) S. 447.

[94] TURNBULL, D., u. J. C. FISHER: J. chem. Physics 17 (1949) S. 71.

[95] UEBERREITER, K.: Angew. Chem. 53 (1940) S. 247.

[96] —, u. S. NENS: Kolloid-Z. 123 (1951) S. 92.

[97] —, u. H. J. ORTHMANN: Kolloid-Z. 132 (1953) S. 61.

[98] —: Angew. Chem. 65 (1953) S. 121.

[99] —, G. KANIG u. A. BRENNER: J. Pol. Sci. 16 (1955) S. 53.

[100] VOLMER, M., u. A. WEBER: J. phys. Chem. 119 (1926) S. 277.

[101] —, u. O. SCHMIDT: Z. phys. Chem. B 35 (1937) S. 467.

[102] —: Kinetik der Phasenbildung. Dresden/Leipzig: 1939.

[103] WILLEMS, J.: Experientia 13 (1957) S. 465.
[104] WOLF, K., u. K. SCHMIEDER: Symposio Internat. di Chimica Macromol. Suppl. a La Ricerca Scientifica Anno 25⁰, 1955, S. 732.
[105] WOOD, L. A., u. N. BEKKEDAHL: J. appl. Phys. 17 (1946) S. 362.
[106] ZIEGLER, K., E. HOLSKANP, H. BREIL u. H. MARTIN: Angew. Chem. 67 (1955) S. 420 u. 541.
[107] —, u. H. MARTIN: Makromolekulare Chem. 18/19 (1956) S. 186.

3.3 Gummielastischer Zustand

Von W. Kuhn, Basel

3.3.1 Besondere Merkmale des gummielastischen Zustandes

Das Hauptmerkmal des gummielastischen Zustandes ist das Auftreten eines sehr *kleinen Wertes des Elastizitätsmoduls*, verbunden mit einer *großen und reversiblen Dehnbarkeit*. Beim Kautschuk treten diese Merkmale in besonders ausgeprägter Weise zutage, besitzt doch schwach vulkanisierter Kautschuk bei 20 °C einen E-Modul von beispielsweise 2 bis $5 \cdot 10^6$ Dyn cm^{-2} und eine Dehnbarkeit auf das ungefähr Achtfache der Länge des ungedehnten Versuchskörpers. Zum Vergleich sei angegeben, daß der Elastizitätsmodul bei Stahl etwa 10^6 mal größer, nämlich gleich $2 \cdot 10^{12}$ Dyn cm^{-2}, die elastische Dehnbarkeit dafür etwa 8000 mal kleiner, nämlich nur gleich einem Promille der Länge des ungedehnten Versuchskörpers ist.

Auf Grund der Definition des E-Moduls gilt für die Kraft σ in Dyn, welche pro cm^2 Querschnitt des Versuchskörpers wirken muß, um den Versuchskörper, wenn dessen ursprüngliche Länge gleich l gewesen ist, auf der Länge $l + \Delta l$ zu halten

$$\sigma = \frac{\Delta l}{l} E \quad \text{Dyn cm}^{-2}. \tag{1}$$

Der für den E-Modul von schwach vulkanisiertem Kautschuk beispielsweise angegebene Betrag $E = 2 \cdot 10^6$ Dyn cm^{-2} bedeutet daher, daß eine Kraft von $2 \cdot 10^6$ Dyn/cm^2 oder 20 g/mm^2 genügt, um $\Delta l/l = 1$ zu machen, d. h. um den Probekörper auf das Doppelte seiner ursprünglichen Länge zu dehnen.

Die in Tab. 1 gegebene Zusammenstellung zeigt, daß alle „gewöhnlichen" festen Stoffe, auch der Kautschuk selbst, bei genügend tiefer Temperatur Beträge des E-Moduls von der ungefähren Größe 10^{11} bis einige Male 10^{12} Dyn cm^{-2}, aufweisen, daß also *der E-Modul im gummielastischen Zustand in den meisten Fällen etwa 10^4 bis 10^6 mal kleiner als im „gewöhnlichen" festen Zustand ist.*

Es zeigt sich, daß ein solcher Zustand bei sehr vielen, manche Autoren sagen, bei allen hochpolymeren Substanzen in gewissen, von Substanz zu Substanz verschieden liegenden Temperaturgebieten auftritt. Beim Naturkautschuk erstreckt sich das Gebiet von etwa -50 bis $+70$ °C, bei Polystyrol liegt es in der Nähe von 100 °C. Bei passender Behandlung findet man einen gummielastischen Bereich auch bei Seide, bei Wolle und bei fast allen Kunstfasern.

Das Auftreten eines gummielastischen Zustandes hängt stets damit zusammen, daß bei *gummielastischen Stoffen nebeneinander Zusammenhaltsmechanismen mit voneinander extrem verschiedenen Relaxationszeiten vorkommen.* Im Falle des Kautschuks und bei den wichtigsten weiteren gummielastischen Stoffen hängt das Auftreten von hinsichtlich der Relaxationszeit sehr verschiedenen Zusammen-

Tabelle 1. *Elastizitätsmoduln verschiedener Substanzen*

Substanz	Temperatur °C	Elastizitätsmodul E Dyn/cm²
Silber	20	$8 \cdot 10^{11}$
Blei	20	$1,5 \cdot 10^{11}$
Stahl	20	$20 \cdot 10^{11}$
Glas	20	$5 \cdot 10^{11}$
Holzfaser	20·	$1,2 \cdot 10^{11}$
Kolophonium	20	$0,3 \cdot 10^{11}$
Celluloid	20	$1,0 \cdot 10^{11}$
Cellophan	20	$4,2 \cdot 10^{11}$
Seide	20	$1,0 \cdot 10^{11}$
TERYLEN	20	$1 \cdot 10^{11}$
NYLON	20	$0,6 \cdot 10^{11}$
Polyäthylen	20	$6 \cdot 10^{9}$
Polystyrol	20	$0,3 \cdot 10^{11}$
Kautschuk	−200	$1 \cdot 10^{11}$
	20	$2 \cdot 10^{6}$
Eis	0	$0,98 \cdot 10^{11}$
Celluloseacetat in Benzylalkohol 35%	20	$2,4 \cdot 10^{6}$
Stärkefilme (66% relative Feuchtigkeit)	20	$3,6 \cdot 10^{8}$
Gelatine 10% in Wasser	20	$3,7 \cdot 10^{5}$
Gelatine 10% in Wasser mit Formaldehyd	20	$3,7 \cdot 10^{6}$
Elastoidin (Fasern der Flossen des Knorpelfisches)	20	$5 \cdot 10^{9}$
	65	$7 \cdot 10^{6}$
Brotteig	20	$6 \cdot 10^{4}$

haltsmechanismen auf das engste mit der Größe der Moleküle und mit der *Molekülform* zusammen. Es zeigt sich, daß bei diesen Stoffen sogar die quantitative Deutung der Rückstellkraft im mäßig gedehnten Versuchskörper auf Grund von statistischen, die Molekülform betreffenden Betrachtungen gegeben werden kann. Es ist darum zweckmäßig, zur Begründung der Existenz einer Mehrzahl von Zusammenhaltsmechanismen mit verschiedenen Relaxationszeiten und auch als Bereitstellung für die quantitative Deutung des E-Moduls von Kautschuk einiges anzugeben über die Gestalt, welche ein lineares Makromolekül, wenn es z. B. in verdünnter Lösung sich selbst überlassen ist, im Mittel einnimmt.

3.3.2 Die Gestalt von Molekülfäden als Grund für das Auftreten von Zusammenhaltsmechanismen mit stark verschiedenen Relaxationszeiten

a) Statistische Gestalt in ruhender Lösung oder Schmelze. Wenn wir die Gestalt eines in einer Lösung oder Schmelze befindlichen freien Molekülfadens in der Weise beschreiben, daß wir vom Anfangspunkt des Moleküls ausgehend den die Kette bildenden Valenzrichtungen folgen, so erkennt man alsbald, daß es infolge des Winkels, den aufeinanderfolgende C—C-Bindungen einer Kohlenstoffkette miteinander bilden und infolge der teilweisen Drehbarkeit der Molekülteile eines Fadenmoleküls um die vorhandenen C—C-Bindungen als Achsen für ein gegebenes Fadenmolekül eine große Mannigfaltigkeit von möglichen und dauernd ineinander übergehenden Gestalten gibt. Wenn wir, etwa im Falle eines Paraffinkohlenwasserstoffes, die Fortschreitungsrichtung vom ersten zum zweiten Kohlenstoffatom in die z-Richtung eines x, y, z-Koordinatensystems legen

(Abb. 1), so wird, da der Valenzwinkel bei Paraffinkohlenwasserstoffen etwa 109° beträgt, die Fortschreitungsrichtung vom zweiten zum dritten C-Atom nicht mehr in der z-Richtung liegen. Sie wird vielmehr mit dieser Richtung einen Winkel von 71° bilden. Dabei sind alle Richtungen, welche durch Rotation des durch die Punkte *1*, *2* und *3* von Abb. 1 gebildeten Vektorengerüstes um die Richtung 1 bis 2 als Achse hervorgehen, gleich wahrscheinlich. Die Richtung vom dritten zum vierten Kohlenstoffatom wird mit dem vom zweiten zum dritten Kohlenstoffatom führenden Vektor wiederum einen Winkel von 109° einschließen, wobei unter Umständen einzelne Stellungen etwas bevorzugt sein können. Gehen wir in solcher Weise vom vierten zum fünften und dann vom fünften zum sechsten Kohlenstoffatom der Kette, so werden wir feststellen, daß die *Unsicherheit* darüber, an welcher Stelle wir uns nach dem letzten Schritt befinden, und die

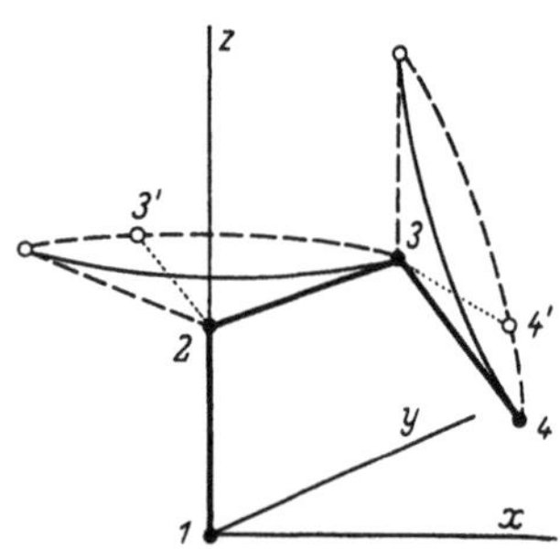

Abb. 1. Zunahme der Unbestimmtheit des Ortes, an dem sich die einzelnen Kettenglieder befinden, und der Fortschreitungsrichtung von einem Kettenglied zum nächsten beim Vorrücken entlang einer Kette

Unsicherheit darüber, in welcher Richtung sich das nächste Kettenglied an die vorhandene Kette anschließen wird, *rasch zunimmt*. Das Ergebnis wird sein, daß wir nach Durchlaufung von s_m monomeren Resten praktisch genommen völlig unsicher sind über die Richtung, in welcher die nächstfolgenden Schritte führen werden. Wir fassen daher, um eine quantitative mathematische Behandlung des statistischen Problems der Molekülgestalt vornehmen zu können, je s_m in der Kette aufeinanderfolgende monomere Reste zu einer Einheit, welche wir als *statistisches Fadenelement* bezeichnen, zusammen [1]. Die wesentlichste Eigenschaft des statistischen Fadenelementes besteht darin, daß die Richtung eines vorgegebenen Elementes völlig unabhängig ist von der Orientierung aller in der Kette vorangehenden und nachfolgenden Fadenelemente.

Unter Verwendung des so erhaltenen Begriffes des statistischen Fadenelementes ist das Problem der Gestalt eines aus P monomeren Resten bestehenden unverzweigten Fadenmoleküls äquivalent mit dem Problem der Gestalt eines Fadens, welcher aus

$$\frac{P}{s_m} = N_m \tag{2}$$

statistischen Fadenelementen besteht. Dabei wird jedes Fadenelement eine mittlere Länge besitzen, welche von der Wahl von s_m abhängt. s_m kann so gewählt werden [2], daß die Länge A_m des statistischen Fadenelementes gerade so groß wird, daß

$$N_m A_m = L \tag{3}$$

wird, wobei L der Abstand der Enden des ohne Deformation von Valenzwinkeln gestreckt gedachten Fadens (die sog. hydrodynamische Länge des Fadens) bedeutet. Die Beschreibung des aus P monomeren Resten bzw. des aus N_m statistischen Fadenelementen bestehenden Modells kann jetzt so gestaltet werden, daß wir bereits dem ersten, vom Anfangspunkt *1* des Fadens ausgehenden statistischen Fadenelement (der Länge A_m) eine beliebig bestimmte Richtung geben, daß wir darauf, etwa durch Würfeln, die Richtung, in welcher das zweite, dritte usw. Fadenelement zu legen ist, feststellen. Der Linienzug, den man so erhält, ist ganz ähnlich wie der Linienzug, den wir erhalten, wenn wir den Ort eines in einer Lösung befindlichen Kolloidteilchens in gleichen Zeitintervallen feststellen und die aufeinanderfolgenden Beobachtungspunkte durch Geraden miteinander verbinden. Das heißt, der aus den N_m statistischen Fadenelementen der Länge A_m gebildete Linienzug wird die Gestalt einer komplizierten räumlichen Zickzackkurve besitzen (Abb. 2 und 3).

In ähnlicher Weise, wie sich das Ergebnis der Wanderung eines Kolloidteilchens, d. h. die in einer endlichen Zeit erreichte mittlere Verschiebung, rechnerisch behandeln läßt, lassen sich daher Wahrscheinlichkeitsaussagen und Angaben über den Mittelwert des Abstandes der Fadenenden des aus N_m statistischen Fadenelementen bestehenden Modells bzw. des aus P bzw. Z monomeren Resten bestehenden Molekülfadens machen [vgl. auch 2.3.2].

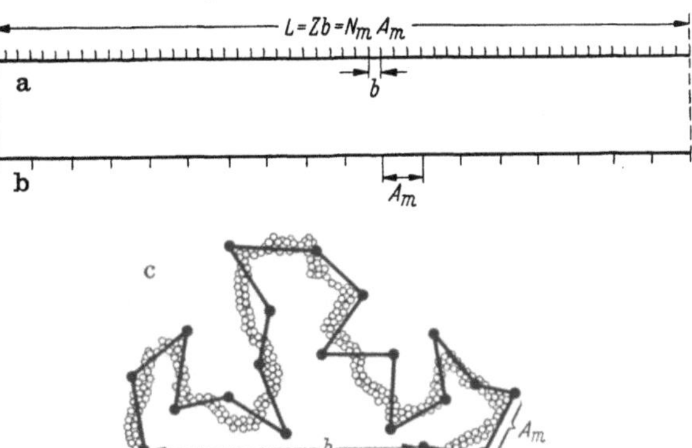

Abb. 2. Ein Fadenmolekül, welches aus P bzw. Z monomeren Einheiten aufgebaut ist und welches bei völliger Ausrichtung zu einer geraden Zickzackkette (ohne Deformation von Atomabständen und Valenzwinkeln) eine Länge $Z \cdot b = L$ besitzt (Abb. a), ersetzen wir für die statistische Betrachtung der Molekülgestalt durch ein aus N_m statistischen Fadenelementen der Länge A_m bestehendes Modell, in solcher Weise, daß $N_m A_m$ wiederum gleich L wird (Abb. 2b). Das Modell sowie auch das wirkliche Molekül wird in Lösung oder in einer Schmelze eine unregelmäßige Gestalt annehmen (statistisches Knäuel, Abb. 2c), wobei der Abstand der Fadenenden, h, viel kleiner als L sein wird

Abb. 3. Wahrscheinliche Gestalt (statistischer Knäuel) des Moleküls eines normalen Paraffinkohlenwasserstoffes von der Formel $C_{500}H_{1002}$ in Benzol oder Cyclohexan

Das Ergebnis der Wahrscheinlichkeitsaussage halten wir fest durch die Angabe der Wahrscheinlichkeit $W(h)\,dh$ dafür, daß der Abstand zwischen Anfangs- und Endpunkt eines herausgegriffenen Moleküls einen zwischen h und $h + dh$ liegenden Betrag besitzt. Der Ausdruck für $W(h)$ lautet in erster

Näherung

$$W(h)\,dh = \text{const}\, h^2\, e^{-\dfrac{3h^2}{2N_m A_m^2}}\,dh. \tag{4}$$

Der Ausdruck gilt für große Werte von N_m und so lange, wie h viel kleiner als L ist; für kleine Werte von N_m bzw. für Werte von h, welche von ähnlicher Größe wie L sind, gilt anstatt (4) eine allgemeinere Formel, welche für kleine Werte von h und große Werte von N_m in (4) übergeht [3]. Die allgemeinere Formel ist für das Verständnis der bei höheren Dehnungsgraden bei Kautschuk auftretenden Rückstellkräfte, nicht aber für das grundsätzliche Verständnis der Natur der Kautschukelastizität wesentlich. Der Verlauf der Wahrscheinlichkeit $W(h)$ gemäß Gl. (4) ist in Abb. 4, Kurve *1*, wiedergegeben.

Es ist auf Grund dieser Wahrscheinlichkeitsverteilung oder Häufigkeitsverteilung der h-Werte möglich, für eine Gesamtheit von Fadenmolekülen die Mittelwerte $\overline{h}$, $\overline{h^2}$ usw. anzugeben. Als wichtigste Beziehung dieser Art erwähnen wir die aus Gl. (4) folgende (aber auch für alle höheren Näherungen in Wirklichkeit *exakt* gültige) Beziehung:

$$\overline{h^2} = N_m A_m^2. \tag{5}$$

Sie besagt, daß das mittlere Abstandsquadrat der Fadenenden proportional mit N_m und damit bei unverzweigten Fadenmolekülen wegen Gl. (2) proportional zum Polymerisationsgrad P zunimmt.

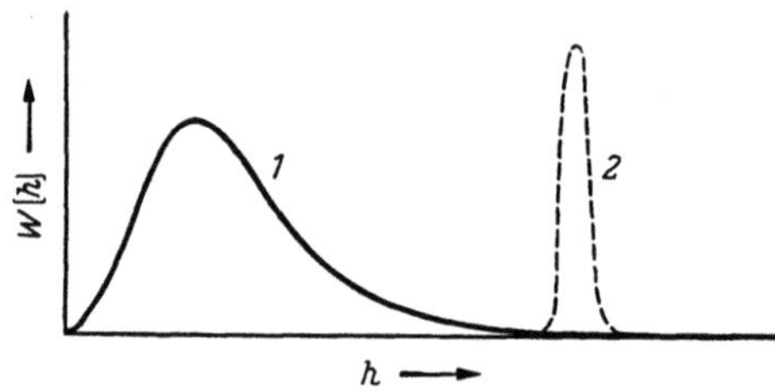

Abb. 4. Häufigkeitsverteilung $W(h)$ einer Gesamtheit von Makromolekülen

Abszisse: Abstand h zwischen den Endpunkten der einzelnen Molekülindividuen. Ordinate: Häufigkeit, mit welcher der Abstand h angetroffen wird. Kurve *1* (stark schematisch): Normale Verteilung, entsprechend der Näherung Gl. (4). Es ist die Verteilung, in welche *jede* andere Verteilung, sobald die Molekülendpunkte nicht festgehalten werden, übergeht. Kurve *2*: Beispiel einer künstlich herbeigeführten, nicht normalen Abstandsverteilung, bei welcher der Abstand zwischen den Endpunkten bei allen Individuen nahezu denselben Wert besitzt

Es sei als wichtiger Zusatz erwähnt, daß die Beziehungen (4) und (5) nicht nur die Häufigkeit der Abstände zwischen Anfangs- und Endpunkt eines aus N_m statistischen Fadenelementen bestehenden Fadens, sondern auch die *Abstände zwischen Teilen eines und desselben Gesamtfadens* beschreiben: Numerieren wir die in einem gegebenen Faden vorhandenen statistischen Fadenelemente, am einen Fadenende beginnend und der Fadenachse folgend, durch, und fragen wir etwa nach dem Abstand zwischen dem i-ten und dem $i + N$-ten statistischen Fadenelement, so erhalten wir die gefragte Verteilungsfunktion für diesen Abstand bzw. den mittleren Abstand einfach dadurch, daß wir N_m in Gl. (4) und (5) durch N ersetzen. Das heißt, es *hat nicht nur der Gesamtfaden, sondern auch jeder Ausschnitt aus demselben für sich genommen, die* durch Gl. (4) und (5) *festgelegte statistische Gestalt.*

Als weitere Bemerkung zu Gl. (4) und (5) stellen wir fest, daß sich die durch Gl. (4) definierte „normale Verteilung" der h-Werte durch die Wärmebewegung (Ausnützung von freien Drehbarkeiten usw.) in einer sich selbst überlassenen Mannigfaltigkeit von Fadenmolekülen *stets von selbst erzeugt und von selbst erhält.* Es werden zwar die einzelnen Molekülindividuen ihre h-Werte ändern, jedoch so, daß sich die normale Verteilung immer wieder selbst ausbildet. Dieser letztere Umstand hat die Folge, daß eine von Kurve *1* in Abb. 4 abweichende Ver-

teilung, z. B. eine Verteilung gemäß Kurve *2* von Abb. 4, in welcher wir allen
Molekülen nahezu denselben, relativ großen Wert von h erteilt haben, von *selbst*,
durch Wärmebewegung, in die normale Verteilung (Kurve *1* von Abb. 4) übergehen würde. Der Übergang einer Verteilung der Fadenendpunkte gemäß Kurve *2*
zu Kurve *1* von Abb. 4 wäre also ein von selbst verlaufender Vorgang. Nach
einem allgemeinen Prinzip der Thermodynamik kann aber *jeder* selbstverlaufende
Vorgang unter passenden Bedingungen zur Arbeitsleistung verwendet werden und

wir werden sehen, daß die Auswertung
dieses Prinzips das Verständnis der
Rückstellkraft des gedehnten Kautschuks
ermöglicht. Es ist überdies wesentlich,
festzuhalten, daß der Übergang aus einer
nicht normalen Verteilung in die der
Abb. 4, Kurve *1*, entsprechende normale
Verteilung nicht nur für den Gesamtfaden, sondern auch für beliebig herausgegriffene Teile eines Gesamtfadens
in einer Lösung oder Schmelze von selbst
erfolgt.

**b) Vorgänge mit extrem verschiedenem
Zeitbedarf im Anschluß an eine in
ruhender Lösung oder Schmelze rasch erzeugte Deformation.** Um auf Grund des
Gesagten zu verstehen, daß in einem
hochpolymere Moleküle enthaltenden
System unter geeigneten Bedingungen
Vorgänge mit extrem verschiedenem Zeitbedarf stattfinden werden, betrachten wir
eine ruhende Flüssigkeit oder Schmelze,
in welcher sich ein Molekülfaden befinde,
der in diesem Falle eine statistisch wahrscheinliche Gestalt besitzen soll. Die
Verbindungsgerade zwischen den Fadenenden A und B soll im vorliegenden Fall

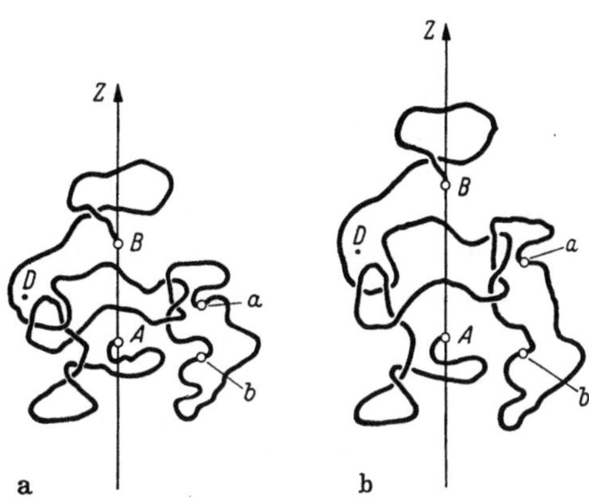

Abb. 5. Fadenmoleküle in Schmelze oder Lösung
a) Der Faden befindet sich in einem statistisch
wahrscheinlichen Zustande; der Abstand der
Fadenenden A und B entspricht einem nach
Abb. 4, Kurve *1*, bzw. Gl. (4) und (5) wahrscheinlichen Zustande; ebenso ist der Abstand
zwischen den Punkten a und b ein wahrscheinlicher Abstand des durch a und b begrenzten
Fadenabschnittes; b) Dasselbe Fadenmolekül,
unmittelbar nachdem der Faden samt dem Einbettungsmedium einer Dehnung in der z-Richtung
unterworfen wurde. Der Abstand der Fadenenden A und B sowie auch der Abstand der
Punkte a und b entsprechen jetzt nicht mehr
wahrscheinlichsten Konformationen des Gesamtfadens bzw. des durch a und b begrenzten Fadenabschnittes. Es findet, wenn A und B, sowie a
und b *nicht* festgehalten werden, eine Rückkehr
zu den der Abb. 5a entsprechenden Abständen
statt. Sie vollzieht sich für kleine Fadenabschnitte
rasch, für größere Fadenabschnitte bzw. für den
Gesamtfaden, dessen Enden große Wege zurücklegen müssen, langsamer

in der z-Richtung liegen, wobei der Abstand h zwischen den Punkten A und B
einen in der Nähe von $\sqrt{\overline{h^2}}$ liegenden Betrag besitzen möge (Abb. 5a).

Wir nehmen nun an, daß das Medium, in welchem der Faden eingebettet ist,
mitsamt dem Faden einer raschen Deformation in der z-Richtung ausgesetzt
wird, wobei mit der Dehnung in der z-Richtung eine entsprechende Verringerung
der dazu senkrechten Abmessungen des Molekülfadens und des Einbettungsmediums verbunden sei. Genauer gesagt, soll die Größe jedes Volumenelementes
des Mediums vor und nach der Dehnung dieselbe sein. (Deformation eines praktisch genommen nicht kompressiblen Mediums.) In diesem Falle werden alle
Teile des in Abb. 5a betrachteten Fadens eine affine Transformation erfahren.
Alle Valenzwinkel und Abstände im Molekülfaden werden verändert, in solcher
Weise etwa, daß die z-Komponenten sämtlicher Vektoren z. B. um einen

Faktor 1,69 vergrößert, die zu z senkrechten Komponenten um einen Faktor 1,3 (nämlich $\sqrt{1,69}$) vermindert werden. Eine ähnliche Vergrößerung und Verringerung werden auch die sämtlichen Abstände zwischen den Teilen des hervorgehobenen Moleküls und den Molekülen des Einbettungsmediums sowie die Abstände im Einbettungsmedium selber erfahren. Das Bild des Molekülfadens würde damit aus der Form Abb. 5a in die Form Abb. 5b übergeführt. Wir denken uns anschließend an diese rasch hervorgebrachte Deformation die Form des das Einbettungsmedium enthaltenden Gefäßes konstant gehalten und wir fragen nach den Vorgängen, welche zu einem Ausgleich der im Versuchskörper bei der Dehnung entstandenen Veränderungen führen. Wir werden feststellen, daß die mechanischen Spannungen, welche davon herrühren, daß die Abstände benachbarter Atome des Fadenmoleküls, die Valenzwinkel, sowie die Abstände der einzelnen Teile des Fadenmoleküls von Molekül- und Atomgruppen des Einbettungsmediums sowie die Deformationen der Moleküle des Einbettungsmediums selbst *sehr rasch* verschwinden werden. Für diesen Ausgleich sind außerordentlich kleine Abstandsänderungen und Winkeldeformationen am Fadenmolekül und im Einbettungsmedium ausreichend [4]. Dagegen sehen wir, daß durch diese Wiederherstellung der normalen Atomabstände und Valenzwinkel im Fadenmolekül und im Einbettungsmedium das äußere Bild der Abb. 5b kaum geändert wird. Wir sehen, daß z. B. die Punkte a und b sowie die Punkte A und B in Abb. 5b ihren Abstand bei dem Mikroausgleich behalten haben. Wenn aber die Abstände zwischen den Punkten a und b bzw. zwischen den Punkten A und B in Abb. 5a die normalen, d. h. die dem Wahrscheinlichkeitsmaximum in Abb. 4, Kurve *1*, entsprechenden gewesen waren, so sind diese Abstände im Beispiel Abb. 5b je um den Dehnungsfaktor 1,69 zu groß. Mit etwas Übertreibung gesprochen entsprechen die Abstände $a-b$ und $A-B$ in Abb. 5b der Kurve *2* von Abb. 4. Es wird sich daher in der Lösung oder Schmelze von selbst durch Wärmebewegung eine Änderung der Gestalt des Molekülfadens aus der Gestalt 5b in die Gestalt 5a vollziehen, wenigstens dann, wenn dieser Umänderung keine unüberwindlichen Hindernisse entgegengestellt werden. Wir sehen, daß die verschiedenen Teile des Molekülfadens hierbei beträchtliche Wege im Einbettungsmedium, und zwar unter Überwindung des viskosen Widerstandes des Einbettungsmediums, zurücklegen müssen. Die zurückzulegenden Wege sind für die Fadenenden, d. h. für die Punkte B und A, am größten, etwas weniger groß, aber immer noch sehr erheblich für die Punkte a und b usw. Die nach dem rasch vollzogenen Übergang von Abb. 5a zu Abb. 5b eintretenden Änderungen werden erst zum Stillstand kommen, wenn nicht nur alle Verzerrungen von Atomabständen und Valenzwinkeln aufgehoben sind, sondern wenn auch die *Gestalt des Molekülfadens*, sowohl was die einzelnene Teile des Fadens, als auch was die Fadenenden betrifft, in den „Normalzustand" zurückgekehrt ist. Jede dieser Veränderungen stellt, da sie freiwillig verläuft, einen Vorgang dar, welcher *zur Leistung mechanischer Arbeit* herangezogen werden könnte, d. h., jeder dieser Veränderungen entspricht *ein Zusammenhaltsmechanismus*, welcher, solange die Veränderung dem Zustand Abb. 5b entspricht, eine Rückstellkraft am Versuchskörper erzeugt, eine Rückstellkraft, welche erlischt, sobald der Faden oder Fadenteil aus dem Zustand Abb. 5b in den Zustand Abb. 5a zurückkehrt. Dem Umstand entsprechend, daß die von den Molekülteilen zwecks Überführung des Zustandes 5b in den Zustand 5a zurückzulegenden Wege extrem verschieden sind, und auf Grund der Überlegung, daß die für einen Ausgleichsvorgang benötigte Zeit um so größer sein wird, je größer die jeweils von den Fadenteilen zurückzulegenden Wege sind, *müssen wir somit erwarten, daß unter den betrachteten Bedingungen bei hochpolymeren Substanzen ein ganzes Spektrum von Relaxationszeiten, innerhalb deren die den einzelnen Zusammenhaltsmechanismen entsprechenden Beiträge zur Rückstellkraft abklingen, vorhanden sein muß.*

Man erkennt, daß die grundsätzliche Möglichkeit des Auftretens eines ausgedehnten Relaxationszeitspektrums mit dem Vorhandensein von Molekülfäden hohen Molgewichtes auf das engste zusammenhängt. Tatsächlich wären bei einer niedrigmolekularen oder gar bei einer atomaren Substanz große Unterschiede in den von den Molekülteilen bei der Beseitigung von Spannungszuständen zurückzulegenden Wege kaum denkbar [vgl. auch 2.5 und 4.2].

3.3.3 Formelle Erfassung des Abklingens des den einzelnen Zusammenhaltsmechanismen entsprechenden Beitrages zur Rückstellkraft; Relaxationsspektrum

Falls in einem Versuchskörper, welcher die Länge l besitzt, im Zeitpunkt $t = 0$ eine plötzliche Längenänderung Δl erzeugt wird, so ist die pro cm² des Versuchskörpers wirkende Rückstellkraft, falls dieselbe einer *Relaxation* unterliegt, nicht konstant, sondern sie nimmt mit der Zeit t, welche man zwischen der Erzeugung der Dehnung und dem Zeitpunkt der Messung verstreichen läßt, ab. Dasselbe trifft dann auf Grund der Definition Gl. (1) für den Elastizitätsmodul E zu. Das heißt, *relaxierende Substanzen sind durch einen von der Zeit abhängigen Elastizitätsmodul gekennzeichnet.*

Im einfachsten Fall würde die Zeitabhängigkeit des E-Moduls [und der Spannung σ in Gl. (1)] durch eine Exponentialfunktion gegeben sein, also durch den Ausdruck

$$E = E_{10}\, e^{-\frac{t}{\tau}}.\qquad(6)$$

Hierin würde τ die Zeit bedeuten, innerhalb welcher die Spannung des Versuchskörpers und damit E auf den e-ten Teil des Wertes absinkt, welcher im Zeitpunkt $t = 0$, unmittelbar nach erfolgter Längenänderung, beobachtet wurde. Ein Modell, welches den in Gl. (6) wiedergegebenen Spannungsabfall zeigen würde, wäre beispielsweise das in Abb. 6 angedeutete MAXWELL*sche System*, bestehend aus einer elastischen Feder und einer dazu in Serie geschalteten Bremsvorrichtung, welch letztere aus einem in einem viskosen Öl eingebetteten zylindrischen Stempel bestehen kann.

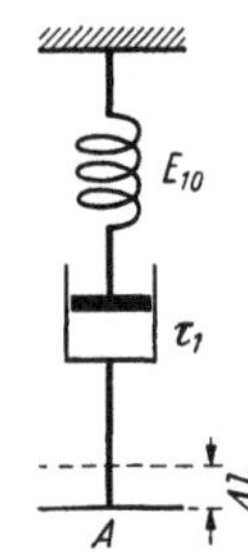

Abb. 6. MAXWELLsches Modell zur Veranschaulichung einer Spannungsrelaxation, bestehend aus einer elastischen Feder E_{10} und einem durch Öl gebremsten verschiebbaren Stempel τ_1. Wenn sich der Punkt A rasch um eine kleine Strecke Δl bewegt und dann in der neuen Lage festgehalten wird, so ist die zur Festhaltung des Punktes A benötigte Kraft als Funktion der Zeit t durch Gl. (6) gegeben

Wir haben gesehen, daß bei hochpolymeren Substanzen nicht nur mit einem, sondern mit vielen, in bezug auf die Relaxationszeit sehr verschiedenen Zusammenhaltsmechanismen zu rechnen ist. In diesem Falle ist der zeitabhängige E-Modul, also $E(t)$ anstatt durch die Beziehung (6) durch eine Summe [5]

$$E(t) = \sum E_{i0}\, e^{-\frac{t}{\tau_i}}.\qquad(7)$$

oder noch besser durch ein Integral

$$E = \int\limits_0^\infty \frac{dE_0}{d\tau}\, e^{-\frac{t}{\tau}}\, d\tau = \int\limits_0^\infty W(\tau)\, e^{-\frac{t}{\tau}}\, d\tau \tag{7a}$$

darzustellen. Die Größen E_{i0} in Gl. (7) wurden als die Grundwerte oder, von vielen Autoren als der Realteil der den einzelnen Zusammenhaltsmechanismen zuzuordnenden Teilelastizitätsmoduln bezeichnet. $\dfrac{dE_0}{d\tau} = W(\tau)$ in Gl. (7a) ist als Funktion von τ zu betrachten und gibt den Grundwert (bzw. in der anderen Benennung den Realteil) des Betrages der an der Stelle τ in einem Intervall $d\tau = 1$ liegenden Zusammenhaltsmechanismen zum gesamten Elastizitätsmodul an. $W(\tau)$ regelt die Verteilung der Zusammenhaltsmechanismen über die Relaxationszeiten in ähnlicher Weise, wie der optische Absorptionskoeffizient die Verteilung des Absorptionsvermögens einer Substanz über die möglichen Spektralbezirke wiedergibt.

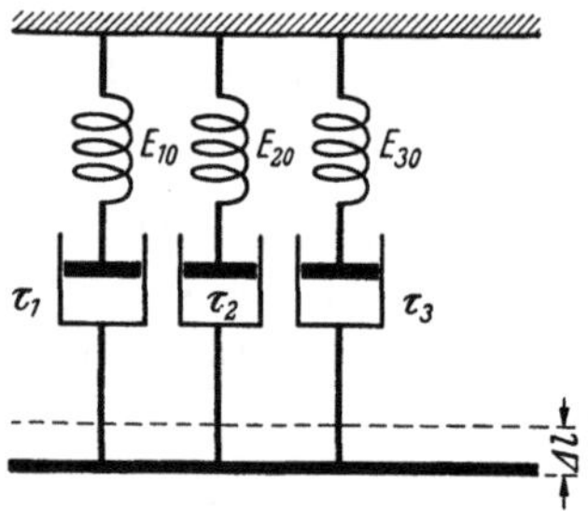

Abb. 7
System von parallel geschalteten
MAXWELLschen Mechanismen

Bemerkung: Der in Gl. (7) wiedergegebene zeitliche Abfall des E-Moduls bzw. der elastischen Spannung wird modellmäßig durch eine entsprechende Anzahl von parallel geschalteten MAXWELLschen Systemen veranschaulicht bzw. wiedergegeben (Abb. 7). An Stelle eines Systems von parallel geschalteten MAXWELLschen Systemen sind in konkreten Fällen auch Systeme mit teilweise parallel, teilweise in Serie geschalteten Federn und Bremsvorrichtungen vorgeschlagen worden. Man kann indessen zeigen [6], daß jede Kombination von teils in Serie, teils parallel geschalteten Federn und Bremsvorrichtungen mit einem passenden, *ausschließlich* aus parallel geschalteten MAXWELLschen Mechanismen aufgebauten System *äquivalent* ist. Das bedeutet, daß die Darstellung (7) oder (7a) *jede* Zeitabhängigkeit erfaßt und korrekt wiedergibt, daß jedoch die Wiedergabe durch Gl. (7) bzw. (7a) *keinen* Schluß auf ein tatsächliches Vorliegen von lauter parallelen Mechanismen zuläßt. Die Beschreibung (7) oder (7a) ist in bezug auf phänomenologische Wiedergabe eindeutig und vollständig, in bezug auf die modellmäßige Interpretation eines gegebenen zeitabhängigen $E(t)$ aber nicht zwingend.

3.3.4 Relaxationszeitspektrum gewöhnlicher fester Stoffe und gewöhnlicher Flüssigkeiten

Obwohl grundsätzlich und insbesondere bei hochpolymeren Substanzen ein kontinuierliches Relaxationszeitspektrum vorliegt, ist es für eine erste Übersicht günstig, den Fall eines diskontinuierlichen Relaxationszeitspektrums zugrunde zu legen. Der anschließend an eine rasche Deformation im Zeitpunkt t zu beobachtende E-Modul ist dann durch Gl. (7) gegeben.

a) Kennzeichnung gewöhnlicher fester Stoffe durch das für sie charakteristische Relaxationszeitspektrum. Besonders einfach wird die Aussage gemäß Beziehung (7), wenn der E-Modul *unmittelbar* nach Erzeugung der Dehnung gemessen wird, d. h. innerhalb einer Zeit t, welche sehr klein gegenüber *allen* im

Relaxationszeitspektrum vorkommenden Relaxationszeiten τ_i ist. $E(t)$ geht dann über in

$$E = E_0 = \sum E_{i0} \quad [\text{aus Gl. (7) für } t \ll \tau_i]. \tag{8}$$

Dieser einfache Fall liegt bei den üblichen Messungen an „normalen" festen Stoffen wie Silber, Glas, Kollophonium, oder auch bei eingefrorenem Kautschuk (z. B. bei $t = -200\,°C$) vor [siehe hierzu 3.1]. Bei diesen Stoffen sind auch die kleinsten vorkommenden τ_i-Werte so groß, daß die Relaxation bei Versuchsdauern von einigen Sekunden oder Stunden bei *keinem* der vorhandenen Zusammenhalts-mechanismen eine Rolle spielt. Das Relaxationszeitspektrum eines gewöhnlichen festen Stoffes ist also dadurch gekennzeichnet, daß die τ_i-Werte für *alle* im Ver-suchskörper vorkommenden Zusammenhaltsmechanismen praktisch genommen unendlich groß sind (Abb. 8a). Es zeigt sich (Tab. 1), daß die E-Moduln, d. h. $E_0 = \sum E_{i0}$ nach Gl. (8), für diese Substanzen ausnahmslos zwischen 10^{11} und einige Male 10^{12} Dyn cm^{-2} liegen.

b) Allgemeines über die Temperaturabhängigkeit der E_{i0}-Werte und der τ_i-Werte; allgemeine Summenbeziehung für die E_{i0}-Werte. Wir müssen er-warten, daß sich bei einer Änderung der Temperatur des Versuchskörpers sowohl die E_{i0}-Werte als auch die τ_i-Werte verändern werden. Bei Substanzen, wie z. B. bei gewöhnlichen Gläsern, bei welchen die τ_i-Werte relativ eng zusammenliegen, ist es möglich, die Temperaturabhängigkeit von $E_0 = \sum E_{i0}$ gemäß Gl. (8) in einem Temperatur-bereich zu messen, innerhalb dessen sich die τ_i-Werte, oder besser die *mittleren* τ_i-Werte, um viele Größen-ordnungen, z. B. von 10^{20} auf 10^3 ändern. Inter-essanterweise zeigt sich dabei, daß die Temperatur-abhängigkeit von E_0 nicht empfindlich ist. Sie liegt

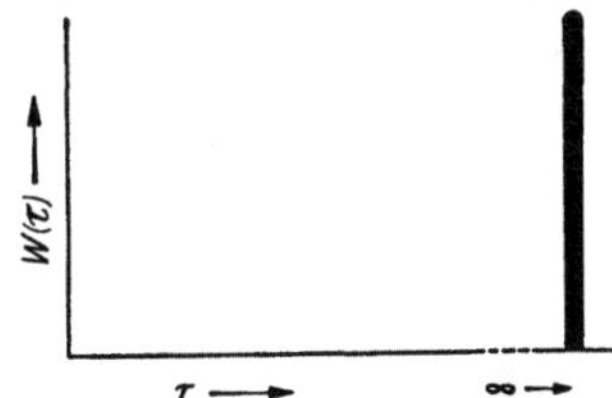

Abb. 8a. Für gewöhnliche feste Stoffe charakteristisches Re-laxationszeitspektrum. Alle Re-laxationszeiten sind *sehr* groß

meistens in der Richtung, daß die E_0-Werte mit steigender Temperatur etwas abnehmen. Als Beispiel sei erwähnt, daß der E_0-Wert eines Natronborosilikat-glases bei $500\,°C$ etwa 2% kleiner ist als bei $20\,°C$. Wie angedeutet, läßt sich an denselben Beispielen feststellen, daß die τ_i-Werte im Gegensatz zu den E_0-Werten eine starke Temperaturempfindlichkeit haben. Sie nehmen im allgemeinen mit steigender Temperatur nach einem $e^{-A/T}$-Gesetz ab. In Ab-schnitt 3.3.2b haben wir am Beispiel der Abb. 5 gesehen, daß die Relaxation des mit dem Abstand $A-B$ der Fadenenden A, B verbundenen Zusammenhalts-mechanismus darin besteht, daß der beim Übergang zum gedehnten Zustand erzeugte große Abstand $A-B$ von Abb. 5b unter Überwindung des viskosen Widerstandes des Einbettungsmediums in den kleineren Abstand gemäß Abb. 5a übergeht. Die Relaxationszeit dieses Zusammenhaltsmechanismus wird somit im wesentlichen durch den viskosen Widerstand des Einbettungsmediums be-dingt. Dabei ist aber bekannt, daß die Viskosität bei steigender Temperatur nach dem eben genannten $e^{-A/T}$-Gesetz abnimmt.

Die Feststellung, wonach die τ_i-Werte mit steigender Temperatur ab- bzw. mit sinkender Temperatur stark zunehmen, wogegen die E_{i0}-Werte nur wenig von der Temperatur abhängen, führt zusammen mit der für die Größe der $E_0 = \sum E_{i0}$-Werte bei festen Stoffen gemachten Feststellung zu einer auch für die gummielastischen und flüssigen Stoffe bei allen praktisch in Frage kommenden

16*

Temperaturen gültigen *Summenbeziehung der E_{i0}-Werte*. Wenn nämlich bei tiefer Temperatur $\sum E_{i0} = E_0$ für alle Stoffe gleich 10^{11} bis einige Male 10^{12} Dyn cm^{-2} beträgt, die E_{i0}-Werte aber von der Temperatur nur wenig abhängen, so folgt nämlich, daß auch bei höheren Temperaturen, d. h. bei solchen Temperaturen, bei welchen durchaus nicht mehr alle τ_i-Werte groß, bei welchen vielmehr ein Teil oder alle τ_i-Werte *sehr* klein geworden sind, weiterhin gilt:

$$\sum E_{i0} = 10^{11} \quad \text{bis einige Male } 10^{12} \text{ Dyn cm}^{-2} \tag{9}$$

(für praktisch alle organischen Stoffe bei praktisch genommen allen Temperaturen; d. h. im festen, im gummielastischen und im flüssigen Zustand).

Bei Zugrundelegung eines kontinuierlichen Relaxationszeitspektrums [Gl. (7a)] tritt an Stelle von Gl. (9) sinngemäß die Beziehung

$$\int_0^\infty W(\tau)\, d\tau = 10^{11} \quad \text{bis einige Male } 10^{12} \text{ Dyn cm}^{-2}. \tag{9a}$$

c) Kennzeichnung einer gewöhnlichen Flüssigkeit durch das für sie charakteristische Relaxationszeitspektrum. Es ist bekannt, daß in einer Flüssigkeit, im Anschluß an eine vorgenommene mechanische Deformation keinerlei Rückstellkraft festgestellt werden kann. Dieses Verhalten müssen wir der allgemeinen Beziehung [Gl. (7)] gemäß bei solchen Substanzen erwarten, bei denen *alle* im Relaxationszeitspektrum vorkommenden Relaxationszeiten τ_i sehr viel kleiner sind als die Zeit, welche für die Durchführung der Deformation und die anschließende Spannungsmessung erforderlich ist. In diesem Falle, d. h. wenn $t \gg \tau_i$ ist, wird tatsächlich nach Gl. (7)

$$\sum E_{i0}\, e^{-\frac{t}{\tau_i}} = \sum E_{i0} \cdot 0 = 0 \tag{10}$$

(für Flüssigkeiten, d. h. für alle Stoffe, für die $t \gg \tau_i$, d. h. bei welchen die für die Erzeugung der Deformation und die Messung der Spannung benötigte Zeit größer als die größte der im Relaxationszeitspektrum vorkommenden Relaxationszeiten ist).

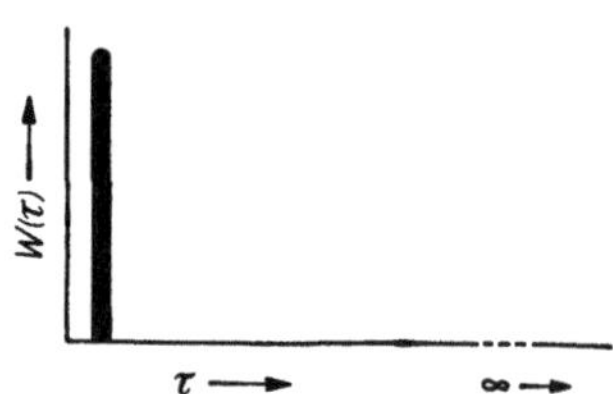

Abb. 8b. Für gewöhnliche Flüssigkeiten charakteristisches Relaxationszeitspektrum. Alle Relaxationszeiten sind *sehr* klein

Dieses für die Flüssigkeiten charakteristische Relaxationszeitspektrum ist in Abb. 8.b wiedergegeben. [Weiteres über den flüssigen Zustand s. 3.4, 4.1 und 5.2.]

Die genauere Betrachtung von Gl. (7) zeigt, daß dann, wenn alle Relaxationszeiten *sehr* klein sind, die Rückstellkraft zwar nach erfolgter Dehnung *sehr* rasch auf Null absinkt, daß sie aber doch nahe am Zeitpunkt $t = 0$, nach erfolgter Dehnung und daher auch *während* der Vornahme der Dehnung, nicht exakt gleich Null sein kann. Das heißt, die Zusammenhaltsmechanismen nehmen während des Vorganges der Dehnung doch eine wenigstens kleine Energie auf; sie verlieren sie aber rasch bzw. verwandeln sie alsbald durch Relaxation in *Wärme*. Diese Verwandlung von mechanischer Energie in Wärme läuft darauf hinaus, daß die Zusammenhaltsmechanismen, deren Relaxationszeiten kurz gegenüber der zur Dehnung des Versuchskörpers erforderlichen Zeit sind, beim Deformationsvorgang die Rolle von *viskosen Widerständen* spielen [s. 4.1 und 4.2]. Bei gewöhnlichen Flüssigkeiten, bei welchen, wie gesagt, alle Relaxationszeiten *sehr* kurz sind, besteht zufolge dieser Verhältnisse zwischen der NEWTONschen Viskosität η (Viskosität beim gewöhnlichen Fließen) und den E_{i0}- und den τ-Werten (wenn noch für die Flüssigkeiten die POISSONsche Zahl μ gleich 0,5 gesetzt wird) die Beziehung:

$$\eta = \frac{1}{3} \sum E_{i0}\,\tau_i \tag{11}$$

oder bei Zugrundelegung eines kontinuierlichen Relaxationszeitspektrums

$$\eta = \frac{1}{3} \int\limits_0^\infty \tau\, W(\tau)\, d\tau. \tag{11a}$$

Es geht aus diesen Beziehungen hervor, daß sowohl das elastische als auch das viskose Verhalten durch das Relaxationszeitspektrum beherrscht und festgelegt wird.

3.3.5 Kennzeichnung des idealen gummielastischen Zustandes durch das für ihn charakteristische Relaxationszeitspektrum

Man erkennt, wiederum auf Grund von Gl. (7), daß wir eine Substanz, welche das in Abschn. 1 beschriebene Hauptmerkmal eines sehr kleinen Elastizizäts-moduls besitzt, in dem Falle erhalten, daß unter allen Zusammenhaltsmechanismen *einer* besteht, welchem wir den Index 1 geben wollen, welcher einen kleinen Grundwert (Realteil) des E-Moduls, z. B. $E_{10} = 10^6$ und dabei eine unendlich große Relaxationszeit, also $\tau_1 = \infty$ besitzt, während *sämtliche* übrigen Zusammenhaltsmechanismen *extrem kurze Relaxationszeiten besitzen* [5] (Abb. 8c). Man erkennt tatsächlich, daß bei Vorliegen eines solchen Relaxationszeitspektrums an einem Versuchskörper, bei welchem wir für die Erzeugung einer Dehnung und die anschließende Messung der Spannung eine auch nur ganz kurze Zeit benötigen, ein kleiner und

Abb. 8c. Für ideale gummi-elastische Substanz charakte-ristisches Relaxationszeitspek-trum. Ein einziger Zusammen-haltsmechanismus mit sehr kleinem E_{10}-Wert hat eine unend-lich große, alle übrigen Zusam-menhaltsmechanismen dagegen *sehr* kleine Relaxationszeiten

zeitlich konstanter E-Modul von der Größe E_{10} gemessen wird, indem bei diesem Versuchskörper schon für kleine Werte von t der Ausdruck (7) übergeht in

$$E = \sum_1^k E_{i0}\, e^{-\frac{t}{\tau_i}} = E_{10}\, e^{-\frac{t}{\infty}} + \sum_{i=2}^k E_{i0}\, e^{-\frac{t}{\tau_i}} = E_{10} \tag{12}$$

$$[\text{für } t \gg \tau_2, \tau_3, \ldots \tau_k].$$

Der Vergleich mit Abb. 8a und b zeigt, daß sich im gummielastischen Zustand *ein* Zusammenhaltsmechanismus, derjenige, dem wir den Index 1 erteilt haben, wie der Zusammenhaltsmechanismus in einem festen Stoff benimmt ($\tau_1 = \infty$), während alle übrigen Zusammenhaltsmechanismen sich so wie die in einer *Flüssig-keit* vorhandenen Zusammenhaltsmechanismen benehmen (τ_2 usw. *sehr* klein).

Es folgt aus dem im vorangehenden Abschnitt Gesagten weiter, daß die im gummielastischen Körper vorhandenen, eine *kleine* Relaxationszeit aufweisenden Zusammenhaltsmechanismen zum statisch gemessenen E-Modul nichts beitragen, daß sie sich aber doch insofern bemerkbar machen, als durch sie eine *Zähigkeit* des Probekörpers bedingt ist. Wir erhalten diese Zähigkeit aus Gl. (11), wenn wir dort die Summierung über die Zusammenhaltsmechanismen, für welche τ kleiner als die Versuchsdauer ist, also über die einer Flüssigkeit entsprechenden

Zusammenhaltsmechanismen ausführen. Auf Grund einer vorhandenen Zähigkeit werden wir bei einer auf die Dehnung folgenden Kontraktion des Versuchskörpers nicht die ganze Energie, welche wir zur Herbeiführung des gedehnten Zustandes angewendet hatten, zurückerhalten. Damit die Reversibilität von Dehnung und Kontraktion möglichst vollkommen sei, muß von einem ideal gummielastischen Körper verlangt werden, daß die Zähigkeit gering sei und das ist nach Gl. (11) und dem eben Gesagten dann der Fall, wenn *alle* τ_i-Werte *sehr* klein sind (mit Ausnahme des einen, welcher unendlich groß ist). Es zeigt sich, daß auch der beste Gummi diesem idealen Zustande nur teilweise entspricht.

3.3.6 Ursprung der Rückstellkraft im Falle von Kautschuk (kinetische Theorie der Gummielastizität)

Im Falle von Kautschuk ist es möglich, über *den* Zusammenhaltsmechanismus, welcher einen *kleinen* Wert von E_{10} und eine *sehr große Relaxationszeit* τ_1 besitzt, genauere Angaben zu machen. Es handelt sich, insbesondere beim vulkanisierten Kautschuk, um *Betrag und Orientierung der Vektoren h, welche Anfangs- und Endpunkt von aus N_m statistischen Fadenelementen gebildeten Fadenstücken miteinander verbinden.*

Vor der Vulkanisation besitzen die Molekülfäden die in 3.3.2 beschriebene statistische Gestalt, indem der Kautschuk vor der Vulkanisation eine zähe Flüssigkeit ist, in welcher die Fadenteile durch BROWNsche Bewegung die normale Verteilung gemäß Kurve *1* von Abb. 4 annehmen. Bei der Vulkanisation, etwa mit Hilfe von Schwefel, werden Teile verschiedener Moleküle miteinander chemisch verbunden, so daß ein *räumliches Netz* entsteht. In den Knotenpunkten des Netzes sind die einzelnen Molekülfäden festgehalten, so daß nur die *zwischen* den Knotenpunkten verlaufenden, durch die Knotenpunkte begrenzten Fadenteile ihre freie Beweglichkeit behalten. Die Festlegung der Knotenpunkte ist wohl nicht absolut streng, aber praktisch vorhanden, denn mit einer Bewegung eines Knotenpunktes müssen sämtliche in dem Knotenpunkt zusammenlaufenden Fäden oder Fadenteile gleichzeitig ihre h-Werte ändern. Wenn die Punkte A und B in Abb. 5 solche Vulkanisierungspunkte sind, so dürfen wir also annehmen, daß diese Punkte, ähnlich wie in die Masse eingestreute Sandkörner, relativ zu ihrer Umgebung festliegen und daß diese Festlegung nicht nur im normalen Zustande, sondern auch nach Durchführung einer Dehnung (Übergang von Abb. 5a zu 5b) wirksam ist. Es sind hiernach die Vektoren h, welche Anfangs- und Endpunkt solcher durch Vulkanisierungspunkte begrenzter Netzbogen miteinander verbinden, in der vulkanisierten Probe insofern nicht mehr frei, als eine Rückkehr aus der Form, Abb. 5b in 5a, nicht mehr für jeden einzelnen Faden selbständig, sondern nur noch bei gleichzeitiger Rückkehr der gesamten Probe aus dem gedehnten Zustand (Abb. 5b) in den ungedehnten (Abb. 5a) möglich ist. Die Tendenz der Rückkehr aus der unwahrscheinlichen Konformation (Abb. 5b) in die wahrscheinliche Konformation (Abb. 5a) wirkt sich daher als Tendenz zur Formänderung des *gesamten* Versuchskörpers, also als *Rückstellkraft* aus. Dem Umstande entsprechend, daß die Tendenz zum Übergang aus Abb. 5b in Abb. 5a für die einzelnen Netzbogen eine Wahrscheinlichkeitsangelegenheit ist, können wir die hiervon herrührende Rückstellkraft des Gesamtversuchskörpers als *Wahrscheinlichkeitselastizität* bezeichnen [7]. Die Größe dieser wahrscheinlichkeitselastischen Rückstellkraft kann, wie wir sehen werden, auf Grund der Wahrscheinlichkeitsaussage Gl. (4) quantitativ berechnet werden [8].

Während ein Übergang der Punkte A und B aus dem in Abb. 5b zu dem in Abb. 5a angedeuteten Abstand nicht ohne Mitnahme des gesamten Versuchskörpers möglich ist, bleibt im vulkanisierten Versuchskörper die Gestalt der *zwischen* den Vulkanisierungspunkten liegenden Fadenteilen weiterhin *frei*. Es wird also beispielsweise dem Abstand der Punkte a und b sowie der Querausdehnung des Fadens keine Beschränkung auferlegt. Das heißt, der zwischen den Punkten a und b liegende Fadenteil wird nach rasch erfolgtem Übergang von Abb. 5a zu Abb. 5b in ungefähr derselben Zeit, in welcher dies in der unvulkanisierten Probe der Fall war, aus dem in Abb. 5b vorhandenen Abstand in den „normalen", in Abb. 5a angedeuteten Abstand zurückkehren. Man drückt sich auch so aus, daß in der vulkanisierten Probe die *Makro*-Brownsche Bewegung, welche die Form des durch A und B begrenzten *Gesamtfadens* betrifft, unterbunden, die *Mikro*-Brownsche Bewegung dagegen, welche die Gestalt *kleiner* Teile des Gesamtfadens betrifft, frei ist. Die *Freiheit der Mikro-*Brown*schen* Bewegung hat zur Folge, daß die Relaxationszeiten τ_i für kleine Konformationsänderungen, z. B. für die Änderung des Abstandes der Punkte a und b in Abb. 5, und damit für gewisse Zusammenhaltsmechanismen, welche eigentlich eine Wahrscheinlichkeitselastizität liefern würden, klein werden. Noch viel kleiner als für diese Mechanismen werden die beim raschen Übergang von Abb. 5a zu Abb. 5b zunächst energieelastisch beanspruchten Atomabstände und Valenzwinkel. Das *sehr* rasche Abklingen der von den energieelastischen Zusammenhaltsmechanismen herrührenden Spannungsanteile hat zur Folge, daß diese Mechanismen bei *mäßig* rascher Überführung des Zustandes Abb. 5a in Abb. 5b oder umgekehrt praktisch genommen nicht ins Spiel bzw. nur als viskoser Widerstand in Erscheinung treten.

Die Konformationen Abb. 5a und Abb. 5b unterscheiden sich offenbar, wenn die Abklingung der energieelastischen Mechanismen vollzogen ist, energetisch nicht. Die hinsichtlich der Gesamtenergie vorhandene Gleichheit der Zustände Abb. 5a und Abb. 5b und der Umstand, daß zur Überführung von Abb. 5a in den weniger wahrscheinlichen Zustand Abb. 5b Arbeit aufgewendet werden muß, hat zur Folge, daß sich die Kautschukprobe beim Dehnen erwärmt, beim Zusammenziehen unter Arbeitsleistung dagegen abkühlt. Das Phänomen steht in genauer Analogie zu der Erscheinung, daß sich ein ideales Gas bei adiabatischer Kompression erwärmt, bei Expansion unter Arbeitsleistung dagegen abkühlt.

Die Größe der Rückstellkraft, welche an einem einzelnen in einer unwahrscheinlichen Konformation befindlichen Molekülfaden, und anschließend auch die Rückstellkraft, welche an einer *Gesamtheit* solcher Fäden auftritt, kann, wie schon angedeutet, auf Grund der in 3.3.2a angegebenen Wahrscheinlichkeitsbetrachtung gefunden werden [8]. Für einen Faden, dessen Anfangspunkt im Nullpunkt des Koordinatensystems festgehalten ist und dessen Endpunkt sich auf einer Geraden, etwa auf der x-Achse bewegen kann (Abb. 9), ist die Wahrscheinlichkeit $W(h)\,dh$ dafür, daß der Fadenendpunkt vom Fadenanfangspunkt einen Abstand besitzt, dessen Betrag zwischen h und $h + dh$ liegt, analog zu

Gl. (4) in erster Näherung gleich

$$W(h) = \text{const}\, e^{-\frac{3\,h}{2\,N_m\,A_m^2}}\,dh. \tag{12}$$

Auf Grund des BOLTZMANNschen Prinzips, nach welchem die Entropie eines Systems gleich der BOLTZMANNschen Konstante k multipliziert mit dem Logarithmus der Wahrscheinlichkeit des betreffenden Zustandes ist, können wir daher dem einzelnen Molekülfaden, dessen Enden auf der x-Achse den Abstand h besitzen, eine von h abhängige Entropie S zuordnen:

$$S = k \ln W(h) = \text{const} - k\,\frac{3\,h^2}{2\,N_m\,A_m^2}. \tag{13}$$

Da die Gesamtenergie U des Fadens nach dem vorhin Gesagten bei mäßigem Dehnungsgrade von h nicht abhängt und da weiter die freie Energie $F = U - T \cdot S$ ist, wenn T die absolute Temperatur bedeutet, erhält man aus Gl. (13) für die freie Energie F des Fadens als Funktion des Abstandes h:

$$F = \text{const} + \frac{3}{2}\,k\,T\,\frac{h^2}{N_m\,A_m^2} \tag{13a}$$

und für die Rückstellkraft des Einzelfadens in erster Näherung, d. h. solange h viel kleiner als $N_m A_m$ ist:

$$\Re = -\frac{\partial F}{\partial h} = -3\,k\,T\,\frac{h}{N_m\,A_m^2}. \tag{14}$$

Für größere Werte von h gilt anstatt Gl. (14)

$$-\Re = \frac{k\,T}{A_m}\,L^*\left(\frac{h}{N_m\,A_m}\right) = \frac{k\,T}{A_m}\left[3\,\frac{h}{N_m\,A_m} + \frac{9}{5}\left(\frac{h}{N_m\,A_m}\right)^3 + \cdots\right] \tag{14a}$$

$L^*\left(\dfrac{h}{N_m\,A_m}\right)$ ist dabei die inverse LANGEVINsche Funktion des Argumentes $h/A_m N_m$ (Abb. 10). Die gestrichelte Kurve *1* in Abb. 10 entspricht der Näherung Gl. (14), die ausgezogene Kurve *2* dem genaueren Ausdruck Gl. (14a). Man sieht, wie die Rückstellkraft des Einzelfadens in der Grenze $h = N_m A_m$, also für den Fall des völlig gestreckten Einzelfadens gegen ∞ strebt.

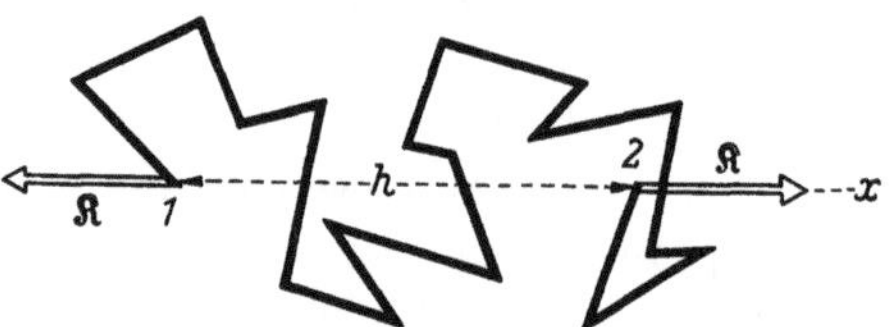

Abb. 9. Statistisch gestaltetes Fadenmolekül, dessen Anfangs- und Endpunkt sich auf der x-Achse befinden

Um von der im Einzelfaden auftretenden Rückstellkraft zum Elastizitätsmodul von Kautschuk zu gelangen, muß die Statistik vom Falle des *Einzelfadens* auf den Fall einer *Gesamtheit vieler Einzelfäden* erweitert werden. Als Ergebnis liefert die Betrachtung, wenn in Abb. 5a und b nur der Abstand $A B$ (Abstand h) als festgelegt, die Querdimension des Fadens aber als frei betrachtet werden, und wenn je cm³ des ungedehnten Versuchskörpers G_0 Molekülfäden je vom Molekulargewicht M_f in statistischer Orientierung und mit statistischer h-Verteilung vorhanden sind:

$$E = 3\,k\,T\,G_0. \tag{15}$$

Dabei ist, wenn N_A die AVOGADROsche Zahl je Mol und ϱ_0 die je cm³ des Versuchskörpers vorhandene Menge an zu einem Netzwerk vereinigter polymerer

Substanz ist, $\varrho_0 = G_0 \cdot M_f/N_A$ und die Beziehung Gl. (15) geht, wegen $k\,N_A = R$ (R universelle Gaskonstante), über in

$$E = 3\,R\,T\,\frac{\varrho_0}{M_f}. \qquad (15\,\mathrm{a})$$

Der Faktor 3 in Gl. (15) und Gl. (15 a) ist deswegen etwas zu klein, weil die Querdimensionen des Fadens beim Übergang von Abb. 5 a zu Abb. 5 b in Wirklichkeit nicht ganz frei sind, indem die Fäden durch das Vorhandensein von den

fadenfremden, im Einbettungsmedium festliegenden Vulkanisierungspunkten, etwa durch die Punkte D in Abb. 5 a und b zur teilweisen Beibehaltung unwahrscheinlicher Konformationen veranlaßt werden: Bei schwacher Dehnung in der z-Richtung im Falle Abb. 5 a, b sollten die Querdimensionen des in den Punkten A und B endigenden Fadens unverändert bleiben [9]; in Wirklichkeit werden sie, falls die Punkte D festliegen, zwangsläufig etwas herabgesetzt. Nach einer von W. Kuhn gegebenen Abschätzung würde sich damit der Zahlenfaktor in Gl. (15) und Gl. (15 a) von 3 auf 7 erhöhen.

Man kann andererseits der Behinderung der Querdimensionen auch dadurch formell Rechnung tragen, daß man dem Medium eine entsprechend größere Zahl von die Fadengestalt festlegenden Vulkanisierungspunkten und damit ein *kleineres* M_f zuschreibt. Diese Methode hat sich eingebürgert. Wenn wir daher in Gl. (15) und Gl. (15 a) den Faktor 3 stehenlassen, so bedeutet M_f das Molekulargewicht eines Fadenabschnittes, dessen Enden irgendwie relativ zu ihrer Umgebung festliegen, dessen Teile aber als in jeder Beziehung *unbeschränkt* beweglich gelten dürfen.

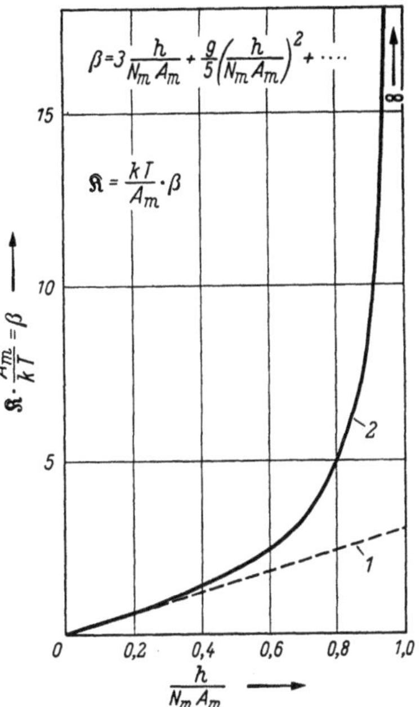

Abb. 10. Abhängigkeit der Rückstellkraft $\Re$ in Abhängigkeit von $\dfrac{h}{N_m A_m}$. Als Ordinate ist $\dfrac{A_m}{kT}\,\Re = L^*\left(\dfrac{h}{N_m A_m}\right)$, also const $\cdot\,\Re$ aufgetragen. $\dfrac{h}{N_m A_m}$ ist der Abstand der Fadenenden, geteilt durch den Abstand, den die Enden im völlig gestreckten Zustand besitzen würden

Für *mittlere* Dehnungsgrade eignet sich an Stelle von Gl. (1) und Gl. (15 a) zur Kennzeichnung der Beziehungen zwischen der Spannung σ je cm² des gedehnten Versuchskörpers und dem Dehnungsgrad α [α ist gleich $(l + \Delta l)/l$, also gleich dem Quotienten aus der Länge des gedehnten und der des ungedehnten Versuchskörpers] die folgende, für $\alpha \cong 1$ mit Gl. (1) und Gl. (15 a) gleichbedeutende Beziehung:

$$\sigma = R\,T\,\frac{\varrho_0}{M_f}\left(\alpha - \frac{1}{\alpha^2}\right). \qquad (15\,\mathrm{b})$$

3.3.7 Dehnungsoptische Konstante

Die statistische Rückstellkraft ist nach dem Vorangehenden durch die beim Dehnen des Versuchskörpers erfolgende Längenänderung und Orientierung der Vektoren h bedingt. Beides, die Längenänderung der Vektoren h als auch deren

Orientierung, hat eine vorzugsweise Orientierung der in den Netzbogen vorhandenen statistischen Fadenelemente in der Dehnungsrichtung zur Folge. Wenn die statistischen Fadenelemente optisch anisotrop sind, indem sie in der Längsrichtung des Fadenelementes eine optische Polarisierbarkeit α_1, senkrecht dazu eine optische Polarisierbarkeit α_2 besitzen, so ist mit der Orientierung eine Doppelbrechung $\varDelta n$ des Versuchskörpers verbunden. Sowohl die statistische Rückstellkraft als auch der durch die Dehnung bewirkte Orientierungsgrad der statistischen Fadenelemente sind zur Dehnung proportional. Das hat zur Folge, daß die am Versuchskörper auftretende Doppelbrechung geteilt durch die an demselben auftretende Rückstellkraft eine Konstante, die *dehnungsoptische Konstante* ergibt [*10*]. Es wird, wenn n den Brechungsindex des ungedehnten Versuchskörpers und $n_{||} - n_{\perp}$ den Unterschied der Brechungsindizes parallel und senkrecht zur Dehnungsrichtung des Versuchskörpers bedeuten, in erster Näherung

$$\frac{n_{||} - n_{\perp}}{\sigma} = \frac{\pi}{36} \frac{(n^2 + 2)^2}{n} \frac{1}{k\,T}(\alpha_1 - \alpha_2).$$ (16)

Die dehnungsoptische Konstante ist *unabhängig vom Netzbogengewicht M_f,* also unabhängig vom Vulkanisierungsgrad. Sogar im nichtvulkanisierten Kautschuk, bei welchem der statische E-Modul gleich Null ist, gilt für die bei rascher Dehnung des Versuchskörpers *temporär* auftretenden Rückstellkräfte σ und die ebenfalls temporär auftretende Doppelbrechung die Beziehung Gl. (16), so lange wenigstens, als praktisch genommen sämtliche bei den Versuchsbedingungen auftretenden Rückstellkräfte auf Wahrscheinlichkeitselastizität beruhen [*10, 16*].

3.3.8 Bemerkungen über das Relaxationszeitspektrum

Das wirkliche Relaxationszeitspektrum des vulkanisierten Kautschuks entspricht insofern nicht genau dem in Abb. 8 c angedeuteten Idealfall, als Zusammenhaltsmechanismen, welche unendlich große Relaxationszeiten besitzen, denjenigen, die sehr kleine Relaxationszeiten besitzen, *nicht scharf getrennt* gegenüberstehen. Es zeigt sich, daß die Vulkanisierungspunkte anscheinend nicht alle *absolut* festliegen, so daß anschließend an eine rasch vollzogene Dehnung über lange Zeiten hin ein schwacher Abfall des E-Moduls beobachtet wird (Fließerscheinungen, sog. Creeping). Nach W. Brenschede gilt beispielsweise für Naturkautschuk und Kunstkautschuk für Zeiten t von etwa 10^{-2} bis 10^5 sec nach erfolgter Dehnung [*11*]

$$E = \frac{b}{a + \ln t}$$ (17)

wobei beispielsweise $a = 15$, $b = 10^8$ Dyn cm^{-2} sein kann [*12*].

Die Trennung in Zusammenhaltsmechanismen mit *sehr* großen und solchen mit sehr kleinen Relaxationszeiten ist trotzdem so gut, daß K. H. Meyer und C. Ferri die überraschende und für die kinetische Entstehung der Rückstellkraft wichtige, nach Gl. (15a) zu fordernde Proportionalität von E mit der Temperatur in einem Temperaturintervall von -50 bis $+70\,°$C bestätigen konnten [*13*]. Sie hat für die Begründung der kinetischen Theorie eine große Rolle gespielt.

In eindrücklicher Weise geht das Auftreten von Relaxationszeiten in der Größenordnung von Sekunden oder Bruchteilen von Sekunden aus der an unvulkanisiertem Kautschuk und unvulkanisiertem Buna und an anderen Kunststoffen beobachteten *Springelastizität* hervor. Die Springelastizität [*8*] besteht darin, daß der Versuchskörper bei stetiger Belastung eine hochviskose Flüssigkeit, bei kurzzeitiger Belastung dagegen ein gummielastischer Körper ist. Sie findet ihre Erklärung darin, daß statistisch gestaltete, im Versuchskörper enthaltene Fadenmoleküle hohen Molekulargewichts bei einer raschen Deformation des Versuchskörpers einen Übergang entsprechend Abb. 5a in Abb. 5b erfahren, aus der Gestalt 5b aber (wie in 3.3.2b auseinandergesetzt wurde), nur langsam in die der Abb. 5a entsprechende normale Gestalt zurückkehren, und daß ähnliches mit Fadenteilstücken, etwa dem zwischen den Punkten a und b in Abb. 5 angedeuteten Fadenteilstück der Fall ist. Solange der Faden oder Fadenteil im viscosen Einbettungsmedium die der Abb. 5b entsprechende unwahrscheinliche Gestalt behält, ist die entsprechende kinetische Rückstellkraft vorhanden. Das Auftreten von Springelastizität in nicht vulkanisiertem Kautschuk zeigt also, daß die Rückkehr der Fäden aus der unwahrscheinlichen in die wahrscheinliche Gestalt auch in der nicht vulkanisierten Probe eine endliche Zeit, z. B. einige Zehntel Sekunden beansprucht. Falls nun durch Verknüpfung der Punkte A und B in Abb. 5 mit ihrer Umgebung die Makro-Brownsche Bewegung des Gesamtfadens unterbunden wird, so erkennt man, daß sich z. B. für das zwischen den Punkten a und b liegende Teilstück des Fadens nichts oder nur wenig geändert hat. Jenes Fadenstück wird also beim Übergang von Abb. 5a zu Abb. 5b mitdeformiert und so lange, als dieses Teilstück seinen bei der Dehnung erhaltenen Abstand behält, trägt es, genau wie es in der nicht vulkanisierten Probe bei kurzzeitiger Belastung der Fall gewesen war, zur Rückstellkraft bei. Es ist also bei kurzzeitiger Belastung, d. h. nach einer kurzen Zeit t nach Erzeugung der Deformation auch des vulkanisierten Kautschuks ein kleiner Wert von M_f in Gl. (15a) einzusetzen, nämlich zur Zeit t der M_f-Wert derjenigen Netzbogen, welche in der nichtvulkanisierten Probe nach Ablauf der Zeit t gerade noch nicht aus der geänderten Deformation in die normale zurückgekehrt sind [*12, 14*]. Durch Messung der Diffusionskonstanten von Fremdmolekülen verschiedenen Molekulargewichtes in Kautschuk ist es möglich gewesen, über diese Diffusionszeiten, die mit steigendem Molekulargewicht der diffundierenden Moleküle oder Molekülteile sehr *stark*, etwa exponentiell, zunehmen, Aufschluß zu erhalten [*15*]. Es war auf diese Weise möglich, die in Gl. (15a) einzusetzenden M_f-Werte als Funktion von t und damit $E(t)$ richtig zu berechnen und damit in eben erläutertem Sinne zu interpretieren.

Es ist klar, daß bei *sehr* kurzzeitigen Beanspruchungen von Kautschuk neben Zusammenhaltsmechanismen, welche auf Wahrscheinlichkeitselastizität beruhen, auch Mechanismen, welche durch Energieelastizität zustande gebracht werden, merklich in Erscheinung treten. *Formell* ist es für das visko-elastische Verhalten *gleichgültig*, welche Zusammenhaltsmechanismen auf Energieelastizität, welche auf Wahrscheinlichkeitseffekten beruhen. Wesentlich sind an sich nur die E_0- und τ-Werte gemäß Gl. (7). Es ist also denkbar, daß es auch gummielastische Stoffe geben wird, bei welchen die eine große Relaxationszeit und einen kleinen E_{10}-Wert besitzenden Zusammenhaltsmechanismen energieelastische Mechanismen sind. Solches ist z. B. bei thixotropen anorganischen Gelen, etwa bei $Fe(OH)_3$-Gelen durchaus denkbar. In diesem Sinne war es richtig, den gummielastischen Zustand zunächst durch sein Relaxationszeitspektrum (Abb. 8c) zu kennzeichnen und erst anschließend die im Falle des Kautschuks mögliche *kinetische* Deutung des E_{10}-Mechanismus zu besprechen.

Die genaue Form des (kontinuierlichen) Relaxationszeitspektrums, d. h. die Funktion $W(\tau)$ gemäß Gl. (7a) läßt sich, wenn $E(t)$ gemessen ist, durch eine sog. LAPLACE-Transformation finden [*18*]. Eine solche Berechnung eines Relaxationszeitspektrum ist, soviel uns bekannt ist, erstmals von W. KUHN, O. KÜNZLE und A. PREISSMANN [*19*], und zwar im Falle von Kautschuk unter Zugrundelegung von Gl. (17) durchgeführt worden. Wenn $E(t)$ durch Gl. (17) gegeben ist, also für Naturkautschuk, ergibt sich hiernach näherungsweise:

$$W(\tau) = \frac{b}{a^2}\,\frac{1}{\tau}\,.\tag{18}$$

Sie gilt für τ-Werte, welche den t-Werten entsprechen, innerhalb deren die Beziehung (17) gültig ist, also für $10^{-2} < \tau < 10^5$ sec. $W(\tau)$ steigt also mit abnehmendem Wert von τ stark an; bei *sehr* kurzem Wert von τ ist ein noch stärkerer Anstieg von $W(t)$ vorausgesagt und von A. W. NOLLE, der $W(\tau)$ bis zu τ-Werten von 10^{-9} hinunter gemessen hat, gefunden worden [*5*].

Aus $W(\tau)$ kann der dynamische E-Modul, d. h. der bei periodischer Beanspruchung der Probe [vgl. 4.2; 4.4] mit einer Frequenz

$$\nu = \frac{\omega}{2\,\pi}\tag{19}$$

zu beobachtende E-Modul $E(\omega)$, sowie die dynamische Viskosität $\eta(\omega)$ bestimmt werden, indem allgemein gilt:

$$E(\omega) = \int\limits_0^\infty W(\tau)\,\frac{\tau^2\,\omega^2}{1+\tau^2\,\omega^2}\,d\tau\,;\quad \text{oder näherungsweise}\quad E(\omega) = \int\limits_{1/\omega}^\infty W(\tau)\,d\tau,\tag{20}$$

$$\eta(\omega) = \int\limits_0^\infty W(\tau)\,\frac{\tau}{1+\tau^2\,\omega^2}\,\frac{d\tau}{2(1+\mu)}\,;\quad \text{oder näherungsweise}\quad \eta(\omega) = \frac{1}{3}\int\limits_0^{1/\omega} W(\tau)\,d\tau.\tag{21}$$

Durch Einsetzen von $W(\tau)$ aus Gl. (18) in (21) und wenn die POISSONsche Zahl $\mu = 0{,}5$ gesetzt wird, erhält man hieraus für Schwingungsdauern

$$T_s = \frac{1}{\nu} = \frac{2\,\pi}{\omega}\,,\tag{22}$$

welche im Bereiche $10^{-2} <\, T_s < 10^5$ liegen:

$$\eta = \frac{b}{a^2}\,\frac{T_s}{12}\quad \text{(Näherung)}\tag{23}$$

oder durch Einsetzen der bei einer bestimmten Kautschuksorte beispielsweise gültigen Werte $b = 10^8$ Dyn cm^{-2}, $a = 15$:

$$\eta = 3{,}7\cdot 10^4\,T_s\quad \text{Poise [*19, 20*]}\tag{24}$$

Gl. (23) besagt, daß die Viskosität bei periodischer Beanspruchung proportional der Schwingungsdauer bzw. umgekehrt proportional der Frequenz der periodischen Beanspruchung ist. Das letztere hat die interessante, in der Praxis bekannte Folge, daß bei periodischer Beanspruchung die pro Periode in Wärme verwandelte mechanische Energie von der Frequenz der Beanspruchung unabhängig ist.

Da hiernach die Bestimmung des Relaxationszeitspektrums die für die Beschreibung des visko-elastischen Verhaltens eines Stoffes wichtigste Aufgabe ist, seien nachstehend einige Methoden, welche *in erster Näherung* die Feststellung von $W(\tau)$ gestatten, angegeben:

1. Aus der im Zeitpunkt t pro cm² des Versuchskörpers vorhandenen Spannung $\sigma(t)$, wenn im Zeitpunkt $t = 0$ eine relative Längenänderung α erzeugt worden war:

$$W(t) = \frac{1}{\alpha} \frac{d\sigma(t)}{dt} .\tag{25}$$

2. Aus der im Zeitpunkt t pro cm² des Versuchskörpers vorhandenen Spannung $\sigma(t)$, wenn bis zum Zeitpunkt $t = 0$ während langer Zeit eine *gleichförmige* Deformationsgeschwindigkeit (relative Längenänderung pro Zeiteinheit) $\frac{d\alpha}{dt}$ aufrechterhalten worden war:

$$W(t) = - \frac{1}{t\,\dfrac{d\alpha}{dt}} \frac{d\sigma(t)}{dt} .\tag{26}$$

3. Aus dem bei der Kreisfrequenz ω beobachteten dynamischen Elastizitätsmodul $E(\omega)$:

$$W(\omega) = \omega^2 \frac{dE(\omega)}{d\omega}\tag{27}$$

[s. auch 4.3; 4.4].

4. Aus der bei der Kreisfrequenz ω beobachteten dynamischen Viskosität $\eta(\omega)$:

$$W\left(\frac{1}{\omega}\right) = -(1 + 2\mu)\,\omega^2 \frac{d\eta(\omega)}{d\omega} \cong 3\omega^2 \frac{d\eta(\omega)}{d\omega} .\tag{28}$$

5. Aus der Fließkurve, d. h. aus der im Zeitpunkt t vorhandenen relativen Längenänderung $\frac{\Delta l}{l} = \alpha(t)$ eines Versuchskörpers, welcher vom Zeitpunkt $t = 0$ an mit einer konstanten Spannung σ Dyn cm⁻² belastet wurde:

$$W(t) = \frac{\sigma}{[\alpha(t)]^2} \frac{d\alpha}{dt} .\tag{29}$$

Für genaue Lösungen und für höhere Näherungen sei auf die Originalliteratur verwiesen [5, 21].

Literatur

[1] KUHN, W.: Kolloid-Z. 68 (1934) S. 2; Zusammenfassung und weitere Literatur hierzu: W. KUHN: Experientia 1 (1945) S. 6.

[2] KUHN, W., u. H. KUHN: Helv. chim. Acta 26 (1943) S. 1394.

[3] KUHN, W., u. F. GRÜN: Kolloid-Z. 101 (1942) S. 248; s. auch die unter [1] zitierte Zusammenfassung.

[4] KUHN, W.: Angew. Chem. 49 (1936) S. 858, 51 (1938) S. 640 — Kautschuk 14 (1938) S. 180.

[5] WIECHERT, E.: Wied. Ann. Phys. 50 (1893) S. 335 u. 546. — W. KUHN: Angew. Chem. 52 (1939) S. 289 — Z. phys. Chem. B 42 (1939) S. 1. — K. BENNEWITZ u. H. RÖTGER: Phys. Z. 40 (1939) S. 416. — A. SMEKAL: Z. phys. Chem. B 44 (1939) S. 286.
Von seit 1939 erschienenen weiteren Arbeiten über Relaxationszeitspektren seien erwähnt:
FRENCKEL, J., u. J. OBRASTZOW: J. Phys. Acad. Sci. USSR 2 (1940) S. 1931.
JENCKEL, E.: Z. phys. Chem. A 184 (1939) S. 309.
HOLZMÜLLER, W., u. E. JENCKEL: Z. phys. Chem. A 186 (1940) S. 359.
FERRY, J. D.: J. Amer. chem. Soc. 64 (1942) S. 1323 — Ann. N. Y. Acad. Sci. 44 (1943) S. 313.
—, E. R. FITZGERALD, L. D. GRANDINE u. M. L. WILLIAMS: Industr. Engng. Chem. 44 (1952) S. 703.

WILLIAMS, M. L., u. J. D. FERRY: J. Colloid Sci. 10 (1955) S. 1 u. 474; 9 (1954) S. 479.

SCHREMP, F. W., J. D. FERRY u. W. W. EVANS: J. appl. Phys. 22 (1951) S. 711.

TAYLOR, N. W.: J. appl. Phys. 12 (1941) S. 753.

—, u. R. F. DORAN: J. Amer. ceram. Soc. 24 (1941) S. 103.

TOBOLSKY, A. V., u. R. D. ANDREWS: J. chem. Phys. 13 (1945) S. 3.

ANDREWS, R. D.: Industr. Engng. Chem. 44 (1952) S. 707.

STEIN, P. S., u. A. V. TOBOLSKY: Text. Res. J. 18 (1948) S. 201.

SIMHA, R.: J. appl. Phys. 13 (1942) S. 201.

KOLSKY, H.: Stresswaves in solids. Oxford: 1953.

—: Proc. phys. Soc. B 62 (1949) S. 676.

FLORY, P. J., H. RABJOHN u. M. C. SHAFFER: J. Polymer Sci. 4 (1949) S. 225.

TRELOAR, L. R. G.: I. R. I. Transactions 25 (1949) S. 167 — The Physics of Rubber Elasticity. Oxford: 1949.

GROSS, B.: J. appl. Phys. 18 (1947) S. 212; 19 (1948) S. 257 — J. Polymer Sci. 6 (1951) S. 123 — Kolloid-Z. 131 (1953) S. 161; 134 (1953) S. 65.

—: Mathematical Structure of the Theories of linear Visco-elasticity. Paris: Hermann 1953.

FUOSS, R. M., u. J. G. KIRKWOOD: J. Amer. chem. Soc. 63 (1941) S. 385.

LEADERMAN, H.: J. appl. Phys. 25 (1954) S. 294.

TAYLOR, G. I.: Instn. Civ. Engrs. 26 (1946) S. 486.

NOLLE, A. W.: J. Polymer Sci. 5 (1950) S. 1.

ALFREY, T., u. P. DOTY: J. appl. Phys. 16 (1945) S. 700.

—: Mechanical Behaviour of High Polymers. New York: Interscience Publ. 1948.

HAAR, D. TER: Physica 16 (1950) S. 719, 738 u. 839 — J. Polymer Sci. 6 (1951) S. 247.

MARVIN, R. S.: Proc. sect. int. Congr. Rheology, London 1954, S. 156.

RÖSSLER, F.: Z. angew. Phys. 1 (1948) S. 50.

MEIXNER, J.: Kolloid-Z. 134 (1953) S. 3.

[6] KUHN, W.: Helv. chim. Acta 30 (1947) S. 487.

[7] WÖHLISCH, E.: Verh. phys.-med. Ges. Würzburg, N. F. 51 (1926) S. 53. — K. H. MEYER, v. SUSICH u. E. VALKO: Kolloid-Z. 59 (1932) S. 208.

[8] KUHN, W.: Kolloid-Z. 76 (1936) S. 258 — Angew. Chem. 49 (1936) S. 858; 51 (1938) S. 639 — Kautschuk 14 (1938) S. 182.
Spätere Verfeinerungen der Theorie s. außer W. KUHN u. F. GRÜN, Kolloid-Z. 101 (1942) S. 248 — J. Polymer Sci. 1 (1946) S. 183, insbesondere:
WALL, F. T.: J. chem. Physics 10 (1942) S. 485; 11 (1943) S. 67 u. 527.
GUTH, E., u. H. M. JAMES: Industr. Engng. Chem. 33 (1941) S. 624. — H. M. JAMES u. E. GUTH: Phys. Rev. 59 (1941) S. 11 — Industr. Engng. Chem. 34 (1941) S. 1365 — J. chem. Physics 11 (1943) S. 455 u. 531; 15 (1947) S. 669.
HUGGINS, M. L.: J. Polymer Sci. 1 (1946) S. 1.
FLORY, P. J., u. J. REHNER: J. chem. Physics 11 (1943) S. 521; 12 (1944) S. 412.
—: Chem. Rev. 35 (1944) S. 51.
TRELOAR, L. R. G.: Trans. Faraday Soc. 38 (1942) S. 293; 39 (1943) S. 36 u. 241; 40 (1944) S. 109.
—: The Physics Rubber of Elasticity. Oxford: 1949.
KUBO, R.: J. phys. Soc. Japan 2 (1947) S. 51.

[9] KUHN, W., u. F. GRÜN: J. Polymer Sci. 1 (1946) S. 183.

[10] KUHN, W., u. F. GRÜN: Kolloid-Z. 101 (1942) S. 248. — L. R. G. TRELOAR: The Physics of Rubber Elasticity. Oxford: 1949. Siehe auch S. M. CRAWFORD: Proc. phys. Soc. 66 (1953) S. 884 u. 953. — R. KUBO: J. Colloid Sci. 2 (1947) S. 527. — A. ISIHARA, N. HASHITSUME u. M. TATIBANA: J. appl. Phys. 23 (1952) S. 308 — STEIN, R. S. u. A. V. TOBOLSKY: J. Polymer Sci. 11 (1953) S. 285.

[11] BRENSCHEDE, W.: Kolloid-Z. 104 (1943) S. 1.

[12] KUHN, W., O. KÜNZLE u. A. PREISSMANN: Helv. chim. Acta 30 (1947) S. 307.

[13] MEYER, K. H., u. C. FERRI: Helv. chim. Acta 18 (1935) S. 570.

[14] KUHN, W.: Makromolekulare Chem. 6 (1951) S. 224.

[15] KUHN, W., H. SUHR u. K. RYFFEL: Helv. phys. Acta 14 (1941) S. 497. — F. GRÜN: Experientia 3 (1947) S. 490. — J. HAEGEL: Helv. chim. Acta 27 (1944) S. 1669.

[16] KUHN, W., O. KÜNZLE u. A. PREISSMANN: Helv. chim. Acta 30 (1947) S. 464, insbesondere S. 479.

[17] ROSSI, P.: Rend. Napoli [3] 16 (1910) S. 125, 142 u. 207 — Il nuovo Cimento [5] 20 (1910) S. 226.

[18] SIMHA, R.: J. appl. Phys. 13 (1942) S. 201. — T. ALFREY u. P. DOTY: J. appl. Phys. 16 (1945) S. 700.

[19] KUHN, W., O. KÜNZLE u. A. PREISSMANN: Helv. chim. Acta 30 (1947) S. 307, 464 u. 839 — Rubber Chem. Techn. 27 (1954) S. 36; 28 (1955) S. 694.

[20] VAN DER WYK, S. A. J. A.: Rubber Techn. Conf. 1938, S. 985.

[21] FERRY, J. D., u. M. L. WILLIAMS: J. Colloid Sci. 7 (1952) S. 347. — F. SCHWARZL: Kolloid-Z. 139 (1954) S. 51; 165 (1959) S. 88 — Proc. Sec. int. Congr. Rheology London 1954, S. 197. — F. C. ROESLER u. A. W. TWYMAN: Proc. phys. Soc. B 68 (1955) S. 97. — M. L. W. WILLIAMS u. J. D. FERRY: J. Polymer Sci. 11 (1953) S. 169. — R. D. ANDREWS: Industr. Engng. Chem. 44 (1952) S. 707. — F. SCHWARZL u. A. J. STAVERMAN: Physica 38 (1952) S. 791. — F. C. ROESLER u. J. R. A. PEARSON: Proc. phys. Soc. B 67 (1954) S. 338. — A. V. TOBOLSKY u. V. MARAKAMI: J. Polymer Sci. 40 (1959) S. 443. — A. V. TOBOLSKY: J. Appl. Physics 27 (1956) S. 673. — W. C. CHILD u. J. D. FERRY: J. Colloid. Sci. 12 (1957) S. 327 u. 389. — H. FUJITA u. A. KISHIMOTO: J. Colloid. Sci. 13 (1958) S. 418. — A. E. WOODWARD u. J. A. SAUER: Fortschr. Hochpolym. Forschg. 1 (1958) S. 114. — K. H. HELLWEGE, R. KAISER u. K. KUPHAL: Kolloid-Z. 157 (1958) S. 27. — A. E. WOODWARD, J. M. CRISSMAN u. J. A. SAUER: J. Polymer Sci. 44 (1960) S. 22. — O. NAKADA: J. Polymer Sci. 43 (1960) S. 149. — H. LEADERMAN: Physics of high Polymers, Utrecht: University Press. 1951. — R. S. SPENCER u. R. F. BOYER: Adv. Colloid Sci. Vol. VII, New York: Interscience Publ. 1946. — J. D. FERRY: Viscoelastic Properties of Polymers, New York: Wiley & Sons 1961. — B. GROSS: Mathematical structure of the theories of viscoelasticity, Paris: Hermann & Cie. 1953. — A. S. LODGE: Kolloid-Z. 171 (1960) S. 46. — M. REINER: Deformation, Strain and Flow. An Elementary Introduction to Rheology, 2. Aufl., New York/London: Interscience 1960 — Transaction of the Society of Rheology, Vol. 3, 1959 (Hrsg. R. D. ANDREWS), New York/London: Interscience 1960. — Viscoelasticity: Phenomenological Aspects (Hrsg. J. T. BERGEN), New York/London: Academic Press 1960, Symposiumsvorträge von LEE, FERRY u. NINOMIYA, BERGEN u. MARKOVITZ, EICKSEN, RIVLIN — Sowie Physik der Hochpolymeren (Hrsg. H. A. STUART, Bd. IV, Berlin/Göttingen/Heidelberg: Springer 1956), und daselbst insbesondere die Abschnitte: A. J. STAVERMAN u. F. SCHWARZL: Linear Deformation of High Polymers S. 1—121. — L. R. G. TRELOAR: The Structure and Mechanical Properties of Rubberlike Materials S. 294—372. — J. D. FERRY: Structure and Mechanical Properties of Plastics, S. 373—425. — H. MARK u. H. A. STUART: Vergleichende Betrachtungen zum Zusammenhang zwischen der molekularen Struktur und den makroskopischen Eigenschaften von Körpern aus Fadenmolekülen, S. 610—646.

3.4 Flüssigkeitszustand

Von **K. Ueberreiter**, Berlin

3.4.1 Molekulare Ordnung

A. Mikromoleküle

a) Allgemeines. Die hauptsächlichste Ähnlichkeit zwischen Flüssigkeit und Gas ist ihr Mangel an Festigkeit, hervorgerufen durch den leichten Platzwechsel der Moleküle. Die hervortretendste Verwandtschaft zwischen Flüssigkeit und Festkörper ist ihre starke Kohäsion, welche ihnen erlaubt, eine freie Oberfläche zu besitzen. Zur Veranschaulichung sind in Abb. 1 die kugelförmigen Atome festen, flüssigen und gasförmigen Argons aufgezeichnet unter der vereinfachenden Annahme, daß sie stets in einem flächenzentrierten, kubischen Gitter wie im kristallinen Zustand angeordnet sind. Im festen Zustand stehen die Moleküle miteinander im Kontakt, in der Flüssigkeit ist etwas freies Volumen vorhanden, und im Gas ist der zwischenatomare Raum auf die Größe von 6 Atomdurchmessern

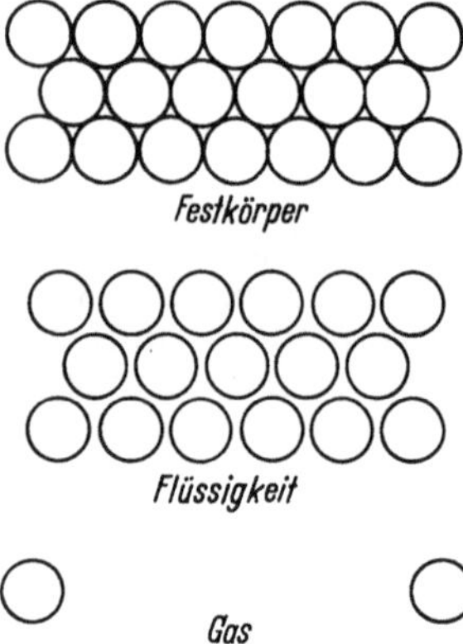

Abb. 1. Die Packungsdichte im festen, flüssigen und gasförmigen Zustand

angewachsen. Da die zwischenmolekularen Kräfte nur wenig weit reichen, spielen sie im Gaszustand keine Rolle und die in Abb. 1 angenommene Ordnung würde bald zerstört sein. Im festen und flüssigen Zustand hingegen sind sie, besonders natürlich im Falle kugelförmiger Teilchen, ein Hauptordnungsparameter. Ein weiterer wichtiger Ordnungsfaktor ist die Gestalt, besonders anschaulich wird dieser Parameter durch die Modellversuche von STUART [1] demonstriert, von denen einer in Abb. 2 gezeigt ist. Die Anordnung der stäbchenförmigen Moleküle ist bei geringer Packungsdichte noch etwa mit derjenigen des gasförmigen Argons in Abb. 1 vergleichbar, das freie Volumen ist so groß, daß alle Orientierungen der Moleküle möglich sind, weshalb sich eine regellose Anordnung einstellt. Die größere Packungsdichte der Flüssigkeit hingegen läßt die zwischenmolekularen Kräfte oder, wenn diese gering sind, die Gestalt der Moleküle oder beide Faktoren im Wechselspiel zur Geltung kommen. Der Einfluß der Molekülform ist besonders anschaulich in Abb. 2 b zu sehen. Es stellen sich längere Reihen von Molekülen trotz des Schüttelns der

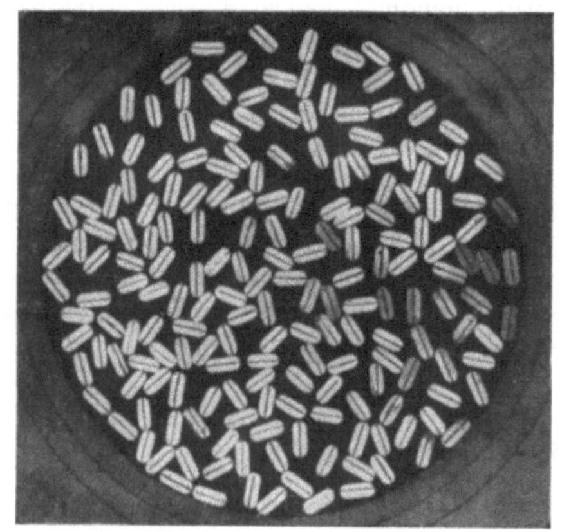
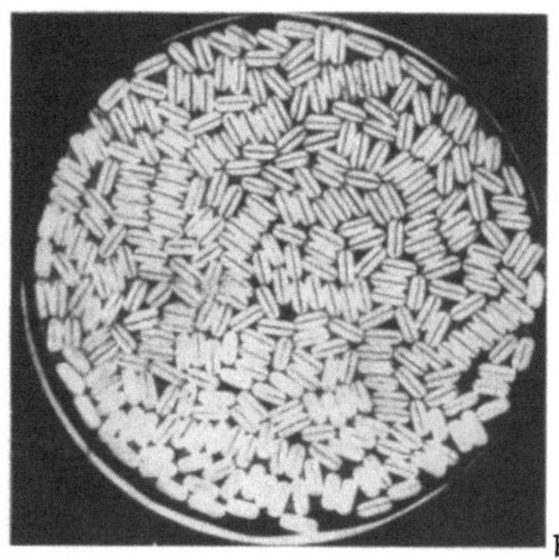

a　　　　　　　　　　　　　　　　　　　　　　　　　　　　　　　　b

Abb. 2. Die Nahordnung in einer Flüssigkeit als Folge der Packungsdichte und unsymmetrischen Molekülform
a) Packungsdichte 0,4;　b) Packungsdichte 0,7 (nach Modellversuchen von REHAAG und STUART)

Teilchen als Nachahmung ihrer thermischen Bewegung ein. Greifen wir eine kleine Zahl von Molekülen heraus, so besitzen diese eine gewisse *Nahordnung*, etwa die kurzen „Geldrollen" in Abb. 2 b, die aber in größerer Entfernung vom Anfangspunkt der Reihe sich wieder verliert.

　　　Es fehlt der Flüssigkeit also die *Fernordnung* des Kristalls. In einer leicht kristallisierbaren Flüssigkeit aber liegt eine Nahordnung vor, welche besonders in Schmelzpunktsnähe schon die kristalline Ordnung vorausahnen läßt.

b) Verteilungsfunktion. Die räumliche Verteilung der Moleküle einer Flüssigkeit im Gleichgewicht erhält man aus der Streuung von Röntgenstrahlen. Die Auswertung der Experimente verdanken wir hauptsächlich DEBYE, MENKE, WARREN und GINGRICH, wie zusammenfassend von GINGRICH beschrieben wird [2]. Auch Neutronenstrahlen wurden bereits zu Experimenten an Flüssigkeiten benutzt [3]. Die Ordnung der Moleküle wird sehr zweckmäßig durch die *radiale Verteilungsfunktion* beschrieben. Aus der Abb. 2b würde sie etwa dadurch gewonnen werden, daß man ein Molekül in der Mitte des Bildes als Bezugsmolekül markiert und um diesen Punkt konzentrische Kreise schlägt. Zählt man die

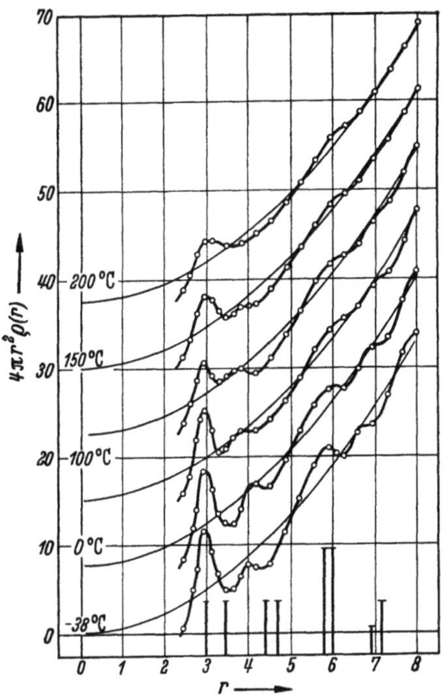

Abb. 3. Radiale Verteilungsfunktion von flüssigem Quecksilber. Ordinate der Einzelkurven verschoben (nach CAMPBELL und HILDEBRAND)

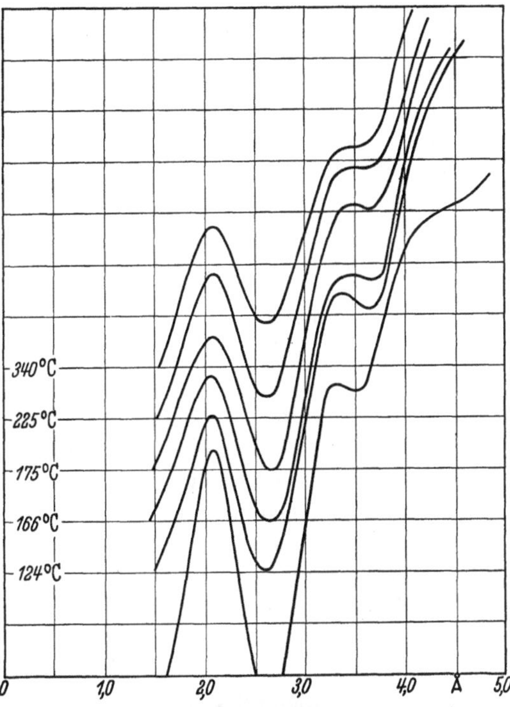

Abb. 4. Radiale Verteilungsfunktionen von amorphem und flüssigem Schwefel bei 124, 166, 175, 225 und 340 °C (nach GINGRICH)

Moleküle, welche zwischen 2 Kreise fallen aus, und trägt sie gegen den mittleren Radius des betreffenden Kreisringes auf, so erhält man die radiale Verteilungsfunktion. Im Falle räumlicher Verteilung müßten um das Bezugsmolekül Kugeln geschlagen werden und die Moleküle zwischen den konzentrischen Kugelschalen gezählt werden. Solche radialen Verteilungsfunktionen, gewonnen aus Röntgenstreuungskurven von flüssigem Quecksilber, sind in Abb. 3 aufgezeichnet, sie wurden von CAMPBELL und HILDEBRAND [4] bei mehreren Temperaturen aufgenommen. Die Maxima in den Verteilungskurven entsprechen grob den scharf definierten Abständen im Kristall, welche in Abb. 3 mit eingezeichnet sind. Bei der tiefsten Temperatur ist das erste Maximum stark ausgeprägt und entspricht sechs nächsten Nachbarn, wie es auch bei den rhomboedrischen Kristallen des Quecksilbers der Fall ist. Bei Erhöhung der Temperatur sehen wir einmal eine Änderung des Abstandes der Moleküle und weiterhin eine Verbreiterung der Maxima und Minima. Einige wandern etwas oder verschwinden überhaupt. Im ganzen wird die Abweichung von der schwach gezeichneten Kurve $4\pi\varrho\,r^2$ ($\varrho =$ mittlere Dichte) regelloser Anordnung geringer, im Modellversuch strebt also die Abb. 2b der Abb. 2a zu. An sich ließe sich die Ordnung der Moleküle übersichtlicher darstellen, wenn die radiale Verteilung durch $4\pi\,r^2$ geteilt würde. Man erhielte dann die relative Häufigkeit und bei völliger Regellosigkeit würde eine zur Abszisse parallele Gerade auftreten, der zur Geraden

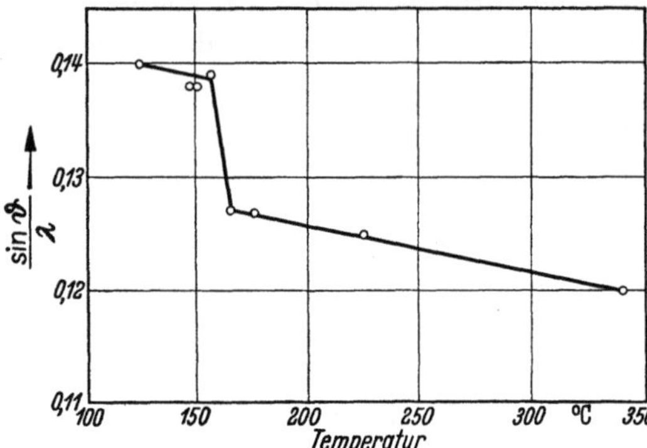

Abb. 5. Die Lage des Beugungsmaximums von flüssigem Schwefel ausgedrückt in $\sin\theta/\lambda$ als Funktion der Temperatur der Flüssigkeit (nach GINGRICH)

gestreckten Kurve $4\pi\varrho r^2$ in Abb. 3 entsprechend. Aus dem Über- oder Unterschreiten dieser Geraden ersähe man unmittelbar, an welchen Stellen die normale Häufigkeit über- oder unterschritten wird. Dieses Verfahren ist aber nur bei kugelsymmetrischen Teilchen angängig, weshalb man meistens darauf verzichtet. In Abb. 4 sind die radialen Verteilungskurven von flüssigem und plastischem Schwefel aufgetragen [5]. Als Einfluß der Temperatur ist einmal die Verschiebung des Hauptmaximums

zu sehen, die in Abb. 5 noch gesondert aufgezeichnet ist. Darüber hinaus zeigen beide Abbildungen, besonders aber Abb. 5, den Übergang vom flüssigen zum plastischen Schwefel. Aus den Abständen läßt sich berechnen, daß die Zahl der nächsten Nachbarn im plastischen Schwefel zwei ist, einer Anordnung in Ketten entsprechend, woraus sich die Elastizität der Substanz ergibt. Radiale Verteilungsfunktionen sind also sehr gut in der Lage, uns einen Begriff von der Nahordnung in der Flüssigkeit zu geben.

B. Makromoleküle

a) Anschauliche Beschreibung. α) *Vernetzte Makromoleküle.* Zur Untersuchung der molekularen Ordnung von Makromolekülen wollen wir lineare und vernetzte Makromoleküle unterscheiden. Schon der Name „vernetzt" gibt eine anschauliche Beschreibung der Ordnung. Denkt man sich nämlich lineare Ketten durch Brückenatome oder Moleküle miteinander verbunden, so entsteht ein netzartiges Gebilde, da die zwischen den Verbindungsstellen liegenden Kettenteile mit den Brücken „Netzmaschen" bilden. Das Netz ist natürlich dreidimensional, aber zur Betrachtung kann man der Einfachheit halber das zweidimensionale Netz sich vorstellen. Eine Analyse solcher Netze wurde von UEBERREITER und KANIG auf Grund von Volumenmessungen durchgeführt [6]. Sie definieren einmal die Maschenweite als Zahl von Kettengliedern zwischen 2 Brücken und weiterhin die sog. *Polydictyalität.* Dieser Name ist ein Analogon zur Polymolekularität und soll ausdrücken, daß ein Raumnetz nicht Maschen gleicher Größe, sondern eine ganze Verteilung derselben enthält, also viele Netze ineinander gewoben. UEBERREITER und KANIG haben auch versucht, die polydictyale Verteilung am System Styrol–p-Divinylbenzol zu studieren und kommen zu dem Ergebnis, daß die mittlere Maschenweite mit einer Schwankung von ± 2 Kettengliedern von etwa 50% aller Maschen des Netzes eingehalten wird, und zwar unabhängig vom Vernetzungsgrad. Das braucht natürlich durchaus nicht bei allen Systemen der Fall zu sein und hängt im geschilderten Fall wohl mit den Bedingungen der Copolymerisation zusammen. Aber auch die vernetzten Polykondensate werden eine gewisse Regelmäßigkeit der Netzmaschenweiten aufweisen, die durch die Abstände und notwendige Alternierung der funktionellen Gruppen hervorgerufen wird. Ein Studium der molekularen Ordnung vernetzter Systeme ist durch ihre Unlöslichkeit besonders erschwert.

β) Lineare Makromoleküle. Die typische Ordnung langer Kettenmoleküle geht ganz allmählich aus der Ordnung von Mikromolekülen hervor. Schon in dem in Abb. 2b gezeigten Modellversuch ist in etwa die molekulare Ordnung eines Gemisches von Monomeren bis Tetrameren wiedergegeben, wenn man die „Gelrollen" als kurze Ketten ansieht. Man entdeckt die Tendenz zur Parallelisierung der Ketten, die natürlich bei den Anfangsgliedern einer homologen Reihe noch schwach ausgebildet ist. Mit zunehmender Kettenlänge wird diese Neigung sehr viel stärker. Das ist ebenfalls von STUART [7] in einem Modellversuch nachgeahmt worden, den Abb. 6 wiedergibt. Trotz der thermischen Bewegung der Ketten – im Modellversuch durch Vibration der Unterlage nachgeahmt – stellt sich eine Parallelisierung auf Längen von 5 bis 10 Kettengliedern ein. Diese Neigung würde besonders bei starker, sterischer Beschränkung

Abb. 6. Schlangenordnung in einer Schmelze von Kettenmolekülen (aus einem Modellfilm von STUART)

der freien Drehbarkeit der Glieder oder bei richtenden Kräften (polare Gruppen, Wasserstoffbrücken) gewaltig zunehmen. Betrachtet man die Struktur der Abb. 6, so wird man der Bezeichnung „Schlangenordnung" von STUART zustimmen.

b) Verteilungsfunktionen. Wir sahen bei der Besprechung der Mikromoleküle, daß sich die radiale Verteilungsfunktion sehr gut zur Beschreibung der Ordnung einer Flüssigkeit eignet. Die gleiche Funktion würde aber bei Makromolekülen nur die Aussage machen, daß die nächsten Nachbarn in Ketten liegen, was wir ohnehin wissen. Wir brauchen deshalb eine Funktion, welche nicht den Abstand nächster Nachbarn studiert, sondern die Konfiguration der ganzen Kette erfaßt und somit der molekularen Ordnung der Kettenglieder gerecht wird. Eine solche ist die *Richtungsverteilungsfunktion* der Kettenglieder. Zu ihrer Gewinnung denken wir uns zu jedem Verbindungsstück zwischen 2 Atomen der Kette (bei Polyäthylen 2 C-Atomen) eine Parallele durch den Mittelpunkt einer Kugel mit dem Radius 1 gelegt und den Durchstoßpunkt durch die Oberfläche der Kugel mit einem Punkt markiert (vgl. auch Abb. 9). Die Dichte der Durchstoßpunkte gibt dann die Richtungsverteilung der Kettenglieder. In Abb. 7 ist nach MÜLLER [8] eine solche Lagenkugel gezeichnet. Wir sehen die regellose Lage der Kettenglieder durch eine gleichmäßige Verteilung ihrer Durchstoßpunkte auf der Lagenkugel wiedergegeben, wohingegen sich axiale und planare Ordnungen in den entsprechenden Anhäufungen der Kugel zu erkennen geben. Ganz besonders äußert sich auch die durch eine Bearbeitung hervorgerufene Ordnung der makromolekularen Flüssigkeit in der Richtungsfunktion wie die Abb. 8 zeigt (vgl. 3.5).

Im Falle völliger oder angenäherter Regellosigkeit ist aber eine andere Funktion interessanter. Wir kennen doch theoretisch die Länge eines völlig gestreckten

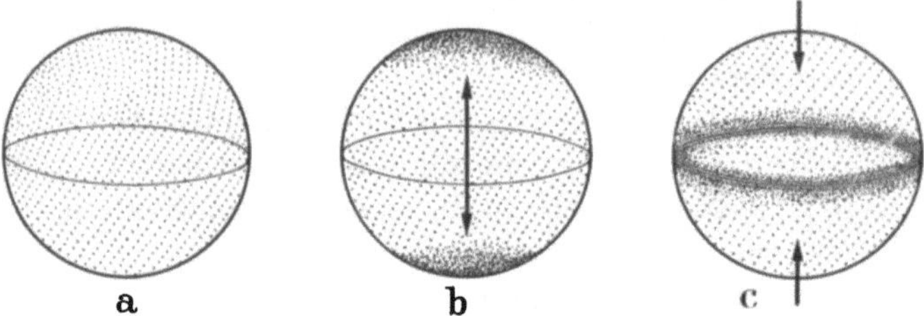

Abb. 7. Lagenkugel der Verteilungsfunktion
a) Unordnung; b) axiale Ordnung; c) planare Ordnung (nach MÜLLER)

Makromoleküls und sind besonders an derjenigen Beschreibung seiner Konfiguration interessiert, die uns die Verkürzung des Kettenendenabstandes durch die Schlängelung der Kette wiedergibt. Diese Funktion – wollen wir sie *Kettenendenabstandsfunktion* nennen – ist besonders zur Beschreibung der Viskosität in Lösung, des elastischen Verhaltens usw. nötig. Zur Gewinnung dieser Funktion [9] wollen wir zu Beginn die Konfiguration einer Kette auf eine Achse, sagen wir die X-Achse projizieren, wie es die Abb. 9 am Beispiel einiger Kettenglieder zeigt. Dort sind 2 Durchstoßpunkte P_1 und P_2 mit ihren Projektionen P_1' und P_2' auf die X-Achse gezeigt. In diesem Falle wurde der Radius der Lagenkugel dem Kettengliedabstand l gleich gewählt. Der regellosen Konfiguration der Kettenglieder der Länge l entspricht die gleichmäßige Verteilung ihrer Projektionen l_x auf der X-Achse. Positive und negative Abweichungen erfolgen mit gleicher Wahrscheinlichkeit oder mathematisch ausgedrückt:

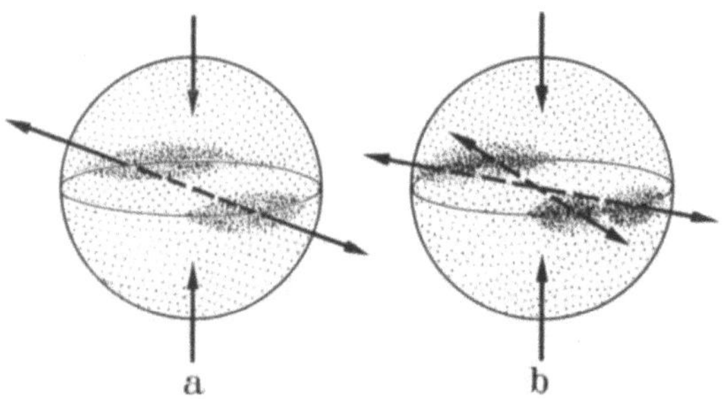

Abb. 8. Lagenkugel mit Verteilungsfunktion
a) Gewalzte Folie; b) in zwei Richtungen gezogene Folie (nach MÜLLER)

$$\overline{l_x} = \int_0^l l_x\, w(l_x)\, dl_x = 0,$$

wobei $w(l_x)\, dl_x$ die Wahrscheinlichkeit ist, daß die Projektion des Kettengliedes zwischen l_x und $l_x + dl_x$ liegt. $w(l_x)$ ist der Quotient aus der Zahl der günstigsten Fälle zu der aller möglichen Fälle; die ersteren sind proportional zum schraffiert gezeichneten Kreisring auf der Lagenkugel, charakterisiert durch den Öffnungswinkel $d\varphi$ [1], die letzteren zur gesamten Oberfläche der Kugel. Damit wird:

$$w(l_x)\, dl_x = \frac{2\,\pi \sin \varphi\, d\varphi}{4\,\pi}.$$

---

[1] Vergleiche H. SIRK: Mathematik für Naturwissenschaftler und Chemiker. Verlag Steinkopff: Darmstadt 1957.

Setzen wir noch für $l_x = l \cos \varphi$, so erhalten wir für die mittlere Länge der Projektion des Kettengliedes auf die X-Achse:

$$\overline{l_x} = (1/2) \int\limits_0^\pi l \sin \varphi \cos \varphi \, d\varphi = 0.$$

Das Quadrat der mittleren Längen ist aber nicht gleich Null, sondern:

$$\overline{l_x^2} = \int\limits_0^l l_x^2 \, w(l_x) \, dl_x = (1/2) \int\limits_0^\pi l^2 \sin \varphi \cos^2 \varphi \, d\varphi = l^2/3.$$

Die Wurzel aus dem mittleren Längenquadrat ist also:

$$\sqrt{\overline{l_x^2}} = l/\sqrt{3}.$$

Zum Auffinden des Endes der Kette [10] müssen wir nun den Abstand auf der X-Achse suchen, in welchem wir uns von dem Nullpunkt befinden, wenn wir ausgehend vom Kettenglied 1 im Nullpunkt beginnend die ganze Kette abgeschritten haben. Im Mittel bewegen wir uns dabei auf der Achse beim Fortschreiten von einem Kettenglied zum nächsten um die Strecke $\sqrt{\overline{l_x^2}} = \pm l/\sqrt{3}$ entweder nach der positiven oder negativen X-Richtung. Denken wir uns dabei gleichzeitig eine Karte mit der Aufschrift $+1$ oder -1 auf 2 Haufen gelegt. Wenn wir am Ende der Kette mit N Kettengliedern sind, so haben wir:

$$N_1 + N_2 = N$$

Karten mit $+1$ und mit -1 abgelegt. Die Koordinate des Endpunktes der Kette x auf der X-Achse wird damit

$$x = \sqrt{\overline{l_x^2}} \, (N_1 - N_2) = b(N_1 - N_2).$$

Die Wahrscheinlichkeit, daß das zweite Kettenende den Abstand $x = -10b$ vom

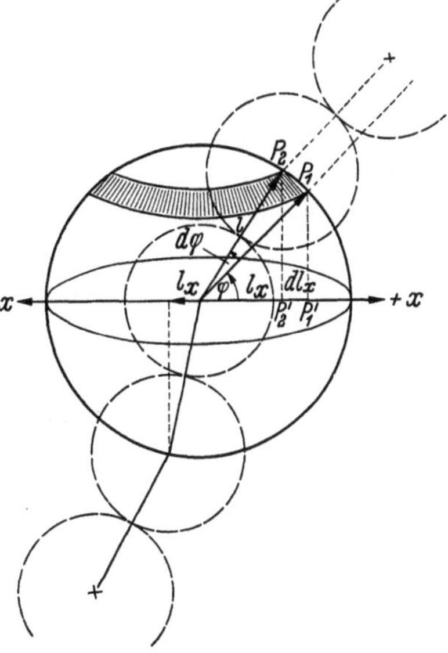

Abb. 9. Lagenkugel für ein Kettenmolekül

ersten im Nullpunkt hat, entspräche einer Losziehung von $N_1 - N_2 = -10$; wir hätten also 10 Karten mehr mit -1 gezogen. Wenn N sehr groß ist, ist die Wahrscheinlichkeit dafür:

$$W(N_1, N_2) = (1/2)^N \frac{N!}{N_1! \, N_2!}.$$

Sie hat einen Maximalwert, wenn

$$\frac{d \ln W(N_1, [N - N_1])}{d N_1} = 0$$

ist. Das tritt bei $N_1 = N - N_1$; $N_1 = N/2 = N_2$ ein. Der wahrscheinlichste Fall ist also das Aufeinanderliegen der Kettenenden. Zur Gewinnung einer kontinuierlichen Verteilungsfunktion $W(x)$ des Kettenabstandes x approximieren wir:

$$W(N_1, N_2) \cong (2/\pi N)^{1.2} \exp[-(N_1 - N_2)^2/2N]$$

und bedenken, daß sich $(N_1 - N_2)$ nur um einen ganzzahligen Wert ändern kann, x kann nur in Schritten von $\Delta x = \pm 2l/\sqrt{3}$ zu- oder abnehmen. Deshalb ist:

$$W(x) = W(N_1, N_2)/\Delta x.$$

Durch Einsetzen von $N_1 - N_2 = \sqrt{3}\,x/l$ und $\Delta x = 2l/\sqrt{3}$ in $W(N_1, N_2)$, erhalten wir die GAUSS-Verteilungsfunktion der Kettenenden:

$$W(x)\,dx = (\beta/\pi^{1/2})\exp(-\beta^2 x^2)\,dx$$

mit
$$\beta = \sqrt{3/2}/N^{1/2}\,l.$$

Diese Beziehung läßt sich nun leicht auf 3 Dimensionen übertragen. Wir betrachten den Abstand der Kettenenden r, wenn wir das andere Ende im Nullpunkt befindlich denken, wie die Abb. 10 zeigt. Die Wahrscheinlichkeit, das Kettenende im Volumenelement $dx\,dy\,dz$ zu finden, ist dann wieder gleich:

$$W(x, y, z)\,dx\,dy\,dz = W(x)\,W(y)\,W(z)\,dx\,dy\,dz = (\beta/\pi^{1/2})^3\,e^{-\beta^2 r^2}\,dx\,dy\,dz,$$

wobei r der Betrag des Kettenabstandsvektors $\mathfrak{r}$ ist, also

$$r^2 = x^2 + y^2 + z^2.$$

Die spezifische Verteilungsfunktion für das zweite Kettenende ist in Abb. 11 zu sehen. Die wahrscheinlichste Lage ist das Zusammenfallen der Enden im Nullpunkt, dann nimmt die Wahrscheinlichkeit pro Volumeneinheit, das zweite Kettenende zu finden, wenn das erste im Nullpunkt festgehalten wird, monoton ab.

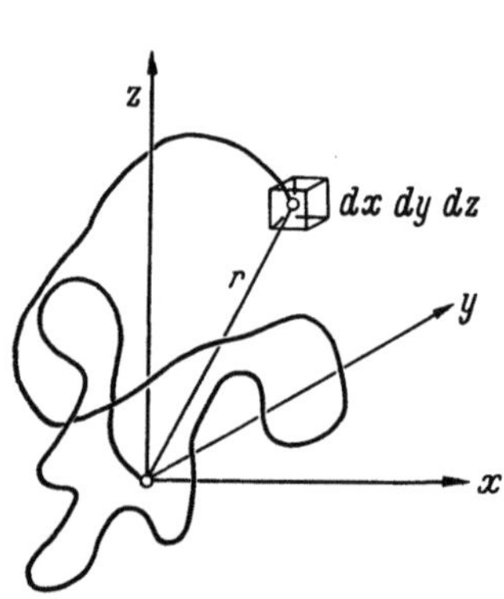

Abb. 10. Räumliche Lage eines Kettenmoleküls. Eine Endgruppe im Koordinatennullpunkt, die zweite in $dx\,dy\,dz$ (nach FLORY)

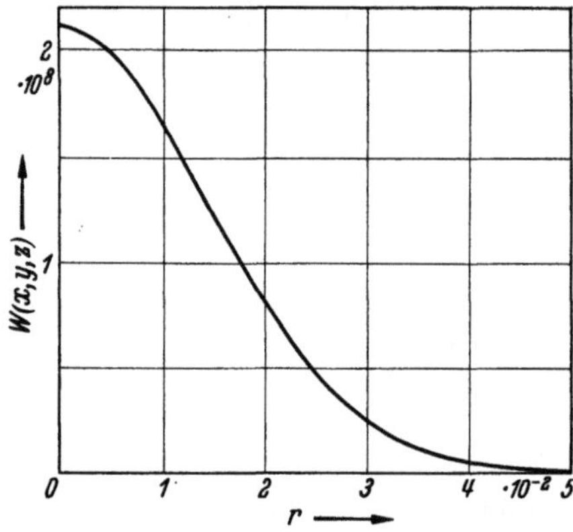

Abb. 11. GAUSS-Verteilungskurve des Abstandsvektors r der Kettenenden (Abb. 10) für Ketten aus 10^4 Gliedern der Länge $l = 2{,}5$ Å, r in Å und W in Å^{-3} (nach FLORY)

Die *radiale Verteilungsfunktion* der Kettenenden $W(r)$ sieht anders aus, sie ist in Abb. 12 zu sehen. Man gewinnt sie wie die radiale Verteilungsfunktion der mikromolekularen Flüssigkeit durch Auszählen der Kettenenden, die zwischen konzentrisch um den Anfangspunkt der Kette geschlagenen aufeinanderfolgenden Kugelschalen liegen. Analytisch ergibt sie sich aber aus der Wahrscheinlichkeitsdichte durch Multiplikation mit dem Volumen der Kugelschale $4\pi r^2\,dr$. Der Unterschied beider Kurven, also hauptsächlich das Auftreten eines Maximums in der radialen Kettenendenverteilungsfunktion $W(r)$ beruht darauf, daß anfangs das Kugelschalenvolumen $4\pi r^2\,dr$ stärker zu- als die Zahl der Kettenenden abnimmt, später überwiegt dann der zweite Einfluß.

Mit der spezifischen oder der radialen Kettenendenverteilungsfunktion besitzen wir nun eine gute Möglichkeit, bestimmte Eigenschaften der makromolekularen Flüssigkeit zu beschreiben. Erinnert sei nur an die mittlere Länge des Abstandes der Kettenenden, die für die Beschreibung der elastischen Eigenschaften von Bedeutung ist:

$$\overline{r^2} = \int\limits_0^\infty r^2\, W(r)\, dr,$$

woraus das geometrische Mittel sich zu:

$$\sqrt{\overline{r^2}} = l\, N^{1/2}$$

ergibt. Da der Abstand der Kettenenden mit dem Abstand vom Schwerpunkt der ganzen Kette nach der Beziehung:

$$\sqrt{\overline{s^2}} = \sqrt{\overline{r^2}/6}$$

zusammenhängt, erlangt die Kettenendenverteilungsfunktion auch für Viskositätsmessungen oder Lichtstreuungsmessungen gelöster Makromoleküle eine große Bedeutung.

KUHN [11] (vgl. 3.3) konnte zeigen, daß diese GAUSS-Verteilungskurve für die Kettenenden für alle gewöhnlichen Probleme der Beschreibung der Kautschukelastizität, Quellung und Konfiguration in Lösung ausreichend ist. KUHN [12] hat

weiterhin gezeigt, daß eine Kette mit starker orientierender Wirkung eines Kettengliedes auf seine Nachbarn durch eine frei bewegliche, wie die soeben beschriebene ersetzt werden kann, indem man nicht einzelne Kettenglieder betrachtet, sondern eine annähernd lineare Folge von ihnen als *Segment* zusammenfaßt und dann die gleiche Betrachtung anstellt. Für die Zahl der Glieder N und ihre Länge l sind dann Segmentzahl und Segmentlänge in die alte Formel einzusetzen, ihre Bedeutung für die Beschreibung vieler Eigenschaften ist damit erneut unterstrichen.

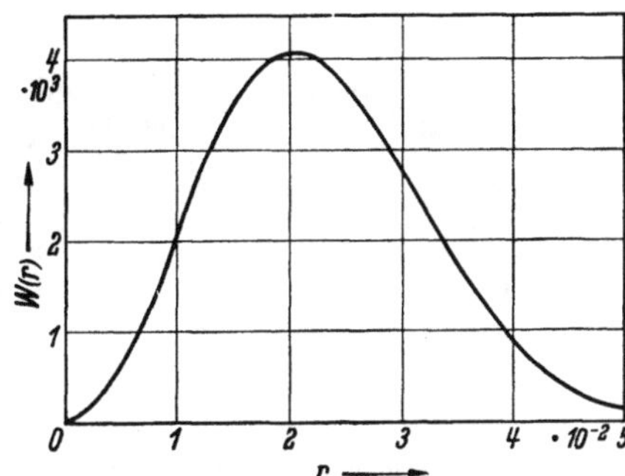

Abb. 12. Radiale Verteilungsfunktion $W(r)$ des Kettenendenvektors r für die Ketten der Abb. 11 $W(r)$ in Å^{-3} (nach FLORY)

c) **Lösungen** (vgl. 5.2). Die Betrachtung des derzeitigen Standes der molekularen Ordnung in Flüssigkeiten wird vervollständigt, wenn wir die Anordnung der Makromoleküle in der Lösung untersuchen. Es war ein erstaunlicher theoretischer Befund von FOWLER und RUSHBROOKE [14], daß Lösungen von 2 Molekülarten, die an sich ideal und athermisch sind, nicht den idealen Gesetzen gehorchen, wenn die beiden Moleküle sich in ihrer Größe unterscheiden. Das also sogar, obwohl die Mischung ohne Mischungswärme und Volumenwechsel beim Mischen vor sich geht. Dieser Befund, den man „Makromoleküleffekt" nennen könnte, wird am besten durch ein kurzes Studium des Gittermodells von Lösungen erkannt.

Wir wollen dabei den Ansätzen von FLORY [14] und HUGGINS [15] folgen, welche die Entwicklung eingeleitet haben und deren Formel trotz ihrer Vereinfachungen bei größter Eleganz noch heute anwendbar ist. Das Prinzip der Methode ist das gleiche, welches schon FOWLER und RUSHBROOKE in ihrer grundlegenden

Arbeit benutzten. Die Lösung wird als ein großes Gitter gedacht, in welches die Makromoleküle gliedweise einzeln eingebracht werden, zum Schluß werden die verbleibenden Gitterplätze mit Lösungsmittelmolekülen aufgefüllt. Wir nehmen ein System aus N_1 kleinen Lösungsmittelmolekülen und N_2 Makromolekülen vom Polymerisationsgrad P, deren Kettenglieder das gleiche Volumen wie die Lösungsmittelmoleküle einnehmen. Das Gitter hat also insgesamt:

$$N = N_1 + P\,N_2$$

gleichwertige Plätze. Wir wollen nun die Gesamtzahl von Möglichkeiten Ω zählen, wie wir die Makromoleküle und die Lösungsmittelmoleküle in das Gitter einbringen können; die Abb. 13 möge dabei helfen. Das erste Kettenglied hat offenbar N Möglichkeiten, das zweite z, wobei z die Koordinationszahl eines Gitterplatzes ist. Das dritte Kettenglied hat $y = z - 1$ Möglichkeiten, nämlich

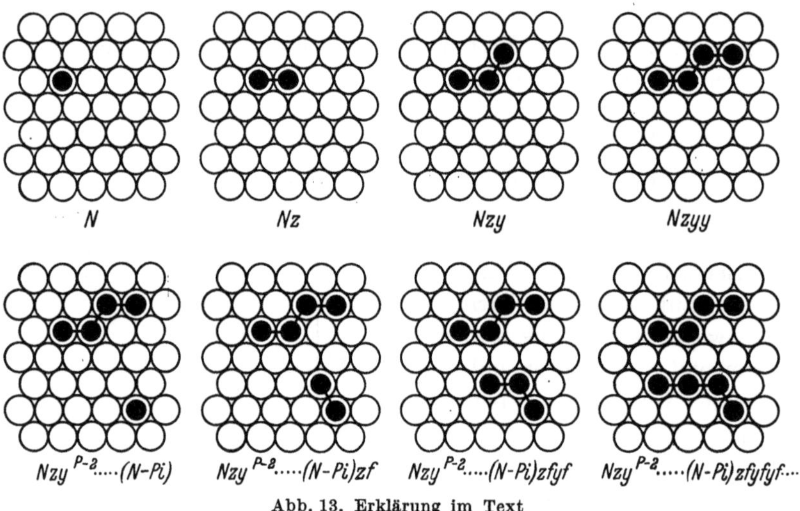

Abb. 13. Erklärung im Text

alle Nachbarplätze der Koordinationszahl entsprechend bis auf den einen schon vom ersten Kettenglied besetzten Platz. Für das erste Makromolekül haben wir demgemäß $N\,z\,y^{P-2}$ Besetzungsmöglichkeiten im Gitter. Nehmen wir nun an, es seien i Makromoleküle in das Gitter auf diese Weise eingebracht worden, dann sind noch $N - P\,i$ Gitterplätze für weitere Makromoleküle frei. Das erste Kettenglied des $i + 1$-ten Makromoleküls hat nun die Auswahl unter $N - P\,i$ Plätzen, sein zweites Glied hätte an sich z Möglichkeiten wie das erste, da aber schon i Makromoleküle im Gitter sind, nehmen wir an, daß die Besetzungswahrscheinlichkeit im Verhältnis $f = (N - P\,i)/N$ reduziert worden ist. Das zweite Glied hat also nur $z\,f$ Möglichkeiten. Das dritte sollte an sich wieder y Möglichkeiten besitzen, wir nehmen aber an, daß seine Auswahl sich ebenfalls f-fach durch die bereits eingefüllten Makromoleküle verringert habe und erhalten so $y\,f$ Möglichkeiten für das dritte Segment. Die Gesamtzahl der Einfüllmöglichkeiten ist gleich dem Produkt Π über alle so berechneten Konfigurationen. Alle diese sind aber nicht voneinander verschieden, da alle Kettenglieder und Lösungsmittelmoleküle untereinander gleich sind und die beiden Kettenenden eines Makromoleküls gleichwertig sind. Die Zahl der unterscheidbaren Konfigurationen ist deshalb nur:

$$\Omega = \frac{\Pi}{N_1!\,N_2!\cdot 2^{N_2}}\,.$$

Nach den Regeln der statistischen Mechanik ist nun:

$$S = k\ln\Omega\,,$$

woraus wir die übrigen Funktionen berechnen können. Führen wir noch die sog. Volumenbrüche $\varphi_{1,2}$ ein, so erhalten wir schließlich nach einiger Rechnung für die chemischen Potentiale $\Delta\mu$ der beiden Komponenten:

$$\Delta\mu_1/RT = \ln\varphi_1 + (1 - 1/P)\,\varphi_2 \quad \text{mit} \quad \varphi_1 = \frac{N_1}{N}\,,$$

$$\Delta\mu_2/RT = \ln\varphi_2 - (P - 1)\,\varphi_1 \quad \text{und} \quad \varphi_2 = \frac{P\,N_2}{N}\,.$$

Diese Formeln bestechen wegen ihrer Einfachheit. Zur Veranschaulichung des „Makromoleküleffektes" wollen wir die Abb. 14 betrachten, in welcher die Aktivitäten der Lösungsmittel- und Makromoleküle gegen die Molenbrüche aufgetragen sind. Für die Aktivität a gilt dabei:

$$a = \exp(\Delta\mu/RT)\,.$$

Der außerordentliche Einfluß der Kettenlänge P kommt in den Kurven klar zum Ausdruck.

Die Bedeutung der Formel für die Aktivität soll nur kurz an Gleichungen demonstriert werden, die für häufig durchgeführte, wichtige Messungen dienen, dabei beziehen wir nur auf das Lösungsmittel. Es ist sein Dampfdruck p_1 über der Lösung gleich dem über dem reinen Lösungsmittel p_0 mal der Aktivität in der Lösung a_1:

$$p_1 = p_0\,a_1\,.$$

Der osmotische Druck beträgt:

$$\pi = -\frac{RT}{V_1}\ln a_1\,,$$

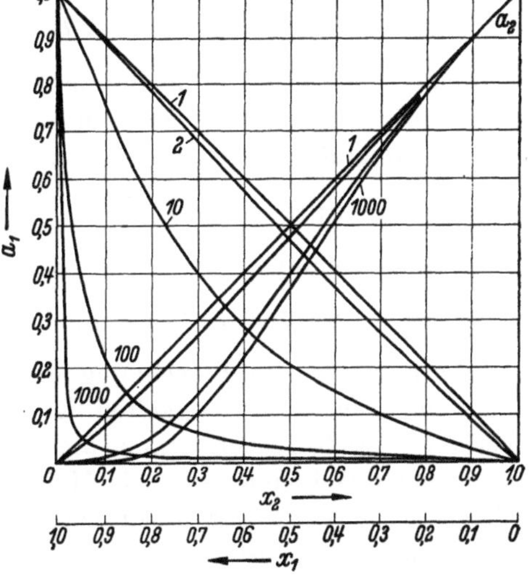

Abb. 14. Aktivitäten einer binären athermischen Lösung nach der Theorie von FLORY-HUGGINS. Zahlen bezeichnen Polymerisationsgrade

wobei R die Gaskonstante, T die absolute Temperatur und V_1 das Partialvolumen des Lösungsmittels ist.

Für die Lichtstreuung gilt:

$$\frac{A\,c}{\tau} = -\frac{1}{v_1}\left(\frac{\partial\ln a_1}{\partial c}\right),$$

worin c die Konzentration in g/cm³, τ die Trübung und A eine Konstante sind. Das ist nur eine Auswahl von Anwendungsmöglichkeiten. Das Gittermodell ist von vielen Autoren (MILLER, GUGGENHEIM, STAVERMANN, TOMPA, MÜNSTER u. a.) verfeinert worden, wie zusammenfassend von MÜNSTER [16] berichtet wurde.

3.4.2 Zustandsfunktion

Die Grundlagen der statistischen Mechanik kann der Leser aus Lehrbüchern entnehmen, unter welchen z. B. das von MÜNSTER [17] oder dasjenige von BECKER [18] zu empfehlen ist. Man findet dort Ausdrücke für die thermodynamischen Funktionen, welche ein System im Gleichgewicht charakterisieren, wie beispielsweise den Druck p als Funktion der freien Energie F und damit der Zustandssumme oder Verteilungsfunktion Q.

$$F = -k\,T \log Q \quad \text{und} \quad p = -\left(\frac{\partial F}{\partial V}\right)_T.$$

Wir erinnern daran, daß zur Berechnung der Verteilungsfunktion

$$Q = \sum \exp(-E_i/k\,T)$$

die Energieniveaus E_i des Systems bekannt sein müssen. Bei Kristallen sind an sich die Energieniveaus der individuellen Teilchen zu verwenden, bei Flüssigkeiten jedoch ist gerade die Wechselwirkung der Teilchen von besonderer Bedeutung. Betrachten wir die Gesamtenergie des Systems als Summe von kinetischer Energie E_{kin} und potentieller, zwischenmolekularer Energie U, so läßt sich die Verteilungsfunktion in der Form

$$Q = \sum \exp[-(E_{\text{kin}} - U)/k\,T] = \sum \exp(-E_{\text{kin}}/k\,T) \sum \exp(-U/k\,T)$$

schreiben. Da bei den in Betracht kommenden Temperaturen die klassische Betrachtung zulässig ist, läßt sich die Summierung über diskrete Energieniveaus durch Integration ersetzen, es ergibt sich etwa:

$$Q = \sum \exp(-E_{\text{kin}}/k\,T) \int \cdots \int \exp[-U(q_1, q_2 \cdots q_n)/k\,T] dq_1 \cdots dq_n.$$

Die Sache kommt also auf eine Berechnung des sog. Konfigurationsintegrals hinaus.

$$B(T) = \int \cdots \int \exp[-U(q_1, q_2 \cdots q_n)/k\,T]\, dq_1 \cdots dq_n$$

Aber gerade die Berechnung dieses $3n$-fachen Integrals scheitert an den mathematischen Schwierigkeiten. Es haben sich daher eine Reihe von Näherungsverfahren ergeben. Da ist einmal die Theorie des freien Volumens von EYRING [19]. In einem Gas können sich die Moleküle praktisch völlig frei durch das ganze Volumen bewegen, das ihnen verschlossene (das Vierfache des Covolumens b VAN DER WAALS') ist bei geringen Dichten beinahe vernachlässigbar. In einer Flüssigkeit hingegen ist das meiste Volumen den Molekülen verschlossen und nur wenig Volumen (eben das sog. freie Volumen) ist für sie verfügbar (vgl. Abb. 1 und 2). Die Zahl der verfügbaren Energieniveaus hat damit stark abgenommen. EYRING nimmt deshalb an, daß sich die Flüssigkeit vom Gas unterscheidet, indem das freie Volumen v_f an die Stelle des Gesamtvolumens V gesetzt werden muß und weiterhin, daß die Nullpunktsenergie dadurch geändert wird, indem die Verdampfungswärme von den Energieniveaus des Gases abgezogen wird. LENNARD-JONES [20] hat zum weiteren Ausbau angenommen, das freie Volumen sei in Form von Löchern verschiedenster Größe über die ganze Flüssigkeit verteilt. Bei Erhöhung der Temperatur nimmt die Konzentration an Löchern in der Flüssigkeit und die Konzentration an Molekülen in der Dampfphase zu, worin sich eine Erklärung für die Regel von CAILLETET und MATHIAS ergibt. Aber keines dieser Modelle, welche noch vielfach modifiziert worden sind, ist völlig zufriedenstellend. Eine allgemeinere Behandlung des flüssigen Zustandes als diejenige, welche von künstlichen Modellen ausgeht, benützt die molekularen Verteilungsfunktionen. Die radiale Verteilungsfunktion ist ein Beispiel einer solchen Funktion. Besonders KIRKWOOD, BORN und GREEN [21] haben viel zur Entwicklung dieser Methodik beigetragen, welche noch in weiterem schnellem Ausbau begriffen ist und bislang von allen Betrachtungen als am aussichtsreichsten erscheint. Wir sehen also zusammenfassend, daß die statistische Theorie einer Flüssigkeit hauptsächlich ein mathematisches Problem geworden ist, dessen Lösung zu immer weiterer Vervollkommnung gelangt.

3.4.3 Platzwechsel und Fließen (vgl. 4.1)

A. Mikromoleküle

Die Eigenschaft flüssig wird durch einen sehr leicht möglichen Platzwechsel der Moleküle hervorgerufen. Bei Betrachtung der Abb. 1 ist ein solcher aber nicht ohne weiteres leicht vorstellbar. EYRING und HIRSCHFELDER [22] entwickelten nun ein Platzwechselmodell, welches unmittelbar anschaulich ist, es ist in Abb. 15 zu sehen. Der erste Schritt ist die Schaffung eines Loches durch zufälliges Ausschwingen aller Nachbarn eines Molekülpaares (Abb. 15 a). Der nächste Schritt ist der Platzwechsel des platzbegünstigsten Molekülpaares (Abb. 15 b). Dieses Modell hat den Vorzug, auch quantitativ beschreibbar zu sein [23]. EYRING [24] nimmt zur statistischen Beschreibung ein Gleichgewicht zwischen platzwechselfähigen Molekülen und den übrigen an. Da zum Platzwechsel die Überwindung einer Energieschwelle vonnöten ist, wie Abb. 16 zeigt, nehmen wir mit EYRING ein Gleichgewicht zwischen aktivierten und platzwechselunfähigen Molekülen an und schreiben für die Zahl der Platzwechsel pro Sekunde:

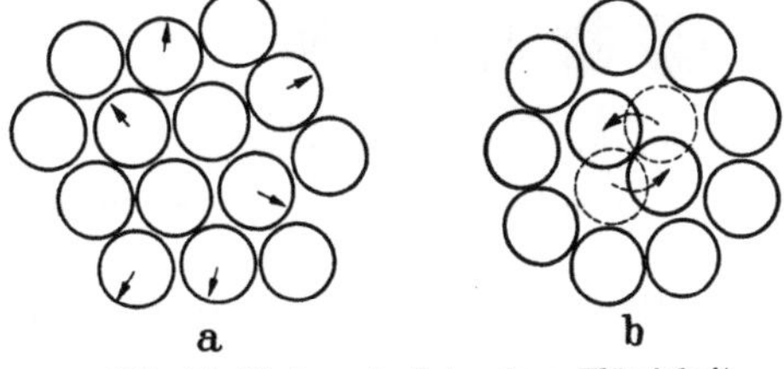

Abb. 15. Platzwechsel in einer Flüssigkeit

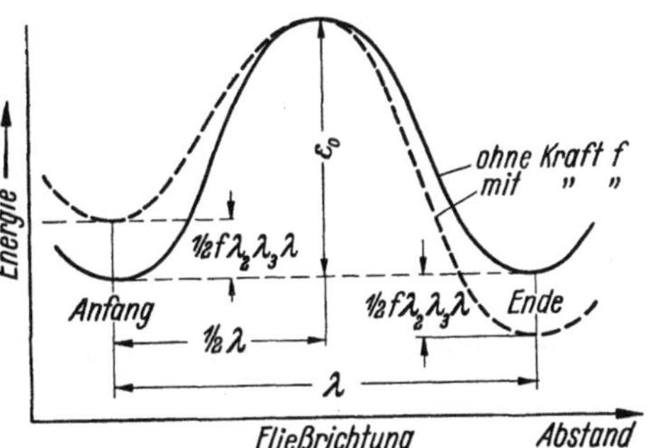

Abb. 16. Potentialschwelle des Platzwechsels beim viskosen Fließen (nach EYRING)

$$k_0 = \frac{kT}{h}\,\frac{Q^*}{Q}\,\exp(-\varepsilon_0/kT).$$

Hierin ist ε_0 die Potentialschwelle, Q^* die Verteilungsfunktion für das aktivierte Molekül und Q die Verteilungsfunktion für den Ausgangszustand, beide pro Volumeneinheit. Wenn keine äußeren Kräfte auf die Flüssigkeit einwirken, erfolgt der Platzwechsel völlig regellos.

Das ändert sich beim Anlegen einer Schubspannung. In Abb. 16 ist der Fließvorgang nochmals schematisch gezeigt, um die Sprungweite λ eines Moleküls und die Entfernungen $\lambda_{1,2,3}$ der einzelnen Molekülschichten zu demonstrieren. EYRING nimmt an, daß die Potentialschwelle ε_0 symmetrisch ist und ihr Maximum im Abstand $\tfrac{1}{2}\lambda$ liegt. Die Schubspannung f übt dann auf ein Molekül die

Kraft $f\,\lambda_1\,\lambda_2$ in der Fließrichtung aus, die Energie im Abstand $\lambda/2$ beträgt damit $f\,\lambda_2\,\lambda_3\,\tfrac{1}{2}\lambda$. Um diesen Betrag vermindert sich die Energieschwelle in der Fließrichtung und erhöht sich in entgegengesetzter Richtung. Damit ändern sich auch die Platzwechselwahrscheinlichkeiten, und wir erhalten für den Platzwechsel in Fließrichtung:

$$k_f = \frac{kT}{h}\,\frac{Q^*}{Q}\,\exp\left[-\left(\varepsilon_0 - \frac{1}{2}f\,\lambda_2\,\lambda_3\,\lambda/kT\right)\right] = k_0\exp\left(-\frac{1}{2}f\,\lambda_2\,\lambda_3\,\lambda/kT\right)$$

und in rückwärtiger Richtung:

$$k_r = k_0\exp\left(\frac{1}{2}\lambda_2\,\lambda_3\,\lambda/kT\right).$$

Die Fließgeschwindigkeit $\dot u$ ist gleich der Differenz aus den Platzwechselhäufigkeiten multipliziert mit dem Sprungweg λ, also:

$$\dot u = (k_f - k_r)\,\lambda = \lambda\,k_0\exp\left(\frac{1}{2}f\,\lambda_2\,\lambda_3\,\lambda/kT - \frac{1}{2}f\,\lambda_2\,\lambda_3\,\lambda/kT\right) = 2\lambda\,k_0\,\mathfrak{Sin}\left(\frac{f\,\lambda_2\,\lambda_3\,\lambda}{2kT}\right).$$

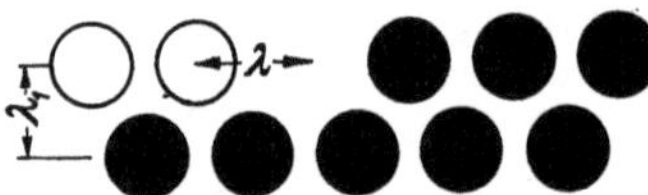

Abb. 17. Molekülabstände in einer Flüssigkeit. λ ist der Abstand zwischen zwei Gleichgewichtslagen beim Fließen (nach Eyring)

Definitionsgemäß ist die Schergeschwindigkeit $\dot s = 1/\lambda_1\,\dot u$. Setzen wir noch:

$$\alpha = \frac{\lambda_2\,\lambda_3\,\lambda}{2kT}$$

und für die Relaxationszeit

$$\tau = \frac{\lambda_1}{\lambda}\,\frac{1}{2k_0},$$

so erhalten wir:

$$\dot s = \frac{1}{\tau}\,\mathfrak{Sin}\,(\alpha\,f).$$

Unter Benutzung der Newton-Beziehung:

$$\eta = \frac{f}{\dot s}$$

erhalten wir hieraus für die Viskosität η:

$$\eta = \frac{\tau}{\alpha}\,\frac{\mathfrak{Ar}\,\mathfrak{Sin}\,(\tau\,\dot s)}{\tau\,\dot s}.$$

Aus den Grenzwerten:

$$\lim_{\tau\,\dot s\to 0}\frac{\mathfrak{Ar}\,\mathfrak{Sin}\,(\tau\,\dot s)}{\tau\,\dot s} = 1$$

$$\lim_{\tau\,\dot s\to\infty}\frac{\mathfrak{Ar}\,\mathfrak{Sin}\,(\tau\,\dot s)}{\tau\,\dot s} = 0$$

folgt, daß bei kleiner Schubspannung f und kleiner Schergeschwindigkeit $\dot s$, sich

$$\eta = \frac{\tau}{\alpha}$$

ergibt, das Fließen also ein sog. Newtonsches Fließen ist, d. h., η ist von f und $\dot s$ unabhängig. Im anderen Extremfall hoher Werte von $\tau\,\dot s$ wird η zu Null.

Wir sehen, daß dieses Modell in der Lage ist, die tatsächlich beobachteten Erscheinungen zu beschreiben, der Grund für seine Herausstellung ist aber vor allem seine Anschaulichkeit, auf welche im Rahmen dieses Buches besonderer Wert gelegt wird.

B. Makromoleküle

Die Übertragung der Gedanken über den Platzwechsel von Mikromolekülen auf die Kettenglieder von Makromolekülen bereitet ziemliche Schwierigkeiten. Das Glied einer Kette kann sich nicht ohne Koordination mit den übrigen Gliedern bewegen, so daß mehrere Kettenglieder zu größeren Fließeinheiten zusammengefaßt werden müssen. Wir wollen zur Beschreibung des Fließens von Makromolekülen weiterhin der Theorie von EYRING folgen, weil sie auf der anschaulich an Mikromolekülen gewonnenen Beziehung für η aufbaut. EYRING [25] nimmt an, daß das makromolekulare System aus mehreren Gruppen von Fließeinheiten besteht. Jede dieser Gruppen wird durch eine mittlere Relaxationszeit τ_i charakterisiert. Die auf das gesamte System wirkende Schubspannung f läßt sich durch Summierung über alle Gruppenspannungen erhalten. Wenn x_i der Teil der Fläche ist, an welcher die Schubspannung f_i pro cm² der i-ten Gruppe auf diese angreift, so ergibt sich für die gesamte Spannung:

$$f = \sum_{i=1}^{r} x_i f_i,$$

welche wiederum in die NEWTONsche Beziehung einzusetzen ist:

$$\eta = \frac{f}{\dot{s}} = \frac{1}{\dot{s}} \sum_{1}^{r} x_i f_i.$$

Die partielle Schubspannung f_i der i-ten Fließeinheit erhalten wir aus der Gleichung

$$\dot{s} = \frac{1}{\tau} \mathfrak{Sin}\,(\alpha f)$$

zu

$$f_i = \frac{1}{\alpha_i} \mathfrak{Ar}\,\mathfrak{Sin}\,(\tau_i\,\dot{s}).$$

Damit ergibt sich die allgemeine Viskositätsformel für makromolekulare Stoffe

$$\eta = \sum_{i=1}^{r} \frac{x_i \tau_i}{\alpha_i} \frac{\mathfrak{Ar}\,\mathfrak{Sin}\,(\tau_i\,\dot{s})}{\tau_i\,\dot{s}}.$$

An sich wäre es schwierig, nach dieser Formel zu arbeiten, wenn eine sehr große Zahl von Relaxationszeiten zu berücksichtigen wäre. Es stellt sich aber heraus, daß die verschiedenen makromolekularen Systeme sich durch stark unterschiedliche, mittlere Relaxationszeiten einiger weniger Gruppen darstellen lassen. Beispielsweise genügen den Anforderungen meistens 3 Relaxationszeiten, welche die folgenden Bedingungen erfüllen:

$$\tau_1 \dot{s} \ll 1$$
$$\tau_2 \dot{s} \geqq 1$$
$$\tau_3 \dot{s} \gg 1$$
$$\tau_i \dot{s} \ll\ll 1 \quad \text{für} \quad i \geqq 4.$$

Tabelle 1 [25]

Stoff	Molekulargewicht	Temperatur °C	$\frac{x_1}{\alpha_1}$ dyn/cm²	$\frac{x_2}{\alpha_2}$ dyn/cm²	$\frac{x_3}{\alpha_3}$ dyn/cm²	τ_1 sec	τ_2 sec	τ_3 sec	Literatur
Naturkautschuk	—	80, 90, 100, 110, 124, 140	$1{,}50 \cdot 10^5$	$1{,}80 \cdot 10^5$	0	$6{,}01 \cdot 10^{-5}$	$0{,}680 \cdot 10^{-2}$	—	[26]
Polystyrol	$3{,}6 \cdot 10^5$	165 bis 253	$4{,}30 \cdot 10^5$	$1{,}23 \cdot 10^5$	0	$1{,}77 \cdot 10^{-8}$	$0{,}800 \cdot 10^{-5}$	—	[27]
Buna 24% Styrol, 76% B.	$2{,}0 \cdot 10^5$	40, 50	$2{,}71 \cdot 10^5$	$5{,}68 \cdot 10^5$	0	$0{,}927 \cdot 10^{-7}$	$0{,}405 \cdot 10^{-5}$	—	[28]
Polyisobutylen	$7{,}0 \cdot 10^4$	38, 83, 149	$1{,}59 \cdot 10^3$	$4{,}50 \cdot 10^2$	$73{,}7$	$0{,}264 \cdot 10^{-8}$	$0{,}250 \cdot 10^{-6}$	$1{,}51 \cdot 10^{-5}$	[29]

Damit ergibt sich eine praktisch auf makromolekulare Systeme anwendbare Beziehung:

$$\eta = \frac{x_1\,\tau_1}{\alpha_1} + \frac{x_2\,\tau_2}{\alpha_2}\,\frac{\mathfrak{Ar}\,\mathfrak{Sin}\,(\tau_2\,\dot{s})}{\tau_2\,\dot{s}} + \frac{x_3\,\tau_3}{\alpha_3}\,\frac{\mathfrak{Ar}\,\mathfrak{Sin}\,(\tau_3\,\dot{s})}{\tau_3\,\dot{s}}\;.$$

Einige experimentelle Ergebnisse sind in Tab. 1 aufgezeichnet. Es muß aber klar erwähnt werden, daß die Herausstellung dieser Viskositätsbeziehung nur auf Grund ihrer Verwandtschaft mit dem bei Mikromolekülen so anschaulichen Bild erfolgt ist. An sich gibt es eine Fülle von ähnlichen Beziehungen, welche das gleiche leisten. Sie arbeiten meistens rein formal durch Schaltsysteme von Kolben und Federn, eine gute Zusammenfassung dieser Mechanismen haben STAVERMAN und SCHWARZL [30] vorgenommen.

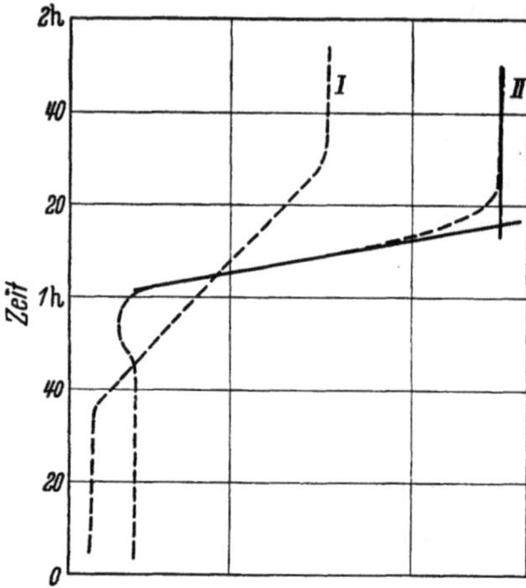

Abb. 18. Diagramm einer automatischen Messung der Fließtemperatur von Polyvinylacetal (nach UEBERREITER und ORTHMANN)

C. Flüssigkeit mit fixierter Struktur
(vgl. 3.3)

Wenn im Viskositätsausdruck für Makromoleküle der zweite und dritte (oder weitere) Term den ersten stark überwiegt, dann befinden sich diese in einem flüssigen Zustand, der allgemein gummi-elastischer Zustand oder *Flüssigkeit mit fixierter Struktur* [31] genannt wird. Die hohe Relaxationszeit der ineinander verhakten größeren Fließgruppen sorgt bei kurzzeitiger Deformationswirkung für eine Fixierung der Struktur. Erhöht man die Temperatur, dann nimmt die Wirksamkeit dieser Terme in der Viskositätsbeziehung ab, und es zählt hauptsächlich der erste oder NEWTONsche Term. Hat η etwa den Wert von 10^5 Poise angenommen, dann ist die Substanz flüssig geworden. Da diese Änderung exponentiell mit der Temperatur verläuft, tritt sie bei einer linearen Erhitzungsgeschwindigkeit ziemlich plötzlich in Erscheinung wie in Abb. 18 an Hand einer Fließkurve gezeigt wird, die in einem Schmelzpunktsautographen aufgenommen wurde [32]. Infolge der Kleinheit des Intervalls, in welchem das plastische in ein NEWTONsches Fließen bei kontinuierlicher Erhitzung übergeht, besteht die Möglichkeit, eine Fließtemperatur T_F zu definieren, welche den Grenzbereich zwischen dem gummi-elastischen und flüssigen Zustand charakterisiert. Es sind in Abb. 19 die Messungen der Glastemperatur und der Fließtemperatur einer homologen Reihe von Polymethylmethacrylaten

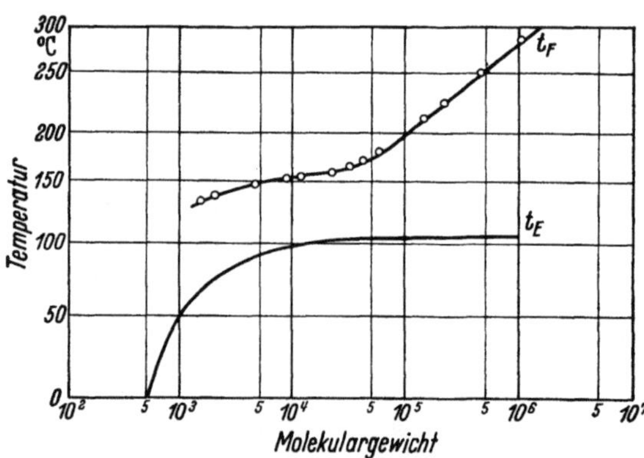

Abb. 19. Zustandsdiagramm von Polymethylmethacrylat (nach UEBERREITER und ORTHMANN)

gegen die Kettenlänge aufgetragen. Während die Glastemperatur bald einem Grenzwert zustrebt, ist das bei der Fließtemperatur nicht der Fall, woraus sich eine stetig zunehmende Ausdehnung des Gebietes fixiert flüssig ergibt, welches sich im Zustandsdiagramm der Abb. 19 zwischen der Kurve der Glastemperaturen und der Fließtemperaturen befindet. Bei vernetzten Stoffen hingegen ist NEWTONsches Fließen unmöglich, der gummi-elastische Zustand deshalb bis zur Zersetzungstemperatur ausgedehnt.

3.4.4 Assoziation

Zum Verständnis der Glasbildung ist die Kenntnis der Assoziation vonnöten, die daher kurz diskutiert werden soll. Unter *Assoziation* versteht man die Zusammenlagerung von gleichen oder ungleichen Molekülen unter der Wirkung von zwischenmolekularen Kräften (Dispersionskräfte, polare Gruppen, Wasserstoffbrücken). Sind die Assoziate stöchiometrisch definiert, dann spricht man von Übermolekülbindung [33] und wenn sich die Gleichgewichtskonzentrationen der stöchiometrischen Assoziate und freien Moleküle durch das Massenwirkungsgesetz ausdrücken lassen, spricht BRIEGLEB [34] von *Molekülverbindungen*. Andere Bezeichnungsweisen sehen den Begriff Assoziation für die Zusammenlagerung gleicher Moleküle, Mischassoziation, Aggregation oder Solvatation für die Anlagerung der Moleküle des Lösungsmittels an den gelösten Stoff vor [33]. Im Falle der

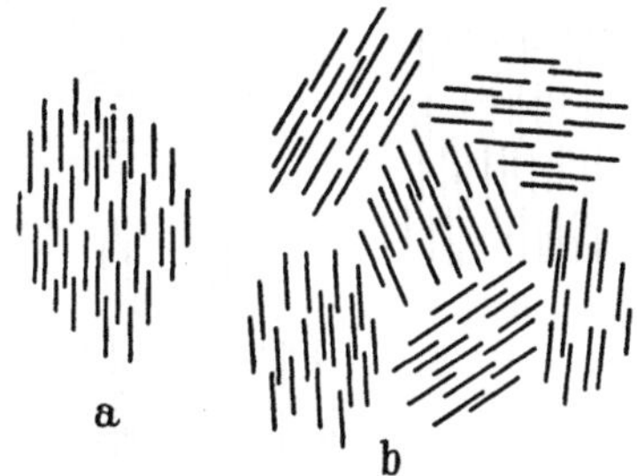

Abb. 20. Nematische Struktur
a) Einzelner Schwarm; b) Aufbau der Schmelze (nach FRIEDEL)

Molekülverbindungen sind die Assoziate ziemlich stabil, wenn aber die potentielle Energie, welche bei der Assoziatbildung frei wird, von derselben Größenordnung ist wie die Energieschwankungen aus der thermischen Bewegung, dann wird das Assoziat von Zeit zu Zeit aufgelöst, wenn die Temperatur hoch genug ist. Diese Art von Bindung ist besonders in den sog. assoziierten Flüssigkeiten vorherrschend.

Zum Verständnis der Keimbildung bei Kristallisationsvorgängen oder der Glasbildung ist es wichtig, zwei verschiedene Arten von Assoziaten zu unterscheiden; wir wollen sie cybotaktisch und vitrotaktisch nennen. Den Namen *cybotaktisch* wählen wir in Anlehnung an STEWART [35], welcher quasikristalline Schwärme in Flüssigkeiten so benannte. Typische Beispiele für cybotaktische Assoziate sind die *flüssigen Kristalle* oder kristallinischen Flüssigkeiten. Bei diesen von FRIEDEL [36] *mesomorph* genannten Phasen unterscheidet man eine *nematische* (von $v\tilde{\eta}\mu\alpha$ = Faden) und eine *smektische* (von $\sigma\mu\tilde{\eta}\gamma\mu\alpha$ = Seife) Anordnung. Während bei nematischen Assoziaten nur eine Parallellagerung der Moleküle eintritt, wie Abb. 20 zeigt, bilden die smektischen noch smektische Ebenen mit einer Periode der Moleküllänge, was Abb. 21 darzustellen sucht. Zwischen beiden Arten sind den Translationsumwandlungen entsprechend noch Übergänge möglich. Zum weiteren Studium sei auf zusammenfassende Berichte verwiesen [37].

Flüssigkeiten mit cybotaktischen Assoziaten kristallisieren natürlich bereitwillig, da ihre Assoziate Embryonen des kristallinen Zustandes sind.

Vitrotaktische Assoziate bereiten hingegen die Glasbildung vor, wie der Name andeuten soll; man könnte sie eigentlich auch Assoziatmakromoleküle nennen.

Sie entstehen dadurch, daß die zwischenmolekularen Kräfte, welche die Assoziation hervorrufen, an bestimmten Atomen oder Atomgruppen des Moleküls lokalisiert sind. Wenn dabei ein Molekül ein zweites assoziieren kann, so entstehen nur Doppelmoleküle, wenn es dagegen zwei binden kann, oder sogar mehrere, so entstehen Ketten oder Raumnetze. Zur vitrotaktischen Assoziatbildung gehört aber noch eine derart gerichtete, zwischenmolekulare Bindung, daß ein Assoziat sich bildet, welches den geometrischen Anforderungen der Anordnung in einer Elementarzelle nicht entspricht. Dann eben ist es vitrotaktisch, denn nun muß es zur Bildung eines Kristallkeimes erst wieder aufgebrochen werden, wozu in Schmelzpunktsnähe die thermische Energie kaum noch ausreicht. Auf diese Weise sind manche Flüssigkeiten, eben die vitrotaktisch assoziierten, viel leichter unterkühlbar als kristallisierbar. Glycerin und überhaupt die Alkohole sind die bekanntesten Beispiele; als gerichtete zwischenmolekulare

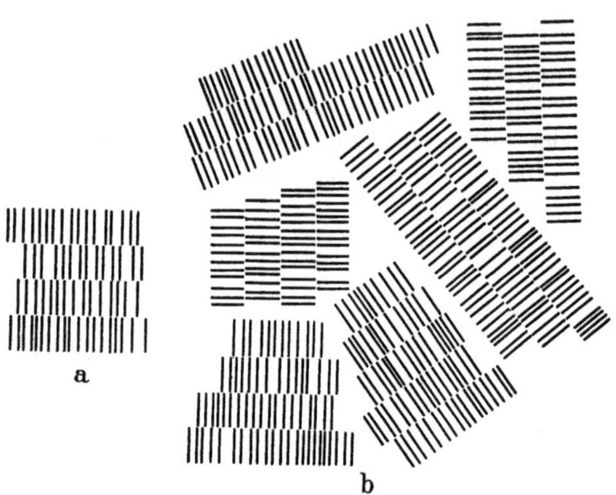

Abb. 21. Smektische Struktur
a) Einzelner Schwarm; b) Aufbau der Schmelze (nach FRIEDEL)

Bindungen dienen hier Wasserstoffbrücken. Zusammenfassend können wir sagen: Wirken gerichtete zwischenmolekulare Kräfte so, daß ihre Assoziationstendenz eine der Ordnung in der Elementarzelle gleiche Ordnung anstrebt, so entstehen cybotaktische Assoziate als Vorgänger von Kristallkeimen. Wirken sie der kristallinen Ordnung entgegen, so schaffen sie vitrotaktische Assoziate, welche den Glaszustand embryonal vorbilden. Sie erleichtern die Unterkühlung, weil diese „thermischen Makromoleküle" zur cybotaktischen Ordnung erst zerstört werden müssen.

Cybotaktische Assoziate können nur in taktischen Makromolekülen entstehen, wobei sie manchmal in embryonaler Kleinheit bleiben und deswegen makroskopisch nicht in Erscheinung treten. Sie sind von PRIETZSCHK [38] bei unverstrecktem Perlon aus Röntgendiagrammen erschlossen worden.

Literatur

[1] REHAAG, H., u. H. A. STUART: Phys. Z. 38 (1937) S. 1027.

[2] GINGRICH, N. S.: Rev. mod. Phys. 15 (1943) S. 90.

[3] HENSHAW, D. G., D. G. HURST u. N. K. POPE: Phys. Rev. 92 (1953) S. 1229. — G. H. VINEJARD: J. chem. Physics 22 (1954) S. 1665.

[4] CAMPBELL, J. A., u. J. N. HILDEBRAND aus EASTMAN u. ROLLEFSON: Physical Chemistry. New York: McGraw-Hill 1947.

[5] GINGRICH, N. S.: J. chem. Physics 8 (1940) S. 31.

[6] UEBERREITER, K., u. G. KANIG: J. chem. Physics 18 (1950) S. 399.

[7] STUART, H. A.: Naturwiss. 31 (1943) S. 123.

[8] MÜLLER, F. H.: Kolloid-Z. 95 (1941) S. 138.

[9] FLORY, P. J.: Principles of Polymer Chemistry. Ithaca, N. Y.: Cornell Univ. Press 1953

[10] KUHN, W.: Kolloid-Z. 68 (1934) S. 2.

[11] KUHN, W.: Kolloid-Z. 76 (1936) S. 258.

[12] KUHN, W.: Kolloid-Z. 87 (1939) S. 3.

[13] FOWLER u. RUSHBROOKE: Trans. Faraday Soc. 33 (1937) S. 1272.

[14] FLORY, J. P.: J. chem. Physics 10 (1942) S. 51.

[15] HUGGINS, M. L.: Ann. N. Y. Acad. Sci. 43 (1942) S. 1.

[16] MÜNSTER, A.: Die Physik der Hochpolymeren, Bd. 2. Berlin/Göttingen/Heidelberg: Springer 1953.

[17] MÜNSTER, A.: Statistische Thermodynamik. Berlin/Göttingen/Heidelberg: Springer 1956.

[18] BECKER, R.: Theorie der Wärme. Berlin/Göttingen/Heidelberg: Springer 1955.

[19] EYRING, H.: J. chem. Physics 4 (1936) S. 283.

[20] LENNARD-JONES, J. E., u. A. F. DEVONSHIRE: Proc. roy. Soc. (London) A 163 (1937) S. 53; A 164 (1938) S. 1.

[21] KIRKWOOD, J. G.: J. chem. Physics 14 (1946) S. 180. — M. BORN, u. H. S. GREEN: Proc. roy. Soc. (London) A 188 (1946) S. 10; A 190 (1947) S. 455.

[22] EYRING, E., u. J. HIRSCHFELDER: J. phys. Chem. 41 (1937) S. 249. — J. HIRSCHFELDER, DC. STEVENSON u. H. EYRING: J. chem. Physics 5 (1937) S. 896.

[23] Empfohlen sei auch K. WIRTZ: Platzwechselprozesse in Flüssigkeiten. Z. Naturforschung 3a (1948) S. 672.

[24] GLASSTONE, S., K. J. LAIDLER u. H. EYRING: The Theory of Rate Processes. New York: McGraw-Hill 1941.

[25] EYRING, H., u. T. REE: Proc. Nat. Acad. Sci. U. S. 41 (1955) S. 118.

[26] MOONEY, M.: Physics 7 (1936) S. 413.

[27] SPENCER, R. S., u. R. E. DILLON: J. Colloid Sci. 3 (1948) S. 163; 4 (1949) S. 241.

[28] BESTUL, A. B., H. V. BELCHER, F. A. QUINN u. C. B. BRYANT: J. phys. Chem. 56 (1952) S. 432.

[29] BESTUL, A. B., u. H. V. BELCHER: J. appl. Phys. 24 (1953) S. 696.

[30] STAVERMAN, A. J., u. F. SCHWARZL in STUART: Die Physik der Hochpolymeren, Bd. 4. Berlin/Göttingen/Heidelberg: Springer 1956.

[31] UEBERREITER, K.: Kolloid-Z. 102 (1943) S. 272.

[32] UEBERREITER, K., u. H. J. ORTHMANN: Kunststoffe 48 (1958) S. 525.

[33] WOLF, K. L., u. R. WOLFF: Angew. Chem. A 61 (1949) S. 191. — R. MECKE: Discuss. Faraday Soc. 9 (1950) S. 161. — WOLFF, R.: Angew. Chem. 67 (1955) S. 89.

[34] BRIEGLEB, G.: Zwischenmolekulare Kräfte und Molekülstruktur. Stuttgart: Enke 1937.

[35] STEWART, G. W., u. R. M. MORROW: Phys. Rev. 30 (1927) S. 232. — G. W. STEWART: Rev. mod. Phys. 2 (1930) S. 116.

[36] FRIEDEL, M., u. G.: Ann. Chim. Physique (9) 18 (1922) S. 274.

[37] Sonderheft „Kristallinische Flüssigkeiten". Z. Kristallographie 79 (1931) S. 1. — C. WEYGAND: Hand- und Jahrbuch der chemischen Physik, Bd. 2 III C. Leipzig: 1941. — W. KAST: Phys. Z. 38 (1937) S. 627 — Z. Elektrochem. 45 (1939) S. 184.

[38] KAST, W., u. A. PRIETZSCHK: Z. Elektrochem. 47 (1941) S. 112. — A. PRIETZSCHK: Z. Phys. 117 (1941) S. 482.

3.5 Orientierungszustände in amorphen Hochpolymeren

Von F. H. Müller, Marburg/L.

In den vorangehenden Kapiteln über Glas-, kristallinen und flüssigen Zustand wurde ein Bild über die Zusammenlagerung der linearen, gegebenenfalls verzweigten und vernetzten Kettenmoleküle im kompakten Material für den entspannten Zustand entworfen, also für den isotropen Fall. Amorphe Hochpolymere sind dabei charakterisiert durch die Tatsache, daß keine Fernordnung[1], d. h. keine Bereiche von kristallähnlicher Struktur existieren. Die gegenseitige Durchdringung und Verschlaufung der Moleküle ist in bezug auf den Abstand der Molekülteile und ihre Orientierung im Raum weitgehend statistisch.

Man kann die für kleine Moleküle geltenden Anschauungen weitgehend auf Hochpolymere übertragen, sofern man als Bausteine nicht die Makromoleküle, sondern die Grundbausteine annimmt und berücksichtigt, daß diese Grundbausteine nach gewissen Regeln durch chemische Valenzen miteinander verkoppelt sind [6]. Die amorphen Zustände, Glas-, gummi-elastischer und Flüssigkeitszustand, unterscheiden sich durch die verschiedene Intensität der thermischen Bewegung und die verschiedenen Bewegungsmöglichkeiten der Ketten gegeneinander, durch ihre Platzwechselhäufigkeit und die Zusammenhaltsmechanismen (2.5).

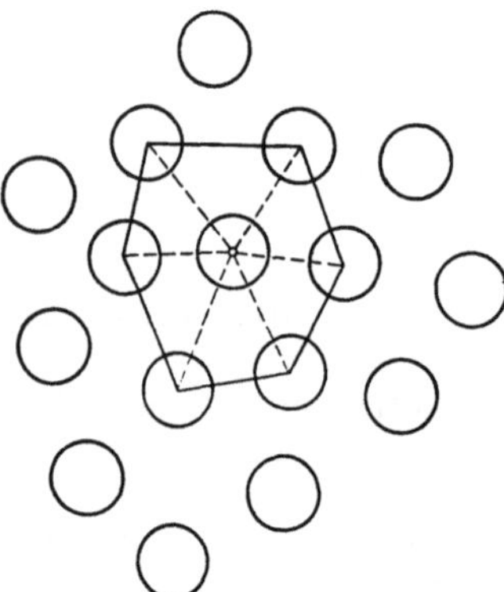

Abb. 1. Kugelförmige Hg-Atome in etwas verwackelter dichter Lagerung zeigen eine unregelmäßige hexagonale Anordnung und ergeben gewisse besonders häufige Abstände der Atommittelpunkte

Die elastische Rückstellkraft im gummi-elastischen Zustand nach einer Deformation rührt daher, daß die im undeformierten Zustand statistisch über alle Raumrichtungen gleichmäßig verteilten Segmente der Kettenmoleküle bei der Deformation eine gewisse mittlere Vorzugsorientierung erhalten (s. 3.3). Das Auftreten von *Ordnungszuständen* ist also wesentliche Ursache für die

---

[1] Hinsichtlich der Anordnung kleiner Moleküle unterscheidet man zwischen Fernordnung und Nahordnung [1]. Gitterartige Lagerung der Bausteine über Abstände, die groß im Vergleich zur Moleküldimension sind, bedeutet Fernordnung, wie sie in Kristallen auftritt. Diese Lagerung hat also nichts mit dem Vorhandensein von weitreichenden Kräften zu tun und kann sich bei jeder Art Wechselwirkung ausbilden. In der idealen Flüssigkeit sollte ebenso wie im Gas hinsichtlich Abstand und Orientierung keinerlei Ordnung herrschen. Tatsächlich aber bedingt Form und Kraftfeld der einzelnen Moleküle noch eine gewisse bevorzugte Anordnung benachbarter Moleküle zueinander. Dies nennt man Nahordnung.

Selbst kugelförmige Atome (Hg) (Abb. 1) geben Anlaß zu derartigen Nahordnungen [2]. Für praktisch kugelförmige Moleküle wie CCl_4, noch stärker für Wasser [3], wird diese Ordnung durch die starken Partialmomente schon wesentlich komplizierter. Anisodiametrische Moleküle wie Benzol, Naphthalin (geschmolzen) schließlich legen sich mit ihren Ringebenen bevorzugt parallel [4].

Man kann sich die Nahordnung vorstellen, als ob in der Flüssigkeit noch Reste kristalliner Ordnung, sozusagen als ein stark verknetetes Gitter, vorliegen, so stark gestört, daß restliche Gitterstrukturen des ursprünglichen Kristalls nur noch bei unmittelbar benachbarten Atomen oder Molekülen zu erkennen sind, während die Fernordnung verschwunden ist. Mit steigender Temperatur bzw. am kritischen Punkt nimmt diese Nahordnung rapid ab und verschwindet vollständig [5].

Dem ideal kristallinen, flüssigen und Gaszustand entspricht jeweils der exakte Aufbau über weite Strecken als Gitter, die vollkommen statistische, aber dichte Zusammenlagerung und die vollkommen statistische, aber sporadische Verteilung der Moleküle im Raum. Die molekularen Wechselwirkungen verursachen dann bei der Flüssigkeit gewisse restliche Ordnungserscheinungen im kleinen Bereich (eben die Nahordnung) und beim Gas die Korrekturen für das reale Gas. Und der Idealkristall besitzt gewisse Störungen der Fernordnung in Gestalt von Fehlbaustellen [1].

Gummielastizität[1]. Vorzugsrichtungen treten jedoch in allen Fällen bei Deformationen, in denen lineare Kettenmoleküle vorliegen, auf. Nur gleichen sich im noch fließfähigen Zustand der Hochpolymeren derartige durch Deformation erzeugte Orientierungen nach Aufhören der deformierenden Kraft wieder aus, es tritt – mehr oder weniger rasch – teilweise oder vollständige Relaxation ein. Im eingefrorenen Zustand, im Glas, können dagegen Orientierungen, durch Deformation erzeugt, zeitlich stabil bestehenbleiben. Immer aber wird das Vorliegen von Orientierungszuständen das physikalische Verhalten der Substanz ändern.

Von diesen Orientierungszuständen soll hier die Rede sein.

Ein Teil der hochpolymeren Substanzen ist partiell kristallisiert, d. h., es existieren Bereiche, in denen die Ketten streng geordnet, zu Kristalliten zusammengelagert sind. Diese Kristallite sind, da ihre Dimensionen eine gewisse Größe praktisch nicht überschreiten, durch Gebiete miteinander verbunden, in denen geringe Ordnung herrscht. Man spricht in vereinfachender Weise von „amorphen" Zwischengebieten.

Bisher hat man sich diese Kristallite so vorgestellt, daß das einzelne Kettenmolekül nacheinander mehrere Kristallitbereiche und „amorphe" Bereiche durchläuft [7]. Für Cellulose z. B. wurden Modelle vorgeschlagen, in denen sich das Kristallisierte und das Amorphe nur wenig durch unterschiedlich gute Parallelisierung und etwas dichtere Lagerung der Ketten unterscheiden [8]. Neuerdings wurde nachgewiesen, daß Fadenmoleküle eine Tendenz haben, sich mit konstanter Länge zu falten [9]. Das ergibt einen anderen Typ des Aufbaus partiellkristalliner Hochpolymerer, es erklärt auch die Sphärolithbildung. Und man neigt nun heute mehr zu der Vorstellung, daß ein Hochpolymeres im Prinzip durchweg kristallisiert ist, nur – im Gegensatz zum Niedermolekularen oder Metall – mit extrem vielen Fehlbaustellen, deren Konzentration örtlich stark schwankt (Parakristallinität) [10]. Tatsächlich werden alle genannten Anordnungsmöglichkeiten vorkommen, mehr oder weniger gut realisiert, und vermutlich sogar beim gleichen Material, je nach der Behandlung (Vorgeschichte) [11].

Bei einer Deformation werden nun sowohl die „amorphen Zwischengebiete" als auch „die Kristallite" selbst eine statistische Ausrichtung erfahren. Dabei können wegen der verschiedenartigen Gestalt der kristallinen Bereiche ziemlich komplizierte Ordnungszustände auftreten. Diese Ordnungszustände und ihre Wirkung auf das physikalische Verhalten sind Thema von 3.6.

Wenn man sich ein System mit einer in bezug auf Richtung und Anordnung völlig statistischen Verteilung von kristallinen Bereichen denkt, so ist bei einem kristallinen Anteil von 50 oder 60%, wie er häufig vorkommt, nämlich schon die Ordnung in den amorphen Zwischenbereichen von vornherein sicher keine rein statistische mehr [12], wie z. B. in rein amorphem Kautschuk oder auch für den amorphen Glaszustand des Polystyrols. Die Übergangsgebiete zwischen den Kristalliten stellen vielmehr ähnliche Strukturen dar, wie man sie bei rein amorphen Hochpolymeren durch Deformationen vorfindet. Daher ist es auch sinngemäß, der Betrachtung der komplizierteren Ordnungszustände der partiell-

---

[1] Daneben erfordert die Gummielastizität (rasches Zurückschnappen in die Ausgangsform) auch eine ausreichende Platzwechselhäufigkeit, d. h. eine starke thermische Bewegung, und, um bleibende Deformation zu vermeiden, netzartige Zusammenhaltsmechanismen [6].

kristallinen Hochpolymeren die Erkenntnisse über Orientierungszustände in amorphen Hochpolymeren voranzustellen.

Im gummi-elastischen Zustand bestehen die Orientierungszustände der Ketten wegen der hohen thermischen Bewegung der Segmente nur so lange, als das Material durch äußere Kräfte beansprucht wird. Das Material kehrt bei Freigabe unter Schrumpfung in den statistischen ungeordneten Ausgangszustand zurück. Im Flüssigkeitszustand (elasto-viskosen Zustand) bleiben Orientierungen sogar nur dann (stationär) erhalten, wenn das Material einer dauernden Weiterverformung unterworfen wird. Bei Aufhören der Verformung bauen sie sich durch Abgleiten und Entschlaufen der Moleküle wieder ab, bis die statistische Unordnung erreicht ist. Im Glaszustand vorhandene Orientierungen, die man entweder durch Verformung oberhalb des Erweichungsbereiches und nachträgliches Einfrieren erreicht hat oder auch mit entsprechend starken Kräften durch die sog. Kaltverformung erzeugen kann, sind dagegen zeitlich stabil[1] [13].

Viele der Untersuchungen über Orientierungszustände und deren Auswirkung auf die Eigenschaften wurden daher an Material im Glaszustand gewonnen.

Um den vollständig ungeordneten glasartigen Zustand herzustellen, muß man in erweichtem oder gequollenem Zustand ausreichende Zeit tempern und weiter durch entsprechende Maßnahmen dafür sorgen, daß beim Einfrieren oder Entquellen keinerlei Vorzugsrichtungen entstehen. Es ist nicht ganz einfach, die vollkommen statistische Unordnung zu erreichen.

Schon beim Walzen von Folien z. B. tritt der sog. Kalandereffekt auf, d. h., Unterschiede in und quer zur Walzrichtung sind nicht zu vermeiden. Auch beim Gießen von Folien aus Lösung treten sowohl durch den Eintrocknungsvorgang, als auch beim Abziehen der Folienbahnen von der Maschine auf die Rolle Orientierungseffekte auf.

Besonders stark ausgeprägte Orientierungseffekte finden sich stets in Spritzgußteilen und führen bei höheren Temperaturen bekanntlich zu unregelmäßigen Schrumpfungen, verursachen aber schon bei normalen Temperaturen gewisse innere Spannungen. Man kann diese Spannungen z. B. an Polystyrolspritzkörpern durch Betrachtung im polarisierten Licht leicht erkennen (4.11).

Abgesehen von diesen mehr oder weniger zufälligen Orientierungszuständen ist die Erzeugung von Orientierungen im Verstreckungs- oder Walzverfahren jedoch von großer technischer Wichtigkeit. Sie erfolgt sowohl durch Warm- wie durch Kaltverstreckung. Da sie die anwendungstechnischen, insbesondere die mechanischen Eigenschaften stark verbessert, zuweilen die Substanzen überhaupt erst zur technischen Anwendung ausreichend vergütet, wird dieser Orientierungsprozeß auf verschiedenste Weise vorgenommen [15] (4.5).

Es fragt sich, welche Möglichkeiten für die Beschreibung von Orientierungszuständen bestehen, in welcher Weise man die Orientierungen quantitativ erfassen kann und welche Eigenschaftsänderungen aus ihnen resultieren. Die letzteren beiden Probleme hängen grundsätzlich zusammen.

Zur Beschreibung der Ordnungszustände bedient man sich zweckmäßigerweise der Lagenkugel von POLANYI. Man ordnet dem Grundbaustein bzw. dem statistischen Fadenelement eine Richtung zu, am einfachsten die Richtung der

---

[1] Gewisse Nachstelleffekte können allerdings bei langer Lagerung auftreten, vor allem aber bei Übergang zu höheren Temperaturen (Thermofixierung) [14].

Kette im monomeren Rest. Sämtliche Richtungen denkt man sich übertragen auf eine Einheitskugel, indem man parallel zu der so definierten Richtung für jeden Grundbaustein oder für jedes statistische Fadensegment[1] im Material durch den Nullpunkt der Kugel eine Gerade legt und die Durchstoßpunkte auf der Kugel markiert (Abb. 2).

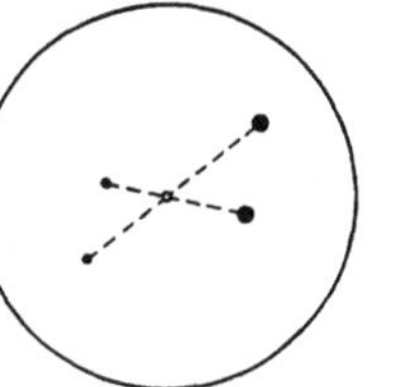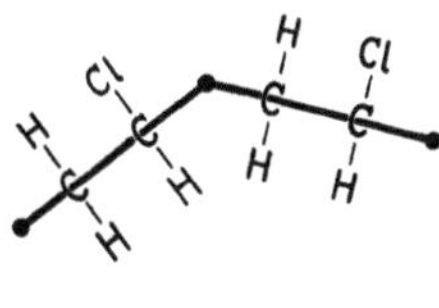

Abb. 2. Schema der Übertragung der Richtungen auf die POLANYI-Kugel

Im Fall einer vollkommen statistischen Lagerung ergibt sich eine gleichmäßige Belegungsdichte der Kugeloberfläche. Bei einer Deformation durch Zugbeanspruchung erfolgt eine bevorzugte Ausrichtung in der Richtung der Zugachse; die Belegungsdichte an den Polen steigt an, sie sinkt am Äquator (Abb. 3).

Eine solche Verteilung der Raumrichtungen wird in erster Näherung durch eine Kugelfunktion zweiter Ordnung beschrieben[2]. Während sich beim Recken in einer Richtung die axiale Ausrichtung einstellt, kann man die planare Ordnung durch Stauchen des Materials erreichen (Abb. 4). Eine solche kann aber auch

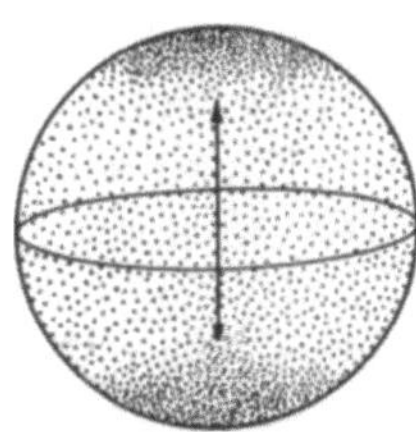

Abb. 3. Richtungsverteilung bei Streckung

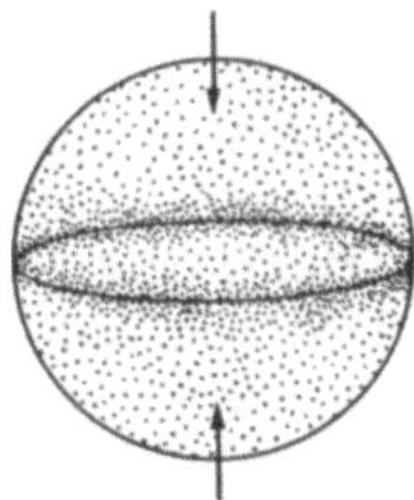

Abb. 4. Richtungsverteilung bei Pressung (Film)

auftreten, wenn ein Film durch ein gleichmäßiges Austrocknen aus einer Lösung entsteht. Ebenso ergibt sich planare Ordnung im allgemeinen bei Spreitung zu monomolekularen Filmen (6.1).

Aber auch komplizierte Ordnungstypen treten auf: Wird ein Film mit planarer Ordnung anschließend einseitig gereckt, so erhöht sich die Dichte an zwei entgegengesetzten Punkten des Äquatorringes unter gleichzeitiger Abnahme in der hierzu senkrechten Richtung (Abb. 5).

Noch kompliziertere Strukturen entstehen, wenn man einen Film nacheinander in zueinander senkrechten Richtungen mehrfach hin- und herreckt

---

[1] Man faßt zweckmäßig einige monomere Reste zu einem statistischen Fadenelement zusammen, weil dann für statistische Betrachtungen die Richtung des einen zum folgenden statistischen Fadenelement statistisch unabhängig ist. Die Länge der Fadenelemente ist also größer für steifere Ketten.

[2] Bei der Ausrichtung von Dipolen im elektrischen Feld besitzt das Grundelement Vektoreigenschaft und gibt auf der Kugel jeweils nur *einen* Durchstoßpunkt. Eine Ausrichtung in einem elektrischen Feld gibt eine bevorzugte Parallelisierung zum Feld. Dann erhöht sich die Belegungsdichte an einem Pol, während sie am entgegengesetzten sinkt. Am Äquator bleibt sie unverändert. Die erste Näherung der Beschreibung einer derartigen Raumrichtungsverteilung ist die Kugelfunktion erster Ordnung.

Die höheren Näherungen für die mechanische und dielektrische Orientierung bestehen entsprechend in Entwicklungen nach Kugelfunktionen gerader bzw. ungerader Ordnung.

(Redrawing [6]). Bei vielfachem Redrawing kann diese biaxiale Ausrichtung sehr ausgeprägt werden (Abb. 6).

Dabei ist der Winkel zwischen den beiden Häufungswerten benachbart zur letzten Streckung kleiner als derjenige quer dazu. Die häufigsten Raumrichtungen stimmen nicht mehr mit den Reckrichtungen überein und stehen auch nicht zueinander senkrecht [16].

In Erweiterung dieser Beschreibungsart wird man bei partiell-kristallinen Substanzen zwischen der Raumrichtungsverteilungsfunktion der Segmente in den amorphen Bereichen und der der charakteristischen Richtungen für die Kristallite unterscheiden. Die letztere muß noch, weil die Kristallite plättchenförmig sind, u. U. weiter in 2 Verteilungsfunktionen aufgeteilt werden (s. hierzu 3.6.2). Diese Komplikation entfällt für die Betrachtung des Amorphen.

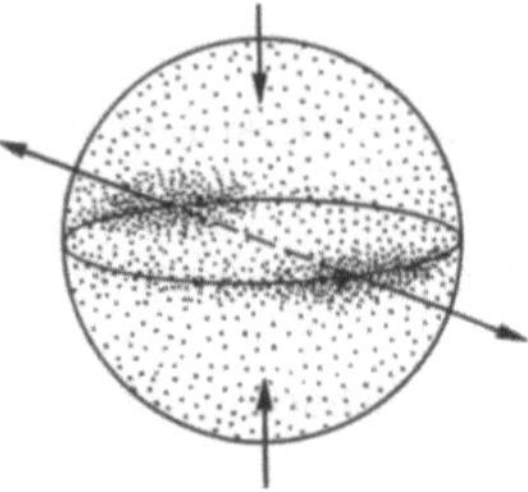

Abb. 5
Richtungsverteilung im
gereckten Film

Jedoch kann man eine andere Art von Details in den Ordnungstypen unterscheiden: Betrachtet man die Richtungsstatistik auf der POLANYIschen Lagenkugel für Teilgebiete des in Frage stehenden Materials, so können die charakteristischen Parameter (Pole und Äquator) Funktionen des Ortes im Material werden. Ein gerecktes Polystyrol (Styroflex) z. B. besitzt gemäß seinem Herstellungsverfahren, das in einem Abziehen aus einer Ringschlitzdüse unter gleichzeitiger Aufweitung besteht [17], an den Randpartien eine andere Polrichtung als in dem Mittelbereich. Der Nachweis hierzu wird später an Hand von Abb. 9 besprochen[1].

Aber noch eine andersartige Raumrichtungsverteilung ist möglich. Denkt man sich die Lagenstatistik über Gebiete mit immer kleiner werdender Segmentzahl durchgeführt, so wird mit abnehmender Gesamtzahl an statistischen Punkten die Verteilung der Punkte ausgeprägtere statistische Schwankungen gemäß der kleiner werdenden Zahl an betrachteten Elementen auf der Lagenkugel zeigen.

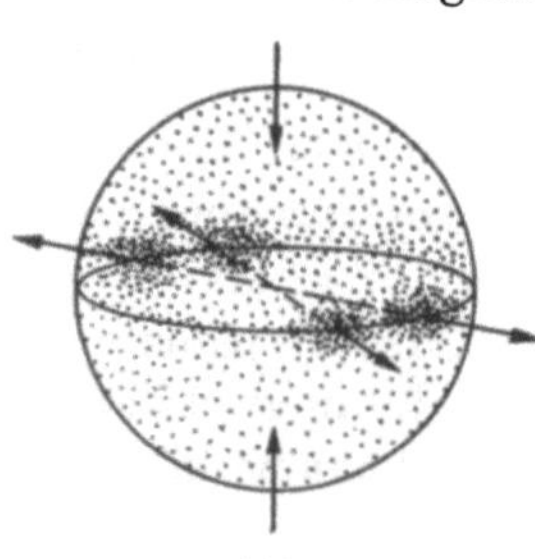

Abb. 6
Richtungsverteilung im
quergereckten Film
(Redrawing)

Im Rahmen dieser statistischen Schwankungen aber können Polrichtung und Äquator erhalten bleiben oder auch mit Verkleinerung der Segmentzahlen eine ausgeprägtere Schwankung der Polrichtungen in Erscheinung treten, obwohl bei Zusammennehmen vieler derartiger kleinerer Gesamtheiten zu einer großen wieder die ursprüngliche Statistik entsteht. Der Fall mit stärkeren Schwankungen deutet dann darauf hin, daß statistische Vorzugsorientierungen in gröberen Bereichen bestehen als im ersten Fall.

Ein anschauliches Beispiel hierfür würde ein Material darstellen, das durch Zusammenpressen von amorphen gereckten Faserschnitzeln zu einer homogenen Masse entstanden ist. Im großen kann es sogar unorientiert sein. Aber bei Betrachtung genügend kleiner Gebiete zeigen sich Vorzugsorientierungen, schwankend in der Polrichtung von Ort zu Ort, die voll ausgeprägt sind, sobald die

---

[1] Filme werden häufig gleichzeitig in die Länge und in die Breite gedehnt und besitzen dann diese Variation in der Orientierung.

betrachteten Gebiete gleich oder kleiner als die einzelnen ursprünglichen Faserstückchen werden. Noch komplizierter mag ein System von gepreßten Plättchen sich verhalten oder ein Materialstück mit einer derartigen Grobstruktur nach einer makroskopischen Deformation.

Damit wäre eine ganz allgemeine Beschreibungsmöglichkeit der Orientierungszustände gegeben, die allerdings ohne Wert ist, solange keine physikalischen Möglichkeiten zur meßtechnischen Erfassung existieren.

Die nächstliegende Methode zur quantitativen Erfassung von Ordnungszuständen scheint die Untersuchung mittels Röntgeninterferenzen zu sein. Leider ist diese für partiell-kristalline Hochpolymere so erfolgreiche Methode für amorphe Strukturen recht wenig ergiebig. Wie bei Flüssigkeiten treten in amorphen Strukturen nur verwachsene Interferenzringe auf. Diese Ringe zeigen zwar mit steigender Verstreckung schließlich Andeutungen für eine Aufspaltung in zwei Sicheln [18]. Häufig ist dies aber erst für sehr hohe Orientierungsgrade meßtechnisch erfaßbar [19]. Es kommt darauf an, ob diejenigen Atompaare, deren Verbindungslinie sich hinsichtlich der Richtung bei der Verstreckung verändert, die Streuintensität anderer Atomgruppierungen, die nicht von der Verstreckung beeinflußt werden (z. B. an Seitenketten) wesentlich überwiegt. Beim ataktischen Polystyrol mit den seitständigen Benzolringen sind etwaige Effekte der Ketten-C-Atome durch die C-Atome des Ringes so verdeckt, daß erst bei extremen Streckungsgraden merkbare Sichelaufspaltung entsteht [19].

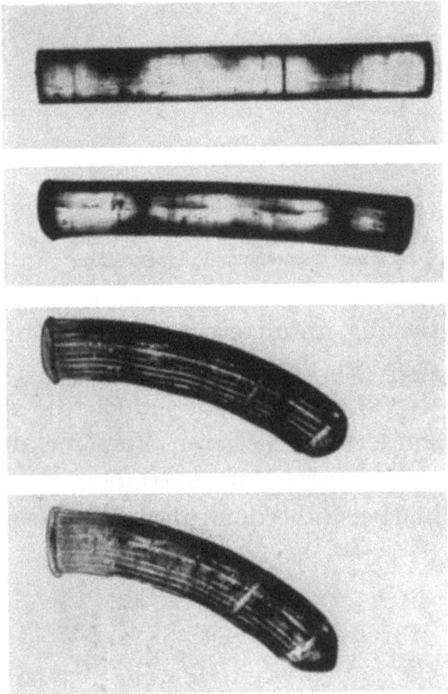

Beim Polyvinylchlorid z. B. liegen die interferierenden besonders stark streuenden Atompaare, die Chloratome, so, daß sie bei voller Ausstreckung zu einem Vierpunktediagramm statt zu einfachen Sicheln führen und damit ein komplizierteres Streubild liefern, das schon einem kristallinen Interferenzbild ähnelt [20] (Auch bei Polyäthylen bekannt).

Abb. 7. Schrumpfung eines extrudierten Polystyrolstabes bei Tempern, oben Ausgangszustand, nach unten folgend verschieden langes Tempern

Jedoch gibt es andere, empfindlichere Methoden zur Ausmessung von statistischen Orientierungen. Das eine Verfahren, das allerdings nicht zerstörungsfrei arbeitet und mehr qualitative Aussagen erlaubt, beruht auf der Tatsache, daß jede Orientierung einer eingefrorenen Spannung entspricht. Werden eingefrorene Orientierungszustände durch entsprechende Temperung oder eventuell auch durch Quellung entspannt, so ergeben sich makroskopische Dimensionsänderungen [13] der Proben (Abb. 7).

Zum Beispiel kann man auf Grund aufgezeichneter Kreise mit derartiger thermischer Schrumpfung leicht die planare Ordnung eines aus Lösung gegossenen Filmes nachweisen: Der Kreis bleibt ein Kreis und wird nur kleiner (Abb. 8).

Bei einer gereckten Folie deformiert sich ein aufgezeichneter Kreis zu einer Ellipse, wobei der kleine Halbmesser die Hauptreckrichtung anzeigt. Die Verringerung der Fläche von Kreis zu Ellipse ist ein genähertes Maß für die Änderung der Foliendicke bei der Schrumpfung. Für den oben schon erwähnten Fall des Styroflexes mit variierender mittlerer Dehnungsrichtung durch gleichzeitiges Abziehen und seitliches Verstrecken der Bahn ergibt sich das untere Bild (Abb. 9).

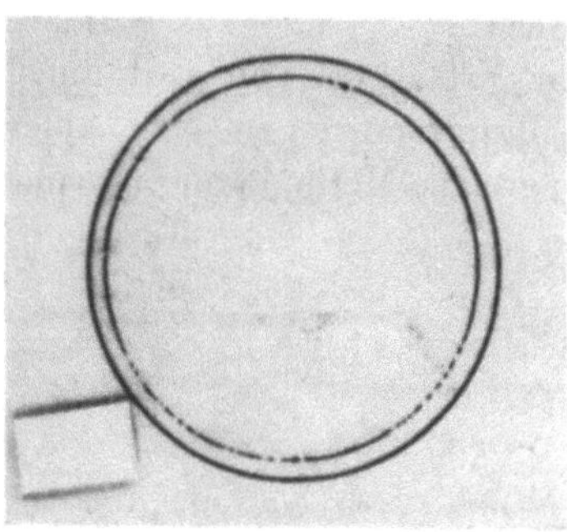

Abb. 8. Schrumpfung eines Kreises auf einer gegossenen Polystyrolfolie

Auch die ungleichmäßige Quellung in verschiedene Richtungen, die sog. Quellungsanisotropie, gestattet gewisse Schlüsse auf Orientierung [22]. Jedoch ist dieses Phänomen komplizierter. Es erweist sich der erreichte Orientierungszustand einer Probe verschieden, wenn das gequollene Gel gestreckt und dann entquollen wird oder wenn es zunächst entquollen und dann um den gleichen Betrag gestreckt wird.

Im kautschuk-elastischen und im flüssigen Zustand ist ein ungefähres Maß für die Orientierung unmittelbar aus der Zugspannung zu entnehmen. Gerade für den hochviskosen flüssigen Zustand ist diese Feststellung von Wert. Für exakte Auswertung muß man jedoch die Abweichungen vom HOOKEschen Gesetz, die besonders bei höheren Verstreckungsgraden, in manchen Fällen aber auch schon bei kleinen Deformationen, eine Rolle spielen, kennen. Sicher sein muß man hierbei außerdem, daß für die elastische Rückstellkraft keine eneergielastischen Effekte mitwirken bzw. die relativen Beträge entropie- zu energie-elastisch konstant bleiben [23].

Der dritte und meßtechnisch empfindlichste Weg verwendet die Tatsache, daß Orientierung praktisch stets mit Doppelbrechung verknüpft

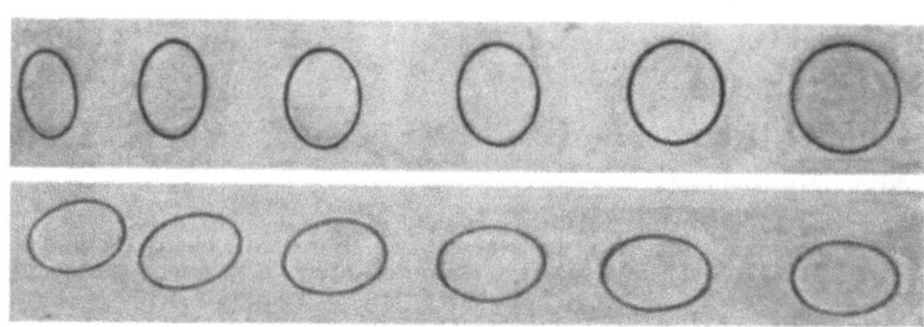

Abb. 9. Oben: Schrumpfung eines Kreises auf einer einseitig gereckten Polystyrolfolie mit steigender Temperzeit. Unten: Die Schrumpfung von Kreisen auf der halben Folienbahn mit Änderung der Achsenrichtung (gleiche Temperzeit)

ist [24]. Die Größe der Doppelbrechung hängt allerdings von der Struktur der untersuchten Substanz ab. Die Doppelbrechung kann sowohl negativ wie positiv sein, sie kann auch für praktische Anwendung des Verfahrens, trotz der hohen Empfindlichkeit der Messung der Doppelbrechung, zu gering sein. Es kommt auf die Größe der optischen Anisotropie der Polarisierbarkeit des monomeren Grundbausteines und für das Vorzeichen auf die Orientierung des Anisotropietensors zu der Richtung der Kette an. (Näheres in 4.11).

Aber auch hier treten für quantitative Auswertung Grenzen auf. Nur die auf Orientierung beruhende Doppelbrechung ist ein Maß der Ordnung. So muß der aus der energie-elastischen Rückstellkraft resultierende Anteil der Doppelbrechung, die sog. Spannungsdoppelbrechung nach BREWSTER [25], berücksichtigt werden. Das ist nicht immer, vor allem in der Nähe des Erweichungsbereiches, eindeutig durchführbar [26]. Zweitens kann man für eine quantitative Formulierung nicht den z. B. aus KERR-Effektsmessungen ermittelten Polarisierbarkeitstensor für das Monomere einsetzen, da in einer kompakten Substanz die Frage

des inneren Feldes für die Doppelbrechung eine sehr empfindliche Rolle spielt. So sind die Anisotropietensoren für Nitrobenzol, Chloroform usw. aus Messung als Gas andere als die in Lösung ermittelten Polarisierbarkeitstensoren. Letztere hängen sogar noch vom Lösungsmittel ab und verändern sich wesentlich beim Übergang zur reinen Flüssigkeit [27]. Weiter wird für

Abb. 10. Aufsplittern eines hochorientierten Polystyrolstabes

besonders hohe Orientierungszustände das innere Feld schließlich anisotrop, so daß exakte Formeln überhaupt nicht mehr angeschrieben werden können. Aus dem gleichen Grund geben Doppelbrechungsmessungen bei partiell kristallinen Substanzen kaum mehr als qualitative Aussagen [27a] (Kap. 4.11).

Eine neue ausgezeichnete Studie über die Zusammenhänge von Doppelbrechung und Orientierung an einem speziellen Material (SUPROTHERM) gibt W. J. SCHMIDT [27b].

Immerhin ist eine Regel, die sich theoretisch begründen und experimentell bestätigen ließ, sehr nützlich: Die Doppelbrechung ist in weitem Bereich streng proportional zur eingefrorenen bzw. gummi-elastischen Rückstellspannung [28].

Zusammenhänge bestehen naturgemäß auch

Abb. 11. Splittern von Kautschuk beim Zerschlagen im eingefrorenen Zustand (oben: ungedehnt, unten: gedehnt)

zwischen Orientierung und mechanischer Festigkeit. In einem axial verstreckten System wird der Elastizitätsmodul, und damit auch die Schallgeschwindigkeit [29], bei Beanspruchung in Richtung der Ketten größer sein als senkrecht dazu. Im ersten Fall müssen Valenzabstände stärker beansprucht werden, im letzteren Fall die wesentlich weicheren zwischenmolekularen Zusammenhaltsmechanismen zwischen den Ketten.

Das gilt ebenso für die mittleren Zerreißfestigkeiten und Zerreißenergien. Ein gestrecktes Material ist in seiner Dehnungsrichtung stark verfestigt. Gegenüber einer Biegung verhält es sich weicher, es ist flexibel. Man darf jedoch die Verstreckung, d. h. die Orientierung, nicht zu stark erhöhen, weil dann der Querzusammenhang offensichtlich so weit geschwächt wird, daß ein Auffasern erfolgt. Man kennt diese Erscheinung sehr gut bei zu stark gerecktem Polystyrol [13], bei Polymethacrylat [30] und bei Polymonochlortrifluoräthylen [31]. Hochgereckte Bänder können beim bloßen Biegen schon aufsplittern (Abb. 10).

Sehr lang bekannt ist diese Erscheinung an Kautschuk [32]. Während unverstreckt in flüssiger Luft eingefrorener Kautschuk beim Zerschlagen den für das Glas typischen muschligen Bruch zeigt, ergibt sich bei eingefrorenem hochgedehntem Kautschuk durch Zerschlagen eine faserige Struktur[1] (Abb. 11).

Die Orientierung kann sich bei geeignetem Folienmaterial außerdem deutlich bemerkbar machen in einem verschiedenen Widerstand gegen Zerschneiden mit einer Schere: Senkrecht zur Reckrichtung muß man gleichsam mehr Hauptvalenzen der Makromoleküle zerteilen als beim Schneiden parallel zur Reckrichtung. (Deutlich zu bemerken am LUVITHERM, einem hochgereckten Polyvinylchlorid

Die meßtechnische Erfassung und die Eigenschaftsänderungen des Materials sind, wie voranstehende Ausführungen zeigen, engstens miteinander verkoppelt. Es wird aber gleichzeitig deutlich, wie wesentlich eine Diskussion der möglichen Orientierungszustände in hochpolymeren Materialien für die Praxis ist.

Literatur

[1] EUCKEN, A.: Lehrbuch der Chemischen Physik, Bd. II, 2, 3. Aufl. Leipzig: Akad. Verlagsges. Geest & Portig 1949.

[2] DEBYE, P., u. H. MENKE: Fortschritte der Technischen Röntgenkunde, Bd. 2. Leipzig: Akad. Verlagsges. Geest & Portig 1931.

[3] BERNAL, J. D., u. R. FOWLER: J. chem. Physics 1 (1933) S. 515, für Äthylalkohol: W. H. ZACHARIASEN: J. chem. Physics 3 (1935) S. 158 und neuerdings W. KAST u. A. PRIETZSCHK: Z. Elektrochem. 47 (1941) S. 112.

[4] STEWART, G. W.: Cybotaktische Strukturen. Kolloid-Z. 67 (1934) S. 130.

[5] MÜLLER, F. H.: Phys. Z. 38 (1937) S. 498, darin die Messungen von P. EVERSHEIM: Ann. Phys. 8 (1902) S. 589 im kritischen Gebiet.

[6] MÜLLER, F. H.: Kolloid-Z. 123 (1951) S. 65 — Phys. Bl. 9 (1953) S. 154 u. 199.

[7] GERNGROSS, O., K. HERRMANN u. W. ABITZ: Z. phys. Chem. B 10 (1930) S. 371.

[8] Siehe z. B. K. H. MEYER u. H. MARK: Makromolekulare Chemie, S. 381. Leipzig: 1950.

[9] TILL, P. H.: J. Polymer Sci. 24 (1957) S. 301. — A. KELLER: Phil. Mag. 2 (1957) S. 1171. — E. W. FISCHER: Z. Naturforschung 12a (1957) S. 753. — H. A. STUART: Kolloid-Z. 165 (1959) S. 1.

[10] HOSEMANN, R.: Z. Elektrochem. 53 (1949) S. 331; 54 (1950) S. 23 — Z. Phys. 128 (1950) S. 1.

[11] 3. Marburger Diskussionstagung 1958: Eigenschaften und Vorgeschichte von Hochpolymeren. Kolloid-Z. 165 (1959).

[12] SCHMIEDER, K., u. K. WOLF: Kolloid-Z. 134 (1953) S. 149, s. auch Zit. [6].

[13] MÜLLER, F. H.: Kolloid-Z. 95 (1941) S. 138 u. 306.

[14] Neuere Arbeiten hierüber von W. WELTZIEN, Textilforschungsanstalt Krefeld, insbesondere die Dissertation von SPEIER und WIMMERS, TH Aachen 1958.

---

[1] Dieses faserige Aufsplittern kann übrigens technisch auch erwünscht sein. So werden z. B. die Borsten von Kunstfaserpinseln und Besen durch entsprechendes Schlagen an ihren Enden zu kleinen sekundären Pinselstrukturen aufgesplittert.

[*15*] Zusammenfassend s. F. H. Müller: Kunststoffe 44 (1954) S. 569; 49 (1959) H. 2.

[*16*] Jäckel, K., u. F. H. Müller: Kolloid-Z. 142 (1955) S. 27. — H. U. Lenné: Kolloid-Z. 137 (1954) S. 130.

[*17*] Horn, H.: Kunststoffe 39 (1949) S. 53.

[*18*] Beispiele s. K. H. Meyer u. H. Mark: Der Aufbau der hochpolymeren organischen Naturstoffe. Leipzig: Akad. Verlagsges. Geest & Portig 1930.

[*19*] Hünemörder, R.: Kautschuk 3 (1927) S. 106.

[*20*] Günther, F.: Unveröffentlichte Arbeit.

[*22*] Hermans, P. H.: Physics and Chemistry of Cellulose Fibres. New York/Amsterdam/London/Brüssel: Elsevier Publ. Comp. Inc. 1949.

[*23*] Folgt aus der statistisch thermodynamischen Theorie der Gummielastizität, s. Arbeiten von W. Kuhn (vgl. 3.3).

[*24*] Fischer, E., u. F. H. Müller: Europ. Fernsprechdienst (1938) H. 45.

[*25*] Vergleiche hierzu als Anwendung Spannungsdoppelbrechung, L. Föppl u. H. Neuber: Festigkeitslehre mittels Spannungsdoppelbrechung. München/Berlin: Oldenbourg 1935.

[*26*] Thiessen, P. A., u. W. Wittstadt: Z. phys. Chem. B 41 (1938) S. 33. Auch Kristallisation bei Dehnung bringt Schwierigkeiten für quantitative Auswertung mit sich.

[*27*] Otterbein, G.: Phys. Z. 35 (1934) S. 6.

[*27 a*] Werner E.: Dissertation TH Aachen 1960.

[*27 b*] Ergänzung zu Zit. [*16*], W. J. Schmidt: Kolloid-Z. 144 (1955) S. 3.

[*28*] Siehe Zit. [*13*], ferner W. Kuhn u. H. Grün: Kolloid-Z. 207 (1942) S. 248. — J. J. Hermans: Kolloid-Z. 103 (1943) S. 3.

[*29*] Müller, F. H., u. W. Dick: Kolloid-Z. 166 (1959) S. 113 — Diplomarbeit W. Dick: Marburg 1955.

[*30*] Krekeler, K., u. H. Peukert: Forschungsber. Wirtsch.- u. Verkehrsmin. Nordrhein-Westfalen, H. 135 (1955).

[*31*] Eigene unveröffentlichte Versuche.

[*32*] Hock, L., u. S. K. Memmler: Handbuch der Kautschukwissenschaft. Leipzig: Hirzel 1930.

3.6 Orientierungszustände in kristallisierenden Hochpolymeren

Von **W. Kast**, Freiburg i. Br.

3.6.1 Einleitung

Die Parallelorientierung der Kettenmoleküle eines hochpolymeren Stoffes führt – im festen Zustande nach Aufreißung störender Haftpunkte am Yield-Punkt – zur Bildung von Haftpunkten zwischen den Molekülketten in paralleler Lage und damit zur Verfestigung. Darin liegt die Bedeutung der Streckung und Orientierung bei der Herstellung hochpolymerer Fasern und Filme.

In amorphen Stoffen bezieht sich der Begriff „Orientierung" auf die Parallelordnung der Molekülsegmente, da die Kettenmoleküle nicht völlig ausgestreckt werden. Ihr Betrag kann durch die optische Doppelbrechung gemessen werden. Unter Umständen, z. B. bei Kautschuk, führt die Annäherung paralleler Kettenteile zu einer reversiblen Kristallisation. Kristallite treten daher nur in paralleler Lage zur Streckrichtung auf; die nicht vollkommen orientierte Substanz bleibt amorph. In diesem Falle können die abnehmende Intensität des amorphen Halos des Röntgendiagramms oder die zunehmende Intensität der Kristallinterferenzen ein Maß für die erreichte Orientierung abgeben.

Bei kristallisierenden Hochpolymeren liegen bereits im nichtorientierten Zustande Kristallite vor, deren Hauptachsen gleichmäßig über alle Richtungen verteilt sind. Sie werden durch amorphe Gebiete, in denen die Ketten verknäuelt und miteinander verschlauft sind, zu einem Netzwerk verknüpft. Der Vorgang der Orientierung besteht auch hier in der Streckung der amorphen Gebiete (in seltenen Fällen unter Nachkristallisation), doch führt er jetzt zugleich zur Eindrehung der Kristallite mit ihren Hauptachsen in die Dehnungsrichtung, unter Umständen auch zur Zerstörung der Kristallite und ihrer Neubildung in paralleler Lage.

Die bei den kristallisierenden Hochpolymeren bevorzugt angewendete röntgenographische Orientierungsmessung kann, soweit sie die sichelförmige Aufspaltung der Interferenzkreise benutzt, nur den zweiten Vorgang der Orientierung der Kristallite erfassen. Unter Auswertung der diffusen Untergrundstreuung konnte

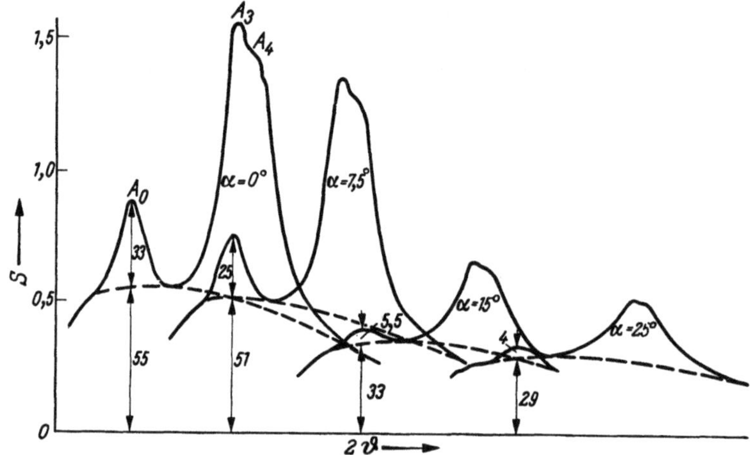

Abb. 1. Radiale Schwärzungskurven für verschiedene Azimutwinkel aus dem Faserdiagramm einer Chemiekupferseide (nach KAST und PRIETZSCHK)

später aber auch der Vorgang der Streckung der Ketten in den nichtkristallinen Gebieten fast gleichzeitig von KAST und PRIETZSCHK [1] an nach dem Kupferverfahren gewonnenen Cellulosegeneratfäden und von MACGILLAVRY [2] an gestreckten Polyvinylalkoholfäden röntgenographisch nachgewiesen werden.

Die in Abb. 1 wiedergegebenen radialen Schwärzungskurven eines Röntgendiagramms von Chemiekupferseide lassen die parallel laufende Orientierung der Hauptachsen der Kristallite und der Moleküle der amorphen Gebiete an der gleichzeitigen Abnahme der Intensitäten der Kristallreflexe und des von der Streuung der nichtkristallinen Gebiete herrührenden Untergrundes mit wachsendem Azimutwinkel erkennen.

Die Messung der Orientierung in einem kristallisierenden Hochpolymeren wird dadurch erschwert, daß der Streckvorgang und mit ihm der Vorgang der Orientierung je nach der Art der Verknüpfung der Molekülketten, also je nach dem Quellungszustand, der Einfriertemperatur und der Ausbildung von Gleitebenen, in den amorphen und den kristallinen Gebieten ganz verschieden verlaufen kann. Unter Orientierung hat man strenggenommen den Durchschnittswert der Ausrichtung aller Molekülketten bzw. Molekülsegmente zu verstehen, ob sie nun den kristallinen oder den nichtkristallinen Gebieten angehören. Einen solchen Durchschnittswert liefert wieder die Messung der optischen Doppelbrechung. Zwar können absolute Werte nicht ohne weiteres angegeben werden, weil eine Faser mit vollkommener Orientierung strenggenommen nicht existiert; doch konnte HERMANS [3] einen Weg dazu zeigen. Der so gemessene Orientierungsfaktor

$$f_0 = \frac{n_{||} - n_\perp}{(n_{||} - u_\perp)_{\text{ideal}}}$$

bleibt bei Cellulosefasern hinter dem röntgenographisch bestimmten Orientierungsfaktor f_x zurück, den gleichfalls HERMANS [3] eingeführt hat (s. unten). Die kristallinen Gebiete eilen mit ihrer Orientierung den nichtkristallinen Gebieten also voraus (Abb. 2). Doch ist der Unterschied nicht sehr erheblich: einem Orientierungsgrad $f_x = 60\%$ der Kristallite entspricht beispielsweise eine mittlere Orientierung $f_0 = 50\%$ der Faser. Das bedeutet bei dem für Cellulosefäden ziemlich einheitlichen kristallinen Anteil von 40% einen Orientierungsfaktor der nichtkristallinen Gebiete $f_{am} = 43\%$.

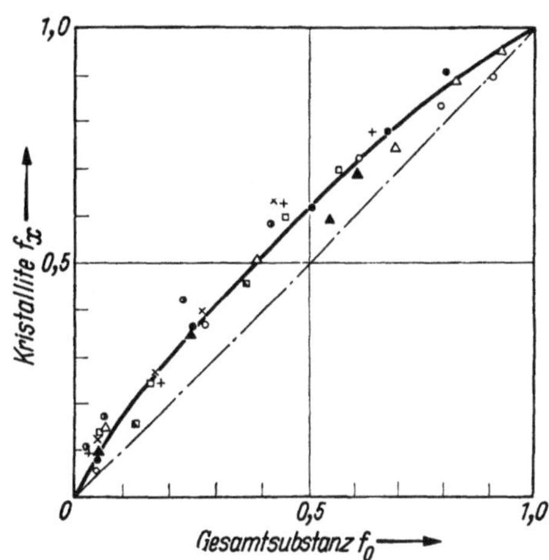

Abb. 2. Orientierungsfaktoren für Cellulosefäden (f_x röntgenographisch und f_0 optisch) (nach HERMANS und Mitarbeitern)

Eines aber leistet die röntgenographische Methode der Orientierungsmessung allein: Den Nachweis nämlich, daß die Orientierung der einzelnen Kristallitflächen bzw. Netzebenen bei gleichem Grade der Orientierung ihrer Hauptachsen u. U. sehr verschieden weit fortgeschritten sein kann. Dadurch können bei gleichen Quantitäten der (Achsen-) Orientierung noch verschiedene „*Orientierungszustände*" (Qualitäten) unterschieden werden. Und es hat sich gezeigt [1, 5, 6, 7], daß häufig erst durch die Berücksichtigung dieser Unterschiede mit Hilfe „vollständiger" Orientierungsmessungen eine klare Verknüpfung der Orientierungsdaten und der Eigenschaften von Fasern und Filmen erreicht werden kann.

3.6.2 Übersicht über die verschiedenen Orientierungszustände

Den Ausgangspunkt dieser Betrachtungen bildet naturgemäß der Zustand fehlender Orientierung, in dem die Hauptachsen und sämtliche Flächennormalen der Kristallite über alle Raumrichtungen gleichmäßig verteilt sind (*random orientation* [a]).

Es folgen Orientierungen, die nur die Hauptachsen der Kristallite (Molekülachsen) betreffen. Hierhin gehören die *uniaxiale Orientierung* der Fasern [b] und die *uniplanare Orientierung* der Filme [e]. Dabei sind die Hauptachsen der Kristallite im ersten Fall bevorzugt parallel zur Faserachse, im zweiten Falle parallel zur Filmebene angeordnet. In beiden Fällen aber besteht eine willkürliche Verdrehung der Kristallite um ihre Hauptachsen, so daß diese Orientierungszustände durch einen einzigen Parameter beschrieben werden können, der die Schärfe der Richtungsverteilung der Kristallitachsen um die Vorzugsrichtungen der Faserachse bzw. Filmebene charakterisiert.

Ist diese willkürliche Verdrehung aber aufgehoben, wird außer der Kristallithauptachse also auch eine paratrope Kristallfläche parallel zu den Vorzugsrichtungen gestellt, so erhält man Faserstrukturen, die KRATKY [8] „partielle" Faserstrukturen [c] nennt, weil in ihnen nur ein Teil der bei einer „vollständigen" Faserstruktur durch Rotation der Kristallite um ihre Hauptachsen erzeugten Lagen realisiert ist. Die entsprechenden planaren Strukturen, bei denen außer den Hauptachsen eine bevorzugte paratrope Kristallfläche parallel zur Filmoberfläche gestellt ist, werden als „selektive" uniplanare Orientierungen [f] bezeichnet. Im Gegensatz zu diesen planaren Orientierungen, bei denen, wenn die Voraussetzung nichtzylindrischer Kristallitformen gegeben ist, mit zunehmender Achsenorientierung im allgemeinen auch die Selektivität zunimmt, finden sich die partiellen axialen Strukturen meist gerade am Anfang des Orientierungsvorganges, indem die bevorzugten Kristallitflächen (Gleitflächen, Spaltflächen, Blättchenflächen) eher als die Hauptachsen parallel zur Faserachse gestellt werden.

Zur vollständigen Beschreibung der Orientierungszustände [c und f] sind offenbar zwei Parameter notwendig, von denen der eine (wie oben bei [b und e]) die Schärfe der Richtungsverteilung der Kristallithauptachsen, die „Achsenorientierung", angibt, während der andere die „Blättchenorientierung" durch die Schärfe der Richtungsverteilung der Blättchennormalen um den Faserradius bzw. um die Senkrechte auf der Filmebene mißt oder den „Blättcheneffekt" durch die Angabe der Bevorzugung der Parallelstellung der Blättchenflächen vor der der anderen paratropen Kristallitflächen beschreibt.

Als Sonderfall der axialen Orientierung tritt häufig auch eine Spiralfaserstruktur [d] auf, bei der – vielfach unter einem gleichzeitigen Blättcheneffekt, durch den sich wieder die partielle Spiralfaserstruktur von der vollständigen unterscheidet – die Kristallitachsen bevorzugt nicht zur Faserachse selbst, sondern zu einer dagegen um einen bestimmten Winkel geneigten Richtung parallel gestellt sind. In diesem Falle ist neben der Schärfe der Richtungsverteilung der Hauptachsen als zweiter Orientierungsparameter die Richtung des Maximums dieser Richtungsverteilung anzugeben und als dritter Parameter gegebenenfalls noch eine den Blättcheneffekt charakterisierende Größe.

Gleichfalls der Angabe dreier Orientierungsparameter bedarf auch die höhere Faser- oder Folienstruktur [g], die durch Kombination einer uniaxialen Faserstruktur und einer selektiv-uniplanaren Filmstruktur, also durch Walzen oder Schlagen einer entsprechenden Faser oder durch Strecken eines solchen Filmes, erhalten werden kann. Hier sind die Schwankungen der Kristallithauptachsen um die Faser- oder Streckrichtung einschließlich ihrer Abweichungen von der Rotationssymmetrie sowie die Schwankungen der Normalen auf den Blättchenflächen um die Normale auf der Walz- bzw. Filmebene anzugeben. Biaxial wird eine solche Struktur erst bei ideal vollkommener Ausbildung.

3.6.3 Qualitative und quantitative Bestimmung der einzelnen Orientierungszustände

Um die Aussage der Röntgendiagramme, die die verschiedenen Orientierungszustände bei Durchstrahlung in den drei Koordinatenrichtungen liefern, nach Möglichkeit zu veranschaulichen, wird ihr Zusammenhang mit der Verteilung

der Repräsentationspunkte der Netzebenen der kristallinen Gebiete auf der
Lagenkugel benutzt werden. Diese Lagenkugel wird nach POLANYI [9] in der
Weise konstruiert, daß man um den Polykristall eine Kugel schlägt und von
ihrem Mittelpunkt aus auf die zur Betrachtung stehende Netzebene in allen
Kristalliten die Lote fällt. Die Durchstoßpunkte dieser Netzebenennormalen auf
der Kugeloberfläche bilden dann deren Repräsentationspunkte und spiegeln in
ihrer Gesamtheit die Lagenmannigfaltigkeit der betreffenden Netzebene in dem
polykristallinen Material wider. Man sieht dann leicht, daß der azimutale Intensitätsverlauf der Interferenzkreise, die auf einem hinter dem Präparat normal
zum Primärstrahl aufgestellten Röntgenfilm erhalten werden, in einfachem

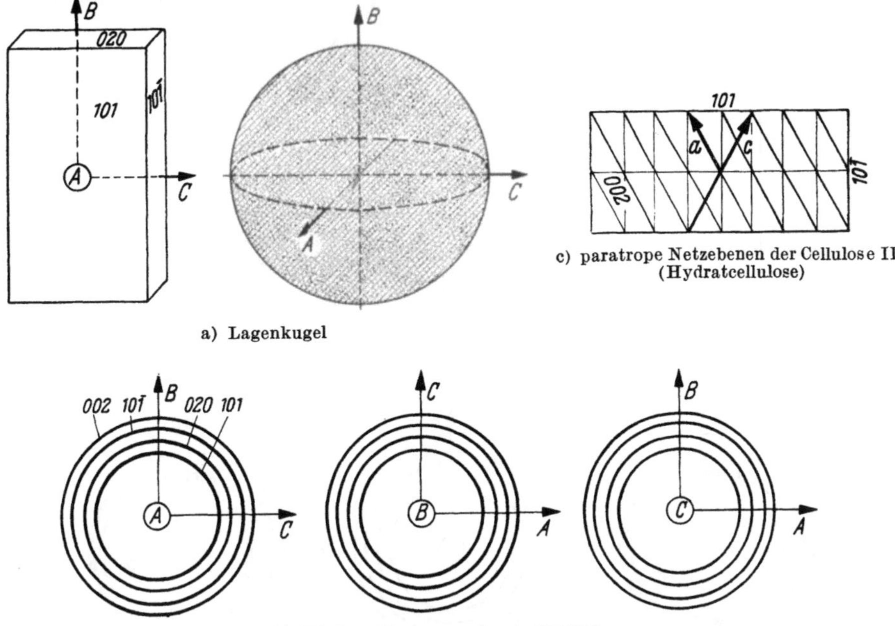

Abb. 3. Schematische Darstellung der Rundumverteilung

Zusammenhang mit der Verteilung der Repräsentationspunkte der zugehörigen
Netzebenen auf dem durch die Richtung des Primärstrahles bestimmten Haupt-
kreis der Lagenkugel steht. (Für Einzelheiten wird auf die Zusammenfassung
von KRATKY [8] in Band III der „Physik der Hochpolymeren" von STUART
verwiesen, vgl. auch diesen Band, 4.14.) Die Darstellung kann so im Anschluß
an SISSON [10] charakteristische paratrope und diatrope, d. h. parallel bzw. senkrecht zu den Molekülachsen verlaufende Netzebenen der kristallinen Gebiete der
Hochpolymeren benutzen, um sowohl in Cellulose, an der diese Zusammenhänge
erarbeitet wurden, als auch in synthetischen Hochpolymeren die verschiedenen
Orientierungszustände zu erfassen.

a) Fehlende Orientierung (Random orientation). Entsprechend der gleichmäßigen Verteilung der Kristallithauptachsen auf alle Richtungen des Raumes
wird die Lagenkugel von den Repräsentationspunkten der paratropen wie der
diatropen Netzebenen gleichmäßig erfüllt (Abb. 3a). Daher sind alle Inter-

ferenzringe bei beliebiger Aufnahmerichtung ringsherum gleichmäßig geschwärzt (Abb. 3b). Eine vollkommene Rundumverteilung wird erhalten, wenn bei der Herstellung einer Faser oder eines Filmes keinerlei äußere Zug- oder Druckkräfte ausgeübt werden, und wenn insbesondere auch beim Trocknen oder Abkühlen die Schrumpfung in allen Richtungen frei und gleichmäßig erfolgen kann.

b) Die vollständige Faserstruktur (uniaxiale Orientierung). Bei der *vollständigen Faserstruktur* mit ihrer Parallelstellung der Hauptachsen der Kristallite zur Faserachse besetzen die Repräsentationspunkte der diatropen Netzebenen auf der Lagenkugel nur die Umgebung der beiden Pole, die der paratropen Ebenen einen Gürtel zu beiden Seiten des Äquators (Abb. 4a). Diese Gebiete sind um so ausgedehnter, je niedriger der Grad der Orientierung ist, während umgekehrt bei

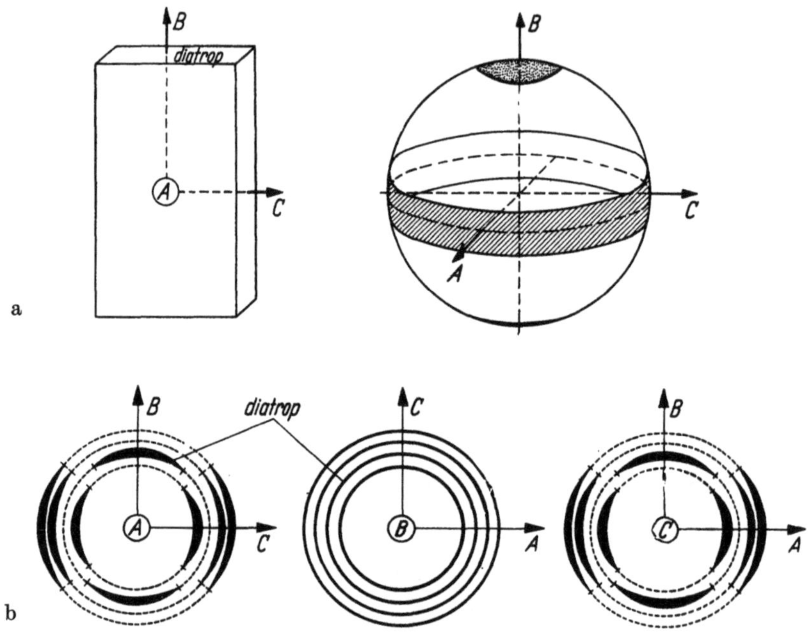

Abb. 4. Schematische Darstellung der uniaxialen Orientierung
a) Lagenkugel; b) Röntgendiagramme (nach SISSON)

idealer Faserstruktur die Repräsentationspunkte der diatropen Flächen mit dem Zenith- und dem Nadirpunkt, die der paratropen Flächen mit der Linie des Äquators zusammenfallen. Die Röntgendiagramme zeigen daher bei senkrechter Durchstrahlung je nach dem Orientierungsgrad längere oder kürzere Sicheln, deren Schwerpunkte für die diatropen Reflexe auf dem Meridian, für die paratropen auf dem Äquator der Diagramme liegen. Bei Durchstrahlung in Richtung der Faserachse werden die paratropen und die diatropen Reflexe in Form ringsherum gleichmäßig geschwärzter Ringe erhalten (Abb. 4b).

Wegen der gleichmäßigen Realisierung aller Kristallitlagen, die durch Rotation um ihre Hauptachsen erhalten werden können, ist die vollständige Faserstruktur durch übereinstimmende Schwärzungsverteilungen längs der Sicheln aller Äquatorreflexe charakterisiert. Dadurch existiert eine Korrelation zwischen den Richtungsverteilungen der Hauptachsen und der Normalen einer beliebigen paratropen Fläche der Kristallite: Das Schwankungsquadrat $\overline{\sin^2\varrho}$ der Hauptachsen um die Faserachse ist in diesem Falle doppelt so groß wie das Schwankungsquadrat $\overline{\sin^2 a}$ der Normalen einer paratropen Fläche um den Faserradius. Infolgedessen kann die azimutale Schwärzungsverteilung $F(a)$ eines Äquatorreflexes ein Maß für die Achsenorientierung liefern, angenähert schon ihrer Halbbreite nach (KKATKY [12]), durch Angabe der Schwankungsgröße

$$\overline{\sin^2\alpha} = \frac{\int\limits_0^{\pi/2} F(\alpha)\,\sin^2\alpha\,\cos\alpha\,d\alpha}{\int\limits_0^{\pi/2} F(\alpha)\,\cos\alpha\,d\alpha}$$

und des daraus gewonnenen röntgenographischen Orientierungsfaktors

$$f_x = 1 - 3\,\overline{\sin^2\alpha}\,,$$

der für idealvollkommene Orientierung $(\overline{\sin^2 a} = 0)$ Eins und für statistische Rundumverteilung $(\overline{\sin^2 a} = 1/3)$ Null wird, aber auch quantitativ (HERMANS [3,4]).

Die uniaxiale Orientierung ist der gewöhnliche Orientierungstyp der natürlichen und synthetischen Fasern. Er ist gemeint, wenn man schlechthin von „Orientierung" spricht, und entsteht, wenn eine Faser oder ein Film gedehnt werden – sei es durch äußere Kräfte (Streckung oder Ziehen durch Düsen) oder durch innere Kräfte, wie sie beim Trocknen unter Spannung durch die verhinderte Schrumpfung entstehen – und wenn sie verhindert werden, zu relaxieren. Besonders hohe Orientierungsgrade werden bei chemischen Umsetzungen von Cellulosefasern unter Spannung erhalten, so beim Merzerisieren nativer oder künstlicher Cellulosefasern oder beim Verseifen von Celluloseacetatfäden. Auch die Kaltverstreckung von synthetischen Fasern führt, der starken Verformung unter innerem Abgleiten der Rostebenen entsprechend, zu hohen Orientierungsgraden.

Während man aber die Änderung berechnen kann (KUHN und GRÜN [11]), die die Richtungsverteilung der statistischen Fadenelemente etwa eines Kautschukmoleküls beim Strecken erfährt (vgl. 3.3), gelingt das für die Mitführung der kristallinen Gebiete beim Dehnen eines makromolekularen Netzes nicht. So besteht nur die Möglichkeit, die affine Verzerrung des Raumes als selbständigen und ohne Zusammenhang mit dem molekularen Geschehen stehenden Ansatz einzuführen, wie das KRATKY [12] für Cellulosegele und KUHN und GRÜN [11] für Kautschuk getan haben. Dabei wird vorausgesetzt, daß die Deformation bis in die Volumelemente der äußeren Verformung entspricht und die Achsen der nicht verformbaren kristallinen Gebiete dieser veränderten Geometrie frei folgen können.

Für die Orientierung trockener Cellulosefasern aber ist nach SISSON [13] nicht so sehr die Streckung maßgebend, die beim Spinnen durchgeführt wird, als vielmehr die Schrumpfung, die beim Trocknen eintritt. Dabei kommt es häufig zu Orientierungszuständen, die unter die partiellen Faserstrukturen fallen.

c) Die partiellen Faserstrukturen. Unter den partiellen Faserstrukturen, bei denen nicht alle durch Rotation um die Kristallhauptachsen erzeugbaren Kristallitlagen mit gleicher Häufigkeit auftreten, ist besonders der Fall verbreitet, daß primär nicht die Hauptachse selbst, sondern nur eine sie enthaltende paratrope Fläche parallel zur Faserachse gestellt wird, während die anderen paratropen Flächen erst später folgen. Dadurch kann die Schwankung der Kristallithauptachsen um die Faserachse wesentlich größer sein als die der Normalen auf der bevorzugten paratropen Fläche um den Faserradius. In diesem Falle ist die Äquatorzone der Repräsentationspunkte dieser Fläche auf der Lagenkugel schmäler als die der anderen paratropen Flächen (Abb. 5a), so daß der entsprechende Reflex im Faserdiagramm (Abb. 5b) durch eine kürzere Sichel, d. h. einen steileren Abfall von $F(\alpha)$ ausgezeichnet ist.

Bei Cellulosefasern ist es nach SISSON [10, 13], sowie nach HERMANS und KRATKY [14] der Reflex A_0 der Fläche 101, der häufig eine kürzere Sichel gibt als die anderen Äquatorreflexe, bei Polyamidfasern hat BRILL [15] entsprechendes beim Reflex der Rostebene 020 beobachtet. Bei Polyäthylen zeigt nach BROWN [16]

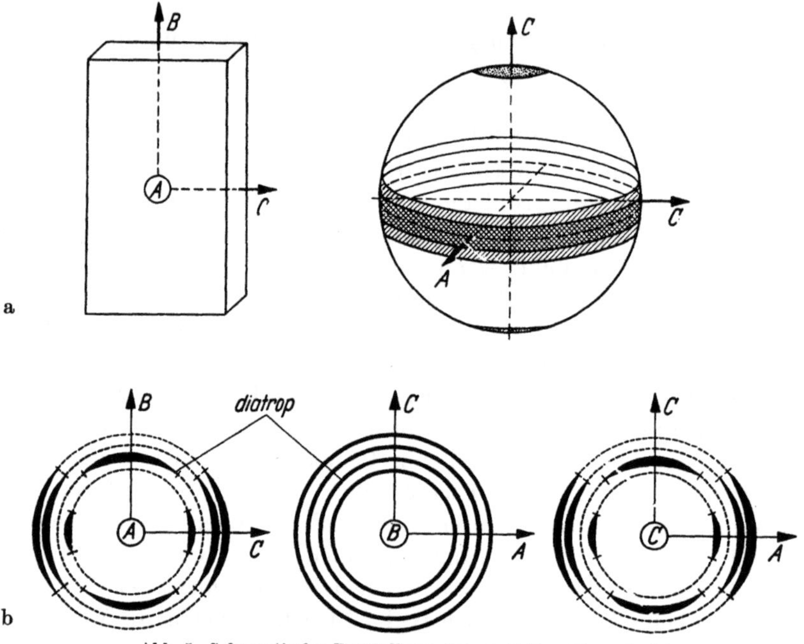

Abb. 5. Schematische Darstellung der partiellen Faserstruktur
a) Lagenkugel;   b) Röntgendiagramme

sowie nach HORSLEY und NANCARROW [17] beim Kaltstrecken die Fläche 200 dieselbe Erscheinung, und bei TERYLEN haben BUNN und Mitarbeiter [18] ähnliches für die Fläche 230 festgestellt.

In Abb. 6 sind für alle genannten Hochpolymeren die Grundrisse ihrer Elementarzellen dargestellt und die Schnittlinien der bei der Orientierung bevorzugten Netzebenen gestrichelt eingezeichnet. (Dem allgemeinen Brauch entsprechend ist dabei bei Cellulose die b-Achse, bei den synthetischen Hochpolymeren dagegen die c-Achse als Faserachse gewählt worden.)

Dabei wird deutlich, daß es sich bei den bevorzugten Flächen um Netzebenen handelt, die parallel zu besonders dicht gepackten Molekülschichten verlaufen. In der Cellulose, für die SISSON [10, 13] und KRATKY [19] auf Grund dieses Orientierungsbefundes eine Blättchenform der Kristallite mit 101 als Blättchenebene postulierten, ist der Zusammenhalt benachbarter Ketten innerhalb dieser Fläche durch die Dispersionskräfte zwischen den Glukoseringen offenbar stärker als senkrecht dazu in (101) durch die Wasserstoffbindungen zwischen den Hydroxylgruppen (KAST [20]). In PERLON (6-NYLON) bilden die Ebenen 020 in bekannter Weise die Rostebenen, in denen die Ketten durch die Wasserstoffbrücken fester zusammengehalten werden als diese Ebenen untereinander durch die Dispersionskräfte. Aber auch in Polyäthylen und TERYLEN sind die bevorzugten Ebenen offensichtlich solche, innerhalb deren ein stärkerer Zusammenhalt herrscht als zwischen ihnen. Wenn die Kristallite also nicht selbst Blättchenform haben, wie es für Cellulose II durch Kleinwinkelsteuerung direkt nachgewiesen ist (KRATKY und Mitarbeiter [21]), so handelt es sich bei den bevorzugten Ebenen jedenfalls

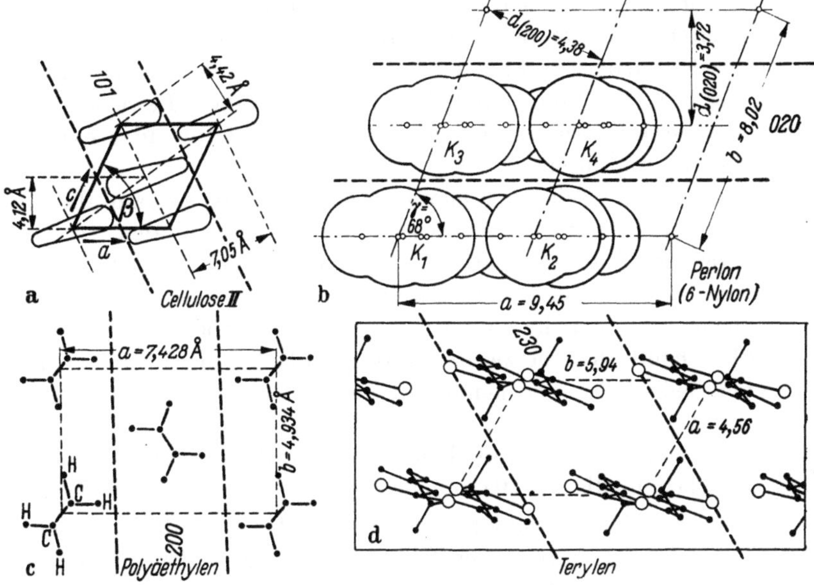

Abb. 6. Grundriß der Elementarzellen von
a) Cellulose II; b) PERLON (6-NYLON); c) Polyäthylen; d) TERYLEN
(gestrichelt: Schnittlinien der bevorzugten paratropen Flächen)

um Gleitebenen. Und wie der Effekt bei Cellulose bevorzugt bei beginnender Verstreckung auftritt, bei der vor allem im trockenen Zustand erst zahlreiche sekundäre Bindungen überwunden werden müssen, so scheint er bei den vollsynthetischen Stoffen gerade durch die starken Kräfte hervorgerufen zu sein, die bei der Kaltverstreckung mit Hals, bei genügend tiefen Temperaturen aber auch schon bei langsamem Strecken ohne Hals auftreten müssen. Das letztere ist z. B. bei Polyäthylen bei Raumtemperatur der Fall, während ein so langsames Verstrecken bei 96 °C, also in genügender Nähe des Schmelzpunktes (∼115 °C) ohne Bevorzugung der paratropen Fläche 200 oder einer anderen verläuft.

Wenn Blättchenform der Kristallite vorliegt, so läßt sich, wie KRATKY und Mitarbeiter [19] für Cellulosegele nachgewiesen haben, der Effekt formal beschreiben, indem man nicht nur die Kristallithauptachsen, sondern auch die als Normalen der Blättchenflächen ausgezeichneten Nebenachsen der affinen Deformation des Raumes bei der Verstreckung folgen läßt. Tatsächlich zeigt der Blättcheneffekt unter verschiedenen Bedingungen der Vernetzung (Quellung und Cellulosekonzentration) oder der Streckgeschwindigkeit jedoch eine unterschiedliche Größe, und diese kann man physikalisch deuten, wenn man mit SISSON [13] für die Achsenorientierung die Längskräfte der Dehnung und für die Blättchenorientierung die Querkräfte beispielsweise der Schrumpfung beim Trocknen verantwortlich macht oder mit KAST [5, 7] das je nach dem Grade der Vernetzung verschiedene Wechselspiel von Längs- und Querkräften beim Verstrecken berücksichtigt. KRATKY und Mitarbeiter [22] weisen schließlich noch darauf hin, daß Ketten aus flachen Mizellen bei der Annahme der von HERMANS [23] postulierten laminaren Aufsplitterung durch ebene Scharniere verbunden sein würden, die keine Verdrillung der Ketten zulassen. Sie geben damit zugleich eine modellmäßige Deutung für den von KAST [5, 7, 35] beobachteten Effekt, daß eine affine Bewegung bzw. der dadurch bedingte partielle Charakter der Faserstruktur für die technischen Eigenschaften der Faser nicht günstig sind, indem sie zu einer verminderten Bruchdehnung bzw. erhöhten Sprödigkeit führen. Da diese Bewegung gegen die Forderung der linearen Scharniere verstößt, muß sie, wenn diese existieren, zu inneren Zerreißungen führen.

Was nun die Messung der Achsenorientierung betrifft, so kann diese bei den Unterschieden der azimutalen Schwärzungsverteilungen in den verschiedenen Äquatorreflexen, wie sie für partielle Faserstrukturen charakteristisch sind, nicht mehr aus der Vermessung eines einzelnen Äquatorreflexes abgeleitet werden; das ist vielmehr nur mit Hilfe zweier solcher Reflexe möglich. Man wählt dazu außer der Blättchenfläche eine zweite paratrope Fläche, die mit dieser möglichst einen rechten, jedenfalls aber keinen zu spitzen oder zu gestreckten Winkel bildet (s. Abb. 3 c).

Bei Cellulose steht die paratrope Fläche $10\bar{1}$ mit dem Reflex A_3 nahezu senkrecht auf der Blättchenfläche 101 mit dem Reflex A_0. In diesem Falle gilt für den Zusammenhang der Schwankungsgröße $\overline{\sin^2\varrho}$ der Kristallithauptachsen mit den aus den Schwärzungsverteilungen $F(\alpha_1)$ und $F(\alpha_3)$ nach der oben angegebenen Formel berechneten Schwankungsgrößen $\overline{\sin^2\alpha_0}$ und $\overline{\sin^2\alpha_3}$ der Flächennormalen $10\bar{1}$ und 101 um den Faserradius die von HERMANS und Mitarbeitern [3, 4] angegebene Beziehung

$$\overline{\sin^2\varrho} = \overline{\sin^2\alpha_0} + \overline{\sin^2\alpha_3}.$$

Bei PERLON (6-NYLON) steht außer dem Reflex der Blättchenfläche 020 nur der Reflex der Fläche 200 zur Verfügung, die mit der ersteren einen schiefen Winkel φ einschließt (hier $\varphi = \gamma \approx 60°$). In solchen Fällen muß die allgemeinere Formel für ein Koordinatensystem benutzt werden, von dem 2 Achsen einen von $90°$ verschiedenen Winkel φ einschließen, während die dritte auf diesen beiden senkrecht steht. Es gilt dann[1]:

$$\overline{\sin^2\varrho} = \frac{1}{\sin^2\varphi}\left[\overline{\sin^2\alpha_1} + \overline{\sin^2\alpha_2} + 2\sqrt{\overline{\sin^2\alpha_1}} \cdot \sqrt{\overline{\sin^2\alpha_2}} \cdot \cos\varphi\right].$$

Für den Fall, daß die dritte Achse gegen die beiden anderen geneigt ist, wie es bei 6,6-NYLON, TERYLEN u. a. der Fall ist, wäre eine entsprechende Formel für ein allgemeines schiefwinkliges Koordinatensystem mit den Winkeln φ, χ, ψ aufzustellen. In diesem triklinen Falle verbietet sich wegen des Fehlens der Meridian-

---

[1] Der Verfasser verdankt diese verallgemeinerte Beziehung Herrn Dr. WITTING vom Institut für Angewandte Mathematik der Universität Freiburg i. Br.

reflexe auch der für rhombische und monokline Systeme gangbare Weg, einen solchen Reflex zu benutzen, um die Achsenorientierung zu messen.

Die azimutale Schwärzungsverteilung $F(\beta)$ eines Meridianreflexes läßt sich wegen der Identität der Normalen auf den zugehörigen diatropen Flächen mit den Kristallithauptachsen beim Vorliegen sog. schiefer, d. h. mit dem BRAGGschen Winkel ϑ dieses Reflexes fokussierter Aufnahmen mittels der Beziehung

$$\sin \varrho/2 = \sin \beta/2 \cdot \cos \vartheta$$

direkt in die Richtungsverteilung der Achsen umrechnen. Bei BRAGGschen Winkeln ϑ bis $10°$ und Sichellängen β bis $30°$ sind ϱ und β sogar praktisch identisch; es gilt dann also für die Schwankungsgröße der Kristallithauptachsen:

$$\overline{\sin^2 \varrho} = \overline{\sin^2 \beta} = \frac{\int\limits_0^{\pi/2} F(\beta) \sin^3 \beta \, d\beta}{\int\limits_0^{\pi/2} F(\beta) \sin \beta \, d\beta}$$

und für die Halbbreite der Richtungsverteilung der Achsen:

$$\varrho_h = \beta_h.$$

KAST und Mitarbeiter [*1, 5*] konnten dieses Verfahren bei PERLON (6-NYLON) und bei gut orientierten Cellulosen (Chemiekupferseiden) mit Nutzen anwenden. Aus $\overline{\sin^2 \varrho}$ kann dann der Orientierungsfaktor f_x in der oben angegebenen Weise berechnet werden.

Zur vollständigen Charakterisierung einer partiellen Faserstruktur benötigt man dann aber noch eine zweite Angabe als Maß für die Bevorzugung der Blättchenebene vor den anderen bei der Orientierung. HERMANS und KAST [*6*] benutzen dafür das „paratrope Verhältnis"

$$P_v = \frac{\overline{\sin^2 \alpha_0}}{\overline{\sin^2 \alpha_3}} = \frac{\overline{\sin^2 \alpha_0}}{\overline{\sin^2 \beta} - \overline{\sin^2 \alpha_0}}.$$

Dieses hat für eine vollständige Faserstruktur den Wert 1, für partielle Faserstrukturen jedoch Werte unter 1 und für den Fall der vollständigen Parallelstellung aller Blättchenebenen zur Faserachse bei beliebiger Richtungsverteilung der Kristallhauptachsen den Wert Null.

Ein solcher Extremfall reiner Blättchenorientierung tritt nach SISSON [*13*] auf, wenn eine Faser radial schrumpft, ohne gleichzeitig eine Dehnung zu erfahren. So erklären sich z. B. die Diagramme der älteren, ohne Streckung gesponnenen Viskosefasern, die für die Blättchenfläche 101 kurze Sicheln, für alle anderen paratropen und diatropen Reflexe aber volle Kreise zeigen. Als einen anderen, leicht zu übersehenden Spezialfall einer ideal-partiellen Faserstruktur nennt KRATKY [*8*] die Verwirklichung nur einer von allen durch Rotation um die Kristallithauptachsen möglichen Lagen der Blättchenebene in der Weise, daß diese Fläche sich genau in die durch die Faserachse und die Kristallithauptachse gegebene Ebene einstellt. Auf der Lagenkugel würden dann die Blättchenebenen (Reflex A_0) den Äquator gleichmäßig belegen und die Seitenebenen (Reflex A_3) eine Verteilung $F(\alpha')$ einnehmen, die der auf dem Film gemessenen azimutalen Schwärzungsverteilung $F(a_3)$ mittels der Beziehung

$$\cos \alpha' = \cos \alpha_3 \cdot \cos \vartheta$$

entnommen werden kann und die mit der Richtungsverteilung $J(\varrho)$ der Achsen in einfachem Zusammenhang steht:

$$J(\varrho) = F(\alpha')/\tan\alpha' \quad \text{mit} \quad \varrho = \frac{\pi}{2} - \alpha'.$$

In diesem Falle kann die Achsenorientierung also mit Hilfe des Reflexes der auf der Blättchenebene senkrecht stehenden Seitenebene bestimmt werden.

Wenn sich ein Meridianreflex auswerten läßt, was bei geringer Orientierung wegen der Überlagerung der Ausläufer der diatropen Sicheln mit denen paratroper Sicheln mit ähnlichem BRAGGschen Winkel auf Schwierigkeiten stoßen kann, so bietet sich auch einfach die Halbbreite β_h der azimutalen Schwärzungskurve $F(\beta)$ dieses Reflexes, die nach obigem praktisch mit der Halbbreite ϱ_h der Richtungsverteilung der Kristallithauptachsen übereinstimmt, als Maß für diese Orientierung an. Mißt man außerdem die azimutale Halbbreite α_h der azimutalen Schwärzungskurve $F(\alpha)$ des paratropen Blättchenreflexes, so kommt man zu einer einfacheren Methode der vollständigen Beschreibung einer partiellen Faserstruktur (KAST [1, 5, 7]). Als Maß für die Achsenorientierung wird dann $1/\beta_h$ genommen, während der Blättcheneffekt durch das „Orientierungsverhältnis" α_h/β_h gemessen wird, das um so kleiner ist, je mehr die Orientierung der Blättchenflächen der der anderen paratropen Flächen und damit der Kristallithauptachsen vorauseilt. Mit dem Produkt α_h/β_h^2 aus der Quantität $1/\beta_h$ und der Qualität α_h/β_h der Orientierung wird dann noch ein Maß für die „Orientierungsgüte" eingeführt.

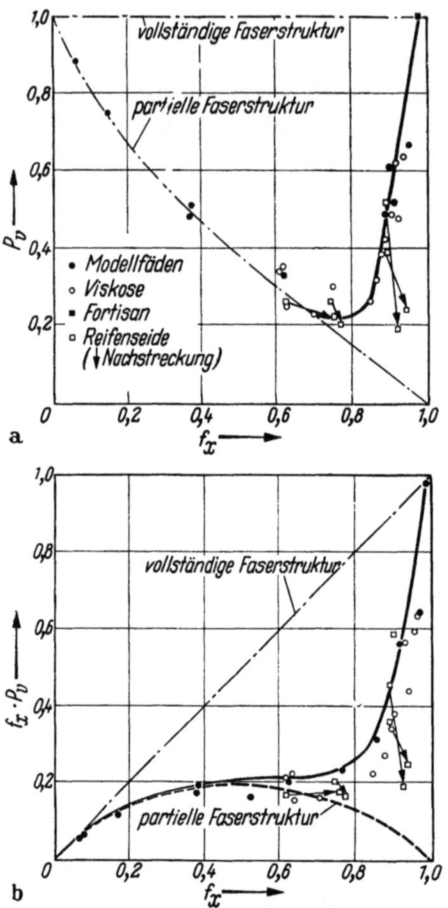

Abb. 7. a) Orientierungsqualität P_v in Abhängigkeit vom Orientierungsbetrage f_x bei Celluloseregeneratfasern (nach HERMANS und KAST); b) Orientierungsgüte $P_v f_x$ in Abhängigkeit vom Orientierungsbetrage f_x bei Celluloseregeneratfasern (nach HERMANS und KAST)

Abb. 7a gibt einen Überblick über die bei Celluloseregeneratfasern verschiedener Herkunft gefundenen Wertepaare f_x und P_v nach HERMANS und KAST [6]. Alle Punkte liegen innerhalb der für die vollständige Faserstruktur (KRATKYS Stäbchenfall [12]) und für die dem Blättchenfall KRATKYS [19] entsprechende partielle Faserstruktur berechneten Kurven. Brauchbare Fasern werden erst in dem wiederansteigenden Ast der Kurve erhalten; eine nach dem Trocknen vorgenommene Nachstreckung verschlechtert dann die P_v-Werte mehr, als sie den Orientierungsfaktor f_x verbessert. Die ungünstige Wirkung des partiellen

Charakters der Faserstruktur wird besonders deutlich, wenn man statt P_v das Produkt $P_v \cdot f_x$ aufträgt, das ähnlich wie das Produkt $\alpha_h/\beta_h \cdot 1/\beta_h$ ein Gütemaß für die Orientierung darstellt (Abb. 7b).

Abb. 8a und 8b zeigen den Zusammenhang zwischen den Halbbreiteparametern, Orientierungsverhältnis bzw. Orientierungsgüte der partiellen Faserstruktur und den textilen Werten Bruchdehnung bzw. Textilfaktor (= Reißfestigkeit × Bruchdehnung) für Versuchsreihen aus Acetatstreckseiden und Chemiekupferseiden. Der parallele Gang der röntgenographischen Orientierungsparameter und der textilen Werte ist überzeugend und zeigt den entscheidenden Einfluß des partiellen Charakters der Faserstruktur auf die physikalischen Eigenschaften der Fasern.

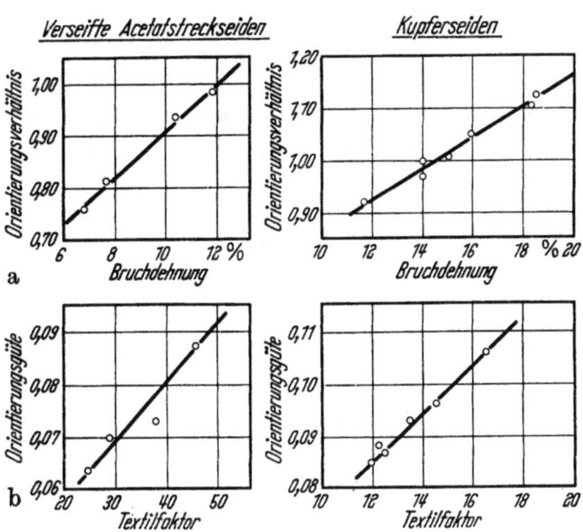

Abb. 8. a) Orientierungsverhältnis und Bruchdehnung;
b) Orientierungsgüte und Textilfaktor
(nach KAST und PRIETZSCHK)

Abb. 9 schließlich zeigt einen ähnlichen Zusammenhang bei einer Streckversuchsreihe an PERLON-Drähten [5]. Bei der Überschreitung des Streckfaktors 4 nehmen der Textilfaktor $F \cdot D$ und besonders auffällig die Knickbruchfestigkeit Kn der Borsten ab. Eine ähnliche Veränderung zeigen Orientierungsverhältnis und Orientierungsgüte. [Dazu ist zu bemerken, daß die Orientierungsparameter hier nicht scharf erfaßt werden können, weil der Reflex der Rostebenen (020) bei PERLON von dem ähnlich starken Reflex einer anderen dagegen geneigten paratropen Fläche (220) untrennbar überlagert ist.]

d) **Die Spiralfaserstruktur.** Entsprechend dem Charakteristikum der Spiralfaserstruktur, daß das Maximum der Richtungsverteilung der Kristallithauptachsen nicht beim Winkel Null mit der Faserachse liegt, wie bei einer gewöhnlichen Faserstruktur, sondern bei einem endlichen Winkel ε, haben die Repräsen-

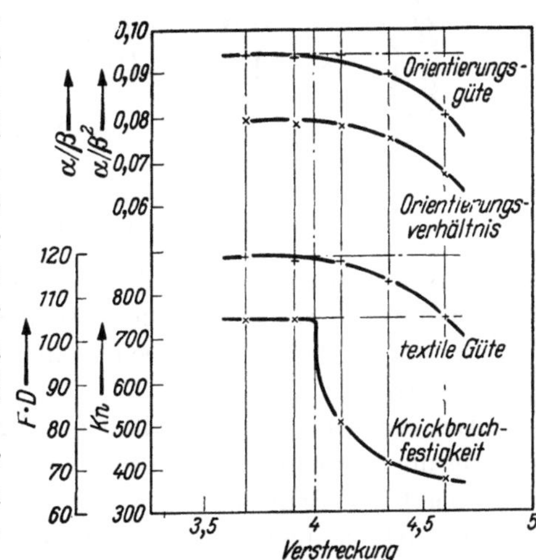

Abb. 9. Verlauf von Textilfaktor und Knickbruchfestigkeit sowie Orientierungsverhältnis und Orientierungsgüte mit Verstreckung bei PERLON-Drähten (nach KAST)

tationspunkte der diatropen Flächen ihrer Häufigkeitsstellen jetzt nicht mehr an den Polen der Lagenkugel, sondern auf einem Breitenkreise mit dem Breitenwinkel $(90° - \varepsilon)$. Ebenso hat die Zone der Repräsentationspunkte der paratropen Ebenen ihren Schwerpunkt nicht mehr auf dem Äquator, sondern auf 2 Parallelkreisen mit den Breitenwinkeln $\pm \varepsilon$ (Abb. 10a).

Danach könnte man eine Aufspaltung der diatropen und paratropen Reflexe in je 2 Maxima zu beiden Seiten des Meridians bzw. des Äquators im Winkelabstand 2ε erwarten (Abb. 10b). Diese wird aber nur bei Spiralwinkeln von etwa 30° und mehr beobachtet; die Schwärzungsverteilungen entsprechen nämlich der Projektion der räumlichen Spiralen auf eine Ebene und erfahren dadurch Verschiebungen zum Meridian bzw. Äquator hin. Günstiger liegen die Verhältnisse bei der Kleinwinkelstreuung. Die gekreuzten Linien, die HEYN [24] bei einer Reihe von Pflanzenfasern auch dann fand, wenn die Weitwinkelreflexe

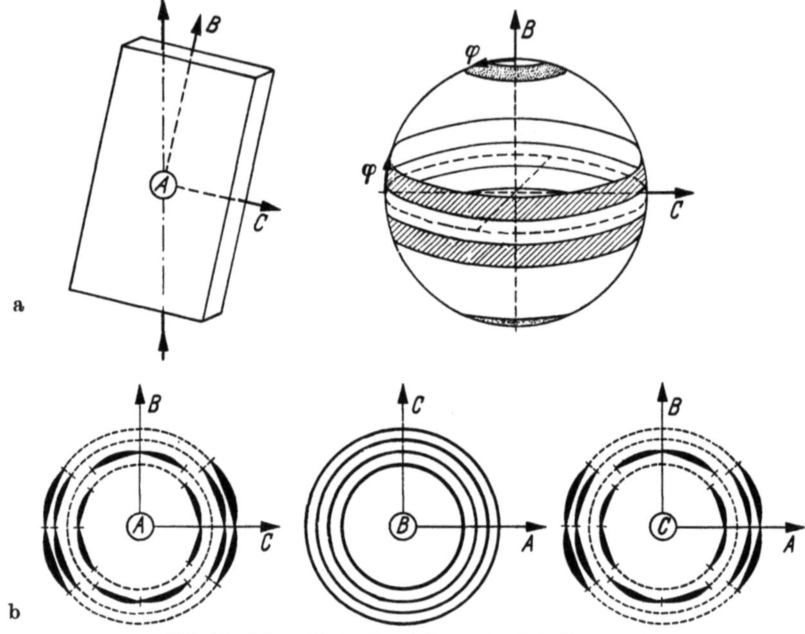

Abb. 10. Schematische Darstellung der Spiralfaserstruktur
a) Lagenkugel;   b) Röntgendiagramme

nicht aufgespalten waren, rühren nach KRATKY [8] von einer partiellen Spiralfaserstruktur her, bei der die Lamellenflächen auf der durch Faserachse und Kristallitachse gegebenen Ebene senkrecht stehen, und schließen den doppelten Spiralwinkel 2ε ein.

Aus den nicht aufgespaltenen Weitwinkelreflexen kann man den Spiralwinkel nur bestimmen, wenn man eine ideale Spiralstruktur annehmen und entsprechend den Schwankungswinkel als Winkel der mittleren Orientierung auffassen darf. Je nachdem, ob eine vollständige oder eine partielle Spiralfaserstruktur vorliegt, gilt dann bei Cellulose

$$\sin^2\varepsilon = 2\,\overline{\sin^2\alpha_0} \quad \text{oder} \quad \sin^2\varepsilon = \overline{\sin^2\alpha_0} + \overline{\sin^2\alpha_3}.$$

HERMANS [3] hat solche Messungen an nativer Ramie durchgeführt. Bei Mercerisierung im ungespannten Zustand und anschließender erneuter Verstreckung auf die Ausgangslänge wuchs der Spiralwinkel dabei zunächst auf 15° und erniedrigte sich dann wieder auf etwa 6°. Die Übereinstimmung der Schwankungsquadrate $\overline{\sin^2\alpha_0}$ und $\overline{\sin^2\alpha_3}$ zeigte dabei in allen Fällen das Vorliegen einer vollständigen Faserstruktur an.

Häufig sind aber auch partielle Spiralfaserstrukturen. So ist die bevorzugte Parallelstellung der Fläche 200 bei der Kaltverstreckung von Polyäthylen nach BROWN [16] sowie nach HORSLEY und NANCARROW [17] mit einer ausgesprochenen Anhäufung der Kristallithauptachsen unter einer Neigung von etwa 64° gegen

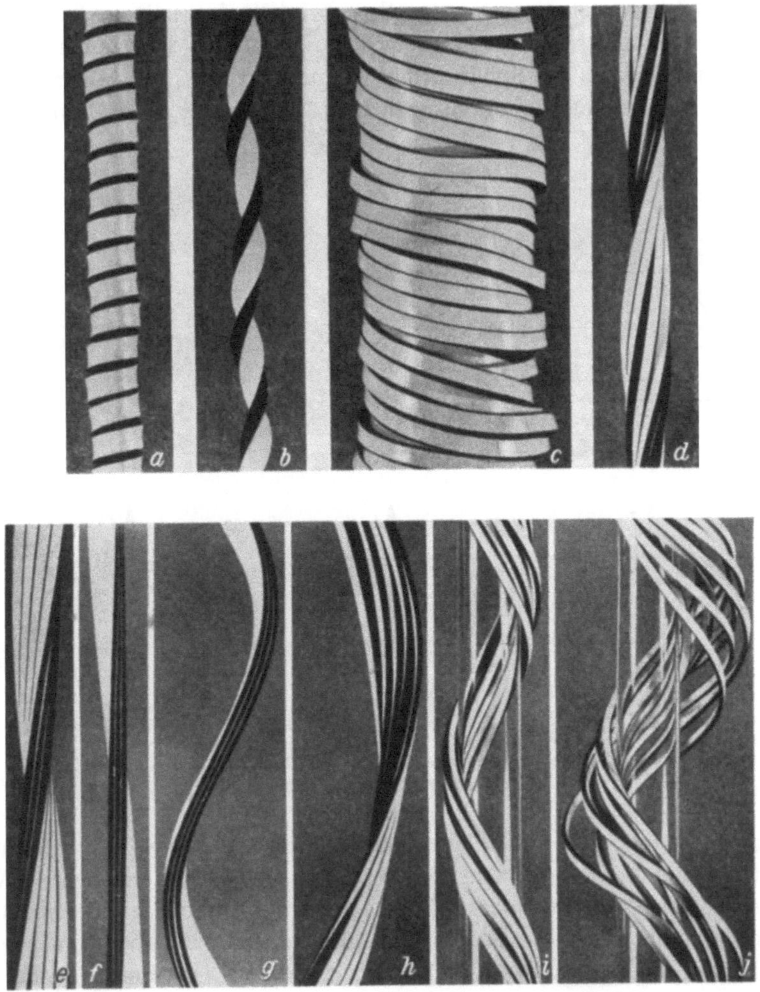

Abb. 11. Modelle von Kristallanordnungen (nach MORGAN)

a) selbständiger spiralig gewickelter fibrillärer Kristall; b) gedrehter Kristall, wie er nach der vollen Ausstreckung von (a) erhalten wird; c) Bündel von spiralig geknäulten fibrillären Kristallen: d) voll ausgestreckte Form derselben; e) und f) „knitting-together" der gestreckten Struktur durch Kristallisation des interfibrillären amorphen Materials; g) beginnende Kristallisation mit Kippen der Rostebenen (weiß); h) fortschreitende Relaxation mit Wiederzerfall in Fibrillen; i) und j) fortschreitende Öffnung der Struktur mit weitergehender Relaxation

die Streckrichtung verbunden. Ebenso finden BUNN und Mitarbeiter [18] bei TERYLEN in Verbindung mit der Parallelstellung der Fläche 230 zur Streckrichtung eine geringe Neigung der Kristallithauptachse gegen diese Richtung, die nach spannungslosem Tempern ausgeprägter wird und einen Betrag von ungefähr 5° annimmt.

Bei der eingehenden Beschäftigung mit der Sphärolithstruktur der synthetischen Hochpolymeren und ihrer Veränderung durch Orientierung und Kristallisation kommen MORGAN [25] sowie KELLER und Mitarbeiter [26, 27] zu der Auffassung, daß die Sphärolithe aus schraubenförmig gewundenen flachen Bändern aufgebaut sind, in denen die Molekülketten liegen (vgl. 3.7). Wenn diese Wendeln dicht gewickelt sind, der Spiralwinkel also nahezu 90° beträgt, so liegen die Molekülketten praktisch senkrecht zur Achse der Wendeln und damit senkrecht zum Radius der Sphärolithen (s. auch STUART [28]). Beim Verstrecken werden die Bänder auseinandergezogen und ausgerichtet, so daß im Endzustand

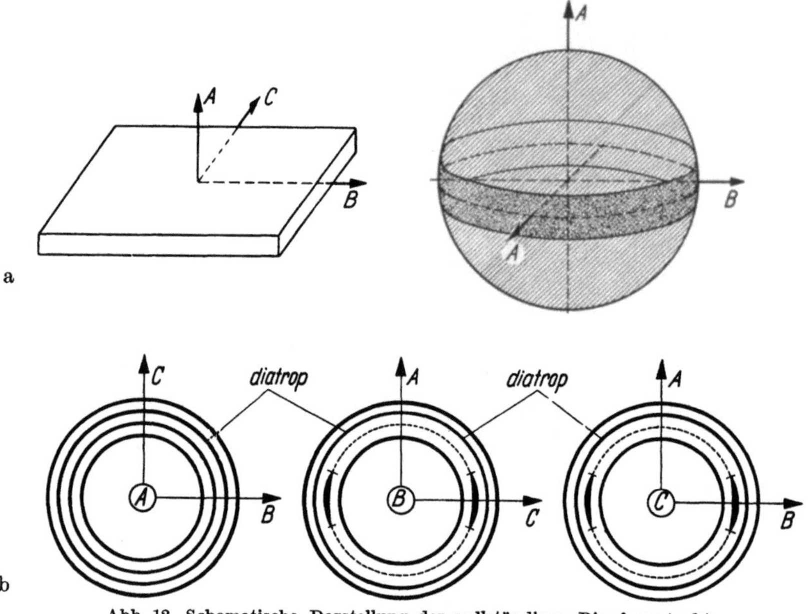

Abb. 12. Schematische Darstellung der vollständigen Ringfaserstruktur
a) Lagenkugel; b) Röntgendiagramme

alle Molekülketten parallel zur Faserachse liegen und der Spiralwinkel ungefähr Null ist. Je nachdem, ob das Ausrichten und das Auseinanderziehen der Wendeln gleichzeitig oder nacheinander erfolgen, bekommt man verschiedene Orientierungserscheinungen. Sind z. B. alle Wendeln ausgerichtet, aber verschieden ausgestreckt, so erhält man eine partielle Faserstruktur, bei der zunächst nur die Rostebenen parallel zur Streckrichtung liegen und die Molekülketten sich erst bei dem nachfolgenden Auseinanderziehen der Wendeln parallel zur Zugrichtung stellen. Sind dagegen alle Wendeln ausgerichtet und alle gleich weit oder gar nicht auseinandergezogen, so erhält man Spiralfaserstrukturen mit bestimmten Spiralwinkeln.

MORGAN [25] gelangt für das Dehnen und Relaxieren spiraliger Bündel von kristallinen Fibrillen in faserbildenden Polymeren zu Strukturmodellen, die in Abb. 11 wiedergegeben sind und die röntgenographischen Befunde auf dem Weitwinkel- und dem Kleinwinkelgebiet verständlich machen können.

Der oben genannte Spezialfall von Spiralen mit dem Spiralwinkel 90° wird als „Ringfaserstruktur" [8] bezeichnet und leitet zu den planaren Strukturen über.

e) Die vollständige Ringfaserstruktur (uniplanare Orientierung). Die ideale Ringfaserstruktur entspricht der Lagenmannigfaltigkeit, die ein in verschiedenster Weise auf den Tisch geworfener runder Bleistift haben kann. Entsprechend besetzen die Repräsentationspunkte der diatropen Flächen den Äquator der Lagenkugel bzw. bei weniger vollkommener Ausbildung ein Band mit dem Maximum auf dem Äquator, während die paratropen Repräsentationspunkte die Oberfläche der Lagenkugel gleichmäßig erfüllen (Abb. 12a). In den Röntgendiagrammen, die bei Einstrahlung parallel zu der Vorzugsebene erhalten werden, erscheinen die diatropen Reflexe daher als Sicheln mit dem Schwerpunkt auf dem Äquator, während die paratropen Reflexe ringsherum gleichmäßig geschwärzte Ringe zeigen. Bei Einstrahlung senkrecht zu der ausgezeichneten Ebene bilden die diatropen und die paratropen Reflexe sämtlich volle Kreise (Abb. 12b). Wie die uniaxiale Orientierung beim plastischen Fließen in einer Dimension auftritt, so die uniplanare beim Fließen in zwei Dimensionen. Sie ist die natürliche Orientierungsform für dünne makromolekulare Schichten, wobei die Filmebene die bevorzugte Ebene darstellt; doch ist sie im allgemeinen nur bei hochgequollenen Filmen verwirklicht. Meist erzwingen nämlich die Kräfte der bevorzugten Schrumpfung senkrecht zur Oberfläche beim Trocknen oder Abkühlen eine partielle Ringfaserstruktur, bei der die beliebige Verdrehung der Kristallite um ihre Hauptachsen zugunsten der Parallelstellung der als Blättchenfläche ausgezeichneten Kristallitfläche zur Filmebene aufgehoben ist.

f) Die partielle Ringfaserstruktur (selektive uniplanare Orientierung). Entsprechend der Parallelstellung nicht nur der Kristallithauptachsen, sondern auch der Blättchenfläche der Kristallite zur Filmebene konzentrieren sich bei horizontaler Lage der Filmebene die Repräsentationspunkte der bevorzugten Kristallitfläche um die Pole der Lagenkugel, während die Repräsentationspunkte der senkrecht dazu stehenden paratropen Flächen ebenso wie die der diatropen eine Gürtelzone um den Äquator belegen (Abb. 13). Das Röntgendiagramm, das bei senkrechter Durchstrahlung der Filmebene erhalten wird, zeigt, wie im allgemeinen uniplanaren Fall, volle und gleichmäßig geschwärzte Interferenzringe, doch fehlt naturgemäß der Ring der selektiv orientierten paratropen Fläche (Abb. 13b). Bei Durchstrahlung parallel zur Oberfläche geben die selektiv orientierten paratropen Kristallflächen zwei Sicheln mit Schwerpunkten auf dem Meridian, die senkrecht auf ihnen stehenden paratropen Kristallflächen dagegen ebenso wie die diatropen Flächen sichelförmige Reflexe mit Schwerpunkten auf dem Äquator. Auf den Interferenzkreisen der schräg stehenden Flächen sollten vier Maxima symmetrisch zum Äquator auftreten; doch fließen diese im allgemeinen ineinander.

Bei Cellulosefilmen ist naturgemäß wieder die Blättchenfläche 101 die bevorzugte Fläche, die parallel zur Filmebene gestellt wird. Das gilt für handelsübliches Cellophan und Cuprophan (Hydratcellulose) ebenso wie für Filme aus Celluloseacetat und Cellulosenitrat, aber auch für die biosynthetische Bakteriencellulose, die die Struktur der nativen Cellulose hat, sowie für Gelatine und Myosin. SISSON [10] schließt daraus, daß die Fläche 101 auch bei der nativen Cellulose als Spalt- bzw. Blättchenfläche ausgebildet ist, eine Auffassung, deren Richtigkeit neuerdings von KRATKY und SEMBACH [31] mittels Kleinwinkelmessungen unter Beweis gestellt wurde. Nach BUNN und GARNER [32] zeigen auch Filme von Polyamiden, die auf festen Unterlagen aus Lösungen erstarren, solche selektiven Orientierungen; hier werden die Rostebenen parallel zur Unterlage gestellt.

Vorbedingung für das Auftreten der Reflexe der Blättchenebenen bei paralleler Einstrahlung ist allerdings, daß der Schwankungswinkel ihrer Parallelstellung zur Oberfläche oder der Öffnungswinkel des Röntgenstrahlbündels ihren Braggschen Winkel überschreitet. Ist das nicht der Fall, so muß man die Filmoberfläche gegen den einfallenden Röntgenstrahl um diesen Braggschen Winkel neigen.

Centola [33] hat eine Meßmethode für den Grad der Selektivität der uniplanaren Orientierung angegeben, die auf dem Unterschied der Röntgendiagramme

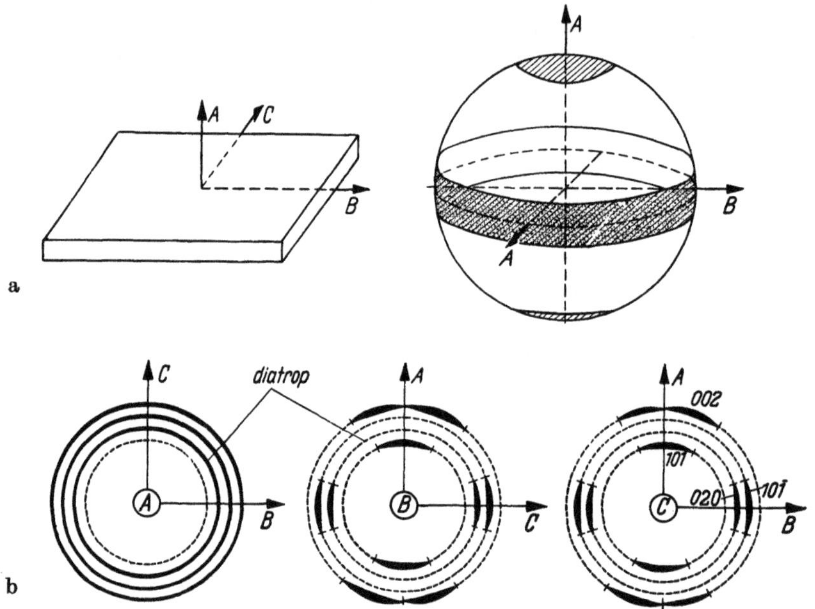

Abb. 13. Schematische Darstellung der partiellen Ringfaserstruktur
a) Lagenkugel; b) Röntgendiagramme

dieser Struktur für senkrechte und für parallele Einstrahlung zur Folienebene beruht. Bei senkrechtem Einfall (A) büßt der Interferenzring der Blättchenfläche der Kristallite (bei Cellulose 101) mit wachsender Selektivität an Intensität ein, um schließlich ganz zu verschwinden, während die Intensitäten der Interferenzringe der übrigen paratropen und der anderen Flächen (bei Cellulose 10$\overline{1}$ und 002 und die schwächer auftretenden 020 und 021) kaum beeinflußt werden (s. Abb. 14, T). Infolgedessen ist das Verhältnis dieser Intensitäten

$$R_T = \frac{J_T(\text{selektive Fläche})}{J'_T(\text{übrige Flächen})}$$

bei vollkommener Selektivität Null und steigt mit abnehmender Selektivität allmählich auf den normalen Wert für die gewöhnliche uniplanare Orientierung an.

Bei paralleler Einstrahlung (B bzw. C), bei der die Blättchenfläche je nach dem Grad der Selektivität längere oder kürzere Sicheln auf dem Meridian, die dazu senkrechten paratropen und diatropen Flächen (bei Cellulose 10$\overline{1}$ und 020)

ebensolche Sicheln auf dem Äquator und die gegen die Blättchenfläche geneigten Flächen (bei Cellulose 021) Sicheln mit dazwischenliegenden Schwerpunkten liefern, zeigt die Photometrierung längs des Meridians bei vollkommener
Selektivität eine maximale Intensität der Blättchenfläche und eine minimale
Intensität der (bei Cellulose dicht beieinanderliegenden) übrigen Flächen (siehe
Abb. 14, L). Daher nimmt das Intensitäts-
verhältnis

$$R_L = \frac{J_L \,(\text{selektive Fläche})}{J'_L \,(\text{übrige Flächen})}$$

bei vollkommener Selektivität einen sehr
hohen Wert an, um mit abnehmender
Selektivität auf denselben Normalwert ab-
zusinken, den R_T umgekehrt ansteigend erreicht.

CENTOLA definiert danach den Grad der
Selektivität durch

$$S = \frac{R_L - R_T}{R_L}\,100.$$

Seine Skala reicht von Null für die gewöhnliche
uniplanare Orientierung ($R_L = R_T$) bis zum
Wert 100 für die ideale selektiv-uniplanare
Orientierung ($R_T = 0$). Mit den in Abb. 14a
und b sichtbaren Unterschieden im gegenseitigen Verlauf der L- und T-Kurven für
Filme aus Cellophan (Viskoseverfahren) und
Cuprophan (Kupferoxyd-Ammoniak-Ver-
fahren) ergeben sich Selektivitätsgrade von
95 bis 98% für das erstere und 70 bis 75%
für das letztere.

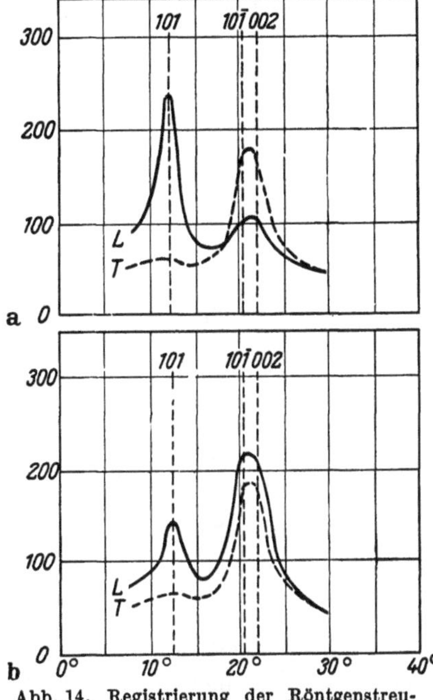

Abb. 14. Registrierung der Röntgenstreu-
strahlung von Cellulosefolien bei senkrechter (T, gestrichelt) und paralleler
(L, ausgezogen) Einstrahlung

a) Cellophan; b) Cuprophan (nach CENTOLA)

**g) Die höhere Faser- oder Folienstruktur (selektiv-uniaxiale oder biaxiale
Orientierung).** Entsprechend der in der höheren Faser- oder Folienstruktur vorliegenden Kombination einer uniaxialen und einer selektiv-uniplanaren Orientierung haben die diatropen Flächen ihre Repräsentationspunkte an den Polen
der Lagenkugel wie bei der gewöhnlichen Faserstruktur, während die Repräsentationspunkte der paratropen Flächen Nebenpole auf dem Äquator bilden,
deren Winkelabstände den Winkeln zwischen diesen Flächen entsprechen. In
Abb. 15a liegt, auf die Verhältnisse von Cellulose übertragen, die Blättchenfläche 101 parallel zur Zeichenebene, die Fläche $10\bar{1}$ senkrecht dazu. Dementsprechend zeigen die Röntgendiagramme bei Einstrahlung senkrecht zur Faserachse außer den Meridiansicheln der diatropen Flächen Äquatorsicheln der
paratropen Flächen, deren Intensitäten beim Drehen der Probe wie bei der
Drehaufnahme eines Einkristalls wechseln. So fehlt bei Einstrahlung senkrecht
zur Zeichenebene der Reflex 101, bei Einstrahlung parallel zur Zeichenebene der
Reflex $10\bar{1}$. Fällt der Röntgenstrahl in der Richtung der Faserachse ein, so erscheinen die Sicheln der verschiedenen paratropen Reflexe unter den dazugehörigen Azimuten (Abb. 15b).

Biaxial ist diese Struktur erst bei so vollkommener Orientierung, daß die Richtungsverteilung der Achsen rotationssymmetrisch um die bevorzugte Achse

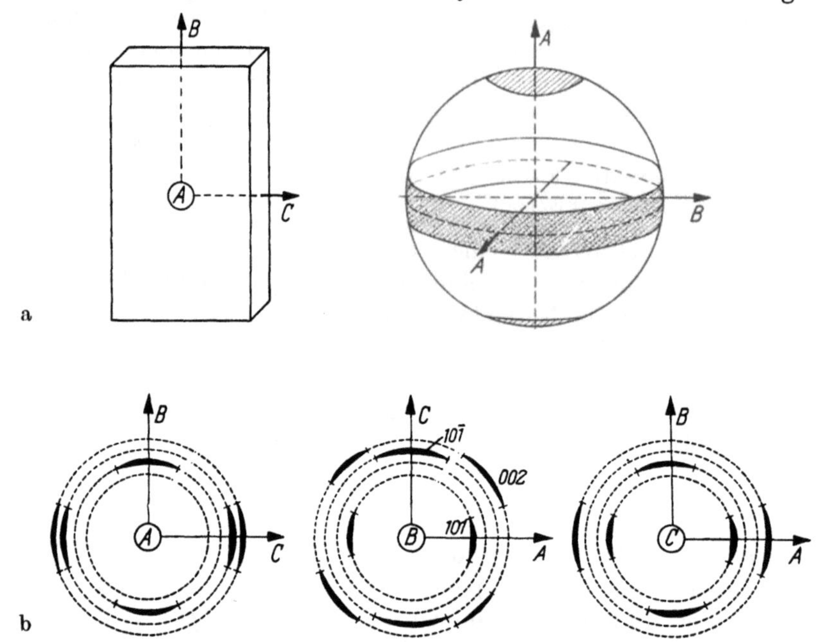

Abb. 15. Schematische Darstellung der Folienstruktur
a) Lagenkugel; b) Röntgendiagramme

(Faserachse oder Streckrichtung) ist, aber auch dann nur bei rhombischen Kristalliten. Im monoklinen Falle (Cellulose und PERLON [6-NYLON]) sind aus Symmetriegründen stets zwei verschiedene Kristallitlagen [34] vorhanden (Abb. 16a), im triklinen Falle (6,6-NYLON, TERYLEN) sogar deren vier [32] (Abb. 16b), so daß die Proben nicht Einkristallen, sondern Kristallzwillingen bzw. Vierlingen gleichen.

Wichtig ist die Erzeugung der Folienstruktur für die Kristallstrukturbestimmung, für die sie die fehlenden Einkristallpräparate ersetzen muß. Sie entsteht nach der Feststellung von BUNN und GARNER [32] schon beim Pressen von ungereckten NYLON-Drähten, wobei nicht nur die Rostebenen senkrecht zur Druckrichtung, sondern

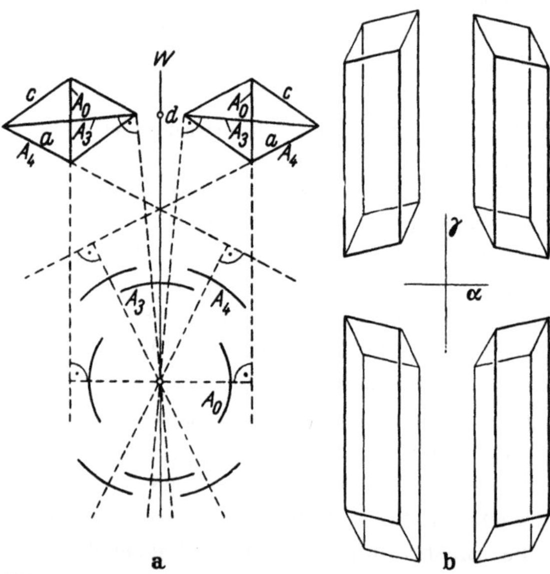

Abb. 16. a) Symmetrische Lagen monokliner Elementarzellen in der Folienstruktur und Entstehung des Röntgendiagramms bei axialer Einstrahlung (Cellulose) nach KRATKY und Mitarbeitern; b) Symmetrische Lagen trikliner Elementarzellen in der Folienstruktur (6,6-NYLON) nach BUNN und GARNER

dazu die Kristallithauptachsen in die Flußrichtung, also senkrecht zur Drahtachse gestellt werden. Bessere Ergebnisse bringt die Dehnung der Probe in einer Richtung unter gleichzeitiger Kompression oder Schrumpfung in der dazu senkrechten Richtung. Beim Dehnen von Membranstreifen gelingt das um so leichter, je dünner diese im Verhältnis zu ihrer Breite sind. Bei dickeren Schichten geht die vorliegende uniplanare Struktur beim Dehnen in eine uniaxiale Struktur über. Noch besser geht man von uniaxial orientierten Fasern aus und setzt diese in einem geeigneten Zustande (Cellulosefasern unter Benetzung mit Natronlauge, PERLON-Fasern mit Phenol) einem geeigneten Druck aus. Legt man die Fasern zwischen glatte Bleiplatten und walzt diese in der Faserrichtung zwischen einer Stahlplatte und einer Stahlwalze, so können durch Regelung der Bleidicke und des Walzdruckes die günstigsten Verhältnisse ausprobiert werden (SISSON [10]).

Literatur

[1] KAST, W., u. A. PRIETZSCHK: Kolloid-Z. 114 (1949) S. 23.

[2] MacGILLAVRY, C. H.: Rec. trav. chim. Pays-Bas 69 (1950) S. 509.

[3] HERMANS, P. H.: Contribution to the physics of Cellulose fibres, Kap. V. New York/Amsterdam/London/Brüssel: Elsevier Publ. Comp. Inc. 1946.

[4] HERMANS, J. J., P. H. HERMANS, D. VERMAAS u. A. WEIDINGER: Rec. trav. chim. Pays-Bas 65 (1946) S. 427 — J. Polymer Sci. 3 (1948) S. 1.

[5] KAST, W.: Kolloid-Z. 120 (1951) S. 40.

[6] HERMANS, P. H., u. W. KAST: Kolloid-Z. 121 (1951) S. 21.

[7] KAST, W.: Kolloid-Z. 125 (1952) S. 45.

[8] KRATKY, O.: Bestimmung der Kristallorientierung auf röntgenographischem Wege. § 27 aus H. A. STUART [28].

[9] POLANYI, M.: Z. Phys. 7 (1921) S. 149.

[10] SISSON, W. A.: J. phys. Chem. 40 (1936) S. 343.

[11] KUHN, W., u. F. GRÜN: Kolloid-Z. 101 (1942) S. 248.

[12] KRATKY, O.: Kolloid-Z. 64 (1933) S. 213 — Geometrie der Deformationsvorgänge bei stark gequollenen kristallin-amorphen Systemen. § 31 aus H. A. STUART [28].

[13] SISSON, W. A.: J. phys. Chem. 44 (1940) S. 513.

[14] HERMANS, P. H., O. KRATKY u. R. TREER: Kolloid-Z. 96 (1941) S. 30.

[15] BRILL, R.: Z. phys. Chem. B 53 (1943) S. 363.

[16] BROWN, A. J.: J. appl. Phys. 20 (1949) S. 552.

[17] HORSLEY, R. A., u. H. A. NANCARROW: Brit. J. appl. Phys. 2 (1951) S. 345.

[18] DAUBENY, R. DE, C. W. BUNN u. C. J. BROWN: Im Erscheinen.

[19] BAULE, B., O. KRATKY u. R. TREER: Z. phys. Chem. B 50 (1941) S. 255. — O. KRATKY: Kolloid-Z. 96 (1941) S. 301.

[20] KAST, W.: Melliand Textilber. 31 (1950) S. 83.

[21] KRATKY, O., A. SEKORA u. R. TREER: Z. Elektrochem. 48 (1942) S. 587.

[22] KRATKY, O., G. POROD u. E. TREIBER: Kolloid-Z. 121 (1951) S. 1 — Z. Elektrochem. 55 (1951) S. 481.

[23] HERMANS, P. H.: J. Polymer Sci. 4 (1949) S. 145.

[24] HEYN, A. N. J.: J. amer. chem. Soc. 70 (1948) S. 3138 — Textil-Res. J. 19 (1949) 163.

[25] MORGAN, L. B.: J. appl. Chem. 4 (1954) S. 160.

[26] KELLER, A.: J. Polymer Sci. 11 (1953) S. 567; 15 (1955) S. 31.

[27] KELLER, A., u. I. SANDEMANN: J. Polymer Sci. 15 (1955) S. 133.

[28] STUART, H. A.: Physik der Hochpolymeren, Bd. III, §§ 32c, 45c. Berlin/Göttingen/Heidelberg: Springer 1955.

[29] KRIMM, S., u. A. V. TOBOLSKY: J. Polymer Sci. 7 (1951) S. 57.

[30] ASTBURY, W. T., u. C. J. BROWN: Nature 158 (1946) S. 871.

[31] KRATKY, O., u. H. SEMBACH: Angew. Chem. 67 (1955) S. 603.

[*32*] BUNN, C. W., u. E. V. GARNER: Proc. roy. Soc. (London) A 189 (1947) S. 39.

[*33*] CENTOLA, G.: Boll. Assoc. Ital. Chim. Tess. Color. (2) 5 (1956) S. 96.

[*34*] KRATKY, O., G. POROD u. E. SCHAUENSTEIN: Gitterstruktur der hochpolymeren Stoffe. Kap. IV aus H. A. STUART [*28*].

[*35*] KAST, W.: Textur (übermolekulare Struktur) und Eigenschaften. Kap VII, A, insbesondere § 56c, aus H. A. STUART: Physik der Hochpolymeren, Bd. IV. Berlin/Göttingen/Heidelberg: Springer 1956.

3.7 Überstrukturen in kristallisierenden Hochpolymeren [*1*]

Von **H. A. Stuart**, Mainz

3.7.1 Vorbemerkung

Bei kristallisierenden hochpolymeren Stoffen kann man 2 Ordnungsstufen unterscheiden, nämlich eine *Kettenordnung* oder die Ordnung benachbarter Kettenstücke sowie eine sich über größere Bereiche erstreckende *übermolekulare Ordnung*. Die Kettenordnung umfaßt die Ordnung innerhalb der kristallinen und nichtkristallinen Bereiche, d. h, alle Stufen der Ordnung von der Gitterordnung bis herab zur Nahordnung in den „amorphen" Gebieten, die mehr oder weniger der Nahordnung in der Schmelze entspricht. Erfahrungsgemäß ordnen sich die kristallinen Bereiche zu größeren (morphologischen) Einheiten, vor allem zu Sphärolithen und fibrillenartigen Gebilden an. Wir haben also neben der Kettenordnung noch eine übermolekulare Ordnung, die wir kurz auch als *Überstruktur* bezeichnen können. Sie wird im wesentlichen durch die Form und Größe der Kristallite und durch die gegenseitige Anordnung dieser morphologischen Elementarstrukturen bestimmt. In der Tab. 1 sind die Strukturmerkmale zusam-

Tabelle 1

Die Elemente der Ordnung in kristallisierenden Stoffen aus Kettenmolekülen, Kettenordnung und übermolekulare Ordnung[1].

  a) Ordnung benachbarter Kettenstücke
    α) Gitterstrukturen im Idealgitter
    β) Reale Gitter, Art und Ausdehnung der Gitterstörungen
    γ) Mesomorphe Strukturen [*2*]
    δ) Nahordnung in den amorphen Gebieten
  b) Übermolekulare Ordnung in nichtorientiertem Material

Mikrostruktur

    α) Größe und Form der kristallinen Bereiche (Lamellen, Fibrillen)
    β) Anordnung der Ketten in diesen Kristalliten (Faltung, Korngrenzen)
    γ) Gegenseitige Anordnung der Kristallite zu höheren Einheiten (Sphärolithen usw.)

Gefüge

    δ) Art und Anordnung der morphologischen Formen wie Sphärolithe, Polyhedrite, Lamellenpyramiden, Dendrite, transkristalline Bereiche
    ε) Anteil, Größe und Verteilung amorpher Bereiche
  c) Ordnung im orientierten Material, vgl. 3.5 u. 3.6
    α) Orientierung der Ketten in den kristallinen Gebieten
    β) Orientierung der Ketten in den nichtkristallinen Gebieten
    γ) Form, Größe und gegenseitige Anordnung der kristallinen und nichtkristallinen Gebiete

---

[1] Natürlich gewachsene Stoffe zeigen noch höhere Ordnungsstufen, die sog. *Biostrukturen*.

mengestellt, die zur vollständigen Beschreibung der Ordnung in kristallinen Hochpolymeren notwendig sind.

Wir beschäftigen uns in diesem Abschnitt nur mit den unter b) aufgeführten morphologischen Strukturen, die für die technologischen Eigenschaften von ganz erheblicher Bedeutung sind.

3.7.2 Sphärolithe

Die häufigsten Formen, in denen übermolekulare Ordnungszustände über große Bereiche hinweg auftreten können, sind die Sphärolithstrukturen. Bei Hochpolymeren wurden sie erstmals von BUNN und ALCOCK [3] erwähnt. Im Lichtmikroskop sind die Sphärolithe zwischen gekreuzten Polarisatoren am sog. Sphärolithenkreuz zu erkennen, dessen Arme parallel und senkrecht zur Polarisationsrichtung des einfallenden Lichtes ausgerichtet sind. Beim Drehen des Objekts bleibt die Lage des Kreuzes erhalten. Ein solches Kreuz tritt immer dann auf, wenn die Indexellipsoide des doppelbrechenden Materials rotationssymmetrisch angeordnet sind, d. h. also, wenn die Molekülketten entweder bevorzugt radial oder tangential orientiert, die Brechungsindizes radial und tangential verschieden sind.

Es wurden viele verschiedene Typen von Sphärolithen beobachtet. Die umfangreiche Literatur über optische Erscheinungen an Sphärolithstrukturen kann hier nicht im einzelnen zitiert werden. So spricht man z. B. vom *Pseudo-* oder *Fasersphärolith*, wenn aus einem wirren Haufen von kleinsten sich störenden kristallinen Bereichen bei ausgeprägter Anisotropie der Wachstumsgeschwindigkeiten nur diejenigen weiterwachsen können, die so orientiert sind, daß die Richtung großer Wachstumsgeschwindigkeit gerade radial liegt. Die entstehenden Fasern nehmen sich dabei gegenseitig das amorphe Material weg. Das ist die einfachste Art der Entstehung eines Sphärolithen mit radialfaseriger Struktur, vgl. Abb. 1a und b. Ein Analogon stellt das Phänomen der *Transkristalli-*

a

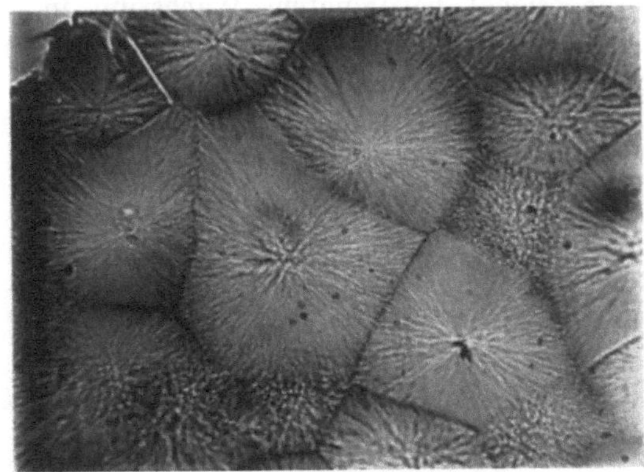

b

Abb. 1. Sphärolithstrukturen in massivem 6-NYLON (PERLON)
Mikrotomschnitt in durchfallendem Licht, Vergr. 500fach
a) polarisiertes Licht; b) unpolarisiertes Licht (nach KAHLE)

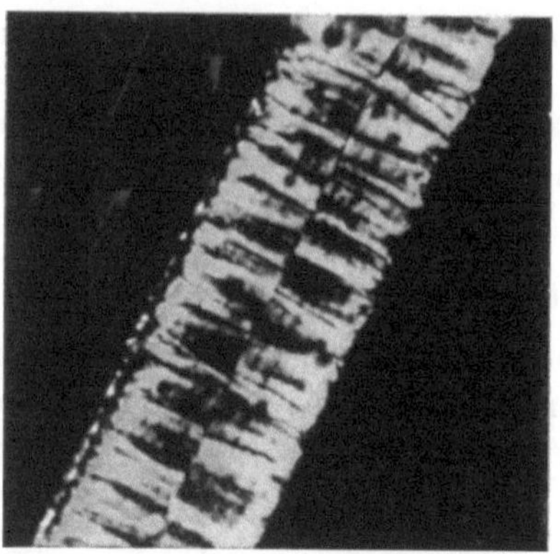

Abb. 2. Transkristallisation in Polyurethan
(nach JENCKEL)

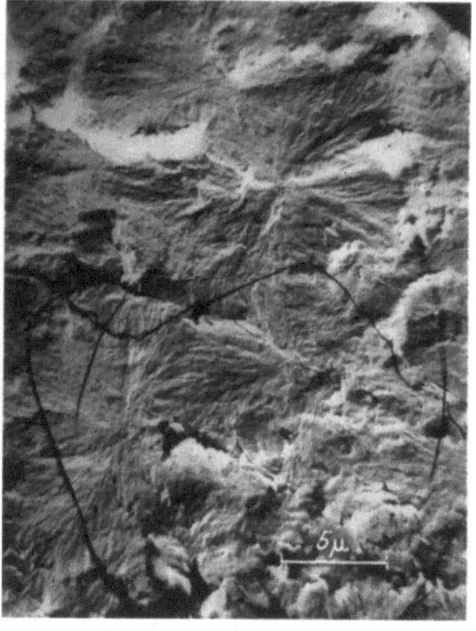

Abb. 3. Elektronenmikroskopische Aufnahmen der
Bruchfläche eines PERLON-Stückes, Vergr. 1600fach
(nach STUART und KAHLE, aus dem Labor der
Zeiss-Werke, Oberkochen)

sation [4] dar, das ebenfalls auf einer solchen Auslese beruht. Hier wachsen die stengeligen Bereiche vom Rand ins Innere, s. Abb. 2.

Die Abb. 3 zeigt Sphärolithe in Bruchflächen [5]. Die folgende Abb. 4 zeigt den Typus des echten Garbensphärolithen. Die Entwicklung eines solchen Sphärolithen beginnt, wie BERNAUER [6] an niedermolekularen Verbindungen gezeigt hat, mit einem gut entwickelten Kristall, der bei eindimensional bevorzugtem Wachstum in eine nadelige oder blätterige Form aufsplittert. Die weitergehende Aufspaltung führt zu einer garbenförmigen

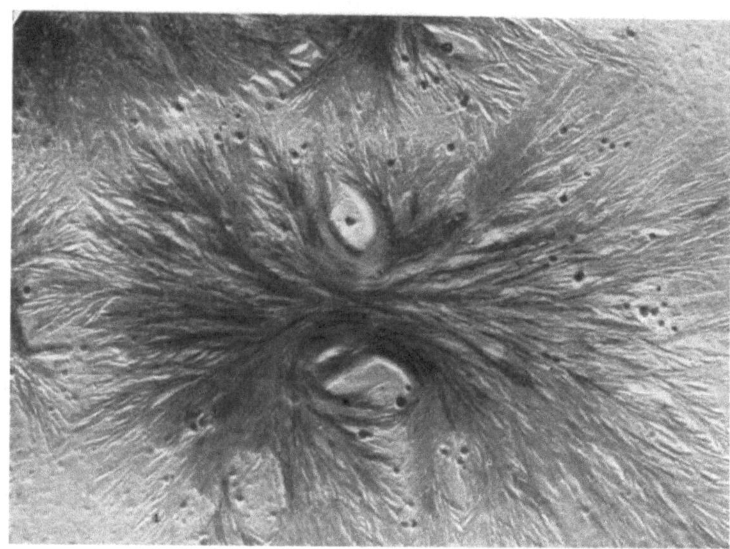

Abb. 4. Sphärolithkern, entstanden aus PERLON in Ameisensäure. Elektronenmikroskop, 10 000fach Vergr.
(nach STUART und KAHLE, aus dem Labor der Zeiss-Werke, Oberkochen)

Struktur, wobei die Krümmung stärker wird, so daß schließlich der Kern zu einem kugeligen Gebilde auswächst (s. Abb. 5).

Sphärolithe mit Dendritenstruktur sind bei Guttapercha gefunden worden [7], vgl. Abb. 6. Eine andere wichtige Art von Sphärolithen wurde von A. KELLER beim TERYLEN und bei verschiedenen Polyamiden beobachtet [8]. Unter geeigneten Kristallisationsbedingungen bildet sich ein konzentrisches System von dunklen Ringen aus. Diese Kristallisationsform wurde später auch beim Poly-

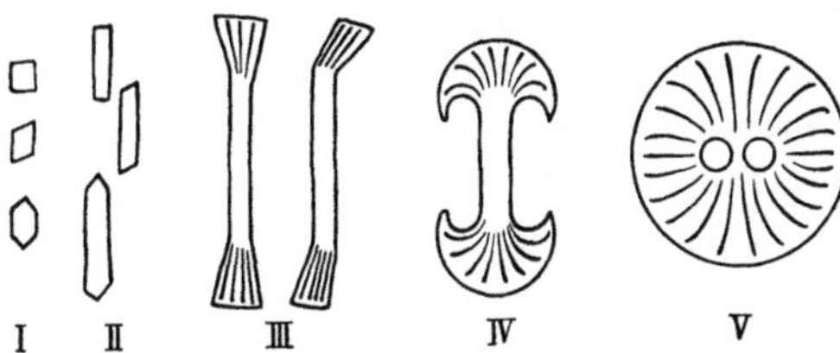

Abb. 5. Entwicklungsstufen eines Sphärolithen nach BERNAUER

äthylen und bei vielen anderen Polymeren gefunden. Auch rein fibrillenartige Formen können auftreten [9].

Beim Verstrecken werden die Sphärolithe im allgemeinen auseinandergezogen und verblassen, wobei das Material im allgemeinen durchsichtiger wird. Die Undurchsichtigkeit von kristallisierenden hochpolymeren Körpern beruht weitgehend auf der diffusen Reflexion des Lichtes an der Oberfläche und im Inneren der faserigen Sphärolithe.

Elektronenmikroskopische Beobachtungen [10] zeigen nun, daß die Sphärolithe in allen bisher untersuchten Fällen eine deutlich ausgeprägte Feinstruktur besitzen. Diese Strukturelemente lassen

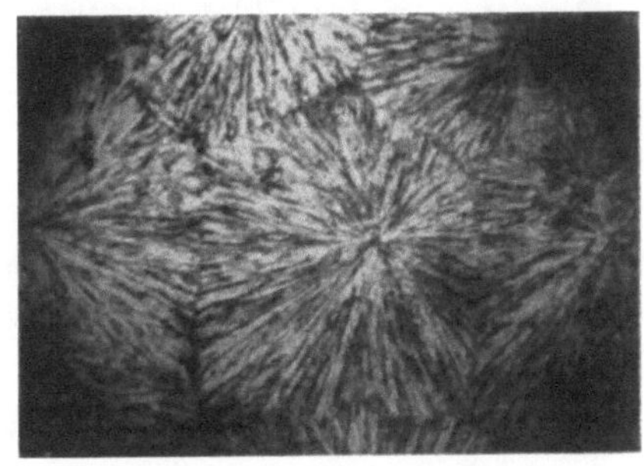

Abb. 6. Sphärolith mit Dendritenstruktur (ohne Achsenkreuz) in Guttapercha (nach SCHUUR)

sich, wie im nächsten Abschnitt beschrieben wird, unter geeigneten Bedingungen auch isoliert darstellen.

3.7.3 Einkristalle, Kettenfaltung, Periodische Kristallisation

Bei der Kristallisation von Niederdruckpolyäthylen aus verdünnten heißen Xylollösungen entstehen lamellenartige Einkristalle mit überraschend konstanter Stufenhöhe [11, 12, 13], s. Abb. 7. Aus Elektronenbeugungsaufnahmen folgt, daß die Polyäthylenketten senkrecht zur Lamellenebene stehen. Da die Kettenlänge die Lamellendicke, die bei etwa 120 Å liegt, um ein vielfaches übertrifft, müssen die Ketten in den Lamellen gefaltet sein [14]. Auch beim 6-NYLON wurde an dünnen durchstrahlbaren Filmen [14, 15] und an aus der Lösung kristallisierten Einzelfibrillen [16] eine Faltung der Ketten nachgewiesen. Zum gleichen Ergebnis kam man bei verschiedenen Polyestern [17] und bei einigen isotaktischen Polymeren [18].

Diese Untersuchungen und eine große Zahl anderer Beobachtungen [10, 14, 18a] im Elektronenmikroskop, sowie der Elektronenbeugung und der Röntgenkleinwinkelstreuung an durchstrahlbaren und dickeren Filmen sowie an massiven Materialien zeigen, daß die Lamelle bzw. ihre zur Fibrille entartete Form das einfachste kristalline Grundelement darstellt und allgemein im kristallisierenden, nicht orientierten Material auftritt.

Unabhängig davon, ob die Kristallisation aus der Lösung oder Schmelze oder aus dem Glaszustand [*18b, 20a*] erfolgt, kommt es zu einem mehr oder weniger vollkommenen Aufbau von lamellen- bzw. fibrillenförmigen Einkristallen. Wieweit auch bei der Kristallisation aus der Schmelze eine Kettenfaltung auftritt, ist noch nicht sicher bekannt. Für die Faltung sprechen aber neue elektronenmikroskopische Untersuchungen der Oberfläche von in der Kälte gebrochenen massiven Stücken von Polyäthylen, Polyäthylenoxyd und TEFLON [*18b*]. Man darf wohl annehmen, daß bei langsamer, ungestörter Kristallisation die Kettenfaltung überwiegt und daß bei gestörter Kristallisation, etwa beim Abschrecken verhängte Lamellen auf-

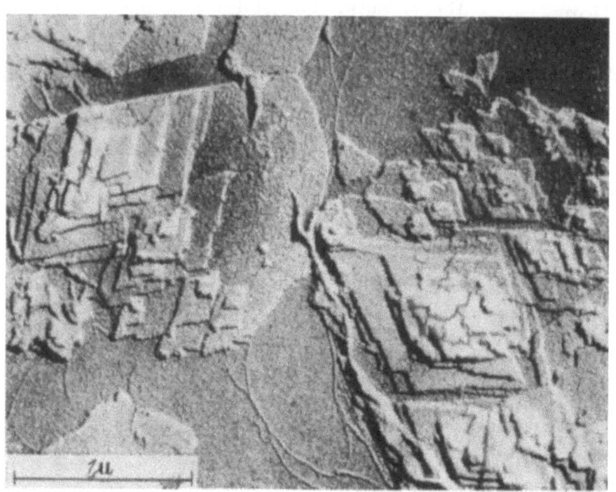

Abb. 7. Niederdruckpolyäthylen (Marlex 50), kristallisiert aus verdünnter Xylollösung, Elektronenmikroskop, Vergr. 20 000fach (nach FISCHER)

treten. Das würde erklären, daß man im letzteren Falle ein duktileres, weniger sprödes Material erhält.

Sicher ist aber, daß die Kristallite in Kettenrichtung eine sehr einheitliche Länge von der Größenordnung 100 bis etwa 500 Å [1] besitzen, d. h. daß jeder Kristallit in dieser Richtung stets nur bis zu einer Länge wachsen kann, und zwar unter allen bisher untersuchten Kristallisationsbedingungen, d. h. gleichgütig, ob er aus der Lösung, an bestimmten orientierenden Grenzflächen, aus der Schmelze, aus dem Glaszustande oder im verstreckten Zustande gewachsen ist. Diese überraschende, als **periodische Kristallisation** bezeichnete Erscheinung läßt sich heute kaum mehr kinetisch erklären, sondern muß auf eine tiefere thermodynamische Ursache zurückzuführen sein [*18c*].

Jede kinetische Störung verursacht auch Gitterfehler. Der Volumenanteil der gestörten Gitterbereiche und der Korngrenzen ist bei Hochpolymeren viel größer als bei Kristallen aus kleinen Molekülen. Diese Bereiche mit ihrer oftmals flüssigkeitsähnlichen molekularen Ordnung und Bewegung können einen größeren amorphen Anteil vortäuschen [*18d*]. Ein definierter amorpher Anteil läßt sich zahlenmäßig nicht angeben. Das schließt aber nicht aus, daß man für viele, mehr praktische Zwecke einen etwa aus der Dichte abgeleiteten Zahlenwert für den sog. Kristallisationsgrad oder effektiven kristallinen Anteil [*18e*] als Kennzahl für ein kristallines Produkt verwenden kann.

Zwischen den genannten Einkristallen und den lichtmikroskopisch beobachtbaren Sphärolithen besteht ein enger Zusammenhang. Zum Beispiel beobachtet man bei Polyamidsphärolithen elektronenmikroskopisch eine radiale Fibrillenstruktur und polarisationsoptisch eine tangentiale Anordnung der Ketten. Dieses

---

[1] Diese Länge ist im wesentlichen von der Kristallisationstemperatur abhängig und kann bei Annäherung an den Schmelzpunkt auch noch höhere Werte erreichen.

ist jetzt ohne weiteres verständlich, da nach den beschriebenen Elektronen-
beugungsversuchen die Ketten annähernd senkrecht zur Fibrillenachse stehen.

Ferner konnte gezeigt werden [19], daß Polyäthylensphärolithe aus Lamellen aufgebaut sein können, wobei sich die Lage der Lamellenebene entlang eines Radius periodisch ändert, vgl. Abb. 8. Dadurch zeigen die Sphärolithe lichtoptisch die oben erwähnten Auslöschungsringe. Durch Messungen der Lichtzerstreuung unter sehr kleinen Winkeln konnte ebenfalls nachgewiesen werden, daß der periodische Aufbau dieser Sphärolithe auf einem periodischen Wechsel der Kettenorientierung beruht [19a].

Ob ein Körper glasklar kristallisiert, ob er eine sphärolithische oder transkristalline Struktur zeigt, ob große oder kleine Sphärolithe oder solche einheitlicher Größe auftreten, oder ob er feinkörnig kristallisiert (s. Abb. 9), hängt wesentlich von der thermischen Behandlung, wie Temperatur in der Schmelze bzw. im Schmelzbereich [19b], von der Abkühlungsgeschwindigkeit und der Kristallisationstemperatur sowie von Verunreinigungen und Zusätzen ab. Es muß aber darauf hingewiesen werden, daß der häufig in der Literatur gebrauchte Unterschied zwischen sphärolithischem und nicht sphärolithischem Material, der sich lediglich auf den polarisations-

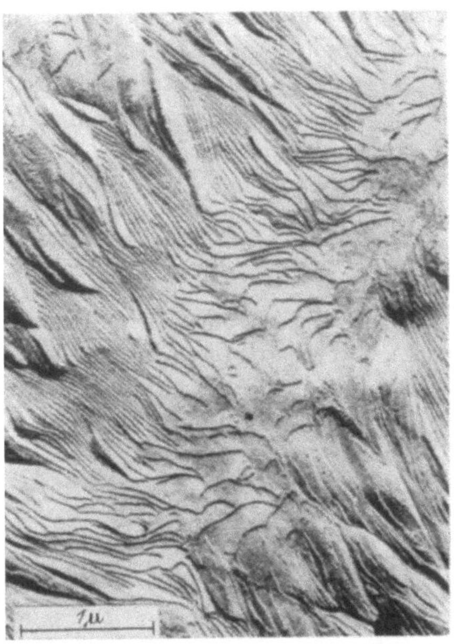

Abb. 8. Ringsystem (nach FISCHER) auf der Oberfläche eines Sphärolithen von ZIEGLER-Niederdruckpolyäthylen, aus der Schmelze kristallisiert, Au/Pd-Kohle-Abdruck, Vergr. 18000fach

optischen Befund stützt, meistens keinen prinzipiellen Unterschied in der Struktur des Polymeren beschreibt. Auch „feinkörniges" Material und solches, das aus dem Glaszustand durch Tempern kristallisiert wurde, zeigt elektronenmikroskopisch Fibrillen bzw. Lamellen, die in sphärolithähnlichen Überstrukturen geordnet sein können [14, 20], deren Ausdehnungen lediglich unterhalb des Bereiches lichtmikroskopischer Auflösung liegen. Es ist durchaus möglich, daß bei genügend hoher Keimzahl entlang eines jeden Kettenmoleküls primär zahlreiche Kri-

Abb. 9. Oberflächenbild eines PERLON-Blockes mit Körnerstruktur, Vergr. 280fach (nach STUART und VEIEL)

stallkeime entstehen, die die Kettenbeweglichkeit so einschränken, daß sich
Elementarstrukturen mit Kettenfaltung nicht mehr entwickeln können. Das
kristalline Material müßte dann glasklar bleiben. Doch scheint dieser Fall eines
kristallin-amorphen Gefüges sehr schwer zu verwirklichen sein.

Dagegen kann man ein glasklares kristallines Material erhalten, wenn man
z. B. TERYLEN (Polyester aus Terephthalsäure und Äthylenglykol) vom amorphen
Zustand aus verstreckt. Offenbar führt die Parallelisierung der Ketten zu einer
extrem hohen Keimzahl und, wie die Röntgenkleinwinkelstreuung zeigt, zu einer
periodischen Folge von kristallinen und nichtkristallinen Bereichen [21].

3.7.4 Technologische Bedeutung

Über die technologische Bedeutung der morphologischen Strukturen liegen
relativ wenige Untersuchungen vor. Es scheint nicht einfach zu sein, Probekörper
herzustellen, die bei gleichem Kristallisationsgrad verschiedene morphologische
Strukturen aufweisen. Daher ist auch der Einfluß des Kristallisationsgrades
nicht immer klar von der Wirkung der Morphologie zu trennen. Trotzdem ist es sicher, daß ein sphärolithhaltiges Material bei gleichem kristallinem Anteil spröder als ein feinkörniges ist, wie Untersuchungen an Polytrifluorchloräthylen [22], hochmolekularem Polyoxymethylen [23] und 6,6-NYLON [24] zeigen. Auch beim unverzweigten Polyäthylen nimmt die Schlagfestigkeit mit zunehmender mittlerer Sphärolithgröße ab [25].

In sphärolithischem sprödem Material verläuft die Bruchgrenze entlang der Radien der Sphärolithe oder entlang der Grenzen zwischen benachbarten Sphärolithen. Man könnte vermuten, daß zwischen den Fibrillen bzw. Lamellen, die den Sphärolithen aufbauen, beim

Abb. 10. Radial aufgerissener Sphärolith aus linearem
Polyäthylen, 350 : 1 (nach H. HENDUS)

Wachstum radiale kapillare Risse vorgebildet sind. Dieser Auffassung widerspricht jedoch die Beobachtung über die Anfärbbarkeit der Polymeren. So ist
bekannt, daß bestimmte Dispersionsfarbstoffe nicht ins Innere der Sphärolithe
einzudringen vermögen [26]. Entsprechendes kann auch für ein Quellmittel zutreffen, und zwar um so mehr, je amorpher in dem betreffenden Material die
Umgebung der Sphärolithe ist. Auch die Permeationsmessungen an Hochpolymeren sprechen gegen die Entstehung von Rissen in Sphärolithen während der

Hauptkristallisation[1] [*27, 28a*]. Den Bruchverlauf im Sphärolithen kann man zwanglos dadurch erklären, daß sich eine einmal entstandene Kerbstelle bevorzugt entlang der Korngrenzen zwischen den einzelnen Kristalliten ausbreitet. Diese Korngrenzen wirken ähnlich wie Spaltebenen bei niedermolekularen Substanzen. Sehr deutlich wird dies an der Aufnahme eines radial aufgerissenen Sphärolithen mit Ringsystemen [*28*] in Polyäthylen (vgl. Abb. 10). Der Riß konnte sich nur an denjenigen Stellen ohne Störung ausbreiten, wo er parallel zu den Lamellenebenen verläuft. Es ist vorauszusehen, daß die Sphärolithstruktur auch die Spannungskorrosion erheblich beeinflussen kann [*28a*].

In vielen Fällen ist also eine Sphärolithstruktur unerwünscht. Umgekehrt ist bei Beanspruchung auf Abrieb ein sphärolithisches Material günstig. Eine der wichtigsten Eigenschaften von Polyamiden als Werkstoff für Maschinenelemente, Zahnräder, Gleitlager, nämlich ihre hohe Verschleißfestigkeit, scheint wesentlich auf der Sphärolithstruktur zu beruhen [*29*]. Durch Rekristallisation der Randschicht von Wellenlagern aus 6-NYLON kann eine große Härte erzielt werden [*30*]. Dementsprechend ändern sich auch die Laufeigenschaften. Ferner wurde festgestellt, daß die Gegenwart von Sphärolithen in 6,6-NYLON die Fließgrenze erhöht und gegenüber einer Änderung des kristallinen Anteiles unempfindlich macht [*31*].

Die morphologische Struktur kann man an Mikrotomschnitten im durchfallenden polarisierten Licht beobachten. Noch einfacher ist das Verfahren, die Oberfläche oder eine Schnitt- bzw. Bruchfläche des Körpers in geeigneter Weise anzuätzen oder anzupolieren und im Auflicht zu betrachten. Auf diese Weise wird

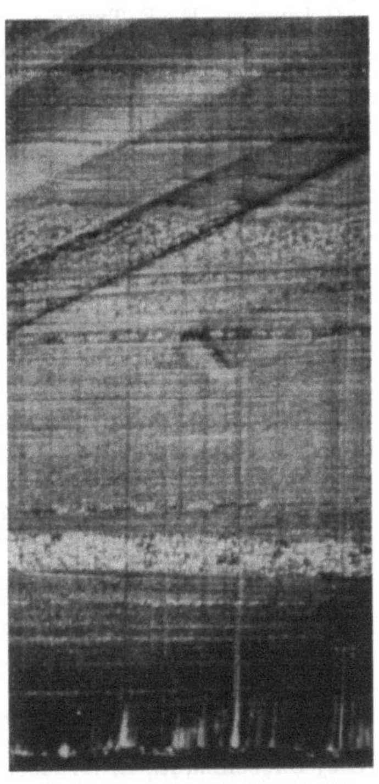

Abb. 11. Mikrotomschnitt durch einen scheibenförmigen Polyamidspritzling, Vergr. 30fach (nach STUART und VEIEL)

es möglich, auch bei großen Formstücken das Gefüge, seine Abhängigkeit von den Verarbeitungsbedingungen, sowie Inhomogenitäten im Material zu erkennen, wie sie vor allem bei der Verarbeitung zu Formstücken (Spritzguß) leicht und in schwer kontrollierbarer Weise entstehen können.

Als Beispiel einer praktischen Anwendung [*32*] sehen wir in der Abb. 11 den Querschnitt durch einen scheibenförmigen Polyamidspritzling. Man erkennt am Rande die Transkristallisation und eine straßenartige Sphärolithschichtung, die auf ungleichmäßige Erhitzung, unzureichende Erwärmung und magmaartiges Fließen

---

[1] Erst wenn am Ende des Sphärolithwachstums, d. h. der Hauptkristallisation, das Material weiterhin durch Tempern nachkristallisiert wird, entstehen beim Abkühlen solche innere Spannungen, daß das Material rissig wird und versprödet. Diese Nachkristallisation (physikalische Alterung) macht das Material auch anfälliger gegen Korrosion [*28a*].

beim Einpressen zurückzuführen ist. Diese mangelnde Homogenität des Formkörpers bringt natürlich zusätzliche innere Spannungen mit sich und kann das Material unerwünscht spröde machen.

Literatur

[1] Vergleiche dazu W. BRENSCHEDE in H. A. STUART: Physik der Hochpolymeren, Bd. III. S. 500ff. Berlin/Göttingen/Heidelberg: 1954, dort weitere Literatur; ferner H. A. STUART: Kolloid-Z. 165 (1959) S. 3.

[2] Vergleiche W. KAST u. H. A. STUART in: Physik der Hochpolymeren, Bd. III, Kap. I.

[3] BUNN, C. W., u. T. C. ALCOCK: Trans. Faraday Soc. 41 (1945) S. 317.

[4] JENCKEL, E., E. TEEGE u. W. HEINRICHS: Kolloid-Z. 129 (1952) S. 19.

[5] STUART, H. A., u. B. KAHLE: J. Polymer Sci. 18 (1955) S. 143.

[6] BERNAUER, F.: Gedrillte Kristalle. Berlin: Gebr. Bornträger 1929; aus: Forschungen zur Kristallkunde, H. 2.

[7] SCHUUR, G.: J. Polymer Sci. 11 (1953) S. 385.

[8] KELLER, A.: Nature 169 (1952) S. 913.

[9] COOPER, A. C., A. KELLER u. J. R. S. WARING: J. Polymer Sci. 11 (1953) S. 215.

[10] Vergleiche zusammenfassenden Bericht von A. KELLER in: Growth and Perfection of Crystals. Hrsg. DOREMUS, ROBERTS u. TURNBULL. New York 1958.

[11] TILL, P. H.: J. Polymer Sci. 24 (1957) S. 301.

[12] KELLER, A.: Phil. Mag. 2 (1957) S. 1171.

[13] FISCHER, E. W.: Z. Naturforschung 12a (1957) S. 753.

[14] EPPE, R., E. W. FISCHER u. H. A. STUART: J. Polymer Sci. 34 (1959) S. 721.

[15] SCOTT, R. G.: J. appl. Phys. 28 (1957) S. 1089.

[16] KELLER, A.: J. Polymer Sci. 36 (1959) S. 361.

[17] FISCHER, E. W.: Unveröffentlicht.

[18] FRANK, F. C., A. KELLER u. A. O'CONNOR: Phil. Mag. 4 (1959) S. 200..

[18a] FISCHER, E. W.: Unveröffentlichte Messungen. — Ferner C. SELLA: Compt. Rend. Acad. Sci. 248 (1959) S. 410. — H. HENDUS: Erg. exakt. Naturw. 31 (1959) S. 220.

[18b] FISCHER, E. W.: Ann. New York Acad. Sci. 89, Art. 4 (1961) S. 620. — C. W. BUNN, A. J. COBOLD u. R. P. PALMER: J. Polym. Sci. 28 (1958) S. 376.

[18c] FISCHER, E. W.: Z. Naturforschung 14a (1959) S. 584. — Ann. New York Acad. of Sci. 89, Art. 4 (1961) S. 620. — A. PETERLIN u. E. W. FISCHER: Z. Physik 159 (1960) S. 272.

[18d] STUART, H. A.: Ann. New York Acad. Sci. 83, Art. 1 (1959) S. 1.

[18e] ZACHMANN, H. G., u. H. A. STUART: Die Makromol. Chemie 41 (1960) S. 131.

[19] FISCHER, E. W.: Discuss. Faraday Soc. 25 (1958) S. 205.

[19a] DAUSCHER, R., E. W. FISCHER u. H. A. STUART: Z. Naturforschung 15a (1960) S. 116.

[19b] ZACHMANN, H. G., u. H. A. STUART: Die Makromol. Chemie 41 (1960) S. 148.

[20] EPPE, R., E. W. FISCHER u. H. A. STUART: J. Polymer Sci. 34 (1959) S. 721.

[20a] KÄMPF, G.: Kolloid-Z. 172 (1960) S. 50.

[21] Siehe z. B. K. HESS: Verh.-Ber. Kolloid-Ges. 18 (1958) S. 5. — K. HESS, E. GÜTTER u. H. MAHL: Kolloid-Z. 158 (1958) S. 115. — W. O. STATTON: J. Polymer Sci. 28 (1958) S. 423.

[22] REDING, F. P., u. A. BROWN: Industr. Engng. Chem. 46 (1954) S. 1962.

[23] HAMMER, C. H., T. A. KOCH u. J. F. WHITNEY: J. appl. Polymer Sci. 1 (1959) S. 169.

[24] STARKWEATHER, H. W., G. E. MOORE, J. E. HANSEN, T. M. RODER u. R. E. BROOKS: J. Polymer Sci. 21 (1956) S. 189.

[25] OHLBERG, S. M., J. ROTH u. R. A. V. RAFF: J. appl. Polymer Sci. 1 (1959) S. 114.

[26] FORWARD, M. V., u. S. C. SIMMENS: J. Text. Inst. 46 (1955) S. 676.

[27] STUART, H. A., u. D. JESCHKE: Iupac-Symposium über Makromoleküle, Sektion I. Wiesbaden: Verlag Chemie 1959.

[28] HENDUS, H.: Kolloid-Z. 165 (1959) S. 32.

[28a] STUART, H. A.: Dechema-Monographien, Bd. 39 (1961) S. 99.

[29] JACOBI, H. R.: Z. VDI 96 (1954) S. 1197.

[30] JACOBI, H. R.: Kunststoffe 47 (1957) S. 234.

[31] STARKWEATHER, H. W., u. R. E. BROOKS: J. appl. Polymer Sci. 1 (1959) S. 236.

[32] STUART, H. A., u. U. VEIEL: Kunststoffe 43 (1953) S. 179. — W. HECHELHAMMER: Kunststoffe 45 (1955) S. 414.

4 Das physikalische Verhalten Polymerer und seine experimentelle Untersuchung

4.1 Fließverhalten

Von **W. Sliwka**, Ludwigshafen a. Rh.

4.1.1 Charakterisierung und Theorie der Newtonschen Flüssigkeit

a) Die Newtonsche Flüssigkeit. Der Fließwiderstand, den eine Flüssigkeit bei laminarer (schichtenförmiger), stationärer Strömung einer bleibenden Verformung entgegensetzt, ist durch den Quotienten aus der Schubspannung τ (dyn/cm^2) und dem Geschwindigkeitsgefälle $dv/dn = q$ (Sek.$^{-1}$), auch Schergefälle genannt, gegeben:

$$\frac{-\tau}{dv/dn} = \eta \tag{1}$$

v ist dabei die Fließgeschwindigkeit einer Schicht, dn der Abstand zweier Schichten voneinander senkrecht zur Fließrichtung. In vielen Fällen ist der so definierte Fließwiderstand gemäß dem NEWTONschen Reibungsgesetz Gl. (1) eine Konstante, die als Reibungskoeffizient oder einfach als die dynamische Viskosität η, gemessen in Poise (dyn $\cdot$ Sek. $\cdot$ cm^{-2} = g $\cdot$ cm^{-1} $\cdot$ Sek.$^{-1}$), der betreffenden Flüssigkeit bezeichnet wird. Den reziproken Wert $1/\eta = \varphi$ nennt man die Fluidität, ihre Einheit ist 1 Rhe = 1/Poise. Systeme mit konstantem Fließwiderstand nennt man deshalb NEWTONsche Flüssigkeiten. Zu ihnen gehören z. B. die niedrigmolekularen Flüssigkeiten und gewisse verdünnte makromolekulare Lösungen und Suspensionen.

Der Fließwiderstand von Flüssigkeiten ist allgemein stark von der Temperatur T abhängig. Er nimmt mit zunehmender Temperatur ab. Für niedermolekulare Flüssigkeiten gilt in vielen Fällen die folgende Gleichung [1, 2]

$$\ln \eta = \frac{E}{RT} + B, \tag{2}$$

wobei E eine Aktivierungsenergie, R die Gaskonstante und B eine Konstante darstellen. Beim Auftreten von Assoziationen in den Flüssigkeiten infolge Wasserstoff-Brückenbindungen ist der funktionale Zusammenhang mit der Temperatur meist komplizierter (geringere Temperaturabhängigkeit) und läßt sich erst durch Hinzunahme mehrerer Glieder mit T zu Gl. (2) darstellen [3][1].

Mit der Temperatur ändert sich die Dichte der Flüssigkeit. Durch eine Druckerhöhung kann die Volumenänderung dV und damit auch die Viskositätsänderung weitgehend rückgängig gemacht werden. In einzelnen Fällen bewähren sich z. B. die Gleichungen von BATSCHINSKI [5], von HERZOG und KUDAR [6] oder ANDRADE [7]

$$\eta = A \, V^{-1\,3} e^{E/VRT}, \tag{3}$$

worin V das spezifische Volumen und A eine Konstante ist.

---

[1] Bei der Messung der Fließeigenschaften eines Stoffes ist infolge der starken Temperaturabhängigkeit eine genaue Temperatureinhaltung notwendig. Erschwert wird die Konstanthaltung der Temperatur dadurch, daß besonders bei hohen Schergefällen eine merkliche Wärmemenge entsteht. Die bei einem konstanten Schergefälle pro Sek. und cm^3 umgesetzte Energie E ist $E = \eta \, q^2$. Diese Gleichung gilt allgemein [4] und kann auch zur Definition der Viskosität herangezogen werden.

Die Viskosität makromolekularer Lösungen, Emulsionen und Dispersionen wächst, sofern die Viskosität des Verdünnungsmittels kleiner als die des gelösten bzw. dispergierten Stoffes ist, mit dessen Konzentration[1]. Bei der Behandlung der Viskosität von Lösungen besonders zur Molekulargewichtsbestimmung[2] haben sich neben der Angabe der Viskosität der Lösung*[3] η (Viscosity of the solution*), ausgehend von der Viskosität des reinen Lösungsmittels* η_0 (Viscosity of the pure solvent*), wegen der Einfachheit der entstehenden Beziehungen verschiedene andere Größen eingeführt. Die relative Viskosität* (Viscosity ratio*) ist der Quotient aus der Viskosität der Lösung und der des Lösungsmittels $\eta_{\mathrm{rel}} = \eta/\eta_0$. Die spezifische Viskosität* ist durch den Ausdruck $\eta_{\mathrm{spez}} = (\eta - \eta_0)/\eta_0$ gegeben.

Sehr viel benutzt wird der Quotient aus der spezifischen Viskosität und der dazugehörenden jeweiligen Konzentration $(\eta - \eta_0)/\eta_0 \cdot c$ (Viscosity number*), bisher Viskositätszahl genannt[4]. Im angelsächsischen Ausland wird statt dessen häufiger die logarithmische Viskositätszahl[5] (logarithmic viscosity number*) benutzt. Sie ist gekennzeichnet durch den Quotienten aus dem Logarithmus der relativen Viskosität und der Konzentration $\ln(\eta/\eta_0)/c$. Für ein und dasselbe System sind die Zahlenwerte von $(\eta - \eta_0)/\eta_0\, c$ und der logarithmischen Viskositätszahl verschieden und erstere stark, letztere weniger stark von der Konzentration abhängig. Extrapoliert man die bei verschiedenen Konzentrationen gemessenen Zahlenwerte auf die Konzentration Null [10], so schneiden sich die beiden Kurven bei der Konzentration Null und liefern den konzentrationsunabhängigen Staudinger Index** $[\eta]$ mit der Einheit 1 Staudinger = 1 Sta** (limiting viscosity number*); die Konzentration ist dabei in g/ml angegeben[6]. Diese Größe wurde zuerst von ELÖD [13] als Grenzwert der Viskositätszahl unter der Bezeichnung Grenzviskosität (c = g/100 ml) eingeführt, später zuweilen Viskositätszahl $[Z\,\eta]$ (c = g/1000 ml) [11, 12] oder Grenzviskositätszahl $[\eta]$ (c = g/ml) [9] genannt. In Amerika führte KRAEMER [14] unter der Bezeichnung intrinsic viscosity $[\eta]$ (c = g/100 ml) den Grenzwert der logarithmischen Viskositätszahl ein. Es ist somit

$$[\eta]^{**} = \lim_{\substack{c \to 0 \\ q \to 0}} \frac{\eta - \eta_0}{\eta_0\, c} = \lim_{\substack{c \to 0 \\ q \to 0}} \frac{\ln \eta/\eta_0}{c}. \tag{4}$$

Bei nicht-NEWTONschen Systemen[1], d. h., wenn der Fließwiderstand auch bei bereits sehr kleinen Schergefällen immer noch schergeschwindigkeitsabhängig

---

[1] Im allgemeinen zeigen diese Systeme nur unterhalb einer bestimmten Konzentration und nur im Bereich sehr kleiner Schergeschwindigkeiten NEWTONsches Fließen. Letzteres wird oft zu wenig beachtet.

[2] Vergleiche 2.3.8.

[3] Es muß hier darauf hingewiesen werden, daß die Diskussion um eine endgültige Nomenklatur der Viskosimetrie makromolekularer Lösungen noch immer nicht ganz abgeschlossen ist. Die mit * bezeichneten Ausdrücke entsprechen den Vorschlägen, die von dem deutschsprachigen Ausschuß der „Commission on Makromolecules" in Wiesbaden 1959 [8] angenommen wurden bzw. den englischen Ausdrücken des HUGGINSschen Vorschlages. Mit ** versehen sind diejenigen restlichen Vorschläge, deren Annahme von dieser Kommission wahrscheinlich ist. Die Vorschläge gehen zurück auf HUGGINS und KRATKY [8, 9]. Die Konzentration der Lösung wird in g/ml Lösung angegeben.

[4] Für den Quotienten $(\eta - \eta_0)/\eta_0\, c$ ist vorläufig keine deutsche Bezeichnung vorgeschlagen.

[5] Diese wird auch *inherent viscosity* genannt (c = g/100 ml)

[6] Zur rechnerischen Ermittlung des Grenzwertes s. [10, 11, 12].

ist, sind die Größen nur dann eindeutig, wenn man auch die Schergeschwindigkeit gegen Null extrapoliert ($q \to 0$).

Wegen der verschiedenen Solvatation ein und desselben Polymeren in verschiedenen Lösungsmitteln und der dadurch gleichzeitig bedingten verschiedenen Viskosität der Lösungen ist die Angabe des Betrages von $(\eta - \eta_0)/\eta_0\, c$ oder des Staudinger Index** usw. nur unter Angabe auch des Lösungsmittels vollständig.

Vom theoretischen Standpunkt aus müßte die Konzentration in Volumenprozenten oder als Volumenfraktion c_v (Gesamtvolumen der Teilchen in der Lösung dividiert durch das Gesamtvolumen der Lösung) angegeben werden. Die Bestimmung der Volumenfraktion aber ist in vielen Fällen sehr schwierig, wenn nicht unmöglich, so daß allgemein unter Annahme der Dichte des gelösten Stoffes von etwa 1 die Konzentration c benutzt wird. In vielen Fällen zeigte sich in der Tat kaum ein Unterschied zwischen c_v und c [15].

Die Abhängigkeit der spezifischen Viskosität makromolekularer Lösungen von der Konzentration läßt sich für kleine Konzentrationen durch eine Reihe mit steigenden Potenzen in der Konzentration beschreiben:

$$\frac{\eta - \eta_0}{\eta_0} = [\eta]\, c + B\, c^2 + C\, c^3 + \cdots , \qquad (5)$$

worin $[\eta]$ der Staudinger Index**, B und C usw. Konstanten sind [16][1]. In der Praxis benutzt man vor allem für höhere Konzentrationen empirische Gleichungen anderer Gestalt, die sich z. T. sehr gut bewährt haben. Häufig in der Technik wird die Gleichung von FIKENTSCHER und MARK [18, 19], die aus Messungen an Lösungen von Kautschuk und verschieden substituierten Cellulosen gewonnen wurde, verwendet:

$$\log \frac{\eta}{\eta_0} = \left(\frac{75\,K}{1 + 1{,}5\,K\,c} + K \right) c . \qquad (6)$$

Hierin ist c in g/100 cm³ Lösung gemessen. K ist eine Konstante, die sog. Eigenviskosität, die mit 10^3 multipliziert den sog. „k-Wert" ergibt[2].

Bei weitgehend kugelförmiger Gestalt der gelösten Moleküle oder Teilchen gilt, wenn der Durchmesser dieser Moleküle oder suspendierten Teilchen groß gegenüber dem Durchmesser der Lösungsmittelmoleküle ist, die von EINSTEIN [20] auf Grund eines hydrodynamischen Ansatzes erhaltene Gleichung

$$\frac{\eta - \eta_0}{\eta_0} = 2{,}5\, c_v , \qquad (7)$$

in der c_v die Volumenfraktion bedeutet. Die EINSTEINsche Gl. (7) gilt streng nur für verdünnte Lösungen und Suspensionen, bei denen keine Wechselwirkungen zwischen den Teilchen auftreten. Für einen größeren Konzentrationsbereich ermittelten EIRICH und RISEMAN [21] unter Beachtung der dann auftretenden hydrodynamischen Wechselwirkungen der Makromoleküle oder Teilchen theoretisch eine um das Glied $+ 9{,}6\, c_v^2$ erweiterte EINSTEINsche Gleichung in guter Übereinstimmung mit neueren Modellexperimenten. Empirisch fand EILERS [22] an Asphaltsuspensionen eine Beziehung, die sich auch für Kunststoffdispersionen gut eignet[3].

---

[1] Siehe auch HUGGINS [17] und SCHULZ [10, 11].

[2] Der „k-Wert" ist von Temperatur u. Lösungsmittel abhängig. Weitere häufig verwendete Bezeichnungen findet man in 5.2.3.

[3] Vergleiche 5.8.3.

Der Einfluß der Temperatur auf den Ausdruck $(\eta - \eta_0)/c_v \cdot \eta_0$ gegenüber demjenigen auf η ist außerordentlich gering und ist meist, wenn er über das übliche Maß hinaus wächst, auf Assoziationen zurückzuführen.

b) Zur Theorie der Newtonschen Flüssigkeit. Die Deutung der Fließvorgänge in einfachen Flüssigkeiten wurde zuerst in Analogie zu der Behandlung der inneren Reibung in Gasen versucht, was aber zu keinen befriedigenden Ergebnissen führte. Das hat seinen Grund darin, daß die innere Reibung von Gasen auf einem Stoßvorgang mit Impulsübertragung beruht, während der Fließvorgang bei Flüssigkeiten ein aktivierter Prozeß ist, wie unmittelbar aus Gl. (2) hervorgeht, in der der Ausdruck E eine Aktivierungsenergie ist. ANDRADE [7] wies als erster darauf hin, daß die Flüssigkeiten in ihren physikalischen Eigenschaften den Festkörpern sehr viel näher stehen als den Gasen. Die späteren Versuche der theoretischen Behandlung des Fließprozesses gehen daher alle von Modellvorstellungen aus, die sich eher an die Festkörpertheorie anschließen[1].

4.1.2 Charakterisierung und Theorie der nicht-Newtonschen Systeme

a) Die nicht-Newtonschen Systeme. Für die weitaus meisten Substanzen ist der im NEWTONschen Gesetz Gl. (1) gegebene Fließwiderstand keine Konstante, sondern von der jeweiligen Schubspannung bzw. Schergeschwindigkeit abhängig. Für diese nicht-NEWTONschen Flüssigkeiten bzw. Systeme kann ein allgemein gültiges Reibungsgesetz etwa folgendermaßen formuliert werden [28]:

$$- \frac{\tau}{dv/dn} = f\left(\left|\frac{dv}{dn}\right|\right). \tag{8}$$

Ihr Fließverhalten kann daher nicht aus dem bei einer einzigen, bestimmten Schergeschwindigkeit bzw. Schubspannung gemessenen Fließwiderstand[2] ermittelt werden, vielmehr muß im interessierenden Bereich der funktionale Zusammenhang zwischen Fließwiderstand und Schergeschwindigkeit bzw. Schubspannung und Schergeschwindigkeit experimentell ermittelt werden. Die graphi-

---

[1] So führte EYRING [23] in seiner Theorie die Viskosität auf eine Änderung der Platzwechselzahl der einzelnen Moleküle im Flüssigkeitsgitter durch die angelegte Schubspannung zurück. Später gelang SCHÄFER [24] eine Absolutberechnung der Viskosität einatomiger Flüssigkeiten unter Zugrundelegung eines Flüssigkeitsmodells von FÜRTH, ORNSTEIN und MILATZ [25], wobei sich die Flüssigkeit durch das Vorhandensein einer größeren Zahl von unbesetzten Gitterplätzen, sog. Löchern, vom Festkörper unterscheidet. Die Löcher bewirken die hohe Platzwechselzahl gegenüber dem Festkörper. KIRKWOOD [26] beschreibt mit einer allgemeinen, statistisch mechanischen Theorie Transportphänomene in Flüssigkeiten. Diese Theorie führt zu einer allgemeinen Theorie der BROWNschen Bewegung, dabei findet er die Reibungskonstante als deutlich von den intermolekularen Kräften abhängig, die im System wirken. Kürzlich hat PETER [27] gezeigt, daß die Absolutberechnung der Viskosität von organischen, niedermolekularen, nicht assoziierenden Flüssigkeiten möglich ist, wenn man die Viskosität auf ausschließlich thermische Platzwechselvorgänge zurückführt, ohne spezielle Annahmen zu machen. Vgl. 3.4.3.

[2] Der Ausdruck Viskosität wird in diesem Artikel nur für den Fließwiderstand NEWTONscher Flüssigkeiten benutzt. Der Fließwiderstand ist der Quotient aus der Schubspannung und der dazugehörenden Schergeschwindigkeit. Für den Fließwiderstand nicht-NEWTONscher Systeme findet man häufig den Ausdruck scheinbare Viskosität η' oder Äquivalentviskosität η_a (apparent viscosity), jedoch werden diese Ausdrücke sehr oft auch für andere Werte (s. Fußnote 1, S. 325) benutzt, was zu Mißverständnissen führen kann.

sche Darstellung von Schubspannung gegen Schergeschwindigkeit nennt man die wahre Fließkurve[1] des Systems.

Die Messung der Fließeigenschaften nicht-NEWTONscher Systeme ist häufig noch dadurch kompliziert, daß sich der zu einer bestimmten Schergeschwindigkeit bzw. Schubspannung gehörende Zustand stationären Fließens erst nach einer merklichen Zeit einstellt. Es können dann nur solche Viskosimeter zur Messung benutzt werden, die die Einstellung des Fließgleichgewichtes garantieren. Wie die Arbeiten z. B. besonders von VOET [29], PETER und PETERS [30], wie auch DANES [31], BRAUNBECK [32], PETER und BRANDAU [33, 34], HARTMANN und PATAT [35] und PHILIPPOFF und GASKINS [97] zeigen, sind diese sog. Zeit- bzw.

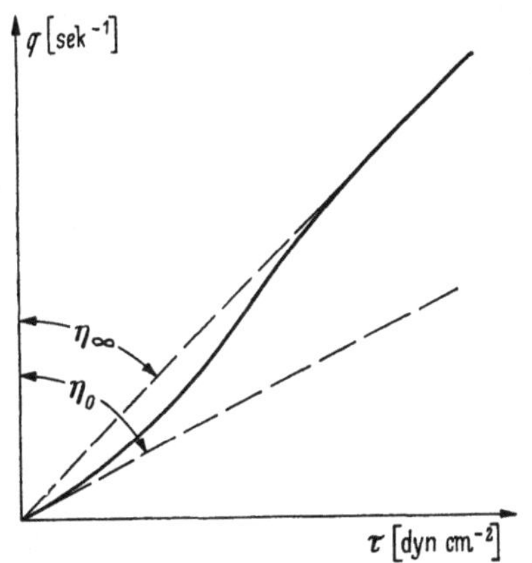

Abb. 1. Die wahre Fließkurve einer strukturviskosen, nicht gelbildenden Flüssigkeit (OSTWALD-Kurve)

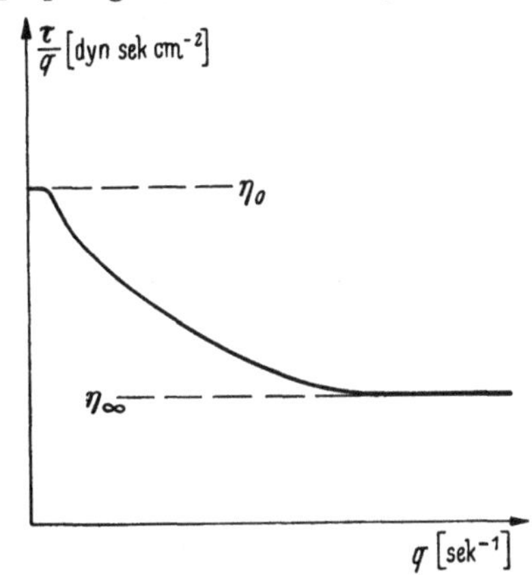

Abb. 2. Die strukturviskose, nicht gelbildende Flüssigkeit in der Auftragung Fließwiderstand gegen Schergefälle

Anlaufeffekte charakteristisch für nicht-NEWTONsche Systeme. Die Anlaufzeiten sind sehr unterschiedlich und können sowohl Bruchteile von Sekunden wie mehrere Stunden betragen.

Eine systematische Einteilung der nicht-NEWTONschen Flüssigkeiten ist nur mit einem gewissen Vorbehalt möglich, da bisher nur sehr wenig wirklich einwandfreies Versuchsmaterial zur Verfügung steht. Vom Reibungsgesetz Gl. (8) ausgehend, kann man die nicht-NEWTONschen Flüssigkeiten folgendermaßen einteilen: Nimmt bei einem Stoff der Fließwiderstand mit zunehmender Schergeschwindigkeit ab, nennt man ihn strukturviskos, nimmt der Fließwiderstand hingegen zu, so spricht man von Fließverfestigung (Dilatanz)[2]. Die strukturviskosen Stoffe können weiter in gelbildende und nicht-gelbildende (pseudoplastic) unterteilt werden. Am einfachsten erkennt man den Unterschied an Hand der Fließkurve.

Die allgemeinste Form der Fließkurve der nicht-gelbildenden Flüssigkeiten ist aus Abb. 1 zu entnehmen (Wo. OSTWALD-Kurve). In Abb. 2 ist entsprechend

---

[1] Wahre Fließkurve im Gegensatz zur Fließkurve, bei der Schubspannung und besonders die Schergeschwindigkeit nicht genau dem absoluten Betrag nach bekannt sind und so nur diesen proportionale Werte wie etwa für die Kapillare τ_{max} gegen $\dfrac{4Q}{\pi R^3} \sim \bar{q}$ aufgetragen werden können (s. Abb. 3 oder S. 326, Methode nach PETERLIN).

[2] Es sind viele Systeme bekannt, bei denen in verschiedenen Schergeschwindigkeitsbereichen einmal Strukturviskosität, das andere Mal Fließverfestigung beobachtet wird.

für das gleiche System der Fließwiderstand gegen die Schergeschwindigkeit aufgetragen. Die Substanz fließt zuerst bei sehr niedrigen Schergefällen mit konstantem Fließwiderstand (η_0)[1], mit steigendem Schergefälle fällt der Fließwiderstand, bis er bei sehr hohen Schergeschwindigkeiten wieder konstant wird (η_∞). Fast alle hochmolekularen Lösungen, Schmelzen [*32, 33, 36*] und verschiedene Suspensionen, aber auch Emulsionen zeigen diese Eigenschaft [*37*].

In Abb. 3 sind z. B. Fließkurven von Lösungen von Nitrocellulose in Butylacetat verschiedener Konzentrationen von 0,05 bis 1,0 Gew.-Proz. bei 20 °C in doppeltlogarithmischem Maßstab[2] zu sehen. Sie entstammen einer Arbeit von Philippoff und Hess [*38*]. Die Bereiche konstanten Fließwiderstandes η_0 [*36*] und η_∞ sind experimentell meist nur sehr schwer zu fassen. Besonders bei sehr hohen Schergeschwindigkeiten ist die Messung durch das Auftreten von Turbulenz und sehr großen Temperaturerhöhungen erschwert [*39*]. Man mißt deshalb viel häufiger nur eine Fließkurve der Gestalt gemäß Abb. 4, in diesem Fall wurde eine 0,75 % ige Polyacrylsäurelösung in Wasser bei p_H 7 und 25 °C in einem Couette-Viskosimeter [*28*] gemessen[3].

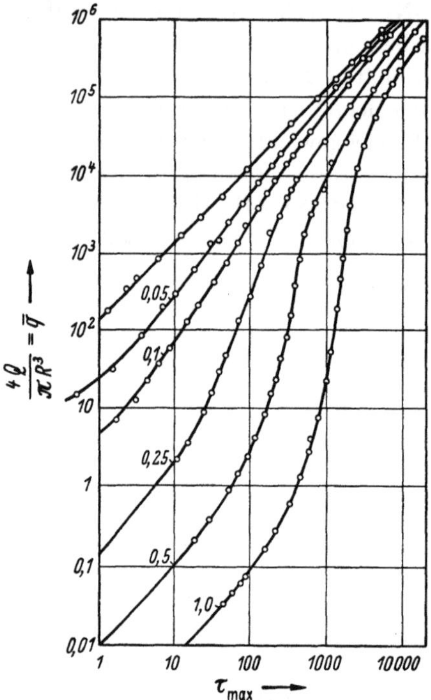

Abb. 3. Fließkurven verschiedener Nitrocelluloselösungen in Butylacetat nach Hess und Philippoff (im logarithmischen Maßstab) Oberste Kurve: reines Lösungsmittel

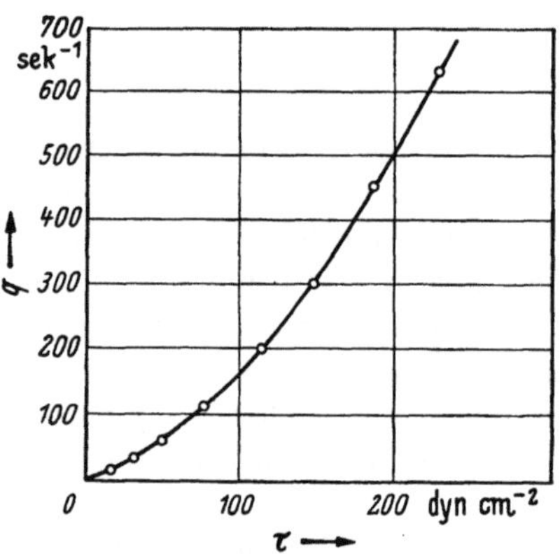

Abb. 4. Die wahre Fließkurve einer 0,75 % igen Polyacrylsäurelösung in Wasser bei 25 °C und $p_\mathrm{H} = 7$

Eine erste, in vielen Fällen anwendbare rechnerische Beschreibung des Fließverhaltens dieser Stoffe gelang Wo. Ostwald und de Waele mit dem empirisch gewonnenen Potenzgesetz [*41, 42, 43*]

$$-q = A\,\tau^n,\qquad (9)$$

das vorwiegend für höhere Schubspannungen gilt; darin sind A und n Konstanten. Scheele und Mitarbeiter [*44*] haben die Gl. (9) erfolgreich für viele Systeme, wie Kunstharze und deren Lösungen, benutzt. Empirisch fand Williamson [*45*] die Gleichung:

$$-\tau = \frac{f\,q}{s+q} + \eta'_\infty\,q.\qquad (10)$$

---

[1] Nicht zu verwechseln mit der Viskosität des Lösungsmittels. Hier bedeutet es die Viskosität, die gemessen wird, wenn Schergeschwindigkeit oder Schubspannung gegen Null gehen.

[2] Die Auftragung in doppeltlogarithmischem Maßstab wird oft gewählt, da sie eine bessere Übersicht ermöglicht. Eine Newtonsche Flüssigkeit e.kennt man dann als Gerade unter 45°.

[3] Vergleiche H. Eisenberg [*40*].

Hierin sind η'_∞, f und s Konstanten. Später hat PRANDTL [46] folgende Gleichung angewendet:

$$-q = C \sinh \frac{\tau}{A}\,,\qquad (11)$$

in der A und C Konstanten sind.

Die gelbildenden Systeme kann man in bezug auf ihr Verhalten in reversibel und irreversibel gelierende Stoffe einteilen. Bei den irreversibel gelierenden Sub-stanzen, die hier nicht behandelt werden, bildet sich nach Abbau der Struktur das Gel in seiner ursprünglichen Form nicht wieder zurück, so daß der bei länger andauernder Scherung sich einstellende Zustand stationären Fließens einem radikal veränderten System zugehört.

Abb. 5 zeigt verschiedene mögliche Fließ-kurvenformen [47] reversibel gelbildender Systeme. Unterhalb einer bestimmten Schub-spannung verhalten sie sich gegenüber einer mechanischen Belastung rein elastisch, erst nach Überschreiten dieses Schubspannungs-wertes, der sog. Gelfestigkeit $-\tau_a, \tau_b = \vartheta_b, \tau_c -$ (yield value) beginnen sie zu fließen. In Abb. 6 sind die 3 Systeme aus Abb. 5 noch-mals jedoch in der Darstellung des Fließ-widerstandes gegen die Schergeschwindigkeit zu sehen. Im Gegensatz zu den nicht-gel-bildenden Stoffen fällt in diesem Fall der Fließ-widerstand mit zunehmender Schergeschwin-digkeit scheinbar vom Unendlichen herkom-mend ab.

BINGHAM hat als erster eine Beschreibung des Fließverhaltens der gelbildenden Stoffe durch die Gleichung

$$-q = \frac{1}{\eta'}(\tau - \vartheta)\qquad (12)$$

versucht [48]. Kurve b in Abb. 5 zeigt die Fließkurve des durch Gl. (12) definierten, sog. BINGHAMschen oder idealplastischen Körpers, ϑ_b ist die sog. BINGHAM-Fließ-grenze, η' die „Viskosität" bezogen auf ϑ_b als den Koordinatenursprung. Gl. (12) gilt allgemein bei gelbildenden Systemen für hohe Schergeschwindigkeiten.

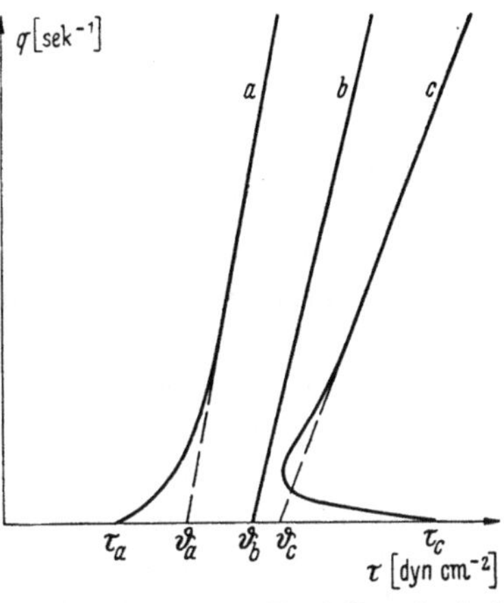

Abb. 5. Schematische Darstellung der drei möglichen Typen der Fließkurve von gel-bildenden thixotropen Systemen
Kurve a: $\tau_a < \vartheta_a$;   Kurve b: $\tau_b = \vartheta_b$;   Kurve c: $\tau_c > \vartheta_c$

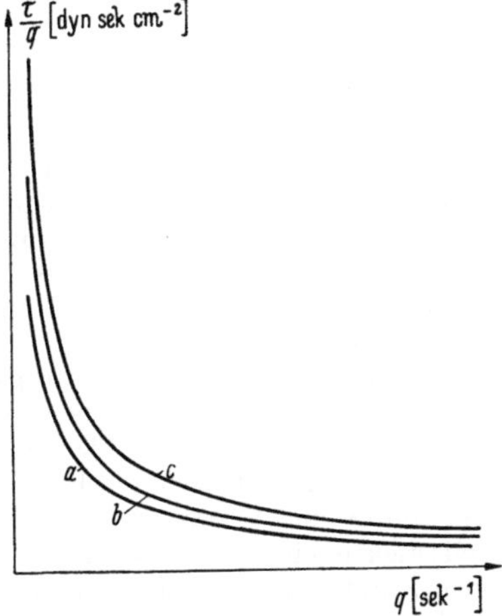

Abb. 6. Darstellung des Fließwiderstandes als Funktion der Schergeschwindigkeit für die drei möglichen Typen von gel-bildenden — thixotropen — Systemen

Die weitaus meisten Systeme ähneln der Fließkurve a in Abb. 5. Bei diesen sog. plastischen Systemen, man spricht auch von Systemen mit plastischem Fluß (plastic flow), ist die Gelfestigkeit τ_a - nach der Definition von PETER und STOLLE [47] - kleiner als die zugehörige BINGHAM-Fließgrenze ϑ_a. Ihre Fließ-eigenschaften lassen sich in einem sehr großen Schergeschwindigkeitsbereich durch die WILLIAMSONsche Gl. (10) beschreiben. WILLIAMSON benutzte sie mit Erfolg für pigmentierte Öle. GRODDE [49] und PETER und SLIWKA [28] fanden an ausgeprägt thixotropen[1] Bentonitsuspensionen die Fließkurve c in Abb. 5, die ein Schubspannungsminimum aufweist und bei der die Gelfestigkeit τ_c größer als die BINGHAM-Fließgrenze ϑ_c ist.

b) Zur Theorie der nicht-Newtonschen Systeme. Die Abnahme des Fließwiderstandes mit zunehmender Schergeschwindigkeit bei strukturviskosen Stoffen läßt sich unter Annahme von kinetischen Gleichgewichten erklären. Es sind 2 Prozesse bekannt, die das Fließverhalten bestimmen, Orientierungs- und Aggregationsvorgänge. Meist treten beide Prozesse in einem System gemeinsam auf, nur wenige Fälle sind bekannt, wo der eine oder andere für sich allein beobachtet wird. Orientierungsvorgänge überwiegen in Flüssigkeiten mit OSTWALD-Kurve, Aggregationsprozesse hingegen bestimmen bei den gelbildenden Stoffen das Fließverhalten.

Eine reine Orientierung im Schergefälle tritt dann auf, wenn die Flüssigkeit oder die kolloiden Systeme aus starren anisotropen Molekeln, Mikrostrukturen oder Teilchen bestehen, zwischen denen keine Anziehungskräfte wirksam sind. Bei stationärem Fließen liegt ein Gleichgewicht zwischen der durch das Schergefälle hervorgerufenen ungleichförmigen Rotationsbewegung der Teilchen, die im zeitlichen Mittel zu einer Orientierung führt, und der Desorientierung durch die BROWNsche Molekularbewegung vor. Bei extrem kleinen Schergefällen wird eine vollständige Desorientierung durch die thermische Molekularbewegung vorliegen und zu NEWTONschem Verhalten führen (η_0). Mit zunehmendem Schergefälle setzt dann die Orientierung ein und nimmt immer mehr zu, wobei die Störung der Strömung abnimmt und der Fließwiderstand fällt. Bei sehr hohen Schergeschwindigkeiten wird eine vollständige Orientierung erreicht. Die

---

[1] Thixotrop nennt man nach einem Vorschlag von PETERFI [50] und FREUNDLICH [51] diejenigen Stoffe, die durch mechanische Beanspruchung eine isotherme, reversible Gel-Sol-Umwandlung erleiden. Die Thixotropie wird durch die Endgelfestigkeit und die Erstarrungszeit des Gels gekennzeichnet [52], das ist die Zeit, die ein thixotroper Stoff nach heftigem Schütteln benötigt, um wieder zum Gel zu erstarren (Zeiteffekt). Sie kann bis zu mehreren Stunden betragen [53, 54, 55].

Die Messung einer die Thixotropie kennzeichnenden Größe wird heute vielfach in Viskosimetern vorgenommen, bei denen die Schergeschwindigkeit kontinuierlich geändert werden kann. Die von den beiden Fließkurven bei konstanter Schergeschwindigkeitszunahme und -abnahme eingeschlossene Fläche ist dabei mit ein Maß für die Thixotropie. PRYCE-JONES [56] und GREEN und WELTMANN [57] nennen dann diejenigen Körper thixotrop, die neben der Gelfestigkeit einen im Viskosimeter feststellbaren Zeiteffekt zeigen. Es sind aber auch dann noch Zeiteffekte vorhanden, wenn diese nicht mehr im Viskosimeter zu beobachten sind. So konnte VOET [29] an verschiedenen Systemen mit Gelfestigkeit (VOET untersuchte Al, Cu, Zn-Pulver, Ruß, Kolophonium und verschiedene Pigmente suspendiert in Mineralöl, Rizinusöl usw.) dielektrisch noch Zeiteffekte der Rückbildung der Struktur nachweisen. Es gibt deshalb einen stichhaltigen Grund anzunehmen, so argumentiert VOET und auch STREET [58], daß jedes System mit einer Gelfestigkeit, also auch jedes plastische System, gleichzeitig thixotrop ist.

Die Gelbildung in bestimmten hochmolekularen Lösungen und Dispersionen kann man nicht am Vorhandensein einer Gelfestigkeit (yield value) im vorhergenannten Sinne erkennen, da sie sich infolge der Flexibilität der Einzelteilchen auch bei kleinsten Schubspannungen bereits beträchtlich – elastisch – deformieren können. Hier kennzeichnen oft ausgeprägte Zeiteffekte den gelartigen und somit thixotropen Charakter der Systeme.

Flüssigkeit folgt dann wieder dem NEWTONschen Gesetz, ihre Viskosität wird als η_∞ angegeben.

Die Strukturviskosität ist um so ausgeprägter, d. h. der Ausdruck $(\eta_0 - \eta_\infty)$ um so größer, je mehr die Form der Moleküle oder Teilchen von der Kugelgestalt abweicht. Bei kristallinen Flüssigkeiten, die aus einer Vielzahl kleiner, anisotroper Strukturbereiche bestehen, haben PETER und PETERS [30] die Strukturviskosität quantitativ auf Grund der auf anderen Wegen gewonnenen Umordnungsgeschwindigkeiten berechnen können. Für Suspensionen, deren Teilchen starre Ellipsoide sind, konnten u. a. PETERLIN und STUART [59] mit Hilfe eines hydrodynamischen Ansatzes die Abhängigkeit des Ausdruckes $(\eta - \eta_0)/c_v\,\eta_0$ von der Schergeschwindigkeit berechnen [60][1].

Sind die Teilchen nicht starr, sondern flexibel, z. B. bestimmte hochmolekulare Fadenmoleküle in Lösung, so werden sie unter der Wirkung des Schergefälles deformiert. Mit zunehmender Weichheit der Teilchen geht dabei nach W. und H. KUHN [61] der Grad der Strukturviskosität zurück. Der Mehraufwand an Energie, der zur Streckung der Teilchen in Fließrichtung verbraucht wird, wird dabei durch die Entstörung der Strömung (s. oben) mehr oder weniger kompensiert [60].

In gelbildenden Suspensionen sind Aggregationsgleichgewichte bestimmend. Die suspendierten Teilchen aggregieren dabei, z. B. bei blättchenförmigen Teilchen, zu kartenhausähnlichen Strukturen [62]. GOODEVE [63] wies als erster darauf hin, daß die Ab- und Aufbauprozesse, die durch die Schervorgänge beim Fließen verursacht werden, beim stationären Fließen ein kinetisches Gleichgewicht erreichen müssen. Als Beispiele untersuchte er Suspensionen von Ruß in Mineralöl. Später hat PETER [64] unter Hinzunahme von thermischen Auf- und Abbauvorgängen eine Gleichung abgeleitet, die das Fließverhalten gelbildender Systeme beschreibt. Sie geht für hohe Schergefälle, wenn der thermische Bildungs- und Abbauvorgang vernachlässigt werden kann, in eine Beziehung über, die mit der BINGHAMschen Gl. (12) identisch ist.

Im Falle der Fließverfestigung (Dilatanz) beginnt, meist bei höheren Schergeschwindigkeiten und im Bereich relativ hoher Konzentrationen, der Fließwiderstand mit zunehmender Schergeschwindigkeit zu steigen, wobei es bis zur vollständigen Verfestigung des Systems kommen kann. Als Beispiele sind zu nennen in Wasser oder organischen Flüssigkeiten suspendierte Quarz- oder Stärkekörner oder bestimmte Polyvinylacetatdispersionen [65]. FREUNDLICH und RÖDER [66, 67] nehmen an, daß oberhalb einer bestimmten Schergeschwindigkeit eine ungleiche Verteilung der dispergierten Teilchen erfolgt, so daß sie sich an manchen Stellen häufen, zwischen den Häufungsstellen aber leere Räume entstehen, die nur mit der flüssigen Phase ausgefüllt sind. Bei Verminderung der Schergeschwindigkeit oder in Ruhe werden diese Systeme wieder dünnflüssiger.

Auf Grund der Annahme von kinetischen Gleichgewichten bei nicht-NEWTONschem Verhalten läßt sich das Auftreten von Zeit- bzw. Anlaufeffekten bei Viskositätsmessungen erklären. Bei plötzlicher Änderung der Schergeschwindigkeit bedarf es einer gewissen Zeit, bis sich das neue, stationäre Fließgleichgewicht

---

[1] Vergleiche 5.2.

eingestellt hat. Während dieser Zeit, die sowohl Bruchteile von Sekunden als
auch Stunden betragen kann, ändert sich der Fließwiderstand und nähert sich
allmählich dem Wert des Fließgleichgewichtes[1].

4.1.3 Messung der Viskosität der Newtonschen Flüssigkeit

Zur Bestimmung der Viskosität einer NEWTONschen Flüssigkeit stehen praktisch vor allem drei verschiedene Strömungsformen zur Verfügung: Die Strömung
der Flüssigkeit in einer Kapillare, zwischen zwei rotierenden, koaxialen Zylindern
(COUETTE-Strömung)[2] und um eine in der Flüssigkeit geradlinig fallende Kugel.

Aus Platzmangel wird hier auf die Aufführung der verschiedenen Viskosimetertypen, in denen jeweils eine dieser Strömungsformen Grundlage der Meßmethode ist, verzichtet und auf die ausführliche und kritische Zusammenstellung
von MESKAT [9, 83] verwiesen, einen kürzeren Überblick gibt PETER [124]. Ältere
Zusammenstellungen geben PHILIPPOFF [84] und UMSTÄTTER [85].

Voraussetzung für jede Viskositätsmessung ist, daß die Strömung laminar
oder schichtenförmig ist und die Flüssigkeit die Kapillar-, Zylinder- oder Kugeloberfläche benetzt. Zu höheren Strömungsgeschwindigkeiten hin tritt die sonst
stabile laminare Strömung in einen instabilen Bereich ein, in dem Turbulenz[3]
eintreten kann. Die kritische Strömungsgeschwindigkeit zwischen stabilem und
instabilem Bereich ist abhängig von der Art der Strömung und deren Strömungs-
querschnitt und der Viskosität der Flüssigkeit[4].

---

[1] Ausgeprägte Zeiteffekte zeigen z. B. Bentonitsuspensionen [47, 68], Gummiarabicum-
lösungen [69], Gipssuspensionen [67], Polyvinylacetatdispersionen (vgl. 5.8.3) [70, 71], Polyisobutylen in Tetralin [72] und Viskoselösungen [73]. Vielfach kommt ein sich anfangs
ändernder Fließwiderstand dadurch zustande, daß die Systeme eine elastische Komponente
enthalten. Man spricht dann ebenfalls von Zeit- bzw. Anlaufeffekten. Sie lassen sich leicht
dadurch nachweisen, daß z. B. bei der Messung in einem COUETTE-Viskosimeter nach plötzlicher Aufhebung des Drehmomentes eine Rückdrehung des einen Zylinders erfolgt [32, 34,
74 bis 76] oder bei Kapillarmessungen sich die Flüssigkeitssäule direkt nach Verlassen der
Kapillare aufbläht [77 bis 80]. BRAUNBECK [32] beschrieb dies zuerst an pechartigen Substanzen. An Bitumen haben PETER und BRANDAU [33, 34] gezeigt, daß sich der Anlaufvorgang aus 2 Teilreaktionen zusammensetzt, einer relativ langsamen elastischen Verformung und einer Veränderung des inneren Gleichgewichtszustandes des Materials. Die Schmelzen von Hochpolymeren zeigen alle diese Erscheinung, z. B. Polystyrol [75, 77, 80], Polyvinylchlorid [74], Polyäthylen [74, 76, 81, 97], die auch in ihren Lösungen auftritt [82].

[2] Hierzu gehören auch die Strömungen zwischen zwei koaxialen Kegeln mit verschiedenem
Öffnungswinkel nach HÖPPLER [122] und zwischen einem Kegel und einer Platte nach
McKENNEL [123], die von großem praktischem Interesse sind.

[3] Bei turbulenter Strömung wächst der Fließwiderstand stark an und ist nicht mehr
durch das NEWTONsche Reibungsgesetz gegeben.

[4] Für die Kapillarströmung ist diese Geschwindigkeit gegeben durch die kritische REY-
NOLDSsche Zahl [86, 87]

$$Re_{krit} = \frac{\bar{v}\,R\,\varrho}{\eta} = \sim 1160,$$

$\bar{v}$ ist die mittlere Geschwindigkeit, ϱ die Dichte und η die Viskosität der Flüssigkeit und
R der Radius der Kapillare. Für die Strömung zwischen konzentrischen Zylindern fanden
verschiedene Autoren [88, 89, 90] für den Fall, daß der innere Zylinder mit dem Radius R_i
ruht und der äußere Zylinder mit dem Radius R_a mit der Winkelgeschwindigkeit Ω_a rotiert,
die kritische REYNOLDSsche Zahl

$$Re_{krit} = \Omega_a \frac{\varrho}{\eta}\,R_a{}^2 \left(1 - \frac{R_i}{R_a}\right) = \sim 1900;$$

Unter den genannten Voraussetzungen gilt für die Kapillarströmung die HAGEN-POISEUILLEsche Beziehung [93, 94]

$$\eta = \frac{\pi R^4}{8\,Q\,L}(p_1 - p_2),\tag{13}$$

R und L sind der Radius und die Länge der Kapillare, p_1 und p_2 die Drücke im Anfangs- und Endquerschnitt der Kapillare und Q das pro Zeiteinheit hindurchgeflossene Flüssigkeitsvolumen.

Die Drücke p_1 und p_2 sind experimentell nicht direkt zugänglich, es werden vielmehr die Drücke in den an den Kapillarenden sich befindenden Volumenmeßgefäßen gemessen, die dann entsprechend zu korrigieren sind. HAGENBACH [95] machte als erster darauf aufmerksam, daß bei dem so ermittelten Druck ein Druckverlust zu berücksichtigen ist, der dadurch bedingt ist, daß sich beim Eintritt der Flüssigkeit in die Kapillare potentielle Energie in kinetische umwandelt. ERK [96] hat diese Korrektur eingehend erörtert. COUETTE [88] berücksichtigte den Mehraufwand an Reibungsarbeit, der nach Eintritt der Flüssigkeit in die Kapillare bis zur Ausbildung des parabolischen Strömungsprofils aufgewendet werden muß, durch Vergrößerung der Kapillarlänge $(L + n\,R)$. Eine weitergehende, kritische Betrachtung der erforderlichen Korrekturen für Präzisionsmessungen (alles etwa unter 1% Meßgenauigkeit) an Hand von Versuchen an verschiedenen Kapillarviskosimetern, die auch noch den Einfluß der Oberflächenspannung und den des wechselnden hydrostatischen Druckes (MEYER-VAN-DER-WYK-Korrektur [98]) an den Kapillarenden während der Messung berücksichtigen, stellten PETER und WAGNER [99] an.

Die nach HAGENBACH und COUETTE verbesserte HAGEN-POISEUILLEsche Gleichung lautet:

$$\eta = \frac{\pi R^4 (p_1 - p_2)}{8\,Q(L + n\,R)} - \frac{m\,\varrho\,Q}{8\,\pi(L + n\,R)},\tag{14}$$

m ist der Zahlenfaktor der HAGENBACH-Korrektur, er schwankt je nach Autor zwischen 1,00 und 1,15 [100]. Der Zahlenfaktor der COUETTE-Korrektur n ist nach den Arbeiten von DORSEY [121] etwa 1. Gl. (14) gilt streng erst ab REYNOLDSschen Zahlen von 60 bis 110 [99].

Für die COUETTE-Strömung [88] gilt für den Fall des ruhenden inneren und des sich drehenden äußeren Zylinders die Beziehung[1]

$$\eta = \frac{M}{8\,\pi\,H\,n}\left(\frac{1}{R_i^2} - \frac{1}{R_a^2}\right),\tag{15}$$

R_i ist der äußere Radius des inneren, R_a der innere Radius des äußeren Zylinders, H die Höhe des inneren Zylinders, M das auf ihn übertragene Drehmoment und n die Rotationsgeschwindigkeit des äußeren Zylinders. Gl. (15) ist streng nur

---

dreht sich der innere und ruht der äußere Zylinder, so tritt schon bei einer bedeutend kleineren Re-Zahl Turbulenz ein, weil infolge der Fliehkräfte Querströmungen entstehen. Für die geradlinig fallende Kugel ergibt sich ein größter Radius R der Kugel für eine kritische REYNOLDS-Zahl von [91, 92]

$$Re_{\text{krit}} = 1 = \frac{R\,\varrho\,v}{\eta},$$

v ist die Kugelgeschwindigkeit.

[1] Für ruhenden äußeren und sich drehenden inneren Zylinder gelten die entsprechenden Gleichungen, jedoch mit der Einschränkung von Fußnote 4, S. 322.

gültig für unendlich lange Zylinder, bei denen man ein Zylinderstück der Höhe H betrachtet. In der Praxis werden aber nur endliche Zylinder benutzt, so daß die an den Zylinderenden auftretenden sog. Randeffekte zu Fehlern führen, die erheblich sein können [28].

Zur Vermeidung der Randeffekte wurde zuerst von HATSCHEK [101] der innere Zylinder mit sog. Deckeln oder Schutzringen versehen. v. ENGELHARDT und LÜBBEN [102] zeigten, daß die Randeffekte mit abnehmendem Spalt zwischen Schutzdeckeln und Zylinder zwar abnehmen, aber nicht vollständig eliminiert werden können. SEARLE [103] konnte als erster durch verschiedene Eintauchtiefe des inneren Zylinders die Randeffekte völlig eliminieren, jedoch ist dies keine sehr praktische Lösung, da für jede Viskositätsmessung 2 Bestimmungen notwendig sind, aus deren Differenz die Viskosität berechnet wird. MOONEY und EWART [104] haben deshalb den Boden der Zylinder derart konisch ausgebildet, daß auch hier das Schergefälle mit abnehmendem Radius konstant und gleich dem im Spalt bleibt. EISENBERG und FREY [105] haben dann auch die oberen Stirnflächen der Zylinder so ausgebildet. Die Randeffekte werden auf diese Weise weitgehend ausgeschaltet.

Besonders bei kleinen Spaltweiten $(R_a - R_i)$ ist darauf zu achten, daß schon eine geringe Exzentrizität der Zylinder die Viskositätswerte fälscht.

Nach COUETTE [88] gilt

$$\frac{\Delta \eta}{\eta} = \frac{\varepsilon^2}{2(R_a - R_i)^2},\tag{16}$$

$\Delta \eta$ ist der durch die Exzentrizität bedingte Viskositätszuwachs und ε die Exzentrizität, das ist der Abstand der Achse des inneren Zylinders von der des äußeren Zylinders.

Für den sehr langsamen Fall einer Kugel $(R_e < 1)$ in einer unendlich ausgedehnten Flüssigkeit fand STOKES [91] die Beziehung

$$\eta = \frac{2\,g}{9} \frac{(\varrho_k - \varrho_{fl})}{v} r^2,\tag{17}$$

worin g die Erdbeschleunigung, ϱ_k und ϱ_{fl} die Dichte der Kugel und der Flüssigkeit, v die Kugelgeschwindigkeit und r der Kugelradius sind. Endliche Ausdehnung der Flüssigkeit führt zu einer Wandkorrektur, die von LADENBURG [106] zuerst eingeführt wurde und nach BACON [107] bis zu einem Verhältnis von Kugeldurchmesser zu Rohrdurchmesser d/D von 0,1 gilt[1].

4.1.4 Bestimmung des Fließverhaltens nicht-Newtonscher Systeme

Zur Charakterisierung des Fließverhaltens nicht-NEWTONscher Stoffe [109] muß die wahre Fließkurve, d. h. der von der speziellen Versuchsanordnung unabhängige Zusammenhang von Schubspannung und Schergeschwindigkeit, in

---

[1] Das in der Praxis sehr verbreitete HÖPPLER-Fallkugelviskosimeter, bei dem die Kugel in einem zur Horizontalen mit einem Winkel von 79,5° geneigten Rohr herabgleitet oder rollt, liefert die Viskosität der Flüssigkeit nach folgender Beziehung:

$$\eta = k\,t\,(\varrho_k - \varrho_{fl}),$$

worin t die Fallzeit für eine Fallstrecke von 10 cm bedeutet und k eine experimentell erst zu ermittelnde Kugelkonstante ist. Eine eingehende Untersuchung dieses Viskosimeters findet sich bei WEBER [108]. Das Viskosimeter wird nur wegen seiner Verbreitung an dieser Stelle erwähnt.

einem möglichst großen Bereich experimentell ermittelt werden[1]. Zur Bestimmung der wahren Fließkurve nicht-Newtonscher Systeme ist ein entsprechendes Couette-Viskosimeter[2] am allgemeinsten verwendbar[3], da es einmal bei auftretenden merklichen Zeiteffekten gestattet, den Zustand stationären Fließens abzuwarten, zum anderen variieren Schubspannung und Schergeschwindigkeit in einem wählbar engen Bereich, was sich als sehr vorteilhaft für die Auswertung der Messungen erweist. Kapillarviskosimeter lassen sich nur dann einsetzen, wenn die Zeiteffekte vernachlässigbar klein sind, d. h. die Anlaufstrecke[4] in der Kapillare verschwindend klein im Verhältnis zur Gesamtlänge der Kapillare ist. Kugelfallviskosimeter sind hier nicht geeignet. Die im Vorhergehenden beschriebenen Korrekturen sind hier besonders zu beachten, so z. B. die Hagenbach- und Couette-Korrektur [81, 97] bei Kapillarmessungen oder die Eliminierung der Randeffekte oder der Exzentrizität bei Couette-Viskosimetern. Die Korrekturen sind hier von Stoff zu Stoff verschieden in ihrem Ausmaß auf das Resultat und nicht rechnerisch zu ermitteln. Es gibt z. Z. nur experimentelle Wege zu ihrer Eliminierung [28, 81, 97, 111].

Die Hauptschwierigkeit der Auswertung der Messungen mit gebräuchlichen Viskosimetern an nicht-Newtonschen Systemen liegt im allgemeinen in der Berechnung der zu einem bestimmten Schubspannungswert gehörenden Schergeschwindigkeit. Betrachtet man die Kapillar- wie auch Couette-Strömung, so ändert sich die Schubspannung und entsprechend dem Reibungsgesetz der Substanz auch die Schergeschwindigkeit über den Querschnitt der Strömung. Die Schubspannungsverteilung sowohl in der Kapillare als auch im Spalt des Couette-Apparates läßt sich aus den Meßdaten unmittelbar errechnen. Die zugehörige Schergeschwindigkeitsverteilung, die durch das gesuchte Reibungsgesetz gegeben ist, läßt sich experimentell dagegen nur durch integrierende Meßgrößen fassen. Der Weg der direkten Messung der Schergeschwindigkeitsverteilung, z. B. durch stufenweises Abtasten des Schergefälles über den Querschnitt der Strömung, ist meßtechnisch bisher nicht möglich, da beim Einführen eines Meßwertgebers die Strömung unkontrollierbar gestört würde. Es kommt deshalb bei den gebräuchlichen Viskosimetern bei der Bestimmung der Schergeschwindigkeit auf die Lösung einer der Strömung entsprechenden Integralgleichung an.

---

[1] In der Praxis werden meistens die Meßergebnisse an nicht-Newtonschen Systemen nach Formeln ausgewertet, die den Gln. (13) und (15) entsprechen. Sie werden dabei so behandelt, als verhielten sie sich Newtonsch. Ein solches Verfahren ist in der Praxis hier und da vorläufig wohl unentbehrlich, vom grundsätzlichen her betrachtet ist es falsch. Am deutlichsten zeigt sich das daran, daß die so in verschiedenen Viskosimetertypen und bei verschiedenen Abmessungen derselben erhaltenen „η-Werte" (oft scheinbare Viskosität genannt) nicht ineinander umrechenbar sind.

[2] Unter Couette-Viskosimetern werden im folgenden alle Viskosimeter des Couette-Typs verstanden.

[3] Bei Systemen, die zugleich eine ausgesprochene Elastizität zeigen, kann der sog. Weissenberg-Effekt stören, der infolge mehrachsiger Spannungszustände in der Strömung auftritt. Wege zur Eliminierung dieses Effektes s. Peter und Noetzel [110].

[4] Die Strecke, die zur Ausbildung des stationären Strömungsprofils benötigt wird. Sie kann z. B. bei Polyäthylenschmelzen bis zum Zehnfachen des Radius der Kapillare betragen, so daß Kapillaren mit sehr großen Verhältnissen von Länge zu Radius, d. h. verhältnismäßig lange Kapillaren, zur genauen Messung gewählt werden müssen [81, 97]. Die dann anzuwendenden hohen Meßdrücke setzen jedoch der willkürlichen Verlängerung der Kapillare schnell eine Grenze.

Bei der Kapillarströmung errechnet sich die Schubspannung im Abstand r von der Kapillarmitte wie folgt:

$$\tau = \frac{r(p_1 - p_2)}{2 L}, \tag{18}$$

d. h. die Schubspannung wächst aus der Mitte der Kapillarströmung $r = 0$ von $\tau = 0$ bis zum Rand $r = R$ mit $\tau = \tau_{max}$. Im allgemeinen bezieht man sich bei Fließkurven nicht auf eine über den Querschnitt gemittelte Schubspannung, sondern gibt die Randschubspannung τ_{max} an.

$$\tau_{max} = \frac{R(p_1 - p_2)}{2 L}. \tag{19}$$

Zur Bestimmung der zugehörigen Schergeschwindigkeit kommt es auf die Lösung einer Integralgleichung [84, 92] an. Ihre Lösung beschreiben erstmals WEISSENBERG [112] und RABINOWITSCH [113], später PHILIPPOFF [84] und KRIEGER und MARON [114]. Setzt man für die wahre Fließkurve die allgemeine Gleichung

$$\frac{dv}{dr} = q = f(\tau) \tag{20}$$

an, so ist die aus der Kapillare ausgeflossene Menge Q gegeben durch die Gleichung

$$Q = 2 \pi R^3 \frac{1}{\tau_{max}^3} \int_0^{\tau_{max}} \frac{\tau^2}{2} f(\tau)\, d\tau. \tag{21}$$

Die Schergeschwindigkeit am Rand der Kapillare q_{max}[1] ergibt sich nach der Lösung von WEISSENBERG und RABINOWITSCH nach folgender Beziehung

$$q_{max} = \frac{3 Q}{\pi R^3} + \frac{\tau_{max}}{\pi R^3} \frac{d Q}{d \tau_{max}}. \tag{22}$$

In dieser Gleichung sind alle Größen aus der Messung zugänglich. Die Werte $dQ/d\tau_{max}$ entnimmt man der Auftragung der Meßwerte von Q gegen τ_{max} als Anstieg der Kurve in den jeweiligen Punkten. PETERLIN [37] beschreibt eine einfache, rein graphische Methode der Bestimmung der wahren Fließkurve aus der Auftragung der Fließkurve in $4Q/\pi R^3$ gegen τ_{max}, ausgehend von Gl. (22)[2].

KRIEGER und MARON werten die Messungen nach folgender Beziehung aus, bei der $\Delta(\tau)$ eine Korrektur ist, die die Abweichung vom NEWTONschen Verhalten bedeutet.

$$\frac{f(\tau_{max})}{\tau_{max}} = \frac{q_{max}}{\tau_{max}} = \Phi_a[1 + \Delta(\tau)] \tag{23}$$

$\Phi_a = 1/\eta_a$ ist die „äquivalente Fluidität", die man erhalten hätte, wenn das NEWTONsche Gesetz Gl. (1) noch gültig wäre. Es ist

$$\Phi_a = \frac{8 L Q}{\pi R^4 (p_1 - p_2)}, \tag{24}$$

---

[1] Für die NEWTONsche Flüssigkeit errechnet sich q_{max} z. B. aus Gl. (23), da $\Delta(\tau) = 0$ ist, zu

$$q_{max} = \frac{4 Q}{\pi R^3}.$$

Für Stoffe mit geringen Abweichungen vom NEWTONschen Verhalten kann man diese Gleichung ab und zu benutzen, ohne einen größeren Fehler zu machen.

[2] Vergleiche 5.2.

τ_{max} ist gegeben durch Gl. (19) und

$$\varDelta(\tau) = \frac{1}{4}\,\frac{d\log\varPhi_a}{d\log\tau_{\mathrm{max}}}\,. \tag{25}$$

Zur Auswertung trägt man die einzelnen Meßwerte als $\log\varPhi_a$ gegen $\log\tau_{\mathrm{max}}$ auf, zieht durch die Punkte eine Kurve, bestimmt jeweils den Anstieg dieser Kurve in den einzelnen Punkten und erhält so die Werte $4\,\varDelta(\tau)$. Mit Hilfe der Gl. (23) erhält man dann nach Einsetzen von $\varDelta(\tau)$ die reziproken Fließwiderstände der Substanz für die betreffenden Schergeschwindigkeiten.

Für die COUETTE-Strömung ändert sich die Schubspannung über den Spalt vom inneren Zylinder (τ_i) zum äußeren (τ_a) hin von

$$\tau_i = \frac{M}{2\,\pi\,R_i^2\,H} \quad \text{bis} \quad \tau_a = \frac{M}{2\,\pi\,R_a^2\,H}\,. \tag{26}$$

Auch hier wird meistens nur die Schubspannung am äußeren oder inneren Zylinder angegeben.

Zur Bestimmung der zugehörigen Schergeschwindigkeit[1] ist hier unter Zugrundelegung der Gl. (20) folgende Integralgleichung zu lösen [115]:

$$\Omega_a = \frac{1}{2}\int\limits_{\tau_a}^{\tau_i}\frac{f(\tau)}{\tau}\,d\tau, \tag{27}$$

$\Omega_a = 2\,\pi\,n$ ist die Winkelgeschwindigkeit des äußeren Zylinders und n ist die Zahl der Umdrehungen pro Sekunde. Lösungen sind von KRIEGER und MARON [114], PAWLOWSKI [116] und SCHULTZ-GRUNOW und H. WEYMANN [117] bekannt. KRIEGER und MARON benutzten wieder die Form der Gl. (23), die entsprechend abgewandelt wird:

$$\frac{f(\tau_i)}{\tau_i} = \frac{q_i}{\tau_i} = \varPhi_a[1 + \varDelta(\tau)]\,. \tag{28}$$

Darin bedeutet:

$$\varPhi_a = \frac{4\,\pi\,H\,\Omega_a}{M}\,\frac{R_i^2\,R_a^2}{R_a^2 - R_i^2} = 2\,\Omega_a\,\frac{1}{\tau_i(1 - c^2)}\,, \tag{29}$$

$$\varDelta(\tau) = K_1\!\left(\frac{d\log\varPhi_a}{d\log\tau_i}\right) + K_2\!\left(\frac{d\log\varPhi_a}{d\log\tau_i}\right), \tag{30}$$

worin

$$K_1 = \frac{1}{2(1 - c^2)}\left(1 + \frac{2}{3}\ln\frac{1}{c}\right) \quad \text{und} \quad K_2 = \frac{1}{6(1 - c^2)}\ln\frac{1}{c} \tag{31}$$

mit $c = R_i/R_a$ ist. Die Auswertung erfolgt entsprechend der der Kapillarmessung.

Die angegebenen Lösungen der Integralgleichungen sind exakt und liefern aus entsprechenden Meßergebnissen unmittelbar die wahre Fließkurve einer nicht-NEWTONschen Substanz. Jedoch werden sehr viele, sehr genaue Meßwerte benötigt, um die Differentialquotienten ausreichend genau bestimmen zu können [111, 124].

Einfacher und schneller, wenn auch mit einem kleinen theoretischen Fehler, der aber praktisch meist kleiner ist als der aus obiger Bestimmung, kommt man folgendermaßen zum Ziel.

---

[1] Für die NEWTONsche Flüssigkeit ergibt sich q_i nach Gl. (28) für $\varDelta(\tau) = 0$ zu

$$q_i = 4\,\pi\,n\,\frac{R_a^2}{R_a^2 - R_i^2}\,.$$

In der COUETTE-Strömung variiert die Schubspannung nur um den Faktor, der durch das Verhältnis der Quadrate der beiden Radien $\tau_i/\tau_a = R_a^2/R_i^2$ gegeben ist. Wählt man nun bei einer konstanten Spaltweite[1] immer größere Radien, so wird die Differenz der Schubspannung τ_i und τ_a immer kleiner und das Schubspannungsfeld deshalb immer homogener.

Für den Fall eines homogenen Schubspannungsfeldes, den Fall der Strömung zwischen zwei parallelen Platten, ist aber das Geschwindigkeitsgefälle direkt aus der relativen Geschwindigkeit der beiden Platten zueinander und ihrem Abstand voneinander berechenbar. So kann man auch bei entsprechender Wahl des Verhältnisses von Spaltbreite zu Radius in einem entsprechenden COUETTE-Viskosimeter [28, 111] das Schubspannungsfeld der Strömung so weit homogenisieren, daß man ohne einen größeren Fehler zu begehen, das Schergeschwindigkeitsgefälle q_i bzw. q_a am inneren bzw. äußeren Zylinderrand nach folgender Gleichung errechnen kann:

$$q_i = \frac{R_a\,2\,\pi\,n}{R_a - R_i} \quad \text{bzw.} \quad q_a = \frac{R_i\,2\,\pi\,n}{R_a - R_i}, \tag{32}$$

n ist die Anzahl Umdrehungen pro Sekunde.

LINDQUIST und SIERICHS [118] beschreiben noch ein anderes, allerdings sehr umständliches Verfahren. Sie messen bei verschiedenen Spaltbreiten in einem COUETTE-Viskosimeter und extrapolieren auf die Spaltweite Null. Die so erhaltenen Werte liefern unmittelbar die wahre Fließkurve.

Es gibt noch eine weitere Möglichkeit. Meint man das Fließgesetz $q = f(\tau)$ zu kennen, so kann man die der Strömung entsprechende Integralgleichung durch Einsetzen dieser Funktion lösen. Durch entsprechende Auftragung prüft man dann die Übereinstimmung der eingesetzten Funktion mit den experimentellen Ergebnissen.

Derartige Lösungen finden sich für das OSTWALDsche Potenzgesetz Gl. (9) für die Kapillare bei PHILIPPOFF [84], für COUETTE-Viskosimeter bei GRODDE [49]; für die sinh-Formel von PRANDTL, Gl. (11), für die Kapillare bei PRANDTL und VANDREY [119] und für COUETTE-Viskosimeter bei SCHULTZ-GRUNOW und WEYMANN [117]; für BINGHAM-Körper gemäß Gl. (12) für die Kapillare bei REINER, und RIWLIN [120] und bei PHILIPPOFF [84], der auch die Lösung für den COUETTE-Apparat beschreibt.

Es sei hier noch erwähnt, daß die HAGEN-POISEUILLEsche Gl. (13) und die von COUETTE Gl. (15) Lösungen der Integralgleichungen für das NEWTONsche Reibungsgesetz für Kapillaren und den COUETTE-Apparat sind.

Literatur

[1] GUZMANN, J. DE: Ann. Soc. Exp. Fis. Quim. 11 (1913) S. 353.
[2] EWELL, R. H.: J. appl. Phys. 9 (1938) S. 252.
[3] LEDERER, E.: Kolloid-Beih. 34 (1932) S. 270.
[4] KUHN, W.: Z. phys. Chem. A 161 (1932) S. 427.
[5] BATSCHINSKI, A. J.: Z. phys. Chem. 84 (1913) S. 643.

---

[1] Spaltweiten unter 1 mm sind besonders bei größeren Radien, wegen der dadurch geforderten Präzision (Exzentrizitätskorrektur), praktisch nicht möglich. Zudem muß die Spaltweite bezogen auf die z. T. grob dispersen nicht-NEWTONschen Systeme immer noch groß gegenüber dem Teilchendurchmesser sein.

[6] HERZOG, R. O., u. H. C. KUDAR: Z. Phys. 80 (1933) S. 217; 83 (1933) S. 28.

[7] ANDRADE, E. N. DA C.: Phil. Mag. (VII) 17 (1934) S. 497 u. 698 — Endeavour 13 (1954) S. 117.

[8] Deutschsprachige Nomenklatur-Kommission: Makromolekulare Chem. 38 (1960) S. 1. — HUGGINS, M. L., u. O. KRATKY: Makromolekulare Chem. 9 (1953) S. 211 — J. Polymer Sci. 8 (1951) S. 270.

[9] MESKAT, W. in HENGSTENBERG, J., B. STURM u. O. WINKLER: Messen und Regeln in der chemischen Technik, S. 776. Berlin/Göttingen/Heidelberg: 1957.

[10] MARX, H., u. G. V. SCHULZ: Makromolekulare Chem. 31 (1959) S. 140.

[11] SCHULZ, G. V., u. F. BLASCHKE: J. prakt. Chem. 158 (1941) S. 130.

[12] SCHULZ, G. V.: Z. Elektrochem. 50 (1944) S. 122.

[13] ELÖD, E., u. H. SCHMID-BIELENBERG: Z. phys. Chem. B 25 (1934) S. 27.

[14] KRAEMER, E. O.: Industr. Engng. Chem. 30 (1938) S. 1200.

[15] DANĚS, WL. Z.: Kolloid-Z. 68 (1934) S. 110.

[16] STUART, H. A.: Das Makromolekül in Lösung, II. Bd., S. 316. Berlin/Göttingen/Heidelberg: Springer 1953.

[17] HUGGINS, M. L.: J. Amer. chem. Soc. 64 (1942) S. 2716.

[18] FIKENTSCHER, H., u. H. MARK: Kolloid-Z. 49 (1929) S. 135.

[19] FIKENTSCHER, H.: Cellulosechemie 13 (1932) S. 58 u. 71.

[20] EINSTEIN, A.: Ann. Phys. 19 (1906) S. 289; 34 (1911) S. 598.

[21] EIRICH F. u. J. RISEMAN: J. Polymer Sci. 4 (1949) S. 417. — J. RISEMANN u. R. ULMANN: J. chem. Phys. 19 (1951) S. 578.

[22] EILERS, H.: Kolloid-Z. 97 (1941) S. 313.

[23] EYRING, H.: J. chem. Physics 4 (1936) S. 283.

[24] SCHÄFER, K.: Kolloid-Z. 100 (1942) S. 313.

[25] FÜRTH, R., S. ORNSTEIN u. W. MILATZ: Proc. Kon. Ned. Akad. Wetensch. 42 (1939) S. 107.

[26] KIRKWOOD, J. G.: J. chem. Physics 14 (1946) S. 180; 17 (1949) S. 988.

[27] PETER, S.: Z. Naturforschung 9a (1954) S. 98.

[28] PETER, S., u. W. SLIWKA: Chem. Ing. Techn. 28 (1956) S. 49.

[29] VOET: J. phys. Chem. 51 (1947) S. 1037; 61 (1957) S. 301.

[30] PETER, S., u. H. PETERS: Z. phys. Chem. N. F. 3 (1955) S. 103.

[31] DANĚS, WL. Z.: Kolloid-Z. 87 (1939) S. 43.

[32] BRAUNBECK, W.: Z. Phys. 57 (1929) S. 501.

[33] PETER, S., u. H. U. BRANDAU: Kolloid-Z. 147 (1956) S. 6.

[34] PETER, S.: Rheologica Acta (1959) 1 (1961) S. 519.

[35] HARTMANN, J., u. F. PATAT: Makromolekulare Chem. 25 (1957) S. 53.

[36] PHILIPPOFF, W., u. F. H. GASKINS: J. Polymer Sci. 21 (1956) S. 205.

[37] PETERLIN, A.: Kunststoffe 42 (1952) S. 437.

[38] PHILIPPOFF, W., u. K. HESS: Z. phys. Chem. B 31 (1936) S. 237 — Kolloid-Z. 71 (1935) S. 1 — Kautschuk 13 (1937) S. 149 — Ber. dtsch. Chem. Ges. 70 (1937) S. 1808; 71 (1938) S. 841 — Kolloid-Z. 88 (1939) S. 215.

[39] SCHURZ, J.: Kolloid-Z. 138 (1954) S. 149; 148 (1956) S. 76 — Rheologica Acta 1 (1958) S. 58.

[40] EISENBERG, H.: J. Polymer Sci. 23 (1957) S. 579.

[41] OSTWALD, WO.: Kolloid-Z. 36 (1925) S. 99; 47 (1929) S. 176 — Z. phys. Chem. 111 (1924) S. 62.

[42] WAELE, A. DE: Kolloid-Z. 36 (1925) S. 332 — J. Oil Colour Chem. Ass. 6 (1923) S. 33.

[43] FARROW, u. LOWE: J. Text. Inst. 14 (1923) S. T 414.

[44] SCHEELE, W.: Z. Naturforschung 4a (1949) S. 433. — W. SCHEELE u. TH. T. TIMM: Kolloid-Z. 121 (1951) S. 140 u. 144.

[45] WILLIAMSON, R. V.: Industr. Engng. Chem. 21 (1929) S. 1108.

[46] PRANDTL, V.: Z. angew. Math. Mech. 30 (1950) S. 169.

[47] PETER, S., u. J. STOLLE: Z. phys. Chem. N. F. 11 (1957) S. 251.

[48] BINGHAM, E.: Fluidity and Plasticity. New York: 1922.

[49] GRODDE, K. H.: Erdöl u. Kohle 6 (1953) S. 380, 457 u. 608.

[50] PETERFI, T.: Arch. Entw. mechan. 112 (1927) S. 689.

[51] FREUNDLICH, H.: Thixotropy Actualitées scientifiques et industrielles. Nr. 267 (Paris 1935).

[52] BRAUNE, H., u. J. RICHTER: Kolloid-Z. 113 (1949) S. 20.

[53] WINKLER, H. G. F.: Kolloid-Beih. 48 (1938) S. 341.

[54] GARRISON: Trans. AIME 132 (1939) S. 191.

[55] PETER, S.: Kolloid-Z. 113 (1949) S. 37.

[56] PRYCE-JONES, J.: Kolloid-Z. 129 (1952) S. 96.

[57] GREEN, H., u. R. N. WELTMANN: Industr. Engng. Chem., Analyt. Edit. 15 (1943) S. 201; 18 (1946) S. 167.

[58] STREET, N.: J. Oil Colour Chem. Ass. 39 (1956) S. 391.

[59] PETERLIN, A.: Z. Phys. 111 (1938) S. 232 — Kolloid-Z. 86 (1939) S. 230. — PETERLIN A. u. H. A. STUART: Z. Phys. 112 (1939) S. 1.

[60] CERF, R.: Fortschr. hochpolym. Forsch. 1 (1959) S. 382.

[61] KUHN, W., u. H. KUHN: Helv. chim. Acta 28 (1945) S. 1533; 29 (1946) S. 72, 609 u. 830; 26 (1943) S. 1394.

[62] HOFFMANN, U.: Kolloid-Z. 125 (1952) S. 86.

[63] GOODEVE, C. F.: Trans. Faraday Soc. 35 (1939) S. 342. — C. F. GOODEVE u. G. W. WHITEFIELD: Trans. Faraday Soc. 34 (1938) S. 511.

[64] PETER, S.: Kolloid-Z. 114 (1949) S. 44.

[65] PATAT, F., u. G. SEYDEL: Chem. Fabrik 14 (1941) S. 415.

[66] FREUNDLICH, H., u. H. L. RÖDER: Trans. Faraday Soc. 34 (1938) S. 308.

[67] FREUNDLICH, H., u. F. JULIUSBERGER: Trans. Faraday Soc. 31 (1935) S. 920.

[68] ROSSI, C.: Kolloid-Z. 97 (1941) S. 129 u. 304.

[69] OSTWALD, WO., u. H. MALSS: Kolloid-Z. 63 (1933) S. 305; 67 (1934) S. 211.

[70] HELMES, E.: Chem. Ing. Techn. 25 (1953) S. 390.

[71] WOODBRIDGE, R. C.: J. Oil Colour Chem. Ass. 38 (1955) S. 285.

[72] CRANE, J., u. D. SCHIFFER: J. Polymer Sci. 23 (1957) S. 93.

[73] HERZOG, R. O.: Kolloid-Z. 39 (1926) S. 252.

[74] DIENES, G. J.: J. Colloid Sci. 2 (1947) S. 131.

[75] BUCHDAHL, R.: J. Colloid Sci. 3 (1948) S. 87.

[76] HOLZMÜLLER, W., u. J. LORENZ: Plaste u. Kautschuk 6 (1959) S. 227.

[77] BOUNDY, RAY H., u. RAYMOND F. BOYER: Styrene, S. 576 u. 582. New York: Reinhold Publ. Corp. 1952.

[78] MERRINGTON, A. C.: Nature 155 (1945) S. 669.

[79] SPENCER, R. S.: Proc. of Sec. Intern. Congress on Rheology. Ed. by V. G. W. Harrison, London 1954.

[80] SPENCER, R. S., u. R. E. DILLON: J. Colloid Sci. 3 (1948) S. 163.

[81] BAGLEY, E. B.: J. appl. Phys. 28 (1957) S. 624.

[82] FERRY, J. D.: J. Amer. chem. Soc. 64 (1942) S. 1330. — J. G. BRODNYAN, F. H. GASKINS u. W. PHILIPPOFF: Trans. Soc. Rheology II (1958) S. 285.

[83] MESKAT, W.: Chem. Ing. Techn. 27 (1955) S. 712.

[84] PHILIPPOFF, W.: Viskosität der Kolloide, S. 37—45. Dresden/Leipzig: 1942.

[85] UMSTÄTTER, H.: Einführung in die Viskosimetrie und Rheometrie. Berlin/Göttingen/Heidelberg: Springer 1952.

[86] REYNOLDS, O.: Phil. Trans. roy. Soc. (London) Serie A (1883) S. 174; (1895) S. 186.

[87] PRANDTL, L.: Führer durch die Strömungslehre, S. 106ff. Braunschweig: 1949.

[88] COUETTE, M.: Ann. Physique Chim. (6) 21 (1890) S. 433.

[89] MALLOK, A.: Phil. Trans. roy. Soc. (London) Serie A 187 (1896) S. 41.

[90] TAYLOR, G. J.: Proc. roy. Soc. (London) Serie A 151 (1935) S. 494; 157 (1936) S. 546 u. 565.

[91] STOKES, G. G.: Trans-Cambr. Phil. Soc. 8 (1845) S. 287 — Math. Phys. Pap. 1 (1880) S. 10; 2 (1880) S. 56.

[92] ARNOLD, H. D.: Phil. Mag. 22 (1911) S. 755.

[93] HAGEN, G.: Ann. Phys. 46 (1839) S. 423.

[94] POISEUILLE, J. L. M.: C. R. 11 (1840) S. 961 — Chem. Savants Etrangers 9 (1846) S. 433.

[95] HAGENBACH, E.: Poggendorffs Ann. 109 (1860) S. 385.

[96] ERK, S.: Forsch. Geb. Ing.-Wes. (1927) Nr. 288 — Z. techn. Phys. 10 (1929) S. 452.

[97] PHILIPPOFF, W., u. F. H. GASKINS: Trans. Soc. Rheology II (1958) S. 263.

[98] MEYER, K. H., u. A. VAN DER WYK: Kolloid-Z. 76 (1936) S. 278.

[99] PETER, S., u. E. WAGNER: Angew. Chem. 69 (1957) S. 394 — Z. phys. Chem. N. F. 17 (1958) S. 184 u. 199.

[100] DIN 53012: Fehlerquellen und Korrekturen bei der Kapillar-Viskosimetrie Newtonscher Flüssigkeiten. Februar 1959. — J. F. SWINDELLS, R. C. HARDY u. R. L. COTTINGTON: J. Res. Nat. Bur. Stand. 52 (1954) S. 105. — W. N. BOND: Proc. phys. Soc. (London) 33 (1921) S. 225; 34 (1922) S. 139. — N. E. DORSEY: Phys. Rev. (2) 28 (1926) S. 833.

[101] HATSCHEK, E.: Kolloid-Z. 12 (1913) S. 238.

[102] ENGELHARDT, W. v., u. H. LÜBBEN: Kolloid-Z. 147 (1956) S. 1.

[103] SEARLE, G. F. C.: Proc. Camb. Phil. Soc. 16 (1912) S. 600.

[104] MOONEY, M., u. R. H. EWART: Physics 5 (1943) S. 350.

[105] EISENBERG, H., u. E. H. FREY: J. Polymer Sci. 14 (1954) S. 417.

[106] LADENBURG, R.: Ann. Phys. 22 (1907) S. 287.

[107] BACON, L. R.: J. Franklin-Inst. 221 (1936) S. 251.

[108] WEBER, W.: Kolloid-Z. 147 (1956) S. 14.

[109] FRITZ, W., u. H. KROEPELIN: Kolloid-Z. 140 (1955) S. 149.

[110] PETER, S., u. W. NOETZEL: Z. phys. Chem. N. F. 21 (1959) S. 422.

[111] SLIWKA, W.: Dissertation Hannover 1955.

[112] EISENSCHITZ, R., B. RABINOWITSCH u. K. WEISSENBERG: Mitt. dtsch. Mat.-Prüf.-Anst. (1929) Sonderh. 8, S. 91.

[113] RABINOWITSCH, B.: Z. phys. Chem. 145 (1929) S. 1.

[114] KRIEGER, J. M., u. S. MARON: J. appl. Phys. 23 (1952) S. 147; 24 (1953) S. 134; 25 (1954) S. 72.

[115] MOONEY, M.: Rheology 2 (1931) S. 210.

[116] PAWLOWSKI, J.: Kolloid-Z. 130 (1953) S. 129.

[117] SCHULTZ-GRUNOW, F., u. H. WEYMANN: Kolloid-Z. 131 (1953) S. 61.

[118] LINDQUIST, C. G., u. W. C. SIERICHS: J. Colloid Sci. 6 (1951) S. 33.

[119] PRANDTL, L., u. F. R. VANDREY: Z. angew. Math. Mech. 30 (1950) S. 169.

[120] REINER, M., u. R. RIWLIN: Kolloid-Z. 43 (1927) S. 1.

[121] DORSEY, N. E.: Phys. Rev (2) 28 (1926) S. 833.

[122] HÖPPLER, F.: DWP Nr. 205 u. 206.

[123] McKENNEL, R.: Proc. 2nd. Intern. Congr. Rheology, London 1954, S. 350 — Analytic. Chem. 28 (1956) S. 1710. — H. L. J. FLYASH, F. J. PADDEN u. T. W. DEWITT: J. Colloid Sci. 10 (1955) S. 165.

[124] PETER, S.: Chem. Ing. Techn. 32 (1960) S. 437.

4.2 Deformationsmechanik und Relaxationsverhalten[1]

Von G. W. Becker und E. Schreuer, Braunschweig

4.2.1 Einführung

Am Anfang einer Beschreibung des mechanischen Verhaltens der Kunststoffe stehen zweckmäßig die Grundbegriffe des ideal elastischen und des ideal viskosen Verhaltens. Dazu gehören einerseits die Definitionen und Verknüpfungen der klassischen Elastizitätslehre, in der die Zeit und von ihr abgeleitete Größen nicht auftreten, andererseits die Grunderscheinungen des Fließverhaltens viskoser Medien, bei denen Zeit und Geschwindigkeit von ausschlaggebender Bedeutung sind (vgl. auch 4.1 „Fließverhalten").

---

[1] Vgl. auch II, 3.4 „Prüfung auf mechanische Eigenschaften", sowie die ausführlichen Darstellungen in [1, 79].

Die Kunststoffe zeigen ein Verhalten, das sich als Überlagerung dieser beiden idealen Grenzfälle auffassen läßt. Unterhalb der Einfriertemperatur, im glasig-amorphen oder eingefrorenen Zustand der Stoffe, beobachtet man näherungsweise elastisches und oberhalb der Fließtemperatur, im geschmolzenen Zustand, viskoses Verhalten. Zwischen diesen beiden Temperaturen, die keineswegs scharf bestimmbar sind (vgl. z. B. 3.1 und 3.2), kann je nach Temperatur und Stoffstruktur (vernetzt oder unvernetzt) das eine oder das andere Verhalten überwiegen. In diesem Bereich, der bei den Betrachtungen dieses Kapitels im Vordergrund stehen soll, beobachtet man bei vorgegebener Deformation einen zeitlichen Abbau der elastischen Rückstellkraft (Relaxation) oder bei vorgegebenem Kraftverlauf eine zeitlich verzögerte Einstellung der endgültigen Deformation (Retardation)[1].

Die Kombination der Gesetzmäßigkeiten der beiden idealen Grenzfälle ermöglicht es, das lineare Deformationsverhalten der Kunststoffe in diesem Zwischenbereich auf verhältnismäßig einfache Weise analytisch zu beschreiben. Dabei erweisen sich vor allem Analogien als nützlich, die man dem Verhalten mechanischer Modelle der Idealkörper (Feder und Flüssigkeitsdämpfer) entnimmt. Die einfachsten Kombinationsmodelle (benannt nach MAXWELL und VOIGT-KELVIN) mit einer einzelnen Zeitkonstanten (Relaxations- bzw. Retardationszeit) geben das reale Verhalten der Stoffe bei den verschiedenen Formen der zeitlichen Beanspruchung allerdings nur qualitativ richtig wieder.

Zur phänomenologisch vollständigen Beschreibung des experimentellen Sachverhaltes sind Integraldarstellungen geeignet, bei denen die Wirkung von unendlich vielen einfachen Modellen mit verschiedenen Zeitkonstanten summiert wird. Der spektralen Verteilung der Zeitkonstanten wird mathematisch durch (zunächst unbekannte) Verteilungsfunktionen Rechnung getragen. Diese Funktionen lassen sich genügend genau aus dem zeitlichen Verlauf gemessener Größen berechnen. Ihr Wert liegt darin, daß mit ihrer Hilfe die bei verschiedenen zeitlichen Beanspruchungsformen (z. B. statisch oder dynamisch) gemessenen Abhängigkeiten vergleichbar werden; an die Stelle der einfachen konstanten Moduln der idealen Festkörper treten bei den hochpolymeren Stoffen die Verteilungsfunktionen, deren molekulare Deutung allerdings im einzelnen noch auf Schwierigkeiten stößt.

Da diese Darstellungsweise die Gültigkeit des Superpositionsprinzips voraussetzt, bleibt sie auf den linearen Deformationsbereich beschränkt. Die theoretische Beschreibung nichtlinearer Vorgänge, auf die in diesem Kapitel nicht näher eingegangen wird, ist bisher nur in wenigen speziellen Fällen gelungen; ein Beispiel hierfür ist die thermodynamische Betrachtung des Energieumsatzes bei der sog. „Kaltverstreckung" (vgl. 4.5).

4.2.2 Deformation und Rückstellkraft

a) Einfache Gesetzmäßigkeiten des elastischen Verhaltens[2]. Für die Beschreibung der mechanischen Eigenschaften von Kunststoffen wird häufig eine erhebliche Anzahl von Kenngrößen verwendet. Dies entspricht der Vielfalt der An-

---

[1] In beiden Fällen bleibt für sehr große Zeiten nur bei vernetzten Stoffen eine endliche elastische Rückstellkraft bzw. eine endliche Deformation erhalten.

[2] Vergleiche z. B. die ausführliche Darstellung in [75].

wendungen sowie der Verschiedenheit der entwickelten Prüfmethoden. Viele
dieser Kenngrößen lassen sich jedoch direkt oder indirekt auf die Kenngrößen
der klassischen Elastizitätslehre zurückführen, die in diesem Abschnitt kurz
zusammengestellt sind. Die Abweichungen vom ideal elastischen Verhalten werden
Gegenstand der folgenden Abschnitte sein.

Die Elastizitätslehre beschreibt den Zusammenhang von Kräften und zugehörigen Deformationen. Sie beschränkt sich dabei auf Kräfte im Gleichgewicht; Beschleunigungen der Körper und Trägheitskräfte bleiben außer Betracht.

Zur Erleichterung der Übersicht werden die Kräfte und Deformationen

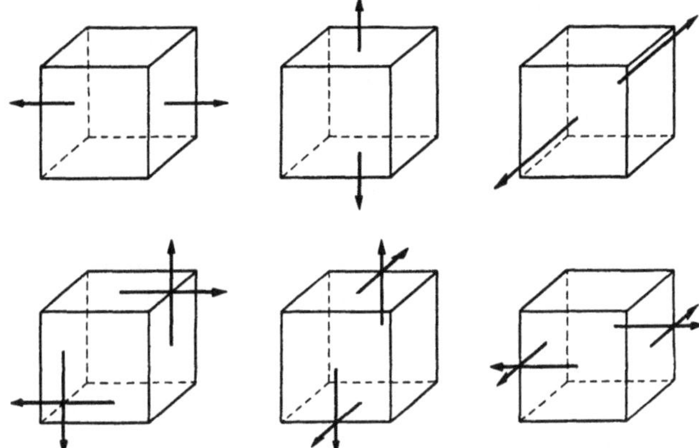

Abb. 1. Die sechs Grundkomponenten deformierender Kräfte

auf ihre einfachsten Grundformen reduziert. Dies geschieht, indem der zu untersuchende Körper oder ein gedachter quaderförmiger Teil von ihm einem rechtwinkligen räumlichen Koordinatensystem eingepaßt wird. Alle denkbaren Kräfte
lassen sich dann ausdrücken durch drei Hauptkräfte in Richtung der Koordinatenachsen, die senkrecht auf den Begrenzungsflächen des Körpers angreifen (Dehnungskräfte) und drei Hauptkräftepaaren, die tangential in gegenüberliegenden Begrenzungsflächen des Probekörpers angreifen (Schubkräfte). All diese Kräfte sind in Abb. 1 samt ihren Gleichgewicht haltenden Gegenkräften (Rückstellkräften) veranschaulicht. Sie werden für die Rechnung ohne

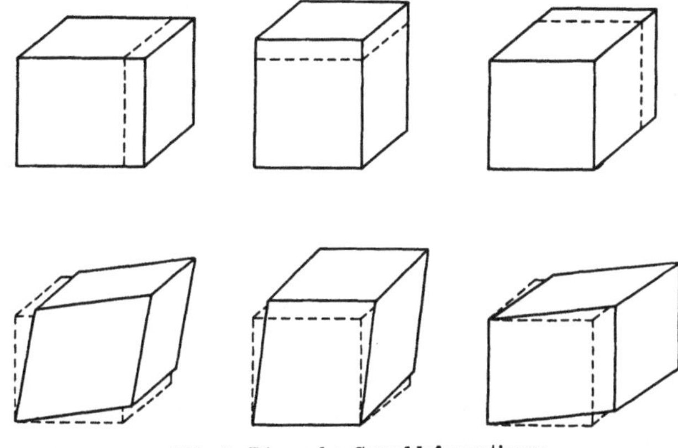

Abb. 2. Die sechs Grunddeformationen

Rücksicht auf eintretende Verzerrungen auf den ursprünglichen Querschnitt bezogen und heißen dann Spannungen.

Analog zu diesem Vorgang werden beliebige Deformationen auf ihre Hauptformen reduziert: drei Hauptdehnungen in Richtung der Koordinatenachsen, verbunden mit entsprechender Volumenvermehrung unter Erhaltung der Körperbegrenzungswinkel, sowie drei Hauptscherungen, rhombischen Verzerrungen der Körpergestalt unter Erhaltung des ursprünglichen Volumens. Diese Deformationen
sind in Abb. 2 dargestellt. Für die Rechnung werden die Dehnungen auf die
ursprünglichen Gestaltabmessungen bezogen und treten als dimensionslose Re-

lativzahlen auf; die Scherungen werden als Verzerrungswinkel im Bogenmaß oder als Kathetenverhältnisse im Verzerrungsdreieck eingeführt.

Die Erfahrung lehrt, daß eine Hauptspannung nicht nur *eine* (die korrespondierende) Hauptdeformation hervorruft, sondern mehrere, im allgemeinsten Falle sechs. Zwischen Spannung p_i und jeweils betrachteter Deformation ε_k besteht – das ist der Inhalt des HOOKEschen Gesetzes in seiner allgemeinsten Form – ein linearer Zusammenhang $p_i = k_{ik}\,\varepsilon_k$; die jeweils von 1 bis 6 laufenden ganzzahligen Indizes beziehen sich auf die verschiedenen Hauptspannungen und -deformationen.

Von den sich so ergebenden $6 \cdot 6 = 36$ *Elastizitätsmoduln* k_{ik} sind einige identisch, andere verschwinden. Ihre Anzahl reduziert sich für den allgemeinsten Fall des anisotropen Körpers auf 21, für den einfachsten, fortan allein betrachteten Fall des isotropen Körpers auf nur zwei voneinander unabhängige Moduln. Dies sind die sog. LAMÉschen Konstanten λ und ν, in denen sich alle praktisch verwendeten Moduln ausdrücken lassen[1]. Sie beschreiben den Widerstand des Körpers gegen je eine Hauptdeformation, wenn alle anderen möglichen Deformationen durch Zwangskräfte unterdrückt sind. Praktisch angewendet wird von ihnen nur die Konstante ν, die mit dem Scherungsmodul identisch ist; im übrigen werden experimentell einfacher zu bestimmende Moduln und Kenngrößen bevorzugt. Es sind dies:

1. Der *Kompressionsmodul* (*bulk modulus*) K; er beschreibt den Widerstand des Körpers gegen eine Volumenänderung ΔV, die durch den allseitig gleichen Druck p bewirkt werden soll. Er ist definiert durch

$$-\frac{\Delta V}{V_0} = \frac{1}{K}\,p\,;\tag{1}$$

sein Kehrwert heißt Kompressibilität.

2. Der *Elastizitätsmodul* (*Dehnungsmodul, Young's modulus*) E; er beschreibt den Widerstand des Körpers gegen eine Längenänderung Δl, die durch die einseitige Zug- oder Druckspannung σ erzielt werden soll. Er ist definiert durch

$$\frac{\Delta l}{l_0} = \frac{1}{E}\,\sigma\,;\tag{2}$$

sein Kehrwert, die Dehnungskonstante, wird auch als „Nachgiebigkeit" J (compliance) bezeichnet (vgl. 4.2.3 c)[2].

3. Die POISSON*sche Konstante* (*Querkontraktionszahl*) μ; sie beschreibt die Änderung der Querdimensionen, die im allgemeinen mit der einseitigen Dehnung einer Körperabmessung verknüpft ist. Sie ist definiert durch

$$\mu = \frac{\text{relative Abnahme der Querdimension}}{\text{relative Zunahme der Längendimension}}\,.\tag{3}$$

4. Der *Scherungsmodul* (*Schub-, Torsionsmodul, shear modulus*) G; er beschreibt den Widerstand des Körpers gegen eine Winkelverzerrung α seiner

---

[1] Historische Bezeichnung λ und μ; da μ jedoch in der meist üblichen Schreibweise die POISSONsche Konstante bezeichnet, wird hier und in Tab. 1 der Buchstabe ν verwendet.

[2] Es hat sich als zweckmäßig erwiesen, auch die Kehrwerte der übrigen Moduln als Nachgiebigkeiten zu bezeichnen; man unterscheidet dementsprechend z. B. die Kompressions-, die Dehn- und die Schubnachgiebigkeit. Die Kennzeichnung kann durch unterschiedliche Formelzeichen [*54*] oder durch einen zusätzlichen Index erfolgen.

Gestalt, die durch die Drehmomentwirkung der Schubspannung γ erzwungen werden soll. Er ist definiert durch

$$\alpha = \frac{1}{G}\,\gamma. \tag{4}$$

Für Kunststoffuntersuchungen mit Schwingungsverfahren werden auch die Moduln M verwendet, die in den Grenzfällen, die frei von gestaltabhängiger Dispersion sind, nach der Gleichung $c^2 = M/\varrho$, die Fortpflanzungsgeschwindigkeit c elastischer Wellen bestimmen. Für longitudinale Kompressionswellen gilt: in Flüssigkeiten ohne Scherelastizität ist $M = K$; in dünnen stabförmigen Festkörpern ist $M = E$; in ausgedehnten festen Medien ist $M = \lambda + 2\nu \equiv \lambda + 2G$. Der zuletzt genannte Modul ist von besonderer Wichtigkeit (vgl. 4.4, „Akustisches Verhalten"). Er stimmt nur für $\mu = 0{,}5$ mit K überein und wird zum Unterschied von diesem auch *Longitudinalwellenmodul* (*Plattenmodul, compression modulus*) E_L genannt.

Für transversale elastische Wellen gilt in allen Fällen $M = G$.

Der Zusammenhang der praktisch verwendeten Moduln untereinander und mit den grundlegenden LAMÉschen Konstanten ist in Tab. 1 dargestellt.

Tabelle 1. *Zusammenhang der elastischen Kenngrößen*

Bezeichnung	Elastische Kenngrößen, ausgedrückt in				
	λ, G	K, G	G, μ	E, μ	E, G
LAMÉsche Konstante λ	λ	$K - \dfrac{2}{3}\,G$	$\dfrac{2G\mu}{1 - 2\mu}$	$\dfrac{\mu E}{(1 + \mu)(1 - 2\mu)}$	$\dfrac{G(E - 2G)}{3G - E}$
Scherungsmodul $G \equiv$ LAMÉsche Konstante ν	$G = \nu$	$G = \nu$	$G = \nu$	$\dfrac{E}{2(1 + \mu)}$	$G = \nu$
Kompressionsmodul K	$\dfrac{3\lambda + 2G}{3}$	K	$\dfrac{2G(1 + \mu)}{3(1 - 2\mu)}$	$\dfrac{E}{3(1 - 2\mu)}$	$\dfrac{E\,G}{3(3G - E)}$
Elastizitätsmodul E	$\dfrac{3\lambda + 2G}{\lambda + G}\,G$	$\dfrac{9K\,G}{3K + G}$	$2G(1 + \mu)$	E	E
POISSONsche Konstante μ	$\dfrac{\lambda}{2(\lambda + G)}$	$\dfrac{3K - 2G}{2(3K + G)}$	μ	μ	$\dfrac{E}{2G} - 1$
Longitudinalwellenmodul E_L	$\lambda + 2G$	$K + \dfrac{4}{3}\,G$	$2G\,\dfrac{(1 - \mu)}{(1 - 2\mu)}$	$\dfrac{E(1 - \mu)}{(1 + \mu)(1 - 2\mu)}$	$\dfrac{4G - E}{3 - E/G}$

Aus einem dieser Zusammenhänge, Gleichung $\mu = \dfrac{3K - 2G}{2(3K + G)}$, geht hervor, daß μ grundsätzlich in den Grenzen von -1 bis $+0{,}5$ auftreten kann; negative Werte sind bei einzelnen Mineral- oder Metallkristallen nachgewiesen worden [*91*]. Bei isotropen Medien werden nur positive Werte beobachtet.

Eine einfache geometrische Rechnung ergibt, daß die mit einer einseitigen Längsdehnung verknüpfte Volumenänderung gegeben ist durch $V/V_0 \approx (1 - 2\mu)\ l/l_0$; Längsdehnungen haben also stets von μ abhängige Volumenvermehrungen zur Folge. Den Grenzwert $+0{,}5$ überschreitende Werte von μ sind möglich; sie zeigen jedoch eine Volumenverminderung trotz Längsdehnung an und lassen auf eine akzidentelle Anisotropie schließen (z. B. beim vorgedehnten Kautschuk [*36*]).

Bei allen mit Volumenänderungen verknüpften elastischen Deformationen treten Wärmetönungen auf, die als thermisches Äquivalent der im Körper ausgelösten Änderung der inneren Energie (nicht der an ihm geleisteten äußeren Arbeit) aufzufassen sind. Die Wärmetönung wirkt über den Ausdehnungskoeffizienten auf die Größe der Deformation und somit auf die Größe der betreffenden elastischen Konstanten zurück.

Eine elastische Beanspruchung heißt isotherm, wenn ihre Wirkungsdauer groß, sie heißt adiabatisch, wenn ihre Wirkungsdauer klein ist im Vergleich mit der Zeitspanne, die der Ausgleich der ausgelösten Temperaturänderungen mit der Umgebung des Körpers benötigt; sie mag polytropisch heißen für Wirkungsdauern zwischen diesen Grenzen.

Die Temperaturerhöhung $\Delta\vartheta$, die ein Körper bei einer adiabatischen Erhöhung Δp des allseitig wirkenden Druckes erfährt, ist gegeben durch die exakt erfüllte THOMSONsche Gleichung: $\Delta\vartheta = J T \alpha \Delta p/(\varrho c_p)$; analog gilt für eine adiabatische Erhöhung der einseitig dehnenden Spannung: $\Delta\vartheta = - J T \beta \Delta\sigma/(\varrho c_p)$ (J = thermisches Arbeitsäquivalent, T = absolute Temperatur, α und β = kubischer bzw. linearer Ausdehnungskoeffizient, ϱ = Dichte, c_p = spezifische Wärme bei konstantem Druck). In Verbindung mit den Definitionsgleichungen für Kompressions- und Elastizitätsmodul ergibt sich der Unterschied der adiabatischen und isothermen Werte durch:

$$\frac{1}{K_{\mathrm{ad}}} = \frac{1}{K_{\mathrm{iso}}} + \frac{J T \alpha^2}{\varrho\, c_p} \quad \text{bzw.} \quad \frac{1}{E_{\mathrm{ad}}} = \frac{1}{E_{\mathrm{iso}}} - \frac{J T \beta^2}{\varrho\, c_p}.$$

Mit

$$\frac{T J \alpha^2 K_{\mathrm{iso}}}{\varrho\, c_p} = \frac{c_p - c_v}{c_v} \;(\text{vgl. } [18])$$

ergibt sich:

$$\frac{K_{\mathrm{iso}}}{K_{\mathrm{ad}}} = \frac{c_p}{c_v} \quad \text{bzw.} \quad \frac{E_{\mathrm{iso}}}{E_{\mathrm{ad}}} = \frac{2}{3}(2-\mu) - \frac{c_p}{c_v}\left(\frac{1-2\mu}{3}\right).$$

Für Körper mit $\mu = 0{,}5$ verschwindet der elastothermische Effekt und mit ihm der Unterschied zwischen den beiden Arten des Elastizitätsmoduls. Da die Scherung definitionsgemäß ohne Volumenänderung vor sich geht, bleibt der Scherungsmodul grundsätzlich frei von elastothermischem Einfluß. Adiabatische und isotherme Werte der POISSONschen Konstanten μ werden praktisch nicht unterschieden.

Die elastothermischen Effekte sind bei den Kunststoffen im allgemeinen größer als bei den Metallen. Ihre Einwirkung auf die Größe der Elastizitätskonstanten ist jedoch bei periodischen Beanspruchungen neben den übrigen Relaxationseffekten gewöhnlich zu vernachlässigen (vgl. 4.2.3 a).

b) Energie- und Entropieelastizität. Die in 4.2.2 a angeführten Zusammenhänge sind phänomenologischer Art; ihre Gültigkeit ist nicht an die Voraussetzung bestimmter Mechanismen gebunden, welche den Zusammenhang der Körperelemente und ihre formbildende Anordnung bewirken. Es hängt jedoch von der Art des Zusammenhaltsmechanismus ab, ob die elastischen Kenngrößen als Konstanten gelten dürfen, oder ob sie bei veränderten Versuchsbedingungen charakteristische Änderungen ihrer Quantität erfahren.

Für den Erfahrungsgegenstand der klassischen Elastizitätslehre, den natürlichen polykristallinen oder glasigen Werkstoff, gelten die elastischen Kenngrößen in erster Näherung als Konstanten. Die elastische Verformung resultiert aus einer Änderung der Gleichgewichtslage benachbarter Atome oder Atomgruppen, wobei im wesentlichen innermolekulare, primäre Bindungen beansprucht werden. Die Verformungsarbeit wird dabei als potentielle Energie vom Körper aufgenommen; man nennt diese Art der Elastizität daher Energieelastizität, bisweilen auch Norm- oder Kristallelastizität. Sie ist gekennzeichnet durch Elastizitätsmoduln von der Größenordnung 10^{10} bis 10^{12} dyn/cm²; ihr Temperaturkoeffizient ist klein, praktisch konstant und gewöhnlich negativ. Die reversiblen, d. h. ohne bleibenden Rest vorzunehmenden Deformationen sind klein; ihre Größenordnung liegt bei 0,1 bis 1%. Die Querkontraktionszahl μ liegt im Bereich von etwa 0,25 bis 0,35.

Die Kunststoffe mit ihren hochpolymeren Bauelementen sind von ketten- oder netzartiger Struktur. Ihre Elastizität, die Deformation und Rückstellkraft miteinander verknüpft, ist deshalb oberhalb der Einfriertemperatur[1] von wesentlich anderem Charakter. Aus der Eigenart des vorwiegend linearen Aufbaues ihrer Kettenmoleküle folgt, daß für ihre gegenseitige lagenbestimmende Bindung nur sekundäre Valenzen (VAN DER WAALSsche Kräfte) übrigbleiben, deren Wirksamkeit empfindlich von der Temperatur abhängt (vgl. 4.2.4 c). Die Beweglichkeit der Kettenglieder läßt zu, daß die Großmoleküle beim Polymerisationsprozeß sich verfilzen und unter dem Einfluß der BROWNschen Bewegung die statistisch wahrscheinlichste, mehr oder weniger verknäuelte Gestalt annehmen. Jede spätere einseitige Deformation zwingt die Moleküle in eine unwahrscheinlichere, weil gestrecktere Gestalt; die Deformationsarbeit dient dazu, die Entropie des Körpers herabzusetzen. Die Rückstellkraft hat statistischen Charakter; sie beruht auf einer Richtungstendenz der Temperaturbewegung und wächst mit der Temperatur an. Diese Art der Elastizität heißt daher Entropieelastizität, bisweilen auch Hochelastizität oder nach dem Stoff, an dem sie besonders augenfällig wird, Gummielastizität (vgl. hierzu die ausführliche Behandlung in 3.3, „Gummielastischer Zustand").

Sie ist gekennzeichnet durch kleine Werte des Elastizitätsmoduls (Größenordnung 10^6 bis 10^8 dyn/cm²), die proportional zur absoluten Temperatur anwachsen, sowie durch sehr große mögliche Dehnungen, die reversibel Beträge von mehreren 100% erreichen können. Den großen Deformationen entsprechen Lagenänderungen der Makromoleküle oder ihrer Segmente, bei denen viele bevorzugte Zwischenlagen (Potentialmulden) durchlaufen werden. Die Querkontraktionszahl μ liegt stets nahe bei 0,5, d. h., die einseitige Dehnung verläuft nahezu volumenkonstant. Der elastothermische Effekt verschwindet oder wechselt sein Vorzeichen zugleich mit dem linearen Ausdehnungskoeffizienten in Dehnungsrichtung (Erwärmung bei der Dehnung).

Die Erfahrung hat gezeigt, daß Kunststoffe die oben skizzierte Entropieelastizität nur in einem begrenzten Temperaturbereich aufweisen, der als „ideal gummielastischer Bereich" bezeichnet wird. Unterhalb dieses Bereiches kommen bei abnehmendem Volumen und abnehmender Temperaturbewegung zunehmend weitere zwischenmolekulare Bindungskräfte zur Wirksamkeit; der Elastizitätsmodul wächst an und erreicht bei der Einfriertemperatur den Charakter und die Größenordnung der Energieelastizität. Oberhalb des gummi-elastischen Bereiches löst die wachsende BROWNsche Bewegung auch die letzten gestaltbestimmenden Bindungen dynamisch auf; der Körper erweicht zur viskosen Flüssigkeit, in der ein Elastizitätsmodul als statisch bestimmbare Größe nicht mehr existiert. Abb. 3 zeigt die Abhängigkeit des Elastizitätsmoduls von der Temperatur, ein Schema, das für alle Kunststoffe in mehr oder weniger großer Näherung Gültigkeit hat. Ein gummi-elastischer Bereich mit dem anschließenden verhältnismäßig engen

---

[1] Zum Begriff der Einfriertemperatur vgl. 3.1 „Glaszustand und Einfriervorgang".

Erweichungsintervall wird dabei in der Weise der Abb. 3 nur bei vernetzten Stoffen auftreten; bei unvernetzten wird er von dem wesentlich breiteren Erweichungsintervall mehr oder weniger verdeckt.

Eine Reihe von Hochpolymeren neigt zur Bildung von Kristallisationsbereichen, deren Schmelztemperatur teilweise weit oberhalb der Einfriertemperatur der Kettenmoleküle in den amorphen Zwischenbereichen liegt (vgl. hierzu 3.2 und 3.5). Hierdurch wird das geschilderte, für amorphe Stoffe charakteristische Verhalten modifiziert: auch oberhalb der Einfriertemperatur beobachtet man höhere Modulwerte, die je nach Volumenanteil der kristallinen Bereiche zwischen 10^8 und 10^{10} dyn/cm² liegen können. Man kann die Wirkung des kristallinen Anteiles unterhalb seiner Schmelztemperatur mit der eines „harten" Füllstoffes vergleichen. Bei der Schmelztemperatur der Kristallite beobachtet man dann einen mehr oder weniger starken Abfall des Moduls (vgl. das Meßbeispiel Abb. 22 in 4.2.5 sowie die Überlegungen in [6]).

c) Viskosität und Elastizität. Wie in 4.2.2b erläutert, sind die Grenzfälle der mechanischen Reaktion eines Kunststoffes gegenüber deformierenden Kräften durch kristallelastisches Verhalten einerseits, durch viskoses Fließen andererseits gekennzeichnet.

An den Flüssigkeiten lassen sich wegen ihrer fehlenden Formfestigkeit nur entweder allseitig gleiche Druckkräfte oder aber tangentiale, scherende Kräfte zur Prüfung ihrer mechanischen Eigenschaften anbringen. Die Prüfung mit allseitigen Druckkräften führt auf den Kompressionsmodul der Flüssigkeiten, der mit seiner Größenordnung an den entsprechenden Modul der Festkörper anschließt und keine charakteristischen Merkmale aufweist.

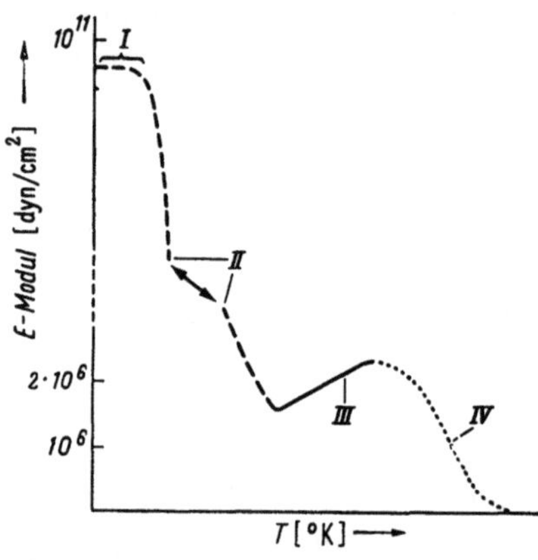

Abb. 3. Schematische Darstellung der Temperaturabhängigkeit des Elastizitätsmoduls (nach W. KUHN [49]).
Bereich I entspricht dem eingefrorenen Zustand der Substanz; an ihn schließt sich der Übergangsbereich II an. Bereich III entspricht dem ideal-gummielastischen Zustand. Bereich IV zeigt beginnendes plastisches Fließen

Bei der Prüfung mit scherenden Kräften wird die „Zähigkeit", die Schubviskosität η erhalten. Sie beschreibt im Gegensatz zum Schubmodul G nicht den Widerstand des Mediums gegen die Deformation als solche, sondern seinen Widerstand gegen die Bewegung während des Deformationsvorganges. Dieser Widerstand wird durch die innere Reibung verursacht und ist nur solange vorhanden, wie die Schubbewegung – eine gegenseitige Verschiebung der inneren Schichten parallel den Ebenen, in denen die Schubspannung wirksam ist – anhält; er wächst mit ihrer Geschwindigkeit und ist ihr stets entgegengerichtet. Die zugehörige Deformationsarbeit wird vollständig in Wärme umgesetzt.

Ein solcher Reibungswiderstand gegen die Schubbewegung ist durchaus nicht nur den Flüssigkeiten eigentümlich. Er ist auch bei den Festkörpern – sofern bei diesen nicht vollkommene Kristallelastizität anzunehmen ist – wirksam und tritt während der Bewegung zur jeweils wirksamen elastischen Kraft additiv oder subtraktiv hinzu.

Bei periodischen Deformationen besteht zwischen dem elastischen und dem viskosen Anteil am Gesamtwiderstand definitionsgemäß eine Phasenverschiebung von $\pi/2$; die Amplituden der Anteile sind dementsprechend geometrisch zu addieren. Der wirksame Deformationswiderstand wird daher gewöhnlich durch einen komplexen (dynamischen) Modul E^* beschrieben; vgl. 4.2.3b.

Die Schubviskosität η ist definiert durch

$$\dot\alpha = \frac{1}{\eta}\,\gamma, \tag{5}$$

wobei $\dot\alpha$ die augenblickliche Deformationsgeschwindigkeit und γ die dabei auftretende akzidentelle Schubspannung bedeuten. Dieser einfachste lineare Zusammenhang gilt für den Idealfall der sog. NEWTONschen Reibung und kann in manchen Fällen als ausreichende Näherung für das Verhalten der realen Medien angesehen werden[1].

Die Erfahrung, daß der Reibungswiderstand mit der Deformationsgeschwindigkeit wächst, und die weitere, daß bei entsprechender Beobachtungsdauer für jede elastische Spannung bei festgehaltener Deformation eine Relaxation festzustellen ist, legt es nahe, einen Zusammenhang zwischen der Viskosität und der Scherungselastizität zu suchen. Diesen Zusammenhang fand MAXWELL [57, 58] in dem Gedanken, daß während der Deformationsbewegung laufend elastische Spannung – etwa gemäß dem HOOKEschen Gesetz – erzeugt wird, diese jedoch ebenso laufend – etwa nach dem Zeitgesetz $\dot\gamma = -\gamma/\tau$ – mit der Relaxationszeit τ abklingt. Dieser abklingenden elastischen Spannung ist ein relaxierender Schubmodul $G(t) = G_0\,e^{-t/\tau}$ zuzuordnen. Ist die Relaxationszeit sehr groß, so wird nach dem Aufhören der Bewegung eine statische elastische Rückstellkraft festgestellt; ist sie jedoch klein gegenüber der Beobachtungsdauer, so ist auch die elastische Spannung nach Aufhören der Bewegung nicht mehr festzustellen.

Aus der Identifizierung der spezifischen Leistungen, die zur Aufrechterhaltung der Bewegung gegen die Reibungskräfte einerseits, der durch Relaxation ständig schwindenden elastischen Spannungen andererseits anzusetzen sind, folgt die MAXWELLsche Relation

$$\eta = G_0\,\tau. \tag{6}$$

Sie verknüpft die Viskositätskonstante η mit einem initialen Schubmodul G_0 und führt so Viskosität und Schubelastizität auf einen gemeinsamen Ursprung zurück[2]. Die Weiterführung dieses Gedankens legt es nahe, für die verschiedenen Bindungsmechanismen im Medium verschiedene initiale Schubmoduln mit jeweils besondern Relaxationszeiten anzunehmen; vergleiche die ausführliche Darstellung in [49].

Die in späteren Abschnitten verwendeten Bezeichnungen ε für Deformationen und E für Moduln beziehen sich nicht auf eine bestimmte Art der mechanischen

---

[1] Über Abweichungen vom NEWTONschen Fließverhalten vgl. 4.1 „Fließverhalten"; s. auch T. ALFREY [1].

[2] Die MAXWELLsche Relation wird in dem sog. MAXWELLschen Modell (vgl. 4.2.3b) anschaulich, wenn auch nicht völlig folgerichtig, dargestellt. Da sie ihrem Sinne nach zur Deutung des Verhaltens nur *eines* der beiden Grundelemente, des Reibungsgliedes, aufgestellt wurde, ist das Reibungselement des Modells abweichend von MAXWELL *ohne* akzidentelle elastische Eigenschaften zu denken.

Beanspruchung; sie lassen sich vielmehr je nach der Fragestellung auslegen[1]. Die Viskositätsgröße η ist dabei je nach der Beanspruchungsart als Schubviskosität, Druckviskosität [74] oder eine Kombination aus beiden Größen aufzufassen. Der einfache Zusammenhang der verschiedenen elastischen Kenngrößen untereinander (vgl. 4.2.2 a; Tab. 1) bleibt auch unter dem veränderten Gesichtspunkt ihrer Zeitabhängigkeit in einer für praktische Fälle ausreichenden Näherung bestehen, wie neuere Messungen [7, 78] gezeigt haben. Die theoretischen Ansätze führen in diesem Falle auf wesentlich kompliziertere Zusammenhänge [37, 69, 73].

4.2.3 Relaxationsverhalten

a) Reversible und nichtreversible Deformationen; Hysterese. Man kann die Deformationen danach einteilen, ob sie reversibel oder irreversibel sind, d. h., ob die Körper nach Aufhören der Beanspruchung ihre ursprüngliche Form wieder annehmen·oder nicht. Im ersten Falle ist die Deformation entweder rein elastisch oder visko-elastisch, im zweiten Falle entweder elasto-plastisch oder rein viskos (vollplastisch). Diese vier Hauptgruppen mögen durch die einfachen Symbole dargestellt werden: Feder allein, Feder und Dämpfer parallel, Feder und Dämpfer in Serie und Dämpfer allein (vgl. 4.2.3 b).

In vielen Fällen erfordert die technische Brauchbarkeit eines Werkstoffes, daß er im Beanspruchungsbereich nur reversible Deformationen erfährt; sein Deformationsverhalten sollte dann entweder rein elastisch oder visko-elastisch sein. Kunststoffe aber durchlaufen in Abhängigkeit von der Temperatur alle vier Verhaltenszustände. Zu welcher Gruppe eine betrachtete Deformation jeweils gehört, ist im allgemeinen durch eine „statische" Prüfung zu entscheiden. Jedoch sind die Grenzen nicht nur fließend, sondern hängen außer von der Meßgenauigkeit auch von der Beanspruchungsamplitude sowie von der Beobachtungs- bzw. Versuchsdauer ab. Eine Angabe über den Deformationscharakter hat daher nur einen Sinn, wenn die Versuchsbedingungen festliegen und eine Vereinbarung über Grenzwerte getroffen wird, wie dies im Bereich der metallischen Werkstoffe, z. B. für die Begriffe „Elastizitätsgrenze" oder „Fließgrenze", geschehen ist (DIN-Festlegung).

Von der Reversibilität der Deformation zu unterscheiden ist die Reversibilität des Deformationsweges. Letztere verlangt, daß zu jedem Wert der Deformation nur *ein* Wert der Spannung gehört, gleichgültig, in welcher Richtung und mit welcher Geschwindigkeit die Zustandsänderung vorgenommen wird. Jede Abweichung von dieser Forderung bewirkt Hysterese; bei einem vollen Spannungszyklus durchläuft der Zustandspunkt im Spannungs-Deformations-Schaubild eine Schleife, deren Inhalt ein Maß für den irreversibel in Wärme umgewandelten Teil der gesamten Deformationsarbeit darstellt. Die Hysterese heißt statisch, wenn die Schleife offen ist, d. h. wenn nach Ablauf des Spannungszyklus die Deformation den ursprünglichen Wert nicht mehr erreicht; sie tritt bei allen irreversiblen Deformationen auf. Bei den reversiblen Deformationen ist die Schleife geschlossen; die Hysterese heißt dynamisch.

Für die vorliegende Betrachtung steht aus den obengenannten Gründen die dynamische Hysterese der reversiblen Deformationen im Vordergrund. Sie

---

[1] Das gilt ebenso für die später verwendeten Nachgiebigkeiten J (vgl. auch Fußnote 2, S. 334).

beruht stets auf Relaxationen, im Grunde also auf Vorgängen, die das Gleichgewicht eines Zustandes im Sinne einer zeitlichen Nachwirkung stören. Diese immer im gleichen Sinne wirksamen Vorgänge können durchaus verschiedene physikalische Ursachen haben (vgl. z. B. [44]). Die für das mechanische Verhalten wichtigsten Relaxationsvorgänge lassen sich in die beiden Gruppen „Temperaturrelaxationen" und „Strukturrelaxationen" einordnen.

Zur ersten Gruppe gehören die Vorgänge, bei denen die durch eine Deformation hervorgebrachten Temperaturänderungen noch zusätzlich zeitlichen Ausgleichsvorgängen unterworfen sind, sei es, weil bei der Deformation entstandene räumliche Temperaturunterschiede nivelliert werden (äußerer Ausgleich)[1], sei es, weil Wärmeenergie von den zunächst beanspruchten „translatorischen" Freiheitsgraden auf „innere" Freiheitsgrade verzögert übergeht (innerer Ausgleich; „Anregungsrelaxation"). Beide Arten der Temperaturrelaxation verschwinden zugleich mit dem elasto-thermischen Effekt, d. h. bei verschwindendem thermischem Ausdehnungskoeffizienten oder bei Deformationen ohne Volumenänderung (vgl. 4.2.2 a).

Die Gruppe der Strukturrelaxationen umfaßt alle Vorgänge, bei denen nach erzwungener Änderung der äußeren Körperform die innere räumliche Anordnung der Bauelemente sich nur verzögert einstellt, sei es, weil die Anordnung der Elemente in eine mehr oder weniger raumsparende Konstellation übergeht (Druckrelaxation)[2], sei es, weil der Ordnungsgrad der Konstellation ein anderer wird (Entropierelaxation).

Alle Relaxationsvorgänge bewirken bei periodischer Beanspruchung irreversible Energieverluste. Die formale Beschreibung des Relaxationsverhaltens ist dabei für jeden Typ die gleiche, unabhängig von der zeitlichen Form der Beanspruchung (vgl. 4.2.3 b und c). Für Kunststoffe sind jedoch die Vorgänge vom Typ der Entropierelaxation die weitaus wirksamsten (vgl. 4.2.4 c), wobei häufig neben den eigentlichen Hauptrelaxationserscheinungen schwächere Nebenrelaxationsgebiete beobachtet werden, die z. B. niedermolekularen Vorgängen (Umlagerung von Seiten- oder Endgruppen) zuzuordnen sind (vgl. 4.2.5).

b) Superposition von Elastizität und Viskosität; einfache Modelle[3]. Zur Beschreibung und Vorhersage des linearen Deformationsverhaltens der Kunststoffe unter den verschiedenen Versuchsbedingungen benutzt man eine mathematisch-synthetische Methode, die sich notwendig der allein mit genügender Sicherheit bekannten Elemente „Viskosität" und „Elastizität" bedienen muß, wenn die Anschaulichkeit, d. h. die Rückführung auf geläufige Verhaltensweisen, nicht gänzlich fehlen soll.

Diese synthetische Methode, deren Grundzüge hier skizziert werden, begnügt sich im wesentlichen damit, sicherzustellen, daß ein aus Federn und Dämpfern zweckmäßig zusammengestelltes Modell im Versuch das gleiche Verhalten zeigt,

---

[1] Die Nivellierung der räumlichen Temperaturunterschiede hängt unter anderem auch von äußeren Abmessungen des Körpers ab; die zugehörige Relaxationszeit ist daher keine Stoffkonstante.

[2] Dies gilt auch für die durch allseitigen Druck hervorgerufene sog. Ähnlichkeitsdeformation; die Einstellung wird durch die Druckviskosität verzögert (vgl. [74]).

[3] Ausführlichere Darstellung in [1]; vgl. auch [35].

wie der beanspruchte Werkstoff[1]. Sie kann nicht mehr leisten, als ihre elementaren Hilfsmittel zulassen, und muß daher auf die Darstellung nichtlinearer Vorgänge, auf die Deutung von Schwellwerten u. a. verzichten. Dennoch läßt diese Methode in gewissem Umfang auch Einblick in das molekular-physikalische Geschehen zu, weil bei bekannter molekularer Struktur korrelative Schlüsse möglich sind (vgl. 4.2.5).

Der Zusammenhang zwischen der Spannung σ und der Deformation ε ist in den beiden Idealfällen des elastischen und des viskosen Verhaltens gegeben durch:

$$\sigma = E\,\varepsilon \quad \text{(Elastizität)}; \tag{7}$$

$$\sigma = \eta\,\dot{\varepsilon} \quad \text{(Viskosität)}. \tag{8}$$

Dabei sind E der Elastizitätsmodul und η die Zähigkeit sich ideal verhaltender Körper (vgl. hierzu 4.2.2 a und c).

Für die Überlagerung beider Mechanismen gibt es prinzipiell zwei Möglichkeiten, die sich durch die Modelle der Abb. 4 darstellen lassen: Man kann entweder die Deformationen (MAXWELL-Modell) oder die Spannungen (VOIGT-KELVIN-Modell) superponieren. Der erste Fall entspricht einer „Reihenschaltung" des elastischen und des viskosen Anteiles, der zweite einer „Parallelschaltung". Es

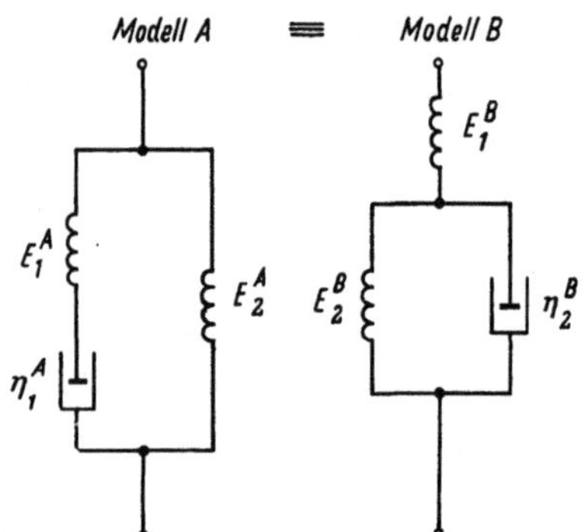

Abb. 4
Reihen- und Parallelschaltung
von Feder und Dämpfer

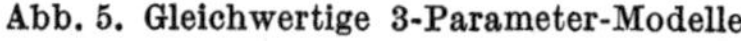

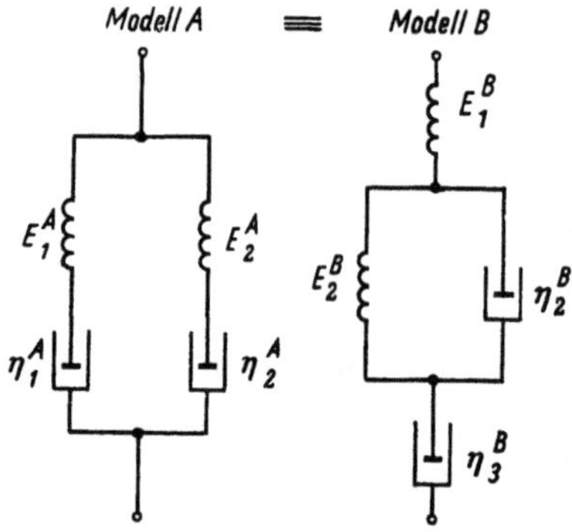

Abb. 5. Gleichwertige 3-Parameter-Modelle   Abb. 6. Gleichwertige 4-Parameter-Modelle

ist bereits an Hand der beiden Modelle zu übersehen, daß mit ihnen jeweils nur eine der beiden Grundformen des „viskoelastischen" und des „elastoplastischen" Verhaltens beschrieben werden kann.

Durch Hinzufügen eines Federelementes erhält man die 3-Parameter-Modelle der Abb. 5, die bereits übereinstimmende Lösungen für die verschiedenen Formen der zeitlichen Beanspruchung liefern[2]. Es ist jedoch auch mit diesen Modellen noch nicht möglich, alle vier Grundformen des Deformationsverhaltens wiederzugeben; die zusätzliche Darstellung des „elastoplastischen" und des „plastischen" Verhaltens erlauben erst die 4-Parameter-Modelle der Abb. 6.

---

[1] Vergleiche die analoge Beschreibung des dielektrischen Relaxationsverhaltens durch elektrische Modelle [*38, 41, 88*].

[2] Sogenannte $1\frac{1}{2}$-fache Modelle, vgl. auch [*60*].

Die Modelle A und B in Abb. 5 bzw. Abb. 6 sind, wie man zeigen kann, identisch; die entsprechenden Beziehungen zwischen den verschiedenen Einzelgrößen lauten im Fall der 4-Parameter-Modelle [1, 10]:

$$E_1^B = E_1^A + E_2^A ; \tag{9a}$$

$$E_2^B = \frac{E_1^A \, E_2^A \, (E_1^A + E_2^A) \, (\eta_1^A + \eta_2^A)^2}{(\eta_1^A \, E_2^A - \eta_2^A \, E_1^A)^2} ; \tag{9b}$$

$$\eta_2^B = \frac{\eta_1^A \, \eta_2^A \, (\eta_1^A + \eta_2^A) \, (E_1^A + E_2^A)^2}{(\eta_1^A \, E_2^A - \eta_2^A \, E_1^A)^2} ; \tag{9c}$$

$$\eta_3^B = \eta_1^A + \eta_2^A . \tag{9d}$$

Sie gehen in die entsprechenden Beziehungen für die Modelle der Abb. 5 über durch die Grenzübergänge $\eta_2^A \to \infty$ bzw. $\eta_3^B \to \infty$.

Die Modelle B besitzen gegenüber den Modellen A den Vorzug größerer Anschaulichkeit. Die Feder E_1^B charakterisiert den rein elastischen Zustand der hochpolymeren Stoffe; die entsprechende Rückstellkraft beobachtet man im ersten Augenblick der Beanspruchung. Im Laufe der Zeit kommt das VOIGT-KELVIN-Element (E_2^B, η_2^B) ins Spiel; die hochpolymeren Ketten verlagern sich und gehen in einen neuen Gleichgewichtszustand über. Für größere Zeiten schließt dieser Vorgang bei vernetzten Stoffen mit der Wirksamkeit der gummielastischen Rückstellkraft, die durch die Kombination von E_1^B und E_2^B dargestellt wird, ab. In diesem Falle gilt das Modell B der Abb. 5. Bei unvernetzten Stoffen überlagert sich dem gesamten Deformationsverhalten eine Fließkomponente, charakterisiert durch den Dämpfer η_3^B (Modell B in Abb. 6).

Bei Temperaturänderungen hat man vorwiegend die starke Abhängigkeit der Dämpfer (η_2^B, η_3^B) von der Temperatur zu berücksichtigen. Ihre Viskosität nimmt mit abnehmender Temperatur stark zu; das entspricht einer Zunahme der Einstellzeiten der Kettenmoleküle und damit einer Verschiebung des zeitlichen Deformationsverhaltens nach längeren Zeiten. Man macht hiervon häufig durch Untersuchung der mechanischen Eigenschaften der hochpolymeren Stoffe bei verschiedenen Temperaturen Gebrauch (s. Beispiele im folgenden Abschn. 4.2.3 c).

Für manche Fälle der zeitlichen mechanischen Beanspruchung eignet sich das Modell A der Abb. 6 („Parallelschaltung" zweier MAXWELL-Elemente) besser als das entsprechende Modell B zur mathematischen Beschreibung des Stoffverhaltens.

Im folgenden Abschnitt, in dem die verschiedenen Arten der zeitlichen Beanspruchung näher diskutiert werden, soll von Fall zu Fall das eine oder das andere Modell der Abb. 6 zur Beschreibung herangezogen werden; für vernetzte Stoffe werden dabei die Grenzübergänge $\eta_2^A \to \infty$ bzw. $\eta_3^B \to \infty$ vollzogen.

c) Verhalten bei verschiedenen Formen der zeitlichen Beanspruchung [1].

α) *Statische Spannungsrelaxation.* Das Material wird z. Z. $t = 0$ deformiert auf $\varepsilon = \varepsilon_0$ (z. B. durch Dehnung eines Stabes), die Deformation wird für $t > 0$ konstant gehalten ($\dot{\varepsilon} = 0$) und das zeitliche Abklingen der Spannung $\sigma(t)$ ermittelt.

Die Lösung für dieses Verhalten, ausgedrückt durch die Elemente des Modells A, lautet:

$$\frac{\sigma(t)}{\varepsilon_0} = E(t) = E_1^A \, e^{-t/\tau^A} + E_2^A \, e^{-t/\tau_2^A} , \tag{10a}$$

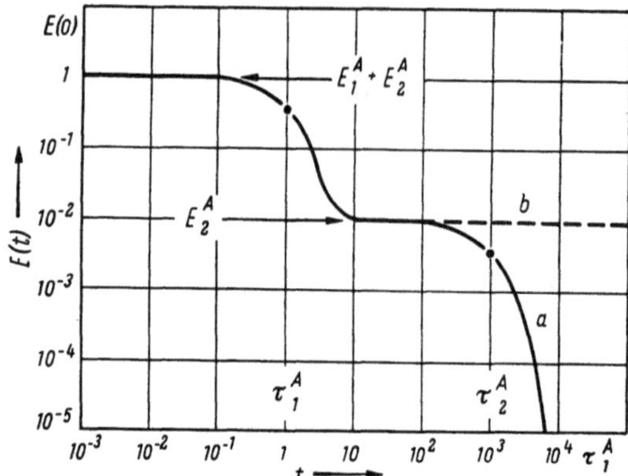

Abb. 7. Modul E in Abhängigkeit von der Zeit t bei der Spannungsrelaxation unvernetzter (Kurve a) und vernetzter Stoffe (Kurve b). Angenommene Werte für die Elemente der Modelle A:
$$E_2^A = 10^{-2}\,(E_1^A + E_2^A);\quad \tau_2^A = 10^3\,\tau_1^A$$

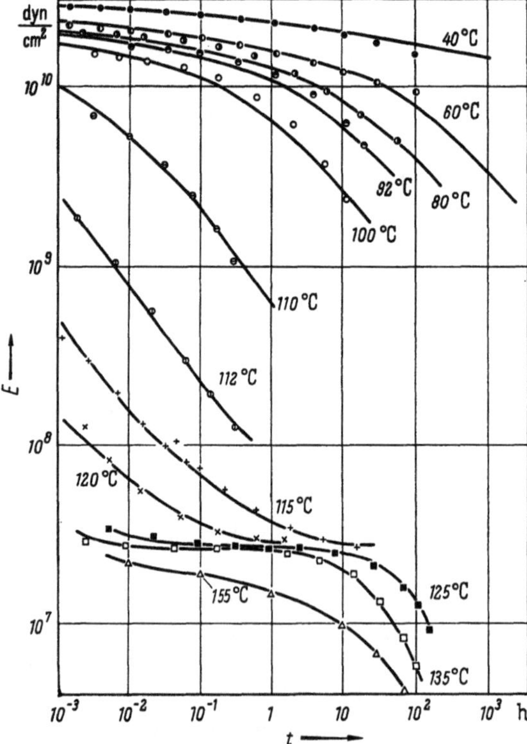

Abb. 8. Zeitkurven des Elastizitätsmoduls von Polymethacrylsäuremethylester bei verschiedenen Temperaturen. Meßpunkte ermittelt aus Relaxationsversuchen: eingetragene Kurven gewonnen aus einer „master curve" (nach J. R. McLoughlin und A. V. Tobolsky [59])

und speziell im Falle vernetzter Stoffe:

$$\frac{\sigma(t)}{\varepsilon_0} = E(t) = E_1^A\,e^{-t/\tau_1^A} + E_2^A .$$

$$(10\,\mathrm{b})$$

Dabei sind die Größen

$$\tau_i^A = \eta_i^A/E_i^A \quad (i = 1, 2),\quad (10\,\mathrm{c})$$

die Relaxationszeiten der beiden Maxwell-Elemente des Modells A; τ_i^A ist die Zeit, in der die Spannung im Element i auf den e-ten Teil ihres Anfangswertes gesunken ist.

In Abb. 7 ist der Kurvenverlauf des Moduls $E(t)$ nach Gl. (10a) und (10b) (vgl. die Kurven a bzw. b) für willkürlich angenommene Werte τ_i^A, E_1^A und E_2^A veranschaulicht (vgl. dazu die Bildunterschrift)[1]. Für sehr kurze Zeiten ist der Elastizitätsmodul $E_1^A + E_2^A = E(0)$ identisch mit dem Modul der Energieelastizität. Innerhalb einer Zeit, die vergleichbar mit der Relaxationszeit τ_1^A ist, sinkt der Modul durch Umlagerung der hochpolymeren Ketten auf den Wert E_2^A, der dem Modul der Entropieelastizität (Gummielastizität) der vernetzten Stoffe entspricht. Für noch größere Zeiten, vergleichbar mit τ_2^A, sinkt der Modul bei unvernetzten Stoffen, bei denen der Stoffzusammenhalt nicht durch Valenzbindungen zwischen benachbarten Ketten aufrechterhalten wird, schließlich auf Null ab.

Als Meßbeispiel für diese Beanspruchungsform zeigt Abb. 8 Zeitkurven des Elastizitätsmoduls für Polymethacrylsäuremethylester (Plexiglas) bei ver-

---

[1] In Abb. 7 und allen folgenden Abbildungen sind im allgemeinen Modul- und Zeitachse logarithmisch geteilt. Das empfiehlt sich im Hinblick auf den großen Wertebereich, in dem sich diese Größen bei den hochpolymeren Stoffen ändern.

schiedenen Temperaturen. Durch die Temperaturvariation, die mit einer Variation der Relaxationszeiten verknüpft ist, wird stückweise der gesamte Kurvenverlauf in Abb. 7 durch die Meßkurven in Abb. 8 qualitativ bestätigt.

β) *Statische Deformationsretardation* (*Kriechen*). Das Material wird zur Zeit $t = 0$ einer Spannung $\sigma = \sigma_0$ unterworfen (z. B. durch Zugbeanspruchung eines Stabes mit einem Gewicht), die Spannung wird für $t > 0$ konstant gehalten und die zeitliche Deformationsänderung $\varepsilon(t)$ gemessen.

Die Rechnung liefert für dieses Verhalten die durch die Elemente des Modells B ausgedrückte Lösung:

$$\frac{\varepsilon(t)}{\sigma_0} = J(t) = \frac{1}{E_1^B} + \frac{1}{E_2^B}(1 - e^{-t/\tau_2^B}) + \frac{t}{\eta_3^B}, \qquad (11\,\mathrm{a})$$

und speziell im Falle vernetzter Stoffe:

$$\frac{\varepsilon(t)}{\sigma_0} = J(t) = \frac{1}{E_1^B} + \frac{1}{E_2^B}(1 - e^{-t/\tau_2^B}). \qquad (11\,\mathrm{b})$$

Dabei ist die Größe

$$\tau_2^B = \eta_2^B / E_2^B \qquad (11\,\mathrm{c})$$

die sog. Retardationszeit des VOIGT-KELVIN-Elementes im Modell B; τ_2^B ist die Zeit, in der sich die Deformation der vernetzten Stoffe bis auf den e-ten Teil der gesamten Deformationsänderung dem Endwert genähert hat.

In Abb. 9 ist der Kurvenverlauf der Nachgiebigkeit $J(t)$ nach Gl. (11 a) und (11 b) (vgl. die Kurven a bzw. b) für willkürlich angenommene Werte τ_2^B, η_3^B, E_1^B und E_2^B veranschaulicht (vgl. dazu die Bildunterschrift). Im Grenzfall sehr kurzer Zeiten $(t \to 0)$ ist die Nachgiebigkeit $J(0) = 1/E_1^B$ identisch mit dem Kehrwert der Energieelastizität. Im Laufe der Zeit (vergleichbar mit der Retardationszeit τ_2^B) nimmt die Nachgiebigkeit durch Verlagerung der hochpolymeren Ketten exponentiell bis zum

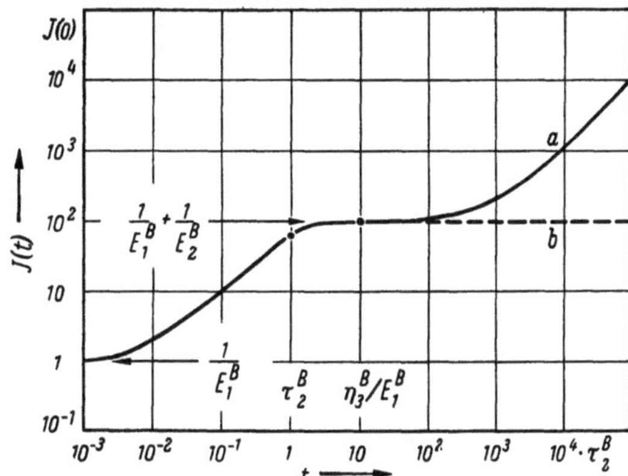

Abb. 9. Nachgiebigkeit J in Abhängigkeit von der Zeit t bei der Deformationsretardation unvernetzter (Kurve a) und vernetzter Stoffe (Kurve b). Angenommene Werte für die Elemente der Modelle B:

$$\frac{1}{E_1^B} + \frac{1}{E_2^B} = 10^2\,\frac{1}{E_1^B}\,; \qquad \frac{\eta_3^B}{E_1^B} = 10\,\tau_2^B$$

Wert $1/E_1^B + 1/E_2^B$ zu, dem Kehrwert der Gummielastizität vernetzter Stoffe. Für unvernetzte Stoffe ist dieser Zunahme ein viskoser Anteil überlagert, der die Nachgiebigkeit proportional t anwachsen läßt.

Als Meßbeispiel für diese Beanspruchungsform zeigt Abb. 10 Zeitkurven der Nachgiebigkeit für eine Polyisobutylenprobe bei verschiedenen Temperaturen. Der Vergleich dieser Kurven mit dem Verlauf von $J(t)$ in Abb. 9 zeigt, daß für die Meßtemperaturen in Abb. 10 (-50 bis $-10\,^{\circ}\mathrm{C}$) die Fließkomponente im gewählten Zeitbereich noch nicht merklich ist.

γ) *Rückfederung* (*recovery*). Der Vollständigkeit halber sei der folgende Versuch erwähnt. Das Material wird zunächst, wie bei der Retardation, über einen bestimmten Zeitraum einer Spannung (σ_0) unterworfen; sie wird dann entfernt, und das zeitliche Zurückgehen der Deformation wird beobachtet.

Als Meßbeispiel für den sich hierbei ergebenden Verlauf der Deformation $\varepsilon(t)$ zeigt Abb. 11 Kriech- und Rückfederungskurven für eine Polystyrolprobe, bei der im Anschluß an die erste Messung eine weitere vorgenommen wurde[1].

Bei der Rückfederung nimmt nach Entfernen der Spannung (zur Zeit $t = t'$) die Deformation praktisch sofort um den Anteil der Energieelastizität ab. Für das weitere Zurückgehen der

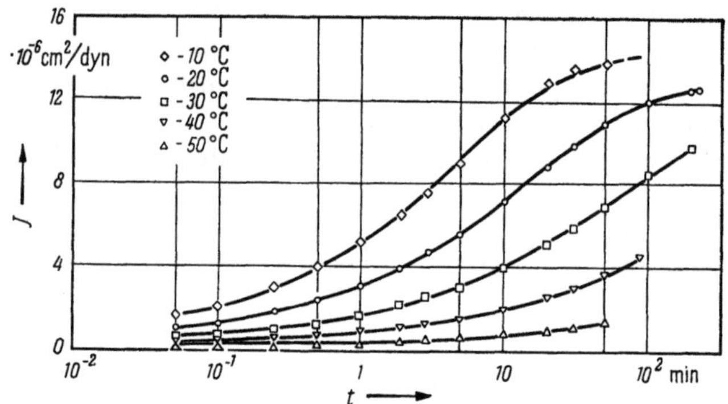

Abb. 10. Gemessene Zeitkurven der Nachgiebigkeit bei Schubbeanspruchung einer Polyisobutylenprobe. Parameter: Meßtemperatur (nach H. LEADERMAN, R. G. SMITH und R. W. JONES [53])

Deformation lautet die Lösung, ausgedrückt durch die Elemente des Modells B:

$$\varepsilon(t > t') = \left[\varepsilon(t') - \frac{\sigma_0}{\eta_3^B} t'\right] e^{-(t-t')/\tau_2^B} + \frac{\sigma_0}{\eta_3^B} t', \qquad (12\,\mathrm{a})$$

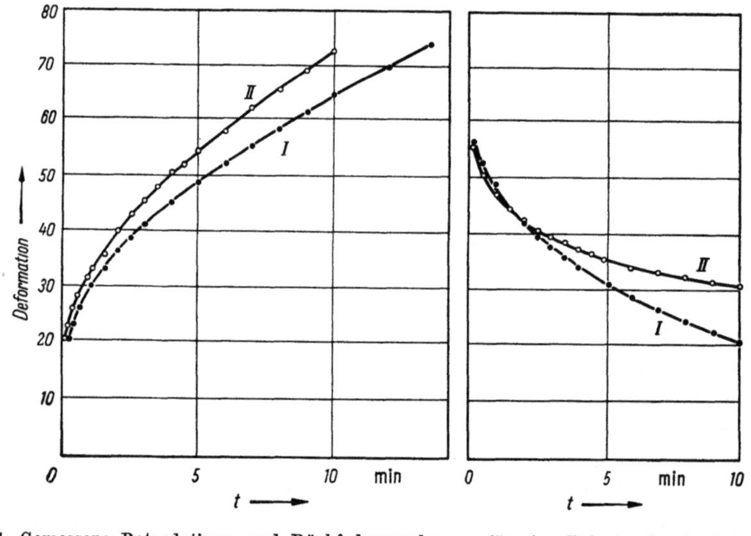

Abb. 11. Gemessene Retardations- und Rückfederungskurven für eine Polystyrolprobe bei 130 °C. Kurve II im Anschluß an Kurve I gemessen (nach R. BUCHDAHL, L. E. NIELSEN und E. H. MERZ [12])

und speziell im Falle vernetzter Stoffe:

$$\varepsilon(t > t') = \varepsilon(t') \, e^{-(t-t')/\tau_2^B}. \qquad (12\,\mathrm{b})$$

---

[1] Hier zeigt sich, daß die „Vorgeschichte" der Probe in die zweite Messung eingegangen ist (vgl. auch 4.3).

Die Zeit τ_2^B hat die in Gl. (11c) angegebene Bedeutung. Bei unvernetzten Stoffen bleibt also eine endliche Deformation $(\sigma_0/\eta_3^B)\cdot t'$ zurück; sie ist um so größer, je geringer der Stoffzusammenhalt ist[1].

δ) *Periodische Beanspruchung*[2]. Grundsätzlich ist es bei dieser Form der Beanspruchung gleichgültig, ob die Deformation oder die Spannung als unabhängige Variable angesehen wird. Es ist eine Frage der Schreibweise, die nur für den Anschluß an die entsprechenden statischen Versuche von Bedeutung ist.

Die möglichen Schreibweisen sind:

$$\sigma = E^* \, \varepsilon \tag{13a}$$

$$\varepsilon = J^* \, \sigma. \tag{13b}$$

Der komplexe Elastizitätsmodul E^* und die zugehörige komplexe Nachgiebigkeit J^* sind also verknüpft durch die Beziehung

$$E^* J^* = 1. \tag{14}$$

Für den komplexen Elastizitätsmodul liefert das Modell A die Lösung:

$$E^*(\omega) = E_1^A\left(1 - \frac{1}{1 + i\,\omega\,\tau_1^A}\right) + E_2^A\left(1 - \frac{1}{1 + i\,\omega\,\tau_2^A}\right), \tag{15a}$$

und speziell im Falle vernetzter Stoffe:

$$E^*(\omega) = E_1^A\left(1 - \frac{1}{1 + i\,\omega\,\tau_1^A}\right) + E_2^A\,; \tag{15b}$$

ω ist die Kreisfrequenz der periodischen Schwingung, die Relaxationszeiten τ_i^A haben die in Gl. (10c) angegebene Bedeutung. Für die komplexe Nachgiebigkeit ergibt sich an Hand des Modells B entsprechend:

$$J^*(\omega) = \frac{1}{E_1^B} + \frac{1}{E_2^B}\,\frac{1}{1 + i\,\omega\,\tau_2^B} + \frac{1}{i\,\omega\,\eta_3^B}\,, \tag{16a}$$

und speziell im Falle vernetzter Stoffe[3]:

$$J^*(\omega) = \frac{1}{E_1^B} + \frac{1}{E_2^B}\,\frac{1}{1 + i\,\omega\,\tau_2^B}\,; \tag{16b}$$

die Retardationszeit τ_2^B hat die in Gl. (11c) angegebene Bedeutung.

Die Real- und Imaginärteile des komplexen Elastizitätsmoduls ($E' \equiv E$ und E'') und der komplexen Nachgiebigkeit ($J' \equiv J$ und J'') folgen aus den Definitionsgleichungen:

$$E^* = E' + i\,E'' = E(1 + i\,d), \tag{17a}$$

$$J^* = J' - i\,J'' = J(1 - i\,d), \tag{17b}$$

$$d = E''/E' = J''/J'. \tag{17c}$$

---

[1] Auf die Behandlung einer weiteren einfachen Form der zeitlichen Beanspruchung, bei der die Materialprobe mit konstanter Geschwindigkeit deformiert ($\dot\varepsilon =$ const) und die gemessene Spannung über der Deformation aufgetragen wird („stress-strain"-curve), soll hier verzichtet werden; vgl. z. B. [*1*], S. 183ff.

[2] Hierunter soll stets eine zeitlich sinusförmige Änderung von σ bzw. ε mit genügend kleiner Amplitude (Gültigkeit des HOOKEschen Gesetzes) verstanden werden (vgl. auch 4.4 „Akustisches Verhalten").

[3] Die Beziehung (16b) stimmt genau mit der von DEBYE angegebenen Gleichung für die dielektrische Relaxation polarer Moleküle in Flüssigkeiten überein, wenn man die Nachgiebigkeit durch die Dielektrizitätskonstante ersetzt. Man spricht daher auch häufig bei der mechanischen Relaxation mit einer einzelnen Zeitkonstanten von einem „DEBYE-Prozeß".

Dabei ist d der sog. Verlustfaktor, der als Tangens des Phasenwinkels zwischen der Deformation ε und der Spannung σ definiert ist[1].

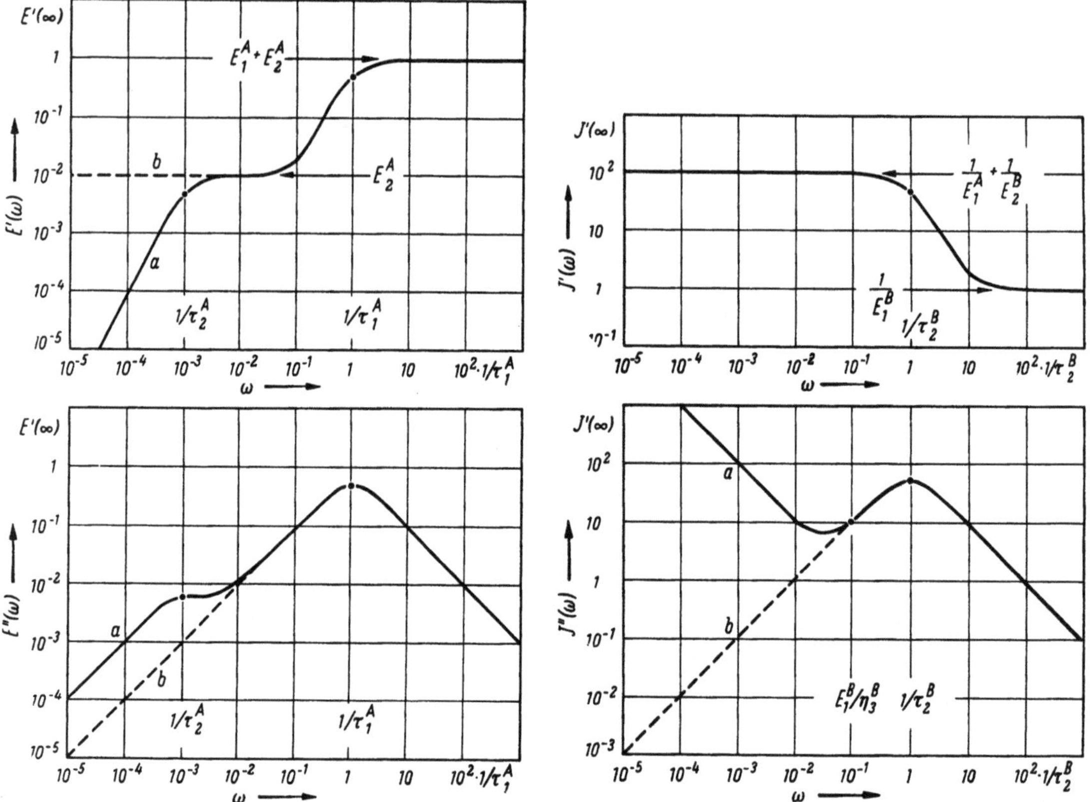

Abb. 12. Realteil E' und Imaginärteil E'' des dynamischen (komplexen) Moduls E^* in Abhängigkeit von der Kreisfrequenz ω bei unvernetzten (Kurven a) und vernetzten Stoffen (Kurven b). Angenommene Werte für die Elemente der Modelle A wie bei Abb. 7

Abb. 13. Realteil J' und Imaginärteil J'' der dynamischen (komplexen) Nachgiebigkeit J^* in Abhängigkeit von der Kreisfrequenz ω bei unvernetzten (Kurven a) und vernetzten Stoffen (Kurven b). Angenommene Werte für die Elemente der Modelle B wie bei Abb. 9

Die Auflösung der Gleichungen (15a und b) und (16a und b) an Hand der Definitionsgleichungen (17a und b) liefert für die Real- und Imaginärteile der komplexen Größen E^* und J^* die Beziehungen:

$$E'(\omega) = E_1^A\left(1 - \frac{1}{1+(\omega\,\tau_1^A)^2}\right) + E_2^A\left(1 - \frac{1}{1+(\omega\,\tau_2^A)^2}\right), \qquad (18\,\mathrm{a})$$

$$E''(\omega) = E_1^A\,\frac{\omega\,\tau_1^A}{1+(\omega\,\tau_1^A)^2} + E_2^A\,\frac{\omega\,\tau_2^A}{1+(\omega\,\tau_2^A)^2}, \qquad (18\,\mathrm{b})$$

bzw.

$$J'(\omega) = \frac{1}{E_1^B} + \frac{1}{E_2^B}\,\frac{1}{1+(\omega\,\tau_2^B)^2}, \qquad (19\,\mathrm{a})$$

$$J''(\omega) = \frac{1}{E_2^B}\,\frac{\omega\,\tau_2^B}{1+(\omega\,\tau_2^B)^2} + \frac{1}{\omega\,\eta_3^B}. \qquad (19\,\mathrm{b})$$

[1] Der Verlustfaktor d entspricht dem reziproken Q-Faktor (Q^{-1}) in der anglo-amerikanischen Literatur. Der Zusammenhang mit dem logarithmischen Dekrement Λ ist für kleine Dämpfungen durch die Beziehung $\Lambda = \pi\,d$ gegeben (vgl. auch 4.4 „Akustisches Verhalten").

Im Falle vernetzter Stoffe gilt speziell:

$$E'(\omega) = E_1^A \left(1 - \frac{1}{1 + (\omega \tau_1^A)^2} \right) + E_2^A, \qquad (20\,\mathrm{a})$$

$$E''(\omega) = E_1^A \frac{\omega \tau_1^A}{1 + (\omega \tau_1^A)^2}, \qquad (20\,\mathrm{b})$$

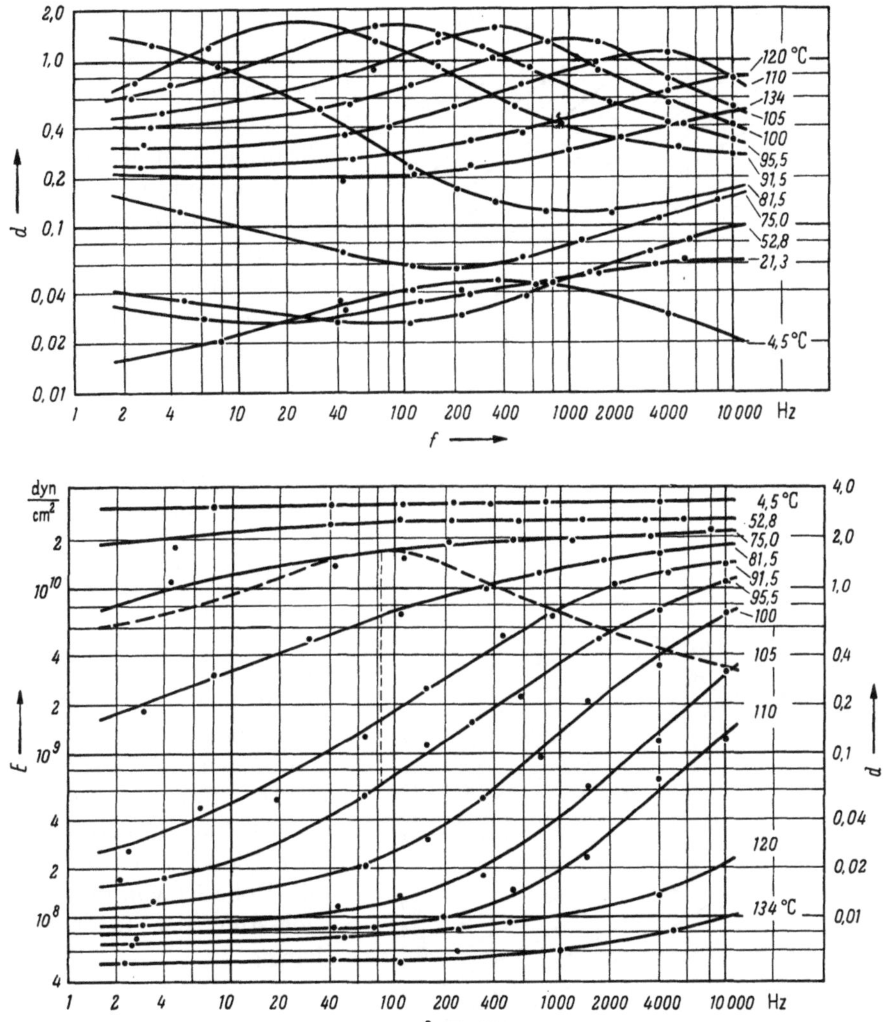

Abb. 14. Gemessene Frequenzkurven des Elastizitätsmoduls E ($\equiv E'$) und des Verlustfaktors d von Polyvinylchlorid bei verschiedenen Temperaturen (nach G. W. BECKER [3])

bzw.

$$J'(\omega) = \frac{1}{E_1^B} + \frac{1}{E_2^B} \frac{1}{1 + (\omega \tau_2^B)^2}, \qquad (21\,\mathrm{a})$$

$$J''(\omega) = \frac{1}{E_2^B} \frac{\omega \tau_2^B}{1 + (\omega \tau_2^B)^2}. \qquad (21\,\mathrm{b})$$

Das Frequenzverhalten dieser Größen ist nach den Gleichungen (18) bis (21) in Abb. 12 (E'; E'') und Abb. 13 (J'; J'') für unvernetzte und vernetzte Stoffe (vgl.

die Kurven *a* bzw. *b*) unter willkürlicher Annahme der verschiedenen Größen der Modelle *A* und *B* dargestellt (vgl. dazu die Bildunterschriften).

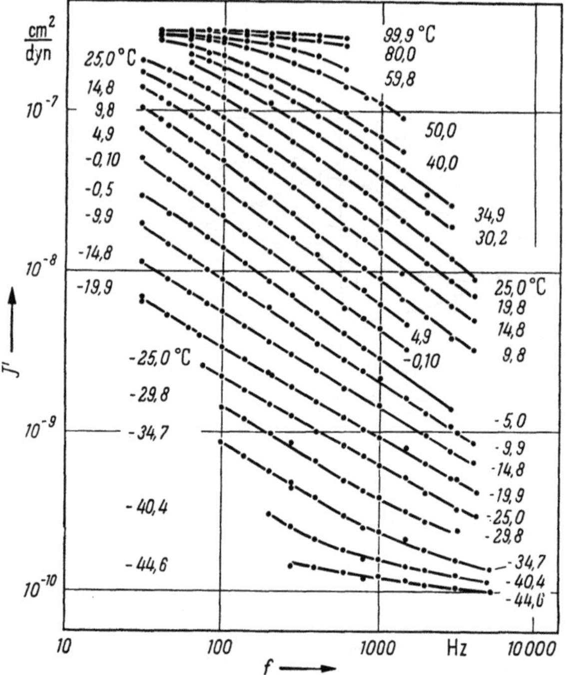

Die Realteile E' und J' durchlaufen mit ω Dispersionsgebiete. Der Kurvenverlauf dieser Größen läßt sich dabei qualitativ genauso wie der Verlauf der Spannungsrelaxation oder der Deformationsretardation bei den statischen Beanspruchungsformen (vgl. 4.2.3c α und β) deuten, wenn man dort die Zeit (t) durch die reziproke Frequenz ($1/\omega$) ersetzt; außerhalb der Dispersionsgebiete ergibt sich erwartungsgemäß für vernetzte Stoffe eine quantitative Übereinstimmung. Die Imaginärteile E'' und J'' durchlaufen Glockenkurven, deren Maxima bei den Frequenzen liegen, die mit den reziproken Relaxations- bzw. Retardationszeiten zusammenfallen. Bei der dynamischen Nachgiebigkeit wirkt sich die rein viskose Komponente im Fall unvernetzter Stoffe nur beim Imaginärteil J'' aus.

Die Halbwertsbreite der Glockenkurven beträgt rund vier Oktaven der Frequenz; die Höhe ist von der Dispersionsstufe der Realteile abhängig.

Als Meßbeispiele zeigen Abb. 14 und 15 Frequenzkurven des dynamischen Elastizitätsmoduls von Polyvinylchlorid und der dy-

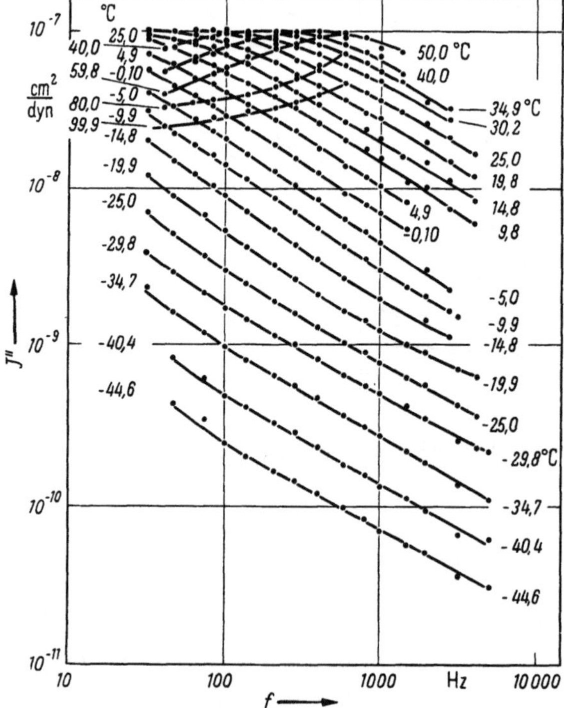

Abb. 15. Gemessene Frequenzkurven des Realteils J' und des Imaginärteils J'' der dynamischen Nachgiebigkeit bei Schubbeanspruchung von Polyisobutylen bei verschiedenen Temperaturen (nach E. R. FITZGERALD, L. D. GRANDINE und J. D. FERRY [*23*]

namischen Nachgiebigkeit von Polyisobutylen bei verschiedenen Temperaturen. Auch in diesen Abbildungen wird wieder durch die Temperaturvariation stückweise der Verlauf der Kurven in Abb. 12 und 13 qualitativ bestätigt.

Eine anschauliche Darstellung der gleichzeitigen Abhängigkeit des dynamischen Elastizitätsmoduls und des zugehörigen Verlustfaktors von der Frequenz und der Temperatur gibt die Abb. 16. Der darin zum Ausdruck kommende Zusammenhang zwischen den Relaxations- bzw. Retardationszeiten und der Temperatur wurde bereits an Hand der Modelle aus der Temperaturabhängigkeit der Dämpfer gefolgert (vgl. 4.2.3 b); die „reaktionskinetische" Deutung dieses Verhaltens wird in 4.2.4 c gegeben.

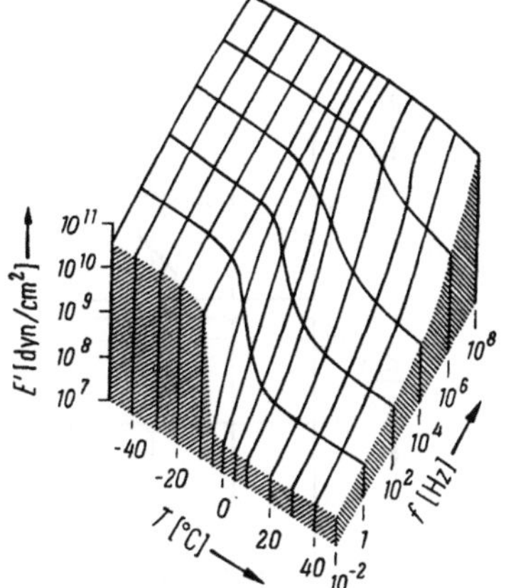

4.2.4 Spektraldarstellungen

a) Verteilungsfunktionen und ihr Zusammenhang mit den Meßgrößen. Durch geeignete Kombination des ideal elastischen und des ideal viskosen Verhaltens gelingt es, zumindest qualitativ die mechanischen Eigenschaften der mit inneren Verlusten behafteten Materialien darzustellen. Die in 4.2.3 c hergeleiteten einfachen Beziehungen erweisen sich jedoch für die hochpolymeren Stoffe quantitativ als unzulänglich. Als Beispiel mögen die Meßkurven der Abb. 17 dienen; die zum Vergleich ebenfalls dargestellten „theoretischen" Kurven wurden an Hand der einfachen Beziehungen mit passend gewählten Parametern berechnet (vgl. die Bildunterschrift).

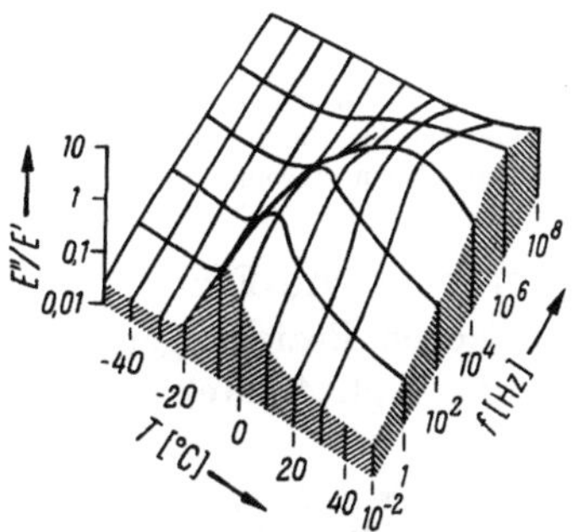

Abb. 16. Veranschaulichung des Frequenz- und Temperaturverhaltens des dynamischen Elastizitätsmoduls E' und des Verlustfaktors $d = E''/E'$ eines rußgefüllten Buna-N-B-5-Vulkanisats (nach A. W. NOLLE [64])

Diese offensichtliche Diskrepanz wird bei den hochpolymeren Substanzen fast immer beobachtet und führt zwangsweise zu der Annahme, daß man es hier nicht mit einem einzigen, durch eine diskrete Relaxations- bzw. Retardationszeit charakterisierten Prozeß zu tun hat, sondern daß mehrere, im allgemeinen „unendlich" viele verschiedene Mechanismen mit unterschiedlichen Zeitkonstanten vorliegen[1]. Dabei ist jeder dieser Mechanismen durch ein einfaches MAXWELL- oder VOIGT-KELVIN-Modell darzustellen.

Für die mathematische Formulierung ist es belanglos, ob die verschiedenen Mechanismen tatsächlich durch verschiedene hochpolymere Kettenbauteile repräsentiert werden, oder ob z. B. der gleiche Kettenbauteil bei unterschiedlicher Beanspruchungsdauer das Verhalten verschiedener relaxierender Mechanismen zeigt.

---

[1] In manchen Fällen läßt sich das Relaxationsverhalten eventuell durch geeignete Spannungs-Zeit-Funktionen sinnvoller beschreiben als z. B. durch Aufspaltung in eine große Zahl von Einzelmechanismen vom MAXWELLschen Typ (vgl. [47, 48]).

Die rein formale Rechnung kann ausgehen von unendlich vielen parallel geschalteten MAXWELL-Elementen oder von unendlich vielen in Reihe geschalteten

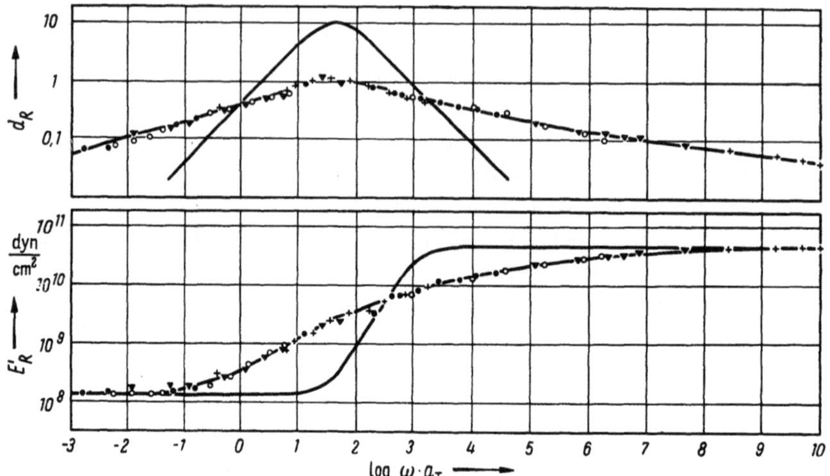

Abb. 17. Reduzierte Frequenzkurven des dynamischen Elastizitätsmoduls E und des Verlustfaktors d eines Polyesters für die Reduktionstemperatur $T_R = 95\,°\mathrm{C}$ (vgl. zur „Reduktion" Abschn. 4.2.4 c); zum Vergleich ein einzelner Relaxationsvorgang mit gleicher Gesamtdispersion (nach G. W. BECKER [3])

VOIGT-KELVIN-Elementen. In beiden Fällen erhält man durch Integration der einfachen Beziehungen für die verschiedenen Formen der zeitlichen Beanspruchung (vgl. 4.2.3 c) die in Tab. 2 zusammengestellten Resultate[1].

Tabelle 2. *Zusammenstellung der verschiedenen Zeitabhängigkeiten für unendlich viele Relaxations- bzw. Retardationsmechanismen mit den Zeiten τ_{rel} bzw. τ_{ret}*

	Statisch	Dynamisch
Relaxation $\tau = \tau_{\mathrm{rel}}$	$\dfrac{\sigma(t)}{\varepsilon_0} = E(t) = E(\infty) + \displaystyle\int_0^\infty G(\tau)\, e^{-t/\tau}\, d\tau$	$E^*(\omega) = E^*(\infty) - \displaystyle\int_0^\infty \dfrac{G(\tau)\, d\tau}{1 + i\,\omega\,\tau}$
Retardation $\tau = \tau_{\mathrm{ret}}$	$\dfrac{\varepsilon(t)}{\sigma_0} = J(t) = J(0) + \displaystyle\int_0^\infty F(\tau)(1 - e^{-t/\tau})\, d\tau + \dfrac{t}{\eta}$	$J^*(\omega) = J^*(\infty) + \displaystyle\int_0^\infty \dfrac{F(\tau)\, d\tau}{1 + i\,\omega\,\tau} + \dfrac{1}{i\,\omega\,\eta}$

$G(\tau)$ und $F(\tau)$ sind die Verteilungsfunktionen der Relaxations- bzw. der Retardationsmechanismen; z. B. gibt $G(\tau)\, d\tau$ den Beitrag der Mechanismen mit Relaxationszeiten im Intervall von τ bis $\tau + d\tau$ zur Gesamtdispersion an[2].

---

[1] Vergleiche u. a. [50]. Phänomenologisch lassen sich sämtliche Relaxationserscheinungen (ohne spezielle Annahmen über die Art und Verteilung der Mechanismen) auch durch die Nachwirkungstheorie oder durch die Thermodynamik der irreversiblen Prozesse beschreiben (vgl. [61, 62]).

[2] Vergleiche z. B. [28]. Die Formeln in Tab. 2 gelten allgemein für unvernetzte Stoffe, bei denen „plastisches Fließen" beobachtet wird. Für vernetzte Stoffe werden bei der Retardation die Glieder t/η bzw. $1/i\,\omega\,\eta$ verschwindend klein, während bei der Relaxation endliche Moduln für $t \to \infty$ bzw. $\omega \to 0$ anzunehmen sind.

Da $G(\tau)$ und $F(\tau)$ den gleichen Sachverhalt nur für verschiedene Versuchsarten beschreiben, besteht zwischen beiden ein allgemeiner Zusammenhang, der sich in Form von Integralgleichungen angeben läßt [29, 39, 40]. Diese Beziehungen und die Formeln der Tab. 2 ermöglichen eine phänomenologisch vollständige Beschreibung des experimentellen Sachverhaltes und erlauben, wenn der zeitliche Verlauf nur *einer* Meßgröße bekannt ist, grundsätzlich die Berechnung der Zeit- bzw. Frequenzabhängigkeit aller übrigen Größen.

Die eigentliche Schwierigkeit dieses Problems liegt darin, daß eine exakte Bestimmung von $G(\tau)$ und $F(\tau)$ nur möglich ist, wenn die Meßgrößen im gesamten Frequenz- oder Zeitbereich $(0 \cdots \infty)$ bekannt sind. Für die in praktischen Fällen begrenzten Wertebereiche ist man daher auf die empirische Ermittlung von $G(\tau)$ und $F(\tau)$ durch umständliche graphische oder numerische Verfahren angewiesen (vgl. den folgenden Abschnitt).

b) Analytische Ansätze und Näherungsverfahren. Obwohl es sich gezeigt hat, daß die zunächst als reine Rechengrößen aufzufassenden Verteilungsfunktionen $G(\tau)$ bzw. $F(\tau)$ bei den kompliziert aufgebauten Hochpolymeren nicht durch einfache analytische Funktionen darstellbar sind, soll im folgenden der Vollständigkeit halber kurz eine Zusammenstellung der älteren Ansätze gegeben werden; diese wurden ursprünglich für das Relaxationsverhalten der Dielektrizitätskonstante hergeleitet, später aber auf das formal gleiche Verhalten der komplexen Nachgiebigkeit ebenfalls angewandt.

Man geht hierzu in den Formeln der Tab. 2 zum Logarithmus der Zeitkonstanten über. Im Fall der dynamischen Größen gilt dann:

$$E^*(\omega) = E^*(\infty) - \int\limits_{-\infty}^{+\infty} \frac{H(\ln\tau)}{1 + i\,\omega\,\tau}\, d(\ln\tau), \tag{22a}$$

$$J^*(\omega) = J^*(\infty) + \int\limits_{-\infty}^{+\infty} \frac{L(\ln\tau)}{1 + i\,\omega\,\tau}\, d(\ln\tau) + \frac{1}{i\,\omega\,\eta}. \tag{22b}$$

Die neu eingeführten Verteilungsfunktionen $H(\ln\tau)$ und $L(\ln\tau)$ hängen mit den Funktionen $G(\tau)$ und $F(\tau)$ durch die Beziehungen

$$H(\ln\tau) = \tau\, G(\tau) \tag{23a}$$

$$L(\ln\tau) = \tau\, F(\tau) \tag{23b}$$

zusammen.

Bei den meisten Ansätzen wird von der Annahme ausgegangen, daß die Verteilungsfunktion $L(\ln\tau)$ bezüglich einer „mittleren" Zeitkonstanten τ_0 symmetrisch ist, mit anderen Worten, daß $L(\ln\tau/\tau_0)$ eine gerade Funktion ist[1]. Die Tab. 3 enthält eine Zusammenstellung der wichtigsten Ansätze. Die verschiedenen Parameter (a, b, α) stehen für die Anpassung der Funktionen an die Meßergebnisse zur Verfügung.

Die vorgeschlagenen Verteilungsfunktionen eignen sich für die Darstellung der Meßergebnisse in begrenzten Frequenzbereichen. Für die Anpassung an Messungen in größeren Bereichen sind sie jedoch meist ungeeignet. Es sind

---

[1] Die von Kirkwood und Fuoss angegebene Formel (Tab. 3, Zeile 4) ist als einzige unsymmetrisch.

Tabelle 3. *Analytische Ansätze für* $L(\ln\tau)$

	$L(\ln\tau)$	Autor
1	$\text{const}\ \dfrac{b}{\sqrt{\pi}}\ e^{-b^2(\ln\tau/\tau_0)^2}$	Gaußverteilung nach K. W. Wagner [85]
2	$\text{const}\ \dfrac{\sin\alpha\,\pi}{\cosh[(1-\alpha)\,\ln\tau/\tau_0]-\cos\alpha\,\pi}$	K. S. Cole und R. H. Cole [16]
3	$\begin{aligned}&\text{const}\quad\text{für}\quad \lvert\ln\tau/\tau_0\rvert\le a\\ &\quad 0\quad\ \ \text{für}\quad \lvert\ln\tau/\tau_0\rvert> a\end{aligned}$	„Kasten“-Funktion nach M. Gevers [27]
4	$\begin{aligned}&\text{const}\ \dfrac{\tau\,\tau_0}{(\tau+\tau_0)^2}\quad\text{für}\quad a(\tau_0)\le\tau\le b(\tau_0)\\ &\qquad 0\qquad\ \ \text{für}\quad \tau< a(\tau_0);\quad \tau> b(\tau_0)\end{aligned}$	J. G. Kirkwood und R. M. Fuoss [42, 43]

daher verschiedene Vorschläge für die direkte Berechnung der Verteilungsfunktionen aus den Meßgrößen gemacht worden. Im einfachsten Fall werden die Berechnungsformeln durch Differentiation der vorkommenden Integrale (vgl. Tab. 2) unter Näherungsannahmen über die Kerne gewonnen. Für die verschiedenen Formen der zeitlichen Beanspruchung sind die so ermittelten Näherungsformeln in Tab. 4 zusammengestellt[1]. Sie reichen im allgemeinen bereits aus, um die Zusammenhänge zwischen den verschiedenen Meßgrößen der Tab. 2 zu kontrollieren [3, 14, 15, 22, 56, 83, 86, 87].

Tabelle 4. *Einfache Näherungsformeln zur Berechnung der Verteilungsfunktionen aus den Meßgrößen*

	Statisch	Dynamisch
Relaxation	$H(\ln\tau)=-E\,\dfrac{d\log E}{d\log t}$ $\tau=t$	$H(\ln\tau)=E'\left(1-\left\lvert\dfrac{d\log E'}{d\log\omega}-1\right\rvert\right)$ $\tau=1/\omega$ $H(\ln\tau)=E''\left(1-\left\lvert\dfrac{d\log E''}{d\log\omega}\right\rvert\right)$ $\tau=1/\omega$
Retardation	$L(\ln\tau)=\left(J-\dfrac{t}{\eta}\right)\dfrac{d\log\left(J-\dfrac{t}{\eta}\right)}{d\log t}$ $\tau=t$	$L(\ln\tau)=J'\left(1-\left\lvert\dfrac{d\log J'}{d\log\omega}+1\right\rvert\right)$ $\tau=1/\omega$ $L(\ln\tau)=\left(J''-\dfrac{1}{\omega\eta}\right)\left(1-\left\lvert\dfrac{d\log\left(J''-\dfrac{1}{\omega\eta}\right)}{d\log\omega}\right\rvert\right)$ $\tau=1/\omega$

Im Fall der dynamischen Moduln können die Verteilungsfunktionen dabei sowohl aus den Realteilen als auch aus den Imaginärteilen unabhängig voneinander berechnet werden. Ein Beispiel hierfür zeigt Abb. 18.

Die bisher nur vereinzelt durchgeführten Versuche haben die durch die Formeln der Tab. 2 gegebenen Zusammenhänge in groben Zügen bestätigt;

---

[1] Herleitung und Verfeinerungen z. B. in [2, 21, 71, 72].

hieraus darf geschlossen werden, daß die phänomenologische Beschreibung der Messungen durch eine Verteilung von Relaxationsmechanismen berechtigt ist [4, 8, 46].

c) Temperaturabhängigkeit und Reduktionsverfahren. Im Bereich zwischen Einfrier- und Fließtemperatur der Kunststoffe sind die hochpolymeren Kettenmoleküle nur begrenzt beweglich; der ungesteuerte Platzwechsel erfaßt nur kurze Teile der Ketten (sog. Mikro-BROWNsche Bewegung). Auch beim Wirken äußerer Kräfte, d. h. beim gesteuerten Platzwechsel, können sich innerhalb eines gewissen Zeitraumes nur kürzere Kettenteile (sog. Kettensegmente[1]) umlagern, wobei man etwa an durch die Wechselwirkung mit der Umgebung behinderte Rotationen um die Hauptkettenachse zu denken hat. Die Gesamtmoleküle bleiben dagegen in den durch die Deformation gegebenen Lagen fixiert (vgl. z. B. [63, 90]).

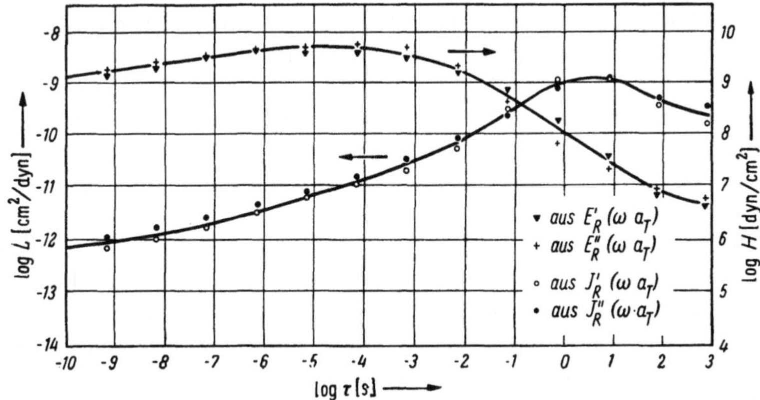

Abb. 18. Näherungsweise für einen Polyester (vgl. Abb. 17) ermittelte Verteilungsfunktionen der Relaxationszeiten (H) und der Retardationszeiten (L) für die Reduktionstemperatur T_R = 95°C (nach G. W. BECKER [3])

Der Zeitbedarf für die Umlagerung eines Kettensegmentes – mit anderen Worten: die Zeitkonstante dieses Relaxationsvorganges – ist stark von der Temperatur abhängig. Zur quantitativen Fassung des Zusammenhanges wird in vielen Arbeiten die von EYRING entwickelte Theorie der Reaktionsgeschwindigkeit herangezogen (vgl. z. B. [1, 52, 65]; weitere Literatur in [3]). Danach gilt:

$$\tau(T) = B\, e^{\Delta U^*/RT}, \tag{24}$$

mit

$$B = \frac{h}{kT}\, e^{-\Delta S^*/R}.$$

Es sind: τ die Zeitkonstante des Relaxationsvorganges, T die absolute Temperatur, R die Gaskonstante, h das PLANCKsche Wirkungsquantum, k die BOLTZMANN-Konstante, ΔU^* die Aktivierungsenergie und ΔS^* die Aktivierungsentropie, beide bezogen auf ein Mol relaxierender Mechanismen vom gleichen Typ; ΔU^* ist ein Maß für die beim Platzwechsel zu überwindende Potentialschwelle, ΔS^* für die Zahl möglicher, energetisch gleichwertiger Platzwechsel.

Die Temperaturabhängigkeit des Faktors B in Gl. (24) ist im Vergleich zu der der Exponentialfunktion vernachlässigbar; unter der Annahme, daß auch

---

[1] Über die teilweise voneinander abweichenden Definitionen vgl. z. B. [1], S. 143.

die Aktivierungsenergie temperaturunabhängig ist[1], folgt daher für ΔU^*:

$$\Delta U^* = R \frac{d\ln\tau}{d(1/T)} \, . \tag{25}$$

Die Gl. (25) wird häufig zur Bestimmung der Aktivierungsenergie des mechanischen Relaxationsverhaltens hochpolymerer Stoffe benutzt. Dabei geht man von der Annahme aus, daß die relative Änderung der Platzwechselwahrscheinlichkeiten mit der Temperatur für alle im Material vorliegenden Typen von Mechanismen die gleiche ist. Das bedeutet, daß die von der Zeit bzw. der Frequenz abhängigen Meßkurven $[E(t), J(t); E'(\omega), E''(\omega)$ bzw. $J'(\omega), J''(\omega)]$ oder die aus ihnen zu berechnenden Verteilungsfunktionen $[G(\tau), F(\tau)$ bzw. $H(\ln\tau), L(\ln\tau)]$ bei Temperaturänderungen nur eine Verschiebung parallel zur logarithmischen Zeitachse erfahren, ohne gleichzeitig ihre Form zu ändern. Stoffe, die diese Forderung (näherungsweise) erfüllen, werden als „thermorheologisch einfach" bezeichnet[2]. Für sie genügt es, die mit einer bestimmten Temperaturänderung verknüpfte Frequenzverschiebung eines einzelnen Meßpunktes (z. B. des Maximalwertes von $E''(\omega)$ oder des Punktes größter Steigung der $E(t)$-Kurve) zu betrachten; hieraus läßt sich ΔU^* an Hand von Gl. (25), in der τ durch die Meßvariable t bzw. $1/\omega$ zu ersetzen ist, berechnen. Als Beispiel zeigt Abb. 19 den Verlauf der so ermittelten (scheinbaren) Aktivierungsenergie für verschiedene Hochpolymere.

Bei thermorheologisch einfachen Stoffen ist auch die sog. „Reduktionsmethode" anwendbar (vgl. z. B. [19, 20]). Mit ihrer Hilfe lassen sich die Meßkurven frequenzabhängiger Größen, die bei verschiedenen Temperaturen in einem begrenzten Frequenzbereich vorliegen, auf eine einzige Kurve reduzieren, deren Frequenzumfang ein Mehrfaches des ursprünglichen Meßbereiches betragen kann; die Bezifferung der Frequenzskala richtet sich nach der gewählten Reduktionstemperatur[3].

Die „Reduktionsverfahren" beruhen jedoch auf Voraussetzungen, die im allgemeinen nur näherungsweise erfüllt sind (vgl. 4.2.5). Die aus „reduzierten" Kurven ermittelten Verteilungsfunktionen der Relaxationsmechanismen besitzen daher vorwiegend qualitativen Charakter.

d) Molekulare Deutung. Die Darstellung der elastischen Eigenschaften hochpolymerer Stoffe durch Verteilungsfunktionen über eine unendlich große Zahl einfacher Modelle ist zunächst rein mathematischer Natur. Es ist daher keineswegs erforderlich, daß ein unmittelbarer Zusammenhang zwischen diesen Funktionen und der molekularen Struktur der Hochpolymeren besteht. Mit gewissem Erfolg ist jedoch versucht worden, den experimentell gefundenen Verlauf der Verteilungsfunktionen H und L an Hand modellmäßiger Vorstellungen über den strukturellen Aufbau hochpolymerer Stoffe zu interpretieren.

---

[1] Erfahrungsgemäß ist die Annahme, daß ΔU^* nicht von der Temperatur abhängt, in der Nachbarschaft der Einfriertemperaturen der Stoffe keineswegs erfüllt; man bezeichnet daher die nach Gl. (25) ermittelte Energie auch als „scheinbare Aktivierungsenergie" (apparent activation energy); vgl. auch [45].

[2] Vergleiche z. B. [68]; bei allen anderen Materialien ist die Bestimmung einer Aktivierungsenergie schwierig [76, 77].

[3] Für ein ähnliches Verfahren zur Reduktion statisch gewonnener Meßkurven auf eine „master curve" vgl. z. B. [9, 84].

Man kann zwischen Einfriertemperatur und Fließtemperatur der Stoffe ganz grob zwei Bereiche unterscheiden. Im ersten, dicht oberhalb der Einfriertemperatur, ändert sich die „scheinbare" Aktivierungsenergie ΔU^* stark mit der Temperatur (vgl. Abb. 19). Die Kettenmoleküle sind hier noch so eng benachbart, daß Umlagerungen einzelner Segmente nur unter starker Deformation (oder bei gleichzeitiger Umlagerung) der Nachbarketten möglich sind; dabei wird mit wachsender Temperatur der in Mitleidenschaft gezogene „Platzwechselkomplex" infolge der Gitteraufweitung schnell kleiner[1]. Eine genauere Beschreibung des molekularen Verhaltens in diesem Bereich stößt auf erhebliche Schwierigkeiten (vgl. z. B. [34])

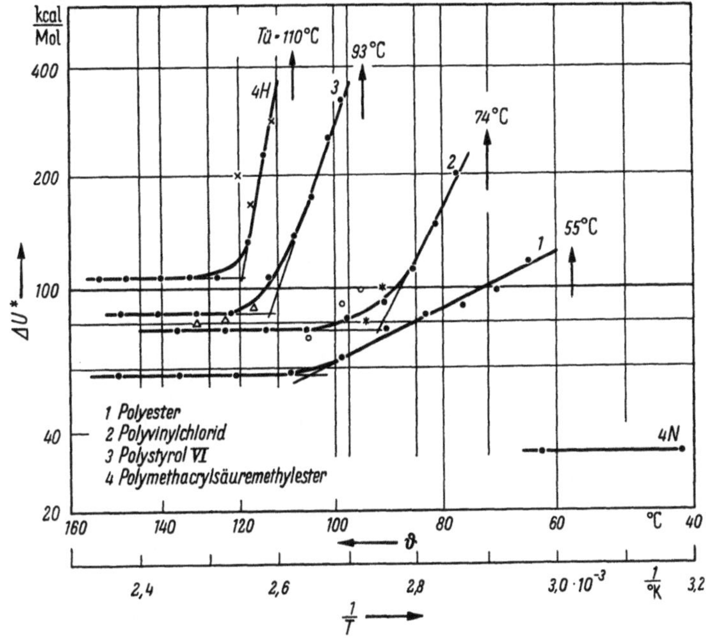

Abb. 19. Temperaturabhängigkeit der (scheinbaren) Aktivierungsenergie ΔU^* für vier hochpolymere Stoffe (nach G. W. BECKER [3])
4 N Nebenrelaxation beim Polymethacrylsäuremethylester; Tü Einfriertemperatur. Vergleichswerte anderer Autoren: * nach R. M. FUOSS [26]; ○ nach J. M. DAVIES, R. F. MILLER und W. F. BUSSE, [17]; △ nach L. D. GRANDINE und J. D. FERRY [30]; × nach J. R. McLOUGHLIN und A. V. TOBOLSKY [59])

Im zweiten Bereich, in dem ΔU^* nahezu unabhängig von der Temperatur ist (vgl. Abb. 19), sind die Segmente nur noch durch verhältnismäßig schwache VAN DER WAALSsche Kräfte an ihre Umgebung gebunden. Man kann sich diese Segmente aus einer Anzahl gleichartiger, miteinander gekoppelter Einzelelemente (z. B. den monomeren Gliedern) zusammengesetzt denken, von denen jedes eine gewisse Umlagerungszeit (Relaxationszeit) benötigt. Dann setzt sich die Relaxationszeit des Segmentes aus den Relaxationszeiten der Einzelelemente zusammen, d. h., je länger die Beanspruchungsdauer ist, um so mehr Einzelelemente können sich nacheinander umlagern, um so größer ist die Segmentlänge. Diese Annahme ist bei den „thermorheologisch einfachen" Stoffen wahrscheinlich zutreffend [70].

---

[1] Zur Definition des „Platzwechselkomplexes" vgl. z. B. [45].

Bei diesen Stoffen ist der Verlauf der Verteilungsfunktionen H und L (in Abb. 18) qualitativ einfach zu deuten (vgl. z. B. [51, 55, 73] sowie [1], S. 134ff.): mit zunehmender Relaxations- bzw. Retardationszeit werden die Kettensegmente länger, und damit wird die Gesamtzahl der „Mechanismen" je Volumeneinheit kleiner. Für die Relaxation kommt hinzu, daß die Rückstellkräfte der „kurzzeitigen" Mechanismen größer sind als die der „langzeitigen", d. h., H nimmt mit wachsendem τ ab. Bei der Retardation dagegen spielen die von den „kurzzeitigen" Mechanismen zugelassenen Deformationen trotz ihrer großen Zahl keine Rolle im Vergleich zu den Deformationen der „langzeitigen", d. h., L nimmt mit wachsendem τ zu.

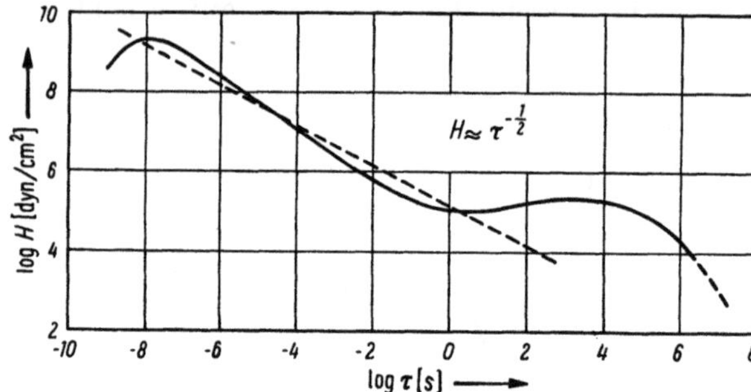

Abb. 20. Darstellung der Verteilungsfunktion H für Polyisobutylen (nach R. S. MARVIN [56]); zum Vergleich die aus der Theorie von ROUSE folgende Gerade $H \sim \tau^{-1/2}$

Dieses grundsätzliche Verhalten wird durch die theoretischen Beziehungen richtig wiedergegeben. Insbesondere liefern die Theorien von ROUSE (für unvernetzte Stoffe) und von BUECHE (für vernetzte Stoffe) einen Abfall der Funktion H mit $\tau^{-1/2}$ bzw. einen Anstieg der Funktion L mit $\tau^{1/2}$ [13, 66]; vgl. auch die älteren Ansätze [11, 42]. Beide Verhaltensweisen werden experimentell für den τ-Bereich bestätigt, der dem Übergangsbereich zwischen Energie- und Entropieelastizität entspricht (vgl. hierzu das Beispiel in Abb. 20). Diese Theorien vermögen jedoch nicht das Verhalten der Verteilungsfunktionen im „eingefrorenen" und im „gummielastischen" Bereich wiederzugeben.

Eine quantitative Deutung des Verhaltens von H und L im Bereich kurzer Zeiten τ war bisher noch nicht möglich. Dagegen gelang es FUJITA und NINOMIYA [25], für den Bereich langer Zeiten τ eine Beziehung herzuleiten, die die Verteilungsfunktion H dem experimentellen Befund entsprechend (vgl. z. B. [59]) mit der Molekulargewichtsverteilung im Stoff verknüpft.

4.2.5 Reales Stoffverhalten[1]

Der Fall der „thermorheologisch einfachen" Stoffe, der in den vorangegangenen Abschnitten 4.2.4 c und d betrachtet wurde, stellt eine gewisse Idealisierung des tatsächlichen Stoffverhaltens dar, auf das im folgenden kurz eingegangen werden soll.

Im allgemeinen beobachtet man bei den hochpolymeren Stoffen neben dem durch das Relaxationsverhalten der Molekülkettensegmente verursachten Dispersionsgebiet der elastischen Moduln (sog. „Hauptdispersion") weitere mehr oder weniger hervortretende „Nebendispersionen", die bei periodischer (sinusförmiger) Beanspruchung mit entsprechenden Verlusten verknüpft sind.

---

[1] Vergleiche hierzu die ausführliche Behandlung in 4.3 „Verhalten in schwachen mechanischen Wechselfeldern".

Diese sekundären Relaxationserscheinungen beruhen bei einfach aufgebauten, amorphen Stoffen vorwiegend auf Bewegungen seitständiger Molekülgruppen, die sowohl untereinander als auch mit benachbarten Hauptkettenteilen in Wechselwirkung stehen können. Bei komplizierter aufgebauten Stoffen oder solchen mit Weichmachern, Füllstoffen, kristallinen Bereichen u. a. treten weitere Relaxationserscheinungen hinzu; vgl. z. B. [5, 32, 33, 67], sowie die zusammenfassenden Darstellungen [31, 89]. Im praktischen Fall verhält sich daher ein Stoff nur dann in einem Dispersionsgebiet „thermorheologisch einfach", wenn die in der Zeit oder Frequenz benachbarten Dispersionsgebiete genügend weit entfernt sind. Da die Relaxationserscheinungen jedoch über einen breiten

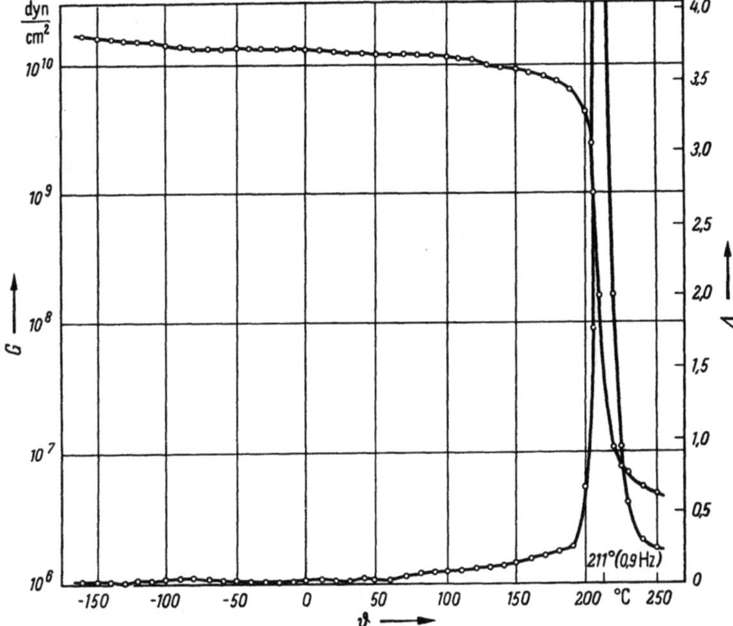

Abb. 21. Gemessene Temperaturkurven des dynamischen Torsionsmoduls G und des zugehörigen log Dekrements Λ von Polyvinylcarbazol; Frequenz nahe bei 1 Hz (nach K. Schmieder und K. Wolf [67])

Zeit- bzw. Frequenzbereich „verschmiert" sind, liegt häufig eine mehr oder weniger starke gegenseitige Beeinflussung der verschiedenen Relaxationsprozesse vor. Diese Beeinflussung kann dabei erheblich von der Temperatur abhängen, wenn die Aktivierungsenergien, wie es meistens der Fall ist, sehr unterschiedlich sind.

Eine quantitative Ermittlung ausgedehnter Verteilungsfunktionen hätte daher im Fall der „thermorheologisch nicht einfachen" Stoffe von Meßkurven der elastischen Größen in einem großen Zeit- oder Frequenzbereich bei konstanter Temperatur auszugehen. Dieser Weg zur physikalischen Interpretation des Relaxationsverhaltens stößt jedoch auf große experimentelle Schwierigkeiten.

Einen in vieler Hinsicht aufschlußreicheren Weg bietet die dem Experiment bequemer zugängliche Variation der Meßtemperatur bei praktisch konstanter Meßzeit oder -frequenz. In diesem Fall ändert man nicht die Beobachtungsdauer, sondern die nach Gl. (24) stark temperaturabhängigen Zeiten der Relaxationsprozesse des Stoffes. Es gelingt hierdurch, einen Überblick über das Deformationsverhalten des Stoffes in einem großen Bereich der Relaxationszeiten zu gewinnen[1]. Als Beispiele zeigen Abb. 21 und 22 gemessene Temperaturkurven des Realteils des dynamischen Schubmoduls und einer zugehörigen Dämpfungsgröße (log. Dekrement) für zwei Stoffe mit sehr unterschiedlichem elastischem Verhalten: das rein amorphe Polyvinylcarbazol (Abb. 21) besitzt praktisch nur einen scharfen Temperaturdispersions- oder Erweichungsbereich, den der Hauptrelaxation, beim partiellkristallinen Polyäthylen (Abb. 22) beobachtet man dagegen mehrere mehr oder weniger flache Dispersionsbereiche.

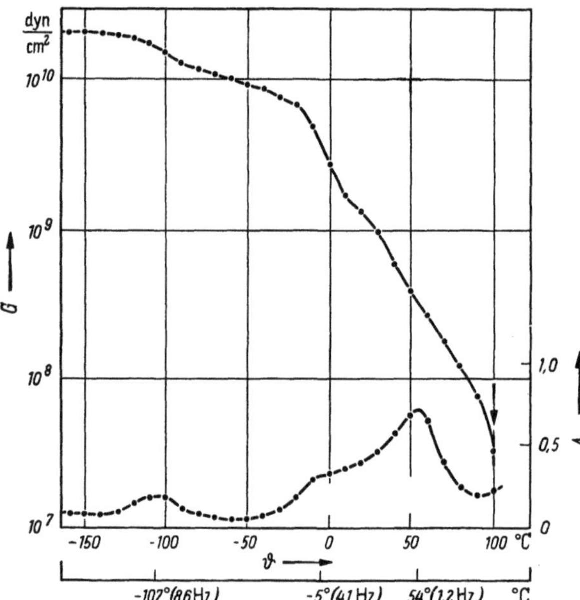

Abb. 22. Gemessene Temperaturkurven des dynamischen Torsionsmoduls G und des zugehörigen log. Dekrements Λ von Polyäthylen; Frequenzen nahe bei 1 Hz (nach K. SCHMIEDER und K. WOLF [67])

Da bei dieser Art der Versuchstechnik jedoch der thermodynamische Zustand des Stoffes ebenfalls geändert wird, kann die Variation der Temperatur die der Zeit oder Frequenz selbstverständlich nicht voll ersetzen. Anzustreben ist daher stets die Messung mehrerer Temperaturkurven bei verschiedenen, genügend weit auseinanderliegenden Frequenzen.

Durch Untersuchung einer großen Zahl von Stoffen mit z. T. nur geringfügigen Änderungen des molekularen Aufbaues ist es in vielen Fällen gelungen, die verschiedenen beobachteten Dispersionsgebiete eindeutig bestimmten molekularen Platzwechselvorgängen zuzuordnen [31, 89]. Durch Messung von Temperaturkurven bei verschiedenen Frequenzen ist es weiterhin möglich, die Aktivierungsenergien der verschiedenen Relaxationsprozesse zu ermitteln.

Im Fall der dielektrischen Relaxationserscheinungen, die den mechanischen sehr ähnlich sind[2], konnte auf diesem Wege bereits eine Klassifikation der verschiedenen Typen der Relaxationsprozesse in hochpolymeren Stoffen vorgenommen werden [81]. Es besteht kein Zweifel, daß auch im mechanischen Falle eine derartige Klassifikation möglich sein wird. Wegen der Schwierigkeit der Meßtechnik steht diese Diskussion jedoch noch am Anfang und bedarf weiterer Klärung.

---

[1] Im Bereich der Zimmertemperatur z. B. entspricht eine Temperaturänderung um 10 °C nach Gl. (25) bei einer scheinbaren Aktivierungsenergie von 80 kcal/Mol einer Änderung der Relaxationszeiten um näherungsweise zwei Zehnerpotenzen der Frequenz.

[2] Vergleiche 4.8 „Verhalten in elektrischen Wechselfeldern"; vgl. auch [24, 80, 82].

Literatur

[1] ALFREY, T.: Mechanical Behaviour of High Polymers (= High Polymers, Vol. VI). New York 1948.

[2] ANDREWS, R. D.: Phys. Rev. 86 (1952) S. 644.

[3] BECKER, G. W.: Kolloid-Z. 140 (1955) S. 1.

[4] BECKER, G. W.: Kolloid-Z. 166 (1959) S. 4.

[5] BECKER, G. W.: Kolloid-Z. 167 (1959) S. 44.

[6] BECKER, G. W.: Kolloid-Z. 175 (1961) S. 99.

[7] BECKER, G. W., u. K. VOGEL: Z. Elektrochem., Ber. Bunsenges. phys. Chem. 65 (im Druck).

[8] BENBOW, J. J.: Proc. phys. Soc. London (B) 69 (1956) S. 885.

[9] BISCHOFF, B. J., E. CATSIFF u. A. V. TOBOLSKY: J. Amer. chem. Soc. 74 (1952) S. 3378.

[10] BLAND, D. R., u. E. H. LEE: J. appl. Mech. 23 (1956) S. 416.

[11] BLIZARD, R. B.: J. appl. Phys. 22 (1951) S. 730.

[12] BUCHDAHL, R., L. E. NIELSEN u. E..H. MERZ: J. Polymer Sci. 6 (1951) S. 403.

[13] BUECHE, F.: J. chem. Physics 22 (1954) S. 603.

[14] CATSIFF, E., u. A. V. TOBOLSKY: J. appl. Phys. 25 (1954) S. 145 u. 1092.

[15] CATSIFF, E., u. A. V. TOBOLSKY: J. Colloid Sci. 10 (1955) S. 375.

[16] COLE, K. S., u. R. H. COLE: J. chem. Physics 9 (1941) S. 341.

[17] DAVIES, J. M., R. F. MILLER u. W. F. BUSSE: J. Amer. chem. Soc. 63 (1941) S. 361.

[18] EUCKEN, A.: Handbuch der Experimentalphysik, Bd. VIII, T. 1, S. 208. Leipzig: Akad. Verlagsges. Geest & Portig 1929.

[19] FERRY, J. D.: J. Amer. chem. Soc. 72 (1950) S. 3746.

[20] FERRY, J. D.: J. Colloid Sci. 10 (1955) S. 474.

[21] FERRY, J. D., u. M. L. WILLIAMS: J. Colloid Sci. 7 (1952) S. 347.

[22] FERRY, J. D., L. D. GRANDINE JR. u. E. R. FITZGERALD: J. appl. Phys. 24 (1953) S. 911 u. 679.

[23] FITZGERALD, E. R., L. D. GRANDINE JR. u. J. D. FERRY: J. appl. Phys. 24 (1953) S. 650.

[24] FUCHS, O., H. THURN u. K. WOLF: Kolloid-Z. 156 (1958) S. 27.

[25] FUJITA, H., u. K. NINOMIYA: J. Polymer Sci. 24 (1957) S. 233.

[26] FUOSS, R. M.: J. Amer. chem. Soc. 63 (1941) S. 369 u. 378.

[27] GEVERS, M.: Philips Res. Rep. 1 (1936) S. 197, 279, 361 u. 447.

[28] GROSS, B.: Kolloid-Z. 131 (1953) S. 161.

[29] GROSS, B., u. H. PELZER: J. appl. Phys. 22 (1951) S. 1035.

[30] GRANDINE, L. D. JR., u. J. D. FERRY: J. appl. Phys. 24 (1953) S. 679.

[31] HENDUS, H., G. SCHNELL, H. THURN u. K. A. WOLF: Ergebn. exakt. Naturwiss. 31 (1959) S. 221.

[32] HEYBOER, J.: Kolloid-Z. 148 (1956) S. 36.

[33] IWAYANAGI, S.: J. sci. Res. Inst. (Japan) 49 (1955) S. 23.

[34] JENCKEL, E.: Z. phys. Chem. A 184 (1939) S. 309.

[35] JENCKEL, E.: Kolloid-Z. 134 (1953) S. 47.

[36] JONES, H. C., u. H. A. YIENGST: Industr. Engng. Chem. 32 (1940) S. 1351.

[37] KÄSTNER, S.: Kolloid-Z. 157 (1958) S. 133.

[38] KÄSTNER, S.: Kolloid-Z. 157 (1958) S. 144.

[39] KÄSTNER, S., u. E. SCHLOSSER: Kolloid-Z. 152 (1957) S. 116.

[40] KÄSTNER, S., u. E. SCHLOSSER: Kolloid-Z. 155 (1957) S. 97.

[41] KEGEL, G.: Kolloid-Z. 135 (1954) S.125.

[42] KIRKWOOD, J. G.: J. chem. Physics 14 (1946) S. 51.

[43] KIRKWOOD, J. G., u. R. M. FUOSS: J. chem. Physics 9 (1941) S. 329.

[44] KNESER, H. O.: Kolloid-Z. 134 (1953) S. 20.

[45] KOPPELMANN, J.: Kolloid-Z. 144 (1955) S. 12.

[46] KOPPELMANN, J.: Kolloid-Z. 164 (1959) S. 31.

[47] KUBÁT, J.: Kolloid-Z. 134 (1953) S. 197.

[48] KUBÁT, J.: Kolloid-Z. 139 (1954) S. 60.

[49] KUHN, W.: Z. phys. Chem. (B) 42 (1939) S. 1.

[50] KUHN, W.: Helv. chim. Acta 30 (1947) S. 487.

[51] KUHN, W., O. KÜNZLE u. A. PREISSMANN: Helv. chim. Acta 30 (1947) S. 307 u. 464.
[52] LAIDLER, K. J., u. H. EYRING: The Theory of Rate Processes. New York: 1941.
[53] LEADERMAN, H., R. G. SMITH ü. R. W. JONES: J. Polymer Sci. 14 (1954) S. 47.
[54] LEADERMAN, H.: Trans. Soc. Rheol. 1 (1957) S. 213.
[55] LYONS, W. J.: Phys. Rev. (2) 89 (1953) S. 342.
[56] MARVIN, R. S.: Proc. Sec. Int. Congr. Rheol. Oxford (1953) S. 26.
[57] MAXWELL, J. C.: Phil. Mag. (IV) 35 (1867) S. 134.
[58] MAXWELL, J. C.: Phil. Trans. roy. Soc. (London) 157 (1867) S. 49.
[59] McLOUGHLIN, J. R., u. A. V. TOBOLSKY: J. Colloid Sci. 7 (1952) S. 555.
[60] MEWES, E.: Kolloid-Z. 130 (1953) S. 120.
[61] MEIXNER, J.: Kolloid-Z. 134 (1953) S. 3.
[62] MEIXNER, J.: Z. angew. Phys. 6 (1954) S. 216.
[63] MÜLLER, F. H., u. CHR. SCHMELZER: Ergebn. exakt. Naturwiss. 25 (1951) S. 359.
[64] NOLLE, A. W.: J. Polymer Sci. 5 (1950) S. 1.
[65] PRANDTL, L.: Phys. Bl. 5 (1949) S. 161.
[66] ROUSE, P. E.: J. chem. Physics (1953) S. 1272.
[67] SCHMIEDER, K., u. K. WOLF: Kolloid-Z. 134 (1953) S. 149.
[68] SCHWARZL, F.: Kolloid-Z. 139 (1954) S. 52.
[69] SCHWARZL, F.: Kolloid-Z. 148 (1956) S. 47.
[70] SCHWARZL, F., u. A. J. STAVERMAN: J. appl. Phys. 23 (1952) S. 838.
[71] SCHWARZL, F., u. A. J. STAVERMAN: Physica 18 (1952) S. 791.
[72] SCHWARZL, F., u. A. J. STAVERMAN: Appl. Sci. Res. (A) 4 (1953) S. 127.
[73] SIPS, R.: J. Polymer Sci. 7 (1951) S. 191.
[74] SKUDRZYK, E.: Acta Physica Austriaca 2 (1949) S. 148.
[75] SOMMERFELD, A.: Mechanik der deformierbaren Medien. Leipzig: Akad. Verlagsges. Geest & Portig 1945.
[76] STAVERMAN, A. J.: Kolloid-Z. 134 (1953) S. 197.
[77] STAVERMAN, A. J.: Proc. Sec. Int. Congr. Rheol. London (1954) S. 134.
[78] STAVERMAN, A. J., u. J. HEYBOER: Kunststoffe 50 (160) S. 23.
[79] STUART, H. A.: Die Physik der Hochpolymeren, Bd. 4, Kap. 1 (bearbeitet von A. J. STAVERMAN und F. SCHWARZL). Berlin/Göttingen/Heidelberg: Springer 1956.
[80] THURN, H., u. K. WOLF: Kolloid-Z. 148 (1956) S. 16.
[81] THURN, H., u. F. WÜRSTLIN: Kolloid-Z. 145 (1956) S. 133.
[82] THURN, H., u. F. WÜRSTLIN: Kolloid-Z. 156 (1958) S. 21.
[83] TOBOLSKY, A. V.: J. Amer. chem. Soc. 74 (1952) S. 3786.
[84] TOBOLSKY, A. V.: J. appl. Phys. 27 (1956) S. 665.
[85] WAGNER, K. W.: Arch. Elektrotechn. 3 (1914) S. 83.
[86] WILLIAMS, M. L., u. J. D. FERRY: J. Colloid Sci. 9 (1954) S. 479.
[87] WILLIAMS, M. L., u. J. D. FERRY: J. Colloid Sci. 10 (1955) S. 1.
[88] WOLF, K.: Kunststoffe 41 (1951) S. 89.
[89] WOODWARD, A. E., u. J. A. SAUER: Fortschr. Hochpolym. Forsch. 1 (1958) S. 114.
[90] WÜRSTLIN, F.: Kolloid-Z. 120 (1951) S. 84.
[91] ZENER, CL.: Elasticity and Anelasticity of metals. Chicago, Ill.: The University Press 1952.

4.3 Verhalten in schwachen mechanischen Wechselfeldern

Von **J. Heijboer, F. Schwarzl**, Delft/Niederlande (4.3.3)

und **H. Thurn**, Ludwigshafen a. Rh. (4.3.1, 4.3.2, 4.3.4 u. 4.3.5)

4.3.1 Allgemeine Erscheinungen

Meßverfahren. Untersuchungen in mechanischen Wechselfeldern werden vielfach bei sinusförmiger Beanspruchung der Probe ausgeführt, weil diese Bewegungsart meist einfach realisierbar und mathematisch ohne Schwierigkeiten zu behandeln ist. Ähnlich wie im elektrischen Falle ist es auch im mechanischen nicht möglich, den ganzen experimentell zugänglichen Frequenzbereich mit der gleichen Meßapparatur zu erfassen. Jede der bekannten Meßmethoden hat ihre optimale Empfindlichkeit in einem bestimmten, mehr oder weniger ausgedehnten Frequenzbereich. Wenn man eine gute Meß-genauigkeit über einen breiteren Frequenzbereich erreichen will, muß man deshalb mehrere Meß-methoden anwenden. Eine Überschneidung der Meßmöglichkeiten an den Frequenzgrenzen der Methoden ist dabei erstrebenswert, aber leider z. Z. nicht in allen Fällen zu erreichen. Bezüglich der theoretischen Grundlagen vgl. auch 4.2 und 4.4.

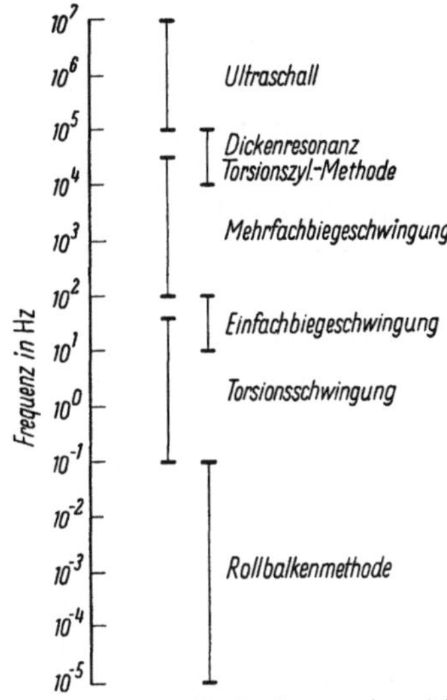

Abb. 1. Meßmethoden im experimentell für dynamisch-mechanische Untersuchungen zugänglichen Frequenzbereich

Der z. Z. für Messungen in mechanischen Wechselfeldern erschlossene Frequenzbereich erstreckt sich von etwa 10^{-5} bis etwa 10^7 Hz und umfaßt damit rd. 12 Frequenzdekaden. Die Anforderungen, die man an eine brauchbare Meßmethode stellt, lassen sich in großen Zügen dadurch abgrenzen, daß es erstrebenswert ist, über einen Temperaturbereich von etwa der experimentell ohne besonderen Aufwand erreichbaren Temperatur des flüssigen Stickstoffs bis zur Fließtemperatur des hochpolymeren Stoffes, also maximal etwa $+300\ °C$, Dämpfungen von etwa $d\ (= \tan \delta_{\text{mech.}}) = 5 \cdot 10^{-3}$ bis etwa 1,0 und einen elastischen Modul beliebiger Größe zu messen.

In den einzelnen Frequenzbereichen (ohne daß damit die Grenzen genau festgelegt werden sollen) haben sich folgende Meßmethoden bewährt (Abb. 1):

Frequenzbereich

10^{-5} bis 10^{-1} Hz	Rollbalkenmethode [43], periodisch sinusförmige Dehnbeanspruchung [82a],
10^{-1} bis 10^2 Hz	Torsionsschwingungsmethode [47, 66, 35, 79],
10^1 bis 10^2 Hz	Einfachbiegeschwingungsmethode [2, 42, 75],
10^2 bis 10^5 Hz	Mehrfachbiegeschwingungsmethode [69, 70], Fortschreitende Biegewellenmethode [2],
10^4 bis 10^5 Hz	Dickenresonanzmethode von Scheiben [42], Torsionszylindermethode [71],
10^5 bis 10^7 Hz	Ultraschallmethoden [5, 8, 30, 42, 55, 67, 90]

Verhalten von Hochpolymeren bei verschiedenen Frequenzen. Ziel der Messungen in mechanischen Wechselfeldern ist es, die Gesetzmäßigkeiten im Verhalten der hochpolymeren Stoffe bei verschiedenen Beanspruchungsgeschwindigkeiten zu erkennen. Dabei ist in großen Zügen ein ähnliches Verhalten wie in elektrischen Wechselfeldern zu erwarten, über das in 4.8 berichtet wird (vgl. auch F. H. MÜLLER und SCHMELZER [61]).

Auch in mechanischen Wechselfeldern werden deshalb, wie im elektrischen Falle, die 3 Hauptvariablen die Beanspruchungsfrequenz, die Temperatur und die Konstitution des Hochpolymeren sein (WOLF [107]).

Wie in 4.2 und 4.4 theoretisch begründet wurde, können beispielsweise die elastischen Eigenschaften eines hochpolymeren Stoffes bei verschiedenen Beanspruchungsgeschwindigkeiten, also verschiedenen Frequenzen, ganz erhebliche Unterschiede aufweisen. Ein Stoff, der bei Zimmertemperatur im Frequenzbereich um einige Hertz plastisch ist, kann sich bei Frequenzen, die einige Frequenzdekaden höher liegen, verhalten wie ein glasig erstarrter Stoff unterhalb seiner Einfriertemperatur.

Ändert man die Temperatur des Stoffes, so ändern sich die molekularen Zusammenhaltskräfte und damit auch die elastischen Eigenschaften, und zwar in dem Sinne, daß – um bei unserem Beispiel zu bleiben – bei einer Temperaturerhöhung dieses „glasig-starre" Verhalten erst bei höheren Frequenzen zu beobachten ist als bei der Ausgangstemperatur.

Will man deshalb eine Auskunft über das Frequenzverhalten erzielen, die über das bloße Erkennen eines Phänomens zur Aufklärung seiner Ursache vordringen soll, so muß man neben der Frequenz auch die Temperatur variieren.

Eine andere Möglichkeit, um Auskunft über die Ursachen der in den Stoffen wirkenden Zusammenhaltskräfte zu gewinnen, besteht in der systematischen Variation der Konstitution der Hochpolymeren (WOLF [104], WÜRSTLIN [111], SCHMIEDER und WOLF [80], HEIJBOER, DEKKING und STAVERMAN [21], HEIJBOER [22, 23], WOODWARD und SAUER [109], FERRY und STRELLA [14], SINNOT [83], HENDUS, SCHNELL, THURN, WOLF [25]). Konstitutionsänderungen sind nämlich im allgemeinen mit Änderungen der Molekülabstände oder Änderungen der Molekülbeweglichkeit oder des Ordnungszustandes der Moleküle oder des Dipolmoments polarer Gruppen verbunden, welche insgesamt den Zusammenhalt beeinflussen.

Führt man die Messung irgendeiner mechanischen Größe, z. B. eines elastischen Moduls oder der Dämpfung am gleichen Stoff bei verschiedenen Frequenzen und Temperaturen durch und trägt die Meßwerte in ein Frequenz-Temperaturdiagramm ein, so erkennt man, daß zwischen den Änderungen der Meßgrößen mit der Frequenz und ihren Änderungen mit der Temperatur enge Beziehungen bestehen. Deshalb ergänzen sich Messungen, die bei konstanter Temperatur als Funktion der Frequenz und solche, die bei konstanter Frequenz unter Variation der Temperatur durchgeführt werden. Man muß sich dabei stets vor Augen halten, daß Schlüsse aus dem Frequenzverhalten eines Stoffes allein nur frei von Unsicherheiten sein können, wenn man in großen Zügen über das Temperaturverhalten Bescheid weiß und ebenso Schlüsse aus dem Temperaturverhalten nur dann eine gute Aussagekraft besitzen, wenn man das Frequenzverhalten kennt. Man wird deshalb stets eine gleichzeitige Variation von Temperatur und Frequenz anstreben (vgl. F. H. MÜLLER und SCHMELZER [61], DEUTSCH, HOFF und REDDISH [9]). Die Theorie hat sich sowohl mit dem Frequenzverhalten eines Stoffes als auch mit seinem Temperaturverhalten und der Beziehung zwischen dem Frequenz- und Temperaturverhalten beschäftigt (s. 4.2, WILLIAMS, LANDEL und FERRY [101], EYRING [10a]).Welche Betrachtungsweise (Frequenzvariation oder Temperaturvariation) man bevorzugt, hängt von der jeweiligen Fragestellung ab. In der Praxis kommt den Messungen bei konstanter oder annähernd konstanter Frequenz unter Variation der Temperatur meist größere Bedeutung zu, nicht nur, weil sie experimentell leichter durchführbar sind, sondern vor allem, weil bei ihnen das Beweglichwerden der einzelnen Molekülteile und Ketten in einem relativ engen Temperaturintervall nacheinander zu beobachten ist, während zur Beobachtung der gleichen Erscheinung bei Frequenzvariation selbst das ganze, experimentell zugängliche Frequenzgebiet nur in den seltensten Fällen ausreichen würde. Es hat sich ferner gezeigt, daß sich die Unterschiede in den mechanischen Eigenschaften bei Schwingungsbeanspruchung, wie sie bei einer Variation der chemischen Struktur des untersuchten Stoffes auftreten, mit Hilfe der Temperaturvariationskurven besonders gut verstehen lassen, weil sich in ihnen die Überwindung von Zusammenhaltskräften durch die Wärmebewegung unmittelbar widerspiegelt. Im allgemeinen untersucht man das Temperatur-Frequenzverhalten durch Temperaturvariationsmessungen bei einzelnen festen Frequenzen. Das Ergebnis ist eine dreidimensionale Darstellung: Meßgröße (mechanische Verluste oder Modulwerte) über der Temperatur-Frequenzebene, wie sie z. B. NOLLE [68] und HEIJBOER [22] anwenden.

Sowohl bei Temperatur- als auch bei Frequenzkurven der Verluste bzw. eines Moduls treten meist mehrere Maxima bzw. Stufen auf, die vielfach, vor allem bei amorphen Stoffen, verschieden stark ausgeprägt sind. Man bezeichnet ein solches Maximum bzw. eine solche Modulstufe in Anlehnung an die in der Spektroskopie übliche Ausdrucksweise oft auch als „Dispersionsgebiet" oder „Dispersionsbereich". Strenggenommen dürfte diese Bezeichnung nur im Zusammenhang mit Verlustmaxima oder Modulstufen verwendet werden, die als Funktion der Frequenz angegeben sind. Man nennt aber, wenn auch unkorrekt, Verlustmaxima und Modulstufen von Temperaturkurven ebenfalls „Dispersionsgebiete" und redet dann von „Temperaturdispersion" zur Unterscheidung von der „Frequenzdispersion".

Nach den Vorstellungen, die z. Z. vorherrschen, unterscheidet man Hauptmaxima oder Hauptdispersionsbereiche und Nebenmaxima oder Nebendispersionsbereiche. Ein Hauptmaximum entsteht, wenn der Zusammenhalt zwischen benachbarten Molekülhauptketten durch die Wärmebewegung so weit herabgesetzt ist, daß die Molekülketten bzw. längere Stücke (Segmente) von ihnen Bewegungen und Umlagerungen durchführen können. Bei partiell-kristallinen Hochpolymeren meint man dabei die Bewegungen der Kettensegmente in den amorphen Bereichen. Bei den amorphen Hochpolymeren sind diese Verhältnisse z. Z. besser bekannt als bei den partiell-kristallinen. Ein Nebenmaximum soll demnach entstehen, wenn sich kleine Molekülstücke, wie z. B. einzelne Seitengruppen oder kleine Teilgruppen der Hauptkette bewegen. K. A. WOLF konnte an Hand zahlreicher Messungen zeigen, daß zur Entstehung eines Nebenmaximums die Bewegung einzelner Kettenbausteine, wie z. B. von CH_2-Gruppen oder HCCl-Gruppen gegen ihre Umgebung ausreicht [108a, 108b]. Das mechanische Hauptmaximum ist bei amorphen Stoffen meist wesentlich höher[1] als ein Nebenmaximum[2]. Bei partiell-kristallinen Stoffen ist dies nicht immer der Fall (vgl. auch 4.3.4). Es gibt eine Reihe von Argumenten, welche die obige Vorstellung von der Entstehung der Nebenmaxima stützen. Es soll aber hervorgehoben werden, daß unser Wissen über die Molekülbewegung z. Z. noch nicht

---

[1] Dies gilt für Angaben der Verlustwerte in $\tan\delta$ oder Λ. Beim Auftragen des Verlustmoduls können sich die Höhenverhältnisse ändern (vgl. S. 367, Fußnote 2).

[2] Vielfach wird auch die Bezeichnung „Hauptrelaxationsgebiet" für Hauptmaximum und „Nebenrelaxationsgebiet" für Nebenmaximum angewandt.

ausreicht, um andere Vorstellungen über die Entstehung der Nebenmaxima auszuschließen.

Als Beispiel für eine Messung bei verschiedenen Frequenzen und Temperaturen
zeigt Abb. 2 die mechanische Dämpfung von Polymethacrylsäuremethylester
(PMMA) nach SCHMIEDER und WOLF [79]. Man erkennt 2 Maxima, die sich verschieden steil mit steigender Frequenz zu höheren Temperaturen verschieben.
Diese Verschiebung der Maxima mit steigender Frequenz zu höheren Temperaturen ist ein allgemein gültiges Gesetz. Die Nebenmaxima der Verluste verschieben sich mindestens bei amorphen Hochpolymeren in der Regel stärker als
die Hauptmaxima (s. Abb. 2). Leider sind bisher nur wenige mechanische Verlustmessungen bekannt geworden, bei denen sich die Lage der Maxima über ein
genügend großes Frequenz- und Temperaturgebiet verfolgen läßt. Man hat jedoch
beobachtet, daß sich die dielektrischen Verlustmaxima ähnlich verschieben wie die
mechanischen (in manchen Fällen treten aber auch Unterschiede auf) und konnte
diese Analogie heranziehen, um empirische Formeln zur Beschreibung der Temperatur-Frequenzverschiebung der Maxima anzugeben. So besagt eine Formel[1] von
WILLIAMS, LANDEL und FERRY [101], daß das Verhältnis a_T aller mechanischen und
elektrischen Relaxationszeiten bei der Temperatur T zu ihren Werten bei einer
Bezugstemperatur T_s nach passender Wahl von T_s durch die Gleichung

$$\log a_T = -8{,}86\,(T - T_s)/(101{,}6 + T - T_s)$$

angegeben wird. Hierbei hat es sich als günstig erwiesen, wenn die an sich frei
wählbare Temperatur T_s etwa $50°$ über der Einfriertemperatur TE liegt. Diese
Formel kann aber nur die Verschiebung der Verlusthauptmaxima beschreiben.
Eine andere empirische Formel[2] zur Beschreibung der Verschiebung der dielektrischen Verlustmaxima, die vermutlich näherungsweise auch für mechanische Maxima gilt, stammt von THURN und WÜRSTLIN [92]. Als Beispiel für
die Temperatur-Frequenzverschiebung mechanischer Dämpfungsmaxima zeigt
Abb. 9 das Höhenschichtliniendiagramm der mechanischen Verluste $(\tan \delta)$ von
Polymethacrylsäuremethylester.

Erfassung molekularer Bewegungen. Bestimmt man die Temperaturabhängigkeit sowohl eines elastischen Moduls wie der Dämpfung, so ist das Auftreten einer
Modulstufe immer mit dem Auftreten eines Dämpfungsmaximums verknüpft.

---

[1] LEADERMAN H., [Textile Research 11 (1941) S. 171]. — A. V. TOBOLSKY u. R. D. ANDREW
[J. chem. Physics 13 (1945) S. 3]. — J. BISCHOFF, E. CATSIFF u. A. V. TOBOLSKY [J. Amer. chem.
Soc. 74 (1952) S. 3378] und A. V. TOBOLSKY [J. appl. Phys. 27 (1956) S. 665] haben schon
früher ein ähnliches Reduktionsverfahren angegeben.

[2] Die Frequenzabhängigkeit der Temperaturlage T_{max} der dielektrischen *Hauptmaxima*
verläuft praktisch für alle gemessenen Stoffe weitgehend parallel zu zwei vermutlich aneinander anschließende Kurvenscharen, wobei steifere Substanzen einer Funktion folgen,
bei der

$$\Delta T_{max} = f(T_{max})\,f(\omega),$$

also die Temperaturverschiebung ΔT_{max} sowohl von der Temperaturlage T_{max} als auch von
der Kreisfrequenz ω abhängt, während für kettenbewegliche Stoffe eine einfachere, nur
von der Frequenz abhängige Beziehung

$$\Delta T_{max} = f(\omega)$$

gilt.

Die Temperaturlagen der Nebenmaxima verschieben sich wesentlich stärker mit der
Frequenz als die Hauptmaxima, und zwar vielfach um etwa 15 bis 25 ° pro Frequenzdekade.

Setzt man einen hochpolymeren Stoff einer mechanischen Wechselbeanspruchung aus, so nehmen alle Molekülteile an den Bewegungen teil. Diese Molekülbewegungen können in größerem Umfange aber erst bei Temperaturen beginnen,
bei denen der Zusammenhalt zwischen den Molekülen durch die Wärmebewegung bis zu einem gewissen Grade aufgelockert ist. Die Energie zum Ablauf der Bewegung wird z. T. dem erregenden Wechselfeld entnommen. Wird Energie absorbiert, so kann man dies über die mechanische Dämpfung

$$d = \tan \delta_{\text{mech.}} \approx \frac{\Lambda}{\pi}$$

beobachten[1] (Λ = logarithmisches Dekrement)[2].

Die Bewegungen der Molekülteile folgen in den meisten Fällen den Wechseln der Beanspruchungsrichtung mit einer gewissen Verzögerung (Relaxation, Retardation, s. 4.2). Die Größe der Verzögerung hängt von der Frequenz des Wechsels

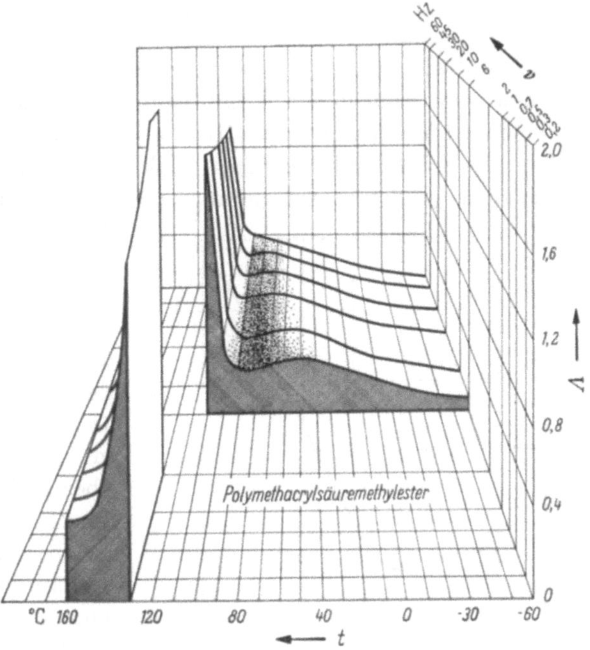

Abb. 2. Die mechanische Schwingungsdämpfung (logarithmisches Dekrement Λ) von Polymethacrylsäuremethylester als Funktion von Temperatur und Frequenz nach [79]

der Beanspruchungsrichtung, von der Wirksamkeit innerer Felder und von den sterischen Verhältnissen ab.

Bei *Temperaturvariation* ändert man bei konstanter oder nahezu konstanter Frequenz mit dem inneren Zusammenhalt die Viskosität und damit die Relaxationszeiten des Stoffes erheblich, und zwar ändern sich die Relaxationszeiten im allgemeinen beim Überstreichen des experimentell zugänglichen Temperaturbereiches um mehrere Größenordnungen. Die von EYRING [*10a*] entwickelte Theorie der Reaktionsgeschwindigkeit wird oft zur quantitativen Fassung dieses Zusammenhanges herangezogen (s. auch 4.2). Die Relaxationsgebiete für die einzelnen Bewegungsvorgänge erstrecken sich dabei nur über einen relativ engen

---

[1] Gültig nur für kleine Dämpfungen.

[2] Für einen komplexen elastischen Modul M^* gilt $M^* = M' + i M''$. Hierbei ist der Realteil M' (dynamischer oder Speicher-Modul) ein Maß für die wiedergewinnbare Energie, die während einer Schwingung umgesetzt wird. Den Imaginärteil M'' nennt man Verlustmodul. Er ist ein Maß für die bei der Schwingung nicht wiedergewinnbare, in Wärme umgewandelte Schwingungsenergie. Der Verlustfaktor $\tan\delta = E''/E'$ ist ein Relativmaß für die Energieverluste im Vergleich zur wiedergewinnbaren Energie. Ein Maximum des $\tan\delta$ fällt wegen der im Bereich des Maximums erfolgenden Änderungen von E' nicht genau mit dem Maximum des Verlustmoduls E'' zusammen. Verglichen mit dem Maximum des $\tan\delta$ liegt das Maximum von E'' stets nach der Seite steigender E'-Werte verschoben. Das Maximum von E'' fällt mit dem Wendepunkt von E' zusammen.

Bereich und man findet im allgemeinen im experimentell leicht zugänglichen Temperaturgebiet zwischen der Temperatur des flüssigen Stickstoffs und +200 °C mehrere Verlustmaxima bzw. Modulstufen nacheinander. Bei sehr tiefen Temperaturen sind die Bewegungen aller Molekülteile eingefroren. Der Stoff ist in diesem Zustand hart und meist spröde. Erhöht man die Temperatur, so werden zunächst die Molekülbewegungen beginnen, die am wenigsten Energie verbrauchen. Es sind dies nach den z. Z. gültigen Anschauungen meist Bewegungsvorgänge in kleinsten Molekülgruppen (HUFF und MÜLLER [28], K. A. WOLF [108b]). Dann folgen die schwerer beweglichen Molekülteile, deren Beweglichkeit erst bei Zufuhr einer größeren Aktivierungsenergie „aufgetaut" werden kann. Je mehr Molekülteilgruppen bewegt werden, um so stärker sinken dabei die elastischen Moduln ab.

Mißt man bei konstanter Temperatur *bei verschiedenen Frequenzen*, also ohne den inneren Zusammenhalt des Stoffes zu ändern, so findet man, daß die Verlustmaxima sehr breit sind und sich meist über mehrere Frequenzdekaden erstrekken. Innerhalb des experimentell zugänglichen Frequenzbereiches kann man deshalb im allgemeinen bei solchen Messungen wenig mehr als eine einzige Relaxationsstelle, d. h. ein einziges Maximum der Verluste, beobachten. Um die mechanischen Kenngrößen für ein Frequenzintervall zu ermitteln, das größer ist als das für das Experiment verfügbare,

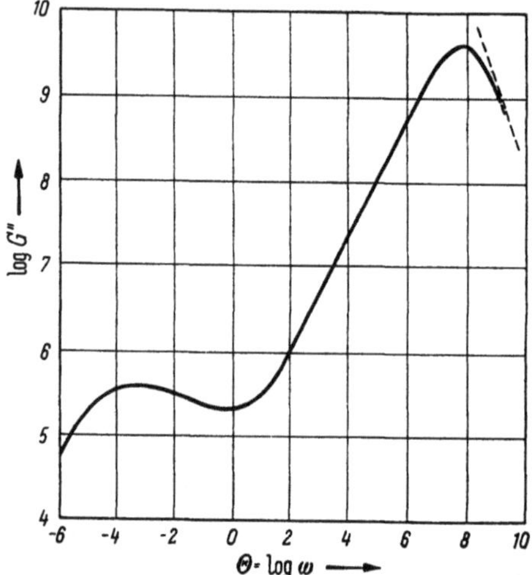

Abb. 3. Frequenzkurve der mechanischen Verluste von Polyisobutylen nach [53]

wendet man das sog. Reduktionsverfahren an, z. B. nach FERRY [11]. Es ist von FERRY [14a] und von TOBOLSKY [89a] ausführlich beschrieben, so daß im Rahmen dieses Beitrages auf eine ausführliche Darstellung verzichtet werden kann. Bei diesen Reduktionsverfahren lassen sich Kurven von Größen, die in einem begrenzten Frequenzbereich als Funktion der Temperatur gemessen wurden, für eine bestimmte, in Grenzen wählbare Temperatur, auf eine einzige Kurve reduzieren, deren Frequenzbereich ein Vielfaches des ursprünglichen Meßbereiches betragen kann. In den meisten Fällen erfaßt man dabei aber nur ein Relaxationsgebiet. Über die Genauigkeit bzw. die Zulässigkeitsgrenzen dieser Methode vgl. 4.2.

Abb. 3 gibt als Beispiel eine reduzierte Kurve von Polyisobutylen bei +25 °C nach MARVIN [53]. Sie ist das Ergebnis eines Gemeinschaftsversuches vieler Laboratorien, bei dem ein sehr breites Frequenzintervall experimentell erfaßt wurde. Die Kurve erstreckt sich deshalb über einen besonders großen „reduzierten" Frequenzbereich und zeigt als Besonderheit das Auftreten von zwei Maxima der Frequenzkurven des Verlustmoduls G''.

Die elastischen Moduln ändern sich, wie erwähnt wurde, im Bereich der Maxima am stärksten. Die Temperatur- oder Frequenzkurven der Moduln verlaufen daher im allgemeinen in mehr oder weniger ausgeprägten Stufen. Es ist nach dem bisher Gesagten und nach den theoretischen Darlegungen beispielsweise

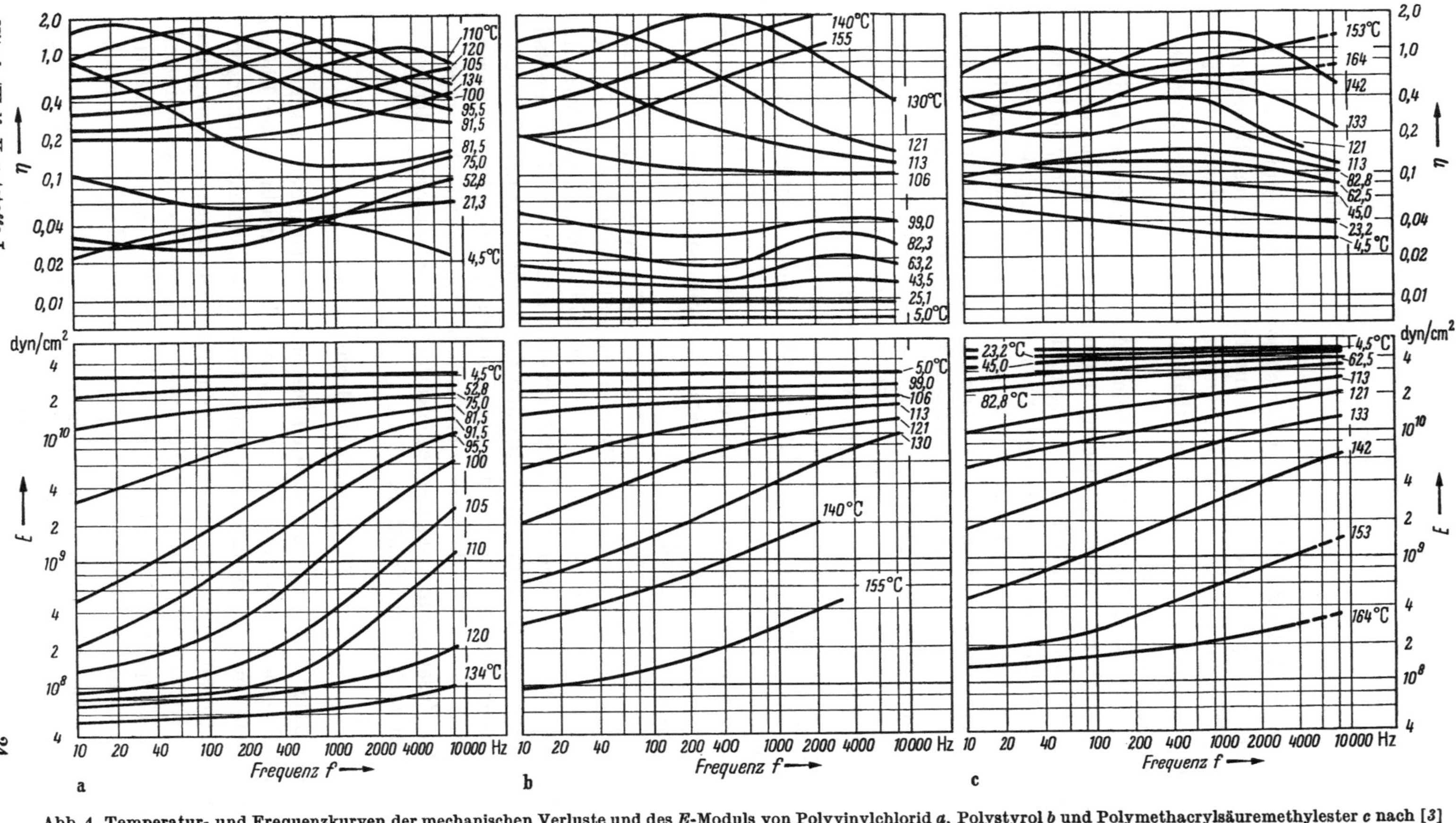

Abb. 4. Temperatur- und Frequenzkurven der mechanischen Verluste und des E-Moduls von Polyvinylchlorid a, Polystyrol b und Polymethacrylsäuremethylester c nach [3]

in 4.2 ohne weiteres verständlich, daß ein elastischer Modul mit steigender Frequenz ansteigt und, abgesehen vom gummi-elastischen Zustand, mit steigender Temperatur absinkt. Dieses Verhalten ist für den Fall der Frequenzvariation gut an den von BECKER und OBERST [3] an Polyvinylchlorid, Polystyrol und PMMA gemessenen Kurven (Abb. 4) zu sehen.

Zur Zeit stellt die Zuordnung der verschiedenen Modulstufen bzw. der entsprechenden Dämpfungsmaxima zu bestimmten molekularen Bewegungen ein wichtiges Problem dar. Bei dieser Zuordnung geben die unter systematischer *Variation der chemischen Konstitution* erhaltenen Ergebnisse die zuverlässigsten Auskünfte (s. 4.3.3).

Jede einzelne Molekülgruppe kann beim „Auftauen" ihrer Beweglichkeit bei Temperaturerhöhung ein mehr oder weniger gut ausgeprägtes Verlustmaximum hervorrufen. HEIJBOER [22] konnte z.B. zeigen, daß das beim Polymethacrylsäuremethylester (PMMA) bei hohen Temperaturen liegende Hauptmaximum (Abb. 2) dann auftritt, wenn sich Teile der Molekülhauptketten bewegen und das Nebenmaximum bei tieferen Temperaturen dann, wenn sich die Ester-Seitengruppen im wesentlichen allein bewegen. Ein weiteres Beispiel für eine solche Zuordnung von molekularen Bewegungsvorgängen ist die in 4.3.4 beschriebene Deutung der mechanischen Verlustkurve des Polyäthylens (SCHMIEDER und WOLF [80] oder des Polytetrafluoräthylens (McCRUM [54], THOMPSON und WOODS [87], WOLF und SCHMIEDER [106], FURUKAWA, McCOSKEY und KING [19], ILLERS und JENCKEL [29], BACCAREDDA und BUTTA [1]). Diese Zuordnungsmöglichkeit von molekularer Bewegung und Verlustmaximum stellt ein Analogon zu den Verhältnissen im Ultraroten dar. Deshalb bezeichnet man auch nach einem Vorschlag von HEIJBOER [22] derartige mechanische Verlustmessungen mit „mechanischer Spektroskopie".

Untersuchungen von NOLLE und MOWRY [67], WALL und MILLER [99], F. H. MÜLLER [60, 62], NIELSEN und BUCHDAHL [65], THOMPSON und WOODS [87], TOKITA [89], SCHMIEDER und WOLF [79, 80, 106, 108a, 108b], HELLWEGE, KAISER und KUPHAL [24], HUFF und MÜLLER [28] und KOPPELMANN und GIELESSEN [44a] haben gezeigt, daß die Temperaturlage und die Ausprägung der Verlustmaxima bei manchen Stoffen nur dann bei Messungen an verschiedenen Proben reproduzierbar sind, wenn die Proben die gleiche mechanische und thermische Vorgeschichte hatten. Eine Zusammenfassung des gegenwärtigen Standes dieser Untersuchungen ist von THURN [95] veröffentlicht.

4.3.2 Amorphe Hochpolymere

Frequenzlage und Temperaturlage der Dispersionsbereiche ändern sich von Stoff zu Stoff. Es erhebt sich nun die Frage, von welchen strukturellen Elementen die Frequenz- und Temperaturlage eines Dispersionsbereiches abhängen.

Messungen an einer großen Zahl von Hochpolymeren mit verschiedener chemischer Konstitution haben gezeigt, daß die Lage der Dispersionsstelle im Temperatur-Frequenzdiagramm bei amorphen Stoffen im wesentlichen von sterischen Verhältnissen am Molekül, von Zusammenhaltskräften[1] innerhalb eines

---

[1] Die verschiedenen Arten von Zusammenhaltskräften sind in 2.5 beschrieben. Wir wollen im folgenden eine Art dieser Zusammenhaltskräfte, nämlich die Dipolkräfte, als Beispiel näher betrachten, da hier die Verhältnisse am besten geklärt sind.

Moleküls und zwischen benachbarten Molekülen und evtl. von Verzweigungen
und Vernetzungen abhängen (JENCKEL [35], F. H. MÜLLER und SCHMELZER [61],
F. H. MÜLLER [60] und WOLF [107 108a, 108b]). Je stärker z. B. die Dipolkopplungskräfte und je größer die sterischen Hinderungen sind, bei um so höheren Temperaturen werden die Molekülketten beweglich werden, d. h., der Hauptdispersions-
bereich liegt dann bei hohen Temperaturen, wenn man bei konstanter Frequenz

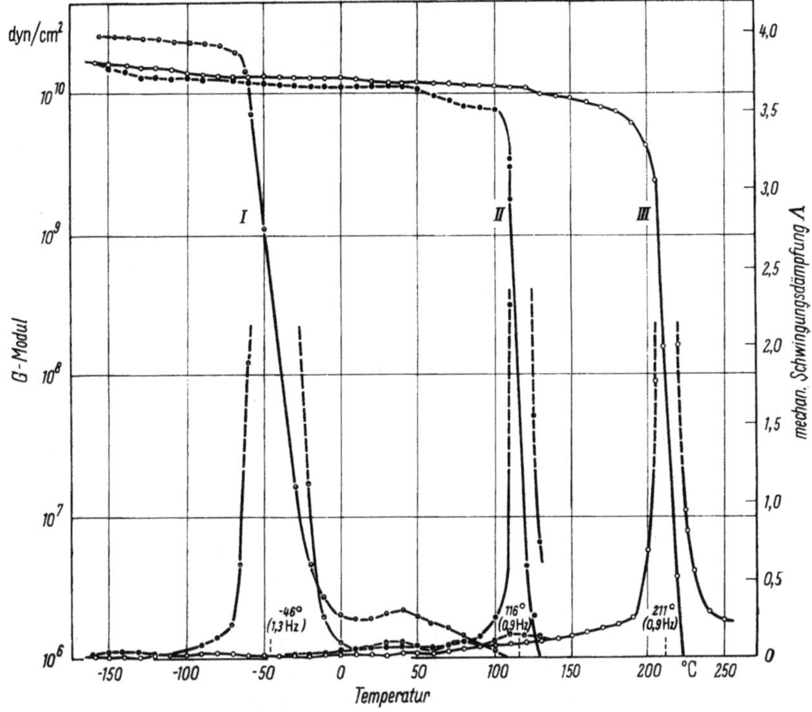

Abb. 5. Temperaturkurven der mechanischen Verluste und des *G*-Moduls von Polyisobutylen (*I*), Polystyrol (*II*) und Polyvinylcarbazol (*III*) bei Frequenzen um einige Hertz nach [*80*]

mißt, bzw. bei tiefen Frequenzen, wenn man bei konstanter Temperatur beobachtet. Als Beispiel dafür, in welcher Weise die Änderung der sterischen Verhältnisse
sich auf die Temperaturlage des Hauptmaximums auswirkt, zeigt Abb. 5 die
Meßergebnisse an der Reihe Polyisobutylen, Polystyrol und Polyvinylcarbazol
(SCHMIEDER [80]). Bei diesen drei Substanzen spielt die vorhandene oder die
induzierte Polarität eine untergeordnete Rolle verglichen mit den sterischen
Effekten der voluminösen Seitengruppen. Die Beweglichkeit der Molekülketten
wird durch die Raumerfüllung der Seitengruppe in der Reihenfolge Methyl-
gruppen-Benzolring-Carbazolgruppe zunehmend behindert (SCHMIEDER und
WOLF [80, 107]). Entsprechend verschiebt sich die bei ausreichend vergleichbaren
Frequenzen (0,9 bis 1,3 Hz) gemessene Temperaturlage der Hauptdispersionsstelle zu höheren Temperaturen. Würde man die Messung für diese 3 Stoffe bei
der gleichen Temperatur unter Variation der Frequenz ausführen, so läge die
Hauptdispersionsstelle des Polyisobutylens relativ bei der höchsten, die des
PV-Carbazols bei der niedrigsten Frequenz.

24*

Ein anderes Beispiel (Abb. 6) für den Einfluß der sterischen Hinderung sind die PV-Butyläther [80]. Bei diesen Stoffen sind Dipolmoment und Zahl der Atome der Seitengruppe gleich. Es ändert sich nur die sterische Anordnung der Seitengruppe. Den Einfluß der zunehmenden Polarität können wir an der Reihe Polyisobutylen–PV-Methyläther–PV-Acetat–PVC ersehen [80, 108b], vgl. Tab. 1.

Tabelle 1

	Polyisobutylen	PV-Methyl-äther	PV-Acetat	PV-Chlorid
Dipolmoment in Debyeeinheiten (DE)	0	1,2	1,8	2,0
T_{max} in °C (2 Hz)	−48	−3	+35	+90

Während die Änderung der sterischen Verhältnisse hier nur eine geringere Rolle spielt, steigen das Dipolmoment und damit die Dipolkopplungskräfte stark an. Entsprechend wird der Zusammenhalt größer und die Hauptmaxima verschieben sich bei gleicher Frequenz zu höheren Temperaturen. Erhöht man bei konstantem Dipolmoment die Dipolkonzentration, dann findet man, daß sich die Felder der einzelnen Dipole von einer gewissen Konzentration an gegenseitig beeinflussen und daß eine weiter steigende Dipolkonzentration wachsende Zusammenhaltskräfte bewirkt.

Diese verursachen ebenfalls eine Verschiebung des Kettenbeweglichkeitsmaximums zu höheren Temperaturen. SCHMIEDER und WOLF [80] konnten dies z. B. durch Messungen an chloriertem Polyäthylen zeigen.[1]

Setzt man die Zusammenhaltskräfte zwischen benachbarten Ketten herab, so verschieben sich die Hauptdispersionsstellen im Temperatur-Frequenzdiagramm nach niederen Temperaturen bzw. höheren

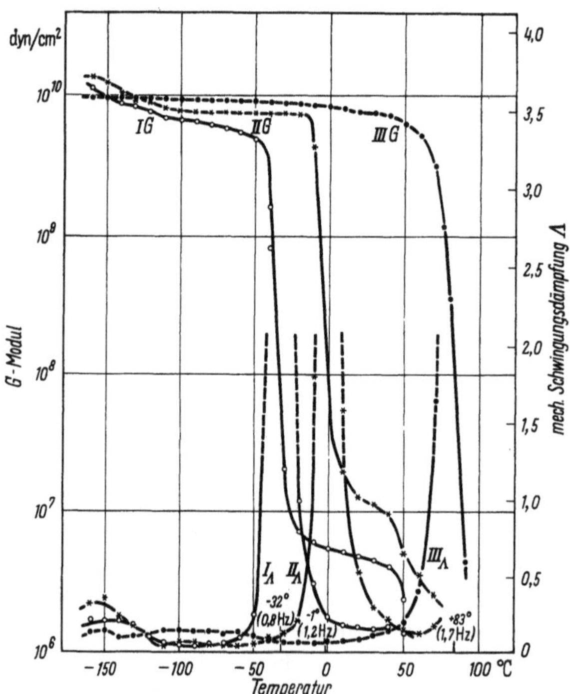

Abb. 6. Temperaturkurven der mechanischen Verluste und des *G*-Moduls von Polyvinyl-normal- (*I*), iso- (*II*) und tertiär-Butyläther (*III*) bei Frequenzen um einige Hertz nach [*80*]

---

[1] Neue Überlegungen [*108b*] ergaben jedoch, daß auch sterische Einflüsse zu der Verschiebung des Hauptdispersionsgebietes amorpher chlorierter Polyäthylene nicht unerheblich beitragen.

Frequenzen.[1] Als Beispiel wollen wir die Reihe der PV-Äther betrachten, also PV-Methyläther, PV-Äthyläther, PV-n-Propyläther, PV-n-Butyläther. Bei den 4 Stoffen ändert sich das Dipolmoment praktisch nicht, wohl aber die Länge der Seitengruppen und damit der Abstand zwischen benachbarten Ketten (SCHMIEDER und WOLF [80]). Eine Vergrößerung des Abstandes ist aber mit einer Verkleinerung der Dipolkopplungskräfte zwischen benachbarten Ketten verbunden. Infolgedessen wird, wenn man von den Einflüssen der Dipolbeweglichkeit und ihrer Veränderung durch die Abstandsvergrößerung absieht, die Temperaturlage des Hauptdispersionsgebietes bei konstanter Frequenz mit Verlängerung der Seitengruppe zu tieferen Temperaturen rücken bzw. die Frequenzlage bei konstanter Temperatur zu höheren Frequenzen. Die Messungen ergaben für das Hauptdispersionsgebiet:

Tabelle 2

Frequenz	PV-Methyl-Ä	PV-Äthyl-Ä	PV-n-Propyl-Ä	PV-n-Buthyl-Ä
T_{max} bei 1 Hz [80, 108b]	− 3 °C	−17 °C	−27 °C	−32 °C
T_{max} bei 2×10^6 Hz [91]	+29 °C	+26 °C	+17 °C	+ 5 °C

Die bisherigen Beispiele haben sich vorwiegend mit den Hauptmaxima beschäftigt.[2] Beispiele dafür, wie man die Zuordnung von Nebenmaxima zu molekularen Bewegungsmechanismen ermitteln kann, werden von HEIJBOER und SCHWARZL in 4.3.3 besprochen.

In den in diesem Abschnitt näher behandelten Beispielen sind es die Bewegungen von oder in Seitengruppen, die zur Entstehung eines Nebenmaximums führen. Wie K. A. WOLF [108b] gezeigt hat, können Nebenmaxima auch durch Bewegungen von Molekülgruppen der Hauptkette gegeneinander, wie z. B. von CH_2- oder HCCl-Gruppen entstehen. Der Temperatur- bzw. Frequenzabstand dieser Nebenmaxima vom Segmentbewegungs-Hauptmaximum ist dabei vor allem von den Bewegungsbehinderungen abhängig, welche die Segmentbeweglichkeit wegen der Stärke und Reichweite von Wechselwirkungskräften, z. B. von Dipolkräften, beeinflussen.

Molekulargewichtseffekte. Bei Hochpolymeren sind bestimmte mechanische und damit auch anwendungstechnisch wichtige Eigenschaften in gewissen Bereichen molekulargewichtsabhängig (vgl. 2.2). Diese Änderungen mechanischer Eigenschaften mit dem Molekulargewicht wurden von verschiedenen Seiten festgestellt. So haben z. B. MERZ, NIELSEN und BUCHDAHL [56] den Einfluß des Molekulargewichtes auf verschiedene mechanische Eigenschaften des Polystyrols untersucht. Auch K. SCHMIEDER und K. WOLF [80] berichten über Änderungen der mechanischen Eigenschaften beim Polystyrol und Polyisobutylen mit dem Molekulargewicht bzw. seiner Verteilung.

---

[1] Sofern diese Zusammenhaltskräfte im Gegensatz zu denjenigen zwischen den Gliedern der gleichen Kette im wesentlichen für die Lage der Einfriertemperatur bestimmend sind (s. unten).

[2] Weitere mechanisch-dynamische Untersuchungen an amorphen Hochpolymeren finden sich bei: WALL, SAUER u. WOODWARD [100], FERRY, CHILD, ZAND, STERN, WILLIAMS u. LANDEL [13], BOROVICKAJA [6], KOPPELMANN [44], SINNOTT [83], CHILD u. FERRY [7], MAXWELL [51], KAELBLE [39] und HEINZE, SCHMIEDER, SCHNELL u. WOLF [23a].

Ähnlich wie dies F. Würstlin [110] dielektrisch und K. Ueberreiter und G. Kanig [98] an der Einfriertemperatur gemessen haben, steigt auch bei mechanisch-dynamischen Messungen die Temperaturlage des Verlusthauptmaximums mit dem Molekulargewicht an und erreicht eine bestimmte „Grenztemperaturlage", die sich bei weiterer Erhöhung des Molekulargewichtes nicht mehr ändert.

Abb. 7 zeigt als Beispiel die Kurven des dielektrischen und mechanischen Verlusthauptmaximums von Polyvinylacetat, gemessen bei der Frequenz 2×10^6 Hz (Thurn [25]). Der Grenzwert der Temperaturlage wird bei diesem Stoff etwa bei dem Molekulargewicht 20000 erreicht. Entsprechend sind in Abb. 8 die Temperaturlagen des mechanischen Verlusthauptmaximums von Polyisobutylen bei 3 Ultraschallfrequenzen als Funktion des Molekulargewichtes nach Messungen von Thurn [25] angegeben.[1]

Wenn die Konstanten K und α der Gleichung $[\eta] = K\,\overline{M}^\alpha$ der Beziehung zwischen Grenzviskosität und dem Molekulargewicht $\overline{M}$ (Gewichtsmittel) nicht genügend bekannt sind (vgl. 2.2), gibt man vielfach die Abhängigkeit der beobachteten Größen als Funktion von $[\eta]$ an Stelle des Molekulargewichtes an (Kuhn [46], Mark [52]). Thurn [97] hat gezeigt, daß der $[\eta]$-Wert, bei dem die Grenztemperaturlage des Verlusthauptmaximums bei der Frequenz 2×10^6 Hz erreicht wird, in der Reihe der PV-Äther sowohl im

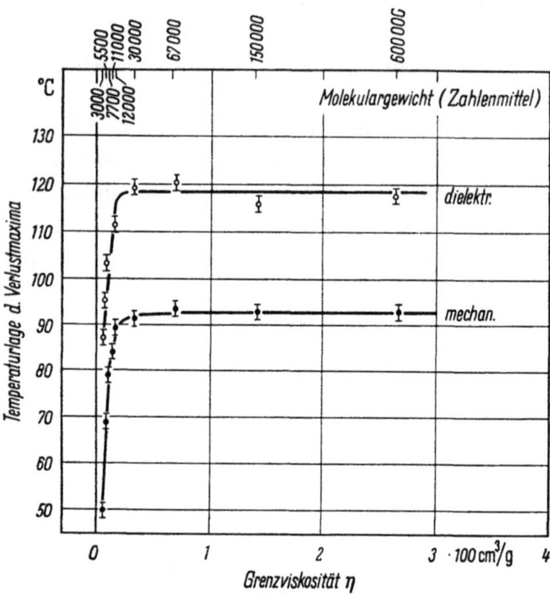

Abb. 7. Temperaturlage des dielektrischen und mechanischen Verlusthauptmaximums von PV-Acetat bei der Frequenz $2 \cdot 10^6$ Hz als Funktion des Molekulargewichtes nach [25]

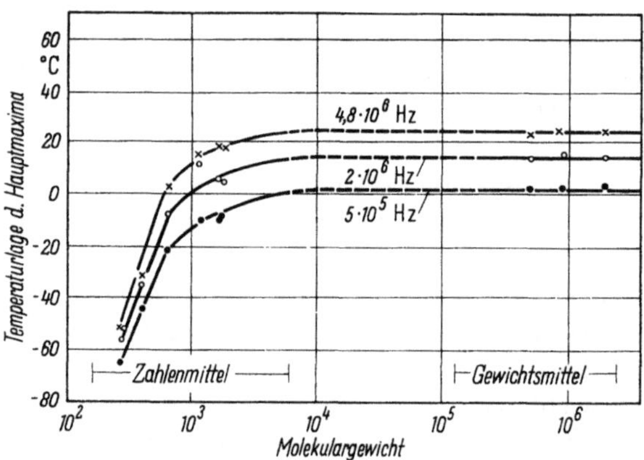

Abb. 8. Temperaturlage des mechanischen Verlusthauptmaximums von Polyisobutylen bei den Frequenzen $5 \cdot 10^5$ Hz, $2 \cdot 10^6$ Hz und $4{,}8 \cdot 10^6$ Hz als Funktion des Molekulargewichtes nach [25]

kulargewichtes an (Kuhn [46], Mark [52]). Thurn [97] hat gezeigt, daß der $[\eta]$-Wert, bei dem die Grenztemperaturlage des Verlusthauptmaximums bei der Frequenz 2×10^6 Hz erreicht wird, in der Reihe der PV-Äther sowohl im

---

[1] Wenn auch die Werte des Zahlenmittels und des Gewichtsmittels des Molekulargewichtes nicht direkt vergleichbar sind, dürfte doch der grundsätzliche Charakter dieser Kurven hierdurch nicht beeinflußt sein.

elektrischen wie im mechanischen Falle beim PV-Äthyläther höher liegt als beim Methyläther; vgl. Tab. 3.

Tabelle 3. *Erreichen des Grenzwertes der Temperaturlage der Verlusthauptmaxima bei der Frequenz 2×10^6 Hz*

Substanz	*Mechan.* Verlustmax. Erreichen d. Grenztemp. bei $[\eta]$ in 100 cm³/g [1])	*Dielektr.* Verlustmax. Erreichen d. Grenztemp. bei $[\eta]$ in 100 cm³/g
PV-Acetat	0,30 bis 0,40	0,20 bis 0,30
PV-Methyläther	1,00 bis 1,20	0,50
PV-Äthyläther	2,50 bis 3,50	0,50 bis 0,80
PV-iso-Butyläther	>2,30	>2,00

Dieser charakteristische Wert von $[\eta]$ ändert sich also von Stoff zu Stoff und scheint systematische Änderungen bei systematischer Abwandlung der chemischen Konstitution zu zeigen. Offensichtlich wird die Grenztemperaturlage des Verlusthauptmaximums dann erreicht, wenn die Molekülketten so lang sind, daß die Kettenlänge bzw. die Kettenendgruppen keinen Einfluß mehr auf die Beweglichkeit der platzwechselnden Kettenteilstücke haben. Die Größe dieser Stücke ist jedoch noch nicht genügend genau bekannt. Man nimmt an, daß sie, zumindest bei amorphen Stoffen, mit wachsender Frequenz kleiner werden.

Während die Halbwertsbreiten der Verlusthauptmaxima im Konstanzbereich ihrer Temperaturlage ungeändert bleiben, ändern sich die Höhen der mechanischen Verlustmaxima (Ultraschallabsorption) bei manchen Stoffen mit steigendem $[\eta]$-Wert noch weiter [97].

Eine Deutung dieser Beobachtungen wurde bisher noch nicht veröffentlicht.

Es gibt noch weitere Molekulargewichtseffekte. So kann z. B. eine uneinheitliche Molekulargewichtsverteilung die Temperaturlage des Hauptmaximums der Verluste beeinflussen (FUJITA und NINOMIYA [16]). SCHMIEDER und WOLF [80] haben am Beispiel des Polystyrols gezeigt, daß niedermolekulare Anteile die Temperatur des Hauptmaximums erheblich erniedrigen können. Es handelt sich in diesem Falle vermutlich um eine Art „Weichmachung" durch niedermolekulare Anteile. Verschiedene Bearbeiter haben vorgeschlagen, auch die Verschiebung der Temperaturlage des Verlusthauptmaximums bei niederem Molekulargewicht als einen Weichmachereffekt durch die Kettenendgruppen zu deuten (UEBER-REITER [98], MAGAT [49], KÜCHLER [45]). Es ist z. Z. jedoch noch nicht sicher, ob diese Anschauung zur Deutung des Effektes ausreicht.

4.3.3 Beispiele der Zuordnung sekundärer mechanischer Dämpfungsmaxima zu molekularen Bewegungsmechanismen in amorphen Polymeren

Das sekundäre Dämpfungsmaximum von Polymethylmethacrylat. Untersuchungen an diesem Nebenmaximum wurden schon mehrfach durchgeführt [*2, 4, 9, 17, 18, 21, 22, 27, 31, 32, 33, 34, 36, 48, 50, 73, 77, 79, 80, 105*]. Abb. 9 zeigt eine Höhenschichtenkarte der mechanischen Dämpfung von Polymethylmethacrylat auf Grund eigener Messungen. Auf den Achsen sind die Temperatur T und

---

[1] Die Grenzviskosität $[\eta]$ in 100 cm³/g wird neuerdings auch in „STAUDINGER-Einheiten" angegeben und bezieht sich dann auf cm³/g.

der Logarithmus der Frequenz aufgetragen; die Höhenlinien sind Linien konstanter Dämpfung. Das Hauptmaximum verläuft als ein hoher Bergrücken von links nach rechts. Die Temperaturlage des Hauptmaximums nimmt mit steigender Frequenz langsam zu (Aktivierungsenergie ungefähr 100 kcal/mol). Darunter wird das sekundäre Maximum als niedriger Ausläufer sichtbar. Aus der Lage des Ausläuferrückens berechnet man eine Aktivierungsenergie von 18 kcal/mol.

Wir werden die beiden Dispersionsgebiete von Polymethylmethacrylat, einem Vorschlag von HOFF [9] gemäß, mit den Buchstaben des griechischen Alphabetes bezeichnen, beginnend mit dem Dispersionsgebiet bei höchster Temperatur. Wir nennen daher den zum mechanischen Hauptmaximum gehörigen molekularen Prozeß den α-Prozeß, den zum sekundären mechanischen Maximum gehörigen molekularen Prozeß den β-Prozeß. Der α-Prozeß entspricht, wie schon in 4.3.1 erwähnt, dem Auftauen der freien Drehbarkeit der Hauptketten, der β-Prozeß – wie wir später sehen werden – der Drehung der Estergruppe.

Bei der Darstellungsweise [$\tan\delta$ als $f(T)$] verschiebt sich bei steigender Frequenz das Nebenmaximum [β-Maximum] schneller nach höherer Temperatur als das Hauptmaximum [α-Maximum]. Bei 2000 Hz hat das Nebenmaximum das Hauptmaximum eingeholt.

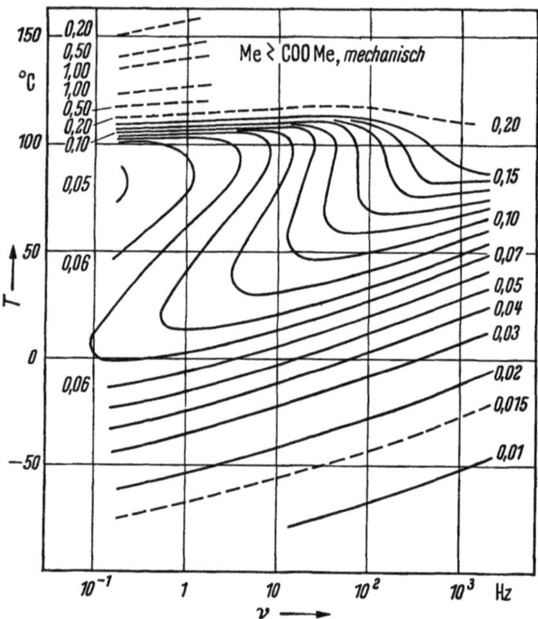

Abb. 9. Höhenschichtenkarte der mechanischen Dämpfung von Polymethylmethacrylat. Der Kohlenwasserstoffteil der Hauptkette ist schematisch angedeutet durch das Zeichen ⪜

Die Höhe des sekundären Maximums nimmt mit der Temperatur zu, und seine Halbwertsbreite ist sehr groß, schätzungsweise 4 Zehnerpotenzen. Trotzdem scheint das Nebenmaximum, soweit seine Form nicht durch die Anwesenheit des Hauptmaximums beeinflußt wird, symmetrisch in der logarithmischen Frequenzachse zu sein.

Das primäre Maximum verschiebt sich offenkundig mit steigender Temperatur schneller nach rechts als das sekundäre Maximum. Das bedeutet, daß es hier nicht möglich ist, das Verhalten des Polymeren im Glaszustand mit der W.L.F.-Formel[1] zu beschreiben. Dies ist stets der Fall, wenn man es mit zwei molekularen Prozessen verschiedener Aktivierungsenergie zu tun hat. Daß jedoch auch das Nebenmaximum gesondert nicht einem Zeit-Temperatur-Verschiebungsgesetz gehorcht, folgt aus der Tatsache, daß seine Höhe mit steigender Temperatur zunimmt.

Ein wichtiges Hilfsmittel bei der molekularen Deutung des sekundären Maximums ist der Vergleich der mechanischen und dielektrischen Dämpfung.

---

[1] [101], man vergleiche auch die Ausführungen in 4.3.1, 4.2 und in [108 b].

Abb. 10 zeigt die Höhenschichtenkarte der dielektrischen Dämpfung von Polymethylmethacrylat (eigene Messungen). Ein Vergleich mit Abb. 9 zeigt, daß die Intensitäten von Haupt- und Nebenmaximum vertauscht sind (bei Auftragung der $\tan\delta$-Werte).

Das niedrige mechanische Nebenmaximum liegt ungefähr an der Stelle des großen elektrischen Maximums, während das große mechanische Hauptmaximum nur ein sehr bescheidenes elektrisches Analogon besitzt. Die Existenz des kleinen elektrischen Hauptmaximums folgt bereits aus Messungen von Kobeko, Michailov und Novikova [41]. Es wurde ausführlich beschrieben von Deutsch, Hoff und Reddish [9] und von Michailov [59].

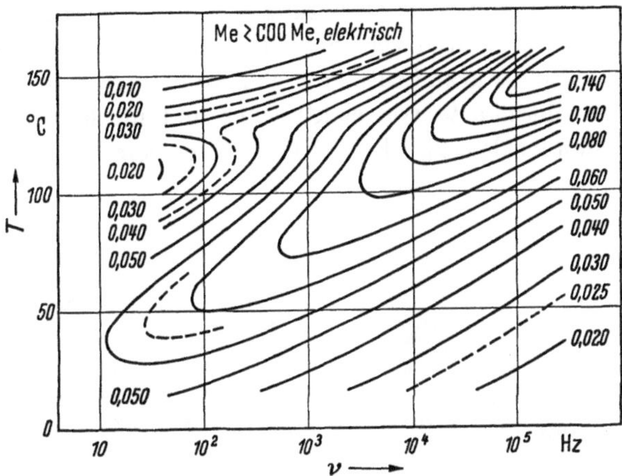

Abb. 10. Höhenschichtenkarte der elektrischen Dämpfung von Polymethylmethacrylat. Dem α-Prozeß entspricht ein niedriges dielektrisches Nebenmaximum, dem β-Prozeß entspricht das dielektrische Hauptmaximum

Die Aktivierungsenergie des mechanischen Nebenmaximums (aus Abb. 9) beträgt 18 kcal/mol, die des entsprechenden elektrischen Maximums, in guter Übereinstimmung damit, 19 kcal/mol (aus Abb. 10).

Eine Betrachtung des molekularen Baues von Polymethylmethacrylat kann die Vertauschung der beiden Maxima zwanglos erklären. Die Struktur der Polymerkette läßt sich schematisch andeuten durch

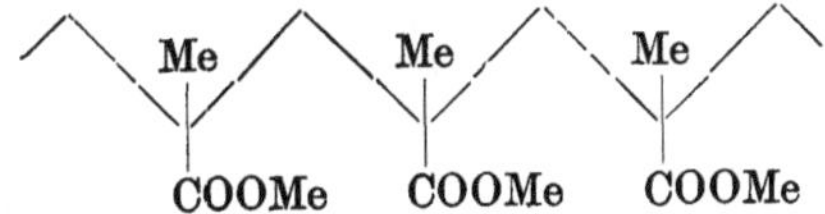

oder kürzer durch Me ⟩ COOMe[1].

Sie enthält:

1. einen schwach polaren Teil: die Hauptkette mit den starr verbundenen Methylgruppen;

2. einen stark polaren Teil: die Methoxycarbonyl-Seitengruppen (Ester-Seitengruppen).

Zweifellos muß das mechanische Hauptmaximum der Bewegung von Gliedern der Hauptkette zugeschrieben werden. Die Bewegung wird jedoch elektrisch nur von geringem Einfluß sein, wenn man annimmt, daß die Ester-Seitengruppen[2] bereits beweglich waren. Der Bewegung der polaren Methoxycarbonylgruppen[2] muß man gerade das große elektrische Maximum zuschreiben, während diese

---

[1] Der Kohlenwasserstoffteil der Hauptkette ist schematisch angedeutet durch das Zeichen ⟩.

[2] Der von den Verfassern für die —COOCH₃-Seitengruppe verwendete und nach der internationalen Nomenklatur korrekte Ausdruck *Methoxycarbonylgruppe* wurde durch den Herausgeber im folgenden durch die im Deutschen gebräuchlicheren Begriffe (*Methyl*)*ester*(*seiten*)*gruppe* ersetzt.

Bewegung mechanisch einen wesentlich geringeren Einfluß haben wird als die Bewegung der Hauptkette. Hieraus folgt, daß das sekundäre mechanische Maximum auf die Bewegung der Methylester-Seitengruppe zurückgeführt werden muß, wie durch verschiedene Untersucher festgestellt wurde [*9, 21, 22, 33*].

Eine starke Stütze dieser Auffassung ergibt sich durch Vergleich der Höhenschichtenkarte von elektrischer und mechanischer Dämpfung von Polymethylchloracrylat [*9*], Cl $\gtrless$ COOMe. In diesem Polymer ist auch die Hauptkette polar; deshalb wird jetzt das mechanische Hauptmaximum auch elektrisch als das bedeutendste gefunden.

Einen näheren Einblick in den Mechanismus des sekundären Dämpfungsmaximums erhält man durch Messung an durch Mischpolymerisation modifizierten Methacrylaten zusammen mit dem Studium von Molekülmodellen [*21, 22*]. Abb. 11 zeigt das Molekülmodell von Polymethylmethacrylat (6 Monomereinheiten). Aus diesem Modell ersieht man, daß die Rotation einer Methylester-Seitengruppe stark gehindert wird durch die an der Hauptkette gebundenen Methylgruppen der beiden Nachbarglieder. Diese sterische Hinderung bildet den Potentialberg, der für das Auftreten eines Dämpfungsmaximums notwendig ist. Ist diese Annahme richtig, so darf das Dämpfungsmaximum bei Polymethylacrylat, $\gtrless$ COOMe nicht mehr an der gleichen Stelle auftreten. Wie man aus dem Molekülmodell von Abb. 12 ersieht, ist die sterische Hinderung der Rotation der Ester-Seitengruppe durch Substitution der Methylgruppen an der Hauptkette durch das kleinere Wasserstoffatom nun weggefallen.

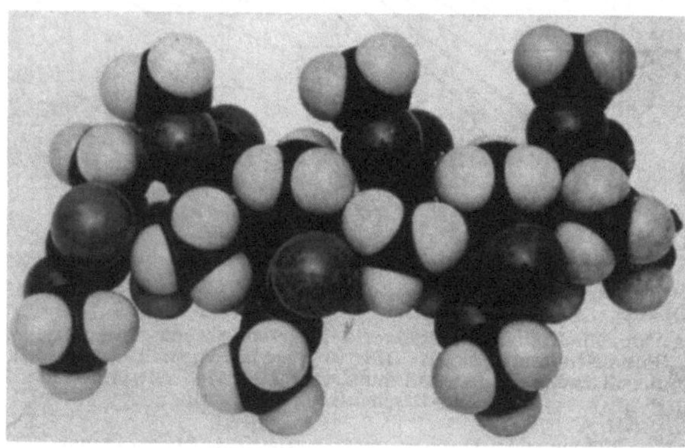

Abb. 11. Molekülmodell von Polymethylmethacrylat; sechs Monomereinheiten

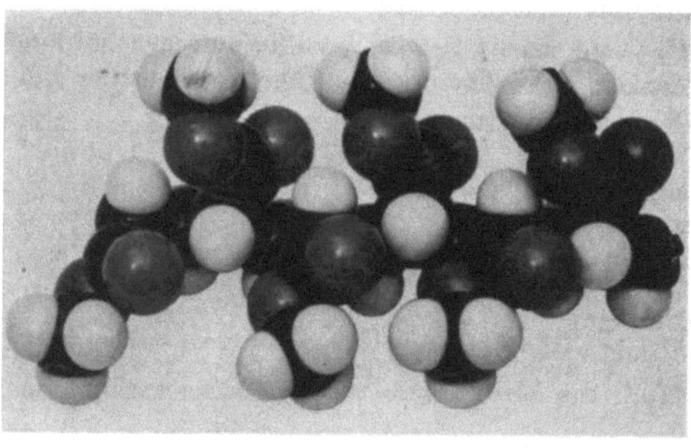

Abb. 12. Molekülmodell von Polymethylacrylat; sechs Monomereinheiten

Es ist nicht möglich, das Verschwinden des sekundären Maximums für Polymethylacrylat festzustellen, da für diesen Stoff das Hauptmaximum in das betreffende Meßgebiet fällt. (Durch Ersetzen der Methylgruppe durch das Wasserstoffatom ist auch die sterische Hinderung der Rotation der Hauptkette viel geringer geworden, so daß der Übergang nach dem kautschukelastischen Zustand ungefähr 100 °C tiefer zu liegen kommt.) Es ist jedoch möglich, den Effekt an Mischpolymeren nachzuweisen, wie in Abb. 13 gezeigt wird[1]. Man sieht, daß das sekundäre Maximum durch Mischpolymerisation stark gedrückt und ein wenig nach höheren Frequenzen verschoben wird. (Bei 60 Gewichtsprozent Methylacrylat schiebt sich das Hauptmaximum in das Meßgebiet.) Hiermit ist bewiesen, daß die sterische Hinderung durch die Methylgruppe wesentlich ist für die Existenz des sekundären mechanischen Dämpfungsmaximums.

Den in Abb. 13 gezeigten Effekt kann man sich ungefähr folgendermaßen verdeutlichen: Im Mischpolymerisat befinden sich Methylester-Seitengruppen mit 2 Methylgruppen als Nachbarn, solche mit 2 Wasserstoffatomen und solche mit einem Wasserstoffatom und einer Methylgruppe. Methylester-Seitengruppen der ersten Konfiguration geben den vollen Beitrag zur Dämpfung, die der zweiten Konfiguration geben innerhalb des Meßgebietes keinen Beitrag mehr (ein solcher Beitrag müßte, wenn überhaupt vorhanden, nach sehr hohen Frequenzen verschoben sein). Methylestergruppen mit einem Wasserstoffatom und einer Methylgruppe als Nachbarn, werden jedoch eine sterische Hinderung haben, die nicht viel kleiner ist als in reinem Polymethylmethacrylat. Sie geben daher einen Beitrag zur Dämpfung im Meßgebiet bei etwas höherer Frequenz. Aus der Frequenzverschiebung von 1,5 Zehnerpotenzen könnte man den Unterschied in der Aktivierungsenergie zu 1,5 kcal/mol schätzen.

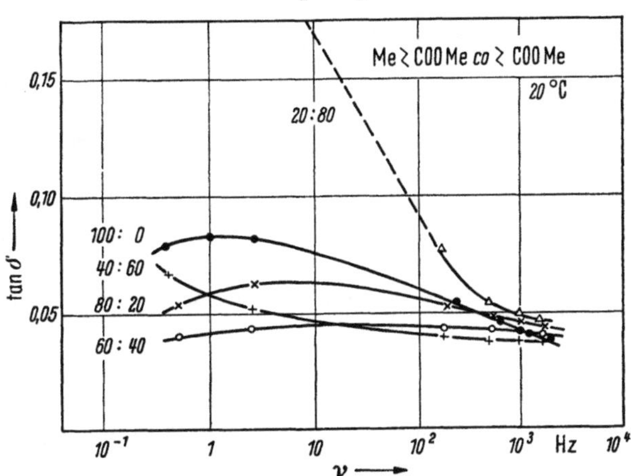

Abb. 13. Sekundäres mechanisches Dämpfungsmaximum: Effekt des Wegfallens der sterischen Rotationsbehinderung der Methylester-Seitengruppe: Mischpolymerisation mit Methylacrylat, 20 °C

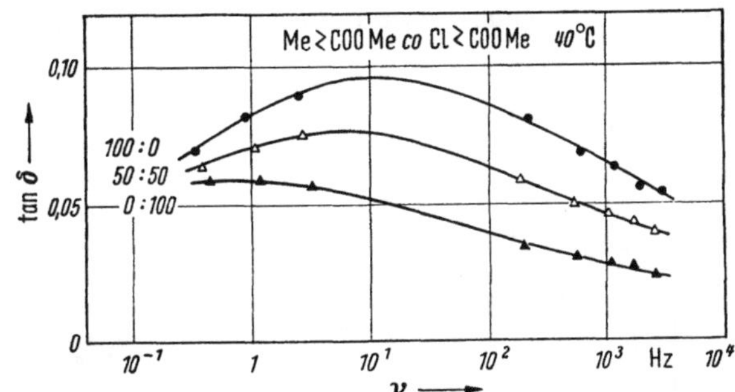

Abb. 14. Sekundäres mechanisches Dämpfungsmaximum, Einfluß einer polaren Gruppe an der Hauptkette: Mischpolymerisation mit Methylchloracrylat, 40 °C (eigene Messungen)

Wird die Methylgruppe an der Hauptkette durch das – ungefähr gleich große – Chloratom ersetzt, so entsteht ein analoges Dämpfungsmaximum. Dieses Maximum wurde von HOFF [9] ausführlich untersucht; es besitzt eine größere Aktivierungsenergie als das sekundäre Maximum in Polymethylmethacrylat (dielektrisch $\sim$26 kcal/mol, mechanisch 30 kcal/mol). Außerdem liegt es bei niedrigeren Frequenzen, wie man aus Abb. 14 ersieht, wo das sekundäre Maxi-

---

[1] Die Zusammensetzung ist hier und in den anderen Fällen in Gewichtsteilen gegeben.

mum für Me $\gtrsim$ COOMe, Cl $\gtrsim$ COOMe und das 50-50-Copolymer beider Stoffe gezeigt wird.

Beide Effekte, die Frequenzverschiebung und die größere Aktivierungsenergie, sind wahrscheinlich darauf zurückzuführen, daß das Chloratom außer der sterischen Hinderung noch polare Kräfte auf die Methylestergruppe ausübt.

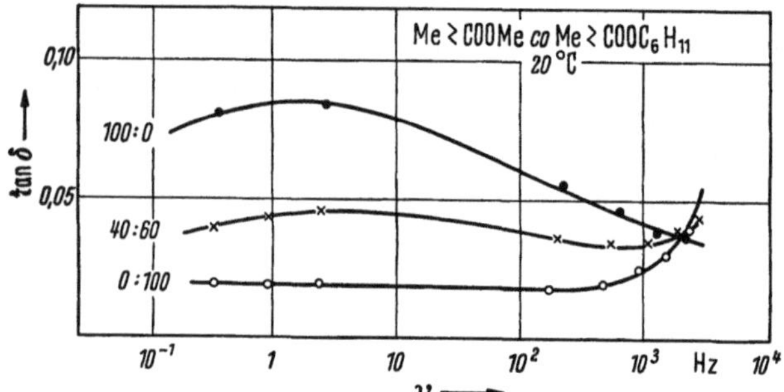

Abb. 15. Sekundäres mechanisches Dämpfungsmaximum, Einfluß einer großen starren Seitengruppe: Mischpolymerisation mit Cyclohexylmethacrylat, 20 °C

Man darf erwarten, daß durch Anhängen einer schweren starren Gruppe an die Methylester-Seitengruppe die Bewegung der letzteren stark gehindert, wenn nicht unmöglich gemacht wird. Daß dies so ist, sieht man aus dem praktisch völligen Verschwinden des Dämpfungsmaximums bei Mischpolymerisation mit Cyclohexylmethacrylat (Abb. 15). Ähnliche Resultate erhält man auch für die Cyclopentylestergruppe und die Phenylestergruppe. Anscheinend verklemmt sich die starre Gruppe mit Stücken der Nachbarmoleküle, so daß fast keine Bewegungsmöglichkeit übrigbleibt.

Sowohl für Polyphenylmethacrylat als auch für Polycyclohexylmethacrylat entsteht ein neues Maximum: im ersteren Fall im niederfrequenten, im zweiten Fall im hochfrequenten Bereich. Das letztere soll später besprochen werden.

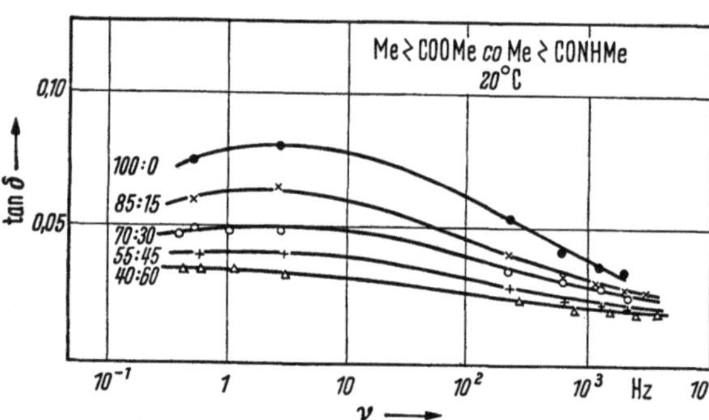

Abb. 16. Sekundäres mechanisches Dämpfungsmaximum, Effekt einer polaren Seitengruppe: Mischpolymerisation mit N-Methylmethacrylamid, 20 °C

Es ist auch möglich, die Bewegung der Seitengruppe durch erhöhte Polarität zu blockieren, wie Abb. 16 für Mischpolymere mit N-Methylmethacrylamid zeigt. Hier ist das Sauerstoffatom ersetzt durch das stark polare NH, was anscheinend die Drehungsmöglichkeit der Seitengruppe im Meßbereich vollkommen unterbindet. Dasselbe Resultat erhält man auch durch Mischpolymerisation mit der polaren Methacrylsäure.

Wie zu erwarten, wird die Bewegung der Methylestergruppe durch Einführen von Brücken nur wenig beeinflußt. Dies folgt zum Beispiel durch Mischpolymerisation mit kleinen Mengen Äthylendimethacrylat [22], wobei das Maximum nur insofern etwas erniedrigt wird, als Methylestergruppen durch Brücken ersetzt sind.

Bis jetzt wurden ausschließlich Fälle besprochen, in denen das Maximum erniedrigt wird. Es ist jedoch auch möglich, das Maximum zu vergrößern, nämlich durch Weichmachen mit Dibutylphthalat. Wie man aus Abb. 17 ersieht, wird das β-Maximum durch Zusatz von Weichmachern höher. Im Gegensatz zum mechanischen β-Maximum wird das dielektrische β-Maximum von Me $\gtrless$ COOMe durch Zusatz von äußerem Weichmacher praktisch nicht beeinflußt, wie von MICHAILOV und Mitarbeitern [57] gezeigt werden konnte.

Dies ergibt einen interessanten Anhaltspunkt für die molekulare Deutung des Effektes von äußerer Weichmachung auf den β-Prozeß. Die naheliegende Annahme, daß durch die Anwesenheit von Weichmacher mehr Seitengruppen an der Bewegung teilnehmen können (da die sterische Blockade durch die Nachbarketten abgeschwächt wird), scheint nicht zutreffend zu sein. In diesem Fall müßten wir nämlich erwarten, daß auch das dielektrische β-Maximum mit größerem Weichmachergehalt an Höhe zunimmt. Vielmehr vermuten wir, daß zwar die Anzahl der an der β-Bewegung teilnehmenden Methylester-Seitengruppen bei Zu-

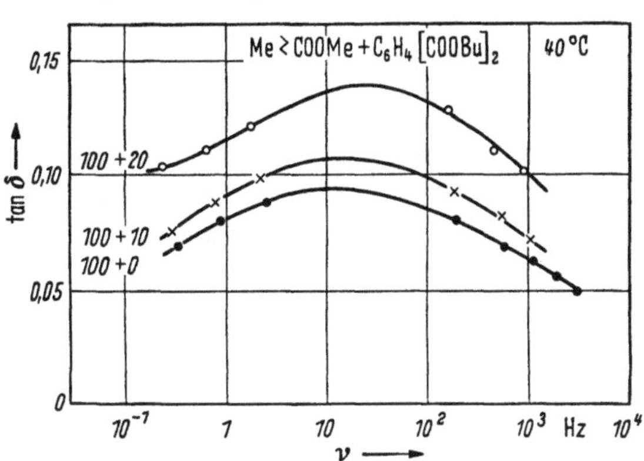

Abb. 17. Sekundäres mechanisches Dämpfungsmaximum, Effekt äußerer Weichmachung: Zufügung von Dibutylphthalat, 40 °C

satz von Weichmacher unverändert bleibt, daß hingegen der *mechanische* Effekt, den die Bewegung einer einzelnen Gruppe verursacht, zunimmt. Dies scheint nicht unwahrscheinlich, da dieser Effekt durch Vermittlung einer Bewegung der Hauptkette zustande kommen muß, die durch den Zusatz von Weichmacher erleichtert wird.

Daß bei der Bewegung der Nebengruppe sich auch einzelne Kohlenstoffatome der Hauptkette etwas mitbewegen können, ist auch auf Grund des Bestehens anderer sekundärer Dispersionsgebiete, die wir später besprechen werden, wahrscheinlich. Die bescheidenen Abmessungen des elektrischen Hauptmaximums von Polymethylmethacrylat weisen auch in diese Richtung. Hieraus folgt nämlich, daß die Bewegungsmöglichkeit der Methylestergruppe im Glaszustand bereits sehr groß ist, größer als man aus der Drehung allein erwarten würde, so daß voraussichtlich auch die Hauptkette lokal an dieser Bewegung teilnimmt.

Zusammenfassend können wir über das sekundäre mechanische Maximum von Polymethylmethacrylat das Folgende aussagen:

1. Es verschwindet, wenn die sterische Hinderung für die Rotation der Methylestergruppe entfällt.

2. Es verschwindet, wenn die Bewegung der Methylestergruppe blockiert wird, sei es durch Anhängen großer starrer Gruppen, sei es durch Polarität.

3. Es wird größer, wenn der Effekt der Bewegung der Methylestergruppe begünstigt wird, ohne die sterische Hinderung der Rotation aufzuheben (Weichmacher).

Dies sind überzeugende Argumente dafür, daß das sekundäre Maximum von Polymethylmethacrylat (der β-Prozeß) der Rotation der Methylestergruppe entspricht, wobei letztere gehindert wird durch die an der Hauptkette gebundenen Methylgruppen benachbarter Kettenglieder. Die Rotation erfolgt um die C—C-Bindung, die das erste Kohlenstoffatom der Esterseitengruppe mit einem Kohlenstoffatom der Hauptkette verbindet. Das schließt jedoch nicht aus, daß, wie bereits oben bemerkt, auch die Hauptkette lokal an dieser Bewegung teilnimmt.

Das sekundäre Dämpfungsmaximum in der Polymethacrylatreihe. Wir dürfen erwarten, daß der oben ausführlich besprochene β-Prozeß, die Drehung der Methylestergruppe, auch in anderen Polymeren auftreten wird. Das Polymethylmethacrylat bildet den ersten Vertreter einer homologen Reihe, der

$$\text{Polymethacrylatreihe}\quad \text{Me} \gtrless \text{COOR}.$$

Es ist naheliegend zu fragen, welche Alkylgruppen R in dieser Reihe eine gehinderte Drehung der COOR-Gruppe zulassen.

Ausführlichere Meßergebnisse liegen vor allem über die ersten Glieder der Methacrylatreihe vor:

Tabelle 4

R	Name	Symbol
—CH_3	Polymethylmethacrylat	Me $\gtrless$ COOMe
—CH_2—CH_3	Polyäthylmethacrylat	Me $\gtrless$ COOEt
—CH_2—CH_2—CH_3	Polypropylmethacrylat	Me $\gtrless$ COOPr
—CH_2—CH_2—CH_2—CH_3	Poly-n-butylmethacrylat	Me $\gtrless$ COOnBu
—$CH(CH_3)_2$	Polyisopropylmethacrylat	Me $\gtrless$ COOisoPr

—CH—CH_2—CH_3
  |
  CH_3
	Polysecbutylmethacrylat	Me $\gtrless$ COOsecBu

—$C(CH_3)_3$	Polytertbutylmethacrylat	Me $\gtrless$ COOtertBu

Betrachten wir erst die ersten vier (unverzweigten) Substituenten, so können wir folgendes erwarten: Der β-Prozeß wird in der homologen Reihe Me $\gtrless$ COOMe, Me $\gtrless$ COOEt, Me $\gtrless$ COOPr, Me $\gtrless$ COOnBu ungefähr an derselben Stelle auftreten, da die Rotationshinderung durch die Methylgruppe kaum von der Länge des Radikals R abhängen wird. Andererseits ist die Lage des α-Prozesses stark abhängig von der Länge des Substituenten R, da die Erweichungstemperatur durch bewegliche Seitenketten erheblich erniedrigt wird. Wir erwarten daher, daß mit längerem Substituenten der α-Prozeß näher an den β-Prozeß heranrückt.

Wie aus Abb. 18 ersichtlich ist, kann man bei Messung der mechanischen Dämpfung den β-Prozeß bei Me $\gtrless$ COOMe bei Frequenzen niedriger als 100 Hz noch vom α-Prozeß getrennt finden. Bei höheren Frequenzen kann man lediglich aus der Asymmetrie des α-Maximums auf die Anwesenheit des β-Prozesses schließen. Dementsprechend wird es in der homologen Reihe um so schwieriger sein, die beiden Prozesse voneinander getrennt zu finden, je länger die Seitenkette ist. Günstiger liegen die Verhältnisse bei verzweigten Substituenten Me $\gtrless$ COOisoPr, Me $\gtrless$ COOsecBu und Me $\gtrless$ COOtertBu, die die Erweichungstemperatur nicht so stark herabsetzen.

Die Existenz des β-Maximums für Me $\gtrless$ COOMe, Me $\gtrless$ COOEt und Me $\gtrless$ COOisoPr folgt aus mechanischen Messungen von HOFF [*27*]. Durch

Messung der mechanischen Dämpfung bei etwa 100 Hz als Funktion der Temperatur konnte HOFF bei diesen Polymeren aus der Form des α-Maximums auf die Anwesenheit des β-Prozesses schließen; bei Me $\gtrsim$ COOPr, Me $\gtrsim$ COOnBu,

Me $\gtrsim$ COOsecBu ist der β-Prozeß bei dieser Frequenz vollkommen durch das α-Maximum überdeckt.

Mechanische Messungen im Frequenzbereich zwischen 20 und 2000 Hz von FERRY und Mitarbeitern weisen ebenfalls auf die Anwesenheit des β-Prozesses in Me $\gtrsim$ COOEt [13], in Me $\gtrsim$ COOnBu [7] und in Me $\gtrsim$ COOnHex [7]. Aus der abnormalen Form des α-Dispersionsprozesses und aus der Tatsache, daß sich auf diesen nicht die übliche W. L. F.-Verschiebungsformel anwenden läßt[1], schließen die Autoren auf die Anwesenheit eines β-Prozesses im Glaszustand. Auf sehr indirektem Wege gelingt es, den β-Prozeß zu isolieren. FERRY und Mitarbeiter finden, daß der β-Prozeß bei den 3 Polymeren ungefähr an derselben Stelle liegt. Die von ihnen angegebenen Aktivierungsenergien der β-Prozesse erscheinen jedoch wegen der sehr indirekten Methode äußerst zweifelhaft.

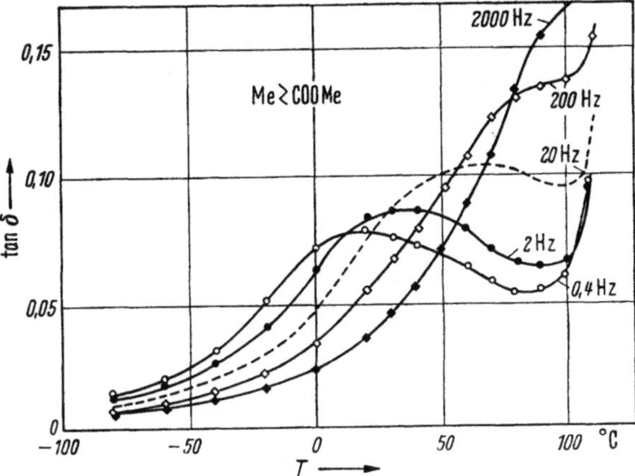

Abb. 18. Mechanische Dämpfung von Polymethylmethacrylat als Funktion der Temperatur für verschiedene Frequenzen. Die Abbildung zeigt das β-Maximum, das α-Maximum liegt rechts außerhalb der Figur

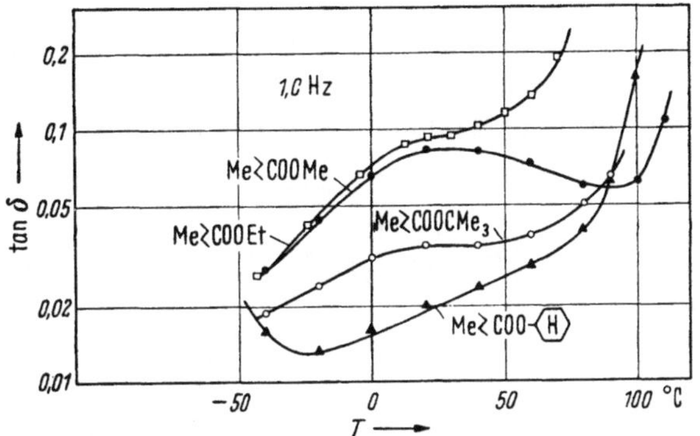

Abb. 19. Mechanische Dämpfung als Funktion der Temperatur bei 1 Hz für Polymethylmethacrylat, Polyäthylmethacrylat, Poly-tert.-butylmethacrylat und Polycyclohexylmethacrylat (eigene Messungen)

Auch aus dielektrischen Messungen von STRELLA und ZAND läßt sich auf die Anwesenheit eines β-Prozesses in Me $\gtrsim$ COOEt [84] und Me $\gtrsim$ COOnBu [85] schließen.

Abb. 19 zeigt die mechanische Dämpfung bei 1 Hz als Funktion der Temperatur für Polymethylmethacrylat, Polyäthylmethacrylat, Poly-tert.-butylmethacrylat und Polycyclohexylmethacrylat. Das sekundäre Dämpfungsmaximum ist bei Me $\gtrsim$ COOMe und bei Me $\gtrsim$ COOtertBu deutlich sichtbar, da in beiden Fällen das α-Maximum bei viel höheren Temperaturen liegt. Der β-Prozeß tritt also auch bei Me $\gtrsim$ COOtertBu auf, obwohl es sich bei der tertiären Butylgruppe um eine sehr voluminöse Seitengruppe handelt; das Maximum ist jedoch hier viel niedriger als bei Me $\gtrsim$ COOMe. Bei Polyäthylmethacrylat, wo das Haupt-

---

[1] Siehe Fußnote 1, S. 376.

maximum bei viel niedrigeren Temperaturen liegt, ist das β-Maximum gerade noch zu erkennen. In allen 3 Fällen liegt der β-Prozeß bei ungefähr derselben Temperatur.

Die Trennung des β-Maximums vom α-Maximum wird bedeutend begünstigt, wenn man die Dämpfung nicht als Funktion der Temperatur, sondern als Funktion der Frequenz aufträgt, wie dies in Abb. 20 geschehen ist. Abb. 20 zeigt

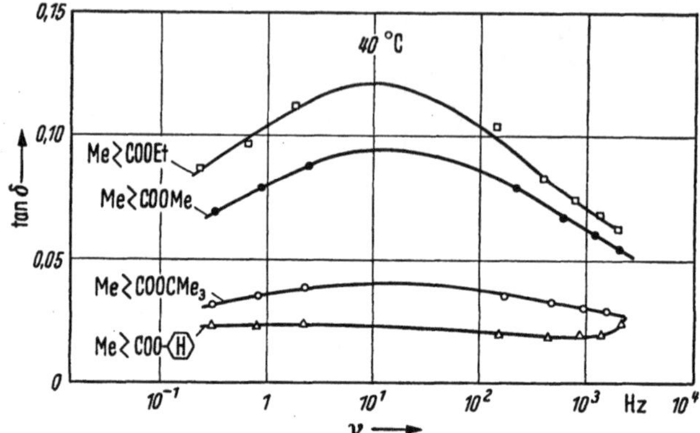

Abb. 20. Mechanische Dämpfung als Funktion der Frequenz bei 40 °C für Polymethylmethacrylat, Polyäthylmethacrylat, Poly-tert.-butylmethacrylat und Polycyclohexylmethacrylat (eigene Messungen)

das β-Maximum bei 40 °C als Funktion der Frequenz für Me $\gtrless$ COOMe, Me $\gtrless$ COOEt, Me $\gtrless$ COOtertBu und Me $\gtrless$ COOcycloHex. Die Frequenzlage und die Form des Maximums scheinen in den ersten 3 Fällen übereinzustimmen; seine

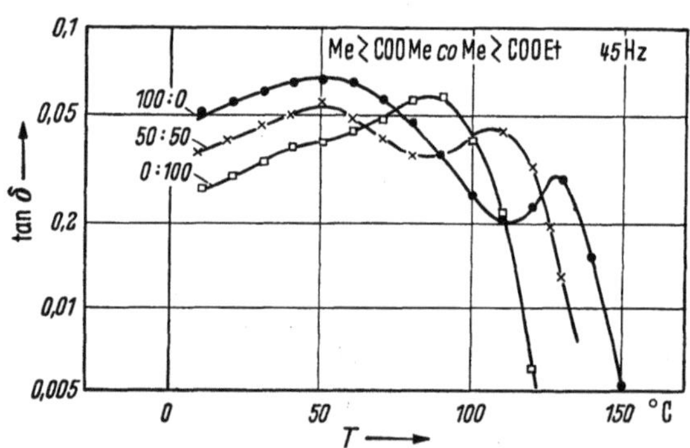

Abb. 21. Elektrische Dämpfung als Funktion der Temperatur bei 45 Hz für Polymethylmethacrylat, Polyäthylmethacrylat und 50-50-Copolymer beider Stoffe (eigene Messungen)

Höhe nimmt in der Reihenfolge Et, Me, tertBu ab; beim Cyclohexylester ist es praktisch verschwunden.

Wir vergleichen nun den Verlauf der mechanischen Dämpfung mit dem der dielektrischen Dämpfung. Wir betrachten erst die elektrische Dämpfung bei 45 Hz als Funktion der Temperatur für Me $\gtrless$ COOMe, Me $\gtrless$ COOEt und das 50-50-Copolymer beider Stoffe (Abbildung 21). Bei Me $\gtrless$ COOMe sind die beiden Maxima gut aufgelöst, wobei das β-Maximum mehr als doppelt so hoch ist als das α-Maximum. Beim Übergang zum Copolymer bzw. zu Me $\gtrless$ COOEt wird das β-Maximum niedriger, bleibt jedoch auf seinem Platz, in Übereinstimmung mit unseren Erwartungen. Das α-Maximum verschiebt sich nach tieferen Temperaturen und wird höher. Bei Me $\gtrless$ COOEt ist die Anwesenheit des β-Prozesses nur noch aus der sehr asymmetrischen Form des α-Maximums zu erkennen. Aus dem Vergleich mit Me $\gtrless$ COOMe und dem Copolymer geht jedoch eindeutig hervor, daß es sich hier um zwei verschiedene – nicht aufgelöste – Prozesse handelt.

Schließlich betrachten wir in Abb. 22 die elektrische Dämpfung bei 60 Hz als Funktion der Temperatur für die Polymeren Me $\gtrsim$ COOMe, Me $\gtrsim$ COOEt, Me $\gtrsim$ COOtertBu und Me $\gtrsim$ COOcycloHex. Diese Kurven bilden das dielektrische Gegenstück zu Abb. 19; hier konnte jedoch auch das α-Maximum durchgemessen werden. Die Höhe des β-Prozesses der bei Me $\gtrsim$ COOMe noch als größtes dielektrisches Maximum erscheint, nimmt in der Reihenfolge Me, Et, tertBu ab, die Höhe des α-Prozesses nimmt in derselben Reihenfolge zu.

Ausführliche Resultate über die elektrische Dämpfung von Me $\gtrsim$ COOMe, Me $\gtrsim$ COOEt, M $\gtrsim$ COOPr, Me $\gtrsim$ COOnBu und Me $\gtrsim$ COOisoPr wurden von MICHAILOV [59] veröffentlicht. MICHAILOV konnte die Anwesenheit des β-Prozesses in vier von diesen Polymeren nachweisen (in Me $\gtrsim$ COOnBu war die Trennung der beiden Mechanismen nicht mehr möglich). In der homologen Reihe Me, Et, Pr, isoPr liegt der β-Prozeß ungefähr an derselben Stelle;

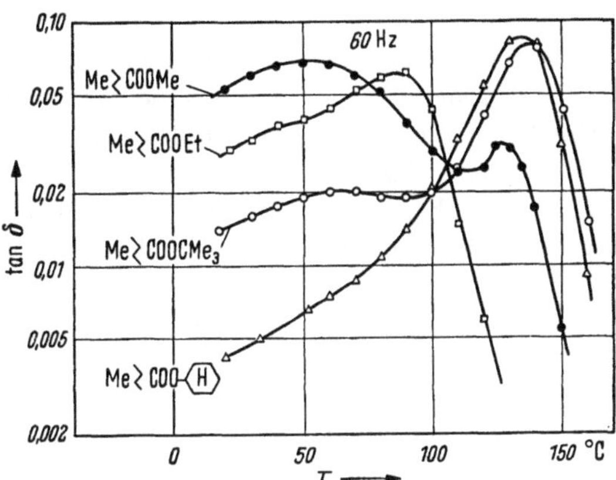

Abb. 22. Elektrische Dämpfung als Funktion der Temperatur bei 60 Hz für Polymethylmethacrylat, Polyäthylmethacrylat, Poly-tert-butylmethacrylat und Polycyclohexylmethacrylat (eigene Messungen)

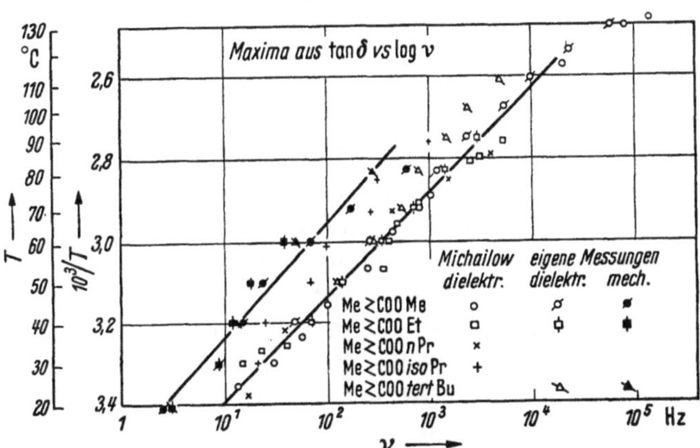

Abb. 23. Die Lage der mechanischen und dielektrischen β-Maxima von verschiedenen Polymethacrylaten im $\log \nu - \dfrac{1}{T}$-Diagramm; die Konstruktion erfolgte aus der Lage der Dämpfungsmaxima (tan δ) als Funktion der Frequenz bei verschiedenen konstanten Temperaturen nach Messungen von MICHAILOV [59] und nach eigenen Messungen

seine Höhe nimmt in dieser Reihenfolge ab, die Höhe des α-Maximums nimmt mit größerer Länge der Seitengruppe zu.

In Abb. 23 ist die Lage der von MICHAILOV und von uns gemessenen β-Maxima (tan δ) im Zeit-Temperatur-Diagramm für die ersten Glieder der Polymethacrylatreihe wiedergegeben.

Die Lage der β-Prozesse läßt sich angenähert durch eine Gerade im $\log \nu - \frac{1}{T}$-Diagramm darstellen; einige Abweichungen bei hohen Temperaturen sind durch die Annäherung des α-Maximums verursacht, das die Position des β-Maximums beeinflußt.

Weder für die mechanischen noch für die dielektrischen Messungen finden wir einen signifikanten Unterschied zwischen der Lage der β-Maxima von verschiedenen Polymeren der Polymethacrylatreihe; eine Ausnahme bildet das dielektrische β-Maximum von Me $\gtrsim$ COOisoPr, das bei etwas niedrigeren Frequenzen (höheren Temperaturen) als die anderen dielektrischen Maxima liegt; es besitzt jedoch keine signifikant höhere Aktivierungsenergie. Die dielektrischen β-Maxima liegen bei Auftragung der $\tan\delta$-Werte – bei derselben Temperatur – bei etwa 4- bis 5mal höheren Frequenzen als die mechanischen[1]. Aus den beiden Geraden wurden als mittlere Aktivierungsenergien für die dielektrischen Messungen 18 kcal/mol und für die mechanischen Messungen 17 kcal/mol gefunden.

Zusammenfassend können wir folgendes feststellen: Wenn der Substituent R der Polymethacrylatreihe eine bewegliche Seitengruppe ist, weist das Polymer einen β-Prozeß auf, der sich sowohl mit mechanischen als auch mit dielektrischen Messungen finden läßt. Dieser β-Prozeß konnte bei den folgenden Polymeren nachgewiesen werden:

Me $\gtrsim$ COOMe, Me $\gtrsim$ COOEt, Me $\gtrsim$ COOnPr, Me $\gtrsim$ COOisoPr, Me $\gtrsim$ COOtertBu.

Bei diesen Polymeren hat der β-Prozeß dieselbe Aktivierungsenergie und angenähert dieselbe Lage im Zeit-Temperatur-Diagramm; in der obengenannten Reihenfolge nimmt die Höhe des dielektrischen β-Maximums ab. Außerdem vermuten wir die Existenz des β-Maximums bei den Polymeren

Me $\gtrsim$ COOsecBu,   Me $\gtrsim$ COOnBu,   Me $\gtrsim$ COOnHex.

Wir schließen hieraus, daß es sich auch hier um die Drehung der COOR-Gruppe um die an die Hauptkette grenzende C-C-Bindung handelt.

Es bleibt noch zu erklären, warum in der homologen Reihe Me, Et, Pr die Höhe des dielektrischen β-Maximums mit steigender Länge von R abnimmt und die Höhe des dielektrischen α-Maximums zunimmt. Da das Dipolmoment der COOR-Gruppen in diesen Polymeren praktisch keine Unterschiede aufweist [59], müssen wir hieraus schließen, daß die Anzahl der am β-Prozeß teilnehmenden Seitengruppen in der Reihenfolge Me, Et, Pr, isoPr und tertBu geringer wird. Anscheinend wird ein Teil der COOR-Seitengruppen durch Nachbarketten sterisch blockiert und von der Teilnahme am β-Prozeß ausgeschlossen. Es entspricht unseren Erwartungen, daß dieser Teil größer ist, wenn es sich um eine größere oder insbesondere um eine voluminösere Seitengruppe handelt. Hieraus erklärt sich nicht nur die Abnahme des dielektrischen β-Maximums, sondern auch die Zunahme des dielektrischen α-Maximums mit zunehmender Länge von R. (Alle Seitengruppen, die beim β-Prozeß nicht teilgenommen haben, geben einen zusätzlichen Beitrag zum α-Prozeß.)

Für die Höhe des mechanischen β-Maximums fanden wir die Reihenfolge Et > Me > tertBu. Eine Erklärung dafür, daß das mechanische β-Maximum für Me $\gtrsim$ COOEt nicht unbeträchtlich höher ist als das von Me $\gtrsim$ COOMe,

---

[1] Siehe auch Fußnote S. 365 und Bemerkungen unter 4.3.5, S. 399.

meinen wir durch die folgende Überlegung geben zu können: Die Anzahl der am β-Prozeß teilnehmenden Seitengruppen ist zwar beim Äthylester kleiner als beim Methylester, die mechanische Wirkung des einzelnen Prozesses ist jedoch größer. Eine Stütze für diese Auffassung bilden auch die Resultate über die Wirkung von äußerem Weichmacher auf den β-Prozeß von Me $\gtrsim$ COOMe (Erhöhung des mechanischen Maximums, kein Einfluß auf das dielektrische Maximum). Da Vergrößerung der Länge der beweglichen Seitengruppe eine innere Weichmachung zur Folge hat, ist es nicht unwahrscheinlich, daß diese ähnlich wie die äußere Weichmachung in einer Vergrößerung des mechanischen Beitrages des einzelnen β-Prozesses resultiert.

Ist der Substituent R hingegen nicht eine bewegliche, sondern eine starre Seitengruppe, so wird der β-Prozeß fast vollkommen unterdrückt; wir konnten dies nachweisen an den folgenden Polymeren

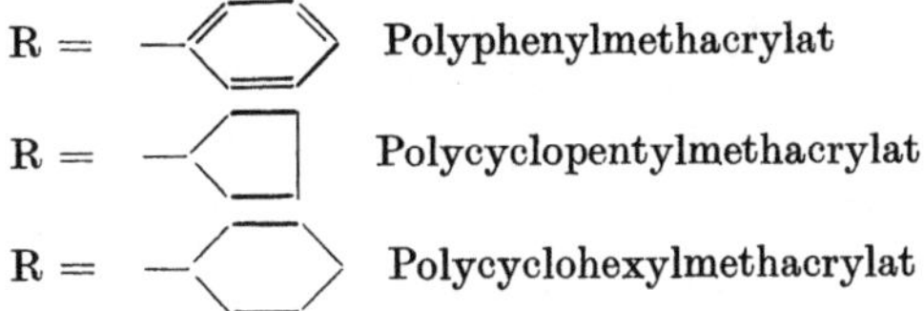

Beispielsweise wurden in Abb. 19 die mechanische und in Abb. 22 die elektrische Dämpfung von Polycyclohexylmethacrylat mit der von Me $\gtrsim$ COOMe verglichen. Man sieht, daß bei Me $\gtrsim$ COOcyclohex das β-Maximum fast vollständig unterdrückt ist. Aus dem unsymmetrischen Abfall des α-Maximums kann man jedoch schließen, daß die COOcyclohex-Gruppen eine kleine Bewegung ausführen können. Anscheinend ist bei starren Substituenten der weitaus größte Teil der COOR-Seitengruppen durch die Nachbarmoleküle sterisch gehindert.

Das Cyclohexyl-Dämpfungsmaximum. Wir haben bereits bei der Besprechung von Abb. 15 erwähnt, daß Polycyclohexylmethacrylat bei niederen Temperaturen ein neues Dämpfungsmaximum aufweist. Dieses Maximum wurde von HOFF und Mitarbeitern beschrieben [27]; es wurde von einem von uns [22] ausführlich untersucht und molekular gedeutet.

Abb. 24 zeigt die mechanische Dämpfung von Polycyclohexylmethacrylat, Me $\gtrsim$ COOcyclohex, als Funktion der Frequenz bei verschiedenen Temperaturen.

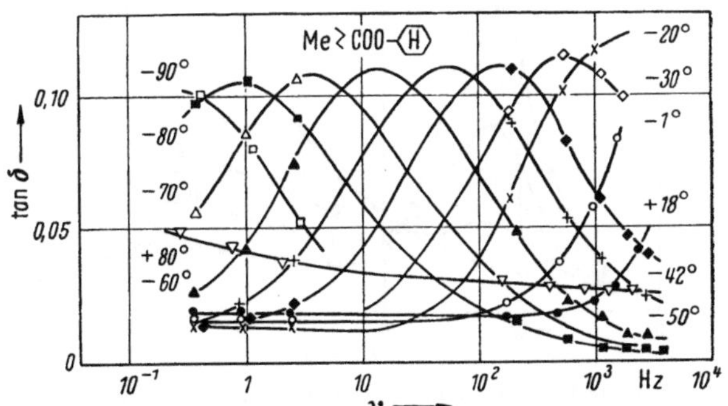

Abb. 24. Mechanische Dämpfung von Polycyclohexylmethacrylat als Funktion der Frequenz bei verschiedenen Temperaturen

Das Cyclohexylmaximum ist viel schärfer als das sekundäre Maximum von Me $\gtrsim$ COOMe, obwohl es noch nicht durch eine einzige Relaxationszeit dargestellt werden kann (Halbwertsbreite 2 Zehnerpotenzen). Außerdem ist die Höhe des Maximums viel weniger temperaturabhängig als die des β-Maximums von Me $\gtrsim$ COOMe.

25*

Abb. 25 zeigt die Höhenschichtenkarte der mechanischen Dämpfung von Me $\gtrless$ COOcyclohex. Man sieht den Erweichungsprozeß (das α-Maximum) und den Bergrücken des Cyclohexylmaximums. (Das Gebiet, in dem beide Prozesse zusammenstoßen, fällt außerhalb des Meßbereiches.) Die Aktivierungsenergie des Cyclohexylmaximums berechnen wir zu 11,5 kcal/Mol.

Hätten wir ausschließlich die reinen Polymere Me $\gtrless$ COOMe und Me $\gtrless$ COOcyclohex gemessen, so könnte die Frage auftreten, ob wir es nicht mit einem verschobenen sekundären Maximum des Polymethylmethacrylates zu tun haben. Aus der Messung einer Reihe Copolymerer folgt jedoch eine eindeutige Antwort: Abb. 26 zeigt, daß bei steigendem Cyclohexylgehalt das eine Maximum verschwindet und das andere entsteht. Es handelt sich daher um zwei verschiedene, voneinander unabhängige Prozesse. Es ist bemerkenswert, daß das Cyclohexylmaximum für alle Copolymere bei derselben Temperatur liegt: Die Stelle des Maximums ist unabhängig vom Milieu.

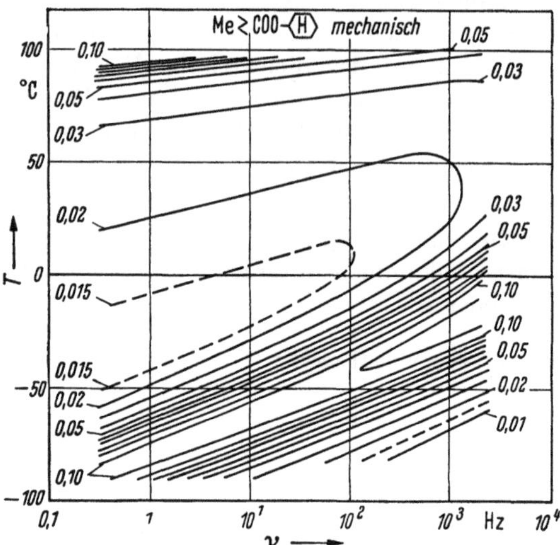

Abb. 25. Die Höhenschichtenkarte der mechanischen Dämpfung von Polycyclohexylmethacrylat

Abb. 27 zeigt, daß das Dämpfungsmaximum charakteristisch ist für die Cyclohexylgruppe. Man sieht nebeneinander die Dämpfung bei 200 Hz als Funktion der Temperatur für Polycyclohexylacrylat ($\gtrless$ COOcyclohex), für Polycyclohexylmethacrylat (Me $\gtrless$ COOcyclohex), für Polymethylmethacrylat, weichgemacht mit Cyclohexylphthalat und für Polyphenylmethacrylat (Me $\gtrless$ COOPh).

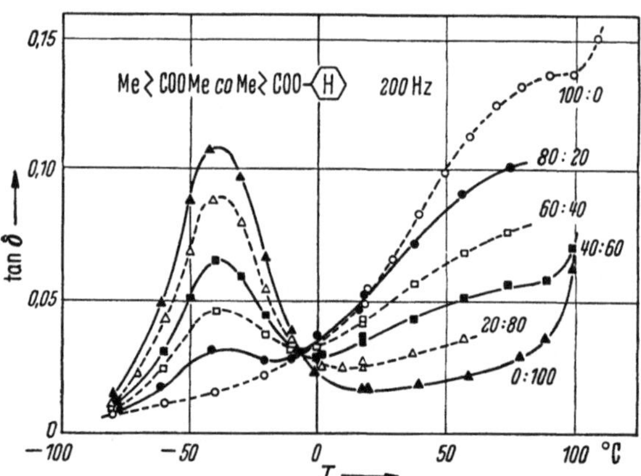

Abb. 26. Mechanische Dämpfung als Funktion der Temperatur (200 Hz) für eine Reihe Copolymeren von Methylmethacrylat und Cyclohexylmethacrylat

Bei allen Polymeren, die eine Cyclohexylgruppe enthalten, findet man das Maximum ungefähr an derselben Stelle; für Polyphenylmethacrylat (und auch für Polycyclopentylmethacrylat) findet man in diesem Temperaturbereich kein Maximum. Durch einen paraständigen Methylsubstituenten an der Cyclohexylgruppe (Me $\gtrless$ COOC$_6$H$_{10}$pMe) wird die Höhe des Maximums zwar sehr gedrückt, die Temperaturlage bleibt jedoch unverändert.

Überraschenderweise wird das Dämpfungsmaximum auch gefunden, wenn die Cyclohexylgruppe als Weichmachermolekül anwesend ist (als Cyclohexylphthalat); das Maximum liegt dann ungefähr 4° niedriger. Es ist also nicht wesentlich, daß die Cyclohexylgruppe an eine Polymerkette gebunden ist. Hoff [27] fand das Maximum auch an Polycyclohexylchloracrylat.

Das Cyclohexylmaximum kann auch mit Hilfe von dielektrischen Messungen nachgewiesen werden. Abb. 28 zeigt die elektrische Dämpfung bei 300 Hz als Funktion der Temperatur für Polycyclohexylmethacrylat (Me ≷ COOcyclohex), Poly-(2-chlorcyclohexyl)methacrylat und Poly-(4-chlorcyclohexyl)-methacrylat. Man sieht das sehr bescheidene Cyclohexylmaximum in Poly

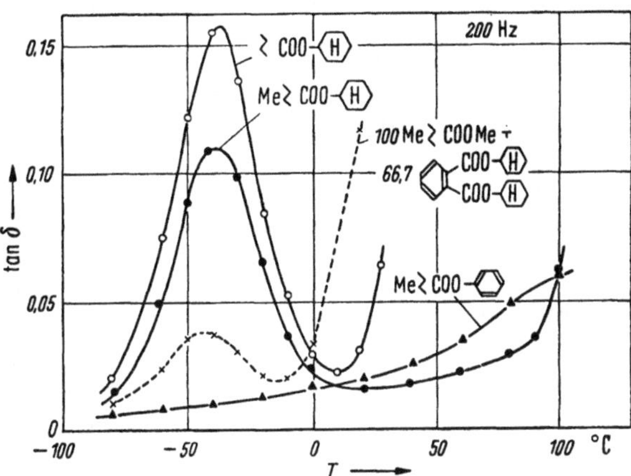

Abb. 27. Charakteristischer Effekt der Cyclohexylgruppe: Mechanische Dämpfung als Funktion der Temperatur (200 Hz) von Polycyclohexylacrylat, Polycyclohexylmethacrylat, Polymethylmethacrylat weichgemacht mit Cyclohexylphthalat und Polyphenylmethacrylat

cyclohexylmethacrylat, das an derselben Stelle liegt wie das mechanische Maximum, jedoch wesentlich niedriger ist. Anscheinend handelt es sich bei der dem Cyclohexyl-

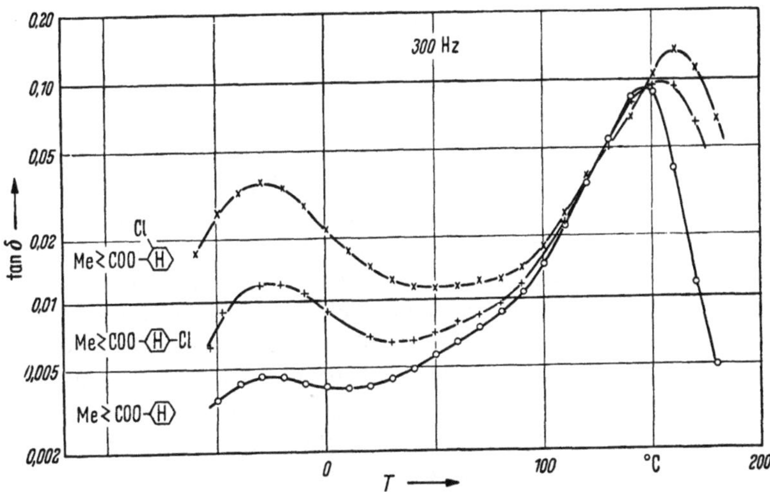

Abb. 28. Die elektrische Dämpfung bei 300 Hz als Funktion der Temperatur für Polycyclohexylmethacrylat, Poly-(4-Chlorcyclohexyl)-methacrylat und Poly-(2-Chlorcyclohexyl)-methacrylat

maximum zugrunde liegenden Bewegung um eine Konformationsänderung der fast nicht polaren Cyclohexylgruppe, während der polare Teil der Seitengruppe – COO – auf seinem Platz bleibt. Vergrößert man die Polarität der Cyclohexylgruppe durch Einführen eines Chloratoms, so wird das elektrische Maximum viel höher. Wie man aus Abb. 28 sieht, ist die Substitution eines Chloratoms am 2-Platz viel effektiver als am 4-Platz. Bei der Besprechung des molekularen Prozesses wird sich dies zwanglos erklären lassen.

Abb. 29 zeigt die Höhenschichtenkarte der elektrischen Dämpfung von Polycyclohexylmethacrylat. Durch Vergleich mit Abb. 25 sieht man, daß die Lage der elektrischen und mechanischen Dämpfung des Cyclohexylprozesses übereinstimmt.

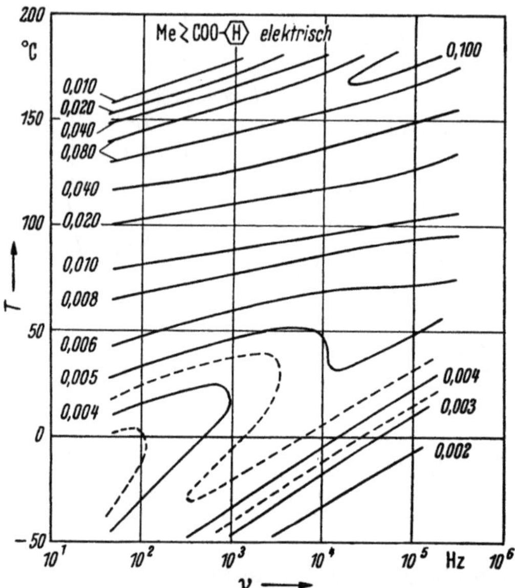

Abb. 29. Die Höhenschichtenkarte der elektrischen Dämpfung von Polycyclohexylmethacrylat

Den Schlüssel zur molekularen Deutung des Cyclohexylmaximums liefert ein Artikel von KARPOVICH [37] über Ultraschall-Absorptionsmessungen an flüssigen niedermolekularen Cyclohexylverbindungen. KARPOVICH fand für Cyclohexanol ein Absorptionsmaximum bei 120 000 Hz und 32°. Wenn wir unser Maximum (Polymethylmethacrylat, weichgemacht mit Cyclohexylphthalat) mit Hilfe der Aktivierungsenergie auf 32° umrechnen, finden wir eine Frequenz von etwa 110 000 Hz. Zweifellos werden daher beide Erscheinungen durch den gleichen molekularen Prozeß verursacht.

Die Cyclohexylgruppe kann in verschiedenen Konformationen auftreten:
1. in der beweglichen Wannenform,
2. in der starren Sesselform.

Die starre Sesselform hat die niedrigere Energie und kommt daher am häufigsten vor.

Cyclohexan besitzt nur eine Sesselform (beide Sesselformen sind hier identisch); monosubstituierte Cyclohexane haben jedoch zwei verschiedene Sesselformen, da der Substituent sowohl in der Ebene des Ringes (äquatorial) als auch senkrecht zur Ebene des Ringes (axial) liegen kann.

KARPOVICH fand ausschließlich für solche Verbindungen ein Dämpfungsmaximum, wo die beiden Sesselformen nicht identisch waren. Er fand ein Maximum für Cyclohexanol und Methylcyclohexanol, kein Maximum für Cyclohexan und 1,1-Dimethylcyclohexan. KARPOVICH schließt hieraus, daß das Maximum dem Übergang von der einen Sesselform in die andere durch Umklappen zugeschrieben werden muß. Es kann sich nicht um den Übergang von der Sesselform in die Wannenform handeln, da diese beiden Konformationen stets verschieden sind.

In unserem Fall ist das eine Ende der Cyclohexylgruppe an die Polymerkette gebunden. Die Bewegung, die dann stattfinden kann, ist in Abb. 30 für die 4-Chlorcyclohexylestergruppe[1] verdeutlicht. (An dem Modell ist nur die Hälfte der Substituenten angegeben, um zu illustrieren, daß bei dem Übergang die axialen Substituenten äquatorial werden.)

Mit diesem molekularen Mechanismus erklärt sich auch zwanglos, warum das Maximum für Poly-4-Methylcyclohexylmethacrylat niedriger ist: Durch

---

[1] Vgl. sinngemäß Fußnote 2, S. 377.

sterische Hinderung wird in diesem Fall die Bewegung eines Teiles der Gruppe blockiert.

Weiter können wir verstehen, warum die Substitution eines Chloratoms am 2-Platz des Cyclohexylringes das elektrische Maximum stärker vergrößert als die Substitution am 4-Platz (Abb. 28). Eine Betrachtung des Molekülmodells in Abb. 30 zeigt, daß sich die räumliche Richtung der Chlor-Kohlenstoff-Bindung eines Chlorsubstituenten am 2-Platz bei der Bewegung stark verändert, was

bei einem 4-Substituenten nicht der Fall ist. Daher wird das Umklappen des Cyclohexylringes einen viel größeren Beitrag zum Dipolmoment geben, wenn der Chlorsubstituent sich am 2-Platz befindet. Das elektrische Maximum ist hier also größer, weil der Beitrag einer einzelnen Gruppe zum Dipolmoment größer ist.

Es wurde bereits darauf hingewiesen, daß die Lage des Cyclohexylmaximums

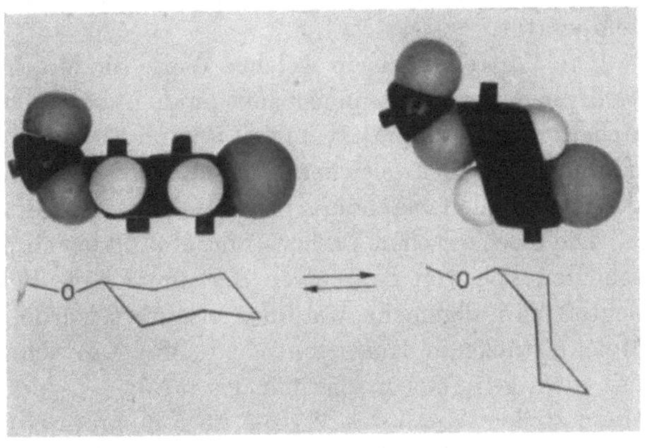

Abb. 30. Molekülmodell der beiden Sesselformen der trans-4-Chlor-cyclohexylestergruppe. Lediglich die Hälfte der Substituenten ist angegeben

nur wenig vom Milieu abhängt. In diesem Zusammenhang ist es besonders interessant, daß sowohl für die 4-Cl-Cyclohexylgruppe wie auch für die 4-Methylcyclohexylgruppe die Dämpfung bei derselben Temperatur wie für die Cyclohexylgruppe gefunden wird. Das macht es wahrscheinlich, daß die gefundene Aktivierungsenergie von 11,5 kcal/mol wirklich ein Maß ist für die Höhe des Potentialberges, der beim Umklappen des Cyclohexylringes überwunden werden muß.

Genaue theoretische Berechnungen der Aktivierungsenergie des Sessel-Sessel-Überganges von Cyclohexan sind uns nicht bekannt; eine Abschätzung dieser Energie von SHOPPEE [82] zu 9 bis 10 kcal/mol ist in ausreichender Übereinstimmung mit dem experimentell gefundenen Wert.

Abschließend können wir feststellen, daß die mechanische Spektroskopie, deren Aufgabe es ist, molekulare Bewegungen mit Hilfe von mechanischen Messungen aufzuweisen, heute erst am Anfang ihrer Entwicklung steht. Bei amorphen Polymeren wurde eine große Anzahl sekundärer Dispersionsgebiete im Glaszustand gefunden; von diesen ist lediglich ein sehr geringer Teil genauer untersucht und ein noch kleinerer Teil molekular gedeutet.

4.3.4 Partiell-kristalline Hochpolymere

Hochpolymere, die periodisch-symmetrische Anordnungen ihrer Bauelemente längs ihrer Molekülhauptketten aufweisen, besitzen in der Regel die Fähigkeit zu kristallisieren. In kristallisierten Hochpolymeren liegen gleichzeitig amorphe und kristalline Bereiche nebeneinander vor. Nach den bisherigen Vorstellungen (vgl. 3.2 und 3.7) durchziehen die einzelnen Fadenmoleküle dabei in der Regel mehrere verschiedene solcher Bereiche (HERRMANN und GERNGROSS [26]). Die in den Kristalliten liegenden Teile der Molekülketten sind weitgehend parallel geordnet, die zwischen den Kristalliten im Amorphen liegenden Kettenteile sind weniger oder gar nicht geordnet. In den kristallinen Bereichen sind die Abstände zwischen benachbarten Molekülteilen kleiner als in den amorphen. Deshalb werden hier die Molekülteile durch stärkere Zusammenhaltskräfte[1] aneinandergebunden als in den amorphen Bereichen. Als Folge davon liegt bei den Kristalliten die Schmelztemperatur höher als bei den amorphen Bereichen die Erweichungstemperatur.

Die Vorstellungen, in welcher Weise die Moleküle in den kristallinen und den amorphen Bereichen angeordnet sind, haben sich in letzter Zeit auf Grund der Arbeiten von TILL [88], KELLER [40] und FISCHER [15] u. a. gewandelt. Es erscheint demnach ziemlich gesichert, daß die Moleküle in den kristallinen Bereichen in gewissen Fällen mäanderartig „gefaltet" gelagert sein können. (Näheres 3.7.)

Die mechanischen Verlust- und Modulkurven partiell-kristalliner Stoffe unterscheiden sich von denjenigen der amorphen. Bei den amorphen Stoffen beobachtet man allgemein, wie oben erläutert wurde, beim Beweglichwerden kleiner Molekülstücke in logarithmischem Maßstab schwache Modulstufen, verbunden mit niedrigen, flachen Maxima des $\tan \delta_{\mathrm{mechan.}}$ und beim Erweichen der Substanz einen steilen Abfall des Moduls über mehrere Größenordnungen, verbunden mit einem hohen Dämpfungsmaximum. Bei den partiell-kristallinen Stoffen treten die kleinen (log)-Modulstufen und die dazugehörigen schwachen $\tan \delta$-Dämpfungs-Maxima beim Beweglichwerden kleiner Molekülteilstücke ebenfalls auf. Beim Beweglichwerden längerer Kettenteile der amorphen Bereiche fällt jedoch der Modul gewöhnlich nur zögernd über ein breites Temperaturintervall und meist nur über 1 bis 2 Größenordnungen ab. Entsprechend ist das mit diesem Modulabfall verknüpfte $\tan \delta$-Maximum kleiner als bei den amorphen Stoffen und meist unsymmetrischer (SCHMIEDER und WOLF [80, 106]). Oberhalb des Erweichungsbereiches der amorphen Anteile findet man dann gewöhnlich noch mindestens einen weiteren Modulabfall beim Schmelzen der Kristallite, der in gewissen Fällen ebenfalls mit einem Dämpfungsmaximum verbunden sein kann (Beispiele s. Abb. 31 u. 33).

Weitere Maxima können bei Temperaturen unterhalb des Schmelzbereiches auftreten, wenn innerhalb der kristallinen Bereiche Modifikationsumwandlungen oder sonstige mit der Kristallinität verbundene Bewegungen oder Strukturänderungen auftreten. FURUKAWA, McCOSKEY und KING [19] und McCRUM [54] haben gezeigt, daß z. B. bei Tetrafluoräthylen die Kristallite mehrere Umwandlungen im Temperaturbereich zwischen $+27\,^{\circ}\mathrm{C}$ und $+127\,^{\circ}\mathrm{C}$ durchlaufen.

Die Temperaturlage der bei den Bewegungen in den amorphen Bereichen entstehenden Maxima unterliegt ganz allgemein den Gesetzmäßigkeiten, wie sie in 4.3.1 und 4.3.2 für die amorphen Stoffe genannt wurden, d. h., sie wird in erster Näherung von den sterischen Verhältnissen und den Zusammenhaltskräften bestimmt. Deshalb verschieben sich auch hier die Verlustmaxima zu höheren Temperaturen, wenn man die Beanspruchungsgeschwindigkeit erhöht.

---

[1] Der starke zwischenmolekulare Zusammenhalt in den kristallinen Bereichen ist in den meisten Fällen auf die Wirksamkeit von sehr rasch mit der Entfernung abfallenden Dispersionskräften zurückzuführen, denen sich bei polaren Stoffen die Dipolkräfte verstärkend überlagern.

Als Beispiel für einen komplizierter aufgebauten partiell-kristallinen Stoff zeigt Abb. 32 die Temperaturkurve der mechanischen Verluste und des G-Moduls von verzweigtem und unverzweigtem Polyäthylen. SCHMIEDER und WOLF [80]

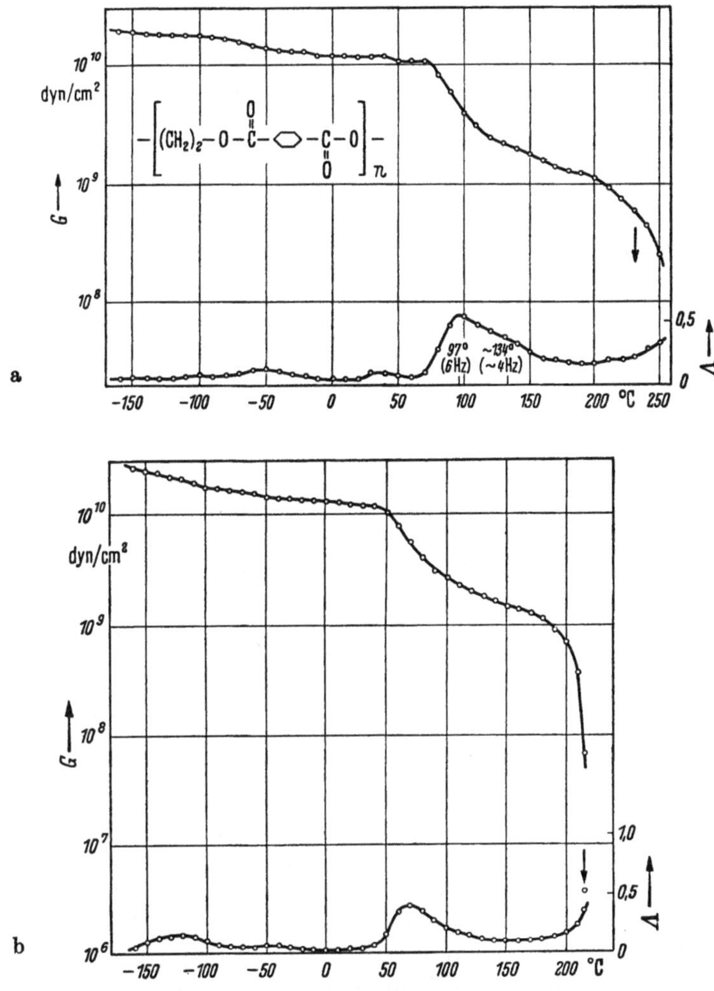

Abb. 31 a und b
Temperaturkurve der mechanischen Verluste und des G-Moduls bei Frequenzen um einige Hertz nach [106]
a) von Polyterephthalsäureglykolester; b) von Polycaprolactam

konnten an chlorierten Polyäthylenen zeigen, daß im Rahmen der gegenwärtigen Anschauung das Maximum bei etwa −105 bzw. −130 °C von Bewegungen von CH_2-Gruppen herrührt. WILLBOURN [103] hat Hinweise dafür angegeben, daß es sich dabei um Bewegungen von Kettenstücken mit mindestens 4 C-Atomen handelt.

Neuere Messungen von SCHMIEDER und WOLF zeigen, daß unter bestimmten Voraussetzungen auch Stoffe mit weniger als vier unmittelbar aufeinanderfolgenden CH_2-Gruppen etwa bei dieser Temperatur ein entsprechendes Verlustmaximum besitzen können [108b]. Nach den gleichen Autoren [80] entsteht das bei etwa − 20 °C gelegene Maximum bei Bewegungen der Molekülteile in den amorphen Bereichen, welche die Verzweigungsstellen und eventuelle sonstige Störstellen enthalten. Die beiden Kurven der Abb. 32 zeigen, daß ein amorphes Maximum um − 20 °C beim verzweigten Polyäthylen vorhanden ist, beim unverzweigten aber praktisch fehlt. Die bei höheren Temperaturen gelegenen Maxima sind zwar mit dem Vorhandensein einer kristallinen Phase verknüpft, beruhen aber mindestens teilweise nicht auf Molekülbewegungen in dieser Phase.

Die Temperaturlage des „kristallinen" Maximums ist stark von der Vorgeschichte abhängig und läßt sich bei verzweigtem Polyäthylen sowohl durch Abschrecken wie durch Verstrecken der Proben zu tieferen Temperaturen bis in den Bereich um etwa 0° verschieben (SCHMIEDER [81], HELLWEGE, KAISER und KUPHAL [24], WILLBOURN [103a]). Nach Messungen von SCHMIEDER [81] liegt dieses Maximum bei langsam aus der Schmelze abgekühlten oder getemperten Proben am höchsten (etwa + 90 °C).

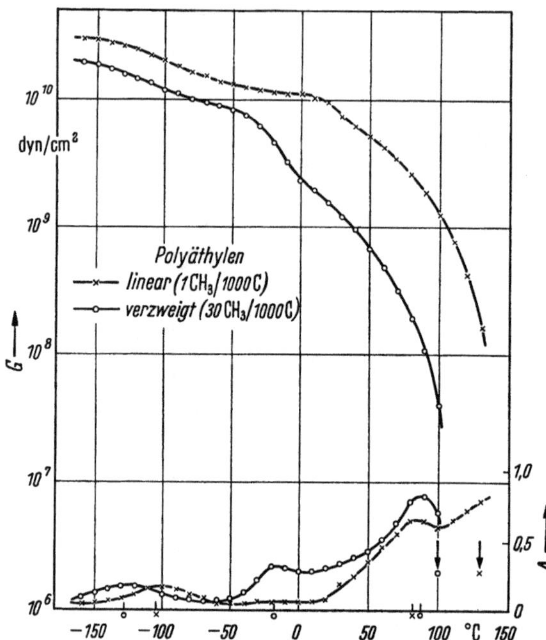

Abb. 32. Temperaturkurven der mechanischen Verluste und des G-Moduls von verzweigtem und linearem Polyäthylen bei Frequenzen von einigen Hertz nach [106]

Aus Abb. 32 geht hervor, daß das Hochtemperaturmaximum beim linearen Polyäthylen aus einer Überlagerung von zwei Maxima besteht. Das eine davon liegt in der G''-Kurve bei etwa 65 °C. Aus Messungen von K. SCHMIEDER an Proben, bei denen die Kristallinität durch verschiedene Maßnahmen (z. B. Abschrecken, Chlorieren, Bestrahlen) verändert wurde, kann geschlossen werden, daß dieses Maximum mit der Existenz einer kristallinen Phase verknüpft ist. Es liegt jedoch zum größten Teil noch unterhalb des Schmelzbeginns (etwa 80 °C), kann also nicht durch das Schmelzen selbst verursacht sein. WOLF [108a u. b) nimmt an, daß es bei der Bewegung größerer morphologisch geordneter Bereiche, vermutlich der kristallinen Blockeinheiten, gegeneinander entsteht, wobei die Frage noch unbeantwortet ist, was zwischen diesen Blockeinheiten noch mitbeweglich ist. Innerhalb der kristallinen Bereiche treten nach Kernresonanzmessungen von THURN dabei jedenfalls keine Bewegungen auf. In einer kürzlich erschienenen Arbeit hat G. W. BECKER [2a] aus Spannungsrelaxationsmessungen an verschieden kristallinen Polyäthylenen geschlossen, daß die Energie bei diesem Prozeß in amorphen Bereichen, die zwischen diesen Gitterblöcken liegen, dissipiert wird.

Nach WOLF [108a u. b] tritt im Schmelzbereich der Kristallite ein weiteres Verlustmaximum auf, das auch in der G''-Kurve sowohl beim verstreckten als auch beim kalt bestrahlten linearen Polyäthylen noch sichtbar ist. WOLF diskutiert die Möglichkeit eines Zusammenhanges dieses Maximums mit dem Zusammenbrechen des Kristallgerüstes. Es ist interessant, daß die Energiedissipation dieses Prozesses gerade in den beiden genannten Fällen besonders groß ist, bei denen das Kristallgerüst irreversibel zusammenbricht. Beim verzweigten Polyäthylen überlagern sich offensichtlich ebenfalls mehrere Effekte, wobei aber die Auflösung der kristallinen Phase bereits bei sehr niedrigen Temperaturen (nach HENDUS und SCHNELL vermutlich ab etwa $-20\,°C$) beginnt.

Auf Grund der Aktivierungsenergie von 60 kcal/Mol bei 50 °C bei Hochdruckpolyäthylen zieht BUECHE [6a] für die Erklärung einer „Raumtemperatur-Dispersion" Kristallitbewegungen in Betracht, wobei er vermutet, daß dieser Effekt klein ist im Vergleich zum Effekt der Kristallinitätsänderung und vernachlässigt werden kann.

Vom Ablauf des Kristallisationsvorganges macht man sich nach klassischen Vorstellungen etwa folgendes Bild: Kühlt man eine Schmelze eines kristallisierfähigen Stoffes langsam ab, dann beginnen an verschiedenen Stellen zufälliger Vororientierung Kristallisationskeime zu wachsen. Im Verlaufe des Wachstums legen sich immer weitere Molekülteile parallel zu den bereits geordneten. Das Wachsen der Kristallite hört auf, wenn die zwischen den Kristalliten verlaufenden, noch ungeordneten Molekülfäden sich zu spannen beginnen, so daß eine weitere Eingliederung in den Kristallverband unmöglich wird.

Je nach der verschiedenen Länge der gleichzeitig zwischen den Kristalliten eingespannten Kettenabschnitte, welche die amorphen Bereiche bilden, kommen in vielen Fällen sehr verschiedene Verspannungen und damit Bewegungsbehinderungen vor (SCHMIEDER und WOLF [80, 106]).

Wie schon das Beispiel des Polyäthylens zeigt, bedarf das einfache Bild des Kristallisiervorganges nach den neueren, bereits zu Beginn dieses Abschnittes erwähnten Ergebnissen über Morphologie und Überstrukturen einer wesentlichen Ergänzung, die im einzelnen in 3.7 gegeben ist (vgl. auch 4.16).

Kühlt man einen hochpolymeren Stoff mit nicht zu starker Kristallisationstendenz sehr rasch ab, so erhält man Modul- und Dämpfungskurven, wie sie z. B. in Abb. 33 für isotaktisches Polystyrol, abgeschreckt in den Kurven I aufgezeichnet sind. Sobald die Temperatur von tiefen Werten her den Beginn des amorphen Haupterweichungsbereiches erreicht, stürzt die Modulkurve I ziemlich steil mit wachsender Temperatur herunter, kommt trotz weiter steigender Temperatur zum Stehen und wendet sich wieder zu höheren Modulwerten. Dann zeigt die Modulkurve mit weiter ansteigender Temperatur nach Überschreiten eines Maximalwertes wieder nahezu ein normales Verhalten. Der stärkere Modulabfall ist naturgemäß von einem höheren Dämpfungsmaximum begleitet.

SCHMIEDER und WOLF [81] deuten dieses Verhalten folgendermaßen:

Isotaktisches Polystyrol läßt sich besonders leicht unterkühlen. Bei diesem Stoff müssen sich die sperrigen Benzolringe in isotaktischer Anordnung wendelförmig in kristalline Bereiche anordnen. In der Schmelze bleibt die isotaktische Struktur erhalten, die Wendelform dieser Ketten aber nur unvollkommen. Zum Einbau in einen Kristallverband beim Abkühlen braucht der Stoff im Kristallisationstemperaturbereich eine gewisse Zeit. Läßt man dem Produkt diese Zeit nicht, d. h., kühlt man aus dem zähflüssigen Zustand sehr rasch auf Tempe-

raturen ab, die unterhalb des Auftaubereiches ($+110\,°C$) der amorphen Anteile
liegen, so gelingt es, die Kristallisation zu unterdrücken und die Substanz im
amorphen Zustand zu fixieren. Das unterkühlte, isotaktische Polystyrol zeigt

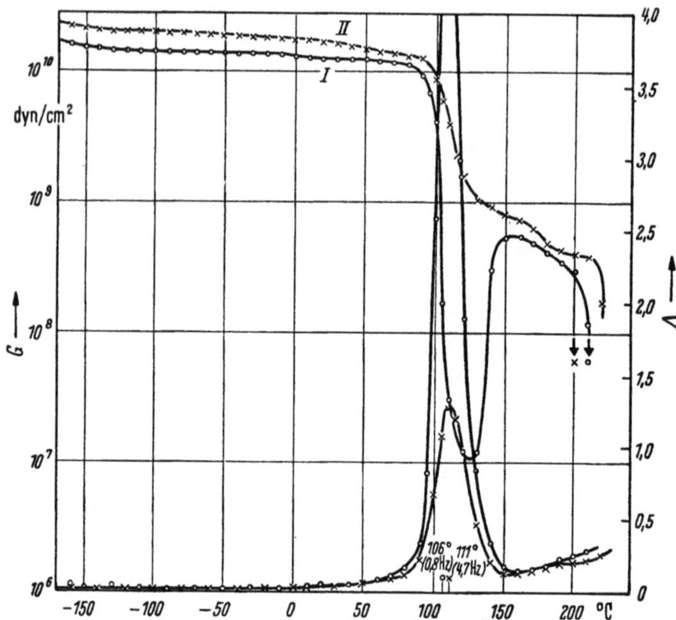

Abb. 33. Temperaturkurven der mechanischen Verluste und des G-Moduls von abgeschrecktem (I) und
24 Std. bei 150 °C getempertem (II) isotaktischem Polystyrol bei Frequenzen um einige Hertz nach [81]

im Bereich unterhalb 80 °C kein wesentlich gegenüber dem normalen oder getemperten Polystyrol abweichendes Verhalten. Allerdings ist der Modulwert etwas
niedriger als beim getemperten Material. Die Aufhebung des unterkühlten Zustandes und damit die Umwandlung amorpher in kristalline Anteile setzt mit
dem Beginn der Kettenbeweglichkeit der amorphen Molekülteile ein. Diese
Zunahme des kristallinen Anteils ist mit einem Anstieg des Moduls verknüpft,
wie er in Abb. 33 bei 130 bis 150 °C auftritt. Bei dem getemperten Material ist
das Maximum im Bereich um 110 °C, das mit der Beweglichkeit der amorphen
Molekülkettenteile verknüpft ist, wesentlich niedriger als beim abgeschreckten.
Es ist dies eine Folge davon, daß im getemperten Material geringere Anteile
der Substanz in amorphem Zustand vorliegen als im abgeschreckten.

Unterkühlungen kann man deshalb durch Tempern der Probe bei geeigneten
Temperaturen zwischen dem Umwandlungsbereich der amorphen und kristallinen
Anteile zum größten Teil wieder aufheben und erhält dann Kurven von Typ II.
Ähnliche Erscheinungen wurden von Schmieder und Wolf auch an anderen
kristallisierenden Hochpolymeren festgestellt, jedoch ist die Deutung dieser
Ergebnisse nach heutigen Anschauungen der Autoren nicht so einfach wie bei
dem obigen Beispiel (s. [25a]).

Wolf und Schmieder [106] haben gezeigt, daß Copolymere zweier
jeweils für sich gut kristallisierender und in ihrer Struktur verwandter Hochpolymerer sich in ihrer Kristallisation gegenseitig erheblich stören können (vgl.

auch 5.1). Als Beispiel sind in Abb. 34 die Temperaturlagen T_n des amorphen Hauptmaximums und T_s des Schmelzbereiches für Mischkondensationsprodukte des Caprolactams und des adipinsauren Hexamethylendiamins in Abhängigkeit vom Komponentenverhältnis aufgetragen. Das Bild zeigt, daß von beiden Seiten her, sowohl von reinem Polycaprolactam[1] als auch vom reinen polyadipinsauren Hexamethylendiamin[2] her mit zunehmender Störkomponente die mittlere Schmelztemperatur der kristallinen Anteile bis zu einem bestimmten Komponentenverhältnis abnimmt. Durch die Störung der regelmäßigen Symmetrie der Molekülanordnung wird eine Minderung des kristallinen Zusammenhalts bewirkt, obwohl die Konzentration der Amidgruppen unverändert geblieben ist. Aber nicht nur die Schmelztemperatur T_s, sondern auch die Temperaturlage des amorphen Hauptmaximums T_n geht deutlich beim gleichen Komponentenverhältnis von etwa 50% durch ein Minimum. Auch dies wurde als ein Hinweis auf die Verspannung in den amorphen Bereichen gedeutet[3].

K. A. WOLF [108b] konnte für Nebenmaxima, welche in den amorphen Bereichen durch Bewegung von Einzelgruppen der Hauptkette hervorgerufen werden, zeigen, daß ihre Temperaturlage von der Kristallisation verändert wird. Einzelgruppen, in deren Nachbarschaft (innerhalb der Kette) kristalline Bereiche beginnen, bewegen sich schwerer als solche, deren Nachbarn weniger behindert sind. Ein Maximum, das durch Bewegungen von Einzelgruppen der Hauptkette entsteht, verschiebt sich deshalb mit zunehmender Kristallinität zu höheren Temperaturen (Beispiel siehe Abb. 32, das Tieftemperaturmaximum des verzweigten und des linearen Polyäthylen). Das gleiche gilt auch, wenn andere Hemmungen, z. B. sterische in der Nachbarschaft der Einzelgruppen wirksam sind. Es ist zu erwarten, daß die Temperaturlage eines amorphen Hauptmaximums durch Änderung der Kristallisation weniger verschoben wird, als diejenige eines durch Gruppenbewegungen in der Hauptkette erzeugten Nebenmaximums, weil ersteres durch Bewegungen längerer Kettensegmente entsteht. Bei diesen machen sich solche Hemmungen durch

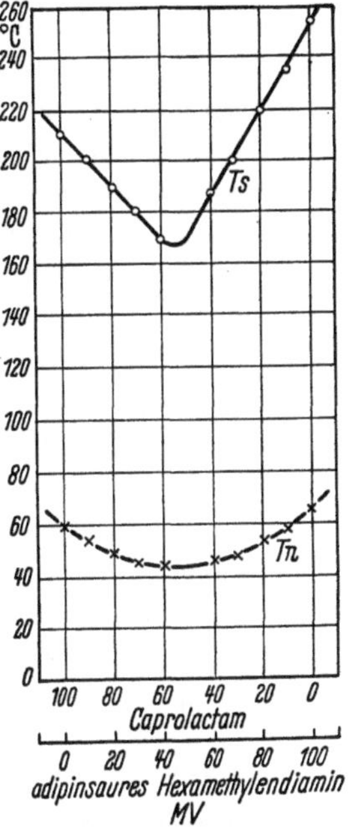

Abb. 34. Temperaturlage des ersten amorphen Maximums T_n und des Schmelzbereiches T_s der mechanischen Verluste bei den Mischkondensationsprodukten des Caprolactams und des adipinsauren Hexamethyldiamins in Abhängigkeit vom Komponentenverhältnis bei Frequenzen um einige Hertz nach [106]

---

[1] Polycaprolactam:

$$\left[-\underset{\underset{O}{\|}}{C}-(CH_2)_5-\underset{\overset{\cdot}{H}}{N}- \right]_n$$

[2] Polyadipinsaures Hexamethylendiamin:

$$\left[-\underset{\underset{H}{\cdot}}{N}-(CH_2)_6-\underset{\underset{O}{\|}}{N}-\overset{H}{C}-(CH_2)_4-\overset{\overset{O}{\|}}{C}- \right]_n$$

[3] Entsprechende Kurven wurden von SCHMIEDER auch an Copolymeren des Caprolactams mit Capryllactam gemessen (vgl. [108b]).

Kristallinitätsänderung nur an den Gruppen in der Nähe der Segmentenden bemerkbar.

Eine besondere Stellung unter den kristallisierfähigen Hochpolymeren nehmen, wie bereits bei der Deutung von Abb. 33 dargelegt wurde, die Stoffe ein, bei denen die Struktureinheiten eine besondere Symmetrie entlang der Kette aufweisen können. Nach einem Vorschlag von NATTA [64] unterscheidet man 2 Ordnungsgrade entlang einer Kette, nämlich die syndiotaktische und die isotaktische Anordnung im Gegensatz zur ungeordneten (ataktischen) Anordnung. Diese Spezialfälle der kristallinen Ordnung sind in 2.1, 2.2 und 3.2 ausführlich beschrieben. Die Kurven der mechanischen Dämpfung und des G-Moduls isotaktischer und syndiotaktischer Hochpolymerer weisen die gleichen Züge auf, wie die anderer partiell-kristalliner Stoffe (WALL, SAUER und WOODWARD [100], SAUER, WALL, FUSCHILLO und WOODWARD [78], OBERST und BOHN [70a], ILLERS [29a]). (Ein weiteres Beispiel [Polypropylen] für eine mechanische Dämpfungs- und Modulmessung findet sich in 5.7).

Bezüglich der Anordnung amorpher und kristalliner Bereiche in Sphärolithen und sonstigen Überstrukturen sei nochmals auf 3.7 hingewiesen. Es wurden, abgesehen von obigen Andeutungen, bisher noch nicht über wesentliche Beziehungen zwischen den Ergebnissen mechanischer Relaxationsuntersuchungen und diesen Überstrukturen berichtet, obwohl vermutlich solche Beziehungen existieren.

4.3.5 Vergleich mit anderen Meßmethoden und ihren Ergebnissen

Zusammenhang zwischen mechanischen und elektrischen Messungen. Zwischen dem Verhalten hochpolymerer Stoffe in einem mechanischen und in einem elektrischen Wechselfeld bestehen enge Beziehungen (ROELIG und HEIDEMANN [76], NIELSEN und BUCHDAHL [65], WOLF [105], HEIJBOER, DEKKING und STAVERMANN [21], TELFAIR [86], DEUTSCH, HOFF und REDDISH [9], MICHAILOV, KABIN und SASCHIN [58], THURN und WOLF [91, 25], vgl. auch 4.8). Die Vergleiche sind natürlich auf Hochpolymere beschränkt, die polare Gruppen enthalten. In beiden Feldern, beobachtet man Dispersionserscheinungen als Anzeichen für die Bewegung von Molekülteilen. Die Dispersionsstellen liegen aber mechanisch in vielen Fällen nicht genau bei den gleichen Frequenzen bzw. Temperaturen wie elektrisch (THURN und WOLF [91]). Die Unterschiede rühren daher, daß das elektrische Feld an den polaren Gruppen der Substanz angreift und diese zu Einstellbewegungen, und zwar vorwiegend Drehbewegungen entsprechend den Wechseln des äußeren Feldes veranlaßt. Im mechanischen Wechselfeld haben die polaren Gruppen ihre Vorzugsstellung als Angriffspunkte des äußeren Feldes verloren. Es findet hier ein Impulstransport statt, an dem alle Molekülteile entsprechend ihrer Masse und Beweglichkeit beteiligt sind. Der Translationsanteil dieser Bewegungen ist dabei größer als im elektrischen Fall. Berücksichtigt man dies, so kann man mit Hilfe von Dipolkoppelungsbetrachtungen zeigen, daß Unterschiede in den Lagen der Dispersionsstellen verständlich sind.

Es ist für die Ermittlung der Lageunterschiede zwischen einem dielektrischen und mechanischen Verlustmaximum von Bedeutung, welche Verlustgrößen man miteinander vergleicht. Wie in der Fußnote 2, S. 367, erläutert wurde, verschiebt sich bei konstanter Frequenz ein mechanisches $\tan\delta$-Maximum beim Umrechnen auf Verlustmodulwerte E'' zu tieferen, ein dielektrisches $\tan\delta$-Maximum beim Umrechnen auf die entsprechenden ε''-Werte zu höheren Temperaturen. Das bedeutet, daß in allen Fällen, in denen das dielektrische $\tan\delta$-Maximum bei einer höheren Temperatur liegt als das mechanische $\tan\delta$-Maximum, diese Temperaturdifferenz bei der Auftragung in E'' bzw. ε'' noch größer wird. Liegt jedoch das mechanische $\tan\delta$-Maximum bei einer höheren Temperatur als das dielektrische $\tan\delta$-Maximum, so vermindert die Umrechnung auf E''- bzw. ε''-Werte die Temperaturdifferenz bzw. kann sogar die Lagen umkehren. So verschwindet z. B. in dem in 4.3.3 von HEIJBOER und SCHWARZL in Abb. 23 angegebenen

Falle des Nebenmaximums des Polymethacrylsäuremethylesters die bei Angabe in $\tan\delta$-Werten auftretende Temperaturdifferenz zwischen der Lage des elektrischen und mechanischen Maximums bei Umrechnung auf E''- bzw. ε''-Werte.

Bei allen bis jetzt bekannt gewordenen Messungen fand man, konstante Frequenz und Variation der Temperatur vorausgesetzt, das Hauptdispersionsgebiet bei amorphen, polaren Substanzen im elektrischen Falle bei gleicher oder einer höheren Temperatur als im mechanischen Falle bzw. wenn man bei konstanter Temperatur unter Variation

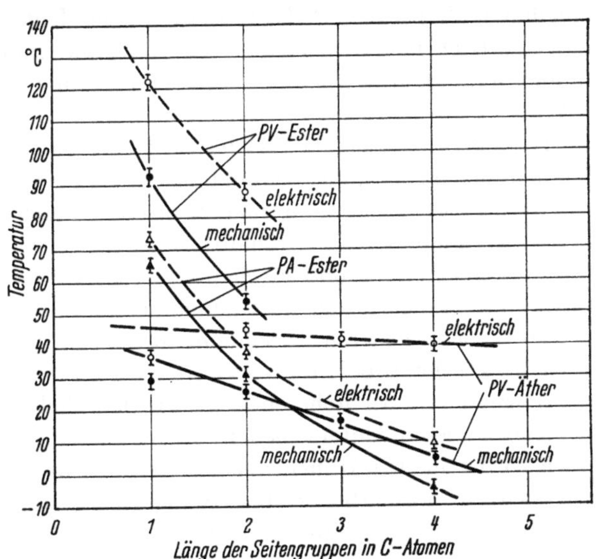

Abb. 35. Temperaturlagen der dielektrischen und mechanischen $\tan\delta$-Verlusthauptmaxima bei der Frequenz $2 \cdot 10^6$ Hz der Polyvinylester, Polyacrylester und Polyvinyläther als Funktion der Länge der aliphatischen Teile der Seitengruppen nach [91] (Bei Umrechnung auf E'' bzw. ε'' würden sich die Temperaturdifferenzen vergrößern.)

der Frequenz mißt, das elektrische Hauptdispersionsgebiet bei gleicher oder einer niedrigeren Frequenz als das mechanische. Bei partiell-kristallinen Stoffen bedürfen die Verhältnisse noch einer Klärung. Der Frequenz- bzw. Temperaturabstand des mechanischen Dispersionsgebietes zum elektrischen Dispersionsgebiet hängt von mehreren Einflüssen ab. Sie sollen im folgenden am Beispiel der dielektrischen und mechanischen Verlusthauptmaxima der Polyvinylester, Polyacrylester und Polyvinyläther bei der Frequenz $2 \cdot 10^6$ erläutert werden (Abb. 35).

Bei polaren Hochpolymeren gibt es eine Dipolkopplung sowohl zwischen benachbarten Ketten als auch entlang der gleichen Kette. Diese beiden Kopplungsmöglichkeiten stören sich gegenseitig in der Form, daß die Dipole dann die energetisch günstigste Lage im Felde des Nachbarn entlang der Kette nicht vollständig einnehmen können, wenn die Dipole von Nachbarketten sehr nahe sind. Der Einfluß der Dipole der Nachbarketten wird mit zunehmender Seitengruppenlänge außerhalb der polaren Stellen wegen des damit wachsenden Abstandes von Kette zu Kette und damit von Dipol zu Dipol kleiner. Deshalb sind ihrerseits die Dipole entlang der Kette um so besser gegeneinander ·orientiert, je länger die Seitengruppen sind. Dieser Effekt kann aber nur dann von Bedeutung sein, wenn die polaren Gruppen nicht aus anderen Gründen, z. B. sterischen, in ihrer Orientierungsmöglichkeit beschränkt sind.

Bei den Polyvinylestern (PVE) sind die polaren Gruppen wegen der Art ihrer Verknüpfung mit der Hauptkette beweglicher als bei den Polyacrylestern (PAE). Deshalb ist die Dipolkopplung zwischen benachbarten Ketten und damit die Temperaturlage der Hauptmaxima bei den PVE höher als bei den PAE. Wegen dieser besseren Beweglichkeit der polaren Gruppen verstärkt sich die Dipolkopplung entlang der Ketten bei den PVE eher, wenn die Kettenabstände zunehmen als bei den PAE. Deshalb ist der Unterschied in der Temperaturlage des elektrischen und mechanischen Hauptmaximums bei den PVE größer und nimmt außerdem stärker zu mit Verlängerung der Seitengruppen als bei den PAE[1].

Die Polyvinyläther (PVÄ) haben zwar schwächere Dipole als die Ester, sie können sich aber infolge besonders günstiger sterischer Verhältnisse besonders leicht entlang der Kette optimal anordnen, wenn die Störeinflüsse der Nachbarketten vermindert sind. Deshalb ist der Unterschied zwischen der Temperaturlage des elektrischen und mechanischen Hauptmaximums am Anfang der Reihe klein, wächst aber rasch mit zunehmender Seitengruppenlänge.

Trotz des kleineren Dipolmoments sind bei den PVÄ die Beweglichkeitsverhältnisse der Dipole um so viel besser als bei den PAE, daß sich die Temperaturlagekurven bei höheren Gliedern der Reihen überschneiden.

Neben diesen Unterschieden in den Lagen der Dispersionsbereiche gibt es noch solche in den Höhen der Verlustmaxima und in ihren Halbwertsbreiten, die sich im wesentlichen bei Berücksichtigung der Verschiedenartigkeit der Molekülbewegung in einem elektrischen und einem mechanischen Wechselfeld verstehen lassen.

Zusammenhang zwischen mechanisch-dynamischen und Kernresonanzmessungen. In den letzten Jahren hat sich die Kernresonanzmethode zu einem wichtigen Ergänzungsverfahren für dynamisch-mechanische Untersuchungen entwickelt. Wie in 4.17 dieses Buches näher erläutert wird, treten Stufen in der Temperaturkurve der Halbwertsbreite des Kernresonanzsignals bei den Temperaturen auf, bei denen Molekülteile mehr als etwa 10^4 Platzwechsel pro Sekunde ausführen (Gutowsky und Pake [20]). Man beobachtet deshalb, meist über die Resonanzen der Protonen, die Bewegungen der Protonen in den gleichen Molekülteilen, deren Bewegung über ihre Masse mit der dynamisch-mechanischen Methode beobachtet wird. Die Temperaturlage der Halbwertsbreitenstufen entspricht den dynamisch-mechanischen Messungen bei Frequenzen um 10^4 Hz. Da bei den Kernresonanzen die Effekte bei den Bewegungen kleiner Molekülteile, die mehrere Protonen enthalten, etwa ebenso groß sind wie bei den Bewegungen ganzer Molekülketten, kann man mit der Kernresonanzmethode vielfach die Realität schwacher sekundärer mechanischer Verlustmaxima überprüfen. Im Gegensatz zur magnetischen Kernresonanzmethode spielt nämlich im mechanischen Wechselfeld die Masse der bewegten Molekülteile eine mitbestimmende

---

[1] Bei den PVE ist die Kopplung zwischen den Dipolen benachbarter Ketten außerdem noch dadurch größer als bei den entsprechenden PAE, daß bei den PVE die Seitengruppenteile, die außerhalb des Dipolschwerpunktes sitzen, jeweils etwas kürzer sind.

Rolle für die Energieabsorption, d. h. die Höhe der mech. Verlustmodulmaxima. Die Kernresonanzmethode kann außerdem über das sog. ,,zweite Moment" direkte Aussagen über die bewegten Molekülteile und vielfach auch über die Art ihrer Bewegung liefern. Abb. 36 zeigt als Beispiel Messungen von POWLES [72] an Polymethacrylsäuremethylester. Eine Stufe in der Temperaturkurve der Kernresonanzlinien-Halbwertsbreite δH fällt ungefähr mit dem dielektrischen Verlustmaximum bei der etwa vergleichbaren Frequenz 10^4 Hz zusammen. Dies gilt auch für die Stufe des mit der Absorptionslinienform verknüpften zweiten Moments.

Untersucht man die Übereinstimmung der Stufen der Kernresonanzhalbwertsbreite mit den Maxima der mechanischen Verluste unter Zugrundelegung der zugehörigen Molekülbewegungsfrequenz in der Größenordnung 10^4 bis 10^5 Hz, so sieht man, daß die mit der Kernresonanzmethode ermittelten Werte für die Hauptmaxima einer Anzahl amorpher Polymerer befriedigend auf den Temperatur-Frequenz-Verschiebungslinien der Verlustmaxima liegen. Die Zuordnung der Halbwertsbreiten-

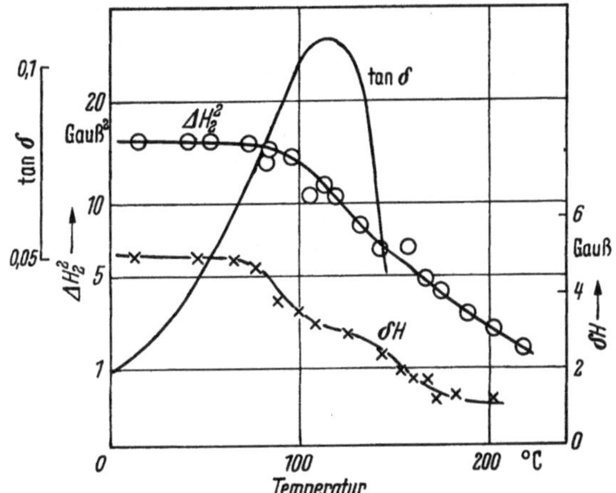

Abb. 36. Halbwertsbreite δH, zweites Moment ΔH_2^2 und dielektrischer Verlustfaktor $\tan\delta$ bei 10^4 Hz von Polymethacrylsäuremethylester als Funktion der Temperatur nach POWLES [72]

stufen zu den Dämpfungsmaxima wird auch durch Betrachtung der Aktivierungsenergien erleichtert. Beide Methoden ergänzen sich also, und der Kernresonanzversuch kann u. U. eine fragliche Zuordnung mechanischer Versuche bei verschiedenen Frequenzen klären helfen[1]. Es sind jedoch noch einige Fragen offen, da die zugrunde liegende Theorie unter stark vereinfachten Voraussetzungen aufgestellt wurde. So gelingt es keineswegs in allen Fällen die Protonenbeweglichkeit bei der Kernresonanz der Massenbeweglichkeit bei mechanischen Versuchen zuzuordnen.

Es wurde gezeigt, wie weit es gelungen ist, durch Untersuchung des Verhaltens von Hochpolymeren in mechanischen Wechselfeldern die Ursachen für eine Reihe ihrer physikalischen Eigenschaften zu verstehen. Die Betrachtungen machen aber auch klar, daß es zweckmäßig ist, neben der Variation der chemischen Konstitution, der Frequenz und der Temperatur die gleiche Erscheinung möglichst mit verschiedenen Meßmethoden zu untersuchen. Jede Meßmethode erfaßt eine spezifische Seite des molekularen Geschehens im Stoff. Man erhält deshalb eine um so bessere Information über das molekulare Geschehen und eine um so größere Sicherheit in der Deutung der Phänomene, je mehr ergänzende Meßmethoden man zur Untersuchung anwenden kann.

---

[1] Ein Beispiel für vergleichende dielektrische, mechanische und Kernresonanzmessungen am Polyoxymethylen findet sich bei [96].

Literatur

[1] BACCAREDDA, M., u. E. BUTTA: J. Polymer Sci. 31 (1958) S. 189.

[2] BECKER, G. W.: Kolloid-Z. 140 (1955) S. 1.

[2a] BECKER, G. W.: Kolloid-Z. 175 (1961) S. 99.

[3] BECKER, G. W., u. H. OBERST: Kolloid-Z. 148 (1956) S. 6.

[4] BENBOW, J. J.: Proc. phys. Soc. (London) B 67 (1954) S. 120.

[5] BERGMANN, L.: Der Ultraschall. Stuttgart: Hirzel 1954.

[6] BOROVICKAJA, N. M.: Z. techn. Phys. (Moskau-Leningrad) 28 (1958) S. 2689.

[6a] BUECHE, F.: J. Polymer Sci. 22 (1956) S. 113.

[7] CHILD, W. C., JR., u. J. D. FERRY: J. Colloid Sci. 12 (1957) S. 327 u. 389.

[8] CUMINGHAM, J. R., u. D. G. IVEY: J. appl. Phys. 27 (1956) S. 967.

[9] DEUTSCH, K., E. A. W. HOFF u. W. REDDISH: J. Polymer Sci. 13 (1954) S. 565.

[10] ECKER, R.: Kautschuk u. Gummi 6 (1953) S. WT 127.

[10a] EYRING, H.: Theory of Rate Processes. New York 1941.

[11] FERRY, J. D.: J. Amer. chem. Soc. 72 (1950) S. 3746.

[12] FERRY, J. D., I. JORDAN, W. W. EVANS u. M. F. JOHNSON: J. Polymer Sci. 14 (1954) S. 261.

[13] FERRY, J. D., W. C. CHILD JR., R. ZAND, D. M. STERN, M. L. WILLIAMS u. R. F. LANDEL: J. Colloid Sci. 12 (1957) S. 53.

[14] FERRY, J. D., u. S. STRELLA: J. Colloid Sci. 13 (1958) S. 459.

[14a] FERRY, J. D.: in STUART: Die Physik der Hochpolymeren, Bd. IV, S. 385. Berlin/ Göttingen/Heidelberg: Springer 1956.

[15] FISCHER, E. W.: Z. Naturforschung 12a (1957) S. 753.

[16] FUJITA, H., u. K. NINOMIYA: J. Polymer Sci. 24 (1957) S. 233.

[17] FUKADA, E.: J. phys. Soc. (Japan) 6 (1951) S. 254.

[18] FUKADA, E.: J. phys. Soc. (Japan) 9 (1954) S. 786.

[19] FURUKAWA, G. T., E. R. MCCOSKEY u. F. J. KING: J. Res. Nat. Bur. Stand. 49 (1952) S. 273.

[20] GUTOWSKY, H. S., u. G. E. PAKE: J. chem. Physics 18 (1950) S. 162.

[21] HEIJBOER, J., P. DEKKING u. A. J. STAVERMAN: Proc. Sec. Int. Congr. Rheol. (Oxford 1953) S. 123.

[22] HEIJBOER, J.: Kolloid-Z. 148 (1956) S. 36.

[23] HEIJBOER, J.: Plastica 12 (1959) S. 110.

[23a] HEINZE, D., K. SCHMIEDER, G. SCHNELL u. K. A. WOLF: Kautschuk u. Gummi 14 (1961) S. WT 208.

[24] HELLWEGE, K. H., R. KAISER u. K. KUPHAL: Kolloid-Z. 157 (1958) S. 27.

[25] HENDUS, H., G. SCHNELL, H. THURN u. K. A. WOLF: Ergebn. exakt. Naturwiss. 31 (1959) S. 220.

[25a] HENDUS, H., K. SCHMIEDER, G. SCHNELL u. K. A. WOLF: Festschrift CARL WUSTERR, Ludwigshafen a. Rh. (1960) S. 293.

[26] HERRMANN, K., u. O. GERNGROSS: Kautschuk 8 (1932) S. 181.

[27] HOFF, E. A. W., D. W. ROBINSON u. A. H. WILLBOURN: J. Polymer Sci. 18 (1955) S. 161.

[28] HUFF, K., u. F. H. MÜLLER: Kolloid-Z. 153 (1957) S. 5.

[29] ILLERS, K. H., u. E. JENCKEL: Kolloid-Z. 160 (1958) S. 97.

[29a] ILLERS, K. H.: Rheologica Acta 1 (1961) S. 616.

[30] IVEY, D. G., B. A. MROWCA u. E. GUTH: J. appl. Phys. 20 (1949) S. 486.

[31] IWAYANAGI, S., u. T. HIDESHIMA: J. phys. Soc. (Japan) 8 (1953) S. 365.

[32] IWAYANAGI, S., u. T. HIDESHIMA: J. phys. Soc. (Japan) 8 (1953) S. 368.

[33] IWAYANAGI, S.: J. sci. Res. Inst. (Japan) 49 (1955) S. 4.

[34] IWAYANAGI, S.: J. sci. Res. Inst. (Japan) 49 (1955) S. 23.

[35] JENCKEL, E.: Kunststoffe 40 (1950) S. 98.

[36] JENCKEL, E., u. K. H. ILLERS: Z. Naturforschung 9a (1954) S. 440.

[37] KARPOVICH, J.: J. chem. Physics 22 (1954) S. 1767.

[38] KAWAGUCHI, T.: J. Polymer Sci. 32 (1958) S. 417.

[39] KAELBLE, D. H.: SPE-J. Upper Midwest Sect. Minneapolis (Oktober 1958) S. 1–7.

[40] KELLER, A.: Phil. Mag. 2 (1957) S. 1171.

[41] KOBEKO, P., G. P. MICHAILOV u. Z. I. NOVIKOVA: Zh. tekh. Fiz. 14 (1944) S. 24.

[42] Koppelmann, J.: Kolloid-Z. 144 (1955) S. 12.

[43] Koppelmann, J.: Kunststoffe 47 (1957) S. 416 — Rheologica Acta 1 (1958) S. 20.

[44] Koppelmann, J.: Kolloid-Z. 164 (1959) S. 31.

[44a] Koppelmann, J., u. I. Gielessen: Kolloid-Z. 175 (1961) S. 97.

[45] Küchler, L.: Diskussion zu Würstlin: Kolloid-Z. 134 (1953) S. 152.

[46] Kuhn, W.: Z. angew. Chem. 49 (1936) S. 858.

[47] Kuhn, W., u. O. Künzle: Helv. chim. Acta 30 (1947) S. 839.

[48] Lethersich, W.: Brit. J. appl. Phys. 1 (1950) S. 294.

[49] Magat, M.: Diskussion zu Würstlin: Kolloid-Z. 134 (1953) S. 152.

[50] Maxwell, B.: J. Polymer Sci. 17 (1955) S. 151.

[51] Maxwell, B.: SPE, Techn. Papers, 15. Ann. Techn. Conf. 5, Paper No. 93 (1959) S. 1—5.

[52] Mark, H.: Öst. Chem.-Ztg. 48 (1947) S. 75.

[53] Marvin, R. S.: II. Int. Congr. Rheol,. S. 156. London: Butterworth 1954.

[54] McCrum, N. G.: J. Polymer Sci. im Druck und Vortrag: Int. High Polym. Conf. 1958 — J. Polymer Sci. 34 (1959) S. 355.

[55] McScimin, H. J.: J. acoust. Soc. Amer. 23 (1951) S. 429.

[56] Merz, E. H., L. E. Nielsen u. R. Buchdahl: Industr. Engng. Chem. 43 (1951) S. 1396.

[57] Michailov, G. P., T. I. Borisova u. D. A. Dimitrotchenko: Zh. tekh. Fiz. 26 (1956) S. 1924.

[58] Michailov, G. P., S. P. Kabin u. B. I. Saschin: J. techn. Phys. (Moskau-Leningrad) 25 (1955) S. 590.

[59] Michailov, G. P.: J. Polymer Sci. 30 (1958) S. 605.

[60] Müller, F. H.: Kolloid-Z. 95 (1941) S. 138 u. 306.

[61] Müller, F. H., u. Chr. Schmelzer: Ergebn. exakt. Naturwiss. 25 (1951) S. 359.

[62] Müller, F. H.: Kautschuk u. Gummi 9 (1956) S. WT 197.

[63] Siehe auch: F. H. Müller u. O. Broens: Kolloid-Z. 140 (1955) S. 121; 141 (1955) S. 20 (O. Broens: Dissertation Marburg 1954).

[64] Natta, G.: J. Polymer Sci. 16 (1955) S. 143.

[65] Nielsen, L. E., u. R. Buchdahl: J. chem. Physics 17 (1949) S. 839 — J. appl. Phys. 21 (1950) S. 488.

[66] Nielsen, L. E., R. Buchdahl u. R. Levreault: J. appl. Phys. 21 (1950) S. 607.

[67] Nolle, A. W., u. S. C. Mowry: J. acoust. Soc. Amer. 20 (1948) S. 432.

[68] Nolle, A. W.: J. Polymer Sci. 5 (1950) S. 1.

[69] Oberst, H., u. K. Frankenfeld: Acustica 2 AB (1952) S. 181.

[70] Oberst, H., G. W. Becker u. K. Frankenfeld: Acustica 4 (1954) S. 433.

[70a] Oberst, H., u. L. Bohn: Rheologica Acta 1 (1961) S. 608.

[71] Pechold, W.: Diplomarbeit, I. Physikal. Inst. TH Stuttgart 1956 — Acustica 9 (1959) S. 39 u. 48.

[72] Powles, J. G.: Extr. Arch. Sci. 9 (1956) S. 182.

[73] Piganiol, M.: Ind. plast. Mod. 7 (1955) S. 4.

[74] Reddish, W.: Trans. Faraday Soc. 46 (1950) S. 459.

[75] Robinson, D. W.: J. sci. Instrum. 32 (1955) S. 2. — E. A. W. Hoff, D. W. Robinson u. A. H. Willbourn: J. Polymer Sci. 18 (1955) S. 161.

[76] Roelig, H., u. W. Heidemann: Kunststoffe 38 (1948) S. 125.

[77] Sato, K., H. Nakane, T. Hideshima u. S. Iwayanagi: J. phys. Soc. (Japan) 9 (1954) S. 413.

[78] Sauer, J. A., R. A. Wall, N. Fuschillo u. A. E. Woodward: J. appl. Phys. 29 (1958) S. 1385.

[79] Schmieder, K., u. K. Wolf: Kolloid-Z. 127 (1952) S. 65.

[80] Schmieder, K., u. K. Wolf: Kolloid-Z. 134 (1953) S. 149.

[81] Schmieder, K.: Unveröffentlichte Ergebnisse.

[82] Shoppee, C. W.: J. chem. Soc. (1946) S. 1138.

[82a] Sommer, W.: Kolloid-Z. 167 (1959) S. 97.

[83] Sinnott, K. M.: J. Polymer Sci. 35 (1959) S. 273.

[84] Strella, S., u. R. Zand: J. Polymer Sci. 25 (1957) S. 97.

[85] Strella, S., u. R. Zand: J. Polymer Sci. 25 (1957) S. 105.

[86] Telfair, D.: J. appl. Phys. 25 (1954) S. 1062.

[87] THOMPSON, A. B., u. D. W. WOODS: Trans. Faraday Soc. 52 (1956) S. 1383.

[88] TILL, P. H., JR.: J. Polymer Sci. 24 (1957) S. 301.

[89] TOKITA, N.: J. Polymer Sci. 20 (1956) S. 515.

[89a] TOBOLSKY, A. V.: Properties and Structure of Polymers, S. 136. New York: J. Wiley & Sons 1960.

[90] THURN, H.: Z. angew. Phys. 7 (1955) S. 44.

[91] THURN, H., u. K. WOLF: Kolloid-Z. 148 (1956) S. 16.

[92] THURN, H., u. F. WÜRSTLIN: Kolloid-Z. 145 (1956) S. 133.

[95] THURN, H.: Kolloid-Z. 165 (1959) S. 57.

[96] THURN, H.: Festschrift CARL WURSTER, Ludwigshafen a. Rh. (1960) S. 321.

[97] THURN, H.: Unveröffentlichte Ergebnisse.

[98] UEBERREITER, K.: Kunststoffe 30 (1940) S. 170. — K. UEBERREITER u. G. KANIG: Z. Naturforschung 6a (1951) S. 551 — J. Colloid Sci. 7 (1952) S. 569.

[99] WALL, F. T., u. D. G. MILLER: J. Polymer Sci. 13 (1954) S. 157.

[100] WALL, R. A., J. A. SAUER u. A. E. WOODWARD: J. Polymer Sci. 35 (1959) S. 281.

[101] WILLIAMS, M. L., R. F. LANDEL u. J. D. FERRY: J. Amer. chem. Soc. 77 (1955) S. 3701.

[102] WILLBOURN, A. H. in: A. RENFREW u. P. MORGAN: Polythene, Kap. 9. London: Iliffle & Sons Ltd. 1957.

[103] WILLBOURN, A. H.: The glass transition in polymers with the $(CH_2)_n$ group. 26. Congress of pure and Appl. Chem., Polymer Symp. 25./26. Juli 1957.

[103a] WILLBOURN, A. H.: Kolloid-Z. 165 (1959) S. 87.

[104] WOLF, K.: in Versammlungsberichte, Angew. Chem. A 59 (1947) S. 172.

[105] WOLF, K.: Kunststoffe 41 (1951) S. 89.

[106] WOLF, K., u. K. SCHMIEDER: „Simposio Internat. Di Chimica Macromol.“, Suppl. „La Ricera Sci.“ 1955.

[107] WOLF, K.: Physikertagung München 1956, S. 141. Mosbach: Physik-Verlag 1957.

[108a] WOLF, K. A.: Vortrag Gordon Conf. on Polymers 1960, New London (K. A. WOLF ermöglichte dem Verfasser Einsicht in das Manuskript dieses Vortrages).

[108b] WOLF, K. A.: Z. Elektrochemie 65 (1961) Heft 7/8.

[109] WOODWARD, A. E., u. J. A. SAUER: Fortschr. hochpolym. Forsch. 1 (1958) S. 114.

[110] WÜRSTLIN, F.: Kolloid-Z. 110 (1948) S. 71.

[111] WÜRSTLIN, F.: Kolloid-Z. 134 (1953) S. 143.

4.4 Akustisches Verhalten

Von H. Oberst, Frankfurt a. M.-Höchst

4.4.1 Einleitung

Das akustische Verhalten der Kunststoffe hängt eng mit dem dynamisch-elastischen zusammen. Es interessiert nicht nur im Hinblick auf die schwingungstechnischen und akustischen Anwendungen der Stoffe, sondern es gewinnt auch in zunehmendem Maß Bedeutung für die Ermittlung dynamisch-elastischer Kennwerte und für die Erforschung des molekularen Verhaltens, auf das man aus der Frequenzabhängigkeit der elastischen Moduln und der zugehörigen Verlustfaktoren schließt (vgl. 4.2 und 4.3). Zur Bestimmung dieser Kenngrößen untersucht man Schwingungen und Wellen in geeignet gestalteten Probekörpern aus den interessierenden Materialien. Die Schwingungsmeßverfahren, die man dabei benutzt, sind ein Spezialgebiet der allgemeinen Meßtechnik zur Untersuchung von Schall und Schwingungen in Festkörpern; man ermittelt mit ihnen akustische Konstanten (Eigen- und Resonanzfrequenzen, Wellenlängen, Schallgeschwindigkeiten, Dämpfungskonstanten usw.) und berechnet aus diesen die gesuchten dynamisch-elastischen Größen. Die elektronischen Hilfsmittel, die bei diesen Methoden vielfach verwendet werden, sind die gleichen, die man allgemein in der Elektroakustik und der Ultraschalltechnik benutzt.

Bei den gegebenen Fragestellungen wäre es wenig zweckmäßig, die Untersuchung des akustischen Verhaltens der Kunststoffe auf den Hörbereich zu beschränken. Verschiedene Gründe sprechen dagegen: Die auf molekularen Relaxationsprozessen beruhenden und mit akustischen Methoden erforschten Erscheinungen der mechanischen Dispersion und der mit dieser zusammen auftretenden maximalen Absorption (vgl. 4.2 und 4.3) erstrecken sich bei den hochpolymeren Stoffen über viele Zehnerpotenzen der Frequenz, und man gewinnt um so tiefere Einblicke in das molekulare Geschehen, je breitere Frequenzbereiche man messend erfaßt. Die Meßverfahren tragen dieser Forderung nach Möglichkeit Rechnung; so bestimmt man z. B. den dynamischen Elastizitätsmodul durch Untersuchung von Dehn- und Biegewellen auf streifenförmigen Proben mit der gleichen Meßeinrichtung etwa im Frequenzbereich von 1 bis über 20000 Hz hinaus, also in einem Gebiet, das sich vom Infraschall- über den Hörbereich bis ins Ultraschallgebiet hinein erstreckt [1]. Gummi-elastische Federelemente, die man beispielsweise zur Schwingungsisolation von Maschinen verwendet, wirken bei tiefen Frequenzen, d. h. solange die Dehn- und Schubwellenlängen groß gegen die Abmessungen der Elemente sind, als reine Federn, die bei den Schwingungen überall gleichphasig verformt werden, bei höheren Frequenzen als „Körperschalleiter", in denen eine Wellenausbreitung und Bildung stehender Wellen möglich ist. Beide Wirkungen werden zweckmäßig im Zusammenhang untersucht [2]; in diesem Falle erstreckt sich das interessierende Frequenzgebiet vom Infraschall- in den Hörbereich hinein.

Diese Beispiele aus Forschung und Anwendungen mögen genügen. Es erscheint danach zweckmäßig, bei der Untersuchung des akustischen Verhaltens der Kunststoffe auf eine bestimmte Eingrenzung des Frequenzbereiches zu verzichten und statt dessen diesen den jeweiligen Problemen anzupassen.

Die akustischen Eigenschaften der Hochpolymeren hängen von der Vorspannung [3] und von der Schwingungsweite bei der Wechselbeanspruchung [4] ab; von diesen Abhängigkeiten soll bei den folgenden grundlegenden Betrachtungen im allgemeinen abgesehen werden, desgleichen vom Einfluß innerer Spannungen und von Anisotropien, wie sie beispielsweise bei der Herstellung von Platten, Rohren u. dgl. entstehen können.

Charakteristische Unterschiede des dynamisch-elastischen und des akustischen Verhaltens bestehen zwischen den kompakten und den geschäumten hochpolymeren Stoffen[1], denen in der technischen Akustik größere Bedeutung als Schwingungs- und Körperschallisolations- und als Luftschallabsorptionsmittel zukommt. Auf diese Unterschiede wird im folgenden näher einzugehen sein.

4.4.2 Zusammenhang des akustischen und des dynamisch-elastischen Verhaltens

Die akustischen Eigenschaften der Hochpolymeren hängen wie die mechanisch-dynamischen vom Stoffzustand ab (vgl. 4.2 und 4.3). Sie sind im Glas- und im Kristallzustand (vgl. 3.1 und 3.2) wesentlich verschieden von denen im gummi-elastischen Zustand (vgl. 3.3), dem im Hinblick auf wichtige technisch-akustische Anwendungen der Hochpolymeren besonderes Interesse gebührt.

---

[1] Im folgenden werden unter Kunststoffen ohne nähere Bezeichnung stets nichtgeschäumte Materialien verstanden; geschäumte werden als Schaumstoffe bezeichnet.

Zur Erläuterung dieser Unterschiede mögen hier die Beziehungen zwischen den gebräuchlichen elastischen Moduln und den diesen zugeordneten Schallgeschwindigkeiten dienen.

Wie in 4.2 gezeigt wurde, ist das elastische Verhalten isotroper fester Medien, zu denen die Kunststoffe im allgemeinen gezählt werden können, durch je zwei voneinander unabhängige elastische Konstanten vollständig bestimmt; von der inneren Dämpfung werde dabei zunächst abgesehen. Diese beiden Konstanten können unter den gebräuchlichen beliebig gewählt werden; alle übrigen hängen dann von ihnen ab. Hier werden als Kenngrößen die elastischen Moduln, die den Quotienten aus den mechanischen Spannungen und den zugehörigen Deformationsgrößen proportional sind, und die Querkontraktionszahl μ (POISSON-Zahl) benutzt. Gebräuchliche Moduln sind der Elastizitätsmodul E, der Torsionsmodul G, der Kompressionsmodul K und (in der Ultraschalltechnik oft gebraucht) der Longitudinalwellenmodul L. Für das akustische Verhalten besondere Bedeutung besitzen die Moduln E und L. E beherrscht die Dehnung eines in Längsrichtung gespannten Stabes bei ungehinderter Querkontraktion und damit auch die Ausbreitung der entsprechenden Dehnwellen im Stab; L ist für die Ausbreitung von Longitudinal- oder Dichtewellen im nach allen Seiten unbegrenzten Medium maßgebend, in denen die Dilatation und Kontraktion des Stoffes in den Richtungen quer zur Schallfortpflanzungsrichtung unterdrückt sind. G beherrscht die Schubverformungen, die Torsionswellen in Stäben sowie die Ausbreitung der Transversal- oder Schubwellen im ausgedehnten Medium, in denen die Schwingungsrichtung zur Fortpflanzungsrichtung senkrecht ist; K hängt eng mit L zusammen und ist bezogen auf die Volumenänderung unter allseitigem Druck (s. dazu 4.4.3, Abb. 1).

Wählt man E und μ als die beiden unabhängigen elastischen Konstanten, so hängen von diesen die übrigen in folgender Weise ab (vgl. 4.2, Tab. 1):

$$G = \frac{1}{2}\,\frac{E}{1+\mu}\,, \tag{1}$$

$$K = \frac{1}{3}\,\frac{E}{1-2\mu}\,, \tag{2}$$

$$L = E\,\frac{1-\mu}{(1+\mu)\,(1-2\mu)}\,. \tag{3}$$

Den elastischen Moduln sind als entsprechende akustische Größen die Schallausbreitungsgeschwindigkeiten zugeordnet. Hier interessieren besonders die Schallgeschwindigkeiten c_D der Dehnwellen, c_T der Transversalwellen und c_L der Longitudinalwellen. Zwischen ihnen und den Moduln bestehen die folgenden Beziehungen:

$$c_D = \sqrt{E/\varrho}\,, \tag{4}$$

$$c_T = \sqrt{G/\varrho}\,, \tag{5}$$

$$c_L = \sqrt{L/\varrho}\,; \tag{6}$$

ϱ ist die Dichte des Stoffes.

Die inneren Energieverluste im Material führen bei periodischen Schwingungen der Kreisfrequenz $\omega = 2\pi f$ (f die Frequenz), die hier vorwiegend zu betrachten sein werden, zu Phasenverschiebungen zwischen den Verformungen und den Spannungen, so daß die Moduln in der üblichen Beschreibung periodischer Vorgänge durch den Zeitfaktor $\exp(j\,\omega\,t)$ (t die Zeit, $j = \sqrt{-1}$) komplexe werden [5]. In 4.2 wurde für den komplexen Elastizitätsmodul die Darstellung Größen gewählt:

$$E^* = E' + j\,E'' = E(1 + j\,d), \quad d = E''/E' = \tan\delta\,; \qquad (7)$$

$E' = E$ ist der Realteil, E'' der Imaginärteil und d der Verlustfaktor der komplexen Kenngröße, δ der Phasenwinkel zwischen Verformung und Spannung. E' wird als dynamischer Elastizitätsmodul, E'' als Verlustmodul bezeichnet.

Entsprechende komplexe Ausdrücke werden für die anderen dynamisch-elastischen Moduln benutzt. Im allgemeinen gelten Gl. (1) bis (3) auch noch für die komplexen Größen [6]; jedoch ist zu beachten, daß sie in Gebieten mechanischer Dispersion nicht immer anwendbar sind [7].

Auch die Schallgeschwindigkeiten pflegt man in komplexer Schreibweise darzustellen, beispielsweise die Dehnwellengeschwindigkeit in der Form [8]:

$$c_D^* = \sqrt{E^*/\varrho} = \omega/k_D^*, \qquad (8)$$

$k_D^* = k_D - j\,\alpha_D$ die komplexe Kreiswellenzahl,

$k_D = \omega/c_D = 2\pi/\lambda_D$ die Phasenkonstante;

c_D ist die Phasengeschwindigkeit der gedämpften Dehnwelle, λ_D deren Wellenlänge, α_D deren Dämpfungskonstante. Eine in positiver x-Richtung (Richtung der Stabachse) fortschreitende Welle wird dann, wie üblich, vollständig beschrieben durch die Funktion

$$F(x, t) = A \exp j(\omega\,t - k_D^*\,x) = A \exp(-\alpha_D\,x)\,\exp j(\omega\,t - k_D\,x),$$

in der nur der Realteil physikalische Bedeutung hat. A ist die Amplitude, beispielsweise des Schalldruckes, zur Zeit $t = 0$ an der passend gewählten Stelle $x = 0$; die Amplitude nimmt in positiver x-Richtung mit $\exp(-\alpha_D\,x)$ ab.

Solange der Verlustfaktor d genügend klein gegen 1 ist, gelten die Beziehungen:

$$c_D = \sqrt{E/\varrho} \quad (\text{vgl. (4)}), \qquad (9)$$

$$\alpha_D\,\lambda_D = \pi\,d. \qquad (10)$$

Wenn d dem Wert 1 nahekommt, wie es in den Gebieten mechanischer Dispersion im gummi-elastischen Bereich der Fall ist (vgl. 4.2 und 4.3), reicht die Genauigkeit der in erster Näherung berechneten Ausdrücke (9) und (10) nicht mehr aus; von den dann erforderlichen Korrekturen soll in den grundlegenden Betrachtungen dieses Abschnittes abgesehen werden (s. dazu 4.4.4).

Entsprechende Beziehungen wie für die Dehnwellengeschwindigkeit gelten für die komplexen Schallgeschwindigkeiten c_T^* und c_L^*; in diesen Fällen ist in

Gleichung (8) E^* durch $G^* = G(1 + j\,d_G)$ bzw. durch $L^* = L(1 + j\,d_L)$ zu ersetzen.

Im Glaszustand der Stoffe ist die Poissonsche Zahl $\mu \approx {}^1/_3$; es folgt aus Gl. (1) und (4), daß $G \approx ({}^3/_8)\,E$ und $c_T \approx 0{,}6\,c_D$, und aus Gl. (3) und (4), daß $L \approx ({}^3/_2)\,E$ und $c_L \approx 1{,}2\,c_D$. Die 3 Moduln sind also von der gleichen Größenordnung; sie liegen im Bereich 10^{10} bis $10^{11}\,\mathrm{dyn/cm^2}$ (s. unten 4.4.3 und vgl. 4.2). Sehr nahe beieinander liegen auch die Schallgeschwindigkeiten; die Ausbreitungsgeschwindigkeit c_L der Longitudinalwellen ist nahe gleich der in Flüssigkeiten und liegt in der Umgebung von $2 \cdot 10^5\,\mathrm{cm/s}$.

Die innere Dämpfung ist im eingefrorenen Zustand der Kunststoffe verhältnismäßig klein im Vergleich zu den möglichen maximalen Dämpfungen im Übergangsgebiet oberhalb der Einfriertemperatur, und zwar sind die Verlustfaktoren von der Größenordnung 10^{-2}. Diese Werte sind jedoch immer noch groß gegen die der Verlustfaktoren in Metallen, die etwa von der Größenordnung 10^{-4} sind; demgemäß ist nach Gl. (10) die Amplitudenabnahme je Wellenlänge bei den Kunststoffen verhältnismäßig groß und infolgedessen insbesondere im Bereich hoher Ultraschallfrequenzen die Eindringtiefe der Wellen in die Stoffe gering, was für die Meß- und Prüftechnik sehr nachteilig ist (vgl. unten 4.4.3).

Völlig anders sind die Gegebenheiten im gummi-elastischen Zustand der Kunststoffe bei genügend tiefen Frequenzen. Dort kommt die Poisson-Zahl dem für inkompressible Medien gültigen Wert $\mu = {}^1/_2$, den sie bekanntlich im isotropen Medium nicht überschreiten kann, sehr nahe. Die Folge sind große Unterschiede in den Beträgen der Moduln und der zugehörigen Schallgeschwindigkeiten. Nach Gl. (1) bis (3) ist hier $G \approx ({}^1/_3)E$ und $K \approx L \gg E$, weil der Faktor $1 - 2\mu$ im Nenner von Gl. (2) und (3) sehr klein ist.

Die Moduln L und K und ihre Verlustfaktoren sind im gummi-elastischen Zustand von der gleichen Größenordnung wie im eingefrorenen; bei den Volumenänderungen in der Longitudinalwelle und bei der allseitigen Kompression sind für die inneren Spannungen (wie im Glaszustand allgemein) die Bindungskräfte zwischen benachbarten Atomen maßgebend (Energieelastizität, vgl. 4.2). Bei den Verformungen ohne oder mit geringer Volumenänderung dagegen, die den Moduln G und E zugeordnet sind, sind die auf Entropieelastizität (vgl. 4.2 und 3.3) beruhenden Spannungen verhältnismäßig klein. Die Werte E erstrecken sich von etwa 10^7 bis über $10^9\,\mathrm{dyn/cm^2}$ hinaus, die Dehnwellengeschwindigkeiten c_D etwa über den Bereich $2 \cdot 10^3$ bis $4 \cdot 10^4\,\mathrm{cm/s}$; die große Breite dieser Gebiete erklärt sich durch die starke Abhängigkeit der Kenngrößen von der Art der gummi-elastischen Stoffe (lineare, vernetzte, gefüllte) [9]. Diese Gegebenheiten des gummi-elastischen Zustandes sind von großer Bedeutung für die schwingungstechnischen und akustischen Anwendungen der Kunststoffe (s. unten).

In den Gebieten mechanischer Dispersion und maximaler Absorption, die im Übergangsbereich zwischen festem und flüssigem Zustand auftreten und auf Relaxationsprozessen der Molekülkettensegmente beruhen (vgl. 4.2), werden außerordentlich hohe Werte der Verlustfaktoren von E und G erreicht, die den Wert 1 überschreiten können. Dementsprechend sind die Dämpfungskonstanten α_D und α_T der Dehn- und Schubwellen· extrem groß. Nach Gl. (10) fällt für

$d = 1$ die Amplitude der Dehnwelle bereits über eine Strecke von etwa 2 Wellenlängen um -60 dB ab (etwa auf den 1000. Teil ihres Anfangswertes)[1]. Hieraus ergeben sich für die Meßtechnik besondere Aufgaben (s. 4.4.3).

Im Frequenzbereich oberhalb der Dispersionsgebiete, in dem die genannten Relaxationsprozesse nicht mehr den schnellen Wechselverformungen folgen können, ist wieder ausschließlich die Energieelastizität von maßgebender Bedeutung, und man hat auch hier mit dem gleichen dynamisch-elastischen Verhalten wie im Glaszustand zu rechnen.

Die Schaumstoffe setzen sich aus 2 Medien zusammen, nämlich dem hochpolymeren Gerüst und der von diesem umschlossenen Luft, die mehr oder weniger fest miteinander gekoppelt sind. Die Schallausbreitung in porösen Schichten mit elastischem Skelett ist von KOSTEN und ZWIKKER eingehend theoretisch und experimentell (an Latexschaum) untersucht worden [10]. Wie stets bei Koppelschwingungen ist die Theorie verhältnismäßig schwer zu übersehen, und Erscheinungen wie die Schalldoppelbrechung sind in Betracht zu ziehen. Es treten im allgemeinen 2 Schallgeschwindigkeiten auf; nur bei loser Kopplung sind dies die Geschwindigkeiten im (evakuierten) Gerüst und in der Luft.

Der im Hinblick auf die technisch-akustischen Anwendungen wichtigste Unterschied des dynamisch-elastischen und akustischen Verhaltens zwischen nicht geschäumten hochpolymeren Stoffen und Schaumstoffen besteht darin, daß in diesen im gummi-elastischen Zustand nicht nur die Dehnwellengeschwindigkeiten c_D, sondern auch die Longitudinalwellengeschwindigkeiten c_L im ausgedehnten Medium kleine Beträge annehmen. Dies ist darauf zurückzuführen, daß das hochpolymere Material bei der Zusammendrückung stets in die Poren ausweichen kann. Die Steifheit des gummi-elastischen Skeletts kann kleiner als die des eingeschlossenen Luftpolsters sein, dessen Volumelastizitäts- (Longitudinalwellen-) Modul $L = 1{,}4 \cdot 10^6$ dyn/cm² ist. Diesem Wert kommen deshalb die Moduln L der weichen Schaumstoffe sehr nahe. Die Unterschiede zwischen L und $E (L > E)$ sind hier klein; die Elastizitätsmoduln E, die man z. B. an zylindrischen (stabförmigen) Proben mißt, sind im wesentlichen durch das Skelett bestimmt; in die Longitudinalwellenmoduln L geht auch die Steifheit des Luftpolsters voll ein.

Die Rohdichten der Schaumstoffe (z. B. Polyurethan-Schaum und Zell-PVC) können heute kleiner als 0,1 g/cm³ gemacht werden; die Schallgeschwindigkeiten c_D und c_L im Gerüst, die sich nach Gl. (4) errechnen, wobei für ϱ die Rohdichte zu setzen ist, sind im gummi-elastischen Zustand von der gleichen Größenordnung wie die Dehnwellengeschwindigkeiten c_D der nichtgeschäumten Kunststoffe (s. oben).

4.4.3 Schallausbreitung

Die Probleme der Schallausbreitung in isotropen festen Medien sind vielgestaltig [11]. Stets können jedoch die in diesen Medien möglichen Wellentypen dargestellt werden durch Superposition von Dichte- und Schubwellen, sofern nicht diese beiden Wellenarten einzeln auftreten. Die Teilchenschwingungen in

---

[1] Die Amplitudenabnahme in dB (Dezibel) ist gleich $20 \lg A_1/A_2$, wobei A_1 und A_2 die Anfangs- und die Endamplitude bedeuten.

Dichte- und Schubwellen sind veranschaulicht in den ohne weitere Erläuterung verständlichen Abb. 1a und b [*12*].

Trifft eine Dichte- oder eine Schubwelle in einem festen Körper auf eine „freie" Oberfläche[1], so wird sie an dieser reflektiert und dabei im allgemeinen zum Teil in eine Welle der anderen Art umgewandelt. Nur für die gleichartige Welle ist der Reflexionswinkel gleich dem Einfallswinkel; man spricht deshalb bei der ungleichartigen auch von einer „gebrochenen" Welle [*13*]. Aus diesen Gründen sind die möglichen Schallvorgänge im festen Medium ungleich schwerer zu übersehen als diejenigen in schubspannungsfreien Medien (Gasen, Flüssigkeiten), in denen nur Dichtewellen möglich sind.

Im Hinblick auf viele technische Anwendungen und auf die Meßtechnik interessiert besonders die Schallausbreitung in Platten, also Festkörpern mit planparallelen (freien) Begrenzungsflächen, und in Stäben, also prismatischen oder zylindrischen Gebilden [*14*]. Die Wellen in den Platten sind darzustellen als Überlagerung eines Dichtewellenpaares und eines Schubwellenpaares. Diese Einzelwellen können bei den gegebenen Randbedingungen der freien Oberflächen nur bestimmte diskrete Richtungen haben; das Beispiel der Abb. 2 veranschaulicht den Verlauf solcher Wellenpaare[2]. Diese setzen sich zusammen zu „freien" oder „geführten" Wellen. Die möglichen freien Wellen lassen sich in 2 Gruppen zusammenfassen; in der einen schwingen Teilchen, die symmetrisch zur Mittelebene liegen, gegensinnig (Dehnungswellen), in der anderen gleichsinnig (Biegungswellen). Zu jeder Wellenart gehört eine charakteristische Verteilung der Schwingungsamplituden über den Plattenquerschnitt. Die Geschwindigkeiten, mit denen sich bestimmte Schwingungsphasen in der Ausbreitungsrichtung parallel zur Oberfläche fortpflanzen, hängen von der Frequenz und der Plattendicke ab und sind für die verschiedenen Wellenformen verschieden [*15*]. Alle Arten bis auf zwei weisen eine untere Grenzfrequenz auf, bei der die Phasen-

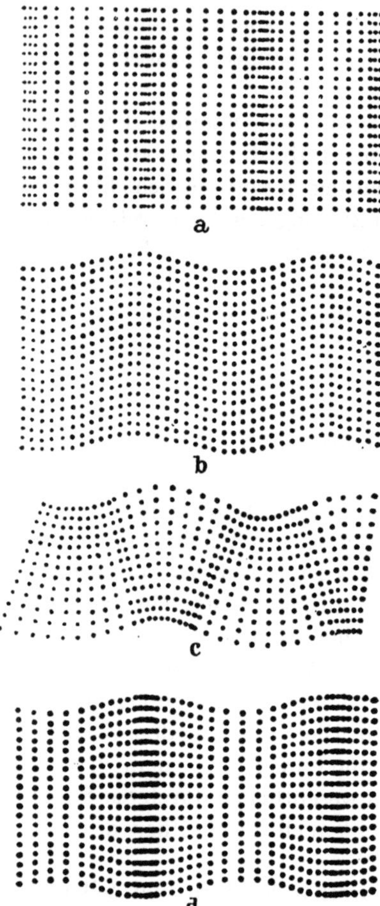

Abb. 1. Wellenarten im festen Körper a) Longitudinal- (Dichte-) Wellen b) Transversal- (Schub-) Wellen, c) Biegewellen, d) Dehnwellen (nach L. BERGMANN)

---

[1] Strenggenommen sind die Oberflächen als „frei" nur dann zu bezeichnen, wenn sich der Körper im Vakuum befindet; jedoch werden die Schallvorgänge im Inneren im allgemeinen nicht wesentlich modifiziert, wenn das umgebende Medium ein Gas ist.

[2] Die Wellen verlaufen gegen die Normale der Oberflächen geneigt und werden gewissermaßen zwischen diesen unter teilweiser Umwandlung in die andere Wellenart (s. oben) hin- und herreflektiert.

geschwindigkeit gegen ∞ geht und unterhalb welcher die betreffende Wellenform nicht möglich ist. Bei den in axialer Richtung in Stäben fortschreitenden Wellen sind die Gegebenheiten ähnlich [*16*].

In der Meßtechnik interessieren besonders die Wellentypen, die bei tiefen Frequenzen allein auftreten, das sind die bekannten Typen der bereits im vorigen Abschnitt angeführten Dehnwellen und Biegewellen im engeren Sinne, die in Abb. 1 c und d veranschaulicht sind, zu denen im Stab noch Torsionswellen hinzukommen.

Die Dehnwellengeschwindigkeit $c_{D_{\mathrm{Pl}}}$ in der Kunststoffplatte ist im Bereich tiefer Frequenzen konstant, sofern sie sich nicht auf Grund molekularer Relaxa-

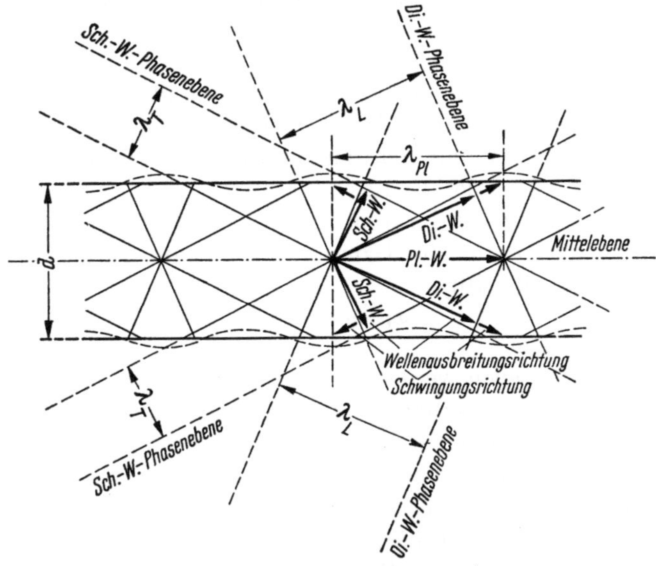

Abb. 2. Entstehung einer freien Plattenwelle (Pl.-W., Wellenlänge λ_{Pl}) durch Überlagerung eines Dichtewellenpaares (Di.-W., Wellenlänge λ_L) und eines Schubwellenpaares (Sch.-W., Wellenlänge λ_T). Beispiel einer Dehnungswelle (mit zur Mittelebene symmetrischen Schwingungen); Plattendicke $d = 2\,\lambda_T$, POISSON-Konstante $\mu = 0{,}35$

tionsvorgänge (elastischer Dispersion) ändert, bis in die Nähe der Grenzfrequenz f_{gr}, die durch die Gleichung bestimmt ist:

$$\omega\,h/2\,c_T = 1 \quad \text{oder} \quad \pi\,h/\lambda_T = 1\,; \tag{11}$$

h die Plattendicke, λ_T die Schubwellenlänge. In diesem Frequenzbereich ist

$$c_{D_{\mathrm{Pl}}} = \frac{c_D}{\sqrt{1-\mu^2}}\,, \tag{12}$$

c_D die Dehnwellengeschwindigkeit im dünnen Stab [vgl. 4.4.2, Gl. (4)][1].

Wenn die auf molekularen Prozessen beruhende elastische Dispersion nicht im Spiel ist, nimmt die Dehnwellengeschwindigkeit in der Platte bei Annähe-

---

[1] Die Dehnwellengeschwindigkeit in der Platte ist etwas größer als die im Stab, weil in der Platte die Querkontraktion und -dilatation in den Richtungen parallel zur Oberfläche behindert sind; jedoch ist der Unterschied gering, da $1 \leqq c_{D_{\mathrm{Pl}}}/c_D < 1{,}15\,(\mu < 0{,}5)$, und kann praktisch im allgemeinen außer acht bleiben.

rung an die Grenzfrequenz langsam ab, sie ist bei f_{gr} um etwa 7% ihres Wertes bei tiefen Frequenzen kleiner als dieser Wert und sinkt weiterhin mit wachsender Frequenz monoton ab. Bei hohen Frequenzen nähert sie sich der Ausbreitungsgeschwindigkeit c_R der RAYLEIGH-Wellen (s. unten).

Die Biegewellengeschwindigkeit $c_{B_{Pl}}$ in der Platte wächst bei tiefen Frequenzen proportional mit $\sqrt{f}$ an und nähert sich oberhalb f_{gr} ebenfalls dem Grenzwert c_R. Sie genügt bei tiefen Frequenzen genügend weit unterhalb f_{gr} der Gleichung

$$c_{B_{Pl}} = \sqrt{\omega\, h\, c_{D_{Pl}}/2\sqrt{3}}\,. \tag{13}$$

Für den Stab liefert die elementare Näherungstheorie der Biegewellen

$$c_B = \sqrt[4]{\omega^2\, E\, J/m}\,, \tag{14}$$

J das axiale Flächenträgheitsmoment des Querschnittes, m die Stabmasse je Längeneinheit. Es ist für den Stab mit rechteckigem Querschnitt $J = b\, h^3/12$, b die Stabbreite senkrecht zur Schwingungsrichtung, für den Stab mit Kreisquerschnitt $J = r^4\, \pi/4$, r der Radius [17].

Bei Berücksichtigung der inneren Energieverluste erhält man für nicht zu große Verlustfaktoren d für die Dämpfungskonstante α_B der Biegewellen die Beziehung [18] [vgl. Gl. (10)]

$$\alpha_B\, \lambda_B = \pi\, d/2\,, \tag{15}$$

λ_B die Biegewellenlänge.

Wie bei den Dehnwellen werden in der Biegewelle die Stabelemente (außerhalb der neutralen Faser) periodisch gedehnt und zusammengedrückt (s. dazu Abb. 1 c); demgemäß werden diese beiden Wellenarten in Stäben oder Streifen zur Bestimmung des dynamischen Elastizitätsmoduls benutzt.

Zur Bestimmung des Torsionsmoduls untersucht man entsprechend Torsionsoder Drillungswellen in Stäben [19]; in zylindrischen Stäben gilt für c_T Gl. (5), für α_T die Gl. (10) entsprechende Beziehung; in Stäben mit rechteckigem Querschnitt hängt die Torsionswellengeschwindigkeit von den Querabmessungen ab.

Es ist zu beachten, daß an den bei tiefen Frequenzen gültigen Ausdrücken für die Wellenausbreitungsgeschwindigkeiten wie im Falle der Platte Korrekturen erforderlich werden, wenn sich f der Grenzfrequenz nähert [20], oberhalb welcher im Stab außer den bei tiefen Frequenzen möglichen Dehn-, Biege- und Torsionswellen weitere Wellenformen verschiedener Ausbreitungsgeschwindigkeiten und Amplitudenverteilungen über den Stabquerschnitt auftreten. Diese Wellenformen nehmen mit wachsender Frequenz an Zahl zu, und es ist kaum möglich, ihre Anregung bei der Untersuchung von Dehn-, Biege- oder Torsionswellen im engeren Sinne oberhalb der Grenzfrequenz zu vermeiden. Das Schwingungsverhalten der Stäbe ist deshalb dort schwer zu beherrschen, und diese sind bei diesen hohen Frequenzen für die Bestimmung dynamisch-elastischer Konstanten ungeeignete Meßobjekte.

Gl. (11) erlaubt die Abschätzung des Frequenzbereiches, in dem man vom Elastizitätsmodul im üblichen Sinne sprechen kann, d. h. in dem $E = \varrho\, c_D^2$ [Gl. (4)] bei unmerklicher molekularer Relaxation frequenzunabhängig ist; denn für die Dicke stab- oder streifenförmiger Meßproben gibt es eine untere Grenze, unterhalb welcher das Ausgangsmaterial bei der Herstellung der Proben seine ursprünglichen Eigenschaften verlieren würde (z. B. durch Verstreckung oder Kristallisation bei der Herstellung dünner Fäden). Die Abschätzung ergibt, daß für Hochpolymere die Frequenzgrenze, bis zu der E günstigstenfalls gemessen werden kann, nicht weit oberhalb 100 kHz liegt. Bei hohen Ultraschallfrequenzen verliert der Elastizitätsmodul seine Bedeutung.

Auf Stäben endlicher Länge können sich bei nicht zu großen inneren Energieverlusten unterhalb f_{gr} stehende Dehn-, Biege- und Torsionswellen ausbilden, die durch Überlagerung der an den Stabenden reflektierten fortschreitenden Wellen entstanden gedacht werden können; bei den Biegewellen treten zu den in entgegengesetzten Richtungen laufenden fortschreitenden Wellen noch sog.

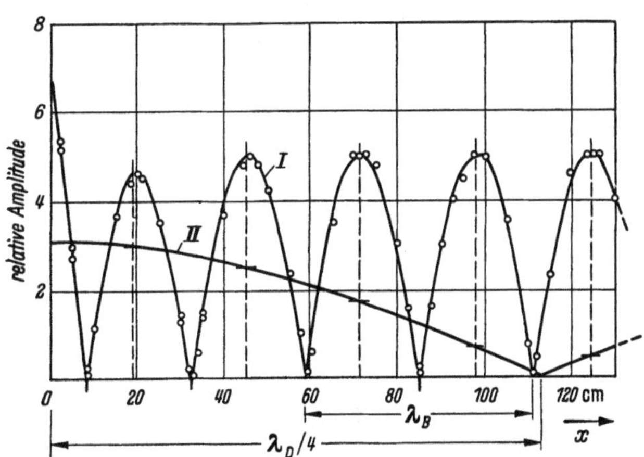

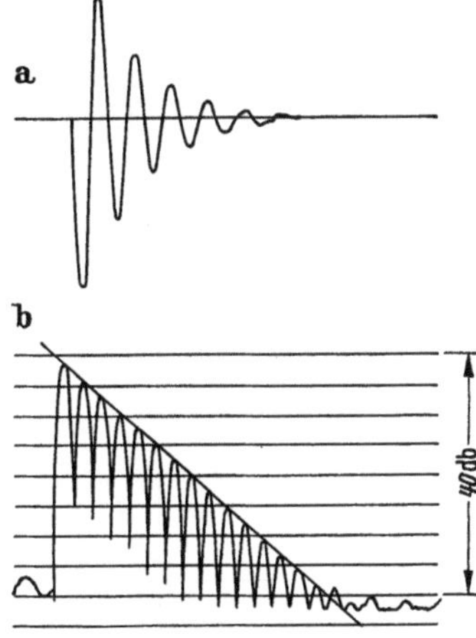

Abb. 3. Mit einem Beschleunigungsmesser gemessene Amplitudenverteilung in stehenden Wellen in der Nachbarschaft des freien Endes eines zylindrischen Aluminiumstabes von 4 cm Durchmesser; freies Stabende bei $x = 0$, Meßfrequenz 1155 Hz
Kurve *I*: Relative Amplituden einer Biegewelle, in Schwingungsrichtung (senkrecht zur Stabachse) gemessen
Kurve *II*: Relative Amplituden der Dehnwelle in tangentialer (axialer) Richtung

Abb. 4. Mit einem Pegelschreiber aufgezeichneter Ausschwingvorgang eines Torsionspendels (nach J. KOPPELMANN). a) in linearer Aufzeichnung der Schwingungsweiten; b) Beträge der Amplituden in logarithmischer Aufzeichnung. Zeitskala (t) linear

quasistationäre Schwingungsanteile an den Enden hinzu, die in Richtung auf die Stabmitte schnell abklingen [21]. Die stehenden Wellen zeigen die bekannten Schwingungsknoten und -bäuche; die Knoten sind scharf nur bei kleiner Dämpfung. Abb. 3 veranschaulicht die Amplitudenverteilung in stehenden Wellen auf einem Stab.

Im sich selbst überlassenen Stab sind solche stehenden Wellen nur bei bestimmten diskreten Frequenzen, den Eigenfrequenzen, möglich; man spricht in diesem Falle von Eigenschwingungen. Die Lage der Eigenfrequenzen hängt von den Randbedingungen an den Stabenden ab, die z. B. frei oder eingespannt sein können. Bei Dehn- und Torsionswellen sind die Eigenfrequenzen zueinander harmonisch, d. h., sie sind ganzzahlige Vielfache einer Grundfrequenz; bei Biegewellen ist dies wegen der Frequenzabhängigkeit von c_B [Gl. (14)] nicht der Fall. Die Dämpfung hat zur Folge, daß die Schwingungsweiten zeitlich exponentiell abklingen. Abb. 4 veranschaulicht einen solchen Ausschwingvorgang [19]. Für das logarithmische Dekrement Λ in der üblichen Definition[1] gilt, wenn andere Dämp-

---

[1] $\Lambda = \ln(A_1/A_2)$; A_1 und A_2 sind zwei im zeitlichen Abstand einer Periode aufeinanderfolgende Maxima der Schwingungsweite.

fungsursachen als die inneren Energieverluste (Reibung in den Stabhalterungen, Strahlung) vernachlässigbar klein sind, die Beziehung

$$\varLambda = \pi d \,. \tag{16}$$

Wenn auf den Stab eine periodische Längs- oder Querkraft oder ein periodisches Drehmoment der Frequenz f wirkt, führt er erzwungene Dehn-, Biege- oder Torsionsschwingungen gleicher Frequenz aus, wobei sich wieder stehende Wellen bilden. Verändert man die Frequenz bei konstant gehaltener Kraftamplitude kontinuierlich und mißt man an passender Stelle des Stabes die Schwingungsamplitude, so durchläuft diese bei den sog. Gipfel- (Resonanz-) Frequenzen, die bei kleinen Dämpfungen praktisch mit den Eigenfrequenzen zusammenfallen, Maxima. Der Kurvenverlauf in der Umgebung eines Maximums ist glockenförmig; die Halbwertsbreite[1] der sog. Resonanzkurve ist ein Maß für die inneren Energieverluste, wenn diese andere Dämpfungsursachen überwiegen, und es gilt für alle 3 Wellenarten

$$d = \varDelta f/f_0 \,, \tag{17}$$

$\varDelta f$ die Halbwertsbreite, f_0 die Gipfelfrequenz, bei der gemessen wird. Abb. 5 zeigt ein Meßbeispiel einer Resonanzkurve.

Bei der experimentellen Untersuchung der Wellen auf Kunststoffstäben ist dem großen Bereich der vorkommenden Dämpfungen Rechnung zu tragen (etwa $10^{-2} \lesssim d \lesssim 1$). Bei kleinen inneren Verlusten ist es zweckmäßig, zur Bestimmung der elastischen Kennwerte gedämpfte Eigenschwingungen zu untersuchen, die langsam abklingen, so daß das Dekrement oder die Abklingzeit gut meßbare Größen sind. Bei mittleren Dämpfungen ist die angemessene Größe zur Ermittlung der Dämpfung die Halbwertsbreite. Die Bestimmung von d nach Gl. (17) wird unsicher, wenn die Resonanzkurven sehr breit und unsymmetrisch werden. Wenn d sich dem Wert 1 nähert, nehmen die Dämpfungskonstanten nach Gl. (10) und (15) so hohe Werte an, daß die Amplituden der fortschreitenden Wellen schon über Strecken von wenigen Wellenlängen in Ausbreitungsrichtung verschwinden (vgl. 4.4.2) und die am Stabende reflek-

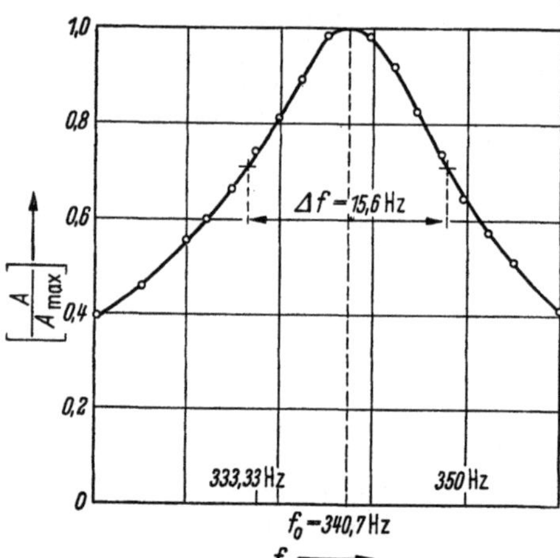

Abb. 5. Gemessene Resonanzkurve der erzwungenen Biegeschwingungen eines langen, schmalen Blechstreifens mit dämpfendem Belag

A　Schwingungsamplitude am freien Streifenende,
A_{max}　Amplitude im Maximum bei der Resonanzfrequenz f_0;
$\varDelta f$　Halbwertsbreite

tierte Welle bei genügender Länge des Stabes in dessen Mitte nicht mehr merklich ist. Stehende Wellen können sich also nicht mehr bilden, und es ist verhältnismäßig leicht, bei diesen hohen Dämpfungen reine fortschreitende Wellen zu verwirklichen und deren Wellenlängen und Dämpfungskonstanten zu messen [22, 23].

---

[1] Die Halbwertsbreite ist definiert als der Abstand der beiden Frequenzen oberhalb und unterhalb von f_0, bei denen $A^2 = A_{max}^2/2$ ist, A die Schwingungsamplitude, $A = A_{max}$ für $f = f_0$.

Aus den Meßgrößen, also Eigen- oder Resonanzfrequenzen oder Wellenlängen, Dekrementen, Halbwertsbreiten oder Dämpfungskonstanten, und den Stababmessungen kann man die elastischen Moduln E und G und ihre Verlustfaktoren berechnen.

Wenn man die Stablänge klein gegen die Wellenlänge wählt, wird der Stab zum Federelement, bei Drillungsschwingungen insbesondere zur Torsionsfeder. In Verbindung mit trägen Massen, insbesondere rotierenden Schwungmassen im Falle der Torsionsbeanspruchung, verwendet man solche Elemente in Masse-Feder-Systemen [24] und in Torsionspendeln [25], die wie die langen Stäbe schwingungsfähige Systeme darstellen, deren Eigen- oder Resonanzschwingungen zur Ermittlung der elastischen Kennwerte des Federmaterials untersucht werden.

Die Meßverfahren zur Untersuchung der Schwingungen von Stäben und Federelementen sind die zur Prüfung der dynamisch-elastischen Eigenschaften von Hochpolymeren am meisten benutzten Verfahren; sie werden eingehend behandelt in II, 3.4.2.

Im Bereich hoher Ultraschallfrequenzen ($\lambda_L = c_L/f \approx 2$ cm bei 100 kHz, $\lambda_L \approx 2$ mm bei 1 MHz) rückt bei den dort kurzen Dichte- und Schubwellenlängen die Schallausbreitung im allseitig ausgedehnten Stoff in den Vordergrund des Interesses. Die im Vergleich zu den Energieverlusten beispielsweise in Metallen ($d \approx 10^{-5}$ bis 10^{-3}) und Gläsern ($d \approx 10^{-3}$) hohen Verluste in den Hochpolymeren ($d \gtrsim 10^{-2}$) haben jedoch zur Folge, daß die bekannten Ultraschall-Meßverfahren [26], insbesondere die optischen Verfahren zur Untersuchung der Ultraschallwellen in den Versuchskörpern[1], mit denen man die Ausbreitungsgeschwindigkeiten c_L und c_T und die elastischen Konstanten von Gläsern und kristallinen Stoffen (auch undurchsichtigen) bestimmt, bei den hochpolymeren Stoffen, in denen die Reichweiten der Dichte- und Schubwellen sehr klein sind[2], nur bedingt oder auch gar nicht anwendbar sind.

Aus diesem Grunde sind bei der Untersuchung von hochpolymeren Stoffen bei hohen Ultraschallfrequenzen bisher vorwiegend in einer Richtung dünne Meßobjekte, also Platten oder Keile, benutzt worden, die man mit Ultraschall-Strahlenbündeln durchstrahlt (s. 4.4.5). Daneben könnten u. U. Oberflächenwellen an den „freien" (ebenen) Grenzflächen von Kunststoffkörpern meßtechnische Bedeutung gewinnen [27].

Wie in der Platte und im Stab sind an der Oberfläche nur einseitig begrenzter Medien freie Wellen möglich, die sog. RAYLEIGH-Wellen [28], die sich parallel zur (ebenen) Grenzfläche ausbreiten und senkrecht zur Oberfläche schnell exponentiell abklingen. Ihre Geschwindigkeit c_R ist etwas kleiner als die Schubwellengeschwindigkeit c_T ($c_R = 0{,}955\, c_T$ für $\mu = 0{,}5$, $c_R = 0{,}874\, c_T$ für $\mu = 0$). Solche Grenzschichtwellen können auch von außen angeregt werden, beispielsweise durch schräg in einem an den Prüfkörper grenzenden schubspannungsfreien Medium auf die Grenzfläche treffende Dichtewellen (s. dazu 4.4.5).

---

[1] Zum Beispiel das Verfahren von SCHAEFER und BERGMANN, s. L. BERGMANN [26]; dort das Originalschrifttum.

[2] Bei 10 MHz beispielsweise ($\lambda_L \approx 0{,}2$ mm) fällt die Amplitude einer Dichtewelle gemäß $\alpha_L \lambda_L = \pi d$ [vgl. Gl. (10)] für $d \approx 10^{-2}$ über eine Strecke von 1 cm etwa auf ein Fünftel ihres Anfangswertes ab (um etwa 14 dB).

4.4.4 Die Beziehungen zwischen den verschiedenen Dämpfungsgrößen

In den vorigen Abschnitten sind verschiedene Größen eingeführt worden, die als Maß für die inneren Energieverluste in den Stoffen geeignet sind. Tatsächlich werden alle diese und noch weitere Dämpfungsgrößen in der Praxis für diesen Zweck benutzt, und es besteht ein dringendes Bedürfnis, sie in übersichtlicher Weise zu ordnen und zueinander in Beziehung zu setzen. Das soll in diesem Abschnitt geschehen. In 4.2.2, wurde schon in Tab. 1 eine solche Übersicht für die gebräuchlichen elastischen Konstanten gegeben. In entsprechender Weise werden hier die Dämpfungsgrößen in einer Tabelle zusammengestellt.

Bei der Bestimmung der inneren Energieverluste durch Untersuchung erzwungener oder freier Schwingungen geeigneter Probekörper sind die Schwingungen nicht nur durch innere Verluste gedämpft, die für das zu prüfende Material charakteristisch sind, sondern, wie schon erwähnt, auch durch äußere Einflüsse, z. B. Reibung in den Halterungen der Probekörper u. dgl. Bei der folgenden Zusammenstellung ist vorausgesetzt, daß andere Dämpfungsursachen als die inneren Energieverluste nicht merklich sind.

Der Verlustfaktor d als Maß für die inneren Verluste wurde in 4.4.2, [Gl. (7)] eingeführt (vergleiche auch 4.2.3); er ist definiert für stationäre Schwingungen bestimmter Kreisfrequenz $\omega = 2\pi f$.

Beim Abklingen gedämpfter Eigenschwingungen (4.4.3) nehmen die Amplituden mit der Zeit t wie $\exp(-\delta t)$ ab; δ ist die sog. Abklingkonstante. Als physikalische Dämpfungsgröße wird meist das logarithmische Dekrement $\Lambda = \delta/f_0$ gewählt; f_0 ist die sog. Kennfrequenz, die bei kleinen Dämpfungen, auf die die vorliegende Betrachtung beschränkt sei, praktisch gleich der Eigenfrequenz und gleich der Resonanzfrequenz im Falle erzwungener Schwingungen ist. Zwischen Λ und dem Verlustfaktor besteht die Beziehung (16).

Als technisches Maß benutzt man oft die „Nachhallzeit" T, das ist die Zeit, in der die Schwingungsweite auf ein Tausendstel ihres Anfangswertes oder um 60 dB abnimmt. Dieses Maß ist besonders handlich dann, wenn man den Abklingvorgang mit einem sog. Pegelschreiber registriert (s. dazu II, 3.4.2c); dieser zeichnet die mit der Zeit t exponentiell abnehmende Amplitude auf einem Registrierstreifen als Gerade auf, mit deren Hilfe T leicht bestimmt werden kann. Der Name „Nachhallzeit" ist aus der Raumakustik übernommen (s. dazu 4.4.6), in der T auf die Abnahme der Schallenergie in einem Raume nach dem Abschalten der Schallquelle bezogen ist und als Maß für die durch die getroffenen Schallschluckmaßnahmen (absorbierende Wandbekleidungen u. dgl.) erreichte Schallabsorption dient. An Stelle von T wird auch die Amplitudenabnahme D_t in dB je Sek. benutzt, die mit T durch die Beziehung $D_t\,T = 60$ dB zusammenhängt.

Bei mittleren Dämpfungen ist ein geeignetes Maß für die Dämpfung die Halbwertsbreite Δf der Resonanzkurve [s. dazu 4.4.3, Abb. 5 und Gl. (17)].

Weitere gebräuchliche Dämpfungsgrößen sind die Dämpfungskonstanten α der fortschreitenden und stehenden Wellen in den Probekörpern (s. dazu 4.4.2 und 3). Sie hängen ebenfalls mit den bereits aufgeführten Dämpfungsgrößen zusammen, doch sind in diesem Falle die Beziehungen von der Art der Wellen abhängig, und zwar unterscheiden sich die für Biegewellen gültigen Ausdrücke für die Dämpfungskonstanten von den für die übrigen Wellenarten [Dehn- und

Torsionswellen auf Stäben und Streifen, Longitudinal- (Dichte-) und Transversal-(Schub-) Wellen in ausgedehnten Medien] geltenden gegebenenfalls durch den Faktor $1/_2$. Die Dämpfungskonstante α ist als Meßgröße besonders gut bei großen inneren Energieverlusten geeignet ($d \approx 1$), bei denen die Abklingzeiten sehr kurz und die Resonanzkurven zu breit und unsymmetrisch werden oder nur noch eine kaum merkliche Resonanzüberhöhung auftritt. In diesem Falle lassen sich verhältnismäßig leicht praktisch reine fortschreitende gedämpfte Wellen auf Stäben oder Streifen mäßiger Länge verwirklichen, deren Amplitudenabnahme mit der Entfernung, die $\exp(-\alpha x)$ proportional ist (x die Koordinate in Ausbreitungsrichtung), der Messung gut zugänglich ist (vgl. 4.4.3). Bei Aufzeichnung des Amplitudenverlaufes in Abhängigkeit von x mit einem logarithmisch anzeigenden Pegelschreiber erhält man wieder eine Gerade, deren Neigung α bestimmt. In diesem Falle wird als technisches Maß für die Dämpfung oft die Amplitudenabnahme D_l in dB je m benutzt, die anschaulich besonders dann ist, wenn man die Wellenausbreitung über ausgedehnte Strukturen betrachtet, deren Abmessungen groß gegen die Wellenlänge sind. Bisweilen wird auch die Amplitudenabnahme D_λ in dB je Wellenlänge angeführt, die dem Verlustfaktor direkt proportional ist.

Die Beziehungen zwischen allen hier angeführten Dämpfungsgrößen sind aus Tab. 1 zu ersehen. Sie gelten für den Fall hinreichend kleiner Amplituden und nicht zu großer innerer Dämpfung ($d \lesssim 0{,}1$).

Das in der Tabelle an verschiedenen Stellen auftretende Produkt λf_0 ist gleich der Wellenausbreitungs- (Schall-) Geschwindigkeit c (allgemein: $c = \lambda f$).

In der Tabelle nicht enthalten ist das logarithmische Dekrement Λ, dessen einfacher Zusammenhang mit dem Verlustfaktor d hier der Vollständigkeit halber noch einmal angeführt sei [Gl. (16)]:

$$\Lambda = \pi d.$$

Im amerikanischen Schrifttum wird bei unerwünschter Dämpfung, insbesondere im Falle möglichst scharf abzustimmender Schwingungssysteme, als Gütefaktor die Resonanzschärfe benutzt. Der Gütefaktor wird mit Q bezeichnet und ist definiert durch die Gleichung

$$Q = f_0/\Delta f = 1/d; \tag{18}$$

Q ist also gleich dem reziproken Wert des Verlustfaktors.

Es bleibt hier noch zu bemerken, daß neben dem Verlustfaktor im Falle des dynamischen Elastizitätsmoduls noch ähnlich definierte weitere Größen im technischen Gebrauch sind. Der Name „Verlustfaktor" weist darauf hin, daß d die in Wärme umgesetzte „verlorene" Energie zur wiedergewinnbaren Verformungsenergie in Beziehung setzt. ROELIG [29] definiert die (relative) „Dämpfung" D für den Fall der Wechseldruckbeanspruchung zylindrischer Meßproben an Hand der Kurvendarstellung der Abb. 6, in der die Wechsellast als Ordinate und der Weg (die Dehnung) als Abszisse aufgetragen sind. Bei der Wechselverformung (hier bei gegebener Vordehnung) durchläuft der die jeweilige Beziehung zwischen Weg und Last kennzeichnende Kurvenpunkt die bekannte Hysteresisschleife, eine Ellipse bei kleinen Amplituden, deren Inhalt das Maß für die Verlustarbeit bei einer Schwingung ist. Die „Dämpfung" wird in der aus der Abbildung ersichtlichen Weise definiert als der Quotient aus den Flächeninhalten F_2 der

Tabelle 1. *Zusammenhang verschiedener Dämpfungsgrößen, die sich aus der Frequenz- oder Zeitabhängigkeit der Amplitude eines schwingungsfähigen Systems oder aus der Amplitudenabnahme fortschreitender Wellen ergeben (f_0 Kennfrequenz in Hz; λ Wellenlänge in m)*

Gesuchte Größe	ausgedrückt durch							
	d	δ in s^{-1}	Δf in Hz	T in s	D_t in dB/s	α in m^{-1}	D_l in dB/m	D_λ in dB je W.-L.
Verlustfaktor d	d	$\dfrac{\delta}{\pi f_0}$	$\dfrac{\Delta f}{f_0}$	$\dfrac{2,20}{T f_0}$	$0,0366\,\dfrac{D_t}{f_0}$	$n\,\dfrac{\alpha\,\lambda}{\pi}$	$n\,0,0366\,\lambda\,D_l$	$n\,0,0366\,D_\lambda$
Abklingkonstante δ in s^{-1}	$\pi\,d f_0$	δ	$\pi\,\Delta f$	$\dfrac{6,91}{T}$	$0,115\,D_t$	$n\,\alpha\,\lambda\,f_0$	$n\,0,115\,\lambda\,f_0\,D_l$	$n\,0,115\,f_0\,D_\lambda$
Halbwertsbreite Δf in Hz	$d f_0$	$\dfrac{\delta}{\pi}$	Δf	$\dfrac{2,20}{T}$	$0,0366\,D_t$	$n\,\dfrac{\alpha\,\lambda\,f_0}{\pi}$	$n\,0,0366\,\lambda\,f_0\,D_l$	$n\,0,0366\,f_0\,D_\lambda$
Nachhallzeit T in s	$\dfrac{2,20}{d f_0}$	$\dfrac{6,91}{\delta}$	$\dfrac{2,20}{\Delta f}$	T	$\dfrac{60}{D_t}$	$\dfrac{1}{n}\,\dfrac{6,91}{\alpha\,\lambda\,f_0}$	$\dfrac{1}{n}\,\dfrac{60}{\lambda\,f_0\,D_l}$	$\dfrac{1}{n}\,\dfrac{60}{f_0\,D_\lambda}$
Amplitudenabnahme D_t in dB/s	$27,3\,d f_0$	$8,69\,\delta$	$27,3\,\Delta f$	$\dfrac{60}{T}$	D_t	$n\,8,69\,\alpha\,\lambda\,f_0$	$n\,\lambda\,f_0\,D_l$	$n\,f_0\,D_\lambda$
Dämpfungskonstante α in m^{-1}	$\dfrac{1}{n}\,\dfrac{\pi\,d}{\lambda}$	$\dfrac{1}{n}\,\dfrac{\delta}{\lambda\,f_0}$	$\dfrac{1}{n}\,\dfrac{\pi\,\Delta f}{\lambda\,f_0}$	$\dfrac{1}{n}\,\dfrac{6,91}{\lambda\,f_0\,T}$	$\dfrac{0,115}{n}\,\dfrac{D_t}{\lambda\,f_0}$	α	$0,115\,D_l$	$0,115\,\dfrac{D_\lambda}{\lambda}$
Amplitudenabnahme D_l in dB/m	$\dfrac{27,3}{n}\,\dfrac{d}{\lambda}$	$\dfrac{8,69}{n}\,\dfrac{\delta}{\lambda\,f_0}$	$\dfrac{27,3}{n}\,\dfrac{\Delta f}{\lambda\,f_0}$	$\dfrac{1}{n}\,\dfrac{60}{\lambda\,f_0\,T}$	$\dfrac{1}{n}\,\dfrac{D_t}{\lambda\,f_0}$	$8,69\,\alpha$	D_l	$\dfrac{D_\lambda}{\lambda}$
Amplitudenabnahme D_λ in dB je Wellenlänge	$\dfrac{27,3}{n}\,d$	$\dfrac{8,69}{n}\,\dfrac{\delta}{f_0}$	$\dfrac{27,3}{n}\,\dfrac{\Delta f}{f_0}$	$\dfrac{1}{n}\,\dfrac{60}{f_0\,T}$	$\dfrac{1}{n}\,\dfrac{D_t}{f_0}$	$8,69\,\alpha\,\lambda$	$\lambda\,D_l$	D_λ

Es ist $n = 1$ für Dehn- und Torsionswellen auf Stäben, sowie Dichte- und Schubwellen in ausgedehnten Medien, $n = 2$ für Biegewellen auf Stäben.

Die in der Tabelle angegebenen Zahlenfaktoren sind folgendermaßen entstanden:

$$2,20 = 3/\pi\,\lg e \qquad 0,0366 = (3/\pi\,\lg e)/60 \qquad 6,91 = 3/\lg e$$
$$0,115 = (3/\lg e)/60 \qquad 27,3 = 60/(3/\pi\,\lg e) \qquad 8,69 = 20\lg e$$

Hysteresisschleife und F_1 des schraffierten Dreiecks. Bei kleinen Amplituden ist
$D = F_2/F_1 = (\pi/2) \sin\delta = (\pi/2)\, d/\sqrt{1 + d^2}$ [δ der Phasenwinkel (Verlustwinkel)
zwischen Verformung und Spannung]. Eine von dieser Definition noch etwas
abweichende ist im Normblatt DIN 53513 angegeben; dort ist als Fläche F_1 an
Stelle des Dreiecks (Abb. 6) die von den beiden Dreieckskatheten und der oberen
Randkurve der Hysteresisschleife begrenzte Fläche gewählt. Dann ist bei kleinen
Amplituden $D = F_2/F_1 = (\pi/2) \sin\delta/[1 + (\pi/4)\sin\delta]$. Bei kleinen Amplituden und
genügend kleinen Verlustfaktoren, bei denen sehr nahe $d = \tan\delta = \sin\delta = \delta$ ist,

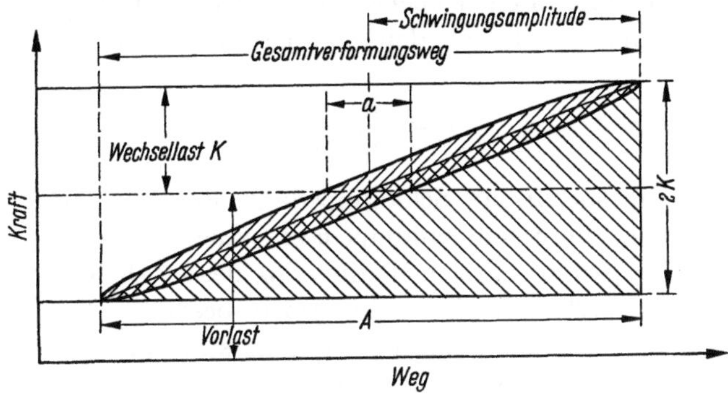

Abb. 6. Hysteresisschleife bei gegebener Vorspannung

Dämpfung $= \dfrac{\text{Ellipsenfläche}}{\text{Dreieckfläche}}$, $\sin\delta = a/A \approx d$, δ der mechanische Verlustwinkel, d der Verlustfaktor

gehen die beiden voneinander abweichenden Definitionen von D ineinander über,
und man erhält die einfache Beziehung zwischen der relativen Dämpfung D und
dem Verlustfaktor d:

$$D = (\pi/2)\, d. \tag{19}$$

Die Definition der Dämpfung mit Hilfe des Flächeninhaltes der Hysteresisschleife
bietet den Vorteil, daß sie auch noch bei großen Verformungen, bei denen die
Beziehung zwischen Spannung und Dehnung nichtlinear wird, anwendbar ist.

Wenn sich der Verlustfaktor d dem Wert 1 nähert, werden an den Beziehungen
der Tab. 1 zum Teil Korrekturen erforderlich, die von praktischer Bedeutung
besonders bei den Meßverfahren zur Bestimmung so großer d-Werte sind. Dies
sind insbesondere die Verfahren, bei denen gedämpfte fortschreitende Wellen (auf
streifenförmigen Proben) untersucht und die Dämpfungskonstanten (α, D_l, D_λ)
unmittelbar gemessen werden. Auch die Gleichungen, mit deren Hilfe der Realteil des Moduls [vgl. Gl. (7)] üblicherweise aus den Meßgrößen berechnet wird,
müssen dann korrigiert werden [*30*].

4.4.5 Schalleinfall aus schubspannungsfreien Medien; Reflexion, Brechung, Schalldurchgang

Wenn eine Dichtewelle in einem Gas oder einer Flüssigkeit auf ein festes
Medium trifft, wird sie an der Grenzfläche im allgemeinen zum Teil reflektiert,
sofern nicht Totalreflexion eintritt, zum Teil dringt sie in das feste Medium
ein, wobei wieder eine Dichte- und eine Schubwelle entstehen, deren Brechungs-
winkel (zwischen Oberflächennormale und Wellenausbreitungsrichtung) ver-

schieden sind. Die Hochpolymeren verhalten sich dabei in mancher Hinsicht wesentlich anders als andere feste Stoffe, insbesondere Metalle. Dies läßt sich am besten deutlich machen, wenn man zunächst annimmt, daß die Medien auf jeder Seite der (ebenen) Grenzfläche den Halbraum ganz erfüllen.

Am größten sind diese Unterschiede beim Schalleinfall aus einer Flüssigkeit. Da die Dichtewellengeschwindigkeit c in den Flüssigkeiten nur wenig verschieden von c_L in den Hochpolymeren ist, werden die in diese eindringenden Wellen nur verhältnismäßig schwach gebrochen.

Bei senkrechtem Einfall einer ebenen Welle tritt im festen Medium nur eine Dichtewelle auf, und es gilt für den komplexen Reflexionsfaktor $\underline{P}$ die Beziehung[1] [31]:

$$\underline{P} = \frac{\underline{W} - Z_0}{\underline{W} + Z_0} \cdot \tag{20}$$

Darin ist $\underline{W}$ die spezifische Schallimpedanz an der Oberfläche des festen Mediums[2], $Z_0 = \varrho_0 \, c_0$ die Schallkennimpedanz (auch als Wellenwiderstand bezeichnet) des schubspannungsfreien Mediums (ϱ_0 dessen Dichte, c_0 dessen Schallgeschwindigkeit). Gl. (20) gilt allgemein, also insbesondere auch bei nach zwei Seiten begrenztem festem Medium, in dem dann stehende Wellen möglich sind. Füllt der feste Stoff (theoretisch) den ganzen Halbraum aus, läuft in ihn nur eine fortschreitende Welle hinein, und $\underline{W}$ ist gleich seiner Schallkennimpedanz $\underline{Z}^* = \varrho \, c_L^*$.

Die Kennimpedanz ist eine Konstante des Stoffes; sie ist gleich dem Verhältnis des Schalldruckes zur Schallschnelle in einer fortschreitenden ebenen Welle und charakterisiert die „Schallhärte" des Mediums. Bei 20 °C ist für Luft $Z_0 = 41$ CGS-Einheiten (g cm^{-2} s^{-1}); für Wasser $Z_0 = 1{,}5 \cdot 10^5$ CGS-Einheiten. In den Hochpolymeren ist mit $\varrho \approx 1$ g/cm^3 und $c_L \approx 2 \cdot 10^5$ cm/s, wenn man von den Energieverlusten absieht, die Kennimpedanz $Z = \varrho \, c_L \approx 2 \cdot 10^5$ CGS-Einheiten. Beim Schalleinfall in Gasen ist $Z \gg Z_0$ und folglich nach Gl. (20) $|\underline{P}| \approx 1$, d. h. fast die gesamte Schallenergie wird an der Grenzfläche zum Kunststoff reflektiert, und dieser ist (wie alle festen Stoffe) im Vergleich zu den Gasen schallhart. Beim Schalleinfall in Flüssigkeiten dagegen ist $Z \approx Z_0$ und $|\underline{P}| \ll 1$, d. h., die Reflexion ist gering, der größte Teil der Schallenergie dringt in den hochpolymeren Stoff ein, und dieser ist, wie man sagt, an die Flüssigkeit „angepaßt" im Gegensatz zu den Metallen, die im Vergleich zu den Flüssigkeiten schallhart sind. Der Veranschaulichung dieser Gegebenheiten dient Abb. 7. Von der Tatsache, daß man die Hochpolymeren in Flüssigkeiten gut mit Schall durchstrahlen kann, wird in der Meß- und Prüftechnik Gebrauch gemacht.

Bei den Schaumstoffen ist stets die Kennimpedanz $Z \ll Z_0$ in Flüssigkeiten. Im Vergleich zu diesen sind also die Schaumstoffe „schallweich" wie ein Luftpolster, und man benutzt sie demgemäß in der Wasserschalltechnik als Schallreflektoren, an denen der Schall nach Gl. (20) ($\underline{P} \approx -1$) mit einem Phasensprung von 180° total reflektiert wird; die Oberfläche ist dabei gegebenenfalls

---

[1] $\underline{P}$ ist definiert als das Verhältnis der Schalldruckamplitude der reflektierten Welle zur Amplitude der einfallenden.

[2] $\underline{W}$ ist definiert als der (komplexe) Quotient aus Schalldruck und Schallschnelle (-geschwindigkeitsamplitude) an der Oberfläche des Kunststoffes.

mit einem undurchlässigen Überzug zu versehen. Weiche Schaumstoffe, insbesondere solche mit abgeschlossenen Zellen, haben sehr kleine Kennimpedanzen, die zwar noch größer als Z_0 in Luft, aber immer noch klein genug sind, daß der Luftschall in sie eindringen kann.[1] Sie erfüllen damit eine Forderung, die an Luftschallabsorptionsstoffe gestellt werden muß, und werden in der Tat als solche benutzt (s. 4.4.6). Kompakte Kunststoffe sind für diesen Zweck ungeeignet.

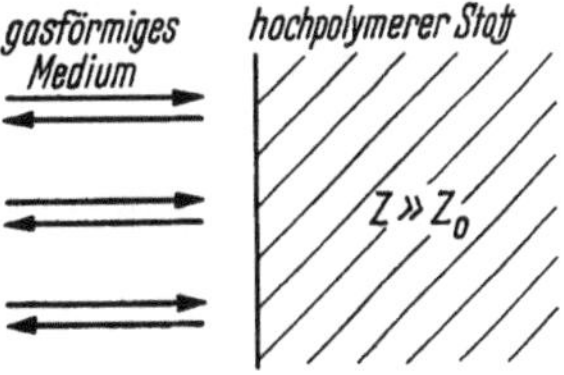

Unter den nach mehreren Seiten begrenzten festen Medien interessieren hier vor allem die planparallelen Schichten, also Platten. Ihre dem schallführenden schubspannungsfreien Medium zugekehrte Oberfläche sei als Plattenvorderseite bezeichnet. Unter den möglichen Abschlüssen der Rückseite beanspruchen im allgemeinen die drei in Abb. 8 dargestellten besondere Beachtung: die schallweiche und die schallharte Begrenzung und der Abschluß mit dem schubspannungsfreien Medium der Eingangsseite. Im letzten Falle liegt das Problem des Schalldurchganges durch eine in einem schubspannungsfreien Medium befindliche Platte vor.

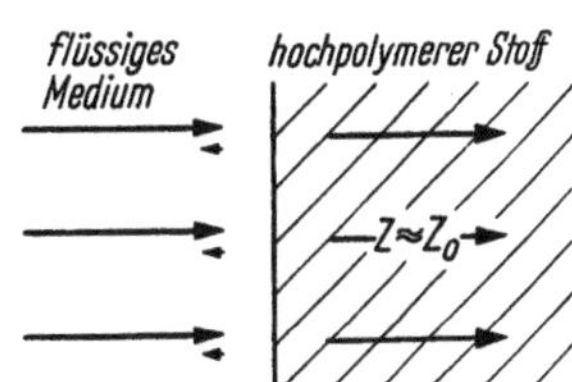

Abb. 7. Reflexion einer Schallwelle in einem schubspannungsfreien Medium an der Oberfläche eines (nach rechts unbegrenzten) hochpolymeren Stoffes bei senkrechtem Schalleinfall

Pfeilrichtungen gleich Ausbreitungsrichtungen der einfallenden, der reflektierten und der eindringenden Welle; Pfeillängen proportional den Schallenergieanteilen; Z_0 Schallkennimpedanz des schubspannungsfreien Mediums;, Z Schallkennimpedanz des hochpolymeren Stoffes

Der ideale schallweiche Abschluß ist das Vakuum; für Medien mit hoher Schallkennimpedanz (Flüssigkeiten, Festkörper) wird praktisch der schallweiche Abschluß durch Gase und auch Schaumstoffe (vgl. oben) verwirklicht; die schallharte Begrenzung ist in diesen Fällen schwer zu realisieren. Bei Medien mit kleiner Kennimpedanz ist dagegen der harte Abschluß leichter zu verwirklichen. Er spielt technisch eine Rolle z. B. in der Raumakustik als Begrenzung Luftschall absorbierender Schichten, insbesondere von Schaumstoffschichten; die Wände der Räume bilden in diesem Falle den harten Abschluß. Bei senkrechtem Schalleinfall bilden sich in der weich oder hart abgeschlossenen Schicht infolge der Totalreflexion an der Rückseite stehende Wellen, und die Eingangsschallimpedanz W [Gl. (20)] wird eine Frequenzfunktion, die mit wachsendem f gegebenenfalls scharf ausgeprägte Maxima und flache Minima durchläuft (s. dazu 4.4.6).

Der Schalldurchgang durch Platten im schubspannungsfreien Medium bei beliebigen Schalleinfallswinkeln ist theoretisch schwer zu übersehen [32]. Die Platten werden schalldurchlässig bei Winkeln, bei denen die „Spurgeschwindigkeit" der Dichtewelle im äußeren Medium längs der Wand gleich der Geschwindigkeit „freier" Plattenwellen wird (vgl. 4.4.3), sofern die Platte genügend „schallhart" gegenüber dem schubspannungsfreien äußeren Medium ist ($\varrho\, c_D \gg \varrho_0\, c_0$) [33]. Dieser „Koinzidenzeffekt" ist zuerst von L. CREMER [34] anschaulich in der aus Abb. 9 zu ersehenden Weise gedeutet worden für den Fall der freien Biegewellen im engeren Sinne; er ist in diesem Falle von bedeutendem Einfluß auf die Schalldurchlässigkeit der Wände in Bauten. Aus den gemessenen Koinzidenz-

---

[1] Von den Kopplungserscheinungen zwischen Gerüst und eingeschlossener Luft (vgl. 4.4.2) werde hier abgesehen.

winkeln für verschiedene freie Plattenwellen konnten die Ausbreitungsgeschwindigkeiten dieser Wellenformen in Metallplatten in einer Flüssigkeit bestimmt werden [35]. Aus den Geschwindigkeiten gewinnt man L, G und μ. In diesem Zusammenhang sei auch auf eine Möglichkeit zur Bestimmung der RAYLEIGH-
Wellengeschwindigkeit hingewiesen, die SCHOCH theoretisch und experimentell an (im Vergleich zur Wellenlänge) dicken Aluminiumplatten untersucht hat [36]; bestrahlt man eine solche Platte schräg mit einem seitlich begrenzten Ultraschallstrahlenbündel, so tritt bei der Reflexion eine Strahlversetzung ein, die ein Maximum bei dem (scharf definierten) Einfallswinkel annimmt, bei dem die Spurgeschwindigkeit der einfallenden Welle gleich der Geschwindigkeit der RAYLEIGH-Welle in der Plattenoberfläche ist.

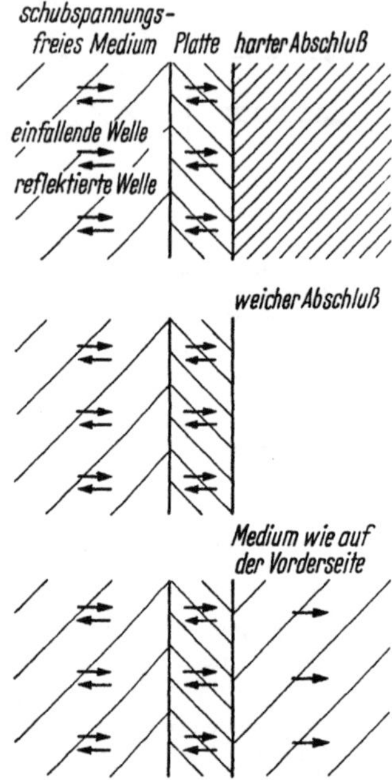

Abb. 8. Schallreflexion und -durchgang im Falle der Platte oder Matte (bei Schaumstoffen) endlicher Dicke bei senkrechtem Schalleinfall

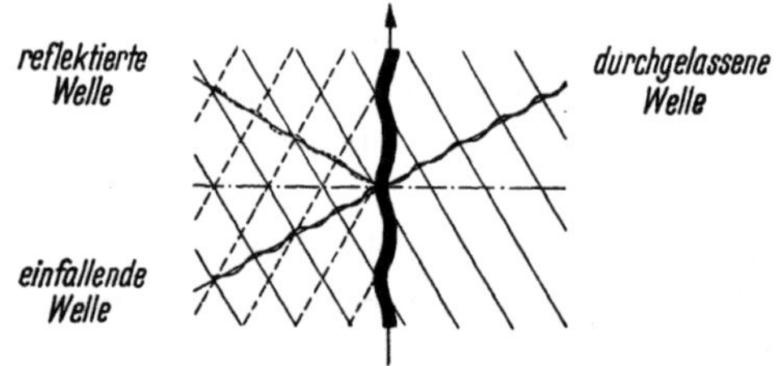

Abb. 9. Schalldurchgang durch eine Platte bei schrägem Schalleinfall im Falle der „Spuranpassung" (Wellenlänge der Spur der einfallenden Wellen längs der Wand gleich Wellenlänge der freien Biegewelle) (nach L. CREMER)

Wieweit sich diese an Metallplatten erprobten Meßverfahren auf Platten aus hochpolymerem Material anwenden lassen, dürfte noch nicht untersucht worden sein. Von gesicherter meßtechnischer Bedeutung für die Hochpolymeren sind die erprobten Methoden, bei denen die Platten in Flüssigkeiten senkrecht mit Ultraschall durchstrahlt werden [37 bis 39]. Sie sind geeignet für die Ermittlung der Longitudinalwellengeschwindigkeit und des Moduls L^* auch bei großen inneren Energieverlusten. Schalldurchlässig sind die Platten, wenn ihre Dicke $d = n\lambda_L/2$ ist (n ganzzahlig); doch auch bei anderen Frequenzen geht auf Grund der Anpassung an das äußere Medium (s. oben; $Z \approx Z_0$) ein großer Teil der Schallenergie durch (geringe Reflexion an den Oberflächen), und stehende Wellen in der Platte bilden sich wegen der relativ hohen Dämpfung (vgl. 4.4.3) kaum noch aus, wenn die Plattendicke mehrere Wellenlängen beträgt (s. dazu II, 3.4.2f).

Auch die Schubwellengeschwindigkeit c_T und den Schubmodul G kann man in ähnlicher Weise bestimmen, wenn man statt planparalleler Platten keil- oder linsenförmige Versuchskörper verwendet (II, 3.4.2f). Dabei wird davon Gebrauch gemacht, daß die Schubwellen im festen Medium unter anderen Brechungswinkeln als die Dichtewellen verlaufen und demgemäß die Dichtewellen in der Flüssigkeit auf der Rückseite, die den Schubwellen zugeordnet sind, andere Richtungen haben als diejenigen, die den Dichtewellen im festen Stoff zugeordnet sind.

4.4.6 Kunststoffe und technische Akustik

Die akustischen Anwendungen der Kunststoffe interessieren hier, weil sich aus ihnen weitere Fragestellungen für die Prüfung auf akustische Eigenschaften ergeben [40].

Gummi-elastische Stoffe werden bekanntlich zur Schwingungs- und Körperschallisolation von Maschinen, Geräten u. dgl. benutzt (s. dazu II, 3.7.2). Platten aus dem kompakten Material als federnde Zwischenschichten sind für diesen Zweck ungeeignet und werden auch kaum noch dafür verwendet; denn die schwingende Beanspruchung senkrecht zur Oberfläche entspricht derjenigen in der Longitudinalwelle, der Modul L mit seinen hohen Werten ist für sie maßgebend, und die Platte ist dynamisch hart. Man benutzt deshalb zur Schwingungsisolation die bekannten verschieden gestalteten (zylindrischen, prismatischen usw.) Federelemente geringer seitlicher Abmessungen, also mit unbehinderter Querausdehnung, die auf Schub oder Dehnung beansprucht werden. Sie wirken bei tiefen Frequenzen als einfache Federn im gebräuchlichen Sinne; bei hohen Frequenzen, bei denen ihre Abmessungen mit den Wellenlängen vergleichbar oder größer als diese sind und demgemäß stehende Wellen in ihnen auftreten können, sind sie zu Eigenschwingungen befähigte Gebilde.

Schädlich sind die Resonanzen, insbesondere die tief liegende des Masse-Feder-Systems, dessen schwingende Masse die Maschine oder das „erschütterungsfrei" aufgestellte Gerät darstellt; denn in der Resonanz werden die vom schwingenden Objekt auf das Fundament übertragene Kraft oder die von der schwingenden Unterlage durch die Feder auf das zu schützende Gerät übertragene Schwingungsamplitude nicht nur nicht geschwächt, sondern sogar überhöht [41]. Die Resonanzüberhöhung ist dem Verlustfaktor umgekehrt proportional; hohe Werte d sind deshalb oftmals erwünscht. Man kann sie durch passende Wahl der Stoffmischungen erzielen, indem man die Einfriertemperatur der Stoffe so einstellt, daß ein Gebiet elastischer Dispersion und maximaler Absorption im Bereich der Betriebsfrequenzen und -temperaturen auftritt [42]; bei Werten $d \approx 1$ ist die Überhöhung völlig unterdrückt.

Im Gegensatz zu Platten aus kompakten Stoffen sind weiche Schaumstoffmatten, deren Federweichheit der eines Luftpolsters gleichkommt (vgl. 4.4.5), als Isolationsmittel wohl geeignet, insbesondere für die erschütterungsfreie Aufstellung empfindlicher Meßgeräte.

In der Raumakustik werden Schaumstoffe als Luftschallabsorptionsmittel angewandt [43]. Offenzellige Schaumstoffe wirken dabei in erster Linie wie die üblichen porösen Schallschluckstoffe mit durchgehenden Poren (Faserstoffplatten, Gesteinsfasermatten u. dgl.), bei denen die Schallenergievernichtung vorwiegend auf Reibung der schwingenden Luft in den Poren beruht.

Schallreflexion und -absorption hängen bei einem solchen porösen Schluckstoff wesentlich von dessen Porosität und vom Strömungswiderstand der Luft in den Poren ab. Das Gerüst der Fasern u. dgl. wird in der Theorie dieser Absorptionsmittel [43, 44] im allgemeinen als starr angesehen. Neben den beiden genannten Größen spielt der sog. Strukturfaktor als dritte Kenngröße eine Rolle [45]; er berücksichtigt die Lage der Poren (senkrecht oder schräg zur Schalleinfallsrichtung) und deren Gestalt (z. B. Einfluß von nur einseitig offenen

Nebenhöhlen). Diese Eigenschaften führen gegebenenfalls zu einer scheinbaren Erhöhung der Dichte der Luft in den Poren; die Dichte ist deshalb in den Schallfeldgleichungen des Schluckstoffes mit dem Strukturfaktor zu multiplizieren. Die Schallgeschwindigkeit, die Dämpfungskonstante und die Schallkennimpedanz des absorbierenden Materials sind durch Porosität, Strukturfaktor, Dichte und Kompressibilität der Luft und Strömungswiderstand vollständig bestimmt.

Bei weichen Schaumstoffen kann das die Poren umgebende hochpolymere Gerüst nicht mehr als starr angesehen werden; dessen Elastizität kommt ins Spiel, und es treten die bereits erwähnten Kopplungserscheinungen zwischen dem Gerüst und der in den Poren enthaltenen Luft auf (s. 4.4.2). Durch Abdecken der Schaumstoffmatte mit einer dünnen luftundurchlässigen Folie werden die Schallabsorptionseigenschaften den leichter zu übersehenden eines Stoffes mit abgeschlossenen Zellen ähnlich [43, 46, 47].

Die geschlossenzelligen Schaumstoffe können im allgemeinen als isotrope elastische Medien angesehen werden, für deren Schallabsorptionseigenschaften die dynamisch-elastischen Kennwerte (Elastizitätsmodul und Verlustfaktor) und die Rohdichte maßgebend sind.

Trifft eine ebene Luftschallwelle in der in Abb. 8 oben skizzierten Anordnung auf eine auf der starren Abschlußwand befestigte Schluckmatte, so dringt sie in diese zum erheblichen Teil ein. Bei den porösen Materialien ist dies deren großer Porosität zu danken. Bei den geschlossenzelligen Stoffen ist der eindringende Schallenergieanteil um so größer, je kleiner die Schallkennimpedanz des Stoffes ist (s. dazu 4.4.5); kleine Rohdichten sind deshalb für diese Absorptionsmittel günstig. Bei genügend tiefen Frequenzen kann die mehr oder weniger stark gedämpfte Schallwelle den Schluckstoff durchdringen, sie wird an der starren Wand reflektiert, und es bilden sich im Schaumstoff stehende Wellen. Für die spezifische Schallimpedanz (Wandimpedanz) an der dem einfallenden Schall zugekehrten Oberfläche der Schluckmatte (s. 4.4.5) ist deshalb außer den Kennwerten der Matte auch deren Dicke bestimmend, von der die Verteilung der Schallfeldgrößen (Schalldruck und -schnelle) in der stehenden Welle und auch der an der Matte reflektierte Energieanteil abhängen.

Das Maß für die Schallabsorption in der Schluckmatte ist der Schallabsorptionsgrad α[1]; er ist gleich dem Quotienten aus der nicht reflektierten und der einfallenden Schallenergie. Entsprechend dieser Definition gilt für senkrechten Schalleinfall – es genügt hier, diesen allein zu betrachten – die Beziehung

$$\alpha = 1 - |\underline{P}|^2. \tag{21}$$

Die richtige Dosierung der Absorption des auf Wände und Decken treffenden Luftschalles im Inneren von Räumen ist eine der Hauptaufgaben der Raumakustik. Wenn die Gesamtabsorption zu gering ist, so ist der Raum „hallig", ist sie zu groß, so ist seine Akustik zu „trocken". Das wichtigste Maß für die Güte der „Hörsamkeit" ist die Nachhallzeit T (Definition s. 4.4.4). Konzertsäle beispielsweise erfordern eine bestimmte, optimale Nachhallzeit, die von der Raumgröße und der Frequenz abhängt und oberhalb 1 s liegt; in Rundfunkstudios für die Übertragung von Nachrichten, Vorträgen u. dgl. dagegen muß T sehr kleine Werte haben (unterhalb 0,5 s). Das Mittel zur Erreichung der

---

[1] Nicht zu verwechseln mit der Dämpfungskonstante α (s. 4.4.4, Tab. 1).

gewünschten Nachhallzeit ist die Bekleidung der Decken und Wände mit geeigneten Schallabsorptionsmitteln im richtigen Ausmaße.

Bei den porösen Schallabsorptionsstoffen auf starrer Wand ist der Schallabsorptionsgrad bei tiefen Frequenzen sehr klein und steigt verhältnismäßig langsam mit höher werdender Frequenz an; den Bereich hoher Werte erreicht α erst bei 1000 Hz. Bei den geschlossenzelligen weichelastischen Schaumstoffen durchläuft α ein erstes Maximum, wenn die Mattendicke $d = \lambda_L/4$ wird. Dank der kleinen Schallgeschwindigkeit liegt dieses Maximum bei verhältnismäßig tiefen Frequenzen (gegebenenfalls unterhalb 1000 Hz). Auch hier besteht die Möglichkeit, durch passende Wahl der Stoffmischung die dynamisch-elastischen Kennwerte so einzustellen, daß an der Resonanzstelle vollständige Absorption ($\alpha = 1$) erreicht wird [48]. Oberhalb der ersten folgen weitere Resonanzstellen, die jedoch meist nicht mehr scharf ausgeprägt sind, weil bei der meist verhältnismäßig hohen Schallabsorption im Schaumstoff die an den Grenzflächen der Schicht mehrfach reflektierten kurzen Wellen schnell abklingen, so daß sich stehende Wellen nicht mehr voll ausbilden können. Bei diesen hohen Frequenzen ist die Kennimpedanz praktisch allein ausschlaggebend für den Absorptionsgrad, der um so größer wird, je kleiner $\varrho\, c_L^*$ ist[1]. In II, 3.7.3c, Abb. 8, werden Frequenzkurven des Absorptionsgrades solcher Schallabsorptionsanordnungen gezeigt.

In Konzert-, Theatersälen u. dgl. ist meist das Hauptproblem die Senkung der Nachhallzeit bei tiefen Frequenzen, bei denen die Absorption der bisher angeführten Schallabsorptionsmittel nicht ausreicht. Für diesen Frequenzbereich benutzt man die sog. Resonanzabsorber zur Schallschluckung. Diese bestehen z. B. aus schwingungsfähigen Platten oder Folien, die in einem bestimmten Abstand vor der Wand angebracht werden; das Luftpolster zwischen Platte und Wand wirkt als „Feder", die Platte oder Folie selbst als schwingende Masse des Resonators. Der Zwischenraum wird gegebenenfalls mit einem leichten porösen Schallschluckstoff gefüllt. Als Folienmaterial dieser Resonanzabsorber benutzt man heute fast ausschließlich Kunststoffe.

Kunststoffe, insbesondere geschäumte, werden in der Raum- und Bauakustik auch in Wand- und Deckenkonstruktionen als Hilfsmittel zur Erzielung einer hohen Luft- und Trittschallisolation (-dämmung), d. h. zu einer möglichst weitgehenden Verhinderung des Schalldurchganges durch die Wände und Decken benutzt (s. dazu II, 3.7.2 und 3.7.3d). Eine große Rolle spielen in der heute viel angewandten Leichtbauweise die mehrschaligen Leichtgewicht-Wandkonstruktionen (im englischen Sprachgebrauch auch als „Sandwich"-Konstruktionen bezeichnet). Sie bestehen beispielsweise aus zwei parallelen Sperrholzplatten mit einer schallweichen Zwischenschicht, die u. a. eine Schaumstoffschicht, eine „Honigwaben"-Konstruktion aus Papier mit Kunststoffimprägnierung od. dgl. sein kann. Hochisolierende Deckenkonstruktionen sind z. B. solche mit „schwimmenden Estrichen"; diese stellen ein Masse-Feder-System dar, das auf der Rohdecke ruht und aus einem oberen harten und schweren Estrich und einer weichfedernden Zwischenschicht zwischen diesem Estrich und der Rohdecke besteht. Für die federnde Schicht kommen Schaumstoffe in Frage.

---

[1] Die Schallabsorption bei tiefen Frequenzen kann dadurch angehoben werden, daß die Matte in einigem Abstand (etwa 3 bis 5 cm) vor der Wand angebracht wird (s. dazu z. B. C. ZWIKKER u. C. W. KOSTEN [10]).

Auch in der Wasserschalltechnik sind Kunststoffe als Schallabsorptionsmittel angewandt worden. Große Frequenzbandbreiten hoher Absorption (z. B. $|\underline{P}| < 10\%$, $\alpha > 99\%$ im Bereich 5 bis 50 kHz) erzielt man mit sog. Breitbandabsorbern, die z. B. aus Anordnungen paralleler gezackter Kunststoffrippen bestehen [49]. Die Rippen sind verlustbehaftete Gebilde hoher Kompressibilität, die bei einer technisch erprobten Lösung durch Einfüllen lufthaltiger Stoffe (Holzmehl u. dgl.) in einen Kunststoff auf Polyisobutylen-Basis, bei einer anderen Lösung durch Einbringen von abgeschlossenen Hohlräumen geeigneter Gestalt, Größe und Verteilung in einen gummi-elastischen Stoff erreicht wurde.

In großem Umfang gefertigt wurden im letzten Weltkrieg Wasserschall-Resonanzabsorber [50]. Sie bestanden aus gedoppelten Buna S-Fellen mit besonderer Füllung und wurden auf die Außenwände von U-Booten als Schutz gegen die Ortung mit Wasserschallimpulsen (kurzen Wellenzügen) bei Unterwasserfahrt „tapeziert". Das der Bootswand zugekehrte Fell enthielt zylindrische Löcher passender Größe und Verteilung; das gummi-elastische Material in der Umgebung der Hohlräume stellte schwingungsfähige Gebilde (Resonatoren) dar, die so abgestimmt waren, daß ein Schallabsorptionsgrad von mehr als 99% im gesamten damals interessierenden Frequenzbereich (etwa 9 bis 18 kHz) erzielt wurde.

Daß nach außen abgedichtete Schaumstoffmatten in der Wasserschalltechnik als Schallreflektoren benutzt werden, wurde bereits erwähnt (4.4.5).

Im Rahmen der Lärmbekämpfung werden Kunststoffe mit hohen inneren Energieverlusten als Mittel zur Dämpfung der Biegeschwingungen dröhnender Blechkonstruktionen verwendet. Solche „Entdröhnungsmittel" haben in den letzten Jahren mehr und mehr technische Bedeutung erlangt. Es ist bekannt, wie die dämpfende Wirkung von den dynamisch-elastischen Kennwerten (E' und d) und von der Dicke des Belages abhängt [51], der auf die Bleche gespritzt, gespachtelt oder geklebt wird. Zu fordern sind insbesondere hohe Werte des Imaginärteils $E'' = dE'$ des dynamischen Elastizitätsmoduls, die auch hier dadurch erreicht werden, daß man das Gebiet der auf Relaxationsprozessen der Molekülkettensegmente beruhenden elastischen Dispersion und maximalen Absorption in den Bereich der Gebrauchstemperaturen und -frequenzen legt. Von Vorteil ist außerdem eine geringe Dichte des Belagmaterials, die man beispielsweise durch Füllung mit leichten anorganischen Füllstoffen erhält [52]. Mit hochwertigen Entdröhnungsmitteln dieser Art erzielt man heute Dämpfungen der Bleche, welche die weicher Korkplatten übertreffen.

Schaumstoffe kommen als Entdröhnungsmittel in Frage, wenn man sie in geeigneter Weise mit anderen Belagschichten (z. B. aus Weichgummi) kombiniert [53, 54].

Das akustische Verhalten der hochpolymeren Stoffe im Ultraschallbereich ist technisch von Interesse im Hinblick auf die Materialprüfung mit Ultraschall, d. h. die Untersuchung auf Fehlstellen wie Luftblasen, Risse und Lunker, und auf die Verbesserung von Materialeigenschaften durch Beschallung bei der Herstellung.

Bei den Materialprüfverfahren [55] (II, 3.2.5) wird von der Gegebenheit Gebrauch gemacht, daß die Fehlstellen schallweich sind (auch dünne Risse), so daß an ihnen Ultraschallstrahlenbündel, insbesondere die als Impulse bezeichneten kurzen Wellenzüge, totalreflektiert werden. Die verhältnismäßig kleine

Reichweite der Ultraschallwellen bei hohen Frequenzen (etwa 1 bis 10 MHz) hat zur Folge, daß die Anwendung der an metallischen Objekten vielfach erprobten sog. Echo-Impuls-Verfahren, die diese hohen Frequenzen benutzen, bei Prüflingen aus Kunststoffen auf Schwierigkeiten stößt.

Bei der Verbesserung von Materialeigenschaften durch Beschallung wird von der Möglichkeit Gebrauch gemacht, mit Hilfe von Ultraschall Flüssigkeiten und Schmelzen zu entgasen und feindisperse Suspensionen herzustellen [56]. Insbesondere für die Herstellung vollsynthetischer Fasern erscheinen diese Verfahren als erfolgversprechend, und Versuche zu ihrer Nutzung sind gemacht worden. Schließlich sei noch auf die Möglichkeit hingewiesen, mit Ultraschall die Polymerisation zu beschleunigen oder hochpolymere Moleküle in definiertem Maße zu depolymerisieren [57].

In Band II werden die im vorliegenden Kapitel berührten meßtechnischen Probleme eingehend behandelt. Den Verfahren der Prüfung der dynamisch-elastischen Eigenschaften bei schwingender Beanspruchung der Probekörper ist ein besonderes Kapitel gewidmet, in dem auch ein Überblick über die diesem Zwecke dienenden Ultraschall-Meßverfahren gegeben wird (II, 3.4.2). Der Materialprüfung mit Ultraschall zur Ermittlung von Fehlstellen ist ein besonderer Abschnitt vorbehalten (II, 3.2.5). In einem weiteren Kapitel wird die Prüfung auf spezifisch akustische Eigenschaften, zu denen vor allem die in der Raum- und Bauakustik interessierenden gehören, behandelt (II, 3.7).

Literatur

[1] BECKER, G. W.: Kolloid-Z. 140 (1955) S. 1.

[2] EXNER, M. L.: Acustica 2 (1952) S. 213; s. dort weiteres Schrifttum.

[3] KUHN, W., u. O. KÜNZLE: Helv. chim. Acta 30 (1947) S. 839.

[4] YORGIADIS, A.: Prod. Engng. 25 (1954) S. 164.

[5] Siehe z. B. E. SKUDRZYK: Die Grundlagen der Akustik Kap. I. Wien: Springer 1954.

[6] Siehe dazu z. B. H. O. KNESER: Ann. Phys. 6. Folge 11 (1953) S. 377.

[7] KOPPELMANN, J.: Kolloid-Z. 144 (1955) S. 12.

[8] Siehe z. B. E. SKUDRZYK: s. [5], Kap. IV.

[9] BECKER, G. W., u. H. OBERST: Kolloid-Z. 148 (1956) S. 6.

[10] ZWIKKER, C., u. C. W. KOSTEN: Sound Absorbing Materials, III, S. 52 und IV, S. 107. New York/Amsterdam/London/Brüssel: Elsevier Publ. Comp. Inc. 1949; s. dort die Originalarbeiten. Ferner auch E. G. RICHARDSON: Technical Aspects of Sound, Bd. I, Kap. 4. New York/Amsterdam/London/Brüssel: Elsevier Publ. Comp. Inc. 1953. Ferner C. W. KOSTEN u. J. H. JANSSEN: Acustica 7 (1957) S. 372.

[11] Siehe dazu A. SCHOCH: Schallreflexion, Schallbrechung und Schallbeugung. Ergebn. exakt. Naturwiss. 23 (1950) S. 127.

[12] BERGMANN, L.: Der Ultraschall, 6. Aufl., Bild 376. Stuttgart: Hirzel 1954.

[13] SCHOCH, A.: Zit. [11], § 11.

[14] SCHOCH, A.: Zit. [11], § 24; dort ausführliche Literaturangaben.

[15] Siehe dazu F. A. FIRESTONE: Non-destructive testing 7 (1948) Nr. 2.

[16] HÜTER, TH.: Z. angew. Phys. 1 (1949) S. 274. — H. J. NAAKE u. K. TAMM: Acustica 8 (1958) S. 65.

[17] Zur Theorie der Wellen in Stäben s. z. B. Handbuch der Physik 6 (1928) Kap. 4; 8 (1927) Kap. 5.

[18] CREMER, L.: Vierpoldarstellungen und Resonanzkurven bei schwingenden Stäben. Ber. Preuß. Akad. Wiss., Phys. Math. Kl., 1934, I; s. auch G. W. BECKER: Zit. [1]. Siehe ferner K. W. WAGNER: Lehre von den Schwingungen und Wellen, Kap. III, S. 70. Wiesbaden: Dieterich 1947.

[19] KOPPELMANN, J.: Zit. [7].

[20] HÜTER, TH.: Zit. [16]; s. dort älteres Schrifttum.

[21] CREMER, L.: Zit. [18]. — LORD RAYLEIGH: The Theory of Sound I, § 170. London: 1894 und New York: Dover Publications 1945.

[22] OBERST, H., u. G. W. BECKER, unter Mitwirkung von K. FRANKENFELD: Acustica 4 (1954) Beiheft 1, S. 433.

[23] BECKER, G.W.: Zit. [1].

[24] SKUDRZYK, E.: Zit. [5], Kap. XIV. — J. P. DEN HARTOG: Mechanical Vibrations, Kap. III. London/New York: McGraw-Hill 1947; ferner z. B. R. B. STAMMBAUGH: Industr. Engng. Chem. 34 (1942) S. 1358.

[25] SCHMIEDER, K., u. K. WOLF: Kolloid-Z. 127 (1952) S. 65; s. dort weiteres Schrifttum.

[26] BERGMANN, L.: Der Ultraschall, 6. Aufl., Kap. 5. Stuttgart: Hirzel 1954.

[27] Vergleiche F. A. FIRESTONE u. J. R. FREDERICK: J. acoust. Soc. Amer. 18 (1946) S. 200.

[28] SCHOCH, A.: Zit. [11], §§ 16 bis 18; s. auch L. CREMER: Acustica 3 (1953) S. 317.

[29] ROELIG, H.: Kautschuk 15 (1939) S. 7.

[30] Siehe dazu G. W. BECKER: Zit. [1].

[31] Siehe z. B. L. CREMER: Die wissenschaftlichen Grundlagen der Raumakustik, Bd. III: Wellentheoretische Raumakustik, Kap. 2. Leipzig: Hirzel 1950.

[32] REISSNER, H.: Helv. phys. Acta 11 (1938) S. 140.

[33] Siehe A. SCHOCH: Zit. [11], § 26 — Acustica 2 (1952) S. 1.

[34] CREMER, L.: Akust. Z. 7 (1942) S. 81 — Arch. elektr. Übertr. 1 (1947) S. 28.

[35] SCHOCH, A.: Zit. [11]. — J. GÖTZ: Akust. Z. 8 (1943) S. 145, nach Messungen von F. H. SANDERS: Canad. J. Res. A 17 (1939) S. 179.

[36] SCHOCH, A.: Acustica 2 (1952) S. 18.

[37] NOLLE, A. W., u. S. C. MOWRY: J. acoust. Soc. Amer. 20 (1948) S. 432.

[38] THURN, H.: Z. angew. Phys. 7 (1955) S. 44.

[39] KOPPELMANN, J.: Zit. [7].

[40] OBERST, H.: Kunststoffe 43 (1953) S. 446.

[41] EXNER, M. L.: Zit. [2].

[42] OBERST, H.: Acustica 6 (1956) Beiheft 1, S. 144 — VDI-Ber. 8 (1956) S. 100.

[43] ZWIKKER, C., u. C. W. KOSTEN: Zit. [10].

[44] CREMER, L.: Zit. [31], Wellentheoretische Raumakustik, 9. Kap.

[45] ZWIKKER, C., J. V. D. EIJK u. C. W. KOSTEN: Physica VIII (1941) S. 469.

[46] VENZKE, G.: Acustica 8 (1958) S. 295.

[47] PAFFRATH, H. W.: Kunststoffe 47 (1957) S. 638.

[48] OBERST, H.: Kunststoffe 46 (1956) S. 190.

[49] MEYER, E., u. K. TAMM: Acustica 2 (1952) Beiheft 2, AB S. 91; s. auch „Technical Aspects of Sound", hrsg. von E. G. RICHARDSON, Bd. II, Kap. 6, K. TAMM: Broad-band absorbers for water-borne sound. New York/Amsterdam/London/Brüssel: Elsevier Publ. Comp. Inc. 1957.

[50] MEYER, E., u. H. OBERST: Acustica 2 (1952) Beiheft 3, AB S. 149; s. auch „Technical Aspects of Sound", Zit. [49], Kap. 7, H. OBERST: Resonant sound-absorbers.

[51] OBERST, H., unter Mitwirkung von K. FRANKENFELD: Acustica 2 (1952) Beiheft 4, AB S. 181.

[52] OBERST, H., G. W. BECKER unter Mitwirkung von K. FRANKENFELD: Zit. [22].

[53] OBERST, H.: Zit. [48].

[54] HAMPE, E. A.: Kunststoffe 47 (1957) S. 640.

[55] BERGMANN, L.: Zit. [26], Kap. 6d.

[56] BERGMANN, L.: Zit. [26], Kap. 6e und g.

[57] BERGMANN, L.: Zit. [26], Kap. 6e, 3 und j.

4.5 Nichtlineares Verhalten und Energieumsetzung bei der Deformation

Von F. H. Müller, Marburg/L.

In den Kapiteln 4.2 und 4.3 finden sich in Gestalt des mechanischen Relaxationsverhaltens allgemeine Gesetzmäßigkeiten und Zusammenhänge für mechanische Eigenschaften und Struktur der Hochpolymeren. Die Anwendung der

Relaxationstheorie ist aber im Prinzip *beschränkt auf* den Bereich der Gültigkeit eines *linearen* Zusammenhanges zwischen den deformierenden Kräften und den Deformationen bzw. Deformationsgeschwindigkeiten [*1*].

Diese Bedingung ist nun für Hochpolymere bei den technisch üblichen Beanspruchungen häufig nicht erfüllt. Selbst bei Berücksichtigung der Querschnittsreduktion für stärkere Verformung ergibt sich spätestens vor dem Bruch des Materials ein überproportionaler Anstieg der Spannung (s. Abb. 2). Das Material zeigt im allgemeinen „Verfestigung". Denken wir uns ein weitmaschiges Netz, das gummi-elastisch verformt wird. Es entspricht bei geringeren Verformungen die elastische Gegenkraft in bekannter Weise den Konstellationsänderungen als Entropieelastizität. Mit steigender Verformung aber werden einzelne Molekülstränge im Maschenwerk schließlich maximal ausgestreckt

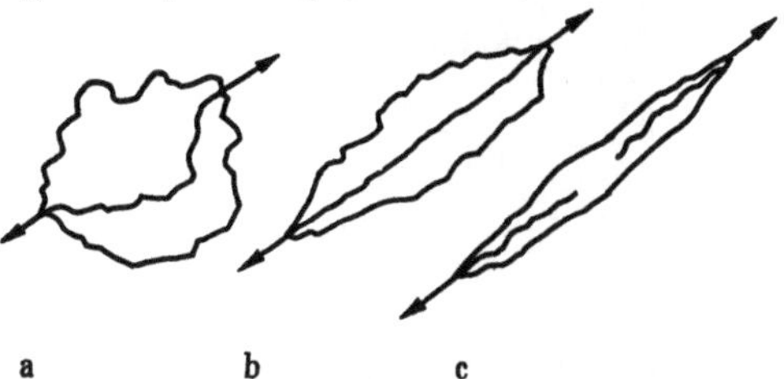

Abb. 1. Prinzipbild der Dehnung von zwei herausgegriffenen Netzbögen in einem molekularen Netzwerk

a) ungedehnt; b) kürzester Netzbogen maximal gestreckt; c) kürzester Netzbogen gerissen, geschädigt

sein. Und die weitere Verstreckung kann nur noch durch energie-elastische Beanspruchung von Atomabständen und Valenzwinkeln erfolgen (Abb. 1). Entsprechend dem viel größeren Modulwert wirkt sich dies als eine Verfestigung, als Auftreten einer Streckgrenze aus. Eine weitere Streckung verursacht schließlich den Bruch einzelner solcher Ketten und damit eine irreversible Schädigung der Struktur. Das wäre ein besonders einfaches Bild. Tatsächlich werden die zwischen-

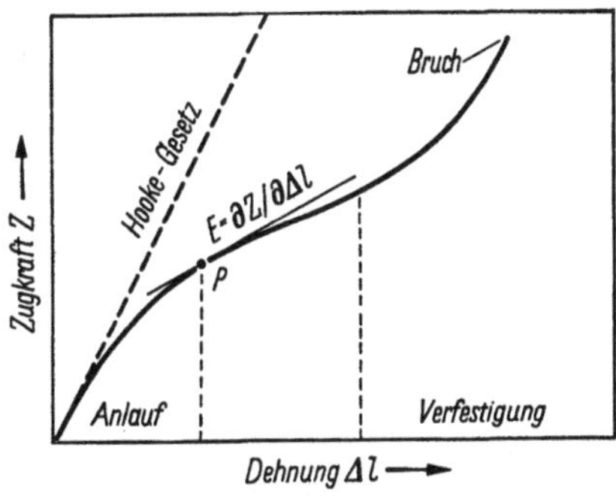

Abb. 2. Prinzipbild der Zug-Dehnung bis zum Bruch mit Anlauf und Verfestigungsgebiet

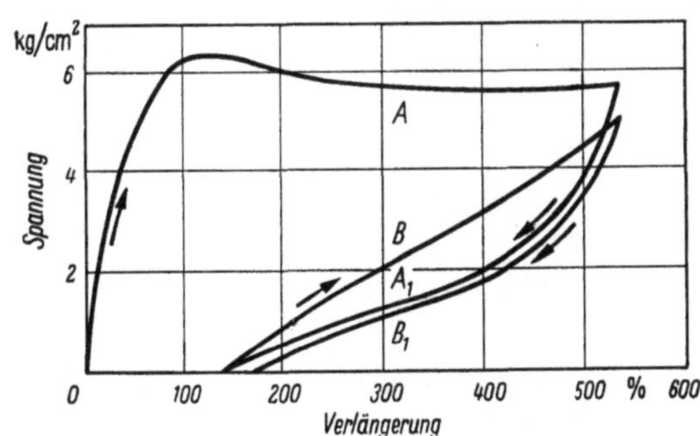

Abb. 3. Spannungs-Dehnungsdiagramm von Naturkautschuk, 2 Zyklen, bei Zimmertemperatur (nach L. HOCK und H. BOSTRÖM) [*5*]. Erste Dehnung (*A*), jungfräulich

molekularen und Nebenvalenzkräfte sich schon bei wesentlich niedrigerer relativer Dehnung als in Abb. 1 gezeichnet, in einer Abweichung von der Linearität auswirken.

Andere Nichtlinearität des mechanischen Verhaltens besteht darin, daß bis zu einer bestimmten Spannungsbelastung ein Material, etwa ein festes, sich rein elastisch verformt [*2*]. Überschreitet aber die Spannung eine gewisse Größe (die Fließgrenze) und wird die Verformung nicht zu schnell erzwungen, so kann das Material ohne Bruch nachgeben, es kann fließen. Diskussionen darüber, ob unterhalb der Fließgrenze Fließvorgänge tatsächlich vollkommen entfallen und nur eine reversibel-elastische Deformation stattfindet oder ob auch bei beliebig kleinen Spannungen in ausreichend langer Zeit das Material plastisch

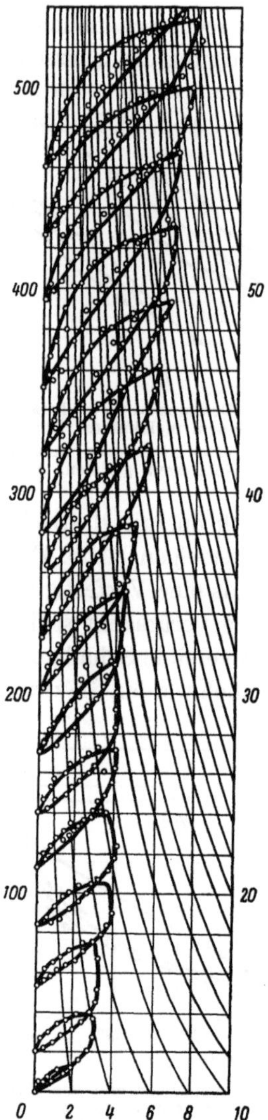

Abb. 4. Dehnungs-Spannungsdiagramm mit periodischer Entlastung an einer Polyamideinzelfaser, Ausgangszustand unverstreckt

Einspannlänge 10 mm, Dehnungsgeschwindigkeit 1 mm in 460 sek., Querschnitt anfänglich $8{,}4 \cdot 10^{-6}$ cm², gekrümmtes Koordinatensystem entspricht Umrechnung auf den wahren Querschnitt bei Annahme von Volumenkonstanz

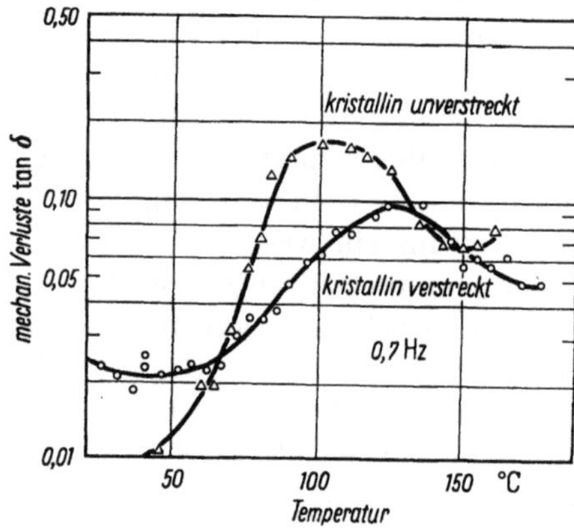

Abb. 5a. Das mit den Bewegungen der verspannt-amorphen Hauptkettenteile verknüpfte Verlustmaximum des unverstreckten und verstreckten Polyterephthalsäureglycolesters (TERYLEN)

Mechanische Messungen bei 0,7 Hz nach A. B. THOMPSON und D. W. WOODS; Trans. Faraday Soc. 52 (1956) 1383

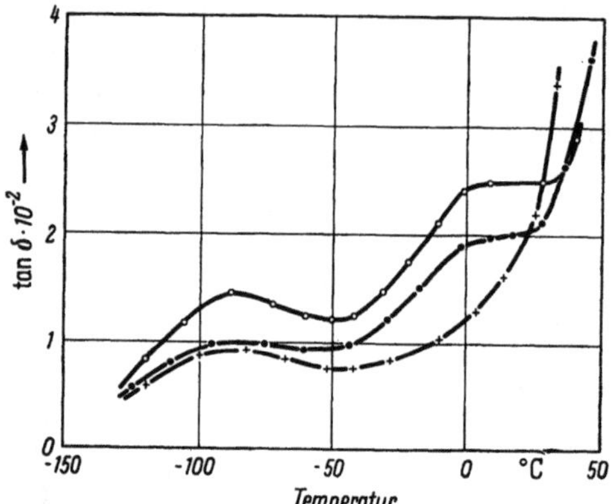

Abb. 5b. Temperaturdispersion des dielektrischen Verlustwinkels eines Polyamids, unverstreckt (+), verstreckt (●) und zusätzlich querverstreckt (○), gemessen für 1 kHz (neu auftretender Mechanismus bei 0 °C) (nach K. HUFF [7])

nachgibt, d. h. also, die Frage nach der Realität einer wahren Fließgrenze (Yieldvalue), sind in der Literatur sehr ausführlich zu finden [3]. Man weiß ferner, daß die scheinbare Viskosität von hochpolymeren Lösungen sich bei größeren Geschwindigkeitsgefällen vermindert. Man spricht von Strukturviskosität (Wo. OSTWALD). Man kennt andererseits Fälle, in denen eine sehr zähe Flüssigkeit nach Bewegung relativ niedrig viskos wird und bei Ruhe sofort oder im Laufe der Zeit wieder erstarrt. Man spricht dann von Dilatanz. Mehr oder weniger gültige Näherungen der Beschreibung finden sich im BINGHAMschen Fließansatz, in der OSTWALD-DE-WAELEschen Gleichung usw. [4] (vgl. auch 4.1).

Ein Prinzipbild für das Zugdehnungsverhalten bei großen Verformungen sei in Abb. 2 gegeben. Man hat versucht, aus diesem Bild mittels der Neigung einen differentiellen E-Modul als Funktion der Verlängerung zu definieren. Dieses einfache Verfahren aber kann den wahren Verhältnissen nicht entsprechen. Ein derartig nichtlineares Diagramm wird nämlich praktisch nie bei Verlängerung und Verkürzung reversibel durchlaufen. Das ist selbst dann nicht unbedingt der Fall, wenn nach der Deformation keine plastische Restdehnung bestehen bleibt. Ein typisches Beispiel ist in Abb. 3 dargestellt [5]. Man würde erwarten, daß mit dem Relaxationsverhalten die Schleifenbildung bei derartigen Dia-grammen oder auch in dem noch extremeren Beispiel [6] (Abb. 4) quantitativ formulierbar ist. Da sich aber inzwischen gezeigt hat, daß das Relaxationsspektrum in Abhängigkeit von der Dehnung sich ändert[1], ist auch dieser Weg kompliziert und damit wenig anschaulich (s. unten) [2].

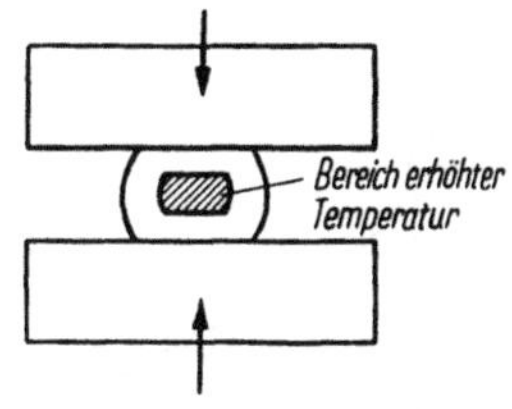

Abb. 6. Pressung eines Zylinders aus PC zwischen Platten. Erweichter Kern der Probe

Für den isotropen Körper sind zwei elastische Moduln von Null verschieden. Bei Überschreitung des linearen Gültigkeitsbereiches geht der verformte isotrope Festkörper, der dann eben schon nicht mehr isotrop ist, seinen Eigenschaften nach in einen solchen über, als ob er unverformt schon eine Anisotropie hätte. Das heißt, mindestens einige der vorher verschwindenden Koeffizienten werden von Null verschieden. Und die beiden anderen ändern sich.

Wenn nun, wie es bei Kunststoffen der Fall ist, relaxierende Vorgänge auftreten, so werden alle Koeffizienten auch noch Funktion der Zeit, entsprechend dem Relaxationsspektrum. Und auch dieses ändert sich mit wachsender Verformung (s. oben) [8].

Weiter aber kommt hinzu, daß bekanntlich die elastischen Moduln und ihre Relaxationsspektren sehr ausgeprägte Funktionen der Temperatur (übrigens auch etwaiger Quellung) sind. Die schlechte Wärmeleitfähigkeit aber bedingt, daß rein isotherme Verformungen sich nur bei sehr langsam ablaufender Deformation realisieren lassen. So muß man während der Deformation mit Temperaturänderung und damit mit Änderung der Moduln rechnen [9]. Das wäre noch übersehbar, wenn die Deformation an allen Orten der Probe gleich abläuft, die Wärme homogen produziert würde. Aber schon ihr Abströmen nach außen gibt während der Deformation und in Abhängigkeit von ihrer Geschwindigkeit, von der Wärmeabführung, von der Geometrie der Probe verschieden starke örtliche Erwärmung. So kommt es, daß z. B. ein Zylinder aus PVC, gepreßt zwischen Platten, im Inneren Temperaturerhöhungen aufweisen kann, die das Material bis zum Fließzustand erweichen, während der Mantel noch hart und relativ kalt ist (Abb. 6) [10]. Es ist wohl selbstverständlich, daß die rein mechanische Formulierung für eine solche Deformation, z. B. eines Zylinders, keine Beschreibung der Fließprozesse, der Zug-Druck-Spannungen usw. erlaubt.

---

[1] Die Änderung des Relaxationsspektrums mit einer Verformung zeigt sich sowohl bei Messungen des mechanischen Relaxationsspektrums wie auch an Untersuchungen der dielektrischen Relaxation, bei der der Effekt oft leichter nachweisbar ist [7] (Abb. 5a, b).

Und dasselbe gilt auch für die Verhältnisse beim Walzen, Kalandrieren, in der Schnecke usw.[1]

Die Erwärmung muß aber selbst bei einer zunächst homogenen Verformung nicht homogen bleiben. Es kann unter passenden Umständen eine örtliche Aufheizung enstehen[2]. Wir beobachten dann ein Phänomen, wie es bei der (übrigens zu unrecht so bezeichneten) Kaltverstreckung als Ausbildung eines Halses, einer Fließzone beobachtet wird (s. unten).

Wenn nun gequollenes Material vorliegt, so weiß man, daß das Quellungsgleichgewicht unter anderem ebenfalls vom Spannungszustand abhängt. Zellulosefasern pressen beispielsweise beim Verstrecken Wasser aus [11]. Auch damit variieren ebenfalls wieder die mechanischen Kenngrößen, die E-Moduln und das Relaxationsspektrum. Somit sind bei gequollenem Material analoge Komplikationen (zusätzlich) wie durch die thermischen Effekte zu erwarten.

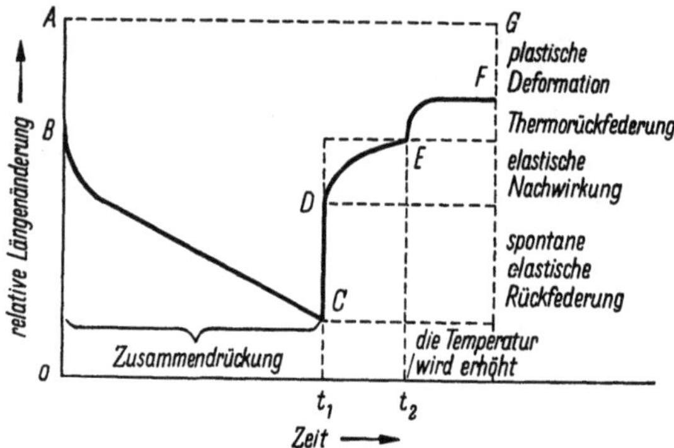

Abb. 7. Prinzipbild der Deformation, Zug, Entlastung, elastische Nachwirkung, Thermorückfederung bei Temperaturerhöhung (nach HOUWINK [4])

Mit allen diesen Folgen muß man rechnen, sobald man das lineare Gebiet verläßt. Man erkennt es auch daran, daß zwar bei einer Deformation ein Material einen zunächst offensichtlich stabilen Endzustand erreicht hat, dieser aber bei Temperaturerhöhung (oder wiederum auch bei Quellung) sich teilweise rückverformt, gegebenenfalls auch weiterverformt (Abb. 7). Das Ausmaß der Rückfederung hängt von der Maximaltemperatur, genauer sogar von dem Temperatur-Zeit-Programm, ab, dem die Probe unterworfen wird [12].

Alle diese Phänomene werden verständlich, sobald man sich vergegenwärtigt, daß molekulare Wechselwirkung und Umlagerung auf dem Zusammenwirken von Molekülen und Molekülgruppen im Material beruhen und nicht vom einzelnen molekularen Baustein und dessen Struktur bedingt sind [13]. Wohl gelingt es, gewisse Teilmechanismen, Relaxationsgebiete, mechanische und dielektrische Dämpfungsmaxima bestimmten Prozessen zuzuordnen. Aber sobald der lineare Bereich überschritten wird, treten gegenseitige Beeinflussungen der Mechanismen auf. Und hierüber weiß man bisher leider noch wenig.

Es ist unmöglich, in diesem Kapitel das ganze Gebiet aufzurollen oder auch nur die reine Phänomenologie vollständig zusammenzustellen.

Nun hat sich aber gezeigt, daß man gewisse klarere Einblicke – allerdings unter Verzicht auf Details – gewinnen kann, wenn man von einer Diskussion

---

[1] Technisch wird neuerdings die Durchmischung in einer Schnecke zur Aufheizung des Materials bis zum erweichten Zustand bei Spinnprozessen und im Extruder ausgenutzt.

[2] Eine solche örtliche Aufheizung kann sich aus einer zufälligen kleinen statistischen Schwankung entwickeln, wenn man die Verformungsbedingungen für eine stabile homogene Verformung überschreitet. Das ist völlig analog zum Umklappen eines laminaren in das turbulente Fließen bei Überschreiten der kritischen REYNOLDsschen Zahl.

der Energieumsetzungen bei der Verformung an Stelle der Diskussion der Zusammenhänge von Spannung und Deformation ausgeht. Solche Diskussionen finden sich zwar seit längerem in den Betrachtungen zur Mechanik der Festkörper, insbesondere auch der Metalle (Energiefunktionen), aber in einer nicht vollständigen Weise nur für die mechanischen Energien. Die Diskussion der *vollständigen* Energiebilanz hat gerade das lange Zeit völlig unverstanden gebliebene Phänomen, nämlich die Ausbildung von Fließzonen bei der sog. Kaltverstreckung, aufklären können (Abb. 8).

Man hat das mechanische Verhalten der Festkörper bisher immer als rein mechanisches Phänomen behandelt. Die geleistete Verformungsarbeit findet sich im reversibel elastischen Bereich als elastisch gespeicherte Energie im Material wieder, bei Substanzen, die teilweise fließen oder auch vollkommen fließen, ist sie irreversibel dissipiert, wobei zwar die Dissipation durch Umwandlung in Wärme erfolgt, aber angenommen wurde, daß während der Verformung die entstehende Wärme so schnell abfließt, daß sie auf den Ablauf der Verformung keinen Einfluß hat.

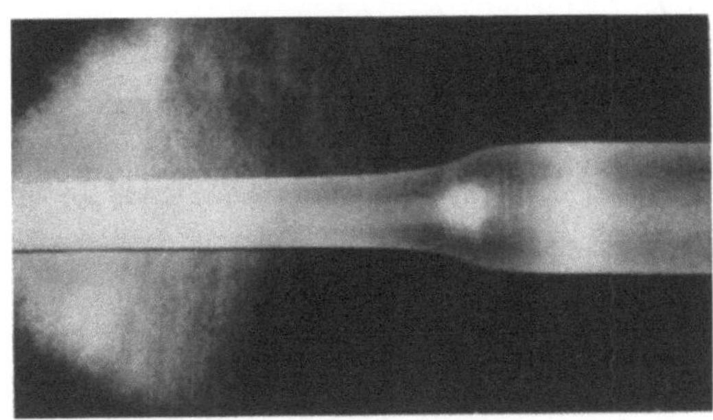

Abb. 8. Halsbildung an einer Polystyrolstange von 2 cm Dicke

links: verstreckter Teil
rechts: unverstreckter Teil

Bei Festkörpern mit der extrem hohen inneren Reibung aber und außerdem geringer Wärmeleitfähigkeit, wie gerade häufig bei Hochpolymeren, ist diese Vernachlässigung (s. oben) zu weitgehend.

Aus diesem Grund muß durch die Temperaturänderung auch eine Rückwirkung auf den Verformungsablauf entstehen, und zwar nicht nur in Abhängigkeit von der Geschwindigkeit, wie z. B. schon bei der Relaxation, sondern auch in Abhängigkeit vom Wärmeaustausch mit der Umgebung (Abb. 9) [14].

Kompakte Proben, bei denen die Wärme über einen längeren Weg bis zu den Begrenzungen des Materials laufen muß, ehe sie an diesen nach außen abgegeben werden kann, werden eine andere Rückwirkung der Wärmeproduktion auf den Verformungsablauf zeigen als Proben von geringem Querschnitt. Zug-Dehnungs-Diagramme an Feinfasern sind schon aus diesem Grunde unterschieden von denen an dicken Borsten, an Bändern oder an Stangen.

Es ist also von vornherein nicht zu erwarten, daß sich diese Diagramme durch einfache Ähnlichkeitstransformationen ineinander überführen lassen, es sei denn, daß man bei Ähnlichkeitsbetrachtungen auch auf Ähnlichkeit hinsichtlich der Wärmeableitung, der Querschnittsform usw. Rücksicht nimmt.

Temperaturänderungen treten aber nicht nur auf Grund von Reibung bei der Verformung auf. Nach einem allgemeinen thermodynamischen Zusammenhang muß jeder Körper, der eine Wärmeausdehnung besitzt, bei einer Deformation (Zug) auch Temperaturänderungen zeigen:

$$dQ = -\beta T Z \, dl \quad \text{(thermomechanischer Effekt).}$$

Bei positiven Ausdehnungskoeffizienten kühlt sich das Material ab, bei negativen Ausdehnungskoeffizienten erwärmt es sich [15]. Den ersten Fall findet man vor bei Polystyrol im Glaszustand (Abb. 10), den zweiten bei gedehntem Kautschuk (Abb. 11). Im allgemeinen wird der Ausdehnungskoeffizient eine Funktion von Temperatur und der schon aufgeprägten Verformung sein, so daß die obige Gleichung wiederum nur einen differentiellen Zusammenhang beschreibt. Ungedehnter Kautschuk z. B. besitzt noch positiven Ausdehnungskoeffizient, so daß im ersten Beginn eine Abkühlung auftreten muß, die erst im Verlauf weiterer Dehnung in den bekannten Erwärmungseffekt übergeht (Abb. 12).

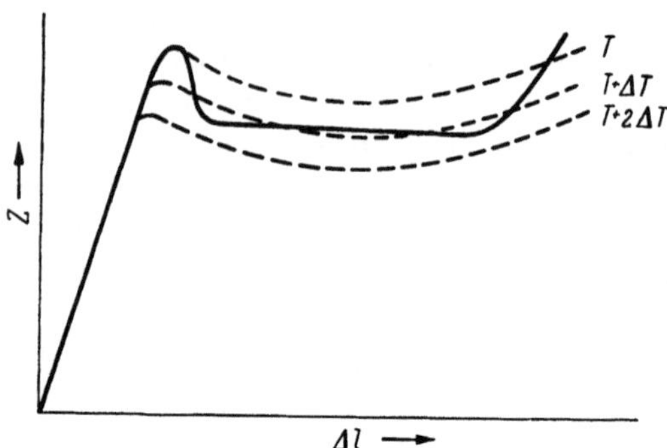

Abb. 9. Prinzipbild zur homogenen Verstreckung mit Einregelung der Temperatur, ausgezogene Kurve entspricht Messung

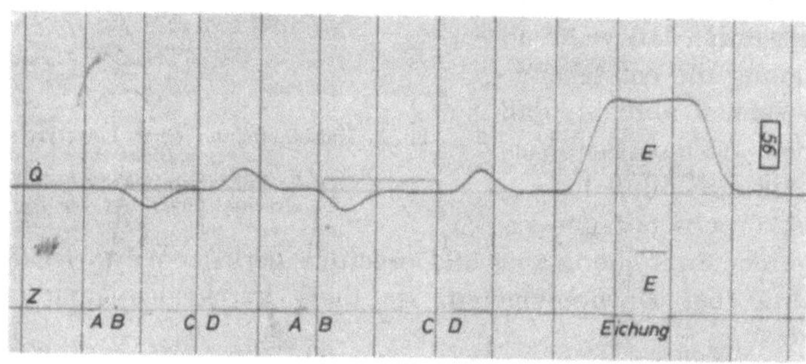

Abb. 10. Thermoelastischer Effekt an vorgerecktem Polystyrol, Reckrichtung senkrecht zur Beanspruchungsrichtung. Wiedergabe einer Registrierung. Die untere Kurve Z gibt den Verlauf der Zugspannung. Von A—B Dehnen der Probe, B—C konstante Verlängerung aufrechterhalten, C—D Entlasten der Probe. Die obere Kurve gibt den Wärmestrom als Funktion der Zeit. Ausschlag nach unten Abkühlung, nach oben Erwärmung der Probe. Das Flächenintegral entspricht der Wärmetönung. E bezeichnet die Eichung [18]

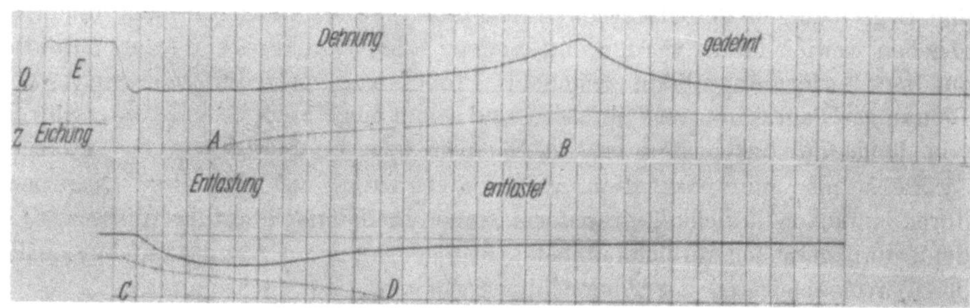

Abb. 11. Thermoelastischer Effekt von vulkanisiertem Naturkautschuk (max. Dehnung um 250%). Sonst wie Abb. 10

Die Ursache für dieses Verhalten liegt darin, daß bei jeder Deformation das Material sowohl eine Änderung der Inneren Energie bzw. Enthalpie als auch der Entropie erfährt. Jede Entropieänderung ist zwangsläufig verkoppelt mit einer

Wärmetönung. Soll die Verformung isotherm ablaufen, so muß der entsprechende Wärmebetrag zu- oder abgeführt werden. Wenn kein Wärmeaustausch zwischen der zu deformierenden Probe und der Umgebung stattfindet, der Vorgang also adiabatisch abläuft, dann resultiert entsprechend der spezifischen Wärme und Dichte der Probe eine Temperaturänderung.

Bei Gasen ist die Unterscheidung von isothermer und adiabatischer Kompressibilität allgemein geläufig. Für Kautschuk existieren in der Literatur ebenfalls Betrachtungen [16]. Bei Festkörpern aber ließen sich diese Wärmeeffekte

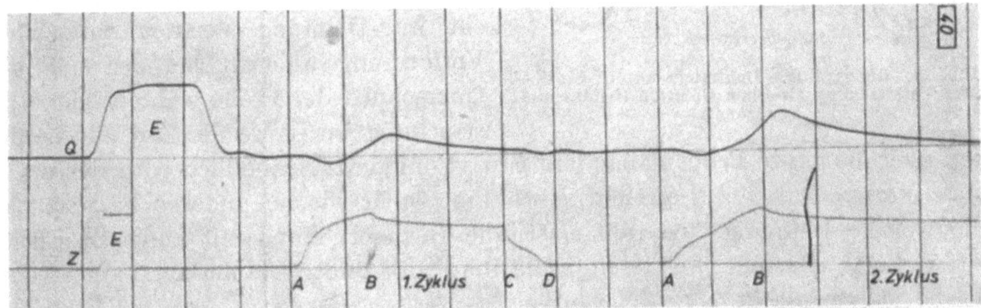

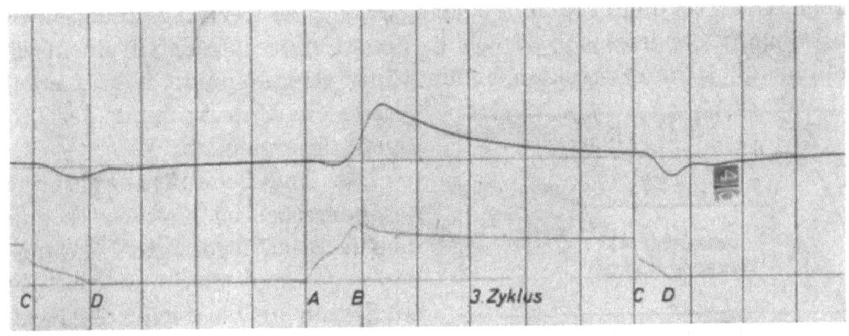

Abb. 12. Dehnung von Polyisobutylen (Oppanol). Dehnung um maximal 150 %. Die anfängliche Abkühlung ist in allen 3 Zyklen deutlich erkennbar [18]
(Der schlangenförmige Aufstrich im rechten Teil des oberen Bildes hat keine Bedeutung)

bisher nur deshalb für das mechanische Verhalten vernachlässigen, weil bei den üblichen Werkstoffen oder den Metallen die elastischen Konstanten anders als bei Gas oder im Gummizustand im Anwendungsbereich nur eine geringe Änderung mit der Temperatur zeigen. Befindet man sich jedoch, wie bei Hochpolymeren häufig, in einem Temperaturbereich, in dem eine Temperaturänderung die Fließfestigkeit merklich verändert, dann muß eine Rückwirkung auf das Deformationsverhalten selbst schon auf Grund dieser elastischen Wärmeeffekte auftreten. Sie wird unter Umständen ausschlaggebend für den weiteren Ablauf der Verformung.

Genau diese Rückwirkung der Wärmeproduktion während der Deformation hat sich nun als maßgebend bei der Kaltverstreckung mit Fließzone erwiesen:

Es gibt viele Hochpolymere, die bei Überschreitung einer gewissen Zugbeanspruchung sich plastisch verlängern und nach Beendigung der Verformung im verformten Zustand verbleiben. Meistens tritt hierbei an einer Stelle des Materials eine Einschnürung auf: das Verstreckte zieht sich gleichsam in diesem

Hals aus dem Unverstreckten heraus. Die Fließzone, der Hals, überwandert sozusagen das Material (s. Abb. 13). Und in ihr erfolgt die wesentliche Um-

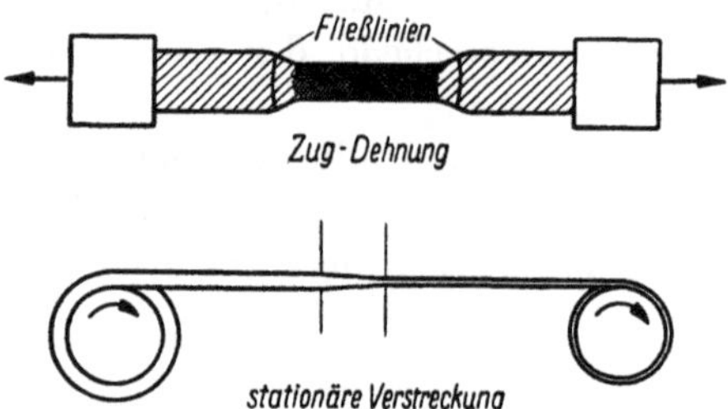

Abb. 13. Oben: Zug – Dehnung, unten: Stationäre Verstreckung zwischen Galetten (beides mit Fließzone)

lagerung vom unverstreckten in den verstreckten Zustand. Eine solche Fließzone kann mehr oder weniger ausgeprägt, breit oder schmal sein [17]. Sie kann auch so breit werden, daß sie einen stetigen Übergang aus dem Verstreckten in das Unverstreckte darstellt, daß als ein Zug-Dehnungs-Versuch mit einer Verformung abläuft, bei der sich der Querschnitt der Probe während der Verstreckung im Laufe der Zeit und homogen über die ganze Probenlänge langsam vermindert. Schließlich wird der maximale Verstreckungsgrad erreicht, sowohl im einen wie im anderen Fall so, daß die weitere Dehnung eine rein elastische Beanspruchung mit anderem Elastizitätsmodul darstellt, an deren Ende die Probe reißt. Die maximal verstreckte Probe ist verfestigt.

Es erhebt sich nun die Frage, warum bei geeigneten Bedingungen dieser maximale Verstreckungsgrad mit einer solchen Verstreckungsstelle, einer Halsbildung, abläuft, bei der das praktisch maximal Verstreckte sich in einem schmalen Bereich aus dem Unverstreckten bildet. Einen Anhaltspunkt hierfür ergab eben gerade die Untersuchung der (vollständigen) Energiebilanz [2].

Das Zug-Dehnungs-Diagramm, insbesondere bei der Kaltverstreckung, hat den in Abb. 14 gezeigten Verlauf. Sehen wir von dem Maximum der Zugkraft zu Beginn ab, so bleibt die Kraft während des Vorganges so lange konstant, als die Fließzone noch wandert und in ihr noch eine Umwandlung vom Unverstreckten in Verstrecktes stattfinden kann.

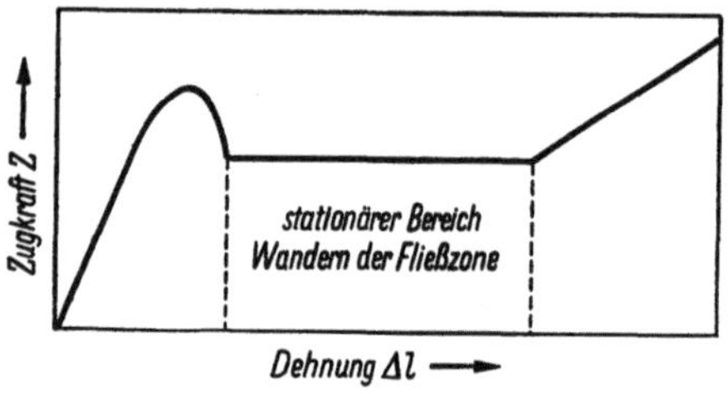

Ist alles Material verstreckt, dann steigt die Kraft bis zum Bruch weiter an.

Abb. 14
Prinzipbild des Zug-Dehnungs-Diagramms während der Kaltverstreckung. HOOKEscher (reversibler) Anfangsbereich, Zugkraftmaximum bei Ausbildung der Fließzone, Konstanzbereich während der Wanderung der Fließzone (plastisch), neuerlich HOOKEscher (reversibler) Bereich mit anderem E-Modul

Rechnet man aus dem Konstanzbereich der Kraft die mechanische Arbeit für die Überführung von 1 g unverstrecktem in verstrecktes Material aus und vernachlässigt, daß ein Teil dieser mechanischen Arbeit auch in Änderung der Enthalpie übergegangen ist, d. h., betrachtet man den Vorgang als vollkommen irreversibel ohne anderweitige gleichzeitige Energieumsetzungen, so zeigt sich, daß dieser Arbeitsbetrag als Wärme, umgerechnet mit der mittleren spezifischen Wärme und Dichte gerade ausreicht, um die Temperatur des Materials einige Grade über die nächsthöhere Transformationstemperatur zu erhöhen. Bei Polyamid also auf etwa 50 bis 60°, bei Polyvinylchlorid auf etwa 90° (Tab. 1) [18].

Es lag nahe, zu vermuten, daß während des Verstreckungsvorganges die entsprechende Temperaturerhöhung tatsächlich in der Fließzone in Erscheinung tritt, daß die Fließzone eine heiße Zone ist, in der bei entsprechend verminderter

Reibung die Umlagerung der Moleküle in den orientierten Zustand bevorzugt erfolgt. Das Verstreckte kühlt sich dann durch Abgabe der Wärme an die Um-
gebung rasch wieder ab. Könnte man diesen Austausch verhindern, so würde Polyvinylchlorid z. B. am Ende der Verstreckung mit einer Temperatur von etwa 80°, also im gummi-elastischen Zustand vorliegen.

Die Temperaturerhöhung ließ sich experimentell nach verschiedenen Methoden nachweisen (Abb. 15) [19]. Sie hängt von der Verformungsgeschwindigkeit in gewissem Bereich ab. Das anfängliche Maximum läßt verstehen, daß zu Beginn des Vorganges zusätz-

Tabelle 1 [1]

Verstreckungs-temperatur °C	Zugkraft kp	Errechnete Aufheiztemperatur °C
20	0,45	83
30	0,40	86
40	0,31	84
50	0,25	85
60	0,175	83
70	0,100	83
75	0,061	83
80	0,045	86
85	0,006	86

liche Arbeit zur Herstellung der heißen Fließzone notwendig ist. Und das Ganze bedeutet, daß die sog. Kaltverstreckung mit Fließzone im strengen Sinne gar keine eigentliche Kaltverstreckung, sondern eine „*modifizierte Warmverstreckung*" ist [20].

Betrachtet man nämlich die Energiebilanz der Warmverstreckung, so ist sie praktisch identisch mit der der Kaltverstreckung mit Fließzone: Man muß zu-
nächst das Material durch Zuführen von Wärme aufheizen bis oberhalb der Erweichungs- oder Umwandlungs-temperatur, kann dann wegen der stark verminderten, nunmehr kleinen inneren Reibung mit sehr geringer Arbeit das Material verformen und muß schließlich unter Dissipation der Wärme beim Abkühlen diese letztere wieder irreversibel vernichten, um die Temperatur des Ausgangszu-standes zu erhalten. Bei der Kalt-verstreckung mit Fließzone wird nur sozusagen die Aufheizungsenergie aus der mechanischen Arbeit entnommen.

Man kann weiter sagen, daß die homogene Verformung unterhalb einer

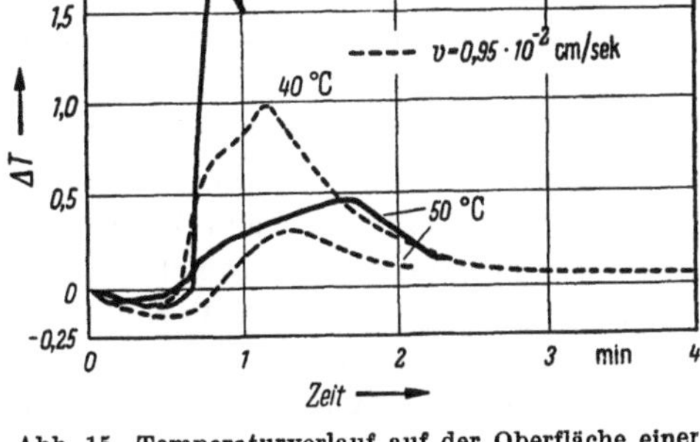

Abb. 15. Temperaturverlauf auf der Oberfläche einer Polyvinylchloridprobe während der Kaltverstreckung. Ein auf der Folie liegendes Thermoelement wurde von der Fließzone überwandert, Temperaturüber-höhungen wegen schlechten Wärmekontaktes und großer Wärmekapazität des Thermoelementes gering (nach K. JÄCKEL). Man beachte den unsymmetrischen Verlauf

für jede Temperatur charakteristischen ausreichend langsamen Geschwindigkeit stattfindet, weil dort – um es summarisch zu sagen – der Übergang in den ver-streckten Zustand mit geringerer Energiedissipation, Entropieerzeugung abläuft als bei Ausbildung der Fließzone und Auftreten von zusätzlichen Wärmeströmen.

Dieses Bild ist nun noch nicht vollkommen. Ein Teil der mechanisch ge-leisteten Arbeit geht nicht unbedingt in Wärme über, sondern wird als Erhöhung der Enthalpie im deformierten Material gespeichert. Das Material enthält so-

---

[1] Werte berechnet für Vinifol-Folie (Agfa Wolfen).

zusagen innere Spannungen. Dieser Anteil ist auch Ursache für die bei Temperaturbehandlung auftretende Thermorückfederung. Will man die Verhältnisse also vollständig überblicken, so sollte man bei einer Energiebilanz der Verformung einerseits die mechanische Arbeit als Funktion der Verformung und Verformungsgeschwindigkeit, andererseits die während der Verformung auftretende gesamte Wärmetönung meßtechnisch erfassen. Die Differenz von beiden stellt dann die Änderung der Enthalpie des Materials mit der Deformation dar (Tab. 2). Die gesamte Wärmetönung aber müßte noch aufgespalten werden in denjenigen

Tabelle 2

Material	ΔH in % der mechanischen Verstreckungsarbeit[1]
Stahl......................	20
Zinn......................	$\cong 0$
Polyamid	~ 40
Polyäthylen	~ 20
Polyvinylchlorid	~ 40
Polyterephthalsäureglykolester..	~ 30

Anteil, der der Entropieänderung des Materials entspricht und in den rein dissipativen Anteil:

$$A = \Delta H + Q,$$

$$Q = Q_{\text{irr}} + Q_{\text{rev}}.$$

Offensichtlich ist aber die Auftrennung der Gesamtwärme in Q_{irr} und Q_{rev}, wenn überhaupt, jedenfalls mit rein kalorimetrischen Messungen nicht möglich [21].

Eine so vorgenommene Analyse der bei einer Verformung ablaufenden Energieumsetzung erlaubt eine Reihe von Aufschlüssen, die Einblicke in das nichtlineare Verhalten vermitteln, ohne den wenig übersichtlichen mathematischen Formalismus mit elastischen und viskosen Konstanten, die von Zeit bzw. Geschwindigkeit und Temperatur abhängen, zu erfordern. Da es eine integrale Darstellung ist, gehen andererseits naturgemäß Details verloren. Da aber nur sehr schwer für ein einzelnes Material die Kenntnis der Abhängigkeit der elastischen Spektren von der Verstreckung bei gleichzeitiger Variation der Temperatur als bekannt vorliegen kann, stellt die Energiebilanz zur Zeit wohl eine noch am ehesten aussichtsreiche Methode dar, in eine relativ allgemeine Darstellung des nicht-linearen Verhaltens weiter vorzudringen.

Voraussetzung hierfür ist die Beschaffung geeigneter experimenteller Methoden zur Messung der Wärmetönungen während der Deformation bei gleichzeitiger Messung der mechanischen Arbeit. Als Nebenbedingung wird dabei gefordert, daß die Vorgänge mit ausreichender Näherung entweder isotherm oder adiabatisch verlaufen.

Diese Messungen sind deshalb etwas schwierig, weil bei den noch gut verformbaren Probengrößen die entsprechenden zu erfassenden Wärmemengen sehr niedrig liegen, in der Größenordnung von einigen Millikalorien. Mit Hilfe geeigneter elektronischer Technik aber lassen sich diese Schwierigkeiten überwinden [22].

Für das lineare Verhalten existiert also heute in Gestalt der Theorie der mechanischen Relaxation eine geschlossene Darstellungsmöglichkeit, bei der nur zu beachten ist, daß die an sich stoffspezifischen Spektren im Prinzip noch in Abhängigkeit von der Vorbehandlung der Proben, insbesondere auch vom Ver-

---

[1] Bei mittlerer Verstreckungsgeschwindigkeit, d. h. unter Ausbildung der Fließzone (außer bei den Metallen).

formungszustand etwas variieren können. Für große Verformungen aber existiert heute noch keine abgeschlossene Möglichkeit der mathematischen Formulierung von Zusammenhang zwischen Deformation und Spannung. Man kann jedoch in das Gebiet eindringen, wenn man das Augenmerk auf die Diskussion der Energieumsetzung verlagert. Insbesondere wird diese Methode fruchtbar, wenn man die Energieumsetzung in die einzelnen Anteile der Veränderung der inneren Energie bzw. Enthalpie, der Entropie und der irreversibel dissipierten Energie aufspalten kann. Weil infolge des schlechten Wärmeleitfähigkeitsvermögens der Hochpolymeren Temperaturerhöhungen bei größeren Verformungsgeschwindigkeiten praktisch unvermeidbar sind und weil sowohl die elastischen wie die viskosen Eigenschaften des Materials mindestens bei Annäherung an die Umwandlungsbereiche starke Änderungen erleiden, haben diese Wärmetönungen häufig eine relativ starke Rückwirkung auf den Ablauf der Deformation. Somit besteht hierdurch eine weitere Möglichkeit für die Aufklärung der oft komplizierten Hysteresiseffekte der Zugdehnung und für gewisse Anomalien, wie das Auftreten von Fließzonen. Mindestens wird ein bisher als vernachlässigbar angesehener neuer Gesichtspunkt angeschnitten.

Literatur

[1] Vergleiche 2. Marburger Diskussionstagung 1953: Das Relaxationsverhalten der Materie. Kolloid-Z. 134 (1953).

[2] Siehe hierzu auch F. H. Müller: Collection Czechoslov. Chem. commun. 22 (1957) S. 66 bis 83 — Physikertagung Heidelberg 1957. Mosbach: Physik-Verlag.

[3] Houwink, R.: Second report on Viscosity and Plasticity. Verh. kon. Nederl. Akad. Wetensch., Afd. Natuurk. (eerste Sectie) Dl. Nr. 4 (1938) S. 185 —240. — Siehe ferner W. Meskat u. Pawlowski: Ein neues Rotationsviskosimeter mit gleichzeitiger Bestimmungsmöglichkeit sehr kleiner Fließgrenzen an Gelen. Vortrag im VDI-Ausschuß Rheologie 1958.

[4] Vergleiche hierzu R. Houwink: Elastizität, Plastizität und Struktur der Materie. Dresden/Leipzig: Steinkopff 1938. — Ferner G. W. Scott Blair: Einführung in die technische Fließkunde. Dresden/Leipzig: Steinkopff 1940. Siehe auch 4.1.

[5] Hock, L., u. H. Boström: Gummi-Ztg. 41 (1927) S. 1112.

[6] Müller, F. H.: Kolloid-Z. 113 (1943) S. 3.

[7] Müller, F. H., u. K. Huff: Kolloid-Z. 145 (1956) S. 157 u. 153 (1957) S. 5. — F. Krum u. F. H. Müller: Kolloid-Z. 164 (1959) S. 81.

[8] Experimenteller Beweis für Anisotropie im dielektrischen Relaxationsspektrum liegt inzwischen an Polyamid und Polyvinylchlorid vor (unveröffentlichte Versuche).

[9] Meixner, J., [1] zeigt die Notwendigkeit der Unterscheidung eines adiabatischen und eines isothermen Relaxationsspektrums.

[10] Diese Untersuchungen zeigen, daß die Theorien der Verformung zylindrischer Probekörper im Plastometer, wie in der Prüftechnik für Tone und keramische Massen gebräuchlich, nicht ohne Modifikation auf Hochpolymere übertragen werden dürfen.

[11] Hermans, P. H.: Contribution to the Physics of Cellulose Fibres. Monographs on the Progress of Research in Holland. New York/Amsterdam/London/Brüssel: Elsevier Publ. Comp. Inc. 1946.

[12] Siehe Zit. [4], ferner T. Alfrey jr.: Mechanical Behavior of High Polymers, New York 1948, Intersci, Publ. — Siehe auch H. A. Stuart: Physik der Hochpolymeren, Bd. IV. Berlin/Göttingen/Heidelberg: Springer 1956.

[13] Diskutiert für den dielektrischen Fall bei F. H. Müller u. Chr. Schmelzer: Ergebn. exakt. Naturwiss. 25 (1951) S. 359—475.

[14] Siehe Zit. [2], ferner Kautschuk u. Gummi 9 (1956) S. 197.

[15] JOULE, J. P.: Phil. Mag. 14 (1857) S. 227 — Phil. Trans. 149 (1859) S. 91. — A. EUCKEN: Lehrbuch der physikalischen Chemie, Bd. II, 2, S. 826. Leipzig: 1949 — Handbuch der Experimental-Physik, Bd. VIII, 1, S. 285. Berlin: 1926.
[16] Siehe z. B. A. EUCKEN: Zit. [15].
[17] JÄCKEL, K.: Kolloid-Z. 137 (1954) S. 130.
[18] ENGELTER, A., u. F. H. MÜLLER: Kolloid-Z. 157 (1958) S. 89.
[19] Siehe Zit. [17], ferner P. BRAUER u. F. H. MÜLLER: Kolloid-Z. 135 (1954) S. 65.
[20] JÄCKEL, K., u. F. H. MÜLLER: Kolloid-Z. 129 (1952) S. 145.
[21] Siehe die ausführliche Diskussion auf der 3. Marburger Diskussionstagung: Kolloid-Z. 165 (1959).
[22] MÜLLER, F. H., u. AD. ENGELTER: Rheologica Acta 1 (1958) S. 39.

4.6 Vorgänge beim Bruch

Von F. Kerkhof, Freiburg/Br.

4.6.1 Einleitung und Übersicht

Für die Erfordernisse der Technik war es bis vor kurzem ausreichend, einen Bruch zu verhindern und die Bedingungen hierfür als kritische Spannungswerte wie „Zugfestigkeit", „Fließgrenze" u. dgl., anzugeben. Über den Bruchvorgang als physikalischen Prozeß wissen wir heute noch wenig. Dieses liegt in erster Linie daran, daß die beim Bruch erfolgende Stofftrennung im allgemeinen mit sehr hohen Geschwindigkeiten und häufig im Innern von undurchsichtigen Stoffen stattfindet und daher der experimentellen Untersuchung schwer zugänglich ist.

Mit den modernen Hilfsmitteln der Kurzzeitphysik ist es jedoch gelungen, einige fundamentale Vorgänge während des Bruchablaufes quantitativ zu erfassen und zu verstehen. Die hierbei verwendeten experimentellen Verfahren hat H. SCHARDIN in dem nachfolgenden Artikel 4.7 zusammengestellt. In dem vorliegenden Bericht soll versucht werden, vor allem die theoretischen Vorstellungen über die physikalischen Vorgänge beim Bruch kritisch zu behandeln. Um dabei gleichzeitig die historische Entwicklung bis zum gegenwärtigen Stand anzudeuten, sind die Literaturzitate im Text auch mit dem Erscheinungsjahr der betreffenden Veröffentlichung versehen. Nicht erörtert werden dagegen rein phänomenologische und statistische Festigkeits- und Bruchbetrachtungen.

Es liegt auf der Hand, daß man die beim Bruch mitspielenden fundamentalen Prozesse nur mit Hilfe einfacher Versuche studieren und zunächst unter sehr vereinfachenden Annahmen zu verstehen trachten soll. Die nachfolgenden Erörterungen werden daher im wesentlichen auf den reinen Zugbruch in isotropen Körpern begrenzt, die bis zum Eintritt des Bruches isotrop bleiben. Im ganzen sei der Körper auch homogen, abgesehen von kleinen Rissen und Inhomogenitäten, die unter einer mechanischen Spannung zu Bruchursprüngen werden können.

Wir beschränken uns dabei auf den reinen Trennbruch, dessen molekularer Elementarprozeß in der irreversiblen Dehnung bis zu einer bestimmten Grenze besteht. Zur Kennzeichnung dieser Grenze genügt die Angabe der molekularen Bruchdehnung *oder* Bruchspannung, wenn die Spannungs-Dehnungs-Kurve wie bei rein elastischen Körpern hinreichend bekannt ist. Je nach der Beteiligung plastischer Vorgänge tritt jedoch eine von der Dehnungs- oder Belastungsgeschwindigkeit abhängige Relaxation zwischen Dehnung und Spannung auf, die das Verständnis der schnell verlaufenden Bruchvorgänge erschwert. Man führt also eine wesentliche Vereinfachung ein, wenn man, wie üblich, allein die *Spannungs-verhältnisse* an und in der Nähe einer Bruchspitze untersucht. Dieses wäre an sich nur statthaft beim rein spröden Bruchvorgang, d. i. beim Bruchvorgang in einem rein elastischen Körper. Das hierzu notwendige Rüstzeug aus der Kerbspannungslehre ist in 4.6.2 zusammengestellt.

Trotz der erwähnten vereinfachenden Annahmen zeigt sich, daß der *Beginn* eines reinen Sprödbruches prinzipiell auch in einem ideal-elastischen (d. h. dem verallgemeinerten HOOKEschen Gesetz gehorchenden) und homogenen Körper theoretisch nicht denkbar ist, daß nämlich eine kritische Diskussion der Energiebilanz bei der Bildung von Bruchflächen als rein logische Konsequenz zur Annahme von Inhomogenitäten, Fehlstellen, lokalen plastischen Vorgängen od. dgl. zwingt (4.6.3). Der einmal angelaufene Sprödbruch ist jedoch auch in einem fehlstellenfreien elastischen Material ausbreitungsfähig. Einige hierfür wesentliche Gesetzmäßigkeiten werden in 4.6.3d bis f diskutiert. Andere Brucherscheinungen, die man häufig noch zu den „spröden" rechnet, sind ohne Einbeziehung mikroplastischer Vorgänge kaum verständlich. Dies gilt vor allem für die harten Kunststoffe. Plastische Bruchvorgänge zeichnen sich durch erhöhte Werte der kritischen spezifischen Bruchenergie aus, deren Begriff, Größe und Bestimmung in 4.6.4 erörtert werden. Der Abschn. 4.6.4d wird dabei vor allem denjenigen Sekundärbrucherscheinungen gewidmet, die in ihrem Ursprung auf plastische Vorgänge im Spannungshof der primären Bruchfront zurückzuführen sind.

Der Inhalt von 4.6.4 soll nur als erster Schritt zum Verständnis des allgemeinen Bruchvorganges dienen, den man heute noch nicht in allen Einzelheiten versteht, besonders dann, wenn das Material nicht mehr als isotrop angesehen werden kann. Auf die Bruch- und Zerreißprozesse in derartigen Materialien wird daher nur am Rande (s. 4.6.5a) verwiesen.

Das eigentliche Ziel von 4.6.5 ist, zu zeigen, in welcher Weise der zeitliche Prozeß des Bruchablaufes das bleibende Bild der Bruchfläche prägt und wie man daher andererseits aus den vorwiegend linienartigen Markierungen auf den Bruchflächen Rückschlüsse auf den Bruchvorgang ziehen kann.

Die heute einigermaßen verständlichen Erscheinungen der Bruchvorgänge wie auch der Bruchflächenstrukturen lassen sich am einleuchtendsten am Beispiel der Silikatgläser demonstrieren. Bei den Kunststoffen treten die gleichen Brucherscheinungen häufig in nur versteckter Form auf. Es ist daher verständlich, daß in erster Linie die Silikatgläser als Beispiele herangezogen werden.

Auf zwei andere neuere zusammenfassende Darstellungen[1] sei besonders hingewiesen:

a) „Bruchspannung und Festigkeit von Hochpolymeren" von F. SCHWARZL und A. J. STAVERMAN [*1*] in der „Physik der Hochpolymeren", herausgegeben von H. A. STUART, Bd. IV. 1956.

b) „Fracture" von G. R. IRWIN [*2*] im Handbuch der Physik, herausgegeben von S. FLÜGGE, Bd. VI. 1958.

---

[1] Vergleiche außerdem [*8*] sowie A. A. WELLS [*114*] (1959) und G. R. IRWIN [*115*] (1960).

4.6.2 Ergebnisse der Kerbspannungslehre

Die Theorie des Bruchverhaltens beruht zum großen Teil auf einigen wichtigen Ergebnissen der *ebenen Kerbspannungslehre* (vgl. hierzu die Lehrbücher von H. Neuber [3] (1958) und von A. und L. Föppl [4] (1947)), die zunächst zusammengestellt seien. Wir beschränken uns dabei – wenn nicht anders vermerkt – auf die einfachsten Fälle des *ebenen Spannungszustandes*, der für die praktisch wichtige Untersuchung von Platten von besonderer Bedeutung ist.

a) Das elliptische Loch in einer Platte. Die elastischen Spannungen am Rande und in der Nachbarschaft eines elliptischen Loches in einer Platte, die einer gleichförmigen zweiachsigen Spannung unterworfen wird, lassen sich mit den Mitteln der klassischen Elastizitätstheorie durch Einführung elliptischer Koordinaten berechnen (erstmals durch Inglis [100] (1913)).

Die Ellipse habe die große Halbachse a_0 und die kleine Halbachse b_0; die Hauptspannungen in großer Entfernung von der Ellipse seien p und q. Positive Werte von p und q sollen stets Zugspannungen, negative Werte Druckspannungen

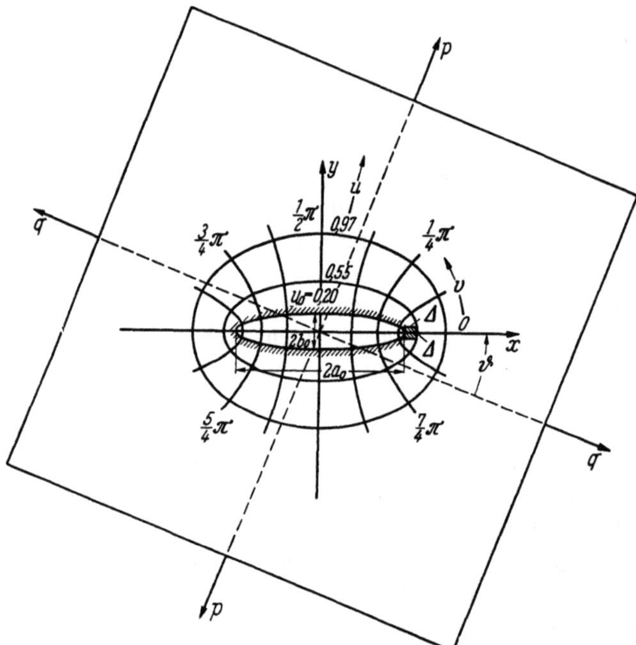

Abb. 1. Elliptische Kerbstelle im zweiachsigen Spannungsfeld (p, q) · (x, y): Kartesische Koordinaten, (u, v): Elliptische Koordinaten, Kerbrand gegeben durch $\mathfrak{Tan}\, u_0 = \dfrac{b_0}{a_0}$ (gezeichnet für $u_0 = 0{,}20$)

bedeuten. Die Orientierung eines kartesischen Koordinatensystems sei derart, daß die x-Achse mit a_0, die y-Achse mit b_0 zusammenfalle (Abb. 1), und daß zwischen der positiven x-Achse und der Richtung der Hauptspannung q der Winkel ϑ liege. Man führt dann durch die folgenden Transformationsgleichungen elliptische Koordinaten (u, v) ein:

$$x = c\, \mathfrak{Cof}\, u \cos v, \tag{1}$$

$$y = c\, \mathfrak{Sin}\, u \sin v$$

mit $c^2 = a_0^2 - b_0^2$. Hieraus folgt, daß

$$\frac{x^2}{c^2 \operatorname{Cof}^2 u} + \frac{y^2}{c^2 \operatorname{Sin}^2 u} = 1. \tag{1a}$$

Die Linien für $u = $ const sind Ellipsen mit den Achsen $a_e = c \operatorname{Cof} u$ und $b_e = c \operatorname{Sin} u$ und der Exzentrizität $\sqrt{a_e^2 - b_e^2} = c$. Es folgt außerdem, daß

$$\frac{x^2}{c^2 \cos^2 v} - \frac{y^2}{c^2 \sin^2 v} = 1. \tag{1b}$$

Die Linien für $v = $ const sind Hyperbeln mit den Achsen $a_h = c \cos v$ und $b_h = c \sin v$ und der Exzentrizität $\sqrt{a_h^2 + b_h^2} = c$. Die Ellipsen- und Hyperbelscharen sind konfokal. Der Rand der Kerbe sei gegeben durch $u = u_0$; für diesen gilt demnach:

$$a_0 = c \operatorname{Cof} u_0, \quad b_0 = c \operatorname{Sin} u_0. \tag{2}$$

Wir setzen für das Folgende allgemein voraus: $b_0 \leqq a_0$. In der Abb. 1 wurde $u_0 = 0{,}2 \left(\approx \dfrac{b_0}{a_0} \right)$ gewählt.

Für den Kerbrand als freie Oberfläche gelten die Randbedingungen

$$(\sigma_u)_R = 0, \quad (\tau_{uv})_R = 0. \tag{3}$$

Im Hinblick auf die Frage, wann eine ellipsenähnliche Kerbe aufreißt, interessiert in erster Linie die Randspannung $\sigma_R = (\sigma_v)_{u=u_0}$, für die sich die folgende allgemeine Beziehung ergibt:

$$\sigma_R = \frac{(p+q) \operatorname{Sin} 2u_0 + (p-q)\left(e^{2u_0} \cos 2(v+\vartheta) - \cos 2\vartheta\right)}{\operatorname{Cof} 2u_0 - \cos 2v}, \tag{4}$$

die wir nun für einige Sonderfälle diskutieren wollen.

b) Die Kerbspannungen für einige Sonderfälle. α) *Einachsige Spannung senkrecht zur großen Ellipsenachse* ($\vartheta = 0$, $p \neq 0$, $q = 0$). Herrscht in großer Entfernung von dem elliptischen Loch nur die einachsige Spannung p in Richtung der kleinen Ellipsenachse, so vereinfacht sich der Ausdruck (4) für die Randspannung zu

$$\sigma_R = p \, \frac{\operatorname{Sin} 2u_0 + e^{2u_0} \cos 2v - 1}{\operatorname{Cof} 2u_0 - \cos 2v}. \tag{4a}$$

Als Funktion von v hat die Randspannung ihr Maximum σ_M (für $p > 0$) hiernach am Kerbgrund ($v = 0$, π):

$$\sigma_M = (\sigma_R)_{v=0} = p(1 + 2 \operatorname{Cot} u_0) = p \left(1 + 2 \frac{a_0}{b_0} \right) = p \left(1 + 2 \sqrt{\frac{a_0}{r_K}} \right). \tag{5a}$$

Bei dieser Umformung wurden die Beziehungen $\operatorname{Tan} u_0 = \dfrac{b_0}{a_0}$ [s. Gl. (2)] und $r_K = \dfrac{b_0^2}{a_0}$ benutzt; r_K ist der Krümmungsradius im Kerbgrund. Für den Spezialfall der kreisförmigen Bohrung ($a_0 = b_0$) erhält man $\sigma_M = 3p$.

Das entsprechende Minimum σ_m finden wir an den Stellen $v = \pi/2$, $3\pi/2$:

$$\sigma_m = (\sigma_R)_{v=\pi/2} = -p. \tag{5b}$$

$p > 0$: Ist die von außen aufgeprägte Nennspannung eine *Zugspannung* p, so tritt, der Gl. (5a) zufolge, die höchste Zugspannung am Kerbgrund auf. Das Verhältnis der sich (innerhalb des Elastizitätsbereiches) einstellenden Höchstspannung σ_M zu der von außen aufgeprägten Nennspannung p, das allgemein als „Kerbzahl" oder „Formzahl" bezeichnet wird, ist in diesem Falle also:

$$\frac{\sigma_M}{p} = 1 + 2\sqrt{\frac{a_0}{r_K}}.\tag{5c}$$

Die entsprechende *minimale Randspannung* ist nach Gl. (5b) eine an den Enden der kleinen Ellipsenachsen auftretende *Druckspannung*: $\sigma_m = -p$.

$p < 0$: Wird von außen eine Druckspannung p aufgeprägt, so tritt nach Gl. (5b) die *maximale Zugspannung* der Größe $|p|$ an den Stellen mit den größten Krümmungsradien ($v = \pi/2, 3\pi/2$) auf. Im Kerbgrund tritt eine Druckspannung gemäß Gl. (5a) auf.

β) *Einachsige Spannung in Richtung der großen Ellipsenachse* ($\vartheta = 0$, $p = 0$, $q \neq 0$). Für den Fall der einachsigen Nennspannung q in Richtung der großen Ellipsenachse vereinfacht sich der Ausdruck (4) für die Randspannung zu

$$\sigma_R = q\,\frac{\mathfrak{Sin}\,2u_0 - e^{2u_0}\cos 2v + 1}{\mathfrak{Cof}\,2u_0 - \cos 2v}.\tag{4b}$$

Diese hat als Funktion von v ihr Minimum (für $q > 0$) im Kerbgrund:

$$\sigma_m = (\sigma_R)_{v=0} = -q\tag{6a}$$

und die entsprechende maximale Randspannung an den Enden der kleinen Achsen:

$$\sigma_M = (\sigma_R)_{v=\pi/2} = q(1 + 2\,\mathfrak{Tan}\,u_0) = q\left(1 + 2\sqrt{\frac{r_K}{a_0}}\right).\tag{6b}$$

Bemerkenswert ist, daß für die langgestreckte Ellipse ($b_0 \ll a_0$ bzw. $r_K \ll a_0 = l$), die wir als „*Riß*" bezeichnen wollen, gilt:

$$\sigma_M = -\sigma_m = q.\tag{6c}$$

Die für das Aufreißen einer derart orientierten ($\vartheta = 0$) gestreckten elliptischen Kerbe verantwortlichen größten Randzugspannungen sind also stets nur gleich $|q|$. Diese treten im Falle einer aufgeprägten äußeren *Zugspannung* ($q > 0$) an den *Enden der kleinen Ellipsenachse*, im Falle einer aufgeprägten *Druckspannung* ($q < 0$) in den beiden *Kerbgründen* auf.

Für die in den Abschn. α und β diskutierten Fälle gilt stets, daß die größte Randzugspannung entweder parallel zur aufgeprägten Zugnennspannung oder senkrecht zur aufgeprägten Drucknennspannung gerichtet ist.

γ) *Zweiachsige Zugspannung parallel zu den Ellipsenachsen.*
$\vartheta = 0$, $p = q > 0$. Für eine zweiachsige gleichförmige Zugspannung, deren Achsen parallel zu den Ellipsenachsen ($\vartheta = 0$) orientiert sind (vgl. Abb. 1), erhält man für die *Randspannung* aus der Gl. (4) den einfachen Ausdruck:

$$\sigma_R = 2p\,\frac{\mathfrak{Sin}\,2u_0}{\mathfrak{Cof}\,2u_0 - \cos 2v}\tag{7}$$

und hieraus die maximale Randspannung am Ende der großen Achse:

$$\sigma_M = (\sigma_R)_{v=0} = 2p\,\mathfrak{Cot}\,u_0 = 2p\sqrt{\frac{a_0}{r_K}},\tag{7a}$$

sowie die minimale Randspannung am Ende der kleinen Achse:

$$\sigma_m = (\sigma_R)_{v=\pi/2} = 2p\,\mathfrak{Tan}\,u_0 = 2p\sqrt{\frac{r_K}{a_0}} \to 0 \quad (\text{für } r_K \ll a_0).\tag{7b}$$

Diese symmetrischen Ausdrücke sind unmittelbar verständlich, wenn man die vorliegende Spannungsverteilung als die Überlagerung der Spannungen ansieht, die sich infolge von zwei reinen Zugspannungen parallel und senkrecht zur großen Ellipsenachse ausbilden (vgl. die vorstehenden Abschn. α und β).

$\vartheta = 0$, $p \neq q$. Für den allgemeinen Fall der elliptischen Kerbe im beliebigen zweiachsigen Zugspannungsfeld, wobei die Bedingung $\vartheta = 0$ gewahrt bleibe, ergibt die Diskussion der Gl. (4) folgendes: das Maximum der Randzugspannung liegt stets im Kerbgrund ($v = 0$), solange $q < p\left(1 + \sqrt{\dfrac{a_0}{r_K}}\right) / \left(1 + \sqrt{\dfrac{r_K}{a_0}}\right)$ ist, und hat die Größe:

$$\sigma_M = (p - q) + 2p\sqrt{\frac{a_0}{r_K}}\,. \tag{7c}$$

Für den langgestreckten Riß ($b_0 \ll a_0 = l$) wird diese Kerbspannung

$$\sigma_M = 2p\sqrt{\frac{l}{r_K}}\,. \tag{8}$$

Sie ist dann nur abhängig von der äußeren Hauptspannung p senkrecht zur Rißebene (vgl. unter ε in diesem Abschnitt).

δ) *Der beliebig orientierte Riß unter einachsiger Zugspannung* ($\vartheta \neq 0$, $p > 0$, $q = 0$). Bei beliebiger Orientierung der Kerbstelle im äußeren Spannungsfeld, d. h. für einen beliebigen Winkel ϑ, liegt die maximale Zugspannung zwar irgendwo auf dem Rande, aber keinesfalls genau an den Spitzen des Risses. Es ist also zu unterscheiden zwischen der Randspannung σ_K im Kerbgrund und der überhaupt am Rande auftretenden maximalen Zugspannung σ_M.

Für den wichtigen Fall der reinen Zugspannung $p > 0$ folgt wiederum aus Gl. (4) für die Randspannung in der Umgebung des Kerbgrundes ($v \ll 1$) eines Risses ($u_0 \ll 1$) nach einer Näherungsrechnung:

$$\sigma_R = 2p\cos\vartheta \,\frac{u_0\cos\vartheta - v\sin\vartheta}{u_0^2 + v^2}\,. \tag{9}$$

Hieraus erhält man auf Grund der Forderung $\dfrac{d\sigma_R}{dv} = 0$ unter der Voraussetzung kleiner Orientierungswinkel ($\vartheta < \pi/4$) folgende Aussagen über die *maximale Randzugspannung*:

Lage:
$$v_M = -\sqrt{\frac{r_0}{l}}\,\tan\frac{\vartheta}{2} \tag{9a}$$

Richtung:
$$\left(\frac{dy}{dx}\right)_M = \cot\frac{\vartheta}{2} = \tan\left(\frac{\pi}{2} - \frac{\vartheta}{2}\right) \tag{9b}$$

Betrag:
$$\sigma_M = (\sigma_N + p\cos\vartheta)\sqrt{\frac{l}{r_K}}\,. \tag{9c}$$

Dabei ist
$$\sigma_N = p\cos^2\vartheta, \tag{9d}$$

die zur Rißebene senkrechte Normalspannung. Die Richtungen der äußeren makroskopischen Nennspannung und der maximalen Zugspannung am Kerbrande sind also verschieden. Es findet eine Verdrehung im Sinne einer Bevorzugung der Stelle statt, die den kleinsten Krümmungsradius besitzt (vgl. Abb. 2). Aus der Abhängigkeit des Betrages σ_M von ϑ folgt nach Gl. (9 c), daß das absolute Maximum der Randspannung für $\vartheta = 0$ und nach Gl. (9 a) genau im Kerbgrunde auftritt. Zum Vergleich geben wir noch die unter den entsprechenden Voraussetzungen ($u_0 \ll 1$, $v = 0$) aus Gl. (9) folgende *Randspannung im Kerbgrunde* als Funktion von ϑ an:

$$\sigma_K = 2\,\sigma_N \sqrt{\frac{l}{r_K}} \tag{10}$$

und das Verhältnis beider Spannungen:

$$\frac{\sigma_M}{\sigma_K} = \frac{1}{2}\left(1 + \frac{1}{\cos\vartheta}\right), \tag{11}$$

aus dem ebenfalls ersichtlich ist, daß die Spannung im Kerbgrunde nur für $\vartheta = 0$ mit der maximalen Randspannung übereinstimmt.

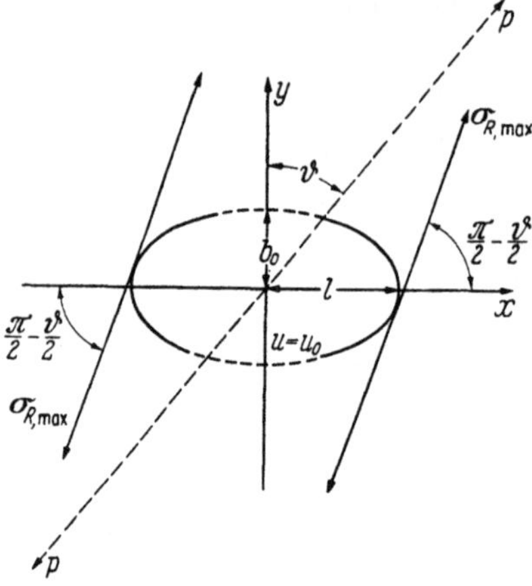

Abb. 2. Lage und Richtung der maximalen Randspannung für $\vartheta \neq 0$ (für eine gestreckte Kerbstelle $b_0 \ll l$)

Die für das Bruchverhalten entscheidende maximale Randspannung σ_M ist also im allgemeinen nicht durch die Normalspannung σ_N allein bestimmt.

ε) *Der beliebig orientierte Riß im zweiachsigen Spannungsfeld* ($\vartheta \neq 0$, $p \neq 0$, $q \neq 0$). Die vorstehenden Betrachtungen lassen sich auf den Fall des beliebig orientierten Risses (ϑ variabel) im zweiachsigen Spannungsfeld erweitern (GRIFFITH [5, 6] (1920, 1924), OROWAN [84] (1948/49)). Setzt man voraus, daß stets $p > q$ sei, so treten die maximalen Randzugspannungen σ_M bei den folgenden Bedingungen für den Orientierungswinkel ϑ auf:

$$\vartheta_M = 0 \quad \text{mit} \quad \sigma_M = 2p\sqrt{\frac{l}{r_K}}, \quad \text{wenn} \quad 3p + q \geqq 0, \tag{12a}$$

$$\cos 2\,\vartheta_M = -\frac{1}{2}\,\frac{p-q}{p+q} \quad \text{mit} \quad \sigma_M = -\frac{1}{4}\,\frac{(p-q)^2}{p+q}\sqrt{\frac{l}{r_K}}, \text{wenn} \; 3p + q < 0. \tag{12b}$$

Im ersten Fall, in dem p stets eine Zugspannung ist, wie man aus der Verknüpfung der beiden Bedingungen $3p + q \geqq 0$ und $p > q$ zu $4p > 0$ ersieht, liegen die gleichen Verhältnisse wie bei der einfachen Zugspannung vor: die maximale Randspannung tritt auf, wenn der Riß senkrecht zu p steht, und zwar genau im Kerbgrund. Am zweiten Fall (12 b), in dem stets $\vartheta \neq 0$, erkennt man vor allem, daß auch für reine makroskopische Druckspannungen am Rand der Kerbe beträchtliche Zugspannungen auftreten können. Nach diesen auf GRIFFITH zurückgehenden Anschauungen kann also der spröde Bruch eines Stoffes durch reine Druckbeanspruchung als ein Zerreißbruch angesehen werden, der infolge einer kritischen Randzugspannung an einem inneren Riß beginnt. Beispielsweise ist für reine Druckbeanspruchung ($p = 0$, $q < 0$) die maximale Randzugspannung $\sigma_M = \frac{1}{4}\,|q|\,\sqrt{\frac{l}{r_K}}$. Ein Vergleich mit Gl. (12 a) zeigt, daß die theoretische Druckfestigkeit unter den eingangs gemachten Voraussetzungen für einen Festkörper 8 mal so groß wie die Zugfestigkeit ist.

ζ) *Berücksichtigung der Struktur der Materie.* Selbst wenn das bisher vorausgesetzte ideal-elastische (HOOKEsche) Verhalten bis in die kleinsten Dimensionen und bei Dehnungen bis zur molekularen Festigkeitsgrenze gültig wäre, muß berücksichtigt werden, daß die Materie nicht beliebig aufteilbar ist. Häufig wird die bei der praktischen Zerkleinerung erreichbare minimale Korngröße schon durch das kristalline Gefüge bedingt sein. Auf jeden Fall stellt aber die Reichweite der Molekularkräfte in der Größenordnung von $\Delta = 10^{-7}$ cm (s. 4.6.3a) eine Grenze dar, die von einem Kerbradius r_K nicht unterschritten werden kann. Auch hat es keinen Sinn, von Spannungen bzw. Kräften in einem bestimmten Punkt des Körpers zu sprechen, sondern nur von deren Mittelwerten in Körperteilchen der Größenordnung Δ^3.

Für das ebene Problem des elliptischen Risses unter zweiachsiger Zugspannung p berechnete GURNEY [7] (1946) die folgenden Mittelwerte über den Bereich Δ^2 (vgl. Abb. 1). Wenn am Ende eines Risses (der Länge $2l$) der Krümmungsradius r_K sehr klein im Vergleich zu Δ (wobei anderseits $\Delta \ll l$) wird, erhält man für die mittlere Spannung:

$$(\overline{\sigma}_K)_{r_K \ll \Delta} = 1{,}8\,p\,\sqrt{\frac{l}{\Delta}}\,, \tag{13a}$$

während die maximale Spannung nach Gl. (7a) bzw. (8) unendlich groß würde.

Wenn der Krümmungsradius $r_K = \Delta$ ist, erhält man für den entsprechenden Mittelwert

$$(\overline{\sigma}_K)_{r_K = \Delta} = 1{,}1\,p\,\sqrt{\frac{l}{\Delta}}\,. \tag{13b}$$

In Anbetracht der sowieso bestehenden Fragwürdigkeit eines kontinuumartigen ideal-elastischen Modells für die sich in molekularen Bereichen abspielenden Bruchvorgänge ist es also durchaus berechtigt, im vorliegenden Fall für die im Kerbgrunde auftretende Randspannung die Gl. (8)

$$\sigma_K = 2\,p\,\sqrt{\frac{l}{r_K}}$$

unter der Verabredung zu verwenden, daß $r_K \approx 2\Delta \approx 2 \cdot 10^{-7}$ cm ist.

Weitere Untersuchungen dieser Art haben zu einer ausführlichen Theorie der Spitzkerben (NEUBER [3] (1958), WILLIAMS [9] (1952), [10] (1957)) geführt.

c) Der Spannungsverlauf vor einem Riß. Für die Bruchfortpflanzung ist nicht nur die Randspannung in der Nachbarschaft des Kerbgrundes von Bedeutung, sondern auch die Spannungsverteilung in dem noch ungespaltenen Material vor der Rißspitze. Führt man ebene Polarkoordinaten (r, φ) mit dem Kerbgrund als Pol und mit der ursprünglichen x-Achse als Achse des Systems ein (Abb. 3), so erhält man für das Problem der ebenen Spannung nach

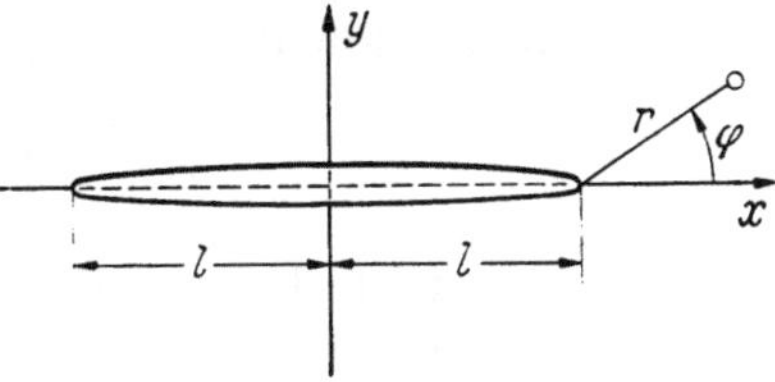

Abb. 3
Polarkoordinaten vor dem Kerbgrund

MACGREGOR [85] (1935), WESTERGAARD [11] (1939) und SNEDDON [12] (1946) näherungsweise unter der Voraussetzung:

$$r_K < r < l \tag{14}$$

für die Spannungen die einfachen Ausdrücke:

$$\sigma_x =: p \sqrt{\frac{l}{2r}} \cos\frac{\varphi}{2}\left(1 - \sin\frac{\varphi}{2}\sin\frac{3\varphi}{2}\right) - \sigma_{0x}, \qquad (15\,\mathrm{a})$$

$$\sigma_y = p \sqrt{\frac{l}{2r}} \cos\frac{\varphi}{2}\left(1 + \sin\frac{\varphi}{2}\sin\frac{3\varphi}{2}\right), \qquad (15\,\mathrm{b})$$

$$\tau_{xy} = p \sqrt{\frac{l}{2r}} \cos\frac{\varphi}{2}\sin\frac{\varphi}{2}\cos\frac{3\varphi}{2}. \qquad (15\,\mathrm{c})$$

Diese Gleichungen gelten sowohl für die einachsige ($\vartheta = 0$, $p > 0$, $q = 0$) wie für die zweiachsige gleichförmige ($p = q > 0$) Zugbeanspruchung einer Platte mit einem Mittelriß, dessen Länge klein ist gegenüber den Plattendimensionen. σ_{0x} bedeutet eine zusätzliche gleichförmige konstante Spannung in x-Richtung, die von den jeweiligen Randbedingungen für σ_x abhängt.

Für den Kerbradius des ohne Belastung als unendlich schmal vorausgesetzten Risses ergibt sich:

$$r_K = 4\,\frac{p^2 l}{E^2}. \qquad (16)$$

Wegen $r_K = \dfrac{b_0^2}{l}$ bedeutet Gl. (16), daß der Riß nach Belastung zu einer Ellipse mit der kleinen Achse l_0 anwächst:

$$b_0 = 2\,\frac{p\,l}{E}. \qquad (17)$$

Der bei Bruchfortpflanzung sich erweiternde Riß bliebe sich hiernach geometrisch ähnlich (E ist hierbei der Dehnungsmodul). Die Gln. (15) sind in Strenge also nicht auf einen sich ausbreitenden Bruchspalt anwendbar, von dem man sich vorstellt, daß der Radius des Kerbgrundes eine allein durch die molekularen Dimensionen bedingte Konstante (vgl. 2bζ) ist. In diesem Sinne gelten die Gln. (15) bei einem bestimmten Material eigentlich nur für eine bestimmte Mindestrißlänge $2l = \dfrac{1}{2}\,\dfrac{r_K E^2}{p^2}$. Für ein Silikatglas z. B. mit $r_K \approx 2 \cdot 10^{-7}\,\mathrm{cm}$, $E = 7 \cdot 10^{11}\,\mathrm{dyn/cm^2}$, $p = 7 \cdot 10^8\,\mathrm{dyn/cm^2}$ ist diese Rißlänge $2l = 1\,\mathrm{mm}$.

Trotz dieser Einschränkung gelten die Gln. (15) für jeden nicht zu kleinen quasistationären Bruchspalt in sehr guter Näherung. Hinsichtlich der dynamischen Probleme sei auf 4.6.3f und 4.6.4d verwiesen.

Die angegebenen Spannungen (15a, b) sind im allgemeinen keine Hauptzugspannungen. Für die maximale Hauptzugspannung ergibt sich (für $\sigma_{0x} = 0$)

$$\sigma_I = p \sqrt{\frac{l}{2r}} \cos\frac{\varphi}{2}\left(1 + \sin\frac{\varphi}{2}\right). \qquad (18)$$

Bemerkenswert ist, daß ihre Richtung – wie man an der Gl. (15c) für die Schubspannung erkennt – nicht nur für den Fall $\varphi = 0$, sondern auch für $\varphi = \pm 60°$ mit der y-Richtung zusammenfällt. Für diesen Winkel ($\varphi = \pm 60°$) hat die maximale Hauptzugspannung σ_I [Gl. (18)] als Funktion von φ ihr Maximum:

$$\sigma_{I,\,\varphi = \pm 60°} = 1{,}30\,p \sqrt{\frac{l}{2r}}, \qquad (18\,\mathrm{a})$$

d. i. um 30% größer als $\sigma_{I,\,\varphi = 0°}$ für gleichen Abstand r von der Rißspitze (vgl. auch WILLIAMS [10] (1957)).

In *unmittelbarer Nähe der Rißspitze*, d. h. unter der Voraussetzung $r < r_K < l$, erhält man nach NEUBER [3] (1958) näherungsweise für $y = 0$:

$$\sigma_y = \sigma_M\left(1 - \frac{2r}{r_K}\right), \quad \text{mit} \quad \sigma_M = 2p\,\sqrt{\frac{l}{r_K}}, \qquad (19)$$

d. h. einen endlichen Gradienten

$$\frac{d\sigma_y}{dr} = -\frac{2\sigma_M}{r_K}, \qquad (20)$$

der allein von der Kerbspannung und vom Kerbradius abhängig ist.

Für das Problem der *ebenen Dehnung* gelten dieselben Gl. (15a bis c). Jedoch tritt zusätzlich eine Spannung auf:

$$\sigma_z = \nu(\sigma_x + \sigma_y). \qquad (15\,\text{d})$$

Der Kerbradius r_K [Gl. (16)] und die kleine Ellipsenachse b_0 [Gl. (17)] sind in diesem Falle um den Faktor $(1 - \nu^2)$ kleiner (ν ist hierbei die POISSONsche Querzahl).

Für das äquivalente Problem des Risses mit dem hydrostatischen Innendruck p_i und verschwindender Spannung für $x, y \to \infty$ hat SNEDDON [12] (1946) (vgl. auch SNEDDON und ELLIOT [101] (1946)) die maximalen Schubspannungen über die oben benutzte Näherung [Gl. (15a bis e)] hinausgehend numerisch berechnet und die Linien gleicher Hauptschubspannungen, d. h. die Isochromaten, gezeichnet (Abb. 4). In erster Näherung gehorchen die Isochromaten der aus den Gln. (15a bis c) folgenden Gleichung

$$\frac{\tau_{\max}}{p_i} = t \approx \frac{1}{2}\sqrt{\frac{l}{2r}}\sin\varphi, \qquad (15\,\text{e})$$

wobei t der in Abb. 4 benutzte Parameter ist.

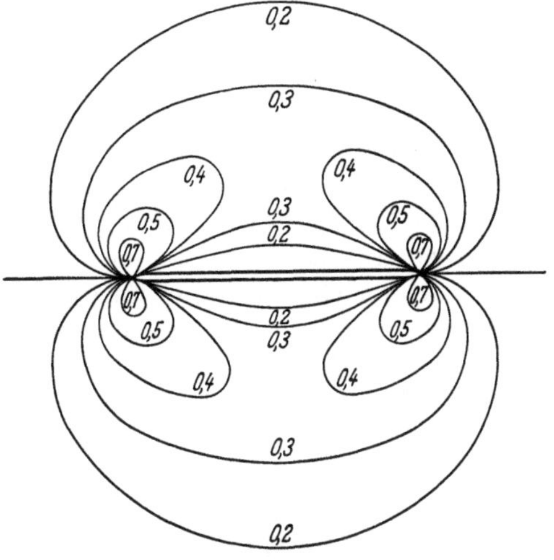

Abb. 4. Isochromaten in der Nähe eines Risses (Linien gleicher Hauptschubspannungen τ_M) berechnet für einen Riß mit hydrostatischem Innendruck p_i; Parameter: τ_M/p_i (SNEDDON [12])

WELLS und POST [112] (1954), [13] (1957), [113] (1958) haben die entsprechenden Isochromaten für einen laufenden Riß in einer Platte (unter der einfachen Zugspannung p) mit einer Funkenfolge spannungsoptisch photographiert (Abb. 5). Die verwendete durchsichtige Platte aus einem Spezialharz (Columbia resin, CR–39) war 3,2 mm dick, 12,7 cm breit und 38 cm lang. Die erreichte Endgeschwindigkeit der Bruchfortpflanzung betrug 550 m/sek. Die mit der Rißlänge zunehmende Spannung in der Nähe der Rißspitze ist am Anwachsen der Durchmesser der geschlossenen Isochromaten gleicher Ordnung erkennbar.

Beim Vergleich der beobachteten Isochromaten mit den theoretisch berechneten muß sowohl die endliche Breite (vgl. hierzu den folgenden Abschn. d) wie die mit dem laufenden Bruch zunehmende dynamische Entlastung der Platte berücksichtigt werden (vgl. IRWIN [2]).

Jedenfalls zeigen beide Abb. 4 und 5, daß für einen bestimmten Abstand endlicher Größe $r > r_K$ die maximalen Schubspannungen oberhalb und unterhalb des Kerbrandes bzw. der Bruchspitze (bei $\varphi = 90°$) liegen.

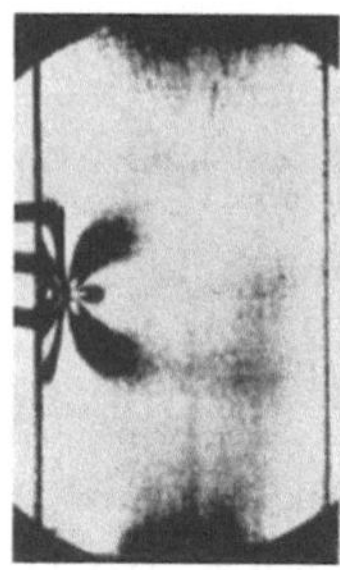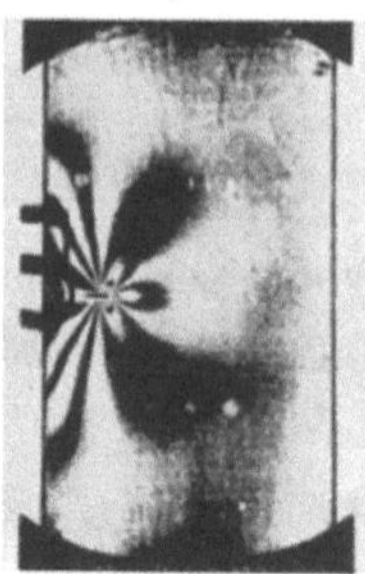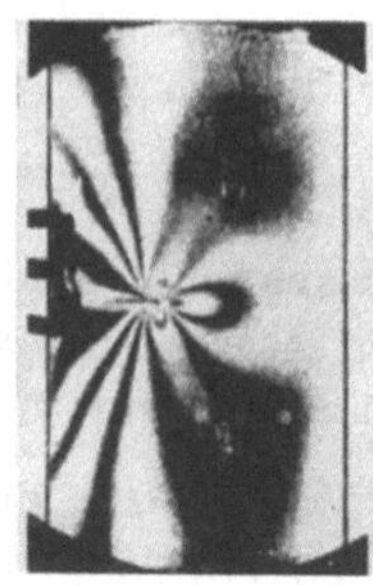

Abb. 5. Funkenaufnahmen der Isochromaten in der Nähe eines laufenden Risses (WELLS und POST [13])
12,7 cm breite Platte aus Columbia-Harz CR-39, maximale Bruchgeschwindigkeit: 550 m/sek.

Wegen der bei Beanspruchung einer Kerbe durch Schubspannungen auftretenden Spannungen wird vor allem auf die Originalarbeit von WESTERGAARD [11] (1939) und die zusammenfassende Darstellung von IRWIN [2] verwiesen.

d) Andere Kerbtypen. Die *flache Außenkerbe* kann als eine halbe Ellipse angesehen werden, an deren Kerbgrund näherungsweise (vgl. hierzu IRWIN [86] (1958)) die gleiche Randspannung herrscht wie an den beiden Kerbgründen der randfernen Innenellipse, die ausführlich diskutiert wurde. Dementsprechend gelten auch die Gl. (15a, b, c) für die Spannungen in der Nähe des Kerbgrundes. Vorausgesetzt ist auch hierbei, daß die Dimensionen der Kerbe klein gegenüber denjenigen der Platte sind (vgl. NEUBER [3] (1958)).

Für viele experimentelle Untersuchungen sind die Spannungen von Interesse, die an *Kerben* auftreten, deren *Dimensionen nicht* mehr als *klein* gegenüber denjenigen der *Platte* angesehen werden können.

Für den Fall, daß gleich große Risse der Länge nach aneinandergereiht sind, gelten nach WESTERGAARD [11] (1939) ebenfalls die Gl. (8, 12a und 15a, b, c) mit der *Änderung*, daß an Stelle des in diesen Gleichungen immer wiederkehrenden Spannungsfaktors $p\sqrt{l}$ der folgende Ausdruck steht

$$F = p\sqrt{\frac{2L}{\pi} \tan\frac{\pi l}{2L}} \quad \text{(vgl. auch Tab. 1)}. \tag{21}$$

Die auf diese Weise korrigierten Gl. (8, 12a, 15a, b, c) bilden zugleich sehr zweckmäßige Näherungsausdrücke für den praktisch wichtigen Fall, daß ein einziger Riß der Länge $2l$ in der Mitte eines langen Streifens der Breite $2L$ liegt.

Rechnungen für den Fall, daß auch die Länge des Streifens nicht mehr als groß gegenüber seiner Breite angesprochen werden darf, hat GREENSPAN [14] (1943) durchgeführt (vgl. auch SMITH, KIES und IRWIN [15] (1952), KIES [16] (1953)).

Die *Kerbwirkung dreidimensionaler Spalte* ist für die bisher untersuchten Fälle geringer als diejenige der geometrisch entsprechenden zweidimensionalen Kerbstellen mit gleichem Kerbradius.

SNEDDON [12] (1946) gibt an, daß die Gl. (15a bis d) auch für das flache Rotationsellipsoid gelten, wenn unter der x, y-Ebene eine beliebige Ebene senkrecht zur Spaltebene (x, z-Ebene) und unter der z-Achse jeweils die Tangente an den Kerbrand (mit dem Radius l) verstanden, und wenn der Spannungsfaktor $\sqrt{l}$ durchweg mit $2/\pi$ multipliziert wird (vgl. auch SACK [17] (1946), GREEN und SNEDDON [87] (1950)).

Für den kugelförmigen Hohlraum im unendlich ausgedehnten Körper unter reiner Zugbeanspruchung p zitiert SMEKAL [18] (1936), daß die maximale Randspannung

$$\sigma_M = \frac{3}{2}\,\frac{9-5\nu}{7-5\nu} \approx 2{,}02\,p \quad \text{(für die POISSON-Zahl } \nu = 0{,}25)$$

erwartungsgemäß am Umfang des senkrecht zur Zugspannung p gelegenen Großkreises auftritt. Es sei daran erinnert, daß sich für die zweidimensionale kreisförmige Kerbe nach Gl. (5a) $\sigma_M = 3\,p$ ergeben hatte.

4.6.3 Der idealisierte Sprödbruch

Im Einklang mit der in der Zerkleinerungstechnik üblichen Definition (RUMPF [88] (1952/53), [89] (1954/55), [19] (1958), [90] (1959)) nennen wir einen Bruchvorgang *spröde*, wenn die Bruchgrenze durch eine rein elastische Verformung erreicht wird, ehe eine plastische Verformung einsetzen kann.

Diese Definition schließt auch eine *Zeit*abhängigkeit ein. Ob ein Körper sprödes oder zähes Bruchverhalten bzw. elastisches oder plastisches Dehnungsverhalten zeigt, ist in starkem Maße abhängig von der Geschwindigkeit der Spannungs- bzw. Dehnungssteigerung und damit auch von der Geschwindigkeit der Bruchausbreitung selbst. Man kann nicht von einem spröden oder zähen Körper schlechthin sprechen, sondern nur von seinem entsprechenden Bruchverhalten unter bestimmten Versuchsbedingungen (vgl. auch COTTRELL [91] (1957), SHAND [20] (1959)).

Der Vollständigkeit halber erwähnen wir noch, daß man im allgemeinen für ein sprödes Bruchverhalten auch noch einen ziemlich hohen Dehnungsmodul E (wie bei Gläsern und Metallen) voraussetzt und körnige Stoffe, die „bröcklig" zerfallen, ausschließt (PRESTON [21] (1932)). Diese beiden Eigenschaften sind jedoch für die folgenden Betrachtungen ohne wesentliche Bedeutung.

Für den spröden Bruch im eigentlichen Sinne wäre insbesondere zu fordern, daß sich auch die jeweils an der Spitze eines Bruches – den wir als einen sich einseitig erweiternden Riß ansehen können – betroffenen, bis zur molekularen Zerreißspannung beanspruchten submikroskopischen Bereiche während des gesamten Bruchablaufes zeitunabhängig elastisch verhalten. Fordern wir für einen *idealspröden* Bruch überdies *idealelastisches*, d. h. HOOKEsches Verhalten auch in molekularen Bereichen, so können auf diesen die Ergebnisse der Kerbspannungslehre übertragen werden – was im wesentlichen das Ziel dieses Abschnittes ist. Dabei werden die praktischen Erfahrungen mit Silikatgläsern beispielhaft herangezogen werden.

Wir werden allerdings sogleich sehen, daß dieses schon aus zwei Gründen nur näherungsweise möglich ist. Der molekulare Zerreißprozeß kann grundsätzlich nicht unter der Voraussetzung eines linearen Zusammenhanges zwischen Spannung und Dehnung (s. 4.6.3a) beschrieben werden, und die GRIFFITHsche Kerbstellentheorie kommt nicht ohne zusätzliche Annahme von weiteren, im wesentlichen plastischen Stoffeigenschaften aus (s. 4.6.3 b). Zudem verweisen wir auf die schon erwähnte (s. 4.6.2 b ζ) grundsätzliche Schwierigkeit, die in molekularen Bereichen ablaufenden Bruchvorgänge mit einem kontinuumartigen Modell beschreiben zu wollen.

a) Zerreißfestigkeit und spezifische Oberflächenenergie. Die Spannungs-Dehnungskurve (vgl. Abb. 6) für zwei molekulare Bauelemente eines Festkörpers ist notwendigerweise an ihrem Maximum bei r_z gekrümmt. Hieraus resultiert, daß die für die Dehnung von der Gleichgewichtslage r_0 bis zum Zerreißabstand r_z aufzuwendende elastische Energie (je cm² der entstehenden Bruchfläche) nicht beschrieben werden kann durch den Ausdruck $\frac{1}{2}\frac{\sigma_M^2}{E}r_0$, in dem E der gewöhnliche makroskopische Dehnungsmodul (für sehr kleine Dehnungen) ist. Vielmehr ist – abhängig von dem vorliegenden Kraft-Dehnungs-Gesetz – mit einem wesentlich kleineren effektiven Dehnungsmodul einer oder entsprechend größeren effektiven „Reichweite" der Molekularkräfte zu rechnen. Für einen BORN-MADELUNGschen Kraftansatz z. B., wie ihn auch ZWICKY [22] (1923) zur Berechnung der molekularen Kohäsionskraft von NaCl-Kristallen benutzt hat,

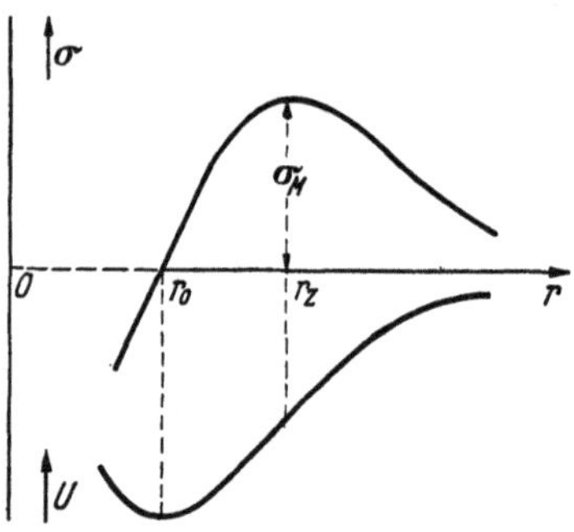

Abb. 6. Potential U und Spannung σ in Abhängigkeit vom Abstande r für molekulare Bereiche

r_0　Gleichgewichtsabstand;
r_z　Zerreißabstand

$$\sigma = \frac{A}{r^2} - \frac{B}{r^n} \tag{22}$$

ergibt sich für die zum Zerreißen aufzuwendende elastische Energie:

$$U_z \approx \frac{1}{2}\frac{\sigma_M^2}{E}\,5\,r_0 \tag{23}$$

nahezu unabhängig von n in dem Bereich: $n = 4, \dots 10$. Rechnet man beispielsweise bei Silikatgläsern mit einem Si–O-Abstand von $1{,}6 \cdot 10^{-8}$ cm (DIETZEL [23] (1941)), so kann man für diese als Reichweite der Molekularkräfte setzen:

$$\Delta = 5\,r_0 = 8 \cdot 10^{-8} \approx 10^{-7}\,\text{cm}.$$

Für den *molekularen Zerreißvorgang* gilt damit die folgende Energieabschätzung (POLANYI [24] (1921), OROWAN [25] (1934), SMEKAL [18] (1936)).

Die gegen die molekularen Kohäsionskräfte geleistete elastische Arbeit muß der durch den Aufbau zweier neuer Oberflächen gewonnenen Oberflächenenergie (je cm²) gleich sein

$$\frac{1}{2}\frac{\sigma_M^2}{E}\,\Delta = 2\alpha. \tag{24}$$

Aus Gl. (24), in der E den gewöhnlichen makroskopischen Dehnungsmodul, α die spezifische Oberflächenenergie bedeuten, folgt für die *molekulare Festigkeit*

$$\sigma_M = 2\sqrt{\frac{E\,\alpha}{\Delta}}. \tag{25}$$

Rechnet man wieder für ein Silikatglas mit $E \approx 7 \cdot 10^{11}$ dyn/cm², $\alpha \approx 10^3$ erg/cm² (s. unten), $\Delta \approx 10^{-7}$ cm, so erhält man hieraus $\sigma_M \approx 10^{11}$ dyn/cm².

Wenn nun in einem sonst homogenen und isotropen Körper Risse mit Kerb-radien in molekularen Dimensionen ($r_K \approx 2\Delta$) vorhanden sind, so wird dieser weiter aufreißen, wenn die oben errechnete maximale Randspannung σ_M [s. Gl. (12a)] gerade gleich der molekularen Festigkeit der Gl. (25) ist. Die hierzu notwendige makroskopische Zugspannung ist die *technische Zugfestigkeit* oder *Bruchnennspannung*:

$$p = \frac{1}{2}\,\sigma_M\,\sqrt{\frac{r_K}{l}}\;. \tag{26a}$$

Die Existenz kleiner Kerbstellen von einigen μ Länge würde hiernach erklären, daß die technische Zugfestigkeit um etwa 2 Zehnerpotenzen kleiner als die molekulare Zerreißfestigkeit ist.

Setzt man in Gl. (26a) noch den Wert für σ_M [Gl. (25)] ein, so ergibt sich (in Anlehnung an OROWAN [25] (1934))

$$p = \sqrt{\frac{2E\,\alpha}{l}}\;. \tag{26b}$$

Hieraus folgt allerdings nur, daß ein hinreichend kleiner Riß der Länge $2l$ in einem Körper mit bekannten Daten E und α bei der durch Gl. (26b) gegebenen Zugspannung p weiterreißen *kann*; er könnte sich jedoch auch schließen, ohne daß das Energieprinzip verletzt würde, auf dem die Gl. (26b) im wesentlichen fußt.

b) Die Griffithsche Energiebilanz. Wir diskutieren diese Frage an Hand der folgenden auf GRIFFITH [5] (1920), [6] (1924) zurückgehenden Energiebilanz. Hierbei wird die mit einer *quasistationären* Rißbildung in einer sehr großen Platte verknüpfte gesamte Änderung ihrer potentiellen Energie betrachtet. Bei vor-gegebener fester äußerer Spannung p erhält man für die Änderung der *elastischen* Energie durch Einfügen eines Risses von der Länge $2l$ (je cm Plattendicke)

a) für den *ebenen Spannungszustand*

$$-\varDelta U_e = -\pi\,\frac{l^2\,p^2}{E} \tag{27a}$$

b) für den *ebenen Dehnungszustand*

$$-\varDelta U_e = -(1-\nu^2)\,\pi\,\frac{l^2\,p^2}{E}\;. \tag{27b}$$

(ν = POISSONsche Konstante).

Diese Energieänderungen sind in dem Sinne negativ, als man dem betrachteten System Energie zuführen müßte, um den Riß wieder zu schließen. Beide Gleichungen gelten übrigens sowohl für den einachsigen ($p > 0$, $q = 0$) wie für den zweiachsigen Spannungszustand ($p = q > 0$).

Wir werden uns der Kürze halber fernerhin nur auf den Fall des ebenen Spannungszustandes beschränken.

Der Vorzeichenwahl entsprechend ist die Oberflächenenergie positiv, die auf-zuwenden ist, um die Rißoberfläche neu zu bilden:

$$U_0 = 4\alpha\,l\;. \tag{28}$$

Die mit der Entstehung eines Risses verbundene gesamte Energieänderung

$$\varDelta U = U_0 - \varDelta U_e = 4\alpha\,l - \pi\,\frac{l^2\,p^2}{E} \tag{29}$$

ist in Abb. 7 für drei verschiedene Spannungen $p_1 < p_2 < p_3$ graphisch dargestellt.

Die Lage der Maxima, die durch die GRIFFITHsche Forderung

$$\frac{d(\Delta U)}{dl} = \frac{dU_0}{dl} - \frac{d(\Delta U_e)}{dl} = 0 \tag{30}$$

gegeben ist, bedingt für jede bestimmte makroskopische Spannung p_s eine zugehörige kritische Länge,

$$2l_s = \frac{4E\,\alpha}{\pi\,p_s^2}, \tag{31}$$

die sich auch aus der Gl. (26b) ergibt – abgesehen vom Faktor $\sqrt{\dfrac{1}{\pi}}$, der ohnehin innerhalb der Genauigkeitsgrenzen der Betrachtungen in 3a liegt.

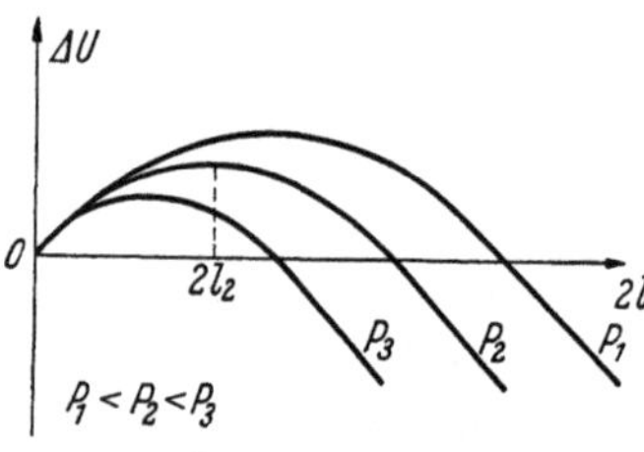

Abb. 7. Änderung der potentiellen Energie ΔU einer Platte mit Riß als Funktion der Rißlänge $2\,l$, $p_1 < p_2 < p_3$ Zugspannungen in großer Entfernung vom Riß

Aus der letzten Ableitung folgt aber die verschärfte Aussage, daß nämlich Risse von einer bestimmten Länge $2l_s$ nur bei einer nach Gl. (31) bestimmten zugehörigen Spannung p_s in einem *labilen* Gleichgewicht existieren können – im gezeichneten Beispiel (Abb. 7) der Riß der Länge $2l_2$ bei der Spannung p_2. Für eine höhere Spannung p_3 würde sich der Riß öffnen. Für eine kleinere Spannung p_1 müßte er sich genauso zwangsläufig schließen, wenn er nicht durch einen anderen Mechanismus daran gehindert würde.

Damit ohne weitere Annahmen überhaupt Risse existieren können, wären z. B. in einem Silikatglas (mit $E = 7 \cdot 10^5$ kp/cm² und $\alpha = 1000$ erg/cm²) folgende Spannungen erforderlich: für $2\,l_s = 1\,\mu$, $p_s \approx 3000$ kp/cm², für $2\,l_s = 1$ mm, $p_s = 100$ kp/cm².

Selbst in einem Glase, das starke innere Spannungen in der Größenordnung von 100 kp/cm² aufweist, dürften hiernach nur sichtbare Risse von Bestand sein, die aber, abgesehen von Verletzungen der Oberfläche, nie beobachtet worden sind. – Nach neueren elektronenmikroskopischen Aufnahmen von frischen Bruchflächen des Quarzglases von OBERLIES [102] (1957) liegen bei diesem die Dimensionen der Inhomogenitätsbereiche in der Größenordnung von 1 bis 100 mμ, also weit unter den hier zur Diskussion stehenden „GRIFFITH-Längen".

Diese Interpretation der GRIFFITHschen Theorie zwingt zu der Folgerung, daß Kerbstellen, mit denen man die obenerwähnte Diskrepanz zwischen molekularer und technischer Festigkeit erklären könnte, nur unter der Annahme zusätzlicher, im wesentlichen plastischer Stoffeigenschaften existieren können. Diese begründen auf verschiedene Weise (s. z. B. KOCHENDÖRFER [92] [1954], STROH [103] (1954)), auf die wir hier nicht näher eingehen wollen, den irreversiblen Entwicklungsprozeß von einer submikroskopischen Inhomogenitätsstelle bis zum Riß der kritischen mikroskopischen Größe (von einigen μ Länge), der dann nach der GRIFFITHschen Energiebedingung Gl. (30) rasch anwachsen kann.

Die vorstehenden Bemerkungen gelten in erster Linie für Körper mit mikroskopisch unverletzter Oberfläche. Vorwiegend wird – jedenfalls bei Gläsern – der sich am Anfang übrigens sehr langsam ausbreitende Bruch jedoch von Oberflächenrissen (der Tiefe 0,1 bis 0,01 mm) ausgehen. Durch Vermeidung der Oberflächenbeschädigung, auch durch Wegätzen einer Schicht von entsprechender Dicke, konnte daher die Biegefestigkeit von Glasstäben um den Faktor 10 bis 100 gesteigert werden (vgl. hierzu z. B. den Übersichtsbericht über den Bruchvorgang bei Silikatgläsern von SHAND [16] (1954), die Monographie von STANWORTH [27] (1950), KRUITHOF und ZIJLSTRA [98] (1959)).

c) **Die spezifische Bruchenergie.** Vor allem in Hinblick auf die Erweiterungsmöglichkeit der Theorie auch auf plastische Bruchvorgänge ist es zweckmäßig, einen neuen Begriff einzuführen. Wir bezeichnen diejenige Änderung der elastischen Energie (der gesamten Platte) bei konstanter äußerer Zugspannung p, die bei der Erweiterung der *Rißebene* f um 1 cm², d. h. der beiden Bruchufer um je 1 cm², stattfindet, als die *spezifische Bruchenergie*. Bei dem von uns weiterhin betrachteten zweidimensionalen Problem ist diese Größe in der Bezeichnungsweise der Gl. (27)

$$G = \frac{d(\Delta U_e)}{df} = \frac{1}{2}\frac{d(\Delta U_e)}{dl} \quad \text{(für eine 1 cm dicke Schicht)}. \tag{32}$$

IRWIN [28, 29] (1957), [2] (1958), [93] (1960) hat hierfür den Ausdruck *Rißerweiterungskraft* (crack extension force) geprägt, da die spezifische Bruchenergie auch als die Kraft je cm Bruchkante (die Bruchkante steht beispielsweise in Abb. 3, senkrecht auf der Zeichenebene) aufgefaßt werden kann, die entgegen der Oberflächenspannung die Rißebene in x-Richtung in den noch ungeteilten Körper hineinzieht. Ein Riß ist hiernach erweiterungsfähig, wenn die Rißerweiterungskraft einen kritischen Wert G_s überschreitet:

$$G \geqq G_s. \tag{33a}$$

G_s ist in Strenge der Schwellenwert von G, der den Übergang von der quasistationären thermischen in die dynamische athermische Bruchphase kennzeichnet (vgl. 4.6.3e). Für den bisher erörterten Fall des idealspröden Bruches ist im Grenzfall $\frac{1}{2}G_s = \alpha$. Allgemein gilt jedoch nur:

$$\tfrac{1}{2}G_s > \alpha, \tag{33b}$$

da erstens α für eine frühere Bruchphase als G_s, nämlich für den (thermischen) Bruchbeginn (vgl. 4.6.3e), definiert ist und zweitens in G_s plastische Energieanteile enthalten sein können (vgl. 4.6.4a).

Die Betrachtungen in 4.6.3a und b lassen sich in diesem Sinne verallgemeinern, wenn man $G_s/2$ an Stelle von α setzt. G_s ist dabei aus den jeweils vorliegenden experimentellen Bedingungen leicht zu bestimmen (vgl. 4.6.4c). Die kritische Rißerweiterungskraft G_s ist z. B. in dem oben betrachteten zweidimensionalen Fall des einfachen Risses [nach Gl. (32 und 27a)] gegeben durch

$$G_s = \frac{\pi\, l_s\, p_s^2}{E}. \tag{34}$$

Dieser Ausdruck enthält nur Größen, die der Messung zugänglich sind. Man kann z. B. in der zu untersuchenden Probeplatte einen feinen Riß anbringen und die Zugspannung p so lange steigern, bis sich der Riß erst allmählich und dann von einer bestimmten Länge $2l_s$ und einer bestimmten Spannung p_s ab rasch erweitert (vgl. (4.6.4c α).

Nach IRWIN [28] (1957), [2] (1958), [93] (1960) können auch die in den Gleichungen für die Spannungen in und vor dem Kerbgrund eines Risses sich ständig wiederholenden Spannungsfaktoren durch G-Faktoren ausgedrückt werden. So kann man z. B. im Falle des ebenen Spannungsproblems des Risses in der unendlich ausgedehnten Platte für den Spannungsfaktor $F = p \sqrt{l}$ in den Gl. (8, 12a, 15a, b, c) schreiben: $\sqrt{\dfrac{E\,G}{\pi}}$, wie man durch Vergleich mit Gl. (34) unmittelbar erkennt.

Eine Übersicht über die Spannungsfaktoren F und spezifischen Bruchenergien G und den Zusammenhang zwischen beiden Größen für verschiedene Kerb- und Belastungsarten (vgl. 4.6.2d) gibt Tab. 1.

Tabelle 1. *Spannungsfaktor F und spezifische Bruchenergie G*

Nr.	Kerb- und Belastungsart	F	G	
1	Riß in großer Platte bei ebener Spannung [vgl. Gl. (8, 12a, 15a, b, c)]	$p \sqrt{l}$	$\dfrac{\pi\,p^2\,l}{E}$ [2]	$F^2 = \dfrac{E\,G}{\pi}$
2	Mittelriß der Länge $2l$ [1] in Platte der Breite $2L$ und großer Länge bei ebener Spannung	$p \sqrt{\dfrac{2L}{\pi}\tan\dfrac{\pi}{2}\dfrac{l}{L}}$	$\dfrac{2p^2 L}{E}\tan\dfrac{\pi l}{2L}$	
3	Riß in großer Platte bei ebener Dehnung [vgl. Gl. (8, 12a, 15a bis d)]	$p \sqrt{l}$	$(1-v^2)\,\pi\,\dfrac{p^2\,l}{E}$	$F^2 = \dfrac{E\,G}{(1-v^2)\,\pi}$
4	Diskusähnliches, flaches Rotationsellipsoid; (Radius R) Spannung p senkrecht zur Spaltebene	$\dfrac{2}{\pi}\,p\,\sqrt{R}$	$\dfrac{4(1-v^2)}{\pi}\,\dfrac{p^2\,R}{E}$	
5	Dasselbe mit Gaseinschluß vom Innendruck p_i	$\dfrac{2}{\pi}\,(p+p_i)\,\sqrt{R}$	$\dfrac{4(1-v^2)}{\pi}\,\dfrac{(p+p_i)^2}{E}\,R$	

d) Das Normalspannungsgesetz. Aus der Kerbspannungstheorie kann eine wesentliche Folgerung für die Richtung der Bruchausbreitung gezogen werden: das *Normalspannungsgesetz*, das jedenfalls für die zweidimensionalen Probleme unmittelbar aus den im Abschn. 2 zusammengestellten Ergebnissen resultiert.

Seine Aussage ist zweifach. Die *erste* setzt eine statistische Verteilung von beliebig orientierten erweiterungsfähigen, gleich langen Rissen voraus. Dann wird sich – solange die Voraussetzungen $p > q$ und $3p + q > 0$ gelten – nach Gl. (12a) im Abschn. 4.6.2b ε derjenige Riß erweitern, für den $\vartheta = 0$ ist. Die entstehende Bruchfläche liegt senkrecht zur größten Hauptzugspannung. Diese Form des

---

[1] oder zwei seitliche kollineare Risse der Einzellänge l. (Dies gilt nur näherungsweise, vgl. IRWIN [86] (1958).)

[2] Nach Gl. (16) kann hierfür auch gesetzt werden: $\dfrac{\pi}{4}\,r_K\,E$.

Normalspannungsgesetzes umfaßt die reine Schubbeanspruchung ($p = -q$, $p > 0$); auch in diesem Fall öffnet sich der zur größten Hauptzugspannung p senkrechte Riß.

Die *zweite* Aussage setzt voraus, daß im beanspruchten Körper ein Anriß vorhanden ist, der jedoch nicht senkrecht zur maximalen Hauptzugspannung p orientiert ist ($\vartheta \neq 0$). Dann wird sich nach Abschn. 4.6.2.b δ auf Grund der Gl. (9b) (Abb. 3) der Riß zwar nicht unmittelbar senkrecht zu p öffnen, sondern zunächst eine Rißerweiterung in Richtung $\vartheta/2$ bilden, diese – unter der Annahme einer entsprechenden neugebildeten Ellipse – wieder eine Erweiterung in $\vartheta/4$, usw. Ohne weitere Voraussetzungen über den physikalischen Vorgang des elementaren Zerreißprozesses läßt sich so rein kontinuumstheoretisch ein schrittweises, jedoch schnelles Einschwenken der Bruchfläche auf die zur äußeren maximalen Zugspannung senkrechte Richtung erklären.

Bei einem ständig nach Ort und Zeit wechselnden Zugspannungsfeld muß ein Bruch der ständig wechselnden Richtung fast unmittelbar folgen können. So ist es möglich, einer Glasbruchfläche ein nahezu sinusförmiges Profil zu verleihen, wenn man die Glasprobe während des Bruchprozesses in geeigneter Weise mit hochfrequentem Ultraschall bestrahlt (vgl. hierzu den Teil 4.7.5 im Beitrag von

Abb. 8. Zum „Normalspannungsgesetz": Interferenzmikroskopische Aufnahme einer ultraschallmodulierten Glasbruchfläche (Ausschnitt, Vergr. 60fach). Ultraschallfrequenz ~5 MHz. Wellenlänge des zur Aufnahme benutzten Lichtes $\lambda_L = 0{,}54\,\mu$ (rechts unten Störung der sinusförmigen Modulation durch eine WALLNER-Linie)

H. SCHARDIN in diesem Band und KERKHOF [*94*] (1956), KERKHOF und MANITZ [*95*] (1958), KERKHOF [*97*] (1960)). Abb. 8 zeigt die interferenzmikroskopische Aufnahme einer derartig ultraschallmodulierten Glasbruchfläche.

Die Erscheinung der Ultraschallmodulation von Bruchflächen läßt sich auch auf Grund der ersten Formulierung des Normalspannungsgesetzes erklären, wenn die Bruchausbreitung darin bestände, daß sich eine Kette mikroskopisch kleiner Sekundärbrüche zusammenschließt (vgl. hierzu 4.6.4d). Elektronenmikroskopische Aufnahmen von Glasbruchflächen sprechen jedoch – jedenfalls bei Silikatgläsern – gegen eine solche Deutung (KERKHOF, SEELIGER und WESTPHAL [*30*] (1955) und OBERLIES [*102*] (1957)).

Die Übertragung des bisher nur für die zweidimensionale Sprödbruchausbreitung begründeten Normalspannungsgesetzes auf die räumliche Bruchausbreitung ermöglicht, verschiedene Strukturen der Bruchfläche zu erklären (s. hierzu 4.6.5c).

e) Der zeitliche Bruchablauf. Die zeitliche Entwicklung eines Bruches besteht aus zwei unterschiedlichen Teilprozessen (SMEKAL [*18*] (1936)), einer quasistationären bzw. zeitlich trägen, sog. „thermischen Anfangsphase" und einer „athermischen Endphase", in der im allgemeinen die für jeden sprödbrechenden Körper charakteristische konstante maximale Bruchgeschwindigkeit (s. 4.6.3f) erreicht wird.

Zur Erläuterung des Nachfolgenden sei als Beispiel zunächst das charakteristische Bild der Bruchfläche eines runden Glasstabes nach einem reinen Zugbruch beschrieben (Abb. 9). Der Ursprung des Bruches liegt am oberen Rande der Bruchfläche und zugleich am Rande ihres glatten Teils, des sog. „Spiegels" (Sp). An dieses nahezu kreisförmig begrenzte Gebiet schließt nach unten hin ein Gebiet makroskopischer Rauhigkeit (R_g) an. Das Übergangsgebiet zwischen diesen beiden ist durch eine feine Rauhigkeit (R_f) gekennzeichnet, die zum Spiegelinneren hin immer geringer wird, und deren Grenze von den benutzten mikroskopischen Hilfsmitteln abhängig ist. In diesem Gebiet der feinen Rauhigkeit hat der Bruch seine maximale Ausbreitungsgeschwindigkeit erreicht. Die im Bilde außerdem sichtbaren, zur Stabachse konzentrischen Ringe sind durch die Herstellung des Stabes bedingte Schlieren, die den Bruchprozeß im allgemeinen kaum oder nur wenig beeinflussen (s. 4.6.5).

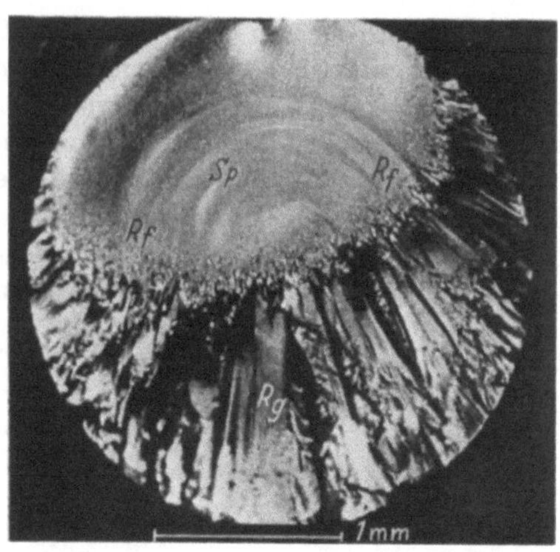

Abb. 9. Zugbruchfläche eines runden Glasstabes (Aufsicht Hellfeld). Bruchursprung am oberen Rande; Sp Spiegel; R_f Gebiet feiner Rauhigkeit; R_g Gebiet grober Rauhigkeit (Aufnahme von J. LEEUWERIK und A. BURGERS, Centraal Laboratorium T. N. O., Delft)

In der Spiegelfläche läßt sich bei geeigneter Beleuchtung die linienhafte Feinstruktur erkennen, die in 4.6.5 dieses Beitrages und im Aufsatz von H. SCHARDIN näher erörtert wird. Die Auswertungen der darin enthaltenen natürlichen Markierungslinien nach WALLNER [31] (1939) und SMEKAL (vgl. z. B. [32] (1940), [33] (1950)) und der nach dem Verfahren von KERKHOF [34] (1953) erzeugten künstlichen Ultraschallinien ergeben übereinstimmend eine charakteristische Abhängigkeit der Bruchgeschwindigkeit v_b vom

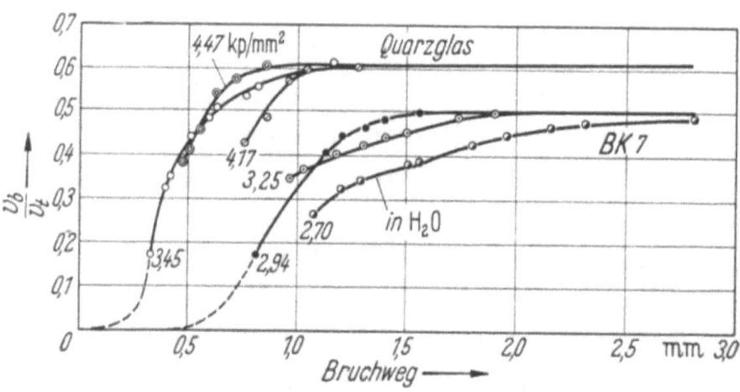

Abb. 10. Bruchgeschwindigkeit v_b (im Verhältnis zur Geschwindigkeit v_t transversaler Wellen) für Quarzglas und BK 7-Glas nach SMEKAL [66]

Bruchweg, wie sie in Abb. 10 dargestellt ist. Eingetragen sind in dieses Bild die Meßergebnisse von SMEKAL und WALLNER; die gestrichelten Kurventeile wurden ursprünglich von SMEKAL extrapoliert und konnten in ihrem prinzipiellen Verlauf durch KERKHOF und DREIZLER [35] (1956) bestätigt werden. Dieser typische raumzeitliche Bruchverlauf ist übrigens aus der Abb. 29 des Beitrages 4.7 von H. SCHARDIN unmittelbar abzulesen.

Der Bruchvorgang benötigt bis zu den Wendepunkten der Kurven in Abb. 10 Zeiten, die bis in die Größenordnung von Minuten (SHAND [99] (1961)) reichen können, zur Zurücklegung des restlichen größten Teils des Bruchweges jedoch nur wenige Mikrosekunden.

Bis etwa zum Wendepunkt der Bruchgeschwindigkeit-Weg-Kurve reicht die frei werdende elastische Energie allein nicht zur Weiterentwicklung des Bruches aus; die fehlende Energie muß den Schwankungen der Wärmeenergie entnommen werden. Wir können daher von der *thermischen* Anlaufphase des Bruches sprechen, die – wie die empirischen Werte der technischen Festigkeit selbst – vom zeitlichen Verlauf der Belastungssteigerung und selbstverständlich von der Temperatur abhängig ist. In diesem Bereich ist die Rißerweiterungskraft $G < G_s$. Der kritische Schwellenwert ist noch nicht erreicht. Die Überschreitung dieser Grenze ($G \geqq G_s$) fällt ungefähr mit der Erreichung des Wendepunktes der Bruchgeschwindigkeit-Weg-Kurve zusammen. Zur Bruchfortpflanzung steht ein Überschuß an elastischer Energie zur Verfügung. Die Bruchentwicklung ist in die *athermische* Phase eingetreten.

Es ist interessant, die Größenordnung von G_s auf Grund der Formel in der Tab. 1, Nr. 4, abzuschätzen. Setzt man R gleich dem Bruchweg der thermischen Anlaufphase, so ergibt sich nach Abb. 10 für Quarzglas $R \approx 0,3$ mm und mit $E \approx 7 \cdot 10^{11}$ dyn/cm² für $G_s \approx 6 \cdot 10^3$ erg/cm² (vgl. Tab. 3, S. 465).

f) Die maximale Bruchgeschwindigkeit. Während technische Festigkeit, zeitlicher und räumlicher Bruchbeginn individuelle Eigenschaften der einzelnen Proben sind und zudem auch in starkem Maße von den Versuchsbedingungen abhängen (für Silikatgläser vgl. z. B. die Übersicht von SHAND [*26*] (1954)), ist die kritische Rißerweiterungskraft G_s schon als eine den Bruchvorgang charakterisierende Stoffkonstante anzusehen. Diese ist zwar auch noch von Versuchsbedingungen (IRWIN [*36*] (1956)), bei Gläsern z. B. von der Feuchtigkeit der Umgebung (vgl. Tab. 3), abhängig, ist aber im allgemeinen keine statistisch stark streuende Größe. Als die für den Sprödbruch charakteristische Materialkonstante, die fast völlig unabhängig von den Versuchsbedingungen ist, haben die experimentellen Untersuchungen aber die maximale Bruchgeschwindigkeit erwiesen, die bei Bruchversuchen an Glasplatten mit Hilfe der hochfrequenzkinematographischen Methode von SCHARDIN und STRUTH [*37*] (1937) erstmals erkannt und mit großer Genauigkeit gemessen wurde (s. auch BARSTOW und EDGERTON [*104*] (1939), [*105*] (1941)). Umfangreiche Untersuchungen von SCHARDIN, MÜCKE, STRUTH [*38*] (1954), HÄNSEL [*39*] (1958) zeigten, daß die maximale Bruchgeschwindigkeit anscheinend nur von der chemischen Zusammensetzung der Gläser abhängig ist. Selbst für vorgespanntes Glas ergab sich dieselbe Grenzbruchgeschwindigkeit wie für das entsprechende entspannte Glas.

Die maximale Bruchgeschwindigkeit v_B zeigt nur eine geringe Temperaturabhängigkeit. Nach DIMMICK [*40*] (1951) hat sie für Spiegelglas für den gesamten Temperaturbereich von $T = 20$ °K bis $T = 475$ °K einen konstanten negativen Temperaturgradienten

$$\frac{1}{v_B}\frac{dv_B}{dT} \approx -10^{-4}/°\text{K} .$$

Der Zusammenhang der maximalen Bruchgeschwindigkeit mit anderen Materialkonstanten ist noch nicht völlig geklärt.

Die dabei zu beantwortende Kernfrage wird durch den folgenden Sachverhalt gestellt. Obwohl mit wachsender Rißlänge bzw. Bruchfläche auch bei Berücksichtigung der dynamischen Verhältnisse ein ständig zunehmender Betrag an elastischer Energie frei wird (vgl. Abb. 7), obwohl – mit anderen Worten – die Rißerweiterungskraft G nach Überschreiten des Schwellenwertes G_s rasch ansteigt, stellt sich asymptotisch eine Grenzgeschwindigkeit der Bruchfortpflanzung ein. Nach Ausweis der verschiedenen Bruchflächenuntersuchungen wird diese Geschwindigkeit erreicht, noch bevor die Bruchfläche eine merkliche Rauhigkeit aufweist oder gar makroskopisch sichtbare Gabelbrüche auftreten.

Die maximale Bruchgeschwindigkeit muß sicherlich kleiner als die Ausbreitungsgeschwindigkeiten der elastischen Wellen sein, da die Bruchfortpflanzung notwendigerweise an die entsprechend rasche Ausbreitung des Spannungshofes vor der laufenden Bruchspitze gebunden ist (vgl. SMEKAL [18] (1936)).

MOTT [41] (1948) und ROBERTS und WELLS [42] (1954) ermittelten einen theoretischen Grenzwert für die Bruchgeschwindigkeit, indem sie die ursprüngliche GRIFFITHsche Energiebilanz (s. 3b) um die beim Bruchfortschritt laufend entstehende kinetische Energie U_{kin} erweiterten, so daß an Stelle von Gl. (30) die Forderung zu setzen ist:

$$\frac{d\varDelta U}{dl} = \frac{d}{dl}\left(U_0 + U_{\text{kin}} - \varDelta U_e\right) = 0. \tag{35}$$

Die Schwierigkeit der Auswertung dieser Bedingung liegt in der Berechnung der kinetischen Energie für die mit hohen Bruchgeschwindigkeiten verbundene dynamische Spannungsverteilung um einen laufenden Bruch. Die von ROBERTS und WELLS [42] (1954) durchgeführte Berechnung auf Grund der statischen Spannungsverteilung nach WESTERGAARD [11] (s. 4.6.2c) kann daher nur als Näherungswert angesehen werden:

$$v_B = 0{,}38\sqrt{\frac{E}{\varrho}} = 0{,}35\,v_l. \tag{36}$$

Hierbei ist v_l die Ausbreitungsgeschwindigkeit longitudinaler Wellen:

$$v_l = \sqrt{\frac{E}{\varrho}\,\frac{1-\nu}{(1+\nu)(1-2\nu)}}. \tag{37}$$

Bei der Umformung von Gl. (36) wurde mit einer POISSON-Zahl $\nu = 0{,}25$ gerechnet.

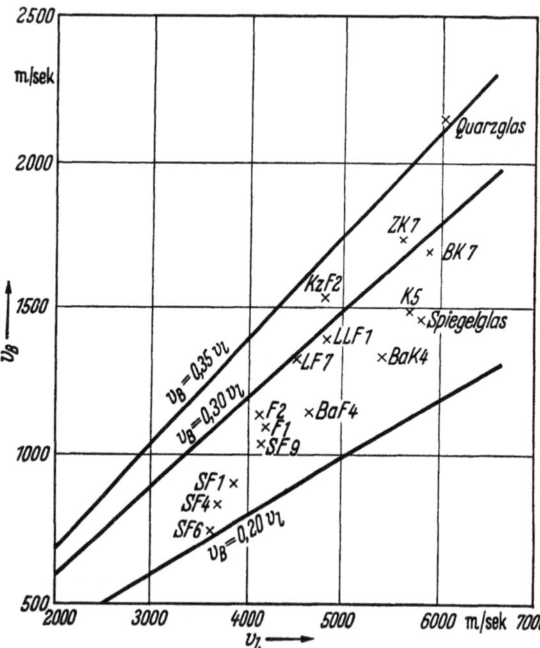

Abb. 11. Maximale Bruchgeschwindigkeit v_B in Abhängigkeit von der Geschwindigkeit v_l longitudinaler Wellen für verschiedene optische Gläser, Spiegelglas und Quarzglas (nach Messungen von SCHARDIN, MÜCKE und STRUTH [38])

Tab. 2 enthält zum Vergleich eine Zusammenstellung von Messungen der maximalen Bruchgeschwindigkeiten für verschiedenen Stoffe. Für eine Reihe von Silikatgläsern sind in Abb. 11 nach SCHARDIN, MÜCKE und STRUTH [38]

Tabelle 2. *Maximale Bruchgeschwindigkeiten v_B verschiedener Stoffe*

Material	v_B [m/sek]	v_B/v_l	Literaturquelle
Quarzglas	2155	0,36	⎫ SCHARDIN, MÜCKE und
Spiegelglas	1470	0,25	⎬ STRUTH [38]
Plexiglas..............	500 bis 700	0,18 bis 0,25	SCHARDIN [43]
Celluloseacetat	300 bis 420	0,27 bis 0,37	⎫ ROBERTS und WELLS [42] nach verschiedenen
Stahl	1000 bis 2000	0,20 bis 0,40	⎭ anderen Autoren

v_l = Geschwindigkeit longitudinaler Wellen.

(1954) die – oft auf weniger als 1 % genau – bekannten maximalen Bruchgeschwindigkeiten in Abhängigkeit von der Geschwindigkeit v_l longitudinaler Wellen aufgetragen.

Zur besseren Orientierung sind in die Abb. 11 zusätzlich Geraden eingezeichnet: $v_B = 0,35 v_l$, $v_B = 0,30 v_l$ und $v_B = 0,20 v_l$.

Es sei noch erwähnt, daß MASON [106] (1958) für das Verhältnis v_B/v_l bei Zerreißversuchen an synthetischem vulkanisiertem Gummi 0,18 bis 0,31 und an natürlichem Gummi 0,03 fand.

Neuere theoretische Arbeiten von BROBERG [107] (1960) und BAKER [108] (1960), der eine Rechnung von MAUE [109] (1954) erweiterte, ergaben, daß die Ausbreitungsgeschwindigkeit der RAYLEIGH-*Wellen* die obere Grenze für die Bruchgeschwindigkeit sein muß. Diese theoretische Grenze liegt allerdings noch weit über den experimentell ermittelten Bruchgeschwindigkeiten, wie insbesondere eine Betrachtung der für die optischen Gläser der Abb. 11 und 12 ermittelten Werte zeigt: Für dieses liegt das Verhältnis der Geschwindigkeiten von RAYLEIGH- und Longitudinal-Wellen zwischen 0,53 und 0,55.

KERKHOF [44] (1957), [45] (1960) weist darauf hin, daß für die maximale Geschwindigkeit der Sprödbruchausbreitung der molekulare Zerreißprozeß an

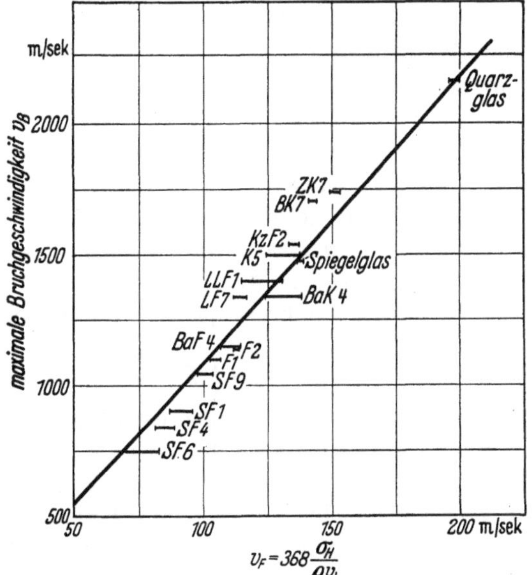

Abb. 12. Maximale Bruchgeschwindigkeit v_B in Abhängigkeit von $\dfrac{\sigma_H}{\varrho v_l}$ für die gleichen Silikatgläser wie in Abb. 11

σ_H Mikrohärte (nach AINSWORTH [46] und TAYLOR [47]) [p/mm²],

ϱ Dichte [g/cm³],

v_l Geschwindigkeit longitudinaler Wellen [cm/sek],

v_F Trenngeschwindigkeit der Bruchufer (errechnet)

der Spitze des sich erweiternden Risses entscheidend ist und daher die makroskopischen elastischen Daten hierfür nur eine sekundäre Rolle spielen können. Nach den vorliegenden Messungen für Silikatgläser scheint für diese ein begründbarer Zusammenhang zwischen maximaler Bruchgeschwindigkeit v_B und

Mikrohärte σ_H der folgenden Form zu bestehen

$$v_B \sim \frac{\sigma_H}{\varrho \, v_l}. \tag{38}$$

In der Abb. 12 sind für die gleichen Gläser wie in Abb. 11 die maximalen Bruchgeschwindigkeiten v_B in Abhängigkeit von $\frac{\sigma_H}{\varrho \, v_l}$ aufgetragen. Die Werte für die Mikrohärte σ_H sind auf Grund von Messungen von AINSWORTH [46] (1954) und TAYLOR [47] (1950) abgeschätzt. Die Strichlänge kennzeichnet jeweils die Genauigkeit der Abschätzung. Die gemessenen Werte liegen etwa auf einer Geraden, die durch den Nullpunkt des Koordinatensystems geht.

Dem Ansatz von KERKHOF liegt die Annahme zugrunde, daß die Bruchausbreitungsgeschwindigkeit begrenzt ist durch die Geschwindigkeit v_F, mit der sich die beiden Bruchflanken voneinander trennen können. Der in der Abb. 12 benutzte Zahlenfaktor 368 ergibt eine solche mikroskopische Flankentrenngeschwindigkeit v_F in m/sek, wenn die Mikrohärte in p/mm², die Dichte ϱ in g/cm³ und die Geschwindigkeit der Dichtewellen v_l in cm/sek gemessen werden.

Die vorstehend erwähnten Überlegungen zur Begründung der Existenz einer maximalen Bruchgeschwindigkeit setzen gemeinsam voraus, daß es sich hierbei um ein *Trägheits*phänomen handle: Die Bruchgeschwindigkeit ist begrenzt durch die Trägheit des Umsatzes der beim Bruchfortschritt aus dem Spannungshof der Bruchspitze frei werdenden, elastischen Energie in kinetische Energie. Andererseits legt die – selbst beim einfachen Zugversuch auftretende – Erscheinung der *Bruchgabelung* (vgl. 4.6.4d), als deren Vorstadium auch die am Spiegelrand von Glasbruchflächen auftretende Rauhigkeit anzusehen ist (s. 4.6.3e), die Vermutung (IRWIN [2] (1958), [115] (1960)) nahe, daß die Bildung von Gabelbrüchen oder Rauhigkeitsbereichen auf der primären Bruchfläche und der damit verknüpfte Energiebedarf der Bruchgeschwindigkeit eine Grenze setzen (vgl. insbesondere die neuere Arbeit von CRAGGS [110] (1960)). Möglicherweise ist hierzu die Bildung submikroskopischer Rauhigkeiten ausreichend.

4.6.4 Plastische Brucherscheinungen

a) Verallgemeinerung der Griffithschen Energiebilanz. Es wurde bereits am Anfang des Teils 3 darauf hingewiesen, daß eine scharfe Grenze zwischen sprödem und plastischem Bruchverhalten nicht gezogen werden kann. Welche der beiden Eigenschaften ein Körper beim Bruch in überwiegendem Maße zeigt, hängt wesentlich von den Versuchsbedingungen ab; und zwar sowohl vom Betrag der Dehnung wie auch von der Dehnungsgeschwindigkeit (vgl. 4.6.4d). Selbst der Beginn eines idealen Sprödbruches im Sinne der GRIFFITHschen Theorie ist nur (wie in 4.6.3b gezeigt wurde) unter zusätzlichen Annahmen – in erster Linie plastischer Erscheinungen – möglich. Haben wir trotzdem im vorangegangenen Teil die Brucherscheinungen zusammengestellt, die noch unter Vernachlässigung der plastischen Verformungen zu verstehen waren, so wollen wir uns in diesem Teil gerade mit denjenigen Eigenschaften des Bruchverlaufes beschäftigen, bei denen dies nicht mehr möglich ist.

Daß selbst bei Silikatgläsern, den an sich typischen Vertretern sprödbrechender Körper, Fließerscheinungen in mikroskopischen Dimensionen auftreten können, haben die Ritzversuche von SMEKAL, KLEMM [48] (1941) und anderen Mitarbeitern (s. z. B. [49] (1955)) gezeigt. Bei diesen wurden mit Hilfe von Diamanten unter sehr kleinen Belastungen (von einigen Gramm) bruchfreie Ritzfurchen in der Größenordnung von einigen μ Breite und einigen Zehntel μ Tiefe erzeugt. Durch mikrointerferometrische Vermessung konnte ermittelt werden, daß ihre Profile alle Kennzeichen einer plastischen Verformung aufwiesen. Sie haben die Form von flachen Gräben mit seitlichen Wällen. Bei Kontaktflächen von etwa $1\,\mu^2$ ergeben sich Mikroritzhärten von etwa 10^{11} dyn/cm², d. h. in der Größenordnung der theoretischen molekularen Zerreißfestigkeit (s. 4.6.3a).

Ergänzend sei angegeben, daß nach neueren Untersuchungen über die Mikroeindruckhärte (z. B. Douglas [50] (1959), Tabor [51] (1956)) mit einer scheinbaren Fließgrenze bei einachsiger Zugspannung von $1,8 \cdot 10^{10}$ dyn/cm² für poliertes Spiegelglas und von $2,4 \cdot 10^{10}$ dyn/cm² für Quarzglas zu rechnen ist.

Es liegt daher nahe, die Griffithsche Bedingung für die Möglichkeit einer Rißerweiterung [Gl. (30)] nicht nur durch Hinzunahme eines Terms, der die entstehende kinetische Energie wiedergibt wie in Gl. (35), zu erweitern, sondern auch die zur plastischen Dehnung aufgewendete Energie U_{pl} zu berücksichtigen. Die verallgemeinerte Forderung der Energieerhaltung während des Bruchablaufes lautet dann:

$$\frac{d\Delta U}{dl} = \frac{d}{dl}\left(U_0 + U_{\text{kin}} + U_{\text{pl}} - \Delta U_e\right) = 0. \tag{39}$$

Hier ist die Bedingung hinzuzufügen, daß während des Bruchvorganges in den übrigen vom Riß weiter entfernten, außerhalb des eigentlichen Spannungshofes liegenden Teilen des Probekörpers keine Arbeit infolge elastischer oder plastischer Deformation geleistet wird. Experimentell wird diese Bedingung durch eine feste Einspannung in hinreichender Entfernung von der entstehenden Bruchfläche verwirklicht (s. z. B. Irwin [28] (1957), [2] (1958)).

Halten wir die Definition der spezifischen Bruchenergie G Gl. (32) aufrecht, so gilt für die kritische spezifische Bruchenergie G_s nunmehr:

$$G \gtreqless G_s = \frac{1}{2}\left[\frac{d(\Delta U_e)}{dl}\right]_s = \frac{1}{2}\frac{d}{dl}\left[(U_0 + U_{\text{pl}})\right]_s. \tag{40}$$

Bei diesem Schwellenwert geht ein quasistationärer Bruch gerade in die schnelle sprödbruchähnlich verlaufende Phase über. Die entstehende kinetische Energie kann daher noch vernachlässigt werden. G ist auch hier diejenige Änderung der elastischen Energie des Körpers je cm Plattendicke, die zur Erzeugung von 1 cm² *Riß*fläche f aufgewendet wird. Mit Ausnahme der wirklich spröden Körper, z. B. der Gläser, ist in Gl. (40) für alle Stoffe die eigentliche spezifische Oberflächenenergie sehr klein gegenüber dem Energieaufwand zur plastischen Deformation (vgl. Tab. 3), bei Plexiglas z. B. etwa 1000mal kleiner (Bowman und Smith [52] (1952)). Daher gilt für plastisch deformierbare Körper mit großer Genauigkeit:

$$(G_s)_{\text{pl}} \approx \frac{1}{2}\left(\frac{dU_{\text{pl}}}{dl}\right)_s. \tag{41}$$

Selbst für Silikatgläser muß – in noch stärkerem Maße, als die oben erwähnte Erscheinung der Mikroplastizität vermuten läßt – angenommen werden, daß der Anteil $\frac{1}{2}(G_s)_{\text{pl}}$ etwa um eine Zehnerpotenz größer als die spezifische Oberflächenenergie α ist (s. Tab. 3). Extrapoliert man nämlich von den für das flüssige Glas gemessenen Oberflächenspannungen $\big($GRIFFITH [5] (1920)$\big)$ auf Zimmertemperatur, so kommt man auf Werte von α, die nur bei 500 dyn/cm liegen.

Es ist hier anzumerken, daß G_s für den schon – wenn auch noch langsam – laufenden Bruch definiert ist, d. h. etwa für den Wendepunkt der Kurve der Bruchgeschwindigkeit v_b als Funktion des Bruchweges (s. Abb. 10). Für den Anfang dieser Kurve (in Abb. 10 gestrichelt) gilt möglicherweise ein Wert $\lim\limits_{v_b \to 0} G = G_0$, der kleiner als G_s ist. Jedoch ist im Hinblick auf die mikroplastischen Erscheinungen der Silikatgläser anzunehmen, daß auch hierfür noch stets gilt:

$$G_0 > 2\alpha.$$

b) Die kritische spezifische Bruchenergie für verschiedene Stoffe. Tab. 3 enthält eine Zusammenstellung gemessener Schwellenwerte der spezifischen Bruchenergie G_s. Die zu ihrer Bestimmung benutzten experimentellen Verfahren werden in den folgenden Abschnitten erläutert. Die Zahlen der Tab. 3 können nur als Richtwerte angesehen werden. Es ist bemerkenswert, daß trotzdem die nach verschiedenen Methoden ermittelten Ergebnisse für einen bestimmten Stoff größenordnungsmäßig übereinstimmen. Diese Tabelle gibt somit einen anschaulichen Eindruck für die Möglichkeit der Entstehung einer schnellen Bruchausbreitung, d. h. für die „Gefährlichkeit" einer Kerbe in einem festen Körper.

c) Experimentelle Bestimmungen der spezifischen Bruchenergie.

α) *Zugversuche an Platten und Stäben.* Das naheliegende Verfahren zur Bestimmung des quasistationären Stellenwertes der spezifischen Bruchenergie ist die unmittelbare Anwendung der Formel (s. Tab. 1, Nr. 2, S. 456):

$$G_s = \frac{2 L\, p_s^2}{E} \tan \frac{\pi}{2} \frac{l_s}{L},$$

wobei G_s im engen Zusammenhang mit dem Ausdruck (21) für den Spannungsfaktor F steht. So haben BOWMAN und SMITH [52] (1952), KIES [16] (1953) u. a. die Zugspannung p an einer langen Platte der Breite $2L$ bis zu einem kritischen Wert p_s gesteigert, bei dem sich der vorher in der Mitte der Platte (der Breite $2L$) angebrachte Riß rasch vergrößerte. Die kritische Rißlänge $2l_s$ konnte nachträglich an der Bruchfläche genau vermessen werden.

IRWIN [28] (1957) wies darauf hin, daß man auch mit Hilfe von aufgeklebten Dehnungsmeßstreifen auf Grund der Gl. (15a, b) den Spannungsfaktor F_s und damit (nach Tab. 1) den Faktor G_s im Augenblick der kritischen Rißerweiterung bestimmen könne. Bei diesem Verfahren ist die Kenntnis der einzelnen Größen p_s und l_s nicht erforderlich.

Eine weitere Methode beruht darauf, daß die integrale Federkonstante c des einfachen HOOKEschen Gesetzes der ganzen Platte ($K = c \Delta y$) eine – abnehmende – Funktion der Rißlänge $2l$ ist. K bedeutet dabei die gesamte Zugkraft, Δy die aus dieser resultierende Verlängerung der Platte in y-Richtung. Dann läßt sich die kritische spezifische Bruchenergie G_s grundsätzlich aus den

Tabelle 3. *Schwellenwerte der spezifischen Bruchenergie G_s*

Material	$G_s{}^1$ 10^3 erg/cm²	Methode	Autor
Glas:			
Diapositivdeckgläser in Luft von 2% rel. Feuchtigkeit	14	Mittelspalt in 0,05 cm dicken Platten	IRWIN [29][2]
Diapositivdeckgläser feucht	7	Mittelspalt in 0,05 cm dicken Platten	
Tafelglasstäbe in Wasser ..	5	Seitenkerben an rechteckigen Stäben mit Querschnitt von 1 cm²	KERKHOF und DREIZLER [35][3]
Spiegelglas unter verschied. Medien			
a) Luft verschiedener Feuchtigkeit	7,4 bis 8,6		
b) Wasser	5,8		
c) Äthylalkohol	8		
d) Cyclohexan	13,6	Zylinderdruckverfahren	CULF [53][4]
e) Siliconöl (MS 200)	14,2		
f) Stickstoff (Gas)	15,2		
g) CO_2 (Gas)	15,6		
Polyester	200		IRWIN u. KIES [54][2]
		Mittelspalt in 0,3 bis 2 cm dicken Platten	BOWMAN und SMITH [52]
Polymethylmethacrylat ...	700 bis 900		IRWIN [36]
			IRWIN [29][2]
Polymethylmethacrylat ...	960	Spaltung von 0,6 cm dicken Streifen	BENBOW und ROESLER [55][5]
Polystyrol	4900		SVENSSON [111]
Vulkanisierter Naturkautschuk	10^3 bis $2 \cdot 10^4$	Zerreißversuche	RIVLIN [56][6]
Stahl a)	$1,8 \cdot 10^4$	Mittelspalt in 1,9 cm dicken Schiffsplatten	IRWIN [2][7]
b)	$1,0 \cdot 10^4$	Thermisches Verfahren	WELLS [57][8]
Verschiedene Aluminiumlegierungen	$2,6 \cdot 10^4$ bis $1 \cdot 10^5$	Mittelspalt in 0,1 cm dicken Tafeln	IRWIN [2][2]

Anmerkungen

Wenn nicht anders angegeben wurde, handelt es sich bei allen Versuchen um Zugversuche bei Zimmertemperatur.

[1] G_s nach der Definition von IRWIN [Gl. (32)]. Die Ergebnisse anderer Autoren wurden entsprechend umgerechnet.

[2] Kritische Rißlänge etwa $^1/_4$ der Plattenbreite.

[3] Mittelwert bei verschiedenen Seitenkerben und entsprechend verschiedenen Bruchnennspannungen. Auswertung *nur* der Versuche, bei denen die maximale Bruchgeschwindigkeit auftrat.

[4] Sogenannte „15 Min.-Werte" von Zylinderdruckversuchen mit Sicherheit nur relativ zueinander vergleichbar. Vergleiche 4.6.4 c β.

[5] Vergleiche 4.6.4 c γ.

[6] Proben verschiedener Zusammensetzung.

[7] Temperatur: $-20\,°C$. Für duktilen Stahl bei 25 °C gibt IRWIN [2] an: $G_s = 3,5 \cdot 10^8$ erg/cm²

[8] Bei hoher Bruchgeschwindigkeit bestimmt. Vergleiche 4.6.4 c δ.

beiden folgenden Versuchen gewinnen. Erstens bestimmt man bei geringeren, nicht zum Bruch führenden Kräften K die reziproke Federkonstante $1/c$ als Funktion der Länge $2l$ eines zentralen Risses und zweitens die kritische Kraft K_s, bei der ein bestimmter Riß der kritischen Länge $2l_s$ gerade beginnt, sich schnell zu öffnen. Dann gilt unter der Voraussetzung einer festen Einspannung der Plattenenden und unter Vernachlässigung der mit der Rißerweiterung verknüpften plastischen Dehnung der Platte, wenn man K und c auf 1 cm Plattendicke bezieht:

$$G_s = \frac{1}{2}\, K_s^2 \left[\frac{d}{d\,(2l)} \left(\frac{1}{c} \right) \right]_{l=l_s}. \tag{42a}$$

Diese Methode setzt eine genaue Bestimmbarkeit von $1/c$ als Funktion der Rißlänge voraus. Sie ist mit Erfolg anscheinend nur auf den Biegebruch von Stahl und Aluminiumlegierungen angewendet worden (IRWIN [2] (1958)).

Auch läßt sich – sowohl für den quasistationären wie für den laufenden Bruch – die spezifische Bruchenergie G aus den Isochromaten ($\tau_{\max} = \text{const}$) in der Umgebung der Bruchspitze bestimmen (IRWIN [2] (1958), [115] (1960), WELLS und POST [13] (1957), [113] (1958)). G ergibt sich aus Gl. (15e) für eine Isochromate $\tau_{\max}$ in Verbindung mit der Beziehung zwischen dem Spannungsfaktor $F \left(= p\sqrt{l}\,\right)$ und G der Tab. 1 näherungsweise zu:

$$G \approx \frac{8\pi}{E}\, \tau_{\max}^2\, \frac{r}{\sin^2 \varphi}. \tag{42b}$$

β) *Zylinderdruckversuche.* Drückt man mit Hilfe einer hydraulischen Presse zylindrische Stahlbolzen mit ihren ebenen Endflächen gegen die Oberfläche von Glasblöcken, so entstehen Bruchflächen in der Form von Kegelstumpfmänteln. Ein Beispiel zeigt Abb. 13. Die Bruchflächen sind im Gegensatz zu den bisher diskutierten Zugbrüchen stabil, der Radius R ihrer Grundkreise ist nahezu proportional $P^{2/3}$ ($P = $ Druckkraft) und ändert sich nur wenig mit der Zeit. Man erhält z. B. in einem in Spiegelglasblock (mit Kantenlängen von einigen cm) bei einer Belastung von $P = 1{,}66 \cdot 10^9$ dyn (einer Dicke des Stahlzylinders von 4,8 mm) in 15 Min. einen

Abb. 13. Bruchbild in Spiegelglas nach einem Zylinderdruckversuch. Durchmesser der Kegelstumpfbasis 2,3 cm (ROESLER [58])

Durchmesser $2R = 2{,}3$ cm. Es besteht dabei kaum eine Abhängigkeit von der Dicke des Stahlzylinders, solange diese in den Grenzen zwischen etwa 3 und 6 mm liegt.

ROESLER [58] (1956) hat gezeigt, daß man aus der Druckkraft P und den Dimensionen der Bruchfläche die kritische spezifische Bruchenergie ermitteln kann:

$$G_s = C(\beta, \nu) \frac{P^2}{E R^3}. \tag{43}$$

Hierin bedeuten C ein nur vom (halben) Öffnungswinkel β des Kegels und von der POISSON-Zahl ν abhängige Konstante, E wiederum den Dehnungsmodul.

Da sich die Kegelgröße – wenn auch wenig – mit der Zeit ändert, ist die Methode vor allem geeignet, um die relative Veränderung von G_s mit dem umgebenden Medium zu studieren.

Zu diesem Zweck wurde die beschriebene Anordnung von CULF [53] (1957) dadurch ergänzt, daß der Stahlzylinder und der von diesem gepreßte Teil der Glasoberfläche in bestimmte Flüssigkeiten und Gase gebracht wurden. Einige der Ergebnisse von CULF, die aus der durch 15 Min. lange Druckeinwirkung erzeugten Kegelgröße berechnet wurden, findet man in der Tab. 3. Diese zeigen u. a. deutlich den Einfluß der Feuchtigkeit auf die spezifische Bruchenergie.

BENBOW [116] (1960) führte kürzlich auch derartige Druckversuche an Quarzglas durch.

γ) *Spaltversuche.* BENBOW und ROESLER [55] (1956) haben die kritische spezifische Bruchenergie für Polymethylmethacrylat und Polystyrol aus Spaltversuchen bestimmt. Das Prinzip ihrer Methode (Abb. 14) besteht darin, flache Streifen (der Breite b) aus den erwähnten Stoffen der Länge nach (mit der Kraft P) aufzuspalten. Dies geschieht experimentell mit Hilfe eines Keils, mit dem die beiden, auf das freie Ende des Probestreifens aufgesetzten Backen B_1 und B_2 auseinandergedrückt werden. Ein seitliches Abirren des Spaltes konnte dadurch vermieden werden, daß man eine Drehung der beiden Backen mit Hilfe von Führungsleisten verhinderte und daß man die Backen zusätzlich von der Seite mit Druckkräften ($2 \times Q/2$) belastete.

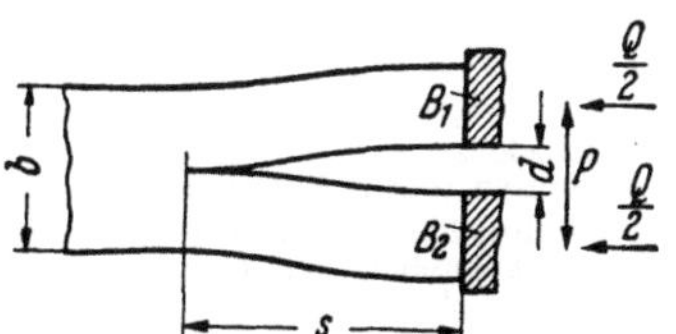

Abb. 14. Prinzipskizze zum Spaltversuch (nach BENBOW und ROESLER [55]). Probestreifen der Breite b ist links fest eingespannt; B_1, B_2 aufgesetzte Führungsbacken; P spaltende Zugkraft; $2 \times Q/2$ seitliche Druckkräfte

Eine der GRIFFITHschen ähnliche Energiebilanz (vgl. die Abschn. 4.6.3 b und 4.6.4 a) ergibt für die spezifische Bruchenergie hier die Beziehung:

$$G_s = 6 E \frac{d^2 b^3}{64 s^4}. \tag{44}$$

Die Bedeutung der Buchstaben b, d und s ist aus der Abb. 14 ersichtlich.

Diese Versuche zeigten, daß die spezifische Bruchenergie für den quasistationären Bruch eine Materialkonstante ist (G_s, s. Tab. 3). (Zur Auswertung dieser Versuche vgl. SVENSSON [111] (1958).) Jedoch ergaben sich von diesem Wert abweichende Resultate, wenn der Bruchvorgang schnell ablief; so war dann für Polystyrol der „dynamische" Wert $G_d = 6 \cdot 10^5$ erg/cm², also etwa nur $1/10\,G_s$. (Die dynamische *Festigkeit* ist hingegen größer als die statische, vgl. KOLSKY und SHI [117] (1958).) Dieses Ergebnis ist ein Hinweis darauf, daß der in die Energiebilanz des Bruches – Gl. (39) – eingehende Energieverlust U_{pl} durch plastische Dehnung nicht nur vom Betrag der Dehnung, sondern auch von der Dehnungsgeschwindigkeit abhängig ist. Bemerkenswert an den Spaltversuchen

mit Polymethylmethacrylat ist noch der Einfluß von verschiedenen Flüssigkeiten – Petroläther, Äthylalkohol, Tetrachlorkohlenstoff –, die wider Erwarten
die spezifische Bruchenergie um die Faktoren 2, 5 bzw. 3 bzw. 3, 2 heraufsetzten.
Offenbar erweichte das Material jeweils im Kerbgrund, wodurch zusätzliches
plastisches Fließen verursacht wurde.

δ) *Die thermische Methode.* Daß sich die spezifische
Bruchenergie auch aus der Wärme ermitteln läßt, die
infolge der plastischen Dehnung an den Bruchflächen
frei wird, hat WELLS [57] (1953) durch Zerreißversuche an Stahlplatten gezeigt. Nach TAYLOR und
QUINNEY [59] (1934) liegt der Faktor für die Umwandlung von plastischer Arbeit in Wärme in der
Größenordnung von 0,90; die Restenergie des plastischen Fließens bleibt als potentielle Dehnungsenergie
im Kristallgitter gespeichert. Hierdurch ist die Genauigkeit gegeben, mit der man die spezifische Bruchenergie aus der beim Bruch frei werdenden Wärmemenge bestimmen kann, wenn man sich zugleich
erinnert, daß auch bei Stählen die eigentliche spezifische Oberflächenenergie α in der Energiebilanz
vernachlässigt werden kann.

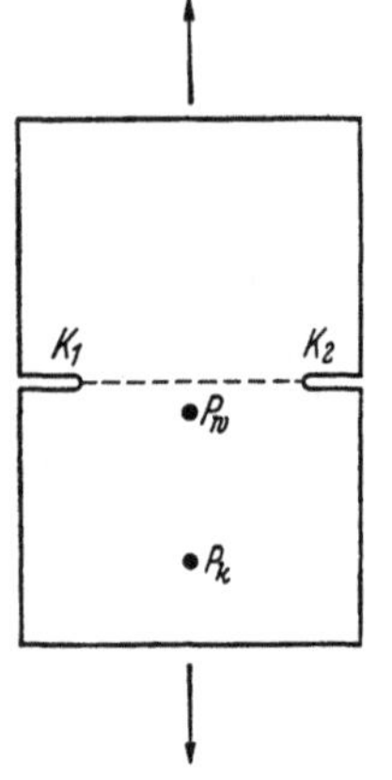

Abb. 15a
Prinzipskizze zum thermischen
Verfahren (nach WELLS [57])
K_1, K_2 bruchauslösende Kerben;
P_w, P_k Lötstellen der Thermo-
elemente

Das Prinzip der von WELLS benutzten Methode
ist in Abb. 15a skizziert. Die beidseitig vorgekerbte (K_1, K_2) Stahlplatte wird
durch die angedeutete Zugspannung zerrissen. Die nach erfolgtem Bruch an
der unteren Bruchfläche er-
zeugte Wärmemenge fließt
– im Vergleich zu dem hier
sehr schnell vorausgesetzten
Bruchvorgang – langsam nach
unten ab und verursacht bei
P_w zunächst einen Temperaturanstieg bis zu einem Maximum und anschließend einen
– relativ zum Anstieg – sehr
langsamen Temperaturabfall.
Die Temperatur bei P_k bleibt
in dieser Zeit praktisch unverändert. Die zwischen P_w und
P_k auftretende wellenartige
Temperaturdifferenz wird auf
thermoelektrischem Wege gemessen oder registriert. Hat
die warme Lötstelle P_w von

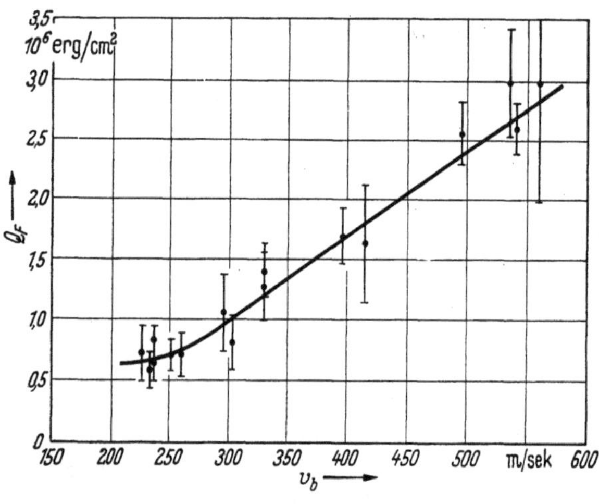

Abb. 15b. Die beim Plexiglasbruch frei werdende spezifische
Wärmeenergie Q_F als Funktion der Bruchgeschwindigkeit v_b.
Eingetragen ist der Größtfehler der Einzelmessung
(G. MANITZ [60])

der Bruchfläche den Abstand a und ist die maximale Temperaturdifferenz ΔT_M,
so zeigt sich, daß die spezifische Bruchenergie proportional dem Produkt $a\,\Delta T_M$ ist.

Die von WELLS auf diese Weise für einen Stahl ermittelte dynamische
spezifische Bruchenergie $G_d = 9{,}5 \cdot 10^6$ erg/cm² liegt in der gleichen Größen-

ordnung wie der von IRWIN [*2*] (s. Tab. 3) angegebene quasistatisch gemessene Schwellenwert G_s.

G. MANITZ [*60*] (1959) hat nach diesem thermischen Verfahren die spezifische Bruchenergie von Plexiglas als Funktion der Bruchgeschwindigkeit bestimmt. Die Zunahme der frei werdenden spezifischen Wärmeenergie Q_F (Abb. 15b) mit der Bruchgeschwindigkeit v_b kann allerdings nicht ohne weiteres als ein reeller Anstieg der spezifischen plastischen Arbeit angesehen werden. Denn die mit wachsender Bruchgeschwindigkeit zunehmende Rauhigkeit bzw. Aufsplitterung der Bruchflächen bedingt zweifellos eine Vergrößerung der wirklichen Bruchfläche und damit der insgesamt erzeugten Wärmeenergie.

d) Sekundärbrucherscheinungen. Die funkenkinematographische Untersuchung des durch einen Stoß ausgelösten Bruchvorganges in Glasplatten (vgl. SCHARDIN und Mitarbeiter [*61*] (1938), [*62*] (1940), [*63*] (1950)) zeigt neben den vom Stoßzentrum ausgehenden primären Brüchen das Auftreten von Sekundärbrüchen. Die Sekundärbrüche werden an Inhomogenitätsstellen (vgl. 4.6.3b) ausgelöst, wenn an diesen eine hinreichend große örtliche Zugspannung auftritt (SCHARDIN [*63*] und MAUE [*64*] (1950), vgl. auch 4.7). Diese rührt im allgemeinen von den elastischen Wellen her, die ebenfalls vom Stoßzentrum ausgehen und die Glasplatte in mannigfaltiger Weise durchsetzen. In manchen Fällen entstehen die zur Auslösung von Sekundärbrüchen erforderlichen Zugspannungen auch durch das Zusammenwirken der elastischen Wellen mit dem Spannungshof [vgl. Gl. (15a bis d)], der eine primäre Bruchspitze begleitet. Bei allen Versuchen dieser Art dienen die Sekundärbrüche im wesentlichen als Indikatoren für das Auftreten hoher Zugspannungen und damit in erster Linie dem Studium der Ausbreitungserscheinungen von elastischen Wellen.

Im Gegensatz hierzu sind von denjenigen Sekundärbrucherscheinungen, die allein durch den Spannungshof eines einzigen primären Bruches ausgelöst werden, eindeutige Aussagen über den elementaren Bruchvorgang selbst zu erwarten. Zu dieser Sekundärbruchart gehören erstens die Bruchvorgänge, die zur Ausbildung hyperbelartiger Linien in den Bruchflächen führen (vgl. hierzu auch 4.6.5, Abb. 21 bis 25), und zweitens die Bildung von gabelartigen Brüchen und Rissen. Beide Bruchphänomene treten nicht nur bei stoßartigen Belastungen, sondern auch beim einfachen quasistationären Zugversuch an Platten und Stäben auf, für den die experimentellen Bedingungen (wie z. B. die kritische spezifische Bruchenergie) im allgemeinen genauer als bei der Bruchauslösung durch Stoßvorgänge festgelegt und ermittelt werden können.

Die Klärung dieser Sekundärbruchphänomene ist für das Verständnis der Bruchausbreitung von großer Bedeutung, bei der grundsätzlich die beiden folgenden Fälle unterschieden werden müssen:

α) Der primäre Riß erweitert sich im Sinne des Normalspannungsgesetzes der zweiten Form (vgl. 4.6.3d) ungestört von anderen Inhomogenitäts- oder Kerbstellen. Diese eigentliche Sprödbruchausbreitung findet man in der reinsten Form bei Silikatgläsern, solange die Rißerweiterungskraft G und mit ihr die Stärke des Spannungshofes an der Bruchspitze noch nicht zu groß geworden sind. (Sonst gilt auch hierbei β.)

β) Für die meisten anderen Stoffe, bei denen die plastische Dehnung eine wesentliche Rolle spielt, werden sich jedoch in dem erwähnten Spannungshof fortlaufend sekundäre Kerbstellen entwickeln können, die sich dem primären Bruch (im Querschnitt betrachtet) kettenartig vorlagern und anschließen (KIES, SULLIVAN, IRWIN [65] (1950), IRWIN [2]). Dabei kann es auch vorkommen, daß Kerbstellen mit derartiger Orientierung im Wege liegen (vgl. 4.6.2 b β), so daß der Bruch nach Anschluß dieser Kerbstelle zum Stehen kommt. Dabei können auch Bruchgabelungen auftreten, die in Abb. 17 skizziert und in Abb. 18 am Beispiel von Folienrissen gezeigt werden.

Die hyperbelartigen Linien in Bruchflächen, deren Deutung wir uns nun zuwenden wollen (z. B. SMEKAL [33] (1950)), treten in besonders ausgeprägter Form bei Plexiglas auf (Abb. 21), sind aber auch bei verschiedenen anderen Stoffen beobachtet worden, so bei den amorphen Materialien wie Glas (SMEKAL [33] (1950), [66] (1953)), Polystyrol (REGEL [67] (1951)), Zelluloseacetat (KIES, SULLIVAN, IRWIN [65] (1950)), Araldit-Gießharz (Abb. 22) und bei polykristallinen Metallen (KIES, SULLIVAN, IRWIN [65]).

Die Entstehung einer solchen Linie kann durch die Überlagerung des primären und eines sekundären Bruchvorganges erklärt werden, die in der Aufsicht auf eine Bruchfläche in Abb. 16 skizziert ist. P_1 und P_2 sind die Ursprungspunkte der primären und der sekundären Bruchfronten. Bei S haben sich beide Bruchfronten zum ersten Male getroffen. Bei der weiteren Entwicklung beider Bruchfronten entsteht dann als der geometrische Ort aller Punkte, die von den beiden Bruchfronten jeweils gleichzeitig erreicht werden, die stark gezeichnete Linie QSQ'. Die Form dieser Schnittlinie beider Bruchvorgänge hängt von der Lage der Bruchzentren P_1 und P_2 sowie von der räumlich-zeitlichen Entwicklung beider Bruchvorgänge ab. Man erhält eine *Hyperbel*, wenn beide Bruchfronten die gleiche und stets konstante Bruchgeschwindigkeit v_b haben.

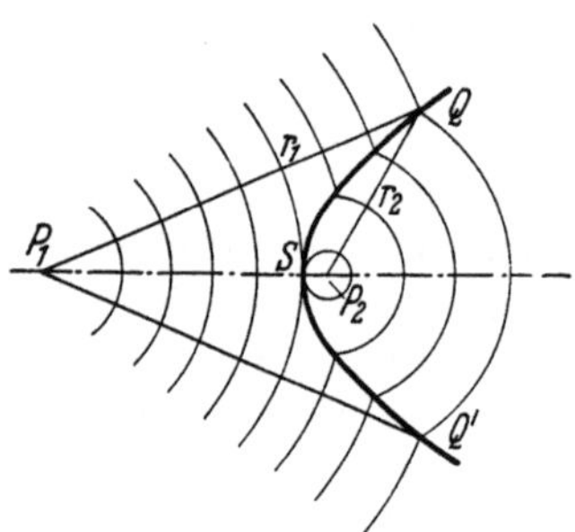

Abb. 16
Zur Entstehung von hyperbelartigen Linien auf einer Bruchfläche
P_1 bzw. P_2 Ursprung vom Primär- bzw. Sekundärbruch,
S erstes Zusammentreffen beider Bruchfronten

Wird nämlich der Sekundärbruch bei P_2 um t_0 Sekunden später als der Primärbruch bei P_1 ausgelöst, so gilt für die Differenz der Bruchwege r_1 und r_2

$$r_1 - r_2 = v_b\, t_0 = \text{const.} \tag{45}$$

Liegt der Ursprung P_1 der primären Bruchfront in sehr großer Entfernung vom Ursprung P_2 der sekundären Bruchfront, ist die primäre Bruchfront also als gerade Linie anzusehen, so ergibt sich eine *Parabel*.

Ist die Ausbreitungsgeschwindigkeit des primären größer als die des sekundären Bruches, so erhält man eine *Ellipse* (s. Abb. 26, S. 478).

Die tatsächlich beobachteten Linien haben naturgemäß nur teilweise diese idealen, geometrischen Formen (vgl. die Abb. in 4.6.5).

Bemerkenswert (SMEKAL [32]) ist noch, daß im allgemeinen das Hyperbelinnere ein anderes (oft nur um weniger als ein μ verschiedenes) Niveau als die übrige Bruchfläche hat. Das Sekundärbruchzentrum liegt nicht in der Ebene des primären Bruches. Beide Bruchufer passen jedoch genau aufeinander. Dieses gilt – als eine notwendige Folge des spröden Trennbruchvorganges im Sinne des Normalspannungsgesetzes (4.6.3d) – in Strenge für Silikatgläser, wie interferenzmikroskopische (SMEKAL [*33*]) und elektronenmikroskopische Bruchflächenuntersuchungen (KERKHOF, SEELIGER und WESTPHAL [*30*]) gezeigt haben, und praktisch auch für Plexiglas. Doch bilden die hyperbelartigen Linien bei Plexiglas häufig auf *beiden* Bruchufern gratartige Erhebungen, die sich gegenüberstehen und einen Hinweis darauf geben, daß längs dieser Linien im Augenblick des Bruches viskoses Fließen stattgefunden haben muß.

Über den Abstand des Sekundärbruchzentrums vom Hyperbelscheitel SP_2 läßt sich folgendes sagen (KERKHOF [*45*]). Der Sekundärbruch werde in dem Augenblick bei P_2 (Abb. 16) ausgelöst, in dem die von P_1 ausgegangene Bruchspitze den Weg l zurückgelegt und noch den Abstand r bis zum Sekundärbruchzentrum P_2 habe. Unter der Annahme, daß die mittlere Bruchgeschwindigkeit des Sekundärbruches höchstens gleich der des Primärbruches ist, gilt dann

$$\frac{r}{l} \geqq \frac{2\overline{SP_2}}{\overline{P_1P_2} - 2\overline{SP_2}} \approx 2\,\frac{\overline{SP_2}}{\overline{P_1P_2}}\,. \tag{46}$$

Dabei wurde benutzt, daß $\overline{SP_2} \ll \overline{P_1P_2}$. (Bei Untersuchungen an Plexiglas war $\overline{SP_2}$ in der Größenordnung $10^{-3}\,\overline{P_1P_2}$.) Andererseits erhält man unter der Annahme einer einfachen Zugspannung p_0 an einer Platte für die kritische spezifische Bruchenergie (vgl. 4.6.3c) für den sekundären Riß (der Länge $2\,l_2$) bei P_2

$$G_2 = \frac{\pi\,l_2}{E}\,p_1^2 = \frac{\pi\,l_2}{E}\,p_0^2\,\frac{l}{2r}\,, \tag{47}$$

wobei die Formel 15b für $\varphi = 0$ benutzt wurde zur Bestimmung von p_1, der infolge der Kerbwirkung des primären Risses verstärkten Spannung bei P_2. Hieraus folgt

$$\frac{r}{l} = \frac{\pi}{2}\,\frac{l_2}{G_2 E}\,p_0^2\,. \tag{48}$$

Für ein bestimmtes Material kann angenommen werden, daß l_2 unter einem bestimmten strukturbedingten Grenzwert bleibt; der Dehnungsmodul E und – unter bestimmten Einschränkungen – die „dynamische“ kritische Rißerweiterungskraft G_2 sind Materialkonstanten. Für einen bestimmten Versuch ($p = p_0$) sollte daher nach Gl. (46) und (48) das Verhältnis $\overline{SP_2}/\overline{P_1P_2}$ auch unter einem bestimmten Grenzwert bleiben. – Dies konnte LEUWERIK [*68*] (1957) experimentell bestätigen.

Die Erscheinung der *Bruchgabelung* wird bei den verschiedensten Versuchsverfahren an den verschiedensten Stoffen, an Silikatgläsern wie an Kunststoffen, beobachtet. Als Beispiel ist die zeitliche Entwicklung von Gabelrissen in einer Celluloseacetatfolie (REICHENBACH [*69*] (1954)) in Abb. 18 gezeigt (vgl. SCHARDIN [*43*] (1954), [*63*] (1950), [*118*] (1959), HÄNSEL [*39*] (1958)).

Es ist zu vermuten, daß Bruchgabelungen, die auch beim einfachen Zugversuch auftreten, mit der Spannungsverteilung vor einer Rißspitze als Funktion des Winkels φ (s. Abb. 3) zusammenhängen. Da die Erscheinung der Bruchgabelung im allgemeinen mit hohen Bruchgeschwindigkeiten verknüpft ist, wäre die theoretische Kenntnis der dynamischen Spannungsverteilung vor einem sich rasch verlängernden GRIFFITHschen Riß erforderlich. Bekannt sind heute jedoch nur die schon erwähnte Lösung des statischen Problems nach WESTERGAARD [*11*] und SNEDDON [12] (vgl. 4.6.2c) und die Lösung von YOFFE [70] (1951) für ein spezielles dynamisches Problem, wenn wir von den allgemeinen und schwierig anzuwendenden Formeln in elliptischen Koordinaten (vgl. 4.6.2a) absehen.

Die auf die Methode von WESTERGAARD zurückgehenden Lösungen gelten – will man sie auf einen sich ausbreitenden Spalt anwenden – nur unter der schon erwähnten Bedingung, daß der (elliptische) Querschnitt dabei sich selbst geometrisch ähnlich bleibt. Unter dieser Einschränkung ergibt sich aus den Gl. (15a, b, c), daß für ein konstantes r (Abb. 3) die maximalen Hauptzugspannungen für die Winkel $\varphi = \pm 60°$ auftreten. Auch die Hauptschubspannung, deren Maximum bei 90° liegt (vgl. 4.6.2c), hat in der Nähe dieses Winkels wesentliche Werte. Damit ließe sich begründen, daß – entsprechende plastische Materialeigenschaften

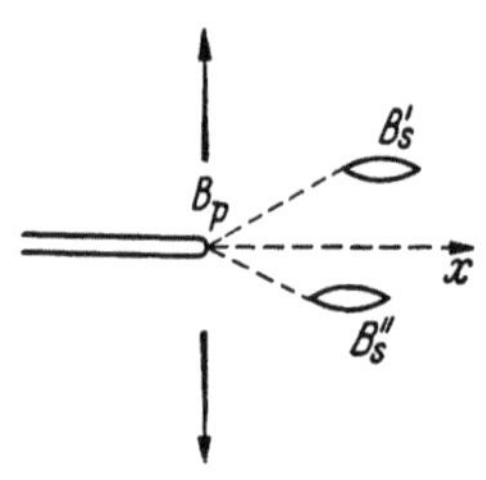

Abb. 17. Zur Entstehung von Gabelbrüchen. Der von links ankommende Primärbruch erzeugt in seinem Spannungshof erweiterungsfähige Sekundärbrüche B'_s und B''_s oberhalb und unterhalb der primären Bruchspaltebene (senkrecht zur Bildebene durch die x-Achse)

vorausgesetzt – unter diesen Winkeln eher als für $\varphi = 0$ erweiterungsfähige Sekundärbrüche (B'_s und B''_s in Abb. 17) entstehen und sich mit dem primären Bruchspalt (B_p) verbinden können.

Die YOFFEsche Lösung gilt andererseits zwar für sehr schnell wandernde Risse; jedoch wird hierbei einschränkend angenommen, daß sich eine geschlossene Kerbstelle von konstanter Länge durch den Körper bewegt. Als Ergebnis wird die Spannung $\sigma_{\varphi\varphi}$ (im allgemeinen also keine Hauptspannung) als Funktion von φ (Abb. 3) angegeben, die für Kerbwanderungsgeschwindigkeiten v_b unter $\frac{1}{2} v_t$ ihr Maximum bei $\varphi = 0°$ hat. Mit wachsendem v_b wandert das Maximum jedoch zu höheren φ-Werten. Die YOFFEsche Berechnung unterstützt daher die Annahme, daß die Tendenz zur Bruchgabelung mit wachsender Bruchgeschwindigkeit zunimmt (vgl. auch die neuere Arbeit von CRAGGS [110] (1960)).

Die Frage nach der Größe des Gabelungswinkels muß also als z. Z. noch offen betrachtet werden, da hierüber bis heute nur wenige experimentelle Untersuchungen vorliegen (vgl. SMEKAL [18] (1936), SCHARDIN [8] (1959), [118] (1959), KIENLE [120] (1959)).

Für die Wahrscheinlichkeit des Auftretens von Bruchgabelungen läßt sich jedoch unmittelbar aus Gl. (48) eine Folgerung (KERKHOF [45]) ziehen, wenn man die folgende plausible Hypothese macht: Eine Bruchgabelung tritt auf, wenn die spezifische Bruchenergie oder Rißerweiterungskraft infolge der Länge l des Primärrisses so groß geworden ist, daß der Abstand r von neu entstehenden Sekundärbrüchen von der Primärbruchfront einen bestimmten kritischen, durch die Struktur des Körpers bedingten Mindestwert r_G überschreitet. Wir fordern speziell, daß r_G ein bestimmtes Vielfaches n_G der Länge $2l_2$ des erweiterungsfähigen Sekundärrisses sein soll:

$$r \gtreqless r_G = n_G \, 2 l_2 \, . \tag{49}$$

Damit erhält man aus Gl. (48) für die Länge des Primärrisses ($l = l_G$) bis zur ersten Gabelung:

$$l_G \approx n_G \, \frac{G_2 E}{p_0^2} \, . \tag{50}$$

Unter G_2 ist hierbei die *dynamische* kritische Rißerweiterungskraft zu verstehen, die bei Gläsern in der Größenordnung von 10^3 erg/cm² liegt. Wenn n_G bei einem bestimmten Körper als konstante Zahl angesehen werden darf, so müßte nach Gl. (50) die Länge des Primärrisses entscheidend vom Quadrat der Bruchnennspannung p_0 abhängen. Daraus würde folgen, daß für Platten von einer bestimmten Breite eine untere Grenze p_G der Bruchnennspannung existieren muß,

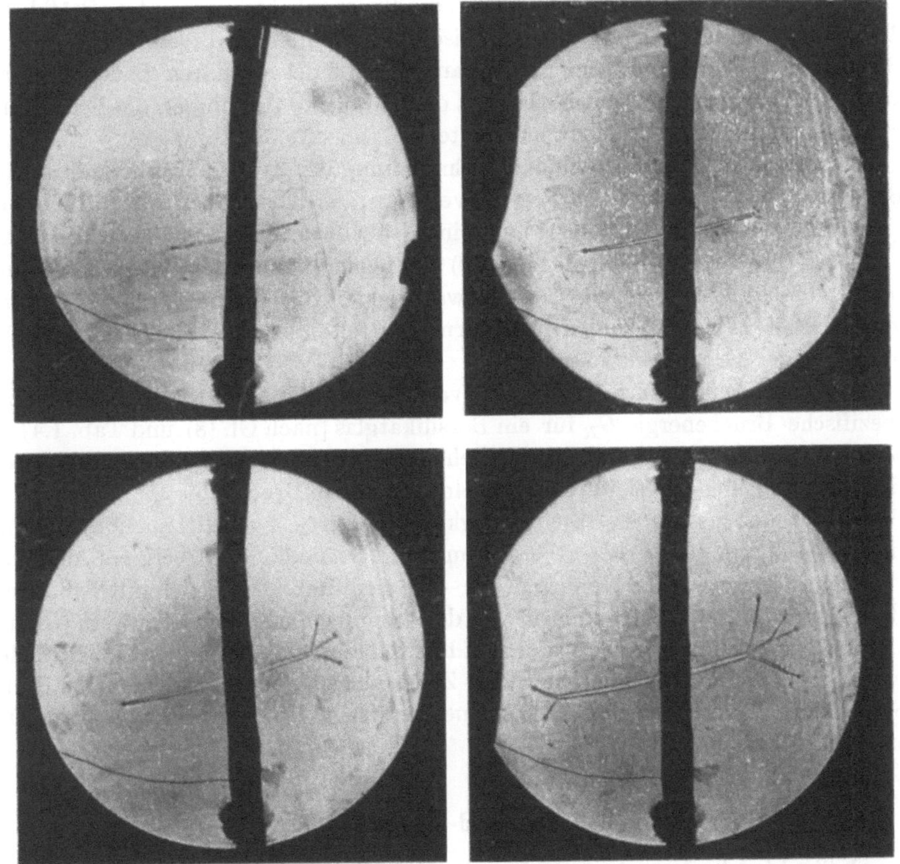

Abb. 18. Entwicklung von Gabelrissen in einer Celluloseacetatfolie (Ultraphan). Vier Einzelbilder. Bildfrequenz der Originalserie etwa 77 000 Bilder/s, Berstgeschwindigkeit 528 m/s, Spannung in der Folie beim Anstechen der Folie 540 kp/cm², Foliendurchmesser 10 cm, Foliendicke 50 μ (REICHENBACH [*69*])

unter der keine Bruchgabelung auftreten kann. Dies scheint durch Versuche (HÄNSEL [*39*] (1958)) bestätigt zu sein.

Zu beachten ist, daß die in Gl. (50) auftretende dynamische kritische spezifische Bruchenergie G_2 bei plastisch deformierbaren Körpern mit wachsender Dehngeschwindigkeit im Spannungshof des primären Bruches abnehmen (vgl. 4.6.4 c γ) und daher auch von der Belastungsgeschwindigkeit abhängen kann.

Die Bruchgabelung ist nur mittelbar mit einer Bruchausbreitung bei maximaler Geschwindigkeit verknüpft, da wahrscheinlich für das Auftreten einer Bruchgabelung eine noch größere Rißerweiterungskraft als zur Bruchfortpflanzung mit maximaler Bruchgeschwindigkeit erforderlich ist (vgl. 4.6.3f). Es ist daher auch verständlich, daß sich die Spitzen der Gabelbrüche meistens mit maximaler Bruchgeschwindigkeit weiterbewegen, weil die Bruchgabelung im allgemeinen in einem Augenblick erfolgt, in dem ein großer Überschuß an Rißerweiterungskraft $(G \gg G_s)$ zur Verfügung steht.

Während jedoch der Grenzwert der maximalen Bruchgeschwindigkeit aus einer rein elastischen Theorie für den idealen Sprödbruch gefolgert werden kann, ist nach unseren bisherigen Erfahrungen die Bruchgabelung nur unter zusätzlicher Annahme von im wesentlichen plastischen Vorgängen zu verstehen, die zur Bildung von Sekundärbrüchen im Spannungshof des primären Bruches führen können. Wie erinnerlich, ist überhaupt ohne ähnliche Annahmen die Entstehung von „Griffith-Rissen" nicht zu verstehen (vgl. 4.6.3b).

Es sei noch hinzugefügt, daß die Entstehung der groben Rauhigkeit auf der Bruchfläche (vgl. Abb. 9) bei Zerreißversuchen an Glasstäben vermutlich eine ähnliche Ursache wie die Entstehung reiner Gabelbrüche bei Versuchen an Platten hat. Man erhält so im Sinne der Gl. (50) eine Abnahme der relativ zum Stabquerschnitt bestimmten Spiegelgröße mit wachsender Bruchnennspannung, die dem von Smekal [18] (1936) und Mitarbeitern ermittelten experimentellen Zusammenhange beider Größen entspricht.

Aus einer neuen Veröffentlichung von Shand [71] (1959) läßt sich diejenige spezifische Bruchenergie G_R für ein Borsilikatglas [nach Gl. (8) und Tab. 1.4] berechnen, die am Spiegelrand erforderlich ist. Wenn auch die für die quasistatische Bruchausbreitung abgeleiteten Formeln für diese Bruchgebiete, in denen der Bruch sich mit maximaler Geschwindigkeit ausbreitet, eigentlich nicht anwendbar sind, so behält die auf diese Weise ermittelte Größe $G_R \approx 10^5$ erg/cm^2 doch den Wert einer interessanten Kennzahl, die – wie man durch Vergleich mit Tab. 3 feststellen kann – fast 10mal so groß wie der entsprechende Schwellenwert G_s ist. – Irwin [2] weist im übrigen auch darauf hin, daß zur Erzeugung von Gabelbrüchen in Platten aus Polymethylmethacrylat, Zelluloseacetat und dem schon erwähnten Spezialharz (Columbia resin CR–39) eine spezifische Bruchenergie von etwa 10 G_s erforderlich sei.

4.6.5 Das Bild der Bruchfläche

a) Strukturelle Ursachen. Haben die Kohäsionskräfte in einem festen Körper entlang bestimmter Flächen minimale Werte, so werden diese Flächen bei einer Beanspruchung des Körpers durch äußere Kräfte vorzugsweise zu Bruchflächen werden. Dementsprechend gibt es in Kristallen Spaltebenen, die durch die Kristallstruktur festgelegt sind[1]. Es ist sogar möglich, aus der kristallographischen Untersuchung des Feingefüges einer Bruchfläche von Legierungen Rückschlüsse auf deren chemische Zusammensetzung zu ziehen (Zapffe [72] (1953)).

Die strukturbedingten Züge der Bruchfläche von Kunststoffen sind, je nach dem Grade ihrer mechanischen Inhomogenität und Anisotropie, besonders vielfältig und uneinheitlich. Sie hängen außerdem in starkem Maße von der Vorbehandlung des Körpers ab.

---

[1] Zum Bruchvorgang in Kristallen vgl. Gilman [74] (1956), [75] (1958).

Als charakteristisches Beispiel erwähnen wir hierzu die Änderung der inneren Struktur von Plexiglas M 33 durch Warmrecken und deren Auswirkung auf die Festigkeitseigenschaften und das Bruchverhalten (PEUKERT [73] (1953)). Durch das Recken werden die ursprünglich unregelmäßig gelagerten Molekülketten in Reckrichtung ausgerichtet, wodurch allgemein die mechanischen Eigenschaften und speziell das Bild der Bruchfläche geändert werden. Unterhalb der Einfriertemperatur und unterhalb eines kritischen Reckbereiches (bei etwa 100% Reckgrad) zeigt Plexiglas im Zugversuch den spröden *Trennbruch*, der senkrecht zur maximalen wirkenden Hauptzugspannung verläuft, und weist damit die vereinfachenden Voraussetzungen auf, die wir in den vorangegangenen Abschnitten gemacht haben. Oberhalb des kritischen Reckbereiches zeigen die zerrissenen Plexiglasstäbe jedoch infolge der Strukturumwandlung beim Warmreckvorgang verschiedene Formen des Schubbruches. Dabei erfolgt der Bruch durch Abgleiten längs der Orientierungsrichtungen der Kettenmoleküle unter Bildung von Bruchebenen, die über die ganze Stablänge, also fast parallel zur angelegten Zugspannung, verlaufen können. Innerhalb des kritischen Reckbereiches findet man die verschiedensten Formen der Überlagerung von Trenn- und Schubbrüchen. Bei allen Reckgraden sind in der Nähe des Bruchursprunges glatte Gebiete zu sehen, die den Bruchspiegeln bei Silikatgläsern (vgl. 4.6.3e) sehr ähnlich sind.

Über den prozentualen Anteil dieser Spiegelfläche an der Gesamtbruchfläche, die mit dem Warmreckgrad zu wachsen scheint, liegen noch keine näheren Untersuchungen vor.

Die Vorreckung eines Kunststoffes kann eine so große Strukturveränderung zur Folge haben, daß diese am Trübwerden („Crazing") des Versuchskörpers unmittelbar erkennbar wird. Der Zusammenhang dieser Erscheinung mit der Festigkeit und dem Bruchbild ist ausführlich an Polystyrol und auch an Plexiglas von HSIAO und SAUER [76] (1950), [77] (1953) untersucht worden.

Es ist unmöglich, im Rahmen dieses Berichtes diese und ähnliche sehr mannigfaltigen Einflüsse der inneren Struktur eines Kunststoffes auf die Festigkeit und auf das Bild der Bruchfläche näher zu erörtern. Wir werden uns daher darauf beschränken, diejenigen Erscheinungen im Bilde einer Bruchfläche zu erklären und durch Beispiele zu veranschaulichen, die nicht für den Stoff, sondern für den Bruchvorgang als solchen charakteristisch sind und die daher eine gewisse Allgemeingültigkeit aufweisen. Es zeigt sich, daß derartige, übersichtliche Gesetzmäßigkeiten wiederum vor allem an der reinen Sprödbruchfläche festgestellt werden können, bei denen plastische Bruchvorgänge sich nur in unwesentlichen Begleiterscheinungen auswirken, wie z. B. in den wallartigen Erhebungen an den hyperbelartigen Grenzen der Sekundärbruchflächen bei Plexiglas (s. 4.6.4d).

Die Kenntnis der Zusammenhänge zwischen Bruchvorgang und den zugehörigen Erscheinungen im Bruchbild erlaubt uns zudem, an Hand einer vorgelegten Bruchfläche noch nachträglich Aussagen machen zu können über Ursprung und Ablauf des Bruches und selbst über Art und Stärke der mechanischen Beanspruchung, die zum Bruch geführt hat (z. B. PRESTON [78] (1926), MURGATROYD [79] (1942), OUGHTON [80] (1945), BOYD [81] (1953)). Zum Zwecke einer vereinfachenden Darstellung unterscheiden wir bei der Untersuchung derartiger Markierungen in Bruchflächen diejenigen, die vor allem auf rein kinematische Ursachen zurückzuführen sind, von denjenigen, deren Ursachen bereits dynamischer Natur sind.

b) Kinematische Ursachen. Prinzipiell kann eine Linie in einer Bruchfläche zunächst dadurch entstanden sein, daß die kinematische Entwicklung einer ursprünglich einheitlichen Bruchfront irgendwie kurzfristig gestört worden ist. In Abb. 19 ist die Ausbildung einer Trennungslinie skizziert, die an der Grenze

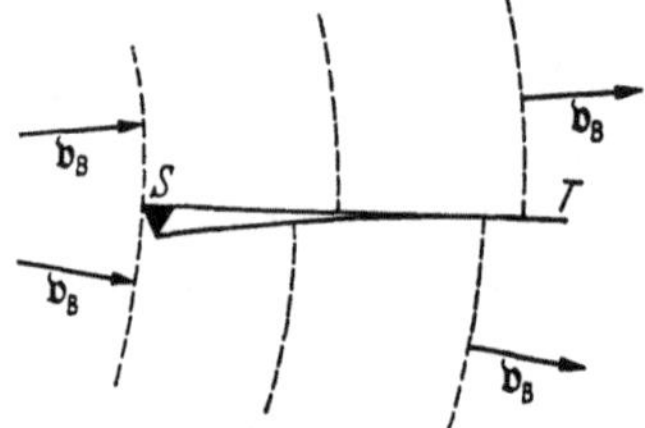

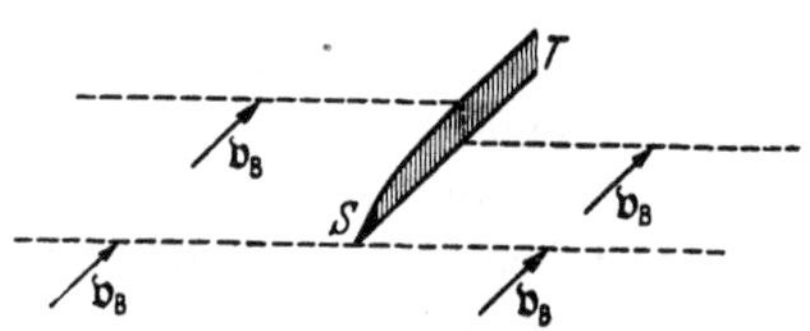

Abb. 19. Entstehung einer wallartigen Bruchlinie T durch Verzögerung eines Teiles der Bruchfront, die von links kommt, an der Störstelle S. Geschwindigkeit der Bruchfortpflanzung vor und nach der Störstelle die gleiche: v_B

Abb. 20. Entstehung einer stufenartigen Bruchlinie T durch Aufspaltung einer Bruchebene infolge einer Störung bei S bei unveränderter Bruchgeschwindigkeit v_B

zwischen zwei Bruchflächengebieten dadurch zustande kommt, daß sich die verschiedenen Bruchfronten mit verschiedenen Geschwindigkeiten bzw. ungleichphasig ausbreiten.

Aber auch wenn die Bruchausbreitung sowohl nach Richtung als auch nach Geschwindigkeit gleichmäßig erfolgt, kann eine Bruchlinie dadurch entstehen,

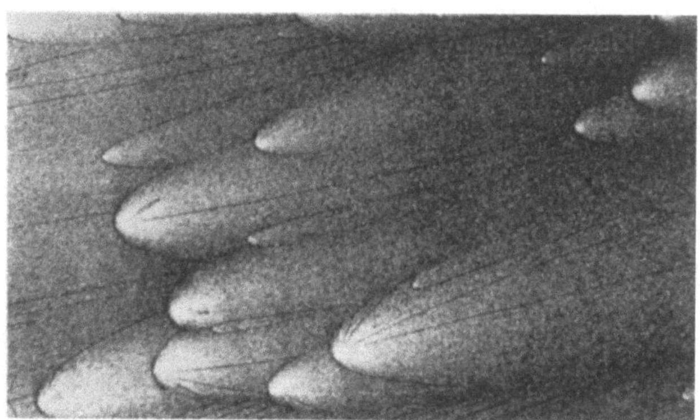

Abb. 21. Hyperbelartige Linien auf einer Plexiglasbruchfläche (Vergr. 50fach) (KIES, SULLIVAN, IRWIN [65])

daß sich Teile der Bruchfront in verschiedenen Ebenen voranbewegen (Abb. 20). Praktisch treten häufig beide Ursachen gleichzeitig auf, wobei die zweite überwiegt.

Zu Markierungslinien dieser Art gehören die bereits erwähnten Bruchhyperbeln (Abb. 21, 22, 25) und die feinen Linien, die innerhalb einiger Hyperbelflächen der Abb. 21 von den verschiedenen Brennpunkten ausgehen. Speziell zu dem in der Abb. 20 skizzierten Typ gehören die Linien im Bruchspiegel der Plexiglasbruchfläche der Abb. 24; diese Linien befinden sich häufig im gesamten Übergangsgebiet zwischen primärem Bruchzentrum und Hyperbelbereich. Linien, die ebenfalls durch verschieden schnelle Teilbruchfronten in etwas verschiedenen

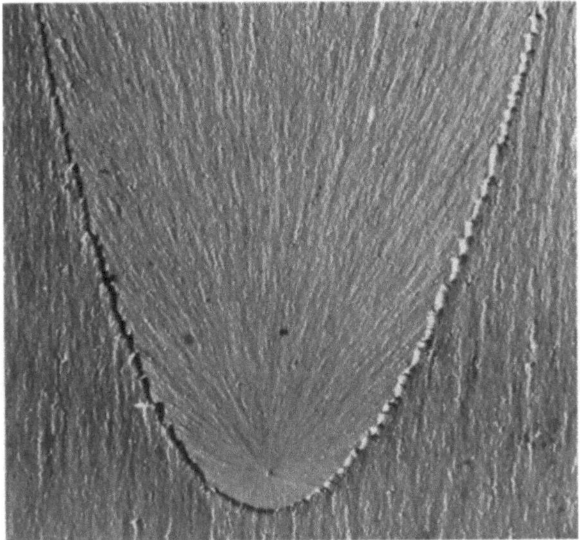

Abb. 22. Sekundärbruchzentrum auf einer Araldit-Bruchfläche. Elektronenmikroskopische Aufnahme eines Lackabdruckes, von unten links schräg bedampft (Vergr. 2300 : 1) (H. Braun, Radiologisches Institut und G. Manitz, Abteilung für angewandte Physik der Universität Freiburg i. Breisgau [60])

Abb. 23. Sekundärbruchursprung und unmittelbare Umgebung bei Polvmethylmethacrylat. Durchmesser des zentralen Kraters etwa 0,3 μ (Elektronenmikroskop von Philips, 80 kV, der Technischen Hochschule Delft; Leeuwerik [83] (1956))

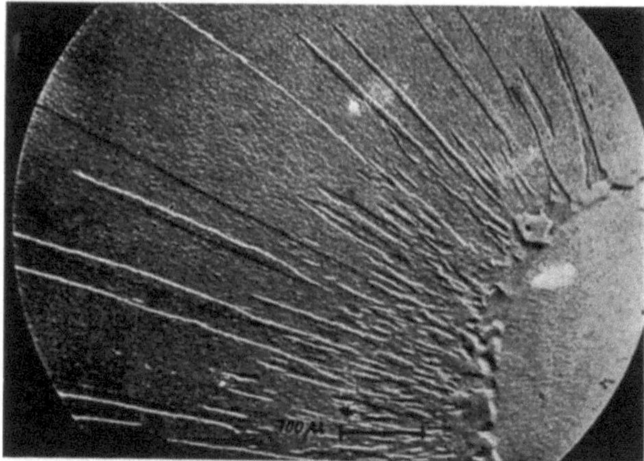

Abb. 24. Bruchspiegel in der Nähe des primären Bruchzentrums der Zugbruchfläche eines Plexiglasstabes
(SCHWARZL und STAVERMAN [1])

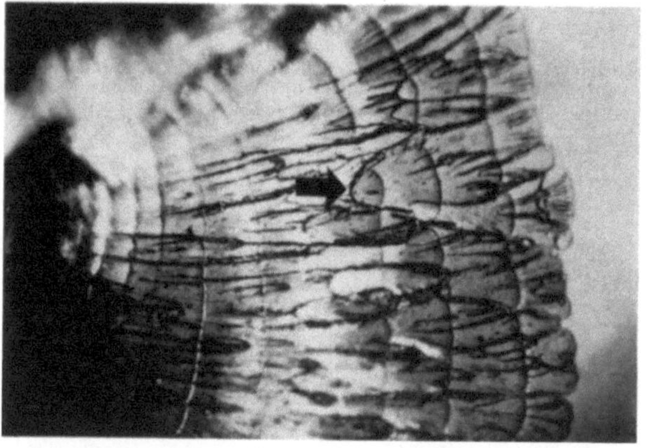

Abb. 25. Bruchfläche von Celluloseacetat (Vergr. 60fach). Pfeil weist auf Bruchhyperbel mit sichtbarem
Sekundärbruchzentrum (KIES, SULLIVAN, IRWIN [65])

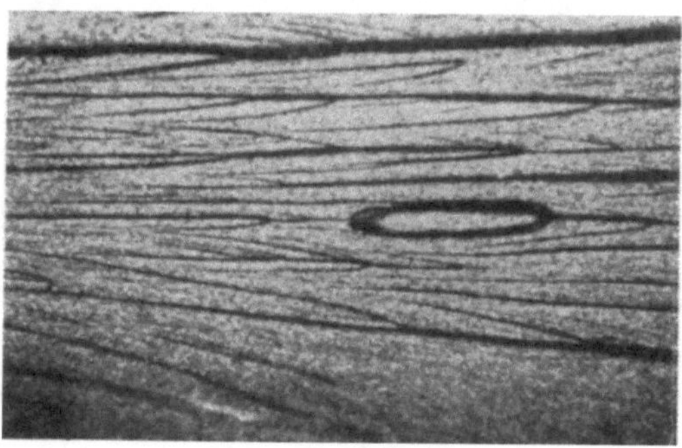

Abb. 26. Bruchfläche von Celluloseacetat mit zusammenfließenden Bruchlinien (Vergr. 87fach).
Bruchrichtung von links nach rechts. Schwertartige Figuren entstanden durch Teilbrüche, die einander
überholen (KIES, SULLIVAN IRWIN [65])

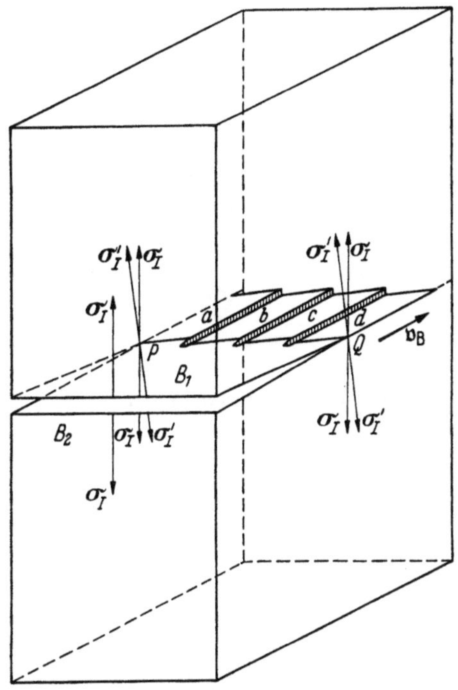

Abb. 27. Zur Entstehung von Lanzettbrüchen. Ausbreitung eines von vorn kommenden Bruches unter der Hauptzugspannung σ_1 mit der Bildung der beiden Bruchufer B_1 und B_2. Von der Linie PQ ab Änderung der Richtung von σ_I in σ'_I innerhalb der Ebene durch PQ senkrecht zur ursprünglichen Bruchebene ($B_1 \approx B_2$), derzufolge Aufspaltung der primären Rißebene in 4 Teilebenen a, b, c, d mit Stufenbildung

Auf Einzelheiten der Entstehung von Ultraschall- und WALLNER-Linien wird im letzten Teil (4.7.5) des nachfolgenden Beitrages von H. SCHARDIN näher eingegangen. Es sei hier nur noch darauf hingewiesen, daß zu dieser Art von Bruchlinien wahrscheinlich auch die rippen-

Niveaus entstanden sind, zeigt die Bruchfläche von Zelluloseacetat (Abbildung 26), auf der auch eine ellipsenförmige Struktur zu sehen ist. Zu dieser Art von Markierungslinien gehört ferner das Fähnchen in Abb. 33, das von einer bläschenartigen Inhomogenität in der Mitte der Bruchfläche ausgeht und in Bruchrichtung weist.

c) Dynamische Ursachen. Als unmittelbare Folge des Normalspannungsgesetzes (s. 4.6.3d) ergeben sich linienhafte Strukturen in der Bruchfläche

Abb. 28. (zu Abb. 27) Querschnitt der Rißflächen bei PQ. Verschiedene Möglichkeiten der Stufenbildung ($F_1 G$, $F G$, $F G_1$) bedingen charakteristisches Bild bei Aufsicht auf Lanzettbrüche

zumindest beim spröden Bruch, wenn sich die Richtung der Hauptzugspannung während des Bruchablaufes kurzfristig ändert. Außer den schon erwähnten Ultraschall-Linien (vgl. 4.6.3d und die Abb. 8, 31a und b, 33) sind auch die sog. WALLNER-Linien (vgl. Abb. 32, 33) (WALLNER [31] (1939)) Beispiele für die auf diese Weise entstehenden Markierungslinien (vgl. auch PONCELET [96] (1956), [119] (1958)).

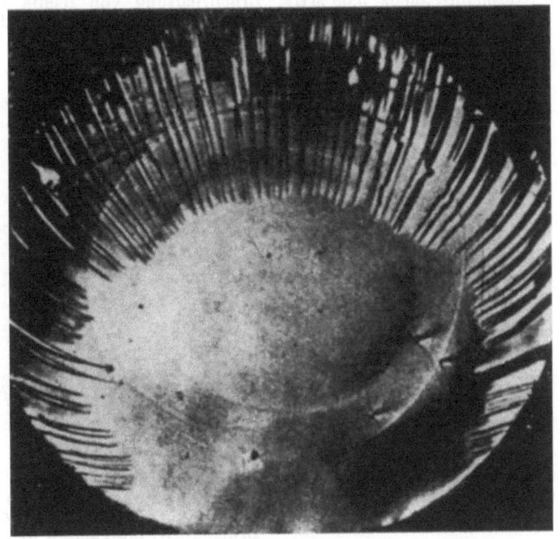

Abb. 29. Lanzettbrüche auf der Bruchfläche eines Rundstabes aus Thüringer Geräteglas. Stabdurchmesser 5,7 mm, Öl-Manteldruckversuch mit überlagerter Torsionsspannung (SMEKAL [66], Aufnahme von G. APELT)

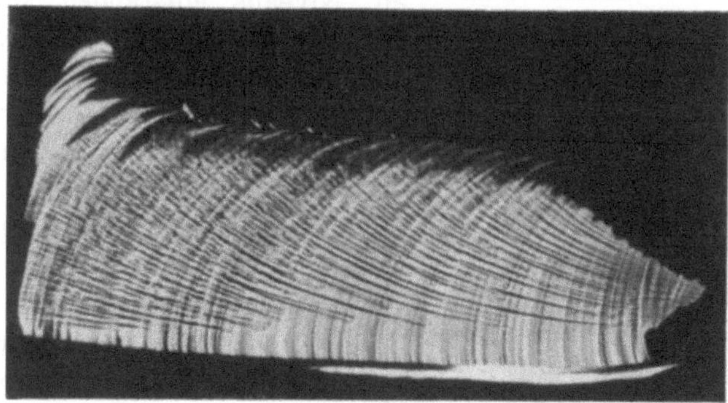

Abb. 30. Muschelbruchfläche an Tafelglas mit Bruchrippen und Lanzettbrüchen (Vergr. 2,4 fach),
Bruchursprung unten rechts

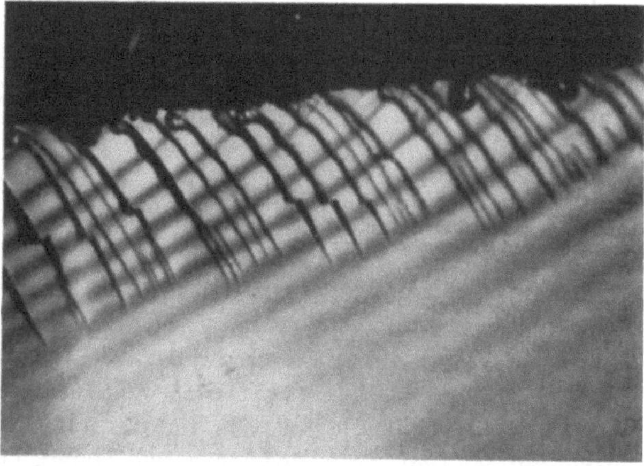

Abb. 31 a. Lanzettbruchbereich mit Ultraschall-Linien (Tafelglas). Auflichtaufnahme (Vergr. 57 fach),
Ultraschallfrequenz 5,08 MHz, Bruchrichtung von rechts unten nach links oben, Bruchgeschwindigkeit
300 bis 650 m/s (KERKHOF und DREIZLER [35])

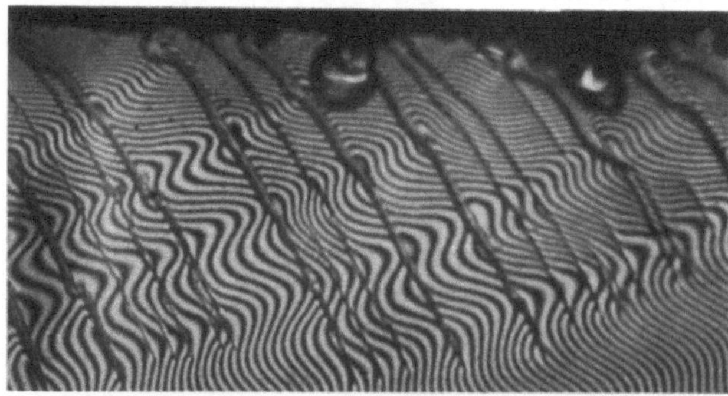

Abb. 31 b. Interferenzmikroskopische Auflichtaufnahme eines ultraschallmodulierten Lanzettbruchbereiches
(Vergr. 125 fach), Teilbereich der Abb. 31 a. Monochromatisches Licht $\lambda/2 = 0,27\,\mu$. Auswölbung der Inter-
ferenzlinien nach rechts oben bedeuten Erhebungen auf der Bruchfläche.
Bruchgeschwindigkeiten 320 bis 550 m/s

artigen Bögen in Abb. 30 gehören, die sich nahezu konzentrisch um den Bruchursprung gruppieren und die auf die dynamischen Vorgänge zurückzuführen sind,
die der bruchauslösende Schlag auf das
Glasstückhervorruft.

Eine mittelbare Folge des auf die dreidimensionale Bruchausbreitung erweiterten Normalspannungsgesetzes sind die
sog. Lanzettbruchlinien (SMEKAL, z. B. [66]
(1953)). In Abb. 27 ist veranschaulicht,
wie diese stets in Bruchrichtung weisenden
Linien entstehen. Der unter der Einwirkung der Zugspannung σ_I erzeugte
Trennungsbruch sei bis zur Bruchfront
PQ fortgeschritten. Von hier ab ändere
die Hauptzugspannung σ_I ihre Richtung
(σ_I'). Sie ist zwar noch senkrecht zur

Abb. 32. Bruchfläche von vorgespanntem Tafelglas
Bruchrichtung in der Mitte von unten nach oben: hier
hohe spezifische Bruchenergie G, grobe Rauhigkeit. Von
der Mitte nach rechts und links ausgehend Bruchrippen
oder WALLNER-Linien. Senkrecht zu diesen an den
Rändern kurze Lanzettbrüche. Die Bruchrippen stellen
aufeinanderfolgende Bruchfronten angenähert dar (aus
PONCELET [96]). (Vorgespanntes Glas hat im Innern
hohe Zug-Vorspannungen und in den äußeren Schichten entsprechende Druck-Vorspannungen)

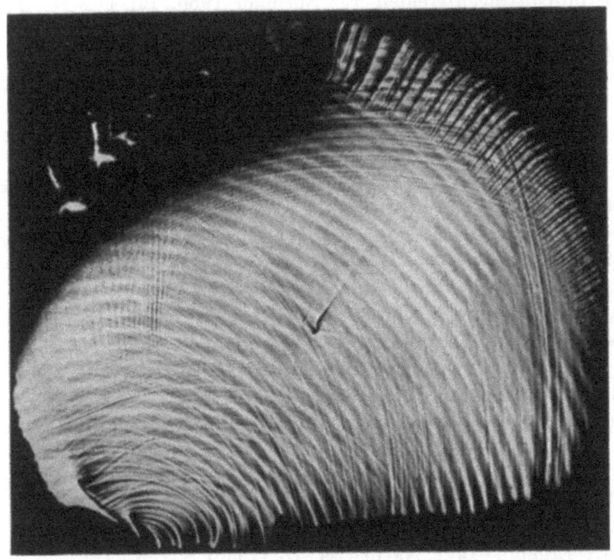

Abb. 33. Ultraschallmoduliertes Bruchbild eines Rundstabes aus Silikatglas (Vergr. 5,4fach)
Ultraschall-Linien: etwa konzentrisch um den Bruchursprung (unten links).
WALLNER-Linien: feine Linien, die erstere kreuzen. Inhomogenität mit Fähnchen: in Bildmitte.
Lanzettbruchbereich: oben rechts mit ungestörten Ultraschall- und WALLNER-Linien.
Gebiet grober Rauhigkeit (mit hoher Bruchgeschwindigkeit) oben links

ursprünglichen und weiterhin unveränderten Bruchrichtung, die durch den Pfeil $\mathfrak{v}_B$ dargestellt ist. Sie steht aber nicht mehr senkrecht auf den bisherigen Bruchflächen B_1 und B_2 (die nur zur besseren Unterscheidung deutlich getrennt gezeichnet worden sind). Jede der Teilflächen a, b, c, d hat nun nach dem Normalspannungsgesetz das Bestreben, senkrecht zur Hauptspannung σ_I' orientiert zu sein. Die notwendige Folge ist, daß sich zwischen den Flächen sekundäre schmale Bruchflächen ausbilden (in der Abb. 27 schraffiert), die etwa senkrecht zur primären Bruchfläche stehen. Die kleine Skizze (Abb. 28) zeigt die primären und sekundären Bruchflächen noch einmal im Querschnitt und deutet zugleich drei verschiedene mögliche Lagen einer sekundären Bruchfläche an, nämlich FG (senkrecht zur ursprünglichen primären Bruchfläche PQ), F_1G und FG_1. Durch Wechsel von einer Lage in die andere ist das charakteristische bajonettähnliche Aussehen der Lanzettbruchfläche bedingt, wenn man die (primäre) Bruchfläche von oben betrachtet.

Derartige Bruchmarkierungen sind in den Abb. 29 bis 33 zu sehen. Einen gleichzeitig durch Ultraschallschwingungen modulierten Lanzettbruchbereich zeigen die Abb. 31a und b, aus denen zu erkennen ist, daß der Aufbau von sekundären Lanzettbruchflächen nicht notwendigerweise mit einer Verlangsamung des primären Bruches verbunden sein muß. Dies kann andererseits (SCHARDIN [82] (1954)) aus energetischen Gründen der Fall sein, wenn die Rißerweiterungskraft G nicht wesentlich größer als ihr zur Brucherweiterung notwendiger Schwellenwert G_s ist (vgl. 4.6.3c).

Literatur

[1] SCHWARZL, F., u. A. J. STAVERMAN in: „Physik der Hochpolymeren", hrsg. von H. A. STUART. Berlin/Göttingen/Heidelberg: Springer 1956. Bd. IV.

[2] IRWIN, G. R.: Handbuch der Physik, Bd. 6, S. 551—590, hrsg. von S. FLÜGGE. Berlin/Göttingen/Heidelberg: Springer 1958.

[3] NEUBER, H.: Kerbspannungslehre, 2. Aufl. Berlin/Göttingen/Heidelberg: Springer 1958.

[4] FÖPPL, A. u. L.: Drang und Zwang, Bd. 3, 3. Aufl. München: Oldenbourg 1947.

[5] GRIFFITH, A. A.: Phil. Trans. roy. Soc. A 221 (1920) S. 163—198.

[6] GRIFFITH, A. A.: Proc. 1. st. Intern. Congress Appl. Mech. (1924) S. 55—63.

[7] GURNEY, C.: Phil. Mag. 39 (1948) S. 71—76.

[8] Proc. Intern. Conference on the Atomic Mechanisms of Fracture. Swampscott, Mass., USA (1959).

[9] WILLIAMS, M. L.: J. appl. Mech. 19 (1952) S. 526.

[10] WILLIAMS, M. L.: J. appl. Mech. 24 (1957) S. 109—114.

[11] WESTERGAARD, H. M.: J. appl. Mech. 6 (1939) S. 49—53.

[12] SNEDDON, J. N.: Proc. phys. Soc. (London) 187 (1946) S. 229—260.

[13] WELLS, A. A., u. D. POST: NRL-Report 4935 (1957).

[14] GREENSPAN, M.: J. Res. Nat. Bur. Stand. 31 (1943) S. 305—322.

[15] SMITH, H. L., J. A. KIES u. G. R. IRWIN: Vortrag auf der Tagung d. Amer. Phys. Soc. (Paper W 7) (1952).

[16] KIES, J. A.: NRL-Report 237 (1953).

[17] SACK, R. A.: Proc. phys. Soc. (London) 187 (1946) S. 729—736.

[18] SMEKAL, A.: Ergebn. exakt. Naturwiss. 15 (1936) S. 106—188.

[19] RUMPF, H.: VDI-Ber. 26 (1958) S. 7—23.

[20] SHAND, E. B.: Ceramic Bulletin 38 (1959) S. 653—660.

[21] PRESTON, F. W.: J. Amer. ceram. Soc. 15 (1932) S. 176—178.

[22] ZWICKY, F.: Phys. Z. 24 (1923) S. 131—137.

[23] DIETZEL, A.: Naturwiss. 29 (1941) S. 537—547.

[24] POLANYI, M.: Z. Phys. 7 (1921) S. 323—327.

[25] OROWAN, E.: Z. Kristallogr. (A) 89 (1934) S. 327.

[26] SHAND, E. B.: J. Amer. ceram. Soc. 37 (1954) I S. 52—60 u. II S. 559—572.

[27] STANWORTH, J. E.: Physical Properties of Glass. Oxford: Clarendon-Press 1950.

[28] IRWIN, G. R.: J. appl. Mech. 24 (1957) S. 361—364.

[29] IRWIN, G. R.: Report of NRL Progress (November 1957).

[30] KERKHOF, F., R. SEELIGER u. W. WESTPHAL: Glastechn. Ber. 28 (1955) S. 261—264.

[31] WALLNER, H.: Z. Phys. 114 (1939) S. 368—378.

[32] SMEKAL, A.: Phys. Z. 41 (1940) S. 475—480.

[33] SMEKAL, A.: Glastechn. Ber. 23 (1950) S. 57—67 u. 186—189.

[34] KERKHOF, F.: Naturwiss. 40 (1953) S. 478.

[35] KERKHOF, F., u. H. DREIZLER: Glastechn. Ber. 29 (1956) S. 459—470.

[36] IRWIN, G. R.: NRL-Report 4763 (1956).

[37] SCHARDIN, H., u. W. STRUTH: Z. techn. Phys. 18 (1937) S. 474—477.

[38] SCHARDIN, H., L. MÜCKE u. W. STRUTH: Glastechn. Ber. 27 (1954) S. 141—147.

[39] HÄNSEL, H.: 4. Intern. Kongreß f. Kurzzeitphotogr., Köln (1958).

[40] DIMMICK, H. M.: J. Soc. Glass. Techn. 35 (1951) T S. 318/19.

[41] MOTT, N. F.: Engineering 165 (1948) S. 16—18 u. 53ff.

[42] ROBERTS, D. K., u. A. A. WELLS: Engineering 171 (1954) S. 820/21.

[43] SCHARDIN, H.: Kunststoffe 44 (1954) S. 48—55.

[44] KERKHOF, F.: Glastechn. Ber. 30 (1957) S. 365.

[45] KERKHOF, F.: Unveröffentlicht.

[46] AINSWORTH, L.: J. Soc. Glass. Techn. 38 (1954) S. 479—500.

[47] TAYLOR, E. W.: J. Soc. Glass Techn. 34 (1950) S. 69—76.

[48] KLEMM, W., u. A. G. SMEKAL: Naturwiss. 29 (1941) S. 688, 710 u. 769.

[49] SMEKAL, A., u. F. PUCHEGGER: Powder Metallurgy Bull. 7 (1955) S. 42.

[50] DOUGLAS, R. W.: J. Soc. Glass Techn. 42 (1958) S. 145—157.

[51] TABOR, D.: Brit. J. appl. Phys. 7 (1956) S. 159.

[52] BOWMAN,, M., u. H. L. SMITH: Vortrag auf der Tag. der Amer. Phys. Soc., 2. Febr. 1952.

[53] CULF, C. J.: J. Soc. Glass Techn. 41 (1957) Nr. 199, S. 157—167 T.

[54] IRWIN, G. R., u. J. A. KIES: Weld. Res. Suppl. 17 (1952) S. 955—1003.

[55] BENBOW, J. J., u. F. C. ROESLER: Proc. phys. Soc. B 70 (1957) S. 201—211.

[56] RIVLIN, R. S., u. A. G. THOMAS: J. Polymer Sci. 10 (1953) S. 291.

[57] WELLS, A. A.: Weld. Res. 7 (1953) S. 43; Bericht hierüber durch F. G. K. GROHE: Stahlbau 23 (1954) S. 87—91.

[58] ROESLER, F. C.: Proc. phys. Soc. B 69 (1956) S. 981—992.

[59] TAYLOR, G. J., u. H. QUINNEY: Proc. roy. Soc. A 143 (1934) S. 318.

[60] MANITZ, G.: Dissertation Freiburg/Br. 1959.

[61] SCHARDIN, H., u. W. STRUTH: Glastechn. Ber. 16 (1938) S. 219—231.

[62] SCHARDIN, H., D. ELLE u. W. STRUTH: Z. techn. Phys. 21 (1940) S. 393—400.

[63] SCHARDIN, H.: Glastechn. Ber. 23 (1950) S. 1—10, 67—79 u. 325—336.

[64] MAUE, A.-W.: Glastechn. Ber. 23 (1950) S. 336—341.

[65] KIES, J. A., A. M. SULLIVAN u. G. R. IRWIN: J. appl. Phys. 21 (1950) S. 716—720.

[66] SMEKAL, A.: Öst. Ing.-Arch. 7 (1953) S. 49—70.

[67] REGEL, V. R.: J. Techn. Phys. USSR 21 (1951) S. 287.

[68] LEEUWERIK, J.: Persönliche Mitteilung (1957).

[69] REICHENBACH, H.: 2. Intern. Kongreß für Kurzzeitphotographie, Paris (1954).

[70] YOFFE, E. H.: Phil. Mag. 42 (1951) S. 739—750.

[71] SHAND, E. B.: J. Amer. ceramic Soc. 42 (1959) S. 474—477.

[72] ZAPFE, A. C.: Metallkunde 44 (1953) S. 397—413.

[73] PEUKERT, H.: Z. VDI 95 (1953) S. 119—122.

[74] GILMAN, J. J.: J. appl. Phys. 27 (1956) S. 1262—1269.

[75] GILMAN, J. J., C. KNUDSEN u. W. P. WALSH: J. appl. Phys. 29 (1958) S. 601—607.

[76] HSIAO, C. C., u. J. A. SAUER: J. appl. Phys. 21 (1950) S. 1071—1083.

[77] SAUER, J. A., u. C. C. HSIAO: Trans. ASME (1953) S. 895—902.

[78] PRESTON, F. W.: J. Soc. Glass Techn. 10 (1926) S. 234—269; 11 (1927) S. 3—10.

[79] MURGATROYD, J. B.: J. Soc. Glass Techn. 26 (1942) S. 155—171.

[80] OUGHTON, CH. D.: Glass Ind. 26 (1945) S. 72—74 u. 90.

[81] BOYD, G. M.: Engineering (1953) S. 65—69 u. 100—102.

[82] SCHARDIN, H.: Proc. Intern. Comm. Glass I (1954) S. 81—95.

[83] LEEUWERIK, J.: Metalen (1956) Nr. 19, S. 424—429; Nr. 20, S. 446—450.

[84] OROWAN, E.: Progr. Phys. 12 (1948/49) S. 185—232.

[85] MACGREGOR, C. W.: Trans. Amer. math. Soc. 38 (1935) S. 177—185.

[86] IRWIN, G. R.: NRL Report 5120 (1958) S. 1—10.

[87] GREEN, A. E., u. J. N. SNEDDON: Proc. Cambr. phil. Soc. 46 (1950) S. 159—164.

[88] RUMPF, H.: Fortschr. Verfahrenstechn. (1952/53) S. 118—143.

[89] RUMPF, H.: Fortschr. Verfahrenstechn. (1954/55) S. 376—419.

[90] RUMPF, H.: Chem. Ing. Techn. 31 (1959) S. 697—705.

[91] COTTRELL, A. H.: Conference on the Properties of Materials at High Rates of Strain, Westminster (1957).

[92] KOCHENDÖRFER, A.: Arch. Eisenhüttenw. 25 (1954) S. 351—372.

[93] ASTM Bulletin, (Jan./Febr. 1960), Rep. of the ASTM Comm. on Fracture Testing of High-Strength Sheet Materials.

[94] KERKHOF, F.: 3. Intern. Congress on High Speed Photogr., London. Kongreßber. (1956) S. 194—200.

[95] KERKHOF, F., u. G. MANITZ: Glastechn. Ber. 31 (1958) S. 377—381.

[96] PONCELET, E. F.: Vortr. Gordon Conference in Meriden, New Hampshire, USA (1956).

[97] KERKHOF, F.: Glastechn. Ber. 33 (1960) S. 456—459.

[98] KRUITHOF, A. M., u. A. L. ZIJLSTRA: Glastechn. Ber. 32 K (1959) III, S. 1—6.

[99] SHAND, E. B.: J. Amer. ceram. Soc. 44 (1961) S. 21—26.

[100] INGLIS, C. E.: Trans. Inst. naval Archit. 55 (1913) S. 219—230.

[101] SNEDDON, J. N., u. H. A. ELLIOTT: Quart. appl. Math. 4 (1946) S. 262—267.

[102] OBERLIES, F.: Naturwiss. 44 (1957) S. 488/89.

[103] STROH, A. N.: Proc. roy. Soc. (A) 223 (1954) S. 404—414; 232 (1955) S. 548—560.

[104] BARSTOW, F. E., u. H. E. EDGERTON: J. Amer. ceram. Soc. 22 (1939) S. 302 bis 307.

[105] EDGERTON, H. E., u. F. E. BARSTOW: J. Amer. ceram. Soc. 24 (1941) S. 131—137.

[106] MASON, P.: J. appl. Phys. 29 (1958) S. 1146—1150.

[107] BROBERG, K. B.: X. Intern. Kongr. f. angew. Math., Stresa (1960).

[108] BAKER, B. R.: X. Intern. Kongr. f. angew. Math., Stresa (1960).

[109] MAUE, A. W.: Z. angew. Math. Mech. 34 (1954) S. 1/2.

[110] CRAGGS, J. W.: J. mech. phys. Solids 8 (1960) S. 66—75.

[111] SVENSSON, N. L. Proc. phys. Soc. 71 (1958) S. 136—138.

[112] POST, D.: Proc. Soc. Exp. Stress Anal. 12 (1954) Nr. 1, S. 99—116.

[113] WELLS, A. A., u. D. POST: Proc. Soc. Exp. Stress Anal. 16 (1958) Nr. 1, S. 69.

[114] WELLS, A. A.: Conference on Brittle Fracture Cambridge (1959), Nr. 5, S. 1—23.

[115] IRWIN, G. R.: Proc. I. Symp. Naval Structural Mechanics (1960) S. 557—594.

[116] BENBOW, J. J.: Proc. phys. Soc. 75 (1960) S. 697—699.

[117] KOLSKY, H., u. Y. Y. SHI: Proc. phys. Soc. (London) 72 (1958) S. 447—453.

[118] SCHARDIN, H.: Glastechn. Ber. 32 K (1959) S. 7—13, III.

[119] PONCELET, E. F.: J. Soc. Glass-Techn. 42 (1958) S. 279 T—288 T.

[120] KIENLE, R.: Dissertation Graz (1959).

4.7 Beobachtungen bei kurzzeitiger[1] mechanischer Beanspruchung

Von H. Schardin, Weil a. Rh.

4.7.1 Einleitung

Die Grundlagen für das mechanische Verhalten von Werkstoffen bilden im allgemeinen statische Messungen des Elastizitätsmoduls, der Zug-, Druck- und Biegefestigkeit, der Poissonschen Konstanten, der Dichte und dergleichen mehr. Wenn man genaue Auskunft über die Festigkeit haben will, muß man jedoch dem Einfluß der Zeitdauer der Beanspruchung auf den Verformungsvorgang besondere Beachtung schenken. Einerseits tritt bei lang dauernden Beanspruchungen eine Änderung insofern auf, als hierbei plastische Deformationen eine größere Rolle spielen. Die „Dauerstandfestigkeit" ist geringer als die Festigkeit, die bei kürzeren Zeiten gemessen wird. Andererseits ist das Gebiet der kurzen Zeiten besonders wichtig. Ein Material wird oft in technisch wichtigen Fällen durch nur Millisekunden dauernde Impulse beansprucht. Das Verhalten ist hierbei ein ganz anderes. Plastische Deformationen spielen eine immer geringere Rolle. Die Elastizitätsgrenze wird heraufgesetzt. Ferner muß der dynamische Ausgleich der elastischen Spannungen, der mit Geschwindigkeiten in der Größenordnung der Schallgeschwindigkeit erfolgt, mit berücksichtigt werden. Die folgenden Ausführungen seien den Meßmethoden gewidmet, die sich auf das Gebiet der kurzzeitigen[1] Beanspruchung beziehen. Eine besondere Bedeutung haben diese im Falle des Auftretens eines spröden Bruches.

4.7.2 Meßmethoden bei kurzzeitigen Beanspruchungen

Technologische Kurzzeitprüfungen. Um für das Verhalten von Werkstoffen bei kurzzeitiger Beanspruchung technische Zahlenwerte zu erhalten, hat man schon seit langem eine Reihe von besonderen Verfahren in die praktische Werkstoffprüfung eingeführt, wie z. B. die Bestimmung der Kerbschlagzähigkeit, die Ermittlung der Sprengzähigkeit usw., die jedoch meist nur auf metallische Werkstoffe abgestellt sind.

Aber auch für Kunststoffe sind technologische Prüfungen wichtig, bei denen kurzzeitig wirkende Beanspruchungen als wesentliches Merkmal auftreten. Der Schlag-Biegeversuch an ungekerbten und gekerbten Proben zur Bestimmung der Schlagzähigkeit und der Kerbschlagzähigkeit ist inzwischen genormt, wogegen der Schlag-Zug-Versuch in Deutschland noch in Entwicklung begriffen ist [1, 52]. Die stoßartige, d. h. kurzzeitige Belastung führt zu Verformung und Bruch der Probe. Bei dem Schlagbiegeversuch wird aus Gründen eines einfachen apparativen Aufbaues die verbrauchte Schlagenergie gemessen. Da dieser Schlagenergieverlust nicht allein von der Bruchenergie, die man bestimmen möchte, abhängt, sondern außerdem noch von den Probendimensionen, der Schlaggeschwindigkeit und der Prüftemperatur stark beeinflußt wird, kann man nur Prüfergebnisse miteinander vergleichen, die unter Bedingungen der gleichen

---

[1] Die hier behandelten „kurzen Zeiten" bei dynamischen Vorgängen unterscheiden sich um mehrere Größenordnungen von den viel längeren „kurzen Zeiten" der üblichen Werkstoffprüfung (z. B. beim Kurzzeitstandversuch nach DIN 50118 usw.).

Normvorschrift erhalten worden sind [2, 3]. Man bestimmt daher mit der technologischen Schlagprüfung unmittelbar keine Stoffeigenschaften. Zu Aussagen über solche Eigenschaften ist eine genauere Kenntnis des Bruchvorganges selbst nötig. Diese zu erhalten ist eine wichtige Aufgabe der Kurzzeituntersuchungen.

Elektrische Registrierung der Dehnung bei dynamischer Beanspruchung. Auch bei dynamischer Beanspruchung steht im Vordergrund des Interesses die Ermittlung des Zusammenhanges zwischen der aufgebrachten Spannung und der daraus resultierenden Dehnung. Nun ist jedoch grundsätzlich eine Messung der Spannung nur möglich über eine Dehnung, wobei die technische Anordnung so zu treffen ist, daß zur Ermittlung der Spannung die Dehnung an Stellen gemessen wird, die ein rein elastisches Verhalten zeigen. Zum Beispiel kann man bei der Beanspruchung von Kunststoffen Meßglieder aus Stahl mit einer ausreichenden elastischen Deformationsfestigkeit anbringen, die über ihre Deformation die aufgebrachte Spannung zu ermitteln gestatten.

Die Ermittlung der Dehnung hat nun mit Meßgeräten zu erfolgen, die einerseits genügend empfindlich sind und andererseits schnell verlaufenden Vorgängen folgen können [4].

Über die Erfordernisse, die an die zeitliche Auflösung gestellt werden müssen, gibt die folgende Überlegung Aufschluß: Die maximale Ausbreitungsgeschwindigkeit elastischer Spannungen in einem Material erfolgt mit der Longitudinalwellengeschwindigkeit in der Größenordnung von 5000 m/s. Es wird also eine Strecke von 5 m in 1 ms durchlaufen und die Strecke von 5 mm in 1 μs. Es hängt jetzt von den Dimensionen des Versuchskörpers und von der Frontbreite der Belastungswelle ab, welche zeitliche Auflösung erforderlich ist. Man sieht jedoch, daß, wenn man den Anstieg eines Belastungsstoßes einigermaßen richtig erfassen will, man eine Zeitauflösung weit unterhalb 1 ms haben muß. Bei Modellversuchen kleinerer Abmessung, in denen die elastischen Wellen unmittelbar, sei es im durchfallenden oder im reflektierten Licht, photographiert werden sollen, ist eine Belichtungszeit von weniger als 1 μs notwendig, wenn man die Fronten der Stoßwellen ohne Bewegungsunschärfe scharf abgebildet haben will.

Zur Abtastung des Dehnungsverlaufes an einem Punkt eines Versuchskörpers dienen heute im allgemeinen die Dehnungsmeßstreifen. Ein Dehnungsmeßstreifen besteht aus einer Lage dünnen Drahtes, der auf die zu messende Stelle aufgeklebt wird. Bei einer Dehnung der Unterlage tritt eine Widerstandsänderung ein, die in eine elektrische Spannungsänderung umgewandelt wird. Das verstärkte Signal wird mit Hilfe eines Kathodenstrahloszillographen registriert. Bei dynamischen Messungen können die Dehnungsmeßstreifen in einer Spannungsteilerschaltung (Abb. 1) benutzt werden.

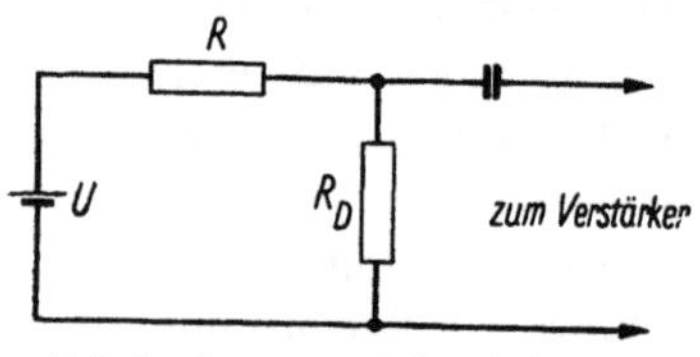

Abb. 1. Spannungsteilerschaltung für Dehnungsmeßstreifen

U Gleichstromquelle; R_D Dehnungsmeßstreifen; R Festwiderstand

Der Festwiderstand R und der Dehnungsmeßstreifen-Widerstand R_D liegen im Gleichstromkreis in Reihe. Der Meßstrom $J = \dfrac{U}{R + R_D}$ erzeugt an R_D einen Spannungsabfall U_D. Für diese Spannung gilt die Beziehung:

$$U_D = \frac{R_D}{R + R_D}\, U. \tag{1}$$

Infolge der dynamischen Belastung wird R_D kleinen Schwankungen unterworfen. Durch Differentiation von Gl. (1) erhält man:

$$d\,U_D = \frac{R}{(R+R_D)^2}\,U\,dR_D = \frac{R\,R_D\,U}{(R+R_D)^2}\,\frac{d\,R_D}{R_D} = \frac{R\,R_D}{(R+R_D)^2}\,U\,K\,\frac{\varDelta l}{l}\,. \qquad (2)$$

Dabei bedeuten:

$d\,U_D$ Änderung des Spannungsabfalls an R_D,
R Festwiderstand,
R_D Widerstand des Dehnungsmeßstreifens,
U Spannung der Stromquelle,
K Empfindlichkeitsfaktor = Proportionalitätskonstante zwischen relativer Widerstandsänderung und relativer Dehnung des Meßstreifens,
$\dfrac{\varDelta l}{l}$ Relative Dehnung des Meßstreifens.

Bei einem Meßstreifentyp (Philips GM 4474) beträgt z. B. $R_D = 600$ Ohm und $K = 2$. Die maximale Dehnung $\left(\dfrac{\varDelta l}{l}\right)_{\text{max}}$ soll etwa $\pm 1\ ^0/_{00}$ betragen, während höchstens $\pm 3^0/_{00}$ noch erlaubt sind. Der maximal zulässige Meßstrom beträgt 10 mA. Wählt man $R = R_D = 600\,\Omega$, so erhält man eine maximal mögliche Betriebsspannung von 12 V. Aus Gl. (2) leitet man bei voller Ausnützung der zulässigen Werte ab, daß bei der vorgegebenen Schaltung eine Spannungsänderung an R_D von $d\,U_{D\,\text{max}} = 6$ mV eintritt.

Eine Empfindlichkeitssteigerung kann dadurch erzielt werden, daß an Stelle des festen Widerstandes R ein zweiter Dehnungsmeßstreifen benützt wird. Dieser ist aber dann an einer solchen Stelle des Gebers anzubringen, die bezüglich der Dehnung an der Stelle des ersten Dehnungsmeßstreifens einen negativen Dehnungsbetrag aufweist. Nimmt dann der Widerstand R_D zu, so nimmt R ab und umgekehrt.

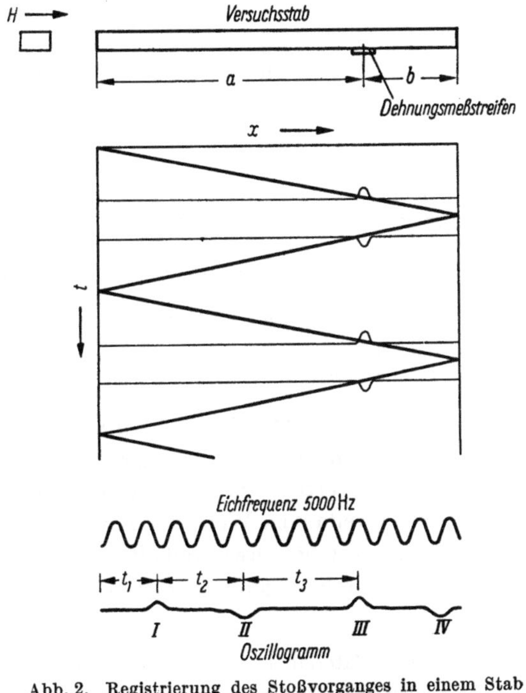

Als Beispiel für die Registrierung einer Kurzzeitbelastung mit einem Dehnungsmeßstreifen sei nach Abb. 2 das Oszillogramm für einen Stoß gegen einen Versuchs

Abb. 2. Registrierung des Stoßvorganges in einem Stab mit Hilfe von Dehnungsmeßstreifen

stab wiedergegeben. Ein Hammer H übertrage auf den Versuchsstab einen kurzzeitigen Impuls. Auf der Oberfläche des Stabes sei an einer Stelle ein Dehnungsmeßstreifen angebracht. Die Druckwelle läuft im Stab mit der Longitudinalwellengeschwindigkeit v_L und überstreicht nach der Zeit $t_1 = \dfrac{a}{v_L}$ den Dehnungsmeßstreifen. Der entsprechende Impuls (I) ist in dem Oszillogramm sichtbar. Nach Reflexion am freien Ende wird die Druckwelle in eine entsprechende Zugwelle umgewandelt und läuft nach der Zeit $t_2 = \dfrac{2b}{v_L}$ ein zweites Mal über den Meßstreifen. Nach Reflexion am anderen Ende wird der Impuls wieder in eine Druckwelle umgewandelt, die nach der Zeit $t_3 = 2t_1$ abermals über den Meßstreifen läuft. So wird eine große Anzahl von Hin- und Rückläufen registriert. Eine Auswertung derartiger Aufnahmen ist in mehrerer Hinsicht möglich. Handelt es sich um einen Vorgang, bei dem man sowohl kurzzeitige als auch langdauernde Deformationen gleichzeitig feststellen möchte, so ist es zweckmäßig, die Widerstandsänderung der Dehnungsmeßstreifen mit einer Trägerfrequenzschaltung zu registrieren. Bezüglich technischer Einzelheiten zur Messung mit Hilfe von Dehnungsmeßstreifen sei auf die Fachliteratur verwiesen [5 bis 7].

Optische Registrierung schnell veränderlicher Deformationen. Durch die Dehnung eines Körpers ergeben sich Oberflächendeformationen. In manchen Fällen ist es möglich, die gute zeitliche Auflösung, die man mit Hilfe einer direkten optischen Registrierung auf einer Drehtrommelkamera erhält, auszunutzen, um dynamische Vorgänge zu untersuchen. Als Beispiel hierfür diene der gleiche Versuch, wie er im vorhergehenden Abschnitt geschildert wurde: Der Stoß gegen einen Stab [8]. Das freie Ende des Versuchsstabes werde mit Hilfe eines Mikroskopobjektives etwa 50fach vergrößert auf einen mit z. B. 75 m/s umlaufenden Film als Schattenbild (Abb. 3) abgebildet. Auf diese Weise wird die Zeit-Weg-Kurve des Stabendes registriert. Die infolge des

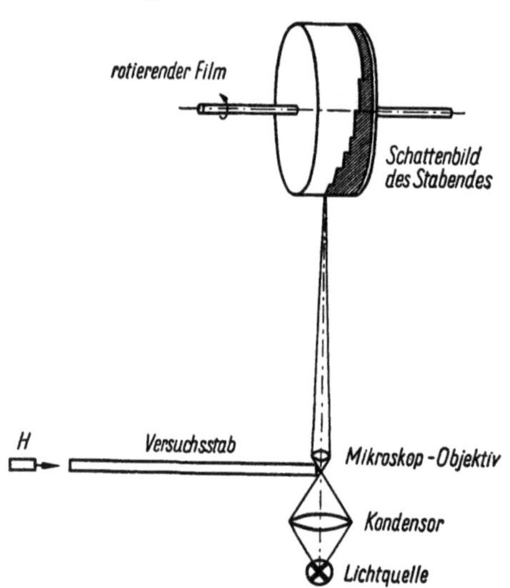

Abb. 3. Optische Registrierung des Stoßvorganges in einem Stab

Stoßes auftretende Druckwelle läuft mit Longitudinalwellengeschwindigkeit in den Stab hinein, wird – wie bereits erläutert – am freien Ende als Zugwelle reflektiert und erteilt dabei dem Stabende eine Geschwindigkeit u. Diese ist gleich dem zweifachen Wert der hinter der hineinlaufenden Stoßwellenfront vorhandenen Materialgeschwindigkeit im Stab und mit dem Druck p hinter der Stoßwellenfront durch folgende Gleichung verknüpft [9]:

$$u = \frac{2p}{\varrho\, v_L}. \tag{3}$$

(ϱ Dichte des Materials.)

Der Druck läßt sich also auf diese Weise aus der Neigung der registrierten Zeit-Weg-Kurve des Stabendes ermitteln. Die reflektierte Zugwelle wandert zum Stabanfang zurück, läuft von dort als neue Druckwelle wieder in den Stab hinein und wird wieder reflektiert. Dieses Spiel wiederholt sich, so daß sich das Stabende ruckweise weiterbewegt (Abb. 4). Das rückwärtige Ende durchläuft die gleichen Bewegungsphasen versetzt, so daß sich der ganze Stab nach dem Stoß raupenartig vorwärtsbewegt. Makroskopisch gesehen nimmt er eine mittlere Geschwindigkeit an, die sich aus dem Impulssatz ergibt.

In ähnlicher Weise haben MUSTER und VOLTERRA [*12*, Vol. 5] mit Hilfe einer Trommelkamera dynamische Eigenschaften von gummiähnlichen Kunststoffen zu ermitteln versucht, indem sie auf kurze zylindrische Stäbe eine Impulsbeanspruchung von 5 bis 20 ms Dauer übertrugen. Die optische Registrierung hat eine verhältnismäßig hohe Zeitauflösung. Rechnen wir mit einer Geschwindigkeit des rotierenden Filmes von 100 m/s und mit einer Ausmeßgenauigkeit auf dem Film von 1/10 mm, so er

Abb. 4. Aufnahme der Bewegung eines Stabendes beim Stoßvorgang nach Abb. 3 (H. MAECKER)

gibt das eine Zeitauflösung von 10^{-6} s. Diese kann noch gesteigert werden durch Verwendung eines rotierenden Spiegels [*10*].

Optisch-elektrische Registrierung. Die rein optische Aufzeichnung erfordert meist eine hohe Vergrößerung der Verschiebungen. Eine kombinierte optisch-elektrische Registrierung bietet in manchen Fällen Vorteile. So kann man einen Lichtstrahl durch die Bewegungen im Vorgang in seiner Helligkeit verändern und ihn dann auf eine Photozelle fallen lassen. Die Registrierung erfolgt dann nach geeigneter elektrischer Verstärkung mit Hilfe eines Kathodenstrahloszillographen.

Bei durchsichtigen Kunststoffen kann man aber auch die durch den spannungsoptischen Effekt entstehenden Helligkeitsänderungen über eine Photozelle elektrisch registrieren. So hat SCHWIEGER [*11*] 2 Plexiglasstäbe gleicher Länge und gleichen Querschnittes zum gegenseitigen Längsstoß gebracht. Der Reihe nach an verschiedenen Stellen des gestoßenen Stabes hat er die durch die Stoßbelastung entstandene Spannungsdoppelbrechung nach Verstärkung mit Hilfe eines Kathodenstrahloszillographen aufgezeichnet. Die erhaltenen Kurven waren direkt ein Maß für den an den Untersuchungsstellen herrschenden Druckspannungsverlauf.

Kinematographische Erfassung der Vorgänge bei kurzzeitiger Belastung. Die Registrierung der Dehnung oder der Deformation mit Hilfe eines elektrischen Gebers, wie z. B. des Dehnungsmeßstreifens, liefert den zeitlichen Ablauf nur an einer Stelle. Selbstverständlich ist es möglich, gleichzeitige Registrierungen an mehreren Stellen durchzuführen. Eine große Anzahl von Meßwerten zu registrieren, würde nach einem derartigen Verfahren jedoch einen außerordentlich großen Aufwand bedeuten. Gleiches gilt für die unmittelbare optische Registrierung der Deformation auf einer Drehtrommel. Auch hier ist es möglich, mit Hilfe mehrerer Strahlengänge die Verschiebungen an mehreren Stellen zu registrieren.

Wenn es nun erforderlich ist, außer einer ausreichenden zeitlichen Auflösung auch eine gute räumliche Information zu erhalten, dann ist es zweckmäßig, die Kinematographie einzusetzen [*12* bis *14*]. Sie liefert bei ausreichender Bildgröße und Abbildungsschärfe eine detaillierte Wiedergabe des Raumes und zusätzlich eine zeitliche Information, die mit zunehmender Bildfrequenz steigt. Allerdings ist es erforderlich, wenn man nicht allein aus der Wiedergabe des optischen Bildes im reflektierten Licht oder im Schattenbild die zu ermittelnden Änderungen entnehmen kann, eine Umwandlung des zu untersuchenden Effektes derart vorzunehmen, daß dieser im photographischen Bild festgehalten werden kann. Gerade bei durchsichtigen Kunststoffen bieten sich hierfür die Schlieren-, Interferenz- und spannungsoptischen Verfahren an [*4, 53* bis *56*]. Da die Hochfrequenzkinematographie bei der kurzzeitigen Untersuchung von Kunststoffen wichtige Ergebnisse zu liefern verspricht, sei im folgenden zunächst auf die kinematographischen Methoden eingegangen und anschließend auf die Methoden der Sichtbarmachung der Vorgänge in den zu untersuchenden Stoffen.

Verwendung mechanischer Zeitlupen. Das übliche Verfahren der Aufnahme kinematographischer Bildfolgen besteht darin, daß ein Film absatzweise transportiert und bei jedem Stillstand ein Bild exponiert wird. Dieses Verfahren erlaubt infolge der hohen Beanspruchung des Filmes nicht, Bildfrequenzen über etwa 200/s bei normaler Bildgröße zu erreichen. Um höhere Bildfrequenzen zu haben, muß man den Film mit gleichmäßiger Geschwindigkeit ablaufen lassen; dafür muß dann während der Belichtung das Bild dem Film nachgeführt werden. Dieser sog. optische Ausgleich erfolgt z. B. mit rotierenden Linsen, rotierenden Spiegeln oder rotierenden Prismen. Die erste Kamera von Bedeutung, die mit dem optischen Ausgleich arbeitete, war die ERNEMANNsche Zeitlupe (1916), die 1928 von Zeiss-Ikon serienmäßig hergestellt wurde [*15*]. Bei ihr wurde der optische Ausgleich durch einen rotierenden Spiegelkranz erreicht. Mit rotierenden Linsen arbeiteten nach einer Entwicklung von THUN die Zeitlupen der AEG und von Askania. Infolge des Kriegsausganges sind diese Kameras nicht mehr im Handel und im wesentlichen abgelöst durch amerikanische Geräte, insbesondere die Fastax-Kamera der Wollensak Optical Company und eine entsprechende von Eastman-Kodak hergestellte Kamera. Beide arbeiten mit rotierenden Prismen. Sie werden mit verschiedenen maximalen Bildfrequenzen geliefert, wobei für die obere Bildfrequenz von etwa 10000 Bildern/s die Bildhöhe reduziert ist.

Bei Verwendung dieser kinematographischen Aufnahmegeräte ist es ohne weiteres möglich, den Gesamtablauf z. B. eines Zerreißvorganges in einer Zerreißmaschine zu untersuchen und insbesondere hierbei die plastische Deformation zu erfassen. Jedoch ist die Zeitauflösung nicht ausreichend, einen spröden Bruchablauf, der Geschwindigkeiten von mehreren 100 m/s annimmt, zeitlich aufzulösen oder gar die Ausbreitung von Spannungen innerhalb des Versuchsstückes, die mit Geschwindigkeiten bis zu etwa 5000 m/s erfolgt. Wohl aber kann die mechanische Zeitlupe Verwendung finden, um Schwingungsvorgänge mit Eigenfrequenzen bis zu etwa 1000 Hz zu erfassen und hierbei auch bei durchsichtigen Materialien z. B. die Spannungen im Innern des Materials aufzuzeichnen.

Stroboskopie. Zur Untersuchung gleichmäßiger Schwingungsvorgänge ist es auch möglich, die Stroboskopie einzusetzen. Eine Schwingung sollte mit etwa 10 Zeitpunkten erfaßt werden. Bei visueller Beobachtung kann in einem solchen Falle durch Variation der stroboskopischen Beleuchtungsfrequenz der Eindruck eines beliebig langsamen Ablaufes des Schwingungsvorganges erreicht werden [*16*].

Funkenkinematographie. Eine besondere Bedeutung für die kinematographische Erfassung der Kurzzeitvorgänge hat die Funkenkinematographie. Die elektrischen Funken haben den besonderen Vorteil, daß sie einerseits ausreichend hell sind und andererseits bei geeignetem Aufbau des Entladungskreises Leuchtdauern von weniger als 10^{-6} s ergeben. In neuerer Zeit werden die Funken in vielen Fällen durch den sog. Elektronenblitz ersetzt. Es handelt sich hierbei um eine Kondensatorentladung durch ein Entladungsgefäß, das meist mit Xenon unter niedrigem Druck gefüllt ist. Die Lichtausbeute, bezogen auf die zur Entladung kommende elektrische Energie, ist hierbei um etwa den Faktor 20 höher als bei Funken in Luft [17]. Jedoch beträgt bei den üblichen Elektronenblitzen infolge der verwendeten hohen Kapazität und geringen Spannung die Leuchtdauer etwa 10^{-4} s und ist in vielen Fällen für kurzzeitige Untersuchungen nicht ausreichend. In diesem Falle ist es notwendig, die Entladung eines Kondensators mit geringer Kapazität und zum Erreichen der erforderlichen Energie mit entsprechend hoher Spannung zu benutzen. Das Entladungsgefäß enthält in diesem Fall das Edelgas etwas unter Atmosphärendruck.

Weiterführende Entwicklungen der Blitzröhren und ihrer Schaltelemente sind von EDGERTON u. a. beschrieben [57 bis 60].

Schon eine Einzelfunkenaufnahme kann bereits eine umfangreiche Aussage über einen Kurzzeitablauf vermitteln. Als Beispiel diene die Abb. 5, die den Berstvorgang einer Kunststoff-Folie darstellt [18]. Man erkennt hierin den Ort des Beginnes des ersten Anrisses, die Richtung der Ausbreitung, die Anzahl der Gabelungen, sieht, daß die momentane Begrenzung der Risse näherungsweise auf einem Kreisbogen liegt und daß daher eine konstante Rißgeschwindigkeit vorhanden ist; ferner sieht man die Erweiterung der Rißbreiten und damit das Zusammenschrumpfen der restlichen Kunststoffelder. Um den gesamten Vorgang zu erfassen, ist eine Folge von derartigen Bildern vom gleichen Vorgang notwendig.

Abb. 5. Einzelaufnahme des Berstens einer Kunststoff-Folie. Durchfallendes Licht. Belichtungszeit 10^{-6} s.

Bei allen Kurzzeitvorgängen ist eine wichtige Bedingung die Einhaltung der zeitlichen Kopplung der Einleitung des zu untersuchenden Vorganges mit dem Beginn der kinematographischen Aufnahmen. Einen zeitlich statistisch streuenden Vorgang mit ausreichender Bildfrequenz ohne eine solche Synchronisierung aufzunehmen, würde eine sehr große Filmlänge erfordern, was bei den meisten hochfrequenzkinematographischen Geräten praktisch gar nicht durchführbar ist.

Die Koppelung wird durch mechanische oder elektrische Verzögerungslinien (Fallpendel mit Kontaktsätzen bzw. Widerstands-Kapazitäts-Glieder) bewirkt, wobei entweder der Vorgang und seine Registrierung nach vorgegebenem Programm ablaufen oder der Vorgang den Beginn der Registrierung selbst steuert [61, 62].

Bei ausreichender zeitlicher Kopplung jedoch kommt man mit einer verhältnismäßig geringen Bildzahl aus. Ein besonders vorteilhaft anzuwendendes Gerät ist

die Mehrfachfunkenkamera, die z. B. 24 Bilder des aufzunehmenden Vorganges
liefert [*19, 62*]. Nach Abb. 6 erfolgt hierbei die Bildtrennung dadurch, daß 24 auf-
einanderfolgend springende Funken mit Hilfe eines Hohlspiegels in 24 zugeord-

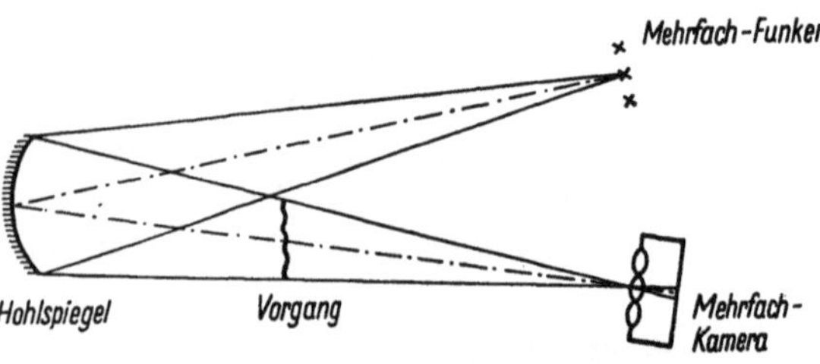

Abb. 6. Schema der Mehrfachfunkenkamera

neten Linsen abgebildet werden. Diese Linsen bilden den aufzunehmenden Vorgang auf einer ruhenden photographischen Platte ab. Die Bildfrequenz ist in diesem Fall nur gegeben durch die zeitliche Aufeinanderfolge der Funken. Es ist ohne Schwierigkeiten möglich, Bildfrequenzen bis zu 10^6/s und darüber zu erreichen; und man hat trotzdem in
jedem Bild eine gute räumliche Information. Die Anordnung läßt sich in einfacher
Weise für Schlieren- und spannungsoptische Aufnahmen verwenden. Wenn es
wünschenswert ist, das Objekt mit parallelem Licht zu durchstrahlen, kann die
Anordnung mit 2 Hohlspiegeln aufgebaut werden. Hohlspiegel haben den Vorteil,
daß sie für Gesichtsfelder bis zu etwa 50 oder 80 cm mit erschwinglichen Mitteln
herstellbar sind. Genügt ein kleineres Gesichtsfeld, so läßt sich die Anordnung
selbstverständlich auch mit Linsen aufbauen. Beispiele für Aufnahmen mit der
Mehrfachfunkenkamera bringen die Abbildungen.

Kurzzeitverschlüsse. Wenn man einen Kurzzeitvorgang im reflektierten Licht
untersuchen möchte, so kann dieses z. B. dadurch erfolgen, daß man ihn in einem
dunklen Raum mit einem intensiven kurzzeitigen Lichtblitz beleuchtet. Eine
offene Kamera registriert dann photographisch die Phase des Vorganges während
der Belichtung. Kann der Vorgang in gleicher Weise wiederholt werden, so ist
es möglich, den Zeitverzug zwischen der Auslösung des Vorganges und der Belichtung zu variieren. Man erhält dadurch eine quasikinematographische Bildreihe im reflektierten Licht des Vorganges. Ist jedoch der Vorgang nicht reproduzierbar oder ist eine Verdunklung des Raumes nicht möglich, so erfordert eine
Kurzzeitaufnahme die Verwendung eines Verschlusses mit ausreichend kurzen
Öffnungszeiten (bis herab zu 1 μs). Insbesondere wird heute für derartige Zwecke
der Kerrzellenverschluß angewendet, der darauf beruht, daß an eine mit Nitrobenzol gefüllte Kerrzelle ausreichender Dimensionen eine elektrische Stoß-
spannung gelegt wird [*20, 63*]. Die hierbei auftretende Doppelbrechung des Nitro-
benzols sorgt dafür, daß das Licht durch die Kerrzelle hindurchtreten kann,
während dies vorher infolge des Vorhandenseins gekreuzter Polarisationsfolien
nicht möglich war. Bei kurzen Öffnungszeiten der Kerrzelle ist eine sehr intensive
Beleuchtung des Vorganges erforderlich, damit eine ausreichende Schwärzung
der photographischen Schicht erfolgen kann. Auch auffallendes Sonnenlicht
reicht nicht aus. Daher ist – falls nicht ein intensives Eigenleuchten im Vorgang
selbst vorhanden ist – eine starke künstliche Beleuchtung erforderlich. Hierfür
dient ein Elektronenblitz oder eine Gleitfunkenstrecke, wobei es nicht notwendig
ist, daß die Belichtungsdauer sehr kurzzeitig ist, da nicht diese, sondern die
Öffnungszeit des Kerrzellenverschlusses maßgeblich ist.

Man kann auch den elektro-optischen FARADAY-Effekt zum Bau eines Kurz-
zeitverschlusses heranziehen, wie es EDGERTON u. a. [*21, 64*] getan haben. In diesem

Fall erfolgt in einem für kurze Zeit entstehenden Magnetfeld eine Drehung der Polarisationsrichtung des Lichtes. Der Aufbau des Magnetfeldes mit Hilfe einer stromdurchflossenen Spule ist jedoch mit einer höheren Trägheit verknüpft als die Entladung eines Kondensators in einem weitgehend induktionsfreien Stromkreis, so daß mit dem FARADAY-Verschluß nicht so kurze Öffnungszeiten zu erreichen sind wie mit dem Kerrzellenverschluß. Er ist daher nicht für den Mikrosekundenbereich brauchbar, wohl aber für den Bereich ab 10 μs.

Als Beispiel für eine Aufnahme in Vorderlicht mit Hilfe eines Kerrzellenverschlusses diene Abb. 7. Es handelt sich wie in Abb. 5 um den Berstvorgang einer Membran. Während Abb. 5 eine Durchsicht durch die platzende Membran darstellt, bringt Abb. 7 eine Aufnahme mit Hilfe der Beleuchtung des Vorganges durch einen Gleitfunken, wobei die Kurzzeitigkeit der Aufnahme durch die Öffnungszeit des Kerrzellenverschlusses gegeben ist.

Höhere Helligkeit bei – bisher – schlechterer Auflösung bietet noch das Bildwandlerrohr mit ebenfalls kürzesten Öffnungszeiten [65, 66].

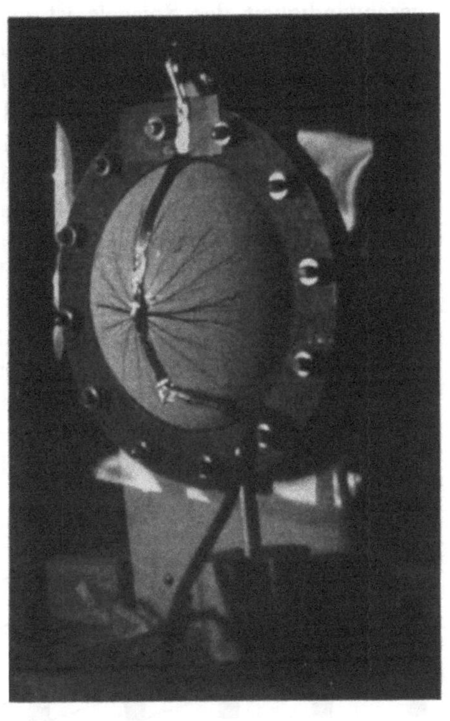

Abb. 7. Vorderlichtaufnahme vom Berstvorgang

Hohe zeitliche Auflösung mit Hilfe mechanischer Kameras. Es seien an dieser Stelle 2 Verfahren erwähnt, die erst in der letzten Zeit entwickelt worden sind, denen jedoch in manchen Fällen vielleicht eine große Bedeutung zukommen wird. Es handelt sich zunächst um die Erzeugung einer Folge von Einzelbildern mit Hilfe der Spiegelkamera [22 bis 25, 67 bis 71]. Ihr Prinzip ist in Abb. 8 dargestellt. Auf dem rotierenden Spiegel S wird ein Zwischenbild des Vorganges V

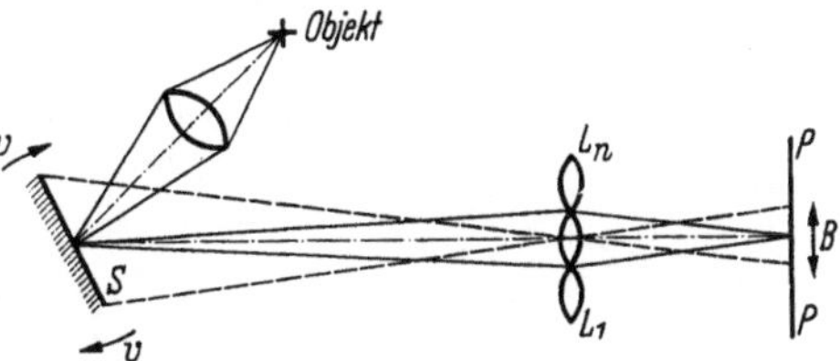

Abb. 8. Schema einer Einzelbild-Spiegelkamera

erzeugt. Von diesem Zwischenbild entsteht nun infolge der Abbildung mit Hilfe einer Folge von Linsen $L_1 \ldots L_n$ eine entsprechende Anzahl von Einzelbildern auf der Platte P. Auf Grund einer einfachen optischen Betrachtung kann man nun zeigen, daß für die maximale Bildfrequenz und die Bildhöhe des Einzelbildes B folgende Beziehung bestehen muß [26]:

$$f_w\, n B = 4v/\lambda. \tag{4}$$

Es bedeuten:

f_w Bildwechsel/s,
n Anzahl der Linien pro mm,
B Bildhöhe,

v Umfangsgeschwindigkeit des Spiegels,
λ Lichtwellenlänge.

Die Gl. (4) sagt zunächst aus, daß das Produkt aus der zeitlichen Auflösung (gegeben durch die Bildfrequenz) mit der räumlichen Auflösung (gegeben durch die Gesamtzahl der aufgelösten Linien) eine Konstante ist; (die Umfangsgeschwindigkeit des Spiegels ist als Materialkonstante anzusehen). Man kann also mit Hilfe einer derartigen Kamera bei hoher räumlicher Information nur eine entsprechend kleinere zeitliche Information erreichen und umgekehrt. Setzt man jedoch Zahlenwerte ein, z. B. $n = 100$ Linien/mm, $B = 20$ mm, $v = 500$ m/s, $\lambda = 0,5\,\mu$, so erhält man eine Bildfrequenz von 2 000 000/s bei noch guter Bildqualität. Das heißt also, man erhält eine Bildfrequenz, die ohne weiteres mit funkenkinematographischen Anordnungen konkurrieren kann. Eine im Handel erhältliche Kamera nach diesem Prinzip wird z. B. von der amerikanischen Firma Beckman & Whitley, San Carlos (California) hergestellt. Eine derartige Kamera eignet sich u. a. besonders gut zur Untersuchung von Vorgängen mit mikroskopischen Abmessungen, die mit hohen Geschwindigkeiten ablaufen. Will man z. B. untersuchen, wie ein Bruchvorgang in mikroskopischen Dimensionen abläuft, so kann man auf dem Spiegel der Kamera ein mikroskopisches Zwischenbild erzeugen, das dann in einzelne Bilder aufgelöst wird. Für Brüche in Glas, die mit Hilfe einer Sprengladung ausgelöst wurden, ist im Ballistic Research Laboratory in Aberdeen (USA) diese Kamera entsprechend eingesetzt worden.

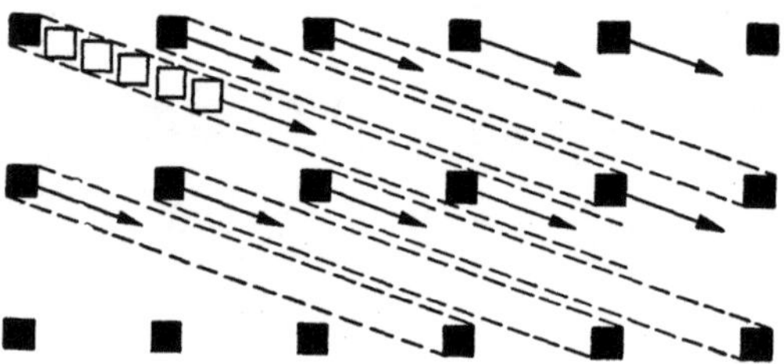

Abb. 9. Bewegung der Bildpunkte auf der photographischen Platte beim Bildzerlegungsverfahren (Schema)

Ein anderes Prinzip zur Erzeugung hoher Bildfrequenzen mit mechanischen Mitteln ist das der Bildzerlegung, wie es in den letzten Jahren in mehreren Arbeiten von J. S. Courtney-Pratt dargelegt worden ist. Setzt man ein Bild aus einer Anzahl getrennter Punkte zusammen, die isoliert auf einer Photoplatte erscheinen, so kann der Zwischenraum zwischen diesen isolierten Punkten auf der photographischen Schicht dazu benutzt werden, um für jeden einzelnen Punkt eine Weg-Zeit-Kurve zu schreiben (Abb. 9 u. 10). Infolge der Kleinheit des Lichtpunktes (Lichtpunktdurchmesser einige μ) sind nur geringe Schreibgeschwindigkeiten notwendig, um bereits hohe zeitliche Auflösung zu erreichen. Eine Geschwindigkeit von 1 m/s ist gleich 1 000 000 μ/s; man würde daher bei einer räumlichen Auflösung von 1 μ auf der photographischen Platte mit 1 m/s Bewegungsgeschwindigkeit des Bildpunktes bereits eine Bildfrequenz von 1 000 000/s erreichen. Die Herstellung isolierter Bildpunkte ist z. B. möglich mit Hilfe gekreuzter Linsenraster, die sich vor der photographischen Schicht befinden. Die Bewegung der Bildpunkte erfolgt entweder durch Bewegung der

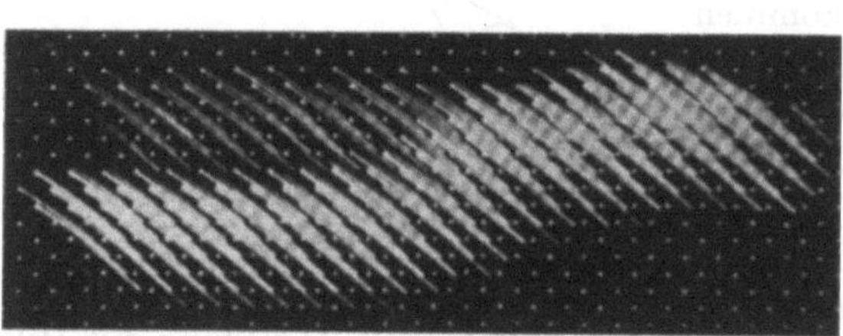

Abb. 10. Vergrößerte Wiedergabe einer photographischen Aufnahme nach dem Bildzerlegungsverfahren

photographischen Platte oder des Linsenrasters oder durch eine Abtastung des abzubildenden Objektes mit Hilfe einer Nipkowscheibe. Nähere Einzelheiten sind der Fachliteratur zu entnehmen [*27* bis *30, 72* bis *76*]. Bisher läßt die Bildqualität dieses letzteren Verfahrens noch an Vollkommenheit zu wünschen übrig. Da es jedoch mit verhältnismäßig geringen Mitteln eine hohe Zeitauflösung zu erreichen gestattet, ist es sicherlich für manche Zwecke sehr zu empfehlen, insbesondere auch hier wieder in dem speziellen Falle einer Hochfrequenzmikrokinematographie.

4.7.3 Belastungsarten in Verbindung mit Kurzzeituntersuchungen

a) Zerreißvorgänge in der Zerreißmaschine. Beim normalen Zerreißvorgang, wie er üblicherweise in der Zerreißmaschine durchgeführt wird, handelt es sich bei der Einleitung der Belastung um langsame Vorgänge. Jedoch erfolgt der Ablauf eines spröden Bruches nach Überschreiten der mechanischen Festigkeit im allgemeinen in sehr kurzen Zeiten. Um diesen Teil des Vorganges zu erfassen, ist der Einsatz spezifischer Kurzzeitverfahren erforderlich. Eine besondere Schwierigkeit hierbei ist die zeitliche Auslösung der Kurzzeitapparatur. Bei dem Zerreißvorgang von Platten, bei denen zudem der örtliche Beginn des Bruches durch eine Kerbe lokalisiert ist, läßt sich die zeitliche Koppelung dadurch erreichen, daß man auf die Versuchsplatte einen Metallstreifen aufdampft, der bei Beginn des Bruchvorganges aufreißt und dadurch über die Unterbrechung eines elektrischen Stromkreises die Aufnahmeapparatur auslöst [*77*]. Ein Beispiel hierfür bringt Abb. 11a bis d [*18*]. Eine Platte aus Plexiglas trägt auf der Oberfläche 5 aufgedampfte Aluminiumstreifen. An der linken Seite der Platte ist eine Kerbe angebracht. Wird nun durch Belastung in der Zerreißmaschine der Bruch eingeleitet, so zerreißt dieser auch den ersten Aluminiumstreifen, der sich unmittelbar vor der Kerbfront befindet. Dieser Vorgang kann dazu benutzt werden, mit Hilfe der Unterbrechung eines elektrischen Stromes eine funkenkinematographische Apparatur auszulösen. Bei der Anbringung mehrerer derartiger Streifen läßt sich außerdem mit Hilfe eines Zeitmeßgerätes (z. B. eines Counters) eine unmittelbare Messung der Bruchgeschwindigkeit durchführen. Abb. 11a—d enthält 4 Einzelbilder aus einer schlierenkinematographischen Serie dieses Vorganges. Man erkennt das Fortschreiten des Bruches und kann nun die optische Auswertung des Bildes mit den elektrischen Zeitmessungen vergleichen, wie es in Abb. 12 getan ist. Die Punkte geben die optisch gemessenen Weg-Zeit-Punkte für das Fortschreiten der Bruchfront an. Die Kreise I bis IV stellen das Resultat der elektrischen Messung dar. Man erkennt für das Anlaufgebiet des Bruches eine Geschwindigkeit von 374 m/s und von dort ab bis zum vollständigen Durchreißen der Platte eine Geschwindigkeit von 515 m/s. Wie man sieht, liegen die optisch und elektrisch gemessenen Werte sehr genau auf der gleichen Kurve.

Die Methode der Auslösung mit Hilfe der aufgedampften Metallstreifen ist ohne weiteres anwendbar, wenn das zu untersuchende Material ein Isolator ist. Aber auch bei leitenden Prüflingen ist das gleiche Verfahren möglich, wenn man auf die Oberfläche zunächst eine isolierende Schicht aufbringt.

Mechanische Schnellzerreißmaschinen, bei denen auch die plastischen Vorgänge mit hoher, im wesentlichen konstanter (Verformungs-) Geschwindigkeit ablaufen, sind von Mann u. a. konstruiert und bei Metallen angewandt worden,

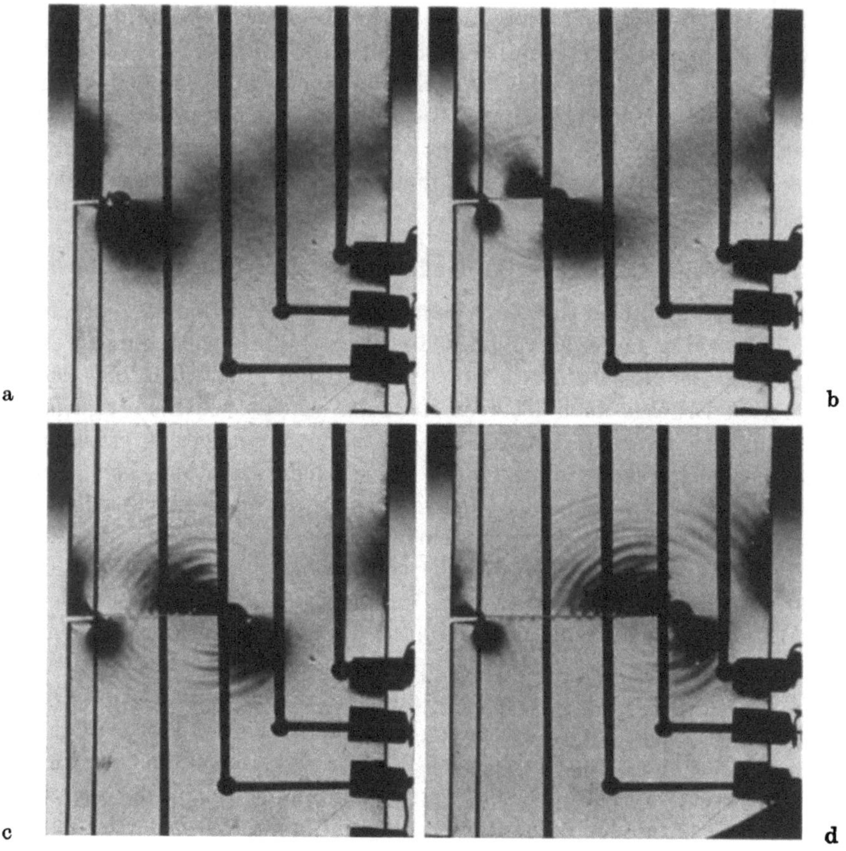

Abb. 11. 4 Einzelbilder aus einer kinematographischen Folge vom Zerreißvorgang einer Plexiglasplatte
(Schlierenaufnahme)
Auf die Platte waren Metallstreifen aufgedampft; der erste dient zur Auslösung der kinematographischen
Apparatur, die anderen zur elektrischen Messung der Bruchgeschwindigkeit

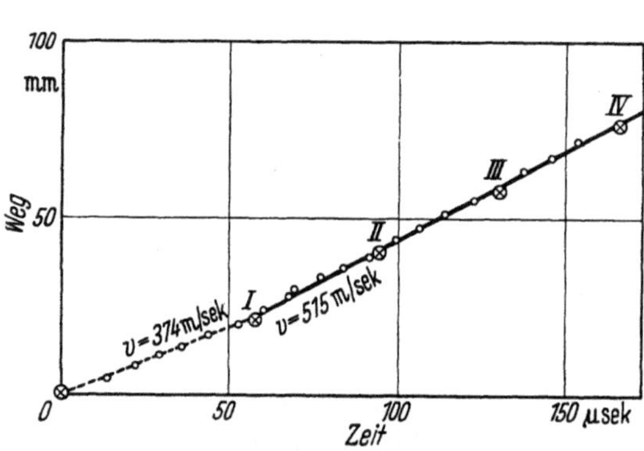

Abb. 12. Auswertung der Aufnahme Abb. 11
Die kleineren Punkte geben die Weg-Zeit-Punkte für das
Fortschreiten der Bruchfront auf Grund der photographischen
Aufnahme an. Die Punkte I bis IV sind elektrisch mit
Hilfe des Durchreißens der Kontaktstreifen gewonnen.

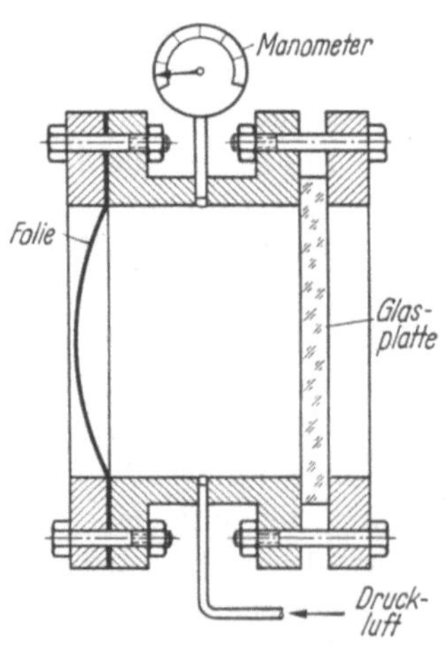

Abb. 13. Anordnung zur optischen Erfassung
des Berstvorganges im durchfallenden Licht

meist auf dem Schwungradprinzip beruhend, das die Speicherung hoher Energien erlaubt [*78* bis *80*]. Bei den geringen Formänderungswiderständen der Kunststoffe boten diese robusten Ein-
richtungen anscheinend noch keine Voraussetzungen zu Versuchen mit den plastischen Kunststoffen.

b) Berstvorgang. Bei Kunst-
stoffen ist die Untersuchung des Berstvorganges von Folien eine wichtige Aufgabe. Die Belastung kann in diesem Falle in einer Apparatur durchgeführt werden, wie sie in Abb. 13 wiedergegeben ist [*18*]. Die Folien werden in einer Druckkammer, die auf der Seite eine Glasplatte trägt, mit Hilfe von Preßluft belastet. Man kann dadurch das Bersten der Folie im durchfallenden Licht beobachten. Eine gewisse Schwierigkeit bei der Kurzzeitunter-
suchung dieses Vorganges besteht jedoch wiederum in der Kop-
pelung der Meßapparatur mit dem Berstvorgang, da dieser beim selbständigen Bersten zeitlich

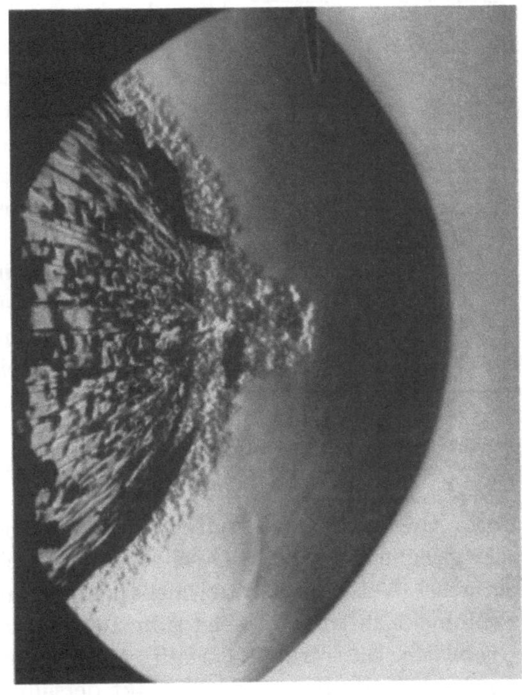

Abb. 14. Ausbildung der Luftstoßwelle beim Berstvorgang

nicht genau festlegbar ist. Zur Aufnahme der in Abb. 5 wiedergegebenen Moment-
aufnahme des Berstens wurde zur Auslösung die Luftstoßwelle herangezogen, die sich während des Vorganges ausbildet (vgl. Abb. 14). Die Stoßwelle traf auf eine unmittelbar vor der Folie angeordnete Ionensonde. Der in dieser entstehende elektrische Impuls diente zum Ingangsetzen der Mehrfachfunkenkamera.

Ein anderes Prinzip wird von GRIMMINGER [*81*] benutzt: Die gespannte Kunststoffmembrane fällt mit etwa 7 m/s auf einen kugeligen Dorn, der eine induktive Kraftmeßdose birgt; die Membranverformung wird photoelektrisch registriert. Es gelingt so, die „Rißarbeit" zur Erzeugung des 1. Anrisses von der oft mehrfach größeren „Schädigungsarbeit" zur Rißaufweitung zu trennen.

c) Kurzzeitbelastung mit Hilfe eines fallenden Gewichtes. Bei der Zerreiß-
maschine sowie bei der pneumatischen Berstkammer handelt es sich um geringe Belastungsgeschwindigkeiten. Will man die Belastungsgeschwindigkeit erhöhen, so kann man das unter Verwendung einer mechanischen Apparatur dadurch erreichen, daß ein fallendes Gewicht die Belastung hervorruft (entsprechend Abb. 15) [*9*]. Man muß dafür sorgen, daß die Anordnung sehr symmetrisch aufgebaut wird, und insbesondere das fallende Gewicht keine einseitigen Knick-
beanspruchungen erzeugt. Zu diesem Zweck ist nach Abb. 15 das fallende Ge-
wicht eine zentrisch durchbohrte runde Platte, die auf eine runde Fußplatte fällt. In Ruhestellung wird die Platte an Fäden aufgehängt, die zur Ingangsetzung

des Vorganges zur Vermeidung von Anfangsstörungen durchgebrannt werden. Zudem sorgt eine Aufhängung der Belastungsvorrichtung in mehreren Gelenken für eine symmetrische Übertragung der Belastung. In einem solchen Falle kann die Koppelung mit der Kurzzeitapparatur durch unmittelbare Kontaktgebung der fallenden Platte am Auffangteller erfolgen, z. B. dadurch, daß an der Unterseite des Auffangtellers ein Trägheitsrelais angebracht wird. Eine ähnliche Fallapparatur mit magnetischer Halterung beschreibt WOEBEKEN [52]; vgl. 4.7.2.

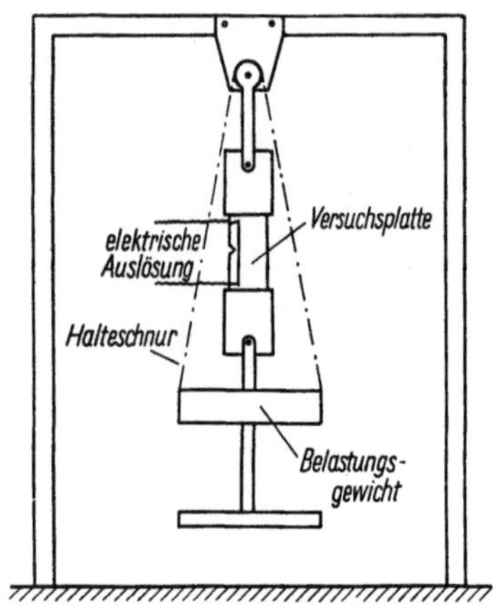

Abb. 15
Anordnung für den Zerreißversuch mit
Hilfe eines fallenden Gewichtes

d) Verwendung des fliegenden Geschosses für Kurzzeitbelastungen. Wenn es sich darum handelt, einen intensiven, zeitlich genau festgelegten Impuls auf ein Versuchsobjekt zu geben, um in diesem z. B. die Ausbreitung der elastischen Wellen oder den Bruchvorgang zu untersuchen, so kann man sich ballistischer Methoden bedienen; insbesondere ist ein fliegendes Geschoß, dessen Form, Geschwindigkeit und Masse entsprechend gewählt werden können, hierfür sehr geeignet [9]. Dieses Geschoß kann durch Unterbrechung eines Kontaktes in einfacher Weise die Kurzzeitmeßapparatur auslösen, kurz bevor es selbst auf das Prüfobjekt auftrifft. So zeigt Abb. 16a—h einen Schuß senkrecht durch eine runde Glasplatte. Diese trug in der Mitte zwei voneinander isolierte Folien. Das Geschoß rief beim Auftreffen einen Kontakt derselben zum Zweck der Auslösung hervor. Man erkennt auf der Bildserie der Abb. 16 die Ausbreitung der Biegewellen, die mit Hilfe des Reflexionsschlierenverfahrens sichtbar gemacht sind. Bei dem Schuß senkrecht auf die Platte wird die zentrale Masse herausgestanzt und dadurch im wesentlichen ein transversaler Impuls auf die Platte übertragen. Infolgedessen sind die Biegewellen außerordentlich stark zu sehen, während die Energie, die als Druckenergie in die Platte hineinläuft, und die sich mit der Longitudinalwellengeschwindigkeit ausbreitet so gering ist, daß sie zur Sichtbarmachung nicht ausreicht. Ferner erkennt man auf der Aufnahmefolge die Ausbreitung der primären Brüche, deren Geschwindigkeit in der Größenordnung der halben Transversalwellengeschwindigkeit liegt.

Wenn man dagegen das Geschoß gegen die Kante einer Platte fliegen läßt, so wird wesentlich mehr Druckenergie auf die Platte übertragen, und die Intensität der Longitudinalwelle ist ausreichend stark, um sowohl im durchfallenden Licht als im schlieren- oder spannungsoptischen Bild, oder auch im Schlierenbild des an der Oberfläche reflektierten Lichtes sichtbar gemacht werden zu können.

e) Kurzzeitige Belastungen mit Hilfe detonierender Sprengstoffe. Eine andere Möglichkeit der Belastung mit Hilfe ballistischer Methoden besteht in der Detonation von Sprengstoffen an der Oberfläche des Versuchskörpers, oder indem man z. B. in den Körper ein Loch hineinbohrt und dieses mit Sprengstoff füllt. Handelt es sich um Objekte kleineren Ausmaßes, so müssen die verwendeten Ladungsmengen sehr gering sein (Größenordnung einige zehntel Gramm). In diesem Falle muß man durch eine ausreichende Initiierung dafür sorgen, daß

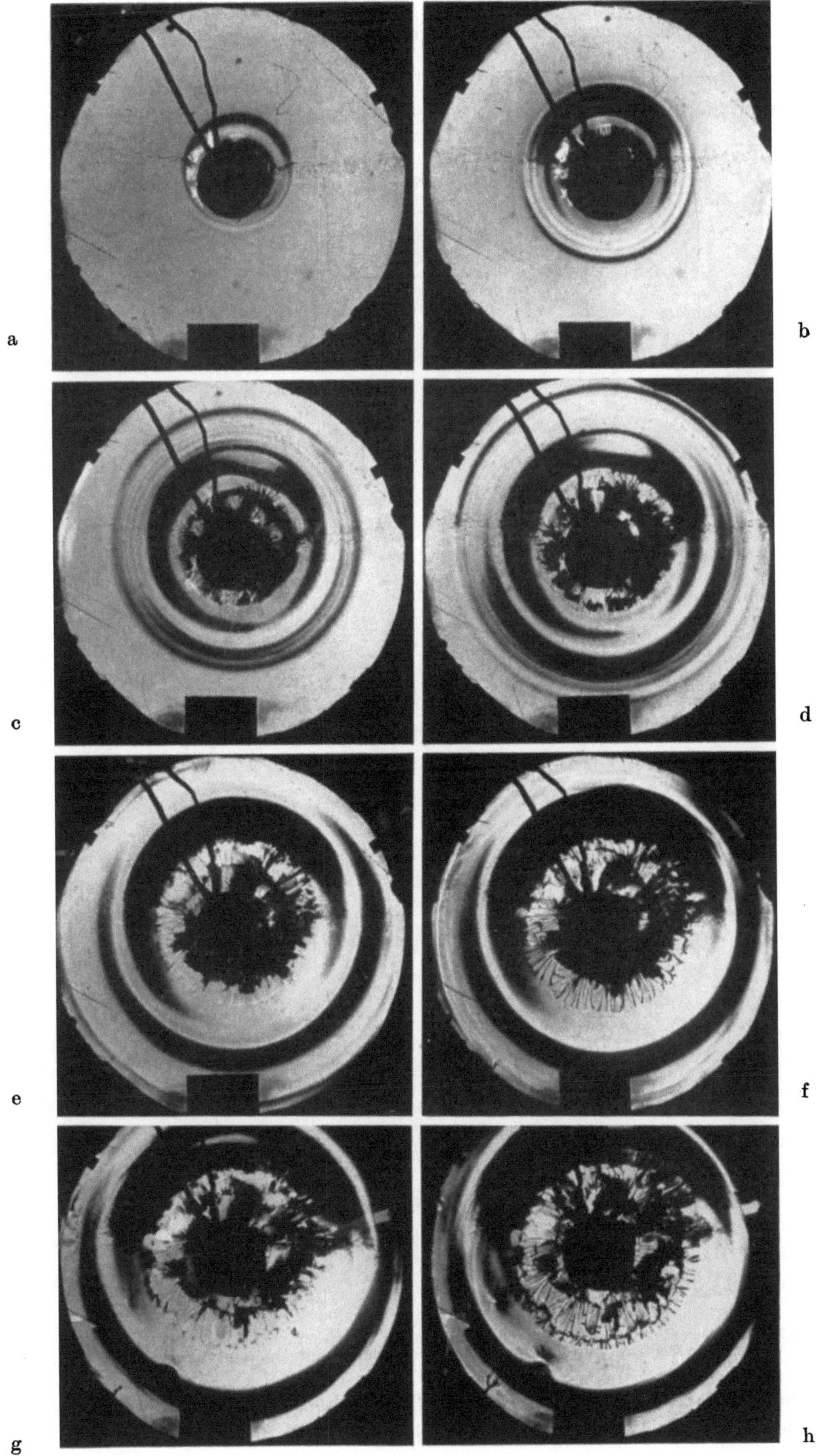

Abb. 16a—h. Runde Glasplatte, die von einem Geschoß durchschossen wird (Reflexionsschlierenaufnahme)
Bildfrequenz der vollständigen Serie 450000 Bilder/s

eine vollständige Detonation erfolgt. Ein Beispiel für eine Belastung mit de-
tonierendem Sprengstoff gibt Abb. 17a—f wieder. Es handelt sich hierbei um eine

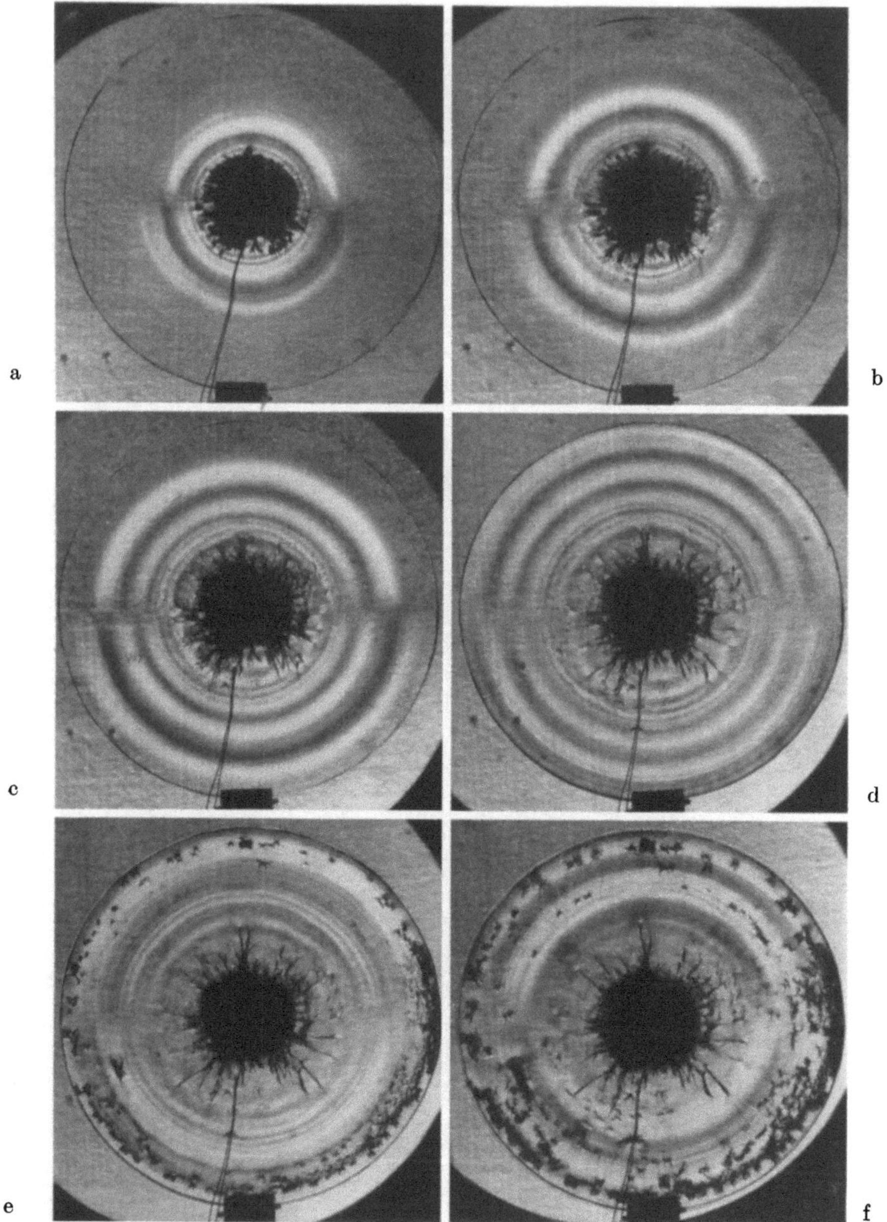

Abb. 17a—f. Kinematographische Bildfolge mit Hilfe der Mehrfachfunkenkamera. Detonation einer kleinen
Ladung im Zentrum einer runden Glasplatte. Schlierenaufnahme im durchfallenden Licht

runde Glasplatte. In die Mitte war ein Loch gebohrt, das mit Bleiazid ausgefüllt
wurde. Auf diese Weise wird bei der Detonation in die Platte sehr viel Druck-

energie übertragen. Man erkennt auf der Bildfolge, die im durchfallenden Licht mit Hilfe des Schlierenverfahrens gewonnen wurde, die sich ausbreitenden primären und sekundären Brüche und die mit Longitudinalwellengeschwindigkeit laufende Druckwelle. Besonders interessant ist die Entstehung der Sekundärbrüche unmittelbar nach Reflexion der primären Druckwellenfront am äußeren Rande. Hier werden infolge der Reflexion der Druckwellen so hohe Zugspannungen erzeugt, daß unmittelbar ein Aufreißen in einem bestimmten Abstand vom Rande eintritt. Man nennt diesen Effekt in der Ballistik den Abplatzeffekt oder HOPKINSON-Effekt.

f) Kurzzeitbelastung mit Hilfe einer „Zerreißkanone". Die Entspannung von Pulvergasen in einem Kanonenrohr hinter einem bewegten Geschoßkolben („Treibkolben") fand schon früh Anwendung zur Kurzzeitbeanspruchung in der Werkstoffprüfung der Metalle [82, 83]. Die Probe ist in diesem Falle zwischen den Kolben und ein festes Widerlager oder auch zwischen zwei auseinandergetriebene Kolben eingespannt. Die Anhebung der Streckgrenze und der Zerreißspannung, das Auftreten hoher Dehnungen bei größten Verformungsgeschwindigkeiten und mehrfacher Einschnürungen und Brüche, sowie andere „Laufzeiteffekte" der elastischen und plastischen Wellen wurden bereits damals vor rund 30 Jahren entdeckt. Trotzdem führten sich diese experimentellen Anordnungen nicht ein, und es sind bisher nur wenige, vor allem meßtechnische, Verbesserungen bekannt geworden [84, 85]. Untersuchungen von Kunststoffen liegen – wohl aus schon unter 4.7.3a genannten Gründen – anscheinend noch nicht vor.

Statt des Antriebs durch gasentwickelnde chemische Reaktionen wurden auch direkte pneumatische Vorrichtungen erprobt [86, 87].

4.7.4 Verfahren zur Sichtbarmachung der Kurzzeitvorgänge

a) Schattenaufnahmen oder Aufnahmen im diffus reflektierten Licht. Im Falle der Vermessung der Ausbreitung laufender Brüche genügt eine einfache Durchleuchtung des Vorganges. Die Front der Brüche ist in diesem Fall sehr scharf zu erkennen, wie Abb. 18 zeigt. Wenn es sich nur um die Ausbreitung derartiger Brüche handelt, wäre es sogar unvorteilhaft, etwa eine schlieren- oder spannungsoptische Anordnung zu verwenden, da dann die Bruchfronten nicht mehr so scharf zu lokalisieren sind. Auch wenn es sich um die Registrierung der Bewegung von Oberflächen handelt, ist eine einfache Durchleuchtungsmethode am zweckmäßigsten.

b) Schlierenaufnahmen im durchfallenden oder reflektierten Licht. Zur Untersuchung des dynamischen Verhaltens der elastischen Wellen in Platten eignet sich das Schlierenverfahren [32]. Bei der Ausbreitung einer Druckstoßwelle AB (Abb. 19) in eine

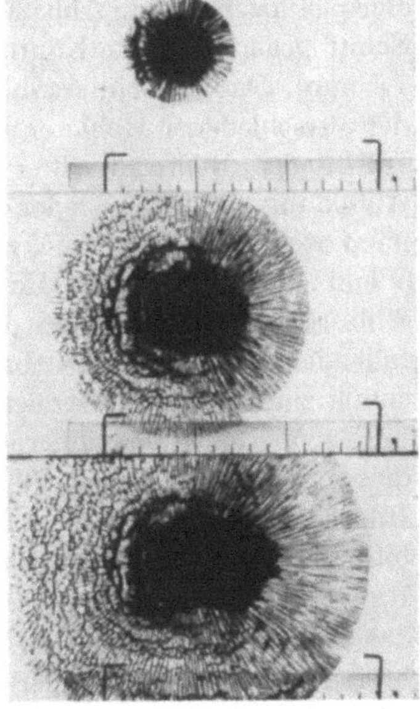

Abb. 18. Bruchvorgang in Sekuritglas.
Aufnahme im durchfallenden Licht
(Schattenaufnahme)

Platte hinein befindet sich unmittelbar hinter der Druckstoßfront ein Gebiet mit reiner Druckspannung. Von den Punkten A und B an der Oberfläche jedoch geht eine Schubwelle AE bzw. BD aus, die eine Vergrößerung der Plattendicke zur Folge hat. In den Punkten D und E wird die Schubwelle reflektiert. Die Vergrößerung der Plattendicke erreicht hier (in D' und E') ihr Maximum. Die Plattendicke fällt in GH wieder auf den ursprünglichen Wert herab; dann wiederholt sich das Spiel von neuem. Wenn man jetzt paralleles Licht durch eine so beanspruchte Platte hindurchfallen läßt, so wir-

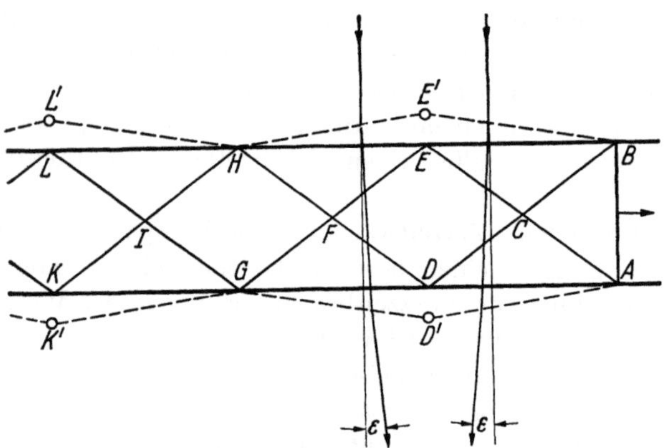

Abb. 19. Schematische Darstellung der Deformation des Querschnittes einer Glasplatte beim Durchlaufen einer Stoßwelle

ken die einzelnen Teile der Platte wie Prismen. In dem Gebiet $ABD'E'$ erfolgt eine konstante Ablenkung des Lichtes um den Winkel ε. In dem Gebiet $E'D'GH$ erfolgt die gleiche Ablenkung, jedoch in umgekehrter Richtung. Da die TOEPLERsche Schlierenmethode unmittelbar die Lichtablenkung sichtbar macht, werden also hinter einer derartigen Druckstoßfront eine Reihe von Ringen zu sehen sein. Ein Beispiel hierfür sei in Abb. 20a—f wiedergegeben. Es handelt sich hierbei um einen Schuß gegen die linke Kante einer Spiegelglasplatte (Abmessungen: 150 × 150 × 7,1 mm). Da die Schlierenblende horizontal angeordnet war, sind die Ringe in den verschiedenen Gebieten hinter der Stoßwellenfront in der oberen und unteren Hälfte des Bildes in ihrer Helligkeitsverteilung gegeneinander versetzt. Der Abbildung ist u. a. wieder die Entstehung von Sekundärbrüchen unmittelbar nach Reflexion der Druckwelle am gegenüberliegenden Rande zu entnehmen. Wenn ein transversaler Impuls auf die Platte übertragen wird, wie z. B. in Abb. 16a—h, entstehen in der Platte Biegewellen. Diese sind jedoch im durchfallenden Licht nicht sichtbar, da die beiden Oberflächen der Platte sich gleichsinnig zueinander deformieren. Wohl aber ist es möglich, diese Biegewellen in einem Reflexionsschlierenverfahren nach Abb. 21 sichtbar zu machen. Zu diesem Zweck ist es notwendig, die Versuchsplatte zu verspiegeln. So zeigt die Bildreihe in Abb. 22 die Deformation der Oberfläche im reflektierten Schlierenbild. Man kann hier sehr gut 2 Gebiete von Wellen unterscheiden: zunächst die Ringe, die von der Druckwelle verursacht sind (entsprechend Abb. 19), ferner das Gebiet der Biegewellen. Diese haben keine konstante Wellenlänge. Ihre Front breitet sich mit der Geschwindigkeit der Transversalwelle aus. Da es sich in Abb. 22 um eine dünnere Platte, verglichen mit Abb. 20, handelt, ist die Wellenlänge im Druckzonengebiet wesentlich kleiner. Sie muß entsprechend Abb. 19 proportional zur Plattendicke sein. Der Abb. 22 ist ferner zu entnehmen, daß sich nach Reflexion der primären Druckwellenfront am gegenüberliegenden Rande um die sich hier ausbildenden Sekundärbrüche neue Wellen bilden.

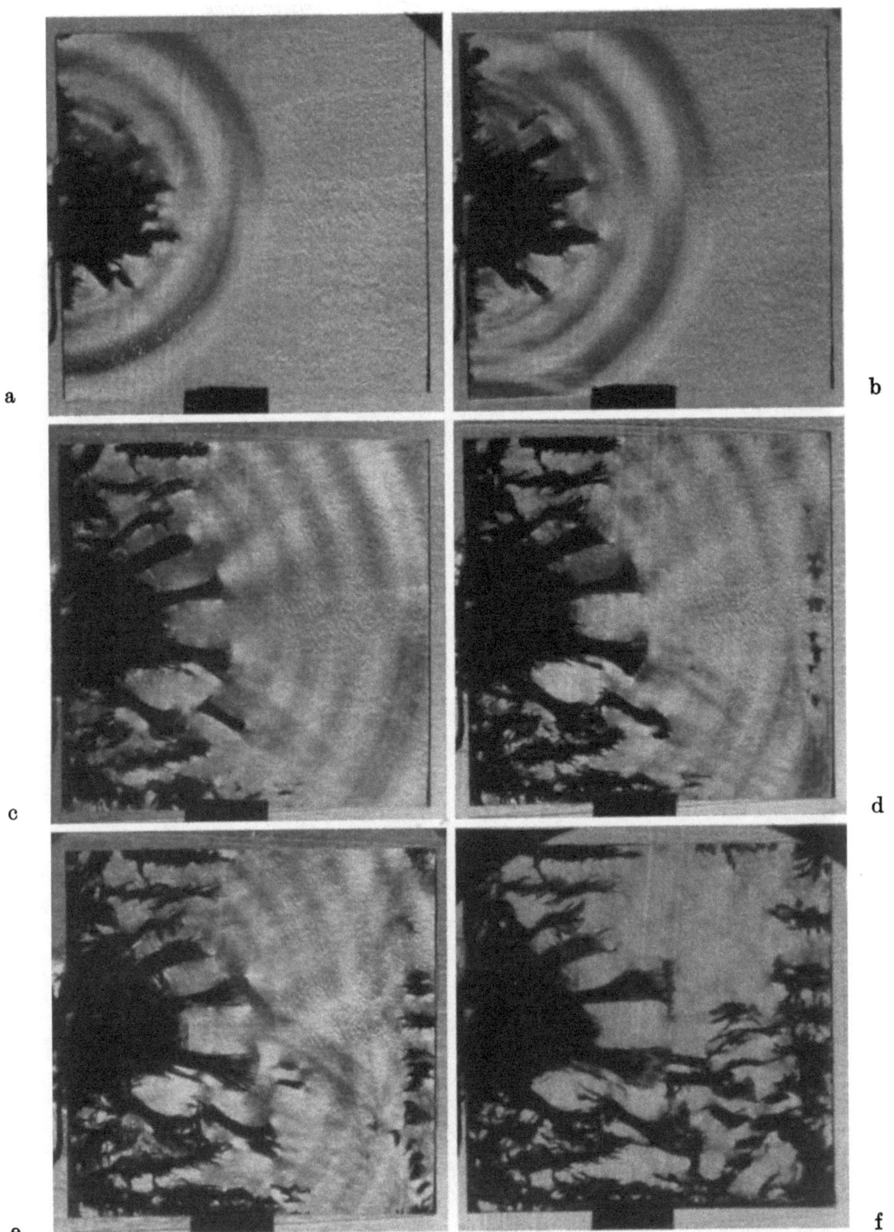

Abb. 20a—f. Schuß gegen die Kante einer Glasplatte. Schlierenaufnahme

Die Anzahl der bei einem Stoß gegen die Kante einer Platte auftretenden elastischen Wellen ist außerordentlich groß. Eine Übersicht über die wichtigsten gibt Abb. 23.

c) Spannungsoptik. Da die Kunststoffe einen ausreichend großen spannungs-optischen Effekt haben, ist es möglich, schnell verlaufende Vorgänge auch mit

504

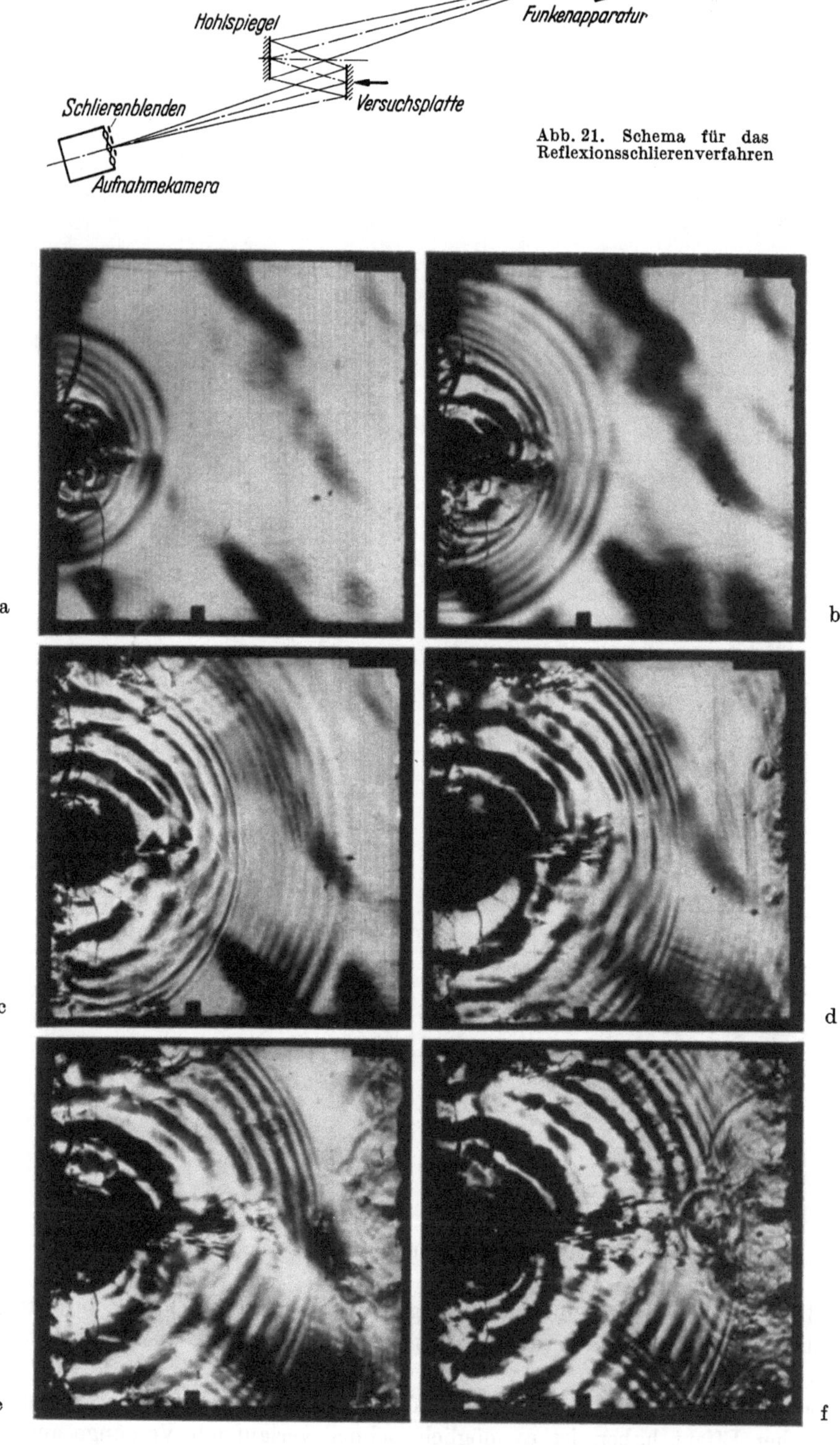

Abb. 21. Schema für das
Reflexionsschlierenverfahren

Abb. 22 a—f. Schuß gegen die Kante einer Glasplatte. Reflexionsschlierenverfahren

Hilfe des polarisierten Lichtes sichtbar zu machen [*33* bis *35, 53* bis *56*]. Man kann gekreuzte Polarisationsfolien im Strahlengang verwenden. In diesem Falle ist das unbeeinflußte Gesichtsfeld dunkel. An allen Stellen, an denen eine endliche Differenz der Hauptspannungen vorhanden ist, entsteht eine Aufhellung des

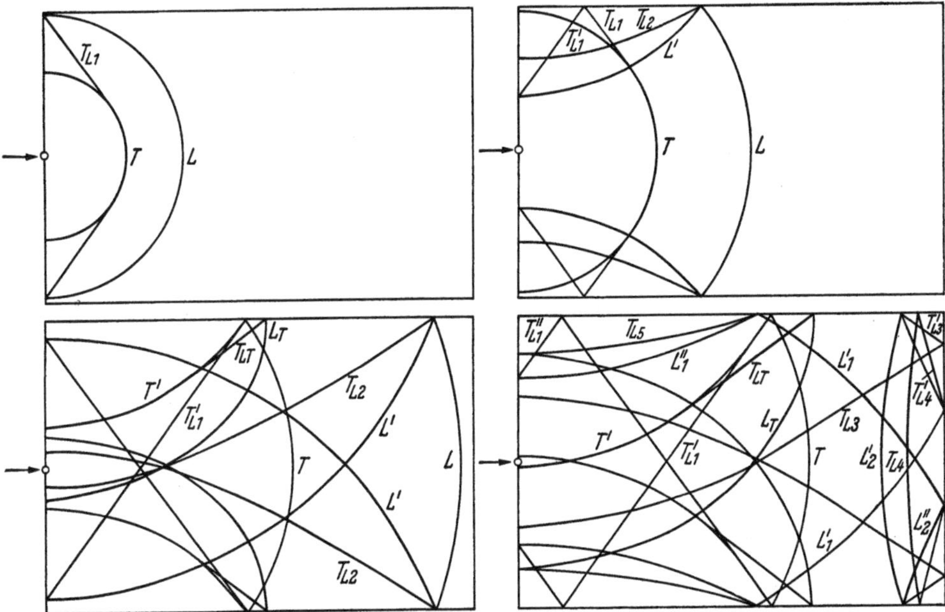

Abb. 23. Wellen, die beim schneidenförmigen Stoß gegen den linken Rand einer rechteckigen Platte entstehen (zweidimensionaler Vorgang)

Es bedeuten: L primäre Longitudinalwelle; L' Reflexion von L am oberen und unteren Rand; L_1' und L_2' Lage von L' nach Reflexion am rechten Rand; L_1'' Reflexion von L_1' am oberen und unteren Rand; L_2' Reflexion von L am rechten Rand; T primäre Transversalwelle; T' Reflexion von T am oberen und unteren Rand; T_{L1} am linken Rand von L gezogene Schubwelle; T_{L1}' Reflexion von T_{L1} oben und unten; T_{L1}'' Reflexion von T_{L1}'; T_{L2} von L am oberen und unteren Rand gezogene Schubwelle; T_{L3} und T_{L3}' T_{L2} nach Reflexion am rechten Rand; T_{L4} und T_{L4}' nach Reflexion von L und L' am rechten Rand neu gebildete Transversalwellen; L_T durch T am oberen und unteren Rand neu gebildete Longitudinalwellen; T_{LT} durch L_T am oberen und unteren Rand gezogene Schubwellen

Gesichtsfeldes. Vielfach ist es jedoch besser, die Polarisationsfolien in Parallelstellung zu verwenden. In diesem Falle ist das gesamte Objekt sichtbar, was bezüglich der Auswertung Vorteile hat. Die Spannungen sind dann durch Verringerung der Helligkeit im Gesichtsfeld erkennbar. Abb. 24a—h zeigt den Zerreißversuch an einer Platte aus Plexiglas in spannungsoptischer Einstellung. Man erkennt vor der Bruchfront einen sehr ausgeprägten schwarzen Hof. Außerdem gehen von der Bruchfront mehrere Isoklinen aus. Da die Spannungsoptik auf die Differenz der Hauptspannung anspricht und das Schlierenverfahren im durchfallenden Licht auf die Dickenänderung, d. h. im wesentlichen auf die Summe der Hauptspannungen, muß es möglich sein, durch eine Kombination von schlieren- und spannungsoptischen Aufnahmen den Spannungsverlauf unmittelbar quantitativ zu bestimmen [*19*]. Abb. 24a—h läßt ferner eine große Anzahl von zueinander exzentrischen Wellen erkennen, die alle ihren Ursprung in der Bruchfront haben. Ihre Existenz ist ein Beweis dafür, daß im vorliegenden Fall die Bruchbildung kein vollkommen stationärer Vorgang sein kann, sondern daß

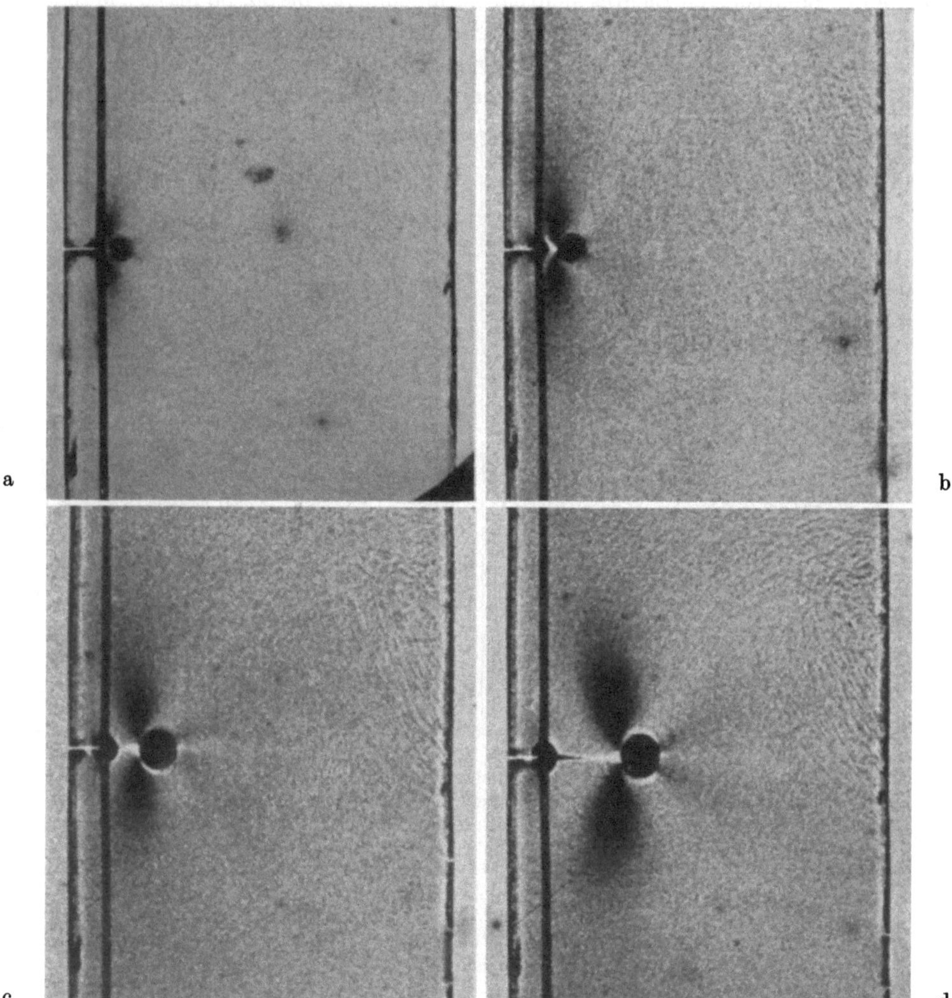

Abb. 24 a—d

laufend Spannungsschwankungen an der Bruchfront entstehen, die letzten Endes ihren Niederschlag in der unregelmäßigen Struktur der Bruchfläche finden.

Die Spannungsoptik ist i. allg. nur anwendbar bei durchsichtigen Materialien. Das ist weitgehend bei Kunststoffen der Fall. Für undurchsichtige Materialien gibt es grundsätzlich die Möglichkeit, die Oberfläche mit einer Kunststoffschicht zu überziehen, deren Doppelbrechung bei der Deformation spannungsoptisch sichtbar gemacht werden kann [35, 36]. Es ist möglich, daß diesem Verfahren in manchen Fällen eine besondere Bedeutung zukommen könnte. Bisher ist jedoch die Anwendung der Kunststoffe in der Spannungsoptik kaum je Selbstzweck (zur Untersuchung eben dieser Kunststoffe) gewesen. Sie dienten vielmehr vermöge ihrer besonderen Eigenschaften als Modelle für andere, meist metallische Werkstoffe.

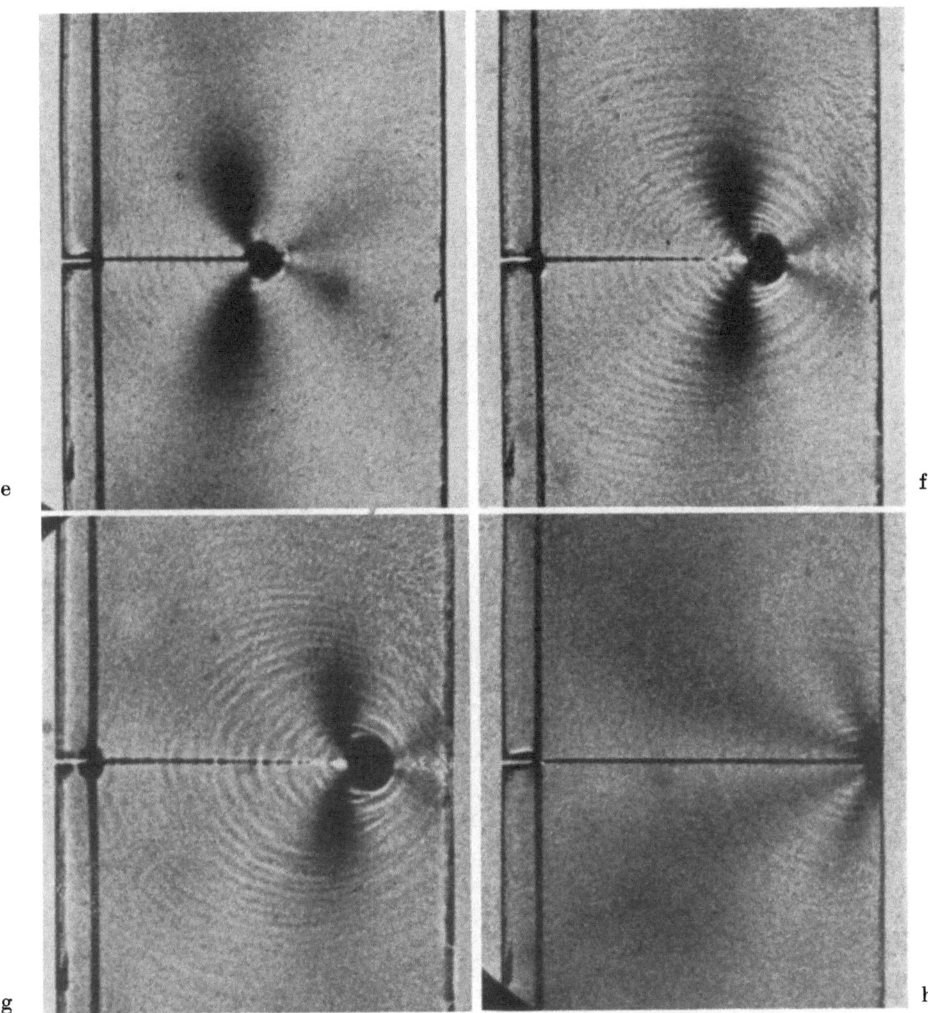

Abb. 24 e—h

Abb. 24 a—h. Zerreißvorgang einer Plexiglasplatte in polarisiertem Licht

d) Interferenzverfahren. Zur Sichtbarmachung von Vorgängen in durchsichtigen planparallelen Platten sowie zur Feststellung der Deformation von spiegelnden Oberflächen ist auch das Interferenzverfahren anwendbar. Das Interferenzmikroskop z. B. erlaubt in bekannter Weise, sehr genau eine Vermessung einer Oberfläche durchzuführen. Der MACH-ZEHNDER-Refraktor [37] wird heute weitgehend in der Windkanaltechnik verwendet, um den Dichteverlauf in einer Strömung zu vermessen. Wenn nun eine planparallele Platte aus Kunststoff sich in dem einen Strahlengang des Interferenzrefraktors befindet und diese Platte einer dynamischen Beanspruchung ausgesetzt ist, so kann man selbstverständlich die elastischen Vorgänge bei einer ausreichend kurzzeitigen Belichtung auf Grund der Verschiebung der Interferenzstreifen sichtbar machen. Das Interferenz-

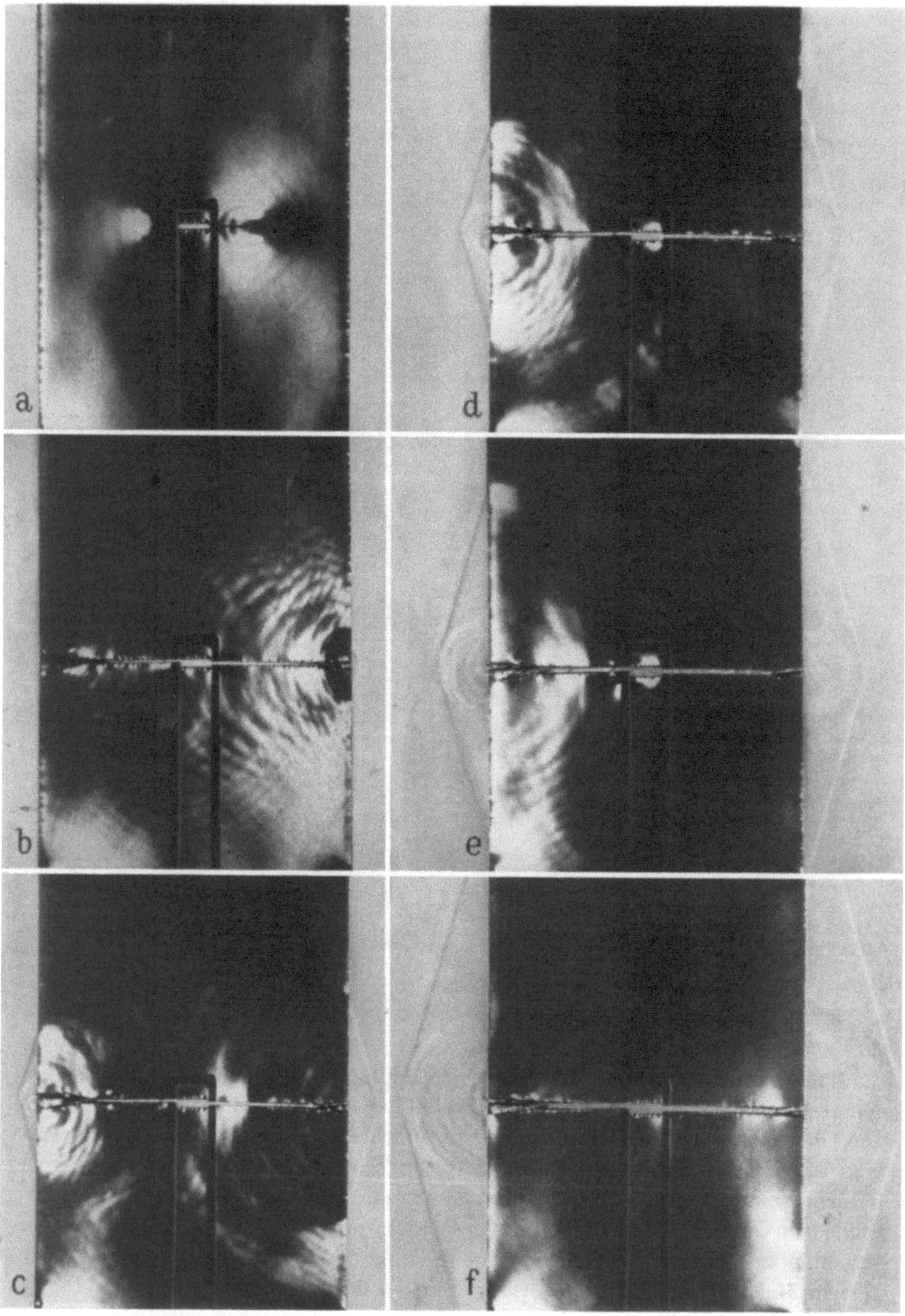

Abb. 25 a—f. Ausbildung einer Luftstoßwelle an den beiden Rändern einer gerade durchrissenen Plexiglasplatte

verfahren liefert quantitativ die Veränderung der optischen Weglänge. Sie ist im wesentlichen gegeben durch die Dickenänderung der Platte. Ein weitgehender Einsatz der Interferenzmethode für die hier interessierenden Probleme ist jedoch bisher noch nicht erfolgt.

e) Sichtbarmachung mit Hilfe des umgebenden Mediums. Eine anders geartete Möglichkeit zur Sichtbarmachung der Vorgänge in einem Kunststoff besteht darin, daß man die Rückwirkung auf das umgebende Medium zu Hilfe nimmt. So erkennt man z. B. in Abb. 25a bis f die Ausbildung einer Luftstoßwelle an den beiden Rändern einer gerade durchrissenen Plexiglasplatte [18]. Diese Luftstoßwellen werden gebildet durch die seitliche Entspannung nach dem Durchriß der Platte. Es ist diese Welle, die man als Knall bei einem derartigen Zerreißvorgang hört. Ein anderes Beispiel zeigt Abb. 26 [10, 38]. Ein Stab aus dem zu

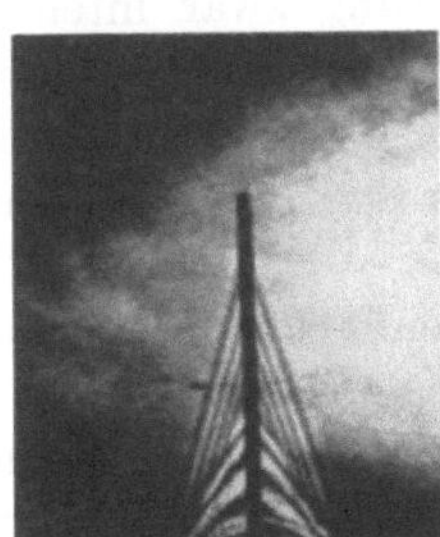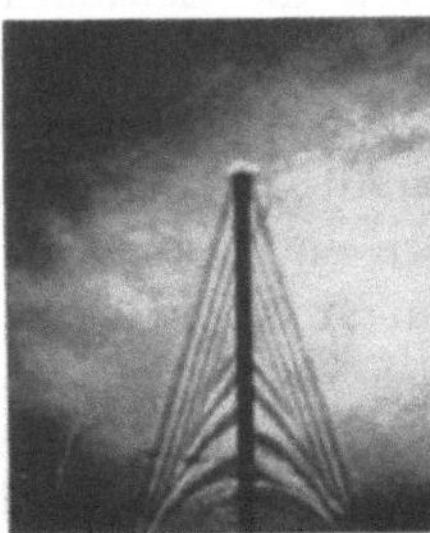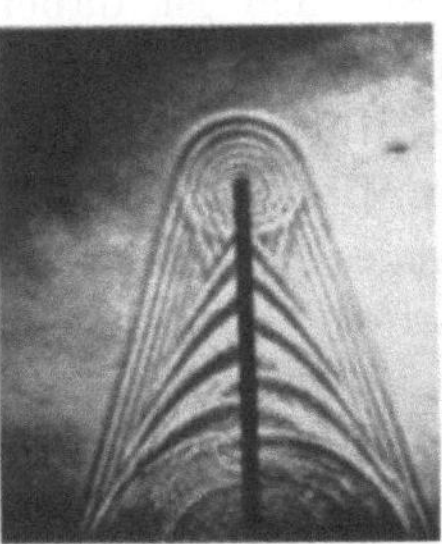

Abb. 26. Longitudinal- und Transversalkopfwellen, die in Wasser durch die Ausbreitung eines Stoßes in einem Metallstab entstehen

prüfenden Material befindet sich in Wasser. Von unten her läuft in den Stab ein elastischer Impuls hinein. Er erzeugt analog zu Abb. 19 hinter der Front der Druckwelle periodische Verdickungen und Verdünnungen des Stabes. Diese beeinflussen nun das umgebende Wasser. Es entstehen Wasserschallwellen, die sich nach dem Schlierenverfahren sichtbar machen lassen. Weil die Laufgeschwindigkeit im Stab größer ist als die Schallgeschwindigkeit des Wassers, liegen die Druckwellen im Wasser wie die Kopfwellen eines Geschosses an den periodischen Verdickungen des Stabes an. Ihre Neigung α gegen den Stab entspricht der MACHschen Beziehung

$$\sin\alpha = \frac{v_w}{v_L}\,, \tag{5}$$

v_w die Wasserschallgeschwindigkeit,
v_L die Longitudinalwellengeschwindigkeit im Versuchsstab.

Auch die Biegewellen, die sich hinter der Front der Transversalwelle ausbilden, sind sichtbar. Während die Druckwellen eine konstante Geschwindigkeit haben und daher die von ihnen gezogenen Kopfwellen geradlinig sind, haben die Biegewellen keine konstante Geschwindigkeit. Ihre Kopfwellen sind erstens gekrümmt und zweitens an beiden Seiten gegeneinander versetzt. Die Einhüllende der Biegekopfwellen ergibt die Geschwindigkeit der Transversalwelle entsprechend

$$\sin\beta = \frac{v_w}{v_t} \tag{6}$$

β Neigung der Einhüllenden der Biegekopfwellen gegen den Stab,
v_t Transversalwellengeschwindigkeit im Versuchsstab.

Es erscheint möglich, dieses Verfahren auch auf anders geartete Fälle anzuwenden.

4.7.5 Zeitmarkierung in der Bruchfläche

a) Das Prinzip des Verfahrens. Die Hochfrequenzkinematographie ist ein geeignetes Mittel zur Untersuchung von Vorgängen, die optisch sichtbar zu machen sind. Zur Erfassung dreidimensionaler Abläufe ist eine stereoskopische Anordnung anwendbar.

Handelt es sich um einen Vorgang im Innern eines durchsichtigen Körpers, der keine planen Oberflächen hat, so bringt die Lichtbrechung an diesen eine zusätzliche Erschwerung der Auswertung.

Völlig neuartige Verfahren muß man jedoch heranziehen, wenn man einen Bruchvorgang im Innern eines undurchsichtigen Körpers erfassen will. Es liegt der Gedanke nahe, daß man der sich bildenden Bruchfläche durch elastische Impulse Zeitmarken aufprägt und diese später nach Beendigung des Bruchvorganges ausmißt. Wesentlich ist dabei, daß die Zeitmarkierung zwar intensiv genug ist, um nachher deutlich sichtbar zu sein, daß dadurch der Bruchvorgang selbst aber nicht wesentlich verändert werden darf. Ein solches Verfahren wurde von F. KERKHOF und Mitarbeitern [*39* bis *43*] vor allem zum Studium des idealspröden Bruchvorganges bei Silikatgläsern entwickelt.

Das Wesentliche des Verfahrens kann an Hand eines einfachen Versuches demonstriert werden. Bekanntlich läßt sich ein vom Rand einer Glasplatte ausgehender Sprung mit Hilfe einer kleinen Gasflamme sehr langsam (mit Geschwindigkeiten von wenigen mm/s) durch die Glasplatte führen. Die dabei entstehende Bruchfläche ist im allgemeinen vollkommen glatt und zeigt – abgesehen von gelegentlichen kleinen Lanzettbrüchen – keine Linienstrukturen oder andersartige Markierungen. Klopft man jedoch, während sich der Bruch ausbreitet, mit einem kleinen Hammerwerk auf die hohlgelagerte Glasplatte, so wird die den Bruch vorantreibende (thermisch erzeugte) Zugspannung im Klopfrhythmus verändert.

Abb. 27. Auflichtaufnahme einer Bruchfläche, die durch mechanisch erzeugte Impulse moduliert ist

Die ursprünglich glatte Bruchfläche erhält ein System von Linien, künstlich erzeugte Rippen („rib-marks") [*40*], welche die Bruchfronten in einem durch die Hammerschlagfrequenz bedingten Zeitabstand repräsentieren. Abb. 27 zeigt die Auflichtaufnahme einer Bruchfläche, die auf die beschriebene Weise moduliert wurde. Die Frequenz der durch das Hammerwerk erzeugten Impulse betrug 35,7 [s^{-1}]. Die Breite der Bruchfläche (also die Höhe des Bildes) war 5,8 mm. Die Bruchrichtung weist von rechts nach links; die Bruchgeschwindigkeit ist etwa 5 mm/s.

Da nun die beim Bruchvorgang von Gläsern interessierenden höchsten Geschwindigkeiten größenordnungsmäßig zwischen 500 und 2000 m/s liegen, müssen für diese Fälle die Zeitmarken in wesentlich schnellerer Folge, etwa in 10^{-6} bis 10^{-7} s Abstand aufgebracht werden, um noch eine genügende Auf-

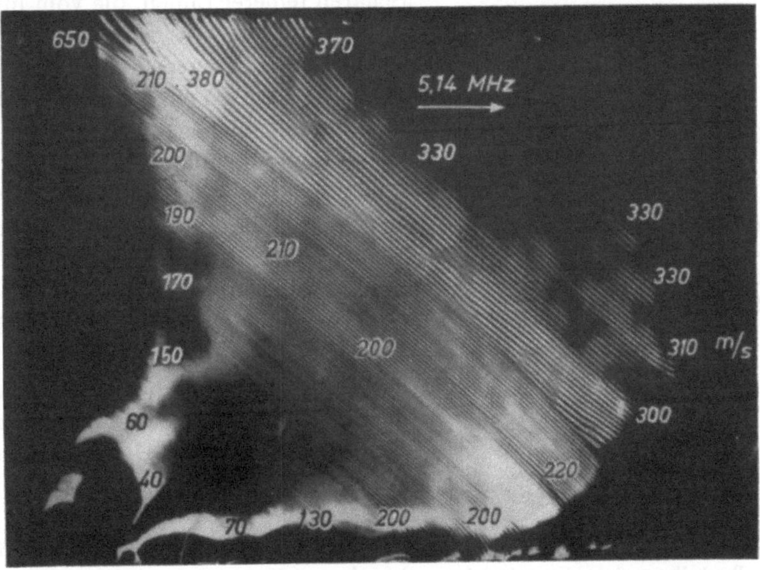

Abb. 28
Durch Ultraschall modulierte Bruchfläche in Glas mit Angabe der ermittelten Bruchgeschwindigkeiten

lösung des Bruchvorganges zu ermöglichen. Bei den nachfolgend beschriebenen Versuchen wurde daher Ultraschall mit der Frequenz von rd. 5 MHz benutzt.

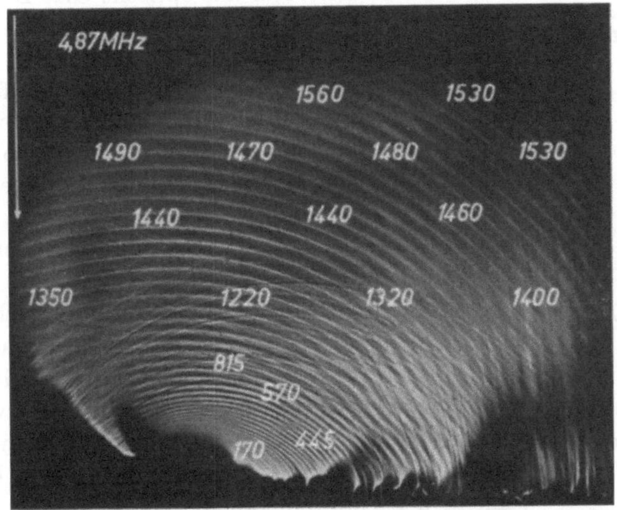

Abb. 29. Durch Ultraschall- und WALLNER-Linien modulierte Bruchfläche

Beschallt man den laufenden Bruch in geeigneter Weise, so erhält man in den Spiegeln der Bruchflächen Markierungslinien, wie sie in den Abb. 28 und 29 zu erkennen sind. In Abb. 29 verlaufen die durch den Ultraschall der Frequenz

4,87 MHz hervorgerufenen Markierungslinien nahezu konzentrisch zum Bruchursprung am unteren Bildrande. Außerdem enthält diese Bruchfläche noch Scharen feinerer Linien, die vom linken und unteren Rande ausgehen und die Ultraschall-Linien kreuzen. Auf die Deutung dieser sog. „WALLNER-Linien" soll weiter unten näher eingegangen werden.

b) Experimentelle Einzelheiten. Die Beschallung der Zerreißproben während des Bruchvorganges kann auf verschiedene Weisen erfolgen. Zwei Methoden, die sich bewährt haben, seien hier kurz skizziert.

Liegen die Zerreißproben als Stäbe oder Platten mit ebenen Seitenflächen vor, so kann die Bestrahlung mit Ultraschall nach der in Abb. 30 gezeigten Methode erfolgen. Der zu zerreißende Glasstab wird unter Wasser beschallt. An der Grenzfläche Wasser–Glas wird der einfallende Schallstrahl (A) teils reflektiert (B) und teils gebrochen. Dabei treten im Glas im allgemeinen longitudinale (B_l) und transversale (B_t) Wellen auf. Liegt aber der Einfallswinkel ϑ oberhalb des Grenzwinkels der Totalreflexion für longitudinale Wellen, so verbleibt im Glas nur die transversale Welle, bis auch diese nach Überschreiten eines zweiten Grenzwinkels nicht mehr auftritt. Für das optische Glas BK 7 (der Firma Schott & Gen., Mainz) in Wasser der Temperatur 21 °C beispielsweise sind diese Grenzwinkel der Totalreflexion $\vartheta = 14{,}6°$ für longitudinale und $\vartheta = 24{,}6°$ für transversale Wellen. Wird der Einfallswinkel nun so gewählt, daß er zwischen den beiden Grenzwinkeln liegt, so tritt nur die transversale Welle in das Glas ein, wodurch eine eindeutige Markierung der Bruchfläche erzielt wird. Eine genaue Justierung des Schallstrahles kann durch spannungsoptische Beobachtung erfolgen.

Eine zweite Methode besteht darin, das schräg geschnittene Ende der Bruchprobe derart zu beschallen, daß nur eine transversale Welle den Stab in axialer Richtung durchsetzt (vgl. Abb. 31). Auch in diesem Falle wird der Einfallswinkel der einfallenden longitudinalen Ultraschallwelle (A) so gewählt, daß er zwischen den beiden Grenzwinkeln der Totalreflexion liegt. In Abb. 31 sind die dann für das optische Glas BK 7 vorliegenden Verhältnisse veranschaulicht. Diese Methode hat gegenüber der ersten den Vorteil, daß die Markierungslinien mit den Bruchfronten im Zeitabstand einer Ultraschallperiode exakt übereinstimmen. Bei der quantitativen Auswertung der Versuche nach der ersten Methode muß dagegen

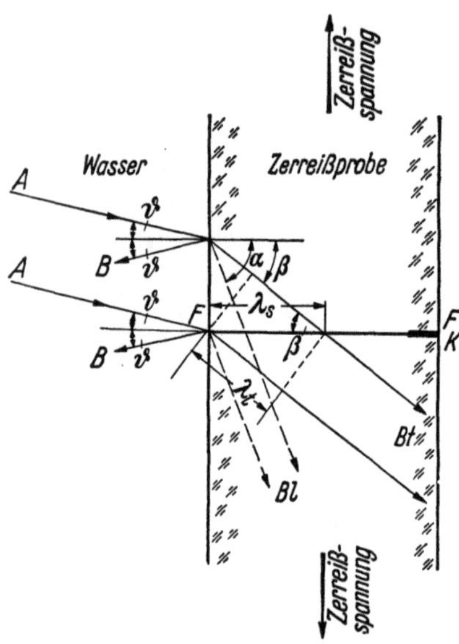

Abb. 30. Beschallung eines Versuchsstabes durch seitlichen Einfall

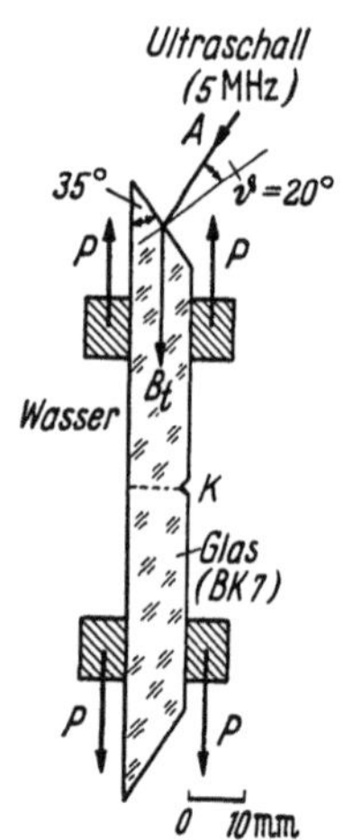

Abb. 31
Beschallung eines Versuchsstabes durch Einstrahlung durch das schräg geschnittene Ende

berücksichtigt werden, daß der Schallstrahl nicht genau senkrecht zur Sollbruchfläche verläuft. – Die Methode der axialen Beschallung kann im übrigen auch bei Zerreißstäben mit rundem Querschnitt angewendet werden.

Bei Verwendung besonders konstruierter Schallköpfe lassen sich die beiden beschriebenen Ausführungsarten der Zerreißversuche auch in Luft oder in einem anderen umgebenden Medium ausführen.

c) Gleichzeitige Bruchmarkierung mit mehreren elastischen Wellen. Die Methode der Bruchzeichnung mittels Ultraschall kann nicht nur benutzt werden, um Aussagen über den zeitlichen Verlauf des Bruchvorganges selbst zu gewinnen. Es ist vielmehr auch möglich, bei bekanntem zeitlichen Bruchverlauf auf unbekannte Ausbreitungsgeschwindigkeiten elastischer Vorgänge zu schließen. So kann man mit Hilfe der Bruchmarkierung durch eine hinsichtlich Frequenz und Wellenlänge bekannte Ultraschallstrahlung den räumlich-zeitlichen Bruchverlauf festlegen, um dann aus einer zusätzlich erfolgten Bruchmarkierung durch einen zweiten unbekannten elastischen Vorgang auf dessen Eigenschaften zu schließen. Hierzu 3 Beispiele:

α) *Vermessung von Wallner-Linien.* „WALLNER-Linien", wie sie neben den Ultraschall-Linien in Abb. 29 zu sehen sind, wurden erstmals von H. WALLNER [*44*] gedeutet und in vielen Veröffentlichungen, vor allem von A. SMEKAL, beschrieben und diskutiert (s. z. B. [*9, 45* bis *51*]). Sie entstehen, wenn der primäre Zerreißbruch über die insbesondere am Rande vorhandenen zahlreichen Kerbstellen hinwegläuft. Hierdurch wird die an diesen Kerbstellen vorhandene mechanische Energie frei gemacht, die sich in Form elastischer Impulse in das Innere des Glasstabes hinein ausbreitet. Sofern diese Impulse hinsichtlich der mit ihnen verknüpften Dehnungen transversal zu der sich bildenden Bruchfläche sind, verändern sie die Richtung der von außen aufgeprägten groben Zugspannung. Eine WALLNER-Linie entsteht dann als geometrischer Ort des Schnittpunktes der laufenden Bruchfront mit einem von einer Kerbstelle ausgehenden Transversalimpuls.

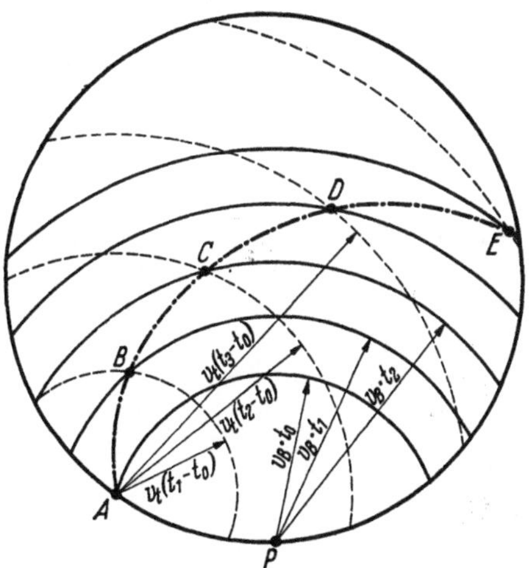

Abb. 32. Zur Konstruktion der WALLNER-Linien

Wie man diese Kurven ermitteln kann, ist schematisch für einen Rundstab in Abb. 32 dargestellt. Der Bruch beginne in Punkt P am Rande. Zur Zeit $t = t_0$ bildet die Bruchfront einen Kreis um P mit dem Radius $r_B = v_B t_0$ unter der Annahme, daß die Bruchgeschwindigkeit von Anfang an konstant ist. Zu diesem Zeitpunkt werde nun im Punkt A am Rande eine innere Spannung ausgelöst, und es startet von hier eine Transversalwelle. Für die folgenden Zeitpunkte t_1, t_2 usw. sind die zugehörigen Kreisbögen für die Bruchfront mit $r_{B1} = v_B t_1$, $r_{B2} = v_B t_2$ usw., ebenso wie die zugehörigen Kreisbögen der Transversalwelle mit $r_{T1} = v_t (t_1 - t_0)$, $r_{T2} = v_t (t_2 - t_0)$ usw. eingetragen. Die Schnittpunkte B, C usw. ergeben die zugehörige WALLNER-Linie.

Man erkennt aus der photographischen Aufnahme einer Bruchfläche (Abb. 33) – die nicht von künstlichem kontinuierlichen Ultraschall moduliert worden ist –, daß die nach der obigen Vorschrift konstruierten Wallner-Linien im wesentlichen das Aussehen der Feinstruktur bedingen.

Mit Hilfe der – wie in Abb. 29 – zusätzlich aufgeprägten Ultraschall-Linien konnte nun die oben gegebene Deutung der Wallner-Linien bestätigt werden.

Abb. 33. Photographische Aufnahme der Bruchlinien in der Bruchfläche eines zerrissenen Rundstabes

Man erkennt als Grundsystem die Wallner-Linien, deren Verlauf sich mit der Konstruktion in Abb. 32 deckt. Daneben findet man von diesem Grundsystem abweichende Linien, wie z. B. die Linie aa; die Linie bb ist eine Wallner-Linie, die jedoch nicht vom Rande, sondern von einer groben Fehlstelle im Innern (Q) ausgeht

Pyrex-Glas, $c_l/c_B = 1{,}62$. S Störzentrum für die Bruchlinie aa

β) *Bruchzeichnung mit stehenden Ultraschallwellen.* Bei anderen Zerreißversuchen wurde der Glasstab derart beschallt, daß nur eine transversale Ultraschallwelle in Richtung FF' (s. Abb. 30) in das Glas eintrat. Infolge Totalreflexion an der Gegenfläche entstand dann eine stehende Welle senkrecht zur Achse des Zerreißstabes. Die Modulation der Bruchfläche erfolgt in diesem Falle so, als ob zwei gegeneinander laufende transversale Wellen den laufenden Bruch gleichzeitig beeinflussen. Die Bruchfläche (Abbildung 34) [*43, 51*] liefert daher sowohl eine Aussage über die Bruchgeschwindigkeit, die sich aus dem Abstand der eng benachbarten Ultraschall-Linien und der Ultraschallfrequenz bestimmen läßt, wie

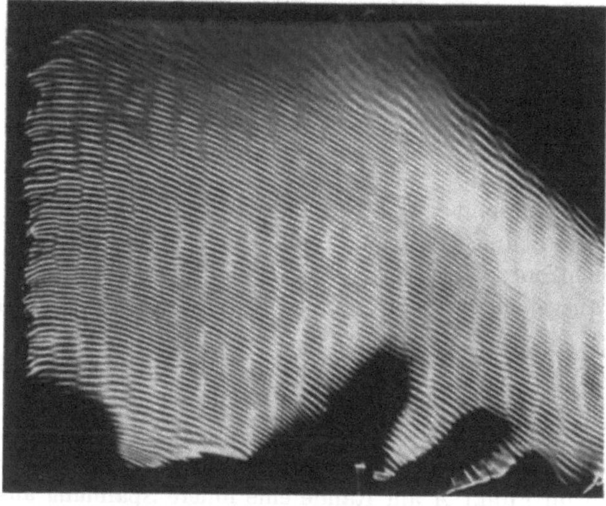

Abb. 34. Bruchzeichnung mit stehenden Ultraschallwellen

auch eine Aussage über die Geschwindigkeit der Transversalwellen selbst. Diese ergibt sich daraus, daß der Abstand der Schwebungslücken (in Abb. 34) gleich der halben Wellenlänge der Transversalwellen ist. Die angedeuteten

Beziehungen gelten streng nur, wenn die Bruchgeschwindigkeit v_B klein gegenüber der Geschwindigkeit v_t der Transversalwellen ist. Im vorliegenden Falle liegt v_B im Bereich von 300 bis 400 m/s, während $v_t = 3400$ m/s beträgt.

γ) Gleichzeitige Bruchmarkierung durch longitudinale und transversale Ultraschallwellen. Schließlich ist in Abb. 35 noch die Zerreißbruchfläche einer Plexiglasplatte gezeigt, die gleichzeitig durch longitudinale und transversale Wellen gleichen Ursprungs moduliert worden ist [43]. Der Einfallswinkel ϑ der longitudinalen Welle im Wasser wurde bei diesem Versuch so klein gewählt, daß sowohl die longitudinale wie die transversale Welle in das Plexiglas eintreten

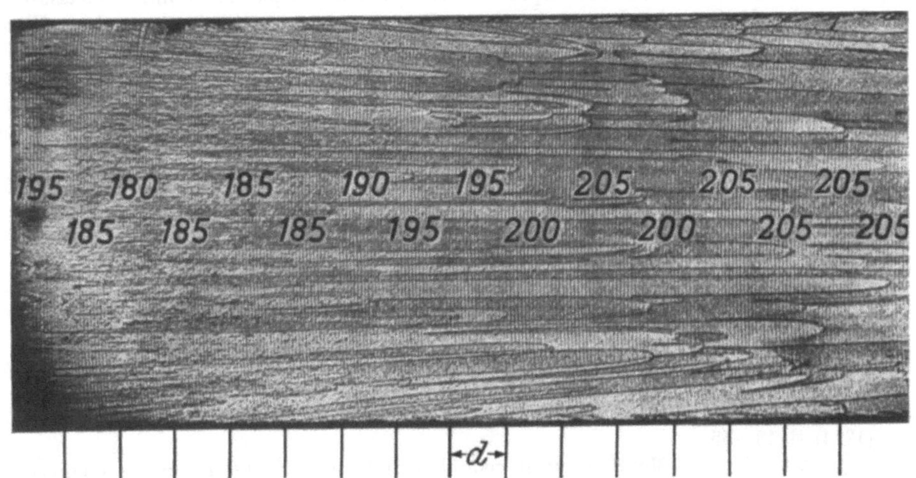

Abb. 35. Gleichzeitige Bruchmarkierung durch longitudinale und transversale Ultraschallwellen

konnten (vgl. Abb. 30). Eine genaue Diskussion zeigt nun, daß *hinsichtlich der Bruchflächenmodulation* longitudinale und transversale Wellen vollständig interferieren können. So entstehen im Felde der Ultraschall-Linien durch Interferenzauslöschung Lücken, deren Abstand d gegeben ist durch die folgende Beziehung:

$$\frac{l}{d} = \frac{\cos \beta}{\lambda_t} - \frac{\cos \alpha}{\lambda_l}. \tag{7}$$

Dabei ist λ_l die Wellenlänge der Dichtewelle im Plexiglas. Die Bedeutung der Größen α, β und λ_t geht aus Abb. 30 hervor.

Ist nun beispielsweise λ_l und (nach dem Brechungsgesetz) damit auch α bekannt, so läßt sich grundsätzlich aus der vorstehenden Gleichung die unbekannte Wellenlänge λ_t der Schubwelle ermitteln.

Literatur

[1] ASTM-Standards: Strength properties of plastics. Part 6 (1949). American Society for Testing Materials, Philadelphia (vgl. DIN 53453).

[2] HAZEN, TH.: Mod. Plastics 21 (1943) S. 103—144.

[3] MAXWELL, B., u. J. HARRINGTON: Trans. ASME 72 (1952) S. 579.

[4] EMSCHERMANN, H. H., u. K. RÜHL: Beanspruchungen eines Biegeträgers bei schlagartiger Querbelastung. VDI-Forsch.-Heft Nr. 443 (1954).

[5] FINK, K.: Grundlagen und Anwendungen des Dehnungsmeßstreifens. Düsseldorf: Verlag Stahleisen 1952.

[6] DOBIE, W. B., u. P. C. ISAAC: Electric Resistance Strain Gauges. London: English University Press 1950.

[7] ZELBSTEIN, U.: Technique et Utilisation des Jauges de Contrainte. Paris, 92, Rue Bonaparte, Paris VI: Verlag DUNOD 1956.

[8] MAECKER, H.: Über die Bewegung gestoßener Körper. Naturwiss. 40 (1953) S. 521/22; sowie unveröffentlichte Arbeiten aus dem Ballistischen Institut der Technischen Akademie der Luftwaffe Berlin-Gatow (1939—1945).

[9] SCHARDIN, H.: Ergebnisse der kinematographischen Untersuchung des Bruchvorganges. Glastechn. Ber. 23 (1950) S. 1—10, 67—79 u. 335—336.

[10] SCHARDIN, H.: Physikalische Methoden zur Untersuchung kurzzeitiger Vorgänge. Phys. Bl. (1951) S. 487—501.

[11] SCHWIEGER, H.: Polarisationsoptische Stoßuntersuchungen an dünnen Glasstäben. Actes du 2ᵉ Congrès International de Photographie et Cinématographie Ultra-Rapides, September 1954, Paris, S. 345—351. Paris VI: Verlag DUNOD 1956.

[12] High-Speed Photography. Journal of the Soc. of Motion Picture and Television Engineers, Vol. 1 bis 5.

[13] Actes du 2ᵉ Congrès International de Photographie et Cinématographie Ultra-Rapides, Paris, September 1954. Paris VI: Verlag DUNOD 1956.

[14] Proceedings of the Third International Congress on High-Speed Photography, September 1956. London: Butterworths Scientific Publ. 1957.

[15] SCHARDIN, H.: The Development of High-Speed Photography in Europe. Journal of the SMPTE, Vol. 61, September 1953.

[16] FRÜNGEL, F.: Ein neues Hochfrequenz-Blitzgerät für lange Blitzserien (25000/Sek.), sowie Anwendungen gesteuerter Einzelblitze in der Spannungsoptik. Z. angew. Phys. 8 (1956) S. 86—90.

[17] SCHARDIN, H., u. E. FÜNFER: Grundlagen der Funkenkinematographie. Z. angew. Phys. 5 (1952) S. 185—199.

[18] SCHARDIN, H.: Untersuchung von Zerreißvorgängen bei Kunststoffen. Kunststoffe 44 (1954) S. 48—55.

[19] SCHARDIN, H.: Die Mehrfach-Funkenkamera und ihre Anwendung in der technischen Physik. Z. angew. Phys. 5 (1953) S. 19—24.

[20] FÜNFER, E., u. W. MÜLLER: Kerrzellenphotographie und -kinematographie ballistischer Vorgänge. Actes du 2ᵉ Congrès International de Photographie et Cinématographie Ultra-Rapides, Paris, September 1954. Paris VI: Verlag DUNOD 1956.

[21] EDGERTON, H. E., u. K. J. GERMERSHAUSEN: A Microsecond Still Camera. High-Speed Photography 5(1954) S. 42, SMPTE New York.

[22] MILLER, C. D.: Half-Million Stationary Images per Second With Refocused Revolving Beams. High-Speed Photography 2 (1949) S. 53, SMPTE New York.

[23] BOWEN, E. J.: US Nav. Ord. Test Station Ser. Nr. 152 (1948).

[24] WALKER, E. W.: The Development of single-frame Kerr-cell Cameras in AWRE and their Use in Conjunction with Streak-Cameras. Actes du 2ᵉ Congrès International de Photographie et Cinématographie Ultra-Rapides, Paris, September 1954. Paris VI: Verlag DUNOD 1954.

[25] BRIXNER, B.: Measurement and Correction of Astigmatic Images in Rotating-Mirror Sweeping-image Cameras. Proceedings of the Third International Congress on High-Speed Photography, S. 319. London: Butterworths Scientific Publ. 1957.

[26] SCHARDIN, H.: The Relationship between Maximum Frame Frequency and Resolution in Rotating-Mirror Framing Cameras. Proceedings of the Third International Congress on High-Speed Photography, S. 316.

[27] COURTNEY-PRATT, J. S.: A High-Speed Cine-Microscope. Actes du 2ᵉ Congrès International de Photographie et Cinématographie Ultra-Rapides, Paris September 1954, S. 152. Paris VI: Verlag DUNOD 1956.

[28] BRAY, G. R. R.: A lenticular Plate High-Speed Camera. Actes du 2ᵉ Congrès International de Photographie et Cinématographie Ultra-Rapides, Paris September 1954, S. 175. Paris VI: Verlag DUNOD 1956.

[29] SULTANOFF, M.: A 100000000 Frame Per Second Camera High-Speed Photography, 3 (1951). SMPTE New York.

[30] Lunn, G. H.: Multiple Picture Photography with the Mosaic Cathode Image Converter. Proceedings of the Third International Congress on High-Speed Photography, September 1956, S. 102. London: Butterworths Sci. Publ. 1957.

[31] Rinehart, J. S., u. J. Pearson: Behavior of Metals under Impulsive Loads. The American Society for Metals, 1954.

[32] Schardin, H.: Die Schlierenverfahren und ihre Anwendungen. Ergebn. exakt. Naturwiss. 20 (1942) S. 303—439.

[33] Messner, G.: Spannungsoptik. Berlin: Springer 1939.

[34] Föppl, L., u. E. Mönch: Praktische Spannungsoptik. Berlin/Göttingen/Heidelberg: Springer 1950.

[35] Hetenyi, M.: Handbook of Experimental Stress Analysis, Kap. 17. New York: John Wiley & Sons 1950 — London: Chapman & Hall 1950.

[36] Zandman, F.: Etude Photo-Elastique de la Propagation des Contraintes au Cours de la Rupture du Plexiglass. Actes du 2ᵉ Congrès International de Photographie et Cinématographie Ultra-Rapides, Paris, September 1954, S. 352—356. Paris VI: Verlag DUNOD 1956.

[37] Schardin, H.: Theorie und Anwendungen des Mach-Zehnderschen Interferenz-Refraktors. Z. Instrumentenkde. 53 (1933) S. 396—403.

[38] Güth, W.: Die Leitung von Schallimpulsen in Metallstäben. Acustica 5 (1955) S. 35.

[39] Kerkhof, F.: Analyse des spröden Zugbruches von Gläsern mittels Ultraschall. Naturwiss. 40 (1953) S. 478.

[40] Kerkhof, F.: Ein einfacher Versuch zur Bruchflächenmarkierung durch mechanische Impulse. Glastechn. Ber. 28 (1955) S. 57/58.

[41] Kerkhof, F.: Linienstrukturen an Glasbruchflächen. Umschau 55 (1955) S. 656—658.

[42] Kerkhof, F., u. H. Dreizler: Untersuchung des Bruchvorganges mittels Ultraschall. Glastechn. Ber. 29 (1956) S. 459—470.

[43] Manitz, G.: Versuche zur Bruchzeichnung mit Ultraschall. Diplomarbeit Freiburg/Br. 1956.

[44] Wallner, H.: Linienstrukturen an Bruchflächen. Z. Phys. 114 (1939) S. 368—378.

[45] Smekal, A.: Ultraschalldispersion und Bruchgeschwindigkeit. Phys. Z. 41 (1940) S. 475 bis 480.

[46] Smekal, A.: Verfahren zur Messung von Bruchfortpflanzungs-Geschwindigkeiten an Bruchflächen. Glastechn. Ber. 23 (1950) S. 57—67.

[47] Smekal, A.: Über den Anfangsverlauf der Bruchgeschwindigkeit im Zerreißversuch. Glastechn. Ber. 23 (1950) S. 186—189.

[48] Smekal, A.: Dynamik des spröden Zugbruches von zylindrischen Glasstäben. Acta phys. Austr. 7 (1953) S. 110—122.

[49] Smekal, A.: Zur Physik des spröden Stoffverhaltens. Radex-Rdsch. (1953) S. 208—212.

[50] Smekal, A.: Zum Bruchvorgang bei sprödem Stoffverhalten unter ein- und mehrachsigen Beanspruchungen. Öst. Ing.-Arch. 7 (1953) S. 49—70.

[51] Kerkhof, F.: Ultrasonic Fractography. Proceedings of the Third International Congress on High-Speed Photography, S. 194. London: Butterworths Sci. Publ. 1957.

[52] Woebeken, W.: Zur Prüfung der Schlagfestigkeit von Kunststoff-Formteilen. Kunststoffe 49 (1959) S. 485—488.

[53] Emschermann, H. H., R. Flossmann u. K. H. Rühl: Quantitative Ermittlung der dynamischen Spannungszustände an quergestoßenen Biegeträgern mit Hilfe von Funkenkinematographie und Spannungsoptik. Kurzzeitphotographie, Bericht über den IV. Internationalen Kongreß für Kurzzeitphotographie und Hochfrequenzkinematographie, Köln, 22. bis 27. September 1958 (im folgenden abgekürzt: Ber. IV. Kongr. 1958), S. 308 bis 313. Darmstadt: Verlag Dr. O. Helwich 1959.

[54] Nagamati, G. M., M. L. Meyer u. P. Freeman: Diskussionsbeitrag zu [53]. Ber. IV. Kongr. 1958, S. 314—316.

[55] Schwieger, H., u. J. Träger: Beitrag zum Studium des Plattenbiegestoßes. Ber. IV. Kongr. 1958, S. 317—321.

[56] Thorwart, W.: Dynamische Spannungsoptik mit Funkenblitzen. Ber. IV. Kongr. 1958, S. 323—328.

[57] Edgerton, H. E.: Submicrosecond flashes of light. Ber. IV. Kongr. 1958, S. 91—97.

[58] PORTER, G., u. E. R. WOODING: Reduction of the afterglow of an electronic flash-tube. Ber. IV. Kongr. 1958, S. 98—103.

[59] THACKERAY, D. P. C.: Current developments in the production and assessment of high intensitiy discharges. Ber. IV. Kongr. 1958, S. 123—129.

[60] MARSCHAK, J. S.: Blitzlichtröhren für Kurzzeitphotographie. Ber. IV. Kongr. 1958, S. 130—135.

[61] FRÜNGEL, F.: Zeitgeber und Synchronisierung bei Hochfrequenzfilmen und Kurzzeitaufnahmen mit Funkenblitzen. Ber. IV. Kongr. 1958, S. 104—111.

[62] STENZEL, A.: Elektronisch gesteuerte CRANZ-SCHARDIN-Funkenzeitlupe. Ber. IV. Kongr. 1958, S. 136—138.

[63] MÜLLER, W.: Zur Anwendung des KERR-Zellenverschlusses bei Schlierenaufnahmen. Ber. IV. Kongr. 1958, S. 225—229.

[64] RIECK, J.: Ein Tageslicht-Zeitraffer mit Kurzzeitverschluß. Ber. IV. Kongr. 1958, S. 300—303.

[65] BUTSLOV, M. M., E. K. ZAVOISKY, A. G. PLAHOV, S. D. SMOLKIN u. S. D. PACHENKO: Electron-optical method for studying short duration phenomena. Ber. IV. Kongr. 1958, S. 230—242.

[66] NESTERIKHIN, Y. E., u. V. S. KOMELKOV: An image-converter multiple frame camera. Ber. IV. Kongr. 1958, S. 243—246.

[67] HUSTON, A..E.: Some developments in rotating mirror cameras. Ber. IV. Kongr. 1958, S. 163—166.

[68] SKINNER, A.: A versatile rotating mirror camera. Ber. IV. Kongr. 1958, S. 172—176.

[69] DUBOWIK, A. S.: Theoretische Untersuchungen über Mehrfach-Reflexionen an Drehspiegeln. Ber. IV. Kongr. 1958, S. 182—188.

[70] SAMUROV, L. A.: Optischer Beschleuniger und ein neues Schema der Ultrahochfrequenz-Kinokamera. Ber. IV. Kongr. 1958, S. 189—195.

[71] DUBOWIK, A. S., P. W. KEWLISCHWILI u. G. L. SCHNIRMANN: Zeitlupe mit Mehrfach-Reflexion. Ber. IV. Kongr. 1958, S. 196—201.

[72] IWANOV, B. T.: Optische Feinstrukturraster für die Hochfrequenz-Kinematographie. Ber. IV. Kongr. 1958, S. 202—204.

[73] PROWORNOV, S. M., u. O. F. GREBENNIKOV: Rasterkamera für Kurzzeitaufnahmen mit Frequenzen bis 100 Millionen Bildern in der Sekunde. Ber. IV. Kongr. 1958, S. 205—208.

[74] JACOBS, S. J.: Examples of high speed photographic techniques at the Naval Ordnance Laboratory. Ber. IV. Kongr. 1958, S. 209—212.

[75] VIARD, J.: Relation fréquence-résolution pour les cameras à image tramée analysée par miroir tournant. Ber. IV. Kongr. 1958, S. 177/78.

[76] KÜHNE, J.: Über eine Linsenrasterkamera für eine Bildfrequenz von $6 \cdot 10^6$ Bildern pro Sekunde. Ber. IV. Kongr. 1958, S. 179—181.

[77] HÄNSEL, H.: Ergebnisse der Hochfrequenz-Kinematographie bei der Untersuchung der Sprödbruchfortpflanzung. Ber. IV. Kongr. 1958, S. 277—281.

[78] MANN, H. C.: High velocity tension impact tests. Proc. ASTM 36 (1936) S. 85ff.

[79] MANJOINE, M. J., u. A. NADAI: High speed tension tests at elevated temperatures, Part. I. Proc. ASTM 40 (1940) S. 822—837.

[80] NADAI, A., u. M. J. MANJOINE: High speed tension tests at elevated temperatures, Part II and III. J. appl. Mech. 8 (1941) S. 77—91.

[81] GRIMMINGER, H.: Elektronische Zerreißapparatur zur Untersuchung des Stoßverhaltens von Kunststoff-Folien. Kunststoffe 50 (1960) S. 491—499.

[82] COMTET, A.: Caractéristiques mécaniques de l'acier soumis à des efforts brusques, en particulier à l'action des gaz de la poudre. Mem. de l'Art. 7 (1928) S. 357—378.

[83] WAKALSKI, M.: Etudes des propriétés mécaniques de l'acier sous l'influence de force dynamique (pression de poudre). Mém. de l'Art. 13 (1934) S. 803—823.

[84] GIESSMANN, E. J.: Neue Methode zur Durchführung von Zugversuchen mit hohen Deformationsgeschwindigkeiten. Experiment. Techn. Phys. 1 (1953) S. 79—85. — Zur Verformung von Zugstäben aus Stahl bei hohen Geschwindigkeiten. Arbeitstag. Festkörperphysik Dresden 1954, S. 77—81. Köthen.

[85] PETERSEN, A. H.: High energy rate metal forming. Amer. Soc. Met., ohne Jahresangabe, vermutlich 1958, S. 21—29. Cleveland/Ohio.

[*86*] KLUMB, H.: Über ein neues Verfahren zur Herstellung hoher mechanischer Stoßbeschleunigungen und seine Verwendung bei der Entwicklung mechanischer Stoßprüfanlagen. Dtsch. Luftfahrtforsch., Unt. u. Mitt. 626 (1941) S. 1—10.

[*87*] HABIB, E. T.: A method of making high-speed compression tests on small copper cylinders. Appl. Mech. 15 (1948) S. 248—255.

4.8 Verhalten in elektrischen Wechselfeldern

Von **M. Magat** und **L. Reinisch** Paris (Frankreich)

Bedeutung der Symbole

E	elektrisches Feld	R	Gaskonstante
D	dielektrische Verschiebung	c	Lichtgeschwindigkeit
DK	Dielektrizitätskonstante	$t,\ T$	Temperatur in Centigrad, absolute Temperatur
ε^*	komplexe DK		
$\varepsilon_0,\ \varepsilon_s$	statische DK oder niederfrequenter Grenzwert eines Dispersionsgebietes	T_g	Glasbildungstemperatur
		$\tau,\ \tau_w$	Relaxationszeit, wahrscheinlichste Relaxationszeit
ε_∞	DK bei optischen Frequenzen oder hochfrequenter Grenzwert eines Dispersionsgebietes (zusätzliche Ziffern im Index, z. B. ε_{01} oder $\varepsilon_{\infty 2}$ sind zur Unterscheidung mehrerer Dispersionsgebiete hinzugefügt worden)	$L(\tau)$	Verteilungsfunktion der Relaxationszeiten
		$\sphericalangle\ \alpha$	Zentralwinkel des COLE und COLE-Kreises; Maß für die Verteilung
		$f(\ldots),\ g(\ldots)$	Funktion von …
		A	Frequenzfaktor der ARRHENIUS-Gleichung
ε'	Realteil der DK	$\Delta E^{\neq}$	Aktivierungsenergie
ε''	imaginäres Glied der DK	$\Delta S^{\neq}$	Aktivierungsentropie
$\varepsilon''_{\max}$	Maximalwert von ε''	$\Delta F^{\neq}$	freie Aktivierungsenergie
n	Brechungsindex	$\delta\,\Delta F^{\neq}$	Schwankung der freien Aktivierungsenergie
$\tan\delta$	Verlustfaktor		
α	Polarisierbarkeit	$f^{\neq}$	freie Aktivierungsenergie pro Atom Kohlenstoff eines Kettensegmentes
ε_n	DK der n. Schicht		
λ_n	Leitfähigkeit der n. Schicht		
$v,\ v_{kr}$	Frequenz, kritische Frequenz	$\mathfrak{Z}$	Anzahl der Kohlenstoffatome pro Kettensegment
$\omega,\ \omega_{kr}$	Kreisfrequenz, kritische Kreisfrequenz	γ	HILDEBRANDscher Lösungskoeffizient
λ_{kr}	Sprungwellenlänge		
M	Molekulargewicht	g	KIRKWOODscher Korrelationsfaktor
ϱ	Dichte		
V	Volumen	β	Proportionalitätskoeffizient zwischen makroskopischer Relaxationszeit Θ und mikroskopischer Relaxationszeit τ, gemäß der Gleichung $\Theta = \beta\,\tau$
N	Anzahl der Dipole pro Volumeneinheit		
$\mu,\ \mu^*$	Moment, effektives Moment		
η	Viskosität		
k	BOLTZMANN-Konstante		

4.8.1 Theoretische Betrachtungen über die dielektrische Dispersion

a) Einleitung. Betrachten wir den Ladungsprozeß eines mit einem Dielektrikum gefüllten Kondensators, an den wir am Zeitpunkt $t = 0$ ein elektrisches Feld $\vec{E}$ anlegen. Man beobachtet dann, daß die dielektrische Verschiebung $\vec{D}$, die diesen Ladungsprozeß kennzeichnet, folgendermaßen ansteigt:

1. in einem unter 10^{-10} Sek. liegenden Zeitraum nimmt $\vec{D}$ den Wert $\vec{D} = \varepsilon_\infty\,\vec{E}$ an,

2. in einer zweiten Phase wächst $\vec{D}$ exponentiell mit der Relaxationszeit τ an, um sich asymptotisch dem Werte $\vec{D} = \varepsilon_0 \vec{E}$ zu nähern[1].

Der asymptotische Wert wird nur erreicht, wenn das elektrische Feld statisch ist, d. h. während einer unendlichen Zeit einen konstanten Wert beibehält. Handelt es sich jedoch um ein Wechselfeld, was praktisch meistens der Fall ist, so wird die Dielektrizitätskonstante nie den Wert ε_0 annehmen und man beobachtet eine Verschiebung $\vec{D} = \varepsilon^* \vec{E}$, bei der ε^* von der Frequenz des Wechselfeldes abhängt, und zwar nimmt ε^* mit steigender Frequenz ab, um bei Frequenzen von der Größenordnung von 10^{+13} Hz den optischen Wert $\varepsilon_\infty = n^2$ zu erreichen. Praktisch geschieht diese Abnahme von ε^* in einem beschränkten Frequenzintervall, das man als Dispersionsgebiet bezeichnet. Gleichzeitig mit der Dispersion findet eine Energieabsorption im Dielektrikum statt.

Phänomenologisch läßt sich die Dielektrizitätskonstante (DK) im Dispersionsgebiet durch eine komplexe Zahl

$$\varepsilon^* = \varepsilon' - i\,\varepsilon'' \tag{1}$$

darstellen, deren Realteil ε' das kapazitive Verhalten des Kondensators und deren imaginäres Glied ε'' den Energieverlust kennzeichnet. In der Technik benutzt man oft den Verlustfaktor

$$\tan\vartheta = \frac{\varepsilon''}{\varepsilon'}. \tag{2}$$

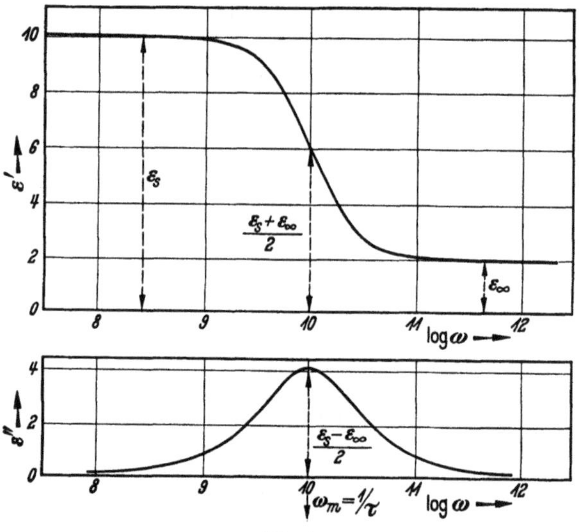

Die Abhängigkeit von ε' und ε'' von der Frequenz (Abb. 1) kann durch die Gleichungen

$$\varepsilon' = \frac{\varepsilon_\infty + (\varepsilon_0 - \varepsilon_\infty)}{1 + \beta^2\,\omega^2\,\tau^2}, \tag{3}$$

$$\varepsilon'' = \frac{(\varepsilon_0 - \varepsilon_\infty)\,\omega\,\tau}{1 + \beta^2\,\omega^2\,\tau^2} \tag{4}$$

beschrieben werden, die ganz allgemeiner Natur sind und die für alle komplexen, irgendeinen Relaxationsvorgang charakterisierenden Größen die gleiche Form besitzen. Diese Gleichungen wurden erstmalig von PELLAT [1] aufgestellt, dann von DEBYE [2] auf Grund molekulartheoretischer Vorstellungen und später von KAUZMANN [3] mit Hilfe reaktionskinetischer Betrachtungen abgeleitet[2].

Abb. 1

DEBYE-Kurven. Abhängigkeit von ε' und ε'' von der Frequenz für $\varepsilon_0 = 10$, $\varepsilon_\infty = 2$ und $\tau = 10^{-10}$ s. (Nach C. J. F. BÖTTCHER)

---

[1] Die Definition aller Symbole ist in einer dem Artikel vorgeschickten Tabelle angegeben.

[2] Wenn, wie hier, mit τ die mikroskopische Relaxationszeit bezeichnet wird, d. h. die die molekularkinetischen Vorgänge charakterisierende Relaxationszeit, so stellt $\beta\,\tau = \Theta$ die Relaxationszeit des makroskopischen Phänomens dar, hier also die Einstellungszeit der dielektrischen Polarisation. Der Proportionalitätskoeffizient β hängt vom Ausdruck des inneren Feldes ab (s. hierzu auch S. 523 und 524).

Zweierlei Ursachen können zu dielektrischen Dispersionserscheinungen führen und, falls sie gleichzeitig vorhanden sind, das Auftreten von zwei oder mehreren Relaxationsgebieten bedingen. Es sind dies:

1. Die Existenz permanenter elektrischer Dipole als Folge unsymmetrischer Molekülstruktur, die die Orientierungspolarisation bedingt.

2. Die Heterogenität des Dielektrikums, die zum sog. MAXWELL-WAGNER-Effekt führt.

Wir werden nacheinander auf diese beiden Ursachen eingehen.

b) Die Orientierungspolarisation.

α) *Phänomenologische Betrachtungen.* Ganz allgemein lassen sich die Moleküle, was ihr Verhalten im elektrischen Feld anbetrifft, in drei verschiedene Gruppen einordnen, und zwar:

1. Moleküle, die aus gleichartigen Atomen bestehen (H_2, N_2, O_2 usw.). In diesen Molekülen bewirkt das elektrische Feld nur eine Verzerrung der Elektronenwolke (Elektronenpolarisation). Wegen der Beweglichkeit der Elektronen stellt sich dieser Effekt in Zeiträumen ein, die den Frequenzen der ultravioletten Schwingungsspektren entsprechen, d. h. also etwa 10^{16} Hz.

2. Moleküle, die zwar aus ungleichartigen Atomen bestehen, bei denen sich aber die Bindungs- oder Gruppendipole wegen der symmetrischen Struktur kompensieren (CO_2, CCl_4, Dioxan, p-$C_6H_4Cl_2$ usw.). Werden solche Moleküle in ein elektrisches Feld gebracht, so kommt zu der immer vorhandenen Verzerrung der Elektronenwolke noch eine Verschiebung der Atome oder der Atomgruppen hinzu (Atompolarisation), welche mit einer Geschwindigkeit von der Größenordnung der intramolekularen Schwingungsfrequenzen ($\sim 10^{13}$ Hz) stattfindet.

3. Moleküle, die unkompensierte Dipole enthalten. Neben Elektronen- und Atompolarisation wird dann noch eine Drehungs- oder Orientierungspolarisation beobachtet, d. h. eine Rotation der permanenten Dipole in Richtung des angreifenden elektrischen Feldes. Diesem Mechanismus wirkt die BROWNsche Molekularbewegung entgegen und die Orientierungspolarisation ist daher im Gegensatz zur Elektronen- und Atompolarisation stark temperaturabhängig; im übrigen stellt sie sich mit der Geschwindigkeit der intermolekularen Bewegungen ein, die ins HERTZsche Frequenzgebiet ($\nu < 10^{11}$ Hz) fallen; in demselben ist es also diese Orientierungspolarisation, die für die dielektrischen Dispersionserscheinungen verantwortlich ist.

β) *Statische Dielektrizitätskonstante und Relaxationszeit als Funktionen charakteristischer Molekulargrößen.* Eine der Hauptaufgaben der elektrischen Polarisationstheorie ist es nun, die makroskopisch meßbare statische Dielektrizitätskonstante ε_0 sowie die Relaxationszeit τ auf charakteristische Molekulargrößen, wie z. B. Polarisierbarkeit, Dipolmoment usw. zurückzuführen. Es ist möglich, die erste dieser Beziehungen auf der Basis der rein elektrostatischen Theorie (DEBYE, ONSAGER) oder mit Hilfe statistisch mechanischer Methoden (KIRKWOOD, FRÖHLICH) herzuleiten. Bedient man sich der elektrostatischen Methode, so ist es unerläßlich, mit dem Konzept des inneren Feldes zu arbeiten, d. h. desjenigen Feldes, das tatsächlich den Dipol ausrichtet. Dasselbe ist natürlich nicht mit dem angelegten elektrischen Feld identisch, da ja die anderen, im Dielektrikum enthaltenen Dipole ein Zusatzfeld liefern. Der erste Versuch, das innere Feld zu berechnen, wurde von LORENTZ unternommen. Wird der von ihm hergeleitete

Ausdruck verwendet, so gelangt man zur DEBYE-Formel

$$\frac{\varepsilon_0 - 1}{\varepsilon_0 + 2} \frac{M}{\varrho} = \frac{4\pi}{3} N \left(\alpha + \frac{\mu^2}{3kT} \right). \tag{5}$$

LORENTZ hat jedoch Dipol-Dipol-Wechselwirkungen und Nahwirkungskräfte vernachlässigt. Der Ausdruck (5) ist daher nur gültig für

1. verdünnte Gase und Lösungen von polaren Molekülen in einem unpolaren Lösungsmittel und

2. für hochsymmetrische Kristalle.

Sie ist also nicht auf Hochpolymere anwendbar.

Auf diese wurden mit mehr oder weniger Erfolg zwei andere Ausdrücke (ONSAGER, KIRKWOOD) angewandt [*11*, *12*], auf die wir jetzt näher eingehen wollen.

1936 hat ONSAGER [*9*] an Stelle von (5) einen Ausdruck angegeben, der die Dipol-Dipol-Wechselwirkung berücksichtigt. – ONSAGER betrachtet einen Dipol, der sich in einer kleinen Kugel von molekularen Dimensionen befindet, die ihrerseits im Dielektrikum eingebettet ist. Alle außerhalb dieser Kugel liegenden Ladungen erzeugen beim Anlegen des elektrischen Feldes im Innern der zuerst als leer gedachten Kugel das sog. Käfigfeld. Wird nun der betrachtete Dipol in den Mittelpunkt der Kugel zurückverlegt, so polarisiert er seine Umgebung, die ihrerseits wiederum auf den betrachteten Dipol einwirkt, indem sie ein zum Käfigfeld hinzukommendes Zusatzfeld, das Reaktionsfeld, liefert. Es ist interessant hervorzuheben, daß die Summe von Käfigfeld und Mittelwert des Reaktionsfeldes gleich dem LORENTZ-Feld ist. Ausrichtend auf den Dipol wirkt – und das ist ausschlaggebend – allein das Käfigfeld und nicht das Gesamtfeld. Denn aus Symmetriegründen ist das Reaktionsfeld immer dem es erzeugenden Dipol parallel und kann daher denselben nicht orientieren.

Schließlich erhalten ONSAGER und BÖTTCHER [*117*], der diese Theorie weiter ausbaute, an Stelle von (5) die Formel

$$\varepsilon_0 - n^2 = \left(\frac{3\varepsilon_0}{2\varepsilon_0 + n^2} \right) \frac{4\pi N \varrho \mu^2}{M\,3kT} \left(\frac{n^2 + 2}{3} \right)^2. \tag{6a}$$

Der nächste Schritt bestand nun darin, auch den Nahwirkungskräften (VAN DER WAALS, Dispersionskräfte, Wasserstoffbrücken) in der Theorie Rechnung zu tragen. Dies geschah erstmalig von KIRKWOOD [*10*], der an Stelle der elektrostatischen Theorie ONSAGERS eine statistische Theorie aufstellte, später von FRÖHLICH [*118*]. Man gelangt so zu einer Beziehung, die sich formell nur durch die Anwesenheit eines schwer abzuschätzenden Faktors $(1 + z \overline{\cos \gamma})$ von der ONSAGER-BÖTTCHER-Formel unterscheidet, nämlich

$$\varepsilon_0 - n^2 = \left(\frac{3\varepsilon_0}{2\varepsilon_0 + n^2} \right) \frac{4\pi N \varrho}{M} \frac{\mu^2}{3kT} \left(\frac{n^2 + 2}{3} \right)^2 (1 + z \overline{\cos \gamma}). \tag{6b}$$

Hierin bedeuten z die Anzahl der nächsten Nachbarn und γ den Winkel zwischen dem Dipolmoment des betrachteten Moleküls und dem Dipolmoment eines seiner nächsten Nachbarn. $(1 + z \overline{\cos \gamma})$ wird oft als Korrelationsfaktor g bezeichnet (s. auch [*119*]).

Wie bereits erwähnt, hängt der Proportionalitätskoeffizient β, der in die Formeln (3) und (4) eingeht, vom Ausdruck des inneren Feldes ab. Der DEBYE-

Formel entspricht

$$\beta = \frac{\varepsilon_0 + 2}{\varepsilon_\infty + 1}\,,$$

der ONSAGER-Formel

$$\beta \sim 1.\,^{1}$$

Es bleibt nun noch übrig, die mikroskopische Relaxationszeit molekular-theoretisch zu deuten. DEBYE hat hierzu folgende Überlegung angegeben. Dem auf das Molekül einwirkenden inneren Feld entspricht ein Drehmoment $-\mu F \sin\Theta$, das das betrachtete Molekül um den Winkel Θ dreht. Diesem Drehmoment wirkt ein Reibungsmoment $\xi\,\dfrac{\partial\Theta}{\partial t}$ entgegen, wobei ξ eine für die innere Reibung maßgebende Konstante ist. Unter diesen Umständen ist die Relaxationszeit τ gleich $\dfrac{\xi}{2\,k\,T}$. Macht man nun noch die zusätzliche Hypothese, daß die Moleküle sich wie Kugeln vom Radius a verhalten und daß deren Drehung durch das STOKESsche Gesetz beschrieben werden kann, so wird die Reibungskonstante $\xi = 8\pi\,\eta\,a^3$ und daher

$$\tau = \frac{4\,\pi\,\eta\,a^3}{k\,T}. \tag{7}$$

Hierin bedeutet η die makroskopische Viskosität.

Die zur Berechnung von τ gemachten Hypothesen treffen natürlich kaum für reelle Dielektrika zu, insbesondere, wenn es sich um hochmolekulare Substanzen handelt. Eine bessere Näherung wird erreicht, wenn man anstatt die makroskopische Viskosität einzuführen, auf den Grundmechanismus des molekularen Platzwechsels oder hier genauer Orientierungswechsels zurückgeht, den man reaktionskinetisch zu behandeln sucht.

γ) Reaktionskinetische Beschreibung des Relaxationsmechanismus. Der reaktionskinetischen Beschreibung der Dispersion liegt folgendes physikalisches Bild zugrunde:

Jeder Dipol befindet sich prinzipiell in einer Gleichgewichtsmulde, die von anderen möglichen Gleichgewichtsmulden durch Potentialschwellen getrennt ist und in der er Schwingungen um die Gleichgewichtslage ausführt. Erwirbt der Dipol genügend kinetische Energie, so wird er über die Potentialschwelle springen und eine andere Gleichgewichtsrichtung einnehmen. Die Anzahl der Moleküle, die pro Zeiteinheit eine gegebene Gleichgewichtsrichtung verlassen, ist gleich der Anzahl derjenigen Moleküle, die diese Gleichgewichtsrichtung neu einnehmen.

Beim Anlegen eines elektrischen Feldes werden sich nun zwei physikalische Prozesse abspielen:

1. In jeder Mulde wird die Gleichgewichtsrichtung φ mehr oder weniger in Richtung des Feldes verschoben; die Dipole werden ihre Schwingungen im

---

¹ Es sei in diesem Zusammenhang auf einen kritischen Artikel von POWLES über die Abhängigkeit der dielektrischen Relaxation vom inneren Feld hingewiesen [*109*]. Die POWLES-sche Hypothese für das innere Feld ergibt

$$\beta = \frac{3\,\varepsilon_0}{2\,\varepsilon_0 + \varepsilon_\infty}\,, \quad \text{also} \quad \tau = \frac{2\,\varepsilon_0 - \varepsilon_\infty}{3\,\varepsilon_0}\,\frac{\lambda_{kr}}{2\pi\,c}$$

Messungen von SMYTH und Mitarbeitern [*110*] stimmen mit diesem Ausdruck gut überein.

wesentlichen mit der gleichen Frequenz (intermolekulare Librationsschwingungsfrequenz), jedoch um einen anderen Schwerpunkt $\varphi + \Delta\varphi$ ausführen. Es entsteht daher ein von der Feldfrequenz abhängiger Beitrag zur Gesamtpolarisation dann, wenn die Feldfrequenz in der Nähe der Librationsschwingungsfrequenz liegt. Ist die Feldfrequenz wesentlich höher als die Schwingungsfrequenz, so hat die Schwingung um die Gleichgewichtslage keine Zeit sich einzustellen und der Librationspolarisationsbeitrag verschwindet [13, 14, 15]. Bei Wasser liegt die Librationsschwingung bei einer Wellenlänge von etwa 20 μ [16], bei größeren Molekülen ist sie nach größeren Wellenlängen hin verschoben [15]. Es scheint auch, daß der Librationsbeitrag zur Gesamtpolarisation bei schwereren Molekülen immer kleiner wird und daher bei Polymeren in erster Näherung vernachlässigt werden könnte. Dies steht jedoch heute noch keineswegs fest; vielleicht ist die von MAAR [17] an Polystyrol beobachtete Absorption bei 0,2 bis 0,5 mm auf Librationspolarisation zurückzuführen.

Es sei noch hinzugefügt, daß die Librationspolarisation im Gegensatz zur Orientierungspolarisation kein Relaxationsphänomen ist, sondern, genau wie die optische Absorption, ein Resonanzphänomen darstellt.

2. Die relative Tiefe der Mulden wird verändert. In Feldrichtung liegende Mulden werden bevorzugt sein; in denselben werden sich mehr Moleküle bei Bestehen eines elektrischen Feldes ansammeln als im gegenteiligen Fall.

Um in diese bevorzugten Mulden hineinzugelangen, müssen die Moleküle, wie schon gesagt, Potentialschwellen überqueren. Diese Überlegung zeigt, daß der molekulare Orientierungswechsel formelle Analogie mit chemischen Reaktionen aufweisen wird. Er kann daher mathematisch auf die gleiche Weise behandelt werden [3, 13, 14, 18]. Ändert sich die Feldrichtung so schnell, daß die Moleküle nicht Zeit genug haben, sich in die bevorzugten Mulden hineinzudrehen, so wird keine Orientierungspolarisation vorhanden sein, d. h., das Dielektrikum verhält sich, als bestünde es nur aus kompensierten Dipolen. Ist die Feldfrequenz von der Größenordnung der Reaktionsgeschwindigkeitskonstanten, so hängt die Polarisation und daher auch die Dielektrizitätskonstante stark von der Feldfrequenz ab. Man beobachtet dann die dielektrischen Dispersionserscheinungen.

Die Relaxationszeit entspricht in dieser Vorstellung der Halbwertszeit einer monomolekularen Reaktion und ist daher durch folgenden Ausdruck gegeben:

$$\tau = A\, e^{-\Delta E^{\pm}/RT} = \frac{h}{kT}\, e^{\Delta S^{\pm}/R} \cdot e^{-\Delta E^{\pm}/RT}, \qquad (8)$$

wobei $\Delta S^{\pm}$ die Aktivierungsentropie und $\Delta E^{\pm}$ die Aktivierungsenergie (Höhe der Potentialschwelle) bedeuten (EYRING, BAUER).

Wählt man für das innere Feld den Onsagerschen Ansatz, so hängt τ mit der kritischen oder Sprungwellenlänge λ_{kr} gemäß der Gleichung

$$\tau \approx \frac{\lambda_{kr}}{2\pi c} \qquad (9)$$

zusammen.

Kennt man die kritische Wellenlänge für verschiedene Temperaturen, so läßt sich $\Delta E^{\pm}$ graphisch bestimmen.

δ) *Relaxationszeitverteilung.* Sind alle Potentialschwellen von der gleichen Höhe, so existiert nur eine Relaxationszeit; die Gln. (3) und (4) müssen erfüllt sein und man findet

$$\varepsilon''_{\max} = \tfrac{1}{2}(\varepsilon_0 - \varepsilon_\infty).\tag{10}$$

Bei Flüssigkeiten und bei amorphen Substanzen, zu denen eine große Anzahl Hochpolymere gehören, sind aber wegen der sie charakterisierenden Unordnung räumliche und zeitliche Schwankungen der Potentialschwellen zu erwarten. Schon aus diesem Grunde ist vorauszusehen, daß bei diesen Stoffen eine Verteilung der Relaxationszeiten auftreten wird; dieselbe hat jedoch auch noch eine andere Ursache, auf die wir später eingehen wollen (s. S. 528 [*15*]). Diese Verteilung der Relaxationszeiten hat zur Folge, daß die Gln. (3) und (4) nicht streng gültig sind. Das meßbare Dispersionsgebiet erstreckt sich auf ein weiteres Frequenzintervall $\nu \pm \Delta\nu$ als es sich aus diesen Gleichungen ergibt [*3*]: die Kurven $\varepsilon' = f(\log\nu)$ und $\varepsilon'' = g(\log\nu)$ sind flacher und

$$\varepsilon''_{\max} < \tfrac{1}{2}(\varepsilon_0 - \varepsilon_\infty).\tag{11}$$

Das Diagramm $\varepsilon'' = f(\varepsilon')$ ist kein Halbkreis, wie es nach Gl. (3) und (4) der Fall sein müßte, sondern im allgemeinen ein Kreissegment, dessen Mittelpunkt unterhalb der Abszissenachse liegt. Der

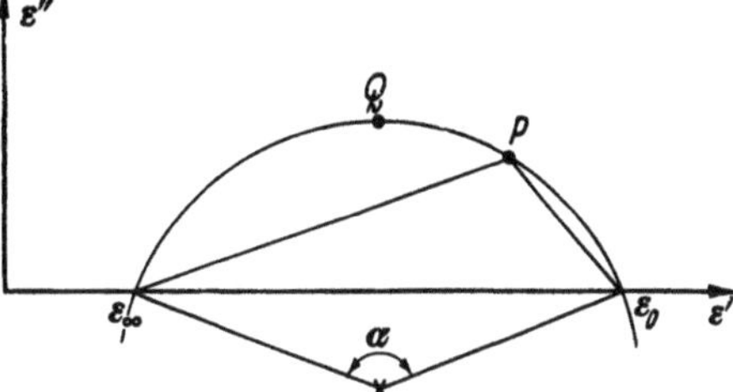

Abb. 2. Kreisdiagramm von COLE und COLE

Winkel α (Abb. 2) kann als Maß der Verteilung dienen [*19*], und zwar ist α um so kleiner, je breiter die Relaxationszeitverteilung ist; beim Vorhandensein nur einer einzigen Relaxationszeit (reiner DEBYE-Fall) ist $\alpha = 180°$ (vgl. Tab. 3).

Die Verteilungsfunktion wird durch die Gleichung

$$\varepsilon^* = \varepsilon_\infty + (\varepsilon_0 - \varepsilon_\infty)\left[\int_0^\infty \frac{L(\tau)\,d\tau}{1 + \omega^2\tau^2} - i\int_0^\infty \frac{\omega\tau L(\tau)\,d\tau}{1 + \omega^2\tau^2}\right],\tag{12}$$

die nun an Stelle von Gln. (3) und (4) tritt, sowie durch die Normalisierungsbedingung

$$\int_0^\infty L(\tau)\,d\tau = 1\tag{13}$$

definiert. Semiempirische Formeln für $L(\tau)$ wurden von verschiedenen Seiten [*4, 11, 19*] vorgeschlagen.

Wie dem auch sei, die Gln. (8) und (9) behalten ihren Sinn, wenn man τ durch τ_w ersetzt, wobei τ_w derjenigen Frequenz entspricht, bei dem ε'' seinen Maximalwert erreicht und daher gewissermaßen einen Mittelwert von τ darstellt.

Ist nur eine Relaxationszeit vorhanden, so fällt ε_0 mit steigender Temperatur [s. Gl. (5)], was nach Gl. (10) eine Abnahme von $\varepsilon''_{\max}$ bedingt. Bei Kunststoffen ist dies jedoch nicht immer der Fall (20), was mit einer Verringerung der Relaxationszeitverteilung bei höheren Temperaturen zusammenhängt. MÜLLER und BROENS haben versucht, diesen Effekt qualitativ zu deuten [*12*], doch scheint diese Interpretation nicht zwingend.

ε) Zahl der relaxierenden Dipole. Der Wert der statischen DK ist natürlich mit dem effektiven orientierbaren Dipolmoment μ^* und der Zahl der Dipole N

in der Volumeneinheit verbunden, und zwar geht in die betreffenden Formeln das Produkt $N\mu^{*2}$ ein. Es ist daher immer möglich, dieses Produkt zu berechnen. Gilt das LORENTZ-LORENZ-Feld und daher die Gl. (5), so ist diese Bestimmung besonders einfach. Benutzt man die FRÖHLICH-Formel, so erhält man, wenn man n^2 durch ε_∞ ersetzt (das bedeutet, daß bei der betrachteten Dispersion die Dielektrizitätskonstante von ε_0 nicht sofort auf n^2, sondern erst auf einen Zwischenwert ε_∞ abfällt):

$$N\mu^{*2} = \frac{9\,k\,T}{4\,\pi\,g}\,\frac{M}{\varrho}\,\frac{(\varepsilon_0 - \varepsilon_\infty)\,(2\,\varepsilon_0 + \varepsilon_\infty)}{9\,\varepsilon_0}\left(\frac{3}{\varepsilon_\infty + 2}\right)^2 \tag{14}$$

und den entsprechenden Ausdruck mit $g = 1$ für die BÖTTCHER-Formel. Eine andere Methode, die SILLARS [22] vorgeschlagen hat, beruht auf einer Kombination der Ausdrücke für den imaginären Teil der DK, ε'' und für die statische DK, ε_0. Gilt das LORENTZ-LORENZ-Feld und liegt eine symmetrische Relaxationszeitverteilung vor, so ist die Fläche unter der Kurve $\varepsilon'' = g(\omega)$ ein Maß für $N\mu^{*2}$, und zwar gilt

$$\int\limits_{-\infty}^{+\infty} \varepsilon''\, d(\ln\omega) = \frac{2\,\pi^2}{27\,k\,T}\,(\varepsilon_0 + 2)^2\,N\mu^{*2}. \tag{15}$$

Ist nur eine Relaxationszeit vorhanden, so vereinfacht sich die Formel zu

$$\varepsilon''_{\max} = \frac{4\,\pi}{27\,k\,T}\,(\varepsilon_0 + 2)^2\,N\mu^{*2}. \tag{16}$$

Die Methode von SILLARS ist besonders für verdünnte Lösungen von polaren Gruppen in einem unpolaren Medium geeignet.

c) Maxwell-Wagner-Effekt. Handelt es sich um ein heterogenes Dielektrikum, bei dem die einzelnen Komponenten durch verschiedene Verhältnisse der Leitfähigkeit λ zur Dielektrizitätskonstanten ε gekennzeichnet sind, so wird der sog. MAXWELL-WAGNER-Effekt [4] auftreten, der auf Grenzschichtpolarisation zurückzuführen ist. Neben den intramolekularen Ladungen enthält das reelle Dielektrikum nämlich noch Raumladungen, die sich in ihm, da ja immer eine gewisse, wenn auch nur meist geringe Leitfähigkeit vorhanden ist, fortbewegen können. In einem homogenen Dielektrikum werden diese Translationsbewegungen zwischen den Kondensatorplatten keinen Beitrag zur Gesamtpolarisation liefern; in einem heterogenen Dielektrikum dagegen wird es im allgemeinen zur Anhäufung von Ladungen verschiedenen Vorzeichens an den Grenzschichten zweier Medien kommen und daher zur Bildung zusätzlicher Dipole oder besser Dipolschichten. Bei Einwirken eines niederfrequenten Wechselfeldes werden sich die so entstehenden Momente, was ihre Größe und Richtung anbetrifft, mit dem Feld im Gleichgewicht befinden. Steigt die Frequenz, so werden die Momente in einem gewissen Frequenzgebiet dem Feld nachhinken, um endlich bei sehr hohen Frequenzen verschwindend gering zu bleiben. Es ist daher vorauszusehen, daß die dem MAXWELL-WAGNER-Phänomen entsprechenden Dispersionskurven mit dem auf Orientierungspolarisation beruhenden Dispersionskurven große Ähnlichkeit aufweisen werden, was auch die mathematische Behandlung des Problems vollauf bestätigt.

Der MAXWELL-WAGNER-Effekt wurde tatsächlich bei vielschichtigen Dielektrika, bei mehrere Phasen enthaltenden Kunststoffen [5] und bei mit Füllmassen versehenen Plasten [*6, 7, 8*] beobachtet; er ist jedoch bis heute noch nicht experimentell einwandfrei untersucht worden. Es läßt sich zeigen, daß die kritische Frequenz des MAXWELL-WAGNER-Effekts um so tiefer liegt, je größer die Differenz $\varepsilon_n \lambda_{n+1} - \varepsilon_{n+1} \lambda_n$ ist. Beispielsweise liegt das entsprechende Dispersionsgebiet für mit Ruß gefüllte Kunstkautschuke [*7*] bei einigen hundert Hertz oder darunter.

4.8.2 Dielektrisches Verhalten

Unpolare Polymere. Aus dem Vorhergehenden geht hervor, daß völlig unpolare Polymere keine dielektrische Dispersion im HERTZschen Frequenzgebiet aufweisen können. Ist trotzdem ein Absorptionsgebiet beobachtet worden, so muß es auf Verunreinigungen zurückführbar sein. Drei völlig unpolare Kunststoffe sind bekannt: Polyäthylen, Polyisobutylen und Polytetrafluoräthylen.

Der zuletzt genannte Körper besitzt eine sehr kleine DK, $\varepsilon = 2,1$ und weist keine Dispersionserscheinungen auf. Der Verlustfaktor ist kleiner als 10^{-4} [*23*]. Ferner konnte EHRLICH zeigen, daß die Temperaturabhängigkeit der DK durch die CLAUSIUS-MOSOTTISche Formel

$$\frac{\varepsilon - 1}{\varepsilon + 2} \frac{M}{\varrho} = \frac{4\pi}{3} N\alpha \tag{17}$$

beschrieben werden kann, d. h. nur durch die Variation der Dichte mit der Temperatur bestimmt wird. Andererseits ist die DK fast gleich n^2, wenn man den Brechungsindex aus dem Beitrag der einzelnen Atome zur Elektronenpolarisation berechnet.

Bei Polyäthylen beobachtet man zwar eine relativ kleine Dielektrizitätskonstante, $\varepsilon = 2,30$, doch treten bei sehr niedrigen und sehr hohen Frequenzen Relaxationsverluste auf, die, wie wir weiter unten zeigen werden, mit der Anwesenheit von Verunreinigungen, insbesondere von C=O-Gruppen zusammenhängen. Außerhalb dieser Dispersionsgebiete ist $\tan \delta \sim 10^{-4}$ und hängt nicht mehr von der Frequenz ab.

Ähnliche Ergebnisse wurden für unvulkanisierten Naturkautschuk und Polyisobutylen erhalten.

Polystyrol, das oft zur Gruppe der unpolaren Kunststoffe gerechnet wird, ist jedoch nicht völlig unpolar, da es eine Phenylgruppe enthält. Das darauf zurückzuführende Dipolmoment ($\mu = 0,2\ D$) ist für das schwache Dispersionsgebiet verantwortlich, dessen kritische Frequenz bei einer Temperatur von 100 °C etwa 100 Hz beträgt [*24*].

Polare Polymere

a) Einleitung. Es ist unwahrscheinlich, daß sich in einem polaren Kunststoff, auf den ein elektrisches Feld einwirkt, das Makromolekül als ein einheitliches Ganzes orientieren wird, da die hierzu nötigen Aktivierungsgrößen ungemein hoch sein müßten. Die tatsächlich beobachteten Relaxationserscheinungen sind also auf Orientierung von Kettensegmenten zurückzuführen, falls die Dipole selbst Teile der Hauptkette bilden oder durch eine keinerlei Drehung zulassende Bindung an dieselbe geknüpft sind (Polyvinylchlorid, Polyacrylnitril).

Andererseits ist es aber auch möglich, daß sich Dipolgruppen unabhängig von der Hauptkette orientieren können. Das ist der Fall, wenn die Bindung des

Dipols an die Hauptkette eine Rotation zuläßt und wenn außerdem das betrachtete Dipolmoment nicht senkrecht zur Kette verläuft. Beispiele für solche Seitengruppenrelaxation liefern Polyvinylacetat, Polyvinylchloracetat, Polymethacrylsäuremethylester usw.

Sind die Relaxationszeiten für die beiden Mechanismen sehr verschieden, so wird der schnellere vorherrschen. Ist dies nicht der Fall, so können beide gleichzeitig vorliegen. Auch wenn eine nennenswerte Komponente des Dipols senkrecht zur Hauptkette steht, ist ein gleichzeitiges Bestehen beider Relaxationsmechanismen zu erwarten.

Im allgemeinen wird man jedoch aus der Anwesenheit von 2 Dispersionsgebieten schließen können, daß der betreffende Kunststoff Moleküle enthält, die sich in verschiedenen Umgebungen befinden (z. B. im kristallinen bzw. amorphen Teil des Polymers). Es kann sich aber auch gegebenenfalls um „assoziierte" im Gegensatz zu „freien" Molekülen handeln, oder vielleicht um Kettenmitten einerseits, um Kettenenden andererseits. Zusammenfassend sind also mehrere Dispersionsgebiete, in den meisten Fällen auf das gleichzeitige Vorhandensein im Kunststoff, von mehreren Molekülsorten im oben erläuterten Sinn zurückzuführen.

b) Orientierung der Kettensegmente. Um seine Orientierung zu ändern, muß ein Kettensegment eine Potentialschwelle überschreiten, zu der sowohl intramolekulare Kräfte beitragen, die sich der freien Drehung widersetzen, als auch intermolekulare Kräfte (Dispersionskräfte und Dipol-Dipol-Wechselwirkungen). Andererseits wird wegen der Verknäulung der Ketten im amorphen Gebiet die Umorientierung auch zur Umordnung von Segmenten benachbarter Ketten führen. Strenggenommen kann man also gar nicht von Kettensegmenten isolierter Moleküle reden, sondern eher von „Kopplungsgebieten", die eventuell ziemlich groß sein können.

Es ist offensichtlich, daß sowohl die Aktivierungsenergie, als auch die Aktivierungsentropie sehr hoch sein werden. Man findet auch tatsächlich für Polyvinylchlorid

$$\Delta E^{\ddagger} \sim 120 \text{ kcal/mol} \quad \text{und} \quad \Delta S^{\ddagger} \sim +300 \text{ E.E. } [3]$$

Im übrigen haben die Kopplungsbereiche keine festliegende Größe; sie können nur durch einen Mittelwert charakterisiert werden, um den eventuell erhebliche Schwankungen stattfinden können [25, 26, 103]. Diese Fluktuationen sind vielleicht der Hauptgrund für die für Polymere so charakteristische „Verschmierung" der Dispersion, d. h. für die bei Kunststoffen meist auftretende große Relaxationszeitverteilung.

c) Größe der Kopplungsbereiche. Es gibt z. Z. keine einwandfreie Methode, um die mittlere Größe der Kopplungsbereiche zu bestimmen. Wenn man die verschiedenen Abschätzungen untereinander vergleicht, muß man in Betracht ziehen, daß die Aktivierungsgrößen bei gleicher chemischer Zusammensetzung noch von der Dichte des Kunststoffes, d. h. u. a. vom Verzweigungsgrad und von der thermischen Vorgeschichte, abhängen. Folgende Methoden wurden von verschiedener Seite vorgeschlagen:

1. Wie bekannt, erfolgt das Fließen geschmolzener Polymere segmentweise; es ist in diesem Falle möglich, die mittlere Segmentlänge wenigstens größen-

ordnungsmäßig anzugeben. Einige Autoren [3, 33] meinen, daß es erlaubt sei, die so erhaltene Segmentlänge der Größe der Kopplungsbereiche gleichzusetzen. Man findet so für die Segmentkettenlänge (ausgedrückt durch die Zahl der Kohlenstoffatome der Hauptkette) 40 für Naturkautschuk [33], 17 für Polyäthylen [34] usw.

Diese Gleichsetzung von Segmentlänge und Kopplungsbereich, wie oben definiert, ist strenggenommen jedoch wohl kaum erlaubt. Hinzu kommt dann noch, daß die eben genannte Methode die Segmentlänge als temperaturunabhängig betrachtet, was ebenfalls nicht allgemeingültig ist [104].

2. KAUZMANN [3] geht von der Annahme aus, daß das Umorientieren eines Segmentes ein „Verdampfen" der Nachbarketten bei konstanter Dichte benötigt. Mit Hilfe der TROUTONschen Regel, die er auf konstante Dichte korrigiert, schätzt KAUZMANN die Aktivierungsentropie pro Monomereinheit auf 10 bis 15 Entropieeinheiten. Dies führt für die Kopplungsgebiete zu den Werten der Tab. 1.

3. DYSON [35] geht vom selben Modell aus, benutzt aber nicht die Aktivierungsentropie, sondern die Aktivierungsenergie, die er der Verdampfungswärme gleichsetzt. Aus der Angabe von MARK [37], daß für das

Tabelle 1
Kopplungsgebiete berechnet nach der KAUZMANN-Methode (ausgedrückt in der Anzahl von C-Atomen der Hauptkette)

Naturkautschuk mit 2% Schwefelgehalt ..	24 bis 16
Polyvinylchlorid	60 bis 40
Polyvinylbutyral	30 bis 20
Polyvinylformal	48 bis 32

Polyvinylchlorid die Kohäsionsenergie pro 5 Å der Kettenlänge 2600 cal/mol beträgt und aus der Länge der Monomereinheit (~ 2 Å), berechnet DYSON die Verdampfungsenergie pro Mol der Monomereinheiten zu 1040 cal. Für reines Polyvinylchlorid ergäbe sich danach ein Kopplungsgebiet von etwa 240 Kohlenstoffatomen.

Wenn man jedoch die Verdampfungswärme L pro Monomereinheit aus dem HILDEBRANDschen Lösungskoeffizienten γ (= Quadratwurzel aus der Kohäsionsenergiedichte) entnimmt

$$\gamma = \sqrt{\frac{L - RT}{V}} = 9{,}25, \tag{18}$$

findet man $L = 4{,}4$ kcal/mol. Daraus berechnet sich die Anzahl der Kohlenstoffatome im Kopplungsgebiet zu 54; dieser Wert stimmt gut mit der Segmentlängenabschätzung durch die Entropiemethode überein.

4. Eine Abart dieser Methode wurde von CARTER, SCHNEIDER, MAGAT und SMYTH [6] benutzt, um die Zahl der Kohlenstoffatome im Kopplungsgebiet von Kunstkautschuk zu berechnen. Diese Autoren nehmen an, daß die Aktivierungsenergie nur den 2,45-ten Teil der Verdampfungswärme darstellt, was auch von EYRING und KAUZMANN [38] bzgl. der Aktivierungsenergie der Viskosität von monomolekularen Substanzen angenommen wird. Auf diese Weise erhält man für alle synthetischen Kautschuke 15 bis 17 Kohlenstoffatome pro Kopplungsbereich.

5. WÜRSTLIN geht von der Beobachtung aus, daß die kritische Frequenz ν_{kr} mit zunehmendem Molekulargewicht zuerst abnimmt und dann konstant bleibt [33], und er betrachtet die Kettenlänge, über die hinaus ν_{kr} nicht mehr merklich vom Polymerisationsgrad abhängt, als die Segmentlänge. Diese Methode ergibt

in manchen Fällen absurd große Segmentlängen; man findet z. B. für Polystyrol annähernd 500 Monomereinheiten pro Segmentlänge.

Einerseits liegt in der Gedankenführung eine Vermischung der Begriffe Segmentlänge und Kopplungsgebiet vor; andererseits werden wir später zeigen, daß die Abhängigkeit der Dispersionsfrequenz vom Molekulargewicht wahrscheinlich ganz anders zu deuten ist (s. S. 534).

6. Nimmt man an, daß die Schwankungen, denen die Abmessungen des Kopplungsbereiches unterworfen sind, den Hauptgrund der Relaxationszeitverteilung darstellen und weiter, daß diese Schwankungen der GAUSSschen Formel genügen (was durchaus nicht immer strenggenommen der Fall zu sein braucht [3]), so kann man, wenn die freie Aktivierungsenergie der Zahl Z der Kohlenstoffe im Segment proportional ist, folgende Beziehungen aufstellen:

$$\Delta F^{\neq} = z\, f^{\neq}, \tag{19}$$

$$\delta \Delta F^{\neq} = z^{1/2}\, f^{\neq}\, \delta z. \tag{20}$$

Diese Gleichungen können zur Bestimmung von z und $f^{\neq}$ dienen. Hieraus ergibt sich für Naturkautschuk, wenn man der Rechnung Angaben von KAUZMANN über $\delta \Delta F^{\neq}$ zugrunde legt, $z = 36 - 54$ und $f^{\neq} \sim 0,6 - 0,9$ kcal/Atom C. Diese Werte erscheinen weitgehend unabhängig vom Schwefelgehalt zu sein.

d) **Unabhängige Orientierung von Seitengruppen.** Handelt es sich um die Drehung von Seitengruppen, die als eine Orientierung von kleinen Molekülen in einem hochviskosen Medium aufgefaßt werden kann, so ist zu erwarten, daß sowohl die Aktivierungsenergie als auch die Aktivierungsentropie geringere Werte aufweisen werden als im Falle von Kettensegmentorientierung. So findet man für Polyvinylacetat [3, 36]

$$\Delta E^{\neq} = 57,3 \text{ kcal/mol} \qquad \Delta S^{\neq} = 122 \text{ E.E.}$$
verglichen mit
$$\Delta E^{\neq} = 120 \text{ kcal/mol} \qquad \Delta S^{\neq} = 300 \text{ E.E.}$$

für Polyvinylchlorid.

Dementsprechend liegen bei einer gegebenen Temperatur die Dispersionsgebiete, die auf die Beweglichkeit von seitständigen Gruppen zurückzuführen sind, bei höheren Frequenzen als die Segmentorientierungsdispersionen (s. Tab. 3). Andererseits trägt die Gruppenrelaxation im allgemeinen nicht zur mechanischen Relaxation bei [29], was aus Tab. 2 hervorgeht.

e) **Andere Relaxationsmechanismen.** F. H. MÜLLER [39] hat dem Gedanken Ausdruck gegeben, daß die dielektrische Relaxation auch durch quantentheoretische „Tunnelrotation", die er als „Protonensprung" bezeichnet, hervorgerufen werden könnte, ähnlich wie dies bei den Umklappprozessen von SCHOTTKY [40] der Fall ist. Solche Tunnelübergänge sind wohl tatsächlich a priori möglich, wenn es sich um die Bewegung von Protonen handelt. POWLES [41] hat geglaubt, einen solchen Mechanismus bei festem HBr beobachtet zu haben, jedoch wurden seine Resultate von COLE und BROWN [42] nicht wiedergefunden. Neuerdings meinen POWLES und GUTOWSKY solche Tunnelübergänge auch für die 3 Protonen der CH_3-Gruppe in den Molekularkristallen $(CH_3)_2CClNO_2$, $(CH_3)_2C(NO_2)_2$ und $(CH_3)_2CCl_2$ durch magnetische Kernresonanzmessungen nachweisen zu können [43].

Solche Tunnelübergänge sind dadurch charakterisiert, daß

1. sie nur bei tiefen Temperaturen eine bedeutende Rolle spielen,

2. eine Substitution von Deuterium an Stelle des Wasserstoffes das Phänomen zum Verschwinden bringt und schließlich

3. die Temperaturabhängigkeit der zugehörigen Relaxationszeit nicht mehr exponentiell verläuft. Da die entsprechenden Kontrollexperimente für hohe Polymere z. Z. noch nicht vorliegen, scheint es verfrüht, diesen Mechanismus näher zu betrachten.

Prinzipiell wäre bei sekundären und tertiären Aminen, z. B. beim Anilinformaldehydharz, noch ein anderer Dipolorientierungsmechanismus möglich. Wie bekannt, wird die Absorptionslinie des Ammoniaks bei 1 cm Wellenlänge durch ein „Durchschwingen" des Stickstoffes durch die „Wasserstofffläche" hervorgerufen. Ein entsprechender Prozeß, der einer Resonanzdispersion entspricht und zu sehr engen Absorptionsbanden führen würde, wäre auch bei den hier betrachteten Polymeren denkbar; da man jedoch beim Anilinformaldehydharz ein Verlustmaximum findet, das an Breite ein reines DEBYE-Maximum noch übertrifft [44], scheint dieser Erklärungsversuch hier nicht zuzutreffen.

Es sei noch hinzugefügt, daß auch Wasserstoffatomübergänge von einem Sauerstoff zu anderen bei den meisten Wasserstoffbrückenbildungen unmöglich sind, was schon mehrmals nachgewiesen wurde [45, 46].

Für Polymere, die den Zyclohexylring enthalten, existiert noch ein anderer spezifischer intramolekularer Relaxationsmechanismus: der Übergang von der ε- zur $\varkappa$-Form[1]. Das entsprechende dielektrische Absorptionsgebiet wurde von REINISCH [114] tatsächlich für niedermolekulare Zyclohexanderivate ($C_6H_{11}OH$, $C_6H_{11}Cl$ usw.) beobachtet. HEIJBOER [115] hat seinerseits im mechanischen Spektrum des Polyzyclohexylmethacrylats diesen Relaxationsmechanismus nachweisen können, der aber zweifelsohne auch im dielektrischen Spektrum in Erscheinung treten muß.

f) Einfluß der chemischen Struktur. Die Aktivierungsgrößen hängen natürlich in starkem Maße von der chemischen Struktur des Polymeren ab, ganz gleich, um welchen speziellen Orientierungsmechanismus es sich handelt. Es kann vorausgesehen werden, daß in allen Fällen, wo der Kunststoff größere Ketten oder Seitengruppen enthält (z. B. Phenylringe), die Aktivierungsgrößen bedeutender sein werden, als im Falle, wo keine oder nur kleine Seitengruppen vorliegen. WÜRSTLIN [33] konnte auf diese Weise den Unterschied zwischen der Aktivierungsenergie des Äthylenglykolterephthalats ($\Delta E^{\ddagger} = 90{,}4$ kcal/mol) und derjenigen aliphatischer Polyester ($\Delta E^{\ddagger} = 26$ kcal/mol) erklären. Auch HOLZMÜLLERS Beobachtung [82], daß für Acrylsäureester-Styrol-Copolymerisate die Aktivierungsenergie mit dem Styrolgehalt ansteigt, läßt sich so interpretieren. Als weiteres Beispiel hierfür wäre noch die Verlagerung nach höheren Temperaturen des Verlustmaximums bei 50 Hz zu nennen, wenn man vom Polyvinyl-n-butyläther zum Polyvinyliso- und Polyvinyltertiärbutyläther übergeht [47] (s. Tab. 3).

---

[1] Es sei hier kurz daran erinnert, daß bei den monosubstituierten Cyclohexanderivaten der Substituent zwei verschiedene Stellungen einnehmen kann; er kann nämlich erstens parallel zur trigonalen Achse der Sesselform (ε-Stellung) stehen und zweitens mit dieser Achse einen Winkel von 109° bilden ($\varkappa$-Stellung). Ist der Substituent polar, so wird sein Moment in der ε-Stellung eine andere Richtung einnehmen als in der $\varkappa$-Stellung.

Weiter ist zu erwarten, daß die Aktivierungsenergie durch Dipol-Dipol-Wechselwirkung in stark polaren Kunststoffen größer sein wird als in weniger polaren oder in solchen, wo die Dipole durch größere Gruppen gegeneinander abgeschirmt sind. WÜRSTLIN [47] fand z. B., daß für aliphatische Polyester das Dispersionsgebiet bei gleichbleibender Frequenz nach tieferen Temperaturen verlagert wird, wenn die Estergruppen durch Einschieben von zusätzlichen CH_2-Gruppen auseinanderrücken. Im übrigen nähert sich die Dispersionstemperatur einem Grenzwert, der praktisch für 4 bis 6 zwischen 2 Estergruppen eingeschalteten CH_2-Gruppen erreicht ist und der für 10^7 Hz einen Wert von $10 \pm 5\,°C$ beträgt.

Beide in diesem Paragraphen betrachteten Effekte können natürlich gleichzeitig vorhanden sein; es ist dann sehr schwer a priori zu entscheiden, welcher von beiden einen vorwiegenden Einfluß ausüben wird. Als Beispiel solcher kombinierten Einwirkungen kann man das Verlagern des Dispersionsgebietes vom Polyacrylnitril ($\mu = 3,4\,D$, $\nu_{kr} = 50$ Hz bei $> 100\,°C$) im Vergleich zum Polyvinylchlorid ($\mu = 2,0\,D$, $\nu_{kr} = 50$ Hz bei $\sim 90\,°C$) betrachten [47].

Das Ansteigen der Aktivierungsenergie von 12 kcal/mol auf 23 kcal/mol beim Übergang von Polyestern zu Polyamiden [48, 49] ist z. T. auf das größere elektrische Moment der NH_2-Gruppe gegenüber der Estergruppe und z. T. auf die bei Polyamiden vorhandene Wasserstoffbrückenbildung zurückzuführen [49].

g) Einfluß der Vernetzung[1]. Ein klassisches Beispiel hierfür liefert der Versuch, über den F. H. MÜLLER 1936 in der Kolloidzeitschrift berichtete. Versuchsmaterial war mehr oder minder vulkanisierter Naturkautschuk, an dem der Verfasser zweierlei Beobachtungen machte [50, 51]:

1. Die polaren Verluste steigen mit dem Schwefelgehalt an und hängen nur von ihm ab. In der Tat sind es ja die mit einem elektrischen Moment behafteten Schwefelbrücken, die dem aus unpolaren Isoprenketten bestehenden Kautschuk seinen polaren Charakter verleihen.

2. Die Verlustmaxima – und das ist in diesem Zusammenhang wichtig – verschieben sich bei gegebener Frequenz mit steigendem Schwefelgehalt nach höheren Temperaturen, was sich gerade daraus erklärt, daß mit ansteigender Vernetzung das Molekulargerüst versteift wird.

Im gleichen Sinne sind experimentelle Ergebnisse an mit Divinylbenzol vernetzten Styrol-Acrylnitril-Mischpolymerisaten zu interpretieren; bei gegebener Frequenz verschiebt sich auch hier das Verlustmaximum nach höheren Temperaturen, wenn die Konzentration des Vernetzungsmittels ansteigt. In diesem Falle beobachtet man auch eine Verbreiterung der Relaxationszeitverteilung, und zwar ist bei 11% DVB das Verlustmaximum kaum mehr wahrnehmbar [52].

h) Einfluß der Weichmachermittel. Der Zusatz von Weichmachermitteln und im allgemeinen jedes Quellen von Polymeren bewirkt eine Entkopplung von benachbarten Ketten. Es ist dann zur Umorientierung nicht mehr nötig, größere Kopplungsbereiche gleichzeitig umzuordnen. Man kann also erwarten, daß die Aktivierungsgrößen $\Delta E^{\neq}$ und $\Delta F^{\neq}$ erniedrigt werden, was zu einer Erhöhung der Dispersionsfrequenz bei gegebener Temperatur führt. Dieses Phänomen ist tatsächlich von einer großen Anzahl von Autoren [11, 12, 24, 35, 52, 53, 54, 55, 57, 98] beobachtet worden[2]. Es zeigt sich, daß in bezug auf die

---

[1] Vgl. hierzu 4.3 [23a] S. 402.

[2] Auch $T \Delta S^{\neq}$ nimmt oft ab, jedoch in geringerem Maße als $\Delta E^{\neq}$.

Abnahme der Aktivierungsgrößen, die zugesetzten ersten Prozente von Erweichungsmitteln besonders wirksam sind [53]: mit zunehmendem Weich-

machergehalt streben nämlich die Aktivierungsgrößen Grenzwerten zu (Abb. 4 und 5). Der Limes der Kopplungsgebiete, den man für unendliche Verdünnung erreichen würde, muß mit der für viskoses Fließen entscheidenden Segmentlänge zusammenfallen.

Wertet man die experimentellen Befunde mit Hilfe der ONSAGER-Formel aus, so findet man, daß das Moment des Monomerdipols für ungequollene Polymere größer ist als für freie Moleküle, sich aber mit zunehmender Verdünnung dem Dipolmoment des freien Moleküls als Grenzwert nähert. Dies erklärt sich folgendermaßen: Bei einer Monomersubstanz bewirken Dipol-Dipol-Wechselwirkungen eine Assoziation der Moleküle, die zu einer Verringerung des resultierenden Dipols, der allein der Messung zugänglich ist, führt.

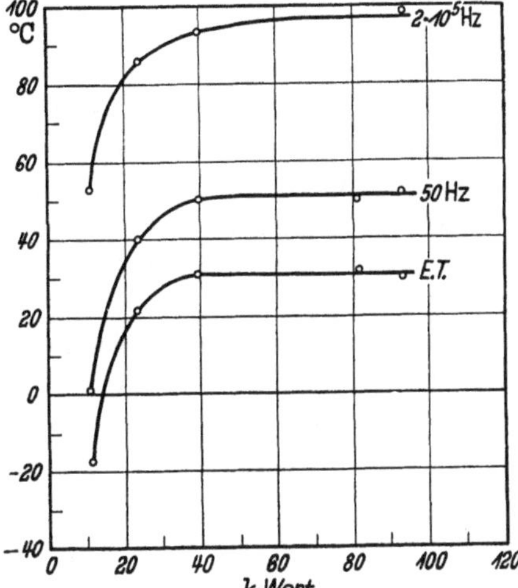

Abb. 3. Abhängigkeit der Lage des Dispersionsgebietes und der Erweichungstemperatur vom Polymerisationsgrad k (nach F. WÜRSTLIN)

gegenseitige Kompensation durch das Vorhandensein der langen Ketten verhindert [11, 20].

Ist das Polymere polar und das Quellmittel, z. B. das Weichmachermittel, unpolar, so ist der wesentliche Effekt die oben beschriebene Erhöhung der Dispersionsfrequenz. Wenn im Gegenteil das Polymere unpolar und das Quellungsmittel polar ist, so wird durch Zusatz des Polymeren die Dispersionsfrequenz des Weichmachers erniedrigt, und zwar um so mehr, als die Konzentration des Polymeren, d. h. die Viskosität des Systems, höher ist [12, 57]. Sind beide Komponenten polar und besitzt jedes nur ein einziges Dispersionsgebiet, dann beobachtet man bei der Mischung folgendes: Das zum Lösungsmittel gehörige Gebiet, das also bei höheren Frequenzen vorzufinden ist, wird nach niedrigeren Frequenzen verschoben; gleichzeitig geht das für den Kunststoff charakteristische Absorptionsgebiet, das ursprünglich bei kleinen Frequenzen liegt, zu höheren Frequenzen über. Unter bestimmten Bedingungen können sich die beiden Gebiete mehr oder weniger überdecken. Gegenseitige Beeinflussung der Dipole kann stattfinden, was zu einer Verschmierung der Maxima führt. Ein solches System, bei dem sowohl die hochmolekulare als auch die niedermolekulare Komponente polar ist, liegt z. B. bei der Mischung Polyvinylchlorid und Dimethylthiantren vor [57].

Sehr interessant ist die Feststellung WÜRSTLINS [55], daß in Mischungen von Polyvinylchlorid mit Trikresylphosphat das der niedermolekularen Komponente entsprechende Dispersionsgebiet nur dann beobachtet wird, wenn die Konzentration des Trikresylphosphats ∼35% überschreitet. Dies läßt sich erklären, wenn man mit dem Autor annimmt, daß die ersten Trikresylphosphatmoleküle die Dipole des Kunststoffes solvatisieren (s. auch [116]). Diese Erklärung steht auch im Einklang mit der oben erwähnten Beobachtung, daß die ersten Prozente Weichmachermittel einen besonders großen Einfluß auf die Relaxationszeit der Polymere ausüben. Zu einem ähnlichen Bilde gelangte auch ZHURKOV auf Grund mechanischer Messungen [58, 59] (s. auch KOVACS [60]).

Das hier Gesagte läßt sich auf den Fall von Mischpolymerisaten übertragen, die als Phänomen innerer Weichmachung angesehen werden können [61].

Schließlich sei noch bemerkt, daß die sehr kleinen Mengen per Monomersubstanz, die nach der Polymerisation oft im Kunststoff zurückbleiben und schwer zu entfernen sind, sich genau wie gewöhnliche Weichmachermittel verhalten und für die bei hohen Frequenzen häufig beobachteten Dispersionsgebiete verantwortlich sein können (vgl. 5.6).

i) Einfluß des Polymerisationsgrades. Innere Weichmachung. Wir haben bereits darauf hingewiesen, daß bei zunehmendem Molekulargewicht die Dispersionsfrequenz bei konstanter Temperatur erst ziemlich schnell abnimmt, um dann von einer kritischen Kettenlänge an konstant oder nahezu konstant zu bleiben (Abb. 3). Die kritische Kettenlänge selbst wächst schwach mit der Meßfrequenz an. Dieselbe Abhängigkeit vom Polymerisationsgrad findet man bei den verschiedensten physikalischen Eigenschaften der Polymere wieder, wie

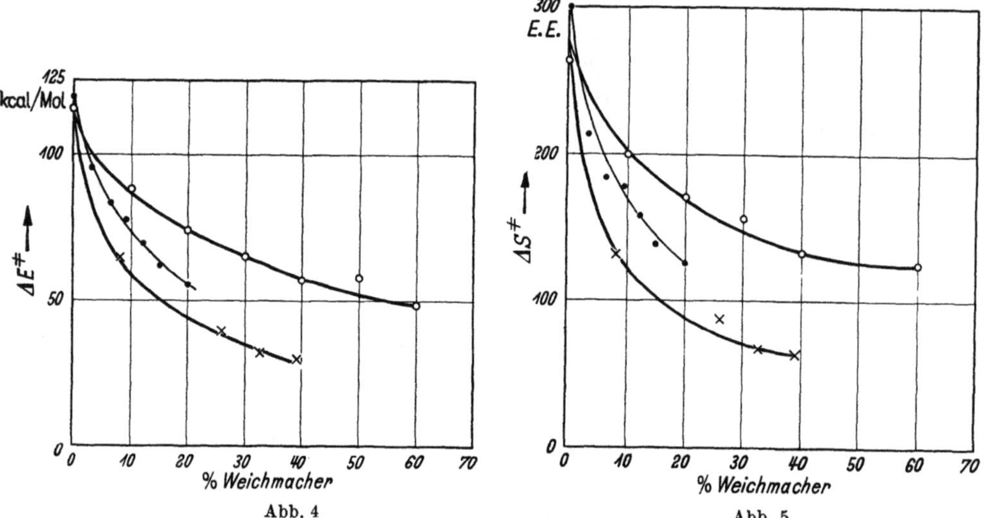

Abb. 4 und 5. Aktivierungsenergie und Aktivierungsentropie als Funktion des Weichmachergehaltes für Polyvinylchlorid

○ Trikresylphosphat   ● Diphenyl   × Tetralin

z. B. der Dichte [62], dem Logarithmus der Viskosität der Schmelzen [63], der kritischen Elongation und der Reißfestigkeit [107, 108], sowie der durch eine bestimmte Messung definierten Erweichungstemperatur usw. [62, 63]. Fox und FLORY sowie ÜBERREITER und KANIG erklären dieses Verhalten durch den weichmachenden Einfluß der Kettenenden auf den Kunststoff. In der Tat werden dieselben, da sie nur einer einseitigen Bindung unterworfen sind, in mancher Hinsicht wie freie zugesetzte Moleküle wirken. KOVACS [60], der den Effekt der Kettenlänge und der Benzolkonzentration auf die Erweichungstemperatur des Polystyrols sehr sorgfältig untersucht hat, konnte zeigen, daß die Kettenenden ein wirksameres „Weichmachermittel" darstellen als das zugesetzte Benzol. Das Vorhandensein einer „kritischen" Kettenlänge wird in dieser Perspektive dadurch vorgetäuscht, daß aus rein arithmetischen Gründen bei höheren Molekulargewichten die Änderung der Kettenendenzahl mit steigendem Polymerisationsgrad immer kleiner wird. Die hier gegebene Arbeitshypothese stimmt auch quantitativ gut mit gemachten Beobachtungen überein, wie Fox und Flory [63], Überreiter und Kanig [62] sowie Kovacs zeigen konnten.

Genau wie polare Weichmachermittel können die Kettenenden auch ein besonderes Dispersionsgebiet bedingen, welches sich natürlich bei höheren Frequenzen befindet als das der Kettensegmentorientierung entsprechende. Es ist z. B. möglich, daß eine der bei hohen Frequenzen gelagerten Dispersionen der Polyvinylacetale hierin seinen Ursprung findet. Auch kann diese Interpretierung für Polyvinylchlorid zutreffen, obwohl in diesem Fall vielleicht andere Erklärungsmöglichkeiten vorzuziehen sind (s. S. 537).

Das Phänomen der inneren Weichmachung wurde auch bei Polyacrylsäureestern und Polymethacrylsäureestern festgestellt: wenn nämlich die Länge der aliphatischen Radikale zunimmt, verschiebt sich die Dispersion zuerst nach tieferen Temperaturen oder höheren Frequenzen, je nachdem man Temperatur- oder Frequenzdispersion beobachtet[1], um dann asymptotisch einer Minimaltemperatur (oder einer Minimalfrequenz) zuzustreben [33]. Aufschlußreich ist hierzu auch das Beispiel der homologen Reihe der Polyvinylacetale (s. Tab. 3), die von Funt und Sutherland sorgfältig untersucht wurden [64, 65, 66]. Diese Substanzen haben die allgemeine Formel

$$-(-CH_2-CH-CH_2-CH-)_m-\quad \text{mit}\quad R = (CH_2)_n .$$
$$O-CH-O$$
$$RH$$

Der gegenseitige Vergleich der Aktivierungsgrößen zeigt, daß der Substituent R wie ein Weichmachermittel auf das erste Glied der Reihe (Polyvinylformal) wirkt. Geht man vom Polyvinylformal zum Polyvinylacetal über, so fällt die Aktivierungsenergie von 111,2 kcal/mol auf 71,2 kcal/mol, während die Aktivierungsentropie von 237 auf 152 E.E. verringert wird. Ein weiteres Ansteigen in der polymerhomologen Reihe wirkt in gleicher Weise, jedoch ist ganz analog zur Aktion äußerer Weichmacher, der Übergang von R_n zu R_{n+1} um so weniger einflußreich, je größer n ist: so ändert z. B. der Sprung von $n = 4$ zu $n = 6$ die Aktivierungsgrößen nicht merklich mehr. Interessant ist auch die Feststellung, daß für Polyvinylisobutyral $\Delta E^{\ddagger} = 70{,}5$ kcal/mol und $\Delta S^{\ddagger} = 153$ E.E. größer sind als für Polyvinylbutyral ($\Delta E^{\ddagger} = 65{,}2$ kcal/mol, $\Delta S^{\ddagger} = 139$ E.E.). Dies wäre vielleicht in Zusammenhang zu bringen mit einer von Fuoss gemachten Beobachtung [53], daß langgestreckte Weichmachermoleküle wirkungsvoller sind als annähernd sphärische (vgl. 5.5).

k) Einfluß des Aggregatzustandes. Man weiß aus Beobachtungen an Monomersubstanzen, daß die dielektrische Dispersion in Kristallen bei viel niedrigeren

---

[1] Wir bezeichnen hier als Temperaturdispersion Messungen, die bei konstanter Frequenz und veränderlicher Temperatur ausgeführt werden, als Frequenzdispersion diejenigen, die bei konstanter Temperatur und veränderlicher Frequenz stattfinden.

Frequenzen liegt als bei Flüssigkeiten, und zwar ändert sich die kritische Frequenz sprungweise am Schmelzpunkt [45]. Dieser Frequenzsprung kann sehr hoch sein und sogar in logarithmischer Skala 6 Einheiten betragen (z. B. Übergang von flüssigen zu festen Alkoholen, inklusive Wasser). Es ist charakteristisch für diese Umwandlung, wie anscheinend für alle Umwandlungen erster Ordnung (d. h. diejenigen, bei denen sich die innere Energie diskontinuierlich ändert), daß die der flüssigen Phase entsprechende Dispersion unterhalb des Umwandlungspunktes nicht auftritt, außer, wenn ein im allgemeinen durch Verunreinigungen verursachtes „Vorschmelzen" sich auch an anderen Eigenschaften bemerkbar macht.

Besitzt andererseits die feste Substanz mehrere kristalline Formen, so ist die Lage des Dispersionsgebietes in jeder Form verschieden [41, 67, 68]. Ist der Übergang von einer Form zur anderen eine Umwandlung zweiter Ordnung (Diskontinuität der Differentialquotienten der inneren Energie, wie z. B. der spezifischen Wärme), so tritt im allgemeinen das Dispersionsgebiet der bei hoher Temperatur stabilen Phase schon unterhalb der Umwandlungstemperatur auf. Zuerst ist die Dispersion sehr schwach, jedoch nimmt das Verlustmaximum mit steigender Temperatur zu [41]. Da die bei tiefer Temperatur stabile Phase oberhalb des Umwandlungspunktes nicht existiert, verschwindet auch scharf am Umwandlungspunkt das für sie charakteristische Dispersionsgebiet.

Betrachten wir jetzt die Glasbildung. Definitionsgemäß ist Glas eine Flüssigkeit, bei der die einer höheren Temperatur entsprechende Konfiguration eingefroren ist und um so länger erhalten bleibt, je niedriger die Temperatur ist. Im Gegensatz zum Glaszustand stellt die unterkühlte Flüssigkeit einen metastabilen Zustand dar, der allerdings gegenüber dem Kristall energetisch benachteiligt ist; die Konfiguration der unterkühlten Flüssigkeit läßt sich aus der Flüssigkeitsstruktur durch Extrapolation nach tiefen Temperaturen erhalten [69, 70]. Der Übergang von Glas zur Kristallstruktur erfolgt im allgemeinen nicht direkt, sondern über die unterkühlte Flüssigkeit als Zwischenstufe. Das Glas evoluiert in Richtung der unterkühlten Flüssigkeit, die dann eventuell kristallisiert. Der Umwandlungspunkt T_g besitzt also keine thermodynamische Bedeutung. Er ist durch rein kinetische Effekte bestimmt; er ist nämlich dadurch gekennzeichnet, daß bei dieser Temperatur die Molekularbewegungen sich in Zeiträumen abspielen, die von der Größenordnung der Meßzeit sind. Da diese Molekülbewegungen im allgemeinen eine große Aktivierungsenergie erfordern, ändert sich ihre Geschwindigkeit über eine Spanne von wenigen Temperaturgraden um einen sehr bedeutenden Faktor. So steigt z. B. bei Polyvinylchlorid die Relaxationszeit von 2 Std. auf 55 Std. bei einem Temperatursprung von 70 °C zu 65 °C. KOVACS hat zeigen können, daß Phänomene, die unterhalb von T_g tage- oder stundenlange Beobachtung benötigen, sich oberhalb von T_g in Minuten, Sekunden, oder sogar Bruchteilen von Sekunden abspielen können [60]. Hierdurch wird ein Umwandlungspunkt vorgetäuscht, der sich bei näherer Betrachtung jedoch als meßzeitempfindlich erweist. Die Umgebung der relaxierenden Moleküle und deren Beweglichkeit ändern sich zwar schnell mit der Temperatur, weisen aber keine Diskontinuitäten auf, daher ist auch kein Sprung in der kritischen Frequenz der Dispersionsgebiete bei T_g zu erwarten.

Diese ganz allgemeinen Betrachtungen sind auch auf Hochpolymere anwendbar. Jedoch ist die Sachlage etwas verwickelter als bei niedermolekularen Substanzen. Viele Kunststoffe besitzen eine kautschukartige Phase, die beim Erwärmen kontinuierlich in eine zuerst dickflüssige, dann dünnflüssige Phase übergeht und die daher strenggenommen gar keine Sonderphase darstellt, sondern als ein Teilgebiet des flüssigen Zustandes betrachtet werden muß. Auch Messungen der komplexen DK führen zu keinerlei Diskontinuitäten zwischen kautschukartigem und flüssigem Kunststoff.

Betrachten wir nun die sog. kristallisierbaren Polymere. Diese Substanzen bestehen praktisch nie aus einer rein kristallinen Phase; sie stellen immer ein Gemisch von kristallinen und amorphen Phasen dar. Die Mischproportion hängt u. a. von der thermischen Vorgeschichte, also z. B. von der Abkühlgeschwindigkeit ab (vgl. 3.1—3.3).

Unterhalb des Schmelzpunktes wird daher der Kunststoff die für die amorphe Phase charakteristischen sowie die für die kristalline Phase charakteristischen Dispersionserscheinungen aufweisen, d. h. also, wenn jede Phase nur eine Orientierungsrelaxation zuläßt, 2 Absorptionsgebiete. Oberhalb des Schmelzpunktes, wo die amorphe Phase allein existiert, wird in diesem Falle nur eine Dispersion vorliegen.

Hinzu kommt noch, daß die Dichte im amorphen bzw. im kristallinen Gebiet verschiedene Werte aufweist und daß daher auch die Dielektrizitätskonstante sowie die elektrische Leitfähigkeit jeweils verschieden sind. Solche kristallisierbaren Polymere stellen also heterogene Dielektrika dar und werden daher eine MAXWELL-WAGNER-Dispersion aufweisen, die, da die Differenz $\varepsilon_1 \lambda_2 - \varepsilon_2 \lambda_1$ klein sein wird, bei verhältnismäßig hohen Frequenzen liegen kann. Es ist dann möglich, folgende scheinbar paradoxale Situation vorzufinden: bei tiefen Temperaturen existiert ein kleines Dispersionsgebiet, dessen kritische Frequenz wie z. B. beim Polychlortrifluoräthylen [5] und beim Polyvinylchlorid [53, 71] zwischen 10^5 und 10^6 Hz liegt; am Schmelzpunkt hingegen verschwindet dieses Gebiet. Für die beiden hier betrachteten Substanzen findet man dann in der amorphen Phase ein bei tieferen Frequenzen gelegenes und natürlich auch schon unterhalb des Schmelzpunktes anzutreffendes Absorptionsgebiet. Tatsächlich hat FUOSS seine experimentellen Ergebnisse für Polychlortrifluoräthylen, die wir hier kurz angegeben haben (s. auch Tab. 1), mit Hilfe der MAXWELL-WAGNER-Dispersion zu interpretieren versucht. Was hingegen das Polyvinylchlorid anbetrifft, so ist zwar das „Hochfrequenzgebiet" unterhalb des Schmelzpunktes von allen Autoren beobachtet worden (Abb. 8), u. a. von GIRARD und FUOSS und deren Mitarbeitern, konnte jedoch bisher nicht stichhaltig gedeutet werden. In einer vor einiger Zeit veröffentlichten Mitteilung, gibt CAILLON [72] für Polyvinylchlorid die Aktivierungsenergie ($\sim$20 kcal/mol) einer Dispersion an, die er dem MAXWELL-WAGNER-Phänomen zuschreibt, aber deren kritische Frequenz er leider nicht mitteilt. Es ist daher nicht zu entscheiden, ob CAILLON mit der hier gegebenen Zuordnung des „Hochfrequenzgebietes" übereinstimmt. Im übrigen soll hingestellt bleiben, ob es im Falle der MAXWELL-WAGNER-Dispersion überhaupt möglich ist, von einer wahren Aktivierungsenergie im Sinne der EYRINGschen Theorie zu sprechen oder ob durch die Temperaturabhängigkeit von ε und von λ vielleicht nur eine Aktivierungsenergie vorgetäuscht wird.

l) Dielektrische und mechanische Relaxation. Es ist interessant, hervorzuheben, daß der Segmentorientierungsmechanismus, der im allgemeinen für das Hauptmaximum der dielektrischen Dispersion verantwortlich ist, auch zum Auftreten der mechanischen Dispersion führt (Abb. 6 und 7). Man sollte daher erwarten, daß die beiden entsprechenden Relaxationszeiten oft denselben Wert aufweisen

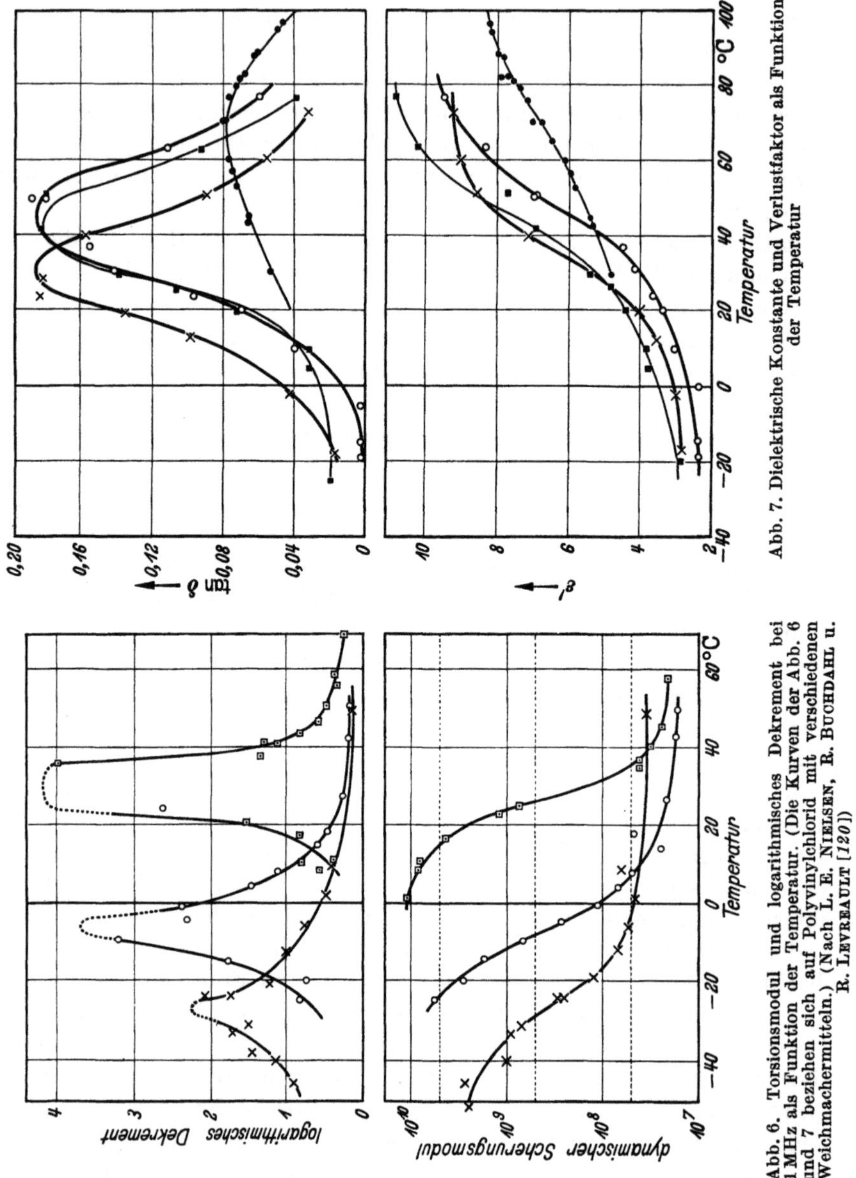

Abb. 7. Dielektrische Konstante und Verlustfaktor als Funktion der Temperatur.

Abb. 6. Torsionsmodul und logarithmisches Dekrement bei 1 MHz als Funktion der Temperatur. (Die Kurven der Abb. 6 und 7 beziehen sich auf Polyvinylchlorid mit verschiedenen Weichmachermitteln.) (Nach L. E. NIELSEN, R. BUCHDAHL, u. R. LEVREAULT [1201])

werden. Berechnet man aus dielektrischen Messungen durch Extrapolation diejenige Temperatur, bei der die Relaxationszeit einen bestimmten Wert, z. B. $1\,s$, annimmt, so wird die so erhaltene Temperatur mit derjenigen übereinstimmen, bei der der Kunststoff sich für einen 1 Sek. andauernden mechanischen Test wie ein ideal elastischer Körper („Brittle point") verhält. Tab. 2 zeigt, daß dieser

Vergleich, wenn tatsächlich ein Segmentorientierungsmechanismus vorliegt, meist zu guter Übereinstimmung führt [*27* bis *32*]. Jedoch haben THURN und WOLF [*113*], die sich eingehend mit vergleichenden dielektrischen und Ultraschallmessungen

bei Polyvinylestern, Polyacrylsäureestern und Polyvinyläthern befaßt haben, gezeigt, daß die mechanischen Hauptmaxima bei gleicher Frequenz oft bei tieferen Temperaturen beobachtet werden als die ihnen entsprechenden dielektrischen Hauptmaxima. Die Verfasser erklären diesen Unterschied zwischen mechanischer und dielektrischer Relaxationszeit durch die Tatsache, daß Translationsbewegungen der Kettensegmente gegeneinander genügen, um mechanische Relaxationserscheinungen hervorzurufen, wohingegen die dielektrische Dispersion auf Orientierungsänderungen der Kettensegmente beruht, was im allgemeinen zu anderen Aktivierungsgrößen führen wird. Jedoch wird die Differenz zwischen mechanischer und dielektrischer Relaxationszeit um so geringer sein, je kleiner die Dipolkopplung ist (kleines Dipolmoment, sterisch stark

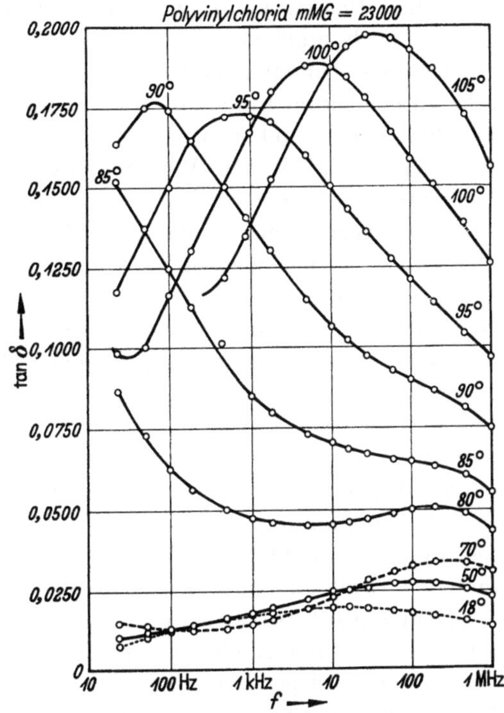

Abb. 8. tan ϑ als Funktion der Frequenz für Polyvinylchlorid mit der Temperatur als Parameter (nach P. GIRARD, P. ABADIE u. R. CHARBONNIERE [*71*])

behinderte Einstellungsmöglichkeit der Dipole gegeneinander) (vgl. 4.2, 3, 4).

m) Schlußbemerkungen. Zusammenfassend kann also festgestellt werden, daß das dielektrische Dispersionsspektrum von Hochpolymeren sehr kompliziert sein kann: es werden Absorptionserscheinungen auftreten, für die Weichmacher-

Tabelle 2. *Vergleich der mechanischen und dielektrischen Dispersion*

Kunststoff	Temperatur bei der $\tau_{diel} = 1$ sek	Temperatur bei der $\tau_{mech} = 1$ sek ("Brittle point")
Polyvinylchlorid	87 °C	80 °C [*29*]
Polyvinylacetat	44 °C	35 bis 40 °C [*29*]
Polyacrylsäuremethylester	15 °C	∼0 °C [*29*]
Polymethacrylsäuremethylester	20 °C[1]	125 °C [*29*]
Polyvinylisobutyral	58 °C	56 °C [*66*]
Polyvinylhexanal	37 °C	39 °C [*66*]
Polyvinyl-2-äthylhexanal	31 °C	35 °C [*66*]

[1] Die bei diesem Kunststoff auftretende Diskrepanz zwischen der hier angeführten dielektrischen und mechanischen Relaxation ist darauf zurückzuführen, daß es sich im ersteren Fall höchstwahrscheinlich um die Relaxation seitständiger Gruppen, im zweiten Falle jedoch um Kettensegmentrelaxation handelt (s. hierzu auch S. 530).

mittel oder Kettenenden verantwortlich zu machen sind und die zu den zwei grundsätzlichen Relaxationsmechanismen der Ketten- und Segmentorientierung hinzukommen. Das gleichzeitige Vorhandensein von kristallinen und amorphen Phasen kann, wie wir gesehen haben, die Anzahl der Dispersionsgebiete noch erhöhen. Um das so erhaltene, sehr verwickelte Spektrum mit einiger Sicherheit analysieren zu können, muß man die komplexe DK in einem sehr ausgedehnten Frequenz- und Temperaturgebiet kennen (etwa von 0,01 Hz bis 30000 MHz und von −80 bis +250 °C). Es ist ferner vorteilhaft, wenn Angaben bezüglich der Molekulargewichtsverteilung sowie der mechanischen Relaxation vorliegen.

Leider verfügt man augenblicklich nur über sehr wenige solcher kompletten Meßreihen. In den meisten Fällen wurde Temperaturdispersion nur bei einigen Frequenzen gemessen. Die Interpretierung dieser experimentellen Ergebnisse ist sehr heikel. Die so erhaltenen Temperaturdispersionskurven hängen nämlich davon ab, wie bei den beiden extremen Meßtemperaturen die Meßfrequenz in bezug auf die kritischen Frequenzen im amorphen bzw. kristallinen Kunststoff gelagert ist. Ist z. B. die Meßfrequenz bei der niedrigsten Meßtemperatur oberhalb der beiden kritischen Frequenzen gelegen, so wird man bei Erhitzung nur dann 2 Dispersionsgebiete beobachten, wenn die kritische Frequenz des kristallinen Anteils die Meßfrequenz unterhalb des Schmelzpunktes überschreitet. – Ist die Meßfrequenz zwischen den beiden kritischen Frequenzen gelegen, so kann man bei Erhitzung höchstens ein Dispersionsgebiet beobachten.

Temperaturdispersionskurven können auch leicht Umwandlungspunkte vortäuschen und den Eindruck erwecken, daß von einer bestimmten Temperatur an ein neues Dispersionsgebiet auftritt; in Wirklichkeit jedoch existiert dieses Dispersionsgebiet auch bei tieferen Temperaturen, befindet sich aber wegen der großen Aktivierungswärme bei viel kleineren Frequenzen.

Die einzige Angabe, die man aus den Verlustkurven als Funktion der Temperatur einigermaßen einwandfrei ablesen kann, ist die Temperatur, bei der die Meßfrequenz gleich der kritischen Frequenz ist; aber auch dabei ist größte Vorsicht am Platze, da nämlich sowohl ε_0 als auch ε_∞ temperaturabhängig sind, was die $\varepsilon'' = g(\nu)$-Kurve deformiert [73, 111]. Daher kann man auch auf keinen Fall aus solchen Kurven die Relaxationszeitverteilung abschätzen.

Es ist vielfach versucht worden, Frequenzdispersionskurven zu vervollständigen, indem man Messungen, die bei verschiedenen Temperaturen ausgeführt wurden, auf eine Referenztemperatur reduziert [74 bis 77]. Die theoretische Berechtigung solcher Reduktionsverfahren ist für die Viskoelastizität eingehend von STAVERMANN und SCHWARZL [78] untersucht worden. Die Schlußfolgerungen dieser Autoren sind aber mutatis mutandis auf dielektrische Dispersionskurven übertragbar und besagen, daß Reduktionsverfahren, die Temperaturdispersion in Frequenzdispersion transformieren, nur dann möglich sind, wenn eine einzige Relaxationszeit und nicht Relaxationszeitverteilung vorliegt.

Andererseits wurden von THURN und WÜRSTLIN [112], die das bestehende experimentelle Material kritisch überprüften, empirische Formeln angegeben, die es erlauben sollen, die Temperaturverschiebung der dielektrischen Verlustfaktormaxima von Hochpolymeren mit der Frequenz a priori zu bestimmen, und zwar bis zu Frequenzen von 10^8 Hz.

4.8.3 Experimentelle Ergebnisse

Wir haben in der Tab. 3 die Meßresultate verschiedener Autoren für eine Reihe von wichtigen Polymeren zusammengestellt. Für die Fälle, wo die Autoren die kritische Wellenlänge, die Relaxationszeitverteilung und die Aktivierungsgrößen angegeben haben, sind diese Werte von uns übernommen worden. Anderenfalls haben wir die in der Tabelle angeführten Daten mit Hilfe des Cole- und Cole-diagramms aus den Meßergebnissen berechnet.

In dieser Tabelle sind die Kunststoffe ihrer chemischen Struktur gemäß angeordnet: zuerst die Polymerisationsprodukte in der Reihenfolge ansteigender Substitution an die Polyäthylenkette, dann die Polykondensationssubstanzen und schließlich die Mischpolymerisate. Die Dispersionsgebiete wurden in der Reihenfolge der wachsenden kritischen Frequenzen angeführt. Hierzu sei bemerkt, daß es in vielen Fällen dem Verfasser unmöglich war, mehrere Dispersionsgebiete bei der gleichen Temperatur zu messen, da das ihm zur Verfügung stehende Frequenzintervall zu gering war. Um in diesen Fällen die Klassifizierung durchzuführen, mußten die kritischen Frequenzen auf gleiche Temperaturen extrapoliert werden. Es ist wesentlich hervorzuheben, daß sich die einzelnen im gleichen Frequenzgebiet gelagerten Dispersionen verschiedener Kunststoffe durchaus nicht, was ihren Mechanismus betrifft, zu entsprechen brauchen.

Wir haben nur Dispersionsgebiete angegeben, deren Existenz vom entsprechenden Verfasser als sicher angesehen wurde. Die mit Klammern versehenen Angaben beziehen sich auf Nebenmaxima, die wohl auf Bewegungen von Molekülteilen zurückzuführen sind, aber über deren genaue Ursachen augenblicklich noch keine Schlüsse zu ziehen sind [113].

In den Fällen, wo eine detaillierte Diskussion möglich und nötig erschien, haben wir dieselbe in den Anmerkungen zur Tab. 3 angegeben und in der Tabelle selbst mit Hilfe eines Sternchens auf diese Besprechung verwiesen.

*Bemerkungen zur Tabelle 3

1. Polythen. Es liegen drei ausführliche Arbeiten über Polythen vor, und zwar Messungen von Mikhailov [92], die ein Frequenzintervall von 400 bis 10^{10} Hz und ein Temperaturintervall von -140 bis $+70\,°C$ umfassen; eine Meßreihe von Jackson und Forsyth [91], die zwischen $-80°$ und $+80\,°C$ und von 1000 bis 2×10^9 Hz ausgeführt wurde und schließlich eine Temperaturdispersionskurve von $-100°$ bis $+100\,°C$, die von Oakes und Robinson [93] bei 11 Hz aufgenommen wurde.

Mikhailov beobachtet 2 Dispersionsgebiete, deren kritische Frequenzen bei 20 °C etwa 15 bzw. 10^8 Hz betragen. Als Aktivierungsenergie gibt der Autor Werte von 25 bzw. 11 kcal/Mol an.

Jacksons Messungen lassen nur ein einziges Relaxationsphänomen erkennen; die entsprechende kritische Frequenz bei $+20°$ ist 10^3 Hz und die Aktivierungsenergie beträgt 54 kcal/Mol. Oakes hingegen glaubt 3 Absorptionsgebiete nachweisen zu können, denen die Aktivierungsenergien von 60, 55 und 13 kcal/mol entsprechen. Die letztgenannte Aktivierungsenergie stimmt gut mit dem von Mikhailov gefundenen Wert für das Hochfrequenzgebiet überein; was hingegen die Aktivierungsenergien der beiden anderen von Oakes angegebenen Dispersionsgebiete betrifft, so stehen sie im Widerspruch zu den russischen Messungen und bilden eine Stütze für die Angaben Jacksons. Im übrigen ist Oakes der einzige, für den das Tieffrequenzgebiet keinen einheitlichen Charakter aufweist, sondern in 2 Teildispersionsgebiete aufgespalten ist. Es scheint jedoch verfrüht, hierzu Stellung zu nehmen, bevor eine einwandfreie Bestätigung dieses experimentellen Befundes vorliegt.

Tabelle 3[1]

Kunststoff	t °C	ν_k Hz	ε_0	ε_∞	a^0	$\Delta S^{\neq}$ kcal/mol	$\Delta E^{\neq}$ E.E.	Literatur
(1) Technisches Polythen* Polyäthylen	1. + 20 2. 0	10^3 10^8				54 11	143 22	[91, 92] [93, 94] [79, 100]
(2) Polyvinyl-chlorid	1. +100 2. + 25	60 10^4	12,5 3,6	3,5 2,7	90 40	120	300	[82, 79,95] [53,3, 56] [102]
(3) Polystyrol	+120	10^3	2,48	2,43	55	80	152	[24,12,83]
(4) Polyvinylacetat*	1. + 65 2. +122 3.(+ 20 4.(− 70	10^3 2×10^6 2×10^6) 2×10^6)	8,2 3,4	3,0 2,8	110	53	110	[3, 79, 36] [12,82,96] [113]
(5) Polyvinyl-propionat	1. + 88 2.(+ 22 3.(− 30 4.(− 65	2×10^6 2×10^6) 2×10^6) 2×10^6)						[113]
(6) Polyvinyl-chloracetat	1. + 70 2. − 70	10^3 500	26	8,0	160	55	122	[36, 3]
(7) Polyvinyl-formal*	1. +130 2. + 88 3. + 88	3×10^3 $\sim 10^4$ $\sim 10^7$	6,2 3,6 3,1	3,6 3,1 2,8	110 ~ 60 ~ 100	111 8	237	[65] [79]
(8) Polyvinyl-acetal*	1. +100 2. + 25 3. + 25	5×10^3 $\sim 10^6$ $\sim 10^{10}$	6,7 3,2 2,8	3,3 2,8 2,6	120 60 130	71 8	152 −1	[65] [79]
(9) Polyvinyl-butyral*	1. +100 2. + 27	3×10^4 10^7	6,4 2,9	4,0 2,5	70 50	65	139	[64] [79]
(10) Polyvinyliso-butyral	1. +100 2. +100	< 100 3×10^4	4,8 bei 90 °C	3,0	92	71	153	[66]
(11) Polyvinyl-hexanal*	1. + 66 2. + 66	10^3 $> 10^5$	5,3	3,4	112	62	140	[66]
(12) Polyvinyl-2-äthylhexanal*	+ 70	5×10^3	4,5	3,1	110	56	125	[66]
(13) Polyvinyl-methyläther	1. − 15 2. + 37 3.(− 50 4.(− 85	50 2×10^6 2×10^6) 2×10^6)						[81] [113]
(14) Polyvinyl-äthyläther	1. + 45 2.(− 45	2×10^6 2×10^6)						[113]
(15) Polyvinyl-propyläther	1. + 42 2.(− 10 3.(− 75 4.(−125	2×10^6 2×10^6) 2×10^6) 2×10^6)						[113]

[1] Die uns zur Verfügung stehenden Angaben erlauben es uns nicht festzustellen, ob die als 1. und 2. bezeichneten Maxima für die Polymere (4), (13), (15) und (17) dieselbe Absorption darstellen. Wenn ja, so würde die dazugehörige Aktivierungsenergie etwa 25 bis 30 kcal/Mol betragen. Im Fall (4) steht jedenfalls dieser Wert im Widerspruch zu den Angaben anderer Autoren.

Tabelle 3 (Fortsetzung)

Kunststoff	t °C	ν_k Hz	ε_0	ε_∞	α^0	$\Delta E^{\ddagger}$ kcal/mol	$\Delta S^{\ddagger}$ E.E.	Literatur
(16) Polyvinyl-n-butyläther	1. $-$ 10 2. $+$ 40 3. $(-$ 35 4. $(-$ 72 5. $(-$115	50 2×10^6 2×10^6) 2×10^6) 2×10^6)						[47] [113]
(17) Polyvinyliso-butyläther	1. $+$ 5 2. $+$ 72 3. $(-$ 45 4. $(-$125	50 2×10^6 2×10^6) 2×10^6)						[47] [113]
(18) Polyvinyl-tertiärbutyläther	$+100$	50						[47]
(19) Polyacryl-säuremethyl-ester	1. $+$ 40 2. $(+$ 28 3. $(-$ 15	8×10^3 2×10^6) 2×10^6)	7	5,6	170	46	90	[80] [113]
(20) Polyacryl-säureäthyl-ester	1. $+$ 39 2. (0 3. $(-$ 20	2×10^6 2×10^6) 2×10^6)						[113]
(21) Polyacryl-säure-n-butyl-ester	1. $+$ 10 2. $(-$ 33 3. $(-$ 85	2×10^6 2×10^6) 2×10^6)						[113]
(22) Polymethacryl-säuremethyl-ester	1. $+130$ 2. $+$ 60	10 200	4,7	2,7	70	20	15	[80, 83] [32, 79, 84]
(23) Poly-α-chlor-methacrylsäure-methylester	1. $+150$ 2. $+$ 90	100 60	4,7	2,9	60	130 26	261 24	[32] [80]
(24) Polymethacryl-säureäthylester	$+$ 80	10^3	4,5	2,5	90	20	15	[79]
(25) Polymethacryl-säurechlor-äthylester	$+$ 80	60	~ 7			50	95	[80]
(26) Polymethacryl-säurebutylester	$+$ 81	10^4	3,7	2,5	130	25	33	[79]
(27) Polymethacryl-säureisobutylester	$+$ 80	1. 10^2 2. $> 10^7$	3,8	2,4	80			[79]
(28) Polymethacryl-säurecyclohexyl-ester	$+$ 84	1. $< 10^2$ 2. $\sim 10^5$	3,5	2,5	50			[79]
(29) Kel-F-Polychlor-trifluoräthylen	$+$ 25	1.2×10^3 2. $> 10^6$	2,8	2,4	110	19	24	[5, 79]
(30) Polytrimethylen-malonsäureester	$-$ 10	4×10^5				22	52	[3, 21]
(31) Polytrimethylen-bernsteinsäure-ester	0	4×10^5				26	64	[3, 21]
(32) Polyäthylenbern-steinsäureester	$+$ 25	10^6	5,6	3,4	80	~ 13	16	[21, 48]

Tabelle 3 (Fortsetzung)

Kunststoff	t °C	ν_k Hz	ε_0	ε_∞	α^0	$\Delta E^{\neq}$ kcal/mol	$\Delta S^{\neq}$ E.E.	Literatur
(33) Polyäthylen-adipinsäureester	+ 25	$\sim 10^8$	5,2	3,5	90	25	66	[21, 48]
(34) Polyäthylen-sebacinsäureester	− 20	10^7	3,7	2,6	90	12	25	[48]
(35) Polydecame-thylenoxalsäure-ester	+ 25	10^8	3,7	2,5	65			[48]
(36) Polyäthylen-azalat	+ 25	10^8	3,9	3,0	100			[48]
(37) 1-3-Butandiol-adipinsäureester	0	10^7						[81, 85]
(38) 1-4-Butandiol-adipinsäureester	− 8	10^7						[81, 85]
(39) NYLON, Polyhexa-methylenadi-pamid	+ 84	1. $< 10^2$						[49]
		2. $\sim 10^4$	13,7	2,9	65			[79]
	+ 25	3. 10^5	3,7	2,8	40			[97]
(40) Polyhexame-thylensebacamid	+ 79	1. $< 3 \times 10^3$	10,5	3,5	80	23	33	[49]
		2. 10^5						
		3. $> 8 \times 10^7$						
(41) Polyhexamethy-lendecamethylen-adipamidseba-camid	+ 25	1. $< 10^3$	6,7	3,2	60			[49]
		2. $> 10^7$						
(42) Polycaproamid	1. + 60	10^6						
	2. +190	10^6						[101]
(43) Phenolformal-dehyd	1. + 70	7×10^3	8,2	4,7	95	85	208	[82, 99]
	2. + 24	$< 10^3$						[86, 79]
	3. + 24	10^7	6,4	3,2	50			[3]
(44) Benzylalkohol-formaldehyd	+ 30	300	2,7	2,6		53	122	[3, 86]
(45) Orthocresol-formaldehyd	+ 40	4×10^3	6,3	3,3		84	225	[3, 86]
(46) Metacresol-formaldehyd	+ 75	10^3	6,5	3,1		70	155	[3, 86]
(47) Paracresol-formaldehyd	+ 51	10^3	6,0	2,9		70	173	[3, 86]
(48) M-5-xylenol-formaldehyd	+ 80	500	5,6	2,8		74	164	[3, 86]
(49) Polyglykolphtha-latsäureester	100	< 10						[81]
(50) TERYLEN*, Polyäthylentere-phthalatsäure-ester	1. +110	10^3	$\sim 3,8$	$\sim 3,1$	60	90	190	[87]
	2. 0	$\sim 10^5$	$\sim 3,2$	$\sim 2,8$	60	12	12	[88]
(51) Celluloseacetat*	+ 25	1. 10^5	3,9	3,3	55	6	− 12	[79]
		2. 3×10^{10}	3,3	3,1	135			[89]

Tabelle 3 (Fortsetzung)

Kunststoff	$t\,°C$	ν_k Hz	ε_0	ε_∞	α^0	$\Delta E^{\ddagger}$ kcal/mol	$\Delta S^{\ddagger}$ E.E.	Literatur
(52) Methylcellulose	$+22$	1. $< 10^3$						[79]
		2. $\sim 10^7$	6,2	3,1		70		
(53) Äthylcellulose	$+25$	$\sim 5 \times 10^8$	3,1	2,6				[79, 89]
Mischpolymerisate								
(54) 5,6% Acrylnitril* 94,4% Styrol	$+95$	10^3			66		137	[52]
(55) 47,6% Polyvinyl-carbazol* 52,4% Polystyrol	$+100$	10^4						[82]
(56) Acrylnitril* Äthylacrylat % AN								[90]
35	$+45$	60						
58	$+75$	60						
78	$+84$	60						
(57) Polyacrylsäure-methylester* Polystyrol % PAc.								[82]
100	$+47$	10^6						
45	$+65$	10^6						
22	95	10^6						
(58) Polymethacryl-säuremethyl-ester* Polystyrol % P St								[82]
25	69	500						
50	104	500						
75	108	500						

Der Ursprung der dielektrischen Dispersionserscheinungen ist in der Relaxation von chemisch an die Kette gebundenen Ketongruppen $C=O$ zu suchen, die durch Oxydation während der Bearbeitung von Polyäthylen gebildet werden können und die daher dem im chemisch reinen Zustand völlig unpolaren Polyäthylen (s. S. 527) einen polaren Charakter verleihen. Diese Hypothese wird durch folgende Beobachtungen gestützt:

a) Ansteigen des $\mathrm{tg}\,\delta$-Maximums mit wachsendem Oxydationsgrad und dies sowohl für das Tief- als auch für das Hochfrequenzgebiet.

b) Ein Zusatz von Antioxydierungsmitteln vor der Bearbeitung bewirkt eine Unterdrückung der Tieffrequenzabsorption.

Was die Anwesenheit zweier Absorptionsgebiete anbetrifft, gelang es MIKHAILOV nachzuweisen, daß das Tieffrequenzgebiet auf die Relaxation der Ketongruppen in kristallinen Gebieten des Kunststoffes beruht (so ist z. B. das entsprechende Verlustmaximum proportional zum kristallinen Anteil) und das Hochfrequenzgebiet auf die Ketonrelaxation in der amorphen Phase.

Es sei hier noch darauf hingewiesen, daß der auf S. 532 angegebene Grenzwert der kritischen Frequenz für Polyester mit weit auseinanderliegenden Estergruppen, nämlich 10^7 Hz bei $10 \pm 5\,°C$, die kritische Frequenz des Polyäthylens darstellen müßte. Tatsächlich kann die Übereinstimmung mit dem in der Tab. 3 angeführten Wert von 10^8 Hz bei $0\,°C$ wohl als befriedigend angesehen werden.

2. Der Vergleich der in der Tab. 3 zitierten Dispersion für Polyacrylsäuremethylester und Polymethacrylsäuremethylester führt zur Hypothese, daß im ersten Falle Kettensegmentrelaxation vorliegt, im anderen jedoch Relaxation von seitständigen Gruppen (Rotation der Methoxycarbonylgruppe [111]). Diese Annahme wird auch dadurch gestützt, daß die mechanische Relaxationszeit für Polyacrylsäuremethylester gut mit der dielektrischen Relaxationszeit übereinstimmt, was hingegen für Polymethacrylsäuremethylester nicht der Fall ist (s. Tab. 2). Es ist möglich, daß für diese Substanz das andere in der Tab. 3 angeführte Dispersionsgebiet mit einer kritischen Frequenz von 10 Hz bei 130 °C der Kettensegmentrelaxation entspricht. Macht man die Annahme, daß die dazugehörige Aktivierungsenergie von der gleichen Größenordnung wie für die Poly-α-chlormethacrylsäuremethylester ist, nämlich 130 kcal/mol, so ergibt sich hieraus, daß das der Kettensegmentorientierung entsprechende Absorptionsgebiet bei 60 °C weit unterhalb der Meßfrequenzen von Fuoss liegen muß. Diese Interpretierung führt auch zu einem befriedigenden Vergleich zwischen dielektrischer und mechanischer Relaxation.

3. Es ist erstaunlich, daß die Aktivierungsgrößen der beiden Isomere: Polyvinylacetat und Polyacrylsäuremethylester von der gleichen Größenordnung sind, da die C—O-Bindung durch eine größere Bewegungsfreiheit als die C—C-Bindung charakterisiert ist. Die Potentialschwellen scheinen also hier im wesentlichen von intermolekularen Kräften herzurühren.

4. In Ergänzung zu der auf S. 535 angeführten Diskussion der Polyvinylacetale sei hier noch auf folgendes hingewiesen: Vergleicht man Polyvinylacetal mit Polyvinylacetat, bei dem die gleiche polare Gruppe an nur einer Stelle der Hauptkette verknüpft ist, so spiegelt sich die Beweglichkeit der seitständigen Gruppen in den kleineren Werten für die Aktivierungsgrößen wider, verglichen mit der Aktivierungsenergie und der Aktivierungsentropie des Polyvinylacetals

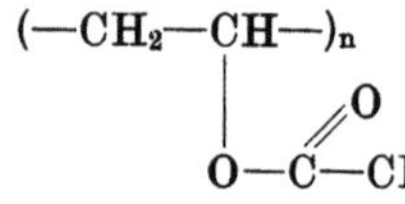

$$(-CH_2-CH-)_n \qquad\qquad (-CH_2-CH-CH_2-CH-)_n$$

Polyvinylazetat 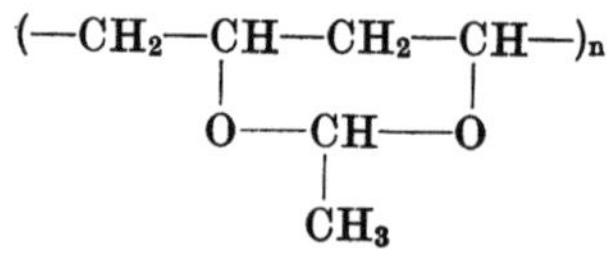　　　　　　　　　　　Polyvinylazetal

In dieser Hinsicht ist auch hervorzuheben, daß Polyvinylformal, wo kein Weichmachereffekt durch Substituenten vorliegt, annähernd gleiche Aktivierungsgrößen besitzt wie Polyvinylchlorid.

5. Beim TERYLEN, einem kristallisierbaren Kunststoff, der von Reddish [87] auf musterhafte Weise untersucht wurde (Abb. 9 und 10), ist die Hochfrequenzdispersion auf die Relaxation der endständigen OH-Gruppen in der amorphen Phase des Polymers zurückzuführen. Reddish konnte durch Anwendung der Sillarsformel (s. S. 526) die Konzentration der endständigen OH-Gruppen abschätzen und erhielt so einen Wert, der in guter Übereinstimmung steht mit Berechnungen auf Grund des Molekulargewichtes und Abschätzungen aus Ultrarotspektren.

Das Tieffrequenzgebiet beruht nach Reddish auf Kettensegmentrelaxation, und zwar soll es sich genauer um den Übergang in der amorphen Phase der Cis- in die Trans-Form handeln.

6. Im allgemeinen ist klar erkenntlich, daß große Aktivierungsenergien mit großen Aktivierungsentropien verbunden sind, was mit den theoretischen Betrachtungen auf S. 528 in Einklang steht; in 2 Fällen treten negative Entropien auf, deren absoluter Wert klein ist (Polyvinylacetal und Celluloseacetat). Die Bedeutung experimentell einwandfrei feststehender negativer Entropien ist vielfach diskutiert worden [105, 106]. Für Kettenmoleküle lassen sich negative Entropiewerte, wie Magat gezeigt hat, erklären, wenn man außer den äußeren Freiheitsgraden auch die inneren Freiheitsgrade berücksichtigt, d. h. also die Gesamtheit der möglichen Konfigurationen des Moleküls. Wenn beim Übergang zum aktivierten Zustand eine gewisse Anzahl Konfigurationen aus sterischen Gründen ausgeschlossen werden, so bedeutet dies, daß die Entropie des Moleküls im aktivierten Zustand kleiner ist als vorher. Diese Abnahme der inneren Entropie des Moleküls kann zuweilen die Zunahme der äußeren Ordnungsentropie übersteigen, und die Aktivierungsentropie wird negativ.

Eine andere Erklärungsmöglichkeit wurde von MÜLLER in einer Diskussion zitiert [*106*]. ,,Beim Orientierungswechsel, z. B. eines kleinen Dipolmoleküls, werden die Nachbarmoleküle von diesem etwas wegrücken, wodurch sich in der Umgebung die Entropie etwas verkleinern kann. Diese Entropieverringerung übersteigt die Unordnung, die das platzwechselnde Teilchen selbst verursacht." Bei Polymermolekülen wird diese Interpretierung, wie es aus dem Zitat selbst hervorgeht, unwahrscheinlich.

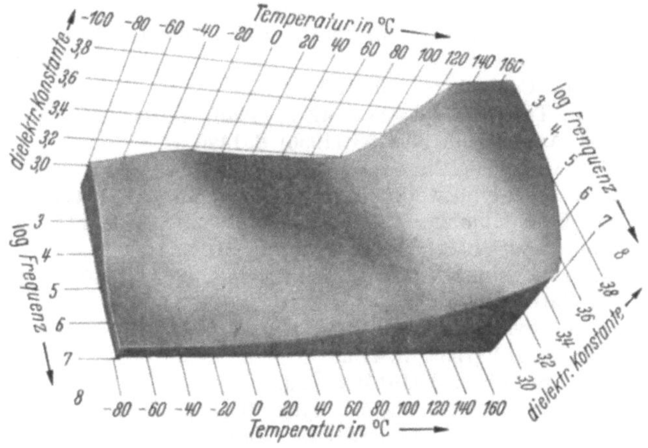

Abb. 9

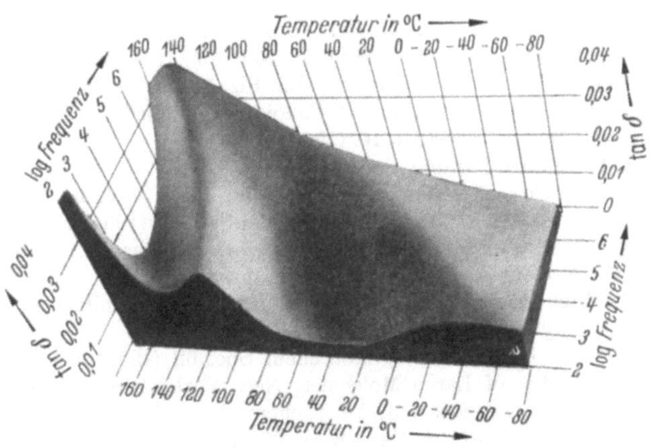

Abb. 10

Abb. 9 und 10. Dielektrizitätskonstante und Verlustfaktor als Funktion der Frequenz und der Temperatur für TERYLEN (nach W. REDDISH)

Im Zusammenhang mit der Existenz negativer Entropien ist auch die Frage nach der theoretischen Berechtigung des Frequenzfaktors der ARRHENIUSschen Gleichung, nämlich kT/h, aufgeworfen worden, für den Fall, wo diese Gleichung auf Orientierungsrelaxation angewandt wird. Es wurde jedoch gezeigt, daß das Problem der negativen Entropie nicht durch eine Änderung des Frequenzfaktors gelöst werden kann. Schließlich sei noch hinzugefügt, daß das Auftreten einer negativen Entropie im Rahmen der BAUERschen Theorie, die wir kurz auf S. 524 angeführt haben, leicht erklärt werden kann. In dieser Theorie nämlich ist die Relaxationszeit umgekehrt proportional zur effektiven Breite des Potentialpasses; ist derselbe sehr eng, so wird die Aktivierungsentropie negativ [*105*].

35*

Literatur

[1] PELLAT, H.: J. Phys. Radium 9 (1900) S. 313.

[2] DEBYE, P.: Polare Molekeln. Leipzig: 1929.

[3] KAUZMANN, W.: Rev. Mod. Phys. 14 (1942) S. 12.

[4] WAGNER, K. W.: Arch. Elektrotechn. 2 (1914) S. 371.

[5] REYNOLDS, S. I., V. G. THOMAS, H. SHARBAUGH u. R. M. FUOSS: J. Amer. chem. Soc. 73 (1951) S. 3714.

[6] CARTER, W. C., M. MAGAT, W. C. SCHNEIDER u. C. P. SMYTH: Trans. Faraday Soc. 42 A (1946) S. 213.

[7] DALBERT, R.: Rev. Caoutchouc. 29 (1952) S. 593.

[8] RICHARDS, R. B.: Trans. Faraday Soc. 42 A (1946) S. 194.

[9] ONSAGER, L.: J. Amer. chem. Soc. 58 (1936) S. 1486.

[10] KIRKWOOD, J. G.: J. chem. Physics 7 (1939) S. 911.

[11] FUOSS, R. M., u. J. G. KIRKWOOD: J. Amer. chem. Soc. 63 (1941) S. 385.

[12] BROENS, O., u. F. H. MÜLLER: Kolloid-Z. 140 (1955) S. 121; 141 (1955) S. 20.

[13] BAUER, E.: Cah. Phys. (1944) Nr. 20, S. 1; Nr. 21, S. 21.

[14] BAUER, E., u. D. MASSIGNON: Trans. Faraday Soc. 42 A (1946) S. 12.

[15] FRÖHLICH, H.: Nature 157 (1945). S. 478

[16] MAGAT, M.: Ann. Phys. 6 (1936) S. 187.

[17] MAAR, O.: Z. Phys. 113 (1939) S. 415.

[18] MARCELLIN, R.: Ann. Phys. 3 (1915) S. 120.

[19] COLE, K. S., u. R. H. COLE: J. chem. Physics 9 (1941) S. 341.

[20] VATTAKHOV, K. Z.: Zh. tekh. Fiz. SSSR 24 (1954) S. 1401.

[21] PELMORE, D. R., u. E. L. SIMONS: Proc. roy. Soc. 175 (1940) S. 468.

[22] SILLARS, R. W.: Proc. roy. Soc. A 169 (1939) S. 66.

[23] EHRLICH, P.: J. Res. Nat. Bur. Stand. 51 (1953) S. 185.

[24] BAKER, E. B., R. P. AUTY u. G. J. RITENOUR: J. chem. Physics 21 (1953) S. 159.

[25] KUHN, W.: Helv. chim. Acta 31 (1948) S. 1259; 33 (1950) S. 2057.

[26] VOLKENSHTEJN, M. V., u. O. B. PTICYN: Zh. Fiz. Khim. SSSR 27 (1953) S. 76.

[27] FERRY, J. D., u. E. R. FITZGERALD: J. Colloid Sci. 8 (1953) S. 224.

[28] PONOMAREV: Zh. tekh. Fiz. SSSR 10 (1940) S. 587.

[29] TUCKETT, R. F.: Trans. Faraday Soc. 40 (1944) S. 448.

[30] SACK, H. S., T. R. CUYKENDALL u. T. J. WOODS: Phys. Rev. 94 (1954) S. 1414.

[31] OAKES, W. G., u. D. W. ROBINSON: J. Polymer Sci. 13 (1954) S. 505.

[32] DEUTSCH, K., E. A. W. HOFF u. W. REDDISH: J. Polymer Sci. 13 (1954) S. 565.

[33] WÜRSTLIN, F.: Kolloid-Z. 134 (1953) Sonderausgabe, S. 143.

[34] JENCKEL, E.: Diskussionsbeitrag, Kolloid-Z. 134 (1953) Sonderausgabe, S. 152.

[35] DYSON, A.: J. Polymer Sci. 7 (1951) S. 133.

[36] MEAD, D. J., u. R. M. FUOSS: J. Amer. chem. Soc. 63 (1941) S. 2832.

[37] MARK, H.: Chemistry of Large Molecules. New York: Interscience Publ. 1943.

[38] KAUZMANN, W., u. H. EYRING: J. Amer. chem. Soc. 62 (1940) S. 3113.

[39] MÜLLER, F. H.: Ergebn. exakt. Naturwiss. 25 (1951) S. 446.

[40] SCHOTTKY: Diskussionsbeitrag. Z. Elektrochem. 45 (1939) S. 149.

[41] POWLES, J. G.: J. Phys. Radium 13 (1952) S. 121.

[42] BROWN, N. L., u. R. H. COLE: J. chem. Physics 21 (1953) S. 1920.

[43] POWLES, J. G., u. H. S. GUTOWSKY: J. chem. Physics 23 (1955) S. 1692.

[44] MÜLLER, F. H.: Diskussionsbeitrag. Z. Elektrochem. 45 (1939) S. 149.

[45] BROT, C., M. MAGAT u. L. REINISCH: Kolloid-Z. 134 (1953) Sonderausgabe, S. 109.

[46] MAGAT, M.: J. Chim. physique 52 (1955) S. 272.

[47] WÜRSTLIN, F.: Kolloid-Z. 120 (1950) S. 84.

[48] BAKER, W. O., u. W. A. YÄGER: J. Amer. chem. Soc. 64 (1942) S. 2164.

[49] YÄGER, W. A., u. W. O. BAKER: J. Amer. chem. Soc. 64 (1942) S. 2171.

[50] CURTIS, H. L., u. A. T. MACPHERSON: Techn. Paper Nr. 299, Bur. Stand. (Oktober 1929).

[51] MÜLLER, F. H.: Kolloid-Z. 77 (1936) S. 260.

[52] EHRLICH, P., u. N. J. DE LOLLIS: J. Res. Nat. Bur. Stand. 51 (1953) S. 145.

[53] FUOSS, R. M.: J. Amer. chem. Soc. 63 (1941) S. 369 u. 378.

[54] Würstlin, F.: Kolloid-Z. 105 (1943) S. 9.
[55] Würstlin, F.: Kolloid-Z. 113 (1949) S. 18.
[56] Davies, J. M., R. F. Miller u. W. F. Busse: J. Amer. chem. Soc. 63 (1941) S. 361.
[57] Fitzgerald, E. R., u. R. F. Miller: J. Colloid Sci. 8 (1953) S. 148.
[58] Zhurkov, S. N.: C. R. Acad. Sci. UdSSR 47 (1945) S. 475.
[59] Zhurkov, S. N., u. R. I. Lerman: C. R. Acad. Sci. UdSSR 47 (1945) S. 106.
[60] Kovacs, A. J.: Rev. Ind. Plast. Mod. (1955).
[61] Kobeko, P. P., G. P. Mikhailov, Z. I. Novikova u. M. I. Kalinin: Zh. tekh. Fiz. SSSR 19 (1949) S. 111 u. 116.
[62] Ueberreiter, K., u. G. Kanig: Z. Naturforschung 6A (1951) S. 551.
[63] Fox, T. G., u. P. J. Flory: J. appl. Phys. 21 (1950) S. 580.
[64] Funt, B. L.: Canad. J. Chem. 30 (1952) S. 84.
[65] Funt, B. L., u. T. H. Sutherland: Canad. J. Chem. 30 (1952) S. 940.
[66] Sutherland, T. H., u. B. L. Funt: J. Polymer Sci. 11 (1953) S. 177.
[67] Reinisch, L.: C. R. 237 (1953) S. 50.
[68] Reinisch, L.: C. R. 240 (1955) S. 1077.
[69] Simon, F.: Ergebn. exakt. Naturwiss. 9 (1930) S. 244.
[70] Simon, F.: Z. anorg. Chem. 203 (1931) S. 219.
[71] Girard, P., P. Abadie u. R. Charbonniere: C. R. 229 (1949) S. 1316.
[72] Caillon, P.: C. R. 241 (1955) S. 1200.
[73] Veselovsky, P. F.: Zh. tekh. Fiz. SSSR 25 (1955) Nr. 2, S. 266.
[74] Williams, M. L., u. J. D. Ferry: J. Colloid Sci. 9 (1954) S. 479.
[75] Williams, M. L.: J. phys. Chem. 59 (1955) S. 95.
[76] Williams, M. L., R. F. Landel u. J. D. Ferry: J. Amer. chem. Soc. 77 (1955) S. 3701.
[77] Ferry, J. D., E. R. Fitzgerald u. L. W. Williams: J. chem. Physics 59 (1955) S. 403.
[78] Staverman, A. J., u. F. Schwarzl: J. appl. Phys. 23 (1952) S. 838.
[79] Tables of Dielectric Materials Techn. Raport Nr. 57, Laboratory of Insulation Research. Masachusetts Institute of Technology (M.I.T.) Januar 1953.
[80] Mead, D. J., u. R. M. Fuoss: J. Amer. chem. Soc. 64 (1942) S. 2389.
[81] Würstlin, F.: Z. angew. Phys. 2 (1950) S. 131.
[82] Holzmüller, W.: Phys. Z. 42 (1941) S. 281.
[83] Baker, E. B.: Rev. Sci. Instrum. 22 (1951) S. 376.
[84] Telfair, D.: J. appl. Phys. 25 (1954) S. 1062.
[85] Würstlin, F.: Kolloid-Z. 110 (1948) S. 71.
[86] Hartshorn, L., N. J. Megson u. E. Rushton: Proc. phys. Soc. 52 (1940) S. 796.
[87] Reddish, W.: Trans. Faraday Soc. 46 (1950) S. 459.
[88] Amborski, L. E.: Industr. Engng. Chem. 45 (1953) S. 2290.
[89] Dieser, J., W. Jordan u. E. Schweizer: Nat. Res. Counc., div. Eng. and Ind. Res., Ann. Rep. Conf. on Electr. Insulation 1948. (1949) S. 61.
[90] Mead, D. J., u. R. M. Fuoss: J. Amer. chem. Soc. 65 (1943) S. 2067.
[91] Jackson, W., u. J. A. S. Forsyth: J. Inst. electr. Engrs. 92 (März 1945) part III, Nr. 17.
[92] Mikhailov, G. P., A. M. Lobanov u. B. L. Sazhin: Zh. tekh. Fiz. SSSR 24 (1954) Nr. 9, S. 1553.
[93] Oakes, W. G., u. D. W. Robinson: J. Polymer Sci. 14 (1954) S. 505.
[94] Fujishiro, R., u. A. Kotera: J. chem. Soc. Jap., pure chem. sect. 70 (1949) S. 114.
[95] Fujishiro, R.: J. chem. Soc. Jap., pure chem. sect. 70 (1949) S. 295.
[96] Noguchi, K., u. Y. Inagaki: Res. Rpts. Nagoya In. Sci. Res. Inst. (1954) Nr. 7, S. 2.
[97] Okada, A., u. K. Fuchino: Chem. High Polymers (Jap.) 7 (1950) S. 340.
[98] Warner, A. J.: ASTM Bull. (1948) Nr. 153, S. 60.
[99] Kawai, R.: J. Electrochem. Ass. Jap. 10 (1942) S. 97.
[100] Reddish, W.: Chem. and Ind. (1951) S. 1077.
[101] Fuchino, K., u. N. Okada: Chem. High Polymers (Jap.) 6 (1949) S. 497.
[102] Fujimoto, S., u. U. Shinohara: Res. Rept. Nagoya, Ind. Sci. Res. Inst. (1951) Nr. 4, S. 17.
[103] Birstein, T. M., u. O. B. Ptizyn: Zh. tekh. Fiz. USSSR 24 (1954) S. 1998.
[104] Volungis, R. J., u. R. S. Stein: J. chem. Physics 23 (1955) S. 117.

[105] Diskussion. Trans. Faraday Soc. 42 A (1946) S. 162.
[106] Diskussion. Kolloid-Z. 134 (1953) Sonderausgabe, S. 222.
[107] YANKO, J. A.: J. Polymer Sci. 3 (1948) S. 576.
[108] ALFREY T.: Mechanical Behavior of High Polymers. New York: Interscience Publ. 1948.
[109] POWLES, J. G.: J. chem. Physics 21 (1953) S. 633.
[110] SMYTH, C. P., G. N. ROBERTS u. R. S. HOLLAND: J. Amer. chem. Soc. 78 (1956) S. 20.
[111] LE MONTAGNER, S.: Thèse Paris 1957.
[112] THURN, H., u. F. WÜRSTLIN: Kolloid-Z. 145 (1956) S. 133.
[113] THURN, H., u. K. WOLF: Kolloid-Z. 148 (1956) S. 16.
[114] REINISCH, L.: C. R. 243 (1956) S. 1032 — Thèse Paris 1957, J. Chim. Physique 56, (1959) S. 108
[115] HEIJBOER, J.: Kolloid-Z. 148 (1956) S. 37.
[116] HARTMANN, A.: Kolloid-Z. 142 (1955) S. 123; 148 (1956) S. 30.
[117] BÖTTCHER, C. J. F.: Theory of Electric Polarisation. New York/Amsterdam/London/ Brüssel: Elsevier Publ. Comp. Inc. 1952.
[118] FRÖHLICH, H.: Theory of Dielectrics. Oxford: Clarendon Press 1949.
[119] MANDEL, M.: Bull. Soc. Chim. (Juli-August 1955) S. 1018.
[120] NIELSEN, L. F., R. BUCHDAHL u. R. LEVREAULT: J. appl. Phys. 21 (1950) S. 607.

4.9 Elektrische Leitfähigkeit und Isoliervermögen

Von **Th. Gast**, Göttingen

4.9.1 Bedeutung von Leitfähigkeit und Isoliervermögen in Forschung und Anwendung

Leitfähigkeit und Isoliervermögen der Kunststoffe sind ein Objekt *physikalischer Forschung*, die sich, nachdem auf dem Halbleitergebiet wesentliche methodische und erkenntnismäßige Voraussetzungen erarbeitet worden sind [1, 2], nunmehr intensiv dem Isolator zuwendet. Von Untersuchungen der Leitfähigkeit kann in manchen Fällen auf Grund theoretischer Vorstellungen und in Verbindung mit anderen „makroskopischen" Eigenschaften Hilfe bei der Klärung von Feinheiten des Aufbaus erhofft werden. Leitfähigkeitsmessungen sind mit Erfolg zur Beobachtung von Polymerisationsvorgängen benutzt worden [3]. Ferner ist die Leitfähigkeit ein Indikator vorübergehender oder bleibender Veränderungen, die sich in Isolatoren unter der Einwirkung elektromagnetischer und korpuskularer Strahlung vollziehen und damit Gegenstand und Hilfsmittel der physikalischen Untersuchungen, die den Einsatz von Kunststoffen auf dem Gebiet der Kernenergie vorbereiten [4] (vgl. 6.5).

Die *Elektrotechnik* verfügt mit den Kunststoffen über eine Vielfalt von Isolatoren, die das weite Feld der praktischen Anforderungen recht gut überdecken. Neben mechanischer und thermischer Beständigkeit interessiert vor allem das Isoliervermögen, unter dem wir die sichere Begrenzung des Stromflusses auf vorgesehene Bahnen und die Konservierung elektrischer Ladungen verstehen wollen. Elektrizitätsleitung durch den Isolator ist im allgemeinen unerwünscht. Vielfach wird sie nur insoweit beachtet, als man sie aus wirtschaftlichen und Sicherheitsgründen in gewissen Grenzen halten muß. Bisweilen führt man sie aber auch zur räumlichen Glättung elektrischer Felder und zur Unterdrückung elektrostatischer Aufladungen absichtlich herbei. Während bei den im Haushalt und Betrieb üblichen Niederspannungen noch die Oberflächenleitung und ihr Übergang in den Kriechstrom im Vordergrund stehen, stellt die Hochspannungstechnik [5] besondere Anforderungen an die Durchschlagsfestigkeit [6]. Der *physikalische Apparatebau* [7] fordert vielfach höchste Isolationswiderstände und die allgemeine *Elektronik* [8] verlangt oft Kombinationen günstiger dielektrischer Eigenschaften, die Isolationswiderstand und niedrige dielektrische Verluste mitumfassen.

Einerseits müssen bei der technischen Anwendung von Isolatoren die Einflüsse von Spannung, Stromart und Belastungsdauer, Temperatur, Feuchtigkeit, chemischem Angriff und Strahlung auf das Isolationsvermögen beachtet werden. Sie sind Gegenstand verschiedener Verfahren der *elektrotechnischen Werkstoffprüfung*. Andererseits vermögen Messungen der elektrischen Leitfähigkeit [9] und der Durchschlagsfestigkeit zuweilen Aufschlüsse über Reinheit und Homogenität von Kunststoffen zu liefern.

4.9.2 Elektrische Leitfähigkeit

a) Definition. Die spezifische Leitfähigkeit σ ist definiert durch das Ohmsche Gesetz in der Form $J = \sigma \mathfrak{E}$, worin J den Vektor der Stromdichte und $\mathfrak{E}$ den der Feldstärke bedeuten. Werden J in A/cm² und $\mathfrak{E}$ in V/cm gemessen, dann ergibt sich σ in $(\Omega \text{ cm})^{-1}$.

Die spezifische Leitfähigkeit oder Durchgangsleitfähigkeit ist also gleich der Leitfähigkeit eines Würfels von 1 cm Kantenlänge, gemessen zwischen zwei gegenüberliegenden Flächen (Abb. 1). Der zwischen diesen Flächen auftretende Widerstand heißt spezifischer Widerstand oder Durchgangswiderstand ϱ und hat die Dimension Ω cm. Die Leitfähigkeit von Kunststoffen liegt etwa zwischen 10^{-12} und 10^{-18} $(\Omega \text{ cm})^{-1}$. Extrem niedrige Werte erreicht man für Versuchszwecke durch Kühlung, hohe Leitfähigkeit durch gut leitende Zusätze. Es hat sich als zweckmäßig erwiesen, für die Leitung längs der Oberfläche eine besondere Materialkonstante, den *Oberflächenwiderstand*, einzuführen (Abb. 2). In Analogie zum Durchgangswiderstand wäre

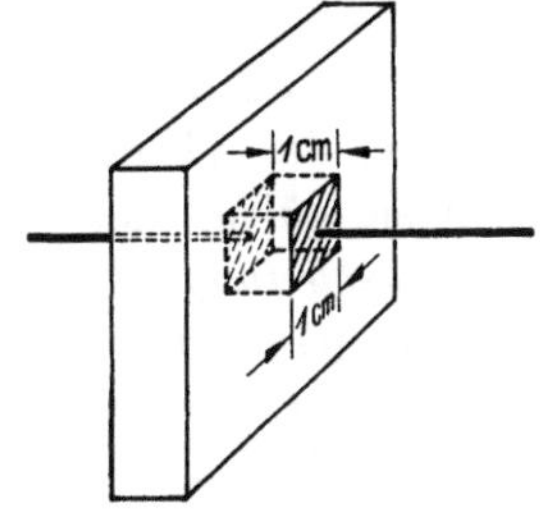

Abb. 1. Definition der Durchgangsleitfähigkeit

dieser gleich demjenigen Widerstand, den man zwischen den gegenüberliegenden Seiten eines Quadrates beliebiger Kantenlänge auf einer Kunststoffoberfläche mißt. Praktisch wird der Widerstand zwischen den langen Seiten eines Rechtecks von 10 cm × 1 cm bestimmt. Als Dimension ergibt sich das Ohm. Entsprechend könnte man als Kehrwert eine Oberflächenleitfähigkeit definieren. Meßtechnisch lassen sich die Elektrizitätsleitung im Inneren und an der Oberfläche nur mit Hilfe von Kunstgriffen getrennt erfassen.

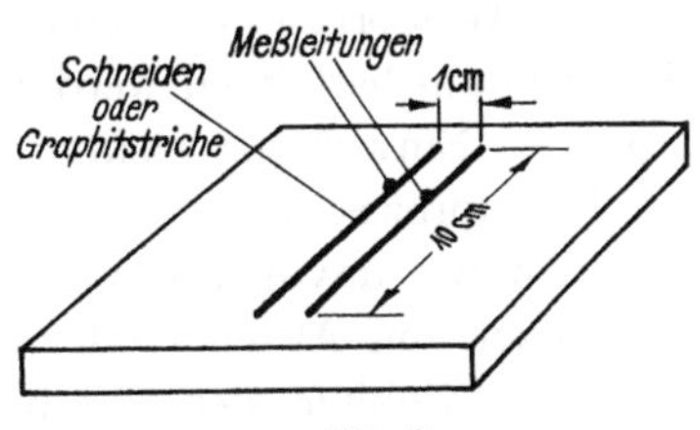

Abb. 2
Definition des Oberflächenwiderstandes

b) Der Mechanismus der elektrischen Leitung in Kunststoffen. *Elektrische Leitfähigkeit in ihrer Beziehung zum Aufbau der Kunststoffe.* Im Gegensatz zu Kristallen und Flüssigkeiten, bei denen eine im ganzen regelmäßige oder weitgehend ungeordnete Struktur einigermaßen günstige Voraussetzungen für das Verständnis der Leitungsvorgänge bietet, sind die Verhältnisse bei den Kunststoffen recht unübersichtlich. So liegt z. B. bei den härtbaren Kunstharzen im Endzustand wie beim Ionen- oder Valenzkristall ein einziges großes Molekül vor. Im Gegensatz zu diesem stellt jedoch seine Struktur ein unregelmäßiges Netzwerk dar, das zudem noch in Wechselwirkung mit der Luftfeuchtigkeit der Quellung und Entquellung [10] unterliegt.

Der Einbau von Füllstoffen bringt weitere Komplikationen, denn die elektrischen Felder in den einzelnen Körnern, Fasern oder Lamellen der organischen oder mineralischen Zusätze sind im allgemeinen inhomogen, so daß die mathematische Behandlung des Mischkörpers schwierig ist [11]. Außerdem können sich an den zahlreichen inneren Grenzflächen eines solchen Systems zusätzliche Leitungsmechanismen ausbilden. Bei den Polymerisaten liegt unregelmäßiger Aufbau aus kristallinen und amorphen Bereichen vor. Die Mischpolymerisation und besonders die Weichmachung mit ihrer Folgeerscheinung der Elektrophorese [12, 13] tragen weiter dazu bei, das Verständnis zu erschweren. Auch eine auf den ersten Blick rein geometrische Modifikation, wie sie der Einbau gasförmiger Füllstoffe beim Kunstharzschaum darstellt, kann Anlaß zu recht merkwürdigen Erscheinungen geben, deren Wurzeln in Gasentladung in den Hohlräumen und in der Möglichkeit zur Ausbildung von Oberflächenleitung an der Zellwand liegen. So ist es verständlich, daß eine geschlossene Darstellung des Leitungsmechanismus in Kunststoffen nicht existiert und auch wohl nicht erhofft werden kann. Die eine oder andere der bestehenden Anschauungen mag im Laufe der Zeit zugunsten einer moderneren an Gewicht verlieren, doch findet sich bei der Vielgestaltigkeit des Stoffaufbaues immer wieder ein Reservat, in dem sie gültig bleibt.

Ionenleitung im Volumen und an der Oberfläche. Aus verschiedenen Gründen liegt es nahe, die Elektrizitätsleitung in Kunststoffen mit der Wanderung von Ionen zu erklären. Einmal sind bei technischen Erzeugnissen selbst hoher Qualität zu Dissoziationen und elektrolytischer Leitung befähigte Anteile vorhanden, die von Verunreinigungen der Ausgangssubstanzen, Katalysatoren für die Polymerisation, Emulgatoren oder Gleitmitteln herrühren oder infolge thermischer oder hydrolytischer Spaltung entstehen [14]. Es kommt hinzu, daß bei allen Kunststoffen, wenn auch in sehr verschiedenem Umfang, Selbstdiffusion sowie Fremddiffusion möglich sind und sich im Gleichgewicht mit der Luftfeuchtigkeit ein gewisser Wassergehalt einstellt. So kann zumindest die Möglichkeit zur Ionenleitung kaum bestritten werden. Die Einwanderung von Metallen in Kunststoffe unter der Einwirkung elektrischer Felder [15] spricht weiter für das Vorliegen von Ionenprozessen.

Wenn wir davon ausgehen, daß die Elektrizitätsträger Ionen mit den Abmessungen von Atomen oder Atomgruppen sind, dann fragt es sich zunächst, wie solche Gebilde sich durch ein makroskopisch dicht erscheinendes Material hindurchbewegen können. Nun zeigt aber bereits die Diffusion von Gasen durch Kunststoffe, daß solche Stoffwanderung grundsätzlich möglich ist, und sogar ein Zusammenhang zwischen Permeationskonstante für Wasserdampf und der elektrischen Leitfähigkeit [16] existiert (Abb. 3) (vgl. 5.5).

Zwei Formen dieses Transports sind denkbar: Wanderung mit Hilfe von Platzwechseln durch den kompakten Stoff hindurch und entlang inneren Spalten und Grenzflächen. Betrachten wir zunächst die erste. Voraussetzung für einen

Platzwechsel ist einmal, daß jeweils ein geeigneter Hohlraum in der Struktur bereitsteht, zum anderen, daß ein Potentialwall überwunden werden kann, der das Fremdatom oder Ion in der jeweiligen Stellung zu halten sucht, und der den Feldern benachbarter Atome oder Ionen zuzuschreiben ist. Das Vorhandensein von Lücken hängt vom freien Volumen des Kunststoffs und damit von der Temperatur ab. Die Höhe des Potentialwalles sei mit U bezeichnet. Ein angelegtes elektrisches Feld vermindert die Höhe des Walles in Feldrichtung und vergrößert sie in entgegengesetzter Richtung um den Betrag

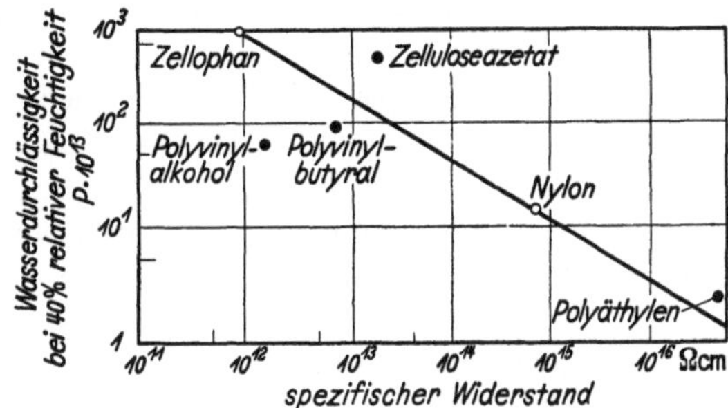

Abb. 3. Beziehung zwischen Wasserdampfpermeation und Gleichstromleitfähigkeit

$\frac{1}{2} e\,a\,E$, worin a den Durchmesser des Walles, E die Feldstärke und e die Ladung des Ions bedeuten. Daher finden in Feldrichtung mehr Ionen ihren Weg über den Wall als gegen das Feld. Der für die Leitfähigkeit maßgebende Unterschied in der Häufigkeit der Sprünge ergibt sich aus der Differenz der BOLTZMANN-Faktoren $e^{-\frac{U-\frac{1}{2}eaE}{kT}}$ und $e^{-\frac{U+\frac{1}{2}eaE}{kT}}$ und für die Leitfähigkeit selbst findet man [17]

$$\sigma = A\,e^{-\frac{U}{kT}}\{\mathfrak{Sin}(\tfrac{1}{2}e\,a\,E/k\,T)\}/(\tfrac{1}{2}e\,a\,E/k\,T).$$

In A steckt noch die Zahl der Platzwechsel je Zeiteinheit, die ebenfalls von der Temperatur abhängt, jedoch nicht mit exponentiellem Anstieg, so daß A verglichen mit dem Exponentialfaktor als Konstante gelten kann. Für niedrige Feldstärken, bei denen $e\,a\,E/k\,T \ll 1$ ist, und der $\mathfrak{Sin}$ gleich seinem Argument gesetzt werden kann, ergibt sich das Gesetz von RASCH und HINRICHSEN, das für die Ionenleitung auch in Gläsern gilt, jedoch nicht auf diesen Leitungstyp beschränkt ist.

Als Beispiele für die Gültigkeit dieses Gesetzes seien Messungen an verschiedenen Kunststoffen in einem ziemlich weiten Temperaturbereich angegeben [18] (Abb. 4).

Die Feldstärkeabhängigkeit der Ionenleitung, die für anorganische Isolatoren schon früh gefunden wurde [19], zeigt sich vor allem bei Gegenwart von Verunreinigungen wie z. B. Wasser. Es gibt jedoch noch eine zweite, auf Elektrostriktion beruhende Feldstärkeabhängigkeit der Leitfähigkeit, die bei stark gefüllten Stoffen auftreten kann und zum Ausgangspunkt für die Entwicklung spannungsabhängiger Widerstände auf Kunststoffbasis geworden ist [20].

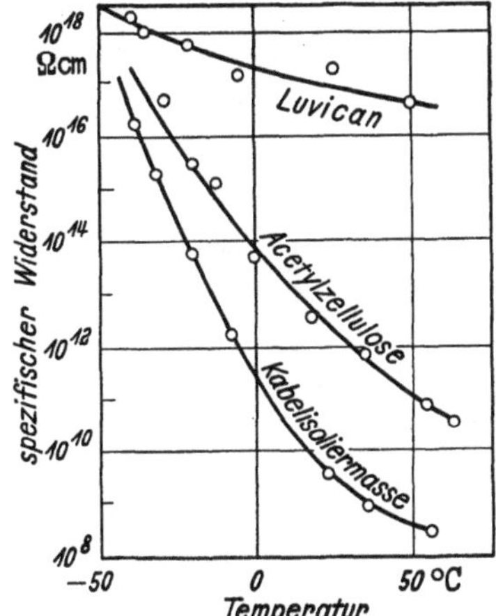

Abb. 4. Widerstands-Temperaturkurven einiger Polymerisate

Für eine Leitung an Grenzflächen, wie sie an der Oberfläche von Kunststoffen vorliegt und in manchen Fällen auch für das Stoffinnere anzunehmen ist [22, 23], bestehen zunächst ebenfalls Potentialschwellen, die der Elektrizitätsträger zu überwinden hat und über die ihm die Temperaturbewegung von Zeit zu Zeit hinweghilft. Man erwartet daher, wie bei der Volumenleitung, exponentiellen Anstieg mit der Temperatur. Es kommt jedoch als neu und wesentlich die Adsorption von Wasser an den Grenzflächen hinzu, die infolge des großen Dipolmoments des H_2O-Moleküls zur Bildung von Hydrathüllen um das Ion und damit zur weitgehenden Abflachung der Potentialschwellen führt. Der Isolierstoff dient aber nicht nur als einfacher Träger für die Kondensation. Die Oberflächenleitfähigkeit ist vielmehr eine charakteristische Materialeigenschaft. Bei hydrophoben Substanzen wie Paraffin, Wachs, Silikonen, ist sie sehr gering, bei hydrophilen hoch.

Nach der Auffassung von P. Böning sind an inneren Grenzflächen eines Isolators Ionen eines Vorzeichens, die „Haftionen", bevorzugt adsorbiert. Ihre Ladung wird durch „Gleitionen" höherer Beweglichkeit neutralisiert. Unter dem Einfluß elektrischer Felder wandern die „Gleitionen", während die „Haftionen" in Ruhe bleiben. Findet keine Nachlieferung von Gleitionen statt, so werden zunehmende Bereiche des Isolators von Gleitionen entblößt und zeigen infolgedessen eine Raumladung entgegengesetzten Vorzeichens. Entsprechend wird, wenn keine Gleitionen an der Elektrode entgegengesetzten Vorzeichens neutralisiert werden können, dort eine Raumladung vom Vorzeichen der Gleitionen aufgebaut. Die Bewegung der Ionen kommt zum Stillstand, wenn die Summe der durch die Raumladungen entstehenden inneren Potentialdifferenzen gleich der an den Elektroden anliegenden Spannung ist. Da mitunter die Gleitionenkolonne durch Hindernisse aufreißt, können Unregelmäßigkeiten, wie Höcker und Sättel, in der Spannungsverteilung auftreten. Bei einer gewissen, für jeden Stoff charakteristischen Feldstärke sollen die Grenzionen von ihrem Haftsitz abreißen und den Durchschlag verursachen. Die Leitfähigkeit ist zeitabhängig. Sie kann im Dauerzustand bei Nachlieferung von Elektrizitätsträgern aus den Elektroden konstant werden. Es besteht dann äußerlich kein Unterschied mehr zu jener Ionenleitung, die in einem Transport durch Träger besteht, die sich unter dem Einfluß des Feldes durch den als zähes Medium zu betrachtenden Stoff hindurchbewegen.

Raumladungen, verbunden mit Verarmung an Ionen eines Vorzeichens, bilden sich auch bei der Ionenleitung im Volumen aus, wenn Nachlieferung und Neutralisation nicht in ausreichendem Maße möglich sind oder das Vorhandensein von Kathoden- oder Anodenfall zur Voraussetzung haben. Nach Abschalten des Feldes werden solche Raumladungen durch Diffusion abgebaut. Abb. 5 zeigt die Leitfähigkeit eines weichgestellten Kunststoffes, dem bei der Herstellung ein Elektrolyt beigegeben worden ist, als Funktion der Zeit. Es handelt sich um

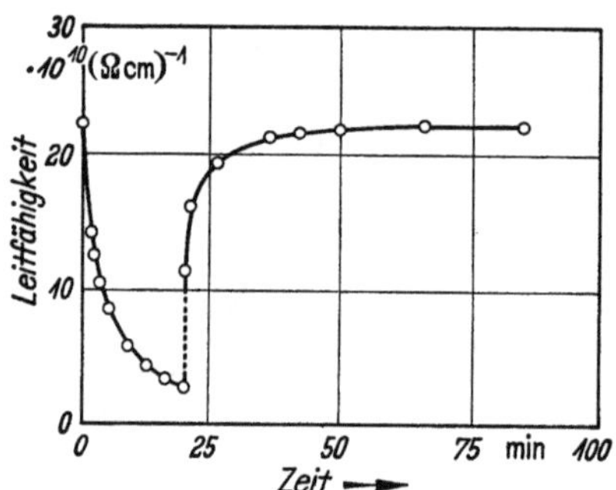

Abb. 5. Zeitabhängigkeit der Leitfähigkeit bei Weich-PVC mit Elektrolytzusatz

eine systematische Studie mit vorgegebener Konzentration bekannter Elektrolyte im Kunststoff. Zunächst nimmt unter dem Einfluß einer angelegten Spannung die Leitfähigkeit infolge Ausbildung von Raumladungen ab, um nach Abschalten des Feldes durch Rückdiffusion der Ionen rasch wieder auf den Ausgangswert anzusteigen. Die Leitfähigkeit wird hierbei von Zeit zu Zeit mit niedriger Spannung in möglichst schneller Messung ermittelt [23].

Genauere Beobachtung des nach längerer Spannungseinwirkung scheinbar konstant gewordenen Stromes zeigt, daß dieser Schwankungen von etwa 1% um seinen Mittelwert ausführt [24]. Durch Verstärkung läßt sich dieses „Rauschen" auch akustisch wahrnehmbar machen. Es besteht aus positiven und negativen Spitzen, die bei niedriger Feldstärke symmetrisch verteilt sind, während bei stärkeren Feldern die in Richtung des Ruhestroms liegenden Stöße überwiegen. Die Intensität der Erscheinung hängt von der Natur des Stoffes, seiner elektrischen Vorbehandlung, der Feldstärke und insbesondere von dem Feuchtigkeitsgehalt ab, während das Elektrodenmaterial keine Rolle zu spielen scheint. Es bietet sich folgende Erklärung an: Im Versuchsobjekt herrscht Ionenleitung. Sie wird beschrieben durch die Gleichung

$$dc/dt = N D c E Z e/k T - N D dc/dx,$$

hierin bedeuten N die AVOGADROsche Zahl, D die Diffusionskonstante der Ionen, c die Konzentration, E die Feldstärke, Z die Wertigkeit der Ionen, e die Elektronenladung, k die BOLTZMANNsche Konstante und T die absolute Temperatur. Der erste Ausdruck entspricht der Vorwärtsbewegung in Richtung des Feldes, der zweite einer Rückdiffusion unter dem Einfluß des Konzentrationsgradienten. Bei hohen Feldstärken überwiegt der erste Term, bei niedrigen kommt der zweite zur Geltung. Die verhältnismäßig hohen Schwankungsamplituden werden mit dem Auftreten von Ionenlawinen erklärt. Es wurde versucht, die Schwankungen auf Mikro-Gasentladungen zwischen den Elektroden und der Probe zurückzuführen. Hiergegen spricht die an Vinylidenchlorid-Vinylcyanid-Mischpolymerisat gemachte Beobachtung, daß das Rauschen bei Abkühlung unter den Einfrierpunkt nahezu verschwindet, während die Gleichstromleitfähigkeit hierbei keinen sprunghaften Abfall zeigt [25].

Elektronenleitung im Volumen und an der Oberfläche. Verschiedene Erscheinungen, wie z. B. Reibungselektrizität, Photoleitfähigkeit, Leitfähigkeit unter dem Einfluß energiereicher Strahlung und elektrischer Durchschlag, sprechen dafür, daß elektronische Leitung in Kunststoffen nicht nur grundsätzlich möglich, sondern wahrscheinlich – insbesondere bei hochisolierenden Materialien – am Leitungsvorgang nicht unwesentlich beteiligt ist. Grob anschaulich beweist schon die Durchstrahlung organischer Folien mit raschen Elektronen, daß sich diese in Kunststoffen bewegen können. Hierbei handelt es sich jedoch um einen gewaltsamen Vorgang, der z. B. im Falle des Polystyrols [26] bei Gegenwart von Luft mit einem Abbau, unter Luftabschluß mit Weiterpolymerisation einhergeht, und hier nur am Rande interessiert.

Im folgenden soll angedeutet werden, wie man sich Elektronenleitung im Isolator unter dem Einfluß von Feldern mäßiger Stärke und unter Mitwirkung der Temperaturbewegung vorzustellen hat (s. [1, 2]). Die theoretischen Ansätze gehen von der regelmäßigen Struktur von Ionen-, Molekül- oder Valenzkristallen aus. Während beim Atom diskrete Energiezustände des Systems Elektron–Atomkern existieren, verbreitern sich diese beim Zusammentritt zum Kristall zu Energiebändern (Abb. 6). Wir brauchen für den Leitungsvorgang nur die Valenzelektronen in Betracht zu ziehen, für deren Energie das Valenzband maßgebend ist. Ist dieses Band gefüllt, d. h. sind alle möglichen Energiezustände innerhalb des Bandes besetzt, so ist zwar ein Austausch der zu verschiedenen Atomen im Gitter gehörenden Valenzelektronen denkbar. Dieser bringt jedoch keinen einsinnigen Ladungstransport mit sich, wie er für Elektrizitätsleitung notwendig ist. Erst wenn im Kristall an irgendeiner Stelle ein Valenzelektron fehlt, kann die positive Lücke, von benachbarten Elektronen immer wieder aufgefüllt, nach und nach zur negativen Elektrode hin wandern. Hierzu ist nötig, daß dem Valenzelektron durch Temperaturbewegung oder aus einem äußeren Feld Energie zugeführt

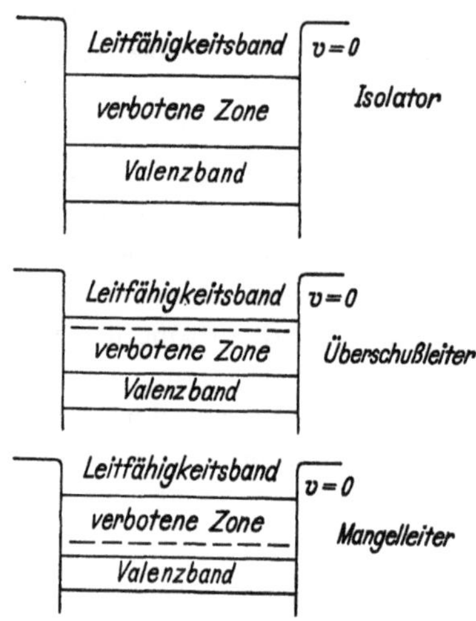

Abb. 6. Bändermodell für Isolator, Überschußleiter und Mangelleiter

wird, die es – analog zum Ionisierungsvorgang beim Atom oder Molekül – aus dem Valenzband heraushebt. Während nun aber beim freien Atom oder Molekül das befreite Elektron mit jedem ihm verbliebenen Energiebetrag existieren kann, gibt es im Kristall – wie sich wellenmechanisch nachweisen läßt – in wechselnder Folge erlaubte und verbotene Energiezonen. Auf das Valenzband folgt demnach eine verbotene Zone. Elektronen einer Geschwindigkeit, die einer im verbotenen Band befindlichen Energie entspricht, können nicht frei existieren. Erst, wenn genügend Energie zugeführt wird, um das Elektron in das darüberliegende Band, das Leitfähigkeitsband zu bringen, kann das Elektron zur Elektrizitätsleitung beitragen (Eigenleitung). Nun ist die Breite der verbotenen Zone von der Größenordnung einiger eV. Daher könnte die thermische Energie erst bei hohen Temperaturen, die der Kunststoff nicht erträgt, Elektronen ins Leitfähigkeitsband heben. Optische Aktivierung, meist im UV, ist indessen möglich. Im Leitfähigkeitsband bleibt das Elektron so lange frei beweglich, bis es durch eine Unregelmäßigkeit des Kristallgitters aus seiner Bahn gebracht oder in einem geeignet gestalteten Kraftfeld – in einer Haftstelle – eingefangen wird.

Wenn schon natürliche und künstliche Ionen-, Valenz- oder Molekülgitter nicht frei von Fehlstellen sind, so ist der Aufbau der makromolekularen Kunststoffe erst recht von idealer Regelmäßigkeit entfernt. Einige Hochpolymere zeigen zwar unterhalb des Einfrierpunktes mikrokristalline Struktur und innerhalb der Kristallite eine Periodizität infolge der parallelen Orientierung ähnlicher monomerer Einheiten. Doch ist zu beachten, daß das Molekulargewicht eine statistische Verteilung besitzt, Bruchstücke verzweigter und querverbundener Ketten vorhanden sind und ferner Spuren des Polymerisationsagens oder Katalysators, bisweilen sogar schwache Konzentrationen von Elektrolyten vorliegen können [27].

Es dürfte daher schwierig sein, ins einzelne gehende Berechnungen der Energieniveaus und deren Besetzung durchzuführen. Einstweilen mag die Annahme von Leitfähigkeitsniveaus genügen, in die Elektronen eintreten können. In der Struktur existieren durch Unvollkommenheiten der Periodizität Feldanordnungen, in denen Elektronen auf höheren Energieniveaus eingefangen werden, die sich im verbotenen Bereich befinden. Liegt das Niveau dieser Fangstellen wenig oberhalb des verbotenen Bandes, dann werden durch die Wärmebewegung Elektronen aus dem Valenzband dorthin gebracht. Die verbleibenden positiven Löcher ergeben „p-Leitfähigkeit" (Mangelleitung). Liegen die Fangstellen wenig unterhalb des Leitfähigkeitsbandes, so vermag die Wärmebewegung eingefangene Elektronen ins Leitfähigkeitsband zu heben (Überschußleitung) „n"-Leitfähigkeit. In beiden Fällen ist die Zahl der Träger N durch den BOLTZMANN-Faktor $e^{-W/kT}$ bestimmt, also exponentiell von der Temperatur abhängig. Für die Leitfähigkeit ist nun gemäß der Beziehung $\sigma = e\,b\,E\,N$ auch die Beweglichkeit maßgebend. Diese fällt in der Regel mit wachsender Temperatur, wenn auch eher linear als exponentiell, und zwar solange die kinetische Energie der Träger, die aus dem Feld stammt, gegenüber der thermischen Energie kT klein bleibt. Dies wird durch folgende Betrachtung verständlich. Ein im Leitfähigkeitsband befindliches Elektron oder – in abstrakter Betrachtung auch ein positives Loch – driftet im Feld jeweils zwischen 2 Zusammenstößen mit Gitterschwingungen um eine Strecke, die proportional zur Zeit zwischen 2 Stößen ist. Dieses Zeitintervall wird um so kürzer, je heftiger die Wärmebewegung des Gitters erfolgt. So finden wir auch bei der Elektronenleitung einen – im wesentlichen exponentiellen – Anstieg der Leitfähigkeit mit der Temperatur.

Von den verschiedenen Kristallarten stehen Molekülkristalle der Kunststoffstruktur am nächsten. Daher können Beobachtungen an kristallisierten organischen Verbindungen nützliche Hinweise auf die bei Kunststoffen vorliegenden Verhältnisse geben. Messungen an durch Destillation gereinigtem Anthrazen in Form von Einkristallen ergaben, daß [28] bis zu Feldstärken von 1000 V/cm das OHMsche Gesetz erfüllt ist; darüber sind Abweichungen vorhanden, die auf Elektronenmultiplikation zurückgeführt werden. Die Kristalle zeigen Anisotropie der Leitfähigkeit. Es ergibt sich für die Temperaturabhängigkeit ein Exponentialgesetz

$$\sigma = \sigma_0 \exp(-E/2\,k\,T), \quad \text{mit} \quad \sigma_0 = 2{,}06\,\Omega^{-1}\mathrm{cm}^{-1}, \quad E = 1{,}65\,\mathrm{eV}.$$

Die Messungen sprechen für Elektronenleitung.

Die spektrale Abhängigkeit der Photoleitung (Grenze 400 mμ) von Anthrazen-Einkristallen entspricht der gemessenen optischen Absorption. Der Photostrom i hängt von der Lichtintensität I wie $i = a\,I^{0,7}$ ab. In Sauerstoffatmosphäre steigen sowohl Dunkel- als auch Photoleitfähigkeit, da Fangstellen eingebaut werden [29]. Ähnliche Ergebnisse liegen für Naphthalin vor [30]. (Übereinstimmung mit UV-Eigenabsorption, Sauerstoffdruck der umgebenden Atmosphäre von Einfluß, es scheint unterhalb 0,1 at nur Eigenleitung, darüber nur Störstellenleitung vorzuliegen.) Bei geschmolzenem Schwefel [31] dürfte zwischen 120 und 200 °C ebenfalls elektronische Leitung bestehen, der sich eine elektrophoretische Leitung infolge von Verunreinigungen mit Kohlenwasserstoffen überlagert. Es ist grundsätzlich ohne Belang, ob die Auslösung der Elektronen aus dem Valenzband durch UV-Strahlung, Röntgenstrahlung oder Korpuskularstrahlung erfolgt. Daher sind in diesem Zusammenhang auch die Messungen der durch Röntgen- und Korpuskularstrahlen hervorgerufenen zusätzlichen Leitfähigkeit von Interesse [32]. Die Leitfähigkeit durch α-Teilchen [33] und durch Elektronenbeschuß in Diamant [34] sind ausführlich untersucht worden. Es ergab sich unter anderem folgendes Bild: Zunächst entstehen innere Sekundärelektronen, die bald im thermischen Gleichgewicht mit dem Gitter sind, und, ebenso wie die entstandenen Löcher, im Feld driften. Eine Anzahl der Elektronen und Löcher werden eingefangen und erzeugen eine Raumladung, deren Feld dem zur Messung angelegten Feld entgegenwirkt. Diese Raumladung kann durch Befreiung der Träger mit Hilfe von Licht oder Wärme vermindert werden. Auch gelingt es, durch Anwendung eines Wechselfeldes und geschickte Dosierung des Strahlstromes in den beiden Halbwellen eine Kompensation der Raumladungen beiden Vorzeichens zu erzielen. Löcherleitung und Elektronenleitung lassen sich getrennt beobachten und Beweglichkeiten sowie Reichweiten der Träger ermitteln.

Die entwickelten Vorstellungen mögen in ihren Grundzügen auch auf die Leitfähigkeit durch Elektronenbeschuß und Röntgenstrahlung bei Kunststoffen anwendbar sein. In den folgenden Schaubildern (Abb. 7 und 8) werden die

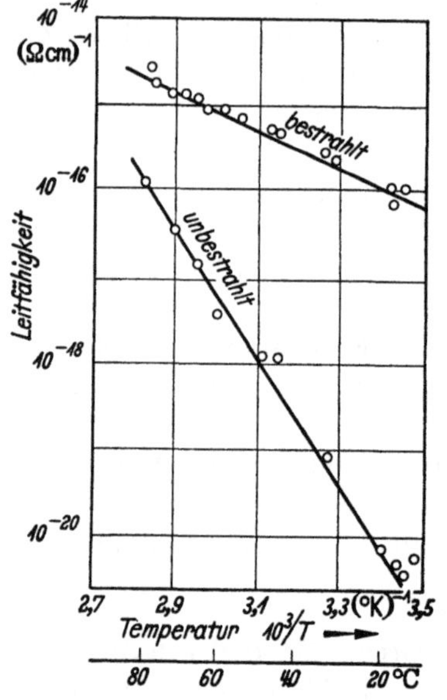

Abb. 7. Temperaturgang der Leitfähigkeit, die durch Röntgenstrahlen in Isolatoren hervorgerufen wird, am Beispiel des Polyäthylens

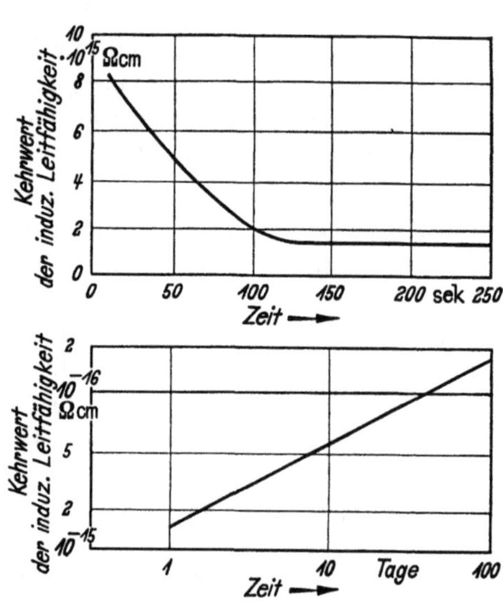

Abb. 8. Verlauf des Widerstandes bei Bestrahlung von Polystyrol mit β-Strahlung (12 μ A/cm²), Strontium [90]

Temperaturabhängigkeit der Leitfähigkeit bei Polyäthylen mit und ohne Bestrahlung mit Röntgenstrahlen [35], sowie Abnahme und Wiederanstieg des Widerstandes bei Polystyrol unter Einwirkung von β-Strahlung mit einer Strahldichte von 12 μA/cm² aus Strontium 90 gezeigt [36].

Die induzierte Leitfähigkeit σ_x d. h. der Leitfähigkeitszuwachs durch Strahlung hängt mit der Dosisleistung R zwischen $R = 6$ und 64 r/min. im Temperaturbereich von 20 bis 100 °C über ein Potenzgesetz $\sigma_x \sim R^\varDelta$ zusammen. Nach Aufhören der Bestrahlung klingt die induzierte Leitfähigkeit je nach Natur des Materials rascher oder langsamer wieder ab. Zunächst liegt ein hyperbolisches Gesetz vor, das jedoch, wie Beobachtungen an Polyäthylentherephthalat zeigen, nach einigen Stunden von einem Exponentialgesetz abgelöst wird. Nachstehende Tab. 1 faßt den Exponenten $\varDelta$, die induzierte Leitfähigkeit und die Abklingzeit

Tabelle 1

Material	Exponent bei 80°C	induz. Leitfähig- keit bei 20 °C für 7 r/min	Abklingzeit bei 80 °C	
			auf 10%	auf 1%
Polyäthylen	$0,8 \pm 0,05$	10^{-16}	3 Min.	30 Min.
Teflon	$0,62 \pm 0,05$	10^{-16}	6 Std.	35 Std.
Polystyrol	$0,60 \pm 0,05$	10^{-17}	3 Std.	20 Std.
Polyäthylmethacrylat	$0,55 \pm 0,05$	10^{-17}	10 Std.	50 Std.
Polyäthylenterephthalat	$0,83 \pm 0,05$	10^{-20}	völlige Erholung in 12 Std.	

auf 10% und 1% für verschiedene Kunststoffe zusammen [*37*]. FOWLER und FARMER nehmen eine Verteilung von Fangstellen gemäß $N_w = A \exp(-\alpha w)$ an, worin N die Zahl der Fangstellen mit Energien zwischen W und $W + dW$ unterhalb des Leitfähigkeitsbandes bedeutet. A ist eine Konstante. Nach der Theorie der Photoleitfähigkeit [*38*] hängt α mit einer charakteristischen Temperatur T_1 für das Material nach der Beziehung $\alpha = 1/k\,T_1$ zusammen. Ferner gilt für den Exponenten $\varDelta = T_1/(T + T_1)$, so daß T_1 und α aus dem beobachteten Wert von $\varDelta$ berechnet werden können. Bei der technischen Durchführung der Versuche muß man darauf achten, daß die isolierenden Oberflächen der Versuchsanordnung und der Luftraum zwischen den Elektroden nicht mitbestrahlt werden [*39*]. Die Messung der Elektronenbeweglichkeiten in Kunststoffen mittels des HALL-Effektes ist vorläufig noch sehr schwierig. Für den photoleitenden Diamanten wurde sie bereits versucht, doch war die Ausdeutung dadurch erschwert, daß außer den Elektronen hier auch die Löcher zur Leitfähigkeit beitragen.

Während sich Kunststoffoberflächen an Luft vielfach mit einer Wasserhaut überziehen und Ionenleitung zeigen, läßt sich im Vakuum auch *Elektronenleitung längs der Oberfläche* erreichen. Beschießt man z. B. Isolatoroberflächen im Vakuum mit Elektronen [*40*], so fließen die aufgenommenen Ladungen zu einem Teil in stetig durchströmten leuchtenden Entladungsästen längs der Oberfläche ab. Diese „stationären LICHTENBERG-Figuren" stellen allerdings einen Grenzfall zwischen Grenzflächenleitung und Gasentladung dar.

Folgeerscheinungen der Leitfähigkeit. Elektrostatische Aufladung von Kunststoffoberflächen ist sehr oft mit unerwünschten Begleiterscheinungen, wie Staubablagerung, Belästigung oder Gefährdung durch Funkenüberschlag, Störung von Empfangsanlagen und Meßgeräten verknüpft. Abhilfe läßt sich durch hygroskopische Oberflächenschichten oder Füllung mit leitfähigen Substanzen schaffen [*41*]. Man hat Leitfähigkeiten bis $10^{-2}\,(\Omega\,\mathrm{cm})^{-1}$ erreicht [*42*]. Solche leitfähigen Kunststoffe zeigen starken Einfluß von Herstellungsbedingungen, Wärmebehandlung und mechanischer Beanspruchung [*43*] (Abb. 9).

Reibungselektrizität und Berührungsspannungen: Wie sich quantentheoretisch zeigen läßt, vermögen Elektronen aus Metallen in eine unmittelbar anliegende Kunststoffschicht zu gelangen und sich dort durch Diffusion auszubreiten. Dabei entstehen eine negative Raumladung im Kunststoff und eine Schicht positiver Ladung unmittelbar unter der Metalloberfläche. Bei nachfolgender Trennung bleibt in jedem Teil eine Überschußladung bestehen. Die resultierende Aufladung hängt von der berührenden Fläche ab und ist um so größer, je inniger die beiden Körper in Berührung gebracht werden, besonders groß ist sie bei Reibung [44].

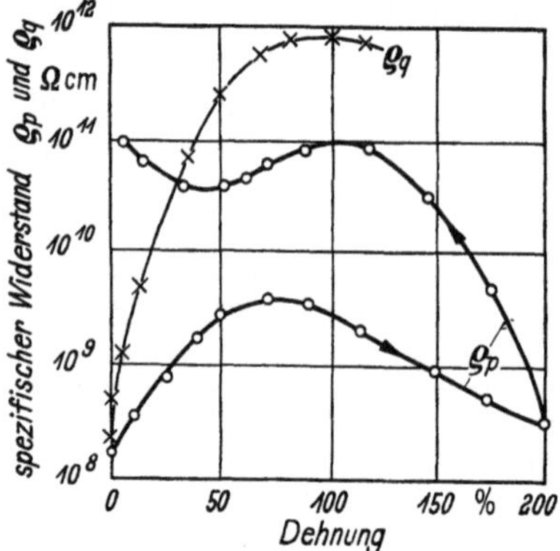

Abb. 9. Spezifischer Widerstand von Naturkautschuk mit 40 % Gasruß CK 3 parallel und quer zur Dehnungsrichtung

Es ist prinzipiell möglich, Größe und Richtung des Elektronenflusses zwischen zwei in Kontakt befindlichen Festkörpern vorauszusagen. Jedoch wird das Bild durch das Vorhandensein von Oberflächen-Energieniveaus kompliziert [45]. Die Zahl dieser Fangstellen ist bei regelmäßigen Kristallen theoretisch gleich der Zahl der Oberflächenatome [46], und im neutralen Kristall ist die Hälfte von ihnen besetzt. Praktisch tragen Gitterunvollkommenheiten an der Oberfläche und adsorbierte Atome ebenfalls zur Bildung von Fangstellen bei. Beim Isolator können diese Niveaus nicht aus dem Leitfähigkeitsband nachgefüllt werden, bleiben daher unbesetzt und vermögen Elektronen von außen aufzunehmen. So kann bei Berührung mit Metallen hohe elektrische Aufladung entstehen. Bei Verklebungen von Metallen mit Kunstharzklebern führt die Raumladung im Isolator zum Auftreten hoher elektrostatischer Felder beim Bruch in der Kunststoffschicht. Theoretisch ist an der Grenzfläche zwischen Metall und Kunststoff ein Gleichrichtereffekt zu erwarten [47]. Ob dies experimentell bestätigt und praktisch genutzt werden wird, bleibt abzuwarten.

Elektrete: Die zum Teil sehr hohen Isolationswiderstände insbesondere der hochpolymeren Kunststoffe gestatten es, Raumladungen, die sich irgendwann aus beliebigem Grunde im Volumen gebildet haben, über längere Zeiträume aufrechtzuerhalten. Dies erlaubt die Herstellung von Kunststoffelektreten, d. h. Körpern, die ein permanentes elektrisches Moment zeigen. Das Material wird hierzu zwischen Metallelektroden bei möglichst hoher Temperatur einem starken elektrischen Feld ausgesetzt und unter Spannung abgekühlt [48]. Nach Entfernen der Anschlüsse zeigt sich zunächst eine Heteroladung, bei der die vorher negative Seite positive Ladung besitzt und umgekehrt, später erscheint die bleibende Homoladung [49]. Man erreicht Ladungsdichten von einigen esE/cm² entsprechend Feldstärken bis zu 30000 V/cm in unmittelbarer Nähe der Grenzfläche. Wie Modellversuche an reinen organischen Stoffen [50, 51] ergeben haben, wirken bei der Entstehung der Elektrete 2 Mechanismen. 1. Die Orientierung von Dipolen bzw. die örtlich begrenzte Verschiebung von Ladungen mit relativ kurzer Relaxationszeit, die für die Heteroladung verantwortlich ist und 2. das Eindringen von Ladungen aus den Elektroden in das Material mit Raumladungen, die nach Abkühlen sehr lange bestehenbleiben und Anlaß zur Homoladung sind.

Man kann die Ladungsverteilung in Elektreten durch sukzessives Abschaben gleichmäßiger Schichten grob quantitativ ermitteln. Ein Beispiel zeigt Abb. 10. Elektrete bleiben bei Aufbewahrung in metallischen Hüllen sehr lange Zeit wirksam. Läßt man sie an freier Luft liegen, dann setzen sich neutralisierende Ionen an der Grenzfläche fest, die man durch Abschaben der obersten Schicht beseitigen kann. Dies erschwert die praktische Anwendung.

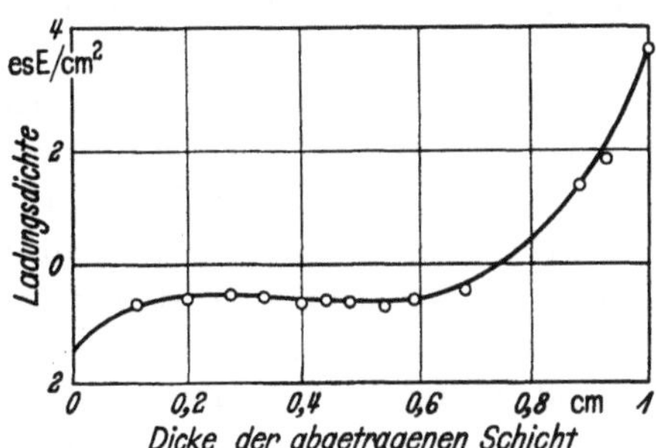

Abb. 10. Ladungsdichte bei sukzessivem Abtragen der Elektretoberfläche zur Zeit der maximalen Homoladung

Einfluß der Oberflächenleitfähigkeit auf die dielektrischen Eigenschaften: Befindet sich eine statistische Verteilung von Kugeln mit der Dielektrizitätskonstanten ε_1, dem Radius R und der Oberflächenleitfähigkeit λ in einem Medium der DK ε_2 und tritt die Volumenleitfähigkeit gegenüber der dielektrischen Scheinleitfähigkeit zurück, dann ergeben sich Relaxationserscheinungen, deren Zeitkonstante $\tau = R(\varepsilon_2 + 2\varepsilon_1)/8\pi\lambda$ ist. Aus der gemessenen Relaxationszeit kann λ berechnet werden, wenn der Radius R der Teilchen bekannt ist [52]. Solche Erscheinungen können unter Umständen mit Dipolorientierung verwechselt werden.

Elektrotechnische Anwendung: Es soll hier nicht ausführlich auf die Fragen der Verwendung von Kunststoffen als Dielektrikum eingegangen werden. Einzelne Hinweise auf Problemstellungen und Fortschritte mögen genügen [53]. (Hydrophobierung von Oberflächen [54, 55].) Beim Kondensatordielektrikum liegt eine den Isolationsstrom ausgesprochen begünstigende Konfiguration vor. Die Forderungen an das Isolationsvermögen sind daher besonders hoch. Ein brauchbares Gütemaß ist die Zeitkonstante der Selbstentladung. Die Kunststoffe sind hier im Vordringen begriffen [56].

Auf dem Gebiet der Verarbeitung sind durch hochwertige Gießharze recht günstige Möglichkeiten zur Isolation von Spulen, Kondensatoren und anderen Elementen sowie deren Kombinationen vorhanden, bei denen insbesondere die freizügige Oberflächengestaltung und die fugenfreie Kapselung hervorzuheben sind (Anwendung von Epoxydharzen [57], Inversibles Wärmeverhalten von Isolierfolien- und Lacken [58], Schaumstoffe, Cellular-Polyäthylen [59]).

4.9.3 Kriechweg und Durchschlag

a) Begriff der kritischen Leistung, Kriechstrom. Die JOULEsche Wärme, die sich bei endlichen Werten der Leitfähigkeit im elektrisch beanspruchten Isolator bildet, gefährdet das Isolationsvermögen. Führt die entstehende Temperaturerhöhung so weit, daß sich stark leitfähige Zersetzungsprodukte bilden, so wächst die aufgenommene Leistung – soweit es die Reserven der Stromquelle oder die Sicherungen in der Leitung erlauben – ungehemmt an. Es kommt zur bleibenden Zerstörung, dem Durchschlag bei der Volumenleitung, dem Kriechweg bei der Oberflächenleitung. Man könnte diejenige Leistung, bei der jener Übergang in absehbarer Zeit erfolgt, als „*kritische Leistung*" bezeichnen. Diese hängt von der

Natur des Stoffes, der Wärmeabfuhr und den klimatischen Bedingungen ab. Betrachten wir zunächst die Kriechwegbildung [*22, 60, 61*]. Wesentlich ist hier weniger die Leitfähigkeit des unveränderten Stoffes als vielmehr die Widerstands-Temperaturabhängigkeit der Zersetzungsprodukte bei thermischer Beanspruchung. Die Temperatur, bei der sich der Kriechweg bildet, liegt bei 500 °C. Der Kriechweg zeigt auch im kalten Zustand erhebliche Leitfähigkeit metallischen Charakters $(\sigma \approx 1\,(\Omega\,\mathrm{cm})^{-1})$. Diese rührt von Graphit her.

Bei einigen Kunststoffen wird die leitende Brücke durch Gasausbrüche unterbrochen. Dann setzen Lichtbögen ein, die weitere Zerstörungen hervorrufen. Kriechwegbildung ist immer dann möglich, wenn die organische Komponente im Kunststoff beim thermischen Abbau zu ausreichendem Kohlenstoffgehalt im Rückstand führt, doch kann auch Rußniederschlag aus gasförmigen Spaltungsprodukten einen Kriechweg bilden.

b) Thermischer Durchschlag. Besteht in einem Isolierstoff ein elektrisches Feld, dann wird – bei Gleichspannung infolge der Leitfähigkeit, bei Wechselspannung infolge der dielektrischen Verluste – eine Leistung umgesetzt, die dem Quadrat der Feldstärke proportional ist. Die entstehende Wärme gelangt durch Leitung, Konvektion und Strahlung an die Umgebung. Hierbei stellt sich im Gleichgewichtszustand ein bestimmtes Temperaturgefälle ein. Während die Leitfähigkeit und mit ihr die erzeugte Leistung annähernd exponentiell mit der absoluten Temperatur steigen, wächst die abgeführte Leistung nur etwa linear mit dem Temperaturgradienten. Daher bestehen für vorgegebene Umgebungstemperatur- und Wärmetransportbedingungen eine Temperatur, eine ihr entsprechende Leistung und eine sie hervorrufende Feldstärke, bei der die zugeführte Wärme nicht mehr bewältigt werden kann, und es zu unaufhaltsamem Temperaturanstieg kommt, der mit der Zerstörung des Materials endet [*62*].

Theorie des Wärmedurchschlags: Die Behandlung des Problems findet sich in allgemeiner Form im Buch von WHITEHEAD [*6*]. Hier soll die speziellere und leichter zugängliche Theorie von K. W. WAGNER [*63*] skizziert werden, die den praktischen Gegebenheiten unmittelbar angepaßt ist [*64*]. Es liegt die Beobachtung zugrunde, daß dem Durchschlag eine lokal begrenzte höhere Erwärmung des Isolierstoffes vorangeht. Dementsprechend sei aus der beanspruchten Schicht mit der Dicke d ein zylindrischer Kanal abgegrenzt, der sich von Elektrode zu Elektrode erstreckt und den Radius r haben möge. Der OHMsche Widerstand des Kanals beträgt

$$R = \frac{d}{\pi\,r^2\,\sigma}.$$

Im Kanal entsteht bei der Spannung U_1 die JOULEsche Wärme

$$N_1 = \frac{U_1^2}{R} = \frac{\pi\,r^2\,\sigma\,U_1^2}{d}.$$

Es sei ϑ die Temperaturdifferenz zwischen Kanal und Umgebung. Aus der Oberfläche des Kanals wird durch Leitung je Zeiteinheit die Wärmemenge $N_2 = 2\pi r d k\,\vartheta$ abgeführt, worin k eine Konstante bedeutet, in der die Wärmeleitfähigkeit der Substanz enthalten ist. In Abb. 11 ist N_1 als Funktion von ϑ durch die Kurve (1) dargestellt, während der Verlauf von N_2 einer durch den Ursprung gehenden Geraden entsprechen soll. Es entstehen die Schnittpunkte P_1 und Q_1 mit den

Temperaturen ϑ_1 und ϑ_1'. In P_1 herrscht stabiles, in Q_1 labiles Gleichgewicht. Wird die Spannung auf U_2 vergrößert, so verlagert sich die Kurve der erzeugten Wärme nach *2* und der Punkt des stabilen Zustandes nach P_2 mit einer Übertemperatur ϑ_2. Bei weiterer Erhöhung von U fallen P und Q schließlich im Berührungspunkt einer Tangente P_m zusammen. Hier führt die kleinste Temperaturerhöhung über ϑ_m hinaus zum Durchschlag, weil N_1 schneller wächst als N_2. In diesem Punkt gilt $dN_1/d\vartheta = dN_2/d\vartheta$ und mit $\sigma = \sigma_0\, e^{\beta\vartheta}$, einem Exponentialansatz für die Leitfähigkeit, folgt $\vartheta_m = \dfrac{1}{\beta}$, $U_d = d\sqrt{\dfrac{2k}{\sigma_0\, r}}$.

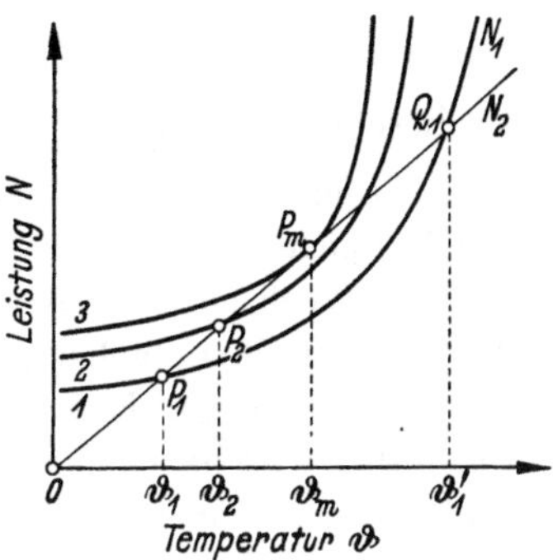

Abb. 11. Zur Erklärung des elektrischen Wärmedurchschlages

Unbestimmt ist zunächst der Radius des Kanals, in dem der Durchschlag eintritt. Außerdem dürfte die Gestalt dieses Kanals eher einem Rotationsellipsoid als einem Zylinder entsprechen. Jedoch ist diese Vereinfachung nicht von ausschlaggebendem Einfluß auf das Ergebnis. Setzen wir den Durchmesser des Zylinders proportional zur Länge an, $r = \gamma\, d$, so ergibt sich

$$U_d = \sqrt{d}\,\frac{2k}{\sigma_0\,\gamma\,\beta\,e}.$$

U_d wächst mit der Wurzel aus der Schichtdicke. Bei dieser Betrachtung wurde der Dauerzustand vorausgesetzt. Interessiert die Zeitabhängigkeit, dann muß die Beziehung $N_1 = N_2$ durch ein Glied zur Berücksichtigung der im Durchschlagskanal gespeicherten Wärmeenergie ergänzt werden. Dieses lautet $c\, d\vartheta/dt$, worin c die Wärmekapazität des Dielektrikums im Kanal ist. Mit der Abkürzung $b = 2\pi\, r\, d\, k$ erhalten wir als Wärmebilanz

$$N_1 = U\,I = U^2/R = b\,\vartheta + c\, d\vartheta/dt.$$

R ist temperaturabhängig gemäß $R = R_0\, e^{-\beta\vartheta}$, R_0 hängt seinerseits von der Feldstärke ab. Den zeitlichen Verlauf der Temperatur finden wir durch Integration

$$t = e\int_0^{\Theta} \frac{d\vartheta}{\left(\dfrac{U^2}{R_0}\right)e^{\beta\vartheta} - \beta\,\vartheta},$$

t ist die Zeit, die bis zum Erreichen einer gegebenen Temperatur Θ vergeht. Wir setzen die Durchschlagsspannung U_d ein und führen die neue Integrationsvariable $Z = \beta\,\vartheta$ ein. Es ergibt sich

$$t = \frac{c}{b}\int_0^{\beta\Theta} \frac{dZ}{\left(\dfrac{U}{U_d}\right)^2 e^{(Z-1)} - Z}.$$

Liegt die Spannung U unterhalb der Durchschlagsspannung U_d, dann kann die Integration höchstens bis zu derjenigen Temperatur erstreckt werden, bei welcher der Nenner des Integranden verschwindet. Sie entspricht dem Punkt P_1 der Figur. Für $U = U_d$ tritt das Verschwinden des Nenners bei $Z = 1$ ein, in diesem Fall ist $\Theta = 1/\beta$. Auch hierfür ist noch $t = \infty$. Gilt jedoch $U > U_d$, dann kann der

Nenner nicht verschwinden. Das Integral konvergiert bis zu beliebig hohen Temperaturen, der Durchschlag tritt also in endlicher Zeit ein.

$$t_d = \frac{c}{b} \int\limits_0^\infty \frac{dZ}{\left(\dfrac{U}{U_d}\right)^2 e^{z-1} - Z}.$$

Für große Werte von U/U_d kann der Subtrahend im Nenner vernachlässigt werden. In diesem Fall ergibt sich $t_d \approx \dfrac{c\,e}{b}\left(\dfrac{U_d}{U}\right)^2$. Jedoch nimmt t_d rascher ab als $1/U^2$, weil U_d feldabhängig ist. Die Durchschlagsspannung ist demnach eine Funktion der Versuchszeit.

Bei Wechselstrom bleibt der Scheinwiderstand einer zufällig stärker erwärmten Stelle zunächst praktisch konstant, weil der Anteil des Verschiebungsstromes überwiegt. Entsprechend ändert sich auch die Feldstärke kaum. Demgegenüber tritt bei Gleichstrom eine gewisse Entlastung der Strecke verminderten Widerstandes ein, weil die in ihr wirksame Feldstärke abnimmt. Dies hat Rückwirkungen auf die Temperaturverteilung zur Folge. Bei Wechselspannung verschiebt sich der Durchschlagspunkt wegen der dielektrischen Verlustwärme mit steigender Frequenz zu niedrigen Feldstärken.

Theoretisch gibt es für eine unendlich dicke Kunststoffplatte eine bestimmte *Spannung*, die zum thermischen Durchschlag führt. Diese hängt von den physikalischen Eigenschaften des Materials und von der Anfangstemperatur ab. In Tab. 2 sind diese höchsten thermischen Durchschlagsspannungen für verschiedene Materialien bei Raumtemperatur wiedergegeben [6].

Tabelle 2

Phenolformaldehyd	0,2 bis 1,4 $\cdot 10^6$ V
Anilinformaldehyd	0,15 $\cdot 10^6$ V
Polyvinylchlorid	0,1 bis 0,2 $\cdot 10^6$ V
Polyvinylacetat..........	0,9 $\cdot 10^6$ V
Polyäthylen	3 bis 5 $\cdot 10^6$ V
Polystyrol	5 $\cdot 10^6$ V
Acrylharz	0,3 bis 1 $\cdot 10^6$ V

c) Rein elektrischer Durchschlag. Nach der Theorie des thermischen Durchschlags wächst die ertragene Spannung mit der Wurzel aus der Schichtdicke. Demnach wären bei sehr kleinen Schichtdicken hohe Durchschlagsspannungen zu erwarten. Das entsprechende Experiment setzt große Sorgfalt voraus, weil Überschläge längs der Oberfläche und Inhomogenitäten des Feldes und der Probe leicht Anlaß zu Fehlmessungen geben können. Tatsächlich erreicht man bei dünnen Folien hohe dielektrische Festigkeiten. Jedoch ist die Grenze – wie auch der sehr geringe Zeitbedarf des Durchschlagvorganges zeigt – durch einen neuen Entladungsmechanismus gegeben, den „rein elektrischen Durchschlag". In diesem Abschnitt sollen mögliche Ursachen des „rein elektrischen Durchschlags" kurz besprochen und die wahrscheinlichste etwas ausführlicher behandelt werden. Die älteste Theorie des rein elektrischen Durchschlags stammt von ROGOWSKI [65]. Sie sagt aus, daß ein sehr starkes elektrisches Feld den Zusammenhalt des Gitters einer kristallinen Substanz zu lösen vermag, so daß die Struktur zusammenbricht. Hierzu gehören allerdings Feldstärken der Größenordnung 10^8 V/cm, die weit über den beobachteten Durchbruchsfeldstärken liegen. Auf dem Gedanken der Stoßionisation fußt die Theorie von JOFFÉ [66]. Die wenigen frei beweglichen Ionen, welche im Isolator vorhanden sind (s. 2.2.2) werden hiernach bei hinreichenden Feldstärken so stark beschleunigt, daß sie weitere im Gitter vorhandene Ionen befreien können (Stoßionisation). Die Zahl der Ionen wächst dann lawinenartig an, und es kommt zum Durchschlag. Wegen der geringen freien Weglänge der Ionen in Kristallen und der hohen Ionisationsenergie (einige AE, einige eV) sind auch bei dieser Theorie zumindest in Kristallen Durchbruchfeldstärken von etwa 10^8 V notwendig. Bei Stoffen mit inneren Grenzflächen besteht allerdings grundsätzlich die Möglichkeit des ionischen Durchschlages auch bei schwächeren Feldern [21].

Der Gedanke der Stoßionisation führt weiter, wenn man ihn auf Elektronen anwendet, die infolge ihrer größeren Beweglichkeit im Gitter des Isolators schon bei Feldern von etwa 10^6 V/cm die erforderlichen Energie erreichen. Dies wurde zuerst durch VON HIPPEL erkannt, der das Auftreten freier Elektronen beim Durchschlag experimentell nachgewiesen hat [67]. Elektronen-Stoßionisation tritt ein, wenn zufällig im Isolator befindliche Leitungselektronen vom Feld so weit gegen die Bremsung der Elektronen im Kristallgitter beschleunigt werden, daß sie zur Auslösung weiterer Elektronen in der Lage sind. Die Bremsung rührt von Energieabgabe an akustische und optische Schwingungen des Gitters her. In jedem Fall existiert eine Energie des Elektrons mit maximalem Energieverlust. Dies läßt verstehen, daß oberhalb einer bestimmten Feldstärke die Energie eines einzelnen Elektrons immer weiter zunimmt, bis sie schließlich die Ionisierungsenergie erreicht [68]. Mit steigender Temperatur und zunehmender Unordnung der Struktur nimmt, wie im Leiter, die Beweglichkeit der Elektronen ab. Es bedarf dann höherer Feldstärken, um Stoßionisation zu erreichen. Dies ist für tiefe Temperaturen experimentell erwiesen [69]. Im Gebiet höherer Temperaturen zeigen alle Materialien, besonders die amorphen, eine Abnahme der rein elektrischen Durchbruchfeldstärke [70]. Zur Erklärung hat FRÖHLICH [71] angenommen, daß zwischen den Elektronen im Leitfähigkeitsband und denen in den Fangstellen sich thermodynamisches Gleichgewicht einstellt und die Elektronentemperatur sich bei zunehmender Feldstärke immer mehr von der Gittertemperatur entfernt. Hierbei reicht die Energieabgabe an das Gitter bei einer bestimmten Feldstärke nicht mehr aus, um die Zufuhr zu kompensieren. Dann kommt es zum Durchschlag. Es spielen jedoch wohl auch sekundäre Einflüsse mit.

Die Stoßionisation ist nicht der einzige in Betracht kommende Lieferant für die zum Durchschlag benötigte Trägerzahl. Vielmehr können bei hoher Feldstärke infolge des wellenmechanischen Tunneleffektes Elektronen aus dem Valenzband und aus Störstellen [72], sowie aus den Elektroden freigesetzt werden. Für den Austritt von Elektronen aus Metallen sind unter Berücksichtigung des Tunneleffektes Feldstärken der Größenordnung 10^6 V/cm notwendig. Diese können bei Vorhandensein starker Raumladungen schon bei verhältnismäßig niedriger Spannung an den Elektroden erreicht werden. Über einen Modellversuch mit Alkalihalogeniden siehe [73].

Bei der Feldemission aus den Elektroden geht die Austrittsarbeit des Metalls ein, und es besteht eine Abhängigkeit von Material und Oberflächenbeschaffenheit der Kathode. Die Feldemission beginnt daher nicht gleichmäßig auf der ganzen Kathodenfläche, sondern an bevorzugten Punkten, deren Lage ständig wechselt.

Nachdem über die Herkunft der Träger, sowie ihre Beschleunigung und Vermehrung gesprochen wurde, soll jetzt noch kurz etwas über den *Verlauf des elektrischen Durchschlags* gesagt werden (s. auch [74]). Er zerfällt in 2 Abschnitte

A. Bereitstellung und elektrische Anregung von Trägern bis zum Erreichen einer kritischen Leistung.

B. Thermische Zerstörung infolge zu großer Stromdichte (Kanalbildung) und damit verbundenes Anwachsen der Temperatur.

Mit abnehmender *Schichtdicke* sinkt die Wahrscheinlichkeit für die Ausbildung von Elektronenlawinen im Isolierstoff. Daher ist eine Zunahme der Durchschlagsfestigkeit bei sehr dünnen Folien auch beim rein elektrischen Durchschlag zu erwarten. Dies wurde für Glimmer experimentell bestätigt [75].

Da der Aufbau der Entladung nur *Zeiten* der Größenordnung 10^{-8} Sek. benötigt, ändert sich die Durchschlagsfestigkeit nur wenig mit der Zeit der angelegten Spannung, solange diese groß gegen 10^{-8} Sek. ist, dagegen merklich, wenn die Dauer von Spannungsimpulsen in diese Größenordnung kommt.

d) Praktische Folgerungen. Eine geordnete, orientierte Kettenverbindung hat ähnliche Struktur wie ein nicht polarer Kristall. Wie bei einem solchen ist die Größenordnung der Feldstärke für rein elektrischen Durchschlag 10^6 V/cm, und diese nimmt mit der Temperatur im Tieftemperaturgebiet zu. Kettenenden wirken als Störung, wenn die Kettenlänge größer als die mittlere freie Weglänge der Elektronen ist. Abb. 12 zeigt das Verhalten von Polyäthylen [76]. Gegenwart

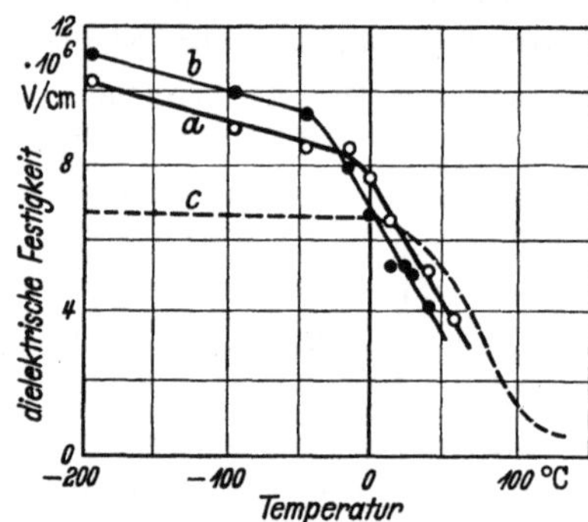

Abb. 12. Temperaturabhängigkeit der dielektrischen Festigkeit von Polyäthylen mit und ohne Chlorierung
a 8 % Cl-kaltchloriert, *b* 8 % Cl-heißchloriert, *c* unchloriert

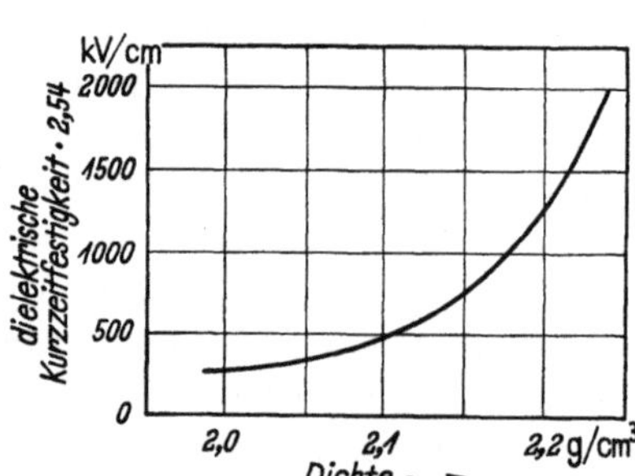

Abb. 13. Dichteeinfluß auf die Durchschlagsfestigkeit von gepreßtem Teflon

von Dipolen bewirkt zusätzliche Streuung der Elektronen, so daß deren freie Weglänge kleiner wird. Das Maximum der Durchschlagsfestigkeit verschiebt sich nach tieferen Temperaturen. (Ausführliche Behandlung s. [6].)

Gaseinschlüsse im beanspruchten Dielektrikum stellen eine Gefahrenquelle dar, denn in ihnen bilden sich Gasentladungen aus, deren kurzwellige Strahlung und chemische Folgeerscheinungen das Dielektrikum angreifen. Schädlich ist auch der Einfluß äußerer Koronaentladungen [77].

Die Bildung von Sphärolithen ist der dielektrischen Festigkeit abträglich. Bei gesinterten Produkten wächst die Durchschlagsfestigkeit mit der Dichte [78]. Dies zeigt für Teflon Abb. 13.

Literatur

[1] SHOCKLEY, W.: Electrons and Holes in Semiconductors. New York: D. van Nostrand Co. 1950.

[2] SPENKE, E.: Elektronische Halbleiter. Berlin/Göttingen/Heidelberg: Springer 1955.

[3] WILOTH, F., u. W. DIETRICH: Kolloid-Z. 143 (1955) S. 138—144.

[4] SISMAN, O.: Plastics Technol. 1 (1955) S. 345.

[5] ROTH, A.: Hochspannungstechnik, 3. Aufl. Berlin: 1950.

[6] WHITEHEAD, S.: Dielectric breakdown of solids. Oxford: 1951.

[7] GARTON, C. G.: Proc. Instn. electr. Engr. 98 (1951) Teil II, S. 728—737.

[8] VIEWEG, R.: Ind. plast. Mod. 7 (1955), November, S. 6—8.

[9] GAST, TH.: Kunststoffe 40 (1950) S. 122—124.

[10] SCHNEIDER, W., in RÖHRS/ STAUDINGER/VIEWEG: Fortschritte der Chemie, Physik und Technik der makromolekularen Stoffe. München/Berlin: 1942.

[11] FREY, G. S. VON: Z. Elektrochem. 38 (1932) S. 260.

[12] WÜRSTLIN, F.: Kunststoff-Technik 11 (1941) S. 269.

[13] BIRNTHALER, W.: Kunststoffe 39 (1949) S. 301—312.

[14] HARTMANN, A.: Kolloid-Z. 139 (1954) S. 146.

[15] VIEWEG, R., u. H. KLINGELHÖFFER: Kunststoffe 31 (1941) S. 49.

[16] BOYER, R. F.: J. appl. Phys. 21 (1950) S. 469—477.

[17] AUSTEN, H.: J. Instn. electr. Engr. 92 (1945) S. 373.

[18] KLINGELHÖFFER, H.: Dissertation TH Darmstadt 1940.

[19] POOLE, H. H.: Phil. Mag. 32 (1916) S. 112; 34 (1917) S. 195; 42 (1921) S. 488.

[20] HOLLMANN, H. E.: Arch. Elektr. Übertr. 6 (1952) S. 178—187.

[21] BÖNING, P.: Elektrische Isolierstoffe. Braunschweig 1938.

[22] STÄGER, H., u. W. SIEGFRIED: Schweizer Arch. angew. Wiss. Techn. 7 (1941) S. 93—109.

[23] MEAD, D. J., u. R. M. FUOSS: J. Amer. chem. Soc. 67 (1945) S. 1566—1570.

[24] BOYER, R. F.: J. appl. Phys. 21 (1950) S. 469—477.

[25] BAUSS, H., u. R. F. BOYER: J. appl. Phys. 23 (1952) S. 802/03.

[26] YEN-HSIUNGFENG, P., u. J. W. KENNEDY: J. Amer. chem. Soc. 77 (1955) S. 847.

[27] SKINNER, S. M.: J. appl. Phys. 26 (1955) S. 498—518.

[28] METTE, H., u. H. PICK: Z. Phys. 134 (1953) S. 566—575.

[29] GOLDSMITH, G. J.: Phys. Rev. (2) 93 (1954) S. 929.

[30] PICK, H., u. W. WISSMANN: Z. Phys. 138 (1954) S. 436—440.

[31] GORDON, C. K.: Phys. Rev. 95 (1954) S. 306.

[32] ANSBACHER, F., u. W. EHRENBERG: Nature 164 (1949) S. 144/45.

[33] PEARLSTEIN, E. A., u. R. B. SUTTON: Phys. Rev. (2) 79 (1950) S. 907.

[34] McKAY, K. G.: Phys. Rev. 74 (1949) S. 1606—1621.

[35] FOWLER, J. F., u. F. T. FARMER: Nature 171 (1953) S. 1020/21.

[36] COLEMAN, J. H., u. D. BOHM: J. appl. Phys. 24 (1953) S. 497.

[37] FOWLER, J. F., u. F. F. FARMER: Nature 175 (1955) S. 590/91.

[38] ROSE, A.: RCA-Rev. 12 (1951) S. 362.

[39] ROSMAN, I. M., u. K. G. ZIMMER: Z. Naturforschung 116 (1956) S. 55—57.

[40] KNOERZER, G.: Z. angew. Phys. 6 (1954) S. 81—88.

[41] SCHMIDT, K.: Kautschuk u. Gummi 8 (1955) S. 180—185.

[42] Materie, plastische 21 (1955) S. 766, Mitt. d. Redaktion.

[43] WOEBCKEN, W.: Dissertation TH Darmstadt 1950.

[44] VICK, F. A.: in Static Electrification. Brit. J. appl. Phys. (November 1953) Suppl. Nr. 2.

[45] TAMM, I.: Phys. Z. UdSSR 1 (1932) S. 733.

[46] SHOCKLEY, W.: Phys. Rev. 56 (1939) S. 317.

[47] SUITS, G. H.: Phys. Rev. (2) 94 (1954) S. 1427.

[48] WIEDER, H. H., u. SOL. KAUFMAN: J. appl. Phys. 24 (1953) S. 156—161.

[49] WISEMAN, G. G., u. E. G. LINDEN: Electronic Engng. 72 (1953) S. 869—872.

[50] THIESSEN, P. A., A. WINKEL u. K. HERMANN: Phys. Z. 37 (1936) S. 511—520.

[51] BALDUS, W.: Z. angew. Phys. 6 (1954) S. 481—489.

[52] O'KONSKI, C. T.: J. chem. Physics 23 (1955) S. 1559.

[53] VIEWEG, R., u. F. GOTTWALD: Kunststoffe 33 (1943) S. 289/90.

[54] REUTHER, H.: Silikone XXXIII, Silikone in der Elektrotechnik. Plaste u. Kautschuk 2 (1955) H. 7, S. 156/57.

[55] NOMEYER, H. N., J. H. PRESTON, S. CASAPULLA u. E. M. BECKMANN: Silikon-Preßharze. Industr. Engng. Chem. 46 (1954) S. 2349—2354.

[56] MISTIC, G.: Plast. Techn. (1955) S. 154—158 und frühere Arbeiten.

[57] BOLSTAD, L.: Mod. Plastics 32 (1955) H. 11, S. 99—104.

[58] REIMER, C.: Kunststoffe 45 (1955) S. 367—374.

[59] HIGGINS, W. T.: SPE-J. 11 (1955) Nr. 1. S. 36/37.

[60] VIEWEG, R., u. H. KLINGELHÖFFER: ETZ 63 (1942) S. 237—241.

[61] SCHUMACHER, K.: ETZ 76 (1955) S. 369—376.

[62] INGE, L., u. A. WALTHER: Die physikalischen Grundlagen der elektrischen Festigkeitslehre. Berlin: Springer 1928.

[63] WAGNER, K. W.: Arch. Elektrotechn. 39 (1948) S. 215—233.

[64] PERLICK, P.: ETZ 74 (1953) S. 169—173.

[65] ROGOWSKI, W.: Arch. Elektrotechn. 18 (1927) S. 123.

[66] JOFFÉ, A.: Phys. Z. 28 (1927) S. 911.

[67] HIPPEL, A. v.: Z. Phys. 98 (1936) S. 580.

[68] Zusammenfassende Darstellung und Weiterführung bei W. FRANZ: Theorie des rein elektrischen Durchschlages fester Isolatoren. Ergebn. exakt. Naturwiss. 27 (1953) S. 1 bis 55.

[69] HIPPEL, A. v., u. G. M. LEE: Phys. Rev. 59 (1941) S. 824—826.

[70] GLASER, G.: Z. angew. Phys. 4 (1952) S. 12.

[71] FRÖHLICH, H., u. J. H. SIMPSON: Advances in Electronics, Bd. 2, S. 185—217. New York: Acad. Press Inc. 1950.

[72] ZENER, C.: Proc. roy. Soc. (London) A 145 (1934) S. 523.

[73] HIPPEL, A. v., E. P. GROSS, J. G. JELATIS u. M. GELBS: Phys. Rev. (2) 91 (1953) S. 568 bis 579.

[74] BÖER, K. W., u. U. KÜMMEL: Ann. Phys., (6) 14 (1954) S. 341—362.

[75] AUSTEN, A. E., u. S. WHITEHEAD: Proc. roy. Soc. A 176 (1940) S. 33—50.

[76] OAKES, W. G.: J. Instn. electr. Engrs. 96 (1949) S. 37—43.

[77] REDING, F. P., u. A. BROWN: Industr. Engng. Chem. 46 (1954) S. 1962—1967.

[78] HIBBARD, R. L.: Mod. Plastics 33 (1955) S. 134—139.

4.10 Allgemeine optische Eigenschaften

Von W. Schultze, Ludwigshafen a. Rh.

Die optischen Eigenschaften eines Kunststoffes sind für seine praktische Anwendung von unmittelbarer Bedeutung. Darüber hinaus tragen sie in vielen Fällen zur Aufklärung seiner Struktur bei, oder sie werden zur Kennzeichnung der Zusammensetzung und Reinheit des Materials mitverwendet. Manchmal kann schon eine qualitative visuelle Beurteilung von Nutzen sein, im allgemeinen ist aber die quantitative und objektive Ermittlung der physikalischen Daten vorzuziehen. Abgesehen von den in 4.11 und 4.12 gesondert behandelten Gebieten der Doppelbrechung und der Farbe soll im folgenden Abschnitt gezeigt werden, welche optischen Eigenschaften dabei besonders in Betracht kommen. Die Prüfmethoden werden in II, 3.6 beschrieben.

4.10.1 Reflexion, Brechung und Streuung

Um die Wechselwirkung zwischen einem beliebigen Material und dem darauffallenden Licht zu verstehen, wollen wir die Abb. 1 bis 3 betrachten. In der Abb. 1 wird eine vollkommen homogene Platte oder Folie mit ebener Oberfläche angenommen. Ein Lichtstrahl (a), der in schräger Richtung auf die Oberfläche fällt, erleidet folgende Veränderungen: Ein Teil (b) wird spiegelnd reflektiert (zurückgeworfen), der andere eindringende Teil (c) wird in der Platte gebrochen, d. h. von seiner Richtung abgelenkt. Während der Strahl c die Platte durchläuft, erleidet er ferner eine Schwächung durch Verschlucken (Absorption) eines Teiles seiner Energie, die in Wärme umgesetzt wird. Trifft der Strahl c dann auf die rückwärtige Oberfläche, so wird wieder ein gewisser Teil reflektiert (d) und verläßt nach erneuter Absorption und erneuter Brechung die Platte (e). Weitere Reflexionen seien vernachlässigt. Der Rest f verläßt die Platte, nachdem er durch erneute Brechung in eine, dem ursprünglichen Strahl a parallele Richtung gebracht wurde. Die Veränderungen des Lichtes, welche wir durch die Begriffe Reflexion, Brechung (Refraktion) und Absorption gekennzeichnet haben, werden zweckmäßig getrennt betrachtet. Es sei aber noch erwähnt, daß das soeben

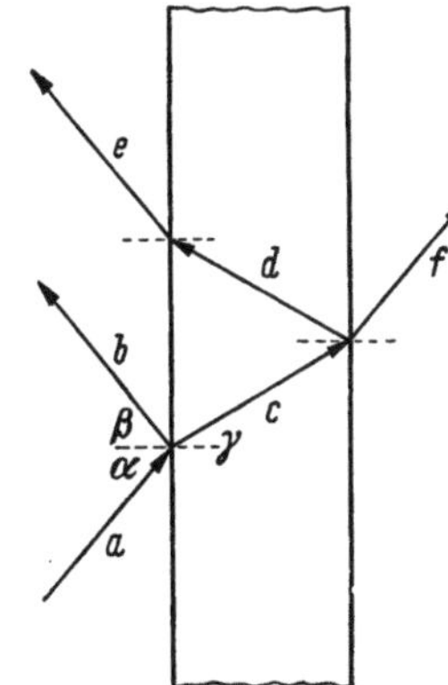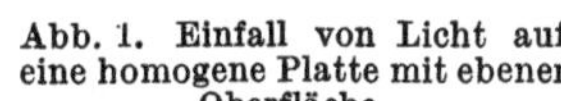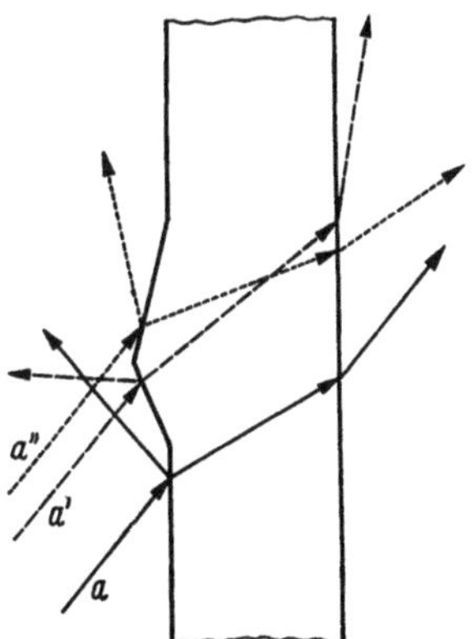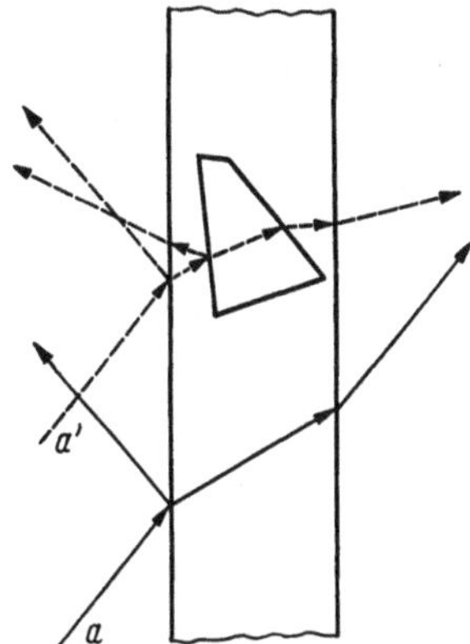

<table>
<tr><td>Abb. 1. Einfall von Licht auf eine homogene Platte mit ebener Oberfläche</td><td>Abb. 2. Einfall von Licht auf eine homogene Platte mit aufgerauhter Oberfläche</td><td>Abb. 3. Einfall von Licht auf eine inhomogene Platte mit ebener Oberfläche</td></tr>
</table>

genannte Beispiel ein idealisierter Grenzfall ist, der in der Praxis höchstens angenähert vorliegen kann. Im allgemeinen wird einmal die Oberfläche nicht vollkommen eben sein, zum zweiten das Material nicht oder nicht vollkommen homogen sein. Die Auswirkung des ersten Effekts zeigt die Abb. 2. Der Einfachheit halber wird jetzt der Gang der doppelten Reflexion weggelassen. Man sieht die Wirkung einer Aufrauhung der Oberfläche auf den reflektierten und den durchgehenden Lichtstrahl. In beiden Fällen treten Richtungsänderungen ein. Außer dem Strahl a, der auf die normale Oberfläche fällt, sind 2 Strahlen a′ und a″ eingezeichnet, die auf den aufgerauhten Teil fallen. Die Auswirkung des zweiten Effektes zeigt die Abb. 3. Hier tritt zu der normalen Reflexion eine zusätzliche, in der Richtung veränderte, durch Reflexion an den eingelegten Teilchen hinzu, ferner ist eine Richtungsänderung bei dem durchgelassenen Licht zu beobachten. Hier fällt der Strahl a auf einen Teil der Platte ohne Fremdkörper, der Strahl a′ auf einen anderen Teil, der ein eingebettetes Teilchen enthält.

Die beiden Phänomene werden im allgemeinen nicht getrennt. Wegen der zu beobachtenden Abweichungen von dem regelmäßigen Strahlengang faßt man sie unter den Begriffen „Lichtstreuung" oder „Diffusion des Lichtes" zusammen.

Betrachten wir die Reflexion und die Refraktion zunächst unter den erwähnten idealen Bedingungen, daß das Material homogen und die Oberfläche eben ist. Für die *Richtung* der *Reflexion* gilt dann bekanntlich das Gesetz, daß der Ein-

trittswinkel des Lichtstrahles gleich dem Austrittswinkel ist (in der Abb. 1 $\alpha = \beta$).
Für die *Richtung* des *gebrochenen Strahles* gilt

$$\frac{\sin\alpha}{\sin\gamma} = \frac{n_2}{n_1}. \tag{1}$$

Die Richtung hängt also von den als Brechungsindizes oder Brechungszahlen
benannten Konstanten n_1 und n_2 ab, die für die beiden aneinandergrenzenden
Materialien charakteristisch sind. Haben wir es mit dem Eindringen eines Lichtstrahles aus der Luft in einen Kunststoff zu tun, so wird – abgesehen von äußerst
präzisen Messungen – der Brechungsindex der Luft gleich dem des Vakuums,
d. h. gleich 1 gesetzt werden können, so daß sich die Formel zu

$$\frac{\sin\alpha}{\sin\gamma} = n_2 \tag{2}$$

vereinfacht.

Die *Intensität* des reflektierten Anteils ist für den Fall des senkrechten Licht-
einfalls

$$I_{\text{refl.}} = I_0 \left(\frac{m-1}{m+1} \right)^2, \tag{3}$$

wenn $m = \dfrac{n_2}{n_1}$ das Verhältnis der beiden Brechungsindizes bedeutet. Kann
$n_1 = 1$ gesetzt werden, so ist

$$I_{\text{refl.}} = I_0 \left(\frac{n_2-1}{n_2+1} \right)^2. \tag{4}$$

Der reflektierte Anteil wird demgemäß mit steigendem Brechungsindex höher.

Der Brechungsindex ist eine für das Material sehr charakteristische Größe.
Er wurde bisher als eine Konstante betrachtet, die nur von dem Material abhängt.
In Wirklichkeit hängt sein Zahlenwert auch von der Wellenlänge des Lichtes
ab, und zwar in dem Sinne, daß der Wert für kurzwelliges Licht höher, für lang-
welliges niedriger ist. Genauere Angaben müssen sich also auf eine bestimmte
Wellenlänge beziehen. Die Differenz der Brechungsindizes bei verschiedenen
Wellenlängen wird als Dispersion bezeichnet. Sie ist ebenfalls eine charakteristische
Materialkonstante.

Der Brechungsindex des Monomeren und der des polymerisierten Materials
können beträchtlich verschieden sein. So erhöht sich z. B. bei der Blockpolymerisation von Styrol der Brechungsindex der Flüssigkeit stetig mit fortschreitender
Polymerisation. In diesem Fall konnte die Messung des Brechungsindex technisch
zur quantitativen Kontrolle des Reaktionsablaufes eingesetzt werden.

Die Lichtstreuung eines Kunststoffes kann von den verschiedensten Faktoren
beeinflußt werden. So können beim Recken von Folien Hohlräume entstehen,
es können auch Gasbläschen in dem Material eingeschlossen sein. Ferner können
feste Fremdmaterialien eingeschlossen sein, z. B. bei der Herstellung verwendete
Katalysatoren. Sehr häufig wird eine beträchtliche Lichtstreuung durch teilweise Kristallisation des Materials verursacht. In diesem Fall ist nicht wie bei
dem Einschluß eines Fremdmaterials die Differenz zwischen dem Brechungsindex verschiedener Substanzen maßgebend, sondern die Verschiedenheit im
Brechungsindex zwischen der kristallinen und der amorphen Phase. In einer
Arbeit von STEIN [4] wird darauf hingewiesen, daß beim Polyäthylen die Lichtstreuung auch von der Orientierung der Kristallaggregate abhängt, so daß im

verstreckten Material Größe und Orientierung der Lichtstreuung anders sind als in unverstrecktem. In der gleichen Arbeit wird eine Deutung für die auffällige Erscheinung gegeben, daß beim langsamen Erwärmen die Lichtstreuung kontinuierlich abnimmt, beim langsamen Abkühlen dagegen sich wenige Grade unter dem Schmelzpunkt ein scharfes Maximum zeigt.

Bei gelösten Hochpolymeren ist die Streuung des Lichtes von ihrem Molekulargewicht abhängig, und man hat darauf eine erfolgreiche Methode zur Bestimmung des Molekulargewichtes aufbauen können. Einzelheiten darüber werden in 2.3.6 gebracht.[1]

Ein praktisch sehr wichtiger Fall ist der, daß einem Kunststoff Pigmente eingelagert sind. Ein Weißpigment dient beispielsweise dazu, einem sonst glasigen Kunststoff eine starke weiße Reflexion zu geben. Um mit möglichst wenig Pigment einen möglichst großen Effekt zu erzielen, müssen 2 Bedingungen eingehalten werden: 1. Der Brechungsindex des eingebetteten Pigments muß beträchtlich höher liegen als der des Kunststoffes, 2. das Pigment muß in fein verteilter Form eingebettet werden. Die erste Bedingung leuchtet sofort ein, wenn an die Gl. (3) erinnert wird: Ist das Verhältnis m der Brechungswerte groß, so wird ein großer Anteil des auf die Grenzflächen beider Substanzen fallenden Lichtes reflektiert. Die zweite Bedingung hat zur Folge, daß das Licht schon in der Nähe der Oberfläche häufig reflektiert wird, bevor ein größerer Anteil absorbiert wird. Zu beachten ist, daß die Gleichung nur Gültigkeit hat, solange die Teilchen größer sind als die Wellenlänge des Lichtes. Eine zu feine Aufteilung bewirkt dann wieder eine Minderung der Reflexion.

Bei der Reflexion an einer stark aufgerauhten Oberfläche oder durch eingelagerte Teile wird keine Richtung bevorzugt, man spricht dann von *matten* Oberflächen. Findet dagegen in größerem Maße Reflexion an einer glatten Oberfläche statt, so ist die Oberfläche *glänzend*. Auf die genauere Definition und Messung des Glanzes wird in II, 3.6.1 näher eingegangen.

4.10.2 Absorption

Während Reflexion und Brechung nur darüber aussagen, wie das Licht sich geometrisch verhält, nach welchen Gesetzmäßigkeiten es seine Richtung ändert, wird durch die *Absorption* Licht in eine andere Energieart, die Wärme, umgesetzt, geht also als Licht verloren. Zu beachten ist zunächst, daß das Ausmaß der Absorption einer Substanz vielfach für verschiedene Wellenlängen des Lichtes sehr verschieden sein kann. Wie davon die Farbe der betreffenden Substanz abhängt, wird später noch näher besprochen. Wenn in der *Photometrie* die Absorption von weißem Licht gemessen wird, so ist das infolgedessen nur dann sinnvoll, wenn die Substanz zu den wenigen gehört, deren Absorption über den sichtbaren Spektralbereich etwa gleichmäßig ist. Aber selbst wenn durch Filter dafür gesorgt wird, daß nur ein Teil des sichtbaren Lichtes auf die zu prüfende Substanz fällt, so ist immer die Frage zu klären, ob auch in diesem

---

[1] Anm. bei der Korr.; DEBYE und Mitarbeiter haben sich mit der Winkelverteilung der kritischen Opaleszenz befaßt. In der Nähe der „kritischen" Temperatur von gelösten Hochpolymeren konzentriert sich die Streuintensität immer stärker in der Vorwärtsrichtung. Aus der Winkelverteilung kann man auf die Reichweite der molekularen Wechselwirkung schließen (s. P. DEBYE: Die molekulare Chemie Bd. XXXV A, 1—11, daselbst weitere Literatur).

Bereich die Absorption noch gleichmäßig ist. Strenggenommen ist die Messung der Absorption jeweils nur für einen engen spektralen Bereich sinnvoll.

Betrachten wir nun für einen bestimmten (engen) Spektralbereich die Absorption durch eine homogene Substanz (Abb. 4), so wird sich immer wieder die Gesetzmäßigkeit bestätigen, daß beim Durchlauf einer bestimmten Strecke, etwa von 1 cm, das Licht die gleiche anteilmäßige Schwächung erfährt. Dafür ein praktisches Beispiel: Licht von der Wellenlänge 500 mμ und der Intensität 100 verliert in 1 cm der Substanz durch Absorption den Anteil $\frac{1}{2}$. Nach Durchlaufen dieser Strecke hat es also nur noch die Intensität 50. Beim Durchlaufen eines weiteren cm verliert es wieder

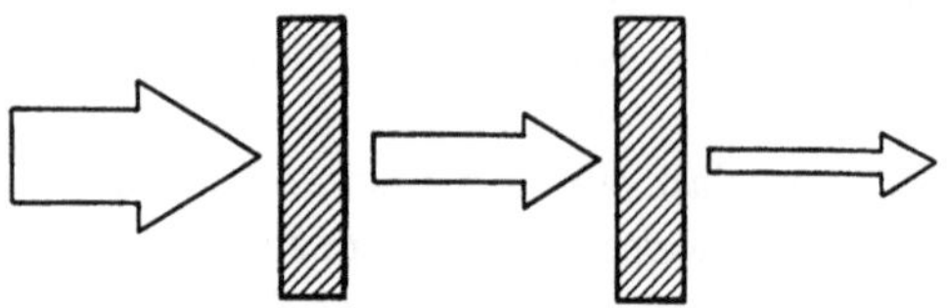

Abb. 4. Schwächung der Lichtintensität durch Absorption (die Reflexion bleibt unberücksichtigt)

den Anteil $\frac{1}{2}$, die Intensität geht also auf $50 - \frac{1}{2} \cdot 50 = 25$ zurück usf. Ein weiteres Gesetz besagt, daß für die Absorption nur die Menge der absorbierten Substanz maßgebend ist und nicht die Konzentration. Ein Beispiel möge dies erklären: Ein praktisch nicht absorbierender glasklarer Kunststoff sei mit einem Farbstoff homogen eingefärbt. Dieselbe Farbstoffmenge sei einmal auf einen Würfel von 1 cm Kantenlänge verteilt, ein andermal auf ein Quader von 1 cm² Grundfläche und 2 cm Höhe. Die Absorption ist dann nach obiger Regel beim Durchfallen der 1 cm des Würfels die gleiche wie der 2 cm des Quaders. Die Gültigkeit dieses BEERschen Gesetzes ist jedoch nicht uneingeschränkt. Voraussetzung ist, daß durch die geänderte Konzentration die Eigenschaften der Farbstoffmolekel nicht verändert werden. Umgekehrt läßt die Nichtgültigkeit des BEERschen Gesetzes auf eine solche Veränderung der Eigenschaften schließen.

Das Ausmaß der Absorption für die verschiedenen Bereiche des sichtbaren Spektrums ist bestimmend für die Farbe des Materials. Über diese wichtige optische Eigenschaft bringt 4.12 nähere Einzelheiten.

Literatur

[1] WESTPHAL, W. H.: Physik. Kapitel: Optik und allgemeine Strahlungslehre. Berlin/Göttingen/Heidelberg: Springer.
[2] POHL, R. W.: Einführung in die Physik, 3. Bd.: Optik und Atomphysik. Berlin/Göttingen/Heidelberg: Springer 1958.
[3] DIN 1349: Lichtabsorption in klaren Stoffen.
[4] STEIN, R. S.: in Growth and Perfection of Crystals, S. 549. New York: J. Wiley & Sons 1958.

4.11 Doppelbrechung

Von F. H. Müller, Marburg/L.

Die Doppelbrechung eines Materials ist einerseits eine Folge des molekularen Aufbaus, andererseits eine Folge der Art der Zusammenlagerung der molekularen Bausteine zum kompakten Material. Voraussetzung für einwandfreie Messung der Doppelbrechung ist die klare Durchsichtigkeit und die Farblosigkeit. Letztere bedeutet, daß die Moleküle im optischen Bereich nicht selektiv absorbieren. Erstere bedeutet, daß das Material hinsichtlich der Dichte geringe Schwankungen, vor allem über Bereiche von der Größenordnung der Lichtwellen-

länge, zeigt. Dichteschwankungen in kleinen Bereichen bewirken etwas stärkere
Streuung des kurzwelligen Teils und damit quer zu einer Einstrahlung einen Blau-
stich, in der Einstrahlrichtung einen Rotstich[1]. Inhomogenitäten von Dichte oder
Brechungsindex über Strecken, vergleichbar mit der Wellenlänge des Lichtes,
bedingen eine Trübung.

Licht besteht aus einem elektromagnetischen Feld hoher Frequenz. Elektrischer
und magnetischer Vektor stehen aufeinander senkrecht und beide senkrecht zur
Fortpflanzungsrichtung der Wellenfront, und sie sind gegeneinander um 90° in der
Phase verschoben. Beim linear polarisierten Licht schwingen die Feldvektoren
in einer Ebene, die die Fortpflanzungsrichtung enthält[2]. Linear polarisiertes Licht
kann bei Durchtritt durch eine Substanz zweierlei Veränderungen erfahren:

Es kann seine lineare Polarisation verlieren (elliptische Döppelbrechung),
oder es kann seine Polarisationsebene drehen (zirkulare Doppelbrechung). Bei
geeigneter Versuchsanordnung oder geeignetem und richtig herausgeschnittenem
Material gestattet ein doppelbrechendes Medium die Aufspaltung eines schmalen
Lichtbündels in zwei zueinander senkrecht polarisierte Strahlen. Es wirkt als
Polarisator (Nikolsche Prismen). Linear, insbesondere teilweise polarisiertes Licht
kann ebenso entstehen durch geeignete Reflexion oder durch selektive Absorption
des einen Teilstrahles (Turmalin).

Die Wechselwirkung von Licht und Materie beruht bekanntlich darauf, daß
die Elektronen im Rhythmus der Lichtfrequenz zum Mitschwingen angeregt
werden. Jeder der so entstehenden schwingenden Dipole strahlt sekundär. Und
durch Überlagerung von Primärstrahl und diesen sekundären Dipolstrahlungen
werden im Medium Gruppen- bzw. Phasengeschwindigkeit des Lichtes verändert:
das Medium besitzt damit einen Brechungsindex. Je größer die Intensität des
Mitschwingens und je mehr schwingungsfähige Dipole im Volumenelement (d. h.
je dichter die Substanz), um so größer ist der Brechungsindex. Das Maß für die
Anregbarkeit zum Mitschwingen ist die in 4.8 dargestellte molekulare Polarisierbarkeit α[3] (vgl. auch 4.13). Der Brechungsindex r ist mit der Zahl n der
Moleküle im cm³ und der Polarisierbarkeit α in bekannter Weise verknüpft
durch die Gleichung:

$$\frac{r^2 - 1}{r^2 + 2} = \frac{4\pi}{3} n\, \alpha .$$

Bei linear polarisiertem Licht schwingt also das elektrische Feld der Licht-
welle in einer Ebene. Das induzierte elektrische Moment sollte also in der gleichen
Ebene schwingen.

Nun besitzt das einzelne Molekül meist keine Kugelsymmetrie. Trifft z. B.
ein Lichtfeld, linear polarisiert, etwa auf einen Benzolring (Abb. 1), so wird

---

[1] Der blaue Himmel kommt durch die stärkere Streuung der kürzeren Lichtwellen infolge der Dichteschwankung der Atmosphäre, das Abendrot durch eine größere Schwächung
der kurzwelligen Strahlung gegenüber dem roten Bereich des Spektrums auf ebenderselben
Basis der Streuung zustande.

[2] Diejenige Ebene, in der der magnetische Vektor schwingt, wird traditionsgemäß als
Polarisationsebene bezeichnet.

[3] Die Polarisierbarkeit α ist gleich dem induzierten Dipolmoment im elektrostatischen
Feld 1 e.s.E. = 300 V/cm und nach den Regeln der Elektrostatik in erster Näherung proportional zum Volumen des Atoms oder Moleküls, nämlich sofern man die Atome genähert
wie metallisch leitende Kugeln von der Größe der Elektronenhüllen betrachten darf.

das Mitschwingen der Elektronen und damit die Polarisierbarkeit stärker ausgeprägt sein, wenn die Ebene des elektrischen Vektors mit der Ebene des Benzolringes zusammenfällt: die Elektronen sind in der Ringebene leichter verschiebbar (in diesem Falle Auswirkung der Isomerien der Ring-Doppelbindungen). Das Benzolmolekül ist also optisch anisotrop, es besitzt für Licht, polarisiert mit dem elektrischen Feld parallel zur Ebene des Ringes, einen anderen, größeren Brechungsindex als für Licht senkrecht zur Ebene.[1]

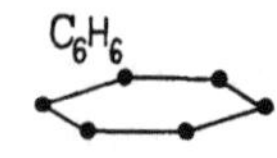

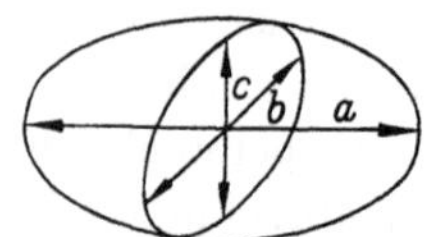

Abb. 1
Polarisierbarkeitstensor
eines Benzolringes

Diese optische Anisotropie ist eine wesentliche Ursache für die Doppelbrechung des Benzolkristalls. Im flüssigen Benzol jedoch ist sie nicht zu erkennen; denn die Orientierungen der Benzolringe sind statistisch gleichmäßig über alle Raumwinkel verteilt.

Wenn aber die Benzolmoleküle in der Flüssigkeit aus ihrer statistischen Orientierung durch irgendeine äußere Einwirkung eine mittlere Ausrichtung erfahren, dann wird auch das flüssige, ja selbst das gasförmige Benzol optisch doppelbrechend. Solche Ausrichtungen können erzeugt werden:

a) durch ein elektrisches Feld (KERR-Effekt) [1],

b) durch ein magnetisches Feld, das wegen der ebenfalls häufig anisotropen magnetischen Suszeptibilität, z. B. für Benzol senkrecht und parallel zur Ringebene, richtend wirkt (COTTON-MOUTON-Effekt).

c) im Strömungsgefälle. Für derart kleine Moleküle ist letzteres allerdings nur bei extrem hohen Strömungsgradienten (Strömungsdoppelbrechung) im flüssigen Zustand möglich.

Die optische Doppelbrechung des Benzoleinkristalls dagegen rührt nicht allein von der Ausrichtung der Benzolringe im Kristallgitter her, sie wird zweitens noch dadurch beeinflußt, daß die Benzolringe in der Ringebene und senkrecht hierzu verschieden dicht gepackt sind.

Im übrigen kommt im kompakten Zustand, d. h. in Flüssigkeit oder Festkörper, stets noch die gegenseitige Beeinflussung der induzierten Dipole hinzu. Diese letzteren Effekte müssen rechnerisch mit Hilfe des inneren Feldes erfaßt werden. Das innere Feld ist aber streng im flüssigen und festen Zustand nicht formulierbar. Daher lassen sich die *molekularen* Anisotropien exakt auch nur aus Untersuchungen im Gaszustand berechnen [2].

Die molekulare Diskussion der optischen Doppelbrechung ist also mit einer Reihe von Komplikationen verbunden, die nicht immer eindeutig quantitativ erfaßt werden können. Das Wesentliche aber ist, daß sich grundsätzlich jede Anisotropie der Lagerung isotroper oder auch anisotroper Teilchen und jede mittlere Orientierung von anisotropen Teilchen in der Doppelbrechung auswirken.[2] Und die Empfindlichkeit auf statistische Orientierung ist außerordentlich hoch, zumal mit Interferenzmethoden schon geringste Phasendifferenzen

---

[1] Die Wechselwirkung mit der Materie beruht hauptsächlich auf elektrischer Wechselwirkung, so daß man bei den Überlegungen auf die in der zur Polarisationsebene senkrechten Ebene schwingenden elektrischen Dipole achten muß. (Magnetische Wechselwirkung spielt nur eine Rolle z. B. bei der magnetischen Doppelbrechung und dem FARADAY-Effekt.)

[2] Die Anisotropie ist im Gas oder in Flüssigkeiten, wenn keine statistische Ordnung z. B. durch ein elektrisches Feld erzeugt wird, nicht an einer Doppelbrechung nachweisbar; doch verursacht sie stets Depolarisation des Streulichtes.

zwischen parallel und senkrecht zu den Orientierungsachsen schwingendem Licht meßtechnisch erfaßt werden können (Abb. 2).

Bisher wurde als Ursache für das mögliche Auftreten einer Doppelbrechung nur die molekulare Anisotropie der einzelnen Bausteine besprochen. Eine relativ geringfügige und nur statistische Ordnung läßt diese molekulare Anisotropie schon nach außen hin wirksam werden. Aber eine Anisotropie der Bausteine ist nicht Bedingung für die doppelbrechende Eigenschaft. Es genügt, wenn an sich isotrope Bausteine, z. B. Ionen, in einem nicht regulären Gitter angeordnet sind.

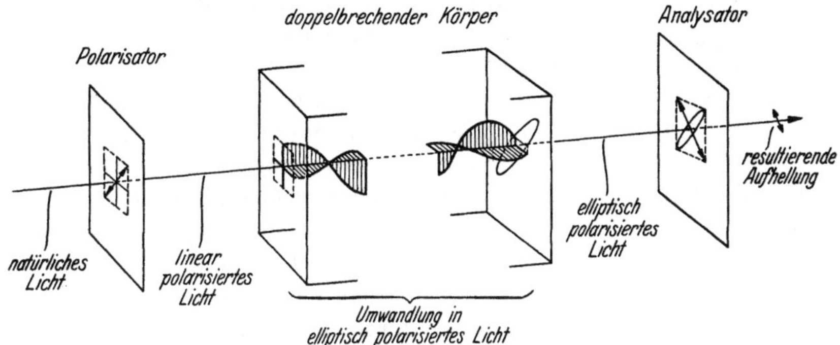

Abb. 2. Verhalten des elektrischen Vektors bei Durchgang durch ein Analysatorsystem und einen elliptisch doppelbrechenden Körper

Es genügt sogar schon, wenn durch elastische Verspannung ein reguläres Gitter in bezug auf die Teilchendichte anisotrop wird. Man spricht dann von einer akzidentellen oder Spannungsdoppelbrechung [3].

Besteht ein Material aus in sich homogenen, auch optisch isotropen Teilchen, die nicht kugelförmig sind, aus Stäbchen oder Lamellen, und besitzen diese Lamellen einen anderen Brechungsindex als das dazwischenliegende für sich ebenfalls isotrope Material, sind ferner die Dimensionen z. B. der Lamellendicke oder der Stäbchendurchmesser etwas kleiner als die Lichtwellenlänge und sind die Orientierungen der Lamellen oder Stäbchen nicht gleichmäßig statistisch im Raum verteilt, dann existiert ebenfalls eine Doppelbrechung. Diese nennt man Formdoppelbrechung [4] (Abb. 3).

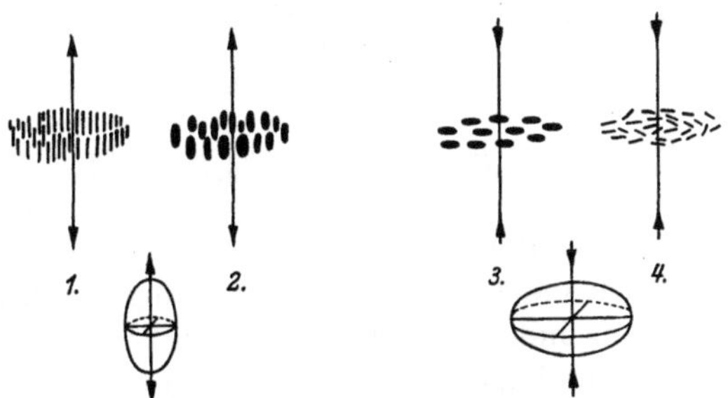

Abb. 3. Formdoppelbrechung. Orientierung von isotropen Plättchen und Stäbchen im isotropen Medium von anderem Brechungsindex mit zugehörigen Lagen der Indexellipsoide

Läßt sich der Brechungsindex des Zwischenmediums, z. B. durch Aufquellen, mit verschiedenen Flüssigkeiten verändern, so verschwindet diese reine Formdoppelbrechung, wenn Zwischenmedium und das Material der eingebetteten anisotropen Teilchen gleichen Brechungsindex haben.

Die Formdoppelbrechung zeigt, daß auch übermolekulare Strukturen Doppelbrechungseffekte verursachen können. Die zuerst besprochene Doppelbrechung durch anisotrope Gitterstruktur bezeichnet man als Eigendoppelbrechung [3].

In einem zusammengesetzten System, wie z. B. einer Cellulosefaser, wirken Eigendoppelbrechung der Kristallite, Formdoppelbrechung des kristallin amorphen Materials, Orientierungsdoppelbrechung der vorgeordneten amorphen Zwischengebiete und bei Anliegen einer äußeren Spannung die akzidentelle Spannungsdoppelbrechung zusammen. Die Gesamteigenschaft wird charakterisiert durch das Indexellipsoid [3], analog der Charakterisierung der molekularen Anisotropie mit Hilfe des Polarisierbarkeitstensors. Das Indexellipsoid gibt durch Lage und Größe die Richtung der Hauptachsen und die Werte der Hauptbrechungsindizes an (Abb. 4).

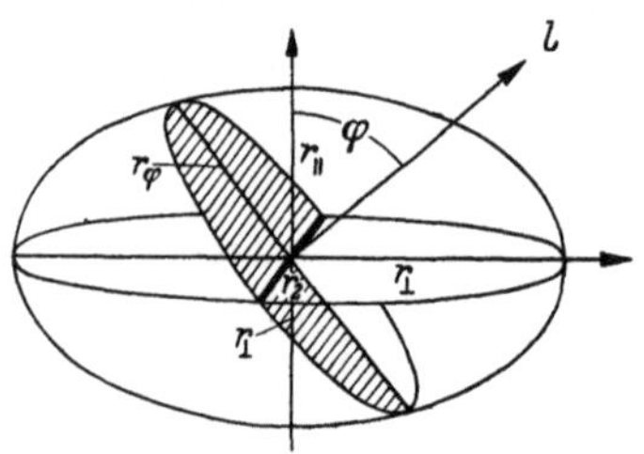

Abb. 4. Indexellipsoid, gezeichnet für abgeplattetes Ellipsoid. Die schraffierte Ellipse deutet die Konstruktion der beiden Brechungsindizes (r_2, r_φ) in einer gegen die optische Achse um den Winkel φ geneigten Richtung L an $(r_2 = r_\perp)$

Es kann rotationssymmetrisch sein. Man spricht von positiver einachsiger Doppelbrechung, wenn der Brechungsindex in Richtung der Rotationsachse größer ist als der hierzu senkrechte, von negativ einachsiger Doppelbrechung, wenn er kleiner ist. Sind alle 3 Hauptbrechungsindizes verschieden voneinander, so ist der Körper optisch zweiachsig. Man sieht sofort, daß für Kristalle eine enge Beziehung zwischen Kristallsystem und den optischen Eigenschaften bestehen muß. Nur die Kristallsysteme höchster Symmetrie, z. B. das kubische, sind optisch isotrop. Optisch isotrop ist aber auch der vollkommen ungeordnete Zustand, die normale Flüssigkeit oder das völlig spannungsfreie Glas (eingefrorene vollständige Unordnung).

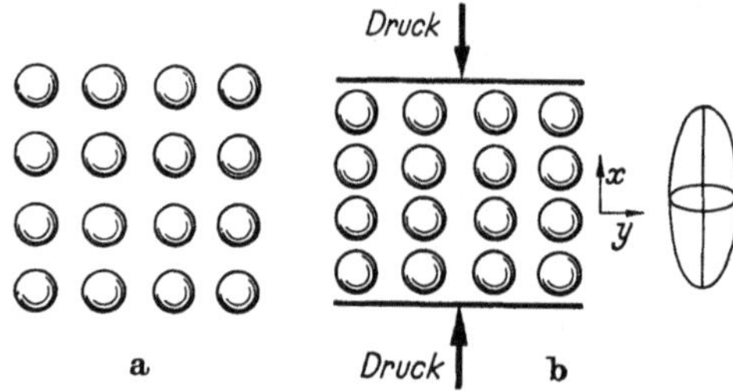

Abb. 5
Zur Erklärung der BREWSTERschen Doppelbrechung. Rechts: Lage des Indexellipsoids in gepreßtem Material

Die akzidentelle Doppelbrechung kann natürlich nichts über innere Strukturen aussagen, sie besagt nur etwas über Beanspruchungszustände oder innere Spannungen. Wie beistehende Abb. 5 zeigt, kommt sie dadurch zustande, daß bei elastischer Beanspruchung sich in Richtung des Druckes die mittlere Lagerungsdichte gegenüber den dazu senkrechten Richtungen vergrößert[1]. Zwischen der Differenz der Brechungsindizes parallel und senkrecht zum Druck, zugleich den optischen Achsen, und dem Druck P selbst besteht Proportionalität $r_\perp - r_{||} = CP$. Die Konstante C wird spannungsoptischer Koeffizient genannt und in Brewster (gleich 10^{-13} cm²/dyn) gemessen.

Dieser Koeffizient ist für passend gewählte Kunststoffe groß, und so ist derartiges Material zu spannungsoptischen Analysen bei elastischer Beanspruchung von Konstruktionen besser als das früher allein verwendete anorganische Glas geeignet [6]. Die Methode der Untersuchung von Konstruktionselementen, des

---

[1] Weil Brechungsindizes und Differenzen mit der Genauigkeit von 10^{-4} gemessen werden können (man erreicht sogar Genauigkeiten bis 10^{-7}), so genügen auch Änderungen der Lagerungsdichte von 10^{-4}, verursacht durch Druck und Zug, um derartige deutliche akzidentelle Doppelbrechung hervorzurufen. Das Verfahren ist also sehr empfindlich [5].

Spannungsverlaufes an Kanten und Kerbstellen ist heute geläufig und wichtig und in sehr vielen Richtungen für technischen Gebrauch durchentwickelt. Auch läßt sich mit Kunststoffen die Methodik der spannungsoptischen Analyse ergänzen. Man erzeugt z. B. die zu einer dreidimensionalen Beanspruchung gehörenden akzidentellen Doppelbrechungen bei höheren Temperaturen, fixiert sie durch Abkühlung und kann nun durch Zerschneiden des Probestückes die Analyse auch dreidimensionaler Spannungsfelder exakt durchführen, was ohne diese Technik vorher mit mathematischer Analyse nur näherungsweise und schwer möglich war.

Die Doppelbrechungswerte durch derartige elastische Vorspannung bleiben jedoch immer relativ niedrig ($\Delta r = 10^{-4}$ bis 10^{-3}). Viel höhere Werte (10^{-3} bis 10^{-1}) lassen sich durch Orientierung anisotroper Teilchen erreichen bzw. durch anisotrope Anordnung an sich isotroper Teilchen (Ionen) im Gitter. Das geschieht in Kristallen von nichtregulärem Typ, ist für die Betrachtungen hier aber uninteressant.

Orientierungseffekte treten aber vor allem auch dann auf, wenn man Hochpolymere mit Fadenmolekülen, vernetzt oder unvernetzt, durch Dehnung orientiert und die Bausteine der Ketten eine merkliche optische Anisotropie besitzen [7]. Es handelt sich um molekulare, statistische Ordnungen in Hochpolymeren, s. Kap. 3.5.

Die mittlere Ausrichtung kann eine axiale sein, so etwa, wie bei einer gestreckten Polystyrolborste. Sie kann aber auch eine planare sein, etwa bei einer zwischen Stempeln gepreßten Platte. Es ist dabei gleichgültig, ob der Orientierungszustand, wie bei Kautschuk, durch eine äußere Kraft aufrechterhalten werden muß oder ob, wie bei warmverformtem Polystyrol und bei kaltverformtem PC, der Orientierungszustand der Fadenmoleküle „eingefroren" vorliegt.

Die erreichte Doppelbrechung ist um so größer, je größer die Orientierung. Streng läßt sich zeigen, daß die kautschuk-elastische, eingefrorene oder nicht eingefrorene Spannung proportional zur Doppelbrechung ist [8]. Bei Substanzen wie Polystyrol, die im gereckten Zustand bei Zimmertemperatur stabil sind, besteht also Parallelität zu einer immanenten, eingefrorenen, kautschuk-elastischen Spannung, die meßbar wird, wenn das Material bis zum Erweichungspunkt erwärmt wird.

Die erzielte Doppelbrechung ist aber außerdem noch abhängig von der optischen Anisotropie des monomeren Restes bzw. der Fadensegmente. So versteht man ohne weiteres, daß Kautschuk und Polyisobutylen eine positive, das Polystyrol jedoch eine negative Doppelbrechung

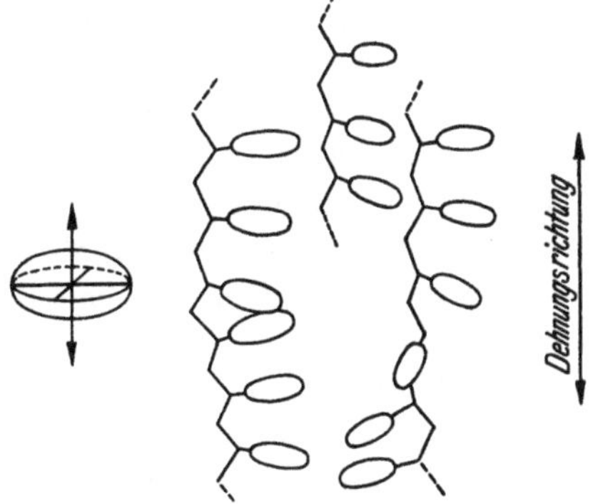

Abb. 6. Kettenrichtung und Indexellipsoid im Falle von Polystyrol

zeigen (Abb. 6). Während im ersten Fall die große Achse des Indexellipsoids, des Polarisierbarkeitstensors des monomeren Restes parallel zur Kette liegt, steht sie im zweiten Fall hierauf senkrecht. Ferner ist der absolute Wert der Doppelbrechung größer bei Polystyrol, TERYLEN, Cellulosederivaten, niedriger bei Kautschuk, Polyäthylen usw. (sofern nicht Kristallisation mitspielt), s. unten.

Man kennt nun den Polarisierbarkeitstensor vieler Moleküle. Eine strenge Formulierung des Zusammenhanges des Polarisierbarkeitstensors des monomeren Restes mit dem Werte der Doppelbrechung scheitert aber, und zwar vor allem, wie schon oben angedeutet, an der nicht exakt zu übersehenden und zu erfassenden Auswirkung des (anisotropen) inneren Feldes in dichtem kompaktem Material.

Erfolgt nun, wie beim Kautschuk, bei höherer Verstreckung eine partielle Kristallisation, so steigt die Doppelbrechung stärker an, als es der mittleren Orientierung entspricht (Abb. 7). Die sich bildenden Kristallite, die infolge ihrer etwas größeren Dichte einen anderen Brechungsindex als die noch „amorphen" Gebiete besitzen, bedingen eine zusätzliche Doppelbrechung, eine Formdoppelbrechung (Abb. 3).

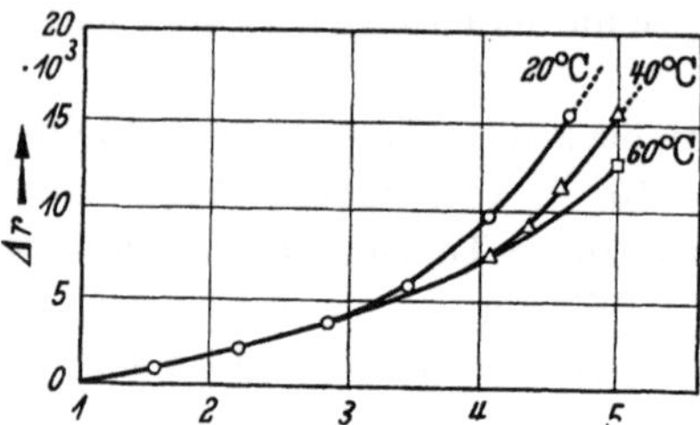

Abb. 7. Doppelbrechung von Kautschuk. Ab 3facher Dehnung Mitwirkung der Kristallisation, erkennbar an Krümmung und besonders bei tiefen Temperaturen. Abszisse–Dehnungsverhältnis verstreckt zu unverstreckt (nach W. WITTSTADT)

Außerdem besitzen die Kristallite fast stets auch eine Eigendoppelbrechung.

Diese Tatsache erschwert die quantitative Auswertung der Doppelbrechung als Maß für eine mittlere Orientierung bei partiell kristallinen Substanzen so außerordentlich, z. B. für Cellulose, daß eine quantitative Theorie bis heute nicht möglich ist. Ein Versuch hierzu s. JANESCHITZ-KRIEGL [9].

In Lösungen hochpolymerer Stoffe wird das einzelne statistische Knäuel im Strömungsgefälle verzerrt. Im allgemeinen wird es bei kleineren Geschwindigkeitsgradienten in einer Richtung unter 45° gestreckt. Diese Streckung ist als Strömungsdoppelbrechung nachweisbar. Hierfür konnten weitgehend quantitative Beziehungen zwischen Kettenlänge und Knäuelstatistik zum Strömungsgradienten errechnet werden [10]. Mit wachsendem Strömungsgefälle dreht sich die Verstreckungsachse immer mehr in die Richtung parallel zu den Strömungsgeschwindigkeiten. Wir finden dann neben einem Anwachsen der Doppelbrechung, die mehr und mehr einem Sättigungswert zustrebt, zugleich eine Drehung des Auslöschwinkels. Auch dies ist quantitativ beschreibbar [10]. Die Erscheinungen der Strömungsdoppelbrechung sind eines der Hilfsmittel zur Klärung des Deformations- und Relaxationsverhaltens vom einzelnen Molekülknäuel und bei höheren Konzentrationen vom Entschlaufungs- und Abgleitprozeß der ineinander verschlauften Knäuel.

Die Bedeutung der Untersuchung von Doppelbrechung beruht vor allem in einer qualitativen, und bei besonderen Voraussetzungen auch quantitativen, Erfassung mittlerer Orientierungen. Gegenüber anderen Methoden, z. B. der röntgenographischen, besitzt sie den Vorteil einer außerordentlich hohen Ansprechempfindlichkeit. Optisch noch leicht feststellbare Orientierungsgrade lassen sich röntgenographisch meist nicht mehr nachweisen. Die Kenntnis des Zusammenhangs der Lage des Polarisierbarkeitstensors des monomeren Restes in der Kette oder des Indexellipsoids im Einzelkristalliten gestattet darüber hinaus Schlüsse auf die mittlere Orientierungsrichtung der Fadenmoleküle. Für das seit einiger Zeit sehr stark interessierende Problem der Lagerung der Molekülketten in den Sphärolithen (dem für Hochpolymere charakteristischen Kristallisationszustand) hat diese Tatsache z. B. Aussagen über die Anordnung der Ketten in diesen ermöglicht.

Neben der elliptischen Doppelbrechung gibt es auch die zirkulare, bei der die Ebene der Polarisation gedreht wird, ohne daß der lineare Polarisationszustand geändert wird. Auch die optische Drehung ist eine Eigenschaft, die man teilweise in Verbindung bringen kann mit molekularem Bau (es handelt sich um gekoppelte, nicht in gleicher Ebene liegende Dipole im Molekül). Das bekannteste Beispiel ist das asymmetrische C-Atom (VAN 'T HOFF), das je nach der Anordnung der vier verschiedenen Liganden einen gewissen Drehsinn besitzt (links- oder rechtsdrehend).

Für Hochpolymere liegen hier noch außer in Lösungen an optisch aktiven Makromolekülen keine Resultate vor. Doch auch bei der Drehung sollte sich eine passende Lagerung geeigneter anisodiametrischer aber selbst isotroper Teilchen ebenfalls so bemerkbar machen, daß das Ganze optisch drehend wirkt. So sollten sich Orientierungszustände, bei denen z. B. einem festen Fadenmolekülpolymerisat mittlere Drehung (d. h. eine Spiralstruktur) aufgeprägt worden ist, mit Hilfe der optischen Drehung nachweisen lassen. Dieser Nachweis scheitert zur Zeit noch an der Abtrennung der gleichzeitig offenbar unvermeidlich auftretenden elliptischen Doppelbrechung.

Wenn man die Bedingung der Farblosigkeit der betrachteten Stoffe fallen läßt, so kann es sein, daß die Absorptionsbanden für die verschiedenen Hauptachsen des Indexellipsoids verschieden liegen können. Bei Annäherung der Frequenz des zur Beobachtung verwendeten Lichtes an die einer Absorptionsstelle tritt dann eine Erscheinung auf, die man als Dichroismus bezeichnet [11]. Die eine Komponente wird absorbiert, während die andere dazu senkrechte das Material noch durchdringt. Es besteht so die Möglichkeit, aus eingestrahltem natürlichem Licht polarisiertes Licht herzustellen (Analogie zur Turmalinzange).

Im allgemeinen liegen die Absorptionsfrequenzen derart, daß solche Polarisationseffekte in Bereichen des ultravioletten Lichtes auftreten, häufig sogar im fernen Ultraviolett. Es gibt aber auch Fälle, bei denen man dies im Ultraroten erreichen kann. Man hat jedoch die Möglichkeit, durch gerichtet absorbierte Farbstoffmoleküle an orientierten Ketten den Effekt auch im Sichtbaren so stark werden zu lassen, daß Dichroismus entsteht.

Häufig werden Farbstoffmoleküle an Kettenmolekülen, z. B. an Cellulose, in passend gerichteter Weise adsorbiert. Farbstoffmoleküle sind an sich meist dichroitisch. Somit kommt es, wenn man das Fadenmolekülgeflecht orientiert, zum Dichroismus. Die bei mit Kongorot angefärbter Cellulose schon lange bekannte Erscheinung (Rot/Grün-Dichroismus [11]) hat auf der Basis gereckter Cellulosefilme mit geeigneten Farbstoffen zur Herstellung der Polarisationsfilter [12] geführt, die in sehr großer Fläche und mit sehr guter Wirksamkeit heute ein bequemes Mittel zur Herstellung von polarisiertem Licht darstellen.[1]

---

[1] Bei älteren Versuchen wurden entsprechend der Formdoppelbrechung dichroitische nadelförmige Kristalle, etwa Chininsulfat, eingebettet und durch Verstrecken mit ausgerichtet, ein Verfahren, das auch zum Ziel führte, aber heute weniger angewendet wird.

Literatur

[1] Ausführliche Theorie P. Debye u. H. Sack: Handbuch der Radiologie, Bd. 4, Teil II, 2. Aufl., S. 179 ff. Leipzig: Akad. Verlagsges. Geest u. Portig· 1934.

[2] Einzelheiten s. H. A. Stuart: Die Struktur des freien Moleküls. Berlin/Göttingen/Heidelberg: Springer 1952.

[3] Einfache Darstellung bei E. Buchwald: Einführung in die Kristalloptik. Göschen, Bd. Nr. 619.

[4] Wiener, O.: Abh. Sächs. Ges. Math.-phys. Kl. 32 (1912) — Phys. Z. 5 (1904) S. 332 zusammenfassend dargestellt.

[5] Otterbein, G.: Dissertation Leipzig 1934.

[6] Feucht, W.: Kolloid-Z. 139 (1954) S. 17.

[7] Müller, F. H.: Kolloid-Z. 95 (1941) S. 306.; s. auch W. J. Schmidt: Kolloid-Z. 144 (1955) S. 3.

[8] s. [7], ferner W. Kuhn u. F. Grün: Kolloid-Z. 101 (1942) S. 248. — J. J. Hermans: Kolloid-Z. 103 (1943) S. 210.

[9] Janeschitz-Kriegl, H.: Kolloid-Z. (1951) S. 1.

[10] Kuhn, W.: Experientia, Vol. I, 1945.

[11] Siehe A. Ambronn u. A. Frey: Das Polarisationsmikroskop. Leipzig: Akad. Verlagsges. Geest u. Portig 1926.

[12] Grabau, M.: J. appl. Phys. 9 (1938) S. 215. Hersteller in Deutschland: Käsemann, Oberaudorf/Obb. und früher Zeiss, Jena.

4.12 Farbe

Von M. Richter, Berlin

4.12.1 Grundlagen

a) Das farbige Aussehen. Die meisten Erzeugnisse der Natur wie des Menschen werden außer nach ihren übrigen Eigenschaften fast stets nach ihrem Aussehen beurteilt. Für dieses Aussehen der Dinge sind (außer der Form) die optischen Eigenschaften des Materials maßgebend, wie sie im vorangegangenen Abschnitt behandelt worden sind: die Oberflächenbeschaffenheit und ihre Struktur, Reflexion und Streuung des Lichtes, seine Brechung, seine Durchlassung, die Absorption und gegebenenfalls auch die Fluoreszenz.

Diese Eigenschaften haben aber nur dann eine Bedeutung für das „Aussehen", wenn die Dinge wirklich „angesehen" werden, d. h. wenn die Augen eines vernunftbegabten Lebewesens darauf gerichtet sind. Dann formt die Lichtstrahlung, die auf die Dinge auffällt, dort durch die optischen Eigenschaften des Dinges nach Intensität, Richtung, Zusammensetzung verändert wird und von da ins Auge gelangt, in eben diesem Auge zunächst ein geometrisch-optisches Bild auf der Empfängerfläche, und durch die Erregung der dort sitzenden Empfängerelemente wird die Strahlung Punkt für Punkt (wie bei einer Fernsehkamera) in Nervenerregung verwandelt und damit dem Lebewesen bewußt: aus dem geometrisch-optischen Bild formt sich ihm das „Anschauungsbild" in seinem Gehirn. Es werden Formen wahrgenommen, Oberflächenstrukturen und gegenseitige Lage der Dinge im Außenraum.

Aber auch ohne diese Wahrnehmungen der Form und Struktur vermitteln uns die Erregungen der Sehelemente (der Sinneszellen in der Netzhaut des Auges) Gesichtsempfindungen, die wir die „Farbe" der Dinge nennen. Diese Sinnesempfindung „Farbe" spielt bei der Beschreibung und Bewertung der Dinge auch in der Technik eine große Rolle. Sie wird, da sie wesentlich von den optischen Eigenschaften des betrachteten Gegenstandes mitbestimmt wird, oft als eine

physikalische Eigenschaft dieses Gegenstandes betrachtet und dementsprechend
behandelt.

Demgegenüber sollen aber nochmals mit aller Entschiedenheit die beiden
Wurzeln der Farbe (unter diesem Wort wird hier ausschließlich das farbige
Aussehen verstanden) betont werden: erstens die physikalisch-optischen Bedingungen, d. h. die ins Auge gelangende Strahlung, die ihrerseits a) von der
aussendenden Lichtquelle, b) von den optischen Eigenschaften der beleuchteten
und angeschauten Dinge (und daher auch von den geometrischen Bedingungen
der Beleuchtung und Beobachtung) abhängt; zweitens die Wirkungsweise des
Empfängerapparates in der Netzhaut und in den zentralen Teilen des Sehapparates.
Erst dadurch kommt „Farbe" zustande – sie ist eine Sinnesempfindung [1].

Mit dieser Erkenntnis aber erhebt sich die Frage, ob man denn die „Farbe" überhaupt
zum Gegenstand technischer Betrachtungen machen kann, sie z. B. durch Maß und Zahl
zu beschreiben und sinnvoll zu ordnen in der Lage ist. Die in den vergangenen Jahrzehnten
erarbeiteten Grundlagen, die im folgenden dargestellt werden, haben dazu die Möglichkeit
geschaffen. Im Rahmen dieses Handbuches kann diese Darstellung natürlich nur kurz sein;
es wird daher hier auf die wichtigsten zusammenfassenden Darstellungen des Gebietes der
„Farbmetrik" hingewiesen [2 bis 8].

Für das farbige Aussehen der Kunststoffe sind die besonderen optischen
Eigenschaften dieser Materialien charakteristisch. Viele Kunststoffe fallen beim
Herstellungsprozeß zunächst farblos (klar durchsichtig und ohne selektive Absorption im sichtbaren Spektralgebiet) an, während andere trüb, also licht-
streuend gewonnen werden und dabei meist eine weiße, gelbliche oder bräunliche
Färbung zeigen (diese Färbungen sind oft unerwünscht). Für den praktischen
Gebrauch muß man den Kunststoffen daher fast immer andere optische Eigenschaften erteilen. Entweder möchte man die klare Durchsichtigkeit erhalten,
aber spezifisch selektive Absorptionen einführen, um die Stoffe als Farbfilter
verwenden zu können (z. B. als Farbscheiben für Signallichter). Dann muß man
Farbstoffe homogen in der Masse wie in einer Lösung verteilen, und man erhält
je nach Art und Konzentration der zugesetzten Farbstoffe blasse oder stark-
farbige (gesättigte), das Licht praktisch ungestreut durchlassende Stoffe. Vielfach werden auch fluoreszierende Farbstoffe verwendet, z. B. für Werbeartikel.
Will man aber lichtstreuende oder lichtundurchlässige Stoffe herstellen, dann muß
man Pigmente in feiner Verteilung einlagern; damit der Streueffekt erzielt
wird, müssen die Pigmentteilchen eine merklich andere Lichtbrechungszahl als
der Kunststoff aufweisen, damit an allen Übergangsstellen von Kunststoff auf
Pigment und umgekehrt eine möglichst starke Reflexion und damit wegen der
regellosen Verteilung der reflektierenden Flächen eine hohe Lichtstreuung eintritt. Lagert man in farblosen Kunststoff ein farbloses Material hoher Brechungs-
zahl ein, z. B. Titandioxyd, so erhält man eine weiße Masse, die freilich in praktisch verwendeten Dicken oft noch lichtdurchlässig (durchscheinend) ist. Will
man lichtstreuende Massen anderer Färbung erzeugen, so nimmt man bunte
Pigmente, oder man fügt noch einen Farbstoff außer den streuenden Partikeln zu.
Lichtundurchlässige Kunststoffmassen erhält man mit stark lichtabsorbierenden
Pigmenten, gegebenenfalls unter Zufügung stark absorbierender Farbstoffe. Auf
diese Weise läßt sich das farbige Aussehen, die Farbe eines Kunststoffes praktisch
beliebig gestalten, und in je höherem Maße man von diesen Möglichkeiten Ge-

brauch macht, in um so höherem Grade ist auch in der Kunststofferzeugung eine gute Kenntnis der Kennzeichnungs- und Meßmöglichkeiten der Farbe erforderlich.

b) Begriff der Farbvalenz. Wenn also von der Farbe z. B. eines Kunststoffes gesprochen wird, so kann damit nur der Farbeindruck gemeint sein, der unter bestimmten normalen oder wenigstens definierten Umständen beobachtet wird. Aber selbst dieser Farbeindruck kann beträchtlich variieren, je nachdem, wie die physiologische und psychologische Situation bei der Beobachtung ist. Da man einmal diese Situation nicht in allem willkürlich beeinflussen, sie nicht einmal immer eindeutig beschreiben kann, und man zum anderen mit solch einer Angabe einer Farbe technisch nichts anfangen kann, muß man sich darauf beschränken, die unmittelbare Wirkung der von der Probe ins Auge geschickten Strahlung zu kennzeichnen. Diese Beschränkung ist um so nützlicher, als für diese Art der Bewertung infolge der Funktionsweise des Auges sehr einfache Gesetze gelten, die sich unmittelbar auf die Farbe und nicht etwa auf die physikalische Strahlung beziehen. Diese Gesetze sind die der additiven Farbmischung. Daher wird in der Farbmessung, die grundsätzlich in allen ihren Verfahren auf der additiven Farbmischung beruht, als die zu messende Größe jene Eigenschaft der ins Auge gelangenden Strahlung genommen, die ihr Verhalten in der additiven Farbmischung bestimmt. Diese Eigenschaft wird die Farbvalenz einer Strahlung und damit (bei bekannten Beleuchtungsbedingungen) auch der Körper genannt. *Die Farbmessung liefert also die zahlenmäßige Beschreibung der Farbvalenzen* [9].

Wenn auch kein eindeutig angebbarer Zusammenhang zwischen Farbvalenz und Farbempfindung besteht, so gilt doch immerhin der wichtige Satz, daß gleiche Farbvalenzen bei konstanten Beobachtungsbedingungen auch zu gleichen Farbempfindungen führen. Dieser Satz gibt die Möglichkeit, Farbvalenzen durch visuellen Vergleich mit anderen Farbvalenzen zu messen; im Falle gleicher Farbempfindung von zwei gleichzeitig dem gleichen Auge unmittelbar aneinandergrenzend dargebotenen Farbfeldern sind auch. die Farbvalenzen gleich. Tatsächlich läßt sich grundsätzlich nur durch dieses Gleichheitsurteil die Maßlehre der Farbvalenzen, die Farbvalenzmetrik, entwickeln.

Beim Studium der Gesetzmäßigkeiten der Farbvalenzen hat man zwei wichtige Tatsachen gefunden (GRASSMANN): Erstens kommt es für das Ergebnis einer additiven Mischung nicht darauf an, wie eine Strahlung physikalisch zusammengesetzt ist; eben nur ihre Farbvalenz ist hierfür maßgebend. Daher können sich in der additiven Mischung Farbvalenzen, die erscheinungsmäßig gleich, aber spektral verschieden sind (*„bedingt-gleiche" Farbvalenzen*), vollgültig gegenseitig vertreten. (Dies ist einer der wichtigsten Gründe, warum in der Farbmetrik mit dem Begriff „Farbvalenz" gearbeitet wird.) Zweitens hat man gefunden, daß zwischen je vier Farbvalenzen stets eine eindeutige lineare Beziehung aufgestellt werden kann, d. h., daß jede beliebige Farbvalenz auf drei willkürlich gewählte „Primärvalenzen" (früher sprach man wohl von „Grundfarben") zahlenmäßig eindeutig bezogen werden kann.

c) Farbe als dreidimensionale Größe. Die rein experimentell gefundene und immer wieder bestätigte Tatsache, daß eine Farbvalenz stets in eine eindeutige lineare Beziehung zu drei gegebenen beliebigen Primärvalenzen mit Hilfe der additiven Farbmischung gebracht werden kann, erlaubt, jede Farbvalenz

$$\mathfrak{F} = K_F \mathfrak{K} + L_F \mathfrak{L} + M_F \mathfrak{M}$$

durch eine „Farbgleichung" darzustellen.

Darin bedeuten $\mathfrak{K}$, $\mathfrak{L}$, $\mathfrak{M}$ die Primärvalenzen (die, da sie durch Ortsvektoren in einem „Farbenraum" dargestellt werden können, mit Vektorsymbolen bezeichnet werden) und K_F, L_F, M_F die Beträge („Farbwerte"), mit denen sie an der optischen Mischung beteiligt sind, die ebenso aussieht wie $\mathfrak{F}$.

Für die Beschreibung einer Farbvalenz sind also drei voneinander unabhängige Maßzahlen erforderlich und hinreichend. Deshalb sagt man auch, die Farbvalenz sei eine „dreidimensionale" Größe. Demgemäß braucht man zur Darstellung der gesamten Mannigfaltigkeit der Farbvalenzen ein räumliches Gebilde, den „Vektorraum der Farben" oder kurz den „Farbenraum".

Aus dieser experimentellen Tatsache der Dreidimensionalität hat man übrigens auch Schlüsse auf die **Funktionsweise des Auges** in bezug auf das Farbensehen gezogen (Dreikomponententheorie von YOUNG-HELMHOLTZ) und damit die verschiedenen Formen der „Farbenfehlsichtigkeit" gedeutet. Nach dieser Hypothese besteht die Empfängerfläche im Auge, die Netzhaut, aus einer sehr großen Zahl eng gepackter Einzelelemente, die je einer von drei ineinander angeordneten Gruppen angehören. Diese drei Gruppen von Empfangselementen (die mikroskopisch nachweisbaren „Zapfen") unterscheiden sich voneinander durch ihre spektrale Empfindlichkeit. Aus den Farbmischversuchen und den beobachteten Formen der Farbenfehlsichtigkeit lassen sich diese spektralen Empfindlichkeitskurven (die physiologischen oder Grund-Spektralwertkurven) experimentell bestimmen. Doch spielen diese speziellen Spektralwertkurven in der Farbmetrik nur bei bestimmten, hier nicht behandelten Problemen eine Rolle; im allgemeinen kommt man mit experimentell direkt bestimmten Spektralwertkurven aus, die nicht jene physiologische Hypothese einbeziehen und die als Linearkombinationen jener

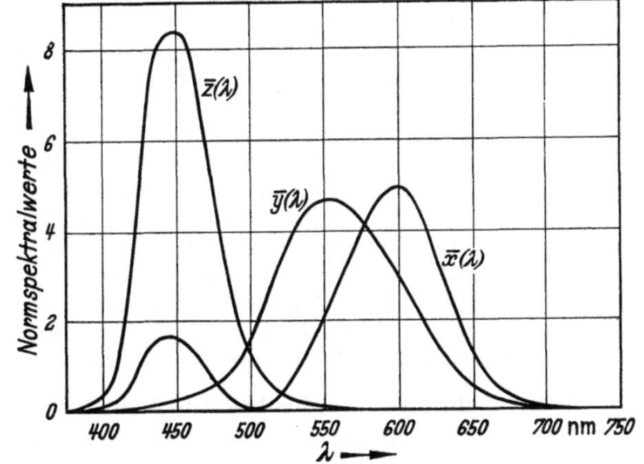

Abb. 1. Normspektralwertkurven

drei wirklichen spektralen Empfindlichkeitskurven anzusehen sind. Die auf die „Normvalenzen" (4.12.3a) bezogenen „Normspektralwertkurven" $\bar{x}(\lambda)$, $\bar{y}(\lambda)$, $\bar{z}(\lambda)$ sind heute besonders wichtig und in Abb. 1 dargestellt.

Die experimentell ermittelten Spektralwertkurven (das sind die Kurven der Farbwerte für die einzelnen Spektrallichter, über der Wellenlänge λ aufgetragen) stimmen für die große Mehrzahl der Menschen praktisch überein, so daß man sie mitteln und auf diese Weise einen „Normalbeobachter" definieren kann. Nur etwa 10% aller Männer und etwa 0,5% der Frauen zeigen merkliche

Abweichungen von diesem Mittel und gelten daher als „farbenfehlsichtig". Die technischen Systeme zur Kennzeichnung der Farbvalenzen beruhen alle auf jenem Normalbeobachter (4.12.3a).

4.12.2 Körperfarbe

a) Farbreizfunktion, Aufsicht- und Durchsichtfarben. Um zu einem rationellen Begriffsystem der Farben zu kommen, ist es zweckmäßig, zwischen der Farbe selbstleuchtender und nichtselbstleuchtender Körper zu unterscheiden. Bei der erstgenannten, der Lichtfarbe, bestimmt allein die spektrale Beschaffenheit der ausgesandten Strahlung die Wirkung auf das Auge; die Strahlungsfunktion $S(\lambda)$ stellt gleichzeitig die Farbreizfunktion $\varphi(\lambda)$ dar, der die Farbvalenz des Selbstleuchters eindeutig zugeordnet ist. Bei der Farbe aber, die man an nicht selbstleuchtenden Körpern wahrnimmt, bei der Körperfarbe, wird die Farbreizfunktion $\varphi(\lambda)$ indessen durch zweierlei bestimmt: erstens durch die spektrale Beschaffenheit $S(\lambda)$ des beleuchtenden Lichtes, das ja notwendig ist, um den Körper sichtbar zu machen, und zweitens durch die optischen Eigenschaften des Körpers, die eine Änderung der Strahlungsfunktion $S(\lambda)$ bei der Weiterleitung des Lichtes in das Auge bewirken. Die Summe dieser Einflüsse (vor allem der selektiven Absorption, aber auch der Lichtreflexion und -streuung und der Brechung) erfaßt man bei der Betrachtung in Aufsicht durch den spektralen Remissionsgrad $\beta(\lambda)$, bei Betrachtung in Durchsicht durch den spektralen Transmissionsgrad $\tau(\lambda)$. Die Farbreizfunktion ist bei Körperfarben also das Produkt $\varphi(\lambda) = S(\lambda)\,\beta(\lambda)$ bzw. $S(\lambda)\,\tau(\lambda)$.

Je nachdem, ob man die Farbe eines Körpers in Aufsicht oder in Durchsicht in Betracht ziehen will, hat man mit dem Remissionsgrad $\beta(\lambda)$ oder mit dem Transmissionsgrad $\tau(\lambda)$ zu rechnen. Für manche Körper sind beide Fälle interessant; meist jedoch wird man es entweder mit Flächen zu tun haben, bei denen nur die Aufsichtfarbe existiert (oder wenigstens allein interessiert) oder mit ausgesprochen durchsichtigen (klaren) oder wenigstens streuend lichtdurchlässigen (trüben) Körpern. Die klar durchsichtigen Körper nennt man, wenn sie eine merkliche Selektivität den einzelnen Wellenlängen gegenüber besitzen, Farbfilter oder Lichtfilter. (Die Aufsichtfarbe lichtdurchlässiger Körper ist natürlich nur in Verbindung mit einer Unterlage definiert.) Gerade bei Kunststoffen ist der Fall verhältnismäßig häufig, daß die Materialien nicht reine Aufsicht- oder Durchsichtfarben darstellen, sondern sowohl in der einen oder anderen Weise verwendet und betrachtet werden. Bei der Definition der Farbe des Stoffes ist auf die oft vorhandene Lichtdurchlässigkeit zu achten, und bei der Messung muß daher auch die Unterlage berücksichtigt werden.

b) Beleuchtungs- und Beobachtungsgeometrie. Remissions- und Transmissionsgrad hängen im allgemeinen von der Richtung des beleuchtenden Lichtes und von der Richtung ab, aus der man die Fläche beobachtet. Nur bei ideal matten Flächen (in der Aufsicht) bzw. bei ideal streuenden Körpern besteht diese Abhängigkeit nicht. Praktisch gibt es nur wenige Stoffe, die diesen Bedingungen nahekommen; im durchfallenden Licht streuen gewisse Kunststoffolien nahezu ideal, in der Aufsicht erweisen sich Leimfarbenaufstriche und Wollfilz als sehr gut matt. Im allgemeinen aber muß man stets mit einer Richtungsabhängigkeit rechnen, die sich bei Aufsichtbetrachtung dann als geringerer oder stärkerer Glanz bemerkbar macht.

Zur Eindeutigkeit der Meßergebnisse an Körperfarben, wie es die Kunststoffe, Anstriche u. ä. sind, gehört daher zunächst die Innehaltung gewisser

geometrischer Beleuchtungsbedingungen. Wären die Proben, die gemessen werden
sollen, ideal matt, dann würden sie bei jeder Beleuchtungsrichtung (und gleicher
Beleuchtungsstärke) und aus allen Richtungen des Raumes gesehen immer dieselbe Farbempfindung liefern, da ja eine ideal matte Fläche das auffallende
Licht in alle Richtungen des Halbraumes gleichmäßig zurückwirft. Von diesem
Idealfall sind jedoch die meisten Proben sehr entfernt. Je „glänzender" sie
sind, desto schlechter entsprechen sie dem Idealfall. Ihr Farbeindruck und damit
ihre Farbvalenz verändern sich deutlich, wenn der Winkel, unter dem das be-
leuchtende Licht auffällt, geändert wird; auch die Divergenz der auftreffenden
Strahlen beeinflußt die Farbe. Eben-
so ist es merklich, wenn die Richtung,
aus der man eine solche Probe betrachtet, geändert wird.

Man hat deshalb bestimmte
Normbedingungen für die Be-
leuchtungs- und Betrachtungsrich-
tung vereinbart, die sich an die bei
freier Beobachtung üblichen Verfahren anschließen und sich bewährt
haben [10]. Danach soll eine Probe
(deren zu messende Fläche möglichst
eben sein muß) unter 45° gegen die
Flächennormale mit einem Licht von
möglichst kleinem Streuwinkel beleuchtet werden. Beobachtet wird
die Probe aus der Richtung der

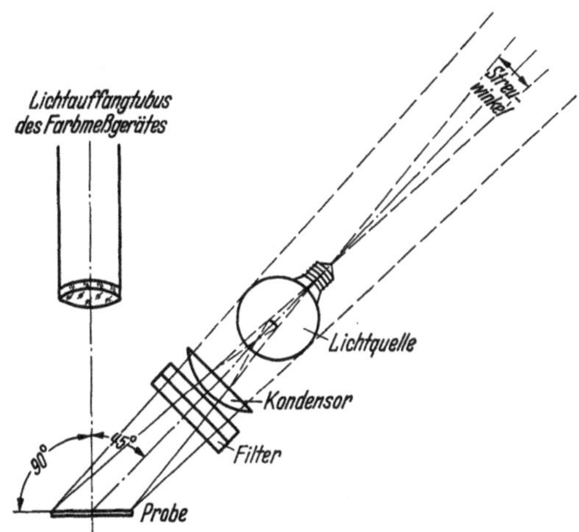

Abb. 2. Normgemäße Beleuchtungsgeometrie für
Farbmessungen (DIN 5033)

Flächennormalen (0°) (Abb. 2). Besitzt die Oberfläche der Probe eine merklich
gerichtete Struktur, so soll diese bevorzugte Strukturrichtung auf die Lichtquelle zeigen.

Natürlich kann man von diesen Vorschriften abweichen, wenn dies in einem
Einzelfall zweckmäßig erscheint. Dann muß man aber diese verwendete Anordnung
mit dem Meßergebnis mitteilen. Ein solcher Fall liegt z. B. vor, wenn die Farbe
einer glänzenden Probe in „Glanzstellung" (Lichteinfallswinkel = Lichtrückwurfs-
winkel = 22,5°) angegeben werden soll.

Vielfach besteht die Meinung (und sie wird durch entsprechende, in den Handel ge-
brachte Meßanordnungen noch gefördert), daß man richtigere Meßwerte erhalten könne,
wenn man entweder die Probe von allen Seiten diffus beleuchtet, oder wenn man gerichtet
beleuchtet und das gesamte zurückgeworfene Licht auffängt. In beiden Fällen bedient man
sich meist der ULBRICHTschen Kugel, einer innen mattweiß gestrichenen Hohlkugel. Dagegen
ist aber einzuwenden, daß der ersten der genannten Anwendungsarten (allseitig diffuse
Beleuchtung) kaum ein bei freier Beobachtung möglicher Beobachtungsfall entspricht; er
führt außerdem zu einer schlecht kontrollierbaren und noch schlechter beeinflußbaren Licht-
zusammensetzung. Die zweite Technik entspricht ebensowenig den natürlichen Bedingungen,
da unser Auge niemals den gesamten zurückgeworfenen Lichtstrom einfangen, sondern eine
Fläche stets nur aus einer bestimmten Richtung (in einem sehr kleinen Raumwinkel) betrachten kann, so daß der Farbeindruck eben von der zufällig in diese Richtung remittierten,
aber nicht von der gesamten reflektierten Strahlung bestimmt wird. Diese Beleuchtungs-
anordnungen sind deshalb eigentlich nur in den Fällen richtig, in denen sie überflüssig sind,
nämlich bei matten Proben.

Ist die zu beurteilende Farbfläche nicht einheitlich, sondern zeigt sie Struktur oder gröbere Ungleichmäßigkeiten, dann muß man dafür sorgen, daß diese vom Farbstandpunkt aus störenden Effekte ausgeschaltet werden. Dies gelingt bei Betrachtung aus genügend großer Entfernung. Aber da dieses Verfahren oft nicht anwendbar ist, bildet man die Probenfläche mittels einer Hilfslinse in die Augenpupille ab, während die Hilfslinse selbst weit genug vom Auge steht, um in ihrer Begrenzung scharf zu erscheinen; sie wird dann von der „freien Farbe" der Probe erfüllt gesehen („MAXWELLsche Beobachtung").

c) **Die Lichtarten der Beleuchtung.** Da für eine Körperfarbe die Farbreizfunktion $\varphi(\lambda)$ und damit auch die Farbvalenz sowohl von der Remissionsfunk-

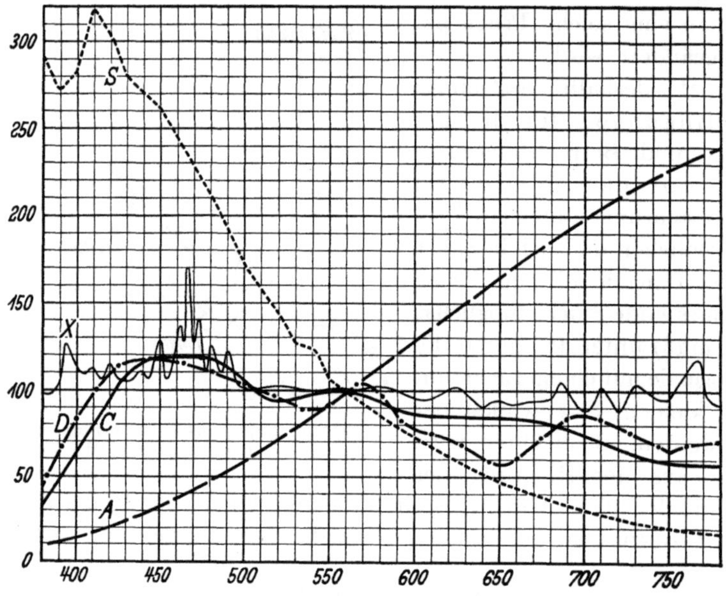

Abb. 3
Strahlungsfunktionen (spektrale Strahlungsverteilung) für einige in der Farbmessung wichtige Lichtquellen
A Normlichtart A ($T_v = 2850\,°\mathrm{K}$); *C* Normlichtart C; *D* stark blauhaltiges Tageslicht (leicht bedeckter Himmel); *S* reines Himmelslicht (unbedeckter Himmel); *X* Xenon-Hochdrucklampe XBO 501

tion $\beta(\lambda)$ als auch von der Strahlungsfunktion $S(\lambda)$ der Beleuchtung abhängen, muß diese auch entsprechend berücksichtigt werden. Man kann also für eine Körperfarbe die Farbvalenz nur dann eindeutig angeben oder bestimmen, wenn die spektrale Beschaffenheit der beleuchtenden Strahlung, die „Lichtart", festgelegt ist [*11*].

Gleiche Lichtart bedeutet gleiche spektrale Verteilung der Strahldichte, des Strahlungsflusses oder der Strahlstärke; sie wird durch die Funktion $S(\lambda)$, der relativen spektralen Strahlungsverteilung (früher mit „spektrale Energieverteilung" bezeichnet) tabellenmäßig oder graphisch (als Kurve) beschrieben. $S(\lambda)$ wird in relativen Werten angegeben (meist auf den Wert 100 bei der Wellenlänge $\lambda = 560\,\mathrm{m}\mu$ willkürlich bezogen), aber das ist in der Farbmetrik völlig ausreichend, denn die absoluten Strahlungswerte interessieren nicht. Abb. 3 gibt die Strahlungsfunktionen einiger Lichtquellen wieder.

Zur Einschränkung der Vielzahl von Möglichkeiten hat man sich international auf zwei Lichtarten als Norm geeinigt: *Normlichtart C* als Prototyp eines künstlichen Tageslichtes und *Normlichtart A* für das durchschnittliche Glühlampenlicht. Dieses wird durch eine auf die Verteilungstemperatur $T_V = 2850\,°\mathrm{K}$ eingestellte Lampe praktisch dargestellt, jenes durch Vorsetzen einer speziellen Flüssigkeitküvette nach DAVIS-GIBSON vor diese Glühlampe $T_V = 2850\,°\mathrm{K}$ [12].

Für den visuellen Farbvergleich (Farbabmusterung) wird heute in steigendem Maße das Licht der Xenon-Hochdrucklampe verwendet [13], das sich durch seine Ähnlichkeit mit dem natürlichen Tageslicht und seine rationelle Erzeugung als sehr geeignet erwiesen hat. Für viele Zwecke ist auch das Licht tageslichtweißer Leuchtstofflampen gut verwendbar [14] (hier hängt viel von der Wahl und Zusammenstellung der geeigneten Lampentypen ab).

d) Fluoreszierende Körper. Fluoreszierende Kunststoffe werden in steigendem Maße verwendet, sei es, daß man die so angefärbten Kunststoffe direkt als feste Körper benutzt (z. B. als Reklamebuchstaben), oder daß man sie in feiner Verteilung als eine Art Pigment für fluoreszierende Druck- oder Plakatfarben verarbeitet. Die Stoffe sind in jedem Fall als feste Lösungen zu betrachten, in denen ein fluoreszierender Farbstoff in geeigneter Konzentration gelöst ist. Diese Konzentration kann freilich nicht sehr hoch getrieben werden, so daß man von den so hergestellten Pigmenten eine wesentlich höhere Schichtdicke als sonst aufbringen muß, um einen ausreichenden Effekt zu erzielen. Diese größere Schichtdicke kann man im normalen Druckverfahren nur erzielen, wenn man mehrmals übereinander druckt, sonst muß man spezielle Verfahren (z. B. Siebdruck) anwenden.

Gerade wegen der zunehmenden Anwendung fluoreszierender Kunststoffe ist es heute wichtig, bei der Behandlung der Farbenerscheinungen auch diese Materialien zu beachten. Konnte man sich früher mit der Unterteilung der Farbenerscheinungen in Lichtfarben (bei Selbstleuchtern) und Körperfarben (der Nichtselbstleuchter) begnügen, so darf man heute jene Zwischenform, die Fluoreszenzfarben, nicht übergehen. Denn die fluoreszierenden Körper sind sowohl Selbstleuchter als auch gleichzeitig Körperfarben, und beide Erscheinungsarten wirken praktisch gleichzeitig und in Stärken gleicher Größenordnung.

Bei Stoffen, die nur von unsichtbarer, ultravioletter Strahlung zum Leuchten angeregt werden, ist es einfach, beide Erscheinungsarten voneinander zu trennen. Bestrahlt man sie ausschließlich mit UV, dann arbeiten sie als Selbstleuchter, beleuchtet man sie aber nur mit nichtanregendem Licht, dann hat man eine reine Körperfarbe vor sich. Andere Stoffe werden jedoch auch durch sichtbare Strahlung zum Leuchten angeregt (sog. Tageslicht-Fluoreszenzfarben), und dann hat man es mit einer nur in bestimmter Meßanordnung trennbaren Mischerscheinung zu tun. Diese Körper nimmt man zum einen Teil mit Hilfe ihrer normalen Remission wahr, aber dazu tritt dann noch eine zusätzliche Eigenstrahlung (Fluoreszenzlicht) des Körpers selbst. In solchen Fällen wirken die fluoreszierenden Flächen wie normale Körperfarben auf das Auge und sind dann farbmetrisch wie diese zu behandeln. Da aber die Farbreizfunktion hier zusammengesetzt ist:

$$\varphi(\lambda) = S(\lambda)\,\beta(\lambda) + F(\lambda)$$

(worin $F(\lambda)$ die spektrale Zusammensetzung des reinen Fluoreszenzlichtes sein soll), bedarf es besonderer Methoden für die Messung solcher Farben.

Will man bei solchen Flächen bei künstlichem Tageslicht die gleiche Farbvalenz wie bei natürlichem Tageslicht erhalten, ist im allgemeinen erforderlich, daß die Meß- und Abmusterungsbeleuchtung einen angemessenen Anteil an langwelliger ultravioletter Strahlung enthält. Für das Licht der Xenonlampe trifft das zu, für die farbmeßtechnischen Normlichtarten A und C aber kaum; das ist neben der technischen Unbequemlichkeit der Normlichtart C ein wesentlicher Grund für die Bestrebungen, diese durch die Xenonlampe zu ersetzen.

4.12.3 Farbkennzeichnung

a) Trichromatische Maßzahlen. Normvalenzsystem. Das grundlegende Verfahren der Farbkennzeichnung beruht auf der in 4.12.3b und c besprochenen experimentellen Tatsache, daß jede beliebige Farbvalenz zu drei anderen (zunächst ebenso beliebig wählbaren) Farbvalenzen stets in eine eindeutige zahlenmäßige Beziehung gebracht werden kann. Zwischen der beliebigen Farbvalenz $\mathfrak{F}$ und den drei als Bezugsgrößen gewählten Primärvalenzen $\mathfrak{R}$, $\mathfrak{L}$, $\mathfrak{M}$ läßt sich also, wie oben ausgeführt, eine Farbgleichung aufstellen. (Dies geschieht im allgemeinen durch eine additive Nachmischung, jedenfalls aber durch eine „Farbmessung" irgendwelcher Art; vgl. hierzu den Abschnitt „Farbmessung" im Bd. II dieses Handbuches.) Die Farbwerte K_F, L_F, M_F sind dann die „trichromatischen Maßzahlen" der Farbvalenz $\mathfrak{F}$ in bezug auf das Primärvalenztripel $\mathfrak{R}$, $\mathfrak{L}$, $\mathfrak{M}$.

Da sich aber reelle (d. h. wirklich existierende, herstellbare) Primärvalenzen aus verschiedenen Gründen schlecht als Basis eines allgemeinen Systems eignen, hat man sich 1931 international auf drei „virtuelle" Primärvalenzen geeinigt, die durch eine Zahlentabelle mit den Spektralfarben und damit mit allen reell herstellbaren Farbvalenzen verknüpft ist. Die Zahlen dieser Tabelle, die als Mittelwerte aus Messungen einer Anzahl von Beobachtern errechnet worden sind, definieren zugleich den „*farbmeßtechnischen Normalbeobachter CIE 1931*", da die Vereinbarungen in der Commission Internationale de l'Éclairage (CIE) getroffen worden sind. Auch das System wird oft mit diesem Buchstabensymbol verknüpft; der offizielle Name in Deutschland ist „Normvalenzsystem", weil als Basis die drei Normvalenzen $\mathfrak{X}$, $\mathfrak{Y}$, $\mathfrak{Z}$ dienen, aus denen man sich jede andere Farbvalenz additiv gemischt vorstellt. Die Mischungswerte sind die „Normfarbwerte" X, Y, Z, so daß eine beliebige Farbvalenz $\mathfrak{F}$ durch die Farbgleichung

$$\mathfrak{F} = X_F\,\mathfrak{X} + Y_F\,\mathfrak{Y} + Z_F\,\mathfrak{Z}$$

beschrieben wird. Meist begnügt man sich einfach mit der Angabe der Normfarbwerte X_F, Y_F, Z_F als den trichromatischen Maßzahlen.

Das Normvalenzsystem ist so angelegt, daß der Wert Y gleichzeitig den **Hellbezugswert** A angibt. Dieser Wert gibt die Helligkeit einer Körperfarbe relativ zu Weiß wieder und ist das 100fache des Remissionsgrades. Es gilt also $A = Y$.

Oft stellt man die Farbvalenzen zur Veranschaulichung ihrer gegenseitigen Beziehungen **graphisch** dar. Wollte man dazu die Normfarbwerte (oder die auf ein anderes Primärvalenztripel bezogenen Farbwerte) benutzen, brauchte man eine **räumliche** Konstruktion, da ja die Farbvalenzen dreidimensionale Größen sind. Tatsächlich geschieht das auch gar nicht selten; man baut den „Vektor-

raum der Farben" und in ihm den „Farbkörper" auf. Der zuletzt genannte Körper
ist das räumliche Gebilde, das allen bei einer bestimmten Beleuchtung möglichen
Farbvalenzen von Körperfarben einen eindeutigen Ort in seinem Innern oder
an seiner Oberfläche bietet.

Praktisch ist jedoch diese Konstruktion schlecht darzustellen, und man bevorzugt daher die ebene Darstellung in der „Farbtafel", in der zwar nicht jeder
Farbvalenz, aber doch jeder Farbart (= Summe aller Farbvalenzen, die sich

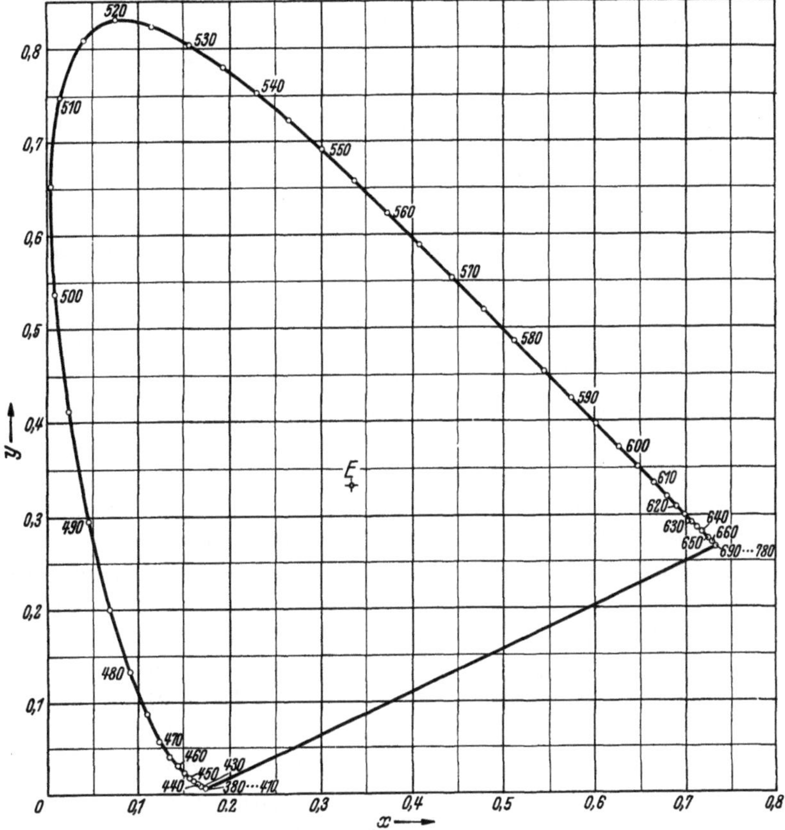

Abb. 4. Normfarbtafel (DIN 5033)

untereinander nur durch den Hellbezugswert bzw. die Leuchtdichte unterscheiden) ein Punkt eindeutig zugeordnet ist. Die Koordinaten in dieser Ebene
berechnen sich aus den Normfarbwerten als deren Anteile („Normfarbwertanteile") an der Summe aller drei Normfarbwerte:

$$x = \frac{X}{(X + Y + Z)}; \quad y = \frac{Y}{(X + Y + Z)}; \quad z = \frac{Z}{(X + Y + Z)}; \quad x + y + z = 1.$$

Trägt man z. B. nach diesen Koordinaten x, y, die man heute meist rechtwinklig wählt, die „Farbörter" für die Spektralfarben in die Farbtafel ein, so
ergibt sich die in Abb. 4 gezeigte Figur. In sie kann nun jedes Meßergebnis, das
an reellen Farbvalenzen gefunden wird, nach x, y eingetragen werden, denn
die Farbörter aller reellen Farbvalenzen liegen innerhalb dieses (etwa den Umriß

einer Stiefelsohle zeigenden) „Spektralfarbenzuges" und seiner Abschlußlinie, der „Purpurgeraden". Die so konstruierte Farbtafel heißt „Normfarbtafel" [31].

Man verwendet daher zur Kennzeichnung einer Körperfarbe statt des Tripels der Normfarbwerte X, Y, Z gern das abgeleitete Tripel der Normfarbwertanteile x, y in Verbindung mit dem Hellbezugswert A.

b) Helmholtz-Maßzahlen. Da den trichromatischen Maßzahlen die unmittelbare Anschaulichkeit völlig abgeht, benutzt man nach dem Vorgang von GRASSMANN und HELMHOLTZ gern die Möglichkeit, eine Farbart als additive Mischung eines monochromatischen Lichtes mit Unbunt darzustellen. Aus der Farbtafel geht diese Möglichkeit leicht hervor, da dort auf der geraden Verbindungslinie zwischen zwei Punkten alle Farbvalenzen liegen, die als additive Mischungen aus den durch die Endpunkte der Verbindungslinie dargestellten Farbarten hergestellt werden können. Verbindet man also den Farbpunkt F einer Farbvalenz mit dem Weißpunkt W (Abb. 5), so schneidet die Verlängerung dieser Linie über F hinaus den Spektralfarbenzug in S bei der Wellenlänge λ_f. Die Farbvalenz A kann daher als Mischung des Spektrallichtes der Wellenlänge λ_f mit Weiß aufgefaßt werden[1]. Als Weißpunkt (Unbuntpunkt) wird bei Körperfarben der Farbort der jeweiligen beleuchtenden Lichtart gewählt, bei Selbstleuchtern der Farbort E (Abb. 4) der Farbart des sog. energiegleichen Spektrums [10].

Da das Spektrallicht der Wellenlänge λ_f die Art der Buntheit, den „Farbton" (Gelb, Orange, Rot usw.) der Farbe $\mathfrak{F}$ bestimmt, heißt die Wellenlänge die „farbtongleiche Wellenlänge" λ_f. Für Purpurfarben, die nicht im Spektrum durch ein monochromatisches Licht vertreten sind, gibt man die „kompensative Wellenlänge" λ_k an, d. h. die Wellenlänge desjenigen Spektrallichtes, das in Mischung mit der Farbe $\mathfrak{F}$ bei passendem Mischungsverhältnis Unbunt ergibt. Neben der farbtongleichen Wellenlänge λ_f gibt man dann noch den relativen Anteil an, den das Spektrallicht in dieser gedachten Mischung, die wie die Farbe $\mathfrak{F}$ aussieht, besitzt. Dies ist ein Maß für die „Sättigung" der Farbe und wird

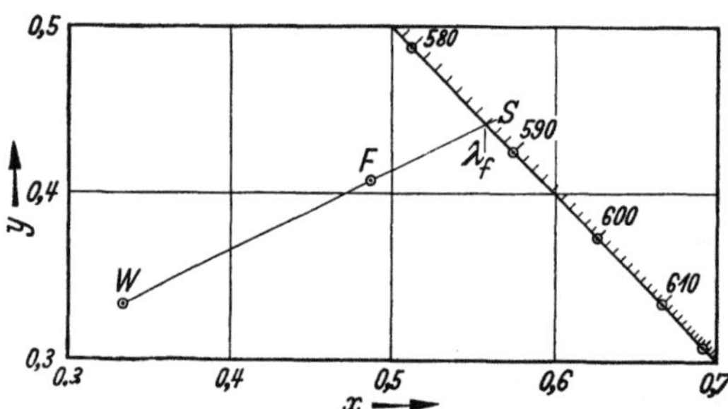

Abb. 5. Bestimmung der farbtongleichen Wellenlänge λ_f und des spektralen Farbanteiles aus der Farbtafel. (Die hier gezeigte Figur ist als Ausschnitt aus Abb. 4 zu denken)

„spektraler Farbanteil p_e" genannt. Er bestimmt sich am einfachsten ebenfalls graphisch in der Farbtafel (Abb. 5) als Streckenverhältnis $\overline{FW}:\overline{SW}$. Sein Zahlenwert ist 1,0 für die reine Spektralfarbe, 0 für Unbunt (Weiß); dazwischen liegen die Werte für die verschiedenen bunten Körperfarben.

Fügt man der farbtongleichen Wellenlänge λ_f und dem spektralen Farbanteil p_e noch den Hellbezugswert A hinzu, so hat man eine immerhin schon anschauliche Farbkennzeichnung, die „HELMHOLTZ-Maßzahlen", gewonnen. Sie orientieren sich an dem (wenigstens dem physikalisch Vorgebildeten wohlvertrauten) Spektrum, denn es ist klar, daß z. B. eine durch die farbtongleiche Wellenlänge $\lambda_f = 460$ mμ gekennzeichnete Farbe weder rot noch gelb oder grün sein kann, weil eben diese Spektralfarbe blau aussieht und nicht durch additive Mischung mit Unbunt plötzlich den blauen Charakter verlieren kann.

---

[1] Man hüte sich aber vor der Vorstellung, daß $\mathfrak{F}$ wirklich spektral so beschaffen sei!

c) Kennzeichnung nach Farbsystemen. Trotz der gewissen Anschaulichkeit haften den HELMHOLTZ-Maßzahlen noch genug Elemente an, die diese Anschaulichkeit stark stören. Man hat deshalb – und schon lange vor der Kenntnis valenzmetrischer Gedankengänge – „Farbsysteme" ausgearbeitet und danach „Farbenkarten" oder „Farbatlanten" hergestellt, um ein einfaches und sinnfälliges Mittel zur Verständigung über Farben zu gewinnen. (Daß man mit Wortbezeichnungen nur höchst ungenau Farbvorstellungen vermitteln kann, ist allfällig bekannt!)

Neben vielen unsystematischen Versuchen dieser Art, die alle nur sehr begrenzte Bedeutung gehabt haben und meist wieder verschwunden sind, müssen unter den ebenfalls verhältnismäßig zahlreichen systematischen Farbordnungen (die man eben als „Farbsysteme" bezeichnet) drei genannt werden, die gegenwärtig besonders bekannt sind und auf die sich z. B. Lieferbedingungen in steigendem Maße stützen. Diesen wie den meisten anderen Farbsystemen ist gemeinsam, daß sie den Farbton nach eigenen, nach gewissen Gesichtspunkten empirisch aufgestellten Farbtonordnungen (die wegen ihres in sich zurücklaufenden Ganges meist als „Farbtonkreise" dargestellt und bezeichnet werden) kennzeichnen. Nummern oder Buchstaben dienen zur abgekürzten Angabe. Der Farbton ist offensichtlich eine so besonders hervorstechende Eigenschaft einer Farbe, daß man seiner bei der anschaulichen Kennzeichnung nicht entraten möchte. Bezüglich der anderen beiden Eigenschaften, die noch zur Beschreibung der Farbe notwendig sind, gehen die verschiedenen Farbsysteme eigene Wege. Allerdings überwiegt die Tendenz, nach den anschaulichen Begriffen „Sättigung" und „Helligkeit" zu ordnen, da die meisten Menschen, sofern sie unbefangen sind, eine Farbe nach diesen drei Kennzeichen beschreiben.

Das in Amerika beheimatete und dort zu großer Bedeutung gelangte Farbsystem von MUNSELL [16] ordnet nach Farbton (hue), Helligkeit (value) und Farbigkeit (chroma). Für die Farbtonbezeichnung dient ein zehnteiliger bzw. hundertteiliger Farbtonkreis, dessen Zehnergruppen mit Buchstaben (nach den Farbtonnamen) und deren Untergruppen mit vorgestellten Ziffern bezeichnet sind (z. B. 7 Y). Die Helligkeit (value) ist nach einer ursprünglich als Quadratwurzel aus dem Hellbezugswert gedachten zehnteiligen Helligkeitsreihe gekennzeichnet, die Farbigkeit (chroma) nach empirischen, für jeden Farbton besonderen Teilungen. Eine Farbe wird abgekürzt durch ein „Farbzeichen" beschrieben, das sich aus der Farbtonkennzahl, dem Helligkeitswert und (hinter einem schrägen Bruchstrich) der Farbigkeitszahl aufbaut (z. B. 7 Y 5/8).

In Deutschland entwickelte nach dem ersten Weltkrieg WI. OSTWALD [17] ein Farbsystem, das einen anderen Farbtonkreis zur Grundlage nimmt, sowie die Farben als additive Mischung aus einer Vollfarbe bestimmten Farbtones, Weiß und Schwarz darstellt. Den Farbtonkreis hat OSTWALD auf theoretische Grundlagen zu stellen versucht, ohne freilich damit das Problem prinzipiell gelöst zu haben [18]. Um ein „empfindungsgemäßes" System zu schaffen, in dem die Farbabstände möglichst als gleich groß empfunden werden, hat OSTWALD das WEBER-FECHNERsche Gesetz in die Stufung des Weiß- und Schwarzanteiles eingeführt. Jedem der logarithmisch gleich breiten Gebiete des Weiß- wie des Schwarzanteiles ordnete OSTWALD einen Kennbuchstaben zu; diese beiden zusammen mit der Farbtonnummer N_{24} (bezogen auf einen 24teiligen Farbtonkreis) bilden das Farbzeichen im OSTWALD-System (z. B. 3 ca). Das OSTWALD-System, dessen Bedeutung zunächst auf Deutschland beschränkt war, hat neuerdings in Amerika durch die Neuausgabe eines guten Farbatlasses [19] wieder einige Freunde gewonnen, die vor allem an den darauf aufgebauten Harmonieregeln interessiert sind.

Für technische Zwecke ist in Deutschland von RICHTER [20, 21] in den letzten Jahren ein weiteres System entwickelt worden, das sich auf spezielle Untersuchungen über die empfindungsgemäße Gleichabständigkeit stützt. Dieses System ist in das deutsche Normenwerk aufgenommen worden und liegt der DIN-Farbenkarte (DIN 6164) zugrunde [22]. Hier dient ebenfalls ein 24teiliger, aber gleichabständig ausgewählter Farbtonkreis zur Kennzeichnung des Farbtons T; die „Sättigungsstufe" wird nach einer als gleichabständig für jeden Farbton ermittelten Sättigungsskala gekennzeichnet. Um bei verschiedenem Farbton, aber gleicher Sättigungsstufe „gleichwertige" Farben einander zuzuordnen, ist als Helligkeitsmaß die sog. Relativhelligkeit [23] benutzt, die den jeweiligen Hellbezugswert zu dem bei der betreffenden Farbart höchstens möglichen Hellbezugswert (nämlich zu dem der sog. Optimalfarbe) ins Verhältnis setzt. Die im DIN-System benutzte „Dunkelstufe" D ist eine empirisch als gleichabständig ermittelte Funktion dieser Relativhelligkeit. Das Farbzeichen setzt sich aus den Kennzahlen für Farbton, Sättigungsstufe und Dunkelstufe zusammen (z. B. 7:5:2).

Die Farbsysteme sind untereinander und mit dem Normvalenzsystem durch Umrechnungstabellen [24 bis 27] verknüpft, die notwendigerweise empirisch ermittelt werden mußten. Dadurch ist es aber möglich, eine mit Hilfe einer Farbenkarte des einen Farbsystems ermittelte Farbkennzeichnung in eines der anderen Systeme zu übertragen.

Literatur

[1] RICHTER, M.: Über das Verhältnis zwischen Physik und Farbenlehre. Physik. Bl. 8 (1952) S. 2—8.
[2] HARDY, A. C.: Handbook of colorimetry. Cambridge, Mass.: 1936.
[3] RICHTER, M.: Grundriß der Farbenlehre der Gegenwart. Dresden: 1940.
[4] WRIGHT, W. D.: The measurement of colour. London: 1958.
[5] BOUMA, P. J.: Farbe und Farbwahrnehmung. Dtsch. Ausg. Eindhoven: 1951.
[6] JUDD, D. B.: Color in business, science and industry. New York: 1952.
[7] Science of color. New York: 1953. Comittee on Colorimetry Opt. Soc. of Am.
[8] SCHULTZE, W.: Farbenlehre und Farbenmessung. Berlin/Göttingen/Heidelberg: Springer 1957.
[9] RICHTER, M.: Wesen und Bedeutung des Farbvalenzbegriffes. Farbe 3 (1954) S. 49—60.
[10] Normblatt DIN 5033: Farbmessung, Bl. 7 (1954).
[11] Normblatt DIN 5033: Farbmessung, Bl. 1 (1954).
[12] DAVIS, R., u. K. S. GIBSON: Filters for the reproduction of sunlight and daylight and the determination of color temperature. Bur. of. Stand. (Washington), Misc. Publ. Nr. 114 (1931).
[13] FRÜHLING, H.-G., W. MÜNCH u. M. RICHTER: Die Eignung der Xenonlampe als Standardlichtquelle für Strahlungs- und Farbmessungen. Farbe 5 (1956) S. 41—68.
[14] TANNER, F.: Beleuchtungsfragen bei der Farbabmusterung. Elektro-Anz. (1955) S. 360 bis 362.
[15] Normblatt DIN 5033: Farbmessung, Bl. 3 (1954).
[16] MUNSELL, A. H., MUNSELL Book of Color. Baltimore: 1929.
[17] OSTWALD, WI.: Farbenlehre (3 Bde.). Leipzig: 1921ff.
[18] RICHTER, M.: Zur Einteilung des Ostwaldschen Farbtonkreises. Licht 13 (1943) S. 12 bis 15.
[19] Color Harmony Manual. Bearb. von W. C. GRANVILLE u. E. JACOBSON. Chicago: 1942.
[20] RICHTER, M.: Untersuchungen zur Aufstellung eines empfindungsgemäß gleichabständigen Farbsystems. Z. wiss. Photogr. 45 (1950) S. 139—162.
[21] RICHTER, M.: Das System der DIN-Farbenkarte. Farbe 1 (1952/53) S. 85—98.
[22] Normblatt DIN 6164: DIN-Farbenkarte, Bl. 1 u. 2 (1955) u. Beibl. 1—25 (1960ff.).
[23] RÖSCH, S.: Die Kennzeichnung der Farben. Phys. Z. 29 (1928) S. 83—91.

[24] NEWHALL, S. M., D. NICKERSON u. D. B. JUDD: Final report of the O.S.A. subcommittee on the spacing of the Munsell colors. J. opt. Soc. Amer. 33 (1943) S. 385—418.

[25] BUDDE, W., H. E. KUNDT u. G. WYSZECKI: Überführung der Farbmaßzahlen nach DIN 6164 in MUNSELL-Maßzahlen und umgekehrt. Farbe 4 (1955) S. 83—88.

[26] WEISE, H.: Die Ermittlung der Farbkennzeichnung nach der DIN-Farbenkarte (DIN 6164) aus den Normfarbwerten und umgekehrt. Farbe 4 (1955) S. 89—94.

[27] RICHTER, M.: Die Beziehungen zwischen den Farbmaßzahlen nach DIN 6164 und den OSTWALD-Maßzahlen. Farbe 6 (1957) S. 49—62.

4.13 Ultrarotspektroskopie

Von Gg. Schnell, Ludwigshafen a. Rh.

4.13.1 Einführung und experimentelle Methodik

Die Ultrarotspektroskopie hat in den letzten Jahren für eine qualitative und quantitative Analyse einerseits und zur Aufklärung von Strukturfragen andererseits in steigendem Maße Anwendung auf hochpolymere Stoffe gefunden.

Die Absorption entsteht durch eine Wechselwirkung der erregenden elektromagnetischen Strahlung mit dem elektrischen Moment schwingungsfähiger Molekülgruppen. Die hierbei auftretende Schwingungsfrequenz hängt unmittelbar von der Masse der oszillierenden Atome und von den zwischen ihnen wirkenden Bindungskräften ab. Mit zunehmender Masse der Atome verringert sich die Frequenz, während eine zunehmende Bindungskraft ein Ansteigen der Absorptionsfrequenz bewirkt. Solche charakteristische Frequenzen treten auf, wenn zwischen gewissen Atomen eines Moleküls große Massendifferenzen oder starke Unterschiede in den Kraftkonstanten der Bindungen bestehen. Man muß daher erwarten, daß das gesamte Molekülschwingungsspektrum charakteristisch für das Molekül ist. Die Zuordnung einer Absorptionsbande zu einer speziellen Atomgruppierung erfolgt empirisch durch vergleichende Untersuchungen von Substanzen, die eine gemeinsame charakteristische Gruppe enthalten, in der die Schwingungsenergie bevorzugt lokalisiert ist. Auch wenn die Kopplung der einzelnen Molekülteile zueinander gering ist, besteht doch ein gewisser Einfluß des Molekülrestes auf die Bewegung der speziellen Gruppe. Diese Wechselwirkung bewirkt eine mehr oder weniger große Verschiebung der Bandenlage der isoliert gedachten Atomgruppierung im spektralen Erwartungsbereich.

Die qualitative Analyse eines Stoffes basiert auf der Frequenzlage der einzelnen Absorptionen. Diese kann charakterisiert werden durch die Wellenlänge λ in μ (10^{-4} cm) oder durch die Wellenzahl $\bar{\nu}$ (cm^{-1}), wobei zwischen beiden Größen folgender Zusammenhang besteht:

$$\bar{\nu} \ [\text{cm}^{-1}] = \frac{1}{\lambda[\text{cm}]} = \frac{10^4}{\lambda[\mu]}.$$

Die Wellenzahl $\bar{\nu}$ ist mit der Schwingungsfrequenz ν (sec^{-1}) durch die Lichtgeschwindigkeit $c = \nu/\bar{\nu}$ verknüpft.

Die quantitative Analyse beruht auf der Messung der Absorptionsintensität. Diese ist durch das sich ändernde Dipolmoment der schwingenden Atomgruppierung und deren Molekülzahl in einem bestimmten Schwingungszustand gegeben. Die Meßgröße für die Absorptionsintensität ergibt sich aus dem LAMBERTschen Gesetz:

$$I = I_0 \cdot 10^{-\alpha d}.$$

Daraus folgt

$$\log I_0/I = \alpha\, d\,.$$

Die prozentuale Durchlässigkeit D ist der Quotient aus der von der Probe durchgehenden (I) und der einfallenden (I_0) Strahlungsintensität; d bedeutet die Schichtdicke in cm und α stellt die Extinktions- oder Absorptionskonstante dar, welche für den jeweiligen Stoff bei der untersuchten Wellenlänge charakteristisch ist. Die eigentliche Meßgröße ist die Extinktion $E = \log I_0/I$. Der Zusammenhang zwischen Extinktion und der jeweiligen Konzentration ist durch das LAMBERT-BEERsche Gesetz gegeben:

$$E = \alpha\, d = \varepsilon\, c\, d\,.$$

Der Proportionalitätsfaktor ε ist wie α wellenzahlen- bzw. wellenlängenabhängig, jedoch konzentrationsunabhängig und wird als Extinktionskoeffizient bezeichnet. Die Dimension ergibt sich aus der für die Konzentration c gewählten Einheit. In der Spektroskopie werden als Maß für die absorbierte Energie zwei Größen verwendet. Einmal kann die Maximalintensität aus der Höhe der Absorptionsbande (Grundlinienmethode) bestimmt werden, oder es wird die integrale Absorption der Bande als Meßgröße verwendet. Diese Größe hängt von der Extinktion im Maximum der Bande, von ihrer Halbwertsbreite und von apparativen Größen ab.

Außer durch Frequenzlage und Intensität ist eine Absorptionsbande bei Verwendung polarisierter Strahlung durch ihr dichroitisches Verhalten zu beschreiben. Das dichroitische Verhalten, das für eine ausführliche Strukturbeschreibung eine wichtige Rolle spielt, ist durch die räumliche Anordnung der Atome im Molekülverband bestimmt. Bei Substanzen mit regelmäßiger Anordnung der Moleküle, also bei Kristallen und bei hochpolymeren Stoffen, die durch äußeren Zwang eine Ausrichtung der Molekülketten zu einer Vorzugsrichtung erfahren haben, hängt die Intensität der Absorption vom Winkel zwischen der Dipolmomentänderung der absorbierenden Gruppe und der Schwingungsrichtung der polarisierten Strahlung ab. Maximale Anregung erfolgt, wenn die Schwingungsrichtung des erregenden Lichtes mit der Oszillationsrichtung der Atomgruppe bzw. deren Dipoländerung zusammenfällt; falls beide Richtungen senkrecht zueinander stehen, ist die Absorption Null. Je nach der Schwingungsrichtung des polarisierten Lichtes zu einer Vorzugsrichtung (diese ist bei Hochpolymeren die Streckrichtung) werden Spektren unterschiedlicher Absorptionsstärken erhalten. Von π-Dichroismus spricht man, wenn die Absorptionsintensität für parallel zur Vorzugsrichtung polarisierte Strahlung größer ist als für senkrecht polarisierte Strahlung. Die andere Möglichkeit wird mit σ-Dichroismus bezeichnet. Das Verhältnis der Extinktionen des π- und σ-Spektrums (E_π/E_σ) heißt dichroitisches Verhältnis δ. σ-Dichroismus liegt daher für $\delta < 1$, π-Dichroismus für $\delta > 1$ vor. Aus dem dichroitischen Verhalten einer Bande und der Molekülanordnung in der kristallinen Zelle ergeben sich Aussagen über den Charakter der Schwingung. Für die nähere Charakterisierung der Absorptionsbanden werden die Schwingungsmöglichkeiten einer Atomgruppierung in Valenz- und Deformationsschwingungen eingeteilt, je nachdem die Schwingung in der Bindungsrichtung oder mehr oder weniger quer zur Bindung bzw. unter Veränderung des Bindungswinkels erfolgt.

Es kann nicht Aufgabe des Referates sein, näher auf das Wesen der Ultrarotspektroskopie, deren Methodik und auf die Abhängigkeit des Molekülspektrums von den Symmetrieeigenschaften, von der Punktgruppe des Moleküls und den damit gegebenen Auswahlregeln einzugehen. Es soll vielmehr auf die neuere Spezialliteratur hingewiesen werden (BRÜGEL [16], HOYER [72], LECOMTE [101], JONES und SANDORFY [78], WILSON, DECIUS und CROSS [216], RANDALL und FOWLER [158], HERZBERG [66], SUHRMAN und LUTHER [188]. KRIMM [95a]).

Die UR-Spektroskopie ist grundsätzlich an keinen Aggregatzustand des zu untersuchenden Stoffes gebunden. Im allgemeinen können Filme passender Schichtdicke durch Warmverformung unter Druck erhalten werden. Sowohl für quantitative als auch für qualitative Aufnahmen von partiell-kristallinen Stoffen ist jedoch auf gleiche Temperaturvorgeschichte zu achten. Durch unterschiedliche Temperaturführung bei Erwärmung oder bei Abkühlung der Proben treten in partiell-kristallinen Polymeren Kristallinitätsunterschiede auf, die veränderte Spektren bedingen. Für lösliche Polymere ist die Filmherstellung aus der Lösung durch Abdunsten des Lösungsmittels möglich. Hierbei ist darauf zu achten, daß keine Lösungsmittelrückstände im Polymerfilm das Spektrum des zu spektroskopierenden Stoffes verfälschen. Gegebenenfalls ist eine Vakuumtrocknung oder eine Trocknung durch UR-Strahlung notwendig. Für mehr qualitative Aufnahmen lassen sich Filme aus der Schmelze durch Auskristallisieren oder durch Aufsublimieren von Polymeren auf oder zwischen Steinsalzfenstern oder anderem durchlässigem Material gewinnen (Silberchlorid bis 28 μ, KRS 5[1] bis 50 μ oder Bariumfluorid bis 13 μ). Bei UR-Aufnahmen sehr stark absorbierender Stoffe ist zur Vermeidung extrem dünner Schichten auf die Lösung in Lösungsmitteln zurückzugreifen. Da alle Lösungsmittel ultrarotaktive Schwingungen besitzen, gibt es kein Lösungsmittel, das im gesamten UR-Spektralbereich verwendbar ist. Um ein vollständiges Spektrum einer löslichen Verbindung zu erhalten, ist es daher notwendig, das Lösungsmittel zu variieren. Das Lösungsmittel soll daher neben Verträglichkeit mit dem Fenstermaterial und guten Löseeigenschaften hinreichende Durchlässigkeit in den interessierenden Absorptionsgebieten besitzen. Eine Aufstellung geeigneter Lösungsmittel mit den zugehörigen spektralen Verwendungsbereichen findet sich bei TORKINGTON und THOMPSON [205], bei HOYER [72] und in der Einführung zur Ultrarotspektroskopie von BRÜGEL [16]. Die notwendigen Schichtdicken zur Aufnahme von Absorptionsspektren für verschiedene Aggregatzustände eines Stoffes müssen sich näherungsweise umgekehrt wie die Dichten verhalten. Je nach der Polarität der Bindungen sind für die Untersuchung von reinen Flüssigkeiten und festen Stoffen Schichtdicken von 0,001 bis 0,1 mm erforderlich. Bei der Untersuchung von Lösungen sind teilweise Schichtdicken von mehreren Zentimetern notwendig, wenn z. B. die gelöste Substanz zur Vermeidung von Assoziationseffekten stark verdünnt werden muß.

Aus festen unlöslichen Stoffen, z. B. vernetzten Polymeren, können mit dem Mikrotom passende Schichtdicken hergestellt werden. Die KBr-Methode (STIMSON und O'DONNELL [186], SCHIEDT und REINWEIN [169, 170]) hat sich als eine

---

[1] KRS 5 ist ein Mischkristall (44% TlBr u. 56% TlJ), [16].

der wichtigsten Präparationstechniken von Festkörpern erwiesen [*213*]. Die Stoffe werden in Pulverform mit dem plastischen und ultrarotdurchlässigen Kaliumbromid feinst verteilt und unter Anwendung hoher Drucke und Luftentzug zu durchsichtigen Tabletten geformt. Nach dieser Methode lassen sich ausgezeichnete Spektren fester Stoffe erhalten, da die Absorption nur durch die eingebettete Substanz zustande kommt. Über die Bedeutung von Brechungsindex und Teilchengröße für qualitative und quantitative Aufnahmen, speziell von Polyvinylchlorid, berichtet HARVEY [*64*]. Eine ausführliche Schilderung der verschiedenen Präparationsmethoden geben BRÜGEL [*16*] und HUMMEL [*74*] in ihren Büchern über UR-Spektroskopie, ferner HOYER [*72*] im HOUBEN-WEYL.

Die Analyse eines Stoffes, der aus mehreren Mischkomponenten besteht, bereitet oft erhebliche Schwierigkeiten. Das Spektrum solcher Stoffe ist eine Überlagerung sämtlicher Einzelspektren der Komponenten, wobei oft durch Maskierung der Hauptabsorptionen die Erkennung und Zuordnung der einzelnen Absorptionsbanden zu funktionellen Gruppen der Mischkomponenten erschwert ist. Es erweist sich daher als zweckmäßig, das zu analysierende System auf physikalischem oder chemischem Wege soweit wie irgend möglich zu trennen und die isolierten Komponenten einzeln zu spektroskopieren. So kann durch Extrahieren mit wirksamen Lösungsmitteln bei verschiedenen Temperaturen eine Trennung in einzelne Anteile erreicht werden, deren UR-Spektrum leichter zu analysieren ist. Da die niedermolekularen Bruchstücke von Polymeren meist einfachere und charakteristischere Absorptionsspektren liefern als das Polymere, ist es zweckmäßig, den zu untersuchenden Stoff definierten chemischen Abbauprozessen, wie z. B. Verseifung oder oxydativer Spaltung, zu unterwerfen. Auch die thermische Spaltung eines hochmolekularen Stoffes und die Einzeluntersuchung der Pyrolyseprodukte kann eine Vermehrung der Aussagemöglichkeiten liefern. Der einfachste Pyrolysemechanismus ist die Depolymerisation eines hochpolymeren Stoffes unter vorwiegender oder fast ausschließlicher Rückbildung des Monomeren. Im Pyrolysat findet sich neben den Monomeren, was für den Ausgangsstoff am bezeichnendsten ist, auch Molekülarten, die durch Kondensations-, Dehydrierungs- und Cyclisierungs-Reaktionen entstanden sind. Die Spektren der (flüssigen oder gasförmigen) Pyrolyseprodukte geben im Vergleich mit dem Spektrum der Ausgangsprobe und den Spektren von Pyrolysaten bekannten Ursprungs oft weitere Hinweise für die Zusammensetzung oder über Abbaureaktionen des zu analysierenden Stoffes. So pyrolysierten KRUSE und WALLACE [*97*] eine größere Anzahl von Hochpolymeren, wobei die Pyrolysate in Tetrachlorkohlenstoff gelöst waren. HARMS [*62*] untersuchte die Kondensationspyrolysate von Lacken, Gummi und Kunststoffen zwischen NaCl-Scheiben. Einen Überblick über die Möglichkeiten der Identifizierung von Kautschuk, Weich- oder Hartgummi aus den Pyrolysaten gibt HUMMEL [*73*].

Die Verwendung von Doppelmonochromatoren ermöglicht die Analyse eines Mehrkomponentensystems durch das spektroskopische Kompensationsverfahren. Damit ist es weiter möglich, kleinste Zusätze oder kleine strukturelle Unterschiede im Molekülaufbau eines Polymeren zu erkennen. Ist in einem Mischsystem eine Komponente erkannt worden, so kann durch Einbringung dieser Komponente in passender Schichtdicke in den Vergleichsstrahlengang des Spektrographen das „UR-Differenzspektrum" aufgenommen werden. Durch das

Eliminieren der Banden des zu kompensierenden Stoffes werden Banden der Begleitstoffe demaskiert, und einfachere leichter zu übersehende Absorptionsspektren gewonnen. Bei dem Kompensationsverfahren ist jedoch einige Vorsicht notwendig, da teilweise Überkompensation und eine Verzerrung der Spektren erfolgen kann. Mit den grundsätzlichen Problemen der UR-Differenzspektren befaßten sich HUMMEL [74], KAISER [83] und POWELL [154].

4.13.2 Absorptionsspektren

Bei einfachen Molekülen mit übersehbaren Symmetrieverhältnissen ist es noch möglich, Zahl, Art und Frequenz der Molekülschwingungen zu berechnen. Mit steigender Kompliziertheit des Molekülaufbaus wird eine vollständige Schwingungsanalyse immer schwieriger, so daß für die Deutung der Spektren hochpolymerer Verbindungen nur noch der Weg der Übertragung der an niedermolekularen Stoffen gewonnenen Beziehungen zwischen Bandenlage bzw. Bandenintensität und Molekülstruktur verbleibt. Bei linearen Polymeren mit wiederkehrenden Einheiten besteht jedoch noch die Möglichkeit, aus Symmetrie und Punktgruppe der monomeren Bausteine und ähnlich gebauten Molekülverbindungen Zahl und Art der Grundschwingungen vorauszusagen (LIANG, KRIMM und SUTHERLAND [92], TOBIN [201], BHAGAVANTAM und VENKATARAYUDU [11]). Es verdienen vor allem die Arbeiten von KRIMM und LIANG Beachtung, die es auf dem skizzierten Wege unternommen haben, eine vollständige Molekülschwingungsanalyse für eine Reihe von wichtigen linearen Polymeren in ausgezeichneter Übereinstimmung zwischen Theorie und Experiment zu geben [105, 95a]. Im folgenden soll nicht näher auf die Ergebnisse und die Spektren der einzelnen hochpolymeren Stoffe eingegangen werden. Die nachfolgenden Literaturangaben sollen lediglich einen Überblick über die wichtigsten untersuchten hochmolekularen Stoffe geben. Polyäthylen [93, 144], Polyvinylchlorid [128, 90], Polyvinylidenchlorid [129, 90], Polyacrylnitril [104], Polypropylen [131], Polybutadien [43, 178, 123], Polystyrol [103], Polyvinylalkohol [89, 94, 126, 102], Polytetrafluoräthylen [108], Polytrifluorchloräthylen [108], Polyäthylenterephthalat [120, 117], Polyisopren, Kautschuk [166], Polysiloxane [99, 148, 196], Polyformaldehyd [147], Polyamid [165, 218]. Speziell über Kettenschwingungen in langkettigen Molekülen liegt eine theoretische Arbeit von WHITCOMB, NIELSEN und THOMAS [212] vor. Schließlich ist zur weiteren Orientierung auf die Monographien über die Anwendung der Ultrarotspektroskopie auf hochpolymere Stoffe hinzuweisen (BRÜGEL [18, 17], HUMMEL [74] und SCHNELL [171], SAWYER [167], CLEMENT [29], KRIMM [95a]).

4.13.3 Mischsysteme

Obwohl die Erkennung und die quantitative Bestimmung verschiedener Komponenten in Mischungen und Copolymerisaten im Vergleich mit den Absorptionen der Einzelkomponenten grundsätzlich möglich ist, ist eine Aussage über die Verknüpfungsart echter Mischpolymerisate kaum möglich. Bei Mischpolymerisaten, Pfropfpolymerisaten und vernetzten Produkten mit wiederkehrenden Verknüpfungsstellen zwischen den einzelnen Komponenten sollten neben neuen Absorptionsbanden Lage- und Intensitätsänderungen von Absorptionsbanden

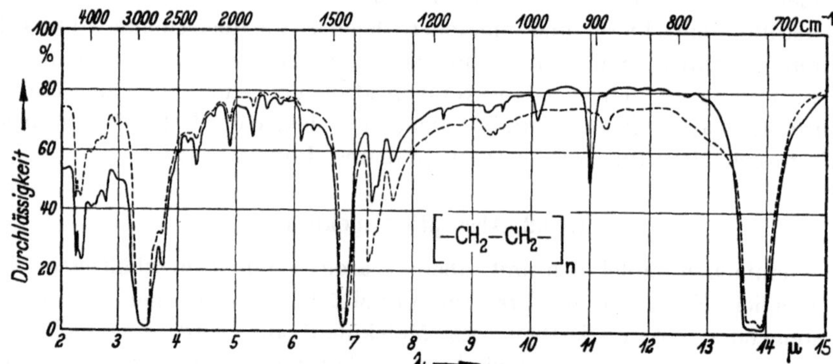

Abb. 1. UR-Spektrum von Polyäthylen
Ausgezogene Kurve: Linearpolyäthylen (PHILLIPS-Verfahren); gestrichelte Kurve: verzweigtes Polyäthylen
(Hochdruckverfahren)

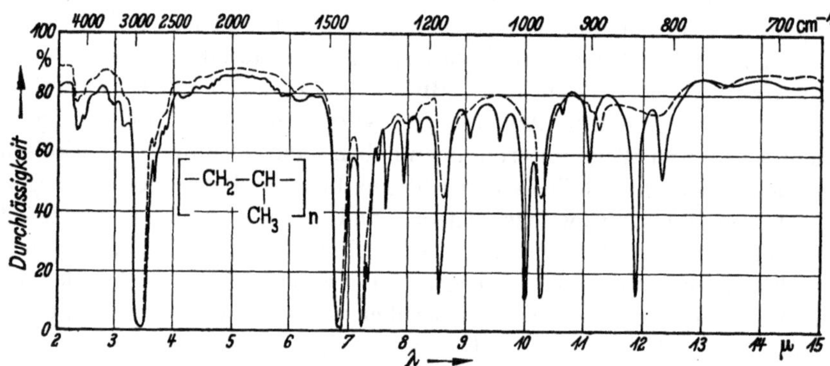

Abb. 2. UR-Spektrum von Polypropylen
Ausgezogene Kurve: Partiell-kristalline isotaktische Modifikation; gestrichelte Kurve: Amorphe ataktische
Modifikation

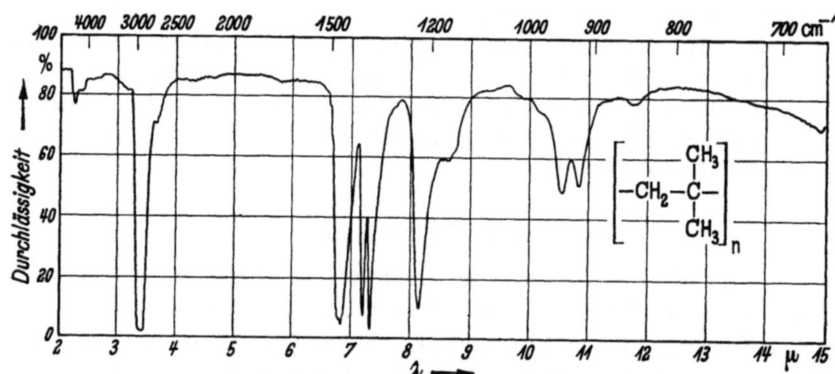

Abb. 3. UR-Spektrum von Polyisobutylen

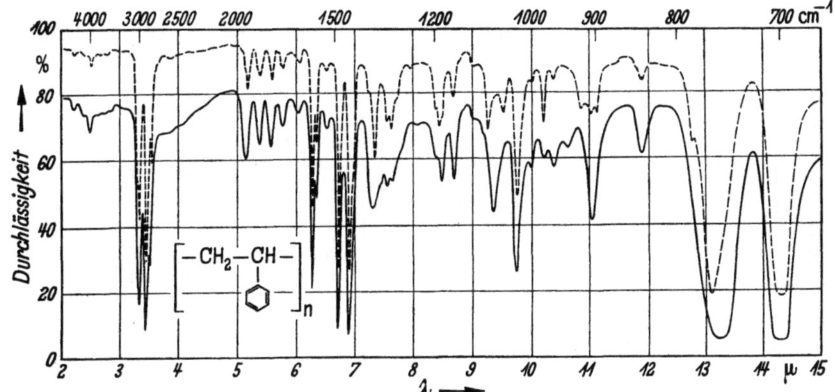

Abb. 4. UR-Spektrum von Polystyrol

Ausgezogene Kurve: Amorphe ataktische Modifikation; **gestrichelte Kurve:** Partiell-kristalline isotaktische Modifikation

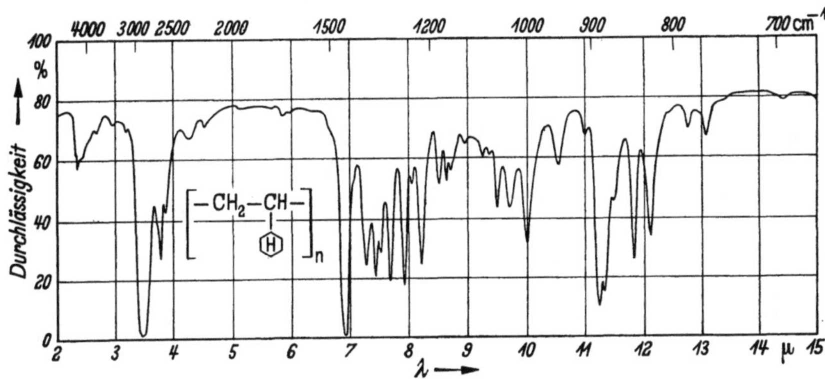

Abb. 5. UR-Spektrum von Polyvinylcyclohexan

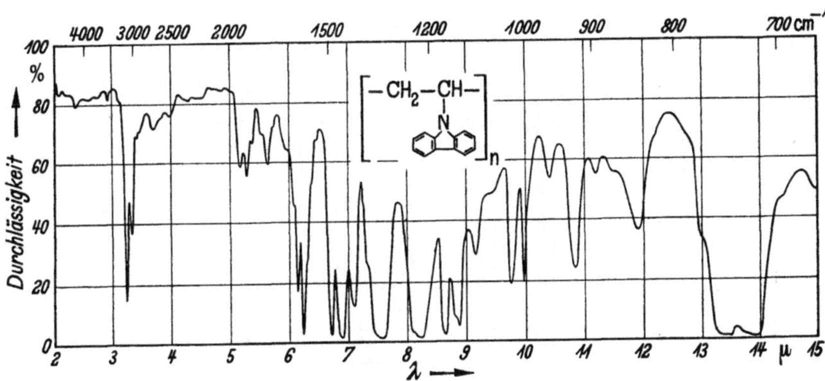

Abb. 6. UR-Spektrum von Polyvinylcarbazol

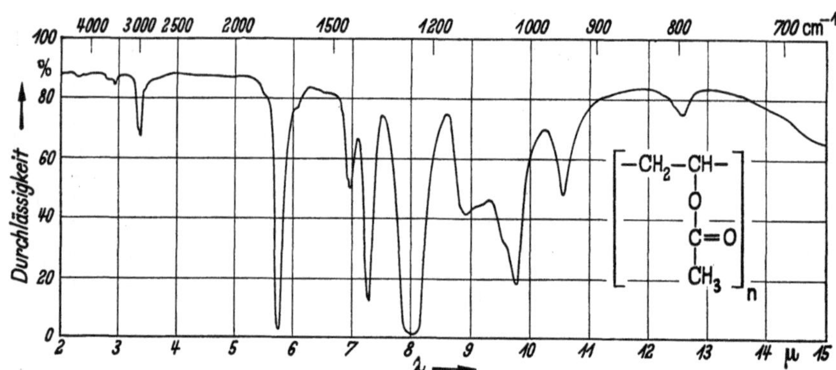

Abb. 7. UR-Spektrum von Polyvinylacetat

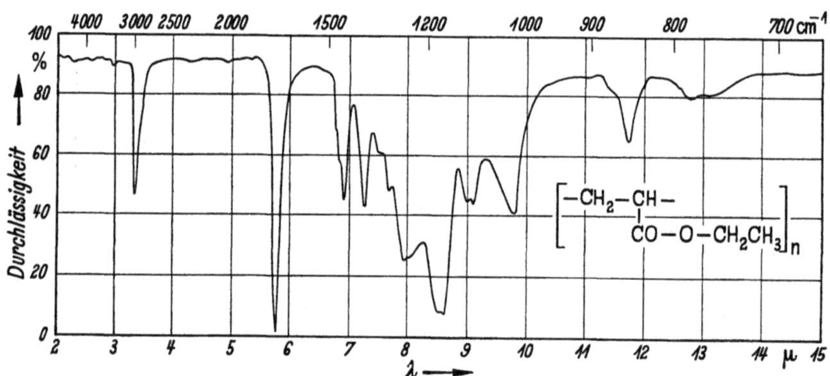

Abb. 8. UR-Spektrum von Polyacrylsäureäthylester

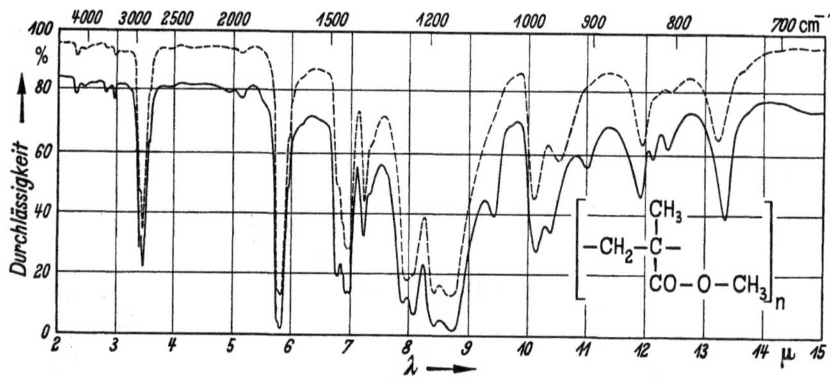

Abb. 9. UR-Spektrum von Polymethacrylsäuremethylester
Gestrichelte Kurve: Partiell-kristalline isotaktische Modifikation; ausgezogene Kurve: Amorphe ataktische
Modifikation

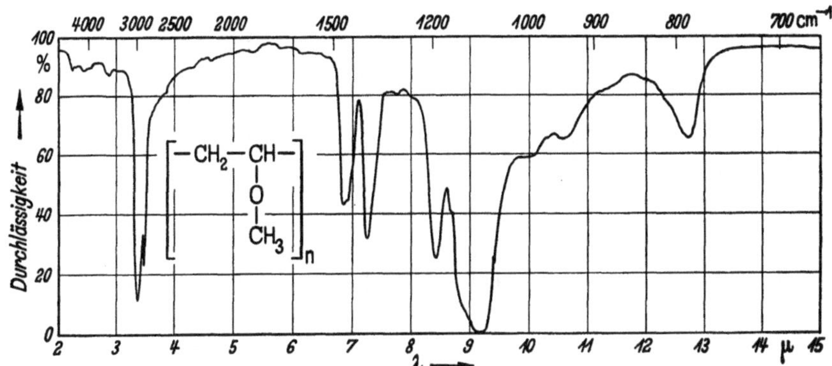

Abb. 10. UR-Spektrum von Polyvinylmethyläther

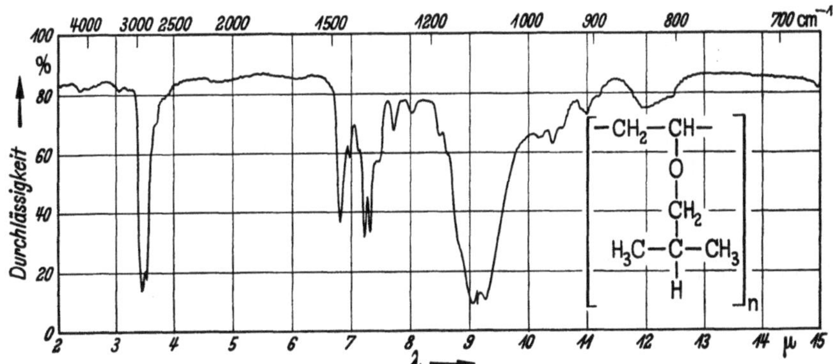

Abb. 11. UR-Spektrum von Polyvinylisobutyläther (partiell-kristalline Modifikation)

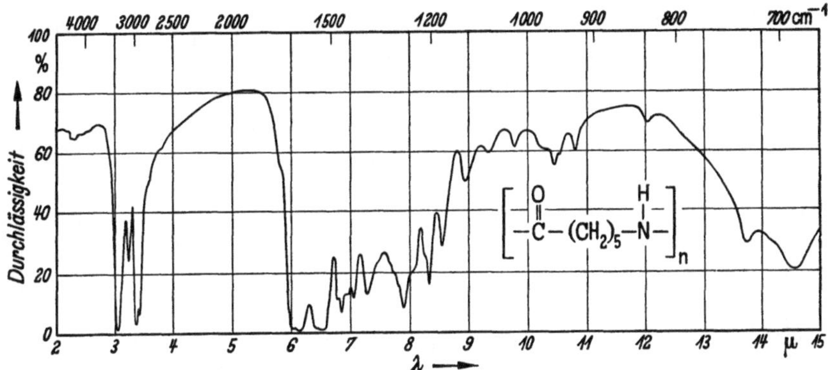

Abb. 12. UR-Spektrum von Polyamid (NYLON 6) (partiell-kristallin)

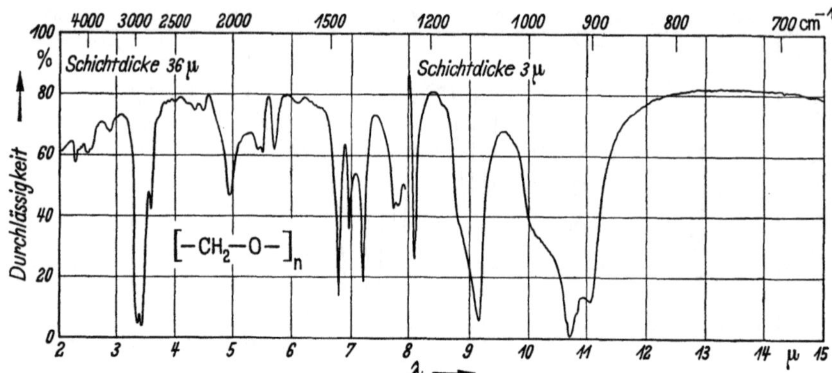

Abb. 13. UR-Spektrum von Polyoxymethylen (Polyformaldehyd)

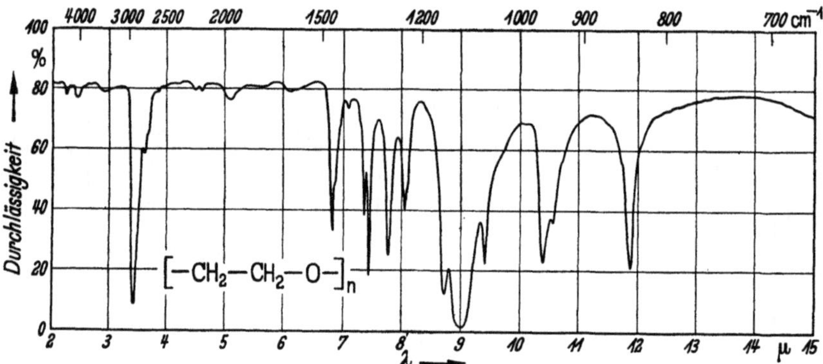

Abb. 14. UR-Spektrum von Polyoxyäthylen

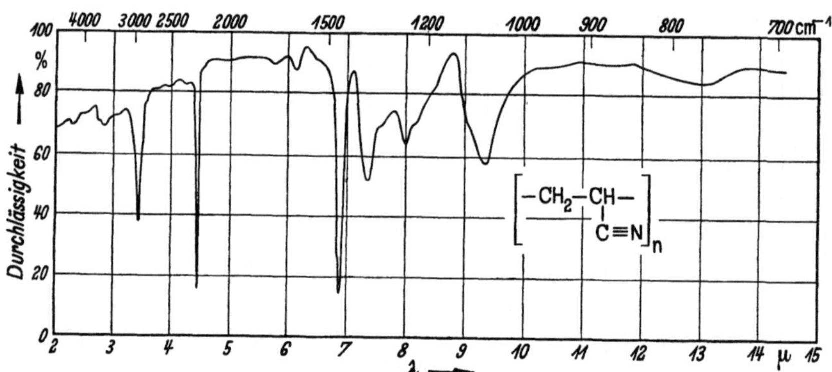

Abb. 15. UR-Spektrum von Polyacrylnitril

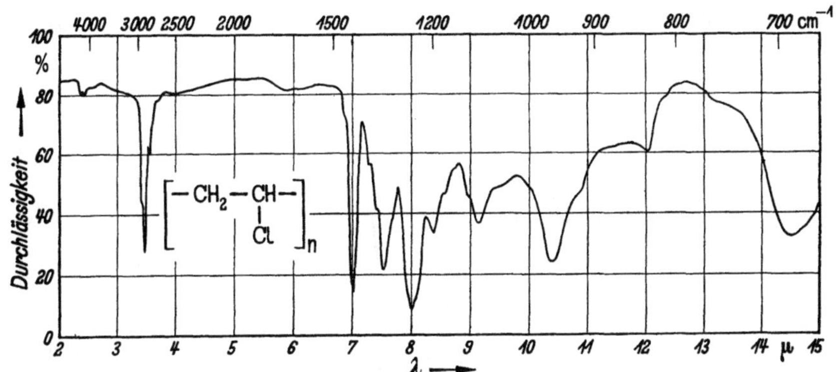

Abb. 16. UR-Spektrum von Polyvinylchlorid

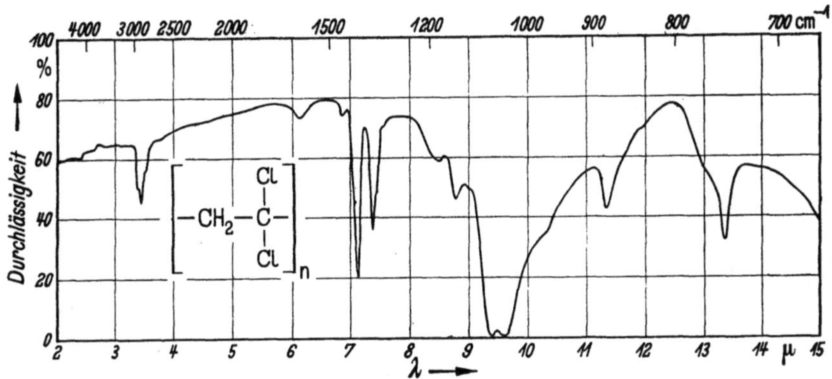

Abb. 17. UR-Spektrum von Polyvinylidenchlorid

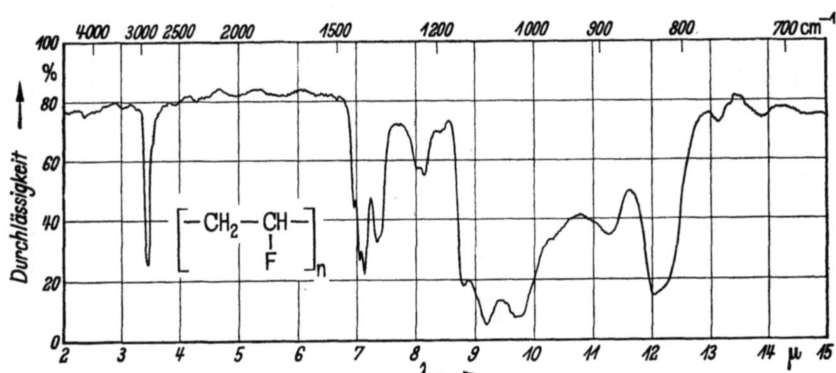

Abb. 18. UR-Spektrum von Polyvinylfluorid

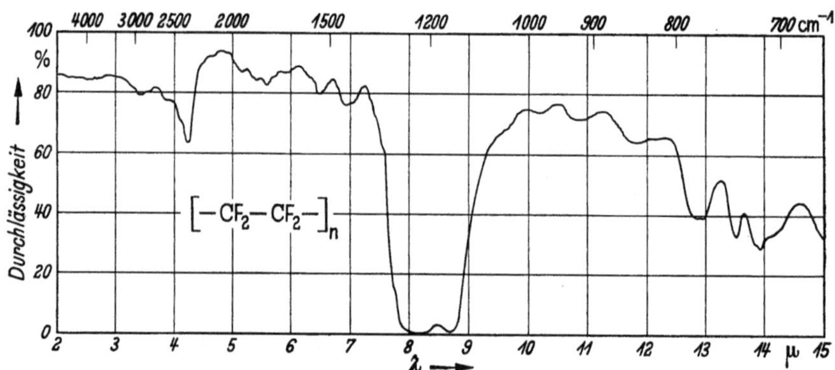

Abb. 19. UR-Spektrum von Polytetrafluoräthylen

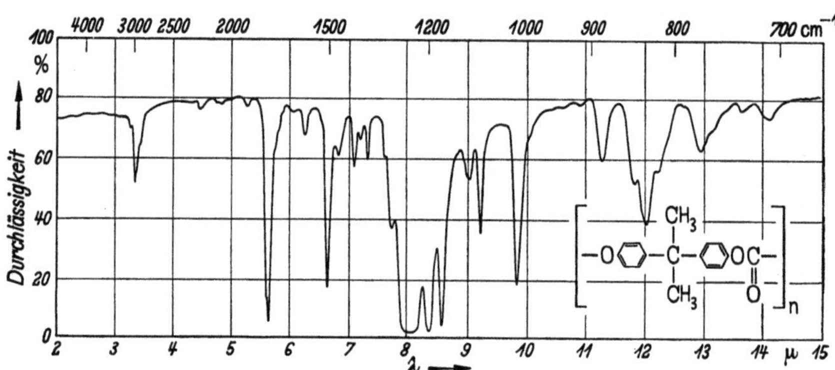

Abb. 20. UR-Spektrum von Polycarbonat

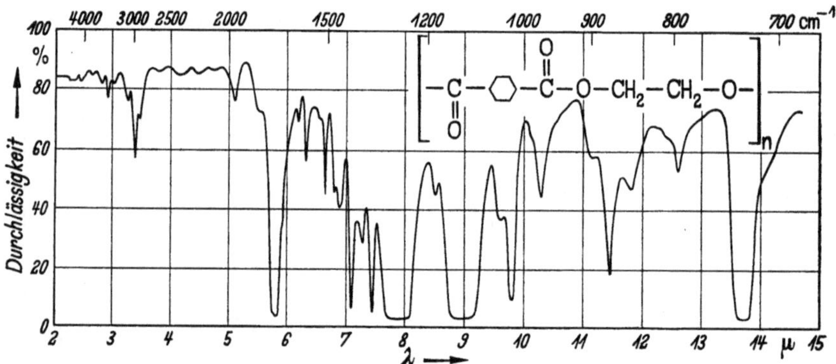

Abb. 21. UR-Spektrum von Polyäthylenterephthalat (Partiell-kristalline Modifikation)

gegenüber den Spektren der Homopolymeren zu erwarten sein. Im allgemeinen sind jedoch die spektralen Veränderungen gering, so daß über Vernetzungsgrad, über Vorliegen eines Misch-, Pfropf- oder eines Copolymeren wenig ausgesagt wird.

Der einfachste Fall einer Konzentrationsbestimmung liegt vor, wenn jede Komponente eine hinreichend isolierte charakteristische Analysenbande besitzt. Gilt das BEERsche Gesetz, d. h., ist die Extinktion der Konzentration proportional, so ist der Extinktionskoeffizient konzentrationsunabhängig. Falls das LAMBERT-BEERsche Gesetz infolge zwischenmolekularer Wechselwirkungskräfte der einzelnen Partner nicht streng erfüllt ist, so ist für die quantitative Bestimmung der Mischanteile eine empirische Eichkurve zu erstellen. Komplizierter liegen die Verhältnisse, wenn an der für eine Komponente ausgewählten Wellenlänge auch die übrigen Komponenten spezifisch zur Gesamtabsorption beitragen. In diesem Fall setzt sich die Extinktion E_{λ_i} an der Meßstelle λ_i aus n Teilextinktionen zusammen, wobei für jede Teilextinktion das BEERsche Gesetz gelten muß. Für die quantitative Analyse von n Komponenten ist dann für die Konzentrationsbestimmung eine Extinktionsmessung an n verschiedenen Absorptionsstellen erforderlich. Demnach ergibt sich ein Determinantensystem mit n Gleichungen für die n gesuchten Konzentrationen. Nähere Einzelheiten sind bei HOYER [72] und BRÜGEL [16] zu finden. Ist die Summe der spektroskopisch bestimmten Einzelkonzentrationen nicht gleich 100%, liegt eine durch die Anordnung der monomeren Glieder bedingte Intensitätsänderung spezieller Absorptionsbanden vor.

Im Spezialfall eines Styrol/Acenaphthylen-Copolymerisates finden ÜBERREITER und KRULL [208] die Intensität der Styrolschlüsselbande bei 1455 cm^{-1} von der gegenseitigen Anordnung der Monomereinheiten in der Molekülkette unabhängig, die Acenaphthylenbande bei 818 cm^{-1} dagegen nicht. Die Absorptionsintensität und die gleichzeitig auftretende Bandenverschiebung der Acenaphthylenabsorption bei 818 cm^{-1} ist vom Styrolgehalt des Mischpolymeren abhängig (Abb. 22). Diese spektroskopischen Ergebnisse gestatten Schlüsse über den Aufbau der Molekülkette.

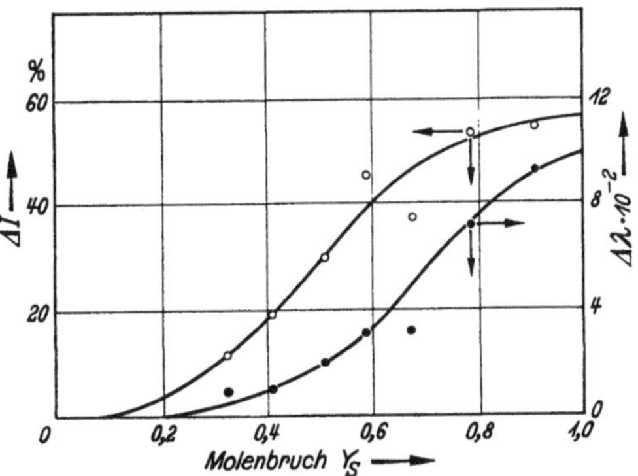

Abb. 22. Intensitätsabnahme und Bandenverschiebung der Acenaphthylenanalysenbande ($\lambda = 12{,}22\,\mu$) in Abhängigkeit von der Zusammensetzung des Mischpolymerisates Styrolacenaphthylen (nach [208])

Über eine interessante Erscheinung im Absorptionsspektrum des Copolymeren aus Tetrafluoräthylen (A) und Trifluorchloräthylen (B) berichten IWASAKI, AOKI und OKUHARA [76] (Abb. 23). Die Autoren vergleichen die Spektren der Copolymerisate unterschiedlicher Zusammensetzung mit den Absorptionen der Homopolymeren. Sie finden eine Verschiebung bzw. Aufspaltung der dem Trifluorchloräthylen zugehörigen CCl-Schwingung im Bereich 950 bis 970 cm^{-1} mit steigendem Trifluorchloräthylenanteil. Die Bande bei 957 cm^{-1} entspricht einer ABA-Anordnung, während die Bande bei 967 cm^{-1} der Konfiguration ABB und die Absorptionsbande bei 971 cm^{-1} der Gruppierung BBB, dem reinen

Polytrifluorchloräthylen zugehört. Diese spektroskopische Information gewährt eine Abschätzung der Aktivität der Monomereinheiten und gibt Aufschluß über das interessante Problem von Konfigurationsänderungen der Monomeranordnung in Abhängigkeit von Polymerisationsart und Katalysator. Ähnliche Erscheinungen im Absorptionsspektrum des Copolymeren Vinylchlorid/Vinylidenchlorid gegenüber den Spektren der reinen Polymeren und deren Mischungen finden KRIMM und LIANG [90] und NARITA und Mitarbeiter [127].

BINDER [13] und HAMPTON [60] bestimmten mit einem Determinantensystem aus den 3 Schlüsselbanden der cis-1,4-, trans-1,4- und 1,2-Anordnung der Butadieneinheiten (680, 967, 911 cm^{-1}) und der Styrolbande bei 700 cm^{-1} Art und Konzentration der einzelnen Komponenten in Butadien-Styrol-Mischpolymerisaten. SCHEDDEL [168] untersuchte Styrol Acrylnitril-Copolymere und bestimmte aus den Analysenbanden bei 1600 cm^{-1} und 2270 cm^{-1} (C≡N) den Polystyrol- bzw. Acrylnitrilanteil. Die Analyse der Mischpolymeren von α-Methylstyrol und Styrol kann aus den Banden 2986 und 2850 cm^{-1} oder aus der Methyldeformationsschwingung bei 1420 cm^{-1} erfolgen [153].

Copolymerisate aus Äthylen-Propylen erinnern in ihren mechanischen Eigenschaften an nicht vulkanisierte Elastomere. In großen Bereichen der Anteilverhältnisse der beiden Komponenten erhält man amorphe Mischpolymerisate, welche charakteristische Ultrarotspektren zeigen [134, 140, 135, 52a]. Durch die Copolymerisation

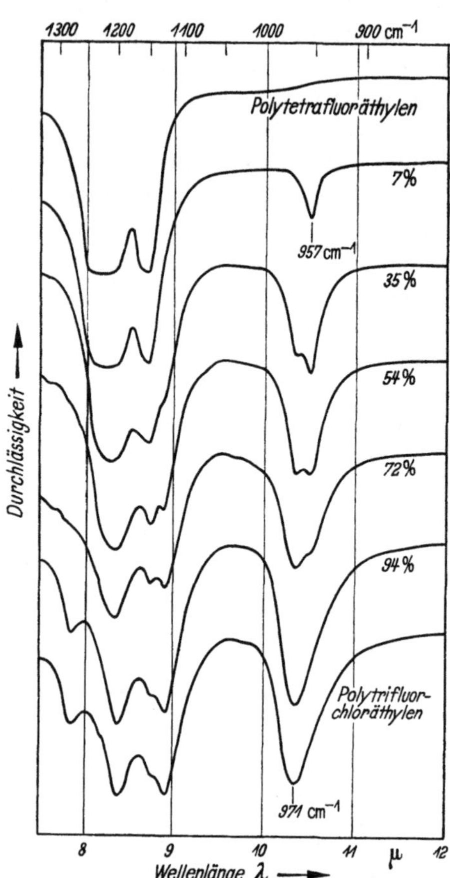

Abb. 23. Teilspektren von Copolymerisaten aus Tetrafluoräthylen und Trifluorchloräthylen. Zahlenangaben in Mol.-% Trifluorchloräthylen-Monomereinheiten (nach [76])

Äthylen-Buten-1 ist es möglich, von linearen, hochkristallinen zu verzweigten Polyäthylenen zu kommen. Die entsprechende Äthylverzweigung bei 770 cm^{-1} kann durch eine spektroskopische Kompensation mit einem hochmolekularen Polymethylen isoliert und ausgewertet werden. Dabei ist interessant, daß in solchen Copolymerisaten die Störung der Kristallinität durch die Äthylverzweigung merkbar geringer ist als in vergleichbaren Hochdruckpolyäthylenen mit gleichviel Äthyl- und Butylverzweigungen [137]. Für die Konstitutionsaufklärung von Phenol-Formaldehyd-Kondensaten verdienen die Arbeiten von KÄMMERER und Mitarbeitern an molekulareinheitlichen Modellsubstanzen Beachtung [79], und von BURKE und Mitarbeitern [21].

4.13.4 Molekulargewicht, Endgruppen, Verzweigung

Entgegen früheren Erwartungen gibt das Ultrarotspektrum von Polymeren wenig Auskunft über den Polymerisationsgrad. Wohl ist es möglich, Oligomere (ZAHN [218], SEIDEL [174], KURODA und KUBO [98]) noch zu unterscheiden, aber bereits ab einer Verknüpfung von etwa 10 Monomereinheiten aufwärts gleichen sich die Spektren einander weitgehend. Eine Ausnahme bilden Polymere, die Endgruppen oder Verzweigungen mit entsprechenden charakteristischen und intensitätsstarken Absorptionsbanden tragen. Mit zunehmendem Molekulargewicht nimmt hierbei der Einfluß der Endgruppen auf das Spektrum ab, so daß aus einer spektroskopischen Endgruppenbestimmung auf das Molekulargewicht geschlossen werden kann.

Solche Messungen führte SCHNELL [171] am hochkristallinen linearen PHILLIPS-Polyäthylen durch. Wie spektroskopische Untersuchungen an fraktionierten Proben gezeigt haben, treffen erwartungsgemäß auf 1 Molekül ein bis zwei endständige Doppelbindungen. Es ist daher verständlich, daß aus der gut auswertbaren Wasserstoff-Deformationsschwingung der Gruppierung R—CH=CH bei 909 cm^{-1} sowohl in fraktionierten wie in unfraktionierten PHILLIPS-Polyäthylenen das Molekulargewicht bestimmt werden kann (Abb. 24 und Abb. 25).

WARD [210] beschreibt eine ähnliche Methode, die es erlaubt, von Polyäthylenterephthalat mit Hilfe einer Endgruppenbestimmung das Molekulargewicht zu bestimmen. Bei Behandlung der Proben mit schwerem Wasser wird der Wasserstoff der Hydroxyl- und Carboxyl-Molekülendgruppen (3535 bzw. 3290 cm^{-1}) bis zu 99,8% durch Deuterium ersetzt. Im Spektrum der deuterierten Proben erscheinen neue

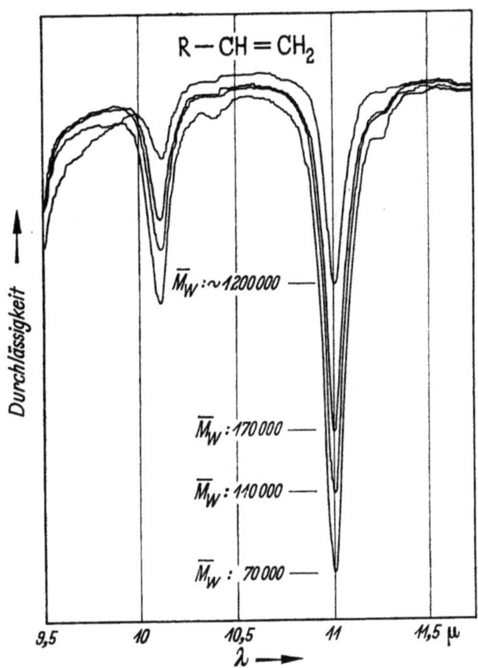

Abb. 24. Teilspektrum von PHILLIPS-Polyäthylenen. Endgruppenabsorption RCH=CH$_2$ bei 10,1 und 11,0 μ in Abhängigkeit vom Molgewicht

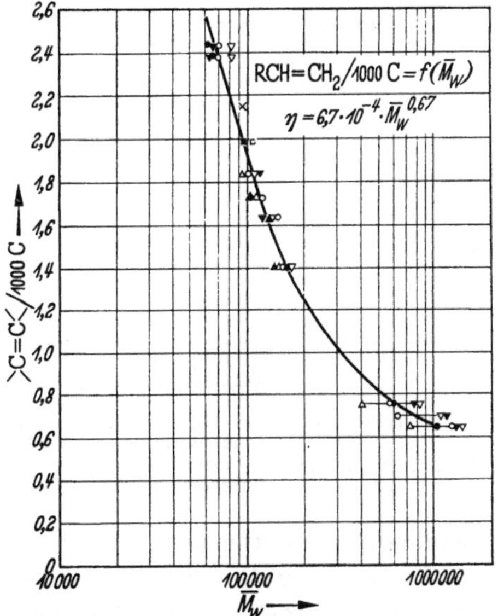

Abb. 25. Molekülendgruppenzahl (RCH=CH$_2$/1000 C) in Linearpolyäthylen nach dem PHILLIPS-Verfahren als Funktion von Molekulargewicht bzw. Grenzviscosität (SCHNELL)

Banden bei 2630 cm^{-1} und bei 2460 cm^{-1}, die den OD- und OOD-Valenz-
schwingungen entsprechen. Die deuterierten Proben wurden verbrannt und aus
dem ebenfalls spektroskopisch bestimmten Deuteriumgehalt die Gesamtend-
gruppenzahl berechnet. Aus der Absorptionsintensität der UR-Banden läßt sich
der Anteil an Hydroxyl- und Carboxylendgruppen errechnen. Die Methode
wird zur Bestimmung der Molekulargewichte herangezogen und eine Beziehung
zwischen Molekulargewicht und Viskosität angegeben (DANIELS und KITSON [32]).

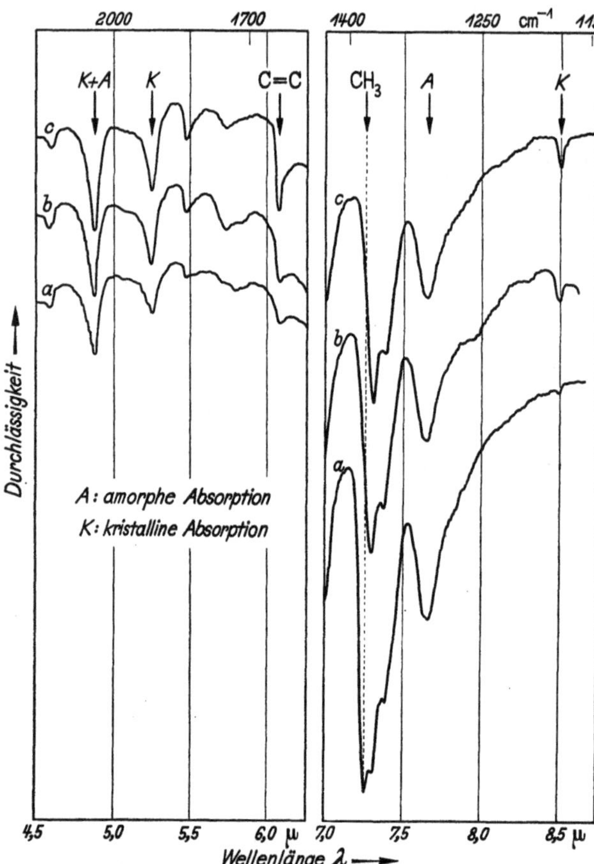

Abb. 26. Teilspektrum von Polyäthylenen verschiedener Dichte.
Methylgruppenabsorption (nach [172])

a) Hochdruckpolyäthylen: 30 CH$_3$/1000 C, b) ZIEGLER-Polyäthylen:
4,5 CH$_3$/1000 C, c) PHILLIPS-Polyäthylen: 1,4 CH$_3$/1000 C

FOX und MARTIN [44] haben als erste darauf hingewiesen, daß Polyäthylen nicht vollkommen lineare
Molekülketten, sondern je nach Polymerisationsbedingungen (Hoch- oder Niederdruckpolymerisation) mehr
oder weniger verzweigte Ketten aufweist. Sie untersuchten Polyäthylen im Bereich der CH-Valenzschwingungen und fanden die Intensität der Methylabsorption bei 2960 cm^{-1} erheblich stärker als es der
Zahl der CH$_3$-Endgruppen unverzweigter Molekülketten entspricht. Aus vergleichenden Messungen an
n-Paraffinen kann aus der relativen Intensität der
CH$_3$- und CH$_2$-Absorptionen die Verzweigungszahl, definiert als Zahl der CH$_3$-Gruppen zur Gesamtzahl
der C-Atome, bestimmt werden. Der starke Einfluß
der Verzweigungen auf die technologischen Eigen-
schaften, vor allem auf die Kristallinität, rechtfertigt die vielen spektroskopischen Arbeiten zur quantitativen Bestimmung. Quantitative Methoden auf der Basis der Methyldeformations-
schwingung bei 1375^{-1} cm beschreiben CROSS, RICHARDS und WILLIS [31], BRYANT
und VOTER [19] und SLOWINSKI [179]. Diese CH$_3$-Endgruppenbestimmung, die
bei stark verzweigten Polyäthylenen angebracht erscheint, stößt bei linearen Polyäthylenen unter einer CH$_3$/1000 C-Konzentration von etwa 6 auf erhebliche Schwierigkeiten. Die Methylabsorption bei 1375 cm^{-1} ist durch das Methylendublett bei
1365 und 1350 cm^{-1} stark überlagert und oft nur als kurzwellige Absorptionsschulter zu erkennen (Abb. 26). Durch eine spektroskopische Kompensation mit

einem linearen, hochmolekularen Polyäthylen oder Polymethylen, zweckmäßig in Keilform, ist es möglich, das störende Methylendublett zu kompensieren und die symmetrische CH_3-Deformationsschwingung zu isolieren (WILLBOURN [214], SCHNELL [172a] (Abb. 27). Durch diese UR-Differenzspektroskopie ist es noch möglich, 0,5 CH_3-Gruppen pro 1000 Kettenatome zu bestimmen. TARUTINA [197] untersuchte das Schwingungsgebiet der ersten harmonischen Oberschwingung der CH-Valenzschwingungen und findet ebenfalls eine Proportionalität der integralen Absorption der CH_3-Banden bei 5854 und 5822 cm^{-1} zu den Methylendgruppen in n-Paraffinen. Aus allen Untersuchungen geht hervor, daß normale Hochdruckpolyäthylene etwa 20 bis 30 CH_3-Gruppen, Niederdruckpolyäthylene nach dem

ZIEGLER-Verfahren bis 6 und Polyäthylene nach dem PHILLIPS-Verfahren weniger als 2 CH_3-Endgruppen pro 1000 C-Atome enthalten. Untersuchungen an fraktionierten Polyäthylenen zeigen, daß mit abnehmendem Molekulargewicht der Verzweigungsgrad der Molekülketten ansteigt (Abb. 28).

Wenn auch durch die Ultrarotanalyse der Nachweis der Kettenverzweigung erbracht wurde, so konnten bis-

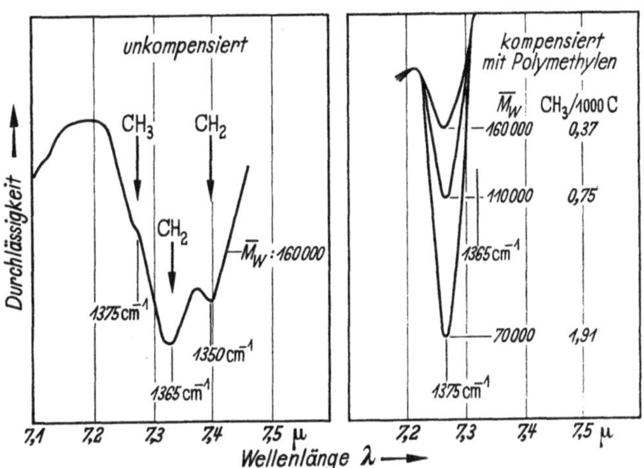

Abb. 27. CH_3-Gruppenbestimmung (1375 cm^{-1}) in Linearpolyäthylenen durch spektroskopische Kompensation mit hochmolekularem Polymethylen (nach [172])

lang nur wenige Angaben über die Länge der Seitenketten gemacht werden. In diesem Zusammenhang untersuchten ELLIOTT, AMBROSE und TEMPLE [41] verstreckte Polyäthylenproben mit polarisierter Strahlung. Aus dem dichroitischen Verhalten der symmetrischen Deformationsschwingung der Methylgruppen bei 1375 cm^{-1} wurde gefolgert, daß verzweigte Polyäthylene Verzweigungen enthalten, die lang genug sind ($n \geq 4$), daß sie sich beim Verstrecken parallel zu den Hauptketten legen können. RUGG, SMITH und WARTMAN [160] untersuchten kalt verstreckte Hochdruckpolyäthylene mit einem hochauflösenden Gitterspektrographen und fanden die Absorption der CH_3-Valenzschwingung bei 2960 cm^{-1} und die CH_3-Deformationsschwingung bei 1375 cm^{-1} im parallel und senkrecht zur Streckrichtung polarisierten Licht gleich. Dieses Ergebnis bedeutet keine bevorzugte Anordnung der CH_3-Gruppen in verstrecktem Polyäthylen. Daraus schließen sie, daß die Zahl der Verzweigungen mit weniger als 4 Kohlenstoffatomen gleich ist der Zahl der Seitenketten mit mehr als 4 C-Atomen. Weitere Aussagen über die Verzweigungsart im Polyäthylen gewinnt man aus der UR-Untersuchung im Gebiet von 830 bis 700 cm^{-1}. STÄLLBERG-STENHAGEN, SHEPPARD [181] finden bei niedermolekularen Kohlenwasserstoffen Absorptionsbanden bei 770 und 740 cm^{-1}, welche Äthyl- und Propylverzweigungen zugehören. McMURRY und THORNTON [125] geben weitere Zuordnungen für Verzweigungen bis zur n-Hexylgruppe im Bereich 720 bis 740 cm^{-1}

an. Im Polyäthylen ist die Auffindung dieser Absorptionen wegen der starken charakteristischen Dublettabsorption der Methylenketten bei 720 und 730 cm^{-1} erschwert. Die Äthylverzweigung erscheint bei 770 cm^{-1} nur schwach angedeutet als kurzwellige Schulter der Rocking-Schwingung. RUGG, SMITH und WARTMAN [160] finden die Intensität dieser Absorption in verschiedenen Polyäthylenproben proportional der Gesamtzahl der CH$_3$-Gruppen. Über ähnliche Absorptionsuntersuchungen berichten BRYANT und VOTER [19], wobei diese jedoch annehmen, daß die Absorption bei 740 und 770 cm^{-1} auch von Schwingungen kleiner Segmente langer Methylenketten stammen kann. Durch ein spektroskopisches Kompensationsverfahren, wobei als Vergleichsprobe ein hochmolekulares Polymethylen verwendet wird, war es WILLBOURN [214] und SCHNELL [172a] möglich, Absorptionsbanden bei 745 und 770 cm^{-1} zu isolieren. Die Auswertung dieser beiden Absorptionsmaxima ergibt in Hochdruckpolyäthylenen ein Verhältnis der Äthyl- zur Butylverzweigung von ungefähr 2 : 1, wobei die Summe dieser beiden Gruppen mit der CH$_3$-Endgruppenzahl, berechnet aus der 1375 cm^{-1}-Bande, gut übereinstimmt. Die Bestimmungsmethode ist wichtig geworden für die Untersuchung und Unterscheidung der Kopolymerisate Äthylen-Buten-1 von den üblichen Polyäthylenen [137]. CROSS [31] und auch BRYANT [19] ordnen die Absorptionsbanden bei 883 cm^{-1} der Äthylgruppe zu, die jedoch in verzweigten Polyäthylenen durch die Absorption der Vinylidengruppe überlagert ist. Es ist bemerkenswert, daß die Intensität der Äthylabsorption bei 883 cm^{-1} in bromierten Proben einer Äthylgruppenkonzentration entspricht, die gleich ist der Gesamtzahl der Methylgruppen, wie diese sich aus der symmetrischen CH$_3$-Deformationsschwingung bestimmen läßt. Diesem spektroskopischen Ergebnis entspricht die Annahme, daß in verzweigten Polyäthylenen die Methylgruppe nicht direkt an der C—C—-Kette des Moleküls sitzt, sondern Alkylseitenketten abschließt.

GEORGE, GRISENTHWAITE und HUNTER [48] prüften die UR-Spektren von mit LiAlH$_4$-reduzierten Polyvinylchloridproben, welche bei —40 °C und bei +45 °C polymerisiert wurden. Im Spektrum des reduzierten +45 °C-Produktes finden sie eine schwache Absorptionsschulter bei 1380 cm^{-1}, die die Anwesenheit von Methylendgruppen anzeigt. Diese Absorptionsschulter wurde im Spektrum des bei —40 °C polymerisierten partiellkristallinen und reduzierten Produktes nicht gefunden. Aus diesen Resultaten wird geschlossen, daß das normale Polyvinylchlorid Verzweigungen mit endständigen Methylgruppen aufweist, während das bei —40 °C gewonnene Produkt weitgehend linear ist.

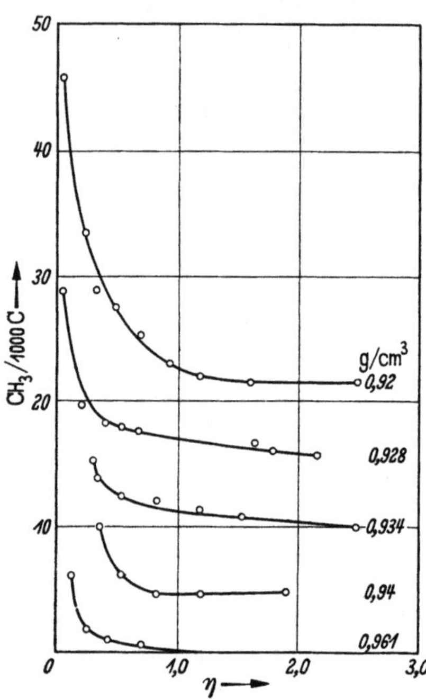

Abb. 28. Abhängigkeit der Methylgruppenzahl CH$_3$/1000 C) in Polyäthylenen verschiedener Dichte von der Grenzviskosität (nach [172])

4.13.5 Anordnung der Monomereneinheiten im Makromolekül

Die UR-Spektroskopie ist in hohem Maße geeignet, Fragen nach der Monomeranordnung in hochpolymeren Stoffen zu beantworten. Das klassische Beispiel war die Strukturaufklärung von natürlichem Kautschuk und Guttapercha, der später die der gummiähnlichen Hochpolymeren aus Isopren und Butadien folgten. Aus der Lage der konstitutionsempfindlichen Deformationsschwingungen der Wasserstoffatome an olefinischen Gliedern ist es möglich, die Art der Substitution an den Doppelbindungen zu erkennen.

Nach den spektroskopischen Untersuchungen von RICHARDSON und SACHER [159], SAUNDERS und SMITH [166] und SALOMON und VAN DER SCHEE [164], SUTHERLAND und JONES [189] ist der bei normaler Temperatur amorph vorliegende Heveakautschuk als cis-Isopren und die kristallinen Modifikationen von α- und β-Guttapercha als trans-Polyisopren anzusprechen. Diese Annahmen wurden vor allem durch Untersuchungen mit polarisiertem Licht der C=C—-Valenzschwingungsbande bei 1667 cm^{-1} bestätigt. Bei Polyisopren sind folgende Substitutionen realisierbar:

$$
\begin{array}{ll}
\begin{array}{c}
CH_3 \quad\quad H \\
\diagdown \quad\diagup \\
C=C \\
\diagup \quad\quad \diagdown \\
R\!-\!CH_2 \quad CH_2\!-\!R
\end{array}
&
\begin{array}{c}
R\!-\!CH_2 \quad\quad H \\
\diagdown \quad\diagup \\
C=C \\
\diagup \quad\quad \diagdown \\
CH_3 \quad CH_2\!-\!R
\end{array}
\\[1em]
\text{1,4-cis-Anordnung} & \text{1,4-trans-Anordnung}
\end{array}
$$

$$
\begin{array}{ll}
\begin{array}{c}
CH_3 \\
| \\
R\!-\!C\!-\!CH_2\!-\!R \\
| \\
CH \\
\| \\
CH_2
\end{array}
&
\begin{array}{c}
H \\
| \\
R\!-\!C\!-\!CH_2\!-\!R \\
| \\
C\!-\!CH_3 \\
\| \\
CH_2
\end{array}
\\[1em]
\text{1,2-Anordnung} & \text{3,4-Anordnung}
\end{array}
$$

Die hauptsächlich analytisch auswertbaren Unterschiede der verschiedenen Substitutionstypen treten im Absorptionsbereich 700 bis 1100 cm^{-1} auf. Der 1,2-Addition entspricht nach CHECKLAND und DAVISON [28] eine Bande bei 909 cm^{-1}, während die Absorption bei 887 cm^{-1} eine 3,4-Anordnung anzeigt. Die 1,4-Strukturen absorbieren bei 840 cm^{-1} und können durch ein von RICHARDSON und SACHER [159] gegebenes Auswertverfahren in cis- und trans-Anteile getrennt werden. BINDER und RANSAW [12] berichten ebenfalls über eine spektroskopische Methode, mit der eine genaue Bestimmung der vier verschiedenen Strukturen in Polyisoprenen möglich ist. Entsprechend den 4 Komponenten ist ein Gleichungssystem für die vier unbekannten Konzentrationen zu lösen. Für 1,2-, 3,4-, trans-1,4- und cis-1,4-Addition werden die Schlüsselbanden bei 911, 889, 1152 und 1131 cm^{-1} verwendet [88]. Die Polymerisationstemperatur ist für das Auftreten der 1,4-Addition von bestimmendem Einfluß. Bei Polyisoprenen, die mit freien Radikalen katalysiert wurden, steigt bei einer Polymerisation im Temperaturbereich von 0 bis 120 °C der cis-1,4-Anteil von 0 auf 40% an. Entsprechend verringert sich der trans-1,4-Anteil von 80 auf 50%. Die 1,2- und 3,4-Additionen sind wenig temperaturabhängig (HAMPTON [60]) (Abb. 29).

Ähnliche Möglichkeiten ergeben sich auch für das Polybutadien.

		H
		R—C—R
H H	H	CH
R—CH₂—C=C—CH₂—R	R—CH₂—C=C—CH₂—R	‖
	H	CH₂
1,4-cis-Anordnung	1,4-trans-Anordnung	1,2-Anordnung

Die 1,2-Addition verursacht eine Absorption bei 996 und 910 cm⁻¹, die 1,4-cis-Anordnung besitzt eine Absorptionsbande bei 724 cm⁻¹, während die 1,4-trans-Verknüpfung eine solche bei 969 cm⁻¹ bewirkt. Hierauf hat als erster LUFT [110] hingewiesen und die Möglichkeit der Erkennung und der quantitativen Bestimmung aufgezeigt. In der Folgezeit sind diesen Strukturfragen eine Vielzahl von Arbeiten gewidmet worden (HART und MEYER [63], BINDER [15], HAMPTON [60]). Der Anteil der einzelnen Strukturen ist von erheblicher Bedeutung für die technologischen Eigenschaften des Polybutadiens. Während ein Polybutadien mit vorwiegend 1,4-cis-Verknüpfung amorph ist, wird es mit steigendem 1,4-trans-Gehalt kristalliner. Die technisch unerwünschte 1,4-cis-Polymerisation kann mit fallender Polymerisationstemperatur zugunsten der 1,4-trans-Anordnung zurückgedrängt werden.

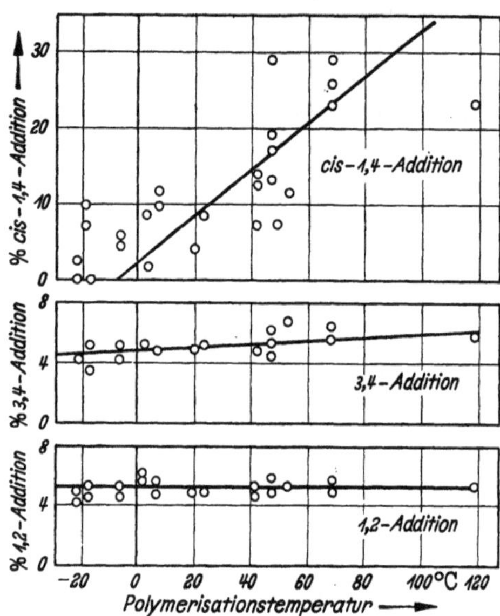

Abb. 29. Abhängigkeit der Molekülstruktur synthetischer Polyisoprene von der Polymerisationstemperatur (nach [60])

In neuerer Zeit berichtet vor allem der Arbeitskreis um NATTA über die Synthese von linearen kristallisierbaren (isotaktischen und syndiotaktischen) Polymeren aus α-Olefinen. Diese Polymere besitzen Kopf-Schwanz-Verkettung, wobei alle tertiären C-Atome in der Molekülkette dieselbe sterische Konfiguration besitzen. Die Darstellung erfolgt mit stereospezifischen metallorganischen Katalysatoren vom ZIEGLER-Typ. Hierbei werden bei Unterdrückung amorpher (ataktischer) Anteile große Ausbeuten an kristallinen (isotaktischen bzw. syndiotaktischen) Anteilen erhalten. Die beiden Modifikationen lassen sich in der Regel leicht voneinander trennen, da die Löslichkeit der kristallinen und amorphen Anteile verschieden ist. So war es NATTA [130, 133, 141] möglich, alle theoretisch vorausgesagten stereoisomeren Modifikationen von Polybutadien (1,2-Verknüpfung syndiotaktischer, isotaktischer und ataktischer Natur, trans-1,4 und cis-1,4) darzustellen [178]. In den Spektren ergeben sich entsprechend der verschiedenen Anordnungen der C=C—-Bindungen im Kettenmolekül ausgeprägte Unterschiede vor allem in den Wagging-Schwingungen der an den Doppelbindungen beteiligten Wasserstoffatome [45, 142] (Abb. 30a, b, c, d). Eine Unterscheidung

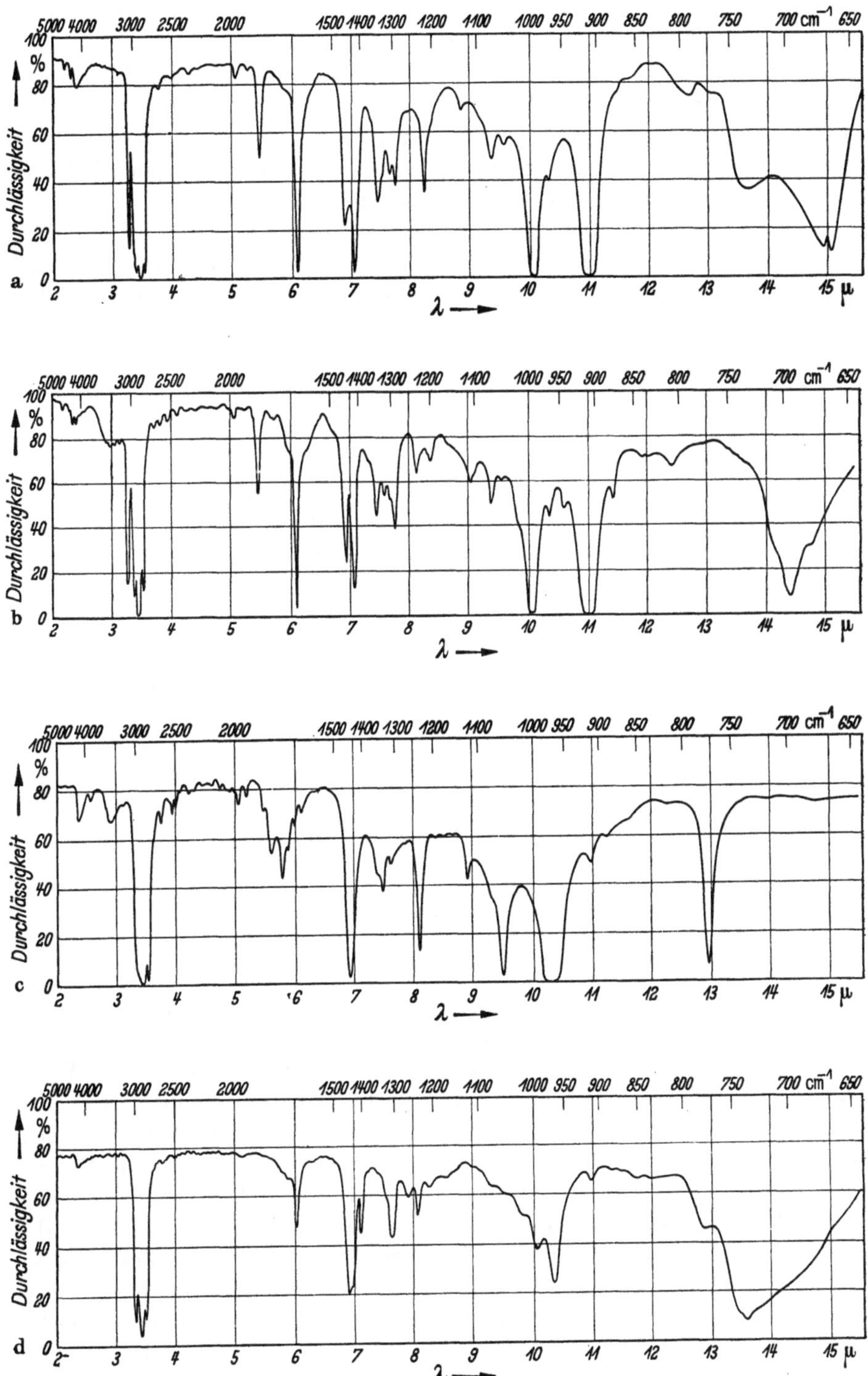

Abb. 30. UR-Spektrum von Polybutadien (nach [*134*])
a) 1,2-syndiotaktisch; b) 1,2-isotaktisch; c) 1,4-trans; d) 1,4-cis

der beiden kristallinen 1,2-Verkettungen ist speziell durch das dichroitische Verhalten der C=C—-Valenzschwingung bei 1645 cm^{-1} möglich.

Propylen kann nach NATTA [*138*] ebenfalls mit stereospezifischen Katalysatoren zu einem linearen hochkristallinen Polypropylen polymerisiert werden [*131*]. Entsprechend der isotaktischen Natur der Molekülanordnung erweist sich das Produkt in der UR-Absorption sehr verschieden von einem amorphen Polymeren mit regelloser Anordnung der Monomereinheiten (Abb. 2).

Ähnliches gilt auch für die Spektren des üblichen Polystyrols und eines Polystyrols mit isotaktischer Struktur [*130*] (Abb. 4). Im Ultrarotspektrum von kristallinem, isotaktischem Polystyrol sind 4 Banden (920, 898, 1080 und

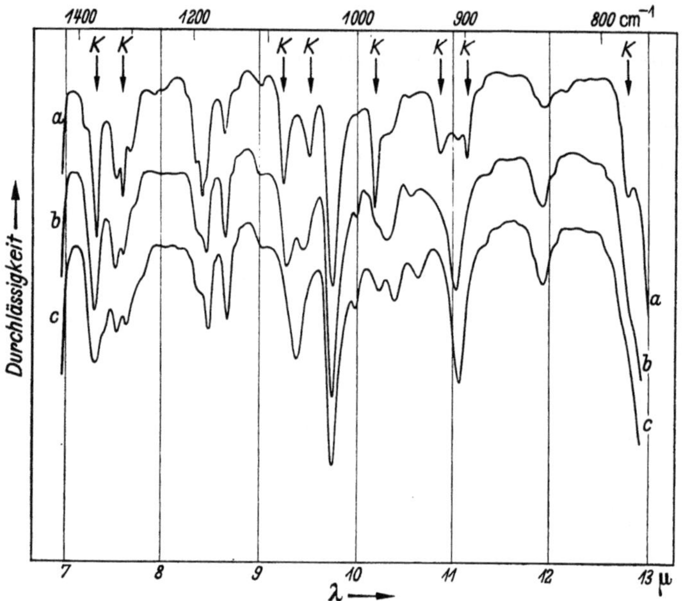

Abb. 31. Teilspektrum von Polystyrol
a) Partiell-kristalline isotaktische Modifikation;   b) Amorphe isotaktische Modifikation (aus der Schmelze abgeschreckt);   c) Amorphe ataktische Modifikation

1048 cm^{-1}) zu erkennen, die in schwächerer Intensität im Spektrum von abgeschrecktem isotaktischem Polystyrol wiederkehren, jedoch im konventionellen, ataktischen Polystyrol fehlen [*15*]. Die Kristallstruktur ermöglicht eine Wechselwirkung zwischen den Molekeln zweier benachbarter Helixwendeln, was in den 4 Banden (CH$_2$-, CH- und C—C-Schwingungen) erkennbar ist. Da abgeschrecktes isotaktisches Polystyrol diese Absorptionen in geschwächter Intensität zeigt, wird vermutet, daß in den amorphen Bereichen die Helixstruktur vorgebildet ist (Abb. 31). Die Ergebnisse der UR-spektroskopischen Untersuchung und der Dichtemessungen an mittels ZIEGLER-Katalysatoren hergestellten Poly-p-methylstyrol und Poly-m-methylstyrol sowie an den entsprechenden ataktischen Verbindungen lassen vermuten, daß die beiden Polymethylstyrole isotaktische Polymere mit vorgebildeter Helixstruktur sind, wobei jedoch die Kristallisation durch die Substituenten erschwert ist [*15, 191, 124*].

Mit der spektroskopischen Unterscheidungsmöglichkeit von ataktischen, syndiotaktischen und isotaktischen Polymethacrylaten befassen sich BAUMANN,

SCHREIBER und TESSMAR [6]. Die Spektren von stereospezifischen Polymerisaten aus Vinyläthern geben NATTA und Mitarbeiter [132].

Die Herstellung und Struktur von Polymerisationsprodukten des Hexin-1 beschreiben NATTA und Mitarbeiter. Es handelt sich um lineare Polymere mit einer Folge von konjugierten Doppelbindungen mit trans-Konfiguration der Butylreste [136].

Die UR-Absorption von Polyvinylchlorid, das bei tiefer Temperatur ($-80\,^\circ\mathrm{C}$) polymerisiert wurde, zeigt Unterschiede gegenüber einem konventionell hergestellten Produkt. Nach KRIMM und LIANG sollten nur 2 C—Cl—-Valenzschwingungen bei 615 und 692 cm^{-1} auftreten, während bei Tieftemperaturpolymerisaten zusätzlich weitere Banden bei 635 cm^{-1} und 605 cm^{-1} beobachtet wurden. Diese 635 cm^{-1}-Schwingung soll nach GRISENTHWAITE und HUNTER [57, 58] der kristallinen syndiotaktischen Modifikation entsprechen. Diese Zuordnung steht jedoch etwas in Widerspruch zu den spektroskopischen Aussagen von KRIMM und Mitarbeitern [96, 95] über die kristalline Modifikation von PVC.

4.13.6 Orientierung und Kristallinität

a) Kristallinität. Die Bestimmung der kristallinen und amorphen Anteile eines Polymeren ist für die Betrachtung des Molekülaufbaus und für die technologische Beurteilung von großer Wichtigkeit. Neben der Röntgenmethode gewinnt die spektroskopische Bestimmung der Kristallinität immer mehr an Bedeutung. Entsprechend der partiell-kristallinen Natur eines Polymeren kann das Absorptionsspektrum als eine Überlagerung von Spektren der kristallinen und amorphen Bereiche angesehen werden. Die im kristallinen Zustand möglichen Schwingungen werden durch die Symmetrie der Kettenanordnung in der kristallinen Zelle bestimmt und unterliegen bestimmten Auswahlregeln. Die „amorphen" Banden stammen von der Vielfalt der in den amorphen Bereichen möglichen Rotationsisomeren von Kettensegmenten (KRIMM und LIANG [92, 95a]).

Da es im allgemeinen nicht möglich ist, den zu untersuchenden Stoff in einen völlig amorphen bzw. kristallinen Zustand zu bringen, ist es nötig, die Absorptionsintensitäten der „amorphen" und „kristallinen" Banden zu eichen. Die Kalibrierung der Intensitätsskala kann an Hand von Dichtemessungen erfolgen. Während die Dichte des rein kristallinen Zustandes aus den Abmessungen der Röntgenzelle des Kristalls annähernd berechnet werden kann, muß der Dichtewert des amorphen Materials durch Extrapolation experimentell ermittelt werden. Falls im Spektrum eines Polymeren einzelne Banden nur dem kristallinen, andere Banden nur dem amorphen Zustand zugeordnet werden können, ergibt sich eine völlig unabhängige Methode für die Kristallinitätsbestimmung. Aus dem linearen Zusammenhang zwischen der Intensität der „kristallinen" und „amorphen" Banden und der Dichte kann auf die jeweilige Null-Intensität extrapoliert werden (Abb. 33). Man erhält so Werte für die rein kristalline bzw. amorphe Dichte von partiell-kristallinen Polymeren. Allgemeine Fragen der spektroskopischen Kristallinitätsbestimmung diskutiert NICHOLS [143]. MILLER und WILLIS [118] zeigten vor allem die Vorteile der Kristallinitätsbestimmung aus der Intensität „amorpher" Banden auf.

Für die spektroskopische Bestimmung der Kristallinität von Polyäthylenen hat das Dublett bei 720/730 cm^{-1} besonderes Interesse gefunden. Das Auftreten des Dubletts wird einer Wechselwirkung der Methylengruppen in langkettigen Paraffinen und Polyäthylenen im kristallinen Zustand zugeschrieben [185]. Oberhalb des Schmelzbereiches verschwindet die Absorption bei 730 cm^{-1} und erscheint nach dem Abkühlen wieder. Offenbar ist die Intensität beider Banden

vom Ordnungsgrad der Molekülketten abhängig [93]. Aus dem Quotienten der Extinktion der 730 cm^{-1} Bande, die der rein kristallinen Form zugeschrieben wird und der „amorph-kristallinen" Absorptionsbande bei 720 cm^{-1} läßt sich eine Meßzahl für die Kristallinität berechnen. Da die Intensität dieser Absorptionsbanden nicht nur vom Ordnungsgrad, sondern auch von der Orientierung der Molekülketten abhängig ist, ist eine strenge Trennung zwischen beiden Einflüssen auf die Absorptionsintensität sehr schwierig [86, 203, 183, 26, 80, 82, 172, 144]. Neben der geometrischen Separierung der sich überlappenden Banden erfordert diese Bestimmungsmethode sehr kleine Schichtdicken. SCHNELL [65a] benützt zur Kristallinitätsbestimmung eine Beziehung, in der die Intensität der rein kristallinen Absorption bei 1894 cm^{-1} [144] und der rein amorphen Bande bei 1300 cm^{-1} [118, 146] eingeht (Abb. 26 und 32). Die beiden Absorptionen erscheinen im Spektrum hinreichend isoliert, um eine quantitative Auswertung zu ermöglichen, und erlauben die Verwendung von Proben mit Schichtdicken bis zu 500 μ. Mit steigender Temperatur nimmt die Intensität der kristallinen Absorption ab und verschwindet beim Aufschmelzen der letzten kristallinen Bereiche. Gleichzeitig erfolgt in dem Maße, wie eine Überführung der kristallinen Bereiche in den ungeordneten Zustand eintritt, ein Ansteigen der Intensität der amorphen Absorption bei 1300 cm^{-1} (und bei 1370 und 1350 cm^{-1}).

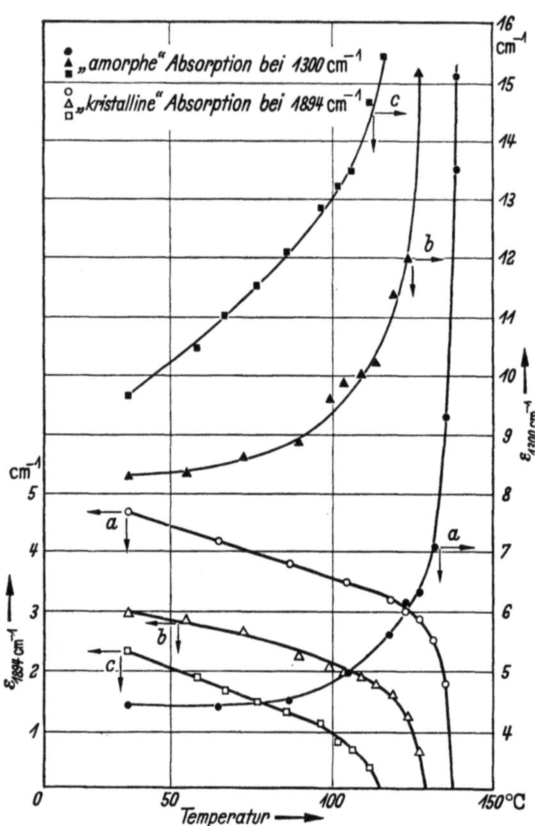

Abb. 32. Änderungen der „kristallinen" (1894 cm^{-1}) und der „amorphen (1300 cm^{-1}) Polyäthylenabsorption mit der Temperatur (SCHNELL, [172])

a) Linearpolyäthylen: 1,5 CH$_3$/1000 C; b) Wenig verzweigtes Polyäthylen: 12 CH$_3$/1000 C; c) Stark verzweigtes Polyäthylen: 28 CH$_3$/1000 C

In Abb. 33 sind nun die Extinktionswerte der 1894 cm^{-1}- und der 1300 cm^{-1}-Bande gegen das spezifische Volumen der bei Raumtemperatur untersuchten Proben aufgetragen. Die Darstellung zeigt, daß die Extinktion der amorphen Absorption (ε_A) mit steigendem, die Extinktion der kristallinen Absorption (ε_K) mit fallendem spezifischen Volumen linear zunimmt. Der Schnittpunkt der ε_K-Geraden mit der Abszissenachse, also für $\varepsilon_K = 0$, führt zum spezifischen

Volumen eines völlig amorphen Polyäthylens $v_A = 1,15$ cm³/g bei Raumtemperatur. Analog führt die Extrapolation der amorphen Absorption auf $\varepsilon_A = 0$, also auf ein hypothetisches, völlig kristallines Polyäthylen, zum spezifischen Volumen $v_K = 1,00$ cm³/g.

Der Extinktionswert K der kristallinen Absorption beim kristallinen „Grenzvolumen" V_K, bei dem die amorphe Absorption Null ist, stellt die maximal mögliche Extinktion für ein völlig kristallines Polyäthylen dar. Analog ergibt sich der Extinktionswert A für ein völlig amorphes Polyäthylen. Die extrapolierte Absorptionsintensität $\varepsilon_A = A$ für ein bei Raumtemperatur völlig amorphes Produkt stimmt bei Berücksichtigung der Dichte einer Polyäthylenschmelze überraschend gut mit dem an der Schmelze gemessenen Absorptionswert überein. Die Extinktion der kristallinen Absorption ε_K kann also

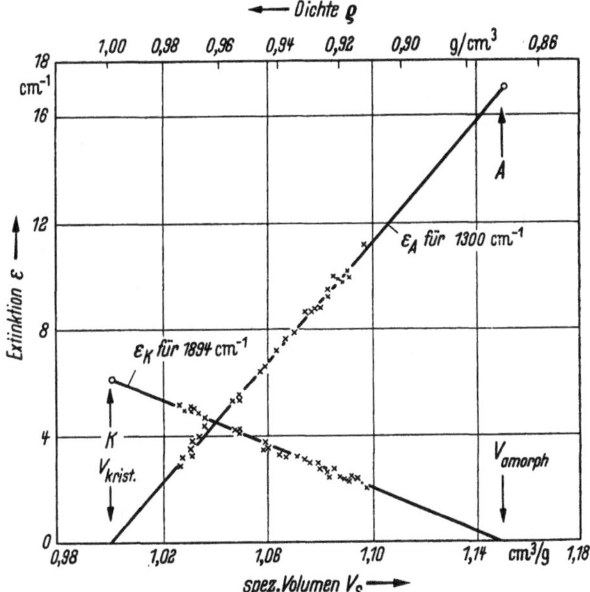

Abb. 33. Zusammenhang zwischen der Extinktion der kristallinen Absorption ε_K bei 1894 cm⁻¹ und der amorphen Absorption ε_A bei 1300 cm⁻¹ und dem spezifischen Volumen bei Raumtemperatur (nach [65a])

proportional zu dem kristallinen Anteil X und die Extinktion von ε_A der amorphen Absorption proportional zu dem amorphen Anteil $(1 - X)$ angesetzt werden:

$$\varepsilon_K = K \cdot X; \qquad \varepsilon_A = A \cdot (1 - X). \tag{1}$$

Die Proportionalitätskonstanten A und K in diesen Gleichungen ergeben sich als die Extinktionswerte für völlig amorph bzw. völlig kristallin gedachtes Material. Dies ermöglicht eine unabhängige spektroskopische Kristallinitätsbestimmung. In der Spektroskopie ist es zweckmäßig, als Meßgröße den Quotienten zweier Extinktionen zu verwenden, da durch die Quotientenbildung die Ergebnisse weitgehend von experimentellen Bedingungen wie Schichtdicke der Probe, Dichte und deren Temperaturabhängigkeit unabhängig werden. Die Zusammenfassung der beiden Gleichungen führt zu einer einfachen Beziehung zwischen Meßgröße $D = \varepsilon_K/\varepsilon_A$ und der Kristallinität X in Prozenten:

$$X(\%) = \frac{D}{D + \dfrac{K}{A}} \cdot 100. \tag{2}$$

Der Verzweigungsgrad der untersuchten PHILLIPS-, ZIEGLER-, Hochdruckpolyäthylene, Polyäthylenmischungen, Copolymeren aus Äthylen und Butylen bzw. Propylen variierte von 1 bis 45 CH₃-Gruppen pro 1000 Kettenatome, und die Dichte der unterkühlten und nachgetemperten Proben von 0,91 bis 0,97 g/cm³.

Nach den spektroskopischen und röntenographischen Untersuchungen von SCHNELL und HENDUS [65a] besteht zwischen den Streuintensitäten bzw. Extinktionen der kristallinen und amorphen Bereiche und dem spezifischen Volumen von Polyäthylen eine lineare Beziehung. Die Extrapolation der mit der amorphen Polyäthylenphase gekoppelten Meßwerte auf den Wert Null führte bei beiden Methoden übereinstimmend auf die Dichte 1,00. Dieser Wert stimmt sehr gut mit der aus Röntgenmessungen berechneten Dichte des kristallinen Polyäthylens überein. Anders verhält es sich mit den aus der Extrapolation der kristallinen Streuintensität bzw. Extinktion sich ergebenden Dichtewerten des amorphen Polyäthylens, die mit 0,862 und 0,870 etwas voneinander abweichen. Diese Abweichung könnte damit zusammenhängen, daß röntgenographisch die Integralintensität der Kristallreflexe gemessen wurde, während spektroskopisch die aus der Höhe der kristallinen Bande ermittelte Extinktion und nicht die integrale Extinktion als Maß für den kristallinen Anteil verwendet wurde. Letztere kann wegen der Kleinheit der Absorptionsbande nicht einwandfrei bestimmt werden.

Die mit den beiden Methoden gewonnenen Ergebnisse stimmen untereinander relativ gut überein, wobei zu berücksichtigen ist, daß bei jeder der Methoden die Wechselwirkung der verwendeten Strahlung mit der Polyäthylenmaterie eine andere ist. Die Kristallinität der verschiedenen Polyäthylene liegt nach den vorliegenden Messungen ebenfalls weit unter den bisher allgemein angegebenen Werten, wie aus Tab. 1 hervorgeht, die einige Meßergebnisse an Polyäthylenen der drei wichtigsten Herstellungsverfahren wiedergibt.

Tabelle 1. *Kristallinität verschiedener Polyäthylene, gemessen nach verschiedenen Verfahren*

Herstellungsverfahren des Polyäthylens	Dichte [g/cm³]	Verzweigungsgrad CH₃/1000 C	Kristallinität [%] gemessen nach		
			üblichem Verfahren[1]	Röntgen-Verfahren [65a]	IR-Verfahren [65a]
Phillips	0,960	~ 1	92	74	72
Ziegler	0,965	~ 1	93	78	76
	0,950	~ 4	88	68	65
Hochdruck	0,935	~12	82	57	53
	0,918	~28	70	45	40

[1] Matthews, I. L., H. S. Peiser u. R. B. Richards: Acta Crystallogr. [London] 2 (1949) S. 85.

Die neue Auswertung ergibt bei beiden Methoden unmittelbar einen linearen Zusammenhang zwischen der Kristallinität von Polyäthylen und dem spezifischen Volumen bzw. der reziproken Dichte. Zu bemerken ist, daß sich in den linearen Zusammenhang zwischen der Kristallinität und der reziproken Dichte von Polyäthylen alle die Dichte bestimmenden Einflüsse wie Verzweigung, Molekulargewicht und Molekulargewichtsverteilung zwanglos einfügen.

Propylen kann nach Natta [139] mit stereospezifischen Katalysatoren vom Ziegler-Typ zu einem linearen, hochkristallinen Polypropylen polymerisiert werden. Das UR-Spektrum eines kristallinen Polypropylens ist im Wellenzahlenbereich 800 bis 1500 cm⁻¹ durch eine große Zahl sehr scharfer Banden gekennzeichnet [138] (1328, 1304, 1255, 1167, 1103, 1045, 998, 940, 900, 841, 808). Amorphes Polypropylen (Ätherextrakt des Rohproduktes) besitzt in diesem Wellenzahlenbereich nur zwei starke Banden bei 1168 und 973 cm⁻¹ und einen breiten Absorptionsrücken zwischen 750 und 900 cm⁻¹ mit Maxima bei 815 und 890 cm⁻¹ (Abb. 2). Die kristallinen Absorptionsbanden, die den im Kristallverband festgelegten stabilen Drehungsisomeren zugeschrieben werden, ver-

schwinden beim Aufschmelzen der kristallinen Bereiche im Temperaturbereich
170 bis 190 °C, so daß das Spektrum eines aufgeschmolzenen isotaktischen, Isomeren dem eines bei Raumtemperatur amorphen Produktes entspricht. Der
Kristallinitätsgrad kann aus der Temperaturabhängigkeit der Intensität der
amorphen Banden bei 790 cm^{-1} bestimmt werden (POKROWSKIJ und WOLKEN-
STEIN [152]). Eine weitere Möglichkeit besteht darin, die Absorptionsintensität
der intensiven kristallinen Banden bei 998 und 841 cm^{-1} mit der Dichte der

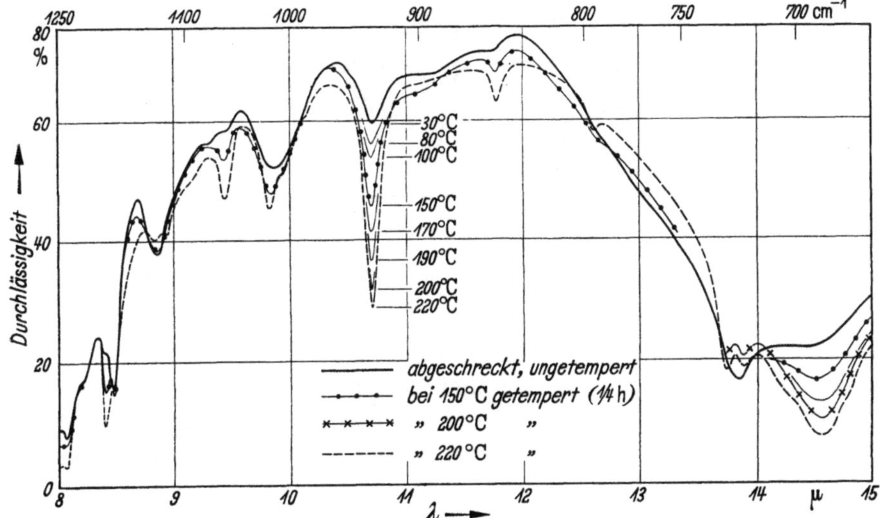

Abb. 34. Teilspektrum von NYLON-6,10. Veränderung der (kristallinen und amorphen) Absorptionsbanden
mit der Temperungstemperatur. Registriert bei Raumtemperatur (nach [172])

jeweiligen partiell-kristallinen Probe zu eichen. Um die Ungenauigkeit der
Schichtdickenbestimmung zu umgehen, kann der Quotient aus der kristallinen
Bande und der Bezugsbande bei 1045 cm^{-1} als Maßzahl für die Kristallinität
herangezogen werden [155, 65].

Die verschiedenen Polyamide weisen im Absorptionsspektrum bei 850 bis
860 cm^{-1} eine Absorptionsbande auf, die der kristallinen „Phase" zuzuordnen ist.
Die amorphe Bande findet sich im Gebiet zwischen 1120 und 1170 cm^{-1}
(Abb. 34). Da die Halbwertsbreite der kristallinen Bande beim Tempern der
anfänglich abgeschreckten Proben abnimmt, wird für die Intensitätsbestimmung
die Integration der Bandenfläche vorgeschlagen. Die Verschärfung der kristallinen
Bande ist auf zunehmende Vergrößerung der Kristallitgröße mit steigender
Temperungstemperatur zurückzuführen [182]. SCHNELL (vgl. [65a]) untersuchte
Ordnungszustände von Polycaprolactam in Abhängigkeit von der thermischen
Vorgeschichte. Er zeigt, daß den Zuständen amorph, pseudokristallin und
kristallin spezifische Absorptionsbilder entsprechen. Aus der Intensität gewisser
Banden kann der jeweilige „Phasenanteil" errechnet werden. Gleiches gilt für
die übrigen Polyamide. Die spektroskopischen Ergebnisse sind mit denen der
Röntgen- und der mechanisch-dynamischen Untersuchungen in Einklang.
SANDEMAN und KELLER bestimmten auf einem ähnlichen Weg die Kristallinität
von verstreckten Polyamiden [165]. Einen der Temperatur ähnlichen Nach-
kristallisationseffekt auf ein abgeschrecktes Polyamid hat eine Behandlung der
Proben mit guten Lösungsmitteln, wie Kresol oder Ameisensäure. Die Lösungs-

mittelmoleküle bewirken als „molekulare Schmiermittel" ein Beweglichwerden der Ketten in den amorphen Bereichen und ermöglichen eine Nachkristallisation bei normaler Temperatur ([*120a*]).

KRIMM, LIANG und SUTHERLAND [*89, 94*], die eine ausführliche Strukturanalyse von Polyvinylalkohol geben, ordnen der 1145 cm^{-1}-Absorption eine C—O—C—-Schwingung zu (Abb. 35). Die Ätherbrücke soll durch Vernetzungsreaktionen der Molekülketten bei höheren Temperaturen gebildet werden. Um-

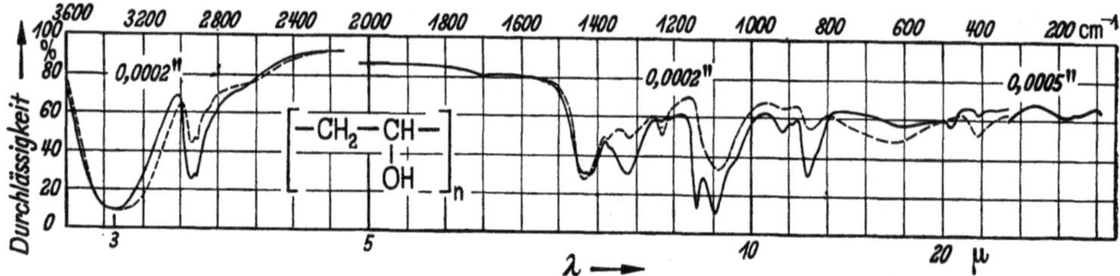

Abb. 35. UR-Spektrum einer orientierten Polyvinylalkoholfolie (nach [*94*])
Ausgezogene Kurve: Elektrischer Vektor senkrecht zur Streckrichtung; **gestrichelte Kurve:** Elektrischer Vektor parallel zur Streckrichtung

fangreiche Untersuchungen, vor allem von HAAS [*59*] und TADOKORO [*195*] an orientierten und deuterierten Proben und theoretische Überlegungen geben jedoch eindeutige Hinweise dafür, daß die der 1145 cm^{-1}-Bande zugehörige Molekülschwingung (C—C—-Kettenschwingung) mit der Kristallisation zusammenhängt.

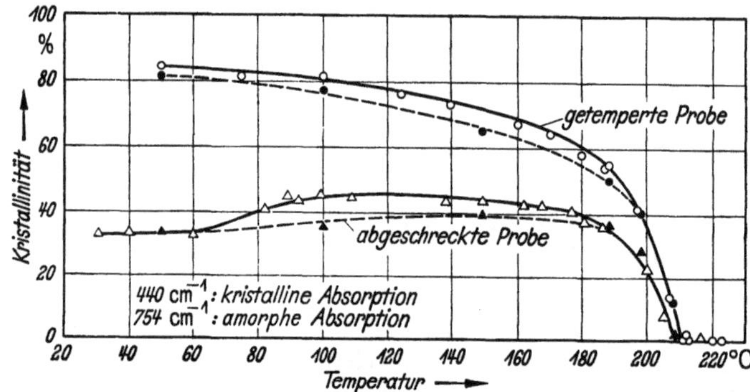

Abb. 36. Änderung der Kristallinität von Polytrifluorchloräthylen mit der Temperatur (nach [*115*])
○ △ spektroskopische Bestimmung; ● ▲ calorimetrische Bestimmung

Das Verhältnis des kristallin-amorphen Anteils in Polytrifluorchloräthylen [*108*] kann nach MATSUO [*114, 115, 69*] aus dem Intensitätsverhältnis der Banden bei 440 cm^{-1} (kristallin) und 745 cm^{-1} berechnet werden (Abb. 36). Die so errechneten Werte stehen in guter Übereinstimmung mit Messungen der spezifischen Wärme. Weitere „kristalline" Banden finden sich bei 490 und 1290 cm^{-1}. Für Kristallinitätsbestimmung an Polytetrafluoräthylen ziehen MILLER und WILLIS [*118*] die amorphe Bande bei 770 cm^{-1} heran. Die Bandenintensität im Spektrum des geschmolzenen Polytetrafluoräthylens wird hierbei als Maß für ein 100%ig amorphes Material verwendet. Die Schichtdicke der Probe kann aus der Absorption bei 2500 cm^{-1}, einer Oberschwingung der intensiven CF$_2$-Valenzschwingung, berechnet werden.

Kautschuk [*189, 159, 120, 68, 166*] ist bei Zimmertemperatur amorph und kann durch Abkühlen auf $-20\,°C$ in einen partiell-kristallinen Zustand übergeführt werden. Dabei wird eine beträchtliche Intensitätszunahme der Banden bei 1130 und 840 cm^{-1} beobachtet. Ein ähnlicher Intensitätsanstieg ist beim Verstrecken der Proben zu sehen, der ebenfalls auf eine Kristallisation zurückzuführen ist. Aus dem dichroitischen Verhalten der C=C—-Valenzschwingung bei 1665 cm^{-1} läßt sich die Ausrichtung der Kristallite parallel zur Streckrichtung erkennen. Bei Guttapercha ist die Änderung im UR-Spektrum beim Übergang vom amorphen in den teilkristallinen Zustand noch ausgeprägter als beim Kautschuk. Die bei der Kristallisation im Gebiet 700 bis 900 cm^{-1} neu entstehenden Banden der α- und β-Modifikation können zur Kristallinitätsbestimmung (SUTHERLAND und JONES [*189*], SAUNDERS und SMITH [*166*]) herangezogen werden. Nach CHECKLAND und DAVISSON soll der kristallinen bzw. amorphen Phase von Kautschukhydrochlorid eine gauche- bzw. trans-Konfiguration der C—Cl—-Gruppierung zukommen. Die entsprechenden Änderungen im Absorptionsspektrum ermöglichen ebenfalls eine Kristallinitätsbestimmung. Polychloropren, das bei $-40\,°C$ polymerisiert wurde, zeigt als schnell kristallisierendes Produkt im Absorptionsbereich 550 bis 1000 cm^{-1} verhältnismäßig scharfe Banden bei 578, 781, 955 cm^{-1}, die im Spektrum eines nichtkristallinen Produktes, welches bei $+40\,°C$ hergestellt wurde, fehlen. Wird dieses Produkt jedoch auf 800 bis 1000% seiner ursprünglichen Länge gedehnt, so erscheinen infolge der durch die Orientierung der Molekülketten ermöglichten Kristallisation obige kristalline Banden. Entspannung der gedehnten Probe oder Erwärmung der kristallinen Probe auf 50 °C bringt diese Banden wieder zum Verschwinden (MOCHEL und HALL [*121*], MAYNARD und MOCHEL [*116*]).

Polyäthylenterephthalat [*201, 107, 175, 117, 56*] (Abb. 21) ist im abgeschreckten Zustand amorph und kann durch Verstrecken oder durch Tempern oberhalb 100 °C in einen partiell-kristallinen Zustand übergeführt werden. Die UR-Spektren von amorphen und partiell-kristallinen Proben unterscheiden sich wesentlich voneinander, wobei die spektroskopischen Unterschiede bei solchen Banden zu finden sind, die CH_2- oder CO-Gruppen zugeordnet werden können. WARD [*211*] nimmt daher an, daß die unterschiedlichen Spektren durch eine verschiedene Anordnung der $-O-CH_2-CH_2-O-$-Gruppen verursacht werden. In den kristallinen Bereichen soll eine trans-, in den amorphen Gebieten die gauche-Konfiguration vorliegen. Diese Annahmen werden gestützt durch Röntgen- und UR-Untersuchungen an zyklischen und linearen Oligomeren. Der trans-Gruppierung entsprechen Banden bei 1470, 1340, 1120, 975 und 850 cm^{-1}, zur gauche-Form gehören Banden bei 1445, 1370, 1110, 1045 und 900 cm^{-1}. COBBS und BURTON [*30*] bestimmten die Kristallinität von TERYLEN mit Hilfe der Absorptionsbande bei 975 cm^{-1}, die der trans-Konfiguration und somit der kristallinen Phase entspricht. Die Absorptionsintensität letzterer Bande ändert sich mit steigender Temperatur sehr stark. Das Intensitätsverhältnis dieser und der wenig veränderlichen Bande bei 795 cm^{-1} ergibt eine lineare Beziehung zur Dichte des Materials, aus der der Kristallinitätsgrad in Abhängigkeit von der Temperatur oder vom Reckgrad berechnet werden kann. Für Kristallinitätsbestimmungen ist es zweckmäßig, den Quotienten zweier Banden zu benützen, da dadurch die Bestimmungsmethode unabhängig von der verwendeten Schichtdicke der Folie wird. MILLER und WILLIS [*118*] bestimmten den amorphen Anteil aus der amorphen Bande bei 898 cm^{-1}, wobei die Intensität im aufgeschmolzenen Zustand als Eichpunkt für ein 100%ig amorphes Material angesehen wird. Die Arbeit enthält auch Hinweise für die Kristallinitätsbestimmung an orientierten Proben. THOMPSON und WOODS [*199*] bestimmten die Kristallinität aus dem Verhältnis der Banden bei 898 und 875 cm^{-1} unter Heranziehung entsprechender Dichtemessungen.

Über spektroskopische Untersuchungen an Cellulose berichten TSUBOI [*207*], MARRINAN und MANN [*113, 112, 22*]. Aus Deuterierungsversuchen schließen die Autoren, daß die OH-Gruppen in den kristallinen gegenüber in den amorphen Bereichen unverändert bleiben [*209*]. Der Quotient aus der Extinktion der OH- (3360 cm^{-1}) und OD-Schwingungen (2530 cm^{-1}) steht nach der Deuterierung in linearer Abhängigkeit zum prozentualen kristallinen Anteil.

Das Spektrum des isotaktischen Polystyrols ist gegenüber dem eines ataktischen Produktes durch eine Aufspaltung der „amorphen" Banden bei 906 und 1070 cm^{-1} gekennzeichnet. (Abb. 4 und 31) Die spektralen Intensitätsänderungen der „kristallinen" Absorptionen bei 920, 898 und 1080, 1048 cm^{-1} werden mit der Änderung des molekularen Ordnungszustandes in Abhängigkeit von der Temperatur–Zeit-Vorgeschichte in Zusammenhang gebracht. Die Aufspaltung selbst ist gegeben durch die Wechselwirkung benachbarter Helixmoleküle in der kristallinen Phase [*190, 124, 191, 15*].

b) Orientierung der Molekülketten bei Verstreckung. Die Kettenmoleküle eines hochpolymeren Stoffes können durch Zug oder Druck eine mehr oder weniger gute Ausrichtung längs einer Vorzugsrichtung erfahren. Die Absorptionsintensität spezieller Absorptionsbanden hängt vom Neigungswinkel zwischen der Vorzugsrichtung und der Richtung des elektrischen Vektors der erregenden Strahlung ab. Wenn die Schwingungsrichtung des oszillierenden Momentes der absorbierenden Atomgruppe bezüglich der Molekülkette bekannt ist, ermöglichen UR-Untersuchungen mit polarisiertem Licht die Güte der Orientierung der Molekülketten zu bestimmen. Da manche Schwingungen nur im Gitterverband auftreten, andere nur der amorphen Phase zuzuordnen sind, ist es grundsätzlich möglich, die Orientierung der Kettensegmente sowohl in der amorphen als auch in der kristallinen Phase zu erfassen. Als Meßgröße für den Orientierungseffekt dient das dichroitische Verhältnis ϑ, definiert als das Verhältnis der Extinktionen einer Bande für parallel (ε_π) und senkrecht (ε_σ) zur Vorzugsrichtung einfallende polarisierte Strahlung ($\vartheta = \varepsilon_\pi/\varepsilon_\sigma$). Die mathematische Behandlung des UR-Dichroismus geben FRASER [*46*], BEER [*9*], KELLER und SANDEMAN [*86*], AMBROSE, ELLIOTT und TEMPLE [*3*], STEIN und NORRIS [*183*], TOBIN und CARRANO [*203*]. In teilorientierten Proben läßt sich das dichroitische Verhältnis so interpretieren, als enthalte die Probe einen Anteil f Moleküle, die vollständig orientiert sind und einen Anteil $(1 - f)$, die völlig unorientiert sind. Dieser die Orientierungsgüte charakterisierende Faktor f kann mit einem mittleren Orientierungswinkel in Zusammenhang gebracht werden, unter dem in einer gedachten Probe alle Kettenmoleküle einheitlich orientiert sein müßten, damit dasselbe dichroitische Verhältnis auftritt.

Die Orientierung der Molekülketten in Polyäthylenen bei Kalt- und Warmverformung war Gegenstand vielfacher spektroskopischer Untersuchungen. Die

Arbeiten von KELLER und SANDEMAN [*86*], TOBIN und CARRANO [*203*], STEIN [*184*] und von KAISER [*81*] basieren auf dem dichroitischen Verhalten des CH_2-Dubletts bei 720/730 cm^{-1}. Nach UR-Untersuchungen an n-Paraffin-Einkristallen von KRIMM [*91*] und von STEIN [*185*] ist die 720 cm^{-1}-Komponente längs der *b*-Achse der Polyäthyleneinheitszelle polarisiert, während die Bande bei 730 cm^{-1} einer Schwingung parallel der *a*-Achse zuzuordnen ist. Neben dem Orientierungsverhalten beeinflußt das jeweilige kristallin-amorphe Verhältnis der Polyäthylenprobe die Absorptionsintensität dieses Bandenpaares. Durch die Überlagerung der beiden Effekte ist es schwer, streng zwischen dem Einfluß der Kristallinität

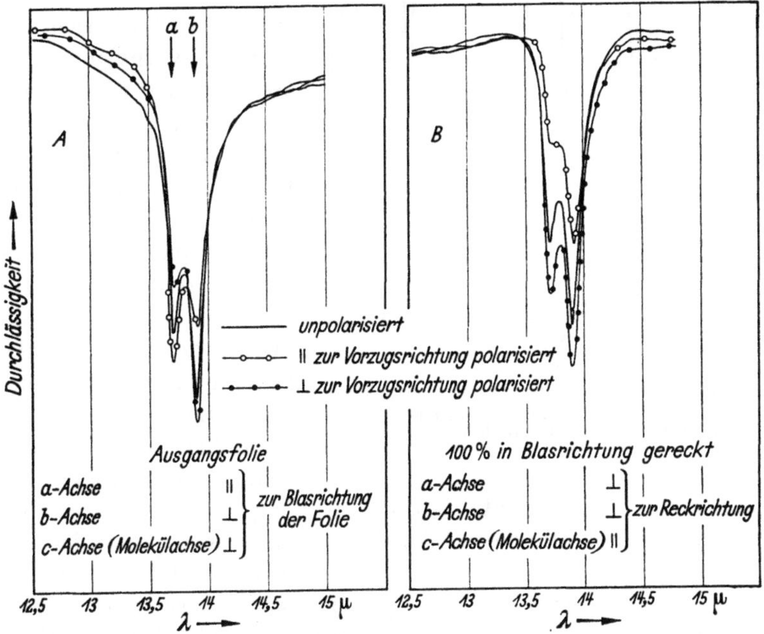

Abb. 37. 13,7/13,9 μ-Dublett im Spektrum eines orientierten Polyäthylenfilmes (nach [*172*])
A) Technische Blasfolie; B) Blasfolie parallel zur Vorzugrichtung um 100% gereckt
a, b Kristallachsen der Polyäthylenelementarzelle senkrecht zur Molekülachse c

und der Orientierung zu unterscheiden. Hierin dürften die Gründe für die sich widersprechenden Aussagen von STEIN und NORRIS und KAISER bezüglich der Änderung der Kristallinität beim Verstrecken zu suchen sein. Aus dem dichroitischen Verhalten des Bandenpaares bei 720/730 cm^{-1} läßt sich in Abhängigkeit von Temperatur und Reckgrad die Einstellung der Molekülketten mehr oder weniger parallel zur Molekülachse verfolgen. Beim Tempern des gestreckten Materials bei 100 °C erfolgt eine Umorientierung der Molekülketten, wobei die *c*-Achse der Röntgenzelle (Fadenachse) senkrecht, die *a*-Achse parallel zur ursprünglichen Reckrichtung verläuft. Diese Neuorientierung der Molekülketten, die aus dem Auftreten der 730 cm^{-1}-Bande als π-Komponente nach dem Tempern zu ersehen ist, ist auch bei technisch erzeugten Polyäthylenfolien zu finden (KRIMM [*91*]) (Abb. 37). Obigen Arbeiten ist weiter zu entnehmen, daß der Ordnungsgrad der Molekülketten in den amorphen Bereichen weit geringer ist als in den kristallinen Bezirken. Das stark dichroitische Verhalten der beiden

Kombinationsschwingungen bei 1895 cm^{-1} (σ) und 2016 cm^{-1} (π) ist besser geeignet, Kristallinität und Orientierung von verstreckten Polyäthylenen getrennt zu erfassen (SCHNELL [171]). (Abb. 38). Dabei ist die Bande mit dem σ-dichroitischen Verhalten auf Schwingungen in den kristallinen Bereichen, die π-Bande auf Schwingungen sowohl in kristallinen als auch in amorphen Bereichen zurückzuführen. In hochorientierten linearen Polyäthylenen (Reckgrad 700 bis 1000 %) ist die π-Komponente der 1895 cm^{-1}-Bande und die σ-Komponente der kristallin-amorphen Bande bei 2016 cm^{-1} nahezu verschwunden. Die entsprechenden anderen Komponenten zeigen eine Intensität, die nahe an den theoretischen Wert, wie er einer idealen Orientierung entspricht, kommt. Bei verzweigtem Polyäthylen (Reckgrad 300 %) ist die Orientierung weniger ausgeprägt (Abb. 39).

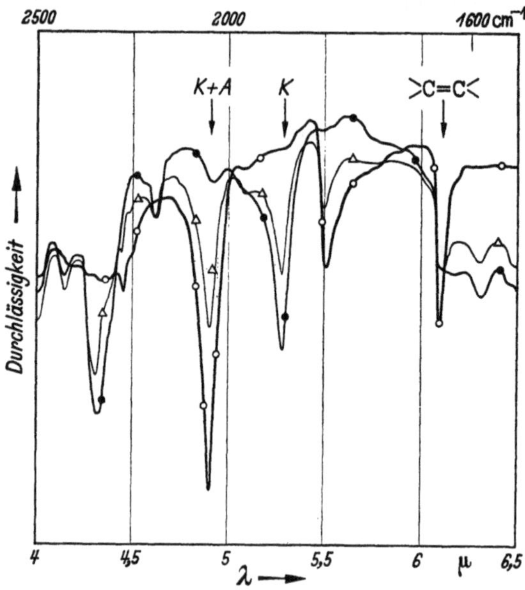

Abb. 38

Teilspektrum eines gereckten linearen Polyäthylens (850 %)
△ unpolarisiert;   o parallel zur Reckrichtung polarisierte Strahlung;   ● senkrecht zur Reckrichtung polarisierte Strahlung

Temperungsversuche an orientierten Polyäthylenproben zeigen, daß die Orientierung in linearen Polyäthylenen bis nahe an den Schmelzpunkt der kristallinen Bereiche bestehenbleibt, während sie bei verzweigten Polyäthylenen, entsprechend dem kontinuierlichen Aufschmelzen der kristallinen Bereiche, mit steigender Temperatur zurückgeht. Die Auswertung der unpolarisierten Komponenten der kristallinen Bande bei 1895 cm^{-1} und der amorphen Bande bei 1300 cm^{-1} läßt nach SCHNELL [172] in Übereinstimmung mit STEIN [184] und im Gegensatz zu den Arbeiten von KAISER [81] keine Änderung der Kristallinität beim Verstreckvorgang erkennen.

Die Orientierung der Molekülketten von Polyvinylalkohol in einfach und zweifach orientierten Folien bestimmten ELLIOTT, AMBROSE und TEMPLE [40], ferner GLATT, WEBBER, SEAMAN und ELLIS [49], KRIMM, LIANG

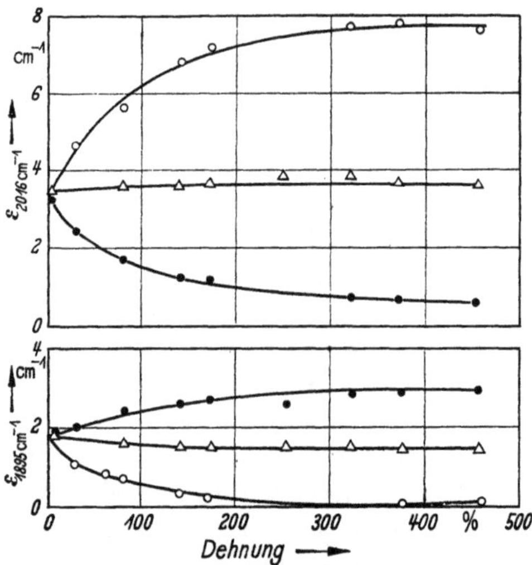

Abb. 39

Dichroitisches Verhalten der Absorption 1895 und 2016 cm^{-1} eines verzweigten Polyäthylens (nach [172])
△ unpolarisiert; o parallel polarisiert; ● senkrecht polarisiert

und Sutherland [*94*], Haas [*59*] und Hanle [*61*]. Die genannten Autoren studierten neben der Kettenorientierung speziell die Einstellung der Wasserstoffbrückenbindungen der OH-Gruppe aus den Absorptionen der Hydroxyl-Valenz- und Deformationsschwingungen bei 3200 bis 3400 cm^{-1} und bei 1100 cm^{-1} (Abb. 35). Weitere Untersuchungsergebnisse mit polarisiertem Licht im Zusammenhang mit Röntgenuntersuchungen geben Tadokoro, Seki und Nitta [*194, 193*].

Bei Polyamiden interessiert neben der Molekülorientierung vor allem die Einstellung der C=O $\cdots$ H-N-Gruppierung zur Molekülachse. Die strukturelle Verwandtschaft der Polyamidketten mit Polypeptidketten läßt hierbei wichtige Rückschlüsse und Parallelen zur Struktur und Molekülordnung in Proteinen erkennen. Beiträge sind bei Elliott, Ambrose und Temple [*40*], Glatt und Ellis [*50*], Quynn und Steele [*156*], Tobin und Carrano [*204*], Sandeman und Keller [*165*] und Elliott [*39*] zu finden.

Sehr umfangreiche und interessante Arbeiten liegen über die Molekülorientierung von Polyäthylenterephthalat bei Kalt- und Warmverformung vor. Während Miller und Willis [*117*] in ihren Versuchen die Terylen-Folien unter verschiedenen Neigungswinkeln zur Einstrahlungsrichtung untersuchten, drehen Liang und Krimm [*107*] die Proben um die parallel zum Eintrittsspalt des Spektrometers liegende Streckrichtung bei festgehaltenem Polarisator mit der Schwingungsrichtung des elektrischen Vektors senkrecht zum Spalt. Durch diese Methode der dichroitischen Absorptionsmessungen an doppelt orientierten Folien ist es möglich, neben der relativen Lage der funktionellen Gruppen zur Molekülrichtung auch die Anordnung größerer Molekülteile in einer Vorzugsebene zu erkennen. Aus dem Absorptionsanstieg der σ-Bande der Carbonylbindung bei 1725 cm^{-1} im Terylen-Spektrum bei Annäherung der Folien an den streifenden Einfall des Erregerlichtes schließen Miller und Willis nicht nur auf eine senkrechte Anordnung der Carbonylgruppe zur Molekülkette, sondern auch auf eine nahezu senkrechte Lage zur Folienebene [*38*]. Die dem Benzolring zugehörigen Banden geben in gestrecktem Terylen Auskunft über die Lage der Phenylkerne. Die Dipolmomentänderung der Banden bei 1020, 1515 und 1225 cm^{-1} liegt in der Ringebene, ohne daß es eine definierte Lage des Übergangsmoments zur Streckrichtung gibt. Bei senkrecht zur Ringebene einfallender Strahlung sollte kein merklicher Dichroismus auftreten, dagegen ist π-Dichroismus zu erwarten, wenn die Strahlung parallel zur Ringebene der Terylen-Moleküle einfällt. π-Dichroismus wird gefunden, wenn die parallel polarisierte Strahlung senkrecht zur Folienebene einfällt und verschwindet mit fortschreitender Neigung der Folie gegen die erregende Strahlung. Der experimentelle Befund ist daher mit einer zur Folienoberfläche senkrechten Anordnung der Benzolkerne vereinbar. In dieser Ebene liegt auch die Carbonylbindung der Estergruppe. Die der C—O-Bindung entsprechenden Banden bei 1110 und 1265 cm^{-1} zeigen streng π-Dichroismus und stützen so das Bild einer zweifachen Orientierung der Molekülketten in Ebenen senkrecht zur Oberfläche in kaltverstreckten Proben.

Neben der Möglichkeit des Einsatzes polarisierter Erregerstrahlung zur Verfolgung von Molekülkettenorientierung bei Verformungsvorgängen werden UR-dichroitische Messungen zur vollständigen Schwingungsanalyse eines Molekülspektrums herangezogen [*41*]. Aus dem dichroitischen Verhalten einer Bande im Zusammenhang mit Modellvorstellungen über die Molekülanordnung in einem hochpolymeren Stoff, seiner kristallinen Zelle und den entsprechenden kristallographischen Achsen ergeben sich Aussagen über den Charakter der Schwingung und der Bandenzuordnung zu den funktionellen Gruppen des Moleküls (Arbeiten von KRIMM und LIANG).

4.13.7 Weitere Ergebnisse

a) Zwischenmolekulare Kräfte. Die Variabilität der Bandenlage spezieller Molekülschwingungen in Abhängigkeit vom Aggregatzustand, von der Orientierung der Molekülsegmente, von der Temperatur oder von einer in Wechselwirkung tretenden Zusatzkomponente ist ein Hinweis für das Bestehen von zwischenmolekularen Kräften. Für die Bildung von Wasserstoffbrücken ist ein Wechselspiel zwischen Protonendonatoren, z. B. den stark polaren Gruppen OH und NH, und Protonenakzeptoren mit leicht polarisierbaren π-Elektronen Voraussetzung. Als eine äußere Wasserstoffbrückenbindung wird eine Wechselwirkung zwischen gleichartigen oder fremden Molekülen, etwa dem Lösungsmittel, bezeichnet. Eine Wechselwirkung benachbarter und zur Wasserstoffbrückenbildung befähigter Gruppen im gleichen Molekül wird als innere H-Brücke definiert. Die Wasserstoffbrückenbindung äußert sich in einer Verschiebung der der Donatorengruppe zugehörigen Banden, so daß zwischen sog. freien und durch Brückenbindung beanspruchten Gruppen unterschieden werden kann. Je nach der Zahl und Art der Assoziationsmöglichkeiten erscheinen mehrere Absorptionsbanden einer speziellen Molekülschwingung, deren Absorptionsintensität ein Maß für den Assoziationsgrad darstellt. Für die Bestimmung der Orientierung der verschiedenen zwischenmolekularen Bindungen in Makromolekülen ist die Verwendung linear polarisierter Strahlung von Vorteil.

Als Beispiel sollen die Untersuchungen an Polyvinylalkohol betrachtet werden. Für dieses partiell-kristalline Polymere ergeben sich aus den Röntgenuntersuchungen 2 Strukturvorschläge hinsichtlich der Wasserstoffbrückenbindungen zwischen benachbarten Molekülketten. Nach BUNN [20] sollen die OH-Gruppen und damit die zwischenmolekularen Bindungen HO $\cdots$ H statistisch um die Molekülachse verteilt sein, während MOONEY [122] eine regelmäßige Anordnung der OH-Gruppen in der Ebene der damit verbundenen C-Atome fordert. Die UR-Untersuchungen mit polarisierter Strahlung an einfach orientierten Filmen von ELLIOTT, AMBROSE und TEMPLE [40] weisen die CH-Valenzschwingung bei 2940 cm^{-1} orientiert, dagegen die OH-Valenzschwingungsbande bei 3400 cm^{-1} unorientiert aus [49] (Abb. 35). Die spektrale Lage dieser Absorptionsbande spricht für eine starke Ausbildung von H-Brückenbindungen. Die überraschende Breite dieser Bande ist dagegen mit der Vorstellung von MOONEY, nach der die OH-Gruppen und H-Brücken in einer Ebene liegen sollen, unvereinbar. Die breite Absorptionsbande spricht vielmehr für eine regellose Ausbildung der Wasserstoffbrücken entsprechend dem Strukturvorschlag von BUNN [126, 102]. In den Spektren der heiß gewalzten Polyvinylalkoholfilme erscheint die OH-Valenzschwingung ebenfalls unorientiert. Nach MOONEY müßte die Bande in doppelt orientierten Filmen dagegen einen hohen Dichroismus zeigen, wenn die Schwingungsrichtung der erregenden polarisierten Strahlung sich der Folienebene annähert oder gar mit ihr zusammenfällt.

Sehr eingehend sind die Wechselwirkungskräfte der Amidgruppen in Polyamiden untersucht worden. Die NH-Valenzschwingung, die im ungestörten Zustand bei 3430 cm^{-1} absorbiert, erscheint in Polyamiden stark nach langen Wellen verschoben bei 3290 cm^{-1}. Die große Verschiebung dieser und ebenso der Carbonylbande der Amidgruppe wird auf starke Wasserstoffbrückenbindungen zwischen benachbarten Molekülen zurückgeführt (GLATT und ELLIS [50], ELLIOTT, AMBROSE und TEMPLE [40]). Über das Temperaturverhalten der NH-Valenzschwingungen und der sich ergebenden Aussagen über das Aufbrechen zwischenmolekularer Bindungen mit steigender Temperatur berichtet HOLLIDAY [70]. TRIFAN und TERENZI [206] prüften die Frage der Wasserstoffbrückenbindungen in verschiedenen Polyamiden, Polyurethanen an der NH-Absorptionsbande bei 3448 cm^{-1}. Wenn diese Absorption auftritt, soll die NH-Gruppe nicht an H-Brücken beteiligt sein. Da diese Absorption in allen untersuchten Substanzen nur als sehr schwache Schulter an der durch H-Brücken modifizierten NH-Schwingung bei 3300 cm^{-1} zu erkennen ist, sind die Verfasser der Ansicht, daß sowohl in der mesomorphen als auch kristallinen Phase in weitem Umfang Wasserstoffbrückenbindungen vorliegen. So liegen z. B. in linearen Polyurethanen weniger als 1% nicht gebundene NH-Gruppen vor, bei NYLON 6,6/6,10-Copolymeren und Copolyurethanen weniger als 1,5% und bei Polyamiden sind keine freien NH-Gruppen im UR-Spektrum nachweisbar (NIKITIN [145], KINOSHITA [79a]). Auch SCHNELL (vgl. [65b]) findet, daß im pseudokristallinen und kristallinen Ordnungszustand des Polycaprolactam nahezu alle CO ··· HN-Gruppen abgesättigt sind. Hingegen ist die wirklich amorphe Modifikation durch einen beträchtlichen Anteil nichtgebundener NH-Gruppen gekennzeichnet.

Amide sind durch zwei charakteristische Absorptionsbanden, der Amidbande I und der Amidbande II im Wellenzahlenbereich 1500 bis 1700 cm^{-1}, gekennzeichnet. Die genaue Lage ist weitgehend von der N-Substitution und vom Aggregatzustand, also von der inter- und intramolekularen Wechselwirkung abhängig. Der Umstand, daß die C=O-Schwingung der Amidgruppe bei beträchtlich niedereren Frequenzen absorbiert als bei normalen Ketonen (etwa 1720 cm^{-1}), kann auf eine Wechselwirkung der Carbonyl- mit der NH-Gruppe zurückgeführt werden. Die bedeutenden Frequenzverlagerungen durch physikalische Zustandsänderungen sind auf der Grundlage der Bildung bzw. Zerstörung von Wasserstoffbrücken an der Carbonylgruppe zu verstehen. Eine ausführliche Diskussion dieser Fragen ist bei BELLAMY [10] und bei CANNON [25] zu finden.

b) Oxydation und Molekülabbau. Die Änderung der mechanischen Eigenschaften von hochmolekularen Stoffen bei Wärmebehandlung, bei Einwirkung oxydierender Substanzen usw. ist auf chemische Veränderungen im Molekülbau, z. B. auf Oxydation zurückzuführen [55]. Der zeitliche Verlauf der Oxydation kann spektroskopisch am Auftreten neuer Banden bei 3300 cm^{-1} (OH−), 1750 cm^{-1} (C=O) und im Gebiet der C−O-Schwingungen zwischen 1250 und 900 cm^{-1} erkannt werden. Für solche Messungen erweist es sich als zweckmäßig, die Intensitätszunahme der speziellen Sauerstoffabsorptionen bei konstanten Wellenlängen in Abhängigkeit von der Oxydationszeit zu registrieren (Abb. 40). Solche Messungen gestatten es, den Oxydationsmechanismus und gegebenenfalls auch Zwischenprodukte zu erkennen. Hierzu gehört auch das Studium der Abhängigkeit der Oxydationsanfälligkeit eines hochmolekularen Stoffes von der

Anwesenheit spezieller Atomgruppen, vom amorph-kristallinen Anteil (KAVAFIAN [85]) und von der Temperatur. Die Oxydationsreaktion zeigt eine deutliche Induktionsperiode, die durch Zusatz von Oxydationsinhibitoren erheblich verlängert werden kann (WILSON [215]).

Nach BURNETT, MILLER und WILLIS [23] zeigen die Ultrarotspektren von oxydierten ($+150\,°C$) Polyäthylenen bei $3560\ \mathrm{cm^{-1}}$ ($2,81\ \mu$) Absorptionsmerkmale, die im Vergleich mit den Spektren niedermolekularer Hydroperoxyde auf das Vorliegen von freien Hydroperoxyd-gruppen hinweisen. Daneben liegt bei

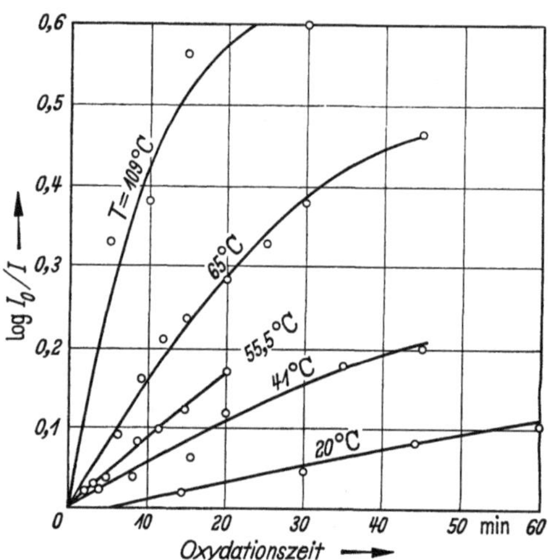

Abb. 40
Änderungen der Carbonylabsorption ($\lambda = 5,85\,\mu$) im Polyäthylenspektrum bei Ozonisierung im Temperaturbereich 20 bis 110°C (nach [8])

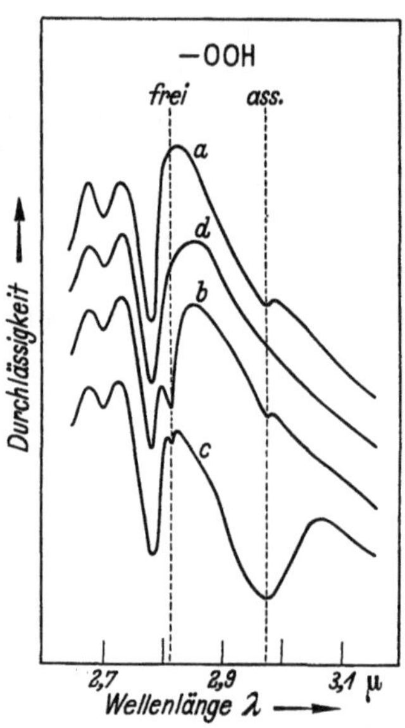

Abb. 41. Spektrale Änderungen bei der Oxydation von Polyäthylen (nach [23])
a) unbehandelte Folie, registriert bei 30°C; b) erhitzt auf 150°C in Luft, registriert bei 150°C; c) erhitzt auf 150°C in Luft, registriert bei 30°C; d) erhitzt auf 150°C unter Luftausschluß, registriert bei 150°C

$3370\ \mathrm{cm^{-1}}$ ($2,97\ \mu$) eine Absorptionsbande, die assoziierten Hydroperoxyd-gruppen zugehört (Abb. 41). Nach dreistündigem Erhitzen der oxydierten Polyäthylenproben unter Luftausschluß verschwindet die $3560\ \mathrm{cm^{-1}}$-Bande wieder. Die Bildungsgeschwindigkeit der Hydroperoxyde ist etwas größer als deren Zerfallsgeschwindigkeit. Beim Zerfall entstehen Hydroxyl- und Carbonyl-gruppen.

Aus der Vielzahl weiterer Ultrarotuntersuchungen über die Alterung von Polyäthylen durch Einwirkung von Wärme, Sauerstoff, Ozon oder durch Bestrahlung seien folgende Arbeiten angeführt: CROSS, RICHARDS und WILLIS [31], BEACHELL und NEMPHOS [8]. Vor allem verdient die Arbeit von RUGG, SMITH und BACON [161] Interesse, in der eine genaue Zuordnung der Carbonylabsorptionen im Polyäthylenspektrum zu Säure-, Ester-, Keto-, Aldehyd- und Anhydridgruppen gegeben ist.

Über den Mechanismus der HCl-Abspaltung beim Erhitzen von Polyvinylchlorid berichten unter anderen BAUM und WARTMAN [4]. Die HCl-Abspaltung führt zur Bildung einer Doppelbindung in der Molekülkette, durch die ein benachbartes Cl-Atom eine Aktivierung erfährt und die Fortsetzung der HCl-Abspaltung entlang der Kette veranlaßt („Reißverschlußvorgang"). Aus der Molekulargewichtsabnahme und der Carbonylgruppenbildung konnte geschlossen werden, daß hauptsächlich die ungesättigten Kettenenden die HCl-Abspaltung einleiten, während Chloratome an Verzweigungsstellen erst bei fortgeschrittener Reaktion wirken. Weitere Arbeiten über die Alterung und den Oxydationsmechanismus von PVC geben CAMPBELL und RAUSCHER [24], STROMBERG, STRAUS und ACHHAMMER [187] und MAJER [111].

Bei der Oxydation des Na-Butadien-Kautschuks bei 140 °C bilden sich Hydroperoxyde, Hydroxyl-, Ester-, Aldehyd-, Keto- und Säuregruppen. Im Verlauf der Oxydation verringert sich die Zahl der Doppelbindungen in den Seitenketten (Vinylgruppe in 1,2-Stellung) und in den Hauptketten (1,4-cis und 1,4-trans). Ebenso geht die Absorptionsintensität der CH_2-Banden zurück. Dies ist durch die Tatsache bedingt, daß Sauerstoff nicht nur an die Doppelbindungen, sondern auch an die α-Kohlenstoffatome angelagert wird (SALIMOW [162], BAUMAN und MARON [5]).

Mit dem Einfluß von Licht bzw. Wirkung von Ozon auf Kautschuk befassen sich KENDALL und MANN [87]. Weitere Arbeiten über die Kautschukalterung sind bei SALOMON und VAN DER SCHEE [164] und HOFMANN [68] zu finden.

Aus den Änderungen im Polystyrolspektrum bei Einwirkung von Wärme und Ultraviolettbestrahlung auf Polystyrol diskutierten ACHHAMMER, REINEY und REINHART [1] den Reaktionsmechanismus und die zwischenmolekularen Bindungen zwischen den sich bildenden OH-Gruppen und die Möglichkeit der

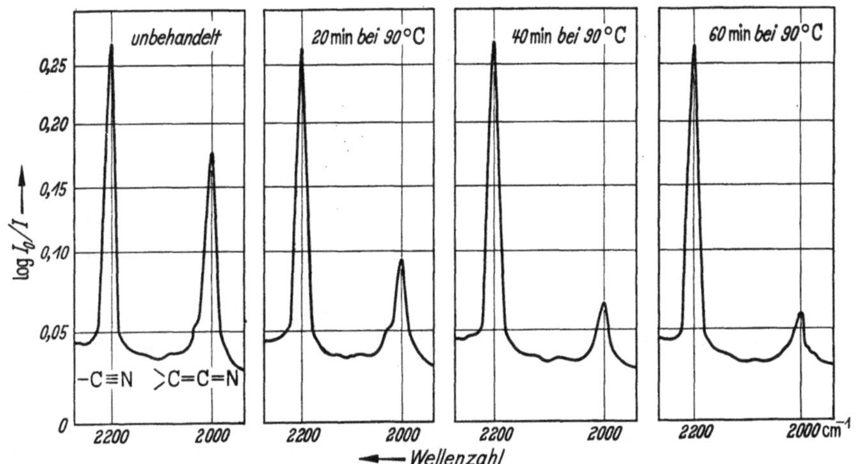

Abb. 42. Abnahme der Keten-Imin-Absorption (2012 cm⁻¹) im Spektrum von Polymethylacrylnitril bei Wärmebehandlung (90°C, Lösungsmittel Cyclohexanol) (nach [53])

Querbindung von Polystyrolketten durch Äthergruppen unter Wasseraustritt. In Übereinstimmung damit stehen andere Beobachtungen chemischer und physikalischer Art.

Die Verfärbung von Polyacrylnitril und Polymethacrylnitril bei Einwirkung von Wärme oder bei alkalischer Verseifung und die Deutung der Abbau- und Vernetzungsmechanismen studieren BURLANT und PARSONS [22] bzw. SCHURZ [173] und BAYZER [7] an Hand der UR-Spektren. Die Verfärbung kann durch Ein-polymerisieren von Methacrylsäure unterdrückt werden. Durch Hinzufügen wäß-riger Lösungen von Säuren, Alkalien und Salzen läßt sich wieder Entfärbung erreichen [62]. Bei der Polymerisation von Polymethacrylnitril entstehen nach GRASSIE und McNEILL [53, 22, 54] durch die Reaktion der wachsenden Radikal-kette Keten-Imin-Strukturen ($R-CH_2-CCH_3=C=N$), die eine Absorption bei 2012 cm^{-1} bewirken (Abb. 42). Diese Strukturen sind im Polymeren bis zu einer Temperatur von 120° beständig, verschwinden aber in Lösung bei niederen

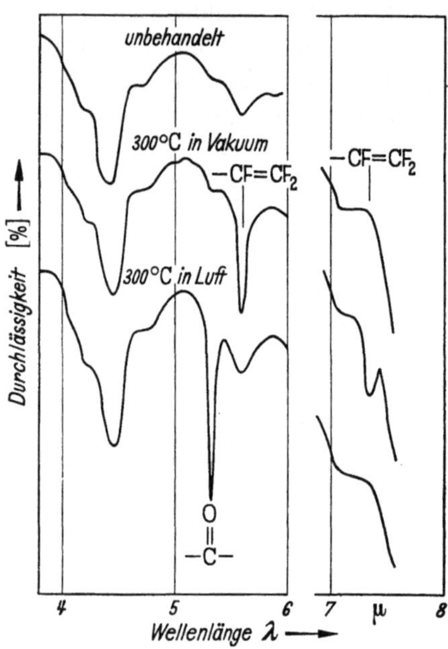

Abb. 43. Teilspektrum von temperaturbehan-deltem Polytrifluorchloräthylen (nach [77])

Temperaturen. Die thermische Zersetzung in Cyclohexanonlösung im Temperatur-bereich von 65 bis 90°C ist eine Reaktion zweiter Ordnung. Die Verfasser vermuten einen Zusammenhang zwischen der Keten-Imin-Konzentration und der Kettenspal-tung bei thermischer Behandlung. Die Strukturänderungen in Polytrifluorchlor-äthylenfilmen, die durch zweistündiges Erhitzen auf 300 °C im Vakuum und in Luft hervorgerufen wurden, sind von IWASAKI, AOKI und KOJIMA ultrarotspektroskopisch beobachtet worden. Durch Erhitzen im Vakuum werden endständige Doppelbin-dungen $-CF=CF_2$ (1695, 1362 cm^{-1}), in Gegenwart von Luft dagegen Säuregruppen (1882 cm^{-1}) gebildet [77] (Abb. 43).

c) **Bestrahlung.** Durch Einwirkung energiereicher α-, γ-, Elektronen- und Pro-tonen-Strahlung auf Polymere finden eine Reihe von Elementarprozessen statt, die teils zu Molekülabbau, teils zu Ver-netzungen von Polymerketten und zu flüchtigen Produkten führen. Die Wasser-stoffentwicklung deutet auf Bildung von Doppelbindungen und intermolekularen Bindungen, die flüchtigen Kohlenwasserstoffe auf Abspaltung von Seitenketten hin. Der Reaktionsablauf ist abhängig von der Struktur der Makromoleküle, von der Bestrahlungstemperatur, der Bestrahlungsdosis und von der Anwesenheit katalysierender Zusatzstoffe.

Die Diskussionen der in Polyäthylenen ablaufenden Vernetzungreaktionen basieren vor allem auf UR-Untersuchungen (Abb. 44). Der Vielzahl der spektro-skopischen Arbeiten ist zu entnehmen, daß der Abnahme der anfänglich in Poly-äthylenen vorhandenen endständigen (992 und 909 cm^{-1}) und seitenständigen Doppelbindungen (889 cm^{-1}) ein asymptotischer Anstieg mittelständiger Doppel-bindungen in trans-Stellung (966 cm^{-1}) gegenübersteht, der für Polyäthylene ver-schiedener Dichte etwa gleich verläuft (Abb. 45). Bei der Temperatur des flüssigen N_2 werden die Vinylgruppen kaum noch abgebaut, die Bildung der Vinylen-gruppen ist dagegen unverändert. Erwärmen der Proben nach der Bestrahlung auf Zimmertemperatur verursacht Abnahme eines großen Teils der Vinyl- und Vinylidengruppen. Die Vernetzungen, die während der Bestrahlung hervorgerufen werden, erfolgen in der Hauptsache in den amorphen Bereichen, während die trans-Vinylen-Doppelbindungen ebenso leicht in den amorphen wie kristallinen Bereichen erzeugt werden. Die Radikale werden in den kristallinen Bereichen gefan-

gen und können nachträglich mit Sauerstoff zu Carbonylbindungen reagieren. Die Lebensdauer der Radikale kann einige Monate be-tragen. Erfolgt die Bestrahlung bei Raumtemperatur, also im kristallinen Zustand, so ist für eine bestimmte Vernetzungs-dichte eine etwa sechsmal höhere Dosis nötig, als wenn die Bestrahlung im aufgeschmol-zenen Zustand bei 150°C durch-geführt wird. Etwa die Hälfte des bei der Bestrahlung ent-stehenden Wasserstoffes stammt aus der Bildung von Vinylen-gruppen, der andere Anteil aus Quervernetzungen.

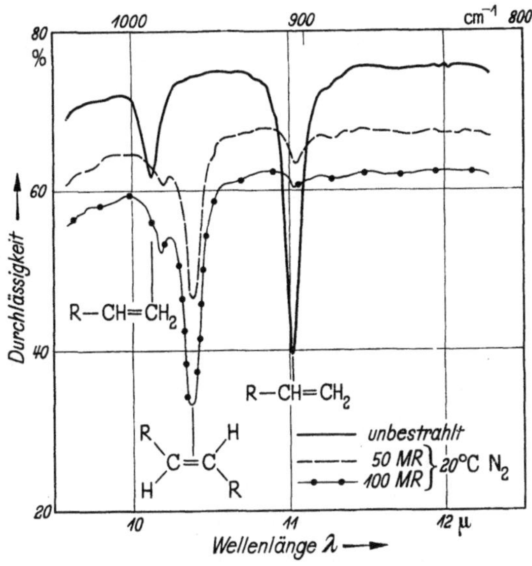

Abb. 44. Teilspektrum von PHILLIPS-Polyäthylen. Verände-rung der Doppelbindungen bei Bestrahlung mit Elektronen

An Hand der spektrosko-pischen Meßergebnisse waren vor allem DOLE, MILNER, und WILLIAMS [36, 34, 35], LAWTON, MILLER, BALWIT [100, 119], PEARSON [151], CHARLESBY und DAVISON [27] um die Klärung der Reaktions-mechanismen und der Kinetik bemüht.

Die Einwirkung energiereicher Strahlen auf Polyisobutylen wurde von P. ALEXANDER [2] untersucht und die Änderungen des Molekulargewichtes und des Gehaltes an Doppelbindungen bestimmt. Die im UR-Spektrum auftretende neue Bande bei 889 cm⁻¹ deutet auf die Entstehung einer Vinyldoppelbindung hin. Hinsicht-lich des Vernetzungsgrades und der Zahl der entstehenden Doppelbin-dungen nimmt bestrahltes Polypro-pylen eine Mittelstellung zwischen Polyäthylen und Polyisobutylen ein (BLACK [14]). Die Erklärung ist darin zu suchen, daß bei Polyisobutylen Abbauprozesse gegenüber Vernet-zungsreaktionen überwiegen.

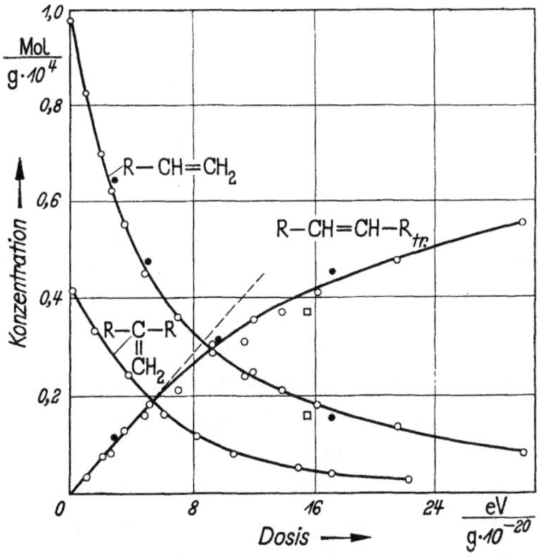

d) Deuterierung. Die Massenab-hängigkeit der Schwingungsfrequenz einer absorbierenden Atomgruppe ermöglicht in vielen Fällen die Erkennung und Zuordnung einer

Abb. 45. Änderung der Doppelbindungsverteilung in Niederdruck- (RCH=CH₂, RCH=CHR) und Hoch-druckpolyäthylen (RRC=CH₂, RCH=CHR) bei Be-strahlung mit Elektronen (nach [36])

Absorptionsbande zu einer CH- oder OH-Schwingung. Durch Ersatz des H-Atoms durch Deuterium resultiert eine Verschiebung der Frequenzlage einer entsprechenden Absorptionsbande (Faktor $\sqrt{2}$) nach kleineren Frequenzen (Abb. 46). Auf

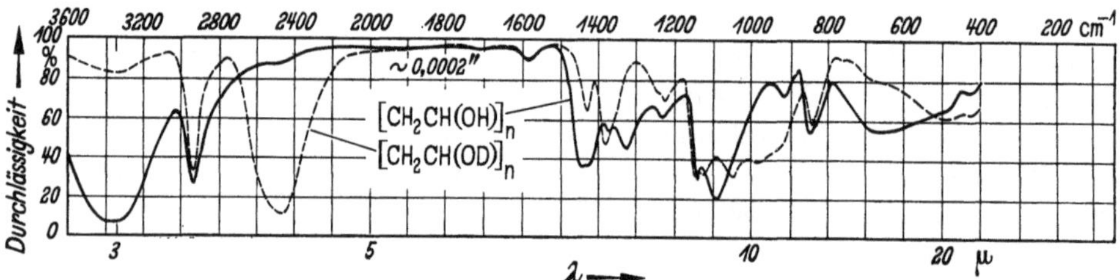

Abb. 46. UR-Spektrum von deuteriertem und nicht deuteriertem Polyvinylalkohol (nach [*90*])

diesen Deuterierungseffekt wird vielfach zurückgegriffen, wenn eine vollständige Schwingungsanalyse eines Molekülspektrums, speziell die Zuordnung der CH-Schwingungen, vorzunehmen ist (Arbeiten von KRIMM und LIANG über die Molekülspektren verschiedener Hochpolymerer).

SHEPPARD und SUTHERLAND [*177*] war es durch Deuterierungsversuche möglich, die Frage der Zugehörigkeit des charakteristischen 720/730 cm⁻¹ -Dubletts in Paraffinen und Polyäthylenen zu einer C—C-Kettenschwingung (THOMPSON und TORKINGTON [*200*]) oder zu einer CH_2-Schaukelschwingung aus dem Auftreten einer CD_2-Schwingung bei 522 cm⁻¹ zugunsten der letzteren Annahme zu entscheiden. Damit war die Hypothese einer C—C-Schwingung hinfällig, da eine solche Absorption bei Deuterierung im wesentlichen unbeeinflußt bleiben muß. – Der Vergleich der Spektren von normalem, ringdeuteriertem und kettendeuteriertem Polyterephthalsäureglycolester ermöglichte die Zuordnung der meisten Absorptionsbanden im Spektralbereich

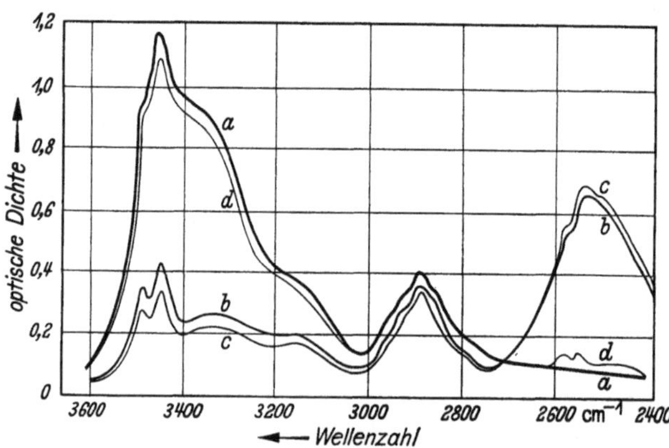

Abb. 47. Wasserstoff-Deuteriumaustausch in Cellulose
a) gekochte viskose Folie, undeuteriert;   b) deuteriert in D_2O-Dampf, 4 Std.;   c) deuteriert in D_2O-Flüssigkeit, 4 Std.;   d) dehydrogenisiert in H_2O, 4 Std.

500 bis 650 cm⁻¹ zu den Schwingungen der aromatischen und aliphatischen Glieder des Polymeren. Vor allem diskutierten DANIELS und KITSON [*32*] an Hand verschieden deuterierter Proben die Zuordnung der 730 cm⁻¹-Bande zu einer Schwingung der aromatischen Wasserstoffatome aus der Ringebene heraus.

Deuterierungsversuche von HUNT und PLYLER [*75*], SOBUE und FOKUHARA [*180*] an Cellulosederivaten ermöglichten es, Aussagen über den micellaren Aufbau zu bekommen. Aus dem unvollständigen Verlauf des Deuteriumsaustausches der Hydroxylgruppen von Cellulosederivaten bei Einwirkung von schwerem

Wasser läßt sich spektroskopisch ein gut austauschender (amorpher) und weniger gut austauschender (kristalliner) Bereich erkennen. Der Prozeß der Deuterierung kann in der UR-Absorption am Verschwinden der OH-Absorption $(3360\,\mathrm{cm}^{-1})$ und am Auftreten von OD-Banden $(2530\,\mathrm{cm}^{-1})$ verfolgt werden. Dabei steht nach MARRINAN und MANN [113] der Wasserstoff-Deuterium-Austausch in linearer Abhängigkeit zum Kristallinitätsgrad der Proben (Abb. 47).

Analoge Untersuchungen an Polyvinylalkohol führte TADOKORO [192, 193] durch. Bei Polyäthylenterephthalat lassen sich durch Deuterierung spektroskopisch OH- und COOH-Molekülgruppen erkennen (s. Endgruppenbestimmung) (WARD [210] und DANIELS und KITSON [32] und MIYAKE [120]).

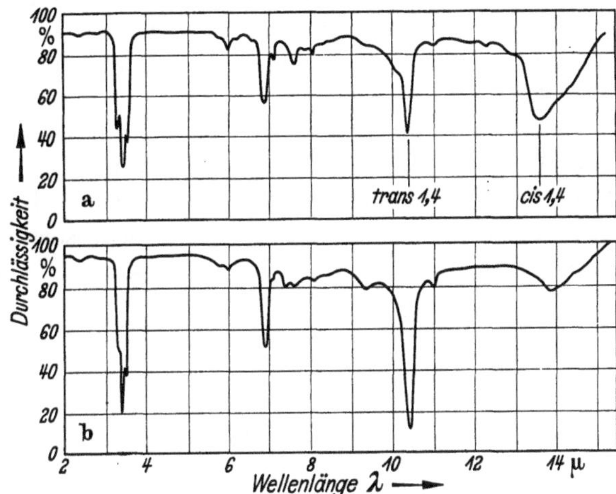

Abb. 48. UR-Spektrum von Polybutadien, vor (a) und nach der Isomerisierung (b) durch UV-Strahlung (nach [51, 52])

Die Spektren von deuteriertem 1,4-cis-Polyisopren beschreiben SEMON und CRAIG [175], von Polypropylen LIANG [106].

e) Isomerisierung. Durch UV- oder γ-Bestrahlung von gelöstem cis-1,4-Polybutadien bei Anwesenheit eines Sensibilisators erfolgt eine Umwandlung der cis-Einheiten in trans-Einheiten. Die Isomerisierung spielt sich auf einen Gleichgewichtswert von cis/trans gleich 5/95 ein (Abb. 48 und 49). Die Isomerisierung wird spektroskopisch aus der Abnahme der cis-1,4-Bande bei $735\,\mathrm{cm}^{-1}$ und der Zunahme der trans-1,4-Absorption $(967\,\mathrm{cm}^{-1})$ verfolgt (GOLUB [52, 51]). DOLGOPLOSK und Mitarbeiter zeigten, daß durch Einwirkung von metallorganischen Verbindungen auch die Isomerisierung der 1,4-cis-Konfiguration des Naturkautschuks in trans-Konfiguration möglich ist [37].

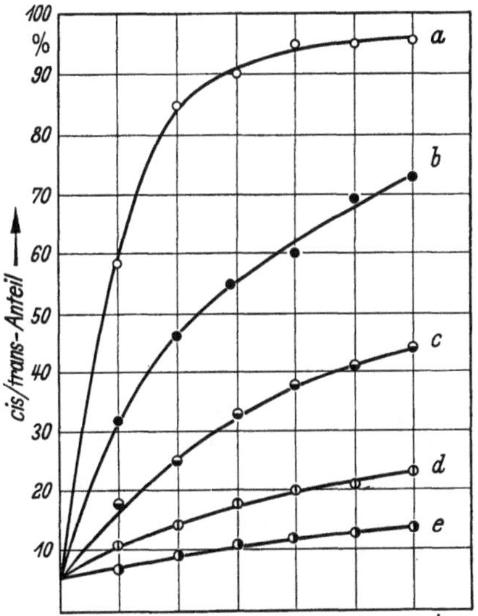

f) Cyclisierung. Im Spektrum bestrahlter Polyäthylene findet sich eine Absorptionsbande bei $990\,\mathrm{cm}^{-1}$, die in unbestrahlten Proben fehlt. DOLE [35] betrachtet diese Bande als Hinweis für eine durch energiereiche Strahlung aus-

Abb. 49. Zeitlicher Verlauf der Isomerisierung von cis-trans-Polybutadien mit verschiedenen Sensibilisatoren (nach [51, 52])

a) mit Diphenyl-Disulfid; b) mit Allyl-Bromid; c) mit Äthylen-Bromid; d) mit n-Butyl-Sulfid; e) mit Äthyl-Bromid gelöste Cyclisierungsreaktion. Als eine Bestätigung für die Bildung ringförmiger Verknüpfungen wird der Vergleich mit entsprechenden Banden in 1,2-disubstituierten Cyclopentan- und Cyclohexanderivaten angesehen. Dieser Interpretation von DOLE widerspricht die Beobachtung, daß die Absorptionsintensität der 990 cm^{-1}-Bande bei nachfolgender Erwärmung der Proben auf 100 °C stark zurückgeht [*179a*].

Das Spektrum des cyclisierten Kautschuks beschreiben RAMAKRISHNAN, DASGUPTA und RAO [*157*], ferner SALOMON und VAN DER SCHEE [*164, 163*]. Die Cyclisierung läßt sich am Rückgang der in Kautschuk vorhandenen Doppelbindungen erkennen. So verschwinden die Absorptionen der C=C—-Valenzschwingung bei 1645 cm^{-1} und die H-Deformationsschwingung der R—C(CH$_3$)=CH—R-

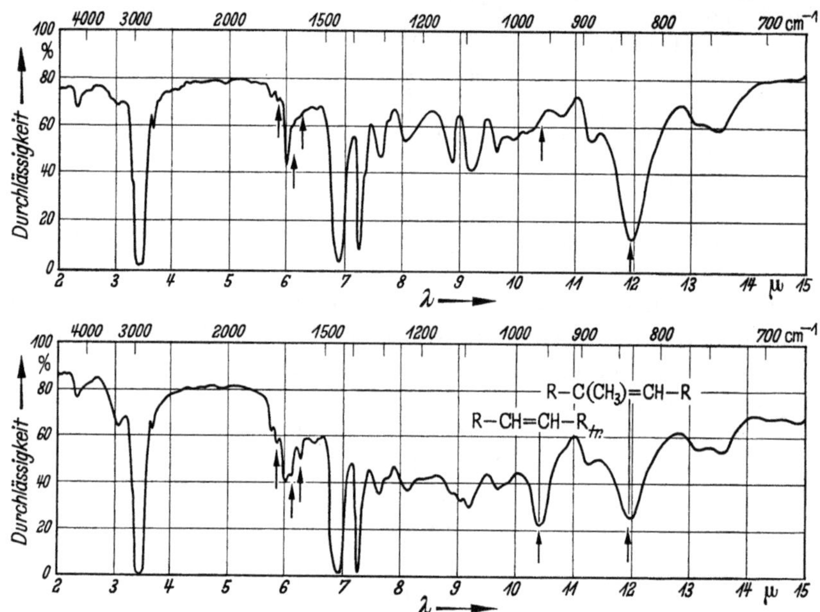

Abb. 50. UR-Spektrum von unvulkanisiertem (*a*) und *S*-vulkanisiertem (*b*) Naturkautschuk (15% *S*, 96 Std. bei 125°C) (nach [*109*])

Gruppierung bei 840 cm^{-1} Die Autoren beobachten im cyclisierten Kautschuk neue Banden vor allem bei 786 cm^{-1} und 760 cm^{-1}, wobei letztere im Vergleich mit dem Spektrum von 1,2-Dimethyl-Cyclohexan als charakteristisch für substituierte Cyclohexan-Ring-Systeme in cyclisiertem Kautschuk angesehen werden. Da die Filme aus CCl$_4$-Lösungen gewonnen wurden, ist es nach HUMMEL [*74*] nicht unwahrscheinlich, daß die 760 cm^{-1}-Bande von C—Cl-Schwingungen von Lösungsmittelrückständen herrührt.

g) Vulkanisation. Bei der Vulkanisation von Kautschuk durch elementaren Schwefel wird im Spektrum die Bildung einer neuen Absorptionsbande bei 962 cm^{-1} beobachtet, die nach SHEPPARD und SUTHERLAND [*176*] der neu gebildeten RCH=CHR-Gruppierung zukommen soll. Der Bildung einer weiteren Doppelbindungsform R$_1$R$_2$C=CH$_2$ (890 cm^{-1}) steht eine Intensitätsabnahme der 840 cm^{-1}-Bande (—CH$_3$ · C=C—) entgegen, Abb. 50. Diesem Befund ist zu entnehmen, daß durch den Vulkanisationsprozeß eine Verschiebung der Doppelbindungen der Kautschukmoleküle erfolgt. Gleichzeitig ist die Bildung konjungierter Doppelbindungen aus neu auftretenden Absorptionen im C=C-Valenzschwingungsgebiet bei 1600 cm^{-1} zu erkennen (LINNIG und STEWART [109]). Ähnliche Änderungen erfolgen bei der Vulkanisation mit Chlorschwefel (THOMPSON und THORKINGTON [198]). SALOMON und VAN DER SCHEE [164] stellten durch genaue Intensitätsmessungen an den für Doppelbindungen kennzeichnenden Banden bei 1667, 970, 910, 890 und 840 cm^{-1} sowie an der Methylabsorption bei 1375 cm^{-1} fest, daß sowohl bei Chlorierungals auch bei Reaktionen des Kautschukmoleküls mit Akzeptormolekülen eine Isomerisierung zu Vinylgruppen stattfindet [163].

Die bei Schwefelvulkanisation auftretenden C—S-Verkettungen bewirken Absorptionsbanden, die unterhalb 700 cm^{-1} (KBr-Spektralbereich) auftreten (LINNIG und STEWART [109]). Über vergleichende spektroskopische und mechanisch-dynamische Untersuchungen an strahlungsvernetztem und schwefelvernetztem Kautschuk berichten HEINZE, SCHMIEDER, SCHNELL und WOLF [217].

h) Reaktionskinetische Untersuchungen. Die heute zur Verfügung stehenden automatisierten UR-Spektrophotometer ermöglichen es, Spektren periodisch in vorgegebenen Zeitabständen zu wiederholen. Man kann so Reaktionsvorgänge, wie z. B. den zeitlichen Oxydationsverlauf eines Polymeren oder die fortschreitende Härtung von härtbaren Harzen, im Spektrum verfolgen. Die wiederholte Registrierung des Absorptionsspektrums ermöglicht auch in vielen Fällen den Nachweis von Zwischenprodukten bei Reaktionsprozessen, die sich wegen der Instabilität mit chemischen Methoden nicht nachweisen lassen. Die während der chemischen Reaktion auftretenden oder sich verändernden Absorptionsbanden erlauben häufig Rückschlüsse auf die Art der zugrunde liegenden chemischen Prozesse [150].

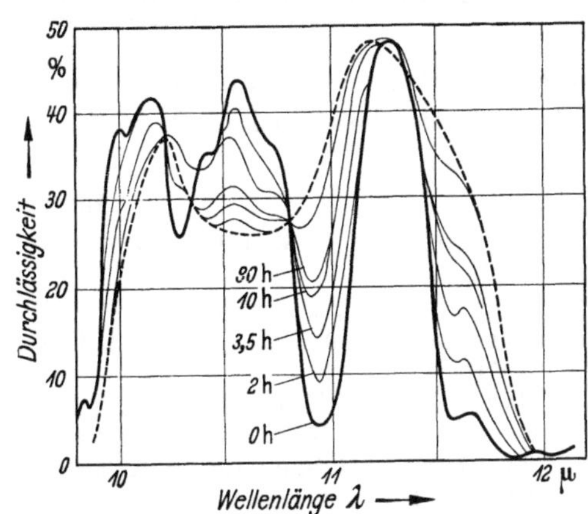

Abb. 51. Teilspektrum eines Epoxydharzfilmes in Abhängigkeit von der Härtungszeit (nach [33])
— ungehärtet;   — — partiell gehärtet;   - - - ausgehärtet

Epoxyharze können über die reaktionsfähige Epoxygruppe oder über die alkoholische Komponente in vernetzte Produkte übergeführt werden. Die Härtung erfolgt über die Aufspaltung des Epoxyringes mit aliphatischen Aminen, SH-haltigen Verbindungen oder mit Säuren unter Veresterung. In Epoxharzen wird die Absorptionsbande bei 910 cm^{-1} einer Grundschwingung des Oxyranringes zugeschrieben. Da die Intensität dieser Bande der Konzentration der Epoxygruppe proportional ist, läßt sich die Abnahme der reaktionsfähigen Gruppe und somit der Verlauf der Härtung bei Anwendung verschiedener Härter in Abhängigkeit von Zeit und Temperatur spektroskopisch verfolgen (Abb. 51). Solche Untersuchungen führten FEAZEL und VERCHOT [42], DANNENBERG und HARP [33], O'NEILL [149] und KANNEBLEY [84] mit verschiedenen Härtungskomponenten durch und konnten aus weiteren Veränderungen der UR-Absorption Einblick in den Härtungsmechanismus bekommen.

Reaktionskinetische Messungen von CoBBS und BURTON [*30*] am System
Polyäthylen–Terephthalat befaßten sich mit der Bestimmung der Kristallisations-

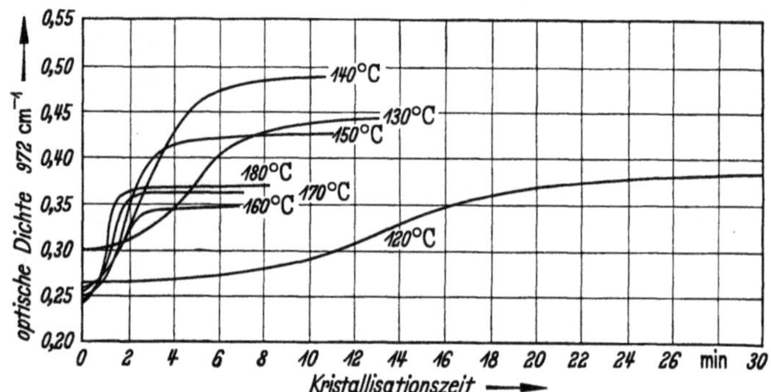

Abb. 52. Kristallinitätskurven von Polyäthylenterephthalat. Veränderung der kristallinen· Absorption
(972 cm⁻¹) in Abhängigkeit von Zeit und Temperatur (nach *30*])

geschwindigkeit in Abhängigkeit von der Zeit (Abb. 52). Die sich daraus er-
gebende Kristallisationskinetik wird mit der Keimbildungstheorie diskutiert.

Literatur

[*1*] ACHHAMMER, G. B., M. J. REINEY u. F. W. REINHART: J. Res. Nat. Bur. Stand. 47 (1951)
S. 116.
[*2*] ALEXANDER, P., A. CHARLESBY u. R. M. BLACK: Proc. roy. Soc. A 232 (1955) S. 31.
[*3*] AMBROSE, E. J., A. ELLIOTT u. R. B. TEMPLE: Proc. roy. Soc. A 199 (1949) S. 183; A 206
(1951) S. 192.
[*4*] BAUM, B., u. L. H. WARTMAN: J. Polymer Sci. 28 (1958) S. 537.
[*5*] BAUMAN, R., u. S. H. MARON: J. Polymer Sci. 22 (1956) S. 203.
[*6*] BAUMANN, U., H. SCHREIBER u. K. TESSMAR: Makromolekulare Chem. (1959) S. 36 u. 81.
[*7*] BAYZER, H., u. J. SCHURZ: Z. phys. Chem., N. F. 13 (1957) S. 30 u. 223.
[*8*] BEACHELL, H. C., u. S. P. NEMPHOS: J. Polymer Sci. 21 (1956) S. 113.
[*9*] BEER, M.: Proc. roy. Soc. A 236 (1956) S. 136.
[*10*] BELLAMY, L. J., The Infrared Spectra of Complex Molecules, übersetzt von W. BRÜGEL,
Darmstadt 1955.
[*11*] BHAGAVANTAM, S., u. T. VENKATARAYUDU: Theory of Groups and its Application to
Physical Problems. India: 1951.
[*12*] BINDER, J. L., u. H. C. RANSAW: Anal. Chem. 29 (1957) S. 503.
[*13*] BINDER, J. L.: Anal. Chem. 26 (1954) S. 1877.
[*14*] BLACK, R. M., u. B. J, LYONS: Nature 180 (1957) S. 1346.
[*15*] BRAUN, D., W. BETZ u. W. KERN: Naturwiss. 46 (1959) S. 444.
[*16*] BRÜGEL, W.: Einführung in die UR-Spektroskopie. Darmstadt: 1957.
[*17*] BRÜGEL, W.: in R. HOUWINK, Chemie u. Technologie der Kunststoffe, 3. Aufl. 1. Bd.
§ 40. Leipzig: 1954.
[*18*] BRÜGEL, W.: Kunststoffe 46 (1956) S. 47.
[*19*] BRYANT, W. M. D., u. R. C. VOTER: J. Amer. chem. Soc. 75 (1953) S. 6113.
[*20*] BUNN, C. W., u. H. S. PEISER: Nature 159 (1947) S. 151.
[*21*] BURKE, W. J., S. H. RUETMAN u. H. P. HIGGINBOTTOM: J. Polymer Sci. 38 (1959)
S. 513.
[*22*] BURLANT, W. J., u. J. L. PARSONS: J. Polymer Sci. 22 (1956) S. 249.
[*23*] BURNETT, J. D., R. G. J. MILLER u. H. A. WILLIS: J. Polymer Sci. 15 (1955) S. 592.
[*24*] CAMPBELL, J. E., u. W. H. RAUSCHER: J. Polymer Sci. 18 (1955) S. 461.
[*25*] CANNON, C. G.: Angew. Chem. 63 (1957) S. 440 — J. chem. Physics 24 (1956) S. 491.
[*26*] CHAPMAN, D.: J. chem. Soc. (1957) S. 4489.
[*27*] CHARLESBY, A., u. W. H. T. DAVISON: Chem. Ind. (1957) S. 232.

[28] CHECKLAND, P. B., u. W. H. T. DAVISON: Trans. Faraday Soc. 52 (1956) S. 151.

[29] CLEMENT, P.: Ind. plast. Mod. 3 (1951) S. 33.

[30] COBBS, W. H., jr., u. R. L. BURTON: J. Polymer Sci. 10 (1953) S. 275.

[31] CROSS, L. H., R. B. RICHARDS u. H. A. WILLIS: Discuss. Faraday Soc. 9 (1950) S. 235.

[32] DANIELS, W. W., u. R. E. KITSON: J. Polymer Sci. 33 (1958) S. 161.

[33] DANNENBERG, R., u. W. R. HARP jr.: Anal. Chem. 28 (1956) S. 86.

[34] DOLE, M., C. D. KEELING u. D. G. ROSE: J. Amer. chem. Soc. 76 (1954) S. 4304.

[35] DOLE, M., C. D. MILNER u. T. F. WILLIAMS: J. Amer. chem. Soc. 79 (1957) S. 4809.

[36] DOLE, M., C. D. MILNER u. T. F. WILLIAMS: J. Amer. chem. Soc. 80 (1958) S. 1580.

[37] DOLGOPLOSK, B. A., E. N. KROPACEVA u. K. V. NELSON: Doklady Akad. SSSR 123 (1958) S. 685.

[38] DULMAGE, W. J., u. A. L. GEDDES: J. Polymer Sci. 31 (1958) S. 499.

[39] ELLIOTT, A.: Res. 7 (1954) S. 40.

[40] ELLIOTT, A., E. J. AMBROSE u. R. B. TEMPLE: Nature 163 (1949) S. 567.

[41] ELLIOTT, A., E. J. AMBROSE u. R. B. TEMPLE: J. chem. Physics 16 (1948) S. 877.

[42] FEAZEL, CH. E., u. E. A. VERCHOT: J. Polymer Sci. 25 (1957) S. 351.

[43] FIELD, J. E., D. E. WOODFORD u. S. D. GEHMAN: J. appl. Phys. 17 (1946) S. 386.

[44] FOX, J. J., u. A. E. MARTIN: Proc. roy. Soc. A 175 (1940) S. 208.

[45] FRANKE, W.: Kautschuk u. Gummi 11 (1958) WT S. 254.

[46] FRASER, D. B.: J. chem. Physics 28 (1958) S. 1113; 21 (1953) S. 1511.

[47] FRYE, A. H.: J. Polymer Sci. 40 (1959) S. 419.

[48] GEORGE, M. H., R. J. GRISENTHWAITE u. R. F. HUNTER: Chem. Ind. (1958) S. 1114.

[49] GLATT, L., D. S. WEBBER, C. SEAMAN u. J. W. ELLIS: J. chem. Physics 18 (1950) S. 413.

[50] GLATT, L., u. J. W. ELLIS: J. chem. Physics 16 (1948) S. 551.

[51] GOLUB, M. A.: J. Amer. chem. Soc. 80 (1958) S. 1794.

[52] GOLUB, M. A.: J. Polymer Sci. 25 (1957) S. 373.

[52a] GÖSSL, TH.: Makromolekulare Chem. 42 (1960) S. 1.

[53] GRASSIE, N., u. MCNEILL I. C.: J. Polymer Sci. 27 (1958) S. 207.

[54] GRASSIE, N., u. I. C. MCNEILL: J. Polymer Sci. 33 (1958) S. 171.

[55] GRASSIE, N.: J. Oil Colour Chem. Ass. 42 (1959) S. 706.

[56] GRIME, D., u. I. M. WARD: Trans. Faraday Soc. 54 (1958) S. 959.

[57] GRISENTHWAITE, R. J., u. R. F. HUNTER: Chem. Ind. (1958) S. 719.

[58] GRISENTHWAITE, R. J., u. R. F. HUNTER: Chem. Ind. (1959) S. 433.

[59] HAAS, C. H.: J. Polymer Sci. 26 (1957) S. 391.

[60] HAMPTON, R. R.: Anal. Chem. 21 (1949) S. 923.

[61] HANLE, W., H. KLEINPOPPEN u. A. SCHARMANN: Z. Naturforschung 13a (1958) S. 64.

[62] HARMS, D. L.: Anal. Chem. 25 (1953) S. 1140.

[63] HART, E. J., u. A. W. MEYER: J. Amer. chem. Soc. 71 (1949) S. 1980.

[64] HARVEY, M. R., u. a.: J. Res. Nat. Bur. Stand. 56 (1956) S. 225.

[65] HEINEN, W.: J. Polymer Sci. 38 (1959) S. 545.

[65a] HENDUS, H., u. GG. SCHNELL: Kunststoffe 51 (1961) S. 69.

[65b] HENDUS, H., K. SCHMIEDER, GG. SCHNELL u. K. A. WOLF; Festschrift CARL WURSTER, Ludwigshafen a. Rh. 1960 S. 293.

[66] HERZBERG, G.: Molecular Spectra and Molecular Structure, Bd. 1 und 2. New York: 1956.

[67] HODDKINS, J. E.: J. org. Chemistry 23 (1958) S. 1369.

[68] HOFMANN, G.: Plaste u. Kautschuk 4 (1957) S. 56.

[69] HOFFMAN, J. D., u. J. J. WEEKS: J. Polymer Sci. 28 (1958) S. 472.

[70] HOLLIDAY, P.: Trans. Faraday Soc. Discuss. 9 (1950) S. 325.

[71] HOWLAND, L. H., A. NISONOFF, L. E. DANNALS u. V. S. CHAMBERS: J. Polymer Sci. 27 (1958) S. 115.

[72] HOYER, H.: in HOUBEN-WEYL: Methoden der organischen Chemie, Bd. III/Teil 2. Stuttgart: 1955.

[73] HUMMEL, D.: Kautschuk u. Gummi 11 (1958) WT S. 185.

[74] HUMMEL, D.: Kunststoff-, Lack- und Gummi-Analyse, Textband. München: 1958.

[75] HUNT, C. M., u. E. K. PLYLER: J. Res. Nat. Bur. Stand. 39 (1947) S. 133.

[76] IWASAKI, M., M. AOKI u. K. OKUHARA: J. Polymer Sci. 26 (1957) S. 116.

[77] IWASAKI, M., M. AOKI u. R. KOJIMA: J. Polymer Sci. 25 (1957) S. 377.

[*78*] Jones, R. N., u. C. Sandorfy: The Application of Infrared and Raman Spectrometry to the Elucidation of molecular Structure. New York: 1956.

[*79*] Kämmerer, H., u. M. Dahm: Kunststoff Plast, 6 (1959) S. 20.

[*79a*] Kinoshita, Y.: Makromolekulare Chem. 33 (1959) S. 1.

[*80*] Kaiser, R.: Kolloid-Z. 152 (1957) S. 8.

[*81*] Kaiser, R.: Kolloid-Z. 149 (1956) S. 84.

[*82*] Kaiser, R.: Kolloid-Z. 148 (1956) S. 168.

[*83*] Kaiser, R.: Z. angew. Phys. 8 (1956) S. 429.

[*84*] Kannebley, G.: Kunststoffe 47 (1957) S. 693.

[*85*] Kavafian, G.: J. Polymer Sci. 24 (1957) S. 499.

[*86*] Keller, A., u. I. Sandeman: J. Polymer Sci. 15 (1955) S. 133.

[*87*] Kendall, F. H., u. J. Mann: J. Polymer Sci. 19 (1956) S. 503.

[*88*] Kimmer, W., u. E. O. Schmalz: Z. anal. Chem. 170 (1959) S. 132.

[*89*] Krimm, S., C. Y. Liang u. G. B. B. M. Sutherland: J. Polymer Sci. 22 (1956) S. 227.

[*90*] Krimm, S., u. C. Y. Liang: J. Polymer Sci. 22 (1956) S. 95.

[*91*] Krimm, S.: J. chem. Physics 22 (1954) S. 567.

[*92*] Krimm, S., C. Y. Liang u. G. B. B. M. Sutherland: J. chem. Physics 25 (1956) S. 543.

[*93*] Krimm, S., C. Y. Liang u. G. B. B. M. Sutherland: J. chem. Physics 25 (1956) S. 549.

[*94*] Krimm, S., C. Y. Liang u. G. B. B. M. Sutherland: J. chem. Physics 25 (1956) S. 778.

[*95*] Krimm, S.: Chem. Ind. (1959) S. 433.

[*95a*] Krimm, S.: Fortschr. Hochpolym. Forsch. 2 (1960) S. 51.

[*96*] Krimm, S., H. M. Randall, A. R. Berens, V. L. Folt u. J. J. Shipman: Chem. Ind. (1958) S. 1512.

[*97*] Kruse, P. F., u. W. B. Wallace: Anal. Chem. 25 (1953) S. 1156; 24 (1952) S. 2015.

[*98*] Kuroda, Y., u. M. Kubo: J. Polymer Sci. 26 (1957) S. 323.

[*99*] Lady, J. H., G. M. Bower, R. E. Adams u. F. P. Byrne: Anal. Chem. 31 (1959) S. 1100.

[*100*] Lawton, E. J., J. S. Balwit u. R. S. Powell: J. Polymer Sci. 32 (1958) S. 257 u. 277.

[*101*] Lecomte, J.: Le Rayonnement Infrarouge, Bd. 1 u. 2. Paris: 1949.

[*102*] Liang, C. Y., u. F. G. Pearson: J. Polymer. Sci. 35 (1959) S. 303.

[*103*] Liang, C. Y., u. S. Krimm: J. Polymer Sci. 27 (1958) S. 241.

[*104*] Liang, C. Y., u. S. Krimm: J. Polymer Sci. 31 (1958) S. 513.

[*105*] Liang, C. Y.: J. mol. Spectr. 1 (1957) S. 61.

[*106*] Liang, C. Y., M. R. Lytton u. C. J. Boone: J. Polymer Sci. 44 (1960) S. 549.

[*107*] Liang, C. Y., u. S. Krimm: J. chem. Physics 27 (1957) S. 327.

[*108*] Liang, C. Y., u. S. Krimm: J. chem. Physics 25 (1956) S. 563.

[*109*] Linnig, F. J., u. J. E. Stewart: J. Res. Nat. Bur. Stand. 60 (1958) S. 9.

[*110*] Luft, K.: Bericht Nr. 452, Betriebskontrolle Oppau der BASF 1944.

[*111*] Majer, J. R.: Chem. Age 72 (1955) S. 149.

[*112*] Mann, J., u. H. J. Marrinan: J. Polymer Sci. 27 (1958) S. 595.

[*113*] Marrinan, H. J., u. J. Mann: J. Polymer Sci. 21 (1956) S. 301 — Trans. Faraday Soc. 52 (1956) S. 481.

[*114*] Matsuo, H.: J. Polymer Sci. 21 (1956) S. 331.

[*115*] Matsuo, H.: J. Polymer Sci. 25 (1957) S. 234.

[*116*] Maynard, J. T., u. W. E. Mochel: J. Polymer Sci. 13 (1954) S. 235 u. 251.

[*117*] Miller, R. G. J., u. H. A. Willis: Trans. Faraday Soc. 49 (1953) S. 433.

[*118*] Miller, R. G. J., u. H. A. Willis: J. Polymer Sci. 19 (1956) S. 485.

[*119*] Miller, A. A., E. J. Lawton u. J. S. Balwit: J. phys. Chemistry 60 (1956) S. 599.

[*120*] Miyake, A.: J. Polymer Sci. 38 (1959) S. 497 u. 479.

[*120a*] Miyake, A.: J. Polymer Sci. 44 (1960) S. 223.

[*121*] Mochel, W. E., u. M. B. Hall: J. Amer. chem. Soc. 71 (1949) S. 4082.

[*122*] Mooney, R. C. L.: J. Amer. chem. Soc. 63 (1941) S. 2828.

[*123*] Morero, D., A. Santambrogio, L. Porri u. F. Ciampelli: Chim. e Ind. 41 (1959) S. 758.

[*124*] Morton, A. A., u. L. D. Taylor: J. Polymer Sci. 38 (1959) S. 7.

[*125*] McMurry, H. L., u. V. Thornton: Anal. Chem. 24 (1952) S. 318.

[*126*] Nagai, E., u. Norio Sagane: Chem. High Polymeres (Tokyo) 12 (1955) S. 195—199. Osaka, Ind. Forsch.-Inst.

[127] NARITA, S., S. ICHINOHE u. S. ENOMOTO: J. Polymer Sci. 36 (1959) S. 389.

[128] NARITA, S., S. ICHINOHE u. S. ENOMOTO: J. Polymer Sci. 37 (1959) S. 273 u. 281.

[129] NARITA, S., S. ICHINOHE u. S. ENOMOTO: J. Polymer Sci. 37 (1959) S. 251 u. 263.

[130] NATTA, G.: Makromolekulare Chem. 16 (1955) S. 213.

[131] NATTA, G.: Gazetta 89 (1959) S. 52 u. 89.

[132] NATTA, G., G. DALL'ASTA, G. MAZZANTI, U. GIANNINI u. S. CESCA: Angew. Chem. 71 (1959) H. 6, S. 205.

[133] NATTA, G., L. PORRI, A. MAZZEI u. D. MORERO: Chim. e Ind. 41 (1959) S. 398.

[134] NATTA, G., G. MAZZANTI, A. VALVASSORI u. G. PAJARO: Chim. e Ind. 39 (1957) S. 733 u. 653.

[135] NATTA, G.: J. Polymer Sci. 34 (1959) S. 531.

[136] NATTA, G., G. MAZZANTI, G. PREGAGLIA u. M. PERALDO: Gazetta 89 (1959) S. 465.

[137] NATTA, G., G. MAZZANTI, A. VALVASSORI u. G. PAJARO: Chim. e Ind. 41 (1959) S. 764.

[138] NATTA, G., P. PINO, P. CORRADINI, F. DANUSSO, E. MANTICA, G. MAZZANTI u. G. MORAGLIO: J. Amer. chem. Soc. 77 (1955) S. 1708.

[139] NATTA, G., P. PINO, E. MANTICA, F. DANUSSO, G. MAZZANTI u. M. PERALDO: Chim. e Ind. 38 (1956) S. 129.

[140] NATTA, G., G. MAZZANTI, A. VALVASSORI u. G. SARTORI: Chim. e Ind. 40 (1958) S. 717.

[141] NATTA, G.: Rubber Plastics Age 38 (1957) S. 495.

[142] NATTA, G., u. P. CORRADINI: J. Polymer Sci. 20 (1956) S. 251.

[143] NICHOLS, J. B.: J. appl. Phys. 25 (1954) S. 840.

[144] NIELSON, R., u. A. H. WOOLLETT: J. chem. Physics 26 (1957) S. 1391.

[145] NIKITIN, W. N.: Isv. Akad. Nauk SSSR 1 (1956) S. 92.

[146] NIKITIN, W. N., u. E. J. POKROWSKI: Bull. Acad. Sci. SSSR 18 (1954) S. 735.

[147] NOVAK, A., u. E. WHALLEY: Trans. Faraday Soc. 55 (1959) S. 1484.

[148] OKAWARA, R.: Bull. chem. Soc. Japan 31 (1958) S. 154.

[149] O'NEILL, L. A., u. C. P. COLE: J. appl. Chem. 6 (1956) S. 356.

[150] PARK, W. R. R., u. J. BLOUNT: Industr. Engng. Chem. 49 (1957) S. 1897.

[151] PEARSON, R. W.: J. Polymer Sci. 25 (1957) S. 189.

[152] POKROWSKIJ, J. I., u. M. W. WOLKENSTEIN: Ber. Akad. Wiss. SSSR 115 (1957) S. 552.

[153] POKROWSKIJ, J. I.: Makromolekulare Verbindungen Moskau (Vysomolekulsoedinenija) 1 (1959) H. 5, S. 738.

[154] POWELL, H.: J appl. Chem. 6 (1956) S. 488.

[155] QUYNN, R. G., J. L. RILEY, D. A. YOUNG u. H. D. NOETHER: J. appl. Polymer. Sci. 2 (1959) S. 166.

[156] QUYNN R. G., u. R. STEELE: Nature 173 (1954) S. 1240.

[157] RAMAKRISHNAN, C. S., S. DASGUPTA u. N. V. C. RAO: Makromolekulare Chem. 20 (1956) S. 46.

[158] RANDALL, H. M., R. G. FOWLER, N. FUSON u. J. R. DANGL: Infrared Determination of Organic Structure. New York: 1949.

[159] RICHARDSON, W. S., u. A. SACHER: J. Polymer Sci. 10 (1953) S. 353.

[160] RUGG, F. M., J. J. SMITH u. L. H. WARTMAN: J. Polymer Sci. 11 (1953) S. 1.

[161] RUGG, F. M., J. J. SMITH u. R. C. BACON: J. Polymer Sci. 13 (1954) S. 535.

[162] SALIMOW, M. A.: Chim. Moskau 22 (1957) S. 164.

[163] SALOMON, G., A. C. VAN DER SCHEE, J. A. A. KETELAAR u. J. B. VAN EYK: Trans. Faraday Soc. Discuss. 9 (1950) S. 291.

[164] SALOMON, G., u. A. C. VAN DER SCHEE: J. Polymer Sci. 14 (1954) S. 181.

[165] SANDEMAN, I., u. A. KELLER: J. Polymer Sci. 19 (1956) S. 401.

[166] SAUNDERS, R. A., u. D. C. SMITH: J. appl. Phys. 20 (1949) S. 953.

[167] SAWYER, R.: SPE-J. 15 (1959) S. 537.

[168] SCHEDDEL, R. T.: Anal. Chem. 30 (1958) S. 1303.

[169] SCHIEDT, U., u. H. REINWEIN: Z. Naturforschung 7b (1952) S. 270.

[170] SCHIEDT, U.: Z. Naturforschung 8b (1953) S. 66.

[171] SCHNELL, GG.: Ergebn. exakt. Naturwiss. 31 (1959) S. 270.

[172] SCHNELL, GG.: unveröffentlicht.

[172a] SCHNELL, GG.: J. Polymer Sci. 34 (1959) S. 596 (Diskussionsbemerkung).

[173] SCHURZ, J.: J. Polymer Sci. 28 (1958) S. 438.

[174] SEIDEL, B.: Z. Elektrochem. 62 (1958) S. 214.

[175] SEMON, W. L., u. D. CRAIG: Kautschuk u. Gummi 11 (1958) WT S. 207.

[176] SHEPPARD, N., u. G. B. B. M. SUTHERLAND: J. chem. Soc. (1947) S. 1699.

[177] SHEPPARD, N., u. G. B. B. M. SUTHERLAND: Nature 159 (1947) S. 739.

[178] SILAS, R. S., J. YATES u. V. THORNTON: Anal. Chem. 31 (1959) S. 529.

[179] SLOWINSKI, E. J., jr., H. WALTER u. R. L. MILLER: J. Polymer Sci. 19 (1956) S. 353.

[179a] SLOVOCHOTOVA, N. A., A. T. KORICKIJ u. N. J. BUBEN: Dokl. Akad. Nauk SSSR 129 (1959) S. 1347.

[180] SOBUE, H., u. S. FOKUHARA: J. chem. Soc. Japan 58 (1955) S. 946.

[181] STÄLLBERG-STENHAGEN, S., E. STENHAGEN, N. SHEPPARD, G. B. B. M. SUTHERLAND u. A. WALSH: Nature 160 (1947) S. 580.

[182] STARKWEATHER H. W., jr., u. R. E. MOYNIHAN: J. Polymer Sci. 22 (1956) S. 363.

[183] STEIN, R. S., u. F. H. NORRIS: J. Polymer Sci. 21 (1956) S. 381.

[184] STEIN, R. S.: J. Polymer Sci. 31 (1958) S. 327—335.

[185] STEIN, R. S.: J. chem. Physics 23 (1955) S. 734.

[186] STIMSON, M. M., u. M. J. O'DONNELL: J. Amer. Soc. 74 (1952) S. 1805.

[187] STROMBERG, R., S. STRAUS u. B. G. ACHHAMMER: J. Res. Nat. Bur. Stand. 60 (1958) S. 147.

[188] SUHRMAN, R., u. H. LUTHER: Fortschr. chem. Forsch. 2 (1953) S. 758.

[189] SUTHERLAND, G. B. B. M., u. V. JONES: Discuss. Faraday. Soc. 9 (1950) S. 281.

[190] TADOKORO, H., S. NOZAKURA, T. KITAZAWA, Y. YASUHARA u. S. MARUHASHI: Bull. chem. Soc. Japan 32 (1959) H. 3, S. 313.

[191] TADOKORO, H., N. NISHIYAMA, S. NOZAKURA u. S. MURAHASHI: J. Polymer Sci. 36 (1959) S. 553.

[192] TADOKORO, H., S. SEKI u. I. NITTA: J. chem. Physics 23 (1955) S. 1351.

[193] TADOKORO, H., S. SEKI u. I. NITTA: J. Polymer Sci. 22 (1956) S. 563.

[194] TADOKORO, H., S. SEKI u. I. NITTA: J. Polymer Sci. 28 (1958) S. 244.

[195] TADOKORO, H., K. KOZAI, S. SEKI u. I. NITTA: J. Polymer Sci. 26 (1957) S. 379.

[196] TANAKA, T.: Bull. chem. Soc. Japan 31 (1958) S. 762.

[197] TARUTINA, J. L.: J. phys. Chem. Moskau 29 (1955) S. 975.

[198] THOMPSON, H. W., u. P. TORKINGTON: Trans. Faraday Soc. 41 (1945) S. 275.

[199] THOMPSON, A. B., u. D. W. WOODS: Nature 176 (1955) S. 78.

[200] THOMPSON, H. W., u. P. TORKINGTON: Trans. Faraday Soc. 41 (1945) S. 246.

[201] TOBIN, M. C.: J. chem. Physics 23 (1955) S. 891.

[202] TOBIN, M. C.: J. phys. Chemistry 61 (1957) S. 1392.

[203] TOBIN, M. C., u. J. CARRANO: J. Polymer Sci. 24 (1957) S. 93.

[204] TOBIN, M. C., u. M. J. CARRANO: J. chem. Physics 25 (1956) S. 1044.

[205] TORKINGTON, P., u. H. W. THOMPSON: Trans. Faraday Soc. 41 (1945) S. 184.

[206] TRIFAN, D. S., u. F. J. TERENZI: J. Polymer Sci. 28 (1958) S. 443.

[207] TSUBOI, M.: J. Polymer Sci. 25 (1957) S. 159.

[208] ÜBERREITER, K., u. W. KRULL: Angew. Chem. 69 (1957) S. 557.

[209] VALENTINE, L.: Chem. Ind. (1956) S. 1279.

[210] WARD, J. M.: Nature 180 (1957) S. 141.

[211] WARD, J. M.: Chem. Ind. (1957) S. 1102; (1956) S. 905.

[212] WHITCOMB, S. E., H. H. NIELSEN u. L. H. THOMAS: J. chem. Physics 8 (1940) S. 143.

[213] WIBERLEY, S. E., J. W. SPRANGUE u. J. E. CAMPBELL: Anal. Chem. 29 (1957) S. 210.

[214] WILLBOURN, A. H.: J. Polymer Sci. 34 (1959) S. 569.

[215] WILSON, J. E.: Industr. Engng. Chem. 47 (1955) S. 2201.

[216] WILSON, E. B., J. C. DECIUS u. P. C. CROSS: Molecular Vibrations – The Theory of Infrared and Raman Vibrations. New York: 1955.

[217] HEINZE, D., K. SCHMIEDER, GG. SCHNELL u. K. A. WOLF: Kautschuk u. Gummi 14 (1961) S. WT 208.

[218] ZAHN, H., u. F. SCHMIDT: Makromolekulare Chem. 36 (1959) S. 1.

4.14 Streuung von Röntgenstrahlen

Von O. Kratky, Graz/Österreich

Wer in die Tiefen der Röntgenanalyse eines Kunststoffes eindringen will, wird nicht umhin können, sich eine Wissensgrundlage anzueignen, wie sie in einer Reihe empfehlenswerter Lehrbücher der allgemeinen Röntgen-Feinstruktur-Analyse vermittelt wird [1, 2]. Es kann naturgemäß niemals der Sinn dieses kurzen Abrisses sein, den Interessenten diese Mühe zu ersparen; er soll aber jenen Fernerstehenden, die immerhin Vorstellungen von den Aussagemöglichkeiten des Verfahrens haben, eine leicht verständliche erste Information vermitteln. Die Kenntnis der elementarsten kristallographischen Begriffe muß dabei vorausgesetzt werden. Vgl. hierzu auch 3.2.

4.14.1 Experimentelle Methodik [2]

a) Die Strahlenquelle. Für Dauerbetrieb geeignete *Röntgenanlagen* mit abgeschmolzenen Röhren können heute von zahlreichen Firmen betriebsfertig bezogen werden. In den weitaus meisten Fällen ist die Strahlungsintensität dieser Instrumente ausreichend hoch. Bei manchen Problemen (Untersuchung mikroskopisch kleiner Objekte, wie etwa eines einzelnen Sphärolithen, eines dünnen Fadens oder Röntgen-Kleinwinkelaufnahmen bei sehr hoher Auflösung) kann allerdings die Belichtungszeit unangenehm hoch werden, d. h. Hunderte von Stunden und mehr betragen und in solchen Fällen wird immer der Wunsch nach einer Röntgen-Hochleistungsanlage auftreten. Vorläufig stellt Aufbau und Betrieb einer solchen Anlage recht hohe Anforderungen sowohl an die finanzielle Leistungsfähigkeit als auch an das technische Können. Bezüglich aller Details sei auf die Literatur verwiesen [2, 3].

Es wurde auch versucht, derartige Schwierigkeiten durch Verwendung einer Feinfokusröhre zu mildern. Ein Strichfokus normaler Dimension hat größenordnungsmäßig eine Fläche von 1 mm $\times$ 10 mm. Da die Belastbarkeit pro Flächeneinheit von der Größe des Fokus in erster Näherung gemäß $1/f$ (f = Gesamtfläche) abhängt, hat ein extrem kleiner Fokus eine höhere spezifische Belastbarkeit. Braucht man nun zur Ausleuchtung einer sehr feinen Blende nur einen sehr kleinen Fokus – wie das z. B. bei den oben erwähnten Problemen der Untersuchung mikroskopisch kleiner Objekte oder aber bei gewünschter sehr hoher Auflösung (Kleinwinkelaufnahmen mit Lochblende) der Fall ist – so kann man den Vorteil der hohen Belastbarkeit ausnützen und die erzielten Gewinne liegen in der Größenordnung von 100 bis 200%. Röhren mit extrem feinem Fokus haben vor allem in England Eingang gefunden. Immerhin sind gewisse Nachteile der Feinfokusröhre nicht zu übersehen, wie die kürzere Lebensdauer, die Gefahr, daß der Fokus etwas wandert – was bei ausreichend großem Fokus viel weniger ausmacht – u. a. m. So kann von einer allgemeinen Verwendung auch bei Behandlung der angedeuteten Probleme vorläufig nicht gesprochen werden. Bezüglich aller Einzelheiten sei auf die Originalliteratur verwiesen [2, 4].

Was die *Art der Strahlung* betrifft, so verwendet man heute fast ausschließlich Röhren mit Kupferanode (Wellenlänge der K_α-Linie = 1,54 Å). Bei Präparaten mit hoher Absorption kann die viel durchdringendere Molybdänstrahlung von Vorteil sein (K_α-Linie = 0,71 Å).

Von gelegentlichen Versuchen der Anwendung sehr langwelliger Strahlung zwecks Erhöhung der Auflösung ist man wieder so gut wie vollkommen abgegangen, weil der Gewinn an Auflösung nicht die Schwierigkeit aufwiegt, daß die Absorption mit der dritten Potenz der Wellenlänge zunimmt. Dies bedingt eine gleiche Verringerung der Präparatdicke und eine ebensolche Zunahme der Belichtungszeit.

Je nach der speziellen Art der Aufnahme werden die Anforderungen an die *Reinheit der Strahlung* sehr verschieden sein. Wir unterscheiden, nach steigender Güte der Monochromasie geordnet, folgende Möglichkeiten:

a) *Ungefilterte Strahlung* wie sie direkt vom Röntgenrohr kommt. Ihre Qualität verschlechtert sich bei langer Laufzeit der Röhren, weil auf der Anode ein Wolframbelag entsteht.

b) *Nickelgefilterte Strahlung* (bei Kupferanode). Ein Nickelblech von etwa 0,01 mm Dicke entfernt praktisch vollkommen die Cu-K_β-Linie und schwächt außerdem die langwellige Seite des Bremsstrahlspektrums sehr erheblich.

c) *Filterdifferenzverfahren nach Ross.* Man stellt unter exakt gleichen Belichtungsbedingungen hintereinander zwei Aufnahmen her, eine mit einem Nickelfilter, die zweite mit einem Kobaltfilter. Wenn die Filter in ihrer Dicke in bestimmter Weise aufeinander abgestimmt sind, dann stellt die Differenz der beiden Aufnahmen den Streueffekt jenes Wellenlängenbereiches dar, der zwischen der Nickelabsorptionskante ($\lambda = 1,488$ Å) und der Kobaltabsorptionskante ($\lambda = 1,608$ Å) liegt. Er enthält also außer der Cu-K_α-Linie ($\lambda = 1,54$ Å) nur einen sehr schmalen Bremsstrahlbereich, so daß man die Aufnahme als praktisch monochromatisch bezeichnen kann. Bezüglich weiterer Details sei auf die Literatur verwiesen [5].

d) *Monochromatisierung durch Kristallreflexion* [2, 6]. Hier unterscheiden wir

α) *Reflexion an ebenen Kristallflächen* (natürlichen [7] oder angeschliffenen [8]). Sie wird dann angewendet, wenn eine Lochblende erforderlich ist (Faseraufnahme, Pulveraufnahme).

β) *Reflexion an fokussierenden Kristallen, und zwar gebogenen* (nach *Johann* sowie *Cauchois* [9]) bzw. *gebogenen und geschliffenen* (nach *Johansson* [10]). Im letzteren Fall ist die Fokussierung auch theoretisch einwandfrei. Das Verfahren ist von GUINIER [11] in die Röntgenfeinstrukturanalyse eingeführt worden und bietet den Vorteil einer höheren Lichtstärke als sie ein ebener Kristall liefert. Es ist bei spaltförmigem Strahlenbündel anwendbar, z. B. bei Pulveraufnahmen in der GUINIER-Kamera und Kleinwinkelaufnahmen.

In der Reihenfolge *a* bis *d* steigt die Güte der Monochromasie in erheblichem Maße, gleichzeitig aber auch die Belichtungszeit.

b) Die Registrierung der gestreuten Intensität. Es gibt grundsätzlich zwei Wege, erstens die Verwendung des photographischen Filmes und zweitens die Zählung der Quanten des Röntgenbildes mittels GEIGER-MÜLLER-Zählrohr, Proportionalzähler oder Szintillationszähler.

a) *Die photographische Methode.* Bei quantitativer Auswertung durch Photometrierung ist es wichtig, daß in einem genügend großen Bereich ein linearer Zusammenhang zwischen Röntgenenergie und Schwärzung besteht. Eine systematische, sehr wertvolle Untersuchung von praktisch allen im Handel erhältlichen Röntgenfilmen vom Gesichtspunkt der Feinstrukturanalyse ist einer holländischen Arbeitsgruppe unter Leitung von WIEBENGA und SMITH [12] zu verdanken. Auf diese Arbeit sei nachdrücklich verwiesen.

Bei der Photometrierung des Filmes empfiehlt es sich, zur Verringerung der durch die Körnigkeit bedingten Fehler mehrere Registrierkurven übereinander zu zeichnen [*13*] (Abb. 1).

b) Für die *Registrierung durch Impulszählung* (GEIGER-MÜLLER-Zählrohr, Proportionalzählrohr usw. [*2, 14*]) sind komplette Einrichtungen käuflich zu

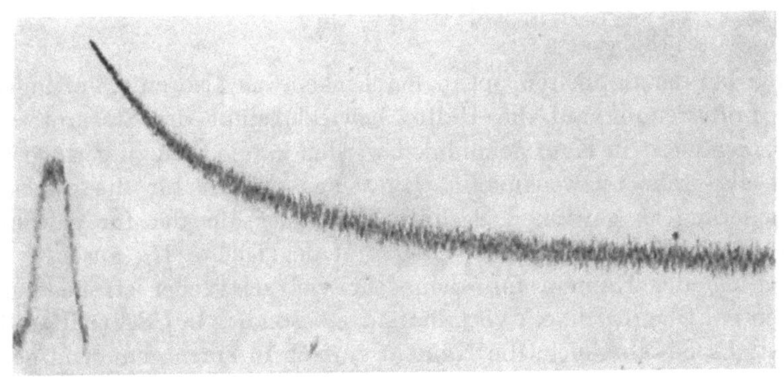

Abb. 1. Photometerkurve einer Röntgenkleinwinkelaufnahme, nach [*13*]. Vergrößerung etwa 50 fach

haben. Diese Verfahren sind zweifellos stark im Vormarsch begriffen und können in vielen Fällen mit Vorteil eingesetzt werden, wo man bisher photographisch gearbeitet hat.

Die im folgenden beschriebenen Kameras sind zwar ursprünglich für die photographische Methode entwickelt worden, es führt sich aber mehr und mehr die Kombination mit einer Impulszähleinrichtung ein.

c) Die Faserkamera [*2, 15*]. Sie wird der Pulverkamera vor allem dann vorgezogen, wenn die Ablenkungswinkel der interessierenden Interferenzen verhältnismäßig klein sind, was bei den Kunststoffen oft zutrifft. Die Konstruktion entspricht genau der *Laue-Kamera*: Lochblende und ebener, senkrecht zum Primärstrahl aufgestellter Film. Es ist wichtig, für einen Präparathalter zu sorgen, mit welchem die Präparatachse, die normalerweise senkrecht zum Strahl steht, in definierter Weise geneigt werden kann. Viele Firmen bieten geeignete Instrumente an. Als Fehlerquellen seien besonders genannt:

a) *Streustrahlung der Blende.* Man achte darauf, daß die Blende 3 Profile besitzt, wobei das dritte, dem Präparat zu-

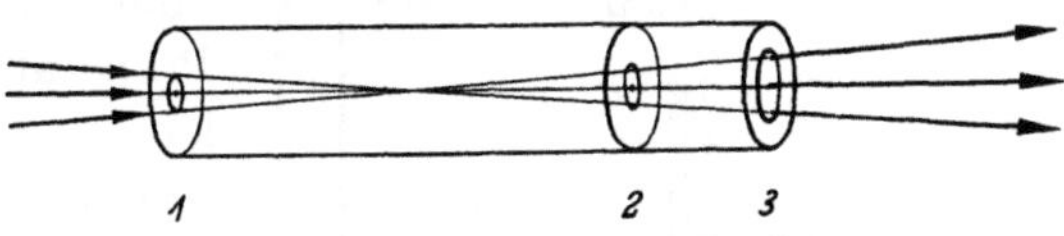

Abb. 2. Rundblende mit 3 Profilen

gewendete, die vom zweiten ausgesendete Streustrahlung abfängt, ohne selbst vom Primärstrahl getroffen zu werden (Abb. 2).

b) *Luftstreuung.* Die vom Primärstrahl durchsetzte Luftsäule gibt Anlaß zu einer Streuung, die bei schwach streuenden Präparaten eine recht unangenehme Störung darstellen kann. Wege zur Verringerung dieses Effektes sind:

α) Aufstellung des Primärstrahlfängers 20 bis 30 mm vor dem Film.

β) Zweckmäßige *Dimensionierung des Präparates* [*16*]. Die Luftstreuung hängt von der Präparatdicke d gemäß $e^{-\mu d}$ ab (μ = Schwächungskoeffizient), die

Präparatstreuung bei kleineren Ablenkungswinkeln etwa gemäß $d\,e^{-\mu d}$. Das Verhältnis des schädlichen zum erwünschten Effekt geht also mit $1/d$. Von diesem Gesichtspunkt aus ist also eine möglichst große Präparatdicke günstig, doch sind natürlich aus Gründen der Belichtungszeit Beschränkungen geboten. Die Präparatstreuung hat ihr Maximum etwa – exakt nur für sehr kleine Streuwinkel – bei

$$d^* = \frac{1}{\mu} = \frac{h}{\ln 2} \tag{1}$$

(h = Halbwertsschichtdicke).

Aber auch bei der doppelten optimalen Dicke (was also eine Verringerung der *relativen* Luftstreuung auf die Hälfte bewirkt) sinkt die Streuintensität erst um 38%, was meist in Kauf genommen werden kann. Eine zu geringe Präparatdicke ist also sehr unzweckmäßig. Um einen Anhalt für die zweckmäßigste Dimensionierung zu gewinnen, rechne man daher aus der für gewöhnlich bekannten chemischen Zusammensetzung und der Dichte $1/\mu$ aus.

γ) *Füllung* der Kamera mit dem sehr viel schwächer streuenden *Helium* unter leichtem Überdruck, ein Verfahren, das besonders in USA (billiges Helium!) beliebt ist. Es bewährt sich, die Kamera einfach in einen genügend geräumigen Plastiksack zu stellen, dessen Öffnung abgeklebt oder sonstwie einigermaßen dicht verschlossen wird. (Durch Füllung mit Wasserstoff erzielt man natürlich den gleichen Effekt, doch ist es zur Vermeidung der Explosionsgefahr dann notwendig, eine praktisch gasdichte Kamera zu verwenden.)

δ) Verwendung einer *Vakuum-Faserkamera* als Radikallösung. Dieser Behelf ist derzeit, soweit dem Autor bekannt, im Handel allerdings nicht erhältlich, er wurde jedoch wiederholt in der Literatur beschrieben [*15*].

d) Pulver-, Drehkristall-, Guinier-, Weissenberg- und Regler-Kameras. Die Beschreibung dieser für die Kristallstrukturanalyse entwickelten Behelfe überschreitet den Rahmen dieses Beitrages. Einige spezielle Hinweise seien immerhin gebracht.

Die wegen ihrer offenen Bauweise und leichten Handhabung so beliebte Faserkamera hat den Nachteil, daß mit zunehmendem Ablenkungswinkel die Reflexe verbreitert und relativ zu den weiter innen liegenden geschwächt werden.

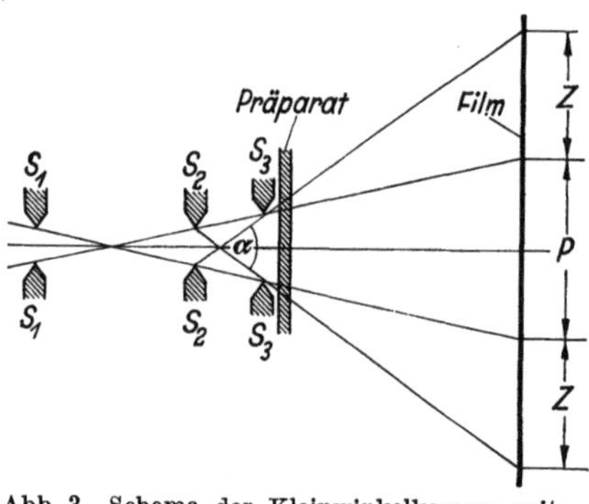

Abb. 3. Schema der Kleinwinkelkamera mit Spaltblenden [*19*]

Wenn aber überhaupt Reflexe bei größeren Winkeln auftreten, dann empfiehlt es sich, diese auch zu erfassen. Bei ungeordneten Präparaten geschieht dies mittels der Pulverkamera (= Debye-Scherrer-Kamera), bei Präparaten mit Faserstruktur in der Drehkristallkamera. Als sehr geeigneter Behelf ist auch die Reglersche Kegelkamera [*17*] zu nennen, welche die Interferenzen bis zu einem Ablenkungswinkel von 90° erfaßt.

Präparate mit höherer Orientierung (Ausrichtung nach 2 Achsen) werden nach den Methoden der Einkristallanalyse untersucht, also auch mit der Weissenberg-Kamera.

e) Die Kleinwinkelkameras. α) *Ausführung mit Lochblenden.* Will man in orientierten Präparaten die Lage der Kleinwinkelstreuung relativ zu den anderen

Reflexen untersuchen und genügt – wie meist in diesen Fällen – die Erfassung des Streubereiches bis zu einem Braggschen Winkel entsprechend 200 bis 300 Å,

so empfiehlt sich eine Anordnung, die als Faserkamera mit sehr feiner Blende anzusprechen ist. Kameras dieser Art sind von KIESSIG [*18*], YUDOWICH u. a. beschrieben worden.

β) Ausführung mit Spaltblende. Abb. 3 zeigt das Schema der früher meist benützten Kleinwinkelkamera [*19*]. Die paarigen Blendenkörper S_1, S_2 und S_3, deren Schnitt dargestellt ist, verlaufen normal zur Papierebene. Natürlich sind alle Maße in der Vertikalrichtung sehr stark verkleinert zu denken. Die an den Kanten von S_2 gestreuten

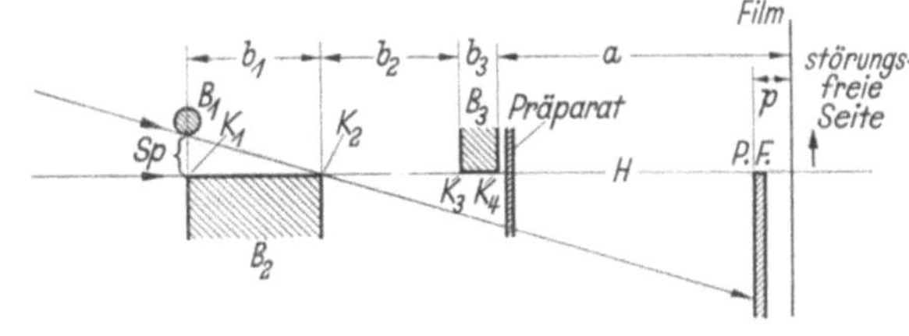

Abb. 4. Schema der blendenstreuungsfreien Kleinwinkelkamera, Schnitt normal zur Strahlenebene, nach [*20*]

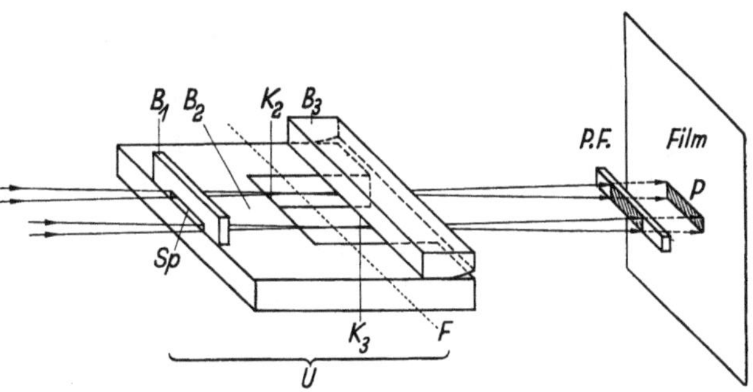

Abb. 5. Schema der blendenstreuungsfreien Kleinwinkelkamera, perspektivische Darstellung, nach [*20*]

Röntgenstrahlen werden durch die Schneiden S_3 abgefangen. Letztere bleiben außerhalb des Primärstrahles, werden aber so nahe wie möglich an ihn heran-

geführt, um den von schädlicher Streustrahlung mehr oder weniger erfüllten und daher für die Registrierung des eigentlichen Streueffektes unbrauchbaren Bereich Z möglichst klein zu halten.

Abb. 4 gibt das Schema einer Anordnung, die vollkommen frei ist von schädlicher Blendenstreuung (KRATKY [*20*]). Wir müssen uns blockförmige Körper B_2 und B_3 vorstellen, die normal zur Papierebene verlaufen und eine solche Lage haben, daß die nach oben gerichtete Begrenzungsfläche von B_2 und die nach unten gerichtete von B_3 in ihrer Verlängerung exakt zusammenfallen. Der Primärstrahl tritt beim Spalt Sp ein

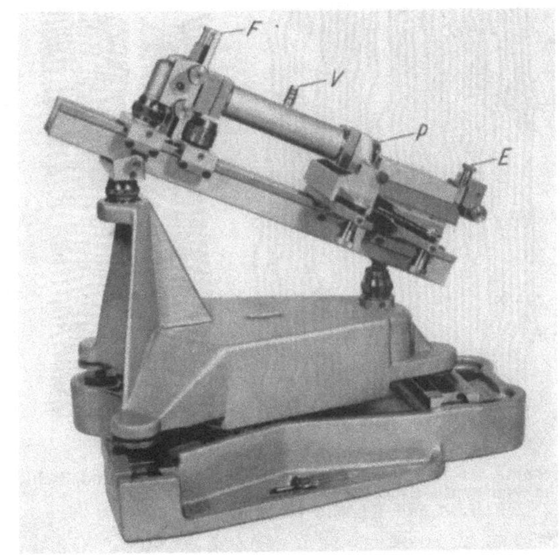

Abb. 6. Röntgenkleinwinkelkamera mit Blendensystem nach Abb. 4 und 5

E Eintrittsspalt; P Präparat; V Vakuumansatz; F Film (den wir uns in Wahrheit um 2 Größenordnungen enger denken müssen), geht über die Kante K_2 und tritt unter der „Brücke" B_3 durch. Wie immer der Strahl gestreut wird, niemals kann schädliche Streuung oberhalb des „Hauptschnittes" H auftreten. Abb. 5 veranschaulicht das Bauprinzip in perspektivischer schematischer Darstellung, Abb. 6 zeigt das wirkliche Instrument.

Beim Spaltblendentyp wird eine ungleich höhere Lichtstärke erzielt als beim Lochblendentyp. Allerdings ist die Auswertung meist schwieriger, weil in den einzelnen Punkten der Registrierebene Intensitäten zusammenwirken, die einer Mannigfaltigkeit von Streuwinkeln zugehören [64].

4.14.2 Interpretation des Röntgenbildes und Ergebnisse

a) Übersicht der Aussagemöglichkeiten. Wir wollen unsere Betrachtungen an dem so besonders wichtig gewordenen Röntgen-Faserdiagramm durchführen. Den einzelnen Merkmalen seiner rein bildhaften Beschreibung lassen sich ganz bestimmte Feinstrukturmerkmale des Objektes zuordnen. Wir zählen diese Zusammenhänge zunächst ohne nähere Erläuterung kurz auf (man tut gut daran, dabei die übermolekularen Schemata [21, 22] in Abb. 7a und 7b im Auge zu behalten).

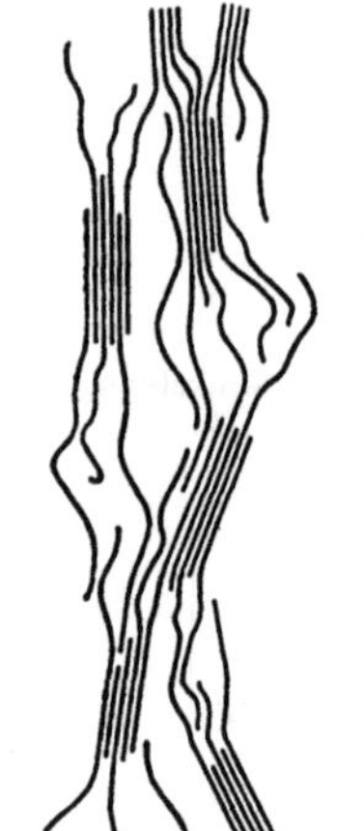

Abb. 7a. Schema der übermolekularen Struktur eines Faserstoffes mit „Fransenmicellen"

Das *Weitwinkeldiagramm* umfaßt das ganze Röntgenbild mit Ausnahme der unmittelbaren Umgebung des Zentrums. Wir beachten an ihm folgende Merkmale (Abb. 8):

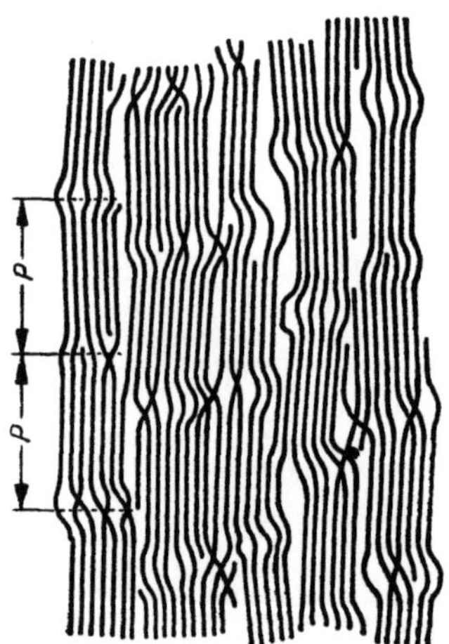

Abb. 7b
Schema der übermolekularen Struktur von synthetischen Faserstoffen nach HESS und KIESSIG [21]

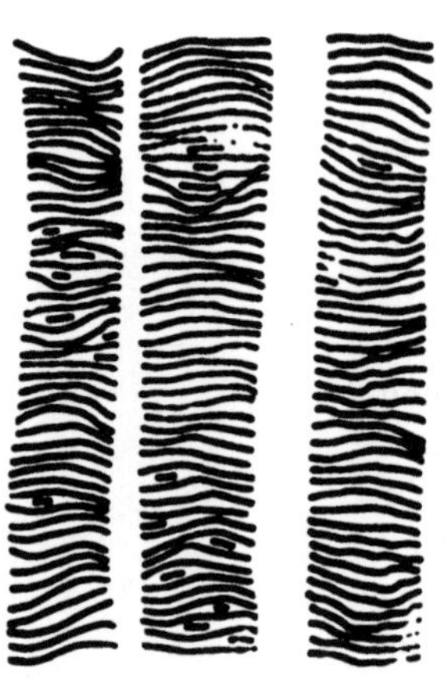

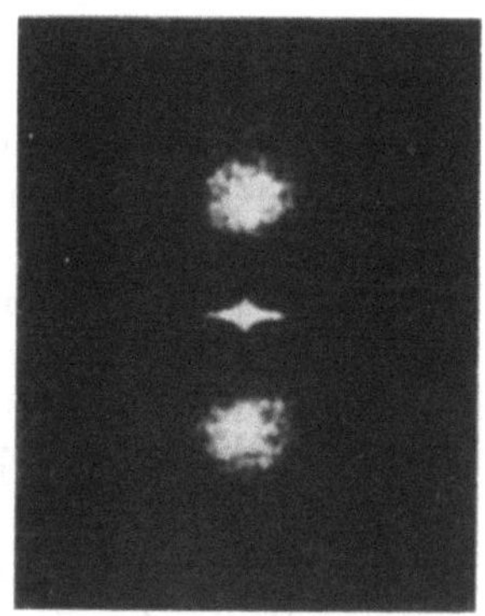

Abb. 7c. Modellschichtgitter und zugehöriges Interferenzbild nach BONART und HOSEMANN [65]

1. *Scharfe Kreise und Bogen* zeigen die Anwesenheit von Kristalliten an, sehr breite Bänder und *völlig diffuse* Streuung die Existenz amorpher Anteile. Aus den relativen Intensitäten kann der kristalline Anteil errechnet werden.

2. Jeder *Radius* eines Bogens oder Kreises bedeutet einen bestimmten Ablenkungswinkel und dieser einen bestimmten Netzebenenabstand nach BRAGG; die Gesamtheit aller BRAGGschen Werte charakterisiert das vorliegende Kristallgitter und ist wertvoll für seine Beschreibung und Wiedererkennung.

3. Die *Länge der Bogen* ist ein Maß für die Mannigfaltigkeit in den räumlichen Orientierungen der Kristallite.

4. *Aus der Lage der* durch die Mittelpunkte der Bogen gelegten *Schichtlinien* ist unmittelbar die Berechnung der Faserperiode möglich, d. h. der Elementarkörperlänge in Richtung der Faserachse (= Fadenachse).

5. Aus der *Lage der Punkte* innerhalb der Schichtlinien kann die Berechnung der übrigen Dimensionen des Elementarkörpers erfolgen.

6. Die *Intensitäten*, d. h. die Schwärzungen der einzelnen Punkte, stellen, zusammen mit dem chemischen und sterischen Wissen über die Substanz, die Grundlage für die eigentliche Strukturanalyse dar. Ihr letztes Ziel ist die räumliche Festlegung aller Atome in der Elementarzelle.

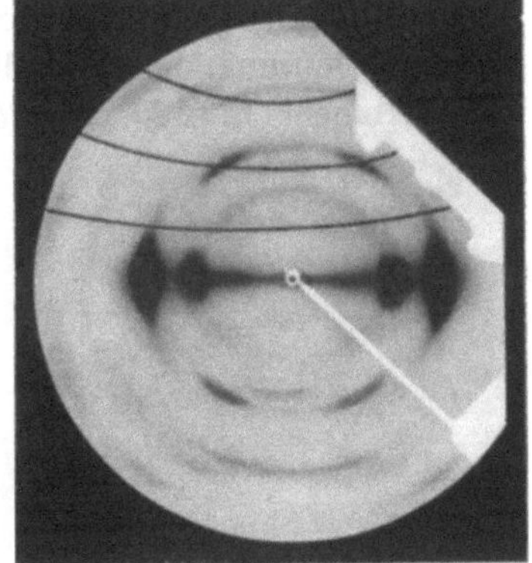

Abb. 8
Röntgendiagramm von nativer Ramiefaser mit eingezeichneten Schichtlinien

7a. Mit abnehmender Kristallitgröße werden die Bogen und Kreise zunehmend unschärfer (von etwa 500 Å abwärts in merkbarem Ausmaß). Auf der Messung der „Linienbreite" kann daher eine Teilchengrößenbestimmung aufgebaut werden.

7b. Auch sog. flüssigkeitsstatistische Gitterstörungen (parakristalliner Zustand) führen zu einer Verbreiterung der Interferenzen. Es ist bei makromolekularen Stoffen im allgemeinen nicht möglich, eine auftretende Linienbreite eindeutig auf die eine oder andere Ursache zurückzuführen.

8. Bei sehr kleinen Kristalliten entsprechen die Ablenkungswinkel der Maxima nicht mehr genau dem BRAGGschen Gesetz. Aus der Abweichung kann bei Zutreffen bestimmter Voraussetzungen ebenfalls die Kristallitgröße berechnet werden.

Das *Kleinwinkeldiagramm* umfaßt die Effekte in unmittelbarster Umgebung des Zentrums, jene also, die durch Ablenkung um sehr kleine Winkel aus der Primärstrahlrichtung zustande kommen. Es bietet die Möglichkeit zu folgenden Aussagen:

1. Scharfe Reflexe, wie sie in Zentrumsnähe, vor allem auf oder knapp neben der vertikalen Mittellinie (= Meridian) bei vertikaler Richtung der Faser auftreten (Abb. 17 und 18), stehen in Beziehung zu einer entsprechend großen Periode im Aufbau der Faserstoffe, für deren Zustandekommen verschiedene Ursachen möglich sind. *Eine* Deutung ist die gleichmäßige Länge der aufeinanderfolgenden kristallinen und amorphen Bereiche, wie das Abb. 7b andeutet.

2. Die diffuse Kleinwinkelstreuung, die vom Zentrum der Aufnahme (Durchstoßpunkt) nach außen abfällt, vermittelt ebenfalls Informationen über die Partikelgrößen.

3. Liegen anisotrope Partikel orientiert vor, so zeigt auch die diffuse Kleinwinkelstreuung eine Anisotropie, die umgekehrt zur Orientierungsbestimmung benützt werden kann (Abb. 9 und 19).

Im folgenden sollen nun die einzelnen Punkte der obigen Zusammenstellung etwas näher ausgeführt werden.

b) Bedeutung der Kristallinität, ihre Bestimmung. (Auf zusammenfassende Darstellungen [*23, 24, 25, 25a*] und Diskussionen [*26*] sei hingewiesen.)

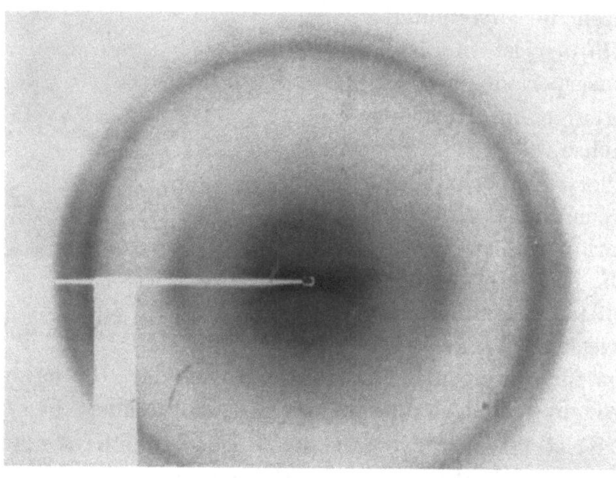

Abb. 9

Röntgendiagramm von gedehnter regenerierter Cellulose. Die Kleinwinkelstreuung zeigt durch ihre Anisotropie deutlich die Orientierung an

Treten wie bei den meisten Hochpolymeren im Diagramm scharfe Bogen sowie auch breite Banden (bzw. eine starke diffuse Streuung) nebeneinander auf, so wird man im allgemeinen sagen können, daß ein Teil der Substanz kristallin, ein Teil amorph ist, und es liegt der Versuch nahe, die Größe des kristallinen Anteiles auszurechnen.

Wenn bis vor wenigen Jahren die Schemata in Abb. 7a und 7b im wesentlichen die Vorstellungen von der übermolekularen Struktur im festen Zustand charakterisierten, so ist nun durch die unabhängig voneinander von TILL, KELLER und FISCHER [*27*] gemachte Entdeckung von regelmäßigen Faltungen bestimmter synthetischer Makromoleküle unter Bildung von Lamellen definierter Dicke – wobei die Länge einer Falte die Dicke der Lamelle bestimmt – ein ganz neuer Aspekt in unsere Vorstellungen vom übermolekularen Aufbau gekommen. Amorphe Bereiche wären bei einer derartigen Struktur eher als gittergestörte Gebiete innerhalb einer einkristallartigen Lamelle aufzufassen.

Schließlich wird immer wieder die Auffassung zur Diskussion gestellt, daß bei vielen Hochpolymeren überhaupt keine echten Kristallgitter vorliegen, sondern ein Ordnungszustand mit flüssigkeitsstatistischen Störungen (Parakristall nach HOSEMANN [*28*]), der einen kontinuierlichen Übergang aller Grade von Ordnung ineinander möglich macht, so daß die Bestimmung eines kristallinen Anteiles überhaupt problematisch würde. Nun bietet das Röntgenbild rein phänomenologisch sehr häufig zwei Arten von Reflexen dar, eben relativ scharfe und sehr verwaschene. Da beide meist ohne allzuviel Willkür voneinander getrennt werden können (Abb. 10), liegt es nahe, die integralen Intensitäten der beiden Interferenzeffekte als Maßgröße für die Menge des gut und des schlecht geordneten Anteiles zu betrachten.

Es muß betont werden, daß die Diskussion über die Problematik der makromolekularen Ordnungszustände noch in vollem Gang ist. Es scheint aber nicht zweckmäßig, den Rahmen der möglichen Ordnungstypen zu eng zu spannen, denn man muß wohl in Betracht ziehen, daß bei verschiedenen Makromolekülen und verschiedenen Entstehungsarten des festen Zustandes (natives Wachstum bzw.

Abscheidung aus der Lösung oder aus der Schmelze, wobei die thermische und mechanische Vorgeschichte von größtem Einfluß ist) vielleicht alle angedeuteten Möglichkeiten und weitere von Bedeutung sein können. Kristallin und amorph mögen in Wahrheit nur die beiden Grenzfälle sein, und es kann vielleicht zweckmäßig sein, von „kristallin" und „amorph" zu sprechen, wenn wir im Sinne von Abb. 10 eine Zerlegung in zwei Anteile vornehmen.

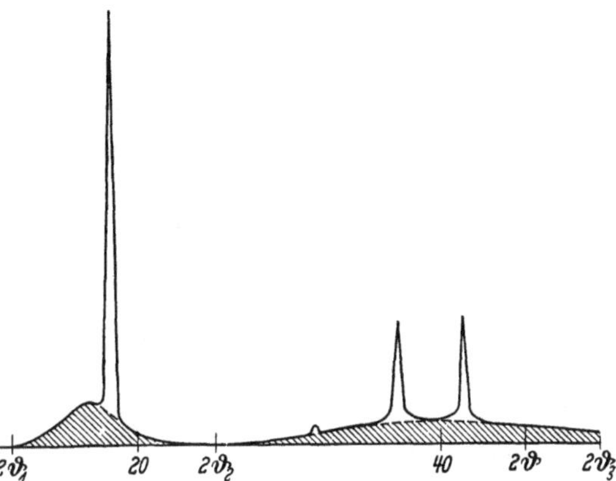

Abb. 10. Zur Bestimmung des kristallinen Anteiles. Die Streukurve kann zwanglos in einen kristallinen und amorphen Anteil zerlegt werden, nach [38]; zur Problematik des Streuuntergrundes vgl. [37a]

Die Neigung der Kunststoffe, im eben umrissenen Sinn zu kristallisieren, ist sehr unterschiedlich. Es gibt Fälle, wo auch bei schnellster Unterkühlung aus dem Schmelzfluß unter allen Umständen Kristallisation auftritt (z. B. bei Polyäthylen). Werden Polymere durch rasches Abkühlen amorph erhalten, so können sie diesen Zustand entweder lange beibehalten (z. B. Polyterephthalsäureglycolester) oder aber beim Stehen relativ rasch kristallisieren (z. B. Polyvinylidenchlorid [29]). Dann gibt es Stoffe, die umgekehrt bei allen Versuchen, sie zum Kristallisieren zu bringen, nie über bescheidene kristalline Anteile hinauskommen (z. B. Polyvinylchlorid).

Die Ursachen der Kristallisationshemmungen werden wir wohl in erster Linie in Unregelmäßigkeiten der Molekülstruktur zu suchen haben. Diese können struktureller Art sein, also z. B. Verzweigungen, und sterischer Art, wie etwa statistische Abwechslung der rechts- und links-Konfiguration in aufeinanderfolgenden Gruppen (Polystyrol, Polyvinylacetat). Daß umgekehrt Regelmäßigkeit der Molekülstruktur zur Kristallisation befähigt, hat STAUDINGER [30] schon vor langem mit Nachdruck betont.

Es kann wertvoll sein, Kristallisationsvorgänge bei der Kaltverstreckung, wie sie bei synthetischen Faserstoffen stets dem Spinnen folgen, zu studieren.

Ferner vermag das Studium der Kristallisation beim Anwärmen bis in die Gegend des Schmelzpunktes wertvolle Hinweise auf die Natur der Aggregatsumwandlung zu liefern. So zeigen die Untersuchungen von BAKER [31] und FULLER, ferner von BUNN und ALCOCK [32] an unorientierten Polyäthylenfilmen, daß Erwärmen zu einem *allmählichen* Verschwinden der Kristallinterferenzen und einer gleichzeitigen Verstärkung der amorphen Banden führt.

Studien der Kristallinität können schließlich sehr interessant für Fragen der Keimbildung in Abhängigkeit von der thermischen Vorgeschichte sein (KELLER, MORGAN und Mitarbeiter [33], FLORY und Mitarbeiter).

Sehr aufschlußreich sind neuere Messungen von KILIAN und JENCKEL [34] über das Schmelzen von Polyurethan. Die Kette wird durch 2 Mechanismen zum Kristall zusammengehalten: H-Bindungen in *einer* seitlichen Richtung und VAN DER WAALSsche Bindungen in der *zweiten* dazu normalen. Beim Schmelzen erfolgt zunächst in einem größeren Temperaturintervall die Lösung der VAN DER WAALSschen Bindungen und erst bei höherer Temperatur geht verhältnismäßig scharf die H-Bindung auf. Es ist reine Definitonssache, ob man die zweidimensionalen, durch H-Brücken zusammengehaltenen Lamellen noch als kristallin bezeichnet oder nicht. Das Nebeneinander scharfer und breiter Interferenzen macht auch eine rein phänomenologische Entscheidung schwierig.

Wenn wir komplexe Fälle von der weiteren Diskussion ausschließen wollen und die kristallinen Anteile „naiv" bestimmen wollen, so ist das am leichtesten möglich, wenn die Proben völlig isotrop sind, also im Röntgenbild nur gleichmäßig geschwärzte Kreise vorliegen. Handelt es sich aber um Präparate (z. B. Fasern) mit Orientierung, so müssen diese entweder in einen Zustand gebracht werden, in welchem das Präparat als Ganzes isotrop ist, oder aber es ist die Intensität entlang der ganzen, ungleichmäßig geschwärzten Interferenzkreise zu vermessen und über diese zu integrieren. Bei orientierter Cellulose sind sowohl Messungen der einen als auch der anderen Art durchgeführt worden, wohingegen bei Kunststoffen quantitative Messungen nur für unorientierte Fasern vorliegen.

Zur Realisierung gleicher Belichtungsbedingungen sind verschiedene Wege möglich. Oftmalige Anwendung hat ein auf GOPPEL [35] zurückgehendes Verfahren gefunden, bei welchem eine an geeigneter Stelle in den Strahlengang eingeschaltete Eichsubstanz benützt wird, deren Interferenzen bei kleineren Ablenkungswinkeln liegen als die des untersuchten Präparates. Durch Umrechnung der verschiedenen Aufnahmen auf gleiche Intensität der Eichinterferenzen sind allfällige Unterschiede in den Belichtungsbedingungen eliminierbar. Mit zunehmender Stabilisierung der im Handel erhältlichen Röntgenanlagen wird sich eine solche Eichung mehr und mehr erübrigen.

Die größten Fehlerquellen solcher Messungen sind Unterschiede in der äußeren Gestalt; bei faserigen Materialien kommen noch Unterschiede in der Packungsdichte sowie Abweichungen von der Packungsgleichmäßigkeit der Präparate hinzu. Bei Dimensionen in der Größenordnung von 1 bis 2 mm läßt sich diese Art von Fehlern nur mit viel Sorgfalt auf ein erträgliches Maß vermindern. Nun kann man den Einfluß solcher Mängel sehr stark „puffern", indem man trachtet, dem Präparat jene optimale Dicke $(1/\mu)$ zu geben, wo die abgebeugte Intensität ein Maximum wird [36] (vgl. 4.14.1). Man überzeugt sich leicht, daß durch eine Abweichung der Dicke von diesem Wert um $\pm 10\%$ die abgebeugte Energie bloß um $0,5\%$ vermindert wird und selbst bei einer Abweichung um 20% nur um $1,5\%$ (bei zu dickem Präparat) bzw. 3% (bei zu dünnem Präparat).

Eine Absolutbestimmung des kristallinen Anteiles ist leicht möglich, wenn man über eine definierte Bezugssubstanz verfügt, d. h. wenn die 100% kristalline oder 100% amorphe Form des Stoffes vorliegt. Ist das nicht der Fall, sind aber zwei Präparate mit verschiedenen kristallinen und amorphen Anteilen zugänglich, so lassen sich unter der Annahme, daß insbesonders der amorphe Anteil in beiden Fällen gleiches Streuvermögen besitzt (beim kristallinen Anteil setzt man dies stillschweigend voraus), ebenfalls die kristallinen Anteile berechnen.

Quantitative Messungen liegen vor allem an gut kristallisierenden Polymeren vor. Wir erwähnen einige mehr oder willkürlich herausgegriffene Beispiele.

Nach dem Verfahren von MATTHEWS, PEISER und RICHARDS [*37*] werden an Proben von Polyäthylen je nach dem Verzweigungsgrad kristalline Anteile zwischen 70 und 90% erhalten. Nun haben diese Autoren den kohärenten Anteil der Streuung der amorphen Substanz im Untergrund unberücksichtigt gelassen, wodurch zu hohe Werte für den kristallinen Anteil errechnet werden. In einer sehr sorgfältigen Studie konnten HENDUS und SCHNELL [*37a*] neuerdings die Verhältnisse durch eine Zerlegung des Untergrundes in den kohärenten und inkohärenten Anteil klarstellen und kommen je nach dem Verzweigungsgrad zu Werten des kristallinen Anteiles zwischen 45 und 83%. Sie fanden ferner, daß das spezifische Volumen mit dem Kristallinitätsgrad einen linearen Zusammenhang zeigt. Die Werte dieser Autoren stimmen mit den von KRIMM und TOBOLSKY [*38*] erhaltenen ziemlich gut überein. Diese Autoren haben auch gezeigt, daß sich mit steigender Temperatur der kristalline Anteil vermindert und der Temperaturgradient bei Annäherung an den Schmelzpunkt steigt [*38*].

An NYLON liegen Messungen von P. H. HERMANS und WEIDINGER [*39*] vor, die einen kristallinen Anteil von 50 bis 60% ergaben.

KILIAN und JENCKEL [*40*] messen an TEFLON und HOSTAFLON laterale (α_1) und longitudinale (α_2) Kristallisationsgrade in Abhängigkeit von der thermischen Vorgeschichte. Eine sehr rasch abgeschreckte TEFLON-Probe ergibt z.B. $\alpha_1 = 0{,}45$, $\alpha_2 = 0$. – Auch die erwähnten Messungen am Polyurethan [*34*] wurden quantitativ durchgeführt.

c) Die Glanzwinkeltabelle als diagnostisches Hilfsmittel. Auch wenn man auf jede Deutung des Röntgenbildes verzichtet, so kann man zu einem sehr wertvollen Charakteristikum der betreffenden Substanz kommen, indem man einfach die Ablenkungswinkel vermißt (Abb. 11). Hat auf einem ebenen Film ein Kreis oder Bogen den

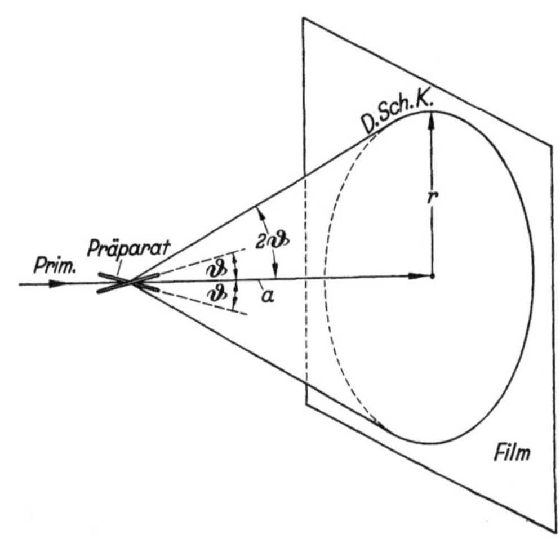

Abb. 11. Zur Bestimmung des Netzebenenabstandes aus dem Röntgenfaserdiagramm

Radius r und ist der Abstand Präparat–Film gleich a, so ergibt r/a die Tangente des Ablenkungswinkels, den wir mit 2ϑ bezeichnen ($\vartheta =$ „Glanzwinkel" oder „BRAGGscher Winkel"):

$$r/a = \tan 2\vartheta \qquad (2)$$

Daraus entnehmen wir ϑ und berechnen nach der BRAGGschen Beziehung

$$\lambda = 2\,D\sin\vartheta \qquad (3)$$

den zugehörigen D-Wert, auch BRAGGscher Wert genannt. Die Gesamtheit dieser Werte stellt ein Charakteristikum des vorliegenden Kristallgitters dar und ist zu seiner Beschreibung und Wiedererkennung geeignet.

d) Orientierung der Kristallite[1]. Bei der Bestimmung der Kristallitorientierung kann man verschiedene Ziele verfolgen:

a) Studien über den Mechanismus der Verformungsvorgänge an Hand der Kristallitorientierung können wichtige Erkenntnisse hinsichtlich des übermolekularen Aufbaues, besonders über Gestalt und Zusammenhang der Kristallite bringen.

b) Wegen des Zusammenhanges zwischen Orientierung und mechanischen (textilen) Eigenschaften kommt der Orientierungsbestimmung unmittelbares technisches Interesse zu.

c) Eine gute Orientierung ist in der Regel die Voraussetzung für die röntgenographische Analyse des Feinbaues.

Die experimentelle Grundlage für quantitative Aussagen ist der Intensitätsverlauf entlang den Interferenzsicheln. Qualitativ können wir sagen, daß volle Kreise eine vollständige Unordnung bedeuten, lange Bogen eine schlechte Ordnung und kurze Bogen eine gute Ordnung. Im Grenzfall vollständiger Parallelrichtung schrumpfen die Bogen zu Punkten zusammen [*41, 42*].

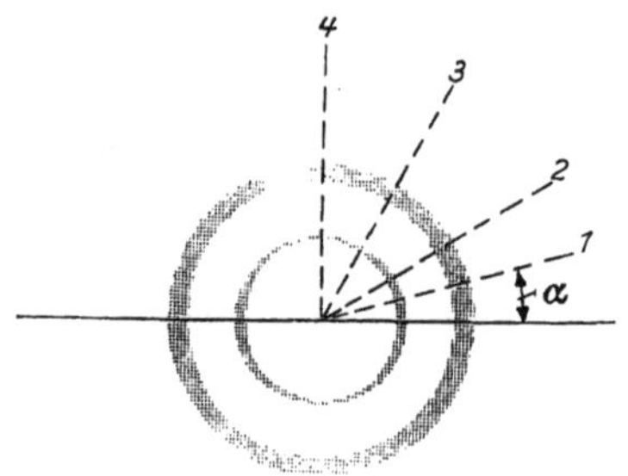

Abb. 12. Die Bestimmung des Schwärzungsverlaufes entlang einem Interferenzkreis erfolgt durch vielfache Radialphotometrierung

Bei Vermessung der Bogen ist es zur Erfassung und Eliminierung des allgemeinen Streuuntergrundes notwendig, die Photometrierung im Sinne von Abb. 12 radial durchzuführen und aus den gemessenen Intensitäten bei den einzelnen Winkeln (Abb. 13) den Gesamtverlauf zusammenzusetzen [*43*]. Vielfach wird man allerdings nicht den gesamten Verlauf für die Beschreibung oder weitere Diskussion verwenden, sondern versuchen, den Ordnungsgrad durch Kennzahlen festzulegen. Bei schwachen Orientierungseffekten wird das Verhältnis der Intensitäten am Meridian und am Äquator ein brauchbares Maß darstellen. Bei kürzeren Sicheln ist immer wieder die *Halbwerts*breite verwendet worden: also der vom Maximum der Intensität an gerechnete Winkel, bei welchem die *Intensität* auf die Hälfte abgesunken ist. Ein rationales Maß, das sich für viele theoretische Betrachtungen, insbesondere auch den Vergleich mit Angaben über die *Doppel-*

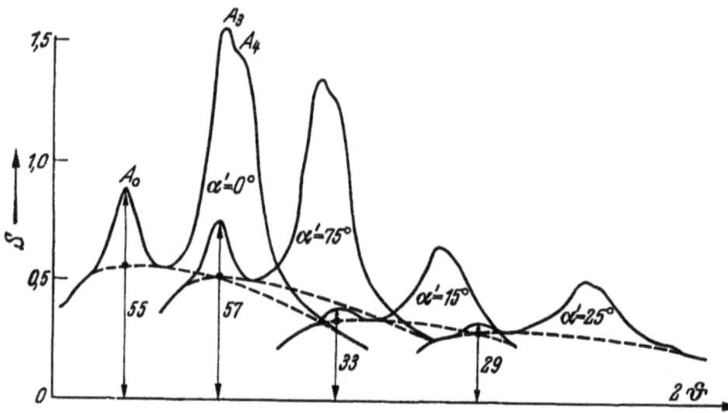

Abb. 13. Die einzelnen Kurven entsprechen Radialphotometrierungen, wie sie nach dem Schema in Abb. 12 erhalten werden. Aus der Erhebung der Maxima über den Untergrund wird die Schwärzung der Interferenzen beim Winkel der betreffenden Radialphotometrierung entnommen

---

[1] Es sei auf den Beitrag 3.6 von W. Kast im vorliegenden Sammelwerk hingewiesen, wo der Zusammenhang zwischen Orientierung und Röntgendiagramm ausführlicher behandelt wird.

brechung empfiehlt, ist das von P. H. HERMANS, J. J. HERMANS und Mitarbeitern [*44*] eingeführte mittlere Sinusquadrat der Abweichung von der Mittellage.

Die Erschließung der Lagenverteilung der Kristallite aus derartigen Messungen ist, vom grob Qualitativen abgesehen, keine ganz einfache Sache; wir müssen uns daher hier mit einigen Hinweisen begnügen. Dabei stellen wir hier umgekehrt einige der wichtigsten Kristallitanordnungen voran und beschreiben anschließend die zu erwartenden Röntgendiagramme [*41, 42*].

a) *Vollständige Faserstruktur.* Eine Achse der Kristallite (meist fällt sie mit deren längster äußerer Dimension zusammen) zeigt eine Richtungsverteilung, die rotationssymmetrisch um die Faserachse (d. h. die Hauptachse des ganzen Objektes) ist, wobei das Maximum dieser Richtungsverteilung mit der Faserachse zusammenfällt. Es sind überdies alle Kristallitlagen realisiert, die sich durch Rotation jedes einzelnen Kristalliten um seine eigene Achse ergeben. Im Grenzfall, wo die Winkel aller Kristallitachsen mit der Faserachse Null wurden, spricht man von *idealer Faserstruktur*, sonst von *realer*. Beispiel: Ein Bündel von runden Stäbchen, die exakt bzw. annähernd parallel geordnet sind.

Die unmittelbarste Information über die Verteilung der Kristallitachsen kann man erhalten, wenn die sog. *diatrope* Netzebene, das ist jene, welche normal auf der Kristallitachse steht, genügend stark reflektiert. Man neigt dann die Achse des Präparates aus der senkrechten Lage zum Strahl um den Glanzwinkel dieser *diatropen* Ebene. Von einer ganz kleinen anzubringenden Korrektur abgesehen, liefert die Intensitätsverteilung entlang dem so erhaltenen Reflex dieser Ebene unmittelbar die Richtungsverteilung der Kristallitachsen.

Stellt man das Präparat, wie gewohnt, normal zum Röntgenstrahl auf, so erscheinen am Äquator, das ist die horizontale Mittellinie des Bildes, die sog. *paratropen* Reflexe, die von den parallel zur Kristallitachse verlaufenden Netzebenen herrühren. Bei vollständiger Faserstruktur müssen alle paratropen Reflexe eine gleiche Intensitätsverteilung, also auch gleiche Halbwertswinkel usw. zeigen. Die Bogenlänge der paratropen Reflexe geht wohl mit der Schwankung der Kristallitachsen symbat, der quantitative Zusammenhang ist aber wesentlich komplizierter als bei der diatropen Ebene (KRATKY [*45*]).

b) *Partielle Faserstruktur.* Über die Verteilung der Achsenrichtungen der Kristallite ist das gleiche zu sagen wie bei der vollständigen Faserstruktur. Es sind aber nicht mehr alle Lagen realisiert, die sich aus einer bestimmten Kristallitlage durch Rotation um die Achse der Kristallite ergeben, wenngleich die Gesamtanordnung rotationssymmetrisch sein muß. Ein besonders interessanter Grenzfall einer solchen Struktur liegt dann vor, wenn eine der paratropen Flächen der Kristallite stets so liegt, daß sie die Faserachse enthält. Diese Ebene ist also in allen Kristalliten vollständig orientiert und wird am Äquator einen punktförmigen Reflex geben. Jene paratrope Ebene, die im Kristallit normal zu dieser steht, macht hingegen alle Schwankungen der Kristallitachsen mit, was in der Länge des Interferenzbogens dieser zweiten Ebene seinen Ausdruck findet. Ungleichheiten in der Orientierung der paratropen Reflexe deuten also auf das Vorliegen derartiger *partieller* Strukturen hin. Gemeinsam haben aber *alle* Faserstrukturen, daß die Durchleuchtung *in* Richtung der Faserachse wegen der Rotationssymmetrie der Gesamtanordnung Diagramme mit gleichmäßigen Kreisen ergibt.

c) *Höhere Orientierung* oder *Folienstruktur*: die Kristallite sind mit zwei Achsen annähernd parallel gelagert, so daß sie in ihrer Gesamtheit einem Einkristall entsprechen, der eine gewisse Verwacklung seiner Lage zeigt. Der Grad der Schwankung ist an den Bogenlängen erkennbar. In diesem Falle erhält man bei keiner Durchleuchtungsrichtung gleichmäßige Interferenzkreise.

Sämtliche beschriebenen Orientierungstypen finden wir bei den Hochpolymeren realisiert.

Die vollständige Faserstruktur bildet sich z. B. beim Polyäthylen aus, wenn man es knapp unterhalb des Schmelzpunktes verstreckt (A. BROWN [46], HORSLEY und NANCARROW [47]).

Eine partielle Faserstruktur tritt in sehr typischer Weise bei der Kaltverstreckung von PERLON (BRILL [48]) und NYLON (FANKUCHEN und MARK [49]) auf. Die „Rostebenen", das sind jene, welche die Molekülrichtung und die quer dazu verlaufenden Wasserstoffbrücken enthalten, orientieren sich rasch parallel zur Faserachse, während die Molekülrichtung selbst eine sehr viel langsamere Drehung in die Dehnungsrichtung ausführt.

Eine höhere Orientierung ist ebenfalls nach BRILL [48] bei den Polyamidfasern durch gleichzeitiges Dehnen und Walzen zu erzielen, nach ZAHN [50] auch beim PERLON U. Immer dreht sich dabei die Molekülrichtung in die Dehnungsrichtung und die Rostebene in die Walzebene.

Während alle diese Orientierungen als Ausdruck einer bestimmten Kristallitform (langgestreckte bzw. bändchenförmige Teilchen) verstanden werden konnten, mehren sich die Fälle, wo so einfache Erklärungen offenbar versagen. So erfolgt z. B. bei Polyäthylen nach KELLER [51] zunächst eine Orientierung der a-Achse normal zur Reckrichtung und dann erst eine Orientierung durch Drehung der Kristallite um die a-Achse. KELLER [51] hat auch das Problem der Kristallplastizität im Falle des Polyäthylens [52] eingehend diskutiert. Man darf hoffen, daß die in Entwicklung begriffenen Vorstellungen von den gefalteten Molekülketten [27] weitere Ansatzpunkte für eine beträchtliche Erweiterung der Interpretationsmöglichkeiten der Orientierungsvorgänge bei der Deformation bieten (KELLER [51]); doch befinden wir uns auf diesem Gebiet in einer stürmischen Entwicklung vielfach wechselnder Vorstellungen, die noch keine einigermaßen gesicherten Formulierungen zulassen.

Alles bisher Gesagte bezieht sich auf den kristallinen Anteil. Der amorphe Anteil wird im allgemeinen eine schlechtere Ausrichtung zeigen als der kristalline. Über den Zusammenhang zwischen der Richtungsverteilung der Molekülabschnitte im amorphen Anteil und dem Intensitätsverlauf entlang den amorphen Banden läßt sich aber höchstens qualitativ aussagen, daß sich eine gute Orientierung der Moleküle auch in einer gewissen Anisotropie der amorphen Interferenzen auswirken wird. Quantitative Schlüsse sind derzeit nicht möglich, wie überhaupt klar ausgesprochen werden muß, daß die Röntgenmethode für die Orientierungsbestimmung des amorphen Anteiles bisher nur sehr wenig zu leisten vermochte.

e) Die Faserperiode. Durchleuchtet man eine gedehnte Faser normal zur Faserrichtung, so erhält man auf ebenem Film ein Bild von der Art der Abb. 8, das wir seit den grundlegenden Untersuchungen von POLANYI [41] als Röntgenfaserdiagramm bezeichnen. Denken wir uns die Mitte jedes Bogens durch einen

Punkt markiert, so erkennen wir, daß die Gesamtheit dieser Punkte ein System von Hyperbeln bildet. Die mittlere horizontale Linie, die normal zur Faserachse verläuft, heißt Äquator des Bildes, die Hyperbeln sind die Schichtlinien, die vom Äquator aus gezählt, als erste, zweite ... Schichtlinie bezeichnet werden.

Würde man ein lineares Gitter statt der gedehnten Fasern normal zu seiner Richtung mit Röntgenlicht bestrahlen, so erhielte man als Beugungseffekt volle „Schichtlinienkegel" und das Interferenzbild, das ist der Schnitt dieser Kegel mit dem photographischen Film, würde eine Schar kompletter Hyperbeln geben. Wie Abb. 14 verständlich

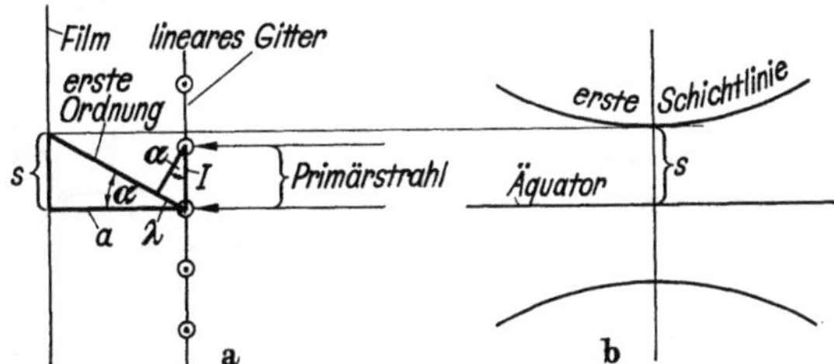

Abb. 14. Zur Bestimmung der Faserperiode aus der Lage der Schichtlinie bei ebenem Film

macht, besteht zwischen dem Scheitelabstand s der ersten Schichtlinie vom Äquator und der Identitätsperiode I des linearen Gitters die Beziehung

$$\frac{s}{a} = \tan\alpha; \quad \frac{n\,\lambda}{I} = \sin\alpha. \tag{4}$$

(n = Nummer der Schichtlinie, a = Abstand Präparat – Film).

Ersetzen wir das lineare Gitter durch eine Anordnung von Kriställchen, die mit einer Achse parallel gelagert sind, so bewirken die nun zum linearen Gitter hinzukommenden seitlichen Periodizitäten, daß von den Schichtlinien nur einzelne punktförmige Reflexe übrigbleiben. Alles andere wird durch Interferenz ausgelöscht.

Die Gesamtheit der durch die Mittelpunkte der Bogen gezeichneten Schichtlinien gestattet nach (4) I, die Länge der in der Faserachse verlaufenden Identitätsperiode (= Elementarkörperkante) der Kriställchen zu berechnen. Sie wird oft als *Faserperiode* bezeichnet.

f) Elementarkörperbestimmung und Gitterstruktur der kristallinen Bereiche. Die Aussichten für eine erfolgreiche Strukturanalyse sind um so besser, je höher die Orientierung ist. Man wird daher bestrebt sein, durch Kaltverstrecken, Tempern unter Spannung und allenfalls Walzen eine möglichst gute Ordnung zu erzielen. Während ein vollständig ungeordnetes Präparat nur geringe Erfolgsaussichten bietet, erhält man bei Faserstruktur in der Länge der *Faserperiode* bereits einen wertvollen Anhaltspunkt für die Strukturermittlung. Die *seitlichen Dimensionen* des *Elementarkörpers* [53], die mit der Lage der Punkte innerhalb der Schichtlinien in Beziehung stehen, müssen allerdings durch Probieren gefunden werden, ein Weg, der nicht immer zu eindeutigen Ergebnissen führt. Liegt dagegen Folienstruktur vor, so können die Winkel, welche die paratropen Ebenen miteinander einschließen, unmittelbar bestimmt werden, indem man bei Drehung um die Längsachse feststellt, bei welcher Lage des Präparates die verschiedenen paratropen Netzebenen zur Reflexion gelangen. Auf dieser Grundlage ist die Bestimmung der seitlichen Dimensionen eindeutig möglich, oder es ist zumindest die Vieldeutigkeit von vornherein auf einige Möglichkeiten eingeengt. Die beste apparative Einrichtung für eine solche Vermessung des Präparates ist das WEISSENBERG-Goniometer.

Die an die Elementarkörperbestimmung anschließende Strukturanalyse hat sich der Intensität der Reflexe zu bedienen. Das Verfahren der PATTERSON-Analyse liefert hypothesenfrei die Häufigkeit und räumliche Lage aller Vektoren im Gitter. Die Umdeutung auf die eigentliche Struktur ist eine vieldeutige und äußerst schwierige Aufgabe, die in voller Allgemeinheit voraussetzungslos nur selten gelöst werden kann. Wesentlich unterstützt wird die Aufklärung der Struktur durch den gleichzeitigen Gebrauch aller zur Verfügung stehenden chemischen und sterischen Daten.

Da man bei den Hochpolymeren sicher sein kann, daß sich die Fadenmoleküle durch den Kristallit parallel zur Faserrichtung erstrecken, nimmt die Diskussion der gemessenen Faserperiode eine Sonderstellung ein. Dieser Wert zeigt die unmittelbarste Beziehung zum chemischen Bau und jeder Versuch der Aufstellung einer Struktur wird mit der Interpretation der Faserperiode beginnen. Ergibt sich, daß die auf Grund der chemischen Zusammensetzung und der bekannten Atomradien bei Annahme einer *gestreckten* Kette berechnete Faserperiode mit der experimentellen übereinstimmt, so kann diese Struktur als gesichert gelten, und man hat für die weitere Analyse, d. h. für die Ermittlung der seitlichen Anordnung der Ketten, einen ausgezeichneten Start. Wir bringen nun einige Beispiele für Strukturaufklärungen, wo diese Voraussetzung gegeben war.

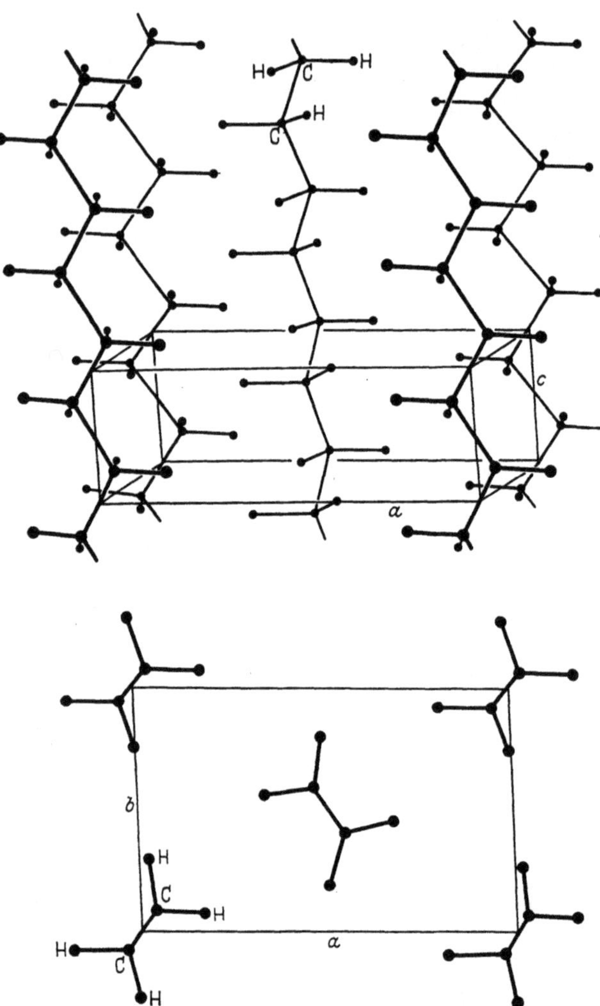

Abb. 15. Gitterstruktur von Polyäthylenen nach BUNN [*54, 55*]

Polyäthylen (Abb. 15). Es liegen gestreckte Zickzackketten vor und die rhombische Struktur ist sehr ähnlich der der normalen Paraffine (BUNN [*54, 55*]). Temperaturerhöhung bewirkt eine Annäherung an eine hexagonale Struktur, indem offenbar die Ketten zunehmend Drehschwingungen zeigen: als Vorstufe der vollständigen Rotation, wie sie bei den niederen Paraffinen bei höherer Temperatur tatsächlich eintritt.

Polyvinylalkohol zeigt ebenfalls eine gestreckte Zickzackkette [*56*].

Polyamide besitzen auch gestreckte Zickzackketten, die durch Wasserstoffbrücken zwischen den CO- und NH-Gruppen benachbarter Ketten zu „Rostebenen" zusammengehalten werden (Abb. 16). Diese sind als besonders gut entwickelt anzusehen, was auch ihr auffallendes Verhalten bei der Deformation (vgl. S. 654) verständlich macht.

Auch beim PERLON U (Polymerisat von Butylenglykol und Hexamethylendiisocyanat) findet man gestreckte Ketten, und wieder sind die Moleküle durch Wasserstoffbindungen zu Rosten vereinigt (ZAHN [*50*]).

Wenn keine Übereinstimmung zwischen der berechneten Länge der gestreckten Kette und der gemessenen Faserperiode besteht, so sind gefaltete oder geschraubte Formen der Moleküle zu diskutieren. Die Analyse ist hier natürlich wesentlich schwieriger.

Ein Beispiel ist das *Polyisobutylen* (Oppanol), bei welchem BRILL und HALLE [*57*] schraubenförmige Moleküle annahmen. Schließlich fanden LENNÉ [*58*] und LIQUORI [*77*], daß die Faserperiode 8 Monomereinheiten mit 5 Umgängen der —C—C-Kette und mit 3 Umgängen der CH_3-Gruppen um die Schraubenachse enthält.

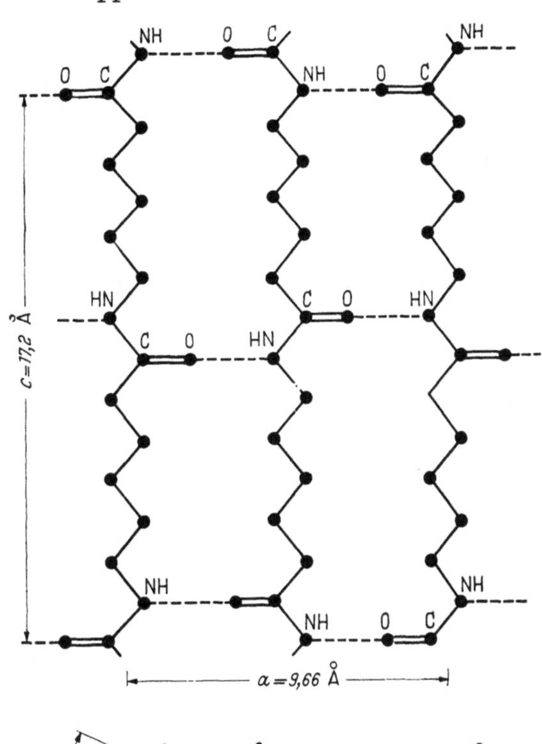
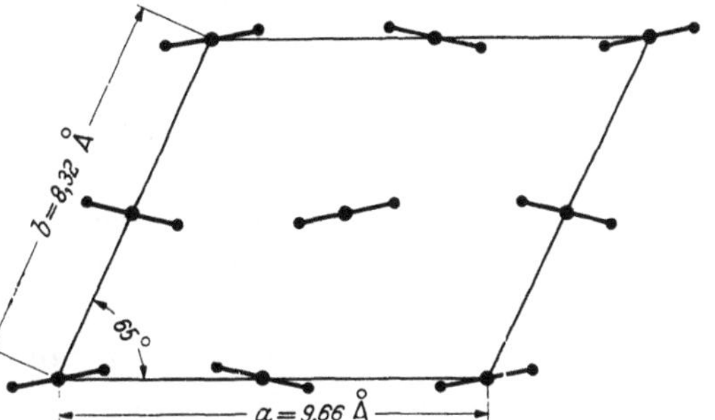

Abb. 16. Gitterstruktur von PERLON nach R. BRILL [*48*]

Diese wenigen Beispiele dürfen um so mehr genügen, als kürzlich ausführliche Darstellungen dieses Gebietes gegeben worden sind [*23, 53*].

g) Die Teilchengrößenbestimmung aus der Linienbreite. Unter Linienbreite verstehen wir, grob ausgedrückt, die „Strichdicke", die man anwenden müßte, um die Interferenzsicheln und Kreise zu zeichnen. Exakter formuliert ist es der Schwärzungsverlauf in Richtung des Radius. Derartige Messungen bilden die Grundlage für die Berechnung der Kristallitgröße, und zwar ist ein Reflex um so schärfer, je größer die Dimension der Kristallite in Richtung normal zur betreffenden Netzebene ist.

Der quantitative Zusammenhang zwischen der Halbwertsbreite β eines Reflexes und der Dicke d der Kristallite in Richtung normal zur betreffenden Netzebene ist nach der Theorie von v. LAUE [59] durch die Beziehung gegeben:

$$\beta = \frac{0{,}9\,\lambda}{d\cos\vartheta}. \tag{5}$$

Dabei ist allerdings ein unendlich dünner Primärstrahl und ein unendlich dünnes Präparat vorausgesetzt. Die durch die endlichen Dimensionen bewirkten Verbreiterungen müssen daher eliminiert werden, bevor man die Formel (5) anwenden kann [60].

Durch Kombination der Linienbreiten verschiedener Reflexe kann man bei Kenntnis der relativen Lagen der betreffenden Netzebenen die Dimensionen der Kristallite in mehreren Richtungen ausrechnen, also grundsätzlich Größe und Gestalt bestimmen.

Nun führt allerdings nicht nur die Teilchenkleinheit zu einer Verbreiterung der Interferenzen, sondern es wirken auch alle Abweichungen von der idealen Kristallstruktur in der gleichen Richtung wie z. B. thermische Bewegungen der Moleküle, Gitterstörungen durch Verunreinigungen, Mischkristallbildungen, Zerrungen und Verbiegungen. Wohl besteht die grundsätzliche Möglichkeit, aus der Abhängigkeit der Verbreiterung von der Ordnung des Reflexes an ein und derselben Netzebene den Teilchengrößeneinfluß von den anderen Einflüssen zu trennen [60, 61], aber bei den hochpolymeren Stoffen steht kaum jemals eine genügende Anzahl von Reflexen an ein und derselben Netzebene zur Verfügung, so daß dieser Weg praktisch ausfällt.

h) Deutung der Linienverbreiterung durch flüssigkeitsstatistische Störungen. Eine besondere Art von Gitterstörung, die „flüssigkeitsstatistische", betrachtete HOSEMANN [28] eingehend, und er interpretiert die Verbreiterungen allein auf dieser Grundlage, ohne zusätzlich die Kleinheit individueller Teilchen zu berücksichtigen. Wenn auch die HOSEMANNsche Auffassung nicht unbestritten geblieben ist, so steht doch fest, daß, in Anbetracht der Unmöglichkeit, eine einwandfreie Trennung in Effekte der Teilchenkleinheit und irgendwelcher Gitterstörungen vorzunehmen, die mittels der Linienbreitenmethode erhaltenen Ergebnisse in quantitativer Hinsicht anfechtbar sind. Immerhin kann man auf diesem Wege Vergleichszahlen erhalten, und wir dürften wohl die allgemeine Auffassung richtig zum Ausdruck bringen, wenn wir darüber hinaus die errechneten Werte zumindest als brauchbare Näherung betrachten. Eine wirkliche Klärung auf diesem Gebiet wird nur durch Schaffung eines sehr viel größeren experimentellen Materials und eingehende Vergleiche mit den Ergebnissen anderer Methoden (z. B. Kleinwinkelstreuung und Elektronenmikroskopie) zu erzielen sein.

Von den allgemeinen qualitativen Ergebnissen können wir die Feststellung nennen, daß langsame Abkühlung der Schmelze zu schärferen Diagrammen – also größeren Kristalliten – führt als rasche Abkühlung, ganz im Einklang mit gewohnten Erfahrungen auf anderen Gebieten. Auch durch Tempern bei geeigneter Temperatur kann man eine Vergrößerung der Kristallite erreichen.

Eine sehr schöne quantitative Studie wurde z. B. von KRIMM und TOBOLSKY [62] am Polyäthylen durchgeführt. Schwach gedehnte Präparate geben aus der

Linienbreite von (110) eine Dicke der Kristallite von etwa 140 Å, die nach Kaltverstreckung um 500 % allmählich auf 60 Å sinkt. Durch diese und ähnliche Versuche wird die Auffassung nahegelegt, daß bei der Kaltverstreckung zunächst überhaupt eine Auflösung des Kristallitgefüges und Neubildung erfolgt.

i) Teilchengrößenbestimmung aus der Abweichung vom Braggschen Gesetz. Wenn die Kristallite in einer Richtung nur wenige Elementarkörper lang sind, dann liefert das BRAGGsche Gesetz nicht mehr genau die Reflexionswinkel der Ebenen, die quer zu dieser Richtung verlaufen. Bei Kenntnis der Struktur läßt sich aus den Abweichungen die betreffende Länge errechnen. WALLNER [63] kommt auf diesem Weg bei PERLON L zu einer Länge der Kristallite in der Molekülrichtung von etwa 50 Å, in vernünftiger Übereinstimmung mit den Ergebnissen, zu welchen HESS und KIESSIG aus den Meridianinterferenzen (s. S. 662) gelangen. Für die quantitative Auswertung braucht man aber die genaue Kenntnis des Strukturfaktors und nur, wenn sich dieser genügend rasch mit dem Winkel ändert, hat der Effekt eine meßbare Größe. Aus diesen Gründen ist das sehr interessante und geistreiche Verfahren leider nicht allgemein anwendbar.

j) Allgemeiner Überblick der Erscheinungen der Kleinwinkelstreuung [64]. Wenn wir uns einen Netzebenenabstand wachsend denken, dann ist damit nach der BRAGGschen Beziehung

$$\lambda = 2 D \sin \vartheta$$

eine Abnahme des Ablenkungswinkels 2ϑ verknüpft. Analog wird der Scheitelabstand der Schichtlinien nach der Beziehung (4) bei wachsender Periode I eines linearen Gitters kleiner werden. Beide Aussagen sind Spezialfälle des allgemeinen Prinzips, daß der Beugungswinkel und die Größe der beugenden Struktureinheiten antibat verlaufen. Es ist daher von vornherein nicht verwunderlich, daß Strukturmerkmale im kolloidalen Dimensionenbereich bei Anwendung von Wellenlängen der Größenordnung 1 Å ihren Ausdruck bei sehr kleinen Beugungswinkeln finden. Wir können sogar die BRAGGsche Beziehung als größenordnungsmäßige Orientierung für den zu erwartenden Winkelbereich des Streueffektes gebrauchen: wenn wir unter D die Maßgröße für die Struktur (Partikelgröße) verstehen, dann ist im Bereich bis etwa zu dem durch die BRAGGsche Beziehung gegebenen Wert 2ϑ ein wesentlicher Streueffekt zu erwarten.

Bei einfachen Modellen können wir zu sehr viel genaueren Aussagen kommen. Isolieren wir aus dem übermolekularen Strukturverband, wie er in Abb. 7b schematisch dargestellt ist, eine Kette aus Kristalliten und amorphen Bereichen mit regelmäßigen Längen, so besitzt diese, wenn wir alle Feinheiten der Struktur außer acht lassen, die Eigenschaften eines linearen Gitters, und wir haben daher Interferenzkegel mit entsprechend kleinem Scheitelabstand zu erwarten. HESS und KIESSIG [21] haben die von ihnen vor bald 20 Jahren entdeckten, bei kleinen Winkeln auftretenden scharfen Meridianreflexe (Abb. 17) in dem eben besprochenen Sinn gedeutet. Auf Bedenken, die allerdings gegen diese Interpretation erhoben wurden, sei weiter unten eingegangen.

Betrachten wir nun einen Strukturtyp, bei welchem mehr die lamellaren Merkmale der Kristallite in den Vordergrund treten. Es mögen also flächige Teilchen in paralleler Lage angeordnet sein, bei gleicher Dicke und voller Regelmäßigkeit der Anordnung. Wir werden dann einen Reflex erwarten, der genau einem Netzebenenreflex entspricht; der Netzebenenabstand ist aber die Dicke des Teilchens (genauer Dicke + Zwischenraum). Es ist noch zu betonen, daß sich die komplexe Innenstruktur der Teilchen in der ganzen Mannigfaltigkeit des Weitwinkelbildes auswirkt, aber praktisch ohne Bedeutung für jenen Kleinwinkelstreubereich ist, in welchem das gesamte Teilchen als Struktureinheit wirkt. Steht die Fläche vertikal, so ist danach in der Horizontalen, d. h. am Äquator der Aufnahme, ein entsprechender Reflex zu erwarten, und es tritt ein solcher bei gewissen Spezialkunstseidefasern auch tatsächlich auf. Weder beim linearen Gitter der synthetischen Hochpolymeren noch bei den lamellaren Strukturen der Cellulose ist allerdings die Regelmäßigkeit eine so hohe, daß die Reflexe vollkommen scharf sind und wir verstehen, daß mit zunehmender Unregelmäßigkeit der Teilchendimensionen die Maxima breiter und breiter werden.

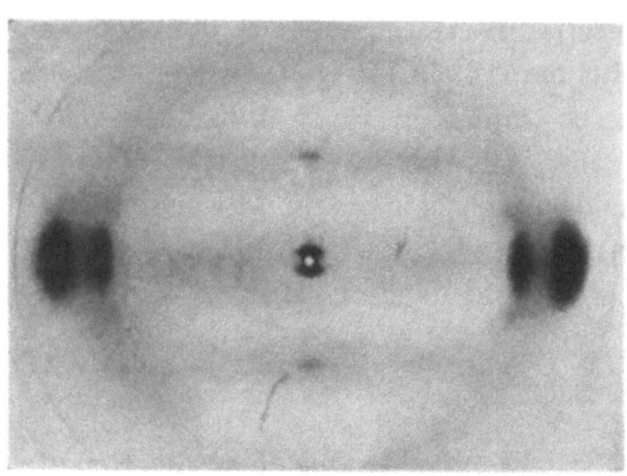

Abb. 17. Röntgenbild von PERLON L mit Kleinwinkelinterferenzen am Meridian nach HESS und KIESSIG [21]

Diese ist aber nicht die wichtigste Ursache für das Zustandekommen einer sehr diffusen und verwaschenen Kleinwinkelstreuung. Eine solche tritt, auch bei beliebig einheitlicher Teilchengröße, vor allem immer dort auf, wo die Abstände der Partikel unregelmäßig sind. Im Grenzfall des „verdünnten Systems", wo die Abstände außerdem groß sind im Vergleich mit den Teilchendimensionen, ist ein völlig anderer Typ der Kleinwinkelstreuung entstanden, die „Partikelstreuung" im Sinne von GUINIER. Es tritt dann keine Interferenz mehr zwischen den Teilchen auf, im Gegensatz zu den oben besprochenen Fällen, wo das ganze System als eine Art von verwackeltem Gitter aus Partikeln kolloider Größenordnung aufgefaßt werden kann. Jetzt streuen vielmehr die Teilchen unabhängig voneinander. Wie das Verhalten von ihrer Größe und Gestalt abhängt, darüber gibt es eingehende Theorien. Wir begnügen uns damit, folgende Merkmale herauszustellen:

1. Wieder sind Teilchengröße und Streubereich antibat, man kann sogar sagen, daß eine praktisch exakte Reziprozität besteht.

2. Die Streuung hat beim Winkel Null ihr Maximum, und was wir in erster Linie messen, ist der Abfall dieses Nullmaximums.

3. Wenn die Form der Kugelgestalt nahekommt, so entspricht die Streukurve etwa einer GAUSSschen Glockenkurve. Starke Anisotropie in ein oder zwei Richtungen (also ausgeprägte Stäbchen- oder Blättchengestalt) führt zu einer Streukurve die das Produkt einer Kurve vom GAUSSschen Typus mit $1/\vartheta$ bzw. $1/\vartheta^2$ darstellt, der gesamte Kurvenverlauf ist also viel steiler.

4. Während bei völliger Unordnung die Streuung rotationssymmetrisch ist, bewirkt die Ordnung langgestreckter Teilchen eine Anisotropie, d. h. eine elliptische oder strichförmige Gestalt des Streubereiches. In Richtung der kleineren Teilchendimension verläuft die große Achse des Streufleckes und umgekehrt, als Ausdruck des reziproken Verlaufes von Streubereich und Dimension.

Bisher haben wir von der Gestalt der Streukurve im Kleinwinkelgebiet gesprochen, d. h. von den relativen Intensitäten bei verschiedenen Streuwinkeln. Es erweist sich nun immer mehr die *Absolutintensität*, d. h. das Verhältnis der Intensität des Streueffektes zu der des Primärstrahles als eine sehr aufschlußreiche Größe. (Zur Frage der experimentellen Bestimmung vgl. KRATKY [73].) Das in unserem Zusammenhang wichtigste Ergebnis ist die Tatsache, daß die im absoluten Maß bestimmte Invariante Q nach POROD [74]

$$Q = \int\limits_0^\infty I\,\vartheta^2\,d\vartheta$$

dem mittleren Schwankungsquadrat der Elektronendichte proportional ist. Es läßt sich damit die Richtigkeit einer angenommenen Vorstellung über die Zusammensetzung des kolloidalen Systems aus Anteilen verschiedener Elektronendichte (kristalline oder amorphe Bereiche, Hohlräume) prüfen bzw. ist eine Präzisierung hinsichtlich der Mengenanteile möglich [67, 75, 76].

k) Über die scharfen Kleinwinkelinterferenzen am Meridian. Beim Deutungsversuch dieser Erscheinung wurden HESS und KIESSIG zunächst auf die Vorstellung einer eindimensionalen Regelmäßigkeit geführt. Nach dem Schema in Abb. 7b entspricht die gemessene Periode der Länge, die sich aus der Summe eines kristallinen und eines amorphen Bereiches ergibt[1]. Es sei erwähnt, daß die Existenz fibrillärer Elemente (Micellarstränge) aus abwechselnd dichteren und weniger dichten Bereichen durch ausgedehnte elektronenmikroskopische Untersuchungen an verschiedenen Hochpolymeren durch HESS und seine Mitarbeiter nachgewiesen werden konnte.

Wie oben angedeutet, sind aber gegen diese Interpretation vor allem von HOSEMANN [65] aus röntgenoptischen Gründen Bedenken erhoben worden. Bei einem linearen Gitter müßte nämlich auch die nullte Schichtlinie, also ein Äquatorreflex, auftreten, der den Schichtlinienreflex an Intensität übertrifft, während bei den synthetischen Faserstoffen am Äquator meist nur eine schwache, diffuse und uncharakteristische Streuung auftritt. Nun kann man allerdings nicht ohne weiteres sagen, in welcher Weise die Interferenzeffekte durch die seitliche Anordnung derartiger linearer Gitter modifiziert werden. Wenn die amorphen Bereiche seitlich so aneinander gelagert sind, daß sie eine durchgehende Schicht bilden, dann könnte man zunächst meinen, daß ein Schichtgitter nach Art des von HOSEMANN und BONART diskutierten entsteht (Abb. 7c), das nach den Modellversuchen dieser Autoren mit sichtbarem Licht ein dem Kleinwinkelbild der synthetischen Faserstoffe tatsächlich sehr ähnliches Streudiagramm gibt. Nun besteht aber hier wieder die Schwierigkeit, daß eine derartige seitliche Anordnung notwendig zu Hohlräumen zwischen den dichteren kristallinen Bereichen führen muß, die im Sinne des Reziprozitätsgesetzes der Optik einen eigenen, intensiven Streueffekt gerade am Äquator geben müßten.

---

[1] Es ist gleichgültig, ob man aus der Lage des Schichtlinienscheitels nach (4) die Langperiode des linearen Gitters ausrechnet – wie das dem Sinn der Interpretation entspricht – oder formal auf den Scheitelpunkt die BRAGGsche Beziehung anwendet, weil nämlich bei der Kleinheit der Ablenkungswinkel die Größen D nach (3) und I nach (4) berechnet identisch werden.

Beim derzeitigen ungeklärten Stand der Angelegenheit wird man noch eine weitere Möglichkeit in Betracht zu ziehen haben. Sie geht von der Feststellung aus, daß sich Polyäthylen aus verdünnter Lösung in Form von Lamellen abscheidet, in welchen gefaltete Makromoleküle vorliegen mit der Kettenrichtung normal zur Lamellenfläche (TILL, KELLER, FISCHER [27]). Das BONART-HOSEMANNsche Schema in Abb. 7c wäre mit einer solchen Vorstellung ohne weiteres vereinbar. Wenngleich es Verfechter der Auffassung gibt, daß die aus dem GERN-GROSS-HERMANNschen Schema abgeleiteten Vorstellungen wie die HESS-KIESSIGsche zu verlassen seien [66], so ist es doch vorläufig nicht zulässig, aus der Struktur der aus verdünnten Lösungen abgeschiedenen Lamellen auf die übermolekulare Ordnung der aus dem Schmelzfluß gewonnenen verstreckten Fasern zu schließen.

Eine völlig andersartige Interpretation der Kleinwinkelmaxima haben GUINIER und BELBEOCH [67] im Falle des Polyäthylens versucht. Wenn man in einer homogenen Masse ein Teilchen hoher Elektronendichte auf Kosten seiner unmittelbaren Umgebung erzeugt, dann ist, wie sich streng zeigen läßt, auch bei einer Einzelpartikel ein Maximum der Streuung bei endlichen Winkeln zu erwarten. Eine derartige Deutung würde aber darauf hinauslaufen, daß sich die Faser wie ein verdünntes System einzelner derartiger Partikel verhält. Sowie die Partikel aber unmittelbar aufeinanderfolgen, kommt man zwangsläufig zu einem der oben diskutierten Fälle. Wenn somit der GUINIERsche Deutungsversuch, bei dem nur ein verhältnismäßig kleiner Teil der Fasermasse den Effekt bewirken würde, auch nicht ohne weiteres plausibel ist, so wird man doch die von ihm aufgezeigte prinzipielle Möglichkeit bei allen weiteren Diskussionen im Auge behalten müssen.

Wir sehen uns danach hinsichtlich der Interpretation der scharfen Meridianinterferenz einer recht ungeklärten Situation gegenüber. Die Besprechung einiger experimenteller Befunde soll nunmehr die Mannigfaltigkeit der Phänomene beleuchten.

Polyamide. An Substanzen dieser Klasse haben HESS und KIESSIG ihre bereits erwähnte wichtige Entdeckung der scharfen Kleinwinkelinterferenzen am Meridian gemacht. Interessanterweise kann man durch Tempern von NYLON auf Temperaturen über 200 °C die Langperiode von 74 Å auf 115 Å vergrößern. HESS und KIESSIG vertreten die Ansicht, daß bei derartigen Änderungen der Langperiode, die später auch bei anderen Hochpolymeren gefunden wurden, ein kompletter Umbau des übermolekularen Gefüges eintritt, wobei man annehmen müsse, daß zwischendurch der amorphe Zustand durchlaufen wird. Der vergrößerte Wert bleibt auch beim Abkühlen bestehen.

Ein weiteres interessantes Phänomen haben ARNETT, MEIBOHM und SMITH [68] an einem Mischkondensat von NYLON (6,6) und NYLON (6,10) aufgefunden: an Stelle der reinen Meridianreflexe tritt dort ein Vierpunktdiagramm auf. Der Meridianreflex spaltet sich also in zwei neben dem Meridian liegende Punkte. Die ausgeschmierte Schichtlinie des „linearen Gitters" ist also in einzelne Schichtlinienreflexe des dreidimensionalen Gitters übergegangen. Die Erscheinung deutet darauf, daß nun nicht nur in der Längsrichtung der Moleküle eine Periodizität auftritt, sondern auch die seitliche Anordnung recht regelmäßig sein muß.

Sehr bemerkenswert ist der weitere Befund von HESS und KIESSIG an höher orientierten Präparaten von PERLON L, daß bei Durchleuchtung normal zur Faser-

achse, jedoch in zwei aufeinander senkrecht stehenden Richtungen (in der Folienebene und normal dazu) eine verschiedene Strichlänge des Meridianreflexes auftritt. Wie Abb. 18 erkennen läßt, ist der bei Durchleuchtung in der Folienebene
erhaltene der längere. Daraus ist im Sinne der Reziprozität von Streubereich
und maßgeblicher Dimension der beugenden Grundeinheit zu schließen, daß
von den seitlichen Dimensionen die senkrecht zur Folienebene verlaufende die

kleinere ist: auch dieser Befund stützt die
Vorstellung einer bändchenförmigen Gestalt
der Kristallite, die allein schon durch die
Tatsache der höheren Orientierung nahegelegt
war.

PERLON U. Eingehende Untersuchungen von
ZAHN [69] ergeben hier u. a. den sehr bemerkenswerten Effekt, daß ein in der Gegend von
70 bis 80 Å liegender Meridianreflex bei einer
Dehnung von nur 10% um 23% vergrößert
wird. Auch Erhitzen vergrößert die Periode,
und zwar auf 120 Å. Beide Erscheinungen
sprechen ebenfalls für einen kompletten Umbau
des übermolekularen Gefüges bei Dehnung
und Erhitzen im Sinne von HESS und KIESSIG.

Polyester. Einen bemerkenswerten Befund
haben HESS und KIESSIG [21] an Polyoxy-
dekansäure und der Polyoxyundekansäure
gemacht. Die unverstreckten Proben zeigen je
2 Kleinwinkelmaxima am Meridian, und zwar
bei 180 und 79 Å bei der ersten, sowie 160
und 66 Å bei der zweiten Substanz. Eine klare
Deutung des Effektes kann vorläufig nicht
gegeben werden.

Polyvinylderivate. Von den untersuchten
Substanzen nennen wir vor allem den Polyvinylalkohol, wo der Kleinwinkelreflex eher
auf einem Interferenz*kreis* liegt, zum Unterschied vom sonst gewohnten Habitus eines

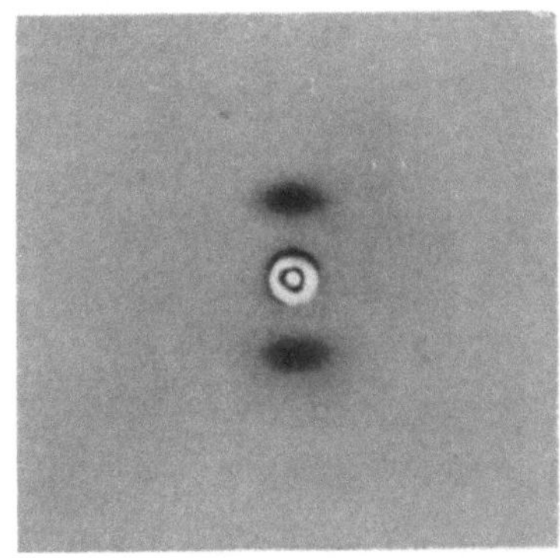

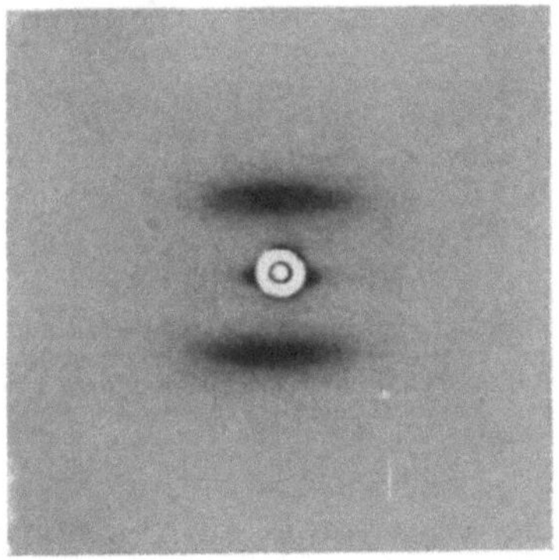

Abb. 18. Kleinwinkel-Meridianreflex von
höher orientiertem PERLON L bei Durchleuchtung, normal zur Folienebene (oben)
und parallel zur Folienebene (unten), nach
HESS und KIESSIG [21]

Schichtlinienreflexes. Wärmebehandlungen führen, auch im Gegensatz zum
Verhalten der anderen Polymeren, nur zu einer Intensitätsänderung, ohne
Änderung des Ablenkungswinkels. Eine bündige Erklärung steht aus (MEIBOHM
und SMITH [68]). Auf weitere analoge Untersuchungen an *Polyäthylen* [68] sei
nur hingewiesen.

Ein andersartiges Verhalten zeigt VINYON N. Während es im trockenen
Zustand keine scharfen Interferenzen zeigt, tritt nach schwachem Anquellen
des unverstreckten Präparates in Ameisensäuremethylester ein Interferenz-
maximum bei 170 Å auf (KRATKY, SEKORA und BREINER [70]), ebenfalls als
Ausdruck einer Längsperiodizität des übermolekularen Gefüges.

Bei Polyacrylnitril (Orlon) ist bisher noch kein scharfer Langperiodenreflex
gefunden worden.

l) Teilchengrößenbestimmung aus der diffusen Kleinwinkelstreuung. Es liegt erst wenig experimentelles Material dieser Art vor. FANKUCHEN und MARK [*71*] haben bei NYLON aus der Streuung entlang dem Äquator eine Teilchendicke von etwa 200 Å geschätzt. Die Auswertung erfolgte aber nach den Prinzipien der Partikelstreuung, was bei so dicht gepackten Systemen etwas problematisch ist; so sind die Ergebnisse wohl nur als Richtwerte aufzufassen.

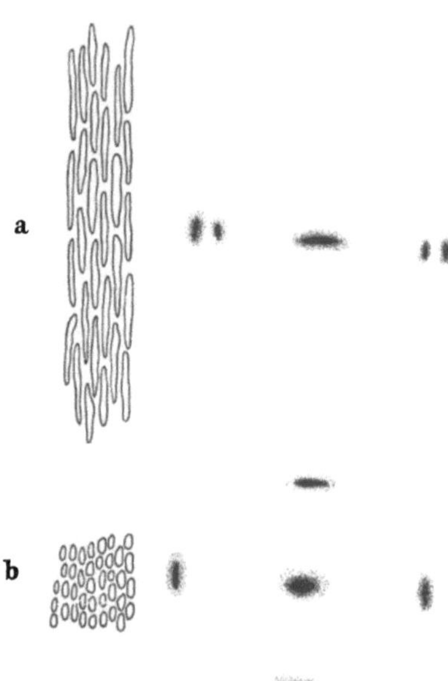

Abb. 19. Anordnung von Partikeln (links) und zugehöriges schematisch dargestelltes Röntgendiagramm, das insbesondere eine der Partikeldimension reziproke Anisotropie der Kleinwinkelstreuung zeigt

An einem Faden von VINYON N, wo durch Quellung im Bereich von 600 bis 800 Vol.-% eine ausreichende Vergrößerung des Abstandes zwischen den Teilchen erreicht wurde und daher die Annahme einer ziemlich reinen Partikelstreuung fundiert ist, haben KRATKY, SEKORA und BREINER [*70*] Auswertungen in diesem Sinne vorgenommen und sind auf zylindrische Teilchen vom Durchmesser von ungefähr 110 Å gekommen. Für die Länge ergeben sich Werte, die mit zunehmender Quellung von 200 bis 160 Å abnehmen.

Zweifellos bietet ein eingehendes Studium der diffusen Kleinwinkelstreuung bei den Hochpolymeren wertvolle Möglichkeiten, in deren Erfassung wir aber erst am Anfang stehen.

m) Orientierungsbestimmung aus der Anisotropie der diffusen Kleinwinkelstreuung [*72*]. Sind die normal zur Bestrahlungsrichtung gelegten Schnitte durch die Partikel anisotrop und ist die Ordnung der Partikel, d. h. der betrachteten Querschnitte, eine solche, daß die Anisotropie auch noch im Gesamtobjekt erhalten bleibt, so bildet die Kleinwinkelstreuung die unterschiedlichen Dimensionen der Partikel etwa reziprok ab. Von einer Anordnung der Querschnitte, wie sie Abb. 19a ergibt, würde also z. B. qualitativ das nebenstehende Kleinwinkelbild erhalten werden. – Die Anisotropie der Kleinwinkelstreuung ist um so ausgeprägter, je anisotroper die Teilchen sind. Zunehmende Unordnung macht andererseits die Streuung isotroper, doch ist der Orientierungseinfluß kompliziert, und es kann z. B. je nach der Art der Winkelabhängigkeit der Streukurve ein eiförmiger oder ein doppelkeilförmiger (vgl. Abb. 9) Streueffekt zustande kommen. Auf diese Zusammenhänge kann hier im einzelnen nicht eingegangen werden.

Aus dem Gesagten können wir unter anderem schließen:

1. Bei Faserstruktur liefert die Durchleuchtung normal zur Achse eine größere Erstreckung der Streuung in Richtung des Äquators als des Meridians.

2. Bei Durchleuchtung *in* der Faserrichtung tritt jedoch eine isotrope (rotationssymmetrische) Streuung auf.

3. Bei höherer Orientierung liefert die Durchleuchtung *in* Richtung der Faserachse jedoch eine anisotrope Streuung, welche die Dimensionsunterschiede der Teilchen in seitlicher Richtung reziprok wiedergibt (Abb. 19b und 20).

Soweit Beobachtungen vorliegen, stehen sie mit obigen Feststellungen im Einklang.

Es sei zum Schluß noch hervorgehoben, daß die Kleinwinkelstreuung auf Partikel anspricht, die eine größere oder kleinere Elektronendichte als die Umgebung besitzen. Sie müssen deshalb nicht unbedingt mit Kristalliten identisch sein. Eine solche Nichtidentität kann z. B. in der verschiedenen Orientierung im Weitwinkel- und Kleinwinkeldiagramm seinen Ausdruck finden. Eine derartige Beobachtung liegt an Fäden von VINYON N vor, die ohne Zug aus azetonischer Lösung gesponnen worden waren. Am Äquator zeigt sich eine anisotrope Kleinwinkelstreuung, während das Weitwinkelbild noch keine Orientierung erkennen läßt. Es ist die Auffassung geäußert worden [70], daß vielleicht im Sinne von KELLER und MORGAN die Kristallite in spiraliger Anordnung größere Partikel bilden, die als Ganzes für die Kleinwinkelstreuung verantwortlich sind. Es ist dann durchaus denkbar, daß die Überpartikel bereits eine gewisse Ordnung

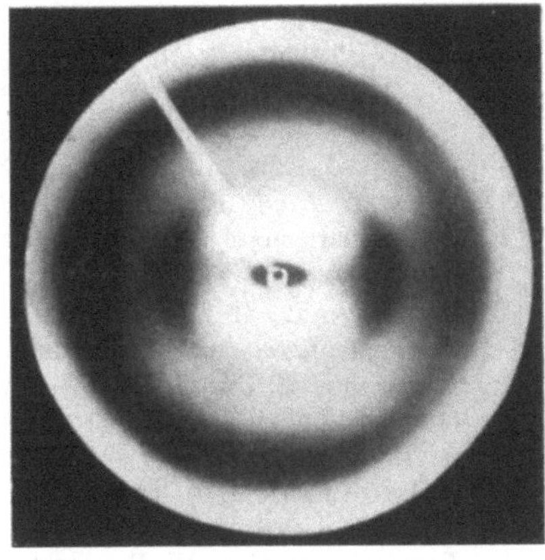

Abb. 20. Röntgendiagramm von höher orientierter regenerierter Cellulose. Durchleuchtung parallel zur Dehnungsrichtung, Walzebene verläuft von oben nach unten. Die anisotropen Querschnitte der Partikel (Micellen) und die Kleinwinkelstreuung entsprechen den Verhältnissen in Abb. 19 b

erkennen lassen, während die kristallinen Bereiche, die innerhalb jeder großen Partikel noch eine gewisse Lagenmannigfaltigkeit aufweisen, insgesamt noch einigermaßen gleichmäßig alle Richtungen belegen.

Literatur

[1] BIJVOET, J. M., N. H. KOLKMEIJER u. C. H. MACGILLARRY: Röntgenanalyse von Kristallen. Berlin Springer 1940. — A. H. COMPTON u. S. K. ALLISON: X-Rays in Theorie and Experiment. New York: D. van Nostrand Comp. Inc. 1946. — C. W. BUNN: Chemical Crystallography. Oxford: Clarendon Press 1945. — P. P. EWALD: Die Erforschung des Aufbaus der Materie mit Röntgenstrahlen. Handbuch der Physik, Bd. XXIII/2, 2. Aufl. Berlin: Springer 1938. — F. HALLA u. H. MARK: Röntgenographische Untersuchungen von Kristallen. Leipzig: J. A. Barth 1937. — H. NEFF: Grundlagen und Anwendung der Röntgen-Feinstruktur-Analyse. München: R. Oldenbourg 1959.

[2] X-Ray Diffraction by Polycrystalline Materials, hrsg. von H. S. PEISER, H. P. ROOKSBY u. A. J. C. WILSON: in „Physics and Industrie", London, The Institute of Physics 1955.

[3] ASTBURY, W. T., u. R. D. PRESTON: Nature 133 (1934) S. 460. — R. E. CLAY: Proc. Phys. Soc. (London) 46 (1934) S. 703. — R. E. CLAY u. A. MÜLLER: J. Instn. electr. Engrs. 84 (1939) S. 261. — W. T. ASTBURY u. I. MACARTHUR: Nature 155 (1945) S. 108. — I. MACARTHUR: Electr. Engng. 17 (1944) S. 272; 17 (1945) S. 317. — A. TAYLOR: J. Sci. Instrum. 26 (1949) S. 225. — E. A. DE BARR u. I. MACARTHUR: Brit. J. appl. Phys. 1 (1950) S. 305. — P. GAY, PB. HIRSCH, J. S. THORP u. J. N. KELLAR: Proc. phys. Soc. (London) B 64 (1951) S. 374.

[4] HOSEMANN, R.: Z. angew. Phys. (1955) H. 11, S. 532. — P. B. HIRSCH u. J. N. KELLAR: Proc. phys. Soc. (B) 64 (1951) S. 369. — J. W. JEFFERY: J. sci. Instrum. 29 (1952) S. 385.

[5] ROSS, P. A.: J. Amer. chem. Soc. 16 (1928) S. 433. — E. O. WOLLAN: Phys. Rev. 43 (1933) S. 955. — K. HOFFMANN: Phys. Z. 39 (1938) S. 695 — Angew. Chem. 66 (1954) S. 711. — O. KRATKY: Naturwiss. 31 (1943) S. 325.

[6] Zusammenfassende Darstellung: H. Wilsdorf: Naturwiss. 38 (1951) S. 250.

[7] Lipson, H., J. B. Nelson u. D. P. Riley: J. sci. Instrum. 22 (1945) S. 184. — J. B. Nelson: J. sci. Instrum. 24 (1947) S. 193. — A. Faessler u. G. Küpferle: Z. Phys. 93 (1935) S. 237.

[8] Fankuchen, I.: Nature 139 (1937) S. 193. — R. M. Bozorth u. F. E. Haworth: Phys. Rev. 53 (1938) S. 538. — R. C. Evans, P. B. Hirsch u. J. N. Kellar: Acta Cryst. 1 (1948) S. 124.

[9] Johann, H. H.: Z. Phys. 69 (1931) S. 185. — Y. Cauchois: C. R. Acad. Sci. (Paris) 194 (1932) S. 362 u. 1479; 195 (1932) S. 228. — J. Phys. Radium 3 (1937) S. 320; 4 (1933) S. 61 — Ann. Phys. (Paris) 1 (1934) S. 215.

[10] Johansson, T.: Z. Phys. 82 (1933) S. 587.

[11] Guinier, A.: C. R. Acad. Sci., (Paris) 223 (1946) S. 31.

[12] A Comparison of various Comercially Available X-ray Films. Acta Cryst. 9 (1956) S. 520.

[13] Kahovec, L., O. Kratky u. H. Werner: Z. Elektrochem. 63 (1959) S. 64.

[14] *Zusammenfassungen:* E. Fünfer u. H. Neuert: Zählrohre und Szintillationszähler. Karlsruhe: G. Braun 1959. — W. Parrish u. T. R. Kohler: Rev. sci. Instrum. 27 (1956) S. 795. — A. B. Van Rennes: Nucleonics 10 (1952) Nr. 7, S. 20; Nr. 8, S. 22. *Geiger-Müller-Zählrohr:* P. D. Le Galley: Rev. sci. Instrum. 6 (1935) S. 279. — R. Lindemann u. A. Trost: Z. Phys. 115 (1940) S. 456. — W. Cochran: Acta Cryst. 3 (1950) S. 268. — L. Kahovec u. H. Werner: Mh. Chem. 89 (1958) S. 577. *Proportionalzähler:* W. Parrish u. S. G. Gordon: Amer. Mineral 30 (1945) S. 326. — A. R. Lang: Nature 168 (1950) S. 907. — W. Parrish u. E. A. Hamacher: Trans. Inst. Meas. Conf. (Stockholm) 95 (1952) S. 106. — U. W. Arndt, W. A. Coates u. D. P. Riley: Proc. phys. Soc. 66 (1935) S. 1009. — A. R. Lang: J. sci. Instrum. 33 (1956) S. 96.
Szintillationszähler: F. H. Marshall, J. W. Coltman u. A. I. Bennett: Rev. sci. Instrum. 19 (1948) S. 744. — R. Hofstadter: Phys. Rev. 74 (1948) S. 100. — H. J. West, W. E. Meyerhof u. R. Hofstadter: Phys. Rev. 81 (1951) S. 141.

[15] Legrand, Ch.: Kolloid-Z. 140 (1955) S. 112. — I. MacArthur: Proc. Leeds Phil. Soc. 4 (1945) S. 243. — H. E. Huxley: Acta Cryst. 6 (1953) S. 457.

[16] Kratky, O.: Kolloid-Z. 144 (1955) S. 110.

[17] Regler, F.: Grundzüge der Röntgenphysik. Berlin/Wien: Urban und Schwarzenberg 1937 — Z. Phys. 74 (1932) S. 547.

[18] Kiessig, H.: Kolloid-Z. 98 (1942) S. 213.

[19] Hosemann, R.: Z. Phys. 114 (1939) S. 133 — Z. Elektrochem. 53 (1949) S. 331. — E. A. Bolduan u. R. S. Bear: J. appl. Phys. 20 (1949) S. 983. — J. B. Finean: J. sci. Instrum. 30 (1953) S. 61. — H. E. Huxley: Acta Cryst. 6 (1953) S. 457.

[20] Kratky, O.: Z. Elektrochem. 58 (1954) S. 49; 62 (1958) S. 66 — Kolloid-Z. 144 (1955) S. 110. — O. Kratky u. A. Sekora: Mh. Chem. 85 (1954) S. 660. — O. Kratky u. Z. Skala: Z. Elektrochem. 62 (1958) S. 73.

[21] Hess, K., u. H. Kiessig: Naturwiss. 31 (1943) S. 17 — Z. physik. Chem. (A) 193 (1944) S. 196 — Kolloid-Z. 130 (1953) S. 10. — K. Hess: J. Colloid-Sci., Suppl. 1 (1954) S. 135. — H. Kiessig: Kolloid-Z. 152 (1957) S. 62.

[22] Hermann, K., O. Gerngross u. W. Abitz: Z. phys. Chem. (B) 10 (1930) S. 371. — O. Gerngross, K. Hermann u. R. Lindemann: Kolloid-Z. 60 (1932) S. 276. — A. Frey-Wyssling: Protoplasma 25 (1936) S. 261; 26 (1936) S. 45; 27 (1937) S. 563. — O. Kratky: Angew. Chem. 53 (1940) S. 153 — Kolloid-Z. 96 (1941) S. 301.

[23] Bunn, C. W., in: „Fasern aus synthetischen Faserstoffen", hrsg. von R. Hill, S. 232ff. Stuttgart: Berliner Union 1956.

[24] Stuart, H. A., in: „Die Physik der Hochpolymeren", Bd. III, hrsg. von H. A. Stuart, S. 188, 448, 488 u. 574. Berlin/Göttingen/Heidelberg: Springer 1955.

[25] Jenckel, E.: Kunststoffe-Plastics 5 (1958) H. 3, S. 1. — E. Jenckel u. a.: Forsch.-Ber. Wirtsch.- u. Verkehrsmin. Nordrhein-Westf., Nr. 485 (1958). — H. G. Kilian: Kolloid-Z. 176 (1961) S. 49.

[26] Diskussionstagung „Abhängigkeit der Eigenschaften Hochpolymerer von der Vorgeschichte des Materials" in: Kolloid-Z. 165 (1959) H. 1.

[27] KELLER, A.: Phil. Mag. 2 (1957) S. 1171. — E. W. FISCHER: Z. Naturforschung 12a (1957) S. 753. — P. H. TILL: J. Polymer Sci. 24 (1957) S. 301.

[28] HOSEMANN, R.: Z. Elektrochem. 53 (1949) S. 331; 54 (1950) S. 23; 58 (1954) S. 271 — Z. Phys. 128 (1950) S. 1; 465 — Kolloid-Z. 117 (1950) S. 13; 125 (1952) S. 149 — Acta Cryst. 5 (1952) S. 612 u. 749. — R. HOSEMANN, R. BONART u. G. SCHOKNECHT: Z. Phys. 146 (1956) S. 588. — R. HOSEMANN u. G. SCHOKNECHT: Kolloid-Z. 152 (1957) S. 1 u. 45. — D. JOERCHEL: Z. Naturforschung 12a (1957) S. 123 u. 200.

[29] REINHARDT, R. C.: Industr. Engng. Chem. 35 (1943) S. 422.

[30] STAUDINGER, H.: Die hochmolekularen organischen Verbindungen. Berlin: Springer 1932.

[31] BAKER, W. O.: Advancing Fronts in Chemistry, New York 1 (1945) S. 104.

[32] BUNN, C. W., u. T. C. ALCOCK: Trans. Faraday Soc. 41 (1945) S. 317.

[33] KELLER, A., G. R. LESTER u. L. B. MORGAN: Phil. Trans. roy. Soc. London (A) 247 (1954) S. 1. — L. B. MORGAN: Phil. Trans. roy. Soc. London (A) 247 (1954) S. 13 — J. appl. Chem. 4 (1954) S. 160. — F. D. HARTLEY, F. W. LORD u. L. B. MORGAN: Phil. Trans. roy. Soc. London (A) 247 (1954) S. 23.

[34] KILIAN, H. G., u. E. JENCKEL: Kolloid-Z. 165 (1959) S. 25.

[35] GOPPEL, J. M.: Appl. Sci. Res. (A) 1 (1949) S. 3.

[36] KRATKY, O., u. A. KRAUSZ: Kolloid-Z. 151 (1957) S. 14.

[37] MATTHEWS, J. L., H. S. PEISER u. R. B. RICHARDS: Acta Cryst. 2 (1949) S. 85.

[37a] HENDUS, H., u. GG. SCHNELL: Kunststoffe 51 (1961) S. 69.

[38] KRIMM, S., u. A. V. TOBOLSKY: J. Polymer Sci. 7 (1951) S. 57.

[39] HERMANS, P. H., u. A. WEIDINGER: J. Polymer Sci. 4 (1949) S. 135, 317 u. 709 — J. appl. Phys. 19 (1948) S. 491.

[40] KILIAN, H. G., u. E. JENCKEL: Z. Elektrochem. 63 (1959) S. 308.

[41] POLANYI, M.: Z. Phys. 7 (1921) S. 149. — K. WEISENBERG: Ann. Phys. 69 (1922) S. 409.

[42] KRATKY, O., in: Die Physik der Hochpolymeren, Bd. III, hrsg. von H. A. STUART, S. 288ff. Berlin/Göttingen/Heidelberg: Springer 1955.

[43] KRATKY, O.: Kolloid-Z. 70 (1935) S. 14. — P. H. HERMANS, O. KRATKY u. P. PLATZEK: Kolloid-Z. 86 (1939) S. 245.

[44] HERMANS, J. J., P. H. HERMANS, D. VERMAAS u. A. WEIDINGER: Rec. chim. Pays-Bas 65 (1946) S. 427.

[45] KRATKY, O.: Kolloid-Z. 64 (1933) S. 213.

[46] BROWN, A.: J. appl. Phys. 20 (1949) S. 552.

[47] HORSLEY, R.A., u. H. A. NANCARROW: Brit. J. appl. Phys. 2 (1951) S. 345.

[48] BRILL, R.: Z. phys. Chem. (B) 53 (1943) S. 61.

[49] FANKUCHEN, I., u. H. MARK: J. appl. Phys. 15 (1944) S. 364.

[50] ZAHN, H.: Melliand Textilber. 32 (1951) S. 534. — H. ZAHN u. U. WINTER: Kolloid-Z. 128 (1952) S. 142.

[51] KELLER, A.: J. Polymer Sci. 11 (1953) S. 567; 15 (1955) S. 31; 21 (1956) S. 363.

[52] FRANK, C., A. KELLER u. A. O'CONNOR: Phil. Mag. 3 (1958) S. 64.

[53] KRATKY, O., u. G. POROD, in: Die Physik der Hochpolymeren, Bd. III, hrsg. von H. A. STUART, S. 119ff. Berlin/Göttingen/Heidelberg: Springer 1955.

[54] BUNN, C. W.: Chemical Crystallography. Oxford: Clarendon Press 1945 — J. appl. Phys. 25 (1954) S. 820.

[55] BUNN, C. W.: Trans. Faraday Soc. 35 (1939) S. 482.

[56] FULLER, C. S.: Chem. Rev. 26 (1940) S. 143.

[57] BRILL, R., u. F. HALLE: Naturwiss. 26 (1938) S. 12.

[58] LENNÉ, H. U.: Kolloid-Z. 137 (1954) S. 65.

[59] LAUE, M. v., u. F. TANK: Ann. Phys. 41 (1913) S. 1003. — M. v. LAUE: Z. Kristallogr. 64 (1926) S. 115; vgl. ferner A. L. PATTERSON: Z. Kristallogr. 66 (1928) S. 637.

[60] BRILL, R.: Z. Kristallogr. 68 (1928) S. 387; (A) 75 (1930) S. 227; (A) 95 (1936) S. 455. — R. BRILL u. H. PELZER: Z. Kristallogr. 72 (1929) S. 398; (A) 74 (1930) S. 147.

[61] KOCHENDÖRFER, H.: Z. Kristallogr. (A) 97 (1938) S. 469; (A) 165 (1944) S. 393 u. 438. — G. WEITBRECHT u. R. FRICKE: Z. anorg. allg. Chem. 253 (1945) S. 9. — O. EBERSBACHER: Z. Elektrochem. 53 (1949) S. 398.

[62] KRIMM, S., u. A. V. TOBOLSKY: J. Polymer Sci. 7 (1951) S. 57.

[63] WALLNER, L. G.: Mh. Chem. 79 (1948) S. 86 u. 279.

[64] Zusammenfassende Darstellungen über die Kleinwinkelstreuung: *Artikel aus Zeitschriften:* R. HOSEMANN: Ergebn. exakt. Naturwiss. 24 (1951) S. 142. — O. KRATKY: Naturwiss. 42 (1955) S. 237 — Z. Elektrochem. 60 (1956) S. 245 — Angew. Chem. 72 (1960) S. 467 — Makromolkulare Chem. 35A (1961) S. 12. — G. POROD: Z. Naturforschung 4a (1949) S. 401 — Makromolekulare Chem. 35 (1960) S. 1. — V. GEROLD: Z. angew. Phys. 9 (1957) S. 43.
Handbuchartikel: W. W. BEEMAN, P. KAESBERG, J. W. ANDEREGG u. M. B. WEBB: Handbuch der Physik, Bd. XXXII, S. 321ff. Berlin/Göttingen/Heidelberg: Springer 1957.
Lehrbuch: A. GUINIER u. G. FOURNET: Small-Angle Scattering of X-Rays. New York: John Wiley & Sons, Inc.; London: Chapman & Hall, Ltd. 1955.

[65] BONART, R., u. R. HOSEMANN: Kurzmitteilungen des Symposiums über Makromoleküle in Wiesbaden, 12. bis 17. Oktober 1959, Sektion I — Z. Elektrochem. 64 (1960) S. 314.

[66] Vergleiche Marburger Diskussionstagungen Band 3: Kolloid-Z. 165 (1959), insbesondere den Vortrag von H. A. STUART (S. 3).

[67] BELBEOCH, B., u. A. GUINIER: Makromolekulare Chem. 31 (1959) S. 1.

[68] ARNETT, L. M., E. P. H. MEIBOHM u. A. F. SMITH: J. Polymer Sci. 5 (1950) S. 737. — E. P. H. MEIBOHM u. A. F. SMITH: J. Polymer Sci. 7 (1951) S. 449.

[69] ZAHN, H., u. K. KOHLER: Kolloid-Z. 118 (1950) S. 115. — H. ZAHN: Melliand Textilber. 32 (1951) S. 534. — H. ZAHN u. U. WINTER: Kolloid-Z. 128 (1952) S. 142.

[70] KRATKY, O., A. SEKORA u. R. BREINER: Makromolekulare. Chem. 22 (1957) S. 115. — O. KRATKY u. R. BREINER: Makromolekulare Chem. 26 (1958) S. 92.

[71] FANKUCHEN, I., u. H. MARK: J. appl. Phys. 15 (1944) S. 364.

[72] KRATKY, O., in: Physik der Hochpolymeren, Bd. III, hrsg. von H. A. STUART, S. 305ff. Berlin/Göttingen/Heidelberg: Springer 1955.

[73] KRATKY, O.: Makromolekulare Chem. 35A (1961) S. 12.

[74] POROD, G.: Kolloid-Z. 124 (1951) S. 83; 125 (1951) S. 51.

[75] STERN, F.: Trans. Faraday Soc. 51 (1955) S. 430.

[76] HERMANS, P. H., D. HEIKENS und A. WEIDINGER: J. Polymer Sci. 35 (1959) S. 145.

[77] LIQUORI, A. M.: Acta-Crystallogr. 8 (1955) S. 345.

4.15 Elektronenbeugung

Von **H. Hendus**, Ludwigshafen a. Rh.

4.15.1 Allgemeines über Elektronenbeugung

Die Elektronenbeugung an partiell-kristallinen und amorphen Hochpolymeren hat sich in den letzten Jahren als eine sehr wertvolle Methode zur Erforschung der kristallinen und der morphologischen Struktur der Hochpolymeren erwiesen und zu Ergebnissen geführt, die mit der Röntgeninterferenzmethode nicht zugänglich gewesen wären. Sie sind hauptsächlich darauf zurückzuführen, daß die Elektronenbeugung unmittelbar an den im Elektronenmikroskop vor nicht langer Zeit entdeckten morphologischen Einheiten, wie an plattenförmigen oder fibrillären einkristallartigen Gebilden, durchgeführt werden konnte und so Aufschluß über die Molekülorientierung in diesen Einheiten gab. Daneben wurde die Elektronenbeugung in Ergänzung der Röntgenmethode auch bei der allgemeinen Strukturuntersuchung an gereckten und ungereckten Hochpolymeren angewandt. Auf Grund dieser Erfolge auf einem Gebiete, dessen Erforschung noch in vollem Gange ist, kann künftig mit einer erweiterten Anwendung der Elektronenbeugung an Hochpolymeren gerechnet werden.

Die Beugung von Elektronen an der Materie beruht auf der Wellennatur des Elektrons. Die Beugungserscheinungen sind daher qualitativ die gleichen wie bei den Röntgenstrahlen, wobei jedoch die Wechselwirkung der Elektronen mit der Materie eine andere ist. Dies hat gegenüber Röntgenstrahlen erhebliche Unterschiede im Anwendungsbereich zur Folge und bei sonst gleichem Prinzip auch eine andere experimentelle Methodik, worauf später eingegangen wird.

Die einem bewegten Elektron zugeordnete Wellenlänge ergibt sich nach DE BROGLIE unter Berücksichtigung der relativistischen Korrektur zu:

$$\lambda = \frac{h}{\sqrt{2\,e\,m\,U}}\,\frac{1}{\sqrt{1 + \dfrac{e\,U}{2\,m\,c^2}}} = \frac{12{,}261}{\sqrt{U}}\,\frac{1}{\sqrt{1 + 9{,}788 \cdot 10^{-7}\,U}},$$

wobei h das PLANCKsche Wirkungsquantum, m und e die Ruhemasse bzw. die Ladung des Elektrons und U die durchlaufene Spannung in Volt ist. Bei einer üblichen Arbeitsspannung zwischen 50 und 100 kV liegt die Wellenlänge der Elektronenstrahlen im Bereich zwischen 0,0537 und 0,0363 Å und ist damit wesentlich kleiner als die Wellenlänge der in der Praxis meist verwendeten Röntgenstrahlung einer Kupferanode mit 1,54 Å. Infolge der kurzen Wellenlänge liegen gemäß dem BRAGGschen Gesetz, $n\,\lambda = 2\,d\sin\vartheta$, wobei d der Netzebenenabstand und ϑ der Glanzwinkel ist, die Interferenzen bei sehr kleinen Beugungswinkeln. Es werden dadurch sehr viel mehr Netzebenenreflexe erfaßt als bei Röntgenstrahlen. Als günstig erweist sich ferner, daß die Reflexverbreiterung, wie sie bei sehr kleinen oder verzerrten Kristalliten auftritt, infolge der sehr kurzen Wellenlänge der Elektronenstrahlen und der sehr kleinen Glanzwinkel viel geringer ist als bei den relativ langwelligen Röntgenstrahlen.

Auf die Theorien der Elektronenbeugung kann hier nicht näher eingegangen werden, und es sei diesbezüglich auf die bekannten zusammenfassenden Darstellungen hingewiesen [1]. Für die Auswertung der Beugungsbilder hinsichtlich Lage und Form der Reflexe, ohne Berücksichtigung ihrer relativen Intensität oder ihres Intensitätsverlaufes, genügt die geometrische Theorie, welche von der BRAGGschen Vorstellung der Spiegelung ebener Wellen an Kristallnetzebenen ausgeht. Es können daher in diesem Falle die von den Röntgeninterferenzen her bekannten Gesetzmäßigkeiten ohne Einschränkung übernommen werden. Die Auswertung der wegen des kleinen Strahlquerschnittes häufig auftretenden Einkristallaufnahmen erfolgt am leichtesten mit Hilfe der EWALDschen Konstruktion des reziproken Gitters, weil bei der kurzen Wellenlänge der Elektronenstrahlen die Filmebene in dem in Frage kommenden Winkelbereich praktisch mit der relativ großen Ausbreitungskugel zusammenfällt (vgl. 4.15.3c).

Sollten jedoch außer der Lage und Form der Reflexe auch die Intensitätsverteilungen diskutiert werden, so ist die kinematische Theorie heranzuziehen, welche die an den einzelnen Gitterbausteinen gestreuten Elektronenwellen und ihre Superposition betrachtet. Anders als bei den Röntgenstrahlen erfolgt die Streuung von schnellen Elektronen an einem Atom sowohl durch die Elektronenhülle als auch durch die Ladung des Atomkernes, wobei die Streuung durch die Elektronenhülle vorwiegend in den Bereich kleiner und die durch den Atomkern vorwiegend in den Bereich größerer Streuwinkel erfolgt. Die Winkelverteilung der von einem Kristall gestreuten Elektronenintensität hängt daher außer vom

Gitter-, Struktur- und Wärmefaktor noch von dem Faktor $\left(\dfrac{\lambda}{\sin\vartheta}\right)^4$ ab, welcher einen oft störenden sehr steilen Intensitätsabfall zur Folge hat. Um eine gleichmäßigere Belichtung der Beugungsaufnahmen zu erzielen, kann dieser Intensitätsabfall durch einen vor der Photoplatte rotierenden Sektor, welcher die Intensität etwa mit der dritten Potenz des vom Primärstrahl aus gerechneten Radius durchläßt, fast ausgeglichen werden. Sind zahlreiche kleine Kriställchen an der Streuung beteiligt, so entstehen DEBYE-Ringe, bei deren Intensitätsbetrachtung außer den oben genannten Faktoren auch noch der LORENTZ-Faktor für Elektronenbeugung und der Flächenhäufigkeitsfaktor in Rechnung zu setzen sind.

Gewisse Interferenzerscheinungen, wie z. B. die durch die unelastische Streuung in dickeren Kriställchen entstehenden KIKUCHI-Diagramme oder die Brechung der Elektronenstrahlen lassen sich mit den genannten Theorien nicht mehr erklären, und es bedarf hierzu der dynamischen Theorie, welche den ungestörten Kristall voraussetzend und die Bedingungen an den Grenzflächen berücksichtigend die Wechselwirkung der einfallenden Welle mit der reflektierten und mit dem dreifach periodischen Potential des Kristallraumes erfaßt. Der mathematische Aufwand für die Beherrschung der dynamischen Theorie ist erheblich.

4.15.2 Apparaturen und Präparation

Strukturuntersuchungen mittels Elektronenstrahlen erfordern wegen der durch die kurze Wellenlänge bedingten kleinen Beugungswinkel einen großen Abstand zwischen Probe und Aufnahmeplatte von etwa 40 bis 50 cm und sind wegen der starken Streuung der Elektronen an den Luftmolekülen nur im Hochvakuum durchführbar.

Spezielle Elektronenbeugungsapparaturen, von der einfachsten THOMSON-schen Bauart ohne Linsen mit einfacher Ausblendung des Elektronenstrahles und daher geringer Auflösung und Bildhelligkeit bis zu Geräten mit bis zu drei elektromagnetischen Linsen variabler Brennweite oder mit elektrostatischen Linsen und mit zahlreichen Zusatzeinrichtungen, werden heute kommerziell hergestellt. Der Vorteil der Geräte mit Linsen liegt in der Möglichkeit, die Bildhelligkeit und das Auflösungsvermögen ganz erheblich zu steigern. Durch eine verkleinerte Abbildung der Elektronenquelle kann ein sehr kleiner Objektbereich mit einem Durchmesser von 2 bis 3 μ durchstrahlt und die sog. Feinbereichsbeugung durchgeführt werden, die sich vor allem in Verbindung mit der Elektronenmikroskopie der untersuchten Objekte als sehr wertvoll erwiesen hat.

Zusatzeinrichtungen in den Elektronenbeugungsapparaturen oder in den kombinierten Elektronenmikroskopen ermöglichen außer einer universellen Objektbewegung eine Heizung und Kühlung des Objekts, eine Entladung nicht leitender Objekte sowie die kinematische Aufnahme von Beugungsdiagrammen bei der Beobachtung von z. B. temperaturabhängigen Phasenumwandlungen.

Eine eingehende Beschreibung der bedeutenderen im Handel befindlichen Elektronenbeugungsapparaturen mit einer eingehenden Diskussion der Elektronenoptik und der Funktionen der Einzelteile findet sich bei BAUER [*1*]. Die theoretischen und experimentellen Möglichkeiten und die Praxis der Elektronenbeugung sind, ergänzt durch sehr umfangreiche Literaturverzeichnisse, eingehend von BAUER [1] und PINSKER [1] beschrieben worden.

Für die Elektronenbeugung an hochpolymeren Substanzen kommt praktisch nur das Durchstrahlungsverfahren in Betracht. So interessant die Untersuchung der Oberflächenstruktur von kompakten hochpolymeren Proben in Reflexion auch wäre, sie dürfte an den in jeder Apparatur rasch aus Öl- und Fettdämpfen sich bildenden amorphen Kontaminationsschichten scheitern. Leicht kann man auch durch adsorbierte kristalline Oberflächenschichten getäuscht werden, die zu Pseudointerferenzen (HENGSTENBERG und WOLF [1]) Anlaß geben können. Sie entstehen durch Berührung mit Fetten oder fetthaltigen Lösungsmitteln.

Während bei der Röntgendurchstrahlung mit Cu-K_α-Strahlung die optimale durchstrahlbare Schichtdicke eines Hochpolymeren je nach der chemischen Zusammensetzung von etwa 7/100 mm (Polyvinylidenchlorid) bis etwa 3 mm (Polyäthylen) variiert, beträgt die günstigste Schichtdicke bei der Elektronendurchstrahlung mit Arbeitsspannungen im Bereich von 60 bis 80 kV etwa 100 bis maximal etwa 5000 Å. Die sehr viel stärkere Schwächung der Elektronenstrahlen beruht auf der ganz anderen Wechselwirkung der Elektronen mit der Materie. Unter gleichen Bedingungen ist jedoch das Intensitätsverhältnis der gestreuten zur ungestreuten Elektronenstrahlung um den Faktor 10^8 größer als bei Röntgenstrahlen, was zur Folge hat, daß die gebeugte Intensität auch bei sehr dünnen Schichten und sehr kleinem Strahlquerschnitt noch sehr hoch ist, und die Beugungsbilder auf dem Leuchtschirm beobachtet oder auf sehr feinkörnigem Photomaterial innerhalb von Sekunden oder Bruchteilen einer Sekunde aufgenommen werden können. Dünnere durchstrahlte Schichten geben im allgemeinen klarere und kontrastreichere Beugungsbilder. Mit zunehmender Schichtdicke nimmt nämlich die Zahl der unelastisch oder mit Wellenlängenänderung gestreuten Elektronen im Verhältnis zu der Zahl der elastisch, also ohne Wellenlängenänderung gestreuten Elektronen sowie die Vielfachstreuung in der Probe stark zu, was zu einer Vermehrung des diffusen Untergrundes und einem allmählichen Verschwinden der Beugungsreflexe im Untergrund führt. Der Kontrast wird auch um so besser, je höher die Beschleunigungsspannung der Elektronen ist.

Eine unangenehme Folge der Wechselwirkung der Elektronenstrahlen mit der Materie ist die Strukturänderung des durchstrahlten partiell-kristallinen Hochpolymeren. Bei der Bestrahlung entstehen durch Anregung und Ionisierung Sekundär- und Folgeprodukte mit typischen Radikaleigenschaften, die bei einer durch den Elektronenbeschuß unvermeidbaren geringen Temperatursteigerung und damit erhöhten Molekülbeweglichkeit in den kristallinen Bereichen eine zunehmende Vernetzung der Molekülketten und damit eine Zunahme des amorphen Anteils auf Kosten des kristallinen zur Folge haben. Bei der Feinbereichsbeugung, welche die neueren Elektronenmikroskope ermöglichen, spielt sich dieser Prozeß bei konzentriertem Primärstrahl in dem getroffenen, ungefähr 3 μ großen Bereich eines in den Strahlengang gebrachten kristallinen Polymeren infolge der sehr hohen Belastung in einem Bruchteil einer Sekunde ab, und es werden dann an Stelle der kristallinen Reflexe nur noch amorphe Halos beobachtet [2, 3, 4].

Bei der Durchstrahlung von größeren Bereichen mit ungefähr 100 μ Durchmesser mit geringer Strahlintensität sind die kristallinen Bereiche dagegen länger beständig [4]. Wie die elektronenmikroskopischen Bilder zeigen, bleibt der morphologische Habitus der Objekte während dieser strukturellen Umwandlung vollständig erhalten [2]. Um Beugungsbilder der kristallinen Struktur von Hochpolymeren zu erhalten, empfiehlt KELLER [4], den zu durchstrahlenden Bereich bei geringer Vergrößerung und bei möglichst geringer Bildhelligkeit so schnell wie möglich arbeitend auszusuchen, auch wenn dabei keine exakte Fokussierung des Präparates möglich ist. Nach der Aufnahme des Interferenzbildes kann dann unter normalen Bedingungen das elektronenmikroskopische Bild des durchstrahlten Bereiches aufgenommen werden, wobei dann dessen Kristallstruktur sicher schon zum größten Teil zerstört ist. Damit gelang es FISCHER [3] und KELLER [4], orientierte Beugungsdiagramme den definierten Richtungen der beugenden Einheiten zuzuordnen. Die Untersuchung kristalliner Hochpolymerer mittels Elektronenbeugung wird durch diesen Umstand erheblich erschwert. Werden den kristallinen Hochpolymeren jedoch gewisse Inhibitoren (z. B. Amine), welche eine Schutzwirkung gegen die ionisierende Strahlung ausüben, in geringer Konzentration zugesetzt, dann können sie länger ohne Schädigung bestrahlt werden [5].

Ergänzend sei darauf hingewiesen, daß auch im elektronenmikroskopischen Bild die von der Elektronenbeugung an den kristallinen Bereichen herrührenden Erscheinungen, wie die BRAGGschen Extinktionen und die Moiré-Muster, infolge der Strahleneinwirkung verschwinden. AGAR, FRANK und KELLER [6] gelang es auch in diesem Fall, durch Reduktion der Strahlintensität die Strahlenschädigung des Hochpolymeren im Elektronenmikroskop auf ein Minimum zu reduzieren und ausgezeichnete Aufnahmen von noch kristallinen Objekten zu erzielen.

Für die Herstellung von dünnen durchstrahlbaren Präparaten aus kristallisierenden hochmolekularen Stoffen kommen 4 Verfahren in Betracht:

Auskristallisation aus verdünnten Lösungen,
Ultramikrotomie,
Desintegration mit Ultraschall oder Aufschlagen im Homogenisator,
Sublimation.

Das aus Lösung auskristallisierte Hochpolymere kann, von der Konzentration der Lösung und von den Kristallisationsbedingungen abhängig, entweder in Form von selbsttragenden polykristallinen Filmen oder in Form von lamellen- oder fibrillenförmigen Einkristallen gewonnen werden.

Zusammenhängende selbsttragende, noch durchstrahlbare Filme bilden sich beim Aufbringen eines Tropfens einer verdünnten Lösung des Hochpolymeren (0,1 bis 0,4%) auf eine Wasseroberfläche oder beim Verdunsten der Lösung auf einer Glasplatte [7, 4]. Schlecht auf der Glasplatte verlaufende Lösungen können mit der Kante einer zweiten Glasplatte verstrichen werden, wobei sich gelegentlich die Verwendung von heißen Glasplatten empfiehlt [4]. Durch schräges Eintauchen in Wasser löst sich der gebildete Film von der Glasplatte und schwimmt auf der Wasseroberfläche, von wo er mit dem unter die Wasserfläche geführten Objektträger der Elektronenbeugungsapparatur, am besten durch Absinkenlassen des Wasserspiegels, aufgefangen werden kann. Gewisse Hochpolymere haben die Eigenschaft, nach dem Auskristallisieren auf der Glasoberfläche zu haften. In diesem Falle empfiehlt es sich, dem Wasser eine geringe Menge Flußsäure zuzusetzen oder die Glasplatte vor der Benetzung mit der Lösung entweder mit einem reinen, trockenen Baumwolltuch kräftig zu reiben [7] oder in eine sehr verdünnte Lösung von Glycerin und Alkohol zu tauchen und zu trocknen, wodurch sich eine extrem dünne molekulare Schicht auf der Glasplatte bildet, welche das Anhaften der Filme verhindert.

An solchen, auf Glasplatten auskristallisierten Filmen führte STORKS [7] die ersten grundlegenden Untersuchungen an Hochpolymeren mittels Elektronenbeugung durch, um die Brauchbarkeit der Methode im Vergleich mit der Röntgenmethode nachzuweisen und um die Orientierung der Makromoleküle in extrem dünnen unverstreckten und verstreckten Schichten zu untersuchen. Für die Herstellung von verstreckten durchstrahlbaren Filmen ging STORKS von relativ dicken Filmen (10^{-4} cm) aus, die sich durch Verdunsten von höher konzentrierten Lösungen (2%) auf Glasplatten bildeten. Nach Abheben des bei schräggestellter Glasplatte entstehenden verdickten Endes mit einer Rasierklinge konnte der Film direkt gedehnt oder nach Ablösen in Wasser mit einer unter die Wasseroberfläche gebrachten kleinen Dehnvorrichtung aufgefangen werden. Als Lösungsmittel für Polyäthylenglykol-Bernsteinsäureester, -Adipinsäureester und -Sebacinsäureester sowie für Guttapercha diente Chloroform.

Kleine Einkristalle mit kristallographischen Begrenzungsflächen und aus Fibrillen bestehende Aggregate bilden sich in Suspension, wenn genügend verdünnte Lösungen (0,01 bis 0,1%) langsam in einem Ölbad abgekühlt werden [8 bis 11, 2]. Durch die Eigenart einiger Makromoleküle, wie z. B. des Polyäthylens oder des 6-Nylons, sich bei der Kristallisation mit einer Periode von ungefähr 100 bis 120 Å relativ scharf zu falten, entstehen, je nach Art des Makromoleküls, lamellen- oder fibrillenförmige Gebilde mit leicht durchstrahlbarer Dicke, die wegen ihrer geringen seitlichen Ausdehnung auf eine durchstrahlbare tragende Folie aufgebracht werden müssen. Diese Folien sollen möglichst dünn (ungefähr 100 Å), praktisch strukturlos und dennoch stabil sein. Derartige Folien aus organischem Material, wie z. B. Zaponlack- oder reine Kohlenstoff-Filme werden schon lange bei der Präparation für die Elektronenbeugung und die Elektronenmikroskopie benützt und die Verfahren ihrer Herstellung sind eingehend beschrieben worden ([12]; BAUER [1]). Die in Suspension kristallisierten Teilchen werden mittels eines Tropfens des Lösungsmittels auf die Trägerfolie gebracht. Bei Lösungsmitteln, welche Folien aus organischen Materialien angreifen, müssen Kohlefilme verwendet werden. Es ist auch möglich, die heiße verdünnte Lösung selbst auf die Trägerfolie aufzubringen und das Hochpolymere darauf auskristallisieren zu lassen.

Mit Hilfe des bisher vorwiegend für die elektronenmikroskopische Präparation biologischer Objekte verwendeten Verfahrens der Ultramikrotomie lassen sich bekanntlich gut durchstrahlbare Dünnschnitte von etwa 200 Å an aufwärts mit einer Fläche von über einem Quadratmillimeter herstellen. Während aber das eben beschriebene Verfahren der Kristallisation von durchstrahlbaren Präparaten aus verdünnten Lösungen zu ausgezeichneten Ergebnissen führte, ist bisher über einen erfolgreichen Einsatz des Ultramikrotoms für die Untersuchung von partiellkristallinen Hochpolymeren in kompakter Form noch kaum etwas bekannt geworden. In speziellen Fällen dürfte es sich jedoch noch als ein wertvolles Hilfsmittel erweisen.

Die Desintegration von Hochpolymeren mit Ultraschall [13] oder im Homogenisator [14] wurde bisher erfolgreich bei der Elektronenmikroskopie von Fasern benützt. Durch Behandlung von ungerecktem Garn aus 6-NYLON mit Ultraschall bei 0,5 MHz in Wasser wurde eine Aufteilung in garbenförmig angeordnete Fibrillen erzielt und auch die Desintegration von Cellulose-, Kollagen- und synthetischen Fasern im Homogenisator führte zur Unterteilung in Elementarfibrillen. Neuerdings hat FISCHER [15, 16] gezeigt, daß auch die Desintegration aus der Schmelze abgekühlter Filme aus Polyäthylen im Homogenisator unter Äthylalkohol oder Wasser allem Anschein nach zu einer Unterteilung in kleinste durchstrahlbare, aus der lamellaren Struktur des Polymeren hervorgehende plättchenförmige Einheiten führt. Die Elektronenbeugung daran ergab eine zu den Lamellen senkrechte Orientierung der Molekülketten, woraus gefolgert wurde, daß auch in dem aus der Schmelze kristallisierten Polyäthylen eine Kettenfaltung vorliegt.

Dünne durchstrahlbare Schichten lassen sich schließlich auch durch Sublimation im Vakuum gewinnen [13]. Das Hochpolymere zersetzt sich bei genügender Erwärmung und schlägt sich in sehr dünnen Schichten an den kalten Wänden des Rezipienten nieder. Von dort kann es mit Hilfe eines aufgelegten Klebestreifens (Tesa-Film) abgehoben und nach Ablösen in Chloroform auf den Objektträger aufgebracht werden [17]. Nach BUTHENUTH [17] repolymerisieren die bei Pyrolyse bei 320 °C und 5 mm Hg gebildeten Monomeren des Polytetrafluoräthylens beim Niederschlagen zu Ketten mit mindestens 80 bis 100 Kohlenstoffatomen, die nach dem Befund der Elektronenbeugung senkrecht zur Glasoberfläche orientiert einkristalline Bereiche bilden. Wird lineares Polyäthylen bei 300 bis 350 °C im Hochvakuum zersetzt [13, 15] und auf einer Steinsalzplatte niedergeschlagen, so bildet sich ein nach dem Ablösen in Wasser leicht durchstrahlbarer Film, aus dessen optisch bestimmtem Schmelzpunkt von 115 °C sich nach der Gleichung von MEYER und VAN DER WYK [18] ein Molekulargewicht von ungefähr 1500 bis 2000 errechnet. Diese offenbar repolymerisierten Kondensate wachsen orientiert mit der (110)-Ebene als Aufwachsebene auf die Steinsalzspaltebene auf [3, 15, 16].

4.15.3 Anwendung und Ergebnisse

Wie eingangs schon erwähnt wurde, ist das wesentlichste Anwendungsgebiet der Elektronenbeugung in der Hochpolymerenforschung derzeit die Ermittlung der Molekülorientierung in den vielseitigen morphologischen Formen. Eine eigentliche Strukturanalyse von Hochpolymeren einschließlich der Bestimmung der Atomlagen wurde mittels Elektronenbeugung bisher nicht durchgeführt. Nur gelegentlich wurde die Elektronenbeugung zur Ergänzung der röntgenographischen Daten herangezogen [19].

Bezüglich der eigentlichen Strukturanalyse von Hochpolymeren sei erwähnt, daß die Verwendung von Elektronenstrahlen an Stelle der Röntgenstrahlen den Vorteil brächte, die Lage der Wasserstoffatome und Wasserstoffionen im Gitter bestimmen zu können[1]. Bekanntlich ist dies bei Röntgenstrahlen wegen des außer-

---

[1] Für die Bestimmung der Lage der Wasserstoffatome in Gitterstrukturen, auch im Falle der Wasserstoffbindung, ist die Neutronenbeugung wohl die geeignetste Methode. Neutronen sind Partikel mit einer verhältnismäßig großen Masse, mit einem Spin- und mit einem magnetischen Moment. Der großen Masse wegen ist die Wechselwirkung bewegter Neutronen mit der Elektronenhülle der getroffenen Atome vernachlässigbar gegenüber der Wechselwirkung mit den Atomkernen und die gestreute Amplitude hängt im wesentlichen nur vom

ordentlich geringen Streuvermögens der Wasserstoffatome nicht möglich. Eine Lokalisierung der Wasserstoffatome im Gitter mittels Elektronenbeugung ist bisher erst bei Paraffin $C_{30}H_{62}$ [20] und einigen anderen organischen Kristallen durchgeführt worden. Genauere Angaben über die Technik der Strukturanalyse von Einkristallen mit Elektronenstrahlen und über Ergebnisse solcher Untersuchungen wurden von COWLEY [21] gemacht.

Entscheidende Vorteile bieten die Elektronenstrahlen außerdem bei der Untersuchung von Molekülstrukturen in Gasen und Dämpfen. Wegen der kurzen Wellenlänge der Elektronenstrahlen und deren starken Wechselwirkung mit der Materie wird auch bei kleinem durchstrahltem Gasvolumen eine für die Molekülstrukturanalyse ausreichende Anzahl von Interferenzen beobachtet. Die Ermittlung der Struktur erfolgt in der Regel nach der „trial and error"-Methode, wobei die nach einem angenommenen Molekülmodell theoretisch berechnete Streuintensität [22] mit der experimentell beobachteten verglichen wird. Die Modellstruktur wird dann so lange variiert, bis eine Übereinstimmung erzielt wird. Seit den ersten grundlegenden Untersuchungen dieser Art an Gasen und Dämpfen durch WIERL [23] wurden über 400 Molekülstrukturen bestimmt (PINSKER [1]), und die Elektronenstrahlen hatten auf diesem Sektor etwa dieselbe Bedeutung wie die Röntgenstrahlen bei der Kristallstrukturanalyse.

Bei der Durchstrahlung von Hochpolymeren werden je nach Art der Probe a) DEBYE-SCHERRER-Diagramme, b) Texturdiagramme oder c) Einkristalldiagramme beobachtet. Letztere werden häufig auch LAUE-Diagramme genannt. Bei der Röntgenfeinstrukturanalyse werden im Gegensatz dazu nur die mit polychromatischer Strahlung am stehenden Einkristall erhaltenen Diagramme so bezeichnet. Bei dicken Einkristallen mit sehr gutem, dem Idealkristall nahekommendem Gitteraufbau werden als Folge der Raumgitterwirkung auf die unelastische Streuung auch aus Paaren von hellen und dunklen Linien oder Bändern bestehende KIKUCHI-Diagramme beobachtet. Dünnere Einkristalle mit größerer seitlicher Ausdehnung können bei konvergentem Strahlenbündel an Stelle scharfer Interferenzpunkte flächenförmige Reflexe mit Feinstruktur liefern. Derartige KOSSEL-MÖLLENSTEDT-Diagramme werden jedoch bei den aus Kettenmolekülen bestehenden Einkristallen wegen der erheblichen Gitterstörungen nicht beobachtet. Hinsichtlich der Feinstrukturbestimmung kommt ihnen auch keine praktische Bedeutung zu.

Die Auswertemethoden und Aussagemöglichkeiten dieser verschiedenen Interferenzdiagrammtypen sind weitgehend die gleichen wie bei der Röntgenmethode. Wegen der kleinen Ablenkungswinkel des Elektronenstrahles kann mit hinreichender Genauigkeit $\sin\vartheta = \tan\vartheta = \vartheta$ und $\cos\vartheta = 1$ gesetzt werden. Die BRAGGsche Periode errechnet sich dann einfach nach der Beziehung

$$d = \frac{n\,\lambda}{2\sin\vartheta} \simeq \frac{n\,\lambda\,L}{R} \simeq \frac{n\,C}{R}\,,$$

Kernbau ab. Experimentell zeigte sich, daß der Streufaktor des Wasserstoffatoms und anderer leichter Elemente für Neutronen von der gleichen Größenordnung ist wie der von schweren Atomen. Dadurch lassen sich die Gitterlagen von leichten Atomen auch in Gegenwart von schweren bestimmen, wie dies z. B. im Falle des NaH- bzw. NaD-Gitters [40] oder des KHF_2-Gitters mit Wasserstoffbindung [41] durchgeführt wurde. Eine Strukturuntersuchung von kristallisierenden Hochpolymeren mittels Neutronenbeugung ist bisher nicht durchgeführt worden.

wobei λ die Wellenlänge, L der Abstand Probe–Photoplatte und R der Radius des DEBYE-Kreises oder der Abstand des Reflexes vom Primärstrahl-Durchstoßpunkt ist. C ist demnach eine mit einer Eichsubstanz festzulegende Apparatekonstante.

a) Debye-Scherrer-Diagramme. Polykristalline hochpolymere Proben mit statistischer Kristallitverteilung liefern Aufnahmen mit kontinuierlich geschwärzten DEBYE-Ringen mit den der Struktur entsprechenden Intensitäten. Wegen der meist besonderen Art der Präparation der dünnen durchstrahlbaren Schichten durch Kristallisation aus der Lösung werden derartige Aufnahmen relativ selten beobachtet und es entstehen meist Textur- oder Einkristallaufnahmen. Wahrscheinlich dürften Ultramikrotomschnitte von aus der Schmelze abgekühlten Proben noch am ehesten eine statistische Kristallitverteilung aufweisen. Sind die DEBYE-Ringe in einzelne Interferenzpunkte unterteilt, dann läßt sich durch Vergrößern des bestrahlten Objektbereiches und Vermehren der vom Elektronenstrahl getroffenen Kriställchen meist eine kontinuierliche Schwärzung erzielen.

Für die Bestimmung des Kristallsystems und der Gitterdimensionen ist die geometrische Auswertung der Aufnahmen in der bei der Röntgenmethode üblichen Weise erforderlich. Bei unbekannter Struktur ist die Indizierung der Interferenzen von tetragonalen und hexagonalen Gittern mit Hilfe der bekannten HULLschen Kurven [24], die von orthorhombischen Gittern mit der numerischen Methode von LIPSON [25, 26] möglich. Mit der mühsameren Methode von ITO [27, 26] können prinzipiell die Indizierungen der Debyeogramme aller Gittertypen durchgeführt werden. Die Bestimmung der Translationsperiode ist bei Gittern mit niedriger Symmetrie nur aus Einkristallaufnahmen möglich und für die Bestimmung der Raumgruppe und der Atomlagen sind Intensitätsmessungen an DEBYE-SCHERRER-Diagrammen oder an Einkristallaufnahmen erforderlich.

Amorphe hochpolymere Proben liefern auf Grund der Nahordnung der Atome ebenfalls Debyeogramme mit in der Regel 3 bis 5 breiten verwaschenen Ringen, deren BRAGGsche Perioden durch valenz- und nebenvalenzmäßige Atomabstände bedingt sind. Diese Abstände können, auch bei Molekülen mit mehreren Atomarten, prinzipiell mit Hilfe einer eindimensionalen FOURIER-Analyse der Intensitätskurve ermittelt werden [28]. Die genauere Bestimmung der kohärent gestreuten Elektronenintensität, wie sie für die Auswertung erforderlich ist, bereitet jedoch erhebliche Schwierigkeiten, da der Anteil der inkohärenten Streuung und der Mehrfachstreuung theoretisch nicht zu erfassen ist [29]. Es liegen daher bis heute praktisch auch noch keine FOURIER-Analysen von Elektronenbeugungsaufnahmen amorpher hochpolymerer Stoffe vor, während Röntgenaufnahmen dieser Art schon öfters mit Erfolg nach dieser Methode ausgewertet wurden [30, 31].

b) Textur-Diagramme. Texturdiagramme entstehen dann, wenn im bestrahlten Volumen eine oder mehrere Kristallachsen bevorzugt orientiert sind. Auch bei Elektronenbeugungsaufnahmen von hochpolymeren Stoffen mit gleichmäßig geschwärzten DEBYE-Ringen liegt meistens eine Textur vor. Häufig fehlen in solchen Aufnahmen einzelne Interferenzen bei gleichzeitig veränderter Intensität der übrigen DEBYE-Ringe. In diesen Fällen haben die Kriställchen im bestrahlten Bereich eine Einfachorientierung, indem die Richtung einer Kristallachse als

Faser- oder Rotationssymmetrieachse mit dem einfallenden Elektronenstrahl zusammenfällt. Eine derartige rotationssymmetrische Orientierung entsteht bei Hochpolymeren leicht, wenn in der Lösung auskristallisierte plattenförmige Einkristalle auf den Objektträger sedimentieren und sich mit beliebiger azimutaler Verdrehung übereinanderlagern oder wenn ganze Filme auf Glas oder unmittelbar auf dem Objektträger aus der aufgebrachten Lösung auskristallisieren. Ob eine normal erscheinende DEBYE-Aufnahme in Wirklichkeit ein Texturdiagramm ist, läßt sich leicht prüfen, indem man das Objekt und damit die Faserachse gegen den Primärstrahl neigt. Die DEBYE-Ringe spalten in Kreissegmente auf, wobei sich die relativen Intensitäten verschieben und auch neue

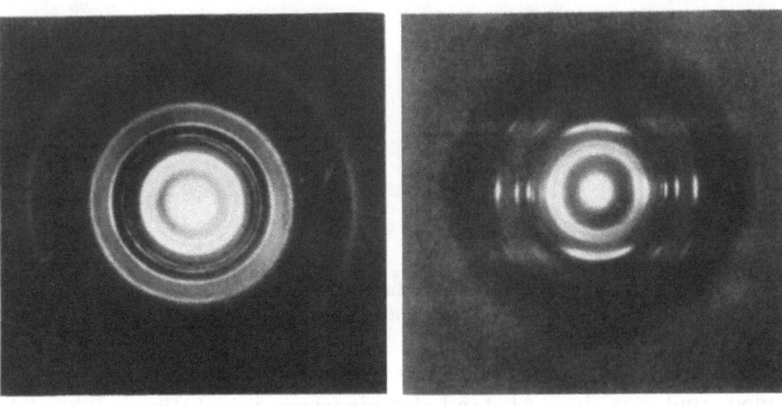

a   b

Abb. 1a und b. Elektronenbeugungsaufnahmen eines aus Lösung auf Glas auskristallisierten Guttapercha-Filmes (nach STORKS [7])
a) bei senkrechter Einstrahlung;   b) bei 45°-Einstrahlung

Kristallreflexe auftreten können. Bei bekannter Kristallstruktur kann aus mehreren Elektronenbeugungsaufnahmen, die unter verschiedenen Kippwinkeln des Präparates aufgenommen wurden, leicht die Lage der Faserachse in bezug auf die Kristallachsen oder die Molekülketten bestimmt werden.

Ein Beispiel für eine rotationssymmetrische Orientierung von Kriställchen um die Normale eines durchstrahlten, auf Glas gegossenen Filmes zeigen die Beugungsaufnahmen von Guttapercha (Abb. 1) bei senkrechter und bei 45°-Einstrahlung auf die Filmebene. Aus diesen Aufnahmen geht hervor, daß die Makromoleküle des Guttaperchas senkrecht zur Filmebene orientiert sind, und schon 1938 folgerte STORKS [7] daraus, daß in dem nur wenige 100 Å dicken Film die sehr viel längeren Molekülketten nicht geradlinig verlaufen können, sondern mehrfach gefaltet sein müssen. Diese Ansicht fand sehr viel später bei der Untersuchung anderer Hochpolymerer, insbesondere des Polyäthylens ihre Bestätigung [9, 10, 11, 4], und die Erscheinung der Faltung von Makromolekülen bei der Kristallisation hat heute für die gesamte Morphologie der Hochpolymeren entscheidende Bedeutung gewonnen.

Daß in dünnen Filmen die aus der Lösung auf Glasplatten auskristallisierten Makromoleküle nicht nur in der Normalrichtung, sondern auch in der Filmebene liegen können, ergab sich aus den Beugungsaufnahmen von Polyäthylenglykolsebacinsäureester (Abb. 2). In diesem Fall liegen die Faserachsen ungefähr in der Filmebene und die Kristallitorientierungen um die Faserachse herum bewegen sich innerhalb $\pm 10°$. Die Abb. 3a und b zeigen schließlich die Fasertexturdiagramme vollständig gereckter Filme aus Guttapercha und aus Polyäthylen-

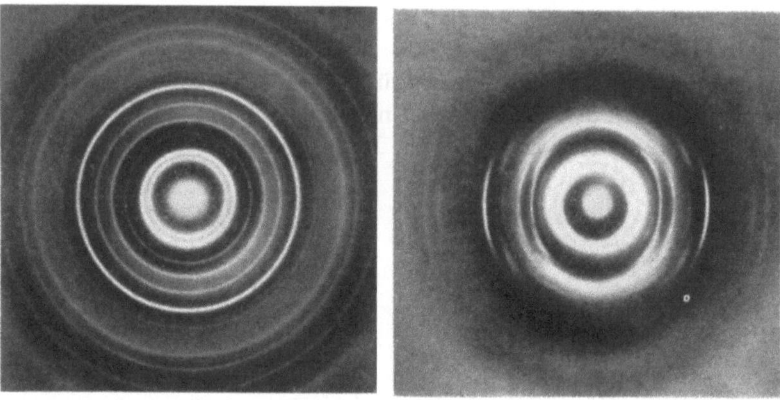

a   b

Abb. 2a und b. Elektronenbeugungsaufnahmen eines aus Lösung auf Glas auskristallisierten Filmes aus Polyäthylenglykolsebacinsäureester (nach STORKS [7])
a) bei senkrechter Einstrahlung;   b) bei 45°-Einstrahlung

glykolsebacinsäureester. Die Faserachse verläuft in Richtung des Meridians der Aufnahmen, und aus dem Abstand der einzelnen Schichtlinien läßt sich leicht die Identitätsperiode längs der Faserrichtung errechnen (vgl. 3.6 und 4.14).

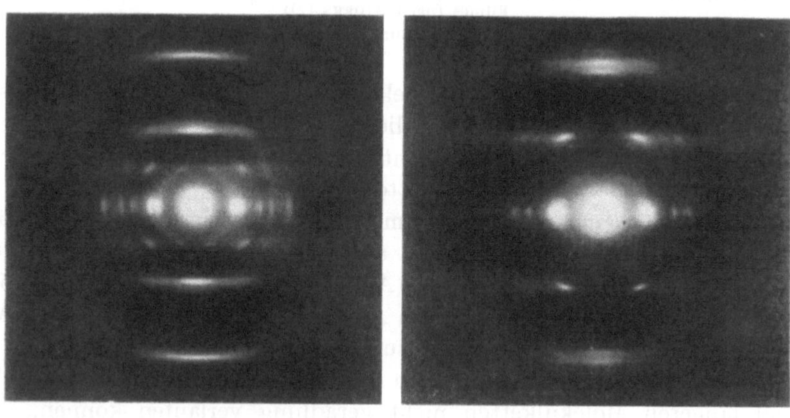

a   b

Abb. 3a und b
Elektronenbeugungsaufnahmen (Fasertexturaufnahmen) von gereckten Filmen (nach STORKS [7])
a) Guttapercha;   b) Polyäthylenglykolsebacinsäureester

Bei der Untersuchung von transparenten Filmen aus 6,6- und 6,10-NYLON, die aus einer Lösung in Ameisensäure oder in m-Kresol auf einer Glasplatte oder Wasseroberfläche auskristallisiert waren, ergab sich, daß die Moleküle und die (010)-Ebenen, also jene Ebenen, welche die Wasserstoffbrückenbindung enthalten, parallel zur Filmebene orientiert sind [32, 4]. Zur Bestimmung dieser Textur waren mehrere Aufnahmen unter verschiedenen Einfallswinkeln des Elektronenstrahles erforderlich. KELLER und ENGLEMAN [33] leiteten einen Ausdruck ab, mit dessen Hilfe die Bestimmung der Richtung der Faserachsen aus einer einzigen Elektronenbeugungsaufnahme bei schrägem Einfallswinkel möglich ist, sofern sie nur zwei maximal orientierte Reflexionen aufweist.

Ein anderes Beispiel von Textur, das auch gleichzeitig ein Beispiel für die Möglichkeiten einer Kombination von Elektronenmikroskopie und Elektronenbeugung ist, ergibt sich an Hand der Abb. 4a und b [4]. 6,10-NYLON kristallisiert

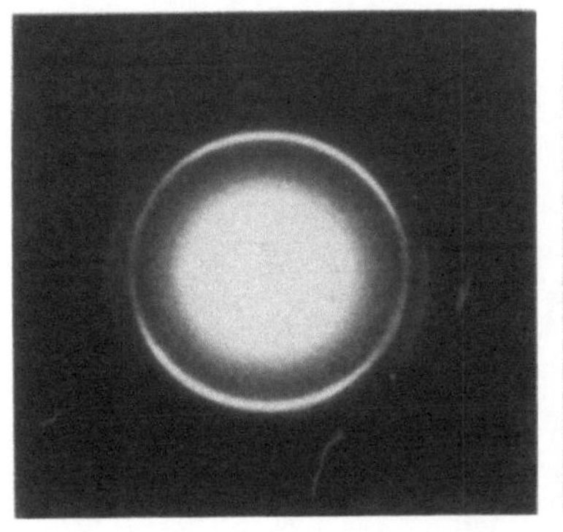 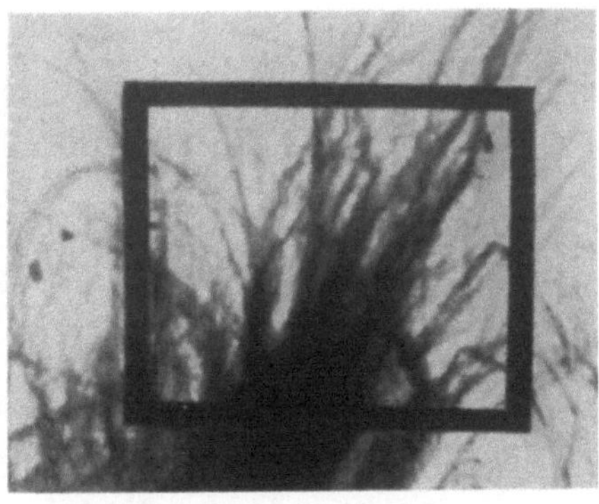

a   b

Abb. 4a und b

a) Elektronenbeugungsaufnahme eines im Elektronenmikroskop ausgesuchten Bereiches einer Fibrillengarbe aus 6,10-NYLON; b) Elektronenmikroskopisches Bild der Fibrillengarbe aus 6,10-NYLON (7600fach). Innerhalb des markierten Bereiches erfolgte die Elektronenbeugung für die Aufnahme 4a. Beide Bilder in korrespondierender Stellung (nach KELLER [4])

in Suspension nach dem Verfahren von WARING [8] in einer verdünnten Lösung in m-Kresol, welcher das zwei- bis vierfache Volumen an Benzylalkohol zugesetzt wurde, im Laufe von wenigen Tagen oder Wochen in Form von garbenförmig zusammengefaßten, ungefähr 150 Å dicken Fibrillen, welche die Grundbausteine der in den Polyamiden bei langsamer Abkühlung sich bildenden Sphärolithe sind (vgl. 3.7). Innerhalb des umrandeten Bezirkes in Abb. 4b liegt der bei der Feinbereichsbeugung erfaßte Bereich. Auf Grund des bezüglich der Orientierung der Fibrillen orientierten Beugungsbildes in Abb. 4a und anderer Beugungsbilder vom äußeren Ende solcher Fibrillen kommt KELLER [4] zu dem Ergebnis, daß die die Wasserstoffbrücken enthaltenden (010)-Gitterebenen und die a-Achse des 6,6- bzw. 6,10-Polyamidgitters parallel zur Fibrillenlängsachse verlaufen. Da die a-Achse des Gitters einen Winkel von 77° mit den in Richtung der c-Achse verlaufenden Molekülketten einschließt, ergab sich die überraschende Feststellung, daß die Molekülketten nicht, wie früher angenommen wurde, in Richtung der Fibrillenlängsachse verlaufen, sondern ungefähr unter dem genannten Winkel gegen diese geneigt sind. Da die Fibrillen nur ungefähr 150 Å breit sind, die Moleküle aber um ein vielfaches länger sind, liegt auch bei den Polyamiden eine Faltung der Moleküle vor. Durch eine bevorzugte Wachstumsrichtung bilden sich bei der Faltung an Stelle der beim Polyäthylen beobachteten Lamellen [9, 10, 11] Fibrillen aus (vgl. Abb. 7a).

Interessant sind als Beispiel schließlich auch die von FISCHER [*3*] an orientiert auf Steinsalz aufgewachsenen Polyäthylenschichten beobachteten Texturbeugungsdiagramme. Zur Herstellung der Filme wurden Polyäthylenlösungen (0,02 bis 0,2%) in geeigneter Menge auf frische, bei 110 °C gehaltene (0 0 1)-Steinsalzspaltflächen aufgebracht. Die während der Abkühlung auskristallisierten Polyäthylenfilme wurden mit einem Kohlefilm bedampft, der nach dem Ablösen der Schicht in destilliertem Wasser als Trägerfolie auf den Objektträgern diente. Die Abb. 5a und b zeigen das Durchstrahlungsdiagramm und die bei bekannter Struktur leicht aus der Winkellage zu ermittelnde zugehörige Indizierung der

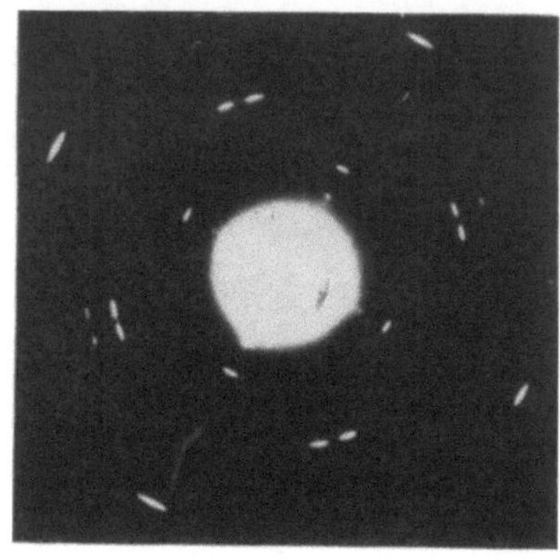 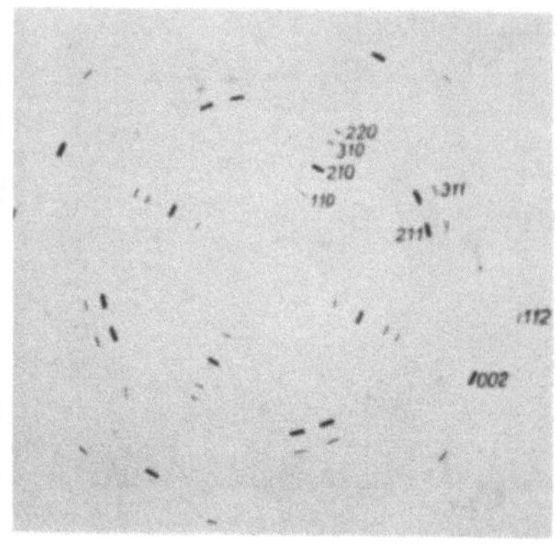

a   b

Abb. 5a und b
a) Elektronenbeugungsaufnahme eines aus 0,02%iger Xylol-Lösung auf einer NaCl-(0 0 1)-Spaltebene orientiert auf gewachsenen Polyäthylenfilmes aus Marlex 50 (nach FISCHER [*3*]); b) Indizierung der Elektronenbeugungsaufnahme in Abb. 5a nach FISCHER [*3*])

Reflexe eines der beiden um 90° gegeneinander verdrehten Reflexsysteme. Derartige Punktdiagramme können immer als Zentralprojektion der von der Ausbreitungskugel im reziproken Gitter erfaßten Gitterpunkte auf die Photoplattenebene interpretiert werden [*34*]. Wie weiter unten noch gezeigt wird, ist dabei zu berücksichtigen, daß bei den sehr dünnen durchstrahlten Schichten die reziproken Gitterpunkte in der Primärstrahlrichtung zu linearen Gitterbereichen entarten, wodurch außer den wenigen unmittelbar auf der EWALD-Kugel liegenden Gitterpunkten noch zusätzliche zur Abbildung gelangen können.

Der Zusammenhang zwischen der Lage der indizierten Reflexe in Abb. 5b und dem reziproken Gitter des Polyäthylens ist unmittelbar aus Abb. 6 ersichtlich. Die starken Reflexe (2 1 0), (2 1 1) und (0 0 2) liegen auf einer zur Schichtebene ((Ī 2 0)) parallelen Ebene des reziproken Gitters. Die gemeinsame Zonenachse dieser reflektierenden Ebenen im realen Gitter ist die Gerade [Ī 2 0], die parallel zum Primärstrahl verläuft. Die Normale auf der ermittelten Schichtebene ((Ī 2 0)) des reziproken Gitters fällt mit einer Abweichung von nur 3° mit dem Gittervektor [Ī 1 0] im reziproken Gitter zusammen, welcher senkrecht zur (Ī 1 0)-Ebene des realen Gitters orientiert ist. Da die Epitaxie stets auf niederindizierten Ebenen als Aufwachsebenen erfolgt [*35*], muß die zu dem Gittervektor [Ī 1 0] des reziproken Gitters senkrechte (Ī 1 0)-Ebene des Kristalls die Aufwachsebene sein. Im reziproken Gitter in Abb. 6 ist die zum Vektor [Ī 1 0] senkrechte Ebene eingezeichnet, welche etwas von der Lage der Schicht-ebene $((\bar{1}20))$ abweicht und als Tangentialebene der Ausbreitungskugel anzusehen ist.

Wenn die $(\bar{1}10)$-Ebene die Aufwachsebene des Polyäthylens ist, dann liegen die Molekülketten des Polyäthylens parallel zur Steinsalzspaltfläche. Um ihre Orientierung auf dieser Fläche zu ermitteln, wurden die Polyäthylenfilme vor dem Ab-schwimmen in Richtung der [001]-Spalt-kante des Steinsalzes mit Gold-Palladium schräg bedampft. Aus dem 45°-Winkel zwischen der Aufdampfrichtung und dem (002)-Reflex konnte einwandfrei gefolgert werden, daß die Polyäthylenmoleküle parallel zur [110]- bzw. [$\bar{1}$10]-Richtung des Steinsalzes, also längs gleichartiger Ionen orientiert sind.

Mit Hilfe von Elektronenbeugungs-aufnahmen wurden von FISCHER noch andere Arten von Orientierungen gefunden, unter anderem auch die um die (210)-Nor-male tordierte Lamelle.

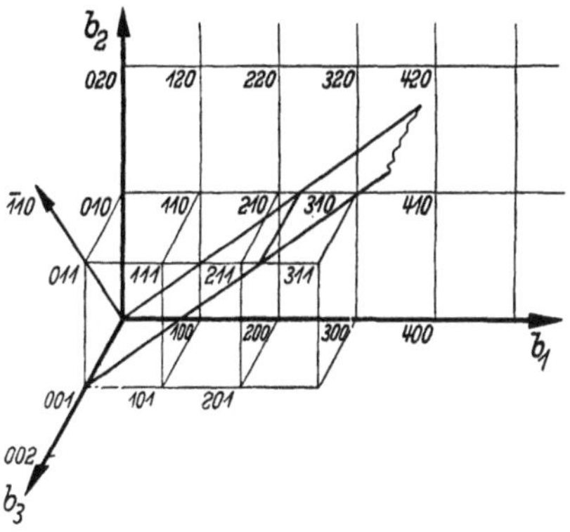

Abb. 6. Reziprokes Gitter von Polyäthylen mit eingezeichneter, aus der Beugungsaufnahme in Abb. 5 zu entnehmender Tangentialebene der Ausbreitungskugel (nach FISCHER [3]).

c) **Einkristalle.** Auf Grund der früheren Vorstellungen über die Kristalli-sation von Makromolekülen wurde lange Zeit angenommen, daß es nicht möglich sei, derartige selbständige, sichtbare Einkristalle zu züchten. Die Elektronen-beugungsaufnahmen von STORKS [7] an aus der Lösung kristallisierten Gutta-perchafilmen ließen jedoch durch die auf den DEBYE-Ringen (Abb. 1a) auf-tretenden einzelnen Interferenzpunkte schon erkennen, daß größere einkristalline beugende Einheiten in dem Film vorlagen. Sehr viel später wurden beim lang-samen Abkühlen einer Lösung von α-Gutta mit einem Molekulargewicht von 16000 bis 18000 in Benzol-Äthylalkohol in Suspension auskristallisierte oder beim Verdunsten des Lösungsmittels sich bildende 0,35 mm lange anisotrope Einkristalle mit kristallographischem Habitus beobachtet [36]. Mittels der Suspensionskristallisation in heißen verdünnten Lösungen gelang es schließlich, auch lineares Polyäthylen in rhombenförmigen Einkristallplatten zu züchten, wobei meistens infolge von Schraubenversetzungen mehrere derartige Platten spiralförmig übereinander wachsen [37, 9, 10, 11]. Bei der Kristallisation des tetragonalen isotaktischen Poly-4-Methyl-Penten-1 aus der Lösung wurden quadratische Einkristallplatten beobachtet [38]. Die Kristalle haben im all-gemeinen eine seitliche Kantenlänge bis zu etwa 10 μ und eine Dicke von nur etwa 100 bis 120 Å, so daß sich leicht elektronenmikroskopische Aufnahmen davon herstellen lassen (Abb. 7a und b). Elektronenbeugungsaufnahmen der in Rich-tung der Normalen durchstrahlten Platten (Abb. 8a und b) beweisen durch das Auftreten einzelner Interferenzpunkte den einkristallinen Charakter und ihre Auswertung zeigt, daß die Molekülketten senkrecht zur Plattenebene orientiert sind und ihrer Länge wegen mehrfach scharf gefaltet sein müssen. Während das Beugungsdiagramm in Abb. 8b von einer einzelnen Einkristallplatte herrührt, trugen zur Entstehung des Diagramms (Abb. 8a) mehrere übereinander gelagerte und gegeneinander verdrehte Einkristallplatten bei. Die Interferenzpunktpaare mit dem über den Zentralpunkt gemessenen kleinen Abstand sind Reflexe der der {110}-Ebenen des Polyäthylens und die mit dem etwas größeren Abstand die

 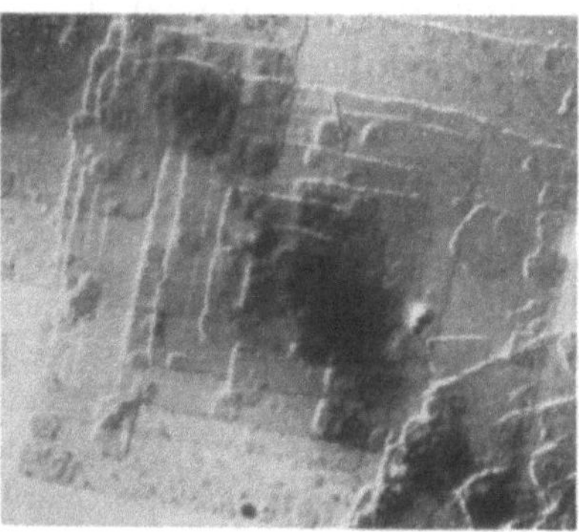

a   b

Abb. 7 a und b
Elektronenmikroskopische Aufnahmen von aus der Lösung in Suspension auskristallisierten Einkristallen
a) Polyäthyleneinkristall (10000fach) (nach AGAR, FRANK und KELLER [6]); b) Poly-4-methylpenten-
1-Einkristall (8000fach) (nach FRANK, KELLER und O'CONNOR [38])

der {200}-Ebenen. Gelegentlich treten am Rande des Zentralflecks schwache Interferenzpunkte mit gleicher Symmetrie wie die der stärksten normalen Re-

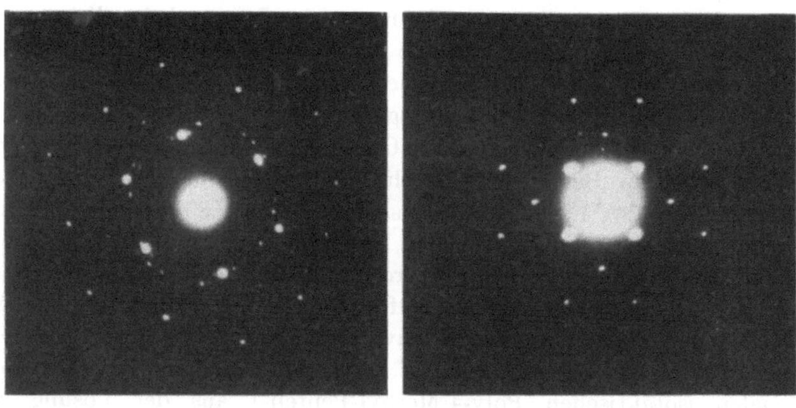

a   b

Abb. 8 a und b
a) Elektronenbeugungsaufnahme von übereinander gewachsenen und gegeneinander verdrehten Polyäthylen-
einkristallen (nach KELLER [42]); b) Elektronenbeugungsaufnahme eines Poly-4-methylpenten-1-Einkristall
(nach FRANK, KELLER und O'CONNOR [38])

flexe des Kristalls auf. Hierbei handelt es sich um sekundäre Reflexionen der Primärreflexe an einem zweiten, in geeigneter Stellung befindlichen Einkristall, eine Erscheinung, die in engem Zusammenhang steht mit den im Elektronen-mikroskop an übereinandergelagerten und gegeneinanderverdrehten Einkristallen häufig beobachteten Moirémustern [6].

Während bei Einkristallaufnahmen mit monochromatischer Röntgenstrahlung eine Drehung oder Schwenkung des Kristalls um größere Winkelbeträge erforderlich ist, entsteht bei monochromatischer Elektronenbestrahlung das Interferenzpunktdiagramm mit meist mehreren Ordnungen der Reflexe ohne Kristallbewegung. Diese zunächst nicht zu erwartenden und früher häufig als Flächengitterinterferenzen interpretierten Reflexe der Raumgitterbereiche des nicht bewegten durchstrahlten Einkristalls kommen durch das Zusammenwirken mehrerer Faktoren zustande (PINSKER, BAUER [1]). Neben einer nicht vollständigen Monochromasie und einer geringen Divergenz oder Konvergenz des Primärstrahles genügen bei der kurzen Wellenlänge der Elektronenstrahlen bereits sehr geringe Verdrehungen oder Kippungen der im Einkristall vorliegenden Mosaikkristalle im Bereich von 1° bis 2°, um eine Serie von Reflexen auftreten zu lassen [bei $\lambda_{80\,kV} = 0{,}0417$ Å liegen z. B. die erste und die höheren Ordnungen der (110)-Interferenz des Polyäthylens bei $n\,\vartheta = n\,0{,}29°$]. Von wesentlichem Einfluß ist aber auch der die Interferenzlage und -intensität mitbestimmende Gitterfaktor. Durch ihn wird die Breite der Intensitätsfunktion der LAUEschen Interferenzkegel um die jeweils in Richtung der Gitterhauptachsen verlaufenden Atompunktreihen bestimmt. Je größer die Anzahl der Atome oder Streuzentren auf einer Gittergeraden, um so schärfer ist die LAUEsche Interferenzbedingung erfüllt. Eine Interferenz der von den Streuzentren ausgehenden Wellenzüge erfolgt dann nur in Richtung der gemeinsamen Schnittgeraden der drei scharf begrenzten Interferenzkegel. Bei den sehr dünnen Schichten, wie man sie für die Elektronenbeugung benötigt ($D \sim 10^{-6}$ cm), ist jedoch die Zahl der Streuzentren auf der in Richtung des einfallenden Elektronenstrahles verlaufenden Gittergeraden relativ klein, und das hat zur Folge, daß die Intensitätsfunktion der um diese Gittergerade entstehenden Interferenzkegel verschiedener Ordnungen einschließlich der nullten Ordnung nicht scharf abfällt, sondern auch noch in der Umgebung des bei langer Punktreihe gültigen Öffnungswinkels von Null verschiedene Amplitudenwerte aufweist [39]. Bei sehr dünnen Schichten kann z. B. der Intensitätsbereich der nullten Ordnung mitunter so breit werden wie der durch die Aufnahmeanordnung zugängliche Winkelbereich. Es treten dann vom Raumgitter herrührende Punktinterferenzen auf, die früher irrtümlich als Flächengitterinterferenzen gedeutet wurden.

Am einfachsten lassen sich diese Verhältnisse mit Hilfe des reziproken Gitters veranschaulichen. Dem ausgedehnten dreidimensionalen Kristallgitter kann bekanntlich ein dreidimensionales reziprokes Punktgitter zugeordnet werden. Wird nun eine Dimension des realen Raumgitters stetig kleiner, so gehen mit Annäherung der durchstrahlten Kristalldicke an Null die Gitterpunkte des reziproken Gitters allmählich in Gitterstäbe mit periodischer Gewichtsverteilung um die ursprünglichen Gitterpunkte herum über, um beim realen Flächengitter in ein zur betrachteten Ebene senkrechtes System von parallelen Gitterstäben zu entarten. Bei dünnen Schichten tritt also im reziproken Gitter an Stelle des Gitterpunktes ein in Richtung der Normalen verlängerter Gitterstab (Abb. 9), und da jeder Schnitt eines reziproken Gitterbereiches mit der Ausbreitungskugel einer auf der Aufnahme beobachtbaren Intensität entspricht, treten jetzt Interferenzen auf, die bei einem dickeren Realkristall nur bei einer Schwenkung desselben beobachtet würden. Aus Abb. 9 ist zu ersehen, wie bei Entartung der

Punkte des reziproken Gitters zu kurzen Gitterstäben im zentralen kreisförmigen
Bereich des nullten Hauptmaximums ($n = 0$) der zum Primärstrahl parallelen
Gitterrichtung mehrere Reflexe des Gitterspektrums $h_1 h_2 0$ möglich sind und im
kreisringförmigen Bereich der entsprechen-
den ersten und zweiten Ordnung ($n = 1$
bzw. 2) mehrere Reflexe des Gitterspektrums
$h_1 h_2 1$ bzw. $h_1 h_2 2$.

Es ist mit Hilfe des reziproken Gitters
leicht zu sehen, daß bei Schrumpfung einer
Kristallgitterdimension senkrecht zur Durchstrahlungsrichtung, also bei Durchstrahlung
dünner Plättchen parallel zu ihrer Ebene,
an Stelle der Punktreflexe ein System von
strichförmigen Reflexen auftreten muß.

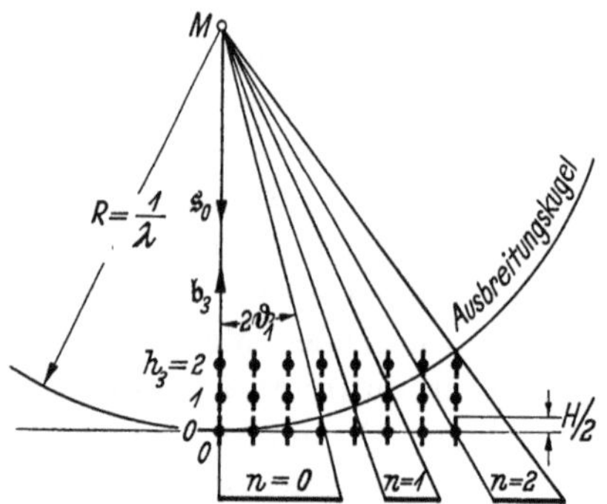

Abb. 9. Ewald-Ausbreitungskugel bei Durchstrahlung einer sehr dünnen Einkristallplatte.
Die reziproken Gitterpunkte sind in Richtung
der Plattennormalen zu Gitterstäben entartet
(nach Richter und Knödler [34])

Über die Auswertung von Einkristallaufnahmen hinsichtlich der Bestimmung der
Durchstrahlungsrichtung und der Indizierung der beobachteten Punktreflexe wurde
von Richter und Knödler [34] an Hand von zahlreichen Beispielen und von
Pinsker [1] ausführlich berichtet, so daß auf eine eingehende Darstellung
verzichtet werden kann.

Literatur

[1] Hengstenberg, J., u. K. Wolf: Elektronenstrahlen und ihre Wechselwirkung mit
Materie. Hand- und Jahrbuch der chemischen Physik. Leipzig: Akad. Verlagsges. Geest
u. Portig 1935. — E. Fues: Handbuch der Experimentalphysik, Ergänzungswerk II.
Leipzig: 1935. — G. P. Thomson u. W. Cochram: Theory and Practice of Electron
Diffraction. London: Macmillan Comp. Ltd. 1939. — M. v. Laue: Materiewellen und ihre
Interferenzen. Leipzig: Akad. Verlagsges. Geest u. Portig 1948. — Z. G. Pinsker: Electron diffraction. London: Butterworth Sci. Publ. 1953. — H. Raether: Elektroneninterferenzen. Handbuch der Physik, Bd. 32. Berlin/Göttingen/Heidelberg: Springer 1957. —
E. Bauer: Elektronenbeugung. München 2: Verlag Moderne Industrie 1958.
[2] Keller, A., u. A. O'Connor: Discuss. Faraday Soc. 25 (1958) S. 1.
[3] Fischer, E. W.: Kolloid-Z. 159 (1958) S. 108.
[4] Keller, A.: J. Polymer Sci. 36 (1959) S. 361.
[5] Sella, Cl., u. J. J. Trillat: C. R. 248 (1959) S. 410.
[6] Agar, A. W., F. C. Frank u. A. Keller: Phil. Mag. 4 (1959) S. 32.
[7] Storks, K. H.: J. Amer. chem. Soc. 60 (1938) S. 1753.
[8] Keller, A., u. J. R. S. Waring: J. Polymer Sci. 17 (1955) S. 447.
[9] Till, J.: J. Polymer Sci. 24 (1957) S. 301.
[10] Keller, A.: Phil. Mag. 2 (1957) S. 1171.
[11] Fischer, E. W.: Z. Naturforschung 12a (1957) S. 753.
[12] König, H.: Ergebn. exakt. Naturwiss. 27 (1953) S. 188.
[13] Cooper, A. C., A. Keller u. J. R. S. Waring: J. Polymer Sci. 11 (1953) S. 215.
[14] Hess, K., H. Mahl u. E. Gütter: Kolloid-Z. 155 (1957) S. 1.
[15] Fischer, E. W.: Discuss. Faraday Soc. 25/26 (1958) S. 205.
[16] Eppe, R., E. W. Fischer u. H. A. Stuart: J. Polymer Sci. 34 (1959) S. 721.
[17] Butenuth, G.: Kolloidchem. makromol. Naturstoffe 18 (1958) S. 168.
[18] Meyer, K. H., u. A. van der Wyk: Helv. chim. Acta 20 (1937) S. 1313.
[19] Natta, G., u. P. Corradini: J. Polymer Sci. 20 (1956) S. 251.
[20] Vajnshtejn, B. K., u. Z. G. Pinsker: Doklady Akad. Nauk SSSR 72 (1950) S. 53 —
Trudy Inst. Kristallogr. SSSR 10 (1954) S. 49.

[*21*] Cowley, J. M.: Acta Cryst. 6 (1953) S. 516, 522 u. 846; 9 (1956) S. 391 u. 421.

[*22*] Debye, P.: Ann. Phys. 46 (1915) S. 809 — Phys. Z. 31 (1930) S. 142 u. 419.

[*23*] Wierl, R.: Ann. Phys. 8 (1931) S. 521.

[*24*] Klug, H. P., u. L. E. Alexander: X-Ray Diffraction Procedures. New York: John Wiley & Sons Inc. 1954. — R. Glocker: Materialprüfung mit Röntgenstrahlen. Berlin/Göttingen/Heidelberg: Springer 1958.

[*25*] Lipson, H.: Acta Cryst. 2 (1949) S. 43.

[*26*] Peiser, H. S., H. P. Rooksby u. A. J. C. Wilson: X-Ray Diffraction. London: The Institute of Physics 1955.

[*27*] Ito, T.: X-Ray Studies on Polymorphism. Tokyo: Maruzen 1950.

[*28*] Warren, B. E., H. Krutter u. O. Morningstar: J. Amer. ceram. Soc. 19 (1936) S. 202.

[*29*] Richter, H., u. S. Steeb: Naturwiss. 19 (1958) S. 461.

[*30*] Simard, G. L., u. B. E. Warren: J. Amer. chem. Soc. 58 (1936) S. 507.

[*31*] Bjørnhaug, A., Ø. Ellefsen u. B. A. Tønnesen: Norsk Skogind. 6 (1952) S. 243 u. 402; 8 (1952) S. 1 — J. Polymer Sci. 12 (1954) S. 621.

[*32*] Scott, R. G.: J. appl. Phys. 28 (1957) S. 1089.

[*33*] Keller, A., u. R. Engleman: J. Polymer Sci. 36 (1959) S. 383.

[*34*] Richter, H., u. H. Knödler: Z. Naturforschung 9a (1954) S. 147.

[*35*] Neuhaus, A.: Fortschr. Mineral. 19 (1951) S. 136.

[*36*] Schlesinger, W., u. H. M. Leeper: J. Polymer Sci. 11 (1953) S. 203.

[*37*] Jaccodine, R.: Nature 176 (1955) S. 305.

[*38*] Frank, F. C., A. Keller u. A. O'Connor: Phil. Mag. 4 (1959) S. 200.

[*39*] Kirchner, F.: Ann. Phys. 13 (1932) S. 38 — Ergebn. exakt. Naturwiss. 11 (1932).

[*40*] Shull, C. G., E. O. Wollan, G. A. Morton u. W. L. Davidson: Phys. Rev. 73 (1948) S. 842.

[*41*] Peterson, S. W., u. H. A. Levy: J. chem. Physics 20 (1952) S. 704.

[*42*] Keller, A.: Makromolekulare Chem. 34 (1959) Sonderband 1, S. 1.

4.16 Elektronenmikroskopie

Von **K. Schäfer**, Ludwigshafen a. Rh.

4.16.1 Allgemeine Bemerkungen

Obwohl bei den Untersuchungen an synthetischen Hochpolymeren das Hauptinteresse der Größe und dem Aufbau des einzelnen Makromoleküls, der mit Röntgenstrahlen untersuchbaren kristallinen Struktur und weiter den physikalischen Eigenschaften des fertigen Kunststoffes gilt, wofür jeweils bewährte Untersuchungsmethoden vorliegen, so konnte doch die Elektronenmikroskopie hier in manche Gebiete eindringen und durch direkte Sichtbarmachung von verschiedenen, bei den Hochpolymeren vorkommenden morphologischen Strukturen eine Bereicherung unserer Vorstellungen herbeiführen. Das bei etwa 10 Å liegende Auflösungsvermögen der Elektronenmikroskope ermöglicht Untersuchungen in Größenbereichen, die dem Lichtmikroskop mit seinem 2000 Å betragenden Auflösungsvermögen nicht mehr zugänglich sind. Wir denken dabei an die Teilchengrößenbestimmung von Kunststoffemulsionen, an die Feststellung von Mikrolamellen und -fibrillen in kristallisierenden Hochpolymeren, an die Untersuchung der Feinstruktur von Oberflächen, an die Sichtbarmachung von Füllstoffen in Hochpolymeren usw. Wenn auch z. B. im Falle der Teilchengrößenbestimmung von Kunststoffemulsionen noch verschiedene andere physikalische Methoden, wie Messung des Streulichtes, der Sedimentation in der Ultrazentrifuge und der Röntgenkleinwinkelstreuung zur Verfügung stehen, so gibt doch eine elektronenmikroskopische Aufnahme einen so wertvollen, unmittelbaren Einblick in den Zustand einer Emulsion, daß man die Methode nicht mehr entbehren möchte. Die in jüngster Zeit von mehreren Forschern bei kristallisierenden Hochpolymeren erzielten neuen Erkenntnisse, wir denken im besonderen an die Auffindung von „Einkristallamellen" beim Polyäthylen, wären ohne Elektronenmikroskopie und ohne die experimentellen Möglichkeiten der modernen Elektronenmikroskopie, die eine sehr zweckmäßige Kombination von Elektronenmikroskopie und Elektronenbeugung zulassen, nicht zu erlangen gewesen. Es ist jetzt möglich, von einem beobachteten, kristallinen Bereich von der Ausdehnung weniger Mikron Elektronenbeugungsdiagramme zu erhalten. Die Elektronenmikroskopie ist zu einem unentbehrlichen Forschungsmittel geworden.

4.16.2 Präpariermethoden

Für unsere Zwecke stehen ausgereifte, leistungsfähige Elektronenmikroskope verschiedener Herstellerfirmen zur Verfügung, deren Wirkungsweise wir als bekannt voraussetzen wollen. Die Technik des Mikroskopierens bietet keine wesentlichen Schwierigkeiten, aber die Technik des Präparierens ist trotz des Vorhandenseins gesicherter Methoden noch dauernd im Fluß und sie bedarf der fortwährenden Anpassung an die vorliegenden Probleme. Das Elektronenmikroskop stellt an die damit zu untersuchenden Präparate gewisse Anforderungen, die seine Anwendbarkeit zunächst etwas einschränken. Allzu leicht ruft die thermische oder die ionisierende Wirkung der Elektronen eine Strukturveränderung oder gar eine völlige Zerstörung der Objektstruktur hervor. Doch konnten manche Schwierigkeiten durch Entwicklung besonderer Präpariermethoden beseitigt werden. Geblieben ist die Unmöglichkeit, Präparate in flüssiger Phase zu untersuchen, denn dabei ließe sich das im Elektronenmikroskop notwendige Hochvakuum und die notwendige geringe Präparatdicke kaum erreichen. Die starke Absorbierbarkeit der Elektronen durch die Materie macht sehr dünne Präparate notwendig. Ihre Dicke darf 1000 Å nicht übersteigen, sollen die Präparate durchstrahlbar sein und soll mehr von ihnen erkannt werden als lediglich die Umrisse. Dabei ist auch noch zu berücksichtigen, daß bei dicken Präparaten die Geschwindigkeitsverluste der Elektronen ihre Monochromasie und damit die Bildqualität beeinträchtigen.

Falls die Präparate von vornherein in einem feindispersen Zustand vorliegen oder ohne Bedenken in diesen Zustand gebracht werden dürfen, ist die Präparierung häufig einfach. Man kommt mit einem Aufstäuben pulverförmiger und mit einem Auftrocknen bzw. Aufnebeln in Flüssigkeiten dispergierter Präparate auf die Trägerfolie zum Ziel.

Um die Struktur von Oberflächen untersuchen zu können, wurde die Methode der Oberflächenabdrucke erdacht. Sie nimmt ihren Weg über die Erzeugung dünner Häutchen von etwa 100 Å Dicke, in die das Oberflächenrelief formgetreu eingeprägt ist. Die Methode geht auf grundlegende Arbeiten von Mahl [1] zurück. Die Häutchen können Lackhäutchen oder Hochvakuum-Aufdampfschichten von Materialien, wie z. B. SiO, sein, die genügend mechanische und chemische Festigkeit haben, um sich durch Abreißen oder Weglösen der Unterlage isolieren zu lassen. Dabei ist es häufig, z. B. aus Gründen der Löslichkeitsverhältnisse, notwendig, einen Umweg über die Anfertigung einer Matrize (Doppelabdruckverfahren) einzuschlagen. Hierüber und über die verwandte Methode der „Kohlehüllen" gibt GRASENICK [2] eine zusammenfassende Darstellung. Ihrer besonderen Vorteile wegen erwähnen wir hier die Kohle-Aufdampfschichten nach BRADLEY [3], die sich sowohl als Trägerfolien wie auch als Aufdampfschichten bei Abdruckverfahren sehr bewähren. Sie zeichnen sich durch geringe Elektronenstreuung wegen der niederen Atomnummer des Kohlenstoffes, durch Strukturlosigkeit und durch große mechanische Stabilität trotz sehr geringer Dicke aus. Ihre Herstellung durch geeignete elektrische Erhitzung von Kohlestäbchen im Hochvakuum macht keine Schwierigkeiten. Ihre geringe Dicke führt zu einer wesentlichen Erhöhung der durch das Abdruckverfahren bedingten Auflösung von Objekteinzelheiten, die bei etwa 50 Å liegt.

Für die Herstellung von Kunststoffdünnschnitten steht die neu entwickelte Methode der Ultramikrotomie zur Verfügung. Die Arbeiten mehrerer Forscher [4 bis 10] führten allmählich zu leistungsfähigen Ultramikrotomen, zu einer Kenntnis der Vorgänge beim Schnitt und zu geeigneten Einbettmethoden. Bei Objekten, wie z. B. in Plexiglas eingebetteten biologischen Präparaten, erreicht man Schnittdicken von nur wenigen 100 Å. Die auf den Schnitten noch erkennbaren Details sind etwa gleich dem fünften bis zehnten Teil der Dicke des Schnittes. Man hat deswegen so große Anstrengungen gemacht, mit der Schnittdicke möglichst weit herunterzukommen, damit das Auflösungsvermögen des Elektronenmikroskops selbst möglichst ausgenützt wird. Besonders bekannt geworden ist das Ultramikrotom von SJÖSTRAND [8], bei dem das Präparat thermisch vorgeschoben und auf einer Kreisbahn geführt wird. Bei jeder Umdrehung wird an einer feststehenden Messerschneide ein Schnitt abgetrennt und auf eine Flüssigkeitsoberfläche eines anmontierten Trögchens abgeschwemmt. Es werden besonders sorgfältig polierte Rasierklingen oder in letzter Zeit meist natürliche Bruchkanten von Glas als Messer benützt. Für besonders harte Materialien stehen sogar geschliffene Diamantschneiden zur Verfügung. Die bei Kunststoffen erreichbare geringste Schnittdicke wird von Fall zu Fall verschieden sein. Bei Kunststoffen mit gummi-elastischem Verhalten ist ein Kühlen der Präparate beim Schneiden notwendig.

Um den Kontrast von kontrastarmen Präparaten, besonders auch von Abdruckhäutchen, zu steigern, wird man von der Methode der Schrägbedampfung mit schweratomigen Substanzen, z. B. Platin oder Palladium, im Hochvakuum Gebrauch machen. Darüber und über geeignete Präpariermethoden ganz allgemein findet man Angaben in mehreren zusammenfassenden Darstellungen [11].

4.16.3 Anwendungen

Auf dem Gebiet der *Teilchengrößenbestimmung* von *Kunststoffemulsionen* sind Arbeiten, die sich mit der Abbildung und Vermessung der von der Firma Dow Chemical, Midland, Michigan, hergestellten Polystyrol-Latices weitgehend einheitlicher Teilchengröße beschäftigen, allgemein bekannt geworden [12]. In Abb. 1 zeigen wir eine derartige Polystyrolemulsion. Zunächst ergaben sich bei den verschiedenen Autoren Diskrepanzen in den für die Teilchendurchmesser ein und derselben Emulsion erhaltenen Werten [13], deren Ursache z. T. in einer Veränderung der Teilchen durch die Wirkung des Elektronenstrahles zu suchen ist.

In umfangreichen Arbeiten von BRADFORD, VANDERHOFF und Mitarbeitern [14] aus den Laboratorien der Dow Chemical wurden Präparier- und Aufnahmemethoden ermittelt, die zu reproduzierbaren Werten für die Teilchengröße solcher und anderer Emulsionen führen. Damit wurde die elektronenmikroskopische Teilchengrößenbestimmung wenigstens an einem Teil der Kunststoffemulsionen auf eine sichere Grundlage gestellt, was insofern besonders wichtig ist, als monodisperse Polystyrolemulsionen häufig zu Eichzwecken verwendet werden. Es zeigte sich, daß die Polystyrolteilchen bei zu starker Bestrahlung im Elektronenmikroskop sich etwas deformieren und einen zu großen Teilchendurchmesser

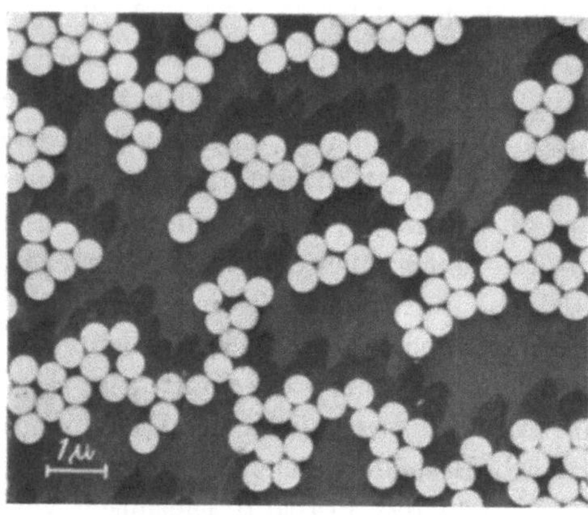

Abb. 1. Polystyrol Standard Latex der Fa. Dow Chemical, mittlerer Teilchendurchmesser 0,511 μ, Präparation: mit ThF$_4$ schräg bedampft

ergeben. Bei hinreichend schwacher Bestrahlung lassen sich außer den eben genannten Polystyrolemulsionen Polyvinylchlorid-, Polyvinyltoluol- und verschiedene Mischpolymerisatemulsionen ohne Schwierigkeiten vermeßbar abbilden. Anders ist es bei Kunststoffen mit relativ niedrig liegendem Erweichungspunkt, da sich deren Teilchenform unkontrollierbar ändert, oder bei solchen, die sich unter der Wirkung der Elektronenbestrahlung zersetzen, wie z. B. Polymethacrylsäuremethylester. Bei manchen „weichen" Emulsionen mit additionsfähigen Doppelbindungen bringt die Methode des Bromierens [15] einen

Vorteil, bei der die Latexkügelchen gehärtet werden, wobei aber leider der Partikeldurchmesser in manchen Fällen um etwa 25% anwächst. Eine Erhärtung von Latexteilchen kann bei manchen Emulsionen auch durch Bestrahlung mit energiereichen Elektronen erzielt werden, wie BRADFORD und VANDERHOFF [15] gezeigt haben. Die Emulsion wird als Flüssigkeit in dünner Schicht mit Elektronen von etwa 2 MeV bestrahlt. Die dadurch hervorgerufene Vernetzung des Polymeren erhärtet die Teilchen in einem für die anschließende elektronenmikroskopische Untersuchung hinreichenden Maße. Glücklicherweise sprechen auf diese Technik Emulsionen, z. B. Polyäthylacrylat und Polyvinylacetat an, bei denen die Bromierung nicht zum Erfolg führt. Manche Polymere dagegen, wie z. B. Polymethacrylsäuremethylester, werden durch die Bestrahlung zerstört, da hier offenbar die Abbaureaktion die Vernetzungsreaktion überwiegt. Es hat den Anschein, als ob Hochpolymere mit einem quaternären Kohlenstoffatom zerstört würden.

Ein hoher Seifengehalt der Emulsionen kann sich bei der elektronenmikroskopischen Abbildung sehr störend bemerkbar machen, da er bei den Präparaten zu einer starken Aggregatbildung während des Eintrocknens führt und damit verhindert, daß genügend viele Einzelteilchen für eine einwandfreie Ausmessung zur Verfügung stehen. Bei Emulsionen mit wenig Seife wird meist eine Präparierung durch Eintrocknen der stark mit Wasser verdünnten Emulsionen auf der befilmten Objektträgerblende zum Ziel führen, während sich für Emulsionen mit viel Seife eine andere Präpariermethode empfiehlt, bei der die Seife bei der Präparatherstellung entfernt wird. Diese Methode geht auf HARTMANN, GREEN,

BATEMANN, SENSENEY und HESS [16] zurück und wurde von KLEINSCHMIDT [17]
zur Teilchengrößenbestimmung von Polystyrolemulsionen verwendet. Dabei
werden die Latexkügelchen in einen Proteinfilm eingebettet, indem man eine
wäßrige Proteinlösung, der man den Latex in geeigneter Menge zugegeben hat,
auf einer reinen Wasseroberfläche spreitet. Bei dem Spreitungsvorgang werden
die Latexteilchen voneinander getrennt und gleichmäßig verteilt. Die Seife
hat die Möglichkeit, aus dem Film in die darunterbefindliche Flüssigkeit zu
diffundieren. Der Proteinfilm selbst wird wasserunlöslich und kann leicht auf
eine Objektträgerfolie übertragen werden. In Abb. 2 zeigen wir die Wirkung

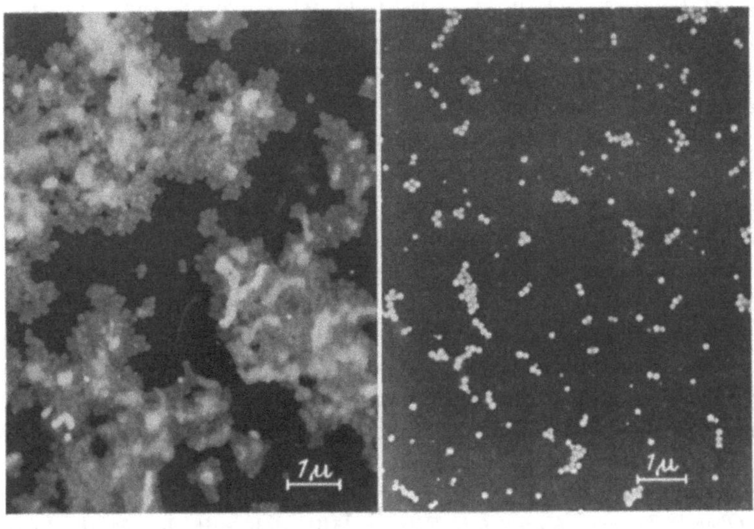

a   b

Abb. 2a und b. Polystyrol-Latex

Päparation: a) 1 Tropfen einer verdünnten Latex-Suspension auf der Objektträgerfolie eingetrocknet;
b) Latex in gespreitetem Proteinmonofilm eingebettet

der Methode an einer Polystyrolemulsion uneinheitlicher Teilchengröße mit hohem
Seifengehalt. In Abb. 2a ist die starke Aggregatbildung bei einer Präparierung
lediglich durch Eintrocknen zu sehen, während in Abb. 2b, die von einem ge-
spreiteten Präparat herrührt, vermeßbare Einzelteilchen oder vermeßbare, kleine
Aggregate ohne Störung durch Seife erscheinen. KIRSTE und MAHL [18] zeigen,
daß die verschiedenen Präparationsmethoden feindisperser Stoffe auf die richtige
Wiedergabe der Statistik der Teilchengröße zu prüfen sind. Besonders bei der
Trockenpräparierung von Latices ist mit erheblichen Fehlern zu rechnen. Die
Kenntnis der Teilchengröße und ihrer Verteilung ist von Interesse bei Studien
der Emulsionspolymerisationskinetik [19], bei Kunststoffpasten (Plastisolen) [20]
und bei Beschichtungsemulsionen. Technische Emulsionen zeigen, je nachdem,
ob sie in kontinuierlichem oder diskontinuierlichem Verfahren hergestellt wurden,
eine mehr bzw. weniger breite Teilchengrößenverteilung.

Die elektronenmikroskopische Bestimmung der *Größe von einzelnen Makromolekülen*, wie sie von SIEGEL, JOHNSON und MARK [21] an verschiedenen Poly-
styrolproben durchgeführt wurde, ermöglicht eine ungefähre Berechnung des

Molekulargewichtes. Die Erfahrung zeigt aber, daß die Abbildung von technisch interessierenden Makromolekülen (MG 10^5 bis 10^6) experimentell wegen der Eigenstruktur der Trägerfolie und des kontrastgebenden Materials recht schwierig ist. Es sind deshalb auch bisher keine brauchbaren Resultate erzielt worden. Von WYCKOFF [22], COMER und HAMM [23] werden die hierbei auftretenden Fragen diskutiert. Einen Vergleich der Dimensionen einiger Makromoleküle, wie Kollagen, Nukleinsäure u. a., die elektronenmikroskopisch und mittels Strömungsdoppelbrechung, Viskosität, Lichtstreuung und Sedimentationsgeschwindigkeit vermessen wurden, führten HALL und DOTY [24] durch mit dem Ergebnis, daß die Werte der verschiedenen Meßmethoden für die Dimensionen der stäbchenförmigen Moleküle innerhalb einer Fehlerbreite von 0 bis 40% übereinstimmten. Es sei hier noch auf eine Arbeit von DE ROBERTIS, FRANCHI und PODOLSKY [25] hingewiesen, in der über die „Aerosol-Technik" zur präparativen Dispergierung der Makromoleküle berichtet wird.

Zuverlässiger sind elektronenmikroskopische Abschätzungen des Molekulargewichtes von solchen Hochmolekularen, die kristallisieren und bei denen die Moleküle so groß sind, daß mittels eines Oberflächenabdruckverfahrens die regelmäßige Gitteranordnung in den Kristalloberflächen abgebildet werden kann. Der Durchmesser von Molekülen in periodischer Anordnung läßt sich genauer bestimmen als der Durchmesser von isoliert liegenden Einzelmolekülen, bei denen es nicht immer ganz leicht ist, sie wegen der oben schon erwähnten Eigenstruktur der Trägerfolie und des kontrastgebenden Materials als solche zu identifizieren. Der Methode wegen erwähnen wir hier die Untersuchung von HALL [26] an dem kristallisierten Pflanzenprotein Edestin, dessen auf diese Weise zu 300000 bestimmtes Molekulargewicht sehr gut mit anderweitig bestimmten Werten übereinstimmt.

Die *Oberfläche von Kunststoff-Filmen* läßt sich mit der Methode der Oberflächenabdrucke untersuchen, wie BRADFORD [27] zeigen konnte. Die Filme wurden durch Ausgießen einer Kunststoffemulsion auf eine ebene Unterlage mit anschließender Trocknung erzeugt. Dabei interessiert das Zusammenfließen der zunächst einander lediglich berührenden Latexkügelchen zu einer dichten Filmoberfläche. BRADFORD untersuchte den Vorgang der Filmbildung an einem Mischpolymerisat von Vinylchlorid und Dichloräthylen, an Polystyrol und an Polyvinyltoluol in Abhängigkeit vom Weichmacherzusatz. An einer Bilderserie von Filmen zunehmenden Weichmacherzusatzes konnte die allmähliche Bildung einer zusammenhängenden, dichten Filmoberfläche gezeigt werden. Bei dem in der Teilchengröße sehr einheitlichen Polyvinyltoluollatex bilden sich in der Filmoberfläche weitgehend regelmäßig geordnete Bereiche mit hexagonaler bzw. kubischer dichtester Kugelpackung [28], die die Ursache dafür sind, daß die Filme und auch die Oberflächenabdrucke bei Bestrahlung mit weißem Licht Beugungserscheinungen zeigen.

In Abb. 3, die aus einer unveröffentlichten Untersuchung herrührt, zeigen wir, daß die Filmbildung bei einer Polystyrolemulsion ohne Weichmacherzusatz durch eine Temperung bei einer Temperatur, die über dem Erweichungspunkt liegt, erzwungen werden kann. Man erkennt, daß die nebeneinanderliegenden Latexkügelchen bei einer bestimmten Temperatur zu einem dichten Film zusammenfließen, bei dem die runde Form der Latexteilchen in eine wabenartige

Struktur übergeht, die sich bei weiterer Temperung noch mehr glättet. Bei der
Präparierung wurden die Filme zunächst zur Kontraststeigerung schräg mit

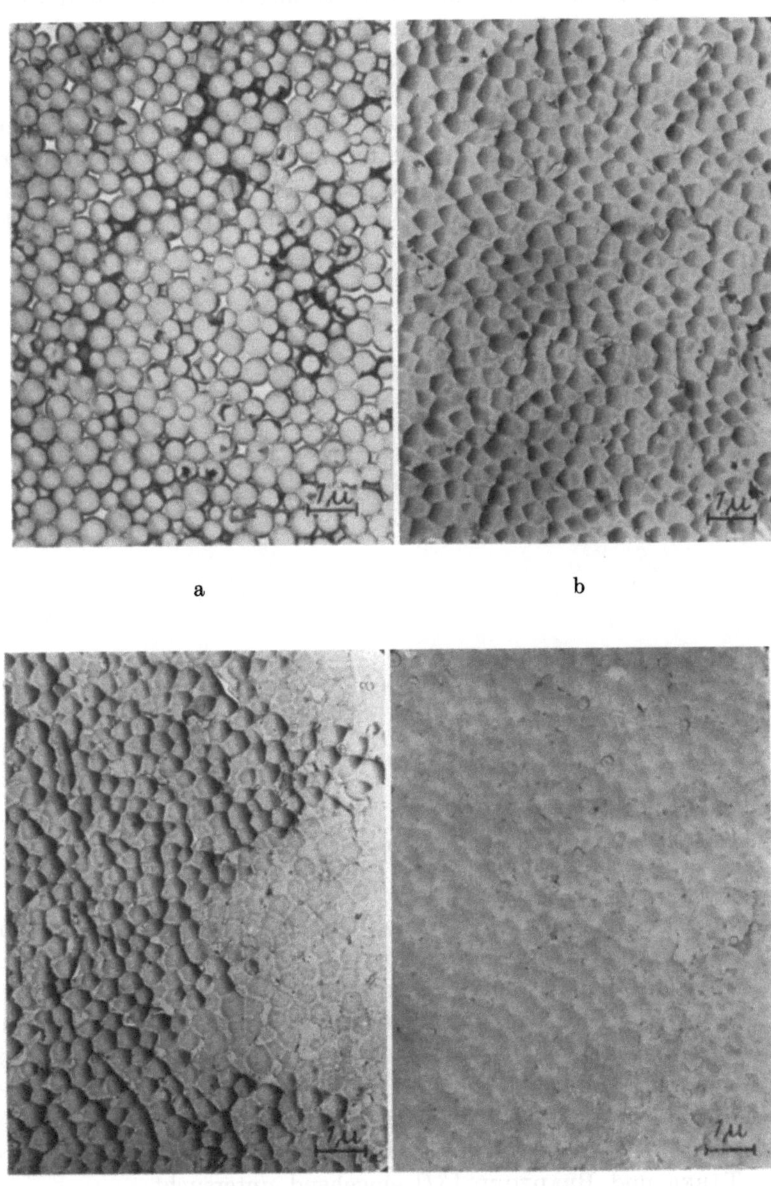

a   b

c   d

Abb. 3 a—d. Oberfläche eines gegossenen Polystyrolfilmes
a) ungetempert; b) 15 Min. bei 120 °C getempert; c) 30 Min. bei 120 °C getempert; d) 1 Std. bei 130 °C getempert
Präparation: SiO-Abdruck, Oberfläche vorher mit ThF$_4$ schräg bedampft

Thoriumfluorid und anschließend senkrecht mit Siliciummonoxyd bedampft.
Durch Weglösen des Kunststoffes in einem geeigneten Lösungsmittel läßt sich
das SiO-Häutchen leicht isolieren (Direktabdruck).

44*

Soweit Oberflächenabdrucke in der eben beschriebenen Form nicht schon zur Festlegung einer eventuellen Porosität der Filmoberfläche genügen, lassen sich von dieser auch Abdrucke nach dem „Kohlehüllen"-Verfahren von König und Helwig [29] und von Grasenick und Haefer [30] gewinnen, wobei man hier den Vorteil hat, daß nicht nur die äußere Oberfläche abgebildet wird, sondern daß auch tiefer liegende Schichten oder Porensysteme von dem Abdruckverfahren erfaßt werden, soweit sie von der Oberfläche her erreichbar sind. Bei dieser Methode werden die Präparate in die Glimmentladung eines Kohlenwasserstoffes, z. B. Benzol, gebracht. Die dabei entstehenden Kohlenwasserstoffradikale kondensieren auf den zugänglichen Oberflächen zu einer „Kohlenhülle", die chemisch

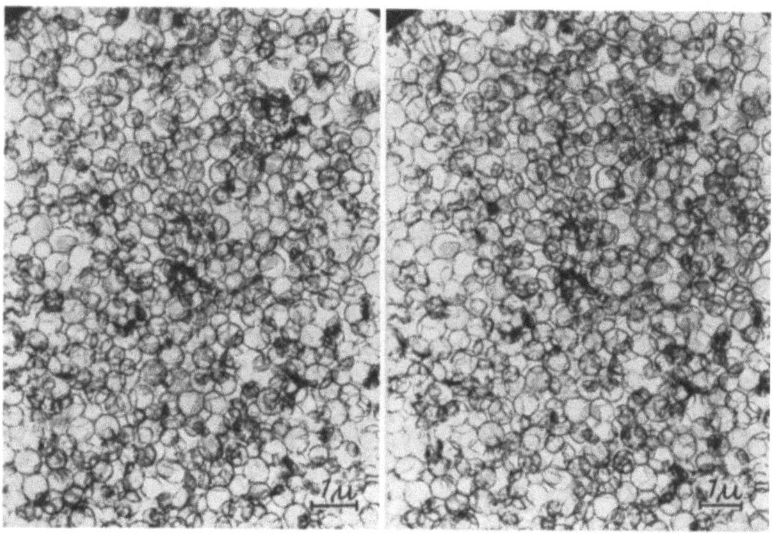

Abb. 4. Stereoaufnahme der Oberflächenschicht eines gegossenen ungetemperten Polystyrolfilmes
Präparation: Abdruck nach dem Kohlehüllenverfahren

und mechanisch so stabil ist, daß der umhüllte Körper herausgelöst werden kann. Bei dem Vakuum der Glimmentladung tritt keine Atom- bzw. Ionenstrahlbildung auf wie im Hochvakuum einer normalen Bedampfung, wo die Oberflächen nur in einer Richtung getroffen werden, sondern hier werden durch die gaskinetischen Zusammenstöße der Ionen auch innere Oberflächen allseitig getroffen. Besonders durch elektronenmikroskopische Stereoaufnahmen lassen sich so vorteilhaft Poren und Porensysteme in ihrer räumlichen Ausdehnung sichtbar machen (Abb. 4). Der Verlauf der Filmbildung bei Latexfarben wurde von Henson, Taber und Bradford [31] eingehend untersucht.

Versieht man Filme von Hochpolymeren absichtlich mit Poren, so hat man es mit *Membranfiltern* zu tun, mit ihrem eigenartigen Vakuolensystem, das von Helmcke [32] und Beutelspacher [33] mit Oberflächenabdrucken und Ultramikrotomschnitten untersucht wurde. Es lassen sich noch weitere Fragestellungen, die Oberfläche von Kunststoffen betreffend, mit der Oberflächenabdruckmethode bearbeiten. Wir denken dabei an den Zustand der Politur und an andere von der Herstellung bzw. Verarbeitung herrührende Oberflächeneigentümlichkeiten.

KIENLE und MARESH [*34*] untersuchten die Oberfläche von Farbanstrichen und Autolacken und erzielten damit anwendungstechnisch interessante Ergebnisse. BOBALEK und Mitarbeiter [*35*] und LASKO [*36*] haben die beobachtete Oberflächenstruktur von Anstrichfilmen mit dem Glanz, dem Dispersionsgrad des Pigmentes und dem Trocknungsablauf des Bindemittels in Zusammenhang gebracht. Die verschiedenen Grade der Filmzerstörung bei Bewitterungsversuchen und bei natürlicher Bewitterung wurden von FISCHER [*37*] erkannt.

OSTACOLI und NASINI [*38*] haben mit Abdrucken die *Oberfläche von Mischfilmen* aus Glyzerinphthalsäureester und Chlorkautschuk bzw. anderen die chemische Resistenz steigernden Polymeren untersucht. Sie fanden erst dann interessante Ergebnisse, wenn die Oberfläche vorher in einer Natriumhydroxydlösung geätzt wurde. Es konnte so der heterogene Charakter der Filme gezeigt und Hinweise für das günstigste Mischungsverhältnis der Komponenten gegeben werden.

Die schönen Erfolge, die KASSENBECK [*39*] mit der Methode der „*Ionenätzung*" an Querschnitten von Wolle erzielen konnte, lassen diese Methode [*40*] auch auf dem Kunststoffgebiet aussichtsreich erscheinen. Während andere Ätzmethoden versagten, gelang es z. B. mit der Ionenätzung, die Ortho- und Paracortexanteile der Wolle einwandfrei sichtbar zu machen.

Auf dem Gebiet der synthetischen Fasern kann das Elektronenmikroskop hinsichtlich ihrer Oberfläche und ihres inneren Aufbaues Aussagen machen. Von PECK und KAYE [*41*] wurde die Verletzung der Oberfläche von Celluloseacetatfasern durch ungeeignete Führungskörper während ihrer Herstellung nachgewiesen. Bei den schlecht wärmeleitenden keramischen Führungskörpern erwärmt sich die Oberfläche der Fasern lokal, wodurch es zu einem kurzzeitigen Ankleben und periodischen Losreißen von Teilen der Oberfläche kommt. Bei den metallischen Führungskörpern dagegen wird die Oberfläche lediglich abgeschabt. Die Verfasser weisen dann noch das Vorhandensein einer Oberflächenhaut von 200 bis 400 Å Dicke nach, die sich beim Verstrecken ausbildet und die sich in ihren physikalischen Eigenschaften von dem Faserkern unterscheidet. Diese Ergebnisse wurden mit einem Oberflächenabdruckverfahren erhalten, das von den Autoren speziell entwickelt wurde und das zu Abdrucken besonders hoher Auflösung von 30 bis 50 Å führt [*42*].

Die Orientierung und Verteilung von Farbstoffpigmenten in der Faseroberfläche läßt sich auch mit dem Oberflächenabdruckverfahren erfassen [*43*]. Bei Fasermaterial, das aus einem Gemisch von unverträglichen Polymeren besteht, kann man die Verteilung der Komponenten an Mikrotomschnitten dadurch sichtbar machen, daß man diese mit selektiven Lösungsmitteln behandelt, wie PECK und KAYE [*44*] und SCOTT und FERGUSON [*45*] zeigen konnten.

Ein wesentlicher Beitrag zur Kenntnis des inneren Aufbaues von Hochpolymeren war die Auffindung von *Mikrofibrillen* bei synthetischen, kristallisierenden Hochpolymeren durch RIBI [*46*] und RICHARDS [*47*]. COOPER, KELLER und WARING [*48*] weisen bei Polyhexamethylenadipinsäureamid (NYLON 66) und bei Polyhexamethylensebacinsäureamid (NYLON 610) Mikrofibrillen in bündelartiger Anordnung nach. Die Präparate wurden so gewonnen, daß man die Hochpolymeren in einem geeigneten Lösungsmittel (m-Kresol bzw. Ameisensäure) löste und die Lösung dann auf einem Glasobjektträger zu einem dünnen Film eintrocknen ließ, der abgelöst und auf die Objektträgerblende gebracht wurde.

Die Verfasser konnten mit Ultraschallbehandlung auch aus Nylongarn Präparate
gewinnen, die Mikrofibrillen zeigten. Die Länge der Bündel lag zwischen 1 und
5 Mikron und die Dicke der Mikrofibrillen zwischen 100 bis 200 Å.

Die Aufnahmen zeigen noch eine leicht verdrillte Packung der Bündel. Schon früher wurden von HOCK [49] an Cellulose-rayon Mikrofibrillen nachgewiesen. RICHARDS [47] und COBBOLD und Mitarbeiter [50] finden bei Polyäthylen und Polyterephthalsäureglykolester auch eine bündelartige Sekundärstruktur der Mikrofibrillen.

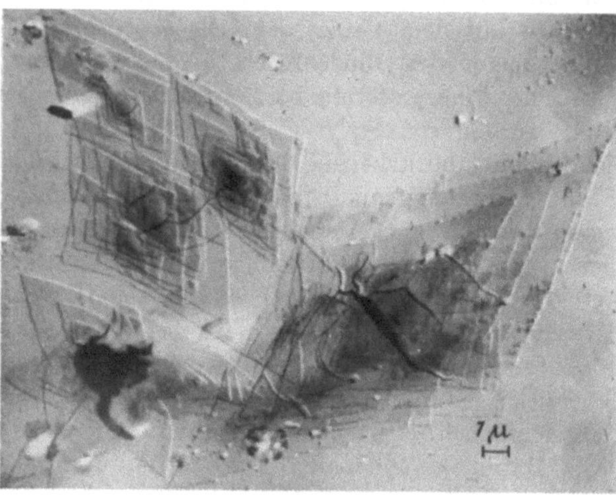

Abb. 5. Kristallamellen von Niederdruckpolyäthylen kristallisiert aus
einer 0,1% xylolischen Lösung bei 89 °C, Au-Pd schräg bedampft
[aus A. KELLER, Phil. Mag. 2, (1957) S. 1171]

In jüngster Zeit war diese Forschungsrichtung durch den kombinierten Einsatz von Elektronenmikroskopie und Elektronenbeugung, wie er in den modernsten Typen der kommerziellen Elektronenmikroskope

Abb. 6. Stereoaufnahme der Oberfläche von Niederdruckpolyäthylen, das aus der Schmelze im Hochvakuum erstarrte
Präparation: Doppelabdruck, Polyvinylalkohol/Kohleaufdampfschicht, Pd schräg bedampft

konstruktiv vorgegeben ist (Feinbereichsbeugung), besonders erfolgreich (vgl. 4.15).
Von mehreren Forschern (TILL [51], KELLER [52] und FISCHER [53]) konnte an

kristallisierenden Hochpolymeren, im besonderen an Polyäthylen, elektronenmikroskopisch eine seither unbekannte morphologische Grundform in Gestalt von *Kristallamellen* der Dicke von etwa 100 Å übereinstimmend nachgewiesen werden. Durch Auskristallisieren aus sehr verdünnten Lösungen lassen sich die Lamellen isoliert präparieren. In Abb. 5 sieht man die rautenförmigen Lamellen von Niederdruckpolyäthylen, die aus einer Suspension einer 0,1 % igen xylolischen Lösung bei 89 °C auskristallisiert sind. Die Lamellen können aber auch im Verband des festen Körpers an geschmolzenen und geeignet abgekühlten Proben durch Oberflächenabdrucke (Abb. 6) nachgewiesen werden. Stereoaufnahmen zeigen deutlich die an der Oberfläche in Erscheinung tretenden Stufen infolge der Lamellenpackung und die weitgehende Kristallinität derartiger Hochpolymerer. Bei sehr verschiedener Wachstumsgeschwindigkeit in den verschiedenen kristallographischen Richtungen entarten die Lamellen zu Fibrillen. Es sind schon Ansätze da, um mit Hilfe des Bildes der

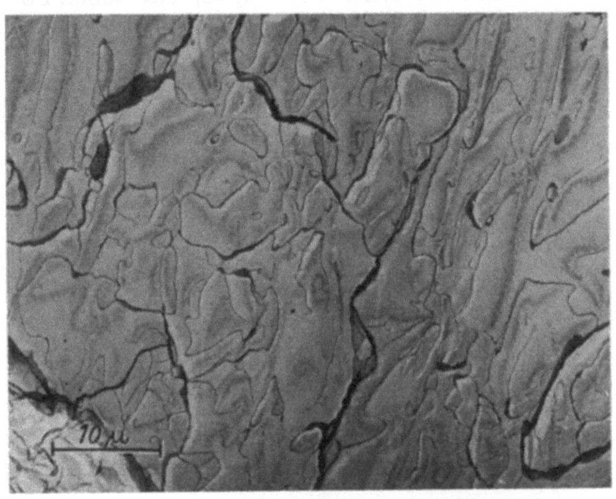

Abb. 7. Bruchfläche von Spritzgußpolystyrol
Präparation: Kohleabdruck, Oberfläche vorher mit Pd schräg bedampft

Lamellen eine plausible Erklärung für den inneren Aufbau der bei Hochpolymeren häufig zu beobachtenden Sphärolithe zu finden [54]. Die Elektroneninterferenzen an den Kristallamellen führten zu der Feststellung, daß die Molekülketten senkrecht zu den Lamellenebenen orientiert sind. Da die Molekülketten mehrere 1000 Å lang sind, führte dies wiederum zu der Annahme, daß sie in der nur etwa 100 Å dicken Lamelle in etwa 50 bis 100 maliger geordneter Faltung vorliegen. Wir verweisen hier auf eine zusammenfassende Darstellung dieser neuen Forschungsergebnisse durch EPPE, FISCHER und STUART [54] (vgl. 3.7.2 und 4.15.3).

In diesem Zusammenhang sei auch noch der elektronenoptische Nachweis *großer Perioden* bei Kunststoff- und Cellulosefasern erwähnt. Von HESS und MAHL [55] konnte bei gestreckten und getemperten Polyvinylalkoholfäden gezeigt werden, daß sich die mit Röntgenstrahlen festgestellte große Röntgenperiode von etwa 160 Å in Faserlängsrichtung auch mit dem Elektronenmikroskop auffinden läßt. Der Nachweis gelang durch eine besondere Entwicklung der periodischen Strukturunterschiede mittels Einlagerung von Jod. Der Streifenabstand wurde im Mittel zu 153 Å gefunden mit einem Streubereich zwischen 133 und 200 Å. Die Verfasser nehmen an, daß das Jod in die gitterungeordneten Bereiche eingelagert wird. Diese Periode scheint bei allen aus der Schmelze gesponnenen Fasern aufzutreten, während man sie bei aus der Lösung gesponnenen Fäden nicht findet.

Einen speziellen Überblick der Anwendung der Elektronenmikroskopie auf dem Gebiet der synthetischen Fasern geben zwei zusammenfassende Berichte von GUTHRIE [56] und von SCOTT und FERGUSON [57]. Eine Zusammenstellung der Präpariermethoden bei Textilfasern mit Anwendungen bei Kunstseiden und Baumwolle findet man bei MAHL [58].

Bruchflächen von Hochpolymeren lassen sich je nach den Löslichkeitsverhältnissen mit einem Direkt- oder einem Doppelabdruckverfahren untersuchen. Man findet damit z. B. Unterschiede in den verschiedenen Polystyrolen. Das „Spritzguß"-Polystyrol zeigt ein typisches Bild mit tafeligen Bereichen, die korngrenzenartig gegeneinander abgegrenzt sind (Abb. 7). Bei schlagzähen Polystyrolen gelingt es, die Verteilung der „Butadienkomponente" in der Bruchfläche zu zeigen. Durch Anwendung eines selektiven Lösungmittels kann man erreichen, daß sich durch Lösen der Polystyrolkomponente das im Direktabdruckverfahren aufgedampfte Häutchen von der Bruchfläche trennt, während die unlösliche Butadienkomponente beim Isolieren an diesem hängenbleibt. Bei einem kommerziellen Produkt z. B. liegt die Butadienkomponente in Form von körnigen Bereichen der Größe von einigen Mikron vor.

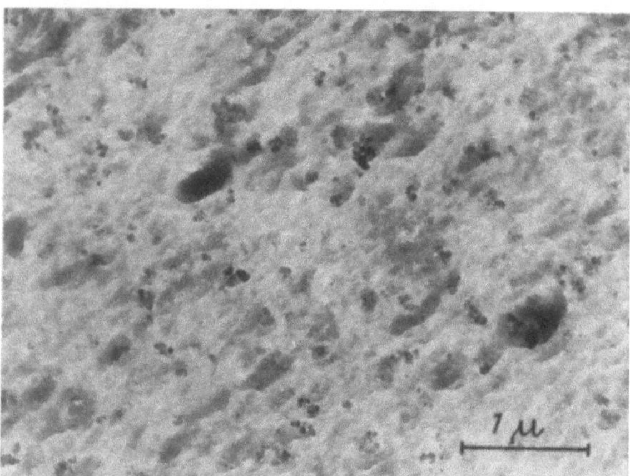

Abb. 8. Verteilung von Ruß als Füllstoff in Polyäthylen
Präparation: Mikrotomschnitt mit Glasmesser, etwa 1000 Å dick

Bei genauerer Beobachtung der Struktur von Bruchflächen lassen sich in besonderen Fällen die einzelnen Makromoleküle erkennen. ROCHOW und ROCHOW [59] konnten an Siliconrubber vom Molekulargewicht etwa 300000 mit großer Wahrscheinlichkeit die einzelnen Makromoleküle als elliptische Körner der Größe von etwa 100 Å nachweisen. Die Methode wird von den Verfassern als „Resinographie" bezeichnet.

Die Feststellung der *Verteilung von Füllstoffen und Pigmenten* in Hochpolymeren gelingt häufig mit Mikrotomschnitten einer Dicke unterhalb 1000 Å. Abb. 8 zeigt die Verteilung von Ruß der Partikelgröße 300 bis 600 Å in Polyäthylen. Man kann erkennen, daß der Ruß nicht so weitgehend verteilt ist, daß einzelne Primärteilchen isoliert vorliegen, sondern man hat es mit kleinen Aggregaten von solchen zu tun. Um das etwas gummi-elastische Polyäthylen hinreichend dünn schneiden zu können, ist es notwendig, das Präparat stark abzukühlen, wie schon eingangs für derartige Präparate erwähnt wurde.

Die Verteilung des Pigmentes in Latexfarben wurde von KIENLE und MARESH [34] auch mittels Mikrotomschnitten untersucht. Bei der Herstellung der Präparate wurden mehrere Filmstücke aufeinandergelegt und dieser Filmpack mit einer Rasierklinge nach vorheriger Einbettung senkrecht zur Oberfläche geschnitten [60]. Die Aufnahmen zeigen die Verteilung des Pigmentes in dem betreffenden Querschnitt, und ein Ergebnis der Untersuchung war, daß es ratsam ist, den Film in seinem endgültigen Zustand zu untersuchen, da sich während der Trockenzeit Pigmentaggregate bilden, die ursprünglich in der Latexfarbe nicht vorhanden waren.

Das Elektronenmikroskop konnte neben der Feststellung der Verteilung von Füllstoffen in Hochpolymeren noch einen weiteren Beitrag auf diesem Gebiet leisten, der hier erwähnt werden soll. Es handelt sich um den Nachweis des „bound rubber" auf elektronenoptischem Wege durch ENDTER [61]. Bei der Untersuchung von Präparaten von Füllstoff-Naturkautschukmischungen, die längere Zeit mit Benzol extrahiert waren, ergab sich ein vollkommenes Unlöslichwerden des Kautschuks in der Umgebung der Füllstoffpartikel. Die elektronenmikroskopischen Aufnahmen zeigen ein Netzwerk von benzolunlöslichen Kautschukfäden, die die Füllstoffteilchen umschließen. Diese spezifische Wirkung des Füllstoffes dürfte sich auch bei anderen Hochpolymeren feststellen lassen.

Der kurze Überblick zeigt, daß durch das Elektronenmikroskop verschiedene spezielle Fragen beantwortet werden konnten. Einige davon können sogar allgemeineres Interesse beanspruchen. Es ist durchaus anzunehmen, daß man bei dem gegenwärtigen Stand der Leistungsfähigkeit der Elektronenmikroskope diese noch zur Lösung weiterer Probleme wird einsetzen können, besonders, wenn man die Präpariermethoden weiter verfeinert und dem Problem anpaßt. Freilich sind organische Präparate sehr empfindlich, und es ist Vorsicht am Platze in der Deutung der Aufnahmen.

Ein organisches Präparat verändert sich unter dem Einfluß der Elektronen, die Substanz „verbrennt zu Asche" [62], wie Pessimisten in der Anfangszeit der Elektronenmikroskopie sich ausdrückten, aber diese Asche ergibt doch ein bemerkenswert treues Abbild des Originals, wie die vielen, unbestreitbaren Erfolge, besonders auch auf biologischem Gebiet, gezeigt haben.

Literatur

[1] MAHL, H.: Naturwiss. 30 (1942) S. 207 — Ergebn. exakt. Naturwiss. 21 (1945) S. 262 — Optik 3 (1948) S. 59 — Metalloberfläche 12 (1958) S. 296 u. 321.

[2] GRASENICK, F.: Radex-Rundsch. (1956) H. 4/5, S. 226 — Optik 13 (1956) S. 381.

[3] BRADLEY, D. E.: Brit. J. appl. Phys. 5 (1954) S. 65 — J. appl. Phys. 27 (1956) S. 1399.

[4] BAKER, R. F., u. D. C. PEASE: Proc. Soc. Exp. Biol. Med. 67 (1948) S. 470 — Nature 163 (1949) S. 282 — J. appl. Phys. 20 (1949) S. 480.

[5] HILLIER, J., u. M. E. GETTNER: J. appl. Phys. 21 (1950) S. 889 — Science 112 (1950) S. 520. — J. HILLIER: J. Rev. sci. Instrum. 22 (1951) S. 185.

[6] NEWMAN, S. B., E. BORYSKO u. M. SWERDLOW: Science 100 (1949) S. 66 — J. Res. Nat. Bur. Stand. 43 (1949) S. 183.

[7] PORTER, K. R., u. J. BLUM: J. Anat. Rec. 117 (1953) S. 685.

[8] SJÖSTRAND, S. F. S.: Nature 151 (1943) S. 725; 168 (1951) S. 646 — Experientia 9 (1953) S. 114 — Z. wiss. Mikroskop. 62 (1955) S. 65.

[9] BORRIES, B. v., u. J. HUPPERTZ: Z. wiss. Mikroskop. 63 (1958). S. 484.

[10] SITTE, H.: Mikroskopie 10 (1955) S. 365 — Proc. IV. Int. Congr. Elmi Berlin 1958. Springer, II S. 63.

[11] BORRIES, B. v.: Die Übermikroskopie. Berlin: Verlag Dr. Werner Saenger 1949. — R. W. G. WYKOFF: Electron Microscopy. New York und London: 1949. — H. KÖNIG: Ergebn. exakt. Naturwiss. 27 (1953) S. 188—247. — C. E. HALL: Introduction to Electron Microscopy. London: 1953. — F. A. HAMM, in: A. WEISSBERGER: Physical Methods of Organic Chemistry, Vol. I, Part. II. New York: 1960. — D. G. DRUMMOND: J. roy Microscop. Soc. 70 (1950) S. 1—141. — L. REIMER: Elektronenmikroskopische Unter-

suchungs- und Präparationsmethoden. Berlin/Göttingen/Heidelberg: Springer 1959. — N. H. Laugton u. M. Stephens: Plastics 23 (1958) S. 384—386, 388 u. 422/23.

[12] Backus, R. C., u. R. C. Williams: J. appl. Phys. 19 (1948) S. 1186; 20 (1949) S. 224.

[13] Scott, G. O.: J. appl. Phys. 20 (1949) S. 417. — S. F. Kern u. R. A. Kern: J. appl. Phys. 21 (1950) S. 705. — C. H. Gerould: J. appl. Phys. 21 (1950) S. 183. — S. G. Ellis: J. appl. Phys. 23 (1952) S. 728. — J. L. H. Watson u. W. L. Grube: J. appl. Phys. 23 (1952) S. 793.

[14] Bradford, E. B., u. J. W. Vanderhoff: J. appl. Phys. 26 (1955) S. 864. — E. B. Bradford, J. W. Vanderhoff u. T. Alfrey jr.: J. Colloid Sci. 11 (1956) S. 135. — J. W. Vanderhoff, J. F. Vitkuske, E. B. Bradford u. T. Alfrey: J. Polymer Sci. 20 (1956) S. 225.

[15] Brown, W. E.: J. appl. Phys. 18 (1947) S. 273. — S. H. Maron, C. Moore u. A. S. Powell: J. appl. Phys. 23 (1952) S. 900. — R. R. Stromberg, M. Swerdlow u. J. Mandel: J. Res. Nat. Bur. Stand. 50 (1953) S. 299. — E. B. Bradford u. J. W. Vanderhoff: J. Colloid Sci. 14 (1959) S. 543.

[16] Hartmann, R. E., T. G. Green, J. B. Bateman, C. A. Senseney u. G. J. Hess: J. appl. Phys. 24 (1953) S. 90.

[17] Kleinschmidt, A.: Kolloid-Z. 142 (1955) S. 74 — Proc. Stockholm Conf. Electr. Micr. 1956, S. 128.

[18] Kirste, E., u. H. Mahl: Proc. IV. Int. Congr. Elmi Berlin 1958. Springer, I S. 381 — Kolloid-Z. 164 (1959) S. 3.

[19] Bartholomé, E., H. Gerrens, R. Herbeck u. H. M. Weitz: Z. Elektrochem. 60 (1956) S. 334. — H. Gerrens: Fortschr. Hochpolym. Forschg. 1 (1959) S. 234.

[20] Swallow, J. C.: Proc. roy. Soc. A 238 (1956) S. 1. — D. Rysavy: Kunststoffe 47 (1957) S. 683.

[21] Siegel, B. M., D. H. Johnson u. H. Mark: J. Polymer Sci. 5 (1950) S. 111.

[22] Wyckoff, R. W. G.: Advances in Protein Chemistry 6 (1951) S. 1.

[23] Comer, J. J., u. F. A. Hamm: Anal. Chem. 24 (1952) S. 1006.

[24] Hall, C. H., u. P. Doty: J. Amer. chem. Soc. 80 (1958) S. 1269.

[25] Robertis, E. de, C. M. Franchi u. M. Podolsky: Biochim. Biophysica Acta 11 (1953) S. 507.

[26] Hall, C. E.: J. biol. Chem. 185 (1950) S. 45.

[27] Bradford, E. B.: J. appl. Phys. 23 (1952) S. 609. — R. E. Dillon, E. B. Bradford u. R. D. Andrews: Industr. Engng. Chem. 45 (1953) S. 728.

[28] Alfrey, T., E. B. Bradford, J. W. Vanderhoff u. G. Oster: J. opt. Soc. Amer. 44 (1954) S. 603.

[29] König, H., u. G. Helwig: Z. Phys. 129 (1951) S. 491.

[30] Grasenick, F., u. R. Haefer: Mh. Chem. 83 (1952) S. 1069.

[31] Henson, W. A., D. A. Taber u. E. B. Bradford: Industr. Engng. Chem. 45 (1953) S. 735.

[32] Helmcke, J. G.: Kolloid-Z. 135 (1954) S. 29, 101 u. 106.

[33] Maier, K. H., u. H. Beutelspacher: Naturwiss. 40 (1953) S. 605. — H. Beutelspacher: Kolloid-Z. 137 (1954) S. 32.

[34] Kienle, R. H., u. C. Maresh: J. Oil Colour Chem. Ass. 36 (1953) S. 619.

[35] Bobalek, E. G., L. R. LeBras, A. S. Powell u. W. von Fischer: Industr. Engng. Chem. 46 (1954) S. 572 — J. appl. Phys. 25 (1954) S. 757.

[36] Lasko, W. R.: Anal. Chem. 29 (1957) S. 784.

[37] Fischer, E.: Vortragsreferat. Angew. Chem. 68 (1956) S. 588. — E. Fischer u. K. Hamann: Farbe u. Lack 63 (1957) S. 209—222.

[38] Ostacoli, G., u. A. Nasini: Chim. e Ind. 38 (1956) S. 839.

[39] Kassenbeck, P.: Melliand Textilber. 39 (1958) S. 55 — Proc. IV. Int. Congr. Elmi Berlin 1958. Springer, I S. 710.

[40] Trillat, J. J.: J. Chim. physique 53 (1956) S. 570. — M. Gribi u. L. Wegmann: Abteilung für Elektronengeräte der Fa. Trüb, Täuber u. Co. AG Zürich, Druckschrift D 21: Ionenätzung als Materialuntersuchungsmethode im Elektronendiffraktographen.

[41] Peck, V., u. W. Kaye: Text. Res. J. 24 (1954) S. 295 u. 300.

[42] KAYE, W.: J. appl. Phys. 20 (1949) S. 1209 — J. phot. Soc. Amer. 16 (1950) S. 62.
Siehe dazu auch besonders F. A. HAMM, in A. WEISSBERGER: Physical Methods of
Organic Chemistry, Vol. I, Part II (1960) S. 1601.
[43] HAMM, F. A., u. J. J. COMER: Anal. Chem. 20 (1948) S. 861.
[44] PECK, V., u. W. KAYE: Text. Res. J. 24 (1954) S. 345.
[45] SCOTT, R. G., u. A. W. FERGUSON: Text. Res. J. 26 (1956) S. 284 u. 291.
[46] RIBI, E.: Nature 168 (1951) S. 1082.
[47] RICHARDS, R. B.: J. appl. Chem. (London) 1 (1951) S. 370.
[48] COOPER, A. C., A. KELLER u. J. R. S. WARING: J. Polymer Sci. 11 (1953) S. 215.
[49] HOCK, C. W.: Text. Res. J. 20 (1950) S. 141.
[50] COBBOLD, A., R. P. DE DAUBNEY, K. DEUTSCH u. P. MARKEY: Nature 172 (1953)
S. 806.
[51] TILL, P. H.: J. Polymer Sci. 24 (1957) S. 301.
[52] KELLER, A.: Phil. Mag. 2 (1957) S. 1171. — A. KELLER, F. C. FRANK u. A. W. AGAR:
Proc. IV. Int. Congr. Elmi Berlin 1958. Springer, I S. 363.
[53] FISCHER, E. W.: Z. Naturforschung 12a (1957) S. 753.
[54] EPPE, R., E. W. FISCHER u. H. A. STUART: Intern. High Polymer Conf., Nottingham,
Juli 1958. J. Polymer Sci. 34 (1959) S. 721.
[55] HESS, K., u. H. MAHL: Naturwiss. 40 (1953) S. 86; 41 (1954) S. 87. — K. HESS, H. MAHL
u. E. GÜTTER: Kolloid-Z. 155 (1957) S. 1.
[56] GUTHRIE, J. C.: J. Text. Proc. 47 (1956) S. 248.
[57] SCOTT, R. G., u. A. W. FERGUSON: Text. Res. J. 26 (1956) S. 284.
[58] MAHL, H.: Z. wiss. Mikroskop. 60 (1952) S. 372.
[59] ROCHOW, E. G., u. T. G. ROCHOW: J. physic. Colloid Chem. 55 (1951) S. 9.
[60] Siehe dazu auch F. A. HAMM in: A. WEISSBERGER: Physical Methods of Organic Chemistry, Zit. [11], S. 1610.
[61] ENDTER, F.: Kautschuk u. Gummi 5 (1952) WT S. 17. — F. ENDTER u. H. WEST-
LINNING: Angew. Chem. 69 (1957) S. 219. — M. RACHNER: Kautschuk u. Gummi 8
(1955) WT S. 176.
[62] GABOR, D.: ETZ-A 78 (1957) S. 522 u. 524/25.

4.17 Magnetische Kernresonanz

Von H. Thurn, Ludwigshafen a. Rh.

4.17.1 Allgemeine Betrachtungen [1, 2, 17, 18, 21]

Bringt man eine Substanz, die Atomkerne mit dem magnetischen Dipolmoment μ und dem Kerndrehimpuls I enthält, in ein Magnetfeld H_0, so können die
Kerne aus quantenmechanischen Gründen nur ganz be-
stimmte Winkellagen zur Magnetfeldrichtung H_0 einnehmen,
und zwar nur solche, bei denen die Komponente μ_{H_0} des
Vektors μ in Richtung H_0 gequantelt ist (Abb. 1). Jeder
Lage eines magnetischen Dipols in einem äußeren Magnetfeld
ist eine ganz bestimmte, vom Winkel zwischen dem Dipolmoment μ und dem äußeren Feld H_0 abhängige potentielle
Energie V zugeordnet (Abb. 2). Die Energiedifferenzen ΔV

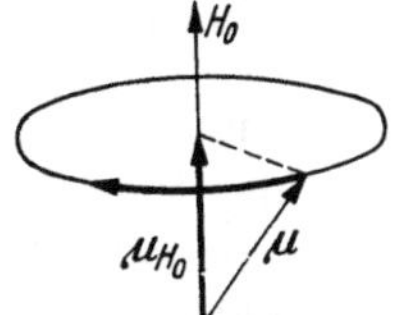

Abb. 1. Präzessions-
bewegung von μ um H_0

zwischen benachbarten Quantenlagen sind gleich groß. Wenn man eine Probe,
die Kernmagnete enthält (d. h. $I \neq 0$), in einem Magnetfeld in geeigneter Weise
einer elektromagnetischen Strahlung aussetzt, deren Frequenz $\omega_0 = 2\pi\nu_0$ die
Bedingung $\Delta V = \omega_0 \hbar$ erfüllt ($\hbar = h/2\pi$, h = PLANCKsches Wirkungsquant), so
kann ein Kern, der gerade so zum äußeren Magnetfeld orientiert ist, daß er sich
in einem niedrigen Energieniveau befindet, ein Energiequant aus dem Strahlungs-

feld absorbieren und in den nächsthöheren Energiezustand übergehen (Abb. 3). Diese Frequenz hängt von der Größe des Magnetfeldes H_0 ab. Es gilt

$$\omega_0 = \gamma H_0 \tag{1}$$

Den Faktor γ nennt man gyromagnetisches Verhältnis, wobei $\gamma = \dfrac{\mu_I}{\hbar I}$.

In der klassischen Betrachtungsweise führt der Vektor des magnetischen Momentes Präzessionsbewegungen (Abb. 1) um die Richtung H_0 mit der Frequenz ω_0 aus. ω_0 wird dann als Lamorfrequenz bezeichnet. Für sie gilt die Beziehung (1).

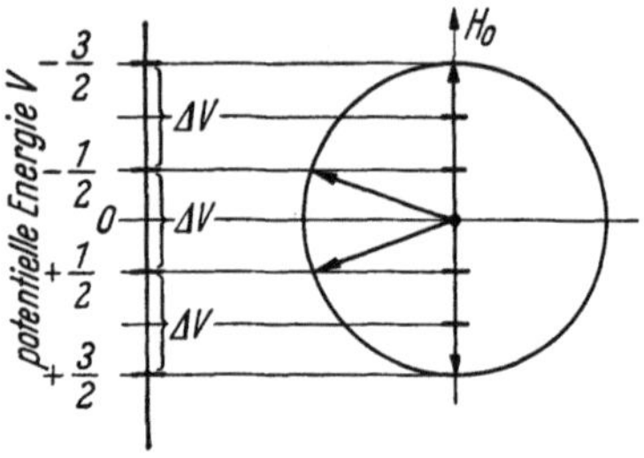

Wenn die Frequenz der Strahlung nicht mit der Larmorfrequenz übereinstimmt oder nicht in ihrer unmittelbaren Nähe liegt, so ist wenig oder gar keine Absorption zu erwarten. Die Absorption gehört also zu den Erscheinungen, die man in der Physik als „Resonanzphänomen" bezeichnet. Man kann diese Energieabsorption und auch den analogen, umgekehrt ablaufenden Prozeß der Energieemission zum Nachweis der Kernresonanz benützen.

Abb. 2. Mögliche Einstellungen eines Kernes mit dem Spin I = 3/2 zu einem äußeren Magnetfeld. Links die zugehörigen Energieniveaus

Für ein Magnetfeld von 7000 Gauß erhält man für Protonen, deren magnetisches Moment $\mu_{\text{Prot}} = 1,4 \cdot 10^{-23}$ erg/Gauß beträgt, eine Larmorfrequenz von etwa 30 MHz, d. h., das elektromagnetische Strahlungsfeld, das die Resonanzbedingung erfüllt, liegt im bequem zugänglichen Radiokurzwellenbereich.

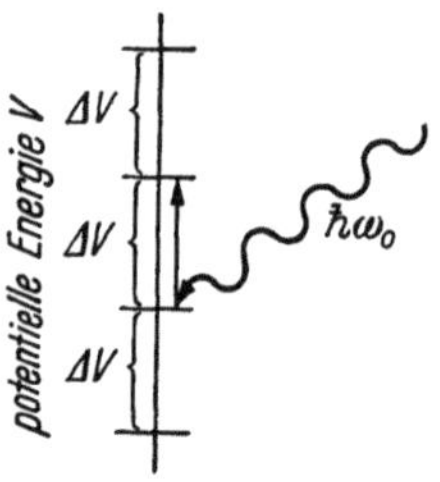

Aus energetischen Gründen ist zu erwarten, daß Kerneinstellungen zum äußeren Feld H_0, die mit geringer potentieller Energie verknüpft sind, häufiger vorkommen als solche mit höherer potentieller Energie. Die Einstellung der Kerne zum äußeren Feld wird durch Energieübertragung aus der Wärmebewegung gestört. Es stellt sich dabei eine von der Temperatur des Stoffes und von der Größe des äußeren Magnetfeldes abhängige Verteilung in der Besetzung der einzelnen, mit verschiedenen potentiellen Energien verknüpften Einstellungen der Kerne zum äußeren Feld ein. Die Einstellung dieses Besetzungsgleich-

Abb. 3. Übergang eines Kernes von einem energieärmeren in einen energiereicheren Zustand durch Absorption eines Strahlungsquants $\hbar w_0$ der Larmorfrequenz w_0

gewichtes ist also von einem Energieaustausch zwischen dem System der Kernspins und den thermisch bewegten Molekülen oder Atomen, die man vereinfachend und nicht für alle Fälle zutreffend als „Gitter" bezeichnet, abhängig. Sie geht nicht augenblicklich vor sich, sondern benötigt eine gewisse Zeit.

Man nennt die Zeit, die bis zum Erreichen des thermischen Gleichgewichtes verstreicht, wenn man z. B. ein System von Kernspins plötzlich in ein Magnetfeld einbringt, „Spin-Gitter-Relaxationszeit" und kennzeichnet sie mit T_1.

Neben diesem Energieaustausch zwischen dem Spinsystem der Kerne und dem „Gitter" tritt noch ein weiterer der Spins untereinander auf. Jeder Atomkern mit magnetischem Moment ist Quelle eines kleinen Magnetfeldes. Die Magnetfelder benachbarter Kerne beeinflussen sich gegenseitig um so mehr, je geringer die Abstände zwischen den Atomkernen sind. Man nennt diese Beeinflussung

,,Spin-Spin-Wechselwirkung``. Diese direkte Spin-Spin-Wechselwirkung wird durch eine Relaxationszeit T_2 charakterisiert[1]. Wegen der im wesentlichen statistischen Verteilung der Orientierung der magnetischen Momente der Atomkerne zum äußeren Feld auf die quantenmäßig zulässigen Lagen überlagern sich diese lokalen Felder H_{loc} additiv und subtraktiv dem äußeren Feld H_0. Aus der Beziehung (1) wird deshalb:

$$\omega_0 \pm \Delta\omega = \gamma(H_0 \pm H_{\mathrm{loc}}). \tag{2}$$

Da die Resonanzfrequenz der Kerne nach (1) durch das an ihrem Orte wirksame Magnetfeld bestimmt ist, unterscheiden sich die Resonanzfrequenzen der einzelnen, gleichartigen Kerne eines Stoffes in einem Maße, das von der Größe der lokalen Magnetfelder abhängt, d. h., es tritt eine Verbreiterung der Absorptionslinie auf, die mit der Größe der lokalen Magnetfelder wächst (Abb. 4).

Die meisten Festkörper einschließlich der Hochpolymeren im ,,eingefrorenen`` Zustand weisen wegen der räumlichen Schwankungen des lokalen Feldes Halbwertsbreiten von einigen Gauß auf. Für Hochpolymere im ,,gummi-elastischen`` bzw. plastischen Zustand und für Flüssigkeiten und Gase ist die Linienbreite jedoch wesentlich kleiner und meist nur experimentell durch die Inhomogenität des äußeren Magnetfeldes begrenzt. Diese Abnahme der Linienbreite beruht nach den Untersuchungen von BLOEMBERGEN, PURCELL und POUND [3] darauf, daß bei freier oder teilweise behinderter Bewegung der resonierenden Atomkerne in ihrer Umgebung eine Herausmittelung der magnetischen Wechselwirkung zwischen den Kernen stattfindet. Wenn also z. B. eine CH_3-Gruppe sich zu bewegen beginnt, so fällt der Beitrag, den ihre Wasserstoffkerne zur Gesamtlinienbreite liefern, weg, und die Halbwertsbreite wird kleiner (Abb. 4). Diese Herausmittelung der magnetischen Wechselwirkung macht sich aber erst dann in Form einer Verkleinerung der Halbwertsbreite der Resonanzlinie bemerkbar, wenn die Bewegungen von Molekülteilen mit steigender Temperatur genügend oft pro Zeiteinheit erfolgen. Aus der Anwendung der HEISENBERGschen Unschärferelation folgt, daß man jeder Linienbreite eine bestimmte Molekülbewegungsfrequenz zuordnen kann, und daß diese Frequenzen im Bereich der Größenordnung 10^4 Hz liegen. Die oben erwähnte Spin-Spin-Relaxationszeit T_2 ist näherungsweise umgekehrt proportional der Halbwertsbreite [19]. [Siehe Formel (3).]

POWLES [20] konnte zeigen, daß man durch Berücksichtigung der Relaxationszeitverteilung der Molekülbewegungen die Molekülbewegungsfrequenz in ihrer Abhängigkeit von der Temperatur berechnen und ihre Aktivierungsenergie angeben kann. Seine Untersuchungen zeigen, daß eine Berechnung der Aktivie-

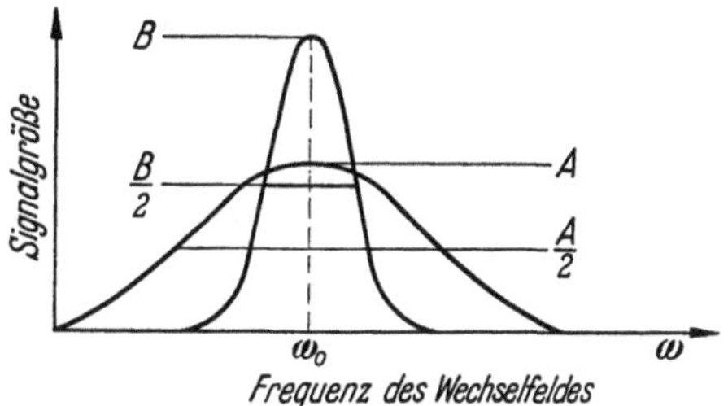

Abb. 4. Kernresonanzabsorptionssignal
B ohne Spin-Spin-Wechselwirkung;
A mit Spin-Spin-Wechselwirkung

---

[1] T_2 enthält Spin-Spin- plus Spin-Gitterwechselwirkung. Der Anteil der Spin-Gitterwechselwirkung ist jedoch bei niederen Temperaturen klein und wird vielfach vernachlässigt.

rungsenergie ohne Berücksichtigung der Relaxationszeitverteilung zu falschen Werten führt.

Die Protonen geben ein besonders kräftiges Resonanzsignal. Wenn man also die Linienbreite einer Protonenresonanz bei steigender Temperatur mißt, findet man im allgemeinen bei bestimmten Temperaturen ein Engerwerden der Linie. Man weiß dann, daß bei dieser Temperatur irgendeine Beweglichkeit in dem untersuchten Stoff „aufgetaut", bei Hochpolymeren z. B. eine bestimmte Molekülgruppe mit einer Frequenz um 10^4 Hz beweglich geworden ist.

Dies ist der Effekt, auf dem die Anwendbarkeit der Kernresonanzmethode zur Untersuchung von thermischen Übergängen in Hochpolymeren beruht. Da man mit den dynamisch-mechanischen Untersuchungsmethoden ebenfalls das Beweglichwerden von Molekülteilen bei einer bestimmten, durch die Meßmethode festgelegten Frequenz beobachtet (s. 4.2 und 4.3), stellt die Messung der Linienbreite des Kernresonanzsignals als Funktion der Temperatur eine gute Ergänzung zu den bewährten dynamisch-mechanischen Untersuchungsmethoden an Hochpolymeren dar. Man kann bis zu einem gewissen Grade auch direkte Aussagen über die bei einer Temperaturerhöhung beweglich gewordenen Molekülgruppen erhalten, wenn man nach VAN VLECK [4] das sog. „zweite Moment" einmal aus dem Kernresonanzsignal und zum anderen auf Grund der bekannten chemischen Struktur und der dadurch bedingten Atomabstände in der untersuchten Substanz berechnet und die beiden Werte miteinander vergleicht. Das zweite Moment stellt das mittlere Quadrat der Frequenzabweichung vom Zentrum ν_0 der Resonanzlinie dar und ist definiert durch

$$\overline{\Delta \nu^2} = \frac{\int\limits_{-\infty}^{+\infty} (\nu - \nu_0)^2\, f(\nu)\, d\nu}{\int\limits_{-\infty}^{+\infty} f(\nu)\, d\nu},$$

wobei $f(\nu)$ die Linienform als Funktion der Frequenz beschreibt.

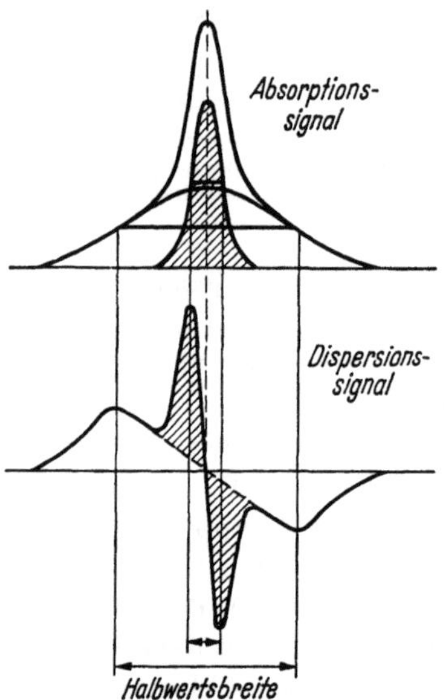

Abb. 5. Absorptions- und Dispersionssignal eines partiell-kristallinen Stoffes

Bei partiell-kristallinen Stoffen sind die Verhältnisse dadurch kompliziert, daß die gleichen Molekülteile beweglich und unbeweglich nebeneinander vorkommen können. Die unbeweglich z. B. bei tieferen Temperaturen oder im Kristallinen festgelegten Molekülteile liefern über ihre gegenseitigen Störfelder einen großen Beitrag zur Halbwertsbreite, während der Beitrag der beweglichen Molekülteile durch Herausmittelung der Störeinflüsse kleiner ist. Man beobachtet deshalb bei der gleichen Frequenz zwei überlagerte Resonanzlinien, eine breite und eine schmale (Abb. 5).

Aus einer solchen Linie lassen sich nun direkt keine eindeutigen Aussagen durch Messung der Halbwertsbreite gewinnen. Deshalb beobachtet man nicht mehr die Absorptionslinie, sondern man sorgt durch elektrische Kunstschaltungen dafür, daß die Ableitung des Absorptionssignals, die sog. „Dispersionskurve", aufgezeichnet wird. Diese Dispersionskurve weist etwa an den Stellen, an denen beim Absorptionssignal Wendepunkte liegen, relative Maxima und Minima auf (Abb. 5). Es treten nun zwei verschiedene Halbwertsbreiten auf, die in erster Näherung durch die Abstände von einem Maximum zum entsprechenden Minimum bestimmt sind. Mißt man diese Halbwertsbreiten als Funktion der Temperatur, so kann man die Veränderung in der Beweglichkeit der Protonen in den beweglichen Molekülteilen und in den unbeweglichen Molekülteilen getrennt beobachten.

Wie Abb. 5 zeigt, kann man das Dispersionssignal in einen Anteil zerlegen, der von den beweglichen und in einen, der von den unbeweglichen Protonen herrührt. Diese Zerlegung ist nicht völlig frei von Willkür durchführbar. Durch graphische Integration des zerlegten Dispersionssignals gewinnt man ein „zerlegtes" Absorptionssignal. Die Flächen unter den entsprechenden Kurventeilen des Absorptionssignals sind proportional der Zahl der unbeweglich festliegenden bzw. der beweglichen Protonen im untersuchten Stoff. Man kann durch Planimetrieren der Flächen den prozentualen Anteil der unbeweglichen bzw. beweglichen Protonen bestimmen. Die so z. B. als Funktion der Temperatur ermittelten unbeweglichen Anteile kann man mit der röntgenographisch oder ultrarotspektroskopisch gemessenen Kristallinität vergleichen. Man findet, daß die mit der Kernresonanzmethode bestimmten unbeweglichen Anteile und die Kristallinität häufig nicht übereinstimmen. Versuche, die Differenzen durch molekulare Bewegungen in den gittergeordneten Bereichen bzw. durch Einfrieren solcher Bewegungen in den amorphen Bereichen zu erklären, haben bisher nicht zum Erfolg geführt. Es erscheint daher wünschenswert, daß die theoretischen Überlegungen noch verfeinert werden. Es lassen sich also mit der Kernresonanzmethode im allgemeinen keine zuverlässigen Aussagen über die Kristallinität gewinnen [5 bis 7].

Das Verfahren des Ausmessens der Linienbreite aus dem Dispersionssignal wird vorwiegend für Linienbreiten größer als etwa 0,1 Gauß angewandt. Für den Bereich zwischen dem Breitliniengebiet und der Hochauflösungsspektroskopie (Größenordnung der Linienbreiten: 1 bis 0,1 Milligauß) hat sich die Impulsechomethode bewährt.

Die Impulsechomethode führt zur Bestimmung von 2 Relaxationszeiten. Die eine ist die schon erwähnte Spin-Gitter-Relaxationszeit T_1. Sie ist ein Maß für die Geschwindigkeit, mit der die Magnetisierung M_z in Richtung des großen äußeren Magnetfeldes H_0 ihren Gleichgewichtswert nach einer Störung wieder erreicht. Wenn die Änderung exponentiell mit der Zeit erfolgt, genügt eine einzige Konstante zur Beschreibung des Vorganges.

Die zweite Konstante ist die schon erwähnte Spin-Spin- oder transversale Relaxationszeit T_2. Sie beschreibt den exponentiellen Abfall der transversalen Magnetisierung $M_{x.y}$. Wenn der Abfall nicht exponentiell erfolgt, braucht man mehr als eine Konstante zu seiner Beschreibung. Mit gewissen Einschränkungen gibt die Beziehung

$$dH = \alpha / \gamma\, T_2 \tag{3}$$

den Zusammenhang zwischen der Linienbreite dH und der Spin-Spin-Relaxationszeit T_2 an. Hierbei ist α eine Konstante, die etwa den Wert Eins hat und γ das schon in den Gl. (1) und (2) eingeführte gyromagnetische Verhältnis.

Die Zusammenhänge zwischen T_1 und T_2 und den Materialeigenschaften [3] sind zur Zeit noch nicht in allen Einzelheiten geklärt. Im allgemeinen ist es, wie POWLES und LUSZCZYNSKI [22] gezeigt haben, daher erforderlich, daß man für eine sinnvolle Deutung der Impulsechoergebnisse einiges über die Molekülbewegungen im untersuchten Stoff von Messungen mit anderen Methoden her weiß.

Es gibt mehrere Impulsechomethoden. Sie beruhen im wesentlichen darauf, daß durch meist mehrere starke Hochfrequenzimpulse die Kernspins in einer bestimmten Weise zum Umklappen gebracht werden. Dabei entsteht je nach der angewandten Impulsfolge bzw. Impulslänge mit einer gewissen, durch die Relaxation bedingten Verzögerung eine resultierende Magnetisierung, die sich als Impuls bemerkbar macht. Die wichtigsten Methoden sind z. B. von LÖSCHE [21] ausführlich beschrieben (s. auch [22]).

Die bisher besprochenen Kernresonanzexperimente beschäftigen sich mit Linien, die durch direkte Kerndipolwechselwirkung verbreitert sind. Ihre Beobachtung wird mit der oben beschriebenen sog. „Breitlinienmethode" durchgeführt (Meßbereich etwa 0,1 bis 50 Gauß). Wenn die direkte Dipolwechselwirkung durch thermische Bewegung oder durch Lösen des Hochpolymeren in einem geeigneten Lösungsmittel herabgesetzt ist, werden schwächere Ursachen der Linienverbreiterung nachweisbar. Die Linie zeigt eine Struktur, die man mit der sog. „Hochauflösungsmethode" erfassen kann (Meßbereich Milligauß). Die Struktur entsteht dadurch, daß Kerne in verschiedenen Stellungen der Atome entlang der Molekülkette verschiedene Elektronenumgebung haben. Die Elektronen schirmen je nach ihrer Dichte in der Umgebung der einzelnen Kerne durch ihre diamagnetische Wirkung diese Kerne verschieden stark gegen das äußere Magnetfeld ab. Das bedeutet, daß Kerne mit chemisch nicht äquivalenten Lagen in einem Molekül bei etwas verschiedenen Magnetfeldern bzw. Frequenzen, d. h. an verschiedenen Stellen des Spektrums, in Resonanz kommen. Man findet gegeneinander verschobene Resonanzlinien (chemischer Verschiebungseffekt). Diese „chemischen Verschiebungen" der Linien wachsen mit der Größe des äußeren Magnetfeldes und können für Protonen z. B. bei etwa 5000 Gauß Werte bis zu etwa 50 Milligauß erreichen. Die Größe dieser Verschiebung hängt ab von der lokalen molekularen Umgebung der einzelnen Kerne. So zeigen z. B. Hochpolymere mit Unterschieden in der räumlichen Anordnung von Molekülgruppen entlang der Kette, z. B. Substanzen mit verschiedener Stereospezifität, verschiedene chemische Verschiebung der einzelnen Kernresonanzlinien bei der Hochauflösung (BOVEY, TIERS und FILIPOVICH [37]). Aus dem Intensitätsverhältnis der einzelnen Linien ist prinzipiell eine Bestimmung der Häufigkeitsverhältnisse der zugrunde liegenden Molekülanordnungen möglich. Leider sind die Unterschiede in der chemischen Verschiebung z. B. zwischen isotaktischen und ataktischen Molekülanordnungen im allgemeinen klein, und ihre Auswertung wird außerdem noch durch die indirekte Spin-Spin-Kopplung (über die Elektronenhülle) erschwert. Bisher sind Hochauflösungsspektren nur von wenigen hochpolymeren Substanzen bekannt geworden [37 bis 45], z. B. von Polymethacrylsäuremethylester [38, 39, 42], Polystyrol [37, 43, 44], Polymethacrylsäureanhydrid [45], Polyester [40] und einigen fluorhaltigen Polymeren [41].

4.17.2 Anwendungsbeispiele

Die Ausdehnung der Kernresonanzmethode von anorganischen und organischen, niedermolekularen Kristallen auf Hochpolymere wurde erstmals von GUTH und seinen Mitarbeitern [8] in größerem Umfang vorgenommen. Ältere, weniger ausgedehnte Beobachtungen stammen von ALPERT [9] und von NEWMAN [10].

Bei den meisten Experimenten wird die Änderung der Breite der Resonanzlinie – entweder direkt oder über ihre Ableitung – als Funktion der Temperatur beobachtet.

GUTOWSKY und MEYER [11] haben Naturkautschuk mit etwa 4 bis 7% Schwefelgehalt nach den Vulkanisationszeiten 30, 60 und 90 Min. im Temperaturbereich $-187°$ bis $+24\,°C$ untersucht (Abb. 6).

Die Kurven zeigen 4 Bereiche. Im Bereich der Zimmertemperatur ist die Linie bei den 3 Substanzen eng. Mit einer Breite von 0,15 Gauß liegt sie aber sicher meßbar über der Breite, die bei der verwendeten Apparatur von Feldinhomogenitäten herrührt. Dann folgen unterhalb $-10\,°C$ 2 Übergangsbereiche mit starken Linienbreitenänderungen, und schließlich wird bei tiefen Temperaturen ein Grenzwert der Linienbreite von etwa 9,5 Gauß erreicht, und

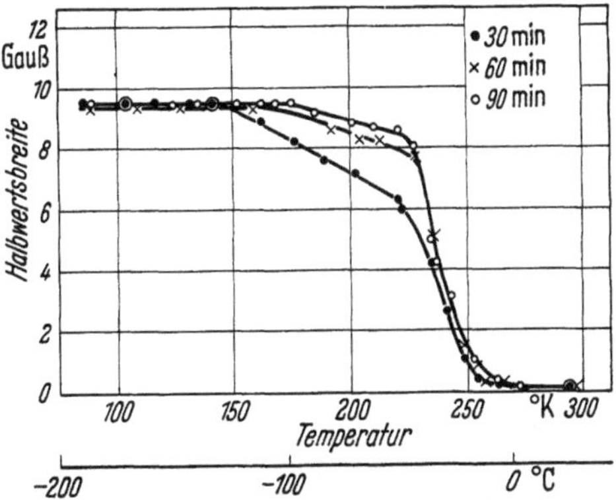

Abb. 6. Temperaturabhängigkeit der Halbwertsbreite der Protonenresonanzlinie von Naturkautschuk für die Vulkanisationszeiten 30, 60 und 90 Min. nach [11]

zwar bei den Temperaturen $-130°$, $-110°$ und $-100\,°C$ für den 30, 60 und 90 Min. vulkanisierten Naturkautschuk. GUTOWSKY und MEYER haben zur Deutung der Bewegung der Polyisoprenmoleküle $(-CH_2-CCH_3=CH-CH_2-)_n$ Kernresonanzuntersuchungen an einfachen Stoffen mit Methylgruppen herangezogen [12]. Bei diesen Untersuchungen wurde gefunden, daß die CH_3-Gruppen sich um ihre C-Symmetrieachse schnell genug bewegen, um die Protonenresonanzlinie bei $-148\,°C$ zu verengen. Bewegungen, die das Kohlenstoffskelett der gleichen Stoffe betreffen, erfordern eine um mindestens $50°$ höhere Temperatur, um wirksam zu werden. Diese Vergleiche liefern ein qualitatives Argument dafür, daß die Autoren die Linienbreitenänderungen bei tiefen Temperaturen (etwa zwischen $-123°$ und $-48\,°C$) den Rotationen der CH_3-Gruppen zuordnen und die Linienbreitenänderung bei höheren Temperaturen (etwa zwischen $-48°$ und $-13\,°C$) den Bewegungen von Kettensegmenten. Aus dem Vergleich der 3 Kurven schließen die Autoren, daß die Vulkanisation die Bewegung der CH_3-Gruppen stärker beeinflußt als die der Kettensegmente.

GUTH und Mitarbeiter [8] haben neben anderen Hochpolymeren auch Messungen an Polystyrol von verschiedenem Molekulargewicht durchgeführt, die hier als Beispiel für eine rein amorphe Substanz angeführt werden sollen (Abb. 7). Bei den Polystyrolkurven sieht man aus dem Absinken der Halbwertsbreite, daß auch unterhalb der Einfriertemperatur (etwa 100 °C) schon eine Bewegung

von Molekülteilen einsetzt. Dieser Befund stimmt gut mit den Ergebnissen von
SCHMIEDER und WOLF [13] überein, die auf Grund von dynamisch-mechanischen

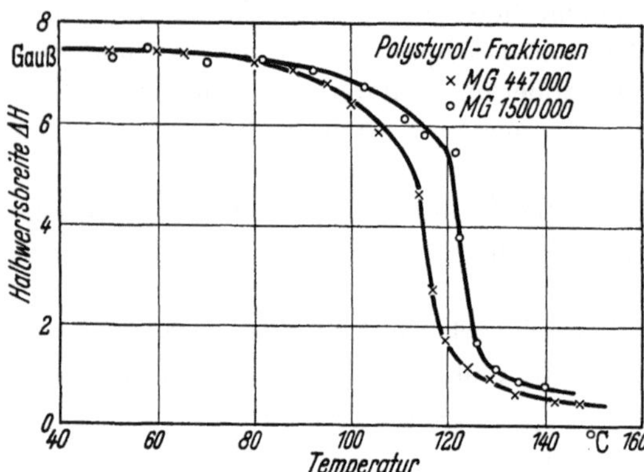

Abb. 7. Halbwertsbreite der Protonenresonanzlinie von
Polystyrol als Funktion der Temperatur nach [8]

Messungen des Schermoduls und
der Schwingungsdämpfung im
Bereich 1 bis 10 Hz ein „Vor-
erweichen" des Polystyrols oberhalb $+35\,°C$ festgestellt haben.

Weitere Kernresonanzuntersuchungen an Polystyrol wurden
von KOSFELD und JENCKEL [23]
und von JOUSSOT-DUBIEN [24]
veröffentlicht.

Als Beispiel für die Anwendung der Kernresonanzmethode
zur Untersuchung partiell-kristalliner Stoffe seien einige Messungen von Polyäthylen angegeben.

Abb. 8 zeigt 4 Dispersionskurven, die an linearem Polyäthylen bei verschiedenen Temperaturen von THURN [32] gemessen wurden. Die Kurven zeigen, wie
sich mit steigender Temperatur die Form des Signals durch das zunehmende
Beweglichwerden von Molekülteilen verändert. Die eingezeichneten Zerlegungs-
linien sind, wie schon erwähnt, nicht frei von einer gewissen Willkür. Die Diskussion über Schlüsse, die man aus den ausgewerteten Kernresonanzmessungen
an partiell-kristallinen Hochpolymeren ziehen kann, ist zur Zeit im Gange.
Sicher ist, daß die Kernresonanzmethode nur unter bestimmten, noch nicht
erfüllten Voraussetzungen Aussagen über die Kristallinität machen kann.
Übereinstimmungen zwischen den nach der Kernresonanzmethode bestimmten
unbeweglichen Anteilen und der röntgenographischen oder ultrarotspektroskopischen Kristallinität, wie sie z. B. WILSON und PAKE [14] finden, sind entweder
zufälliger Natur oder durch die Art der Zerlegung des Dispersionssignals bedingt. Auch die Schlüsse, die SLICHTER und McCALL [35] bezüglich einer Molekülbeweglichkeit in den gittergeordneten Bereichen des Polyäthylen gezogen haben,
sind neuerdings zweifelhaft geworden [32], nachdem die letzten Untersuchungen
ergeben haben [33, 36], daß die meisten bisherigen röntgenographischen und
ultrarotspektroskopischen Kristallinitätsbestimmungen an diesem Stoff zu hohe
Werte geliefert haben. Es treten weiter beim Polyäthylen Abweichungen der
Kernresonanzergebnisse von den mechanisch-dynamischen auf, an deren Aufklärung zur Zeit noch gearbeitet wird. Insgesamt erbrachten die Kernresonanzuntersuchungen an Polyäthylen eine Fülle neuer, experimentell gesicherter
Effekte, die man aber zur Zeit nur teilweise verstehen und deuten kann.

In Abb. 9 sind die aus dem Dispersionssignal ermittelten beiden Halbwertsbreiten getrennt für die unbeweglich festliegenden und die in beweglichen Molekülgruppen sitzenden Protonen als Funktion der Temperatur für ein lineares
(MARLEX 50) und ein verzweigtes (DYNK) Polyäthylen nach Messungen von
McCALL und SLICHTER [15] angegeben. Die Kurven verdeutlichen, wie sich die
beiden Halbwertsbreiten und die damit verknüpften Molekülbeweglichkeiten
verschieden mit der Temperatur ändern.

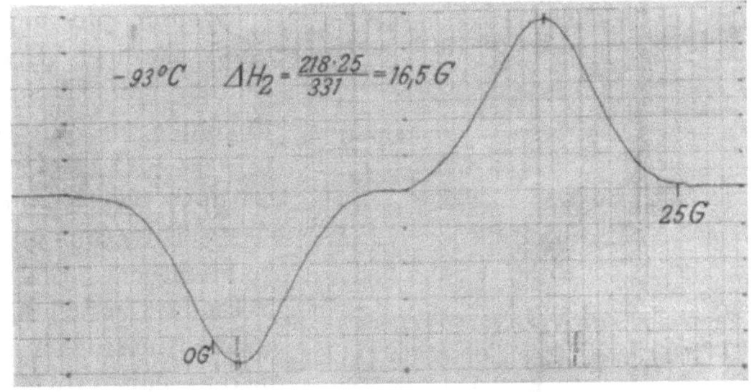

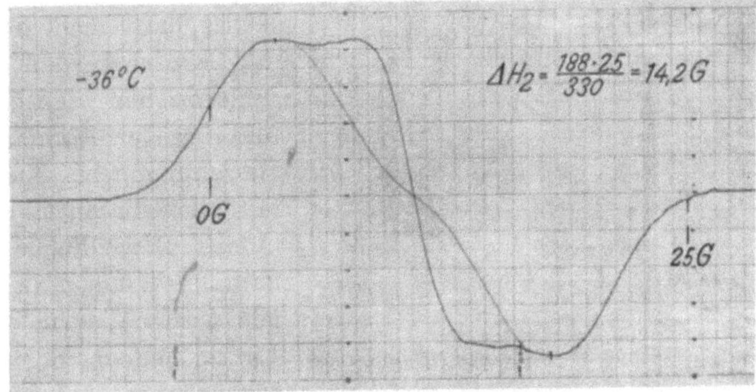

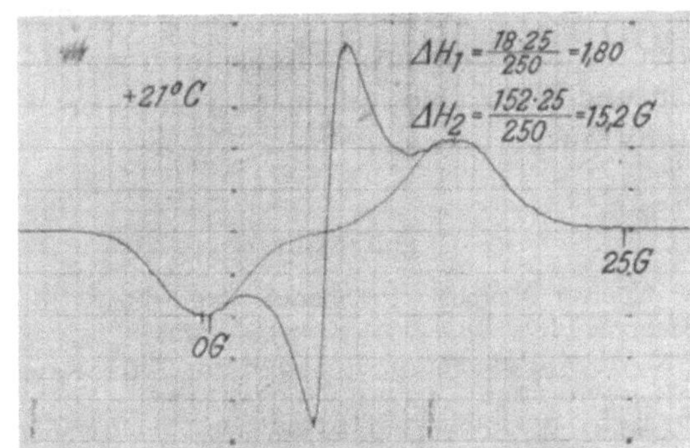

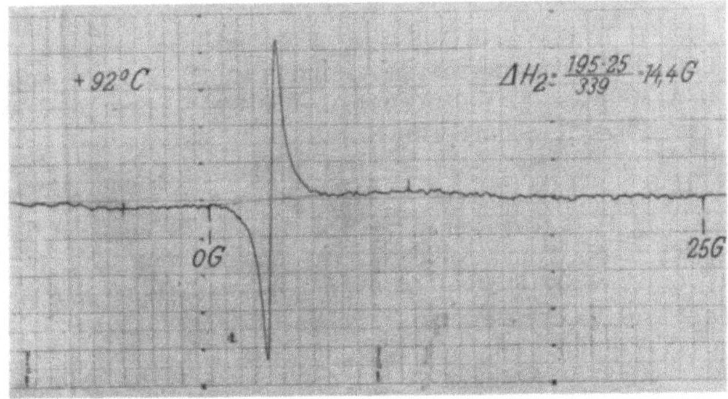

Abb. 8. Dispersionskurven eines linearen Polyäthylen, gemessen bei —93, —36, + 21 und + 92°C nach [32]

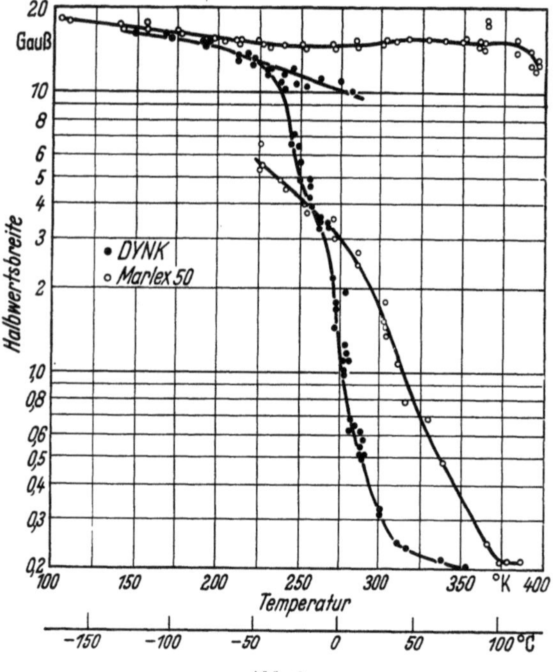

Abb. 9
Temperaturabhängigkeit der Protonenresonanz-Halbwerts-
breiten von linearem (Marlex 50) und verzweigtem (DYNK)
Polyäthylen nach [15]

Weitere Messungen an partiell-kristallinen Hochpolymeren wurden von SLICHTER [25, 26], PETERLIN und Mitarbeitern [27], LÖSCHE [28], McCALL und Mitarbeitern [29], NISHIOKA [30] und LAND, RICHARDS und WARD [31] veröffentlicht. Eine zusammenfassende Darstellung der Kernresonanzmessungen an Hochpolymeren hat POWLES [34] veröffentlicht.

Es hat sich herausgestellt, daß zwischen den mechanisch-dynamischen, den dielektrischen und den Kernresonanzmessungen Beziehungen bestehen, weil man mit allen diesen Methoden molekulare Bewegungen beobachten kann [16]. Über diese Beziehungen wird näher in 4.3 berichtet. Es sei jedoch nochmals darauf hingewiesen, daß eine Verfeinerung der Theorie bezüglich der Wirkung des inneren Magnetfeldes auf die Linienform und ihrer Verknüpfung mit Molekülbewegungen und Molekülabständen notwendig erscheint, um diese Beziehungen quantitativ auswerten zu können.

Literatur

[1] ANDREW, E. R.: Nuclear Magnetic Resonance. Cambridge University Press 1955.
[2] PAKE, G. E.: Amer. J. Phys. 18 (1950) S. 483 u. 473.
[3] BLOEMBERGEN, N., E. M. PURCELL u. R. V. POUND: Phys. Rev. 73 (1948) S. 679.
[4] VAN VLECK, J. H.: Phys. Rev. 74 (1948) S. 1168.
[5] SLICHTER, W. P., u. D. W. McCALL: J. Polymer Sci. 25 (1957) S. 230.
[6] REMPEL, R. C., H. E. WEAVER, R. H. SANDS u. R. L. MILLER: J. appl. Phys. 28 (1957) S. 1082.
[7] FUSCHILLO, N., E. RHIAN u. J. A. SAUER: J. Polymer Sci. 25 (1957) S. 381.
[8] HOLROYD, L. V., R. S. CODRINGTON, B. A. MROWCA u. E. GUTH: J. appl. Phys. 22 (1951 S. 696. — B. A. MROWCA, L. V. HOLROYD u. E. GUTH: Phys. Rev. 79 (1950) S. 1026)
[9] ALPERT, N. L.: Phys. Rev. 75 (1949) S. 389.
[10] NEWMAN, R.: J. chem. Physics 18 (1950) S. 1303.
[11] GUTOWSKY, H. S., u. L. H. MEYER: J. chem. Physics 21 (1953) S. 2122.
[12] POWLES, J. G., u. H. S. GUTOWSKY: J. chem. Physics 21 (1953) S. 1704.
[13] SCHMIEDER, K., u. K. WOLF: Kolloid-Z. 134 (1953) S. 149.
[14] WILSON III, C. W., u. G. E. PAKE: J. Polymer Sci. 10 (1953) S. 503.
[15] McCALL, D. W., u. W. P. SLICHTER: J. Polymer Sci. 26 (1957) S. 171.
[16] Siehe z. B. auch J. G. POWLES: Proc. phys. Soc. B 69 (1956) S. 281 — J. Polymer Sci. 22 (1956) S. 79 — Arch. des Sciences 9 (1956) S. 182. — K. WOLF: Vorträge „Physikertagung München 1956". Mosbach: Physik-Verlag 1957.
[17] LÖSCHE, A.: Vortrag. Tagung Bad Nauheim April 1958 — Kolloid-Z. 165 (1959) S. 116.

[*18*] Hendus, H., G. Schnell, H. Thurn u. K. A. Wolf: Ergebn. exakt. Naturwiss. 31 (1959) S. 220.

[*19*] Powles, J. G.: Bull. Groupm. Ampere, 8. Coloqu., (1959) S. 87.

[*20*] Powles, J. G.: Kurzmitt. IUPAC-Symp. I A 10 (1959).

[*21*] Lösche, A.: Kerninduktion. Berlin: VEB Deutscher Verlag der Wissenschaften 1957.

[*22*] Powles, J. G., u. K. Luszczynski: Physica 25 (1959) S. 455.

[*23*] Kosfeld, R., u. E. Jenckel: Kurzmitt. IUPAC-Symp. Wiesbaden, I A 13 (1959). — R. Kosfeld: Kolloid-Z. 172 (1960) S. 182.

[*24*] Joussot-Dubien, J.: J. chim. Physico-Chim. 56 (1959) S. 513.

[*25*] Slichter, W. P.: J. Polymer Sci. 35 (1959) S. 77.

[*26*] Slichter, W. P.: SPE-J. 15 (1959) S. 303.

[*27*] Peterlin, A., F. Krasovec, E. Pirkmajer u. I. Levstek: Kurzmitt. IUPAC-Symp., Wiesbaden I A 12 (1959).

[*28*] Lösche, A.: Kurzmitt. IUPAC-Symp., Wiesbaden I A 11 (1959).

[*29*] McCall, D. W., D. C. Douglass u. E. W. Anderson: J. chem. Physics 30 (1959) S. 1272.

[*30*] Nishioka, A.: J. Polymer Sci. 37 (1959) S. 163.

[*31*] Land, R., R. E. Richards u. I. M. Ward: Trans. Faraday Soc. 55 (1959) S. 225.

[*32*] Thurn, H.: Kolloid-Z., im Druck.

[*33*] Hendus, H., u. G. Schnell: Kunststoffe 51 (1961) S. 69.

[*34*] Powles, J. G.: Polymer 1 (1960) S. 219.

[*35*] Slichter, W. P., u. D. W. McCall: J. Polymer Sci. 25 (1957) S. 230.

[*36*] Swan, P. R.: J. Polymer Sci. 42 (1960) S. 525.

[*37*] Bovey, F. A., G. V. D. Tiers u. G. Filipovich: J. Polymer Sci. 38 (1959) S. 73.

[*38*] Bovey, F. A., u. G. V. D. Tiers: J. Polymer Sci. 44 (1960) S. 173.

[*39*] Johnsen, U., u. K. Tessmar: Kolloid-Z. 168 (1960) S. 160.

[*40*] Chien, J. C. W., u. J. F. Walker: J. Polymer Sci. 45 (1960) S. 239.

[*41*] Naylor, R. E. jr., u. S. W. Lasoski jr.: J. Polymer Sci. 44 (1960) S. 1.

[*42*] Nishioka, A., H. Watanabe, I. Yamaguchi u. H. Shimizu: J. Polymer Sci. 45 (1960) S. 232.

[*43*] McCall, D. W., u. F. A. Bovey: J. Polymer Sci. 45 (1960) S. 530.

[*44*] Kern, R. J., u. J. V. Pustinger: Nature 185 (1960) S. 236.

[*45*] Tiers, G. V. D., u. F. A. Bovey: J. Polymer Sci. 47 (1960) S. 479.

5 Das physikalische Verhalten von kombinierten Stoffsystemen

5.1 Copolymere

Von **H. Mark**, Brooklyn N. Y./USA

5.1.1 Einleitung

Wenn es sich darum handelt, die physikalischen Eigenschaften eines makromolekularen Stoffes in gewünschter Weise zu beeinflussen, stehen dem Untersucher mancherlei Mittel zur Verfügung, die im wesentlichen eine *mechanische Nachbehandlung* darstellen, wie Orientierung der Fadenmoleküle (vgl. 3.5, 3.6), Zumischung eines Weichmachers (vgl. 5.6), eines anderen Polymeren (vgl. 5.7) oder eines verstärkenden Füllstoffes (vgl. 5.9) sowie Abschreckung und Temperung des kristallin-amorphen Gefüges (vgl. 3.2, 4.3). Es gibt aber auch *chemische Vorgänge*, die mit großem Erfolg sowohl eine Erweichung als auch eine Härtung einer gegebenen Gruppe von Hochpolymeren bewirken können, und zwar oft in einem Ausmaß, das über die vorerwähnten Behandlungen weit hinaus geht und sie auch häufig an Beständigkeit erheblich übertrifft. Hierher gehören in erster Linie die Vorgänge der *Copolymerisation* und der *Vernetzung* durch chemische

Querverbindungen zwischen den einzelnen Fadenmolekülen. Genaugenommen kann die Vernetzung in der Regel auch als Copolymerisation aufgefaßt werden, da sie abgesehen von der Strahlungsvernetzung und der Herstellung vernetzter Polymerer durch chemische Kombination gleichartiger tri- und mehrfunktioneller niedermolekularer reaktionsfähiger Verbindungen in den meisten Fällen die Einführung einer neuartigen Komponente beinhaltet.

Im vorliegenden Artikel soll in kurzer zusammenfassender Weise der Einfluß beider chemischer Vorgänge auf die physikalischen Eigenschaften besprochen werden, wie es bis heute durch Messungen an möglichst wohl definierten Präparaten festgelegt werden konnte. Dabei werden im wesentlichen zwei Bereiche unserer gegenwärtigen Kenntnis zu besprechen sein:

a) Der Einfluß der Copolymerisation auf quantitativ definierte und grundsätzlich wohlverstandene Erscheinungen, wie Schmelzpunkt, Elastizitätsmodul, Schubmodul, Temperatur- und Frequenz-Dispersionskurven, Dielektrizitätskonstante, Brechungsindex und ähnliche Größen.

b) Der Einfluß der Mischpolymerisation auf technisch wichtige, aber weniger sauber definierbare Eigenschaften wie Reißfestigkeit, Schlagbiegefestigkeit, Erweichungsbereich, Sprödigkeit, Klebefähigkeit, Löslichkeit oder Quellungsvermögen.

Da die ganze vorliegende Darstellung im wesentlichen auf die zahlenmäßige Festlegung der Eigenschaften hochpolymerer Stoffe abzielt, wird auch in diesem Artikel der unter a) erwähnte Fragenkomplex mehr betont werden.

5.1.2 Copolymerisation und Verhalten amorpher Polymerer

Eine der ersten systematischen Untersuchungen über den Einfluß der Copolymerisation auf den Erweichungsbereich amorpher Systeme beschäftigte sich mit dem klassischen Material BUNA S, das wohl als der wichtigste synthetische Kautschuk angesprochen werden darf. JENCKEL [2] bestimmte die Einfriertemperatur über den ganzen Bereich der chemischen Zusammensetzung Butadien–Styrol und fand, daß die Erweichungstemperaturen der Copolymerisate auf einer stetigen, aber nicht linearen Verbindungslinie zwischen den für die reinen Komponenten gültigen Werten liegen. Ein ähnliches Verhalten wurde von JENCKEL und UEBERREITER [1a] in der Serie Styrol–Methylacrylat gefunden. In beiden Fällen bewirkt offenbar der große und leicht polarisierbare Phenylrest eine erhebliche Behinderung der Drehbarkeit um die einfachen C—C-Bindungen der Hauptkette und erhöht damit jene Temperatur, die nötig ist, um die statistischen Kettenelemente der Makromoleküle in Bewegung zu erhalten. TUCKETT [3] zeigte, daß eine solche Abnahme zu einer Abhängigkeit der Einfriertemperatur vom Quadrat des Molenbruches Styrol im Copolymeren führt, eine Folgerung, die von der Erfahrung im Rahmen der Fehlergrenzen bestätigt wird. Abb. 1 zeigt 2 Kurven, die den Arbeiten von JENCKEL und UEBERREITER entnommen sind und ein stetiges, mehr als lineares Ansteigen der Einfriertemperatur mit dem Styrolgehalt des Polymeren deutlich erkennen lassen. Es scheint, daß große, nicht polare Substituenten, wie Phenyl, Cyclohexyl, Naphthyl, Lauryl und Stearyl, im wesentlichen durch ihr Volumen wirken und eine Erhöhung des Erweichungsbereiches durch Behinderung der Beweglichkeit der Hauptkette erzeugen, während polare Substituenten, wie F, Cl, COOR, CN und ähnliche, die

Beweglichkeit der einzelnen Kettensegmente durch zwischenmolekulare und ge-
gegebenenfalls auch innermolekulare Kräfte herabsetzen. Die beiden Ursachen
haben im wesentlichen die gleiche Wir-
kung, nämlich eine Erhöhung der Erweichungstemperatur, können aber doch
voneinander qualitativ dadurch unterschieden werden, daß im ersteren Falle
die Löslichkeit des gegebenen Grundpoly-
meren (z. B. Polybutadien) durch das
Hinzutreten der anderen Komponente
(z. B. Styrol, Cyclohexylmethacrylat usw.)
nicht merkbar beeinträchtigt wird, während die Einführungen eines polaren Part-
ners meist die Löslichkeit in Kohlenwasserstoffen hintanhält und die Verwendung polarer Lösungsmittel oder Lösungs-
mittelgemische notwendig macht.

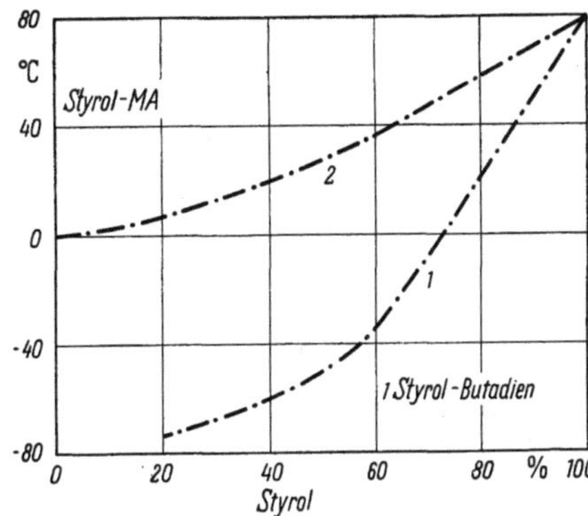

Abb. 1. Einfriertemperaturen von Copolymeren
aus Styrol und Butadien (1) sowie aus Styrol
und Methylacrylat (2)

K. SCHMIEDER und K. WOLF [1b] berichten über einen linearen Zusammenhang zwischen Erweichungstemperatur (Temperatur der Dämpfungsmaxima bei
langsamen Torsionsschwingungen) und Gewichtsverhältnis der Komponenten einer
Copolymerisatreihe Styrol–Isobutylen über den gesamten Bereich von 0 bis 100 %.

Ein ähnliches Beispiel für den quantitativen Einfluß von Copolymerisation
auf verschiedene physikalische Eigenschaften liefern auch die Messungen von
JENCKEL und HERWIG [4], die an einer Serie von Copolymeren von Styrol und
Methylacrylat angestellt wurden. Die sieben untersuchten Proben hatten alle
vergleichbare Molekulargewichte (zwischen 80000 und 150000) und erstreckten sich über den ganzen Mischungsbereich von reinem Polystyrol bis zu
reinem Polymethylacrylat. Die Dämpfungsmaxima der einzelnen Produkte waren
wohldefiniert (ihre mittlere Breite betrug 12 °C) und zeigten eine Temperaturverschiebung, die eine lineare Funktion der Zusammensetzung ist, beginnend
bei 20° für das Polyacrylat und endend bei 110° für Polystyrol. Die effektiven
Schubmodule weisen dasselbe Verhalten auf und stellen den Übergang vom harten
und spröden Glaszustand (Schubmodul 10^{10} dyn/cm²) zum plastisch-elastischen
Verhalten dar; auch ihr Temperaturgang ist eine lineare Funktion der Zusammensetzung. Für dieselben Proben wurde auch die Einfriertemperatur bestimmt, und
zwar einmal aus der Temperaturabhängigkeit des Brechungsindex und das
andere Mal aus der Temperaturabhängigkeit der Relaxationszeit. Beide Bestimmungen fallen sehr nahe zusammen, zeigen ebenfalls eine gute lineare Abhängigkeit von der Zusammensetzung und liefern scharfe und wohldefinierte
Werte für den Übergangspunkt dieser homogenen Copolymerisate. Die Ergebnisse dieser Untersuchungen sind in Abb. 2 wiedergegeben; die Kurve für die
Dispersion der Schubmoduln entspricht der für die Dämpfungsmaxima. Diese
chemische Weichmachung verschiebt die mechanischen Übergangsbereiche in
stetiger Weise, ohne ihre charakteristische Schärfe zu ändern.

Eine besonders genaue Studie des Einflusses der Copolymerisation auf die
Beweglichkeit der verschiedenen Komponenten eines Makromoleküls wurde
kürzlich von HEIJBOER [6] veröffentlicht, der die Temperatur- und Frequenz-

abhängigkeit des sekundären Maximums in der Dämpfungskurve für mehrere Polymere und Copolymere studierte (vgl. 4.3.3). Dieses von SCHMIEDER und WOLF [5] aufgefundene sekundäre Maximum wird durch die mechanischen Bewegungen der Substituenten oder Seitenketten bewirkt und hängt in Hinblick auf seine Lage und Höhe von der gegenseitigen Behinderung dieser Substituenten ab. So zeigt z. B. Polymethylmethacrylat dieses Maximum in recht deutlicher Weise bei 60 °C in dem Bereich zwischen 50 und 500 Hz, weil die $-COOCH_3-$ und $-CH_3-$ Gruppen an den aufeinanderfolgenden Ketten- $-C-$ -Atomen sich gegenseitig sterisch behindern. Polymethylacrylat würde wegen Fehlens der $-CH_3$-Gruppen diese Behinderung nicht zeigen und das Nebenmaximum sollte bereits bei niedrigerer Temperatur auftreten; es fällt jedoch bei diesem Polymeren so nahe an

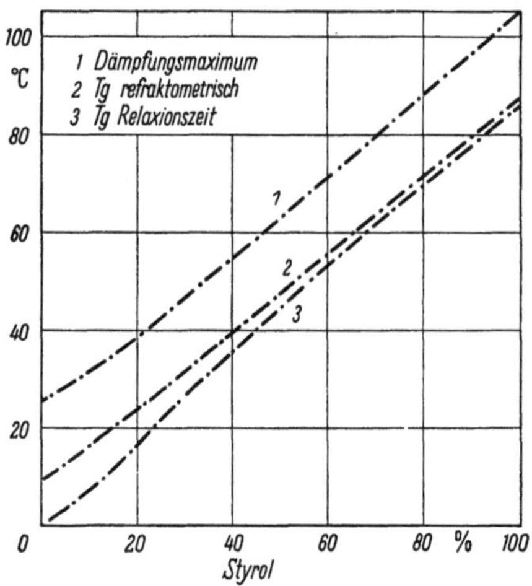

Abb. 2. Thermische Eigenschaften von weichgemachtem Polystyrol

das Hauptmaximum, daß seine genaue Analyse nicht möglich ist. HEIJBOER hat sich daher der Untersuchung von Copolymeren zugewendet, in denen verschiedenartige Substituenten die Lage und Höhe des sekundären Maximums in sehr aufschlußreicher Weise beeinflussen. So bewirkt das Einführen von Methylacrylat in Methylmethacrylat wegen des „plastizierenden" Einflusses der unsubstituierten Monomeren ein allgemeines Abschwächen des Nebenmaximums und seine Verschiebung nach höheren Frequenzen. Verstärkt man die Behinderung durch Einführung großer und starrer Substituenten, wie Phenyl oder Cyclohexyl, so erscheint das Nebenmaximum bereits bei 50% des Comonomeren stark gedrückt bzw. nach niedrigen Frequenzen verschoben. In analoger Weise wirken auch polare Substinenten wie $CONHCH_3$ und $COOH$ auf das Verhalten von Polymethylmethacrylat.

Besonders deutlich prägt sich in manchen Fällen der Einfluß der Copolymerisation auf das mechanische Verhalten amorpher Hochpolymerer aus, wenn eines der verwendeten Monomeren eine höhere Funktionalität besitzt, so daß sich im endgültigen Produkt Querverbindungen ausbilden können. So haben JENCKEL und UEBERREITER [7] sowie BOYER und SPENCER [8] den verfestigenden Einfluß von Divinylbenzol auf Polystyrol untersucht und gefunden, daß schon bei der Zugabe verhältnismäßig kleiner Mengen die Einfriertemperatur ansteigt und die Löslichkeit so gut wie gänzlich unterdrückt wird. Tab. 1 enthält eine Reihe der von BOYER und SPENCER gefundenen Zahlen, ähnliche Resultate wurden auch mit anderen Systemen gefunden (Styrol und Diisopropenyldiphenyl und Methylmethacrylat und Glykoldimethylmethacrylat).

HEIJBOER hat bei seinen Studien über das Nebenmaximum der Dämpfungskurve auch den Einfluß von Querverbindungen untersucht und gefunden, daß zwar das Hauptmaximum, welches die Beweglichkeit der Hauptketten widerspiegelt, bereits durch kleine Mengen multifunktionaler Comonomerer (in seinem

Falle Äthylendimethacrylat) beeinflußt wird, daß hingegen das Nebenmaximum, das durch die gehinderte Bewegung der Substituenten zustande kommt, durch schwache Vernetzung unbeeinflußt bleibt.

Tabelle 1. *Einfluß von Querverbindungen auf die Eigenschaften von Polystyrol nach* BOYER *und* SPENCER

% Divinyl Benzol	Mittlere Monomerenzahl zwischen Querverbindungen	Einfriertemperatur °C	Spezifisches Gewicht
0		87	1,049
0,6	170	89,5	1,048
0,8	100	92	1,048
1,0	90	94,5	1,024
1,5	60	97	1,048

Ferner zeigt sich der Einfluß der Copolymerisation auf den Erweichungsbereich, auf die Löslichkeit und auf andere physikalische Eigenschaften auch bei „reinen" Polydiolefinen, wie Polybutadien und Polyisopren, da ja diese Makromoleküle stets Copolymere aus 1,4-trans-, 1,4-cis- und 1,2-Additionen darstellen, wobei der prozentuale Anteil der einzelnen Komponenten von den Herstellungsbedingungen (Temperatur, Medium und Ausmaß des Umsatzes) abhängt und wobei auch unter gewissen Umständen eine mehr oder weniger ausgeprägte Vernetzung eintreten kann. Faßt man schließlich die Vulkanisation des Kautschuks als Mischpolymerisation von Polyisopren und Schwefel auf, so kann man die von SCHMIEDER und WOLF [1b] sowie von TOBOLSKY und Mitarbeitern [10] aufgefundenen Veränderungen von Schubmodul und Dämpfungsmaximum als Folge dieser Copolymerisation auffassen. Nach SCHMIEDER und WOLF [1b] nimmt bei der Vulkanisation von Naturkautschuk mit Schwefel von etwa 3 bis zu etwa 30% Schwefelgehalt die Einfriertemperatur proportional zur Schwefelmenge zu. Spätere Versuche der gleichen Autoren gemeinsam mit D. HEINZE und GG. SCHNELL mit vulkanisiertem und bestrahltem Naturkautschuk [9] zeigten, daß dieser Effekt vorwiegend auf die sterische Wirkung zyklisch gebundenen und nur etwa zu $1/_7$ auf diejenige der Schwefelbrücken zurückzuführen ist. Die Vernetzung selbst ist also, wie die Bestrahlungsversuche an Kautschuk und auch an Polystyrol und Polyäthylen zeigten, nur zu einem vergleichsweise geringeren Teil an der Erhöhung der Einfriertemperatur beteiligt. Letztere erhöht sich in stärkerem Ausmaße, z. B. bei Polyäthylen, erst von dem Vernetzungsgrad an, der durch eine Dosis von mehr als etwa 800 Mr erzeugt wird, bei Naturkautschuk beginnt die Verschiebung bei niedereren Dosen. Der Vernetzungseinfluß, bezogen auf die Konzentration der Vernetzungsstellen, entspricht demjenigen an anderen vernetzten Substanzen. Trägt man, wie HEINZE, SCHNELL, SCHMIEDER und WOLF [9] es getan haben, die Verschiebung der Einfriertemperatur gegenüber dem ungestörten System für die verschiedensten vernetzten oder copolymerisierten Systeme als Funktion des Abstandes der Störstellen auf, so fallen die Meßpunkte für alle untersuchten Systeme im Rahmen der zu erwartenden Auswertungsgenauigkeit auf die gleiche Kurve.

In sehr vielen Fällen wird eine weichmachende oder löslichmachende Komponente, wie Vinylacetat, Methylacrylat oder Butylacrylat, durch Mischpolymerisation in ein härteres, spröderes und schlechter lösliches Polymeres, wie Polyvinylchlorid oder Acrylnitril, eingeführt und der Einfluß auf die Sprödigkeitstemperatur und die Löslichkeit geht dann im allgemeinen qualitativ proportional zur Konzentration der modifizierenden Komponente. Viele praktisch wichtige Kunststoffe, wie die VINILYTE, IGELIT, VINIDUR usw., können auf diese

Weise in ihren technischen Eigenschaften in gewünschter Richtung beeinflußt und für einen bestimmten Verwendungszweck besonders brauchbar gemacht werden.

Auch der umgekehrte Effekt kann unter Umständen von praktischer Bedeutung sein. So verringert z. B. das Einführen eines polaren Monomeren, wie Acrylnitril, Acrylester, oder Methylvinylketon die Löslichkeit und Quellung kohlenwasserstoffartiger Materialien wie Polybutadien oder Polyisopren in erwünschter Weise und erhöht auch gleichzeitig die Erweichungstemperatur.

Schon sehr geringe Anteile polarer Komponenten in einem nicht polaren Material können die Hygroskopie und Aufnahmefähigkeit für Farbstoffe günstig, die elektrischen Eigenschaften jedoch in unerwünschter Weise beeinflussen. Man ist daher dazu gelangt, durch das Zusammenwirken von zwei oder drei, manchmal sogar von 4 Monomeren einen geeigneten Kompromiß für jeden technisch wichtigen Fall zu finden.

5.1.3 Copolymerisation und Verhalten kristallisierender Polymerer (Vgl. 3.2)

Ein besonders charakteristisches Kennzeichen vieler kristalliner Hochpolymerer ist ihr scharfer Schmelzpunkt, der deutlich an das wohlbekannte Verhalten der Metalle und der anorganischen Salze erinnert und bei dem im Bereich weniger Grade der Übergang von einem Festkörper zu einer viskosen Flüssigkeit (mit Schmelzviskositäten zwischen 10^3 und 10^6 poises) stattfindet. Experimentelle Untersuchungen über den Einfluß der Copolymerisation auf den Schmelzpunkt kristalliner Hochpolymerer haben gezeigt, daß zwei typische Fälle unterschieden werden müssen.

a) Die beiden Komponenten sind einander chemisch so ähnlich, daß sie miteinander eine Reihe homogener Mischkristalle zu bilden vermögen und

b) sie sind voneinander so verschieden, daß sie sich in der Kristallisation gegenseitig stören, so daß ein Eutektikum zustande kommt.

a) Für den ersten Fall sind mehrere gute Beispiele bekannt (vgl. auch 5.7.4). Copolymerisation von Äthylen mit Vinylalkohol bzw. von Äthylen mit Tetrafluoräthylen [11] ergibt Produkte, deren Gitter und Schmelzpunkte zwischen denjenigen der reinen Komponenten liegen, Mischkondensation von Hexamethylendiamin mit Adipinsäure und Terephthalsäure liefert Polymere, die wegen der ähnlichen Längsabmessungen des Adipinoyl- und Terephthaloylrestes (6,3 Å bzw. 5,9 Å) in der Lage sind, Mischkristalle über den gesamten Mischungsbereich zu bilden [12], obwohl die von denselben Säuren mit Äthylenglykol gebildeten Polyester ein „eutektisches" Verhalten zeigen. Offenbar sind die Wasserstoffbrücken, die nur in den Polyamiden existieren, nötig, um trotz der geometrischen Ungleichheit eine einheitliche Gitterform zu erzwingen. Besonders eingehend wurde die polymere Mischkristallbildung von CRAMER und BEAMAN [13] an den folgenden Systemen untersucht.

Adipinsäure mit Heptamethylendiamin.

$$\overset{O}{\overset{\|}{-C}}-CH_2-CH_2-CH_2-CH_2-\overset{O}{\overset{\|}{C}}-\underset{H}{N}-CH_2-CH_2-CH_2-CH_2-CH_2-CH_2-CH_2-\underset{H}{N}-$$

Adipinsäure mit Diamino-dipropyl-äther.

$$-\overset{\overset{\displaystyle O}{\|}}{C}-CH_2-CH_2-CH_2-CH_2-\overset{\overset{\displaystyle O}{\|}}{C}-\underset{\underset{\displaystyle H}{}}{N}-CH_2-CH_2-CH_2-O-CH_2-CH_2-CH_2-\underset{\underset{\displaystyle H}{}}{N}-$$

Terephthalsäure mit Heptamethylendiamin und Terephthalsäure mit Diaminodipropyläther.

Die beiden verwendeten Diamine sind geometrisch so gut wie identisch und unterscheiden sich nur dadurch, daß in dem Äther ein Sauerstoffatom die Mitte des Moleküls einnimmt, während in dem Diamin an dieser Stelle eine Methylengruppe sich befindet. Alle 6 Copolymerisate, die aus den vier obengenannten Komponenten hergestellt werden können, zeigen Mischkristallbildung in dem Sinne, daß die Schmelzpunkte der Copolymerisate zwischen jenen der reinen Komponenten liegen.

In Abb. 3 sind einige besonders charakteristische Zahlen über Mischkristallbildung bei Polyamiden wiedergegeben.

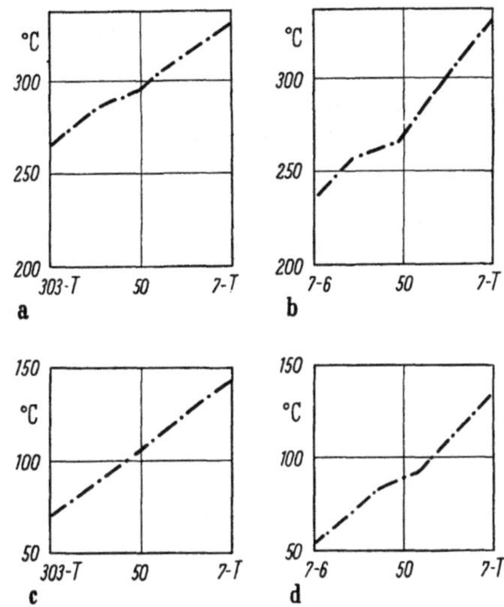

Abb. 3 a—d. Schmelzkurven von Copolyamiden
T Terephthalsäure; 303 Dipropylenoxydamin; 7 Heptamethylenamin; 6 Adipinsäure

b) Auch der Fall eines deutlichen Minimums in der Schmelzpunktkurve ist gut untersucht worden; er tritt offenbar immer dann ein, wenn die beiden Komponenten so verschieden sind, daß sie sich gegenseitig in der Kristallisation stören. Wenn die eine Komponente stark überwiegt, bildet sie ihr eigenes Gitter zumindest über gewisse Bereiche aus, so daß zunächst der Schmelzpunkt „durch Verunreinigung" ein wenig herabgesetzt wird. Nimmt die störende Komponente eine höhere Konzentration an, dann werden die ungestörten Gitterbereiche immer kleiner und es bilden sich gestörte Gitterbereiche von geringerer Schmelzwärme aus, die einen niedrigeren Schmelzpunkt haben. Abb. 4 gibt den von IZARD und KOLB [14] sowie von HILL und EDGAR [15] sehr eingehend untersuchten Fall der statistischen Mischpolyester von Äthylenglykol mit Adipinsäure, Sebacinsäure und Terephthalsäure wieder und zeigt in beiden Fällen ein sehr deutliches und scharfes Maximum.

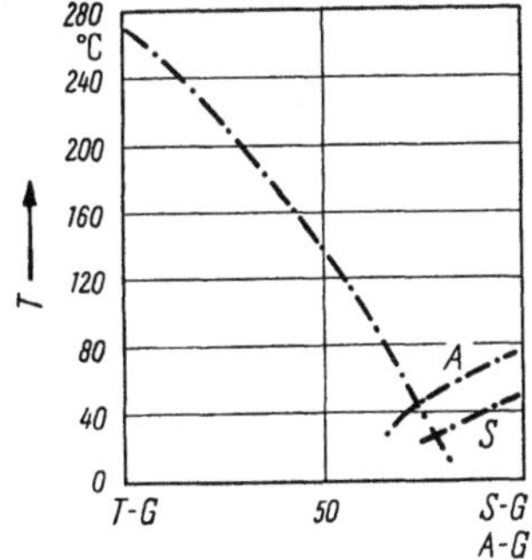

Abb. 4
Mischpolyester von Adipinsäure A, Sebazinsäure S und Terephthalsäure T mit Äthylenglykol G

Bei Polyamiden haben schon BAKER und FULLER [16] in ihren klassischen Arbeiten über das Verhalten kristalliner Hochpolymerer das Vorliegen eines deutlichen, manchmal sogar recht breiten Minimums für Mischpolymere von 6,6- mit 6,10-NYLON, 10,6- mit 10,10- und 6,6- mit 9,9-NYLON festgestellt. Neuerdings haben BEAMAN und CRAMER [13] das System 4,6- mit 6,10-NYLON besonders genau untersucht und ein scharfes Minimum bei etwa 160 °C gefunden. Der Schmelzpunkt von 4,6-NYLON liegt bei 280 °C, der von 6,10-NYLON bei 225 °C.

Auch WOLF und SCHMIEDER [17a] fanden an Copolymeren aus 6,6- und 6-NYLON sowie aus 6,6- und 8-NYLON [17b] ein Minimum der aus mechanischen Schwingungsversuchen bestimmten Schmelztemperatur bei einem Komponentenverhältnis von etwa 1:1 (vgl. 4.3.4, Abb. 34). Außer dem Schmelzpunkt hat auch die Erweichungstemperatur der amorphen Anteile beim gleichen Komponentenverhältnis ein Minimum.

FLORY [18] hat die Existenz und Größe der Schmelzpunkterniedrigung in Mischpolymerisation für den Fall nicht vorhandener Mischkristallbildung auf statistischer Basis behandelt und die folgende Gleichung abgeleitet

$$\frac{1}{T} - \frac{1}{T_x} = \frac{R}{\Delta H} \ln x, \tag{1}$$

wobei T und T_x die Schmelztemperaturen der reinen höher schmelzenden Komponente und des Copolymeren angeben, während ΔH und x die Schmelzwärme und Molkonzentration der Grundeinheit dieser Komponente bedeuten.

Gl. (1) wurde hauptsächlich von EDGAR und ELLERY [19] an einer Reihe von Copolymeren von Äthylenglykol, Terephthalsäure, Adipinsäure und Sebacinsäure geprüft und in guter Näherung bestätigt gefunden.

Ein besonderer Fall von Copolymerisation im Gebiete der Polykondensationsprodukte sind die sog. Block-Copolymeren, in denen zwei verschiedene Komponenten, z. B. Polyäthylenglykolterephthalat und Polyäthylenglykol in solcher Weise miteinander vereinigt werden [20], daß längere Segmente beider Komponenten in dem endgültigen Makromolekül vorhanden sind. Die Folge davon ist, daß die geordneten Gitterbereiche der höher schmelzenden Komponente relativ groß bleiben, und daher der Schmelzpunkt dieser Komponente und damit der der gesamten Gewichtsanteile der niedriger schmelzenden Komponente nur wenig herabgesetzt wird. Copolymerisation im Bereich der kristallinen Polymeren beeinflußt aber auch die mechanischen Eigenschaften der entstehenden Produkte in sehr bemerkenswerter Weise, wie BAKER und FULLER [21] bereits in ihren länger zurückliegenden Veröffentlichungen ebenso wie WOLF und SCHMIEDER [17a] (s. oben) gezeigt haben. Bei der Mischkondensation von 6,6- und 6,10-NYLON ergeben die Messungen des Elastizitätsmoduls ein scharfes Minimum bei gleicher molarer Menge

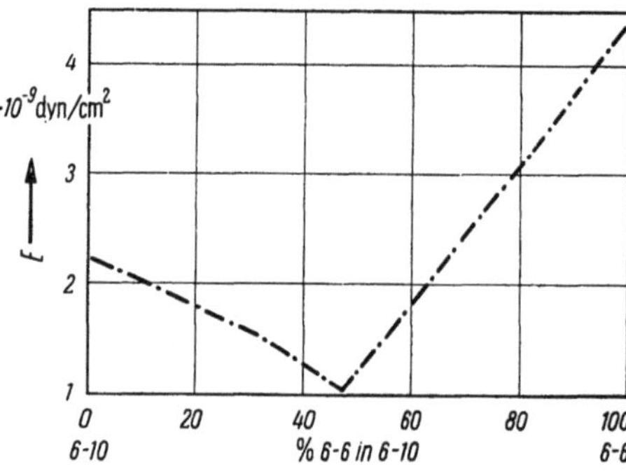

Abb. 5. Scharfes Minimum des Elastizitätsmoduls bei Copolymerisaten von 6,6- und 6,10-NYLON

der beiden Komponenten, wie dies aus Abb. 5 hervorgeht. Dies ist erklärlich dadurch, daß in den reinen Komponenten alle polaren CO- und NH-Gruppen durch Wasserstoffbindungen gegenseitig abgesättigt sind, daher eine hohe Dichte starker seitlicher Kräfte zwischen den einzelnen Fadenmolekülen im Kristallgitter bewirken. Werden nun zu einem Polyamid chemische Komponenten gefügt, die hinsichtlich ihrer Länge nicht in das Netzwerk der seitlichen Wasserstoffbrücken hineinpassen, so bleiben deren polaren Gruppen unverknüpft und tragen daher zur Festigkeit des Gefüges nichts bei. Dieser schwächende Effekt ist am größten, wenn die beiden geometrisch nicht zueinander passenden Komponenten in gleicher Molekülzahl vorhanden sind. Abb. 6, die ebenfalls den Studien von BAKER und FULLER zu verdanken ist, läßt erkennen, daß eine deutliche Herabsetzung des

Elastizitätsmoduls auch eintritt, wenn die Entstehung von seitlichen Wasserstoffbindungen nicht durch mangelnde geometrische Ordnung der polaren Gruppen, sondern durch Substituierung des NH-Wasserstoffatoms durch eine CH_3-Gruppe bewirkt wird. Mischpolymerisate von 10,10-NYLON mit steigendem Gehalt an Dimethyldecamethylen-diamin zeigen ein scharfes Abfallen des Elastizitätsmoduls, bis zu etwa 60% Methylierung.

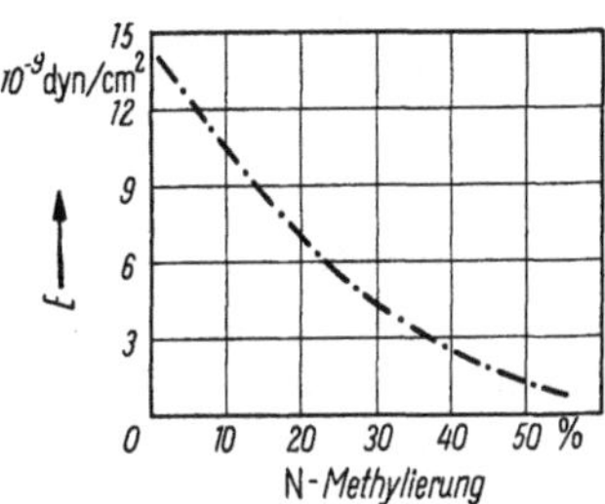

Abb. 6. Herabsetzung des Elastizitätsmoduls durch N-Methylierung

Eine neuere, besonders eingehende Untersuchung des Einflusses von Copolymerisation auf die mechanischen Eigenschaften von Copolyamiden stammt von BEAMAN und CRAMER [22], die das System 6,10/4,6-NYLON über den ganzen Mischungsbereich studierten und an mechanischen Größen den Elastizitätsmodul, die Zerreißfestigkeit und Bruchdehnung sowie die elastische Erholung gereckter Fasern unmittelbar nach der Streckung und im heißfixierten Zustand untersuchten. Abb. 7 gibt die wichtigsten der mit den heißfixierten Fasern erhaltenen Resultate und läßt deutlich den weichmachenden Einfluß der Copolymerisation erkennen, der

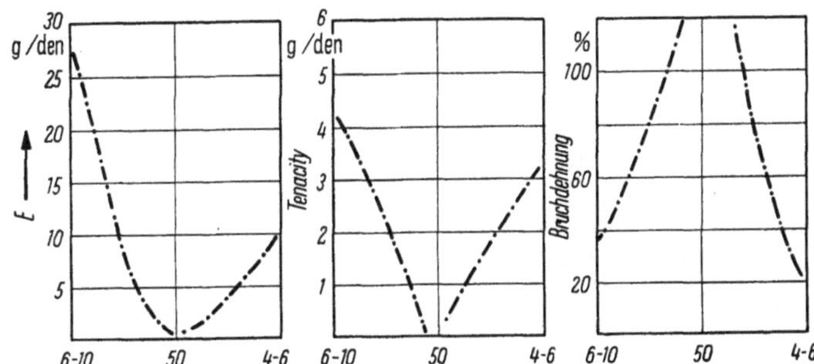

Abb. 7. Festigkeit von Mischpolyamiden in Abhängigkeit von der Zusammensetzung

in der Nähe der größten Uneinheitlichkeit, d. h. bei einem Mischungsverhältnis von 1:1, ein starkes Abfallen des Moduls und der Zerreißfestigkeit und ein Maximum der Bruchdehnung bewirkt.

Neben dem mechanischen Verhalten sind auch von BAKER und FULLER sowie von BEAMAN und CRAMER eine Reihe anderer technisch wichtiger Eigenschaften untersucht worden. So ergab sich z. B., daß die Wasseraufnahmefähigkeit von dem Polyamid mit längeren CH_2-Ketten stetig zum Material mit kürzeren Paraffinanteilen ansteigt, aber, offenbar wegen der Begünstigung nicht abgesättigter Dipole beim Molverhältnis 1:1, ein schwaches Maximum bzw. eine Schulter aufweist. Es zeigte sich ferner, daß die relative Löslichkeit in verschiedenen Flüssigkeiten bei demselben Molverhältnis (1:1) ein deutlich ausgeprägtes

Maximum hat und daß auch die Dielektrizitätskonstante und der Verlustfaktor wegen des Vorhandenseins relativ vieler beweglicher Dipole in diesem Bereich einen maximalen Wert annehmen.

Eine große und interessante Gruppe von Copolymerisation stellen die gemischten Polyelektrolyte oder „Ampholyte" dar, in denen sauere und basische Gruppen in bestimmter Weise, meist rein statistisch, entlang der Hauptketten verteilt sind und im mehr oder weniger geladenen Zustand sowie durch Umladung bei Veränderung des p_H zu sehr interessanten statistischen Verformungen führen, die wohl mit Recht von KATSCHALSKY [23] und W. KUHN als ein lehrreiches Analogon zur Muskelkontraktion angesehen werden können. Hinreichend stark vernetzte Copolymere von Acrylsäure und Vinylpyridin zeigen Kontraktion in der Umgebung des isoelektrischen Punktes und relaxieren sowohl bei höheren als auch bei niedrigeren Wasserstoffionenkonzentrationen. Die Stärke der elektromechanischen Effekte sowie die Lage des isoelektrischen Punktes hängen von dem molaren Verhältnis der sauren und basischen Gruppen, von der Biegsamkeit der Hauptkette sowie vom Vorhandensein anderer, neutraler Substituenten ab.

Literatur

[1] Vergleiche T. ALFREY JR., J. J. BOHRER u. H. MARK: Copolymerisation, S. 235ff. New York: Interscience Publ. 1951 und H. A. STUART: Die Physik der Hochpolymeren Bd. III, S. 599ff. Berlin/Göttingen/Heidelberg: Springer 1955.

[1a] JENCKEL, E., u. K. UEBERREITER: Z. phys. Chem. A 185 (1940) S. 465.

[1b] SCHMIEDER, K., u. K. WOLF: Kolloid-Z. 134 (1953) S. 149.

[2] JENCKEL, E.: Z. phys. chem. A 190 (1941). — K. UEBERREITER: Kolloid-Z. 102 (1943) S. 272.

[3] TUCKETT, R. F.: Trans. Faraday Soc. 38 (1942) S. 310.

[4] JENCKEL, E., u. HANS ULRICH HERWIG: Kolloid-Z. 148 (1956) S. 57. Zur experimentellen Methode vgl. besonders W. KUHN u. O. KUENZLE: Helv. chim. Acta 30 (1947) S. 839. — L. E. NIELSEN u. a.: J. appl. Phys. 21 (1950) S. 607. — K. WOLF: Kunststoffe 41 (1951) S. 89. — A. V. TOBOLSKY u. a.: J. Amer. chem. Soc. 74 (1952) S. 3378 u. 3786. — K. SCHMIEDER u. K. WOLF: Kolloid-Z. 127 (1952) S. 65. — B. MAXWELL: J. Polymer Sci. 17 (1955) S. 151.

[5] WOLF, K.: Kunststoffe 41 (1951) S. 89.

[6] HEIJBOER, J.: Kolloid-Z. 148 (1956) S. 36.

[7] JENCKEL, E., u. K. UEBERREITER: Z. phys. chem. A 185 (1940) S. 465.

[8] BOYER, R. F., u. R. S. SPENCER: Adv. Colloid Sci., II, S. 1. New York: Interscience Publ. 1946.

[9] HEINZE, D., G. SCHNELL, K. SCHMIEDER u. K. A. WOLF: Kautschuk u. Gummi 14 (1961) S. WT 208.

[10] Vgl. A. V. TOBOLSKY: Physical Chemistry of Highpolymers. New York 1959.

[11] BUNN, C. W., u. H. S. PEISER: Nature 159 (1947) S. 161.

[12] EDGAR, O. B., u. R. HILL: J. Polymer Sci. 8 (1952) S. 1; s. auch E. L. WITTBECKER, R. C. HOUTZ u. W. W. WATKINS: Industr. Engng. Chem. 40 (1948) S. 875.

[13] CRAMER, F. B., u. R. G. BEAMAN: J. Polymer Sci. 21 (1956) S. 237.

[14] IZARD, E. F., u. H. J. KOLB: J. chem. Physics 20 (1949) S. 564.

[15] EDGAR, O. B., u. R. HILL: J. Polymer Sci. 8 (1952) S. 1.

[16] BAKER, W. O., u. C. S. FULLER: Industr. Engng. Chem. 38 (1946) S. 272.

[17] BEAMAN, R. G., u. F. B. CRAMER: J. Polymer Sci. 21 (1956) S. 223.

[17a] WOLF, K., u. K. SCHMIEDER: Sympos. Int. Chim. Macromol. Suppl. La Ricerca Scientifica. Anno 25° 1955, S. 732.

[17b] WOLF, K. A.: Z. Elektrochem. 65 (1961) H. 7/8.

[18] EVANS, R. D., H. R. MIGHTON u. P. J. FLORY: J. Amer. chem. Soc. 72 (1950) S. 2018.

[19] EDGAR, O. B., u. E. ELLERY: J. chem. Soc. (1952) S. 2633.

[20] EDGAR, O. B., u. R. HILL: J. Polymer Sci. 8 (1952) S. 1. — D. COLEMAN: J. Polymer Sci. 14 (1954) S. 15.
[21] BAKER, W. O., u. C. S. FULLER: J. Amer. chem. Soc. 64 (1942) S. 2399; 65 (1943) S. 1120.
[22] BEAMAN, R. G., u. F. B. CRAMER: J. Polymer Sci. 21 (1956) S. 223.
[23] Vergleiche z. B. A. KATSCHALSKY: J. Polymer Sci. 12 (1954) S. 159; 16 (1955) S. 221, sowie R. M. FUOSS: J. Polymer Sci. 12 (1954) S. 185.

5.2 Lösungen Polymerer in niedermolekularen Lösungsmitteln

Von A. Peterlin, Durham, N. C./USA

5.2.1. Überblick [1, 2, 3]

Lösungen von hochmolekularen Stoffen in niedermolekularen Lösungsmitteln haben eine große Bedeutung sowohl für die technische Praxis (Lacke, Spinnlösungen, die Polymerisation findet fast immer in einer derartigen Lösung statt), wie für die Untersuchung der Hochpolymeren im Laboratorium. Im ersten Falle ist man vornehmlich an der Viskosität der Lösung und Diffusionseigenschaften der kleinen Moleküle des Lösungsmittels und der gelösten Makromoleküle, im zweiten Falle dagegen an den Möglichkeiten zur Bestimmung der charakteristischen Eigenschaften der einzelnen Moleküle des Hochpolymeren in der Lösung interessiert. Die technische Praxis arbeitet vorwiegend mit ziemlich konzentrierten Lösungen, während man für die Messung der Konstanten des Einzelmoleküls extrem verdünnte Lösungen nötig hat.

Die *Löslichkeit* der Hochpolymeren ist in sehr guter Näherung unabhängig von der Konzentration. Vom rein praktischen Standpunkt aus gesehen löst eine niedermolekulare Flüssigkeit ein gewisses Hochpolymeres entweder überhaupt nicht, oder löst beliebige Mengen, wobei allerdings bei zu großer Konzentration auch nur eine gelartige Lösung zustande kommt. Im Prinzip treten beide Fälle bei einem jeden System Lösungsmittel–Hochpolymeres auf. Unterhalb der sog. *kritischen Temperatur*[1] hat man es mit 2 Phasen zu tun – das praktisch reine Lösungsmittel mit nahezu verschwindendem Anteil des gelösten Hochpolymeren und das mehr oder minder gequollene Hochpolymere (beschränkte Quellung). In diesem Gebiet kann man ruhig von Unlösbarkeit des Hochpolymeren sprechen. Bei der kritischen Temperatur werden beide Phasen identisch und das Hochpolymere wird unbeschränkt lösbar. Das bei zu hoher Konzentration des Hochpolymeren sich bildende Gel geht bei weiterer Zugabe des Lösungsmittels stetig in Lösung über (unbeschränkte Quellbarkeit), obwohl die vollständige Auflösung unter Umständen mehrere Tage in Anspruch nehmen kann. Bei guten Lösungsmitteln, z. B. Cyclohexan für Polyisobutylen, kann die kritische Temperatur $(-147\,°C)$ auch unter dem Schmelzpunkt $(-26\,°C)$ zu liegen kommen, das Lösungsmittel wird nie zum Nichtlöser.

Mit Ausnahme der praktisch wichtigen kritischen Temperatur gibt es in der Literatur recht wenige quantitative Angaben über die Löslichkeit gerade aus dem Grunde, daß einerseits die Unterschiede zwischen Quellung und Lösung ziemlich verwaschen sind und andererseits der Übergang durch die kritische

---

[1] Bei $P = \infty$ ist die kritische Temperatur mit dem FLORYschen Θ identisch (Tab. 1). Für die Abhängigkeit vom Molekulargewicht s. z. B. E. JENCKEL u. K. GORKE: Z. Naturforschung 5a (1950) S. 556.

Temperatur meistens so scharf ist, daß man das Übergangsgebiet mit beschränkter und doch bequem meßbarer Löslichkeit praktisch immer vernachlässigen darf.

Die Löslichkeit [2] nimmt mit steigendem Molekulargewicht ab, die kritische Temperatur also zu. Bei festgehaltener Temperatur werden die ganz hohen Glieder unter Umständen nur noch gequollen und gehen nicht mehr in Lösung.

Besondere Verhältnisse liegen bei *Lösungsmittelgemischen* vor. Im allgemeinen ist die Mischung von 2 Lösungsmitteln wieder ein Löser und die Mischung von 2 Nichtlösern auch nichtlösend, während die Mischung aus einem Lösungsmittel und einem Nichtlöser (Fällungsmittel) je nach dem Verhältnis beider Anteile und je nach der Temperatur das Hochpolymere löst oder nicht löst. Doch gibt es auch Ausnahmen, insbesondere bei Polymeren mit stark verschiedenen funktionalen Gruppen im Grundbaustein und noch mehr bei den Pfropfpolymeren. So wird z. B. Acetylcellulose gelöst von einer Mischung von Nitrobenzol und Äthylacetat, die jedes für sich ein Nichtlöser sind. Dagegen wird Polyacrylnitril nicht gelöst in einer Lösung von Malonsäuredinitril und Dimethylformamid, die für sich allein Lösungsmittel für Polyacrylnitril sind [31].

Mischungen aus Lösungsmitteln und Nichtlösern, lösende Mischungen aus Nichtlösern und nichtlösende Mischungen aus Lösungsmitteln zeigen eine besonders ausgeprägte Abhängigkeit der kritischen Temperatur vom Molekulargewicht und von der Zusammensetzung des Gemisches aus einzelnen Komponenten. Auf der Abnahme der Löslichkeit mit steigendem Molekulargewicht beruhen verschiedene Fraktionsierungsmethoden mit stufenweisem oder auch kontinuierlichem Ausfällen bzw. Auslösen durch Zugabe des Fällungs- oder Lösungsmittels und eventuelle Änderung der Temperatur [3a]. Vgl. 2.4.

Für viele Zwecke, insbesondere bei theoretischen Untersuchungen, ist es sinnvoll, *gute* und *schlechte* Lösungsmittel zu unterscheiden. Die ersteren haben ein positives, die letzteren ein negatives Energieglied B'' im zweiten Virialkoeffizienten [s. 2.3, Gl. (16)],

$$B_\vartheta = B' T + B'', \tag{1}$$

der z. B. beim osmotischen Druck Π verdünnter Lösungen beim Auftragen von Π/c über die Konzentration c die Anfangsneigung der Kurve bestimmt. Die Lösungen von Hochpolymeren in guten Lösungsmitteln weisen schon bei kleiner Konzentration ziemlich hohe relative Viskosität auf im Gegensatz zu schlechten Lösungsmitteln, wo die Erhöhung der Viskosität recht gering bleibt. So finden EVANS und YOUNG [3b] für Polybutylen ($M = 1\,650\,000$) im schlechten Lösungsmittel Methyloleat bei $c = 0,01$ g/cm³ (0,05 g/cm³) eine Erhöhung der Viskosität auf das 1,05- (2,06-) fache, im guten Lösungsmittel n-Octan dagegen auf das 8,44- (980-) fache. In der technischen Praxis wird aber oft gerade ein schlechtes Lösungsmittel, d. h. ein solches mit nahezu verschwindendem B, als gut bezeichnet, da es bei niedriger Viskosität eine hohe Konzentration erreichen läßt. Im folgenden wollen wir uns jedoch ausschließlich an die oben erläuterte Terminologie halten.

Das immer positive Entropieglied $B' T$ mißt das Volumen des gelösten Makromoleküls, das Energieglied B'' die Wechselwirkung zwischen dem Lösungsmittel und dem Gelösten, die sich durch eine entsprechende Wärmetönung beim Lösen kundgibt. In schlechten Lösungsmitteln mit negativem B'' heben sich bei der

FLORYschen Temperatur Θ [2] beide Beiträge auf

$$B' + B''/\Theta = 0. \tag{2}$$

Diesem Falle entsprechen bei niedermolekularem Gelösten ideale Lösungen. Die hochmolekulare Lösung mit $B = 0$ ist dagegen alles eher als ideal, denn sie entspricht einem Lösungszustand, wo das Gelöste recht nahe am Herausfällen ist (*präzipitierende* Lösung). Die FLORYsche Temperatur kann anschaulich als höchste Temperatur, bei der bei unendlich hohem Molekulargewicht des Gelösten gerade noch eine Phasentrennung, d. h. ein Ausfällen, auftreten würde, gedeutet werden. Lösungen mit $B = 0$ sind besonders günstig zur Bestimmung des Molekulargewichtes aus Lichtstreuung, Sedimentation, Diffusion, osmotischem Druck, weil wegen der kleinen Dimensionen des statistischen Knäuels nahe am Ausfällen die gegenseitige Beeinflussung der gelösten Moleküle und somit die nichtlinearen Konzentrationseffekte besonders klein werden. Doch können bei Stoffen, die zur Assoziation

Tabelle 1. *Florysche Fällungstemperatur Θ für $M = \infty$ und zweiter Virialkoeffizient B_2 für Polystyrol ($M = 430\,000$, $T = 20\,°C$)*

Lösungsmittel	Θ^*	$B_2{}^{**} \cdot 10^5$
Benzol	100 °K	1,73 dyn cm⁴/g²
Toluol	160 °K	1,46 dyn cm⁴/g²
Cyclohexan	307 °K	0,0 dyn cm⁴/g²

* Fox, T. G., u. P. J. FLORY: J. Amer. chem. Soc. 73 (1951) S. 1909.

** SCHULZ, G. V.: Angew. Chem. 64 (1952) S. 553.

neigen, wie z. B. beim Polyvinylchlorid, in solchen Lösungen größere Molekülschwärme auftreten, die eine Bestimmung des Molekulargewichtes unmöglich machen. Man hat in solchen Fällen recht gute Lösungsmittel mit großem B zu wählen und mit entsprechend kleineren Konzentrationen zu arbeiten.

Die *Dichte* und der *Brechungsindex* hochmolekularer Lösungen zeigen eine Abhängigkeit von der Konzentration, die in allen wesentlichen Zügen mit der von niedermolekularen Lösungen und Mischungen übereinstimmt. In den meisten Fällen kann man weite Konzentrationsgebiete genügend genau durch eine lineare oder höchstens quadratische Interpolationsformel wiedergeben. Man hat es in hoch- und niedermolekularen Lösungen mit einer gleichmäßigen Verteilung des Gelösten im Lösungsmittel, was bei den im großen ganzen *additiven molekularen Größen* (Dichte, Molekularpolarisation) auch zu ungefähr additivem Verhalten der Lösungseigenschaften führt, zu tun. Die Größe der gelösten Makromoleküle hat jedoch eine ganz beträchtliche Ungleichmäßigkeit in Dichte und Brechungsindex in sehr kleinen Volumelementen zu Folge. Dementsprechend erhöht sich die *Lichtstreuung*, die gerade durch die Brechungsindexschwankungen in Volumelementen, deren Abmessungen von der Größenordnung der Lichtwellenlänge sind, verursacht wird [4].

Besonders stark werden die *dynamischen Eigenschaften* durch das gelöste Hochpolymere beeinflußt, und zwar um so mehr, je höher das Molekulargewicht. Die *Viskosität* steigt enorm rasch mit der Konzentration an und wird dabei ausgesprochen gradientenabhängig (*Strukturviskosität*). Die hochmolekularen Lösungen sind in der Regel *nicht*-NEWTONsche Flüssigkeiten. Gleichzeitig tritt eine verhältnismäßig leicht meßbare *Elastizität* auf. Die hochmolekularen Lösungen sind ausgesprochene *viskoelastische Körper* (MAXWELLsche *Körper*). In vielen Fällen, z. B. bei den Gelen, wird ihr dynamisches Verhalten durch das Auftreten einer *Fließgrenze*, unterhalb welcher sie nur elastisch deformiert werden ohne zu fließen, und von *Thixotropie* (Antithixotropie [5]), d. h. Verfestigung beim Stehen (Schütteln), noch wesentlich komplizierter, worauf in diesem Kapitel nicht eingegangen wird.

Die auf Scherung beanspruchte hochmolekulare Lösung, z. B. in der laminaren Strömung, wird in der Regel optisch doppelbrechend (*Strömungsdoppelbrechung*), was zur Untersuchung der optischen und dynamischen Eigenschaften der gelösten Makromoleküle und ihrer Knäuelung in der Lösung ausgenützt werden kann.

Die hohe Viskosität der hochmolekularen Lösungen beeinflußt in verschiedener Weise die *Beweglichkeit* der kleinen Moleküle des Lösungsmittels und der gelösten Makromoleküle, die sich in der *Diffusion* und *elektrischen Leitfähigkeit* bemerkbar macht. Die ersteren bewegen sich fast so frei wie im reinen Lösungsmittel (z. B. Sukrosemoleküle in Lösungen von Polyvinylpyrrolidon [6]), während die letzteren ungefähr die ganze makroskopisch beobachtbare Viskosität der Lösung zu überwinden haben.

Alle Effekte sind in einem jeden System Lösungsmittel-Gelöstes nicht nur von der Konzentration, sondern auch noch stark von der *Temperatur* abhängig. Besondere Effekte treten in *Lösungsmittelgemischen* auf, wo die einzelnen Komponenten verschieden gut das Hochpolymere lösen, z. B. im Falle, wenn ein Lösungs- und ein Fällungsmittel gemischt werden oder wenn das lösende Gemisch aus zwei nichtlösenden Komponenten besteht. Es wird das gute Lösungsmittel mit Vorzug am gelösten Makromolekül adsorbiert, was zu einer lokalen Änderung der Zusammensetzung des Lösungsmittels führt. Dieser Effekt ist besonders störend bei der Lichtstreuung, da er zu falschen Werten des Molekulargewichtes führt.

Einen wichtigen Fall bilden die Polyelektrolyte, wo neben dem Lösungsmittel noch die niedermolekularen Ionen eines oder beiden Vorzeichens als weitere Komponente zu berücksichtigen sind. Die elektrische Aufladung des Makromoleküls und die teilweise kompensierende Wolke von Gegenionen beeinflussen ganz wesentlich die Gestalt des Makromoleküls und die Wechselwirkung zwischen den Molekülen des Hochpolymeren, was sich dann in den dynamischen, elektrischen und optischen Eigenschaften der Lösung bemerkbar macht [7].

Die Lichtzerstreuung, die Viskosität, die dynamischen, elektrischen und dynamooptischen Eigenschaften (Strömungsdoppelbrechung) der makromolekularen Lösungen sind auf das engste mit der *Größe* und *Form* der Makromoleküle in der Lösung verknüpft. Man kann deshalb diese Effekte zur Bestimmung beider charakteristischen Größen des Makromoleküls heranziehen. Diese Kenntnisse sind andererseits sehr wichtig für die technische Praxis, da das Molekulargewicht und die Gestalt der Makromoleküle nicht nur die technisch wichtige Viskosität der Lösungen, sondern auch ganz wesentlich die mechanischen Eigenschaften im festen Zustande mitbestimmen.

Beim Studium von hochmolekularen Lösungen ist es vorteilhaft, die verdünnten und die höher konzentrierten Lösungen getrennt zu behandeln. Die ersteren können aus dem Grenzfalle *unendlicher Verdünnung*, wo alle Eigenschaften auf die des gelösten *Einzelmoleküls* zurückgeführt werden, abgeleitet und die zweiten als durch das Lösungsmittel weichgemachte *Schmelzen*, bei denen die gegenseitige *Verflechtung* der Makromoleküle das dynamische Verhalten bedingt, betrachtet werden.

Bei genügender Verdünnung zeigen die verdünnten Lösungen[1] in allen Effekten eine lineare Abhängigkeit von der Konzentration. In diesem Gebiete sind die einzelnen gelösten Makromoleküle noch so weit voneinander entfernt, daß ihre gegenseitige Überlappung noch nicht merklich ins Gewicht fällt und sich deshalb die Einzelbeiträge noch so addieren, als ob jedes Molekül allein in der Lösung wäre. Man definiert hier durch Division mit der Konzentration *spezifische molekulare* Größen (Viskositätszahl, spezifische Doppelbrechung usw.), die unmittelbar den Beitrag des Einzelmoleküls messen. Das lineare Gebiet erstreckt sich zu um so höheren Konzentrationen, je kleiner das vom Molekül beanspruchte Volumen, d. h. je gedrängter seine Gestalt. Da lineare Makromoleküle in der Regel die Form eines statistischen Knäuels annehmen, ist dessen effektiver Durchmesser R ein gutes Maß für die Abschätzung des Bereiches, in dem die Effekte linear mit der Konzentration ansteigen. Das Molekül mit dem Molekulargewicht M beansprucht ungefähr das Volumen $V_R = \pi R^3/6$ (R = effektiver Durchmesser des geknäuelten Moleküls), während ihm in der Lösung der Konzentration c (in g/cm³) im Mittel das Volumen $V_c = M/c N_L$ (N_L = LOSCHMIDTsche Zahl) zur Verfügung steht. Im Falle der Lichtzerstreuung muß $V_c \gg V_R$ sein, denn es soll das Molekül in reinem Lösungsmittel streuen, ohne die Beeinflussung durch die zu nahen Nachbarn. Bei der Viskosität und Strömungsdoppelbrechung ist dagegen das dynamische Verhalten noch praktisch ungestört, wenn nur V_c nicht kleiner als V_R geworden ist. Man kann deshalb beide Effekte bei mindestens 10mal so hoher Konzentration wie die Lichtstreuung messen, ohne aus dem linearen Gebiet herauszukommen.

Der Beitrag des Einzelmoleküls zu den verschiedenen Effekten kann in den meisten Fällen auf Grund geeigneter Modellvorstellungen leidlich gut berechnet und mit den im linearen Konzentrationsgebiet gemessenen Werten verglichen werden. Auf diese Art konnte ein recht zufriedenstellendes Modell für das Makromolekül in der Lösung aufgestellt werden [*8*]. Andererseits bietet die Messung an genügend verdünnten Lösungen die Möglichkeit, wichtige Eigenschaften des gelösten Hochpolymers, insbesondere das Molekulargewicht und die Molekülabmessungen zu bestimmen.

Die Wechselwirkung zwischen den gelösten Makromolekülen, die sich in den Abweichungen vom linearen Anstieg bei steigender Konzentration so stark bemerkbar machen, quantitativ und theoretisch richtig zu erfassen, ist jedoch bisher nur in den seltensten Fällen gelungen, so daß die nichtlinearen Effekte nur sehr wenig zu einem tieferen Verständnis der Hochpolymeren und ihrer Lösungen beitragen konnten. Da in der Regel die Effekte im nichtlinearen Gebiet weit größer und deshalb viel bequemer zu messen sind als das im linearen Gebiet der Fall ist, ist es verständlich, daß man nach Gesetzmäßigkeiten sucht,

---

[1] Polyelektrolyte fallen wegen der mit der Wurzel aus der Konzentration ansteigenden Ladungseffekte ein wenig aus dem obigen Bilde aus. Durch Zugabe einer genügenden Menge von niedermolekularen Salzen kann man jedoch die Effekte der Ladungen auf den Polyelektrolyt weitgehend unterdrücken und die Lösungen in einen Zustand überführen, wo sie sich praktisch genauso wie Lösungen von ungeladenen Hochpolymeren verhalten.

um aus solchen Messungen die sonst direkt viel schwieriger zu bestimmenden spezifischen molekularen Größen zu errechnen.

Mit weniger Erfolg als die verdünnten Lösungen sind die Schmelzen und die ihnen ähnlichen hochkonzentrierten Lösungen theoretisch behandelt worden. Mit der Platzwechseltheorie von Eyring [9] ist es z. B. gelungen, die Temperatur- und Druckabhängigkeit der Viskosität befriedigend zu erklären. Die Theorie des Raumnetzes mit endlicher Lebensdauer der Vernetzungspunkte konnte in der Formulierung von Lodge [10] den Zusammenhang zwischen der Viskosität und der Strömungsdoppelbrechung wiedergeben. Doch fehlt es an einer annehmbaren Deutung des recht großen Einflusses des Molekulargewichtes auf die Viskosität, die bei einigen Systemen [11] proportional zu $M^{3,4}$, bei anderen [12] wiederum wie $\exp(\sqrt{M})$ ansteigt.

5.2.2 Viskosität und Strukturviskosität

In Newtonschen Flüssigkeiten besteht Proportionalität zwischen Schubspannung τ und Geschwindigkeitsgefälle q

$$\tau = q\,\eta \tag{3}$$

im ganzen der Messung zugänglichen Bereich von q bzw. τ. Der Proportionalitätsfaktor, die Viskosität η ist eine Materialkonstante, die noch von Temperatur und Druck, doch nicht von τ oder q abhängt. Ein solches Verhalten zeigen alle niedermolekularen Flüssigkeiten, Lösungen und Schmelzen. Lösungen von fadenförmigen Hochpolymeren zeigen dagegen eine ausgesprochene Abhängigkeit der Viskosität vom Geschwindigkeitsgefälle bzw. von der Scherspannung (*nicht*-Newton*sche Flüssigkeiten*). In der Regel fällt η mit wachsendem q ab. Besonders wichtig ist die Anfangsviskosität η_0 bei $q = 0$, die Grenzviskosität η_∞ bei unendlich großem q und die Breite des q- bzw. τ-Bereiches, in dem praktisch der ganze Übergang von η_0 zu η_∞ stattfindet. Das Verhältnis η_0/η_∞, d. h. die Ausgeprägtheit der Strukturviskosität, wird desto größer, je höher das Molekulargewicht und die Konzentration, je länger und unverzweigter das Molekül. Der τ-Bereich, in dem sich der Übergang von η_0 bis η_∞ abspielt, ist praktisch unabhängig von der Konzentration, eine Funktion des Molekulargewichtes und der Molekülgröße, die sich natürlich mit dem Lösungsmittel und der Temperatur ändert [12a]. Besonders günstig ist die Auftragung von $\log q$ über $\log \tau$, wobei man S-förmige Kurven mit zwei unter 45° geneigten Asymptoten, die den Gebieten mit η_0 und η_∞ entsprechen, erhält (Abb. 1). Die asymptotischen Zweige mit 45°-Neigung sind charakteristisch für das Newtonsche Verhalten in

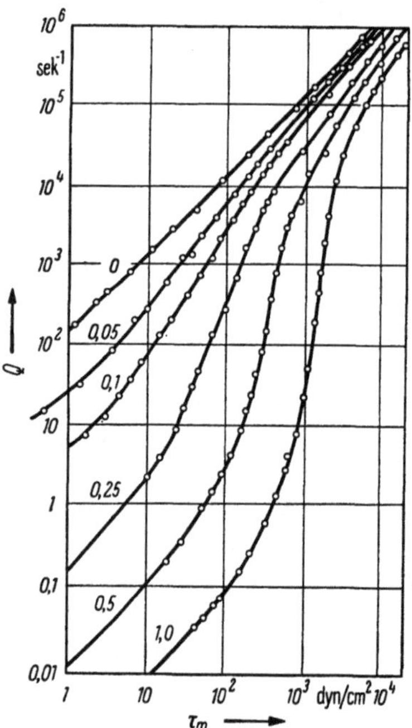

Abb. 1. Fließkurve der Nitrocellulose mit $[\eta] = 4000$ cm³/g in Butylacetat nach Hess, Philippoff, Z. phys. Chem. 31 (1936) S. 237

beiden Grenzfällen. Doch ist die logarithmische Auftragung insofern irreführend, als sie insbesondere bei kleinen q bzw. τ ein ausgedehntes Gebiet mit η_0 vortäuscht. Man verschafft sich darüber mehr Klarheit durch Auftragen von η_0 über q oder τ, was in der Regel eine nicht horizontale Tangente bei $q = \tau = 0$ ergibt.

Die Strukturviskosität kann man in vielen Fällen durch das von OSTWALD-DE WAELE [13] vorgeschlagene Potenzgesetz

$$q = k\,\tau^n \tag{4}$$

beschreiben. Beim Auftragen von $\log q$ über $\log \tau$ erhält man Gerade, aus deren Neigung der Exponent n bestimmt wird. Bei Celluloselösungen in Cuoxam findet MESKAT [14] die Beziehung

$$\eta = \eta_0\,e^{-A\,\tau}. \tag{4a}$$

UMSTÄTTER [12a] schlägt die Darstellung

$$\log q = A \exp\left[-\left(\frac{\log(\eta/\eta_\infty)}{\log(\eta_0/\eta_\infty)}\right)^2\right] \tag{5}$$

vor, die allerdings die Kenntnis von η_0 und η_∞ voraussetzt. In allen Fällen findet man eine nicht horizontale Anfangstangente beim Auftragen von η über q. Eine Ausnahme bilden nur die extrem verdünnten Lösungen und Suspensionen [siehe Gl. (13)].

Nur in ganz seltenen Fällen ist die ganze Strukturviskositätskurve der Messung zugänglich. Besonders schwer kommt man bis zum Grenzwert η_∞, doch gibt es auch Fälle, z. B. Lösungen der Thymonucleinsäure [15], wo der Übergang zu η_0 erst durch Messungen im Zylinderviskosimeter bei extrem kleinen Gradienten ($\sim 0{,}01$ s^{-1}) bestimmt werden konnte.

Im folgenden werden wir uns nur mit dem Anfangswert η_0 beschäftigen. Nur in ganz wenigen Fällen ist es gelungen, denselben bei konzentrierten hochmolekularen Lösungen in einen einfachen Zusammenhang mit der Konzentration zu bringen. So findet FLORY [16] für Lösungen des Polydekamethylglykoladipates in Diäthylsuccinat eine lineare Beziehung

$$\log\eta = -6{,}40 + \frac{1897}{T} + 0{,}1764\,\sqrt{N_w}, \tag{6}$$

zwischen dem Logarithmus der Viskosität und dem Gewichtsmittelwert der Zahl der Kettenatome N

$$N_w = m_1\,N_1 + m_2\,N_2 = \varrho\,c\,N_1 + m_2\,N_2 \tag{7}$$

in der Lösung. Es bedeuten m_1, m_2 den Massenanteil des Gelösten und des Lösungsmittels, pro Gramm der Lösung, N_1, N_2 die Zahl der Kettenatome in den entsprechenden Molekülen und ϱ die Dichte der Lösung. Der Logarithmus der Viskosität enthält die Gewichtskonzentration c unter dem Wurzelzeichen.

Die Temperatur-, Druck- und Gradientenabhängigkeit der Viskosität von konzentrierten hochmolekularen Lösungen unterscheidet sich kaum von dem, was man bei reinen hochmolekularen Schmelzen findet. Das legt den Schluß nahe, daß auch der Fließmechanismus sehr ähnlich sein muß. Man kann also die von EYRING eingeführte Platzwechseltheorie, die allerdings nur ziemlich qualitative Aussagen zuläßt, auch auf diesen Fall ausdehnen, ohne selbstverständlich von ihr ein Voraussagen der Viskositätswerte bei bekannter Zusammensetzung der Lösung zu erwarten [*16a*]. Ziemlich anders verhalten sich stärker verdünnte Lösungen, wo man Anschluß an unendliche Verdünnung, in der das Verhalten durch die Eigenschaften des Einzelmoleküls bedingt ist, finden kann.

5.2.3 Stark verdünnte Lösungen

Die Viskosität der Lösung kann prinzipiell in eine Potenzreihe nach der Konzentration c

$$\eta = \eta_l + A_1 c + A_2 c^2 + \cdots = \eta_l (1 + [\eta] c + k' [\eta]^2 c^2 + \cdots) \qquad (8)$$

mit η_l = Viskosität des Lösungsmittels, entwickelt werden. Der Koeffizient im linearen Glied gibt die *Viskositätszahl* (STAUDINGER-Index)

$$[\eta] = \lim_{c=0} \frac{\eta - \eta_l}{c \, \eta_l} \qquad\qquad \mathrm{g}^{-1}\,\mathrm{cm}^3 \qquad (9)$$

die für das hochpolymere Einzelmolekül in der Lösung charakteristisch ist. Der Faktor k' im quadratischen Glied (HUGGINsche Konstante) hat zwar in sehr vielen Systemen ungefähr den Wert 0,38, doch findet man in schlechten Lösungsmitteln und in der Nähe der Koagulation weit größere Werte (bis 1,3).

Die prinzipiell einfache Gl. (8) ist jedoch ziemlich unbrauchbar, sobald die relative Viskosität $\eta_r = \eta/\eta_l$ etwas stärker über den Anfangswert 1 hinausgeht. Viel besser bewähren sich empirische Formeln, wie die nach MARK-FIKENTSCHER [*17*]

$$\log \eta_r = \frac{75 k^2 c}{1 + 1{,}5 k c} + k c \qquad (10)$$

bei der die Konstante k sehr große Dienste zur technischen Charakterisierung des untersuchten Systems leistet[1], ferner die ähnlich gebaute Gleichung von SCHULZ und BLASCHKE [*18*]

$$\eta_r = 1 + \frac{[\eta] c}{1 - k' [\eta] c} \qquad (11)$$

mit dem HUGGINschen k' und die Potenzgleichung von BAKER [*19*]

$$\eta_r = \left(1 + \frac{[\eta] c}{n}\right)^n, \qquad (12)$$

die besonders HESS und PHILIPPOFF [*20*] mit $n = 8$ für eine Reihe von Systemen, z. B. Cellulosen, gut verwenden konnten. Ist einmal bei einem gewissen System eine derartige Konzentrationsgleichung durch eingehende Versuche genügend gesichert, dann hat man es in der Hand, aus den bequemen Messungen bei höherer Konzentration, wo η_r einen genügend von 1 verschiedenen Wert besitzt, die sonst ziemlich umständlich zu gewinnende charakteristische Größe des Einzelmoleküls, das ist die Viskositätszahl, zu bestimmen.

Auch verdünnte hochmolekulare Lösungen zeigen in der Regel Strukturviskosität, doch war es lange unentschieden, ob diese nur auf die Wechselwirkung der ziemlich ausgedehnten molekularen Knäuel zurückzuführen sei, oder ob sie auch dem Einzelmolekül zuzuschreiben sei. Nun hat sich herausgestellt, daß

---

[1] Es gilt $[\eta] = 0{,}2303 k (75 k + 1)$ bzw.

$$k = \frac{1{,}5 \log \eta_r - 1 + \sqrt{(300 c + 3) \log \eta_r + 2{,}25 \log^2 \eta_r + 1}}{150 + 3 c}$$

tatsächlich beide Effekte auftreten, obwohl in der Regel der erste stark überwiegt. Genaue Messungen haben eindeutig die Gradientenabhängigkeit der Viskositätszahl sichergestellt. Wegen der Kleinheit des Effektes bei sehr großer Verdünnung hat man mit höchster Präzision und mit sehr großen Molekulargewichten zu arbeiten. Es ist aber die Strukturviskosität der Viskositätszahl von der Strukturviskosität konzentrierter Lösungen in der Gradientenabhängigkeit bei $q = 0$ verschieden. Beim Einzelmolekül[1] hat man ein quadratisches Gesetz [21]

$$[\eta]_q = [\eta]_0 (1 - A_2 q^2 + \cdots) \tag{13}$$

Die Viskositätszahl hat als Funktion von q bei $q = 0$ eine horizontale Tangente, während man bei höheren Konzentrationen, wo die Wechselwirkung der sich vielfach durchdringenden Fadenmoleküle für die enormen Viskositätswerte verantwortlich ist, ein lineares Gesetz [22]

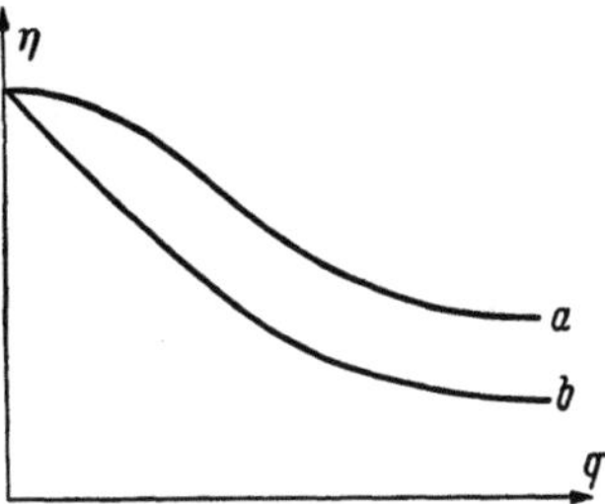

Abb. 2. Verlauf der Strukturviskosität bei stark verdünnten (Kurve a) und konzentrierten Lösungen bzw. Schmelzen (Kurve b)

$$\eta_q = \eta_0 (1 - A_1 q + \cdots) \tag{14}$$

d. h. eine nichthorizontale Tangente bei $q = 0$ findet. Beiderlei Verhalten wird theoretisch ziemlich gut verstanden. Aus der EYRINGschen Platzwechseltheorie [16a] folgt allerdings nur eine Abhängigkeit nach Gl. (13). Einen linearen Abfall mit q konnte SPENCER [22a] durch Berücksichtigung der Orientierung ganzer Molekülbereiche in der Strömung und EYRING [22b] durch Einführung von drei verschiedenen Relaxationsmechanismen erhalten.

Die Viskositätszahl ist sehr stark vom Molekulargewicht abhängig. In der Regel kann man ein Potenzgesetz [1]

$$[\eta] = K M^a \tag{15}$$

mit konstantem Exponent a, der zwischen 0,5 und 1 liegt, aufstellen, das die Verhältnisse bis zu den größten Molekulargewichten sehr genau wiedergibt. Trägt man $\log [\eta]$ über $\log M$ auf, so bekommt man Geraden, deren Neigung

Tabelle 2. *Koeffizienten K und a im Potenzgesetz für die Viskositätszahl*

	Temperatur	$K\,10^2$	a
Polyisobutylen[1] in Diisobutylen	20 °C	3,60	0,64
Polystyrol in Benzol[2]	20 °C	1,23	0,72
Polystyrol in Toluol[3]	25 °C	0,75	0,75
Polymethylmethacrylat[4] in Aceton	20 °C	0,53	0,73
Polymethylmethacrylat[4] in Chloroform	20 °C	0,60	0,79
Nitrocellulose[5] in Aceton	20 °C	0,018	0,90

[1] FLORY, P. J.: J. Amer. chem. Soc. 65 (1943) S. 372.

[2] MEYERHOFF, G.: Z. phys. Chem. 4 (1955) S. 335.

[3] OTH, J., u. V. DESREUX: Bull. Soc. chim. Belgique 63 (1954) S. 285.

[4] SCHULZ, G. V., u. G. MEYERHOFF: Z. Elektrochem. 56 (1952) S. 904.

[5] MEYERHOFF, G.: Makromolekulare Chem. 12 (1954) S. 45.

---

[1] Die neuesten Messungen von CLAESSON und LOHMANDER [21a] an hochmolekularen Nitrocellulosen ergeben ganz eindeutig eine lineare Gradientenabhängigkeit, wie es Gl. (14) entsprechen würde. Eine Erklärung dieses Verhaltens ist bisher noch nicht gelungen.

gleich a ist. Nur bei Annäherung an das Monomer, d. h. bei den niedrigsten Gliedern der polymeren Reihen, hat man Abweichungen gefunden. Bei Paraffinen [23] bekommt man bei der doppelt logarithmischen Auftragung eine im Anfangsteil nach unten, bei Polymethylmethacrylat, Polystyrol, Polyisobutylen [24] eine nach oben gekrümmte Kurve. Stark verzweigte Polymere und insbesondere solche, bei denen der Verzweigungsgrad mit dem Molekulargewicht ansteigt, wie z. B. Dextran [24a], haben $a = 0{,}5$ oder sogar $a < 0{,}5$.

Die Viskositätszahl hängt sehr eng mit der mittleren Form des gelösten Makromoleküls zusammen. Der statistische Knäuel ähnelt im Mittel einer halbdurchlässigen Kugel mit dem Durchmesser R. Das EINSTEINsche Gesetz für die starre Kugel wird in diesem Falle zu [25]

$$[\eta] = 2{,}5\,\pi\,\frac{R^3}{6}\,\Phi(\sigma)\,\frac{N_L}{M} \tag{16}$$

modifiziert. Der Durchlässigkeitsparameter σ verschwindet bei völliger Durchspühlung und wird unendlich bei undurchlässiger Kugel. Die Funktion Φ hat den Wert Null bei $\sigma = 0$ und 1 bei $\sigma = \infty$ (Abb. 3). Nun hat $\Phi(\sigma)$ bei den wirklich gemessenen Systemen einen nahezu konstanten Wert, der etwas größer in den schlechten Lösungsmitteln mit dichtem Knäuel und etwas kleiner bei der Aufweitung des Knäuels in guten Lösungsmitteln wird [26]. Man kann deshalb mit genügender Genauigkeit den Ausdruck $2{,}5\,\pi\,\Phi(\sigma)\,N_L/6$ durch eine nahezu konstante Größe $\Phi_0 = 1{,}1 - 2{,}3 \cdot 10^{23}$ ersetzen und mit FLORY [2] schreiben

$$[\eta] = \Phi_0\,\frac{R^3}{M} \tag{17}$$

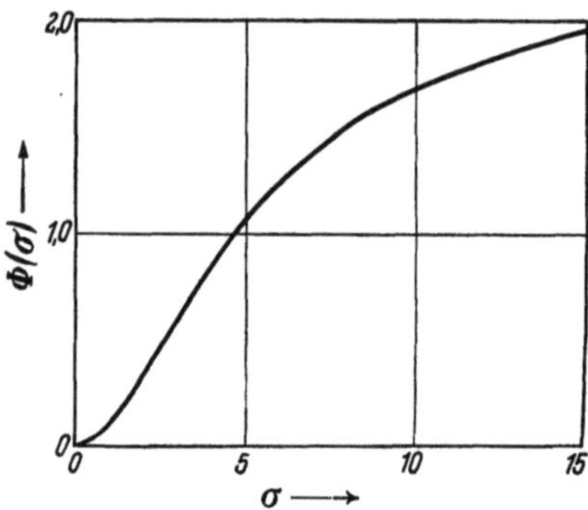

Abb. 3
Die Durchlässigkeitsfunktion 2,5 $\Phi(\sigma)$ für die
Viskositätszahl nach DEBYE, BUECHE,
J. chem. Physics 16 (1948) S. 573

Die Viskositätszahl ist proportional der dritten Potenz des mittleren Trägheitsradius und umgekehrt proportional dem Molekulargewicht.

5.2.4 Lösungen von Polyelektrolyten [7]

Die Gestalt des elektrisch geladenen Fadenmoleküls ändert sich ganz erheblich wegen der abstoßenden Kräfte zwischen den Ladungen. Ein völlig ionisiertes Fadenmolekül, z. B. der Polyacrylsäure, müßte ganz gestreckt sein. Nun bildet sich um jedes Ion eine Wolke von Gegenionen, die wie eine abschirmende Atmosphäre die Abstoßkräfte ganz wesentlich herabsetzt, und zwar um so mehr, je dichter sie ist, d. h. je mehr Ionen beiden Vorzeichens sich in der Volumeinheit befinden. Als Ionen hat man Gegenionen des Polyelektrolyten selber und die Ionen beiden Vorzeichens der beigegebenen niedermolekularen Salze (z. B. NaCl). Es wird daher das Molekül um so weniger gestreckt, je mehr niedermolekulare Salze man hat und je größer die Konzentration des Polyelektrolyten selber. Die gleichen Überlegungen gelten auch für ein teilweise ionisiertes Molekül, wo wegen der kleineren Eigenladung schon die Gestalt des ungestörten, geladenen Fadens nicht so sehr gestreckt sein wird wie bei maximaler Ionisation.

Der Ionisationsgrad α kann sehr einfach durch Neutralisation der an und für sich sehr schwachen und daher praktisch kaum dissoziierten Polysäure (oder Polybase) durch eine starke Base, wie NaOH (oder Säure H_2SO_4), auf jede gewünschte Höhe eingestellt werden.

Die Gestalt des Moleküls beeinflußt die Viskositätszahl. Bei Polyelektrolyten ist es wegen der spezifischen Effekte der elektrolytischen Lösungen bei kleinen Konzentrationen nicht ganz einfach, den für die Bestimmung der Viskositätszahl nötigen Grenzübergang auszuführen, und man begnügt sich meistens mit der eng verwandten Größe $(\eta_r - 1)/c = \eta_{sp}/c$ (spezifische Viskosität/Konzentration). Trägt man diese Größe für verschiedene Konzentrationen des Polyelektrolyten über den Ionisationsgrad auf, so erhält man eine Kurvenschar, wie sie in Abb. 4 wiedergegeben wird und die gerade im oben angegebenen Sinne zu deuten ist. Bei festgehaltener Ionisation ist mit Ausnahme der kleinsten α-Werte ($\alpha < 0,1$) der Viskositätsbeitrag des Polyelektrolytmoleküls und damit sein Durchmesser R um so größer, je kleiner die Konzentration, d. h. je weniger Abschirmung durch die Gegenionen auftritt. Der Effekt hat sein Maximum bei 90%iger und nicht bei vollständiger Ionisation, was auf das schnellere Anwachsen der Gegenionenkonzentration im Verhältnis zur Abstoßkraft in diesem Gebiete zurückzuführen ist. Die auftretenden Viskositätsänderungen können bei genügend kleiner Konzentration und großem Molekulargewicht einige Hundert betragen. Bei erhöhter Konzentration und mit Zugabe von neutralen Salzen wird der Effekt dagegen ganz unterdrückt.

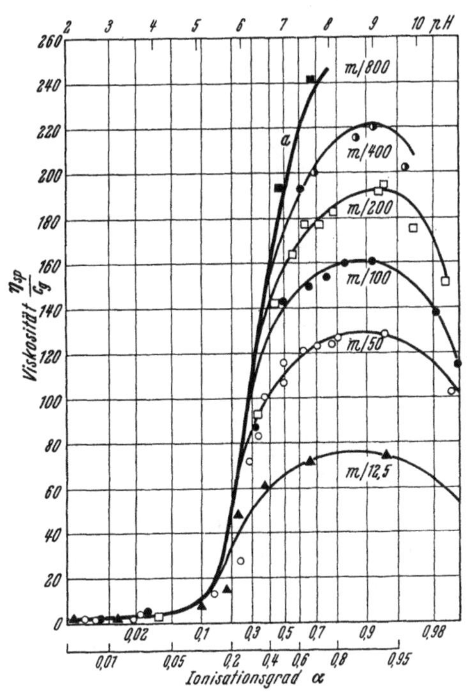

Abb. 4. η_{sp}/c wäßriger Lösungen von Polymethacrylsäure in Abhängigkeit von der Konzentration (Grundmol/l) und des Dissoziationsgrades α nach KATCHALSKY, KÜNZLE, KUHN, J. Polymer Sci. 5 (1949) S. 283

Von der Voraussetzung ausgehend, daß die Gestalt des ionisierten Polyelektrolytmoleküls von der Eigenladung und der Dichte der Ionenatmosphäre abhängt, haben HERMANS und PALS [28] unter Einführung konstanter Ionendichte die Viskosität bis auf die Konzentration Null zu extrapolieren versucht. Sie geben so viel an niedermolekularem Salz zur Lösung, daß die Erniedrigung der Ionenkonzentration wegen der Verdünnung (Übergang zu kleinerer Polyelektrolytkonzentration) gerade wettgemacht wird. Tatsächlich wird so bei Natriumpektinat und Carboxymethylcellulose ein endlicher Gegenwert von η_{sp}/c, d. h. eine Viskositätszahl, die je nach dem Ionisationsgrad und der Salzkonzentration verschieden ist, erhalten. Da eigentlich nicht die Ionenkonzentration, sondern die Aktivität für die elektrostatische Kraftwirkung maßgebend ist, schlagen CASASSA und EISENBERG [28a] vor, bei der Verdünnung die Lösung durch Dialyse mit dem Lösungsmittel auf konstanter Ionenstärke zu halten. Sie konnten auf diese Weise ihre Messungen der Viskosität und Lichtzerstreuung ganz eindeutig auf unendliche Verdünnung extrapolieren.

Polyelektrolyte mit großem Salzzusatz und Polyelektrolyte in nichtdissoziierendem Lösungsmittel (z. B. im Aceton), verhalten sich wie normale ungeladene Hochpolymere.

Die Ladungen am dissoziierten Polyelektrolytmolekül wirken mit ihren weitreichenden Kräften viel stärker auf die umgebenden geladenen Makromoleküle, als dies bei ungeladenen Molekülen der Fall ist. Das hat größere Konzentrationseffekte zur Folge. Insbesondere ist schon bei verhältnismäßig kleinen Molekülen und kleiner Konzentration die Strukturviskosität, die durch Gl. (14) beschrieben werden kann, sehr ausgeprägt und tritt bei weit niedrigeren Gradienten als bei ungeladenen Molekülen auf [29]

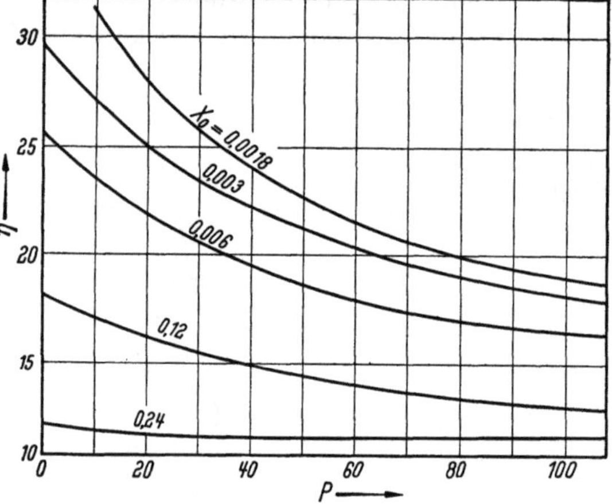

Abb. 5. Strukturviskosität bei Natriumcarboxymethylcellulose in NaCl-Lösungen. x_0 Konzentration des NaCl und der äquivalenten Na-Carboxylgruppen in Mol/l. Das Gefälle ist proportional dem treibenden Druck p (in cm Wassersäule). Nach HERMANS, Rec. Trav. Chim. 71 (1952) S. 56

(Abb. 5). Es ist dagegen bisher noch nicht möglich gewesen, die Strukturviskosität der Viskositätszahl bei Polyelektrolyten festzustellen, denn sie wird immer durch die starken Wechselwirkungseffekte überdeckt.

5.2.5 Verschiedene Effekte

Die Lichtstreuung an konzentrierten Lösungen liefert ähnlich wie die an festen Gläsern Übersicht über die Dichteschwankungen, die in Flüssigkeiten nur eine Folge der Wärmebewegung sind und deshalb keinen besonders wichtigen Aufschluß über die Struktur der hochmolekularen Lösung erlauben. In verdünnten Lösungen dagegen treten die Wechselwirkungsbeiträge stark in den Hintergrund, und man erhält allein die Streuung des gelösten Einzelmoleküls, aus der man das Molekulargewicht und die Molekülabmessungen ableiten kann (s. 2.3).

Die Strömungsdoppelbrechung von konzentrierten Lösungen ist nach dem Netzmodell zu deuten, wie das LODGE [10] gezeigt hat. Die netzartige Struktur, deren Haftpunkte eine endliche Lebensdauer haben, wird in der laminaren Strömung deformiert, wobei die zwischen den Haftpunkten eingespannten Fadenstücke gedehnt und orientiert werden. Es resultiert eine beachtliche Doppelbrechung und Orientierung. Mit wachsendem Gradienten q überwiegt jedoch die Zerstörung der Haftpunkte, die eine vergrößerte Unabhängigkeit der früher stark vernetzten Makromoleküle und dementsprechend eine verminderte Orientierung und Doppelbrechung zur Folge hat.

Bei sehr verdünnten Lösungen, wo es noch keine Vernetzung gibt, kann die Strömungsdoppelbrechung und der Auslöschwinkel durch Auftragen über $(\eta - \eta_l)\,q$ bzw. $(\eta - \eta_l)\,q/c$ verhältnismäßig einfach auf unendliche Verdünnung extrapoliert werden [*30*] (Abb. 6), woraus dann die spezifische Maxwellsche Konstante M_{sp} und die Orientierungszahl $[\omega]$, die beide molekulare Größen darstellen, abgeleitet werden können (s. 3.6.2).

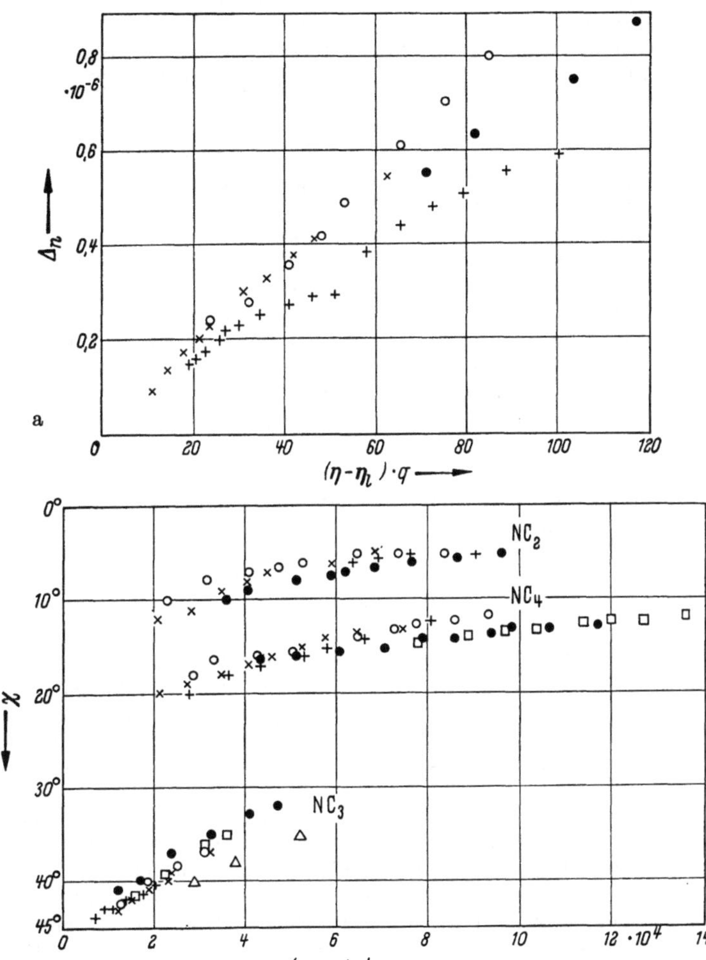

Abb. 6 a und b. Extrapolation der Strömungsdoppelbrechung auf unendliche Verdünnung durch Auftragen von (a) Δ_n über $(\eta - \eta_0)\,q$ und (b) χ über $(\eta - \eta_0)\,q/c$. Nitrocellulose in Butylacetat mit M = 60000 (NC 3), 300000 (NC 4) und 800000 (NC 2). Nach PETERLIN, SIGNER, Helv. chim. Acta 36 (1953) S. 1575

Literatur

[*1*] STUART, H. A.: Physik der Hochpolymeren, Bd. II. Berlin/Göttingen/Heidelberg: Springer 1953.

[*2*] FLORY, P. J.: Principles of Polymer Chemistry. Ithaca, USA: Cornell University Press 1953.

[*3*] EIRICH, F.: Rheology, 1. Bd. New York: Academic Press 1956.

[*3a*] Siehe z. B. den zusammenfassenden Bericht von L. H. CRAGG u. H. HAMMERSCHLAG: Chem. Rev. 39 (1946) S. 79.

[*3b*] EVANS, H. C., u. D. W. YOUNG: Industr. Engng. Chem. 34 (1942) S. 461, 39 (1947) S. 1676.

[*4*] Siehe z. B. den zusammenfassenden Bericht von CH. SADRON: J. Polymer Sci. 12 (1954) S. 69.

[*5*] ELIASSAF, J., A. SILBERBERG u. A. KATCHALSKY: Lösungen der Polyacrylsäure. Nature 176 (1955) S. 1119.

[6] NISHIJIMA, Y., u. G. OSTER: J. Polymer Sci. 19 (1956) S. 337.

[7] Siehe z. B. die Zusammenfassung von R. M. FUOSS u. A. S. FUOSS: Solutions of Polyelectrolytes. Ann. Rev. phys. Chem. 4 (1953) S. 49.

[8] Siehe [1, 2, 3] und W. KUHN, H. KUHN u. P. BUCHNER: Hydrodynamisches Verhalten von Makromolekülen in Lösung. Ergebn. exakt. Naturwiss. 25 (1951) S. 1. — R. CERF: Fortschr. Hochpolym. Forsch. 1 (1959) S. 382.

[9] EYRING, H.: J. chem. Physics 4 (1936) S. 283. — WIRTZ K.: Z. Naturforschung 3a (1948) S. 672. — C. TRUESDELL: Z. Phys. 131 (1952) S. 273. — H. WEYMANN:Kolloid-Z. 138 (1954) S. 41.

[10] LODGE, A. S.: Proc. 2. Intern. Rheol. Congr., Oxford 1953, S. 229 (1954). — Nature 176 (1955) S. 838 — Trans. Faraday Soc. 52 (1956) S. 120.

[11] Polystyrol: T. G. FOX u. P. J. FLORY: J. Amer. chem. Soc. 70 (1948) S. 2384. — Polyisobutylen: T. G. FOX u. P. J. FLORY: J. phys. Colloid Chem. 55 (1951) S. 221. — Kautschuk: M. MOONEY: Physics 7 (1956) S. 413. — H. M. SMALLWOOD: J. appl. Phys. 8 (1937) S. 505.

[12] Polyäthylen: K. UEBERREITER u. H. J. ORTMANN: Kolloid-Z. 126 (1952) S. 140. — A. E. MAIBAUER u. C. S. MYERS: Trans. electrochem. Soc. 90 (1946) S. 341. — Dimethylsiloxan: A. J. BARRY: J. appl. Phys. 17 (1946) S. 1020.

[12a] Siehe z. B. H. UMSTÄTTER: Einführung in die Viskosimetrie und Rheometrie. Berlin/Göttingen/Heidelberg: Springer 1952.

[13] OSTWALD, WO.: Z. phys. Chem. 111 (1924) S. 62 — Kolloid-Z. 36 (1925) S. 49, 47 (1929) S. 176. — A. DE WAELE: J. Oil Colour. Chem. Ass. 6 (1923) S. 33.

[14] MESKAT, W.: Zelluloselösungen in Cuoxam. Chem. Ing. Techn. 24 (1952) S. 333.

[15] SIGNER, R., u. K. BERNEIS: Makromolekulare Chem. 8 (1952) S. 268.

[16] FLORY, P. J.: J. Amer. chem. Soc. 62 (1940) S. 1057 — J. phys. Chem. 46 (1942) S. 870.

[16a] Siehe z. B. K. WIRTZ: Z. Naturforschung 3a (1948) S. 672.

[17] FIKENTSCHER, H., u. H. MARK: Kolloid-Z. 49 (1930) S. 135.

[18] SCHULZ, G. V., u. F. BLASCHKE: J. prakt. Chem. 158 (1941) S. 130. — G. V. SCHULZ u. G. SING: J. prakt. Chem. 161 (1943) S. 161.

[19] BAKER, F.: J. chem. Soc. (London) 103 (1913) S. 1653.

[20] HESS, K., u. W. PHILIPPOFF: Ber. dtsch. chem. Ges. 70 (1937) S. 639. — W. PHILIPPOFF: Viskosität der Kolloide. Dresden/Leipzig: Steinkopff 1942.

[21] WADA, E.: J. Sci. Res. Inst. Tokyo 47 (1953) S. 159 — J. Polymer Sci. 14 (1954) S. 305: Polymethylmethacrylat. — M. ČOPIČ: J. Chim. physique 54 (1957) S. 348: Polystyrol. — H. EISENBERG: J. Polymer Sci. 25 (1957) S. 257. — Theoretische Behandlung: M. ČOPIČ: J. Chim. physique 53 (1956) S. 440. — A. PETERLIN u. M. ČOPIČ: J. appl. Phys. 27 (1956) S. 434. — R. CERF: J. physique Radium 19 (1958) S. 122. — A. PETERLIN: J. chem. Physics 33 (1960) S. 1799 — Makromolekulare Chem. 44—46 (1961) S. 338.

[21a] CLAESSON, S., u. U. LOHMANDER: Makromolekulare Chem. 44—46 (1961) S. 461.

[22] GOLUB, M. A.: J. Polymer Sci. 18 (1955) S. 27 u. 156 — J. phys. Chem. 60 (1956) S. 431: Polyisopren. — J. D. FERRY: J. Amer. chem. Soc. 64 (1942) S. 130: Polystyrol in Xylol. — D. W. SAUNDERS u. L. R. G. TRELOAR: Trans. Inst. Rubber Ind. 24 (1948) S. 92: Mastizierter Kautschuk. — Theoretische Behandlung: F. BUECHE: J. chem. Phys. 22 (1954) S. 1570. — T. REE, H. EYRING: Technical Rep. 43, Inst. Study Rate Processes, Utah Univ., Salt Lake City, 1954.

[22a] SPENCER, R. S.: J. Polymer Sci. 5 (1950) S. 591.

[22b] REE, T., u. H. EYRING: J. appl. Phys. 26 (1955) S. 793 u. 800.

[23] PETERLIN, A.: Z. Naturforschung 10a (1955) S. 412.

[24] SCHÖN, K. G., u. G. V. SCHULZ: Z. phys. Chem. 2 (1954) S. 197. — H. MARZOLPH u. G. V. SCHULZ: Makromolekulare Chem. 13 (1954) S. 120: Polymethylmethacrylat, s. auch Zit. [23].

[24a] GRAHAM, W. D.: Canad. J. Technol. 34 (1956) S. 83. — J. A. WOLFF, C. L. MEHLTRETTER, R. L. MELLIES, P. R. WATSON, B. T. HOFREITER, P. L. PATRICK u. C. E. RIST: Indust. Engng. Chem. 46 (1954) S. 370.

[25] BRINKMAN, H. C.: Physics 13 (1947) S. 447 — Proc. 1. Intern. Rheol. Congr. Scheveningen 1948, S. 50 — Appl. Sci. Res. 2 (1949) S. 190. — P. DEBYE u. A. M. BUECHE: J. chem. Physics 16 (1948) S. 573.

[26] Krigbaum, W. R., u. D. K. Carpenter: J. phys. Chem. 59 (1955) S. 1166.

[28] Pals, D. T. F., u. J. J. Hermans: J. Polymer Sci. 3 (1948) S. 897 — Rec. Trav. Chim. 71 (1952) S. 433.

[28a] Casassa, E. F., u. H. Eisenberg: J. phys. Chem. 64 (1960) S. 753.

[29] Akkerman, F., D. T. F. Pals u. J. J. Hermans: Rec. Trav. Chim. 71 (1952) S. 56. — U. P. Strauss u. R. M. Fuoss: J. Polymer Sci. 8 (1952) S. 593. — T. Inoue: J. chem. Soc. Japan 77 (1956) S. 820.

[30] Peterlin, A.: J. Polymer Sci. 12 (1954) S. 45 — Proc. 2. Intern. Rheol. Congr., Oxford 1953, S. 343 (1954). — A. Peterlin u. R. Signer: Helv. chim. Acta 36 (1953) S. 1575. — A. Peterlin u. M. Čopič: Reports J. Stefan Inst. Ljubljana 1 (1953) S. 65.

[31] Fuchs, O.: Kunststoffe 43 (1953) S. 409.

5.3 Tabelle zur Löslichkeit

Von H. Dexheimer und O. Fuchs, Frankfurt a. M.-Hoechst

Die Tabelle enthält qualitative Angaben über das Löslichkeitsverhalten der wichtigsten makromolekularen Stoffe. Die der Literatur entnommenen Daten beziehen sich, falls nichts anderes vermerkt ist, auf Raumtemperatur. Mit steigender Temperatur nimmt die Löslichkeit im allgemeinen zu; das Vorliegen eines negativen Temperaturkoeffizienten der Löslichkeit ist besonders hervorgehoben. Bei steigendem Molekulargewicht der hochpolymeren Substanz fällt die Löslichkeit ab. Bei Erhöhung des Verzweigungsgrades (bei gleichem Molekulargewicht) wird die Löslichkeit besser. Makromoleküle, in denen die Monomereneinheiten sterisch geordnet vorliegen (z. B. isotaktische Produkte) sind bei gleichem Molekulargewicht schwerer löslich als bei Fehlen einer solchen Ordnung (ataktische Produkte). In der Literatur zu findende widersprechende Löslichkeitsangaben für das gleiche Produkt sind meistens dadurch bedingt, daß sich die Daten auf Produkte mit verschiedenem Molekulargewicht und verschiedenem Verzweigungsgrad beziehen.

Die Hochpolymeren sind in der Tabelle in 4 Gruppen eingeteilt (Kohlenwasserstoffe, O- und N-haltige Produkte, halogenhaltige Produkte und sonstige); innerhalb jeder Gruppe sind die Produkte alphabetisch angeordnet. Chemisch uneinheitliche Produkte (Copolymere, Cellulosederivate, partiell verseifte oder acetalysierte Produkte, nachchlorierte Hochpolymere u. a.) sind nur z. T. in die Tabelle aufgenommen, da deren Löslichkeit stark von der chemischen Zusammensetzung abhängt. Copolymere sind im allgemeinen leichter löslich, als auf Grund des Löslichkeitsverhaltens der Einzelpartner zu erwarten ist.

In den beiden Spalten „Lösungsmittel" und „Nichtlöser" sind nur technisch zugängliche Substanzen angeführt. Für jede Stoffklasse der Löser bzw. Nichtlöser ist meistens nur ein spezifischer Vertreter angegeben. Homologe Substanzen zeigen gegenüber derselben makromolekularen Substanz ein ähnliches Löslichkeitsverhalten; dabei ist es aber zu beachten, daß sich die Löslichkeit innerhalb einer homologen Reihe stetig ändert, wobei die 4 Möglichkeiten der stetigen Zunahme der Löslichkeit, der stetigen Abnahme, des Vorliegens eines Optimums und eines Minimums der Löslichkeit beim Durchgang durch die Reihe auftreten können. Wasser ist für alle jene Produkte, für die es nicht als Lösungsmittel angeführt ist, ein Nichtlöser; es wurde in der Spalte „Nichtlöser" durchweg weggelassen. Gemische aus Nichtlösern für ein Hochpolymeres wirken mitunter auf das gleiche Hochpolymere lösend; umgekehrt können Gemische aus Lösungsmitteln ihr Lösungsvermögen verlieren. Wegen der großen Anzahl der Möglichkeiten sind für beide Fälle nur einige typische Beispiele angeführt. Die Eigenschaft „Nichtlöser" bedeutet nicht unbedingt auch die Eigenschaft „Fällmittel". Ob eine niedermolekulare Substanz als Fällmittel für ein gelöstes Hochpolymeres dienen kann, hängt auch von der Natur des Lösungsmittels ab. In den meisten Fällen gehen jedoch die Eigenschaften des Nichtlösens und des Fällens miteinander parallel.

Tabelle 1. *Hochpolymere Kohlenwasserstoffe*

Substanz	Strukturformel	Lösungsmittel	Nichtlöser
Buna S	Copolymeres aus Butadien u. Styrol (70 : 30)	Kohlenwasserstoffe Chloroform	Äther, Alkohole Aceton, Säuren
Naturkautschuk	(Polyisopren)	Kohlenwasserstoffe Äther, Chlorkohlenwasserstoffe	Aceton, Alkohole Säuren
Polyacenaphthylen	$-(CH\!-\!CH)_n-$ (Acenaphthylen-Ring)	Benzol, Chloroform Tetrachlorkohlenstoff Toluol	Äther, Aceton Alkohole, Säuren
Polyäthylen	$-(CH_2\!-\!CH_2)_n-$	Oberhalb 80°: Kohlenwasserstoffe Höhere aliphatische Ester Höhere Ketone Chlorkohlenwasserstoffe	Alle Substanzen bei 20°, stark polare organische Verbindungen auch bei höherer Temperatur
Polybutadien	$-(CH_2\!-\!CH\!=\!CH\!-\!CH_2)_n-$	Etwa wie Polyäthylen	Wie Polyäthylen
Polyisobutylen	$-(CH_2\!-\!\underset{CH_3}{\overset{CH_3}{C}}\!-)_n-$	Kohlenwasserstoffe Di-n-butyläther Tetrachlorkohlenstoff	Aceton, Alkohole Methylacetat Säuren
Polyisopren	$-(CH_2\!-\!\underset{CH_3}{C}\!=\!CH\!-\!CH_2)_n-$	Kohlenwasserstoffe Äther, Chlorkohlenwasserstoffe	Aceton, Alkohole Säuren
Polymethylen	$-(CH_2)_n-$	Wie Polyäthylen	Wie Polyäthylen
Polypropylen	$-(CH_2\!-\!\underset{CH_3}{CH})_n-$	Wie Polyäthylen	Wie Polyäthylen
Polystyrol	$-(CH_2\!-\!CH\,C_6H_5)_n-$	Aromatische Kohlenwasserstoffe niedere aliphatische Ester, aromatische Ester, halogenhaltige niedere Kohlenwasserstoffe Schwefelkohlenstoff Styrol	Äther, Alkohole Säuren, Phenol gesättigte Kohlenwasserstoffe

Tabelle 2. *Sauerstoff- und stickstoffhaltige Hochpolymere*

Substanz	Strukturformel	Lösungsmittel	Nichtlöser
Acetylcellulose [1] (Triacetat)		Äthylenglykoläther- acetate, Äthylacetat Methylacetat Tetrahydrofuran Nitromethan Äthylencarbonat	Alkohole, Kohlen- wasserstoffe
Acetylcellulose ($2\,^1/_3$-acetat)		Aceton, Cyclohexanon Ameisensäure Essigsäure, Phenol Dioxan, Benzyl- alkohol Nitromethan Diäthanolamin Pyridin Nitrobenzol + Äthylacetat Chloroform + Methanol	Kohlenwasserstoffe Äther, Diäthyl- amin, Chloroform (Quellung) Äthylacetat Methanol Nitrobenzol
Äthylcellulose ($2\,^1/_3$ OH substi- tuiert)		Alkohole, Essigsäure- ester, Furanderivate Alkylhalogenide Benzol, Toluol Ketone, Nitromethan Schwefelkohlenstoff	Äthylenglykol Aceton (kalt)
Cellulose		Kupfertetramin- hydroxyd (wäßrige Lösung)	Organische Ver- bindungen
Cellulosenitrat (Trinitrat)		Äthylenglykoläther- acetate, Essigsäure- ester, Ketone halogenhaltige Kohlenwasserstoffe Furanderivate Äthylencarbonat	Kohlenwasser- stoffe Äthylenglykol
Cellulosenitrat (Dinitrat)		Eisessig, Nitrobenzol Methanol Aceton (schlecht) Aceton + Wasser Äther + Äthanol	Äther, Alkohole höhere Ketone höhere Säuren
Methylcellulose (2 OH substi- tuiert)		Wasser (kalt)	Wasser (heiß)
Oxäthylcellulose		Wasser Aceton + Wasser Methanol + Wasser	Aceton Methanol (Quel- lung), Benzol Methylacetat Tetrahydrofuran

[1] Über die Löslichkeit von Cellulosederivaten s. E. OTT, H. M. SPURLIN u. M. W. GRAFF-LIN: Cellulose and Cellulose Derivatives, Part II. New York/London, Interscience Publ. 1954

Tabelle 2. (Fortsetzung)

Substanz	Strukturformel	Lösungsmittel	Nichtlöser
Polyacrylamid	$-\left(CH_2{-}CH{-}\underset{CO{-}NH_2}{}\right)_n-$	Wasser, Morpholin	Kohlenwasser-stoffe, Ester Glykole Dimethylformamid Tetrahydrofuran Alkohole
Polyacrylnitril	$-(CH_2{-}CH)_n-$ mit CN	Dimethylformamid Dimethylsulfoxyd Dinitrile Cyanessigsäure Äthylencarbonat Phosphorsäure-tris-dimethylamid	Kohlenwasserstoffe Ester, Ketone Chlorkohlen-wasserstoffe Säureamide Acrylnitril Malonsäure-dinitril + Di-methylformamid
Polyacrylsäure	$-\left(CH_2{-}CH{-}\underset{COOH}{}\right)_n-$	Wäßrige NaOH	Wasser, organische Verbindungen
Polyacrylsäure-methylester	$-\left(CH_2{-}CH{-}\underset{CO{-}OCH_3}{}\right)_n-$	Benzol, Allylalkohol Aceton, Chloroform Alkohol + Wasser	Gesättigte Kohlen-wasserstoffe Alkohole Höhere Ester
Polyamide	$-(CH_2)_x{-}CO{-}NH{-}(CH_2)_y{-}NH{-}CO-$	Ameisensäure Essigsäure Trichloressigsäure Schwefelsäure Phosphorsäure Chlorphenol, Phenol m-Kresol Äthylencarbonat Phosphorsäure-tris-dimethylamid	Kohlenwasser-stoffe Chloroform Alkohole, Ketone Äther, Ester
Polyäthylenoxyd	$-(CH_2{-}CH_2{-}O{-})_n-$	Wasser (kalt), Alkohole Ketone, Ester, Aceto-nitril, Chloroform, Benzol (heiß)	Äther Dioxan (Quellung) aliphatische Kohlenwasser-stoffe Wasser (heiß)
Polycarbonate	$-\left(O{-}C_6H_4{-}\underset{R_2}{\overset{R_1}{C}}{-}C_6H_4{-}O{-}CO\right)_n-$	Methylenchlorid m-Kresol Basen (Zersetzung) Ester, Ketone, aro-matische Kohlen-wasserstoffe	Alkohole
Polyharnstoffe	$-(NH{-}R{-}NH{-}CO)_n-$	Ameisensäure m-Kresol Schwefelsäure, Phenol	Alkohole, Äther

Tabelle 2. (Fortsetzung)

Substanz	Strukturformel	Lösungsmittel	Nichtlöser
Polymethacryl-nitril	$\left(CH_2{-}\underset{\underset{CN}{\mid}}{\overset{\overset{CH_3}{\mid}}{C}}{-}\right)_n$	Wie bei Polyacryl-nitril Ferner: Ketone Nitromethan Methylenchlorid	Kohlenwasser-stoffe Ester, Alkohole Methacrylnitril
Polymethacrylsäure-methylester	$\left(CH_2{-}\underset{\underset{CO{-}OCH_3}{\mid}}{\overset{\overset{CH_3}{\mid}}{C}}{-}\right)_n$	Niedere aliphatische Ester Halogenkohlenwasser-stoffe aromatische Kohlen-wasserstoffe Aceton, Eisessig Alkohole + Wasser	Höhere aliphatische Ester gesättigte Kohlen-wasserstoffe Glykole, Alkohole
Polymethacrylamid	$\left(CH_2{-}\underset{\underset{CO{-}NH_2}{\mid}}{\overset{\overset{CH_3}{\mid}}{C}}{-}\right)_n$	Wasser, Aceton Methanol Äthylenglykol	Kohlenwasser-stoffe
Polymethacrylsäure	$\left(CH_2{-}\underset{\underset{COOH}{\mid}}{\overset{\overset{CH_3}{\mid}}{C}}{-}\right)_n$	Wasser Verdünnte NaOH	Kohlenwasser-stoffe Ester, Alkohole Säuren, Ketone
Polymethylenoxyd	$-(CH_2{-}O{-})_n-$	Formamid Chlorphenole Phenole Benzylalkohol	Wasser niedere Alkohole niedere Ester
Polyurethane	$-(NH{-}R{-}NH{-}CO{-}O{-})_n-$	Ameisensäure Schwefelsäure m-Kresol, Phenol	Äther, Alkohole gesättigte Kohlen-wasserstoffe
Polyäthylen-terephthalat	$-\left(CO{-}\langle\!=\!\rangle{-}CO{-}O{-}CH_2{-}CH_2{-}O\right)_n-$	Phenole Chlorphenol Nitrobenzol halogenierte alipha-tische Säuren Chloralhydrat	Kohlenwasser-stoffe aliphatische Alkohole Ketone, Chlor-kohlenwasser-stoffe Säuren, Ester
Polyvinylacetat	$\left(CH_2{-}\underset{\underset{O{-}CO{-}CH_3}{\mid}}{CH}{-}\right)_n$	Benzol, Toluol niedere aliphatische Ester Äthylenglykoläther-acetate Äthylenglykoläther Ketone, Dioxan Chloroform Eisessig, Methanol Allylalkohol Alkohol + Wasser Alkohole + Tetra-chlorkohlenstoff Nitromethan	Höhere Ester Äther, Glykole gesättigte Kohlen-wasserstoffe Alkohole ab C_2H_5OH Xylol, Mesitylen Tetrachlorkohlen-stoff

Tabelle 2. (Fortsetzung)

Substanz	Strukturformel	Lösungsmittel	Nichtlöser
Polyvinylacetal (hochacetalysiert)		Methanol, Äthanol Eisessig, Dioxan Äthylendichlorid Pyridin Nitromethan	Aceton, Benzol
Polyvinyläthyläther	$-\left(\mathrm{CH_2-CH-\!-\!-\!-\atop \quad\quad\;\; O-CH_2-CH_3}\right)_n-$	Methanol, Äthanol Isopropanol, Benzol Toluol, Ketone Ester, Halogen- kohlenwasserstoffe	Aliphatische Kohlenwasser- stoffe
Polyvinylalkohol	$-(\mathrm{CH_2-CH-})_n-\atop \quad\quad\;\;\mathrm{OH}$	Wasser, Glykole (heiß) Glycerin (heiß) Dimethylsulfoxyd (heiß) Diäthylendiamin Triäthylendiamin Phosphorsäure-tris- dimethylamid	Kohlenwasserstoffe Ester, Ketone Säuren, Halogen- kohlenwasser- stoffe
Polyvinylalkohol (12% Acetylgehalt)		Wasser (kalt)	Wasser (heiß) Kohlenwasserstoffe Halogenkohlen- wasserstoffe Ester, Ketone Säuren
Polyvinylalkohol (35% Acetylgehalt)		Wasser + Alkohole	Wasser
Polyvinylbutyral (hochacetalysiert)		Äthanol, Aceton Benzol, Essigsäure Dioxan Äthylendichlorid Dimethylformamid	Kohlenwasserstoffe Äther, Methanol
Polyvinylcaprylat	$-\left(\mathrm{CH_2-CH-\!-\!-\!-\atop \quad\quad\;\; O-CO-C_7H_{15}}\right)_n-$	Aliphatische Kohlen- wasserstoffe aromatische Kohlen- wasserstoffe, Aceton	Niedere Alkohole
Polyvinylcarbazol	$-\left(\mathrm{CH_2-CH-\atop N}\right)_n-$	Benzol, Toluol Xylol, Chlorbenzol Tetrahydrofuran Chloroform Methylenchlorid	Aliphatische Kohlenwasser- stoffe Alkohole, Ester Äther, Ketone Tetrachlorkohlen- stoff
Polyvinylformal		Ameisensäure Essigsäure Dimethylformamid Chloroform Methylenchlorid Toluol, Xylol Cyclohexanon Furfurol Benzylalkohol	Methanol, Äthanol Ester, Wasser Dioxan aliphatische Kohlenwasser- stoffe

Tabelle 2. (Fortsetzung)

Substanz	Strukturformel	Lösungsmittel	Nichtlöser
Polyvinylisobutyl-äther	$-\left(\mathrm{CH_2-CH}\atop{\mathrm{O-C-(CH_3)_3}}\right)_u-$	Isopropanol Benzol, Toluol Ketone, Ester Halogenkohlenwasserstoffe	Methanol, Äthanol Wasser aliphatische Kohlenwasserstoffe
Polyvinyllaurat	$-\left(\mathrm{CH_2-CH}\atop{\mathrm{O-CO-C_{11}H_{23}}}\right)_n-$	Aliphatische Kohlenwasserstoffe aromatische Kohlenwasserstoffe	Aceton niedere Alkohole
Polyvinylmethyl-äther	$-\left(\mathrm{CH_2-CH}\atop{\mathrm{O-CH_3}}\right)_n-$	Wasser (kalt) Ketone, Alkohole Benzol, Toluol Ester, Halogenkohlenwasserstoffe	Aliphatische Kohlenwasserstoffe Äthylenglykol Wasser (heiß)
Polyvinylmethyl-keton	$-\left(\mathrm{CH_2-CH}\atop{\mathrm{CO-CH_3}}\right)_n-$	Aceton, Dioxan Wasser + Alkohole	Wasser
Polyvinylpalmitat	$-\left(\mathrm{CH_2-CH}\atop{\mathrm{O-CO-C_{15}H_{31}}}\right)_n-$	Aliphatische Kohlenwasserstoffe aromatische Kohlenwasserstoffe	Aceton niedere Alkohole
Polyvinylpyridin-(2)	$-\left(\mathrm{CH_2-CH-C_5H_4N}\right)_n-$	Vinylpyridin Pyridin, Chloroform Wasser + Alkohole	Wasser, Toluol Tetrachlorkohlenstoff
Polyvinylpyrrolidon	$-\left(\mathrm{CH_2-CH-NC_4H_6O}\right)_n-$	Wasser, Methanol Aceton, Nitromethan Methylenchlorid	Kohlenwasserstoffe Äther, Tetrachlorkohlenstoff Aceton + Wasser Nitromethan + Wasser

Tabelle 3. *Halogenhaltige Hochpolymere*

Substanz	Strukturformel	Lösungsmittel	Nichtlöser
Polychloropren	$-(\mathrm{CH_2-CH=C-CH_2})_n-$ mit Cl	Benzol, Chlorbenzol Äthylacetat Cyclohexanon Dioxan, Pyridin Chloroform	Gesättigte Kohlenwasserstoffe
Polytetrafluoräthylen	$-(\mathrm{CF_2-CF_2})_n-$	Keine	Praktisch alle Substanzen
Polytrifluorchloräthylen	$-(\mathrm{CF_2-CFCl})_n-$	Mesitylen o-Chlorbenzotrifluorid 1,2,3-Trifluorpentachlorpropan Phosphorsäure-tris-dimethylamid (alle erst oberhalb 100°)	Alkohole, Ketone Ester, Säuren Trifluorchloräthylen

Tabelle 3. (Fortsetzung)

Substanz	Strukturformel	Lösungsmittel	Nichtlöser
Polyvinylchlor-acetat	$-\left(\begin{array}{c}CH_2-CH-\\ \mid \\ O-CO-CH_2Cl\end{array}\right)_n-$	Chlorbenzol Chloroform Äthylacetat Cyclohexanon Dioxan, Pyridin	Gesättigte Kohlen-wasserstoffe
Polyvinylchlorid	$-\left(\begin{array}{c}CH_2-CH\\ \mid \\ Cl\end{array}\right)_n-$	Diisopropylketon Dimethylformamid Cyclohexanon Cyclopentanon Isophoron Mesityloxyd Methyläthylketon Nitrobenzol Tetrahydrofuran Aceton + Schwefel-kohlenstoff Phosphorsäure-tris-dimethylamid	Alkohole, Ester Aceton, Säuren Äther, Glykole Kohlenwasserstoffe Vinylchlorid
Polyvinyliden-chlorid	$-(CH_2-CCl_2)_n-$	Dichlorbenzol N,N-Dimethyl-acetamid Tetralin, Tetramethyl-harnstoff Trichloräthan Trichlorbenzol	Äthylbromid Chloroform Schwefelkohlenstoff Vinylidenchlorid
Polyvinylchlorid-acetat	Copolymere aus Vinylchlorid und Vinylacetat (88 : 12)	Halogenbenzole Ester, Ketone Nitromethan	Äther, Alkohole aliphatische Kohlenwasser-stoffe

Tabelle 4. *Sonstige Hochpolymere*

Substanz	Strukturformel	Lösungsmittel	Nichtlöser
Polymethylsiloxane (Öle)	$-\left(\begin{array}{c}CH_3\\ \mid \\ O-Si-\\ \mid \\ CH_3\end{array}\right)_n-$	Amylacetat, Äther Benzin, Benzol Cyclohexan o-Dichlorbenzol Methyläthylketon aliphatische Chlor-kohlenwasserstoffe	Methanol Äthanol Glykoläther Cyclohexanol Äthylenglykol
Polyvinylsulfon-säure	$-\left(\begin{array}{c}CH_2-CH-\\ \mid \\ SO_3H\end{array}\right)_n-$	Wasser, Methanol	Kohlenwasser-stoffe Ester, Ketone

5.4. Fraktionierung[1]

Von F. Käsbauer und E. Schuch, Ludwigshafen a. Rh.

5.4.1 Allgemeines

a) Die bis heute vorliegenden Ergebnisse über den Zusammenhang zwischen physikalischen Eigenschaften und molekularer Uneinheitlichkeit von Hochpolymeren wurden bereits in 2.2 dargegelegt.

Für das Verständnis des physikalischen Verhaltens von Kunststoffen ist in vielen Fällen die Kenntnis der molekularen Verteilung erforderlich. Bei der dazu nötigen Fraktionierung wird der Kunststoff in Fraktionen mit möglichst enger Verteilung zerlegt. Diese Fraktionen werden weiteren Untersuchungen zugeführt mit dem Ziel, Aussagen über folgende Fragen machen zu können:

Fast immer wird zuerst die molekulare Verteilungskurve ermittelt (s. 5.4.6). Aus dieser können Rückschlüsse auf den Polymerisationsmechanismus gezogen werden. Außerdem gibt sie Aufschlüsse über den Einfluß der Reaktionsbedingungen und dient zur Produktionsüberwachung. Die Fraktionen können auch zur Bestimmung physikalischer und technologischer Daten dienen. Doch sind die aus den üblichen Fraktionierungsverfahren zur Verfügung stehenden Mengen sehr gering. Verfahren, mit denen es möglich ist, durch Fraktionierung größere Mengen einheitlicher Polymerer herzustellen, sind in der Literatur für Celluloseacetat [3], für Polystyrol [4 bis 6] und Polyvinylacetat [6] angegeben.

b) Abgesehen von der Zerlegung in der Ultrazentrifuge, beruhen alle Fraktioniermethoden auf der mit steigendem Molekulargewicht abnehmenden Löslichkeit. Nun ist aber die Löslichkeit nicht nur vom Molekulargewicht, sondern auch von der Struktur der Moleküle und dem morphologischen Aufbau, sowie von der chemischen Zusammensetzung der Polymeren abhängig (s. 2.2.5).

Die Wahl des Lösungsmittel- und Fällungsmittelsystems spielt ferner eine wesentliche Rolle. Sie muß auf den Zweck und den gewünschten Trenneffekt abgestimmt werden. Meistens wird das Ziel sein, das Polymere nach Molekulargewichten zu zerlegen. Jedoch wird es im allgemeinen nicht möglich sein, die anderen Einflüsse völlig auszuschalten. Zur Zeit erfolgt die richtige Wahl des Lösungsmittel–Fällungsmittelsystems noch weitgehend empirisch.

Schwierigkeiten anderer Art treten auf, wenn das zu fraktionierende Polymere noch Fremdstoffe oder vernetzte bzw. sonstige schwer- oder leichtlösliche Anteile enthält [89]. Diese werden allgemein je nach Verfahren mit den ersten oder auch den letzten Fraktionen abgetrennt. Die höchst- oder die niedermolekularen Anteile sind daher häufig nicht genau zu ermitteln. Um den dadurch in der Verteilungskurve entstehenden Fehler klein zu halten, müssen die zu untersuchenden Kunststoffe vor Beginn der Fraktionierung möglichst sorgfältig von den Fremdstoffen, wie Gleitmittel, Katalysatoren usw., befreit werden. Trennt man die leicht- oder auch die schwerlöslichen Anteile ab, so besteht die Gefahr, daß die verbleibende Substanz nicht mehr mit dem interessierenden Kunststoff identisch ist. Die Fraktionierung wird dann fragwürdig.

---

[1] Allgemeine Übersichten über die Fraktionierverfahren bringen die Literaturstellen [1] und [2].

Weiter können während der Fraktionierung Zersetzungen des Polymeren, wie oxydativer oder thermischer Abbau, auftreten. Dadurch werden insbesondere die Fraktionen mit hohem Molekulargewicht verfälscht. Den oxydativen Abbau kann man verhindern, indem man allen verwendeten Lösungs- und Fällungsmitteln ein Antioxydans zusetzt, das sich in beiden gut löst und das man nachträglich wieder beseitigen kann.

c) Es sind bereits eine Reihe von Fraktionierungsverfahren bekannt geworden. Sie sind in Anlehnung an eine von R.W. HALL [2] angegebene Übersicht in Tab. 1 zusammengestellt.

Die meisten Fraktionierverfahren sind weiter unten beschrieben. Bei den nicht beschriebenen Verfahren wurden Literaturstellen angegeben. Sie besitzen allerdings bis heute noch keine größere Bedeutung. Es gibt eine Reihe weiterer, meist irgendwie kombinierter Verfahren, die darauf abzielen, die Fraktionen einheitlicher zu machen oder eine kontinuierliche Fraktionierung zu ermöglichen [7 bis 9].

Bei verschiedenen Proben desselben Polymeren genügt es oft, die sog. summativen Verfahren zur Bestimmung von angenäherten, nicht ganz richtigen Verteilungskurven anzuwenden und auf die sukzessive Isolierung einzelner enger Fraktionen zu verzichten. Summative Methoden sind z. B. die Trübungstitration, die gravimetrische Fällungsanalyse (s. 5.4.5), sowie die präparative Aufteilung des Polymeren in „summarische" Fraktionen (s. 5.4.4).

d) Bei der Fraktionierung von Hochpolymeren macht man, wie bereits angegeben, von der unterschiedlichen Löslichkeit der Polymerhomologen ver-

Tabelle 1. *Übersicht über die einzelnen Fraktionierverfahren*

A. Präparative Verfahren

   I. Fällungsfraktionierung (5.4.2) (höchstmolekulare Anteile fallen zuerst aus)

      a) Fällung durch Nichtlöser
      b) Fällung durch Verdunsten des Lösungsmittels, wobei eine Mischung Löser–Nichtlöser als Lösemittel benutzt wird
      c) Fällung durch langsames Abkühlen
      d) Kontinuierliche Fällung

   II. Lösefraktionierung (5.4.3) (niedermolekulare Anteile werden bevorzugt herausgelöst)

      a) Verfahren nach DESREUX
      b) Verfahren nach FUCHS
      c) Verfahren nach BAKER-WILLIAMS
      d) Chromatographische Verfahren [10 bis 14] u. [90]
      e) Trägerfreie Lösefraktionierung [15]

   III. Trennung in zwei flüssige Phasen (5.4.4)

      a) Koazervationsverfahren
      b) Summative Fraktionierung
      c) Aufteilung auf zwei nicht mischbare Lösungsmittel nach dem Molekulargewicht [8, 16, 17]

B. Analytische Verfahren (5.4.5)

      a) Sedimentation in der Ultrazentrifuge (Trennung nach Molekulargewicht)
      b) Trübungstitration (höchstmolekulare Anteile fallen zuerst aus)

schiedener Kettenlänge Gebrauch. Die Aufteilung des Polymeren wird durch Phasentrennung bewirkt. Das Verhalten hochpolymerer Lösungen in einem einheitlichen Lösungsmittel, besonders auch die Entmischungserscheinungen wurden erstmals vollständig durch die von P. J. FLORY [18] und M. L. HUGGINS [19] abgeleitete Zustandsgleichung

$$\Delta\mu_1 = RT\left[\ln(1-x_2) + \left(1 - \frac{1}{P}\right)x_2 + \chi x_2^2\right]$$

beschrieben. $\Delta\mu_1$ ist das chemische Potential des Lösungsmittels, x_2 ist der Volumenbruch des Polymeren, P der Polymerisationsgrad.

Die HUGGINSsche Konstante χ ist ein Ausdruck für die Wechselwirkung des Polymeren mit dem Lösungsmittel und für die Güte des Lösungsmittels. Sie ist abhängig von der Temperatur und dem Molekulargewicht des Polymeren. Für ein gutes Lösungsmittel ist $\chi < 0{,}5$, für ein schlechtes ist $\chi > 0{,}5$. Bei $\chi = 0{,}5$ befindet sich jedes System Polymeres–Lösungsmittel an seinem kritischen Punkt, dem sog. „Thetapunkt", und es tritt Phasentrennung ein. Diesem Thetapunkt ist eine kritische Mischungstemperatur zugeordnet: die „Thetatemperatur".

Von H. TOMPA [20] wurden entsprechende Beziehungen für Lösungen eines Polymeren mit zwei verschiedenen Molekulargewichten in einem einheitlichen Lösungsmittel abgeleitet. Die wichtigsten Zusammenhänge zwischen kritischem Punkt, Trübungspunkt und Phasenverhältnis können aus einem Dreiecksdiagramm unmittelbar entnommen werden. Die Wechselwirkung zwischen Lösungsmittel und zwei polymerhomologen Komponenten verschiedenen Molekulargewichts läßt sich qualitativ verstehen, wenn man annimmt, daß die Löslichkeit für die höhermolekulare Komponente durch die niedermolekulare wesentlich erhöht wird. In dieser Grundtatsache der gegenseitigen Löslichkeit niederer und höherer Homologen, übertragen auf polymeruneinheitliche Polymere breiter Verteilung ist die Problematik der Trennschärfe einer Fraktionierung hinsichtlich des Molekulargewichts im wesentlichen begründet.

W. H. STOCKMEYER [21] und A. R. SHULTZ [22] konnten zeigen, daß der in obigen Gleichungen vorkommende kritische Wert für die HUGGINS-Konstante χ eines polymolekularen Gemisches nicht wesentlich von dem Wert für ein homogenes Polymeres abweicht, wenn eine kontinuierliche Verteilungskurve vorliegt.

Die Anwendbarkeit der Theorie ist also durch die Polymolekularität nicht entscheidend eingeschränkt, sofern man die Betrachtungen auf ein einheitliches Lösungsmittel beschränkt. Bei Verwendung von Lösungsmittelgemischen ist sie jedoch mit großen Schwierigkeiten verbunden, da bei Phasentrennung häufig eine Konzentrationsverschiebung auftritt, wobei sich das „gute" Lösungsmittel durch Solvatation in der konzentrierten Phase anreichert. Die Theorie der ternären Gemische steht daher noch in ihren Anfängen [23, 24].

Besonders sei hier auch auf die Arbeiten von G. V. SCHULZ und Mitarbeitern [25] verwiesen. Ihre Betrachtungen gehen von der Verteilung des Polymeren in zwei nichtmischbaren Phasen aus, auf die der NERNSTsche Verteilungssatz angewandt wird. Die weitere Kombination mit dem BOLTZMANNschen e-Satz und der BRÖNSTEDTschen Theorie (wonach die Energiedifferenz eines Mols des gelösten Stoffes in den beiden Phasen dem Polymerisationsgrad P des gelösten Stoffes proportional ist) führt zu Gleichungen, die eine gute näherungsweise Berechnung der Massenverhältnisse in den beiden Phasen, der Volumverhältnisse und der Trennschärfe hinsichtlich des Molekulargewichts erlauben. Ausführliche Berechnungen für den Fall der Fällfraktionierung sind in [25] wiedergegeben.

Ein entsprechender Vergleich von experimentellen Ergebnissen und theoretischen Berechnungen wurde von J. HENGSTENBERG und F. KÄSBAUER [5] mit guter Übereinstimmung für Phasentrennungen aus konzentrierten Polymerlösungen (Koazervationsverfahren) auf der Basis der Theorien von P.J.FLORY [18], M. L. HUGGINS [19], H. TOMPA [20] und G. V. SCHULZ [25] durchgeführt.

Eingehendere theoretische Betrachtungen auf der Grundlage der statistischen thermodynamischen Theorie wurden von R. L. SCOTT und M. MAGAT [26] sowie A. MÜNSTER [27] angestellt.

5.4.2 Die Fällungsfraktionierung

a) Fällung durch Nichtlöser. α) Als die klassische Art der Fraktionierung von Kunststoffen ist wohl die Ausfällung aus der Lösung, die sog. Fällungsfraktionierung anzusehen [7, 25, 28, 29, 30].

Zur Fraktionierung wird der Kunststoff, dessen Verteilung ermittelt werden soll, in einem geeigneten Lösungsmittel gelöst. Unter ständigem Umrühren wird dann bei Temperaturkonstanz eine geringe Menge von mit diesem Lösungsmittel verträglichem Fällungsmittel zugegeben; dadurch erfolgt zunächst die Ausfällung des höchstmolekularen Anteiles. Da bei der Zugabe des Fällungsmittels auch niedermolekulare Anteile ausgefällt werden, die uneinheitliche Fraktionen bedingen würden, muß man die gesamte, etwas trübe Lösung erwärmen, bis die Trübung verschwindet, dann wieder auf die Ausgangstemperatur langsam abkühlen und bei dieser Temperatur stehenlassen. Es bilden sich dann zwei Phasen, eine Sol- und ein Gelphase. Das Phasenverhältnis soll sehr groß sein (Sol:Gel ~ 100—300:1). Die Gelphase, die neben dem Fällungsmittel und Lösungsmittel die höchstmolekularen Anteile enthält, wird von der Solphase abgetrennt.

Um weitere Fraktionen zu gewinnen, wird bei gleichbleibender Temperatur die Ausfällung, wie oben beschrieben, mehrfach wiederholt. Die hochpolymeren Anteile in den einzelnen Gelphasen, die eigentlichen „Fraktionen", werden durch Zugabe weiterer Mengen Nichtlöser völlig ausgefällt und dann durch Zentrifugieren oder Filtrieren und nachfolgendes Trocknen gewonnen.

Die Menge an Nichtlöser, die man jeweils zugibt, richtet sich nach der Zahl der gewünschten Fraktionen. Allgemein dürften etwa 10 bis 12 Fraktionen genügen. Die Ausgangskonzentration sollte nicht über 0,5 g/100 ml liegen.

Man kommt bei diesem Verfahren zu großen Mengen Lösungsmittel–Nichtlöser-Mischungen. Die Dauer der vollständigen Fraktionierung vom Auflösen des Polymeren bis zur Darstellung der Verteilungskurve (s. 5.4.6) dürfte bei etwa 4 Wochen liegen.

β) Die ersten und die letzten Fraktionen bei der Fällfraktionierung sind immer besonders unscharf. Außer den in 5.4.1b genannten Gründen können zu dieser Uneinheitlichkeit noch Anteile beitragen, die nach dem Molekulargewicht nicht zu diesen gehören. Der höchstmolekulare Anteil enthält noch Moleküle weniger hohen Molekulargewichtes, und der niedrigmolekulare Anteil noch solche höheren Molekulargewichtes. Insbesondere in diesen Fällen ist es ratsam, mindestens die ersten und letzten Fraktionen nochmals zu zerlegen. Die besten Ergebnisse hinsichtlich Einheitlichkeit liefert ganz allgemein die Dreiecksfraktionierung, die von MEFFROY-BIGET [31] angegeben wurde. Nach der ersten Fraktionierung wird dabei jede Fraktion nochmals in möglichst gleiche Teile zerlegt und der höhermolekulare Anteil einer Fraktion mit dem niedermolekularen der nächsthöheren Fraktion vereint. Indem man diesen Schritt mehrmals ausführt, gelangt man zu sehr einheitlichen Produkten [32, 33].

b) Fällung durch Verdunsten des Lösungsmittels. Die großen Flüssigkeitsmengen bei der Fällfraktionierung werden umgangen, indem man Lösungsmittel–Fällungsmittel-Mischungen verwendet, bei denen ersteres leichter verdunstet als letzteres [34 bis 36]. Ausgehend von einer bestimmten Mischung, in der der hochmolekulare Stoff gelöst ist, bringt man dann jeweils eine gewisse Menge Lösungsmittel zum Verdampfen, bis sich Trübung einstellt. Bei gleichbleibender Temperatur erfolgt Absetzen des Gefällten und Abtrennen.

Hierbei kommt man daher mit viel kleineren Flüssigkeitsmengen aus. Günstig ist noch, daß während der ganzen Fraktionierung die Konzentration konstant gehalten werden kann.

c) Fällung durch langsames Abkühlen. Für Lösungsmittel, bei denen die Löslichkeit für den zu untersuchenden Stoff einen genügend großen positiven Temperaturgradienten aufweist, ist es auch möglich, die Ausfällung durch Temperaturänderung hervorzurufen. Man geht also von einer Temperatur aus, bei der die Lösung klar ist und kühlt in Stufen ab. Auf jeder Stufe (d. h. bei jeweils konstanter Temperatur) wird die Abtrennung des höchstmolekularen Anteiles durchgeführt [37]. Die Methode ist für kristalline Polymere und für solche mit hohem Ordnungsgrad nicht verwendbar.

d) Die kontinuierliche Fällung. Eine kontinuierliche Fällfraktionierung hat JÄCKEL [6] angegeben. Dabei wird eine schwach angefällte Polymerlösung durch mehrere schwach geneigte, flache, röhrenförmige Fällgefäße geleitet. Am Ende eines jeden Fällgefäßes ist die Phasentrennung vollständig und die ausgefällte Phase wird als Polymersumpf abgetrennt. Aus dem ersten Fällgefäß tritt die überstehende klare Phase in das zweite Fällgefäß, in dem der Vorgang durch Temperaturerniedrigung (Ausnutzung des Temperaturganges der Mischungslücke) oder durch Zugabe von Fällungsmittel wiederholt wird. Die Hintereinanderschaltung mehrerer Fällgefäße ermöglicht die gleichzeitige Abscheidung entsprechend vieler Fraktionen. Die Bedingungen, unter denen hier gearbeitet wird, sind die gleichen wie bei der fraktionierten Fällung: Die Ausgangskonzentration der Polymerlösung muß unter 0,5 g/100 ml und das Volumverhältnis von Sol- zu Gelphase groß sein. Die Entmischung muß bei langsamem Durchfluß und in jedem Fällgefäß bei konstanter Temperatur erfolgen, damit das Verteilungsgleichgewicht zwischen Solphase und Geltröpfchen gesichert bleibt. Ferner sind Störungen durch partielle Kristallinität des Hochpolymeren zu vermeiden, indem man das Lösungsmittel–Fällungsmittel-System und den Temperaturbereich geeignet wählt.

Der Vorteil dieser Methode liegt im kontinuierlichen Betrieb. Die Menge des zu fraktionierenden Polymeren ist nicht begrenzt, und es können größere Mengen einzelner Fraktionen hergestellt werden. Weitere Angaben sind der Literaturstelle [6] zu entnehmen.

5.4.3 Die Lösefraktionierung (Lit. vgl. [7])

a) Verfahren nach Desreux. Die hochmolekulare Substanz wird bei der Lösefraktionierung auf ein Trägermaterial, wie Sand, feine Glaskugeln oder Diatomeenerde (Celite), niedergeschlagen. Die Gewinnung der Fraktionen erfolgt bei konstant gehaltener Temperatur durch Extraktion des in einem Glaszylinder gefüllten, präparierten Trägermaterials mit Löser–Nichtlöser-Mischungen steigender Löslichkeit. Da hierbei mit Mischungen der geringsten Löslichkeit bzw. mit dem Nichtlöser selbst begonnen wird, werden die niedermolekularen Anteile zuerst herausgelöst. Die gewünschten Fraktionen fallen als verdünnte Lösungen an, die eingeengt werden und aus denen dann nach Ausfällung durch nachfolgendes Zentrifugieren oder Filtrieren das Polymere gewonnen wird. Bei dem Verfahren ist wichtig, daß die Schichtdicke auf dem Trägermaterial möglichst gering ist. Für die Trennwirkung ist es außerdem günstig, wenn bereits beim Präparieren des Trägers eine Vorfraktionierung stattfindet.

Die Lösefraktionierung wurde zuerst von DESREUX [38, 39] angegeben. FRANCIS, COOKE und ELLIOTT [40], sowie HENRY [41] haben das Verfahren abgewandelt, indem sie den Temperaturgradienten durch den Lösungsmittelgradienten ersetzten.

Während sich Polyäthylen bei der hohen Fraktioniertemperatur schnell und mit relativ kleinen Lösungsmittelmengen fraktionieren läßt, trifft dies für Polystyrol, Polyvinylchlorid u. a. nicht zu. Hier sind die benötigten Lösungs- und Fällungsmittelmengen wesentlich größer. Eine vollständige Fraktionierung dauert etwa 10 bis 14 Tage. Einen Vergleich zwischen Löse- und Fällfraktionierung für Polyäthylen hat WESSLAU [42] durchgeführt.

b) Verfahren nach Fuchs. An Stelle des feinkörnigen Trägermaterials verwendet FUCHS [43] sehr dünne Aluminiumfolien und bringt auf 1 cm² etwa 1 mg Polymeres auf. Die Extraktion erfolgt hier unter Schütteln.

c) Verfahren nach Baker-Williams. Die Fraktionierung nach BAKER-WILLIAMS [44] ist im Grunde eine kontinuierlich arbeitende Lösefraktionierung, verbunden mit einem Chromatographieeffekt. Das Polymere wird auf Glaskugeln von 0,1 mm Durchmesser in dünner Schicht aufgetragen und nur in die obere beheizte Zone einer Fraktioniersäule (Glasrohr in einem Metallblock oder Metallsäule, gefüllt mit unpräparierten Glaskugeln) gebracht. Das untere Ende der Säule wird bei einer tieferen Temperatur gehalten. Es stellt sich über die Länge der Säule ein Temperaturgradient ein. Die Wirkungsweise dieser Methode ist dadurch gegeben, daß beim Durchlaufen eines anfänglichen Lösungsmittel–Fällungsmittel-Gemisches niederer Lösekraft in der heißen Zone Polymeres gelöst wird und bedingt durch den Temperaturgradienten die hochmolekularen Anteile wieder auf den noch freien Glaskügelchen niedergeschlagen werden.

Durch die nachfolgenden, in ihrer Löslichkeit ansteigenden Lösungsmittel–Fällungsmittel-Mischungen und durch die Überlagerung des Temperaturgradienten findet auf der Säule von oben nach unten ein ständiges Auflösen und Wiederausfällen statt, wobei einzelne Zonen immer enger werdender Molekulargewichtsbereiche durch die Säule wandern.

Somit werden einzelne enge Fraktionen ansteigenden Molekulargewichtes aus der Säule eluiert. Die Temperaturen am oberen und unteren Ende der Säule sind durch den Temperaturfällbereich des Polymeren, seine Eigenschaften (wie Löslichkeit, Erweichungspunkt, Kristallinität) und die Siedepunkte des Lösungs- und Fällungsmittels bedingt.

Die Durchlaufgeschwindigkeit muß so geregelt werden, daß am unteren Ende der Säule nur klare Fraktionslösungen auftreten. Sie werden in einem automatischen Fraktionssammler aufgefangen.

Die Vorteile der Methode sind das Anfallen nur geringer Lösungsmittelmengen, die gute Trennschärfe (besonders bei den niedermolekularen Anteilen des Polymeren) und die kontinuierliche Arbeitsweise. (Genaueres siehe Literatur [*44* bis *51* u. *88*].)

5.4.4 Trennung in zwei flüssige Phasen

a) Koazervationsverfahren. Bei der Fraktioniermethode der Koazervation wird ein Polymersumpf extrahiert. Voruassetzung dafür sind zwei flüssige, klare Phasen, die bei Temperaturkonstanz in Gleichgewicht stehen. Hierzu wird zuerst das Polymere gelöst und bei ständigem Rühren so viel Fällungsmittel zugesetzt, bis bei der eintretenden Phasentrennung etwa 5 bis 10% des Polymeren in der verdünnten Phase vorhanden sind. Diese verdünnte Phase, in der sich ein Teil der niedermolekularen Polymerhomologen befindet, wird abgetrennt und aus ihr die Fraktion gewonnen. Die konzentrierte Phase (Koazervat) enthält jetzt noch alle restlichen Polymerhomologen. Sie wird immer wieder durch weitere Zugabe von Lösungs- und Fällungsmittel in zwei flüssige Phasen aufgeteilt, wobei das Koazervat im Fortgang der diskontinuierlichen Phasentrennungen an niedermolekularen Homologen verarmt. Die Mischungslücken sind durch die Polymerkonzentration, die Temperatur, die Lösungsmittel–Fällungsmittel-Zusammensetzung und durch die polymerhomologe Verteilung festgelegt. Sie sollen durch die geeignete Wahl der veränderlichen Parameter immer so eingestellt werden, daß nur 5 bis 10% des Gesamtpolymeren in die verdünntere Phase gelangen.

Die Vorteile der Methode liegen darin, daß die Phasengleichgewichtseinstellung im Gegensatz zur fraktionierten Fällung relativ schnell erfolgt und Störungen, bedingt durch die Kristallinität der Polymeren, durch die Anwendung amorpher Flüssigkeitssysteme vermieden werden. Die Methode eignet sich weniger zur Bestimmung von Verteilungskurven. Jedoch kann sie mit konzentrierten Lösungen zur schnellen Gewinnung von größeren Mengen relativ einheitlicher Fraktionen verwendet werden. Genauere Angaben über die Methode sind aus der Literatur zu entnehmen [*5, 52* bis *64*].

b) Summative Fraktionierung. Die Bestimmung der Verteilungskurve erfolgt hier durch „summarische" Fraktionen, die jeweils durch Aufteilung des Ausgangspolymeren in zwei unterschiedliche Bereiche der ursprünglichen Verteilung entstehen. Man erhält also keine isolierten, engen Fraktionen wie bei den sukzessiven Verfahren.

Zweckmäßigerweise löst man jeweils gleiche Menge an Polymeren zuerst in einem Teil des Lösungsmittels in einer Reihe von Gefäßen, gibt dann in jedes einzelne Gefäß zunehmende Mengen Fällungsmittel und füllt mit Lösungsmittel auf ein einheitliches Volumen auf, um so bei gleichen Polymerkonzentrationen zu arbeiten. Nach längerem, intensiven Rühren läßt man die Gefäße längere Zeit ruhig stehen; es erfolgt dann die Phasentrennung. Die Anteile an Lösungs- und Fällungsmittel sind so zu wählen, daß die Unterschiede der Polymergehalte in den einzelnen überstehenden Phasen nur höchstens 10% betragen. Man trennt die Phasen voneinander und bestimmt in jeder das Gewicht an Polymeren und die Grenzviskosität. Aus den Fraktionierdaten erhält man eine experimentelle summarische Verteilungskurve, bei welcher die Prozente des Polymeren in der oberen Phase gegen den mittleren Polymerisationsgrad P aufgetragen sind. (Genaueres siehe [65 bis 70].)

Der Vorteil der summativen Fraktionierung ist die schnelle Durchführbarkeit, da sämtliche Einstellungen gleichzeitig erfolgen, eine schnelle Reproduzierbarkeit einzelner ungenauer Punkte möglich ist und durch die Anwendung von reinen Flüssigkeitsphasen die störende Kristallinität von Polymeren vermieden wird. Der Anwendungsbereich der Methode ist allerdings auf die Fälle beschränkt, in denen die Molekulareinheitlichkeit der einzelnen Proben nicht erforderlich ist. Es werden nur angenähert richtige Verteilungskurven erhalten, die jedoch für Vergleichszwecke vielfach genügen. Wegen des geringen Viskositätsunterschiedes der einzelnen summativen Fraktionsproben ist eine genaue Viskosimetrie unbedingt erforderlich. Vergleiche mit der sukzessiven Fällung und Lösung sind von BRODA und Mitarbeitern [66] angestellt worden.

5.4.5 Analytische Methoden

a) Ermittlung der Verteilungskurve mittels Ultrazentrifuge. Zu den Verfahren, die verhältnismäßig schnell einen qualitativen Überblick über die molekulare Einheitlichkeit eines Polymeren liefern, gehört die Untersuchung des zeitlichen Ablaufes der Sedimentation in der Ultrazentrifuge (UZ). Infolge der Zentrifugalkraft wandern die schwereren Moleküle in der Lösung schneller nach außen als die leichteren. Eine besondere optische Anordnung in der UZ gestattet, den Sedimentationsverlauf in der Meßzelle über die Änderung des Brechungsindexes als sog. PHILPOT-SVENSSON-Kurve sichtbar zu machen. Sie besteht im allgemeinen aus einem der GAUSSschen Glockenkurve ähnlichen Kurvenzug.[1] Die Kurve läßt sich photographisch festhalten und kann sowohl qualitativen Vergleichen als auch quantitativen Messungen und Berechnungen zugänglich gemacht werden.

Im ersteren Falle genügt es, die PHILPOT-SVENSSON-Aufnahmen direkt untereinander oder auch mit den Kurven eines Bezugsstoffes bekannter Verteilung zu vergleichen. Dieses Verfahren dürfte dann fast ebenso schnell Ergebnisse liefern wie die Trübungstitration (s. unten). Es ist ihr aber an Zuverlässigkeit überlegen, da es nur nach dem Molekulargewicht auflöst, während die Trübungstitration nur nach der Löslichkeit trennt.

Für quantitative Untersuchungen muß man die Wanderungsgeschwindigkeiten bestimmen, die den einzelnen Teilflächen der Gesamtfläche unter der PHILPOT-SVENSSON-Kurve zuzuordnen sind [71 bis 73]. Daraus lassen sich dann die Sedimentationskonstanten errechnen. Da nun die Gesamtfläche proportional der verwendeten Konzentration ist, mithin jeder Teilfläche ein Teil der Gesamtmenge

---

[1] Die Gestalt der Kurve ist außer von der Vorstellung noch u. a. von der Diffusion, von der Drehzahl der UZ, von dem verwendeten Lösungsmittel, von der Konzentration der Zellform abhängig. Durch die Wahl geeigneter Versuchsbedingungen läßt sich jedoch ein Teil dieser Einflüsse stark zurückdrängen, so daß dann die PHILPOT-SVENSSON-Kurve ein angenähertes Abbild der Verteilung darstellt.

an Polymerem zuzuordnen ist, kann man bei bekanntem Zusammenhang zwischen Sedimentationskonstante und Molekulargewicht unter Berücksichtigung einiger Korrekturen direkt die Verteilungskurve aufzeichnen (s. 5.4.6). Verwendet man als Lösungsmittel ein sog. Θ-Lösungsmittel [*74*], so fällt die Konzentrationsabhängigkeit der Sedimentationskonstante weg und die Auswertung vereinfacht sich dadurch wesentlich.

Infolge der schwierigen und aufwendigen Auswertung liegt die Zeit, die man für die vollständige Aufnahme einer Verteilungskurve mit der UZ benötigt, zwischen der für die Trübungstitration und der für eine vollständige Fraktionierung (Fällungs- oder Lösefraktionierung). Hinsichtlich der Erfassung des Anfanges oder des Endes der Verteilungskurve dürfte sie aber den klassischen Fraktioniermethoden keineswegs überlegen sein.

b) Die Trübungstitration. Da alle präparativen Fraktionierverfahren sehr zeitraubend sind, gibt man oft schnelleren, wenn auch weniger genauen Verfahren den Vorzug. Zu ihnen gehören die gravimetrischen Verfahren [*75* bis *78*] und die Trübungstitration [*76, 79* bis *87*]. Besonders letztere hat sich als sehr schnelle Methode (etwa 2 Stunden Dauer) erwiesen. Bei ihr wird unter dauerndem Rühren zur Lösung eines Hochpolymeren ein Fällungsmittel (Nichtlöser) langsam zugegeben und die jeweilige Trübung der Lösung optisch festgestellt. Bei geeigneten Systemen von Lösungs- und Fällungsmitteln liefert bereits die Auftragung: Durchlässigkeit der Lösung als Funktion der Fällungsmittelmenge einen Überblick über die Verteilung nach der höchstmolekularen Seite hin; das niedermolekulare Ende wird dagegen nicht genau erfaßt. Quantitativ haben MELVILLE und STEAD [*85*], CLAESSON [*86*] und SCHOLTAN [*87*] die Kurven ausgewertet; dabei ist eine Eichung mit Fraktionen notwendig. OTH und DESREUX [*82*] haben mittels Lichtstreuungsmessungen die Teilchengröße des Ausgefällten verfolgt und die entsprechende Korrektur bei der Auswertung berücksichtigt. Im allgemeinen ist jedoch die quantitative Ermittlung der Verteilungskurve aus der Trübungstitration schwierig. Dazu kommt noch, daß geringe Zusätze zu Lösungs- oder Fällungsmittel die Fällkurven stark verändern. Es ist daher ratsam, die Trübungstitration mehr für qualitative Vergleiche zu verwenden, wobei man die zu vergleichenden Substanzen bei jeder Prüfung neu ansetzen sollte. Vermerkt sei noch, daß die hier in Frage kommenden Konzentrationen meist weit unter 0,1 g/100 ml liegen. Es ist darauf zu achten, daß die Größe der ausgefällten Teilchen möglichst klein ist.

5.4.6 Darstellung und Diskussion der Ergebnisse

Nach sorgfältiger Trocknung (Vermeidung von Oxydationen und thermischem Abbau) werden die Fraktionen gewogen und die Gesamtausbeute der Fraktionierung mit der Einsatzmenge verglichen. Auch wenn die Ausbeute 100% beträgt, muß man sich vergewissern, ob die einzelnen Fraktionen keine Lösungsmittel eingeschlossen (inkludiert) enthalten. Ratsam ist auf alle Fälle, vor Beginn der Fraktionierung zu prüfen, inwieweit die verwendeten Lösungs- und Fällungsmittel zur Inklusion neigen und wie sie z. B. durch Umfällen beseitigt werden können. (Vgl. [*43*], zweites Zitat.)

Da bei der Löse- und Fällfraktionierung ferner oft mit großen Lösungsmittelmengen gearbeitet wird, ist es notwendig, durch Einengen die Konzentration zu erhöhen, sonst läuft man Gefahr, einen Teil des Gelösten bei der Aufarbeitung zu verlieren. Weicht die Ausbeute trotz aller Sorgfalt wesentlich von 100% ab, so ist sehr sorgfältig zu prüfen, ob es zuverlässig ist, auf 100% umzurechnen oder ob die Fraktionierung zu verwerfen ist.

Sind die Fraktionen und die Ausbeute in Ordnung, so werden zur Charakterisierung der ersteren Viskositätsmessungen durchgeführt, mit dem Ziele, die Grenzviskositäten $[\eta]$ und gegebenenfalls über eine $[\eta] = f(M)$-Beziehung die Molekulargewichte (M) zu bestimmen. Man ist nun imstande, die Güte der Fraktionierung zu prüfen. Die nacheinander gewonnenen Fraktionen müssen eine steigende oder fallende Reihe von $[\eta]$- bzw. M-Werten liefern. Trifft das insbesondere für das hochmolekulare Ende nicht zu, so ist oxydativer Abbau der Höchstmolekularen zu vermuten. Vielleicht kann eine Ultrarotanalyse der entsprechenden Fraktionen darüber Auskunft geben. Ist z. B. bei der Lösefraktionierung keine Ansteigen der Viskositätswerte feststellbar, so wurde offensichtlich nicht nach dem Molekulargewicht, sondern nach einer anderen Eigenschaft des Produktes, wie z. B. nach der chemischen Zusammensetzung, dem strukturellen Aufbau usw., getrennt.

Eine weitere Möglichkeit der Kontrolle bietet die PHILIPPOFFsche Regel. Aus den $[\eta]_i$-Werten der einzelnen Fraktionen und deren Mengen m_i läßt sich ein durchschnittlicher $[\eta]_d$-Wert errechnen, der mit dem der Ausgangssubstanz $[\eta]$ übereinstimmen muß. Es muß sein:

$$\frac{\sum\limits_i m_i\,[\eta]_i}{\sum\limits_i m_i} = [\eta]_d = [\eta]\,;$$

ist $[\eta]_d > [\eta]$, so ist zu vermuten, daß niedermolekulare Anteile verlorengegangen sind; $[\eta]_d < [\eta]$ deutet auf Abbau oder Verlust von höchstmolekularen Anteilen hin.

Für die Darstellung der Meßergebnisse eignen sich am besten die Integraloder Summenkurven in linearen Koordinaten oder im Wahrscheinlichkeitsnetz [37]. Dabei werden die Summenprozente als Funktion der jeweils für die einzelnen Fraktionen ermittelten $[\eta]$-Werte bzw. Molekulargewichte linear oder logarithmisch aufgetragen (vgl. Kurven 1 und 3 in Abb. 1). Die Summenprozente

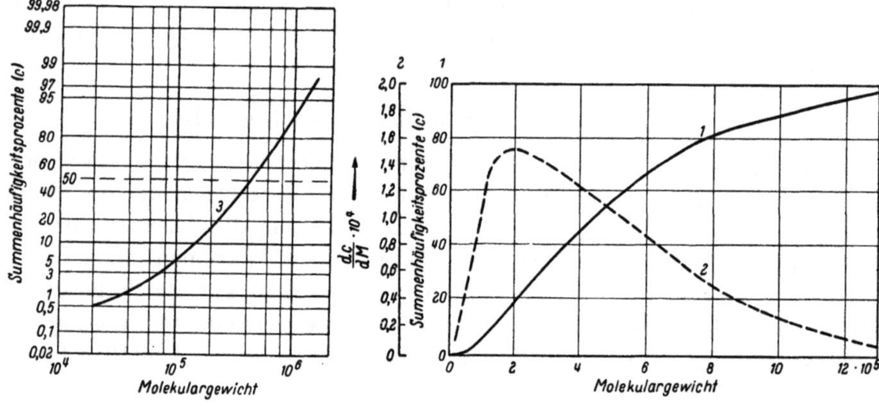

Abb. 1
1 Integrale Verteilungskurve eines Polystyrols;   *2* Differentielle Verteilungskurve eines Polystyrols;
3 Integrale Verteilungskurve eines Polystyrols im Wahrscheinlichkeitsnetz

für die n-te Fraktion errechnet man nach SCHULZ [25] als die Summe der prozentualen Ausbeuten der ersten $(n - 1)$ Fraktionen, vermehrt um die halbe prozentuale Ausbeute der n-ten Fraktion. Bei Auftragung im Wahrscheinlichkeitsnetz ist ein guter Überblick über Verteilungstyp und Verteilungsbreite (Form und Neigung der Kurve) gegeben; außerdem sind oft Einzelheiten über die Zusammensetzung des untersuchten Produktes schnell erkennbar.

Aus der Summenkurve kann man durch Differentiation die „differentielle Verteilungskurve", erhalten (Kurve *2* in Abb. 1). Doch ist dieser Übergang nur vertretbar, wenn die Ausgangskurve genügend genau ist; in allen anderen Fällen sollte man die Differentialkurve nicht zeichnen, da sie leicht zu Trugschlüssen Anlaß gibt.

Führt man Fraktionierungen mit verschiedener Zahl von Fraktionen durch, so stellt man oft fest, daß bei geringer Zahl die Summenkurve steiler verläuft als bei größerer Zahl an Fraktionen, wobei von einem bestimmten Grenzwert an die Vermehrung der Fraktionen keine Änderung mehr bringt. Die Kurve mit der größten Breite kommt der wahren Verteilungskurve am nächsten. Die dazu notwendige Anzahl an Fraktionen dürfte im allgemeinen bei 10 bis 15 liegen. Bei Stoffen mit Verteilungskurven, die mehrere Maxima aufweisen, ist diese Zahl noch höher.

Alle experimentell ermittelten Verteilungskurven werden durch die schwer genau bestimmbaren niedrigst- und höchstmolekularen Anteile der Ausgangsstoffe in ihrer Genauigkeit beeinflußt. Auf den Teil der Fehler, die durch den Kunststoff selbst bedingt sind, haben wir bereits in 5.4.1b hingewiesen. Dazu kommen noch die Fehler, die durch die Fraktionierung hinzukommen. Außer durch die gegenseitige Löslichkeit der hoch- und niedermolekularen Anteile werden unabhängig vom Fraktionierverfahren die zuletzt gewonnenen Fraktionen dadurch ungenau, daß für sie nur noch das an Substanz zur Verfügung steht, was noch nicht vorher abgetrennt wurde.

Aus diesen Gründen erscheint es uns bei größeren Anforderungen an die Zuverlässigkeit der Verteilungskurve ratsam, zum mindesten die sich zuletzt ergebenden Fraktionen noch einmal durch eine andere Methode zu prüfen. Hat man z. B. eine Lösefraktionierung durchgeführt, so sollte man zur Kontrolle auch die ersten Fraktionen einer Fällfraktionierung an dem gleichen Produkt zu erhalten versuchen und diese mit den letzten der ersten Fraktionierung vergleichen. In vielen Fällen genügt auch schon, den Verlauf des höchstmolekularen Astes der Kurven bei der Trübungstitration zum Vergleich heranzuziehen.

Zum Schluß sei noch darauf hingewiesen, daß es für die Darstellung der Meßergebnisse günstig ist, die Mengen der ersten und der letzten Fraktion klein zu halten, damit die ersten und die letzten Meßpunkte möglichst nahe an 0 und 100% herankommen. Die Mengen der ersten und der letzten Fraktion sollten daher nicht mehr als etwa 3% der Gesamtausbeute betragen.

Literatur

[1] CRAGG, L. H., u. H. HAMMERSCHLAG: Chem. Rev. 39 (1946) S. 79.

[2] HALL, R. W., in P. W. ALLEN: Techniques of Polymer Characterisation. London: 1959.

[3] MARK, H., u. R. SIMHA: Trans. Faraday Soc. 36 (1940) S. 611. — A. M. SOOKNE, H. A. RUTHERFORD, H MARK u. M. HARRIES: J. Res. Nat. Bur. Stand. 29 (1942) S. 123 — Amer. Dyestuff Reporter 31 (1942) S. 417.

[4] SPENCER, R. S., u. K. E. COULTER in BOUNDY-BOYER: Styrene, S. 438. New York: Reinhold Publishing 1952.

[5] HENGSTENBERG, J., u. F. KÄSBAUER: Angew. Chem. 72 (1960) S. 275 — Festschrift „KARL WURSTER", BASF Ludwigshafen/Rhein 1960, S. 259.

[6] JÄCKEL, K.: Festschrift „KARL WURSTER", BASF Ludwigshafen/Rhein 1960, S. 269.

[7] HOCHULI, A.: Dissertation Bern 1955.

[8] SIGNER, R., u. A. HOCHULI: Kunststoffe-Plastics 3 (1956) S. 125.

[9] SIGNER, R., K. ALLEMANN, E. KÖHLI, W. LEHMANN, H. MEYER u. W. RITSCHARD: Dechema-Monographie 27 (1956) S. 32.

[10] KERN, W., H. SCHMIDT u. H. E. VON STEINWEHR: Makromolekulare Chem. 16 (1955) S. 74.

[11] CLAESSON, ST.: Discuss. Faraday Soc. 7 (1949) S. 321 — Ark. Kemi, Mineralog. Geol. 26 A (1949) S. 24.

[12] BANNISTER, D. W., C. S. G. PHILLIPS u. R. J. P. WILLIAMS: Anal. Chem. 26 (1954) S. 1451.

[13] SI YUNG YEH u. H. L. FRISCH: J. Polymer Sci. 27 (1958) S. 149.

[14] LANGHAMMER, G., u. K. QUITZSCH: Makromolekulare Chem. 43 (1961) S. 160.

[15] HOWLETT, F., u. A. R. URQUHART: J. Text. Inst. 37 T (1946) S. 89.

[16] SCHULZ, G. V., u. E. NORDT: J. prakt. Chem. 155 (1940) S. 115.

[17] ALMIN, K. E., u. B. STEENBERG: Acta chem. scand. 11 (1957) S. 936.

[18] FLORY, P. J.: Principles of Polymer Chemistry. Ithaka, N. Y.: Cornell University Press 1953.

[19] HUGGINS, M. L.: Physical Chemistry of High Polymers. New York: John Wiley & Sons 1958.,

[20] TOMPA, H.: Polymer Solutions. London Butterworths Sci. Publ. 1956.

[21] STOCKMEYER, W. H.: J. chem. Physics 17 (1949) S. 588.

[22] SHULTZ, A. R.: J. Polymer Sci. 11 (1953) S. 93.

[23] PATAT, F., u. G. TRÄXLER: Makromolekulare Chem. 33 (1959) S. 113.

[24] ELIAS, H.: Makromolekulare Chem. 33 (1959) S. 140.

[25] SCHULZ, G. V., in H. A. STUART: Physik der Hochpolymeren, Bd. II, S. 726. Berlin/ Göttingen/Heidelberg: Springer 1953.

[26] SCOTT, R. L., u. M. MAGAT: J. chem. Physik 13 (1945) S. 172 u. 177.

[27] MÜNSTER, A., in H. A. STUART: Physik der Hochpolymeren, Bd. II, S. 193. Berlin/ Göttingen/Heidelberg: Springer 1953.

[28] FLORY, P. J.: J. Amer. Soc. 65 (1943) S. 372.

[29] ALFREY, T., A. BARTOVICS u. H. MARK: J. Amer. chem. Soc. 65 (1943) S. 2319.

[30] NASINI, A., u. C. MUSSA: Makromolekulare Chem. 22 (1957) S. 59.

[31] MEFFROY-BIGET, A. M.: Bull. Soc. Chim. France 21, 5 (1954) S. 458.

[32] MEYERHOFF, G.: Z. Elektrochem. 61 (1957) S. 325.

[33] NICOLAS, L.: Makromolekulare Chem. 24 (1957) S. 173.

[34] BADGLEY, W., V. J. FRILETTE u. H. MARK: Industr. Engng. Chem. 37 (1945) S. 227.

[35] GOLDBERG, A. I., W. P. HOHENSTEIN u. H. MARK: J. Polymer Sci. 2 (1947) S. 503.

[36] MARK, H.: Anal. Chem. 20 (1948) S. 104.

[37] WESSLAU, H.: Makromolekulare Chem. 20 (1956) S. 111.

[38] DESREUX, V.: Rec. Trav. chim. Pays-Bas 68 (1949) S. 789.

[39] DESREUX, V., u. M. C. SPIEGELS: Bull. Soc. chim. Belg. 59 (1950) S. 476.

[40] FRANCIS, P. S., R. C. COOKE JR., u. J. H. ELLIOTT: 130. National Meeting of the Amer. Chem. Soc. Atlantic City 1956 — J. Polymer Sci. 31 (1958) S. 453.

[41] HENRY, P. M.: J. Polymer Sci. 36 (1959) S. 3.

[42] WESSLAU, H.: Makromolekulare Chem. 26 (1958) S. 96.

[43] FUCHS, O.: Makromolekulare Chem. 5 (1950) S. 245; 7 (1951) S. 259 — Z. Elektrochem. 60 (1956) S. 229.

[44] BAKER, C. A., u. R. B. WILLIAMS: J. chem. Soc. (1956) S. 2352.

[45] CAPLAN, S. R.: J. Polymer Sci. 35 (1959) S. 409.

[46] SCHNEIDER, N. S., L. G. HOLMES, C. F. MIJAL u. J. D. LOCONTI: J. Polymer Sci. 37 (1959) S. 551.

[47] SCHNEIDER, N. S., u. L. G. HOLMES: J. Polymer Sci. 38 (1959) S. 552.

[48] KRIGBAUM, W. R., u. J. E. KURZ: J. Polymer Sci. 41 (1959) S. 275.

[49] GUILLET, J. E., R. L. COMBS, D. F. SLONAKER u. H. W. COOVER: J. Polmyer Sci. 47 (1960) S. 307.

[50] JUNGNICKEL, J. L., u. F. T. WEISS: J. Polymer Sci. 49 (1961) S. 437.

[51] BOOTH, C.: J. Polymer Sci. 45 (1960) S. 443.

[52] LÉGER, A. E., u. P. A. GIGUÈRE: Canad. J. Res. 27 (1949) S. 387.

[53] GAVORET, G., u. M. J. DUCLAUX: J. Chim. physique 42 (1945) S. 41.

[54] DOBRY, A.: J. Chim physique 42 (1945) S. 109.

[55] STAINSBY, G.: Discuss. Faraday Soc. 18 (1954) S. 288.

[56] TURSKA, E., u. M. LACZKOWSKY: J. Polymer Sci. 23 (1957) S. 285.

[57] GREEN, H. S., u. M. F. VAUGHAN: Chem. and Ind. (1958) S. 829.

[58] VOORN, M. J.: Fortschr. Hochpolym. Forsch. 1 (1959) S. 192.

[59] BRODA, A., u. M. B. CHODKOWSKA: J. Polymer Sci. 26 (1957) S. 401; 30 (1958) S. 639.

[60] BIGELOW, C. C., u. L. H. CRAGG: Canad. J. Chem. 36 (1958) S. 199.

[61] OKAMOTO, H.: J. Polymer Sci. 33 (1958) S. 507.

[62] LIPATOW, S. M., u. S. W. LIPATOWA: Koll. J. (russisch) 21 (1959) S. 517.

[63] SCOTT, R. L.: J. chem. Physics 17 (1949) S. 268.

[64] MOSSÉ, J.: J. Chim. physique 56 (1959) S. 461.

[65] LACZKOWSKI, M., u. J. MELON: Faserforsch. u. Textiltechn. 11 (1960) S. 1.

[66] BRODA, A., B. GAWRONSKA, T. NIWINSKA u. ST. POLOWINSKI: J. Polymer Sci. 29 (1958) S. 183; 58 (1958) S. 343.

[67] COPPICK, S., O. A. BATTISTA u. M. R. LYTTON: Industr. Engng. Chem. 42 (1950) S. 2533.

[68] BILLMEYER JR., F. W., u. W. H. STOCKMEYER: J. Polymer Sci. 5 (1950) S. 121.

[69] SPENCER, R. S: J. Polymer Sci. 3 (1948) S. 606.

[70] BOYER, R. F.: J. Polymer Sci. 8 (1952) S. 73.

[71] CANTOW, H. J.: Makromolekulare Chem. 30 (1959) S. 169.

[72] McCORMICK, H. W.: J. Polymer Sci. 36 (1959) S. 341.

[73] ERIKSON, A. F. V.: Acta chem. scand. 10 (1956) S. 360.

[74] FLORY, P. J.: J. chem. Physics 17 (1949) S. 1347.

[75] ODÉN, S.: Kolloid-Z. 18 (1916) S. 33; 26 (1920) S. 100.

[76] HENGSTENBERG, J.: Z. Elektrochem. 60 (1956) S. 236.

[77] HENGSTENBERG, J.: Bericht vom 23. 6. 1950 (unveröffentlicht).

[78] CANTOW, H. J.: Makromolekulare Chem. 30 (1959) S. 81.

[79] MOREY, D. R., u. J. W. TAMBLYN: J. appl. Phys. 16 (1945) S. 419.

[80] HARRIS, I., u. R. G. J. MILLER: J. Polymer Sci. 7 (1951) S. 377.

[81] OTH, A.: Bull. Soc. chim. Belg. 58 (1949) S. 285.

[82] OTH, A., u. V. DESREUX: Bull. Soc. chim. Belg. 63 (1954) S. 261.

[83] BISCHOFF, J., u. V. DESREUX: Bull. Soc. chim. Belg. 60 (1951) S. 137.

[84] HASTINGS, G. W., D. W. OVENALL u. F. W. PEAKER: Nature (London) 177 (1956) S. 1091.

[85] MELVILLE, H. W., u. B. D. STEAD: J. Polymer Sci. 16 (1955) S. 505.

[86] CLAESSON, ST.: J. Polymer Sci. 16 (1955) S. 193.

[87] SCHOLTAN, W.: Makromolekulare Chem. 24 (1957) S. 83 u. 104.

[88] PEPPER, D. C., u. P. P. RUTHERFORD: J. appl. Polymer Sci. 2 (1959) S. 100.

[89] MENCIK, Z.: J. Polymer Sci. 17 (1955) S. 147.

[90] GOLUB, M. A.: J. Polymer Sci. 11 (1953) S. 583.

5.5 Aufnahme und Diffusion niedermolekularer Substanzen in Hochpolymeren

Von G. J. van Amerongen, Haarlem/Niederlande

5.5.1 Einführung

Wenn ein hochpolymerer Stoff, es sei Kunststoff oder Kautschuk, mit Molekülen von niedrigem Molekulargewicht in Berührung gebracht wird, so läßt sich die Erscheinung erkennen, daß die kleinen Moleküle die Neigung haben, in den hochpolymeren Stoff einzudringen. Dieses Eindringen erfolgt nach gewissen Gesetzmäßigkeiten, die in diesem Abschnitt Gegenstand einer Diskussion sein sollen. (Vgl. II, 3.8.1.)

Es besteht ein wesentlicher Unterschied zwischen dem Zustand, bei dem sich ein Gleichgewicht zwischen den Polymerenmolekülen und den Fremdmolekülen eingestellt hat und dem Zustand, bei dem dieses Gleichgewicht noch nicht erreicht ist. Im Gleichgewichtszustand hat der hochpolymere Stoff so viele Fremdmoleküle aufgenommen, wie auf Grund der Eigenschaften der beiden Molekülsorten thermodynamisch erwartet werden kann. Man spricht dann von Gleichgewichtsabsorption oder Gleichgewichtsquellung. Solange dieses Gleichgewicht nicht erreicht worden ist, werden von außen neue Moleküle in den hochpolymeren Stoff durchdringen und sich dort durch Diffusion weiter versetzen. Die Permeation, d. h. das Durchlassen von Fremdmolekülen durch eine Membrane, stellt einen besonderen Fall dar, wobei eine Wechselwirkung zwischen Gleichgewichtsabsorption und Diffusion auftritt:

Die genannten Erscheinungen haben im allgemeinen eine sehr große praktische Bedeutung. Hochpolymere werden immer, es sei in Berührung mit Gasen (Luft!) oder mit Flüssigkeiten (Wasser!) benutzt. Die Aufnahme größerer Mengen Fremdmoleküle ist in der Regel sehr unerwünscht, weil das zu einer Änderung der Form und der Zusammenhaltskräfte führen kann. Bei Permeation durch eine Membrane wird technisch von der Eigenschaft des Polymeren Gebrauch gemacht um sehr wenig, oder in bestimmten Fällen erforderlichenfalls sehr viele der Moleküle, mit denen das Hochpolymere in Berührung kommt, durchzulassen.

Der Gleichgewichtszustand zwischen den Polymerenmolekülen und den Fremdmolekülen, die Diffusionsgesetzmäßigkeiten und die Permeation werden nun der Reihe nach ins Auge gefaßt werden.

5.5.2 Absorption und Quellung

Eine Kautschuk- oder Kunststoffsorte, die mit Molekülen von niedrigem Molekulargewicht in Berührung kommt, nimmt diese so lange auf, bis ein Gleichgewichtszustand erreicht worden ist. Die Lage der Gleichgewichtskonzentration ist von verschiedenen Faktoren, wie Gas- oder Dampfdruck der Fremdmoleküle, Temperatur, zwischenmolekularen Kräften und energetischer Wechselwirkung zwischen den beiden Molekülsorten, abhängig. Im Falle der Quellung ist außerdem die Molekularstruktur des Polymeren von großer Bedeutung. Ein ganz großer Unterschied im Verhalten macht sich bemerkbar, wenn der hochpolymere Stoff entweder mit Gas oder mit Flüssigkeit in Berührung kommt. Wasser nimmt bei den letzteren eine besondere Stellung ein, weil diese Flüssigkeit so oft vorkommt. Auch niedrigmolekulare feste Stoffe können sich manchmal durch Lösung in hochpolymeren Stoffe verteilen.

Im allgemeinen entspricht das Verhalten des Hochpolymeren, es sei Kautschuk oder Kunststoff, bei diesen Erscheinungen in vielen Hinsichten dem Verhalten der üblichen organischen Flüssigkeiten. Die Aufnahme der Fremdmoleküle ist als ein gewöhnliches thermodynamisches Mischen von einem Gas mit einer Flüssigkeit oder von der einen Flüssigkeit mit der anderen, oder zuweilen als ein Mischen eines festen Stoffes mit einer Flüssigkeit anzusehen. Etwas komplizierter wird die Lage, wenn der Kunststoff teilweise kristallisiert ist, wie z. B. bei Polyäthylen.

a) Die Aufnahme von Gasen. Der Flüssigkeitscharakter von kunststoff- und kautschukartigen Stoffen tritt deutlich in Erscheinung, wenn das Gleichgewicht mit Gasen betrachtet wird. Die Gleichgewichtsgaskonzentration C im Polymeren

ist hier genauso wie bei der Lösung von Gasen in niedermolekularen Flüssigkeiten, dem Gasdruck p außerhalb des Polymeren proportional, und zwar nach
dem Gesetz von HENRY:

$$C = Sp, \qquad (1)$$

worin S der Löslichkeitskoeffizient
ist.

Tab. 1 gibt eine Anzahl Werte
für den Löslichkeitskoeffizienten der
meist vorkommenden Gase in einigen Kautschuk- und Kunststoffsorten. Es stellt sich heraus, daß
diese Werte stark schwanken, so
daß z. B. bei 1 Atm und 25 °C in
einem cm³ Kautschuk nur 0,011 cm³
Helium, doch 23,6 cm³ SO_2 in Lösung gehen. Eine Erklärung für
dieses verschiedenartige Verhalten
ist der Abb. 1 zu entnehmen [1].
Daraus geht hervor, daß der Logarithmus des Löslichkeitskoeffizienten von Gasen im Naturkautschuk
eine lineare Funktion der kritischen

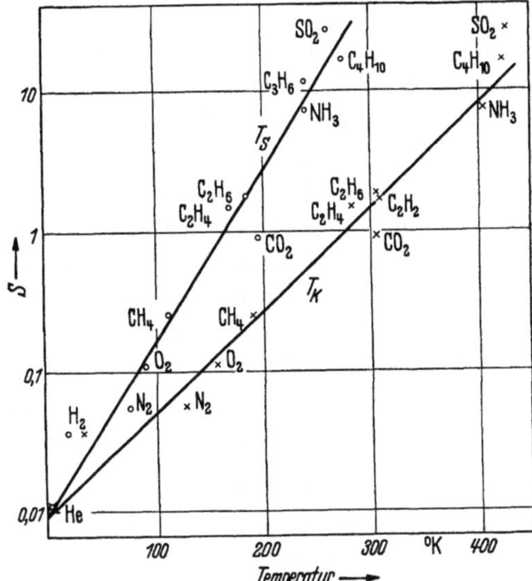

Abb. 1. Der Löslichkeitskoeffizient S verschiedener Gase
in Naturkautschuk in Abhängigkeit von der kritischen
Temperatur T_k und der Siedetemperatur T_s des Gases [1]

Temperatur oder des Siedepunktes des Gases ist [3, 4]. Je höher der kritische
Punkt eines Gases liegt, je leichter kondensiert es. Die damit verknüpfte größere
Löslichkeit in einem Kautschuk oder Kunststoff deutet darauf hin, daß bei der
Lösung eine Art Kondensation des Gases auftritt. Ein ähnlicher Zusammenhang
ist auch für die Löslichkeit von Gasen in Flüssigkeiten bekannt [5].

Tabelle 1. *Der Löslichkeitskoeffizient S (in cm³ von 0 °C und 76 cm, je cm³ Stoff bei 1 Atm) von*
Gasen in einigen Kautschuk- und Kunststoffsorten [1, 2]

	Temp. °C	H_2	O_2	N_2	CO_2	He	NH_3	SO_2
Naturkautschuk (vulk.) ...	25	0,037	0,112	0,055	0,90	0,011	6,9	23,6
	50	0,041	0,100	0,057	0,63	0,014		
Buna S (vulk.)	25	0,033	0,093	0,048	0,89		8,1	17,2
Perbunan 26 (vulk.)	25	0,027	0,068	0,032	1,24	0,008	13,5	48
	50	0,030	0,073	0,037	0,88	0,010		
Neopren (vulk.)..........	25	0,027	0,075	0,036	0,83		8,8	18,1
Polyisobutylen...........	25	0,034	0,108	0,050	0,69			
Butylkautschuk (vulk.)	25	0,036	0,122	0,055	0,68	0,011		
Polystyrol	20	0,024						
Polyäthylen	20	0,019						
Polyvinylchlorid	20	0,005						
Polyvinylacetat..........	20	0,020						

Weiter geht aus Tab. 1 hervor, daß polare Gase besser löslich sind in Polymeren, die auch polare Gruppen enthalten, während nichtpolare Gase besser in
nichtpolaren Polymeren in Lösung gehen. Die Löslichkeit in festen Kunststoffen

ist im allgemeinen niedriger als in kautschukartigen Stoffen. Im Zusammenhang mit dem dichteren Bau kristallisierter Materie wird die Gaslöslichkeit durch Kristallisation des Polymeren erniedrigt [6].

b) Die Aufnahme von Flüssigkeiten. Wie aus Abb. 1 ersichtlich ist, nimmt die Löslichkeit mit der Höhe des Siedepunktes des Gases zu. Das wird besonders interessant, wenn der Siedepunkt oberhalb der Temperatur des Polymeren hinaussteigt. Das Aufnahmevermögen des Polymeren steigert sich dann sprunghaft, weil man es nicht länger mit einem Gleichgewicht zwischen Gas und Polymeren, sondern mit dem zwischen Flüssigkeit und Polymeren zu tun hat. Während Kautschuk im Gleichgewicht mit 1 Atm Butangas bei 20 °C 4 % Butan aufnimmt, nimmt derselbe (vulkanisierte) Kautschuk in Berührung mit Pentanflüssigkeit im Gleichgewicht 120 Gewichtsprozente auf. Das Volumen des Kautschuks nimmt in Übereinstimmung damit stark zu, d. h. der Kautschuk quillt in Pentan.

Zum richtigen Verständnis ist es erforderlich, die nachstehenden Formen der Quellung zu unterscheiden, wenn es in der Praxis auch schwierig sein wird [7, 8].

1. Die unbegrenzte Quellung.
2. Die begrenzte Quellung vernetzter Stoffe.
3. Die begrenzte Quellung infolge Entmischung.

Nicht vernetzte Polymere nehmen in einem geeigneten Lösungsmittel (z. B. Benzol im Falle des Polystyrols) unter Quellung so lange Flüssigkeit auf, bis sie ihren Zusammenhang verloren haben und letzten Endes vollkommen dispergiert in Lösung gehen. Ein Quellungsgleichgewicht stellt sich hierbei also nicht ein.

Im Gegensatz hierzu erreicht vulkanisierter Kautschuk ein Quellungsgleichgewicht, nachdem er ungefähr 300 Vol.-% Benzol aufgenommen hat. Dieses Verhalten läßt sich dadurch erklären, daß sich bei der Vulkanisation von Kautschuk ein Netzwerk von miteinander verbundenen Molekülen bildet, infolgedessen die Moleküle sich aus mechanischen Gründen nicht mehr homogen im Quellungsmittel verteilen können. Während der Quellung werden die Kettenmoleküle entrollt, bis die elastische Spannung des Netzwerkes eine weitere Flüssigkeitsaufnahme unmöglich macht.

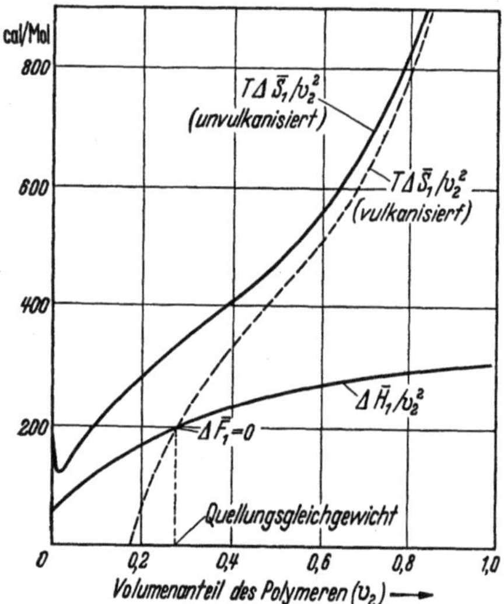

Abb. 2
Der Einfluß der Vernetzung auf die Quellungsentropie. Am Schnittpunkt, wo $\Delta\bar{H} = T\Delta\bar{S}$, liegt das Quellungsgleichgewicht [9]

Wenn man sich eingehend über die Erscheinung der begrenzten Quellung unterrichten will, ist es erforderlich, den Quellungsvorgang thermodynamisch zu betrachten.

Für den Quellungsvorgang, wobei 1 Molekül Quellungsmittel sich mit einer großen Menge gequollenen Materials mischt, gilt im allgemeinen:

$$\Delta\bar{F}_1 = \Delta\bar{H}_1 - T\,\Delta\bar{S}_1, \tag{2}$$

worin $\Delta \overline{F}_1$ = freie Quellungsenergie, $\Delta \overline{H}_1$ = Quellungswärme und $\Delta \overline{S}_1$ = Quellungsentropie. Spontane Quellung tritt auf, solange $\Delta \overline{F}_1$ negativ ist und $T \Delta \overline{S}_1$ also größer ist als $\Delta \overline{H}_1$. Sobald das Quellungsgleichgewicht zwischen gequollenem Kautschuk und Flüssigkeit erreicht worden ist, gilt $\Delta \overline{F}_1 = 0$ und $\Delta \overline{H}_1 = T \Delta \overline{S}_1$. Unter diesen Verhältnissen wird die durch die Entropiezunahme verursachte Quellung durch den Wärmeeffekt im Gleichgewicht gehalten.

Aus Abb. 2, wo der Verlauf von Entropie und Quellungswärme in Abhängigkeit der Konzentration des Polymeren angegeben ist, ist ersichtlich, daß das Maß

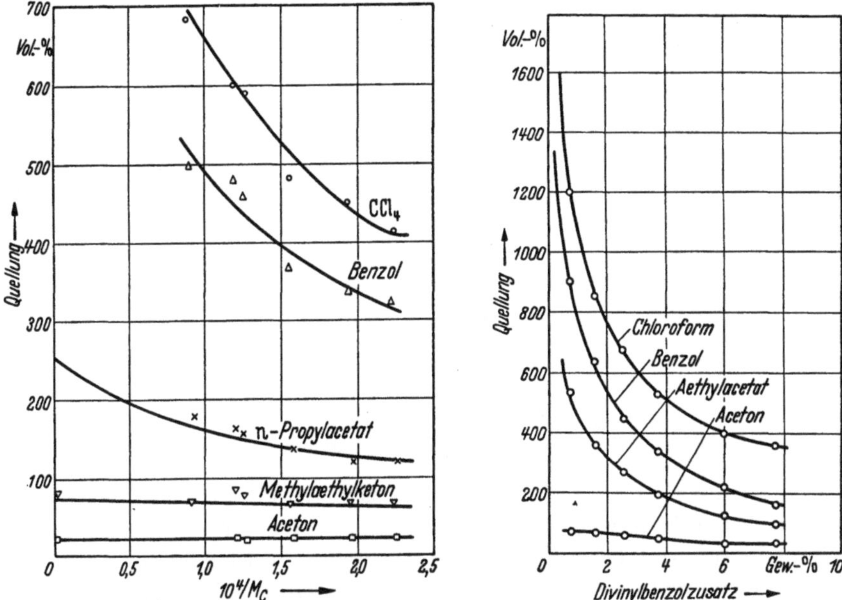

Abb. 3. Die Änderung der Quellung von vulkanisiertem Kautschuk in verschiedenen Flüssigkeiten bei zunehmender Vernetzung. M_c = Molekulargewicht der Kautschukkette zwischen den Vernetzungspunkten [10]

Abb. 4
Quellung vernetzter Polystyrole [8]

der Quellung durch die Lage des Schnittpunktes, wo $\Delta \overline{H}_1 = T \Delta \overline{S}_1$, beherrscht wird. Für eine größere Quellungswärme kommt der Schnittpunkt bei einem niedrigeren Wert für die Quellung zu liegen. Die Tatsache, daß sich hier die Quellungswärme bei vernetztem Polymeren, im Gegensatz zum Fall des unvernetzten Polymeren, durch die Entropiezunahme ausgleichen läßt, deutet darauf hin, daß Vernetzung die Quellungsentropie erniedrigt. Es ist Flory und Rehner [9] tatsächlich gelungen, zu berechnen, daß die Bildung von Brückenbindungen im Polymeren den in Abb. 2 gezeigten erniedrigenden Effekt auf die Quellungsentropie hat.

Abb. 3 zeigt, wie die Gleichgewichtsquellung von Naturkautschuk in verschiedenen Quellungsmitteln von dem Vernetzungsgrad abhängt [10]. Ähnliche Beobachtungen sind an mit Divinylbenzol vernetztem Polystyrol gemacht worden, wie Abb. 4 veranschaulicht [8]. Besonders bei den starken Quellungsmitteln führt eine fortgesetzte Vernetzung zu einer starken Erniedrigung der Quellung.

Kristallisation des Polymeren hat in dieser Beziehung dieselbe Auswirkung wie Vernetzung. Andererseits kann Quellung eine derartig starke herabsetzende Wirkung auf die Kristallinität ausüben, daß das Polymere sich schließlich völlig löst. Dies ist besonders der Fall, wenn ein starkes Quellungsmittel bei einer höheren Temperatur benutzt wird [11 bis 13].

Abb. 5 zeigt, daß die Lage des Quellungsgleichgewichtes vulkanisierter Kautschuke nur teilweise durch den Vernetzungsgrad bestimmt wird [14]. Abhängig von den im Quellungsmittel oder Kautschuk vorhandenen polaren oder polari-

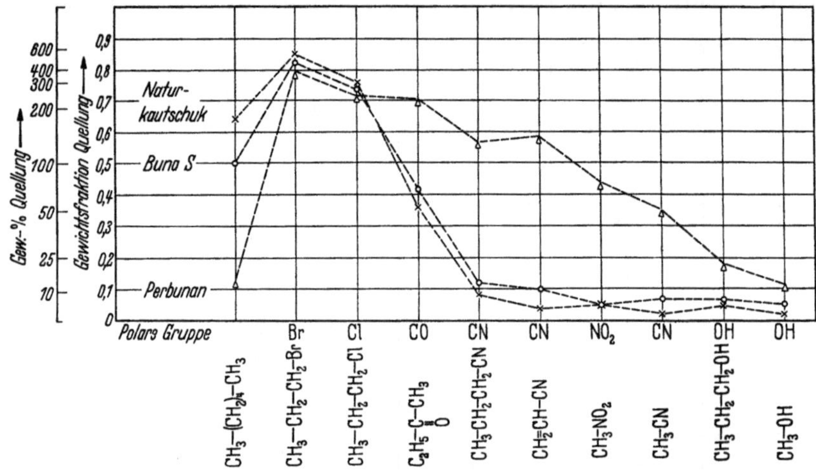

Abb. 5. Der Einfluß von polaren Gruppen auf die Lage des Quellungsgleichgewichtes [14]

sierbaren Gruppen treten erhebliche Unterschiede in der Lage der Quellungsgleichgewichte auf, obwohl der Vernetzungsgrad der verschiedenen Kautschuksorten in erster Annäherung als gleich betrachtet werden kann. Perbunan, ein Butadien-Acrylnitril-Copolymeres mit stark polaren CN-Gruppen, quillt nur wenig in aliphatischen Kohlenwasserstoffen, wohingegen es in polaren Quellungsmitteln, wie Aceton und Propylnitril, stark quillt. Der keine polare Gruppen enthaltende Naturkautschuk (Polyisopren) quillt stark in Kohlenwasserstoffen und wenig in Propylnitril. Die meisten Kautschuksorten quellen stark in Benzol und besonders in Chloroform.

Es ist GEE [12, 15, 56] gelungen, eine Beziehung zwischen der Lage des Quellungsgleichgewichtes und der Natur des Polymeren und der Quellungsflüssigkeit festzulegen, wobei er von einer von VAN LAAR-HILDEBRAND abgeleiteten Formel für die Mischungswärme, welche bei dem Mischen von Flüssigkeiten auftritt, ausging:

$$\Delta \bar{H}_1 = V_1(\sqrt{E_1/V_1} - \sqrt{E_2/V_2})^2\, v_2^2, \tag{3}$$

worin ΔH_1 die Mischungswärme beim Mischen von 1 Molekül der Flüssigkeit 1 in einer Mischung der Flüssigkeiten 1 und 2; E_1/V_1 und E_2/V_2 die Kohäsionsenergiedichten; E_1 und E_2 die molaren Verdampfungsenergien; V_1 und V_2 die molaren Volumina und v_2 der Volumenbruch der Flüssigkeit 2 bedeuten.

Diese Gleichung ist auch für die Mischung eines hochpolymeren Stoffes mit einer Flüssigkeit verwendbar, indem man dem Hochpolymeren ebenfalls eine Kohäsionsenergiedichte zuerkennt. Aus Abb. 2 läßt sich entnehmen, daß die Gleichgewichtsquellung einen höheren Wert erreicht, je nachdem die Quellungswärme $\Delta \overline{H}_1$ sich vermindert, vorausgesetzt jedoch, daß der Entropieausdruck $T\Delta \overline{S}$ gleichbleibt. Maximale Quellung tritt auf, wenn $\Delta \overline{H}_1 = 0$, d. h. wenn nach (3) die Kohäsionsenergiedichte des Quellungsmittels E_1/V_1 und des polymeren Stoffes E_2/V_2 einander gleich sind. Die Quellung ist niedriger, je mehr die Kohäsionsenergiedichten von Polymerem und Flüssigkeit auseinanderliegen. Die Abb. 6 zeigt die relative Lage einiger Kohäsionsenergiedichten [16].

Neben dem Auftreten von begrenzter Quellung infolge Vernetzung gibt es auch Fälle, in denen die begrenzte Quellung eine Entmischungserscheinung darstellt. Die Entmischung ist hier, wie im Falle der begrenzten Quellung infolge Vernetzung, darauf zurückzuführen, daß die Quellungswärme bei einem bestimmten Verhältnis Flüssigkeit/hochpolymerer Stoff der Quellungsentropie gleich wird (vgl. Abb. 2). Eine große Quellungswärme ist Vorbedingung für das Auftreten dieser Erscheinung. Im Sprachgebrauch wird ein Lösungsmittel, das eine derartige Entmischung verursacht, als „schlecht" bezeichnet [17, 18].

Ein besonderer und öfters vorkommender Fall macht sich bemerkbar, wenn die Flüssigkeit nicht einheitlich ist, sondern aus

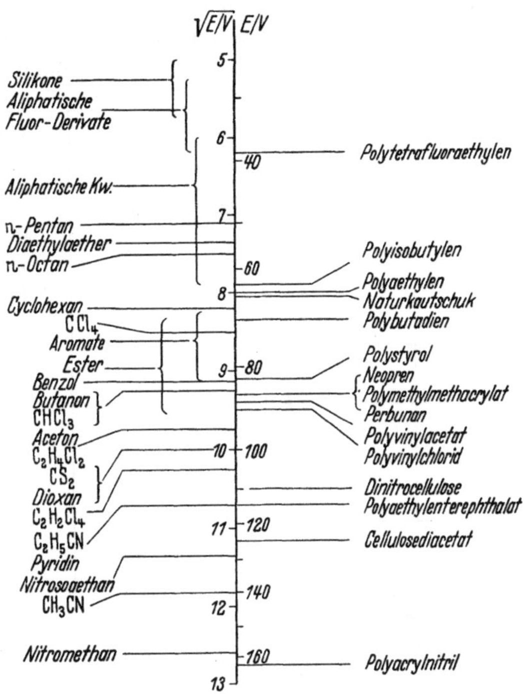

Abb. 6. Kohäsionsenergiedichten E/V von einigen Polymeren und Lösungsmitteln [16]

einer Mischung von 2 Flüssigkeiten besteht, von denen die eine ein gutes und die andere ein schlechtes Lösungsmittel ist. Bei der Fraktionierung und Reinigung von Polymeren bedient man sich oft solcher Flüssigkeitsgemische. Dazu löst man das Polymere zuerst im guten Lösungsmittel und gibt daraufhin so viel des schlechten Lösungsmittels zu, bis das Polymere ganz oder teilweise in Form eines Gels niedergeschlagen wird.

In thermodynamischer Hinsicht ist dieses 3-Komponenten-2-Phasen-System selbstverständlich viel komplizierter als das vorher beschriebene 2-Komponenten-2-Phasen-System. Das Flüssigkeitsgemisch kann man in erster Näherung jedoch als eine einheitliche Flüssigkeit betrachten, wodurch das Problem auf das des 2-Komponenten-Systems zurückgeführt wird. Eine weitere Verwicklung ist jedoch, daß das Polymere infolge des Vorhandenseins von Molekülen mit stark auseinanderlaufendem Molekulargewicht meistens nicht einheitlich ist.

Es sei noch erwähnt, daß auch beim 3-Komponenten-System, das aus zwei verschiedenen Polymeren in derselben Flüssigkeit besteht, Entmischungserscheinungen auftreten können [19, 20].

c) Die Aufnahme von Wasser. Da Wasser so oft in der Natur vorkommt, hat man der Aufnahme dieser Flüssigkeit durch hochpolymere Stoffe manchmal große Aufmerksamkeit gewidmet. Die dabei wahrgenommenen Erscheinungen sind in vielen Hinsichten grundsätzlich nicht verschieden von dem im vorhergehenden diskutierten allgemeinen Fall der Quellung. Die von dem Polymeren aufgenommene Wassermenge wird auch hier durch den polaren oder unpolaren Charakter des Polymeren bestimmt. In diesem Falle werden besonders die Polymeren, welche wasserfreundliche Gruppen, wie OH-, COOH- und NH_2-Gruppen, enthalten, ein großes Aufnahmevermögen für H_2O besitzen. Beispiele solcher Polymeren sind Polyvinylalkohol und Polyacrylsäure. Die Vernetzung des Polymeren hat hier dieselbe aufnahme-erniedrigende Auswirkung ·wie schon im vorhergehenden für den allgemeinen Fall beschrieben wurde. Eine besondere Form von Vernetzung, welche hier von Bedeutung ist, ist die Kristallisation des hochpolymeren Stoffes, wie z. B. bei Cellulose [57].

Abb. 7 zeigt, daß bis zu einer relativen Feuchtigkeit von etwa 0,75 die Wasserlöslichkeit in verschiedenen Kunststoffen dem Dampfdruck proportional ist, wie das für Gase im allgemeinen gilt. Bei einer weiteren Erhöhung der relativen Feuchtigkeit nimmt in Abweichung des HENRY-schen Gesetzes die Absorption oft sehr stark zu [21, 22].

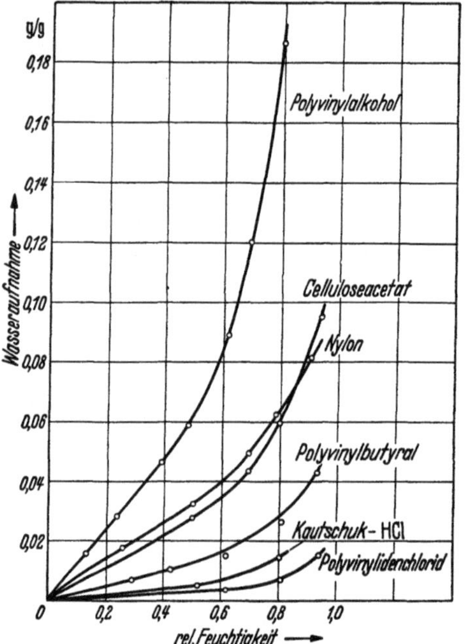

Abb. 7. Die Wasseraufnahme verschiedener Kunststoffe in Abhängigkeit von der rel. Feuchtigkeit [22]

Ein weiterer wichtiger Faktor ist das Vorhandensein von Unreinigkeiten, wofür Naturkautschuk ein gutes Beispiel darstellt. Von dem reinen Kohlenwasserstoff Polyisopren dürfte man eine sehr niedrige Wasserabsorption erwarten. In Wirklichkeit kann vulkanisierter Naturkautschuk bis zu 10% Wasser aufnehmen. Außerdem ist es bei einer hohen relativen Feuchtigkeit fast unmöglich, ein Quellungsgleichgewicht zu erreichen [23]. Diese starke Wasseraufnahme wird jedoch durch das Vorhandensein von ungefähr 7% Nichtkautschukbestandteilen, wie Eiweiße, Fettsäuren usw., verursacht. Durch Reinigung des Kautschuks wird das Wasserabsorptionsvermögen in erheblichem Maße· herabgesetzt.

5.5.3 Diffusion

Die Diffusion von Molekülen innerhalb eines hochpolymeren Stoffes wird durch die wohlbekannte Diffusionsgleichung

$$\frac{\partial C}{\partial t} = \frac{\partial}{\partial x}\left(D\,\frac{\partial C}{\partial x}\right) \tag{4}$$

beherrscht, worin C die Konzentration, t die Zeit, x den Abstand und D den Diffusionskoeffizienten bedeuten.

Der Lösung dieser Gleichung stellen sich öfters große Schwierigkeiten entgegen [24 bis 27], besonders dann, wenn D von der Konzentration der fremden Moleküle abhängig ist, was bei sämtlichen Quellungserscheinungen der Fall ist.

Die Abb. 8 zeigt für einige Lösungsmittel in Polyvinylacetat wie der Diffusionskoeffizient von der Konzentration abhängt. In erster Näherung folgt diese Abhängigkeit der experimentellen Gleichung [28, 29]:

$$D = D_0\, e^{\alpha v_1}, \tag{5}$$

worin D_0 und α Konstanten sind und v_1 der Volumenbruch des aufgenommenen Lösungsmittel bedeutet.

Ein eingehendes Studium der Diffusion von Methylenchlorid und Chloroform in Polystyrol und Celluloseacetat und von anderen Systemen hat weiter gezeigt, daß der Diffusionskoeffizient nicht allein von der Konzentration abhängig zu sein braucht. Auch die bei der Quellung auftretenden Änderungen in der polymeren Struktur an und für sich können den Diffusionsvorgang beeinflussen [30 bis 33]. Die Diffusionsgeschwindigkeit ist deswegen oft auch von der Zeit abhängig.

Im Falle von Gasdiffusion, wobei die Gaskonzentration im Polymeren relativ sehr niedrig ist, darf angenommen werden,

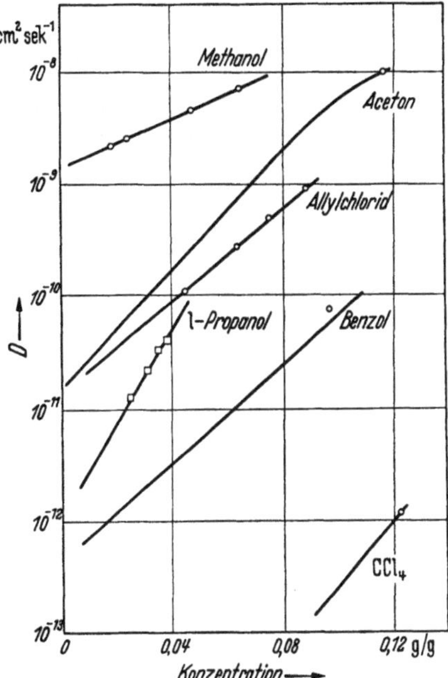

Abb. 8.
Der Diffusionskoeffizient D für einige Lösungsmittel in Polyvinylacetat in Abhängigkeit von der Konzentration des Lösungsmittels [29]

daß D von der Konzentration unabhängig ist. Hierdurch vereinfacht sich die Diffusionsgleichung zum zweiten FICKschen Gesetz:

$$\frac{\partial C}{\partial t} = D\, \frac{\partial^2 C}{\partial x^2}. \tag{6}$$

Es sind mehrere Methoden bekannt, um mit Hilfe dieser Gleichung den Diffusionskoeffizienten D zu bestimmen [24].

Die Größe des Diffusionskoeffizienten kann sehr verschieden sein und wird in erster Linie durch die Größe der Fremdmoleküle bestimmt. Daneben ist auch die Größe der zwischenmolekularen Kräfte des Polymeren von großer Bedeutung [58].

In Abb. 9 wird veranschaulicht, daß z. B. der Diffusionskoeffizient von Stickstoff ungefähr hundertmal kleiner als der von Helium ist, was offenbar dadurch verursacht wird, daß das Stickstoffmolekül einen mehr als anderthalbmal größeren Radius hat [1]. Bei einer noch weiteren Vergrößerung der Moleküle bekommt der Diffusionskoeffizient einen sehr niedrigen Wert. Für die Diffusionsgeschwindigkeit eines organischen Moleküls mit einem Molekulargewicht von 1100 wurde bei Diffusion in Naturkautschuk für D z. B. der Wert von 10^{-12} cm² sek^{-1} gefunden [34]. Das will sagen, daß solche Moleküle im Mittel etwa 160 Jahre benötigen, um einen Abstand von 1 mm im Kautschuk zurückzulegen.

Abb. 10 zeigt, daß die Diffusionsgeschwindigkeit einer Anzahl Gase in einer Serie Butadien-Acrylnitril-Copolymeren in erheblichem Maße abnimmt, je nachdem das Polymere mehr Nitrilgruppen enthält [1]. Im allgemeinen gilt, daß die Diffusionsgeschwindigkeit derselben Molekülsorte in verschiedenen Polymeren geringer ist, je nachdem die zwischenmolekularen Kräfte der Polymerenmoleküle größer sind. Die Einführung von polaren Gruppen, wie Nitrilgruppen, führt eine Verstärkung der zwischenmolekularen Kräfte herbei. Es ist einigermaßen wider Erwarten, daß auch Methylseitengruppen in den Polymerenmolekülen eine niedrige Diffusionsgeschwindigkeit zur Folge haben, wie z. B. Polyisobutylen zeigt.

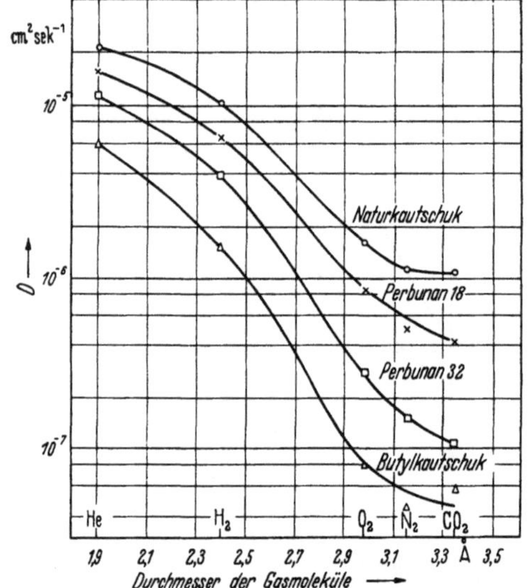

Abb. 9. Der Diffusionskoeffizient D bei 25 °C von Gasen in einigen Kautschuksorten in Abhängigkeit vom Gasmoleküldurchmesser [1]

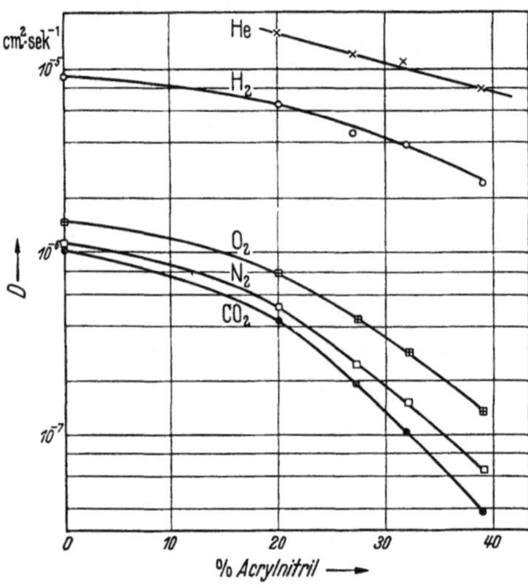

Abb. 10. Abnahme des Diffusionskoeffizienten D bei 25 °C von Gasen in Butadien-Acrylnitril-Copolymeren mit zunehmendem Nitrilgehalt [1]

Da die zwischenmolekularen Kräfte auch die Lage der Einfriertemperatur (vgl. 3.1) in hohem Maße beeinflussen, kann mit einem Zusammenhang zwischen dem Diffusionskoeffizienten und der Lage dieser Temperatur gerechnet werden. Der Diffusionskoeffizient ist im allgemeinen niedriger, je weiter die Messungstemperatur unter der Einfriertemperatur liegt und höher, je weiter diese über die Einfriertemperatur hinaussteigt. Die meisten kautschukartigen Polymeren zeigen also bei Zimmertemperatur eine viel höhere Diffusivität als die glasartigen Kunststoffe, obwohl übrigens die Diffusionsgesetzmäßigkeiten gleichartig sind.

Man kann sich im allgemeinen vorstellen, daß es für die Diffusion fremder Moleküle erforderlich ist, daß sich in molekularem Umfang Öffnungen zwischen den Polymerenmolekülen bilden. Die Bildung dieser Öffnungen, in die die Fremdmoleküle sich begeben können, findet als Folge ihrer thermischen Bewegung in statistischer Weise statt. Es läßt sich verstehen, daß sich eher kleine als große Öffnungen bilden. Demzufolge ist die Diffusionsgeschwindigkeit um so geringer, je größer die diffundierenden Moleküle sind. Um so kleiner die zwischenmole-

kularen Kräfte zwischen den Polymerenmolekülen sind, desto größer ist jedoch
die Möglichkeit der Bildung von Öffnungen zwischen den Polymerenmolekülen.
Das macht sich z. B. besonders dann bemerkbar, wenn man die zwischenmole-

kularen Kräfte durch Quellung des Polymeren erniedrigt. Der Diffusionskoeffizient von Molekülen mit einem Molekulargewicht von 100 ist bei Diffusion
in Naturkautschuk, der durch Benzol
400 Prozent gequollen ist, etwa tau-
sendfach größer als in ungequollenem
Kautschuk [34].

Kristallisation des Polymeren verursacht eine beträchtliche Erniedrigung
der Diffusionsgeschwindigkeit von
Gasen und Flüssigkeiten [6, 59]. Offensichtlich findet die Diffusion hauptsächlich in den amorphen Teilen des
Polymeren statt [35], während die
Diffusion in den dichteren kristallinen
Teilen sehr viel langsamer ist [60].

Der Diffusionskoeffizient nimmt bei
steigender Temperatur stark zu. Diese
Temperaturabhängigkeit wird durch
die Gleichung [36]

$$D = D_0\, e^{-E/RT} \qquad (7)$$

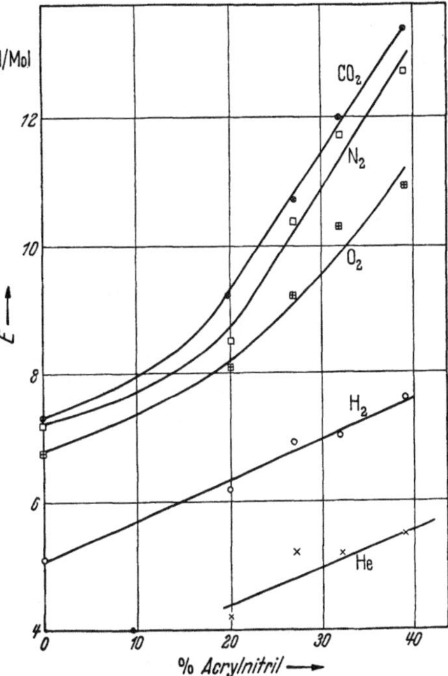

Abb. 11. Die Aktivierungsenergie der Diffusion E
von Gasen in Butadien-Acrylnitril-Copolymeren
mit zunehmendem Nitrilgehalt [1]

dargestellt, worin D_0 eine Konstante,
E die Aktivierungsenergie der Diffusion, R die Gaskonstante und T die Temperatur bedeuten. Über einen größeren Temperaturbereich erweist sich die Aktivierungsenergie gleichfalls als temperatur-
abhängig.

Die Aktivierungsenergie der Diffusion
kann als jene Energie betrachtet werden,
welche dazu erforderlich ist, die zwischenmolekularen Kräfte im Polymeren zu
überwinden, damit die für die Diffusion
benötigten Öffnungen geschaffen werden.
Sie stellt eine wichtige Größe dar, weil sie
es uns möglich macht, einen Eindruck
von den Energieverhältnissen bei der
Diffusion zu gewinnen. Aus Abb. 11 ist
ersichtlich, daß diese Aktivierungsenergie
größer ist, je nachdem die Polymerenmole-

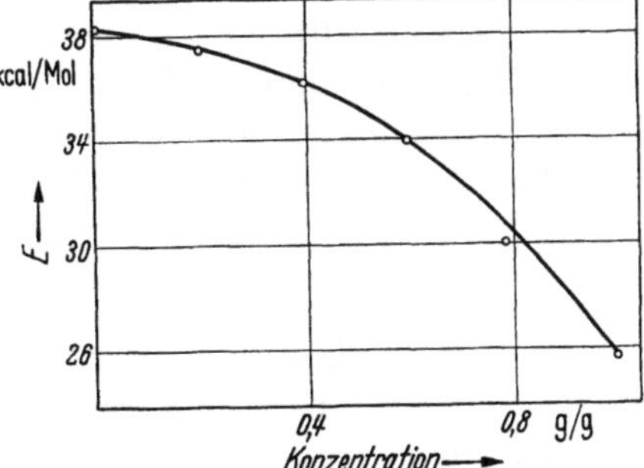

Abb. 12
Die Aktivierungsenergie der Diffusion E in Abhängigkeit von der Konzentration des Quellungsmittels für Aceton in Polyvinylacetat [28]

küle mehr polare Gruppen enthalten und die Gasmoleküle größer sind [1].

Quellung erniedrigt die Aktivierungsenergie der Diffusion, wie Abb. 12 für
die Diffusion von Aceton in Polyvinylacetat zeigt [29]. Diese Erniedrigung
deutet auf eine Schwächung der zwischenmolekularen Kräfte hin.

5.5.4 Permeation

Es kommt in der Praxis öfters vor, daß die Moleküle eines Gases, einer Flüssigkeit oder sogar eines festen Stoffes eine aus Kautschuk oder Kunststoff bestehende Membrane passieren. Ein derartiger Vorgang wird mit Permeation bezeichnet und muß von Diffusion in engerem Sinne unterschieden werden, welch letztere sich nur auf die Verschiebung von Molekülen innerhalb eines Materials bezieht. Das Phänomen der Permeation ist insbesondere für Gase studiert worden und deswegen werden wir uns zuerst mit der Gaspermeation befassen.

a) Gase. Alle bisher bekannten Tatsachen kann man mit der Auffassung in Übereinstimmung bringen, daß sich das Gas bei der Permeation im Polymeren wie in einer gewöhnlichen Flüssigkeit auflöst und von dort nach einer Stelle niedrigerer Konzentration diffundiert, wo es wieder verdampfen kann. Der Permeationsprozeß wird also durch zwei unabhängige physikalische Prozesse beherrscht, und zwar einerseits durch die Gaslöslichkeit und zum anderen durch die Gasdiffusion innerhalb des Polymeren. Diese Prozesse sind, wie schon vorher beschrieben worden ist, dem HENRYschen und auch dem FICKschen Gesetz unterworfen [3, 37], so daß

$$C = S\,p \tag{8}$$

und

$$q = D\,A\,t(C_1 - C_2)/d \tag{9}$$

worin q die Gasmenge bedeutet, welche durch eine Schicht mit Oberfläche A und einer Dicke d in der Zeit t durchdiffundiert, wenn der Konzentrationsunterschied $C_1 - C_2$ konstant bleibt. S bedeutet den Löslichkeitskoeffizienten, D den Diffusionskoeffizienten und p den Gasdruck, mit dem die Gaskonzentration C im Gleichgewicht steht.

Nach Einsetzung von Gl. (8) in Gl. (9) folgt:

$$q = Q\,A\,t(p_1 - p_2)/d, \tag{10}$$

wo p_1 und p_2 die Gleichgewichtsdrucke an beiden Seiten der Membran darstellen.

Der neue Koeffizient Q, der meistens der Permeationskoeffizient oder die Permeabilität genannt wird, ist von großer Bedeutung. Er stellt also die durchgelassene Gasmenge unter Einheitsverhältnissen dar und hängt in der folgenden einfachen Weise mit dem Diffusions- und dem Löslichkeitskoeffizienten zusammen:

$$Q = D\,S. \tag{11}$$

Die Permeabilität nimmt in ähnlicher Weise wie der Diffusionskoeffizient bei steigender Temperatur stark zu. Diese Temperaturabhängigkeit läßt sich durch die Gleichung

$$Q = Q_0\,e^{-W/RT} \tag{12}$$

ausdrücken, worin Q_0 ein Konstante, R die Gaskonstante, W eine Aktivierungsenergie und T die Temperatur bedeuten [36].

Es sind viele Apparate bekannt, mit denen sich die Permeabilität von Membranen für Gase messen läßt [36, 38 bis 45]. Abb. 13 gibt ein Beispiel eines Apparates, mit dem die durchgelassene Gasmenge mit einem MacLeod-Manometer gemessen wird [3]. (Vgl. II, 3.8.1.)

Die Permeabilität einer Reihe von Kunststoff- und Kautschuksorten für Gase wird in Tab. 2 wiedergegeben. Aus Abb. 14 ist ersichtlich, daß z. B. für Polyäthylen die Permeabilität bei einem Temperaturanstieg von 25 °C etwa bis zum Dreifachen zunimmt [47].

Die Permeabilität für ein Gemisch verschiedener Gase läßt sich berechnen, wenn angenommen wird, daß jeder Bestandteil des Gemisches unabhängig von

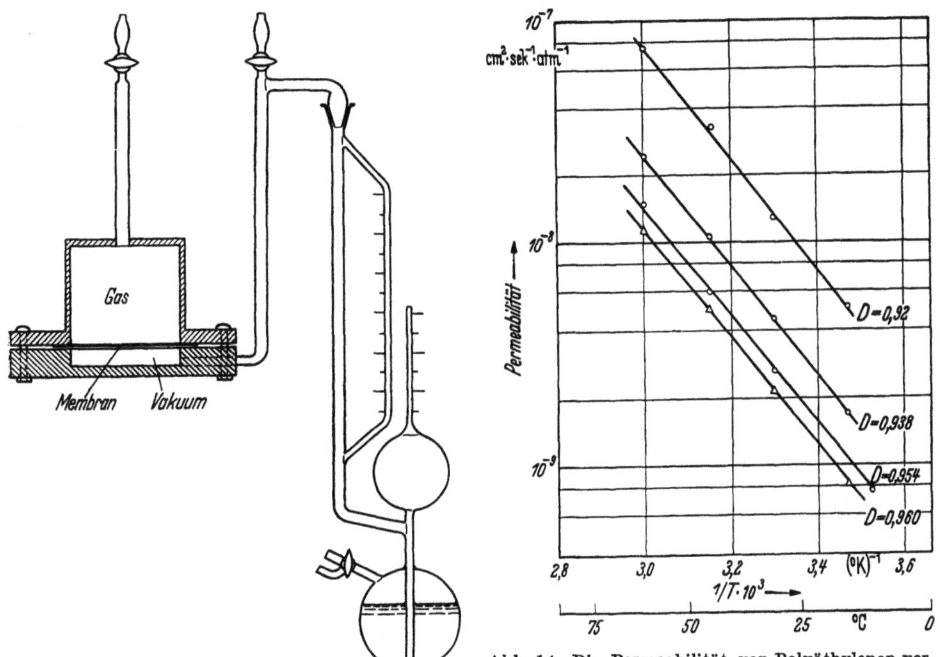

Abb. 13. Vakuum-Gasdurchlässigkeitsapparat [3]

Abb. 14. Die Permeabilität von Polyäthylenen verschiedener Dichte D (bzw. Kristallinität) für N_2 in Abhängigkeit von der Temperatur [47]

den übrigen Komponenten durch die Membrane durchgelassen wird. Annähernd läßt sich die Permeabilität von Luft dann wie folgt errechnen:

$$Q_{\text{Luft}} = 0,79\, Q_{N_2} + 0,21\, Q_{O_2}. \tag{13}$$

Um der Ursache der großen Unterschiede in der Permeabilität, wie diese in Tab. 2 wiedergegeben sind, auf den Grund zu kommen, müssen die beiden Prozesse, welche die Permeabilität nach Gl. (11) bestimmen, d. h. die Gaslöslichkeit und die Diffusion, getrennt betrachtet werden. Polymeren mit einer niedrigen Gaslöslichkeit und einer niedrigen Gasdiffusionsgeschwindigkeit werden eine niedrige Permeabilität aufweisen. Eine bestimmte Permeabilität kann auf die Verbindung einer starken Löslichkeit mit einer geringen Diffusionsgeschwindigkeit (z. B. CO_2) bzw. auf eine schwache Löslichkeit mit einer großen Diffusionsgeschwindigkeit (z. B. Helium) zurückzuführen sein.

Es ist im vorhergehenden schon betont worden, daß die Gaslöslichkeit zunimmt, je nachdem das Gas leichter kondensiert und daß ein Gas um so langsamer diffundiert, je nachdem seine Moleküle und die zwischenmolekularen Kräfte im Polymeren größer sind.

Tabelle 2. *Die Permeabilität (in $10^{-8}\,cm^2\,sek^{-1}\,Atm^{-1}$) von verschiedenen Kunststoff- und Kautschuksorten für Gase [1, 2, 46, 47, 48]*

	Temp. °C	N_2	O_2	H_2	CO_2	He
Polyvinylidenchlorid	30	0,0007	0,004		0,002	0,07
Polychlortrifluoräthylen	30	0,002	0,008		0,055	
Polyäthylenterephthalat	30	0,004	0,017		0,12	
Pliofilm NO	30	0,006	0,023		0,13	
Polyamid (NYLON-6)..............	30	0,008	0,029		0,12	
Polyvinylchlorid	30	0,03	0,09		0,76	
Polyäthylen ($D = 0{,}960$)..........	30	0,20	0,80		2,7	
Celluloseacetat (weichgemacht)	30	0,21	0,60		5,2	
Polystyrol	30	0,22	0,83		6,7	
Polyisobutylen	25	0,20	0,90	4,9	3,8	5,6
Butylkautschuk (vulk.)	25	0,25	1,0	5,5	3,9	6,4
Polypropylen	25	0,3	1,4	5,3	4,5	
Perbunan 26 (vulk.)	25	0,8	2,9	12	23	9,3
Perbunan 26 (vulk.)	50	3,6	10,5	34	68	23
Neopren (vulk.).................	25	0,9	3,0	10	19	6,0
Polyäthylen ($D = 0{,}922$)..........	30	1,4	4,2	7	19	
Buna S (vulk.)	25	4,8	13	31	94	17
Naturkautschuk (vulk.)	25	6,1	18	37	100	24
Naturkautschuk (vulk.)	50	19	47	91	220	52

Das Vorhandensein von polaren Gruppen und Methylgruppen in den Polymerenmolekülen ist besonders für das Auftreten einer niedrigen Diffusionsgeschwindigkeit bzw. einer niedrigen Permeabilität von Bedeutung.

Wie schon erwähnt worden ist, hat Kristallisation des Polymeren eine Erniedrigung der Gaslöslichkeit und Diffusionsgeschwindigkeit zur Folge. Die Permeabilität von kristallisierten Polymeren ist in Übereinstimmung damit niedriger, je höher der Kristallisationsgrad ist, wie Abb. 14 zeigt.

Der Einfluß von Vernetzung des Polymeren ist abhängig von der Ursache der Vernetzung und vom Quellungsvermögen der diffundierenden Fremdmoleküle. Vernetzung von Kautschuk durch Vulkanisation mit Schwefel erniedrigt die Diffusionsgeschwindigkeit bzw. die Permeabilität, weil die gebundenen Schwefelgruppen polarer Natur sind.

Die Auswirkung einer Vernetzung durch Elektronenbestrahlung ist nicht völlig klar. Durch Bestrahlung vernetztes Polyäthylen zeigt eine erhöhte Diffusivität sowie auch eine erhöhte Permeabilität für große Moleküle [49]. Diese Beobachtung läßt sich durch die Annahme, daß Bestrahlung die Kristallinität herabsetzt, erklären. Etwas unerwartet ist jedoch die Beobachtung, daß bestrahltes Polyäthylen eine erniedrigte Permeabilität für N_2, O_2 und CH_3Br zeigt [50]. Wahrscheinlich übt die Vernetzung an sich eine hemmende Wirkung auf die Molekülbeweglichkeit aus.

b) Flüssigkeiten und feste Stoffe. Das Problem der Permeation von Flüssigkeiten durch eine Membran eines Polymeren läßt sich viel schwieriger als das von Gasen beschreiben. Das ist vornehmlich darauf zurückzuführen, daß die Membran in der Flüssigkeit mehr oder weniger quillt. Da der Diffusionskoeffizient gewöhnlich zunimmt, je nachdem das Material weiterquillt, kann man diese Größe bei der Lösung der Diffusionsgleichung nicht mehr als eine Konstante ansehen. Demgemäß läßt sich das Permeationsphänomen ebensowenig durch einen einzigen Permeationskoeffizienten beschreiben.

Ein Beispiel liefert die Permeabilität von Polyäthylen für Methylbromid, wie Abb. 15 veranschaulicht. In der Nähe des Siedepunktes von Methylbromid (4,6 °C) treten starke druckempfindliche Anomalien in der Permeabilität auf. Die Permeabilität nimmt anfänglich mit Erniedrigung von der Temperatur ab, um schließlich, wenn der polymere Stoff anfängt zu quellen, wieder zuzunehmen.

Ähnliches wurde bei der Permeation von Isobutylen durch Polyäthylen beobachtet [35].

Es sind für dieses Problem jedoch verschiedene praktische Lösungen mög-

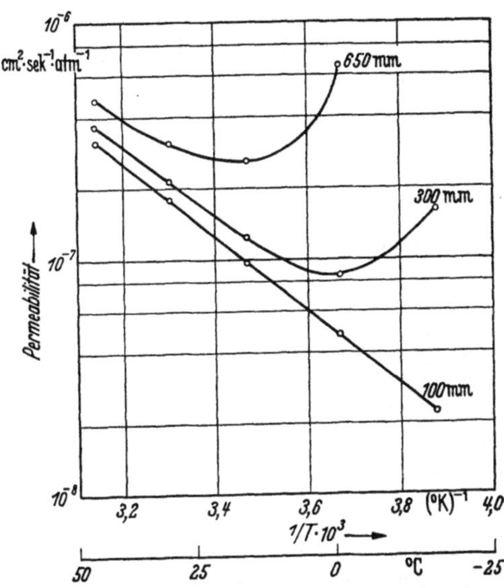

Abb. 15. Die Permeabilität von Polyäthylen für Methylbromid bei 3 Drucken in Abhängigkeit von der Temperatur [35]

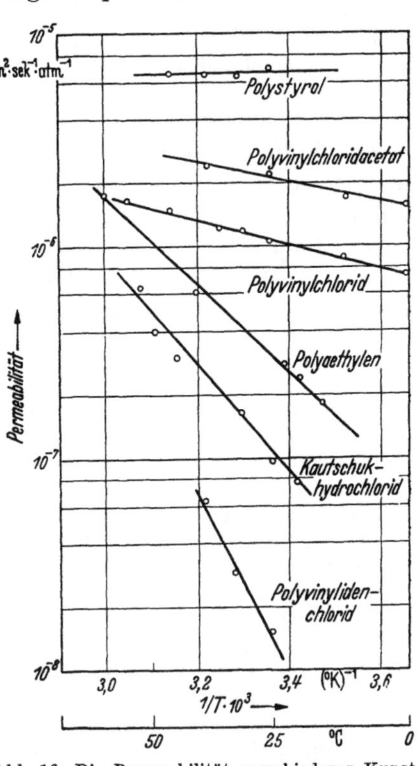

Abb. 16. Die Permeabilität verschiedener Kunststoffe für Wasser bei einer rel. Feuchtigkeit 0,92 in Abhängigkeit von der Temperatur [53]

lich [51, 52]. Wenn die Permeabilität von Membranen für Wasser gemessen werden muß, geht man meistens so vor, daß die Messungen unter sorgfältig genormten Verhältnissen, besonders was den relativen Dampfdruck betrifft, vorgenommen werden. Indem man immer unter denselben Verhältnissen mißt, kann ein Eindruck von der relativen Wasserdurchlässigkeit verschiedener Materialien gewonnen werden. Die Tab. 3 gibt einige diesbezügliche Daten, während Abb. 16 die Temperaturabhängigkeit darstellt.

Die Wasserdurchlässigkeit hängt wieder mit der Wasserlöslichkeit und mit dem Diffusionskoeffizienten zusammen. Im Bereich niedriger Konzentrationen, also bei niedrigen relativen Dampfdrücken, ist hier Gl. (11) wieder anwendbar. Wie bei der Besprechung des Wasseraufnahmevermögens auf S. 759 dargetan wurde, treten bei relativen Feuchtigkeiten über 0,75 starke Abweichungen des HENRYschen Gesetzes auf. In Übereinstimmung damit nimmt über die genannte relative Feuchtigkeit auch die Permeabilität stark zu.

Tabelle 3. *Die Wasserdampfdurchlässigkeit von verschiedenen Kunststoffsorten bei 25°C und 90% rel. Feuchtigkeit [47, 48]*

Werte in 10^{-8} cm^2 sek^{-1} Atm^{-1}, d. h. in 76×10^{-7} cm^3 mm^{-1} sek^{-1} cm^{-1} Hg

Polychlortrifluoräthylen	0,22	Polyvinylchlorid	120
Polyvinylidenchlorid	1,1	Polyamid (NYLON-6)	530
Polyäthylen ($D = 0{,}954$)	10	Polystyrol	900
Pliofilm NO	18	Polymethylmethacrylat	1000
Polypropylen	35	Naturkautschuk	1800
Polyäthylen ($D = 0{,}922$)	60	Celluloseacetat (weichgemacht)	5700
Polyäthylenterephthalat	100	Polyvinylacetat	7600

Unter Benutzung der Unterschiede in der Permeationsgeschwindigkeit organischer Stoffe durch Membranen, ist es gelungen, Gemische dieser Stoffe voneinander zu trennen [54, 55]. Wäßrige Lösungen von Stoffen, wie Nitrophenol, Anilin usw., wurden dazu mit einer Kautschukmembran in Berührung gebracht. Diejenigen Stoffe, welche am leichtesten in Kautschuk lösen und am schnellsten diffundieren, werden auch am schnellsten durchgelassen, wodurch eine Trennung herbeigeführt werden kann.

Literatur

[1] AMERONGEN, G. J. VAN: J. Polymer Sci. 5 (1950) S. 307.

[2] REITLINGER, S. A.: Rubber Chem. Technol. 19 (1946) S. 385.

[3] AMERONGEN, G. J. VAN: J. appl. Phys. 17 (1946) S. 972.

[4] BARRER, R. M., u. G. SKIRROW: J. Polymer Sci. 3 (1948) S. 549 u. 564.

[5] KÖRÖSY, F.: Trans. Faraday Soc. 33 (1937) S. 416.

[6] AMERONGEN, G. J. VAN: J. Polymer Sci. 2 (1947) S. 381.

[7] MÜNSTER, A.: Kolloid-Z. 120 (1951) S. 141.

[8] JENCKEL, E., u. G. COSSMANN: Kolloid-Z. 127 (1952) S. 83.

[9] FLORY, P. J., u. J. REHNER: J. chem. Physics 11 (1943) S. 521.

[10] GEE, G.: Trans. Faraday Soc. 42 B (1946) S. 33.

[11] RICHARDS, R. B.: Trans. Faraday Soc. 42 (1946) S. 10 u. 20.

[12] GEE, G.: Quart. Rev. 1 (1947) S. 286.

[13] MYERS, C. S.: J. Polymer Sci. 13 (1954) S. 549.

[14] SALOMON, G., u. G. J. VAN AMERONGEN: J. Polymer Sci. 2 (1947) S. 355.

[15] GEE, G.: Trans. Faraday Soc. 38 (1942) S. 418.

[16] SMALL, P. A.: J. appl. Chem. (London) 3 (1953) S. 71.

[17] SCHULZ, G. V.: Angew. Chem. 64 (1952) S. 553.

[18] FUCHS, O.: Kunststoffe 43 (1953) S. 409.

[19] DOBRY, A., u. F. BOYER-KAWENOKI: J. Polymer Sci. 2 (1947) S. 90.

[20] KERN, R. J., u. R. J. SLOCOMBE: J. Polymer Sci. 15 (1955) S. 183.

[21] SMITH, S. E.: J. Amer. chem. Soc. 69 (1947) S. 646.

[22] HAUSER, P. M., u. A. D. MCLAREN: Industr. Engng. Chem. 40 (1948) S. 112.

[23] DAYNES, H. A.: Trans. Faraday Soc. 33 (1937) S. 531.

[24] BARRER, R. M.: Diffusion in and through Solids. London: 1941.

[25] CRANK, J., u. M. E. HENRY: Trans. Faraday Soc. 45 (1949) S. 636, 801 u. 1119.

[26] HAYES, M. J., u. G. S. PARK: Trans. Faraday Soc. 52 (1956) S. 949.

[27] BARRER, R. M.: J. phys. Chem. 61 (1957) S. 178.

[28] KOKES, R. J., F. A. LONG u. J. L. HOARD: J. chem. Physics 20 (1952) S. 1711.

[29] KOKES, R. J., u. F. A. LONG: J. Amer. chem. Soc. 75 (1953) S. 6142.

[30] CRANK, J., u. G. S. PARK: Trans. Faraday Soc. 47 (1951) S. 1072.

[31] PARK, G. S.: Trans. Faraday Soc. 48 (1952) S. 11.

[32] PARK, G. S.: J. Polymer Sci. 11 (1953) S. 97.

[33] BARRER, R. M., J. A. BARRIE u. J. SLATER: J. Polymer Sci. 23 (1957) S. 315 u. 331; 27 (1958) 177.

[34] Kuhn, W., H. Suhr u. K. Ryffel: Helv. phys. Acta 14 (1941) S. 497 — Z. physiol. Chem. 276 (1942) S. 160.

[35] Sobolev, I., J. A. Meyer, V. Stannett u. M. Szwarc: Industr. Engng. Chem. 49 (1957) S. 441.

[36] Barrer, R. M.: Trans. Faraday Soc. 35 (1939) S. 628.

[37] Manegold, E., u. K. Solf: Kolloid-Z. 82 (1938) S. 135.

[38] Amerongen, G. J. van: Rév. gén. Caoutchouc 21 (1944) S. 50 — Rubber Chem. Techn. 20 (1947) S. 479.

[39] Müller, F. H.: Phys. Z. 42 (1941) S. 48.

[40] Müller, F. H.: Kolloid-Z. 100 (1942) S. 355.

[41] Brubaker, D. W., u. K. Kammermeyer: Industr. Engng. Chem. 45 (1953) S. 1148.

[42] Schrüfer, W.: Kunststoffe 46 (1956) S. 143 u. 270.

[43] Edwards, D. C.: Rubber Age 78 (1956) S. 550.

[44] Heilman, W., V. Tammela, J. A. Meyer, V. Stannett u. M. Szwarc: Industr. Engng. Chem. 48 (1956) S. 821.

[45] Rosen, B., u. J. H. Singleton: J. Polymer Sci. 25 (1957) S. 225.

[46] Davis, D. W.: Mod. Packaging 19 (Mai 1946) S. 145.

[47] Myers, A. W., C. E. Rogers, V. Stannett u. M. Szwarc: Mod. Plastics 34 (Mai 1957) S. 157.

[48] Bosoni, A., G. Guzzetta, I. Ronzoni u. F. Sabbioni: Materie Plastiche 22 (1956) S. 1010.

[49] Bent, H. A.: J. Polymer Sci. 24 (1957) S. 387.

[50] Sobolev, I., J. A. Meyer, V. Stannett u. M. Szwarc: J. Polymer Sci. 27 (1955) S. 417.

[51] Payne, H. F., u. W. H. Gardner: Industr. Engng. Chem. 29 (1937) S. 893.

[52] Morgan, P. W.: Industr. Engng. Chem. 45 (1953) S. 2296.

[53] Doty, P. M., W. H. Aiken u. H. Mark: Industr. Engng. Chem. 38 (1946) S. 788.

[54] Brintzinger, H., u. A. Beier: Kolloid-Z. 79 (1937) S. 324.

[55] Brintzinger, H.: Chem. Ing. Techn. 21 (1949) S. 273.

[56] Bristow, G. M., u. W. F. Watson: Trans. Faraday Soc. 54 (1958) S. 1731 u. 1742.

[57] Valentine, L.: J. Polymer Sci. 27 (1958) S. 312.

[58] Auerbach, I., W. R. Miller, W. C. Kuryla u. S. D. Gehmann: J. Polymer Sci. 28 (1958) S. 129.

[59] McCall, D. W., u. W. P. Slichter: J. Amer. chem. Soc. 80 (1958) S. 1861.

[60] Lasoski, S. W., u. W. H. Cobbs: J. Polymer Sci. 36 (1959) S. 21.

5.6 Weichmachung [1]

Von F. Würstlin, Ludwigshafen a. Rh.

5.6.1 Problemstellung

Viele lineare hochmolekulare Substanzen sind bei Raumtemperatur feste Stoffe mit einem hohen E-Modul, der erst bei höherer Temperatur in einem Umwandlungsbereich in einer oder in mehreren Stufen um einige Größenordnungen abfällt. Für manche Anwendung der Kunststoffe werden auch Substanzen verlangt, die bei Raumtemperatur oder bei noch tieferen Temperaturen eine hohe Deformationsfähigkeit, also einen verringerten E-Modul, besitzen bei noch ausreichender Festigkeit. Substanzen dieser Art sind u. a. die gummielastischen Stoffe. Auch aus den oben erwähnten festen hochmolekularen Substanzen mit einem bei hoher Temperatur liegenden Umwandlungsbereich kann man durch bestimmte Änderungen des Aufbaus Substanzen mit erniedrigter Temperaturlage des Umwandlungsbereiches herstellen, bei denen also durch die strukturelle Abänderung eine Verschiebung der E-Modulkurve nach niederen

Temperaturen erfolgt. Jede Änderung des Bauprinzips der hochmolekularen Substanz, die zu einer solchen Verschiebung des Umwandlungsbereiches führt, kann man als Weichmachung bezeichnen. Das Ausmaß der Weichmachung und die Weichmacherwirksamkeit ist durch die Temperaturverschiebung des Umwandlungsbereiches charakterisierbar, wozu jede Eigenschaftskurve über der Temperatur verwendbar ist, welche die Umwandlung deutlich zum Ausdruck bringt. Außer der bereits erwähnten E-Modulkurve mit der zugehörigen Kurve der mechanischen Dämpfung (vgl. 4.3) kann bei polaren hochmolekularen Substanzen auch die elektrische Dispersion (vgl. 4.8) herangezogen werden oder auch die Bestimmung der Einfriertemperatur (vgl. 3.1). Bei der Anwendung technologischer Methoden (Kältefestigkeit) ist Vorsicht geboten, besonders dann, wenn Messungen an partiellkristallinen Hochmolekularen ausgeführt werden sollen [2].

Die Weichmachung wird dadurch erzielt, daß man die inner- und zwischenmolekularen Bindungen in der hochmolekularen Substanz erniedrigt (vgl. 2.5). Dies geschieht im allgemeinen durch Einführung von Atomgruppen oder Molekülen in die hochmolekulare Substanz, wobei der durchschnittliche Abstand der Fadenmoleküle vergrößert wird, polare Gruppen abgeschirmt werden od. ä. Werden diese weichmachenden Atomgruppen durch Hauptvalenzbindungen an die hochmolekulare Substanz gebunden, so spricht man von innerer Weichmachung. Werden dagegen die weichmachenden Moleküle nur durch nebenvalente Bindung gebunden, so bezeichnet man dies als äußere Weichmachung und der zur hochmolekularen Substanz zugemischte Stoff wird als Weichmacher gekennzeichnet.

In den folgenden Abschnitten wird sowohl auf die innere als auch die äußere Weichmachung eingegangen, wobei die innere Weichmachung eine relativ kurze Darstellung erfährt, da diese strukturellen Änderungen im Aufbau der Hochmolekularen z. T. auch an anderen Stellen behandelt werden (vgl. 5.1). Die innere Weichmachung ist zudem nur dem Hersteller und nicht dem Anwender von hochmolekularen Substanzen zugängig, während die äußere Weichmachung in weitem Ausmaße gerade vom Kunststoffverarbeiter angewandt wird. Die äußere Weichmachung wird deswegen breiter dargestellt, da sie ohnehin auch an anderen Stellen des Buches kaum in Erscheinung tritt.

5.6.2 Innere Weichmachung

Die Mischpolymerisation oder Mischkondensation mit linearem Aufbau der hochmolekularen Substanzen bietet eine oft angewandte Methode zur inneren Weichmachung. Geht man aus von einem amorphen Polymerisat mit hoher Temperaturlage des Umwandlungsbereiches, so führt die Mischpolymerisation zu einer erniedrigten Temperaturlage, sobald als Mischkomponente ein polymerisierbarer Stoff verwendet wird, der selbst als reines Polymerisat eine niedrige Temperatur des Umwandlungsbereiches ergibt. Die Temperatur des Umwandlungsbereiches ändert sich mit der Mischungszusammensetzung des Mischpolymerisats im allgemeinen monoton zwischen den Temperaturen der beiden reinen Polymerisate. Dies gilt für eine Mischpolymerisation mit statistischer Verteilung der beiden verschiedenen monomeren Einheiten. Wird dagegen die Mischpolymerisation in Form einer Zweig- oder Pfropfpolymerisation durchgeführt, so können bei genügend ausgedehnten Bereichen einheitlicher Bauart 2 Umwandlungsbereiche in Erscheinung treten, die bei Konzentrationsänderungen weniger

Verschiebungen in der Temperaturlage der Umwandlungsbereiche, sondern vielmehr Intensitätsänderungen in den beiden Umwandlungserscheinungen zeigen.

Eine weitere Möglichkeit für die innere Weichmachung ergibt sich bei Seitenketten enthaltenden Polymeren mit der Verlängerung der aliphatischen Seitenketten. Bei den Polyacrylsäureestern sowie den Polymethacrylsäureestern fällt sowohl die Temperatur der Kältefestigkeit („brittle point") als auch die Einfriertemperatur mit länger werdender aliphatischer Seitenkette bis zu einem Mindestwert ab, um dann bei weiterer Verlängerung der Seitenkette wieder anzusteigen (Abb. 1) [3]. Dieselbe Tendenz ist auch in anderen homologen Reihen zu finden, z. B. bei den Polyvinylacetalen [4], bei den Polyvinyläthern und Polyvinylestern [5]. Das Absinken der Umwandlungstemperatur mit Verlängerung der n-Alkylseitenketten geht parallel mit einem Abfall der Dichte, was auf das Absinken der zwischenmolekularen Bindungen durch die Zunahme des zwischenmolekularen Abstandes deutet. Für eine genauere Diskussion müssen jedoch auch die innermolekularen Kräfte längs der Hauptketten berücksichtigt werden, besonders dann, wenn es sich um dipolhaltige hochmolekulare Substanzen handelt [6].

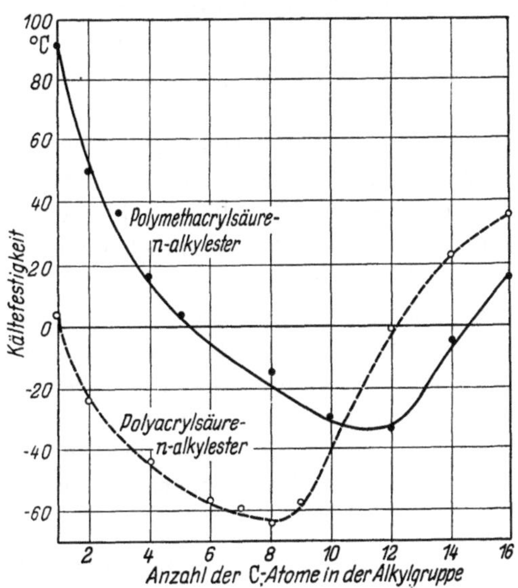

Abb. 1. Kältefestigkeiten von Polyacrylsäure-n-alkylestern und Polymethacrylsäure-n-alkylestern (nach Rehberg und Fisher [3])

Es ist schon mehrfach festgestellt worden, daß analoge seitenkettenhaltige Polymere, die sich im strukturellen Aufbau lediglich durch Isomerie in der Seitenkette unterscheiden, immer bei normal gebauter Seitenkette die niedrigste Einfriertemperatur oder allgemein die niedrigste zugehörige Umwandlungstemperatur aufweisen. Bei den oben erwähnten Polyacrylsäureestern und -methacrylsäureestern wurde dies an Hand der Kältefestigkeit und der mechanisch-dynamischen Messungen gezeigt [7], bei den isomeren Polyvinylbutyläthern ergab sich dasselbe bei dielektrischen und mechanischen Messungen [8]. Auch dieser Übergang von einer sterisch behinderten hochmolekularen Substanz zu einer isomeren weniger behinderten Substanz ist eine Art der inneren Weichmachung, die vor allem deswegen interessant ist, weil ein paralleles Verhalten auch bei der Weichmachung mit äußeren Weichmachern festzustellen ist: Bei isomeren aliphatisch gebauten Weichmachern besitzt immer der aus n-Alkylen aufgebaute Weichmacher die höchste Weichmacherwirksamkeit.

Da bei dipolhaltigen hochmolekularen Substanzen die Dipolkraft als zwischenmolekulare Bindung eine sehr große Bedeutung für die Temperaturlage der gesamten Einfriererscheinungen besitzt, ist es klar, daß eine Verkleinerung des Dipolmoments eine Verringerung der zwischenmolekularen Dipolkräfte und somit eine Weichmachung erbringen muß, wie dies beim Übergang von Polyvinyl-

chlorid $-[-CH_2-CHCl-]_n-$ zum Polyvinylidenchlorid $-[-CH_2CCl_2-]_n-$
beobachtet wird, wobei die Einfriertemperatur von 75 °C auf -18 °C abfällt [9].
Es muß jedoch darauf hingewiesen werden, daß Polyvinylidenchlorid eine höhere
Symmetrie des Aufbaus besitzt als Polyvinylchlorid und deswegen einen großen
Volumenanteil an kristallisierter Substanz aufweist mit einem Schmelzpunkt
von etwa 108 °C. Die Erniedrigung des Dipolmoments erweist sich so in bezug
auf die Einfriertemperatur des amorphen Anteiles eindeutig als Weichmachung.
In bezug auf den kristallinen Anteil kann man hier bestimmt nicht von Weichmachung sprechen, da bei einer technologischen Bestimmung der Temperatur
der Einfriererscheinung wie z. B. der Kältefestigkeit im Gegensatz zu einer
physikalischen Bestimmung sich eine Erhöhung ergibt [9]. Die oben gegebene
Definition der Weichmachung wird so bei partiell-kristallinen Hochmolekularen
etwas fraglich. Es gibt jedoch auch bei partiell-kristallinen Hochmolekularen
strukturelle Eingriffe, die sowohl im amorphen als auch im kristallinen Anteil
eine Erniedrigung der entsprechenden Umwandlungstemperatur hervorrufen, so
daß in diesem Fall eindeutig eine Weichmachung vorliegt. Als Beispiel hierfür
seien Polyamide angeführt, bei denen in der Amidgruppe $-CONH-$ eine Substitution des Wasserstoffes durch ein Alkyl durchgeführt wurde. Bei einer derart
substituierten Amidgruppe ist keine Wasserstoffbrückenbindung möglich. Mit
zunehmendem Anteil an solchen substituierten Amidgruppen sinkt in dem Polyamid der Schmelzpunkt und der Volumenanteil an kristallisierter Substanz ab,
und das Polyamid wird mehr und mehr gummi-elastisch [10].

5.6.3 Äußere Weichmachung

Äußere Weichmacher sind Substanzen oder Substanzgemische mit geringem
Dampfdruck, die ohne chemische Reaktion durch ihr hauptsächlich bei erhöhter
Temperatur wirksames Löse- oder Quellungsvermögen mit hochmolekularen
Substanzen in physikalische Wechselwirkung treten können. Sie bilden dabei
mit der hochmolekularen Substanz ein homogenes System, das auch bei tieferen
Temperaturen und für die Dauer der technischen Verwendung stabil bleiben
muß. Sie verleihen der ursprünglichen hochmolekularen Substanz bestimmte
angestrebte physikalische Eigenschaften, wie z. B. erhöhte Elastizität, verringerte Härte, erniedrigte Einfriertemperatur, erhöhtes Formänderungsvermögen
und gegebenenfalls auch gesteigerte Haftfestigkeit.

a) Lösevermögen und Verträglichkeit. Die verschiedenen Meßmethoden.
(Vgl. 5.2.) Die vorstehende Definition eines Weichmachers setzt ausdrücklich das
Lösevermögen des Weichmachers für die hochmolekulare Substanz voraus, und es
ergibt sich damit die Notwendigkeit einer Bestimmung des Lösevermögens. Bei
niedermolekularen Verbindungen kann die Güte eines Lösungsmittels mit der Höhe
der Sättigungskonzentration gekennzeichnet werden. Bei Makromolekülen ist
diese Kennzeichnung nicht möglich, da es keine einwandfrei feststellbare Sättigung
gibt. Es sind so andere Methoden heranzuziehen. Da die Weichmacher bei den
technischen Anwendungen nur selten 50 Gew.-% Anteil in den Mischungen erreichen, sollte das Lösevermögen auch bei diesen hohen Polymeranteilen bestimmt werden. Das ist bei den im folgenden beschriebenen Methoden nicht in
allen Fällen möglich.

Eine in der Lacktechnik schon lange übliche rein empirische Prüfung der Lösekraft eines Lösungsmittels für eine hochmolekulare Substanz ist aus wirtschaftlichen Bedürfnissen heraus entwickelt worden. Man sucht hier die teuren Lösungsmittel mit einem billigeren Nichtlöser zu verdünnen, wobei die Lösekraft eines Lösungsmittels um so höher eingeschätzt wird, je höher der Anteil eines gegebenen Verdünners sein kann. Der Wert dieser für eine erste Übersicht durchaus brauchbaren Methode kann erhöht werden und zu einer Vergleichsprüfung führen, wenn der Endpunkt der Methode, bis zu dem man den Verdünneranteil erhöhen kann, genügend gut definierbar und meßbar ist. Ein Versuch in dieser Richtung ist die ASTM-Vorschrift D 268—59.

Für eine andere Methode zur Bestimmung des Lösevermögens wurden von FLORY, HUGGINS sowie FRITH und TUCKETT die wissenschaftlichen Grundlagen geliefert [*11*]. Es wird in dieser Theorie eine Wechselwirkungskonstante μ verwendet, die bei starker Solvatationstendenz des Lösungsmittels einen negativen Wert, bei beschränktem Lösevermögen dagegen einen Wert $\geqq +0{,}5$ besitzen sollte. DOTY und ZABLE haben an PVC-Lösungen nach osmotischen Messungen und Quellungsmessungen diese Wechselwirkungskonstante μ an einer Reihe von gebräuchlichen PVC-Weichmachern bestimmt. Unter anderem wurde die interessante Reihe der Dialkylphthalate durchgemessen [*12*]. Das Ergebnis ist in Abb. 2 zusammengestellt. Nach der theoretischen Deutung der Wechselwirkungskonstanten ist aus diesen Werten abzuleiten, daß Dimethylphthalat ein beschränkt mit PVC verträglicher Weichmacher ist. Vom Dibutyl- bis zum Dihexylphthalat ergeben sich dagegen μ-Werte $\leqq 0$, d. h. es sind PVC-Weichmacher mit gutem Lösevermögen. Bei weiterer Vergrößerung der Alkyle läßt das Lösevermögen dann schnell nach. Ähnliche Kurven werden von den Autoren auch für andere homologe Reihen erwartet, z. B. für Sebazate, Phosphate und auch die aliphatischen Ketone, von denen allerdings nur Einzelwerte vorlagen.

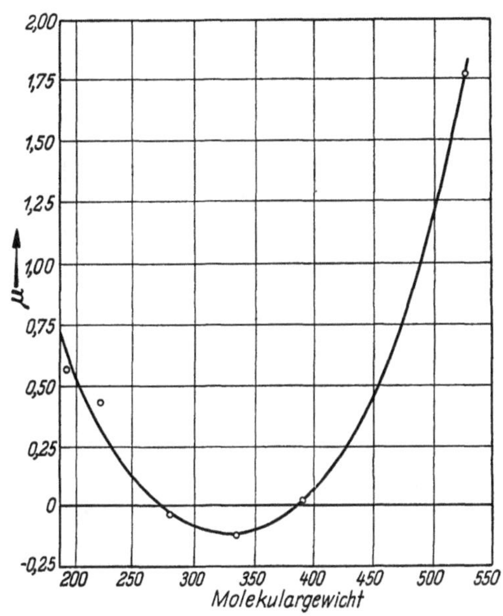

Abb. 2. Abhängigkeit der Wechselwirkungskonstante μ vom Molekulargewicht der homologen Reihe der Dialkylphthalate (nach DOTY und ZABLE [*12*])

Eine weitere Charakterisierung der Wechselwirkung Makromolekül – Weichmacher ist mit Hilfe viskosimetrischer Messungen an Lösungen möglich. Gute Lösungsmittel ergeben nämlich hohe Werte der Viskositätszahl $[\eta]$ [*13*]. JENCKEL und REHAGE [*14*] variieren diese Meßmethodik damit, daß sie statt der auf die gewichtsmäßige Konzentration bezogenen Viskositätszahl $[\eta]$ den Wert η_x verwenden, der auf die molare Konzentration bezogen ist. Nach dieser Arbeit und auch nach eigenen Erfahrungen besitzen gute Lösungsmittel und Weichmacher hohe η_x-Werte, die mit steigender Temperatur abfallen. Schlechte Lösungsmittel zeigen dagegen niedere η_x-Werte, die mit steigender Temperatur ansteigen und eventuell erst bei höherer Temperatur bestimmbar werden.

Ebenfalls mit Hilfe viskosimetrischer Messungen wird von EHLERS und GOLDSTEIN das Lösevermögen beurteilt [15]. Diese Viskosität einer 1%igen Suspension der hochmolekularen Substanz in dem zu untersuchenden Lösungsmittel oder Weichmacher wird dabei laufend bei kontinuierlich ansteigender Temperatur ermittelt und man findet bei den meisten Weichmachern beim Über-gang von der 1%igen Suspension zur Lösung eine charakteristische Kurve mit einem Maximum der Viskosität bei bestimmten Temperaturen (s. Abb. 3). Die von EHLERS und GOLDSTEIN angegebene Methode wurde in mehreren Arbeiten angewandt und diskutiert [16]. Die von THINIUS angewandte Bestimmung der kritischen Lösetemperatur KLT ergibt Temperaturen, die weitgehend mit den viskosimetrisch ermittelten Werten über-einstimmen [17]. Auch bei anderen hoch-polymeren Stoffen hat sich die Löse-temperatur als charakteristische Zahl für die Güte des Lösungsmittels be-währt. Bei Polyacrylnitril wurden der-artige Messungen von WALKER sowie von HUNYAR und MÖLLER durchgeführt [18]. Dabei ergab sich, daß Polyacrylnitril als sehr stark polare Substanz auch stark polare Lösungsmittel mit hoher mole-kularer Kohäsion erfordert. Häufig sind dies – worauf auch THINIUS mehrfach hingewiesen hat – heterozyklische Ringsysteme, bei denen die Partialdipole zu einem hohen Gesamtmoment beitragen.

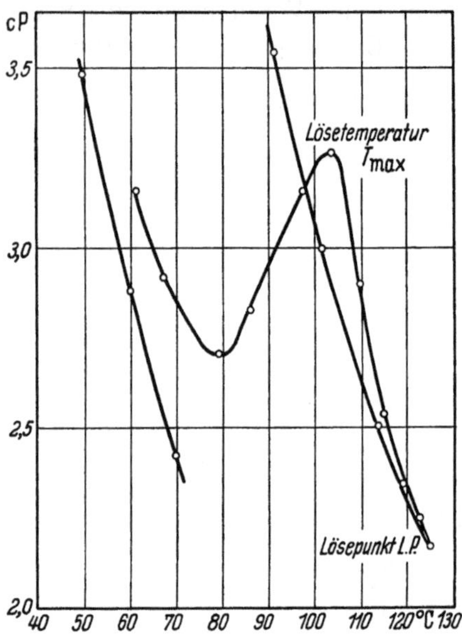

Abb. 3. Lösungskurve von Polyvinylchlorid (1 % ig) in Thiodibuttersäureäthylester

Während bei diesen oben angeführten viskosimetrischen Bestimmungen des Lösevermögens nur sehr verdünnte Lösungen des Polymerisats gemessen werden können, existieren in dieser Beziehung bei der folgenden Methode keine Be-schränkungen, was ohne Zweifel als Vorteil zu bewerten ist, speziell dann, wenn die technologischen und wirtschaftlichen Fragen im Vordergrund stehen. Bei dieser Methode wird bei konstanter Versuchstemperatur das in einem Kneter befindliche Polymer-Weichmacher-Gemisch mit konstanter Geschwindigkeit durch den Spalt zwischen Knetschaufel und Gehäuse gedrückt und die Knetleistung als Meßgröße registriert. Diese Knetleistung ist klein, solange das Gemisch noch als Suspension vorliegt. Sobald jedoch Quellung eintritt, erhöht sich die Knet-leistung bis zu einem Endwert, der sich auch bei längerem Kneten nicht mehr ändert. Bei erhöhter Temperatur wird der Endwert schon in kürzerer Zeit und bei einer kleineren Knetleistung erhalten [19]. Im übrigen wird aber darauf hingewiesen, daß eine Mindesttemperatur eingehalten werden muß, um voll-ständiges Lösen zu erzielen. Diese Temperatur steht in sehr engem Zusammen-hang mit dem Lösepunkt LP nach der Methode von EHLERS und GOLDSTEIN [15].

Es sei noch hinzugefügt, daß ein Nichtlöser im Gemisch mit einer hochmolekularen Substanz bei diesem Knetversuch eine kleine zeitlich unveränderliche Knetleistung zeigt.

Ein weiteres Kriterium für das Löseverhalten von Weichmachern sieht WALTER in dem differenzierten Abbau der Netzwerkstruktur des PVC [20]. Er geht davon aus, daß PVC durch seine vielen zwischenmolekularen Bindungen zwischen den polaren Gruppen des PVC eine Netzwerkstruktur besitzt, die sich z. B. im hohen Kompressionsmodul zu erkennen gibt. Bei Zusatz von Weichmacher werden viele derartige polare Gruppen vermöge der Lösetendenz des Weichmachers durch Weichmachermoleküle solvatisiert und können nun nicht mehr Ausgangspunkte für zwischenmolekulare Bindungen im PVC sein. Dies macht sich in einem Abfall des Moduls bemerkbar, und er wird um so stärker sein (mit einem hohen Exponenten n), je stärker das Lösevermögen des Weichmachers ist. WALTER führt für weichgemachtes PVC ein interessantes Beispiel an: In der Reihe der o-Phthalsäuredialkylester steigt dieser Exponent n vom Dimethylester steil an bis zum Dibutylester, um dann zu noch höheren Dialkylestern wieder abzufallen (Abb. 4). Nach WALTER bedeutet dies, daß der Dibutylester von allen o-Phthalsäuredialkylestern das stärkste Lösevermögen für PVC besitzt.

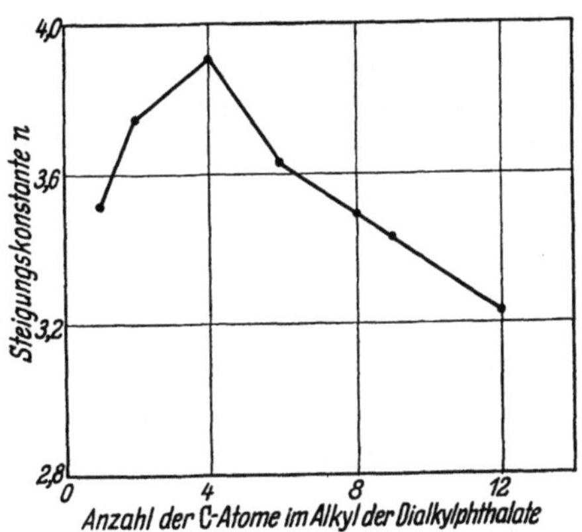

Abb. 4. Abhängigkeit der Steigungskonstanten n von der Zahl der C-Atome im Alkohol der Dialkylphthalate (nach WALTER [20])

Wie eingangs betont wurde, soll ein Weichmacher mit der hochmolekularen Substanz zumindest im technisch interessierenden Konzentrations- und Temperaturbereich Lösungen bilden, die für die Dauer der technischen Verwendung keine Neigung zur Phasentrennung zeigen. Die Prüfung des Konzentrations- und Temperaturbereiches der Verträglichkeit der Weichmacher ist für Lösungen mit einem geringen Anteil an Polymerisat nicht schwer. JENCKEL beobachtete solche Entmischungen beim Abkühlen einwandfreier klarer Lösungen [21]. Sobald eine Phasentrennung auftritt, zeigt sich dies durch Trübung an. Diese optische Bestimmung versagt jedoch bei den technischen Mischungen mit höherem Polymeranteil, da diese Mischungen schon als einwandfreie Lösungen bereits getrübt sind. Für technische Mischungen bleibt so im wesentlichen die Beobachtung des Ausschwitzens von Weichmacher. Trotzdem hat aber die Trübungsmessung an niedrig konzentrierten Polymerlösungen durchaus ihren Wert, besonders wenn Vergleichsversuche an homologen Weichmacherreihen durchgeführt werden.

b) Lösevermögen und Verträglichkeit. *Meßergebnisse.* Wie schon aus der Beschreibung der Meßmethoden hervorgeht, liegen offensichtlich bei PVC-Weichmacher-Gemischen die meisten systematischen Untersuchungen und Zahlenwerte vor. Für PVC und seine Mischpolymerisate werden etwa 60% der Weichmacherproduktion verwendet und es ist so verständlich, daß über die Weichmachung von PVC auch die meisten technologischen und wissenschaftlichen Arbeiten aus-

geführt wurden. Ein Überblick über alle Untersuchungen und alle bisher bekannt
gewordenen Weichmacher zeigt weiterhin, daß als lösungsvermittelnde polare
Gruppe in diesen Weichmachern in überwiegendem Ausmaß die Estergruppe
verwendet wird. Es wird deshalb im folgenden hauptsächlich die Weichmachung
von PVC behandelt und dabei etwas ausführlich auf die Weichmacher mit aliphatisch gebundenen Estergruppen eingegangen.

In Abb. 5 sind für einige aliphatische Ester und Diester sowie für die Reihe
der Dialkylphthalate die Lösetemperaturen nach Abb. 3 über dem Molekulargewicht aufgetragen [22]. Es sei bemerkt, daß aus Gründen höherer Meßgenauigkeit die Temperatur T_{max} des Viskositätsmaximums und nicht die Temperatur
des Lösepunktes LP nach EHLERS und GOLDSTEIN [15] – der Schnittpunkt
der beiden Viskositätskurven – aufgetragen ist. Kontrollmessungen ergaben
immer einen niedrigeren aber
parallelen Verlauf von T_{max}.
Bei den aliphatischen Mono-
carbonsäureestern kann man
den Löseversuch etwa vom
Molekulargewicht 102 an
durchführen. Bei den niedrigeren Estern ist die Flüchtigkeit zu hoch, so daß nach
dieser Versuchsmethode noch
keine Lösetemperatur be-
stimmt werden kann. Mit steigendem aliphatischem Anteil
des Monocarbonsäureesters
steigt die Lösetemperatur T_{max}

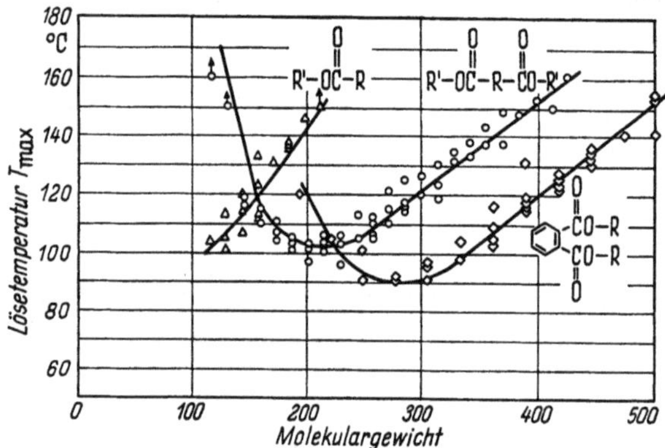

Abb. 5. Lösetemperatur T_{max} in Abhängigkeit vom Molekulargewicht verschiedener Ester und Diester (nach WÜRSTLIN
und KLEIN [22])

sehr steil an und erreicht bei
einem Molekulargewicht von 228 bereits 150° bis 160 °C. Dieser steile Abfall des
Lösevermögens mit zunehmendem Molekulargewicht ist auch in den bei 53 °C
bestimmten μ-Werten von DOTY und ZABLE erkennbar [12]. Butylacetat, dessen
μ-Wert gerade noch unter dem Grenzwert von $+0{,}5$ liegt, hat noch Lösungs-
tendenz und erreicht in der Kurve der Abb. 5 eine Lösetemperatur von etwa
100 °C. Octyllaurat und die noch höheren Ester lösen dagegen nicht mehr unter
160 °C entsprechend den μ-Werten von mindestens 1,38.

Erfahrungsgemäß ist beim Molekulargewicht 200 bis 250 die Flüchtigkeit
viel zu hoch und es muß das Molekulargewicht auf wenigstens 300 erhöht werden,
um einen technisch brauchbaren Weichmacher zu erhalten. Dies ist mit Rücksicht auf die Lösungsbedingung nur unter Zufügung einer weiteren Estergruppe
möglich. Man kommt so zu aliphatischen Dicarbonsäureestern, deren Lösetemperaturen in einem bedeutend höheren Molekulargewichtsbereich liegen
(Abb. 5). Die Meßpunkte ergeben eine charakteristische, mit steigendem Molekulargewicht zuerst abfallende und dann wieder ansteigende Kurve der Lösetemperatur T_{max}. Auch diese Tendenz wird mit den μ-Werten bestätigt, wie
bereits bei der Ausführung über die Bestimmung des μ-Wertes erwähnt wurde.

Die mit Vergrößerung des Alkyls zuerst ansteigende Lösetendenz wird oft
beobachtet. FUCHS führt dies darauf zurück, daß die ersten Glieder solcher Reihen

sehr starke Assoziationstendenz und damit wenig Neigung zur Solvatation der hochpolymeren Substanz zeigen. Die Vergrößerung des Alkyls bringt dann eine sterische Behinderung der Assoziation und anscheinend eine größere Neigung zur Solvatation [23]. Eine noch weitere Vergrößerung des Alkyls wirkt sich dann aber wieder als Beschwerung des Dipols aus mit einer Verringerung der Lösetendenz.

Eine Erhöhung des Lösevermögens gelingt auch durch Einbau des polarisierbaren Benzolringes in das Weichmachermolekül. Die Benzoesäurealkylester geben einen ähnlichen Verlauf der Lösetemperaturen wie die aliphatischen Monoester, die Kurve ist aber um etwa 50 Einheiten zu höheren Molekulargewichten verschoben. Dieselbe Verschiebung ist auch bei den o-Phthalsäuredialkylestern in Abb. 5 zu erkennen. Auch hier ergibt sich wieder eine sehr gute Übereinstimmung mit den μ-Werten (s. Abb. 2).

In Abb. 5 zeigen die Meßpunkte eine über den Fehlerbereich hinausgehende Streuung, die funktionell bedingt ist und bei einer ausführlichen Deutung der Eigenschaften interessante Ausblicke bringt. In Abb. 6 sind alle gemessenen aliphatischen Dicarbonsäureester durch Punkte in folgendem Schema gekennzeichnet: Auf den Koordinaten sind die verwendeten Dicarbonsäuren von der Oxalsäure bis zur Sebacinsäure aufgetragen gegen die zur Veresterung verwendeten n-Alkohole vom Methanol bis zum n-Octanol.

Die unter 45° von links oben nach rechts unten verlaufenden Geraden verbinden

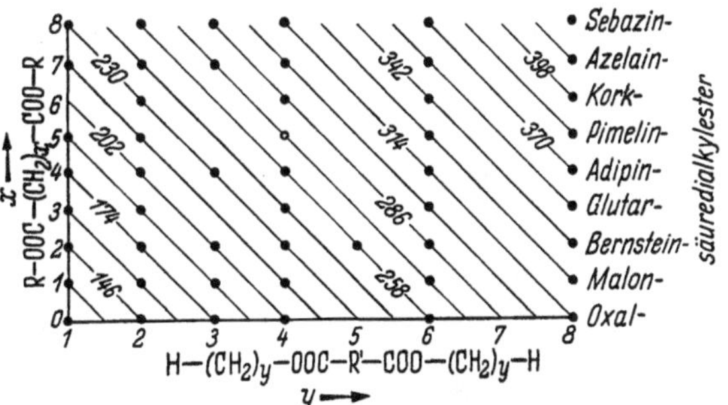

Abb. 6. Zusammenstellung der untersuchten aliphatischen gesättigten n-Dicarbonsäure-n-Dialkylester [22])

jeweils isomere Dicarbonsäureester. Die Molekulargewichte der isomeren Reihen sind angeschrieben. Sammelt man die Lösetemperaturen für die in Abb. 5 enthaltenen Dicarbonsäureester, indem man diese Temperaturen als dritte Koordinate über dem Schema der Abb. 6 aufträgt, so bilden die Endpunkte eine durchhängende Fläche (s. Abb. 7). Die in Abb. 7 verwendeten Temperaturen sind bereits extrapoliert, die gemessenen Temperaturen weichen im allgemeinen nicht um mehr als 5° von diesen extrapolierten Werten ab. Die tiefsten Punkte der Fläche erstrecken sich etwa längs der Linie der Isomeren $M\,G = 202$ vom Korksäuredimethylester bis zum Oxalsäuredibutylester. Nach niedrigeren Molekulargewichten zu steigen die Lösetemperaturen sehr steil an, wobei Oxalsäure- und Malonsäuredimethylester bis 150 °C noch kein Lösevermögen zeigen. Nach der Seite der hohen Molekulargewichte ist der Anstieg der Fläche wesentlich langsamer. In dieser durchhängenden Fläche sind gleiche Temperaturwerte durch Höhenlinien miteinander verbunden und mit Hilfe dieser schwarzen Höhenlinien ist die Fläche der $T_{\max}$-Werte in Abb. 8 in eine zweidimensionale Darstellung übersetzt durch senkrechte Projektion der Höhenlinien auf die Grundfläche der Abb. 6. Man erkennt in Abb. 8 deutlich das Gebiet der besten Löslichkeit an dem geschlossenen „Tief" mit der niedrigsten Lösetemperatur 100 °C.

Die Höhenlinien verlaufen im allgemeinen rechts des Tiefs parallel zu den 45°-Linien der isomeren Substanzen. Bei Dicarbonsäureestern mit kleinem Abstand der Estergruppen findet man jedoch höhere Lösetemperaturen im Vergleich zu isomeren Estern mit größerem Esterabstand im Molekül. Es bestätigt, daß die

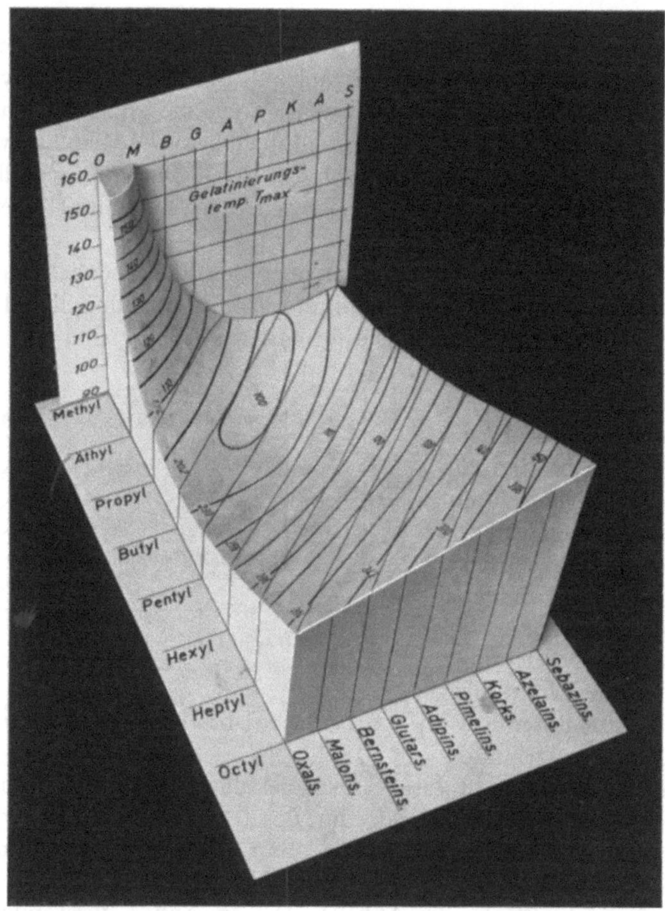

Abb. 7. Raumbild der Lösetemperaturen der in Abb. 6 angeführten Dicarbonsäureester

relative Stellung zweier polarer Gruppen im Molekül entscheidend ist für seine Eigenschaften.

An diesen aliphatischen Dicarbonsäureestern wurden auch die Trübungstemperaturen zur Beurteilung der Verträglichkeit gemessen. Eine Auftragung extrapolierter Werte ergibt im Vergleich zu Abb. 8 eine nach unten wesentlich stärker durchhängende Fläche. Die tiefsten Werte der Trübungstemperaturen liegen unter $-75°$. Die Resultate der Trübungsmessungen sind in Abb. 9 wieder zweidimensional in Form von Höhenlinien dargestellt. Man erkennt im Vergleich zu Abb. 8, daß sowohl bei niederen als auch bei hohen Molekulargewichten der Temperaturabstand zwischen Löse- und Trübungstemperatur sehr klein ist und nur bei den mittleren Molekulargewichten der für die Anwendung notwendige

Abstand gewahrt ist. In Übereinstimmung mit der praktischen Erfahrung muß man so das Di-n-octyladipat und die entsprechenden isomeren normal gebauten Diester von $MG = 370$ als höchstmolekulare aliphatische Diester mit guten Weichmachereigenschaften ansehen. Di-n-octylsebazat hat nach diesen Trübungstemperaturen zu große Unverträglichkeit und schwitzt auch tatsächlich schon aus dem Fell aus. In gewissem Ausmaße besteht allerdings die Möglichkeit einer Verbesserung der Verträglichkeit durch Einführung von Verzweigungen. – Auch bei den o-Phthalsäuredialkylestern wurde festgestellt, daß beim Dimethylester ein sehr enger Zwischenraum zwischen Löse- und Trübungstemperatur vorhanden ist. Mit zunehmender Alkylgröße wird er breiter, um dann bei noch höheren Alkylen wieder enger zu werden [24]. Die aliphatischen Dicarbonsäureester sind hier etwas ausführlicher diskutiert worden, da sie neben den o-Phthalsäuredialkylestern zur Zeit die ausgedehntesten Zahlenwerte an homologen

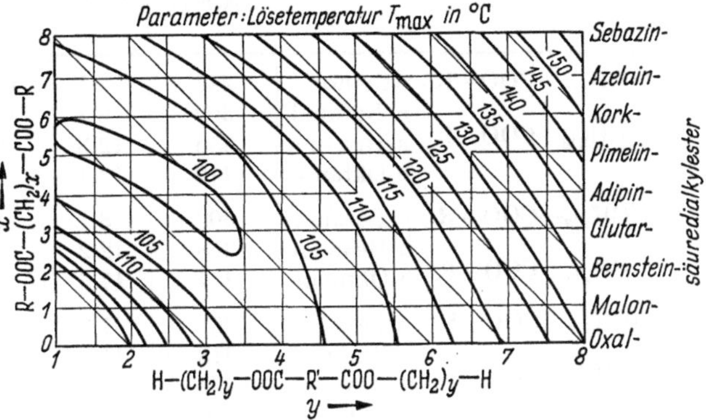

Abb. 8. Die Lösetemperaturen der Abb. 7 in flächenmäßiger Darstellung

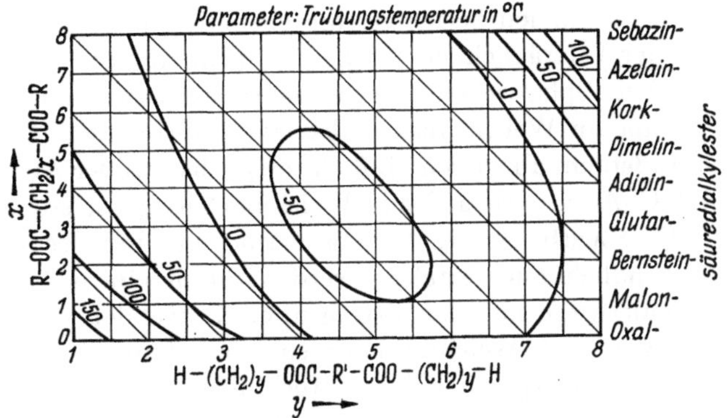

Abb. 9. Die Trübungstemperaturen der in Abb. 6 angeführten Dicarbonsäureester in flächenmäßiger Darstellung

Weichmacherreihen bieten. Der Vergleich dieser beiden Reihen in Abb. 5 ergibt einwandfrei eine höhere Lösetendenz der o-Phthalsäuredialkylester gegen die aliphatischen Dicarbonsäureester. Wie in 5.5.3 c gezeigt wird, haben jedoch die aliphatischen Dicarbonsäureester den Vorteil einer höheren Weichmacherwirksamkeit und man ist deswegen sehr interessiert an einer Verbesserung des Lösevermögens und der Verträglichheit der aliphatischen Dicarbonsäureester unter Erhalt der ausgezeichneten Weichmacherwirksamkeit. Eine Verbesserung ist möglich durch Vergrößerung des polaren Anteils. Ein Beispiel hierfür bietet die Tab. 1, in der verschiedene Azelainsäuredialkylester mit den entsprechenden Oxa- bzw. Thiodibuttersäureestern verglichen werden.

Hier ist die zentrale CH_2-Gruppe der Azelainsäure gegen einen Äther- bzw. Thioätherdipol ausgetauscht und man erkennt vor allen in den erniedrigten Trübungstemperaturen den Einfluß der zusätzlichen polaren Gruppen, der dann auch die Verwendung höhermolekularer Weichmacher ermöglicht [22].

Tabelle 1. *Weichmachereigenschaften von Azelain-, Oxadibutter- und Thiodibuttersäureestern* [22]

Diester	R	Molekular-gewicht des Weich-machers	Visk. η_{40} des reinen Weich-machers in cP	Max. Löse-tempe-ratur T_{max} °C	Trübungs-temperatur °C	Weichmacher-wirksamkeit $\varDelta T$ in °C für $c = 0,1$	70 : 30
$CH_2\big\langle{}^{(CH_2)_3-COO-R}_{(CH_2)_3-COO-R}$	Äthanol	244	5,1	110	− 2	90	90
	n-Butanol	300	8,2	120	−20	97	87
	n-Hexanol	356	12,3	137	− 2	107	88
	n-Oktanol	412	17,4	155	110	113	80
$O\big\langle{}^{(CH_2)_3-COO-R}_{(CH_2)_3-COO-R}$	n-Butanol	302	8,1	117	<-74	93	80
	n-Hexanol	358	12,2	140	<-70	100	77
	n-Oktanol	414	17,6	157	−30	∼105	∼80
$S\big\langle{}^{(CH_2)_3-COO-R}_{(CH_2)_3-COO-R}$	Äthanol	262	7,7	102	<-75	87	82
	n-Butanol	318	11,5	108	<-75	96	80
	n-Hexanol	374	16,8	124	−40	104	76
	n-Oktanol	430	23,8	140	−12	110	84

In der gleichen Arbeit wird auch über aliphatische Ester und Diester von ω-Chloralkanolen berichtet, die ebenfalls eine Verbesserung des Lösevermögens und der Verträglichkeit bringen können. Immer ist dies aber wie beim Übergang von den aliphatischen Dicarbonsäureestern zu den o-Phthalsäureestern mit einer Einbuße an Weichmacherwirksamkeit verbunden. Aus den mitgeteilten Werten ist außerdem abzulesen, daß ein möglichst großer Abstand zwischen Estergruppe und Cl-Atom sich auf alle Weichmachereigenschaften günstig auswirkt.

Eine Verbesserung des Lösevermögens und der Verträglichkeit kann selbstverständlich auch erreicht werden durch eine stärkere polare Gruppe als sie normalerweise mit der Estergruppe verwendet wird. Derartige Tendenzen im Bau von PVC-Weichmachern sind in letzter Zeit mehrfach aufgetaucht [25]. Beim Übergang von PVC zu Hochmolekularen mit stärkeren Dipolen, wie z. B. im Polyacrylnitril, erweisen sich die normalen PVC-Weichmacher auf Esterbasis als zu schwach polar. Eine stark polare hochmolekulare Substanz erfordert als Lösung oder Weichmachungsmittel eine stark polare niedermolekulare Substanz. Die polare Gruppe des Lösungsmittelmoleküls kann in diesem Fall auch nur durch geringe aliphatische Anteile belastet werden. Beispielsweise sind Dimethylformamid und Dimethylacetamid gute Lösungsmittel für Polyacrylnitril, die nächsten Glieder dieser homologen Reihe – Dimethylpropionamid und Dimethylbutyramid – lösen jedoch bereits nicht mehr. Speziell für Polyacrylnitril sind diese Gesetzmäßigkeiten in [18] sowie von HOUTZ [26] behandelt. Für das allgemeine Problem der Lösung von Hochpolymeren sei auf die Darstellung von FUCHS [23] verwiesen.

c) Weichmacherwirksamkeit. *Die verschiedenen Meßmethoden.* Jede unter bestimmten zeitlichen Bedingungen durchgeführte Beobachtung eines molekularen Bewegungsvorganges in einer hochmolekularen Substanz muß ein Einfrieren des Bewegungsvorganges registrieren, wenn die Versuchssubstanz kontinuierlich abgekühlt wird und damit die Viskosität mit fallender Temperatur steigt. Der zur hochmolekularen Substanz zugesetzte Weichmacher hat u. a. den Zweck, dieses Einfrieren nach tieferen Temperaturen zu verschieben. Zur Ermittlung der Weichmacherwirksamkeit mißt man so die durch den zugesetzten Weichmacher hervorgerufene Temperaturverschiebung ΔT der Einfriererscheinung. Wird dabei die Wirksamkeit der verschiedenen Weichmacher miteinander verglichen, so setzt dies gleiche Konzentration der Weichmacher voraus und die Wirksamkeit eines Weichmachers ist dann um so höher, je größer die unter gleicher Weichmacherkonzentration erzielte Temperaturdifferenz ΔT ist. In technischen Ausführungen über Weichmacher findet man auch oft eine Mengenangabe eines Weichmachers, die erforderlich ist, um eine bestimmte Weichheit, Kältefestigkeit od. ä. im Gemisch mit der hochmolekularen Substanz zu erreichen. Diese Angabe eignet sich jedoch aus manchen Gründen weniger zur Erforschung der Weichmacherwirksamkeit, und es sollen deshalb im folgenden nur die öfter angewandten Meßmethoden erörtert werden, welche die Weichmacherwirksamkeit als Temperaturdifferenz ΔT liefern. Nach WÜRSTLIN kann man diese Methoden und Ergebnisse zusammenfassend betrachten als Einfriererscheinungen hochmolekularer Substanzen und hochmolekularer Mischsysteme [2] (vgl. 3.1 u. 5.7).

Ein spezieller Fall dieser allgemeinen Einfriererscheinungen ist die Einfriertemperatur ET (vgl. 3.1) (im angelsächsischen Schrifttum meist als „second order transition point" gekennzeichnet), bei der die betreffende Substanz in den Glaszustand übergeht und die Brownsche Mikrobewegung von Kettensegmenten innerhalb der durch die Versuchsmethode gegebenen Beobachtungszeit zum Erliegen kommt. Diese charakteristische Einfriertemperatur ET ist bei der Messung einer physikalischen Eigenschaft (Volumenausdehnung, Brechungsindex, spezifische Wärme od. ä.) in Abhängigkeit von der Temperatur an einem mehr oder weniger breiten Übergangsbereich zwischen 2 Geraden mit verschiedener Neigung zu erkennen. Die Methode ist von JENCKEL in zahlreichen Arbeiten auf das Problem der Weichmachung angewandt worden [1].

In engem Zusammenhang mit dieser statischen Bestimmung der Einfriertemperatur ET (vgl. 4.3) steht die dynamische Bestimmung des Dämpfungsmaximums mechanischer Schwingungen in Abhängigkeit von der Temperatur. Beide Messungen sind im Grunde indirekte Viskositätsmessungen. Man variiert bei beiden Messungen die Temperatur und damit die Viskosität so lange, bis die Relaxationszeit des Bewegungsvorganges gleich der Versuchsdauer ist. Bei der Bestimmung der Einfriertemperatur ist die Versuchsdauer durch die Abkühlgeschwindigkeit gegeben, bei der dynamischen Messung dagegen durch die Schwingungsdauer. Die Temperatur des Dämpfungsmaximums liegt deshalb bei den dynamischen Messungen immer oberhalb der Einfriertemperatur ET. Sie nähert sich aber immer stärker der Einfriertemperatur, je niedriger die Frequenz der Schwingung ist. Derartige mechanische Schwingungsmessungen mit Anwendungen auf das Problem der Weichmachung sind schon mehrfach ausgeführt worden. Unter [27] ist eine unvollständige Zusammenstellung solcher Untersuchungen zu finden. Die Messungen lassen sich in einem breiten Frequenzbereich durchführen, was die Möglichkeit ergibt, eine Aktivierungsenergie des Bewegungsvorganges zu bestimmen und auch einen Vergleich zwischen mechanischen und dielektrischen Schwingungsmessungen bei gleicher Frequenz durchzuführen.

Die entsprechenden dielektrischen Messungen (vgl. 4.8) – Bestimmung des Verlustfaktors $\tan \delta$ und der Dielektrizitätskonstanten ε in Abhängigkeit von der

Temperatur – hatten Fuoss sowie Davies, Miller und Busse zuerst auf das Problem der Weichmachung hochmolekularer Substanzen angewandt [28]. Im Anschluß an diese Arbeiten wurden dann dielektrische Messungen mit dieser Problemstellung so häufig ausgeführt, daß es hier unmöglich ist, alle Arbeiten zu zitieren. Man findet bei den elektrischen ähnlich wie bei den mechanischen Schwingungsmessungen Verlustkurven mit einem deutlich ausgeprägten Maximum bei bestimmter Temperatur (siehe Abb. 10). Durch Zusatz des Weichmachers verschiebt sich das Verlustmaximum nach niederen Temperaturen, und man hat so die Möglichkeit, die Weichmachung durch eine Temperaturdifferenz ΔT zu kennzeichnen. Bei niederfrequenten dielektrischen Messungen ist der Leitfähigkeitsanteil des Verlustfaktors oft sehr hoch und kann den eigentlichen dielektrischen Verlustfaktor überdecken. Man ist dann gezwungen, auf höhere Frequenzen überzugehen, wobei bekanntlich der Leitfähigkeitsanteil des Verlustfaktors absinkt. Dies hat dann – worauf auch Jenckel hinweist – den Nachteil, daß das Maximum der dielektrischen Verluste um 60 bis 80° höher liegen kann als die Einfriertemperatur, und es ist nicht sicher, ob die dielektrisch bestimmte Temperaturdifferenz ΔT mit der über die Einfriertemperatur

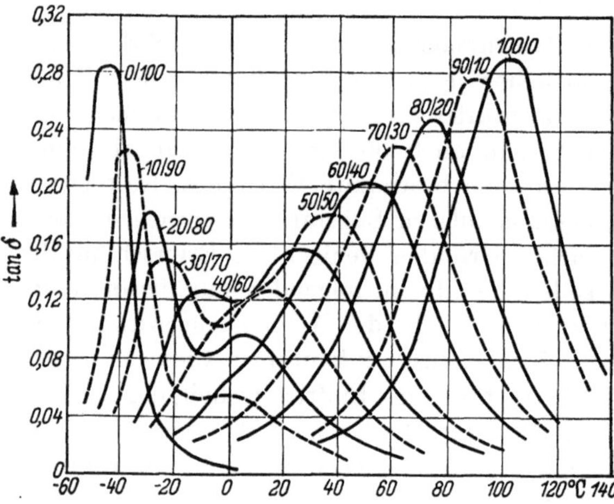

Abb. 10

$\tan\delta$ als Funktion der Temperatur ($2\cdot10^6$ Hz) für Polyvinylacetat, weichgemacht mit Benzylbenzoat (nach Würstlin [29])

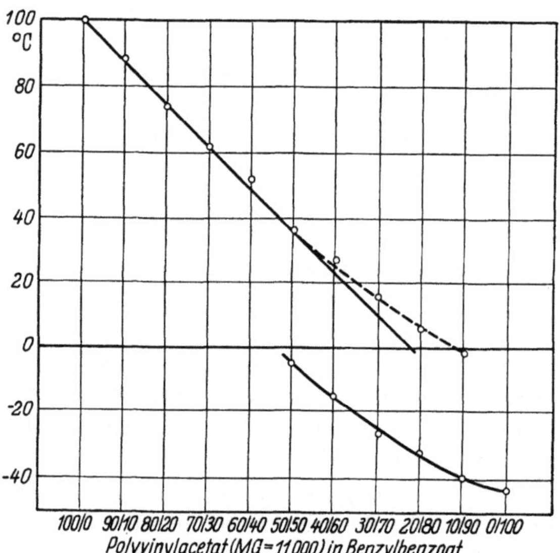

Abb. 11

Temperaturlage der DK-Dispersion ($2\cdot10^6$ Hz) für Polyvinylacetat, weichgemacht mit Benzylbenzoat (nach Würstlin [29])

bestimmten Differenz ΔT übereinstimmt. Wenn trotzdem die dielektrische Meßmethode sehr häufig zur Bestimmung der Weichmachung benützt wurde, ist dies darauf zurückzuführen, daß sie und auch die mechanische dynamische Messung ein hohes Auflösungsvermögen für die einzelnen Bewegungsvorgänge besitzt und so auch solvatisierte und nichtsolvatisierte Weichmachermoleküle unterscheiden kann, wie dies in den Abb. 10 und 11 zum Ausdruck kommt.

Das Maximum des unsolvatisierten Weichmachers verschiebt sich mit steigender Weichmacherkonzentration nach niedrigeren Temperaturen bis zur Temperatur des $\tan \delta_{max}$ der reinen Weichmacherflüssigkeit. Da das Maximum des unsolvatisierten Weichmachers erst bei einer höheren Weichmacherkonzentration auftritt, sah HARTMANN [29] darin einen Hinweis für ein stöchiometrisches Verhältnis von polymerer Substanz und Weichmacher in den Solvaten. Dieser Auffassung widerspricht jedoch, daß in keiner anderen Eigenschaft dieses „stöchiometrische" Verhältnis durch eine Unstetigkeit oder einen Knick in einer Kurve bemerkbar wird. Insbesondere hat LUTHER an Hand von Diffusionsmessungen in Kunststoff-Weichmacher-Systemen gezeigt, daß keine Diskontinuitäten in der Konzentrationsabhängigkeit des Diffusionskoeffizienten des Weichmachers auftreten, so daß man diese Polymer-Weichmacher-Systeme als Lösungen mit statistischer Nahordnung der Komponenten auffassen kann [29].

In letzter Zeit wurden mehrere Untersuchungen an geringfügig weichgemachten Kunststoffen durchgeführt, in denen festgestellt wurde, daß bei wenig wirksamen Weichmachern eine geringe Weichmacherzumischung eine Versprödung hervorruft. Ein derart mit wenig Weichmacher versetzter Kunststoff zeigt im Zugversuch einen nahezu deformationslosen Bruch bei meist erhöhter Festigkeit. Die geringe Menge Weichmacher ermöglicht dem Kunststoff eine höhere Ordnung einzunehmen, was man im übrigen auch durch Temperung erreichen kann. Bei einem sehr wirksamen Weichmacher überwiegt dagegen auch bei kleinen Zusätzen die Weichmachung gegen eine durch höheren Ordnungsgrad bewirkte Verhärtung [30].

Die technologischen Prüfmethoden bringen im allgemeinen für die Aufklärung der Weichmachung kaum verwertbare Ergebnisse, da die Zerstörungsprüfungen (Kältefestigkeit, brittle point) und Deformationsprüfungen (Bestimmung der Härte, flextemperature od. ä.) Einpunktmethoden sind. In keinem Fall mißt man mit diesen Methoden eine spezifische Temperatur im Sinne einer Umwandlungstemperatur, die von Probendimensionen und Meßverfahren unabhängig ist. Eine Verbesserung der Methode ist aber dadurch möglich, daß man von einer Einpunktmethode zur Bestimmung einer Eigenschaftskurve in Abhängigkeit von der Temperatur übergeht.

d) Weichmacherwirksamkeit. *Meßergebnisse.* In allen Arbeiten kommt unabhängig von der Meßmethodik eindeutig zum Ausdruck, daß die Weichmacherwirksamkeit ΔT bei kleinen Weichmacherzusätzen linear mit der Weichmacherkonzentration c ansteigt, $\Delta T = k\,c$. Wird dabei c als Gewichtsanteil des Weichmachers in der weichgemachten Masse angegeben, so erhält man für die verschiedenen Weichmacher Geraden mit verschiedener Neigung oder bei einem Vergleich unter gleicher Konzentration c verschiedene ΔT-Werte. WÜRSTLIN und KLEIN untersuchten an Polyvinylacetat die Weichmacherwirksamkeiten von 89 Weichmachern und Lösungsmitteln mit verschiedenster chemischer Konstitution und mit Molekulargewichten zwischen 50 und 500 [31]. Die Weichmacherwirksamkeit ΔT wurde dielektrisch mit $2 \cdot 10^6$ Hz bestimmt und es ergaben sich für das konstante Gewichtsverhältnis Polyvinylacetat/Weichmacher $=$ 70/30 für die 89 Substanzen ΔT-Werte zwischen 27 und 102°, die sich also um etwa $1:4$ voneinander unterscheiden.

Zhurkov und Lerman vertraten die Ansicht, daß diese Unterschiede der ΔT-Werte verschwinden, wenn man die Wirksamkeit ΔT nicht auf konstante gewichtsmäßige Konzentration, sondern auf gleiche molare Konzentration c des Weichmachers in der Weichmasse bezieht, wobei der chemische und strukturelle Aufbau des Weichmachers keine Rolle spielen sollte [32]. Vergleicht man dementsprechend in der bereits genannten Arbeit [31] die auf den gleichen Molenbruch des Weichmachers ($c = 0{,}1$) bezogene Weichmacherwirksamkeit ΔT, so spricht ohne Zweifel für die Zhurkovsche Anschauung, daß nun ΔT-Werte gefunden wurden zwischen 24 und 48°, die sich also nur noch um $1 : 2$ unterscheiden. Der trotz molarer Berechnung aber immer noch vorhandene Unterschied wird sowohl von Jenckel und Heusch [33] als auch von Würstlin und Klein darauf zurückgeführt, daß die Zhurkovsche Theorie den Einfluß der Gestalt und der inneren Beweglichkeit der Weichmachermoleküle nicht berücksichtigt. In [31] sind 2 Reihen von Weichmachern mit extrem schlechten und guten Weichmacherwirksamkeiten in 2 Tabellen zusammengestellt, die klar erkennen lassen, daß gute Weichmacherwirksamkeit dann vorhanden ist, wenn die polaren Gruppen des Weichmachermoleküls alipathisch gebunden sind und somit die größtmögliche Beweglichkeit besitzen. Die Reihe der wenig wirksamen Weichmacher umfaßt dagegen die Substanzen, deren polare Gruppen entweder in oder direkt neben einer aromatischen Gruppe eingebaut sind oder die nur aus einer polaren Gruppe bestehen. Jenckel und Heusch stellten auf Grund von Messungen der Einfriertemperatur an weichgemachtem Polystyrol die verwendeten Weichmacher nach ihren ermittelten Wirksamkeiten zusammen, wobei sich dieselbe Abhängigkeit von der Struktur zeigt. Ähnliche Ergebnisse wurden auch schon in früheren Arbeiten angedeutet [28]. Überzeugendes Zahlenmaterial von genügender Breite wurde jedoch erst mit den genannten Arbeiten [31, 33] geliefert. In späteren russischen Arbeiten wurde diese Abhängigkeit der Weichmacherwirksamkeit von der Gestalt des Weichmachermoleküls bestätigt [34].

Bei PVC haben die normal gebauten aliphatischen Dicarbonsäureester bei der gleichen molaren Weichmacherkonzentration die höchsten

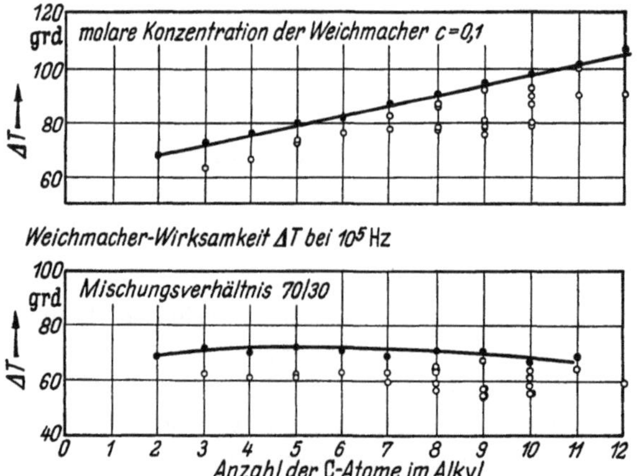

Abb. 12. Weichmachung von Polyvinylchlorid. Weichmacherwirksamkeit ΔT von o-Phthalsäuredialkylestern (nach Würstlin und Klein [24])

bisher beobachteten Weichmacherwirksamkeiten ΔT ergeben. Die ΔT-Werte der normal gebauten aliphatischen Dicarbonsäureester sind in erster Linie von der Bruttoformel abhängig, ΔT steigt mit zunehmendem Anteil an CH_2-Gruppen nahezu linear an, wobei die isomeren Ester der höheren Dicarbonsäuren praktisch gleiche Werte haben. Eine Abweichung findet man wieder bei Diestern mit kleinem Abstand der beiden Estergruppen: Ein Oxalsäurediester hat immer kleinere Weichmacherwirksamkeit ΔT als ein isomerer Adipinsäure-diester [22].

Die an Weichmassen gleicher Gewichtsverhältnisse 70/30 bestimmten Weich-macherwirksamkeiten ΔT zeigen zwischen 75 und 90° streuende Werte, die keine vom Bau der Dicarbonsäureester abhängige Tendenz erkennen lassen. Dieses Ergebnis entspricht der bei den Di-n-Alkylphthalaten festgestellten Unabhängigkeit der ΔT-70/30-Werte von der Alkyllänge (s. Abb. 12 unten). Die bei gleicher molarer Konzentration erhaltene laufende Verbesserung der ΔT-Werte bei Anstieg des aliphatischen Anteiles (s. Abb. 12 oben) wird bei der gleichen gewichtsmäßigen Einstellung 70/30 dadurch kompensiert, daß in dem 30%igen Weichmacheranteil bei laufend erhöhtem Molekulargewicht immer weniger Weichmachermoleküle in der Weichmasse vorhanden sind [24].

Beim Übergang von den aliphatischen Dicarbonsäureestern zu den o-Phthal-säuredialkylestern ist zweifellos eine Verminderung der inneren Beweglichkeit

Tabelle 2. *Weichmachereigenschaften von Diestern aus Chloralkanolen* [22]

Diester	Molekulargewicht des Weichmachers	Visk. η_{20} des reinen Weichmachers in cP	Max. Lösetemperatur T_{max} °C	Trübungstemperatur °C	Weichmacherwirksamkeit ΔT in °C für $c=0{,}1$	70:30
$CH_3\!-\!(CH_2)_5\!-\!OC\!-\!(CH_2)_5\!-\!CO\!-\!(CH_2)_5\!-\!CH_3$	328	9,8	131	-30	99	90
$Cl\!-\!(CH_2)_2\!-\!OC\!-\!(CH_2)_8\!-\!CO\!-\!(CH_2)_2\!-\!Cl$	327	Smp $+49$	135	n. v.	86	73
$Cl\!-\!(CH_2)_4\!-\!OC\!-\!(CH_2)_4\!-\!CO\!-\!(CH_2)_4\!-\!Cl$	327	29,5	112	-50	83	69
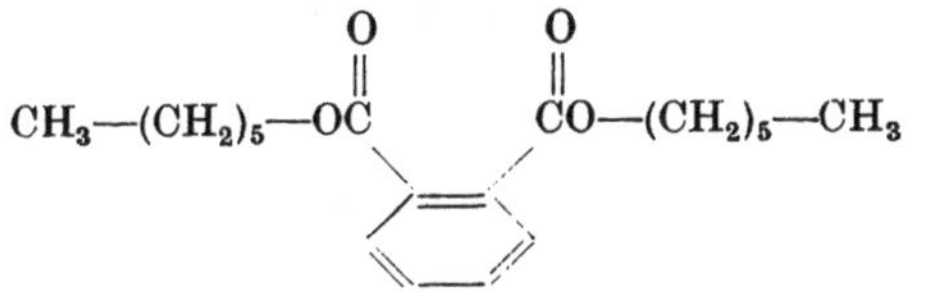 $CH_3\!-\!(CH_2)_5\!-\!OC\!\cdots\!CO\!-\!(CH_2)_5\!-\!CH_3$	334	30,5	104	<-70	82	71
$CH_3\!-\!(CH_2)_7\!-\!OC\!-\!(CH_2)_5\!-\!CO\!-\!(CH_2)_7\!-\!CH_3$	384	15,0	147	$\sim\!+50$	107	93
$Cl\!-\!(CH_2)_4\!-\!OC\!-\!(CH_2)_8\!-\!CO\!-\!(CH_2)_4\!-\!Cl$	383	39,9	121	<-12	93	73
$Cl\!-\!(CH_2)_6\!-\!OC\!-\!(CH_2)_4\!-\!CO\!-\!(CH_2)_6\!-\!Cl$	383	36,7	114	<-11	92	73
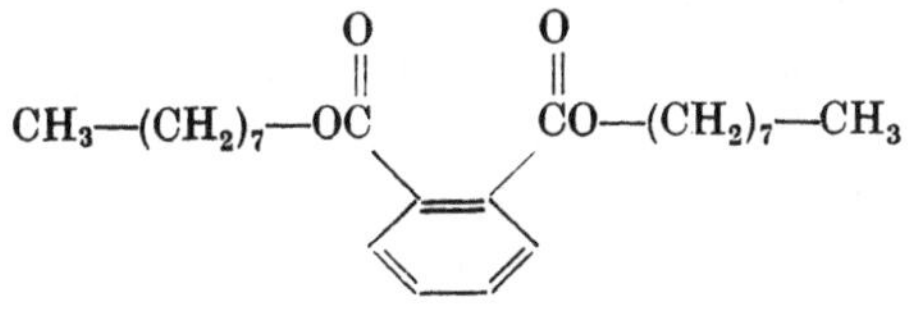 $CH_3\!-\!(CH_2)_7\!-\!OC\!\cdots\!CO\!-\!(CH_2)_7\!-\!CH_3$	390	39,7	117	<-70	91	71

der beiden polaren Gruppen zu erwarten, die sich auch in der Weichmacherwirksamkeit ΔT ausdrücken muß. Die Tab. 2 enthält paarweise zusammengestellte Weichmacher aus beiden Gruppen mit nahezu gleichem Molekulargewicht. Der Pimelinsäureester weist in beiden Vergleichen wesentlich bessere Weichmacherwirksamkeit ΔT auf, als sie der entsprechende o-Phthalsäureester besitzt, wogegen wiederum der o-Phthalsäureester besseres Lösevermögen und erhöhte Verträglichkeit besitzt. Es sei hier noch kurz darauf hingewiesen, daß die Viskosität der Pimelinsäureester entsprechend ihrer höheren inneren Beweglichkeit niedriger ist als die Viskosität der o-Phthalsäureester ähnlichen Molekulargewichtes.

In Abb. 12 ist die Weichmacherwirksamkeit ΔT der Di-n-alkylphthalate über der Alkyllänge durch schwarze Punkte aufgetragen. Bei gleicher molarer Konzentration des Weichmachers $c = 0{,}1$ steigt ΔT linear mit der Alkyllänge an. Verwendet man statt der n-Alkanole verzweigt gebaute Alkanole, so erhält man jeweils erniedrigte ΔT-Werte, und zwar sowohl bei gewichtsmäßig als auch bei molar gleicher Konzentration. In Abb. 12 sind die o-Phthalsäurediester von verzweigten Alkanolen durch Kreise angedeutet, und übereinstimmend liegen überall die Kreise unter den schwarzen Punkten. Die Verzweigungen der Alkyle – die im einzelnen nicht angeführt sind – wirken sich als Behinderung der inneren Beweglichkeit aus, insbesondere dann, wenn die Verzweigung nahe an der Estergruppe steht, z. B. in Form einer α-ständigen Verzweigung. Diese ·Behinderung zeigt sich schon in einigen Eigenschaften der reinen Weichmacher. Bei isomeren o-Phthalsäuredialkylestern hat der n-Alkylester immer die niedrigste Viskosität und sie steigt an, je enger die Verzweigung an der Estergruppe steht und je kürzer die Hauptkette des Alkyls durch die Verzweigung ist. Die Herabsetzung der inneren Beweglichkeit durch die Verzweigung ist weiterhin auch in der Temperaturlage der Einfriererscheinung erkennbar: Bei jeder isomeren Reihe der Dialkylphthalate zeigt der Di-n-Alkylester die niedrigste Temperaturlage der Einfriererscheinung. Sie rückt mit der Verzweigung des Alkyls zu höheren Temperaturen [24].

Aus allen bisherigen Untersuchungen geht zwingend hervor, daß die innere Beweglichkeit des Weichmachermoleküls für die erzielbare Weichmachung maßgeblich ist. Man kann prinzipiell die Weichmacher in eine Reihe mit stetig veränderter Weichmacherwirksamkeit ΔT einordnen allein aus der Struktur und den Eigenschaften der reinen Weichmacher heraus, welche die innere Beweglichkeit bedingen. In vielen Arbeiten deutet sich demnach das Bestreben an aus den Eigenschaften und der Struktur der reinen Weichmacher eine Voraussage, auf die weichmachenden Eigenschaften zu treffen [35]. Die Reihenfolge der Weichmacher wird unabhängig von der weichzumachenden hochmolekularen Substanz

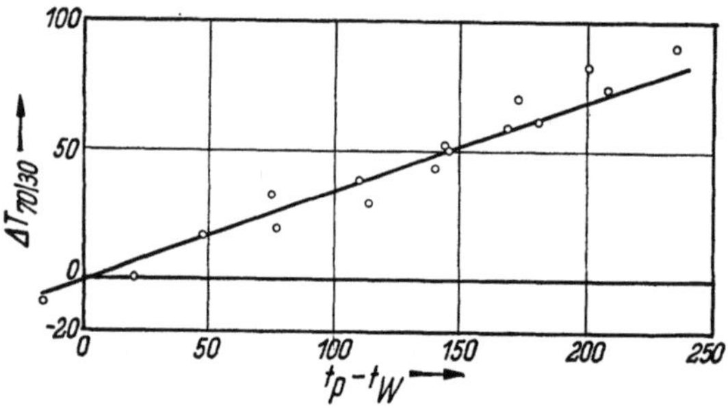

Abb. 13. Weichmacherwirksamkeit $\Delta T_{70/30}$ in Abhängigkeit von $t_p - t_w$ für die Mischsysteme in Tab. 3. t_p Temperatur in °C des $\tan\delta_{max}$ (10^5 Hz) der reinen polymeren Substanzen. t_w Temperatur in °C des $\tan\delta_{max}$ (10^5 Hz) der reinen Weichmacher

sein, solange keine Nebeneffekte auftreten, wie z. B. bei der Weichmachung teilkristalliner hochmolekularer Substanzen [*36*]. Die Weichmacherwirksamkeit ΔT wird proportional sein dem Temperaturzwischenraum zwischen den Einfriergebieten beider Komponenten [*37*].

Bei hochmolekularen Substanzen mit hoher innerer Beweglichkeit ist demnach durch Zumischung von Weichmachern keine starke Weichmachung zu erzielen. In Abb. 13 ist zu erkennen, daß eine für PVC als Weichmacher zu kennzeichnende Substanz in Zumischung zu Polychloropren sogar die umgekehrte

Tabelle 3. *Weichmacherwirksamkeit* $\Delta T_{70/30} = t_p - t_{70/30}$

t_p *Temperatur in °C des* $\tan\delta_{max}$ *(10^5 Hz) der reinen polymeren Substanzen.*

$t_{70/30}$ *Temperatur in °C des* $\tan\delta_{max}$ *(10^5 Hz) der Mischung 70/30*

$\Delta T_{70/30}$	Dimethyl-cyclohexyl-o-phthalat $t_w = +6^0$	Trikresyl-phosphat $t_w = -30^0$	Di-n-hexyl-o-phthalat $t_w = -57^0$	Di-n-butyl-adipat $t_w = \sim -85^0$
MP Styrol-Acrylnitril $t_p = +151°$	52	61	74	90
Polyvinylchlorid $t_p = +116°$ ...	38	50	70	83
Polyvinylacetat $t_p = +84°$	19	29	43	58
Polychloropren $t_p = -9°$	−9	0	16	32

Tendenz aufweisen kann, nämlich mit zunehmender Konzentration dieser Substanz eine Verschiebung der Einfriererscheinung nach höheren Temperaturen. Es ist aber übereinstimmend bei allen hochmolekularen Substanzen dieser Tab. 3 dieselbe Reihenfolge der Weichmacher festzustellen. Für jeden Weichmacher lassen sich auch die von den vier hochmolekularen Substanzen ausgehenden Kurven auf die Temperatur der Einfriererscheinung des reinen Weichmachers interpolieren unter der Berücksichtigung der Erfahrung, daß derartige Kurven gegen die lineare Verbindung immer durchhängen [*38*].

5.6.4 Auswahl der Weichmacher nach technischen Gesichtspunkten

Aus den vorstehenden Abschnitten ist zu entnehmen, daß man für die Weichmacherwirksamkeit und das Lösevermögen dieser Weichmacher eine verhältnismäßig gute wissenschaftliche Grundlage besitzt, die auch bei der technischen Anwendung der weichgemachten Massen ausgenützt werden kann. Bei dieser Anwendung treten jedoch auch Fragen und Forderungen auf, die hier noch nicht angeschnitten wurden und für die auch kaum irgendwelche Grundlagen und Meßmethoden existieren. In manchen Fällen ist die Erfüllbarkeit einer solchen Forderung vom strukturellen Aufbau des Weichmachers aus zu beantworten. Das ist dann relativ einfach und kann bald zu einer ausreichenden Beantwortung der Fragestellung führen. Als Beispiel sei genannt die Forderung nach physiologisch einwandfreien Weichmassen, die von der chemischen Konstitution der Einzelkomponenten der Weichmasse aus zu beurteilen ist [*39*].

Erheblich schwieriger wird ein Problem, bei dem nicht nur die Einzelkomponenten der Weichmasse, sondern auch die Wechselwirkung der Komponenten untereinander eine Rolle spielen. Ein derartiger Fragenkomplex gruppiert sich um die Diffusion der Weichmacher in der Weichmasse. Man kann mit hoher Wahrscheinlichkeit annehmen, daß in einer Weichmasse mit äußerem Weichmacher neben einigen an der hochmolekularen Substanz solvatisierten Weichmachermolekülen auch mehr oder weniger freie, diffusionsfähige Weichmachermoleküle vorliegen. Vielleicht darf man sogar nach DOOLITTLE [1] erwarten, daß zwischen den solvatisierten und den momentan nicht gebundenen Weichmachermolekülen ein Gleichgewicht besteht, das von der Art und Menge, sowohl der hochmolekularen Substanz als auch des Weichmachers, und auch von der Temperatur abhängig ist. Die Bindung eines Weichmachermoleküls an die hochmolekulare Substanz kann von momentaner Dauer sein, d. h. ein bestimmtes Weichmachermolekül kann in einem Moment an eine polare Gruppe der hochmolekularen Substanz gebunden sein und im nächsten Moment bereits wieder in der weichgemachten Masse diffundieren. Dieser Anteil an diffusionsfähigem Weichmacher ist für viele Eigenschaften der weichgemachten Masse verantwortlich zu machen [40]. Die von KNAPPE festgestellte Parallelität von Diffusion des Weichmachers in der weichgemachten Masse und der elektrischen Leitfähigkeit der Weichmasse ist so zu deuten, daß derselbe molekulare Vorgang die Diffusion und die Leitfähigkeit steuert, nämlich die Wanderung von Weichmachermolekülen, welche gleichzeitig Ladungsträger sind [40].

Die Diffusion der Weichmachermoleküle ist verantwortlich zu machen für die Weichmacherwanderung bei Berührung der Weichmasse mit einer weichmacherarmen hochmolekularen Substanz [41]. Sie spielt auch eine große Rolle bei der Extrahierbarkeit eines Weichmachers aus der Weichmasse. Beide unerwünschte Eigenschaften werden um so stärker ausgeprägt sein, je beweglicher das einzelne Weichmachermolekül ist. In einem vorigen Abschnitt ist ausführlich dargelegt worden, daß eine erwünschte hohe Weichmacherwirksamkeit nur zu erwarten ist bei einem Weichmacher mit hoher Beweglichkeit des Einzelmoleküls. Man versteht so leicht, daß die Weichmacher mit hoher Weichmacherwirksamkeit leider auch gerade diejenigen Weichmacher sind mit hoher Extrahierbarkeit und starker Neigung zur Weichmacherwanderung [42].

Speziell, um diese unerwünschte Weichmacherwanderung zwischen 2 Polymeren A und B zu unterdrücken, hat man Polymerweichmacher hergestellt, die im allgemeinen auch tatsächlich diesen Wünschen entsprechen. Es ist jedoch zu beachten, daß das Problem der Weichmacherwanderung sehr komplex und mindestens von 3 Faktoren abhängig ist:

a) von der Wechselwirkung zwischen Weichmacher und dem Polymeren A,
b) von der Wechselwirkung zwischen Weichmacher und dem Polymeren B,
c) von der Beweglichkeit des Weichmachermoleküls.

Eine Verringerung von c), z. B. durch den Übergang zu Polymerweichmachern, wird weitgehend Erfolg haben. Trotzdem kann aber auch bei Verwendung von Polymerweichmachern noch Weichmacherwanderung eintreten, wenn eine starke Wechselwirkung zwischen Weichmacher und dem Polymeren B vorliegt [43]. Im übrigen muß man sich darüber im klaren sein, daß die erwünschte Verringerung der Weichmacherwanderung bei Verwendung von Polymerweichmacher durch eine Verschlechterung der Weichmacherwirksamkeit erkauft wird.

Für die meisten technischen Anwendungen von Weichmassen haben sich im Laufe der Jahre eine Reihe von Weichmachern bewährt, die an verschiedenen Stellen in guter Übereinstimmung der Eigenschaften in großen Mengen hergestellt werden. Es sind hier vor allem die Phthalate zu nennen, die seit Jahren mit etwa 50 bis 60% an der Gesamtproduktion der Weichmacher beteiligt sind. Daneben wird hauptsächlich für spezielle Verwendungszwecke eine Vielzahl von weiteren Weichmachern hergestellt, die der Weichmasse besondere Eigenschaften bringen sollen. Diese speziellen Eigenschaften werden jedoch oft nur durch Verminderung anderer Eigenschaften erreicht. Die Weichmacherproduzenten sind durch die vielfachen, oft überschneidenden Anforderungen an die Weichmassen zu einer breiten Produktion von verschiedenartigsten Weichmachern gezwungen. An diesem Bild dürfte sich auch in den kommenden Jahren nichts Wesentliches ändern, denn der ideale, in allen Eigenschaften überragende Weichmacher wird nach der heutigen Kenntnis nie zu erwarten sein.

Literatur

[1] Da in den folgenden Seiten das Problem der Weichmachung nicht erschöpfend behandelt werden kann, sei gleich zu Beginn auf vier vor allem auch wissenschaftlich gut fundierte zusammenfassende Arbeiten hingewiesen, in denen die Literatur in größerem Umfang berücksichtigt ist, die sich allerdings fast ausschließlich nur mit der äußeren Weichmachung beschäftigen:
A. K. DOOLITTLE: The technology of solvents and plasticizers. New York: John Wiley & Sons 1954. — E. JENCKEL: Die Wirkung von Weichmachern und ihre molare Deutung in H. A. STUART: Die Physik der Hochmolekularen, Bd. IV, Kap. 9. Berlin/Göttingen/Heidelberg: Springer 1956. — H. GNAMM u. W. SOMMER: Die Lösungsmittel und Weichmachungsmittel. Stuttgart: Wissenschaftliche Verlagsgesellschaft 1958. — K. THINIUS: Chemie, Physik und Technologie der Weichmacher. Berlin: Verlag Technik 1960.

[2] WÜRSTLIN, F.: Einfriererscheinungen und chemische Konstitution in H. A. STUART: Die Physik der Hochpolymeren, Bd. III, Kap. 11. Berlin/Göttingen/Heidelberg: Springer 1955.

[3] REHBERG, C. E., u. C. H. FISHER: Industr. Engng. Chem. 40 (1948) S. 1429. — R. H. WILEY u. G. M. BRAUER: J. Polymer Sci. 3 (1948) S. 647.

[4] FUNT, B. L.: Canad. J. Chem. 30 (1952) S. 84. — B. L. FUNT u. T. H. SUTHERLAND: Canad. J. Chem. 30 (1952) S. 940. — T. H. SUTHERLAND u. B. L. FUNT: J. Polymer Sci. 11 (1953) S. 177.

[5] SCHMIEDER, K., u. K. WOLF: Kolloid-Z. 134 (1953) S. 149.

[6] THURN, H., u. K. WOLF: Kolloid-Z. 148 (1956) S. 16.

[7] REHBERG, C. E., W. A. FAUCETTE u. C. H. FISHER: J. Amer. chem. Soc. 66 (1944) S. 1723. — E. A. W. HOFF, D. W. ROBINSON u. A. H. WILLBOURN: J. Polymer Sci. 18 (1955) S. 161.

[8] WÜRSTLIN, F.: Z. angew. Phys. 2 (1950) S. 131. — K. SCHMIEDER u. K. WOLF: Kolloid-Z. 127 (1952) S. 65.

[9] BOYER, R. F., u. R. S. SPENCER: Second order transition effects in rubber and other high polymers. Advances in colloid science, Vol. II. New York: 1946.

[10] BIGGS, B. S., C. J. FROSCH u. R. H. ERICKSON: Industr. Engng. Chem. 38 (1946) S. 1016. — E. L. WITTBECKER, R. C. HOUTZ u. W. W. WATKINS: Industr. Engng. Chem. 40 (1948) S. 875. — J. R. LEWIS u. R. J. W. REYNOLDS: Chem. Ind. 45 (1951) S. 958.

[11] FLORY, P. J., u. J. REHNER: J. chem. Physics 11 (1945) S. 512 u. 521. — J. Polymer Sci. 2 (1947) S. 113. — HUGGINS, M. L.: J. Amer. chem. Soc. 64 (1942) S. 1712 — Ann. N. Y. Acad. Sci. 44 (1943) S. 431. — E. M. FRITH: Trans. Faraday Soc. 41 (1945) S. 90. — E. M. FRITH u. R. F. TUCKETT: Nature 155 (1945) S. 164.

[12] DOTY, P., u. H. S. ZABLE: J. Polymer Sci. 1 (1946) S. 90.

[13] SCHULZ, G. V.: Angew. Chem. 64 (1952) S. 553. — A. PETERLIN: Kunststoffe 42 (1952) S. 437.

[14] JENCKEL, E., u. G. REHAGE: Makromolekulare Chem. 6 (1951) S. 243.

[15] EHLERS, J. F., u. K. R. GOLDSTEIN: Kolloid-Z. 188 (1950) S. 137.

[16] WESP, A.: Kunststoffe 41 (1951) S. 213. — HARTMANN A.: Kolloid-Z. 142 (1955) S. 123. — F. WÜRSTLIN u. H. KLEIN: Kunststoffe 42 (1952) S. 445; 46 (1956) S. 3 — Makromolekulare Chem. 16 (1955) S. 1.

790   Literatur

[17] THINIUS, K.: Chem. Techn. 2 (1950) S. 14 — Kunststoff-Techn. 1 (1952) S. 471.

[18] WALKER, E. E.: J. appl. Chem. 2 (1952) S. 470. — G. F. LONGSTER u. E. E. WALKER: Trans. Faraday Soc. 49 (1953). S. 288 — A. HUNYAR u. W. MÖLLER: Faserforschg. 6 (1955) S. 442.

[19] SCHMIDT, P.: Kunststoffe 41 (1951) S. 23, 42 (1952) S. 142. — H. S. BERGEN u. J. R. DARBY: Industr. Engng. Chem. 43 (1951) S. 2404. — A. HARTMANN u. F. GLANDER: Kolloid-Z. 137 (1954) S. 79.

[20] WALTER, A. T.: J. Polymer Sci. 13 (1954) S. 207.

[21] JENCKEL, E., u. G. KELLER: Z. Naturforschung 5a (1950) S. 317. — E. JENCKEL u. K. GORKE: Z. Naturforschung 5a (1950) S. 556.

[22] WÜRSTLIN, F., u. H. KLEIN: Kunststoffe 46 (1956) S. 3.

[23] FUCHS, O.: Kunststoffe 43 (1953) S. 409.

[24] WÜRSTLIN, F., u. H. KLEIN: Makromolekulare Chem. 16 (1955) S. 1.

[25] AELONY, D.: Industr. Engng. Chem. 46 (1954) S. 587. — R. M. SILVERSTEIN: J. Amer. Oil chem. Soc. 32 (1955) S. 354. — A. W. CAMPBELL: Industr. Engng. Chem. 47 (1955) S. 1213.

[26] HOUTZ, R. C.: Text. Res. J. 20 (1950) S. 786.

[27] MÜLLER, F. H.: Kolloid-Z. 114 (1949) S. 2. — L. E. NIELSEN, R. BUCHDAHL u. R. LEVREAULT: J. appl. Phys. 21 (1950) S. 607. — K. SCHMIEDER u. K. WOLF: Kolloid-Z. 127 (1952) S. 65. — M. G. DILKE u. J. J. MILLANE: J. appl. Chem. 4 (1954) S. 507. — Y. MAEDA: J. Polymer Sci. 18 (1955) S. 87. — J. KOPPELMANN: Kolloid-Z. 144 (1955) S. 12.

[28] FUOSS, R. M.: J. Amer. chem. Soc. 61 (1939) S. 2334. — J. M. DAVIES, R. F. MILLER u. W. F. BUSSE: J. Amer. chem. Soc. 63 (1941) S. 361. — R. M. FUOSS: J. Amer. chem. Soc. 63 (1941) S. 369 u. 378. — R. M. FUOSS u. J. G. KIRKWOOD: J. Amer. chem. Soc. 63 (1941) S. 385. — D. J. MEAD, R. L. TICHENOR u. R. M. FUOSS: J. Amer. chem. Soc. 64 (1942) S. 283.

[29] WÜRSTLIN, F.: Kolloid-Z. 113 (1949) S. 18; 120 (1951) S. 94; 152 (1957) S. 31. — A. HARTMANN: Kolloid-Z. 42 (1955) S. 123; 148 (1956) S. 30. — H. LUTHER u. G. WEISEL: Kolloid-Z. 154 (1957) S. 15. — H. LUTHER u. H. MEYER: Z. Elektrochem. 64 (1960) S. 681. — H. THURN u. F. WÜRSTLIN: Kolloid-Z. 156 (1958) S. 21.

[30] GHERSA, P.: Mod. Plastics 35 (1958) S. 135. — R. A. HORLEY: Brit. Plastics 32 (1959) S. 156. — O. FUCHS u. H. H. FREY: Kunststoffe 49 (1959) S. 213. — G. GRÜNWALD: Kunststoffe 50 (1960) S. 381.

[31] WÜRSTLIN, F., u. H. KLEIN: Kolloid-Z. 128 (1952) S. 136.

[32] ZHURKOV, S. N., u. R. J. LERMAN: C. R. Acad. Sci. USSR 47 (1945) S. 106. — S. N. ZHURKOV: C. R. Acad. Sci. USSR 47 (1945) S. 475.

[33] JENCKEL, E., u. R. HEUSCH: Kolloid-Z. 118 (1950) S. 56.

[34] LÉLTSCHUK, SCH. L., u. W. I. SSEDLISS: J. angew. Chem. (russisch) 31 (1958) S. 790, 887 u. 1397.

[35] BEANVALET, G.: Rev. gen. Caoutchouc 33 (1956) S. 1141. — K. STOECKHERT: Kunststoffe 48 (1958) S. 103.

[36] BOYER, R. F., u. R. S. SPENCER: J. appl. Phys. (1958) S. 398.

[37] Bei kristallisierenden, nicht glasig erstarrenden Weichmachern ist diese Charakterisierung nicht möglich. Nach JENCKEL kann man aber mit der Faustregel rechnen: Einfriertemperatur ET in °K = $^2/_3$ Smp in °K. — E. JENCKEL: Kolloid-Z. 130 (1953) S. 64.

[38] WÜRSTLIN, F., u. H. KLEIN: Kunststoffe 47 (1957) S. 527.

[39] THINIUS, H.: Plaste u. Kautschuk 1 (1954) S. 194.

[40] KNAPPE, W.: Z. angew. Phys. 6 (1954). — F. WÜRSTLIN: Kolloid-Z. 152 (1957) S. 131.

[41] HEINE, K., K. H. HELLWEGE u. W. KNAPPE: Z. angew. Phys. 10 (1958) S. 162.

[42] AIKEN, W., T. ALFREY, A. JANSSEN u. H. MARK: J. Polymer Sci. 2 (1947) S. 178.

[43] THINIUS, H.: Plaste u. Kautschuk 3 (1956) S. 78.

5.7 Mischungen polymerer Stoffe

Von **K. Schmieder**, Ludwigshafen a. Rh.

5.7.1 Mischungsarten und Methoden zu ihrer Charakterisierung

a) Homogene und heterogene Mischungen. Der vorliegende Abschnitt behandelt an einigen Beispielen das physikalische Verhalten von Mischungen polymerer Komponenten und von solchen polymeren Mehrstoffsystemen, zwischen deren Komponenten nebenvalente Bindungskräfte, z. B. Dipolkräfte, wirksam sind.

Wird ein einheitlicher Stoff mit einem zweiten (oder mehreren), strukturell anders aufgebauten Stoff gemischt, so unterscheiden sich die physikalischen Eigenschaften der Mischung, je nach Mischungsverhältnis und Art der Komponenten, von denen der reinen Komponenten.

Wie bei der Vereinigung zweier niedermolekularer Stoffe kann man – abgesehen von der Bildung einer Verbindung durch eine chemische Reaktion – auch bei der Vereinigung hochmolekularer Stoffe als Endprodukt ein 1-Phasen-System, also eine Lösung (eine homogene Mischung) oder ein 2-Phasen-System und bei drei oder mehr Komponenten ein entsprechendes Mehrphasensystem (also eine heterogene Mischung) erhalten.

Bei den 1-Phasen-Systemen handelt es sich um Produkte, die mit hochmolekularen Stoffen äußerlich weichgemacht sind. Die Beeinflussung der physikalischen Eigenschaften beruht hier, wie bei der äußeren Weichmachung mit niedermolekularen Stoffen, auf der Wirkung zwischenmolekularer Kräfte zwischen den Komponenten (vgl. 5.6).

Im Vordergrund der Betrachtungen des vorliegenden Artikels wird der Idealfall einer heterogenen Mischung stehen, bei dem keine spezifischen Kräfte zwischen den Molekülen der Mischkomponenten wirken. Der Fall der homogenen Mischung soll nur insoweit in die Betrachtungen einbezogen werden, als er der Charakterisierung heterogener Mischungen dient. Die physikalischen Eigenschaften, und zwar die hier besonders interessierenden mechanischen Eigenschaften dieser Produkte, sollen mit dem Verhalten der reinen polymeren Komponenten verglichen werden. Dabei soll die Variationsbreite der durch die Mischung erzielbaren Eigenschaftsänderungen aufgezeigt werden. Das Verhalten heterogener Mischungen, soweit sie bereits bei der Polymerisation anfallen, wird in die Betrachtungen miteinbezogen, z. B. uneinheitliche Copolymere (vgl. 2.4) und stereospezifisch polymerisierte Rohprodukte.

b) Methoden zur Untersuchung des Mischungscharakters. Wenn auch das technologische Verhalten absichtlich oder unabsichtlich hergestellter Mischungen von erheblichem Interesse ist, soll im folgenden von der tabellarischen Erfassung der durch Zug-, Biege- und Schlagversuche oder durch sonstige technologische Versuche ermittelten Werte abgesehen werden. Schon bei der Charakterisierung einheitlicher Produkte stößt man bekanntlich auf Schwierigkeiten, wenn ihr nur technologische Werte als Grundlage dienen. Bei den vorliegenden uneinheitlichen Produkten sind diese Schwierigkeiten um ein mehrfaches größer. Der mehr oder weniger gut durchgeführte Mischprozeß, die Güte der Verteilung der Komponenten im Endprodukt, ist mitbestimmend für alle aus einer Zerstörungsprüfung resultierenden Werte und ihre Streubreite. Durch einen dem Charakter der Komponenten angepaßten sauberen Mischprozeß lassen sich diese Einflüsse innerer Fehl- und Lockerstellen auf ein Minimum reduzieren.

Die physikalischen Stoffeigenschaften, wie z. B. der thermische Ausdehnungskoeffizient [1], der Brechungsindex [2], der Elastizitäts- oder der Schubmodul, oder die mechanische Schwingungsdämpfung [3 bis 9], die Dielektrizitätskonstante und der dielektrische Verlustfaktor [10] werden durch eine Änderung der Komponenten- und Bindungsverhältnisse in der Mischung in meist eindeutiger Weise beeinflußt. Daher ist es verständlich, daß in fast allen bisher zugänglichen Arbeiten zur Charakterisierung solcher Produkte die genannten physikalischen Eigenschaften bevorzugt wurden. Generell eignen sich alle diejenigen Meßmethoden zur Charakterisierung von Mischungen, die Schlüsse auf die Lage des Einfriertemperaturbereiches zulassen, wie dies bei den obengenannten Methoden nach den Ausführungen in 3.1, 4.3 und 4.8 der Fall ist.

Bleiben bei den Mischungen die Einfrier- bzw. Erweichungstemperaturen der Komponenten erhalten, so kann man auf das Vorliegen einer heterogenen Mischung schließen, während das Vorhandensein einer einzigen Einfriertemperatur, die gegenüber den Einfriertemperaturen der Komponenten verschoben ist, eine homogene Mischung (Lösung) kennzeichnet.

Der Einfrier- oder Erweichungsbereich einheitlicher Polymerisate kann u. a. durch die Temperatur, bei der die Schwingungsdämpfung mechanischer Schwingungen ihren maximalen Wert erreicht, gekennzeichnet werden. Diese Temperatur liegt, wie in 4.3 näher ausgeführt ist, um so höher

a) je geringer die Kettenbeweglichkeit ist, je stärker sterisch hindernde Strukturelemente oder Dipolkräfte die Beweglichkeit der kettenständigen Atome und Atomgruppen gegeneinander behindern,

b) je stärker die nebenvalenten Zusammenhaltskräfte von Kette zu Kette sind.

Bei Ausschluß einer chemischen Reaktion werden bei der Vereinigung polymerer Komponenten die unter (a) genannten Faktoren unbeeinflußt bleiben. Die zwischenmolekularen Kräfte (b) hingegen können je nach Wahl der Komponenten mehr oder weniger starke Änderungen erleiden. Jede Änderung der nebenvalenten Zusammenhaltskräfte von Kette zu Kette einer Komponente führt zwangsläufig zu einer Verschiebung der Temperaturlage des Erweichungsbereiches. Diese Prüfmethoden sind jedoch nur dann geeignet, den Typ hochpolymerer Mischungen zu charakterisieren, wenn die polymeren Komponenten sich in der Temperaturlage ihrer eigenen Erweichungsbereiche genügend unterscheiden. Wenn die Komponenten praktisch im gleichen Temperaturbereich erweichen und darüber hinaus auch keine strukturbedingten stärkeren Unterschiede im mechanisch-thermischen Verhalten zeigen, versagen die Methoden. Derartige Fälle sind relativ selten und für die Anwendungstechnik uninteressant.

5.7.2 Eigenschaften heterogener und homogener Mischungen

a) Heterogene Mischungen. Die Zumischung einer zweiten Komponente als Mittel zur Erzielung von erwünschten Eigenschaften, die das reine Polymere nicht besitzt, ist schon lange bekannt. Das systematische Studium der Gesetzmäßigkeiten des Mischungsvorganges setzte dagegen spät ein. Die ersten Untersuchungen wurden von BOYER und SPENCER [*11*] an Mischungen aus einem Polystyrol und einem nicht näher definierten Polyolefin mitgeteilt. Da die Einfriertemperatur des Polyolefins wesentlich tiefer lag als jene des Polystyrols, konnte aus der Änderung des kubischen Ausdehnungskoeffizienten um 82 °C an Mischungen, die bis zu 30 Vol.-% Polystyrol enthielten, nachgewiesen werden, daß zwei getrennte Phasen vorlagen. BUCHDAHL und NIELSEN [*12*] untersuchten die Mischung aus Polystyrol und einem Copolymeren aus 40 Teilen Butadien und 60 Teilen Styrol. In der Abb. 1, die dieser Arbeit entnommen ist, sind für verschiedene Mengenverhältnisse dieser Mischung im Vergleich zum reinen Polystyrol die Werte der mechanischen Dämpfung in Abhängigkeit von der Temperatur aufgetragen.

Polystyrol zeigt bekanntlich im Glaszustand unterhalb etwa 100° nur sehr niedrige Maxima in der Dämpfungskurve, d. h. sehr schwache, sein mechanisches Verhalten praktisch kaum beeinflussende sekundäre Erweichungsbereiche[1] (vgl. 4.3). Der Erweichungsbereich, der sein mechanisch-thermisches Verhalten bestimmt, liegt mit seiner mittleren Temperatur bei $+116°$

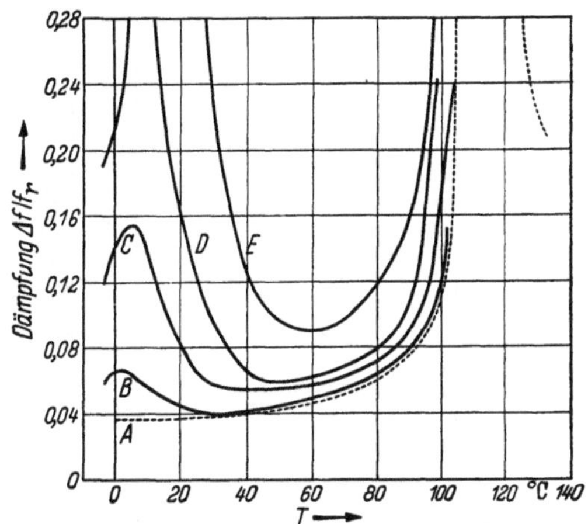

Abb. 1. Mechanische Dämpfung (Δf Halbwertsbreite, f_r Resonanzfrequenz) in Abhängigkeit von der Temperatur von Mischungen aus:

Polystyrol und Copolymerisat:

		40 Butadien/60 Styrol
A	100	0
B	90	10
C	74	26
D	60	40
E	40	60

(nach BUCHDAHL und NIELSEN [*12*])

und erstreckt sich etwa von 100 bis 130°.[2] Die Kurven der Mischungen zeigen außer diesem Maximum des Polystyrols ein weiteres mit der mittleren Temperatur von 5°. Dieses Tieftemperaturmaximum wächst mit steigendem Anteil der Copolymer-Komponente. Es darf ohne Zweifel dieser Komponente zugeordnet werden.

Dieses Ergebnis zeigt eindeutig, daß bei der vorliegenden Vereinigung polymerer Komponenten eine heterogene Mischung entsteht, die nebeneinander das charakteristische Verhalten der einzelnen Komponenten aufweist. In der Mischung sind die Eigenschaften der Komponenten anteilmäßig ausgeprägt.

Bei den untersuchten Produkten handelt es sich um Systeme mit getrennten Phasen, in denen praktisch keine mit dieser Methode feststellbaren Kräfte zwischen den Partnern der Mischungen auftreten.

NIELSEN [*13*] sowie BREUERS und Mitarbeiter [*14*] ermittelten die mechanische Schwingungsdämpfung über der Temperatur auch an Mischungen des

---

[1] Auch die Ausdehnung der Untersuchung nach tieferen Temperaturen läßt nach SCHMIEDER und WOLF [*7*] nur noch einen schwachen sekundären Bereich mit der mittleren Temperatur um $-140°$ erkennen.

[2] Die Meßfrequenzen lagen hier in der Größenordnung von 1 Hz. Über den Frequenzeinfluß auf diese „dynamische" Erweichungstemperatur vgl. 4.2, 4.3 und 4.4.

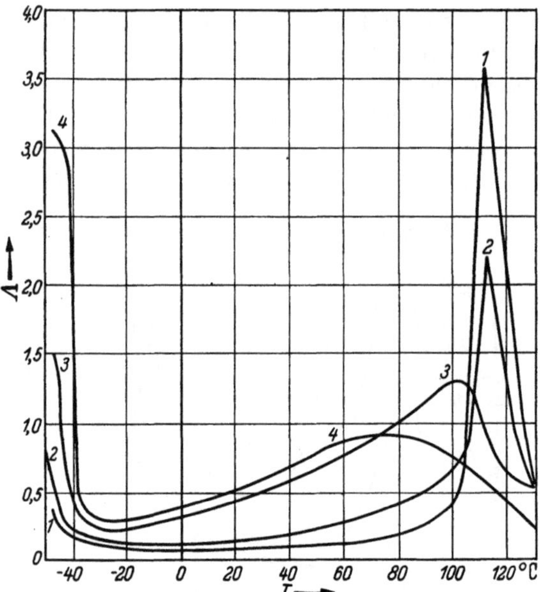

Abb. 2
Mechanische Dämpfung Λ (logarithmisches Dekrement) in Abhängigkeit von der Temperatur von Mischungen aus Polystyrol und Copolymerisat

		75 Butadien/25 Styrol
1	80	20
2	60	40
3	40	60
4	20	80

(nach Breuers, Hild, Wolff, Burmeister und Hoyer [14])

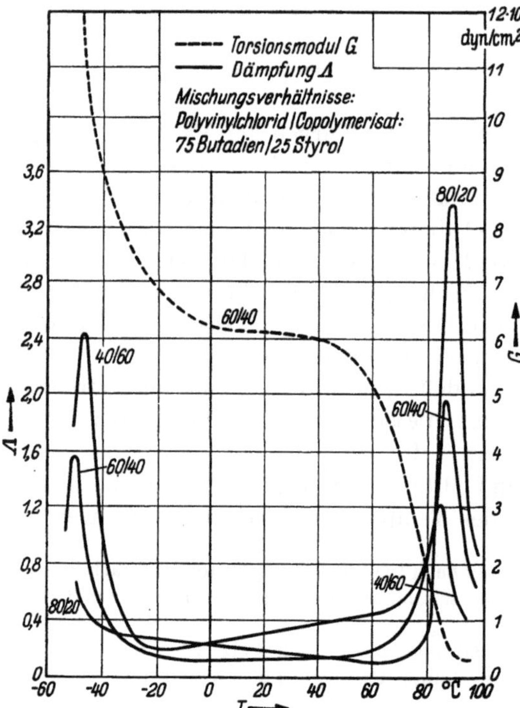

Abb. 3. Schubmodul G und mechanische Dämpfung Λ in Abhängigkeit von der Temperatur von Mischungen aus Polyvinylchlorid und Copolymerisat 75 Butadien/25 Styrol (nach Breuers, Hild, Wolff, Burmeister und Hoyer [14])

gleichen Systems nach Änderung der Struktur der einen Komponente. Die der Arbeit [14] entnommene Abb. 2 zeigt, daß die Dämpfungskurven verschiedener Mischungen aus Polystyrol und einem Copolymeren aus 75 Teilen Butadien und 25 Teilen Styrol ebenfalls 2 Maxima besitzen. Entsprechend dem höheren Butadienanteil der weichen Komponente liegt hier das Tieftemperaturmaximum, im Vergleich zu jenem der Abb. 1, um etwa 50° tiefer. Die Produkte mit überwiegendem Polystyrolanteil bis zum Mengenverhältnis 60/40 weisen anteilmäßig die Eigenwerte der Komponenten auf. Dies spricht für das Vorliegen heterogener Mischungen. Bei höheren Copolymer-Anteilen beobachteten die Autoren hingegen eine Verschiebung des Hochtemperaturmaximums nach tieferen Temperaturen. Alle Produkte mit getrennt liegenden Erweichungsbereichen sind ohne Zweifel noch als heterogene Mischungen anzusprechen. Die Ergebnisse deuten aber an, daß im Mischsystem Polystyrol mit dem Copolymeren Butadien/Styrol bei überwiegender Copolymer-Komponente ein Teil der letzteren mit dem Polystyrol in Wechselwirkung treten kann. Der Butadienanteil der Copolymer-Komponente selbst ist relativ hoch. Die Autoren weisen darauf hin, daß dieser

Effekt nur bei Verwendung von Copolymeren mit einem Molgewicht unter 150000 festgestellt wurde.

Zwei jeweils den Mischkomponenten zuzuordnende Dämpfungsmaxima werden an den von den Autoren [14] eingehend untersuchten Mischungen aus Polyvinylchlorid und dem Copolymeren aus 75 Teilen Butadien und 25 Teilen Styrol und aus Polystyrol und dem Copolymeren aus 72 Teilen Butadien und 28 Teilen Acrylnitril (Abb. 3 u. 4) beobachtet. In beiden Fällen lagen die Molgewichte der copolymeren Komponente höher als beim Beispiel der Abb. 2. Eine gegenseitige Wechselwirkung liegt nicht vor, es werden heterogene Mischungen gebildet. Interessant und aufschlußreich ist am Beispiel der Abb. 3 der Verlauf der Schubmodulkurve der Mischung aus 60 Teilen PVC und 40 Teilen des Copolymeren Butadien/Styrol. Bekanntlich besitzt die Modulkurve im Temperaturbereich eines Maximums der Dämpfungskurve einen steileren Temperaturgradienten als außerhalb. Beide Kurven kennzeichnen die Temperaturlage der Erweichungsbereiche. Für das

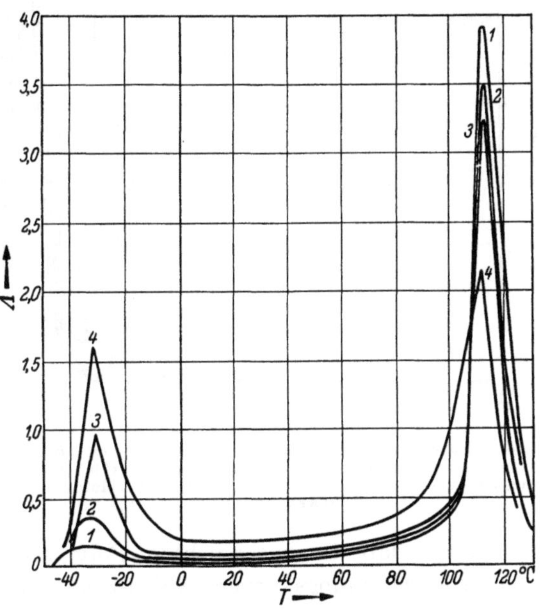

Abb. 4. Mechanische Dämpfung Λ in Abhängigkeit von der Temperatur von Mischungen aus

Polystyrol und Copolymerisat

	Polystyrol	72 Butadien/28 Acrylnitril
1	80	20
2	60	40
3	40	60
4	20	80

(nach BREUERS, HILD, WOLFF, BURMEISTER und HOYER [14])

vorliegende Beispiel besagen die Schubmodul- und Dämpfungskurven, daß die Copolymer-Komponente in der Mischung schon von einer verhältnismäßig tiefen

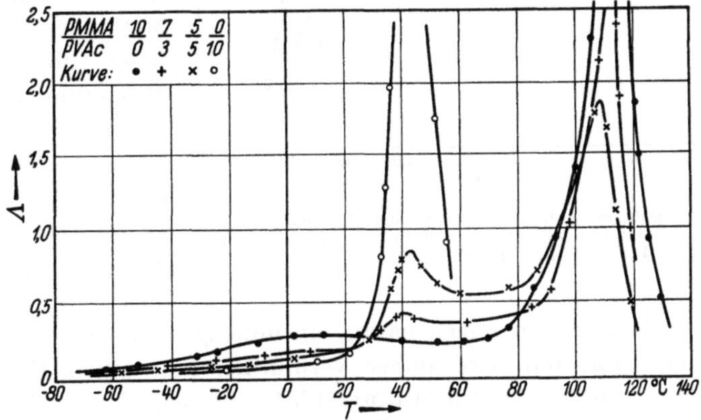

Abb. 5. Mechanische Dämpfung Λ in Abhängigkeit von der Temperatur von Mischungen aus Polymethylmethacrylat und Polyvinylacetat (nach JENCKEL und HERWIG [15])

Temperatur an, etwa ab − 60°, einen weichen Charakter und um − 50° plastisches Verhalten erzeugt. Weiter sagen sie aus, daß die PVC-Komponente, gewissermaßen als tragendes Gerüst, die Temperaturformbeständigkeit bis nahezu 60° gewährleistet.

JENCKEL und HERWIG [15] führten umfangreiche Untersuchungen an polymeren Mischungen durch. Zur Ermittlung der Art der Mischung diente die schon erwähnte mechanische Methode und darüber hinaus die Bestimmung der Einfriertemperatur aus der Temperaturabhängigkeit der Brechungsindizes. Die dieser Arbeit entnommenen Abb. 5 bis 8 zeigen

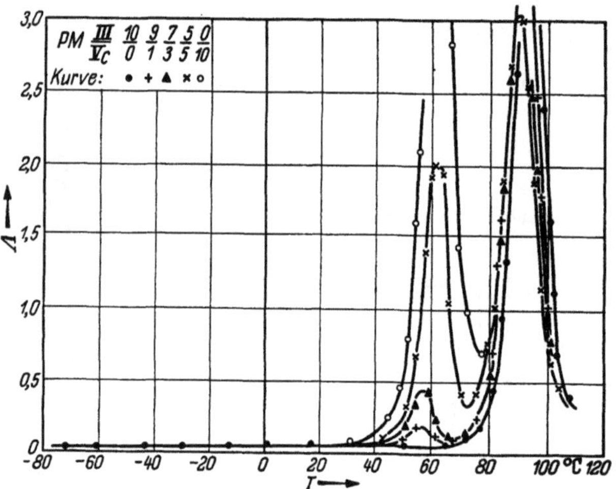

Abb. 6. Mechanische Dämpfung A in Abhängigkeit von der Temperatur von Mischungen aus Copolymerisat III (79 Styrol/21 Methylacrylat) und Copolymerisat Vc .(43 Styrol/57 Methylacrylat) (nach JENCKEL und HERWIG [15])

eindeutig, daß die untersuchten Polymermischungen heterogene Mischungen sind. Die Dämpfungskurven (Abb. 5) der Mischreihe aus Polymethylmethacrylat (PMMA) mit Polyvinylacetat (PVAc) und die entsprechenden Kurven (Abb. 6) der Mischreihe aus dem Copolymeren III aus 79 Teilen Styrol und 21 Teilen Methylacrylat und dem Copolymeren Vc aus 43 Teilen Styrol und 57 Teilen Methylacrylat weisen das jeder Phase zugehörige Maximum auf. Die zugehörigen Schubmodulkurven (Abb. 7) der Mischreihe aus PMMA mit PVAc zeigen an jeweils 2 Stellen einen größeren Temperaturgradienten.

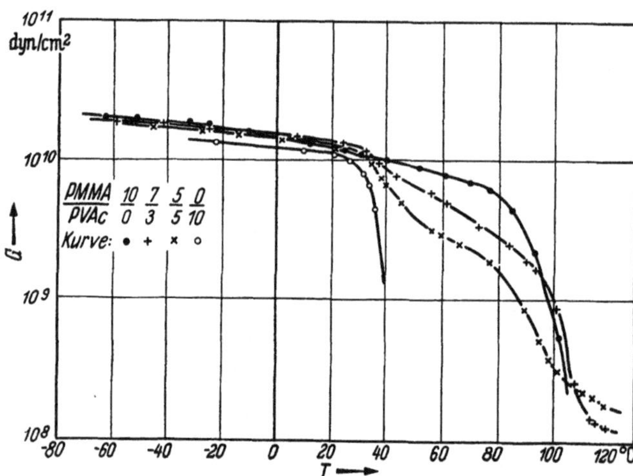

Abb. 7. Schubmodul G in Abhängigkeit von der Temperatur von Mischungen aus Polymethylmethacrylat und Polyvinylacetat (nach JENCKEL und HERWIG [15])

Heterogene Mischungen zeigen häufig ein milchiges Aussehen, die Größe der lichtstreuenden Einheiten wird daher vermutlich in solchen Fällen mehrere tausend Ångström betragen. Die Autoren [15] teilen jedoch mit, daß die heterogenen Mischungen aus PMMA und PVAc klar durchsichtig waren. Sie führen diesen Befund darauf zurück, daß die 2 Phasen dieses Systems in so kleinen

Tröpfchen vorliegen, daß sie keine Lichtstreuung verursachen können. Die von den Autoren herangezogene Methode der Bestimmung der Einfriertemperatur aus der Temperaturabhängigkeit der Brechungsindizes setzt naturgemäß eine bestimmte Transparenz der Produkte voraus. Ein verhältnismäßig scharfer

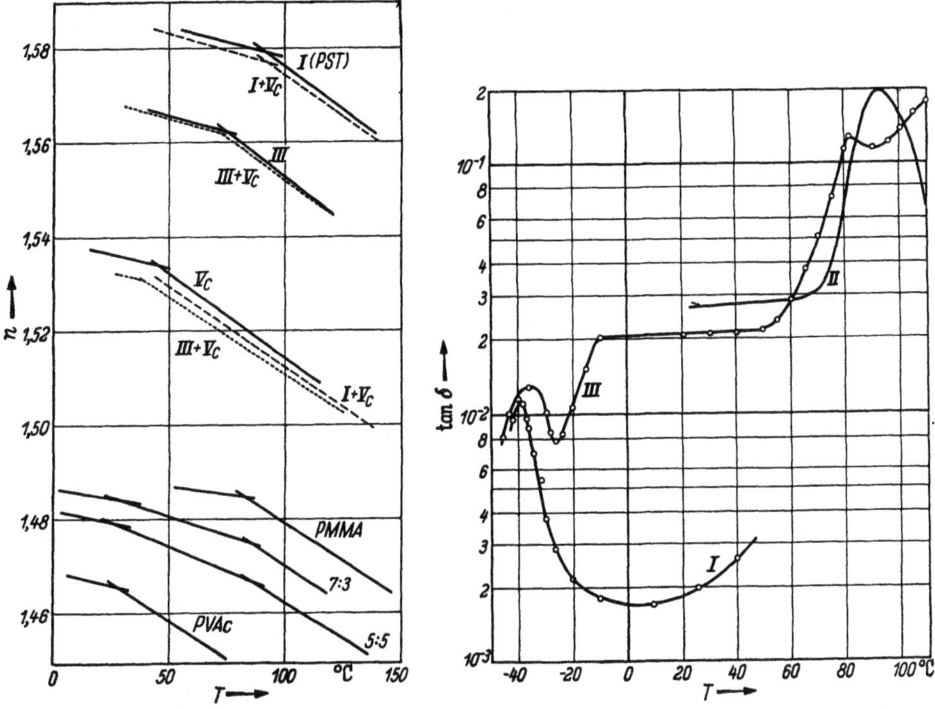

Abb. 8
Brechungsindex n in Abhängigkeit von der Temperatur von Mischungen aus Polystyrol (I) und Copolymerisat Vc (43 Styrol/57 Methylacrylat), aus Copolymerisat III (79 Styrol/21 Methylacrylat) und Copolymerisat Vc (43 Styrol/57 Methylacrylat) sowie Mischungen aus Polymethylmethacrylat und Polyvinylacetat (nach JENCKEL und HERWIG [15])

Abb. 9
Dielektrischer Verlustfaktor tan δ in Abhängigkeit von der Temperatur von (I) Copolymerisat 75 Butadien/25 Styrol, (II) Polyvinylchlorid und (III) einer Mischung aus 50 Teilen Copolymerisat 75 Butadien/25 Styrol und 50 Teilen Polyvinylchlorid (nach WOLFF [17])

Brechungsindex konnte lediglich an den in Abb. 8 wiedergegebenen Mischungen gemessen werden. Das Ergebnis zeigt, daß sämtliche Mischungen mit offenbar noch leicht trübem Charakter aus Polystyrol mit dem Copolymeren Vc und Mischungen aus den Copolymeren Vc und III, wie erwartet, 2 Brechungsindizes aufweisen. Über der Temperatur gemessen ergeben sich je zwei sich schneidende Geraden. Die Temperaturlagen der Schnittpunkte, die Einfriertemperaturen der Mischungen, stimmen mit den Einfriertemperaturen der Komponenten überein (s. Abb. 8 oben). An den klar durchsichtigen Mischungen aus PMMA und PVAc beobachteten die Autoren nur jeweils einen einzigen Brechungsindex. Dieser liegt seinem Betrage nach zwischen den Brechungsindizes der beiden Komponenten (s. Abb. 8 unten). Über der Temperatur gemessen findet man je Mischung drei sich schneidende Geraden, d. h. ebenfalls jeweils 2 Einfriertemperaturen. Auch hier fallen die Einfriertemperaturen der Mischungen mit jenen der Komponenten zusammen. Ein ähnliches Verhalten fand FLOYD [16] an Mischungen aus Polymonochlorbutadien und dem Copolymeren aus 65 bis 59 Teilen Butadien und 35 bis 41 Teilen Acrylnitril durch Messung der linearen Ausdehnungskoeffizienten.

Wie in 4.8 ausführlich behandelt wurde, kann bei polaren Polymeren, außer den bereits erwähnten Methoden, auch die dielektrische Methode (Bestimmung des dielektrischen Verlustfaktors und der Dielektrizitätskonstante in Abhängigkeit von der Temperatur) zur Charakterisierung herangezogen werden. WOLFF [17] ermittelte in Weiterführung der Arbeit [14] im Vergleich zu den mechanischen (s. Abb. 3) auch die dielektrischen Eigenschaften an der heterogenen Mischung aus 50 Teilen Polyvinylchlorid und 50 Teilen Copolymerem aus 75% Butadien und 25% Styrol. Das Ergebnis seiner Messungen ist in Abb. 9 wiedergegeben. Der Vergleich zeigt, daß der dielektrische Verlustfaktor im Prinzip das gleiche Verhalten aufweist wie die entsprechende mechanische Dämpfung.

b) Homogene Mischungen. Der erste Nachweis dafür, daß bei der Vereinigung hochpolymerer Stoffe auch einheitliche Produkte, d. h. homogene Mischungen entstehen können, gelang NIELSEN [13] an einer Mischung aus Polyvinylchlorid und einem Butadien/Acrylnitril-Copolymeren. Auch BREUERS und Mitarbeiter [14] gelang dieser Nachweis bei der Untersuchung einer Mischungsreihe des gleichen Systems unter Verwendung des Copolymeren aus 72 Teilen Butadien und 28 Teilen Acrylnitril. Die der Arbeit [14] entnommenen Dämpfungskurven in Abb. 10 zeigen deutlich, daß die Mischungen nur jeweils ein Dämpfungs-

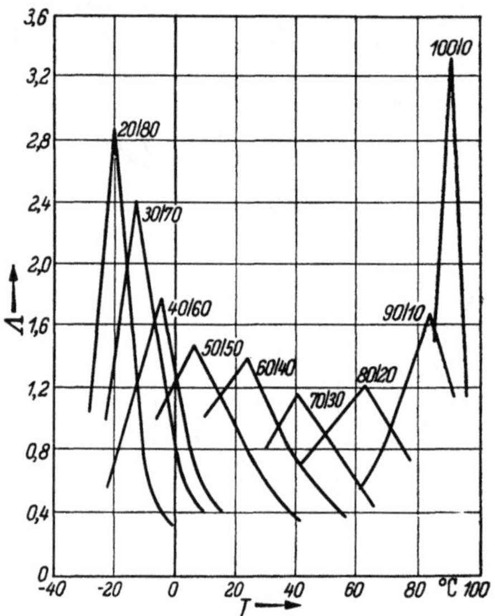

Abb. 10. Mechanische Dämpfung Λ in Abhängigkeit von der Temperatur von Mischungen aus Polyvinylchlorid und Co olymerisat 72 Butadien/ 28 Acrylnitril (nach BREUERS, HILD WOLFF, BURMEISTER und HOYER [14])

maximum, d. h. nur einen Erweichungsbereich, besitzen. Sie zeigen darüber hinaus, daß von beiden Seiten her, sowohl vom reinen Copolymeren mit der mittleren Erweichungstemperatur −25° (nicht eingetragen) als auch vom reinen Polyvinylchlorid her, dem Anteil und dem Charakter der Mischkomponenten entsprechend die Erweichungsbereiche der Mischungen in ihrer Temperaturlage gegenüber jenen der reinen Komponenten verschoben liegen. Diese Beeinflussung der Temperaturlage der Erweichungsbereiche der Mischungspartner kann nur mit einer Änderung der zwischen ihnen wirkenden zwischenmolekularen Kräfte gedeutet werden. Hier liegen Lösungen, d. h. homogene Mischungen, vor, in denen die weiche Komponente für die harte als polymerer Weichmacher wirkt, wenn auch, worauf in 5.7.3 näher eingegangen wird, die Erniedrigung und Verbreiterung der Dämpfungsmaxima dieser Mischungen bereits auf das Vorliegen von Systemen mit beschränkter Löslichkeit hinweisen.

Nach WOLFF [17], der an einigen Mischungen der gleichen Reihe im Vergleich zu den mechanischen Messungen der Abb. 10 die Temperaturabhängigkeit des dielektrischen Verlustfaktors ermittelte (Abb. 11), treten, im Gegensatz zu den heterogenen Mischungen (s. zum Vergleich die Abb. 3 und 9), in homogenen Mischungen in den vergleichbaren dielektrischen und mechanischen Meßergebnissen gewisse Unterschiede auf[1]. Die Kurven der mechanischen Dämpfung (Abb. 10) zeigen je Mengenverhältnis nur ein Maximum, die zugehörigen Kurven des dielektrischen Verlustfaktors (Abb. 11) lassen dagegen nur an einigen PVC-armen Systemen ein einziges Maximum, die übrigen Mischsysteme überhaupt kein Maximum erkennen. Für den negativen Befund dürfte hier ein relativ hoher Leitfähigkeitsanteil verantwortlich zu machen sein, da die Messungen bei 50 Hz durchgeführt wurden[2].

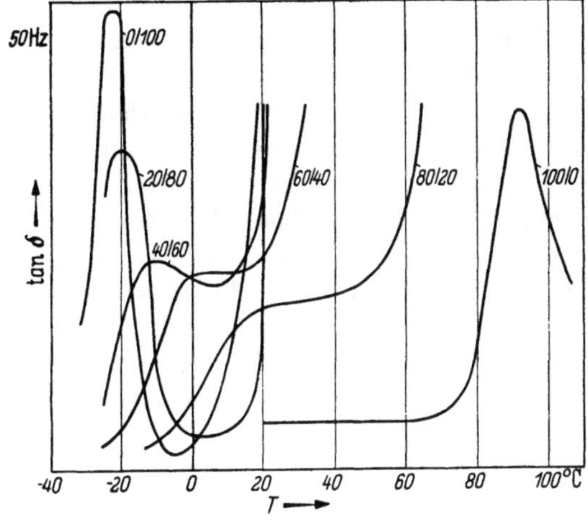

Abb. 11
Dielektrischer Verlustfaktor tan δ in Abhängigkeit von der Temperatur von Mischungen aus Polyvinylchlorid und Copolymerisat 72 Butadien/28 Acrylnitril (nach WOLFF [17])

Wenn auch keine Beispiele für entsprechend höherfrequente dielektrische Messungen an den hier interessierenden Systemen bekannt sind, darf nach Untersuchungen an anderen polymeren Systemen erwartet werden, daß die mechanischen Messungen eine geringere Halbwertsbreite und damit ein höheres Auflösevermögen zeigen als die dielektrischen Messungen [18].

5.7.3 Systeme mit beschränkter Löslichkeit

a) Systeme mit beschränkter Löslichkeit bei Mischungen polymerer Komponenten. Es ist zu erwarten, daß in den heterogenen Mischungen die Komponenten in beliebigen Mengenverhältnissen zusammentreten können[3]. Die Möglichkeit der Bildung homogener Mischungen hingegen wird an bestimmte Mengenverhältnisse gebunden sein.

Die von den Autoren der Arbeiten [13] und [14] an Lösungen gefundenen Ergebnisse lassen bereits erkennen, daß nur eine beschränkte Löslichkeit vorliegt. Die zunehmende Verbreiterung der Erweichungsbereiche und die damit ursächlich in Zusammenhang stehende deutliche Erniedrigung der Dämpfungsmaxima, die von der Seite der weichen Komponenten her bis zu relativ hohen PVC-Anteilen in Erscheinung tritt, läßt sich wohl nur mit einer zunehmenden Uneinheitlichkeit, mit einem Übergang von der homogenen zur heterogenen Mischung als Folge einer nur teilweisen Löslichkeit erklären. Das Vorhandensein von Phasen mit nur wenig differierendem Mischungsverhältnis führt zwangsläufig zu einer Verbreiterung des Erweichungsbereiches und damit zu einem für einheitliche Produkte weniger charakteristischen Verhalten.

---

[1] Dies gilt auch für Systeme mit beschränkter Löslichkeit (vgl. 5.7.3).

[2] Siehe hierzu WÜRSTLIN (5.6).

[3] Die beobachtete Abweichung für Mischungen, auf die bei der Diskussion der Ergebnisse von Abb. 2 hingewiesen wurde, dürfte auf eine Molekulargewichtsabhängigkeit zurückzuführen sein (vgl. 2.2).

Bei einheitlichen Produkten, also reinen Polymeren und polymeren Lösungen, ist der Übergangsbereich vom festen zum flüssigen bzw. bei vernetzten Produkten zum gummielastischen Zustand im allgemeinen schmal[1]. Heterogene Mischungen besitzen je nach Anzahl, Art und Mengenverhältnis der Komponenten mehrere, mehr oder weniger stark in Erscheinung tretende Temperaturbereiche dieser Art. Diese Temperaturbereiche liegen in größeren oder kleineren Abständen getrennt nebeneinander. Dabei erfolgt oberhalb des Übergangsbereiches der bei tieferen Temperaturen erweichenden Komponente der Übergang der höher erweichenden Komponente nicht mehr vom festen, sondern von einem bereits flexiblen in den flüssigen bzw. gummielastischen Zustand. Liegen in Produkten mit beschränkter Löslichkeit mehrere Phasen dicht beieinander, so treten die Umwandlungsbereiche in den Eigenschaften nicht mehr getrennt in Erscheinung. BUCHDAHL und NIELSEN [19] weisen nach, daß die Dämpfungsmaxima einer Mischung aus Polystyrol und Polyvinylchlorid noch eindeutig aufgelöst werden, obwohl die Temperaturdifferenz zwischen den beiden Maxima nur 25° beträgt. In Systemen mit beschränkter Löslichkeit wird hingegen wegen der „diffusen" Verteilung mehrerer Phasen nur ein verbreiterter Erweichungsbereich beobachtet. Analytisch dürfte es schwierig sein, die einzelnen Phasen aufzuspalten. Mit Bestimmungsmethoden, die der Ermittlung von Umwandlungsbereichen dienen, wird das hierzu erforderliche Auflösevermögen nicht zu erreichen sein. Daher kann man bis jetzt nur vermuten, daß es sich bei Systemen mit verbreitertem Erweichungsbereich um Mehrphasensysteme mit relativ fein verteilten Phasen handelt.

Die Lösung des Problems ist ähnlich schwierig wie bei dem naheverwandten System der Löslichkeit von Polymeren in niedermolekularen Weichmachern[2]. Vielleicht helfen die von JENCKEL [20] für dieses System vorgeschlagenen quantitativen photometrischen oder nephelometrischen Messungen weiter.

Auch die bei der Untersuchung heterogener Mischungen bereits bewährte Elektronenmikroskopie scheint nur auf besondere Systeme mit beschränkter Löslichkeit anwendbar zu sein. Nach Überschreiten einer bestimmten Konzentration konnten so RICHARD und SMITH [21] die Phasentrennung in Lösungen Hochpolymerer in niedermolekularen Stoffen – metallorganischen Weichmachern

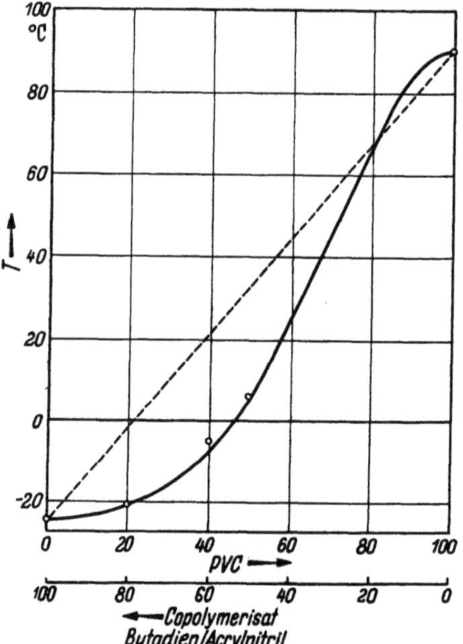

Abb. 12. Temperaturlage der Maxima der mechanischen Dämpfung Λ (ausgezogene Kurve) und des dielektrischen Verlustfaktors tan δ (Kreise) in Abhängigkeit vom Mischungsverhältnis von Mischungen aus Polyvinylchlorid und Copolymerisat 72 Butadien/28 Acrylnitril (nach WOLFF [17])

---

[1] Produkte, denen mehrere strukturbedingte Umwandlungsbereiche eigen sind, zeigen naturgemäß ein besonderes Verhalten (s. [7, 8]).

[2] Siehe hierzu WÜRSTLIN (5.6).

mit schweren Atomen – elektronenoptisch nachweisen. In anderen Systemen ist
es nach SPURLIN, MARTIN und TENNENT [22] oft schwierig, in elektronenmikroskopischen Bildern Mehrphasensysteme zu erkennen.

Bis zu einem gewissen Grad kann die Auftragung der Temperaturlage der
Maxima der mechanischen Dämpfung über dem Mengenverhältnis, unter Heranziehung der Breite und Symmetrie der Dämpfungskurven sowie des Verlaufes
der Modulkurven, weitere Aufschlüsse geben. Ein Beispiel zeigt die der Arbeit [17]
entnommene Abb. 12, der die mechanischen Messungen der Abb. 10 und die
dielektrischen Messungen der Abb. 11 zugrunde liegen (mechanische Messungen:
ausgezogene Kurve; dielektrische Messungen: Kreise). Die gestrichelt markierte
Kurve stellt die zu erwartende lineare Abhängigkeit der Temperaturlage des
Dämpfungsmaximums vom Mischungsverhältnis dar. Die Abweichung der gemessenen Kurve von der Geraden deutet an, daß in den meisten Mischungen,
etwa bis zum System mit 80 Teilen Polyvinylchlorid und 20 Teilen des Copolymeren aus Butadien und Acrylnitril, mehr, in den restlichen Mischungen weniger

Copolymeranteile enthalten sind,
als dem auf der Abszisse angegebenen Mengenverhältnis entspricht. Wird z. B. bei einer
GAUSSschen Verteilung der Phasen
um den Mischungsansatz auch bei
heterogenen Systemen eine lineare
Abhängigkeit beobachtet, wie dies
offenbar im vorliegenden Beispiel
nur für das System aus 80 Teilen
PVC und 20 Teilen Copolymerem
der Fall ist, so liefert nur die
Breite des Erweichungsbereiches
und evtl. die in Stufen abfallende
Modulkurve einen Hinweis dafür,
daß es sich um Mehrphasensysteme
handelt. NIELSEN [13] zeigte bei
der Untersuchung uneinheitlicher
Copolymerer, daß chemische Heterogenität zu einer Verbreiterung
des Erweichungsbereiches führen
kann, ohne die Lage des Maxi-

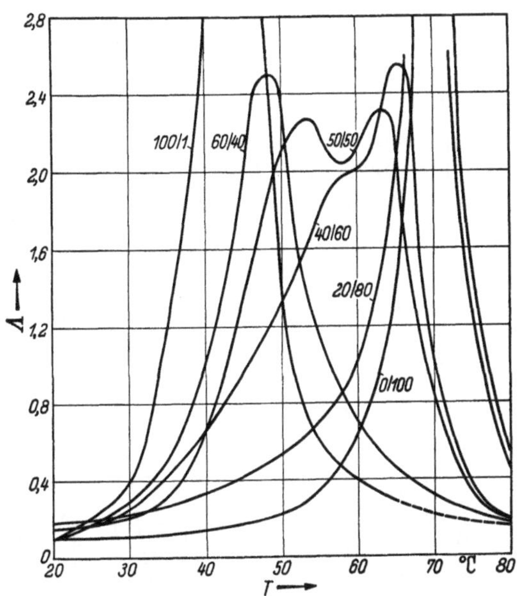

Abb. 13. Mechanische Dämpfung Λ in Abhängigkeit von
der Temperatur von Mischungen aus Polyvinylacetat und
Copolymerisat Vinylchlorid/Vinylacetat (nach WOLFF [17])

mums zu ändern, worauf bei Besprechung dieser Systeme noch näher eingegangen wird. Eindeutiger liegen die Verhältnisse naturgemäß bei Mischsystemen, in denen die beschränkte Löslichkeit zu Schwerpunkten um bestimmte Phasen führt, die sich mit den bisher bekannten Prüfmethoden bereits
nachweisen lassen. Abb. 13, die der Arbeit [17] entnommen wurde, ist ein
Beispiel dafür. Es sind wieder die Werte der mechanischen Schwingungsdämpfung über der Temperatur aufgetragen, und zwar für die Mischungsreihe aus
Polyvinylacetat und einem Copolymeren aus Vinylchlorid und Vinylacetat.
Die Änderung der Temperaturlage der Dämpfungsmaxima bei Variation
des Mengenverhältnisses, sowohl von der harten wie der weichen Komponente

her, deutet zweifellos auf eine gewisse Löslichkeit hin. Die Existenz zweier Maxima beim System mit dem Mengenverhältnis 50/50 und die Andeutung eines zweiten Maximums bei der Mischung aus 40 Teilen Polyvinylacetat und 60 Teilen des Copolymeren ist Beweis genug, daß es sich hier um Systeme mit beschränkter Löslichkeit handelt. Es liegt ein Mehrphasensystem mit mindestens 2 Schwerpunkten der Phasen vor.

Nach WOLFF [17] ändert sich auch durch einen längeren und intensiveren Mischvorgang der Charakter dieser Mischung nicht. Solche Systeme, die ihren relativ breiten Erweichungsbereich nicht einem ungenügenden Mischvorgang verdanken, sind für bestimmte Anwendungsgebiete sehr interessant. Trägt man auch für diese Mischsystemreihe die Temperaturlage der Dämpfungsmaxima über dem Mengenverhältnis auf, so erhält man, wie Abb. 14 (Arbeit [17]) zeigt, an Stelle der zu erwartenden linearen Beziehung zwei sich um diese Gerade gruppierende Kurvenzüge.

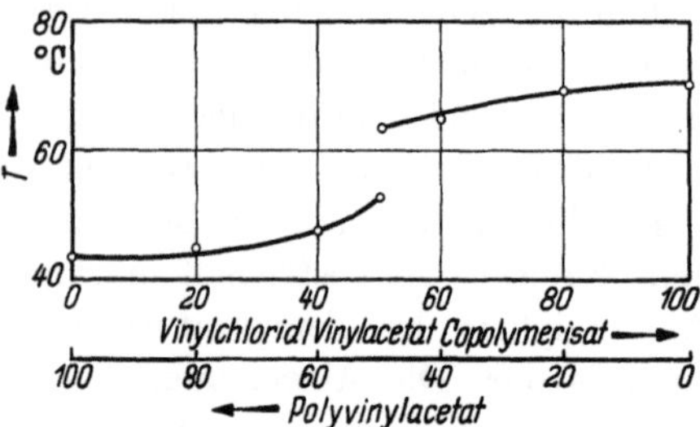

Abb. 14. Temperaturlage der Maxima der mechanischen Dämpfung Λ in Abhängigkeit vom Mischungsverhältnis von Mischungen aus Polyvinylacetat und Copolymerisat Vinylchlorid/Vinylacetat (nach WOLFF [17])

b) Systeme mit beschränkter Löslichkeit bei Mischungen mit niedermolekularen Weichmachern. Ähnlich liegen die Verhältnisse bei den durch nieder-

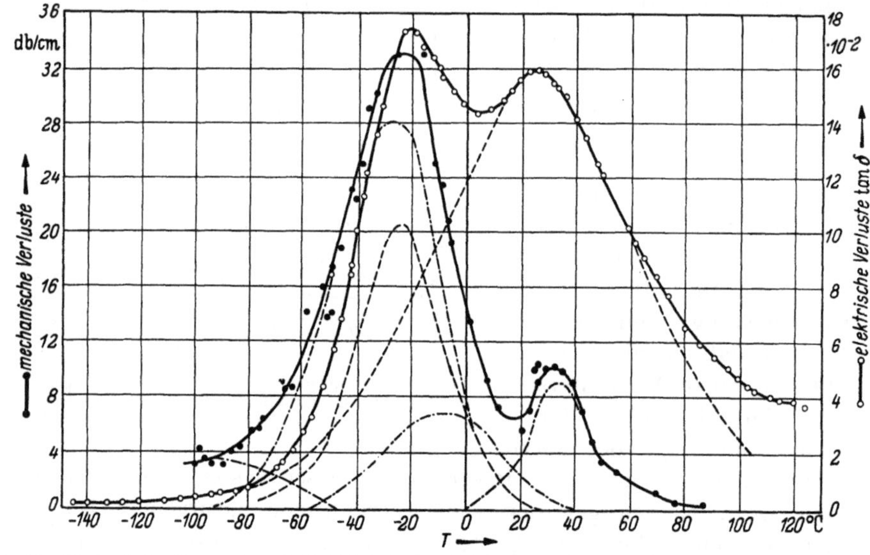

Abb. 15. Mechanische (Punkte) und dielektrische (Kreise) Verluste bei $2 \cdot 10^6$ Hz in Abhängigkeit von der Temperatur von im Verhältnis 30/70 mit Di-n-Butylphthalat weichgemachtem Polyvinylchlorid (nach THURN und WÜRSTLIN [24])

molekulare Stoffe weichgemachten hochpolymeren Produkten (vgl. 5.6). Auch bei Systemen dieser Art wurde eine beschränkte Löslichkeit häufig beobachtet und diskutiert. WÜRSTLIN [23] untersuchte Systeme, in denen das dielektrische Verlustfaktormaximum mit steigender Weichmacherkonzentration in 2 Maxima

aufspaltet. Beide Maxima sind in der Temperaturlage abhängig vom Mischungsverhältnis. SCHMIEDER und WOLF [6], die an ähnlichen Systemen das Aufspalten
mechanischer Dämpfungskurven beobachteten, vertreten die Ansicht, daß die
beiden Maxima das Vorhandensein von 2 Komponenten mit verschiedenen
Mischungsverhältnissen aus Festsubstanz und Weichmacher im gleichen Produkt
beweisen. An einem speziellen Beispiel weisen diese Autoren nach, daß das Vorhandensein von 2 Phasen seine Ursache in ungenügender Homogenisierung der
Weichmasse haben kann, da bei besserer Durchmischung sich ein 1-Phasensystem
bildet. Dieser Fall ist für die Praxis in-
teressant, da er einen Hinweis dafür
liefert, welche Aufmerksamkeit dem
Löseprozeß zu schenken ist, wenn ein
solches System mit reproduzierbaren
Eigenschaften hergestellt werden soll.

THURN und WÜRSTLIN [24] berichten
über vergleichende dielektrische und
mechanische Messungen bei gleicher Frequenz an einigen weichgemachten Hochpolymeren. In Abb. 15, die dieser Arbeit entnommen wurde, sind die mechanischen (Punkte) und dielektrischen
(Kreise) Dämpfungskurven für das System PVC/Di-n-Butylphthalat (30/70)
als Funktion der Temperatur und in
Abb. 16 (die der gleichen Arbeit entnommen wurde) die Temperaturlagen
der mechanisch und dielektrisch gemessenen Dämpfungsmaxima der Weich-
macherreihe über dem Mischungsverhältnis aufgetragen.

Diese Beispiele zeigen, daß offensichtlich eine nahe Verwandtschaft dieser

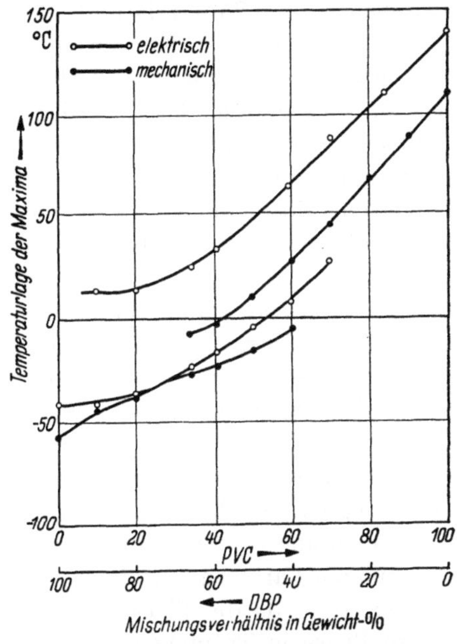

Abb. 16. Temperaturlage der Maxima der mechanischen (Punkte) und dielektrischen (Kreise) Verluste bei $2 \cdot 10^6$ Hz in Abhängigkeit vom Mischungsverhältnis von mit verschiedener Menge Di-n-
Butylphthalat weichgemachtem Polyvinylchlorid
(nach THURN und WÜRSTLIN [24])

Systeme zu unseren Mischungen polymerer Komponenten mit beschränkter
Löslichkeit besteht. Die Abb. 13 und 15 geben die Aufspaltung in 2 Maxima,
die Abb. 14 und 16 die Gruppierung zweier Kurvenzüge um die zu erwartende
Gerade wieder.

Die Frage, ob das Auftreten zweier Maxima in der Dämpfungskurve auf
2 Mischungsverhältnisse Festsubstanz/Weichmacher im gleichen Produkt zurückzuführen ist, wird von den Autoren [24] noch offengelassen. Gestützt auf Vorstellungen von WÜRSTLIN [25] und LUTHER und Mitarbeitern [26, 27] wird
ein dynamisches Gleichgewicht zwischen solvatisierten und nicht solvatisierten Weichmachermolekülen vermutet. Dabei wird angenommen, daß auch die
nichtsolvatisierten Weichmachermoleküle nicht „frei" sind, sondern stets über
Koppelungskräfte durch die Hochmolekularen in ihrer Bewegungsmöglichkeit
mehr oder weniger beeinträchtigt werden. Die Entscheidung darüber, ob ein
Mehrphasensystem oder eine homogene Lösung vorliegt, ist naturgemäß bei
solchen Systemen nur schwer zu treffen, deren Komponenten eventuell in Lösung

auf Grund von Teilbeweglichkeiten bestimmter Molekülgruppen ihren eigenen Charakter bis zu einem gewissen Grade bewahren.

c) Abhängigkeit des Mischungscharakters von der Temperatur (Temperaturabhängigkeit der Löslichkeit). Bei der Untersuchung der Löslichkeitsverhältnisse in Mischsystemen ist naturgemäß die Temperaturabhängigkeit der Löslichkeit von besonderer Bedeutung [20]. Die Löslichkeitskurve ist bei niedermolekularen Systemen im gesamten Konzentrationsbereich, bei Systemen aus Polymeren und Niedermolekularen etwa nur bei einem Anteil der polymeren Komponenten zwischen 0 und 25% relativ leicht bestimmbar. Dagegen bereitet es offenbar Schwierigkeiten, diese Kurven auch für die übrigen Systeme zu ermitteln. Man darf erwarten, daß hier wie dort eine obere Grenztemperatur besteht, oberhalb der nur eine einzige Phase vorliegt, während unterhalb dieser Grenztemperatur 2 Phasen koexistent sein können.

Damit ist naheliegend, die obigen Ergebnisse dahingehend zu deuten, daß mindestens das jeweilige Tieftemperaturmaximum im heterogenen Gebiet, also unterhalb dieser oberen Grenztemperatur, ermittelt wurde. Es ist nicht auszuschließen, daß während der Prüfung mit steigender Temperatur der Übergang vom Zweiphasen- zum Einphasensystem bzw. mit fallender Temperatur der umgekehrte Übergang erfolgt. Hierbei kann wegen der relativ hohen Viskosität dieser Systeme im Gegensatz zu den niedermolekularen Systemen die Aufheiz- bzw. Abkühlgeschwindigkeit die Temperaturlage des Überganges mehr oder weniger beeinflussen.

Die aufgeworfene Frage hat natürlich nicht nur meßtechnisches Interesse, sie ist in gleichem Maße auch für die Anwendungstechnik von großer Bedeutung.

Anwendungstechnisch haben von den Systemen aus Polymeren und niedermolekularen Partnern nur die Lösungen Bedeutung. Heterogene Mischungen sind uninteressant, da die Phasentrennung so weit gehen kann, daß die niedermolekulare Phase in Tröpfchenform an der Oberfläche der Produkte ausgeschieden wird. Bei der Vereinigung polymerer Komponenten hingegen sind für die Praxis sowohl homogene wie heterogene Mischungen von Interesse. Zwar ist im Falle einer heterogenen Mischung eine stärkere Phasentrennung nicht auszuschließen, doch wird diese, zufolge der relativ hohen Viskosität beider Komponenten, weniger nachteilig in Erscheinung treten. Hierauf kann beispielsweise ein Abfall der aus der Zerstörungsprüfung ermittelbaren Festigkeitswerte in Abhängigkeit von der Lagerzeit beruhen. (Die Festigkeitswerte hängen bekanntlich stark von der Spannungsverteilung in den Formteilen ab, die sich bei einer gröberen Phasentrennung ändert.)

5.7.4 Mischungen mit kristallisierenden Komponenten

a) Mischungen aus amorphen und kristallisierenden Komponenten. Von besonderem Interesse sind heterogene Mischungen hochpolymerer Substanzen mit Komponenten, die zur Kristallisation neigen. Beispiele für echte Lösungen bzw. Systeme mit beschränkter Löslichkeit, die solche Komponenten enthalten, sind bisher nicht bekannt geworden. Es ist damit zu rechnen, daß, ähnlich wie bei der Weichmachung kristallisierender Polymerer mit niedermolekularen Stoffen, die Kristallisation die Löslichkeit herabsetzt [28].

Der Verfasser ermittelte an einer Mischreihe aus linearem Polyäthylen und Polyisobutylen die in Abb. 17 über der Temperatur aufgetragenen Werte des Schubmoduls und der mechanischen Schwingungsdämpfung. Während bekanntlich Polyisobutylen unter normalen Bedingungen ein amorphes Produkt ist, kristallisiert Polyäthylen sehr leicht. Die an den verschiedenen Mischungen dieses Systems gefundenen Kurven zeigen eindeutig, daß es sich um heterogene Mischungen handelt.

Mit steigendem Anteil an Polyisobutylen verschwindet der dem Polyäthylen zugehörige schwache Umwandlungsbereich um $-120°$, die Mischungen zeigen erst unterhalb etwa $-90°$ einen zunehmend steifen Charakter. Je mehr Polyisobutylen in der Mischung vertreten ist, um so stärker macht sich der plastische Charakter innerhalb und oberhalb des Auftaubereiches dieser Komponente, der sich etwa von $-90°$ bis $0°$ erstreckt, bemerkbar. Der relativ steife Charakter des Polyäthylens, den es im

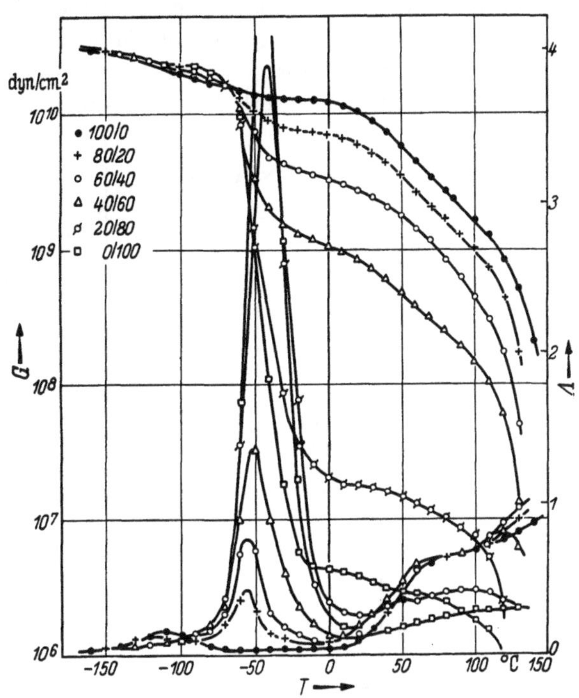

Abb. 17. Schubmodul G und mechanische Dämpfung Λ in Abhängigkeit von der Temperatur von Mischungen aus Polyäthylen (linear) und Polyisobutylen

wesentlichen seinem hohen kristallinen Anteil verdankt, verliert seinen Einfluß auf die Eigenschaften der Mischung mit zunehmendem Polyisobutylengehalt mehr und mehr, bis schließlich beim reinen Polyisobutylen (im vorliegenden Beispiel fand ein Polyisobutylen mittleren Molgewichtes Verwendung) oberhalb 50 °C Fließeffekte überhandnehmen.

Allerdings bewirken bereits relativ geringe Polyäthylenanteile in der Mischung eine Wärmeformbeständigkeit bis etwa 100°. Dies deutet darauf hin, daß die Kristallisation der einen Komponente in der Mischung durch die andere amorphe Komponente nur wenig gestört wird.

Da trotz einer bei Temperaturen oberhalb des Schmelzbereiches der kristallinen Anteile vorgenommenen intensiven Homogenisierung nach der Abkühlung eindeutig kristalline Anteile nachweisbar sind, wird mit dem Kristallisationsprozeß eine verhältnismäßig grobe Phasentrennung verbunden sein.

Das Verhalten der Produkte gegenüber milden mechanischen Beanspruchungen dürfte durch eine Phasentrennung nur wenig beeinträchtigt werden. Bei den stärkeren Beanspruchungen einer Zerstörungsprüfung ist jedoch mit einem Einfluß der Phasentrennung auf die Spannungsverteilung und damit auf die ermittelten Meßwerte zu rechnen.

b) Mischungen aus kristallisierenden Komponenten. Interessant ist auch das physikalische Verhalten solcher Mischungen, die sich aus zwei polymeren Komponenten zusammensetzen, die beide zur Kristallisation neigen. An einer Mischreihe aus einem linearen Polyäthylen mit einem Polypropylen relativ hoher Kristallinität ermittelte der Verfasser die Werte des Schubmoduls und der mechanischen Schwingungsdämpfung über der Temperatur. Die Ergebnisse sind in Abb. 18 aufgetragen. Sie zeigen, wie mit steigendem Polypropylenanteil die Mischungen unterhalb etwa — 10° einen steiferen Charakter annehmen.

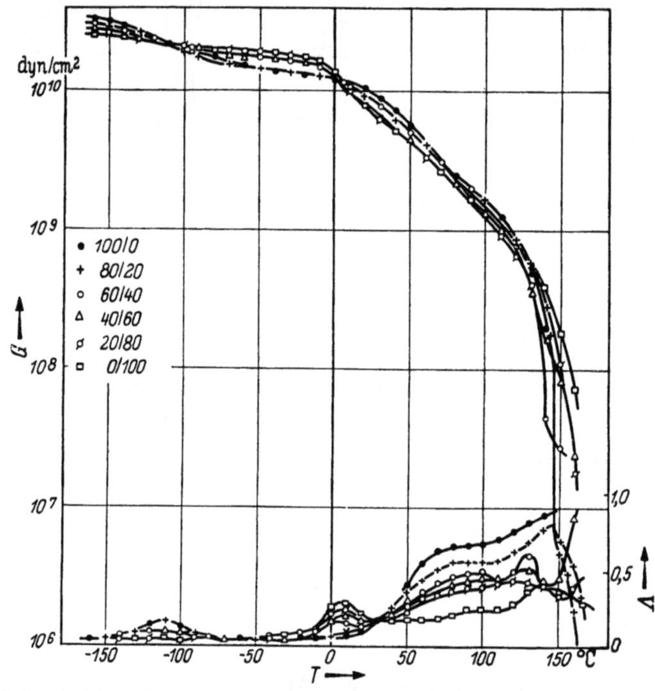

Abb. 18. Schubmodul G und mechanische Dämpfung Λ in Abhängigkeit von der Temperatur von Mischungen aus Polyäthylen (linear) und Polypropylen

Dies ist der Fall, weil in diesem Temperaturbereich nur das Polyäthylen eine nennenswerte Modulstufe aufweist.

Um 0°, im Übergangsbereich der amorphen Anteile des Polypropylens, tritt die gegenläufige Tendenz, das Weicherwerden der Mischungen, weit weniger in Erscheinung als beim Polyisobutylen als Partner des Polyäthylens. Dies rührt daher, daß zur Abmischung ein relativ gut kristallisierendes Polypropylen verwendet wurde. Ein praktisch amorphes Polypropylen in der Mischung mit Polyäthylen liefert den gleichen Effekt wie das Polyisobutylen, nur mit dem Unterschied, daß die „weichmachende Wirkung" erst um rd. 50° höher in Erscheinung tritt (entsprechend dem Unterschied in den Übergangstemperaturen des amorphen Polyproylens und des Polyisobutylens).

Am Beispiel der Abb. 18 ist besonders der Verlauf der Modulwerte oberhalb etwa 120° interessant. Die nur 20 Gew.-% Polypropylen enthaltende Mischung verliert um 140°, d. h. mit dem Schmelzen der Hauptkomponente, praktisch jeglichen Zusammenhalt. Dagegen zeigen die polypropylenreicheren Ansätze eine

Formbeständigkeit bis etwa 160°, d. h. bis zum Aufschmelzen der kristallinen Anteile des Polypropylens. Man kann nicht erwarten, daß derartige Untersuchungen über die Verteilung kristalliner Phasen unterschiedlicher Struktur einen eindeutigen Aufschluß geben. Der jeweilige Abfall der Modulwerte in den Schmelzbereichen der verschiedenen kristallisierenden Komponenten deutet immerhin an, daß in diesen Mischungen kristalline Anteile des Polyäthylens und des Polypropylens nebeneinander koexistent sind. Die gleiche Beobachtung machten BAKER und FULLER [29] am Mischsystem eines 6,6- mit einem 6,10-Polyamid. Bei der Prüfung der Mischung im gestreckten Zustand konnten röntgenographisch die Gitter beider Komponenten nachgewiesen werden. Auch hier bestimmt das höher schmelzende 6,6-Polyamid das endgültige Aufschmelzen der Mischung, wobei diese Temperatur praktisch mit jener der reinen Komponente übereinstimmt. Die gleichen Beobachtungen machte FULLER [30] an Mischsystemen aus Polyestern.

Da sich offenbar die verschiedenen Grundeinheiten der Komponenten im Gitterverband nicht gegenseitig vertreten können, tritt in den erwähnten Mischsystemen keine Mischkristallbildung auf.

Partiell-kristalline Hochpolymere, deren einzelne Fadenmoleküle mehrere amorphe und kristalline Bereiche durchlaufen, die durch einen Lösungsprozeß nicht trennbar sind, mögen bei unserer Betrachtungsweise – im Gegensatz zur streng thermodynamischen – als homogene, d. h. Einphasensysteme, angesehen werden.

c) Mischungen Polymerer unterschiedlicher Taktizität. Wesentlich verschieden von diesen Systemen verhalten sich jedoch Poly-α-Olefine, die nur dann zur Kristallisation neigen, wenn sie nach einem stereospezifischen Polymerisationsprozeß hergestellt werden.

Die Fähigkeit eines Poly-α-Olefins [$-CH_2-CHR-$]$_n$ zu kristallisieren, hängt von der Größe und Anordnung des Substituenten R in der Kette ab. Hierüber wurde an anderen Stellen ausführlicher berichtet (2.1, 3.2). Überschreitet R etwa die Größe des Fluoratoms oder der OH-Gruppe und sind die Substituenten darüber hinaus längs der Kette unregelmäßig angeordnet, so ist eine Kristallisation praktisch unmöglich.

Erst durch stereospezifische Polymerisation ist es gelungen, auch Poly-α-Olefine mit relativ großen raumbeanspruchenden Substituenten (z. B. Benzolring beim Polystyrol) in der zur Kristallisation notwendigen regelmäßigen Struktur herzustellen. Nun zeigt die Erfahrung, daß nicht alle Fadenmoleküle, die nach diesem Prozeß hergestellt werden, in ihrem strukturellen Bau einheitlich sind. Neben regelmäßig gebauten Anteilen erhält man auch Anteile mit mehr oder weniger unregelmäßiger Struktur bzw. Blockpolymere mit abwechselnden Teilstücken regelmäßiger und unregelmäßiger Struktur in der Kette. Das Mengenverhältnis dieser Anteile ist offenbar von dem beim Polymerisationsprozeß verwendeten Katalysator abhängig.

Im Gegensatz zu den radikalisch polymerisierbaren partiell-kristallinen Stoffen werden die unregelmäßig gebauten Fadenmoleküle wie auch die regelmäßig gebauten Teilstücke der Blockhomopolymeren nicht in den Kristallverband der regelmäßig gebauten Moleküle eingebaut. Die unterschiedlich gebauten stereoisomeren Komponenten können daher durch selektive Lösung getrennt werden.

An Polypropylenen verschiedener stereoisomerer Struktur ermittelte der Verfasser die in Abb. 19 aufgetragenen Werte des Schubmoduls und der mechanischen Schwingungsdämpfung in Abhängigkeit von der Temperatur. Bei der Diskussion der Ergebnisse der Abb. 18 wurde schon kurz angedeutet, daß sich Polypropylen, wenn man von sehr schwachen sekundären Umwandlungsbereichen absieht, nahezu bis −10° im festen Zustand befindet. Zwischen etwa −10° und +20°, mit der mittleren Temperatur um 0°, liegt der Auftaubereich seiner amorphen Anteile.

Als Ausgangsmaterial für diese Versuche wurde ein Polypropylen gewählt, das noch einen relativ hohen Anteil von Molekülen unregelmäßiger bzw. blockhomopolymerer Struktur besaß. Durch Extraktion in siedendem Äther unter normalem Druck konnten dem Produkt Anteile entzogen werden, die im Torsionsversuch praktisch das Verhalten eines rein amorphen Stoffes zeigen (Kurven a). Wenn dieser Anteil überhaupt noch zur Kristallisation neigt, so ist seine Kristallisationstendenz sicher sehr gering. Es ist sehr interessant, daß durch stufenweise Erhöhung der Extraktionstemperatur (gleiches Lösungsmittel − Erhöhung des Druckes) dem Rückstand auch Anteile entzogen werden können, die mehr oder weniger stark zur Kristallisation neigen (Kurven b bis d). Ihre kristallinen Anteile schmelzen um so höher auf, je höher die Extraktionstemperatur liegt. Man gewinnt schließlich einen nicht mehr extrahierbaren Rückstand relativ hoher Kristallinität, dessen kristalline Anteile um 150° aufschmelzen (Kurven f).

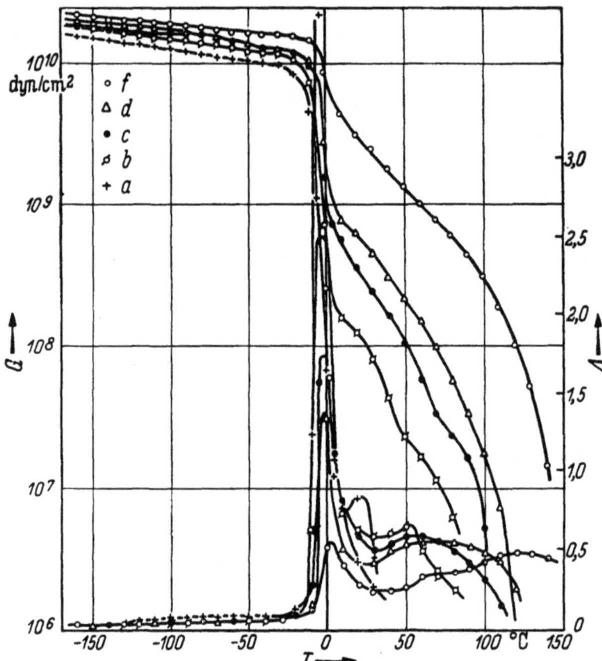

Abb. 19. Schubmodul G und mechanische Dämpfung A in Abhängigkeit von der Temperatur von Polypropylenen verschiedener stereoisomerer Struktur

a) ätherlösliche Anteile, Extraktionstemperatur 50 bis 60°C,
b) ätherlösliche Anteile, Extraktionstemperatur 60 bis 70°C,
c) ätherlösliche Anteile, Extraktionstemperatur 70 bis 80°C,
d) ätherlösliche Anteile, Extraktionstemperatur 80 bis 90°C,
f) unlösliche Anteile von d)

Diese Ergebnisse bestätigen den von NATTA und Mitarbeitern [31] mitgeteilten Befund, daß die Fadenmoleküle der bei höheren Temperaturen noch extrahierbaren Fraktionen von Polypropylen aus kristallisierfähigen und nichtkristallisierfähigen Kettenteilen bestehen. Der Schmelzbereich dieser Polymeren liegt tiefer als jener der praktisch völlig kristallisierfähigen Polymeren. Die Unfähigkeit eines Teiles der Ketten zu kristallisieren, wird auf eine unregelmäßige Struktur oder auf sehr kurze Kettenglieder zwar regelmäßiger Struktur doch sterisch entgegengesetzter Konfiguration zurückgeführt.

Die gitterfremden Molekülteile bewirken nicht nur eine Minderung der Kristallisationstendenz, sondern auch im Sinne der FLORYschen Theorie [32] eine Schmelzpunkterniedrigung.

Da es sich beim Polypropylen um eine unpolare und auch nicht polarisierbare Substanz handelt, ist natürlich die Extraktion zur Trennung der verschiedenen stereoisomeren Strukturen unterschiedlicher Schmelztemperaturen eine geeignete Methode. Für Polypropylen gibt es offenbar kein Lösungsmittel, das die kristallinen Anteile wesentlich unterhalb ihres Schmelzpunktes in Lösung bringt.

5.7.5 Bei der Copolymerisation entstehende Mischsysteme

Uneinheitliche Polymere, d. h. Substanzen mit polymeren Phasen, die sich im mechanisch-thermischen Verhalten unterscheiden, fallen auch bei der radikalischen Polymerisation, und zwar bei der Copolymerisation an (vgl. 2.4). Allerdings lassen sich die Phasen dieser Systeme, im Gegensatz zu den oben diskutierten stereospezifisch polymerisierten Produkten, über die Extraktion im allgemeinen nicht voneinander trennen.

An Hand von Torsionsschwingungsversuchen an einer Copolymerenreihe aus Butadien und Styrol stellten NIELSEN, BUCHDAHL und CLAVER [33] fest, daß bei gleichem Monomerenverhältnis, jedoch verschiedenen Polymerisationsprozessen wesentliche Unterschiede in der Breite der jeweiligen Erweichungsbereiche bestehen. Aus diesem Befund schlossen die Autoren, daß nur Produkte mit relativ schmalen Bereichen als einheitlich anzusehen sind, bei den übrigen Produkten hingegen vermutlich eine gewisse Verteilung verschiedener Mengenverhältnisse vorliegt. NIELSEN [13] berichtet über entsprechende Untersuchungen an Copolymeren aus Vinylchlorid/Methylacrylat, aus Styrol/Methylacrylat und aus Vinylchlorid/β-Cyanäthoxyäthylacrylat.

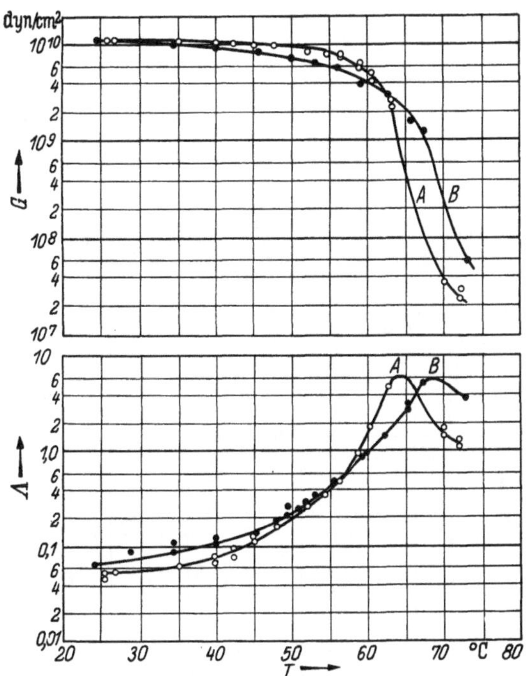

Abb. 20. Schubmodul G und mechanische Dämpfung Λ in Abhängigkeit von der Temperatur von Styrol/Methylacrylat-Copolymeren (A einheitlich, B uneinheitlich) (nach NIELSEN [13])

Dem Autor standen durch unterschiedliche Wahl der Polymerisationsbedingungen von beiden Systemen sowohl weitgehend homogene wie auch extrem heterogene Produkte zur Verfügung.

In Abb. 20 (aus Arbeit [13]) sind die in Abhängigkeit von der Temperatur ermittelten Werte des Torsionsschwingungsversuches eines einheitlichen (A) und eines uneinheitlichen (B) Copolymeren aus Styrol und Methylacrylat aufgetragen. Das Ergebnis zeigt, daß das uneinheitliche Polymere (B) den Schwerpunkt seines Auftaubereiches bei höheren Temperaturen hat als das einheitliche

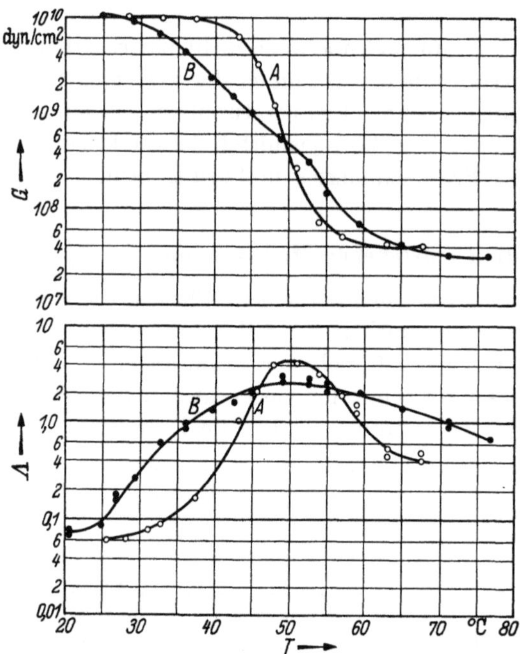

Abb. 21. Schubmodul G und mechanische Dämpfung A in Abhängigkeit von der Temperatur von Vinylchlorid/Methylacrylat-Copolymeren (A einheitlich, B uneinheitlich) (nach NIELSEN [13])

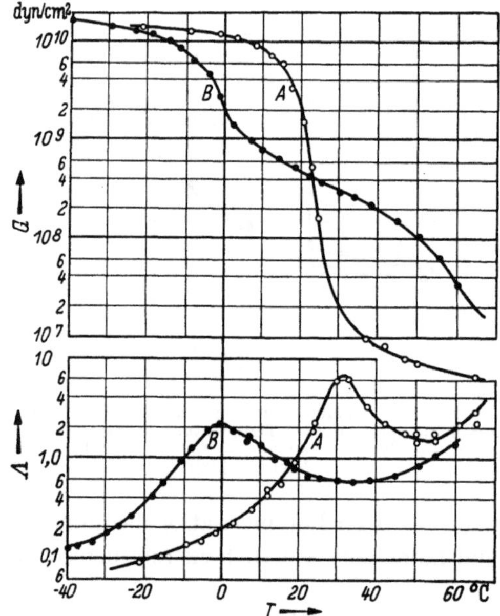

Abb. 22. Schubmodul G und mechanische Dämpfung A in Abhängigkeit von der Temperatur von Vinylchlorid/β-Cyanäthoxyäthylacrylat Copolymeren (A einheitlich, B uneinheitlich) (nach NIELSEN [13])

Produkt (A). Die Masse der Moleküle der Substanz (B) enthalten mehr Styrol. Die fehlenden Anteile der Methylacrylatkomponente bilden mit wenigen Anteilen der Styrolkomponente eine zweite „weiche" Phase, der die höheren Werte der Dämpfung bei tieferen Temperaturen zugeordnet werden. Das Nebeneinander dieser 2 Phasen bewirkt im Vergleich zum einheitlichen Produkt eine Verbreiterung des Erweichungsbereiches.

Die entsprechenden Untersuchungen des gleichen Autors an einem einheitlichen und uneinheitlichen Copolymeren aus Vinylchlorid und Methylacrylat (Abb. 21) sind ein besonders interessantes Beispiel. Sie zeigen, daß chemische Heterogenität zu einer Verbreiterung des Erweichungsbereiches führen kann, ohne daß sich die Lage des Maximums im Vergleich zum einheitlichen Produkt ändert. Der Befund ist so zu deuten, daß im uneinheitlichen Produkt eine sehr feine, praktisch symmetrische Phasenverteilung um den Mischungsansatz vorliegt, die schwer auflösbar ist. Nur der stufenweise Abfall der Modulwerte liefert einen Anhaltspunkt, daß mindestens 2 Schwerpunkte der Phasen existieren. Sehr ausgeprägt tritt das für uneinheitliche Copolymere typische mechanisch-thermische Verhalten zutage am Beispiel eines Copolymeren aus Vinylchlorid und β-Cyanäthoxyäthylacrylat (Abb. 22). BUCHDAHL und NIELSEN [19] berichten über ähnliche Untersuchungen an den Copolymeren aus Vinylchlorid und Laurylmethacrylat sowie aus Styrol und Laurylmethacrylat. In diesen

Beispielen ist die Heterogenität so weitgehend, daß sich mehrere Auftaubereiche eindeutig nachweisen lassen.

JENCKEL und HERWIG [15] berichten über Untersuchungen an einem speziellen Copolymere aus Styrol und Methylacrylat, das zu hohen Umsätzen polymerisiert und hierdurch weniger einheitlich wurde. Im Gegensatz zu den erwähnten Ergebnissen von NIELSEN [13] am gleichen Copolymerentyp wird hier nur eine Verbreiterung des Erweichungsbereiches und eine Verschiebung des Dämpfungsmaximums nach tieferen Temperaturen beobachtet.

Abschließend kann zu den Betrachtungen dieses Abschnittes gesagt werden, daß das bisher vorliegende experimentelle Material eine systematische Ordnung noch nicht in breiterem Umfang ermöglicht. Es erlaubt noch nicht, die Fragen generell zu diskutieren, welche polymeren Komponenten bei ihrer Vereinigung heterogene Mischungen, welche homogene Mischungen und welche schließlich Systeme mit beschränkter Löslichkeit ergeben. Ohne Zweifel wird die Beantwortung dieser Frage weitgehend bestimmt durch die Art und Stärke der Wechselwirkungskräfte sowohl innerhalb als auch zwischen den Komponenten unter den jeweiligen Bedingungen.

Die Probleme sind, wie mehrfach erwähnt, jenen nahe verwandt, die sich bei der Weichmachung Hochpolymerer mit niedermolekularen Stoffen ergeben. Es sei auf 5.6 und auf die Modellbetrachtungen zur Löslichkeit von Hochpolymeren von FUCHS [34] verwiesen. Bedeuten K_{AA} die zwischenmolekularen Kräfte der Komponente A, K_{BB} die entsprechenden Kräfte der Komponente B und K_{AB} die Kräfte zwischen den Komponenten A und B, so wird man allgemein in Anlehnung an [34] sagen können, daß bei $K_{AA} > K_{AB} < K_{BB}$ mit einer heterogenen Mischung, bei $K_{AA} \leqslant K_{AB} \geqslant K_{BB}$ mit einer Lösung bzw. mit beschränkter Löslichkeit zu rechnen ist.

Literatur

[1] ÜBERREITER, K., u. G. KANIG: Glas- und Hochvakuum-Technik (1953) H. 11, S. 218.
[2] JENCKEL, E., u. R. HEUSCH: Kolloid-Z. 130 (1953) S. 89.
[3] KUHN, W., u. O. KÜNZLE: Helv. chim. Acta 30 (1947) S. 839.
[4] JENCKEL, E.: Kunststoffe 40 (1950) S. 98.
[5] NIELSEN, L. E.: ASTM Bull. 165 (1950) S. 48.
[6] SCHMIEDER, K., u. K. WOLF: Kolloid-Z. 127 (1952) S. 65.
[7] SCHMIEDER, K., u. K. WOLF: Kolloid-Z. 134 (1953) S. 149.
[8] WOLF, K., u. K. SCHMIEDER: Simposio Internazionale di Chimica Macromolecolare, Torino, 1954, Ricerca Sci., Suppl. 25 (1955) S. 732.
[9] DIN 53445.
[10] BROENS, O., u. F. H. MÜLLER: Kolloid-Z. 140 (1955) S. 121; 141 (1955) S. 20.
[11] BOYER, R. F., u. R. S. SPENCER: J. appl. Phys. 15 (1944) S. 398.
[12] BUCHDAHL, R., u. L. E. NIELSEN: J. appl. Phys. 21 (1950) S. 482.
[13] NIELSEN, L. E.: J. Amer. chem. Soc. 75 (1953) S. 1435.
[14] BREUERS, W., W. HILD, H. WOLFF, W. BURMEISTER u. H. HOYER: Plaste u. Kautschuk 1 (1954) S. 170.
[15] JENCKEL, E., u. H. U. HERWIG: Kolloid-Z. 148 (1956) S. 57.
[16] FLOYD, K. L.: Brit. J. appl. Phys. 3 (1952) S. 373.
[17] WOLFF, H.: Plaste u. Kautschuk 4 (1957) S. 244.
[18] Vergleiche dazu F. WÜRSTLIN in H. A. STUART: Die Physik der Hochpolymeren, Bd. III, Kap. 11. Berlin/Göttingen/Heidelberg: Springer 1955.
[19] BUCHDAHL, R., u. L. E. NIELSEN: J. Polymer Sci. 15 (1955) S. 1.

[20] Jenckel, E., in H. A. Stuart: Die Physik der Hochpolymeren, Bd. IV, Kap. 9. Berlin/Göttingen/Heidelberg: Springer 1956.
[21] Richard, W. R., u. P. A. S. Smith: J. chem. Physics 18 (1950) S. 230.
[22] Spurlin, H. M., A. F. Martin u. H. G. Tennent: J. Polymer Sci. 1 (1946) S. 63.
[23] Würstlin, F.: Kolloid-Z. 113 (1949) S. 18; 120 (1951) S. 84.
[24] Thurn, H., u. F. Würstlin: Kolloid-Z. 156 (1958) S. 21.
[25] Würstlin, F.: Kolloid-Z. 152 (1957) S. 31.
[26] Luther, H., u. W. Stein: Z. Elektrochem. 60 (1956) S. 1115.
[27] Luther, H., u. G. Weisel: Kolloid-Z. 154 (1957) S. 15.
[28] Boyer, R. F.: J. appl. Phys. 20 (1949) S. 540.
[29] Baker, W. O., u. C. S. Fuller: J. Amer. chem. Soc. 64 (1942) S. 2399.
[30] Fuller, C. S.: Industr. Engng. Chem. 30 (1938) S. 472.
[31] Natta, G., G. Mazzanti, G. Crespi u. G. Moraglio: Chim. e Ind. 39 (1957) S. 275.
[32] Flory, P. J.: J. chem. Physics 15 (1947) S. 684; 17 (1949) S. 223.
[33] Nielsen, L. E., R. Buchdahl u. G. C. Claver: Industr. Engng. Chem. 43 (1951) S. 341.
[34] Fuchs, O.: Kunststoffe 43 (1953) S. 409.

5.8 Dispersionen

Von **J. Hengstenberg** und **W. Sliwka**, Ludwigshafen a. Rh.

5.8.1 Aufbau, Herstellung und Anwendung

a) Aufbau und Anwendung. Zahlreiche synthetische Hochpolymere werden in Form von Dispersionen hergestellt und angewandt. Unter Dispersionen versteht man allgemein Systeme, in denen kleine Feststoffteilchen in einer Flüssigkeit suspendiert sind. In Kunststoffdispersionen bestehen die Teilchen aus einem Polymeren oder Copolymeren, teilweise enthalten sie noch Weichmacher und Pigmente. Das dispergierende Medium ist immer Wasser, dem meist ein Emulgator, ein Schutzkolloid oder auch beides zugesetzt wird.

Je nach der Herstellungsmethode gelingt es, Teilchen aller Größenbereiche zwischen $0{,}01\,\mu$ und einigen μ zu erzielen. Auch die Größenverteilung läßt sich relativ leicht verändern. So können z. B. durch eine spezielle Emulsionspolymerisation nahezu monodisperse Dispersionen erhalten werden (s. Veröffentlichungen aus den Laboratorien der Dow Chemical Corp. [1]).

Durch Änderungen in der Menge und der Art des Dispergiermittels[1], in der Konzentration und Zusammensetzung des Polymeren und schließlich durch Kombination mit Weichmachern und Pigmenten, lassen sich Kunststoffdispersionen vielen Anwendungszwecken anpassen. Sie haben daher in vielen Gebieten, so z. B. in der Technik der Anstrichmittel und Klebstoffe, für das Beschichten von Textilien und Papier, für die Appretur sowie für die Behandlung von Leder eine große Bedeutung gewonnen und viele früher verwendete nichtsynthetische Produkte, u. a. auch den Latex aus natürlichem Kautschuk, verdrängt. Obwohl Dispersionsfarben hinsichtlich der besonderen Verwendungszwecke noch manche Mängel aufweisen, wird auch ihre Entwicklung, Erprobung und Herstellung in wachsendem Maße betrieben [2, 3].

Viele synthetische Hochpolymere werden auf dem Umweg über die Dispersion als eine wichtige Zwischenphase des Produktionsprozesses hergestellt. Das Verfahren der Emulsionspolymerisation erlaubt es nämlich, die große Polymerisationswärme leicht abzuführen (s. z. B. [4]). Tatsächlich wird fast der gesamte syn-

---

[1] Unter Dispergiermittel werden im folgenden sowohl Emulgatoren als auch Schutzkolloide verstanden.

thetische Kautschuk seit langem in Deutschland, Rußland und den USA in Emulsion polymerisiert, dann koaguliert, getrocknet und aufgearbeitet. Auch die Hauptmenge von Polyvinylchlorid wird auf diese Weise erzeugt.

b) Grundlagen der Herstellungsverfahren. Kunststoffdispersionen werden nur in wenigen Fällen nach den klassischen Methoden der Emulgiertechnik, z. B. mittels Turbomischern oder Homogenisiermaschinen aus dem festen Polymeren, hergestellt. Diese Verfahren kommen nur da zur Anwendung, wo die Emulsionspolymerisation auf Schwierigkeiten stößt. So werden z. B. Polyisobutylen und Polyvinyläther bei höheren Temperaturen, z. T. unter Mitverwendung von Lösungsmitteln und Emulgatoren oder Schutzkolloiden, in Emulgiermaschinen aufbereitet. Hierbei entstehen relativ grobe Dispersionen, deren mittlere Teilchengröße im allgemeine über $0,5\,\mu$ liegt. Die Größenverteilungskurve ist wegen des mechanischen Zerteilungsverfahrens meistens sehr breit, stabile Dispersionen werden auf diese Weise nur selten erhalten.

Im Gegensatz dazu genügt es bei der Emulsionspolymerisation, das Monomere etwa durch schwaches Rühren relativ grob zu zerteilen, um Polymerdispersionen von ganz vorzüglichen kolloidchemischen Eigenschaften mit Latexteilchen zwischen $0,01\,\mu$ und $1\,\mu$ Durchmesser zu erhalten.

Für Monomere, die im Wasser nicht oder sehr wenig löslich sind, konnte der Mechanismus der Emulsionspolymerisation weitgehend aufgeklärt werden [*5* bis *8*].

Die in dem kolloidalen System während der Polymerisation auftretenden Strukturen sind in Abb. 1 schematisch dargestellt. In der wäßrigen Lösung bilden die Emulgatormoleküle (O) oberhalb einer kritischen Konzentration Micellen, die erhebliche Mengen des Monomeren (S) zu lösen vermögen. Die Hauptmenge des Monomeren befindet sich in relativ großen Tropfen, deren Oberfläche mit Emulgatormolekülen bedeckt ist. Aus diesen Tropfen gelangt durch Diffusion über die wäßrige Phase Monomeres in die Emulgatormicellen. Dort wird die Polymerisation durch Radikale (R) gestartet, die durch den Zerfall des Katalysators in der wäßrigen Phase entstehen und in die Micelle diffundieren. Das in der Micelle entstandene Polymere (RX) bildet das Latexteilchen der Dispersion. In diesem lösen sich weitere Mengen des Monomeren, das hier weiterpolymerisieren kann. Im Endzustand der Polymerisation sind die großen Tropfen des Monomeren vollständig durch die kleinen Polymerteilchen ersetzt. Häufig ist es erforderlich, nach Beendigung der Polymerisation die restlichen Monomeren durch Wasserdampfdestillation zu entfernen.

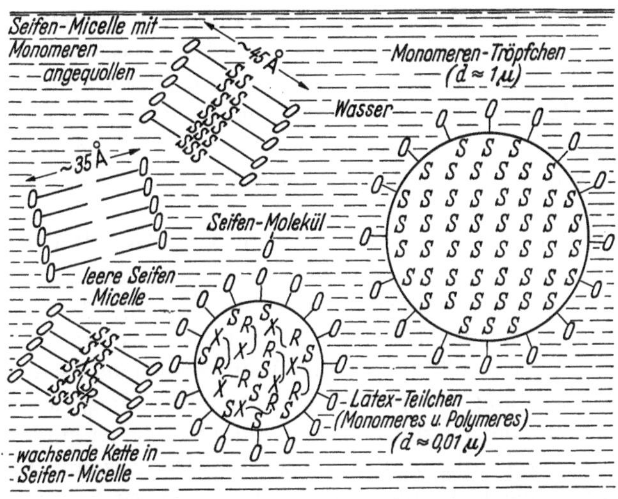

Abb. 1. Schematische Darstellung der während der Emulsionspolymerisation auftretenden kolloidalen Strukturen

Smith und Ewart [9] haben für die Anzahl N der Teilchen, die im ersten Abschnitt der Emulsionspolymerisation pro cm³ Emulsion entsteht, auf Grund reaktionskinetischer Betrachtungen folgende Gleichung abgeleitet:

$$N = 0{,}53\left(\frac{\varrho}{\mu}\right)^{2/5}(a_s S)^{3/5}.\,{}^{1} \tag{1}$$

Hierin bedeuten:

N die Anzahl der Teilchen pro cm³,
ϱ die Geschwindigkeit der Latexteilchenbildung,
μ die Geschwindigkeit, mit der das Volumen eines Latexteilchens durch die Polymerisation zunimmt,
a_s die Grenzfläche, die 1 g Emulgator am Polymerteilchen und in Micellen einnimmt,
S die Konzentration des Emulgators.

Diese Gleichung läßt sich experimentell nachprüfen. Dies taten Smith u. a. [9], ferner Morton und Mitarbeiter [12], Kolthoff und Mitarbeiter [10], sowie Wintgen und Mitarbeiter [13]. Bartholomé und Mitarbeiter [14] bestätigten durch eingehende reaktionskinetische Versuche an Polystyrollatices die Gültigkeit der Gl. (1) in vollem Umfang.

Bei der Polymerisation von Monomeren mit größerer Wasserlöslichkeit, wie Vinylacetat und Acrylsäuremethylester, sind die Verhältnisse wesentlich komplizierter. Die Gleichung von Smith und Ewart verliert hier ihre exakte Gültigkeit, da man erwarten muß, daß dann im Wasser gelöstes Monomeres mit Initiatorradikalen reagiert, und auch außerhalb der Micellen Polymeres und Latexteilchen gebildet werden [15]. Jedoch haben Baxendale, Evans und Kilham [16] für das Methylmethacrylat, das ebenfalls löslicher als Styrol ist, gezeigt, daß der Polymerisationsablauf durch die Harkinschen Vorstellungen weitgehend gedeutet werden kann.

Bei Monomeren mit sehr großer Wasserlöslichkeit, sowie bei Verwendung von Schutzkolloiden an Stelle von Emulgatoren, ist der Ablauf der Polymerisation bisher allerdings noch nicht vollständig aufgeklärt worden, obwohl solche Systeme in steigendem Maße in der Technik angewandt werden. So fanden Donnell und Mitarbeiter [17], daß die Polymerisationsgeschwindigkeit von Vinylacetat bei Verwendung von partiell hydrolysiertem Polyvinylacetat als Schutzkolloid von der Monomerenkonzentration unabhängig ist und mit der Potenz $n = 3/5$ der Schutzkolloidkonzentration wächst. Der Zusammenhang ist also der gleiche, wie für ionogene Emulgatoren nach der Smith-Ewartschen Gleichung zu erwarten ist. Schuller [15], der Untersuchungen mit PVA² als Schutzkolloid ausgeführt hat, hält es für möglich, daß die Polymerisation in der wäßrigen Phase stattfindet, da PVA wahrscheinlich keine Micellen bildet. In den meisten Fällen gelingt es durch geeignete Wahl der Bedingungen, insbesondere der Emulgator- oder Schutzkolloidkonzentration, Dispersionen jeder gewünschten Teilchengröße im Bereich von einigen mμ bis zu einigen μ herzustellen.

5.8.2 Teilchengröße

Für die Verarbeitung und Verwendung der Kunststoffdispersionen sind nicht nur die Eigenschaften des dispergierten Polymerisates, sondern auch das kolloidchemische Verhalten der Dispersion selbst maßgebend. Um dieses vollständig zu

---

¹ Van der Hoff [11] berücksichtigt die Diffusion der Radikale und kommt dadurch zu einem Faktor 0,37 an Stelle von 0,53. Als wahrscheinlichster Wert kann 0,45 angenommen werden.
² PAV = Polyvinylalkohol.

beschreiben, sollten von der Dispersion die Teilchengröße, die Viskosität, die elektrischen Eigenschaften, also das Zetapotential, und die Ladung sowie die Oberflächenspannung bekannt sein. Erfahrungsgemäß reichen diese exakt meßbaren physikalischen Daten für die Praxis nicht immer aus. Sie müssen ergänzt werden durch Prüfungen des Verhaltens der Dispersion, die der praktischen Verwendung angepaßt sind und die besonders die Stabilität betreffen.

Von den physikalisch definierten Kenngrößen einer Dispersion ist die Teilchengröße die wichtigste. Sie ist z. B. bei der Behandlung von Papier, Leder und Textilien maßgebend für das Eindringen in das zu behandelnde Material und von noch größerer Bedeutung bei der Koagulation, wie sie bei der Herstellung von festen Butadien- und Vinylchloridpolymerisaten aus der Dispersion üblich ist. Je nach der Durchschnittsgröße und der Verteilungskurve der Latexteilchen benötigt man hierbei verschiedene Elektrolytzusätze und unterschiedliche Fällungsmethoden (s. z. B. [18]). Nach einer statistischen Theorie von RAJAGOPAL [19] führt die Emulsionspolymerisation zu einer log-Normalverteilung der Teilchengrößen.

In den Industriebetrieben, die Kunststoffdispersionen herstellen oder verarbeiten, werden Teilchengrößen nach folgenden Methoden empirisch bestimmt.

a) **Teilchengrößenbestimmung durch Emulgatortitration.** Eine der einfachsten Messungen des Dispersionsgrades beruht auf der Bestimmung der von den Latexteilchen absorbierten Emulgatormenge mit Hilfe von Oberflächenspannungsmessungen [20]. Der Dispersion werden steigende Mengen einer bekannten Lösung des bei der Polymerisation angewandten Emulgators zugesetzt. Die Oberflächenspannung fällt dabei allmählich ab bis zu einem Grenzwert, welcher der Sättigung der Latexteilchenoberfläche mit Emulgatormolekülen entspricht.

JACOBI [20] konnte dies durch vergleichende Messungen mit der Ultrazentrifuge, dem Elektronenmikroskop und der Oberflächenbestimmung mittels Stickstoffabsorption bestätigen. Natürlich können an Stelle der Oberflächenspannungsmessung auch andere Indikatormethoden treten, die die Konzentration des freien nichtabsorbierten Emulgators in der Lösung erfassen, wie die elektrische Leitfähigkeit oder eine Titration mit Farbstoffen.

Alle diese Verfahren, die besonders für Dispersionen mit Teilchen unter $0,2\,\mu$ sehr gut brauchbar sind, ergeben lediglich einen Durchschnittswert des Dispersitätsgrades und keinen Hinweis auf die Verteilungskurve.

b) **Teilchengrößenbestimmung durch Lichtstreuungsmessungen [21].** Für Dispersionen, deren durchschnittliche Teilchengröße unter $^1/_{10}\lambda$, also für $\lambda = 5000\,\text{Å}$ unter $50\,\text{m}\mu$ liegt, folgt die Intensität der Streustrahlung der RAYLEIGHschen Gleichung, nimmt also mit wachsender Teilchengröße zu. Für größere Partikel ist sie nach der MIEschen Theorie [22] zu berechnen und durchläuft in Abhängigkeit vom Teilchendurchmesser ein Maximum. Dieses ist außerdem noch abhängig von der Wellenlänge und dem Brechungsindex der streuenden Partikel relativ zum Dispersionsmittel. Es liegt nach eigenen Messungen für Polystyroldispersionen und $\lambda = 5000\,\text{Å}$ etwa bei $0,6\,\text{m}\mu$. Für noch größere Teilchen bis etwa $80\,\mu$ ist der Intensitätsverlauf kompliziert und weist zum Teil mehrere weitere Maxima und Minima auf [23, 24]. Neuerdings sind von HELLER und Mitarbeitern [25, 26] numerische Verfahren angegeben worden, die es gestatten, die Teilchengröße in einheitlichen Dispersionen auf 0,33% genau aus Lichtstreuungsmessungen zu berechnen. Sehr exakte Bestimmungen der Teilchen-

größen hat an einheitlichen Polystyrollatices DANDLIKER [27] vorgenommen. Er
errechnet die Teilchengrößen aus der Lage der im TYNDALL-Spektrum auftretenden Maxima und Minima und aus den absoluten Werten der Streuintensität
und findet nach beiden Methoden gut übereinstimmende Werte. LUCK und
WESSLAU [28] untersuchten die Farberscheinungen, die bei monodispersen Acryl-
esterdispersionen auftreten und schlossen daraus auf das Vorhandensein von
„Latexkristallen" in der Dispersion.

Ausgeprägte Maxima und Minima treten allerdings nur bei nahezu monodispersen Systemen auf. In Dispersionen mit breiterer Verteilungskurve ver-
flachen sie und können daher nicht für eine quantitative Teilchengrößenbestimmung herangezogen werden.

Bei technischen Dispersionen erstreckt sich die Verteilungskurve der Teilchengrößen meist über ein Gebiet, in dem die Streuintensität monoton mit der Teilchengröße ansteigt. Hier ist es möglich, an Hand einer Eichkurve, die auf Messungen
mit dem Elektronenmikroskop und der Ultrazentrifuge beruht, eine einfache Messung des Dispersitätsgrades nach einem optischen Verfahren auszuführen. An Stelle
der Streuintensität kann auch die Gesamtextinktion als Meßwert dienen. Für
die Betriebskontrolle werden solche Extinktionsmessungen wegen ihrer Einfachheit in großem Umfang durchgeführt. Das Verfahren gibt nur Durchschnittswerte des Dispersitätsgrades und führt bei heterodispersen Systemen nicht immer
zu einheitlichen Ergebnissen. Darüber berichteten KLEVENS [29], ATHERTON und
PETERS [30], BILLMEYER [31] sowie BURNETT und Mitarbeiter [32].

c) Teilchengrößenbestimmung mit Hilfe der Ultrazentrifuge (s. z. B. GERRENS
[8], S. 270). Die Messung der Teilchengröße mittels der Ultrazentrifuge, die speziell für den Teilchengrößenbereich von einigen mμ bis zu einigen μ entwickelt
wurde, beruht auf sicheren und einfachen Grundlagen. Die Methode setzt nur
die Gültigkeit der STOKESschen Beziehung über die Fallgeschwindigkeit kugelförmiger Teilchen in einem viskosen Medium voraus, was von CHENG und SCHACH-
MAN [33] bis zu einem Teilchendurchmesser von 2700 Å hinab experimentell
bestätigt wurde. Sie erlaubt im Gegensatz zu den unter 5.8.2a und 5.8.2b beschriebenen Meßverfahren auch die Ermittlung der Verteilungskurve.

In der Ultrazentrifuge können sogar Dispersionen mit sehr weichen bzw.
niedrigschmelzenden Polymerisaten untersucht werden, da die einzelnen Teilchen
mechanisch oder thermisch bei der Sedimentation nicht beansprucht werden und
sich weitgehend unabhängig voneinander bewegen.

Die bei dispersen Systemen mit starker Formanisotropie bestehenden Nachteile der Zentrifugierungsmethode entfallen bei der Untersuchung von Kunststoffdispersionen, da diese ausnahmslos aus kugelförmigen Partikeln bestehen.

d) Teilchengrößenbestimmung mit Hilfe des Elektronenmikroskops (s. z. B.
GERRENS [8], S. 267). Die eindrucksvollste direkte Darstellung der Teilchengrößen
und des Verteilungsgrades liefert zweifellos das Elektronenmikroskop. Die für
diese Bestimmungen speziell entwickelten Präpariermethoden sind in dem Beitrag von K. SCHÄFER (4.16) eingehend behandelt.

Bei umfangreichen Untersuchungen der monodispersen Polystyrollatices der
Dow ergab sich eine gute Übereinstimmung der elektronenmikroskopischen [34]
Ergebnisse mit den Resultaten der Ultrazentrifugen- [35] und Lichtstreuungs-
methoden [27].

Die meisten technischen Dispersionen erweisen sich, wie bereits von den ersten Ultrazentrifugenuntersuchungen her bekannt war, als polydispers. Diese Polydispersität bringt im allgemeinen jedoch keine Nachteile bei der praktischen Verwendung der Kunststoffdispersionen mit sich. Sie ist in manchen Fällen sogar erwünscht.

Die kolloidchemische Struktur dieser Dispersionen findet sich häufig auch bei den getrockneten Pulvern wieder, sofern diese während des Trockenprozesses nicht auf ungewöhnlich hohe Temperaturen erhitzt wurden. So zeigt Abb. 2

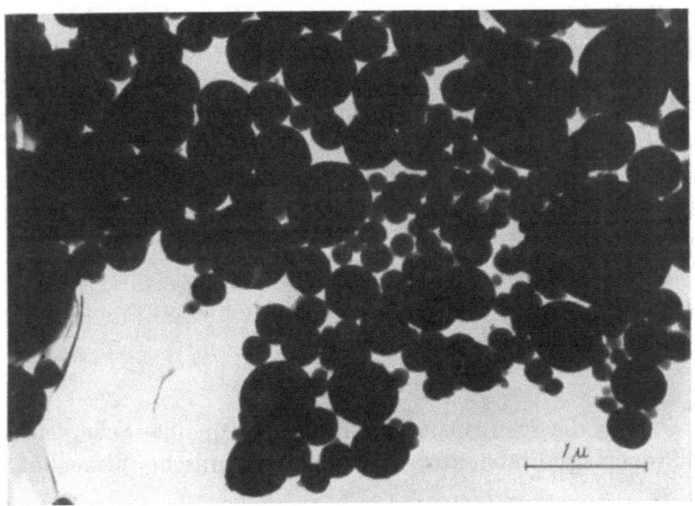

Abb. 2. Elektronenmikroskopische Aufnahme eines Polyvinylchloridpulvers (Dispersion im Walzentrockner verarbeitet)

das elektronenmikroskopische Bild eines Polyvinylchloridpulvers, in dem die kleinsten Partikel durch Sintervorgänge verschwunden sind. ALFREY und Mitarbeiter [36] untersuchten mit elektronenmikroskopischen Aufnahmen die Struktur der freien Oberfläche eingetrockneter Präparate. Sie fanden, daß die homodispersen Latexteilchen so angeordnet sind wie die Gitterpunkte auf der Oktaederfläche der kubischen bzw. der Basisfläche der hexagonalen dichtesten Kugelpackung. Dies wurde auch von LUCK und WESSLAU bestätigt [28].

Die Elektronenmikroskopie liefert bei der Untersuchung von Polyvinylchlorid, Polyvinylacetat und Polystyrol, also von harten Polymerisatteilchen, ausgezeichnete Ergebnisse; Schwierigkeiten ergeben sich bei Polymerisaten mit relativ niedrigen Erweichungspunkten. Zu dieser Gruppe gehören u. a. die technisch wichtigen Acrylester, deren Teilchen bei der Elektronenbestrahlung erweichen und ihre Form verlieren. Bei solchen Polymeren kann man noch gute Aufnahmen erhalten, wenn sie vor der Aufnahme durch Elektronenbestrahlung vernetzt werden [37].

5.8.3 Fließverhalten

Das rheologische Verhalten der Kunststoffdispersionen ist äußerst vielfältig.[1] Es gibt sowohl dünnflüssige Dispersionen, die bis zu 50% Festgehalt haben können, als auch hochviskose und pastöse. Der Grund hierfür liegt nicht so sehr

---

[1] Vergleiche den zusammenfassenden Artikel von MARON und KRIEGER [38].

in der verschiedenen Dispersität oder Teilchenform, sondern ist wesentlich auf die Wechselwirkungen der Latexteilchen untereinander zurückzuführen. Die benutzten Emulgiermittel, wie ionische oder nichtionische Emulgatoren oder Schutzkolloide, beeinflussen die Wechselwirkungen ganz charakteristisch.

Verwendet man z. B. bei der Polymerisation ionische Emulgatoren, wie z. B. Alkyl-, Alkyl-Arylsulfonate oder Sulfate, fettsaure Salze oder nichtionische Oxäthylierungsprodukte, so erhält man vorzugsweise je nach der Konzentration wasserdünne bis leichtviskose Dispersionen.

Schutzkolloide hingegen liefern den ganzen Bereich der höherviskosen und pastösen Dispersionen. Häufig verwendete Schutzkolloide sind der Polyvinyl-alkohol, Cellulosederivate und polyacrylsaure Salze sowie die verschiedensten wasserlöslichen Mischpolymerisate. Solche Dispersionen haben dabei eine wesentlich höhere Viskosität als die Schutzkolloidlösung allein. Häufig werden gemeinsam mit dem Schutzkolloid zur besseren Dispergierung Emulgatoren eingesetzt. Das Fließverhalten der Dispersionen wird bei geringen Zusätzen an Emulgatoren nur wenig beeinflußt.

Eine genauere Analyse des Fließverhaltens der Dispersionen zeigt, daß nur die mit Emulgatoren hergestellten Dispersionen und diese nur unterhalb etwa 20% Feststoffgehalt, dem NEWTONschen Gesetz

$$-\tau = \eta \, q \qquad (2)$$

gehorchen, wobei τ die Schubspannung in (dyn/cm²), q das Schergefälle (in sek^{-1}) und η ein Proportionalitätsfaktor – die sog. dynamische Viskosität, angegeben in Poise – ist.[1]

In den weitaus meisten Fällen, besonders bei Schutzkolloiddispersionen, ist η nicht konstant; man spricht dann allgemein von nicht-NEWTONschem Verhalten. Zur Charakterisierung solcher Systeme muß der funktionale Zusammenhang zwischen der Schubspannung τ und dem Schergefälle q bestimmt werden. Die Auftragung von τ gegen q in einem Diagramm liefert dann die Fließkurve der Dispersion.[2]

a) Einfluß der Konzentration. Die Konzentrationsabhängigkeit der Viskosität der Dispersionen sollte sich durch das Gesetz [39]

$$\eta = \eta_0 (1 + 2{,}5 \, c_v) \qquad (3)$$

beschreiben lassen, das von EINSTEIN theoretisch für verdünnte Dispersionen kugelförmiger Teilchen abgeleitet wurde. Hierin bedeuten η die Viskosität der Dispersion, η_0 die des verwandten Dispergiermittels und c_v die Volumenkonzentration der dispergierten Phase. In der Tat gibt diese Gleichung das Verhalten von Emulgatordispersionen bei kleinen Konzentrationen wieder. Für höhere Konzentrationen jedoch kann sie nur als Näherung, für Schutzkolloiddispersionen gar nicht benutzt werden.[3]

Infolge der meßtechnischen Schwierigkeiten sind nur wenige Messungen an Kunststoff-Latices bisher veröffentlicht worden. LIVINGSTONE [40], JORDAN, BRASS und ROE [41] und WINDIG [42] untersuchten GR-S-Latices mit nicht-NEWTON-

---

[1] Vergleiche 4.1.1, S. 313ff.
[2] Vergleiche die ausführlichere Darstellung 4.1.2, S. 316ff.
[3] Vergleiche die ausführlichere Darstellung 4.1.1, S. 315.

schem Charakter. Sie bestimmten z. T. nur bei zwei Schergeschwindigkeiten die Viskosität und werteten dieses Ergebnis unter Vorgabe eines bestimmten Fließgesetzes [BINGHAM-Körper[1] und Exponentialgesetz Gl. (4)] aus. KRIEGER und MARON [43] und MARON und MADOW [44] untersuchten später in einem großen Schubspannungsbereich den GR-S-Latex, Typ III, der aus 50% Butadien und 50% Styrol mit einer Kolophoniumharzseife in wäßriger Emulsion polymerisiert wird. MARON, MADOW und KRIEGER [45] führten entsprechende Versuche mit dem GR-S-Latex, Typ V aus, der aus einem Mischpolymerisat aus 80% Butadien und 20% Styrol besteht und als Emulgator eine Mischung aus Kolophoniumharzseife und Natriumoleat enthält. Weiterhin wurde von MARON und FOK [46] und BELNER [47] GR-S-Latex X 667, eine bei tieferer Temperatur polymerisierte Dispersion aus 84% Butadien und 16% Styrol mit Kaliumoleat als Emulgator, untersucht. Die Latices wurden im Konzentrationsbereich von 0 bis 60 Vol.-% gemessen.

Alle drei Dispersionen zeigen unterhalb einer Volumenkonzentration von 25% im benutzten Schubspannungsbereich von etwa 0 bis 800 dyn/cm² NEWTONsches, oberhalb dieser Grenze nicht-NEWTONsches Verhalten. Der Bereich, in dem NEWTONsches Fließen auftritt, ist zwischen 20 und 50 °C temperaturunabhängig.

Für die GR-S-Type III und V ließen sich die Ergebnisse bis zu 45% bzw. 40 Vol.-% durch die Exponentialgleichung von OSTWALD-DE WAELE [48] und FARROW, LOWE und NEALE [49]

$$-q = A\,\tau^n, \tag{4}$$

mit den beiden Parametern n und A beschreiben. Oberhalb 45% bzw. 40% mußten für hohe und niedrige Schubspannungen getrennte Exponentialgleichungen gewählt werden. Für den GR-S-Latex X 667 war keine dieser Gleichungen anwendbar.

Für die Konzentrationsabhängigkeit wird an Stelle der EINSTEINschen Gleichung folgende Beziehung benutzt:

$$\log\frac{\eta}{\eta_0} = b\,Z, \tag{5}$$

wobei $Z = \dfrac{\alpha\,c_v}{1 - \alpha\,c_v}$ ist und α und b empirische Parameter bedeuten. Gl. (5) gilt für GR-S-Typ III wie Typ V im ganzen Konzentrationsbereich von 0 bis 60 Vol.-%. Die Grenzform dieser Gleichung für kleine Volumenkonzentrationen ist identisch mit der EINSTEINschen Gleichung, wobei für Typ III der Faktor 2,2, für Typ V 2,5 ist. Extrapoliert man diese Gleichung, so sollte bei einer Volumenkonzentration von 75 bis 77% bzw. 73 bis 74% – einschließlich eines monomolekularen Seifenfilmes – kein Fließen mehr auftreten. Diese Konzentrationen sind etwa die gleichen, die man bei dichtester Kugelpackung der Latexteilchen erhält. SAUNDERS [50] bestätigte diese Ergebnisse durch Messungen an monodispersen Polystyrol-Latices.

GR-S-Latex X 667 [46] und Neopren Typ 60 [52] zeigen nur bis zu 20 Vol.-% NEWTONsches Verhalten. Für beide Latices gelten die Gln. (4) und (5) nicht. Für Neopren Typ 60 (ein mit einer Kolophoniumharzseife als Emulgator polymerisiertes Chloropren Typ 57, dessen Konzentration in einem CREAMING-Prozeß mit

---

[1] Vergleiche 4.1.2, S. 319, Gl. (12).

Natriumalginat auf 63% heraufgesetzt wird) ist die modifizierte EILERS-Gleichung [53]

$$\frac{\eta}{\eta_0} = \left(1 + \frac{\alpha\, c_v}{1 - \beta\, c_v}\right)^2 \tag{6}$$

anwendbar.

Gl. (6) enthält die beiden empirischen Parameter α und β; α ist von der Temperatur und β von der Schubspannung abhängig. Bei Extrapolation auf niedrige Konzentrationen nimmt die Konstante der EINSTEINschen Gl. (3) die Werte 2,5 für GR-S-Latex X 667 und 2,82 für Neopren Typ 60 an.

Kürzlich haben MARON und PIERCE [54] und MARON und SISKO [55] die Messungen an GR-S-Latex X 667 mit einer von REE und EYRING [56] veröffentlichten Theorie des Fließens, nach welcher das Fließverhalten von plastischen Systemen und Lösungen von Hochpolymeren errechnet werden kann, verglichen. Die von REE und EYRING abgeleitete Gleichung mit drei Parametern gibt das Fließverhalten in Abhängigkeit vom Geschwindigkeitsgefälle bei allen Temperaturen und Konzentrationen richtig wieder. Auch hier liefert die Extrapolation auf verschwindende Konzentrationen eine EINSTEIN-Konstante 2,60 in guter Übereinstimmung mit dem theoretischen Wert.

b) Einfluß der Teilchengrößen und deren Verteilung. Die Abhängigkeit der Viskosität von dem Grad der Dispersität und der Größe der Teilchen wurde von MARON und MADOW [44] an GR-S-Latex Typ III, mit einem mittleren Teilchendurchmesser von 800 bis 1100 Å, und GR-S-Latex Typ V, mit einem mittleren Teilchendurchmesser von 2000 Å bestimmt. Die Latices wurden in verschiedenen Verhältnissen gemischt, um unterschiedlich disperse Systeme zu erhalten. Die Abhängigkeit der Viskosität von der Gesamtkonzentration an Polymeren ließ sich durch Gl. (5) wiedergeben, wobei α von dem Mischungsverhältnis der zwei Latices abhängig war. Für niedrige Konzentrationen waren die EINSTEINschen Konstanten 2,2 bis 2,4. Mit steigender Heterogenität wurde die Packung dichter. Das Maximum lag bei 81 Vol.-% bei einer Mischung von 76% Typ V mit 24% Typ III. In heterogenen Systemen ist also auch bei höherer Konzentration noch Fließen möglich.

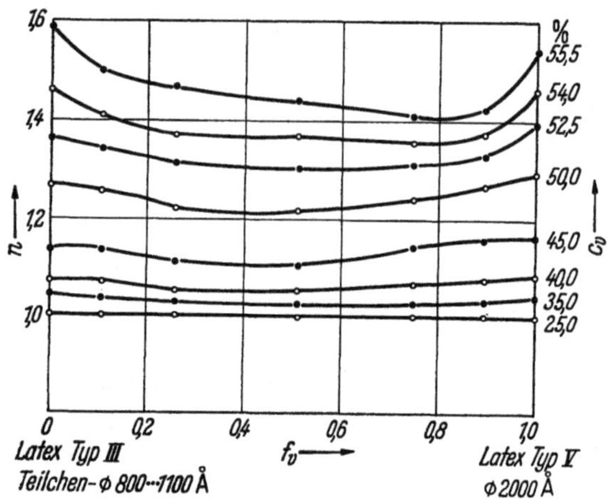

Abb. 3. Abhängigkeit des Exponenten n aus Gl. (4) und der Volumenfraktion c_v von der Teilchengrößenverteilung

SHERMAN [51] bestätigte diese Messungen. Der Bereich, in dem NEWTONsches Fließen auftritt, änderte sich nicht.

Abb. 3 und 4 zeigen die nach Gl. (4) ausgewerteten Ergebnisse. In Abb. 3 ist für verschiedene Gesamtvolumenkonzentrationen c_v der Exponent n gegen das Verhältnis f_v (Volumenkonzentration von Latex Typ V zur Gesamtvolumenkonzentration c_v [= Teilchengrößenverhältnis]), in Abb. 4 der Logarithmus A/η_0

(η_0 = Viskosität des Dispergiermittels) gegen f_v aufgetragen. JOHNSON und KELSEY [57] unternahmen Versuche mit Dispersionen mit Teilchen von 950, 1710 und 3250 Å Durchmesser. Die Viskosität der Dispersionen nahm mit abnehmendem Teilchendurchmesser zu. Sie stellten ebenfalls durch Abmischen verschiedene Dispersionsgrade her. Die daran gemessenen Fließeigenschaften stimmen mit den von MARON und MADOW festgestellten überein.

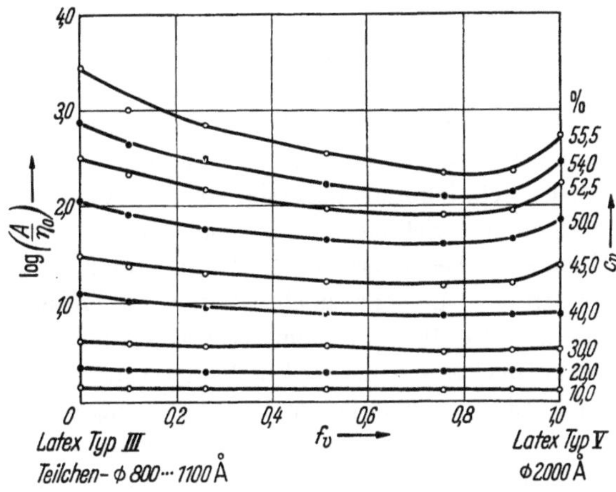

Abb. 4. Abhängigkeit von $\log \dfrac{A}{\eta_0}$ und der Volumenkonzentration von der Teilchengrößenverteilung

c) Einfluß der Temperatur. Die Temperaturabhängigkeit der Viskosität der Dispersionen beruht wesentlich auf der Änderung der Viskosität der flüssigen Phase, in diesen Fällen also der des Wassers, wie MARON und FOK [46] an GR-S-

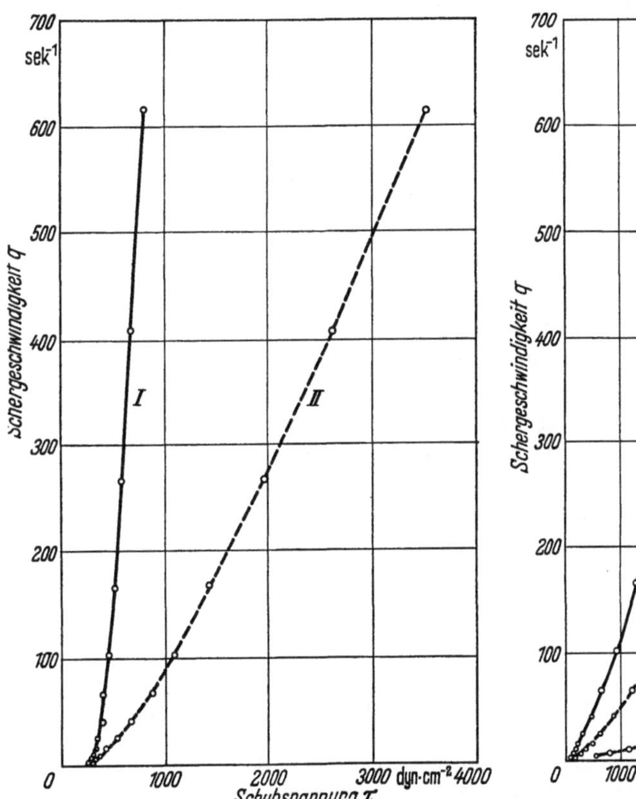

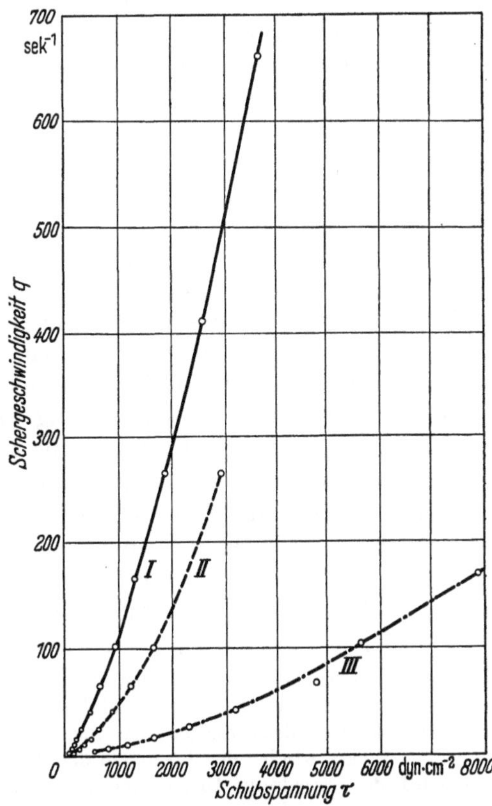

Abb. 5. Wahre Fließkurven zweier gelbildender Schutzkolloid-Dispersionen

Abb. 6. Wahre Fließkurven von drei mit Polyvinylalkohol als Schutzkolloid hergestellten nicht gelbildenden Dispersionen

Latex feststellten. Sie bestimmten den Temperaturkoeffizienten der Viskosität des Latex und errechneten daraus eine Aktivierungsenergie, die – wesentlich nur von der Konzentration abhängig – sich von der des Wassers kaum unterscheidet. Bei einer Dispersion mit 60 Vol.-% Polymerem ist die Aktivierungsenergie nur um 20% kleiner als die des Wassers.

d) Schutzkolloiddispersionen. Über das Fließverhalten der Dispersionen, welche mit Schutzkolloiden polymerisiert werden und die wegen ihrer hohen Viskosität besonders für Anstrich- und Klebezwecke sehr beliebt sind, ist wenig bekannt. Die sehr hochviskosen oft gelbildenden Systeme entsprechen fast in keinem Bereich dem NEWTONschen Gesetz. Sie sind fast ausnahmslos strukturviskos, d. h., der Fließwiderstand fällt mit zunehmender Schergeschwindigkeit. Sie zeigen dabei mehr oder weniger ausgeprägte Zeiteffekte.[1]

In Abb. 5 und 6 sind die stationären Fließkurven von Dispersionen, die mit drei verschiedenen Schutzkolloiden hergestellt wurden, dargestellt. Die Messungen sind mit einem Rotationsviskosimeter [58] nach dem COUETTE-Prinzip durchgeführt worden. Kurve *I*, Abb. 5 zeigt die wahre Fließkurve einer 50%igen Dispersion eines Mischpolymerisates aus 80 Teilen Vinylpropionat und 20 Teilen Acrylsäurebutylester mit polyacrylsaurem Natrium als Schutzkolloid[2] und einem Na-alkyl-arylsulfonat als Emulgator (p_H 7). Sie läßt eine ausgeprägte Gelfestigkeit erkennen. Wird diese überschritten, so ändert sich auch mit sehr stark steigendem Schergefälle der zugehörige Schubspannungswert nur noch sehr wenig. Der Fließwiderstand[3], also der Quotient aus Schubspannung und Schergeschwindigkeit, nimmt mit ansteigender Schergeschwindigkeit sehr stark ab. Kurve *II*, Abb. 5 zeigt die wahre Fließkurve[3] einer Propiofan-5-D-Dispersion (Propiofan 5 D ist eine 50%ige Polyvinylpropionatdispersion, die mit einem Schutzkolloid hergestellt wird). Auch hier ist Gelfestigkeit vorhanden. Der Fließwiderstand sinkt jedoch langsamer mit steigendem Schergefälle als bei der Kurve *I*.

Abb. 6 zeigt drei wahre Fließkurven verschiedener Polymerisate, die mit Polyvinylalkohol als Schutzkolloid hergestellt sind; Kurve *I* wurde an einer 50%igen Dispersion eines Mischpolymerisates aus 50 Teilen Vinylpropionat und 50 Teilen Vinylchlorid, Kurve *II* an einer 50%igen reinen Polyvinylpropionatdispersion gemessen. Beide Dispersionen enthalten außer dem Polyvinylalkohol noch 0,25% eines nichtionischen Emulgators. Kurve *III* zeigt die Fließkurve einer 60%igen Polyvinylacetatdispersion, die 2,5% Weichmacher enthält. Zum Unterschied von den anderen Schutzkolloiden gehen diese Fließkurven alle vom Koordinatenursprung aus, zeigen also keine Gelfestigkeit. Ihr Fließwiderstand nimmt mit zunehmender Schergeschwindigkeit ab. Bei allen mit Polyvinylalkohol hergestellten Dispersionen wurde ein Zeiteffekt beobachtet, und zwar trat eine reversible Verflüssigung bei stufenweisem Übergang zu höheren bzw. eine rever-

---

[1] Vergleiche 4.1.2, S. 316ff.

[2] Bei Anwesenheit von Polyelektrolyten wie z. B. Polyacrylsäure oder Polymethacrylsäure in der wäßrigen Phase als Schutzkolloid oder in dem Polymeren (z. B. als Mischpolymerisat) ist das Fließverhalten der Dispersionen stark vom p_H-Wert abhängig, etwa in derselben Weise, wie bei den Lösungen der Polyelektrolyte (vgl. 5.2.4). So können im sauren Bereich fast wasserdünne Dispersionen, wenn man sie auf einen p_H-Wert von 7 bis 8 stellt, gallertig-pastös werden.

[3] Vergleiche 4.1.2, S. 316 u. 317.

sible Verdickung beim Übergang zu niedrigeren Schergeschwindigkeiten ein. Die Einstellung des stationären Fließgleichgewichtes dauert mehrere Minuten. Ähnliche Zeiteffekte beobachteten HELMES [60], WOODBRIDGE [61] und MEHNERT [62].

Die beiden Abbildungen zeigen deutlich, daß die verschiedenen Schutzkolloide in ganz charakteristischer Weise die Fließkurvenform der Dispersionen bestimmen.

5.8.4 Stabilität und Koagulation

Ein großer Teil der Kunststofflatices wird heute als Dispersion angewendet. Dadurch ergeben sich gegenüber den Latices, die nur als Zwischenprodukt anfallen, und aus denen der Feststoff durch Koagulation gewonnen wird, sehr hohe Anforderungen an die Stabilität der Dispersion. Diese kann grundsätzlich durch zwei verschiedene Vorgänge gestört werden: Die einzelnen Partikel können entweder ohne Verlust ihrer Individualität reversibel agglomerieren (Koaleszenz) oder zu größeren Aggregaten unter Abnahme der Grenzfläche zusammentreten. Nur der letztere Vorgang ist als Koagulation zu betrachten. Von Bedeutung ist besonders die Beständigkeit gegenüber Koagulation bei längerer Lagerung und während des Transportes, da hierbei sowohl höhere Temperaturen als auch Frost und mechanische Beanspruchungen auftreten, die die Dispersion irreversibel zerstören können. Zudem muß der Latex, bevor er zur endgültigen Verarbeitung kommt, unter Umständen Zusätze wie Pigmente, Füllmittel, Weichmacher, Verdickungsmittel und weitere Wassermengen in sich aufnehmen, ohne zu koagulieren. In vielen Fällen ist auch eine gute Elektrolytbeständigkeit sehr wichtig.

Wie beim Fließverhalten, so beeinflußt auch hier die Art und Menge des Emulgiermittels in erster Linie die Stabilität der Dispersion. Bei der Auswahl eines geeigneten Emulgiermittels und seiner Konzentration kommt es oft auf einen Kompromiß zwischen guter Stabilität der Dispersion und Güte des aus ihr hergestellten Filmes an. So läßt sich bei verschiedenen Polymeren in einem gewissen Bereich die Stabilität einer Dispersion durch Zufügen einer größeren Menge an Emulgiermittel zwar verbessern; jedoch wird dadurch die Wasserempfindlichkeit des Polymerisatfilmes vergrößert. Besonders nach der Polymerisation eingeführte Emulgatoren machen den Polymerisatfilm in vielen Fällen sehr stark wasserempfindlich. Das gilt auch für Schutzkolloide, die als Verdickungsmittel benutzt werden.

Die Polymerteilchen der meisten Kunststoffdispersionen sind den hydrophoben Kolloiden zuzuzählen. Gegenüber den hydrophilen Kolloiden, die wegen ihrer Affinität zum Wasser thermodynamisch stabile Gleichgewichtssysteme bilden, befinden sich die hydrophoben Kolloide trotz ihrer teilweisen Beständigkeit in einem labilen Gleichgewicht.

Die Stabilität vieler Kunststoffdispersionen – besonders der Seifendispersionen – läßt sich auf Grund der zumeist negativen elektrischen Ladung der Teilchen erklären, die zur Ausbildung einer elektrischen Doppelschicht an der Phasengrenzfläche führt. Die Ladung des Einzelteilchens ist beträchtlich, so daß seine Wanderungsgeschwindigkeit etwa die Größenordnung normaler Ionen hat. Auf Grund ihrer gleichsinnigen Ladung stoßen die Teilchen einander ab, wobei die Abstoßungskräfte auch über merkliche Entfernungen hin wirksam sind.

Die Anziehungskräfte, die beim Koagulieren des Latex wirken, beruhen im wesentlichen auf dem Dispersionseffekt (VAN DER WAALS-LONDONsche Kräfte). Diese haben gegenüber den Abstoßungskräften eine sehr viel geringere Reichweite. Betrachtet man das Potential der resultierenden Wechselwirkung zwischen zwei Teilchen als Funktion ihres gegenseitigen Abstandes, so tritt ein Maximum auf. Die Teilchen müssen also eine Potentialschwelle überwinden, wenn sie sich einander nähern (Abb. 7) und koagulieren wollen.

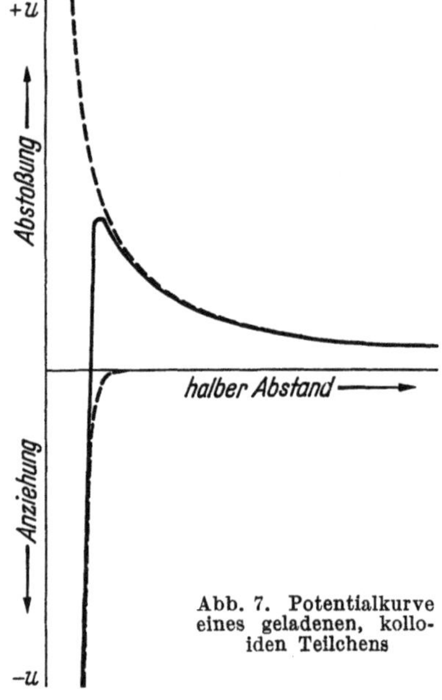

Abb. 7. Potentialkurve eines geladenen, kolloiden Teilchens

Nach DERJAGUIN[1], VERWEY und OVERBEEK [65] und HAMAKER [66] läßt sich die Gesamtwechselwirkung durch eine Gleichung beschreiben, in der das erste Glied das Abstoßungspotential und das zweite Glied das Anziehungspotential bedeuten.

Die potentielle Energie U ist gegeben durch

$$U = \frac{64\,n\,k\,T}{\varkappa}\,\gamma^2\,e^{-2\varkappa d} - \frac{A}{48\,\pi\,d^2}\,, \qquad (7)$$

$$\gamma = \frac{e^{y_0} - 1}{e^{y_0} + 1}, \qquad y_0 = \frac{z\,e_0\,\zeta}{2\,k\,T}\,. \qquad (8)$$

In den Gln. (7) und (8) bedeuten d den Abstand der Teilchen, $\frac{1}{\varkappa}$ die Dicke der diffusen Doppelschicht an ihrer Phasengrenzfläche, n Zahl und z Wertigkeit der anwesenden Elektrolytmoleküle, k die BOLTZMANN-Konstante, T die absolute Temperatur, e_0 die Elementarladung und ζ das elektrokinetische Potential der Teilchen. In A sind Elektronenpolarisation und Ionisierungsenergie zusammengefaßt.

Die Abstoßungskräfte auf Grund der elektrischen Ladung verhindern also das Koagulieren der Dispersion und bedingen ihre Stabilität.

Aus der Wanderungsgeschwindigkeit der Teilchen in einem elektrischen Feld läßt sich eine effektive Ladung und deren Vorzeichen bestimmen. Allgemein wird nicht die effektive Ladung der Teilchen, sondern das Potential ζ des wandernden Teilchens gegenüber der Flüssigkeit – das elektrokinetische Potential – angegeben. Es errechnet sich aus der Wanderungsgeschwindigkeit nach folgender Gleichung:

$$\zeta = \frac{300^2\,w\,6\pi\,\eta_0}{\varepsilon}\,, \qquad (9)$$

in der ζ in Volt, w die Wanderungsgeschwindigkeit im Einheitspannungsgefälle in $\frac{\text{cm/sek}}{\text{Volt/cm}}$, η_0 die Viskosität der flüssigen Phase in Poise und ε seine Dielektrizitätskonstante sind. Die ursprüngliche Ladung des Teilchens selbst läßt sich aus der Wanderungsgeschwindigkeit nicht bestimmen, weil ein Teil der aus ent-

---

[1] Vergleiche Literaturzusammenstellung bei SCHENKEL und KITCHENER [59].

gegengesetzt geladenen Ionen bestehenden elektrischen Doppelschicht an der Phasengrenzfläche des Teilchens mitwandert und einen entsprechenden Teil der Ladung des Teilchens kompensiert. Eine eindeutige Beschreibung des Ladungszustandes der kolloidalen Teilchen ist aus diesen Gründen sehr schwierig.

Über den Ursprung der Ladung kann folgendes gesagt werden. Besteht ein kolloides System nur aus zwei „Nichtleitern", so tritt infolge der BROWNschen Bewegung eine Aufladung der Teilchen durch Reibungselektrizität ein. Nach einer Regel von COEHN [67] lädt sich dann der Stoff mit der größeren Dielektrizitätskonstante gegenüber dem mit der kleineren positiv auf. Im Falle der Kunststoffdispersionen sind die Teilchen infolge der viel größeren Dielektrizitätskonstante des Wassers ($\varepsilon = 80$) negativ geladen.

Bei den mit ionischen Emulgatoren (z. B. Seifen) hergestellten Kunststoffdispersionen wird der Ladungszustand darüber hinaus wesentlich durch die Adsorption der oberflächenaktiven Ionen hervorgerufen, die hier potentialbestimmend sind. Die Adsorptionskräfte können dabei verschiedener Natur sein. Verteilung und räumliche Anordnung der potentialbestimmenden Ionen in der Grenzfläche sind nicht bekannt. Stereochemische Bedingungen scheinen für die Adsorbierbarkeit eine wesentliche Rolle zu spielen [68]. Oberflächenaktive Stoffe mit einem polaren und nichtpolaren Molekülteil werden im allgemeinen so an der Oberfläche adsorbiert, daß die unpolaren Gruppen und das unpolare Polymere zusammentreten und die polaren Gruppen in die polare Flüssigkeit zeigen [63].

Die Polymerteilchen von Kunststoffdispersionen, die z. B. mit Hilfe eines nichtionischen Schutzkolloides hergestellt werden, zeigen nur eine geringe Ladung, deren Zustandekommen auf Grund der Regel von COEHN zu verstehen ist. Die Stabilität einer solchen Dispersion kann also nicht wie oben nur auf Grund der elektrischen Ladung erklärt werden. Zum Verständnis der Stabilität muß man hier beachten, daß das Schutzkolloid als hydrophiles Kolloid allein in Wasser dispergiert, infolge seiner Affinität zum Wasser bzw. durch sein Quellungs- und Hydratationsvermögen thermodynamisch stabile Gleichgewichtssysteme bildet. Bei makromolekularen Elektrolyten spielt dabei die Ladung infolge Dissoziation oft eine zusätzliche Rolle. Fügt man nun einem hydrophoben Kolloid ein hydrophiles hinzu, so wird dieses an der Oberfläche des hydrophoben Kolloidteilchens adsorbiert, wobei es bei genügender Konzentration des Schutzkolloides zu einem Sättigungswert der Oberflächenbelegung kommt [71]. Ein in dieser Weise behandeltes hydrophiles Kolloid zeigt kolloidchemisch fast nur noch die Eigenschaften des verwendeten hydrophilen Schutzkolloides, dessen Adsorbierbarkeit an den Teilchen des hydrophoben Kolloides für die Schutzwirkung entscheidend ist. Die Oberflächenspannung Luft–Flüssigkeit gibt dabei keinen Anhaltspunkt für das Schutzvermögen verschiedener Systeme. Das an der Oberfläche der hydrophoben Teilchen sitzende Häutchen aus hydrophilem Kolloid, dessen Dicke besonders durch die Hydratation des letzteren stark zunimmt, verhindert die Annäherung der sich stoßenden Teilchen auf einen Abstand, bei dem die Anziehungskräfte zu einer Koagulation führen würden, und bedingen somit die Stabilität einer solchen Dispersion. Durch Zugabe von Methanol oder Äthanol, welches in die Grenzfläche des Systems geht, kann die Hydratation teilweise so zurückgedrängt werden, daß Koagulation des Systems eintritt.

Es ist nicht genau bekannt, in welcher Weise das hydrophile Makromolekül an der Oberfläche adsorbiert ist. Sicher aber ist, daß die Festigkeit, der Zusammenhalt und die Orientierung der Moleküle in dem Häutchen mitentscheidend für die Schutzwirkung sind. So rechnet LEVITSCH [72] mit einer eigenen Viskosität des Häutchens gegenüber der der flüssigen Phase, wobei je nach der Größe dieser Viskosität Stabilität oder Koagulation auftritt.

Über die Adsorption an der Phasengrenzfläche liegen verschiedene Untersuchungen vor. Die in sich beweglichen Makromoleküle werden oberhalb eines bestimmten Grenzmolekulargewichtes wahrscheinlich in V- oder W-Form [73] adsorbiert, d. h., sie sind nur an einem oder zwei Segmenten auf der Teilchenoberfläche verankert [74]. JENCKEL und RUMBACH [75] sprechen von einer Adsorption in Schlaufen und Borsten. Sie untersuchten die Adsorption von Polyvinylchlorid, Polystyrol und Polymethacrylester aus Lösungen an Aluminium, Quarz, Glas und Kohleteilchen. Sie fanden Schichtdicken des Häutchens bis zu etwa 80 Grundmolekülen. PATAT und SCHLIEBENER [77] beobachteten bei der Adsorption von Polyvinylacetat verschiedenen Molekulargewichtes aus Butanonlösungen an Cellophanfolien nur Schichtdicken von 29 bis 45 Grundmolekülen.

Zwischen diesen beiden extremen Fällen der Stabilisierung allein durch die Ladung des Teilchens oder infolge der Adsorption eines ungeladenen hydrophilen Kolloides auf der Oberfläche des Teilchens, gibt es in der Praxis alle möglichen Übergänge. Nichtionische Emulgiermittel werden den Dispersionen häufig zusätzlich zugegeben. Für sich allein wirken diese Emulgatoren weniger stabilisierend und liefern nur verhältnismäßig grobteilige Dispersionen [78]. In homologen Reihen nimmt ihre Schutzwirkung, ähnlich wie bei Seifen, bei gleicher Polymerkonzentration mit zunehmendem Molekulargewicht zu. So zeigt z. B. Polyäthylenglykol [73] mit zunehmendem Molekulargewicht an Goldsolen zunächst nur eine kleine, langsam zunehmende stabilisierende Wirkung gegenüber der Ausfällung mit KCl, bis bei einem Molekulargewicht von etwa 6000 die Stabilität der Dispersion enorm anwächst. Von dieser Grenze ab wird der Betrag an adsorbiertem Polymeren praktisch unabhängig vom Molekulargewicht.

a) Einfluß von p_H-Wert, Elektrolytgehalt und Temperatur. Kunststoffdispersionen, die vorwiegend durch die Ladung ihrer Teilchen stabilisiert sind, sind sehr elektrolytempfindlich. Der Schwellenwert der Flockung wird einerseits mit zunehmender Feststoffkonzentration der Kunststoffdispersion, andererseits mit zunehmender Elektrolytkonzentration und Wertigkeit [79, 80] des Gegenions eher erreicht. Früher nahm man an, daß es sich dabei um eine Entladung der Teilchen handelt. Das trifft aber nur in bestimmten Fällen zu. So nimmt z. B. bei kleiner werdendem p_H-Wert die Dissoziation des potentialbestimmenden, an der Phasengrenzfläche adsorbierten Ions (fettsaures Salz → freie Fettsäure) ab. Es können sich auch durch Zugabe bestimmter Elektrolyte schwerlösliche Salze mit diesem Ion bilden. Sicher ist die Ausdehnung der Ionenwolke, in der das Gegenion das geladene Polymerpartikel umgibt und seine Ladung gerade kompensiert, entscheidend [81]. Die Ionenwolke wird um so dichter, d. h. ihr Ausmaß um so geringer, je größer die Konzentration und die Wertigkeit des Ions ist. Das Abstoßungspotential hängt von der Dicke dieser Ionenwolke ab, und zwar fällt das Potential in Abhängigkeit von der Entfernung vom Teilchen schneller, wenn die Dicke der Ionenwolke abnimmt bzw. ihre Dichte zunimmt. Das Anziehungspotential hingegen ist völlig unabhängig von der Ionenwolke. Infolgedessen wird das Maximum des resultierenden Totalpotentials in Abb. 7 mit zunehmender Elektrolytkonzentration und Wertigkeit des Gegenions immer schmaler, bis es ganz verschwindet und sich die Teilchen einander ohne Energieaufwand nähern und koagulieren können. Abb. 8 zeigt solche Totalpotentialkurven in Abhängigkeit der Elektrolytkonzentration zweier sich gegenüberstehender Platten [82, 65].[1]

Bei Einsetzen der Koagulation muß das elektrokinetische Potential ζ nicht Null sein, vielmehr sinkt es meistens nur um 30 bis 50 % seines ursprünglichen Wertes[2].

MARON, TURNBULL und ELDER [83] und MARON und BOWLER [84] haben die Stabilität von GR-S-Latex Typ II und Typ III untersucht. SIEGLAFF und MAZUR [69] untersuchten in ähnlicher Weise Polystyrol-Latices. In einer einfachen Elektrophoresezelle bestimmten sie die Wanderungsgeschwindigkeit der negativ geladenen Latexteilchen in 1%iger Dispersion zu etwa $5 \cdot 10^{-4}$ cm²/sek Volt. Mit zunehmender Latexkonzentration nimmt die Wanderungsgeschwindigkeit ab. Beim Zufügen verschiedener Elektrolyte nimmt die Beweglichkeit zuerst bei sehr kleinen Zusätzen mit der Ionenstärke[3]

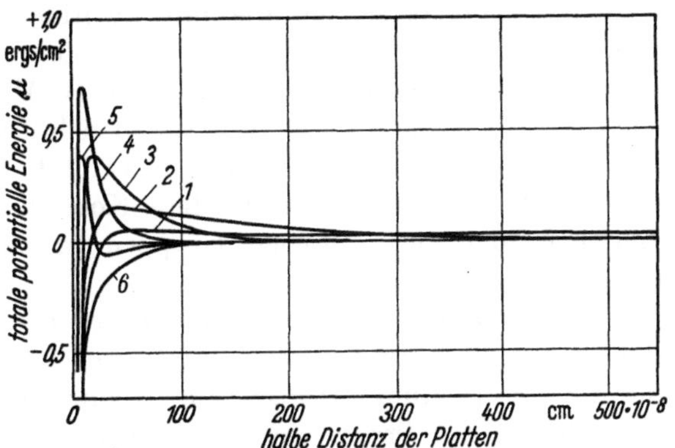

Abb. 8. Totalpotentialkurven (1-1-wertiger Elektrolyt) für variierende Ionenkonzentrationen

Kurve	1	2	3	4	5	6
$n =$	10^{-5}	10^{-4}	10^{-3}	10^{-2}	10^{-1}	1 aeq/Liter

zu, geht durch ein Maximum und fällt dann zuerst langsam, bis sie bei einem Wert von etwa 2/3 der ursprünglichen Beweglichkeit stark nachläßt. An diesem Punkt beginnt die Absonderung des Latex infolge Koagulation. Die Wanderungsgeschwindigkeit ist von dem zugefügten Elektrolyten charakteristisch abhängig [85]. Gegenüber Na-Ionen ergaben K-Ionen immer höhere Beweglichkeiten und somit eine bessere Stabilität in Übereinstimmung mit der Erfahrung, daß Kaliumseifen schwerer auszusalzen sind als Natriumseifen.

Bei Änderung des p_H-Wertes von p_H 12 auf p_H 6,9 nimmt die Wanderungsgeschwindigkeit langsam, unterhalb von p_H 6,9 sehr stark ab. Sie kann nur etwa bis zu 80 % ihres ursprünglichen Wertes gemessen werden, da ab diesem Wert die Koagulation einsetzt. Dieses Verhalten wird auf Grund des als Emulgator verwendeten fettsauren Salzes erklärt. Mit fallendem p_H-Wert wird immer mehr Salz in die wenig dissoziierte Fettsäure übergeführt, wodurch infolge des Verlustes an Ladung die Wanderungsgeschwindigkeit immer mehr abnimmt. Zudem wird eine Desorption der freien Fettsäure einsetzen. Wie man aus Ober-

---

[1] Vergleiche auch SCHENKEL und KITCHENER [59].

[2] Vergleiche Messungen an Emulsionen von ALBERS und OVERBEEK [64].

[3] Die Ionenstärke ist die Summe der Produkte aus der Konzentration der einzelnen vorhandenen Ionen und ihrem jeweiligen Ladungsquadrat.

flächenspannungsmessungen weiß, wird die freie Fettsäure weniger stark adsorbiert als ihr Salz.

Mit zunehmender Temperatur im Bereich von etwa 20 bis 50 °C nimmt die Beweglichkeit der Latexteilchen genau wie die normaler Ionen zu. Das entspricht einer Zunahme der Stabilität mit der Temperatur, wie man sie auch aus der Praxis kennt.

PANITSCH und WOJUZKI [63] haben unter ähnlichen Gesichtspunkten Dispersionen aus 70% Vinylchlorid und 30% Butadien mit Ammoniumnaphthenat bzw. Ammoniumoleat als Emulgator untersucht und den Einfluß der Dialyse [86] auf allgemein kolloidchemische Eigenschaften, den Einfluß der Verdünnung [87] und den des p_H-Wertes [88] auf das elektrokinetische Potential der Polymerisatteilchen studiert.

Kunststoffdispersionen, die mit nichtionischen Emulgatoren und Schutzkolloiden hergestellt werden, sind in der Mehrzahl elektrolytunempfindlich. Viel verwendete ionische Emulgatoren, wie z. B. Alkyl-Aryl-Sufonate, Alkylsulfonate oder Sulfate, fettsaure Salze usw. lassen sich heute zusammen mit nichtionischen Emulgatoren, z. T. zu weitgehend elektrolytunempfindlichen Dispersionen verarbeiten. Besonders wirksam ist diese Kombination, wenn die charakteristischen ionischen und nichtionischen Gruppen in einem Molekül vereinigt werden können [89].

b) Einfluß mechanischer Behandlung. Die Stabilität der Kunststoffdispersionen gegenüber mechanischen Einflüssen ist für den Transport und besonders für die Verarbeitung wichtig. Zur Kennzeichnung dieser Eigenschaft bedient man sich in der Praxis einer einfachen Probe, die von den Verarbeitern des Naturlatex übernommen wurde: Man verreibt einige Tropfen der Dispersion mit dem Finger auf dem sauberen Handballen. Im Falle geringer Stabilität tritt Koagulation ein, bevor die Dispersion getrocknet ist. Versuche, mittels einer mechanischen Einrichtung zahlenmäßiges Material für die Charakterisierung der Stabilität zu erhalten, sind verschiedentlich gemacht worden [90].

Kürzlich haben MARON und ULEVITSCH [91] mit einem eigens dazu konstruierten Gerät die mechanische Stabilität von elf verschiedenen GR-S-Latices untersucht. Zwischen zwei kreisförmige, parallele Scheiben, deren eine feststeht und deren andere mit meßbarer Kraft auf die erstere gedrückt werden kann, wird etwas Latex gebracht. Sodann läßt man die letztere mit hoher Geschwindigkeit rotieren. Nach verschiedenen Zeiten wird die Menge des aus Latex entstandenen Koagulates durch Filtration bestimmt und ins Verhältnis zum ursprünglich vorhandenen Latex gesetzt. Diese Methode gewährleistet eine gute Reproduzierbarkeit (5%). Trotzdem konnten keine einfachen Gesetzmäßigkeiten zwischen der Koagulatmenge, der Konzentration oder anderen Eigenschaften der Dispersion gefunden werden.

ZWETKOW und ALEXANDROWA [70] fanden kürzlich bei Versuchen, die zum Ziel hatten, Polystyrol-Latices durch mechanische Beanspruchung (Rühren) zu koagulieren, daß mit zunehmender Konzentration und Drehzahl des Rührers die Koagulationszeit erheblich abgekürzt werden kann. Zudem zeigen ihre Versuche, die Koagulationszeit durch Zugabe von koaguliertem Latex herabzusetzen, daß der Prozeß autokatalytisch verläuft, d. h., daß die Koagulation unter dem Einfluß des koagulierten Materials sich weiterentwickelt. Sie fanden eine Abhängigkeit der Beständigkeit der Adsorptionsschichten auf den Latexteilchen von den verschiedenen Anionen der benutzten Emulgiermittel.

c) Frostbeständigkeit. Viele Kunststoffdispersionen koagulieren unter der Einwirkung von Frost. Um die Verluste, die dadurch hauptsächlich während des Transportes und der Lagerung auftreten, zu vermeiden, ist man von jeher bemüht, frostbeständige Dispersionen herzustellen.

Beim Einfrieren einer Dispersion kommt es zuerst beim Unterschreiten des Nullpunktes (wobei sehr große Unterkühlungen auftreten können), zur Ausscheidung von Eiskristallen. Dabei üben die wachsenden Eiskristalle gleichzeitig einen mechanischen Druck auf die eingeschlossene Dispersion aus und erhöhen durch das Ausfrieren von nur reinem Wasser die Elektrolytkonzentration im verbleibenden, sich konzentrierenden Latex. Es sind also sowohl mechanische als auch Elektrolyteffekte für die Froststabilität verantwortlich zu machen.

Wegen der bei der Bestimmung der Frostbeständigkeit oft auftretenden widersprechenden Ergebnisse verglichen DIGIOIA und NELSON [93] die Frostbeständigkeitsteste verschiedener amerikanischer Firmen an einer Vielzahl verschiedener GR-S-Latices und fanden, daß sowohl die Größe der Probe, die Zeit, während der die Probe bei der tiefen Temperatur gehalten wird, und die Temperatur als solche von Einfluß auf das Resultat sind. Sie prüften ferner unter genau festgelegten Bedingungen verschiedene Mischpolymerisate von Styrol und Butadien, konnten jedoch keinen Zusammenhang zwischen Frostbeständigkeit und Weichheit oder Härte des Polymeren feststellen. Daraus schlossen sie, daß hauptsächlich der Emulgator für die Frostbeständigkeit verantwortlich ist. Bei näherer Untersuchung zeigte es sich, daß Kolophoniumharzseifen wie auch nichtionische Emulgatoren dabei sehr schlechte, fettsaure Seifen hingegen sehr gute Beständigkeit ergaben.

Daß bestimmte Emulgiermittel besonders wirksam sind, entspricht einer allgemeinen Erfahrung. BUZAGH und ROHRSETZER [76] finden es bei Emulsionen bestätigt. FIKENTSCHER [89] verwendet spezielle Emulgatoren zur Emulsionspolymerisation, die die Kältebeständigkeit verbessern. WALKER [115] beobachtete an Polychloropren-Latices, daß der größte Zeitunterschied zwischen Eisbildung und Koagulation bei Verwendung von stark hydrophilen Emulgatoren, wie Äthylenoxyd-Addukten oder Proteïnen, auftritt. Offenbar kristallisiert zuerst das freie Wasser und dann erst das Hydratwasser der Schutzschichten.

Gute Froststabilität beim Latex erzielt man auch manchmal durch Einpolymerisieren von geringen Mengen Acrylsäure in Vinyl- oder Acrylester, Homo- bzw. Kopolymerisate, wenn man die Dispersion mit NH_3 neutral bis schwach alkalisch einstellt [104]. Dabei verdickt sich die Dispersion bis zur pastösen Konsistenz.

Der Einfluß der Teilchengröße wurde von DIGIOIA und NELSON nicht untersucht, da es schwierig ist, bei einem Minimum an Seife bei ein und demselben Polymeren verschiedene Teilchengrößen zu erzeugen. Sind bei gleichem Emulgiermittelgehalt Latices mit großen Teilchen stabiler, wie es z. B. FLETSCHER und MAYNE [94] fanden, so deshalb, weil bei der geringen Oberfläche eine höhere Konzentration an Emulgiermittel zur Verfügung steht.

Ein eindeutiger Einfluß der Viskosität auf das Frostverhalten wurde nicht beobachtet.

BARB und MIKUCKI [92] fanden, daß das Koagulat bei Polystyrol-Homo- und Mischpolymerisations-Latices um so größer wurde, je größere Eiskristalle bei immer langsamerem Einfrieren entstanden und je konzentrierter die Ausgangsdispersion war. Eiskristallgröße und Konzentration der Ausgangsdispersion waren bei ihren Versuchen entscheidender als die Teilchengröße der Dispersion und die benutzten Emulgatoren.

Die Frostbeständigkeit der pigmentierten Dispersionen – der fertigen Anstrichmittel – ist wesentlich von dem gewählten Pigment, dem p_H-Wert, dem Betrag und der Art des Schutzkolloides und der Anwesenheit von weiteren Zusätzen, wie Antischaummitteln und Weichmachern, abhängig. FLETSCHER, HIRSCH und MAYNE [94, 95] haben Vinylacetatdispersionen mit verschiedenen Schutzkolloid-, Weichmachergehalten und p_H-Werten unter diesem Gesichtspunkt untersucht.

Bekannt ist, daß durch Zusatz von geeigneten Stoffen, die den Gefrierpunkt des Wassers herabsetzen, eine gewisse Frostbeständigkeit sowohl beim Latex als auch bei den abgemischten Anstrichmitteln bzw. Klebemitteln erzielt werden kann. So werden vielfach Methanol, Äthanol, Glykol und Glycerin zugesetzt. Leider beeinflussen diese Stoffe in den Mengen, in denen sie zugesetzt werden müssen, z. T. andere Eigenschaften des Latexfilmes ungünstig. Ein Zusatz von p-Toluylensulfonamid oder p-Phenylen-dibenzylsulfonamid oder Aminosäuren und deren Hydrochloride [96], von asymmetrisch substituierten Alkaliphenolaten [97], von bis-(Polyoxyäthyl)-Alkylaminen (ETHOMEENS [98]) oder quaternären Amonium- oder Phosphoniumkomponenten [99], von Harnstoffderivaten [100], von Dimethylsulfoxyd [101], Polyvinylalkohol [102], von β-Aminobuttersaurem-Na [103] zum Anstrichmittel, soll ebenfalls frostbeständig machen.

d) Einfluß chemischer Veränderungen. Neben dem bereits erwähnten Einfluß des p_H-Wertes auf die Ladung der Teilchen und damit auf die Stabilität der Dispersion kann infolge des p_H-Wertes eine chemische Veränderung des Latex vor sich gehen. Polyacrylsäureester und besonders Polyvinylester der Essigsäure und höherer Säuren beginnen in alkalischen oder zu sauren Medien merklich zu verseifen; die dabei entstehende Säuremenge führt häufig zur Koagulation des Latex. Die Verseifungsgeschwindigkeit ist im sauren Gebiet geringer als im alkalischen. Sie ist von der Teilchengröße abhängig und nimmt mit der Länge des aliphatischen Säure- bzw. Alkoholrestes ab [105]. Andere Beispiele sind von NEKLUTIN, WESTERHOFF und HOWLAND [106] beschrieben. In einem GR-S-Latex, der bei tiefer Temperatur mit einem Redoxsystem mit Zucker hergestellt wurde, trat durch die fermentative Oxydation des Zuckers ein Fallen des p_H-Wertes und Instabilität ein. Viele Dispersionen verderben durch die Einwirkung von Schimmelpilzen; man gibt ihnen deshalb vorsorglich fungizid wirkende Substanzen bei. ANDERSON und ARNOLD [107] beobachteten die Hydrolyse von Neoprenlatex. Infolge der entstehenden Chlorwasserstoffsäure fällt auch hier der p_H-Wert und führt zur Koagulation des Latex.

e) Gezielte Koagulation. Zur Gewinnung eines Polymerisates in fester Form werden die Dispersionen koaguliert[1].

Aus den bisherigen Betrachtungen über die Stabilität der Dispersionen kann man die verschiedenen Koagulationsmethoden ableiten. Welche davon

---

[1] Zur Theorie der Koagulation s. [108].

angewendet wird, ist wesentlich davon abhängig, in welcher Form man das Koagulat zu erhalten wünscht. Das einfachste Verfahren ist die Verarbeitung auf Trockenwalzen oder durch Sprühtrocknung, für das sich nur Polymere mit hohem Erweichungspunkt eignen und bei der der Emulgator nicht entfernt wird [109, 110]. Im Idealfall soll der Feststoff jedoch keinen Emulgator und keine Elektrolyte mehr enthalten. Das Koagulat muß deshalb gut filtrierbar und waschbar sein. Ein solcher Latex wird von vornherein schon mit einem Minimum an Emulgator polymerisiert. In einem neueren Patent [110] wird sogar vorgeschlagen, vor der Koagulation mehrmals zu zentrifugieren, um den Emulgatorgehalt des Latex zu verringern.

Aus der Fülle der Verfahren seien hier einige genannt. Sehr umfangreiche Versuche zur Elektrolytkoagulation von Buna S 3-Latex unternahm WENNING [80]. Er bestimmte die Koagulationsgeschwindigkeit bei Verwendung von verschiedenen Elektrolyten (35 Salze) und verschiedenen Elektrolytkonzentrationen in Abhängigkeit von der Temperatur und der Konzentration des Latex, wobei er besonders auf die unterschiedliche Wirkung von verschiedenen Ionen gleicher Ladung eingeht. Ein Patent der Wingfoot Co. [111] beschreibt die Koagulation von Mischpolymerisaten aus Acrylnitril und Butadien mit 0,3 bis 0,5% Metallsalzen in Gegenwart von NH_4OH oder NaOH. Die Armstrong Cork Co. [112] läßt sich die Ausfällung von Mischpolymerisaten aus Isopren und Acrylnitril mit NaCl-Lösung schützen. Sehr viele Latices lassen sich mit $Al_2(SO_4)_3$-Lösung [113] fällen (etwa 1,2% $Al_2(SO_4)_3 \times 18\ H_2O$). Polystyroldispersionen koagulieren beim Einleiten in ein Fällbad mit 0,2 bis 10% NaOH [114].

In den vorangegangenen Beispielen wurde die Koagulation durch Zusatz von Elektrolyten oder unter dem Einfluß der Änderung des p_H-Wertes erreicht. Dies sind auch heute noch die am meisten angewendeten Methoden. Die Koagulation läßt sich jedoch auch, z. B. bei Neoprenlatex [115], bei Vinylchlorid-Vinylpropionat-Mischpolymerisaten [116] und bei PVC-Dispersionen durch Ausfrieren oder durch starke mechanische Beanspruchung [117, 70] in besonderen Apparaten erreichen.

Nach einem ganz anderen Verfahren können Latices durch Zusatz einer mit Wasser begrenzt oder ganz mischbaren, das Polymere nicht anlösenden, organischen Hydroxylverbindung gefällt werden. So wird die Koagulation von Polyvinylchloriddispersionen mit Amyl- oder Isoamylalkohol [118] von Äthylenderivaten allgemein mit Methylisobutylcarbinol [119] beschrieben. Sogar Methanol und Äthanol lassen sich hier einsetzen [120].

5.8.5 Filmbildung

Die Verarbeitung der Kunststoffdispersionen, die durch Streichen, Spritzen, Tauchen, Walzen usw. aufgetragen werden können, muß auf die Eigenart der Filmbildung abgestimmt sein. Im Gegensatz zur Trocknung einer Polymerlösung, von der heute weitgehend angenommen wird, daß der Übergang vom flüssigen in den festen Zustand mindestens bis zur Entfernung der letzten Lösungsmittelreste sehr gleichmäßig und stetig verläuft, verfestigt sich eine Kunststoffdispersion recht unvermittelt in dem Augenblick, in dem das Wasser durch Verdunsten oder Abwandern soweit verschwunden ist, daß sich die Polymerisatteilchen berühren. Sie vereinigen sich dann fast schlagartig zu einem bereits weitgehend fertigen Film. An dieser Stelle zeigt die Wasserverdunstungskurve, aufgetragen gegen die Zeit, einen Knick.[1] Deshalb muß bei der Verarbeitung darauf geachtet werden, daß die Filmbildung gerade in dieser kritischen Phase nicht durch mechanische Einwirkungen gestört wird. Der sog. „kalte Fluß" der Polymerisat-

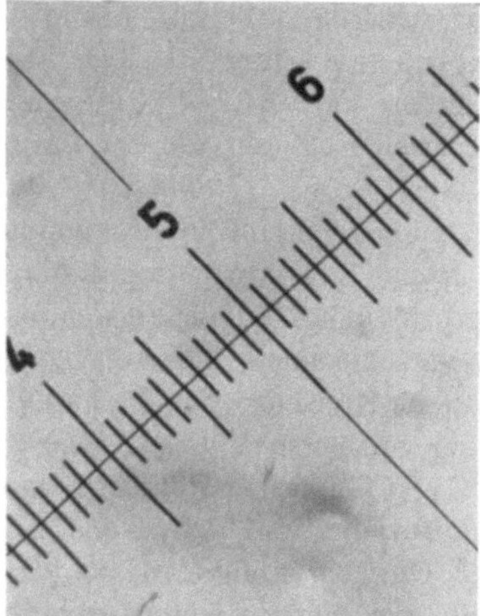

Abb. 9. 1 Min. nach dem Aufstreichen

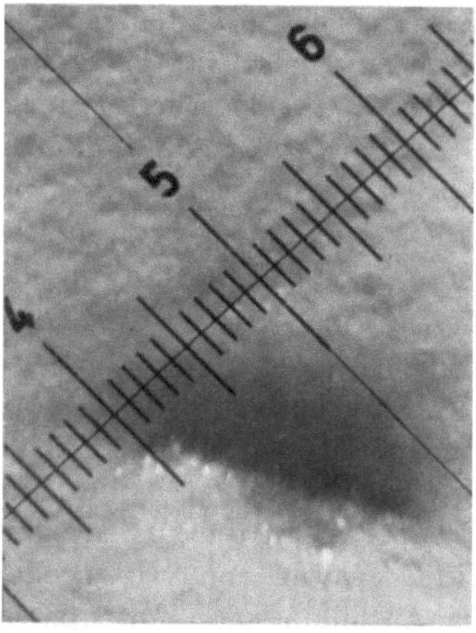

Abb. 10. 9 Min. nach dem Aufstreichen

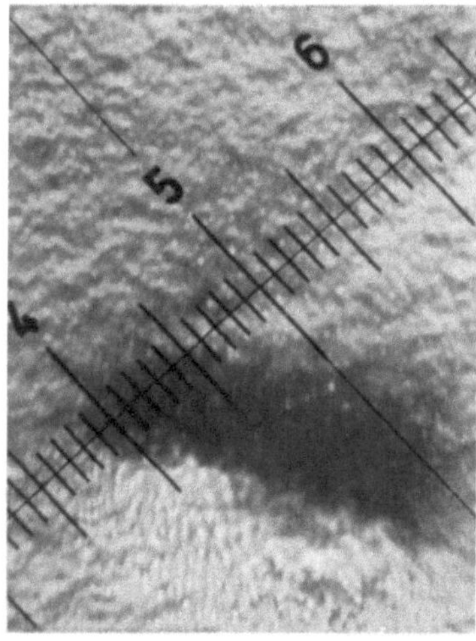

Abb. 11. 10 Min. nach dem Aufstreichen

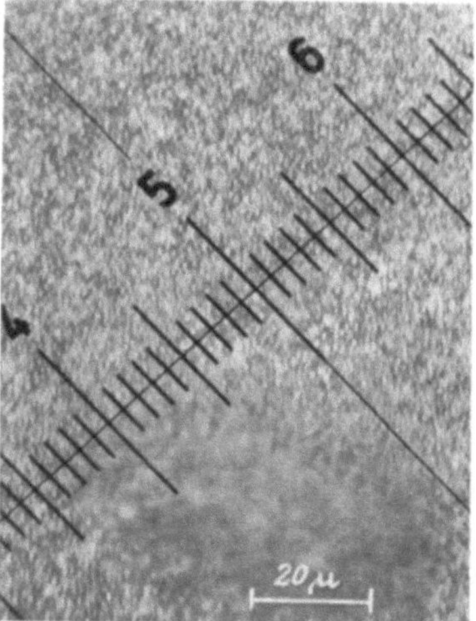

Abb. 12. 11 Min. nach dem Aufstreichen

Abb. 9 bis 12. Filmbildung einer Polyvinylacetatdispersion unter dem Mikroskop im schrägen Auflicht beobachtet (Hellfeld). Maßstab: 1 Skalenteil = $3,3\,\mu$

teilchen reicht nicht aus, um in diesem Stadium auftretende Verletzungen wieder auszugleichen, und im Gegensatz zur Filmbildung aus Lösung ist ein einmal gebildeter Film nicht wieder in den Ausgangszustand der Dispersion zu überführen.

Die fast schlagartige Filmbildung einer Dispersion läßt sich mikroskopisch beobachten, wenn man eine Dispersion wählt, deren Teilchen so groß sind, daß

---

[1] Jäckel, K.: Unveröffentlichte Arbeiten.

sie noch gut im Mikroskop aufgelöst werden[1]. In den Abb. 9 bis 12 ist so die Filmbildung einer Polyvinylacetatdispersion, die mit einem Polyvinylalkohol als Schutzkolloid hergestellt ist, mit Polymerteilchen im Durchmesser von 1 bis 2 μ zu sehen. Es wurde die Oberfläche im schrägen Auflicht aufgenommen. Abb. 9 zeigt die Dispersion 1 Min. nach dem Aufstreichen. Die Oberfläche ist glatt, da noch keine wesentliche Menge Wasser verdunstet ist. Nach 9 Min. (in Abb. 10) beginnen sich plötzlich nach Verdunsten einer größeren Menge Wasser die Teilchen der Dispersion abzuzeichnen. Nach 10 Min. (in Abb. 11) werden die Konturen schärfer und bereits nach 11 Min. (in Abb. 12) sieht man die endgültige Oberfläche des Filmes, die sich auch bei weiterer Wasserverdunstung nicht mehr ändert. Abb. 13 zeigt dazu die Polymerteilchen im Inneren der 50 %igen Dispersion, in Abb. 14 erkennt man die Einzelteilchen bei starker Verdünnung der Dispersion besser. Der fertige Film der Dispersion erscheint dem Auge klar und glänzend und ist von großer mechanischer Festigkeit. Im Phasenkontrastmikroskop aufgenommen, sieht man in ihm wieder die ursprünglichen Polymerteilchen, die z. T. etwas deformiert, in dichter Packung aneinanderhängend, den Film bilden. Abb. 15 zeigt eine solche Aufnahme, die einen Schnitt durch das Filminnere parallel zu seiner Oberfläche darstellt.

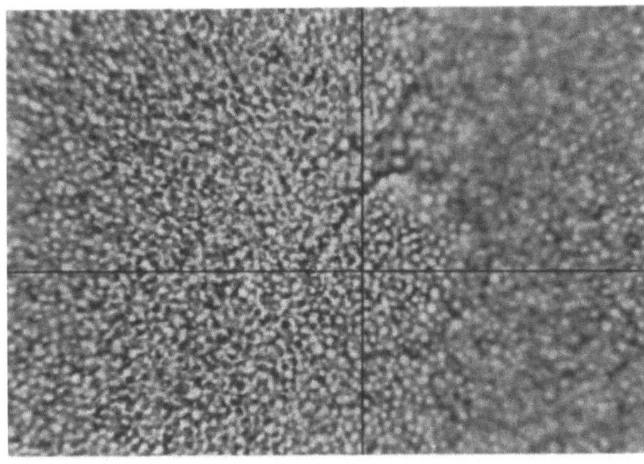

Abb. 13
50 %ige Polyvinylacetatdispersion im durchfallenden Licht gesehen

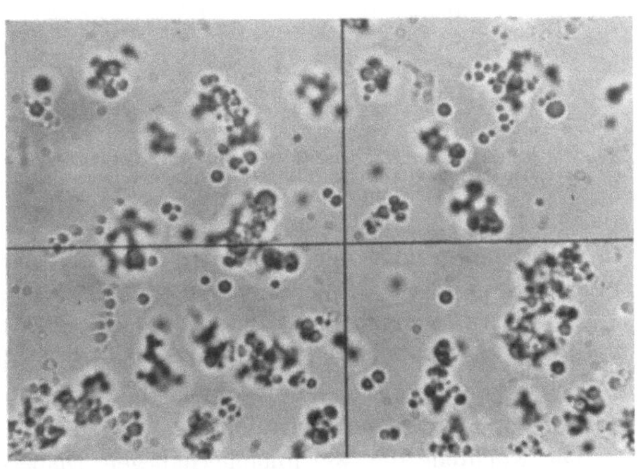

Abb. 14. Stark verdünnte Polyvinylacetatdispersion im durchfallenden Licht gesehen (Maßstab wie Abb. 13)

Wegen der im Vergleich zum gelösten Polymermolekül großen Latexpartikel vom durchschnittlichen Durchmesser von 0,01 bis 2 μ, ist die Filmbildung aus der Dispersion stark temperaturabhängig. Unterhalb einer kritischen Temperatur,

---

[1] Siehe Fußnote S. 832

der sog. „Filmbildetemperatur", trocknet eine Kunststoffdispersion daher nur
zu einer unzusammenhängenden porösen „Schicht" auf. Erst beim Überschreiten
dieser Temperatur, die vom Polymeren, von der Teilchengröße und von äußeren
Umständen, wie Trocknungsgeschwindigkeit u. a. abhängt, ergeben sich zusammenhängende Filme.

Zur Bestimmung der Filmbildetemperatur wird die Dispersion auf eine
Metallschiene mit meßbarem Temperaturgefälle aufgetragen und nach
Trocknung unter standardisierten Bedingungen die Temperatur abgelesen,
oberhalb der die Dispersion zu einem einheitlichen, transparenten Film auf-
trocknet.

Die Filmbildetemperatur eines Polymeren kann durch Weichmacherzusatz
herabgesetzt werden. Vielfach werden auch geringe Mengen Lösungsmittel zugesetzt, um die Film-
bildung zu verbessern.
Das Lösungsmittel hat
gegenüber dem Weich-
macher den Vorteil, daß
es den Film nach dem
Auftrocknen wieder ver-
läßt, bringt aber bei der
Verarbeitung meist andere
Nachteile mit sich. Der
Weichmacherzusatz ist
eine in der Praxis der
Verarbeitung von Kunst-
stoffdispersionen sehr beliebte Methode, da sich
der Verarbeiter die Film-
bildetemperatur selbst
einstellen kann. Dieses

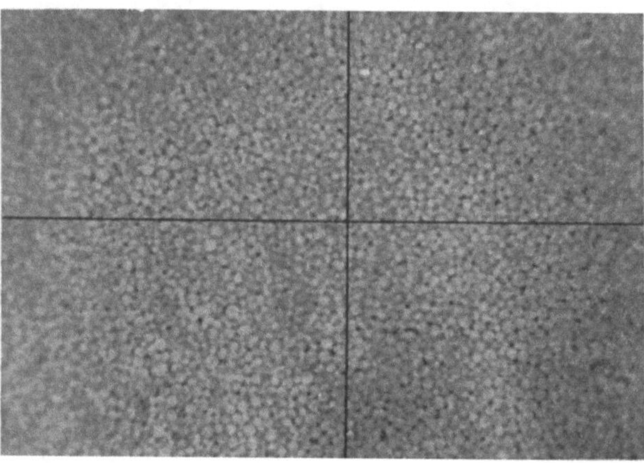

Abb. 15. Schicht im Inneren eines Filmes aus einer Polyvinylacetatdispersion im durchfallenden Licht (Phasenkontrast) gesehen
(Maßstab wie Abb. 13)

Verfahren birgt aber die Gefahr in sich, daß der Weichmacher später durch
Verdunsten, Lösen oder Wandern den Polymerfilm verläßt und, falls er
z. B. Farbstoffpigment löst, dieses in Deckschichten oder in den Untergrund
mitnimmt und so das sog. Durchbluten der Farbe veranlaßt. Durch Weichmacherwanderung [128] können auch die Kunststoffe, die als Deckstriche auf
dem Film aufgetragen sind, klebrig werden.

Die Nachteile der weichmacherhaltigen Dispersion (äußere Weichmachung)
vermeidet man, indem man Polymere mit einer Filmbildetemperatur unter
Zimmertemperatur oder Mischpolymerisate anwendet, bei denen die harte
Komponente mit einer entsprechend weicheren Komponente kombiniert ist
(innere Weichmachung).

Die Filmbildetemperatur eines Polymeren in Dispersion steht nur angenähert
in Zusammenhang mit seinem Erweichungspunkt in festem Zustand. So liegt die
kritische Filmbildetemperatur bei hydrophilen Polymeren entsprechend niedriger
als bei hydrophoben. WHEELER, JAFFE und WELLMAN [125] wiesen zuerst auf
die weichmachende Wirkung des Wassers bei Polyvinylacetatdispersionen hin.
Allgemein erfolgt die Filmbildung um so leichter, je kleiner die Dispersions-

teilchen sind. Sie kann sich dabei dem Filmbildevermögen aus Lösung weitgehend nähern.

Einen ersten ausführlichen Versuch zur Klärung der physikalischen Vorgänge bei der Filmbildung eines Emulsionspolymerisates unternahmen DILLON, MATHESON und BRADFORD [121] und HENSON, TABER und BRADFORD [122] an Hand von elektronenmikroskopischen Aufnahmen. Sie unterscheiden bei der Filmbildung zwei Stadien. Im ersten werden die Latexteilchen durch das Verdunsten des Wassers irreversibel aneinandergelagert, im darauffolgenden sintern die Latexteilchen durch den viskosen Fluß des Polymeren unter dem Einfluß der Oberflächenspannung des Polymeren zum Film zusammen. Das Fließen des Polymeren läßt sich dann durch die FRENKELsche Gleichung [123] beschreiben:

$$\Theta^2 = \frac{3\,\sigma\,t}{2\,\pi\,\eta\,r}. \tag{10}$$

Θ ist ein Faktor, der die Größe der Berührungsfläche zweier Polymerteilchen (halber Kontaktwinkel) bedeutet, σ ist die Oberflächenspannung des Polymeren, t die Zeit, η die Viskosität des Polymeren und r der Radius der Teilchen.

Eine solche Erklärung dürfte jedoch nur für das Sintern von Polymerpulver mit Luft in den Räumen zwischen den Partikeln gelten. Der wesentliche Einfluß des Wassers, wie ihn besonders BROWN [124] und WOJUZKI [126] und vorher auch WHEELER und Mitarbeiter [125] fanden, ist nicht erfaßt. Manche Dispersionen ergeben nämlich, wenn man zuerst das Wasser unterhalb der Filmbildetemperatur verdunsten läßt, bei anschließender Temperung in einem größeren Temperaturbereich oberhalb dieser kritischen Temperatur keinen zusammenhängenden Film mehr. Diesen erhält man aber ohne weiteres, wenn man das Wasser gleich oberhalb der Filmbildetemperatur verdunsten läßt. Zudem ist bei konstanter Temperatur die Filmbildung allgemein in feuchter Atmosphäre gegenüber trockener begünstigt, was darauf zurückzuführen ist, daß die Verdunstung des Wassers hier langsamer erfolgt. Das gleiche gilt für das Auftrocknen von dickeren Schichten, da hier das Wasser nur langsam durch den oberflächlich gebildeten Film herausdiffundieren kann.

Auf Grund dieser Tatsachen erklären BROWN [124, 127] und noch weitergehend WOJUZKI [126] die Filmbildung folgendermaßen: Im ersten Stadium der Filmbildung konzentriert sich der Latex durch die Wasserverdunstung so lange, bis sich die Polymerisatteilchen berühren. Im zweiten Stadium entsteht durch die Weiterverdunstung des Wassers aus den Teilchenzwischenräumen ein Kapillardruck, der die Teilchen enger aneinanderpreßt und deformiert. Im dritten Stadium nimmt der Film seine charakteristische Struktur und mechanischen Eigenschaften an, die Emulgatormoleküle verschwinden von den Kontaktstellen der Polymerisatteilchen und sammeln sich in den Zwickeln an. An den emulgatorfreien Kontaktstellen verbinden sich die Teilchen endgültig. So besteht ein Dispersionsfilm letzlich aus zwei sich durchdringenden Netzwerken von Polymerteilchen und deren Emulgatoren (WOJUZKI).

Natürlich tritt nur dann Filmbildung ein, wenn der Widerstand der Polymerteilchen gegenüber einer plastischen Deformation kleiner ist als der Kapillardruck, der in den engen Räumen zwischen den Polymerisatkügelchen infolge der Anwesenheit des Wassers herrscht. Den Kapillardruck kann man aus der Oberflächenspannung der Dispersion und der Teilchengröße berechnen. Er ist um so größer, je größer die Oberflächenspannung und je kleiner der Partikelradius ist. Bei den zumeist erheblichen Viskositäten des Polymeren ist die Dauer der Einwirkung des Kapillardruckes, die durch die Verdunstungsgeschwindigkeit gegeben ist, maßgeblich für die plastische Deformation der Teilchen und somit für die Ausbildung des Filmes.

Literatur

[1] VANDERHOFF, J. W., J. F. VITKUSKE, E. B. BRADFORD u. T. ALFREY: J. Polymer Sci. 20 (1956) S. 225. — J. W. VANDERHOFF u. E. B. BRADFORD: Abstracts Pap. 130. Meeting. Amer. chem. Soc. (1956) S. 28.

[2] Canad. Chem. Processing 42 (1958) H. 3, S. 89.

[3] Paint Manufact. 26 (1956) H. 1, S. 27.

[4] KALAUS, A. J., M. G. LAPUK u. T. D. WIKULOWA: Chem. Industr. (russisch) (1958) H. 3, S. 133.

[5] FIKENTSCHER, H.: Angew. Chem. 51 (1938) S. 1433.

[6] HENGSTENBERG, J.: J. G.-Bericht vom 26. 2. 1938.

[7] HARKINS, W. D.: J. Polymer Sci. 5 (1950) S. 217.

[8] GERRENS, H.: Fortschr. Hochpolym.-Forsch. 1 (1959) S. 234—328.

[9] SMITH, W. V., u. R. H. EWART: J. chem. Physics 16 (1948) S. 592.

[10] BOVEY, F. A., I. M. KOLTHOFF, A. J. MEDALIA u. E. J. MEEHAN: Emulsion polymerisation, S. 191. New York/London: Interscience Publ. Inc. 1955.

[11] HOFF, B. M. E. VAN DER: J. phys. Chem. 60 (1956) S. 1250.

[12] MORTON, M., P. P. SALATIELLO u. H. LANDFIELD: J. Polymer Sci. 8 (1952) S. 111, 215 u. 279.

[13] WINTGEN, R.: Z. Elektrochem. 60 (1956) S. 347.

[14] BARTHOLOME, E., H. GERRENS, R. HERBECK u. H. M. WEITZ: Z. Elektrochem. 60 (1956) S. 334.

[15] FIKENTSCHER, H., H. GERRENS u. H. SCHULLER: Angew. Chem. 72 (1960) S. 856.

[16] BAXENDALE, J. H., M. G. EVANS u. J. K. KILHAM: J. Polymer Sci. 1 (1946) S. 466.

[17] DONNELL, J. T. O., u. a.: J. Polymer Sci. 28 (1958) S. 171.

[18] SWALLOW, J. C.: Proc. roy. Soc., Lond., Ser. A 238 (1956) S. 1.

[19] RAJAGOPAL, E. S.: Kolloid-Z. 162 (1959) S. 85.

[20] JAKOBI, B.: Z. angew. Chem. 64 (1952) S. 539. — S. H. MARON, M. E. ELDER u. J. N. ULEVITCH: J. Colloid Sci. 9 (1954) S. 89.

[21] STUART, H. A.: Das Makromolekül in Lösungen, Bd. II, S. 495ff. Berlin/Göttingen/ Heidelberg: Springer 1953.

[22] MIE, G.: Ann. Phys. 25 (1908) S. 377.

[23] BARNES, M. D., u. V. K. LA MER: J. Colloid Sci. 1 (1946) S. 79. — A. S. KENYON u. V. K. LA MER: J. Colloid Sci. 4 (1949) S. 167. — D. SINCLAIR u. V. K. LA MER: Chem. Rev. 44 (1949) S. 245.

[24] ROSE, H. E.: J. appl. Chem. 2 (1952) S. 80.

[25] TABIBIAN, R. M., W. HELLER u. J. N. EPEL: J. Colloid Sci. 11 (1956) S. 195; 13 (1958) S. 6; 12 (1957) S. 25.

[26] HELLER, W., u. W. J. PANGONIS: J. chem. Physics 22 (1954) S. 948. — W. HELLER, J. N. EPEL u. R. M. TABIBIAN: J. chem. Physics 22 (1954) S. 1777.

[27] DANDLIKER, W. B.: J. Amer. chem. Soc. 72 (1950) S. 5110.

[28] LUCK, W., u. H. WESSLAU: Festschrift CARL WURSTER, Ludwigshafen a. Rh. (1960).

[29] KLEVENS, H. B.: J. Colloid Sci. 2 (1947) S. 365.

[30] ATHERTON, E., u. R. H. PETERS: Brit. J. appl. Phys. 4 (1953) S. 366.

[31] BILLMEYER, F. W., JR.: J. Amer. Soc. 76 (1954) S. 4636.

[32] BURNETT, G. M., u. W. W. WRIGHT: Proc. roy. Soc., Lond. A 221 (1954) S. 18.

[33] CHENG, P. Y., u. H. K. SCHACHMAN: J. Polymer Sci. 16 (1955) S. 19.

[34] BRADFORD, E. B., u. J. W. VANDERHOFF: J. appl. Phys. 26 (1955) S. 864.

[35] DEROULD, C. H.: J. appl. Phys. 21 (1950) S. 183.

[36] ALFREY, T., JR., E. B. BRADFORD, J. W. VANDERHOFF u. G. OSTER: J. opt. Soc. America 44 (1954) S. 603.

[37] BRADFORD, E. B., u. J. W. VANDERHOFF: Abstracts of Papers, 131. Meeting. Amer. chem. Soc. I/67, S. 26 J.

[38] MARON, S. H., u. J. M. KRIEGER: Rheology, Theory and Application, Bd. III, S. 121. New York/London: Academic Press 1960.

[39] EINSTEIN, A.: Ann. Phys. 19 (1906) S. 289; 34 (1911) S. 591.

[40] LIVINGSTONE, H. K.: Industr. Engng. Chem. 39 (1947) S. 550.

[41] JORDAN, H., P. BRASS u. C. P. ROE: Industr. Engng. Chem., Anal. Edit. 9 (1937) S. 182; 11 (1939) S. 377.

[42] WINDIG, C. C., W. L. KRANICH u. G. P. BAUMANN: Chem. Engng. Progr. 43 (1947) S. 527 u. 613.

[43] KRIEGER, J. M., u. S. H. MARON: J. Colloid Sci. 6 (1951) S. 528.

[44] MARON, S. H., u. B. P. MADOW: J. Colloid Sci. 8 (1953) S. 300.

[45] MARON, S. H., B. P. MADOW u. J. M. KRIEGER: J. Colloid Sci. 6 (1951) S. 584.

[46] MARON, S. H., u. S.-M. FOK: J. Colloid Sci. 10 (1955) S. 482.

[47] MARON, S. H., u. R. J. BELNER: J. Colloid Sci. 10 (1955) S. 523.

[48] OSTWALD, WO.: Kolloid-Z. 36 (1925) S. 99; 47 (1929) S. 176 — Z. phys. Chem. 111 (1924) S. 62. — A. DE WAELE: Kolloid-Z. 36 (1925) S. 332 — J. Oil Colour Chem. Ass. 6 (1923) S. 33.

[49] FARROW, F., C. LOWE u. S. J. NEALE: J. Text. Inst. 19 (1928) S. T18.

[50] SAUNDERS, F. L.: J. Colloid Sci. 16 (1961) S. 13.

[51] SHERMAN, P.: Research 8 (1955) H. 10, S. 396.

[52] MARON, S. H., u. A. E. LEVY-PASCAL: J. Colloid Sci. 10 (1955) S. 494.

[53] EILERS, H.: Kolloid-Z. 97 (1941) S. 313.

[54] MARON, S. H., u. P. E. PIERCE: J. Colloid Sci. 11 (1956) S. 80.

[55] MARON, S. H., u. A. W. SISKO: J. Colloid Sci. 12 (1957) S. 99.

[56] REE, T., u. H. EYRING: J. appl. Phys. 26 (1955) S. 793 u. 800.

[57] JOHNSON, P. H., u. R. H. KELSEY: Rubber World 138 (1958) S. 877.

[58] PETER, S., u. W. SLIWKA: Chem. Ing. Techn. 28 (1956) S. 49.

[59] SCHENKEL, J. A., u. J. A. KITCHENER: Trans. Faraday Soc. 56 (1960) S. 161.

[60] HELMES, E.: Chem. Ing. Techn. 25 (1953) S. 394.

[61] WOODBRIDGE, R. J.: J. Oil Colour Chem. Ass. 38 (1955) S. 285.

[62] MEHNERT, K.: FATIPEC, 2. Kongreß 1953, S. 154.

[63] WOJUZKI, S. S., u. R. M. PANITSCH: Uspechi Chimii 25 (1956) S. 57.

[64] ALBERS, W., u. J. T. G. OVERBEEK: J. Colloid Sci. 14 (1959) S. 501 u. 510.

[65] VERWEY, E. J. W., u. J. T. G. OVERBEEK: Theory of the Stability of Hydrophobic Colloids. Amsterdam: 1948.

[66] HAMAKER, H. C.: Rec. Trav. Chim. Pays-Bas 55 (1936) S. 1015; 56 (1937) S. 3 u. 727.

[67] COEHN, A.: Ergebn. exakt. Naturwiss. 1 (1922) S. 175.

[68] SCHULMANN, J. H., u. a.: Kolloid-Z. 126 (1952) S. 20.

[69] SIEGLAFF, C. L., u. J. MAZUR: J. Colloid Sci. 15 (1960) S. 437.

[70] ZWETKOW, W. N., u. J. M. ALEXANDROWA: Chim. Prom. Nr. 5 (1958) S. 20.

[71] LOEB, J.: J. General Physiol. 5 (1923) S. 395, 479 u. 505. — H. LIMBURG: Rec. Trav. Chim. 45 (1926) S. 875. — H. FREUNDLICH u. H. A. ABRAMSON: Z. phys. Chem. 133 (1928) S. 51 — J. Amer. chem. Soc. 50 (1928) S. 390.

[72] LEVITSCH, W. G.: Ber. Akad. Wiss. UdSSR 103 (1955) S. 453.

[73] HELLER, W., u. T. L. PUGH: J. chem. Physics 22 (1954) S. 1778.

[74] SIMHA, R., H. L. FRISCH u. F. R. EIRICH: J. phys. Chem. 57 (1953) S. 584. — E. BRODA u. H. MARK: Z. phys. Chem. A 180 (1937) S. 392.

[75] JENCKEL, A., u. B. RUMBACH: Z. Elektrochem. 55 (1951) S. 612.

[76] BUZAGH, A., u. S. ROHRSETZER: Kolloid-Z. 176 (1961) H. 1, S. 9.

[77] PATAT, F., u. C. SCHLIEBENER: Angew. Chem. 70 (1958) S. 26 — Makromolkulare Chem. 44—46 (1961) S. 643.

[78] HELLIN, A. F., J. M. GYENGE, D. A. BEADEL, J. H. BOYD, R. L. MAYHEN u. R. C. HYATT: Industr. Engng. Chem. 45 (1953) S. 1330.

[79] SCHULZE, H.: J. prakt. Chem. 25 (1882) S. 431; 27 (1883) S. 320. — W. B. HARDY: Z. phys. Chem. 33 (1900) S. 385. — H. A. WANNOW: Kolloid-Z. 85 (1938) S. 332 — Kolloid-Beih. 50 (1939) S. 375.

[80] WENNING, H.: Kolloid-Z. 154 (1957) S. 154.

[81] MÜLLER, H.: Kolloid-Chem. Beih. 26 (1928) S. 257.

[82] VERWEY, E. J..W.: Kolloid-Z. 136 (1954) S. 46.

[83] MARON, S. H., D. TURNBULL u. M. E. ELDER: J. Amer. chem. Soc. 70 (1948) S. 582.

[84] MARON, S. H., u. W. BOWLER: J. Amer. chem. Soc. 70 (1948) S. 3893.

[85] PANITSCH, R. M., u. S. S. WOJUZKI: Kolloid-J. (russisch) 19 (1957) S. 273.

[86] PANITSCH, R. M., u. S. S. WOJUZKI: Kolloid-J. (russisch) 18 (1956) S. 326. WOJUZKI, S. S., u. R. M. PANITSCH: Kolloid-J. (russisch) 18 (1956) S. 647.

[88] PANITSCH, R. M., u. S. S. WOJUZKI: Kolloid-J. (russisch) 19 (1957) S. 113.

[89] Badische Anilin- & Soda-Fabrik AG: H. FIKENTSCHER, H. BURKERT, E. NEUFELD, E. PLÖTZ u. K. KÜSPERT: DAS 1044408, 1050058, 1055239 (1957); Belg. P. 566825.

[90] RTC-Test zur Koagulation von GR-S Latex. Reconstruction Finance Corporation, Office of Rubber Reserve, revised ed. 1. 10. 1952, Sect. E9. — P. D. BRASS u. D. G. SLOVIN: Analytic. Chem. 20 (1948) S. 172. — L. H. HOWLAND, V. C. NEKLUTIN, R. W. BROWN u. H. G. WERNER: Industr. Engng. Chem. 44 (1952) S. 762.

[91] MARON, S. H., u. J. N. ULEVITSCH: Analytic. Chem. 25 (1953) S. 1087.

[92] BARB, W. G., u. W. MIKUCKI: J. Polymer Sci. 37 (1959) S. 499.

[93] DIGIOIA, F. A., u. R. E. NELSON: Industr. Engng. Chem. 45 (1953) S. 745.

[94] FLETSCHER, A. C., u. J. E. O. MAYNE: By Gum (Reichhold Chemicals Inc.) 26 (1955) Nr. 4, S. 3.

[95] FLETSCHER, A. C., S. A. H. HIRSCH u. J. E. O. MAYNE: J. Oil Colour Chem. Ass. 37 (1954) S. 300.

[96] Firestone Tire & Rubber Co.: Brit. P. 738341 u. 738340.

[97] Sherwin-Williams Co.: A. P. 2773849.

[98] Paint Manufacture: 23 (1953) S. 263.

[99] Du Pont: A. P. 2138228.

[100] Sherwin-Williams Co.: A. P. 2683699.

[101] Nachr. Chem. u. Techn. 7 (1959) S. 304.

[102] Farbwerke Hoechst AG: DAS 1071954.

[103] RIESE, W. A.: Farbe u. Lack 65 (1959) S. 72.

[104] Röhm & Haas: DRP 733995 — Brit. P. 437446. —Badische Anilin- & Soda-Fabrik AG: DRP 826358.

[105] ROSSTOWSKI, JE. N., u. a.: Nachr. Akad. Wiss. UdSSR, Abt. Chem. Wiss. (1958) S. 59. — J. C. BEVINGTON, D. E. EAVES u. R. L. VALE: J. Polymer Sic. 32 (1958) S. 317.

[106] NEKLUTIN, V. C., C. B. WESTERHOFF u. L. H. HOWLAND: Industr. Engng. Chem. 43 (1951) S. 1246.

[107] ANDERSON, D. E., u. R. C. ARNOLD: Industr. Engng. Chem. 45 (1953) S. 2727.

[108] SMOLUCHOWSKI, V.: Phys. Z. 17 (1916) S. 557 — Z. phys. Chem. 92 (1918) S. 129. — H. MÜLLER: Kolloid-Beih. 26 (1928) S. 257; 27 (1928) S. 223 — Kolloid-Z. 38 (1926) S. 1.

[109] Badische Anilin- & Soda-Fabrik AG: DP-Anm. B 6 140/39 c.

[110] Chemische Werke Hüls GmbH: DP-Anm. C 3 544/39 c.

[111] Wingfoot Co.: A. P. 2469827.

[112] Armstrong Cork Co.: A. P. 2527525.

[113] HOVERTON, W. W.: A. P. 2562191. — IG. Farben AG: A. P. 2068424 — Brit. P. 410132 — Franz. P. 746969.

[114] Celanese Corp.: A. P. 2503338.

[115] WALKER, H. W.: J. phys. Chem. 51 (1947) S. 451.

[116] IG. Farben AG: A. P. 2068424 — Franz. P. 746969.

[117] Firestone Tire & Rubber Co.: A. P. 781418 — A. P. 781456.

[118] N. V. Bataafsche Petroleum Mig.: Brit. P. 649297.

[119] N. V. Bataafsche Petroleum Mig.: Brit. P. 627884 u. 659722.

[120] Chemische Werke Hüls GmbH: DP-Anm. C 3574/39 c.

[121] DILLON, R. E., L. A. MATHESON u. E. B. BRADFORD: J. Colloid Sci. 6 (1951) S. 108 —
Industr. Engng. Chem. 45 (1953) S. 728.
[122] HENSON, W. A., D. A. TABER u. E. B. BRADFORD: Industr. Engng. Chem. 45 (1953)
S. 735.
[123] FRENKEL, J.: J. Phys. (UdSSR) 9 (1943) S. 385.
[124] BROWN, G. L.: J. Polymer Sci. 22 (1956) S. 423.
[125] WHEELER, O. L., H. L. JAFFE u. N. WELLMAN: Offic. Dig. Federation Paint and
Varnish Production Clubs (1954) S. 1239.
[126] WOJUZKI, S. S.: J. Polymer Sci. 32 (1958) S. 528. — S. S. WOJUZKI u. B. W. STARKH:
Physical Chemistry of Filmformation from High Polymer Dispersions. Moscow 1954.
[127] TALEN, H. W., u. P. F. HOVER: Dtsch. Farben-Z. 13 (1959) S. 50 u. 92.
[128] BECK, G.: Kunststoffe 42 (1952) S. 101; 45 (1955) S. 230. — DIN-Entwurf 53405:
Kunststoffe 44 (1954) S. 255.

5.9 Kombinationen Polymerer mit Füllmaterialien
Von H. Schuhmann, Köln

5.9.1 Überblick

Ein großer Teil der Kunststoffe wird mit Füllstoffen versetzt. Diese Füllstoffe
sind nur selten eigentliche Füllstoffe, die nur zu dem Zwecke zugesetzt sind, eine
Verbilligung herbeizuführen, sondern sie verändern z. T. ausschlaggebend die
physikalischen und chemischen Eigenschaften der Kunststoffe. Es gibt wohl
keine physikalische Eigenschaft, die sich durch die Wahl der Füllstoffe nicht
beeinflussen läßt. Es gilt aber auch hier, daß es kaum möglich erscheint, sämtliche
Eigenschaften gleichzeitig auf ein Optimum zu bringen. Gewöhnlich muß man
bei erwünschter Änderung einer Eigenschaft Zugeständnisse hinsichtlich anderer
unerwünschter Eigenschaftsänderungen machen.

Schon bei den frühesten Formmassen wurden neben Bindemitteln auch
Füllstoffe verwendet. Diese Formmassen bestanden aus pechartigen Bindemitteln
mit anorganischen Füllstoffen, wie Kreide, Sand, Schiefermehl und ähnlichen
billigen Materialien, die als Skelett in der Formmasse wirkten und hauptsächlich
die sehr mangelhafte Formbeständigkeit in der Wärme verbesserten. Bald erkannte man, daß Asbest infolge seiner Faserstruktur besondere Wirkungen besaß,
und daß mit seiner Verwendung die mechanischen Werte verbessert werden
konnten. Bei den relativ hohen Aufbereitungstemperaturen derartiger Massen
kamen die wärmeempfindlicheren organischen Stoffe als Füllstoffe kaum in Frage.
Dies änderte sich schnell, als durch BAEKELAND die Phenolharze technische
Anwendung finden konnten. Jetzt war durch die Aufbereitungstemperatur für
die Füllstoffe keine Grenze mehr durch die Wärmebeständigkeit gegeben, und
schon BAEKELAND selbst schlug in seinen ersten Patenten eine Vielzahl von
Füllstoffen aller Art vor.

Zweckmäßig teilt man die Füllstoffe einmal nach ihrer Herkunft in anorganische und organische Füllstoffe und dann nach ihrer Struktur in pulvrige
und faserartige Stoffe ein. Von diesen Gruppen nehmen zweifellos die Faserstoffe
hinsichtlich ihres Einflusses auf die physikalischen Eigenschaften der mit ihnen
hergestellten Kunststoffe die hervorragende Stellung ein.

Zuweilen finden auch Mischungen der verschiedenen genannten Gruppen
oder die Mischung eines geringen Anteiles der einen mit dem größeren Anteil
einer anderen Anwendung.

5.9.2 Pulverförmige Füllstoffe

Betrachten wir nun zuerst die pulvrigen Füllstoffe und ihre Einwirkung auf das physikalische Verhalten der Kunststoffe: Erwähnt sei nur kurz die Anfärbung von Kunststoffen durch Pigmente. Hier kommen in erster Linie anorganische Pigmente und Farblacke in Frage; die Auswahl wird durch die chemische Zusammensetzung des zu färbenden Kunststoffes und die bei dessen Verarbeitung auftretenden Temperaturen begrenzt, ist aber sonst auf die anderen Eigenschaften nicht von nennenswertem Einfluß, wenn sie für sich allein in nicht zu großer Menge verwendet werden. Es soll deshalb von einer Aufzählung und Zuordnung zu den einzelnen Kunststofftypen abgesehen werden. Eine weitaus größere Bedeutung haben aber derartige anorganische pulvrige Füllstoffe, wenn sie in solchen Mengen zugesetzt werden, daß sie ein skelettartiges Gerüst im Kunststoff bilden und damit vor allen Dingen die mechanischen und thermischen Eigenschaften entsprechend beeinflussen. Es ist ohne weiteres klar, daß die Menge der Füllstoffe eine entscheidende Rolle spielt. Diese Menge schwankt in den verschiedenen Anwendungsgebieten etwa von 40 bis 80 Vol.-%. Die Angabe in Vol.-% erscheint bei den stark schwankenden spezifischen Gewichten der Bindemittel und der Füllstoffe (vor allem bei Einbeziehung der organischen Füllstoffe) sinnvoller als in Gew.-%. Es ist auch ohne weiteres verständlich, daß bei höherem Füllstoffgehalt die Eigenschaften dieser gegenüber denen der gleichzeitig verwendeten Bindemittel immer mehr in den Vordergrund treten. Neben der Veränderung der Festigkeitseigenschaften tritt die Steigerung der Formbeständigkeit in der Wärme und die Verminderung der Schwindung hervor. Damit geht wieder Hand in Hand die schlechtere Formbarkeit solcher Massen bei der Verpressung und die besonders bei größerer Härte [1] der Füllstoffe größere Abnutzung der Formen. Die Veränderung der chemischen Eigenschaften ist im allgemeinen sehr gering, da die Füllstoffteilchen meist allseitig vom Bindemittel umhüllt sind und selbst mit wenigen Ausnahmen (Gips, Marmor, Kreide) gegen Wasser und normale Chemikalien inert sind. Erwähnenswert ist noch die bessere Wärmeleitfähigkeit der Füllstoffe gegenüber dem Bindemittel und ihre hohe Wärmebeständigkeit. Die wichtigsten zu dieser Gruppe gehörenden Füllstoffe sind die Mehle von natürlichen Gesteinen, wie Schiefer, Marmor, Kreide, Quarz, Gips, Schwerspat, Talkum, Diatomeenerde, Kaolin, Titanoxyd und für besonders chemisch beständige Kunststoffe auch Kohle und Graphit. Ferner finden Verwendung Schamottemehl, Ziegelmehl, Porzellanmehl und als elektrisch hochwertiger Füllstoff auch Glimmer.

5.9.3 Faserförmige Füllstoffe

Als Übergang zu den faserigen Stoffen sei hier der Mikroasbest genannt, ein bis zu großer Feinheit zerkleinerter Asbest, der mit bloßem Auge keine Faserstruktur mehr erkennen läßt.

Bei den organischen Stoffen lassen sich zu den erstgenannten kaum entsprechende finden, da alle praktisch benutzten Stoffe Teile gewachsener Organismen sind und daher mehr oder weniger deutlich Faserstoffcharakter aufweisen. Am nächsten kommen den pulverigen Stoffen die Mehle von Samenschalen, von denen eine Vielzahl in der Patentliteratur erwähnt ist, von denen aber nur die Nußschalenmehle von Walnuß und Kokosnuß eine breitere Anwendung gefunden haben.

Das weiteste Verwendungsgebiet von den kurzfaserigen organischen Füllstoffen haben Holzmehl und Cellulosemehl, die besonders bei den Phenolharz-Formmassen in größerem Umfange benutzt werden. Die mit diesen Massen hergestellten Gegenstände haben gute Festigkeit, glatte Oberflächen und sind leicht zu verarbeiten, ohne die Formen nennenswert anzugreifen. Für Gebrauchsgegenstände, die nicht ständiger Wasser- oder Feuchtigkeitseinwirkung ausgesetzt sind, ist auch die an sich höhere Feuchtigkeitsaufnahme nicht störend. Wenn, wie bei zartgefärbten oder durchscheinenden Massen die Eigenfärbung des Holzmehles stört, tritt an seine Stelle kurzfaserige Cellulose, die außerdem noch etwas bessere Festigkeitswerte zu erreichen gestattet. Die Samenschalenmehle stehen den anorganischen pulvrigen Stoffen insofern nahe, als auch sie weniger Feuchtigkeit aufnehmen und außerdem geringere Bindemittelmengen benötigen als die normalen Holzmehle. Außerdem ergeben sie glattere Oberflächen, wobei allerdings wegen der schlechteren Anfärbbarkeit Ungleichmäßigkeiten im Farbton nicht immer zu vermeiden sind. Die Schlagzähigkeit ist gegenüber den Holz- und Cellulosemehlen etwas geringer.

Faservliese und Filze, Papiere. Schon Fasern verhältnismäßig geringer Länge lassen sich in einigen Fällen verfilzen und liefern dann Papiere oder papierähnliche Gebilde. Hierher gehören von den organischen Fasern der Zellstoff und die kurzfaserige Baumwolle (Baumwoll-Linters), von den anorganischen der Asbest. Da diese aus wäßrigen Aufschlemmungen der Stoffe durch Verfilzung schichtförmige Gebilde von verhältnismäßig geringer Dicke darstellen, werden die mit ihnen hergestellten Kunststofferzeugnisse auch als Schichtstoffe bezeichnet. Es sollen aber hier nicht diejenigen Kunststofferzeugnisse betrachtet werden, bei denen nur eine Papierbahn mit einer einseitigen oder doppelseitigen Kunststoffschicht bedeckt bzw. imprägniert wird, sondern nur solche Stoffe, die ihren Papiercharakter durch Übereinanderschichten mehrerer Lagen unter Zuhilfenahme von Kunststoffen verloren haben, auch wenn sie bei näherem Betrachten ihren Aufbau aus einzelnen Schichten noch erkennen lassen. Die Schichtstruktur bedingt an sich Ungleichmäßigkeiten der Gebrauchseigenschaften in den verschiedenen Richtungen, also in der Schichtrichtung und senkrecht dazu. Hinzu kommt weiter durch den Fabrikationsgang bedingt bei den Papieren eine weitere Ungleichmäßigkeit in der Bahnrichtung des Papiers und senkrecht dazu. Dies ist dadurch bedingt, daß beim Auflaufen des Papierbreies auf die Papiermaschine die Fasern sich überwiegend in die Fließrichtung einstellen, und dieser Effekt sich nur teilweise aufheben läßt. Dies kann ebensogut ein Vorteil wie ein Nachteil sein. Einmal hat man es in der Hand, die Hauptbeanspruchung in die Richtung zu legen, die die größere Festigkeit aufweist und so zu besseren Gebrauchseigenschaften zu kommen. Andererseits kann man in den Fällen, in denen solche Unterschiede nicht erwünscht sind, die einzelnen aufeinanderfolgenden Schichten um einen bestimmten Winkel drehen und erzielt damit gut ausgeglichene Festigkeitswerte in allen Richtungen. Der Einfluß der Faserrichtung in einem normal verlegten Hartpapier aus Natroncellulosepapier und Kresolharz wird deutlich, wenn man aus der Hartpapierplatte Prüfstäbe in den verschiedenen Richtungen herausschneidet und die Eigenschaftswerte dieser Stäbe nach DIN 7735/36 bestimmt. Trägt man diese Werte in ein Kreisdiagramm ein, ergibt sich beispielsweise Abb. 1.

Die Abbildung zeigt, daß in diesem Falle die mechanischen Werte für die Prüfstäbe, die senkrecht zur Längsrichtung der Papierbahn aus der Platte herausgeschnitten waren, um 25% unter denen lagen, die an Stäben ermittelt waren, deren Längsachse mit der Hauptrichtung zusammenfiel.

Dieses Beispiel erhebt nicht den Anspruch, für alle Papiere zu gelten. Der Papiermacher hat es weitgehend in der Hand, durch Rohstoffwahl, Vermahlungsgrad, Leimung, Füllung, Lenkung des Stoffes beim Auflaufen auf die Papiermaschine und Satinage die Papiereigenschaften zu ändern, und der Verwender muß seinerseits die für seinen Zweck günstigste Qualität auswählen. – Die physikalischen Unterschiede der Eigenschaften der Schichtstoffe in der Schichtrichtung und senkrecht zur Schichtrichtung bleiben bestehen und müssen bei der Verwendung Berücksichtigung finden; auch bei der Bearbeitung solcher Stoffe ist hierauf Rücksicht zu nehmen. Da von der Füllstoffseite her von Schicht zu Schicht keine Verbindung besteht, entsprechen bei allen Beanspruchungen, die Schicht von Schicht zu trennen versuchen, die erzielbaren Festigkeiten denen des Bindemittels. Bei derartigen Beanspruchungen ist also keine Überlegenheit der Schichtstoffe gegenüber den nicht geschichteten zu erwarten, während die Festigkeitseigenschaften in der Schichtrichtung in der Regel beträchtlich größer sind als bei den nicht geschichteten. Außer der Festigkeit sind bei schichtförmig aufgebauten Stoffen auch die elektrischen Werte in den beiden Hauptrichtungen verschieden. Während es beispielsweise bei mit Kresolharzen getränkten Papieren ohne weiteres möglich ist, Durchschlagfestigkeiten von 200 kV/cm senkrecht zu den Schichten zu erreichen, sind Werte von 50 kV/cm parallel zu den Schichten schon als Spitzenwerte anzusprechen. Der Schichtenaufbau führt neben dem großen Einfluß auf die mechanischen und elektrischen Werte auch zu einer gewissen Empfindlichkeit gegen Feuchtigkeitsbeanspruchungen. Besonders die verfilzten hydrophilen Fasern der Cellulosepapiere sind zumindest an den Schnittkanten dieser Einwirkungen direkt ausgesetzt. Der verfilzte Schichtverband gibt der Feuchtigkeit und dem Wasser bei längerer Einwirkung die Möglichkeit, tief in das Material einzudringen und damit die mechanischen und elektrischen Eigenschaften stark zu beeinflussen. Dieses Eindringen hängt stark von dem Tränkungszustand der Faserschicht und dem Bindemittelgehalt ab und kommt in dem Falle, daß keine ständige Lagerung unter Wasser stattfindet, sondern trocknere Perioden mit feuchteren abwechseln, niemals zum Stillstand. Da bei der Feuchtigkeitsaufnahme auch ein Quellen der Faser stattfindet, treten gleichzeitig auch Maßveränderungen hauptsächlich senkrecht zu den Schichten auf. Bis zu einem gewissen Grade hat es der Hersteller in der Hand, die Feuchtigkeits-

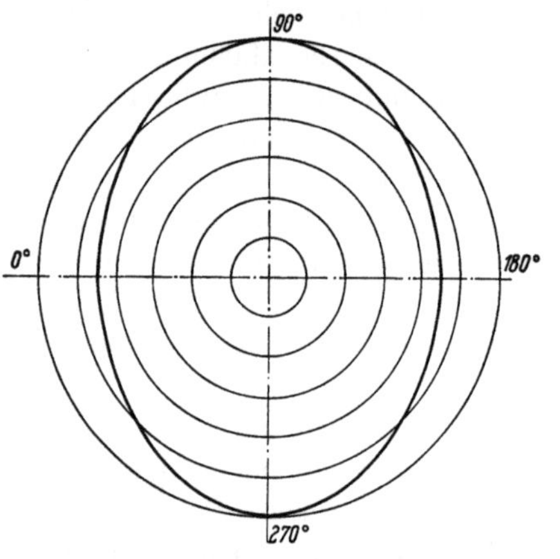

Abb. 1
Abhängigkeit der Zugfestigkeit, Biegefestigkeit und Schlagzähigkeit von der Faserrichtung. Längsrichtung der Papierbahn: 90°→270°

aufnahme herabzusetzen, indem er für möglichst gute Durchdringung der Faserschichten mit dem Bindemittel sorgt, was einerseits vom Tränkmittel, andererseits aber auch von der Wahl der Faser selbst abhängt. Ein nach Art der Filter-
oder Löschpapiere hergestellter Filz nimmt natürlich das Bindemittel ganz
anders auf als etwa ein geleimtes Papier. Durch den hohen Bindemittelanteil
solcher Faserschichten bei völliger Durchtränkung mit dem Bindemittel nähert
sich ein so hergestellter Kunststoff in seinen gesamten Eigenschaften mehr den
Werten des Bindemittels. Gleichzeitig verschwindet die sichtbare Schichtstruktur
immer mehr. Die Dauerwärmebeständigkeit ist bei der Verwendung von Cellulose
durch deren Wärmebeständigkeit auf etwa 100 bis 110° beschränkt, wenn keine
übermäßigen Ansprüche an die Festigkeit gestellt werden [2].

Ein weiterer Papierbildner steht bei den anorganischen Fasern im Asbest und
in der Schlackenwolle zur Verfügung. Durch ihre Wärmeunempfindlichkeit
erlauben sie, Schichtstoffe aufzubauen, deren Dauerwärmebeständigkeit nur
durch die verwendeten Bindemittel bedingt ist. Gleichzeitig weisen sie infolge
ihrer nicht quellbaren Faser eine bedeutend höhere Beständigkeit gegen Feuchtigkeit und Wasser auf. Die mechanischen und elektrischen Festigkeiten entsprechen
bei sorgfältiger Auswahl des Asbestes etwa denen der Cellulosepapiere; ihre
Härte liegt höher. Schlackenwollepapiere spielen nur eine untergeordnete Rolle.

Aus geschichteten Papieren und Bindemitteln lassen sich ohne Zerstörung
der Schichtstruktur nur solche Körper herstellen, bei denen geringe Forderungen
an die Verformbarkeit des Papiers gestellt werden, im allgemeinen also nur
solche, die sich zu einer Fläche abwickeln lassen. Ein Tiefziehen solcher Schichtstoffe ist wegen ihrer geringen Reißdehnung ohne Zerstörung des Faserverbandes
nicht möglich. Wenn derartige geformte Gegenstände hergestellt werden sollen,
besteht die Möglichkeit, den Papierbrei mit dem nötigen Kunststoff auf sieb-
artigen Hohlformen durch Ansaugen des Breies vorzuformen und nach dem
Trocknen und dem Entfernen der Vorform zu verpressen, vorausgesetzt, daß die
Form keine Unterschneidungen aufweist. Auf diese Weise lassen sich auch
größere Teile, wie Flugzeugteile mit hohen gleichmäßigen mechanischen Eigenschaften in den verschiedenen Richtungen herstellen, die außerdem den Vorteil
haben, keine ausgesprochene Schichtstruktur aufzuweisen.

Spinnbare Fasern, Fäden und Gewebe. Die interessanteste und in der letzten
Zeit sehr stark in den Vordergrund getretene Gruppe der Füllstoffe bilden die
spinnbaren Fasern in ihren verschiedenen Verarbeitungen. Unter ihnen gibt es
kaum einen Rohstoff, der nicht als Füllstoff für Kunststoffe vorgeschlagen
worden ist. Jede neu auf den Markt kommende Spinnfaser wird von der ein-
schlägigen Industrie für diesen Zweck ausprobiert. Jedoch finden nur wenige in
größerem Umfange praktische Verwendung.

Diese längeren Fasern haben in stärkerem Maße als die kurzfaserigen Papier-
rohstoffe die Eigenschaft, den in der Faserrichtung wirkenden Beanspruchungen
großen Widerstand entgegenzusetzen. Sie erhöhen also in besonderem Maße die
Zug- bzw. Reißfestigkeit, die Biegefestigkeit und Schlagzähigkeit in den durch
die Faserrichtung bedingten Richtungen. Da man es bei diesen Faserstoffen in
der Hand hat, die Faserrichtung weitgehend zu beeinflussen, können entweder
in einer Richtung außerordentlich hohe oder beliebig, je nach den durch die
Verwendung bedingten Forderungen, auch in allen Richtungen ausgeglichene

Werte erhalten werden. Selbst der Schichteffekt läßt sich mit entsprechenden Fasergebilden fast völlig aufheben. Schon vor etwa 30 Jahren haben Baumwoll- und Asbestgewebe Eingang in die Kunststoffindustrie gefunden, und zwar in Verbindung mit Phenolharzen die Asbestgewebe für Brems- und Kupplungsbeläge und die Baumwollgewebe für geräuschdämpfende Zahnräder. Diese „Hartgewebe" zeigten gegenüber dem „Hartpapier" einige in die Augen springende Vorteile, nämlich einen recht geringen Verschleiß, der für die genannten Verwendungszwecke ausschlaggebend war, dann aber auch eine geringere Feuchtigkeitsempfindlichkeit und eine geringere Empfindlichkeit gegen Kerbwirkungen. Da es sich bei Papier und Gewebe aus Baumwolle um denselben Rohstoff – natürliche Baumwolle – handelt, kann es bei diesem Effekt nicht an dem Rohstoff selbst, sondern nur an dessen Verteilung im Kunststoff liegen. Betrachtet man z. B. beim Hartpapier die Kerbwirkung nach der Lage des Kerbes zur Schichtrichtung, so wird deutlich, daß, wenn der Kerb parallel zur Schichtrichtung verläuft, im verbleibenden Querschnitt allenfalls die erste durchgehende Schicht noch angeschnitten sein kann, während die übrigen Schichten unverletzt bleiben. Beim Kerb senkrecht zur Schichtung sind dagegen alle Schichten des Querschnittes gleichmäßig eingekerbt. Ganz anders verhält es sich dagegen beim Gewebe: Hier ist in keiner Richtung ein durchgehender Faserverband vorhanden. Die einzelnen Fäden wirken sich in den verschiedenen Richtungen in gleicher Weise aus. Nur die dem Kerb zunächst liegenden Faserbündel sind angeschnitten, der nächste Faden ist als solcher unverletzt. Die Wirkung des Kerbes geht nicht in die Tiefe.

Ähnlich kann man sich auch die Wasseraufnahme vorstellen. Auch hier sind im Papierverband Kapillaren zwischen den Fasern viel mehr in der Flächenrichtung miteinander verbunden als bei den Geweben. Neben der Kapillarwirkung kommt bei den hydrophilen organischen Fasern auch noch die Wasseraufnahme und Weiterleitung der Fasern selbst in Betracht. Bei gleichem Harzgehalt nehmen die Hartgewebe weniger Wasser auf als die Hartpapiere.

Im allgemeinen verläuft die Chemikalienbeständigkeit mit der Wasseraufnahmefähigkeit parallel, soweit die Chemikalien in wäßriger Lösung vorliegen und soweit weder der Füllstoff noch die Bindemittel von den betreffenden Chemikalien zerstört werden.

Es war schon oben darauf hingewiesen worden, daß die Anwender dieser Füllstoffe es weitgehend in der Hand haben, die Eigenschaft des Fertigerzeugnisses dessen Beanspruchungen anzupassen. Die Spinnfasern können in Form von Filzen oder Matten in den verschiedenen Richtungen gleichmäßig orientiert werden, wobei Schichtstoffe entstehen, die in allen Richtungen innerhalb der Schicht ausgeglichene Festigkeitswerte aufweisen. Sie können auch nahezu alle in einer Richtung verlaufen, so daß in dieser Richtung außerordentlich hohe Zug- bzw. Reißfestigkeiten neben hohen Biege- und Schlagwerten erreicht werden.

Die Fasern können auch mehr oder weniger stark gedrehte Fäden bilden und als solche auch verwebt werden. Diese Gewebe können in Schuß und Kette aus gleichen oder verschiedenen Fäden gewebt werden. Die Faserlänge kann verschieden gewählt werden, bei Kunstfasern bis zu endloser Länge. Die Webart kann als Leinen-, Köper-, Satin- oder Cordbildung ausgeführt werden, kurz, es ergeben sich fast unzählige Möglichkeiten für die Anordnung der Fasern im Kunststoff.

Bei den Abb. 2a und b handelt es sich um Gewebe, die in Schuß und Kette aus gleichen Garnen hergestellt sind und daher in beiden Richtungen gleiche Festigkeit aufweisen. Das Gewebe. a) in Leinenbindung hergestellt gibt etwas größere Festigkeiten ab als b), ist aber nur schwer ohne Zerstörung des Gefüges

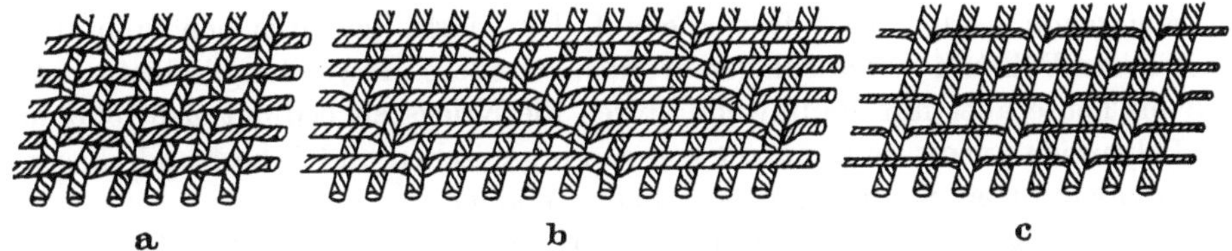

a   b   c

Abb. 2. Gewebebindungen: a) Leinen-, b) Köper-, c) Cord-Bindung

ungleichmäßigen Formoberflächen anzupassen. Dies gelingt mit b) in Satinbindung viel besser. Das Gewebe c) zeigt starke dichtstehende Fäden in der Kettrichtung, schwächere und weniger zahlreiche in der Schußrichtung, hat also in den beiden Richtungen sehr verschiedene Festigkeit. Stellt man unter Verwendung verschiedener Gewebe, die mit einem Kresolharz getränkt sind, Schichtstoffe her

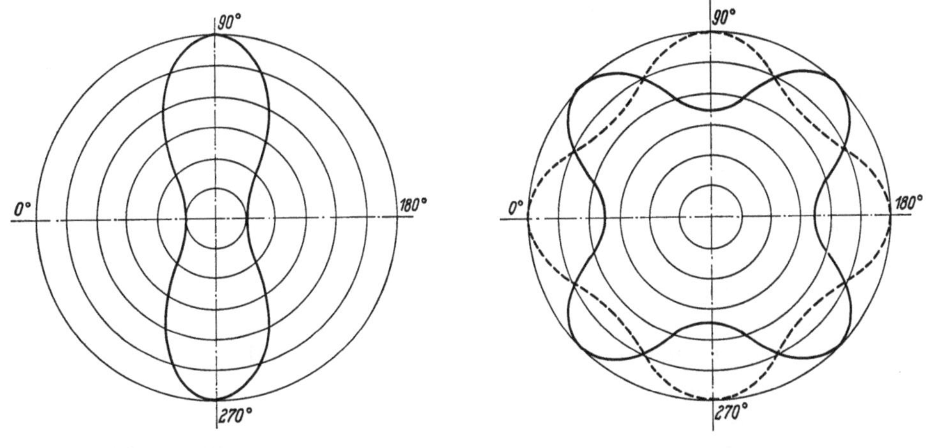

<table>
<tr><td align="center">Abb. 3</td><td align="center">Abb. 4</td></tr>
</table>

Zugfestigkeit, Biegefestigkeit und Schlagzähigkeit eines Hartgewebes aus Glasgewebe in Cord-Bindung ungekreuzt verlegt. Kettrichtung: 90°→270°   – – – Zug- und Biegefestigkeit und ——— Kerbschlagzähigkeit eines Hartgewebes aus Glasgewebe in Leinen-Bindung, ungekreuzt verlegt, Kettrichtung 90°→270°

und prüft die mechanischen Werte in der für Hartpapier geschilderten Art, so erhält man die in Abb. 3 und 4 dargestellten Kreisdiagramme.

Nach Abb. 3 erreichten die senkrecht zur Hauptrichtung herausgeschnittenen Stäbe nur den sechsten Teil der Werte, die die in der Hauptrichtung herausgeschnittenen Stäbe ergaben.

In Abb. 4 sind die auf dieselbe Art erhaltenen Werte für ein Glashartgewebe dargestellt, das mit einem Gewebe erhalten wurde, das gleiche Fäden in Schuß- und Kettrichtung enthielt. – Weiter können die Gewebe noch in den einzelnen aufeinanderfolgenden Lagen zur Erzielung größerer Gleichmäßigkeit der Festigkeitswerte um beliebige Winkel gedreht werden. Die gleichmäßigsten Werte ohne Auftreten einer Schichtrichtung werden erzielt, wenn mit dem Vakuumblasverfahren [3] Faserflocken auf eine Vorform, die innen unter Unterdruck gehalten wird, mit Hilfe geringer Bindemittelmengen zu einem Vorformling in der verlangten Dicke geformt wird, von der Vorform abgezogen und mit dem Bindemittel in die Endform gebracht wird.

Wie schon gesagt, sind fast alle auf den Markt gekommenen spinnbaren Fasern als Füllstoff vorgeschlagen worden. Größere Anwendungsgebiete haben sich bis heute aber nur Baumwolle, durch die Kriegszeit bedingt Zellwolle, und die Polyamide NYLON und PERLON von den organischen und Asbest und Glas von den anorganischen Spinnfasern erschließen können.

Unabhängig von der Form, in der die einzelnen Faserstoffe Verwendung finden, bleiben die erwähnten prinzipiellen Unterschiede derselben erhalten und bedingen die Grenzen der Anwendungsgebiete. So sind beispielsweise bei Verwendung von Phenolharzen die Hartgewebe den Hartpapieren in bezug auf Zug-, Druck- und Biegefestigkeit und in den elektrischen Werten unterlegen, übertreffen sie aber bezüglich der Schlag- und besonders der Kerbschlagfestigkeit, der Wasserunempfindlichkeit, Spalt- und Abriebfestigkeit. NYLON verleiht dem damit hergestellten Hartgewebe höhere mechanische und elektrische Festigkeit und noch geringere Feuchtigkeitsempfindlichkeit. Asbest teilt den damit hergestellten Kunststoffen seine hohe Wärmebeständigkeit mit, während die Glasfaser in den damit zu erreichenden Festigkeitswerten – vor allem bei Verwendung dünnster Fäden – die Spitze aller zur Verfügung stehenden Füllstoffe hält. Die Entwicklung der letzten Jahre hat sehr viel zur Anwendung von Glasfasern als Füllstoff beigetragen [4]. Einerseits forderte die Elektroindustrie in immer stärkerem Maße hochwärmebeständige Isolierstoffe, andererseits lieferte die chemische Industrie Bindemittel von bisher unerreichter Wärmebeständigkeit und Eigenfestigkeit. Zwar hatten die glasfaserverstärkten Stoffe schon vor dem letzten Krieg die Aufmerksamkeit der interessierten Kreise auf sich gezogen [5], doch ist erst durch die Entwicklung der letzten Jahre der Weg zur breiten Verwendung erschlossen worden und die Glasfaser als Füllstoff in allen ihren Formen in großem Umfange zur Anwendung gekommen.

Die Verwendung der Glasfaser als Füllstoff hat die Bearbeitung eines vorher nur selten aufgetretenen Problems neu belebt, nämlich dasjenige der Haftfestigkeit Kunststoff : Glas. Die große Empfindlichkeit der rohen Glasfaser und die geringe Haftfähigkeit der Elementarfäden verlangt beim Spinnen und Weben die Verwendung von Hilfsmitteln, die entweder vor der Verarbeitung zu Kunststoffen entfernt oder nach dem zu verwendenden Bindemittel ausgewählt werden müssen. Trotzdem gelingt es nicht, die sehr hohe Reißfestigkeit der dünnen Glasfäden, die bei 250 kg/mm² liegt, in den damit verstärkten Kunststoffen voll zur Geltung zu bringen. Dies ist dadurch bedingt, daß die Haftung des Kunststoffes an der Glasfaser ungenügend ist, daß es weiter nicht möglich ist, alle Einzelfäden gleichmäßig zum Tragen zu bringen, daß die Glasfäden beim evtl. Entschlichten und auch bei der mechanischen Verarbeitung geschwächt werden und wegen des durch die große Oberfläche der Fäden verursachten chemischen Angriffes des Glases durch Feuchtigkeit.

Erwähnt sei, daß bei den glasfaserverstärkten Kunststoffen neben diesen auch noch Füllmittel im wörtlichen Sinne Verwendung finden. Dies sind dann meistens pulvrige anorganische Stoffe, die hauptsächlich zur Streckung des Bindemittels dienen, aber wie immer bei der Verwendung anorganischer Stoffe auch auf Härte, Abriebfestigkeit, Farbe und Schwindung von Einfluß sind.

Holz. Als nächste Gruppe von gefüllten Kunststoffen sei auf das Holz in Kunststoffen hingewiesen, da es in größerem Umfange Verwendung findet, obgleich hier mindestens bei einem Teil der Produkte das Holz einen so überwiegenden Einfluß ausübt, daß man mit besserem Recht von einem durch Kunststoff veredelten Holz sprechen müßte. Im Gegensatz zu dem schon besprochenen Holzmehl handelt es sich hier um Holz, das in so grober Verteilung vorliegt, daß die Struktur des gewachsenen Holzes, wenn nicht äußerlich, so doch in den Eigenschaften der hergestellten Produkte erkennbar ist. Hauptsächlich handelt es sich hier um die Verwertung von Holzabfällen oder Furnierabfällen, die mit Kunststoffen als Bindemittel in wechselnder Menge gemischt zu Formkörpern beliebiger Gestalt gepreßt werden. Je nach Bindemittelmenge und Art der Verarbeitung entstehen Gegenstände von der Leichtbauplatte bis zum Preßholz, das härter und widerstandsfähiger als Pockholz ist. Es können auch dickere oder dünnere Furniere mit Kunstharz getränkt, übereinandergeschichtet und verpreßt werden. Bei dieser Verarbeitungsart bleibt in den einzelnen Lagen der Charakter des Holzes gewahrt, so daß bei der sehr ausgeprägten Faserrichtung des gewachsenen Holzes die gleichen Erscheinungen und Möglichkeiten auftreten wie bei den vorher erwähnten Cordgeweben, bei denen dichte starke Fäden in der einen Richtung mit nur vereinzelt stehenden dünnen Fäden miteinander verbunden sind. Auch hier kann man also hohe Festigkeitswerte in einer Richtung durch parallele Schichtung oder gleichmäßige Werte in verschiedenen Richtungen durch beliebiges Drehen aufeinanderfolgender Lagen erzielen. Die Wärmebeständigkeit der holzgefüllten Kunststoffe ist durch die Wärmebeständigkeit des Holzes begrenzt, ebenso ist die Feuchtigkeitsaufnahme des Holzes auch in den damit hergestellten Preßstoffen merklich. In der Praxis wird in größerem Umfange nur bei Phenolharzen Holz als Füllstoff verwendet, während zur Verleimung von Sperrholzplatten Aminoplaste wegen ihrer hellen Farbe bevorzugt werden.

Werden Furniere in kleinstückiger Form verwendet, gelangt man zu Füllstoffen, die zwar flächige Struktur aufweisen, aber keinen durchlaufenden Faserverband mehr besitzen. In ähnlicher Form können auch die anderen Schichtstoffe Papier und Gewebe als Füllstoffe benutzt werden. Die auf diese Weise entstehenden Formstoffe werden unter der Bezeichnung „Schnitzelmassen" zusammengefaßt. In ihren Eigenschaften stehen sie zwischen den mit Schichtstoffen und den mit Fasern verstärkten Formstoffen. Das Fehlen durchgehender Schichten verringert die mechanischen Werte derselben. Die Verschlechterung macht sich besonders bei dünnwandigen Stücken bemerkbar. Dem steht die bessere Verformbarkeit gegenüber, die die Herstellung selbst hochwertiger Formkörper und die Verwendung der Massen in Spritzwerkzeugen gestattet. Das Verhalten dieser Massen gegen Wärme, Feuchtigkeit und Chemikalien ist wie bei den übrigen Füllstoffen von der Art derselben abhängig, indem auch hier die höhere Wärme- und Chemikalienbeständigkeit bei den Asbest- und Glasgewebeschnitzeln liegt.

5.9.4 Füllstoffgemische

Erwähnt wurde bereits bei den glasfaserverstärkten Kunststoffen die gleichzeitige Verwendung von pulvrigen Füllstoffen als Streckmittel für das Bindemittel. Auch die anderen Füllstoffe werden zuweilen in Mischungen miteinander verwendet, so z. B. anorganische pulvrige Stoffe in Mischung mit Faserstoffen organischer und anorganischer Herkunft zur Erhöhung der mechanischen Eigenschaften. Aus demselben Grunde werden auch kurzfaserige Füllstoffe mit langfaserigen vermischt oder an besonders beanspruchten Stellen von Formstücken Gewebestücke oder Schnüre, ja selbst Metalldrähte zur Verstärkung eingelegt.

5.9.5 Sonstige Füllstoffe und spezielle Zusätze

In diesem Zusammenhang seien noch Zumischungen bestimmter Stoffe erwähnt, die neben den hauptsächlich verwendeten Füllstoffen oder auch für sich allein gewöhnlich in kleineren Mengen zur Erzielung eines bestimmten Zweckes zugesetzt werden. So werden beispielsweise Hartgeweben zur Verwendung als Lager geringe Mengen Graphit oder Molybdänsulfid zur Erniedrigung der Reibung beigefügt. Auch die Zumischung flammwidriger Mittel zu brennbaren Kunststoffen ist bei einigen Hochpolymeren üblich.

Auf einige in den bisher aufgeführten Gruppen nicht unterzubringende Füllstoffe sei wenigstens kurz hingewiesen. Das sind einmal die nicht mehr als Füllstoffe zu bezeichnenden Schleifmittel bei der Herstellung von Schleifscheiben. Sodann werden bei einigen Kunststoffen auch oberflächenaktive Füllstoffe verwendet. Hier seien die bei Gießharzen zur Erzielung von thixotropen Eigenschaften verwendeten Bentonite und hochdispersen Kieselsäuren genannt. Bekannt sind Zusätze solcher aktiver Füllstoffe seit langer Zeit für Naturkautschuk und kautschukähnliche Kunststoffe, wie Buna, Oppanol u. ä. Neben den eben genannten seien noch aktiver Ruß, Zinkoxyd, Aluminiumoxyd und Titandioxyd angeführt. Besonders wirksam sollen die pyrogen in der Gasphase erzeugten Oxyde sein [6].

Die die mechanischen Eigenschaften verbessernde Wirkung der aktiven Füllstoffe ist darauf zurückzuführen, daß die Makromoleküle sich durch polare Gruppen oder über Nebenvalenzen auf den Füllstoffen verankern und bei Verformung der Molekülketten an den aktiven Oberflächen derselben festgehalten werden.

In einer im Jahre 1941 erschienenen Abhandlung [7] „Über aktive und inaktive Füllmittel in makromolekularen Stoffen" wurde versucht, auf Grund der Verschiebung der Einfriertemperaturen von Kunststoffen in Mischung mit verschiedenen Füllstoffen die Aktivität von Füllstoffen festzustellen. Verwendet wurden Ruß, Zinkoxyd, Bleioxyd, Fullererde u. a. Die erzielten Resultate ließen verschiedene Deutung zu. Kurze Zeit später erschien dann die Mitteilung [8], daß diese Arbeitshypothese als falsch erkannt sei, daß vielmehr die Benetzungstemperatur Makromolekül: Füllstoff ausschlaggebend sei. Bei den Kunststoffen liege diese über der Einfriertemperatur und diese wiederum über der Gebrauchstemperatur. Nur bei kautschukähnlichen Stoffen läge die Einfriertemperatur genügend tief und nur bei diesen gäbe es daher aktive Füllstoffe. Auch die Mitverwendung von niedermolekularen Weichmachern zur Erniedrigung der Einfriertemperatur ändere an dieser Tatsache nichts, da diese bevorzugt an die aktiven Füllstoffe angelagert würden und dadurch eine Anlagerung der Makromoleküle verhinderten.

Eine zur Kunststoffausstellung 1959 erschienene Schrift [9] vertritt ebenfalls die Ansicht, daß es für die nichtkautschukähnlichen Kunststoffe keine aktiven Füllstoffe gibt.

Dagegen stehen nur wenige Angaben über aktive Wirkung von Füllstoffen in Duroplasten und Thermoplasten, die sich auf weichgemachtes PVC [10] und auf Polyäthylen [11] beziehen. In den beiden Fällen ist Ruß als aktiver Füllstoff genommen und eine Verbesserung der mechanischen Werte erzielt worden. Wieweit im ersten Falle die Änderung auf Adsorption des Weichmachers zurückzuführen ist, ist nicht zu entscheiden.

Erwähnt sei weiter die Wirkung von Ruß als lichtabsorbierender Zusatz zur Vermeidung der durch UV-Strahlen hervorgerufenen Zersetzungserscheinungen, der nur so weit günstig wirkt, bis eine völlige Schwärzung des Kunststoffes erreicht wird. Höhere Zusätze verringern die mechanischen Werte.

Weiter ist es möglich, durch Acetylenruß an sich isolierenden Kunststoffen gute elektrische Leitfähigkeit zu verleihen. Genannt sei weiter ein in der neueren Literatur [12] gemachter Vorschlag, sehr dünne Glasfilme als Füllstoff heranzuziehen.

Bei der Verschiedenartigkeit der Füllstoffe und der Kunststoffe und bei der Möglichkeit, beide in fast beliebigem Verhältnis miteinander zusammenzubringen, ist es klar, daß sich definierte Eigenschaften der einzelnen Kombinationen nur in seltensten Fällen angeben lassen. Dies ist dann der Fall, wenn sich einzelne Formmassen so weit allgemein durchgesetzt haben, daß von einem Handelsbrauch gesprochen werden kann. Damit werden diese Massen normreif. Von den deutschen Normen seien die Normblätter 7703, 7704, 7705, 7707, 7708 und 7735/36 genannt. Von diesen gibt 7708 die an Probekörper aus Formmassen und 7735/36 die an Schichtstoffe zu stellenden Mindestforderungen an. Einen größeren Kreis der Schichtstoffe als die deutschen Normen erfassen die ASTMd 709–52 T, die auch Werte für Glashartgewebe auf Melamin- und Siliconharzbasis und Asbest- und Nylonschichtstoffe enthalten. Bei den Formstoffen sind die wohl umfangreichsten Angaben in den Beilagen zu den Modern Plastics resp. der dazugehörigen Enzyklopädie aufgeführt. Einschränkend muß aber hinzugefügt werden, daß ihnen ebenso wie sonstigen Veröffentlichungen der Normencharakter, also die Allgemeingültigkeit fehlt.

Die Kunststoffanwendung muß den anisotropen Aufbau der gefüllten Kunststoffe bei fast allen Verwendungszwecken und Eigenschaftsangaben berücksichtigen [13], und es muß auch immer wieder darauf hingewiesen werden, daß die meisten Eigenschaften der fertigen Erzeugnisse nicht nur von der Zusammensetzung der verwendeten Ausgangsstoffe, sondern auch von den beim Herstellungsgang ablaufenden Vorgängen abhängig sind.

Literatur

[1] LANDALL, A. P.: Mod. Plastics 32 (Sept. 1954) S. 131.
[2] REIMER, C.: Kunststoffe 45 (1955) S. 367.
[3] Mod. Plastics 29 (Dezember 1951) S. 123.
[4] Kunststoffe 45 (1955) S. 495.

[5] BOLLENRATH, F.: Kunststoffe 36 (1946) S. 73.
[6] WEIHE, A.: Kunststoffe 44 (1954) S. 103.
[7] UEBERREITER, K., u. G. BENKENDORFF: Kunststoffe 31 (1941) S. 396.
[8] UEBERREITER, K.: Z. angew. Chem. 54 (1941) S. 508.
[9] FRANZKE, L., u. K. STOECKHERT: Kunststoffe verwenden – Wo und wie?, S. 22. Düsseldorf: 1959.
[10] PENN, S. W.: Electr. Manufact. 8 (1952) S. 8.
[11] BOSKIRK, R. L. VAN: Mod. Plastics 34 (Juni 1957) S. 37.
[12] Mod. Plastics 32 (Juni 1955) S. 193.
[13] WACHHOLTZ, F.: Deutsche Farbenzeitung 9 (1955) S. 417.

6. Eigenschaftsänderungen durch strukturbeeinflussende Einwirkungen

6.1 Monomolekulare Schichten (Spreitungsversuche)

Von F. H. Müller, Marburg/Lahn

Unter Spreitung versteht man bei kleinen Molekülen deren Ausbreitung zu einer monomolekularen Schicht in einer Grenzfläche [1].

Nicht jede in den angrenzenden Phasen unlösliche Substanz spreitet. Es muß für die Grenzflächenspannungen zwischen den Medien 1 und 2 und der zu spreitenden Substanz folgende Ungleichung erfüllt sein:

$$\sigma_{1,2} > \sigma_{1,3} + \sigma_{2,3}.$$

Viele Untersuchungen beziehen sich auf die Grenzfläche Wasser/Luft. Aber auch in der Phasengrenze Wasser/Öl sind Untersuchungen durchgeführt.

Von der zu spreitenden Substanz setzt man Unlöslichkeit in beiden angrenzenden Phasen voraus. Lösliche Substanzen besitzen häufig die Eigenschaft, sich in der Grenzfläche anzureichern (Kapillaraktivität). So finden sich sämtliche Übergänge im Verhalten von grenzflächeninaktiv zu grenzflächenaktiv, spreitbar und schließlich nicht spreitbar. Das jeweilige Verhalten hängt sowohl von der zu verteilenden Substanz wie von den die Grenzfläche bildenden Phasen ab.

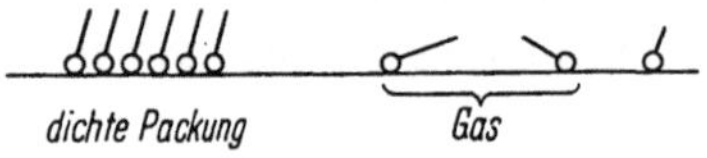

Abb. 1. Typische Lagerung von Stearinsäuremolekülen auf Wasseroberfläche als Beispiel. Links Packung im komprimierten Zustand, rechts im expandierten

Abb. 1 zeigt schematisch die Lagerung der gespreiteten Moleküle etwa für Ölsäure oder Stearinsäure auf einer Wasseroberfläche. Die hydrophilen Säuregruppen sind der wäßrigen Phase zugewandt. Die hydrophoben aliphatischen Ketten der Moleküle richten sich beim Zusammenschieben der Substanz in der Grenzfläche auf und bilden unter Umständen ein festes Gitter. Bei geringen Konzentrationen verhält sich die gespreitete Substanz wie ein Gas, zusammengeschoben wie eine zweidimensionale Flüssigkeit und schließlich wie ein ebensolches Gitter. Auf die Randlinie wird also ein Druck, hier Schub (F) genannt, ausgeübt, und man kann das Schub-Flächen-Verhalten analog zum Druck-Volumen-Verhalten untersuchen. Man hat dafür Zustandsgleichungen aufgestellt.

Im einfachsten Fall für den gasförmigen Bereich gilt analog der Gasgleichung

$$F A = n R T. \tag{1}$$

F Schub,
A Fläche,
n Anzahl der Mole,
R Gaskonstante,
T absolute Temperatur.

Derartige Zustandsgleichungen lassen sich mit einer von LANGMUIR erstmals angewendeten Methode, einer Waage, experimentell untersuchen [2]. Abb. 2 zeigt eine moderne Ausführung dieser Waage, Abb. 3 als Beispiel eine damit gewonnene Registrierung[1].

Für höhere Konzentrationen läßt sich die Zustandsgleichung durch ähnliche Korrekturen wie die VAN DER WAALS-Korrekturen beim idealen Gas erweitern:

$$\left(F - \frac{a}{A^2}\right)(A - B) = n R T. \tag{3}$$

In (3) bedeutet B den Flächeneigenbedarf bei dichter Packung der Moleküle, a eine für die Wechselwirkungskräfte der gespreiteten Moleküle charakteristische Konstante. Gemäß Abb. 1 sieht man, daß aus B bei bekannter Anzahl der Moleküle Schlüsse auf deren Querschnitt gezogen werden können. Auch die Konstante a läßt häufig genauere Diskussionen zu. Bei der Aufrichtung entsteht ein aus parallel gestellten Dipolen aufgebautes Gitter. Dipole in dieser Lage stoßen sich ab. Das gibt einen Teilbeitrag zur Wechselwirkung entsprechend $F' = \text{const } \mu^2 \cdot A^{-5/2}$ (μ = Dipolmoment).

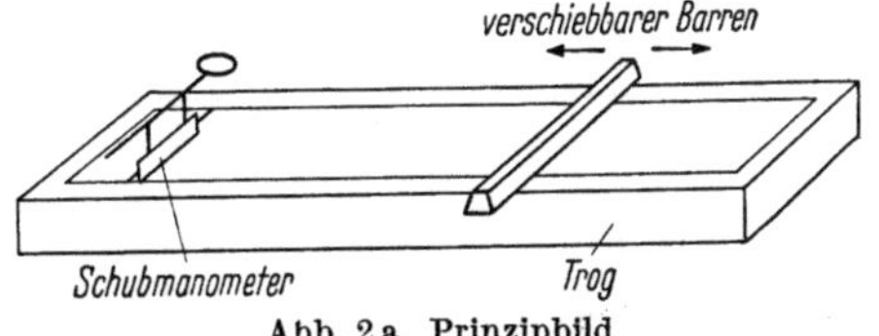

Abb. 2a. Prinzipbild

Abb. 2b. Technische Ausführung (Antrieb und Registrierkasten nicht zu sehen)

---

[1] Gleiche Ergebnisse erhält man durch Verfolgung der Oberflächenspannung als Funktion der Konzentration der gespreiteten Substanz. Bei der Spreitung (und ebenso bei Grenzflächenaktivität) erniedrigt sich die Oberflächenspannung, und die Waage bestimmt mit ihrem Waagebalken ja einfach die Differenz beider Oberflächenspannungen vor und hinter dem Barren.

$$\sigma - \sigma' = F. \tag{2}$$

σ Oberflächenspannung des reinen Wassers,
σ' Oberflächenspannung des filmbedeckten Wassers,
F Schub.

54*

Andererseits bestehen Anziehungen auf Grund der Dispersionskräfte zwischen den aliphatischen Ketten, die man ebenfalls formulieren kann.

Die Parallelisierung der Dipole bedeutet zugleich den Aufbau einer elektrischen Doppelschicht. Und so lassen sich weitere Kenntnisse aus der Untersuchung des Potentialsprunges in derartigen Grenzflächen als Funktion der Molekülkonzentrationen an gespreiteter Substanz ziehen.

Im übrigen ist bei Vernachlässigung der Korrektur für Wechselwirkungskräfte Gl. (3) umformbar in:

$$F A = F B + n R T . \tag{4}$$

Aus der Auftragung des Produktes FA gegen die Schubspannung sollte sich also aus der Neigung der Eigenflächenbedarf und damit eine Aussage über gewisse Dimensionen, aus dem Ordinatenabschnitt die Anzahl der Mole n der gespreiteten Substanz ermitteln lassen, so daß prinzipiell sowohl das Molekulargewicht wie bestimmte Dimensionsangaben zu finden wären.

Hochpolymere lassen sich nun ebenfalls spreiten [2a], meist nach der Methode der verdünnten Lösung. Das Lösungsmittel verdampft oder wandert in die flüssige Phase ab, und wenn die Konzentration ausreichend klein war, unterhalb einer Grenzkonzentration lag, dann sollten die einzelnen hochpolymeren Moleküle isoliert auf der Oberfläche liegen. Die Lagerung wird hierbei nicht im gleich strengen Sinne monomolekular sein. An einzelnen Stellen werden sich die Ketten

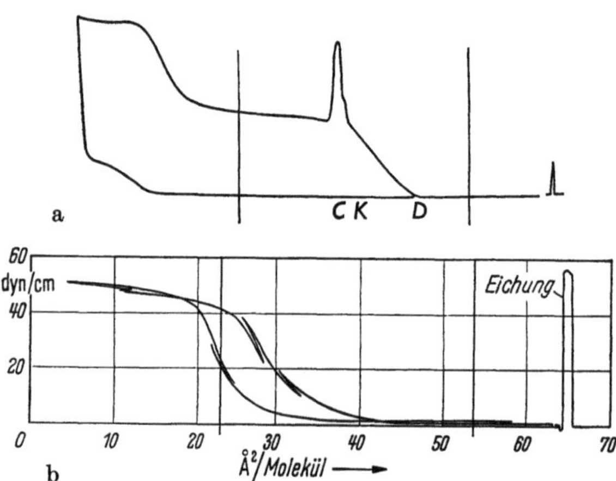

Abb. 3. a) Schubflächendiagramm von Stearinsäure auf Wasser, aufgebracht aus benzolischer Lösung. Temperatur 20 °C, Schubgeschwindigkeit 1,5 mm/sek, Eichzacke (ganz rechts) 12 dyn/cm. Der Abstand zwischen den beiden Senkrechten entspricht 30 cm Troglänge (unmittelbare Wiedergabe der Registrierung)
D Dichtpunkt, *K* Knickpunkt, *C* Kollaps (nach K. Huff)

b) Schubflächendiagramm von Ölsäure auf Wasser, gespreitet aus benzolischer Lösung. Temperatur 22 °C. Hysteresen beruhen wahrscheinlich auf chemischen Veränderungen, bei kurzen Zyklen und kurzen Versuchszeiten praktisch Reversibilität (nach F. Krum)

überschlaufen (Abb. 4). Das einzelne Fadenmolekül aber wird eine mehr oder weniger ausgedehnte flache Scheibe geben. Diese Scheibe wird um so flacher sein, je stärker der Anteil an zur einen Phase lyophilen Gruppen im Molekül ist. Beispielsweise werden die Acetatgruppen beim Polyvinylacetat sich dem Wasser zu richten, das Kettengerüst nach der Luft zu stehen. Überwiegt die Konzentration an lyophilen Gruppen, tritt Lösung, verbunden mit Grenzflächenaktivität, ein wie bei Celluloseäthern [3] oder beim Polyvinylpyrrolidon [4]. Umgekehrt zeigen Hochpolymere mit vorwiegend lyophobem Charakter, sofern man sie durch einen geeigneten Trick als Einzelmoleküle in einer Grenzfläche ausbreiten, ein ganz anderes Bild [5]. Jedes Einzelmolekül rollt sich gegebenenfalls zu einer kleinen kompakten Kugel auf mit etwa der Dichte des kompakten Zustandes. Die Dicke der zusammengeschobenen Kugeln entspricht dann dem Kugeldurchmesser.

Kann man sie einwandfrei ermitteln, so hätte man aus ihr und der Menge an gespreiteter Substanz ebenfalls ein exaktes Maß des Molekulargewichtes. Derartige Kugeln aus Polymethacrylat konnte NASINI [6] elektronenmikroskopisch ausmessen. Man findet sie auch bei der Spreitung von Polystyrol auf Wasser [7].

Aus dem Vorangehenden wird klar, daß das Spreitungsverhalten in der Grenzfläche Wasser/Luft sehr verschieden von dem in der Grenzfläche Wasser/Öl ist [8]. Es wird auch verständlich, daß sehr starke Abhängigkeiten von der tragenden Phase, z. B. von deren p_H-Wert und der Ionenstärke, auftreten werden, vor allem dann, wenn Hydroxylgruppen im polymeren Molekül vorhanden sind oder dieses Polyelektrolytcharakter oder amphoteren Charakter besitzt [9].

Für die Hochpolymeren hat SINGER [10] in Analogie zu den Rechnungen von HUGGINS [11] eine verbesserte Zustandsgleichung aufgestellt, in der als weiterer Parameter eine Größe Z vorkommt, die der Koordinationszahl entspricht:

$$\frac{F}{F_0} = -\left[\log\left(1 - \frac{A_0}{A}\right) - \frac{n-1}{n}\frac{Z}{2}\log\left(1 - \frac{2A_0}{ZA}\right)\right].$$

A_0 Eigenflächenbedarf, F_0 zugehöriger Schub

Ein zu einer Scheibe kollabiertes Fadenmolekül ist mehr oder weniger als in die Ebene zusammengefalteter statistischer Knäuel zu betrachten. Jeder Rest hat 2 Nachbarn. Sind für diese nur $Z = 2$ genau einander gegenüberliegende Positionen möglich, dann muß das Molekül stark geradlinig gestreckt sein. Sind mehr als 2 Positionen möglich ($Z > 2$), so wäre der Überschuß als Maß für die Biegsamkeit

Tabelle 1 (nach RIDEAL [8])

Polymeres	$Z - 2$	
	Luft/Wasser-Grenzfläche	Öl/Wasser-Grenzfläche
Poly-n-butylacrylat	2,0	2,0
Poly-n-butylmethacrylat	1,3	—
Poly-β-äthoxyäthylmethacrylat	1,3	—
NYLON auf 5 N HCl	1,3	
NYLON auf 3 N HCl	0,6	
Polyvinylalkohol	0,5	
Hämoglobin p_H 2	0,4	
Cellulosetriacetat	0,2	2,0
Polyoxydecylsäure	0,15	—
Ovalbumin	0,15	—
Poly-DL-leucin	0,12	1,33
Poly-DL-alanin	—	1,33
NYLON auf 0,01 N HCl	0,10	—
Gliadin auf 0,01 N HCl	0,06	—
Ovalbumin auf 0,01 N HCl	0,04	—
Copolymer von Glutaminsäure, Leucin and Lysin 1 : 2 : 1, p_H 7	0,008	0,19
Methämoglobin	—	0,12

der Kette anzusehen [12] (Tab. 1). Selbst wenn gemäß den neueren Überlegungen von KAWAI [13] diese Deutung der Größe Z modifiziert werden muß, bleibt die Tatsache bestehen, daß man mit wachsender Kenntnis aus einer Analyse von LANGMUIR-Isothermen noch viele Einzelheiten über die Anordnung der Makromoleküle in Grenzflächen und dünnen Schichten wird ermitteln können [8]. Ein besonders eingehendes Versuchsmaterial liegt für Eiweiße vor (BULL [9]). Für diese haben sich zum Teil auch Molekulargewichtsbestimmungen aus Filmmessungen in Übereinstimmung mit den aus anderen Methoden gezeigt

Tabelle 2a

Protein	Molekulargewicht aus	
	Filmmessung	Ultrazentrifuge
Eialbumin	40000	—
Eialbumin	44000	43800
Gliadin	27000	27700
Hämoglobin	12000	69000
α-Lactoglobulin	17100	41800
β-Lactoglobulin	34300	—
Zein......................................	20100	40000

[aus BULL, H. B.: Advances in Protein Chem. 3 (1946)].

(Tab. 2a). Auswertung von Messungen an extrem expandierten Filmen ergaben auch für Celluloseacetat (Tab. 2b) brauchbare Werte [14]. Bei Substanzen wie Polystyrol glaubten PARKER und SHERESHEFSKY, über die Kugeldurchmesserbestimmung auf Grund der Filmdicke ebenfalls einwandfreie Molekulargewichtswerte erhalten zu können [15]. Die eingehende Nachprüfung mit fraktionierten Polystyrolen in weitem Bereich konnte diese Erfahrung leider nicht bestätigen. Nur im mittleren Bereich finden sich richtige Werte [16] (Abb. 5, 6).

Tabelle 2b

Celluloseacetat	
Molekulargewicht nach	
Schubmessungen	Viskosimetrie
178000	142000
23000	27900
15000	16600

(nach JAFFE, J.: J. Chim. Physique 51 (1954) S. 243). Auswertung von Messungen an extrem expandierten Filmen.

Bei den gut spreitbaren Substanzen wie beim Polyvinylacetat sind die Schub-Flächen-Diagramme, berechnet für den Flächenwert des monomeren Restes, praktisch unabhängig vom Molekulargewicht (Abb. 7). Nur bei sehr kleinen Schubwerten und sehr genauen Messungen treten Unterschiede zutage, die zu einer relativen Bestimmungsmethode ausbaufähig sein können [18] (Abb. 8). Im gröberen scheint es sogar so, daß Mischfilme aus zwei weit auseinander liegenden Fraktionen zu einem mittleren Molekulargewicht praktisch genau

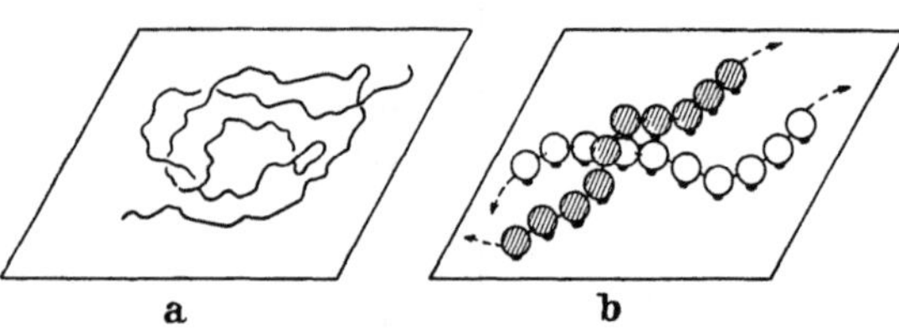

Abb. 4. Schematisches Bild eines eben geknäuelten Fadenmoleküls auf Wasser (a). Herausgezeichnete Stelle einer Überschlaufung (b)

die gleiche LANGMUIR-Isotherme geben wie die einheitliche Fraktion. Sogar eine extreme Polymerisationsgradverteilung ist also bei gut spreitbarem Material nicht deutlich merkbar [19] (Abb. 9).

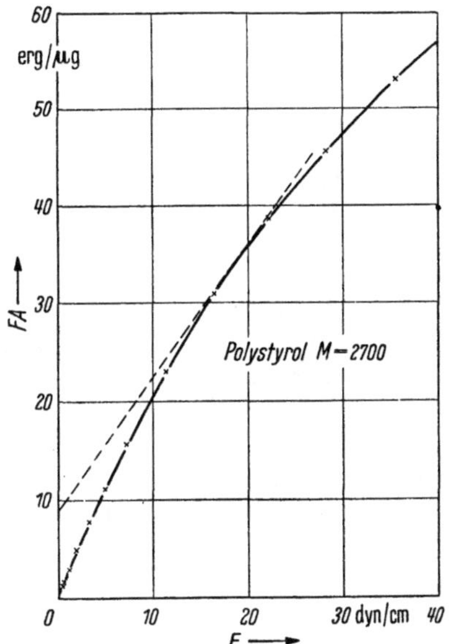

Abb. 5. Die Auftragung FA/F für Polystyrol als Beispiel. Die eingezeichnete Tangente würde für das vorliegende Molekulargewicht den richtigen Wert geben

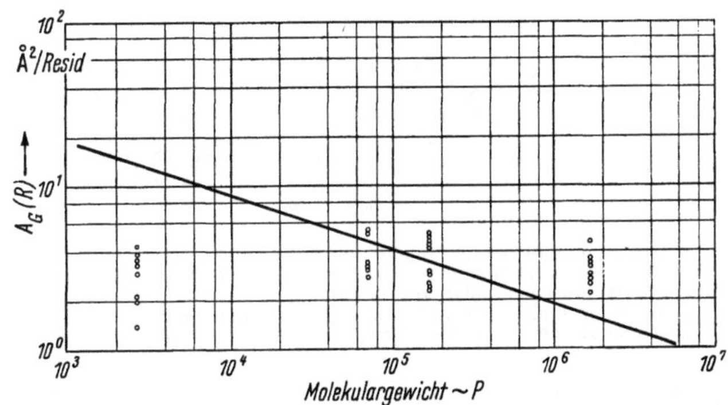

Abb. 6. Molekulargewichtsbestimmung von Polystyrolfraktionen im Bereich 2500 bis 1700000, ausgewertet aus der Dichtpunktfläche und damit nach dem Verfahren der Bestimmung des Durchmessers der Polystyrolkugeln. Nur für die mittleren Molekulargewichte liegen die Werte etwa auf der theoretischen Kurve

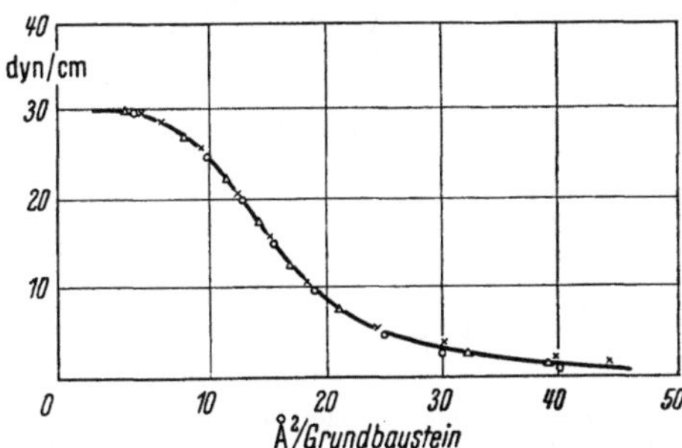

Abb. 7. Polyvinylacetate der Molekulargewichte 16800, 90000, 230000, unterschieden als Kreuze, Kreise und Dreiecke, ergeben, aufgetragen für den Flächenbedarf je Grundbaustein, eine einzige Kurve

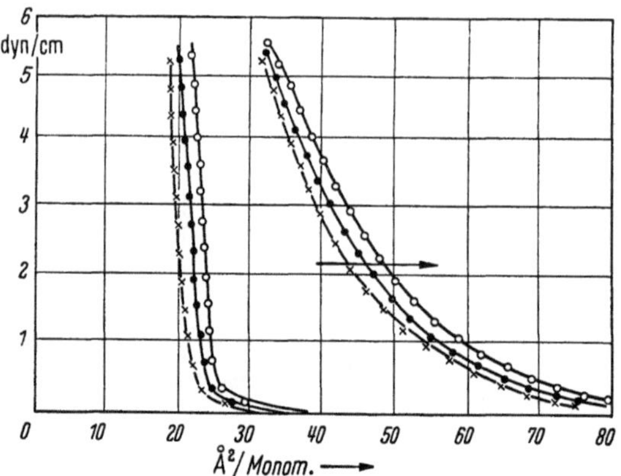

Abb. 8. Kurven für Polyvinylacetate vom Polymerisationsgrad 180, 930 und 3800 im Bereich kleiner Schubspannungen (nach KÄUFER). Pfeilrichtung: steigendes Molekulargewicht. Linke steile Kurven 3 Polymethylsilikone verschiedener Viskosität, also verschiedenen Molekurgewichtes

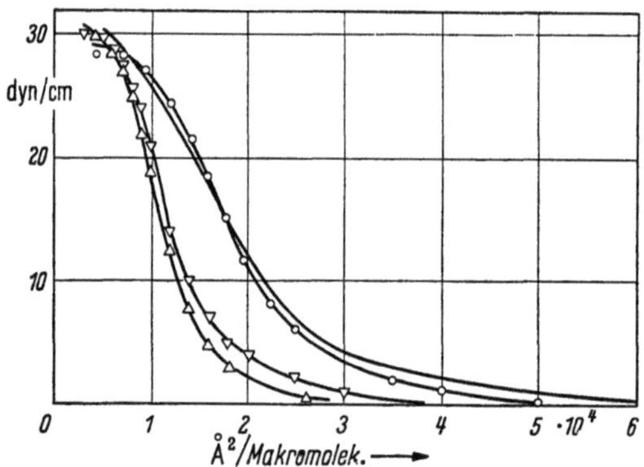

Abb. 9. Ausgezogene Kurve: Polyvinylacetat Molekulargewicht 90000. Kreise: Mischungen aus den Fraktionen 16000 und 230000 zu einem Molekulargewicht von 93000. Stehende Dreiecke: Mischfilm aus den Fraktionen 16000 und 230000 mit einem mittleren Molekulargewicht von 61500. Sitzende Dreiecke: Mischfilm aus den Fraktionen 16000 und 90000 mit dem mittleren Molekulargewicht 58500. Aufgetragen als Flächenbedarf je *Makro*molekül gibt also doch gewisse geringe Unterschiede. (Messungen Frl. E. JUNG)

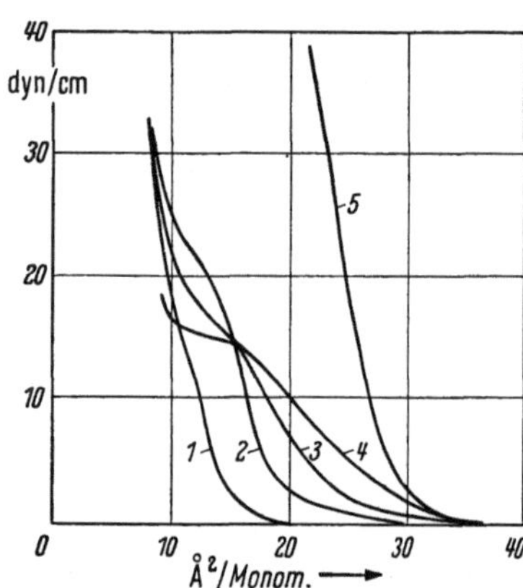

Abb. 10. Polymethacrylate: *1* Methyl-, *2* Äthyl-, *3* n-Propyl-, *4* n-Butyl- (alle Ablesung zur Vermeidung von Hysterese sehr langsam aufgenommen), Kurve *5*: Polyoctadecylmethacrylat (nach CRISP)

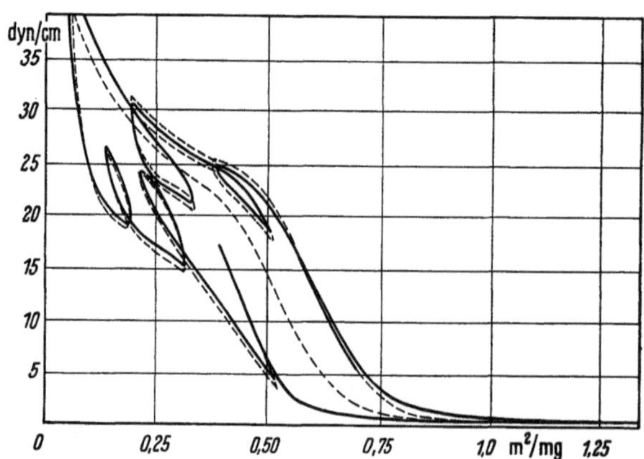

Abb. 11. Eieralbumin auf Wasser, p_H 2,03, mit Zyklen (nach DERVICHIAN)

Mannigfaltige Untersuchungen an verschiedensten Hochpolymeren hat zuerst
CRISP durchgeführt [20]. Abb. 10 zeigt z. B. den Einfluß der Größe seitständiger
Gruppen. In allen diesen Isothermen sind aber die bei niedermolekularen Sub-
stanzen oft sehr charakteristisch auftretenden typischen Punkte, wie Dichtpunkt,

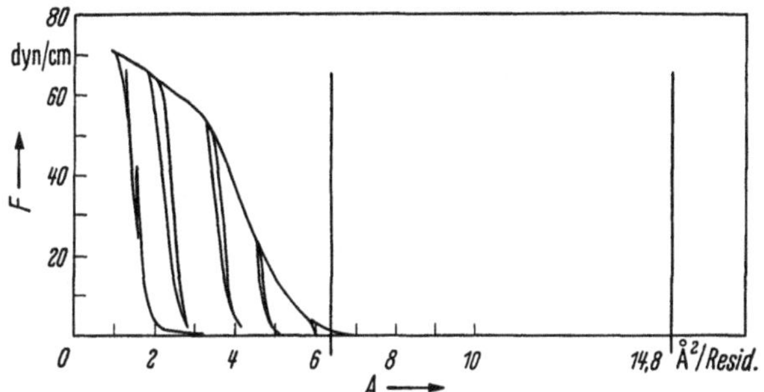

Abb. 12. Polystyrol, aufgebracht aus benzolischer Lösung, mit Zyklen, Temperatur 25 °C

Knickpunkt und Kollaps, viel weniger eindeutig ausgeprägt. Es bilden sich zwar
ebenfalls Überfilme, aber sowohl die Ausbildung wie auch das erneute Spreiten
bei Expansion sind durch Zeiteffekte überlagert. Unter Umständen errechnen

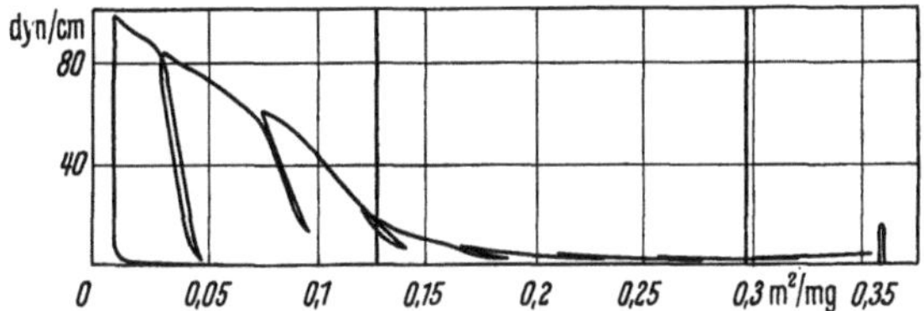

Abb. 13. Polyamid, aufgebracht als Lösung in konzentrierter Ameisensäure, mit Zyklen, Temperatur 20 °C

sich extrem hohe Aktivierungsenergien für den Übergang eines Moleküls aus der
Schicht in den Überfilm oder in die Lösung [21].

DERVICHIAN [22] hat mit der Methode zwischengeschalteter Rückläufe erstmals am Eieralbumin ein Hystereseverhalten der Spreitung Hochpolymerer ab-
getastet und Schlüsse auf Veränderung des Filmes gezogen (Abb. 11). Er konnte
sicherstellen, daß es sich bei gespreitetem Protein um Hysteresephänomene in
der Schicht und keineswegs, wie bis dahin angenommen, um Abwanderung von
Molekülen in die flüssige Unterlage handelt. Diese Untersuchungen mit zwischen-
geschalteten Entlastungen können weitere Aufklärung über das mechanische
Verhalten derartig dünn gespreiteten hochpolymeren Materials geben [23]. Teilweise läuft es parallel zu dem Verhalten im kompakten Zustand. Polystyrol z. B.
zeigt mit seiner kugelartigen Spreitung von vornherein Irreversibilität beim
Entlasten (Abb. 12). Die Kugeln deformieren sich offenbar, ohne zurückzufedern,
teilweise plastisch. Polyamid ist anfangs noch reversibel und zeigt Hysterese-
schleifen erst bei größeren Schubspannungen, vermutlich dann, sobald sich
kristalline Bereiche gebildet haben (Abb. 13). Polyvinylacetat, das am Dichtpunkt
etwa einen Flächenbedarf pro monomeren Rest besitzt, wie er dem einzelnen
Rest zukommt, verhält sich dagegen über den Gesamtbereich wie eine reversibel
spreitbare Flüssigkeit (Abb. 14).

Bei Mischpolymerisaten findet man ebenfalls, ähnlich dem Verhalten vom Polyamid, eine Überlappung von fest und flüssig, die sich bei der Untersuchung

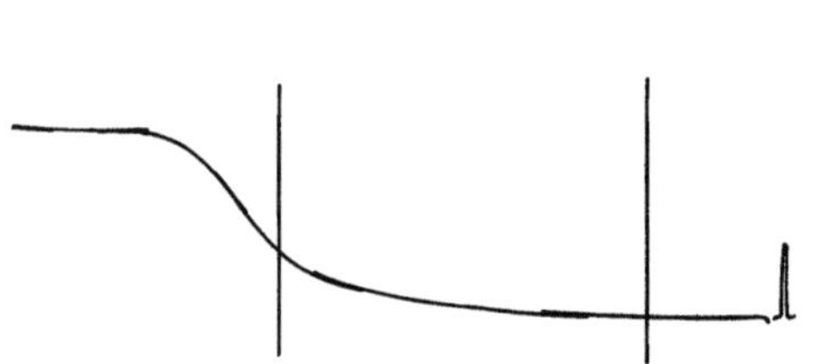

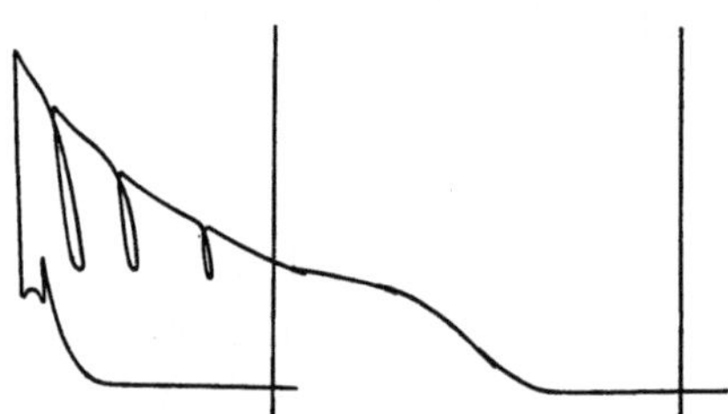

Abb. 14. Als weiteres reversibles Beispiel: Polyacrylsäureäthylester, aufgebracht in benzolischer Lösung, Temperatur 20 °C, Schubgeschwindigkeit 1,5 mm/sek, Eichzacke 12 dyn/cm, mit Zyklen gefahren (F. H. MÜLLER, K. HUFF)

Abb. 15.   Schubflächendiagramm des Copolymerisates Styrol/Acrylsäure mit 42% Acrylsäure, mit Zyklen

von Mischfilmen nicht zeigt [24] (Abb. 15, 16). Aus Mischungen von spreitbaren kleinen Molekülen mit Hochpolymeren lassen sich Übergangstypen finden, die

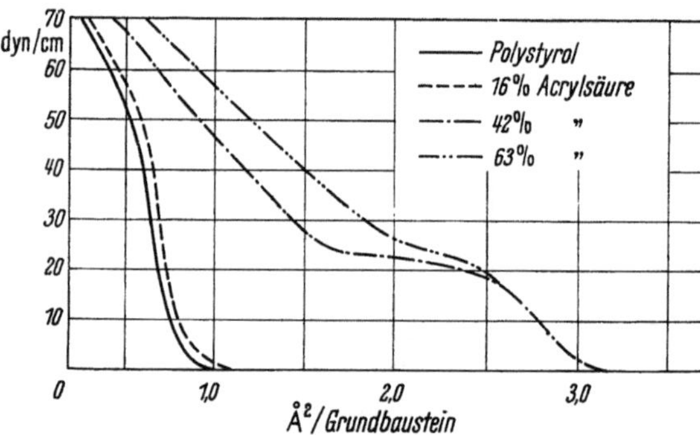

Abb. 16a.   Schubflächendiagramme von Mischpolymerisaten (Styrol/Acrylsäure mit verschiedener Zusammensetzung)

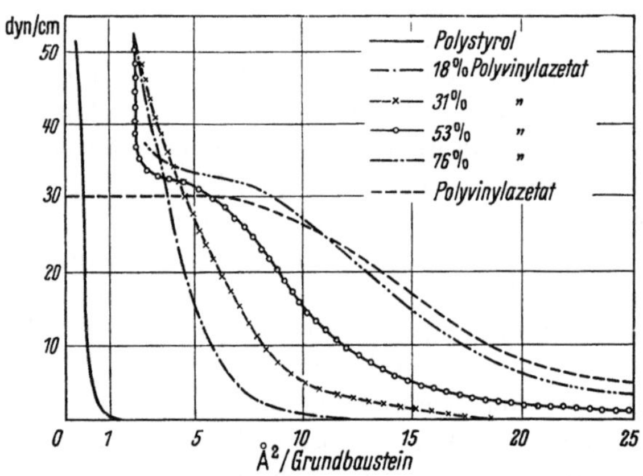

Abb. 16b. Schubflächendiagramme von Mischungen Polystyrol/Polyvinylacetat

noch Eigenheiten, wenn auch verändert, von beiden Komponenten zeigen (Abb. 17) [25]. Man kann Zusammenhänge für die Spreitung und Fällung diskutieren [26]. Das Hystereseverhalten steht in Parallele zur Viskosität bei niedermolekularen Filmen. So ergibt sich zwangsläufig, daß man aus den LANGMUIR-Isothermen Kompressibilitäten, d. h. mechanische Eigenschaften, errechnet und daß man aus der Änderung der Kompressibilität mit der Struktur und mit dem Molekulargewicht Schlüsse zu ziehen sucht [27]. Bei flüssigen Hochpolymerenfilmen scheint man neuerdings durch Messung der Oberflächenviskosität eine neue quantitative Methode für Molekulargewichtsbestimmungen in der Hand zu haben [28].

Interessant ist auch der Übergang zum „bulk state" durch Zusammenschieben hochmolekularer Filme bis zu extremer Kompression. Man erhält hierbei unter Umständen fadenförmige Gebilde, die sich von der Oberfläche abziehen lassen und in ihrer Reißfestigkeit,

Elastizität und Löslichkeit ein besonderes Verhalten zeigen [*29*]. Die unmittelbare Erzeugung von dickeren Schichten, z. B. durch Auftropfen einer Lösung von Polystyrol in Amylacetat auf Wasser, läßt häufig eigenartige Kräuselbewegungen erkennen, bevor der Film erstarrt. Die Bewegungen halten längere Zeit an [*30*].

Gewisses technisches Interesse des Verhaltens monomolekularer Schichten ergibt sich daraus, daß beim Kleben Hochpolymerer und beim gegenseitigen Haften von festen Hochpolymeren im Prinzip gleiche Wechselwirkungsmechanismen auftreten müssen wie bei der Spreitung. Auch hier wird die Haftkraft nicht durch einfaches Aneinandergrenzen der beiden Phasen, sondern durch spezi-

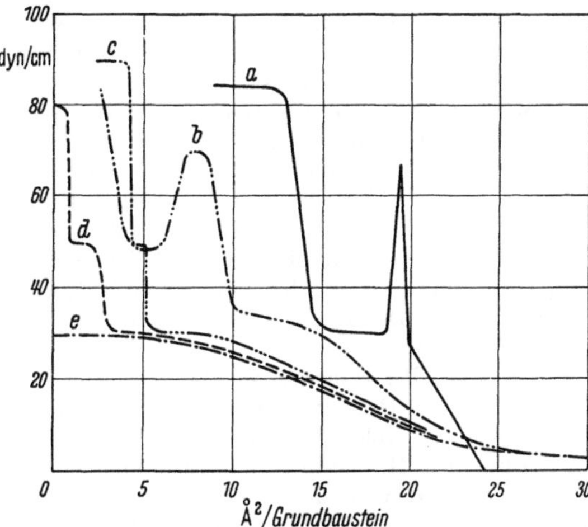

Abb. 17. Mischfilme Polyvinylacetat/Stearinsäure (K. HUFF)
a) reine Stearinsäure,   b) 50 Mol.-% Stearinsäure,
c) 21,5 Mol.-% Stearinsäure,   d) 10 Mol.-% Stearinsäure,
e) reines Polyvinylacetat

fische in molekularen Dimensionen stattfindende räumliche Anordnung der Molekülteile in der Phasengrenze bedingt. Es ist bekannt, daß ein Eiweiß, eingetrocknet auf anorganischem Glas, so feste Haftung verursacht, daß es beim völligen Austrocknen und der damit verbundenen Schrumpfung Glasreste von der Oberfläche abzureißen vermag [*31*].

Literatur

[*1*] EUCKEN, A.: Lehrbuch der chemischen Physik, Bd. II, 2, S. 1275ff. Leipzig: 1949. — A. MARCELLIN: Oberflächenlösungen. Dresden/Leipzig: Steinkopff 1933. — Zusammenfassendes Referat über Monofilme: Proc. roy. Soc. (London) A179 (1942) S. 486. — N. K. ADAM: Physics and Chemistry of Surfaces. London: Oxford University Press 1949. — W. D. HARKINS: Physical Chemistry of Surface Films. New York: Reinhold Publ. Corp. 1952.

[*2*] Moderne Darstellung von W. D. HARKINS in Physical Methods of Organic Chemistry, hrg. von A. WEISSBERGER. Vol. I, Teil 1. New York: Interscience Publ. 1953. — Siehe auch HOUBEN-WEYL.

[*2a*] DEVAUX, H.: Proc. Soc. des Sci. phys. et nat., Bordeaux, Nov. 1903. — Zusammenfassend s. CRISP: Zit. [*20*].

[*3*] STAWITZ, J., H. KRÄMER u. W. KLAUS: Kolloid-Z. 133 (1953) S. 69.

[*4*] BREITENBACH, J. W.: Z. Elektrochem. 59 (1955) S. 309.

[*5*] MÜLLER, F. H., u. F. KRUM: Kolloid-Z. 154 (1957) S. 29. — Ferner: J. PARKER u. J. L. SHERESHEFSKY: Vortrag auf dem 28. National Colloid Symposium Troy, New York, Juni 1954. Prepint J. physic. chemistry

[*6*] NASINI, A G., u. a.: Makromolekulares Symposium Turin, September 1954.

[*7*] MÜLLER, F. H., u. F. KRUM: Siehe Zit. [*5*].

[*8*] RIDEAL, E.: J. Polymer Sci. 16 (1955) S. 531.

[*9*] BULL, H. B.: Advances in Protein Chem., Vol. 3 (1946). — P. EKWALL: Kolloid-Z. 136 (1954) S. 37.

[*10*] SINGER, S. J.: J. chem. Physics 16 (1948) S. 872.

[11] HUGGINS, M. L.: Ann. N. Y. Acad. Sci. 43 (1942) S. 1.
[12] HOTTA, H.: J. Colloid Sci. 9 (1954) S. 504.
[13] KAWAI, T.: J. Polymer Sci. 35 (1959) S. 401.
[14] JAFFE, J.: J. chim. Physique 51 (1954) S. 243.
[15] PARKER, J., u. J. L. SHERESHEFSKY: Zit. [5].
[16] MÜLLER, F. H., u. F. KRUM: Zit. [5].
[17] MÜLLER, F. H.: Z. Elektrochem. 59 (1955) S. 312, insbesondere 320ff.
[18] KÄUFER, H.: Dissertation München 1952. Siehe auch Zit. [17].
[19] JUNG, E.: Unveröffentlichte Messungen.
[20] CRISP, D. J.: J. Colloid Sci. 1 (1946) S. 49 u. S. 161.
[21] MILLER, I. R., u. A. KATCHALSKY: Bulletin of the Research Councilof Israel, II (Dezember 1952) S. 3. — I. R. MILLER: J. Colloid Sci. 9 (1954) S. 579.
[22] DERVICHIAN, D. G.: Kolloid-Z. 126 (1952) S. 15.
[23] HUFF, K.: Diplomarbeit Marburg 1954. — F. H. MÜLLER u. K. HUFF: Kolloid-Z. 129 (1952) S. 49.
[24] BENZING, P.: Diplomarbeit Marburg 1953.
[25] MÜLLER, F. H.: Internationales Symposium über Makromoleküle, Turin 1954.
[26] KRUM, F.: Kolloid-Z. 153 (1957) S. 47.
[27] SCHULLER, H.: Dissertation TH München 1954.
[28] STUART, H. A., u. Mitarbeiter: Noch nicht veröffentlichte Untersuchungen.
[29] Siehe RIDEAL, Zit. [8], sowie Wo. OSTWALD: Die Welt der vernachlässigten Dimensionen. Dresden: Steinkopff 1944.
[30] MÜLLER, F. H.: Kolloid-Z. 103 (1943) S. 144.
[31] OSTWALD, Wo.: Zit. [29].

6.2 Mechanische Verarbeitungsverfahren

Von A. Höchtlen und H. Scheurlen, Leverkusen

6.2.1 Formgebung aus der Flüssigkeit

Formgebung über die Lösung. Von der Walzverarbeitung des Kautschuks abgesehen, ist die Formgebung über die Lösung das älteste Verarbeitungsverfahren für Kunststoffe. Es beschränkt sich auf die Herstellung von Fäden und Filmen. Für Cellulose, Celluloseester, Protein-Formaldehyd-Kondensate und Polyacrylnitril ist das Lösungsverfahren der einzige praktisch ausgeübte Verformungsprozeß. Unter Lösungsmitteln sind wäßrige oder organische Flüssigkeiten zu verstehen, die ausschließlich der Verformung dienen und später mehr oder minder restlos aus dem Formkörper wieder entfernt werden. Die Hochpolymeren werden entweder selbst zu echten Lösungen gelöst oder, falls es keine geeigneten Lösungsmittel für sie gibt, in der Form von Derivaten gelöst und nach abgeschlossener Formgebung in das Ausgangspolymere zurückverwandelt.

Die Verformung der Hochpolymeren über die Lösung bringt in bezug auf die Eigenschaften des Fadens oder Filmes mehrere grundsätzliche Vorteile. Es können sehr saubere, filtrierte Lösungen (von durchschnittlich 15 bis 25% Festgehalt) hergestellt werden, wodurch die Gefahr der Ausbildung von Fehlstellen im Faden oder Film durch Verschmutzung vermindert wird. Dieses Verfahren verbürgt eine gute Homogenisierung der gelösten Polymeren, was besonders für polymer-uneinheitliche Kunststoffe sehr wichtig ist. Allerdings treten oft erhebliche Filtrationsschwierigkeiten bei der Beseitigung von Quellkörpern auf. Diese sind – als echte Vernetzungen, temporäre Assoziationen oder als zu hochmolekular – schon schwer in Lösung zu bringen, aber noch schwerer wieder daraus zu entfernen und können im Formkörper zur Ausbildung von Inhomogenitäten führen. Schließlich erleichtert die Lösung die Ausbildung gleichmäßiger Fadenquerschnitte und Filmdicken. Bei dem Eintrocknen des Gießvolumens auf $^1/_6$ bis $^1/_4$ im Faden oder Film werden Ungleichmäßigkeiten der Formgebung und Dickenschwankungen ausgeglichen, die sonst bei anschließenden Wärmebehandlungen oder beim Recken stören können.

Die Verformung des gelösten Hochpolymeren zum Faden geschieht entweder nach dem Trocken- oder Naßspinnverfahren und zum Film nach dem Gieß- und Gießfällverfahren. Der Verformungsvorgang ist bestimmend für die Struktur des Formkörpers. Wir beschränken uns in dieser Darstellung auf die Betrachtung des Filmgießvorganges; in den meisten Fällen trifft sie auf die Fadenbildung über die Lösung in ähnlicher Weise zu.

Die Filmbildung beim Gießverfahren – sie erfolgt auf einer Gießunterlage – wird zunächst durch Verdunsten des Lösungsmittels an der Oberfläche eingeleitet, an das sich fast gleichzeitig Diffusionsvorgänge des Lösungsmittels aus dem Inneren anschließen. Es bilden sich in Abhängigkeit von der Trockentemperatur und von der Geschwindigkeit, mit welcher die Lösungsmitteldämpfe von der Filmoberfläche entfernt werden, unterschiedliche Strukturen im Film aus. Das Gefüge des Filmes ist an der Oberseite etwas dichter und im Inneren etwas aufgelockerter. Der Strukturunterschied zwischen den beiden Seiten des Filmes verwischt sich zwar bis zu einem gewissen Grade bei der anschließenden Trocknung (abgelöst von der Unterlage), bleibt im Prinzip aber auch im fertigen Film vorhanden. Die Strukturverhältnisse werden durch die stark ausgeprägte Neigung der Hochpolymeren, Lösungsmittelreste festzuhalten, und durch die Verwendung von Lösungsmittelgemischen statt einheitlicher Lösungsmittel unübersichtlich gemacht. Das hartnäckige Zurückhalten der Löser und die damit erst nach sehr langer Zeit zum Stillstand kommenden Schrumpfungserscheinungen sind die Ursachen dafür, daß z. B. die Maßhaltigkeit (gegossener) photographischer Filme sehr hohen Anforderungen, etwa für Vermessungszwecke u. ä., nicht immer entspricht. Letzte Anteile der Lösungsmittel werden wahrscheinlich ähnlich wie sog. gute Weichmacher, z. B. Kampfer in Nitrocellulose, durch VAN DER WAALsche oder ähnliche Kräfte gebunden und beeinflussen die Feinstruktur gegossener Filme.

Eine weitere Beeinflussung der Filmstruktur tritt dann auf, wenn Mischungen aus echten Lösern mit – in praxi immer etwas höher siedenden – Nichtlösern verwendet werden oder Gemische solcher Komponenten eingesetzt werden, von denen jede allein für sich nicht löst, deren Gemisch jedoch ein gutes Lösungsmittel ist. Beispiele sind die Kombination Methylenchlorid-Methanol 9 : 1 unter weiterem Zusatz von Butanol für Acetylcellulose und das Gemisch Äther-Alkohol 3 : 1 für Filmnitrocellulose. Bei der Filmbildung aus solchen Mischlösern wird sich bei dem Verdunsten bald nach der Ausbildung einer härteren Oberfläche die Zusammensetzung des Mischlösers so weit verschoben haben, daß der sich anreichernde höher siedende Nichtlöser das Hochpolymere ausfällt. Die Struktur eines solchen Filmes, der im Laufe der Verfestigung momentan aus seiner Lösung ausgefällt wird und in einer Umgebung von Nichtlösern trocknet, muß anders sein als diejenige eines aus echten Lösungsmitteln eingetrockneten Filmes. Solche Strukturunterschiede äußern sich sehr deutlich in unterschiedlichen mechanischen

Eigenschaften, vor allem in der erhöhten Stoßfestigkeit eines Filmes, der unter Mitverwendung von Fällungsmitteln hergestellt wurde.

Bei der kontinuierlichen Trocknung der Filmbahnen ist meistens eine geringe Reckung in der Längsrichtung und damit eine Anisotropie unvermeidlich. Sie äußert sich, außer in dem Auftreten von Doppelbrechung, in einer Erhöhung der Zugfestigkeit und Verminderung der Dehnung in der Gießrichtung.

Die Erzeugung von Fäden und Filmen durch Ausfällung ihrer Lösung in Fällbädern ist großtechnisch auf die Verarbeitung von Cellulose-,,Lösungen" beschränkt, bei denen die Koagulation gleichzeitig von chemischen Umwandlungen begleitet ist. Es bildet sich eine durch Kontraktion und andere Spannungen während der Ausfällung und Trocknung deformierte Außenhaut und ein etwas lockerer gepacktes Inneres aus; der Faden ist meistens etwas oder gewollt stark orientiert.

Formgebung über die Dispersion. Die Technik der Verformung von Kunststoffen aus wäßrigen Dispersionen wurde im wesentlichen am Kautschuk entwickelt und auf zahlreiche Vinylpolymerisat-Latices und solche aus synthetischen Kautschukarten übertragen. Unter den Latexverformungen im engeren Sinne interessiert hier die Filmbildung (als Oberflächenschutz) durch Verdunsten der flüchtigen Phase und die Formgebung durch Gießen in Formen oder durch Erzeugung von Tauchkörpern und anschließende Koagulation durch Wärme, durch Elektrolytzusatz oder durch anodische Ausfällung. Das Gefüge des Festkörpers entsteht [1] nach der Entfernung des Wassers durch Annäherung und schließlich Zusammenfließen der Polymerteilchen. Es weist im allgemeinen nur geringere Spannungen, aber häufig Fehlstellen und Lücken auf. Diese können trotz guter Auswaschung aufgefüllt sein mit zurückbleibenden Emulgator-, Schutzkolloid-, Verdicker- und Elektrolytresten; dabei muß auch mit der Ausbildung zusammenhängender Schichten aus solchen Verunreinigungen gerechnet werden. Völlig geschlossene Filme sind nur bei gleichzeitiger Mitverwendung von Weichmachern oder durch eine sorgfältige thermische Nachbehandlung zu erwarten; auch liefern Hochpolymere mit niedrigliegendem second order transition point leichter gute Filme als solche mit höherliegendem [2]. Die Homogenität eines Gieß- oder Schmelzfilmes ist nicht zu erreichen; die mechanischen Eigenschaften der Formkörper sind bei Latexverformung schlechter. Die Alterungsbeständigkeit (Wärme-, Licht-, Sauerstoffbeständigkeit) eines Filmes aus Latex ist dieselbe wie bei andersartig hergestellten Filmen; für sie ist in erster Linie die Konstitution des Hochpolymeren maßgebend. Andere, stärker von der Filmstruktur abhängige Eigenschaften, wie die Wasserdampfdurchlässigkeit oder die Wasseraufnahme, werden durch die Verunreinigungen beeinflußt. Der Entfernung des Wassers nach erfolgter Formgebung ist besondere Aufmerksamkeit zu schenken; Überhitzungen beim Trocknen führen zu vorzeitiger Verdichtung der Oberfläche und zur Ausbildung uneinheitlicher Strukturen und schlechterer mechanischer Eigenschaften.

Die Formgebung aus der Dispersion ist, abgesehen von der unten erwähnten Sintertechnik, praktisch die einzige Möglichkeit, Polytetrafluoräthylen (TEFLON) zu verarbeiten. Diese Dispersionen werden (hauptsächlich in Kombination mit Füllstoffen zur Erhöhung der Härte und Druckfestigkeit) durch Versprühen oder Tauchen zu Folien, Schutzüberzügen usw. verarbeitet. Fäden [3] werden aus der Dispersion durch Naßspinnen und anschließendes Sintern bei 350 bis 400 °C, wobei der Faden seine Porosität weitgehend verliert, hergestellt. Die nachfolgende Orientierung durch Kaltziehen gibt dem Faden seine maximale Festigkeit [4].

Verformung über die Paste. Wie bei der Latexverformung, bildet sich auch bei der Verformung über die Paste eine Zufallstruktur aus, weil jede homogenisierende Einwirkung entfällt; die für die Paste charakteristische Anwesenheit reichlicher Mengen von Weichmachern wirkt nur etwas ausgleichend. Es handelt sich bei den Pasten um Verteilungen von Kunststoffpulvern (meistens Emulsionspolymerisaten von z. B. Polyvinylchlorid) in solchen Weichmachern, die erst bei höheren Temperaturen solvatisierend auf die Polymerteilchen wirken. Damit ist eine längere Lagerfähigkeit der Paste bei Raumtemperatur gewährleistet. Art und Menge des Weichmachers (selten unter 30% der Gesamtmischung) richten sich nach den für die Verarbeitung erforderlichen Fließeigenschaften der Paste und den an die Formkörper gestellten Anforderungen. Die Solvatisierung wird in einer oder mehreren Temperaturstufen durchgeführt. Das Endergebnis ist bei genügender Bemessung von Temperatur und Zeit für die (völlige!) Solvatisierung eine unterkühlte, nicht völlig homogene Lösung des Hochpolymeren im Weichmacher. Die Wasserdampfdurchlässigkeit [5] von Überzügen, die mittels einer Paste hergestellt werden, ist höher, und die elektrischen Eigenschaften [5] mit Ausnahme der Durchschlagfestigkeit sind schlechter als bei gegossenen oder gewalzten Folien.

6.2.2 Formgebung bei erhöhter Temperatur

Formgebung durch Sintern. Die Verfahren der Pulvermetallurgie als Formgebungsprozesse für Kunststoffe sind für gewisse sehr hoch schmelzende Thermoplaste, wie TEFLON und manche Polyamide, von Bedeutung.

Die „Schmelz"-Viskosität des hochsymmetrischen TEFLONs liegt so extrem hoch, daß alle bekannten Wege der Schmelzverformung versagen und die Sinterung der einzige Weg zur Herstellung von geformten Teilen ist (s. auch oben). Man beschränkt sich bei der Verarbeitung mit Schneckenpressen darauf, die Teilchen des TEFLON-Pulvers zunächst durch sehr hohen Druck einander zu nähern und dann durch einen anschließenden Sinterprozeß oberflächlich miteinander zu verkleben. Die Grobstruktur der Sinterkörper und die Art des verwandten Füllstoffes sind bestimmend für die mechanischen Eigenschaften des Fertigteiles.

Sinterkörper aus Polyamidpulver werden – ähnlich wie bei der TEFLON-Verarbeitung – so hergestellt, daß zunächst bei hohen Drucken kalt verdichtet und dann oberhalb der Einfriertemperatur, jedoch unterhalb der Schmelztemperatur gesintert wird. Solche gesinterten Teile finden im Gemisch mit Graphitpulver, Metallpulvern u. a. gelegentlich als Lagermaterial Verwendung wegen der verbesserten Schmierfähigkeit (Ölablagerungen in den Zwischenräumen?) und Maßhaltigkeit bei wechselnder Temperatur und Feuchtigkeit. Das Gefüge der Sinterkörper ist zwar noch nicht völlig untersucht, doch nimmt man an, daß sie im Falle der Polyamide einen höheren kristallinen Anteil (etwa 80%) besitzen als gespritzte Teile (40 bis 50%) desselben Materials. Aus diesem Grunde sind die im Zusammenhang mit einer Nachkristallisation auftretenden Effekte hier nicht zu befürchten. Auf den hohen kristallinen Anteil werden auch die verbesserten Gleiteigenschaften solcher Teile zurückgeführt.

Formgebung durch Pressen. Bei der Verformung härtbarer Harze in der Presse (meist bei erhöhter Temperatur) läuft neben dem eigentlichen Formgebungsprozeß die Härtungsreaktion des Harzes ab. Diese Formgebung setzt ein gewisses Fließvermögen des eingesetzten Harzes voraus (z. B. Resitole bei Phenolharzen), um unter dem Einfluß von Druck (und Wärme) sowohl eine gleichmäßige Füllung der Preßform als auch eine optimale Verschweißung (Harz-Harz oder Harz-Füllstoff) zu erreichen.

Thermoplaste werden nur noch selten im Preßverfahren verarbeitet, da es meistens unwirtschaftlicher als die anderen Schmelzverfahren ist. Im Gegensatz zu der Verarbeitung mit Schneckenpressen oder Spritzgußmaschinen findet beim Pressen von Thermoplasten (es wird von Pulver, Granulat oder von Walzfellen ausgegangen) nur noch ein begrenztes Fließen statt. Die ausgebildete Struktur ist also inhomogen, und in den so gewonnenen Formkörpern finden sich häufig die Begrenzungsflächen von Pulver, Granulat oder Walzfell als Unstetigkeitsflächen wieder oder verraten sich bei kristallisationsfreudigen Polymeren durch entsprechende Kristallitanordnungen. Hinzu kommt, daß sich besonders bei dickwandigen Formteilen die ungleichmäßige Abkühlgeschwindigkeit durch eine unterschiedliche Struktur des Materials im Inneren und an der Außenfläche bemerkbar macht.

Formgebung über die Schmelze. Bei der Verarbeitung von Kunststoffen über die Schmelze ist es wichtig, zwischen kristallisierenden Hochpolymeren (z. B. Polyamide, Polyäthylen, Polypropylen und TEFLON) und nichtkristallisierenden (z. B. normales Polystyrol und Polyvinylchlorid) zu unterscheiden. Beim Abkühlen der Schmelze einer kristallisierenden Substanz wird bei einer bestimmten Temperatur oder einem Temperaturbereich Schmelzwärme frei, und das Material geht unter starker Volumenkontraktion in den festen Zustand über. Die Kristallisation kann optisch (Sphärolithe) und röntgenographisch festgestellt werden (vgl. 3.2; 4.11; 4.14).

Kühlt man jedoch die Schmelze eines nichtkristallisierenden Hochpolymeren ab, so steigt die Zähigkeit der Schmelze mit abnehmender Temperatur kontinuierlich an, und es wird eine glasartig erstarrte Substanz erhalten (unterkühlte Schmelze), die weder optisch noch röntgenographisch einen kristallinen Aufbau zeigt. Die Temperatur, bei welcher ein nichtkristallisierender Stoff aus dem Zustand der Schmelze in den des Glases übergeht, wird als Einfriertemperatur bezeichnet (vgl. 3.1).

Bei der Verarbeitung von Kunststoffen über die Schmelze können also sowohl Schmelzen im eigentlichen Sinne, d. h. flüssig gewordene kristalline Substanzen (z. B. bei den Polyamiden, bei Polyäthylen, Polypropylen oder TEFLON) als auch verflüssigte glasartige Produkte (z. B. bei Polystyrol, Polyvinylchlorid u. a.) vorliegen.

Die Verfahren zur Verarbeitung von kristallinen und glasigen Kunststoffen über die Schmelze sind

Schmelzspinnen von Fäden,

Schmelzgießen von Filmen,

Verformung über Schneckenpressen, Spritzgußmaschinen und Walzen.

Sie unterscheiden sich in der Art der Erzeugung der Schmelze und der Präzision ihrer Dosierung, in der Formgebung selbst, der thermischen Behandlung der Formkörper und den mechanischen Nachbehandlungsoperationen. Die Art der Erzeugung der Schmelze ist ohne Einfluß auf die Struktur des Formkörpers, falls die Schmelze genügend homogen ist und bei genügend hoher Temperatur hergestellt wurde.

Für die Erzeugung von Fäden im Schmelzspinnverfahren wird die Schmelze mit Hilfe von Dosierpumpen zur Spinndüse befördert und nach dem Austritt aus dem Düsenloch rasch abgekühlt. Bei kristallisierenden Hochmolekularen ist der kristalline Anteil und die Größe der Kristalle von der Abkühlungsgeschwindigkeit abhängig. Bei langsamer Abkühlung von Fäden mit größerem Querschnitt (Borsten oder Drähte) können Sphärolithe von mikroskopischen Dimensionen beobachtet werden (vgl. 3.7). Nach dem Spinnen werden die Fäden auf das Mehrfache der ursprünglichen Länge gereckt. Dieser Reckvorgang bewirkt eine Orientierung der Moleküle in Richtung der Faser, wobei eine starke Erhöhung der Festigkeit des Fadens eintritt (vgl. 3.5; 3.6). Bei hoher Abkühlgeschwindigkeit wird das Wachstum von Kristalliten verzögert. Anschließendes Tempern bewirkt eine Erhöhung der Kristallinität und eine weitere Zunahme der Festigkeit und der Maßhaltigkeit. Die wichtigsten Produkte für die Herstellung von schmelzgesponnenen Fasern sind Polyamide, Vinylidenchlorid-Mischpolymerisate, Polyäthylenterephthalat und Polyäthylen.

Sehr ähnlich sind die Verhältnisse bei der Herstellung von Folien aus der Schmelze. Auch hier bewirkt eine anschließende (meist zweidimensionale) Rekkung eine wesentliche Erhöhung der mechanischen Festigkeiten des Materials (Polyäthylenterephthalat, Polystyrol, Polyvinylidenchlorid u. ä.).

Bei der Herstellung dreidimensionaler Gegenstände wird die Schmelze unmittelbar nach ihrer Erzeugung unter Druck zum Fließen gebracht. Dies geschieht bei der Schneckenverarbeitung mit einer relativ geringen, beim Spritzgußverfahren mit hoher Fließgeschwindigkeit. Hierbei müssen die Fließwege beim Einbringen des Materials in die Form so dimensioniert sein, daß nicht durch Orientierungseffekte Fließstrukturen und Anisotropie oder durch eine ungleichmäßige Formtemperatur und Abkühlgeschwindigkeit innere Spannungen auftreten können. Letztere lassen sich zwar durch eine nachträgliche Wärmebehandlung wieder beseitigen, doch geht dies meist nur auf Kosten der Maßhaltigkeit des Fertigteiles.

Für die Eigenschaften von Formteilen aus Hochpolymeren ist die Struktur und Molekülanordnung von wesentlicher Bedeutung.

Schmelzen kristalliner hochpolymerer Verbindungen haben im allgemeinen einen meist ziemlich scharfen Erstarrungspunkt, bei welchem sie vom flüssigen in den festen, partiell kristallinen Zustand übergehen. (Das Material ist hierbei zäh geworden und geht dann unterhalb seiner Einfriertemperatur in den glasartigen Zustand über.) Im Gegensatz hierzu gehen flüssige Schmelzen nichtkristalliner Substanzen unterhalb ihres Fließbereiches zunächst in einen kautschukartigen Zustand (hohe elastische Dehnbarkeit, geringer E-Modul) über, um dann ebenfalls unterhalb der Einfriertemperatur glasartig zu erstarren.

Bei kristallisierenden Verbindungen, wie z. B. bei den Polyamiden, linearen Polyurethanen oder beim Terephthalsäureglykolester, ist das Verhältnis von kristalliner zu amorpher Komponente von Einfluß auf die Eigenschaften des Materials. Die amorphe Komponente durchschreitet wie die nichtkristallisierenden Substanzen die Stufen Schmelze – kautschukartiger Zustand – festes Material. Dieser Kautschukeffekt der amorphen Teile (oberhalb ihrer Einfriertemperatur!) ermöglicht die Herstellung von Produkten hoher Festigkeit und Zähigkeit auch bei kristallisierenden Hochpolymeren. Hierbei ist es allerdings von Wichtigkeit, ein günstiges Verhältnis von kristallinem zu amorphem Anteil ohne innere Spannungen und Inhomogenität zu erzeugen. Ein zu hoher kristalliner Anteil ergibt ein sprödes Material, da die auf die amorphen Bezirke beschränkte Dehnbarkeit, Zähigkeit und Flexibilität dann praktisch wegfällt.

Parallel mit der Kristallisation hochpolymerer Verbindungen geht häufig auch die Bildung von Sphärolithen. Trotz eines gleichbleibenden Verhältnisses von amorphem zu kristallinem Anteil sind sphärolithhaltige Produkte spröder als sphärolithfreie teilkristalline Materialien. Umgekehrt jedoch erhöhen Sphärolithe die Zug-, Abrieb- und Verschleißfestigkeit sowie die Oberflächenhärte, worauf vermutlich auch die Verwendbarkeit von Polyamiden für Maschinenteile usw. beruht. Es muß jedoch berücksichtigt werden, daß die Sphärolithbildung leicht zu Schrumpfungen und bei ungünstiger Gestaltung der Teile auch zu Verwerfungen führen kann.

Die bei der Schnecken- oder Spritzgußverarbeitung von amorphen und kristallisierenden Hochpolymeren zur Formstabilisierung nötige Abkühlung der Schmelze kann – wie aus dem Gesagten verständlich – bei kristallisierenden Stoffen von großem Einfluß auf ihre Eigenschaften sein. Bei schneller Abkühlung werden bei manchen kristallisierenden Polymeren die außenliegenden, mit dem kalten Medium (Formwand, Luft, Wasser) in Berührung kommenden Zonen amorph, d. h., es können keine geordneten Strukturen ausgebildet werden. Im Gegensatz hierzu ermöglicht die langsamere Abkühlgeschwindigkeit im Inneren eines Formteiles die Ausbildung von kristallinen Bezirken (gleichmäßig kristallines Halbzeug in Form von Stangen durch langsames Abkühlen).

Neben dieser Abhängigkeit des Kristallisationsgrades von der Abkühlgeschwindigkeit der Schmelze ist die Textur kristallisierender Polymerer auch noch von der thermischen Vorgeschichte ihrer Schmelze abhängig [6]. Dieser Einfluß macht sich bei Produkten bemerkbar, die nur wenige Grade über ihren Schmelzpunkt erhitzt wurden. Bei diesen Temperaturen verschwinden zwar Kristallinität und die der teilkristallinen Struktur überlagerten Sphärolithe. Da jedoch die Temperaturen zu einer Zerstörung der gegenseitigen Moleküllagen noch nicht ausreichen, kehren die Sphärolithe beim Abkühlen (unabhängig von der Abkühlgeschwindigkeit) in gleicher Lage und Zahl wieder. Dieses „Erinnerungsvermögen" einer Schmelze macht sich besonders durch Anomalien im Fließverhalten bemerkbar.

Werden die Schmelzen dagegen auf Temperaturen wesentlich über ihren Schmelzpunkt erwärmt und gegebenenfalls durch mechanisches Rühren oder durch Konvektion während einer längeren Zeit homogenisiert, so ist die beim Abkühlen auftretende Sphärolithbildung unabhängig von der des Ausgangsmaterials.

Von technischer Bedeutung ist auch der Einfluß zugemischter Kristallisationskeime. Sie sind auf Grund ihrer Kleinheit und leichten Verteilbarkeit sowohl in der Schmelze als auch im Fertigteil nicht sichtbar. Diese Keime bewirken beim Abkühlen sehr rasch eine einheitliche Ausbildung kleiner Sphärolithe, wodurch nach der Entformung kein Verziehen mehr auftreten kann. Hochpolymere mit solchen Zusätzen (sie wurden bisher nur bei einigen Polyamidtypen verwendet) ermöglichen durch ihre verringerte Standzeit in der Spritzgußmaschine dem Verarbeiter eine wirtschaftlichere Herstellung von geformten Teilen.

Neben diesen Einflüssen der Ordnungszustände auf die Eigenschaften von Hochpolymeren spielen sowohl bei kristallinen als auch bei völlig amorphen Produkten, wie z. B. normalem Polystyrol, Poly-(meth)acrylaten, Polyvinylchlorid, Polycarbonaten u. a., noch andere Eigenschaften eine wesentliche Rolle. Es sind hier in erster Linie zu nennen das Molekulargewicht und die Molekulargewichtsverteilung (vgl. 2.2). Die mechanischen, optischen und elektrischen Eigenschaften ändern sich mit steigendem Molekulargewicht bis zu einem Grenzmolekulargewicht, oberhalb dessen die Kettenlänge ohne merklichen Einfluß ist. Bei vielen Produkten werden diese Grenzwerte jedoch nicht erreicht, so daß sich sehr wohl das Molekulargewicht auf die Eigenschaften auswirken kann. Über den Einfluß der Molekulargewichtsverteilung kann nur so viel gesagt werden, daß schon geringe kurzkettige Anteile im Polymeren eine wesentliche Verschlechterung der Festigkeit bewirken können. Die Einflüsse von Kettenverzweigungen auf die Eigenschaften von Hochpolymeren sind im Falle des Polyäthylens am besten untersucht. Kurze Seitenketten hemmen in erster Linie die Kristallisation, wogegen lange Seitenketten, da sie relativ selten sind und sich in andere kristalline Bereiche einbauen können, nur von geringem Einfluß sind. In erster Näherung nehmen die Dichte, die Reißfestigkeit und die Schmelztemperatur des Materials parallel zum Verzweigungsgrad ab.

6.2.3 Mechanische Nachbehandlungsverfahren

Zu einer direkten Änderung der Struktur führen alle diejenigen mechanischen Nachbehandlungen, welche von einem Orientierungseffekt begleitet sind: Der Reckprozeß an Fäden und Filmen, das Blasen von Hohlkörpern aller Art und die Vakuumverformung durch Tiefziehen.

Von indirektem Einfluß sind spanabhebende Oberflächenbehandlungen, wie sie z. B. bei den Polyamiden von Bedeutung sind. Wie schon oben beschrieben, kann das Gefüge von Polyamidteilen durch die Fertigungsbedingungen beeinflußt werden. Je nach der Abkühlgeschwindigkeit der Schmelze bekommt das Fertigteil eine mehr oder weniger stark ausgeprägte amorphe Randzone, während zur Mitte hin in steigendem Maße Sphärolithe mit wachsender Größe und Zahl auftreten. Zur Beseitigung der für hochbeanspruchte Teile ungeeigneten amorphen Zone wird sie sehr häufig spangebend entfernt.

Mechanische Nachbearbeitungen, wie bei den Metallen durch Walzen, Kaltrecken, Hämmern, werden im allgemeinen an dreidimensionalen Kunststoffgebilden technisch noch nicht angewendet. Versuche liegen bei Polyamiden und bei Polycarbonaten vor. Störend ist die bei allen Thermoplasten niedrige Wärmeleitfähigkeit. Sie führt bei dauernder Zufuhr mechanischer Energie zu starken Erwärmungen, ja bis zur Verflüssigung z. B. des Walzkernes (vgl. Friktionsverschweißung zweier Stäbe). Walzen und Recken von Stäben führen zu den bekannten Strukturorientierungen.

Erwähnt sei hier ein eigenartiges, nur auf Strukturwechsel beruhendes Verfahren [7] zur Erzeugung von nahtlosen Hohlkörpern aus Kunststoff-Folien oder -Platten. Es beruht darauf, daß auf in flüchtigen Lösungsmitteln oder in Löser-Nichtlöser-Gemischen gequollenen Kunststoff-Folien eine thermische Schockwirkung ausgeübt wird. Dadurch wird die Oberfläche plötzlich durch Austrocknen für die Diffusion der im Inneren befindlichen Lösungsmittel verschlossen; diese vergasen nunmehr unter demselben Wärmeeinfluß und treiben den allseitig geschlossenen Film zu einem Hohlkörper auf.

6.2.4 Einfluß der Form

Die bisher geschilderten Einflüsse der Verarbeitungsverfahren auf die Eigenschaften hochpolymerer Stoffe finden sich noch einmal vereinigt bei der Betrachtung des Einflusses von Form und Gestalt auf diese Eigenschaften.

Aus der Schmelze gesponnene Fäden sind durch Reckung weitgehend in der Fadenrichtung orientiert und weisen die für Kunststoffe möglichen maximalen Zerreißwerte bei einem bestimmten Betrag an elastischer Dehnbarkeit auf.

Bei aus der Lösung naß- oder trockengesponnenen Fäden kann je nach dem Spinnverfahren eine Reckung der noch feuchten gequollenen oder wieder angequollenen Fäden vorgenommen werden. Auch sie nähern sich damit den Maximalfestigkeitswerten. Im Gefüge des einen teilweise aufgefüllten Hohlzylinder mit deformierter Oberfläche darstellenden Fadens können Unterschiede zwischen Randzone und Fadeninnerem auftreten.

Gereckte Filme aus Kunststoffen weisen im Vergleich zu den nach den entsprechenden Verarbeitungsverfahren hergestellten Fäden gleichen Materials sehr ähnliche Strukturen auf. Sie haben aber meistens geringere Festigkeit, da sie nicht in demselben Maß durch Recken orientiert sind. Die Neigung zur Sphärolithbildung ist, wie bei den Fäden, klein und der Anteil an amorphen und kristallinen Bereichen ähnlich.

Die Eigenschaften der dreidimensionalen Gebilde und ihre Struktur werden durch Einflüsse wie Wärmeleitfähigkeit, Kristallisationsneigung, Sphärolithbildungsvermögen, innere Spannungen und Schrumpfungsvorgänge sehr viel stärker beeinflußt als bei den Fäden und Filmen. Die Festigkeitswerte liegen niedriger als bei den orientierten Produkten und werden durch die Formgebung überdies stark beeinflußt.

Ein Sonderfall der Kunststoff-Festkörper ist der Kunststoffschaum. Neben den maßgeblichen physikalischen und chemischen Grunddaten der Schaumsubstanz ist die physikalische Makrostruktur des Schaumes ein bestimmender Faktor für seine Eigenschaften. Die Größe und Art der Zellen: z. B. Kugel- oder Polyederzellen, geschlossene oder offene Zellen, das Auftreten von Anisotropien im Schaumstoff u. ä., sind von ähnlicher Wichtigkeit wie Abriebfestigkeit, Steifheit und Temperaturbeständigkeit der Zellwände. Die Mikrostruktur der Kunststoffwände dürfte von derjenigen der Filme wohl nur unwesentlich abweichen.

Literatur

[1] DILLON, R. E., u. a.: J. Colloid Sci. 6 (1951) S. 108.
[2] Literaturhinweise s. C. E. SCHILDKNECHT: Polymer Processes, S. 638. New York 1956.
[3] E. P. 689400 (Du Pont), 689801 (Du Pont). — A. P. 2718452, I. F. LONTZ (Du Pont).
[4] RILEY, I. L., in C. E. SCHILDKNECHT: [2], S. 873.

[5] Literaturhinweise s. C. E. Schildknecht: Polymer Processes, S. 598/99. New York 1956.
[6] Literatur s. H. A. Stuart: Physik der Hochpolymeren, Bd. III (1955) S. 510. — W. Hechelhammer: Kunststoffe 45 (1955) S. 414. — I. Ch. F. Kessler: Plastica 10 (1957) S. 540.
[7] Holofolverfahren von W. Opavsky, s. z. B. Plastverarbeiter 6 (1955) S. 286 ff.

6.3 Chemische Reaktionen während der Verarbeitung

Von A. Höchtlen und H. Scheurlen, Leverkusen

6.3.1 Vorbemerkung

Die Beschreibung der Einflüsse chemischer Reaktionen während der Verarbeitung und der Einflüsse mechanischer Verarbeitungsverfahren macht eine Zweiteilung in vernetzte und thermoplastische Kunststoffe erforderlich. Im übrigen ist die Zweiteilung der Kunststoffe in vernetzte und nichtvernetzte, also in solche mit einmaliger irreversibler Formgebung und in andere mit wiederholter Verformungsmöglichkeit, so alt wie die Kunststoffe selbst. Es sei an die schon seit langem bekannte Parallele Celluloid/Hartgummi erinnert (vgl. auch 2.1). Es liegt in der Natur der Sache begründet, daß die nur einmal mögliche Formgebung der vernetzenden Kunststoffe in irgendeiner Phase des Aufbaues des Großmoleküls in die Hand des formenden Verarbeiters selbst gelegt werden muß. Die thermoplastischen Kunststoffe dagegen können als fertiges Großmolekül zur beliebig häufigen Verformung dem Verarbeiter anvertraut werden. Im ersten Fall liegt das Können des Verarbeiters vorzugsweise in der Führung der chemischen Reaktion beim Molekülaufbau, im letzteren Falle bei der sachgemäßen (möglichst schonenden) mechanisch-thermischen Verarbeitung des ihm zur Verfügung gestellten fertigen Hochpolymeren. Thermoplaste werden in diesem Zusammenhang nur dort erscheinen, wo es sich um Abbaureaktionen an den Hochpolymeren handelt. Während oder nach der Formgebung vernetzte Thermoplaste verlieren ihre Thermoplastizität; minimale Vernetzungen führen höchstens zur Viskositätserhöhung der Schmelze oder der Lösung.

6.3.2 Aufbaureaktionen

In den meisten Fällen werden chemische Aufbaureaktionen bei der Verarbeitung und Verformung zur Herstellung vernetzter Kunststoffe (s. jedoch S. 880) durchgeführt. Diese Reaktionen beginnen beim Verarbeiten sehr selten schon bei den monomeren Bausteinen, meistens erst bei Vorprodukten niederen oder mittleren Molekulargewichtes. Hierfür sind in erster Linie technologische und wirtschaftliche (zeitsparende) Gesichtspunkte maßgebend. Diese Vorprodukte sind entweder fixierte Zwischenstufen der Reaktionen zwischen den monomeren Ausgangspartnern, wie bei den Formaldehyd-, Epoxyd- und Siliconharzen; sie bedürfen im allgemeinen, wenn überhaupt, nur noch eines späteren Katalysatorzusatzes und bzw. oder einer Wärmezufuhr. Oder aber man nimmt wie bei den vernetzten Polyurethanen und den ungesättigten Polyestern in einem der Reaktionspartner (Polyester) einen Teil des Aufbaues vorweg und verlegt zeitlich die endgültige Verknüpfung und Vernetzung zum Hochpolymeren in die Verarbeitungsperiode zum Fertigteil.

Für die physikalischen Eigenschaften von vernetzten Kunststoffen ist teils die Anzahl der Vernetzungsstellen, teils die Struktur der zwischen den Vernetzungsstellen liegenden Kettenteile ausschlaggebend.

Bei einer losen, weitmaschigen Vernetzung der Makromoleküle sind die zwischen den Vernetzungsstellen liegenden Molekülteile bei einer über ihrer Einfriertemperatur liegenden Temperatur beweglich, so daß sich solche Materialien dann gummi-elastisch verhalten. Mit steigender Vernetzungsdichte wird das Gerüst des Makromoleküls unbeweglicher, d. h. der Elastizitätsmodul im gummielastischen Temperaturbereich wächst mit steigender Vernetzungsdichte, bis schließlich bei einem sehr hohen Vernetzungsgrad diese Beweglichkeit ganz aufhört und harte und evtl. spröde Produkte erhalten werden.

Wie die Schmelzbarkeit, verschwindet auch die Löslichkeit bei einer vollständigen Vernetzung, und die Quellbarkeit nimmt mit steigender Anzahl der Vernetzungsstellen ab. In Gegenwart von Lösungsmitteln kann höchstens noch ein Zerfall des Produktes eintreten, der jedoch mit einem Lösungsvorgang nichts mehr zu tun hat.

Phenolharze. Die wirtschaftliche Bedeutung der Phenolharze für die Verarbeitung zu Preßmassen und zu Schichtstoffen sowie als Lackharze beruht u. a. auf der oben angedeuteten Möglichkeit, die Kondensation der Phenole mit Aldehyden in bestimmten Zwischenstufen festzuhalten und zu einem gewollten späteren Zeitpunkt zu Ende zu führen. Der Verarbeiter formt und härtet in einem Arbeitsgang die von dem Rohstoffhersteller zur Verfügung gestellten Vorkondensate. Die sich abspielenden chemischen Vorgänge sind kompliziert; die Technik der Verarbeitung war der chemischen Aufklärung des Kondensationsproduktes (H.v.EULER, H.ZINKE, E.ZIEGLER und ihre Mitarbeiter, K.HULTZSCH[1], R. WEGLER und viele andere) um Jahre vorausgeeilt.

Die für die Verarbeitung in Frage kommenden lagerfähigen Vorkondensate sind entweder die eigenhärtenden sog. Resole (Gießharze), die durch Erwärmen über das als Resitol bezeichnete Zwischenstadium in den Endzustand (Resit) übergehen oder die mit geringen Formaldehydmengen hergestellten und durch Zusatz von Hexamethylentetramin weiter härtenden sog. Novolake. Beiden liegen, unabhängig von der Formaldehydmenge und dem p_H-Wert des Reaktionsmediums, als erstes Reaktionsprodukt Phenolalkohole (Methylolverbindungen) zugrunde:

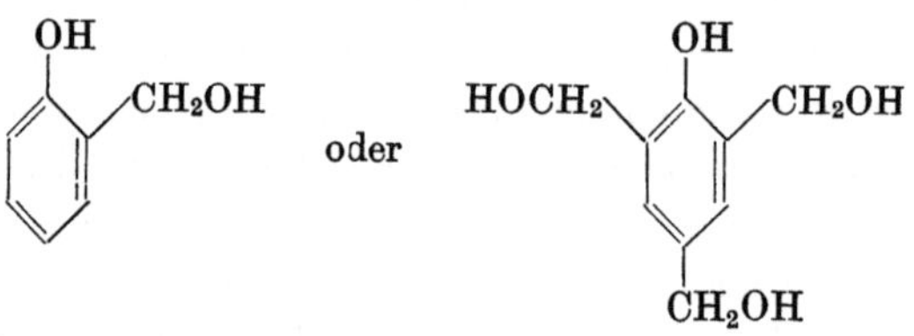

$$\text{2-Hydroxymethylphenol} \qquad \text{oder} \qquad \text{2,4,6-Tris(hydroxymethyl)phenol}$$

Zu den Resolen und Resitolen führend, verschwinden die Methylolgruppen im *alkalischen oder neutralen* Medium durch weitere Umsetzung mit sich selbst allmählich und bei Temperaturen von 150 bis 180 °C schließlich ganz; die Geschwindigkeit dieser Reaktion wird wesentlich durch die Art des Phenols bestimmt. Es bilden sich unter Wasser- und Formaldehydabspaltung in echter, primärer Bindung (Methylen- und) Methylenätherbrücken aus, beispielsweise:

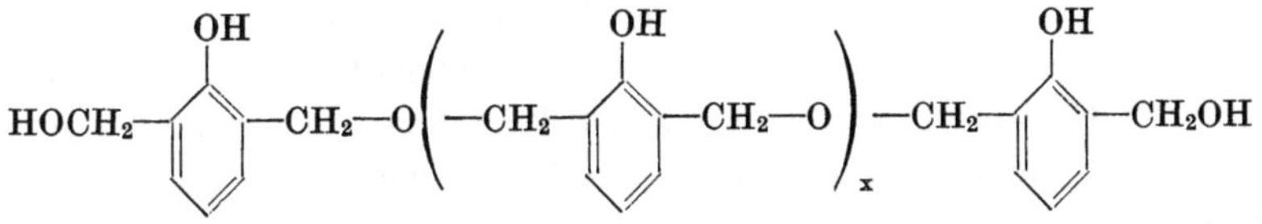

$$\text{HOCH}_2\!-\!\langle\text{OH}\rangle\!-\!\text{CH}_2\!-\!\text{O}\Big(\!-\!\text{CH}_2\!-\!\langle\text{OH}\rangle\!-\!\text{CH}_2\!-\!\text{O}\Big)_x\!-\!\text{CH}_2\!-\!\langle\text{OH}\rangle\!-\!\text{CH}_2\text{OH}$$

Damit ist im allgemeinen das Endmolekül seiner Größe nach festgelegt. In weiteren Reaktionen der Endphase bei 160 bis 220 °C findet wohl lediglich ein Umbau, wahrscheinlich unter Weitervernetzung, statt. Die Methylenätherbrücken wandeln sich unter Formaldehydabspaltung in Methylenbrücken oder, unter Rückbildung der Phenolalkohole oder Wasserabspaltung, in die sehr reaktionsfähigen o- (wohl auch p-) Chinonmethide um:

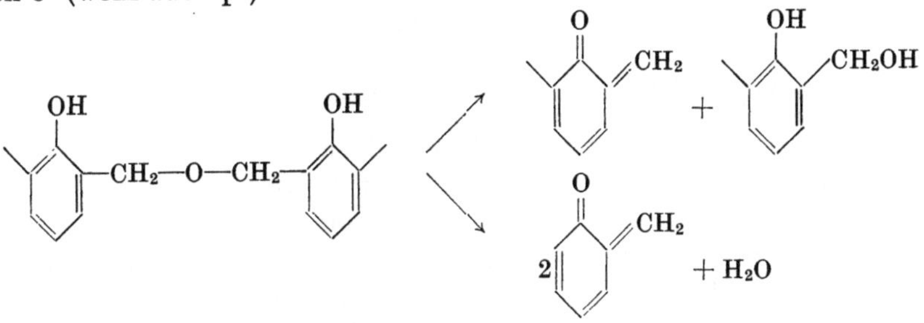

Die Chinonmethide ihrerseits können sich dimerisieren:

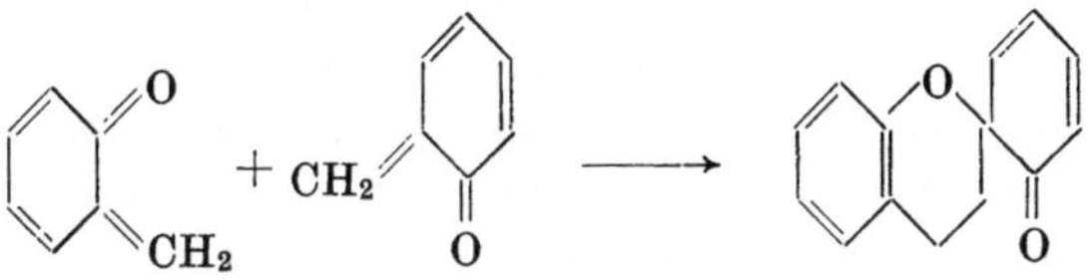

oder Anlaß zu Äthylen- oder Vinylbrücken geben oder anschließend auch, beim Überhitzen auf über 240 °C, in einer Art Krackprozeß neue Endgruppen (Methyl- oder Formylgruppen) ausbilden.

Es ist auch möglich, die Härtung der Resole bei Raumtemperatur unter Zusatz stärkerer Säuren durchzuführen. Dann können sich die säureempfindlichen Methylenätherbrücken nicht ausbilden, vielmehr entstehen vorzugsweise Methylenbrücken.

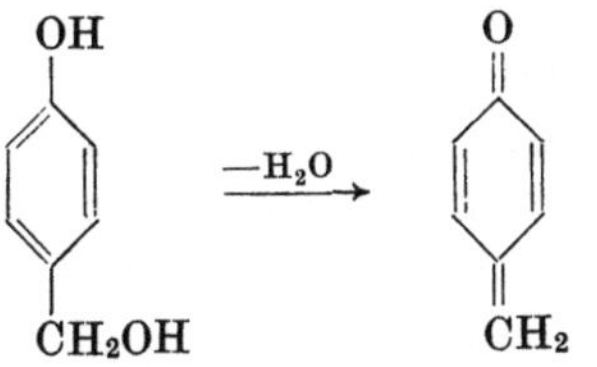

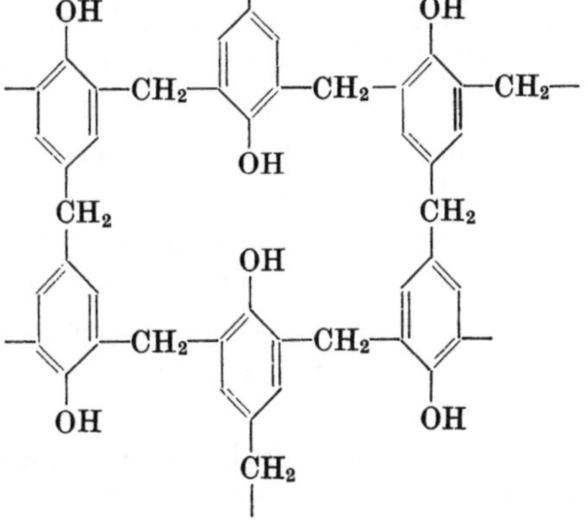

Bei den Novolaken als im *sauren* Medium hergestellten Vorkondensaten beherrscht die lineare Methylenbrückenverknüpfung das Strukturbild. Die zur

Überführung in den Endzustand (Vernetzung) notwendige weitere Zugabe von Formaldehyd geschieht – aus praktischen Gründen – in Form von Hexamethylentetramin. Dabei wird je nach dem Gehalt an phenolischen Komponenten der Stickstoff des Hexamethylentetramins als Ammoniak in Freiheit gesetzt, z. T. aber auch als Di- oder Triaralkyl-amino-Verbindungen in das Phenolharzmolekül eingebaut:

$$HO\text{—}\langle\text{—}\rangle\text{—}CH_2\text{—}NH\text{—}CH_2\text{—}\langle\text{—}\rangle\text{—}OH$$

oder

$$HO\text{—}\langle\text{—}\rangle\text{—}CH_2\text{—}N(\overset{\displaystyle CH_2\text{—}\langle\text{—}\rangle\text{—}OH}{})\text{—}CH_2\text{—}\langle\text{—}\rangle\text{—}OH$$

Auch Schiffsche Basen mögen sich dabei bilden.

Die Art des verwendeten Phenols bestimmt die Reaktivität und damit u. a. auch die Geschwindigkeit der Aushärtung bis zum Endzustand sowie die spezifischen Eigenschaften des Endkondensates. In einfach oder mehrfach methyl-substituierten Phenolen ist die Stellung der Methylgruppe zum phenolischen Hydroxyl von Bedeutung: metaständige Methylgruppen erhöhen die Reaktionsgeschwindigkeit des Phenols mit dem Formaldehyd, ortho- und paraständige Methylgruppen setzen sie herab. Im Gegensatz zu diesen, zur Bildung des härtbaren Harzes führenden Reaktionen, unterliegt jedoch die Härtungsreaktion (vermutlich aus sterischen Gründen) anderen Gesetzmäßigkeiten bezüglich der Reaktionsgeschwindigkeit in Abhängigkeit von der Substitution des Phenols [2]. Der Einfluß anderer Substituenten im Phenolmolekül (beispielsweise geradkettiger oder verzweigter Alkylgruppen u. a.) auf die Eigenschaften des hochpolymeren Endproduktes, etwa auf seine mechanischen Eigenschaften oder seine Löslichkeit, ist ebenso ausgeprägt. Die phenolische Hydroxylgruppe selbst ist im allgemeinen am Harzaufbau unbeteiligt.

Das Verhalten von Phenolharzen gegenüber Lösungsmitteln wird sehr stark durch die Substituenten am Phenol bestimmt. Alkylgruppen machen die Produkte öllöslich, worauf sich ihre Verwendbarkeit auf dem Lacksektor gründet. o- und p-substituierte Phenole können nicht zur Härtung gebracht werden und bleiben schmelzbar. Sie werden nur in kleineren Mengen zur Verbesserung des Fließverhaltens anderer (härtender) Harze bei der Verformung eingesetzt. Ferner spielt für das Verhalten gegen Lösungsmittel noch das Verhältnis von Formaldehyd zu Phenol im Harzansatz eine bedeutende Rolle: Mit steigender Formaldehydmenge nimmt die Anzahl der hydrophilen Gruppen und damit die Wasserlöslichkeit zu. Mechanische Eigenschaften, wie die Zug-, Druck- und Schlagfestigkeit, durchlaufen bei größer werdendem Verhältnis von Formaldehyd zu Phenol ein Maximum.

Harnstoff- und Melamin-Formaldehydharze [3]. Ganz analog wie bei den Phenol-Formaldehydharzen geht der Verarbeiter auch bei den Harnstoff- und Melaminharzen von Vorkondensaten aus und vernetzt diese bei der Formgebung. Den Phenolalkoholen entsprechen hier die aus Harnstoff und Formaldehyd entstehenden Methylolharnstoffe (mono-, di-, tri-)

$$HOCH_2-NH-CO-NH-CH_2OH$$

und die aus Melamin und Formaldehyd entstehenden Methylolmelamine (bis zu Hexamethylolmelamin)

Diese Methylolverbindungen reagieren nun beim Aufbau der endgültigen Harze in Gegenwart von Säure weiter, vermutlich nach dem Schema

zu Methylenverknüpfungen, wobei allerdings Reaktionen wie

oder

ebenfalls ablaufen können.

Die Endkondensate sind nicht polymereinheitlich, sondern Gemische verschiedener Struktur und verschiedenen Kondensationsgrades, die sich unter dem Einfluß des p_H-Wertes des Reaktionsmediums, des Molverhältnisses der Reaktionsteilnehmer sowie der unterschiedlichen Katalysatoren – Säuren oder säureabspaltende Verbindungen – ausbilden. Auf Grund der größeren Anzahl vernetzungsfähiger Stellen reagieren die Methylolverbindungen von Melamin leichter und rascher als die des Harnstoffes. Variationsmöglichkeiten in der Wahl der Ausgangsstoffe (Harnstoffderivate bzw. Melaminderivate) bestehen hier im Gegensatz zu den Phenolharzen kaum. Es gelangt praktisch nur unsubstituierter Harnstoff oder Melamin zum Einsatz für die Harzherstellung. Auf Grund des höheren Vernetzungsgrades sind Melaminharze wesentlich härter und temperaturbeständiger als Harnstoffharze. Ihr Verhalten gegenüber Wasser wird wie bei den Phenolharzen stark von dem Verhältnis Formaldehyd zu Harnstoff bzw. Melamin bestimmt. So ist es möglich, durch einen großen Überschuß von Formaldehyd zu völlig wasserlöslichen Produkten zu gelangen. Parallel mit der bei steigendem Formaldehydzusatz bei der Härtungsreaktion erhöhten Menge abgespaltenen Wassers geht auch die Schrumpfung eines ungefüllten Fertigteiles [4].

Guanamin und seine Derivate verhalten sich bei der Kondensation mit Formaldehyd sehr ähnlich.

Anilin-Formaldehyd-Harze. Im Gegensatz zu den eben beschriebenen Harzen sind die bei der Reaktion von Anilin und Formaldehyd erhaltenen Produkte unvernetzt, lassen sich also in Lösungsmitteln auflösen oder bei höheren Temperaturen aufschmelzen. Produkte dieser Art haben als Preßmasse nur geringe Anwendung gefunden, da sie bei den Preßtemperaturen schon stark plastisch sind. Das ungefüllte Harz hat einigen Einsatz als Gießharz in der Elektroindustrie gefunden.

Methylol-Polyamide. Polyamide vom NYLON- und PERLON-Typ lassen sich mit Formaldehyd, gegebenenfalls in methanolischer Lösung, in Methylol- und Methylolätherverbindungen überführen, die bei erhöhter Temperatur in unlöslich vernetzte Kondensate übergehen:

$$\begin{array}{c} -CO-(CH_2)_x-CO-NH-(CH_2)_y-NH- \\ CH_2OCH_3 \\ | \\ -CO-(CH_2)_x-CO-N-(CH_2)_y-NH- \end{array} \xrightarrow{-CH_3OH} \begin{array}{c} -CO-(CH_2)_x-CO-N-(CH_2)_y-NH- \\ | \\ CH_2 \\ | \\ -CO-(CH_2)_x-CO-N-(CH_2)_y-NH- \end{array}$$

Diese Vernetzung kann während der Verformung über die Schneckenpresse oder beim Spritzguß erfolgen. Bei Beschichtungen von Gewebe- oder Papierbahnen mit Lösungen von Methylolpolyamiden erfolgt sie während der anschließenden Trocknung bei erhöhter Temperatur.

Polyepoxyde [*5*] (Epoxydharze, Äthoxylinharze). Im Gegensatz zu den Phenol-Formaldehydharzen ist bei diesen Harzen die phenolische Hydroxylgruppe maßgebend am Aufbau des Makromoleküls beteiligt. Das in die Hand des Verarbeiters gelangende Vorkondensat wird zunächst durch alkalische Kondensation und in späteren Stadien durch Polyaddition aus Bisphenolen und Epoxyden linear aufgebaut. Technisch verwendet werden pp'-Dihydroxydiphenyl-dimethyl-methan und Epichlorhydrin. Bei reichlich vorhandenem Epichlorhydrin entstehen Bisphenolglycidäther; senkt man die Epichlorhydrinmenge unter 2 Mol pro Mol Bisphenol, dann entstehen die höhermolekularen (Molekulargewicht 450 bis 4000, entsprechend der Epichlorhydrinmenge) technischen Vorkondensate mit Epoxydendgruppen:

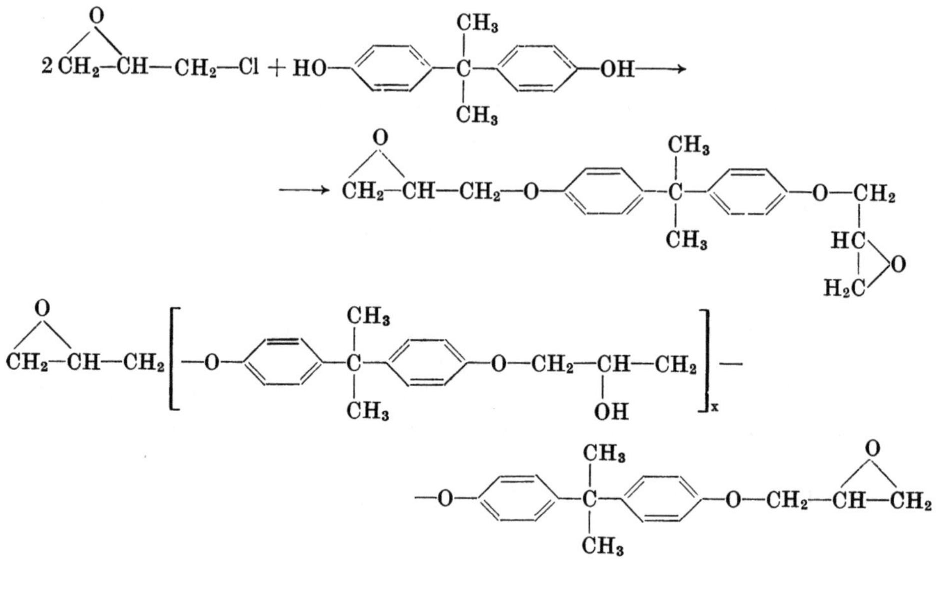

Diese niedrig- bis mittelmolekularen Diepoxyde werden nun unter gleichzeitiger Formgebung in hochmolekulare, meistens stark vernetzte (und somit unlösliche) Produkte auf 2 Wegen übergeführt: „Härtung" durch Zugabe von Aminen oder durch sog. (meistens saure) Härtungskatalysatoren. Die Aminhärtung fußt auf der leichten Aufspaltbarkeit des Äthylenoxydringes durch Amine und bedarf meistens keiner weiteren Katalysatoren. Ein einfacher Fall der Verknüpfung zweier Polyepoxyde durch ein primäres Amin wird durch folgendes Formelbild wiedergegeben:

$$\cdots CH_2-\overset{O}{\overset{\diagup\diagdown}{CH-CH_2}} + H-\overset{R}{\underset{|}{N}}-H + CH_2-\overset{O}{\overset{\diagup\diagdown}{CH-CH_2}} \cdots \longrightarrow$$

$$\cdots CH_2-\underset{\underset{OH}{|}}{CH}-CH_2-\overset{R}{\underset{|}{N}}-CH_2-\underset{\underset{OH}{|}}{CH}-CH_2 \cdots$$

Bei Verwendung von Polyaminen (z. B. Triäthylentetramin) und höherer Temperatur tritt durch Polyaddition Vernetzung [6] ein. Ein Teil der Umsetzung mit Aminen kann auch schon bei der Herstellung der Vorkondensate vorweggenommen werden. Da die Polyaddition ohne Abspaltung von flüchtigen Verbindungen abläuft, ist der Schwund bei der Aushärtung sehr gering. Hierauf beruht beispielsweise die gute Eignung amingehärteter Polyepoxyde zu Klebstoffen, wozu sie auch ihre hohe Polarität besonders geeignet macht. Für die Herstellung größerer Formkörper ist die Aminhärtung weniger geeignet, da die infolge der stark exothermen Anlagerungsreaktionen auftretenden Wärmemengen stören. Die Variationsmöglichkeiten der Amine und ihrer Dosierung machen die Aminhärtung zu einer recht wertvollen Methode.

Andererseits kann die Molekülvergrößerung auch mittels saurer Härtungskatalysatoren, wie Carbonsäureanhydriden, Carbonsäuren, auch Bisphenolen oder anderer, eine Polyätherbildung fördernder Stoffe erfolgen. In den meisten Fällen baut sich der Katalysator unter Ester- oder Ätherbildung in das hochpolymere Molekül mit ein, seltener löst er lediglich die Anlagerung reaktionsfähiger Gruppierungen aus:

Einbau

Angeregte Reaktion

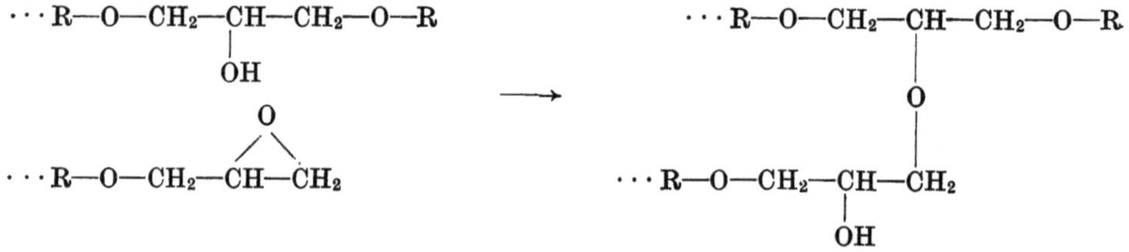

$$\cdots R{-}O{-}CH_2{-}\underset{\underset{\displaystyle \underset{\wedge}{O}}{OH}}{CH}{-}CH_2{-}O{-}R \qquad \longrightarrow \qquad \cdots R{-}O{-}CH_2{-}CH{-}CH_2{-}O{-}R$$

$$\cdots R{-}O{-}CH_2{-}CH{-}CH_2$$

$$\cdots R{-}O{-}CH_2{-}\underset{OH}{CH}{-}CH_2$$

Diese ebenfalls exotherme, aber etwas langsamere „Härtung" läßt sich etwas besser steuern und ist somit auch für größere Formstücke geeignet. Die Härtung mit freien Carbonsäuren verläuft entsprechend. Soweit reguläre Veresterungen mit den sekundären Hydroxylgruppen durchgeführt werden, wie z. B. für Lackzwecke (bei der Veresterung der Epoxydharze mit den Fettsäuren der natürlichen, ungesättigten fetten Öle), müssen höhere Temperaturen angewendet werden.

Angaben der Rohstoffhersteller über die Menge der reaktiven Gruppen geben dem Verbraucher Anhaltspunkte für seine Arbeitsweise. Die Auswahl unter den Reaktionskomponenten und den Arbeitsmethoden – z. B. Grad der Aushärtung, gewollte Schaffung von veresterungsfähigen Hydroxylgruppen durch Aufspalten des Epoxydes mit Wasser – eröffnen dem Verarbeiter breiteste Variationsmöglichkeiten.

Polyurethane. Während die linearen Polyurethane aus Diisocyanaten und Diolen als thermoplastische Fertigprodukte in den Handel kommen, wird bei den vernetzten Polyurethanen das Erreichen der Hochmolekularstufe mit der Formgebung verbunden und ganz oder teilweise in die Hand des Kunststoffverarbeiters gegeben. Die Entwicklung der vernetzten Polyurethankunststoffe ist in 2 Richtungen erfolgt: Zu elastischen Homogenstoffen und zu Schaumstoffen von weicher bis harter Beschaffenheit. Beiden – wie auch den auf derselben Basis entwickelten Lackharzen – liegt das Aufbauprinzip der Polyaddition zugrunde; in einer Sekundärreaktion wird bei den Schaumstoffen gleichzeitig Kohlensäure als Treibmittel erzeugt.

Die Bildungs- und Strukturverhältnisse sind bei den Polyurethanen durchsichtiger und klarer erkennbar als bei den Formaldehydkondensaten, stehen ihnen aber in bezug auf Mannigfaltigkeit nicht nach.

Die Chemie der Herstellung und Verarbeitung der Polyurethane (vgl. O. Bayer und Mitarbeiter [7]) fußt auf der fortlaufenden Addition zwischen Polyisocyanaten und polyfunktionellen Bausteinen mit reaktionsfähigen Gruppen (Hydroxyl-, Amino-, Carboxylgruppe u. a.).

Als Ketten- und Brückenglieder treten auf:

1. Urethangruppen

$$R_1{-}OH + O{=}C{=}N{-}R_2 \longrightarrow R_1{-}O{-}\overset{\displaystyle O}{\overset{\|}{C}}{-}NH{-}R_2$$

2. Harnstoffgruppen

$$R_1{-}NH_2 + O{=}C{=}N{-}R_2 \longrightarrow R_1{-}NH{-}\overset{\displaystyle O}{\overset{\|}{C}}{-}NH{-}R_2$$

oder

$$R_1{-}N{=}C{=}O + HOH + O{=}C{=}N{-}R_2 \longrightarrow R_1{-}NH{-}\overset{\displaystyle O}{\overset{\|}{C}}{-}NH{-}R_2 + CO_2$$

3. Säureamidgruppen

$$R_1{-}COOH + O{=}C{=}N{-}R_2 \longrightarrow R_1{-}CO{-}NH{-}R_2 + CO_2$$

4. Ringe durch Dimerisierung (Urethdione) oder Trimerisierung (Isocyanursäurederivate) der Isocyanatgruppen unter sich

oder

5. Allophanestergruppen aus Urethan und Isocyanat

6. Biuretgruppen aus Harnstoff und Isocyanat

Von Einfluß ist das Verhältnis der Reaktionsgeschwindigkeiten der Umsetzung von Isocyanatgruppen mit den – häufig gleichzeitig angebotenen – reaktiven Gruppen. So ist beispielsweise die Reaktionsgeschwindigkeit primärer Amine > sekundärer Amine > primärer Alkohole > sekundärer Alkohole > tertiärer Alkohole. Die Carboxylgruppen sind ähnlich reaktiv wie die Alkoholgruppen, und die —NH-Gruppe der Harnstoffkonfiguration spricht auf Isocyanate eher an als diejenige der Urethangruppe.

Weitere Varianten liegen
in der Konstitution der Isocyanate,
in der Konstitution der Reaktionspartner (Zahl und Verteilung der reaktiven Gruppen über lineare oder verzweigte Ketten verschiedener Länge),
in der Dosierung aller Reaktionsteilnehmer und in der zeitlichen Reihenfolge ihres Einsatzes,
in der Art und Menge der Aktivatoren oder sonstiger Zusatzstoffe sowie
in der Temperaturführung.

Anders als bei den Formaldehydharzen geht man in der Praxis im allgemeinen (s. auch weiter unten) nicht von Bausteinen niedrigen Molekulargewichtes aus, sondern von hydroxylgruppenhaltigen Verbindungen mit einem Molekulargewicht von etwa 1200 bis 2000 und setzt die Diisocyanatkomponente erst unmittelbar vor der Verarbeitung zu.

Bei der Schaumstoffherstellung zielt man von vornherein auf eine Vernetzung ab. Sie führt über eine Molekülvergrößerung durch Urethanbindungen in weiteren Umwandlungen innerhalb des Moleküls zu neuen Brückenbindungen, wobei Allophanate und Biurete sowie Ringbindungen eine Rolle spielen.

Bei der Herstellung gummi-elastischer Produkte werden beide Vorgänge (Molekülvergrößerung und Vernetzung) zeitlich bewußt getrennt. Man nimmt zuerst durch die Umsetzung einer hochmolekularen OH-Gruppen-haltigen Verbindung mit überschüssigem Diisocyanat eine Kettenverlängerung vor, die durch Zugabe von „vernetzend" wirkenden Verbindungen, wie Wasser, Glykolen oder Diaminen, rasch zu Ende geführt wird. Erst in einem über Stunden verlaufenden, sich daran anschließenden Prozeß bilden sich die Vernetzungsstellen – wie oben beschrieben – durch Nebenreaktionen des Diisocyanates.

Die Reaktionsfähigkeit der Isocyanate verbaut die Möglichkeit, lagerfähige Vorprodukte mit einem gewissen Gehalt an freien Isocyanatgruppen zu verwenden. In untervernetzten Zwischenstufen mit endständigen Amino- oder Hydroxylgruppen, die zum Aushärten weiterer Isocyanatzugaben bedürfen, kann vielleicht eine Lösung dieser Aufgabe gesehen werden.

Ungesättigte Polyesterharze (für faserverstärkte Kunststoffe und als Lackharze). Die vernetzende Mischpolymerisation der ungesättigten Polyesterharze mit Vinylverbindungen (Styrol, Acrylate u. a.) ist nach dem Polykondensationsverfahren (Formaldehydharze) und dem Polyadditionsverfahren (vernetzte Polyurethane) ein dritter Weg zur Synthese eines Kunststoffes während seiner Formgebung.

Man geht hierbei aus von ungesättigten Polyestern niedrigen bis mittleren Molekulargewichtes. Sie sind aufgebaut aus aliphatischen und aromatischen Dicarbonsäuren und Polyalkoholen oder Polyätheralkoholen. Die zur Mischpolymerisation benötigten Doppelbindungen rühren her von eingebauter Fumaroder bevorzugt Maleinsäure (wobei angenommen wird, daß sich letztere bei der Veresterung in Fumarsäure umlagert) und nur selten von Allylgruppen. Die Doppelbindungen im Polyester sind räumlich so weit voneinander getrennt, daß sie untereinander nicht oder nur sehr träge reagieren können. In Mischung mit Styrol sind diese Polyester gießfähig. Ihre Mischpolymerisation wird durch Peroxyde katalysiert. Sie läuft auf Grund der Struktur des Polyesters unter Ausbildung von Vernetzungsstellen ab, wobei die Reaktionsbedingungen so gewählt werden, daß Styrol nicht für sich allein polymerisiert, sondern in Ketten unterschiedlicher Länge als Brückenglieder zwischen die Polyesterketten eingebaut wird.

Beispiel für einen ungesättigten Polyester[1]

$$\cdots CO-CH=CH-CO-O-R_2-O-CO-R_1-CO-O-R_2-O-CO-CH=CH-CO-O-R_2 \cdots$$

---

[1] R_1 z. B. $(CH_2)_4$ oder C_6H_4, R_2 z. B. $(CH_2)_2$ oder $(CH_2)_2-O-(CH_2)_2$.

Beispiel für eine Verbundpolymerisation[1]

$$\cdots O-R_2-O-CO-\overset{|}{CH}-\overset{|}{CH}-CO-O-R_2-O-CO-R_1-CO-O-R_2-O-CO-\overset{|}{CH}-\overset{|}{CH}-CO\cdots$$

$$\begin{bmatrix} CH-R_3 \\ | \\ CH_2 \end{bmatrix}_y \qquad R_3=C_6H_5\ bzw.\ COOH \qquad \begin{bmatrix} CH-R_3 \\ | \\ CH_2 \end{bmatrix}_x$$

$$\cdots O-R_2-O-CO-\overset{|}{CH}-\overset{|}{CH}-CO-O-R_2-O-CO-R_1-CO-O-R_2-O-CO-\overset{|}{CH}-\overset{|}{CH}-CO\cdots$$

Aus dem Verlauf der exothermen Wärmetönung kann man das Anspringen der Reaktion und nach einiger Zeit das Molekülwachstum und schließlich das Abklingen der Polymerisation durch Kettenabbruch verfolgen. Die Polymerisation wird bei Temperaturen zwischen Zimmertemperatur und 120 °C vorgenommen. Sie dauert Minuten bis Stunden und die optimalen Endwerte werden erst nach Tagen erreicht.

Die Eigenschaften des Endproduktes können bei der Vielzahl von Variablen von sehr vielen Faktoren abhängen: Verwendung von langkettigen aliphatischen Dicarbonsäuren (Azelain- oder Sebacinsäure) führt zu flexiblen Produkten. In gleicher Richtung wirkt eine Verkleinerung des Molverhältnisses von ungesättigter zu gesättigter Dicarbonsäure im Polyester. Normalerweise enthalten die Handelsprodukte 25 bis 35% Styrol. Für die Erzielung spezieller Eigenschaften kann der Styrolgehalt von 15 bis 70% variiert werden. Optimale Eigenschaften der Endprodukte werden, je nach dem verwandten Polyester, unter Umständen nur bei Polyester-Styrol-Mischungen erreicht, die auf Grund ihrer zu hohen bzw. zu geringen Viskosität für die Praxis nicht brauchbar sind. Weitere Variationsmöglichkeiten bietet die Änderung von Art und Menge der Peroxydkatalysatoren, der Beschleuniger (Amine oder Naphthenate) und der Füllstoffe.

Die Polymerisation kann, einmal eingeleitet, in den technisch üblichen Fällen nicht in einem beliebigen Zeitpunkt unterbrochen und für die technische Verwertung später zu Ende geführt werden. Dagegen ist es möglich, katalysierte Mischungen, und so auch die damit imprägnierten Glasgewebe, durch entsprechende Auswahl der Ausgangspolyester und der Peroxyde, durch Zusatz von Inhibitoren, die die Styrolaktivität lähmen, durch kühle Lagerung usw. einige Monate lagerfähig zu machen, bevor sie unter Aushärtung verformt werden („premix").

Silicone [8]. Siliconharze sind Methylpolysiloxane oder Phenylmethylpolysiloxane. Ihre stark verzweigte Struktur erklärt sich aus der Mitverwendung von Trichlormethyl- (bzw. -phenyl-) silan oder sogar von Tetrachlorsilan neben Dichlordimethyl- (bzw. -phenyl-) silan beim Aufbau des Harzes. Diese Produkte werden aus der Lösung verarbeitet als Bindeharze für Glasfasern und -gewebe sowie für Asbest, Glimmer und andere Silikate und finden Verwendung bevorzugt in der Elektroindustrie als hochtemperaturbeständige Isolationen. Der Aufbau und die endgültige Vernetzung der Harze erfolgt in der Wärme in Gegenwart von Härtern (Amine, Naphthenate). Sie verläuft hauptsächlich über —O-Si-O-Gruppen, wobei allerdings zusätzlich auch eine oxydative Ausbildung

---

[1] Diese technisch übliche Bezeichnung deutet sowohl die Struktur des Polymerisats wie auch den technologischen Effekt bei den faserverstärkten Kunststoffen an.

von Äthylenbrücken

$$>\!\!Si\!-\!CH_3 + CH_3\!-\!Si\!<\ \xrightarrow[-H_2O]{+Ox}\ >\!\!Si\!-\!CH_2\!-\!CH_2\!-\!Si\!<$$

angenommen werden muß. Die Eigenschaften der Fertigprodukte werden nicht nur von dem Verzweigungsgrad des Harzes und der Härtermenge (hohe Verzweigung und viel Härter geben hohe Wärmefestigkeit und Sprödigkeit und umgekehrt), sondern auch sehr stark von der Art des Füllstoffes (faser- oder pulverförmig) bestimmt.

Siliconkautschuk ist ein praktisch reines Dimethylpolysiloxan, gegebenenfalls mit nur sehr wenigen Phenyl- und Vinylgruppen. Das Produkt ist zunächst rein linear und besitzt ein sehr hohes Molekulargewicht. Zur Erreichung der gummielastischen Verknüpfung und Vernetzung werden folgende Wege eingeschlagen:

1. Peroxydvernetzung über Äthylenbrücken (s. oben),

2. Verknüpfung endständiger OH-Gruppen durch polyfunktionelle Silicium- und andere metallorganische Verbindungen in Gegenwart von Katalysatoren und anorganischen Füllstoffen,

3. Vernetzung durch energiereiche Strahlung.

Der Zusatz von Füllstoffen (hochdisperse Kieselsäure) hat hier denselben verstärkenden Effekt wie bei Kautschuk und ist für die Verarbeitung des Siliconkautschuks unerläßlich. Die Vulkanisationszeiten des Siliconkautschuks sind relativ groß, da sonst die Gefahr eines kalten Flusses im Vulkanisat besteht.

Erzeugung von Abdruck-, Dental- und Einbettmassen über die Polymerisation. Die Verarbeitung von Abformungsmassen für technische Zwecke und sog. Dentalmassen für den Zahn- und Kieferersatz ist einer der wenigen Fälle, wo der Verarbeiter selbst eine lineare Kettenpolymerisation durchführt. Als Kunststoffe sind sie zwar mengenmäßig von geringer, medizinisch aber von sehr großer Bedeutung. Üblicherweise bestehen sie aus Gemischen von flüssigen Monomeren und festen Fertigpolymerisaten, die auf Katalysatorzusatz in Formen oder als Abdrücke auspolymerisiert werden. Polymethacrylate werden für diesen Zweck verwendet, neuerdings auch die vernetzenden Silicone.

Der Vollständigkeit halber sei auf einige weitere Fälle der Verarbeitung monomerer, polymerisationsfähiger Bindemittel in situ hingewiesen: die Einbettung verschiedener Objekte in Polymethacrylate (Plexiglas) zu Demonstrations- und Konservierungszwecken. Daneben bedient man sich aber auch der vernetzenden Polyester-, Harnstoff-Formaldehyd- oder Epoxydharze.

Chemische Nachbehandlung an verformten Kunststoffen. Als letzte Phase der Verarbeitung müssen hier einige Nachbehandlungen an Kunststoff-Formkörpern aufgeführt werden, die aber durch chemische Reaktionen noch tief eingreifende Änderungen in Zusammensetzung, Struktur und Eigenschaften bringen.

Es gehören hierher die Formalinbehandlung der Kunststoffe und Fäden aus Eiweiß. Der Weg zur Herstellung der Protein-Formaldehyd-Kondensate geht meistens über die Verformung von Pasten – z. B. von Labkasein über Pressen oder Strangpressen – oder Spinnlösungen – z. B. von Kasein, Arachin und Zein in Natronlauge über Spinndüsen – und die anschließende Umsetzung mit Formaldehyd in wäßrigen Formalinlösungen auf dem Diffusionsweg.

Entgegen dieser nachträglichen chemischen Umwandlung eines Formkörpers in seiner Gesamtheit beschränken sich andere Verfahren auf eine mehr oder minder oberflächliche Vernetzung oder „Gerbung". So bei der Beseitigung des sog. Wasserbruches (Auslösung von Spannungsrissen) bei Platten oder dicken Folien aus Mischpolyamiden durch Behandlung mit Formaldehyd oder Isocyanaten. So auch bei der Nachbehandlung von Formkörpern aus Polyvinylalkohol in der Wärme (mit Aldehyden, Bichromaten oder Diisocyanaten) oder aus Celluloseestern, die freie Hydroxylgruppen tragen, mit bifunktionellen Verbindungen. Auch die bekannte Härtung der Gelatine als Einbettungsmaterial für lichtempfindliche Silbersalze gehört hierher.

An Formkörpern aus verseifbaren Hochpolymeren werden oberflächliche Verseifungen zur Erzielung bestimmter Effekte vorgenommen. Acetatseide gewinnt dadurch unter bestimmten Voraussetzungen an mechanischer Festigkeit und ihre färberischen Eigenschaften werden verändert. Überzüge aus Acetylcellulosefilmen mit verseifter Oberschicht dienen als Gießunterlagen beim Gießen von Filmen, die sich davon leicht ablösen lassen. Die für das Haften der lichtempfindlichen Emulsion auf Acetylcellulosefilmen notwendige Haftmittlungsschicht kann durch einseitige oberflächliche Verseifung des Acetatträgerfilmes erzeugt werden. Schließlich wird die Oberflächenverseifung auch als Mittel zur Verminderung der elektrostatischen Aufladbarkeit verseifter Formkörper aus Kunststoffen angewendet; die Oberfläche wird dadurch hydrophiler und nach der Aufnahme von Luftfeuchtigkeit leitfähiger.

6.3.3 Abbaureaktionen

Den bisher behandelten konstruktiven chemischen Reaktionen stehen Abbaureaktionen während der Verarbeitung entgegen, welche Konstitution, Struktur und Eigenschaften der Hochpolymeren beeinflussen. Diese chemischen wie physikalischen Abbauerscheinungen sind primär auf thermische Überbeanspruchungen, sekundär auf die Einwirkung von Luftsauerstoff zurückzuführen. Verständlicherweise werden davon die Thermoplaste in erster Linie betroffen, da bei ihrer Verarbeitung durchschnittlich höhere Temperaturen (und Drucke) aufgewendet werden. Überschneidungen mit dem Gegenstand des Kap. 6.2 dieses Buches sind nicht zu vermeiden, soweit die thermischen Einwirkungen im Gefolge der mechanischen Verarbeitungsverfahren auftreten.

Polymerisate. Für die Polymerisate liegt immer dann die Gefahr eines Abbaues vor, wenn die Verarbeitungstemperaturen nahe an deren Zersetzungsbereich heranreichen. Jeder Abbau bei höherer Temperatur wird ganz allgemein beschleunigt durch den Luftsauerstoff; der Zerfall intermediär gebildeter Peroxyde aktiviert den Angriff. Der Abbau ist immer von einer Verschlechterung der mechanischen Eigenschaften begleitet, meistens auch von einer Veränderung der optischen und elektrischen Eigenschaften und des Aussehens. Die Kenntnis der Temperatur einer beginnenden Zersetzung ist daher für den Verarbeiter sehr wichtig, die Art der Zersetzung interessiert vom chemischen Standpunkt, aber auch z. B. hinsichtlich der Brennbarkeit der Kunststoffe. Um Molekülverkleinerungen festzustellen, empfiehlt es sich allgemein, die darauf rasch ansprechende Lösungsviskosität zu messen, an Fäden und Filmen auch deren Dehnbarkeit und Knickfestigkeit. Die Zerreißfestigkeit reagiert nur wenig auf geringe Schwankungen der Molekülgröße. Wie der Aufbau ist auch der Abbau der Hochpolymeren eine Zeitreaktion; das Celluloid bildet eine der wenigen Ausnahmen. Das schnelle Durchschreiten gefährlicher Temperaturbereiche kann den Abbau in harmlosen Grenzen halten. So kann der Spritzguß als ein bei sachgemäßer Durchführung in dieser Hinsicht besonders geeignetes Verarbeitungsverfahren hervorgehoben werden.

Der Abbau [9] der Polymerisate ist eingehend nach praktischen und theoretischen Gesichtspunkten untersucht worden. In diesem Zusammenhang genügt es, darauf hinzuweisen, daß bei Polyäthylen und bei Polyvinyl-Alkohol-Derivaten die Verarbeitungstemperatur normalerweise weit unterhalb der Zersetzungstemperatur liegt. Methacrylester, Polystyrol und besonders Vinylchloridpolymerisate sind dagegen während der Formgebung thermisch etwas stärker gefährdete Polymerisate.

Gegen den Zerfall der Hochpolymeren unter Wärmeeinwirkung in die Ausgangsmonomeren (z. B. bei den Polymerisaten der Methacrylsäure, des Styrols und Isobutylens) oder in größere Bruchstücke (Polyäthylen, Polyacrylester) gibt es nicht immer einen wirksamen Schutz, etwa in Form von Stabilisatoren. Günstiger liegen die Verhältnisse bei jenen Polymerisaten, die wie die chlorsubstituierten Vinylpolymerisate einer tiefer gehenden Zersetzung unter Bildung „artfremder" Spaltprodukte unterliegen. Die primär auf eine Chlorwasserstoff-Abspaltung zurückzuführenden Abbauerscheinungen, wie Verfärbungen, Abnahme der Löslichkeit, Verminderung der Festigkeit, sind noch nicht völlig befriedigend erklärt; das Auftreten von Doppelbindungen, Vernetzungen durch Hitze- und Sauerstoffeinwirkung, spielen dabei ein Rolle. Die Chlorwasserstoff-Abspaltung mit ihren Folgeerscheinungen läßt sich aber erfolgreich durch die Zugabe von Stabilisatoren, wie z. B. organischen Metallverbindungen, Epoxyden oder anderen leicht aufspaltbaren Ringsystemen verhüten; die meisten Stabilisatoren wirken gleichzeitig auch stabilisierend gegen Lichteinflüsse beim späteren praktischen Gebrauch. Die Zumischung geeigneter Stabilisatoren erlaubt Verarbeitungstemperaturen, die 30 bis 40 °C höher liegen als die Zersetzungstemperaturen der nichtstabilisierten Polymerisate und die für die Ausbildung der maximalen Strukturfestigkeit und der völligen Homogenität unumgänglich sind.

Anzuführen ist schließlich noch die Wechselwirkung zwischen den Polymerisaten (aber auch anderen Hochpolymeren) und den Werkstoffen der Verarbeitungsapparaturen während der Verarbeitung. Sie führt auf der einen Seite zum katalytisch beschleunigten Abbau der Hochpolymeren, auf der anderen zu Werkstoffzerstörungen und macht oft den Einsatz hochkorrosionsbeständiger Konstruktionselemente notwendig.

Die beim Abbau von Hochpolymeren entstehenden C-Radikale können außer zur Bildung von den weiteren Abbau hervorrufenden Peroxydradikalen auch wieder durch Rekombination mit gleich- oder fremdartigen Radikalen eine neue Block- oder Graft-Polymerisation bewirken. Dieser Effekt macht sich besonders bemerkbar, wenn die Radikalbildung durch hohe Scherkräfte (Walze, Ultraschall) verursacht wird [10].

Polyamide

NYLON-66-Typ:

$$-CO-(CH_2)_4-CO-NH-(CH_2)_6-NH-CO-(CH_2)_4-CO-NH-(CH_2)_6-NH-$$

NYLON-6-Typ (PERLON):

$$-NH-(CH_2)_5-CO-NH-(CH_2)_5-CO-NH-(CH_2)_5-CO-NH-(CH_2)_5-CO-$$

Bei den hohen Verarbeitungstemperaturen der Polyamide (bis zu 300 °C) ist sowohl der rein thermischen Zerlegung des Perlontyps in monomere Bausteine wie auch dem oxydativen Abbau beider Typen unter Einwirkung des Luftsauerstoffes Beachtung[1] zu schenken.

Im technischen Polycaprolactam liegt ein von der Temperatur abhängiges Gleichgewicht zwischen monomerem Caprolactam und Polycaprolactam vor; es ist bei Temperaturen unter 200 °C eingefroren, wirkt sich aber bei den Verarbeitungstemperaturen um 250 °C aus. Entfernt man aus Polycaprolactam die Monomeren (durch Extraktion oder durch Vakuum bei höherer Temperatur), so beobachtet man nach erneutem Erhitzen wieder ein Ansteigen des Monomerengehaltes.

Die Zersetzung des Poly-adipinsäure-hexamethylen-diamids [11] beginnt bei Temperaturen von über 350 °C. Es zerfällt nicht in seine beiden Bausteine, vielmehr entstehen bei der Krackung neben Wasser und Kohlensäure cyclische Ketone und Kohlenwasserstoffe; der Stickstoff bleibt größtenteils gebunden im Rückstand zurück.

Allen Polyamiden gemeinsam ist die Sauerstoffempfindlichkeit der Schmelze während der Formgebung; die —CO-NH-Gruppierung ist der Angriffspunkt für die Sauerstoffeinwirkung. Verfärbungen und Verschlechterung der Festigkeitseigenschaften sind die ersten sichtbaren Folgen des Angriffes.

Cellulosederivate. Celluloseester unterliegen verhältnismäßig frühzeitig einem thermischen Abbau, der zu den freien Säuren, Kohlensäure, Kohlenoxyd und Wasser führt. Doch ist die Abbaugeschwindigkeit unter den üblichen Verarbeitungsbedingungen zu klein, als daß mit Festigkeitsverlusten bei den Formkörpern zu rechnen ist, auch nicht bei den etwas sauerstoffempfindlichen weichmacherhaltigen Celluloseestern. Abbauend wirkende Reste der zur Veresterung als Katalysator verwendeten Schwefelsäure, die z. B. als Sulfo- oder Sulfatgruppen in die Cellulose eingebaut sind, können durch Stabilisatoren abgefangen werden.

Vernetzte Kunststoffe. Bei der Verarbeitung der irreversibel vernetzenden Kunststoffe werden im allgemeinen Temperaturen eingehalten, die wesentlich unterhalb der Zersetzungstemperatur des Großmoleküls liegen. Nur bei Verwendung als Lackbindemittel oder Lackharz-Zusätze in Einbrennlacken ist die Gefahr des Abbaues durch Überhitzung etwas größer.

Bei zu hoher Verformungstemperatur treten bei Phenol-Formaldehydharzen Überhärtungen auf, die von einem deutlichen Festigkeitsabfall begleitet sind [12]. Harnstoff-Formaldehydharze zerfallen bei hohen Temperaturen in Ammoniak, Methylamin und Formaldehyd.

Die vernetzenden Polyepoxyde laufen ebenfalls nur während der Verarbeitung zu Einbrennlacken Gefahr, bei Temperaturen über 250 °C in Phenole und Aldehyde zu zerfallen.

---

[1] Bei langem Erhitzen auf 250° bis 300 °C oder kurzzeitigem Erhitzen auf höhere Temperaturen sind auch Umlagerungen zu beobachten, z. B. von Gemischen aus Polyamiden vom NYLON-66- und PERLON-Typ in Mischpolyamide oder Änderungen des Kristallisationsverhaltens.

Die vernetzten Polyurethane erfahren bis zu Temperaturen von etwa 250 °C praktisch keine Veränderungen; oberhalb dieser Temperatur beginnt eine Aufspaltung der Urethangruppe, wobei sich die Isocyanat- und Alkoholgruppe zurückbilden. Nur bei Einbrennlacken auf der Basis von Polyester-Isocyanat-Verbindungen muß daher etwas Vorsicht geübt werden. Umgekehrt wird von der thermischen Labilität einfacher Urethane auch bewußt Gebrauch gemacht. Es ergibt sich so die Möglichkeit, in bestimmten Stadien der Vernetzung Isocyanate in statu nascendi bei höheren Temperaturen zur Reaktion zu bringen. Das Abspaltungsgleichgewicht liegt bei den einfachen (wie auch bei den vernetzten) Urethanen je nach den Komponenten bei verschieden hohen Temperaturen, auch bei solchen, wo die die Hydroxylgruppe tragende Komponente bereits flüchtig ist und die Isocyanatkomponente frei reagieren kann. Man darf hier also von einem destruktiven Aufbau sprechen.

Bei der Formgebung der ungesättigten Polyester durch „Verbundpolymerisation" treten keine Bedingungen auf, unter denen ein thermischer Abbau zu fürchten ist. Ein Klebrigbleiben der Oberfläche unter dem Einfluß des Luftsauerstoffes infolge vorzeitigen Kettenabbruches ist für die Kunststoffverarbeitung ohne Bedeutung, da die Polymerisation praktisch stets unter Luftabschluß durchgeführt wird.

Literatur

[1] Angew. Chem. 63 (1951) S. 168—171, dort auch Literaturübersicht.

[2] MEGSON, N., u. H. PAISLEY: J. Soc. chem. Ind. (London) 58 (1939) S. 213.

[3] Siehe z. B. neuere Arbeiten, welche auch Literaturzusammenstellungen bringen, von H. P. WOHNSIEDLER: Industr. Engng. Chem. 44 (1952) S. 2679; 45 (1953) S. 2307. — G. ZIGEUNER: Kunststoffe 41 (1951) S. 221. — G. ZIGEUNER u. R. PITTER: M. 86 (1955) S. 57. — H. STAUDINGER u. K. WAGNER: Makromolekulare Chem. 12 (1954) S. 168 u. a. — Kinetische Betrachtungen: L. E. SMYTHE: Amer. Soc. 73 (1951) S. 2735; 75 (1953) S. 574.

[4] SCHILDKNECHT, C. E.: Polymer Processes, S. 310. New York: 1956.

[5] Zum Beispiel R. WEGLER: Angew. Chem. 67 (1955) S. 582 mit Literaturübersicht.

[6] Zum Beispiel E. S. NARRACOTT: Brit. Plastics 26 (1953) S. 120; 28 (1955) S. 253.

[7] BAYER, O.: Liebigs Ann. Chem. 549 (1941) S. 286 — Angew. Chem. 59 (1947) S. 257. — R. HEBERMEHL: Farben, Lacke, Anstrichstoffe 8 (1948) S. 123. — W. SIEFKEN: Liebigs Ann. Chem. 562 (1949) S. 75. — S. PETERSEN: Liebigs Ann. Chem. 562 (1949) S. 205. — O. BAYER, E. MÜLLER, S. PETERSEN, H.-F. PIEPENBRINK u. E. WINDEMUTH: Angew. Chem. 62 (1950) S. 57. — W. BRENSCHEDE: Z. Elektrochem. 54 (1950) S. 191. — A. HÖCHTLEN: Kunststoffe 40 (1950) S. 221. — E. MÜLLER, O. BAYER, S. PETERSEN, H.-F. PIEPENBRINK, F. SCHMIDT u. E. WEINBRENNER: Angew. Chem. 64 (1952) S. 523. — A. HÖCHTLEN: Kunststoffe 42 (1952) S. 303. Zur Reaktionskinetik der Diisocyanate s. z. B. M. E. BAILEY u. Mitarbeiter: Industr. Engng. Chem. 48 (1956) S. 794.

[8] Aus der Fülle der Veröffentlichungen seien herausgegriffen: W. NOLL: Angew. Chem. 66 (1954) S. 41. — W. NOLL: „Chemie und Technologie der Silicone", Verlag Chemie, Weinheim (1960). — J. PETER: Kautschuk u. Gummi 8 (1955) S. WT 59. — S. NITZSCHE u. M. WICK: Kunststoffe 47 (1957) S. 431.

[9] Siehe ausführliche Darstellungen in N. GRASSIE: Chemistry of High Polymer Degradation Processes. London 1956 — Polymer Degradation Mechanismus, National Bureau of Standards Circular 525, 16. November 1953.

[10] GAYLORD, N.: SPE-J. 14 (Januar 1958) S. 31.

[11] ACHHAMMER, B. G., F. W. REINHART u. G. M. KLINE: J. Res. Nat. Bur. Stand. 46 (1951) S. 391.

[12] HULTZSCH, K.: Kunststoffe 39 (1949) S. 57.

6.4 Alterung und Klimaeinwirkung

Von **P. Schneider**, Leverkusen

6.4.1 Chemische Reaktionen bei Alterung und Klimaeinwirkung

Wie die meisten organischen Verbindungen werden auch Kunststoffe durch die Einwirkung von Licht, Wärme, Sauerstoff, Ozon und Feuchtigkeit chemisch verändert. Damit verbunden ist eine Verschlechterung der mechanischen und elektrischen Eigenschaften, Verlust der Transparenz, Änderung der Oberfläche usw. Diese durch den allgemeinen Begriff „Alterung"[1] gekennzeichneten Eigenschaftsänderungen sind von der Art des Kunststoffes, von der Dauer der Einwirkung sowie von der Intensität der die Alterung herbeiführenden Faktoren abhängig. Die hierbei ablaufenden chemischen Reaktionen sind oft sehr komplexer Natur, weil unter den normalen Anwendungsbedingungen die Alterung durch verschiedenartige, gleichzeitig auftretende Faktoren herbeigeführt wird. Dem Sonnenlicht kommt dabei eine große Bedeutung zu.

Der spektrale Bereich der Wellenlänge des Sonnenlichtes beträgt auf Meereshöhe 2900 bis 30000 Å. Für das menschliche Auge sind nur die Wellenlängen zwischen 4000 bis 7200 Å sichtbar. Der ultraviolette Anteil erstreckt sich auf die Wellenlängen von 2900 bis 4000 Å, der Infrarotanteil auf 7000 bis 30000 Å. Jedoch hat nur der ultraviolette Wellenbereich des Sonnenlichtes einen wesentlichen unmittelbaren Einfluß auf die Alterung der Kunststoffe.

Nach der Quantentheorie wird Licht der Frequenz v als Energiequant $E = h\,v = h\,\dfrac{c}{\lambda}$ aufgenommen, wobei h die PLANKsche Konstante, v die Frequenz und λ die Wellenlänge bedeuten. Eine Einwirkung kann aber nur dann erfolgen, wenn der Kunststoff die Strahlungsenergie zu absorbieren vermag und die Aufnahme der Lichtquanten durch einzelne Moleküle erfolgt. Je nach der Wellenlänge der aufgenommenen Strahlung kann ein hoher Betrag an Energie zugeführt werden. Wenn z. B. Licht der Wellenlänge 3000 Å eingestrahlt und absorbiert wird, so ergibt sich ein Energiebetrag von 94,8 kcal/Mol, der ausreichen könnte, um eine aliphatische Bindung zwischen Kohlenstoff und Stickstoff zu spalten, deren Bindungsenergie etwa 88 kcal/Mol beträgt. Bei 4000 Å hat das Photon eine Energie von 71,1 kcal/Mol. Die Energie des langwelligen UV-Lichtes der Sonne (3400 bis 4000 Å) reicht im allgemeinen nicht dazu aus, eine Molekülspaltung herbeizuführen. Diese tritt nur dann ein, wenn zur Strahlungsenergie gleichzeitig chemische Energie hinzukommt. Unter dem katalysierenden Einfluß des Lichtes treten photochemisch angeregte Moleküle auf, die leicht mit Sauerstoff, Ozon, Feuchtigkeit usw. reagieren können. Solche Reaktionen verlaufen aber langsamer als die Photolyse durch energiereiche Lichtstrahlen.

Die Natur des Klimas hat einen entscheidenden Einfluß auf die Größe der eintretenden Wirkungen. In gemäßigten Zonen sind diese geringer als in solchen von hoher aktinischer Wirksamkeit und hoher mittlerer Temperatur oder Feuchtigkeit. Die Verteilung der Wellenlängen erweist sich als weitgehend abhängig von

---

[1] Zusammenfassende Darstellung: H. STÄGER: Kunststoffe 49 (1959) S. 589. — P. DUBOIS u. J. HENNICKER: Plastics 25 (1960) S. 428, 474 u. 577.

den Wetterbedingungen, von der Höhe über dem Meeresspiegel, dem Abstand der Erde von der Sonne sowie auch vom Winkel der Einstrahlung.

Mit künstlichen Bewetterungseinrichtungen, wie dem Fadeometer, dem Weatherometer oder der Xenonlampe, gelingt es in kürzerer Zeit, den Einfluß des Lichtes auf Kunststoffe festzustellen. Jedoch sind die Änderungen, die mit solchen künstlichen Einrichtungen erzielt werden, nicht immer identisch mit der Einwirkung des Sonnenlichtes.

Bei der Oxydation von Kunststoffen spielen Kettenreaktionen, an denen Radikale teilnehmen, eine große Rolle. Im Verlauf der Oxydation entstehen Hydroperoxyde, die ihrerseits wieder leicht in Radikale zerfallen und weitere Kettenreaktionen starten können:

$$P{-}H\,(\text{Polymeres}) + O_2 \longrightarrow P^{\cdot} + HO_2^{\cdot}$$
$$P^{\cdot} + O_2 \longrightarrow PO_2^{\cdot}$$
$$PO_2^{\cdot} + P{-}H \longrightarrow PO_2H + P^{\cdot}$$

So genügen bereits wenige Radikale, um eine Kettenreaktion einzuleiten, die in Abwesenheit von Inhibitoren und unter günstigen äußeren Bedingungen eine hohe kinetische Kettenlänge erreichen kann. Die gebildeten polymeren Hydroperoxyde sind nicht stabil. Sie zerfallen in Radikale, wobei Aldehyde, Ketone, Epoxyde, Alkohole, Wasser usw. entstehen können. Diese werden z. T. in Säuren, Ester, Kohlenoxyd, Kohlensäure usw. umgewandelt. Die Art des Kunststoffes sowie die Versuchsbedingungen bestimmen, ob bei diesen Vorgängen ein Kettenbruch (Molekülverkleinerung) oder eine Vernetzung (Molekülvergrößerung) eintritt.

Inhibitoren sind Verbindungen, die auf Grund ihrer Reaktionsfähigkeit mit Radikalen den schädigenden Einfluß des Sauerstoffes verringern. Ihre Wirkung besteht in einem Austausch des aktiven Radikals gegen ein weniger aktives, wobei der Inhibitor gewöhnlich ein Wasserstoffatom verliert:

$$PO_2^{\cdot} + A{-}H \longrightarrow PO_2H + A^{\cdot}$$

Geeignete Verbindungen sind Phenole und aromatische Amine. Durch den aromatischen Charakter des Benzolkernes wird das Radikal $A^{\cdot}$ durch Resonanz stabilisiert, so daß seine Energie nicht mehr ausreicht, um sich an Kettenreaktionen weiter zu beteiligen. Die Wirksamkeit des Inhibitors kann im allgemeinen über einen bestimmten Schwellenwert auch durch höhere Dosierung nicht wesentlich gesteigert werden.

Inhibitoren, die auch Stabilisatoren oder Alterungsschutzmittel genannt werden, sind von großer technischer Bedeutung bei der Verarbeitung und Anwendung von Kautschuk, Polyäthylen und anderen Kunststoffen.] Diese Verbindungen sind meistens ohne Wirkung oder sogar schädlich, wenn die Oxydation unter dem Einfluß von kurzwelligem Licht abläuft. Diese Eigenschaft kann durch die hohe UV-Absorption der hauptsächlich aus der aromatischen Reihe stammenden Inhibitoren erklärt werden. Phenole absorbieren in diesem Wellenbereich aber weniger stark als aromatische Amine. Daher sind einige Verbindungen dieser Klasse auch gegen den Einfluß von kurzwelligem Licht verwendbar.

Als Lichtschutzmittel für Kunststoffe sind Verbindungen geeignet, die innerhalb einer dünnen Oberflächenschicht die schädlichen Strahlen absorbieren und den inneren Teil des Kunststoffes vor der weiteren Einwirkung schützen. Solche Verbindungen müssen stabil gegen die Einwirkung des UV-Lichtes sein und sollen die eingestrahlte Energie auf eine andere Art als zur Anregung einer chemischen Reaktion auslöschen. Gut verteilter, aktiver Ruß in einer Menge von 1 bis 2% ist eines der besten Lichtschutzmittel. Oxybenzophenone, Derivate der Salicylsäure, Ester des Resorcins oder Brenzkatechins wirken in gleichem Sinne, erreichen jedoch nicht den mit Ruß erzielbaren Effekt.

Wenn ein Kunststoff hohen Temperaturen ($>300°$) ausgesetzt wird, so ist die thermische Energie groß genug, um primäre Bindungen zu brechen. Bei verzweigtem Polyäthylen erfolgt der Bruch an einem durch die Verzweigung bedingten quaternären Kohlenstoffatom, bei anderen Kunststoffen allgemein an einer sog. „schwachen" Stelle, die durch die beispielsweise Einwirkung von Sauerstoff oder durch die vereinzelt anzutreffende Kopf-Kopf-Struktur bedingt sein kann.

Polymethacrylnitril oder Polymethacrylsäureester werden bereits bei Temperaturen über 150° abgebaut. Diese Kunststoffe bilden Monomere in guter Ausbeute, deren Abspaltung vom Kettenende erfolgt. Die Reaktionsgeschwindigkeit ist hierbei weitgehend abhängig von der Endgruppe der Kette, die durch den Katalysator variiert werden kann. Der Abbau erfolgt hierbei über Kettenradikale und kann als eine Umkehrung der Polymerisation gedeutet werden.

Wenn die polymere Kette an ihrer schwächsten Stelle einmal gebrochen ist, können sich verschiedenartige Reaktionen einstellen. Monomere werden jedoch nur dann in größerer Ausbeute gebildet, wenn das entstandene Radikal durch Resonanz oder sterische Hinderung stabilisiert wird und sich keine leicht abtrennbaren tertiären Wasserstoffatome an der polymeren Kette befinden. So bilden Polyisobutylen, Polymethacrylsäuremethylester oder Poly-α-methylstyrol Monomere in guter Ausbeute. Polyäthylen oder Polyacrylate geben als Kunststoffe mit einem tertiären Wasserstoffatom keine oder sehr wenig Monomere.

Polymere mit einer Seitengruppe, deren Bindungsenergie zum Kohlenstoffatom geringer ist als diejenige der Kohlenstoff-Kohlenstoff-Bindung der Hauptkette, spalten die Seitengruppe leicht ab, wobei keine Monomeren entstehen. Daher wird aus Polyvinylchlorid, Polyvinylidenchlorid und Polychloropren bei höheren Temperaturen Chlorwasserstoff abgespalten. Aus Polyvinylacetat oder Celluloseacetat entsteht Essigsäure, während Blausäure aus Polyacrylnitril gebildet wird.

6.4.2 Veränderungen thermoplastischer Kunststoffe

a) Polyäthylen. Obgleich Polyäthylen sich bei vielen chemischen Reaktionen als ein inerter Kohlenwasserstoff erweist, wird es beim Belichten oder Erhitzen in Gegenwart von Sauerstoff oxydiert. Bei 125° kann die Einwirkung des Sauerstoffes schon nach wenigen Stunden an der Bildung von Carbonylgruppen festgestellt werden.

Bei der durch den ultravioletten Anteil des Sonnenlichtes katalysierten Oxydation entstehen neben Carbonyl- auch Carboxyl- und Aldehydgruppen [1]. Bei genügend langer Einwirkung führen diese zu einer Verschlechterung der mechanischen und elektrischen Eigenschaften. So ist z. B. die Änderung der

Dielektrizitätskonstanten und des Verlustfaktors direkt proportional den gebildeten Carbonylgruppen [2].

Nach ein- bis zweijähriger Bewetterung tritt zunächst die Bildung von Rissen an der Oberfläche auf, die später zu einem Brüchigwerden und zu einer erheblichen Verminderung der mechanischen Festigkeit führen. Als Kohlenwasserstoff sollte Polyäthylen keine Lichtabsorption von Wellenlängen über 2500 Å haben. Diese tritt aber bereits bei 3300 Å ein und wird auf die Anwesenheit von geringen Mengen an vorher gebildeten Carbonylgruppen zurückgeführt [3]. Die Oxydation beginnt vermutlich an einem durch die Verzweigung bedingten tertiären Kohlenstoffatom oder an einer zu einer Doppelbindung benachbarten CH_2-Gruppe. Mit steigender Sauerstoffaufnahme wird zunächst eine gelbliche Verfärbung sichtbar, die später in einen braunen Farbton übergeht. Die während der Oxydation entstandenen strukturellen Änderungen können durch infrarote Absorptionsspektren leicht erkannt werden [1].

Von gleicher Art ist die Oxydation, die sich beim Erhitzen einstellt. So genügt schon eine kurze Behandlung auf heißen Walzen, um die Oxydation einzuleiten, die im Temperaturbereich von 110° bis 160° mit einer Induktionsperiode verläuft, die bei 160° etwa eine Stunde und bei 110° etwa 33 Std. dauert. Aus den gefundenen Werten für die Aktivierungsenergie (25 kcal/Mol) ergibt sich eine Beziehung zu der Oxydation von Paraffinen [4]. Aktive Ruße mit einer Teilchengröße unterhalb 25 mμ erweisen sich schon in einer Menge von 1% als geeignete Mittel, um die unter dem Einfluß des Lichtes eintretende Oxydation zu verzögern. Auf Grund von Beobachtungen, die mit künstlichen Belichtungseinrichtungen gemacht wurden, dürften solche Mischungen eine Lebensdauer von etwa 20 Jahren haben [5]. CHANNEL-Ruße[1] zeigen eine größere Wirksamkeit als FURNACE-Ruße[2], die allgemein darin besteht, daß die durch das Licht entstandenen aktiven Radikale desaktiviert werden.

Obgleich die thermische Oxydation des Polyäthylens durch sekundäre aromatische Amine oder Phenole verzögert wird, haben diese Verbindungen keinen Einfluß auf die Vorgänge, die bei der Belichtung eintreten. Neben Ruß haben sich jedoch andere Verbindungen wie die Kupfer-, Nickel-, Kobalt-Komplexe des Disalicylal-äthylendiamins [6] oder UV-Absorber von der Art des 2,2'-Dihydroxy-2-n-octyloxy-benzophenon [7] gegen die durch das Licht hervorgerufenen Änderungen bewährt.

Zur Verzögerung der thermischen Oxydation können sekundäre aromatische Amine oder einige substituierte Phenole mit Erfolg angewandt werden. Von diesen Verbindungen seien unter vielen anderen genannt: Diphenylamin [8], Phenyl-β-naphthylamin [9], 2,2'-Methylen-bis-(4-methyl-6-tert.-butylphenol) [10], 4,4'-Dioxydiphenyl [11] usw.

Bei wenig erhöhter Temperatur zeigt Polyäthylen nur eine geringe Tendenz, in flüchtige Verbindungen zu zerfallen. Ein Gewichtsverlust durch die Bildung von gasförmigen Produkten macht sich erst beim Erhitzen auf über 290° bemerkbar, wobei in der Stickstoffatmosphäre wachsähnliche niedrige Polymere

---

[1] CHANNEL-Ruße, hergestellt durch unvollständige Verbrennung von Erdgas oder Ölen nach dem CHANNEL-Prozeß.

[2] FURNACE-Ruße, hergestellt durch unvollständige Verbrennung von Erdgas oder Ölen nach dem Ofen-Verfahren.

sowie Flüssigkeiten neben geringen Mengen an gasförmigen Produkten entstehen. Erst bei Temperaturen über 400° kann Polyäthylen ohne die Bildung eines Rückstandes pyrolytisch gespalten werden. Hierbei wird aber kein Äthylen gebildet. Es entstehen eine Reihe von n-Alkanen, n-Alkenen sowie cycloaliphatische Kohlenwasserstoffe [12] neben destillierbaren wachsähnlichen Verbindungen.

b) Polyisobutylen. Bei niedriger Temperatur entstehen aus Isobutylen mit FRIEDEL-CRAFTSschen Katalysatoren feste, kautschukähnliche Polymerisate. Beim Erhitzen oder beim Belichten an der Sonne bilden diese weiche, wenig klebrige Produkte, deren Viskosität im Vergleich zum nicht behandelten Polyisobutylen einen Abbau anzeigt. So führt längeres Erhitzen auf 150° zu einer Verringerung des mittleren Molekulargewichtes, jedoch ohne die Bildung von flüchtigen Verbindungen [13]. Bei dieser Temperatur kann der Abbau durch Zugabe von 0,1% eines Phenols, wie tert.-Amylphenolsulfid, weitgehend verringert werden. Die gleiche Wirkung haben Phenyl-β-naphthylamin sowie Aldol-α-naphthylamin [14]. Aktiver Ruß ist auch für Polyisobutylen ein wirksames Mittel zum Schutz gegen die am Sonnenlicht eintretenden Änderungen.

Gegen höhere Temperaturen erweist sich Polyisobutylen instabiler als Polyäthylen. Beim Erhitzen auf 300° beginnt die Abspaltung gasförmiger Produkte [15]. Bei Temperaturen über 400° wird monomeres Isobutylen bis zu einer Ausbeute von 46% gebildet. Andere Spaltprodukte sind Isobutan, Pentan, Neopentan, Dimere, Trimere sowie hochsiedende wachsähnliche Verbindungen, die aus mehreren monomeren Einheiten bestehen. Bei den hohen Temperaturen tritt eine fast quantitative Verflüchtigung der Spaltprodukte ein, so daß nur ein sehr geringer Rückstand bleibt.

c) Polystyrol. Polystyrol hat für die meisten Anwendungszwecke eine genügende Stabilität gegen die Einwirkung des Lichtes. Längeres Belichten an der Sonne führt jedoch zu einer Gelbfärbung der dem Licht zugekehrten Oberfläche. Dieser Vorgang ist mit einer Oxydation verbunden, durch die Carbonylgruppen gebildet werden. In einer Stickstoff- oder Kohlensäureatmosphäre werden diese Veränderungen auch nach jahrelangem Belichten nicht beobachtet. Durch die Gelbfärbung wird die Oberfläche unansehnlich. Mit steigender Belichtungsdauer tritt eine Verschlechterung der mechanischen und elektrischen Eigenschaften ein. Das Molekulargewicht wird verringert, die Sprödigkeit nimmt zu. Gleichzeitig verschiebt sich der p_H-Wert von alkoholischen Extrakten nach der sauren Seite. Nur die äußere Schicht der Oberfläche wird bei der Belichtung gelblich verfärbt. Weil diese Schicht aktinisches Licht absorbiert, wird der innere Teil des Kunststoffes vor weiteren Änderungen geschützt. Die gebildeten gelben Verfärbungsprodukte können durch Lösungsmittel bis auf einen kleinen unlöslichen, durch Vernetzung entstandenen Rest entfernt werden. Die Verfärbung wird mit fallender Wellenlänge des Lichtes stärker und kann bei Einstrahlung der Wellenlänge 2537 Å bereits nach mehreren Stunden beobachtet werden [16].

Das im Polystyrol im allgemeinen vorhandene monomere Styrol hat keinen wesentlichen Einfluß auf die Geschwindigkeit der Verfärbung, wenn der Anteil nicht mehr als 1,5% beträgt. Jedoch beschleunigt Schwefel, der als Polymerisationsinhibitor bei der Destillation des Monomeren dient, die Vergilbung bereits in geringen Mengen.

Tab. 1 zeigt die Änderung der elektrischen und mechanischen Eigenschaften von transparentem und mit wenig Ruß gefärbtem Polystyrol nach 6 Monate langer Bewetterung in verschiedenen Gegenden der USA [17]. Auch hier erweist sich Ruß als ein wirksamer Stabilisator gegen die Einwirkung des Lichtes.

Tabelle 1. *Elektrische und mechanische Eigenschaften von Polystyrol nach 6 Monate langer Bewetterung in verschiedenen Gebieten der USA*

	Kontrollversuch (nicht belichtet)		Arizona		Florida		Massachusetts	
	transp.	grau	transp.	grau	transp.	grau	transp.	grau
Verlustfaktor ($\tan\delta \times 10^3$ bei 1 KHz)	0,12	0,46	0,30	0,32	0,40	0,38	0,28	0,34
Zerreißfestigkeit (kg/cm²)	457	510	317	510	331	530	365	527
Biegefestigkeit (kg/cm²)	773	880	369	701	334	721	527	791

Transparentes Polystyrol kann durch Stabilisatoren gegen die am Licht eintretende Verfärbung geschützt werden. Geeignete Verbindungen sind aliphatische oder cycloaliphatische Amine sowie Aminoalkohole [18]. Abb. 1 zeigt den Einfluß von N-Cyclohexylaminoäthanol auf die Gelbfärbung, die hier als prozentuale Durchlässigkeit der Wellenlänge 3650 Å ausgedrückt wird, sowie die Bildung von Carbonylgruppen nach längerer Belichtung im Fadeometer [16]. Weitere Verbindungen, die eine ähnliche Wirkung haben, sind: Diäthylenglykol-monobutyläther [19], Resorcindibenzoat oder -disalicylat [20].

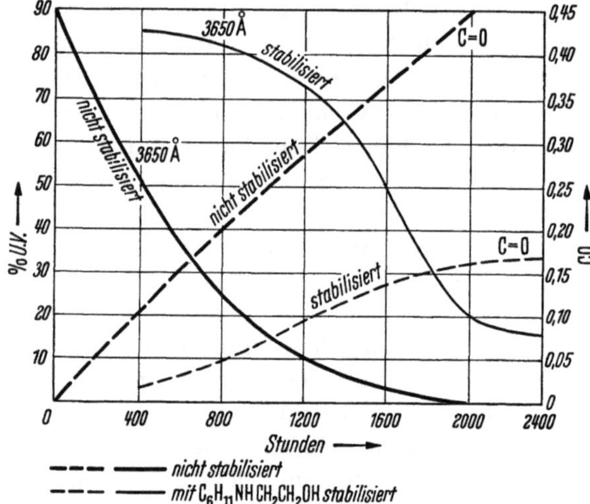

Abb. 1
Alterung von Polystyrol im ultravioletten Licht (Fadeometer)

Bei längerer thermischer Behandlung von Polystyrol tritt in Gegenwart von Sauerstoff bereits bei Temperaturen von 140° bis 150° eine Verringerung des Molekulargewichtes ein [21], wobei jedoch kein Gewichtsverlust feststellbar ist. Ein schneller Zerfall erfolgt bei Temperaturen über 300°. Hierbei entstehen bei normalem Druck etwa 55% monomeres Styrol, etwa 20% Distyrol als Dimeres neben einer Reihe anderer Verbindungen, die auch das Trimere enthalten [22]. Die Ausbeute an monomerem Styrol kann beim Arbeiten im Vakuum im kontinuierlich ausgeführten Verfahren bis zu 65% erreichen. Poly-α-methylstyrol, das im Gegensatz zu Polystyrol ein quaternäres α-Kohlenstoffatom enthält, bildet bereits bei 330° quantitativ das Monomere [23].

d) Polyvinylchlorid. Während sichtbares Licht keinen wesentlichen Einfluß auf die Eigenschaften von Polyvinylchlorid ausübt, beginnt mit der Einstrahlung von kurzwelligem Licht von etwa 3400 Å und kleiner eine katalytische Abspaltung von Chlorwasserstoff. Diese nimmt mit fallender Wellenlänge des eingestrahlten Lichtes ständig zu und erfolgt sowohl in einer Sauerstoff- als auch in einer Stickstoffatmosphäre. Jedoch wird Chlorwasserstoff in Gegenwart von Sauerstoff schneller und in größeren Mengen als in der Stickstoffatmosphäre gebildet. Hierdurch entstehen Doppelbindungen. Chlor, das sich in der Allylstellung zur Doppelbindung befindet, wird dadurch labil und leicht abspaltbar. Es kommt schließlich zur Bildung eines ungesättigten Systems mit konjugierten Doppelbindungen, die bereits in geringer Anzahl eine starke Farbvertiefung hervorrufen.

In Gegenwart von Sauerstoff ist die Farbänderung schwächer als in der Stickstoffatmosphäre, weil eine schnelle Oxydation des ungesättigten Systems eintritt, die zunächst unter Verringerung der Viskosität einen Kettenbruch herbeiführt, aber bei längerer Einwirkung eine Vernetzung zur Folge hat. In der Stickstoffatmosphäre führt die Chlorwasserstoffabspaltung sofort zur Vernetzung [24]. Durch die Oxydation entstehen Carbonylgruppen, die eine Absorption des Lichtes nach längeren Wellen verschieben [25]. Bei der Belichtung von Weichmacher enthaltendem Polyvinylchlorid beobachtet man zunächst eine Versteifung, die häufig von einem Ausbluten des Weichmachers begleitet wird und nach längerer Einwirkung zu einer Versprödung unter Verlust der mechanischen Eigenschaften führt.

Beim Erhitzen von Polyvinylchlorid spalten sich bereits bei Temperaturen um 100° nachweisbare Mengen von Chlorwasserstoff ab. In einer Stickstoffatmosphäre verläuft dieser Vorgang erst nach einer Induktionsperiode, und die Menge an Chlorwasserstoff bleibt geringer als in Gegenwart von Sauerstoff, wie Tab. 2 [26] zeigt.

Tabelle 2. *Chlorwasserstoffabspaltung nach 5 Std. langer thermischer Behandlung von hartem Polyvinylchlorid*

Temperatur	% Chlorwasserstoff	
	Stickstoff-atmosphäre	Sauerstoff-atmosphäre
150°	0,01	0,02
160°	0,03	0,06
170°	0,05	0,13
180°	0,25	0,48
190°	0,60	0,94
200°	1,10	2,50

Wenn Polyvinylchlorid dem Licht der Wellenlänge 3000 Å für kurze Zeit ausgesetzt wurde, so erfolgt bei der thermischen Behandlung eine stärkere Chlorwasserstoffentwicklung als mit unbelichteten Proben [27]:

	Chlorwasserstoff (Millimol/g)	
	Stickstoff-atmosphäre	Sauerstoff-atmosphäre
α) 1 Std. auf 150° erhitzt	0,0035	0,0043
β) belichtet (3000 Å) und 1 Std. auf 150° erhitzt	0,009	0,021

Die durch Licht oder thermische Einwirkung auftretenden Änderungen können durch Zugabe von Stabilisatoren weitgehend verringert werden. Von diesen Verbindungen haben sich Salze organischer wie auch anorganischer Säuren mit Blei, Kadmium Barium und Strontium bewährt, vor allem aber zinnorganische Verbindungen. Ein häufig angewandter Stabilisator ist Zinndibutylmaleat. Die Wirkung dieser Verbindung ist teilweise auf eine Reaktion mit den in Gegenwart von Sauerstoff auftretenden Radikalen (P˙) zurückzuführen [*29*]:

$$P˙ + (C_4H_9)_2Sn(OCOR)_2 \longrightarrow PC_4H_9 + C_4H_9\dot{S}n(OCOR)_2$$
$$(R= {-}CH{=})$$

Basische Verbindungen, wie Soda oder Natriumphosphat, sind ebenso wie organische Epoxydverbindungen Stabilisatoren für Polyvinylchlorid. Mit geeigneten Mischungen kann ein weitgehender Schutz sowohl gegen die Einwirkung des Lichtes als auch gegen die Einwirkung von Hitze erreicht werden.

Die Wirkung der Stabilisatoren scheint nicht nur in der Reaktion mit dem abgespalteten Chlorwasserstoff zu bestehen. Wie Tab. 3 zeigt [*30*], ist die bei der thermischen Behandlung auf einem Mischwalzwerk bei 170° eintretende Gelbfärbung (Verlust der Durchlässigkeit der Wellenlänge 4500 Å) von weichgemachtem Polyvinylchlorid nicht unbedingt als Folge der Reaktion des Stabilisators mit Chlorwasserstoff zu betrachten.

Tabelle 3. *Wirksamkeit verschiedener Stabilisatoren bei 170° in Weichmacher enthaltendem Polyvinylchlorid[1]*

Stabilisator	Vom Stabilisator nicht gebundener Chlorwasserstoff[2] in %	Durchlässigkeit[3] der Wellenlänge 4500 Å in %
Dibasisches Bleiphosphit	0,0	80
Dibutylzinndimaleat	0,0	80
Tribasisches Bleisulfat	0,0	77
Bleiorthosilicat und Silicagel	0,0	76
Dibutylzinndilaurat	0,0	68
n-Hexylepoxystearat	4,3	66
Bleisalicylat	0,0	55
Calciumstearat	0,78	43

e) Polyvinylidenchlorid. Unter der Einwirkung von Licht der Wellenlänge 4000 Å und kleiner verfärbt sich Polyvinylidenchlorid unter Abspaltung von Chlorwasserstoff. Diese Abspaltung erfolgt leichter als mit Polyvinylchlorid und verursacht eine starke Verschiebung der Absorption nach höheren Wellenlängen. Zur Bildung einer sichtbaren Verfärbung genügt es, wenn aus jeder polymeren Kette etwa eine Molekel Chlorwasserstoff gebildet wird. Der ungesättigte Rückstand hat nach länger dauernder Einwirkung die Struktur $-(CH{=}CCl)_n-$. Das Chloratom an der Doppelbindung ist sehr fest gebunden und kann nicht

Tabelle 4. *Verfärbung durch Licht*

	Prozentuale Durchlässigkeit der Wellenlänge 4360 Å nach 40 Std. langer Belichtung im Fadeometer
Polyvinylchlorid	59
Copolymerisat:	
Vinylidenchlorid	48
Vinylchlorid (85/15)	
Polyvinylidenchlorid	22

[1] Enthält 45 Teile Di-(2-äthylhexyl)-phthalat/100 Teile Polymerisat.
[2] Daten (mg HCl/1000 cm²/60 Min.) wurden bei 170° mit Folien von 3 mm Dicke erhalten.
[3] Nach 20 Min. langer Behandlung auf Mischwalzwerk bei 170°.

mehr als Chlorwasserstoff abgespalten werden. Im Vergleich zum Polyvinylchlorid verfärben sich Polyvinylidenchlorid oder Mischpolymerisate aus Vinylchlorid oder Vinylidenchlorid bei Raumtemperatur unter dem Einfluß des Lichtes wesentlich stärker [31].

In der Wärme erfolgt die Abspaltung von Chlorwasserstoff sehr schnell. Sie erreicht z. B. bei 130° den vierfachen Betrag des mit Polyvinylchlorid beobachteten Wertes. Damit verbunden ist eine stärkere Oxydation, so daß im Vergleich zu Polyvinylchlorid eine schwächere Verfärbung eintritt [31].

Tabelle 5. *Verfärbung bei 130°*

	Chlorwasserstoff-Abspaltung %/Std.	Verlust der Lichtdurchlässigkeit bei 4360 Å %/Std.
Polyvinylchlorid	0,01	8,5
Polyvinylidenchlorid	0,04	3,5

Als Chlorwasserstoffakzeptoren wurden für Polyvinylidenchlorid Epoxydgruppe enthaltende Verbindungen [32] wie auch alkylierte Dibenzyläther [33] empfohlen. Als Filter gegen UV-Licht hat sich besonders 2,2′-Dioxybenzophenon [34] bewährt. Ungesättigte Verbindungen, wie Aconitsäuretributylester oder Ester der Malein- oder Fumarsäure [35], reagieren mit den konjugierten Doppelbindungen und wirken daher einer Farbvertiefung entgegen. Kombinationen aus Stabilisatoren können sowohl gegen die Wirkung des Lichtes als auch gegen Wärme schützen.

f) Polychlortrifluoräthylen und Polytetrafluoräthylen. Polychlortrifluoräthylen und Polytetrafluoräthylen sind stabil gegen den Einfluß der Bewetterung. Durch längeres Erhitzen auf etwa 450° wird Polychlortrifluoräthylen in das Monomere, dessen Dimeres und in halbfeste Verbindungen gespalten [36]. Die außerordentlich hohe thermische Stabilität des Polytetrafluoräthylens erfordert zur schnellen Bildung von Spaltprodukten Temperaturen im Bereich von 600° bis 700°. Nach 3 Stunden langem Erhitzen auf 500° werden etwa 90% des Polymerisates in flüchtige Verbindungen gespalten [37]. Beim Erhitzen auf 650° und in einem Vakuum von 150 mm entsteht das Monomere in einer Ausbeute von etwa 86% [38]. Unter Normaldruck werden hauptsächlich Hexafluorcyclopropan und Octafluorcyclobutan gebildet [39].

g) Polymethacrylsäureester. Obwohl Polymethacrylsäuremethylester bei normaler Temperatur eine ausreichende Beständigkeit gegen den Einfluß der Bewetterung hat, können zur Verbesserung der Farbbeständigkeit und der Klarheit UV-Absorber, wie Phenylsalicylat, 2,4-Dioxybenzophenon, Stilbene, Resorcinmonobenzoat usw., zugesetzt werden [40]. Beim Erhitzen über 250° beginnt die Abspaltung von Monomeren, die als eine Kettenreaktion betrachtet wird und unter günstigen Bedingungen eine fast quantitative Ausbeute erreichen kann [41]. Je nach der Art der Endgruppe in der polymeren Kette erfolgt der Abbau mit verschiedener Geschwindigkeit. Endgruppen, die bei der Polymerisation in Gegenwart von Tetraphenylbernsteinsäuredinitril oder Alkylmerkaptanen gebildet werden, üben einen stabilisierenden Einfluß aus [42]. Demgegenüber ist die Abbaugeschwindigkeit eines photochemisch hergestellten Polymerisates, das gesättigte und ungesättigte Endgruppen besitzt, um etwa 50% größer als die

eines mittels Benzolperoxyd gewonnenen Polymerisates, dessen aromatische Endgruppen den Kettenstart des thermischen Abbaues verzögern.

Durch Bestrahlen mit aktinisch wirksamem Licht (2537 Å) wird bereits im
Temperaturbereich von 130° bis 200° Monomeres gebildet. Auch diese Reaktion
wird durch die Bildung von Radikalen eingeleitet [43].

h) Polyester und Polyamide. Polyester sind im allgemeinen stabiler als Polyamide gegen oxydative Änderungen, die unter dem Einfluß von Licht oder
Wärme eintreten. Polyäthylenterephthalat, das wegen seiner teilweise kristallinen
Struktur schwierig verseifbar ist, wird beim Erhitzen auf Temperaturen über
300° an der Esterbindung unter Abnahme des Molekulargewichtes, Verfärbung,
Gasentwicklung und Säurebildung angegriffen [44]. Ein Polyester aus 2,2-Di-
methylpropandiol-(1,2) und Terephthalsäure verhält sich bei der thermischen Einwirkung günstiger als Polyäthylenterephthalat, weil nicht nur die Esterbindung,
sondern auch solche Methylengruppen im Glykol angegriffen werden, die um
2 Kohlenstoffatome vom Äthersauerstoff der Carboxylgruppe entfernt sind.

Polyamide, wie Polyhexamethylenadipinsäurediamid oder Poly-ε-caprolactam,
werden in Gegenwart von Sauerstoff bei der Bewetterung oder durch längeres
Erhitzen stark verändert. So tritt eine Verhärtung und Verfärbung ein, wenn
Polyamide 4 Monate lang bei sommer-
lichen Temperaturen einer Industrie-
atmosphäre ausgesetzt werden. Die
Zerreißfestigkeit nimmt hierbei von
580 auf 330 kg/cm² und die Dehnung
von 315 auf 90% ab, während die
Änderung der Viskosität in Lösung
gering ist [45]. Abb. 2 zeigt den Abfall
der Intrinsic-Viskosität im ultravioletten Licht einer S–1-Sonnenlampe der
General Electric bei 60° sowie in
Luft von 105° im Dunkeln [46]. Nach
8 Wochen langer Bewetterung verringert sich die Intrinsic-Viskosität
von 1,30 auf 1,01.

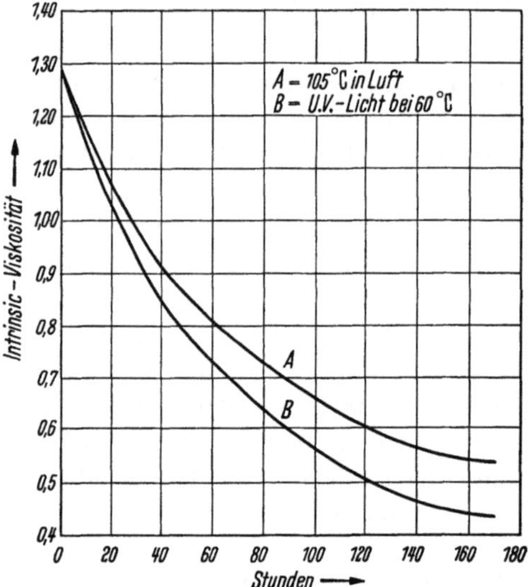

Abb. 2
Einfluß von Wärme und Licht auf die Intrinsic-Viskosität eines Polyhexamethylenadipinsäurediamids

Erhitzen auf 350° führt mit Poly-
ε-caprolactam, besonders in Gegenwart
geringer Mengen von Alkalien, zu einer
fast quantitativen Bildung des Monomeren [47]. Polyhexamethylenadipin-
säurediamid wird an der Amidbindung gespalten. Neben Hexamethylendiamin
entstehen durch thermischen Abbau bei 350° Cyclopentanon, Kohlendioxyd,
Kohlenoxyd, Ammoniak sowie ein Indolderivat [48]. Stabilisatoren, die Polyamide gegen Licht oder Wärme zu schützen vermögen, sind neben Ruß auch
Alkalijodide und Alkaliphosphate [49], organische Phosphite, wie Dibutyl-
phosphit [50], 2-Mercaptobenzimidazol [51], aromatische Amine sowie Phenole
[52] usw.

i) Celluloseester. Wenn Celluloseester längere Zeit der Sonne oder dem UV-
Licht ausgesetzt werden, so tritt zunächst ein Ausbleichen ein. Es erfolgt die

Bildung von Rissen an der Oberfläche und bei längerer Belichtung eine starke Verschlechterung der mechanischen Eigenschaften. Diese Vorgänge sind von einer Verfärbung begleitet und können als Folge der photochemischen Spaltung der Celluloseketten erklärt werden. Licht der Wellenlänge 2800 Å ruft diese Veränderung schon nach kurzem Belichten hervor. Bei 3500 Å wird nach der gleichen Belichtungszeit nur noch etwa ein Drittel der Änderungen hervorgerufen. Die Einwirkung des Lichtes führt hauptsächlich zu einer Verringerung der Viskosität und besteht nur in geringem Maße in einer Änderung der sonstigen chemischen Eigenschaften. Celluloseester mit höherem Molekulargewicht zeigen hierbei einen stärkeren Abfall der Viskosität als solche von niedrigem Molekulargewicht.

Tab. 6 enthält einige Daten über Celluloseacetobutyrat nach einjährigem Belichten an der Sonne. Bei der Bestimmung des Weichmacheranteiles wurden die Proben in Aceton gelöst und mit Petroläther gefällt. Der höhere Anteil an Weichmacher

Tabelle 6. *Einfluß der Bewetterung auf die chemischen Eigenschaften von Celluloseacetobutyrat (22% Dialkylphthalat als Weichmacher)*

	Ein Jahr bewettert	Nicht bewettert
Intrinsic-Viskosität	0,481	1,48
Acetyl [%]	14,6	13,2
Butyryl [%]	4,4	35,6
Kohlenstoff [%]	54,19	54,55
Wasserstoff [%]	6,94	6,92
Weichmacher [%].......	22,5	19,7

in der belichteten Probe kann durch den starken Abbau der Cellulose erklärt werden, weil die niedrigmolekularen Anteile sich bezüglich ihrer Löslichkeit wie ein Weichmacher verhalten [53].

Geeignete Stabilisatoren, die den Einfluß des Lichtes verringern, sind solche Verbindungen, die eine hohe optische Dichte im UV-Bereich haben, wie z. B. Salicylsäurephenylester, m-Methoxybenzoesäurephenylester, Resorcinmonobenzoat usw. [54]. Die Wirkung einiger Verbindungen bei der künstlichen Belichtung zeigt Tab. 7 [55]. Salicylsäurephenylester, der in der angewandten Titandioxydmischung keine Wirksamkeit zeigt, ist in einer pigmentfreien Mischung wirksamer als z. B. 2,6-Di-tert.-butyl-p-kresol.

Tabelle 7. *Wirkung verschiedener Stabilisatoren auf Celluloseacetobutyrat bei der künstlichen Belichtung (12 Teile Dibutylsebacat, 2 Teile Titandioxyd)*

| Stabilisator | Std. im Weatherometer bis zum 25 %igen Abfall der | |
	Viskosität (η_r/c)	Biegefestigkeit
	1900	700
Phenylsalicylat	1900	700
2,6-Di-tert.-butyl-p-kresol ..	3500	800
p-tert.-Butylphenol........	3200	3500
N,N'-Diphenylacetamidin ..	4400	4400
Propylgallat	4600	4600
N-Butyl-p-aminophenol....	4700	4700

Die thermische Oxydation des weichmacherfreien Kunststoffes führt erst nach mehrstündigem Erhitzen auf 150° zur Bildung von Kohlenoxyd, Kohlensäure und Wasser. Gleichzeitig werden Essigsäure bzw. Buttersäure abgespalten [56]. Diese Reaktion verursacht eine gelbliche Verfärbung.

Starke Mineralsäuren oder Eisensalze, die als Verunreinigungen im Celluloseester enthalten sein können, führen bei erhöhter Temperatur zu einer starken Veränderung der chemischen und physikalischen Eigenschaften [55].

6.4.3 Veränderungen härtbarer Kunststoffe

a) Ungesättigte Polyester. Mischpolymerisate des Styrols mit ungesättigten Polyestern stellen einen Übergang zwischen den thermoplastischen und härtbaren Kunststoffen dar. Sie finden in Kombination mit Glasfasern eine weite Anwendung als dekorative und Konstruktionselemente. Kunststoffe dieser Art enthalten in den Phthalsäure- und Styroleinheiten Benzolkerne, die Licht unterhalb der Wellenlänge 3900 Å absorbieren und bei länger dauernder Einwirkung vergilben. Nebenstehende Tabelle zeigt den Einfluß von Licht verschiedener Wellenlängen auf die Verfärbung [57].

Tabelle 8. *Einfluß der Wellenlänge auf die Lichtstabilität*

Kürzeste Wellenlänge des eingestrahlten Lichtes in Å	Durchlässigkeit der Wellenlänge 4400 Å nach 1000 Std. im Fadeometer
3000	56
3300	68
3900	86
4200	88
4750	88
5850	87
6200	88

Die Verfärbung kann durch geeignete aromatische Verbindungen, zu denen hauptsächlich Phenole zählen, verringert werden. Ein stark wirkendes Lichtschutzmittel ist 2-Oxy-4-methoxybenzophenon [58]. Die Wirksamkeit weiterer Verbindungen zeigt Tab. 9.

Mischpolymerisate ungesättigter Polyester mit Styrol verlieren ihre mechanische Festigkeit bei längerem Erhitzen auf 250°. Dieser Vorgang kann auf einen Bruch von Bindungen der polymerisierten Vinylgruppe zurückgeführt

Tabelle 9. *Einfluß von Phenolen auf die Lichtstabilität*

Stabilisator	Menge %	Lichtdurchlässigkeit der Wellenlänge 4400 Å	
		unbehandelt	nach 1000 Std. im Fadeometer
	—	87	61
Acetylsalicylsäure	1,0	88	64
Phenylsalicylat	0,5	88	51
2-Oxybenzophenon	0,5	87	80
4,4′-Dioxybenzophenon	0,5	86	20 (150 Std.)
Resorcinmonobenzoat	1,0	88	74 (500 Std,)
Salicylaldehyd	1,0	88	72 (500 Std.)

werden. Der durch die Mischpolymerisation mit Styrol nahezu abgesättigte Polyester ist bei dieser Temperatur noch relativ stabil und kann bezüglich seiner Stabilität mit Phenol- oder Melamin-Formaldehyd-Harzen verglichen werden [59]. Eine hervorragende thermische Beständigkeit geben Monomere, wie 3,6-Diallylendomethylentetrahydrophthalsäure und Triallylcyanurat bei der Mischpolymerisation mit ungesättigten Polyestern. Mischungen beider Allylverbindungen zeigen bessere Eigenschaften, als wenn jedes Monomere für sich allein angewandt wird. Mit solchen Mischungen kann in Gegenwart von Sauerstoff selbst nach 192 Stunden eine hervorragende Beständigkeit bei 260° erzielt werden [60].

b) Phenol-Formaldehyd- und andere härtbare Harze. Bedingt durch den aromatischen Kern, absorbieren Phenol-Formaldehyd-Harze Licht unterhalb der

Wellenlänge 4000 Å. In Abhängigkeit von der Intensität des eingestrahlten Lichtes erfolgt eine mehr oder weniger starke Verschlechterung der mechanischen Eigenschaften. Tab. 10 enthält einige Daten über die Änderung der elektrischen und

Tabelle 10. *Elektrische und mechanische Eigenschaften von schwarz gefärbtes Holzmehl enthaltendem Phenol-Formaldehyd-Harz nach 12 Monate langer Bewetterung in verschiedenen Bezirken der USA*

	Kontrollversuch (nicht belichtet)	Arizona	Florida	Massachusetts
Durchschlagsspannung (V/mm)	13700	15100	11200	13700
Zerreißfestigkeit (kg/cm²)	527	410	340	350
Biegefestigkeit (kg/cm²).............	804	650	560	600
H_2O-Aufnahme [%]	4,8	5,3	6,5	6,8

mechanischen Werte bei der Bewetterung in verschiedenen Gegenden der USA. Je nach der mittleren Temperatur und relativen Feuchtigkeit tritt eine Zunahme des Feuchtigkeitsgehaltes ein, wodurch die mechanischen und elektrischen Eigenschaften, wenn auch in einem geringeren Maße als durch UV-Licht, geändert werden [*61*].

Tabelle 11. *Gewichtsabnahme und Änderung der Biegefestigkeit verschiedener Schichtstoffe bei erhöhter Temperatur*

Schichtstoff	Temperatur °C	Gewichtsverlust % nach Tagen		Biegefestigkeit (kg/cm²) nach Tagen (bei Raumtemperatur gemessen)		
		1	3	0	1	3
Phenolharz-Hartpapier	150	2,5	3,5	1500	1406	1690
	200	5,4	6,7		1125	1055
	250	18,6	29,5		zerstört	
Phenolharz-Hartgewebe	150	4,7	4,8	1230	10400	1050
	200	7,5	16,3		510	210
	250	50,3	56,9		zerstört	
Phenolharz-NYLON	150	0,45	0,6	890	92	1250
	200	0,78	1,3		630	550
	250	2,3	3,5		281	228
Phenolharz-Asbest	150	0,27	0,22	1440	1280	1460
	200	0,35	0,46		1250	1270
	250	1,1	1,7		900	720
Phenolharz-Glasgewebe	150	2,9	3,0	2070	2090	2070
	200	3,9	4,1		1840	1850
	250	4,6	6,4		1580	1120
Hitzebeständiges Phenolharz-Glasgewebe	150	0,37	0,48	3870	3760	4500
	200	0,57	0,57		3700	3600
	250	0,83	3,1		3410	2100
Melaminharz-Glasgewebe	150	0,48	0,52	3940	2970	2930
	200	0,65	0,70		2040	1650
	250	0,78	0,87		1270	990
Epoxyharz-Glasgewebe	150	0,16	0,24	4410	4730	4440
	200	0,35	0,55		4630	4080
	250	2,3	3,6		4570	4400

Beim Erhitzen auf Temperaturen oberhalb 250° entstehen aus Phenol-Formaldehyd-Harzen Phenol, Formaldehyd und Diphenylmethan. Die lichtbeständigen Harnstoff-Formaldehyd-Harze zersetzen sich in Ammoniak, Methylamin und geringe Mengen einer stickstoffhaltigen Fraktion neben einem kohleartigen Rückstand [62].

Werden Siliconharze auf Temperaturen über 260° längere Zeit erhitzt, so tritt eine allmähliche Abspaltung von Alkylgruppen ein. Bei stark erhöhter Temperatur werden auch Phenylgruppen abgespalten. Unter Bruch der Siliconketten bilden sich Ameisensäure, Formaldehyd, Kohlensäure und Wasser, so daß schließlich nur noch das Siliziumdioxydgerüst übrigbleibt [63]. Die Pyrolyse von Epoxydharzen führt zur Bildung verschiedenartiger Produkte, unter denen Phenol, Formaldehyd und eine Reihe anderer Verbindungen nachgewiesen werden konnten.

Eine weite Anwendung finden härtbare Kunststoffe bei der Herstellung von Schichtstoffen auf der Basis von Papier, Geweben, Glasfasern, Asbest usw. Tab. 11 gibt einen Überblick über die Gewichtsabnahme und die Änderung der Biegefestigkeit verschiedener Schichtstoffe nach mehrtägiger Lagerung bei Temperaturen von 150° bis 250° [64]. Als einfaches Maß der eingetretenen Schädigung kann der Gewichtsverlust betrachtet werden. Ist dieser hoch, so ist damit eine Zersetzung verbunden. Ein geringer Gewichtsverlust, vor allem bei niedrigen Temperaturen, kann auf die Abgabe von schwer flüchtigen Verbindungen zurückgeführt werden.

Zur Beurteilung der Änderung der mechanischen Eigenschaften eignet sich der Biegeversuch. Durch Bestimmung der Biegefestigkeit bei Raumtemperatur können die Materialschädigungen der thermisch behandelten Proben weitgehend erfaßt werden.

Literatur

[1] Rugg, F. M. u. Mitarbeiter: J. Polymer Sci. 13 (1954) S. 535.

[2] Myers, C. S.: Industr. Engng. Chem. 44 (1952) S. 1095.

[3] Biggs, B. S., u. W. L. Hawkins: Mod. Plastics 31 (1953) Nr. 1, S. 121.

[4] Wilson, J. E.: Industr. Engng. Chem. 47 (1955) S. 2201.

[5] Wallder, V. T. u. Mitarbeiter: Industr. Engng. Chem. 42 (1950) S. 2320.

[6] ICI: DP-Anm. I 1035 (1950).

[7] Plastics 24 (1959) S. 500.

[8] Carbide and Carbone Chem. Corp.: A. P. 2543329 (1945).

[9] Western Electric Co.: F. P. 938612 (1946).

[10] American Cyanamid Comp.: A. P. 2675366 (1951).

[11] Du Pont: A. P. 2434662 (1944).

[12] Achhammer, B. G., u. G. M. Kline: Kunststoffe 49 (1959) S. 600.

[13] Thomas, R. M. u. Mitarbeiter: Industr. Engng. Chem. 32 (1940) S. 299.

[14] IG. Farben: DRP. 689992 (1938).

[15] Madorsky, S. L. u. Mitarbeiter: J. Res. Nat. Bur. Stand. 42 (1949) S. 499.

[16] Matheson, L. A., u. R. F. Boyer: Industr. Engng. Chem. 44 (1952) S. 867. — Scheibe, G. u. R. Fauss: Kolloid-Z. 125 (1952) S. 139.

[17] Taylor, I. R., u. C. H. Adams: Mechanical Engng. 76 (1954) S. 803.

[18] Dow Chemical Co.: A. P. 2287188 (1940).

[19] Badische Anilin- & Soda-Fabrik: DP-Anm. B 22915 (1952).

[20] Carbide and Carbone Chemical Corp.: A. P. 2704749 (1952).

[21] Reid, W. S.: J. Soc. chem. Ind. 68 (1949) S. 244.

[22] Staudinger, H., u. A. Steinhofer: A. 517 (1935) S. 35.

[23] Strauss, S., u. S. L. Madorsky: J. Res. Nat. Bur. Stand. 50 (1953) S. 165.

[24] Kenyon, A. S.: Nat. Bur. Stand. (USA), Circ. 525 (1953).

[25] Campbell, J. E., u. W. H. Rauscher: J. Polymer Sci. 18 (1955) Nr. 90, S. 461.

[26] Drusedow, D., u. C. F. Gibbs: Mod. Plastics 30 (1953) Nr. 10, S. 123.

[27] Scarborough, L. u. Mitarbeiter: Mod. Plastics 29 (1952) Nr. 9, S. 111.

[28] Smith, H. V.: Brit. Plastics 27 (1954) S. 176, 213 u. 307.

[29] Mack, G. P.: Kunststoffe 43 (1953) S. 94.

[30] Wartman, L. H.: Industr. Engng. Chem. 47 (1955) S. 1013. — Hartmann, A.: Kolloid-Z. 139 (1954) S. 146.

[31] Havens, C. D.: Nat. Bur. Stand. (USA), Circ. 525 (1953) S. 101.

[32] Dow Chemical Co.: E. P. 849874 (1959).

[33] Dow Chemical Co.: A. P. 2232933 (1941).

[34] Dow Chemical Co.: A. P. 2264291 (1942).

[35] Dow Chemical Co.: A. P. 2273262 (1942) — A. P. 2313757 (1943).

[36] Kinetic Chem. Inc.: A. P. 2420222 (1945).

[37] Madorsky, S. L. u. Mitarbeiter: J. Res. Nat. Bur. Stand. 51 (1953) S. 327.

[38] Lewis, E. E., u. M. A. Naylor: Amer. Soc. 69 (1947) S. 1968.

[39] Kinetic Chem. Inc.: A. P. 2394581 (1943).

[40] Haslam, J. u. Mitarbeiter: Analyst 78 (1953) S. 92.

[41] Röhm und Haas GmbH.: DRP. 729730 (1940).

[42] Grassie, N., u. H. W. Melville: Discuss. Faraday Soc. 2 (1947) S. 378.

[43] Cowley, P. R., u. H. W. Melville: Proc. roy. Soc. A 210 (1952) Nr. 1103, S. 61.

[44] Pohl, H. A.: J. Amer. Chem. Soc. 73 (1951) S. 5660.

[45] Müller, A.: Kunststoffe 40 (1950) S. 243.

[46] Achhammer, B. G.: Anal. Chem. 24 (1952) S. 1925.

[47] Hopff, H.: Kunststoffe 42 (1952) S. 423.

[48] Goodman, J.: J. Polymer Sci. 13 (1954) S. 175.

[49] Du Pont: A. P. 2705227 (1954).

[50] Allied Chemical Corp. Belg. P. 593321 (1960).

[51] Du Pont: A. P. 2630421 (1951).

[52] General Mills Inc.: A. P. 2695908 (1951).

[53] Tichenor, R. L.: J. Polymer Sci. 1 (1946) S. 217.

[54] Meyer, L. W. A., u. W. N. Gearhart: Industr. Engng. Chem. 43 (1951) S. 1585.

[55] De Croes, G. C., u. J. W. Tamblyn: Mod. Plastics 29 (1952) Nr. 8, S. 127.

[56] Evans, E. F., u. L. F. McBurney: Industr. Engng. Chem. 41 (1949) S. 1260.

[57] Dean, R. T., u. I. P. Manasia: Mod. Plastics 32 (1955) Nr. 6, S. 131.

[58] American Cyanamid Comp.: F. P. 1098344 (1953).

[59] Ebers, E. S. u. Mitarbeiter: Industr. Engng. Chem. 42 (1950) S. 114.

[60] Cummings, W., u. M. Botwich: Industr. Engng. Chem. 47 (1955) S. 1317.

[61] Adams, C. H., u. I. R. Taylor: Ind. Rubber World 131 (1955) S. 239.

[62] Hopff, H.: Kunststoffe 42 (1952) S. 423.

[63] Glaser, M. A.: Industr. Engng. Chem. 46 (1954) S. 2334.

[64] Power, G. E.: Mod. Plastics 32 (1955) Nr. 8, S. 139.

6.5 Wirkung energiereicher Strahlung

Von **A. Charlesby** und **C. S. Grace**, Shrivenham, England

ins Deutsche übertragen von **H. D. Heinze** und **H. Thurn**, Ludwigshafen a. Rh.

6.5.1 Einleitung

Der Begriff *energiereiche Strahlung* umfaßt jede Art korpuskularer und elektromagnetischer Strahlung, sofern nur die Energie, die die einzelnen Teilchen oder Photonen der Strahlung mit sich führen, groß ist gegen die chemische Bindungsenergie. Die Strahlungsenergie, die bei der Bestrahlung von Polymeren im allgemeinen angewandt wird, liegt zwischen 10^4 und 10^7 Elektronenvolt; sie übertrifft also die chemische Bindungsenergie von einigen Elektronenvolt beträchtlich und reicht bei weitem aus, um chemische Bindungen zu zerstören.

Beim Durchgang durch Materie erfährt energiereiche Strahlung Energieverluste durch Wechselwirkung mit den Hüllenelektronen und den Atomkernen. Eine Energieübertragung auf die Elektronen verursacht chemische Veränderungen. Mit diesen beschäftigt sich die *Strahlenchemie*.

Die Wechselwirkung energiereicher Strahlung mit dem Atomkern kann einmal zu Reaktionen führen, bei denen sich der Kern selbst umwandelt; sie gehören in das Gebiet der Kernphysik. Daneben existieren Vorgänge, bei welchen der Atomkern nur aus seiner Gleichgewichtslage entfernt wird. Hieraus resultiert eine Änderung in der Molekül- oder Kristallstruktur, die oft weitere Sekundärprozesse nach sich zieht.

Neben der Bezeichnung energiereiche Strahlung findet man häufig den Ausdruck *ionisierende Strahlung*, der darauf hinweist, daß die Strahlung in Materie elektrisch geladene Teilchen oder Ionen erzeugen kann. In der angelsächsischen Literatur wird ferner noch *atomic radiation* gebraucht, um anzudeuten, daß die in Materie erzeugten Änderungen vorwiegend im atomaren Bindungssystem der Moleküle begründet sind. Im Gegensatz zu „atomic radiation" findet die Bezeichnung *nuclear radiation* Anwendung auf Strahlen, die in erster Linie den Atomkern selbst verändern.

Die Verwendung energiereicher Strahlung zur Auslösung chemischer Reaktionen bietet einige Vorteile: Das hohe, vom Aggregatzustand praktisch unabhängige Durchdringungsvermögen der Strahlung erlaubt es, Stoffe im festen, flüssigen oder gasförmigen Zustand zu verändern. Die Primärreaktionen sind hierbei nur wenig von der Bestrahlungstemperatur abhängig. Ferner lassen sich durch die Verwendung energiereicher Strahlung in gewissen Fällen Katalysatoren und bestimmte, mit ihrer Anwendung verknüpfte Schwierigkeiten bezüglich des Reaktionsablaufes und der Reinheit der Produkte vermeiden.

In der Strahlenchemie beansprucht die Bildung und Änderung von Polymeren besonderes Interesse. Zwar unterscheiden sich die chemischen Veränderungen, die durch Bestrahlung in Polymeren auftreten, im wesentlichen nicht von solchen, die in niedermolekularen organischen Systemen beobachtet werden. Unter geeigneten Bedingungen kann aber bei Polymeren bereits eine relativ kleine Zahl strahlenchemischer Reaktionen zu großen Änderungen im physikalischen Verhalten der Stoffe führen. Die Bindungsänderungen beruhen hierbei auf der Wechselwirkung der Strahlung mit den Hüllenelektronen. Reaktionen mit den Atomkernen spielen nur eine geringe oder gar keine Rolle.

Unter der Vielzahl strahlenchemischer Reaktionen sollen zwei Reaktionstypen als besonders charakteristisch hervorgehoben werden: Der eine umfaßt Reaktionen, bei denen die Strahlung nur als Initiator einer Kettenreaktion wirkt, während Fortgang und Ende der Reaktion als normale chemische Kettenreaktion ablaufen. Bei der zweiten Gruppe wird keine Kettenreaktion gestartet. Hier ist die Gesamtzahl der chemischen Bindungsänderungen direkt proportional der Strahlungsdosis. Beispiele für den ersten Reaktionstyp sind Polymerisations- und Pfropfpolymerisationsreaktionen, während Vernetzung und Abbau von Polymeren zum zweiten Typ zählen.

6.5.2 Strahlung [*4, 8, 9*]

a) Strahlentypen. Energiereiche Strahlung kann entweder beim Kernzerfall entstehen oder durch Beschleunigung geladener Teilchen auf hohe Energie erzeugt werden. Im letzten Falle sind weder bei der Erzeugung noch bei der Anwendung der Strahlung Kernreaktionen beteiligt. Die Auswahl einer Strahlenquelle wird von der gewünschten Teilchenart, der notwendigen Energie und Dosisleistung und von dem erforderlichen Durchdringungsvermögen sowie von anderen mehr praktischen Gesichtspunkten bestimmt.

Bei den *ersten strahlenchemischen Arbeiten* wurden natürlich radioaktive Elemente benutzt, die α-, β- oder γ-Strahlen aussenden. Ein Teil dieser Untersuchungen befaßte sich mit der Wirkung der α-Strahlung des Radon auf Gase. Radon selbst entsteht aus Radium und stellt eine genügend intensive Strahlenquelle für Experimente mit Gasen dar, bei denen das geringe Durchdringungsvermögen der α-Strahlung bereits ausreicht. LIND [*1*] und MUND [*2*] berichten zusammenfassend über diese Arbeiten. Röntgenstrahlen können die gleichen Effekte erzielen. Mit relativ niedrigen Spannungen wird ein wesentlich größeres Durchdringungsvermögen erreicht als mit von natürlich radioaktiven Substanzen emittierten α-Teilchen. Die verfügbaren Strahlungsintensitäten sind aber relativ gering. Mit Elektronenstrahlen, die man durch eine dünne Folie aus dem unter Hochvakuum stehenden Beschleunigungsrohr austreten läßt, können im Gegensatz zu Röntgenstrahlen sehr hohe Strahlungsintensitäten erzeugt werden. Untersuchungen mit Elektronenstrahlen wurden von COOLIDGE [*3*] an einer Reihe von organischen Festkörpern durchgeführt.

Auch die Kernreaktortechnik hat an der Strahlenchemie aus verschiedenen Gründen Interesse. Einmal existieren im Innern der *Kernreaktoren* sehr intensive Strahlungsfelder, die man zur Bestrahlung von festen, flüssigen oder gasförmigen Stoffen nutzbar machen kann. Die Strahlung setzt sich vorwiegend aus schnellen und langsamen Neutronen sowie aus γ-Strahlen zusammen. Im Reaktor gelingt es, große Veränderungen in relativ kurzer Zeit zu erzielen. Zum anderen entstehen bei der Uranspaltung *radioaktive Isotope* relativ langer Halbwertzeit, die man als Strahlenquellen außerhalb des Reaktors benützen kann. Ferner lassen sich bestimmte Elemente, die nicht als Spaltprodukte auftreten, im Reaktor aktivieren, wie z. B. Kobalt, das durch Neutronenbestrahlung in das radioaktive Isotop ^{60}Co umgewandelt wird.

Kernreaktoren erschließen also eine gewisse Zahl von Strahlenquellen. Die Reaktortechnik ist aber auch an der Untersuchung der Strahlenwirkung in Polymeren interessiert, und zwar vorwiegend unter dem Gesichtspunkt der Stabilität bei sehr hoher Strahlungsdosis. Die entsprechenden Untersuchungen lieferten wichtige ingenieurtechnische Informationen über viele Substanzen. Hinsichtlich der Aufklärung strahlenchemischer Reaktionen kommt diesen Arbeiten aber geringere Bedeutung zu, da sich die Untersuchungen notwendigerweise nur auf besonders strahlungsbeständige Stoffe erstreckten.

Außer solchen radioaktiven Quellen finden *Hochspannungsanlagen*, mit denen man geladene Teilchen auf mehrere Millionen Elektronenvolt beschleunigen kann, als Strahlenquellen Verwendung. Das zunehmende Angebot an solchen Maschinen ist teilweise auf ihre Bedeutung für kernphysikalische Untersuchungen, teilweise auch auf die Anwendung in der Radiotherapie zurückzuführen. Ein Teil dieser Beschleunigungsanlagen erzeugt Protonen- oder Deuteronenstrahlen. Für die Bestrahlung von Polymeren benutzt man aber meist Elektronenstrahlen wegen ihres hohen Durchdringungsvermögens und der großen erzeugbaren Leistungen. Bei der Abbremsung von energiereichen Elektronen in Stoffen mit hohem Atomgewicht entstehen Röntgenstrahlen, die ihrerseits für Bestrahlungszwecke ausgenützt werden können.

b) Strahlungseinheiten. In der Atomphysik mißt man die *Energie* zweckmäßigerweise in *Elektronenvolt* (eV). Man versteht darunter die Energie, die ein Elektron besitzt, wenn es die Potentialdifferenz von 1 V durchlaufen hat. Als größere Einheit benützt man oft 10^6 eV = 1 MeV. 1 eV ist äquivalent zu $1{,}6 \cdot 10^{-12}$ erg; 1 eV pro Molekül entspricht 23 kcal/Mol. Die thermische Bewegungsenergie beträgt etwa 0,025 eV pro Freiheitsgrad, die chemische Bindungsenergie liegt bei etwa 5 eV, die Energie, die man zum Ionisieren eines Atoms, d. h. zur Ablösung eines Elektrons aus der äußeren Schale, aufwenden muß, beträgt etwa 10 eV. Demgegenüber liegt die Energie der Röntgenstrahlung einer handelsüblichen Röntgenröhre um 50 000 eV, bei der Bestrahlung mit Elektronenbeschleunigern oder ^{60}Co-Quellen ist die Energie der Teilchen bzw. Photonen in der Größenordnung von 10^6 eV, während bei der Uranspaltung sogar $2 \cdot 10^8$ eV pro ^{235}U-Atom frei werden.

Die *Aktivität* eines radioaktiven Strahlers wird in *Curie* angegeben, wobei 1 Curie die Materialmenge darstellt, in der $3,7 \cdot 10^{10}$ Kerne pro Sekunde zerfallen. Man erhält die *Strahlungsleistung* eines radioaktiven Strahlers, indem man die Aktivität der Strahlenquelle in Curie mit der Energie der emittierten Strahlung multipliziert. Aus der Definition des Curie folgt, daß eine Strahlenquelle mit vergleichsweise kleiner Aktivität, gemessen in Curie, eine größere Leistung haben kann als eine Strahlungsquelle höherer Aktivität. Vielfach werden pro Zerfall verschiedene Strahlenarten nebeneinander emittiert. Praktisch wird man dann bei der Berechnung der Strahlungsleistung nur die Energie der tatsächlich beim Bestrahlungsprozeß ausgenützten Strahlenart berücksichtigen. So sendet z. B. ^{60}Co pro Zerfall nacheinander ein β-Teilchen und zwei γ-Quanten aus. Die β-Strahlung wird vorwiegend innerhalb der Quelle absorbiert; wirksam werden deshalb nur die zwei γ-Quanten von 1,17 und 1,33 MeV. Da diese annähernd gleiche Energie haben, können sie beide bei der Bestrahlung in gleichem Ausmaß genutzt werden. Führt man die oben angegebenen Berechnungen durch, so findet man für die Strahlungsleistung des radioaktiven Kobalt etwa 15 mW pro Curie. Von radioaktivem Caesium wird nur die γ-Komponente von 0,66 MeV ausgenützt; die Strahlungleistung ergibt sich hier zu etwa 4 mW pro Curie. Um große Strahlungsleistungen zu erhalten, sind deshalb radioaktive Quellen von mehreren tausend Curie notwendig. Aber auch mit radioaktiven Kobaltquellen von nur wenigen Curie wurden viele erfolgreiche Untersuchungen ausgeführt. Dann sind entsprechend längere Bestrahlungszeiten notwendig. Mit elektrischen Strahlungsquellen, z. B. mit Elektronengeneratoren, lassen sich demgegenüber Leistungen in der Größenordnung von Kilowatt relativ leicht erzeugen.

Die *Strahlungsdosis* wird in verschiedenen Einheiten angegeben. Bei den meisten älteren Arbeiten wird das *Röntgen* (r) benutzt, dessen Definition auf der Ionisation der Luft basiert. Ein Röntgen ist die Strahlungsmenge, die unter Normalbedingungen in 1 cm^3 = 1,293 mg Luft Ionen beiderlei Vorzeichens erzeugt, welche eine Elektrizitätsmenge von einer elektrostatischen Ladungseinheit mit sich führen. Die Gesamtzahl der gebildeten Ionenpaare, multipliziert mit der zur Erzeugung eines Ionenpaares erforderlichen Energie W, ergibt die in Luft absorbierte Energie. Nach neueren Messungen von W beträgt die Energieabsorption in Luft 89 erg/g. Der gleiche Strahlungsfluß liefert in Wasser 93 erg/g. In biologischem Gewebe und in vielen Polymeren erhält man ähnliche Werte. Die Definition des Röntgen bezieht sich nur auf Röntgen- und Gammastrahlen. Für andere Strahlenarten wurde als Hilfseinheit das *rep* vorgeschlagen. Es ist definiert als die Strahlungsdosis beispielsweise einer Elektronenstrahlung, die den gleichen physikalischen Effekt hervorruft wie 1 Röntgen. Bei biologischen Arbeiten hängen die Effekte, die von verschiedenen Strahlenarten erzeugt werden, stark von der Energie und der Strahlenart ab. Dies berücksichtigt eine weitere

Strahleneinheit, das *rem*, das die Strahlendosis hinsichtlich ihrer biologischen Wirkung beim Menschen mißt. Die heute in der Strahlenchemie gebräuchliche Einheit ist das *rad*, dessen Definition nicht auf der Ionisation, sondern auf der Energieabsorption beruht. Das rad entspricht einer absorbierten Energie von 100 erg in einem Gramm Substanz. Aus der Definition des rad folgt, daß der gleiche Strahlungsfluß in verschiedenen Stoffen durchaus verschiedene Dosiswerte in rad liefern kann. Glücklicherweise haben die meisten Polymeren sehr ähnliche Absorptionskoeffizienten. Bei der Bestrahlung Hochpolymerer ist das rad, das praktisch fast ebenso groß ist wie 1 Röntgen, eine zu kleine Dosiseinheit. Man gibt deshalb hier die Dosis zweckmäßigerweise in Mrad $= 10^6$ rad an. Definitionsgemäß stellt ein Mrad die Absorption von 10^8 erg/g $= 10$ Joule/g $= 2,4$ cal/g dar. Da die Energie von 1 kWh gleich derjenigen von $3,6 \cdot 10^6$ Joule ist, erhält man bei voller Absorption einer kWh in $3,6 \cdot 10^5$ g Material eine Dosis von 1 Mrad. Wenn die benötigten Dosen größer sind, z. B. 20 Mrad, so wird die Materialmenge, die man mit 1 kWh energiereicher, voll absorbierter Strahlung behandeln kann, reduziert auf $3,6 \cdot 10^5/20 = 1,8 \cdot 10^4$ g.

Bei Kettenreaktionen spielt häufig die *Dosisleistung* eine ausschlaggebende Rolle. Die Dosisleistung wird beim Arbeiten mit Isotopen gewöhnlich in rad pro Minute und beim Arbeiten mit Elektronenbeschleunigern in Mrad pro Sekunde angegeben. Bei einer Anlage mit 1000 Curie ^{60}Co kann man mit etwa 10^4 rad pro Minute in einem kleinen Volumen und mit entsprechend kleineren Dosisleistungen in größeren Volumina rechnen. Mit Elektronenbeschleunigern lassen sich wesentlich höhere Dosisleistungen erzielen, aber wegen des, verglichen mit Gammastrahlen und auch Neutronen, geringeren Durchdringungsvermögens der Elektronen nur innerhalb sehr viel kleinerer Volumina. So bewirkt z. B. ein 2 MeV-500 W-Van-de-Graaff-Generator in einer Sekunde die gleiche Dosis, die man mittels eines typischen, mit Graphit moderierten Reaktors in 20 Minuten erzeugen kann.

In der wissenschaftlichen Literatur wird die Ausbeute einer strahlenchemischen Reaktion durch den *G-Wert* charakterisiert. Der *G*-Wert stellt die Zahl der einzelnen Reaktionsprozesse eines bestimmten Typs pro 100 eV absorbierter Energie dar. So wird z. B. in Luft ein Ionenpaar pro 34,5 eV absorbierter Energie gebildet; der entsprechende *G*-Wert ist dann 2,9. Häufig findet man bei Bestrahlungen *G*-Werte von 3. Wesentlich höhere Werte kann man als Zeichen irgendeiner Form von Kettenreaktion werten, während niedrigere Werte, wie sie z. B. bei Polystyrol gefunden werden, auf besondere Strahlungsbeständigkeit hinweisen. Die Energie von 1 kWh entspricht $2,25 \cdot 10^{25}$ eV und kann deshalb $2,25 \cdot 10^{23} \cdot G$ Veränderungen einer bestimmten Art hervorrufen. Ausgedrückt in Mol bedeutet dies, daß 1 kWh in der Lage ist, $2,25 \cdot 10^{23} \cdot G/6,02 \cdot 10^{23} = 0,37 \cdot G$ Mol dieses Reaktionstyps zu erzeugen. Falls die Strahlung mehrere chemische Veränderungen hervorruft, kann für jede Reaktion der zugehörige *G*-Wert berechnet werden.

c) Wechselwirkung von Strahlen mit Materie. Beim Durchgang durch Materie können Teilchen oder Photonen hoher Energie Veränderungen hervorrufen, indem sie, wie schon kurz erwähnt, entweder mit den Hüllenelektronen oder mit den Kernen in Wechselwirkung treten. Dies hat Anregung der Moleküle oder Änderungen des strukturellen Aufbaues der Materie zur Folge.

Elektronen. Geladene Teilchen, wie z. B. schnelle Elektronen, reagieren beim Durchgang durch Materie meist ausschließlich mit den Hüllenelektronen und verursachen dabei Ionisation oder Anregung. Bei der *Ionisation* wird ein Elektron vom Molekül abgelöst, ein positiv geladenes Molekül-Ion bleibt zurück. Das Elektron kann dann, beispielsweise in einem Festkörper, eingefangen werden, es kann sich an ein anderes Atom oder Molekül unter Bildung eines negativen Ions anlagern oder zu seinem Ausgangsmolekül zurückkehren, nachdem es Energie verloren hat. In Luft werden z. B. positiv und negativ geladene Moleküle erzeugt; die Zahl der Ionenpaare, die auf diese Weise entstehen, dient als Maß für den Strahlenfluß. Die durch Verlust eines Hüllenelektrons entstandenen Ionen sind chemisch sehr aktiv.

Ist die Energieübertragung kleiner als die Ionisierungsenergie, so kann ein Hüllenelektron auf ein höheres Energieniveau gehoben und so ein angeregtes neutrales Molekül gebildet werden (*Anregung*). Ähnliche Prozesse beobachtet man in der Photochemie, wo die Energie der UV-Quanten im allgemeinen nicht zur Ionisation ausreicht. Auch beim Einfang eines Elektrons durch ein ionisiertes Molekül entsteht ein hoch angeregtes Molekül. Änderungen in der Elektronenverteilung der bestrahlten Materie (Ionisation oder Anregung) sind die Hauptursachen der Energieverluste von schnellen Elektronen.

Auch eine *Wechselwirkung mit dem Kern* ist möglich; hierbei wird aber wegen des großen Massenunterschiedes nur wenig Energie übertragen. Die plötzliche Änderung des Elektronenimpulses ist die Ursache für die Entstehung von Röntgenstrahlphotonen (Bremsstrahlung). Das Elektron selbst wird bei einem solchen Prozeß aus seiner Flugrichtung abgelenkt, der Kern kann dabei genügend Energie aufnehmen, um seinen Platz im Molekül oder Gitter zu verlassen.

Um in den Kern eindringen zu können, muß das Elektron eine beträchtliche Energie besitzen. Für die meisten Atome in organischen Verbindungen beträgt die Minimalenergie 16 bis 18 MeV. Elektronen mit höheren Energien können dann Änderungen in der Kernstruktur verursachen. Bei den meisten Bestrahlungsarbeiten werden Elektronenstrahlen niedrigerer Energie verwandt. Deshalb sind bei ihnen keine Kernumwandlungen beteiligt. Die Energie eines Elektronenstrahles wird also vorwiegend durch Ionisation und Anregung absorbiert, wobei als Nebeneffekte in geringem Ausmaß Röntgenstrahlen erzeugt sowie Platzwechsel weniger Atome verursacht werden.

Röntgenstrahlphotonen. Energiereiche Photonen (Röntgen- und Gammastrahlen) übertragen ihre Energie auf Materie durch drei Prozesse, deren relative Häufigkeit vom Atomgewicht und von der Energie der Photonen abhängt. Photonen niederer Energie können vollkommen durch ein Atom unter Emission eines Hüllenelektrons absorbiert werden. Die Energie dieses Elektrons ist gleich der Photonenenergie vermindert um die Bindungsenergie. Dieser Prozeß der Röntgenstrahlenabsorption (*photoelektrischer Effekt*) zeigt ausgeprägte Resonanzerscheinungen, und seine Wahrscheinlichkeit hängt deshalb von der chemischen Natur des zu bestrahlenden Stoffes ab.

Der zweite und wichtigere Prozeß ist als *Compton-Streuung* bekannt. Bei der Ionisierung wird bei diesem Prozeß auf das Hüllenelektron nur ein Teil der Energie des Photons übertragen, während das Photon mit niedrigerer Energie in geänderter Richtung weiterfliegt. Die Wahrscheinlichkeit für das Auftreten dieses Effektes ist unabhängig von der chemischen Struktur und hängt nur von der Elektronendichte und der Photonenenergie ab.

Der dritte Absorptionsprozeß, die *Paarbildung*, tritt bei höheren Photonenenergien auf (oberhalb 1 MeV). Dabei wandelt sich das Photon unter Verlust einer Energie von 1 MeV in ein Elektron und ein Positron um, die beide wiederum Ionisation und Anregung verursachen können. Das Positron wird rasch durch Zusammenlagerung mit einem anderen Elektron unter Aussendung zweier Photonen vernichtet.

Röntgen- und Gammastrahlen erzeugen also indirekt energiereiche Elektronen. Für Photonen im Bereich von 0,1 bis 10 MeV ist die COMPTON-Streuung der wichtigste Absorptionsprozeß. Da die COMPTON-Streuung von der chemischen Struktur unabhängig ist, kann die Absorption vollständig als Funktion der einfallenden Strahlungsenergie berechnet werden. Die Wahrscheinlichkeit für eine solche Wechselwirkung ist relativ klein; deshalb ist das Durchdringungsvermögen energiereicher Photonen beträchtlich. Elektronen-, Röntgen- und Gammastrahlen rufen direkt oder indirekt die gleichen chemischen Effekte hervor, soweit sie auf Ionisation und Anregung beruhen. Ihr Hauptunterschied besteht im Durchdringungsvermögen (Abb. 1).

Schwere geladene Teilchen. Bestrahlungen lassen sich auch mit geladenen Teilchen großer Masse, z. B. mit Protonen, Deuteronen oder α-Teilchen, ausführen. Diese Teilchen bewegen sich naturgemäß langsamer als Elektronen der gleichen Energie. Da die von ihnen erzeugte

Ionisation und Anregung wesentlich dichter ist, können in Festkörpern und Flüssigkeiten wegen der Nähe benachbarter Ionen Sekundärreaktionen auftreten, die bei der Einwirkung von Elektronen fehlen [*21, 194, 201, 218*]. Wegen ihres geringen Durchdringungsvermögens wurden mit geladenen Teilchen großer Masse nur wenige Untersuchungen durchgeführt.

Neutronen. Die Kernreaktorstrahlung setzt sich vorwiegend aus Gammaphotonen und schnellen und langsamen Neutronen zusammen. Die Wirkung der Gammaphotonen wurde bereits besprochen. Da die Neutronen ungeladen sind, können sie direkt keine Ionisation oder Anregung hervorrufen. *Schnelle* Neutronen verlieren ihre Energie durch elastische Stöße mit den Kernen. Die hierbei entstehenden schweren geladenen Rückstoßteilchen, die einen Teil der kinetischen Energie der Neutronen übernehmen, können dann ebenso Ionisation und Anregung hervorrufen, wie dies Protonen oder α-Teilchen tun. Die Größe der bei einem Stoß übertragenen Energie hängt vom Massenverhältnis ab. Sie ist am größten bei Wasserstoff. Die Wirkung einer

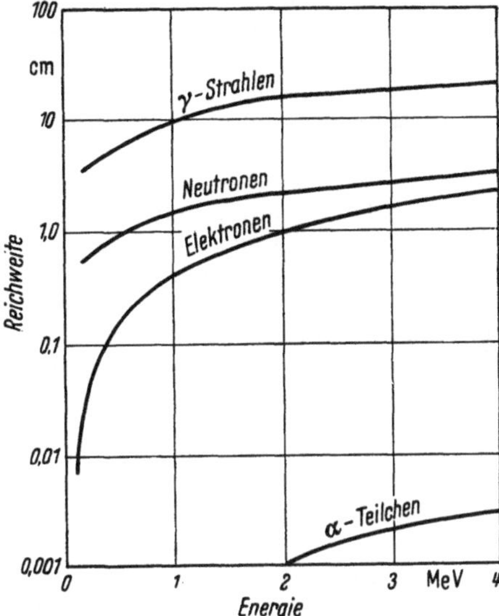

Abb. 1. Reichweite bzw. Halbwertdicke energiereicher Strahlung in polyäthylenähnlichen Stoffen (vgl. 2.1) als Funktion der Energie

Strahlung aus schnellen Neutronen wird deshalb hauptsächlich durch die Konzentration an Wasserstoffatomen im Material bestimmt; die erzeugten Veränderungen sind mit denen vergleichbar, die man mit Protonenbestrahlung erzielt. Die Reichweite eines schnellen Neutrons ist jedoch erheblich größer als die eines Protons. Man kann deshalb mit Neutronen Materialien von beträchtlicher Dicke bestrahlen.

Langsame Neutronen besitzen nicht genügend Energie, um chemische Veränderungen auf diesem Wege zu bewirken. Chemische Effekte sind nur indirekt über Kernumwandlungen möglich. Da die Neutronen ungeladen sind, können sie in den Kern eindringen und Umwandlungen in der Kernstruktur auslösen. Ist der so entstandene Kern instabil, so wird eine Sekundärstrahlung, wie z. B. α-Strahlung oder γ-Strahlung, emittiert, die dann ihrerseits ionisieren und anregen kann. Die Wirkung langsamer Neutronen hängt deshalb von der chemischen Struktur des Absorbers ab. Im allgemeinen ist es ratsam, die Verwendung langsamer Neutronen zu vermeiden, weil sie oft zur Entstehung radioaktiver Isotope langer Halbwertzeit führt.

d) Strahlenquellen. *Elektrische Hochspannungsmaschinen* und künstlich radioaktive Isotope sind z. Z. die wichtigsten Strahlenquellen. Zur ersten Gruppe gehören der elektrostatische VAN-DE-GRAAFF-Generator, der Resonanztransformator und der Linearbeschleuniger. Sie alle erzeugen *schnelle Elektronen.* Die Anlagen sind in verschiedenen Größen im Handel. Eine typische Forschungsanlage liefert z. B. Elektronen einer Energie von 2 bis 4 MeV mit einer Gesamtausgangsleistung von 0,5 bis 1 kW. Größere industrielle Anlagen haben Ausgangsleistungen bis zu 20 kW. Maschinen können sehr zuverlässig arbeiten und haben gewisse Vorteile gegenüber anderen Quellen. So werden z. B. die beschleunigten Elektronen in einem engen Strahl gebündelt, dessen Breite nach den Abmessungen des zu bestrahlenden Gutes eingestellt werden kann. Mit Hilfe der Beschleunigungsspannung läßt sich auch das Durchdringungsvermögen des Strahles der Dicke des Materials anpassen (Abb. 1). Überdies ist die Reichweite von Elektronen einheitlicher Energie gleich. Insgesamt bewirken diese Fakten, daß man die Strahlungsenergie in hohem Maße ausnützen kann.

Die großen verfügbaren Ausgangsleistungen der erwähnten Hochspannungsanlagen ermöglichen die Behandlung beträchtlicher Materialmengen in kurzer Zeit mit großen Strahlendosen. Dosisleistungen in der Größenordnung von 1 Mrad pro Sekunde lassen sich leicht erzielen. Das Ansteigen der Temperatur im absorbierenden Volumen stellt häufig eine Grenze für die anwendbare Ausgangsleistung dar. Da bei der Bestrahlung keine Radioaktivität entsteht, kann man sich der Maschine zur Bedienung oder Instandsetzung ohne jede Gefahr nähern, wenn der Strom abgeschaltet ist.

Die Reichweite von Elektronen beträgt in Wasser oder in Polymeren gleicher Dichte bei 1 MeV etwa 0,4 cm. Sie kann durch Steigerung der Beschleunigungsspannung proportional zu dieser erhöht werden. Da die Erzeugung von Elektronen höherer Energie einen größeren apparativen Aufwand erfordert, ist die Spannungserhöhung aber praktisch auf 5 bis 15 MeV begrenzt. Oberhalb dieses Wertes können überdies Kernreaktionen auftreten, wodurch eine unerwünschte Radioaktivität bei bestimmten Elementen entsteht. Bei dicken Materialien müssen deshalb *Röntgenstrahlen* angewendet werden. Röntgenstrahlen werden erzeugt, indem man einen Elektronenstrahl auf eine Platte aus einem schweren Metall, das sog. „Target", schießt. Der Wirkungsgrad bei der Erzeugung der Röntgenstrahlung ist aber sehr niedrig, er beträgt oft weniger als 1 %, so daß die Strahlungsleistung sehr viel kleiner ist als die des erzeugenden Elektronenstrahles und eine wirtschaftliche Nutzung der Röntgenstrahlen nur bedingt möglich erscheint.

Radioaktive Isotope stellen die zweite Art von Strahlenquellen dar. Die angewandten Quellen besitzen Aktivitäten von mehreren hundert oder tausend Curie ^{60}Co, ^{137}Cs oder ^{90}Sr. Die beiden ersten Isotope werden wegen ihrer γ-Strahlung, ^{90}Sr wegen seiner β-Strahlenemission benützt. Das radioaktive Material wird im allgemeinen in einem massiven Behälter aus Blei oder einem anderen Absorber aufbewahrt, der während der Bestrahlung durch eine Fernbedienungseinrichtung entfernt wird. Radioaktive Quellen sind, verglichen mit elektrischen Maschinen, in ihrem prinzipiellen Aufbau sehr einfach, ihre Anwendbarkeit ist aber aus verschiedenen Gründen begrenzt. So ist z. B. die Energie der emittierten Strahlung durch das benützte Isotop festgelegt; sie kann nicht geändert werden, um das Durchdringungsvermögen dem zu bestrahlenden Material anzupassen. Auch wird die Strahlung gleichmäßig nach allen Richtungen emittiert, so daß eine volle Ausnützung der abgestrahlten Energie nicht möglich ist. Andererseits ist die Dosisleistung aber auch in dicken Proben recht einheitlich. Die Strahlenquellen können ferner über große Volumina verteilt werden, wodurch sich eine passende Ausgangsleistung erzielen läßt, ohne daß die Gefahr einer Überhitzung der Probe besteht.

Die Maximalgröße der z. Z. verfügbaren ^{60}Co-Quellen liegt bei etwa 100 000 Curie, was einer Leistung von 1 500 W entspricht. Isotopenquellen erreichen damit die Ausgangsleistung elektrischer Maschinen. Die erzielbaren Dosisleistungen sind aber wesentlich kleiner, weil die Energie nicht in einem Strahl gebündelt ist und die Strahlung ein großes Durchdringungsvermögen hat. Zur Zeit stellen Dosisleistungen in der Größenordnung von 10^5 rad pro Minute für kleine Proben das Maximum dar.

Da die tödliche Dosis für den Menschen etwa 500 Röntgen und der maximal zulässige Pegel 7,5 Milliröntgen pro Stunde beträgt[1], ist eine starke Abschirmung sowohl bei elektrischen Maschinen als auch bei Isotopenquellen notwendig. Beide Arten von Strahlenquellen werden zweckmäßigerweise innerhalb eines Betonbunkers mit entsprechend der jeweiligen Strahlungsenergie z. B. 1 bis 1,50 m dicken Wänden aufgestellt, um die nach außen gelangende Strahlung auf das zulässige Maß herabzusetzen.

Auch in *Kernreaktoren* wurden Bestrahlungsversuche ausgeführt. Diese Bestrahlungsmethode wird aber durch die Nachteile der heterogenen Strahlung und durch die Komplikationen, die infolge der Einführung der Bestrahlungskörper in den Reaktor für die Steuerung des Reaktors entstehen, in ihrer Anwendbarkeit eingeschränkt. Weiter besteht die Gefahr, daß die Neutronen des Reaktors das bestrahlte Material radioaktiv machen. Einfacher dürfte es sein, die starke Aktivität der verbrauchten, aus dem Reaktor genommenen *Brennelementstäbe* zur Bestrahlung von Stoffen zu verwenden. Zur Zeit werden diese Stäbe in tiefen

---

[1] In Westdeutschland darf die aufgenommene Dosis gemäß der Ersten Strahlenschutzverordnung vom 24. 6. 1960 für beruflich strahlenexponierte Personen 5 rem pro Jahr nicht überschreiten, was etwa 0,002 rem pro Arbeitsstunde entspricht. Für andere als beruflich strahlenexponierte Personen darf die aufgenommene Dosis höchstens $^1/_{10}$ dieser Werte erreichen.

Wassertanks aufbewahrt, bis ihre Aktivität auf ein Niveau abgefallen ist, das die chemische Rückgewinnung des unverbrauchten Kernbrennstoffes ermöglicht; die emittierte Strahlung geht somit ungenutzt verloren. Der Einsatz der Brennelemente zur Strahlenbehandlung von Materialien bringt gewisse Schwierigkeiten mit sich. So erschwert z. B. der schnelle Abfall ihrer Radioaktivität eine genaue Bestimmung der Dosisleistung. Es ist jedoch wahrscheinlich, daß entweder die Brennelemente oder andere von ihnen abgetrennte Spaltprodukte, wie ^{90}Sr oder ^{137}Cs, in zunehmendem Maße verfügbar werden und innerhalb weniger Jahre die gegenwärtig meistbenutzten Strahlenquellen aus bestimmten Anwendungsbereichen verdrängen.

Strahlungsenergie ist gegenwärtig, verglichen mit gewöhnlicher elektrischer Energie, noch teuer. 1 kWh dürfte etwa 10 bis 100 DM kosten; mit 1 kWh kann unter Zugrundelegung eines G-Wertes von 3 nur etwa 1 Mol abgewandelte Substanz erzeugt werden. Dieser Umstand begrenzt die Durchführung chemischer Reaktionen mit Hilfe von Strahlung in industriellem Maßstab auf drei Fälle:

1. Wenn die erzielten Produkte sehr wertvoll sind und nur schwer mit den üblichen chemischen Methoden hergestellt werden können.

2. Wenn der G-Wert hoch ist, d. h., wenn eine Kettenreaktion vorliegt.

3. Wenn wenige chemische Reaktionen große Änderungen der physikalischen Eigenschaften hervorrufen.

Durch die Anwendung energiereicher Strahlung lassen sich vorteilhaft Kettenreaktionen, wie Polymerisations- oder Pfropfpolymerisationsreaktionen (Fall 2), auslösen oder starke Eigenschaftsänderungen durch kleine Abwandlungen der chemischen Struktur plastischer Stoffe hervorrufen (Fall 3). So kann beispielsweise eine Herabsetzung der Viskosität eines Polymeren um einen Faktor 10 durch die Trennung einer chemischen Bindung der Hauptkette pro Molekül bewirkt werden, obwohl dies lediglich der Abwandlung einer von 10^5 vorhandenen Bindungen entspricht. In anderen Fällen, wie z. B. der Vernetzung, wird der molekulare Aufbau des Stoffes durch die Änderung nur einer Bindung pro Molekül von einem linearen in ein vernetztes System umgewandelt.

6.5.3 Strahlenchemische Reaktionen

a) Reaktionstypen. Bei der Bestrahlung von Polymeren sind, wie bereits erwähnt, zwei verschiedene Reaktionsarten zu unterscheiden. Im Falle einer Kettenreaktion ist die Strahlung nur für die Startreaktion verantwortlich. Ablauf und Ende der Reaktion erfolgen wie bei einer Reaktion, die durch Katalysatoren oder durch ultraviolettes Licht ausgelöst wird. Beispiele für Reaktionen dieser Art sind die Pfropfpolymerisation, die Herstellung von Blockcopolymeren, die Vernetzung von Polyesterharzen und auch die Polymerisation selbst.

Bei durch Strahlung induzierten Kettenreaktionen ist die Geschwindigkeit der Startreaktion proportional der Dosisleistung und im allgemeinen unabhängig von der Temperatur. Die Geschwindigkeitskonstanten des Reaktionsablaufes und des Reaktionsendes sind dagegen temperaturabhängig. Die Kontrolle der Reaktion ist bei Anwendung von Strahlung wesentlich einfacher als bei Auslösung durch Katalysatoren. Bei der Strahlungspolymerisation [5, *10* bis *44, 48, 50*] ist die Länge der erzeugten Ketten leicht und genau einstellbar, indem man die Dosisleistung der benötigten Geschwindigkeit der Startreaktion anpaßt. Dabei wird die Temperatur während der Bestrahlung so gewählt, daß sie einen günstigen Fortgang der Reaktion gewährleistet. Die Substanz, die man auf diese

Weise erhält, übertrifft ein nach den üblichen chemischen Methoden hergestelltes Produkt nicht nur an Einheitlichkeit, sondern auch an Reinheit, weil es keine Katalysatorreste enthält. Bei der Strahlungspolymerisation von Monomeren im kristallinen Zustand [*10, 14, 18, 19, 27, 29, 32, 34, 37, 38, 48*] ist das Ausgangsprodukt besonders rein und daher die Wahrscheinlichkeit einer Kettenabbruchreaktion durch Verunreinigung gering.

Bei der zweiten Reaktionsart tritt keine Kettenreaktion auf. In diesem Falle ist die Situation sehr viel einfacher, weil die Zahl der modifizierten chemischen Bindungen unabhängig von der Dosisleistung ist und nur von der Strahlungsdosis abhängt. Beispiele für diesen Reaktionstyp sind die Vernetzung und der Abbau von Polymeren.

b) Pfropfpolymerisation. [*5, 16, 37, 45* bis *60, 63* bis *75*]. Das Bestrahlen stellt eine ausgezeichnete Methode zur Herstellung von Pfropfpolymeren dar. Pfropfpolymere sind Copolymere, bei denen die Hauptkette im wesentlichen aus einem Monomeren A besteht, auf welches eine Anzahl von langen Kettenstücken aus einem Monomeren B aufgepfropft sind. Bei der Bestrahlung werden an dem Polymeren A Radikale gebildet, an welchen die Polymerisation des Monomeren B einsetzen kann.

Zur Erzeugung solcher Pfropfpolymeren wurden drei Methoden vorgeschlagen:

1. *Bestrahlung des Polymeren* A *in Gegenwart des Monomeren* B [*46* bis *48, 50* bis *52, 54* bis *60, 63* bis *65, 69* bis *73, 75*]. Bei dieser Methode besteht die Gefahr, daß zwischen zwei Makromolekülen A Vernetzungen entstehen. Wenn dieser Prozeß häufig ist, bildet sich ein Netzmaschensystem, das schwer zu verformen und zu verarbeiten ist. Ein weiterer Nachteil ist die Bildung von Homopolymerisat B. Das brauchbarste System liegt vor, wenn A weit strahlungsempfindlicher ist als das Monomere B, so daß Radikale bevorzugt am Polymeren gebildet werden. Die Kinetik dieser Reaktion wurde noch nicht quantitativ geklärt; sie ist aber sicher komplex. Da die Polymerisation durch die bei der Bestrahlung gebildeten Radikale sowohl initiiert als auch abgebrochen werden kann, werden Zahl und mittlere Länge der Ketten offensichtlich wie bei einer einfachen Polymerisation von der Dosisleistung abhängen. Häufig führt die hohe Viskosität des Systems zu einer Art TROMMSDORF-Effekt; die Polymerisationsgeschwindigkeit kann aber auch durch die Diffusionsgeschwindigkeit des Monomeren im System bestimmt sein, da das Monomere laufend zur Bildung der Seitenketten verbraucht wird. Pfropfreaktionen, die durch Strahlung ausgelöst werden, verlaufen deshalb besonders günstig bei niederer Dosisleistung.

Wird Polyäthylen, das vor der Bestrahlung in Styrol gequollen wurde, bestrahlt, so ist die Menge des gepfropften Monomeren, verglichen mit der Menge des anfangs im Polymeren vorhandenen Styrols, gering; der polymerisierte Anteil wächst langsam proportional mit der Strahlungsdosis. Bei Methacrylsäuremethylester an Stelle von Styrol ist der Anteil des anfangs im Polyäthylen vorhandenen Monomeren kleiner. Das Monomere nimmt aber im Gegensatz zu Styrol mit wachsender Dosis sehr rasch nach einer nichtlinearen Funktion ab und reagiert vollständig [*56*].

Ist während der Bestrahlung außerhalb des gequollenen Polyäthylenkörpers noch Methacrylsäuremethylester vorhanden, so diffundiert das Monomere in den Körper langsam nach und reagiert folglich bevorzugt in der Nähe der Ober-

fläche. Durch den unterschiedlichen Pfropfungsgrad und einen Strahlungsabbau
der an der Oberfläche bereits gebildeten Polymethacrylsäuremethylester-Ketten
entsteht ein uneinheitliches Material. Dies kann bis zu einem gewissen Grade
durch mehrmaliges Eintauchen in das Monomere und anschließende kurze Bestrahlung beseitigt werden. In jedem Falle hängt die Reaktion in ausgeprägtem
Maße von der Dosisleistung ab. Typische
Ergebnisse für Pfropfungen auf Polyäthylen nach der intermittierenden
Methode zeigt Abb. 2 [56].

2. Eine zweite Methode der Pfropfpolymerisation besteht im Bestrahlen
des Polymeren mit dem Ziele, *eingefrorene Radikale* zu erzeugen, die bei
einem anschließenden Eintauchen des
Polymeren in das Monomere reagieren
[45, 47, 49, 51, 66, 67, 74]. Das Verfahren
ist erwartungsgemäß nur bei solchen
Polymeren wirksam, in denen die eingefrorenen Radikale eine genügend lange
Lebensdauer besitzen, z. B. in partiell-
kristallinen Stoffen [117, 118, 118a,

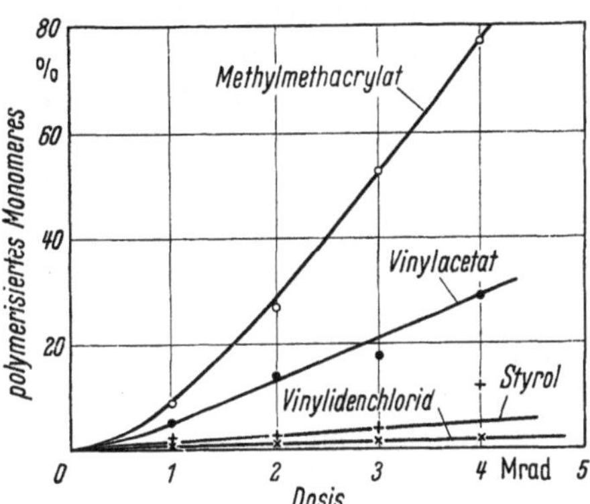

Abb. 2. Pfropfung verschiedener Monomerer auf
Polyäthylen in Abhängigkeit von der Dosis bei
intermittierender Bestrahlung und Tauchung in
das Monomere

163, 193].[1] Mit einem Großteil der absorbierten Energie werden aber daneben
Vernetzungen gebildet oder Moleküle abgebaut. Die Anwendung dieser Methode
scheint deshalb nur in speziellen Fällen aussichtsreich zu sein.

3. Eine dritte Methode wird vorzugsweise bei Polyäthylen angewandt, das,
bestrahlt man es in Luft oder Sauerstoff, *Peroxydbrücken* bildet [51, 53, 68, 74].
Diese sind oberhalb etwa 150 °C instabil, brechen und bilden oxydische Radikale,
die dann ihrerseits die Polymerisation auslösen können. Das Polymere wird also in
Gegenwart von Sauerstoff bestrahlt und anschließend in das Monomere getaucht;
ist der Gleichgewichtszustand erreicht, so wird die Mischung erhitzt, um die Zersetzung der Peroxyde und damit die Bildung des Pfropfpolymerisates zu erreichen.

Der Prozeß hat den Vorteil, daß die Bestrahlung längere Zeit vor dem Eintauchen in das Monomere durchgeführt und das bestrahlte Polyäthylen vor der
eigentlichen Pfropfung noch gelagert werden kann.

Neben der Pfropfung über das gesamte Volumen ist auch eine Pfropfung
nur auf der Oberfläche von großem praktischem Interesse. So kann z. B. bei
Polytetrafluoräthylen durch eine strahlenchemische Oberflächenpfropfung die
Adhäsion verbessert werden [57, 71].

Obwohl die Pfropfpolymerisationstechnik mittels energiereicher Strahlung
einfach und qualitativ gut überschaubar ist, stößt jede ins einzelne gehende Untersuchung wegen der vielen beteiligten Parameter auf Schwierigkeiten. Solche sind
z. B. die Konzentration und das Reaktionsvermögen des Monomeren, die relative
Strahlungsempfindlichkeit von Monomerem, Polymerem und Pfropfpolymerisat,
die Dosisleistung, sowie die Diffusionsgeschwindigkeit des Monomeren und die
Monomerenaffinität des Polymeren. Ein Großteil dieser Parameter ändert sich

---

[1] Zur Feststellung von Radikalen und ihrer Lebensdauer wird heute vorwiegend die
Elektronenspinresonanz angewandt [118, 132, 167, 169, 176, 184, 193].

mit der Temperatur. Darüber hinaus fehlt heute noch eine brauchbare Theorie, die auf Grund der Eigenschaften der Polymeren A und B die Eigenschaften des Pfropfpolymeren voraussagen ließe. Soll der Pfropfpolymerisation Bedeutung zukommen, so müßten die Eigenschaften des Pfropfpolymerisates notwendigerweise verschieden sein von denen einer Mischung von A und B [*45*]. Gegenwärtig sind eine Reihe experimenteller Arbeiten im Gange, die sich mit der Untersuchung der Eigenschaften gepfropfter Stoffe beschäftigen. Es besteht die Hoffnung, daß durch sie die Grundlagen für eine brauchbare Theorie erarbeitet werden, wie man sie ähnlich schon für lineare oder vernetzte Polymere besitzt [*47, 54, 69*].

Unter den Eigenschaften, die durch die Pfropfpolymerisation verbessert werden können, sind noch zu erwähnen: die Wärmestabilität [*57*], die Widerstandsfähigkeit gegen eine Reihe von Lösungsmitteln [*52*], die Oberflächenhaftung [*57*] u. a. Man kann ferner erwarten, daß die Anwendung der Oberflächenpfropfung, z. B. bei der Abwandlung von Textilien, erhebliche Bedeutung erlangen wird [*46, 68, 73, 75*].

c) Blockcopolymerisation [*61, 62*]. Diese Copolymeren unterscheiden sich von den Pfropfpolymeren dadurch, daß die zweite Komponente nicht als Seitenkette, sondern in der Hauptkette eingebaut ist:

$$\cdots \text{AAAAAABBBBBAAAAAAABBB} \cdots$$

Auch hier kann die Theorie die Eigenschaften des Blockcopolymeren aus den Eigenschaften der Homopolymeren heute noch nicht voraussagen. Bisher beschäftigten sich nur relativ wenige Arbeiten mit der Herstellung solcher Materialien durch Anwendung energiereicher Strahlung.

Eine Methode, Blockcopolymere herzustellen, besteht darin, innige Mischungen von zwei Polymeren, die zum Abbau neigen, zu bestrahlen. Die Makroradikale, die sich beim Strahlungsabbau bilden, können untereinander reagieren und so ein Blockcopolymeres formen:

$$
\begin{array}{ccc}
\cdots \text{AAAAA}^{\cdot} & & \cdots \text{AAAAABBBB} \cdots \\
{} + {}^{\cdot}\text{AAA}\cdots \longrightarrow & \\
\cdots \text{BBB}^{\cdot} \quad {}^{\cdot}\text{BBBB} \cdots & & \cdots \text{BBBAAA} \cdots
\end{array}
$$

Es ist zu erwarten, daß auch die Bestrahlung von zum Abbau neigenden Polymeren in Gegenwart von Monomeren zur Bildung solcher Copolymeren führen kann.

d) Vernetzung (Härtung) von Polyestern [*76* bis *83, 205*]. Polyestermassen, die bekanntlich ein weitverbreitetes Anwendungsgebiet besitzen, werden aus einer Mischung von ungesättigten Polyestermolekülen und einem Monomeren, wie z. B. Styrol, hergestellt. Durch Zusatz von Katalysatoren und Erhitzen der Mischung wird im allgemeinen eine radikalische Polymerisation des Monomeren initiiert, die nach einer Kettenreaktion abläuft und zur Bildung eines engmaschigen Netzwerkes führt. Hierbei entstehen harte und feste Stoffe mit hoher chemischer Widerstandsfähigkeit. Der gleiche Prozeß kann auch durch Strahlung ausgelöst werden. In diesem Fall benötigt man weder Katalysatoren noch eine Wärmebehandlung. Da die Zahl der gebildeten Radikale nur von der Dosisleistung abhängt, läßt sich ein „Durchgehen" der exothermen Reaktion leicht vermeiden.

Die Härtung von Polyestern stellt eine Kettenreaktion dar, die sich auf die Vinylmonomeren und die Doppelbindungen im Polyester erstreckt. Sie unterscheidet sich von der üblichen Polymerisation, die lineare oder verzweigte Mole-

küle liefert, und von der Pfropfpolymerisation, bei der im allgemeinen noch
lösliche Polymerisate entstehen, dadurch, daß die Monomeren Brücken zwischen
den Polyestermolekülen bilden. Die Struktur des hierdurch entstehenden Netzwerkes ist noch nicht in allen Einzelheiten geklärt. Die Dichte der Vernetzungsstellen im ausgehärteten Zustand ist aber sicher wesentlich höher als bei der
einfachen Strahlungsvernetzung eines Poly-
meren [78] (vgl. 6.5.3f).

Die Anwendung energiereicher Strahlung
ermöglicht es, Natur und Eigenschaften der
auf diese Weise erzeugten Netzwerke bei
verschiedenen Vernetzungsdichten zu untersuchen. Abb. 3 gibt die Änderung einer
Reihe physikalischer Eigenschaften eines
Polyesters mit der Strahlungsdosis [80]. Die
Härtung ist nach einer Dosis von etwa 6
oder 7 Mrad beendet. Eine Fortsetzung der
Bestrahlung bringt praktisch keine weitere
Änderung der physikalischen Eigenschaften;
die Vernetzungsdichte ist deshalb nicht durch
die Zahl der auslösenden Radikale begrenzt.
Einschränkend muß erwähnt werden, daß
dies unter Umständen nur für die hier diskutierte Mischung gilt. Ferner ist es möglich,
daß eine Bestrahlung bei höherer Temperatur
oder bei größerem Monomerengehalt einen
anders gearteten Stoff liefert. Ein vollständig
vernetzter Polyester besitzt bei entsprechender Konzentration der Doppelbindungen im
Ausgangsmaterial eine harte, glasähnliche
Struktur. Bei kleinerer Dosis erhält man
ein nur teilweise vernetztes, flexibles Produkt, das man anschließend durch weitere
Bestrahlung oder mit den üblichen chemischen Methoden vollständig vernetzen
kann.

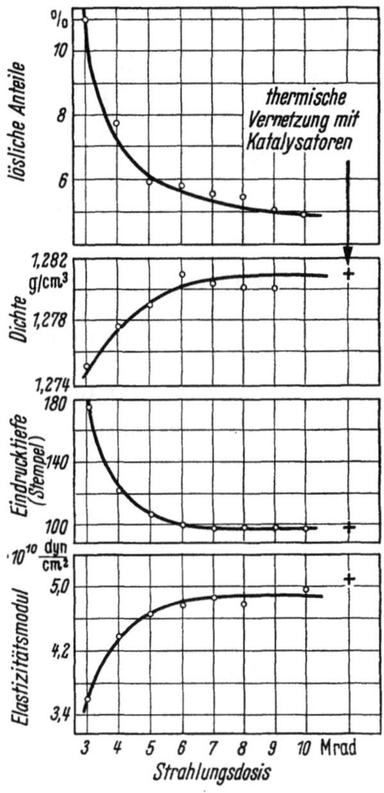

Abb. 3. Änderung einiger Eigenschaften
einer mit Elektronen bestrahlten Polyester-
Styrol-Mischung mit der Strahlungsdosis;
Polyester: Maleinsäure- und Phthalsäureanhydrid + Äthylenglykol; Säurezahl: 46,7;
M_n = 890;　26 Äthylendoppelbindungen/
Molekül; Styrol: 30% des Gesamtgewichtes

Polyester, die in Abwesenheit eines Vinylmonomeren bestrahlt werden, unterscheiden sich hinsichtlich der Struktur des Netzwerkes sehr wesentlich von den
bisher besprochenen Stoffen. In diesem Falle findet zwar auch eine Kettenreaktion
statt, ihre Charakteristik ist aber völlig anders; so ist z. B. die Reaktionsgeschwindigkeit unabhängig von der Dosisleistung; für den Abbruch der Kettenreaktion
ist möglicherweise eine Art Allylstabilisierung verantwortlich. Mit wachsender
Dosis steigt die Vernetzungsdichte zunächst an, bis ein unlöslicher Anteil (Gel)
beobachtet wird. Eine weitere Bestrahlung vergrößert den Gelanteil. Auf den
ersten Blick ähnelt der Prozeß sehr der Strahlungsvernetzung einfacher Polymerer.
Eine genaue Untersuchung läßt aber ganz wesentliche Unterschiede erkennen,
die mit dem Auftreten der Kettenreaktion zusammenhängen. Die für die Gelbildung notwendige Dosis ist sehr viel kleiner; auch die Form der Kurve: Löslicher

Anteil/Dosis (Abb. 4) folgt nicht der Beziehung, die bei der üblichen statistischen Vernetzung beobachtet wird [80, 81]. Bei Polymeren müssen deshalb zwei verschiedene Mechanismen für die Bildung der molekularen Netzwerke unterschieden werden. Im einen Fall erfolgt der Aufbau des Netzwerkes über eine Kettenreaktion unter Einbeziehung ungesättigter Moleküle, im anderen über eine einfache Reaktion, bei der sich die Vernetzungen unabhängig von den benachbarten Vernetzungsstellen bilden. Entsprechende theoretische Untersuchungen existieren bereits.

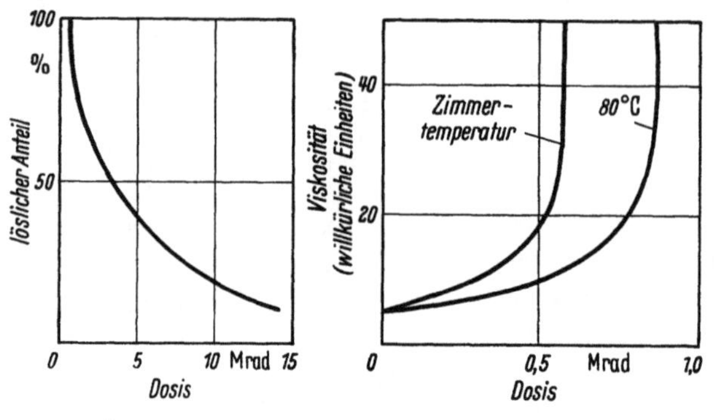

Abb. 4. Änderung des löslichen Anteiles und der Viskosität eines ungesättigten Polyesters mit der Strahlungsdosis

e) **Chlorierung von Polyäthylen** [122]. Polyäthylen läßt sich durch Bestrahlen in einer Chloratmosphäre oder in gelöstem Chlor chlorieren. Da die Reaktion über eine Kettenreaktion läuft, werden mit kleinen Strahlungsdosen bereits

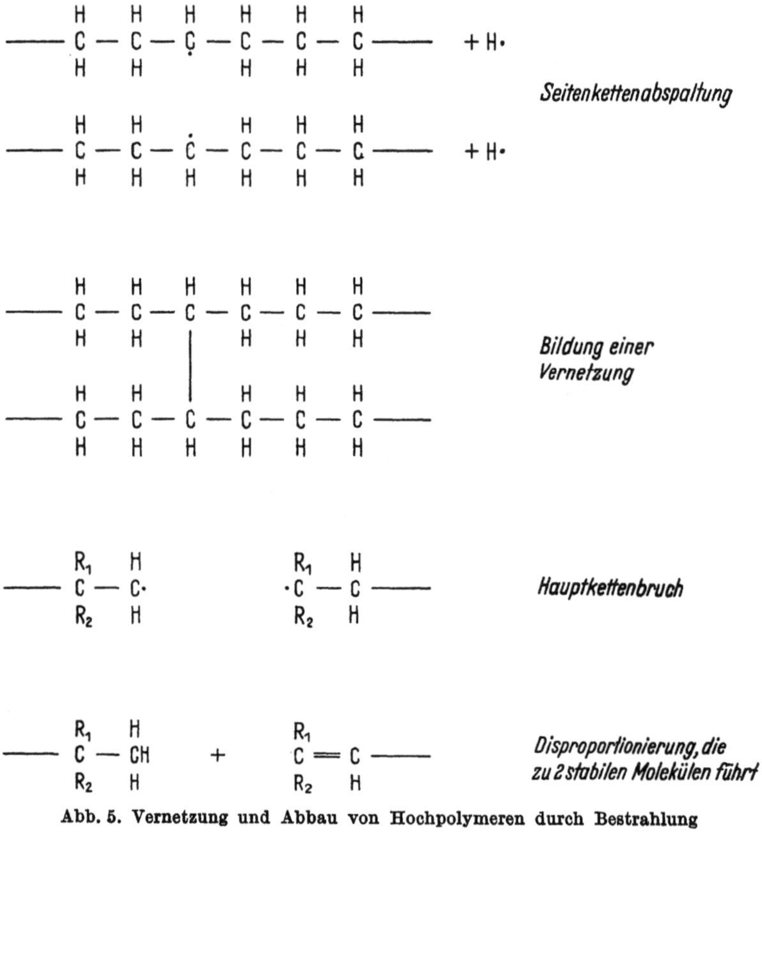

Abb. 5. Vernetzung und Abbau von Hochpolymeren durch Bestrahlung

hohe Chlorierungsstufen erzielt. Der Prozeß kann deshalb mit den üblichen chemischen Methoden konkurrieren. Die Chloraufnahme ändert sich in einfacher Weise mit der Strahlungsdosis, so daß man die Eigenschaften des Produktes gut kontrollieren kann. Der Anwendungsbereich mittels energiereicher Strahlung chlorierter Polyäthylene dürfte wegen ihres höheren Schmelzpunktes und der flammwidrigen Oberfläche größer sein als bei chemischen Chlorierungsverfahren. Eine Reihe anderer Polymerer läßt sich ebenfalls auf diese Art abwandeln [122].

f) Vernetzung und Abbau [78, 84 bis 94]. Setzt man Polymere energiereicher Strahlung aus, so verlaufen die Reaktionen anders. Kettenreaktionen treten nicht auf. Die Zahl der modifizierten Bindungen hängt direkt von der Strahlungsdosis ab und ist unabhängig von der Dosisleistung. Die theoretische Behandlung wird dadurch beträchtlich vereinfacht. Zwei Gruppen von Reaktionen sind zu unterscheiden, die man als Dimerisation bzw. Vernetzung und als Abbau bzw. „Entnetzung" bezeichnen kann. Bei der ersten werden benachbarte Moleküle durch die Bildung von Vernetzungen unter Abtrennung von Seitenketten miteinander verbunden. Dies bewirkt eine Zunahme des Molekulargewichtes. Dagegen wird beim Abbau das mittlere Molekulargewicht durch Hauptkettenbruch der Makromoleküle herabgesetzt. Diese Prozesse erläutern die Abb. 5 und 6. Häufig besteht eine einfache quantitative Beziehung zwischen der Änderung des Molekulargewichtes eines Polymeren und den daraus folgenden Änderungen der physikalischen Eigenschaften, wie z. B. der Viskosität oder der Elastizität. Es lassen sich deshalb aus der Beobachtung der Veränderung der physikalischen Eigenschaften mit der Strahlungsdosis eine Reihe von Informationen über die Größe und die Anordnung der Makromoleküle erhalten.

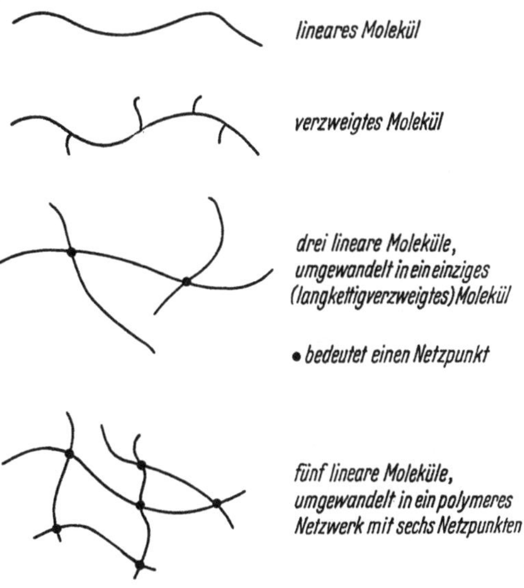

Abb. 6. Übergang vom langkettigen Einzelmolekül zum Netzwerk (schematisch)

Neben Vernetzung und Abbau, die beide auch gleichzeitig auftreten können, laufen noch gewisse andere Prozesse ab. Oft entwickeln sich Gase, vorwiegend Wasserstoff [114, 139, 149, 155, 165, 178, 180, 185], ferner besteht für ein ursprünglich gesättigtes Polymeres die Neigung zur Bildung von Doppelbindungen [97, 98, 110, 111, 117, 118a, 121, 199]. Auch eine Abnahme der Kristallinität der bestrahlten Polymeren wurde festgestellt [104, 106, 107, 123, 127].

Obwohl die chemischen Veränderungen, die bei der Vernetzung oder beim Abbau insgesamt beobachtet werden, prinzipiell leicht zu verstehen sind, besteht noch Unklarheit über den Reaktionsmechanismus im einzelnen. So sind die relativen Anteile der verschiedenen vorgeschlagenen Radikal- und Ionenreaktionsmechanismen unbekannt. Man muß zunächst weitere eingehende Untersuchungen der Prozesse abwarten. Die Schwierigkeiten rühren teilweise daher, daß einerseits die energiereiche Strahlung unspezifisch, d. h. unabhängig von der Molekülkonfiguration, absorbiert wird, andererseits die chemischen Veränderungen spezifisch an bestimmten, besonders strahlungsempfindlichen Bindungen im Molekül auftreten. Da beide Tatbestände gut gesichert sind, muß ein Prozeß existieren, durch den die absorbierte Energie entlang der Kette fortgeleitet und an bestimmten Bindungen konzentriert wird; diese werden so in die Lage versetzt, zu reagieren. Das Problem der Energiefortleitung harrt noch seiner Lösung [*112, 212, 223*].

6.5.4 Vernetzung

a) Viskosität, Löslichkeit und Quellung von vernetzten Polymeren [*85, 86, 89, 117, 162, 172*]. Die Zunahme des Molekulargewichtes durch die Vernetzung führt zu Änderungen der physikalischen Eigenschaften, wie der Viskosität, des Schmelzverhaltens und der Löslichkeit. Zwischen Molekulargewicht und Vernetzungsdichte einerseits und diesen Eigenschaften andererseits bestehen einfache Beziehungen, weil das Molekulargewicht bzw. die Vernetzungsdichte in berechenbarer Weise mit der Strahlungsdosis variiert. Um ausgeprägte Änderungen der Eigenschaften von Polymeren zu erzeugen, benötigt man, verglichen mit einfachen niedermolekularen organischen Molekülen, nur verhältnismäßig wenige Vernetzungen, da bei vorgegebener Dosis bei langen Molekülen mehr Vernetzungen pro Molekül gebildet werden als bei kurzen. Durch die Vernetzung erfolgt zuerst eine starke Zunahme des mittleren Molekulargewichtes, mit dem bekanntlich viele physikalische Eigenschaften in enger Beziehung stehen.

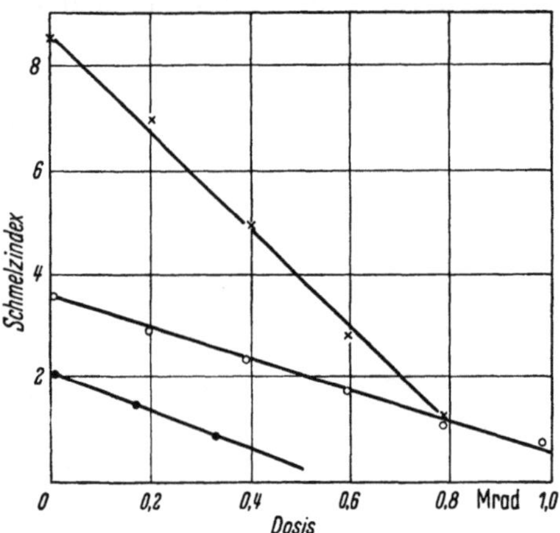

Abb. 7. Änderung des Schmelzindexes verschiedener Polyäthylene als Funktion der Strahlungsdosis; Messung bei 190 °C im Davenport Grader; × verzweigtes Polyäthylen mit niederem Molekulargewicht; o lineares Polyäthylen; ● verzweigtes Polyäthylen mit hohem Molekulargewicht

Abb. 7 demonstriert die großen Viskositätsänderungen, die bei Polyäthylenen nach der Einwirkung energiereicher Strahlung gemessen wurden.

Wird der Vernetzungsgrad eines Polymeren so weit erhöht, daß sich geschlossene Netzmaschen im System bilden, so entsteht eine völlig neue Situation. Das Polymere besteht dann nicht mehr aus langen linearen oder verzweigten Molekülen, es bildet sich vielmehr unter Änderung der Stoffeigenschaften ein dreidimensionales molekulares Netzwerk. Eine der auffallendsten Eigenschaftsänderungen ergibt sich im Verhalten der Löslichkeit. Die Hauptvalenzbindungen, die nun die Moleküle verknüpfen, können durch die Wirkung eines Lösungsmittels, das normalerweise das Polymere löst, nicht gebrochen werden. Die Lösungsmittelmoleküle quellen nurmehr das Polymere entsprechend der Vernetzungsdichte; das gequollene Polymere verhält sich wie ein Gel.

Da der Vernetzungsgrad mit der Dosis wächst, kann man aus einem unvernetzten Polymeren eine Reihe neuer Stoffe herstellen, deren Eigenschaften entsprechend der Vernetzungsdichte variieren. Der Prozeß hat sowohl praktische Bedeutung als auch theoretisches Interesse.

Zu den Polymeren, die unter dem Einfluß energiereicher Strahlung vernetzen, zählen unter anderem Polyäthylen [*16, 95* bis *128, 130, 193, 205*], die Silicone [*150* bis *156, 196*] und Polyacrylate [*200, 203*], Polyvinylacetat, NYLON [*158, 159, 162, 193, 205*], Kautschuk und bestimmte synthetische Kautschuke [*137* bis *149, 196, 226, 227*]. Auch bei Polyvinylchlorid [*16, 164* bis *174, 193*] überwiegt die Vernetzung, vorausgesetzt, daß Sauerstoff während der Bestrahlung ferngehalten wird. Die Energieausbeute ist bei der Vernetzung von Polyvinylchlorid jedoch ziemlich klein. Benzolringe üben eine Schutzwirkung gegen energiereiche Strahlen aus. Deshalb lassen sich Polymere mit aromatischem Charakter, wie z. B. Polystyrol [*95, 103, 122, 131* bis *136, 205, 231*], nur schwer vernetzen.

Der lösliche Anteil s eines Polymeren steht theoretisch mit der mittleren Zahl δ der vernetzten Einheiten pro Molekül vom mittleren Molekulargewicht M_w (Gewichtsmittel) bzw. der Strahlungsdosis r in Beziehung. Für eine vor der Bestrahlung einheitliche Molekulargewichtsverteilung ist

$$s = \exp[-\delta\,(1 - s)].$$

Dagegen gilt für eine ursprünglich statistische (exponentielle) Verteilung

$$s + \sqrt{s} = 2/\delta = 2/q_0\,u_2\,r.$$

Hierbei bedeuten:

q_0 Bruchteil der Monomereneinheiten, die pro Dosiseinheit vernetzt werden,
r Strahlungsdosis,
u_2 Polymerisationsgrad, bezogen auf das mittlere Molekulargewicht M_w

Ähnlich kann man die Quellung, die beim Eintauchen eines vernetzten Polymeren in ein Lösungsmittel auftritt, mit der Strahlungsdosis in Beziehung setzen:

$$V^{5/3} = (0,5 - \mu)\,M_c/\varrho\,V = (0,5 - \mu)\,w/\varrho\,V q_0\,r.$$

Dabei bedeuten:

μ Wechselwirkungsparameter zwischen Lösungsmittel und Polymerem,
V Molvolumen des Lösungsmittels,
ϱ Dichte des Polymeren,
w Molekulargewicht der Monomereneinheit,
M_c mittleres Molekulargewicht der Kettenstücke zwischen zwei Vernetzungsstellen; M_c stellt ein Maß für die Größe der Maschen im Netzwerk dar.

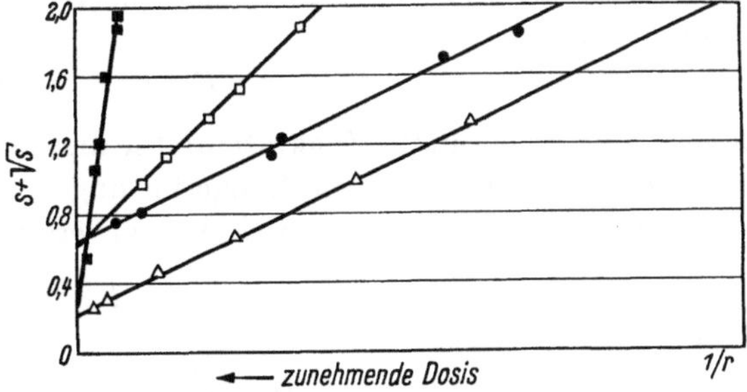

Abb. 8. Löslicher Anteil verschiedener Polyäthylene als Funktion der reziproken Strahlungsdosis

Bei geringer Vernetzungsdichte ist eine Korrektur anzubringen, die das tatsächliche Ausgangsmolekulargewicht und das Vorhandensein eines löslichen Anteiles berücksichtigt. Beispiele für die Änderung der Löslichkeit verschiedener Polyäthylene sind in Abb. 8 angegeben [*86*].

b) Elastizitätsmodul von vernetzten Polymeren [*89a, 101, 104, 108, 113*]
(vgl. 3.3). Thermodynamische Überlegungen zeigen, daß auch der Elastizitätsmodul eines dreidimensionalen Netzwerkes mit dem mittleren Molekular-
gewicht M_c der Kettenstücke zwischen zwei Vernetzungsstellen in Beziehung steht [*89a*]. Es gilt:

$$E = 3\,\varrho\,R\,T/M_c ,$$

wobei R die Gaskonstante und T die absolute Temperatur bedeuten. Also ist

$$E = 3\,\varrho\,R\,T\,q_0\,r/w .$$

E ist direkt proportional der Strahlungsdosis r, wenn man Kettenverschlingungen
vernachlässigt. Diese können oft durch eine
zusätzliche „virtuelle" Strahlungsdosis beschrieben werden, wie man aus Abb. 9
ersieht. Die Formel liefert für vernetzte
Polymere eine einfache Methode zur Bestimmung von q_0, solange eine große
elastische Deformation möglich ist.

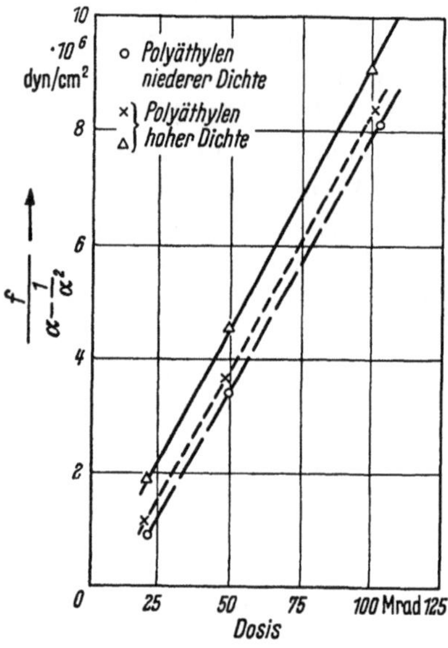

Abb. 9. Der Einfluß des Anfangsmolekular-
gewichtes auf die Vernetzungsdichte, erkennbar am Elastizitätsmodul verschiedener Polyäthylene bei 140 °C als Funktion der Strahlungsdosis

Die oben angegebenen einfachen Formeln sind nur gültig, wenn „Kettenend-
effekte" fehlen; sie werden hervorgerufen
durch Ketten oder Kettenteile, welche
mit dem Netzmaschensystem nicht oder nur einseitig verknüpft sind; für diese
muß eine Korrektur angebracht werden. Die Formeln gelten ferner nicht für
Temperaturen, bei denen noch zwischenmolekulare Kräfte wirksam sind.

Bei großen Längenänderungen und großen Vernetzungsdichten sind zusätzliche Überlegungen erforderlich. Nur für kleine Längenänderungen ist der Zug
der Dehnung proportional, so daß man von einem elastischen Modul sprechen
kann (vgl. 4.2; 4.4). Die vollständige theoretische Beziehung zwischen Zug und
Dehnung lautet:

$$f = \varrho\,R\,T\,(\alpha - 1/\alpha^2)/M_c ,$$

wobei f die angewandte Zugkraft und α die Länge der Probe, gemessen in Zugrichtung, dividiert durch die Länge im ungedehnten Zustand bedeuten. Wenn α
nicht viel größer als 1 ist (etwa $1 + \varepsilon$), ergibt sich dann wieder

$$f = \varrho\,R\,T\,3\,\varepsilon/M_c ,$$

und

$$E = f/\varepsilon = 3\,\varrho\,RT/M_c .$$

Viele bestrahlte Polymere zeigen ein Zugdehnungsverhalten, das mit diesen
Formeln übereinstimmt. Für andere bestehen starke Abweichungen bei großen
Längenänderungen, die entweder von einer vorhandenen Kristallinität oder von
der begrenzten Dehnbarkeit der Netzmaschen herrühren, die notwendigerweise
eine endliche Größe haben. Kurven für Polyäthylene niederer und hoher Dichte
sind in Abb. 10 angegeben.

Bei höheren Dosen ergeben sich für alle Polymeren Abweichungen von der Theorie, da die Formeln unter der Annahme abgeleitet wurden, daß die Molekülketten zwischen den Vernetzungsstellen eine statistische Konformation einnehmen können. Für kurze Ketten trifft diese Voraussetzung wegen der Behinderung der freien Rotation der Moleküle und wegen der endlichen Größe der Atome nicht mehr zu. Daraus ergibt sich, daß der Elastizitätsmodul weit größer sein kann als dies durch die Theorie der Gummielastizität vorausgesagt wird. Mit zunehmender Vernetzung wird die Probe von einem gummiähnlichen in ein glasiges Material mit kleinen Netzmaschen transformiert, in dem nur noch kleine Deformationen möglich sind. Eine eingehen-

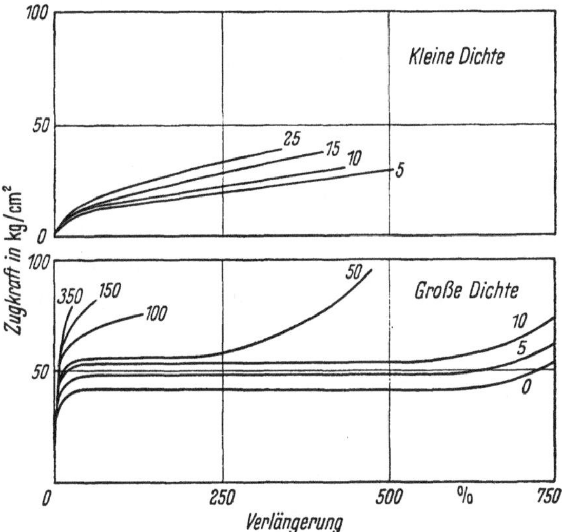

Abb. 10. Zug–Dehnungs-Verhalten von bestrahltem stark verzweigtem und nahezu linearem Polyäthylen bei 20 °C. Parameter ist die Strahlungsdosis in Mrad

dere Untersuchung des Übergangsbereiches sollte die Erweiterung der Theorie der Gummielastizität auf den glasartigen Zustand ermöglichen.

Die Theorie reicht z. Z. nicht aus, um bestimmte physikalische Eigenschaften von Polymeren, wie z. B. die Zugfestigkeit und die Scherviskosität, in Zusammenhang mit dem mittleren Molekulargewicht sowie dem Vernetzungs- und Verzweigungsgrad zu bringen. Es wurden jedoch experimentelle Untersuchungen darüber angestellt, wie sich diese Eigenschaften mit der Strahlungsdosis und dem Vernetzungsgrad ändern. Möglicherweise liefern diese Arbeiten Hinweise für eine quantitative Beschreibung der erwähnten Eigenschaften.

c) Kristalline Struktur [*104, 106, 107, 123, 127*]. Für den Elastizitätsmodul und die Zugfestigkeit bestrahlter partiell kristalliner Polymerer, wie z. B. Polyäthylen, sind zwei Strukturelemente von besonderer Wichtigkeit: die Kristallinität, die von der Temperatur abhängt, und die durch Strahlung erzeugten Vernetzungen. Mit steigender Bestrahlungsdosis nimmt der Vernetzungsgrad zu und die Kristallinität ab. Das Verhalten des Elastizitätsmoduls hängt nun davon ab, welcher der beiden konkurrierenden Vorgänge überwiegt.

Bei Raumtemperatur herrscht der Einfluß der Kristallinität vor. Hier unterscheiden sich das vernetzte und das unvernetzte Polymere, abgesehen von einer geringen Abnahme des Moduls infolge des Kristallinitätsrückganges beim vernetzten Material, nur wenig.

Bei Temperaturerhöhung wird auch im vernetzten Polymeren noch ein Schmelzen der Kristallite festgestellt, das aber entsprechend dem Rückgang der Kristallinität bei beträchtlich niedereren Temperaturen auftreten kann. Die Lage des Schmelzpunktes, der für unendlich lange Paraffinmoleküle bei 137 °C und für unvernetzte Polyäthylene mehr oder weniger unterhalb dieser

Temperatur liegt, erlaubt hierbei gewisse Rückschlüsse auf die Struktur der kristallinen Phase vernetzter Polyäthylene [*104*].

Beim Erhitzen über den Schmelzpunkt hinaus ergeben sich dann für das vernetzte und das unvernetzte Polymere völlig verschiedene Verhältnisse. Während sich das unvernetzte Polymere in diesem Temperaturbereich wie eine viskose Flüssigkeit verhält, weist der vernetzte Stoff trotz der Auflösung der Kristallite noch eine gewisse mechanische Festigkeit auf, da die Moleküle durch die Vernetzungen zusammengehalten werden. Der Elastizitätsmodul ist hierbei eine Funktion der Vernetzungsdichte bzw. der Strahlungsdosis. Bei kleiner Vernetzungsdichte (etwa eine Vernetzung pro 100 Monomereneinheiten, was einem E-Modul von etwa 10^8 dyn/cm² entspricht) verhält sich das Material oberhalb des Schmelzpunktes weichgummiartig. Durch Erhöhung des Vernetzungsgrades auf etwa eine Vernetzung pro 10 Monomereneinheiten wird der Elastizitätsmodul oberhalb des Schmelzpunktes ungefähr auf den gleichen Wert wie bei Raumtemperatur angehoben. Wegen der hohen hierfür notwendigen Strahlungsdosis ist dieser Prozeß aber unwirtschaftlich. Die obenstehenden Ausführungen sollten zeigen, daß die oft zu hörende Feststellung, Bestrahlung erhöhe den Schmelzpunkt von Polymeren, nicht richtig

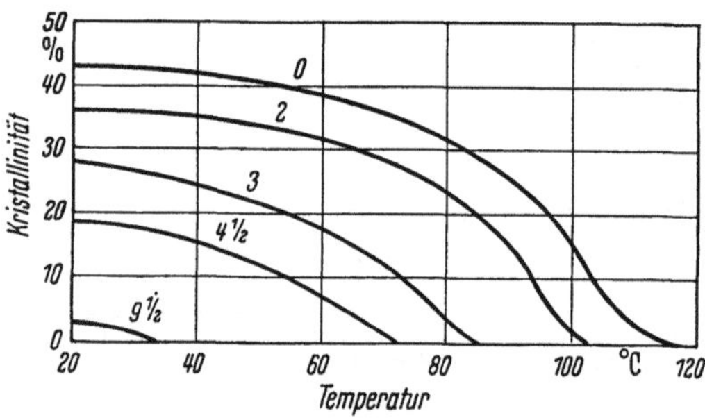

Abb. 11. Temperaturabhängigkeit der Kristallinität eines Polyäthylens niedriger Dichte nach Bestrahlung [Strahlungsdosis in speziellen Reaktor (BEPO)- Einheiten]

ist. Der Schmelzpunkt eines bestrahlten Stoffes liegt vielmehr bei der gleichen oder sogar einer niedrigeren Temperatur. Dagegen unterscheiden sich die physikalischen Eigenschaften oberhalb des Schmelzpunktes ganz wesentlich. Die Wirkung der Bestrahlung auf den Kristallinitätsgrad eines typischen Polyäthylens niedriger Dichte zeigt Abb. 11.

Aus der Diskussion des mechanischen Verhaltens vernetzter Polyäthylene folgt, daß lineare Polyäthylene keinesfalls strahlungsvernetzte verzweigte Polyäthylene niederer Dichte ersetzen können. Lineare Polyäthylene neigen dazu, größere Kristallite zu bilden als verzweigte Polyäthylene; dies wirkt sich in der Verschiebung des Schmelzpunktes in Richtung auf den theoretischen Maximalwert von 137 °C aus. Weiter ergibt sich bei linearen Polyäthylenen infolge einer einheitlicheren Größe der Kristallite eine Einengung des Schmelzbereiches. Der Modul bleibt deshalb bis dicht unterhalb des Schmelzpunktes auf relativ hohem Niveau. Die hierdurch bedingte Steifigkeit ist sehr wertvoll und durch Vernetzung verzweigter Polyäthylene nicht zu erreichen. Andererseits wird lineares Polyäthylen im Gegensatz zu einem vernetzten Polyäthylen oberhalb des Schmelzpunktes noch flüssig. Die beiden Stoffe ergänzen sich also. Benötigt man ein Polyäthylen, dessen Modul bis zum Schmelzpunkt möglichst hoch ist, so ist der Einsatz von linearem Polyäthylen gegeben. Die Strahlungsvernetzung hat dagegen ein Material zur Folge, das oberhalb der Schmelztemperatur gummielastische Eigenschaften besitzt, was sich in einem relativ niedrigen Modul ausdrückt. Bis zu einem gewissen Grade lassen sich beide Effekte durch die Bestrahlung von

Polyäthylen hoher Dichte kombinieren. Der Schmelzbereich wird durch die Vernetzung aber natürlich auch beim vernetzten, ursprünglich linearen Polyäthylen nach niederen Temperaturen verschoben. Durch die Bestrahlung wird gleichzeitig noch die Spannungskorrosion linearer Polyäthylene herabgesetzt [*128*]. Die Anwendung bestrahlter Polyäthylene bei höheren Temperaturen unterliegt bestimmten Einschränkungen wegen des oxydativen Abbaues, der sich insbesondere bei längerer Temperaturbeanspruchung in einer Abnahme der mechanischen Festigkeit auswirkt [*95, 98, 102, 119, 125*].

   d) Vernetzung von Kautschuk [*137* bis *149, 196, 226, 227*]. Bisher war die Diskussion der Vernetzung auf Stoffe vom Polyäthylentyp beschränkt. Bestrahlung kann aber auch Vernetzung in vielen anderen Polymeren hervorrufen. Kautschuk läßt sich z. B. durch Bestrahlen vernetzen. Dabei ergibt eine Dosis von etwa 50 Mrad für fast alle Kautschuktypen unabhängig vom Prozentgehalt an Rußfüllstoff optimale Vulkanisation.

   Eigenschaftsunterschiede zwischen durch Strahlung und durch Schwefel vernetztem Kautschuk sind zum Teil auf die intramolekulare Anlagerung von Schwefel zurückzuführen, die bei der Schwefelvulkanisation zusätzlich zu der Vernetzung der Moleküle erfolgt [*146*].

   In anwendungstechnischer Hinsicht bringt die Verwendung von Strahlen zur Vulkanisation von Kautschuk mehrere Vorteile. Die zwischenmolekularen Vernetzungen sind als direkte C—C-Bindungen weniger gegen Sauerstoff empfindlich; ferner kann die Strahlenbehandlung schnell und gleichmäßig über sehr dicke Proben erfolgen. Katalysatoren werden vermieden. Auch lassen sich durch entsprechende Wahl der Bestrahlungsbedingungen Kautschukformkörper mit örtlich verschiedenem Elastizitätsmodul erhalten oder orientierte Kautschuke mit richtungsabhängigen Moduln herstellen. Gewisse Hinweise sprechen jedoch dafür, daß die Zugfestigkeit von Gummi bei direkter C—C-Vernetzung einen etwas kleineren Wert hat als bei der Vernetzung über Schwefelbrücken. Ein weiterer Nachteil ist die relativ hohe benötigte Dosis. Da zur Einstellung der maximalen Zugfestigkeit eine Dosis von etwa 45 Mrad notwendig ist, lassen sich mit einer Kilowattstunde Strahlung nur 360/45 = 8 kg Kautschuk vulkanisieren oder vernetzen. Bei der gegenwärtigen Höhe der Bestrahlungskosten stellt dies ein äußerst kostspieliges Verfahren dar. Man versucht deshalb, eine Methode zu entwickeln, bei der die Vernetzung im Kautschuk über eine durch Strahlung induzierte Kettenreaktion läuft. Ein solcher Prozeß würde zweifellos zu einer weiten Verbreitung der Bestrahlungsmethode in der Kautschukindustrie führen.

   Im Falle der Silicone [*150* bis *156, 196*] liegen die Verhältnisse anders, da hier das Ausgangsmaterial relativ teuer ist. Außerdem ist die zur Vernetzung notwendige Strahlungsdosis kleiner als für Kautschuk. Der Prozeß ist deshalb wirtschaftlich interessant, insbesondere auch weil er so schnell abläuft und genau kontrolliert werden kann. Die elastischen Eigenschaften von Gummi, der aus bestrahlten flüssigen Siliconen erzeugt wurde, sind gut. Es hat sich als möglich erwiesen, die Neigung zum Bruch, die bei der Zugabe von Verstärkern auftritt, herabzusetzen.

   Auch Polyvinylacetat und die Polyacrylate können durch Bestrahlung vernetzt und in gute gummielastische Stoffe verwandelt werden.

   e) Verstärkung [*138, 144, 147, 153, 226, 227*]. Verschiedene Versuche wurden mit dem Ziele unternommen, die Vernetzungsausbeute durch strahlenempfindliche Zusätze zu erhöhen und so die für einen bestimmten Elastizitätsmodul oder eine vorgegebene Zugfestigkeit notwendige Dosis herabzusetzen. Eine andere Methode, um einen höheren Modul zu erreichen, besteht in der Verwendung von Ruß als Verstärker.

Messungen an bestrahltem Kautschuk, der Ruß enthält, haben gezeigt, daß eine solche Verstärkung erreicht werden kann, wobei neben der Vermehrung der Zahl der wirksamen Vernetzungen auch noch andere Effekte beteiligt sind. Zu den untersuchten Variablen gehören die Strahlungsdosis, der Rußtyp und die Rußkonzentration. Mit der Zunahme des Rußgehaltes steigt der Elastizitätsmodul bei vorgegebener Dosis in einem Maße an, das vom Rußtyp und seiner prozentualen Zumischung abhängt. Gewisse Ruße scheinen nur in feinster Verteilung als Verstärker geeignet zu sein, wogegen andere eine zusätzliche Wirkung zeigen, die etwa mit einer chemischen Vernetzung vergleichbar ist. Die Größe dieser Wirkung ist der Strahlungsdosis proportional; offenbar wird die Wechselwirkung zwischen Kautschukmolekül und Rußteilchen durch die Bestrahlung initiiert.

Die Zugfestigkeit einer Mischung weist als Funktion der Strahlungsdosis ein Maximum bei einer Dosis von etwa 45 Mrad auf. Die Dosis für maximale Festigkeit ist gewöhnlich unabhängig vom

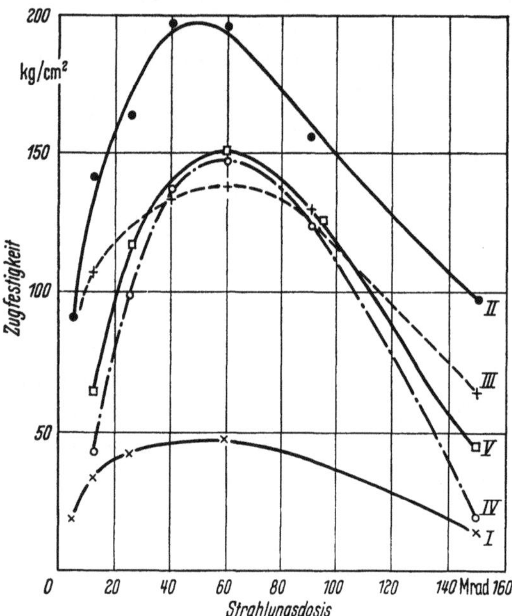

Abb. 12. Zugfestigkeit von mit Ruß gefülltem Kautschuk als Funktion der Strahlungsdosis. Die Ziffern *I* bis *V* kennzeichnen steigende Rußkonzentration

Rußtyp und Rußgehalt, obwohl die maximale Zugfestigkeit selbst von diesen Faktoren beeinflußt wird (Abb. 12) [*138*]. Die Beobachtung widerspricht der Annahme, daß die vergrößerte Festigkeit nur auf die größere Vernetzungsdichte in Gegenwart von Ruß zurückzuführen ist, da man dann mit wachsendem Verstärkergehalt eine Verschiebung des Maximums nach kleineren Dosen erwarten sollte. Der genaue Charakter der Wechselwirkung zwischen Ruß und Kautschuk ist noch nicht bekannt. Die Anwendung der Bestrahlung kann bei der Klärung dieser Frage sehr nützlich sein, weil sie die Variation der Vernetzungsdichte in einem vorher festgelegten Ausmaße zuläßt. Außerdem komplizieren keine weiteren Variablen, wie Temperatur oder Schwefelgehalt, das Problem.

6.5.5 Abbau

Nicht alle Polymere vernetzen unter dem Einfluß energiereicher Strahlen. Bei Polyisobutylen [*84, 95, 105, 139, 175*], Cellulose [*181, 187* bis *193, 205*], Polytetrafluoräthylen [*195, 198*], Polymethacrylsäuremethylester [*95, 103, 105, 122, 134, 136, 176* bis *186, 200, 205*] u. a. überwiegt der Abbau. Die Verminderung des

Molekulargewichtes erfolgt über Hauptkettenbrüche mit anschließender Umordnung der Gruppen an der Bruchstelle, wobei wieder eine stabile Konfiguration erreicht wird. Außerdem kann Gasentwicklung auftreten, die von der Abspaltung von Seitenketten herrührt und zur Bildung von Bläschen im Polymeren führt. Polymethacrylsäuremethylester zeigt diesen Effekt [*178, 180, 185*].

Es besteht ein klarer Unterschied zwischen der Natur eines durch Abbau und durch thermische Zersetzung gewonnenen Produktes. Die thermische Zersetzung bringt eine schnelle Kettendepolymerisation einiger Kettenmoleküle beim Erhitzen mit sich, wobei die anderen unbeeinflußt bleiben. Dagegen treten beim Strahlungsabbau die Brüche statistisch auf; es entsteht wenig oder kein Monomeres, obwohl das Molekulargewicht ständig mit steigender Dosis abnimmt. Diese Abnahme kann exakt berechnet und zur Dosismessung benützt werden. Die Zahl der Hauptkettenbrüche pro 100 eV absorbierter Energie sei G. Wenn dann das Molekulargewicht des Monomeren w ist und der Mittelwert des Anfangspolymerisationsgrades u_1, so gilt:

$$M_n = w\, u_1.$$

Die Zahl der Moleküle pro Gramm ist anfangs

$$n_0 = 6{,}02 \cdot 10^{23}/w\, u_1.$$

Diese Zahl wird durch eine Dosis von r Mrad erhöht um $0{,}625 \cdot 10^{20}\, Gr/100 = 0{,}625 \cdot 10^{18}\, Gr$. In einem Gramm sind $6{,}02 \cdot 10^{23}/w$ Monomere enthalten. Für das Zahlenmittel des Polymerisationsgrades u_1' des bestrahlten Materials erhält man dann

$$u_1' = \frac{6{,}02 \cdot 10^{23}/w}{n_0 + 0{,}625 \cdot 10^{18}\, Gr}.$$

Hieraus folgt

$$\frac{1}{u_1'} = \frac{1}{u_1} + \frac{0{,}625 \cdot 10^{18}\, Grw}{6{,}02 \cdot 10^{23}} = \frac{1}{u_1} + 1{,}04 \cdot 10^{-6}\, Grw$$

oder

$$\frac{1}{M_n'} = \frac{1}{M_n} + 1{,}04 \cdot 10^{-6}\, Gr.$$

Trägt man das reziproke Zahlenmittel des Molekulargewichtes gegen die Strahlungsdosis auf, so läßt sich der G-Wert bestimmen. In der Praxis ist es üblich, das Molekulargewicht M_v' viskosimetrisch zu messen. Das Verhältnis M_v'/M_n' hängt von der Molekulargewichtsverteilung ab. Ein statistisch verteilter Kettenbruchprozeß kann irgendeine beliebige Anfangsverteilung in eine statistische verwandeln, für die dann gilt:

$$M_v'/M_n' = [(1 + \alpha)\, \Gamma(1 + \alpha)]^{1/\alpha},$$

wobei $\Gamma(1 + \alpha)$ die Gammafunktion und α den Exponenten der Viskositätsbeziehung $M_v = K\, M^\alpha$ bedeuten. So ist für $\alpha = 0{,}8$ $M_v'/M_n' = 1{,}908$ und

$$\frac{1}{M_v'} = \frac{1}{1{,}908\, M_n} + 0{,}545 \cdot 10^{-6}\, Gr.$$

Dies ergibt eine lineare Beziehung zwischen $1/M_v'$ und r über den Bereich, in dem die Verteilung im wesentlichen statistisch ist und G konstant bleibt. Wie man aus Abb. 13 ersieht, gehorcht Polyisobutylen diesem Gesetz [*175*].

Abweichungen von der Linearität treten bei kleinen Dosen auf, wenn die Anfangsverteilung uneinheitlich ist. Auf diesem Befund beruht eine Methode zur Bestimmung der Molekulargewichtsverteilung. Weiter sollte man erwarten, daß bei der Bestrahlung von Polymeren, die aus verschiedenen Phasen aufgebaut sind, wie z. B. von Cellulose, die Änderung von $1/M_v'$ mit der Dosis zwei Bereiche zeigt, wenn die beiden Phasen verschiedene Empfindlichkeit gegen Strahlungsabbau aufweisen.

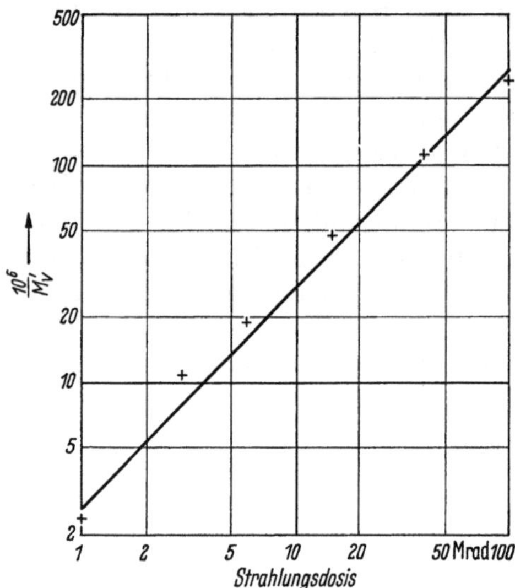

Abb. 13. Abbau von Polyisobutylen durch Elektronenbestrahlung bei 20 °C. Reziprokes Molekulargewicht als Funktion der Strahlungsdosis

Zur Zeit liegen keine Anzeichen dafür vor, daß der Abbau von Polymeren durch Bestrahlung wirtschaftliche Bedeutung erlangen könnte. Er besitzt aber wissenschaftliches Interesse, weil man mit ihm Polymere mit einer bestimmten Molekulargewichtsverteilung herstellen kann. Dies ist von großem Nutzen für die Untersuchung der Auswirkung des Molekulargewichtes auf die Eigenschaften der Polymeren. Daneben besteht eine ausgeprägte Analogie zwischen dem Abbauprozeß und den Schäden, die durch Strahlung in biologischen Geweben hervorgerufen werden. Die Untersuchungen an Polymeren können bei der Deutung der Strahlungseffekte in biologischen Molekülen wertvolle Beiträge leisten.

Eine Anwendungsmöglichkeit des Strahlungsabbaues findet sich, wie bereits erwähnt, bei der Herstellung von Blockcopolymeren. Bestrahlt man Polymethacrylsäuremethylester in Gegenwart eines Monomeren, so wird die Polymerisation des Monomeren durch die Bildung aktiver Endgruppen ausgelöst [61, 62]. Durch ähnliche Methoden können Copolymere von Cellulose und synthetischen Fasern erzeugt werden.

6.5.6 Bestrahlung in Lösung [87, 208—222].

Bei der Bestrahlung von Polymeren in Lösung treten interessante neue Effekte auf. Die primäre Ionisation oder Anregung kann dabei entweder in den Makromolekülen oder im Lösungsmittel entstehen. Der erste Fall wird als direkter Effekt, der zweite als indirekter Effekt bezeichnet. Der indirekte Effekt kann den Ablauf der Reaktion stark verändern. Eine weitere Eigentümlichkeit des Systems ist die erhöhte Beweglichkeit der Makromoleküle. Auch von hier kann man eine Beeinflussung der Reaktion erwarten.

Trotz des großen wissenschaftlichen Interesses wurde auf diesem Gebiet noch wenig gearbeitet, und ein erheblicher Teil unserer gegenwärtigen Kenntnisse rührt von bestrahlten biologischen Systemen her, bei denen es schwieriger ist, die grundlegenden Reaktionen quantitativ zu beschreiben. Die meisten der veröffentlichten Arbeiten über die Bestrahlung von Lösungen Polymerer beschäftigen sich mit wäßrigen Lösungen. Dabei war man bestrebt, die Zunahme des Molekular-

gewichtes oder die Gelbildung als Maß für die Wirksamkeit der Strahlung heranzuziehen.

Bei sehr kleinen Polymerkonzentrationen genügen relativ niedere Dosen, um
ausgeprägte Änderungen der physikalischen Eigenschaften, wie z. B. der Grenzviskosität, hervorzurufen.

Tab. 1 zeigt, daß die für eine bestimmte Änderung notwendige Dosis um so
kleiner wird, je geringer die Konzentration ist. Bei diesen niederen Konzentrationen wird die Strahlungsenergie vorwiegend im Lösungsmittel absorbiert,

Tabelle 1. *Abbau von Polymethacrylsäure durch Röntgenstrahlen*

Konzentration %	Ionisationsgrad	Strahlungsdosis (Röntgen)	Abnahme der Viskosität %
0,025	0,6	1000	67
0,05	0,6	2000	62
0,1	0,6	4000	64

wobei in diesem aktive Partner, gewöhnlich Radikale, gebildet werden. Sie können
anschließend mit dem Polymeren reagieren und es modifizieren. Je kleiner die
Polymerkonzentration ist, um so größer wird die Zahl der Lösungsmittelradikale
pro Makromolekül sein.

Ein sehr interessanter Effekt tritt bei hohen Polymerkonzentrationen auf
(Abb. 14). Bei großen Konzentrationen, z. B. 50% Polymeres, verursacht die
Bestrahlung eine Vernetzung der Makromoleküle unter Bildung eines Gels. Dieses
ist im Lösungsmittel (Wasser) gequollen und bildet eine gallert-
artige Struktur, die den Behälter ausfüllt. In dem Maße, wie man
die Dosis über den Wert hinaus steigert, der zur Gelbildung nötig
ist, wächst die Vernetzungsdichte. Das Gel schrumpft, bis es im
Gleichgewicht mit der Quellung nicht länger das ganze Volumen
des Behälters ausfüllen kann. Es löst sich von den Wänden, behält
aber noch die allgemeine Form des Behälters bei. Das über-
schüssige Wasser, welches das dichtere Netzwerk nicht mehr
aufnehmen kann, wird dann her- ausgetrieben. Das Gel schwimmt

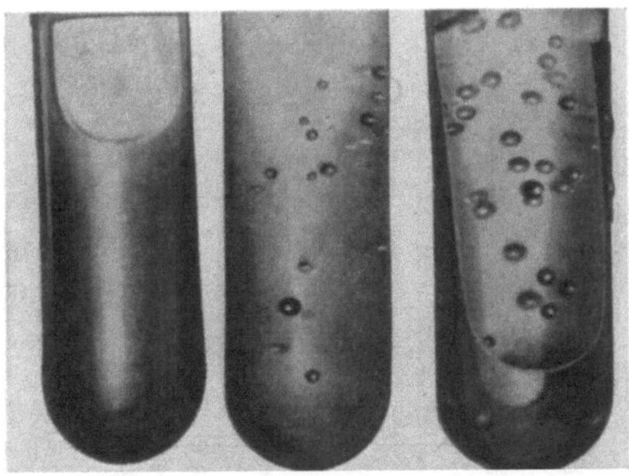

Abb. 14. Veränderung einer hochkonzentrierten Polymeren-
lösung durch Bestrahlung

Links: Ausgangszustand; Mitte: stark vernetztes, in Wasser
gequollenes Gel; rechts: Gel ist bei starker Bestrahlung
unter Wasseraustreibung geschrumpft

zuletzt frei im Wasser. Ergebnisse von unveröffentlichten Messungen des
Quellungsverhältnisses in Abhängigkeit von der Strahlungsdosis zeigen ein
anderes Verhalten, als es durch die Formel in 6.5.4a vorausgesagt wird.
Weitere Experimente sind für die Klärung der Netzwerkbildung unter diesen
neuen Bedingungen von großem Interesse.

Eine weitere interessante Frage ist die Abhängigkeit der zur Gelbildung benötigten Dosis r_g von der Polymerkonzentration. Gelbildung tritt zum erstenmal auf, wenn im Mittel eine vernetzte Einheit pro Molekül vom mittleren Molekulargewicht M_w gebildet ist. In 1 g Lösung beträgt die Zahl der im Lösungsmittel gebildeten und für eine Vernetzung wirksamen Radikale

$$0{,}625 \cdot 10^{18} G_a (1-c) r_g.$$

Hierbei bedeuten G_a die Zahl der im Wasser pro 100 eV absorbierter Energie gebildeten, für die Vernetzung wirksamen Radikale und c die Polymerkonzentration. r_g wird in Mrad gemessen. Die Zahl der im Polymeren für die Vernetzung gebildeten Radikale ist

$$0{,}625 \cdot 10^{18} G_p\, c\, r_g.$$

Wenn das Molekulargewicht w beträgt, so sind $6{,}02 \cdot 10^{23} c/w$ Monomereneinheiten pro Gramm vorhanden. Das Verhältnis der insgesamt für die Vernetzung wirksamen Radikale zur Zahl der Monomereneinheiten ergibt die Vernetzungsdichte q. Sie beträgt in diesem Falle

$$q = \frac{0{,}625 \cdot 10^{18} r_g [G_p c + G_a(1-c)]}{6{,}02 \cdot 10^{23} c/w} = 1{,}04 \cdot 10^{-6} w [G_p + G_a(1-c)/c] r_g.$$

Wenn also die Polymerkonzentration c abnimmt, kann die Vernetzungsdichte q rapid ansteigen.

Für die Gelbildung benötigt man eine vernetzte Einheit pro Molekül vom mittleren Molekulargewicht M_w, das deshalb M_w/w Einheiten enthält. Dann ist $q M_w/w = 1$ und

$$1 = \frac{q M_w}{w} = M_w \cdot 1{,}04 \cdot 10^{-6} [G_p + G_a(1-c)/c] r_g$$

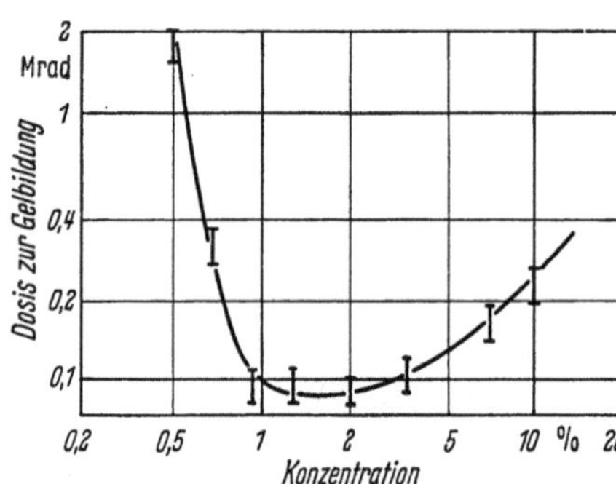

Abb. 15. Die zur Gelbildung benötigte Strahlungsdosis für Polyvinylpyrrollidon in Wasser in Abhängigkeit von der Konzentration

oder

$$r_g = \frac{0{,}96 \cdot 10^6}{M_w} \cdot \frac{1}{G_p + G_a(1-c)/c}.$$

Wenn c sehr viel kleiner als 1 ist und G_p etwa gleich G_a, wird

$$r_g \approx 10^6 c/M_w G_a.$$

Die Dosis, die man zur Gelbildung benötigt, sollte deshalb stetig abnehmen, wenn die Polymerkonzentration vermindert wird. Dieses Verhalten wurde bei mehreren wasserlöslichen Polymeren, die durch Strahlen vernetzen, beobachtet.

Unterhalb einer Konzentration von 0,5% nimmt die zur Gelbildung benötigte Dosis aber plötzlich sehr stark zu. Unterhalb von 0,3% ist es dann überhaupt nicht mehr möglich, ein Netzwerk zu bilden. Dieses Verhalten wird durch Abb. 15 erläutert [208].

Für das Verhalten unterhalb einer Konzentration von 0,5% gibt es verschiedene Deutungen. Eine Theorie nimmt an, daß Polymere je nach ihrer Umgebung entweder vernetzen oder abbauen können. Es ist aber schwer, diese Annahme mit anderen Effekten in Einklang zu bringen. Auf jeden Fall tritt die Änderung zu plötzlich auf, um sie einem grundlegenden Wandel dieser Art zuordnen zu können. Eine zweite, wahrscheinlichere Erklärung besteht darin, daß sich Vernetzungen entweder zwischen Einheiten des gleichen Moleküls oder benachbarter Makromoleküle bilden können. Dies hängt von der relativen Konzentration der zur Vernetzung fähigen Monomereneinheiten ab. So können sowohl innermolekulare als auch zwischenmolekulare Bindungen gebildet werden, wobei die Relativzahlen von der Konformation des gelösten Makromoleküls abhängen. Jede innermolekulare Bindung vernetzt das Makromolekül dichter, und auf diese Weise nimmt die Wahrscheinlichkeit für eine weitere zwischenmolekulare Vernetzung und die Gelbildung ab.

Die statistische Behandlung dieses Prozesses wurde bis jetzt noch nicht veröffentlicht. Wenn aber diese Erklärung richtig ist, sollte sie eine einfache Methode zur Bestimmung der Abmessungen von Makromolekülen in Lösung liefern. Diese experimentellen Ergebnisse, die vorläufigen Charakter haben, sind auch für die Strahlenbiologie wichtig, da sie zeigen, daß die Wirkung der Strahlen auf Makromoleküle stark von geringen Änderungen der Konzentration und voraussichtlich auch vom p_H-Wert der Lösung abhängt.

6.5.7 Einfluß der Bestrahlungsbedingungen.

Beim Arbeiten mit bestrahlten Hochpolymeren ergeben sich in mancher Beziehung interessante Analogien zu strahlenbiologischen Untersuchungen. Dies ist deshalb so wichtig, weil hierdurch gezeigt werden kann, ob die bisher noch ungeklärten Phänomene einen echten biologischen Charakter haben oder auf rein chemischen Veränderungen beruhen. Im letzten Falle bringt die Untersuchung von Makromolekülen Vorteile, weil hier quantitative Berechnungen weit einfacher sind und die verschiedenen Parameter besser geändert werden können. Zwei solche Analogien stellen Temperatureffekt und Sauerstoffeinfluß dar. Eine dritte Analogie wird im Falle von Beimischungen, die in der Lage sind, in kleiner Konzentration die Bestrahlungseffekte stark zu reduzieren, beobachtet.

a) **Temperatur** [*81, 84, 97, 105, 126, 175*]. Die Temperatur während der Bestrahlung ist von großer Bedeutung. So kann in einer bestrahlten Probe eine Erhöhung der Temperatur um beispielsweise 50 °C eine Verdopplung der Reaktionsgeschwindigkeit bewirken, wobei die kinetische Energie pro Freiheitsgrad nur um Bruchteile eines Elektronenvolts gesteigert wird. Berücksichtigt man allein das Verhältnis dieser Energiezunahme zu der pro Bildung eines Ionenpaares absorbierten Energie von etwa 30 eV, so hätte man eher erwartet, daß die Reaktion weitgehend unabhängig von der Temperatur der Probe abläuft. Diese Betrachtung trifft aber nur für den Primärschritt der Reaktion, nämlich die Anregung oder Ablösung eines Bindungselektrons, zu. Dagegen benötigen die Folgereaktionen bestimmte Aktivierungsenergien, die zugeführt oder aus der Umgebung entnommen werden müssen. Bei höheren Temperaturen stehen die erforderlichen Energien häufiger zur Verfügung, was eine Temperaturabhängigkeit der Reaktionsgeschwindigkeit durchaus verständlich macht. Dies gilt auch für Polymere im festen Zustand, bei denen mit wachsender Temperatur bestimmte Bewegungsmöglichkeiten der Kette angeregt werden, so daß durch Stoß übertragbare Energie für die Reaktion zur Verfügung steht. Eine genauere Untersuchung der Temperatureffekte sollte deshalb Angaben über die Aktivierungsenergie und Einblick in den Reaktionsmechanismus vermitteln.

b) Sauerstoff [*81, 95, 102, 119, 125, 163, 166, 170, 179, 187, 187a, 195, 196, 226, 227*]. Auch die Gegenwart von Sauerstoff spielt eine wichtige Rolle bei strahlungsinduzierten Reaktionen in organischen hochpolymeren Verbindungen und biologischen Systemen. In biologischen Systemen erhöht der Sauerstoff im allgemeinen die Strahlungsempfindlichkeit; durch eine Verminderung des Sauerstoffgehaltes wird daher die Dosis, die zur Abtötung eines derartigen Systems notwendig ist, heraufgesetzt, d. h. die Strahlungsresistenz vergrößert. Auch viele Polymere zeigen eine erhöhte Abbauempfindlichkeit bei Bestrahlung in Gegenwart von Sauerstoff; in anderen werden dagegen Peroxydbrücken gebildet. Eine Störung der Grundreaktionen durch den Sauerstoff kann in verschiedener Weise eintreten:

1. Der Sauerstoff reagiert mit einem Teil der Radikale, die bei der Bestrahlung gebildet werden, wodurch die Zahl der für andere Reaktionen verfügbaren Radikale vermindert wird.

2. Der Sauerstoff löst Kettenabbaureaktionen in ähnlicher Weise aus, wie man sie bei thermischen Oxydationsprozessen beobachtet.

3. Der Sauerstoff fängt auf Grund seiner Elektronenaffinität während der Ionisation freigesetzte Elektronen ein; hierbei entstehen reaktionsfähige, negativ geladene Moleküle.

Durch den Einfluß des Sauerstoffes können neben den chemischen Hauptreaktionen Nebenreaktionen ausgelöst werden, die infolge sekundärer Umstände, wie z. B. des Sauerstoffgehaltes oder der Gasdurchlässigkeit der zu untersuchenden Proben, häufig von der Dosisleistung abhängen. Solche Nebeneffekte spielen bei Quellen, die eine hohe Dosisleistung liefern, eine geringere Rolle.

c) Schutzmittel [*81, 175, 177, 208* bis *210, 223* bis *232*]. Die Beimischungen oder Schutzmittel wirken häufig als Radikalfallen, wobei die strahleninduzierten Reaktionen nicht aufgehoben, sondern lediglich abgewandelt werden. In anderen Fällen, wie z. B. in aromatischen Stoffen, ergibt sich ein echter Strahlenschutz. Hier werden dann wenige oder keine dauernden chemischen Änderungen festgestellt.

Schutzmittel sind z. B. Thioharnstoff, Anilin und Benzochinon. Die Wirkung von Benzochinon zeigt Abb. 16.

Folgende Mechanismen müssen bei derartigen Prozessen in Betracht gezogen werden:

1. Stabilisierung des Primärschrittes, wobei ein ionisiertes

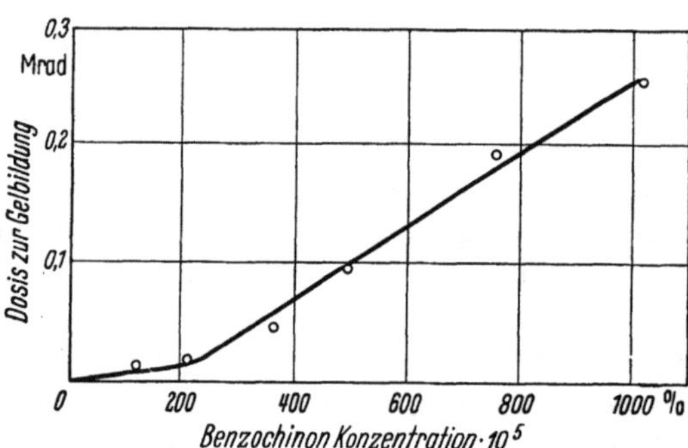

Abb. 16. Die zur Gelbildung benötigte Strahlungsdosis für ungesättigte Polyester in Abhängigkeit von der Konzentration des als Schutzmittel zugesetzten Benzochinon

Molekül eingefroren wird und kein chemischer Abbau stattfindet. Das Molekül kehrt eventuell in seinen Ausgangszustand zurück.

2. Ausheilprozesse, bei denen beispielsweise zwei Bruchstücke eines abgebauten polymeren Moleküls wieder rekombinieren; dabei tritt keine wesentliche Änderung im mittleren Molekulargewicht auf.

$$P \rightarrow P_1 + P_2$$
$$P_1 + P_2 + A \rightarrow P_1 - A - P_2 \qquad \text{(A ist eine Beimischung)}.$$

3. Alternativreaktionen, bei welchen z. B. die Vernetzung zweier Makroradikale durch die Reaktion mit der Beimischung A unterbunden wird.

Beim Fehlen von A:

<pre>
        ——M——   ——M——
          · |
          ·   ——→
        ——M——   ——M——
</pre>

In Gegenwart von A:

<pre>
        ——M—— + A   ——→   ——M——
          ·   A

          ·   A
        ——M—— + A   ——→   ——M——
</pre>

In diesem Falle stellt das Vorhandensein von A einen Schutz gegenüber Vernetzung dar. An Stelle der Vernetzung finden aber andere Änderungen statt.

4. Schutz unter Zersetzung der Beimischung. Hierbei wird die von einem Makromolekül aufgenommene Energie auf das Schutzmittel übertragen. Das Makromolekül bleibt unbeeinflußt, während die Beimischung zerstört wird. Die Schutzwirkung erstreckt sich dann nur bis zu der Dosis, bei welcher sich die Beimischung vollständig zersetzt hat.

5. Äußere Schutzwirkung, wie sie z. B. in Lösungen auftritt. Hier reagieren die Beimischungen mit den im Lösungsmittel gebildeten Radikalen und verhindern ihre Reaktion mit dem gelösten Polymeren.

Man kann erwarten, daß eine sorgfältige Untersuchung solcher Systeme sehr nützliche Informationen über die Mechanismen strahleninduzierter Reaktionen liefert, die auch für andere Gebiete, wie die Strahlenbiologie und die Festkörperphysik, von Bedeutung sind. Bis jetzt wurden aber nur wenige Untersuchungen veröffentlicht. Es ist zu hoffen, daß diesem neuen und sehr wichtigen Gebiet in Zukunft mehr wissenschaftliches Interesse entgegengebracht wird.

6.5.8 Anwendungen

Die Bestrahlung von Polymeren ist noch ein junges Arbeitsgebiet, das aber in zunehmendem Maße Bedeutung für die Grundlagenforschung erlangt. Da Reaktionen unter vielfältigen, genau kontrollierbaren Bedingungen durchgeführt werden können, eröffnet die Strahlenchemie die Möglichkeit, chemische Reaktionen unter Bedingungen zu studieren, die in anderer Weise schwer zu realisieren sind. Die Untersuchung solcher Vorgänge sollte Auskunft über die Natur chemischer Reaktionen, über die Wechselwirkung von Strahlung mit Materie und über die Stabilität von Radikalen und Ionen liefern. Gleichzeitig stellt die Bestrahlung von Polymeren eine neue Methode zur Untersuchung grundlegender Probleme der Strahlenbiologie dar.

Möglicherweise ist die industrielle Anwendung energiereicher Strahlung ein noch interessanterer Aspekt dieser Arbeiten. So ist die Anwendung energiereicher Strahlung bei der Pfropfung von Polymeren vielversprechend. Sie ergibt Verbesserungen im Temperaturverhalten und erhöhte Widerstandsfähigkeit gegen Lösungsmittel oder mechanische Beanspruchung. Durch die Oberflächenpfropfung lassen sich die Adhäsion von Formkörpern und die textilen Eigenschaften von Fasern verbessern. Auch die Strahlungsvernetzung von Polymeren findet in hohem Maße Interesse, da durch sie neue Kautschuktypen, reinere Materialien für elektrische Zwecke und höhere Temperaturbeständigkeit erreicht werden können. Bevor die Anwendung energiereicher Strahlung in größerem Stil auf kommerzieller Basis möglich ist, sind jedoch noch ausgedehnte Untersuchungen, insbesondere der Grundlagen strahlenchemischer Reaktionen, notwendig. Der hier gegebene Überblick zeigt, daß sehr viele Teilgebiete von den Untersuchungen bis jetzt kaum berührt wurden. Ihre fruchtbare Bearbeitung setzt eine intensive Zusammenarbeit von Physikern, Chemikern und Biologen voraus.

Literatur

Sehr frühe Arbeiten

[1] LIND, S. C.: The Chemical Effects of Alpha-Particles and Electrons. New York: The Chemical Catalogue Co. 1928.

[2] MUND, W.: L'Action Chimique des Rayons Alpha en Phase Gazeuse. Paris: Hermann 1935.

[3] COOLIDGE, W. D.: Science 62 (1925) S. 441.

Zusammenfassende Berichte

[4] BOVEY, F. A.: The Effects of Ionizing Radiation on Natural and Synthetic High Polymers. New York: Interscience Publ. 1958.

[5] CHAPIRO, A., u. M. MAGAT: Polymérisations Amorcées par les Radiations Ionisantes, in: M. HAISSINSKY: Actions Chimiques et Biologiques des Radiations, Bd. 3, S. 63. Paris: Masson 1958.

[6] CHARLESBY, A.: Effets des Rayonnements de Grande Énergie sur les Polymères, in: M. HAISSINSKY: Actions Chimiques et Biologiques des Radiations, Bd. 3, S. 141. Paris: Masson 1958.

[7] CHARLESBY, A., in: J. HARWOOD, H. H. HAUSNER, J. G. MORSE u. W. G. RAUCH: Effects of Radiation on Materials. New York: Reinhold Publ. 1958.

[8] CHARLESBY, A.: Atomic Radiation and Polymers. London: Pergamon Press 1960.

[9] SWALLOW, A. J.: Radiation Chemistry of Organic Compounds. London: Pergamon Press 1960.

Polymerisation

[10] ADLER, G., D. S. BALLANTINE u. B. BAYSAL: J. Polymer Sci. 48 (1960) S. 195.

[11] BALLANTINE, D. S.: BNL 294 (1954) — Mod. Plastics 32 (1954) H. 3, S. 131.

[12] BALLANTINE, D. S., P. COLOMBO, A. GLINES u. B. MANOWITZ: BNL 229 (1953) — Chem. Engng. Progress Symp. Ser. 50 (1954) H. 11, S. 267.

[13] BALLANTINE, D. S., u. B. MANOWITZ: BNL 317 (1954).

[14] BENSASSON, R., u. R. MARX: J. Polymer Sci. 48 (1960) S. 53.

[15] BERNAS, A., u. M. BODARD: J. Polymer Sci. 48 (1960) S. 167.

[16] BOUBY, L., A. CHAPIRO, M. MAGAT, E. MIGIRDICYAN, A. PRÉVOT-BERNAS, L. REINISCH u. J. SÉBBAN: Proc. Internat. Conf. Peaceful Uses Atomic Energy, Genève 1955, Bd. 7, S. 526.

[17] BROWN, H. C., u. H. L. GEWANTER: J. org. Chem. 25 (1960) S. 2071.

[18] CHACHATY, C.: C. R. Acad. Sci., Paris 251 (1960) S. 385.

[19] CHACHATY, C., M. MAGAT u. L. TER MINASSIAN: J. Polymer Sci. 48 (1960) S. 139.

[20] CHAPIRO, A.: C. R. Acad. Sci., Paris 228 (1949) S. 1490; 229 (1949) S. 827 — J. Chim. physique 47 (1950) S. 747 u. 764; 53 (1956) S. 512.

[21] CHAPIRO, A.: Rad. Res. 6 (1957) S. 11.
[22] CHAPIRO, A., P. CORDIER, V. K. HAYASHI, I. MITA u. J. SEBBAN-DANON: J. Chim. physique 56 (1959) S. 447.
[23] CHAPIRO, A., u. N. MAEDA: J. Chim. physique 56 (1959) S. 230.
[24] CHAPIRO, A., M. MAGAT, A. PRÉVOT-BERNAS u. J. SEBBAN: J. Chim. physique 52 (1955) S. 689.
[25] CHAPIRO, A., M. MAGAT, J. SEBBAN u. P. WAHL: Symp. Internat. Chem. Macromol., Milano-Torino 1954, Suppl. Ricerca Sci. 25 (1955) S. 73.
[26] CHAPIRO, A., u. E. MIGIRDICYAN: J. Chim. physique 52 (1955) S. 439.
[27] CHAPIRO, A., u. V. STANNETT: J. Chim. physique 57 (1960) S. 57.
[28] CHAPIRO, A., u. P. WAHL: C. R. Acad. Sci., Paris 238 (1954) S. 1803.
[29] CHEN, C. S. H., N. COLTHUP, W. DEICHERT u. R. L. WEBB: J. Polymer Sci. 45 (1960) S. 247.
[30] DAINTON, F. S.: J. Chim. physique 48 (1951) S. 182.
[31] DAVISON, W. H. T., S. H. PINNER u. R. WORRALL: Chem. and Ind. (1957) S. 1274.
[32] FADNER, T. A., u. H. MORAWETZ: J. Polymer Sci. 45 (1960) S. 475.
[33] HEISIG, G. B.: J. Amer. chem. Soc. 54 (1932) S. 2328 — J. phys. Chem. 39 (1935) S. 1067; 43 (1939) S. 1207.
[34] HENGLEIN, A., u. R. SCHULZ: Z. Naturforschung 9b (1954) S. 617.
[35] HOPWOOD, F. L., u. J. T. PHILLIPS: Proc. phys. Soc. 50 (1938) S. 438.
[36] MEDVEDEV, S. S.: J. Chim. physique 52 (1955) S. 677.
[37] RESTAINO, A. J., R. B. MESROBIAN, D. S. BALLANTINE u. G. J. DIENES: Symp. Internat. Chem. Macromol., Milano-Torino 1954, Suppl. Ricerca Sci. 25 (1955) S. 178.
[38] RESTAINO, A. J., R. B. MESROBIAN, H. MORAWETZ, D. S. BALLANTINE, G. J. DIENES u. D. J. METZ: J. Amer. chem. Soc. 78 (1956) S. 2939.
[39] REXER, E.: Reichsber. Phys. (Beihefte Phys. Z.) 1 (1944) S. 111.
[40] SCHINDLER, A., u. J. W. BREITENBACH: Symp. Internat. Chem. Macromol., Milano-Torino 1954, Suppl. Ricerca sci. 25 (1955) S. 34.
[41] SCHULZ, R., A. HENGLEIN, H. E. v. STEINWEHR u. H. U. BAMBAUER: Angew. Chem. 67 (1955) S. 232.
[42] SCHULZ, R., G. RENNER, A. HENGLEIN u. W. KERN: Makromolekulare Chem. 12 (1954) S. 20.
[43] VANDERHOFF, J. W., E. B. BRADFORD, H. L. TARKOWSKI u. B. W. WILKINSON: J. Polymer Sci. 50 (1961) S. 265.
[44] WORRAL, R., u. A. CHARLESBY: Int. J. appl. Rad. Isotopes 4 (1958) S. 84. [48, 50].

Propf- und Blockcopolymere

[45] ANDERSON, L. C., D. A. ROPER u. J. K. RIEKE: J. Polymer Sci. 43 (1960) S. 423.
[46] AZIMOV, S. A., CH. U. USMANOV, N. V. KORDUB u. S. D. SLEPAKOVA: Makromol. Verb., Moskau 2 (1960) S. 1459.
[47] BALLANTINE, D. S.: Mod. Plastics 35 (1957) H. 1., S. 171.
[48] BALLANTINE, D. S., P..COLOMBO, A. GLINES, B. MANOWITZ u. D. J. METZ: BNL 414 (1956).
[49] BALLANTINE, D., A. GLINES, G. ADLER u. D. J. METZ: J. Polymer Sci. 34 (1959) S. 419.
[50] BALLANTINE, D. S., A. GLINES, D. J. METZ, J. BEHR, R. B. MESROBIAN u. A. J. RESTAINO: J. Polymer Sci. 19 (1956) S. 219.
[51] BALLANTINE, D., D. J. METZ, J. GARD u. G. ADLER: J. appl. Polymer Sci. 1 (1959) S. 371.
[52] CHAPIRO, A.: J. Polymer Sci. 23 (1957) S. 377.
[53] CHAPIRO, A.: J. Polymer Sci. 29 (1958) S. 321; 34 (1959) S. 439; 48 (1960) S. 109.
[54] CHAPIRO, A.: J. Polymer Sci. 34 (1959) S. 481.
[55] CHAPIRO, A., E. GOETHALS u. A. JENDRICHOWSKA-BONAMOUR: J. Chim. physique 57 (1960) S. 787.
[56] CHARLESBY, A., u. S. H. PINNER: Ind. des Plastiques modernes 9 (1957) H. 9, S. 30; H. 10, S. 43.
[57] CHEN, W. K. W., R. B. MESROBIAN, D. S. BALLANTINE, D. J. METZ u. A. GLINES: J. Polymer Sci. 23 (1957) S. 903.

[58] COCKBAIN, E. G., T. D. PENDLE u. D. T. TURNER: J. Polymer Sci. 39 (1959) S. 419.

[59] COOPER, W., u. G. VAUGHAN: J. Polymer Sci. 37 (1959) S. 241.

[60] DALTON, F. L., u. R. ROBERTS: Polymer 1 (1960) S. 104.

[61] HARDY, R., u. P. E. M. ALLEN: Makromolekulare Chem. 42 (1960) S. 33.

[62] HAYDEN, P., u. R. ROBERTS: Int. J. appl. Rad. Isotopes 5 (1959) S. 269; 7 (1960) S. 317.

[63] HENGLEIN, A., u. W. SCHNABEL: Naturwiss. 44 (1957) S. 376 — Makromolekulare Chem. 25 (1958) S. 119.

[64] HENGLEIN, A., W. SCHNABEL u. K. HEINE: Angew. Chem. 70 (1958) S. 461.

[65] HOFFMANN, A. S., E. R. GILLILAND, E. W. MERRILL u. W. H. STOCKMAYER: J. Polymer Sci. 34 (1959) S. 461.

[66] HUMMEL, D., u. C. SCHNEIDER: Kunststoffe 50 (1960) S. 427.

[67] JONES, T. T.: Brit. Plastics 33 (1960) S. 525.

[68] KOBAYASHI, Y.: J. Polymer Sci. 51 (1961) S. 359.

[69] MYERS, A. W., C. E. ROGERS, V. STANNETT, M. SZWARC, G. S. PATTERSON, jr., A. S. HOFFMAN u. E. W. MERRILL: J. appl. Polymer Sci. 4 (1960) S. 159.

[70] ODIAN, G. G., A. ROSSI u. E. N. TRACHTENBERG: J. Polymer Sci. 42 (1960) S. 575.

[71] RESTAINO, A. J., u. W. N. REED: J. Polymer Sci. 36 (1959) S. 499.

[72] SEBBAN-DANON, J.: J. Chim. physique 58 (1961) S. 246 u. 263.

[73] SHINOHARA, Y.: J. appl. Polymer Sci. 1 (1959) S. 251.

[74] SHINOHARA, Y., u. K. TOMIOKA: J. Polymer Sci. 44 (1960) S. 195.

[75] ZIMMERMANN, J.: J. Polymer Sci. 49 (1961) S. 247.
[16, 37].

Polyester

[76] BALLANTINE, D. S., u. B. MANOWITZ: BNL 389 (1956).

[77] CALLINAN, T. D.: ONR Symposium ACR–2 (1954) S. 24 — Electr. Engng. 74 (1955) S. 510.

[78] CHARLESBY, A.: Proc. roy. Soc. A 241 (1957) S. 495.

[79] CHARLESBY, A., u. E. FUKADA in: P. MASON u. N. WOOKEY: The Rheology of Elastomers, S. 150. London: Pergamon Press 1958.

[80] CHARLESBY, A., u. V. WYCHERLEY: Int. J. appl. Rad. Isotopes 2 (1957) S. 26.

[81] CHARLESBY, A., V. WYCHERLEY u. T. T. GREENWOOD: Proc. roy. Soc. A 244 (1958) S. 54.

[82] COLICHMAN, E. L., u. J. M. SCARBOROUGH: J. appl. Chem. 8 (1958) S. 219.

[83] MARGOLIN, E. D., u. T. D. PHILLIPS: J. appl. Polymer Sci. 2 (1959) S. 368.
[205].

Theoretische Arbeiten über Vernetzung und Abbau

[84] CHAPIRO, A.: J. Chim. physique 53 (1956) S. 306.

[85] CHARLESBY, A.: J. Polymer Sci. 11 (1953) S. 513 — Proc. roy. Soc. A 222 (1954) S. 542; A 224 (1954) S. 120; A 231 (1955) S. 521.

[86] CHARLESBY, A., u. S. H. PINNER: Proc. roy. Soc. A 249 (1959) S. 367.

[87] DURUP, J.: J. Chim. physique 51 (1954) S. 64; 54 (1957) S. 739; 56 (1959) S. 873.

[88] FLORY, P. J.: Principles of Polymer Chemistry. Ithaca, N. Y.: Cornell Univ. Press 1953.

[89] KOTLIAR, A. M., u. A. D. ANDERSON: J. Polymer Sci. 45 (1960) S. 541.

[89a] KUHN, W.: Kolloid-Z. 76 (1936) S. 258; 87 (1939) S. 3.

[90] MILLER, A. A.: J. Polymer Sci. 42 (1960) S. 441.

[91] SIMHA, R.: J. appl. Phys. 12 (1941) S. 569.

[92] STOCKMAYER, W. H.: J. chem. Phys. 12 (1944) S. 125.

[93] TODD, A.: J. Polymer Sci. 42 (1960) S. 223.

[94] WATSON, W. F.: Trans. Faraday Soc. 49 (1953) S. 1369.
[78]

Polyäthylene

[95] ALEXANDER, P., u. D. TOMS: J. Polymer Sci. 22 (1956) S. 343.

[96] BALLANTINE, D. S., G. J. DIENES, B. MANOWITZ, P. ANDER u. R. B. MESROBIAN: J. Polymer Sci. 13 (1954) S. 410.

[97] BLACK, R. M.: Nature 178 (1956) S. 305 — J. appl. Chem. 8 (1958) S. 159.

[98] BLACK, R. M., u. A. CHARLESBY: Int. J. appl. Rad. Isotopes 7 (1959) S. 126 u. 134.

[99] BASKETT, A. C., u. C. W. MILLER: Nature 174 (1954) S. 364.

[100] Busse, W. F., u. G. H. Bowers: J. Polymer Sci. 31 (1958) S. 252.
[101] Butta, E., u. A. Charlesby: J. Polymer Sci. 33 (1958) S. 119.
[102] Chapiro, A.: J. Chim. physique 52 (1955) S. 246.
[103] Charlesby, A.: Proc. roy. Soc. A 215 (1952) S. 187; A 222 (1954) S. 60.
[104] Charlesby, A., u. L. Callaghan: J. Phys. Chem. Solids 4 (1958) S. 227 u. 306.
[105] Charlesby, A., u. W. H. T. Davison: Chem. and Ind. (1957) S. 232.
[106] Charlesby, A., u. N. H. Hancock: Proc. roy. Soc. A 218 (1953) S. 245.
[107] Charlesby, A., u. M. Ross: Proc. roy. Soc. A 217 (1953) S. 122.
[108] Deeley, C. W., D. E. Kline, J. A. Sauer u. A. E. Woodward: J. Polymer Sci. 28 (1958) S. 109.
[109] Dole, M., u. W. H. Howard: J. phys. Chem. 61 (1957) S. 137.
[110] Dole, M., C. D. Keeling u. D. G. Rose: J. Amer. chem. Soc. 76 (1954) S. 4304.
[111] Dole, M., T. J. Stolki u. T. F. Williams: J. Polymer Sci. 48 (1960) S. 61.
[112] Dole, M., u. T. F. Williams: Discuss. Faraday Soc. 27 (1959) S. 74.
[113] Fukada, E., R. W. B. Stephens u. A. Charlesby: J. Phys. Chem. Solids 16 (1960) S. 53.
[114] Harlen, F., W. Simpson, F. B. Waddington, J. D. Waldron u. A. C. Baskett: J. Polymer Sci. 18 (1955) S. 589.
[115] Harper, B. G.: J. appl. Polymer Sci. 2 (1959) S. 363.
[116] Lawton, E. J., J. S. Balwit u. A. M. Bueche: Industr. Engng. Chem. 46 (1954) S. 1703.
[117] Lawton, E. J., J. S. Balwit u. R. S. Powell: J. Polymer Sci. 32 (1958) S. 257.
[118] Lawton, E. J., J. S. Balwit u. R. S. Powell: J. chem. Phys. 33 (1960) S. 395 u. 405.
[118a] Lawton, E. J., R. S. Powell u. J. S. Balwit: J. Polymer Sci. 32 (1958) S. 277.
[119] Matsuo, H., u. M. Dole: J. phys. Chem. 63 (1959) S. 837.
[120] Merrill, L. J., J. A. Sauer u. A. E. Woodward: Polymer 1 (1960) S. 351.
[121] Miller, A. A., E. J. Lawton u. J. S. Balwit: J. phys. Chem. 60 (1956) S. 599.
[122] Okamura, S., K. Hayashi, M. Hirata u. R. Kuroda in: Large Radiation Sources in Industry, Bd. 2, S. 341. Wien: Internat. Atomic Energy Agency 1960.
[123] Price, F. P.: J. phys. Chem. 64 (1960) S. 169.
[124] Stark, K. H., u. C. G. Garton: Nature 176 (1955) S. 1225.
[125] St. Pierre, L. E., u. H. A. Dewhurst: J. chem. Phys. 29 (1958) S. 241.
[126] Williams, T. F., u. M. Dole: J. Amer. chem. Soc. 81 (1959) S. 2919.
[127] Williams, T. F., H. Matsuo u. M. Dole: J. Amer. chem. Soc. 80 (1958) S. 2595.
[128] Wilski, H., u. E. Gaube: Chem. Ing. Techn. 32 (1960) S. 611.
[16, 130, 193, 205].

Polypropylen

[129] Black, R. M., u. B. J. Lyons: Nature 180 (1957) S. 1346 — Proc. roy. Soc. A 253 (1959) S. 322.
[130] Waddington, F. B.: J. Polymer Sci. 31 (1958) S. 221.

Polystyrol

[131] Charlesby, A.: J. Polymer Sci. 11 (1953) S. 513 u. 521.
[132] Fischer, H., K.-H. Hellwege u. U. Johnsen: Kolloid-Z. 170 (1960) S. 61.
[133] Fowler, J. F., u. F. T. Farmer: Nature 174 (1954) S. 800.
[134] Shultz, A. R., P. I. Roth u. G. B. Rathmann: J. Polymer Sci. 22 (1956) S. 495.
[135] Slovochotova, N. A., Z. F. Iličeva u. V. A. Kargin: Makromol. Verb., Moskau 3 (1961) S. 191.
[136] Wall, L. A., u. D. W. Brown: J. phys. Chem. 61 (1957) S. 129.
[95, 103, 122, 193, 205, 231].

Kautschuk

[137] Charlesby, A.: Atomics 5 (1954) S. 12.
[138] Charlesby, A., J. Burrows u. T. Bain in: P. Mason u. N. Wookey: The Rheology of Elastomers, S. 122. London: Pergamon Press 1958.
[139] Davidson, W. L., u. I. G. Geib: J. appl. Phys. 19 (1948) S. 427.
[140] Dogadkin, B. A., Z. Tarasova, M. I. Kaplunov, V. L. Karpov u. N. A. Klauzen: Kolloid-J., Moskau 20 (1958) S. 260.

[141] DUNN, J. R.: Kautschuk u. Gummi 14 (1961) S. WT 114.

[142] EVANS, M. B., G. M. C. HIGGINS u. D. T. TURNER: J. appl. Polymer Sci. 2 (1959) S. 340.

[143] GEHMANN, S. D., u. I. AUERBACH: Int. J. appl. Rad. Isotopes 1 (1956) S. 102.

[144] HARMON, D. J.: Rubber Age 82 (1959) S. 251.

[145] HAYDEN, P.: Int. J. appl. Rad. Isotopes 8 (1960) S. 65.

[146] HEINZE, H. D., K. SCHMIEDER, GG. SCHNELL u. K. A. WOLF: Kautschuk u. Gummi 14 (1961) S. WT 208.

[147] KUSMINSKII, A. S., T. S. NIKITINA u. V. L. KARPOV: J. Nuclear Energy 4 (1957) S. 268.

[148] MULLINS, L., u. D. T. TURNER: Nature 183 (1959) S. 1547; 187 (1960) S. 145 — J. Polymer Sci. 43 (1960) S. 35.

[149] TURNER, D. T.: J. Polymer Sci. 27 (1958) S. 503; 35 (1959) S. 541 — Polymer 1 (1960) S. 27.
[196, 226, 227].

Silicone

[150] BARNES, W., H. A. DEWHURST, R. W. KILB u. L. E. ST. PIERRE: J. Polymer Sci. 36 (1959) S. 525.

[151] BUECHE, A. M.: J. Polymer Sci. 19 (1956) S. 297.

[152] CHARLESBY, A.: Proc. roy. Soc. A 230 (1955) S. 120.

[153] FISCHER, D. J., R. G. CHAFFEE u. E. L. WARRICK: Rubber Age 88 (1960) S. 77.

[154] KILB, R. W.: J. phys. Chem. 63 (1959) S. 1838.

[155] MILLER, A. A.: J. Amer. chem. Soc. 82 (1960) S. 3519; 83 (1961) S. 31.

[156] WARRICK, E. L.: Industr. Engng. Chem. 47 (1955) S. 2388.
[196].

Polyamide

[157] CETLIN, B. L., u. S. R. RAFIKOV: Nachr. Akad. Wiss. UdSSR, Abt. Chem. 11 (1957) S. 1411.

[158] DEELEY, C. W., A. E. WOODWARD u. J. A. SAUER: J. appl. Phys. 28 (1957) S. 1124.

[159] LITTLE, K.: Nature 173 (1954) S. 680.

[160] MAJURY, T. G., u. S. H. PINNER: J. appl. Chem. 8 (1958) S. 168.

[161] PAVLOVA, S. A., S. R. RAFIKOV u. B. L. CETLIN: Ber. Akad. Wiss. UdSSR 123 (1958) S. 127.

[162] VALENTINE, L.: J. Polymer Sci. 23 (1957) S. 297.

[163] ZIMMERMANN, J.: J. Polymer Sci. 43 (1960) S. 193; 46 (1960) S. 151.
[193, 205].

Polyvinylchlorid

[164] ATCHISON, G. J.: J. Polymer Sci. 49 (1961) S. 385.

[165] BYRNE, J., T. W. COSTIKYAN, C. B. HANFORD, D. L. JOHNSON u. W. L. MANN: Industr. Engng. Chem. 45 (1953) S. 2549.

[166] CHAPIRO, A.: J. Chim. physique 53 (1956) S. 895.

[167] GAUTRON, R., J. ROCH u. C. WIPPLER: J. Chim. physique 58 (1961) S. 159.

[168] KIESSLING, D.: Kolloid-Z. 176 (1961) S. 119.

[169] KURI, Z., H. UEDA, S. SHIDA u. K. SHINOHARA: J. Polymer Sci. 43 (1960) S. 570.

[170] LOY, B. R.: J. phys. Chem. 65 (1961) S. 58.

[171] MILLER, A. A.: Industr. Engng. Chem. 51 (1959) S. 1271.

[172] NACHTIGALL, D.: Naturwiss. 46 (1959) S. 530.

[173] PINNER, S. H.: Plastics 25 (1960) S. 35.

[174] WIPPLER, C.: Nucleonics 18 (1960) H. 8, S. 68.
[16, 193].

Polyisobutylen

[175] ALEXANDER, P., R. M. BLACK u. A. CHARLESBY: Proc. roy. Soc. A 232 (1955) S. 31.
[84, 95, 105, 139].

Polymethacrylsäuremethylester

[176] ABRAHAM, R. J., H. W. MELVILLE, D. W. OVENALL u. D. H. WHIFFEN: Trans. Faraday Soc. 54 (1958) S. 1133.

[177] ALEXANDER, P., A. CHARLESBY u. M. ROSS: Proc. roy. Soc. A 223 (1954) S. 392.

[178] BARNES, R. S.: J. Nuclear Energy 5 (1957) S. 3.

[179] BAXENDALE, J. H., u. J. K. THOMAS: Trans. Faraday Soc. 54 (1958) S. 1515.

[180] BENTLE, G. G.: Nucl. Science Engng. 7 (1960) S. 487.

[181] CHAPIRO, A.: J. Chim. physique 53 (1956) S. 295.

[182] DAY, M. J., u. G. STEIN: Nature 168 (1951) S. 644.

[183] GROSS, B.: J. Polymer Sci. 27 (1958) S. 135.

[184] HIGUCHI, J., S. SHIDA, R. KUSAKA u. T. MIYAMAE: Bull. chem. Soc., Japan 33 (1960) S. 1232.

[185] ROSS, M., u. A. CHARLESBY: Atomics 4 (1953) S. 189.

[186] SHULTZ, A. R.: J. Polymer Sci. 35 (1959) S. 369.
[95, 103, 105, 122, 134, 136, 200, 205].

Cellulose

[187] ARTHUR, J. C. jr.: Text. Res. J. 28 (1958) S. 204.

[187a] BLOUIN, F. A., u. J. C. ARTHUR, jr.: Text. Res. J. 28 (1958) S. 198 — Chem. Engng. Data 5 (1960) S. 470.

[188] CHARLESBY, A.: J. Polymer Sci. 15 (1955) S. 263.

[189] DEMINT, R. J., u. J. C. ARTHUR, jr.: Text. Res. J. 29 (1959) S. 276.

[190] GLEGG, R. E., u. Z. I. KERTESZ: Science 124 (1956) S. 893 — J. Polymer Sci. 26 (1957) S. 289 — Rad. Res. 6 (1957) S. 469.

[191] PRICE, F. P., W. D. BELLAMY u. E. J. LAWTON: J. phys. Chem. 58 (1954) S. 821.

[192] SAEMANN, J. F., M. A. MILLETT u. E. J. LAWTON: Industr. Engng. Chem. 44 (1952) S. 2848.
[181, 193, 205].

Andere Polymere

[193] ABRAHAM, R. J., u. D. H. WHIFFEN: Trans. Faraday Soc. 54 (1958) S. 1291.

[194] ALEXANDER, P., J. T. LETT, P. KOPP u. R. ITZHAKI: Rad. Res. 14 (1961) S. 363.

[195] ARD, W. B., H. SHIELDS u. W. GORDY: J. chem. Phys. 23 (1955) S. 1727.

[196] BOPP, C. D., u. O. SISMAN: ORNL 1373 (1953).

[197] CHARLESBY, A.: AERE M/R 978 (1952).

[198] GOLDEN, J. H.: J. Polymer Sci. 45 (1960) S. 534.

[199] GOLUB, M. A.: J. Amer. chem. Soc. 80 (1958) S. 1794; 81 (1959) S. 54; 82 (1960) S. 5093.

[200] GRAHAM, R. K.: J. Polymer Sci. 37 (1959) S. 441; 38 (1959) S. 209.

[201] LETT, J. T., K. A. STACEY u. P. ALEXANDER: Rad. Res. 14 (1961) S. 349.

[202] SHULTZ, A. R.: J. Polymer Sci. 47 (1960) S. 267.

[203] SHULTZ, A. R., u. F. A. BOVEY: J. Polymer Sci. 22 (1956) S. 485.

[204] SISMAN, O.: Plastics Techn. 1 (1955) S. 345.

[205] SISMAN, O., u. C. D. BOPP: ORNL 928 (1951).

[206] WALL, L. A.: Soc. Plastics Engng. J. 12 (1956) H. 3, S. 17.

[207] WORRALL, R.: AERE M/R 2159 (1957).
[122, 159, 186].

Bestrahlung in Lösung

[208] ALEXANDER, P., u. A. CHARLESBY: J. Polymer Sci. 23 (1957) S. 355.

[209] ALEXANDER, P., u. M. FOX: Nature 169 (1952) S. 572; 170 (1952) S. 1022 — J. Chim. physique 50 (1953) S. 415 — Trans. Faraday Soc. 50 (1954) S. 605.

[210] AUGENSTINE, L.: Rad. Res. 10 (1959) S. 89.

[211] BERKOWITCH, J., A. CHARLESBY u. V. DESREUX: J. Polymer Sci. 25 (1957) S. 490.

[212] BIRKS, J. B., u. K. N. KUCHELA: Discuss. Faraday Soc. 27 (1959) S. 57.

[213] CHARLESBY, A., u. P. ALEXANDER: J. Chim. physique 52 (1955) S. 699.

[214] DURUP, J.: J. Polymer Sci. 30 (1958) S. 533.

[215] FOX, M., u. P. ALEXANDER: J. Chim. physique 52 (1955) S. 710.

[216] HENGLEIN, A.: Makromolekulare Chem. 32 (1959) S. 226 — J. phys. Chem. 63 (1959) S. 1852.

[217] HENGLEIN, A., M. BOYSEN u. W. SCHNABEL: Z. phys. Chem. Neue Folge 10 (1957) S. 137.

[218] HENGLEIN, A., W. SCHNABEL u. E. HECKEL: Makromolekulare Chem. 49 (1961) S. 41.

[219] HENGLEIN, A., u. C. SCHNEIDER: Z. physik. Chem. Neue Folge 18 (1958) S. 56; 19 (1959) S. 367.

[220] Henglein, A., C. Schneider u. W. Schnabel: Z. physik. Chem. Neue Folge 12 (1957) S. 339.
[221] Schnabel, W., u. A. Henglein: Makromolekulare Chem. 44—46 (1961) S. 611.
[222] Wall, L. A., u. M. Magat: Mod. Plastics 30 (1953) H. 11, S. 111. [87].

Schutzwirkung

[223] Alexander, P., u. A. Charlesby: Nature 173 (1954) S. 578 — Proc. roy. Soc. A 230 (1955) S. 136.
[224] Alexander, P., u. D. Toms: Rad. Res. 9 (1959) S. 589.
[225] Anderson, jr., H. R.: J. appl. Polymer Sci. 3 (1960) S. 316.
[226] Bauman, R. G.: J. appl. Polymer Sci. 2 (1959) S. 328.
[227] Bauman, R. G., u. J. W. Born: J. appl. Polymer Sci. 1 (1959) S. 351.
[228] Bevington, J. C., u. A. Charlesby: Symp. Internat. Chem. Macromol., Milano-Torino 1954, Suppl. Ricerca sci. 25 (1955) S. 408.
[229] Charlesby, A., u. D. G. Lloyd: Proc. roy. Soc. A 249 (1959) S. 51.
[230] Fox, M.: C. R. Acad. Sci., Paris 237 (1953) S. 1682.
[231] In Sen-kan, A. N. Pravednikov, u. S. S. Medvedev: Ber. Akad. Wiss. UdSSR 127 (1959) S. 595.
[232] Wall, L. A., u. M. Magat: J. Chim. physique 50 (1953) S. 308. [81, 175, 177, 208, 209, 210].

Namenverzeichnis [1]

Abadie, P. 539, 549
Abe, T. 127
Abitz, W. 152, 193, 232, 282, 666
Abraham, R. J. 932, 933
Abramson, H. A. 837
Achhammer, B. G. 629, 636, 640, 884, 899
Achmedow, K. S. 83
Achwal, W. B. 91
Adam, G. 160, 167, 187
Adam, N. K. 859
Adams, C. H. 898 899
Adams, R. E. 638
Adler, G. 127, 928, 929
Aejmelaeus, K. 127, 128
Aelony, D. 790
Agar, A. W. 672, 682, 684, 699
Aggarwal, S. L. 91, 92
Aiken, W. H. 769, 790
Ainsworth, L. 461, 483
Aitken, A. 92
Akkerman, F. 733
Albers, W. 827, 837
Albertsson, P. A. 83
Alcock, T. C. 195, 232, 305, 312, 649, 667
Aleksandrowa, E. M. 828, 837
Alexander, L. E. 685
Alexander, P. 117, 631, 636, 930, 932, 933, 934
Alexander, W. J. 90
Alexandrov, A. P. 83
Alexandrowa s. Aleksandrowa
Alfrey, T. 83, 187, 254, 255, 339, 361, 439, 550, 698, 718, 752, 790, 817, 836, 837
Allemann, K. 752

Allen, P. E. M. 127, 128, 930
Allgén, L. 83
Allison, J. B. 91
Allison, S. K. 665
Al-Madfai, S. 83, 85
Almin, K. E. 752
Alpert, N. L. 705, 708
Altgeld, K. 106, 117
Amborski, L. E. 549
Ambronn, A. 580
Ambrose, E. J. 609, 622, 624, 625, 626, 627, 636, 637
Amerongen, G. J. van 753, 768, 769
Amos, J. L. 27
Ander, P. 930
Anderegg, J. W. 668
Anderson, A. D. 930
Anderson, D. E. 830, 838
Anderson, E. W. 87, 93, 709
Anderson, H. R., jr. 934
Anderson, L. C. 929
Anderson, R. J. 83
Andrade, E. N. da C. 313, 316, 329
Andrew, E. R. 708
Andrews, R. D. 83, 254, 255, 361, 366, 698
Andrussow, L. 83, 92
Ansbacher, F. 567
Antweiler, H. J. 118
Aoki, M. 605, 630, 637
Apelt, G. 479
Archangelskaja, M. I. 93
Ard, W. B. 933
Arkel, A. E. van 158
Arlman, E. J. 83
Arndt, U. W. 666
Arnett, L. M. 662, 668
Arnold, H. D. 330

Arnold, R. C. 830, 838
Arthur, J. C., jr. 933
Ashby, C. E. 83
Asmussen, F. 90
Astbury, W. T. 303, 665
Atchison, G. J. 932
Atherton, E. 816, 836
Auerbach, I. 83, 769, 932
Augenstine, L. 933
Austen, H. 567, 568
Auty, R. P. 548
Avogadro, A. 248
Avrami, M. 199, 200, 201, 232
Axilrod, B. M. 87
Azimov, S. A. 929

Baccaredda, M. 370, 402
Backus, R. C. 698
Bacon, L. R. 324, 331
Bacon, R. C. 628, 639
Badgley, W. 752
Baekeland, L. H. 1, 839
Bagley, E. B. 92, 330
Bailey, F. E., jr. 83
Bailey, M. E. 884
Bain, T. 931
Baker, B. R. 461, 484
Baker, C. A. 742, 746, 752
Baker, E. B. 548, 549
Baker, F. 726, 732
Baker, R. F. 697
Baker, W. O. 548, 649, 667, 715, 716, 717, 718, 719, 807, 812
Baldus, W. 567
Ballantine, D. (S.) 127, 928, 929, 930
Balwit, J. S. 87, 631, 638, 931
Bambauer, H. U. 929
Bamford, C. H. 92, 127

Sachverzeichnis [1, 2]

---

[1] Nicht alle im Sachverzeichnis enthaltenen Stichworte kommen im Text wörtlich vor; vielmehr charakterisiert eine Anzahl derselben einen Textabschnitt auf der angeführten Seite sinngemäß.

[2] Stoffbezeichnungen einzelner Polymerer, wie Polystyrol, Polyäthylen usw. sind im Sachverzeichnis nicht enthalten.